Kurt Lang

Rudolf Gross, Achim Marx
Festkörperphysik

Weitere empfehlenswerte Titel

Festkörperphysik. Aufgaben und Lösungen
Gross Rudolf, Marx Achim, Einzel Dietrich, 2013
ISBN 978-3-486-77134-3, e-ISBN 978-3-486-85896-9

Optische Eigenschaften von Festkörpern
Mark Fox, 2012
ISBN 978-3-486-71240-7

Oberflächenphysik
Grundlagen und Methoden
Thomas Fauster, Lutz Hammer, Klaus Heinz,
M. Alexander Schneider, 2013
ISBN 978-3-486-72135-5, e-ISBN 978-3-486-85620-0

Nanostrukturforschung und Nanotechnologie
Band 1: Grundlagen
Uwe Hartmann, 2012
ISBN 978-3-486-57915-4, e-ISBN 978-3-486-71487-6

Kristallmodelle
Symmetriemodelle der 32 Kristallklassen zum
Selbstbau
Rüdiger Borchardt, Siegfried Turowski, 2008
ISBN 978-3-486-58449-3, e-ISBN 978-3-486-84498-6

Rudolf Gross, Achim Marx

Festkörperphysik

2., aktualisierte Auflage

DE GRUYTER

Autoren
Prof. Dr. Rudolf Gross
Technische Unversität München und
Bayerische Akademie der Wissenschaften
Walther-Meißner-Institut
Walther-Meißner-Straße 8
85748 Garching b. München
E-Mail: rudolf.gross@mytum.de

Dr. Achim Marx
Bayerische Akademie der Wissenschaften
Walther-Meißner-Institut
Walther-Meißner-Straße 8
85748 Garching b. München
E-Mail: Achim.Marx@wmi.badw.de

ISBN 978-3-11-035869-8
e-ISBN 978-3-11-035870-4

Library of Congress Cataloging-in-Publication Data
A CIP catalog record for this book has been applied for at the Library of Congress.

Bibliografische Information der Deutschen Nationalbibliothek
Die Deutsche Nationalbibliothek verzeichnet diese Publikation in der Deutschen Nationalbibliografie; detaillierte bibliografische Daten sind im Internet über http://dnb.dnb.de abrufbar

© 2014 Walter de Gruyter GmbH, Berlin/Boston

Satz: le-tex publishing services GmbH, Leipzig
Druck und Bindung: Strauss GmbH, Mörlenbach
Coverabbildung: Prof. Dr. Rudolf Gross – Illustration: Irina Apetrei
∞ Gedruckt auf säurefreiem Papier
Gedruckt in Deutschland

www.degruyter.com

Vorwort

Festkörper spielen in der Entwicklungsgeschichte der Menschheit eine bedeutende Rolle. So sind zum Beispiel die elektrischen, magnetischen und optischen Eigenschaften von Festkörpern für die Entwicklung unserer heutigen Informationsgesellschaft von zentraler Bedeutung und Anwendungen von Festkörpern sind entscheidend für die wirtschaftliche Entwicklung der heutigen Industrienationen. Das Gebiet der Festkörperphysik ist mittlerweile so umfangreich geworden, dass es nicht in einem einzelnen Lehrbuch umfassend dargestellt werden kann. Das vorliegende Buch soll eine ausgewogene Einführung in dieses wohl breiteste Gebiet der Physik geben und als Basis für weiterführende Fachliteratur zu verschiedenen Spezialthemen der Festkörperphysik wie z. B. Supraleitung, Halbleiterphysik und -elektronik, Magnetismus, Spin-Elektronik, Nanosysteme, Kristallographie, Tieftemperaturphysik oder Polymerphysik geben. Auf experimentelle Techniken und technische Anwendungen wird nur am Rande eingegangen, um den Umfang des Buches zu begrenzen. Nicht verzichtet wurde dagegen auf viele historische Hinweise und die Lebensläufe einiger bedeutender Wissenschaftler, da diese in vielen anderen Büchern häufig zu kurz kommen, für das Verständnis von wissenschaftlichen Entwicklungen und die allgemeine Ausbildung der Studenten aber wichtig sind.

Die Grundlage für das vorliegende Buch bildet ein Skriptum, das den Studenten als Begleitmaterial zu unseren Vorlesungen an der Universität zu Köln (1996–2000) und später an der Technischen Universität München zur Verfügung gestellt wurde. Die erste vollständige Version des Skriptums wurde bereits im Wintersemester 1997/1998 fertig gestellt und online frei verfügbar gemacht. Seither wurde es ständig, auch dank der zahlreichen Rückmeldungen von engagierten Studentinnen und Studenten, überarbeitet und vervollständigt. Insbesondere wurden viele Vertiefungsthemen auf Anregung der Studenten hinzugefügt. Die nun vorliegenden zweite Auflage berücksichtigt zahlreiche Anregungen für Verbesserungen und Ergänzungen, welche die Autoren zur ersten Auflage erhalten haben. Insbesondere wurden Fehler im Text und in den Abbildungen beseitigt, die Darstellung weiter optimiert und neue Abschnitte zu mittlerweile wichtig gewordenen Themengebieten (u.a. topologische Quantenmaterialien, Polaronen, Rashba-Effekt, Magnetisierungsdynamik) ergänzt.

Da die Vertiefung und Erweiterung von Fachwissen anhand von Übungsaufgaben von unschätzbarem Wert ist, haben die Autoren als Ergänzung zu diesem Lehrbuch das Buch *Festkörperphysik. Aufgaben und Lösungen* (Rudolf Gross, Achim Marx, Dietrich Einzel, Oldenbourg Wissenschaftsverlag, 2014) verfasst. Es ermöglicht den Lesern dieses Buches, ihr erlerntes Wissen durch die Lösung von Übungsaufgaben zu überprüfen. Die zur Verfügung gestellten Musterlösungen sollen dabei helfen, den eigenen Lösungsweg zu überprüfen und Hindernisse bei der Erarbeitung des eigenen Lösungswegs zu überwinden. Da die Übungsaufgaben und zugehörigen Musterlösungen in einem eigenen Buch enthalten sind, wurde in der zweiten Auflage des Lehrbuchs zur Festkörperphysik auf die Auflistung der Übungsaufgaben am Ende jedes Kapitels verzichtet.

Das Buch richtet sich an Studierende der Physik und Materialwissenschaften im Bachelor- und Master-Studiengang, die als Spezialisierungsrichtung die Physik der kondensierten Materie gewählt haben. Je nach zeitlichem Umfang der Vorlesungen können einige Themengebiete weggelassen werden. Im Buch sind bereits so genannte Vertiefungsthemen markiert, die zum weiteren Verständnis des Buches nicht benötigt werden und deshalb auch übersprungen werden können. Vorausgesetzt werden Grundkenntnisse zur Mechanik, Atomphysik, Elektrodynamik, Quantenmechanik und statistischen Physik. In allen Gleichungen wird grundsätzlich das internationale Maßsystem (SI) verwendet. Allerdings wird an einigen Stellen auf für den atomaren Bereich praktische Einheiten wie z. B. Ångström oder eV zurückgegriffen.

In das vorliegende Buch sind zahlreiche Anregungen, Hinweise und Illustrationen von unseren Mitarbeiterinnen und Mitarbeitern sowie von verschiedenen Kolleginnen und Kollegen eingeflossen. Namentlich erwähnen möchten wir insbesondere L. Alff, W. Biberacher, B. Büchner, B. S. Chandrasekhar, F. Deppe, R. Doll, D. Einzel, A. Erb, S. Geprägs, S. Gönnenwein, R. Hackl, H. Hübl, M. Kartsovnik, D. Koelle, A. Lerf, K. Neumaier, M. Opel, Ch. Probst, E. Schuberth und K. Uhlig.

Die Autoren hoffen, dass diese Neuauflage ein ähnlich positives Echo findet wie die erste Auflage und weiterhin die Leser zum Dialog mit den Autoren animiert. Die von den Lesern erhaltenen Verbesserungsvorschläge und Rückmeldungen zu Fehlern sind von unschätzbarem Wert. Sie können direkt an unsere elektronischen Adressen (Rudolf.Gross@wmi.badw.de, Achim.Marx@wmi.badw.de) geschickt werden.

München, April 2014   Rudolf Gross und Achim Marx

Inhaltsverzeichnis

Vorwort		V
1	**Kristallstruktur**	**1**
1.1	Periodische Strukturen – Grundbegriffe und Definitionen	3
1.1.1	Das Bravais-Gitter	3
1.1.2	Klassifizierung von Kristallgittern	7
1.1.3	Richtungen und Ebenen in Kristallen	20
1.1.4	Quasikristalle	22
1.2	Einfache Kristallstrukturen	24
1.2.1	Die sc-Struktur	25
1.2.2	Die fcc-Struktur	25
1.2.3	Die bcc-Struktur	26
1.2.4	Die hcp-Struktur	27
1.2.5	Die dhcp-Struktur	28
1.2.6	Die Natriumchloridstruktur	28
1.2.7	Die Cäsiumchloridstruktur	29
1.2.8	Die Diamantstruktur	30
1.2.9	Die Zinkblende- und Wurtzit-Struktur	31
1.2.10	Die Graphitstruktur	33
1.3	Festkörperoberflächen	35
1.4	Reale Kristalle	37
1.4.1	Strukturelle Fehlordnung	37
1.4.2	Chemische Fehlordnung	43
1.5	Nicht-kristalline Festkörper	44
1.5.1	Die radiale Verteilungsfunktion	44
1.5.2	Flüssigkristalle	46
1.6	Vertiefungsthema: Direkte Abbildung von Kristallstrukturen	49
1.6.1	Elektronenmikroskopie	49
1.6.2	Rastersondentechniken	51
Literatur		53

2	**Strukturanalyse**	55
2.1	Das reziproke Gitter	56
2.1.1	Definition des reziproken Gitters	56
2.1.2	Fourier-Analyse	57
2.1.3	Die reziproken Gittervektoren	57
2.1.4	Die erste Brillouin-Zone	61
2.1.5	Gitterebenen und Millersche Indizes	62
2.1.6	Gegenüberstellung von direktem und reziprokem Raum	64
2.2	Beugung	65
2.2.1	Die Bragg-Bedingung	66
2.2.2	Die von Laue Bedingung	67
2.2.3	Zusammenhang zwischen Bragg und von Laue Bedingung	70
2.2.4	Allgemeine Beugungstheorie	71
2.2.5	Beispiele für Strukturfaktoren	77
2.2.6	Inelastische Streuung	78
2.2.7	Der Debye-Waller Faktor	81
2.2.8	Vertiefungsthema: Der Mößbauer-Effekt	84
2.3	Experimentelle Methoden	87
2.3.1	Wellentypen	87
2.3.2	Methoden der Röntgendiffraktometrie	91
Literatur		94

3	**Bindungskräfte**	95
3.1	Grundlagen	96
3.1.1	Bindungsenergie und Schmelztemperatur	96
3.1.2	Elektronische Struktur der Atome	97
3.2	Die Van der Waals Bindung	102
3.2.1	Wechselwirkung zwischen fluktuierenden Dipolen	103
3.2.2	Abstoßende Wechselwirkung	105
3.2.3	Gleichgewichtsgitterkonstante	107
3.2.4	Kompressibilität	109
3.3	Die ionische Bindung	110
3.3.1	Madelungenergie	111
3.3.2	Gleichgewichtsgitterkonstante	115
3.3.3	Kompressibilität	116
3.4	Die kovalente Bindung	117
3.4.1	Das H_2^+-Molekülion	118
3.4.2	Das H_2-Molekül	121
3.4.3	Vertiefungsthema: Hybridisierung	128
3.5	Die metallische Bindung	135
3.5.1	Bindungsenergie	136

3.6	Die Wasserstoffbrückenbindung	139
3.7	Atom- und Ionenradien	140
3.7.1	Atomradien	141
3.7.2	Ionenradien	141
Literatur		142

4	**Elastische Eigenschaften**	**143**
4.1	Grundlagen	144
4.2	Spannung und Dehnung	144
4.2.1	Der Spannungstensor	144
4.2.2	Die Dehnungskomponenten	147
4.3	Der Elastizitätstensor	149
4.3.1	Elastische Energiedichte	151
4.3.2	Kristallsymmetrie und Elastizitätsmodul	152
4.4	Vertiefungsthema: Verspannungseffekte in epitaktischen Schichten	155
4.5	Technische Größen	158
4.6	Elastische Wellen	161
4.6.1	Elastische Wellen in kubischen Kristallen	162
4.6.2	Experimentelle Methoden	165
Literatur		166

5	**Gitterdynamik**	**169**
5.1	Grundlegendes	170
5.1.1	Die adiabatische Näherung	170
5.1.2	Die harmonische Näherung	174
5.2	Klassische Theorie	176
5.2.1	Bewegungsgleichungen	176
5.2.2	Kristallgitter mit einatomiger Basis	178
5.2.3	Kristallgitter mit zweiatomiger Basis	183
5.2.4	Gitterschwingungen – dreidimensionaler Fall	189
5.3	Zustandsdichte im Phononenspektrum	191
5.3.1	Randbedingungen	192
5.3.2	Zustandsdichte im Impulsraum	195
5.3.3	Zustandsdichte im Frequenzraum	196
5.4	Quantisierung der Gitterschwingungen	199
5.4.1	Das Quantenkonzept	199
5.4.2	Phononen	200
5.4.3	Der Impuls von Phononen	202

5.5	Experimentelle Methoden	203
5.5.1	Inelastische Neutronenstreuung	206
5.5.2	Inelastische Lichtstreuung	207
Literatur		212

6 Thermische Eigenschaften — 213

6.1	Spezifische Wärme	214
6.1.1	Definition der spezifischen Wärme	214
6.1.2	Klassische Betrachtung	215
6.1.3	Quantenmechanische Betrachtung	219
6.1.4	Temperaturverlauf der spezifischen Wärme	222
6.1.5	Debye- und Einstein-Näherung	224
6.1.6	Phononenzahl und Nullpunktsenergie	230
6.1.7	Vertiefungsthema: Analogie zwischen Phononen- und Photonengas	231
6.2	Anharmonische Effekte	233
6.2.1	Anharmonisches Potenzial	234
6.3	Thermische Ausdehnung	237
6.3.1	Mittlere Auslenkung	237
6.3.2	Vertiefungsthema: Zustandsgleichung und thermische Ausdehnung	239
6.4	Wärmeleitfähigkeit	244
6.4.1	Definition der Wärmeleitfähigkeit	244
6.4.2	Transporttheorie	244
6.4.3	Temperaturabhängigkeit der Wärmeleitfähigkeit	247
6.4.4	Spontaner Zerfall von Phononen	252
6.4.5	Vertiefungsthema: Wärmetransport in amorphen Festkörpern	253
6.4.6	Vertiefungsthema: Wärmetransport in niederdimensionalen Systemen	254
Literatur		257

7 Das freie Elektronengas — 259

7.1	Modell des freien Elektronengases	261
7.1.1	Grundzustand	261
7.1.2	Fermi-Gas bei endlicher Temperatur	269
7.1.3	Das chemische Potenzial	271
7.2	Spezifische Wärme	273
7.2.1	Theorie	273
7.2.2	Experimentelle Ergebnisse	276
7.3	Transporteigenschaften	278
7.3.1	Elektrische Leitfähigkeit	278
7.3.2	Thermische Leitfähigkeit	286
7.3.3	Thermokraft	289
7.3.4	Bewegung im Magnetfeld	291

7.4	Niedrigdimensionale Elektronengassysteme	301
7.4.1	Zweidimensionales Elektronengas	301
7.4.2	Eindimensionales Elektronengas	304
7.4.3	Nulldimensionales Elektronengas	305
7.5	Transporteigenschaften von niederdimensionalen Elektronengasen	305
7.5.1	Eindimensionales Elektronengas: Leitwertquantisierung	305
7.5.2	Vertiefungsthema: Nulldimensionales Elektronengas: Coulomb-Blockade	308
Literatur		312

8	Energiebänder	315
8.1	Bloch-Elektronen	317
8.1.1	Bloch-Wellen im Ortsraum	320
8.1.2	Bloch-Wellen im **k**-Raum	321
8.1.3	Der Kristallimpuls	322
8.1.4	Dispersionsrelation und Bandstruktur	323
8.1.5	Reduziertes Zonenschema	325
8.2	Die Näherung fast freier Elektronen	327
8.2.1	Qualitative Diskussion	328
8.2.2	Quantitative Diskussion	330
8.3	Die Näherung stark gebundener Elektronen	335
8.3.1	Beispiele: kubische Gitter	339
8.3.2	Weitere Methoden zur Bandstrukturberechnung	342
8.3.3	Vertiefungsthema: Spin-Bahn-Kopplung	344
8.4	Metalle, Halbmetalle, Halbleiter, Isolatoren	346
8.4.1	Anzahl der Zustände pro Band	347
8.4.2	Halbmetalle	349
8.4.3	Isolatoren	349
8.5	Zustandsdichte und Bandstrukturen	351
8.5.1	Zustandsdichte	351
8.5.2	Beispiele für Bandstrukturen	353
8.5.3	Experimentelle Bestimmung der Bandstruktur	355
8.6	Fermi-Flächen von Metallen	359
8.6.1	Quadratisches Gitter	359
Literatur		364

9	Dynamik	367
9.1	Semiklassisches Modell	369
9.1.1	Grundlagen des semiklassischen Modells	372
9.1.2	Gültigkeitsbereich des semiklassischen Modells	375

9.2	Bewegung von Kristallelektronen	376
9.2.1	Gefüllte Bänder	376
9.2.2	Teilweise gefüllte Bänder	377
9.2.3	Elektronen und Löcher	380
9.2.4	Semiklassische Bewegung im homogenen Magnetfeld	384
9.2.5	Semiklassische Bewegung in gekreuzten elektrischen und magnetischen Feldern	388
9.2.6	Hall-Effekt und Magnetwiderstand im Hochfeldgrenzfall	389
9.3	Streuprozesse	393
9.3.1	Beschreibung von Streuprozessen	393
9.3.2	Streuquerschnitte	396
9.4	Boltzmann-Transportgleichung	403
9.4.1	Boltzmann-Gleichung und Relaxationszeit	404
9.4.2	Linearisierte Boltzmann-Gleichung	407
9.4.3	Relaxationszeit-Ansatz	409
9.5	Vertiefungsthema: Allgemeine Transportkoeffizienten	411
9.5.1	Elektrische Leitfähigkeit	414
9.5.2	Wärmeleitfähigkeit	416
9.5.3	Thermokraft	417
9.5.4	Peltier-Effekt	419
9.5.5	Thermomagnetische Effekte	421
9.5.6	Allgemeines Klassifizierungsschema	423
9.5.7	Anomaler Hall- und Nernst-Effekt	425
9.5.8	Spin-Hall- und Spin-Nernst-Effekt	428
9.5.9	Phononen-Mitführung	429
9.5.10	Quanteninterferenzeffekte	430
9.6	Vertiefungsthema: Magnetwiderstand	434
9.6.1	Magnetwiderstand und Hall-Effekt im Einband-Modell	434
9.6.2	Magnetwiderstand und Hall-Effekt im Zweiband-Modell	436
9.6.3	Hochfeld-Magnetwiderstand	440
9.7	Quantisierung der Bahnen	446
9.7.1	Freie Ladungsträger	447
9.7.2	Zustandsdichte im Magnetfeld	452
9.7.3	Kristallelektronen	452
9.7.4	Vertiefungsthema: Magnetischer Durchbruch	456
9.8	Experimentelle Bestimmung der Fermi-Flächen	458
9.8.1	De Haas-van Alphen-Effekt	459
9.8.2	Shubnikov-de Haas-Effekt	464
9.8.3	Vertiefungsthema: Zyklotronresonanz	465
9.8.4	Vertiefungsthema: Anomaler Skin-Effekt	467
Literatur		467

10	**Halbleiter**	**469**
10.1	Grundlegende Eigenschaften	471
10.1.1	Klassifizierung von Halbleitern	471
10.1.2	Intrinsische Halbleiter	475
10.1.3	Dotierte Halbleiter	487
10.1.4	Elektrische Leitfähigkeit	494
10.1.5	Hall-Effekt	497
10.1.6	Vertiefungsthema: Seebeck- und Peltier-Effekt	499
10.2	Inhomogene Halbleiter	500
10.2.1	p-n Übergang im thermischen Gleichgewicht	501
10.2.2	p-n Übergang mit angelegter Spannung	507
10.2.3	Schottky-Kontakt	513
10.2.4	Schottky-Kontakt mit angelegter Spannung	515
10.3	Halbleiter-Bauelemente	517
10.3.1	Zener-Diode	518
10.3.2	Esaki- oder Tunneldiode	520
10.3.3	Solarzelle	521
10.3.4	Bipolarer Transistor	528
10.4	Realisierung von niedrigdimensionalen Elektronengassystemen	531
10.4.1	Zweidimensionale Elektronengase	532
10.4.2	Vertiefungsthema: Halbleiter-Laser	539
10.5	Zweidimensionales Elektronengas: Quanten-Hall-Effekt	541
10.5.1	Zweidimensionales Elektronengas im Magnetfeld	541
10.5.2	Transporteigenschaften des zweidimensionalen Elektronengases	544
10.5.3	Ganzzahliger Quanten-Hall-Effekt	546
10.5.4	Vertiefungsthema: Fraktionaler Quanten-Hall-Effekt	554
10.6	Topologische Quantenmaterialien	556
10.6.1	Topologie und Bandstruktur	558
10.6.2	Berry-Phase und Chern-Zahl	560
10.6.3	Klassifizierung von Topologischen Isolatoren	566
10.6.4	Zweidimensionale Topologische Isolatoren	567
10.6.5	Dreidimensionale Topologische Isolatoren	571
10.6.6	Topologische Supraleiter	571
10.6.7	Zukunftsperspektiven	572
Literatur		572
11	**Dielektrische Eigenschaften**	**575**
11.1	Makroskopische Elektrodynamik	577
11.1.1	Die dielektrische Funktion	577
11.1.2	Kramers-Kronig-Relationen	580
11.1.3	Absorption, Transmission und Reflexion von elektromagn. Strahlung	581

11.1.4	Das lokale elektrische Feld	583
11.2	Mikroskopische Theorie	586
11.3	Elektronische Polarisation	588
11.3.1	Lorentzsches Oszillator-Modell	588
11.3.2	Vertiefungsthema: Quantenmechanische Beschreibung der elektronischen Polarisation	592
11.4	Ionische Polarisation	597
11.4.1	Eigenschwingungen von Ionenkristallen	599
11.4.2	Erzwungene Schwingungen von Ionenkristallen	601
11.5	Orientierungspolarisation	608
11.5.1	Statische Polarisation	608
11.5.2	Frequenzabhängige Polarisation	609
11.6	Dielektrische Eigenschaften von Metallen und Halbleitern	611
11.6.1	Dielektrische Funktion eines freien Elektronengases	612
11.6.2	Longitudinale Plasmaschwingungen: Plasmonen	616
11.6.3	Erzwungene transversale Plasmaschwingungen: Plasmon-Polaritonen	618
11.6.4	Interband-Übergänge	619
11.6.5	Exzitonen	621
11.7	Elektron-Elektron-Wechselwirkung und Abschirmung in Metallen	623
11.7.1	Statische Abschirmung	624
11.7.2	Vertiefungsthema: Lindhard Theorie	630
11.7.3	Vertiefungsthema: Abschirmung von Phononen in Metallen	634
11.7.4	Polaronen	637
11.7.5	Vertiefungsthema: Metall-Isolator-Übergang	640
11.7.6	Elektron-Elektron-Wechselwirkung und Theorie der Fermi-Flüssigkeit	642
11.8	Ferroelektrizität	643
11.8.1	Landau-Theorie der Phasenübergänge	647
11.8.2	Klassifizierung von Ferroelektrika	650
11.8.3	Ferroelektrische Domänen	653
11.8.4	Piezoelektrizität	654
Literatur		656

12	**Magnetismus**	**659**
12.1	Makroskopische Größen	661
12.1.1	Die magnetische Suszeptibilität	661
12.1.2	Lokales magnetisches Feld	663
12.1.3	Entmagnetisierungs- und Streufelder	663
12.1.4	Magnetostatische Selbstenergie	665
12.2	Mikroskopische Theorie	666
12.2.1	Dia-, Para- und Ferromagnetismus	666

12.3	Atomarer Dia- und Paramagnetismus	669
12.3.1	Atome im homogenen Magnetfeld	669
12.3.2	Statistische Betrachtung	671
12.3.3	Larmor-Diamagnetismus	674
12.3.4	Magnetische Momente in Festkörpern	675
12.3.5	Langevin-Paramagnetismus	681
12.3.6	Vertiefungsthema: Van Vleck Paramagnetismus	686
12.3.7	Kühlung durch adiabatische Entmagnetisierung	687
12.4	Para- und Diamagnetismus von Metallen	689
12.4.1	Pauli-Paramagnetismus	690
12.4.2	Landau-Diamagnetismus	693
12.5	Kooperativer Magnetismus	694
12.5.1	Dipol-Dipol-Wechselwirkung	695
12.5.2	Austauschwechselwirkung zwischen lokalisierten Elektronen	695
12.5.3	Dzyaloshinskii-Moriya Wechselwirkung	702
12.5.4	Spin-Bahn-Wechselwirkung	704
12.5.5	Zeeman-Wechselwirkung	708
12.5.6	Austauschwechselwirkung zwischen itineranten Elektronen	708
12.6	Magnetische Ordnungsphänomene	716
12.6.1	Magnetische Ordnungsstrukturen	716
12.6.2	Ferromagnetismus	717
12.6.3	Ferrimagnetismus	723
12.6.4	Antiferromagnetismus	727
12.7	Magnetische Anisotropie	731
12.7.1	Magnetische freie Energiedichte	733
12.7.2	Magnetokristalline Anisotropie	733
12.7.3	Formanisotropie	736
12.7.4	Induzierte Anisotropie	737
12.8	Magnetische Domänen	739
12.8.1	Ferromagnetische Domänen	739
12.8.2	Antiferromagnetische Domänen	741
12.8.3	Domänenwände	741
12.8.4	Abbildung der Domänenstruktur	744
12.8.5	Magnetisierungskurve	744
12.8.6	Magnetische Speichermedien	746
12.9	Magnetisierungsdynamik	747
12.9.1	Ferromagnetische Resonanz	750
12.10	Spin-Wellen	751
12.10.1	Austauschmoden	752
12.10.2	Dipolare Moden	760
12.10.3	Vertiefungsthema: Antiferromagnetische Spin-Wellen	760
Literatur		762

13	**Supraleitung**	**765**
13.1	Geschichte und grundlegende Eigenschaften	768
13.1.1	Geschichte der Supraleitung	768
13.1.2	Supraleitende Materialien	776
13.1.3	Sprungtemperaturen	779
13.1.4	Grundlegende Eigenschaften	779
13.2	Thermodynamische Eigenschaften von Supraleitern	787
13.2.1	Typ-I Supraleiter im Magnetfeld	788
13.2.2	Typ-II Supraleiter im Magnetfeld	792
13.3	Phänomenologische Modelle	793
13.3.1	London-Gleichungen	794
13.3.2	Verallgemeinerte London Theorie – Supraleitung als makroskopisches Quantenphänomen	797
13.3.3	Die Ginzburg-Landau-Theorie	809
13.4	Typ-I und Typ-II Supraleiter	821
13.4.1	Mischzustand und kritische Felder	821
13.4.2	Supraleiter-Normalleiter Grenzflächenenergie	822
13.4.3	Vertiefungsthema: Zwischenzustand und Entmagnetisierungseffekte	824
13.4.4	Kritische Felder	826
13.4.5	Vertiefungsthema: Nukleation an Oberflächen	830
13.4.6	Vertiefungsthema: Shubnikov-Phase und Flussliniengitter	830
13.4.7	Vertiefungsthema: Flusslinien in Typ-II Supraleitern	833
13.4.8	Kritische Stromdichte	839
13.5	Mikroskopische Theorie	842
13.5.1	Attraktive Elektron-Elektron-Wechselwirkung und Cooper-Paare	844
13.5.2	Der BCS-Grundzustand	853
13.5.3	Energielücke und Anregungsspektrum	868
13.5.4	Quasiteilchentunneln	869
13.5.5	Thermodynamische Größen	874
13.6	Josephson-Effekt	877
13.6.1	Die Josephson-Gleichungen	879
13.6.2	Josephson-Kontakt mit Wechselspannung	883
13.6.3	Josephson-Kontakt im Magnetfeld	884
13.6.4	Supraleitende Quanteninterferometer	888
13.7	Kritische Ströme in Typ-II Supraleitern	890
13.7.1	Stromtransport im Mischzustand	890
13.7.2	Lorentz-Kraft	892
13.7.3	Reibungskraft	894
13.7.4	Haftkraft	896
13.8	Unkonventionelle Supraleitung	897

13.9	Kuprat-Supraleiter	899
13.9.1	Strukturelle Eigenschaften	900
13.9.2	Elektronische Eigenschaften	902
13.9.3	Supraleitende Eigenschaften	906
Literatur		915

A	**Quantentheorie des Gitters**	**923**
A.1	Der harmonische Oszillator	923
A.2	Quantisierung von Gitterschwingungen	924
A.2.1	Lineare Kette	924
A.2.2	Erzeugungs- und Vernichtungsoperatoren	927

B	**Quantenstatistik**	**929**
B.1	Identische Teilchen	929
B.1.1	Klassischer Fall: Maxwell-Boltzmann-Statistik	930
B.1.2	Quantenmechanischer Fall	930
B.2	Die quantenmechanischen Verteilungsfunktionen	932
B.2.1	Quantenstatistische Beschreibung	932
B.2.2	Photonen-Statistik	935
B.2.3	Die Fermi-Dirac-Statistik	936
B.2.4	Die Bose-Einstein-Statistik	938
B.2.5	Quantenstatistik im klassischen Grenzfall	939

C	**Sommerfeld-Entwicklung**	**943**

D	**Geladenes Teilchen in elektromagnetischem Feld**	**945**
D.1	Der verallgemeinerte Impuls	945
D.2	Lagrange-Funktion	945
D.3	Hamilton-Funktion	947

E	**Dipolnäherung**	**949**

F	**Thermodynamik**	**951**
F.1	Thermodynamische Potenziale	951
F.2	Innere Energie	952
F.2.1	Arbeit an Systemen in elektrischen und magnetischen Feldern	953
F.2.2	Zusammenhang zwischen innerer Energie und elektromagnetischer Arbeit	960
F.3	Freie Energie	961

F.4	Freie Enthalpie	962
F.5	Verwendung der thermodynamischen Potenziale	963
F.6	Spezifische Wärme	965
Literatur		965

G	**Herleitungen zur Supraleitung**	**967**
G.1	Madelung-Transformation	967
G.2	BCS Hamilton-Operator	970
G.3	Grundzustandsenergie	971
G.4	Josephson-Gleichungen	972

H	**SI-Einheiten**	**975**
H.1	Geschichte des SI-Systems	975
H.2	Die SI-Basiseinheiten	976
H.2.1	Einige von den SI-Einheiten abgeleitete Einheiten	977
H.3	Vorsätze	978
H.4	Abgeleitete Einheiten und Umrechnungsfaktoren	978
H.4.1	Länge, Fläche, Volumen	978
H.4.2	Masse	979
H.4.3	Zeit, Frequenz	979
H.4.4	Temperatur	979
H.4.5	Winkel	980
H.4.6	Kraft, Druck, Viskosität	980
H.4.7	Energie, Leistung, Wärmemenge	980
H.4.8	Elektromagnetische Einheiten	981

I	**Physikalische Konstanten**	**983**

Literatur	987
Abbildungsnachweis	991
Index	993

Erklärung der Icons

Vertiefen
Hier können Sie Ihr Wissen vertiefen.

Nachlesen
Hier finden Sie weiterführende Literaturhinweise.

Merken
Achtung, wichtiger Hinweis!

1 Kristallstruktur

Einen kristallinen Festkörper können wir erhalten, indem wir identische Blöcke (z. B. einzelne Atome oder Gruppen von Atomen) unter Beachtung einer bestimmten Regel aufeinander stapeln, so dass wir eine dreidimensionale, periodische Anordnung von Atomen erhalten. Diese Vorstellung wurde bereits im 18. Jahrhundert entwickelt, als Mineralogen entdeckten, dass die Indexzahlen aller Kristallflächen gerade ganze Zahlen sind.[1] Diese Vorstellung wurde dann zu Beginn des 20. Jahrhunderts bestätigt. Am 8. Juni 1912 berichtete **Max von Laue** (1879–1960) vor der Bayerischen Akademie der Wissenschaften über seine Arbeit zu *Interferenzerscheinungen bei Röntgenstrahlen*, in der er die elementare Theorie der Beugung von Röntgenstrahlen durch eine periodische Anordnung von Atomen diskutierte. Die experimentelle Bestätigung seiner theoretischen Betrachtungen erfolgte durch **Walter Friedrich**[2] und **Paul Knipping**[3] in ihrer Arbeit *Experimentelle Beobachtung der Beugung von Röntgenstrahlen an Kristallen*. Dadurch war der eindeutige experimentelle Nachweis dafür erbracht, dass Kristalle aus einer periodischen Anordnung von Atomen bestehen.

Wir werden in diesem Kapitel die grundlegenden Begriffe, die wir zur Beschreibung von Kristallen benötigen, einführen. Außerdem werden wir einige wichtige Kristallstrukturen besprechen.

---

[1] R. J. Haüy, *Essai d'une théorie sur la structure des cristaux*, Paris (1784); *Traité de minéralogie*, Paris (1801).

[2] **Walter Friedrich**, geboren am 25. Dezember 1883 in Salbke bei Magdeburg, gestorben am 16. Oktober 1968 in Berlin, Pionier der Strahlenphysik, Ordinarius für Medizinische Physik in Berlin (1922). Walter Friedrich wurde nach seiner Promotion 1911 bei W. C. Röntgen Assistent bei Arnold Sommerfeld in München. An diesem Institut hatte Max von Laue Untersuchungen über die Raumgitterstruktur der Kristalle durchgeführt, die von Friedrich mit dem Doktoranden Knipping fortgesetzt wurden. Friedrich gelang der Nachweis von Interferenzpunkten auf einer Fotoplatte, womit die Wellennatur der Röntgenstrahlen bewiesen war. Die Untersuchungsergebnisse fanden 1912 im Sitzungsbericht der Königlich Bayerischen Akademie der Wissenschaften ihren Niederschlag. Von Laue gab 1914 wegen der Leistung Friedrichs und Knippings die Teilung des ihm für diese Forschungsarbeiten verliehenen Nobelpreises bekannt. Nach mehrjähriger Tätigkeit in Freiburg wurde Friedrich Lehrstuhlinhaber für Medizinische Physik an der Universität Berlin. 1947 übernahm er die Leitung des Medizinisch-biologischen Instituts in Berlin-Buch, das er zu einem bedeutenden Forschungszentrum für die Krebsforschung, Pharmakologie und Zellphysiologie entwickelte.

[3] **Paul Knipping**, geboren am 20. Mai 1883 in Neuwied am Rhein, gestorben am 26. Oktober 1935, deutscher Physiker.

Max von Laue (1879–1960), Nobelpreis für Physik 1914

Lizenz: Creative Commons by-sa 3.0 de

Max von Laue wurde am 9. Oktober 1879 in Pfaffenhofen bei Koblenz geboren. Er promovierte nach Studium in Straßburg, Göttingen und München an der Universität Berlin bei Max Planck. Thema seiner Dissertation war die Theorie der Interferenzen an planparallelen Platten gewesen. Er wurde anschließend im Herbst 1905 Assistent bei Planck und führte den für Max Planck zentralen Begriff der Entropie in die Optik ein. Er wurde 1906 mit einer Arbeit über die Entropie interferierender Strahlenbündel habilitiert. Die Vorliebe für optische Probleme hatte von Laue bereits in Göttingen bei Woldemar Voigt gewonnen und wurde in Berlin durch den Einfluss Otto Lummers verstärkt. Als Albert Einstein 1905 die spezielle Relativitätstheorie begründet hatte und Max Planck sein wissenschaftliches Ansehen in die Waagschale warf, um der Theorie zum Durchbruch zu verhelfen, war es von Laue, der mit einem optischen Beweis beitrug. Er zeigte 1907, dass das Einsteinsche Additionstheorem die Formel von Fizeau mit dem bisher unverständlichen Fresnelschen Mitführungskoeffizienten ergibt. Von Laue verfasste bereits im Jahre 1910 seine erste Monographie zu Relativitätstheorie, die er 1921 durch einen zweiten Band über die Allgemeine Relativitätstheorie erweiterte.

Im Jahr 1909 wechselte von Laue als Privatdozent an das von Arnold Sommerfeld geleitete Institut für Theoretische Physik der Universität München. Dort hatte er im Frühjahr 1912 die entscheidende Idee, die zur Entdeckung der Röntgenstrahlinterferenzen führte. Noch im gleichen Jahr wurde er a. o. Professor an der Universität Zürich. Er ging dann 1914 als Ordinarius nach Frankfurt und erhielt im gleichen Jahr den Nobelpreis. 1919 vereinbarte er mit dem in Berlin in einer vergleichbaren Stellung wirkenden Max Born einen Tausch der Lehrstühle: Max Born ging nach Frankfurt, er selbst an die Universität Berlin.

In dem neuen, von von Laue begründeten Gebiet der Röntgenstrukturanalyse wurden William Henry Bragg und William Lawrence Bragg die führenden Forscher. Von Laue selbst interessierte sich mehr für die grundlegenden, allgemeinen Prinzipien und beschäftigte sich nicht mit der Strukturuntersuchung einzelner Substanzen, wohl aber immer wieder mit der Theorie der Röntgenstrahlinterferenzen. Nach Vorarbeiten von Charles Galton Darwin und Peter Paul Ewald erweiterte von Laue seine ursprüngliche „geometrische Theorie" der Röntgeninterferenz zur so genannten „dynamischen Theorie". Während die geometrische Theorie nur die Wechselwirkung zwischen den Atomen des Kristalls und der einfallenden elektromagnetischen Welle kennt, berücksichtigt die dynamische Theorie auch die Kräfte zwischen den Atomen. Diese Korrektur macht zwar nur wenige Bogensekunden aus, sie wurde aber bei den sehr genauen röntgenspektroskopischen Messungen durch kleine Abweichungen schon frühzeitig festgestellt. Im Jahr 1941 fasste von Laue die Prinzipien der Röntgenstrahlinterferenzen in einem Buch zusammen.

Von Laue genoss hohes Ansehen bei seinen Fachkollegen und wurde in der neugegründeten Notgemeinschaft der Deutschen Wissenschaft (der heutigen Deutschen Forschungsgemeinschaft) im Fachausschuss zum Vertreter der theoretischen Physik gewählt. Bis 1934 war er dort Vorsitzender und hatte so einen maßgebenden Einfluss auf die Entwicklung der Physik in Deutschland. Nach Ende des Zweiten Weltkrieges wurde er erneut zum Mitglied des Fachausschusses Physik der Deutschen Forschungsgemeinschaft gewählt und bis 1955 in seinem Amt bestätigt. Nachdem von Laue vorübergehend in seiner alten Stellung als stellvertretender Direktor des Kaiser-Wilhelm-Instituts für Physik in Göttingen tätig war, übernahm er im April 1951 im Alter von 71 Jahren in Berlin-Dahlem die Leitung des alten Kaiser-Wilhelm-Instituts für Chemie und Elektrochemie.

Max von Laue starb am 24. April 1960 in Berlin.

1.1 Periodische Strukturen – Grundbegriffe und Definitionen

Wir wollen zunächst definieren, was wir unter einem idealen Kristall verstehen:[4]

> Ein idealer Kristall ist eine unendliche Wiederholung von identischen Strukturelementen.

Wir können einen idealen Kristall immer beschreiben durch Angabe der

- Struktureinheit, die wir als *Basis* bezeichnen, und der
- Vorschrift für die Aneinanderreihung, die in einem *Raumgitter* resultiert.

Wir können einen Kristall somit definieren als

$$\text{Kristall} = \text{Gitter} + \text{Basis} \tag{1.1.1}$$

Die Basis kann hierbei beliebig kompliziert sein. Sie kann aus nur einem Atom bestehen wie bei Einkristallen aus Cu, Ag oder Au, aus zwei Atomen wie bei NaCl, aus 13 Atomen wie beim Hochtemperatur-Supraleiter $YBa_2Cu_3O_7$ (siehe Abb. 13.59) oder aus einigen 10 000 Atomen wie bei Proteinkristallen.

1.1.1 Das Bravais-Gitter

Wir wollen nun eine mathematische Beschreibung eines Kristallgitters geben. Ein fundamentales Konzept ist dabei dasjenige des *Bravais-Gitters*,[5,6,7] welches das Raumgitter spezifiziert, auf dem die Basiseinheiten des Kristalls angeordnet sind. Ein Bravais-Gitter beinhaltet nur die Geometrie des Raumgitters, unabhängig davon was die genaue Basis ist, die auf dem Raumgitter angeordnet wird. Es gibt zwei äquivalente Definitionen für ein Bravais-Gitter:

1. Ein Bravais-Gitter ist ein unendliches Gitter von Raumpunkten mit einer Anordnung und Orientierung, die exakt gleich aussieht, egal von welchem Gitterpunkt wir das Gitter betrachten.
2. Ein dreidimensionales Bravais-Gitter besteht aus allen Punkten

$$\mathbf{R} = n_1\mathbf{a}_1 + n_2\mathbf{a}_2 + n_3\mathbf{a}_3, \quad n_1, n_2, n_3 \text{ ganzzahlig}. \tag{1.1.2}$$

Die Vektoren $\mathbf{a}_1$, $\mathbf{a}_2$ und $\mathbf{a}_3$, die nicht in einer Ebene liegen dürfen, bezeichnen wir als *primitive Gittervektoren*. Sie spannen das Raumgitter auf. Ihre Längen a_1, a_2 und a_3 werden als Gitterkonstanten bezeichnet.

---

[4] Es sei hier angemerkt, dass es in realen Kristallen natürlich Baufehler (Defekte) und Ränder gibt.
[5] nach **Auguste Bravais**, geboren 1811 in Annonay, gestorben 1863 in Versailles.
[6] Auguste Bravais, *Études Cristallographiques*, Gauthier Villars, Paris (1866).
[7] Auguste Bravais, *Mémoire sur les systèmes formés par les points distribués régulièrement sur un plan ou dans l'espace*, École Polytech. **19** (1850), S. 1-128.

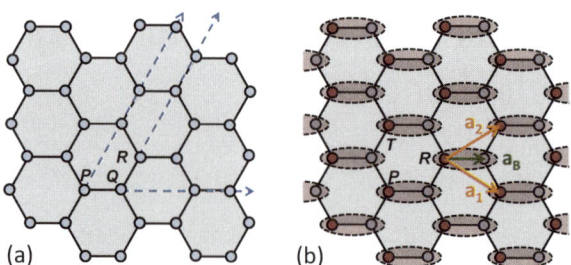

Abb. 1.1: (a) Die Schnittpunkte der Linien eines Bienenwabenmusters bilden kein Bravais-Gitter, da das Kristallgitter von Punkt P und Q aus betrachtet anders aussieht. (b) Nur die rot oder blau markierten Punkte bilden ein Bravais-Gitter. Auf diese muss man dann eine zweiatomige Basis bestehend aus jeweils einem roten und blauen Atom setzen. Die Vektoren a_1 und a_2 sind die primitiven Gittervektoren, der Vektor a_B gibt die Verschiebung der beiden Untergitter aus roten und blauen Kohlenstoffatomen an.

Es kann gezeigt werden, dass beide Definitionen äquivalent sind. In Abb. 1.1 ist als Beispiel ein zweidimensionales Bienenwaben-Gitter gezeigt. Die Schnittpunkte dieses Musters bilden kein Bravais-Gitter. Die Anordnung der Punkte sieht zwar von Punkt P oder R aus betrachtet identisch aus. Die Ansicht von Punkt Q aus ist dagegen um 60° gedreht. Ein Bravais-Gitter bilden deshalb nur jeweils die rot oder blau markierten Gitterpunkte, auf die man eine zweiatomige Basis bestehend aus einem roten und blauen Atom setzen muss. Ein Beispiel hierfür ist Graphen (vergleiche Abschnitt 1.2.10), bei dem sowohl die rot als auch die blau markierten Atome Kohlenstoffatome sind. Obwohl wir also nur eine Atomsorte vorliegen haben, besitzt Graphen eine zweiatomige Basis aus zwei Kohlenstoffatomen.

Eine analoge Formulierung von (2) ist, dass ein Bravais-Gitter invariant gegenüber diskreten Translationen um den Translationsvektor

$$\mathbf{T} = n_1 \mathbf{a}_1 + n_2 \mathbf{a}_2 + n_3 \mathbf{a}_3 \quad n_1, n_2, n_3 \text{ ganzzahlig} \qquad (1.1.3)$$

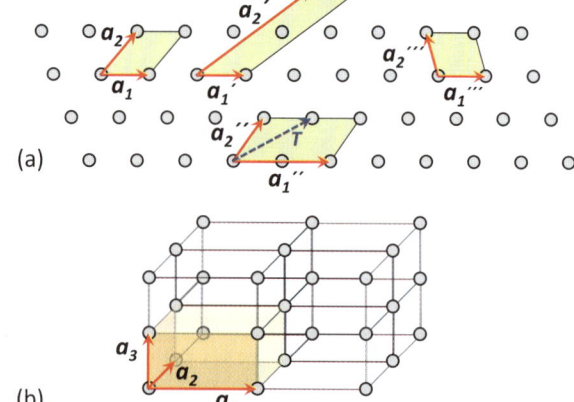

Abb. 1.2: Gitterpunkte eines zweidimensionalen (a) und eines dreidimensionalen (b) Bravais-Gitters und einige Möglichkeiten für die Wahl der primitiven Gittervektoren. Die Vektoren $a'_{1,2}$ und $a''_{1,2}$ sind keine primitiven Translationsvektoren, da wir die Gittertranslation $\mathbf{T}$ nicht mit ganzzahligen Kombinationen von $a'_{1,2}$ und $a''_{1,2}$ bilden können.

1.1 Periodische Strukturen – Grundbegriffe und Definitionen

ist. Zwei Punkte eines Bravais-Gitters sind immer durch einen Vektor **T** miteinander verbunden. Greifen wir einen beliebigen Punkt **r** eines Kristalls heraus, so gilt für dessen Umgebung $\mathcal{U}(\mathbf{r})$ wegen der Translationsinvarianz des Gitters immer $\mathcal{U}(\mathbf{r}) = \mathcal{U}(\mathbf{r} + \mathbf{T})$.

Ein Nachteil der Definition (2) ist, dass die Wahl der primitiven Gittervektoren nicht eindeutig ist, wie in Abb. 1.2 dargestellt ist.

1.1.1.1 Primitive Gitterzelle

Die primitiven Gittervektoren $\mathbf{a}_1$, $\mathbf{a}_2$ und $\mathbf{a}_3$ spannen ein Parallelepiped, die so genannte primitive Gitterzelle oder Elementarzelle auf. Ihr Volumen ist durch das Spatprodukt

$$V_c = (\mathbf{a}_1 \times \mathbf{a}_2) \cdot \mathbf{a}_3 \qquad (1.1.4)$$

gegeben. Verschiebt man das Volumen der primitiven Gitterzelle um den Translationsvektor **T**, so wird der gesamte Raum gerade ausgefüllt, ohne dass Überlappungen oder Löcher entstehen. Wie Abb. 1.3 zeigt, gibt es wiederum eine Vielzahl von Möglichkeiten für die Wahl der primitiven Gitterzelle. Diese muss auch nicht die Symmetrie des Gitters haben. Eine primitive Gitterzelle enthält aber immer genau einen Gitterpunkt und alle primitiven Gitterzellen besitzen das gleiche Volumen. Ist die Gitterzelle ein Parallelogramm mit Gitterpunkten an allen Ecken, so ist die Anzahl der Gitterpunkte pro primitiver Gitterzelle auch nur $\frac{1}{4} \cdot 4 = 1$, da jeder Gitterpunkt mit vier benachbarten Zellen geteilt wird.

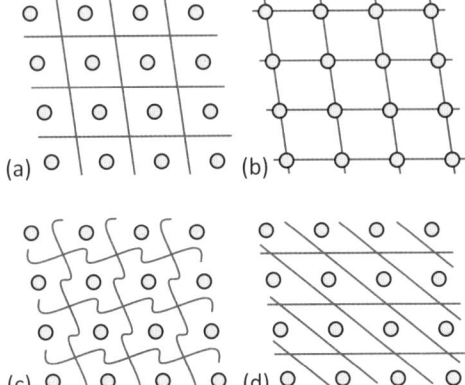

Abb. 1.3: Einige mögliche primitive Gitterzellen für ein zweidimensionales Bravais-Gitter.

1.1.1.2 Konventionelle Gitterzelle

Wir können den Raum auch mit nicht-primitiven Gitterzellen füllen, die wir einfach als *Einheitszelle* oder *konventionelle Zelle* bezeichnen. Eine Einheitszelle ist ebenfalls ein Raumelement, das den ganzen Raum ohne jegliche Löcher und Überlapp ausfüllt, wenn es durch eine Untergruppe der möglichen Translationsvektoren verschoben wird. Die konventionelle Zelle ist üblicherweise größer als die primitive Zelle und wird entsprechend der Symmetrie des Gitters gewählt. Zum Beispiel beschreibt man das raumzentrierte kubische Gitter (bcc: body centered cubic) mit einer kubischen Einheitszelle, die zweimal so groß ist wie die primitive bcc-Zelle. Das flächenzentrierte kubische Gitter (fcc: face centered cubic) beschreibt

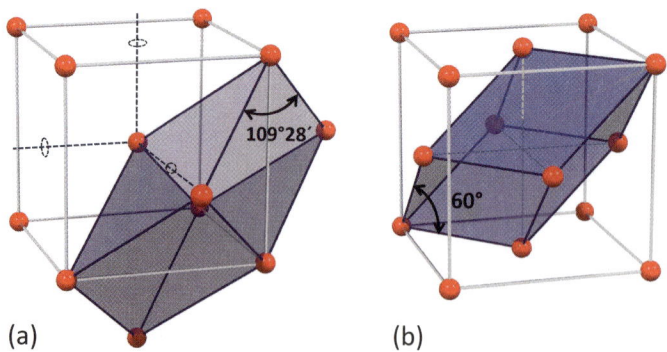

Abb. 1.4: Primitive (Blautöne) und konventionelle Zelle (Würfel) für ein kubisch raumzentriertes (a) und ein kubisch flächenzentriertes (b) Bravais-Gitter.

man meist mit einer kubischen Einheitszelle, die viermal so groß ist wie die primitive Zelle (siehe Abb. 1.4). Die Längen, die die Größe der Einheitszelle beschreiben, so wie die Länge a bei einem kubischen Kristall, werden *Gitterkonstanten* genannt.

1.1.1.3 Wigner-Seitz-Zelle

Wir können immer eine primitive Gitterzelle mit der vollen Symmetrie des Bravais-Gitters auswählen. Die am häufigsten verwendete Wahl ist die *Wigner-Seitz-Zelle*.[8] Die Wigner-Seitz-Zelle um einen Gitterpunkt ist derjenige Bereich, der diesem Gitterpunkt näher ist als irgendeinem anderen Gitterpunkt. Aufgrund der Translationssymmetrie des Bravais-Gitters muss die Wigner-Seitz-Zelle um irgendeinen Gitterpunkt in eine um einen anderen Gitterpunkt überführt werden, wenn sie um den Translationsvektor **T** verschoben wird.

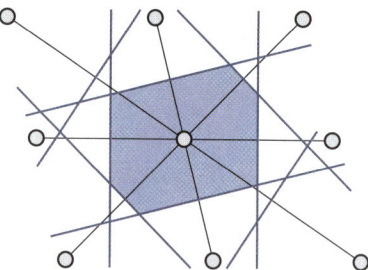

Abb. 1.5: Die Wigner-Seitz-Zelle.

---

[8] **Eugene Paul Wigner**, geboren am 17. November 1902 in Budapest, gestorben am 1. Januar 1995 in Princeton, ungarisch-amerikanischer Physiker. Er erhielt 1963 zusammen mit J. Hans D. Jensen und Maria Goeppert-Mayer der Nobelpreis für Physik *„für seine Beiträge zur Theorie des Atomkerns und der Elementarteilchen, besonders durch die Entdeckung und Anwendung fundamentaler Symmetrie-Prinzipien"*.
Frederik Seitz, geboren am 4. Juli 1911 in San Francisco, gestorben am 2. März 2008 in New York. US-amerikanischer Physiker, er war von 1962 bis 1969 Präsident der National Academy of Sciences und von 1968 bis 1978 Präsident der Rockefeller University in New York.

1.1 Periodische Strukturen – Grundbegriffe und Definitionen

Abb. 1.5 zeigt die Wigner-Seitz-Zelle eines zweidimensionalen Bravais-Gitters. Sie wird erhalten, indem wir Verbindungslinien von dem betreffenden Gitterpunkt zu den Nachbarpunkten ziehen und auf den Mittelpunkten der Verbindungslinien Geraden (bei dreidimensionalen Gittern Flächen) senkrecht zu den Verbindungslinien zeichnen. Die kleinste umschlossenen Fläche (Volumen) ist die Wigner-Seitz-Zelle.

1.1.2 Klassifizierung von Kristallgittern

In unserer bisherigen Betrachtung haben wir nur die Translationssymmetrie eines Kristallgitters betrachtet. Wir haben gesehen, dass die Translation des Gitters um den Translationsvektor **T** das Gitter in sich selbst überführt. Die Translationssymmetrie des Kristallgitters ist essentiell für die theoretische Beschreibung von Festkörpern. Es ist aber einsichtig, dass wir auch andere Symmetrieoperationen durchführen können, die den Kristall in sich selbst überführen. Solche Symmetrieoperationen sind z. B. Drehungen um 2π, $2\pi/2$, $2\pi/3$, $2\pi/4$ und $2\pi/6$ sowie um ganzzahlige Vielfache dieser Drehungen. Wir kennzeichnen diese Drehungen durch die Symbole 1, 2, 3, 4 und 6. Wir werden sehen, dass wir verschiedene Kristallgitter entsprechend ihrer Symmetrieeigenschaften in Kategorien aufteilen können. Es ist Gegenstand der Kristallographie, diese Aufteilung systematisch und präzise zu machen.[9] Wir werden hier nur die Grundlagen für die ziemlich aufwändige kristallographische Klassifizierung geben.

Interessant ist, dass wir kein Gitter finden können, das durch eine Drehung um $2\pi/5$ oder $2\pi/7$ in sich selbst überführt werden kann. Wir können zwar auf jeden Gitterpunkt eines Bravais-Gitters ein Molekül mit einer fünfzähligen Rotationsachse setzen, das Gitter dagegen kann keine fünfzählige Achse besitzen. Wir werden diesen Sachverhalt in Abschnitt 1.1.4 im Zusammenhang mit der Diskussion von Quasikristallen nochmals aufgreifen.

1.1.2.1 Symmetrieoperationen

Das Problem der Klassifizierung von Kristallstrukturen ist sehr komplex und wir wollen hier nur die Grundzüge erläutern. Vom Standpunkt der Symmetrie aus betrachtet ist ein Kristallgitter durch alle geometrischen Operationen charakterisiert, die es in sich selbst überführen. Solche Operationen nennen wir **Symmetrieoperationen**. Das zu einer Symmetrieoperation gehörende geometrische Objekt bezeichnen wir als **Symmetrieelement**. Das Symmetrieelement bilden alle Punkte, die bei dieser Bewegung unverändert bleiben. Zum Beispiel gehört zur Operation der Spiegelung an einer Ebene als Symmetrieelement die Spiegelebene, zur Drehung um eine Achse als Symmetrieelement die Drehachse.

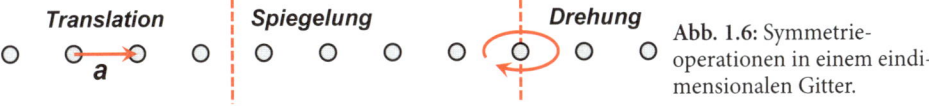

Abb. 1.6: Symmetrieoperationen in einem eindimensionalen Gitter.

---

[9] siehe zum Beispiel M. J. Buerger, *Elementary Crystallography*, John Wiley & Sons, New York (1963).

Als einfaches Beispiel betrachten wir die in Abb. 1.6 gezeigte eindimensionale Kette von Atomen mit Abstand a. Symmetrieoperationen sind (i) Translationen um na, wobei n eine ganze Zahl ist, (ii) die Drehung um 180° und (iii) die Spiegelung an der Mittelsenkrechten zwischen zwei Gitterpunkten.

Im Allgemeinen beinhalten die Symmetrieoperationen eines Kristallgitters Translationen, Rotationen, Spiegelungen und die Inversion. Diese Symmetrieoperationen werden in

1. die *Translationsgruppe*, die alle Symmetrieoperationen beinhaltet, bei denen kein ortsfester Punkt existiert, und
2. die *Punktgruppe*, die alle Symmetrieoperationen beinhaltet, bei denen mindestens ein Punkt ortsfest bleibt,

unterteilt. Dies ist deshalb möglich, da wir alle Symmetrieoperationen eines Bravais-Gitters durch eine Translation und eine Operation, bei der mindestens ein Gitterpunkt fest bleibt, zusammensetzen können. Symmetrieoperationen, die durch die sukzessive Anwendung von Operationen aus der Translationsgruppe und der Punktgruppe erhalten werden, führen zu den *Raumgruppen* oder *Gitterpunktgruppen*.

1.1.2.2 Symmetrieoperationen der Punktgruppe

Wir veranschaulichen uns zunächst die **Symmetrieoperationen der Punktgruppe** und stellen die zugehörige Notation vor. Für dreidimensionale Gitter gibt es genau die in Abb. 1.7 dargestellten 10 Operationen der Punktsymmetriegruppe, und zwar die 1-, 2-, 3-, 4- und 6-zähligen Drehachsen und ihre so genannten Drehinversionsachsen, die als Kombination einer Drehachse mit einem Inversionszentrum definiert sind. Für die Darstellung benutzen wir die stereographische Projektion.[10] Wir werden im Folgenden einige Symmetrieoperationen näher erläutern:

1. *Drehung um eine Achse:*
   Rotationssymmetrie ist vorhanden, wenn Drehungen um eine bestimmte Achse die Kristallstruktur in sich überführen. Der triviale Fall ist eine Rotation um 2π, er wird als Identität bezeichnet und mit dem Symbol 1 charakterisiert. Wir haben aber bereits diskutiert, dass Drehungen um $2\pi/2$, $2\pi/3$, $2\pi/4$ und $2\pi/6$ möglich sind. Wir sprechen dann von

---

[10] Die geeignetste Art der graphischen Darstellung einer Kristallform oder auch ihrer Symmetriegruppe, ist die stereographische Projektion. Wir erhalten sie nach folgendem Konstruktionsprinzip:
- Wir legen eine Kugel konzentrisch um den Kristall.
- In den Durchstoßpunkten der Flächennormalen mit der Kugeloberfläche erhalten wir die Flächenpole.
- Wir verbinden die Flächenpole der Nordhemisphäre mit dem Südpol und die der Südhemisphäre mit dem Nordpol. Die Projektion der Flächenpole längs der Verbindungslinien auf die Äquatorialebene nennen wir stereographische Projektion.
- Ebenso können wir mit den Durchstoßpunkten von Drehachsen oder den Schnittkreisen von Spiegelebenen verfahren und erhalten dann die stereographische Projektion der zu einer Punktsymmetriegruppe gehörenden Symmetrieelemente.

1.1 Periodische Strukturen – Grundbegriffe und Definitionen

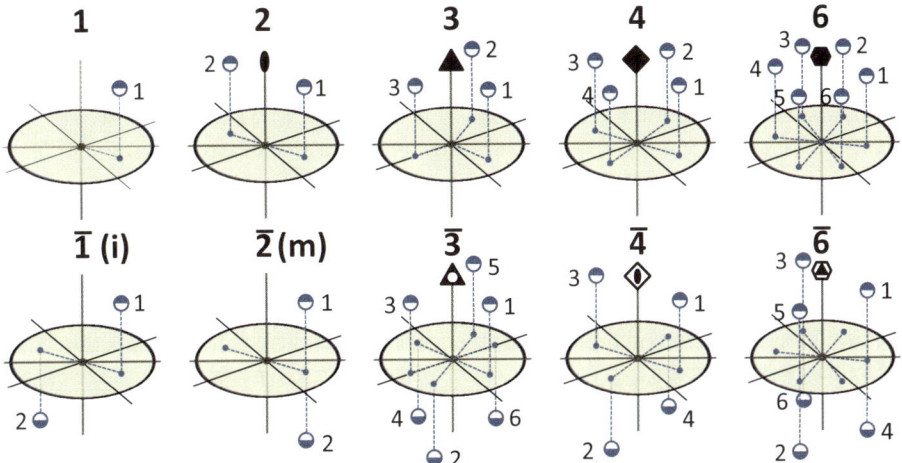

Abb. 1.7: Zur Veranschaulichung der zehn Symmetrieoperationen der Punktgruppe für ein dreidimensionales System. Es wird die in der Kristallographie übliche Symbolik verwendet.

2-, 3-, 4- und 6-zähligen Drehachsen, die wir mit den Symbolen 2, 3, 4 und 6 bezeichnen. Es kann streng bewiesen werden, dass für einen periodischen Kristall nur 2-, 3-, 4- und 6-zähligen Drehachsen möglich sind. Alle anderen Ordnungen von Drehachsen sind inkompatibel mit der Translationssymmetrie.

2. *Inversion:*
   Die Inversionssymmetrie wird durch die Koordinatentransformation $x' = -x$, $y' = -y$, $z' = -z$ beschrieben. Dies kann als eine **Punktspiegelung** an einem **Inversions-** oder **Symmetriezentrum** verstanden werden. Das Vorhandensein eines Inversionszentrums wird mit dem Symbol $\bar{1}$ oder i charakterisiert.

3. *Spiegelung an einer Ebene:*
   Bei der Spiegelung werden im Gegensatz zu einer Drehung nicht nur die Punkte auf einer Achse, sondern die Punkte auf einer ganzen Ebene festgehalten. Diese Symmetrieoperation kann mathematisch durch eine Koordinatentransformation ausgedrückt werden. Für die Spiegelung an der yz-Ebene gilt zum Beispiel die Transformation: $x' = -x$, $y' = y$, $z' = z$. Das Vorhandensein einer Spiegelebene in einer Kristallstruktur wird durch das Symbol $\bar{2}$ oder m charakterisiert.

Außer Drehachsen, der Spiegelebene und dem Inversionszentrum gibt es noch weitere Arten von Symmetrieoperationen mit konstantem Punkt, die sich aber aus den genannten durch sukzessives Ausführen zusammensetzen lassen. Dabei ist extrem wichtig, dass die einzelnen Symmetrieoperationen nicht notwendigerweise möglich sind. Die Definitionen dieser Symmetrieelemente sind bei der Hermann-Mauguin- und bei der Schönflies-Nomenklatur leider grundsätzlich unterschiedlich: (i) In der Schönflies-Nomenklatur werden n-zählige Drehspiegelachsen definiert. Einer Drehung um $2\pi/n$ folgt eine Spiegelung an der Ebene senkrecht zur Drehachse. Die Bezeichnung ist S_n. (ii) In der Hermann-Mauguin-Nomenklatur werden dagegen n-zählige Drehinversionsachsen eingeführt. Der Drehung um $2\pi/n$ folgt hier eine Punktspiegelung, die Bezeichnung ist $\bar{n}$.

4. *Drehinversion:*
   Wir können die Inversion mit einer Drehung um eine Achse durch das Inversionszentrum verknüpfen, um die neue Symmetrieoperation der Drehinversion zu erhalten. Sie wird charakterisiert durch die Symbole $\bar{1}, \bar{2}, \bar{3}, \bar{4}$ und $\bar{6}$. Da das Vorhandensein eines Inversionszentrums immer mit einer einzähligen Drehinversionsachse zusammenfällt, das heißt $i = \bar{1}$ gilt, wird das Symbol i meist nicht verwendet. Ferner kann die Spiegelung an einer Ebene durch eine *Drehinversion* um 180°, d. h. durch eine Drehung um $2\pi/2$ und anschließende Inversion, realisiert werden. Da also $m = \bar{2}$ gilt, wird auch das Symbol m oft nicht verwendet.

5. *Drehspiegelung:*
   Wir können eine Drehung mit anschließender Spiegelung an einer Ebene senkrecht zur Drehachse verknüpfen. S_1, d. h. $n = 1$, entspricht einer Drehung um 2π, die von einer Spiegelung gefolgt wird. Dies ist natürlich identisch ist mit eine einfachen Spiegelung, wobei die Spiegelebene senkrecht zur Drehspiegelachse erläuft. S_1 ist also kein neues Symmetrieelement sondern die altbekannte Spiegelung. Bei S_2, d. h. $n = 2$, folgt die Spiegelung auf eine Drehung um π, woraus wiederum ein schon bekanntes Symmetrieelement, nämlich die Inversion resultiert. S_3 bedeutet eine Drehung um $2\pi/3$, die von einer Spiegelung gefolgt wird. Das Ergebnis entspricht einer 3-zähligen Achse, auf der eine Spiegelebene senkrecht steht. Bei S_4 erfolgt die Drehung um $2\pi/4$ gefolgt von einer Spiegelung. Hieraus ergibt sich ein neues Symmetrieelement, das z. B. bei einem Tetraeder vorliegt. S_6 (Drehung um $2\pi/6$ und Spiegelung) entspricht zwar dem Vorliegen einer dreizähligen Drehachse mit zusätzlichem Inversionszentrum, wird aber trotzdem als eigenes Symbol eingeführt und verwendet. Es ist ein sehr wichtiges Symmetrieelement der anorganischen Chemie, das bei Oktaedern vorliegt.

Die 32 Kristallklassen Üblicherweise liegen in einem Kristall mehrere Symmetrieoperationen gleichzeitig vor. Mit gruppentheoretischen Methoden, auf die wir hier nicht näher eingehen können, kann allgemein gezeigt werden, dass die Menge aller Symmetrieoperationen die Eigenschaften einer mathematischen Gruppe, der so genannten Symmetriegruppe besitzt. Für dreidimensionale Gitter ist die Bildung von Symmetriegruppen aus den zehn Symmetrieoperationen der Punktgruppe genau auf 32 Möglichkeiten beschränkt.[11] Wir unterscheiden deshalb *32 Kristallklassen*, die in Tabelle 1.1 aufgelistet sind. Jeder Kristall kann aufgrund seiner Symmetrieeigenschaften eindeutig einer dieser 32 Kristallklassen zugeordnet werden.

Bezeichnungssysteme für Kristallklassen Für die Bezeichnung der Kristallklassen werden zur Zeit zwei äquivalente Bezeichnungssysteme, die **Schoenflies Notation** und die *internationale Notation* oder *Hermann-Mauguin-Symbolik*[12] verwendet. Bei der internationa-

---

[11] Zwei Symmetriegruppen sind identisch, wenn sie genau die gleichen Operationen enthalten. Zum Beispiel ist der Satz von Symmetrieoperationen eines Würfels identisch zu dem eines Oktaeders.

[12] Benannt ist diese Symbolik nach den beiden Kristallographen **Carl Hermann** (Professor für Kristallographie, geboren am 17. Juni 1898 in Wesermünde bei Bremerhaven, gestorben am 12. September 1961) und **Charles-Victor Mauguin** (Professor für Mineralogie, geboren am 19. Juli 1878 in Provins, Frankreich, gestorben am 25. April in 1958 in Villejuif, Frankreich).

1.1 Periodische Strukturen – Grundbegriffe und Definitionen

Tabelle 1.1: Zusammenstellung der 32 Kristallklassen. Für die Symbolik wird sowohl die Nomenklatur nach Hermann und Mauguin sowie nach Schoenflies verwendet.

#	Kristallsystem	Hermann und Mauguin		Schoenflies
		Kurzsymbol	Langsymbol	
1	triklin	1	1	$C_1 \; C_i$
2		$\bar{1}$	$\bar{1}$	
3	monoklin	2	121	$C_2 \; C_s \; C_{2h}$
4		m	$1m1$	
5		$2/m$	$1\,2/m\,1$	
6	orthorhombisch	222	222	$D_2 \; C_{2v} \; D_{2h}$
7		$mm2$	$mm2$	
8		mmm	$2/m\,2/m\,2/m$	
9	tetragonal	4	411	$C_4 \; S_4 \; C_{4h} \; D_4 \; C_{4v} \; D_{2d} \; D_{4h}$
10		$\bar{4}$	$\bar{4}$	
11		$4/m$	$4/m$	
12		422	422	
13		$4mm$	$4mm$	
14		$\bar{4}2m$	$\bar{4}2m$	
15		$4/mmm$	$4/m\,2/m\,2/m$	
16	trigonal	3	3	$C_3 \; C_{3i} \; D_3 \; C_{3v} \; D_{3d}$
17		$\bar{3}$	$\bar{3}$	
18		32	32	
19		$3m$	$3m$	
20		$\bar{3}m$	$\bar{3}\,2/m$	
21	hexagonal	6	6	$C_6 \; C_{3h} \; C_{6h} \; D_6 \; C_{6v} \; D_{3h} \; D_{6h}$
22		$\bar{6}$	$\bar{6}$	
23		$6/m$	$6/m$	
24		622	622	
25		$6mm$	$6mm$	
26		$\bar{6}2m$	$\bar{6}2m$	
27		$6/mmm$	$6/m\,2/m\,2/m$	
28	kubisch	23	23	$T \; T_h \; O \; T_d \; O_h$
29		$m\bar{3}$	$m\bar{3}$	
30		432	432	
31		$\bar{4}3m$	$\bar{4}3m$	
32		$m\bar{3}m$	$4/m\,\bar{3}\,2/m$	

len Bezeichnung werden Drehachsen bzw. Drehinversionsachsen sowie Spiegelebenen zur Kennzeichnung benutzt, wie wir bereits oben diskutiert haben. Die Schoenflies Notation, die häufig in der Gruppentheorie und der Spektroskopie verwendet wird, ist in Tabelle 1.2 zusammengefasst. Die Kennzeichnung erfolgt mit Hilfe von Hauptsymbolen, die die Zähligkeit der Drehachsen beinhalten. Zum Beispiel wird eine Kristallstruktur mit einer 6-zähligen Drehachse und zwei Spiegelebenen parallel zur Drehachse mit C_{6v} bezeichnet.

Bei der internationalen Nomenklatur sind drei Kategorien identisch zur Schönflies Notation:

1. n entspricht C_n, z. B. $6 \equiv C_6$.
2. nmm entspricht C_{nv}, z. B. $6mm \equiv C_{6v}$.
3. $n22$ entspricht D_n.

Tabelle 1.2: Die Schoenflies Notation für die Punktgruppen (*C* steht für „cyclic", *D* für „dihedral" und *S* für „Spiegel").

Symbol	Bedeutung
Klassifizierung nach Hauptdrehachsen und Spiegelebenen	
C_n	(n = 2, 3, 4, 6), n-zählige Drehachse
S_n	n-zählige Drehinversionsachse
D_n	n-zählige Drehachse senkrecht zu einer Hauptdrehachse
T	4 drei- und 3 zweizählige Drehachsen wie beim Tetraeder
O	3 vier- und 4 dreizählige Drehachsen wie beim Oktaeder
C_i	Inversionszentrum
C_s	Spiegelebene
zusätzliche Symbole für Spiegelebenen	
h	horizontal = senkrecht zur Drehachse
v	vertikal = parallel zur Drehachse
d	diagonal = parallel zur Hauptdrehachse in der Ebene, die die zweifachen Drehachsen halbiert

Bezüglich der anderen Kategorien existieren einige subtile Unterschiede, die wir hier nicht diskutieren wollen.[13] Im Allgemeinen bezeichnet bei der internationalen Notation das Symbol $\bar{n}$ eine Gruppe mit einer n-zähligen Drehinversionsachse, n/m eine Gruppe mit einer n-zähligen Drehachse und einer Spiegelebene parallel zur Hauptdrehachse, was bis auf einige Ausnahmen C_{nh} entspricht. Zur Veranschaulichung der Notationen sind in Abb. 1.8 einige Beispiele gezeigt.

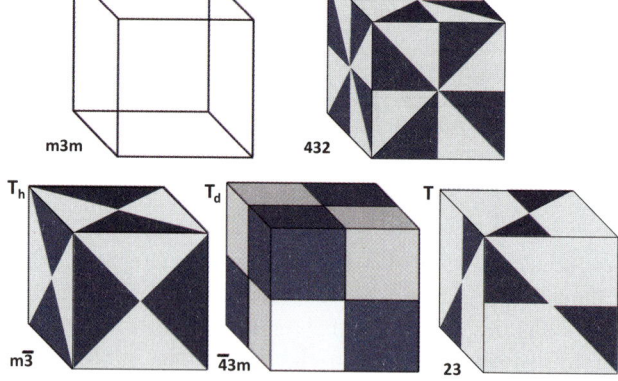

Abb. 1.8: Objekte mit der Symmetrie der fünf kubischen Punktgruppen. Oben neben dem Objekt steht die Schönflies-, unten die internationale Notation (Kurzsymbol).

Die 7 Kristallsysteme Sinnvollerweise wird für die Beschreibung von Kristallen und Kristallstrukturen kein kartesisches Koordinatensystem, sondern ein an das Kristallsystem angepasstes Koordinatensystem verwendet, mit dem die Beschreibung der Kristallsymmetrie besonders einfach wird.[14] Es kann gezeigt werden, dass es sinnvoll ist, genau sieben unter-

---

[13] W. Kleber, H.-J. Bautsch, J. Bohm, D. Klimm, *Einführung in die Kristallographie*, Oldenbourg Verlag, München (2010).

[14] J. J. Burckhardt, *Die Symmetrie der Kristalle*, Birkhäuser Verlag, Basel (1988).

schiedliche Koordinatensysteme zu verwenden, die in der Kristallographie als *Kristallsysteme* bezeichnet werden. Die sieben Kristallsysteme – triklin, monoklin, orthorhombisch, tetragonal, trigonal, hexagonal und kubisch – gehen auf **Christian Samuel Weiss**[15,16] zurück, der diese auf Grund der bei natürlichen Mineralkristallen beobachteten Lage der Symmetrieelemente zueinander erstmals abgeleitet hat. Jede Kristallklasse wird einem Kristallsystem zugeordnet (siehe hierzu Tabelle 1.1). Diejenige Punktgruppe (Kristallklasse) eines Kristallsystems mit der höchstmöglichen Symmetrie wird als so genannte *Holoedrie* und der entsprechende Kristallkörper als *Holoeder* bezeichnet. Entsprechend weist seine Form die höchstmögliche Anzahl an Kristallflächen auf und alle in seinem Kristallsystem möglichen Symmetrieelemente sind vorhanden. Ein Beispiel ist in Abb. 1.8 gezeigt. Von den 5 Kristallklassen des kubischen Kristallsystems besitzt dasjenige mit dem Kurzsymbol $m3m$ die höchste Symmetrie.

Die Wahl von an das Kristallsystem angepassten Koordinatensystemen erfordert Einschränkungen für die primitiven Gittervektoren, die in Tabelle 1.3 zusammengefasst sind. Ein wesentlicher Vorteil der Einführung der Kristallsysteme ist, dass dadurch alle Rotationsmatrizen der Symmetrieoperationen durch einfache 3×3-Matrizen beschrieben werden können. Als Beispiel betrachten wir das monokline Kristallsystem, zu dem die Kristallklassen 2, m und 2/m gehören. Für diese Kristallklassen ist eine Vorzugsrichtung die Richtung der zweizähligen Drehachse oder die Normale auf der Spiegelebene. Da im monoklinen Kristallsystem einer der Winkel (β in unserer Konvention) von 90° abweicht, gibt es in diesem System eine ausgezeichnete Richtung senkrecht zur Ebene, die von den Gittervektoren **a** und **c** aufgespannt wird, welche β einschließen. Diese Richtung, die parallel zum Gittervektor **b** ist, bezeichnet man als monokline Achse. Wir legen nun diese monokline Achse in die Vorzugsrichtung des monoklinen Kristallsystems. In diesem Fall können wir die symmetrieverwandten Positionen eines Atoms mit dem Ortsvektor **r** in einfacher Weise angeben:

$$\mathbf{r}' = \begin{pmatrix} -1 & 0 & 0 \\ 0 & 1 & 0 \\ 0 & 0 & -1 \end{pmatrix} \mathbf{r} \quad \text{(zweizählige Achse)} \tag{1.1.5}$$

$$\mathbf{r}' = \begin{pmatrix} 1 & 0 & 0 \\ 0 & -1 & 0 \\ 0 & 0 & 1 \end{pmatrix} \mathbf{r} \quad \text{(Spiegelebene)} \tag{1.1.6}$$

$$\mathbf{r}' = \begin{pmatrix} -1 & 0 & 0 \\ 0 & -1 & 0 \\ 0 & 0 & -1 \end{pmatrix} \mathbf{r} \quad \text{(Inversionszentrum)} \tag{1.1.7}$$

Hätten wir ein anderes Koordinatensystem gewählt, so hätten wir zwar auch 3×3-Matrizen für die Symmetrieoperationen erhalten, sie wären aber nicht so einfach gewesen. Wir sehen also, dass die mit dem monoklinen Kristallsystem verbundene Wahl des Koordinatensystems besonders für die betrachtete Kristallklassen 2, m und $2/m$ geeignet ist.

---

[15] **Christian Samuel Weiss**, geboren am 26. Februar 1780 in Leipzig; gestorben am 1. Oktober 1856 bei Eger in Böhmen, deutscher Mineraloge und Kristallograph.

[16] C. S. Weiss, *Über die natürlichen Abtheilungen der Crystallisationssysteme*, Abhandl. k. Akad. Wiss., Berlin 1814-1815, S. 290-336.

Tabelle 1.3: Die sieben Kristallsysteme im dreidimensionalen Raum. Die Anzahl der Gitter gibt die Anzahl der möglichen zentrierten Gitter an.

Kristallsystem	Anzahl der Gitter	Achsen und Winkel	Achsenzähligkeit
kubisch	3	$a = b = c$ $\alpha = \beta = \gamma = 90°$	3 (vier)
tetragonal	2	$a = b \neq c$ $\alpha = \beta = \gamma = 90°$	4
rhombisch	4	$a \neq b \neq c$ $\alpha = \beta = \gamma = 90°$	2 (zwei)
hexagonal	1	$a = b \neq c$ $\alpha = \beta = 90°, \gamma = 120°$	6
trigonal (rhomboedrische Aufstellung)	1	$a = b = c$ $\alpha = \beta = \gamma < 120°, \neq 90°$	3
monoklin	2	$a \neq b \neq c$ $\alpha = \gamma = 90° \neq \beta$	2
triklin	1	$a \neq b \neq c$ $\alpha \neq \beta \neq \gamma$	1

1.1.2.3 Symmetrieoperationen der Raumgruppe

Wir haben bisher nur die Symmetrieoperationen der Punktgruppe betrachtet, die mindestens einen ortsfesten Punkt besitzen. Lassen wir diese Einschränkung fallen, können wir Symmetrieoperationen der *Translationsgruppe* hinzufügen. Durch das Zulassen translativer Symmetrieoperationen – daraus ergeben sich z. B. Gleitspiegelebenen und Schraubenachsen – und den Gittertranslationen ergibt sich eine Vielzahl neuer Symmetriegruppen, die wir als *Raumgruppen* bezeichnen. Wir erhalten insgesamt 230 unterschiedliche Raumgruppen. Die Bestimmung der 230 möglichen Raumgruppen (bzw. Raumgruppentypen) erfolgte 1891 unabhängig voneinander durch **Arthur Moritz Schoenflies**[17,18] und **Jewgraf Stepanowitsch Fjodorow**.[19,20]

Bei der Betrachtung von Symmetrieoperationen ist es wichtig sich klar zu machen, dass die Basis nicht unbedingt die volle Symmetrie des Gitters haben muss. Würden wir für die Basis eine Kugelsymmetrie (höchste Symmetrie) annehmen, so würden wir gerade 14 Raumgruppen erhalten. Die entsprechenden 14 Gittertypen nennen wir *Bravais-Gitter*. Die zu den sieben fundamentalen, oben genannten Gittern aus Symmetrieüberlegungen hinzukommenden weiteren sieben Gitter sind *zentrierte Gitter*. Im Gegensatz zu den primitiven Gittern enthalten sie im Inneren der Einheitszellen einen oder mehrere zusätzliche Gitterpunkte. Hat die Basis nicht die volle Symmetrie des Gitters, so wird die Anzahl der möglichen Raumgruppen stark vergrößert bis maximal auf 230.

Um uns den Einfluss der Basis klar zu machen, betrachten wir ein kubisches Gitter. In Abb. 1.9(a) ist die verwendete Basis mit der kubischen Symmetrie verträglich, während dies

---

[17] **Arthur Moritz Schoenflies**, Mathematiker, geboren am 17. April 1853 in Landsberg an der Warthe (heute Gorzów Polen), gestorben am 27. Mai 1928 in Frankfurt am Main.

[18] Arthur Schoenflies, *Synthetisch-geometrische Untersuchungen über Flächen zweiten Grades und eine aus ihnen abgeleitete Regelfläche*, Dissertation, Friedrich-Wilhelms-Universität zu Berlin (1877).

[19] **Jewgraf Stepanowitsch Fjodorow**, russischer Kristallograph und Mineraloge, geboren am 22. Dezember 1853 in Orenburg, gestorben am 21. Mai 1919 in Petrograd.

[20] J. S. Fedorov, *Symmetry of crystals*, übersetzt aus dem Russischen von David und Katherine Harker, New York, American Crystallographic Association, Monograph 7, (1971).

1.1 Periodische Strukturen – Grundbegriffe und Definitionen

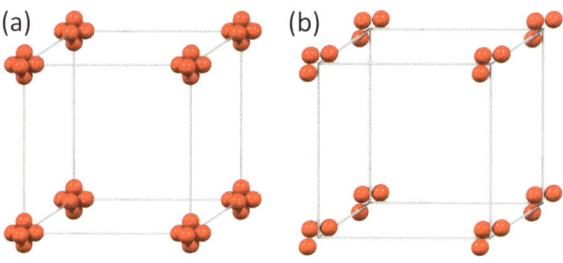

Abb. 1.9: Kubische Elementarzellen mit Basen unterschiedlicher Symmetrie: (a) mit der kubischen Symmetrie verträgliche Basiskonfiguration, (b) mit der kubischen Symmetrie nicht verträgliche Basiskonfiguration.

in Abb. 1.9(b) nicht der Fall ist. In Abb. 1.9(a) finden wir zusätzlich zu den vier dreizähligen Drehachsen, die wir für das kubische System gefordert haben, noch drei vierzählige Drehachsen und Spiegelebenen. Wir können uns auch noch andere Basiskonfigurationen überlegen, die neben den vier dreizähligen Achsen noch weitere Symmetrieelemente aufweisen. In Abb. 1.9(b) finden wir nur noch zwei zweizählige Drehachsen und eine geringere Zahl von Spiegelebenen. Eine systematische Analyse ergibt gerade, dass es insgesamt fünf verschiedene Anordnungen gibt, so dass wir das kubische Kristallsystem in fünf *Kristallklassen* unterteilen können (siehe hierzu Tabelle 1.1). Entsprechende Überlegungen können wir für die anderen Kristallsysteme durchführen. Zählen wir dann die möglichen Punktgruppen bzw. Kristallklassen ab, deren Symmetrieoperationen eine allgemeine Kristallstruktur in sich selbst überführen, wobei ein Punkt festgehalten wird, so erhalten wir die Zahl 32. Diese Zahl muss mit den 7 kristallographischen Punktgruppen (Kristallsystemen) verglichen werden, die wir erhalten, wenn wir für die Basis die volle Symmetrie des Gitters annehmen. Die möglichen Zahlen für die Punkt- und Raumgruppen sind in Tabelle 1.4 zusammengefasst.

	Bravais-Gitter (kugelsymmetrische Basis)	Kristallstrukturen (Basis mit beliebiger Symmetrie)
Punktgruppen	7 Kristallsysteme	32 Kristallklassen
Raumgruppen	14 Bravais-Gitter	230 Raumgruppen

Tabelle 1.4: Die kristallographischen Punkt- und Raumgruppen.

Natürlich muss ein Festkörperphysiker nicht alle 32 Kristallklassen und 230 Raumgruppen parat haben, er muss nur von ihrer Existenz wissen. In der Praxis beschäftigt man sich meist nur mit wenigen konkreten Fällen und man braucht nicht alle möglichen Situationen auf Vorrat lernen. In zwei Dimensionen gibt es nur 10 Kristallklassen und 17 Raumgruppen.

Die vierzehn Bravais-Gitter Wir betrachten nun genauer den Fall, dass wir zu allen Symmetrieoperationen der Punktgruppe (mindestens) einen universellen Translationsvektor des Gitters hinzufügen. Zu beachten ist dabei, dass wir dadurch unter Umständen keine primitive Basis mehr erhalten. Es ist dann nötig zusätzlich zum Kristallsystem noch die *Zentrierung* anzugeben. Gitter mit dieser Eigenschaft heißen *zentrierte Gitter*, nicht-zentrierte Gitter nennen wir *primitiv* und bezeichnen sie mit dem Gittersymbol *P*. Es wurde von **Auguste Bravais** gezeigt, dass man bei der Anwendung aller möglichen Zentrierungen zu insgesamt **14 Gittertypen** kommt, die nach ihm als *Bravais-Gitter* bezeichnet werden.[21] **Auguste**

---

[21] Diese Zählung wurde zwar zuerst von **M. L. Frankheim** im Jahr 1842 durchgeführt. Allerdings erhielt Frankheim mit 15 verschiedenen Gittern ein falsches Ergebnis.

Bravais[22] war schließlich im Jahr 1845 der erste, der die Anzahl der verschiedenen Bravais-Gitter mit 14 richtig bestimmte. Das heißt, vom Standpunkt der Symmetrie aus betrachtet müssen wir nur *14 Bravais-Gitter* unterscheiden. Unter den zentrierten Gittern unterscheiden wir zwischen einseitig *flächen-* oder *basiszentrierten* Gittern, die wir mit den Symbolen A, B, C bezeichnen, je nachdem welche Fläche der Elementarzelle betroffen ist. *Allseitig flächenzentrierte Gitter* bezeichnen wir mit dem Symbol F und *innenzentrierte Gitter* mit dem Symbol I (vergleiche Abb. 1.11). Ein zentriertes Gitter können wir uns aus mehreren primitiven Gittern entstanden denken, die gegeneinander durch einen universellen Translationsvektor verschoben sind. Beim innenzentrierten Gitter ist der universelle Translationsvektor eine halbe Raumdiagonale und das zentrierte Gitter ist zweifach primitiv. Beim allseitig flächenzentrierten Gitter sind alle halben Flächendiagonalen universelle Translationsvektoren und das resultierende zentrierte Gitter ist dann vierfach primitiv.[23]

Die Verwendung von zentrierten Gittern ist sinnvoll, weil in vielen Fällen die primitiven Elementarzellen die Symmetrie der Punktgitter nicht zum Ausdruck bringen. Ein Beispiel dafür ist in Abb. 1.10 gezeigt. Würden wir die durch die primitiven Gittervektoren $\mathbf{a}'$ und $\mathbf{b}'$ aufgespannte primitive Gitterzelle zugrundelegen, so würden wir ein schiefwinkliges Gitter vermuten. Die vorliegende Symmetrie wird viel besser durch das mit den Gittervektoren $\mathbf{a}$ und $\mathbf{b}$ aufgespannte innenzentrierte Rechteckgitter beschrieben. Der von $\mathbf{a}$ und $\mathbf{b}$ eingeschlossene Winkel beträgt 90° und es treten zusätzlich noch zwei Spiegelebenen auf.

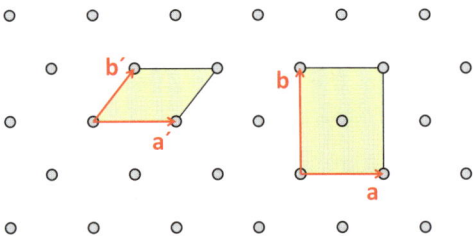

Abb. 1.10: Zur Verwendung von zentrierten Gittern: Die von $\mathbf{a}'$ und $\mathbf{b}'$ aufgespannte primitive Gitterzelle spiegelt im Gegensatz zur der von $\mathbf{a}$ und $\mathbf{b}$ aufgespannten, nicht-primitiven rechteckigen Zelle nicht die volle Symmetrie des Gitters wider.

Wir haben bei der Diskussion der 7 Kristallsysteme bereits darauf hingewiesen, dass es sinnvoll ist, für jedes Kristallsystem ein an die Symmetrie angepasstes Koordinatensystem zu verwenden. Wir führen also für jedes Kristallsystem ein ganz bestimmtes Bezugssystem ein, welches durch die drei *Kristallachsen* mit den Längeneinheiten a, b und c und den Achsenwinkeln α, β und γ gegeben ist. Eine Zusammenstellung der Kristallachsen und der Achsenwinkel ist in Tabelle 1.3 gegeben. Durch die Kristallachsen wird ein Parallelepiped, die so genannte *Einheitszelle* aufgespannt. Die Länge a, b und c der Kristallachsen bezeichnen wir als *Gitterkonstanten*. Wir wollen im Folgenden die sieben Kristallsysteme und die ihnen zugeordneten Bravais-Gitter anhand von Abb. 1.11 kurz diskutieren.

---

[22] **Auguste Bravais**, geboren am 23. August 1811 in Annonay, gestorben am 30. März 1863 in Versailles.

[23] Ein Sonderfall liegt beim hexagonalen System vor. Dort ist ein dreifach primitives zentriertes Gitter möglich, das aber durch Transformation der hexagonalen Elementarzelle in eine rhomboedrische Elementarzelle in ein primitives Gitter übergeht. Ein solches Gitter nennen wir rhomboedrisch und kennzeichnen es mit dem Symbol R.

1.1 Periodische Strukturen – Grundbegriffe und Definitionen

Kristallsystem — **zugehörige Bravais-Gitter**

1. kubisch — P, I, F
2. tetragonal — P, I
3. rhombisch — P, I, C, F
4. hexagonal
5. trigonal — P
6. monoklin — P, C
7. triklin — P

4 Arten von Einheitszellen:
- **P** = primitiv
- **I** = raumzentriert
- **F** = flächenzentriert
- **C** = basiszentriert

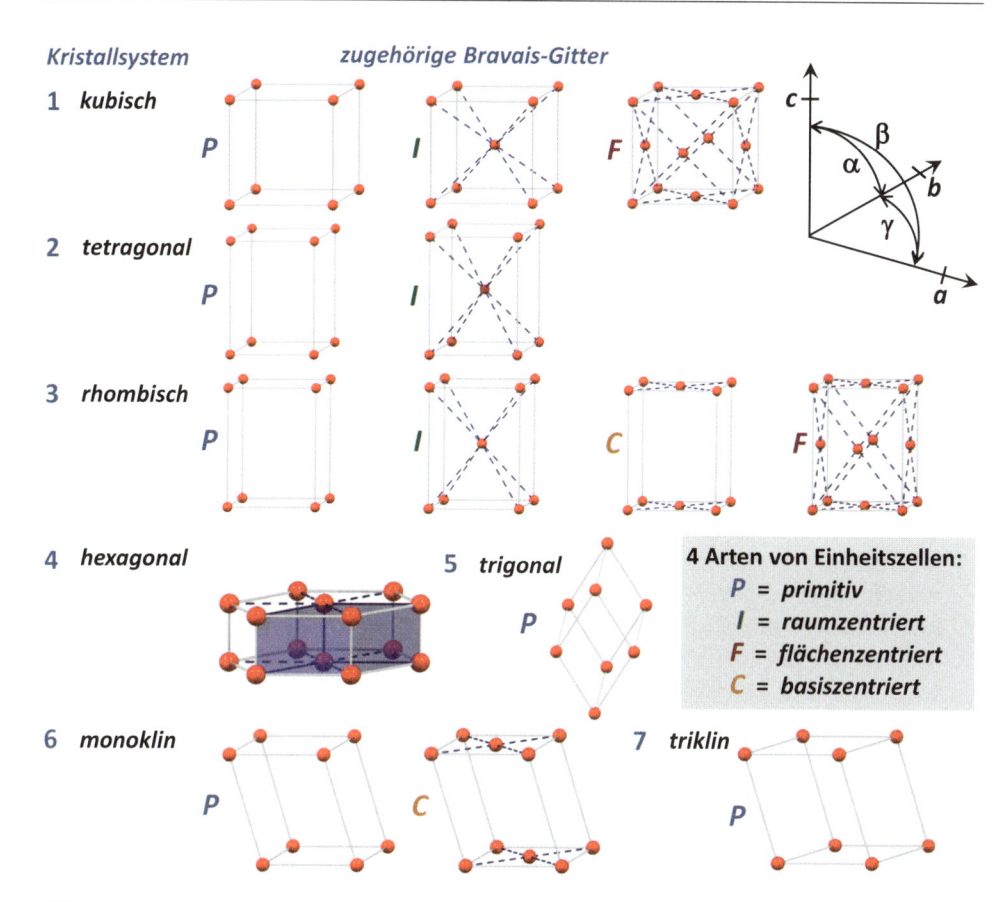

Abb. 1.11: Die 14 Bravais-Gitter. Die Elementarzelle des hexagonalen Gitters ist primitiv und umfasst nur das blau schattierte reguläre Prisma.

1. *kubisches Kristallsystem (3)* — $a = b = c$, $\alpha = \beta = \gamma = 90°$:
   Das kubische Kristallsystem oder auch kubisches Gitter weist unter den sieben Kristallsystemen die höchste Symmetrie auf. Das Koordinatensystem ist rechtwinklig, die Achsen sind alle gleich lang, d. h. vertauschbar. Die Symmetrieelemente, welche das Kristallsystem definieren, sind vier dreizählige Achsen durch die Raumdiagonalen. Das kubische Kristallsystem besitzt ferner drei aufeinander senkrecht stehende vierzählige Drehachsen durch die Würfelflächen und sechs zweizählige Drehachsen durch die Mittelpunkte gegenüberliegender Würfelkanten. Diese Symmetrieelemente treten aber auch in Kristallsystemen mit niedriger Symmetrie auf, z.B. im tetragonalen System. Das kubische Kristallsystem enthält diejenigen Bravais-Gitter, deren Punktgruppe genau derjenigen eines Würfels entspricht. Drei Bravais-Gitter mit nichtäquivalenten Raumgruppen haben die gleiche kubische Punktgruppe: (i) *einfach kubisch*, (ii) *kubisch raumzentriert* (bcc: body-centered cubic) und (iii) *kubisch flächenzentriert* (fcc: face-centered cubic).
2. *Tetragonales Kristallsystem (2)* — $a = b \neq c$, $\alpha = \beta = \gamma = 90°$:
   Wir können die kubische Symmetrie reduzieren, indem wir zwei entgegengesetzte Flächen auseinanderziehen, so dass z. B. $a = b \neq c$. Die erhaltene Symmetriegruppe ist die

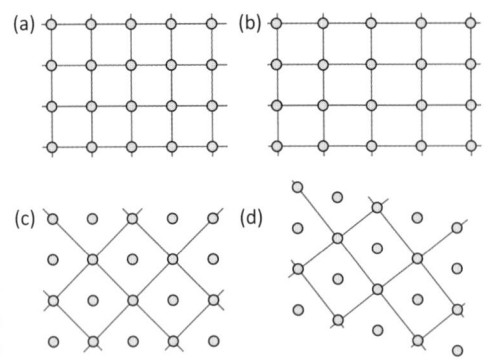

Abb. 1.12: Zwei Arten, das gleiche primitive tetragonale Gitter zu verformen (die c-Achse zeigt aus der Papierebene).

tetragonale Gruppe. Beim tetragonalen Kristallsystem ist das Koordinatensystem wie auch bei dem kubischen und dem rhombischen Kristallsystem rechtwinklig, jedoch sind hier genau zwei Achsen des Achsenkreuzes gleich lang. Das definierende Symmetrieelement ist eine vierzählige Achse parallel zu c. Durch Dehnen des primitiven kubischen Bravais-Gitters erhalten wir das primitive tetragonale Gitter. Dehnen wir das kubisch raumzentrierte oder flächenzentrierte Gitter, so erhalten wir das raumzentrierte tetragonale Gitter. Es stellt sich natürlich die Frage, warum es kein basiszentriertes tetragonales Gitter gibt. Wir können uns aber leicht überzeugen, dass bei einer anderen Wahl der Kristallachsen ein basiszentriertes tetragonales Gitter in ein primitives tetragonales Gitter übergeht. Dies erkennen wir zum Beispiel aus Abb. 1.12a und c. Durch eine andere Wahl der Kristallachsen geht das basiszentrierte Gitter in (c) in ein primitives Gitter in (a) über.

3. *Rhombisches Kristallsystem (4) — $a \neq b \neq c$, $\alpha = \beta = \gamma = 90°$:*
Das orthorhombische Kristallsystem ist ein rechtwinkliges Kristallsystem mit drei 90°-Winkeln, jedoch ohne gleichlange Achsen ($a \neq b \neq c$). Die definierenden Symmetrieelemente sind drei aufeinander senkrecht stehende zweizählige Achsen oder Spiegelebenen. Wir unterscheiden bei diesem Kristallsystem entsprechend dem Bravais-Gitter zwischen dem rhombisch-primitiven, dem rhombisch-basiszentrierten, dem rhombisch-raumzentrierten und dem rhombisch-flächenzentrierten Gitter.

Das primitive rhombische Gitter erhalten wir, indem wir das primitive tetragonale Gitter entlang einer der a-Achsen dehnen. Dehnen wir es dagegen entlang der Raumdiagonalen in der Basisebene, so erhalten wir das basiszentrierte rhombische Gitter. Dies ist in Abb. 1.12 gezeigt. In (a) sind die Verbindungslinien so gezeichnet, um hervorzuheben, dass die Punkte in der Basisebene als einfaches quadratisches Gitter aufgefasst werden können. Dehnt man entlang einer Kante, erhält man ein Rechteckgitter in der Basisebene. Ihre Stapelung in c-Achsenrichtung führt zu einem primitiven rhombischen Gitter. In (c) sind die Linien so gezeichnet, um deutlich zu machen, dass dasselbe Punktgitter als zentriertes quadratisches Gitter aufgefasst werden kann. Dehnen wir entlang einer der Linien, so erhalten wir ein zentriertes Rechteckgitter in der Basisebene (d). Die Stapelung in c-Achsenrichtung führt zu einem basiszentrierten rhombischen Gitter. Das raumzentrierte und das flächenzentrierte rhombische Gitter erhalten wir in gleicher Weise durch Dehnung des zentrierten tetragonalen Gitters entlang einer der a-Achsen bzw. entlang einer Raumdiagonalen in der Basisebene.

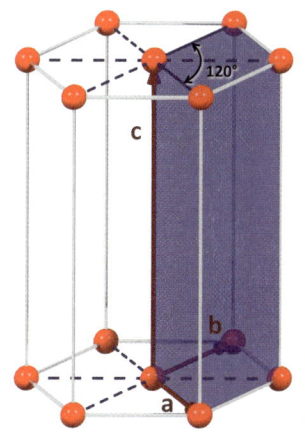

Abb. 1.13: Das hexagonale Kristallgitter: Die Verbindungslinien benachbarter Gitterpunkte bilden einen Körper mit sechseckiger Grundfläche und Deckfläche. Die primitive Gitterzelle ist farbig markiert.

4. *Hexagonales Kristallsystem (1) — $a = b \neq c$, $\alpha = \beta = 90°$, $\gamma = 120°$:*
   Beim hexagonalen Gitter bilden die Verbindungslinien benachbarter Gitterpunkte einen Körper mit sechseckiger Grundfläche und Deckfläche. Das einzige Gitter dieses Systems ist das primitive hexagonale Gitter. Es hat als Einheitszelle ein rechtwinkliges Prisma mit einer Raute als Grundfläche (siehe Abb. 1.13). Es sei hier darauf hingewiesen, dass ein Kristall mit einer $\bar{6}$-Achse auch als hexagonal bezeichnet wird, obwohl er nur eine dreizählige Drehachse besitzt. Dies ist dann von Bedeutung, wenn der betrachtete Kristall keine einfache Basis besitzt.
5. *Rhomboedrisches oder trigonales Kristallsystem (1) — $a = b = c$, $\alpha = \beta = \gamma \neq 90°$:*
   Die trigonale Punktgruppe beschreibt die Symmetrie eines Objekts, das wir durch Dehnung eines Würfels entlang einer Raumdiagonalen erhalten. Das Raumgitter, das wir auf diese Weise durch Dehnung jedes der drei kubischen Bravais-Gitter erhalten, ist das primitive trigonale Raumgitter. Im Gegensatz zum kubischen Kristallsystem besitzt das trigonale Kristallsystem nicht vier sondern nur noch eine dreizählige Drehachse. Das trigonale Kristallsystem ist eng verwandt mit dem hexagonalen Kristallsystem. Die Unterscheidung zwischen trigonalem und hexagonalem Kristallsystem erfolgt nur durch die auftretenden Symmetrieelemente der Kristallklasse beziehungsweise Raumgruppe der Kristallstruktur. Treten nur dreizählige Symmetrieachsen (Hermann-Mauguin-Symbol 3) beziehungsweise dreizählige Drehinversionsachsen (Symbol $\bar{3}$) parallel zur kristallographischen c-Achse auf, spricht man von der Zugehörigkeit zum trigonalen Kristallsystem. Im hexagonalen Kristallsystem treten dagegen sechszählige Symmetrieachsen (Symbol 6) bzw. sechszählige Drehinversionsachsen (Symbol $\bar{6}$) auf.
   Für das trigonale Kristallsystem sind zwei Koordinatenaufstellungen gebräuchlich: entweder drei gleich lange Basisvektoren und drei gleiche Winkel ($a = b = c$, $\alpha = \beta = \gamma \neq 90°$: rhomboedrische Aufstellung) oder eine Aufstellung wie im hexagonalen Kristallsystem ($a = b \neq c$, $\alpha = \beta = 90°$, $\gamma = 120°$: hexagonale Aufstellung), aber mit rhomboedrischer Zentrierung. Während im hexagonalen Kristallsystem nur eine primitive Zentrierung des Bravais-Gitters auftreten kann, kann bei trigonaler Symmetrie das Bravais-Gitter also auch rhomboedrisch zentriert sein (*R*-zentriert oder rhomboedrische Aufstellung). Im Fall einer rhomboedrischen Zentrierung des Bravais-Gitters, sprechen wir dann von einem rhomboedrischen Kristallsystem.

6. *Monoklines Kristallsystem (2)* — $a \neq b \neq c$, $\alpha = \gamma = 90° \neq \beta$:
   Wir können die rhombische Symmetrie erniedrigen, indem wir den Winkel β zwischen a- und c-Achse von 90° abweichen lassen. Die erhaltene Symmetriegruppe ist die monokline Gruppe, die ihren Namen von dieser Neigung erhalten hat. Es gibt zwei monokline Bravais-Gitter, das monoklin primitive Gitter und das monoklin basiszentrierte Gitter. Das primitive monokline Gitter erhält man aus der Verzerrung des primitiven rhombischen Gitters. Durch Verzerrung des basiszentrierten rhombischen Gitters erhalten wir ebenfalls ein primitives monoklines Gitter. Verzerren wir das flächen- oder raumzentrierte rhombische Gitter, so erhalten wir in beiden Fällen ein basiszentriertes monoklines Bravais-Gitter. Die Einheitszellen des basiszentrierten Gitters besitzen Gitterpunkte in den Mittelpunkten der ab-Ebene.
7. *Triklines Kristallsystem (1)* — $a \neq b \neq c$, $\alpha \neq \beta \neq \gamma$:
   Es gibt nur ein triklines Raumgitter, das primitive trikline Gitter.

Die sieben Kristallsysteme und vierzehn Bravais-Gitter erschöpfen die Möglichkeiten. Dies ist natürlich nicht evident und schwierig zu beweisen. Für die Praxis ist es aber nicht relevant zu verstehen, warum dies die einzigen unterscheidbaren Gittertypen sind. Es soll uns hier genügen zu wissen, warum diese Kategorien existieren und was sie sind.[24]

1.1.3 Richtungen und Ebenen in Kristallen

Eine Ebene in einem Kristall, die mit Gitterpunkten besetzt ist, bezeichnen wir als *Netzebene*. Wir könnten die Orientientierung dieser Ebene durch die Schnittpunkte der Ebene mit den drei Kristallachsen klassifizieren. Geben wir diese Schnittpunkte in Einheiten der Gitterkonstanten an, so wäre jede Ebene eindeutig durch ein Zahlentripel festgelegt. Dieses Verfahren hat den Nachteil, dass kristallographisch äquivalente Ebenen, deren Achsenabschnitte sich nur um einen ganzzahligen Faktor unterscheiden, unterschiedliche Zahlentripel besitzen würden. In der Kristallographie wählt man deshalb ein anderes Bezeichnugsverfahren, bei dem parallele Ebenen alle die gleichen Zahlentripel besitzen. Man geht dabei wie folgt vor:

- Bestimme die Schnittpunkte der Ebene mit den Kristallachsen in Einheiten der Gitterkonstanten a, b und c.
- Bilde den Kehrwert dieser Zahlen und reduziere diese Brüche zu drei ganzen Zahlen (und zwar den kleinstmöglichen) mit dem gleichen Verhältnis. Der Sinn und Zweck der Kehrwertbildung wird uns erst klar, wenn wir das reziproke Gitter diskutieren.

Sind die Schnittpunkte einer Ebene zum Beispiel $4a$, b und $2c$, so sind die entsprechenden Kehrwerte $\frac{1}{4}$, $\frac{1}{1}$ und $\frac{1}{2}$ und somit die kleinsten ganzen Zahlen mit dem gleichen Verhältnis 1, 4 und 2. Die Ebene ist dann durch das Zahlentripel (142) charakterisiert. Die Zahlentripel $(hk\ell)$ werden als *Millersche Indizes*[25] bezeichnet. Für einen Schnittpunkt, der im Unendlichen liegt, wird der entsprechende Index 0. Liegt der Schnittpunkt einer Ebene bei

---

[24] W. Kleber, H.-J. Bautsch, J. Bohm, D. Klimm, *Einführung in die Kristallographie*, Oldenbourg Verlag, München (2010).

[25] nach **William Hallowes Miller**, geboren am 6. April 1801 in Llandovery, Carmarthenshire, gestorben am 20. Mai 1880 in Cambridge, England, britischer Mineraloge und Kristallograph.

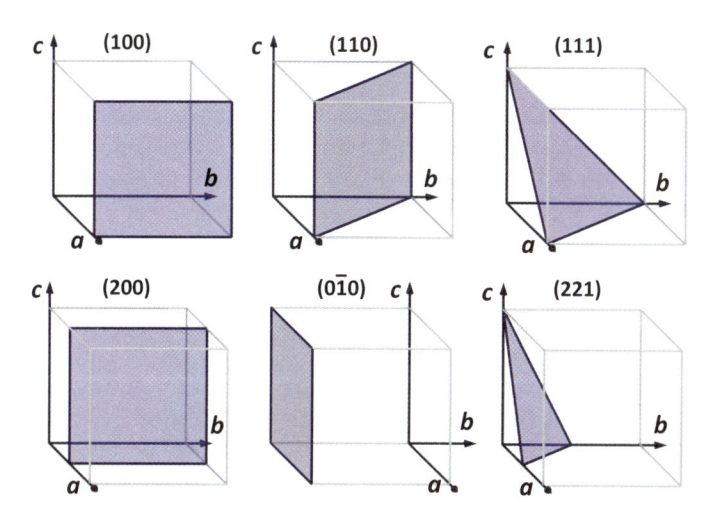

1.1 Periodische Strukturen – Grundbegriffe und Definitionen

Abb. 1.14: Millersche Indizes für einige Ebenen in einem kubischen Kristall. Die (200)-Ebene ist zwar parallel zur (100)-Ebene, ist aber nicht äquivalent zu dieser.

einem negativen Wert, so wird dies durch einen Querstrich über dem betreffenden Index angezeigt, z. B. ($1\bar{4}2$). Einige Beispiele sind in Abb. 1.14 gezeigt. Wichtig ist, dass ein einziges Zahlentripel nicht nur eine bestimmte Ebene, sondern einen ganzen Satz von (unendlich vielen) parallelen Ebenen bezeichnet. Erscheinen die Millerschen Indizes in geschweiften Klammern, dann beziehen sie sich auf äquivalente Ebenen in einem Kristall. Zum Beispiel werden sämtliche Oberflächen eines Würfels mit dem Symbol {100} charakterisiert, obwohl ihre Millerschen Indizes unterschiedlich sind.

In gleicher Weise wie Kristallebenen können wir auch Richtungen klassifizieren. Die Indizes [uvw] einer Kristallrichtung sind durch den Satz kleinster ganzer Zahlen gegeben, die das gleiche Verhältnis haben wie die Komponenten eines Vektors $\mathbf{R} = u\hat{\mathbf{a}} + v\hat{\mathbf{b}} + w\hat{\mathbf{c}}$ in diese Richtung bezüglich der Kristallachsen. Wird eine Richtung zum Beispiel durch die Vektorkomponenten $8a$, $4b$ und $2c$ charakterisiert, so bezeichnen wir dies Richtung mit den Indizes [421].

Für Kristalle mit einem hexagonalen Kristallgitter liefern die Millerschen Indizes, wenn wir sie nach dem obigen Verfahren bestimmen, unter Umständen unterschiedliche Werte. So sind z. B. die in Abb. 1.15 gezeigten Ebenen ($1\bar{1}0$) und (100) völlig äquivalente Prismenflächen. Man geht deshalb bei der Beschreibung von Kristallflächen in solchen Systemen von 4 Achsen aus. In Abb. 1.15 sind sie durch a_1, a_2, a_3 und c gekennzeichnet. Die Indizes $hki\ell$ erhalten wir wie oben bereits geschrieben. Es gilt dabei

$$i = -(h+k). \qquad (1.1.8)$$

Bei der Kennzeichnung von Kristallrichtungen verfahren wir in analoger Weise, wobei wir bei der Wahl der Indizes darauf achten müssen, dass (1.1.8) erfüllt ist.

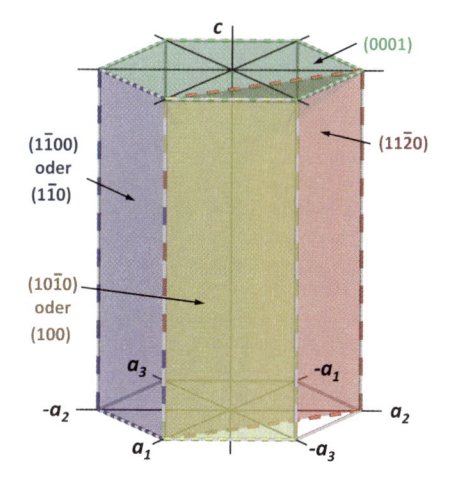

Abb. 1.15: Indizierung der Netzebenen in einem hexagonalen Gitter.

1.1.4 Quasikristalle

Wir haben in Abschnitt 1.1.2 bereits darauf hingewiesen, dass wir zwar auf jeden Gitterpunkt eines Bravais-Gitters ein Molekül mit einer fünfzähligen Rotationsachse setzen können, das Gitter dagegen keine fünfzählige Achse besitzen kann. Abb. 1.16 zeigt, was passiert, wenn wir versuchen ein periodisches Gitter mit Strukturelementen zu konstruieren, die eine fünfzählige Symmetrie aufweisen. Wir sehen sofort, dass die Fünfecke nicht zusammenpassen und wir deshalb den Raum nicht vollständig mit diesen Elementen ausfüllen können.[26] Wir erhalten ein geordnetes Gebilde, das einer quasiperiodischen Anordnung von zwei verschiedenen Strukturelementen entspricht. Wir nennen ein solches Gebilde einen *Quasikristall*.

In Quasikristallen sind die Atome bzw. Moleküle zwar scheinbar regelmäßig angeordnet, eine nähere Betrachtung zeigt aber, dass in Wahrheit eine aperiodische Struktur vorliegt. Experimentell entdeckt wurden die Quasikristalle im Jahr 1984 von **Daniel Shechtman**,[27] dem dafür 2011 der Nobelpreis für Chemie verliehen wurde. Er fand bei der Kristallstrukturanalyse einer schnell abgekühlten Aluminium-Mangan-Legierung (14% Mangan) eine ungewöhnliche Struktur, welche bei Elektronenbeugungsaufnahmen scharfe Bragg-Reflexe zeigte und die Symmetrie eines Ikosaeders besaß. Dies ist für kristalline Substanzen sehr ungewöhnlich, da bei dieser Symmetrie keine Gitterverschiebungen möglich sind und damit keine periodische Struktur, wie sie für die Definition eines Kristalls nötig ist, vorliegt. Wesentlich zum Verständnis diesen Befunds trugen **Paul Steinhardt** und **Dov Levine** bei, die für diesen neuen Phasentyp den Begriff *Quasikristall* prägten.[28]

Wir wollen uns zunächst die wesentlichen Unterschiede zwischen einem Kristall und einem Quasikristall klar machen. Wir wissen, dass in einem normalen Kristall die Atome bzw. Basiseinheiten in einer periodischen Struktur angeordnet sind. Diese wiederholt sich in jeder der drei Raumrichtungen. Jede Gitterzelle ist von Zellen umgeben, die ein identisches Muster

Abb. 1.16: Ein Quasikristall ist eine quasiperiodische Anordnung von zwei verschiedenen Strukturelementen. Mit Fünfecken alleine kann die Fläche nicht vollkommen ausgefüllt werden. Gezeigt ist eine so genannte Penrose-Parkettierung, die von Roger Penrose und Robert Ammann im Jahr 1973 entdeckt wurde. Mit ihr kann eine Ebene lückenlos parkettiert werden, ohne dass sich dabei ein Grundschema periodisch wiederholt.

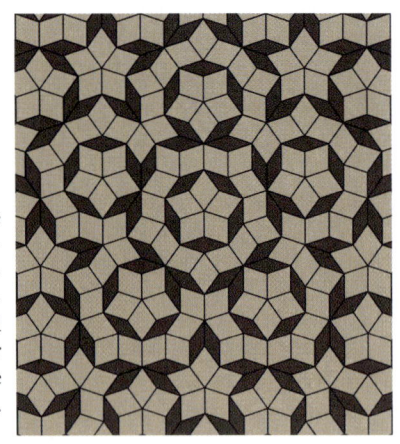

---

[26] siehe zum Beispiel Johannes Kepler in *Harmonice Mundi* (1619).

[27] D. Shechtman, I. Blech, D. Gratias, J. Cahn, *Metallic Phase with Long-Range Orientational Order and No Translational Symmetry*, Phys. Rev. Lett. **53**, 1951–1953 (1984).

[28] D. Levine, P. Steinhardt, *Quasicrystals: A New Class of Ordered Structures*, Phys. Rev. Lett. **53**, 2477–2480 (1984).

Daniel Shechtman, Nobelpreis für Chemie 2011

Daniel Shechtman wurde am 24. Januar 1941 in Tel Aviv geboren. Seine Großeltern waren Anfang des 20. Jahrhunderts von Russland nach Israel emigriert. Er studierte am Israel Institute of Technology (Technion) in Haifa, wo er nach einem Bachelor- (1966) und einem Master-Abschluss (1968) im Jahr 1972 im Bereich Materialwissenschaften promovierte.

Nach seiner Promotion arbeitete Shechtman als Stipendiat des National Research Council im Forschungslabor des Luftwaffenstützpunkts Wright Patterson im US-Bundesstaat Ohio. Drei Jahre beschäftigte er sich dort mit der Mikrostruktur und der Metallkunde von intermetallischen Verbindungen aus Titan und Aluminium. Im Jahr 1975 kehrte er nach Israel zurück und wurde in der Abteilung für Materialwissenschaft des Technions tätig, wo er über die Jahre vom Dozenten zum leitenden Professor (Distinguished Professor, ab 1998) aufstieg. Während eines Sabbaticals arbeitete er 1981–1983 an der Johns Hopkins University, wo er sich mit schnell abgekühlten Übergangsmetalllegierungen auf Al-Basis beschäftigte. Dabei entdeckte er die icosaedrische Phase und eröffnete dadurch das neue Forschungsfeld der Quasikristalle. Seit 2004 arbeitet Shechtman teilweise an der Iowa State University in Ames. Im Jahr 2011 erhielt er den Nobelpreis für Chemie *für die Entdeckung der Quasikristalle*.

Bild: Technion, Israel.

bilden. In einem Quasikristall sind dagegen die Atome bzw. Basiseinheiten nur **quasiperiodisch** angeordnet. Lokal finden wir zwar eine regelmäßige Struktur, auf globalem Maßstab ist die Struktur aber aperiodisch, das heißt, jede Zelle ist von einem jeweils anderen Muster umgeben. Ein besonders bemerkenswerter Unterschied zwischen Kristallen und Quasikristallen ist, dass Letztere eine fünf-, acht-, zehn- oder zwölfzählige Symmetrie aufweisen. In normalen Kristallen sind dagegen nur ein-, zwei-, drei-, vier-, und sechszählige Symmetrien möglich. Das ergibt sich daraus, dass der Raum nur auf diese Art mit kongruenten Teilen gefüllt werden kann. Wir weisen auch darauf hin, dass Quasikristalle zwar keine periodischen Strukturen besitzen, aber scharfe Beugungsreflexe zeigen. Es existiert ferner eine wichtige Beziehung zwischen den Quasikristallen und der in Abb. 1.16 gezeigten Penrose-Parkettierung, die **Roger Penrose** bereits vor der Entdeckung der Quasikristalle gefunden hatte. Wenn wir einen Quasikristall geeignet durchschneiden, zeigt die Schnittfläche gerade das Muster der Penrose-Parkettierung.

Um uns den Begriff quasiperiodisch verständlich zu machen, verwenden wir eine geometrische Betrachtung. Es ist evident, dass wir ein periodisches Muster von Atomen komplett um einen bestimmten Abstand so verschieben können, dass jedes verschobene Atom wieder genau die Stelle eines entsprechenden Atoms im Originalmuster einnimmt. In einem quasiperiodischen Muster ist eine solche Parallelverschiebung des gesamten Musters nicht möglich. Allerdings können wir jeden beliebigen Ausschnitt so verschieben, dass er deckungsgleich mit einem entsprechenden Ausschnitt ist (ggf. nach einer Rotation). Interessant ist, dass wir jedes quasiperiodische Punktmuster aus einem periodischen Muster in einer höheren Raumdimension konstruieren können. Dies ist in Abb. 1.17 für einen eindimensionalen

Abb. 1.17: Zur geometrischen Konstruktion eines quasiperiodischen Punktmusters (rot) durch Projektion eines periodischen zweidimensionalen Punktmusters (schwarz) auf einen eindimensionalen Unterraum. Die Größe A bezeichnet den Akzeptanzbereich für die Projektion. Der eindimensionale Unterraum weist in dem gezeigten Beispiel eine Steigung g^{-1} auf, wobei $g = (1 + \sqrt{5})/2$ der Goldene Schnitt ist.

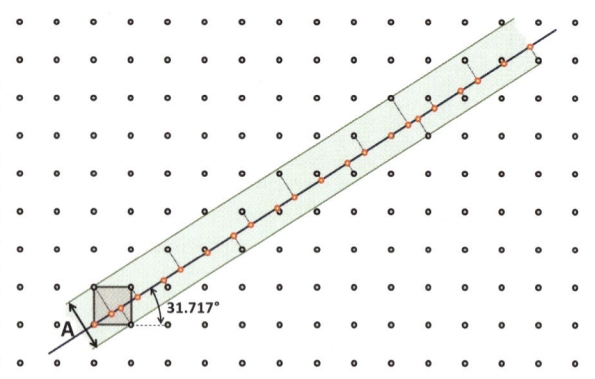

Quasikristall veranschaulicht. Um ihn zu erzeugen, können wir mit einer periodischen Anordnung von Punkten in einem zweidimensionalen Raum beginnen. Der eindimensionale Raum sei ein linearer Unterraum, der den zweidimensionalen Raum in einem bestimmten Winkel durchdringt. Wenn wir jeden Punkt des zweidimensionalen Raumes, der sich innerhalb eines bestimmten Abstandes zum eindimensionalen Unterraum befindet, auf den Unterraum projizieren und der Winkel eine irrationale Zahl darstellt (zum Beispiel der Goldene Schnitt), dann erhalten wir ein quasiperiodisches Muster.

Quasikristalle kommen vor allem in ternären Legierungssystemen vor, also solchen mit drei Legierungselementen (meist mit Aluminium, Zink, Cadmium oder Titan als Hauptbestandteil). Zu den seltenen Zwei-Element-Systemen mit quasikristalliner Struktur zählen $Cd_{5,7}Yb$ und $Cd_{5,7}Ca$ in ikosaedrischer Struktur und $Ta_{1,6}Te$ in einer dodekaedrischen Struktur. Bis heute ist nur ein natürlich vorkommendes quasikristallines Mineral, der Icosahedrit, bekannt. Es handelt sich um eine Aluminium-Kupfer-Eisen-Legierung mit der Zusammensetzung $Al_{63}Cu_{24}Fe_{13}$, die auf der Kamtschatka-Halbinsel in Russland gefunden wurde.

1.2 Einfache Kristallstrukturen

Wir wollen im Folgenden einige einfache Kristallstrukturen näher betrachten. Die einfachsten Strukturen wie die sc-, fcc- und die bcc-Struktur sind solche mit einatomiger Basis, die natürlich nur für chemische Elemente vorkommen können. Es zeigt sich, dass die Mehrzahl der Elemente in wenigen einfachen Strukturen kristallisiert, wie aus Abb. 1.18 ersichtlich ist.

Neben diesen einfachen Strukturen werden wir die Natriumchloridstruktur, die Cäsiumchloridstruktur, die hexagonal dichteste Kugelpackung (hcp), die Diamantstruktur und die Zinkblendestruktur vorstellen. Um die Lage der Atome innerhalb der Basis zu beschreiben, legen wir den Bezugspunkt in den Mittelpunkt eines Atoms und geben die Position der anderen Atome in den Koordinaten der Einheitszelle an. Dabei verwenden wir als Einheiten die Gitterkonstanten a, b und c. Alle Edelmetalle, aber auch Edelgase im festen Zustand besitzen ein kubisch flächenzentriertes Gitter mit einer aus einem Atom bestehenden Basis. Alkalimetalle und verschiedene andere Metalle wie Wolfram, Molybdän oder Tantal besitzen ein kubisch raumzentriertes Gitter ebenfalls mit einer einatomigen Basis.

1.2 Einfache Kristallstrukturen

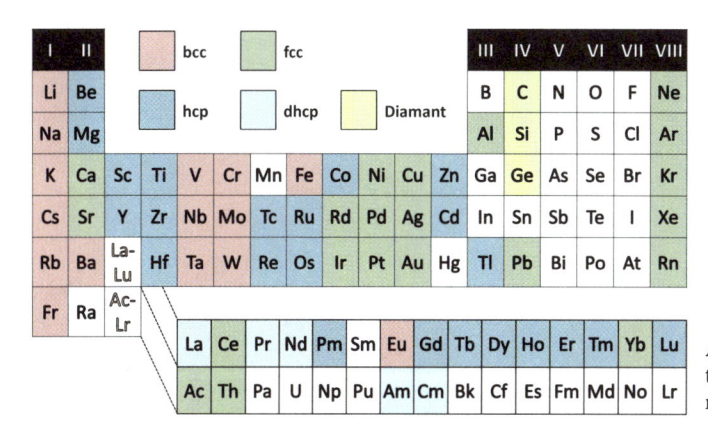

Abb. 1.18: Die Gitterstrukturen der chemischen Elemente.

1.2.1 Die sc-Struktur

Bei einer kubisch primitiven Struktur (sc: simple cubic) befindet sich jeweils an den Ecken der würfelförmigen Elementarzelle ein Atom. Der Abstand der Atome beträgt a, die **Packungsdichte** 52.360%. Jedes Atom besitzt 6 nächste Nachbarn. Die **Koordinationszahl** beträgt somit sechs.[29] Hierbei verstehen wir unter der Packungsdichte den Bruchteil des Raumes, der von identischen, sich berührenden Kugeln auf den Gitterpunkten ausgefüllt wird. Beispiele für eine kubisch primitive Kristallstruktur sind unter anderem α-Polonium sowie die Hochdruckmodifikationen von Phosphor und Antimon.

1.2.2 Die fcc-Struktur

Bei der fcc- (face centered cubic) Struktur (Raumgruppe O_h^5 bzw. $Fm3m$) bilden die Atome ein kubisches Bravais-Gitter (siehe Abb. 1.19, links). Die Packungsdichte der fcc-Struktur beträgt 74.048%. Sie ist also wesentlich größer als diejenige der sc-Struktur. Die dichte Kugelpackung ist besser zu erkennen, wenn wir die würfelförmige konventionelle Elementarzelle um eine halbe Kantenlänge verschieben, so dass die Atome im Zentrum der Zelle und auf den 12 Kantenmitten liegen (siehe Abb. 1.19, rechts). Wir erkennen jetzt leicht, dass jedes Atom in der fcc-Struktur 12 nächste Nachbarn besitzt, die sich im Abstand $a/\sqrt{2}$ befinden. Die Koordinationszahl beträgt also 12. Außerdem sehen wir, dass die Atome in Ebenen senkrecht zu den Würfeldiagonalen in Form eines Dreiecksgitters dicht gepackt sind. Diese Dreiecksgitterebenen sind dann so aufeinandergelegt, dass ein Atom der nächsten Ebene jeweils über dem Zentrum eines Dreiecks von Atomen liegt und mit diesem ein reguläres Tetraeder bildet. Wir werden weiter unten bei der Diskussion der hcp-Struktur sehen, dass es zwei Möglichkeiten gibt, die Ebenen aufeinanderzulegen.

Die primitive Gitterzelle der fcc-Struktur ist rhomboedrisch. Sie besitzt eine Kantenlänge $\tilde{a} = a/\sqrt{2}$ und der Winkel an den spitzen Ecken beträgt 60°. Eine kubisch flächenzentrierte

---

[29] Die Koordinationszahl gibt allgemein die Zahl der nächsten Nachbarn eines Atoms an, die alle den gleichen Abstand haben.

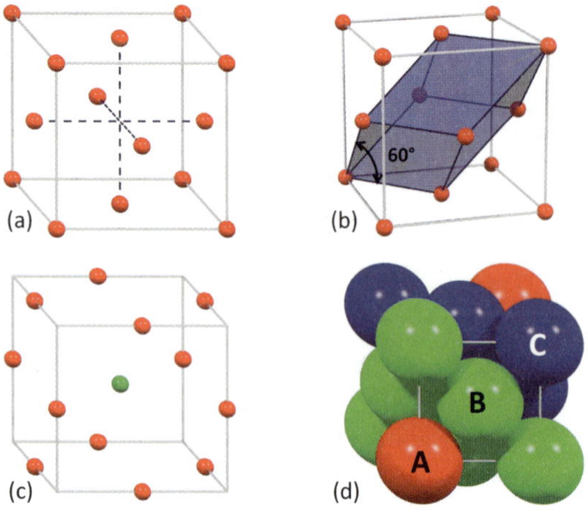

Abb. 1.19: Die fcc-Struktur: (a) Konventionelle Zelle, (b) Konventionelle und primitive Zelle (blau eingefärbt). In (c) ist die würfelförmige konventionelle Elementarzelle um eine halbe Kantenlänge verschoben. Das Atom im Zentrum des Würfels ist mit einer anderen Farbe markiert. In (d) ist die Stapelung der Atome in Ebenen senkrecht zur Würfeldiagonale gezeigt (vergleiche hierzu auch Abb. 1.21).

Kristallstruktur haben viele Metalle wie z. B. Aluminium, Blei, γ-Eisen, Gold, Silber, Kalzium, Strontium, Cer, Iridium, Kupfer, Nickel, Palladium, Platin und Rhodium. Nach Kupfer wird dieser Strukturtyp auch Kupferstruktur genannt.

1.2.3 Die bcc-Struktur

Bei der bcc- (body centered cubic) Struktur (Raumgruppe O_h^9 bzw. $Im3m$) bilden die Atome ein kubisch raumzentriertes Bravais-Gitter (siehe Abb. 1.20). Jedes Atom hat 8 nächste Nachbarn im Abstand $a\sqrt{3}/2$, die Koordinationszahl beträgt also 8. Die bcc-Struktur ist weniger dicht gepackt als die fcc-Struktur. Mit 68.017% liegt die Packungsdichte zwischen derjenigen des sc- und des fcc-Gitters. Die primitive Zelle des bcc-Gitters ist ein Rhomboeder mit Kantenlänge $a\sqrt{3}/2$ und dem Winkel 109° 20′. Eine kubisch raumzentrierte Kristallstruktur haben unter anderem α-Eisen, Cäsium, Chrom, Kalium, Molybdän, Niob, Natrium, Rubidium, Tantal, Vanadium und Wolfram. Nach Wolfram wird dieser Strukturtyp auch Wolframstruktur genannt.

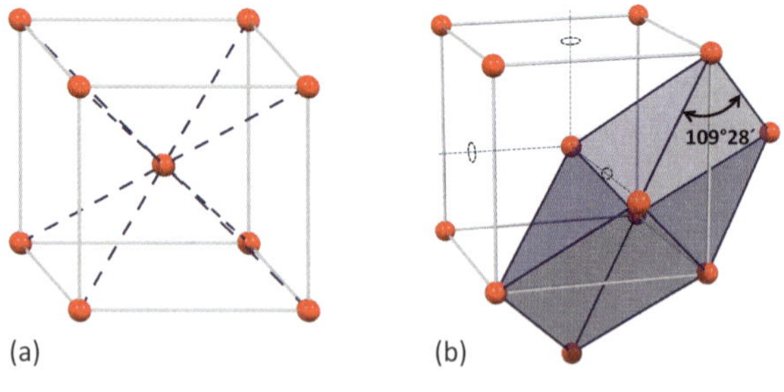

Abb. 1.20: Die bcc-Struktur: (a) konventionelle und (b) konventionelle Zelle zusammen mit der primitiven Gitterzelle (blau eingefärbt).

1.2.4 Die hcp-Struktur

Die hcp- (hexagonal closed packed) Struktur (Raumgruppe D_{6h}^4 bzw. $P6_3/mmc$, nichtsymmorph) ist ist eine hexagonal dicht gepackte Struktur (*hexagonal dichte Kugelpackung*), in der die Atome in Dreiecksgitterebenen in der Stapelfolge ABABAB... gepackt sind. Es handelt sich hier um eine Struktur mit zwei Atomen pro Elementarzelle. Das erste Atom der Basis hat die Koordinaten $(0,0,0)$, das zweite Atom, wie in Abb. 1.21 gezeigt ist, die Koordinaten $(2/3, 1/3, 1/2)$.

Die Bezeichnung „dichte Kugelpackung" rührt daher, dass bei einer Anordnung von Kugeln gemäß dieser Struktur der unausgefüllte Zwischenraum minimal ist. Die maximal möglich Packungsdichte beträgt 74.048%. Es gibt aber noch eine zweite Möglichkeit, gleich große Kugeln bei maximaler Packungsdichte zu stapeln. Die daraus resultierende Struktur ist die oben diskutierte kubisch flächenzentrierte Struktur (fcc: face centered cubic). Der Unterschied zwischen diesen beiden Strukturen ist in Abb. 1.21 verdeutlicht. Bei der hexagonal dichten Packung haben wir eine Stapelfolge ABAB..., während wir bei der kubisch flächenzentrierten Struktur die Schichtfolge ABCABC... haben. Die dichtest gepackten Ebenen liegen bei der fcc-Struktur senkrecht zu den 4 Raumdiagonalen des Würfels, während es bei der hcp-Struktur nur eine Stapelrichtung für die Schichten gibt, nämlich entlang der hexagonalen c-Achse.

Die Raumgruppe dieser Struktur legt das Verhältnis zwischen der Seitenlänge a des Basissechsecks und der Prismenhöhe c nicht fest. Falls die Struktur jedoch eine dichte Kugelpackung sein soll, muss c gleich der doppelten Höhe des regulären Tetraeders mit der Kanten-

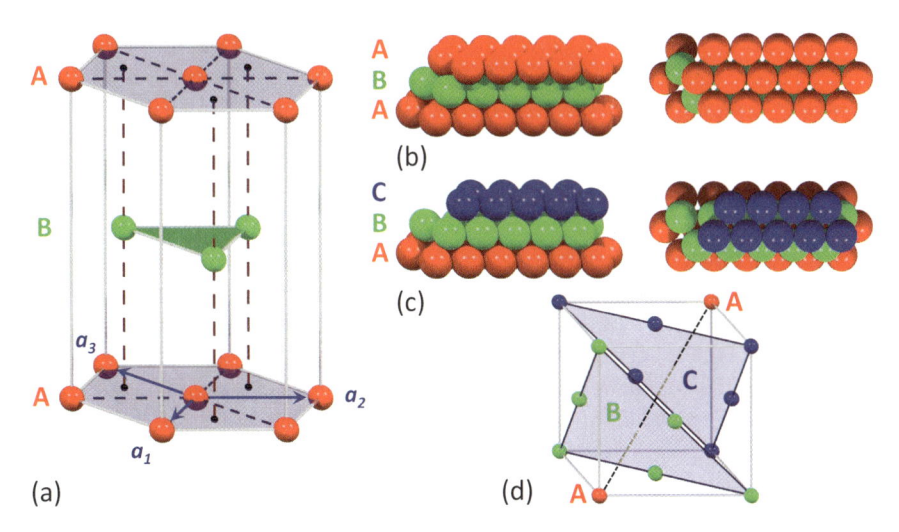

Abb. 1.21: (a) Die hexagonal dichteste Kugelpackung: die primitive Zelle hat $a_1 = a_2$ mit einem eingeschlossenen Winkel von 120°. Die mittlere Ebene ist verschoben, so dass das zentrale Atom im Hexagon die Position $(2/3, 1/3, 1/2)$ besitzt. (b) und (c) zeigen die Stapelfolge ABAB... für die hexagonal dichteste Kugelpackung und die Stapelfolge ABCABC..., die in einer kubisch flächenzentrierten Struktur resultiert (links: Seitenansicht, rechts: Draufsicht). In (d) sind die Stapelebenen für die fcc-Struktur veranschaulicht, sie verlaufen senkrecht zu den Flächendiagonalen.

Tabelle 1.5: Werte für das c/a-Verhältnis von Materialien mit der hcp-Struktur.

Element	c/a	Element	c/a	Element	c/a
He	1.633	Zn	1.861	Zr	1.594
Be	1.581	Cd	1.886	Gd	1.592
Mg	1.623	Co	1.622	Lu	1.596
Ti	1.586	Y	1.570	Tl	1.60

länge a sein. Durch eine einfache geometrische Betrachtung lässt sich zeigen, dass bei einer idealen hexagonalen dichten Kugelpackung das c/a-Verhältnis $2\sqrt{2/3} = 1.633$ sein sollte. Bei Kristallen mit hcp-Struktur weicht der Wert des c/a-Verhältnisses im Allgemeinen nur wenig von diesem idealen Wert ab. Man spricht aber auch von einer hexagonal dichtesten Packung, wenn Abweichungen von diesem idealen Wert auftreten. Einige Werte für das c/a-Verhältnis von Materialien mit der hcp-Struktur sind in Tabelle 1.5 aufgelistet.

Die Zahl der nächsten Nachbaratome bei der hexagonal dichtesten Kugelpackung ist 12, genauso wie für die kubisch flächenzentrierte Struktur. Falls die Bindungsenergie nur von der Zahl der nächsten Nachbarn abhängen würde, wären die beiden Strukturen energetisch gleichwertig. Dichteste Kugelpackungen treten bei der Kristallisation von vielen Metallen wie Be, Mg, Zr, Cd, Ti oder Co auf. Auch Elemente mit f-Elektronen, z. B. La, Pr, Nd und Pm, kristallisieren in der hcp-Struktur.

1.2.5 Die dhcp-Struktur

Die dhcp- (double hexagonal close packed) Struktur (Raumgruppe D_{6h}^4 bzw. $P6_3/mmc$) hat dieselbe Raumgruppe wie die hcp-Struktur und ist durch die Stapelfolge ABACABAC... gekennzeichnet. Gegenüber der hcp-Struktur ist die Elementarzelle in c-Richtung verdoppelt und enthält hier vier Atome. Bei idealem c/a-Verhältnis ist auch diese Struktur dicht gepackt.

1.2.6 Die Natriumchloridstruktur

Gehen wir zu Strukturtypen, bei denen zwei verschiedene Elemente beteiligt sind, so kommen wir zunächst zu den so genannten AB-Strukturen. Als erstes diskutieren wir die NaCl-Struktur (Raumgruppe O_h^5 bzw. $Fm3m$), die in Abb. 1.22 gezeigt ist. Sie besitzt ein kubisch flächenzentriertes Gitter. Diese Struktur besitzen verschiedene Alkalihalogenide, aber auch das Bleisulfid und das Manganoxid. Die Basis besteht aus einem Na- und einem Cl-Atom, die den Abstand einer halben Raumdiagonalen der kubischen Einheitszelle besitzen. Die Natriumpositionen in der Einheitszelle [siehe hierzu Abb. 1.22(a)] sind $(\frac{1}{2}\frac{1}{2}\frac{1}{2})$, $(00\frac{1}{2})$, $(0\frac{1}{2}0)$ und $(\frac{1}{2}00)$, die Chlorpositionen sind (000), $(\frac{1}{2}\frac{1}{2}0)$, $(\frac{1}{2}0\frac{1}{2})$ und $(0\frac{1}{2}\frac{1}{2})$. Die Anionen und die Kationen liegen also auf fcc-Gittern, die um den Basisvektor $(a/2, a/2, a/2)$ gegeneinander verschoben sind.

In Abb. 1.22 ist eine konventionelle Einheitszelle gezeigt. Jedes Atom hat als nächste Nachbarn 6 Atome der anderen Sorte. Die Gesamtzahl der nächsten Nachbarn beider Atomsorten ist 14. Die nächsten Nachbarn bilden einen regelmäßigen Oktaeder, den man als oktaedrischen Koordinationspolyeder bezeichnet. Die konventionelle Zelle enthält 4 Na- (12 Atome

1.2 Einfache Kristallstrukturen

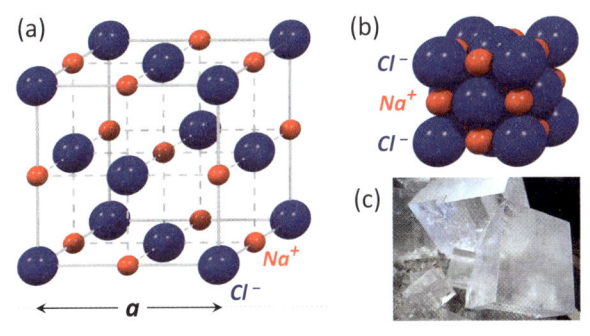

Abb. 1.22: (a) die Natriumchloridstruktur, jedes Na-Atom ist von 6 Cl-Atomen umgeben und umgekehrt. In (b) ist ein Modell der NaCl-Struktur mit realistischen Ionengrößen gezeigt. Das Cl$^-$-Ion ist wesentlich größer als das Na$^+$-Ion ($r_{Na^+} = 0.95$ Å, $r_{Cl^-} = 1.81$ Å). (c) zeigt einen natürlichen NaCl-Kristall (Foto: Wlodi, Polen). Man erkennt die kubische Form.

auf den Kanten, die von 4 benachbarten Zellen geteilt werden und ein Atom im Zentrum) und 4 Cl-Ionen (8 Atome auf den Ecken, die mit 8 benachbarten Zellen geteilt werden, und 6 Atome auf den Seitenflächen, die mit 2 benachbarten Zellen geteilt werden). Tabelle 1.6 enthält die Gitterkonstanten einiger Materialien mit NaCl-Struktur.

Kristall	a (Å)	Kristall	a (Å)
LiH	4.08	AgBr	5.77
MgO	4.20	PbS	5.92
MnO	4.43	KCl	6.29
NaCl	5.63	KBr	6.59
CaS	5.69	KI	7.07

Tabelle 1.6: Gitterkonstanten einiger Materialien mit NaCl-Struktur.

1.2.7 Die Cäsiumchloridstruktur

Eine weitere AB-Struktur ist die **Cäsiumchloridstruktur** (Raumgruppe O_h^1 bzw. $Pm3m$), die in Abb. 1.23 gezeigt ist. Das Raumgitter ist hier kubisch primitiv. Die primitive Zelle enthält ein Molekül mit den Atompositionen (000) und ($\frac{1}{2}\frac{1}{2}\frac{1}{2}$). Jedes Atom kann als Zentrum eines Würfels von Atomen der anderen Sorte betrachtet werden. Die Zahl der nächsten Nachbarn oder die Koordinationszahl ist 8. Die konventionelle Zelle enthält 1 Cs-Ion (8 Atome auf den Ecken, die von 8 benachbarten Zellen geteilt werden) und 1 Cl-Atom. Tabelle 1.7 enthält die Gitterkonstanten einiger Materialien mit CsCl-Struktur.

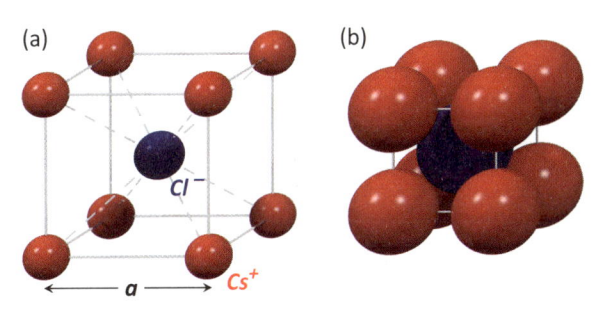

Abb. 1.23: (a) Die Cäsiumchloridstruktur: das Raumgitter ist kubisch primitiv aund die Basis besitzt ein Cs$^+$-Ion bei (000) und ein Cl$^-$-Ion bei ($\frac{1}{2}\frac{1}{2}\frac{1}{2}$). (b) zeigt die CsCl-Struktur mit realistischen Ionengrößen. Wichtig ist, dass im Gegensatz zu NaCl, wo das Na$^+$-Ion wesentlich kleiner ist als das Cl^--Ion, das Cs$^+$-Ion fast gleich groß ist wie das Cl$^-$-Ion ($r_{Cs^+} = 1.69$ Å, $r_{Cl^-} = 1.81$ Å).

Tabelle 1.7: Gitterkonstanten einiger Materialien mit CsCl-Struktur.

Kristall	a (Å)	Kristall	a (Å)
BeCu	2.70	TlCl	3.83
AlNi	2.88	NH$_4$Cl	3.87
CuZn (β-Messing)	2.94	TlBr	3.97
CuPd	2.99	CsCl	4.11
AgMg	3.28	TlI	4.20
LiHg	3.29	CsBr	4.29

Obwohl in der CsCl-Struktur das positive Ion von 8, in der NaCl-Struktur dagegen nur von 6 negativen Ionen umgeben ist, wird für die meisten ionischen Bindungen die NaCl-Struktur beobachtet. Dies ist erstaunlich, da für die CsCl-Struktur, wie wir in Abschnitt 3.3 sehen werden, die Coulomb-Bindungsenergie größer sein sollte. Die Ursache liegt darin begründet, dass in den meisten Fällen der Radius des Kations wesentlich kleiner ist als derjenige des Anions (z. B. r_{Na^+} = 0.95 Å, r_{Cl^-} = 1.81 Å). Beim Cs-Ion ist das anders (r_{Cs^+} = 1.69 Å). Wenn das Kation kleiner wird, stoßen die Anionen in der CsCl-Struktur bei einem Verhältnis r^+/r^- = 0.732 der Ionenradien aneinander. Für noch kleinere Kationen kann die Gitterkonstante nicht mehr kleiner werden und die Coulomb-Energie bliebe konstant. In diesem Fall wird dann die NaCl-Struktur günstiger, da hier ein Kontakt der Anionen erst bei r^+/r^- = 0.414 auftritt (siehe hierzu auch Abb. 3.9 in Abschnitt 3.3).

Wir wollen an dieser Stelle auch darauf hinweisen, dass für ein kubisch raumzentriertes Gitter (bcc: body centered cubic) die Zahl der nächsten Nachbarn nur 8 beträgt (im Gegensatz zu 12 für das hcp- und fcc-Gitter, siehe Abb. 1.21) und damit für eine ungerichtete Bindung diese Struktur eigentlich ungünstig sein sollte. Nichtsdestotrotz kristallisieren alle Alkalimetalle sowie Ba, V, Nb, Ta, Ta, W und Mo in dieser Struktur. Die Ursache dafür ist, dass in der bcc-Struktur die 6 übernächsten Nachbarn nur geringfügig weiter entfernt sind als die 8 nächsten Nachbarn. Es hängt dann von der Ausdehnung und Natur der Elektronenwellenfunktion ab, ob die bcc- oder die fcc- bzw. die hcp-Struktur stabiler ist.

1.2.8 Die Diamantstruktur

Die Diamantstruktur (Raumgruppe O_h^7 bzw. $Fd\bar{3}m$) besteht aus einem kubischen Gitter mit zweiatomiger Basis. Der Name rührt daher, dass das erste entdeckte Beispiel der Diamant war, eine Modifikation des Kohlenstoffs mit kubischer Kristallstruktur. Andere Elemente der 4. Hauptgruppe können ebenfalls in dieser Struktur kristallisieren. Dazu gehören die Halbleiter α-Zinn, Silizium und Germanium sowie Silizium-Germanium-Legierungen.

Das Bravais-Gitter von Diamant ist kubisch flächenzentriert. Die primitive Zelle besitzt zwei identische (z. B. Kohlenstoff-) Atome an den Positionen $(0,0,0)$ und $(\frac{1}{4}, \frac{1}{4}, \frac{1}{4})$. Diese beiden Atome bilden die Basis des fcc-Gitters (siehe Abb. 1.24a). Anstelle dieser kristallographisch korrekten Beschreibung wird es oft anschaulich als Kombination zweier ineinander gestellter kubisch-flächenzentrierter Gitter mit einatomiger Basis beschrieben, wobei eines davon um 1/4 der Raumdiagonale verschoben wurde (per Definition hat jede Kristallstruktur natürlich aber nur ein Gitter). Die Diamantstruktur ist das Ergebnis der gerichteten kovalenten Bindung (sp^3 Hybridisierung), die in 4 vollständig äquivalenten Bindungen resultiert (jedes Kohlenstoffatom ist gleichwertig mit vier Nachbaratomen kovalent gebunden, siehe

1.2 Einfache Kristallstrukturen

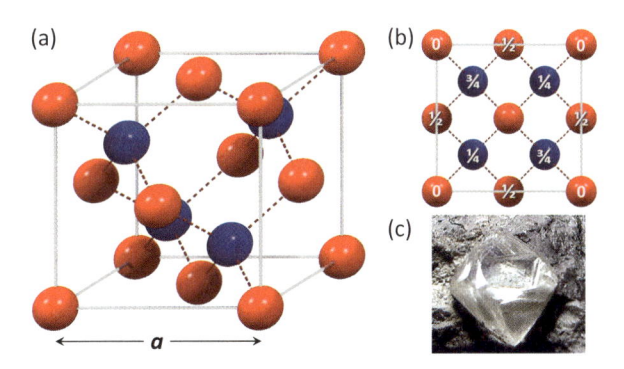

Abb. 1.24: (a) Die Kristallstruktur von Diamant mit der tetraedrischen Anordnung der Bindungen. Die beiden Kohlenstoffatome der Basis sind durch unterschiedliche Farben gekennzeichnet. Senkrecht zur Raumdiagonalen liegen wellenförmige Schichten vor, wobei jede Schicht aus sesselförmigen Sechsringen besteht. (b) zeigt die Atompositionen in der Einheitszelle projiziert auf die Grundfläche des Würfels. (c) zeigt das Bild eines Rohdiamanten (Foto: Katharina Surhoff).

Abb. 1.24b). Das Diamantgitter hat eine Raumausfüllung von nur etwa 34 %, die wesentlich kleiner ist als die einer dicht gepackten Struktur (fcc oder hcp). Kohlenstoff, Germanium, Silizium und die graue Zinn-Modifikation kristallisieren in der Diamantstruktur. In Tabelle 1.8 sind die Gitterkonstanten einiger Materialien mit Diamantstruktur angegeben.

Die konventionelle Zelle der Diamantstruktur besitzt 8 Kohlenstoffatome. Jedes Kohlenstoffatom hat 4 Kohlenstoffatome als nächste (Koordinationszahl 4) und 12 Atome als übernächste Nachbarn.

Kristall	a (Å)
C (Diamant)	3.57
Si	5.43
Ge	5.66
α-Sn	6.49

Tabelle 1.8: Gitterkonstanten einiger Materialien mit Diamant-Struktur.

1.2.9 Die Zinkblende- und Wurtzit-Struktur

Die Diamantstruktur kann auch als zwei fcc-Strukturen betrachtet werden, die gegeneinander um ein Viertel einer Raumdiagonale verschoben sind. Die kubische **Zinkblende-Struktur** (Raumgruppe T_d^2, bzw. $F\bar{4}3m$) erhalten wir, wenn wir die beiden Kohlenstoffatome der Basis der Diamantstruktur durch zwei unterschiedliche Atome (z. B. Zn und S) ersetzen. Die konventionelle Zelle ist ein Würfel (siehe Abb. 1.25a), das Gitter besitzt fcc-Struktur. Jede konventionelle Zelle besitzt 4 Zn- und 4 S-Atome. Jedes Atom ist von gleich weit entfernten Atomen der anderen Sorte umgeben, die auf den Ecken eines Tetraeders angeordnet sind. Der Name Zinkblendestruktur geht auf das Sulfid-Mineral Sphalerit zurück, das auch als Zinkblende oder unter seiner chemischen Bezeichnung Zinksulfid (α-ZnS) bekannt ist. Sphalerit ist die Tieftemperaturmodifikation des Zinksulfids. Die Hochtemperaturmodifikation heißt Wurtzit oder β-ZnS (siehe unten). Die Gitterkonstanten einiger Materialien mit Zinkblende-Struktur sind in Tabelle 1.9 aufgelistet.

Abb. 1.25: (a) Die Zinkblendestruktur mit der tetraedrischen Anordnung der Bindungen. Die Basis wird durch ein Zn und ein Schwefelatom gebildet. In (b) ist ein Bild eines Sphalerit-Kristalls (α-ZnS) gezeigt (Quelle: Rob Lavinsky, iRocks.com – CC-BY-SA-3.0).

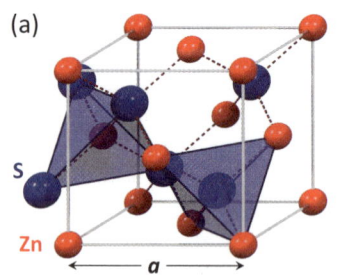

Tabelle 1.9: Gitterkonstanten einiger Materialien mit Zinkblende-Struktur.

Kristall	a (Å)	Kristall	a (Å)	Kristall	a (Å)
CuF	4.26	ZnS	5.41	AlSb	6.13
CuFl	5.41	ZnSe	5.67	GaP	5.45
CuBr	5.69	ZnTe	6.09	GaAs	5.65
CuI	6.04	CdS	5.82	GaSb	6.12
BeS	4.85	HgS	5.85	InAs	6.04
BeSe	5.07	HdSe	6.08	InSb	6.48
BeTe	5.60	HgTe	6.42	SiC	4.35

Ein wichtiger Unterschied zwischen der Diamant- und der Zinkblendestruktur ist die Tatsache, dass erstere eine Inversionssymmetrie bezüglich des Würfelmittelpunkts besitzt, während letztere dies aufgrund der unterschiedlichen Atome der Basis nicht tut. Wie bei der Diamantstruktur liegen bei der Zinkblende-Struktur senkrecht zur Raumdiagonalen wellenförmige Schichten vor, wobei jede Schicht aus sesselförmigen Sechserringen besteht, die abwechselnd drei Zn und drei S Atome enthalten (vergleiche hierzu Abb. 1.24).

Während bei der Zinkblende-Struktur die Schichten einer Atomsorte entlang der [111]-Richtung eine $ABCABC\ldots$ Stapelung besitzen, hat die sehr ähnliche **Wurtzit-Struktur** eine $ABAB\ldots$ Stapelfolge. Wurtzit kristallisiert im hexagonalen Kristallsystem in der Raumgruppe $P6_3mc$ und hat zwei Formeleinheiten pro Elementarzelle (siehe Abb. 1.26). Der Aufbau der Kristallstruktur lässt sich von der des Lonsdaleit, dem hexagonalen Diamant, ableiten. Dies steht in Analogie zur Struktur des Sphalerit, die sich vom normalen kubischen Diamant ableiten lässt. Wurtzit, auch als β-Zinksulfid (β-ZnS) bezeichnet, besteht aus einer hexagonal dichtesten Kugelpackung aus Schwefelatomen, deren Tetraederlücken zur Hälfte mit Zinkatomen besetzt sind. Da es in einer dichtesten Kugelpackung doppelt so viele

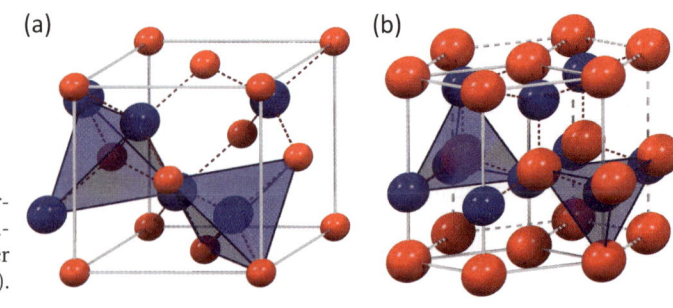

Abb. 1.26: Gegenüberstellung der Zinkblendestruktur (a) und der Wurzitstruktur (b).

1.2 Einfache Kristallstrukturen

Tetraederlücken wie Packungsteilchen (in diesem Fall Schwefel) gibt und nur jede zweite Lücke mit Zink besetzt ist, ergibt sich ein Schwefel-Zink-Verhältnis von 1:1 und damit die chemische Formel ZnS. Beide Atomsorten haben jeweils eine Koordinationszahl von 4, als Koordinationspolyeder ergibt sich in beiden Fällen ein unverzerrtes Tetraeder.

Die Wurtzitstruktur zählt zu den wichtigsten Kristallstrukturtypen. Zahlreiche, auch technisch wichtige Verbindungen, kristallisieren isotyp zu Wurtzit, darunter Zinkoxid (ZnO), Cadmiumsulfid (CdS), Cadmiumselenid (CdSe), Galliumnitrid (GaN) und Silberiodid (AgI).

1.2.10 Die Graphitstruktur

Graphit ist ein sehr häufig vorkommendes Mineral. Es ist eine der natürlichen Erscheinungsformen des chemischen Elements Kohlenstoff in Reinform. Es kristallisiert meist im hexagonalen, sehr selten auch im trigonalen Kristallsystem (Raumgruppe $\frac{6}{m}\frac{2}{m}\frac{2}{m}$).

Im kristallinen Graphit liegen parallel verlaufende ebene Schichten, die so genannten Basalebenen, vor (siehe Abb. 1.27). Eine Schicht besteht aus kovalent verknüpften Sechsecken, deren Kohlenstoff-Atome sp^2-hybridisiert sind (vergleiche hierzu Abschnitt 3.4.3.2). Innerhalb der Ebenen beträgt die Bindungsenergie zwischen den Kohlenstoff-Atomen 4.3 eV. Die Ebenen untereinander sind nur locker über Van-der-Waals-Kräfte gebunden, die Bindungsenergie beträgt hier lediglich 0.07 eV. Senkrecht zu den Basalebenen liegt deshalb eine leichte Spaltbarkeit des reinen Graphits vor. Die sp^2-kovalent hexagonal gebundenen Kohlenstoff-Atome formen dagegen hochfeste Ebenen. Der Elastizitätsmodul entspricht mit ca. 1020 GPa dem von normalem Graphit entlang der Basalebenen und ist fast so groß wie der des Diamants. Seine Zugfestigkeit von 42 N/m² oder 1.25×10^{11} Pa ist die höchste, die je ermittelt wurde, und rund 125 mal höher als die von Stahl. Aus der extremen Richtungsabhängigkeit der Bindungskräfte resultiert eine starke Anisotropie der elektrischen und thermischen Eigenschaften von Graphit. Die thermische und elektrische Leitfähigkeit senkrecht zu den

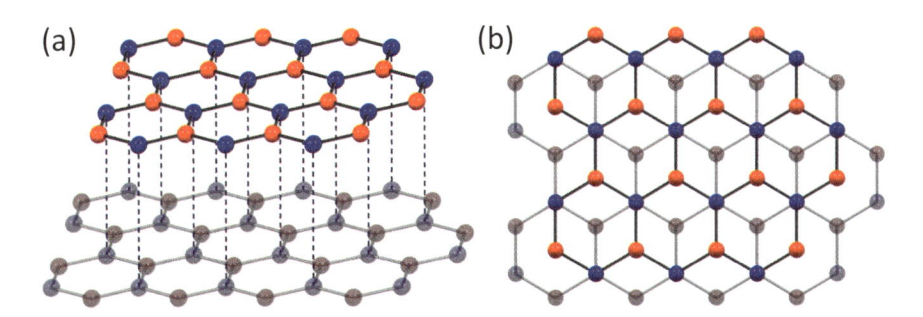

Abb. 1.27: Hexagonale Kristallstruktur des Graphit in Seitenansicht (a) und Draufsicht (b). Die rot markierten Kohlenstoffatome haben kein Nachbaratom in der darunter- und darüberliegenden Schicht. Der Atomabstand innerhalb der Ebenen beträgt 1.42 Å, der Abstand der Ebenen aufgrund der wesentlich schwächeren Bindung dagegen 3.35 Å.

Basalebenen ist sehr gering, während sie einer fast metallischen Leitfähigkeit entlang der Ebenen entspricht.

Sehr interessante Eigenschaften zeigen isolierte, zweidimensionale Kohlenstoffschichten, die als *Graphen* bezeichnet werden. Alle Kohlenstoffatome sind hier sp^2-hybridisiert (vergleiche Abschnitt 3.4.3), so dass jedes Kohlenstoffatom drei gleichwertige σ-Bindungen zu benachbarten C-Atomen ausbilden kann. In Graphen ist deshalb jedes Kohlenstoffatom von drei weiteren umgeben, woraus die auch aus den Schichten des Graphits bekannte Waben-Struktur resultiert. Die Kohlenstoff-Kohlenstoff-Bindungslängen sind alle gleich und betragen 1.42 Å. Die dritten, nicht hybridisierten $2p$-Orbitale stehen wie auch im Graphit senkrecht zur Graphenebene und bilden ein delokalisiertes π-Bindungssystem aus. Am Rand des Wabengitters müssen andere Atomgruppen angedockt sein, die aber – je nach dessen Größe – die Eigenschaften des Graphens kaum beeinträchtigen.

Wie oben bereits diskutiert besteht Graphen aus zwei äquivalenten Untergittern A und B, die um die Bindungslänge a_B gegeneinander verschoben sind (vergleiche Abb. 1.1). Die zweiatomige Einheitszelle wird durch zwei primitive Gittervektoren a_1 und a_2 aufgespannt, die jeweils auf den übernächsten Nachbarn zeigen. Die Länge der Vektoren und damit die Gitterkonstante a lässt sich berechnen zu

$$a = \sqrt{3}\, a_B = 2.46 \,\text{Å} . \tag{1.2.1}$$

In der Theorie wurden einlagige Kohlenstoffschichten zum ersten Mal verwendet, um den Aufbau und die elektronischen Eigenschaften komplexer aus Kohlenstoff bestehender Materialien beschreiben zu können. In der Praxis wurden solche strikt zweidimensionalen Strukturen allerdings nicht für möglich gehalten, da sie als thermodynamisch instabil galten.[30,31] Um so erstaunlicher war, dass **Konstantin Novoselov** und **Andre Geim** im Jahr 2004 die Präparation von freien Graphenschichten bekannt gaben.[32] Deren unerwartete Stabilität könnte durch die Existenz metastabiler Zustände oder durch Faltenbildung des Graphens erklärt werden. Im Jahr 2010 wurden Geim und Novoselov *„für ihre grundlegenden Experimente mit dem zweidimensionalen Material Graphen"* mit dem Nobelpreis für Physik ausgezeichnet.

Wir können uns leicht vorstellen, dass sich durch Stapeln solcher einlagigen Graphen-Schichten die dreidimensionale Struktur des Graphits erzeugen lässt. Stellen wir uns dagegen die einlagigen Schichten aufgerollt vor, so erhalten wir gestreckte Kohlenstoffnanoröhren. Wir können in Gedanken auch einige der Sechserringe durch Fünferringe ersetzen, wodurch sich die ebene Fläche zu einer Kugelfläche wölbt und sich bei bestimmten Zahlenverhältnissen Fullerene ergeben: Ersetzen wir zum Beispiel 12 von 32 Ringen, entsteht das kleinste Fulleren C_{60}.

---

[30] L. D. Landau, *Zur Theorie der Phasenumwandlungen II*, Phys. Z. Sowjetunion **11**, 11 (1937).
[31] R. E. Peierls, *Quelques propriétés typiques des corpses solides*, Ann. I. H. Poincaré **5**, 177–222 (1935).
[32] K. S. Novoselov, A. K. Geim, S. V. Morozov, D. Jiang, Y. Zhang, S. V. Dubonos, I. V. Grigorieva, A. A. Firsov, *Electric Field Effect in Atomically Thin Carbon Films*, Science **306**, 666–669 (2004).

Andre Geim und Konstantin Novoselov, Nobelpreis für Physik 2010

Die Physiker **Andre Geim** und **Konstantin Novoselov** erhielten den Nobelpreis für Physik 2010 *für ihre grundlegenden Experimente zum zweidimensionalen Material Graphen*. Die beiden in Russland geborenen Wissenschaftler haben untersucht, wie sich eine nur eine Atomlage dicke Membran aus Kohlenstoff verhält und welche Eigenschaften ein solches Material hat. Graphen gilt heute als dünnstes und gleichzeitig mechanisch stärkstes Material, viele sprechen deshalb von der ultimativen Membran.

© The Nobel Foundation. Photo: Ulla Montan.

Andre Geim wurde am 1. Oktober 1958 in Sochi, Rußland, geboren und ist heute niederländischer Staatsbürger. Er studierte Physik am Institut für Festkörperphysik der Russischen Akademie der Wissenschaften (RAS). Nach Abschluss seiner Doktorarbeit (1987) arbeitete er zunächst bis 1990 am Moskauer Institut für Physik und Technologie der RAS und anschließend als Postdoktorand an den Universitäten Nottingham, Bath und Kopenhagen. Im Jahr 1994 wurde er Associate Professor an der Radboud University Nijmegen, wo er sich mit mesoskopischen Supraleiterstrukturen beschäftigte. Einer seiner Doktoranden in Nijmegen war Konstantin Novoselov, mit dem er später eng zusammenarbeitete. Im Jahr 2001 wurde er Full Professor an der University of Manchester, wo er 2002 zum Direktor des Manchester Centre for Mesoscience and Nanotechnology und 2007 zum Langworthy Professor ernannt wurde. Im Jahr 2010 ernannte ihn die Radboud University Nijmegen zum Professor für Innovative Materials and Nanoscience.

Konstantin Novoselov ist britischer und russischer Staatsbürger, er wurde am 23. August 1974 in Nizhny Tagil, Rußland, geboren. Er studierte Physik am Moskauer Institut für Physik und Technologie (Abschluss 1997). Von 1997 bis 1999 forschte er am Institut für Mikroelektronische Technologie in Tschernogolowka. Er wechselte dann in die Arbeitsgruppe von Andre Geim an die University of Nijmegen, Niederlande, die ihn 2004 zum Doktor promovierte. Im Jahr 2001 wechselte er mit Andre Geim an die University of Manchester.

1.3 Festkörperoberflächen

An Oberflächen von Kristallen kann die Anordnung der Atome und der Abstand der Atome von den Werten innerhalb des Kristalls abweichen. Dies ist evident, da die anziehenden Wechselwirkungskräfte, die an der Oberfläche nur ins Innere des Festkörpers gerichtet sind, nicht von entgegengesetzt gerichteten Kräften kompensiert werden. Wir erwarten deshalb einen geringeren Abstand der obersten Atomlage. Bei Metallen kann es aber auch zu einer Vergrößerung des Netzebenenabstands kommen. Man spricht von einer *Oberflächenrelaxation*.

Neben einer Variation des Netzebenenabstands kann auch eine *Oberflächenrekonstruktion* auftreten. Da an der Oberfläche von Kristallen ungesättigte Bindungen (z. B. kovalente und ionische Bindungen, siehe Kapitel 3) existieren, ordnen sich die Oberflächenatome anders an, um die Bindungsenergie zu minimieren. Die entstehenden Strukturen nennt man *Überstrukturen*. Zum Beispiel ordnen sich Atome an Oberflächen in Reihen mit abwechselnd größerem und kleinerem Abstand an, um so durch die Annäherung von zwei benachbarten Oberflächenatomen Bindungen zu ermöglichen, die sonst im Inneren des Festkörpers so nicht möglich wären. Im Allgemeinen können Festkörperoberflächen als zweidimensionale Kristallsysteme betrachtet werden. Wie bereits diskutiert, gibt es im Zweidimensionalen nur 5 Bravais-Gitter, 10 Kristallklassen und 17 Raumgruppen, während wir es bei dreidimensionalen Kristallsystemen mit 14 Bravais-Gittern, 32 Kristallklassen und 230 Raumgruppen zu tun haben.

Bei der Festlegung der Oberflächenstruktur wird das zweidimensionale Kristallgitter des ungestörten Kristalls, das parallel zur Oberfläche liegt, herangezogen. Sind $\mathbf{a}_1$ und $\mathbf{a}_2$ die elementaren Gittervektoren dieses Gitters und $\mathbf{c}_1$ und $\mathbf{c}_2$ die elementaren Gittervektoren des zweidimensionalen Oberflächengitters, das durch die auf dieses Gitter aufgebrachten Oberflächenatome gebildet wird, so können wir die Elementarzelle (auch Masche genannt) des zweidimensionalen Oberflächengitters durch

$$\left(\frac{c_1}{a_1} \times \frac{c_2}{a_2}\right) R\alpha \tag{1.3.1}$$

klassifizieren. In dieser nach E. A. Wood benannten Notation werden die Basisvektoren der Überstrukturzelle als Vielfaches der Basisvektoren des Grundgitters angegeben. Zusätzlich kann noch der Buchstabe R (engl. rotated) und ein Winkel für die Drehung der Zelle als Ganzes gegenüber dem Grundgitter angegeben werden. Ein vorgestellter Buchstabe p oder c steht für primitiv beziehungsweise zentriert. Zentriert bedeutet hierbei, dass das Zentrum

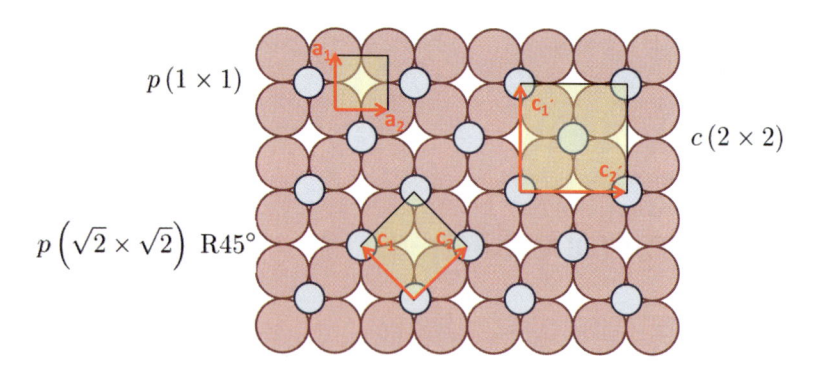

Abb. 1.28: Zur Oberflächenrekonstruktion: Die roten Atome bilden das zweidimensionale Kristallgitter des ungestörten Kristalls mit Gittervektoren $\mathbf{a}_1$ und $\mathbf{a}_2$. Dieses kann als „Substrat" für die blauen Atome betrachtet werden, die auf dieses Gitter aufgebracht werden. Letztere bilden das Oberflächengitter. Das Oberflächengitter $p\left(\sqrt{2} \times \sqrt{2}\right)$ R45° mit Gittervektoren $\mathbf{c}_1$ und $\mathbf{c}_2$ ist um 45° gedreht, das Oberflächengitter $c\left(2 \times 2\right)$ ist ein zentriertes Gitter.

der Zelle zu den Eckpunkten äquivalent ist. Der Buchstabe *p* für eine primitive Elementarzelle kann auch weggelassen werden und wird normalerweise nur dann verwendet, wenn es eine zentrierte Zelle gleicher Größe gäbe. Beispiele sind in Abb. 1.28 gezeigt. Mit der Notation nach Wood können nicht alle Überstrukturzellen dargestellt werden. Wenn die Überstrukturzelle nicht so gewählt werden kann, dass der Winkel zwischen ihren Basisvektoren und denen des Grundgitters gleich ist, muss eine Matrixschreibweise verwendet werden (nach **P. L. Parks** und **H. H. Madden**).

Um die Klassifizierung des Oberflächengitters noch präziser zu machen, gibt man noch die Zusammensetzung und die Millerschen Indizes der Kristalloberfläche an, die als Substrat dient, sowie die Art der Oberflächenatome, die auf diese Oberfläche aufgebracht werden. Zum Beispiel besagt die Bezeichnung Si(100) ($\sqrt{2} \times \sqrt{2}$) R45°-Ag, dass bei der Adsorption von Ag-Atomen auf einer Si(100)-Oberfläche das Oberflächengitter der Ag-Atome um 45° gedreht ist und die Gitterkonstante um den Faktor $\sqrt{2}$ vergrößert ist.

1.4 Reale Kristalle

In realen Kristallen treten immer eine Reihe von Störungen in ihrem regelmäßigen Aufbau auf, die wir als *Fehlordnung*, *Fehlstellen* oder *Gitterfehler* bezeichnen. Falls die Dichte dieser Baufehler gering ist, könnte man annehmen, dass sie keine große Bedeutung haben. Dies ist in vielen Fällen allerdings nicht richtig. Es ist vielmehr so, dass häufig Kristalldefekte einige Festkörpereigenschaften maßgeblich beeinflussen. Deshalb wollen wir im Folgenden kurz eine Übersicht über mögliche Kristalldefekte geben.

1.4.1 Strukturelle Fehlordnung

Wir können prinzipiell zwischen *intrinsischen* und *extrinsischen Fehlstellen* unterscheiden. Erstere resultieren im thermodynamischen Gleichgewicht aus der Minimierung der freien Enthalpie. Zu ihnen gehören Leerstellen und Zwischengitteratome, deren Gleichgewichtskonzentrationen sich als thermische Fehlordnung als Funktion der Temperatur einstellen. Letztere bezeichnet man dagegen als Nichtgleichgewichtsfehlstellen, da ihre Bildungsenergie im Allgemeinen so hoch ist, dass sie im thermischen Gleichgewicht nur in metastabiler Form vorliegen können. Zu ihnen gehören Versetzungen, Korngrenzen und Ausscheidungspartikel.

Hinsichtlich der Dimensionalität von Fehlstellen können wir grob zwischen **Punktdefekten**, **Liniendefekten** und **Flächendefekten** unterscheiden. Bei Punktdefekten sprechen wir auch von einer *atomaren Fehlordnung*, da sich der gestörte Bereich auf eine atomare Größenordnung beschränkt. Bei Linien- oder Flächendefekten sprechen wir dagegen von **makroskopischen Defekten**.

1.4.1.1 Erzeugung und Ausheilen von Kristalldefekten

Kristalldefekte können auf verschiedene Arten entstehen:

- durch schnelles Abkühlen einer Schmelze (eingefrorene Unordnung der Flüssigkeit),
- durch Temperaturerhöhung,
- durch Beschuss mit energiereichen Teilchen,
- durch plastische Verformung.

Defekte können natürlich auch wieder ausgeheilt werden. Dies kann zum Beispiel durch einen Temperprozess der Probe bei hoher Temperatur knapp unterhalb der Schmelztemperatur geschehen. Manche Defekte können auch durch Druck oder Zug ausgeheilt werden.

Mit zunehmender Anzahl der strukturellen Defekte erhalten wir einen fließenden Übergang zwischen einem perfekten Einkristall und einem amorphen Festkörper. Bei einem perfekten Einkristall ist der mittlere Abstand L zwischen zwei Defekten unendlich groß. Bei einem realen Kristall ist der Abstand endlich aber immer noch groß gegen die Gitterkonstante a. Zum Beispiel ist bei einem Polykristall L durch die Kristallitgröße gegeben. Wird die Defektdichte so groß, dass der mittlere Abstand der Defekte in den Bereich der Gitterkonstante kommt, so erhalten wir einen amorphen Festkörper.

1.4.1.2 Punktdefekte

Bei Punktdefekten unterscheiden wir zwischen *Leerstellen* (fehlende Atome auf regulären Gitterplätzen) und *Zwischengitteratomen* (zusätzliche Atome auf Zwischengitterplätzen). Bei mehratomigen Substanzen müssen wir dabei noch zwischen den einzelnen Untergittern unterscheiden (siehe Abb. 1.29). Bei AB-Verbindungen, z. B. NaCl, KCl, AgCl, MnO oder GaAs treten häufig Kombinationen von Punktdefekten auf. Die Kombination von zwei Leerstellen auf dem A- und B-Platz bezeichnet man als *Schottky-Defekt*,[33] die Kombination einer Leerstelle auf dem A-Platz mit einem A-Atom auf einem Zwischengitterplatz bezeichnet man als *Frenkel-Defekt*.[34] Diese Kombinationen treten insbesondere bei Ionenkristallen wie NaCl auf, um die Ladungsneutralität zu gewährleisten.

Leerstellen sind bei einer endlichen Temperatur immer in bestimmter Dichte in einem Kristall vorhanden. Ihre Konzentration lässt sich mit Hilfe einer thermodynamischen Betrachtung ermitteln, wenn wir davon ausgehen, dass im thermodynamischen Gleichgewicht bei

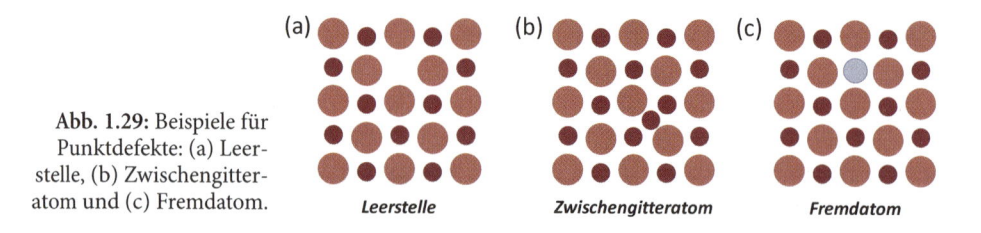

Abb. 1.29: Beispiele für Punktdefekte: (a) Leerstelle, (b) Zwischengitteratom und (c) Fremdatom.

Leerstelle — *Zwischengitteratom* — *Fremdatom*

---

[33] **Walter Schottky**, geboren 1886 in Zürich, gestorben 1976 in Pretzfeld.
[34] **Jakow Iljitsch Frenkel**, geboren 1894 in Rostow, gestorben 1952 in St. Petersburg.

vorgegebener Temperatur T und Kristallvolumen V die freie Energie

$$F = U - TS \qquad (1.4.1)$$

des Systems ein Minimum besitzt. Entfernen wir Atome von Gitterplätzen, so nimmt zwar die innere Energie U um

$$\Delta U = n\,\epsilon \qquad (1.4.2)$$

zu, gleichzeitig wächst aber aufgrund der erhöhten Unordnung die Entropie S. Hierbei ist n die Zahl der Fehlstellen und ϵ die Energie, die zu ihrer Erzeugung aufgebracht werden muss. Da der Entropieterm mit negativem Vorzeichen in den Ausdruck für F eingeht, erhalten wir ein Minimum bei einer bestimmten Dichte der Fehlstellen.

Bei der Berechnung der Entropie müssen wir berücksichtigen, dass bei einem Kristall mit Fehlstellen zusätzlich zur thermischen Entropie S_{th} noch die so genannte Konfigurationsentropie S_{kf} hinzu kommt:

$$S = S_{\text{th}} + S_{\text{kf}}\,. \qquad (1.4.3)$$

Die thermische Entropie hängt davon ab, wie viele Möglichkeiten es gibt, die thermische Energie auf mögliche Schwingungszustände des Kristalls zu verteilen. Es lässt sich zeigen, dass die Zahl W_{th} der Verteilungsmöglichkeiten durch das Vorhandensein von Fehlstellen erhöht wird. Dies bedeutet, dass gemäß der **Boltzmann-Beziehung**[35]

$$S_{\text{th}} = k_B \ln W_{\text{th}} \qquad (1.4.4)$$

auch die thermische Entropie erhöht ist. Hierbei ist k_B die Boltzmann-Konstante. Ist σ_{th} die Entropieerhöhung pro Fehlstelle, so kann die Entropieerhöhung als

$$\Delta S_{\text{th}} = n \sigma_{th} \qquad (1.4.5)$$

geschrieben werden. Die Konfigurationsentropie wird durch die Zahl der Möglichkeiten bestimmt, einen Zustand mit n Leerstellen durch verschiedene Anordnungen der Leerstellen im Kristall zu realisieren. Ist N die Zahl der Gitterplätze im Kristall, so gilt

$$W_{\text{kf}} = \frac{N!}{(N-n)!\,n!} \qquad (1.4.6)$$

und damit

$$S_{\text{kf}} = k_B \ln\left(\frac{N!}{(N-n)!\,n!}\right). \qquad (1.4.7)$$

Ist $F(T)$ die freie Energie des idealen Kristalls, so können wir schreiben:

$$\begin{aligned} F(n,T) &= F(T) + \Delta U - T(\Delta S_{\text{th}} + S_{\text{kf}}) \\ &= F(T) + n(\epsilon - T\sigma_{\text{th}}) - T k_B \ln\left(\frac{N!}{(N-n)!\,n!}\right). \end{aligned} \qquad (1.4.8)$$

---

[35] **Ludwig Eduard Boltzmann**, geboren am 20. Februar 1844 in Wien, gestorben am 5. September 1906 in Duino bei Triest, Italien.

Im thermischen Gleichgewicht gilt $(\partial F/\partial n)_{T=\text{const}} = 0$. Unter Benutzung der Stirlingschen Formel $\ln x! = x \ln x - x$ für $x \gg 1$ erhalten wir daraus

$$n = (N - n)\, e^{\sigma_{\text{th}}/k_B}\, e^{-\epsilon/k_B T}. \tag{1.4.9}$$

Für $n \ll N$ erhalten wir daraus schließlich die Leerstellenkonzentration

$$\frac{n}{N} = e^{\sigma_{\text{th}}/k_B}\, e^{-\epsilon/k_B T}. \tag{1.4.10}$$

Bei Edelmetallen beträgt ϵ etwa 1 eV und der Entropiefaktor $e^{\sigma_{\text{th}}/k_B}$ liegt bei etwa 10. Damit ergibt sich für eine Temperatur von 1000 K eine Leerstellenkonzentration von etwa 10^{-4}. Bei Materialien mit höherem Schmelzpunkt ist die Bindungsenergie und damit ϵ größer. Nach Gleichung (1.4.10) ist deshalb die Leerstellenkonzentration wesentlich kleiner.

Bei Ionenkristallen müssen wir berücksichtigen, dass wir bei der Erzeugung von Leerstellen die Ladungsneutralität bewahren müssen, um die hohe Coumlomb-Energie zu vermeiden. Eine ähnliche Betrachtung wie oben liefert für diesen Fall für die Anzahl der Leerstellen am Ort des positiven und negativen Ions

$$\frac{n^+}{N} = \frac{n^-}{N} = e^{\widetilde{\sigma}_{\text{th}}/k_B}\, e^{-\widetilde{\epsilon}/k_B T}. \tag{1.4.11}$$

Hierbei sind $\widetilde{\sigma}_{\text{th}} = \sigma_{\text{th}}^+ + \sigma_{\text{th}}^-$ die Entropie und $-\widetilde{\epsilon} = \epsilon^+ + \epsilon^-$ die Bildungsenergie pro Ionenpaar. Die Wahrscheinlichkeit für die Defektbildung wird also durch die jeweiligen Parameter für Ionenpaare bestimmt. Die Forderung nach Ladungsneutralität spielt auch beim Einbau von Fremdatomen ins Wirtsgitter eine Rolle. Bringen wir zum Beispiel Ca^{2+}-Ionen auf Na^+-Plätze in einem NaCl-Kristall, so ist jedes eingebaute Ca^{2+}-Ion mit einer Na^+-Leerstelle verbunden. Die Leerstellendichte wird dann durch die Anzahl der Fremdatome bestimmt. Die Tatsache, dass jedes eingebaute Ca^{2+}-Ion mit einer Na^+-Leerstelle verbunden ist, führt insgesamt zu einer Verkleinerung der Kristalldichte, obwohl das Ca^{2+}-Ion ja eine größere Atommasse besitzt.

Bei einem *Frenkel-Defekt* wird ein Atom von einem regulären Gitterplatz auf einen Zwischengitterplatz geschoben. Das heißt, es treten neben Leerstellen gleichzeitig Zwischengitteratome auf. Bei Kristallen mit dicht gepackter Struktur (z. B. bei Metallen) ist der Energiebedarf für die Ansiedlung eines Atoms auf einem Zwischengitterplatz hoch, sie liegt bei einigen eV. In Metallen lassen sich deshalb allein durch Temperaturerhöhung kaum Frenkel-Defekte erzeugen. Ihre Erzeugung kann aber durch den Beschuss mit energiereichen Teilchen geschehen. In offenen Gitterstrukturen (z. B. beim Diamantgitter) ist die Erzeugung von Frenkel-Defekten dagegen mit weniger Energieaufwand verbunden und deshalb wesentlich einfacher.

In Ionenkristallen wie den Alkalihalogeniden tritt eine weitere Art von Fehlstelle auf, das so genannte *Farbzentrum*. Der Name rührt daher, dass dieser Defekt zu einer charakteristischen Absorption von sichtbarem Licht führt. Die am besten untersuchten Farbzentren sind die *F*-Zentren, bei denen ein einzelnes Elektron in einer Halogenlücke eingefangen wird, wie dies in Abb. 1.30 gezeigt ist. Das Elektron hat allerdings seine maximale Aufenthaltswahrscheinlichkeit nicht im Mittelpunkt der Lücke, sondern in der Nähe der die Lücke umgebenden positiven Metallionen. Es gibt auch eine Reihe weiterer, komplizierterer Farbzentren, an

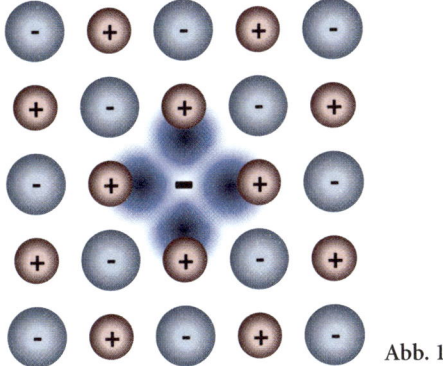

Abb. 1.30: Struktur eines F-Zentrums.

denen mehrere Leerstellen oder Ionen beteiligt sind. Auf diese wollen wir hier aber nicht eingehen.

Der in Abb. 1.31 gezeigte Zusammenhang zwischen der Photonenenergie E_{max} bzw. der Wellenlänge λ_{max} des Maximums der Absorptionsbande und dem Abstand R_{NN} zwischen den nächsten Nachbarn macht klar, dass die Größe der beteiligten Ionen und damit die Gitterkonstante des Ionenkristalls eine wichtige Rolle spielt. Man beobachtet $\lambda_{max} = \alpha R_{NN}^2$ mit $\alpha = 6 \times 10^{12}$ m^{-1} für Alkalihalogenide mit NaCl-Struktur. Diesen Zusammenhang erhalten wir, wenn wir annehmen, dass sich das Elektron des Farbzentrums in einem Kastenpotenzial mit Abmessung R_{NN} bewegt. Aus der Quantenmechanik folgt nämlich, dass der Abstand der Energieniveaus proportional zu $1/R_{NN}^2$ und somit $\lambda_{max} \propto R_{NN}^2$ ist. Kristalle mit Farbzentren haben eine wichtige technische Bedeutung als aktive Medien in Infrarot-Lasern. In diesen Farbzentrenlasern werden allerdings etwas komplizierter aufgebaute Farbzentren benutzt.

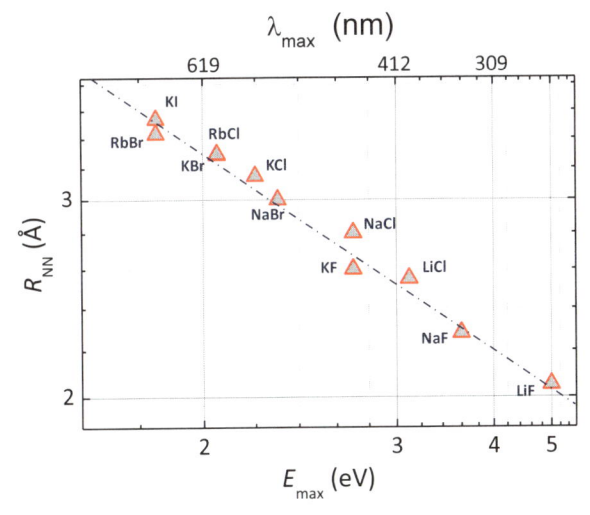

Abb. 1.31: Photonenenergie bzw. Wellenlänge am Maximum der optische Absorption durch Farbzentren in Alkalihalogenidkristallen als Funktion des Abstands R_{NN} der nächsten Nachbarn (nach G. Miessner, H. Pick, Z. Physik **134**, 604 (1953)).

1.4.1.3 Linien- und Flächendefekte

Typische Liniendefekte sind *Versetzungen*, bei denen eine Gitterstörung längs einer Linie auftritt. Als Beispiel sind in Abb. 1.32 eine *Stufenversetzung* (a) und eine *Schraubenversetzung* (b) gezeigt. Wir können uns die Entstehung der Stufenversetzung so vorstellen, dass wir den Kristall entlang der Ebene $ABCD$ in horizontaler Richtung bis zur Linie CD aufschneiden und dann das obere Teilstück um eine Gitterkonstante a nach rechts schieben, während das untere Teilstück unverändert bleibt. Anschließend führen wir das obere und untere Teilstück wieder zusammen und lassen einen Spannungsausgleich zu. Die obere Seite wird dabei komprimiert, die untere Seite wird gedehnt. Die *Versetzungslinie* verläuft entlang der Linie CD. Den Vektor **b**, um den wir das herausgeschnittene Kristallstück verschoben haben, nennt man den *Burgers-Vektor*. Er steht bei der Stufenversetzung senkrecht auf der Versetzungslinie. Die Versetzung können wir dadurch charakterisieren, dass wir einmal um den Versetzungskern herumlaufen und zwar so, dass wir immer gleich viele Schritte nach links und rechts bzw. nach oben und unten ausführen (siehe grüne Linien in Abb. 1.32). Bei einem Kristall ohne Versetzung würden wir genau wieder am Ausgangspunkt ankommen, bei einem Kristall mit Versetzung brauchen wir dagegen noch einen zusätzlichen Schritt, der genau durch den Burgers-Vektor **b** gegeben ist. Legen wir den Umlaufsinn der Bewegung fest, so ist unabhängig von der Größe des Umlaufwegs neben der Länge des Burgers-Vektors auch seine Richtung festgelegt.

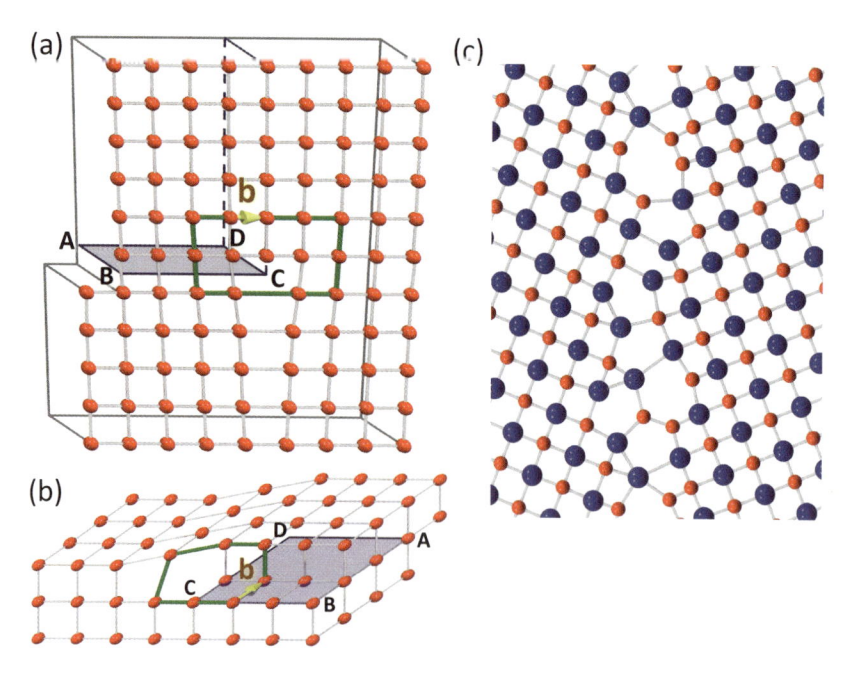

Abb. 1.32: (a) Stufenversetzung und (b) Schraubenversetzung. Der Burgers-Vektor **b** verläuft bei der Stufenversetzung senkrecht und bei der Schraubenversetzung parallel zur Versetzungslinie CD. Die grünen Linien geben einen mögliche Wege für einen Umlauf um den Versetzungskern mit gleich vielen Schritte nach links und rechts bzw. oben und unten an. In (c) ist eine Korngrenze (45° Korngrenze in SiC projiziert in [110]-Richtung) gezeigt.

Neben Stufenversetzungen treten auch *Schraubenversetzungen* auf. Die Entstehung einer Schraubenversetzung können wir uns so vorstellen, dass wir das herausgeschnittene Kristallstück nicht um eine Gitterkonstante nach rechts, sondern nach hinten, also parallel zur Versetzungslinie CD verschieben. Der Burgers-Vektor **b** verläuft bei der Schraubenversetzung parallel zur Versetzungslinie.

Im einfachsten Fall läuft eine Versetzungslinie durch den ganzen Kristall hindurch, d. h. von einer Oberfläche zur anderen. Aus topologischen Gründen kann eine Versetzungslinie nicht im Kristall enden. Es kann aber passieren, dass sie ihre Richtung ändert, wobei die relative Orientierung von Versetzungslinie und Burgers-Vektor (z. B. 90° bei einer Stufenversetzung) gleich bleibt. Es können dann in sich geschlossene Versetzungslinien, so genannte *Versetzungsringe* auftreten, die vollständig im Kristallinneren verlaufen. Das einfachste Beispiel dafür ist eine eingeschobene Gitterebene, deren Ausdehnung so klein ist, dass sie nirgends an den Rand des Kristalls reicht. Der Rand dieser eingeschobenen Gitterebene bildet dann eine geschlossene Versetzungslinie.

Die Konfigurationsentropie von Versetzungen ist sehr klein. Dies liegt daran, dass eine Versetzung als eine lineare Anordnung von Punktdefekten betrachtet werden kann. Dies bedeutet aber eine starke Korrelation der Punktdefekte, wodurch die Zahl der Realisierungsmöglichkeiten einer bestimmten Konfiguration der Punktdefekte stark herabgesetzt wird. Der Beitrag der Entropie zur freien Energie wird dadurch verschwindend klein und damit nimmt die freie Energie ein Minimum ein, wenn auch die innere Energie ein Minimum hat. Die innere Energie ist aber minimal, wenn im Kristall keine Versetzungen vorhanden sind. Trotzdem haben reale Kristalle immer eine bestimmte Versetzungsdichte (Versetzungslinien pro Flächeneinheit). Sie ist etwa $10^2/\text{cm}^2$ für sehr gute Siliziumkristalle und bis zu $10^{12}/\text{cm}^2$ in stark deformierten Metallen.

Typische Flächendefekte sind *Korngrenzen* (siehe Abb. 1.32c) und *Stapelfehler*. Korngrenzen treten an den Nahtstellen von einkristallinen Bereichen unterschiedlicher Orientierung auf. Korngrenzen spielen in polykristallinen Materialien oft eine bedeutende Rolle. Vertauscht man in einer kubisch flächenzentrierten Struktur die Stapelfolge ABCABC... zu ACABCA..., so entspricht die Struktur im Bereich ACA jetzt der hexagonal dichtesten Kugelpackung. Solche zweidimensionalen Fehlordnungen heißen Stapelfehler.

1.4.2 Chemische Fehlordnung

Unter chemischer Fehlordnung verstehen wir Fehler in der chemischen Zusammensetzung eines Kristalls. Dies kann z. B. durch Verunreinigungen verursacht werden, wobei ein Atom des Kristalls durch ein falsches Atom ersetzt wird. Solche Atome nennen wir *substitutionelle Fremdatome*. Von *interstitiellen Fremdatomen* sprechen wir, wenn das Fremdatom auf einem Zwischengitterplatz eingebaut wird. Interstitielle Fremdatome sind bevorzugt sehr kleine Atome wie Wasserstoff, Bor, Kohlenstoff, Stickstoff oder Sauerstoff.

Ferner tritt chemische Fehlordnung durch Abweichungen von der idealen Stöchiometrie bei mehrkomponentigen Systemen auf. Hat ein Kristall zum Beispiel die Zusammensetzung AB_3 und stimmt das Verhältnis von A/B = 1/3 nicht exakt, so besetzen die A-Atome teilweise die B-Plätze oder umgekehrt. Chemische Fehlordnung kann auch bei perfekter Stöchiometrie durch Platztausch von Atomen geschehen. Solche Defekte nennen wir *Antistrukturatome* oder *Anti-site Defekte* (Atome der Sorte *A* auf dem Gitterplatz der Sorte *B* und umgekehrt in einer zweiatomigen Verbindung *AB*, z. B. GaAs).

Substitionelle und interstitielle Fremdatome sowie Antistrukturatome können wir zu den atomaren Defekten zählen. Ausgedehnte Defekte aufgrund chemischer Fehlordnung sind z. B. Ausscheidungen und Fremdphasen.

Chemische Fehlordnung spielt in einigen Materialsystemen eine bedeutende Rolle. So wird zum Beispiel die elektrische Leitfähigkeit von Halbleitermaterialien durch die Dotierung mit einer geringen Konzentration von Fremdatomen um Größenordnungen geändert. Die Dotieratome ersetzen dabei im Kristallgitter teilweise die Atome des Halbleitermaterials.

1.5 Nicht-kristalline Festkörper

Es besteht allgemeine Übereinkunft darüber, dass die Bezeichnungen amorphe, nicht-kristalline und ungeordnete Festkörper sowie Gläser und Flüssigkeiten keine Bedeutung hinsichtlich der Struktur des Festkörpers haben. Sie sagen nur aus, dass die Struktur nicht kristallin ist auf irgendeiner signifikanten Längenskala. Die einzige strukturelle Ordnung die in solchen Festkörpern vorhanden ist, wird durch den in etwa konstanten Abstand zwischen benachbarten Atomen auferlegt. Wir wollen im Folgenden einiges Wissenswerte über nicht-kristalline Festkörper zusammenfassen.

1.5.1 Die radiale Verteilungsfunktion

Die lokale Anordnung von Atomen in Festkörpern lässt sich ganz allgemein durch die *Paarkorrelationsfunktion*

$$g(\mathbf{r}_1, \mathbf{r}_2) = \frac{1}{n_0^2} \langle n(\mathbf{r}_1) \, n(\mathbf{r}_2) \rangle \qquad (1.5.1)$$

charakterisieren. Nehmen wir der Einfachheit halber an, dass unser Festkörper nur aus einer Atomsorte aufgebaut ist, so gibt $g(\mathbf{r}_1, \mathbf{r}_2)$ die Wahrscheinlichkeit dafür an, dass sich am Ort $\mathbf{r}_2$ ein Teilchen befindet, wenn am Ort $\mathbf{r}_1$ bereits ein Teilchen vorhanden ist. Die Wahrscheinlichkeit wird mit Hilfe der mittleren Teilchendichte n_0 für große Abstände auf den Wert eins normiert.

Amorphe Festkörper sind vom makroskopischen Standpunkt aus gesehen im Allgemeinen homogen und isotrop. Wir können deshalb annehmen, dass die Paarkorrelationsfunktion nur vom Abstand $\mathbf{r} = \mathbf{r}_2 - \mathbf{r}_1$ abhängt. Sie gibt dann die mittlere Teilchendichte $n(r)$ an, die wir im Mittel im Abstand r von einem gewählten Bezugsatom anfinden, d. h.

$$g(r) = \frac{n(r)}{n_0} \, . \qquad (1.5.2)$$

1.5 Nicht-kristalline Festkörper

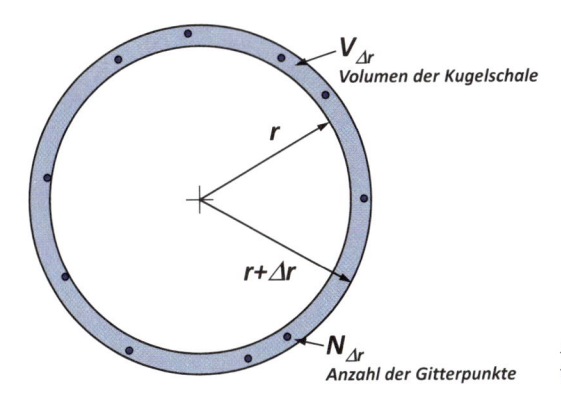

Abb. 1.33: Zur Ableitung der radialen Verteilungsfunktion.

Häufig wird zur Beschreibung der Verteilung von Atomen in einem amorphen Festkörper auch die *radiale Verteilungsfunktion* $\rho(r)$ verwendet. Hierzu betrachten wir eine Kugelschale der Dicke Δr um ein beliebiges Atom (siehe Abb. 1.33). Das Volumen der Kugelschale ist für $\Delta r \ll r$

$$V_{\Delta r} = \frac{4}{3}\pi\left((r+\Delta r)^3 - r^3\right) \simeq 4\pi r^2 \Delta r\,. \tag{1.5.3}$$

Die Zahl der Atome, die in dieser Kugelschale liegen, sei $N_{\Delta r}$. Wir können damit die mittlere Dichte der Atome im Abstand r angeben als

$$n(r) = \left\langle \lim_{\Delta r \to 0} \frac{N_{\Delta r}}{V_{\Delta r}} \right\rangle\,. \tag{1.5.4}$$

Hierbei deutet $\langle\rangle$ den Mittelwert über alle Atome an. Mit dieser mittleren Dichte können wir die radiale Verteilungsfunktion als

$$\rho(r) = 4\pi r^2 n(r) = 4\pi r^2 \left\langle \lim_{\Delta r \to 0} \frac{N_{\Delta r}}{V_{\Delta r}} \right\rangle = 4\pi r^2 n_0\, g(r)\,. \tag{1.5.5}$$

definieren. Die radiale Verteilungsfunktion gibt die mittlere Zahl der Atome pro Längeneinheit an. Um die Bedeutung dieser Verteilungsfunktion zu verstehen, betrachten wir zwei Grenzfälle:

1. *Kristalliner Festkörper:*
   Die Kugelschale enthält nur bei ganz bestimmten Abständen $r = r_j$, die durch die Kristallstruktur und die Gitterkonstanten vorgegeben sind, Atome. Die Größe $n(r)$ bzw. $g(r)$ und damit $\rho(r)$ wird bei diesen Werten unendlich groß, da die Zahl $N_{\Delta r}$ auch für $V_{\Delta r} \to 0$ endlich bleibt. Wir erhalten also eine δ-Funktion

$$\rho(r) = N(r)\delta(r - r_j) = \begin{cases} 0 & \text{für } r \neq r_j \\ \infty & \text{für } r = r_j \end{cases}\,. \tag{1.5.6}$$

Integrieren wir die δ-Funktion, so erhalten wir gerade die Zahl $N(r_j)$ der Atome im Abstand r_j. Haben wir keinen perfekten Kristall, so werden die Atompositionen etwas schwanken, was zu einer Verbreiterung der Peaks in $\rho(r)$ bei $r = r_j$ führt.

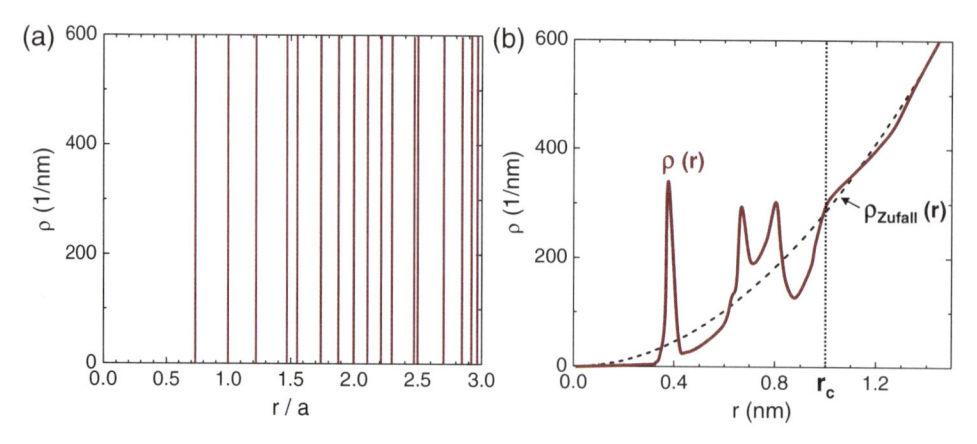

Abb. 1.34: Radiale Verteilungsfunktion bei einem einkristallinen (a) und einem amorphen Festkörper (b).

2. *Amorpher Festkörper:*
   Für einen amorphen Festkörper ist $n(r) = n_0 = \text{const}$ bzw. $g(r) = 1$. Damit erhalten wir für die radiale Verteilungsfunktion

   $$\rho(r) = 4\pi r^2 n_0 \equiv \rho_{\text{Zufall}} . \tag{1.5.7}$$

   Dieses Ergebnis ist einsichtig, da wir in einem amorphen Körper eine völlig zufällige Abstandsverteilung erwarten.
   Experimentell wird dieses Verhalten aber nicht beobachtet. Man findet vielmehr, dass die radiale Verteilungsfunktion für sehr kleine $r < r_c$ eher wie diejenige eines kristallinen Festkörpers aussieht und erst bei größeren r in ρ_{Zufall} übergeht:

   $$\rho(r) = \begin{cases} \rho_{\text{Kristall}} & \text{für } r < r_c \\ \rho_{\text{Zufall}} & \text{für } r > r_c \end{cases} . \tag{1.5.8}$$

   Dies ist einsichtig, da wir auch für einen amorphen Festkörper erwarten, dass um jedes Atom herum eine gewisse Nahordnung mit einem gut definierten mittleren Atomabstand existiert. Es existiert allerdings keine Fernordnung, weshalb die Verteilungsfunktion für große $r > r_c$ dann in ρ_{Zufall} übergeht. Der charakteristische Radius r_c liegt in der Größenordnung des Atomabstandes (siehe hierzu Abb. 1.34).

1.5.2 Flüssigkristalle

Bisher haben wir nur Systeme betrachtet, die entweder kristallin oder amorph waren. Es gibt aber auch Mischformen, also Strukturen, die hinsichtlich mancher Eigenschaften kristallin, hinsichtlich anderer jedoch amorph sind. Beispiele sind Flüssigkristalle,[36] die wir hier näher diskutieren wollen, aber auch Flusslinien in Supraleitern.

---

[36] Der österreichische Botaniker und Chemiker **Friedrich Reinitzer** (1857–1927) hat im Jahr 1888 an der Substanz Cholesterinbenzoat festgestellt, dass diese bei 145.5 °C schmilzt aber milchig trüb

1.5 Nicht-kristalline Festkörper

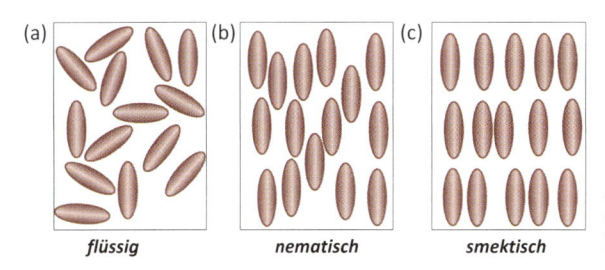

Abb. 1.35: Flüssigkristalle: (a) flüssige, (b) nematische und (c) smektische Phase.

Flüssigkristalle sind aus plättchen- oder stäbchenförmigen Molekülen aufgebaut. Es kann deshalb eine kristalline Ordnung getrennt hinsichtlich Position und Orientierung dieser Moleküle auftreten. Außerdem können diese Systeme in einer Raumrichtung amorph, in den beiden anderen dagegen kristallin sein.

In Abb. 1.35b ist die **nematische Phase** eines Flüssigkristalls gezeigt. Hier liegt im Gegensatz zu einer Flüssigkeit, die völlig ungeordnet ist, eine Ordnung bezüglich der Orientierung der einzelnen Moleküle vor. Die Molekülpositionen sind dagegen nach wie vor ungeordnet, wir können bezüglich der Position der Moleküle von einem amorphen Zustand sprechen. Abb. 1.35c zeigt eine **smektische Phase**.[37] Hier liegt zusätzlich zur Ordnung bezüglich der Orientierung der Moleküle auch eine Ordnung bezüglich ihrer Position in einzelnen Ebenen vor. Allerdings haben die Positionen der Moleküle in verschiedenen Ebenen keinen Bezug zueinander.

Heute sind etwa 50.000 organische Verbindungen bekannt, die beim Schmelzen nicht direkt in den isotropen, flüssigen Zustand übergehen, sondern eine oder mehrere flüssigkristalline Phasen durchlaufen. Das Bauprinzip dieser Verbindungsklasse ist im Prinzip einfach. Das Molekül muss eine ausgeprägte Formanisotropie aufweisen. Es muss etwa vier- bis sechsmal so lang sein, wie es dick ist, muss einen formstabilen starren Grundkörper besitzen, etwa wie das Benzylidenanilin oder das Biphenyl, und muss in der Längsachse mit zumindest einer flexiblen Alkylkette versehen sein, um den Schmelzpunkt herabzusetzen. Typische Vertreter der Substanzklasse der Flüssigkristalle sind das Methyloxybenzylidenbutylanilin (MBBA) und das Pentylcyanobiphenyl (5CB). Beide Verbindungen weisen bei Raumtemperatur eine flüssigkristalline Phase auf.

Sicherlich wäre die Beschäftigung mit Flüssigkristallen ein exotischer Forschungszweig geblieben, wenn nicht im Jahr 1971 die beiden Physiker **M. Schadt** und **W. Helfrich** bei Grund-

---

bleibt. Erst bei einer Temperatur von 178.5 °C wurde die Probe klar. Beim Abkühlen wiederholte sich der Vorgang in umgekehrter Reihenfolge. Zwischen 145.5 °C und 178.5 °C besaß die Probe die viskosen Eigenschaften von Flüssigkeiten und zusätzlich die optischen bzw. lichtbrechenden Eigenschaften von Kristallen. Aus diesem Grund musste die Verbindung im flüssigen Zustand eine gewisse Ordnung ausbilden. Da sie sowohl die Eigenschaften von Flüssigkeiten und Kristallen besitzt, bezeichnete man sie als Flüssigkristall.

[37] In smektischen Phasen liegen sowohl Richtungs- als auch Schwerpunktskorrelationen vor. Insgesamt sind 12 smektische Phasen bekannt. In der smektischen A-Phase (SmA), sind die Moleküle im Mittel senkrecht zur Schichtebene orientiert. In der smektischen C-Phase (SmC) dagegen bilden sie im Mittel einen von 90° verschiedenen Winkel zur Schichtebene aus, man spricht von einer getilteten Phase. Es existieren auch höher geordnete Phasen, in denen die Moleküle innerhalb der Schicht eine Positionsfernordnung besitzen, z. B. SmI und SmF.

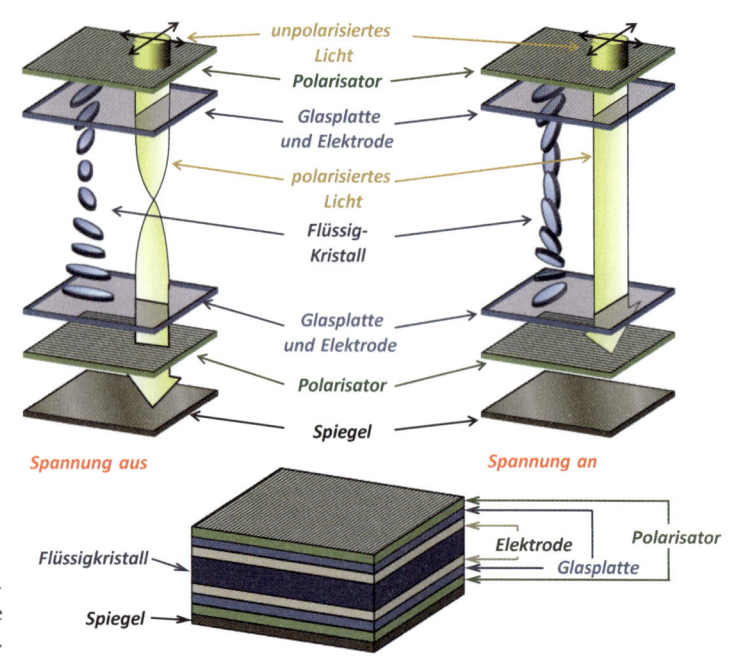

Abb. 1.36: Zur prinzipiellen Funktionsweise von LCD-Anzeigen.

lagenuntersuchungen über Flüssigkristalle in elektrischen Feldern eine Anordnung gefunden hätten, die die Funktion eines spannungsgesteuerten Lichtventils hatte. Nach ihren Erfindern benannt, hat die Schadt-Helfrich-Zelle, als Flüssigkristalldisplay (LCD: Liquid Crystal Display) ihren Siegeszug als Anzeigeelement weltweit angetreten. Heute begegnen uns Flüssigkristallanzeigen in nahezu allen technischen Geräten, in einfachster Form als 7-Segmentanzeige in Uhren und Taschenrechnern, aber auch in komplexer Form als Farbbildschirm des Laptops oder Taschenfernsehers.

Eine Flüssigkristallanzeige besteht, wie in Abb. 1.36 gezeigt ist, aus zwei Glasplatten, die durch Abstandshalter in einem Abstand von typischerweise 10 µm zueinander gehalten werden. Auf den sich gegenüberliegenden Glasflächen sind transparente leitfähige Schichten aus Indium-Zinn-Oxid aufgebracht, die später die beliebig strukturierbaren Ziffern, Zeichen oder Segmente darstellen sollen. Die Glasplatten sind auf den Innenseiten so präpariert, dass die Flüssigkristallmoleküle an jeder Glasoberfläche mit ihren Längsachsen in einer bestimmten Richtung parallel zur Oberfläche ausgerichtet sind, und zwar so, dass die Orientierungsrichtungen an den beiden sich gegenüberstehenden Oberflächen senkrecht zueinander liegen. Wird nun ein nematischer Flüssigkristall zwischen diese Glasplatten gebracht, so muss er aufgrund der festgelegten Randbedingungen eine 90°-Schraube beschreiben. Strahlt man durch den ersten Polarisator erzeugtes polarisiertes Licht, dessen Polarisationsebene parallel oder senkrecht zur Randorientierung liegt (Hauptschwingungsrichtungen), durch diese Anordnung, so folgt die Polarisationsebene des Lichtes der Schraubenstruktur und erfährt beim Durchgang durch die Flüssigkristallzelle eine Drehung um 90°. Es kann dann den zweiten, zum ersten senkrecht orientierten Polarisator durchdringen, auf den Spiegel treffen und reflektiert werden. Liegt eine Spannung an, so wird die Orientierung der Flüssigkristalle geändert. Die Polarisationsebene des Lichts wird dann nicht gedreht, es kann den zweiten Polarisator nicht durchdringen und somit nicht reflektiert werden. In das Display zum Beispiel eines Taschenrechners fällt das Tageslicht ein und wird je nach Stellung der Flüssigkristalle entweder ungehindert durchgelassen oder eben nicht. Damit kann man einzelne Stellen auf dem Display verdunkeln und so ein Bild vortäuschen.

1.6 Vertiefungsthema: Direkte Abbildung von Kristallstrukturen

Heute stehen uns mehrere Verfahren zur Verfügung, mit denen wir atomare Strukturen direkt abbilden können. Die wichtigsten Verfahren sind die

- Transmissions-Elektronenmikroskopie (TEM) und die
- Rastersondenmikroskopie (RSM).

Wir wollen diese Verfahren kurz vorstellen, bevor wir in Kapitel 2 auf die Strukturanalyse mit Beugungsmethoden eingehen. Der Vorteil der direkten Abbildungsverfahren ist ohne Zweifel die Tatsache, dass eine unmittelbare Strukturanalyse vorgenommen werden kann, ohne dass erst über Rechenverfahren aus den Messergebnissen auf die Struktur zurückgerechnet werden muss. Die direkten Messverfahren eignen sich auch sehr gut für die Abbildung von Gitterdefekten (*Realstruktur*), während Beugungsmethoden hauptsächlich zur detaillierten Bestimmung der Gitterstruktur (*Idealstruktur*) und der Gitterkonstanten geeignet sind. Der Nachteil der direkten Verfahren ist deren Oberflächensensitivität (RSM) und das geringe Probenvolumen (TEM), das bei der Messung erfasst wird.

1.6.1 Elektronenmikroskopie

Der typische Aufbau eines Transmissions-Elektronenmikroskops (TEM) ist in Abb. 1.37 gezeigt. Mit einer Elektronenquelle (Kathode, z. B. Wolfram-Haarnadelquelle, LaB_6-Kathode oder Feldemissionsquelle) werden freie Elektronen erzeugt, die auf eine Energie von typischerweise einigen 100 keV beschleunigt werden. Mit Hilfe von Kondensorlinsen wird eine optimale „Elektronenbeleuchtung" des zu untersuchenden Objekts realisiert. Im Objekt werden die Elektronen von den Atomen des Kristallgitters gestreut. Atome mit hoher Kernladungszahl streuen dabei die Elektronen stärker als solche mit niedriger Kernladungszahl. In der Brennebene der Objektivlinse hinter dem Objekt werden die stark gestreuten Elektronen durch Blenden absorbiert, so dass Atome mit hoher bzw. niedriger Kernladungszahl dunkel bzw. hell erscheinen. Das zu untersuchende Objekt muss sehr dünn sein (typischerweise dünner als 100 nm), da die Elektronen sonst das Objekt nicht durchdringen können. Das von weiteren Linsen vergrößerte Bild kann auf einem Leuchtschirm beobachtet werden oder mit Hilfe einer CCD-Kamera oder Photoplatte registriert werden. Als Linsen werden heute überwiegend Magnetlinsen verwendet. Die Brennweite dieser Linsen kann über den Spulenstrom geregelt werden.

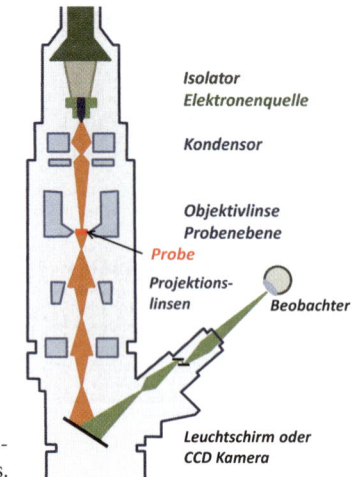

Abb. 1.37: Schematische Darstellung zur Funktionsweise eines Transmissions-Elektronenmikroskops.

Das Auflösungsvermögen von auf Beugung basierenden Mikroskopen ist durch

$$d = \frac{\lambda}{n \sin \alpha} \tag{1.6.1}$$

gegeben, wobei λ die Wellenlänge des verwendeten „Lichts" und $n \sin \alpha$ die numerische Apertur ist (n: Brechungsindex, α: Aperturwinkel). Für ein optisches Mikroskop ist die Wellenlänge im Bereich um 500 nm und die numerische Apertur ist in der Größenordnung eins. Die Auflösung liegt deshalb bei etwa 1 μm.

In der Elektronenmikroskopie werden hochenergetische Elektronen zur Abbildung verwendet. Ihre de Broglie-Wellenlänge beträgt

$$\lambda_{el} = \frac{h}{p} = \frac{h}{\sqrt{2mE}} \ . \tag{1.6.2}$$

Hierbei ist p der Impuls der Elektronen, h das Plancksche Wirkungsquantum und m die Elektronenmasse. Bei einer Elektronenenergie von $E = 300$ keV erhalten wir damit eine Wellenlänge von $\lambda_{el} \simeq 2$ pm. Allerdings können die Linsenfehler von magnetischen Linsen schlecht korrigiert werden und die numerische Apertur der magnetischen Linsen ist wesentlich kleiner als eins, so dass die erreichte praktische Auflösung von Elektronenmikroskopen heute im Bereich von 1 Å liegt.

Abb. 1.38a zeigt als Beispiel ein TEM-Bild einer mehrlagigen epitaktischen Schichtstruktur aus zwei magnetischen $La_{2/3}Ba_{1/3}MnO_3$-Schichten, die durch eine nur wenige Atomlagen dicke $SrTiO_3$ Tunnelbarriere getrennt sind (magnetischer Tunnelkontakt). Im TEM-Bild können deutlich die verschiedenen Atomreihen erkannt werden. Mit Hilfe der TEM-Analyse kann z. B. festgestellt werden, ob in der dünnen Tunnelbarriere Löcher vorhanden sind und ob an den Grenzflächen Defekte (z. B. Versetzungen) auftreten. Abb. 1.38b zeigt ein TEM-Bild einer Si (111) 7 × 7 Oberfläche.

In modernen Elektronenmikroskopen können nicht nur die elastisch gestreuten Elektronen zur Abbildung verwendet werden, sondern auch diejenigen Elektronen, die einen für jedes Element charakteristischen Energieverlust bei der Streuung erfahren haben. Auf diese

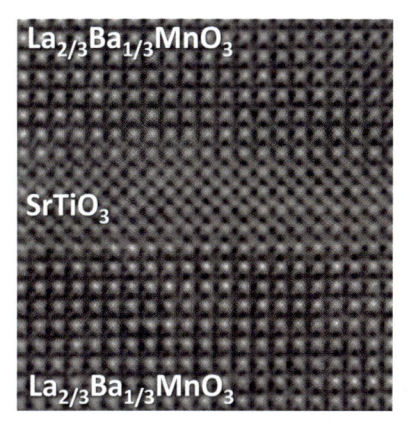

Abb. 1.38: TEM-Bild einer heteroepitaktischen $La_{2/3}Ba_{1/3}$-$MnO_3/SrTiO_3$-Schichtstruktur (Schicht: WMI-Garching, TEM-Analyse: Universität Bonn).

Weise kann eine lokale Elementanalyse durchgeführt werden (EELS: Electron Energy Loss Spectroscopy).

1.6.2 Rastersondentechniken

Die Rastersondentechniken haben seit ihrer Einführung in den 1980er Jahren eine stürmische Entwicklung erfahren. Die beiden wichtigsten Verfahren sind die

- *Rastertunnelmikroskopie* (STM: Scanning Tunneling Microscopy) und die
- *Rasterkraftmikroskopie* (AFM: Atomic Force Microscopy).

Die für beugungsbasierte Methoden bestehende Auflösungsgrenze $d \approx \lambda$ wird bei diesen Verfahren dadurch umgangen, dass man zu einer Nahfeldtechnik übergeht. Diese basiert auf einer Abrasterung der Oberfläche mit einer sehr feinen Spitze in sehr kleinem Abstand. Die Ortsauflösung wird dabei durch den Durchmesser $\Delta x \ll \lambda$ der Spitze bestimmt. Diese Technik wird auch beim wohl bekannten Stethoskop verwendet. Der Sondendurchmesser ist hier etwa 1 cm, wodurch man eine Auflösung erhält, die weit unterhalb der Wellenlänge von akustischen Wellen (einige Meter) liegt. Bei den Rastersondentechniken liegt der Sondendurchmesser im atomaren Bereich, weshalb bei der Abbildung eine atomare Auflösung erzielt werden kann.

Abb. 1.39 zeigt schematisch die Funktionsweise eines Rastertunnelmikroskops. Die Messgröße $M(z)$ ist hierbei der zwischen Messspitze und Probe fließende Tunnelstrom. Dieser hängt exponentiell vom Abstand Δz zwischen Spitze und Probenoberfläche ab ($M(z) = I(z) \propto e^{-\kappa \Delta z}$, die charakteristische Abklinglänge $1/\kappa$ liegt typischerweise im Ångström-Bereich). Üblicherweise wird die Spitze über die Probe gerastert und dabei mit Hilfe eines Rückkoppelkreises der Abstand mit Hilfe eines piezoelektrischen Stellelements so geregelt, dass der Tunnelstrom zwischen Spitze und Probe konstant bleibt. Die an das Piezostellelement gegebene Steuerspannung enthält dann die Information über das Höhenprofil der Probe.[38] Die Rastertunnelmikroskopie wurde 1981 von **Binnig** und **Rohrer** entwickelt, die da-

---

[38] Es soll hier darauf hingewiesen werden, dass man mit dem STM nicht die Atome, sondern die für den Tunnelstrom verantwortliche elektronische Struktur an der Oberfläche sieht. Bei einer Graphit-Oberfläche sieht man deshalb z. B. nur jedes zweite Atom.

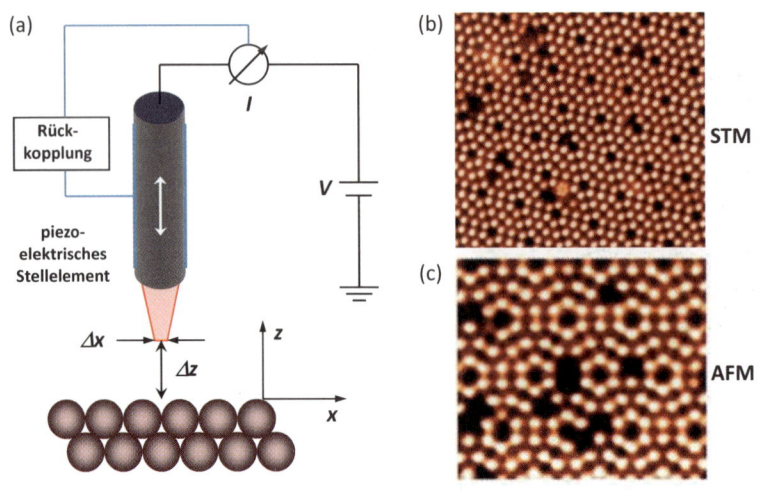

Abb. 1.39: (a) Zur prinzipiellen Funktionsweise von Rastersondenmikroskopen. Rechts ist jeweils ein STM- (b) und ein AFM-Bild (c) einer Si-Oberfläche im Ultrahochvakuum gezeigt. Einige ins Auge fallende Besonderheiten sind: (i) die Atome sind deutlich als rotumrandete (künstlich eingefärbte) Kreise sichtbar und (ii) die Oberfläche hat keine Ähnlichkeit mit einer (111) Ebene des Diamantgitters. Die Atome der Oberfläche (und die Lage darunter) haben sich rearrangiert, um ihre freien Bindungen gegenseitig bestmöglichst abzusättigen. Die zweidimensionale Elementarzelle des Oberflächengitters ist ziemlich kompliziert mit einer Gitterkonstante die 7 mal größer ist als die Gitterkonstante des Si-Volumengitters. Man spricht deshalb auch von der 7×7 Struktur der (111) Oberfläche. Der 7×7 Oberflächenkristall enthält auch Defekte, insbesondere sind Leerstellen gut zu erkennen (Bilder: Omicron GmbH).

für im Jahr 1986 den Nobelpreis für Physik erhielten.[39] Beim Rasterkraftmikroskop ist die Messgröße die zwischen Spitze und Probe wirkende Kraft. Verwendet man eine magnetische Spitze, kann die magnetische Kraft zwischen Spitze und einer magnetischen Oberfläche verwendet werden (MFM: Magnetic Force Microscopy).

---

[39] **Gerd Karl Binnig** (geboren am 20. Juli 1947 in Frankfurt am Main) und **Heinrich Rohrer** (geboren am 6. Juni 1933 in Buchs, Kanton Sankt Gallen), erhielten im Jahr 1986 zusammen mit **Ernst August Friedrich Ruska** (geboren am 25. Dezember 1906 in Heidelberg, gestorben am 27. Mai 1988 in Berlin) den Nobelpreis für Physik. Ruska wurde für seine fundamentalen Beiträge zur Entwicklung der Elektronenoptik ausgezeichnet, Binnig und Rohrer für die Konstruktion des Rastertunnelmikroskops.

Literatur

A. Bravais, *Études Cristallographiques*, Gauthier Villars, Paris (1866).

M. J. Buerger, *Elementary Crystallography*, John Wiley & Sons, New York (1963).

W. Borchardt-Ott, *Kristallographie: Eine Einfuhrung fur Naturwissenschaftler*, Springer-Verlag, Berlin (2009).

J. J. Burckhardt, *Die Symmetrie der Kristalle*, Birkhäuser Verlag, Basel (1988).

J. S. Fedorov, *Symmetry of crystals*, übersetzt aus dem Russischen von David und Katherine Harker, New York, American Crystallographic Association, Monograph 7, (1971).

R. J. Haüy, *Essai d'une théorie sur la structure des cristaux*, Paris (1784); *Traité de minéralogie*, Paris (1801)

J. Kepler in *Harmonice Mundi* (1619).

W. Kleber, H.-J. Bautsch, J. Bohm, D. Klimm, *Einführung in die Kristallographie*, Oldenbourg Verlag, München (2010).

L. D. Landau, *Zur Theorie der Phasenumwandlungen II*, Phys. Z. Sowjetunion **11**, 11 (1937).

D. Levine, P. Steinhardt, *Quasicrystals: A New Class of Ordered Structures*, Phys. Rev. Lett. **53**, 2477–2480 (1984).

K. S. Novoselov, A. K. Geim, S. V. Morozov, D. Jiang, Y. Zhang, S. V. Dubonos, I. V. Grigorieva, A. A. Firsov, *Electric Field Effect in Atomically Thin Carbon Films*, Science **306**, 666–669 (2004).

R. E. Peierls, *Quelques propriétés typiques des corpses solides*, Ann. I. H. Poincaré **5**, 177–222 (1935).

A. Schoenflies, *Synthetisch-geometrische Untersuchungen über Flächen zweiten Grades und eine aus ihnen abgeleitete Regelfläche*, Dissertation, Friedrich-Wilhelms-Universität zu Berlin (1877).

D. Shechtman, I. Blech, D. Gratias, J. Cahn, *Metallic Phase with Long-Range Orientational Order and No Translational Symmetry*, Phys. Rev. Lett. **53**, 1951–1953 (1984).

2 Strukturanalyse mit Beugungsmethoden

Durch die grundlegenden Arbeiten von **Max von Laue**, **Walter Friedrich** und **Paul Knipping** im Jahr 1912 wurde eindeutig nachgewiesen, dass es sich bei kristallinen Festkörpern um eine regelmäßige Anordnung von Atomen handelt. Der Nachweis wurde über die Beugung von Röntgenstrahlen an Kristallen geführt. Heute wissen wir, dass elektromagnetische Wellen und Materiewellen (Neutronen, Elektronen) an Kristallgittern gebeugt werden, wenn ihre Wellenlänge von der gleichen Größenordnung wie die Gitterkonstante der Kristallstrukturen ist. Beugungsmethoden sind heute bei der Aufklärung des atomaren Aufbaus von Kristallen unverzichtbar. Sie geben insbesondere Aufschluss über (i) die Größe der Elementarzelle, (ii) die Zahl und Anordnung der Atome in der Elementarzelle und (iii) die Verteilung der Elektronendichte in der Elementarzelle. Im Gegensatz zu den in Abschnitt 1.6 diskutierten direkten Abbildungsmethoden, die Aufschluss über die lokale *Realstruktur* eines Festkörpers geben, mitteln die Beugungsmethoden über ein sehr großes Volumen des Festkörpers und geben sehr genaue Daten über die *Idealstruktur* von Festkörpern. Die direkten Abbildungsverfahren eignen sich also besonders gut für die Untersuchung von Abweichungen von der periodischen Struktur (Defekte, Oberflächen, Grenzflächen) und geben nur relativ ungenaue Informationen über den periodischen Aufbau von Festkörpern. Im Gegensatz dazu eignen sich die Beugungsmethoden besonders gut für die Analyse der periodischen Struktur von Festkörpern und nur wenig für die Untersuchungen von lokalen Abweichungen von dieser Periodizität.

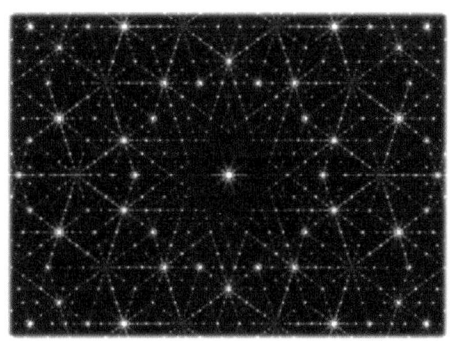

Beugungsbild eines Quasikristalls (Dirk Frettlöh, FU Berlin)

Die in diesem Kapitel diskutierte Beugung von Wellen an periodischen Strukturen ist von fundamentaler Bedeutung für die Festkörperphysik. Wir werden am Beispiel der Beugung wichtige Grundbegriffe wie das *reziproke Gitter* und die *Brillouin-Zonen* einführen. Diese Begriffe werden uns an verschiedenen Stellen (z. B. bei der Diskussion der elektronischen Struktur von Festkörpern) wieder begegnen. Einige Konzepte bezüglich der Streutheorie sind auch wichtig für andere Gebiete der Physik wie die Kern- und Teilchenphysik, wo Informationen über die Struktur von Kernen und Teilchen aus Streuexperimenten gewonnen werden.

2.1 Das reziproke Gitter

Für die Diskussion der Beugung von Wellen an periodischen Strukturen ist es zweckmäßig, zusätzlich zum eigentlichen Kristallgitter das zugehörige *reziproke Gitter* einzuführen. Das reziproke Gitter ist ferner von großem Nutzen für die Diskussion der Fourier-Analyse von periodischen Funktionen oder der Impulserhaltung in Kristallen. Wir werden hier das reziproke Gitter einführen, ohne dass wir sofort den konkreten Nutzen erkennen werden.

2.1.1 Definition des reziproken Gitters

Wir gehen aus von einem Bravais-Gitter (vergleiche (1.1.2))

$$\mathbf{R} = n_1\mathbf{a}_1 + n_2\mathbf{a}_2 + n_3\mathbf{a}_3 \tag{2.1.1}$$

und einer ebenen Welle

$$\Psi_k(\mathbf{r}) = \Psi_0 e^{i\mathbf{k}\cdot\mathbf{r}}, \tag{2.1.2}$$

die im Allgemeinen nicht die Periodizität des Bravais-Gitters hat. Wir können dann folgende Definition für das reziproke Gitter geben:

> Der Satz aller Wellenvektoren **k**, die ebene Wellen mit der Periodizität des Bravais-Gitters ergeben, bildet das zum Bravais-Gitter reziproke Gitter.

Für Wellen mit der Periodizität der Bravais-Gitters muss

$$\Psi_k(\mathbf{r}) = \Psi_k(\mathbf{r}+\mathbf{R}) \tag{2.1.3}$$

oder

$$\Psi_0 e^{i\mathbf{k}\cdot\mathbf{r}} = \Psi_0 e^{i\mathbf{k}\cdot(\mathbf{r}+\mathbf{R})} = \Psi_0 \left(e^{i\mathbf{k}\cdot\mathbf{r}} \cdot e^{i\mathbf{k}\cdot\mathbf{R}}\right) \tag{2.1.4}$$

gelten. Daraus folgt sofort, dass

$$e^{i\mathbf{k}\cdot\mathbf{R}} = 1 \tag{2.1.5}$$

für alle **R** gelten muss. Dies führt uns zu einer äquivalenten Definition des reziproken Gitters:

> Sei $\mathbf{R} = n_1\mathbf{a}_1 + n_2\mathbf{a}_2 + n_3\mathbf{a}_3$ ein Bravais-Gitter. Das hierzu reziproke Gitter besteht aus allen Vektoren **G**, für die gilt:
> $$e^{i\mathbf{G}\cdot\mathbf{R}} = 1. \tag{2.1.6}$$

Hierbei ist **G** ein Wellenvektor aus dem reziproken Gitter, während **k** ein beliebiger Wellenvektor ist.

2.1.2 Fourier-Analyse

Aus der Fourier-Analyse ist uns bekannt, dass wir eine periodische Funktion in eine Fourier-Reihe entwickeln können.[1,2,3] Falls die Funktion $f(\mathbf{r})$ die Periodizität des Bravais-Gitters besitzt, muss gelten:

$$f(\mathbf{r}) = f(\mathbf{r}+\mathbf{R}) \,. \tag{2.1.7}$$

Wir entwickeln nun diese periodische Funktion in eine Fourier-Reihe:

$$f(\mathbf{r}) = \sum_{\mathbf{k}} f_{\mathbf{k}} e^{i \mathbf{k} \cdot \mathbf{r}} \,. \tag{2.1.8}$$

Für die Fourier-Koeffizienten gilt:

$$f_{\mathbf{k}} = \frac{1}{V_c} \int_{\text{Zelle}} f(\mathbf{r}) \, e^{-i \mathbf{k} \cdot \mathbf{r}} \, d^3 r \,. \tag{2.1.9}$$

Hierbei wird über eine primitive Gitterzelle mit dem Volumen V_c integriert.

Falls $f(\mathbf{r})$ zum Beispiel die Elektronendichte in einem Kristall ist und damit die Periodizität des Bravais-Gitters besitzt, so finden wir

$$\begin{aligned} f(\mathbf{r}) &= f(\mathbf{r}+\mathbf{R}) \\ \sum_{\mathbf{k}} f_{\mathbf{k}} e^{i \mathbf{k} \cdot \mathbf{r}} &= \sum_{\mathbf{k}} f_{\mathbf{k}} e^{i \mathbf{k} \cdot (\mathbf{r}+\mathbf{R})} = \sum_{\mathbf{k}} f_{\mathbf{k}} \left(e^{i \mathbf{k} \cdot \mathbf{r}} \cdot e^{i \mathbf{k} \cdot \mathbf{R}} \right) \,. \end{aligned} \tag{2.1.10}$$

Hieraus folgt sofort, dass $e^{i\mathbf{k}\mathbf{R}} = 1$ erfüllt sein muss. Da $\mathbf{R}$ ein Vektor des Bravais-Gitters ist, muss deshalb $\mathbf{k} = \mathbf{G}$ gelten, d. h. die erlaubten Wellenvektoren sind nur reziproke Gittervektoren. Wir können also folgende Schlussfolgerung ziehen:

> In der Fourier-Zerlegung einer Funktion mit der Periodizität des Bravais-Gitters können nur Wellenvektoren auftauchen, die zum reziproken Gitter dieses Bravais-Gitters gehören.

2.1.3 Die reziproken Gittervektoren

Wir gehen wiederum von einem Bravais-Gitter

$$\mathbf{R} = n_1 \mathbf{a}_1 + n_2 \mathbf{a}_2 + n_3 \mathbf{a}_3 \tag{2.1.11}$$

---

[1] Otto Föllinger, *Laplace-, Fourier- und z-Transformation*, bearbeitet von Mathias Kluw, 8. überarbeitete Auflage, Hüthig, Heidelberg (2003).

[2] Burkhard Lenze, *Einführung in die Fourier-Analysis*, 2. durchgesehene Auflage, Logos Verlag, Berlin (2000).

[3] M. J. Lighthill, *Introduction to Fourier Analysis and Generalised Functions*, Cambridge University Press, Cambridge (2003).

aus, wobei n_1, n_2 und n_3 ganze Zahlen und $\mathbf{a}_1$, $\mathbf{a}_2$ und $\mathbf{a}_3$ die primitiven Gittervektoren sind. Die Vektoren aus dem hierzu reziproken Gitter schreiben wir als

$$\mathbf{G} = h\mathbf{b}_1 + k\mathbf{b}_2 + \ell\mathbf{b}_3 \, . \tag{2.1.12}$$

Nach (2.1.6) muss $e^{i\mathbf{G}\cdot\mathbf{R}} = 1$ sein, so dass wir schreiben können:

$$\mathbf{G} \cdot \mathbf{R} = 2\pi n \qquad n = \text{ganzzahlig} \, . \tag{2.1.13}$$

Diese Bedingung ist durch folgende Vektoren erfüllt:

$$\mathbf{b}_1 = \frac{2\pi}{V_c} \mathbf{a}_2 \times \mathbf{a}_3$$

$$\mathbf{b}_2 = \frac{2\pi}{V_c} \mathbf{a}_3 \times \mathbf{a}_1 \tag{2.1.14}$$

$$\mathbf{b}_3 = \frac{2\pi}{V_c} \mathbf{a}_1 \times \mathbf{a}_2 \, .$$

Dies ist leicht einzusehen, da[4]

$$\mathbf{b}_i \cdot \mathbf{a}_j = 2\pi \delta_{ij} = \begin{cases} 2\pi & \text{für } i = j \\ 0 & \text{für } i \neq j \end{cases} \, . \tag{2.1.15}$$

Eine Veranschaulichung ist in Abb. 2.1 für ein zweidimensionales Gitter gezeigt. Die reziproken Gittervektoren $\mathbf{b}_1$ und $\mathbf{b}_2$ sind leicht zu identifizieren. Ist der Winkel zwischen $\mathbf{a}_1$ und $\mathbf{a}_2$ gleich γ, dann definieren die Beziehungen $\mathbf{b}_1 \cdot \mathbf{a}_1 = 2\pi$ und $\mathbf{b}_1 \cdot \mathbf{a}_2 = 0$ den Vektor $\mathbf{b}_1$ als den Vektor, der senkrecht auf $\mathbf{a}_2$ steht und eine Länge $2\pi/a_1 \sin\gamma$ hat. Analog dazu ist $\mathbf{b}_2$ senkrecht zu $\mathbf{a}_1$ und hat die Länge $2\pi/a_2 \sin\gamma$. Der Name reziprokes Gitter kommt daher, dass die Dimensionen des reziproken Gitters in einem reziproken Verhältnis zu denen des

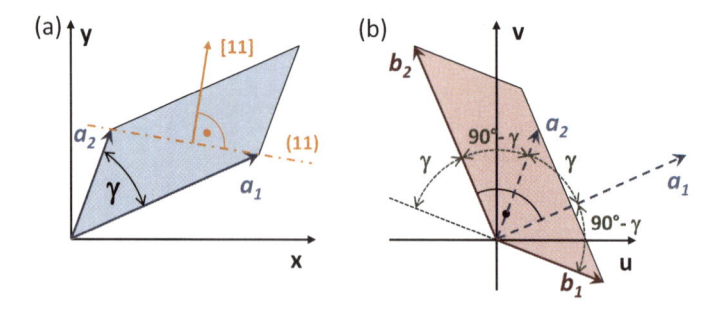

Abb. 2.1: Zum Zusammenhang zwischen Raumgittervektoren (a) und Vektoren des reziproken Gitters (b) für ein zweidimensionales Gitter. Die kartesischen Koordinaten im direkten Raum sind (x, y), im reziproken Raum (u, v). Es ist jeweils die zweidimensionale Einheitszelle dargestellt. In (a) ist auch die (11) Linie und der auf ihr senkrecht stehende reziproke Gittervektor [11] eingezeichnet.

---

[4] Hierbei benutzen wir, dass $\mathbf{a} \cdot (\mathbf{a} \times \mathbf{b}) = \mathbf{b} \cdot (\mathbf{a} \times \mathbf{a}) = 0$.

2.1 Das reziproke Gitter

normalen Raumgitters stehen. Reduzieren wir z. B. $\mathbf{a}_1$ und $\mathbf{a}_2$ um einen konstanten Faktor, dehnt sich das reziproke Gitter um diesen Faktor aus.

Mit (2.1.15) finden wir

$$\begin{aligned}\mathbf{G} \cdot \mathbf{R} &= (h\mathbf{b}_1 + k\mathbf{b}_2 + \ell\mathbf{b}_3)(n_1\mathbf{a}_1 + n_2\mathbf{a}_2 + n_3\mathbf{a}_3) \\ &= 2\pi(hn_1 + kn_2 + \ell n_3) \, .\end{aligned} \quad (2.1.16)$$

Da $\mathbf{G} \cdot \mathbf{R} = 2\pi n$ mit ganzzahligem n gelten muss, muss offenbar h, k und ℓ auch ganzzahlig sein. Wir können also für die reziproken Gittervektoren folgende Definition angeben:

> Das zum Bravais-Gitter $\mathbf{R} = n_1\mathbf{a}_1 + n_2\mathbf{a}_2 + n_3\mathbf{a}_3$ reziproke Gitter wird durch
>
> $$\mathbf{G} = h\mathbf{b}_1 + k\mathbf{b}_2 + \ell\mathbf{b}_3 \quad (2.1.17)$$
>
> aufgespannt. Dabei sind die reziproken Gittervektoren durch (2.1.14) bestimmt und die Koeffizienten h, k und ℓ müssen ganzzahlig sein.

Ohne Beweis (siehe hierzu Übungsaufgaben) wollen wir folgende Tatsachen festhalten:

1. Gleichung (2.1.17) definiert, da h, k und ℓ ganzzahlig sind, wiederum ein Bravais-Gitter. Das heißt, das reziproke Gitter eines Bravais-Gitters ist selbst ein Bravais-Gitter.
2. Das reziproke Gitter des reziproken Gitters ist das direkte Gitter.
3. Ist $V_c = \mathbf{a}_1 \cdot (\mathbf{a}_2 \times \mathbf{a}_3)$ das Volumen der von den primitiven Gittervektoren aufgespannten Einheitszelle im direkten Gitter, so ist $(2\pi)^3/V_c$ das Volumen der durch $\mathbf{b}_1$, $\mathbf{b}_2$ und $\mathbf{b}_3$ aufgespannten Zelle im reziproken Raum.
4. Die Länge der reziproken Gittervektoren ist proportional zum Kehrwert der Länge der Gittervektoren. Dies erklärt die Nomenklatur „reziprokes" Gitter.

2.1.3.1 Beispiele

Den Gittervektoren $\mathbf{a}_1$, $\mathbf{a}_2$ und $\mathbf{a}_3$ bzw. den reziproken Gittervektoren $\mathbf{b}_1$, $\mathbf{b}_2$ und $\mathbf{b}_3$ können wir Matrizen

$$A = \begin{pmatrix} a_{1x} & a_{2x} & a_{3x} \\ a_{1y} & a_{2y} & a_{3y} \\ a_{1z} & a_{2z} & a_{3z} \end{pmatrix} \quad \text{und} \quad B = \begin{pmatrix} b_{1x} & b_{2x} & b_{3x} \\ b_{1y} & b_{2y} & b_{3y} \\ b_{1z} & b_{2z} & b_{3z} \end{pmatrix} \quad (2.1.18)$$

zuordnen, die die kartesischen Komponenten der Vektoren enthalten. Zwischen den Matrizen besteht der Zusammenhang

$$A^T B = 2\pi \begin{pmatrix} 1 & 0 & 0 \\ 0 & 1 & 0 \\ 0 & 0 & 1 \end{pmatrix} \quad \text{oder} \quad B = 2\pi \left(A^T\right)^{-1} , \quad (2.1.19)$$

wobei A^T die transponierte Matrix von A ist.[5]

---

[5] Die Zeilenvektoren der zu A transponierten Matrix A^T sind die Spaltenvektoren von A.

1. *Kubisch primitives Gitter:*

   Für das einfach kubische Gitter mit der Gitterkonstanten a erhalten wir

   $$A = a \begin{pmatrix} 1 & 0 & 0 \\ 0 & 1 & 0 \\ 0 & 0 & 1 \end{pmatrix} \quad \text{und} \quad B = \frac{2\pi}{a} \begin{pmatrix} 1 & 0 & 0 \\ 0 & 1 & 0 \\ 0 & 0 & 1 \end{pmatrix}. \tag{2.1.20}$$

   Das reziproke Gitter des kubisch primitiven Gitters ist also wiederum ein kubisch primitives Gitter.

2. *Kubisch flächenzentriertes Gitter:*

   Für das kubisch flächenzentrierte Gitter erhalten wir (siehe hierzu Abb. 2.2a)

   $$A = \frac{a}{2} \begin{pmatrix} 0 & 1 & 1 \\ 1 & 0 & 1 \\ 1 & 1 & 0 \end{pmatrix} \quad \text{und} \quad B = \frac{2\pi}{a} \begin{pmatrix} -1 & 1 & 1 \\ 1 & -1 & 1 \\ 1 & 1 & -1 \end{pmatrix}. \tag{2.1.21}$$

   Vergleichen wir diese Matrix mit derjenigen eines kubisch raumzentrierten Gitters (siehe (2.1.22)), so sehen wir, dass das reziproke Gitter der kubisch flächenzentrierten Struktur dem kubisch raumzentrierten Kristallgitter entspricht.

   Die drei primitiven Gittervektoren schließen beim kubisch flächenzentrierten Gitter einen Winkel von 60° ein und spannen eine primitive Zelle auf, deren Volumen nur ein Viertel des Volumens der konventionellen Zelle beträgt.

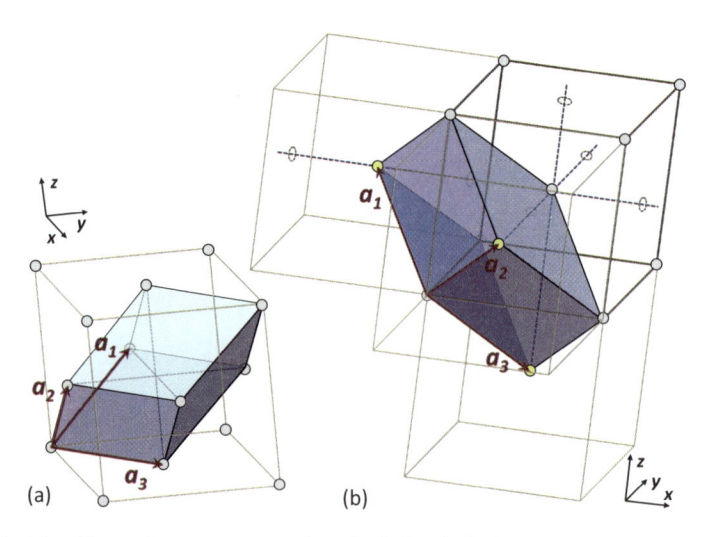

Abb. 2.2: Primitive Gittervektoren $\mathbf{a}_1$, $\mathbf{a}_2$ und $\mathbf{a}_3$ des kubisch flächenzentrierten (a) und des kubisch raumzentrierten Gitters (b). Eingezeichnet ist ebenfalls die konventionelle Zelle und das zugrundeliegende kartesische Koordinatensystem. In (b) sind zur Veranschaulichung die drei benachbarten Einheitszellen gezeichnet. Die primitiven Gittervektoren enden auf den gelb markierten Atomen im Zentrum der benachbarten Zellen.

3. *Kubisch raumzentriertes Gitter:*

Für das kubisch raumzentrierte Gitter erhalten wir (siehe hierzu Abb. 2.2b)

$$A = \frac{a}{2}\begin{pmatrix} -1 & 1 & 1 \\ 1 & -1 & 1 \\ 1 & 1 & -1 \end{pmatrix} \quad \text{und} \quad B = \frac{2\pi}{a}\begin{pmatrix} 0 & 1 & 1 \\ 1 & 0 & 1 \\ 1 & 1 & 0 \end{pmatrix}. \tag{2.1.22}$$

Vergleichen wir diese Matrix wiederum mit der eines kubisch flächenzentrierten Gitters (siehe (2.1.21)), so sehen wir, dass das reziproke Gitter der kubisch raumzentrierten Struktur dem kubisch flächenzentrierten Kristallgitter entspricht.

Die drei primitiven Gittervektoren schließen beim kubisch raumzentrierten Gitter einen Winkel von 109°28′ ein und spannen eine primitive Zelle auf, deren Volumen nur halb so groß ist wie das der konventionellen Zelle.

2.1.4 Die erste Brillouin-Zone

Analog zur Wigner-Seitz Zelle im direkten Gitter können wir für das reziproke Gitter eine primitive Zelle definieren, die die volle Symmetrie des Gitters besitzt. Diese Zelle nennen wir die *erste Brillouin-Zone*:[6]

> Die Wigner-Seitz Zelle des reziproken Gitters heißt erste Brillouin-Zone.

Die Konstruktion der ersten Brillouin-Zone des reziproken Gitters erfolgt völlig analog zur Konstruktion der Wigner-Seitz Zelle des direkten Gitters (siehe hierzu Abb. 2.3 und Abschnitt 1.1.1). Wir legen den Ursprung in einen Gitterpunkt des reziproken Gitters, verbinden diesen Punkt mit den Nachbarpunkten und zeichnen durch die Mittelpunkte der Verbindungslinien Flächen (Linien in 2D), die auf den Verbindungslinien senkrecht stehen. Wir nennen diese Flächen *Bragg-Flächen*, da wir später sehen werden, dass alle **k**-Vektoren, die

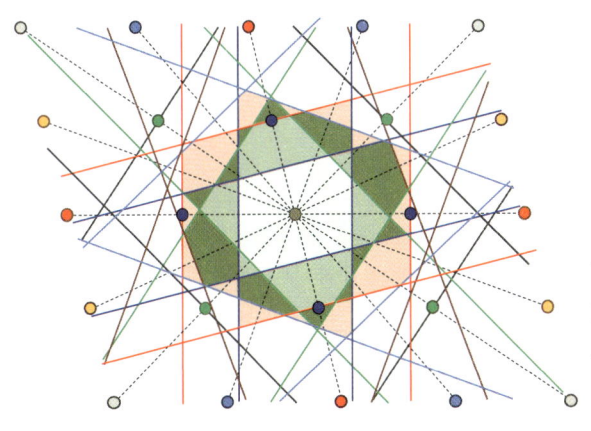

Abb. 2.3: Zur Konstruktion der ersten Brillouin-Zone sowie Brillouin-Zonen höherer Ordnung für ein zweidimensionales Gitter. Gezeigt sind die erste bis vierte Brillouin-Zone (siehe Text zur Konstruktionsvorschrift).

---

[6] **Léon Nicolas Brillouin**, siehe Kasten auf Seite 65.

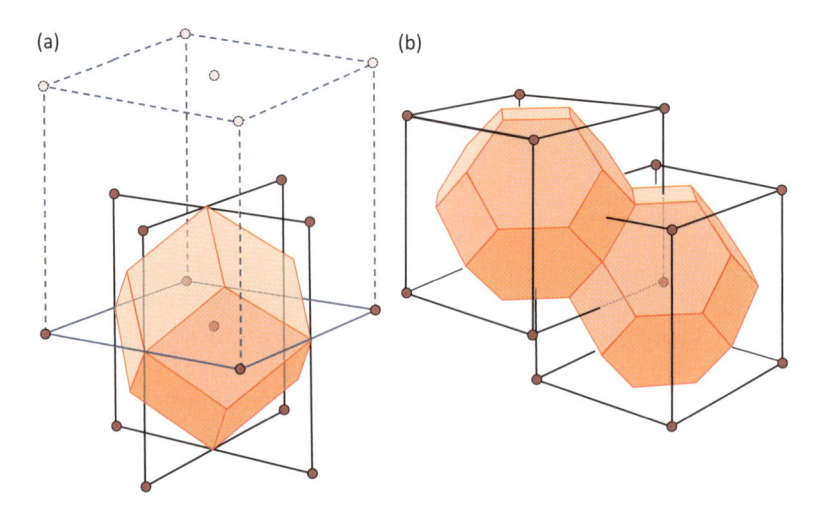

Abb. 2.4: (a) Die erste Brillouin-Zone des kubisch raumzentrierten (bcc) Gitters ist ein rhombisches Dodekaeder. Die Zelle ist im reziproken Raum gezeichnet und das reziproke Gitter ist ein fcc-Gitter. (b) Die erste Brillouin-Zone eines kubisch flächenzentrierten (fcc) Gitters ist ein abgestumpfter Oktaeder mit 8 Sechsecken und 6 Quadraten. Die Gitterzellen sind im reziproken Raum gezeichnet und das reziproke Gitter ist ein bcc-Gitter.

auf diesen Flächen enden, die Bragg-Bedingung erfüllen. Die erste Brillouin-Zone ist nun genau der Bereich im reziproken Raum, der vom Ursprung aus erreicht werden kann, ohne irgendeine Bragg-Ebene zu überschreiten. In analoger Weise können wir eine Brillouin-Zone n-ter Ordnung als den Bereich im reziproken Raum definieren, der durch Überschreiten von genau $(n-1)$ Bragg-Flächen (aber nicht weniger) erreicht werden kann (siehe hierzu Abb. 2.3). Wie wir später sehen werden sind die Brillouin-Zonen von großer Bedeutung für die Beschreibung der Beugung sowie der elektronischen Struktur von Festkörpern.

Da das reziproke Gitter des bcc-Gitters ein fcc-Gitter ist, ist die 1. Brillouin-Zone des bcc-Gitters die Wigner-Seitz Zelle des fcc-Gitters. Die erste Brillouin-Zone hat die Gestalt eines Rhombendodekaeders (siehe Abb. 2.4a). Andererseits ist das reziproke Gitter des fcc-Gitters ein bcc-Gitter. Deshalb ist die 1. Brillouin-Zone des fcc-Gitters die Wigner-Seitz Zelle des bcc-Gitters. Wir erhalten ein Polyeder (siehe Abb. 2.4b).

2.1.5 Gitterebenen und Millersche Indizes

Es besteht ein enger Zusammenhang zwischen den Vektoren des reziproken Gitters und den Gitterebenen des direkten Gitters. Dieser Zusammenhang spielt bei der Beugung von Wellen eine große Rolle.

Wir betrachten wiederum ein Bravais-Gitter $\mathbf{R} = n_1\mathbf{a}_1 + n_2\mathbf{a}_2 + n_3\mathbf{a}_3$. Eine beliebige Ebene in diesem Gitter ist eindeutig durch drei Punkte des Bravais-Gitters festgelegt. Sie lässt sich, wie wir in Abschnitt 1.1.3 gezeigt haben, durch die Millerschen Indizes charakterisieren. Wir betrachten uns nun einen ganzen Satz paralleler Ebenen mit gleichem Abstand d, die

2.1 Das reziproke Gitter

zusammen alle Punkte des Bravais-Gitters enthalten und fragen uns, wie wir diese Ebenenschar klassifizieren können. Wir stellen hierzu die Behauptung auf:

> Zu jeder Ebenenschar gibt es reziproke Gittervektoren **G** und umgekehrt gibt es zu jedem reziproken Gittervektor eine Ebenenschar, so dass **G** senkrecht auf den Ebenen steht und für den kürzesten reziproken Gittervektor $\mathbf{G}_{min}$ gilt:
>
> $$|\mathbf{G}_{min}| = \frac{2\pi}{d}, \qquad (2.1.23)$$
>
> wobei d der Abstand der Ebenen in der zu **G** senkrechten Ebenenschar ist.

Schreiben wir

$$\mathbf{G}_{min} = h\mathbf{b}_1 + k\mathbf{b}_2 + \ell\mathbf{b}_3, \qquad (2.1.24)$$

so sind die ganzen Zahlen h, k und ℓ die Millerschen Indizes der Ebenen.

Statt dieses Theorem zu beweisen,[7] wollen wir uns seine Bedeutung veranschaulichen. Wir benutzen dazu folgende Sachverhalte:

1. Für alle Punkte **R** des Bravais-Gitters gilt $e^{i\mathbf{G}\cdot\mathbf{R}} = 1$, wenn **G** ein reziproker Gittervektor ist.
2. Ebene Wellen haben in Ebenen senkrecht zum Wellenvektor den gleichen Wert.

Wir betrachten nun das in Abb. 2.5 gezeigte zweidimensionale Bravais-Gitter. Wir können die Ebenenschar als Wellenfronten von ebenen Wellen mit Wellenvektor **k** auffassen und zwar so, dass auf jeder Ebene die ebene Welle den gleichen Wert hat (o. B. d. A. den Wert 1). Daraus folgt

$$\Psi(\mathbf{r}) \propto e^{i\mathbf{k}\cdot\mathbf{R}} = \text{const} = 1 \qquad (2.1.25)$$

für alle Gitterpunkte **R** auf der Ebenenschar. Da die Punkte **R** aber die Punkte eines Bravais-Gitters sind, muss $\mathbf{k} = \mathbf{G}$ ein reziproker Gittervektor sein. Da **k** senkrecht auf den Ebenen (Wellenfronten) steht, muss dies also auch für **G** gelten.

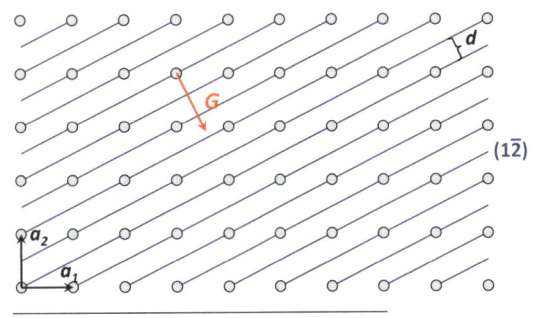

Abb. 2.5: Zum Zusammenhang zwischen Gitterebenen und Millerschen Indizes in einem zweidimensionalen Bravais-Gitter mit den primitiven Gittervektoren $\mathbf{a}_1$ und $\mathbf{a}_2$. Gezeigt sind die $(1\bar{2})$ Ebenen. Der zugehörige reziproke Gittervektor steht senkrecht auf dieser Ebenenschar.

---

[7] Der Beweis dieses Theorems kann in *Festkörperphysik*, N. W. Ashcroft, N. D. Mermin, Oldenbourg Verlag, München (2012) gefunden werden.

Abb. 2.6: Zur Verdeutlichung der Existenz eines minimalen reziproken Gittervektors $\mathbf{G}_{\min} = 2\pi/d$. In (a) ist $\lambda = d/2$ und die ebene Welle hat den gleichen Wert auf allen Gitterpunkten. Dies trifft auch für (b) zu, wo $\lambda = \lambda_{\max} = d$. In (c) ist $\lambda = 2d$. Hier kann die ebene Welle nicht mehr auf allen Gitterpunkten den gleichen Wert haben.

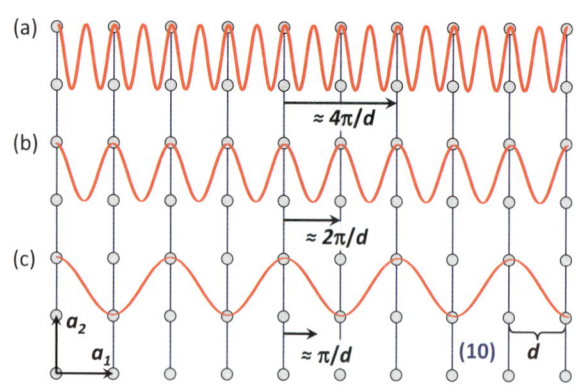

Wir müssen jetzt noch zeigen, dass es einen kleinsten reziproken Gittervektor $\mathbf{G}_{\min}$ gibt. Dies sehen wir leicht anhand von Abb. 2.6 ein. Wegen $k = 2\pi/\lambda$ entspricht ein kleiner minimaler Gittervektor einer größtmöglichen Wellenlänge $\lambda_{\max}$ der ebenen Welle. Offenbar muss aber $\lambda \leq d$ gelten, damit die ebene Welle auf allen Punkten des Bravais-Gitters den gleichen Wert hat. Daraus folgt

$$|\mathbf{G}_{\min}| = \frac{2\pi}{\lambda_{\max}} = \frac{2\pi}{d} \,. \tag{2.1.26}$$

2.1.6 Gegenüberstellung von direktem und reziprokem Raum

Wir wollen diesen Abschnitt mit einer Gegenüberstellung des direkten und reziproken Gitters abschließen. Das direkte Gitter existiert im *Ortsraum*, das reziproke Gitter im *k-Raum*.

direkter Raum	reziproker Raum
primitive Gittervektoren des Bravais-Gitters: $\mathbf{a}_1, \mathbf{a}_2, \mathbf{a}_3$	primitive Gittervektoren des reziproken Gitters: $\mathbf{b}_1, \mathbf{b}_2, \mathbf{b}_3$
Ebenenschar: $(hk\ell)$	Punkt im reziproken Gitter: $\mathbf{G} = h\mathbf{b}_1 + k\mathbf{b}_2 + \ell\mathbf{b}_3$
Normale auf Ebenenschar	Richtung von $\mathbf{G}$
Abstand der Netzebenen: $d = 2\pi/|\mathbf{G}_{\min}|$	Länge von $\mathbf{G}_{\min}$: $|\mathbf{G}_{\min}| = 2\pi/d$
äquivalente Bezeichnung: *Ortsraum* $[R] =$ cm	äquivalente Bezeichnung: *k-Raum* $[k] = 1/$cm

Zusammenfassend können wir Folgendes festhalten: Jede Kristallstruktur hat zwei Gitter, nämlich das direkte, auch Raum- oder Kristallgitter bezeichnete, und das reziproke Gitter. Die beiden Gitter sind über (2.1.14) miteinander verknüpft. Wir werden im Folgenden sehen, dass das reziproke Gitter mit dem Beugungsmuster bei der Beugung von Wellen an einem Kristallgitter verbunden ist.

Léon Brillouin (1889–1969)

Léon Nicolas Brillouin, französisch-amerikanischer Physiker, Sohn von Marcel Brillouin und Charlotte Mascart, der Tochter von E. Mascart (1837–1908), einem bekannten französischen Physiker des 19. Jahrhunderts, wurde am 7. August 1889 in Sèvres bei Paris geboren. Er studierte Physik an der École Normale Supérieure (1908–1912). Ab 1911 arbeitete er mit Jean Perrin, bevor er 1912 an die Ludwig-Maximilians-Universität nach München wechselte. Dort studierte er theoretische Physik bei Arnold Sommerfeld. Gerade ein paar Monate vor Brillouin's Ankunft an der LMU wurden dort von Max von Laue und Mitarbeitern die ersten Experimente zur Röntgenbeugung an Kristallgittern durchgeführt. Im Jahr 1913 ging er zurück nach Frankreich, wo er 1928 Professor an der Sorbonne und später am College de France (1932–1949) wurde.

Photo: AIP Emilio Segre Visual Archives, Léon Brillouin Collection

Während des 2. Weltkrieges emigrierte Léon Brillouin in die USA, wo er Professor an der University of Wisconsin (1941) und später an der Harvard University (1946) wurde. Im Jahr 1949 wurde er amerikanischer Staatsbürger und wurde zum Director of Electronic Education bei IBM (1948–53) ernannt. Im Jahr 1953 wurde er Mitglied der amerikanischen National Academy of Sciences. Von 1953 bis zu seinem Tode im Jahr 1969 war er Professor an der Columbia University in New York City.

Léon Brillouin spezialisierte sich in Quantenmechanik und entwickelte die WKB Methode zur näherungsweisen Lösung der Schrödinger Gleichung (1926). Er entdeckte die nach ihm benannten „Brillouin Zonen". Er publizierte mehr als 200 Veröffentlichungen und etwa 15 Bücher. Er starb am 4. Oktober 1969 in New York.

2.2 Beugung von Wellen an periodischen Strukturen

Bestrahlen wir einen Kristall mit Röntgenlicht, so finden wir ein charakteristisches Muster von reflektierten Strahlen. Diese Tatsache wurde zuerst von **von Laue, Friedrich**, und **Knipping** im Jahr 1912 und kurz darauf von **Bragg** im Jahr 1913 entdeckt. Für bestimmte Streuwinkel finden wir intensitätsstarke Reflexe, zwischen diesen Reflexen ist die Intensität des gebeugten Röntgenstrahls praktisch gleich null. Beachten wir, dass die Wellenlänge von Röntgenlicht in der Größenordnung der Gitterkonstanten des Kristalls ist, so vermuten wir, dass Kristalle ein dreidimensionales Beugungsgitter für Röntgenlicht bilden und wir die Beugung von Röntgenlicht ganz analog zur Beugung von Licht am optischen Gitter behandeln können.

Wir wollen im Folgenden die Beugung am Kristall näher diskutieren. Dazu machen wir folgende Grundannahmen:

1. Die Wellenlänge der benutzten Wellen liegt im Bereich der Gitterkonstante des Kristalls.
2. Die Wellen werden elastisch gestreut, d. h. ohne Energieverlust.

Spezielle, für Beugungsexperimente an Kristallen geeignete Wellensorten und gebräuchliche experimentelle Techniken diskutieren wir in Abschnitt 2.3.

2.2.1 Die Bragg-Bedingung

William Lawrence Bragg[8] präsentierte eine sehr einfache Erklärung für die Beobachtung von Beugungsreflexen bei der Beugung von Röntgenlicht an Kristallen. Die Braggsche Erklärung ist sehr vereinfachend und überzeugt nur deshalb, weil sie das richtige Ergebnis liefert. Bragg machte sich ein sehr einfaches Bild von der Beugung am Kristall. Er nahm an, dass (i) der Kristall in Ebenen mit Abstand d zerlegt werden kann und dass (ii) die einfallende Welle an jeder Ebene wie an einem teilweise durchlässigen Spiegel zu einem kleinen Anteil spiegelnd reflektiert wird. Die Beugungsreflexe werden genau für die Richtungen gefunden, für die die von den einzelnen Ebenen reflektierten Strahlen konstruktiv interferieren.

Nehmen wir an, dass die Ebenen den Abstand d haben und die Röntgenstrahlen unter einem Winkel θ auf die Kristallebenen treffen, so können wir aus Abb. 2.7 sofort den Gangunterschied zwischen Wellen, die an benachbarten Gitterebenen reflektiert werden, zu $2d \sin \theta$ berechnen. Da wir konstruktive Interferenz nur dann erhalten, wenn der Gangunterschied ein ganzzahliges Vielfaches der Wellenlänge λ der Röntgenstrahlung ist, erhalten wir die *Bragg-Bedingung* zu

$$2d \sin \theta = n\lambda \qquad n = 1, 2, 3, \ldots. \tag{2.2.1}$$

Die ganze Zahl n gibt hierbei die Ordnung des Reflexes an. Wir sehen, dass die Bragg-Bedingung nur für $\lambda \leq 2d$ erfüllt werden kann. Deshalb können wir nicht sichtbares Licht mit einer Wellenlänge (etwa 400 bis 800 nm) verwenden, die groß gegen den Abstand d der Kristallebenen (im Ångström-Bereich) ist.

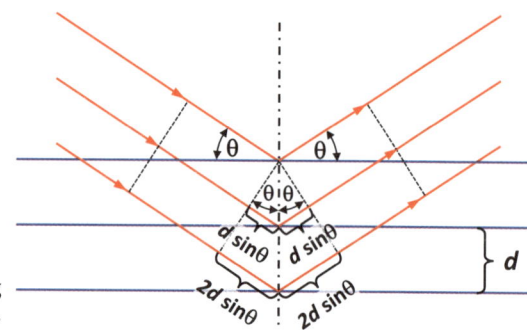

Abb. 2.7: Zur Ableitung der Bragg-Bedingung.

---

[8] siehe Kasten auf Seite 68.

2.2 Beugung

Die Bragg-Bedingung ist eine direkte Konsequenz der Periodizität des Kristallgitters, die es uns erlaubt, alle Gitterpunkte des Kristallgitters auf parallelen Ebenen unterzubringen. Es ist allerdings zu beachten, dass die sehr vereinfachende Betrachtung von Bragg die Zusammensetzung der Basis völlig außer Acht lässt. Wir werden später sehen, dass die Zusammensetzung der Basis für die relative Intensität der verschiedenen Beugungsreflexe entscheidend ist.

Wir wollen auch auf folgende Sachverhalte hinweisen:

- Für Röntgenlicht reflektiert jede Ebene nur etwa 10^{-3} bis 10^{-5} der einfallenden Intensität. Es tragen deshalb 10^3 bis 10^5 Gitterebenen zur Interferenz bei. Diese Vielstrahlinterferenz einer großen Anzahl von interferierenden Wellen führt zu einer außerordentlichen Schärfe der Reflexe.
- Für eine einfallende Welle mit vielen Wellenlängen sind natürlich viele Reflexe möglich.
- Es gibt viele verschiedene Möglichkeiten, ein Bravais-Gitter in Ebenenscharen zu unterteilen. Es gibt deshalb viele verschiedene Netzebenenabstände d und deshalb selbst bei Bestrahlung mit monochromatischem Röntgenlicht viele verschiedene Streuwinkel θ, für die konstruktive Interferenz beobachtet wird.
- θ ist der halbe Streuwinkel.

2.2.2 Die von Laue Bedingung

Wir wollen nun die Beugung von Wellen an einem Kristallgitter, d. h. an einer dreidimensionalen Anordnung von punktförmigen Streuern näher betrachten. Hierzu betrachten wir den Fall, dass eine ebene Welle $\Psi(\mathbf{r}) = \Psi_0 e^{i\mathbf{k}\cdot\mathbf{r}}$ auf ein Bravais-Gitter trifft. Von jedem Punkt des Gitters gehen (z. B. durch erzwungene Schwingungen der Elektronendichte) Kugelwellen aus. Da der Abstand der Gitterpunkte in der Größenordnung der Wellenlänge liegt, weisen die sekundären Wellen am Beobachtungsort im Allgemeinen einen nicht vernachlässigbaren Gangunterschied auf. Wir wollen jetzt überlegen, in welchen Raumrichtungen diese Kugelwellen konstruktiv interferieren.

Zur Herleitung der Interferenzbedingung betrachten wir den in Abb. 2.8 gezeigten Streuprozess, bei dem wir der Einfachheit halber nur die von zwei Gitterpunkten 0 und $\mathbf{r}$ auslaufenden

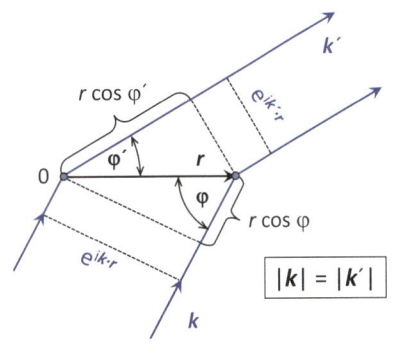

Abb. 2.8: Zur Ableitung der von Laue Bedingung für konstruktive Interferenz bei der Streuung am dreidimensionalen Punktgitter. $|\mathbf{k}| = |\mathbf{k}'|$

William Henry Bragg (1862–1942) und William Lawrence Bragg (1890–1971), Nobelpreis für Physik (1915)

Sir William Henry Bragg wurde am 2. Juli 1862 in Wigton, Cumberland, England geboren. Er studierte Mathematik an der University of Cambridge. Seine erste akademische Anstellung an der University of Adelaide in Australien (1886) erfolgte in Mathematik und Physik und erforderte deshalb, dass er sich mehr mit Physik beschäftigte. Erst ab 1903–1904, im Alter von 41, begann William Henry Bragg sich mit dem Studium ionisierender Strahlung zu befassen. Im Jahr 1909 wurde er zum Cavendish Professor an der University of Leeds ernannt. Sein ältester Sohn, William Lawrence, der ein Mathematikstudium in Australien begonnen hatte, wechselte nach Cambridge, wo er seine Interessen auf die Physik ausrichtete. Im Jahr 1915 erhielt William Henry Bragg einen Ruf als Professor für Physik an das University College in London. 1923 wurde er dann zum Direktor der Royal Institution ernannt. Von 1935–1940 war er Präsident der Royal Society. Er verstarb am 12. März 1942 in London, England.

Bilder: Wikimedia Commons.

William Lawrence Bragg, der Sohn von Sir William Henry Bragg wurde in Adelaide, Australien, geboren. Ab 1914 war er Dozent am Trinity College in Cambridge, von 1917 an lehrte er als Professor in Manchester, bevor er dann 1938 Direktor der National Physical Laboratories wurde. Im Jahr 1939 erhielt er eine Professur für Experimentalphysik in Cambridge. William Lawrence Bragg war von 1942 bis 1947 Mitglied des Privy-Council Committee for Scientific and Industrial Research. 1954 erhielt er eine Professur für Naturphilosophie an der Royal Institution in London und wurde Direktor des dortigen Institutslabors. Er war der erste australische Patient, dessen Fraktur geröntgt wurde. Er verstarb am 1. Juli 1971 in Ipswich, England.

Sir William Henry Bragg und sein Sohn, Sir William Lawrence Bragg, erhielten zusammen 1915 den Nobelpreis für Physik für ihre Arbeiten zur *Erforschung der Kristallstruktur mittels Röntgenspektroskopie* und waren damit das einzige Vater-Sohn-Team, das je den Nobelpreis errang. Sie entwickelten ein vereinfachtes Verfahren zur Bestimmung der Wellenlänge von Röntgenstrahlen auf kristallographischer Grundlage (Drehkristallmethode). Damit wurde es zugleich möglich, die bis dahin unbekannte Kristallstruktur von zahlreichen anorganischen Substanzen wie beispielsweise Steinsalz oder Diamant, darzustellen. Die beiden Wissenschaftler teilten sich auch andere Auszeichnungen, die sie für ihre Untersuchungen der Kristallstruktur durch Messung der Röntgenbeugung erhielten.

Kugelwellen berücksichtigen wollen. Wir wollen ferner nur elastische Streuung betrachten, d. h. $|\mathbf{k}| = |\mathbf{k}'|$. Für konstruktive Interferenz muss der Gangunterschied ein ganzzahliges Vielfaches der Wellenlänge λ sein. Es muss also gelten:

$$|\mathbf{r}| \cos \varphi' - |\mathbf{r}| \cos \varphi = n\lambda \qquad n = 1, 2, 3, \ldots . \tag{2.2.2}$$

Wir führen die Einheitsvektoren in Richtung der einlaufenden und der gestreuten Welle

$$\widehat{\mathbf{k}} = \frac{\mathbf{k}}{|\mathbf{k}|} = \frac{\mathbf{k}}{2\pi/\lambda} = \frac{\lambda}{2\pi}\mathbf{k} \tag{2.2.3}$$

$$\widehat{\mathbf{k}'} = \frac{\mathbf{k}'}{|\mathbf{k}'|} = \frac{\mathbf{k}'}{2\pi/\lambda} = \frac{\lambda}{2\pi}\mathbf{k}' \tag{2.2.4}$$

ein und erhalten damit

$$|\mathbf{r}|\cos\varphi = \mathbf{r}\cdot\widehat{\mathbf{k}} \tag{2.2.5}$$

$$|\mathbf{r}|\cos\varphi' = \mathbf{r}\cdot\widehat{\mathbf{k}'}. \tag{2.2.6}$$

Benutzen wir dies in (2.2.2), so können wir die Bedingung für konstruktive Interferenz schreiben als

$$(\widehat{\mathbf{k}'} - \widehat{\mathbf{k}})\cdot\mathbf{r} = n\lambda \qquad n = 1, 2, 3, \ldots \tag{2.2.7}$$

$$(\mathbf{k}' - \mathbf{k})\cdot\mathbf{r} = 2\pi n. \tag{2.2.8}$$

Dies ist äquivalent zu

$$e^{i(\mathbf{k}'-\mathbf{k})\cdot\mathbf{r}} = 1. \tag{2.2.9}$$

Da die Ausgangspunkte der Kugelwellen Punkte des Bravais-Gitters sind, d. h. $\mathbf{r} = \mathbf{R}$, folgt aus dieser Bedingung durch Vergleich mit der Definition $e^{i\mathbf{G}\cdot\mathbf{R}} = 1$ des reziproken Gitters die *von Laue Bedingung*:

$$\mathbf{k}' - \mathbf{k} = \Delta\mathbf{k} = \mathbf{G}. \tag{2.2.10}$$

Wir erhalten also folgenden wichtigen Sachverhalt:

Der Satz **G** der reziproken Gittervektoren bestimmt die möglichen Beugungsreflexe.

2.2.2.1 Die Ewald-Konstruktion

Da wir nur elastische Streuung betrachten, gilt $|\mathbf{k}| = |\mathbf{k}'|$. Gleichung (2.2.10) können wir als Auswahlregel für die Wellenzahländerung im reziproken Raum auffassen. Diese Auswahlregel lässt sich grafisch sehr anschaulich mit Hilfe der *Ewald-Konstruktion*[9] darstellen (siehe

---

[9] **Paul Peter Ewald**, geboren am 23. Januar 1888 in Berlin, gestorben am 22. August 1985 in Ithaca, New York. Ewald promovierte an der Ludwig-Maximilians-Universität München bei Arnold Sommerfeld. 1921 wurde er a.o. Professor an der TH Stuttgart, 1928 erhielt er dort ein eigenes kleines Institut, das mit dem Röntgeninstitut von Richard Glocker eng kooperierte. Von 1932 bis 1933 war er Rektor der Technischen Hochschule Stuttgart. Ewald war der erste, der die Röntgeninterferenzen der Kristalle mit einer theoretischen Grundlage versah und die Einzelheiten der Röntgenstreuungsversuche von Max von Laue (1911/12) verständlich machen konnte. Ewald begründete die dynamische Theorie der Röntgeninterferenzen, die auch auf andere Strahlungsarten (Elektronen, Neutronen, Licht) angewendet werden kann. Er erhielt dafür unter anderem die höchste Auszeichnung der Deutschen Physikalischen Gesellschaft, die Max-Planck-Medaille.

Abb. 2.9: Darstellung der elastischen Streuung am Punktgitter anhand der Ewald-Kugel (Kreis im zweidimensionalen reziproken Raum). **k** und **k′** sind die Wellenvektoren der einlaufenden und der gestreuten Welle, **G** = **k′** − **k** ist ein Vektor des reziproken Gitters.

Abb. 2.9). Von einem beliebigen Punkt des reziproken Gitters, den wir als Koordinatenursprung wählen, tragen wir den Vektor −**k** ab. Den Endpunkt dieses Vektors (bzw. den Anfangspunkt von +**k**) nehmen wir dann als Mittelpunkt für eine Kugel (Kreis im Zweidimensionalen), deren Radius $k = 2\pi/\lambda$ beträgt. Diese Kugel ist die so genannte *Ewald-Kugel*. Ein Beugungsreflex tritt nun immer nur genau dann auf, wenn auf der Ewald-Kugel ein Gitterpunkt des reziproken Gitters zu liegen kommt. In diesem Fall weist die gebeugte Röntgenstrahlung in die Richtung von **k′** = **k** + **G**. Wir sehen, dass wir durch Änderung des Betrages von **k** oder seiner Richtung immer erreichen können, dass Gitterpunkte des reziproken Gitters auf der Ewald-Kugel zu liegen kommen und wir dadurch die Beugungsbedingung erfüllen.

2.2.3 Zusammenhang zwischen Bragg und von Laue Bedingung

Den Zusammenhang zwischen der von Laue- und Bragg-Bedingung können wir uns anhand von Abb. 2.10 veranschaulichen. Für elastische Beugung ($|\mathbf{k}| = |\mathbf{k'}|$) erhalten wir sofort

$$|\mathbf{G}| = 2k \sin\theta \,. \tag{2.2.11}$$

Andererseits wissen wir aus Abschnitt 2.1.5, dass für jede Ebenenschar ein reziproker Gittervektor $\mathbf{G}_{\min} \parallel \mathbf{G}$ existiert, so dass

$$|\mathbf{G}| = n|\mathbf{G}_{\min}| = n\frac{2\pi}{d}\,, \tag{2.2.12}$$

wobei d der Abstand der Ebenen in der betrachteten Ebenenschar ist. Einsetzen in (2.2.11) ergibt

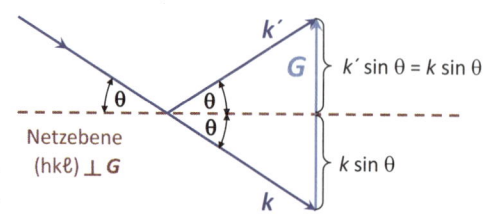

$$n\frac{2\pi}{d} = 2k \sin\theta \,, \tag{2.2.13}$$

Abb. 2.10: Zur Ableitung der Bragg-Bedingung aus den Laueschen Gleichungen.

2.2 Beugung

woraus sich mit $k = 2\pi/\lambda$ sofort die Bragg-Bedingung ergibt. Wir sehen also, dass die von Laue- und Bragg-Bedingung äquivalent sind.

2.2.3.1 Geometrische Veranschaulichung der von Laue Bedingung

Schreiben wir die von Laue Bedingung als $\mathbf{k}' = \mathbf{k} + \mathbf{G}$ und quadrieren, so erhalten wir

$$(\mathbf{k}')^2 = \mathbf{k}^2 + 2\mathbf{k} \cdot \mathbf{G} + \mathbf{G}^2, \tag{2.2.14}$$

woraus für elastische Streuung wegen $|\mathbf{k}| = |\mathbf{k}'|$

$$2\mathbf{k} \cdot \mathbf{G} + \mathbf{G}^2 = 0 \tag{2.2.15}$$

folgt. Mit dem Einheitsvektor $\widehat{\mathbf{G}} = \mathbf{G}/|\mathbf{G}|$ und der Tatsache, dass auch $-\mathbf{G}$ ein reziproker Gittervektor ist, falls dies für $\mathbf{G}$ zutrifft, erhalten wir

$$\mathbf{k} \cdot \widehat{\mathbf{G}} = \frac{G}{2}. \tag{2.2.16}$$

Dies ist eine äquivalente Form der von Laue Bedingung (2.2.10). Wir sehen, dass die Projektion des Wellenvektors $\mathbf{k}$ auf $\widehat{\mathbf{G}}$ genau $G/2$ sein muss. Dies ist aber, wie Abb. 2.11 zeigt, gerade für alle Punkte auf der Mittelebene zwischen 0 und $\mathbf{G}$ erfüllt. Vergleichen wir dies mit der Konstruktionsvorschrift der Brillouin-Zonen, so erhalten wir folgenden wichtigen Sachverhalt:

> Jeder Wellenvektor vom Zentrum zum Rand einer Brillouin-Zone erfüllt die von Laue Bedingung.

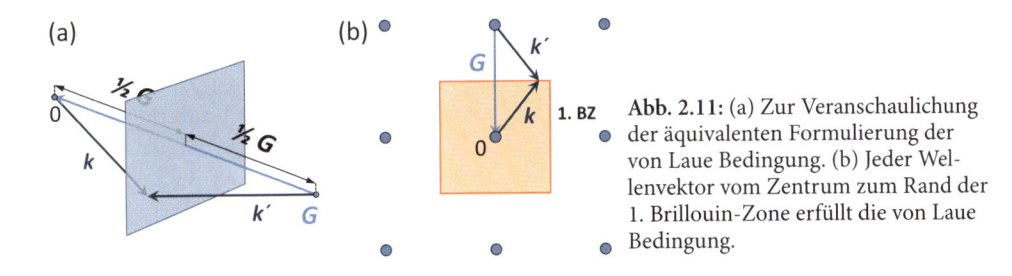

Abb. 2.11: (a) Zur Veranschaulichung der äquivalenten Formulierung der von Laue Bedingung. (b) Jeder Wellenvektor vom Zentrum zum Rand der 1. Brillouin-Zone erfüllt die von Laue Bedingung.

2.2.4 Allgemeine Beugungstheorie

In einer etwas allgemeineren Formulierung der Beugung wollen wir annehmen, dass wir keine Mehrfachstreuprozesse in der Probe haben, d. h. ein einmal gebeugter Strahl soll kein zweites Mal gebeugt werden. Ferner nehmen wir an, dass eine feste Phasenbeziehung zwischen der einlaufenden Welle und jeder der von einem Streuzentrum auslaufenden Kugelwellen (kohärente Streuung) besteht. Diese kinematische Näherung ist äquivalent zur Bornschen Näherung in der quantenmechanischen Streutheorie. Für Neutronen und Röntgenstrahlung ist diese Näherung meistens adäquat, für Elektronen müssen allerdings häufig Mehrfachstreuprozesse berücksichtigt werden.

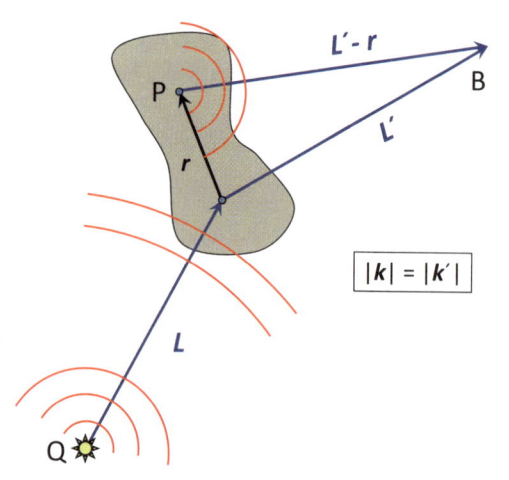

Abb. 2.12: Schematische Darstellung der Streuung: Die Quelle Q ist genügend weit von der zu untersuchenden Probe entfernt, so dass die bei der Probe ankommenden Kugelwellen als ebene Wellen approximiert werden können. Das gleiche gilt für den Beobachtungspunkt B.

Bei unserer Diskussion der Streuamplituden gehen wir von Abb. 2.12 aus. Die von einer Punktquelle Q auslaufenden Kugelwellen können in genügend großem Abstand von der Quelle gut durch ebene Wellen approximiert werden. Die Amplitude am Ort P des Streuzentrums zur Zeit t kann deshalb als

$$\Psi_P(t) = \Psi_0 e^{i\mathbf{k}\cdot(\mathbf{L}+\mathbf{r})-i\omega_0 t} \tag{2.2.17}$$

geschrieben werden.[10]

Die relativen Phasen der einlaufenden Welle an verschiedenen Punkten P sind durch den positionsabhängigen Phasenfaktor in (2.2.17) gegeben. Erlauben wir nun die Streuung der einlaufenden Welle in der betrachteten Probe, so wird jeder Probenpunkt P Kugelwellen emittieren, deren Amplitude und relative Phase zur einlaufenden Welle durch eine komplexe Streudichte $\rho(\mathbf{r})$ beschrieben werden kann. Die Zeitabhängigkeit dieser Kugelwellen soll in unserer Betrachtung durch die Zeitabhängigkeit der einlaufenden Welle bestimmt werden (erzwungene Schwingung). Die am Beobachtungspunkt B ankommenden Wellen können deshalb durch

$$\Psi_B(t) = \Psi_P(\mathbf{r},t)\rho(\mathbf{r})\frac{e^{i\mathbf{k}'\cdot(\mathbf{L}'-\mathbf{r})}}{|\mathbf{L}'-\mathbf{r}|} \tag{2.2.18}$$

beschrieben werden. Für große Abstände des Beobachters B können wir $|\mathbf{L}' - \mathbf{r}| \simeq L'$ setzen und erhalten durch Einsetzen von (2.2.17) in (2.2.18)

$$\Psi_B(t) = \frac{\Psi_0}{L'} e^{i\mathbf{k}\cdot\mathbf{L}} e^{i\mathbf{k}'\cdot\mathbf{L}'} e^{-i\omega_0 t} \rho(\mathbf{r}) e^{i\mathbf{k}\cdot\mathbf{r}} e^{-i\mathbf{k}'\cdot\mathbf{r}'}. \tag{2.2.19}$$

Wir nutzen nun noch aus, dass wir für große Abstände von Q und B ($L, L' \gg r$) in guter Näherung annehmen können, dass für alle Positionen P in der Probe die Wellenvektoren $\mathbf{k}$

---

[10] Es soll hier darauf hingewiesen werden, dass die wohldefinierte Phase der einlaufenden Welle natürlich nur für eine ideale kohärente Lichtquelle gilt. Bei realen Lichtquellen werden Photonen mehr oder weniger unkorreliert emittiert. Bei der Bestimmung der Intensität müssen wir dann über eine große Zahl von individuellen Streuprozessen mitteln.

2.2 Beugung

und $\mathbf{k}'$ etwa gleich sind und wir $\mathbf{k} \parallel \mathbf{L}$ und $\mathbf{k}' \parallel \mathbf{L}'$ setzen können. Wir können dann näherungsweise schreiben:

$$\Psi_B(t) = \frac{\Psi_0}{L'} e^{i(kL+k'L')} e^{-i\omega_0 t} \rho(\mathbf{r}) e^{i(\mathbf{k}-\mathbf{k}')\cdot\mathbf{r}}. \qquad (2.2.20)$$

Die gesamte Streuamplitude am Beobachtungspunkt erhalten wir, indem wir über alle Positionen P im Probenvolumen aufintegrieren:

$$\Psi_B(t) \propto e^{-i\omega_0 t} \int \rho(\mathbf{r}) e^{i(\mathbf{k}-\mathbf{k}')\cdot\mathbf{r}} d^3r. \qquad (2.2.21)$$

Für Streuprozesse an einem starren Gitter ist $\rho(\mathbf{r})$ zeitunabhängig und die Zeitabhängigkeit von Ψ_B enthält nur die Frequenz ω_0. Dies entspricht elastischer Streuung. Erlauben wir dagegen Schwingungen des Gitters, so erhalten wir auch gestreute Wellen mit $\omega \neq \omega_0$. Dies entspricht inelastischer Streuung.

In Beugungsexperimenten wird nicht die Amplitude sondern die Intensität

$$I(\Delta\mathbf{k}) \propto |\Psi_B|^2 \propto \left| \int \rho(\mathbf{r}) e^{-i\Delta\mathbf{k}\cdot\mathbf{r}} d^3r \right|^2 \qquad (2.2.22)$$

gemessen, wobei wir den Streuvektor $\Delta\mathbf{k} = \mathbf{k}' - \mathbf{k}$ eingeführt haben. Wir erkennen, dass die Streuintensität dem Absolutquadrat der Fourier-Transformierten der Streudichte $\rho(\mathbf{r})$ entspricht. Wir können daraus ableiten, dass wir umso größere Δk und damit Wellenvektoren k der einlaufenden Welle benötigen, je kleiner die Strukturen sind, die wir auflösen wollen.

Die Tatsache, dass wir in Beugungsexperimenten nur die Intensität messen können, führt zu einigen Schwierigkeiten. Könnten wir nämlich die komplexe Streuamplitude messen, so könnten wir einfach eine inverse Fourier-Transformation vornehmen und hätten die gesuchte Streudichte bestimmt. Dies ist leider nicht möglich, da wir beim Experiment die Phaseninformation verlieren. Um aus $I(\Delta\mathbf{k})$ auf die gesuchte Streudichte und damit die Kristallstruktur zu schließen, müssen wir deshalb umgekehrt vorgehen. Wir wählen eine wahrscheinliche Modellstruktur aus, berechnen $I(\Delta\mathbf{k})$ und vergleichen die berechnete Intensität mit der gemessenen. Wir variieren dann die strukturellen Parameter so lange, bis wir eine genügend gute Übereinstimmung zwischen Rechnung und Experiment erhalten haben.

Wir können nun einige Eigenschaften der Fourier-Transformation benutzen, um das obige Ergebnis weiter zu diskutieren. Zunächst nutzen wir aus, dass für eine reelle Funktion das Betragsquadrat seiner Fourier-Transformierten der Fourier-Transformierten seiner Autokorrelationsfunktion entspricht. Wir können also schreiben:[11,12,13]

$$I(\Delta\mathbf{k}) \propto \int AC(\mathbf{r}) e^{-i\Delta\mathbf{k}\cdot\mathbf{r}} d^3r \qquad (2.2.23)$$

---

[11] Otto Föllinger, *Laplace-, Fourier- und z-Transformation*, bearbeitet von Mathias Kluw, 8. überarbeitete Auflage, Hüthig, Heidelberg (2003).

[12] Burkhard Lenze, *Einführung in die Fourier-Analysis*, 2. durchgesehene Auflage, Logos Verlag, Berlin (2000).

[13] M. J. Lighthill, *Introduction to Fourier Analysis and Generalised Functions*, Cambridge University Press, Cambridge (2003).

mit der Autokorrelationsfunktion

$$AC(\mathbf{r}) = \int \rho(\mathbf{r}')\rho(\mathbf{r}' + \mathbf{r})d^3r' \,. \tag{2.2.24}$$

Die Autokorrelationsfunktion der Streudichte besitzt Maxima, immer wenn $\mathbf{r}$ einem Vektor zwischen zwei Atomen in der Kristallstruktur entspricht.

Wir können weiter den *Faltungssatz* benutzen, der besagt, dass die Fourier-Transformierte der Faltung zweier Funktionen gleich dem Produkt der Fourier-Transformierten der beiden Originalfunktionen ist. Die Faltung zweier reeller Funktionen f und g ist dabei durch

$$h(\mathbf{r}) = f \otimes g \equiv \int_{-\infty}^{\infty} f(\mathbf{r}')g(\mathbf{r} - \mathbf{r}')d^3r' \tag{2.2.25}$$

gegeben. Es ist leicht einzusehen, dass wir die Streudichte $\rho(\mathbf{r})$ der gesamten Kristallstruktur, die ja aus Gitter und Basis besteht, als Faltung einer Gitterfunktion $g(\mathbf{r})$ und einer Streufunktion $\rho_B(\mathbf{r})$ der Basis schreiben können. Die Gitterfunktion g besteht dabei nur aus einer Summe von δ-Funktionen, $g(\mathbf{r}) = \sum_{\mathbf{R}} \delta(\mathbf{r} - \mathbf{R})$, wobei wir über alle N Gitterpunkte $\mathbf{R}$ des Bravais-Gitters in der betrachteten Probe aufsummieren müssen. Durch Anwendung des Faltungssatzes können wir dann für die Streuamplitude schreiben:

$$\Psi_B \propto \mathrm{FT}(g \otimes \rho_B) = \mathrm{FT}(g) \cdot \mathrm{FT}(\rho_B) \,. \tag{2.2.26}$$

Für die Fourier-Transformierte der Gitterfunktion, die häufig auch als Interferenzfunktion bezeichnet wird, erhalten wir[14]

$$\mathrm{FT}(g) = \int \sum_{\mathbf{R}} \delta(\mathbf{r} - \mathbf{R}) e^{-\imath \Delta \mathbf{k} \cdot \mathbf{r}} d^3r = \sum_{\mathbf{R}} e^{-\imath \Delta \mathbf{k} \cdot \mathbf{R}} = \begin{cases} N & \text{für } \Delta \mathbf{k} = \mathbf{G} \\ 0 & \text{für } \Delta \mathbf{k} \neq \mathbf{G} \end{cases} . \tag{2.2.27}$$

Wir erhalten das bekannte Ergebnis, dass konstruktive Interferenz nur dann auftritt, wenn $\Delta \mathbf{k} = \mathbf{G}$ (von Laue Bedingung). Das Gitter wählt uns also die möglichen Streuvektoren $\Delta \mathbf{k} = \mathbf{G}$ aus.

Um die Streuamplitude von Gitter und Basis zu erhalten, müssen wir jetzt noch mit der Fourier-Transformierten der Streudichte der Basis multiplizieren. Diese wird als *Strukturfaktor* S_G bezeichnet und ist gegeben durch:

$$S_G = \mathrm{FT}\big(\rho_B(\mathbf{r})\big) = \int_{\text{Zelle}} \rho_B(\mathbf{r}) e^{-\imath \mathbf{G} \cdot \mathbf{r}} d^3r \tag{2.2.28}$$

Der Strukturfaktor wird häufig auch mit den Millerschen Indizes $(hk\ell)$ versehen, da diese den reziproken Gittervektor $\mathbf{G}$ festlegen.[15] Die gesamte Streuamplitude am Beobachtungsort

---

[14] Zur Herleitung der Fourier-Transformierten der δ-Funktion sowie einer Summe von δ-Funktionen siehe M. J. Lighthill, *Introduction to Fourier Analysis and Generalised Functions*, Cambridge University Press, Cambridge (2003).

[15] Falls keine Absorption der Strahlung im untersuchten Festkörper erfolgt, ist $\rho_B(\mathbf{r})$ eine reelle Funktion, d. h. es $\rho_{hk\ell} = \rho^*_{\overline{hk\ell}}$ und damit $S_{hk\ell} = S_{\overline{hk\ell}}$. Diesen Sachverhalt bezeichnet man als Friedel-Regel.

2.2 Beugung

ist dann durch $N \cdot S_G$ gegeben:[16]

$$\Psi_B \propto N \int_{\text{Zelle}} \rho_B(\mathbf{r}) e^{-\imath \mathbf{G} \cdot \mathbf{r}} d^3 r = N \cdot S_G \tag{2.2.29}$$

Wir können nun den Faltungssatz nochmals anwenden, um Gleichung (2.2.28) noch weiter zu zerlegen. Wir können nämlich die Funktion ρ_B wiederum als Faltung einer Basisfunktion $b(\mathbf{r}) = \sum_j \delta(\mathbf{r} - \mathbf{r}_j)$ und einer Atomfunktion ρ_A^j schreiben. Erstere besteht aus einer Summe von δ-Funktionen, die uns die Positionen $\mathbf{r}_j$ der Atome in der Basis angeben. Die Atomfunktion ρ_A^j beschreibt die Streudichte des Atoms an der Position $\mathbf{r}_j$. Die Anwendung des Faltungssatzes ergibt

$$S_G = \text{FT}\left[b \otimes \rho_A^j\right] = \text{FT}(b) \cdot \text{FT}(\rho_A^j) \tag{2.2.30}$$

und damit

$$\Psi_B \propto \text{FT}\left[g \otimes b \otimes \rho_A\right] = \text{FT}(g) \cdot \text{FT}(b) \cdot \text{FT}(\rho_A). \tag{2.2.31}$$

Für die Fourier-Transformierte der Basisfunktion b erhalten wir

$$\text{FT}(b) = \int \sum_j \delta(\mathbf{r} - \mathbf{r}_j) e^{-\imath \mathbf{G} \cdot \mathbf{r}} d^3 r = \sum_j e^{-\imath \mathbf{G} \cdot \mathbf{r}_j}. \tag{2.2.32}$$

Die Fourier-Transformierte der Streudichte $\rho_A^j(\tilde{\mathbf{r}})$ um das j-te Basisatom können wir schreiben als

$$\text{FT}(\rho_A^j) = \int_{\text{Atom}} \rho_A^j(\tilde{\mathbf{r}}) e^{-\imath \mathbf{G} \cdot \tilde{\mathbf{r}}} d^3 \tilde{r}. \tag{2.2.33}$$

Hierbei gibt $\tilde{\mathbf{r}}$ den Ortsvektor vom Zentrum des betrachteten j-ten Atoms zu einem Volumenelement seiner Elektronenhülle an (siehe Abb. 2.13). Damit erhalten wir insgesamt

$$S_G = \sum_j e^{-\imath \mathbf{G} \cdot \mathbf{r}_j} \cdot \left[\int_{\text{Atom}} \rho_A^j(\tilde{\mathbf{r}}) e^{-\imath \mathbf{G} \cdot \tilde{\mathbf{r}}} d^3 \tilde{r} \right] = \sum_j f_j e^{-\imath \mathbf{G} \cdot \mathbf{r}_j}. \tag{2.2.34}$$

---

[16] Anmerkung: Wir könnten die von Laue Bedingung auch aus (2.2.29) ableiten, indem wir $\rho(\mathbf{r})$, d. h. die Streudichteverteilung des gesamten Kristalls, Fourier-zerlegen. Da $\rho(\mathbf{r})$ gitterperiodisch sein sollte, gilt

$$\rho(\mathbf{r}) = \sum_G \rho_G e^{\imath \mathbf{G} \cdot \mathbf{r}}.$$

Wir finden dann

$$\Psi_B \propto \sum_G \rho_G \int_{\text{Kristall}} e^{\imath(\mathbf{G} - (\mathbf{k}' - \mathbf{k})) \cdot \mathbf{r}} d^3 r.$$

Für genügend große Kristalle findet man, dass das Integral nur Beiträge liefert, falls $\mathbf{G} = \mathbf{k}' - \mathbf{k} = \Delta \mathbf{k}$.

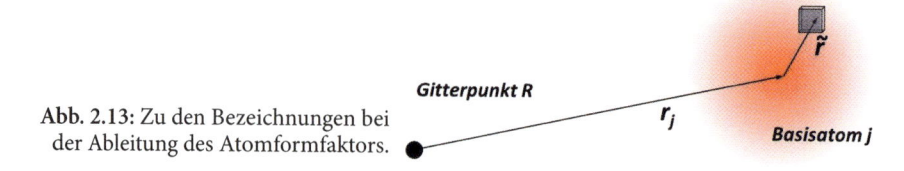

Abb. 2.13: Zu den Bezeichnungen bei der Ableitung des Atomformfaktors.

Den Ausdruck in den rechteckigen Klammern nennt man den *Atomformfaktor* oder *atomaren Streufaktor*:

$$f_j = \mathrm{FT}(\rho_A^j) = \int_{\mathrm{Atom}} \rho_A^j(\tilde{\mathbf{r}}) e^{-\imath \mathbf{G}\cdot\tilde{\mathbf{r}}} d^3\tilde{r}. \tag{2.2.35}$$

Wir sehen, dass der Strukturfaktor durch die Summe der Fourier-Transformierten der Ladungsverteilung der einzelnen Basisatome gegeben ist, wobei jeder Term noch mit einem geeigneten Phasenfaktor multipliziert werden muss, der von der Position $\mathbf{r}_j$ des Atoms in der Basis abhängt. Für eine Basis mit nur einem Atom erhalten wir $S_G = f$.

Für Atome mit einer kugelförmigen Ladungsverteilung vereinfacht sich die Integration in (2.2.35), da der Atomformfaktor nur von $|\mathbf{G}|$ abhängt. Wir erhalten (wir ersetzen $\tilde{\mathbf{r}}$ durch $\mathbf{r}$)

$$f(G) = \int_{\mathrm{Atom}} \rho_A(r) e^{-\imath \mathbf{G}\cdot\mathbf{r}} d^3 r = \int_0^{R_A} dr \int_0^{\pi} d\vartheta \int_0^{2\pi} d\varphi \, \rho_A(r) r^2 \sin\vartheta \, e^{-\imath G r \cos\vartheta}. \tag{2.2.36}$$

Die Integration über r erfolgt dabei bis zum Rand R_A des Atoms. Führen wir die Integration über die Polarwinkel aus, so erhalten wir

$$f(G) = \int_0^{R_A} 4\pi r^2 \rho_A(r) \frac{\sin Gr}{Gr} dr. \tag{2.2.37}$$

Für das Wasserstoffatom ist

$$\rho_A(r) = |\Psi(r)|^2 = \frac{1}{\pi a_B^3} e^{-2r/a_B}, \tag{2.2.38}$$

wobei a_B der Bohrsche Radius ist. Setzen wir diese Ladungsverteilung in (2.2.37) ein und lassen die Integrationsgrenze $R_A \to \infty$ gehen, so erhalten wir den Atomformfaktor zu

$$f(G) = \frac{1}{\left[1 + \left(\frac{1}{2} a_B G\right)^2\right]^2}. \tag{2.2.39}$$

Für kleine Streuvektoren $G \to 0$ (Streuung in Vorwärtsrichtung) ist der Atomformfaktor maximal und nimmt dann zu größeren Streuvektoren hin stark ab. Interessant ist es noch, den

2.2 Beugung

Grenzfall $Gr \to 0$ näher zu betrachten. Da hier $\sin Gr/Gr \to 1$, vereinfacht sich die Integration in (2.2.37) zu

$$f(Gr \to 0) = \int_0^{R_A} 4\pi r^2 \rho_A(r) dr = Z. \tag{2.2.40}$$

Dieser Grenzfall ist für sehr kleine Streuvektoren, also in Vorwärtsrichtung realisiert. Da die Streuintensität proportional zu f^2 ist, ist sie bei kleinen Streuwinkeln also proportional zu Z^2 und wird damit ausschließlich durch die Elektronenzahl des Atoms bestimmt. Für Röntgenstreuung ist die Streuamplitude ρ_A^j durch die Elektronendichte des j-ten Atoms bestimmt. Wir erwarten deshalb, dass die Streuintensität etwa proportional zu Z^2 ist. Wir sehen also, dass leichte Elemente neben schweren Elementen durch Röntgenbeugung nur schwer nachgewiesen werden können.

Zusammenfassend wollen wir folgenden wichtigen Sachverhalt festhalten:

> Bei der Strukturanalyse mittels Beugungsmethoden kann die Form und die Abmessungen der Einheitszelle aus der Lage der Röntgenreflexe bestimmt werden. Der Inhalt der Einheitszelle, also die Basis, muss dagegen aus den Intensitäten der Reflexe bestimmt werden.

2.2.5 Beispiele für Strukturfaktoren

Berechnen wir den Strukturfaktor nach (2.2.34), so ist es zweckmäßig, stets primitive Raumgitter zu verwenden, da in diesem Fall die Elementarzelle mit der Einheitszelle identisch ist. Nichtprimitive Gitter können wir dadurch behandeln, indem wir dem zugehörigen primitiven Gitter eine mehratomige Basis zuordnen.

Um den Strukturfaktor für einige Beispiele zu berechnen, geben wir die Atompositionen $\mathbf{r}_j$ in der Basis im Bezugssystem an, das durch die primitiven Gittervektoren $\mathbf{a}_1$, $\mathbf{a}_2$ und $\mathbf{a}_3$ gebildet wird. Wir können dann schreiben

$$\mathbf{r}_j = u_j \mathbf{a}_1 + v_j \mathbf{a}_2 + w_j \mathbf{a}_3. \tag{2.2.41}$$

Da $\mathbf{r}_j$ innerhalb der Zelle liegt, muss $u_j, v_j, w_j < 1$ gelten. Mit $\mathbf{G} \cdot \mathbf{r}_j = (h\mathbf{b}_1 + k\mathbf{b}_2 + \ell\mathbf{b}_3)(u_j\mathbf{a}_1 + v_j\mathbf{a}_2 + w_j\mathbf{a}_3) = 2\pi(hu_j + kv_j + \ell w_j)$ (vergleiche (2.1.16)) erhalten wir aus (2.2.34)

$$S_G = S_{hk\ell} = \sum_j f_j e^{-i 2\pi n (hu_j + kv_j + \ell w_j)}. \tag{2.2.42}$$

2.2.5.1 Kubisch primitives Gitter

Als Beispiel betrachten wir die Cäsiumchloridstruktur (siehe Abschnitt 1.2.7). Die primitive Zelle enthält eine Formeleinheit CsCl mit den Atompositionen (000) und $\left(\frac{1}{2}\frac{1}{2}\frac{1}{2}\right)$, d. h. $u_1 = v_1 = w_1 = 0$ und $u_2 = v_2 = w_2 = \frac{1}{2}$. Für $n = 1$ erhalten wir dann den Strukturfaktor

$$S_{hk\ell} = f_1 + f_2 e^{-i\pi(h+k+\ell)} = \begin{cases} f_1 + f_2 & \text{für } h+k+\ell = \text{gerade} \\ f_1 - f_2 & \text{für } h+k+\ell = \text{ungerade} \end{cases}. \tag{2.2.43}$$

Wir sehen also, dass wir eine starke Abschwächung der Intensität verschiedener Beugungsreflexe erhalten können.

2.2.5.2 Kubisch raumzentriertes Gitter

Der Fall des kubisch raumzentrierten Gitters ist dem der Cäsiumchloridstruktur äquivalent mit dem Unterschied, dass die Atome an den Positionen (000) und $\left(\frac{1}{2}\frac{1}{2}\frac{1}{2}\right)$ jetzt identisch sind, d. h. $f_1 = f_2 = f$. Dies führt zu einer völligen Auslöschung der Röntgenpeaks mit $h + k + \ell$ = ungerade.

Anschaulich können wir das Verschwinden von Röntgenreflexen beim Übergang von einem kubisch primitiven zu einem kubisch raumzentrierten Gitter mit Hilfe von Abb. 2.14 verstehen. Durch das zusätzliche Vorhandensein der raumzentrierten Gitteratome können wir uns eine weitere Netzebene genau in der Mitte zwischen den (001) Ebenen eingeschoben denken. Ist die Bragg-Bedingung für die (001)-Ebene erfüllt, so ist der Gangunterschied zwischen einem an einer (001)-Ebene und einem an der zusätzlichen Ebene reflektierten Strahl gerade $\lambda/2$, so dass eine Auslöschung auftritt.

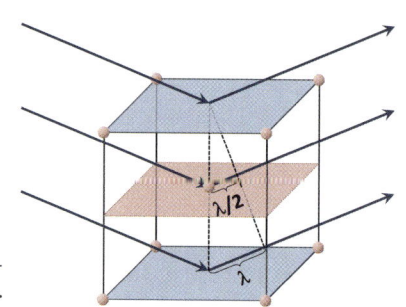

Abb. 2.14: Zum Strukturfaktor eines kubisch raumzentrierten Gitters.

2.2.5.3 Kubisch flächenzentriertes Gitter

Die Basis der kubisch flächenzentrierten Struktur bezogen auf die konventionelle kubische Zelle hat identische Atome bei den Positionen (000), $\left(0\frac{1}{2}\frac{1}{2}\right)$, $\left(\frac{1}{2}0\frac{1}{2}\right)$ und $\left(\frac{1}{2}\frac{1}{2}0\right)$. Aus (2.2.42) folgt dann:

$$S_{hk\ell} = f\left[1 + e^{-\imath\pi(k+\ell)} + e^{-\imath\pi(h+\ell)} + e^{-\imath\pi(h+k)}\right]$$

$$= \begin{cases} 4f & \text{falls alle } h, k, \ell \text{ gerade oder ungerade} \\ 0 & \text{falls ein Index gerade und die anderen} \\ & \text{beiden ungerade oder umgekehrt} \end{cases} \quad (2.2.44)$$

Wir sehen, dass für das fcc-Gitter keine Reflexe auftreten können, für die die Indizes teilweise gerade und ungerade sind.

2.2.6 Inelastische Streuung

In unserer bisherigen Diskussion haben wir angenommen, dass sich die Atome des Kristallgitters völlig in Ruhe befinden. Wir konnten deshalb annehmen, dass die Streudichte ρ

2.2 Beugung

zeitunabhängig ist, d. h. $\rho \neq \rho(t)$. Die resultierende Streuamplitude Ψ_B enthält in diesem Fall nur die Frequenz ω_0 der einlaufenden Welle. Dies entspricht *elastischer Streuung*. Die Annahme völlig ruhender Atome ist allerdings aus zwei Gründen nicht gerechtfertigt:

1. Für $T > 0$ erhalten wir thermisch angeregte Schwingungen des Kristallgitters (siehe Kapitel 5).
2. Selbst für $T = 0$ erhalten wir so genannte Nullpunktsschwingungen, deren Existenz wir mit einer quantenmechanischen Betrachtung verstehen können.

Wir wollen im Folgenden auf den Einfluss der Gitterschwingungen auf die beobachteten Beugungsreflexe eingehen. Bei einer naiven Betrachtung könnten wir vermuten, dass durch die Bewegung der Atome die elastischen Beugungsreflexe stark verbreitert würden. Wir werden allerdings sehen, dass dies nicht der Fall ist. Die Beugungsreflexe bleiben scharf, allerdings nimmt ihre Intensität ab.

Bei Raumtemperatur sind die typischen Schwingungsamplituden der Atome in der Größenordnung von bis zu 10 % des Atomabstandes. Die Abweichungen von der strengen Periodizität des Gitters, die durch diese Schwingungen erzeugt werden, sind also signifikant. Aufgrund der Schwingungen des Gitters erhalten wir auch gestreute Wellen mit $\omega \neq \omega_0$. Dies entspricht *inelastischer Streuung*. Bei der inelastischen Streuung wird beim Streuprozess Energie von der einlaufenden Welle auf das Gitter übertragen und umgekehrt.

Aus der kohärenten elastischen Streuung am starren Kristallgitter erhalten wir Informationen über die Anordnung der Atome im Kristallgitter. Diese steckt in den erlaubten Streuvektoren $\Delta\mathbf{k} = \mathbf{G}$ (von Laue Bedingung) und der für diese Streuvektoren gemessenen Streuintensität, die durch den Strukturfaktor S_G gegeben ist. Um Auskunft über die Dynamik des Gitters zu bekommen (diese werden wir im Detail erst in Kapitel 5 diskutieren), müssen wir die in Abschnitt 2.2.4 gemachten Überlegungen vertiefen und in der Streutheorie die zeitliche Veränderung der Position der Gitteratome berücksichtigen.

Wir schreiben die momentane Position $\mathbf{r}$ eines Atoms als

$$\mathbf{r}(t) = \mathbf{R} + \mathbf{r}_j + \mathbf{u}(t), \tag{2.2.45}$$

wobei $\mathbf{R}$ ein Gittervektor, $\mathbf{r}_j$ die Ruheposition des Atoms in der Gitterzelle und $\mathbf{u}(t)$ die momentane Auslenkung des Atoms aus seiner Ruhelage $\mathbf{r}_j$ ist. Wir benutzen ferner den allgemeinen Ausdruck (2.2.21) für die gesamte am Beobachtungspunkt B erhaltene Streuamplitude

$$\Psi_B(t) \propto e^{-\imath \omega_0 t} \int \rho(\mathbf{r}) e^{-\imath \Delta\mathbf{k} \cdot \mathbf{r}} d^3 r. \tag{2.2.46}$$

Setzen wir $\mathbf{r}(t) = \mathbf{R} + \mathbf{r}_j + \mathbf{u}(t)$ ein, so erhalten wir

$$\Psi_B(t) \propto e^{-\imath \omega_0 t} \int \rho(\mathbf{r}) e^{-\imath \Delta\mathbf{k} \cdot \mathbf{R}} e^{-\imath \Delta\mathbf{k} \cdot \mathbf{r}_j} e^{-\imath \Delta\mathbf{k} \cdot \mathbf{u}(t)} d^3 r. \tag{2.2.47}$$

Wir nutzen nun aus, dass die Auslenkung $\mathbf{u}(t)$ der Atome klein gegenüber dem Gitterabstand a ist. Da $1/\Delta k \leq 1/G_{\min} = 2\pi/a$ und $u \ll a$ folgt $\Delta\mathbf{k} \cdot \mathbf{u}(t) \ll 1$. Wir können deshalb die Exponentialfunktion entwickeln[17] und erhalten

$$e^{-\imath \Delta \mathbf{k} \cdot \mathbf{u}(t)} \simeq 1 - \imath \Delta \mathbf{k} \cdot \mathbf{u}(t) - \tfrac{1}{2}\left[\Delta \mathbf{k} \cdot \mathbf{u}(t)\right]^2 + \ldots . \qquad (2.2.48)$$

Wir werden zunächst nur den konstanten und linearen Entwicklungsterm berücksichtigen. Die Diskussion des quadratischen Terms folgt im nächsten Abschnitt. Er führt zu einer Reduzierung der elastischen Streuintensität, die durch den Debye-Waller-Faktor angegeben wird.

Setzen wir (2.2.48) in (2.2.47) ein, so erhalten wir

$$\Psi_{\mathrm{B}}(t) \propto \underbrace{e^{-\imath \omega_0 t}\int \rho(\mathbf{r})e^{-\imath \Delta \mathbf{k}\cdot \mathbf{R}}e^{-\imath \Delta \mathbf{k}\cdot \mathbf{r}_j}d^3 r}_{\text{elastisch}}$$

$$-\underbrace{e^{-\imath \omega_0 t}\int \imath \Delta \mathbf{k}\cdot \mathbf{u}(t)\rho(\mathbf{r})e^{-\imath \Delta \mathbf{k}\cdot \mathbf{R}}e^{-\imath \Delta \mathbf{k}\cdot \mathbf{r}_j}d^3 r}_{\text{inelastisch}}. \qquad (2.2.49)$$

Den elastischen Beitrag haben wir bereits in Abschnitt 2.2.4 diskutiert. Wir haben dort gesehen, dass wir eine endliche Streuintensität nur dann bekommen, wenn die von Laue Bedingung $\Delta \mathbf{k} = \mathbf{G}$ erfüllt ist. Der genaue Wert der Streuintensität war durch den Strukturfaktor S_G gegeben.

Wir wollen nun den zweiten Term auf der rechten Seite von (2.2.49) diskutieren, den wir inelastischen Streuprozessen zuordnen können. Hierzu müssen wir einen vernünftigen Ansatz für die Auslenkung $\mathbf{u}(t)$ der Atome machen. Wie wir in Kapitel 5 sehen werden, ist ein geeigneter Ansatz eine Überlagerung von ebenen Wellen

$$\mathbf{u}(t) = \sum_{\mathbf{q}} \mathbf{u}_{\mathbf{q}} e^{\pm \imath \left[\mathbf{q}\cdot(\mathbf{R}+\mathbf{r}_j) - \omega_{\mathbf{q}} t\right]} \qquad (2.2.50)$$

mit Amplituden $\mathbf{u}_{\mathbf{q}}$, die vom Wellenvektor und der Temperatur abhängen. Setzen wir diesen Ansatz in (2.2.49) ein, so erhalten wir für die inelastische Streuamplitude

$$\Psi_{\mathrm{B}}^{\text{inel}}(t) \propto -\sum_{\mathbf{q}}\int \imath \Delta \mathbf{k}\cdot \mathbf{u}_{\mathbf{q}}\rho(\mathbf{r})e^{-\imath (\Delta \mathbf{k}\pm \mathbf{q})\cdot \mathbf{R}}e^{-\imath (\Delta \mathbf{k}\pm \mathbf{q})\cdot \mathbf{r}_j}e^{-\imath (\omega_0 \pm \omega_{\mathbf{q}})t}d^3 r . \qquad (2.2.51)$$

Wir sehen sofort, dass wir eine endliche Streuintensität nur für die modifizierte Streubedingung

$$\Delta \mathbf{k} \pm \mathbf{q} = \mathbf{G} \qquad (2.2.52)$$

erhalten. Bilden wir das Zeitmittel, so sehen wir, dass sich eine endliche Streuintensität nur unter der Bedingung

$$\omega_0 \pm \omega_{\mathbf{q}} = \omega \qquad (2.2.53)$$

---

[17] Wir benutzen: $e^x = 1 + x + \tfrac{1}{2}x^2 + \ldots$

ergibt. Wir können (2.2.52) und (2.2.53) mit dem Planckschen Wirkungsquantum multiplizieren und erhalten

$$\hbar \Delta \mathbf{k} = \hbar \mathbf{k}' - \hbar \mathbf{k} = \hbar \mathbf{G} \pm \hbar \mathbf{q} \qquad (2.2.54)$$

$$\hbar \omega = \hbar \omega_0 \pm \hbar \omega_\mathbf{q} . \qquad (2.2.55)$$

Diese Ausdrücke können wir als Impuls- und Energieerhaltung bei einem inelastischen Streuprozess interpretieren. Wir werden in der Tat in Kapitel 5 sehen, dass wir die Quanten der Gitterschwingungen – wir werden diese als **Phononen** bezeichnen – als Teilchen mit Energie $\hbar \omega_\mathbf{q}$ und Quasiimpuls $\hbar \mathbf{q}$ auffassen können. Der Impuls $\hbar \mathbf{G}$ wird an den Kristall als Ganzes übertragen.

2.2.7 Der Debye-Waller Faktor

In der Entwicklung (2.2.48) der Exponentialfuntion haben wir im vorangegangenen Abschnitt die Auswirkung des quadratischen Terms $\frac{1}{2}\left[\Delta \mathbf{k} \cdot \mathbf{u}(t)\right]^2$ nicht diskutiert. Wir werden im Folgenden zeigen, dass dieser Term in einer Abnahme der elastischen Beugungsintensität resultiert.

Wir schreiben die Position des j-ten Atoms in einer Einheitszelle als $\mathbf{r}(t) = \mathbf{R} + \mathbf{r}_j + \mathbf{u}(t)$, wobei R ein Gittervektor, $\mathbf{r}_j$ die Ruheposition des j-ten Atoms in der Basis und $\mathbf{u}(t)$ die momentane Auslenkung des j-ten Atoms aus seiner Ruhelage sind. Wir betrachten nun die Streuamplitude in Richtung $\mathbf{k}' = \mathbf{k} + \mathbf{G}$:

$$\Psi_\mathrm{B} \propto N S_G = N \sum_j f_j e^{-\imath \mathbf{G} \cdot \mathbf{r}_j} . \qquad (2.2.56)$$

Wir ersetzen nun $\mathbf{r}_j$ durch $\mathbf{r}_j + \mathbf{u}(t)$ und bilden den zeitlichen Mittelwert $\langle \ldots \rangle_t$.[18] Dabei nehmen wir vereinfachend ferner an, dass die Basis aus gleichen Atomen besteht, d. h. $\mathbf{u}(t)$ ist für alle Atome der Basis gleich. Wir erhalten dann

$$\langle S_G \rangle_t = \left\langle \sum_j f_j e^{-\imath \mathbf{G} \cdot (\mathbf{r}_j + \mathbf{u}(t))} \right\rangle_t = \sum_j f_j e^{-\imath \mathbf{G} \cdot \mathbf{r}_j} \left\langle e^{-\imath \mathbf{G} \cdot \mathbf{u}(t)} \right\rangle_t$$

$$= S_G^{\mathrm{stat}} \left\langle e^{-\imath \mathbf{G} \cdot \mathbf{u}(t)} \right\rangle_t . \qquad (2.2.57)$$

Dabei ist S_G^{stat} der so genannte statische Strukturfaktor.[19] Da $\mathbf{G} \cdot \mathbf{u} \ll 1$, können wir die Exponentialfunktion entwickeln und erhalten

$$\langle S_G \rangle_t = S_G^{\mathrm{stat}} \left\langle 1 - \imath \mathbf{u}(t) \cdot \mathbf{G} - \tfrac{1}{2} (\mathbf{u}(t) \cdot \mathbf{G})^2 + \ldots \right\rangle_t$$

$$= S_G^{\mathrm{stat}} \left[1 - \langle \imath \mathbf{u}(t) \cdot \mathbf{G} \rangle_t - \tfrac{1}{2} \left\langle (\mathbf{u}(t) \cdot \mathbf{G})^2 \right\rangle_t + \ldots \right] . \qquad (2.2.58)$$

---

[18] Zeitlicher Mittelwert einer Funktion $f(t)$: $\langle f(t) \rangle_t = \frac{1}{T} \lim\limits_{T \to \infty} \int\limits_0^T f(t) dt$.

[19] Man beachte: $S_G^{\mathrm{stat}} \neq S_G(T=0)$ aufgrund von Nullpunktsschwingungen.

Da bei einer zufälligen thermischen Bewegung der Atome die Richtung von **u** und **G** völlig unkorreliert ist, gilt

$$\langle \imath \mathbf{u}(t) \cdot \mathbf{G} \rangle_t = 0 \,. \tag{2.2.59}$$

Führen wir den Winkel $\vartheta = \sphericalangle(\mathbf{u}, \mathbf{G})$ ein, so können wir den quadratischen Term schreiben als

$$\tfrac{1}{2}\langle (\mathbf{u}(t) \cdot \mathbf{G})^2 \rangle = \tfrac{1}{2}\langle u^2(t) G^2 \cos^2 \vartheta \rangle_t = \tfrac{1}{6} G^2 \langle u^2(t) \rangle_t \,. \tag{2.2.60}$$

Hierbei ist $\langle u^2(t) \rangle$ das mittlere thermische Auslenkungsquadrat. Der Faktor $1/3$ entsteht dabei durch die Mittelung von $\cos^2 \vartheta$ über eine Kugel.[20]

Setzen wir das Ergebnis (2.2.60) in (2.2.58) ein, so erhalten wir

$$\langle S_G \rangle_t = S_G^{\text{stat}} \left[1 - \tfrac{1}{6} G^2 \langle u^2(t) \rangle_t + \ldots \right] \simeq S_G^{\text{stat}} e^{-\tfrac{1}{6} G^2 \langle u^2(t) \rangle} \,, \tag{2.2.61}$$

wobei wir für die Näherung im letzten Term wiederum die Entwicklung der Exponentialfunktion zugrunde gelegt haben. Für die im Experiment beobachtete elastische Streuintensität $I \propto S_G^2$ erhalten wir

$$\boxed{I = I_0 e^{-\tfrac{1}{3} G^2 \langle u^2(t) \rangle}} \,. \tag{2.2.62}$$

Der Exponentialfaktor wird als *Debye-Waller-Faktor* bezeichnet[21,22].

Um die Temperaturabhängigkeit des Debye-Waller-Faktors zu analysieren, müssen wir beachten, dass die mittlere potenzielle Energie $\langle U \rangle_t$ eines harmonischen Oszillators in 3 Dimensionen gerade $\tfrac{3}{2} k_B T$ beträgt (dies folgt aus dem Gleichverteilungssatz). Wir können also schreiben

$$\langle U \rangle_t = \tfrac{1}{2} k \langle u^2(t) \rangle_t = \tfrac{1}{2} M \omega^2 \langle u^2(t) \rangle_t = \tfrac{3}{2} k_B T \,. \tag{2.2.63}$$

Hierbei ist k die Kraftkonstante, M die Atommasse und für die Schwingungsfrequenz gilt $\omega = \sqrt{k/M}$. Einsetzen in (2.2.62) ergibt:

$$\boxed{I_{hk\ell} = I_0 e^{-\tfrac{k_B T}{M \omega^2} G^2}} \,. \tag{2.2.64}$$

Dabei sind $(hk\ell)$ die Millerschen Indizes, bzw. die Indizes des reziproken Gittervektors $\mathbf{G} = h\mathbf{b}_1 + k\mathbf{b}_2 + \ell\mathbf{b}_3$. Das Resultat (2.2.64) ist in Abb. 2.15a dargestellt.

Wir können aus (2.2.64) folgende Schlüsse ziehen:

1. Die Intensität der elastischen Beugungsreflexe nimmt mit zunehmender Temperatur ab, verschwindet aber nicht.
2. Bei fester Temperatur nimmt die Intensität mit wachsendem $h + k + \ell$ ab.

---

[20] Es gilt: $\overline{\cos^2 \vartheta} = \dfrac{\int_0^{2\pi} d\varphi \int_0^{\pi} d\vartheta \sin \vartheta \cos^2 \vartheta}{\int_0^{2\pi} d\varphi \int_0^{\pi} d\vartheta \sin \vartheta} = \dfrac{1}{3}$.

[21] P. Debye, *Interferenz von Röntgenstrahlen und Wärmebewegung*, Ann. d. Phys. **348**, 49–92 (1913).

[22] I. Waller, *Zur Frage der Einwirkung der Wärmebewegung auf die Interferenz von Röntgenstrahlen*, Zeitschrift für Physik A **17**, 398–408 (1923).

2.2 Beugung

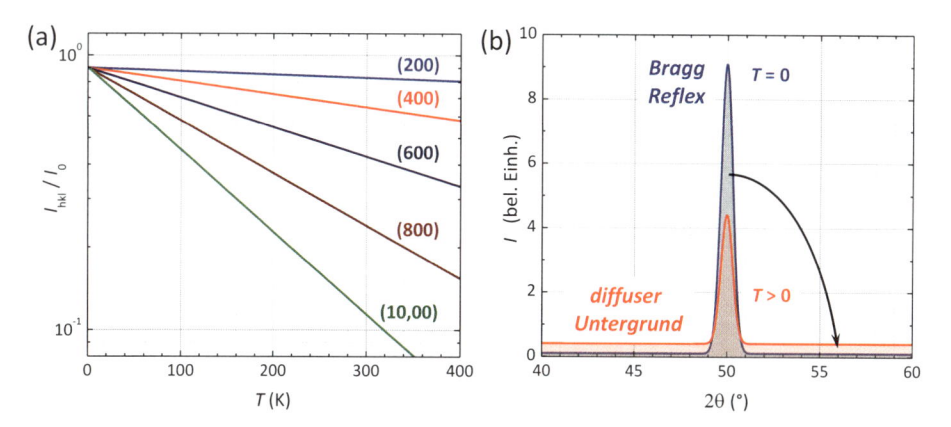

Abb. 2.15: (a) Abnahme der elastischen Streuintensität mit zunehmender Temperatur und zunehmendem $h+k+\ell$. Die Kurven wurden nach (2.2.64) für $M\omega^2/G^2 = 2 \times 10^{-19}$ J berechnet. In (b) ist die Umverteilung der elastischen Streuintensität aus dem Bragg-Reflex in einen inelastischen Untergrund bei Erhöhung der Temperatur veranschaulicht.

Die für einen elastischen Beugungsreflex beobachtete Intensität $I_{hk\ell}$ ist nur durch die kohärente, elastische Streuung gegeben. Diese resultiert in einem scharfen Beugungsreflex, dessen Intensität mit wachsender Temperatur abnimmt. Die inelastisch gebeugten Strahlen resultieren in einem diffusen Untergrund, dessen Intensität mit zunehmender Temperatur wächst (siehe Abb. 2.15b).

Wir wollen abschließend noch anmerken, dass nicht nur die elastische Streuintensität sondern auch die inelastische Streuintensität um den Debye-Waller-Faktor reduziert wird. Dies wollen wir hier nicht explizit zeigen. Allgemein kann gezeigt werden, dass die Potenz, mit der die Auslenkung $\mathbf{u}$ in der Entwicklung (2.2.48) vorkommt, der Zahl der am Streuprozess teilnehmenden Gitterschwingungen (Phononen) entspricht. Der konstante Term entspricht also (elastischen) Null-Phononen-Prozessen, der lineare Term Ein- und der quadratische Zwei-Phononen-Prozessen. Prozesse noch höherer Ordnung können wegen $\Delta \mathbf{k} \cdot \mathbf{u} \ll 1$ in sehr guter Näherung vernachlässigt werden.

2.2.7.1 Zahlenbeispiele

Abnahme von I bei Raumtemperatur: Mit einer Gitterkonstanten a von einigen Ångström folgt $G = n\frac{2\pi}{a} \sim 10^{11}\,\mathrm{m}^{-1}$. Mit einer typischen Schwingungsfrequenz von $\omega \sim 10^{14}\,\mathrm{s}^{-1}$ und typischen Atommasse $M \sim 10^{-25}\,\mathrm{kg}$ erhalten wir $M\omega^2/G^2 \simeq 10^{-19}$ J. Bei Raumtemperatur ($k_\mathrm{B}T \simeq 4 \times 10^{-21}$ J) ergibt sich daraus $\frac{k_\mathrm{B}T}{M\omega^2}G^2 \sim 0.04$ und damit für I/I_0 ein Wert von $\simeq 0.96$. Wir sehen, dass die Abnahme der Intensität der Beugungsreflexe nicht dramatisch ist.

Nullpunktsschwingungen: Für einen harmonischen Oszillator in 3D haben wir eine Nullpunktsenergie von $\frac{3}{2}\hbar\omega$ und damit eine mittlere potenzielle Energie von $\frac{3}{4}\hbar\omega$. Mit $\langle U \rangle_t = \frac{1}{2}M\omega^2 \langle u^2 \rangle_t = \frac{3}{4}\hbar\omega$ erhalten wir $\langle u^2 \rangle_t = 3\hbar/2M\omega$. Damit ergibt sich für die Abnahme der

Intensität aufgrund von Nullpunktsschwingungen

$$I_{hk\ell} = I_0 e^{-\frac{\hbar}{2M\omega}G^2} . \tag{2.2.65}$$

Mit den obigen Zahlen erhalten wir $\hbar G^2/2M\omega \sim 0.05$ und damit $I/I_0 \sim 0.95$. Wir sehen, dass selbst bei $T = 0$ aufgrund der quantenmechanischen Nullpunktsschwingungen nur etwa 95 % der gestreuten Intensität aus elastischen Streuprozessen resultiert.

2.2.8 Vertiefungsthema: Der Mößbauer-Effekt

Die in den letzten Abschnitten erarbeiteten Grundlagen zur Beugung von Wellen an einer periodischen Kristallstruktur gelten auch für den *Mößbauer-Effekt*, für dessen Entdeckung **Rudolf Mößbauer** im Jahr 1961 den Nobelpreis für Physik erhielt.

Beim Mößbauer-Effekt handelt es sich um die rückstoßfreie Emission von γ-Strahlung. Zur Diskussion des Mößbauer-Effekts betrachten wir zunächst die Emission eines einzelnen γ-Quants von einem freien Atom mit Masse M und Geschwindigkeit $\mathbf{v} = 0$. Die Energie des γ-Quants sei

$$E_\gamma = \hbar\omega = \hbar k c . \tag{2.2.66}$$

Hierbei ist c die Lichtgeschwindigkeit. Aus der Impulserhaltung folgt

$$M\mathbf{v} = \hbar\mathbf{k} = \frac{\hbar\omega}{c}\widehat{\mathbf{k}} \tag{2.2.67}$$

und damit für die Rückstoßenergie R

$$R = \frac{p^2}{2M} = \frac{\hbar^2 k^2}{2M} = \frac{E_\gamma^2}{2Mc^2} . \tag{2.2.68}$$

Für $E_\gamma = 100\,\text{keV}$ und $M = M_n = 1.67 \times 10^{-27}\,\text{kg}$ (Neutronenmasse) folgt $R = 8.5 \times 10^{-19}\,\text{J} = 5.3\,\text{eV}$. Diese Rückstoßenergie ist wesentlich größer als die natürliche Linienbreite des Strahlungsübergangs, der im Bereich von $10^{-7}\,\text{eV}$ liegt.

Die thermische Verbreiterung der Spektrallinie eines Atoms aufgrund seiner thermischen Bewegung ist $\Delta v \simeq v(v_{\text{th}}/c)$, da die mittlere thermische Geschwindigkeit $v_{\text{th}} \ll c$. Den daraus resultierenden Dopplereffekt

$$\frac{\langle \Delta\omega^2 \rangle}{\omega^2} = \frac{\langle \Delta v^2 \rangle}{c^2} \tag{2.2.69}$$

können wir unter Benutzung von $\frac{1}{2}M\langle v^2 \rangle \simeq k_B T$ zu

$$\langle \Delta\omega^2 \rangle = \frac{\omega^2}{c^2}\langle \Delta v^2 \rangle = \frac{\omega^2}{c^2}\frac{2k_B T}{M} \tag{2.2.70}$$

abschätzen. Wir erhalten daraus

$$\langle \Delta E^2 \rangle = \hbar^2 \langle \Delta\omega^2 \rangle = \frac{E_0^2}{2Mc^2}4k_B T = R \cdot 4k_B T . \tag{2.2.71}$$

Rudolf Mößbauer (1929–2011) – Nobelpreis für Physik 1961

Rudolf Mößbauer, wurde am 31.01.1929 in München geboren. Er hat in München ab 1935 die Grundschule und anschließend das Gymnasium besucht. Er legte 1948 das Abitur ab und studierte danach an der Technischen Hochschule München (heute Technische Universität München) Physik. Sein Studium bei Prof. Heinz Maier-Leibnitz hat er 1955 mit dem Diplom in Physik abgeschlossen. Anschließend arbeitete er am Max-Planck-Institut in Heidelberg an seiner Dissertation zur *Kernresonanz-Fluoreszenz von Gammastrahlen in Iridium 191*. Dabei entdeckte er 1957 den nach ihm benannten Mößbauer-Effekt. Nach seiner Promotion (1958) folgten Forschungsarbeiten an der TH München. Im Jahr 1960 nahm er ein attraktives Angebot des California Institute of Technology an, wo er seine in Deutschland begonnenen Versuche fortsetzte. Kurz bevor ihn die

© The Nobel Foundation.

Nachricht aus Stockholm über die Verleihung des Nobelpreises für Physik des Jahres 1961 erreichte, wurde er am Caltech vom wissenschaftlichen Mitarbeiter zum ordentlichen Professor ernannt. Den Nobelpreis erhielt er zusammen mit dem Amerikaner Robert Hofstadter für den experimentellen Nachweis der rückstoßfreien Kernresonanzabsorption. Im Jahr 1962 habilitierte er sich und blieb noch zwei Jahre in Kalifornien. 1964 kam er dann als Ordinarius für Experimentalphysik und Direktor des Physik-Departments an die TU-München zurück, nachdem die Bayerische Staatsregierung seine Forderung, an der Technischen Universität ein Physik-Department aufzubauen, akzeptiert hatte. Im Jahr 1972 übernahm er für fünf Jahre die Leitung des deutsch-französischen Forschungsinstituts Laue-Langevin in Grenoble. Trotz zahlreicher attraktiver Angebote anderer Universitäten und Forschungsorganisationen des In- und Auslands ist Professor Rudolf Mößbauer seiner Heimatuniversität treu geblieben. Ab 1997 war er Professor Emeritus an der Fakultät für Physik der Technischen Universität München.
Rudolf Mößbauer starb am 14. September 2011 in München.

Für $E_0 = 100 \,\text{keV}$ und $M = M_n$ erhalten wir für $T = 300\,\text{K}$ für die Energieverschmierung $\langle \Delta E^2 \rangle^{1/2} \simeq 0.7\,\text{eV} \simeq 0.1 R$. Wir sehen also, dass sowohl die Rückstoßenergie und die Dopplerverbreiterung wesentlich größer sind als die natürliche Linienbreite und deshalb keine Resonanzabsorption, d. h. die Absorption eines emittierten γ-Quants durch ein gleichartiges Atom, auftreten kann (siehe hierzu Abb. 2.16).

Die Situation ändert sich völlig, wenn wir ein in ein Kristallgitter eingebautes Atom betrachten. Dem Rückstoß des freien Atoms entspricht hier die Emission oder Absorption eines Quants der Gitterschwingung, d. h. eines Phonons (siehe hierzu Kapitel 5). Wir können auch rückstoßfreie γ-Emission oder Absorption erhalten, wenn kein Phonon emittiert oder absorbiert wird. Die dadurch erhaltene Linie nennen wir **Null-Phononenlinie** oder *Mößbauer-Linie*.

Abb. 2.16: Bei der Emission eines γ-Quants von einem freien Atom ist die natürliche Linienbreite wesentlich kleiner als die Rückstoßenergie R. Die entsprechenden Linien für Emission bei $E_0 - R$ und Absorption bei $E_0 + R$ haben keinen Überlapp, so dass keine Resonanzabsorption stattfinden kann.

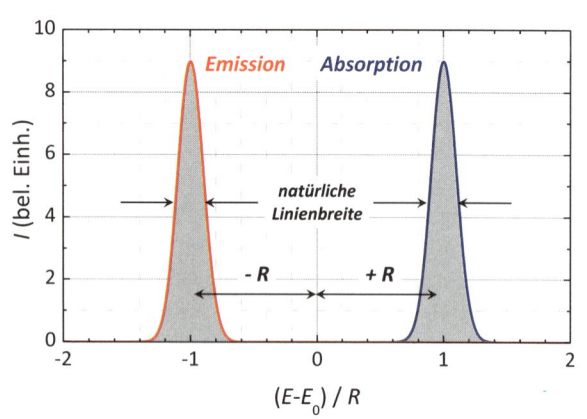

In Analogie zu (2.2.64) in Abschnitt 2.2.7 können wir die Intensität der Mößbauer-Linie relativ zur Gesamtintensität durch

$$D(T) = \frac{I}{I_0} = e^{-\frac{k_B T}{M \omega_{Ph}^2} k^2} \tag{2.2.72}$$

ausdrücken. Hierbei ist $\mathbf{k}$ der Wellenvektor des γ-Quants und ω_{Ph} die Phononenfrequenz. Für $T = 0$ erhalten wir aufgrund der Nullpunktsschwingungen

$$D(0) = \frac{I}{I_0} = e^{-\frac{\hbar^2}{2M\hbar\omega_{Ph}} k^2}. \tag{2.2.73}$$

Die rückstoßfreie Emission und Absorption von Kern-Gammastrahlung, wird heute intensiv für die so genannte *Mößbauer-Spektroskopie* verwendet. Die Mößbauer-Spektroskopie ist eine Kernspektroskopiemethode. Etwa 40 Elemente besitzen die für die Beobachtung des Mößbauer-Effektes nötigen niederenergetischen Gammaübergänge. Die Mößbauer-Spektroskopie an Eisen hat aufgrund des häufigen Vorkommens dieses Elementes in der Erdkruste Bedeutung für viele Forschungsgebiete, so etwa für die Festkörperchemie, die Metallurgie, die Geologie, die Biologie, die Medizin, oder die Entwicklung von Magnetspeichern. Die Energie des Kernübergangs des Isotops ^{57}Fe vom Grundzustand mit Kernspin $I = 1/2$ zum ersten angeregten Zustand mit $I = 3/2$ beträgt 14.4 keV. Wegen der äußerst geringen energetischen Breite der Emissionslinie führen geringfügige Energieverschiebungen des Zustandes des Atomkerns in einem typischen Energiebereich von 10^{-4} eV zu einer Zerstörung der Resonanzbedingung und es findet keine Absorption mehr statt. Solche Energieverschiebungen und quantenmechanische Aufspaltungen werden über elektrische und magnetische Felder von der chemischen und kristallographischen Umgebung des Eisenatomkerns verursacht und diese sind charakteristisch für jede Eisenverbindung, also quasi der Mößbauer-Fingerabdruck jedes eisenhaltigen Minerals. Das Problem lautet also: Wie kann man einen so geringen Energieunterschied bei einem Energieübergang von 14.4 keV messen? Dies gelingt nur mit Hilfe des Mößbauer-Effekts, also der rückstoßfreien Resonanzabsorption. Man kann die Energieverschiebungen vermessen, indem die Energie des von der radioaktiven

Quelle emittierten γ-Quants mittels des Dopplereffekts, d. h. durch Bewegen der Quelle mit einer bekannten Geschwindigkeit, so weit geändert wird, bis wieder Resonanzabsorption stattfindet.

2.3 Experimentelle Methoden der Strukturbestimmung

Wir wollen hier einige experimentelle Methoden diskutieren, die zur Strukturanalyse von Festkörpern mittels Beugungsmethoden verwendet werden. Wir wollen damit beginnen, die verschiedenen Wellentypen vorzustellen, die sich für Beugungsexperimente eignen. Wir werden sehen, dass die verschiedenen Wellentypen spezifische Vor- und Nachteile besitzen.

2.3.1 Wellentypen

Beugungsexperimente können nicht nur mit elektromagnetischen Wellen (Röntgen-Strahlung), sondern auch mit Materiewellen (z. B. Elektronen, Neutronen, Helium-Atomen) durchgeführt werden. Letzteren können wir über die de Broglie[23] Beziehung eine Wellenlänge

$$\lambda = \frac{h}{p} \qquad (2.3.1)$$

zuordnen. Für nicht-relativistische Teilchen besteht zwischen der kinetischen Energie E und dem Impuls eines Teilchens mit der Masse M der Zusammenhang

$$p = \sqrt{2ME} . \qquad (2.3.2)$$

Für die *de Broglie Wellenlänge* erhalten wir damit

$$\lambda = \frac{h}{\sqrt{2ME}} . \qquad (2.3.3)$$

Die Abhängigkeit der Wellenlänge von der Energie ist für einige Wellentypen in Abb. 2.17 dargestellt. Wir sehen, dass für Neutronen eine Energie von 0.08 eV einer Wellenlänge von 1 Å entspricht. Diese Energie ist nahe bei der thermischen Energie $k_B T \simeq 0.025$ eV für $T = 300$ K. Wir sprechen deshalb bei den für Beugungsexperimente verwendeten Neutronen von thermischen Neutronen.

Bei der Auswahl der Wellenart für Beugungsexperimente müssen wir Folgendes beachten:

1. Die Wellenlänge muss in der Größenordnung der Gitterkonstante des Kristallgitters liegen, d. h. $\lambda \sim 1$ Å, um die Bragg-Bedingung erfüllen zu können.

---

[23] **Louis Victor de Broglie**, geboren am 15. August 1892 in Dieppe, Frankreich, gestorben am 19. März 1987 in Louveciennes, Frankreich, Nobelpreis für Physik 1929.

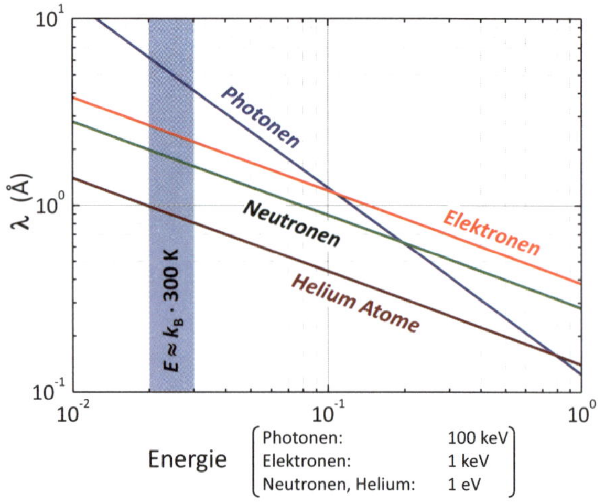

Abb. 2.17: Die de Broglie Wellenlänge von Photonen, Elektronen, Neutronen und Heliumatomen als Funktion der Teilchenenergie angegeben in Einheiten von 100 keV für Photonen, 1 keV für Elektronen und 1 eV für Neutronen und Heliumatome. Der hinterlegte Bereich markiert den thermischen Energiebereich für Neutronen zwischen 20 und 30 meV.

2. Die Dämpfung der Wellen im Festkörper sollte nicht zu groß sein. Die Intensität der Welle nach Durchdringen der Dicke d ist durch $I = I_0 e^{-\mu d}$ gegeben, wobei μ die Absorptionskonstante bzw. $1/\mu$ die Absorptionsdicke ist. Für Untersuchungen der Kristallstruktur sollte diese mindestens so groß sein wie die Kristallabmessungen, also typischerweise 1–10 mm.

In Tabelle 2.1 fassen wir einige wichtige Größen von Röntgenstrahlung und einigen Materiewellen zusammen. Es werden allerdings keine Angaben zur Absorptionsdicke gemacht, da diese stark von der Energie der Strahlung sowie der Dichte und Massenzahl des bestrahlten Materials abhängt. Die typischen Werte für die Absorptionsdicke liegen für Elektronen im nm- bis μm-Bereich. Deshalb müssen für die Elektronenbeugung die zu untersuchenden Proben auf kleine Dicken abgedünnt werden, was in vielen Fällen einen erheblichen Aufwand bedeutet. Für Röntgenstrahlung und Neutronen liegen die Absorptionsdicken dagegen typischerweise im mm- bis cm-Bereich.

Tabelle 2.1: Charakteristische Kenndaten von Röntgenstrahlung und einigen Materiewellen.

Größe	Photonen	Elektronen	Neutronen
Masse	0	$m_e = 9.109 \times 10^{-31}$ kg	$M_n = 1.675 \times 10^{-27}$ kg
Wellenlänge	$\lambda = \frac{hc}{E}$ $\lambda\,[\text{Å}] \simeq \frac{12.4}{E[\text{keV}]}$	$\lambda = \frac{h}{\sqrt{2m_e E}}$ $\lambda\,[\text{Å}] \simeq \frac{12}{\sqrt{E[\text{eV}]}}$	$\lambda = \frac{h}{\sqrt{2M_n E}}$ $\lambda\,[\text{Å}] \simeq \frac{0.28}{\sqrt{E[\text{eV}]}}$
Flussdichte	Röntgenröhre: $< 10^8$/mm² s mrad² 0.1 %BW Synchrotron (3. Gen.): $\sim 10^{20}$/mm² s mrad² 0.1 %BW	$> 10^{24}$/cm² s	$\sim 10^{15}$/cm² s
Streuquerschnitt	$\propto Z^2$	$\propto Z^2$	stark vom jeweiligen Kern abhängig

2.3.1.1 Röntgenstrahlung

Röntgenstrahlung kann durch Beschuss eines Metalltargets (z. B. Cu, Mo) mit hochenergetischen Elektronen erzeugt werden.[24] Bei der Abbremsung der schnellen Elektronen entsteht Röntgenstrahlung, die aus einem *kontinuierlichen Bremsspektrum* besteht, dem *charakteristische Röntgenlinien* überlagert sind. Das Bremsspektrum entsteht durch die Abbremsung der Strahlelektronen im Target. Die charakteristischen Röntgen-Linien entstehen durch das Herausschlagen von Elektronen aus den inneren Schalen der Targetatome und anschließendes Wiederauffüllen mit Elektronen aus höheren Schalen. Die so genannte K-, L- oder M-Strahlung entsteht dabei durch den Übergang von Elektronen aus den äußeren Schalen in die K-, L- oder M-Schale.

Für Cu- und Mo-Anoden erhalten wir für die Wellenlänge der charakteristischen K_{α_1}-Linie:

$$\text{Cu-Anode:} \quad K_{\alpha_1} = 1.541 \,\text{Å} \tag{2.3.4}$$

$$\text{Mo-Anode:} \quad K_{\alpha_1} = 0.709 \,\text{Å} \,. \tag{2.3.5}$$

Die obige Tabelle zeigt, dass man mit den üblichen Röntgenröhren keine hohe Brillianz[25] erzeugen kann. Die heute erreichten Werte liegen üblicherweise unterhalb von 10^8 Photonen/mm^2 s mrad^2 0.1 %BW (BW = Bandbreite). Wesentlich höhere Werte im Bereich von 10^{20} Photonen/mm^2 s mrad^2 0.1 %BW erreicht man heute mit Synchrotron-Strahlungsquellen der dritten Generation. Die Röntgenstrahlung wird hier durch die Ablenkung der hochenergetischen Elektronen eines Beschleunigerrings durch Magnetfelder erzeugt. Röntgenstrahlung ist heute mit einer sehr hohen Intensität und guter Monochromasie verfügbar. Sie eignet sich aufgrund ihrer großen Absorptionsdicke sehr gut für Strukturuntersuchungen. Allerdings werden leichte Elemente mit Röntgenstrahlung schlecht gesehen, da der Streuquerschnitt mit Z^2 geht.

2.3.1.2 Elektronen

Die in einen Kristall eingeschossenen Strahlelektronen werden an den Gitterbausteinen durch Coulomb-Wechselwirkung mit den Hüllenelektronen sowie den Kernen der Gitteratome gestreut. Die im Unterschied zur Röntgenstrahlung zusätzliche Wechselwirkung mit den Atomkernen ist bei der Berechnung des atomaren Streufaktors zu berücksichtigen. Aus Abb. 2.17 entnehmen wir, dass Elektronen mit einer Wellenlänge von etwa 1 Å eine Energie von nur etwa 150 eV besitzen. Die Reichweite von solchen niederenergetischen Elektronen in Festkörpern ist sehr klein (1–5 nm für E = 10–1000 eV), weshalb sich die Elektronenbeugung hauptsächlich für die Untersuchung von Kristalloberflächen eignet (z. B. LEED: Low Energy Electron Diffraction; RHEED: Reflection High Energy Electron Diffraction). Mit der Elektronenbeugung können insbesondere sehr dünne Oberflächenschichten (z. B. Oxidschichten auf Metallen) untersucht werden. Diese lassen sich mit Röntgenbeugung nur schlecht erfassen.

---

[24] W. C. Röntgen, *Über eine neue Art von Strahlen*, vorläufige Mitteilung, in *Aus den Sitzungsberichten der Würzburger Physik*, medic. Gesellschaft, Würzburg (1895).

[25] Die Brillianz einer Lichtquelle ist durch die Zahl der Photonen pro Flächeneinheit, Zeiteinheit, Winkelelement und Frequenzband gegeben.

In Elektronenmikroskopen (siehe Abschnitt 1.6.1) werden typischerweise Elektronenenergien von einigen 100 keV verwendet. Die de Broglie Wellenlänge beträgt dann nur einige pm. In diesem Fall lässt sich die Braggsche Beugungsbedingung nur dann erfüllen, wenn der Winkel zwischen Strahlrichtung und Gitterebene nicht größer als etwa 2° ist. Der Vorteil der Elektronenbeugung ist, dass der Elektronenstrahl sehr gut fokussiert werden kann und deshalb Beugungsexperimente an sehr kleinen Probenauschnitten (z. B. an einzelnen Kristalliten in polykristallinen Proben) gemacht werden können. In Elektronenmikroskopen arbeitet man in Transmission. Die starke Streuung der Strahlelektronen erfordert, um Mehrfachstreuungen klein zu halten, eine sehr aufwändige Dünnschliffpräparation der zu untersuchenden Proben (typische Probendicken: < 100 nm).

2.3.1.3 Neutronen

Die Masse des Neutrons ist 1836 mal größer als die des Elektrons. Deshalb ist bei gleicher de Broglie Wellenlänge die Energie des Neutrons um den gleichen Faktor geringer. Aus Abb. 2.17 entnehmen wir, dass zu einer Wellenlänge von 1 Å Neutronen mit Energien gehören, die etwa der thermischen Energie $k_B T \simeq 25$ meV bei Raumtemperatur entsprechen. Die verwendeten Neutronenquellen müssen also für die Strukturuntersuchung so genannte **thermische Neutronen** in genügend hoher Intensität liefern. Kernreaktoren liefern heute einen Fluss von etwa 10^{15} Neutronen/cm²s (Hochflussreaktor in Grenoble, Garchinger Forschungsreaktor FRM II). Mit so genannten Spallationsquellen, bei denen Protonen auf ein Target (z. B. Pb) geschossen werden und dadurch Neutronen erzeugt werden, können Flüsse von mehr als 10^{16} Neutronen/cm²s erzielt werden, allerdings bei gepulstem Betrieb. In Abb. 2.18 ist das Dreiachsen-Spektrometer PUMA am Garchinger Forschungsreaktor FRM II gezeigt. Zur Monochromatisierung von Neutronen werden üblicherweise Einkristallspektrometer, bei denen die Beugungsbedingung zur Wellenlängenselektion verwendet wird, oder Flugzeitspektrometer, bei denen Neutronen mit bestimmter Energie über ihre Flugzeit zwischen zwei rotierenden Blenden ausgewählt werden, eingesetzt.

Neutronen sind ungeladene Teilchen, so dass die Coulomb-Wechselwirkung, die bei Elektronen dominiert, hier keine Rolle spielt. Neutronen wechselwirken mit den Kernen der Gitteratome. Während allerdings der atomare Streufaktor bei der Röntgenstrahlung einer systematischen Abhängigkeit (proportional zur Ordnungszahl) folgt, hängt er für Neutronen stark vom jeweiligen Kern ab. So kann der atomare Streufaktor für zwei benachbarte Elemente des Periodensystems (tatsächlich sogar für zwei Isotope des gleichen Elements) sehr unterschiedlich sein. Ein typisches Beispiel ist die Untersuchung der Ordnung in einer FeCo-Legierung. Kühlt man eine FeCo-Legierung genügend langsam ab, so können sich die Fe und Co Atome in einer geordneten Struktur anordnen, die einer CsCl-Struktur (siehe Abschnitt 1.2.7) entspricht. Untersucht man diese Struktur mit Röntgenbeugung, so kann man wegen des fast identischen Streufaktors von Fe und Co (Nachbarn im Periodensystem) kaum zwischen einer geordneten und einer ungeordneten Struktur unterscheiden. Für Neutronen unterscheidet sich dagegen der atomare Streufaktor von Fe und Co um den Faktor 2.5, so dass Neutronenbeugungsexperimente eine genaue Analyse der Ordnung erlauben.

Ein spezifischer Vorteil von Neutronen ist die Tatsache, dass leichte Elemente, insbesondere Wasserstoff, ein großes Streuvermögen haben. Man benutzt Neutronenbeugung deshalb mit Vorliebe für die Lokalisierung von Wasserstoffatomen in Kristallgittern (insbesondere in

2.3 Experimentelle Methoden

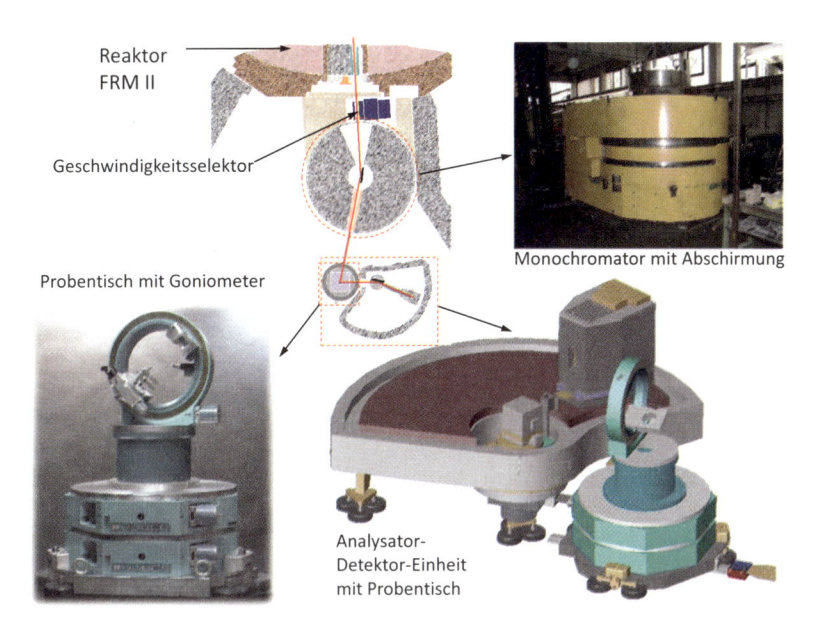

Abb. 2.18: Das Dreiachsen-Spektrometer PUMA für thermische Neutronen am Garchinger Forschungsreaktor FRM II (Quelle: FRM II).

organischen Systemen). Insgesamt sind aber die Absoprtionsdicken von Neutronen relativ groß, so dass sie sich in idealer Weise für die Strukturanalyse von Kristallen eignen. Neutronen besitzen außerdem ein magnetisches Moment. Die magnetische Wechselwirkung dieses Moments mit den Gitteratomen erlaubt die Untersuchung von magnetischen Strukturen in Festkörpern. Die Untersuchung von magnetischen Strukturen in Festkörpern ist eine Domäne der Neutronenbeugung.

2.3.2 Methoden der Röntgendiffraktometrie

Aus der Bragg-Bedingung $2d \sin \theta = n\lambda$ folgt, dass wir im Experiment die Wellenlänge λ und den Winkel θ aufeinander abstimmen müssen, um die Beugungsbedingung zu erfüllen. Wir können deshalb prinzipiell drei unterschiedliche Methoden unterscheiden:

(i) Laue-Verfahren: Beim Laue-Verfahren wird ein kontinuierliches Röntgenspektrum (variables λ) verwendet. Die Orientierung zwischen Röntgenstrahl und den Gitterebenen des untersuchten Einkristalls ist dagegen fest. Wie Abb. 2.19 zeigt, erhalten wir in der Detektorebene ein Punktmuster, wobei jeder Punkt zu einer bestimmten Ebenenschar mit Millerschen Indizes $(hk\ell)$ gehört. Jede Ebenenschar greift sich sozusagen aus dem kontinuierlichen Röntgenspektrum genau die Wellenlänge heraus, für die bei dem vorgegebene Winkel zwischen Ebenen und einfallenden Röntgenstrahl die Bragg-Bedingung erfüllt ist. Fällt der Röntgenstrahl zum Beispiel entlang einer n-zähligen Drehachse ein, so muss das zugehörige Punktmuster in der Detektorebene ebenfalls eine n-zählige Symmetrie haben.

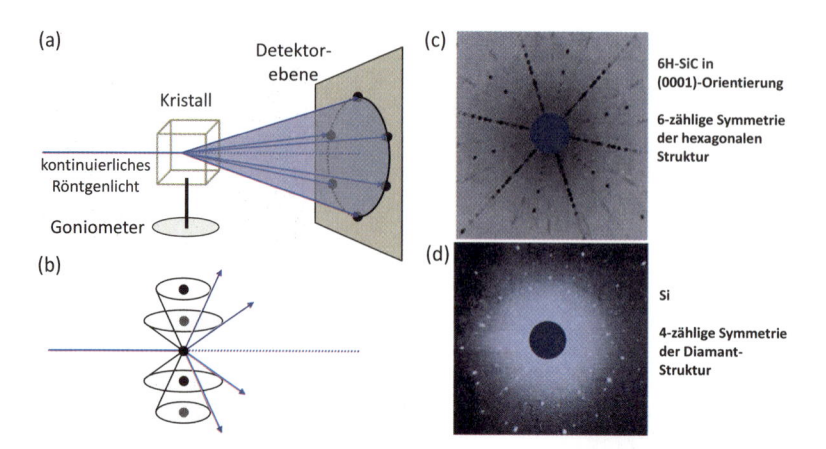

Abb. 2.19: (a) Schematische Darstellung des Laue-Verfahrens. (b) Zur Veranschaulichung der Entstehung des Punktgitters bei Laue-Verfahren. (c) Laue-Aufnahme von 6H-SiC in (0001)-Orientierung. Man erkennt die 6-zählige Symmetrie der hexagonalen Struktur. (d) Laue-Aufnahme eines Si-Kristalls (4-zählige Symmetrie des Diamantgitters).

Diese Tatsache wird zur Bestimmung der Kristallsymmetrie und der Orientierung von Einkristallen verwendet. Das Laue-Verfahren ist allerdings unpraktisch für die Strukturbestimmung, da man häufig eine Überlagerung von Reflexen mit solchen höherer Ordnung erhält.

Den Grund für das Auftreten eines Punktmusters beim Laue-Verfahren können wir uns einfach klar machen, wenn wir zunächst die Beugung an einem eindimensionalen Punktmuster betrachten. Die Bragg-Bedingung ist dabei für eine koaxiale Kegelfamilie erfüllt (siehe Abb. 2.19b). Beim Übergang zu einem 2- bzw. 3-dimensionalen Punktmuster ist die Bedingung auf den gemeinsamen Punkten von zwei bzw. drei aufeinander senkrecht stehenden Kegelfamilien erfüllt. Die Schnittpunkte der Kegelfamilien ergeben das beobachtete Punktmuster.

(ii) Drehkristall-Verfahren: Beim Drehkristall-Verfahren verwendet man monochromatische Röntgen-Strahlung. Um die Beugungsbedingung zu erfüllen, wird der Kristall gedreht (Winkelvariation bei festem λ). Um die gleiche Achse wird auf einem Kreisbogen gleichzeitig ein Detektor gedreht, mit dem die gebeugte Intensität gemessen wird (siehe Abb. 2.20a). Wird der Winkel ω zwischen einer Kristallebenenschar und dem einfallenden Röntgen-Strahl gerade so gewählt, dass die Beugungsbedingung erfüllt ist, so erscheint der gebeugte Röntgen-Strahl gerade beim Winkel 2θ bezogen auf die Richtung des Primärstrahls. Um die zu verschiedenen Beugungsordnungen gehörenden Intensitätsmaxima aufzunehmen, wird der Winkel ω durchgefahren und gleichzeitig der Detektor mit dem doppelten Winkel 2θ mitgeführt (ω-2θ Aufnahme, siehe Abb. 2.20b).

Um eine detaillierte Texturanalyse von auf einkristallinen Substraten gewachsenen epitaktischen Filmen zu machen, werden so genannte Vierkreis-Verfahren verwendet. Zusätzlich zur ω-2θ-Variation kann die Probe dabei mittels eines Goniometers um drei weitere Achsen (ω, φ, χ) gedreht werden (siehe hierzu Abb. 2.20c). Bei einem ω-Scan setzt man sich auf einen Beugungsreflex und variiert dann ω bei festgehaltenem 2θ (siehe Abb. 2.20d). Da-

2.3 Experimentelle Methoden

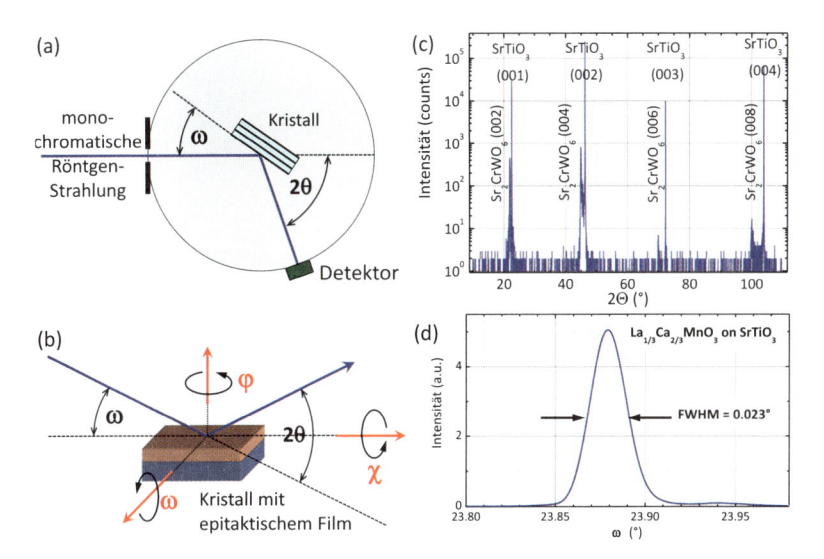

Abb. 2.20: (a) Schematische Darstellung des Drehkristall-Verfahrens. (b) Drehachsen bei einem Vierkreis-Diffraktometer. (c) Röntgenspektrum eines (001) orientierten Sr_2CrWO_6-Films auf einem (001) $SrTiO_3$-Einkristall. Im Spektrum sind wegen der Orientierung von Film und Substrat nur (00ℓ)-Reflexe enthalten. Die c-Achse von Sr_2CrWO_6 ist etwa doppelt so groß wie diejenige von $SrTiO_3$, weshalb die Röntgen-Reflexe sehr nahe beieinander liegen. Für Sr_2CrWO_6 sind die (00ℓ) mit ungeradzahligem ℓ ausgelöscht. (d) Rocking-Kurve des (002) Reflexes eines epitaktischen $La_{2/3}Ca_{1/3}MnO_3$ Films, der auf einem einkristallinen $SrTiO_3$ Substrat aufgewachsen wurde.

durch kann überprüft werden, ob die ausgewählte Ebenenschar in allen Probenbereichen tatsächlich die gleiche Orientierung hat oder ob in unterschiedlichen Probenbereichen des Films leichte Variationen vorliegen (man spricht von Mosaizität). Mit Hilfe eines φ-Scans kann die Textur des Films bezüglich der Richtungen in der Ebene der durch ω ausgewählten Netzebenenschar analysiert werden. Man setzt sich hierzu auf einen Beugungsreflex und variiert φ bei festgehaltenem ω und 2θ. Bei einem perfekt einkristallinen Film tritt bei einer 360° Variation von φ nur eine bestimmte Zahl von Reflexen auf, die durch die Zähligkeit der auf der ausgewählten Netzebenenschar senkrecht stehenden Drehachse bestimmt wird.

Die Steuerung der verschiedenen Winkeleinstellungen beim Drehkristallverfahren erfolgt heute mittels Schrittmotoren völlig automatisiert. Die Daten werden mit Hilfe eines Rechners erfasst und können direkt zur Strukturanalyse verwendet werden.

(iii) Debye-Scherrer-Verfahren: Beim Debye-Scherrer-Verfahren[26] wird wie beim Drehkristall-Verfahren monochromatische Röntgen-Strahlung verwendet. Anstelle des Einkristalls verwendet man allerdings eine feinkörnige Pulverprobe. Die einzelnen Kristallite der Pulverprobe weisen alle möglichen Kristallrichtungen auf, so dass die Beugungsbedingung immer für Netzebenen mit beliebigen Millerschen Indizes erfüllt werden kann. Im Gegensatz zum Laue-Verfahren, wo θ fest und λ beliebig war, ist also hier λ fest und θ beliebig.

---

[26] Benannt nach **Peter Debye**, geboren 1884 in Maastricht, gestorben 1966 in Ithaca (New York) und **Paul Scherrer**, geboren 1890 in St. Gallen, gestorben 1969 in Zürich.

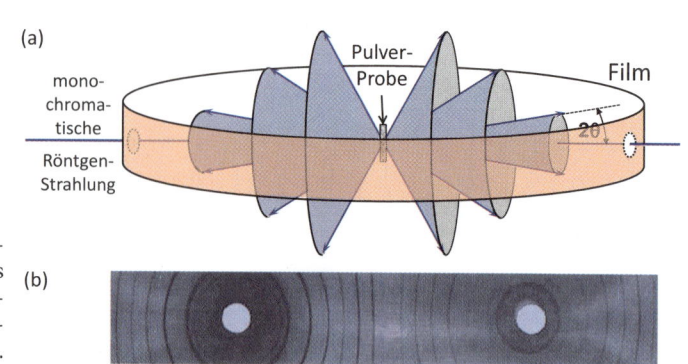

Abb. 2.21: (a) Schematische Darstellung des Debye-Scherrer-Verfahrens. (b) Typische Debye-Scherrer-Aufnahme.

Röntgenstrahlen, die an Netzebenen mit gleichen Millerschen Indizes reflektiert werden, liegen auf einem Kegelmantel um den einfallenden Strahl und bilden mit ihm den Winkel 2θ. Auf einem ringförmig um die Probe angeordneten Detektor (z. B. Film) werden kreisähnliche Bogenstücke dieser Kegelmäntel detektiert (siehe Abb. 2.21). Ein großer Vorteil des Debye-Scherrer-Verfahren liegt darin begründet, dass es keine Einkristalle benötigt.

Literatur

N. W. Ashcroft, N. D. Mermin, *Festkörperphysik*, Oldenbourg Verlag, München (2012).

P. Debye, *Interferenz von Röntgenstrahlen und Wärmebewegung*, Ann. d. Phys. **348**, 49–92 (1913).

O. Föllinger, *Laplace-, Fourier- und z-Transformation*, bearbeitet von Mathias Kluw, 8. überarbeitete Auflage, Hüthig, Heidelberg (2003).

Ch. Hammond, *The Basics of Crystallography and Diffraction*, Oxford University Press (2009).

B. Lenze, *Einführung in die Fourier-Analysis*, 2. durchgesehene Auflage, Logos Verlag, Berlin (2000).

M. J. Lighthill, *Introduction to Fourier Analysis and Generalised Functions*, Cambridge University Press, Cambridge (2003).

W. C. Röntgen, *Über eine neue Art von Strahlen*, vorläufige Mitteilung, in *Aus den Sitzungsberichten der Würzburger Physik*, medic. Gesellschaft, Würzburg (1895).

L. Spieß, G. Teichert, R. Schwarzer, H. Behnken, Ch. Genzel, *Moderne Röntgenbeugung*, Vieweg+Teubner Fachverlage GmbH, Wiesbaden (2009).

I. Waller, *Zur Frage der Einwirkung der Wärmebewegung auf die Interferenz von Röntgenstrahlen*, Zeitschrift für Physik A **17**, 398–408 (1923).

3 Bindungskräfte in Festkörpern

Bisher haben wir Festkörper nur hinsichtlich ihrer Struktur klassifiziert. Wir haben also nur die räumliche Anordnung der Atome diskutiert aber noch nicht betrachtet, was einen Festkörper überhaupt zusammenhält. Dies wollen wir in diesem Kapitel nachholen, indem wir uns mit den in Festkörpern vorliegenden Bindungskräften beschäftigen.

Generell können wir gleich zu Beginn festhalten, dass für die Bindungskräfte in Festkörpern allein elektrostatische Wechselwirkungen verantwortlich sind. Magnetische Wechselwirkungen haben nur einen verschwindend kleinen Einfluss und die Gravitation spielt überhaupt keine Rolle. Wir werden die Bindungskräfte in Festkörpern trotzdem in verschiedene Kategorien einteilen, nämlich die

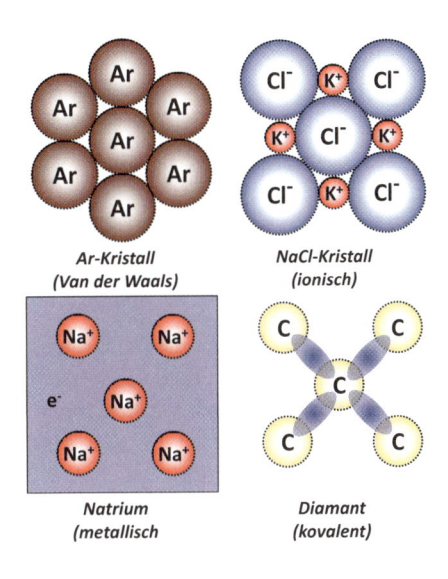

Ar-Kristall (Van der Waals)

NaCl-Kristall (ionisch)

Natrium (metallisch)

Diamant (kovalent)

- *Van der Waals Bindung:* Diese beschreibt die Bindung zwischen neutralen Atomen und Molekülen mit einer Edelgaskonfiguration der Elektronenhülle.
- *ionische Bindung:* Diese beschreibt die Bindung zwischen positiven und negativen Ionen, wobei die Elektronenkonfiguration der Ionen einer Edelgaskonfiguration entspricht.
- *kovalente Bindung:* Dieser Bindungstyp beschreibt die Bindung zwischen neutralen Atomen, deren Elektronenhülle keine Edelgaskonfiguration hat. Die Elektronenhüllen der beteiligten Atome überlappen teilweise, so dass sich die an der Bindung beteiligten Elektronen auf mehrere Atome verteilen können.
- *metallische Bindung:* Bei diesem Bindungstyp geben die Atome einen Teil ihrer Elektronen ab. Diese bilden einen „See" von Elektronen, in dem die positiven Ionen verteilt sind.
- *Wasserstoffbrückenbindung:* Bei diesem Bindungstyp handelt es sich um einen speziellen Bindungstyp mit weitgehendem ionischen Charakter, der vor allem für organische Substanzen von großer Bedeutung ist.

3.1 Grundlagen

3.1.1 Bindungsenergie und Schmelztemperatur

Bevor wir die einzelnen Bindungsarten diskutieren, wollen wir zunächst eine allgemeine Definition der *Bindungsenergie* oder der *Gitterenergie* eines kristallinen Festkörpers geben:

> Die Bindungsenergie entspricht der Energiedifferenz zwischen der Summe der Energie aller freien Atome/Moleküle und der Gesamtenergie des aus diesen Atomen/Molekülen aufgebauten kristallinen Festkörpers.

Wir können auch sagen, dass die Bindungsenergie der Arbeit entspricht, die wir verrichten müssen, um einen kristallinen Festkörper in seine Bestandteile (Atome, Moleküle) zu zerlegen. Abhängig vom Bindungstyp variiert die Bindungsenergie von Festkörpern um etwa 3 Größenordnungen. Während die Bindungsenergie eines Neon-Kristalls nur 1.92 kJ/mol beträgt, ist sie für Wolfram 859 kJ/mol (siehe Abb. 3.1).

Es ist anschaulich klar, dass ein direkter Zusammenhang zwischen Bindungsenergie und der *Schmelztemperatur* von Festkörpern besteht. Je höher die Bindungsenergie, desto größer ist die Temperatur, bei der die Bindungen im Kristall aufgrund der großen thermischen Energie aufgebrochen werden. Ein ähnlicher Zusammenhang besteht zwischen Bindungsenergie und der *Kompressibilität* von Festkörpern, die den Zusammenhang zwischen Druck und Volumenänderung angibt. Besitzt ein Festkörper eine niedrige Bindungsenergie, so sind die

Abb. 3.1: Schmelztemperaturen und Bindungsenergien der chemischen Elemente.

3.1.2 Elektronische Struktur der Atome

Wir werden in diesem Abschnitt einige Grundlagen aus der Atomphysik wiederholen, die wir zur Diskussion der Bindung in Festkörpern benötigen. Mit Hilfe der Quantenmechanik können wir die Elektronenzustände eines Atoms durch Lösung der Schrödinger-Gleichung für das Zentralpotenzial $V(r)$ lösen:

$$\mathcal{H}\,\Psi(\mathbf{r}) = \left[-\frac{\hbar^2}{2m}\nabla^2 + V(r) \right] \Psi(\mathbf{r}) = E\,\Psi(\mathbf{r}) . \tag{3.1.1}$$

Eine einfache Lösung ergibt sich aber nur für das Wasserstoffatom ($V(r) = -e^2/r$), bei dem wir es mit einem Zweikörperproblem (ein Elektron plus ein Proton) zu tun haben. Bei Atomen mit mehreren Elektronen lassen sich Näherungslösungen angeben, wenn man die Wechselwirkung eines Elektrons mit dem Kern und allen weiteren Elektronen in ein effektives Zentralpotenzial $V_{\text{eff}}(r)$ steckt und dann wiederum nur ein Zweikörperproblem zu lösen hat. Der Effekt der anderen Elektronen wird dabei durch eine kontinuierliche Ladungsverteilung repräsentiert, die das Kernpotenzial mehr oder weniger stark abschirmt.

Die Lösungen der Schrödinger-Gleichung werden üblicherweise in Kugelkoordinaten angegeben:

$$\Psi_{n,l,m}(\mathbf{r}) = \Psi_{n,l,m}(r,\vartheta,\varphi) = R_{nl}(r) \cdot Y_{lm}(\vartheta,\varphi) . \tag{3.1.2}$$

Hierbei ist $R_{nl}(r)$ die *Radialfunktion* und $Y_{lm}(\vartheta,\varphi)$ sind die *Kugelflächenfunktionen*, die für jedes kugelsymmetrische Potenzial die gleiche Form haben. Die elektronischen Zustände eines Atoms werden nach den Einelektronenzuständen des kugelsymmetrischen Potenzials klassifiziert. Hierfür benutzen wir die Zahlen n, l, m, die so genannten *Quantenzahlen*:

Quantenzahl	Bezeichnung	Schale
Hauptquantenzahl	$n = 1, 2, 3, \ldots$	$K, L, M, N, \ldots$ Schale
Bahndrehimpulsquantenzahl	$l = 0, 1, 2, \ldots, n-1$	$s, p, d, f, \ldots$ Unterschale
Orientierungsquantenzahl oder *magnetische Quantenzahl*	$m = -l, \ldots, +l$	

Zu jeder Bahndrehimpulsquantenzahl l gibt es $(2l+1)$ mögliche Zustände mit unterschiedlicher Orientierungsquantenzahl. Zu jeder Hauptquantenzahl n gibt es genau $\sum_{l=0}^{n-1} 2l+1 = n^2$ Zustände mit unterschiedlichem l und m.

In Abb. 3.2 sind zur Veranschaulichung die Absolutquadrate der Kugelflächenfunktionen für die s-, p-, d- und f-Zustände gezeigt. Die Form der Kugelflächenfunktionen wird bei der Diskussion der Bindungstypen wichtig sein. Nur die s-Zustände sind kugelsymmetrisch. Die $p, d, f, \ldots$ Zustände weisen dagegen eine mehr oder weniger stark gerichtete Struktur auf.

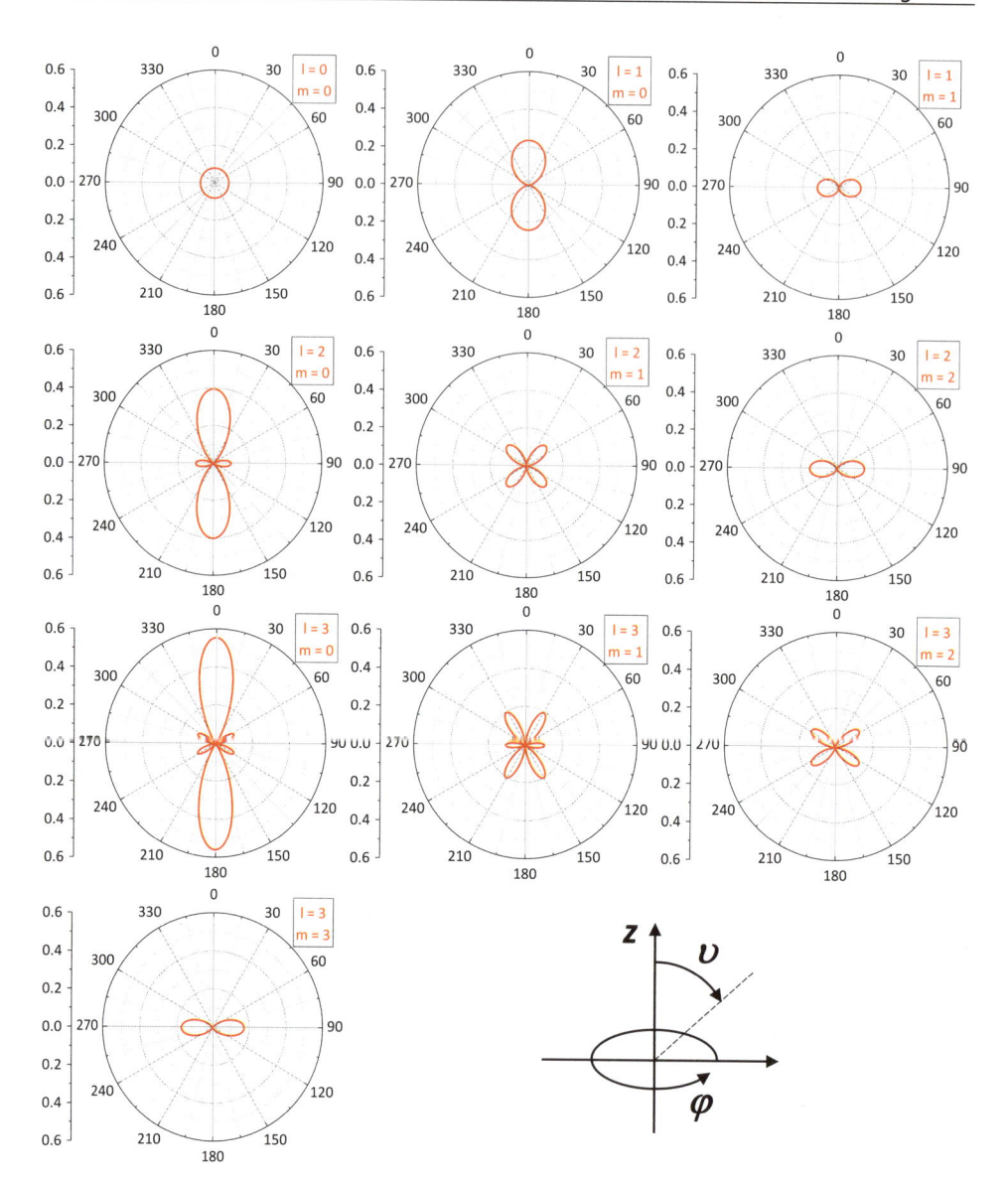

Abb. 3.2: Polardarstellung des Absolutquadrats der normierten Kugelflächenfunktionen. Die Länge des Vektors vom Ursprung zu den gezeigten Kurven gibt $|Y_{lm}(\vartheta)|^2$ für die verschiedenen Winkel ϑ an. Alle Diagramme sind rotationssymmetrisch um die z-Achse, die hier als vertikale Achse gewählt wurde.

Wir erwarten deshalb für Bindungstypen (z. B. kovalente Bindung), die mit dem Überlapp dieser Wellenfunktionen in benachbarten Atomen zusammenhängen, eine gewisse Richtungsabhängigkeit. Sind allerdings für eine bestimmte Hauptquantenzahl alle möglichen l- und m-Zustände besetzt, so ergibt die Summe aller Kugelflächenfunktionen gerade wieder-

3.1 Grundlagen

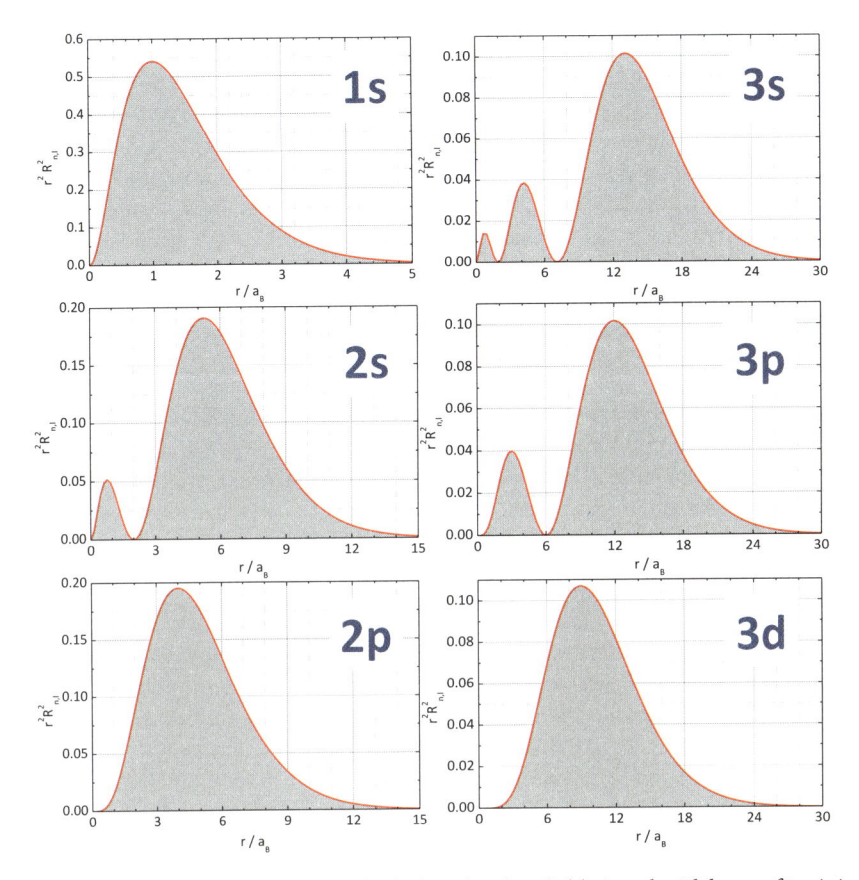

Abb. 3.3: Radialer Verlauf der radialen Aufenthaltswahrscheinlichkeiten des Elektrons für einige Zustände des Wasserstoffatoms (man beachte die unterschiedlichen Skalen).

um eine kugelsymmetrische Verteilung. Diese Konfiguration ist für die Edelgase gegeben, weshalb sie auch Edelgaskonfiguration genannt wird. Wir werden später sehen, dass für die Edelgase eine völlig ungerichtete Van der Waals Wechselwirkung vorliegt. Sind bei einem Atom alle Elektronenzustände mit einer bestimmten Hauptquantenzahl aufgefüllt, so sprechen wir auch von einer abgeschlossenen Elektronenschale. Sind alle Zustände mit einer bestimmten Drehimpulsquantenzahl aufgefüllt, so sprechen wir von einer vollkommen gefüllten Unterschale.

Die Radialfunktion bestimmt die mittlere Aufenthaltswahrscheinlichkeit eines Hüllenelektrons als Funktion des Abstands r vom Kern. Wollen wir wissen, wie groß die Wahrscheinlichkeit dafür ist, das Elektron in einem bestimmten Abstand zwischen r und $r + dr$ vom Kern aufzufinden, so müssen wir die Größe

$$W(r)dr = \int_0^\pi \int_0^{2\pi} |\Psi_{n,l,m}(r,\vartheta,\varphi)|^2 r^2 \, dr \sin\vartheta \, d\vartheta \, d\varphi = r^2 R_{n,l}^2(r) \, dr \tag{3.1.3}$$

berechnen. Hierbei haben wir die Tatsache ausgenutzt, dass die Kugelflächenfunktionen $Y_{lm}(\vartheta, \varphi)$ so normiert sind, dass die Integration über den vollen Raumwinkel gerade eins ergibt. Sie können daher bei der Betrachtung der radialen Abhängigkeit der Aufenthaltswahrscheinlichkeiten ignoriert werden. Die Wahrscheinlichkeit $W(r) = r^2 R_{n,l}^2(r)$ nennen wir **radiale Aufenthaltswahrscheinlichkeit**. Sie unterscheidet sich wesentlich von der Wellenfunktion $R_{n,l}(r)$. Der Grund dafür ist die Veränderung des Phasenraums mit r. Unter Phasenraum verstehen wir das Volumen der zwischen r und $r + dr$ liegenden Kugelschale. Dieses Volumen geht für $r \to 0$ gegen null. So ist für den 1s-Zustand die Wellenfunktion $R_{nl}(r)$ am Ursprung zwar endlich und fällt von dort mit zunehmendem r exponentiell ab, die radiale Aufenthaltswahrscheinlichkeit $r^2 R_{n,l}(r)$ steigt hingegen von null auf einen maximalen Wert bei $r_{\max}$ an, um dann von dort für $r \to \infty$ auf null abzufallen.

Als weitere Quantenzahl, die natürlich nicht aus der nicht-relativistischen Schrödinger-Gleichung erhalten wird, kommt noch die **Spin-Quantenzahl** $s = \pm \frac{1}{2}$ hinzu. Dadurch verdoppelt sich die Zahl der möglichen Zustände pro Hauptquantenzahl von n^2 auf $2n^2$, da jeder Zustand $|n, l, m\rangle$ noch zwei unterschiedliche Spinrichtungen haben kann. Insgesamt kann der Zustand eines Hüllenelektrons eindeutig durch die vier Quantenzahlen n, l, m, s charakterisiert werden. Da Elektronen Fermionen sind, kann jeder der durch ein bestimmtes Quadrupel von Quantenzahlen charakterisierte Zustand nur von einem Elektron besetzt werden.

Die Klassifizierung der elektronischen Zustände der Hüllenelektronen der Atome führt auch zum Periodensystem der Elemente. Die Struktur des Periodensystems ergibt sich durch das Auffüllen der Zustände beginnend von der niedrigsten Energie. Zunächst haben wir im Periodensystem sieben Perioden (Reihen), wobei in der n-ten Periode gerade die Zustände mit Hauptquantenzahl n aufgefüllt werden. In der 1. Periode wird mit dem Einbau der 1s-Elektronen beim H- und He-Atom begonnen. In der 2. Periode geht es dann mit den 2s- und 2p-Elektronen weiter usw. Da zu jeder Hauptquantenzahl n wegen $l \leq n - 1$ verschiedene Drehimpulsquantenzahlen gehören können, haben wir ferner eine Einteilung jeder Periode in Haupt- und Nebengruppen (Spalten). Bei den Hauptgruppen 1 und 2 (entsprechend Ia und IIa in der alten Notation) werden jeweils die zwei s-Elektronen eingebaut, bei den Hauptgruppen 13 bis 18 (entsprechend IIIa bis VIIIa) werden die sechs p-Zustände aufgefüllt. Dazwischen liegen die Nebengruppen 3 bis 12, bei denen die zehn d-Elektronen eingebaut werden. Wegen $l \leq n - 1$ haben wir für $n = 1$ nur s-Elektronen, s- und p-Elektronen für $n = 2$, s-, p- und d-Elektronen für $n = 3$ usw. Es gibt aber auch einige Besonderheiten beim Auffüllen der Elektronenschalen. So würden wir erwarten, dass nach den 3p-Zuständen die 3d-Zustände aufgefüllt werden. Dies ist allerdings nicht so. Es werden zuerst die 4s-Zustände aufgefüllt und danach erst die 3d-Zustände. Die erste Serie von Übergangsmetallen (Sc bis Zn) steht deshalb in der 4. Periode. Das gleiche gilt für die 4d- (Y bis Cd) und die 5d-Übergangsmetalle (La bis Hg). Das Auffüllen der 4f- und 5f-Zustände beginnt sogar erst nach dem Auffüllen der 6s-Zustände und 7s-Zustände (Lanthaniden und Actiniden, auch als Seltene Erden bezeichnet). Die Ursache dafür ist die Tatsache, dass die s-Elektronen eine endliche Aufenthaltswahrscheinlichkeit am Kernort haben und dadurch für sie der Abschirmeffekt der übrigen Elektronen kleiner ist. Sie haben deshalb eine höhere Bindungsenergie und deshalb niedriger liegende Energieniveaus. Die Reihenfolge des Termschemas des Vielelektronenatoms weicht also hier von dem des Wasserstoffatoms ab.

Haupt- und Nebengruppen

neu	1	2	3	4	5	6	7	8	9	10	11	12	13	14	15	16	17	18
alt	IA	IIA	IIIB	IVB	VB	VIB	VIIB	VIII	VIII	VIII	IB	IIB	IIIA	IVA	VA	VIA	VIIA	VIIIA
1	1,00794 $_{1}$H $1s^1$ Wasserstoff																	4,002602 $_{2}$He $1s^2$ Helium
2	6,941 $_{3}$Li [He] $2s^1$ Lithium	9,012182 $_{4}$Be [He] $2s^2$ Beryllium											10,811 $_{5}$B [He] $2s^22p^1$ Bor	12,011 $_{6}$C [He] $2s^22p^2$ Kohlenstoff	14,00674 $_{7}$N [He] $2s^22p^3$ Stickstoff	15,9994 $_{8}$O [He] $2s^22p^4$ Sauerstoff	18,9984032 $_{9}$F [He] $2s^22p^5$ Fluor	20,1797 $_{10}$Ne [He] $2s^22p^6$ Neon
3	22,89768 $_{11}$Na [Ne] $3s^1$ Natrium	24,3050 $_{12}$Mg [Ne] $3s^2$ Magnesium											26,981539 $_{13}$Al [Ne] $3s^23p^1$ Aluminium	28,0855 $_{14}$Si [Ne] $3s^23p^2$ Silicium	30,973762 $_{15}$P [Ne] $3s^23p^3$ Phosphor	32,066 $_{16}$S [Ne] $3s^23p^4$ Schwefel	35,4527 $_{17}$Cl [Ne] $3s^23p^5$ Chlor	39,948 $_{18}$Ar [Ne] $3s^23p^6$ Argon
4	39,0983 $_{19}$K [Ar] $4s^1$ Kalium	40,078 $_{20}$Ca [Ar] $4s^2$ Calcium	44,955910 $_{21}$Sc [Ar] $3d^14s^2$ Scandium	47,867 $_{22}$Ti [Ar] $3d^24s^2$ Titan	50,9415 $_{23}$V [Ar] $3d^34s^2$ Vanadium	51,9961 $_{24}$Cr [Ar] $3d^44s^2$ Chrom	54,938049 $_{25}$Mn [Ar] $3d^54s^2$ Mangan	55,845 $_{26}$Fe [Ar] $3d^64s^2$ Eisen	58,93320 $_{27}$Co [Ar] $3d^74s^2$ Cobalt	58,6834 $_{28}$Ni [Ar] $3d^84s^2$ Nickel	63,546 $_{29}$Cu [Ar] $3d^94s^2$ Kupfer	65,39 $_{30}$Zn [Ar] $3d^{10}4s^2$ Zink	69,723 $_{31}$Ga $[Ar]3d^{10}$ $4s^24p^1$ Gallium	72,61 $_{32}$Ge $[Ar]3d^{10}$ $4s^24p^2$ Germanium	74,92160 $_{33}$As $[Ar]3d^{10}$ $4s^24p^3$ Arsen	78,96 $_{34}$Se $[Ar]3d^{10}$ $4s^24p^4$ Selen	79,904 $_{35}$Br $[Ar]3d^{10}$ $4s^24p^5$ Brom	83,80 $_{36}$Kr $[Ar]3d^{10}$ $4s^24p^6$ Krypton
5	85,4678 $_{37}$Rb [Kr] $5s^1$ Rubidium	87,62 $_{38}$Sr [Kr] $5s^2$ Strontium	88,90586 $_{39}$Y [Kr] $4d^15s^2$ Yttrium	91,224 $_{40}$Zr [Kr] $4d^25s^2$ Zirconium	92,90638 $_{41}$Nb [Kr] $4d^35s^2$ Niobium	95,94 $_{42}$Mo [Kr] $4d^45s^2$ Molybdän	[98] $_{43}$Tc [Kr] $4d^55s^2$ Technetium	101,07 $_{44}$Ru [Kr] $4d^65s^2$ Ruthenium	102,90550 $_{45}$Rh [Kr] $4d^75s^2$ Rhodium	106,42 $_{46}$Pd [Kr] $4d^85s^2$ Palladium	107,8682 $_{47}$Ag [Kr] $4d^95s^2$ Silber	112,411 $_{48}$Cd [Kr] $4d^{10}5s^2$ Cadmium	114,816 $_{49}$In $[Kr]4d^{10}$ $5s^25p^1$ Indium	118,710 $_{50}$Sn $[Kr]4d^{10}$ $5s^25p^2$ Zinn	121,760 $_{51}$Sb $[Kr]4d^{10}$ $5s^25p^3$ Antimon	127,60 $_{52}$Te $[Kr]4d^{10}$ $5s^25p^4$ Tellur	126,90447 $_{53}$I $[Kr]4d^{10}$ $5s^25p^5$ Jod	131,29 $_{54}$Xe $[Kr]4d^{10}$ $5s^25p^6$H Xenon
6	132,90543 $_{55}$Cs [Xe] $6s^1$ Cäsium	137,327 $_{56}$Ba [Xe] $6s^2$ Strontium	57 – 71 La-Lu Lantha- noide	178,49 $_{72}$Hf $[Xe]4f^{14}$ $5d^26s^2$ Hafnium	180,9479 $_{73}$Ta $[Xe]4f^{14}$ $5d^36s^2$ Tantal	183,84 $_{74}$W $[Xe]4f^{14}$ $5d^46s^2$ Wolfram	186,207 $_{75}$Re $[Xe]4f^{14}$ $5d^56s^2$ Rhenium	190,23 $_{76}$Os $[Xe]4f^{14}$ $5d^66s^2$ Osmium	192,217 $_{77}$Ir $[Xe]4f^{14}$ $5d^76s^2$ Iridium	195,078 $_{78}$Pt $[Xe]4f^{14}$ $5d^86s^2$ Platin	196,96655 $_{79}$Au $[Xe]4f^{14}$ $5d^96s^2$ Gold	200,59 $_{80}$Hg $[Xe]4f^{14}$ $5d^{10}6s^2$ Quecksilber	204,3833 $_{81}$Tl $[Xe]4f^{14}5d^{10}$ $6s^26p^1$ Thallium	207,2 $_{82}$Pb $[Xe]4f^{14}5d^{10}$ $6s^26p^2$ Blei	208,98038 $_{83}$Bi $[Xe]4f^{14}5d^{10}$ $6s^26p^3$ Bismut	[209] $_{84}$Po $[Xe]4f^{14}5d^{10}$ $6s^26p^4$ Polonium	[210] $_{85}$At $[Xe]4f^{14}5d^{10}$ $6s^26p^5$ Astat	[222] $_{86}$Rn $[Xe]4f^{14}5d^{10}$ $6s^26p^6$ Radon
7	[223] $_{87}$Fr [Rn] $7s^1$ Francium	[226] $_{88}$Ra [Rn] $7s^2$ Radium	89 – 103 Ac-Lr Actinoide	[261] $_{104}$Rf $[Rn]5f^{14}$ $6d^27s^2$ Rutherfordium	[262] $_{105}$Db $[Rn]5f^{14}$ $6d^37s^2$ Dubnium	[263] $_{106}$Sg $[Rn]5f^{14}$ $6d^47s^2$ Seaborgium	[264] $_{107}$Bh $[Rn]5f^{14}$ $6d^57s^2$ Bohrium	[265] $_{108}$Hs $[Rn]5f^{14}$ $6d^67s^2$ Hassium	[268] $_{109}$Mt $[Rn]5f^{14}$ $6d^77s^2$ Meitnerium	[269] $_{110}$Uun $[Rn]5f^{14}$ $6d^87s^2$ Ununilium	[272] $_{111}$Uuu $[Rn]5f^{14}$ $6d^97s^2$ Unununium	[277] $_{112}$Uub $[Rn]5f^{14}$ $6d^{10}7s^2$ Ununbium	$_{113}$Uut $[Rn]5f^{14}6d^{10}$ $7s^27p^1$ Ununtrium	[289] $_{114}$Uuq $[Rn]5f^{14}6d^{10}$ $7s^27p^2$ Ununquadium	$_{115}$Uup $[Rn]5f^{14}6d^{10}$ $7s^27p^3$ Ununpentium	[289] $_{116}$Uuh $[Rn]5f^{14}6d^{10}$ $7s^27p^4$ Ununhexium	$_{117}$Uus $[Rn]5f^{14}6d^{10}$ $7s^27p^5$ Ununseptium	[293] $_{118}$Uuo $[Rn]5f^{14}6d^{10}$ $7s^27p^6$ Ununoctium

Periodensystem der Elemente

rel. Atommasse 12,011
Ordnungszahl $_{6}$C *Elementsymbol*
[He] $2s^22p^2$ *Elektronen-konfiguration*
Elementname Kohlenstoff

Elementsymbol:
Ra kein stabiles Isotop bekannt
Ne gasförmig
Hg flüssig (bei 20°C)
Al fest

Die Elemente mit den Ordnungszahlen 113, 115 und 117 wurden noch nicht synthetisiert

6	138,9055 $_{57}$La [Xe] $5d^16s^2$ Lanthan	140,116 $_{58}$Ce [Xe] $4f^26s^2$ Cer	140,90765 $_{59}$Pr [Xe] $4f^36s^2$ Praseodym	144,24 $_{60}$Nd [Xe] $4f^46s^2$ Neodym	[145] $_{61}$Pm [Xe] $4f^56s^2$ Promethium	150,36 $_{62}$Sm [Xe] $4f^66s^2$ Samarium	151,964 $_{63}$Eu [Xe] $4f^76s^2$ Europium	157,25 $_{64}$Gd [Xe] $4f^86s^2$ Gadolinium	158,92534 $_{65}$Tb [Xe] $4f^96s^2$ Terbium	162,50 $_{66}$Dy [Xe] $4f^{10}6s^2$ Dysprosium	164,93032 $_{67}$Ho [Xe] $4f^{11}6s^2$ Holmium	167,26 $_{68}$Er [Xe] $4f^{12}6s^2$ Erbium	168,93421 $_{69}$Tm [Xe] $4f^{13}6s^2$ Thulium	173,04 $_{70}$Yb [Xe] $4f^{14}s^2$ Ytterbium	174,967 $_{71}$Lu [Xe] $4f^{14}5d^16s^2$ Lutetium
7	91,224 $_{89}$Ac [Rn] $6d^17s^2$ Actinium	92,90638 $_{90}$Th [Rn] $6d^27s^2$ Thorium	95,94 $_{91}$Pa [Rn] $5f^26d^17s^2$ Protactinium	91,224 $_{92}$U [Rn] $5f^36d^17s^2$ Uran	92,90638 $_{93}$Np [Rn] $5f^46d^17s^2$ Neptunium	95,94 $_{94}$Pu [Rn] $5f^67s^2$ Plutonium	91,224 $_{95}$Am [Rn] $5f^77s^2$ Americum	92,90638 $_{96}$Cm [Rn] $5f^76d^167s^2$ Curium	95,94 $_{97}$Bk [Rn] $5f^96d^17s^2$ Berkelium	91,224 $_{98}$Cf [Rn] $5f^{10}7s^2$ Californium	92,90638 $_{99}$Es [Rn] $5f^{11}7s^2$ Einsteinium	95,94 $_{100}$Fm [Rn] $5f^{12}7s^2$ Fermium	91,224 $_{101}$Md [Rn] $5f^{13}7s^2$ Mendelevium	92,90638 $_{102}$No [Rn] $5f^{14}7s^2$ Nobelium	95,94 $_{103}$Lr [Rn] $5f^{14}6d^17s^2$ Lawrencium

Abb. 3.4: Periodensystem der Elemente

Die Elektronenkonfiguration, die relative Atommasse und die Ordnungszahl der einzelnen Elemente kann dem in Abb. 3.4 gezeigten Periodensystem entnommen werden.

Zum Abschluss unseres Exkurses in die Atomphysik wollen wir noch kurz die charakteristischen Bindungsenergien diskutieren. Für das Wasserstoffatom gilt:

$$E_n = -\frac{me^4}{(4\pi\epsilon_0)^2 2\hbar^2} \frac{1}{n^2}. \tag{3.1.4}$$

Die charakteristische Energie

$$E_H = \frac{me^4}{(4\pi\epsilon_0)^2 2\hbar^2} = \frac{\hbar^2}{2ma_B^2} \simeq 13.6\,\text{eV} \tag{3.1.5}$$

bezeichnet man als die **Rydberg-Energie**. Die charakteristische Länge

$$a_B = \frac{4\pi\epsilon_0 \hbar^2}{me^2} \simeq 0.529\,\text{Å} \tag{3.1.6}$$

ist der **Bohrsche Radius**.

3.2 Die Van der Waals Bindung

Wir betrachten zuerst Atome mit voll gefüllten Elektronenschalen. Solche Atome, z. B. die Edelgase, haben eine kugelsymmetrische Ladungsverteilung. Der Schwerpunkt der Ladungsverteilung der Hüllenelektronen fällt mit dem Kern zusammen, so dass das Atom nach außen hin als elektrisch neutral erscheint. Die Bindungsenergie von solchen Atomen zu einem Festkörper ist sehr klein. Typischerweise beträgt die Bindungsenergie nur 0.1 eV pro Atom und damit nur etwa 1% der Ionisierungsenergie. **Van der Waals**[1] hat folgenden Vorschlag für die Wechselwirkung zwischen solchen Atomen gemacht: Durch die Bewegung der Elektronen um den Kern wird die kugelsymmetrische Ladungsverteilung ständig gestört (diese ist nur im zeitlichen Mittel gegeben), wodurch fluktuierende elektrische Dipole erzeugt werden. Das elektrische Feld des Dipols $\mathbf{p}_A$ eines Atoms A kann nun in einem benachbarten Atom B ein elektrisches Dipolmoment $\mathbf{p}_B$ induzieren. Die Wechselwirkung zwischen diesen Dipolen ist anziehend. Die dabei auftretenden Kräfte werden *Van der Waals Kräfte* genannt. Sie treten in einer quantenmechanischen Störungsrechnung erst in 2. Ordnung auf.

Die Van der Waals Wechselwirkung wird nur dann relevant, wenn die üblicherweise viel stärkere kovalente oder ionische Bindung (siehe Abschnitt 3.4 und 3.3) nicht vorhanden oder sehr schwach ist. Dies ist gerade bei den Edelgasen der Fall. Die ionische Bindung tritt hier nicht auf, da beide Atome in der stabilen, elektrisch neutralen Edelgaskonfiguration vorliegen. Ebenso kann die kovalente Bindung nicht wirksam werden. Die beiden Edelgasatome können kein Elektron teilen, da aufgrund der voll besetzten Schale keine gemeinsamen Elektronenorbitale existieren können.

---

[1] siehe Kasten auf Seite 103.

Johannes Diderik van der Waals (1837–1923), Nobelpreis für Physik 1910

Johannes Diderik van der Waals wurde am 23. November 1837 in Leiden, Niederlande geboren. Er erhielt im Jahr 1910 den Nobelpreis für Physik für seine Untersuchungen am gasförmigen und flüssigen Zustand von Materie. Seine Arbeiten erlaubten die Erzeugung tiefer Temperaturen nahe am absoluten Nullpunkt.

Van der Waals war Autodidakt. Er nutzte die Möglichkeit, an der Universität von Leiden auch ohne klassische Ausbildung zur Prüfung zugelassen zu werden. Er machte erstmals 1873 mit seiner Doktorarbeit „*Over de Continuiteit van den Gas – en Vloeistoftoestand*" auf sich aufmerksam. Van der Waals wurde im Jahr 1877 zum Professor für Physik an der Universität von Amsterdam ernannt. Diese Stellung nahm er bis 1907 ein. Die van der Waals Kräfte, schwache attraktive Wechselwirkungskräfte zwischen neutralen Atomen und Molekülen werden heute nach ihm benannt.

Bei der Fortsetzung seiner im Rahmen seiner Doktorarbeit begonnenen Forschungsarbeiten wusste er, dass das ideale Gasgesetz aus der kinetischen Gastheorie abgeleitet werden kann, falls man annahm, dass die Gasmoleküle kein Volumen und keine attraktive Wechselwirkung besitzen. Er verwarf allerdings diese beiden Hypothesen und führte im Jahr 1881 zwei neue Parameter ein, die die Größe und Wechselwirkung der Gasmoleküle repräsentieren. Dadurch konnte er eine genauere Zustandsgleichung ableiten, die wir heute als Van der Waals Gleichung kennen. Er stellte fest, dass die eingeführten Parameter für verschiedene Gase unterschiedlich groß sind. Er erweiterte deshalb seine Analyse und gelangte zu einer Gleichung, die für alle Gase gleich ist. Für diese Arbeit erhielt er im Jahr 1910 den Nobelpreis für Physik. Sie bildete die Grundlage für die später erfolgte Verflüssigung von Wasserstoff und Helium durch Sir James Dewar, England, und Heike Kamerlingh Onnes, Niederlande.

Van der Waals erhielt mehrere Auszeichnungen, u. a. die Ehrendoktorwürde der University of Cambridge sowie die Ehrenmitgliedschaft der Imperial Society of Naturalists of Moscow, der Royal Irish Academy und der American Philosophical Society. Er war ferner korrespondierendes Mitglied des Institute de France und der Königlichen Akademie der Wissenschaften in Berlin, assoziiertes Mitglied der Royal Academy of Sciences von Belgien und auswärtiges Mitglied der Chemical Society of London, der National Academy of Sciences der USA und der Accademia dei Lincei in Rom.

Van der Waals starb am 9. März 1923 in Amsterdam.

3.2.1 Wechselwirkung zwischen fluktuierenden Dipolen

Wir wollen nun den Mechanismus der Van der Waals Bindung etwas näher betrachten. Wird ein neutrales Atom A in ein elektrisches Feld $\mathbf{E}$ gebracht, so entsteht durch die entgegengesetzte Kraft auf negative und positive Ladungen ein *induziertes Dipolmoment*

$$\mathbf{p}_A^{\text{ind}} = \alpha_A \cdot \mathbf{E}, \tag{3.2.1}$$

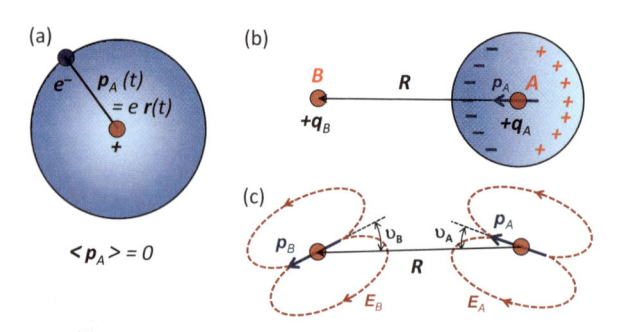

Abb. 3.5: (a) Momentanes elektrisches Dipolmoment der kugelsymmetrischen Ladungsverteilung eines Atoms A. (b) Induziertes Dipolmoment durch Polarisierung der Elektronenhülle von Atom A mit einer Punktladung B. (c) Orientierung zweier Dipolmomente p_A und p_B von Atomen A und B mit den zugehörigen elektrischen Feldern E_A und E_B. Gegenseitig induzierte Dipolmomente stehen parallel zum Verbindungsvektor **R** der beiden Atome.

das von der Polarisierbarkeit α_A des Atoms A und der Feldstärke **E** abhängt. Wird das elektrische Feld z. B. durch die Ladung q_B eines Ions B im Abstand R erzeugt (siehe Abb. 3.5b), so gilt

$$\mathbf{p}_A^{\text{ind}} = \frac{\alpha_A \cdot q_B}{4\pi\epsilon_0 R^2} \widehat{\mathbf{R}}. \tag{3.2.2}$$

Hierbei ist $\widehat{\mathbf{R}}$ der Einheitsvektor entlang der Verbindungsachse von A und B. Die potenzielle Energie des Atoms A ist gegeben durch

$$E_{\text{pot}} = -\mathbf{p}_A^{\text{ind}} \cdot \mathbf{E} = -(\alpha_A \mathbf{E}) \cdot \mathbf{E}. \tag{3.2.3}$$

Wird das elektrische Feld nicht durch ein Ion sondern durch ein neutrales Atom mit permanentem Dipolmoment $\mathbf{p}_B$ erzeugt, so erhalten wir[2]

$$E_{\text{pot}} = -\frac{\alpha_A}{(4\pi\epsilon_0 R^3)^2} \left(3 p_B \cdot \widehat{\mathbf{R}} \cos \vartheta_B - \mathbf{p}_B\right)^2$$

$$= -\frac{\alpha_A p_B^2}{(4\pi\epsilon_0 R^3)^2} \cdot \left(3 \cos^2 \vartheta_B + 1\right). \tag{3.2.4}$$

Für die Van der Waals Bindung ist die Wechselwirkung neutraler Atome entscheidend. Hierbei ist wichtig, dass für eine im zeitlichen Mittel kugelsymmetrische Ladungsverteilung in der Elektronenhülle, wie sie bei den Edelgasen vorliegt, auch das zeitgemittelte Dipolmoment $\langle \mathbf{p}_A \rangle$ verschwindet. Allerdings liegt immer ein momentanes Dipolmoment $\mathbf{p}_A$ vor (siehe Abb. 3.5a), zu dem das elektrische Feld

$$\mathbf{E}_A = \frac{1}{4\pi\epsilon_0 R^3} \left(3 p_A \cdot \widehat{\mathbf{R}} \cos \vartheta_A - \mathbf{p}_A\right) \tag{3.2.5}$$

---

[2] Das von einem Dipol $\mathbf{p}_B$ erzeugte elektrische Feld ist gegeben durch

$$\mathbf{E}(\mathbf{p}_B) = \frac{1}{4\pi\epsilon_0 R^3} \left(3 p_B \cdot \widehat{\mathbf{R}} \cos \vartheta_B - \mathbf{p}_B\right),$$

wobei ϑ_B der Winkel zwischen $\mathbf{p}_B$ und der Verbindungsachse der Atome A und B ist.

gehört. Dieses induziert wiederum im Atom *B* ein Dipolmoment

$$\mathbf{p}_B^{\text{ind}} = \alpha_B \cdot \mathbf{E}_A, \tag{3.2.6}$$

welches seinerseits wieder am Ort des Atoms *A* ein elektrisches Feld

$$\mathbf{E}_B = -\frac{1}{4\pi\epsilon_0 R^3} \left(3 p_B \cdot \widehat{\mathbf{R}} \cdot \cos\vartheta_B - \mathbf{p}_B \right) \tag{3.2.7}$$

erzeugt. Durch die gegenseitige Beeinflussung der beiden Atome wird deren kugelsymmetrische Ladungsverteilung permanent gestört, so dass im zeitlichen Mittel das Dipolmoment nicht mehr verschwindet.

Da die beiden induzierten Dipolmomente parallel zur Verbindungsachse der Atome ausgerichtet sind, ist $\mathbf{p} \parallel \widehat{\mathbf{R}}$ und $\cos\vartheta_A = 1$, so dass wir aus (3.2.5)

$$\mathbf{E}_A = \frac{2 p_A}{4\pi\epsilon_0 R^3} \widehat{\mathbf{R}}, \qquad \mathbf{E}_B = \frac{2 p_B}{4\pi\epsilon_0 R^3} \widehat{\mathbf{R}} \tag{3.2.8}$$

erhalten. Für die potenzielle Wechselwirkungsenergie erhalten wir

$$E_{\text{pot}}(R) = -\mathbf{p}_B^{\text{ind}} \cdot \mathbf{E}_A = -\mathbf{p}_A^{\text{ind}} \cdot \mathbf{E}_B \tag{3.2.9}$$

und weiter wegen $\mathbf{p}_A^{\text{ind}} = \alpha_A \cdot \mathbf{E}_B$ und $\mathbf{p}_B^{\text{ind}} = \alpha_B \cdot \mathbf{E}_A$

$$E_{\text{pot}}(R) \propto -\mathbf{p}_A^{\text{ind}} \cdot \mathbf{p}_B^{\text{ind}} = -\alpha_A \alpha_B \cdot |\mathbf{E}|^2 . \tag{3.2.10}$$

Wir erhalten schließlich für das Van der Waals Wechselwirkungspotenzial zwischen den beiden neutralen Atomen *A* und *B*

$$\boxed{E_{\text{pot}}(R) = -C \frac{\alpha_A \alpha_B}{R^6} .} \tag{3.2.11}$$

Das Potenzial ist anziehend, wie wir sofort aus dem negativen Vorzeichen erkennen, und sehr kurzreichweitig, da es mit $1/R^6$ abfällt. Die van der Waals Wechselwirkung ist also **schwach und kurzreichweitig**.

3.2.2 Abstoßende Wechselwirkung

Wenn wir zwei Atome sehr nahe zusammenbringen, so überlappen ihre Elektronenhüllen. Bei sehr kleinen Abständen ist die daraus resultierende Wechselwirkung abstoßend, da das Pauli-Prinzip[3] es verhindert, dass die Elektronen gleiche Zustände besetzen können. Bei einem Überlapp von Elektronenhüllen mit voll besetzten Schalen müssen also einige Elektronen auf höhere Niveaus ausweichen, was energetisch sehr ungünstig ist. Anschaulich ist dies in Abb. 3.6 gezeigt. Wir betrachten zwei Potenzialkästen, die mit jeweils *N* Elektronen gefüllt sind. Da Elektronen Fermionen sind, dürfen zwei Elektronen nicht den gleichen Quantenzustand besetzen, so dass wir die Energiezustände von unten her bis zu einer maximalen

---

[3] **Wolfgang Pauli**, geboren am 25. April 1900 in Wien, gestorben am 15. Dezember 1958 in Zürich, Nobelpreis für Physik 1945.

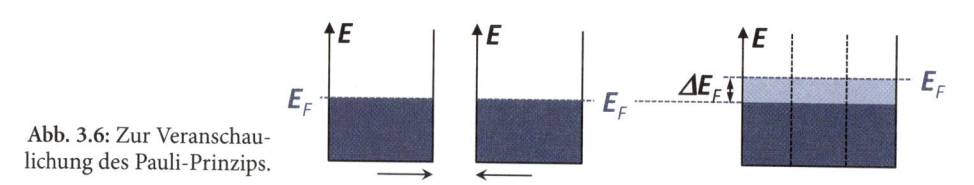

Abb. 3.6: Zur Veranschaulichung des Pauli-Prinzips.

Energie E_F (diese Energie bezeichnen wir als Fermi-Energie, vergleiche Kapitel 7) auffüllen müssen. Wollen wir nun diese beiden Potenzialkästen zum Überlapp bringen, so müssen einige Elektronen auf höhere Energieniveaus ausweichen, da alle Zustände bis E_F bereits besetzt sind. Dies führt zu einer Anhebung der Gesamtenergie und damit zu einer abstoßenden Wechselwirkung.

Wir werden die abstoßende Wechselwirkung hier nicht im Detail diskutieren, sondern nur festhalten, dass experimentelle Daten gut mit einem empirischen Potenzial der Form b/R^{12} angenähert werden können, so dass wir insgesamt $E_\text{pot}(R) = \frac{b}{R^{12}} - \frac{a}{R^6}$ erhalten. Üblicherweise schreibt man das Gesamtpotenzial in der Form

$$E_\text{pot}(R) = 4\epsilon \left[\left(\frac{\sigma}{R}\right)^{12} - \left(\frac{\sigma}{R}\right)^6 \right] \qquad (3.2.12)$$

mit den neuen Parametern ϵ und σ (siehe Tabelle 3.1) mit $a = 4\epsilon\sigma^6$ und $b = 4\epsilon\sigma^{12}$. Dieses empirische Paarwechselwirkungspotenzial wird **Lennard-Jones-Potenzial** genannt (siehe Abb. 3.7).

Tabelle 3.1: Zusammenstellung der Materialparameter von Edelgaskristallen. Die aufgelisteten Größen sind im Text definiert.

	Ne	Ar	Kr	Xe
ϵ (eV)	0.0031	0.0104	0.0141	0.0200
σ (Å)	2.74	3.40	3.65	3.98
R_0/σ	1.14	1.11	1.10	1.09
U_tot/N (meV)	−26	−89	−127	−174
E_0 (meV)	8	9	7	6
$(U_\text{tot}/N) + E_0$ (meV)	−18	−80	−120	−168

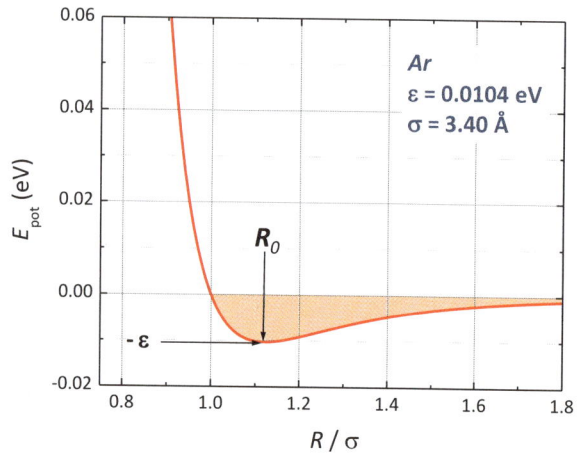

Abb. 3.7: Das Lennard-Jones-Potenzial berechnet für ϵ und σ von Argon.

3.2 Die Van der Waals Bindung

Wir können nun noch das Minimum von E_{pot} und den zugehörigen Gleichgewichtsabstand $\widetilde{R}_0$ für die Paarwechselwirkung berechnen. Aus

$$\frac{dE_{\text{pot}}}{dR} = 0 = 4\epsilon \left[\frac{6\sigma^6}{R^7} - \frac{12\sigma^{12}}{R^{13}} \right]. \qquad (3.2.13)$$

erhalten wir

$$\widetilde{R}_0 = 2^{1/6} \cdot \sigma = 1.1225\,\sigma \qquad (3.2.14)$$

und

$$\widetilde{E}_{\text{pot}}(R_0) = -\epsilon. \qquad (3.2.15)$$

3.2.3 Gleichgewichtsgitterkonstante

Um den Gleichgewichtsabstand der Atome im Kristallgitter zu berechnen, müssen wir das Lennard-Jones-Potenzial zunächst über alle Paare ij von Atomen im Gitter aufsummieren. Wir erhalten dann die gesamte potenzielle Energie zu

$$U_{\text{tot}} = \frac{N}{2} \sum_{i \neq j} 4\epsilon \left[\left(\frac{\sigma}{r_{ij}} \right)^{12} - \left(\frac{\sigma}{r_{ij}} \right)^6 \right]. \qquad (3.2.16)$$

Die Summe beschreibt gerade die Bindungsenergie eines einzelnen Atoms j, das mit allen anderen Atomen i wechselwirkt. Um die Gesamtenergie zu erhalten, müssen wir diesen Beitrag mit $N/2$ multiplizieren, wobei N die Gesamtzahl aller Atome ist. Der Faktor $\frac{1}{2}$ ist notwendig, da wir bei einer paarweisen Wechselwirkung den Beitrag jedes Atoms nur einmal zählen dürfen. Um die Summation auszuführen, schreiben wir $r_{ij} = \alpha_{ij} R$, wobei R der nächste Nachbarabstand ist. Wir erhalten

$$U_{\text{tot}} = 2N\epsilon \left[A_{12} \left(\frac{\sigma}{R} \right)^{12} - A_6 \left(\frac{\sigma}{R} \right)^6 \right] \qquad (3.2.17)$$

$$A_k = \sum_{i \neq j} \frac{1}{\alpha_{ij}^k} \qquad k = 6, 12. \qquad (3.2.18)$$

Hierbei ist N die Anzahl der Atome und die Zahlen A_k sind die so genannten Gittersummen, die von der vorliegenden Kristallstruktur abhängen.

Den Gleichgewichtsatomabstand R_0 erhalten wir aus

$$\frac{dU_{\text{tot}}}{dR} = 0 = -2N\epsilon \left[12 A_{12} \frac{\sigma^{12}}{R^{13}} - 6 A_6 \frac{\sigma^6}{R^7} \right] \qquad (3.2.19)$$

zu[4]

$$R_0 = \left(2 \frac{A_{12}}{A_6} \right)^{1/6} \cdot \sigma. \qquad (3.2.20)$$

---

[4] Da $A_{12} < A_6$ gilt, finden wir einen Gleichgewichtsatomabstand, der kleiner ist als der Wert $\widetilde{R}_0 = 2^{1/6}\sigma$ des Minimums des Paarpotenzials. Dies können wir auf den Druck der weiter außen liegenden Atome zurückführen.

Tabelle 3.2: Gittersumme des fcc-, hcp- und bcc-Gitters

Kristallstruktur	A_6	A_{12}
fcc	14.4539	12.1319
hcp	14.4549	12.1323
bcc	12.253	9.114

Damit ergibt sich für die Bindungsenergie zu

$$U_{\text{tot}}(R_0) = -\frac{1}{2} N\epsilon \frac{A_6^2}{A_{12}}. \tag{3.2.21}$$

Wir können uns nun fragen, für welche Struktur diese Bindungsenergie minimal wird. Offensichtlich müssen wir Strukturen betrachten, bei denen die Atome möglichst dicht gepackt sind. Wertet man die Gittersummen aus, so stellt man fest, dass sich die einzelnen dicht gepackten Strukturen nur wenig unterscheiden (siehe Tabelle 3.2).

Wir sehen ferner, dass die Gittersummen für die bcc-Struktur wesentlich niedriger sind, weshalb Edelgaskristalle nicht in dieser Struktur vorkommen. Da für die anziehende Wechselwirkung A_6 entscheidend ist und dieser Wert für die hcp-Struktur größer ist, erwarten wir eine hcp-Struktur für Edelgaskristalle. Die Rechnung ergibt

$$U_{\text{tot}}(R_0) = -N\epsilon \begin{cases} 8.61016 & \text{fcc-Struktur} \\ 8.61107 & \text{hcp-Struktur} \end{cases}. \tag{3.2.22}$$

Experimentell beobachten wir allerdings für Edelgaskristalle fcc-Strukturen. Um diese Diskrepanz zu verstehen, müssen wir die im nächsten Abschnitt diskutierten Quantenkorrekturen berücksichtigen.

Für die fcc-Struktur erhalten wir mit den in der Tabelle angegebenen Gittersummen

$$R_0 = 1.09\,\sigma. \tag{3.2.23}$$

Dieser Wert stimmt hervorragend mit den in obiger Tabelle gezeigten experimentellen Werten überein.

3.2.3.1 Nullpunktsschwingungen

Die zu leichteren Atomen hin zunehmende Abweichung der experimentellen R_0/σ Werte vom Theoriewert 1.09 kann auf Nullpunktsfluktuationen zurückgeführt werden. Die Abweichungen sind für leichte Atome am größten. Für kleine Auslenkungen um die Ruhelage können wir das Lennard-Jones-Potenzial durch ein harmonisches Potenzial annähern. Die quantenmechanische Grundzustandsenergie für dieses Potenzial ist $E_0 = \frac{1}{2}\hbar\omega$ und nicht null, wir sprechen von so genannten Nullpunktsschwingungen. Klassisch gilt für den harmonischen Oszillator

$$E_{\text{tot}} = E_{\text{kin}} + E_{\text{pot}}. \tag{3.2.24}$$

Für die maximale Auslenkung ist $E_{\text{kin}} = 0$ und $E_{\text{pot}}(x_{\max}) = \frac{1}{2}kx_{\max}^2$. Hierbei ist k die Kraftkonstante, die über $k = M\omega^2$ mit der Atommasse M und der Schwingungsfrequenz ω zu-

3.2 Die Van der Waals Bindung

sammenhängt. Setzen wir $\frac{1}{2}kx_{max}^2$ gleich der Grundzustandsenergie des harmonischen Oszillators, so erhalten wir

$$x_{max}^2 = \frac{\hbar}{M\omega}. \tag{3.2.25}$$

Für Helium erhalten wir $x_{max} \sim 0.3$–0.4 mal die Gitterkonstante. Bei solch großen Auslenkungen aufgrund von Nullpunktsschwingungen kann sich selbst bei $T = 0$ bei Normaldruck gar kein fester Zustand bilden, sondern nur eine Flüssigkeit.[5] Helium wird erst bei einem Druck von etwa 25 bar fest.

In harmonischer Näherung können wir die Federkonstante k durch die 2. Ortsableitung der potenziellen Energie bei $R = R_0$ ersetzen und erhalten somit die Nullpunktsenergie

$$E_0 = \frac{\hbar\omega}{2} = \frac{\hbar}{2}\sqrt{\frac{k}{M}} = \frac{\hbar}{2}\sqrt{\frac{(\partial^2 U_{tot}/\partial R^2)_{R=R_0}}{M}}. \tag{3.2.26}$$

Bei bekanntem $U_{tot}(R)$ können wir damit die Nullpunktsenergie abschätzen. Die entsprechenden Werte sind in Tabelle 3.1 aufgelistet.

3.2.4 Kompressibilität

Die *Kompressibilität* κ eines Festkörpers ist gegeben durch (siehe hierzu auch Kapitel 4)

$$\kappa = -\frac{1}{V}\frac{\partial V}{\partial p}\bigg|_{T=const} = \frac{1}{B}. \tag{3.2.27}$$

Hierbei ist V das Volumen und p der Druck. Der *Kompressions- oder Bulk-Modul* B ist der Kehrwert von κ, er gibt die Kraft pro Fläche an, die pro relative Volumenänderung benötigt wird.

Die innere Energie eines Systems können wir bei $T = 0$ (hier ist die Entropie konstant, d. h. $TdS = 0$) in differentieller Form als

$$dU = -pdV \tag{3.2.28}$$

schreiben. Mit $p = -dU/dV$ erhalten wir für den Bulk-Modul

$$B = -V\frac{\partial p}{\partial V} = V\frac{\partial^2 U}{\partial V^2} = v\frac{\partial^2 u}{\partial v^2}. \tag{3.2.29}$$

Hierbei ist $u = U/N$ und $v = V/N$ mit N = Anzahl der Atome.

3.2.4.1 Vertiefungsthema: Bulk-Modul eines fcc-Gitters

Die konventionelle kubische Zelle der fcc-Struktur enthält 4 Atome. Das Volumen $v = V/N$ pro Atom ist deshalb $v = a^3/4$, wobei a die Kantenlänge der konventionellen Zelle ist. Der

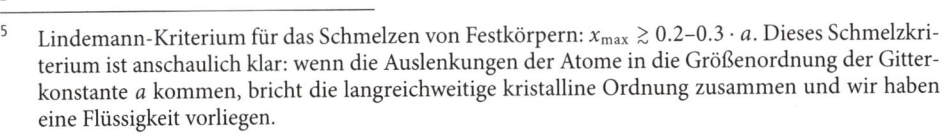

---

[5] Lindemann-Kriterium für das Schmelzen von Festkörpern: $x_{max} \gtrsim 0.2$–$0.3 \cdot a$. Dieses Schmelzkriterium ist anschaulich klar: wenn die Auslenkungen der Atome in die Größenordnung der Gitterkonstante a kommen, bricht die langreichweitige kristalline Ordnung zusammen und wir haben eine Flüssigkeit vorliegen.

Abstand von benachbarten Atomen ist allerdings nicht a, sondern $R = a/\sqrt{2}$, da wir ja Atome auf den Mittelpunkten der Seitenflächen sitzen haben. Daraus folgt dann $v = R^3/\sqrt{2}$. Damit erhalten wir $\partial v/\partial R = 3R^2/\sqrt{2}$ oder $\partial/\partial v = (\sqrt{2}/3R^2)(\partial/\partial R)$ und wir können für das Bulk-Modul schreiben:

$$B = v\frac{\partial}{\partial v}\left(\frac{\partial u}{\partial v}\right) = \frac{R^3}{\sqrt{2}}\frac{\sqrt{2}}{3R^2}\frac{\partial}{\partial R}\left(\frac{\sqrt{2}}{3R^2}\frac{\partial u}{\partial R}\right) = \frac{\sqrt{2}}{9}R\frac{\partial}{\partial R}\left(\frac{1}{R^2}\frac{\partial u}{\partial R}\right)$$

$$= \frac{\sqrt{2}}{9}R\left(-\frac{2}{R^3}\frac{\partial u}{\partial R} + \frac{1}{R^2}\frac{\partial^2 u}{\partial R^2}\right) = \frac{\sqrt{2}}{9}\frac{1}{R}\left(\frac{\partial^2 u}{\partial R^2} - \frac{2}{R}\frac{\partial u}{\partial R}\right). \quad (3.2.30)$$

Im Gleichgewicht gilt natürlich $(\partial u/\partial R)_{R=R_0} = 0$ und wir erhalten für den Bulk-Modul

$$B_0 = B(R = R_0) = \frac{\sqrt{2}}{9}\frac{1}{R_0}\left(\frac{\partial^2 u}{\partial R^2}\right)_{R=R_0}. \quad (3.2.31)$$

Mit dem Lennard-Jones-Potenzial (3.2.18) erhalten wir

$$B_0 = \frac{4\epsilon}{\sigma^3}A_{12}\left(\frac{A_6}{A_{12}}\right)^{5/2} = \frac{75.2\epsilon}{\sigma^3}, \quad (3.2.32)$$

wobei das zweite Gleichheitszeichen nur für ein fcc-Gitter gilt. In Tabelle 3.3 ist ein Vergleich zwischen theoretischen und experimentell beobachteten Werten gegeben. Wir sehen, dass die Abweichungen größer sind als bei den Gitterkonstanten. Dies liegt daran, dass hier die zweite Ableitung des Potenzials eingeht.

Tabelle 3.3: Experimentelle und theoretische Werte des Bulk-Moduls einiger Edelgaskristalle.

	Ne	Ar	Kr	Xe
B_0^{theor} (10^8 Pa)	18.1	31.8	34.6	38.1
B_0^{exp} (10^8 Pa)	11	27	35	36

3.3 Die ionische Bindung

Die ionische Bindung kommt durch die elektrostatische Wechselwirkung zwischen entgegengesetzt geladenen Ionen zustande. Deshalb wird dieser Bindungstyp auch heteropolare Bindung genannt. Die Ionen entstehen durch Elektronentransfer und besitzen eine Edelgaskonfiguration mit kugelförmiger Ladungsverteilung. Ein typisches Beispiel für einen Ionenkristall ist Natriumchlorid. Um die ionische Verbindung zu verstehen, müssen wir uns mit der *Ionisationsenergie I* und der *Elektronenaffinität A* von Atomen beschäftigen. Die Ionisationsenergie ist die Energie, die aufgebracht werden muss, um Atomen ein Elektron wegzunehmen. Die Elektronenaffinität ist dagegen die Energie, die gewonnen wird, wenn man einem Atom ein zusätzliches Elektron hinzufügt. Die Elektronenaffinität ist positiv, falls das negative Ion stabil ist. Da wir bei Ionenkristallen wie z. B. NaCl einem Atom (Na) ein Elektron wegnehmen, sollte dessen Ionisationsenergie möglichst klein sein. Dieses Elektron wird dann dem anderen Atom (Cl) gegeben, dessen Elektronenaffinität deshalb möglichst groß

3.3 Die ionische Bindung

Atom	A (eV)	I (eV)	Atom	A (eV)	I (eV)
H	0.7542	13.598	Si	1.39	7.900
Li	0.62	5.392	P	0.74	10.487
C	1.27	11.260	S	2.08	10.360
O	1.46	13.618	Cl	3.61	12.968
F	3.40	17.427	Br	3.36	11.814
Na	0.55	5.139	I	3.06	10.451
Al	0.46	5.986	K	0.50	4.341

Tabelle 3.4: Ionisationsenergie I und Elektronenaffinität A verschiedener Atome (Quelle: H. Hotop, W. C. Lineberger, J. Phys. Chem. Ref. Data **4**, 539 (1975)).

sein sollte, um einen energetisch günstigen Zustand zu erreichen. Die Werte für die Ionisationsenergie und Elektronenaffinität sind in Tabelle 3.4 aufgelistet. Wir sehen, dass I für die Alkalimetalle sehr klein und A für die Halogene sehr groß ist. Dies ist anschaulich klar, da erstere durch Abgabe eines Elektrons und letztere durch Aufnehmen eines Elektrons in die energetisch günstige Edelgaskonfiguration der Elektronenhülle übergehen können.

Für einen NaCl-Ionenkristall sieht die Energiebilanz folgendermaßen aus

$$\begin{aligned} &1. \quad \text{Na} + I \quad \to \text{Na}^+ + e^- \\ &2. \quad e^- + \text{Cl} \quad \to \text{Cl}^- + A \\ &3. \quad \text{Na}^+ + \text{Cl}^- \to \text{Na}^+\text{Cl}^- - E_{\text{Mad}} \,. \end{aligned} \tag{3.3.1}$$

Hierbei ist E_{Mad} die **Madelung-Energie**,[6] die aus der elektrostatischen Wechselwirkung zwischen den positiven und negativen Ionen resultiert. Für NaCl ist $I(\text{Na}) = 5.14\,\text{eV}$ und $A(\text{Cl}) = 3.61\,\text{eV}$. Die Größe der Madelungenergie kann grob durch die Coulomb-Wechselwirkung von zwei Punktladungen mit Ladung q abgeschätzt werden. Für NaCl erhalten wir $E_{\text{Mad}} = -q^2/4\pi\epsilon_0 a \simeq -5\,\text{eV}$ für $a \simeq 2.8\,\text{Å}$ und $\epsilon_0 = 8.85 \times 10^{-12}\,\text{A s/V m}$. Wir werden den genauen Wert der Madelungenergie später diskutieren. Die Bindungsenergie E_B für den Ionenkristall ergibt sich zu

$$E_B = E_{\text{Mad}} + (I - A) \tag{3.3.2}$$

Die Bindungsenergie eines stabilen Ionenkristalls ist negativ. Sie ergibt sich als Summe der negativen Madelung-Energie und der Differenz aus Ionisationsenergie und Elektronenaffinität. Für NaCl erwarten wir mit den obigen Abschätzungen eine Bindungsenergie $E_B \simeq -3\,\text{eV}$ pro Ionenpaar.

3.3.1 Madelungenergie

Wir wollen nun die Madelung-Energie näher analysieren. Da die Coulomb-Wechselwirkung zwischen den einzelnen Ionen proportional zu $1/r$ ist, erhalten wir eine langreichweitige Wechselwirkung. Um die Madelung-Energie zu erhalten, müssen wir über die Wechselwirkung zwischen allen Ionen aufsummieren. Hierbei erhalten wir positive und negative Bei-

---

[6] **Erwin Madelung**, geboren am 18. Mai 1881 in Bonn, gestorben 1. August 1972 in Frankfurt.

Erwin Rudolf Madelung (1881–1972)

Erwin Rudolf Madelung wurde am 18. Mai 1881 als zweitältester Sohn von Otto und Hedwig Madelung in Bonn geboren. Sein Vater, damals Privatdozent in Bonn, wirkte später als Professor der Chirurgie in Rostock und Straßburg im Elsaß. Der Großvater mütterlicherseits, Fritz Koenig, war als Unternehmer in den USA erfolgreich gewesen. Zu den Vorfahren väterlicherseits gehört der Dichter Matthias Claudius (1740–1815). Die Kindheit und Jugendzeit verbrachte Erwin Madelung in Bonn, Rostock und Straßburg. Er wuchs mit mehreren Geschwistern auf und besuchte die Vorschule und bis 1894 das Gymnasium in Rostock. Die wesentlichen Bildungsjahre fallen in die Straßburger Zeit. Dort bestand er 1900 das Abitur an dem „Protestantischen Gymnasium". Zwei Jahre vorher hatte an dieser Schule Max von Laue (1879–1960) das Abitur abgelegt und vierzehn Jahre nach Madelung tat es Marianus Czerny (1896–1985), der Jahre später Madelungs Kollege in Frankfurt am Main wurde.

Foto: Goethe Universität Frankfurt

Madelung wollte ursprünglich Ingenieur werden, wandte sich aber sehr bald der Physik zu. Zunächst galt sein Interesse allerdings nicht der Theorie, sondern der Experimentalphysik. Er begann das Studium 1901 in Kiel, blieb dort aber nur kurze Zeit. Weitere Studienaufenthalte führten ihn nach Zürich (1901–1902) und Straßburg (1902–1903), wo Ferdinand Braun (1850–1918) lehrte, der durch seine Kathodenstrahlröhren („Braunsche Röhre", 1897) und wesentliche Beiträge zur Entwicklung der drahtlosen Telegraphie berühmt wurde (Nobelpreis 1909 mit Marconi). Die Doktorandenzeit verbrachte Madelung von 1903 an in Göttingen. Hier wurde er 1905 von der Philosophischen Fakultät der Georg-August-Universität zum Dr. phil. promoviert.

Als Nachfolger von Max Born wurde Erwin Madelung im Jahr 1921 auf den Lehrstuhl für Theoretische Physik an die Frankfurter Universität berufen. Er leitete das Institut für Theoretische Physik bis zu seiner Emeritierung im Jahre 1949, also während der Entwicklung und des Ausbaus der Quantenmechanik.

Erwin Madelung starb am 1. August 1972 in Frankfurt.

träge durch Ionen gleicher und unterschiedlicher Ladung. In Analogie zur gesamten potenziellen Energie bei der Van der Waals Wechselwirkung (vergleiche (3.2.16)) erhalten wir

$$U_{\text{tot}} = \frac{N}{2} \sum_{i \neq j} \left[\mp \frac{q^2}{4\pi\epsilon_0 r_{ij}} + \lambda e^{-r_{ij}/\rho} \right]. \tag{3.3.3}$$

Der Faktor $\frac{1}{2}$ ist hierbei notwendig, da wir bei der Summation jedes Paar $ij = ji$ zweimal zählen.[7] Das Vorzeichen ± berücksichtigt die Tatsache, dass Ionenpaare das gleiche oder das

---

[7] In vielen Lehrbüchern wird über die Zahl $N_I = N/2$ der Ionenpaare summiert, weshalb dann der Faktor 1/2 fehlt.

3.3 Die ionische Bindung

entgegengesetzte Vorzeichen haben können. Der zweite Term in der Summe berücksichtigt die kurzreichweitige Abstoßung von zwei Ionen aufgrund des Pauli-Prinzips. Diese Wechselwirkung kann empirisch gut mit dem *Born-Mayer-* oder auch *Buckingham-Potenzial* genannten Term $\lambda e^{-r_{ij}/\rho}$ beschrieben werden. Die Parameter λ und ρ geben die Stärke und die Reichweite der abstoßenden Wechselwirkung an und können aus den experimentellen Werten für die Gitterkonstante und die Kompressibilität bestimmt werden. Wir wollen ferner darauf hinweisen, dass zwischen den Ionenpaaren natürlich auch eine Van der Waals Wechselwirkung auftritt. Diese ist aber um etwa 2 Größenordnungen kleiner als die Coulomb-Wechselwirkung und wird hier vernachlässigt.

Zur Auswertung der Summe (3.3.3) berücksichtigen wir zunächst, dass die Reichweite der abstoßenden Wechselwirkung sehr klein ist. Wir müssen deshalb nur über die Zahl Z_{NN} der nächsten Nachbarn aufsummieren. Wir können also $r_{ij} = R$ (Abstand der nächsten Nachbarn) setzen und erhalten für den Beitrag aufgrund des Pauli-Prinzips

$$U^P = Z_{NN} \lambda e^{-R/\rho} . \tag{3.3.4}$$

Für den Beitrag aus der Coulomb-Wechselwirkung erhalten wir unter Benutzung von $r_{ij} = \widetilde{\alpha}_{ij} R$ (R = Abstand zum nächsten Nachbarn)

$$U^C = -\frac{N}{2} \frac{q^2}{4\pi\epsilon_0 R} \sum_{i \neq j} \frac{\pm 1}{\widetilde{\alpha}_{ij}} = -\alpha \frac{N}{2} \frac{q^2}{4\pi\epsilon_0 R} \tag{3.3.5}$$

mit der so genannten *Madelung-Konstante*

$$\alpha = \sum_{i \neq j} \frac{\pm 1}{\widetilde{\alpha}_{ij}} \tag{3.3.6}$$

Die Madelung-Konstante ist abhängig von der Kristallstruktur. Bei der NaCl-Struktur (fcc) ist ein Na$^+$-Ion im Abstand R von 6 Cl$^-$-Ionen umgeben, es folgen dann 12 Na$^+$-Ionen im Abstand $\sqrt{2}R$, 8 Cl$^-$-Ionen im Abstand $\sqrt{3}R$, 6 Na$^+$-Ionen im Abstand $\sqrt{4}R$, usw. Wir erhalten für diesen Fall also

$$\alpha = 6 - \frac{12}{\sqrt{2}} + \frac{8}{\sqrt{3}} - \frac{6}{\sqrt{4}} + \dots .$$

Wertet man die Summen aus,[8] so erhält man die in Tabelle 3.5 aufgelisteten Werte.

Struktur	Madelung-Konstante
NaCl-Struktur	$\alpha_{NaCl} = 1.747565$
CsCl-Struktur	$\alpha_{CsCl} = 1.762675$
ZnS-Struktur	$\alpha_{ZnS} = 1.633806$

Tabelle 3.5: Madelung-Konstante einiger Kristallstrukturen.

---

[8] In drei Dimensionen ist die Berechnung der Summe schwierig und erfordert besondere Methoden, siehe z. B. Ewald-Methode in *Einführung in die Festkörperphysik*, Charles Kittel, Oldenbourg Verlag, München (2006), Anhang B.

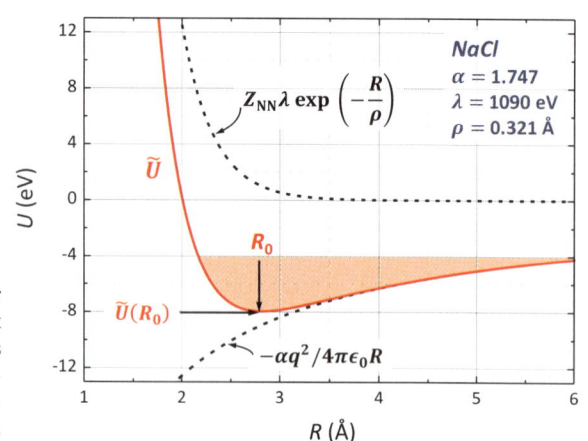

Abb. 3.8: Potenzialverlauf bei der ionischen Bindung. Gezeigt ist die Energie pro Ionenpaar eines NaCl-Kristalls, die sich aus der Madelung-Energie und dem abstoßenden Beitrag zusammensetzt.

Wir können nun (3.3.4) und (3.3.5) zusammenfassen. Um die Bindungsenergie bezogen auf ein Ionenpaar, $\widetilde{U}$, zu bekommen, teilen wir noch durch $N/2$ und erhalten

$$\widetilde{U} = -\alpha \frac{q^2}{4\pi\epsilon_0 R} + Z_{NN}\lambda e^{-R/\rho} \,. \tag{3.3.7}$$

Wir sehen, dass die elektrostatische Energie pro Ionenpaar gerade durch die Coulomb-Energie zwischen nächsten Nachbarn multipliziert mit der Madelung-Konstante gegeben ist. Das resultierende Gesamtpotenzial ist in Abb. 3.8 dargestellt. Für NaCl erhalten wir $\widetilde{U}(R_0) = -8{,}25$ eV in guter Übereinstimmung mit dem experimentell gemessenen Wert von $-8{,}15$ eV.

Da die Madelung-Konstante für die CsCl-Struktur (sc-Gitter) am größten ist, würde man erwarten, dass alle Ionenkristalle eine CsCl-Struktur bevorzugen. Dies ist allerdings nicht der Fall, wie die NaCl-Struktur (fcc-Gitter) von Kochsalz belegt. Der Grund dafür liegt in dem Verhältnis der Radien der beteiligten Ionen. Der Begriff des **Ionenradius** ist hierbei so zu verstehen, dass der Gleichgewichtsabstand R_0 zweier benachbarter Ionen gerade durch die Summe der Ionenradien r_A und r_B der beteiligten Ionen gegeben ist. Der Ionenradius eines bestimmten Elements hat, wenn dieses Element in verschiedenen Verbindungen vorkommt, immer nahezu den gleichen Wert. Da die ionische Bindung nicht gerichtet ist, wird ein Ionenkristall die Struktur bevorzugen, die eine möglichst dichte Packung der beteiligten Ionen erlaubt. Dabei muss allerdings berücksichtigt werden, dass sich Ionen mit unterschiedlicher Ladung berühren können, da sonst die Bindungsenergie herabgesetzt wird. Wir können uns diesen Sachverhalt leicht anhand von Abb. 3.9(a) klar machen. Falls $2r_A\sqrt{3} < 2(r_A + r_B)$, d.h. $\frac{r_A}{r_B} < 1/(\sqrt{3}-1) = 1{,}366$ ist, können sich die negativen und positiven Ionen entlang der Raumdiagonalen direkt berühren. Für diesen Fall wird die Cäsiumchlorid-Struktur (sc-Gitter) bevorzugt. Für $\frac{r_A}{r_B} > 1{,}366$ ist dies aber nicht mehr der Fall, weshalb dann die in Abb. 3.9(b) gezeigte Natriumchlorid-Struktur (fcc-Gitter) bevorzugt wird, bei der sich die negativen und positiven Ionen jetzt entlang der Flächendiagonalen direkt berühren können (siehe hierzu auch die Diskussion in Abschnitt 1.2.7).

Die in Abb. 3.9(c) gezeigte geometrische Betrachtung zeigt sofort, dass bei einem noch größeren Verhältnis von r_A und r_B sich auch in einer Natriumchlorid-Struktur (fcc-Gitter) die

3.3 Die ionische Bindung

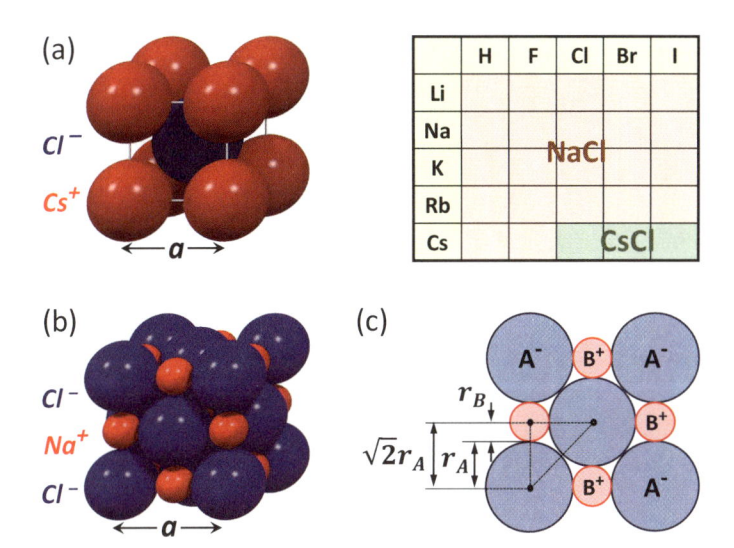

Abb. 3.9: Zur Berechnung des kritischen Verhältnisses der Ionenradien für den Übergang von einer einfach kubischen (sc) CsCl-Struktur (a) zur einer flächenzentrierten (fcc) NaCl-Struktur (b) bei einem Ionenkristall mit zweiatomiger Basis. Die in (c) gezeigte geometrische Betrachtung zeigt, dass für $r_A/r_B > 2.414$ sich auch in einer NaCL-Struktur die Ionen unterschiedlicher Ladung nicht mehr direkt berühren können. Die Tabelle zeigt, welche Verbindungen zwischen Alkalimetallen und Halogenen in der NaCl- (fcc) und welche in der CsCl-Struktur (sc) kristallisieren.

Ionen unterschiedlicher Ladung nicht mehr berühren können. Wird r_A zu groß, so verlieren die B-Ionen den direkten Kontakt zu den A-Ionen. Für das kritische Radienverhältnis erhalten wir aus Abb. 3.9(c) sofort den Wert

$$\frac{r_A}{r_B} = \frac{1}{\sqrt{2}-1} = 2.414 \,. \tag{3.3.8}$$

Für $\frac{r_A}{r_B} > 2.414$ könnten sich also die Na$^+$- und Cl$^-$-Ionen nicht mehr berühren. Dies ist aber für die weniger dicht gepackte Zinkblende-Struktur (ebenfalls fcc-Gitter) möglich, weshalb wir für sehr große $\frac{r_A}{r_B}$-Werte eine Zinkblende-Struktur erwarten.

3.3.2 Gleichgewichtsgitterkonstante

Den Gleichgewichtsatomabstand R_0 erhalten wir, indem wir das Minimum von (3.3.7) suchen. Aus

$$\frac{d\widetilde{U}}{dr} = 0 = +\alpha \frac{q^2}{4\pi\epsilon_0 r^2} - \frac{1}{\rho} Z_{\text{NN}} \lambda e^{-r/\rho} \tag{3.3.9}$$

erhalten wir

$$R_0^2 e^{-R_0/\rho} = \rho \alpha \frac{q^2}{4\pi\epsilon_0 Z_{\text{NN}} \lambda} \,. \tag{3.3.10}$$

Wir sehen, dass wir R_0 erhalten können, falls wir die Parameter ρ und λ des abstoßenden Potenzials wissen. In der Praxis geht man umgekehrt vor: man bestimmt ρ und λ durch Messung von R_0 und der Kompressibilität. Setzen wir (3.3.10) in (3.3.7) ein, so erhalten wir

$$\widetilde{U}_{\text{tot}}(R_0) = E_{\text{Mad}} = -\alpha \frac{q^2}{4\pi\epsilon_0 R_0}\left(1 - \frac{\rho}{R_0}\right). \tag{3.3.11}$$

Aus experimentellen Daten erhält man, dass typischerweise $\rho \sim 0.1\,R_0$, d. h. das abstoßende Potenzial ist in der Tat nur sehr kurzreichweitig.

3.3.3 Kompressibilität

In Analogie zu Abschnitt 3.2.4 können wir wiederum die Kompressibilität bzw. den Bulk-Modul aus dem Ausdruck für die gesamte potenzielle Energie ableiten. Aus

$$B = \frac{1}{\kappa} = V\frac{\partial^2 U}{\partial^2 V} = V\frac{d}{dV}\left(\frac{dU}{dR}\frac{dR}{dV}\right) = V\left[\frac{d^2U}{dR^2}\left(\frac{dR}{dV}\right)^2 + \frac{dU}{dR}\frac{d^2R}{dV^2}\right]. \tag{3.3.12}$$

folgt mit

$$\left(\frac{d^2U}{dR^2}\right)_{R=R_0} = \frac{N}{2}\left(\frac{Z_{\text{NN}}\lambda}{\rho^2}e^{-R_0/\rho} - \frac{\alpha q^2}{2\pi\epsilon_0 R_0^3}\right). \tag{3.3.13}$$

und

$$\left(\frac{dR}{dV}\right)^2_{R=R_0} = \left(\frac{1}{dV/dR}\right)^2_{R=R_0} = \frac{1}{(N/2)^2 36 R_0^4}. \tag{3.3.14}$$

Hierbei müssen wir berücksichtigen, dass der Zusammenhang zwischen V und R von der Kristallstruktur abhängt. Das letzte Gleichheitszeichen gilt deshalb nur für die fcc-Struktur. Für diese ist das Gesamtvolumen des Kristalls durch $V = \frac{N}{8}a^3$ gegeben, da jede konventionelle kubische Zelle mit Volumen a^3 je 4 Na$^+$- und Cl$^-$-Ionen, also genau 8 Ionen enthält. Der nächste Nachbarabstand ist $R = a/2$ und somit $V = 2\frac{N}{2}R^3$. Berücksichtigen wir noch, dass $dU/dR|_{R=R_0} = 0$, so erhalten wir durch Einsetzen von (3.3.13) und (3.3.14) in (3.3.12) für die fcc-Struktur den Bulk-Modul

$$B = \frac{1}{\kappa} = \frac{1}{18 R_0}\left(\frac{Z_{\text{NN}}\lambda}{\rho^2}e^{-R_0/\rho} - \frac{\alpha q^2}{2\pi\epsilon_0 R_0^3}\right). \tag{3.3.15}$$

In Tabelle 3.6 sind die charakteristischen Parameter von einigen Ionenkristallen zusammengestellt. Wir sehen, dass die experimentell bestimmten Bindungsenergien relativ gut mit den theoretisch ermittelten Werten übereinstimmen. Bei den theoretischen Werten wurde zunächst λ und ρ durch Messung von R_0 und κ bestimmt und dann die Bindungsenergie $\widetilde{U}$ mit (3.3.7) bestimmt. Bezüglich der experimentellen Werte von $\widetilde{U}$ ist anzumerken, dass sich diese nicht direkt bestimmen lassen, da wir ja einen Kristall nicht in freie Ionen zerlegen können. Die Bestimmung erfolgt über den **Born-Haberschen Kreisprozess**, den wir hier nicht näher diskutieren wollen.[9]

---

[9] siehe hierzu z. B. *Einführung in die Festkörperphysik*, Konrad Kopitzki, Teubner Studienbücher, 3. Auflage, B. G. Teubner, Stuttgart (1993).

Kristall	R_0 (Å)	κ (10^{-11} m²/N)	ρ (Å)	λ (eV)	$\widetilde{U}^{\text{theor.}}$ (eV)	$\widetilde{U}^{\text{exp.}}$ (eV)
LiF	2.014	1.49	0.291	306	10.70	10.92
LiCl	2.570	3.36	0.330	509	8.55	8.93
NaCl	2.820	4.17	0.322	1090	7.92	8.23
NaJ	3.237	6.62	0.345	1655	6.96	7.35
KCl	3.147	5.75	0.327	2068	7.17	7.47
KJ	3.533	8.55	0.349	2936	6.43	6.75

Tabelle 3.6: Gleichgewichtsatomabstand R_0, Kompressibilität κ, Bindungsenergie pro Ionenpaar $\widetilde{U}$ sowie die Parameter λ und ρ für einige Ionenkristalle.

3.4 Die kovalente Bindung

In Abschnitt 3.2 und 3.3 haben wir die Bindungsenergien von molekularen und ionischen Kristallen diskutiert. Die Berechnung der Bindungsenergie für die in solchen Kristallen auftretende Van der Waals und ionische Bindung war einfach. Dies liegt daran, dass die Valenzelektronenkonfiguration der beteiligten Atome bzw. Ionen im Festkörper kaum von derjenigen der freien Atome bzw. Ionen abweicht. Die Elektronen der einzelnen Atome sind dabei immer klar bei nur einem Atom bzw. Ion lokalisiert. In der in diesem Abschnitt diskutierten kovalenten Bindung und auch bei der metallischen Bindung (siehe Abschnitt 3.5) ist dies nicht mehr der Fall. Wir haben es jetzt mit Atomen zu tun, die nur teilweise gefüllte Elektronenschalen haben. Die sich in diesen Schalen befindenden Valenzelektronen können jetzt mit der Elektronenhülle der Nachbaratome überlappen. Die daraus resultierende kovalente Bindung ist die Folge einer quantenmechanischen Austauschwechselwirkung, die sich im Rahmen der klassischen Physik nicht erklären lässt. Wir können jetzt die Bindungsenergie nicht mehr ableiten, indem wir die potenzielle Energie von einem Satz nahezu undeformierter Elektronenhüllen betrachten. Wir müssen im Gegenteil bei der Berechnung der Energieniveaus der Valenzelektronen das periodische Potenzial der Atomrümpfe im Festkörper berücksichtigen. Dies wird im Rahmen von so genannten **Bandstrukturrechnungen** getan. Dieses komplexe Thema wollen wir hier allerdings nicht aufgreifen.

Um eine Anschauung für die Ursache der kovalenten Bindung zu erhalten, wollen wir ein kleines Gedankenexperiment machen. Wir betrachten ein Kristallgitter, bei dem wir den Gitterabstand kontinuierlich variieren können. Bei sehr großem Abstand der Atome können wir Wechselwirkungen vernachlässigen und die Gesamtenergie des Systems ist gerade die Summe der Energien der Einzelatome. Wenn wir jetzt den Gitterabstand verringern, so werden ab einen bestimmten Gitterabstand die Elektronenhüllen der einzelnen Atome anfangen sich zu überlappen. Haben die einzelnen Atome eine voll gefüllte Elektronenschale (Edelgaskonfiguration), so führt eine Überlappung zu einer Energieerhöhung, da aufgrund des Pauli-Prinzips einige Elektronen bei einer Überlappung auf höhere Energieniveaus ausweichen müssen. Haben die Atome dagegen nur teilweise gefüllte äußere Schalen, so können wir auch eine Energieabsenkung erhalten. Die Elektronen können sich jetzt aufgrund der Überlappung der Elektronenhüllen auf beide Atome ausdehnen, d. h. ihre Ortsunschärfe wird größer. Aufgrund der Unschärferelation $\Delta p \Delta x \geq \hbar$ führt die größere Ortsunschärfe zu einer geringeren Impulsunschärfe. Dies hat im zeitlichen Mittel eine Absenkung der kinetischen Energie zur Folge. Natürlich kann die Verringerung des Atomabstandes auch zu einer Erhöhung der potenziellen Energie führen, aber insgesamt kann trotzdem $\Delta E_{\text{kin}} + \Delta E_{\text{pot}} < 0$ sein, so dass eine anziehende Wechselwirkung resultiert.

Wir werden jetzt die kovalente Bindung anhand des einfachsten Falls, eines H_2^+-Molekülions diskutieren. Dabei werden wir die wesentlichen Ingredienzen der kovalenten Bindung kennenlernen.

3.4.1 Das H_2^+-Molekülion

Das H_2^+-Molekülion ist das einfachste aller Moleküle. Mit den Bezeichnungen aus Abb. 3.10 erhalten wir das Wechselwirkungspotenzial zwischen den 3 Teilchen zu

$$E_{\text{pot}} = -\frac{e^2}{4\pi\epsilon_0}\left(\frac{1}{r_A} + \frac{1}{r_B} - \frac{1}{R}\right). \qquad (3.4.1)$$

Vernachlässigen wir die Schwerpunktsbewegung der Kerne, so enthält der Hamilton-Operator für dieses System die kinetische Energie des Elektrons und die potenzielle Energie (3.4.1). Das geeignete Molekülorbital für das Elektron erhalten wir dann durch Lösung der Schrödinger-Gleichung

$$\left[-\frac{\hbar^2}{2m}\nabla_e^2 - \frac{e^2}{4\pi\epsilon_0}\left(\frac{1}{r_A} + \frac{1}{r_B} - \frac{1}{R}\right)\right]\Psi(\mathbf{r},R) = E\,\Psi(\mathbf{r},R). \qquad (3.4.2)$$

Für den Fall, dass das Elektron instantan auf Abstandsänderungen der Kerne reagieren kann (adiabatische Näherung, vergleiche hierzu Abschnitt 5.1.1) lässt sich die Schrödinger-Gleichung exakt lösen.[10] Ansonsten müssen wir zu ihrer Lösung selbst für dieses einfachste Molekül Näherungen machen. Eine gebräuchliche Näherung ist die LCAO-Methode (*LCAO: linear combination of atomic orbitals*), bei der das Molekülorbital als Linearkombination der Zustände ϕ_A und ϕ_B (in dem betrachteten Fall des H_2^+-Molekülions sind dies Wasserstoff 1s-Orbitale) der beiden nichtwechselwirkenden Atome angenähert wird:

$$\Psi(\mathbf{r},R) = c_A \phi_A(r_A) + c_B \phi_B(r_B) \qquad (3.4.3)$$

Hierbei sind c_A und c_B reelle Konstanten. Ferner können $\mathbf{r}_A = \mathbf{r} + \mathbf{R}/2$ und $\mathbf{r}_B = \mathbf{r} - \mathbf{R}/2$ durch $\mathbf{r}$ und den Kernabstand R ausgedrückt werden (vergleiche hierzu Abb. 3.10). Da die Gesamtwellenfunktion für jeden Kernabstand R normiert sein muss, müssen wir

$$\int |\Psi|^2 d^3r \equiv 1 = c_A^2 \int |\phi_A(r_A)|^2 d^3r + c_B^2 \int |\phi_B(r_B)|^2 d^3r$$
$$+ 2c_A c_B \Re \int \phi_A^* \phi_B \, d^3r \qquad (3.4.4)$$

fordern, wobei wir jeweils über die Koordinaten des Elektrons integrieren müssen.

Die atomaren Wellenfunktionen ϕ_A und ϕ_B sind bereits normiert, so dass die beiden ersten Integrale jeweils eins ergeben. Wir erhalten somit

$$c_A^2 + c_B^2 + 2c_A c_B S_{AB} = 1, \qquad (3.4.5)$$

---

[10] In diesem Fall können wir die beiden Kerne als starres Gebilde annehmen und haben wiederum ein Zweiteilchenproblem, allerdings mit nicht-kugelsymmetrischem Potenzial zu lösen. Wir nehmen ferner an, dass der Schwerpunkt der beiden Kerne sich in Ruhe befindet.

3.4 Die kovalente Bindung

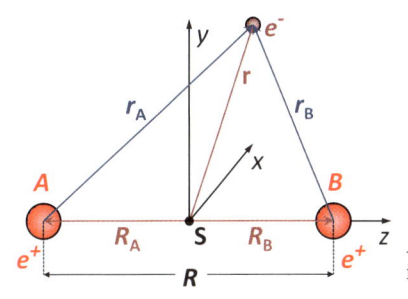

Abb. 3.10: Zur Definition der Größen beim H_2^+-Molekülion.

wobei das Integral

$$S_{AB} = \Re \int \phi_A^*(\mathbf{r}_A)\phi_B(\mathbf{r}_B)\, d^3r, \qquad (3.4.6)$$

vom räumlichen Überlapp der beiden Atomwellenfunktionen abhängt. Wir nennen es deshalb *Überlappintegral*. Sein Wert hängt vom Abstand R der beiden Kerne ab, da über die Elektronenkoordinaten $\mathbf{r} = \mathbf{r}_A - \mathbf{R}/2$ und $\mathbf{r} = \mathbf{r}_B + \mathbf{R}/2$ integriert wird.

Aus Symmetriegründen gilt $|c_A|^2 = |c_B|^2 = |c|^2$.[11] Außerdem muss die entstehende Wellenfunktion entweder symmetrisch oder antisymmetrisch beim Vertauschen der beiden Atomorbitale sein, woraus $c_A = \pm c_B$ folgt. Damit erhalten wir unter Ausnutzung von (3.4.5) die normierten (symmetrischen und antisymmetrischen) Molekülorbitale (siehe Abb. 3.11)

$$\Psi^s = \frac{1}{\sqrt{2+2S_{AB}}}(\phi_A + \phi_B) \qquad (3.4.7)$$

$$\Psi^a = \frac{1}{\sqrt{2-2S_{AB}}}(\phi_A - \phi_B). \qquad (3.4.8)$$

Dabei ist die Normierungskonstante $\frac{1}{\sqrt{2\pm 2S_{AB}}}$ für jeden Abstand R wegen des variierenden Überlapps immer wieder neu zu berechnen.

Wir können nun den Hamilton-Operator (3.4.2) des starren Moleküls benutzen und den Erwartungswert der Energie

$$\langle E \rangle = \int \Psi^* \widehat{H} \Psi \, dV \qquad (3.4.9)$$

bestimmen. Wir erhalten für den symmetrischen und den antisymmetrischen Zustand die beiden Energiefunktionen

$$E^s(R) = \frac{H_{AA} + H_{AB}}{1 + S_{AB}}$$

$$E^a(R) = \frac{H_{AA} - H_{AB}}{1 - S_{AB}}. \qquad (3.4.10)$$

---

[11] Dieses Ergebnis können wir auch dadurch ableiten, indem wir allgemein den Erwartungswert der Energie als Funktion von c_A und c_B berechnen und dann den Minimalwert der Energie bezüglich der Konstanten c_A und c_B suchen. Die aus $\partial E/\partial c_A = 0$ und $\partial E/\partial c_B = 0$ resultierenden Bestimmungsgleichungen liefern $c_A = c_B$ für den antibindenden und $c_A = -c_B$ für den bindenden Zustand.

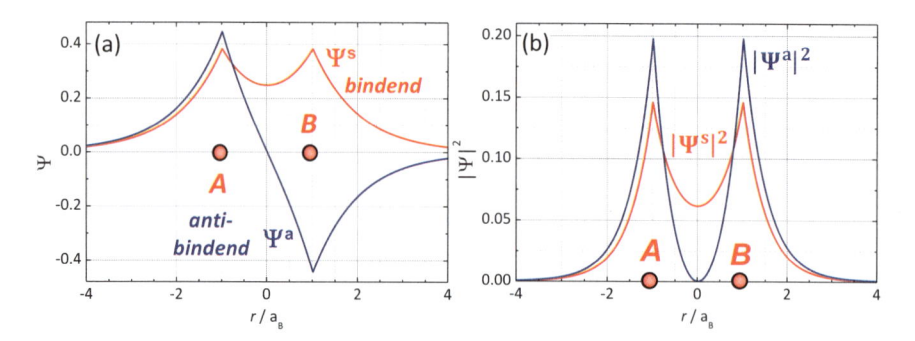

Abb. 3.11: Symmetrische und anti-symmetrische Wellenfunktion des H_2^+-Molekülions zusammengesetzt aus Wasserstoff 1s-Orbitalen. Gezeigt ist ein Schnitt durch die zylindersymmetrischen Funktionen Ψ^s und Ψ^a (a) und deren Absolutquadrate $|\Psi^s|^2$ und $|\Psi^a|^2$ (b).

mit den vom Kernabstand abhängigen Integralen[12]

$$H_{AA} = H_{BB} = \int \phi_A^* \widehat{H} \phi_A \, d^3r = \int \phi_B^* \widehat{H} \phi_B \, d^3r \qquad (3.4.11)$$

$$H_{AB} = H_{BA} = \int \phi_A^* \widehat{H} \phi_B \, d^3r = \int \phi_B^* \widehat{H} \phi_A \, d^3r \,. \qquad (3.4.12)$$

Die Ausdrücke H_{AB} in (3.4.12) werden als **Austauschterme** bezeichnet. Sie unterscheiden sich von den Termen H_{AA} in (3.4.11) dadurch, dass im Integral $\phi_A^*\phi_A$ durch $\phi_B^*\phi_A$ ersetzt wird. Die Austauschterme sind rein quantenmechanischer Natur und besitzen, da $\phi_B^*\phi_A$ nicht als Ladungsdichte interpretiert werden kann, im Gegensatz zu den mit $\phi_A^*\phi_A$ verbundenen Coulomb-Termen kein klassisches Analogon.[13]

Auf ein explizites Ausrechnen der Terme H_{AA}, H_{AB} und S_{AB} wollen wir hier verzichten und nur das Ergebnis anhand von Abb. 3.12 diskutieren. Für $R \to \infty$ wird der Überlapp der Wellenfunktionen null und wir erhalten $E^s = E^a = H_{AA} = E_{1s} = -13.6$ eV, da der Beitrag $e^2/4\pi\epsilon_0 R$ in (3.4.2) aufgrund der Abstoßung der beiden Wasserstoffkerne vernachlässigbar klein wird (E_{1s} ist die Bindungsenergie des Wasserstoff 1s-Orbitals). Für $R \to 0$ gehen sowohl E^s als auch E^a gegen unendlich, da jetzt der Term $e^2/4\pi\epsilon_0 R$ dominiert. Für mittlere R sehen wir, dass $E^s(R)$ ein Minimum besitzt, während $E^a(R)$ monoton mit zunehmendem R abfällt. Für $E^s(R) - E_{1s}$ erhalten wir eine Kurve, die ein Minimum bei $R_0 = 2.49 \cdot a_B \simeq 1.32$ Å

---

[12] Beim Ausrechnen der Integrale über die Elektronenkoordinaten müssen die Variablen r_A und r_B, die jeweils auf den Kern A bzw. B bezogen sind, auf einen gemeinsamen Ursprung transformiert werden. Die Lösung von Integralen der Form

$$I(R) = \int \frac{e^{-r_A/a_B} e^{-r_B/a_B}}{r_A r_B} d^3r$$

wird am besten in konfokalen elliptischen Koordinaten vollzogen.

[13] Wir können dies auch so formulieren. Der Ausdruck $\phi_B^*\phi_A$ ist kein Quadrat einer Wahrscheinlichkeitsamplitude und somit nicht als Wahrscheinlichkeitsdichte interpretierbar. Es handelt sich, um einen Begriff aus der Optik zu benutzen, um die Interferenz von Wahrscheinlichkeitsamplituden. Die chemische Bindung ist eine Folge dieser Interferenz.

3.4 Die kovalente Bindung

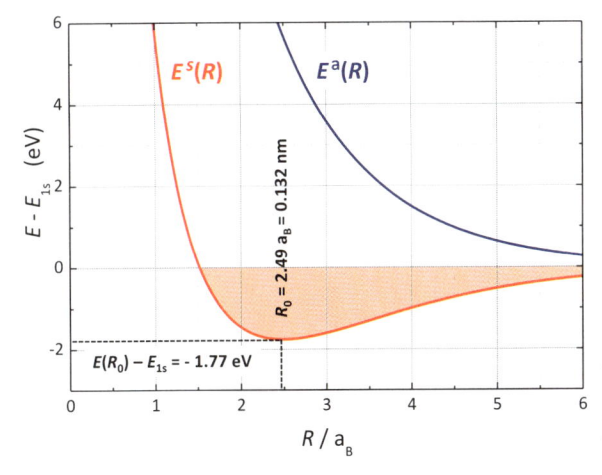

Abb. 3.12: Energiefunktionen $E^s(R)$ und $E^a(R)$ für symmetrische und antisymmetrische Elektronendichteverteilungen des H_2^+-Molekülions.

aufweist. Die zugehörige Energie $D_e = E^s(R_0) - E_{1s} = -1.77$ eV ist negativ. Wir bezeichnen D_e als **Dissoziationsenergie**, da diese Energie notwendig ist, um das Molekül wieder in ein Proton und ein Wasserstoffatom zu trennen. Befindet sich das elektronische System im Ψ^s-Zustand, so kommt es also zur Energieabsenkung bzgl. des dissoziierten Systems, dessen elektronische Energie gleich E_{1s} ist. Die physikalische Folge ist ein stabiles Molekül. Ψ^s wird deshalb als **bindendes Molekülorbital** (MO) bezeichnet. $E^a(R) - E_{1s}$ ist eine positive, für $R \to 0$ monoton ansteigende Funktion. Sie führt somit nicht zu einem Bindungszustand. Ψ^a wird als **anti-bindendes Molekülorbital** bezeichnet. Wir erhalten also eine Aufspaltung der atomaren Energieniveaus in ein bindendes und ein antibindendes Molekülorbital (siehe Abb. 3.13).

Abb. 3.11 zeigt, dass das bindende Molekülorbital ein symmetrisches Orbital mit einer erhöhten Elektronendichte in der Mitte zwischen den beiden Wasserstoffkernen ist. Für das antibindende Orbital verschwindet dagegen die Elektronendichte in der Mitte zwischen den Kernen. Dies stimmt mit unserer anfangs gemachten anschaulichen Diskussion überein, aufgrund derer wir ganz allgemein einen bindenden Zustand erwartet haben, falls sich die Elektronen der Hülle auf mehrere Atome verteilen können.

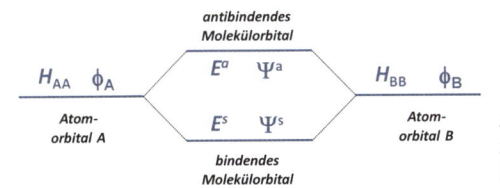

Abb. 3.13: Aufspaltung der atomaren Energieniveaus in ein bindendes und antibindendes Molekülorbital.

3.4.2 Das H_2-Molekül

Gehen wir vom H_2^+-Molekülion zum H_2-Molekül über, so haben wir es jetzt mit zwei Elektronen zu tun, die wir mit einer Zweielektronenwellenfunktion $\Psi(\mathbf{r}_1, \mathbf{r}_2)$ beschreiben müssen. Den Hamilton-Operator für das Vierteilchensystem können wir schreiben als

$$\widehat{H} = \widehat{H}_0 + \widehat{H}_1 \tag{3.4.13}$$

$$\widehat{H}_0 = -\frac{\hbar^2}{2m} \left[\nabla_{e1}^2 + \nabla_{e2}^2 \right] - \frac{e^2}{4\pi\epsilon_0} \left[\frac{1}{r_{1A}} + \frac{1}{r_{2B}} \right] \tag{3.4.14}$$

$$\widehat{H}_1 = \frac{e^2}{4\pi\epsilon_0} \left[\frac{1}{R} + \frac{1}{r_{12}} - \frac{1}{r_{1B}} - \frac{1}{r_{2A}} \right]. \tag{3.4.15}$$

Hierbei sind r_{1A}, r_{1B} die Abstände von Elektron 1 zu Kern A und B, r_{2A}, r_{2B} die Abstände von Elektron 2 zu Kern A und B, r_{12} der Abstand zwischen den beiden Elektronen und R der Abstand zwischen den beiden Kernen. Der Anteil H_0 beschreibt gerade zwei völlig getrennte, nicht wechselwirkende Wasserstoffatome und der Anteil H_1 die Wechselwirkung zwischen den beiden Elektronen und Kernen sowie von Elektron 1 mit Kern B und Elektron 2 mit Kern A. Um die Schrödinger-Gleichung zu lösen, müssen wir einen geeigneten Ansatz für die Zweielektronenwellenfunktion machen. Wir wollen im Folgenden zwei Näherungen diskutieren:

3.4.2.1 Die Molekülorbitalnäherung

Der Grundzustand des H_2-Moleküls geht für $R \to \infty$ in zwei H-Atome im 1s-Zustand über. Deshalb wählen wir als Molekülorbital genauso wie beim H_2^+-Molekülion die symmetrische normierte Linearkombination

$$\Psi^s = \frac{1}{\sqrt{2 + 2S_{AB}}} (\phi_A + \phi_B) \tag{3.4.16}$$

bestehend aus den Wasserstoff 1s-Wellenfunktionen ϕ_A und ϕ_B.

Für den Fall, dass beide Elektronen im Grundzustand des H_2-Moleküls sind, setzen wir für unsere Zweielektronen-Wellenfunktion das Produkt

$$\Psi(\mathbf{r}_1, \mathbf{r}_2) = \Psi^s(\mathbf{r}_1) \cdot \Psi^s(\mathbf{r}_2) \quad \text{(Produkt von Molekülorbitalen)} \tag{3.4.17}$$

der beiden Molekülorbitale (3.4.16) an. Wir sprechen deshalb von der *Molekülorbitalnäherung*. Dieser Ansatz bedeutet, dass wir den Einfluss der Wechselwirkung zwischen den beiden Elektronen (Korrelationseffekte) auf die räumliche Verteilung der Molekülorbitale vernachlässigen.

Wir sehen ferner, dass unser Ansatz (3.4.17) symmetrisch bezüglich einer Vertauschung der beiden Elektronen ist. Da wir es aber mit Fermionen zu tun haben, für die das Pauli-Prinzip gilt, muss die Gesamtwellenfunktion antisymmetrisch sein. Dies können wir dadurch erreichen, dass wir den Ortsanteil mit einem antisymmetrischen Spin-Anteil multiplizieren und somit die antisymmetrische Gesamtwellenfunktion

$$\Psi(\mathbf{r}_1, \mathbf{r}_2, \mathbf{s}_1, \mathbf{s}_2) = \Psi^s(\mathbf{r}_1) \cdot \Psi^s(\mathbf{r}_2) \cdot \chi_{\text{asym}} \tag{3.4.18}$$

mit

$$\chi_{\text{asym}} = \frac{1}{\sqrt{2}} \left[\sigma^+(\mathbf{r}_1)\sigma^-(\mathbf{r}_2) - \sigma^+(\mathbf{r}_2)\sigma^-(\mathbf{r}_1) \right] \tag{3.4.19}$$

erhalten. Hierbei bedeutet $\sigma^+(\mathbf{r}_1)$, dass der Spin des Elektrons am Kern 1 nach oben zeigt. Wir sehen, dass die beiden Elektronen antiparallelen Spin haben und somit einen antisymmetrischen Spin-Singulett-Zustand bilden. Aus (3.4.17) erhalten wir unter Benutzung von (3.4.16):

$$\Psi^s(\mathbf{r}_1,\mathbf{r}_2) = \frac{1}{2+2S_{AB}}\left[\phi_A(\mathbf{r}_1)+\phi_B(\mathbf{r}_1)\right]\cdot\left[\phi_A(\mathbf{r}_2)+\phi_B(\mathbf{r}_2)\right] \quad (3.4.20)$$

In analoger Weise können wir eine antisymmetrische Wellenfunktion aus einer antisymmetrischen Ortsfunktion und einer symmetrischen Spin-Funktion aufbauen. Die symmetrische Ortsfunktion erhalten wir durch Multiplikation einer symmetrischen Funktion (3.4.16) mit einer antisymmtrsichen Linearkombination

$$\Psi^a = \frac{1}{\sqrt{2-2S_{AB}}}(\phi_A - \phi_B). \quad (3.4.21)$$

Wir erhalten dann wiederum eine antisymmetrische Gesamtwellenfunktion

$$\Psi(\mathbf{r}_1,\mathbf{r}_2,\mathbf{s}_1,\mathbf{s}_2) = \Psi^a(\mathbf{r}_1)\cdot\Psi^a(\mathbf{r}_2)\cdot\chi_{\text{sym}} \quad (3.4.22)$$

mit dem symmetrischen Spin-Triplett-Zustand

$$\chi_{\text{sym}} = \begin{cases} \sigma^+(\mathbf{r}_1)\sigma^+(\mathbf{r}_2) \\ \frac{1}{\sqrt{2}}\left[\sigma^+(\mathbf{r}_1)\sigma^-(\mathbf{r}_2)+\sigma^+(\mathbf{r}_2)\sigma^-(\mathbf{r}_1)\right] \\ \sigma^-(\mathbf{r}_1)\sigma^-(\mathbf{r}_2) \end{cases}. \quad (3.4.23)$$

Für den antisymmetrischen Ortsanteil ergibt sich

$$\Psi^a(\mathbf{r}_1,\mathbf{r}_2) = \frac{1}{2-2S_{AB}}\left[\phi_A(\mathbf{r}_1)+\phi_B(\mathbf{r}_1)\right]\cdot\left[\phi_A(\mathbf{r}_2)-\phi_B(\mathbf{r}_2)\right]. \quad (3.4.24)$$

3.4.2.2 Valenzbindungsnäherung

Das Produkt in der Molekularorbitalnäherung (3.4.20) enthält auch Terme, die den Zustand beschreiben, in dem sich beide Elektronen in der Nähe eines der beiden Kerne aufhalten. Es stellt deshalb nur dann eine gute Näherung dar, wenn Elektron-Elektron-Wechselwirkungen vernachlässigt werden können. Die Coulombabstoßung der beiden Elektronen macht diesen Zustand aber in den meisten Fällen unwahrscheinlich. Wir können die mathematische Behandlung erheblich vereinfachen, wenn wir diese Terme bei der Berechnung der Grundzustandsenergie erst gar nicht berücksichtigen. Tun wir dies, so kommen wir zur so genannten *Valenzbindungsnäherung*, die auf **Walther Heitler**[14] und **Fritz London**[15] zurückgeht. In dieser Näherung setzen wir die Gesamtwellenfunktion für die beiden Elektronen

---

[14] **Walter Heinrich Heitler**, geboren am 2. Januar 1904 in Karlsruhe, gestorben am 15. November 1981 in Zollikon, Schweiz.

[15] **Fritz Wolfgang London**, geboren am 7. März 1900 in Breslau, gestorben am 30. März 1954 in Durham, North Carolina, USA.)

nicht als Produkt von zwei Molekülorbitalen, sondern als Produkt von zwei Atomorbitalen an. Im tiefsten Molekülorbital können zwei Elektronen mit entgegengesetztem Spin untergebracht werden. Die dazugehörige Wellenfunktion

$$\Psi_1 = c_1 \, \phi_A(\mathbf{r}_1) \cdot \phi_B(\mathbf{r}_2) \quad \text{(Produkt von Atomorbitalen)} \tag{3.4.25}$$

gibt die Wahrscheinlichkeit dafür an, dass das Elektron 1 am Kern A ist, also durch die atomare Wellenfunktion ϕ_A beschrieben werden kann, und das Elektron 2 gleichzeitig am Kern B zu finden ist und deshalb durch ϕ_B beschrieben wird. Es treten also keine Terme auf, die dem Antreffen beider Elektronen an einem der beiden Kerne entsprechen.

Da die beiden Elektronen ununterscheidbar sind, muss auch die Wellenfunktion

$$\Psi_2 = c_2 \, \phi_A(\mathbf{r}_2) \cdot \phi_B(\mathbf{r}_1) \tag{3.4.26}$$

eine mögliche Wellenfunktion mit gleicher Ladungsverteilung sein. Nach dem Pauli-Prinzip muss der räumliche Anteil der Wellenfunktion symmetrisch oder antisymmetrisch bezüglich der Vertauschung der beiden Elektronen sein, um so mit der entsprechenden Spin-Funktion eine insgesamt antisymmetrische Gesamtwellenfunktion zu ergeben. Mit $c = c_1 = \pm c_2$ können wir schreiben:

$$\Psi^{s,a} = \Psi_1 \pm \Psi_2 = c \left[\phi_A(\mathbf{r}_1) \cdot \phi_B(\mathbf{r}_2) \pm \phi_A(\mathbf{r}_2) \cdot \phi_B(\mathbf{r}_1) \right]. \tag{3.4.27}$$

Da die atomaren Wellenfunktionen ϕ_A und ϕ_B bereits normiert sind, erhalten wir nach einer zur Herleitung von (3.4.7) und (3.4.8) analogen Rechnung den Koeffizienten $c = 1/\sqrt{2(1 \pm S_{AB}^2)}$, so dass wir für die Heitler-London Wellenfunktion

$$\boxed{\Psi^{s,a} = \frac{1}{\sqrt{2(1 \pm S_{AB}^2)}} \left[\phi_A(\mathbf{r}_1) \cdot \phi_B(\mathbf{r}_2) \pm \phi_A(\mathbf{r}_2) \cdot \phi_B(\mathbf{r}_1) \right]} \tag{3.4.28}$$

erhalten.

Der Unterschied zur Molekülorbitalnäherung besteht darin, dass dort ein Molekülorbitalansatz für ein Elektron gemacht wurde, das sich sowohl in ϕ_A als auch in ϕ_B aufhalten kann und deshalb durch die Linearkombination (3.4.7) beschrieben wird. Für die Besetzung mit zwei Elektronen wird dann der Produktansatz (3.4.17) verwendet. Bei der Heitler-London Näherung werden dagegen gleich beide Elektronen betrachtet, so dass für Ψ_1 der Produktansatz der atomaren Orbitale notwendig ist, deren Linearkombination dann durch das Pauli-Prinzip erzwungen wird.

Wir können jetzt mit dem Ansatz (3.4.28) und dem Hamilton-Operator (3.4.13) den Erwartungswert der Energie berechnen. Der Beitrag von H_0 ergibt gerade $2E_{1s}$ und den Beitrag aufgrund von H_1 können wir durch die Coulomb-Integrale V und die Austauschintegrale A

$$V = \iint d^3r_1 \, d^3r_2 \, \phi_A^*(\mathbf{r}_1) \phi_B^*(\mathbf{r}_2) \, \widehat{H}_1 \, \phi_A(\mathbf{r}_1) \phi_B(\mathbf{r}_2)$$

$$= \iint d^3r_1 \, d^3r_2 \, \phi_A^*(\mathbf{r}_2) \phi_B^*(\mathbf{r}_1) \, \widehat{H}_1 \, \phi_A(\mathbf{r}_2) \phi_B(\mathbf{r}_1) \tag{3.4.29}$$

3.4 Die kovalente Bindung

$$A = \iint d^3r_1\, d^3r_2\, \phi_A^*(\mathbf{r}_1)\phi_B^*(\mathbf{r}_2)\, \widehat{H}_1\, \phi_A(\mathbf{r}_2)\phi_B(\mathbf{r}_1)$$
$$= \iint d^3r_1\, d^3r_2\, \phi_A^*(\mathbf{r}_2)\phi_B^*(\mathbf{r}_1)\, \widehat{H}_1\, \phi_A(\mathbf{r}_1)\phi_B(\mathbf{r}_2) \tag{3.4.30}$$

ausdrücken. Insgesamt erhalten wir

$$E^s(R) = 2E_{1s} + \frac{V+A}{1+S_{AB}^2}$$

$$E^a(R) = 2E_{1s} + \frac{V-A}{1-S_{AB}^2}\,. \tag{3.4.31}$$

Wir sehen, dass auch in der Heitler-London Näherung die symmetrische Orbitalfunktion den energetisch günstigeren Zustand liefert. Für $R \to \infty$ gehen sowohl V als auch A gegen null und wir erhalten $E^s = E^a = 2E_{1s}$, also die Energie von zwei nicht wechselwirkenden Wasserstoffatomen. Für $R \to 0$ dominiert wie beim H_2^+-Molekülion die repulsive Coulomb-Wechselwirkung der beiden Wasserstoffkerne. Dazwischen gibt es, wie Abb. 3.14 zeigt, für die symmetrische Wellenfunktion ein Minimum, also einen bindenden Zustand.

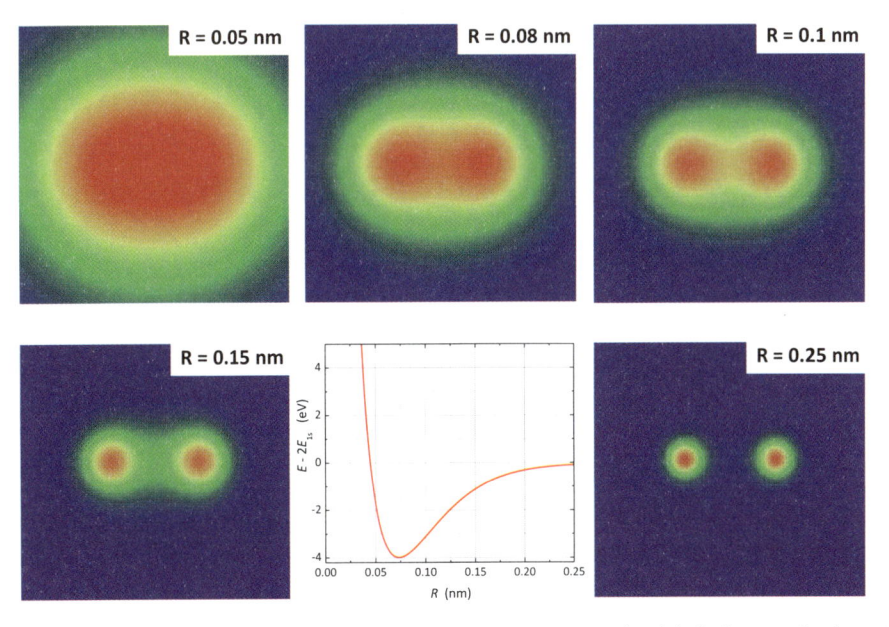

Abb. 3.14: Energiekurve $E(R)$ und Elektronendichten des Wasserstoffmoleküls für verschiedene Abstände R der Kerne berechnet mit dem LCAO-Programmpaket „Gauss" (rot = hohe Elektronendichte, blau = niedrige Elektronendichte).

Singulett- und Triplett-Zustand: Wir haben gesehen, dass unabhängig von den gemachten Näherungen nur immer das symmetrische Molekülorbital einen bindenden Zustand liefert. Da die Gesamtwellenfunktion für Fermionen antisymmetrisch sein muss, muss die

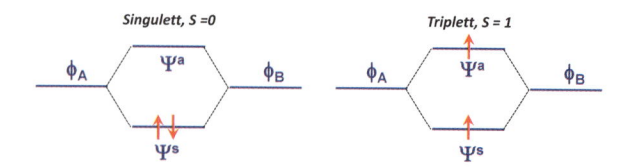

Abb. 3.15: Singulett- und Triplett-Zustand für ein H_2-Molekül. Offensichtlich ist der energetisch günstigste Fall derjenige, bei dem die zwei Elektronen mit antiparallelem Spin in das bindende Molekülorbital eingebaut werden.

Spin-Funktion antisymmetrisch sein. Das heißt, die beiden Elektronen haben im H_2-Molekül eine antiparallele Stellung. Sie bilden einen **Singulett-Zustand**. Für das nichtbindende, antisymmetrische Molekülorbital muss dagegen die Spin-Funktion symmetrisch sein. Die Elektronenspins sind parallel ausgerichtet und bilden einen **Triplett-Zustand** (siehe Abb. 3.15). Wir sehen also, dass die Bindungsenergie offenbar von der Stellung der beiden Elektronenspins abhängt. Diese spinabhängige Coulomb-Energie ist von zentraler Bedeutung für den Magnetismus von Festkörpern. Ursache ist letztendlich das Pauli-Prinzip, das erfordert, dass sich Elektronen mit parallelem Spin aus dem Weg gehen, und auf diese Weise die Ortswellenfunktion beeinflusst.

3.4.2.3 Vergleich der Näherungen: Ionische vs. kovalente Bindung

Multiplizieren wir die Klammern in (3.4.20) aus, so erhalten wir für die Molekülorbitalnäherung (MO)

$$\Psi^{s,\text{MO}}(\mathbf{r}_1, \mathbf{r}_2) = c \big[\phi_A(\mathbf{r}_1)\phi_A(\mathbf{r}_2) + \phi_B(\mathbf{r}_1)\phi_B(\mathbf{r}_2)$$

$$+ \phi_A(\mathbf{r}_1)\phi_B(\mathbf{r}_2) + \phi_A(\mathbf{r}_2)\phi_B(\mathbf{r}_1) \big]$$

$$= \Psi^s_{\text{ionisch}} + \Psi^s_{\text{kovalent}} \qquad (3.4.32)$$

mit

$$\Psi^s_{\text{ionisch}}(\mathbf{r}_1, \mathbf{r}_2) \propto \big[\phi_A(\mathbf{r}_1)\phi_A(\mathbf{r}_2) + \phi_B(\mathbf{r}_1)\phi_B(\mathbf{r}_2) \big] \qquad (3.4.33)$$

$$\Psi^s_{\text{kovalent}}(\mathbf{r}_1, \mathbf{r}_2) \propto \big[\phi_A(\mathbf{r}_1)\phi_B(\mathbf{r}_2) + \phi_A(\mathbf{r}_2)\phi_B(\mathbf{r}_1) \big] \qquad (3.4.34)$$

Vergleichen wir dies mit dem Heitler-London Ansatz, so erkennen wir, dass im Heitler-London Ansatz die beiden ersten Terme fehlen. Sie beschreiben gerade die Situation, bei der beide Elektronen entweder am Kern A oder am Kern B sind und somit ein H^+-H^--Ionenmolekül vorliegt. Die Wellenfunktion Ψ^s_{ionisch} beschreibt deshalb ein System, bei dem beide Elektronen einem Proton zugeordnet sind. Für $R \to \infty$ ergibt sich eine Separation in ein Proton und ein H^--Ion. Wir bezeichnen Bindungen, die aufgrund derartiger Orbitale zustande kommen, als *ionisch*.

Für das H_2-Molekül ist der ionische Zustand wesentlich unwahrscheinlicher als der kovalente Zustand Ψ^s_{kovalent}. Die Wellenfunktion Ψ^s_{kovalent} beschreibt ein System, bei dem jedem Proton ein Elektron zugeordnet ist, wobei allerdings auch eine Mischung der beiden Elektronenwellenfunktionen auftritt. Für $R \to \infty$ separiert dieses System in zwei neutrale H-Atome,

3.4 Die kovalente Bindung

die sich in ihrem jeweiligen 1s-Grundzustand befinden. Wir bezeichnen Bindungen, die auf Grund derartiger Orbitale zustande kommen, als *kovalent*. Wir sehen also, dass in der Heitler-London Näherung nur der kovalente Anteil Berücksichtigung findet, während in der MO-Näherung der ionische und der kovalente Anteil mit gleichem Gewicht eingehen.

Vergleichen wir also die beiden Näherungen so sehen wir, dass die MO-Näherung den ionischen Anteil überbewertet, während die Heitler-London-Näherung diesen unterbewertet. Eine Verbesserung der Näherungsmethoden können wir deshalb dadurch erreichen, indem wir den Ansatz

$$\Psi^{s,\text{MO}} = (1 - \lambda)\, \Psi^{s}_{\text{ionisch}} + (1 + \lambda)\, \Psi^{s}_{\text{kovalent}}, \qquad 0 \leq \lambda \leq 1 \tag{3.4.35}$$

machen, der es gestattet, das Verhältnis von ionischem und kovalentem Bindungsanteil durch einen Parameter λ zu regeln. Für $\lambda = 0$ sind der ionische und kovalente Bindungsanteil gleich gewichtet. Vergrößern wir λ, so reduzieren wir das Gewicht des ionischen Anteils und gelangen dadurch zu einer realistischeren Situation. In der Tat lässt sich dadurch eine bessere Übereinstimmung mit dem Experiment erzielen. Optimieren wir den Parameter $\lambda(R)$ durch eine Variationsrechnung, so erhalten wir $E_B = -4.0\,\text{eV}$ bei $R_0 = 0.75\,\text{Å}$ bei $\frac{1-\lambda}{1+\lambda} = 0.2$ (experimenteller Wert: $E_B^{\text{exp}} = -4.747\,\text{eV}$). Der ionische Anteil variiert stark mit R. Für $R \to \infty$ geht er gegen null. Die Potenzialkurve sowie elektronische Ladungsverteilungen im Grundzustand des Wasserstoffmoleküls bei verschiedenen Protonenabständen sind in Abb. 3.14 gezeigt. Wir wollen ferner festhalten, dass eine kovalente Bindung zwischen ungleichen Atomen immer einen gewissen ionischen Charakter hat. In Tabelle 3.7 ist der Charakter von Bindungen zwischen Atomen mit zunehmender Valenz zusammengestellt. Wir erhalten einen fließenden Übergang von einer rein ionischen zu einer rein kovalenten Bindung.

Tabelle 3.7: Übergang von einer rein ionischen zu einer rein kovalenten Bindung mit zunehmender Valenz der Bindungspartner.

	Beispiel	Bindungstyp	Kristallstruktur
I–VII	Alkalihalogenide	$\simeq$ ionisch	NaCl
II–VI	Erdalkalihalogenide	mehr ionisch	NaCl
II–VI	ZnS, CdS, HgS	mehr kovalent	ZnS
III–V	GaAs, InSb	überwiegend kovalent	ZnS
IV–IV	C, Si, Ge, α-Sn	$\simeq$ kovalent	Diamant

Eine weitere Verbesserung können wir dadurch erreichen, dass wir eine mögliche Verzerrung der Atomorbitale bei der Annäherung der beiden Wasserstoffatome berücksichtigen. Dies können wir dadurch erreichen, indem wir für das Molekülorbital die Linearkombination

$$\Psi = \sum_{i=1}^{N} c_i \phi_i \tag{3.4.36}$$

aus N atomaren Orbitalen ansetzen. In der Summe werden alle Orbitale berücksichtigt, die das verformte 1s-Orbital bei der Annäherung möglichst gut wiedergeben. Als Molekülorbital für beide Elektronen kann dann entweder in der Molekülorbitalnäherung das Produkt

$$\Psi(\mathbf{r}_1, \mathbf{r}_2) = \Psi(\mathbf{r}_1) \cdot \Psi(\mathbf{r}_2) \tag{3.4.37}$$

oder in der Heitler-London-Näherung den Ansatz

$$\Psi(\mathbf{r}_1, \mathbf{r}_2) = \sum_{i,k} c_i\, \phi_i(\mathbf{r}_1) \cdot \phi_k(\mathbf{r}_2) \tag{3.4.38}$$

benutzt werden. In beiden Fällen werden die Koeffizienten so optimiert, dass die Gesamtenergie $E(R)$ minimal wird. Sehr gute Rechnungen mit bis zu 50 Funktionen ϕ_i ergeben $E_B = -4.7467$ eV, was mit dem experimentellen Wert $E_B^{\exp} = -4.747$ eV sehr gut übereinstimmt.

Wir können nun folgendes zur kovalenten Bindung zusammenfassen: Die kovalente Bindung erfolgt durch den Austausch gemeinsamer Elektronen zwischen zwei Atomen und die dadurch erfolgte Umordnung der Dichteverteilung der Elektronen, die zu einer Erhöhung der Dichte der Elektronen zwischen den beiden Kernen und damit einer gerichteten elektrostatischen Anziehung führt. Sie spielt nur dann eine Rolle, wenn $R < r_A + r_B$, d. h. wenn der Abstand R der Kerne klein gegenüber der Summe der Atomradien der beiden Atome ist. Dieser Effekt schlägt sich im Valenzbindungsmodell der Chemie nieder. Ferner teilen sich, wie oben bereits diskutiert wurde, bei der kovalenten Bindung beide Atome ein oder mehrere Elektronen. Die im Vergleich zum Atomorbital größere räumliche Ausdehnung des Molekülorbitals verringert die mittlere kinetische Energie der an der Bindung beteiligten Valenzelektronen. Dieser Effekt trägt zum Minimum in der Potenzialkurve bei, in der ja die mittlere kinetische Energie enthalten ist. Dieser Beitrag zu Molekülbindung wird Austauschwechselwirkung genannt, weil er auf dem Austausch ununterscheidbarer Elektronen resultiert, und ist rein quantenmechanischer Natur. Beide zur Bindung führenden Effekte spielen für $R < r_A + r_B$, also für Abstände, bei denen sich die beiden Elektronenhüllen der Atome überlagern, eine Rolle. Es gibt also hier gemeinsame Elektronen.

3.4.3 Vertiefungsthema: Hybridisierung

Bei der Diskussion der kovalenten Bindung haben wir Einelektronenatomzustände zu Molekülorbitalen gemischt (LCAO-Verfahren). In manchen Fällen kann es aber günstiger sein, zuerst gewisse Atomorbitale zu mischen und diese gemischten Atomorbitale zur Molekülbindung heranzuziehen. Die Mischung von Atomorbitalen bezeichnen wir als **Hybridisierung**. Sie kommt bei freien Atomen nicht vor. Hybridisierung ist vor allem dann einfach möglich, wenn der energetische Unterschied zwischen den beteiligten Einelektronorbitalen im Molekülfeld klein wird.

3.4.3.1 Das Wassermolekül

Wir wollen uns die Bedeutung der Hybridisierung am Beispiel des Wassermoleküls H_2O klarmachen. Für die Bindung des H_2O-Moleküls müssen wir die Elektronen in den ungefüllten Schalen, also die $1s$-Orbitale des Wasserstoffs und die vier Valenzorbitale $2s, 2p_x, 2p_y$ und $2p_z$ des Sauerstoffs betrachten. Die Elektronenkonfiguration des Sauerstoff lautet $2s^2, 2p_x^1, 2p_y^1, 2p_z^2$. Wir könnten deshalb annehmen, dass nur die beiden ungepaarten $2p_x$ und $2p_y$ Elektronen des Sauerstoffs zur Bindung beitragen, da nur dann ein bindendes Orbital mit je einem Elektron des O- und des H-Atoms mit einer großen Elektronendichte

3.4 Die kovalente Bindung

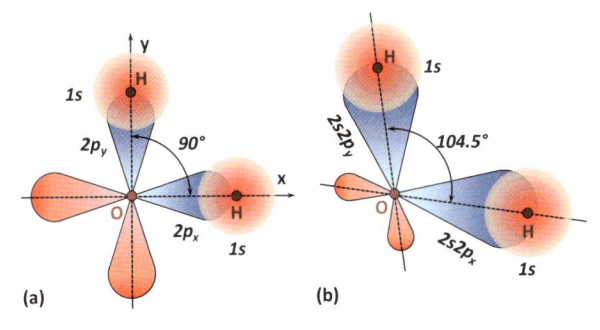

Abb. 3.16: (a) Bindung zwischen den 1s-Orbitalen der H-Atome und den $2p_x$- und $2p_y$-Orbitalen des Sauerstoffatoms ohne Hybridisierung. (b) Bildung des Wassermoleküls mit hybridisierten Orbitalen.

zwischen den beiden Kernen zustandekommt. Wir erhalten deshalb für die bindenden Molekülorbitale die symmetrischen Linearkombinationen

$$\Psi_1 = c_1\,\phi(1s) + c_2\,\phi(2p_x) \tag{3.4.39}$$

$$\Psi_2 = c_3\,\phi(1s) + c_4\,\phi(2p_y)\,, \tag{3.4.40}$$

die jeweils von zwei Elektronen mit entgegengesetztem Spin (antisymmetrische Spinfunktion) besetzt werden. In diesem Fall würden wir die in Abb. 3.16a gezeigte Situation erhalten, nämlich ein Wasserstoffmolekül mit einem Bindungswinkel von 90°. Der experimentelle Wert liegt dagegen bei 104.5°.

Die Ursache für einen von 90° abweichenden Bindungswinkel ist die Hybridisierung des 2s-Orbitals mit den 2p-Orbitalen des Sauerstoffs. Anschaulich können wir uns das so vorstellen, dass durch die Wechselwirkung der Elektronen des O- und des H-Atoms die Elektronenhüllen der Atome leicht deformiert werden. Deshalb ist das 2s-Orbital nicht mehr völlig kugelförmig, sondern muss als Linearkombination

$$\Phi = b_1\phi(2s) + b_2\phi(2p) \tag{3.4.41}$$

geschrieben werden. Durch die Beimischung der 2p-Orbitale wird der Schwerpunkt der Ladungsverteilung (siehe Abb. 3.17) verschoben, wodurch ein größerer Überlapp der Wellenfunktion Φ mit den 1s-Orbitalen des H-Atoms und dadurch eine bessere Bindung resultiert. Wir müssen jetzt noch die Wellenfunktion Φ für die größtmögliche Bindungsenergie

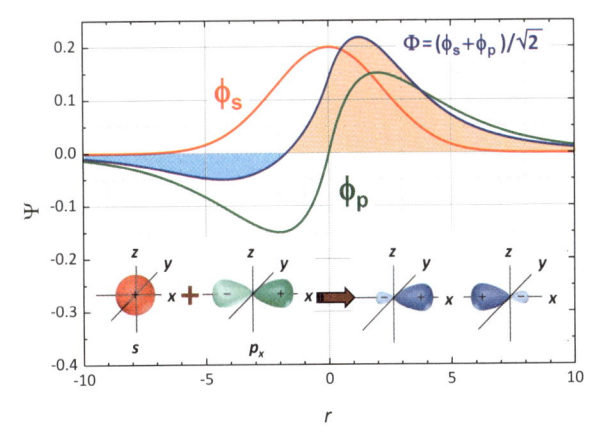

Abb. 3.17: Schematische Darstellung der Bildung einer Linearkombination von s- und p-Orbitalen zur Bildung eines sp-Hybridorbitals.

optimieren. Hierzu variieren wir die Koeffizienten b_i in (3.4.41) so, dass die Bindungsenergie zwischen den H-Atomen und dem O-Atom maximal wird, also die Gesamtenergie des Moleküls minimiert wird. Mit den so gefundenen Koeffizienten erhalten wir **Hybridorbitale** (siehe Abb. 3.16b), die nicht mehr wie die $2p_x$ und $2p_y$ Orbitale senkrecht aufeinander stehen, sondern einen Winkel von 104.5° miteinander einschließen.

3.4.3.2 *sp*-, *sp*²- und *sp*³-Hybridisierung

Wir wollen uns in diesem Abschnitt näher mit der Hybridisierung von s- und p-Orbitalen beschäftigen, die vor allem für Kohlenstoffverbindungen sehr wichtig ist. Die Elektronenkonfiguration des Kohlenstoffatoms ist in seinem Grundzustand

$$(1s^2)(2s^2)(2p_x)(2p_y).$$

Das Kohlenstoffatom besitzt also 2 ungepaarte Elektronen in der $2p$-Unterschale, welche ohne Hybridisierung zu zwei gerichteten Bindungen in x- und y-Richtung und damit zu einem Bindungswinkel von 90° führen würden. Es kann nun aber in vielen Fällen energetisch günstiger sein, wenn neben den beiden $2p$-Elektronen auch noch die $2s$-Elektronen an der Bindung teilnehmen. Durch eine Verformung der $2s$-Orbitale kann nämlich ein Überlapp mit den Elektronenhüllen der an das C-Atom bindenden Atome erreicht werden und damit eine Vergrößerung der Bindungsenergie. Natürlich muss der Zugewinn an Bindungsenergie dabei größer sein als die Energie, die notwendig ist, um ein $2s$-Elektron in einen $2p$-Zustand anzuheben.

sp-Hybridisierung: Wir sprechen von sp-Hybridisierung, wenn sich ein s-Orbital nur mit einem p-Orbital mischt. Zur Analyse der sp-Hybridisierung betrachten wir die beiden Linearkombinationen eines s-Orbitals mit dem noch unbesetzten p_z-Orbital:

$$\Phi_1 = c_1 \phi(s) + c_2 \phi(p_z) \tag{3.4.42}$$

$$\Phi_2 = c_3 \phi(s) + c_4 \phi(p_z). \tag{3.4.43}$$

Die Koeffizienten c_i können wir aus den Normierungs- und Orthogonalitätsbedingungen

$$\int |\Phi_i|^2 \, dV = 1 \tag{3.4.44}$$

$$\int \Phi_i^* \Phi_k \, dV = \delta_{ik} \tag{3.4.45}$$

bestimmen. Wir erhalten

$$c_1 = c_2 = c_3 = \frac{1}{\sqrt{2}}, \qquad c_4 = -\frac{1}{\sqrt{2}} \tag{3.4.46}$$

und damit die beiden sp-Hybridorbitale

$$\Phi_1 = \frac{1}{\sqrt{2}} \big(\phi(s) + \phi(p_z)\big) \tag{3.4.47}$$

$$\Phi_2 = \frac{1}{\sqrt{2}} \big(\phi(s) - \phi(p_z)\big). \tag{3.4.48}$$

3.4 Die kovalente Bindung

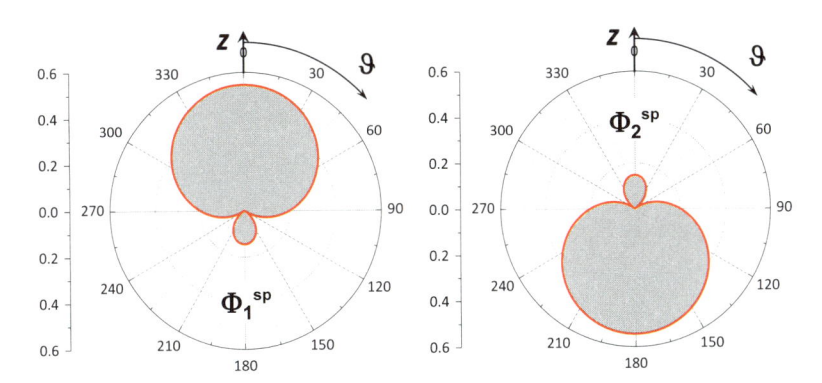

Abb. 3.18: Polardarstellung der Orbitale der sp-Hybridisierung. Der Winkel ϑ wird gegen die z-Achse gemessen.

Mit der Winkelabhängigkeit $p_z = \sqrt{\frac{3}{4\pi}} \cos\vartheta$ erhalten wir

$$\Phi_{1,2}^{sp}(\vartheta) = \sqrt{\frac{1}{8\pi}} \left(1 \pm \sqrt{3}\cos\vartheta\right), \tag{3.4.49}$$

wobei der Winkel ϑ gegen die z-Achse gemessen wird (siehe Abb. 3.18). Wir sehen, dass $|\Phi_{1,2}^{sp}|^2$ für die Winkel $\vartheta = 0°$ und $180°$ maximal werden.

Durch die sp-Hybridisierung erhalten wir also zwei entgegengesetzt orientierte Bindungen, die zu einem linearen Molekül führen. Bei einem Kohlenstoffatom sind zusätzlich zu den beiden sp-Hybridorbitalen noch die $2p_x$- und $2p_y$-Orbitale vorhanden, so dass das Kohlenstoffatom insgesamt vier freie Bindungen hat. Geht das Kohlenstoffatom eine Bindung mit zwei anderen Atomen ein (z. B. in CO_2), so wird bei einer sp-Hybridisierung der Überlapp mit den Atomorbitalen für die beiden entgegengesetzten Richtungen am größten. Wir erhalten somit ein lineares O=C=O Molekül.

sp^2-Hybridisierung: Für manche Verbindungen des Kohlenstoffatoms mit anderen Atomen ist es günstiger, wenn das s- und die beiden p-Elektronen eine räumliche Verteilung haben, die durch eine Linearkombination eines s-Orbitals und zweier p-Orbitale entsteht. Wir sprechen dann von einer sp^2-Hybridisierung, bei der wir drei Hybridorbitale aus Linearkombinationen der Atomorbitale $\phi(s)$, $\phi(p_x)$ und $\phi(p_y)$ bilden. Analog zur sp-Hybridisierung erhalten wir unter Berücksichtigung der Normierungs- und Orthogonalitätsbedingungen die drei Orbitalfunktionen

$$\Phi_1^{sp^2} = \frac{1}{\sqrt{3}}\left(\phi(s) + \sqrt{2}\phi(p_x)\right), \tag{3.4.50}$$

$$\Phi_2^{sp^2} = \frac{1}{\sqrt{3}}\left(\phi(s) - \frac{1}{\sqrt{2}}\phi(p_x) + \sqrt{\frac{3}{2}}\phi(p_y)\right), \tag{3.4.51}$$

$$\Phi_3^{sp^2} = \frac{1}{\sqrt{3}}\left(\phi(s) - \frac{1}{\sqrt{2}}\phi(p_x) - \sqrt{\frac{3}{2}}\phi(p_y)\right). \tag{3.4.52}$$

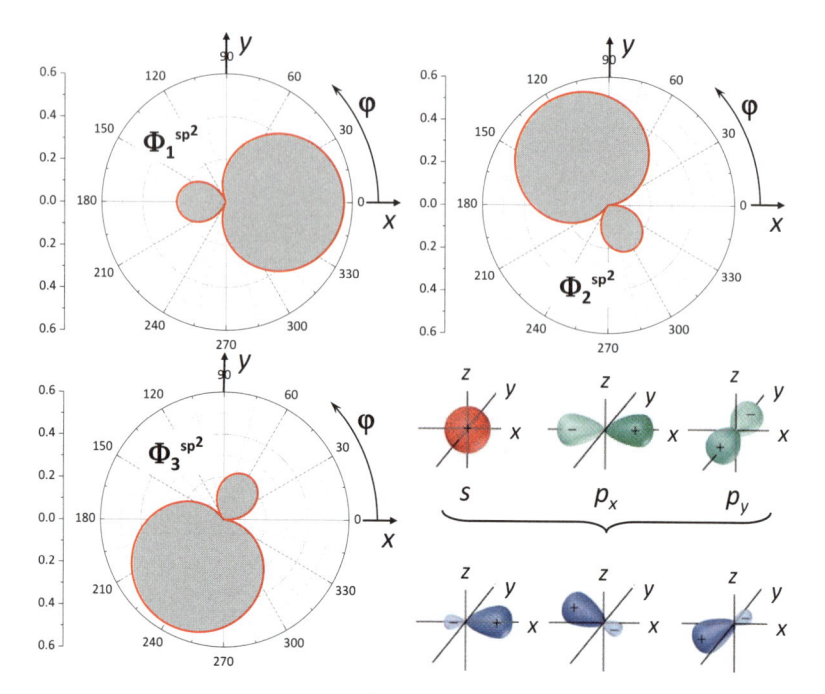

Abb. 3.19: Polardarstellung der Orbitale der sp^2-Hybridisierung. Der Winkel φ wird gegen die x-Achse gemessen.

Die Winkelanteile dieser Funktionen sind durch

$$\Phi_1^{sp^2} = \frac{1}{\sqrt{4\pi}} \left(\frac{1}{\sqrt{3}} + \sqrt{2} \cos \varphi \right),$$

$$\Phi_2^{sp^2} = \frac{1}{\sqrt{4\pi}} \left(\frac{1}{\sqrt{3}} - \frac{1}{\sqrt{2}} \cos \varphi + \sqrt{\frac{3}{2}} \sin \varphi \right), \qquad (3.4.53)$$

$$\Phi_3^{sp^2} = \frac{1}{\sqrt{4\pi}} \left(\frac{1}{\sqrt{3}} - \frac{1}{\sqrt{2}} \cos \varphi - \sqrt{\frac{3}{2}} \sin \varphi \right)$$

gegeben, wobei der Winkel φ gegen die x-Achse gemessen wird. In Abb. 3.19 sind die Winkelverteilungen der drei Hybridorbitale dargestellt. Sie haben ihr Maximum für 0°, 120° und 240°. Wir sehen daraus, dass die sp^2-Hybridisierung zu drei gerichteten Bindungen führt, die in einer Ebene liegen. Das vierte Orbital ($2p_z$) steht senkrecht auf diesem Stern und kann eine so genannte π-Bindung bilden. Diese Elektronen sind vollständig delokalisiert und führen zu einer guten elektrischen Leitfähigkeit entlang der Kohlenstoffebenen. Ein prominenter Vertreter dieses Bindungstyps ist Graphit. Die flächenhaften sp^2-Hybridorbitale führen zusammen mit der π-Bindung zu einer starken Bindung der Kohlenstoffatome innerhalb der Ebenen (4.3 eV). Die Ebenen untereinander sind nur locker über Van-der-Waals-Kräfte gebunden, die Bindungsenergie beträgt hier lediglich 0.07 eV. Der Abstand

3.4 Die kovalente Bindung

der Kohlenstoffatome innerhalb der Ebenen beträgt 1.42 Å, der Abstand der Ebenen aufgrund der wesentlich schwächeren Bindung dagegen 3.35 Å. Durch die drei keulenförmigen Hybridorbitale, die einen 120°-Stern bilden, entsteht eine sechseckförmige Anordnung der Kohlenstoffatome innerhalb der Ebenen (siehe hierzu Abb. 1.27).

sp^3-Hybridisierung: Ganz analog zur sp- und sp^2-Hybridisierung lässt sich die sp^3-Hybridisierung behandeln, die z. B. beim Methanmolekül CH$_4$ vorliegt. Im Falle einer sp^3-Hybridisierung mischen wir das s-Orbital mit allen 3 p-Orbitalen. Die daraus entstehenden normierten und orthogonalen Hybridorbitale sind

$$\Phi_1^{sp^3} = \frac{1}{2}\left(\phi(s) + \sqrt{3}\phi(p_z)\right),$$

$$\Phi_2^{sp^3} = \frac{1}{2}\left(\phi(s) + \sqrt{\frac{8}{3}}\phi(p_x) - \sqrt{\frac{1}{3}}\phi(p_z)\right),$$

$$\Phi_3^{sp^3} = \frac{1}{2}\left(\phi(s) - \sqrt{\frac{2}{3}}\phi(p_x) + \sqrt{2}\phi(p_y) - \sqrt{\frac{1}{3}}\phi(p_z)\right), \qquad (3.4.54)$$

$$\Phi_4^{sp^3} = \frac{1}{2}\left(\phi(s) - \sqrt{\frac{2}{3}}\phi(p_x) - \sqrt{2}\phi(p_y) - \sqrt{\frac{1}{3}}\phi(p_z)\right).$$

Setzen wir in diese Ausdrücke die Winkelanteile ein, so erhalten wir für die vier sp^3-Hybridorbitale Maxima, die in den Ecken eines Tetraeders liegen. Der Tetraederwinkel θ beträgt 109,47° (siehe Abb. 3.20b). Die tetraedrische kovalente Bindung ist ein besonders wichtiger Bindungstyp, der bei vielen Elementen der 4. Hauptgruppe wie z. B. C, Si oder Ge auftritt. Die Bindungsenergie ist trotz der geringen Zahl von nur 4 Bindungspartnern hoch. Sie beträgt bei Diamant 7.36 eV/Atom, bei Si 4.64 eV/Atom und bei Ge 3.87 eV/Atom.

3.4.3.3 Hybridisierung und Molekülgeometrie

Außer der Mischung von s- und p-Orbitalen können natürlich auch d-Orbitale in der Hybridisierung vorkommen. Sie führen ebenfalls zu gerichteten Bindungen mit unterschiedlicher Molekülgeometrie. In Tabelle 3.8 sind einige Hybridisierungstypen und die daraus resultierende Molekülgeometrie zusammengestellt. Wir haben bereits gesehen, dass eine sp^3-Hybridisierung zu einer tetraedrischen Geometrie führt (siehe Abb. 3.20). Eine sp^2d-Hybridisierung führt zu vier gerichteten Bindungen, die alle in einer Ebene liegen und den Winkel 90° miteinander einschließen. Dies resultiert in einer quadratisch-planaren Molekülgeometrie. Wir sehen daraus, dass wir die Geometrie eines Moleküls aus seinen Molekülorbitalen bestimmen können. Die eigentlich bindenden Molekülorbitale sind dann Linearkombinationen aus den atomaren Hybridorbitalen des Atoms A und der Atomorbitale der an der Bindung beteiligten Atome B. Dies ist in Abb. 3.20a für CH$_4$ gezeigt. Die sp^3-Hybridorbitale des Kohlenstoff überlappen mit den 1s-Orbitalen der Wasserstoffatome. Die bindenden Molekülorbitale ergeben sich deshalb als Linearkombinationen aus den sp^3-Hybridorbitalen und den 1s-Orbitalen.

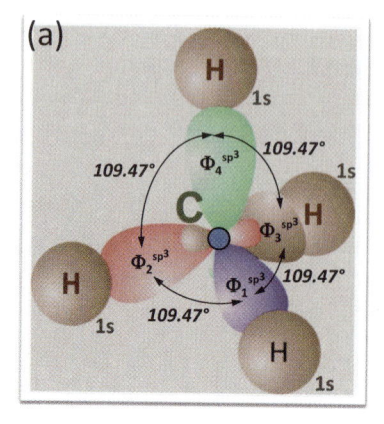

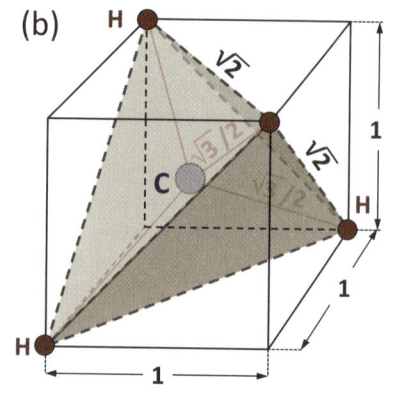

Abb. 3.20: (a) Orientierung der vier sp^3-Hybridorbitale bei der Bindung im CH_4-Molekül. (b) Die aus der sp^3-Hybridisierung resultierende Tetraederstruktur.

Tabelle 3.8: Hybridisierungstypen, Anzahl der Hybridorbitale und resultierende Molekülgeometrie.

Hybridtyp	Anzahl	Geometrie	Beispiel
sp	2	linear	C_2H_2
sp^2	3	eben, 120°	C_2H_4
sp^3	4	tetraedrisch	CH_4
sp^2d	4	eben, quadratisch	XeF_4
sp^3d	5	dreiseitige Doppelpyramide	SF_4
sp^3d^2	6	Oktaeder	SF_6

Wir weisen nochmals darauf hin, dass das Grundprinzip der Hybridisierung immer die Minimierung der Gesamtenergie durch Maximierung der (negativen) Bindungsenergie ist. Dies wird dadurch erreicht, dass der Überlapp zwischen den Wellenfunktionen der an der Bindung beteiligten Atome optimiert wird. Um festzustellen, welche Hybridisierung für eine bestimmte Bindung optimal ist, müssen wir das Überlappintegral S zwischen den beteiligten Orbitalen berechnen. Für eine C-C Bindung erhält man z. B., dass das Überlappintegral für eine sp-Hybridisierung größer ist als für eine sp^2- oder eine sp^3-Hybridisierung.

3.4.3.4 Kohlenstoffchemie

Die starke Neigung des Kohlenstoffs zur Hybridisierung ist ein wesentlicher Punkt der speziellen Chemie des Kohlenstoffs (organische Chemie), die ganz entscheidend für die Grundlagen unseres Lebens ist. Kohlenstoff kommt schon in elementarer Form in verschiedenen Modifikationen vor.

Graphit ist eine planare, hexagonale Schichtstruktur. Die Bindung in Graphit basiert auf einer sp^2-Hybridisierung (planare Koordination), was nach unserer obigen Diskussion eine planare Bindungsgeometrie nahelegt. Im Graphit liegen ebene Sechsecke aus trigonal planar koordinierten C-Atomen vor. Es gibt unterschiedliche Stapelfolgen, ABAB (hexagonaler Graphit) oder ABC (rhomboedrischer Graphit) und daneben viele Polytype.[16]

---

[16] Polytypie bezeichnet das Phänomen, dass eine Substanz in zwei oder mehreren verschiedenen Kombinationen schichtartiger Struktureinheiten vorliegt. Die Strukturen von Polytypen unter-

Diamant wird durch die sp^3-Hybridisierung gebildet. In der kubischen Diamant-Struktur (Schichtenfolge ...ABCABC...) sind alle Kohlenstoffatome tetraedrisch von vier weiteren C-Atomen koordiniert. Es entsteht ein Raumnetz mit Sechsringen aus C-Atomen. Neben der kubischen Diamantstruktur gibt es noch die hexagonale Diamantstruktur (sog. Lonsdaleit), die wir hier nicht diskutieren wollen.

Eine im Jahr 1985 entdeckte, ungewöhnliche Form des Kohlenstoff sind die so genannten *Fullerene*.[17,18] Der wohl bekannteste Vertreter ist C_{60}, bei dem 60 Kohlenstoffatome in 32 Ringen, nämlich 12 Fünfecken und 20 Sechsecken, angeordnet sind. Das C_{60}-Molekül hat die Form eines Fußballs mit einem Durchmesser von nur wenigen Å. Die Bindung in diesem Molekül basiert wie in Graphit auf einer sp^2-Hybridisierung. Wir können uns die fußballartigen Kohlenstoffmoleküle dadurch entstanden denken, dass eine planare Kohlenstoffschicht zu einem Ball gebogen wird. Außer zu kugelförmigen Gebilden lassen sich auch röhrenförmige Strukturen bilden, die man als *Kohlenstoff-Nanoröhrchen* (engl.: carbon nanotubes) bezeichnet. Diese Nanoröhrchen zeigen eine sehr hohe elektrische Leitfähigkeit und eignen sich deshalb zur Verdrahtung von Nanoschaltkreisen. Vor kurzem wurden sogar Transistoren auf der Basis von Kohlenstoff-Nanoröhrchen hergestellt.

3.5 Die metallische Bindung

Die metallische Bindung kommt ähnlich zur kovalenten Bindung auch dadurch zustande, dass die Elektronen der äußersten Schale (Valenzelektronen) nicht an ein Atom gebunden sind. Im Unterschied zur kovalenten Bindung steht jetzt aber kein Nachbaratom zur Verfügung, das zur Aufnahme der Valenzelektronen neigen würde. Daher entstehen keine gerichteten Bindungen, sondern die Valenzelektronen sind gleichmäßig über das ganze Metall verschmiert. Diese über den ganzen Festkörper verschmierten, frei beweglichen Elektronen bezeichnen wir als *Leitungselektronen*. Sie bilden einen See von ungebundenen Elektronen, in den die verbliebenen positiven Ionenrümpfe eingebettet sind. Im Prinzip können wir die metallische Bindung auch als Extremfall der kovalenten Bindung betrachten, bei der die Valenzelektronen nicht nur mit den benachbarten Atomen ausgetauscht werden, sondern gleichzeitig mit allen Atomen. Wir nennen solche Elektronen deshalb auch *delokalisiert*. Die Bindungsenergie bei der metallischen Bindung kommt hauptsächlich durch eine Redukti-

---

scheiden sich nur in der Abfolge und Orientierung der einzelnen Schichten, nicht aber in deren Aufbau und Zusammensetzung. Abweichungen in den Zusammensetzungen verschiedener Polytype einer Verbindung dürfen 0,25 Atome pro Formeleinheit nicht überschreiten. Bei größeren Unterschieden spricht man von Polytypoiden. Polytype besitzen in Richtung der Stapelung der schichtförmigen Baugruppen Gitterkonstanten, die ganzzahligen Vielfachen der Dicke der einzelnen Einheiten entsprechen. Die übrigen Elementarzellkanten verschiedener Polytype sind nahezu gleich. In Gegensatz hierzu brauchen verschiedene Polymorphe einer Verbindung keine strukturell ähnlichen Baueinheiten aufzuweisen. Ihre Gitterkonstanten stehen nicht notwendigerweise in einfachen ganzzahligen Verhältnissen zueinander.

[17] H. W. Kroto, J. R. Heath, S. C. O'Brien, R. F. Curl, R. E. Smalley, *C60: Buckminsterfullerene*, Nature **318**, 162–163 (1985).

[18] Für die Entdeckung der Fullerene erhielten R. F. Curl, H. W. Kroto und R. F. Smalley im Jahr 1996 den Nobelpreis für Chemie.

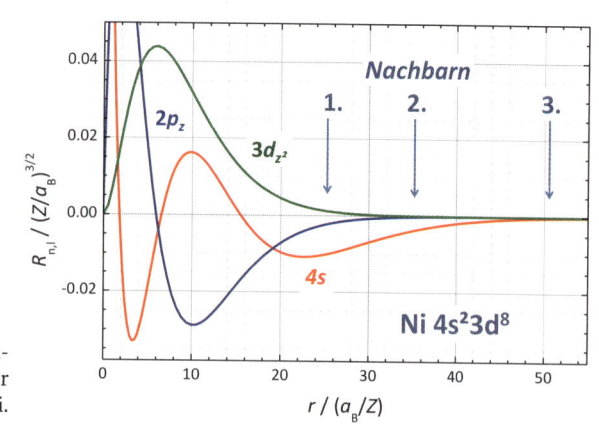

Abb. 3.21: Die Amplitude der $2p_z$-, $3d_{z^2}$- und der $4s$-Wellenfunktion von Ni.

on der kinetischen Energie der Valenzelektronen zustande. Eine quantitative Erfassung der Bindungsenergie bedarf der vollen Berechnung der elektronischen Struktur des Festkörpers.

Die starke Verschmierung der Valenzelektronen über den gesamten Kristall hängt damit zusammen, dass die Elektronenwellenfunktionen der äußeren Valenzelektronen noch eine relativ große Amplitude bei den nächsten, übernächsten und dritten Nachbarn haben. Dies ist beispielhaft in Abb. 3.21 für das $3d$-Übergangsmetall Nickel gezeigt. Das Beispiel zeigt, dass die $4s$-Wellenfunktion von Ni einen sehr starken Überlapp mit den benachbarten Atomen hat. Die $3d$-Elektronen sind dagegen viel lokalisierter. Wir können von einem Übergang von *itineranten* zu *lokalisierten* Elektronen sprechen. Diese Tatsache ist besonders wichtig hinsichtlich der magnetischen Eigenschaften von Festkörpern.

Die Bindungsenergie von Alkali-Metallen ist wesentlich kleiner als diejenige von Alkalihalogenid-Kristallen. Das bedeutet, dass die Bindung durch die freien Leitungselektronen nicht sehr stark ist. Ferner ist festzuhalten, dass der interatomare Abstand der Atome bei den Alkali-Metallen relativ groß ist. Dies ist einsichtig, da die kinetische Energie der freien Elektronen für größere Abstände kleiner wird. Da die metallische Bindung ungerichtet ist, kristallisieren Metalle hauptsächlich in dicht gepackten Strukturen (fcc, hcp und bcc) und nicht in wenig dichten Strukturen wie der Diamantstruktur (siehe hierzu Abb. 1.18). Andererseits ist die Bindungsenergie von Übergangsmetallen sehr groß (hohe Schmelztemperaturen). Dies liegt an dem erheblichen Beitrag der d-Elektronen zur metallischen Bindung. Damit sich die d-Elektronen, deren Orbitale weniger ausgedehnt sind als diejenigen der s-Elektronen, überlappen, ist eine dicht gepackte Struktur am günstigsten. In der Tat haben Übergangsmetalle häufig eine fcc- oder hcp-Struktur (siehe Abb. 1.18).

3.5.1 Bindungsenergie

Um eine Abschätzung der Bindungsenergie und des Atomabstandes für die metallische Bindung zu machen, werden wir einem Ergebnis aus Kapitel 7 vorgreifen. Wir werden dort lernen, dass im Rahmen des so genannten freien Elektronengasmodells die mittlere kinetische Energie eines Elektrons $\frac{3}{5}E_F$ beträgt, wobei $E_F = \frac{\hbar^2}{2m}(3\pi^2 n)^{2/3}$ eine für jedes Metall charakteristische Energie ist, die nur von der Elektronendichte $n = N/V$ abhängt.

3.5 Die metallische Bindung

Um eine Abschätzung der Bindungsenergie der metallischen Bindung zu machen, nehmen wir an, dass wir ein Gitter von positiven Punktladungen in einem See aus negativen Ladungen vorliegen haben, wobei die Ladung eines einzelnen Elektrons gleichmäßig über eine Kugel mit Radius r_A (halber Abstand der Atomrümpfe) verschmiert sein soll. Der charakteristische Radius r_A wird auch als *Wigner-Seitz Radius* bezeichnet. Wir können dann für ein einwertiges Metall $n = (\frac{4}{3}\pi r_A^3)^{-1}$ schreiben und erhalten für die mittlere kinetische Energie eines Elektrons

$$E_{\rm kin} = \frac{3}{5} E_F = \frac{3}{5}\left(\frac{9\pi}{4}\right)^{2/3} \frac{\hbar^2}{2m} \frac{1}{r_A^2} \simeq 2.21 \frac{\hbar^2}{2m a_B^2}\left(\frac{a_B}{r_A}\right)^2. \qquad (3.5.1)$$

Hierbei haben wir den Bohrschen Radius $a_B = 4\pi\epsilon_0 \hbar^2/me^2 = 0.529$ Å verwendet. Wir benötigen jetzt noch einen Ausdruck für die potenzielle Energie aus der elektrostatischen Wechselwirkung. Hierzu betrachten wir das elektrostatische Potenzial im Abstand r von einer Punktladung $+e$, wobei wir berücksichtigen müssen, dass diese Punktladung durch die homogene Elektronenladung teilweise abgeschirmt wird. Wir erhalten für das Potenzial

$$\frac{e - e\left(\frac{r}{r_A}\right)^3}{4\pi\epsilon_0 r}, \qquad (3.5.2)$$

wobei $r \leq r_A$. Eine elektrische Raumladung der Dichte $\rho = -e(\frac{4}{3}\pi r_A^3)^{-1}$ in einer Kugelschale der Dicke dr im Abstand r von der Punktladung $+e$ liefert zur elektrostatischen Wechselwirkungsenergie den Beitrag

$$dE_{\rm pot} = \frac{e\left[1 - \left(\frac{r}{r_A}\right)^3\right]}{4\pi\epsilon_0 r} \rho\, 4\pi r^2 dr = -\frac{3e^2}{4\pi\epsilon_0}\left(\frac{r}{r_A^3} - \frac{r^4}{r_A^6}\right) dr. \qquad (3.5.3)$$

Für die gesamte Wechselwirkungsenergie erhalten wir damit

$$E_{\rm pot} = \int_0^{r_A} dE_{\rm pot} = -\frac{9e^2}{40\pi\epsilon_0}\frac{1}{r_A} = -\frac{9}{5}\frac{\hbar^2}{2ma_B^2}\left(\frac{a_B}{r_A}\right). \qquad (3.5.4)$$

Mit Hilfe von (3.5.1) und (3.5.4) erhalten wir die Gesamtenergie pro Elektron zu

$$E = \frac{\hbar^2}{2ma_B^2}\left[\frac{3}{5}\left(\frac{9\pi}{4}\right)^{2/3}\left(\frac{a_B}{r_A}\right)^2 - \frac{9}{5}\left(\frac{a_B}{r_A}\right)\right]. \qquad (3.5.5)$$

Die in Abb. 3.22 gezeigte Gesamtenergie nimmt einen minimalen Wert für

$$\frac{r_{A,0}}{a_B} = \frac{2}{3}\left(\frac{9\pi}{4}\right)^{2/3} \simeq 2.45 \quad \text{bzw.} \quad r_{A,0} \simeq 1.3\,\text{Å} \qquad (3.5.6)$$

an. Das heißt, der Gleichgewichtsabstand zwischen zwei benachbarten Atomrümpfen ist $R_0 = 2r_{A,0} \simeq 2.6$ Å. Dies stellt trotz des stark vereinfachenden Modells bereits eine recht gute Näherung dar.

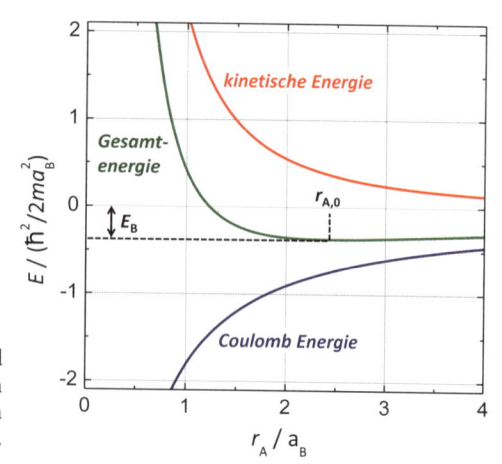

Abb. 3.22: Beiträge der kinetischen und potenziellen Energie zur metallischen Bindung aufgetragen gegen den auf den Bohrschen Radius normierten Abstand.

Bei unserer stark vereinfachten Betrachtung haben wir allerdings auch wichtige Beiträge einfach weggelassen, die aus der Elektron-Elektron-Wechselwirkung resultieren. Dies ist einmal die Austauschwechselwirkung, die in Analogie zur kovalenten Bindung durch den Überlapp der Wellenfunktionen der delokalisierten Elektronen zustandekommt. Man erhält für sie den Ausdruck (pro Elektron)

$$E_A = -\frac{8}{3}\left(\frac{9\pi}{4}\right)^{1/3}\frac{\hbar^2}{2ma_B^2}\left(\frac{a_B}{r_A}\right) \simeq -5.12\,\frac{\hbar^2}{2ma_B^2}\left(\frac{a_B}{r_A}\right). \qquad (3.5.7)$$

Ferner kommt es aufgrund des Spins der Elektronen zu Korrelationen im Elektronensystem. Der daraus resultierende Beitrag pro Elektron kann durch den Ausdruck

$$E_K = -\frac{12}{(r_A/a_B) + 7.8}\,[\text{eV}] \qquad (3.5.8)$$

approximiert werden. Berücksichtigen wir diese Zusatzbeiträge, so erhalten wir für einwertige Metalle einen Gleichgewichtsabstand $R_0 = 2r_{A,0} \simeq 3.2\,a_B$. Dieser Wert liegt um mehr als den Faktor 2 unter den experimentell gemessenen Werten. Diese Diskrepanz liegt hauptsächlich daran, dass wir bei unserer einfachen Betrachtung angenommen haben, dass sich die Elektronen gleichmäßig über den gesamten Festkörper verteilen. Tatsächlich ist es aber so, dass sich die delokalisierten Elektronen aufgrund des Pauli-Verbots kaum im Bereich der ionisierten Atomrümpfe aufhalten, die entgegen unserer zweiten vereinfachenden Annahme nicht punktförmig sind. Um dieser Tatsache Rechnung zu tragen, werden häufig so genannte *Pseudopotenziale* verwendet. Dem attraktiven Coulomb-Potenzial wird dabei empirisch ein bei kleinen Abständen wirkender abstoßender Potenzialanteil hinzugefügt. Man ersetzt also jedes atomare Potenzial durch ein viel schwächeres Potenzial, das aber für die Leitungselektronen in etwa die gleiche Streuamplitude besitzt. In diesem Fall stimmt die mit diesem schwächeren Potenzial berechnete Bandstruktur (siehe Kapitel 8) mit derjenigen überein, die mit dem ursprünglichen Potenzial berechnet wird. Der Effekt des bei kleinen Abständen wirkenden abstoßenden Potenzialanteils ist eine Reduktion der Coulomb-Energie, was zu einem größeren Gleichgewichtsabstand führt. Die so erhaltenen Werte stimmen mit den tatsächlich gemessenen $r_{A,0}$-Werten gut überein. Typische Bindungsenergien pro Atom liegen im Bereich weniger eV (Li: 1.63 eV, Na: 1.11 eV, K: 0.93 eV, Fe: 4.28 eV, Co: 4.39 eV, Ni: 4.44 eV).

3.6 Die Wasserstoffbrückenbindung

Von einer Wasserstoffbrückenbindung sprechen wir, wenn ein Wasserstoffatom an zwei weitere Atome gebunden ist. Auf den ersten Blick ist eine solche Bindung überraschend, da das Wasserstoffatom ja nur ein Elektron besitzt. Wir können uns die Wasserstoffbrückenbindung allerdings mit folgender Vorstellung veranschaulichen: Wenn ein Wasserstoffatom an einer kovalenten Bindung mit einem stark elektronegativen Atom wie z. B. Sauerstoff teilnimmt, wird das Elektron des Wasserstoffatoms fast vollständig an den Partner transferiert. Das verbleibende Proton kann dann eine anziehende Wechselwirkung auf ein weiteres negativ geladenes Ion ausüben. Das Besondere an der Wasserstoffbrückenbindung ist nun, dass das verbleibende, fast „nackte" Proton extrem klein ist (Kerndurchmesser ~ 10^{-15} m ~ $10^{-5} a_B$). Dieses Proton kann deshalb nicht an einen weiteren, dritten Partner binden (siehe Abb. 3.23). Das Wasserstoffatom ist deshalb immer zweifach koordiniert.

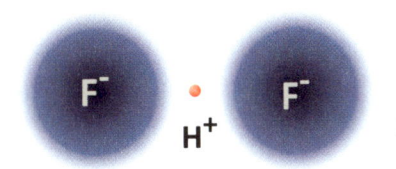

Abb. 3.23: Schematische Darstellung zur Wasserstoffbrückenbindung. Das Wasserstoffatom ist ohne Elektronenhülle als reines Proton gezeichnet.

Wasserstoffbrückenbindungen bilden sich bevorzugt zwischen zwei stark elektronegativen Partnern wie z. B. Sauerstoff, Fluor oder Stickstoff aus. Der Charakter der Bindung ist weitgehend ionisch. Typische Bindungsenergien sind hier 0.1 eV/Bindung. Ein allgemeines Kriterium für die Ausbildung einer Wasserstoffbrückenbindung ist, dass der beobachtete Abstand der Partneratome A und B kleiner ist als er bei einer reinen Van der Waals Bindung sein würde.[19]

Die Wasserstoffbrückenbindung ist für unser Alltagsleben von großer Bedeutung. Sie ist entscheidend für die Bindung in

- *Wasser*
  Die Wasserstoffbrückenbindungen führen zur Dichteanomalie des Wassers zwischen 0 und 4 °C. In flüssigem Wasser existieren H_2O-Komplexe, die durch Wasserstoffbrückenbindungen zusammengehalten werden. Im Vergleich zu Wassermolekülen ohne Brückenbindungen nehmen diese ein größeres Volumen ein. Erhöht man die Temperatur, so schmelzen die durch Brückenbindungen zusammengehaltenen Aggregate, was zu einer Erhöhung der Dichte führt. Oberhalb von 4 °C findet dann die übliche thermische Ausdehnung statt.
- *Eis*
- *organische Verbindungen* (z. B. Eiweiße, Verknüpfung der Doppelhelix in der DNS). Wasserstoffbrücken sind verantwortlich für die speziellen Eigenschaften vieler für Lebewesen wichtiger Moleküle wie z. B. von (i) Proteinen (Stabilisierung von Sekundärstrukturelementen wie Alpha-Helix und Beta-Faltblatt), (ii) der RNA (komplementäre

---

[19] M. D. Joesten, L. Schaad, *Hydrogen Bonding*, Dekker (1974).

Basenpaarung innerhalb von ncRNA-Molekülen oder zwischen RNA- und DNA-Molekülen), (iii) der DNA (komplementäre Basenpaarung innerhalb der Doppelhelix: die beiden DNA-Stränge werden von den Wasserstoffbrückenbindungen zusammengehalten, sie lassen sich jedoch beim Kopiervorgang durch Helikasen lösen – „Reißverschluss"-Prinzip) und (iv) von Wirkstoffen (die Bindungsaffinität von Wirkstoffen an ihre Zielstrukturen hängt maßgeblich von den gebildeten Wasserstoffbrücken ab).

3.7 Atom- und Ionenradien

Wir haben in Kapitel 2 gelernt, dass wir den Abstand von Atomen in Festkörpern mit Hilfe von Beugungsmethoden sehr genau messen können. Wir können allerdings nur den Abstand zwischen Atomen messen und somit eigentlich nicht einem Atom einen bestimmten Radius zuordnen. Das wäre auch nicht sinnvoll, da die Ladungsverteilung um ein Atom ja keine feste Grenze hat, sondern verschmiert ist. Nichtsdestotrotz wird das Konzept eines *Atomradius* bzw. *Ionenradius* sehr häufig angewendet, um die Existenz und wahrscheinlichen Gitterkonstanten von Verbindungen, die noch gar nicht hergestellt wurden, vorherzusagen. Andererseits kann die elektronische Konfiguration eines Atoms in einer bestimmten Verbindung häufig aus der Messung der Gitterkonstanten abgeleitet werden.

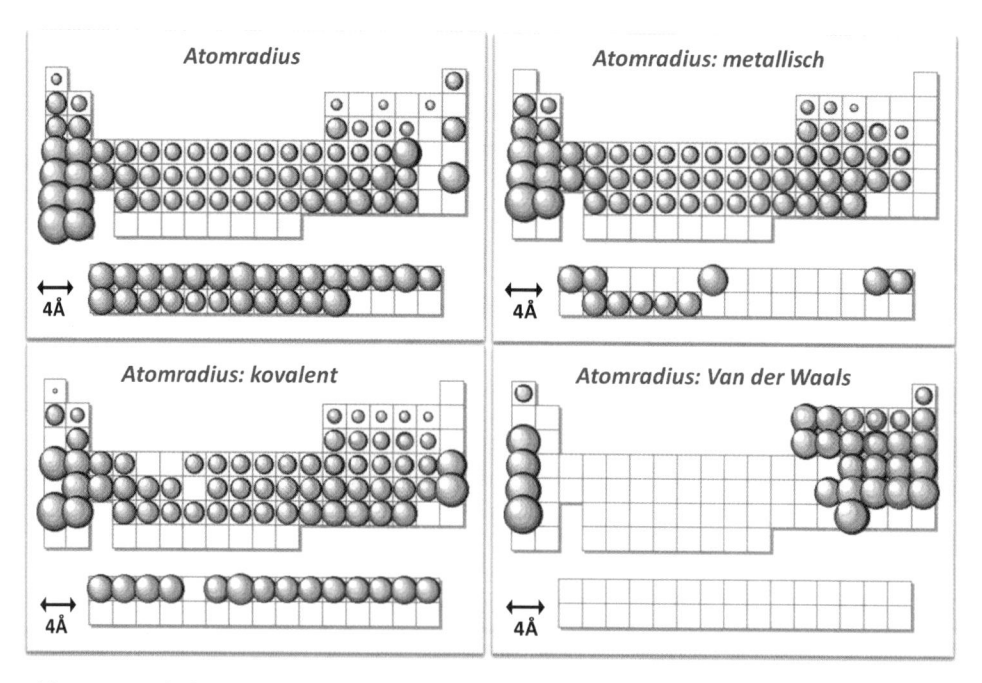

Abb. 3.24: Grafische Darstellung der Atomradien der chemischen Elemente auf der Basis des Periodensystems.

3.7.1 Atomradien

Wir können phänomenologisch einem Atom einen Radius zuordnen, indem wir die Gitterkonstante einer Verbindung als Summe der Atomradien der beteiligten Atome auffassen. Dabei müssen wir natürlich die Bindungsart (kovalent, metallisch, Van der Waals) und die Koordinationszahl berücksichtigen. In der Praxis analysiert man die Gitterabstände einer großen Zahl von Verbindungen und kann dann einen Satz selbstkonsistenter Atomradien angeben. Dies ist in Abb. 3.24 dargestellt, wo die Atomradien zusammen mit den selbstkonsistenten Radien bei einer metallischen, einer kovalenten und einer Van der Waals Bindung grafisch dargestellt sind.[20,21,22,23]

Beispiel: Der Abstand der Kohlenstoffatome in Diamant ist z. B. 1.54 Å, was einen Atomradius von 0.77 Å ergibt. In Silizium, das die gleiche Kristallstruktur hat, ist der halbe Atomabstand 1.17 Å. Wir erwarten deshalb für SiC einen Atomabstand von 1.94 Å. Dies stimmt mit dem experimentell bestimmten Wert von 1.89 Å gut überein. Im Allgemeinen erlaubt uns die Benutzung von Atomradien, die Gitterkonstante von Verbindungen im Prozentbereich vorherzusagen.

3.7.2 Ionenradien

In Abb. 3.25 sind die Radien von Ionen in ionisch gebundenen Festkörpern dargestellt. Die meisten der dargestellten Ionen besitzen Edelgaskonfiguration. Bei einer genauen Abschätzung der Gitterkonstante von Ionenkristallen muss zusätzlich zu den Ionenradien immer noch die Koordinationszahl berücksichtigt werden. Der Atomabstand ergibt sich damit zu $D_N = R_A + R_K + \Delta_N$, wobei R_A und R_K der Ionenradius des Anions und des Kations ist und Δ_N eine von der Koordinationszahl N abhängige Korrektur darstellt.

Beispiel: Wir betrachten $BaTiO_3$, das bei Raumtemperatur eine Gitterkonstante von 4.004 Å hat. Jedes Ba^{2+}-Ion hat zwölf O^{2-}-Ionen als nächste Nachbarn und wir müssen den Korrekturfaktor $\Delta_{12} = +0.19$ Å berücksichtigen. Mit $R_A(Ba^{2+}) = 1.35$ Å und $R_K(O^{2-}) = 1.405$ Å erhalten wir $D_N = R_A + R_K + \Delta_N = 1.25 + 1.40 + 0.19 = 2.94$ Å. Multiplizieren wir mit $\sqrt{2}$, so erhalten wir die Gitterkonstante $a = 4.16$ Å. Die Tatsache, dass die gemessene Gitterkonstante etwas kleiner ist, könnte ein Hinweis darauf sein, dass die Bindung nicht rein ionisch ist, sondern auch einen gewissen kovalenten Anteil hat.

---

[20] L. Pauling, *The Nature of the Chemical Bond*, 3. Auflage, Cornell (1960).
[21] R. D. Shannon, *Revised effective ionic radii and systematic studies of interatomic distances in haldies and chalcogenides*, Acta Cryst. **A 32**, 751 (1976).
[22] R. D. Shannon, C. T. Prewitt, *Effective ionic radii in oxides and fluorides*, Acta Cryst. **B 25**, 925–946 (1969).
[23] W. B. Pearson, *Crystal Chemistry and Physics of Metals and Alloys*, Wiley Interscience (1972).

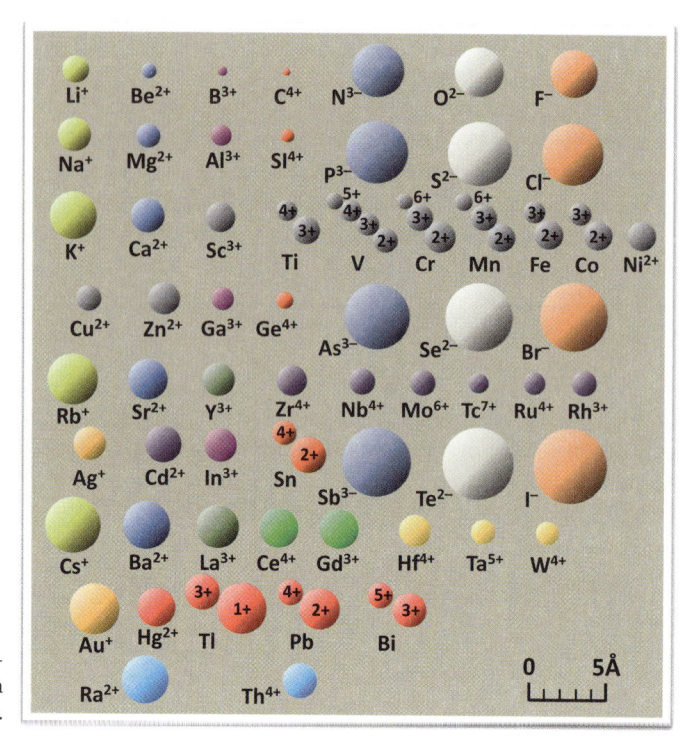

Abb. 3.25: Grafische Darstellung der Ionenradien der chemischen Elemente.

📖 Literatur

M. D. Joesten, L. Schaad, *Hydrogen Bonding*, Dekker (1974).

C. Kittel, *Einführung in die Festkörperphysik*, Oldenbourg Verlag, München (2006), Anhang B.

K. Kopitzki, *Einführung in die Festkörperphysik*, Teubner Studienbücher, 3. Auflage, B. G. Teubner, Stuttgart (1993).

H. W. Kroto, J. R. Heath, S. C. O'Brien, R. F. Curl, R. E. Smalley, *C60: Buckminsterfullerene*, Nature **318**, 162–163 (1985).

L. Pauling, *The Nature of the Chemical Bond*, 3. Auflage, Cornell (1960).

W. B. Pearson, *Crystal Chemistry and Physics of Metals and Alloys*, Wiley Interscience (1972).

R. D. Shannon, *Revised effective ionic radii and systematic studies of interatomic distances in haldies and chalcogenides*, Acta Cryst. **A 32**, 751 (1976).

R. D. Shannon, C. T. Prewitt, *Effective ionic radii in oxides and fluorides*, Acta Cryst. **B 25**, 925–946 (1969).

4 Elastische Eigenschaften von Festkörpern

Wir betrachten in diesem Kapitel die elastischen Eigenschaften von Festkörpern. Im vorangegangenen Kapitel haben wir gesehen, dass aufgrund der verschiedenen Bindungskräfte in Festkörpern die Atome einen Gleichgewichtsabstand R_0 einnehmen, für den die gesamte potenzielle Energie $U(R_0)$ ein Minimum besitzt.

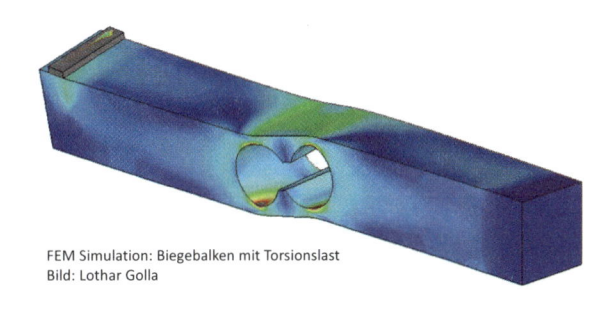

FEM Simulation: Biegebalken mit Torsionslast
Bild: Lothar Golla

Unsere Betrachtungen haben wir allerdings ohne das Einwirken einer äußeren Kraft gemacht. Wir wollen jetzt diskutieren, wie sich der mittlere Atomabstand in Festkörpern unter Einwirkung einer äußeren Kraft verhält. Es ist einsichtig, dass auf ein Atom die Rückstellkraft

$$\mathbf{F} = -\frac{\partial U}{\partial \mathbf{r}}$$

wirkt, falls es aus seiner Gleichgewichtslage ausweichen will. Wollen wir also einen Festkörper verformen, so müssen wir diese Rückstellkraft überwinden.

Bei der in diesem Kapitel vorgenommenen Betrachtung werden wir den Festkörper als ein Kontinuum annehmen. Das heißt, wir werden die atomare Struktur des Festkörpers völlig außer Acht lassen. Diese Kontinuumsnäherung ist angebracht, wenn wir nur Vorgänge auf einer Längenskala λ beschreiben, die groß gegen den mittleren Atomabstand R_0 ist. Da $R_0 \sim 1$ Å, können wir mit der Kontinuumsnäherung nur Vorgänge auf der Längenskala $\lambda \gtrsim 100$ Å betrachten. Als Beispiel diskutieren wir elastische Wellen in einem Festkörper. Da die typische Schallgeschwindigkeit von Festkörpern im Bereich $v = 10^3 - 10^4$ m/s liegt, erhalten wir für $\lambda > 100$ Å die maximale Frequenz $f = v/\lambda < 10^{11} - 10^{12}$ Hz. Falls wir also Phänomene im Frequenzbereich von Schall- oder Ultraschallfrequenzen (Hz- bis MHz-Bereich) betrachten, ist die Kontinuumsnäherung sehr gut. Die Betrachtung eines Systems mit diskreter Gitterstruktur erfolgt später in Kapitel 5, wo wir elastische Schwingungen mit sehr kleinen Wellenlängen diskutieren werden, für die die atomare Struktur des Festkörpers natürlich eine entscheidende Rolle spielt.

4.1 Grundlagen

Bei der Diskussion der elastischen Eigenschaften von Festkörpern unterscheidet man generell zwischen *elastischen* und *plastischen* Verformungen. Bei elastischen Verformungen handelt es sich um einen reversiblen Verformungsprozess, während eine plastische Verformung einen irreversiblen Verformungsprozess darstellt. Wir werden uns hier nur mit elastischen Verformungen befassen.

Dabei benutzen wir nur die Newtonschen Gesetze und das *Hookesche Gesetz*, das besagt, dass bei einer elastischen Verformung eines Festkörpers die Dehnung **e** direkt proportional zur Spannung σ ist:

$$\sigma = C\mathbf{e}. \tag{4.1.1}$$

Hierbei ist

$$\sigma \equiv \frac{\mathbf{F}}{A} = \frac{\text{Kraft}}{\text{Fläche}} \tag{4.1.2}$$

die *Spannung* (engl. stress) und

$$\mathbf{e} \equiv \frac{\Delta V}{V} \tag{4.1.3}$$

die *Dehnung* (engl. strain), die sich z. B. in einer relativen Längenänderung manifestiert. Die Proportionalitätskonstante C bezeichnen wir als *Dehnungsmodul* oder *Elastizitätsmodul*. Gleichung (4.1.1) gilt natürlich nur für den Bereich kleiner Spannungen, in dem ein linearer Zusammenhang (Hookesches Gesetz) zwischen Spannung und Dehnung besteht. Für große Spannungen erhalten wir ein kompliziertes nichtlineares Verhalten.

Wir werden im Folgenden sehen, dass die Spannung und Dehnung im Allgemeinen durch symmetrische Tensoren 2. Stufe und der Elastizitätsmodul durch einen Tensor 4. Stufe beschrieben werden müssen. Einige der nachfolgenden Zusammenhänge sehen deshalb kompliziert aus, da die Beziehungen zwischen verschiedenen Größen nicht durch Skalare, sondern durch Tensoren gegeben sind, was unvermeidlich zu einer Vielzahl von Indizes führt.

4.2 Spannung und Dehnung

4.2.1 Der Spannungstensor

Unter einer Spannung verstehen wir eine innere Kraft in einem Festkörper. Wir können diese in einem Körper wirkenden Kräfte dadurch beschreiben, dass wir den Körper in kleine Volumenelemente zerlegen, auf die diese Kräfte wirken. Die Volumenelemente erleiden unter Einwirkung der Spannungen Deformationen. Betrachten wir ganz allgemein eine auf ein Flächenelement ΔA wirkende Kraft $\Delta \mathbf{F}$, so können wir diese Kraft immer in eine Normalkomponente $\Delta \mathbf{F}_n$ und zwei zueinander senkrechte Tangentialkomponenten $\Delta \mathbf{F}_{t1}$ und $\Delta \mathbf{F}_{t2}$

4.2 Spannung und Dehnung

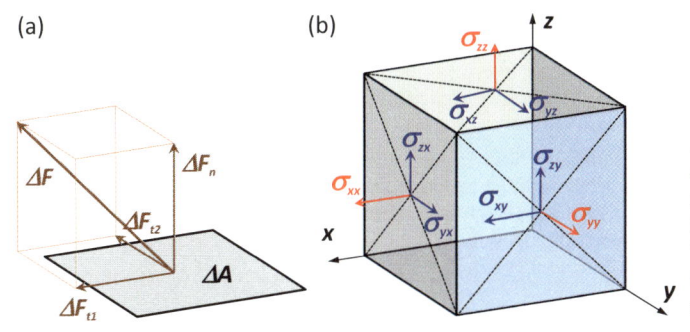

Abb. 4.1: (a) Zerlegung der an einem Flächenelement ΔA angreifenden Kraft in eine Normal- und zwei Tangentialkomponenten. (b) Zur Definition der Spannungskomponenten.

zerlegen (siehe Abb. 4.1a). Die mit der Normalkomponente verbundene Spannung $\Delta \mathbf{F}_n/\Delta A$ nennen wir **Normalspannung**, die beiden mit den Tangentialkomponenten verbundenen Spannungen $\Delta \mathbf{F}_{t1}/\Delta A$ und $\Delta \mathbf{F}_{t2}/\Delta A$ nennen wir **Schubspannungen**.

Den Spannungszustand eines kleinen, würfelförmigen Volumenelements können wir allgemein durch Angabe von 9 Größen beschreiben (siehe Abb. 4.1b), wobei wir für jede Seite des Würfels drei Kraftkomponenten angeben müssen. Ist der Würfel hinreichend klein, so wirkt auf die gegenüberliegenden Seiten die gleiche Kraft. Wir können also den Spannungszustand vollkommen durch die Elemente des **Spannungstensors**

$$\widehat{\sigma} = \begin{pmatrix} \sigma_{xx} & \sigma_{xy} & \sigma_{xz} \\ \sigma_{yx} & \sigma_{yy} & \sigma_{yz} \\ \sigma_{zx} & \sigma_{zy} & \sigma_{zz} \end{pmatrix} \tag{4.2.1}$$

charakterisieren. Hierbei sind die Komponenten definiert als (siehe hierzu Abb. 4.1b)

$$\sigma_{ij} \equiv \frac{\text{Kraftkomponente in } i\text{-Richtung}}{\text{Fläche mit Normalkomponente in } j\text{-Richtung}} \tag{4.2.2}$$

Die Komponenten σ_{xx}, σ_{yy} und σ_{zz} stellen also **Normalspannungen** und die Komponenten $\sigma_{xy}, \sigma_{yx}, \sigma_{yz}, \sigma_{zy}, \sigma_{xz}$ und σ_{zx} **Schubspannungen** dar. Aus der Definition (4.2.2) und Abb. 4.1b erkennen wir, dass bei den Normalspannungen die Kraft senkrecht auf der betreffenden Fläche steht, während bei den Schubspannungen die Kraft parallel zur Fläche gerichtet ist.

Wir wollen uns nun überlegen, ob alle 9 Komponenten des Spannungstensors unabhängig voneinander sind. Hierzu fordern wir, dass durch die wirkenden Spannungen keine Dreh- oder Translationsbewegung erzeugt werden soll. Daraus erhalten wir sofort die Bedingung (siehe hierzu Abb. 4.2), dass Folgendes gilt:

- Die auf entgegengesetzte Flächen (eines Würfels) wirkenden Spannungen müssen gleich mit umgekehrtem Vorzeichen sein (dies ist immer erfüllt, wenn wir das betrachtete Würfelelement klein machen). Abb. 4.2 zeigt, dass die Kräfte in x- und y-Richtung verschwinden.
- Damit kein Drehmoment auftritt, muss

$$\sigma_{ij} = \sigma_{ji} \tag{4.2.3}$$

gelten.

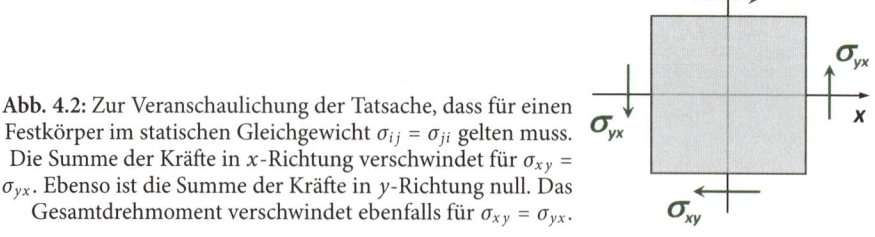

Abb. 4.2: Zur Veranschaulichung der Tatsache, dass für einen Festkörper im statischen Gleichgewicht $\sigma_{ij} = \sigma_{ji}$ gelten muss. Die Summe der Kräfte in x-Richtung verschwindet für $\sigma_{xy} = \sigma_{yx}$. Ebenso ist die Summe der Kräfte in y-Richtung null. Das Gesamtdrehmoment verschwindet ebenfalls für $\sigma_{xy} = \sigma_{yx}$.

Wir haben dadurch nur 6 unabhängige Spannungskomponenten, nämlich 3 Normal- und 3 Schubspannungskomponenten. Der Spannungstensor ist symmetrisch.

4.2.1.1 Zug, Biegung, Scherung, Torsion

Die Bezeichnungen Zug, Biegung, Scherung und Torsion beschreiben elementare Belastungsfälle:

- ■ *Zug* bzw. *Druck* tritt auf, wenn die Schubspannungen verschwinden und die Kraft gleichmäßig am Körper angreift. Der Körper reagiert mit **Dehnung** und **Querdehnung** (siehe Abb. 4.3a und b). Liegt isotroper Druck (hydrostatischer Druck) vor, so wirkt der gleiche Druck auf alle Seiten des Körpers und der Körper reagiert mit einer Volumenänderung (siehe Abb. 4.3c).

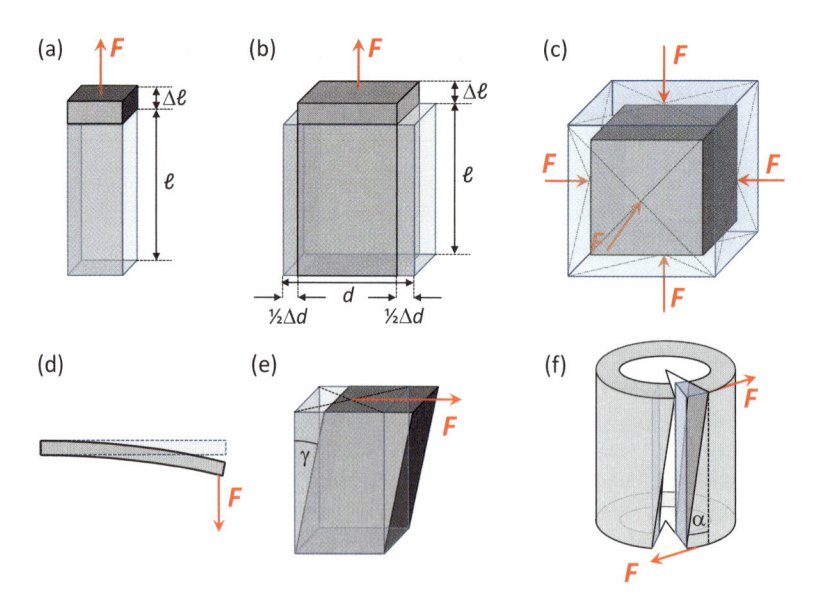

Abb. 4.3: Zur Veranschaulichung einer Dehnung (a), einer Querdehnung (b), einer allseitigen Kompression (c), einer Biegung (d), einer Scherung (e) und einer Torsion (f).

- Bei einer *Biegung* verschwinden die Schubspannungen, der Zug oder Druck greift allerdings nicht gleichmäßig an und bewirkt eine ungleichmäßige Verformung (siehe Abb. 4.3d). An einigen Stellen des Körpers resultiert eine Zug-, an anderen eine Druckbelastung.
- Eine *Scherung* tritt auf, wenn nur Schubspannungen wirken, die Kräfte also parallel zur Oberfläche des Körpers angreifen. Der Körper reagiert mit einer Verformung, die als Scherung bezeichnet wird. Hierbei ändern sich die Winkel zwischen den Kanten des Körpers (siehe Abb. 4.3e).
- Bei einer *Torsion* treten wie bei einer Scherung nur Schubspannungen auf, die aber an verschiedenen Stellen in verschiedene Richtungen zeigen und dadurch ein Drehmoment erzeugen. Dies führt zu einer Verdrehung der Körperachsen (siehe Abb. 4.3f).

Alle in der Praxis vorkommenden Belastungsfälle lassen sich aus diesen elementaren Fällen zusammensetzen.

4.2.2 Die Dehnungskomponenten

Wir wollen nun die Dehnungskomponenten allgemein für einen dreidimensionalen Festkörper definieren. Hierzu betrachten wir ein orthogonales System von Einheitsvektoren $\hat{\mathbf{x}}$, $\hat{\mathbf{y}}$ und $\hat{\mathbf{z}}$, das in einen unverspannten Festkörper eingebaut ist (siehe hierzu Abb. 4.4a). Nach einer gleichmäßigen Deformation[1] des Festkörpers, haben wir auch die Orientierung und die Länge dieser Einheitsvektoren geändert (siehe Abb. 4.4b). Das neue Koordinatensystem $\mathbf{x}'$, $\mathbf{y}'$, $\mathbf{z}'$ können wir auf der Basis des ursprünglichen Koordinatensystems schreiben als

$$\mathbf{x}' = (1 + \epsilon_{xx})\hat{\mathbf{x}} + \epsilon_{xy}\hat{\mathbf{y}} + \epsilon_{xz}\hat{\mathbf{z}} \qquad (4.2.4)$$

$$\mathbf{y}' = \epsilon_{yx}\hat{\mathbf{x}} + (1 + \epsilon_{yy})\hat{\mathbf{y}} + \epsilon_{yz}\hat{\mathbf{z}} \qquad (4.2.5)$$

$$\mathbf{z}' = \epsilon_{zx}\hat{\mathbf{x}} + \epsilon_{zy}\hat{\mathbf{y}} + (1 + \epsilon_{zz})\hat{\mathbf{z}}. \qquad (4.2.6)$$

Die Koeffizienten ϵ_{ij} beschreiben dabei die Deformation, sie sind dimensionslos und haben Werte $\ll 1$, da wir nur kleine Deformationen im Hookeschen Bereich betrachten wollen. Die Länge der neuen Achsen $\mathbf{x}'$, $\mathbf{y}'$, $\mathbf{z}'$ ist nicht eins, wie wir sofort aus

$$\mathbf{x}' \cdot \mathbf{x}' = 1 + 2\epsilon_{xx} + \epsilon_{xx}^2 + \epsilon_{xy}^2 + \epsilon_{xz}^2 \qquad (4.2.7)$$

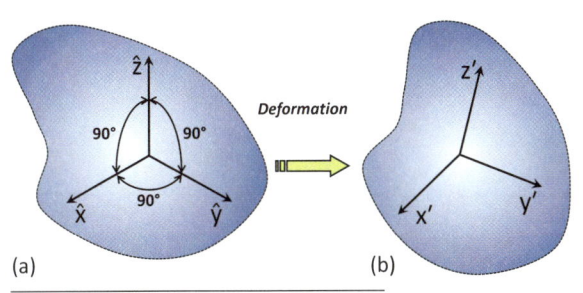

Abb. 4.4: Koordinatenachsen zur Beschreibung des Dehnungszustandes: die orthogonalen Achsen in (a) werden im gedehnten Zustand (b) verformt.

---
[1] Bei einer gleichmäßigen Deformation wird jede Einheitszelle des Festkörpers in gleicher Weise deformiert.

erkennen. Da $\epsilon_{ij} \ll 1$, können wir in guter Näherung[2]

$$x' \simeq 1 + \epsilon_{xx} + \ldots \tag{4.2.8}$$

schreiben. Das heißt, in erster Ordnung sind die relativen Änderungen der Länge der Einheitsvektoren $\widehat{\mathbf{x}}, \widehat{\mathbf{y}}$ und $\widehat{\mathbf{z}}$ gerade $\epsilon_{xx}, \epsilon_{yy}$ und ϵ_{zz}.

Wir betrachten nun die Auswirkung der Deformation (4.2.4) bis (4.2.6) auf die Position $\mathbf{r} = x\widehat{\mathbf{x}} + y\widehat{\mathbf{y}} + z\widehat{\mathbf{z}}$ eines Atoms. Falls die Deformation gleichmäßig ist, wird die neue Position durch $\mathbf{r}' = x\mathbf{x}' + y\mathbf{y}' + z\mathbf{z}'$ gegeben sein. Wir können dann den Verschiebungsvektor $\mathbf{R}$ der Deformation einführen:

$$\mathbf{R} = \mathbf{r}' - \mathbf{r} = x(\mathbf{x}' - \widehat{\mathbf{x}}) + y(\mathbf{y}' - \widehat{\mathbf{y}}) + z(\mathbf{z}' - \widehat{\mathbf{z}}) . \tag{4.2.9}$$

Benutzen wir (4.2.4) bis (4.2.6), so erhalten wir

$$\mathbf{R}(\mathbf{r}) = (x\epsilon_{xx} + y\epsilon_{yx} + z\epsilon_{zx})\widehat{\mathbf{x}} + (x\epsilon_{xy} + y\epsilon_{yy} + z\epsilon_{zy})\widehat{\mathbf{y}}$$
$$+ (x\epsilon_{xz} + y\epsilon_{yz} + z\epsilon_{zz})\widehat{\mathbf{z}} . \tag{4.2.10}$$

Den Verschiebungsvektor können wir auch ganz allgemein schreiben als

$$\mathbf{R}(\mathbf{r}) = u(\mathbf{r})\widehat{\mathbf{x}} + v(\mathbf{r})\widehat{\mathbf{y}} + w(\mathbf{r})\widehat{\mathbf{z}} . \tag{4.2.11}$$

Falls die Deformation ungleichmäßig sein sollte, müssen wir u, v und w in Bezug zu den lokalen Dehnungen setzen. Entwickeln wir den Ausdruck für $\mathbf{R}$ in eine Taylor-Reihe um $\mathbf{r} = 0$ unter Benutzung von $\mathbf{R}(0) = 0$, so erhalten wir in erster Näherung

$$\mathbf{R} \simeq \left(x\frac{\partial u}{\partial x} + y\frac{\partial u}{\partial y} + z\frac{\partial u}{\partial z}\right)\widehat{\mathbf{x}} + \left(x\frac{\partial v}{\partial x} + y\frac{\partial v}{\partial y} + z\frac{\partial v}{\partial z}\right)\widehat{\mathbf{y}}$$
$$+ \left(x\frac{\partial w}{\partial x} + y\frac{\partial w}{\partial y} + z\frac{\partial w}{\partial z}\right)\widehat{\mathbf{z}} . \tag{4.2.12}$$

Durch Vergleich von (4.2.10) mit (4.2.12) erhalten wir die Beziehungen

$$x\epsilon_{xx} \simeq x\frac{\partial u}{\partial x} \qquad y\epsilon_{yx} \simeq y\frac{\partial u}{\partial y} \qquad z\epsilon_{zx} \simeq z\frac{\partial u}{\partial z} \qquad \text{usw.} \tag{4.2.13}$$

Es ist allgemein üblich, mit den **Dehnungskoeffizienten** $e_{\alpha\beta}$ anstatt mit den Koeffizienten $\epsilon_{\alpha\beta}$ zu arbeiten. Die Dehnungskoeffizienten e_{xx}, e_{yy} und e_{zz} sind durch folgende Beziehungen mit den Koeffizienten $\epsilon_{xx}, \epsilon_{yy}$ und ϵ_{zz} verknüpft:

$$e_{xx} \equiv \frac{1}{2}\mathbf{x}' \cdot \mathbf{x}' - \frac{1}{2} = \epsilon_{xx} = \frac{\partial u}{\partial x}$$

$$e_{yy} \equiv \frac{1}{2}\mathbf{y}' \cdot \mathbf{y}' - \frac{1}{2} = \epsilon_{yy} = \frac{\partial v}{\partial y}$$

$$e_{zz} \equiv \frac{1}{2}\mathbf{z}' \cdot \mathbf{z}' - \frac{1}{2} = \epsilon_{zz} = \frac{\partial w}{\partial z} . \tag{4.2.14}$$

---

[2] Wir benutzen $\sqrt{1+x} \simeq 1 + \frac{1}{2}x$.

Die weiteren Dehnungskoeffizienten werden durch die Änderungen der Winkel zwischen den Achsen definiert. Mit (4.2.4) bis (4.2.6) erhalten wir

$$e_{xy} \equiv \frac{1}{2}\mathbf{x}' \cdot \mathbf{y}' = \frac{1}{2}\left(\epsilon_{yx} + \epsilon_{xy}\right) = \frac{1}{2}\left(\frac{\partial u}{\partial y} + \frac{\partial v}{\partial x}\right)$$

$$e_{yz} \equiv \frac{1}{2}\mathbf{y}' \cdot \mathbf{z}' = \frac{1}{2}\left(\epsilon_{zy} + \epsilon_{yz}\right) = \frac{1}{2}\left(\frac{\partial v}{\partial z} + \frac{\partial w}{\partial y}\right)$$

$$e_{zx} \equiv \frac{1}{2}\mathbf{z}' \cdot \mathbf{x}' = \frac{1}{2}\left(\epsilon_{zx} + \epsilon_{xz}\right) = \frac{1}{2}\left(\frac{\partial u}{\partial z} + \frac{\partial w}{\partial x}\right). \qquad (4.2.15)$$

Die Ausdrücke (4.2.14) und (4.2.15) zeigen, dass die dimensionslosen Dehnungskoeffizienten durch die partiellen Ableitungen der Komponenten des Verschiebungsvektors **R** nach den Koordinaten x, y, z gegeben sind. Sie bestimmen die Dehnung vollständig. Aus Symmetriegründen gilt $e_{kl} = e_{lk}$, d. h. der durch die Dehnungskoeffizienten gebildete Tensor 2. Stufe ist ein symmetrischer Tensor:

$$\widehat{\mathbf{e}} = \begin{pmatrix} e_{xx} & e_{xy} & e_{xz} \\ e_{yx} & e_{yy} & e_{yz} \\ e_{zx} & e_{zy} & e_{zz} \end{pmatrix} \qquad (4.2.16)$$

4.3 Der Elastizitätstensor

Wir haben bereits in Abschnitt 4.1 diskutiert, dass zwischen Spannung und Dehnung ein linearer Zusammenhang besteht, solange wir uns im Hookeschen Bereich genügend kleiner Deformationen befinden. In diesem Fall sind die Dehnungskoeffizienten lineare Funktionen der Spannungkomponenten und umgekehrt und es gilt

$$\sigma_{ij} = \sum_{kl} C_{ijkl} e_{kl} . \qquad (4.3.1)$$

Hierbei sind C_{ijkl} die Komponenten des *Elastizitätstensors* (engl. Young's modulus). Sie werden auch als *elastische Moduln* bezeichnet. Die Dimension der Koeffizienten ist Kraft/Fläche oder äquivalent Energie/Volumen. Die Elastizitätsmoduln C_{ijkl} bilden einen Tensor 4. Stufe, die Spannungskomponenten σ_{ij} und die Dehnungskoeffizienten e_{kl} einen Tensor 2. Stufe. Im Allgemeinen besitzt der Elastizitätstensor 81 Komponenten. Aufgrund der Symmetriebeziehungen $\sigma_{ij} = \sigma_{ji}$ und $e_{kl} = e_{lk}$ gilt aber $C_{ijkl} = C_{jikl} = C_{ijlk}$, wodurch sich die Zahl der unabhängigen Komponenten auf 36 reduziert. Aus der quadratischen Abhängigkeit der elastischen Energie von der Verformung folgt ferner $C_{ijkl} = C_{klij}$, wie wir in Abschnitt 4.3.1 zeigen werden. Somit verbleiben nur noch 21 unabhängige Komponenten. Eine weitere Reduktion erfolgt aufgrund der zugrunde liegenden Kristallsymmetrie.

In ähnlicher Weise könnten wir anstelle des Elastizitätstensors auch den inversen Tensor benutzen, der als *Nachgiebigkeitstensor* oder *Compliance-Tensor* bezeichnet wird. Seine Koeffizienten S_{ijkl} werden als *Elastizitätskoeffizienten* oder *elastische Konstanten* bezeichnet.

Sie sind durch

$$e_{ij} = \sum_{kl} S_{ijkl} \sigma_{kl} \qquad (4.3.2)$$

definiert.

Aufgrund der oben diskutierten Symmetriebeziehungen können wir eine verkürzte Notation, die so genannte *Voigt-Notation*

$$\begin{aligned} xx &\to 1, & yy &\to 2, & zz &\to 3, \\ yz = zy &\to 4, & xz = zx &\to 5, & xy = yx &\to 6 \end{aligned} \qquad (4.3.3)$$

verwenden. Berechnen wir mit Hilfe von (4.3.1) und den genannten Symmetrieüberlegungen die Komponente σ_{xx} in Tensor-Notation

$$\begin{aligned} \sigma_{xx} &= C_{xxxx} e_{xx} + C_{xxxy} e_{xy} + C_{xxxz} e_{xz} \\ &\quad + C_{xxyx} e_{yx} + C_{xxyy} e_{yy} + C_{xxyz} e_{yz} \\ &\quad + C_{xxzx} e_{zx} + C_{xxzy} e_{zy} + C_{xxzz} e_{zz} \\ &= C_{xxxx} e_{xx} + C_{xxyy} e_{yy} + C_{xxzz} e_{zz} \\ &\quad + 2 C_{xxyz} e_{yz} + 2 C_{xxxz} e_{xz} + 2 C_{xxxy} e_{xy} \end{aligned} \qquad (4.3.4)$$

und in Matrix Notation

$$\sigma_1 = C_{11} e_1 + C_{12} e_2 + C_{13} e_3 + 2\, C_{14} e_4 + 2 C_{15} e_5 + 2 C_{16} e_6, \qquad (4.3.5)$$

so erkennen wir, dass durch zusätzliches Einführen von Faktoren beim Übergang der Tensor- in die Matrix-Notation des Dehnungstensors

$$\begin{pmatrix} e_{xx} & e_{xy} & e_{xz} \\ e_{yx} & e_{yy} & e_{yz} \\ e_{zx} & e_{zy} & e_{zz} \end{pmatrix} \to \begin{pmatrix} e_1 & \frac{1}{2} e_6 & \frac{1}{2} e_5 \\ \frac{1}{2} e_6 & e_2 & \frac{1}{2} e_4 \\ \frac{1}{2} e_5 & \frac{1}{2} e_4 & e_3 \end{pmatrix} \qquad (4.3.6)$$

Gleichung (4.3.1) in folgender kompakter Form geschrieben werden kann:[3]

$$\sigma_m = \sum_{n=1}^{6} C_{mn} e_n. \qquad (4.3.7)$$

---

[3] Der zusätzliche Faktor bei den Komponenten e_4, e_5 und e_6 sorgt dafür, dass beim Übergang der Tensor- in die Matrix-Notation die elastische Energiedichte erhalten bleibt. Wir sehen leicht, dass das Skalarprodukt aus Spannung und Dehnung, $\boldsymbol{\sigma} \cdot \mathbf{e}$, in der Voigtschen Matrix-Notation gleich dem inneren Tensorprodukt, $\widehat{\boldsymbol{\sigma}} : \widehat{\mathbf{e}}$, in der Tensorschreibweise ist. Dieses Produkt entspricht gerade dem Doppelten der elastischen Energiedichte (siehe unten). Die Voigt-Notation hat den Vorteil, dass sie (i) deutlich kompakter als die vollständige Tensornotation ist, (ii) die elastische Energiedichte und die elastischen Modul erhält und (iii) dass sich die Voigtsche Steifigkeitsmatrix leicht invertieren lässt. Nachteile sind, dass Spannung und Dehnung unterschiedlich behandelt werden und die Normen der drei Tensoren nicht erhalten bleiben.

4.3 Der Elastizitätstensor

Für die 6 unabhängigen Komponenten des Spannungstensors erhalten wir dann folgende 6 Gleichungen mit 36 Koeffizienten

$$\begin{aligned}
\sigma_1 &= C_{11}e_1 + C_{12}e_2 + C_{13}e_3 + C_{14}e_4 + C_{15}e_5 + C_{16}e_6 \\
\sigma_2 &= C_{21}e_1 + C_{22}e_2 + C_{23}e_3 + C_{24}e_4 + C_{25}e_5 + C_{26}e_6 \\
\sigma_3 &= C_{31}e_1 + C_{32}e_2 + C_{33}e_3 + C_{34}e_4 + C_{35}e_5 + C_{36}e_6 \\
\sigma_4 &= C_{41}e_1 + C_{42}e_2 + C_{43}e_3 + C_{44}e_4 + C_{45}e_5 + C_{46}e_6 \\
\sigma_5 &= C_{51}e_1 + C_{52}e_2 + C_{53}e_3 + C_{54}e_4 + C_{55}e_5 + C_{56}e_6 \\
\sigma_6 &= C_{61}e_1 + C_{62}e_2 + C_{63}e_3 + C_{64}e_4 + C_{65}e_5 + C_{66}e_6 \, .
\end{aligned} \tag{4.3.8}$$

4.3.1 Elastische Energiedichte

Die Anzahl unabhängiger Komponenten des Elastizitätstensors C_{ijkl} kann durch Betrachtung der elastischen Energiedichte U weiter reduziert werden. Die elastische Energiedichte U ist eine quadratische Funktion der Dehnung und kann analog zur elastischen Energie einer gedehnten Feder geschrieben werden als

$$U = \frac{1}{2} \sum_{m=1}^{6} \sum_{n=1}^{6} e_m \widetilde{C}_{mn} e_n \, . \tag{4.3.9}$$

Hierbei sind die Indizes 1 bis 6 durch die Voigt-Notation (4.3.3) definiert.

Wir müssen nun den Zusammenhang zwischen den Koeffizienten $\widetilde{C}_{mn}$ und C_{mn} klären. Die Spannungskoeffizienten sind durch die Ableitung von U nach dem zugehörigen Dehnungskoeffizienten gegeben:

$$\begin{aligned}
\sigma_1 &= \frac{\partial U}{\partial e_1} = \widetilde{C}_{11} e_1 + \frac{1}{2} \sum_{n=2}^{6} (\widetilde{C}_{1n} + \widetilde{C}_{n1}) e_n \\
\sigma_2 &= \frac{\partial U}{\partial e_2} = \widetilde{C}_{22} e_2 + \frac{1}{2} \sum_{n=1, n\neq 2}^{6} (\widetilde{C}_{2n} + \widetilde{C}_{n2}) e_n
\end{aligned} \tag{4.3.10}$$

usw.

Wir sehen, dass in den Zusammenhang zwischen Spannung und Dehnung jeweils nur die Kombinationen $\frac{1}{2}(\widetilde{C}_{mn} + \widetilde{C}_{nm})$ eingehen. Daraus können wir ablesen, dass die Elastizitätsmoduln symmetrisch sind:

$$C_{mn} = \tfrac{1}{2}(\widetilde{C}_{mn} + \widetilde{C}_{nm}) = C_{nm} \, . \tag{4.3.11}$$

Von den 36 Koeffizienten des Elastizitätstensors bleiben also nur noch 21 übrig.

4.3.1.1 Beispiel: Volumenausdehnung

Die relative Änderung $\frac{\Delta V}{V}$ des Volumens eines Festkörpers aufgrund einer Deformation bezeichnen wir als **Volumenausdehnung** δ. Für hydrostatischen Druck ist die Volumenausdehnung negativ. Der Einheitswürfel mit den Achsen $\hat{x}$, $\hat{y}$ und $\hat{z}$ hat nach der Deformation das

durch das Spatprodukt gegebene Volumen
$$V' = (\mathbf{x}' \cdot \mathbf{y}') \times \mathbf{z}'. \tag{4.3.12}$$

Mit Hilfe von (4.2.4) bis (4.2.6) erhalten wir

$$(\mathbf{x}' \cdot \mathbf{y}') \times \mathbf{z}' = \begin{vmatrix} 1+\epsilon_{xx} & \epsilon_{xy} & \epsilon_{xz} \\ \epsilon_{yx} & 1+\epsilon_{yy} & \epsilon_{yz} \\ \epsilon_{zx} & \epsilon_{zy} & 1+\epsilon_{zz} \end{vmatrix} \simeq 1 + e_{xx} + e_{yy} + e_{zz}. \tag{4.3.13}$$

Hierbei haben wir Produkte von zwei Dehnungskoeffizienten vernachlässigt. Die Volumenausdehnung ergibt sich damit zu

$$\delta \equiv \frac{V'-V}{V} \simeq e_{xx} + e_{yy} + e_{zz}. \tag{4.3.14}$$

Die Größe δ wird häufig einfach als **Dilatation** oder **Ausdehnung** bezeichnet.

4.3.2 Kristallsymmetrie und Elastizitätsmodul

Die Zahl der unabhängigen Komponenten des Elastizitätsmoduls wird weiter reduziert, falls der betrachtete Kristall Symmetrieelemente besitzt. Wir wollen dies hier nicht ausführlich ableiten, sondern nur in Tabelle 4.1 das Ergebnis festhalten.

Tabelle 4.1: Zahl der unabhängigen elastischen Konstanten.

Kristallsystem	Punktgruppe	elastische Konstanten
triklin	alle	21
monoklin	alle	13
orthorhombisch	alle	9
tetragonal	$C_4, C_{4h}, S_4,$	7
	$C_{4v}, D_{4v}, D_{4h}, D_{2d}$	6
rhomboedrisch	$C_3, S_6,$	7
	C_{3v}, D_3, D_{3d}	6
hexagonal	alle	5
kubisch	alle	3

Für kubische Kristalle haben wir nur drei unabhängige Komponenten des Elastizitätsmoduls. Es sind dies

$$\begin{aligned} C_{11} &= C_{xxxx} = C_{22} = C_{yyyy} = C_{33} = C_{zzzz} \\ C_{12} &= C_{xxyy} = C_{23} = C_{yyzz} = C_{32} = C_{zzxx} \\ C_{44} &= C_{yzyz} = C_{55} = C_{zxzx} = C_{66} = C_{xyxy}. \end{aligned} \tag{4.3.15}$$

Alle anderen Koeffizienten sind null und wir erhalten

$$\widehat{C} = \begin{pmatrix} C_{11} & C_{12} & C_{12} & 0 & 0 & 0 \\ C_{12} & C_{11} & C_{12} & 0 & 0 & 0 \\ C_{12} & C_{12} & C_{11} & 0 & 0 & 0 \\ 0 & 0 & 0 & C_{44} & 0 & 0 \\ 0 & 0 & 0 & 0 & C_{44} & 0 \\ 0 & 0 & 0 & 0 & 0 & C_{44} \end{pmatrix}. \tag{4.3.16}$$

4.3.2.1 Vertiefungsthema: Elastizitätstensor eines kubischen Kristalls

Falls (4.3.16) richtig ist, erhalten wir aus (4.3.9) die elastische Energiedichte eines kubischen Kristalls zu

$$U = \tfrac{1}{2} C_{11}(e_1^2 + e_2^2 + e_3^2) + \tfrac{1}{2} C_{44}(e_4^2 + e_5^2 + e_6^2)$$
$$+ C_{12}(e_2 e_3 + e_3 e_1 + e_1 e_2) \,. \tag{4.3.17}$$

In der elastischen Energiedichte tauchen keine Terme der Form

$$e_{xx} e_{xy} + \ldots \qquad e_{yz} e_{xz} + \ldots \qquad e_{xx} e_{yz} + \ldots \tag{4.3.18}$$

auf. Wir wissen, dass wir für einen kubischen Kristall insgesamt 4 dreizählige Rotationsachsen haben, deren Richtungen in [111] und die dazu äquivalenten Richtungen zeigen. Drehen wir einen Würfel, dessen Kanten entlang der x-, y- und z-Achse ausgerichtet sind, um $2\pi/3$ um diese vier Rotationsachsen, so tauschen wir die x-, y- und z-Achsen gemäß folgenden vier Schemata gegeneinander aus:

$$\begin{aligned} x \to y \to z \to x & \qquad -x \to z \to -y \to -x \\ x \to z \to -y \to x & \qquad -x \to y \to z \to -x \,. \end{aligned} \tag{4.3.19}$$

Gemäß dem ersten Schema erhalten wir zum Beispiel für die Terme in (4.3.17)

$$\begin{aligned} e_{xx}^2 + e_{yy}^2 + e_{zz}^2 &\to e_{yy}^2 + e_{zz}^2 + e_{xx}^2 \\ e_{yz}^2 + e_{xz}^2 + e_{xy}^2 &\to e_{zx}^2 + e_{yx}^2 + e_{yz}^2 \\ e_{yy} e_{zz} + e_{zz} e_{xx} + e_{xx} e_{yy} &\to e_{zz} e_{xx} + e_{xx} e_{zz} + e_{yy} e_{zz} \,. \end{aligned} \tag{4.3.20}$$

Wir sehen sofort, dass (4.3.17) invariant unter der betrachteten Operation ist. Wir sehen ferner, dass für die Terme aus (4.3.18) dagegen wir immer eine Transformation aus dem Satz (4.3.19) finden können, die das Vorzeichen eines Terms ändert, da z. B. $e_{xy} = -e_{x(-y)}$. Das heißt, die Terme in (4.3.18) sind nicht invariant unter der für die kubische Symmetrie notwendigen Operation. Diese Terme dürfen also in der Tat im Ausdruck für die elastische Energiedichte nicht auftauchen.

Wir müssen jetzt noch zeigen, dass die Zahlenfaktoren in (4.3.17) richtig sind. Gemäß (4.3.9) und (4.3.17) erhalten wir

$$\begin{aligned} \frac{\partial U}{\partial e_1} &= \sigma_1 = C_{11} e_1 + C_{12}(e_2 + e_3) \\ \frac{\partial U}{\partial e_2} &= \sigma_2 = C_{11} e_2 + C_{12}(e_1 + e_3) \\ &\ldots \,. \end{aligned} \tag{4.3.21}$$

Vergleichen wir dies mit (4.3.8), so sehen wir, dass

$$C_{11} = C_{22} = C_{33}$$
$$C_{12} = C_{13} = C_{23} = C_{21} = C_{31} = C_{32}$$
$$C_{14} = C_{41} = C_{15} = C_{51} = C_{16} = C_{61} = 0 \qquad (4.3.22)$$
$$C_{24} = C_{42} = C_{25} = C_{52} = C_{26} = C_{62} = 0$$
$$C_{34} = C_{43} = C_{35} = C_{53} = C_{36} = C_{63} = 0 \, .$$

Damit erhalten wir sofort den Elastizitätstensor (4.3.16).

4.3.2.2 Elastische Konstanten eines kubischen Kristalls

Die elastischen Konstanten S_{ik} eines kubischen Kristalls hängen mit den Komponenten C_{ik} des Elastizitätsmoduls wie folgt zusammen:[4]

$$C_{44} = \frac{1}{S_{44}}$$
$$C_{11} - C_{12} = \frac{1}{S_{11} - S_{12}} \qquad (4.3.23)$$
$$C_{11} + 2C_{12} = \frac{1}{S_{11} + 2S_{12}} \, .$$

4.3.2.3 Beispiel: Bulk-Modul und Kompressibilität eines kubischen Kristalls

Für einen kubischen Kristall ist $e_{xx} = e_{yy} = e_{zz}$ und wir erhalten durch Anlegen von hydrostatischem Druck eine gleichförmige Dehnung $e_{xx} = e_{yy} = e_{zz} = \frac{1}{3}\delta$. Hierbei gilt $\sigma = -\Delta p$. Für diese Deformation erhalten wir aus (4.3.9) für einen kubischen Kristall somit die Energiedichte

$$U = \frac{1}{2}(3C_{11} + 6C_{12})\frac{\delta^2}{9} = \frac{1}{6}(C_{11} + 2C_{12})\delta^2 \, . \qquad (4.3.24)$$

Der Kompressionsmodul ist durch

$$B = -V\frac{\partial p}{\partial V} = V\frac{\partial^2 U}{\partial V^2} \qquad (4.3.25)$$

definiert (vergleiche Abschnitt 3.2.4). Äquivalent zu dieser Definition können wir mit $\delta = \Delta V/V$ den Kompressionsmodul auch durch die Beziehung

$$U = \tfrac{1}{2}B\delta^2 \qquad (4.3.26)$$

ausdrücken. Für einen kubischen Kristall erhalten wir deshalb

$$B = \tfrac{1}{3}(C_{11} + 2C_{12}) \, . \qquad (4.3.27)$$

---

[4] Diesen Zusammenhang erhält man durch Invertieren der 6 × 6 Matrix der Elastizitätsmoduln.

Die Kompressibilität κ ist durch den Kehrwert des Kompressionsmoduls B gegeben.

Aus obiger Definition des Kompressionsmoduls wird klar, dass wir durch eine experimentelle Bestimmung von B Informationen über die Bindungskräfte erhalten können. Wir betrachten als Beispiel einen NaCl-Ionenkristall (kubisch, fcc). Für einen kubischen Kristall mit fcc-Struktur ist der Kompressionsmodul durch (vergleiche (3.3.15))

$$B = \frac{1}{\kappa} = \frac{1}{18R_0}\left(\frac{Z_{NN}\lambda}{\rho^2}e^{-R_0/\rho} - \frac{\alpha q^2}{2\pi\epsilon_0 R_0^3}\right) \qquad (4.3.28)$$

gegeben. Mit $\alpha = 1.7476$, $R_0 = 2.82$ Å, $\lambda = 1.74 \times 10^{-16}$ J und $\rho = 0.322$ Å (vergleiche Tabelle 3.6) erhalten wir für NaCl den Kompressionsmodul $B \simeq 2.7 \times 10^{10}$ N/m². In der Praxis geht man natürlich umgekehrt vor. Man bestimmt aus den gemessenen Werten für R_0 und B die Parameter λ und ρ der Potenzialkurve der ionischen Bindung.

4.4 Vertiefungsthema: Verspannungseffekte in epitaktischen Schichten

Dünne Schichten spielen in der heutigen Festkörperphysik und -technologie eine bedeutende Rolle. In vielen Fällen werden diese Schichten epitaktisch auf einem einkristallinen Substrat aufgewachsen. Epitaktisch bedeutet dabei, dass die kristallographischen Achsen des Films und des Substrats eine wohldefinierte Orientierung zueinander haben. Falls Film und Substratmaterial nicht gleich (Homoepitaxie) sondern unterschiedlich (Heteroepitaxie) sind, können an der Grenzfläche zwischen Substrat und Film Verspannungseffekte auftreten, da Film und Substrat unterschiedliche Gitterkonstaten haben können. Diese Verspannungseffekte sind von großer Bedeutung sowohl für das Filmwachstum als auch für die physikalischen Eigenschaften der Filme.

Als Beispiel wollen wir Halbleitermaterialien betrachten. In Abb. 4.5 sind die Werte der Energielücke verschiedener Halbleitermaterialien gegen ihre Gitterkonstante aufgetragen. In künstlichen Halbleiterheterostrukturen wird durch die Kombination von Halbleitermaterialien mit unterschiedlichen Energielückenwerten gezielt die Bandstruktur modifiziert, um zum Beispiel zweidimensionale Elektronengassysteme zu erzeugen. Dazu müssen diese Halbleitermaterialien heteroepitaktisch in künstlichen Vielschichtstrukturen übereinander aufgewachsen werden. Dies funktioniert meistens nur dann gut, wenn ihre Gitterkonstanten gut zueinander passen. Obwohl die verwendeten Materialien leicht unterschiedliche Gitterkonstanten besitzen, zeigen die Grenzflächen zwischen den verschiedenen Materialien keine Defekte wie z. B. Stufenversetzungen. Wir werden im Folgenden sehen, dass dies nur dann der Fall ist, wenn entweder die Gitterkonstanten der Materialien sehr ähnlich sind oder die einzelnen Schichten sehr dünn sind.

Ein weiteres interessantes Materialsystem sind die supraleitenden Kuprate. Diese besitzen als gemeinsames Strukturelement CuO_2-Ebenen. Dadurch haben unterschiedliche Kupratsupraleiter (z. B. $YBa_2Cu_3O_7$, $La_{2-x}Sr_xCuO_4$ oder $Bi_2Sr_2CaCu_2O_8$) ähnliche Gitterkonstanten parallel zu diesen Ebenen. Sie lassen sich deshalb gut heteroepitaktisch übereinander

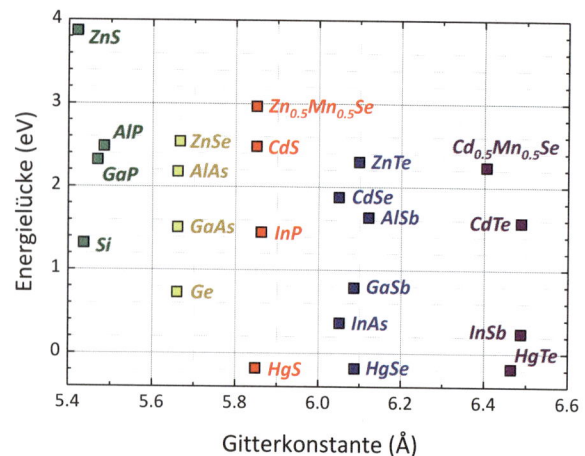

Abb. 4.5: Energielücken und Gitterkonstanten von einigen Halbleitermaterialien. Familien mit ähnlichem Gitterparametern sind mit gleichfarbigen Symbolen eingezeichnet.

wachsen. Wählt man gezielt zwei Kupratsupraleiter mit relativ großem Unterschied der Gitterkonstanten, so kann man kontrolliert den Effekt von biaxialen Verspannungseffekten z. B. auf die kritische Temperatur studieren.[5,6,7]

Wir wollen im Folgenden den einfachen Fall betrachten, dass wir einen epitaktischen Film eines kubischen Materials auf einem sehr dicken Substrat aufwachsen. Das Filmmaterial soll die Gitterkonstante a_f und das Substrat den Gitterparameter a_s besitzen. Man führt nun üblicherweise die so genannte *Gitterfehlanpassung*

$$f \equiv \frac{a_f - a_s}{a_s} \tag{4.4.1}$$

an der Grenzfläche ein. Durch diese Definition ist gewährleistet, dass für einen Film, der an der Grenzfläche die Gitterkonstante a_s des Substrates vollständig übernimmt, die Dehnung e gerade durch die Gitterfehlanpassung f gegeben ist. Wird ein Teil der Gitterfehlanpassung durch Versetzungen kompensiert, so ist

$$f \equiv e + \gamma, \tag{4.4.2}$$

wobei γ gerade die durch Versetzungen kompensierte Gitterfehlanpassung ist.

Um den Dehnungszustand eines auf einem Substrat bei endlicher Gitterfehlanpassung gewachsenen Films zu analysieren, müssen wir überlegen, welcher Zustand die Summe der beiden Energien E_e und E_γ minimiert. Hierbei ist E_e die elastische Energie aufgrund einer

---

[5] R. Gross, A. Gupta, E. Olsson, A. Segmüller, G. Koren, *Critical current density of strained multilayer thin films of* $Nd_{1.83}Ce_{0.17}CuO_x/YBa_2Cu_3O_{7-\delta}$, Appl. Phys. Lett. **57**, 203 (1990).

[6] A. Gupta, R. Gross, E. Olsson, A. Segmüller, G. Koren, C. C. Tsuei, *Heteroepitaxial growth of strained multilayer superconducting thin films of* $Nd_{1.83}Ce_{0.17}CuO_x/YBa_2Cu_3O_{7-\delta}$ Phys. Rev. Lett. **64**, 3191 (1990).

[7] R. Gross, A. Gupta, E. Olsson, A. Segmüller, G. Koren, *Heteroepitaxial Growth of Strained Multilayer Thin Films of High-Temperature Superconductors*, in High Temperature Superconductors, Material Aspects, H. C. Freyhardt, R. Flükiger, M. Peukert eds., DGM Verlag, p. 65, 1990.

biaxialen Dehnung (bzw. Kompression) des Films und E_γ die Energie der Versetzungen.[8] Um die Diskussion sehr einfach zu halten, nehmen wir an, dass der Film aus einem kubischen Material besteht, sich die Dehnung im Hookeschen Bereich bewegt und eine der kubischen Achsen senkrecht zur Substratoberfläche steht. Zusätzlich nehmen wir an, dass sich nur Stufenversetzungen (vergleiche hierzu Abschnitt 1.4.1) ausbilden, die in einem quadratischen Gitter angeordnet sind und deren Burgers-Vektoren parallel zur Grenzfläche liegen. Durch die biaxiale Dehnung/Kompression des Films ändert sich die Gitterkonstante des Films parallel zur Grenzfläche um $e = \Delta a_f/a_f$. Ist die Dicke des Films durch d gegeben und der Film in seiner gesamten Dicke homogen gedehnt/komprimiert, so ist die mit der elastischen Verformung des Films verbundene Energie pro Flächeneinheit durch[9]

$$U_e = Be^2 d \tag{4.4.3}$$

gegeben, wobei B der Kompressionsmodul des kubischen Filmmaterials ist.

Die mit der Bildung einer Stufenversetzung an der Grenzfläche zwischen zwei Kristallen mit Schermoduln G_s und G_f verbundene Energie pro Längeneinheit ist näherungsweise durch[10]

$$U_V \simeq \frac{1}{2} Db \left[\ln(R/b) + 1\right] \quad \text{mit} \quad D = \frac{G_s G_f b}{\pi(G_s + G_f)(1-\mu)} \tag{4.4.4}$$

gegeben. Hierbei ist b die Länge des Burgers-Vektors der Stufenversetzung (siehe hierzu Abb. 1.32), R der Abstand zur äußeren Grenze des mit der Versetzung verbundenen Spannungsfeldes und μ die Querzahl [vergleiche (4.5.2)] des Filmmaterials. Mit der obigen Definition von γ ist der Abstand s zwischen zwei Versetzungen durch

$$s = \frac{b}{\gamma} \tag{4.4.5}$$

gegeben. Mit $b = s\gamma$ und der Tatsache, dass wir es mit zwei zueinander senkrechten Arrays von Versetzungen mit Abstand s zu tun haben, erhalten wir die mit der Bildung von Versetzungen verbundene Energie pro Flächeneinheit zu

$$U_\gamma = 2\frac{U_V}{s} = D\gamma \left[\ln(R/b) + 1\right] = D(f-e)\left[\ln(R/b) + 1\right]. \tag{4.4.6}$$

Wir müssen jetzt noch eine vernünftige Annahme für R machen. Falls $2s < d$, ist $R \sim s$ eine vernünftige Annahme. Falls $2s > d$, ist dagegen $R \sim d$ eine vernünftige Annahme. Letztere Annahme trifft meistens bei kleiner Gitterfehlanpassung und nicht allzu dicken Filmen zu. Um für diesen Fall die optimale Situation zu finden, müssen wir das Minimum der Gesamtenergie $U_e + U_\gamma$ bestimmen. Wie wir durch differenzieren der Gesamtenergie pro Flächeneinheit leicht zeigen können, erhalten wir die energetisch günstigste Situation für

$$e^* = \frac{D}{2Bd} \left[\ln(d/b) + 1\right]. \tag{4.4.7}$$

---

[8] J. H. Van der Merve, in *Single Crystal Films*, M. H. Francombe, H. Sato eds., Pergamon Press, Oxford (1964).
[9] J. W. Cahn, *On Spinodal Decomposition in Cubic Crystals*, Acta Met. **10**, 179–183 (1962).
[10] J. W. Matthews, in *Epitaxial Growth*, Part B, J. W. Matthews ed., Academic Press, New York (1975).

Natürlich ist der größtmögliche Wert von e^* gerade die Gitterfehlanpassung f. Falls der durch (4.4.7) vorhergesagte Wert größer oder gleich f ist, so wird der Film biaxial gedehnt/komprimiert aufwachsen, um sich optimal der Gitterkonstante des Substrats anzupassen. Ist dagegen $e^* < f$, so wird die Fehlanpassung teilweise durch Versetzungen kompensiert werden, wobei dann $e^* = f - \gamma$. Die Dicke d_c, bei der es gerade günstiger wird, Versetzungen zu bilden, wird als *kritische Schichtdicke* bezeichnet. Setzen wir $e^* = f$ in (4.4.7) ein, so erhalten wir

$$d_c = \frac{D}{2Bf} \left[\ln(d_c/b) + 1 \right] . \tag{4.4.8}$$

Wir sehen, dass die kritische Schichtdicke groß wird, falls die Gitterfehlanpassung klein ist und außerdem der Kompressionsmodul des Filmmaterials klein ist, also der Film sich leicht komprimieren oder dehnen lässt. Ferner ist d_c groß, falls der Schermodul groß ist, da es dann viel Energie kostet, Versetzungen zu bilden. Die durch (4.4.8) vorhergesagte kritische Schichtdicke stimmt größenordnungsmäßig gut mit experimentellen Werten überein.[11,12,13,14]

4.5 Technische Größen

In der Technik haben wir es häufig mit polykristallinen Materialien (z. B. metallische Werkstoffe) zu tun, die wir in guter Näherung durch ein völlig isotropes Medium beschreiben können. Die Beschreibung des elastischen Verhaltens wird dann wesentlich einfacher. In Anlehnung an die in Abb. 4.3 gezeigten elementaren Belastungsfälle werden in der Technik meistens folgende vier Größen zur Charakterisierung der elastischen Verformung im Hookeschen Bereich verwendet:

1. *Elastizitätsmodul oder Young-Modul E:*
   Die Größe E gibt den Zusammenhang zwischen einer Spannung σ und der daraus resultierenden relativen Längenänderung $\frac{\Delta \ell}{\ell}$ in Richtung der Spannung an:

$$\sigma = E \frac{\Delta \ell}{\ell} . \tag{4.5.1}$$

Der Elastizitätsmodul ist für das isotrope Medium jetzt kein Tensor mehr, sondern ein Skalar.

---

[11] J. H. Van der Merve, in *Single Crystal Films*, M. H. Francombe, H. Sato eds., Pergamon Press, Oxford (1964).
[12] J. H. Van der Merve, *Structure of epitaxial crystal interfaces*, Surface Sci. **31**, 198–228 (1972).
[13] J. H. Van der Merve, *Misfit dislocation energy in epitaxial overgrowths of finite thickness*, Surface Sci. **32**, 1–15 (1972).
[14] C. A. B. Ball, J. H. Van der Merve, *On Bonding and Structure of Epitaxial Bicrystals I. Semi-Infinite Crystals*, Phys. Sta. Sol. **38**, 335–344 (1970).

4.5 Technische Größen

2. *Poisson-Zahl ν und Querzahl μ:*
   Die Poisson-Zahl ν ist der Kehrwert der Querdehnungszahl μ. Sie gibt das Verhältnis von Querkontraktion zu Dehnung an:
   $$\nu = \frac{1}{\mu} = \frac{-\Delta d/d}{\Delta \ell/\ell}. \tag{4.5.2}$$

   Eine Spannung σ resultiert nicht nur in einer Längenänderung $\Delta \ell$ in Richtung der Spannung, sondern auch in einer Kontraktion $-\Delta d$ quer zur wirkenden Spannung.

3. *Kompressionsmodul B:*
   Der Kompressionsmodul B gibt den Zusammenhang zwischen Volumenänderung und einer gleichmäßig auf den Körper wirkenden Spannung, die z. B. durch hydrostatischen Druck realisiert werden kann, an
   $$p = -\sigma = -B\frac{\Delta V}{V}. \tag{4.5.3}$$

4. *Schub-, Scher- oder Gleitmodul G:*
   Der Schub-, Scher- oder Gleitmodul G gibt den Zusammenhang zwischen einer auf einen Körper wirkenden Schubspannung und dem daraus resultierenden Scherwinkel α an
   $$\sigma = G\alpha. \tag{4.5.4}$$

Tatsächlich sind nur zwei dieser vier Größen unabhängig voneinander. Dies lässt sich für die Volumenänderung aufgrund von gleichmäßigem Druck leicht zeigen: Betrachten wir einen Quader mit Länge ℓ und Stirnfläche d^2, so bewirkt die senkrecht zu den Stirnflächen wirkende Spannung $-\sigma = p$ die relative Längenänderung $\frac{\Delta \ell}{\ell} = -\frac{p}{E}$. Infolge der endlichen Querdehnung erhalten wir allerdings auch eine Änderung der beiden Querdimensionen und zwar um $\frac{\Delta d}{d} = -\nu\frac{\Delta \ell}{\ell} = \nu\frac{p}{E}$. Wir können das so auffassen, dass der Anteil νp der auf die Stirnfläche wirkenden Spannung nicht mehr vollkommen für die Längenänderung zur Verfügung steht, da er für die Änderung der beiden Querrichtungen verbraucht wird. Insgesamt steht dann für die Längenänderung nur noch die Spannung $p - 2\nu p$ zur Verfügung und wir erhalten

$$\frac{\Delta \ell}{\ell} = -\frac{p(1-2\nu)}{E}. \tag{4.5.5}$$

Das gleiche gilt für die Querdimension. Die auf die beiden Seitenflächen des Quaders wirkende Spannung $-\sigma = p$ bewirkt die relative Breitenänderung $\frac{\Delta d}{d} = -\frac{p}{E}$. Aus der Querdehnung resultiert auch eine Änderung der Längsdimension und zwar um $\frac{\Delta \ell}{\ell} = -2\mu\frac{\Delta d}{d} = 2\mu\frac{p}{E}$. Insgesamt steht dann für die Längenänderung nur noch die Spannung $p - 2\mu p$ zur Verfügung und wir erhalten

$$\frac{\Delta d}{d} = -\frac{p(1-2\mu)}{E}. \tag{4.5.6}$$

Wir betrachten nun den Fall, dass eine Spannung nur auf die Stirnfläche des Quaders wirkt und überlegen uns, ob sich dadurch das Gesamtvolumen ändert. Da sich der Quader in Längsrichtung verkürzt und gleichzeitig in Querrichtung ausdehnt, ist nicht direkt einsichtig, ob das Volumen zu- oder abnimmt. Für die Volumenänderung gilt $\Delta V = V - V' = [(\ell +$

$\Delta\ell)(d + \Delta d)^2] - \ell d^2 \simeq 2d\ell\Delta\ell + d^2\Delta\ell$. Da $\Delta\ell/\ell \ll 1$ und $\Delta d/d \ll 1$, haben wir hier Terme in 2. Ordnung vernachlässigt. Teilen wir durch $V = \ell d^2$, so erhalten wir die relative Volumenänderung

$$\frac{\Delta V}{V} = \frac{\Delta\ell}{\ell} + \frac{2\Delta d}{d} \tag{4.5.7}$$

und mit $\frac{\Delta d}{d} = -\nu\frac{\Delta\ell}{\ell}$ damit

$$\frac{\Delta V}{V} = \frac{\Delta\ell}{\ell}(1 - 2\nu) = -\frac{p}{E}(1 - 2\nu) \, . \tag{4.5.8}$$

Wir sehen, dass für eine Poisson-Zahl $\nu = 0.5$ das Volumen gerade konstant bleibt.

Für den Fall, dass von allen Seiten die gleiche Druckkraft wirkt (allseitige Kompression), müssen wir im Vergleich zu (4.5.8) einen Faktor 3 berücksichtigen, da jetzt ja drei Normalspannungen wirken. Wir erhalten dann

$$\frac{\Delta V}{V} = -\frac{3p}{E}(1 - 2\nu) \, . \tag{4.5.9}$$

Durch Vergleich mit (4.5.3) sehen wir ferner sofort, dass

$$\frac{1}{B} = \frac{3}{E}(1 - 2\nu) \, . \tag{4.5.10}$$

In gleicher Weise kann gezeigt werden, dass[15]

$$G = \frac{E}{2(1 + \nu)} \, . \tag{4.5.11}$$

In Tabelle 4.2 sind einige Zahlenwerte zu den elastischen Konstanten von polykristallinen Materialien zusammengestellt.

Tabelle 4.2: Elastische Konstanten von polykristallinen Materialien.

Material	E (10^{10} N/m²)	G (10^{10} N/m²)	B (10^{10} N/m²)	ν
Al (rein, weich)	7.2	2.7	7.5	0.34
Al (hart)	7.7	2.7	7.5	0.34
α-Eisen	21.8	8.4	17.2	0.28
Edelstahl	19.5	8.0	17.0	0.28
Federstahl (CrV)	21.2	8.0	17.0	0.28
Gold	8.1	2.8	18.0	0.42
Kupfer, weich	12.0	4.0	14.0	0.35
Blei	1.7	0.6	4.4	0.44
Silizium	10.0	3.4	32.0	0.45
Quarzglas	7.6	3.3	3.8	0.17
Marmor	7.3	2.8	6.2	0.30

---

[15] W. Weizel, *Lehrbuch der Theoretischen Physik*, Bd. 1, Springer Verlag, Berlin (1969).

4.5.0.4 Kubische Kristalle

Natürlich können die technischen Größen für einen kristallinen Festkörper mit den Komponenten C_{nm} des Elastizitätstensors in Verbindung gebracht werden. Wir wollen hier ohne Beweis die Zusammenhänge für einen kubischen Kristall angeben:

$$E = \frac{(C_{11} - C_{12})(C_{11} + 2C_{12})}{C_{11} + C_{12}} \qquad (4.5.12)$$

$$\mu = \frac{C_{12}}{C_{11} + C_{12}} \qquad (4.5.13)$$

$$G = C_{44} \qquad (4.5.14)$$

$$B = \tfrac{1}{3}(C_{11} + 2C_{12}) . \qquad (4.5.15)$$

Im Gegensatz zu isotropen Festkörpern gilt Gleichung (4.5.11) für einen kubischen Kristall nicht, d. h. G ist eine von E und ν unabhängige Materialkonstante. Kubische Kristalle sind also keineswegs elastisch isotrop.

4.6 Elastische Wellen

Lenken wir ein Federpendel mit der Kraftkonstante k aus seiner Ruhelage aus und lassen es dann los, so schwingt es um seine Ruhelage mit der charakteristischen Frequenz $\omega = \sqrt{k/m}$. Die zugehörige Differentialgleichung lautet $\ddot{x} = (k/m)x$. Wir können für ein eindimensionales elastisches Medium eine entsprechende Differentialgleichung angeben. Da wir es mit einem kontinuierlichen Medium zu tun haben, müssen wir die relevanten Größen pro Längeneinheit angeben. Mit der relativen Auslenkung $u = x/L$ in x-Richtung, der Masse pro Längeneinheit, $\widetilde{\rho}$, und der Federkonstante pro Längeneinheit, C_{eff}, erhalten wir die Differentialgleichung

$$\ddot{u} = \frac{C_{\text{eff}}}{\widetilde{\rho}} u . \qquad (4.6.1)$$

Wir erwarten deshalb für ein elastisches Medium in ähnlicher Weise, dass es bei entsprechender Anregung Schwingungen mit einer charakteristischen Frequenz

$$\omega = \sqrt{\frac{C_{\text{eff}}}{\widetilde{\rho}}} \qquad (4.6.2)$$

ausführt. Die Einheit der Kraftkonstante pro Längeneinheit, C_{eff}, ist Kraft/Fläche und entspricht daher der Einheit des Elastizitätsmoduls. Wir haben hier einen effektiven Elastizitätsmodul verwendet, der von der Richtung der Schwingung relativ zu den Kristallachsen abhängt.

4.6.1 Elastische Wellen in kubischen Kristallen

Wir betrachten der Einfachheit halber zunächst ein isotropes Medium. Um die Differentialgleichung für eine longitudinale elastische Welle in diesem Medium abzuleiten, betrachten wir den in Abb. 4.6 gezeigten Würfel mit Volumen $\Delta x \Delta y \Delta z$ und Dichte ρ. Auf diesen Würfel wirkt die Spannung $\sigma_{xx}(x)$ auf der einen Seite bei x und $\sigma_{xx}(x+\Delta x)$ auf der anderen Seite bei $x + \Delta x$. Die resultierende Nettokraft ist dann

$$\Delta F_x = [\sigma_{xx}(x+\Delta x) - \sigma_{xx}(x)]\Delta y \Delta z = \frac{\partial \sigma_{xx}}{\partial x}\Delta x \Delta y \Delta z . \tag{4.6.3}$$

Sie führt zu einer Verschiebung s_x des betrachteten Würfels in x-Richtung. Diese Kraft müssen wir dem Produkt aus Masse des Würfels, $\rho \Delta x \Delta y \Delta z$, und der Beschleunigungskomponente in x-Richtung, $\partial^2 s_x / \partial t^2$, gleichsetzen (2. Newtonsches Gesetz) und erhalten somit die Differentialgleichung

$$\rho \frac{\partial^2 s_x}{\partial t^2} = \frac{\partial \sigma_{xx}}{\partial x} . \tag{4.6.4}$$

Verwenden wir ferner die Beziehung $\sigma_{xx} = C_{11} e_{xx} = C_{11}(\partial s_x / \partial x)$, so ergibt sich die einfache Wellengleichung

$$\rho \frac{\partial^2 s_x}{\partial t^2} = C_{11} \frac{\partial^2 s_x}{\partial x^2} . \tag{1.6.5}$$

Betrachten wir dagegen ein anisotropes Medium, so müssen wir neben der Spannungskomponente σ_{xx} auch alle anderen auf das Volumenelement wirkenden Spannungskomponenten berücksichtigen. Wir erhalten dann ($i,j,k,l = x,y,z$)

$$\rho \frac{\partial^2 s_i}{\partial t^2} = \sum_j \frac{\partial \sigma_{ij}}{\partial j} = \sum_{jkl} C_{ijkl} \frac{\partial^2 s_l}{\partial j \partial k} . \tag{4.6.6}$$

Dieses gekoppelte Differentialgleichungssystem ist relativ komplex, kann aber für Kristalle mit hoher Symmetrie wesentlich vereinfacht werden. Wir werden im Folgenden den Fall kubischer Kristalle näher betrachten.

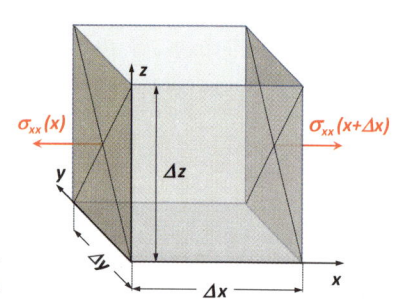

Abb. 4.6: Zur Ableitung der Kraftkomponenten in einem kubischen Kristall.

4.6.1.1 Schallwellen in kubischen Kristallen

Für kubische Kristalle hat der Elastizitätstensor nur die drei Komponenten C_{11}, C_{12} und C_{44}. Gleichung (4.6.6) vereinfacht sich damit stark und wir erhalten für die Auslenkung in x-Richtung (wir benutzen im Folgenden $s_x = u, s_y = v, s_z = w$)

$$\rho \frac{\partial^2 u}{\partial t^2} = \left(\frac{\partial \sigma_{xx}}{\partial x} + \frac{\partial \sigma_{xy}}{\partial y} + \frac{\partial \sigma_{xz}}{\partial z} \right). \tag{4.6.7}$$

Wir können nun (4.3.8) und den Elastizitätsmodul für ein kubisches Material benutzen und erhalten damit

$$\rho \frac{\partial^2 u}{\partial t^2} = C_{11} \frac{\partial e_{xx}}{\partial x} + C_{12} \left(\frac{\partial e_{yy}}{\partial x} + \frac{\partial e_{zz}}{\partial x} \right) + C_{44} \left(\frac{\partial e_{xy}}{\partial y} + \frac{\partial e_{xz}}{\partial z} \right). \tag{4.6.8}$$

Hierbei haben wir angenommen, dass die Richtungen x, y, z parallel zu den Würfelkanten sind. Benutzen wir weiter die durch (4.2.14) und (4.2.15) gegebenen Zusammenhänge zwischen den Dehnungskoeffizienten e_{kl} und den Ableitungen der Auslenkungen, so erhalten wir

$$\rho \frac{\partial^2 u}{\partial t^2} = C_{11} \frac{\partial^2 u}{\partial x^2} + C_{44} \left(\frac{\partial^2 u}{\partial y^2} + \frac{\partial^2 u}{\partial z^2} \right) + (C_{12} + C_{44}) \left(\frac{\partial^2 v}{\partial x \partial y} + \frac{\partial^2 w}{\partial x \partial z} \right). \tag{4.6.9}$$

Hierbei sind u, v, w die Komponenten des Verschiebungsvektors $\mathbf{R}$, der durch (4.2.11) definiert ist.

Die entsprechenden Ausdrücke für $\partial^2 v / \partial t^2$ und $\partial^2 w / \partial t^2$ erhalten wir durch zyklisches Vertauschen der Indizes. Sie lauten:

$$\rho \frac{\partial^2 v}{\partial t^2} = C_{11} \frac{\partial^2 v}{\partial y^2} + C_{44} \left(\frac{\partial^2 v}{\partial x^2} + \frac{\partial^2 v}{\partial z^2} \right) + (C_{12} + C_{44}) \left(\frac{\partial^2 u}{\partial x \partial y} + \frac{\partial^2 w}{\partial y \partial z} \right), \tag{4.6.10}$$

$$\rho \frac{\partial^2 w}{\partial t^2} = C_{11} \frac{\partial^2 w}{\partial z^2} + C_{44} \left(\frac{\partial^2 w}{\partial x^2} + \frac{\partial^2 w}{\partial y^2} \right) + (C_{12} + C_{44}) \left(\frac{\partial^2 u}{\partial x \partial z} + \frac{\partial^2 v}{\partial y \partial z} \right). \tag{4.6.11}$$

4.6.1.2 Elastische Wellen in [100] Richtung

Longitudinale Wellen: Als Beispiel für Lösungen der Bewegungsgleichungen (4.6.9) bis (4.6.11) betrachten wir zuerst eine longitudinale Welle

$$u(x, t) = u_0 \exp[\imath(kx - \omega t)] \tag{4.6.12}$$

entlang der [100]-Richtung eines kubischen Kristalls, die mit der x-Achse zusammenfallen soll. Sowohl der Wellenvektor k als auch die Auslenkung u sind parallel zur x-Achse. Setzen wir den Lösungsansatz (4.6.12) in (4.6.9) ein, so erhalten wir

$$\omega^2 \rho = C_{11} k^2 \quad \text{oder} \quad \omega = \sqrt{\frac{C_{11}}{\rho}} k. \tag{4.6.13}$$

Der Zusammenhang zwischen Frequenz und Wellenvektor wird allgemein als *Dispersionsrelation* bezeichnet. Für den Fall der longitudinalen Welle erhalten wir also eine lineare Dispersionsrelation. Die Geschwindigkeit ω/k der longitudinalen Schallwelle in x-Richtung ist[16]

$$v_{\text{long}} = \frac{\omega}{k} = \frac{\omega}{2\pi}\lambda = \sqrt{\frac{C_{11}}{\rho}}. \qquad (4.6.14)$$

Das heißt, der effektive Elastizitätsmodul für diese Kristallrichtung ist $C_{\text{eff}} = C_{11}$.

Transversale Wellen: Als nächstes betrachten wir eine in x-Richtung (diese soll wieder parallel zur [100]-Richtung sein) laufende transversale oder Scherwelle. Die Auslenkung soll in y-Richtung erfolgen:

$$v(x,t) = v_0 \exp[\imath(kx - \omega t)]. \qquad (4.6.15)$$

Setzen wir diesen Ansatz in (4.6.10) ein, so erhalten wir

$$\omega^2 \rho = C_{44} k^2 \quad \text{oder} \quad \omega = \sqrt{\frac{C_{44}}{\rho}}\, k \qquad (4.6.16)$$

und für die Wellengeschwindigkeit

$$v_{\text{trans}} = \frac{\omega}{k} = \frac{\omega}{2\pi}\lambda = \sqrt{\frac{C_{44}}{\rho}}. \qquad (4.6.17)$$

Das heißt, der effektive Elastizitätsmodul für die transversale Welle in [100]-Richtung ist jetzt $C_{\text{eff}} = C_{44}$. Einen äquivalenten Ausdruck erhalten wir, wenn die Auslenkung in die z-Richtung erfolgt. Das heißt, für die Ausbreitung entlang der [001] Richtung sind die Geschwindigkeiten der beiden transversalen Wellen für ein kubisches System identisch (vergleiche Tabelle 4.3).

4.6.1.3 Elastische Wellen in [110] und [111] Richtung

Für Wellen, die sich in [110] oder [111]-Richtung ausbreiten, können wir eine zum Fall der Ausbreitung in [100]-Richtung äquivalente Diskussion durchführen. Wir wollen dies hier nicht explizit tun, sondern nur in Tabelle 4.3 die effektiven Elastizitätsmoduln auflisten.

Tabelle 4.3: Effektive Elastizitätsmoduln für die Wellenausbreitung in [100], [110] und [111] Richtung in kubischen Medien.

Richtung		[100]	[110]	[111]
longitudinal (Kompressionswelle)	L	C_{11}	$\frac{1}{2}C_{11} + C_{12} + 2C_{44}$	$\frac{1}{3}(C_{11} + 2C_{12} + 4C_{44})$
transversal (Torsionswelle)	T_1	C_{44}	C_{44}	$\frac{1}{3}(C_{11} - C_{12} + C_{44})$
	T_2	C_{44}	$\frac{1}{2}(C_{11} - C_{12})$	$\frac{1}{3}(C_{11} - C_{12} + C_{44})$

---

[16] Im Gegensatz zu Gleichung (4.6.2) ist $\sqrt{C/\rho}$ jetzt eine Geschwindigkeit statt einer Frequenz. Dies liegt daran, dass bei der obigen eindimensionalen Betrachtung $\widetilde{\rho}$ die Einheit Masse/Länge hatte, im jetzigen Fall aber Masse/Volumen.

4.6 Elastische Wellen

Für kubische Kristalle gibt es gerade drei Moden für eine vorgegebene Amplitude und Richtung des Wellenvektors **k**. Durch Messung der Schallgeschwindigkeiten der drei Moden lassen sich die drei Elastizitätsmoduln C_{11}, C_{12} und C_{44} bestimmen. Im Allgemeinen sind die Polarisationen dieser drei Moden nicht exakt parallel oder senkrecht zu **k**. Nur für die speziellen Ausbreitungsrichtungen in [100], [110] und [111] Richtung trifft dies zu. Deshalb ist die Analyse der Wellenausbreitung für diese Richtungen wesentlich einfacher als für eine beliebige Ausbreitungsrichtung.

4.6.2 Experimentelle Methoden

Die Messung der Schallgeschwindigkeit von elastischen Wellen in Festkörpern erfolgt üblicherweise durch die Bestimmung der Laufzeit von Ultraschallimpulsen (siehe Abb. 4.7). Dabei werden planparallel geschliffene Proben mit einem Ultraschallgeber und einem Ultraschallempfänger versehen. Ein elektrischer Hochfrequenzimpuls von typischerweise einigen µs Dauer regt einen piezoelektrischen Ultraschallgeber zu Schwingungen an. Entsprechend der Schnittlage des Piezokristalls entstehen longitudinale oder transversale Schwingungen mit Frequenzen, die üblicherweise im MHz-Bereich liegen. Dies entspricht Wellenlängen im mm-Bereich. Man erhält dadurch ebene Wellen, die durch die Probe laufen und dort von einem Ultraschallempfänger detektiert werden. Alternativ kann man das an der Gegenseite der Probe reflektierte Signal detektieren. Dieses verursacht im piezoelektrischen Ultraschallgeber wiederum ein elektrisches Signal, das leicht gemessen werden kann.

Aus den Abmessungen der Probe und den gemessenen Laufzeiten kann direkt die Schallgeschwindigkeit für die longitudinalen und transversalen Schwingungsmoden bestimmt werden. Misst man z. B. für einen kubischen Kristall die Schallgeschwindigkeit der longitudinalen und der beiden transversalen Moden, so können aus diesen drei Geschwindigkeiten die drei Komponenten des Elastizitätsmoduls bestimmt werden. Einige Zahlenwerte sind in Tabelle 4.4 zusammengefasst.

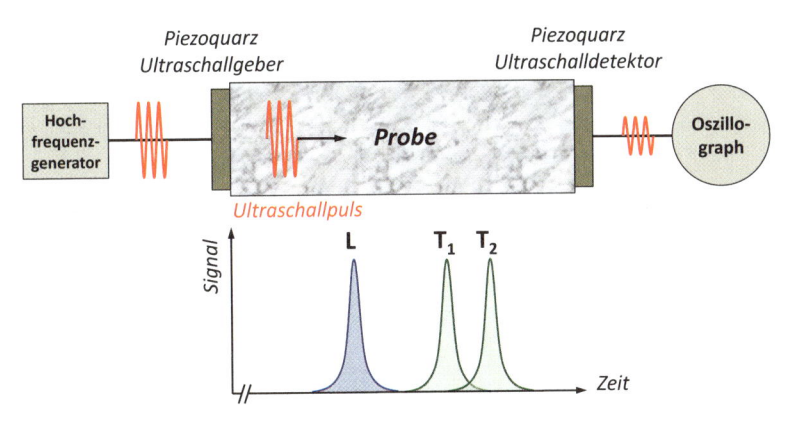

Abb. 4.7: Ultraschallmessverfahren zur Bestimmung der Schallgeschwindigkeit. Für die longitudinale (L) und die beiden transversalen Moden (T_1 und T_2) werden unterschiedliche Laufzeiten gemessen.

Tabelle 4.4: Komponenten C_{11}, C_{12} und C_{44} des Elastizitätsmoduls sowie Dichte ρ von kubischen Kristallen bei Raumtemperatur.

Kristall	C_{11} (10^{11} N/m²)	C_{12} (10^{11} N/m²)	C_{44} (10^{11} N/m²)	ρ (g/cm³)
W	5.233	2.045	1.607	19.371
Ta	2.609	1.574	0.818	16.696
Cu	1.684	1.214	0.754	9.018
Ag	1.240	0.937	0.461	10.635
Au	1.923	1.631	0.420	19.488
Al	1.068	0.607	0.282	2.733
Pb	0.495	0.423	0.149	11.599
Ni	2.508	1.500	1.235	8.968

Zusätzlich zur Laufzeit der Ultraschallimpulse kann auch deren Abschwächung gemessen werden. Aus der Ultraschallabsorption können Informationen über Streuprozesse und Defekte in der Probe gewonnen werden. Dies wird heute häufig für die zerstörungsfreie Werkstoffprüfung ausgenutzt (z. B. Prüfung der Laufräder des ICE).

Literatur

C. A. B. Ball, J. H. Van der Merve, *On Bonding and Structure of Epitaxial Bicrystals I. Semi-Infinite Crystals*, Phys. Sta. Sol. **38**, 335–344 (1970).

J. W. Cahn, *On Spinodal Decomposition in Cubic Crystals*, Acta Met. **10**, 179–183 (1962).

R. Gross, A. Gupta, E. Olsson, A. Segmüller, G. Koren, *Critical current density of strained multilayer thin films of $Nd_{1.83}Ce_{0.17}CuO_x/YBa_2Cu_3O_{7-\delta}$*, Appl. Phys. Lett. **57**, 203 (1990).

R. Gross, A. Gupta, E. Olsson, A. Segmüller, G. Koren, *Heteroepitaxial Growth of Strained Multilayer Thin Films of High-Temperature Superconductors*, in High Temperature Superconductors, Material Aspects, H. C. Freyhardt, R. Flükiger, M. Peukert eds., DGM Verlag, p. 65, 1990.

A. Gupta, R. Gross, E. Olsson, A. Segmüller, G. Koren, C. C. Tsuei, *Heteroepitaxial growth of strained multilayer superconducting thin films of $Nd_{1.83}Ce_{0.17}CuO_x/YBa_2Cu_3O_{7-\delta}$* Phys. Rev. Lett. **64**, 3191 (1990).

J. W. Matthews, in *Epitaxial Growth*, Part B, J. W. Matthews ed., Academic Press, New York (1975).

L. D. Landau, E. M. Lifschitz, *Elastizitätstheorie*, Lehrbuch der theoretischen Physik, Vol. 7, Akademie-Verlag, Berlin (1989).

J. F. Nye, *Physical Properties of Crystals*, Oxford University Press (1985).

J. H. Van der Merve, in *Single Crystal Films*, M. H. Francombe, H. Sato eds., Pergamon Press, Oxford (1964).

J. H. Van der Merve, *Structure of epitaxial crystal interfaces*, Surface Sci. **31**, 198–228 (1972).

J. H. Van der Merve, *Misfit dislocation energy in epitaxial overgrowths of finite thickness*, Surface Sci. **32**, 1–15 (1972).

W. Weizel, *Lehrbuch der Theoretischen Physik*, Bd. 1, Springer Verlag, Berlin (1969).

5 Dynamik des Kristallgitters

Im vorangegangenen Kapitel haben wir die Reaktion des Kristallgitters auf eine von außen wirkende Kraft diskutiert. Dabei haben wir das Gitter als ein Kontinuum behandelt, dessen elastische Eigenschaften wir mit dem Elastizitätsmodul beschrieben haben. In diesem Kapitel wollen wir unsere Betrachtung erweitern und die diskrete Struktur des Kristallgitters in unsere Betrachtungen mit einbeziehen. Wir werden uns mit der Bewegung der Gitteratome um ihre Ruhelage beschäftigen, wobei wir für die auf die Atome bei einer Auslenkung wirkenden Kräfte einen sehr allgemeinen Ansatz wählen werden. Um die Betrachtung einfach zu halten, werden wir die so genannte *adiabatische* und *harmonische Näherung* benutzen, die wir in Abschnitt 5.1 näher erläutern werden.

Die dynamischen Eigenschaften des Kristallgitters sind von zentraler Bedeutung für eine Vielzahl von Festkörpereigenschaften wie zum Beispiel

- die spezifische Wärme, die thermische Ausdehnung und die Wärmeleitfähigkeit von Isolatoren,
- die Temperaturabhängigkeit des elektrischen Widerstands von Metallen,
- die Supraleitfähigkeit von Metallen,
- die dielektrischen Eigenschaften von ionischen Kristallen und
- die inelastische Licht- und Neutronenstreuung.

Die in diesem Kapitel gemachten Betrachtungen sind deshalb von grundlegender Bedeutung.

Nach der Diskussion der grundlegenden Näherungen in Abschnitt 5.1 werden wir in Abschnitt 5.2 zunächst Gitterschwingungen im Rahmen einer klassischen Betrachtung diskutieren. Wir werden dort den Zusammenhang zwischen Frequenz und Wellenvektor (Dispersionsrelation) anhand einfacher Modellsysteme ableiten. Wir werden dann in Abschnitt 5.4 das Konzept der quantisierten Gitterschwingungen einführen und schließlich in Abschnitt 5.5 experimentelle Methoden zur Untersuchung der Gitterdynamik vorstellen.

5.1 Grundlegendes

Die allgemeine Beschreibung der Schwingungen eines komplizierten Systems aus vielen Atomen ist sehr anspruchsvoll, so dass wir zu seiner einfachen Beschreibung Näherungen einführen müssen. Wir werden im Folgenden im Wesentlichen zwei wichtige Näherungen benutzen, nämlich

- die *adiabatische Näherung*,[1] die von **Max Born**[2] und **Julius Robert Oppenheimer**[3] eingeführt wurde, und
- die *harmonische Näherung*.

Wir wollen diese Näherungen und ihre physikalische Motivation in den folgenden Abschnitten besprechen.

5.1.1 Die adiabatische Näherung

Generell müssen wir Festkörper genauso wie Atome, Moleküle und andere Formen kondensierter Materie im Rahmen einer Quantentheorie beschreiben. Dies schließt nicht aus, dass manche Eigenschaften kondensierter Materie mit der klassischen Mechanik bzw. Statistik qualitativ, bisweilen sogar quantitativ beschreibbar sind. Da wir bei der Diskussion der Bindungskräfte (siehe kovalente Bindung in Abschnitt 3.4) gesehen haben, dass selbst die Stabilität der Materie erst durch Quanteneffekte bewirkt wird, ist die Quantentheorie notwendiger Ausgangspunkt einer umfassenden Theorie der Festkörper. Man wird sich dann gegebenenfalls klarmachen, warum manchmal klassische Überlegungen ausreichen.

Wie in der Atomphysik, und anders als etwa in der Kernphysik, ist man in der Festkörperphysik in der zunächst glücklichen Lage, den Hamilton-Operator, der die Dynamik und die Statistik des Systems bestimmt, genau zu kennen. Jeder Festkörper besteht aus Elektronen der Masse m und der Ladung e sowie aus Kernen der Masse M und der Ladung Ze. Die Wechselwirkung zwischen diesen Teilchen ist rein elektromagnetisch. Der weit überwiegende Anteil dieser Wechselwirkung ist die Coulomb-Wechselwirkung. Andere Anteile – etwa die Spin-Bahn-Wechselwirkung – müssen gelegentlich für eine quantitative Beschreibung hinzugefügt werden. Wenn wir der Einfachheit halber solche relativistischen Korrekturen ignorieren, lautet der Hamilton-Operator

$$\mathcal{H} = \sum_k \frac{\mathbf{P}_k^2}{2M} + \sum_i \frac{\mathbf{p}_i^2}{2m} + \sum_{i<j} \frac{e^2}{|\mathbf{r}_i - \mathbf{r}_j|} + \sum_{k<l} \frac{e^2 Z^2}{|\mathbf{R}_k - \mathbf{R}_l|} - \sum_{i,k} \frac{e^2 Z}{|\mathbf{r}_i - \mathbf{R}_k|} \,. \qquad (5.1.1)$$

Dabei bezeichnen wir die Orte und Impulse der Elektronen durch kleine Buchstaben **r** und **p**, die der Kerne durch große Buchstaben **R** und **P**. Um den Einfluss der verschiedenen auftretenden Naturkonstanten $\hbar$, e, m, und M überblicken zu können, gehen wir zu atomaren

---

[1] M. Born, R. Oppenheimer, *Zur Quantentheorie der Molekeln*, Ann. Phys. (Leipzig) **84**, 457 (1927).
[2] **Max Born**, siehe Kasten auf Seite 171.
[3] **Julius Robert Oppenheimer**, geboren am 22. April 1904 in New York, gestorben am 18. Februar 1967 in Princeton, New Jersey.

Max Born (1882–1970), Nobelpreis für Physik 1954

Max Born wurde am 11. Dezember 1882 in Breslau geboren. Nach Studium in Breslau, Heidelberg und Zürich wechselte Born 1904 an die Universität Göttingen. Dort ergaben sich sofort enge Beziehungen zu Hilbert und Minkowski. Als Physiker wurde sein Vorbild Albert Einstein, mit dem er seit etwa 1914 befreundet war. Nach Einsteins Ansatz von 1907 begründete Born zusammen mit Theodore von Karman (gleichzeitig mit und unabhängig von Peter Debye) die Quantentheorie der spezifischen Wärme. Die ebenfalls 1912 erfolgte Entdeckung der Röntgeninterferenzen durch Max von Laue lieferte dabei ein nachträgliches Argument für Borns Methode.

Quelle: Wikimedia Commons.

Born arbeitete nun daran, eine einheitliche Kristallphysik auf atomistischer Grundlage aufzubauen. In seinem Buch „Dynamik der Kristallgitter" (1915) und in einem Artikel in der Mathematischen Enzyklopädie, der als selbstständige Monographie unter dem Titel „Atomtheorie des festen Zustandes" 1923 erschien, fasste er das Gebiet der Gitterdynamik in einheitlicher und klarer Weise zusammen und legte damit einen der Grundsteine für die Festkörperphysik. Im Jahr 1921 wurde Born auf den Lehrstuhl des Zweiten Physikalischen Instituts in Göttingen berufen. Angeregt von den „Bohr-Festspielen", einem großen Vortragszyklus von Niels Bohr in Göttingen 1922, beteiligte sich auch Born an der Suche nach einer neuen Atomtheorie. Einige Ergebnisse seiner Kristallphysik hatten ihn schon länger überzeugt, dass das Bohrsche Atommodell nur einen begrenzten Wert besitzt. 1925 formulierte Werner Heisenberg (damals 24-jähriger Assistent Borns) einen Ansatz, an den anknüpfend Max Born in Zusammenarbeit mit Pascual Jordan und Werner Heisenberg eine geschlossene mathematische Theorie der Quantenmechanik entwickeln konnte. Im Jahr 1926 konnte Born seine Vermutung, dass die neue Quantentheorie eine statistische Beschreibung der Natur beinhaltet, am Beispiel der Stoßvorgänge beweisen. Diese Leistung trug wesentlich zur „Kopenhagener Deutung" bei. Um Born versammelten sich in Göttingen hervorragende Schüler und Mitarbeiter aus der ganzen Welt. Zum Göttinger Kreis gehörten unter anderen: Max Delbrück, Maria Göppert-Mayer, Werner Heisenberg, John von Neumann, J. Robert Oppenheimer, Wolfgang Pauli, Edward Teller, Victor F. Weißkopf und Eugen P. Wigner.

Im Jahr 1933 wurde Born in die Emigration gezwungen. Er ging nach Cambridge, dann nach Edinburgh, wo er nochmals 17 Jahre theoretische Physik lehrte. Nach seiner Emeritierung 1953 kehrte er wieder nach Deutschland zurück und lebte zuletzt zurückgezogen in Bad Pyrmont. Er hat ein gewaltiges Lebenswerk hinterlassen: Zwanzig wissenschaftliche und wissenschaftsphilosophische Bücher, über 300 Aufsätze in Fachzeitschriften, die von ihm allein stammen oder in Zusammenarbeit mit Schülern und Freunden entstanden sind. Er blieb bis ins hohe Alter aktiv tätig. Als sein Name durch die Verleihung des Nobelpreises 1954 weiten Kreisen bekannt geworden war, trug er engagiert dazu bei, auf die Gefahren des Atomzeitalters aufmerksam zu machen. Später verfasste er aus der Erinnerung zahlreiche historische Aufsätze und gab seinen Briefwechsel mit Albert Einstein heraus.

Max Born starb am 5. Januar 1970 in Göttingen.

Einheiten über. Wir messen alle Längen in Bohrschen Radien $a_B = 4\pi\epsilon_0\hbar^2/me^2 = 0.529$ Å und alle Energien in Einheiten der zweifachen Rydberg-Energie $2E_H = me^4/(4\pi\epsilon_0)^2\hbar^2 = 27.2$ eV (vergleiche (3.1.5) und (3.1.6)). Wir ersetzen damit $\mathbf{r}$ durch $\mathbf{r}/a_B$, $\mathbf{R}$ durch $\mathbf{R}/a_B$ und $\mathcal{H}$ durch $\mathcal{H}/2E_H$ und erhalten den Hamilton-Operator in normierten Größen

$$\mathcal{H} = -\frac{1}{2}\sum_k \frac{m}{M}\nabla_k^2 - \frac{1}{2}\sum_i \nabla_i^2 + \sum_{i<j}\frac{1}{|\mathbf{r}_i - \mathbf{r}_j|} + \sum_{k<l}\frac{Z^2}{|\mathbf{R}_k - \mathbf{R}_l|} - \sum_{i,k}\frac{Z}{|\mathbf{r}_i - \mathbf{R}_k|}. \quad (5.1.2)$$

Die einzigen Parameter, die sich durch die Skalentransformation nicht eliminieren lassen und von denen die Eigenschaften der Materie nicht-trivial abhängen, sind also die Kernladungszahlen Z und die Massenverhältnisse m/M.

Für unsere weitere Diskussion ist entscheidend, dass die Massenverhältnisse m/M sehr klein sind (zwischen $1/1836$ und etwa $1/500\,000$). Deshalb bieten sich diese als Entwicklungsparameter an. Wir können den Hamilton-Operator als einen ungestörten, *adiabatischen Hamilton-Operator*

$$\mathcal{H}_a = -\frac{1}{2}\sum_i \nabla_i^2 + \sum_{i<j}\frac{1}{|\mathbf{r}_i - \mathbf{r}_j|} + \sum_{k<l}\frac{Z^2}{|\mathbf{R}_k - \mathbf{R}_l|} - \sum_{i,k}\frac{Z}{|\mathbf{r}_i - \mathbf{R}_k|} \quad (5.1.3)$$

und die kinetische Energie der Kerne als Störung

$$\mathcal{T} = -\frac{1}{2}\sum_k \frac{m}{M}\nabla_k^2 \quad (5.1.4)$$

aufspalten, so dass

$$\mathcal{H} = \mathcal{H}_a + \mathcal{T}. \quad (5.1.5)$$

In der kinetischen Energie der Kerne $\mathcal{T}$ sind die Kernpositionen nicht mehr enthalten.[4] Um zu klären, wie sich der Einfluss der kleinen Störung $\mathcal{T}$ für Systeme bemerkbar macht, die sich in der Nähe der Gleichgewichtskonfiguration befinden, stellen wir eine einfache klassische Überlegung an.[5] Hierzu vergleichen wir die Beschleunigungen, die auf Elektronen und Kerne wirken. Wegen des Reaktionsprinzips sind die Kräfte, die Elektronen und Kerne aufeinander ausüben, entgegengesetzt gleich und wir können die qualitative Beziehung $M\ddot{\mathbf{R}} \simeq m\ddot{\mathbf{r}}$ aufstellen. Wir erkennen sofort, dass die schweren Kerne sich viel langsamer als die leichten Elektronen bewegen. Aus dieser Einsicht ergibt sich die Idee der adiabatischen Näherung: Wir nehmen an, dass sich die schnellen Elektronen der langsamen Bewegung der Kerne zu jedem Zeitpunkt adiabatisch anpassen können, so dass sie (in guter Näherung) immer in dem mit $\mathcal{H}_a$ bestimmten Grundzustand bleiben. Daraus folgt eine beträchtliche

---

[4] Die Tatsache, dass die Kernorte in 0-ter Ordnung bezüglich der Störung $\mathcal{T}$ Erhaltungsgrößen sind, erklärt, weshalb Materie bei tiefen Temperaturen eine räumliche Struktur hat, d. h. wieso Kerne in Festkörpern feste Relativpositionen einnehmen.

[5] Um über diese klassische Betrachtung hinaus eine Aussage über die Größe der quantenmechanisch bedingten Auslenkungen machen zu können, müssen wir die Quantenmechanik des harmonischen Oszillators benutzen. Wir wissen, dass die Nullpunktsenergie $\hbar\omega/2$ sich zu gleichen Teilen aus einem kinetischen Anteil $\propto \mathbf{P}^2$ und einem potenziellen Anteil $\propto (\mathbf{R} - \mathbf{R}_0)^2$ zusammensetzt und dass beide Anteile proportional zur Frequenz sind. Daraus lesen wir das folgende

5.1 Grundlegendes

Vereinfachung der Beschreibung, weil *die Bewegungen der Elektronen und der Kerne entkoppelt werden*.[6]

Bei Auslenkung aus seiner Ruhelage $\mathbf{R}_0$ erfährt ein Kern eine rücktreibende Kraft, die in atomaren Einheiten in harmonischer Näherung durch die klassische Bewegungsgleichung $\frac{M}{m}\ddot{\mathbf{R}} \propto (\mathbf{R} - \mathbf{R}_0)$ beschrieben wird. Daher skalieren die Frequenzen ω der Kernbewegung mit dem Massenverhältnis wie

$$\omega \propto \sqrt{\frac{m}{M}}. \tag{5.1.6}$$

Die Kernbewegung ist deshalb um mehrere Größenordnungen langsamer als die Elektronenbewegung. Wir können deshalb die Energie des elektronischen Systems separat als Funktion der Kernposition berechnen. Die Gesamtenergie des Systems als Funktion der Auslenkung ΔR aus der Ruhelage der Ionen erhalten wir dann entsprechend (5.1.5) als Summe der potenziellen Energie des Elektronensystems U_{el} und der kinetischen Energie der Kerne T_{ion} zu

$$E_{tot} = U_{el} + T_{ion} = U_{el} + \frac{\mathbf{P}^2}{2M}. \tag{5.1.7}$$

Der Nutzen der adiabatischen Näherung ist evident: Wir können die potenzielle Energie der Elektronen für jede Konfiguration der Ionen im Verlauf ihrer Bewegung um die Ruhelage berechnen. Sie entspricht gerade derjenigen Energie, die wir für die entsprechende statische Anordnung der Ionen erhalten würden. Als Beispiel ist in Abb. 5.1 die Variation von U_{el} als Funktion des Atomabstands für die Van der Waals Wechselwirkung von zwei Atomen gezeigt. Falls sich die Atome gegeneinander bewegen, so können wir mit Hilfe der adiabatischen Näherung aus der $U_{el}(R)$-Kurve für jeden momentanen Abstand der Atome die potenzielle Energie angeben. Wir sehen sofort, dass bei einer Abweichungen der Atome von ihrem Gleichgewichtsabstand R_0 auf die Atome eine Rückstellkraft proportional zu $-dU_{el}/dR$ wirkt.

Skalierungsverhalten für die quantenmechanischen Nullpunktsschwankungen ab:

$$\Delta R \propto \left(\frac{m}{M}\right)^{1/4}$$

$$P \propto \left(\frac{m}{M}\right)^{-1/4}$$

$$\dot{R} \propto \left(\frac{m}{M}\right)^{3/4}.$$

Wir haben damit das Skalierungsverhalten der quantenmechanischen Nullpunktsbewegung der Kerne in dem Entwicklungsparameter m/M gewonnen. Interessant ist, dass die Ortsunschärfe der Kerne nur proportional zur vierten Wurzel aus m/M klein ist. Dies macht verständlich, warum die Nullpunktsschwingungen in besonderen Fällen die Ausbildung einer räumlichen Struktur verhindern können (z. B. beim Helium).

[6] Die adiabatische Näherung wurde mit dem gleichen Argument auch bei der Berechnung der Energie-Abstandskurve bei der kovalenten Bindung zwischen zwei Atomen verwendet, vergleiche Abschnitt 3.4.

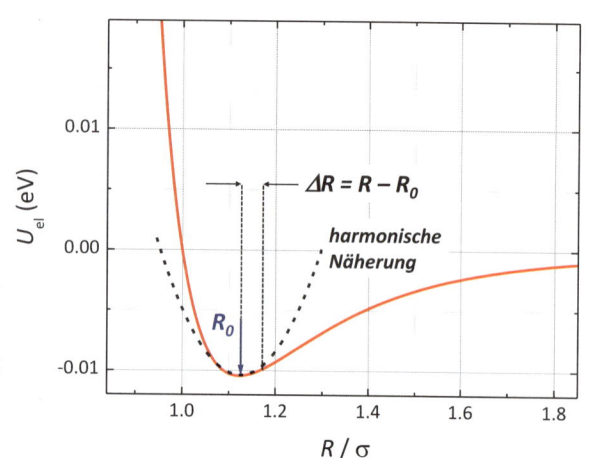

Abb. 5.1: Zur adiabatischen und harmonischen Näherung. Gezeigt ist die Potenzialkurve für eine Van-der-Waals-Wechselwirkung von zwei Atomen (durchgezogene Linie) und die harmonische Näherung (gestrichelte Linie).

5.1.2 Die harmonische Näherung

Der Verlauf der Potenzialkurve $U_{el}(R)$ kann recht kompliziert sein. Wir wollen zu einer weiteren Vereinfachung der Beschreibung das Potenzial um die Ruhelage ($\mathbf{R} = \mathbf{R}_0$ bzw. $\Delta \mathbf{R} = 0$) der Atome durch ein harmonisches Potenzial annähern (siehe Abb. 5.1).

Die Position eines Atoms in einer Gitterzelle n können wir nach Abb. 5.2 durch

$$\mathbf{r}_{n\alpha} = \mathbf{R}_n + \mathbf{r}_\alpha + \mathbf{u}_{n\alpha} \tag{5.1.8}$$

beschreiben. Hierbei gibt $\mathbf{R}_n = n_1 \mathbf{a}_1 + n_2 \mathbf{a}_2 + n_3 \mathbf{a}_3$ den n-ten Punkt des Bravais-Gitters, $\mathbf{r}_\alpha$ die Gleichgewichtsposition des α-ten Atoms in der n-ten Gitterzelle und $\mathbf{u}_{n\alpha}$ die Auslenkung des α-ten Atoms in der n-ten Gitterzelle aus dieser Gleichgewichtsposition an. In Kapitel 3 haben wir das Paarwechselwirkungspotenzial ϕ für verschiedene Bindungstypen abgeleitet. Die gesamte potenzielle Energie erhielten wir immer durch Aufsummieren der Paarwechselwirkung über alle Atom- bzw. Ionenpaare im betrachteten Festkörper:

$$U_{el} = \frac{1}{2} \sum_{\substack{n,m,\alpha,\beta; \\ n\alpha \neq m\beta}} \phi(\mathbf{r}_{n\alpha} - \mathbf{r}_{m\beta}) = \frac{1}{2} \sum_{\substack{n,m,\alpha,\beta; \\ n\alpha \neq m\beta}} \phi(\mathbf{R}_n - \mathbf{R}_m + \mathbf{r}_\alpha - \mathbf{r}_\beta + \mathbf{u}_{n\alpha} - \mathbf{u}_{m\beta}). \tag{5.1.9}$$

Im Rahmen der *harmonischen Näherung* werden wir dieses Potenzial um die Ruhelage der Atome als harmonisches Potenzial annähern. Diese Näherung ist immer dann gut, wenn wir nur kleine Auslenkungen aus der Ruhelage betrachten. Wir wollen hier sofort anmerken,

Abb. 5.2: Zur Indizierung bei der Bezeichnung der Atompositionen. $\mathbf{R}_n$ gibt die Position der n-ten Gitterzelle, $\mathbf{r}_\alpha$ die Position der α-ten Atoms in der Gitterzelle und $\mathbf{u}_{n\alpha}$ die Auslenkung des α-ten Atoms in der n-ten Gitterzelle an.

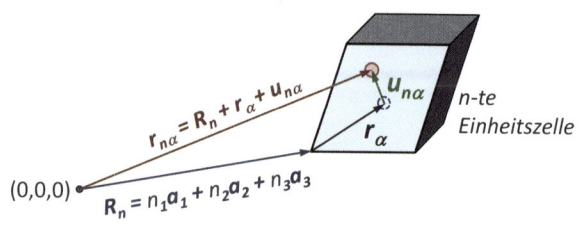

5.1 Grundlegendes

dass bei Raumtemperatur die Auslenkung u durchaus 10% der Gitterkonstanten a betragen kann (siehe Abschnitt 2.2.7). Wir erwarten deshalb bei Raumtemperatur Abweichungen von den mit der harmonischen Näherung erhaltenen Ergebnissen, die wir später noch diskutieren werden. Effekte, die nur durch Einbeziehung von Abweichungen vom harmonischen Potenzial erklärt werden können, bezeichnen wir als *anharmonische Effekte*.

Die zu (5.1.9) gehörende harmonische Näherung erhalten wir durch eine Taylor-Entwicklung des Potenzials um seine Ruhelage:[7]

$$U_{\text{el}} = \frac{1}{2} \sum_{\substack{n,m,\alpha,\beta; \\ n\alpha \neq m\beta}} \phi(\mathbf{r}^0_{n\alpha} - \mathbf{r}^0_{m\beta}) + \frac{1}{2} \sum_{n,m,\alpha,\beta} (\mathbf{u}_{n\alpha} - \mathbf{u}_{m\beta}) \nabla \phi(\mathbf{r}^0_{n\alpha} - \mathbf{r}^0_{m\beta})$$

$$+ \frac{1}{4} \sum_{n,m,\alpha,\beta} \left[(\mathbf{u}_{n\alpha} - \mathbf{u}_{m\beta}) \cdot \nabla \right]^2 \phi(\mathbf{r}^0_{n\alpha} - \mathbf{r}^0_{m\beta}) + \dots \quad (5.1.10)$$

Hierbei ist $\mathbf{r}^0_{n\alpha} - \mathbf{r}^0_{m\beta} = \mathbf{R}_n - \mathbf{R}_m + \mathbf{r}_\alpha - \mathbf{r}_\beta$ der Gleichgewichtsabstand der Atome α und β in den Gitterzellen n und m. Der erste Term in diesem Ausdruck ist nichts anderes als die Gleichgewichtsenergie, die uns hier nicht interessiert und die wir durch Verschieben unseres Energienullpunkts gleich null setzen können. Der in $(\mathbf{u}_{n\alpha} - \mathbf{u}_{m\beta})$ lineare Term verschwindet. Durch Umformen können wir nämlich schreiben

$$\sum_{n,m,\alpha,\beta} (\mathbf{u}_{n\alpha} - \mathbf{u}_{m\beta}) \nabla \phi(\mathbf{r}^0_{n\alpha} - \mathbf{r}^0_{m\beta})$$

$$= \sum_{n,\alpha} \mathbf{u}_{n\alpha} \sum_{m,\beta} \nabla \phi(\mathbf{r}^0_{n\alpha} - \mathbf{r}^0_{m\beta}) - \sum_{m,\beta} \mathbf{u}_{m\beta} \sum_{n,\alpha} \nabla \phi(\mathbf{r}^0_{n\alpha} - \mathbf{r}^0_{m\beta}) \, . \quad (5.1.11)$$

Wir sehen, dass dieser Ausdruck verschwindet, da

$$\sum_{n,\alpha} \nabla \phi(\mathbf{r}^0_{n\alpha} - \mathbf{r}^0_{m\beta}) = \sum_{m,\beta} \nabla \phi(\mathbf{r}^0_{n\alpha} - \mathbf{r}^0_{m\beta}) = 0 \, . \quad (5.1.12)$$

Dies muss so sein, da in diesem Ausdruck über alle Kräfte aufsummiert wird, die alle Atome auf ein bestimmtes Atom ausüben. Diese Kraft muss für den Gleichgewichtszustand $\mathbf{r}_{n\alpha} = \mathbf{r}^0_{n\alpha}$ gerade verschwinden. Brechen wir die Taylor-Entwicklung nach dem in $(\mathbf{u}_{n\alpha} - \mathbf{u}_{m\beta})$ quadratischen Term ab, so erhalten wir unser harmonisches Potenzial zu

$$U^{\text{harm}}_{\text{el}} = U_0 + \frac{1}{4} \sum_{n,m,\alpha,\beta} \left[(\mathbf{u}_{n\alpha} - \mathbf{u}_{m\beta}) \cdot \nabla \right]^2 \phi(\mathbf{r}^0_{n\alpha} - \mathbf{r}^0_{m\beta}) \, . \quad (5.1.13)$$

Die Konstante U_0 ist für die weitere Diskussion ohne Bedeutung und wird weggelassen.

Die 2. Ableitungen des Potenzials an der Gleichgewichtsposition

$$C^{m\beta j}_{n\alpha i} = \frac{\partial^2 U^{\text{harm}}_{\text{el}}}{\partial r_{n\alpha i} \partial r_{m\beta j}} \, . \quad (5.1.14)$$

bezeichnen wir als *Kopplungskonstanten*. Sie haben die Dimensionen von Federkonstanten und stellen eine Verallgemeinerung der Federkonstante eines harmonischen Oszillators auf

---

[7] Es gilt $f(\mathbf{r} + \mathbf{a}) = f(\mathbf{r}) + \mathbf{a} \nabla f(\mathbf{r}) + \frac{1}{2} (\nabla \cdot \mathbf{a})^2 f(\mathbf{r}) + \dots$

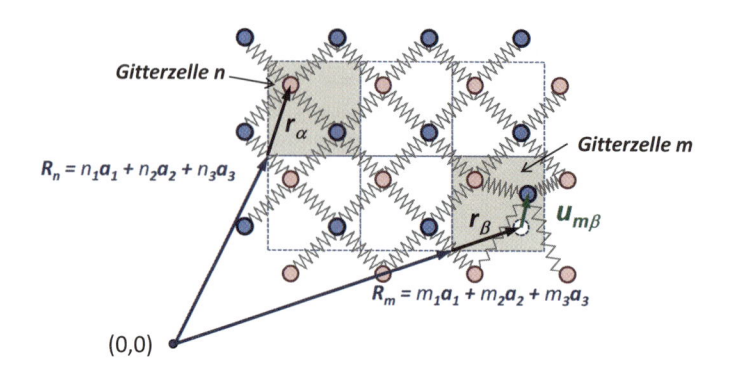

Abb. 5.3: Zweidimensionales Gitter mit zweiatomiger Basis. Die Auslenkung des Atoms β in der Gitterzelle m um $\mathbf{u}_{m\beta}$ resultiert über das Federnetzwerk in einer Kraft $\mathbf{F}_{n\alpha}$ auf das Atom α in der Gitterzelle n. Die Größe der Kraft wird durch die Kopplungskonstanten $C_{n\alpha}^{m\beta}$ bestimmt. Zur Berechnung der effektiven Gesamtkraft auf das Atom α in der Zelle n muss über alle Kraftkomponenten durch die Auslenkungen der Atome in allen anderen Gitterzellen aufsummiert werden.

ein System mit vielen Freiheitsgraden dar. Die Indizes $i, j = x, y, z$ geben hierbei die Komponenten der Vektoren in x, y und z-Richtung an. Die Größe

$$F_{n\alpha i} = -C_{n\alpha i}^{m\beta j}\, u_{m\beta j} \tag{5.1.15}$$

gibt uns die Kraft auf das Atom α in der Einheitszelle n in Richtung i an, die durch die Auslenkung des Atoms β in der Gitterzelle m in Richtung j verursacht wird. Die Situation ist in Abb. 5.3 veranschaulicht.

Die Kopplungskonstanten müssen eine Reihe von Bedingungen erfüllen, die aus der Isotropie des Raumes sowie der Translationsinvarianz und der Punktsymmetriegruppe des Gitters folgen. Ohne die Diskussion vertiefen zu wollen, weisen wir darauf hin, dass die Translationsinvarianz des Gitters erfordert, dass die Größe $C_{n\alpha i}^{m\beta j}$ nur von der Differenz zwischen m und n abhängt:

$$C_{n\alpha i}^{m\beta j} = C_{0\alpha i}^{(m-n)\beta j}. \tag{5.1.16}$$

5.2 Klassische Theorie

5.2.1 Bewegungsgleichungen

Wir verwenden nun die Gesetze der klassischen Mechanik, um mit Hilfe des Potenzials (5.1.13) den Zusammenhang zwischen Schwingungsfrequenz und Wellenvektor der Gitterschwingungen abzuleiten. Für die Auslenkung u eines Atoms α in der Gitterzelle n in Richtung i muss nach Newton die Summe der Kopplungskräfte und Trägheitskräfte gleich null ergeben:

$$M_\alpha \frac{\partial^2 u_{n\alpha i}}{\partial t^2} + \sum_{m,\beta,j} C_{n\alpha i}^{m\beta j}\, u_{m\beta j} = 0. \tag{5.2.1}$$

5.2 Klassische Theorie

Haben wir in unserem Festkörper N Einheitszellen mit r' Atomen vorliegen, so erhalten wir $r = 3r'N$ Differentialgleichungen, welche die Bewegung der Atome beschreiben. Die Lösung dieses Differentialgleichungssystems scheint wegen der Größe von N eine unlösbare Aufgabe darzustellen. Glücklicherweise können wir für periodische Strukturen einen Ansatz wählen, der zu einer weitgehenden Entkopplung führt. Der Ansatz beinhaltet, dass wir die Auslenkungen $u_{n\alpha i}$ als ebene Wellen hinsichtlich der Zellkoordinaten schreiben:

$$u_{n\alpha i} = \frac{1}{\sqrt{M_\alpha}} A_{\alpha i}(\mathbf{q}) e^{i(\mathbf{q}\cdot\mathbf{R}_n - \omega t)} . \tag{5.2.2}$$

Im Gegensatz zu normalen ebenen Wellen ist diese Welle nur an den Gitterpunkten $\mathbf{R}_n$ definiert. Setzen wir den Ansatz in (5.2.1) ein, so erhalten wir

$$-\omega^2 A_{\alpha i}(\mathbf{q}) + \sum_{\beta,j} \sum_m \frac{1}{\sqrt{M_\alpha M_\beta}} C_{n\alpha i}^{m\beta j} e^{i\mathbf{q}\cdot(\mathbf{R}_m - \mathbf{R}_n)} A_{\beta j}(\mathbf{q}) = 0 . \tag{5.2.3}$$

Aufgrund der Translationsinvarianz hängen die Terme in der Summe nur von $m - n$ ab. Führen wir die Summation über m aus, so erhalten wir die Größe

$$D_{\alpha i}^{\beta j}(\mathbf{q}) = \sum_m \frac{1}{\sqrt{M_\alpha M_\beta}} C_{n\alpha i}^{m\beta j} e^{i\mathbf{q}\cdot(\mathbf{R}_m - \mathbf{R}_n)} , \tag{5.2.4}$$

die unabhängig von n ist. Dies rechtfertigt die Tatsache, dass wir in obigem Ansatz die Amplituden ohne den Index n geschrieben haben. Die Größen $D_{\alpha i}^{\beta j}(\mathbf{q})$ bilden die so genannte **dynamische Matrix**. Das Gleichungssystem

$$-\omega^2 A_{\alpha i}(\mathbf{q}) + \sum_{\beta,j} D_{\alpha i}^{\beta j}(\mathbf{q}) A_{\beta j}(\mathbf{q}) = 0 \tag{5.2.5}$$

stellt ein lineares homogenes Gleichungssystem der Ordnung $r = 3r'$ dar. Falls wir nur eine einatomige Basis haben, ist $r' = 1$ und wir haben für jeden Wellenvektor $\mathbf{q}$ nur ein System von 3 Gleichungen zu lösen. Die Vereinfachung, die wir durch die Translationsinvarianz erhalten haben, ist also riesig.

Aus der Mathematik ist uns bekannt, dass ein homogenes, lineares Gleichungssystem nur dann nicht-triviale Lösungen besitzt, wenn die Koeffizientendeterminante

$$\det\left\{D_{\alpha i}^{\beta j}(\mathbf{q}) - \omega^2 \mathbf{1}\right\} = 0 \tag{5.2.6}$$

verschwindet. Diese Gleichung hat genau $r = 3r'$ Lösungen $\omega(\mathbf{q})$ für jeden Wellenvektor $\mathbf{q}$. Die Abhängigkeit $\omega(\mathbf{q})$ nennen wir **Dispersionsrelation**. Die r unterschiedlichen Lösungen bezeichnen wir als **Zweige** der Dispersionsrelation.

Wir werden unsere allgemeine Diskussion hier abschließen, und die bisherigen Ergebnisse dazu benutzen, die Dispersionsrelation für einige einfache Beispiele abzuleiten.

5.2.2 Kristallgitter mit einatomiger Basis

5.2.2.1 Longitudinale Gitterschwingungen

Wir wollen unsere allgemeine Diskussion jetzt anwenden, um die Dispersionrelation eines Kristallgitters mit einer einatomigen Basis herzuleiten. Dabei untersuchen wir den einfachen Fall, dass sich die Netzebenen eines Kristalls in Richtung ihrer Normalen zueinander verschieben (longitudinale Schwingung, siehe Abb. 5.4a). Bei Ausbreitung der Welle in eine Kristallrichtung hoher Symmetrie (z. B. [100]-Richtung) wird die Situation besonders einfach. Dies können wir uns anhand von Abb. 5.4a klar machen. Lenken wir die Atome einer bestimmten Netzebene horizontal aus, so wirken auf die Atome der benachbarten Netzebenen Kräfte, die generell sowohl eine horizontale als auch eine vertikale Komponente haben. Aus Symmetriegründen kompensieren sich aber gerade alle vertikal wirkenden Kräfte und es bleiben nur die horizontalen Komponenten übrig. Das heißt, die resultierende Kraft wirkt ausschließlich in Ausbreitungsrichtung. Wir haben es dadurch mit einer Wellenausbreitung mit rein longitudinalem Charakter zu tun, wodurch wir es effektiv mit einem eindimensionalen Problem zu tun haben.[8] Die Auslenkung der durch den Index n gekennzeichneten Gitterebene ist u_n, sie lässt sich also durch eine einzige Koordinate beschreiben. Eine völlig analoge Überlegung können wir für den Fall einer transversalen Welle machen. Lenken wir die Atome einer Netzebene in vertikaler Richtung aus, so kompensieren sich gerade alle horizontalen Kraftkomponenten und es bleiben nur die vertikal wirkenden Komponenten übrig. Bei einer Wellenausbreitung in eine beliebige Richtung wird die Behandlung schwieriger. In diesem Fall sind die wirkenden Kräfte nicht mehr rein parallel oder senkrecht zur Ausbreitungsrichtung, wodurch die resultierende Wellenausbreitung einen gemischten longitudinalen und transversalen Charakter hat. Wir sprechen dann von einer gemischten Polarisation der Wellen. Wir werden im Folgenden aber nur den einfachen Fall einer rein longitudinalen Wellenausbreitung betrachten.

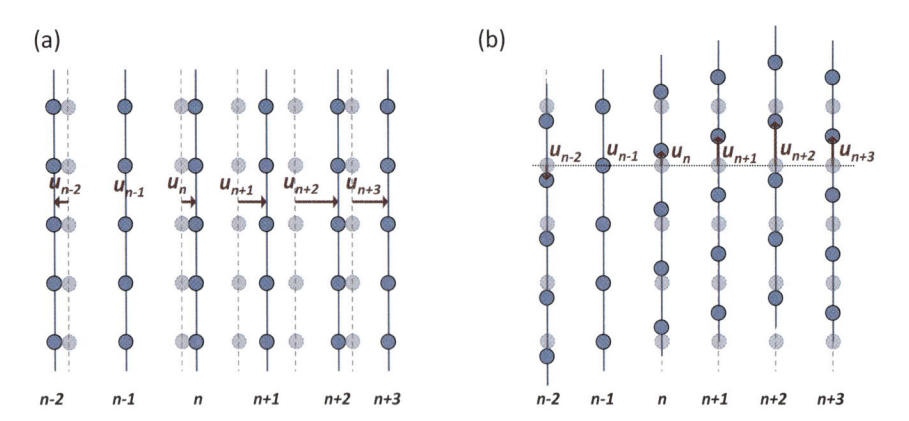

Abb. 5.4: Schematische Darstellung der Auslenkung der Netzebenen bei einer longitudinalen (a) und transversalen Gitterschwingung (b). Die gestrichelten Linien geben die Gleichgewichtslage, die Pfeile die Auslenkung an.

---

[8] Die Problemstellung ist zu der einer einatomigen Kette äquivalent.

Wir betrachten zunächst die Kraft, die auf ein Atom in der Netzebene n durch die Netzebene mit Index $n + p$ ausgeübt wird. Sie ist in harmonischer Näherung proportional zu $(u_{n+p} - u_n)$. Die Kraft, die insgesamt auf ein Atom der Netzeben n einwirkt beträgt dann

$$F_n = \sum_p C_p (u_{n+p} - u_n) . \tag{5.2.7}$$

Hierbei haben wir die Kopplungskonstante C_n^m zwischen den Netzebenen n und m durch C_p mit $p = m - n$ ersetzt (p durchläuft alle positiven und negativen ganzen Zahlen). Dies können wir tun, da die Kopplung nur vom Abstand der Netzebenen abhängt. Setzen wir diese Kraft der Trägheitskraft gleich, erhalten wir die Bewegungsgleichung

$$M \frac{\partial^2 u_n}{\partial t^2} - \sum_p C_p (u_{n+p} - u_n) = 0 . \tag{5.2.8}$$

Als Lösungsansatz wählen wir

$$u_{n+p} = A e^{i(qpa - \omega t)} , \tag{5.2.9}$$

wobei q der Wellenvektor und ω die Frequenz der fortschreitenden Welle ist und a der Netzebenenabstand. Setzen wir diesen Ansatz in (5.2.8) ein, so erhalten wir

$$-\omega^2 M A e^{-i\omega t} - \sum_p C_p \left(A e^{iqpa} e^{-i\omega t} - A e^{-i\omega t} \right) = 0$$

$$-\omega^2 M - \sum_p C_p \left(e^{iqpa} - 1 \right) = 0 . \tag{5.2.10}$$

Da aus Symmetriegründen $C_{-p} = C_p$ gelten muss, können wir diesen Ausdruck zu

$$-\omega^2 M = \sum_{p=1}^{\infty} C_p \left(e^{iqpa} + e^{-iqpa} - 2 \right) = 2 \sum_{p=1}^{\infty} C_p \left[\cos(qpa) - 1 \right] \tag{5.2.11}$$

umschreiben und erhalten schließlich die Dispersionsrelation

$$\omega^2 = \frac{2}{M} \sum_{p=1}^{\infty} C_p \left(1 - \cos qpa \right) . \tag{5.2.12}$$

Berücksichtigen wir nur die Wechselwirkung der Gitteratome mit ihren unmittelbaren Nachbarn, so ist nur $C_1 \neq 0$ und wir erhalten

$$\omega^2 = \frac{2 C_1}{M} (1 - \cos qa) = \frac{4 C_1}{M} \sin^2 \frac{qa}{2} . \tag{5.2.13}$$

Die Dispersionsrelation (5.2.13) ist in Abb. 5.5 gezeigt. Die Dispersionsrelation ist erstens periodisch, $\omega(q) = \omega(q + n \, 2\pi/a)$ und ist zweitens invariant gegenüber dem Vorzeichen des Wellenvektors, $\omega(q) = \omega(-q)$. Hierbei entspricht die Periode $n \, 2\pi/a$ gerade der Länge eines reziproken Gittervektors **G**. Eine Deutung dieser Eigenschaften erfolgt weiter unten bei der Diskussion der Bedeutung der 1. Brillouin-Zone.

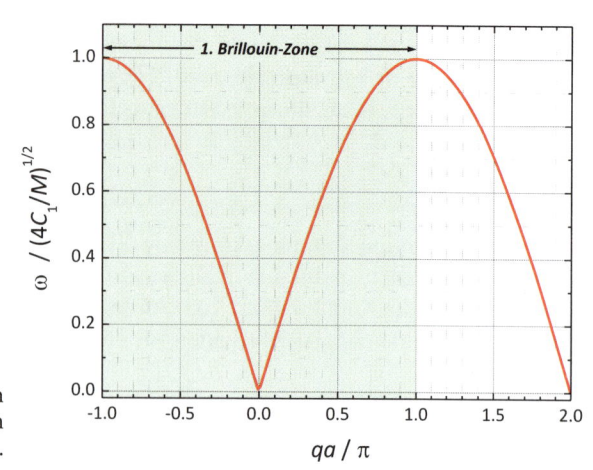

Abb. 5.5: Dispersionsrelation der Gitterschwingungen für ein Kristallgitter mit einatomiger Basis.

5.2.2.2 Gruppengeschwindigkeit

Wir wollen als erstes die Ausbreitungsgeschwindigkeit der Gitterschwingungen diskutieren. Ganz allgemein ist die Ausbreitungsgeschwindigkeit eines Wellenpakets durch die Gruppengeschwindigkeit

$$\mathbf{v}_g = \nabla_q \omega(\mathbf{q}) \tag{5.2.14}$$

gegeben. Aus der Dispersionsrelation (5.2.13) ergibt sich deshalb

$$v_g = \sqrt{\frac{C_1 a^2}{M}} \cos \frac{1}{2} q a \, . \tag{5.2.15}$$

Grenzfälle: Wir wollen nun einige Grenzfälle der Dispersionsrelation (5.2.13) diskutieren:

1. $q = \pi/a$:
   Die Gruppengeschwindigkeit verschwindet für $q = \pi/a$, d. h. am Rand der 1. Brillouin-Zone. Wir haben es hier mit einer stehenden Welle zu tun. Die maximale Schwingungsfrequenz ist $\omega_{\max} = \sqrt{4C_1/M}$.
2. Langwelliger Grenzfall: $q \ll 1/a$ bzw. $\lambda \gg a$:
   Für $q \ll 1/a$, d. h. für große Wellenlängen $\lambda = 2\pi/q \gg a$ können wir den Sinus durch sein Argument annähern und wir erhalten

$$\omega = \sqrt{\frac{C_1 a^2}{M}} \, q \, . \tag{5.2.16}$$

Wir erhalten also eine lineare Dispersionsrelation $\omega = v_{\text{long}} q$ mit $v_g = v_{\text{long}} = \sqrt{C_1 a^2 / M} =$ const. Den Grenzfall $\lambda \gg a$ haben wir bereits in Kapitel 4 ausführlich behandelt. In diesem Grenzfall dürfen wir das Kristallgitter als ein Kontinuum annähern und der Ausdruck für die Gruppengeschwindigkeit liefert gerade die Ausbreitungsgeschwindigkeit v_{long} einer longitudinalen Schallwelle in dem betreffenden Festkörper. Die Wellengleichung für Schallwellen können wir ableiten, indem wir die Auslenkungen $u_n(t)$ im langwelligen Limes durch kontinuierliche Funktionen einer reellen Variablen x auffassen:

$$u_n(t) \to u(x,t), \qquad u_{n\pm p}(t) \to u(x \pm pa, t). \tag{5.2.17}$$

Eine Taylor-Entwicklung ergibt

$$u_{n\pm p}(t) = u(x \pm pa, t) = u(x,t) \pm pa \frac{\partial u(x,t)}{\partial x} + \frac{p^2 a^2}{2!} \frac{\partial^2 u(x,t)}{\partial x^2} \pm \ldots \tag{5.2.18}$$

und durch Einsetzen in die Kraftgleichung (5.2.8) erhalten wir, wenn wir nur Wechselwirkungen zwischen nächsten Nachbarn berücksichtigen, im langwelligen Grenzfall die eindimensionale Wellengleichung

$$\frac{\partial^2 u(x,t)}{\partial t^2} = \frac{C_1 a^2}{M} \frac{\partial^2 u(x,t)}{\partial x^2} = v_s^2 \frac{\partial^2 u(x,t)}{\partial x^2}. \tag{5.2.19}$$

Diese Gleichung entspricht der Wellengleichung (4.6.9), die wir in Abschnitt 4.6 aus einer kontinuumsmechanischen Betrachtung hergeleitet haben, wobei wir für das hier betrachtete eindimensionale System in (4.6.9) alle Terme weglassen können, in denen die elastischen Konstanten C_{12} und C_{44} auftreten. Die Größen C_1/a und M/a^3 in (5.2.19) entsprechen dem Elastizitätsmodul C_{11} und der Massendichte ρ in (4.6.9).

Die Tatsache, dass $\omega \propto q$ für $qa \ll 1$, folgt unmittelbar auch aus (5.2.12), gilt also nicht nur für die Näherung, in der wir nur nächste Nachbarwechselwirkungen berücksichtigen. Zwar hat dann die Proportionalitätskonstante einen anderen Wert, aber der lineare Zusammenhang zwischen ω und q ist unabhängig davon, ob wir nur die Wechselwirkung zwischen unmittelbar benachbarten Netzebenen berücksichtigen oder auch den Effekt von weiter entfernten Netzebenen mit einschließen.

Mit der Näherung

$$\omega_{\text{max}} \simeq v_{\text{long}} \frac{2\pi}{a} \tag{5.2.20}$$

erhalten wir mit $a \sim 2$ Å und $v_{\text{long}} \sim 4000$ m/s die maximale Schwingungsfrequenz zu $\sim 2\pi \times 10^{13}\,\text{s}^{-1}$.

5.2.2.3 Die erste Brillouin-Zone

Wir wollen uns nun überlegen, welcher Bereich der Wellenvektoren $\mathbf{q}$ überhaupt physikalisch sinnvoll ist. Wir sehen, dass die Dispersionsrelation $\omega(\mathbf{q})$ periodisch in $\mathbf{q}$ mit einer Periode $q = 2\pi/a$ ist. Das heißt, die Periodenlänge im reziproken Raum entspricht gerade der minimalen Länge eines reziproken Gittervektors. Dies gilt nicht nur für unseren speziellen Fall, sondern ganz allgemein. Gleichung (5.2.4) zeigt, dass in die Koeffizienten $D_{\alpha i}^{\beta j}(\mathbf{q})$ der dynamischen Matrix Summen über die Phasenfaktoren $e^{i\mathbf{q}\cdot(\mathbf{R}_m-\mathbf{R}_n)}$ eingehen. Da $\mathbf{R}_m$ und $\mathbf{R}_n$ Vektoren des Bravais-Gitters sind, folgt sofort, dass

$$D_{\alpha i}^{\beta j}(\mathbf{q}) = D_{\alpha i}^{\beta j}(\mathbf{q}+\mathbf{G}), \qquad (5.2.21)$$

da für jeden reziproken Gittervektor $\mathbf{G}$ die Beziehung $\mathbf{G}\cdot\mathbf{R}_m = 2\pi n$ gilt. Die Lösungen von (5.2.6) müssen deshalb die Bedingung

$$\omega(\mathbf{q}) = \omega(\mathbf{q}+\mathbf{G}) \qquad (5.2.22)$$

erfüllen. Ferner muss

$$\omega(-\mathbf{q}) = \omega(\mathbf{q}) \qquad (5.2.23)$$

gelten, da $u(-\mathbf{q})$ eine Welle repräsentiert, die identisch zu $u(\mathbf{q})$ ist, allerdings in die entgegengesetzte Richtung läuft. Da die vor- und zurücklaufenden Wellen durch die Zeitumkehr miteinander verbunden sind, müssen die Eigenfrequenzen für $\mathbf{q}$ und $-\mathbf{q}$ gleich sein.

Gleichung (5.2.22) verdeutlicht, dass es völlig ausreichend ist, die Dispersionsrelation im Bereich eines reziproken Gittervektors zu betrachten. Es ist üblich, hierfür die 1. Brillouin-Zone zu verwenden. Für unser eindimensionales System können wir uns also auf

$$-\frac{\pi}{a} \leq q \leq +\frac{\pi}{a} \qquad (5.2.24)$$

beschränken. Aufgrund von Gleichung (5.2.23) reicht es sogar aus, die Dispersionsrelation nur in einem Oktanten der 1. Brillouin-Zone anzugeben.

Eine anschauliche Erklärung dafür, dass es völlig ausreicht, die Dispersionsrelation in der 1. Brillouin-Zone anzugeben, ist in Abb. 5.6 gezeigt. Es ist sofort einsichtig, dass die gestrichelte Kurve, die zu einem Wellenvektor aus einer höheren Brillouin-Zone gehört, keine andere Information liefert als die durchgezogene Kurve. Physikalisch ist es nämlich völlig irrelevant, wie der Wellenverlauf zwischen den Atomen aussieht, es interessieren lediglich die Auslenkungen der Gitteratome.

Abb. 5.6: Auslenkung der Gitteratome in einer transversalen Welle mit der kleinstmöglichen Wellenzahl (durchgezogene Linie). Ebenfalls gezeigt ist eine Welle mit einem größeren Wellenvektor (gestrichelter Wellenzug).

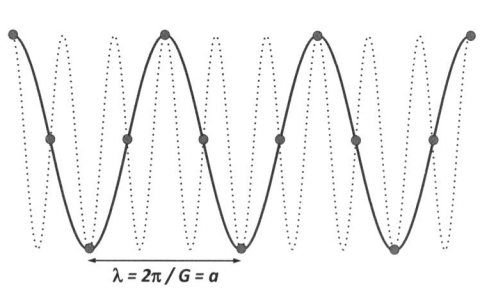

$\lambda = 2\pi/G = a$

5.2.2.4 Transversale Gitterschwingungen

Für transversale Gitterschwingungen (siehe Abb. 5.4b) erhält man analoge Ergebnisse. In der Dispersionsrelation (5.2.12) haben dann natürlich die Kopplungskonstanten C_p andere

5.2 Klassische Theorie

Werte. Die Ausbildung rein longitudinal und transversal polarisierter Wellen ist nur bei einer Ausbreitung der Welle in Richtung einer Symmetrieachse möglich. Bei einem kubischen Kristall ist dies z. B. die [100]-, [110]- oder die [111]-Richtung. Diese Tatsache haben wir bereits in Abschnitt 4.6 im Rahmen der Kontinuumsbeschreibung diskutiert.

5.2.2.5 Allgemeiner Fall

Im allgemeinen Fall bewegen sich die Gitteratome in der ebenen Welle weder parallel noch senkrecht zur Ausbreitungsrichtung. Ihre Auslenkungen haben also sowohl eine longitudinale als auch eine transversale Komponente. Eine solche Welle lässt sich mit dem allgemeinen Ansatz (5.2.2) beschreiben.

5.2.3 Kristallgitter mit zweiatomiger Basis

Wir wollen nun die Dispersionrelation eines Kristallgitters mit einer zweiatomigen Basis ($r' = 2$) herleiten. Die Massen der beiden Atome seien M_1 und M_2. Dabei untersuchen wir wiederum den einfachen Fall, dass sich die Netzebenen des Kristalls in Richtung ihrer Normalen zueinander verschieben (longitudinale Schwingung, siehe Abb. 5.7) und diese Netzebenen jeweils nur eine Atomsorte enthalten. Dies träfe z. B. auf einen NaCl-Kristall für eine Schwingung in [111]-Richtung zu. Der Abstand der Netzebenen mit gleichen Atomen sei a und die Auslenkungen der durch den Index n gekennzeichneten Gitterebenen seien u_n und v_n für die beiden Atomsorten. Die Indizes i, j können wir weglassen, da wir es mit einem eindimensionalen Problem zu tun haben. Wir werden ferner der Einfachheit halber nur Wechselwirkungen unmittelbar benachbarter Ebenen berücksichtigen und annehmen,

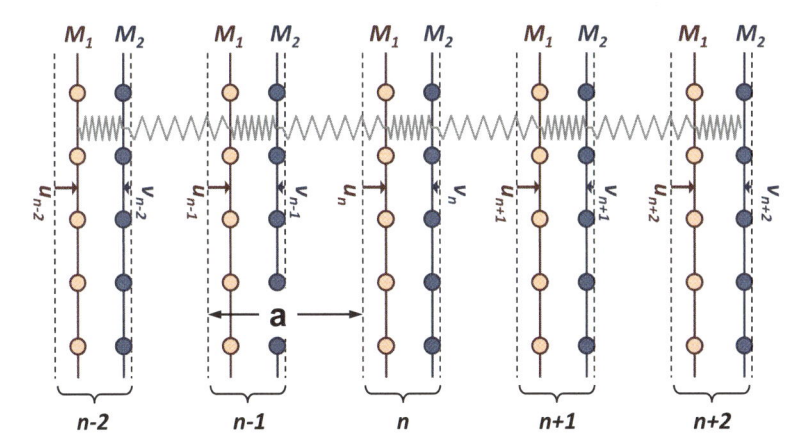

Abb. 5.7: Schematische Darstellung der Auslenkung der Netzebenen bei einer longitudinalen Gitterschwingung in einem Kristallgitter mit zweiatomiger Basis. Die gestrichelten Linien geben die Position der unausgelenkten Netzebenen an.

dass die Kopplungskonstante zwischen benachbarten Ebenen gleich ist.[9] Das heißt, der Index m in der Summe (5.2.1) kann nur die Werte $n+1, n, n-1$ annehmen. Bezeichnen wir die Kopplungskonstante zwischen den benachbarten Ebenen mit f, so erhalten wir folgende Bewegungsgleichungen:

$$M_1 \frac{\partial^2 u_n}{\partial t^2} = f(v_n - u_n) + f(v_{n-1} - u_n) \tag{5.2.25}$$

$$M_2 \frac{\partial^2 v_n}{\partial t^2} = f(u_n - v_n) + f(u_{n+1} - v_n). \tag{5.2.26}$$

Hierbei stellen die Differenzen $(v_n - u_n)$, $(v_{n-1} - u_n)$, usw. die relativen Auslenkungen von benachbarten Ebenen der beiden Atomsorten dar. Sind z. B. u_n und v_n gleich, so wird $(v_n - u_n) = 0$, da die Feder, die die beiden Ebenen verbindet, dann nicht gedehnt oder gestaucht wird.

Damit lauten die Bewegungsgleichungen

$$M_1 \frac{\partial^2 u_n}{\partial t^2} + f(2u_n - v_n - v_{n-1}) = 0 \tag{5.2.27}$$

$$M_2 \frac{\partial^2 v_n}{\partial t^2} + f(2v_n - u_n - u_{n+1}) = 0. \tag{5.2.28}$$

Als Lösungsansatz verwenden wir entsprechend (5.2.2)

$$\begin{aligned} u_n(q) &= \frac{1}{\sqrt{M_1}} A_1(q) e^{i(qan - \omega t)} \\ v_n(q) &= \frac{1}{\sqrt{M_2}} A_2(q) e^{i(qan - \omega t)}. \end{aligned} \tag{5.2.29}$$

Setzen wir diesen Lösungsansatz in (5.2.27) und (5.2.28) ein, so ergibt sich

$$\left(\frac{2f}{M_1} - \omega^2\right) A_1 - f \frac{1}{\sqrt{M_1 M_2}} (1 + e^{-iqa}) A_2 = 0 \tag{5.2.30}$$

$$-f \frac{1}{\sqrt{M_1 M_2}} (1 + e^{+iqa}) A_1 + \left(\frac{2f}{M_2} - \omega^2\right) A_2 = 0. \tag{5.2.31}$$

Die dynamische Matrix $D_{\alpha i}^{\beta j}(q)$ ist folglich durch

$$\begin{pmatrix} \frac{2f}{M_1} & -\frac{f}{\sqrt{M_1 M_2}} (1 + e^{-iqa}) \\ -\frac{f}{\sqrt{M_1 M_2}} (1 + e^{+iqa}) & \frac{2f}{M_2} \end{pmatrix} \tag{5.2.32}$$

---

[9] Ein sehr ähnliches Problem erhalten wir, wenn wir annehmen, dass die Masse der beiden Atome gleich ist, die Kopplungskonstanten zwischen den Atomen dafür aber abwechselnd zwei unterschiedliche Werte annehmen, siehe hierzu *Festkörperphysik*, N. W. Ashcroft, N. D. Mermin, Oldenbourg Verlag, München (2012).

5.2 Klassische Theorie

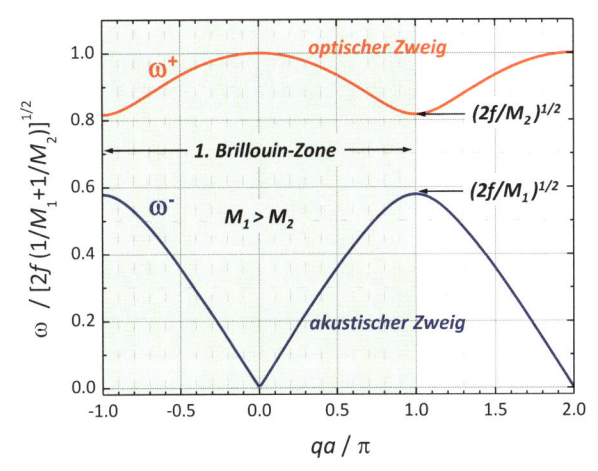

Abb. 5.8: Dispersionsrelation für ein Kristallgitter mit zweiatomiger Basis berechnet für $M_1 = 2M_2$.

gegeben. Setzen wir die Determinante dieser Matrix gleich null, erhalten wir die Dispersionsrelation[10]

$$\omega^2 = f\left(\frac{1}{M_1} + \frac{1}{M_2}\right) \pm f\left[\left(\frac{1}{M_1} + \frac{1}{M_2}\right)^2 - \frac{4}{M_1 M_2}\sin^2\frac{qa}{2}\right]^{1/2}. \qquad (5.2.33)$$

Diese Dispersionsrelation ist in Abb. 5.8 gezeigt. Wir erhalten also für unser System mit einer zweiatomigen Basis zwei Dispersionszweige $\omega_+(q)$ und $\omega_-(q)$, wie wir es nach unserer allgemeinen Diskussion in Abschnitt 5.2.1 erwarten.[11]

Grenzfälle:

1. Langwelliger Grenzfall: $q \ll 1/a$ bzw. $\lambda \gg a$:
   Für $qa \ll 1$ können wir die Sinus-Funktion in (5.2.33) durch ihr Argument ersetzen und den Wurzelausdruck mit Hilfe der Näherung $\sqrt{1-x} \simeq 1 - \frac{1}{2}x$ approximieren. Wir erhal-

---

[10] Wir erhalten:

$$0 = \left(\frac{2f}{M_1} - \omega^2\right)\left(\frac{2f}{M_2} - \omega^2\right) - \frac{f^2}{M_1 M_2}\left(1 + e^{+\imath qa}\right)\left(1 + e^{-\imath qa}\right)$$

$$= \frac{4f^2}{M_1 M_2} - \frac{\omega^2 2f}{M_1} - \frac{\omega^2 2f}{M_2} + \omega^4 - \frac{f^2}{M_1 M_2}\left(2 + e^{+\imath qa} + e^{-\imath qa}\right)$$

$$= M_1 M_2 \omega^4 - 2f(M_1 + M_2)\omega^2 + 2f^2(1 - \cos qa).$$

Daraus erhalten wir

$$\omega^2 = \frac{f(M_1 + M_2) \pm \sqrt{f^2(M_1 + M_2)^2 - 2M_1 M_2 f^2(1 - \cos qa)}}{M_1 M_2}.$$

[11] Im dreidimensionalen Fall erwarten für eine Basis mit zwei Atomen wir $r = 3r' = 6$ Dispersionszweige, im eindimensionalen Fall dagegen nur $r = r' = 2$.

ten dann für den langwelligen Grenzfall

$$\omega_+^2(q) \simeq 2f\left(\frac{1}{M_1} + \frac{1}{M_2}\right) - \frac{a^2 f}{2(M_1 + M_2)} q^2 \qquad (5.2.34)$$

$$\omega_-^2(q) \simeq \frac{a^2 f}{2(M_1 + M_2)} q^2 . \qquad (5.2.35)$$

Für den ω_--Zweig erhalten wir eine lineare Dispersionsrelation mit der Schallgeschwindigkeit $v_s = \sqrt{a^2 f / 2(M_1 + M_2)}$. Für den ω_+-Zweig ergibt sich für den Grenzfall $q \to 0$ eine konstante Schwingungsfrequenz

$$\omega_+(0) = \sqrt{2f\left(\frac{1}{M_1} + \frac{1}{M_2}\right)}. \qquad (5.2.36)$$

Für das Verhältnis der Schwingungsamplituden erhalten wir für den Grenzfall $q \to 0$ aus (5.2.30) und (5.2.31) unter Benutzung von (5.2.29) das einfache Ergebnis

$$\frac{A_1(0)}{A_2(0)} = -\frac{M_2}{M_1} \qquad \text{für } \omega_+ , \qquad (5.2.37)$$

$$\frac{A_1(0)}{A_2(0)} = 1 \qquad \text{für } \omega_- . \qquad (5.2.38)$$

Wir sehen also, dass die Atome für den ω_--Zweig mit gleicher Amplitude in Phase schwingen, während sie für den ω_+-Zweig gegenphasig mit einem zum Massenverhältnis inversen Amplitudenverhältnis schwingen. Dadurch bleibt der Schwerpunkt in Ruhe.

2. $q \to \pi/a$ bzw. $\lambda \to 2a$:
Für $M_1 > M_2$ erhalten wir

$$\omega_+(\pi/a) = \sqrt{\frac{2f}{M_2}} \qquad (5.2.39)$$

$$\omega_-(\pi/a) = \sqrt{\frac{2f}{M_1}} . \qquad (5.2.40)$$

Zwischen den beiden Frequenzen $\omega_+(\pi/a)$ und $\omega_-(\pi/a)$ existiert eine Frequenzlücke, die umso größer ist, je größer das Massenverhältnis M_1/M_2 ist. In dieser Frequenzlücke wird der Wellenvektor **q** imaginär, woraus eine gedämpfte Welle resultiert. Wir sehen ferner, dass das Frequenzband ω_+ umso schmäler wird, je größer M_1/M_2 ist.

5.2 Klassische Theorie

Wir wollen weiterhin die Grenzfälle $M_1 \gg M_2$ und $M_1 = M_2$ betrachten:

1. $M_1 \gg M_2$:
   Für $M_1 \gg M_2$ erhalten wir aus (5.2.33)

$$\omega^2 = \frac{f}{M_2} \pm \frac{f}{M_2}\left(1 - 4\frac{M_2}{M_1}\sin^2\frac{qa}{2}\right)^{1/2}$$

$$\simeq \frac{f}{M_2} \pm \frac{f}{M_2}\left(1 - 2\frac{M_2}{M_1}\sin^2\frac{qa}{2}\right). \tag{5.2.41}$$

Hierbei haben wir den Wurzelausdruck entwickelt, da $M_2/M_1 \ll 1$ ist.[12] Wir erhalten somit

$$\omega_+^2 \simeq \frac{2f}{M_2} - \frac{2f}{M_1}\sin^2\frac{qa}{2} \tag{5.2.42}$$

$$\omega_-^2 \simeq \frac{2f}{M_1}\sin^2\frac{qa}{2}. \tag{5.2.43}$$

Wir sehen, dass wir für den ω_--Zweig in etwa die Dispersionsrelation eines Gitters mit nur einer Masse M_1 bekommen, was anschaulich wegen $M_1 \gg M_2$ zu erwarten ist. Beim ω_--Zweig schwingen die beiden Massen in Phase. Die kleine Masse bewegt sich dabei quasi mit der großen mit und wir erhalten dadurch die Dispersionsrelation für ein Gitter mit nur einer, und zwar der großen Masse. Beim ω_+-Zweig schwingen die beiden Massen gegenphasig. Die große Masse bleibt bei der gegenphasigen Bewegung quasi in Ruhe und wir erhalten eine Schwingungsfrequenz, die vom Wellenvektor fast unabhängig ist und durch die leichte Masse bestimmt wird.

2. $M_1 = M_2$:
   Für $M_1 = M_2 = M$ erhalten wir aus (5.2.33)

$$\omega^2 = \frac{2f}{M} \pm \frac{2f}{M}\left(1 - \sin^2\frac{qa}{2}\right)^{1/2} \simeq \frac{2f}{M}\left(1 \pm \cos\frac{qa}{2}\right). \tag{5.2.44}$$

Wir erhalten somit

$$\omega_+^2 \simeq \frac{2f}{M}\left(1 + \cos\frac{qa}{2}\right) \tag{5.2.45}$$

$$\omega_-^2 \simeq \frac{2f}{M}\left(1 - \cos\frac{qa}{2}\right) = \frac{4f}{M}\sin^2\frac{qa}{4}. \tag{5.2.46}$$

Wir erhalten also für den ω_--Zweig die gleiche Dispersionsrelation wie für eine einatomige Basis, allerdings mit halbem Gitterabstand. Dies ist einsichtig, da für $M_1 = M_2 = M$ das resultierende Gitter tatsächlich ein einatomiges Gitter mit Gitterkonstante $a/2$ darstellt. Der Verlauf des ω_+-Zweiges ist genau spiegelbildlich zu dem des ω_--Zweiges. Hierbei müssen wir allerdings beachten, dass der ω_+-Zweig eigentlich für $M_1 = M_2$ gar nicht existieren kann und die Schwingungsmode mit Wellenvektor q einer Schwingungsmode mit Wellenvektor $\pi/a - q$ des ω_--Zweiges entspricht.

---

[12] Es gilt: $\sqrt{1-x} \simeq 1 - \frac{1}{2}x$.

5.2.3.1 Akustische und optische Gitterschwingungen

Im Frequenzband ω_- schwingen nach (5.2.38) die benachbarten Massen M_1 und M_2 in Phase, genauso wie es bei akustischen Wellen der Fall ist. Wir bezeichnen deshalb dieses Frequenzband als den *akustischen Zweig* des Frequenzspektrums. Je nachdem, ob die Atome parallel oder senkrecht zur Ausbreitungsrichtung der Welle schwingen, unterscheiden wir zwischen *longitudinal akustischen* und *transversal akustischen* Schwingungen (siehe Abb. 5.9). Für diesen Zweig wird ferner für $q \to 0$ die Ausbreitungsgeschwindigkeit der Wellen konstant. Der akustische Zweig beschreibt hier die dispersionslose Ausbreitung von Schallwellen.

Im Frequenzband ω_+ schwingen die Atome nach (5.2.37) gegenphasig. Wenn die Gitteratome wie z. B. bei Ionenkristallen entgegengesetzte Ladung haben, so treten bei dieser Schwingungsform starke elektrische Dipolmomente auf, die sich im optischen Verhalten des Kristalls bemerkbar machen. Wir bezeichnen deshalb dieses Frequenzband als den *optischen Zweig* des Frequenzspektrums. Je nachdem, ob die Atome parallel oder senkrecht zur Ausbreitungsrichtung der Welle schwingen, unterscheiden wir wiederum zwischen *longitudinal optischen* und *transversal optischen* Schwingungen. Wir werden auf diese Schwingungen im Zusammenhang mit der Diskussion der dielektrischen Eigenschaften von Festkörpern später zurückkommen. Wir können jetzt auch das Ergebnis (5.2.36) einfach interpretieren. Für $q = 0$ sind die Auslenkungen der Atome in jeder Gitterzelle identisch. Die Untergitter der schweren und leichten Atome schwingen bei der optischen Schwingung gegeneinander. In diesem Fall können wir das Problem auf ein System von zwei Massen mit Kraftkonstante $2f$ und reduzierter Masse $1/\mu = 1/M_1 + 1/M_2$ reduzieren. Daraus ergibt sich sofort die Beziehung (5.2.36).

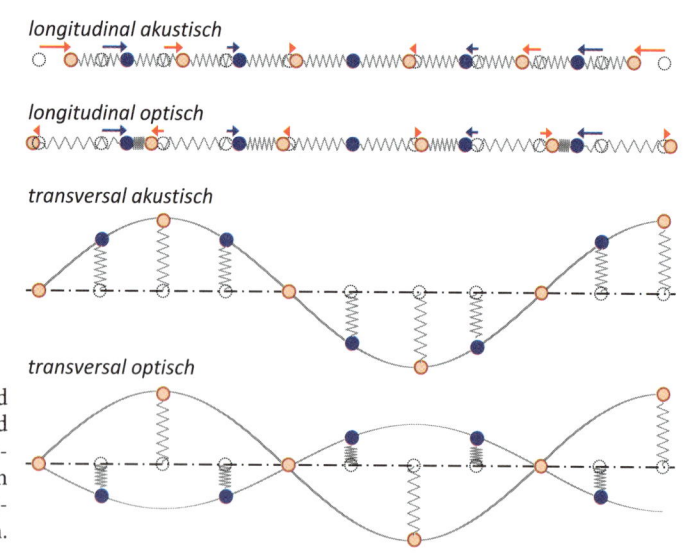

Abb. 5.9: Longitudinal und transversal akustische und optische Gitterschwingungen. Die gepunkteten Kreise geben die Ruheposition der Atome an.

5.2.4 Gitterschwingungen – dreidimensionaler Fall

Bisher haben wir eindimensionale Fälle diskutiert, indem wir angenommen haben, dass immer ganze Netzebenen ausgelenkt werden. Wir müssen jetzt auch kurz auf den allgemeinen dreidimensionalen Fall zu sprechen kommen.

5.2.4.1 Einatomige Basis

Für eine Welle mit Wellenvektor **q** können im Dreidimensionalen $r = 3r\prime = 3$ unabhängige Schwingungsformen auftreten, die sich hinsichtlich der Auslenkung der Atome bezüglich **q**, d. h. bezüglich ihrer Polarisation unterscheiden. Diese drei Schwingungsformen haben im Allgemeinen unterschiedliche Energie und wir finden für sie 3 Dispersionszweige, einen longitudinal akustischen Zweig und zwei transversal akustische Zweige. Für den longitudinalen Zweig ist **q** ∥ **u** und für die beiden transversalen Zweige ist **q** ⊥ **u**. Im Allgemeinen ist die Frequenz des longitudinalen Zweiges größer, d. h. $\omega^L > \omega^T$. Die verschiedenen Moden können aber auch energetisch entartet sein. So sind z. B. für einen kubischen Kristall die transversalen Moden für die [100] und [111] Richtung entartet (siehe Tabelle 4.3).

Wie wir bereits bei der Diskussion elastischer Wellen in Abschnitt 4.6 diskutiert haben, sind die drei Polarisationen im Allgemeinen nicht exakt parallel oder senkrecht zu **q**. Dies trifft nur für bestimmte Ausbreitungsrichtungen zu (z. B. für die [100]-, [110]- und [111]-Richtung in einem kubischen Kristall).

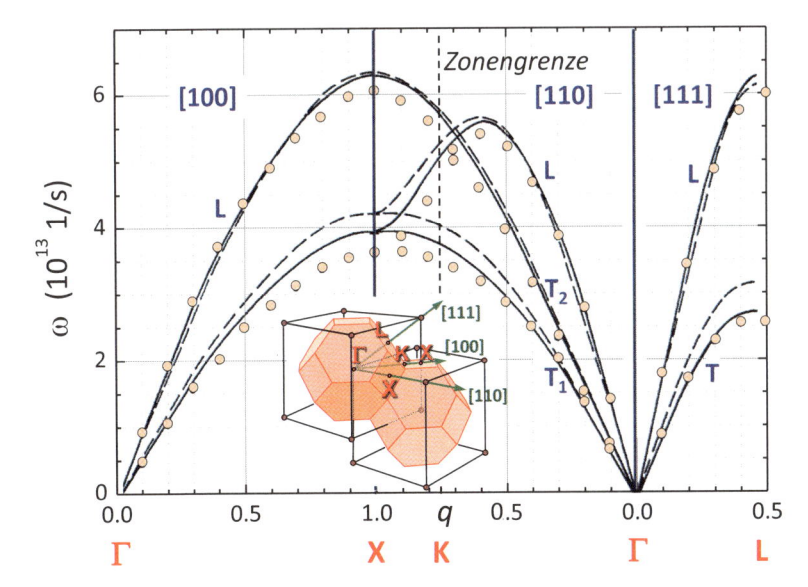

Abb. 5.10: Phononen-Dispersionsrelationen von Al. Die durchgezogenen und gestrichelten Linien stellen mit unterschiedlichen Methoden berechnete Kurven, die Symbole experimentelle Daten dar. Der Wellenvektor q ist in Einheiten von $\frac{2\pi}{a}$, $\sqrt{2}\frac{2\pi}{a}$ und $\sqrt{3}\frac{2\pi}{a}$ in [100]-, [110]- und [111]-Richtung aufgetragen (nach M. A. Coulthard, J. Phys. C: Solid State Phys. **3**, 820–834 (1970)).

Die Disperisonskurven sind nach wie vor periodisch. Es gilt

$$\omega(\mathbf{q}) = \omega(\mathbf{q} + \mathbf{G}) \tag{5.2.47}$$

und ferner aufgrund der Zeitumkehrsymmetrie

$$\omega(-\mathbf{q}) = \omega(\mathbf{q}) \,. \tag{5.2.48}$$

Es genügt deshalb, die Dispersionskurve in einem Oktanten der 1. Brillouin-Zone anzugeben.

Als Beispiel ist in Abb. 5.10 die Dispersionskurve von Al gezeigt. Aluminium hat ein monoatomares fcc-Gitter. In der Praxis werden die Dispersionskurven immer entlang von bestimmten Richtungen im q-Raum gezeigt. Diese Richtungen werden durch Symbole Γ, X, W, K, etc. angegeben, die bestimmte Punkte der Brillouin-Zone markieren. Zum Beispiel markiert Γ das Zentrum der Brillouin-Zone. Im gezeigten Beispiel sehen wir die Dispersionskurve von Al entlang der ΓX-Richtung (entspricht [100]), der ΓK-Richtung (entspricht [110]) und der ΓL-Richtung (entspricht [111]).

5.2.4.2 Mehratomige Basis

Wir haben bereits in Abschnitt 5.2.1 gesehen, dass wir für den allgemeinen Fall einer Basis mit r' Atomen ein homogenes Gleichungssystem erhalten, das nur dann Lösungen besitzt, wenn die Determinante

$$\det\left\{D_{\alpha i}^{\beta j}(\mathbf{q}) - \omega^2 \mathbf{1}\right\}$$

verschwindet. Diese Gleichung hat genau $D \cdot r'$ Lösungen $\omega(\mathbf{q})$ für jeden Wellenvektor $\mathbf{q}$, die wir als Dispersionszweige bezeichnen. Hierbei ist D die Dimensionalität unseres betrachteten Kristallsystems. Für die Zahl der akustischen und optischen Zweige erhalten wir für ein dreidimensionales System mit r' Atomen pro Gitterzelle:

$$\begin{array}{l} 3 \text{ akustische Zweige} \\ 3r' - 3 \text{ optische Zweige} \,. \end{array} \tag{5.2.49}$$

Als Beispiel betrachten wir Silizium. Si besitzt eine Diamantstruktur mit einer zweiatomigen Basis. Wir erwarten also insgesamt $r = 3r' = 6$ (drei akustische und drei optische) Dispersionszweige. Ein experimentelles Ergebnis ist in Abb. 5.11 zusammen mit Berechnungen der Dispersionsrelationen gezeigt. Entlang der [100]- und der [111]-Richtung sehen wir aufgrund der Entartung der transversalen Zweige nicht 6 sondern nur 4 verschiedene Dispersionszweige. Entlang der [110]-Richtung haben wir 6 Dispersionszweige vorliegen. Die Übereinstimmung von Theorie und Experiment ist in dem gezeigten Beispiel dürftig. Durch das von **Werner Weber** vorgeschlagene „adiabatische bond-charge Modell" wurde eine erhebliche Verbesserung der theoretischen Modellierung erreicht.[13]

---

[13] W. Weber, *Adiabatic bond charge model for the phonons in diamond, Si, Ge, and α-Sn*, Phys. Rev. B **15**, 4789 (1977).

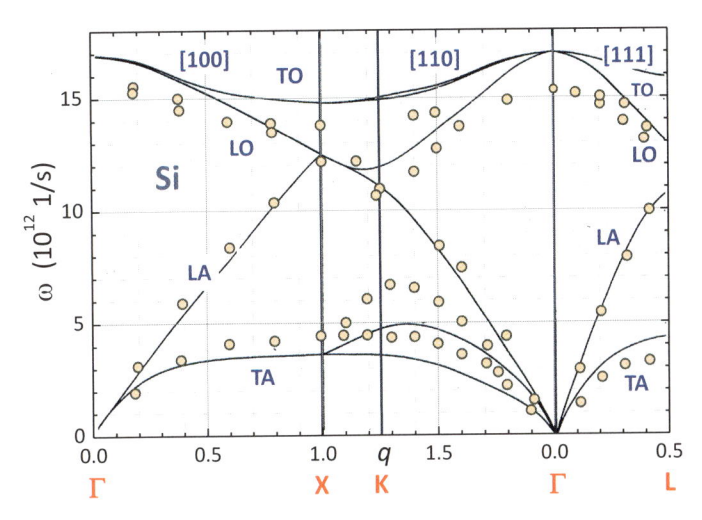

Abb. 5.11: Phononen-Dispersionsrelationen von Si. Die Linien stellen berechnete Dispersionsrelationen, die Symbole experimentelle Daten dar. Der Wellenvektor q ist in Einheiten von $\frac{2\pi}{a}$, $\sqrt{2}\frac{2\pi}{a}$ und $\sqrt{3}\frac{2\pi}{a}$ in [100]-, [110]- und [111]-Richtung aufgetragen (Daten aus P. E. Van Camp *et al.*, Phys. Rev. B **31**, 4089 (1985)).

5.3 Zustandsdichte im Phononenspektrum

Wir haben bisher immer unendlich ausgedehnte Festkörper betrachtet. Diese liegen allerdings in der Realität nie vor. Alle realen Festkörper sind endlich groß und besitzen eine Oberfläche. Eine wichtige Folge davon ist, dass nicht alle Wellenvektoren im Bereich $-\frac{\pi}{a} \leq q \leq +\frac{\pi}{a}$ zulässig sind. Die mit den endlichen Abmessungen des Kristalls verbundenen *Randbedingungen* bewirken, dass nur eine bestimmte Anzahl von Wellenvektoren möglich ist. Wir wollen hier die Frage beantworten, wie viele Wellenvektoren pro Volumen im Impulsraum erlaubt sind. Die Beantwortung dieser Frage führt uns auf den Begriff der *Zustandsdichte*.

Die Tatsache, dass wir in einem endlichen System nur eine endliche Zahl von Schwingungsfrequenzen haben, kennen wir bereits aus der klassischen Mechanik, wo wir gelernt haben, dass in einem System aus N schwingenden Massen nur $3N$ Eigenfrequenzen existieren. Wir erwarten also, dass die Zahl der Atome im Festkörper die Zahl der Schwingungsfrequenzen bestimmt. Andererseits sollte die genaue Form der Randbedingung, mit der wir der Endlichkeit des Systems Rechnung tragen, für einen makroskopischen Festkörper (N ist sehr groß) keine Rolle spielen. Daraus können wir folgern, dass wir die Randbedingungen so wählen können, dass die mathematische Beschreibung möglichst bequem wird. Dies führt uns zu den *periodischen* oder *zyklischen Born–von Karman Randbedingungen*.

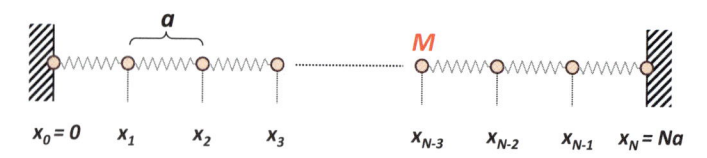

Abb. 5.12: Endliche, eindimensionale Atomkette, bestehend aus $N + 1$ Atomen mit Abstand a und N Federn. Das 0. und N. Atom sind fixiert, so dass nur $N - 1$ Atome übrig bleiben, die schwingen können.

5.3.1 Randbedingungen

5.3.1.1 Eindimensionaler Fall: feste Oberfläche

Wir beginnen unsere Betrachtung mit der Diskussion einer eindimensionalen Kette von Atomen mit Abstand a, die durch Federn verbunden sind. Das erste und das letzte Atom soll dabei, wie in Abb. 5.12 gezeigt ist, fixiert sein. Wir verwenden folgende Bezeichnungen:

Atomposition im Gleichgewicht: $\quad x_n = na, \quad n = 0, 1, 2, 3, \ldots, N$
Auslenkungen: $\quad u_n$
Länge der Kette: $\quad L = Na$
Anzahl der Atome: $\quad N + 1$

Als Lösungsansatz der Bewegungsgleichung setzen wir eine Linearkombination von nach links und rechts laufenden ebenen Wellen an:

$$u_n = A_1 e^{i(qna - \omega t)} + A_2 e^{-i(qna + \omega t)}. \tag{5.3.1}$$

Die Randbedingungen lauten

$$u_n(0) = u_n(Na) = 0. \tag{5.3.2}$$

Die erste Randbedingung $u_0 = u_n(0) = 0$ liefert uns $A_1 = -A_2$. Damit erhalten wir

$$u_n = 2i A_1 \sin(qna) e^{-i\omega t}. \tag{5.3.3}$$

Die zweite Randbedingung $u_N = 0$ liefert

$$\sin(qNa) = 0 \quad \text{oder} \quad qNa = p\pi \quad (p \text{ ganzzahlig}). \tag{5.3.4}$$

Wenn wir den Wellenvektor q wie bisher auf die 1. Brillouin-Zone beschränken, finden wir wegen $q \leq \frac{\pi}{a}$ folgenden Satz von erlaubten Wellenvektoren:[14]

$$q = \frac{\pi}{a} \frac{p}{N} = \frac{\pi}{L} p, \qquad p = 0, 1, 2, 3, \ldots, N. \tag{5.3.5}$$

Mit diesem Satz von Wellenvektoren ergibt sich nur eine beschränkte Zahl von möglichen Schwingungsfrequenzen bzw. Schwingungszuständen, die wir auch als Schwingungsmoden

---

[14] Hinweis: $-q$ taucht nicht auf, da wir es mit stehenden Wellen zu tun haben.

bezeichnen. Wir müssen nun die Anzahl der möglichen Schwingungsmoden bestimmen. Dazu betrachten wir (5.3.3)

$$p = 0 \quad \rightarrow \quad q = 0 \quad \Rightarrow \quad u_n = 0$$
$$p = N \quad \rightarrow \quad q = \frac{\pi}{a} \quad \Rightarrow \quad u_n = \sin \pi n = 0 \quad \text{für alle } n\,. \tag{5.3.6}$$

Wir sehen also, dass wir für $p = 0$ und $p = N$ keinen Schwingungszustand erhalten. Damit ist die Anzahl der Schwingungsmoden gleich $N - 1$, also gleich der Zahl der schwingenden Atome (das 0. und N. Atom sind ja fixiert). In Abb. 5.13 sind als Beispiel die möglichen Schwingungsmoden für ein System mit $N = 3$, also $N - 1 = 2$ schwingenden und zwei fixierten Atomen gezeigt.

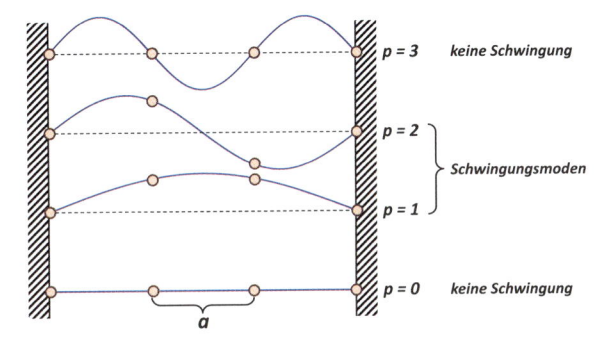

Abb. 5.13: Mögliche Schwingungsmoden für eine Atomkette aus $N + 1 = 4$ Atomen. Das 0. und 3. Atom sind fixiert, so dass nur $N - 1 = 2$ Atome schwingen können.

5.3.1.2 Eindimensionaler Fall: Periodische Randbedingungen

Wir können statt der Randbedingungen (5.3.2) auch periodische Randbedingungen fordern:

$$u_n = u_{n+N}\,. \tag{5.3.7}$$

Diese Randbedingung können wir uns am einfachsten anhand einer eindimensionalen Kette plausibel machen. Für genügend große N ändert sich physikalisch nichts, wenn wir die Kette zu einem Kreis biegen und an den Enden zusammenfügen. Da sich in diesem Fall alle N Atome bewegen können, erwarten wir N Schwingungsmoden. Mit dem Lösungsansatz

$$u_n = A\, e^{\imath(qna - \omega t)} = A\, e^{\imath(qR_n - \omega t)}\,, \tag{5.3.8}$$

wobei $R_n = na$ ein Bravais-Gittervektor ist, erhalten wir aus der Randbedingung

$$e^{\imath qNa} = 1 \quad \Rightarrow \quad qNa = p\,2\pi \quad \text{mit } p = \text{ganzzahlig}\,. \tag{5.3.9}$$

Beschränken wir wiederum q auf die 1. Brillouin-Zone, so finden wir

$$q = \frac{2\pi}{a}\frac{p}{N} = \frac{2\pi}{L} p \quad \text{mit } -\frac{N}{2} < p \leq +\frac{N}{2}\,. \tag{5.3.10}$$

Dies sind, wie erwartet, N mögliche Wellenvektoren.[15] Falls wir statt einer einatomigen Basis eine Basis mit r Atomen vorliegen haben, so ergibt sich das obige Ergebnis für jeden

---

[15] Hinweis: Das <-Zeichen taucht auf, da wir am Zonenrand für $q = \pi/a$ stehende Wellen erhalten, so dass die Lösungen für $q = \pm\frac{\pi}{a}$ identisch sind. Für alle anderen Werte von q sind $\pm q$ anhand der Ausbreitungsrichtung unterscheidbar.

einzelnen Dispersionszweig. Wir erhalten somit insgesamt $r \cdot N$ Schwingungsmoden, wobei N nun die Zahl der Bravais-Gitterpunkte ist.

Wir wollen nun noch die Frage beantworten, wie viele Wellenvektoren pro Volumen des Impulsraums erlaubt sind. Im Impulsraum erhalten wir nach (5.3.10) eine Folge von äquidistanten erlaubten Wellenvektoren (siehe Abb. 5.14). Im Intervall $\Delta q = \frac{\pi}{a} - \frac{-\pi}{a} = \frac{2\pi}{a}$ liegen offenbar N Zustände. Da diese äquidistant sind, erhalten wir die so genannte *Zustandsdichte* $Z(q)$ im q-Raum zu

$$Z(q) = \frac{\text{Anzahl der Zustände}}{\text{zugehöriges } q\text{-Raum-Volumen}} = \frac{N}{2\pi/a} = \frac{Na}{2\pi} = \frac{L}{2\pi}. \quad (5.3.11)$$

Wir sehen also, dass im eindimensionalen q-Raum jeder Zustand das Volumen $2\pi/L$ einnimmt.

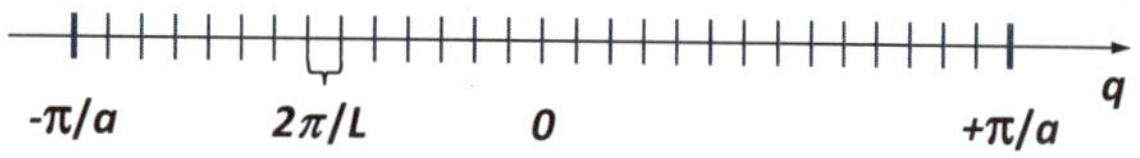

Abb. 5.14: Zustände im eindimensionalen Impulsraum.

5.3.1.3 Dreidimensionaler Fall: periodische Randbedingungen

Wir betrachten jetzt einen Kristall mit den primitiven Gittervektoren $\mathbf{a}_1$, $\mathbf{a}_2$ und $\mathbf{a}_3$ und den Seitenlängen $N_1|\mathbf{a}_1|$, $N_2|\mathbf{a}_2|$ und $N_3|\mathbf{a}_3|$. Die Zahl der Gitterpunkte ist dann $N = N_1 \cdot N_2 \cdot N_3$. Betrachten wir ein Gitter mit einer einatomigen Basis, so können wir die Positionen der Atome mit den Bravais-Gittervektoren $\mathbf{R}$ angeben. Ist die Auslenkung des Atoms an der Position $\mathbf{R}$ durch $\mathbf{u}(\mathbf{R})$ gegeben, so können wir die periodischen Randbedingungen schreiben als

$$\mathbf{u}(\mathbf{R}) = \mathbf{u}(\mathbf{R} + N_i \mathbf{a}_i) \qquad i = 1, 2, 3. \quad (5.3.12)$$

Mit dem Lösungsansatz

$$\mathbf{u}(\mathbf{R}) = \mathbf{A} e^{i(\mathbf{q} \cdot \mathbf{R} - \omega t)} \quad (5.3.13)$$

erhalten wir dann

$$\mathbf{u}(\mathbf{R} + N_i \mathbf{a}_i) = \mathbf{A} e^{i\mathbf{q} \cdot \mathbf{R}} e^{i \mathbf{q} \cdot \mathbf{a}_i N_i} e^{-i\omega t} = \mathbf{u}(\mathbf{R}) e^{i \mathbf{q} \cdot \mathbf{a}_i N_i}. \quad (5.3.14)$$

Es muss also gelten

$$N_i \, \mathbf{a}_i \cdot \mathbf{q} = 2\pi p_i, \qquad i = 1, 2, 3 \text{ und } p_i = \text{ganzzahlig}. \quad (5.3.15)$$

Da $N_i \mathbf{a}_i$ ein Bravais-Gittervektor ist, folgt aus dieser Beziehung sofort, dass $\mathbf{q}$ ein reziproker Gittervektor sein muss (vergleiche hierzu (2.1.16)). Wir können dann $\mathbf{q}$ durch die primitiven reziproken Gittervektoren $\mathbf{b}_1$, $\mathbf{b}_2$ und $\mathbf{b}_3$ ausdrücken:

$$\mathbf{q} = h\mathbf{b}_1 + k\mathbf{b}_2 + \ell\mathbf{b}_3. \quad (5.3.16)$$

Da

$$\mathbf{a}_i \cdot \mathbf{b}_j = 2\pi \delta_{ij} \quad (5.3.17)$$

5.3 Zustandsdichte im Phononenspektrum

gilt, folgt aus (5.3.15)

$$h = \frac{p_1}{N_1}, \qquad k = \frac{p_2}{N_2}, \qquad \ell = \frac{p_3}{N_3} \tag{5.3.18}$$

und damit für die erlaubten Wellenvektoren

$$\mathbf{q} = \frac{p_1}{N_1}\mathbf{b}_1 + \frac{p_2}{N_2}\mathbf{b}_2 + \frac{p_3}{N_3}\mathbf{b}_3 . \tag{5.3.19}$$

Beschränken wir uns wiederum auf die 1. Brillouin-Zone, so ergibt sich (für ungerades N_i)

$$p_i = 0, \pm 1, \pm 2, \ldots, \pm \frac{N_i - 1}{2} . \tag{5.3.20}$$

Dies ergibt $N_1 \cdot N_2 \cdot N_3 = N$ Schwingungsmoden.

Dehnen wir die obige Betrachtung auf ein dreidimensionales Gitter mit einer aus r' Atomen bestehenden Basis aus, so erhalten wir das allgemeine Ergebnis:

> In einem dreidimensionalen Gitter mit einer aus r' Atomen bestehenden Basis sind $3r' \cdot N = r \cdot N$ Schwingungsmoden möglich. Dies entspricht genau N Schwingungsmoden pro Dispersionszweig.

5.3.2 Zustandsdichte im Impulsraum

Um die Zustandsdichte für ein dreidimensionales System abzuleiten, benutzen wir, dass das Volumen der 1. Brillouin-Zone durch

$$\Omega_{\text{BZ}} = \frac{(2\pi)^3}{\mathbf{a}_1 \cdot (\mathbf{a}_2 \times \mathbf{a}_3)} = \frac{(2\pi)^3}{V_{\text{WS}}} \tag{5.3.21}$$

gegeben ist, wobei $V_{\text{WS}} = \mathbf{a}_1 \cdot (\mathbf{a}_2 \times \mathbf{a}_3)$ das Volumen der Wigner-Seitz-Zelle ist. Nach (5.3.20) liegen in Ω_{BZ} genau $N = N_1 \cdot N_2 \cdot N_3$ Zustände, die wiederum äquidistant sind (pro Richtungen b_i). Das $\mathbf{q}$-Raum Volumen eines einzelnen Zustands ist damit

$$\frac{\Omega_{\text{BZ}}}{N} = \frac{(2\pi)^3}{N \cdot V_{\text{WS}}} = \frac{(2\pi)^3}{V} \tag{5.3.22}$$

und wir erhalten die Zustandsdichte im $\mathbf{q}$-Raum zu

$$Z(\mathbf{q}) = \frac{V}{(2\pi)^3} . \tag{5.3.23}$$

5.3.3 Zustandsdichte im Frequenzraum

Wir werden später sehen, dass wir häufig Summen der Form

$$\sum_{\mathbf{q},r} F[\omega_r(\mathbf{q})] = \sum_r \int_{1.\,BZ} d^3q\, Z(\mathbf{q})\, F[\omega_r(\mathbf{q})] \tag{5.3.24}$$

berechnen müssen. Dabei läuft der Index r über alle Dispersionszweige und wir haben die Summation über $\mathbf{q}$ bereits durch eine Integration über die 1. Brillouin-Zone ersetzt. Dies ist immer dann möglich, wenn wir es mit großen Festkörpern (also großen N) zu tun haben, so dass die Zustände im $\mathbf{q}$-Raum sehr dicht liegen ($\propto 2\pi/L_i$). Häufig möchte man die Summation über alle $\mathbf{q}$-Zustände in eine Summation bzw. Integration über Frequenzen überführen. Dazu schreiben wir, was wir immer tun können, formal

$$\sum_r \int_{1.\,BZ} d^3q\, Z(\mathbf{q})\, F[\omega_r(\mathbf{q})] = \int_{\omega_{min}}^{\omega_{max}} d\omega\, F(\omega)\, D(\omega) \tag{5.3.25}$$

Dabei gilt, wie wir leicht durch Einsetzen überprüfen können

$$D(\omega) = \sum_r \int_{1.\,BZ} d^3q\, Z(\mathbf{q})\, \delta(\omega - \omega_r(\mathbf{q})). \tag{5.3.26}$$

Wir wollen uns zunächst die Bedeutung der Zustandsdichte im Frequenzraum anhand einer eindimensionalen Dispersion $\omega(q)$ klarmachen (siehe hierzu Abb. 5.15). Die konstante Zustandsdichte im q-Raum übersetzt sich über eine nichtlineare Dispersionskurve $\omega(q)$ in eine Zustandsdichte $D(\omega)$, wobei

$$Z(q)dq = D(\omega)d\omega \tag{5.3.27}$$

gilt. Offenbar ist $D(\omega)$ nicht konstant. Wir sehen, dass $D(\omega)$ groß ist, wo $\omega(q)$ flach verläuft und umgekehrt. Wir wollen ferner darauf hinweisen, dass immer

$$N = \int_{1.\,BZ} d^3q\, Z(\mathbf{q}) = \int_{\omega_{min}}^{\omega_{max}} d\omega\, D(\omega) \tag{5.3.28}$$

gelten muss.

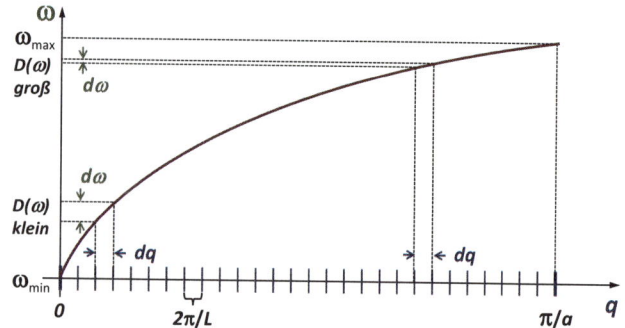

Abb. 5.15: Zur Veranschaulichung der Ableitung der Zustandsdichte im Frequenzintervall mit Hilfe der Dispersionsrelation $\omega(q)$.

5.3 Zustandsdichte im Phononenspektrum

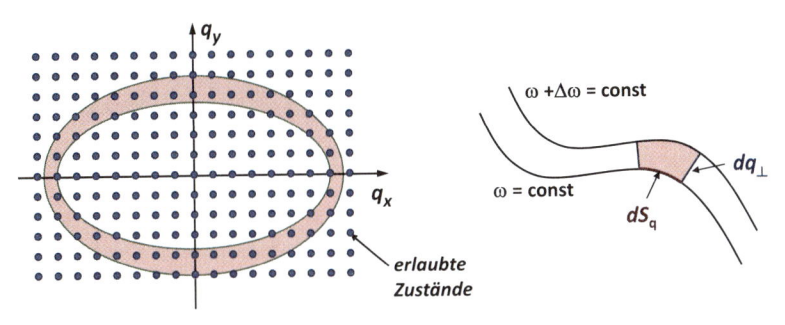

Abb. 5.16: Links: Erlaubte Zustände im zweidimensionalen q-Raum sowie q-Raumvolumen (schattiert) zwischen zwei Flächen konstanter Frequenz. Rechts: Zur Herleitung der Zustandsdichte der Schwingungsmoden im Frequenzintervall zwischen $\omega(\mathbf{q})$ und $\omega(\mathbf{q}) + \Delta\omega(\mathbf{q})$.

Wir wollen nun einen allgemeinen Ausdruck für die Zustandsdichte $D(\omega)$ ableiten. Hierzu betrachten wir nur einen Dispersionszweig $\omega(\mathbf{q})$. Wir bestimmen zuerst die Anzahl der Schwingungszustände im Frequenzintervall zwischen ω und $\omega + \Delta\omega$ für diesen einzelnen Dispersionszweig. Für genügend große N sind die Zustände im q-Raum dicht gepackt, so dass wir von einer quasi-kontinuierlichen Verteilung ausgehen können. Wir können dann die Zahl der Zustände in einem Frequenzintervall $d\omega$ dadurch bestimmen, indem wir über das Volumen des $\mathbf{q}$-Raumes, das von den beiden Flächen $\omega(\mathbf{q})$ und $\omega(\mathbf{q}) + \Delta\omega(\mathbf{q})$ begrenzt wird (in Abb. 5.16 würde dies der schattierten Fläche entsprechen), integrieren und mit der Zustandsdichte $Z(\mathbf{q})$ des q-Raumes multiplizieren. Wir erhalten

$$\int_{\omega(\mathbf{q})}^{\omega(\mathbf{q})+\Delta\omega(\mathbf{q})} D(\omega) d\omega \simeq D(\omega) \Delta\omega = \frac{V}{(2\pi)^3} \int_{\mathbf{q}(\omega)}^{\mathbf{q}(\omega+\Delta\omega)} d^3q \, . \tag{5.3.29}$$

Die genaue Form der Fläche $\omega(\mathbf{q}) = $ const wird dabei durch die Dispersion $\omega(\mathbf{q})$ bestimmt. Im einfachsten Fall einer linearen Dispersion $\omega(\mathbf{q}) = v_s |\mathbf{q}|$ erhalten wir eine Kugeloberfläche. Zur Ausführung der Integration in (5.3.29) setzen wir $d^3q = dS_q \, dq_\perp$, wobei dS_q ein Flächenelement der Fläche $\omega(\mathbf{q}) = $ const und $dq_\perp$ der jeweilige Abstand der Fläche $\omega(\mathbf{q}) + \Delta\omega(\mathbf{q}) = $ const von der Fläche $\omega(\mathbf{q}) = $ const ist (siehe hierzu Abb. 5.16). Mit $\Delta\omega = |\nabla_\mathbf{q}\omega(\mathbf{q})| dq_\perp$ können wir d^3q schreiben als[16]

$$d^3q = dS_q \, dq_\perp = \frac{dS_q}{|\nabla_\mathbf{q}\omega(\mathbf{q})|} \Delta\omega \tag{5.3.30}$$

und erhalten damit

$$D(\omega) = \frac{V}{(2\pi)^3} \int_{\omega=\text{const}} \frac{dS_q}{|\nabla_\mathbf{q}\omega(\mathbf{q})|} \, . \tag{5.3.31}$$

Dies ist der gewünschte allgemeine Ausdruck für die Zustandsdichte. Das Integral erstreckt sich hierbei im $\mathbf{q}$-Raum über die Fläche $\omega(\mathbf{q}) = $ const. Wir können die Zustandsdichte $D(\omega)$

---
[16] Man beachte, dass $|\nabla_\mathbf{q}\omega(\mathbf{q})|$ die Änderung von ω senkrecht zur Fläche $\omega = $ const darstellt.

berechnen, falls wir die Dispersionsrelation $\omega(\mathbf{q})$ kennen. Wir sehen, dass die Zustandsdichte für diejenige Frequenzwerte besonders hoch ist, für die die Gruppengeschwindigkeit $\nabla_\mathbf{q} \omega(\mathbf{q})$ klein ist. Für $\nabla_\mathbf{q} \omega(\mathbf{q}) = 0$ tritt im Integrand von (5.3.31) eine Singularität auf. Diese wird als *van Hove Singularität* bezeichnet.

Zustandsdichte eines isotropen Mediums: Als Beispiel berechnen wir die Zustandsdichte eines isotropen Mediums mit einer einatomigen Basis (nur akustische Zweige) mit Schallgeschwindigkeit v_L für die londitudinalen und v_T für die beiden transversalen Moden. Da wir $\omega_L = v_L q$ bzw. $\omega_T = v_T q$ vorliegen haben, ist für jeden Dispersionszweig die Fläche $\omega(\mathbf{q}) = $ const eine Kugel mit Radius q und es gilt $|\nabla_\mathbf{q} \omega_i(q)| = v_i$ für die drei Dispersionszweige. Das Oberflächenintegral in (5.3.31) ist deshalb gerade $4\pi q^2$ und wir erhalten für jeden Dispersionszweig

$$D_i(\omega) = \frac{V}{2\pi^2} \frac{q^2}{v_i} = \frac{V}{2\pi^2} \frac{\omega^2}{v_i^3} \,. \tag{5.3.32}$$

Für die gesamte Zustandsdichte der 3 Zweige ergibt sich

$$D(\omega) = \frac{V}{2\pi^2} \left(\frac{1}{v_L^3} + \frac{2}{v_T^3} \right) \omega^2 \,. \tag{5.3.33}$$

Wir sehen, dass die Zustandsdichte proportional zu ω^2 zunimmt. Dieses Ergebnis gilt auch für nicht-isotrope Festkörper im Bereich kleiner q, wo die Dispersionsrelation gut durch eine lineare Beziehung angenähert werden kann.

Zustandsdichte niederdimensionaler Systeme: Bei der Herleitung von (5.3.31) sind wir von einem dreidimensionalen Festkörper ausgegangen. Wir können dieses Ergebnis aber leicht auf den zweidimensionalen Fall erweitern. Wir gehen wieder von

$$\int_{\omega(\mathbf{q})}^{\omega(\mathbf{q})+\Delta\omega(\mathbf{q})} D^{(2)}(\omega) d\omega \simeq D^{(2)}(\omega) \Delta\omega = \frac{A}{(2\pi)^2} \int_{\mathbf{q}(\omega)}^{\mathbf{q}(\omega+\Delta\omega)} d^2q \tag{5.3.34}$$

aus, wobei $D^{(2)}(\omega)$ die Zustandsdichte im Frequenzraum eines 2D-Systems ist und wir $Z^{(2)}(\mathbf{q}) = A/(2\pi)^2$ benutzt haben. Wir schreiben $d^2q = dL_q dq_\perp$, wobei dL_q jetzt ein infinitesimales Element der Linie $\omega(\mathbf{q}) = $ const und $dq_\perp$ der senkrechte Abstand der Linie $\omega(\mathbf{q}) + \Delta\omega(\mathbf{q}) = $ const von der Linie $\omega(\mathbf{q}) = $ const ist. Wir benutzen ferner $d^2q = dL_q dq_\perp = \frac{dL_q}{|\nabla_\mathbf{q} \omega(\mathbf{q})|} \Delta\omega$ und erhalten damit

$$D^{(2)}(\omega) = \frac{A}{(2\pi)^2} \int_{\omega=\text{const}} \frac{dL_q}{|\nabla_\mathbf{q} \omega(\mathbf{q})|} \,. \tag{5.3.35}$$

Für ein isotropes Medium sind die Linien $\omega(\mathbf{q}) = $ const Kreise mit Radius q und es gilt ferner $|\nabla_\mathbf{q} \omega_i(q)| = v_i$ für die beiden Dispersionszweige. Das Integral in (5.3.35) ergibt deshalb gerade $2\pi q$ und wir erhalten für jeden Dispersionszweig

$$D_i^{(2)}(\omega) = \frac{A}{2\pi} \frac{q}{v_i} = \frac{A}{2\pi} \frac{\omega}{v_i^2} \,. \tag{5.3.36}$$

Für die gesamte Zustandsdichte der beiden Zweige ergibt sich

$$D^{(2)}(\omega) = \frac{A}{2\pi}\left(\frac{1}{v_L^2} + \frac{1}{v_T^2}\right)\omega. \tag{5.3.37}$$

Wir erhalten also für zweidimensionale Systeme ein lineares Ansteigen der Zustandsdichte mit der Wellenzahl bzw. mit der Frequenz.

Für den eindimensionalen Fall ergibt sich analog

$$D^{(1)}(\omega) = \frac{L}{(2\pi)} \int\limits_{\omega=\text{const}} \frac{dP_q}{|\nabla_\mathbf{q}\omega(\mathbf{q})|}, \tag{5.3.38}$$

wobei jetzt dP_q nur noch ein Punktelement ist. Für ein isotropes Medium stellt $\omega(\mathbf{q}) = \text{const}$ gerade zwei Punkte dar und das Integral in (5.3.38) ergibt deshalb gerade 2. Da wir es nur noch mit einem longitudinalen Dispersionszweig zu tun haben, erhalten wir

$$D^{(1)}(\omega) = \frac{L}{2\pi}\frac{2}{v_L}. \tag{5.3.39}$$

Die Zustandsdichte ist also unabhängig von der Wellenzahl bzw. Frequenz.

5.4 Quantisierung der Gitterschwingungen

Bisher haben wir die Dynamik des Kristallgitters rein klassisch behandelt. Wir haben als wesentliches Ergebnis erhalten, dass es Eigenfrequenzen $\omega_r(\mathbf{q})$ gibt, wobei $\mathbf{q}$ die erlaubten Wellenvektoren und r die Polarisationsrichtungen sowie die anderweitigen optischen Dispersionszweige durchnummerieren. Wir können deshalb den Kristall als Summe von harmonischen Oszillatoren mit Eigenfrequenzen $\omega_r(\mathbf{q})$ auffassen. Wir wollen in diesem Abschnitt nun zu einer quantenmechanischen Beschreibung übergehen.

5.4.1 Das Quantenkonzept

Max Planck stellte im Jahr 1901 fest, dass das Frequenzspektrum eines schwarzen Strahlers nur dann erklärbar ist, wenn man annimmt, dass Strahlungsenergie der Frequenz ω nur in Portionen $\hbar\omega$ emittiert oder absorbiert wird.[17] Hierbei ist $\hbar = 1.054\,571\,596\,(82) \times$

---

[17] Es war am 14. Dezember 1900, als Max Planck in einem Vortrag vor der Deutschen Physikalischen Gesellschaft in Berlin seine Formel zur Beschreibung des Spektrums eines schwarzen Strahlers präsentierte. Bei der Ableitung dieser Formel musste Planck, wie er damals selbst sagte, „in einem Akt der Verzweiflung" die *Quantisierung der Strahlungsmoden* annehmen. Diese Quantenhypothese Plancks bedeutete gleichzeitig die Geburtsstunde der modernen Quantentheorie und damit einen der größten Fortschritte der Physik.
M. Planck: *Zur Theorie des Gesetzes der Energieverteilung im Normalspektrum*, Verhandlungen der Deutschen physikalischen Gesellschaft 2 (1900) Nr. 17, S. 245, Berlin.

10^{-34} Js das *Plancksche Wirkungsquantum*. Mit Hilfe dieser Quantenhypothese konnte Max Planck das nach ihm benannte *Plancksche Strahlungsgesetz* (zur Herleitung vergleiche Abschnitt 6.1.7)

$$u(\omega, T) = \frac{\hbar}{c^3 \pi^2} \frac{\omega^3}{\exp(\hbar\omega/k_B T) - 1} \tag{5.4.1}$$

ableiten, das die spektrale Energiedichte $u(\omega)$ pro Kreisfrequenzintervall $d\omega = 2\pi d\nu$ eines Hohlraumes bei der Temperatur T beschreibt.

Ein völlig analoges Quantenkonzept kann für das Frequenzspektrum von Gitterschwingungen eingeführt werden. Die Ausdehnung des Quantenkonzepts auf die atomare Kinetik erfolgte sehr bald durch **Albert Einstein** (1907) und **Peter Debye**. Historisch wurde das Quantenkonzept im Zusammenhang mit elektromagnetischer Strahlung eingeführt. Dies lag sicherlich daran, dass der experimentelle Stand bei der Untersuchung des Spektrums elektromagnetischer Strahlung zu dieser Zeit bereits auf einem hohen Niveau war und deshalb sehr genaue experimentelle Ergebnisse vorlagen.

5.4.2 Phononen

5.4.2.1 Quantentheorie für harmonische Kristalle

Wir wollen nun kurz aufzeigen, wie in harmonischer Näherung Gitterschwingungen mit Hilfe der Quantentheorie beschrieben werden können. Bei der mathematischen Behandlung der Schwingungen eines Systems miteinander gekoppelter Oszillatoren führt man gewöhnlich durch eine lineare Transformation so genannte Normalkoordinaten ein (siehe Anhang A). Diese erlauben dann innerhalb der harmonischen Näherung die Aufstellung von Bewegungsgleichungen völlig entkoppelter Oszillatoren. Das Frequenzspektrum der Normalschwingungen der ungekoppelten harmonischen Oszillatoren entspricht dabei demjenigen der Eigenschwingungen des Systems der miteinander gekoppelten Oszillatoren. Die Normalkoordinaten können natürlich nicht mehr wie die Auslenkungen **u** den einzelnen Gitteratomen zugeordnet werden.

Die Eigenenergien bzw. Eigenfrequenzen der Normalschwingungen sind durch die Eigenwerte des harmonischen Hamilton-Operators

$$\mathcal{H}^{\text{harm}} = \mathcal{T} + U_{\text{el}}^{\text{harm}} = \sum_{n,\alpha} \frac{1}{2M_\alpha} P^2(\mathbf{r}_{n\alpha}) + U_{\text{el}}^{\text{harm}} \tag{5.4.2}$$

gegeben. Hierbei ist $\mathcal{T}$ die kinetische Energie der Gitteratome und $U_{\text{el}}^{\text{harm}}$ die harmonische Näherung (5.1.13) des in adiabatischer Näherung erhaltenen Potenzials der elektronischen Wechselwirkungen. Die Methode, wie diese Eigenwerte bestimmt werden können, ist in Anhang A beschrieben. Das dort erhaltene Ergebnis ist sehr plausibel. Um die Energieniveaus eines aus N Atomen bestehenden Kristalls zu spezifizieren, betrachten wir ihn als System von $3N$ unabhängigen Oszillatoren, deren Frequenzen denjenigen der $3N$ klassischen Schwingungsmoden entsprechen, die wir in Abschnitt 5.3 diskutiert haben. Ein bestimmter Schwingungszustand der Frequenz $\omega_r(\mathbf{q})$ kann nun nur die diskreten Energiewerte

$$\left(n_{\mathbf{q}r} + \tfrac{1}{2}\right) \hbar \omega_r(\mathbf{q}), \qquad n_{\mathbf{q}r} = 0, 1, 2, 3, \ldots \tag{5.4.3}$$

annehmen. Hierbei ist $n_{\mathbf{q}r}$ die Besetzungszahl der Normalschwingung mit Wellenvektor $\mathbf{q}$ im Dispersionszweig r. Ein Zustand des gesamten Kristalls ist dann dadurch spezifiziert, dass wir die Besetzungszahlen für alle der $3N$ Normalschwingungen angeben. Die Gesamtenergie ergibt sich dann aus der Summe der Energien der individuellen Moden zu

$$E = \sum_{\mathbf{q}r} \left(n_{\mathbf{q}r} + \tfrac{1}{2}\right) \hbar \omega_r(\mathbf{q}) . \tag{5.4.4}$$

Es ist wichtig, sich klar zu machen, dass die oben diskutierten Normalschwingungen nicht den lokalisierten Schwingungen einzelner Gitteratome zugeschrieben werden können. Vielmehr tragen alle Atome des Gitters zu einer Schwingung bei. Das heißt, die Schwingung beschreibt einen bestimmten Anregungszustand des gesamten Gitters.

5.4.2.2 Normalschwingungen vs. Phononen

Das Ergebnis (5.4.4) kann im Rahmen einer Besetzungszahl $n_{\mathbf{q}r}$ einer Normalschwingung mit Wellenvektor $\mathbf{q}$ im Dispersionszweig r interpretiert werden. Diese Nomenklatur ist allerdings oft ungeschickt, insbesondere wenn wir Prozesse beschreiben wollen, bei denen Energie zwischen den Normalmoden oder zwischen Normalmoden und anderen Systemen ausgetauscht wird. Es ist deshalb üblich, die Bezeichnungsform Normalschwingung durch eine äquivalente, aus dem Teilchenbild abgeleitete Bezeichnung zu ersetzen. Einer Schwingung mit Frequenz ω und Wellenvektor $\mathbf{q}$ können wir ja im Sinne des *Teilchen-Welle-Dualismus* ein Teilchen zuordnen. Dieses Teilchen nennen wir *Phonon*:

> Phononen sind die Quanten des Auslenkungsfeldes in einem Kristall. Sie können als Teilchen mit Impuls $\mathbf{p} = \hbar\mathbf{q}$ und Energie $E = \hbar\omega$ aufgefasst werden.

Der Term „Phonon" betont die Analogie zu Photonen. Letztere sind die Quanten des elektromagnetischen Strahlungsfeldes, welche im geeigneten Frequenzbereich Lichtwellen beschreiben. Erstere sind die Quanten des Auslenkungsfeldes in einem Kristall, die im geeigneten Frequenzbereich Schallwellen beschreiben. Gitterschwingungen im Teilchenbild zu betrachten ist in der Festkörperphysik üblich. Auch anderen Wellen, wie z. B. Spinwellen, werden Teilchen, z. B. Magnonen, zugeordnet.

Eine offensichtliche Frage, die sich aufwirft, betrifft die Übersetzung der Tatsache, dass eine Schwingung in verschieden angeregten Zuständen (entspricht unterschiedlichen Amplituden) $n_{\mathbf{q}r}$ vorliegen kann, in das Teilchenbild. Die einfache Antwort ist, dass wir sagen, dass wir $n_{\mathbf{q}r}$ Phononen des Typs r mit Wellenvektor $\mathbf{q}$ im Kristall vorliegen haben. Man sagt auch, dass der Oszillator mit Frequenz $\omega_{\mathbf{q}r}$ von $n_{\mathbf{q}r}$ Phononen besetzt ist. Je höher also eine Schwingung angeregt ist, desto mehr dieser Schwingung entsprechende Phononen sind vorhanden. Es sei hier auch darauf hingewiesen, dass in völliger Analogie mit Photonen die Anzahl der Phononen nicht erhalten ist. Wir erwarten zum Beispiel, dass bei hohen Temperaturen die Zahl der Phononen größer ist als bei tiefen.

5.4.3 Der Impuls von Phononen

Wir haben dem Phonon formal einen Impuls $\hbar q$ zugeordnet. Dies ist sehr praktisch, wenn wir die Wechselwirkung eines Phonons mit anderen Teilchen wie Photonen, Neutronen, Elektronen, etc. betrachten. Wir müssen uns allerdings die Frage stellen, ob dieser Impuls wirklich existiert bzw. ob er eine physikalische Bedeutung besitzt.

Durch eine sehr einfache Überlegung können wir folgern, dass Phononen keinen wirklichen Impuls haben können. Die Phonon-Koordinate enthält nämlich (außer für $q = 0$) nur relative Atomkoordinaten. Vergleichen wir die Situation mit der eines H$_2$-Moleküls. Hier ist die Koordinate $\mathbf{r}_1 - \mathbf{r}_2$ der Relativschwingung auch eine relative Koordinate, die keinen linearen Impuls trägt. Die Schwerpunktskoordinate $\frac{1}{2}(\mathbf{r}_1 + \mathbf{r}_2)$ entspricht dagegen der uniformen Mode $q = 0$ und kann einen linearen Impuls haben.

Wir können unsere Überlegung vertiefen und den Impuls eines eindimensionalen Kristalls aus N Atomen mit Abstand a berechnen, in dem ein Phonon mit Wellenzahl q angeregt ist. Es gilt

$$P = M \frac{d}{dt} \sum_{n=0}^{N-1} u_n(t). \tag{5.4.5}$$

Mit $u_n(t) = A e^{i(qna - \omega t)}$ erhalten wir

$$P = -i\omega M A e^{-i\omega t} \sum_{n=0}^{N-1} e^{iqna} = -i\omega M A e^{-i\omega t} \frac{[1 - e^{iqNa}]}{[1 - e^{iqa}]}. \tag{5.4.6}$$

Hierbei haben wir die Identität $\sum_{n=0}^{N-1} x^n = (1 - x^N)/(1 - x)$ ausgenutzt.

Wir haben in Abschnitt 5.3.1 gezeigt, dass q nur ganz bestimmte Werte annehmen kann, und zwar $q = \pm(2\pi/Na)p$, wobei p eine ganze Zahl ist. Wir erhalten deshalb $e^{iqNa} = e^{\pm i2\pi p} = 1$. Damit folgt aus (5.4.6) sofort

$$P = -i\omega M A e^{-i\omega t} \sum_{n=0}^{N-1} e^{iqna} = 0. \tag{5.4.7}$$

Die einzige Ausnahme bildet die uniforme Mode $q = 0$, für die alle Auslenkungen $u_n = u$ gleich sind, so dass $P = NM\, du/dt$. Diese Mode entspricht einer gleichförmigen Translation des gesamten Kristalls, die natürlich einen endlichen Impuls besitzt.

Wir können auch anders argumentieren, wenn wir die Symmetrieeigenschaften des Hamilton-Operators in Betracht ziehen. Es gilt ganz allgemein, dass aus jeder Symmetrieeigenschaft des Hamilton-Operators eine Erhaltungsgröße folgt. So folgt aus der Translationsinvarianz die Impulserhaltung, aus der Drehinvarianz die Drehimpulserhaltung etc. Das von uns betrachtete Kristallgitter besitzt nun keine Translationsinvarianz, sondern nur eine *diskrete Translationsinvarianz* bei Verschiebung um einen Bravais-Gittervektor. Wir erwarten also, dass eine Impulserhaltung gelten sollte, allerdings in einer gegenüber Systemen mit allgemeiner Translationsinvarianz abgeschwächten Form. Dies ist in der Tat der Fall. Wir erinnern uns, dass **q** und **q**′ = **q** + **G** identische Zustände sind, wenn **G** ein reziproker Gittervektor ist. Daher ist zu vermuten, dass in einem Kristall mit diskreter Translationsinvarianz statt $\hbar\mathbf{q}$ nur $\hbar\mathbf{q} + \hbar\mathbf{G}$ erhalten bleibt. Betrachten wir also Streuprozesse im Festkörper, an denen Phononen beteiligt sind, so gilt die Impulserhaltung nur bis auf einen reziproken Gittervektor. Wir können also schreiben

$$\sum_i \hbar\mathbf{k}_i^{\text{vor}} = \sum_i \hbar\mathbf{k}_i^{\text{nach}} + \sum_i \pm\hbar\mathbf{q}_i + \hbar\mathbf{G}. \tag{5.4.8}$$

In Abb. 5.17 ist ein durch (5.4.8) beschriebener Streuprozess für den Fall einer Phononenvernichtung dargestellt. Das einfallende Teilchen mit Wellenvektor **k** (Photon, Elektron, Neutron) streut mit einem Phonon und vernichtet es. Dadurch wird die Energie des gestreuten Teilchens erhöht, was sich in einer größeren Länge des Wellenvektors **k**′ manifestiert. Der Endpunkt von **k**′ liegt dann nicht mehr wie bei der elastischen Streuung auf der Ewald-Kugel, sondern außerhalb. Der Impulsübertrag **k**′ − **k** setzt sich aus dem Anteil $\hbar\mathbf{G}$ zusammen, den der gesamte Kristall aufnimmt, und dem Quasiimpuls $\hbar\mathbf{q}$ des vernichteten Phonons.

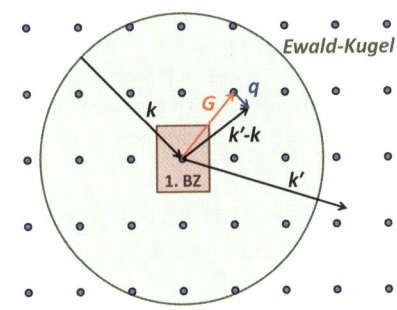

Abb. 5.17: Inelastische Streuung eines Teilchen mit Impuls **k** mit einem Phonon, bei dem das Phonon vernichtet wird. Der Wellenvektor **k**′ des gestreuten Teilchens liegt außerhalb der Ewald-Kugel. Der Streuvektor **k**′ − **k** ist durch die Summe aus Wellenvektor **q** des Phonons und reziprokem Gittervektors **G** gegeben.

Wir können festhalten, dass Phononen im Gegensatz zu Photonen keinen echten Impuls tragen. Trotzdem verhalten sich Phononen in Streuprozessen so, als ob sie den Impuls $\hbar\mathbf{q}$ tragen würden. Wir bezeichnen die impulsähnliche Größe $\hbar\mathbf{q}$ als *Quasiimpuls* oder *Kristallimpuls*. Tatsächlich ändert sich in einem Streuprozess der Impuls des gestreuten Teilchen, wenn ein Phonon erzeugt oder vernichtet wird. Allerdings wird der Impulsübertrag vom gesamten Kristallgitter aufgenommen. Die angeregten oder vernichteten Phononen selbst tragen nicht zu dessen Gesamtimpuls bei.

5.5 Experimentelle Methoden

Wir wollen zum Abschluss experimentelle Methoden diskutieren, mit denen die Dispersionsrelation von Phononen bestimmt werden kann. Im Allgemeinen werden hierzu inelastische Streuprozesse eingesetzt (siehe Abb. 5.18). Dabei wird eine Sonde mit Energie E_k und Impuls **k** inelastisch an einem Kristall gestreut, wodurch ein Phonon mit der Energie $E_q = \hbar\omega_q$ und Wellenvektor **q** erzeugt oder vernichtet wird. Bei diesem Prozess betrach-

Abb. 5.18: Vektordiagramm zum inelastischen Streuprozess.

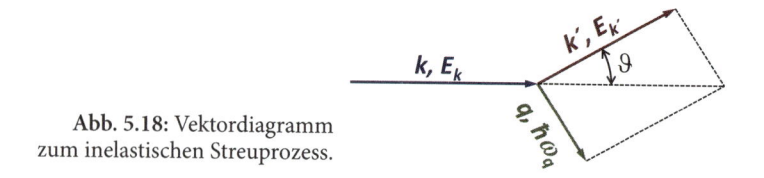

ten wir das Phonon als Teilchen und wir können die Energie und Impulserhaltung schreiben als

$$E_{k'} - E_k = \pm \hbar \omega_q$$
$$\mathbf{k}' - \mathbf{k} = \pm \mathbf{q} + \mathbf{G}. \tag{5.5.1}$$

Hierbei sind $E_{k'}$ und $\mathbf{k}'$ Energie und Impuls der Sonde nach dem Streuprozess und das + Zeichen (− Zeichen) gilt für die Vernichtung (Erzeugung) eines Phonons beim Streuprozess. Gleichung (5.5.1) gilt auch für elastische Streuprozesse. Hier gilt $E_{k'} = E_k$ oder $|\mathbf{k}'| = |\mathbf{k}|$ und $\mathbf{k}' - \mathbf{k} = \mathbf{G}$. Die Impulserhaltung stellt dann gerade die von-Laue-Bedingung dar.

Aus (5.5.1) wird klar, was in einem Experiment gemessen werden muss. Es muss sowohl die Energie als auch der Impuls der Sonde vor und nach dem inelastischen Streuprozess gemessen werden. Dann kann mit Hilfe von (5.5.1) die Energie bzw. Frequenz und der Wellenvektor des Phonons bestimmt und daraus die Dispersionsrelation $\omega(\mathbf{q})$ abgeleitet werden.

Für die Messsonde können verschiedene Teilchensorten verwendet werden. Allerdings ist dabei zu beachten, dass unterschiedliche Teilchen unterschiedliche $E(k)$-Beziehungen besitzen. Dies ist anhand von Abb. 5.19 für Neutronen und Photonen gezeigt. Für diese gilt:

$$E(k) = \frac{p^2}{2M_N} = \frac{\hbar^2 k^2}{2M_N} \quad \text{Neutronen},$$
$$E(k) = pc = \hbar k c \quad \text{Photonen}. \tag{5.5.2}$$

Hierbei ist $c = 2.997 \times 10^8$ m/s die Lichtgeschwindigkeit und $M_N = 1.67 \times 10^{-27}$ kg die Masse des Neutrons.

Abb. 5.19 zeigt, dass die inelastische Streuung von Photonen zur Aufnahme der Dispersionsrelation $\omega(\mathbf{q})$ der Phononen nicht gut geeignet ist. Zwar liegt der Wellenvektor bzw. die Wellenlänge von Photonen (z. B. Röntgenquanten) im richtigen Bereich. Wollen wir den Bereich der 1. Brillouin-Zone abdecken, so brauchen wir Wellenvektoren bis etwa $\pi/a \sim 10^8$ cm^{-1}. Da aber die Lichtgeschwindigkeit in einem Festkörper etwa 10^5 mal größer als die Schallgeschwindigkeit ist, unterscheiden sich die Kreisfrequenzen von Röntgenstrahlen und Gitterschwingungen bei gleicher Wellenzahl ebenfalls um etwa den Faktor 10^5. Die relative Frequenzänderung von Röntgenquanten bei einer Streuung am Kristallgitter ist deshalb nur sehr gering. Abb. 5.19 zeigt, dass für einen Impulsübertrag von 1 Å^{-1} = 10^8 cm^{-1} eine Photonenenergie von etwa 1 keV notwendig ist. Um nun die typischen Phononenenergien im meV-Bereich auflösen zu können, müssen relative Energieänderungen der Lichtquanten im Bereich von $\Delta E/E \simeq 10^{-6}$ aufgelöst werden. Der Nachweis solch kleiner relativer Energieänderungen ist experimentell schwierig. Durch eine stetige Verbesserung der Photonenquel-

5.5 Experimentelle Methoden

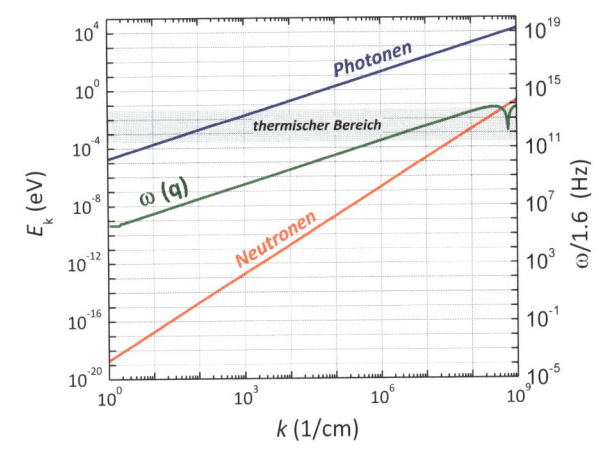

Abb. 5.19: $E(k)$-Beziehung für Neutronen und Photonen. Der Bereich thermischer Energien ist grau hinterlegt. Die rechte Skala zeigt die zur Energie äquivalente Frequenz. Eingezeichnet ist auch der akustische Zweig einer Phononendispersionsrelation für ein Material mit einer Schallgeschwindigkeit von etwa 5000 m/s und einer Gitterkonstante von 1 Å. Der Rand der 1. Brillouin-Zone liegt typischerweise bei einer Wellenzahl im Bereich zwischen 10^8 und 10^9 cm^{-1}.

len (Synchrotronstrahlung) wurden aber hier in den letzten Jahren beträchtliche Fortschritte gemacht. Es wurden insbesondere spezielle Systeme entwickelt, die eine Energieauflösung $\Delta E/E$ im Bereich von 10^{-5} bis 10^{-13} für Röntgenenergien im Energiebereich zwischen 6 und 30 keV besitzen. Mit solchen Systemen können die Phononendispersionsrelationen von Festkörpern auch mit Hilfe von inelastischer Röntgenstreuung bestimmt werden (siehe Abb. 5.20).

Für Elektronen besteht das gleiche Problem wie für Photonen. Elektronen haben bei einer de Broglie-Wellenlänge von etwa 1 Å (d. h. $k \sim 1\,\text{Å}^{-1}$) eine Energie von etwa 150 eV (siehe Abb. 2.17). Deshalb müssen auch hier kleine relative Energieänderungen gemessen werden. Hinzu kommt noch die geringe Eindringtiefe von Elektronen. Neutronen sind dagegen für die Analyse der Phononen-Dispersion sehr gut geeignet. Bei einer de Broglie-Wellenlänge von etwa 1 Å ist die Neutronenenergie in der gleichen Größenordnung wie die Phononenenergie, so dass die relative Energieänderung groß ist und deshalb einfach gemessen werden kann.

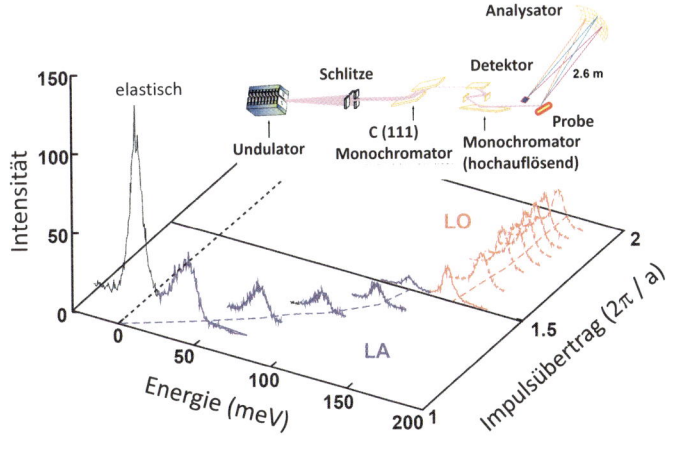

Abb. 5.20: Phononenspektren von Diamant aufgenommen mit inelastischer Röntgenstreuung für unterschiedliche Impulsüberträge entlang der $\Gamma - L$-Richtung. Die Energieauflösung des Analysators betrug etwa 7.5 meV bei einer Röntgenenergie von 14 keV (Daten: Argonne National Laboratory).

5.5.1 Inelastische Neutronenstreuung

Wir haben bereits in Abschnitt 2.3 gesehen, dass elastische Streuung von Neutronen zur Strukturanalyse von Festkörpern herangezogen werden kann, da thermische Neutronen eine Wellenlänge besitzen, die in der Größenordnung des Gitterabstandes liegt. Aus Abb. 5.19 folgt ferner, dass inelastische Neutronenbeugung auch zur Bestimmung der Phononen-Dispersionsrelationen sehr gut geeignet ist, da gleichzeitig auch die Energie bzw. Frequenz der Neutronen im Frequenzbereich der Gitterschwingungen liegt. Das bedeutet, dass bei einem inelastischen Streuprozess eine für die Messung genügend große Änderung der Neutronenenergie entsteht.

In Abb. 5.21 ist der typische experimentelle Aufbau für die inelastische Neutronenbeugung gezeigt. Zunächst werden die aus einem Reaktor kommenden thermischen Neutronen durch Bragg-Reflexion an einem Einkristall monochromatisiert. Der monochromatische Neutronenstrahl mit dem Wellenvektor $\mathbf{k}$ trifft dann auf die Probe und wird an dieser inelastisch gestreut. Die unter dem Winkel ϑ an der Probe gestreuten Neutronen werden anschließend mit Hilfe von Bragg-Reflexion hinsichtlich ihrer Wellenzahl und damit ihrer Energie analysiert. Durch den Winkel α wird also $\mathbf{k}$ und damit E_k bestimmt. Durch den Winkel ϑ wird die Richtung von $\mathbf{k}'$ und schließlich durch den Winkel β die Länge $|\mathbf{k}'|$ des Wellenvektors, also die Energie $E_{k'}$ der in $\mathbf{k}'$-Richtung gestreuten Neutronen selektiert. Gemäß (5.5.1) gilt

$$\pm \hbar \omega_q = E_{k'} - E_k = \frac{\hbar^2 \left(k'^2 - k^2 \right)}{2 M_N} \qquad \text{Energieübertrag} \qquad (5.5.3)$$

$$\mathbf{k}' - \mathbf{k} = \pm \mathbf{q} + \mathbf{G} \qquad \text{Impulsübertrag}. \qquad (5.5.4)$$

Wir können also bei vorgegebenem $\mathbf{k}$ durch Messung von $\mathbf{k}'$ und $|\mathbf{k}'|$ den Wellenvektor $\mathbf{q}$ und die Energie $\hbar \omega_q$ der Phononen bestimmen.

Die in Abb. 5.21 gezeigte Anordnung nennt man ein *Dreiachsenspektrometer*. Für die Entwicklung der Neutronenspektroskopie und -streuung und der damit verbundenen experimentellen Techniken erhielten **Bertram N. Brockhouse** und **Clifford G. Shull** im Jahr 1994 den Nobelpreis für Physik.

Der Nachteil der in Abb. 5.21 gezeigten Methode ist die Tatsache, dass aufgrund des für die Messung notwendigen Monochromators nur ein kleiner Bruchteil des Spektrums der aus dem Reaktor kommenden Neutronen genutzt werden kann. Dieser Nachteil kann mit Hilfe einer gepulsten Neutronenquelle beseitigt werden. Hier kann der Monochromator weggelassen werden und es kann deshalb ein Großteil des Neutronenspektrums der Quelle genutzt

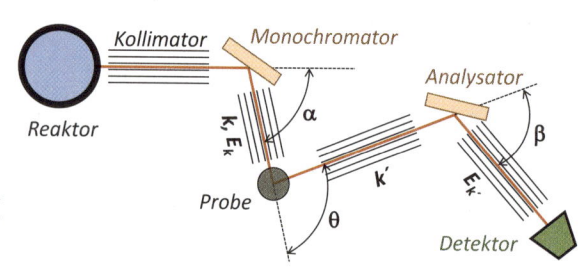

Abb. 5.21: Schematischer Aufbau eines Dreiachsenspektrometers zur inelastischen Neutronenstreuung.

Bertram N. Brockhouse (1918–2003) und Clifford G. Shull (1915–2001), Nobelpreis für Physik 1994

Bertram N. Brockhouse und Clifford G. Shull erhielten im Jahr 1994 den Nobelpreis für Physik für ihre Beiträge zur Entwicklung der Neutronenstreuung und -spektroskopie und deren Anwendung in der Festkörperphysik.

Bertram Neville Brockhouse, geboren am 15. Juli 1918 in Lethbridge, studierte an der University of British Columbia und der University of Toronto (Ph. D. 1950). Er war dann „Research Officer" (1950–59) und Leiter der Neutronenphysikabteilung (1960–62) am Chalk River Laboratory. Er lehrte an der McMaster University (1962–84). Am Chalk River Laboratory studierte er die Streuung von langsamen Neutronen an stark absorbierenden Elementen wie Cadmium. Er führte ferner die ersten Experimente zur inelastischen Neutronenstreuung an Festkörpern durch. Seine bahnbrechenden Arbeiten zur Beugung und Spektroskopie mit langsamen Neutronen hatten einen starken Einfluss auf die Theorie und das Verständnis der Physik von Festkörpern und Flüssigkeiten. Bertram N. Brockhouse starb am 13. Oktober 2003.

Clifford Glenwood Shull, geboren am 23. September 1915 in Pittsburgh, studierte am Carnegie Institute of Technology (jetzt Carnegie Mellon University) und an der New York University (Ph. D. 1941). Shull gehörte zu den Mitarbeitern der Texas Company (1941–46) und der Clinton Laboratories (1946–55, nach 1948 Oak Ridge National Laboratory), bevor er Mitglied der Fakultät am Massachusetts Institute of Technology (1955–86) wurde. In Oak Ridge zeigte er, dass ein Strahl von Neutronen, der auf einen Festkörper trifft, durch dessen Atome gestreut wird und dass ein Beugungsmuster erhalten werden kann, aus dem die Position der Atome bestimmt werden kann. Clifford G. Shull starb am 31. März 2001 in Lexington, Massachusetts.

werden. Die Bestimmung der Energie der einfallenden Neutronen erfolgt dann dadurch, dass man das Signal am Detektor zeitaufgelöst aufnimmt. Da Neutronen unterschiedlicher Energie wegen $E = \frac{1}{2}M_n v^2$ unterschiedliche Geschwindigkeiten haben, kommen sie am Detektor zeitlich versetzt an (Flugzeitspektrometer). Die Energie der Neutronen nach der Streuung wird nach wie vor mit einem Analysatorkristall bestimmt.

5.5.2 Inelastische Lichtstreuung

Wir haben im vorangegangenen Abschnitt bereits darauf hingewiesen, dass mit Röntgenlicht zwar prinzipiell genügend große Impulsüberträge erreicht werden können, dass aber die relative Energieänderung eines Röntgenphotons bei einer inelastischen Streuung an einem Phonon sehr klein ist. Benutzen wir Licht im sichtbaren Bereich, so liegt die Frequenz Ω der

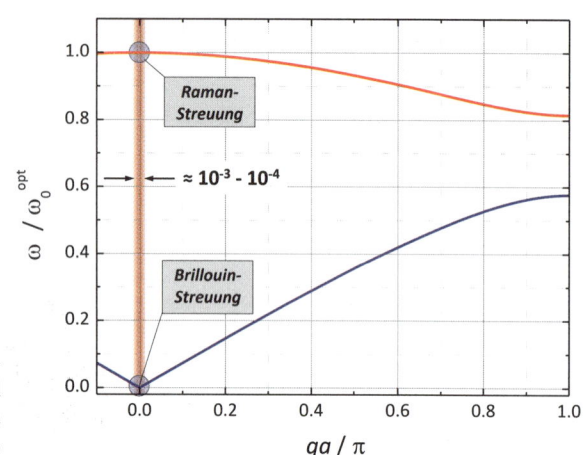

Abb. 5.22: Zur Veranschaulichung des bei der Raman- und Brillouin-Streuung zugänglichen Bereichs der 1. Brillouin-Zone.

Photonen im Bereich zwischen etwa 10^{15} und 10^{16} Hz. Dies bedeutet, dass bei einem inelastischen Streuprozess eines Photons (Erzeugung oder Vernichtung eines Phonons mit einer maximalen Frequenz ω_{max} im Bereich von 10^{14} Hz) eine relative Frequenzverschiebung des Photons im Bereich von 1 bis 10% resultiert. Diese kann natürlich mit Spektrometern gut gemessen werden. Allerdings ändert sich auch der Wellenvektor des Photons nur um den gleichen Prozentsatz, so dass die maximal erreichbaren Impulsüberträge für den sichtbaren Spektralbereich nur $\Delta k = k' - k \sim 0.01$–$0.1 \times \omega/c$ sind, also im Bereich von 10^{-3}–10^{-4} Å^{-1} liegen. Da die Ausdehnung der 1. Brillouin-Zone im Bereich von 1 Å^{-1} liegt, können wir also mit inelastischer Lichtstreuung nur einen sehr kleinen Teil der Brillouin-Zone abdecken (siehe Abb. 5.22). Wir sind also bei der inelastischen Lichtstreuung auf den Bereich um $q = 0$ der 1. Brillouin-Zone beschränkt. Es ist üblich, dabei folgende Unterscheidung zu machen:[18,19]

- *Raman-Streuung:*[20]
  Inelastische Lichtstreuung an optischen Phononen. Da die optischen Phononen für $q \simeq 0$ hohe Frequenzen haben, ist bei der Raman-Streuung die erforderliche Energieauflösung moderat.
- *Brillouin-Streuung:*[21]
  Inelastische Lichtstreuung an akustischen Phononen. Da die akustischen Phononen für $q \simeq 0$ sehr kleine Frequenzen haben, ist hier eine hohe Energieauflösung erforderlich.

Als Lichtquellen werden heute meist Laser verwendet. Da die Streuintensität proportional zu Ω^4 ist, werden möglichst kurzwellige Laser verwendet. Diese Abhängigkeit gilt allerdings nur für $\Omega \gg \omega_q$. Für die Raman-Streuung kann aber auch $\Omega \simeq \omega_q$ realisiert werden. Für diesen Fall ist die Streuintensität stark erhöht, man spricht von **resonanter Raman-Streuung**.

---

[18] D. A. Long, *Raman Spectroscopy*, McGraw-Hill, New York (1977).
[19] A. Mooradiam, *Light Scattering Spectra of Solids*, G. B. Wright, ed., Springer, Berlin (1969).
[20] **Sir Chandrasekhara Venkata Raman**, siehe Kasten auf Seite 209.
[21] **Léon Brillouin**, geboren am 7. August 1889 in Sèvres, gestorben am 4. Oktober 1969 in New York.

5.5 Experimentelle Methoden

Für die resonante Raman-Streuung sind durchstimmbare Laser notwendig (z. B. Dye-Laser). Die Verwendung von extrem monochromatischem Laserlicht in Verbindung mit hochauflösenden optischen Spektrometern (z. B. Fabry-Pérot-Interferometern) ist vor allem für die Brillouin-Streuung erforderlich, die eine hohe Energieauflösung von bis zu $\Delta\Omega/\Omega \sim 10^{-8}$ benötigt.

Da wir bei der inelastischen Lichtstreuung auf das Zentrum der 1. Brillouin-Zone beschränkt sind, kommt im Erhaltungssatz für den Impuls der reziproke Gittervektor **G** nicht vor und wir können für die Energie- und Impulserhaltung schreiben:

$$\pm \hbar \omega_q = \hbar \Omega' - \hbar \Omega \quad \text{Energieübertrag} \tag{5.5.5}$$

$$\mathbf{k}' - \mathbf{k} = \pm \mathbf{q} \quad \text{Impulsübertrag} . \tag{5.5.6}$$

Hierbei sind Ω und Ω' die Kreisfrequenzen des Lichts vor und nach dem Streuprozess.

Sir Chandrasekhara Venkata Raman (1888–1970), Nobelpreis für Physik 1930

Sir Chandrasekhara Venkata Raman wurde am 7. November 1888 in Trichinopoli, Indien geboren. Sein Vater war Dozent für Mathematik und Physik, so dass er sehr früh mit naturwissenschaftlichen Fragestellungen in Berührung kam. Er besuchte das Presidency College, Madras (1902–1907), wo er seinen Bachelor- und Master-Abschluss machte.

Raman wurde zunächst Beamter am Indian Finance Department, da damals eine wissenschaftliche Karriere ein großes Risiko darstellte. Er experimentierte aber in seiner Freizeit in den Labors der Indian Association for the Cultivation of Science in Kalkutta.

Im Jahr 1917 wurde ihm der neue „Palit Chair of Physics" an der Kalkutta University angeboten, den er auch akzeptierte. Nach 15 Jahren in Kalkutta wurde er dann Professor am Indian Institute of Science in Bangalore (1933–1948) und schließlich nach 1948 Direktor des Raman Institute of Research in Bangalore, das nach ihm benannt wurde. Er gründete im Jahr 1926 das Indian Journal of Physics und unterstützte die Gründung der Indian Academy of Sciences, deren Gründungspräsident er wurde.

Raman beschäftigte sich anfangs mit der Theorie von Musikinstrumenten (hauptsächlich Streichinstrumenten), wozu er 1928 einen Artikel im 8. Band des Handbuchs der Physik publizierte. Im Jahr 1922 publizierte er die Arbeit „Molecular Diffraction of Light", den ersten Artikel zu einer Serie von Untersuchungen, die schließlich am 28. Februar 1928 zur Entdeckung des nach ihm benannten Raman-Effekts führte („A new radiation", Indian J. Phys. **2**, 387 (1928)). Für seine Arbeiten zur Streuung von Licht und Röntgenstrahlung an Festkörpern erhielt er 1930 den Nobelpreis für Physik.

Raman erhielt zahlreiche Auszeichnungen. Er wurde u. a. im Jahr 1924 zum Fellow der Royal Society gewählt und wurde 1929 zum Ritter geschlagen. Chandrasekhara Raman starb am 21. November 1970 in Bangalore, Indien.

Abb. 5.23: Typisches Frequenzspektrum bei der inelastischen Lichtstreuung. Neben der Stokes- und Anti-Stokes-Linie durch Erzeugung und Vernichtung eines Phonons tritt auch die Rayleigh-Linie durch elastische Lichtstreuung auf.

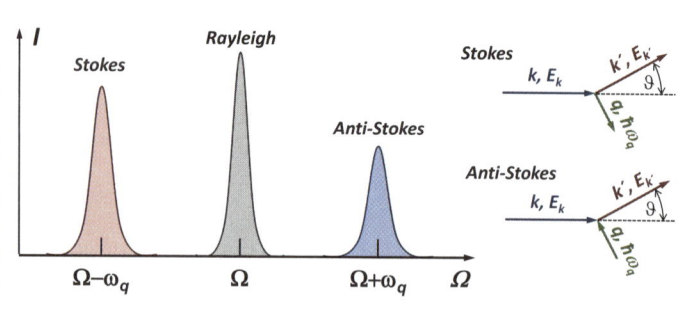

Nach Gleichung (5.5.6) ist jede Lichtstreuung, bei der der Streuwinkel von null verschieden ist, mit der Erzeugung oder Vernichtung eines Phonons und damit mit einer Änderung der Lichtfrequenz verknüpft. Die Verschiebung $\hbar\omega_q = \hbar\Omega - \hbar\Omega'$ der ursprünglichen Photonenenergie wird als Raman-Verschiebung bezeichnet. Im Experiment sollten wir deshalb im gestreuten Licht nur die Frequenzen $\Omega + \omega_q$ und $\Omega - \omega_q$ beobachten. In Wirklichkeit beobachtet man aber im abgelenkten Strahl auch die Frequenz Ω. Dies resultiert aus der elastischen Lichtstreuung an Fehlordnungen im untersuchten Kristall, die wir als *Rayleigh-Streuung*[22] bezeichnen. Ein typisches Frequenzspektrum ist in Abb. 5.23 gezeigt. Die Spektrallinie mit $\Omega - \omega_q$ (Phononen-Erzeugung) wird gewöhnlich als *Stokes-Linie*, die Spektrallinie mit $\Omega + \omega_q$ (Phononen-Vernichtung) als *Anti-Stokes-Linie* bezeichnet. Ein äquivalentes Spektrum erhält man auch bei der inelastischen Neutronenstreuung. Hier bezeichnet man den Peak ohne Energieübertrag als den quasielastischen Streupeak.

Das Intensitätsverhältnis der Stokes- und Anti-Stokes-Linie hängt von der Kristalltemperatur ab. Falls die Besetzungszahl $\langle n_q \rangle$ der Phononen anfänglich im thermischen Gleichgewicht war, ist das Intensitätsverhältnis durch einen Boltzmann-Faktor gegeben:[23]

$$\frac{I(\Omega + \omega_q)}{I(\Omega - \omega_q)} = \frac{\langle n_q \rangle}{\langle n_q \rangle + 1} = e^{-\frac{\hbar\omega_q}{k_B T}} . \tag{5.5.7}$$

Bei tiefen Temperaturen sind wegen $k_B T \ll \hbar\omega_q$ nur sehr wenige Phononenzustände besetzt. Dadurch werden Anti-Stokes-Prozesse, bei denen Phononen vernichtet werden, unwahrscheinlich. Dies resultiert in einer im Vergleich zur Stokes-Linie sehr schwachen Anti-Stokes-Linie.

Bei der Raman-Streuung wird die Probe mit Laserlicht bestrahlt und das gestreute Licht mit einem hochauflösenden Spektrometer analysiert. Da die Dispersionskurve der optischen Phononen im Zentrum der Brillouin-Zone flach verläuft, hängt die Frequenz der wechselwirkenden Phononen kaum vom Wellenvektor ab. Das bedeutet, dass die beobachtete Frequenzverschiebung praktisch nicht von der Beobachtungsrichtung abhängt. Wir wollen darauf hinweisen, dass nicht alle Phononenlinien beobachtet werden können, die aufgrund der Energie- und Impulserhaltung erlaubt wären. Eine weitere Voraussetzung ist, dass eine

---

[22] **John William Rayleigh**, geboren 1842 in Langford, Großbritannien, gestorben 1919 in Terling Place, Großbritannien. Nobelpreis für Physik 1904.

[23] Dieses Ergebnis erhalten wir, wenn wir die Bose-Einstein-Verteilungsfunktion (6.1.26) für die mittlere Besetzungszahl der Phononen einsetzen. Eine ausführliche Diskussion der Besetzungswahrscheinlichkeit der Phononenzustände folgt später in Abschnitt 6.1.3.

5.5 Experimentelle Methoden

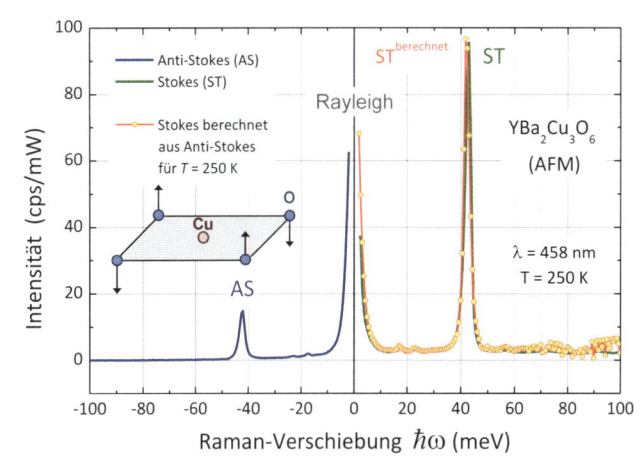

Abb. 5.24: Stokes- und Anti-Stokes-Linie von antiferromagnetischem, isolierendem $YBa_2Cu_3O_6$ aufgenommen in B_{1g}-Symmetrie (gekreuzte Lichtpolarisation). Die Phonon-Linie kann einer gegenphasigen Schwingung der Sauerstoffatome in den CuO_2-Ebenen des Kuprats zugeordnet werden (siehe Inset). Neben der Stokes- und Anti-Stokes-Linie ist auch die aus der Anti-Stokes-Linie berechnete Stokes-Linie gezeigt, die sehr gut mit der gemessenen übereinstimmt (Quelle: WMI Garching).

endliche Kopplung zwischen der einfallenden Lichtwelle und der Gitterschwingung besteht. Vereinfacht dargestellt erzeugt die einfallende Lichtwelle über die elektrische Suszeptibilität der Probe eine mit der Frequenz Ω oszillierende elektrische Polarisation. Zur Raman-Streuung kommt es, wenn die Gitterschwingung eine Modulation dieser Polarisation mit der Frequenz ω_q bewirkt. Es kommt dann zur Abstrahlung einer elektromagnetischen Welle mit der Summen- bzw. Differenzfrequenz.

Abb. 5.24 zeigt das Raman-Spektrum des Kuprat-Supraleiters $YBa_2Cu_3O_6$. Bei dem angegebenen Sauerstoffgehalt ist das Kuprat nicht supraleitend, sondern isolierend und antiferromagnetisch. Im Raman-Spektrum (B_{1g}-Symmetrie) fällt deshalb der elektronische Untergrund weg und man sieht deutlich die Stokes- und Anti-Stokes-Linie einer Phonon-Mode bei etwa $340\,\text{cm}^{-1}$ oder 40 meV, die einer gegenphasigen Schwingung der Sauerstoffatome in den CuO_2-Ebenen des Kuprats zugeordnet werden kann. In Abb. 5.24 ist ferner gezeigt, dass das Intensitätsverhältnis von Stokes- und Anti-Stokes-Linie gut durch Gleichung (5.5.7) beschrieben werden kann. Die aus der Anti-Stokes-Linie und der Probentemperatur berechnete Stokes-Linie stimmt gut mit der gemessenen überein.

Bei der Brillouin-Streuung hängt aufgrund der linearen Dispersionsrelation der akustischen Phononen im Zentrum der Brillouin-Zone die Frequenz der streuenden Phononen vom Streuwinkel ab. Die typischen Frequenzänderungen der Photonen liegen im Bereich von nur etwa 20 GHz. Ihr Nachweis erfordert hochauflösende Spektrometer. Vereinfacht betrachtet kann die Brillouin-Streuung mit Hilfe der Bragg-Reflexion verstanden werden. Die Schallwelle erzeugt im Festkörper eine Variation der Streudichte, an der die Lichtwelle gebeugt wird. Die Beugungsbedingung entspricht der Bragg-Bedingung, wobei der Abstand d der Gitterebenen durch die Periodizität der Streudichte, also der Wellenlänge λ_q der Schallwelle ersetzt werden muss. Es gilt dann

$$2\lambda_q \sin\theta = n\lambda \,. \tag{5.5.8}$$

Hierbei ist λ die Lichtwellenlänge und $\theta = \vartheta/2$ der halbe Streuwinkel (vergleiche Abb. 5.23). In dieser Betrachtungsweise wird die Frequenzverschiebung des Lichts durch den Dopplereffekt erzeugt, da sich die streuenden Atome der fortlaufenden Schallwelle bewegen.

📖 Literatur

N. W. Ashcroft, N. D. Mermin, *Festkörperphysik*, Oldenbourg Verlag, München (2012).

M. Born, R. Oppenheimer, *Zur Quantentheorie der Molekeln*, Ann. Phys. (Leipzig) **84**, 457 (1927).

D. A. Long, *Raman Spectroscopy*, McGraw-Hill, New York (1977).

Liang-fu Lou, *Introduction to phonons and electrons*, World Scientific, Singapore (2003).

A. Mooradiam, *Light Scattering Spectra of Solids*, G. B. Wright, ed., Springer, Berlin (1969).

M. Planck: *Zur Theorie des Gesetzes der Energieverteilung im Normalspektrum*, Verhandlungen der Deutschen physikalischen Gesellschaft **2** (1900) Nr. 17, S. 245, Berlin.

G. P Srivastava, *The Physics of Phonons*, Taylor & Francis Group, New York (1990).

F. Schwabl, *Advanced Quantum Mechanics*, Springer-Verlag, Berlin (2008).

W. Weber, *Adiabatic bond charge model for the phonons in diamond, Si, Ge, and α-Sn*, Phys. Rev. **B 15**, 4789 (1977).

6 Thermische Eigenschaften des Kristallgitters

Wir wollen uns in diesem Kapitel mit den thermischen Eigenschaften des Kristallgitters beschäftigen. Dabei werden wir nur die mit den Phononen verbundenen Eigenschaften diskutieren. Die erhaltenen Ergebnisse sind deshalb hauptsächlich für Isolatoren relevant. Auf die thermischen Eigenschaften von Festkörpern, die mit dem elektronischen System oder mit magnetischen Anregungen zusammenhängen, werden wir später bei der Diskussion von Metallen, Supraleitern oder magnetischen Materialien eingehen. Die mit dem Kristallgitter verbundenen thermischen Eigenschaften spielen allerdings auch für diese Systeme eine Rolle, da der Beitrag der Gitterschwingungen immer demjenigen der elektronischen oder magnetischen Anregungen überlagert ist.

Im Einzelnen werden wir folgende Eigenschaften von Isolatoren diskutieren:

- spezifische Wärme
- thermische Ausdehnung
- Wärmeleitfähigkeit

Zur Diskussion der thermischen Eigenschaften des Kristallgitters werden wir einige grundlegende Beziehungen der Thermodynamik und der statistischen Physik verwenden. Diese werden wir nur plausibel machen, ohne sie explizit abzuleiten.

6.1 Spezifische Wärme

6.1.1 Definition der spezifischen Wärme

Die Wärmekapazität eines Festkörpers ist wie folgt definiert:

> Die Wärmekapazität eines Stoffes ist diejenige Wärmemenge ΔQ, die benötigt wird, um seine Temperatur um 1 K zu erhöhen:
>
> $$C \equiv \frac{\text{zugeführte Wärmemenge}}{\text{Temperaturerhöhung}} = \frac{\Delta Q}{\Delta T}. \qquad (6.1.1)$$

Die auf diese Weise definierte Wärmekapazität hängt natürlich von der Stoffmenge ab. Um verschiedene Materialien vergleichen zu können, wird C meistens auf die Stoffmenge 1 mol bezogen. Wir bezeichnen diese **molare Wärmekapazität** mit c^m:

$$c^m \equiv \frac{\Delta Q}{\Delta T \cdot \text{mol}} \left[\frac{J}{K \cdot \text{mol}}\right]. \qquad (6.1.2)$$

Alternativ können wir die Wärmekapazität pro Masse oder Volumen eines Stoffes angeben. Wir bezeichnen diese Größe als **spezifische Wärmekapazität**

$$c^{\text{mass}} \equiv \frac{C}{m} \left[\frac{J}{K \cdot \text{kg}}\right] \qquad c^{\text{vol}} \equiv \frac{C}{V} \left[\frac{J}{K \cdot \text{m}^3}\right]. \qquad (6.1.3)$$

Die hochgestellten Indizes werden wir im Folgenden meist weglassen und dann jeweils sagen, ob es sich bei c um die auf die Masse oder das Volumen normierte Wärmekapazität handelt. Der Zusammenhang zwischen der Wärmekapazität und der inneren Energie U folgt aus dem 1. Hauptsatz der Thermodynamik:

$$dQ = dU - dW = dU + p\,dV. \qquad (6.1.4)$$

Hierbei ist dQ die dem System zugeführte Wärmemenge, dU die Änderung seiner inneren Energie und $dW = -p\,dV$ die am System geleistete Arbeit. Wir sehen, dass die durch die zugeführte Wärmemenge dQ erzielte Änderung der inneren Energie davon abhängt, ob wir den Druck p oder das Volumen V festhalten.

Halten wir das Volumen V des Festkörpers konstant, d. h. $dV = 0$, so erhalten wir die Wärmekapazität bei konstantem Volumen:

$$C_V \equiv \left.\frac{\partial Q}{\partial T}\right|_V = \left.\frac{\partial U}{\partial T}\right|_V. \qquad (6.1.5)$$

Am häufigsten verwendet werden die auf die Masse m normierte spezifische Wärmekapazität $c_V = C_V/m$ oder die auf das Volumen V normierte spezifische Wärmekapazität $c_V = C_V/V$. Wir sehen, dass C_V direkt mit der inneren Energie des Festkörpers zusammenhängt.

6.1 Spezifische Wärme

In Experimenten ist es meist sehr schwierig, das Volumen eines Festkörpers konstant zu halten, da der Festkörper sich aufgrund anharmonischer Effekte ausdehnt (siehe Abschnitt 6.3). Experimente werden fast immer bei konstantem Druck durchgeführt, weshalb die Wärmekapazität bei konstantem Druck

$$C_p \equiv \frac{\partial Q}{\partial T}\bigg|_p \qquad (6.1.6)$$

gemessen wird. Die Thermodynamik liefert folgenden allgemeinen Zusammenhang zwischen C_V und C_p (eine Herleitung dieser Beziehung wird in Abschnitt 6.3.2 gegeben):

$$C_p - C_V = T V \alpha_V^2 B. \qquad (6.1.7)$$

Hierbei ist α_V der Volumenausdehnungskoeffizient (vergleiche Abschnitt 6.3) und B der Bulk-Modul (vergleiche Abschnitt 3.2.4). Die bei konstantem Druck gemessene spezifische Wärme ist immer etwas größer, da ja ein Teil der zugeführten Energie für Volumenausdehnungsarbeit pdV benötigt wird. Um die gleiche Temperaturerhöhung zu erzielen, muss also bei konstantem Druck mehr Energie zugeführt werden. Die Differenz zwischen C_p und C_V ist aber üblicherweise sehr klein und wir wollen sie im Folgenden vernachlässigen.[1] Für Blei beträgt z. B. C_p = 24 J/mol K, V_{mol} = 18.4 cm^3, $B = 4 \times 10^6$ J/cm^3, $\alpha_V = 3 \times 10^{-5}$ K^{-1} und damit $C_p - C_V \simeq 2$ J/mol, also $C_p - C_V \ll C_p$.

6.1.2 Klassische Betrachtung

Wir wollen zunächst ein System von $r = 3r'N$ wechselwirkungsfreien Schwingungsmoden betrachten, wie wir es für einen Kristall mit N Einheitszellen und r' Atomen pro Einheitszelle erhalten (vergleiche hierzu Abschnitt 5.4.2). Mit Hilfe des Gleichverteilungssatzes der klassischen Thermodynamik können wir diesen Normalmoden jeweils $\frac{1}{2}k_B T$ für ihre mittlere kinetische und potenzielle Energie zuordnen. Wir erhalten damit für die mittlere innere Energie

$$U = U^{\text{eq}} + 3r'N \cdot 2\frac{1}{2}k_B T = U^{\text{eq}} + 3r'N k_B T. \qquad (6.1.8)$$

Hierbei ist U^{eq} die Energie des statischen Gitters. Für die Wärmekapazität erhalten wir daraus das Gesetz von *Dulong–Petit*:[2]

$$C_V = 3r'N k_B. \qquad (6.1.9)$$

Die Zahl N der Elementarzellen können wir als $N = \nu N_A$ schreiben, wobei

$$N_A = 6.022\,141\,99(47) \times 10^{23} \text{ 1/mol}$$

die *Avogadro-Konstante* oder *Loschmidtsche Zahl* und ν die Molzahl ist. Für die molare

---

[1] Anmerkung: In harmonischer Näherung ist $C_p = C_V$, da $\delta = 0$, siehe Abschnitt 6.3.
[2] **Pierre Louis Dulong**, geboren 1785 in Rouen, gestorben 1838 in Paris. **Alexis Thérèse Petit**, geboren 1791 in Vesoul, gestorben 1820 in Paris.

spezifische Wärme erhalten wir dann

$$c_V^m = 3r' \cdot N_A k_B = 3r' \cdot R \simeq 3r' \cdot 8.31 \, \text{J/mol K} \, . \tag{6.1.10}$$

Hierbei ist $R = 8.314\,472(15)$ J/mol K die **allgemeine Gaskonstante**.

Eine wichtige Voraussetzung bei der Ableitung dieses Ergebnisses ist das Vorliegen von voneinander unabhängigen Gitterschwingungen (Normalschwingungen). Deshalb ist die Ableitung nur für den Hookeschen Bereich gültig, in dem anharmonische Effekte vernachlässigt werden können. Wir wollen im Folgenden die obigen Ergebnisse genauer ableiten und dabei einige der verwendeten Konzepte näher erörtern.

6.1.2.1 Thermodynamischer Mittelwert

In der Thermodynamik betrachten wir im Allgemeinen große Systeme mit vielen Teilchen. Ist $A(\mathbf{p}, \mathbf{r})$ eine Messgröße, die von der Konfiguration der Koordinaten $\mathbf{p}$ und $\mathbf{r}$ abhängt (eine solche Konfiguration nennen wir einen Mikrozustand), so können wir den Mittelwert dieser Größe im thermodynamischen Gleichgewicht bei der Temperatur T wie folgt angeben:

$$\langle A \rangle = \frac{\int d^3p \, d^3r \, A(\mathbf{p}, \mathbf{r}) e^{-\beta H(\mathbf{p}, \mathbf{r})}}{\int d^3p \, d^3r \, e^{-\beta H(\mathbf{p}, \mathbf{r})}} \, . \tag{6.1.11}$$

Dabei ist $H(\mathbf{p}, \mathbf{r})$ die klassische Hamilton-Funktion und $\beta = 1/k_B T$. Gleichung (6.1.11) ist ein zentrales Ergebnis der klassischen Thermodynamik. Wir sehen, dass wir, um den Mittelwert zu erhalten, über alle Konfigurationen $\mathbf{p}, \mathbf{r}$ summieren (Integration) und dabei die Konfiguration mit einem Boltzmann-Faktor wichten. Dadurch werden Konfigurationen mit hoher Energie weniger wahrscheinlich als solche mit niedriger Energie. Der Nenner in (6.1.11) dient nur der Normierung.

6.1.2.2 Vertiefungsthema: Mittlere innere Energie

Einen Kristall (wir nehmen der Einfachheit halber eine einatomige Basis an) können wir in harmonischer Näherung durch folgende Hamilton-Funktion beschreiben (vergleiche Abschnitt 5.1):

$$H = \sum_i \frac{\mathbf{p}^2}{2M} + U^{\text{eq}} + U_{\text{el}}^{\text{harm}} \, . \tag{6.1.12}$$

Hierbei läuft die Summation über i über alle Punkte des Bravais-Gitters. Für die mittlere Energie erhalten wir dann:

$$\langle U \rangle = \frac{\int d\Gamma \, H e^{-\beta H}}{\int d\Gamma \, e^{-\beta H}} = -\frac{\partial}{\partial \beta} \ln \int d\Gamma \, e^{-\beta H} \, . \tag{6.1.13}$$

Hierbei bezeichnet

$$d\Gamma = \prod_i d^3 u_i \, d^3 p_i \tag{6.1.14}$$

das Integral über alle $d^3p_i d^3u_i$, wobei $\mathbf{u}_i$ die Auslenkung des i-ten Atoms ist. Die Berechnung von $\langle U \rangle$ gelingt mit folgenden Substitutionen

$$\mathbf{u}_i = \frac{1}{\sqrt{\beta}} \widetilde{\mathbf{u}}_i \qquad\qquad d^3 u_i = \frac{1}{\beta^{3/2}} d^3 \widetilde{u}_i \qquad (6.1.15)$$

$$\mathbf{p}_i = \frac{1}{\sqrt{\beta}} \widetilde{\mathbf{p}}_i \qquad\qquad d^3 p_i = \frac{1}{\beta^{3/2}} d^3 \widetilde{p}_i \,. \qquad (6.1.16)$$

Damit erhalten wir

$$\begin{aligned}
\int d\Gamma e^{-\beta H} &= \int \prod_i d^3 u \, d^3 p \, \exp\left(-\beta \left[\sum_i \frac{\mathbf{p}^2}{2M} + U^{\text{eq}} + U^{\text{harm}}_{\text{el}}\right]\right) \\
&= \int \prod_i \frac{1}{\beta^3} d^3 \widetilde{u} \, d^3 \widetilde{p} \, \exp\left(-\beta \left[\sum_i \frac{\widetilde{\mathbf{p}}^2}{2M\beta} + U^{\text{eq}} + \frac{U^{\text{harm}}_{\text{el}}}{\beta}\right]\right) \\
&= \beta^{-3N} e^{-\beta U^{\text{eq}}} \left\{ \int \prod_i d^3 \widetilde{u} \, d^3 \widetilde{p} \, \exp\left(-\sum_i \frac{\widetilde{\mathbf{p}}^2}{2M} - U^{\text{harm}}_{\text{el}}\right) \right\} \\
&= \beta^{-3N} e^{-\beta U^{\text{eq}}} F \,, \qquad (6.1.17)
\end{aligned}$$

wobei die Größe F in den geschweiften Klammern nicht von β abhängt. Damit erhalten wir

$$\begin{aligned}
\langle U \rangle &= -\frac{\partial}{\partial \beta} \ln\left[\beta^{-3N} e^{-\beta U^{\text{eq}}} F\right] \\
&= -\frac{F\left(-3N\beta^{-3N-1} e^{-\beta U^{\text{eq}}} - \beta^{-3N} U^{\text{eq}} e^{-\beta U^{\text{eq}}}\right)}{\beta^{-3N} e^{-\beta U^{\text{eq}}} F} \\
&= U^{\text{eq}} + \frac{3N}{\beta} = U^{\text{eq}} + 3N k_B T \,. \qquad (6.1.18)
\end{aligned}$$

Wir finden also in der Tat das Ergebnis (6.1.8) und damit $C_V = 3N k_B$.

Wir wollen hier noch zwei Anmerkungen machen. Erstens erhalten wir für $T = 0$ das Ergebnis $\langle U \rangle = U^{\text{eq}}$. Dies zeigt, dass wir klassisch gerechnet haben und daher Nullpunktsschwingungen nicht berücksichtigt haben. Zweitens ist $U^{\text{eq}}/\text{Atom} \sim 1$ eV und daher groß gegen $k_B T \sim$ meV. Um einen Vergleich zwischen Theorie und Experiment zu machen, bieten sich deshalb Messgrößen an, die nicht von U^{eq} abhängen. Eine solche Messgröße ist gerade C_V.

6.1.2.3 Experimentelle Befunde

Bevor wir zu einer quantenmechanischen Berechnung von $\langle U \rangle$ übergehen, wollen wir kurz das klassische Ergebnis mit experimentellen Befunden vergleichen. Abb. 6.1 zeigt die spezifische Wärme c_p von verschiedenen Isolatoren. Es ist deutlich Folgendes zu erkennen:

1. Bei hohen Temperaturen nähert sich die gemessene spezifische Wärme dem Dulong-Petit Wert an. Teilweise liegt c_p oberhalb dieses Wertes, was allerdings darauf zurückzuführen ist, dass der experimentelle Wert c_p und der Dulong-Petit-Wert c_V darstellt und immer $c_p \geq c_V$ gilt.

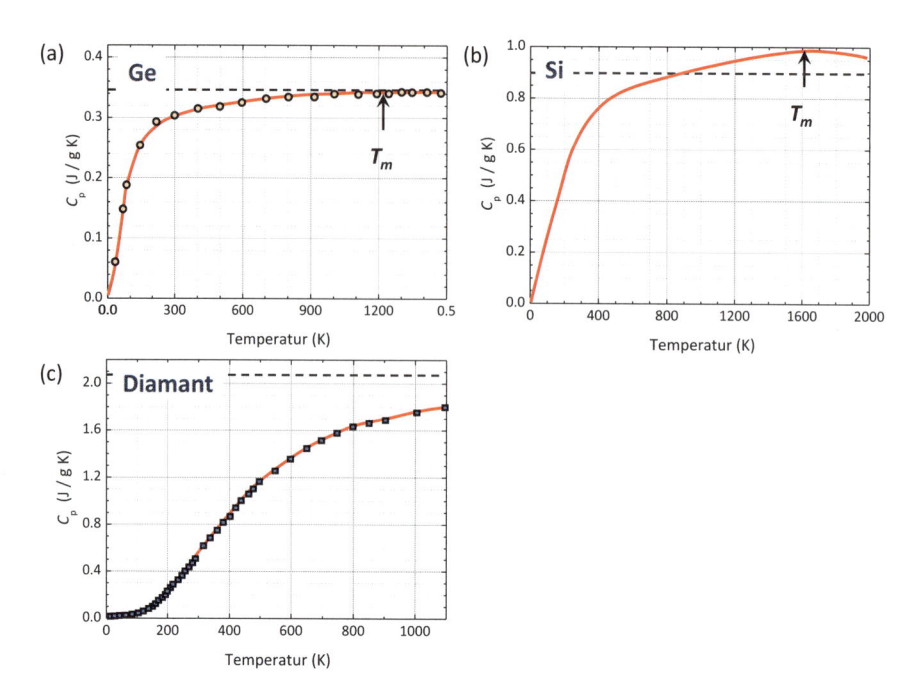

Abb. 6.1: Spezifische Wärme c_p von Germanium (a), Silizium (b) und Diamant (c); T_m markiert die Schmelztemperaturen. Um den Wert in J/mol K zu erhalten, muss mit der Molmasse von Si (28.08 g/mol), Ge (72.61 g/mol) und Diamant (12 g/mol) multipliziert werden. Der Dulong-Petit Wert für C_V (gestrichelte Linie) beträgt 0.882 J/g K für Si, 0.343 J/g mol für Ge und 2.075 J/g mol für Diamant.

2. Bei tiefen Temperaturen ist das klassische Ergebnis völlig falsch. Man beobachtet eine drastische Abnahme der spezifischen Wärme mit abnehmender Temperatur. Das Experiment liefert $c_p \propto T^3$.

Während wir die Abweichungen der experimentellen Daten vom Dulong-Petit Wert bei hohen Temperaturen auf anharmonische Effekte zurückführen können, zeigen die starken Abweichungen bei tiefen Temperaturen deutlich das Versagen der klassischen Beschreibung. Wir müssen unsere Überlegungen deshalb auf eine quantenmechanische Beschreibung erweitern. Der Übergang von der klassischen Beschreibung nach Dulong-Petit zur quantenmechanischen Beschreibung entspricht dem Übergang vom Rayleigh-Jeansschen zum Planckschen Strahlungsgesetz bei der Beschreibung des Spektrums eines schwarzen Strahlers. Wir werden auf diese Analogie zwischen Phononen und Photonen später in Abschnitt 6.1.7 nochmals zurückkommen.

6.1.3 Quantenmechanische Betrachtung

Unsere bisherige Diskussion legt nahe, dass die Quantisierung der Gitterschwingungen entscheidend für die innere Energie und damit die spezifische Wärme des Kristallgitters ist. Diesen Sachverhalt können wir uns durch folgende anschauliche Überlegung klarmachen. Bei genügend kleinen Temperaturen wird immer $\hbar\omega \gg k_B T$ gelten. Für einen klassischen harmonischen Oszillator ist das kein Problem, da für diesen beliebige Energien möglich sind und er folglich nach wie vor die Energie $k_B T$ aus dem Wärmebad aufnehmen kann. Für einen quantenmechanischen Oszillator sind dagegen nur die diskreten Energiewerte

$$E_n = \left(n + \tfrac{1}{2}\right)\hbar\omega \qquad (6.1.19)$$

möglich. Für $\hbar\omega \gg k_B T$ kann ein solcher Oszillator keine Energie aus dem Bad aufnehmen und er verbleibt im Grundzustand. Bei genügend hohen Temperaturen, d. h. $\hbar\omega \ll k_B T$, ist das natürlich möglich. Dies ist in Abb. 6.2 anschaulich dargestellt.

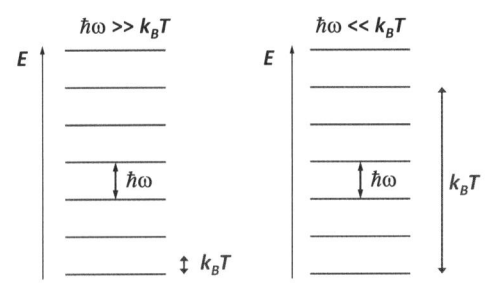

Abb. 6.2: Veranschaulichung zur Besetzung von Oszillatorzuständen bei tiefen (links) und hohen Temperaturen (rechts). Bei tiefen Temperaturen kann der Oszillator keine Energie aus dem Wärmebad aufnehmen und verbleibt im Grundzustand.

In einem Kristall liegt nun eine Vielzahl von Eigenfrequenzen ω_{qr} vor. Mit abnehmender Temperatur verbleibt eine immer größere Zahl dieser Oszillatoren im Grundzustand. Wir sprechen von einem „Ausfrieren" der Schwingungsfreiheitsgrade. Dieses führt dazu, dass die spezifische Wärme für $T \to 0$ auch gegen null geht. Wir wollen im Folgenden diese Situation quantitativ erfassen.

6.1.3.1 Quantenmechanischer Mittelwert der inneren Energie

Wir betrachten ein System aus $3N$ harmonischen Oszillatoren (z. B. Normalschwingungen eines dreidimensionalen Kristalls aus N Gitterzellen mit einatomiger Basis) in Kontakt mit einem Wärmebad der Temperatur T. Wir müssen jetzt bei der Berechnung des Mittelwerts der inneren Energie dieses Systems die Quantisierung der Energie berücksichtigen. Da wir gemäß (6.1.19) ein diskretes Energiespektrum vorliegen haben, müssen wir von einer Integration zu einer Summation übergehen. Wir erhalten

$$\langle U \rangle = U^{\text{eq}} + 3N \frac{\sum\limits_n E_n e^{-\beta E_n}}{\sum\limits_n e^{-\beta E_n}} \,. \qquad (6.1.20)$$

Wie bei der klassischen Betrachtung wird jeder Zustand mit einem Boltzmann-Faktor gewichtet. Setzen wir (6.1.19) in (6.1.20) ein, so erhalten wir

$$\langle U \rangle = U^{\text{eq}} + 3N \frac{\sum_{n=0}^{\infty} \left(n + \frac{1}{2}\right) \hbar\omega e^{-\beta\left(n+\frac{1}{2}\right)\hbar\omega}}{\sum_{n=0}^{\infty} e^{-\beta\left(n+\frac{1}{2}\right)\hbar\omega}}$$

$$= U^{\text{eq}} + 3N \left\{ \frac{1}{2}\hbar\omega + \frac{e^{-\beta\hbar\omega/2} \sum_{n=0}^{\infty} n\hbar\omega e^{-\beta\hbar\omega n}}{e^{-\beta\hbar\omega/2} \sum_{n=0}^{\infty} e^{-\beta\hbar\omega n}} \right\}. \quad (6.1.21)$$

Mit $x \equiv e^{-\beta\hbar\omega}$ finden wir

$$\langle U \rangle = U^{\text{eq}} + 3N\hbar\omega \left\{ \frac{1}{2} + \frac{\sum_{n=0}^{\infty} nx^n}{\sum_{n=0}^{\infty} x^n} \right\}. \quad (6.1.22)$$

Mit den Identitäten

$$\sum_{n=0}^{\infty} x^n = \frac{1}{1-x} \quad (6.1.23)$$

$$\sum_{n=0}^{\infty} n \cdot x^n = x \cdot \frac{d}{dx} \sum_{n=0}^{\infty} x^n = x \cdot \frac{d}{dx} \frac{1}{1-x} = \frac{x}{(1-x)^2}. \quad (6.1.24)$$

erhalten wir dann

$$\langle U \rangle = U^{\text{eq}} + 3N\hbar\omega \left(\frac{1}{2} + \frac{x}{1-x} \right) = U^{\text{eq}} + 3N\hbar\omega \left(\frac{1}{2} + \langle n \rangle \right). \quad (6.1.25)$$

Wir definieren das Scharmittel $\langle n \rangle = \sum nx^n / \sum x^n = x/(1-x)$ und erhalten unter Benutzung von $x \equiv e^{-\hbar\omega/k_B T}$

$$\langle n \rangle = \frac{1}{e^{\frac{\hbar\omega}{k_B T}} - 1}$$

$$\langle U \rangle = U^{\text{eq}} + 3N\hbar\omega \left(\frac{1}{2} + \langle n \rangle \right). \quad (6.1.26)$$

Das Scharmittel $\langle n \rangle$ gibt die **mittlere Anregungszahl** des Oszillators bzw. die **mittlere Besetzungszahl** der entsprechenden Phononen im thermischen Gleichgewicht bei der Temperatur T an.

Gleichung (6.1.26) stellt einen Spezialfall der allgemeinen *Planck-* oder *Bose-Einstein-Verteilungsfunktion* dar. Eine detaillierte Ableitung der allgemeinen Bose-Einstein-Verteilungsfunktion ist in Anhang B gegeben. Da bei den Phononen die Teilchenzahl nicht erhalten bleibt, taucht in der Verteilungsfunktion kein chemisches Potenzial μ auf. Dies ist völlig analog zu einem Photonengas (siehe hierzu Abschnitt 6.1.7). Der Temperaturverlauf der

6.1 Spezifische Wärme

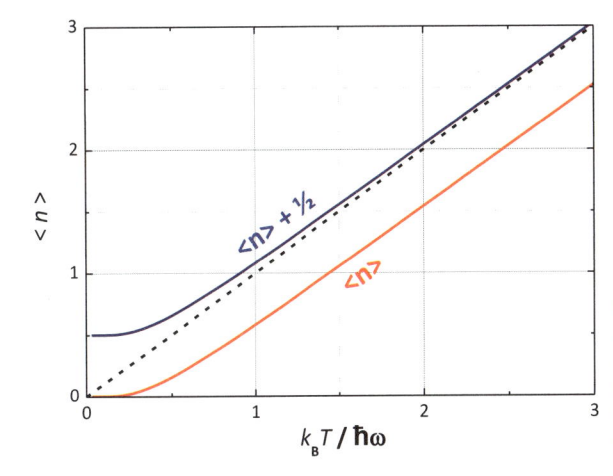

Abb. 6.3: Die Bose-Einstein-Verteilungsfunktion. Bei hohen Temperaturen nimmt die Besetzungszahl in etwa proportional zur Temperatur zu. Die Funktion $(\langle n \rangle + \frac{1}{2})$ nähert sich für hohe Temperaturen dem klassischen Grenzfall (gestrichelt) an.

Bose-Einstein-Verteilung ist in Abb. 6.3 grafisch dargestellt. Wir sehen, dass $\langle n \rangle \propto k_B T$ für $k_B T \gg \hbar\omega$, was der klassischen Erwartung entspricht.

Während wir also für die Phononen die für Bosonen geltende Bose-Einstein-Verteilungsfunktion verwenden müssen, könnten wir für klassische (unterscheidbare) Teilchen mit der Energie E_n die **Maxwell-Boltzmann-Verteilung**

$$\langle n \rangle = N \frac{e^{-E_n/k_B T}}{\sum_n e^{-E_n/k_B T}} \tag{6.1.27}$$

verwenden.

Dreidimensionales Gitter mit mehratomiger Basis: Wir hatten bei unserer obigen Diskussion eine einatomige Basis angenommen. Liegt eine mehratomige Basis mit r' Atomen vor, so haben wir statt $3N$ jetzt $r = 3r'N$ Schwingungsmoden vorliegen. Wir müssen dann die Schwingungsfrequenzen ω_{qr} sowohl mit den erlaubten **q**-Vektoren als auch den möglichen Polarisationen r durchnummerieren. In Analogie zu (6.1.26) können wir die mittlere Besetzungszahl von Phononen des Typs **q**, r bei der Temperatur T zu

$$\langle n_{qr} \rangle = \frac{1}{e^{\frac{\hbar\omega_{qr}}{k_B T}} - 1} \tag{6.1.28}$$

angeben. Für die mittlere Energie finden wir damit

$$\langle U \rangle = U^{eq} + \underbrace{\sum_{q,r} \frac{1}{2}\hbar\omega_{qr}}_{\text{Nullpunktsschwingungen}} + \underbrace{\sum_{q,r} \frac{\hbar\omega_{qr}}{e^{\frac{\hbar\omega_{qr}}{k_B T}} - 1}}_{\text{thermische Anregungen}}. \tag{6.1.29}$$

Wir sehen, dass sich dieser Ausdruck deutlich vom klassischen Dulong-Petit Resultat unterscheidet. Er enthält erstens die Nullpunktschwingungen und der Beitrag der thermisch angeregten Gitterschwingungen nimmt zu tiefen Temperaturen hin stark ab, da die mittlere Besetzungszahl $\langle n(\omega, T) \rangle$ der Phononen stark abnimmt.

In der Praxis werden die Summen meist durch Integrale ersetzt, indem man die Zustandsdichte $Z(\mathbf{q})$ im Impulsraum oder $D(\omega)$ im Frequenzraum benutzt. Benutzen wir $D(\omega)$, so können wir die mittlere Energie ausdrücken durch

$$\langle U \rangle = U^{eq} + \int_0^{\omega_D} \frac{\hbar\omega}{2} D(\omega) d\omega + \int_0^{\omega_D} \hbar\omega D(\omega) \langle n(\omega, T) \rangle d\omega. \tag{6.1.30}$$

Hierbei gibt der 2. Term auf der rechten Seite wiederum den Beitrag der Nullpunktsschwingungen an. Die charakteristische Abschneidefrequenz ω_D werden wir in Abschnitt 6.1.5 bei der Diskussion des Debye-Modell motivieren. Im 3. Term auf der rechten Seite kann die Integrationsgrenze meist in sehr guter Näherung gegen unendlich verschoben werden, da die mittlere Besetzungszahl $\langle n(\omega, T) \rangle$ für große Frequenzen gegen null geht.

6.1.4 Temperaturverlauf der spezifischen Wärme

Mit der inneren Energie (6.1.29) können wir sofort die Wärmekapazität bei konstantem Volumen angeben:

$$C_V = \left.\frac{\partial \langle U \rangle}{\partial T}\right|_V = \sum_{\mathbf{q},r} \frac{\partial}{\partial T} \frac{\hbar\omega_{\mathbf{q}r}}{e^{\frac{\hbar\omega_{\mathbf{q}r}}{k_B T}} - 1}. \tag{6.1.31}$$

Wir wollen diesen Ausdruck für den Grenzfall hoher und niedriger Temperaturen analysieren.

1. *Hohe Temperaturen:* $k_B T \gg \hbar\omega_{\mathbf{q}r}$
   In diesem Grenzfall können wir die Exponentialfunktion entwickeln und erhalten

$$\langle n_{\mathbf{q}r} \rangle \simeq \frac{k_B T}{\hbar\omega_{\mathbf{q}r}}. \tag{6.1.32}$$

Damit ergibt sich

$$C_V = \sum_{\mathbf{q},r} \frac{\partial}{\partial T} \hbar\omega_{\mathbf{q}r} \frac{k_B T}{\hbar\omega_{\mathbf{q}r}} = \sum_{\mathbf{q},r} k_B = 3r'N k_B. \tag{6.1.33}$$

Wir finden also das klassische Dulong-Petit Gesetz. Dies war nach der obigen Diskussion (vergleiche hierzu auch Abb. 6.2) zu erwarten. Für $k_B T \gg \hbar\omega_{\mathbf{q}r}$ nehmen alle Schwingungsmoden Energie aus dem Wärmebad auf. Es sind keine Freiheitsgrade eingefroren und das System verhält sich klassisch.

6.1 Spezifische Wärme

2. Tiefe Temperaturen: $k_B T \ll \hbar\omega_{\mathbf{q}r}$

Die Diskussion des Tieftemperaturverhaltens ist etwas schwieriger. Um einen einfachen Ausdruck abzuleiten, werden wir einige Näherungen machen. Zunächst nehmen wir an, dass N groß ist (großer Kristall), so dass die Zustände im q-Raum dicht liegen. Wir können dann die Summation über $\mathbf{q}$ in eine Integration überführen:

$$\sum_{\mathbf{q},r} \quad \rightarrow \quad \sum_r \int_{1.\,\mathrm{BZ}} d^3q\, Z(\mathbf{q}) = \sum_r \int_{1.\,\mathrm{BZ}} d^3q\, \frac{V}{(2\pi)^3} \;. \tag{6.1.34}$$

Wir können zusätzlich für tiefe Temperaturen folgende Näherungen machen:

- Wir betrachten nur die akustischen Moden, da die optischen Moden hohe Energien besitzen und deshalb ihre Besetzung vernachlässigbar klein ist. Die Summe $\sum_r$ über alle Phononenzweige können wir dann durch die Summe $\sum_{i=1}^{3}$ über die drei akustischen Zweige ersetzen.
- Für genügend tiefe Temperaturen können wir die Dispersionskurven der akustischen Zweige durch Geraden $\omega_i(\mathbf{q}) = v_i q$ annähern (siehe hierzu Abb. 6.4). Hierbei sind v_i die Schallgeschwindigkeiten der drei akustischen Moden.
- Das Integral über die 1. Brillouin-Zone wird durch ein Integral über alle q ersetzt. Da die Bose-Einstein-Verteilungsfunktion für große q wegen $k_B T \ll \hbar\omega$ sehr klein ist, ist der hierdurch gemachte Fehler vernachlässigbar klein.

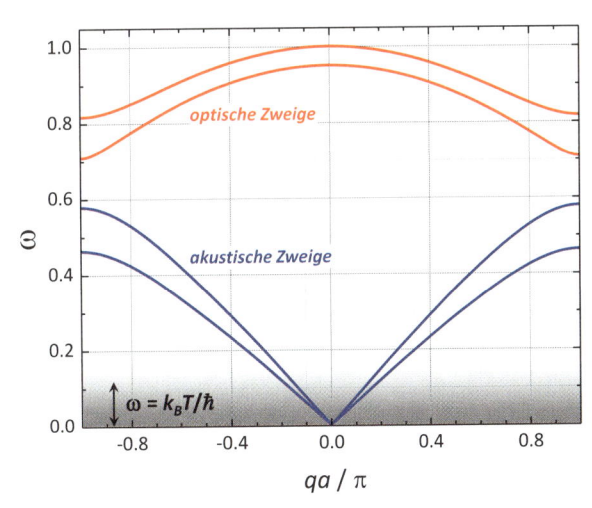

Abb. 6.4: Zur Veranschaulichung der Näherungen bei der Ableitung des Tieftemperaturgrenzfalles der Wärmekapazität. Da $k_B T$ klein ist, können die optischen Moden vernachlässigt und die akustischen Zweige durch lineare Dispersionsrelationen angenähert werden.

Mit diesen Näherungen erhalten wir

$$C_V = \frac{V}{(2\pi)^3} \frac{\partial}{\partial T} \sum_{i=1}^{3} \int_{-\infty}^{\infty} d^3q\, \frac{\hbar v_i q}{e^{\hbar v_i q / k_B T} - 1} \;. \tag{6.1.35}$$

Wir werten das Integral in Kugelkoordinaten aus. Es gilt $d^3q = q^2 dq \sin\vartheta\, d\vartheta\, d\varphi = q^2 dq\, d\Omega$ und das Integral über $d\Omega = \sin\vartheta\, d\vartheta\, d\varphi$ ergibt 4π. Mit den Abkürzungen

$x \equiv \hbar v_i q / k_B T$ bzw. $dx \equiv dq \hbar v_i / k_B T$ erhalten wir

$$C_V = \frac{3V}{2\pi^2} \frac{\partial}{\partial T} \frac{(k_B T)^4}{(\hbar v_s)^3} \int_0^\infty dx \frac{x^3}{e^x - 1}, \qquad (6.1.36)$$

wobei wir für die mittlere Schallgeschwindigkeit der drei akustischen Moden

$$\frac{1}{v_s^3} = \frac{1}{3} \sum_{i=1}^{3} \int \frac{d\Omega}{4\pi} \frac{1}{v_i^3} \qquad (6.1.37)$$

verwendet haben. Das Integral $\int_0^\infty dx [x^3/(e^x - 1)]$ ergibt $\pi^4/15$, so dass wir

$$C_V = V \frac{2\pi^2}{5} k_B \left(\frac{k_B T}{\hbar v_s} \right)^3 \qquad (6.1.38)$$

erhalten. Dieses Ergebnis ist in guter Übereinstimmung mit dem experimentell beobachteten T^3-Verhalten der Wärmekapazität bei tiefen Temperaturen.

6.1.5 Debye- und Einstein-Näherung

Die so genannten **Debye-** und **Einstein-Näherungen** waren die ersten quantenmechanischen Theorien zur Beschreibung der spezifischen Wärme des Kristallgitters. Sie geben eine näherungsweise Beschreibung der spezifischen Wärme über den gesamten Temperaturbereich an. Sie sollen deshalb hier kurz vorgestellt werden. Sie unterscheiden sich nur hinsichtlich der Annahmen, die für die Zustandsdichte $D(\omega)$ der Gitterschwingungen gemacht werden.

6.1.5.1 Die Einstein-Näherung

In der Einstein-Näherung[3] wird angenommen, dass die $3N$-Eigenschwingungen eines Gitter (einatomige Basis: $r' = 1, r = 3r'N = 3N$) alle die gleiche Frequenz ω_E haben sollen, das heißt

$$D(\omega) = 3N\delta(\omega - \omega_E). \qquad (6.1.39)$$

Für die mittlere innere Energie erhalten wir gemäß (6.1.26)

$$\langle U \rangle = 3N\hbar\omega_E \left(\frac{1}{2} + \frac{1}{e^{\hbar\omega_E/k_B T} - 1} \right). \qquad (6.1.40)$$

Hierbei haben wir $U^{eq} = 0$ gesetzt. Wir führen noch die charakteristische **Einstein-Temperatur**

$$\Theta_E = \frac{\hbar\omega_E}{k_B} \qquad (6.1.41)$$

---

[3] A. Einstein, *Die Plancksche Theorie der Strahlung und die Theorie der spezifischen Wärme*, Annalen der Physik **327** (1), 180–190 (1907).

6.1 Spezifische Wärme

ein und erhalten damit die Wärmekapazität $C_V^E = \partial \langle U \rangle / \partial T$ zu

$$C_V^E = 3Nk_B \left(\frac{\Theta_E}{T}\right)^2 \frac{e^{\Theta_E/T}}{[e^{\Theta_E/T} - 1]^2} \,. \tag{6.1.42}$$

Als Näherungen für hohe und tiefe Temperaturen erhalten wir

$$C_V^E = \begin{cases} 3Nk_B \left(\frac{\Theta_E}{T}\right)^2 e^{-\Theta_E/T} & \text{für} \quad T \ll \Theta_E \\ 3Nk_B & \text{für} \quad T \gg \Theta_E \end{cases} \tag{6.1.43}$$

Wir erhalten also wiederum das Dulong-Petitsche Gesetz als Hochtemperaturgrenzfall. Ferner erhalten wir eine starke Abnahme der Wärmekapazität zu tiefen Temperaturen hin. Dies stimmt zwar mit dem Experiment qualitativ überein, das experimentell häufig beobachtete T^3-Verhalten wird allerdings nicht beschrieben.

Abb. 6.5 zeigt die molare Wärmekapazität von Diamant zwischen etwa 200 und 1300 K. Wir sehen, dass das Einstein-Modell in diesem Temperaturbereich die experimentellen Daten recht gut beschreibt. Bei tieferen Temperaturen treten allerdings starke Abweichungen auf. Dies ist anschaulich klar, da in diesem Temperaturbereich die akustischen Phononen die dominierende Rolle spielen und deren Zustandsdichte sicherlich nicht mit $D(\omega) = 3N\delta(\omega - \omega_E)$ beschrieben werden kann. Die Einstein-Näherung ist immer dann gut, wenn die optischen Phononen dominieren, die wegen ihrer häufig sehr flachen Dispersion gut mit dieser Zustandsdichte beschrieben werden können.

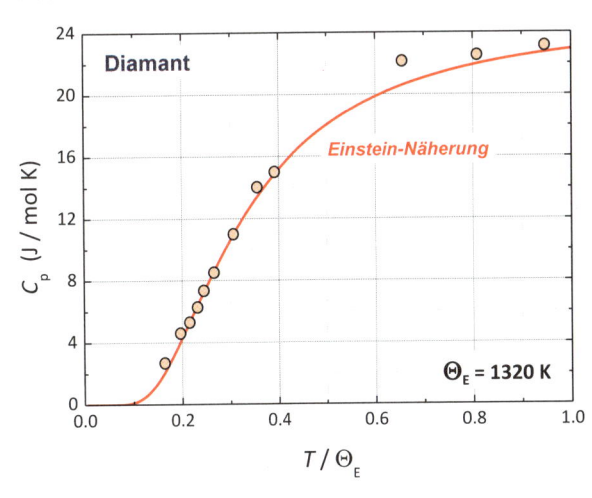

Abb. 6.5: Molare Wärmekapazität von Diamant verglichen mit der Einstein-Näherung unter Benutzung von $\Theta_E = 1320$ K.

6.1.5.2 Die Debye-Näherung

Bei der Debye-Näherung werden folgende Annahmen gemacht:

1. Alle Phononenzweige werden durch 3 Zweige mit linearer Dispersion $\omega_i = v_i q$ angenähert. Diese Näherung ist bei tiefen Temperaturen meist sehr gut, da hier die Besetzung der optischen Phononen vernachlässigbar klein ist und wir die verbleibenden 3 akustischen Zweige gut mit einer linearen Dispersionsrelation annähern können. Die Summation $\sum_r$ in (6.1.31) geht dann in $\sum_{i=1}^{3}$ über.

Peter Joseph Wilhelm Debye (1884–1966), Nobelpreis für Chemie 1936

Peter Joseph Wilhelm Debye wurde am 24. März 1884 in Maastricht geboren. Nach der Ausbildung zum Elektroingenieur an der Technischen Hochschule Aachen studierte er in München Physik. Dort wurde er 1908 promoviert und habilitierte sich im Jahr 1910. 1911 folgte er einem Ruf an die Universität Zürich als Vertretung Albert Einsteins an den Lehrstuhl für Theoretische Physik. Bereits 1912 kehrte er in sein Heimatland zurück. Er wechselte an die Universität Utrecht und wurde dort 1913 Professor. Im Jahr 1914 erhielt er einen Ruf an die Universität Göttingen, wo er bis 1920 lehrte. Ab 1915 gab er die „Physikalische Zeitschrift" heraus, eine Tätigkeit, die er bis 1940 weiterführte.

© Museum Boerhaave.

Im Jahr 1916 entwickelte Debye zusammen mit Paul Scherrer eine Methode zur Bestimmung der Atomstruktur von Kristallen mittels Röntgenstrahlen (Debye-Scherrer-Verfahren). Im Jahr 1920 kehrte er nach Zürich zurück und wurde Professor an der ETH Zürich und Leiter des dortigen Physikalischen Instituts. Im Jahr 1922 entwickelte er mit seinem Assistenten Erich Hückel eine Theorie der starken Elektrolyte in wässriger Lösung, welche später von Onsager verfeinert und als Debye-Hückel-Onsager-Theorie bekannt wurde. 1923 führte er Wellenlängenmessungen mittels Interferenzversuchen an Kristallen durch und gab eine quantentheoretische Deutung des Compton-Effekts. Im Jahr 1927 folgte er dann einem Ruf an die Universität Leipzig. Schließlich übernahm er 1934 den Lehrstuhl für Physik an der Universität Berlin und wurde 1935 Direktor des Kaiser-Wilhelm-Instituts für Physik. Im Jahr 1936 erhielt er den Nobelpreis für Chemie für seine Beiträge zur Klärung der Molekularstruktur, die auf seinen Forschungsarbeiten über die Dipolmomente, die Röntgendiffraktion und die Spektroskopie von Gasen basieren. Nach der Machtübernahme durch die Nationalsozialisten musste Debye Deutschland verlassen und ging 1940 als Professor für Chemie an die Cornell University in Ithaca. Dort lehrte er bis 1957.

Peter Debye wurde für seine herausragenden Forschungsleistungen mit zahlreichen Auszeichnungen bedacht. Er erhielt die Ehrendoktorwürde zahlreicher Universitäten (u. a. Oxford, Sofia, Mainz, RWTH Aachen, ETH Zürich, Harvard). Er erhielt ferner die Rumford Medal der Royal Society, London, die Franklin und Faraday Medals, die Lorentz Medaille der Königlich Niederländischen Akademie, die Max-Planck-Medaille der Deutschen Physikalischen Gesellschaft (1950), die Willard Gibbs Medal (1949), die Nichols Medal (1961), den Kendall Preis (1957) und die Priestley Medal der American Chemical Society (1963). Peter Debye verstarb am 2. November 1966 in Ithaca, USA.

2. Die Summation über alle Wellenvektoren **q** ersetzen wir durch eine Integration über die 1. Brillouin-Zone. Da für die linearen Dispersionsrelationen die Flächen konstanter Frequenz Kugeloberflächen sind, vereinfachen wir diese Integration weiter, indem wir das Integral über die 1. Brillouin-Zone durch ein Integral über eine Kugel mit Radius q_D ersetzen. Dabei muss der *Debye-Wellenvektor* q_D gerade so gewählt werden, dass das Integral genau N Wellenvektoren enthält. Dies stellt bei 3 Dispersionszweigen sicher, dass $3N$-Schwingungsmoden auftreten.

6.1 Spezifische Wärme

Wir müssen zunächst die Länge des Debye-Wellenvektors q_D bestimmen. Wir wissen, dass im **q**-Raum ein Zustand das Volumen $(2\pi/L)^3$ einnimmt. Da wir pro Dispersionszweig N Zustände vorliegen haben und diese in einer Kugel mit Radius q_D enthalten sein müssen, erhalten wir

$$N\left(\frac{2\pi}{L}\right)^3 = \frac{4}{3}\pi q_D^3 \tag{6.1.44}$$

und damit

$$q_D = \left(6\pi^2 \frac{N}{V}\right)^{1/3}. \tag{6.1.45}$$

Analog erhalten wir für die **Debye-Frequenz**

$$\omega_{D,i} = q_D v_i = v_i \left(6\pi^2 \frac{N}{V}\right)^{1/3}, \tag{6.1.46}$$

wobei v_i die Schallgeschwindigkeit des i-ten Dispersionszweiges ist. Die Zustandsdichte für jeden Dispersionszweig ist laut (5.3.32) durch $D_i(\omega) = \frac{V}{2\pi^2}\frac{q^2}{v_i} = \frac{V}{2\pi^2}\frac{\omega^2}{v_i^3}$ gegeben. Wir sehen, dass q_D und ω_D durch die Atomdichte N/V bestimmt werden. Die durch das Debye-Model gemachte Vereinfachung der Phononen-Zustandsdichte ist in Abb. 6.6 veranschaulicht. Während die Zustandsdichte in der Debye-Näherung einer Parabel folgt, kann die wirkliche Zustandsdichte eine reichhaltige Struktur zeigen. Insbesondere können scharfe Spitzen durch van Hove-Singularitäten auftreten (siehe Abschnitt 5.3.3). Die Größe der Debye-Frequenz ω_D ist dadurch bestimmt, dass das Integral $\int D(\omega)d\omega$ gerade die Anzahl der Schwingungsmoden ergeben muss. Die Fläche unter den beiden $D(\omega)$-Kurven in Abb. 6.6 muss deshalb genau gleich sein.

Mit den gemachten Näherungen können wir jetzt die Wärmekapazität schreiben als

$$C_V^D = \frac{V}{(2\pi)^3}\frac{\partial}{\partial T}\sum_{i=1}^{3}\int_0^{q_D} 4\pi q^2 dq \frac{\hbar v_i q}{e^{\hbar v_i q/k_B T} - 1}. \tag{6.1.47}$$

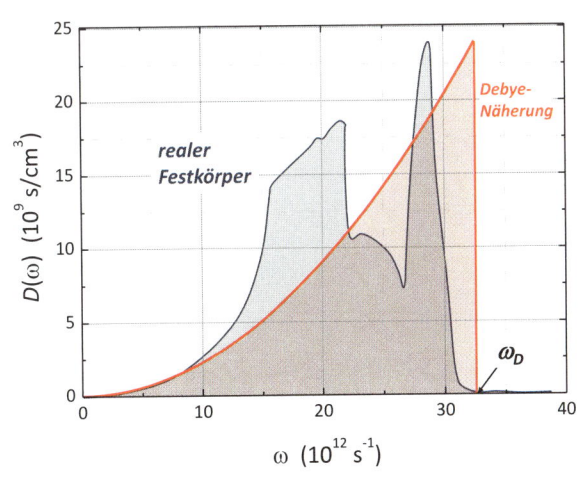

Abb. 6.6: Phononen-Zustandsdichte eines realen Festkörpers und die Debye-Näherung. Die Debye-Frequenz ω_D bzw. der Debye-Wellenvektor q_D ist so gewählt, dass die Flächen unter den Kurven gleich sind.

Verwenden wir wiederum die durch (6.1.37) definierte mittlere Schallgeschwindigkeit v_s der drei Dispersionszweige, so erhalten wir

$$C_V^D = V \frac{\partial}{\partial T} \frac{3\hbar v_s}{2\pi^2} \int_0^{q_D} \frac{q^3 dq}{e^{\hbar v_s q/k_B T} - 1} \, . \tag{6.1.48}$$

Führen wir ferner die *Debye-Temperatur* über

$$\Theta_D \equiv \frac{\hbar \omega_D}{k_B} = \frac{\hbar v_s q_D}{k_B} = \frac{\hbar v_s}{k_B} \left(6\pi^2 \frac{N}{V}\right)^{1/3} \tag{6.1.49}$$

ein, so erhalten wir mit der Substitution $x \equiv \hbar v_s q/k_B T$ bzw. $dx \equiv dq \frac{\hbar v_s}{k_B T}$

$$C_V^D = 9 N k_B \left(\frac{T}{\Theta_D}\right)^3 \int_0^{\Theta_D/T} \frac{x^4 e^x dx}{(e^x - 1)^2} \, . \tag{6.1.50}$$

Dies ist das berühmte Debye-Resultat für die Wärmekapazität, das in Abb. 6.7 grafisch dargestellt ist. Wir sehen, dass die molare Wärmekapazität durch einen materialspezifischen Parameter, die Debye-Temperatur Θ_D, ausgedrückt werden kann. Das gleiche Ergebnis erhalten wir, wenn wir die innere Energie gemäß $U = \int_0^{\omega_D} \hbar \omega D(\omega) \langle n(\omega, T) \rangle d\omega$ mit der Zustandsdichte nach (5.3.32) berechnen und nach T ableiten.

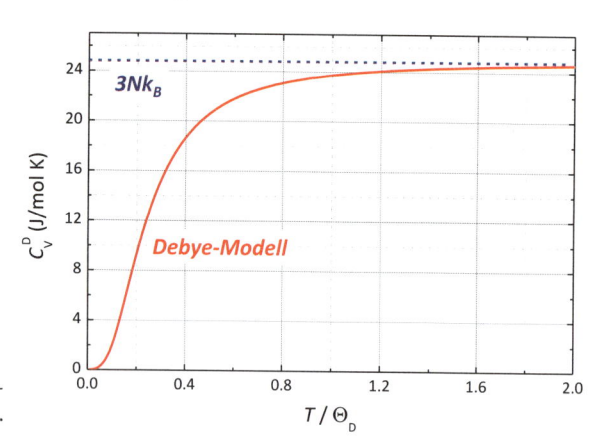

Abb. 6.7: Spezifische Wärme berechnet mit der Debye-Näherung (6.1.50).

Als Näherungen für hohe und tiefe Temperaturen erhalten wir[4]

$$C_V^D = \begin{cases} \frac{12\pi^4}{5} N k_B \left(\frac{T}{\Theta_D}\right)^3 & \text{für} \quad T \ll \Theta_D \\ 3 N k_B & \text{für} \quad T \gg \Theta_D \end{cases} \tag{6.1.51}$$

Das Tieftemperaturergebnis erhalten wir dabei wiederum, indem wir die obere Integrationsgrenze gegen Unendlich gehen lassen. Das Integral ergibt in diesem Fall $4\pi^4/15$. Das

---

[4] Dabei benutzen wir für $T \gg \Theta_D$, d. h. $x \ll 1$, die Näherungen $e^x \simeq 1$ und $(e^x - 1)^2 \simeq x^2$.

erhaltene Ergebnis ist identisch zu (6.1.38). Wir sehen also, dass die Debye-Näherung das Dulong-Petitsche Gesetz als Hochtemperaturgrenzfall liefert. Ferner erhalten wir aber auch für tiefe Temperaturen das experimentell häufig beobachtete T^3-Verhalten.[5]

Ein typisches experimentelles Ergebnis zum Tieftemperaturverhalten der Wärmekapazität des Kristallgitters ist in Abb. 6.8 gezeigt, wo die molare Wärmekapazität von festem Argon gegen die 3. Potenz der Temperatur geplottet ist. Es ergibt sich in sehr guter Näherung eine Gerade.

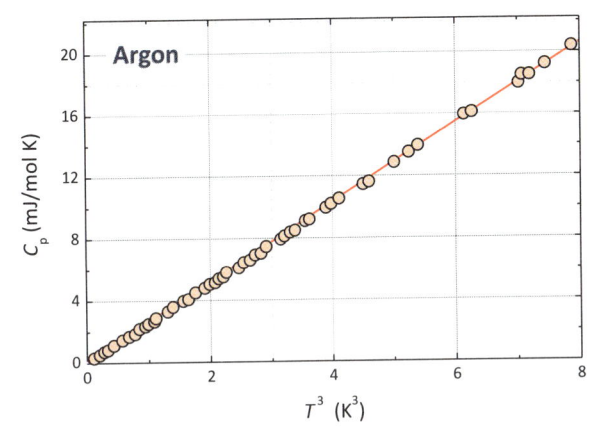

Abb. 6.8: Molare Wärmekapazität von festem Argon geplottet gegen T^3. Das experimentelle Ergebnis stimmt sehr gut mit dem Debyeschen T^3-Gesetz überein (nach L. Finegold und N. E. Philips, Phys. Rev. 177, 1383–1391 (1969)).

Die Debye-Temperatur spielt eine wichtige Rolle in der Festkörperphysik. Die Debye-Temperaturen der chemischen Elemente sind in Abb. 6.9 zusammengestellt. Die Größe der Debye-Temperatur ist ein Maß für die Größe der in einem Material vorkommenden Phononenfrequenzen. Die Debye-Temperatur gibt auch den Grenzbereich zwischen einer klassischen und einer quantenmechanischen Beschreibung der thermischen Eigenschaften des Kristallgitters an:

$$T < \Theta_D \quad \text{quantenmechanisch: Moden frieren aus} \qquad (6.1.52)$$
$$T > \Theta_D \quad \text{klassisch: alle Moden angeregt}$$

Spezifische Wärme niederdimensionaler Systeme Bei der oben geführten Diskussion sind wir immer von dreidimensionalen Systemen ausgegangen. Die Diskussion kann aber leicht auf niederdimensionale Systeme erweitert werden, indem wir im Ausdruck (6.1.30) für die innere Energie die in Abschnitt 5.3.3 abgeleiteten Zustandsdichten für niederdimensionale Systeme einsetzen. Für ein zweidimensionales System ist $D^{(2)}(\omega) \propto \omega$

---

[5] Das T^3-Verhalten kann anschaulich auch durch folgende Argumentation erhalten werden: Bei tiefen Temperaturen sind alle Zustände bis $\hbar\omega \simeq k_B T$ besetzt. Eine Temperaturerhöhung liefert neue Zustände $D(\omega)\hbar d\omega \simeq D(\omega) k_B dT$. Die entsprechende Änderung der inneren Energie ist $dU = D(\omega)\hbar\omega d\omega$. Mit einer Zustandsdichte $D(\omega) \propto \omega^2$ (vergleiche hierzu Abschnitt 5.3.3) erhalten wir $dU \simeq \omega^3 dT$ und damit $C_V = dU/dT \propto \omega^3 \propto T^3$. Bei hohen Temperaturen sind dagegen alle Zustände bis ω_D besetzt, weshalb eine T-Erhöhung keine neuen Zustände mehr liefert. Es gilt $\langle n \rangle \simeq k_B T/\hbar\omega \propto T$ und damit $C_V = dU/dT = \text{const.}$

(vergleiche (5.3.37)) und die Berechnung der spezifischen Wärme liefert

$$C_V^{(2)}(T) \propto T^2. \tag{6.1.53}$$

Dieses Ergebnis kann experimentell zum Beispiel anhand von nur eine Monolage dicken Adsorbatfilmen von Gasatomen auf Graphitoberflächen beobachtet werden.[6] Die adsorbierten Gasatome werden nur schwach durch Van der Waals-Kräfte an die Unterlage gebunden und bilden zweidimensionale Kristalle aus. Die gemessene spezifische Wärme verläuft tatsächlich proportional zu T^2.

6.1.6 Phononenzahl und Nullpunktsenergie

Mit den im vorangegangenen Abschnitt abgeleiteten Beziehungen können wir noch einige häufig gebrauchte Zusammenhänge ableiten. Als erstes wollen wir uns überlegen, wie die Phononenzahl N_{ph} mit steigender Temperatur zunimmt. Die Phononenzahl ist gegeben durch

$$N_{\text{ph}} = \int_0^{\omega_D} D(\omega)\langle n(\omega,T)\rangle d\omega. \tag{6.1.54}$$

Im Rahmen des Debye-Modells gilt für 3D Systeme $D(\omega) = \frac{3V}{2\pi^2} \frac{\omega^2}{v_s^3}$, wobei v_s die mittlere Schallgeschwindigkeit der akustischen Phononenzweige ist. Mit den Abkürzungen $x = \hbar\omega/k_B T$, $dx = \hbar d\omega/k_B T$ und $x_D = \hbar\omega_D/k_B T = \Theta_D/T$ erhalten wir

$$N_{\text{ph}} = \frac{3V}{2\pi^2 v_s^3} \left(\frac{k_B T}{\hbar}\right)^3 \int_0^{x_D} \frac{x^2}{e^x - 1} dx. \tag{6.1.55}$$

Für tiefe Temperaturen geht $x_D \to \infty$ und das Integral wird konstant. Die Phononenzahl nimmt folglich proportional zu T^3 zu. Für hohe Temperaturen ist $x \ll 1$. Wir können dann die Exponentialfunktion durch $1 + x$ annähern und das Integral ergibt $(\Theta_D/T)^2$. Die Phononenzahl nimmt folglich proportional zu T zu. Insgesamt erhalten wir somit das Ergebnis:

$$N_{\text{ph}} \propto \begin{cases} T^3 & \text{für} \quad T \ll \Theta_D \\ T & \text{für} \quad T \gg \Theta_D. \end{cases} \tag{6.1.56}$$

Als nächstes wollen wir die innere Energie der Nullpunktsschwingungen abschätzen. Gemäß (6.1.30) gilt

$$U_0 = \int_0^{\omega_D} \frac{\hbar\omega}{2} D(\omega) d\omega. \tag{6.1.57}$$

---

[6] S. V. Hering, S. W. Sciver and O. E. Vilches, *Apparent new phase of monolayer ^{3}He and ^{4}He films adsorbed on grafoil as determined from heat capacity measurements*, J. Low Temp. Phys. 25, 793–805 (1976).

6.1 Spezifische Wärme

Thermische Leitfähigkeit und Debye Temperatur

Debye Temperatur (K)
Thermische Leitfähigkeit bei 300K (W/cmK)

Be 1440 2.00												B ... 0.27	C 2230 1.29	N	O	F	Ne 75 ...
Na 158 1.41	Mg 400 1.56											Al 428 2.37	Si 645 1.48	P	S	Cl	Ar 92 ...
K 91 1.02	Ca 230 ...	Sc 360 0.16	Ti 420 0.22	V 380 0.31	Cr 630 0.94	Mn 410 0.08	Fe 470 0.80	Co 445 1.00	Ni 450 0.91	Cu 343 4.01	Zn 327 1.16	Ga 320 0.41	Ge 374 0.6	As 282 0.50	Se 90 0.02	Br	Kr 72 ...
Rb 56 0.58	Sr 147 ...	Y 280 0.17	Zr 291 0.23	Nb 275 0.54	Mo 450 1.38	Tc ... 0.51	Ru 600 1.17	Rh 480 1.50	Pd 274 0.72	Ag 225 4.29	Cd 209 0.97	In 108 0.82	Sn 200 0.67	Sb 211 0.24	Te 153 0.02	I	Xe 64 ...
Cs 38 0.36	Ba 110 ...	La 142 0.14	Hf 252 0.23	Ta 240 0.58	W 400 1.74	Re 430 0.48	Os 500 0.88	Ir 420 1.47	Pt 240 0.72	Au 165 3.17	Hg 71.9 ...	Tl 78.5 0.46	Pb 105 0.35	Bi 119 0.08	Po	At	Rn 64 ...
Fr	Ra	Ac															

	Ce	Pr	Nd	Pm	Sm	Eu	Gd	Tb	Dy	Ho	Er	Tm	Yb	Lu
...	... 0.11	... 0.13	... 0.16	... ...	... 0.13	... ...	200 0.11	... 0.11	210 0.11	... 0.16	... 0.14	... 0.17	120 0.35	210 0.16
	Th 163 0.54	Pa	U 207 0.28	Np ... 0.06	Pu ... 0.07	Am	Cm	Bk	Cf	Es	Fm	Md	No	Lr ... ...

Abb. 6.9: Debye-Temperatur und thermische Leitfähigkeit der chemischen Elemente.

Setzen wir die Zustandsdichte $D(\omega) = \frac{3V}{2\pi^2} \frac{\omega^2}{v_s^3}$ ein und benutzen $v_s^3 = \omega_D^3 / q_D^3$ sowie $q_D^3 = 6\pi^3 N/V$, so erhalten wir

$$U_0 = \tfrac{9}{8} N k_B \Theta_D . \tag{6.1.58}$$

Vergleichen wir diese Energie mit der thermischen Energie (3. Term auf der rechten Seite von (6.1.30))

$$U_{\text{th}}(T) = \int_0^{\omega_D} \hbar \omega D(\omega) \frac{1}{e^{\hbar\omega/k_B T} - 1} d\omega , \tag{6.1.59}$$

so sehen wir, dass $U_{\text{th}}(T = \Theta_D) \approx 2 U_0$. Da die Debye-Temperaturen vieler Substanzen im Bereich zwischen 100 K und 500 K liegen (siehe Abb. 6.9), bedeutet dies, dass die Nullpunktsenergie und die thermische Energie vieler Substanzen bei Raumtemperatur in etwa gleich groß sind.

6.1.7 Vertiefungsthema: Analogie zwischen Phononen- und Photonengas

Wir wollen in diesem Abschnitt kurz auf die Analogie zwischen der Theorie der elektromagnetischen Strahlung im thermischen Gleichgewicht (Schwarzkörperstrahlung) und der Theorie der Gitterschwingungen eines Festkörpers eingehen. Im ersten Fall betrachten wir ein Gas von nicht wechselwirkenden Photonen, die in einem Behälter mit Volumen V eingeschlossen sind. Die Photonen können als Teilchen mit der Energie $\epsilon = \hbar\omega$ und dem Impuls

$\mathbf{p} = \hbar\mathbf{k}$ mit $|\mathbf{p}| = \hbar\omega/c$ betrachtet werden. Wir können somit die Photonen wie ein ideales Gas von freien Bosonen (Photonen haben den Spin 1) behandeln, wir sprechen vom *Photonengas*. In Analogie dazu können wir bei dem System aus nicht wechselwirkenden Gitterschwingungen von einem *Phononengas* sprechen. Die Phononen können ebenfalls als Teilchen mit Impuls $\mathbf{p} = \hbar\mathbf{q}$ (= $\hbar\omega_q/v_s$ bei linearer Dispersion $\omega_q = v_s q$) und Energie $E = \hbar\omega_\mathbf{q}$ aufgefasst werden.

Die Beschreibung von Photonen- und Phononengasen war zu Beginn des 20. Jahrhunderts ungeklärt. Die Versuche einer klassischen Beschreibung (Rayleigh-Jeans-Modell für Photonengas und Dulong-Petit-Modell für Phononengas) führten zu völlig falschen Ergebnissen. Erst die Einführung der Quantenhypothese durch **Max Planck** führte zu einer richtigen Beschreibung. Wir wollen hier kurz aufzeigen, dass die Beschreibung von Photonen- und Phononengasen völlig analog ist, wenn wir für beide eine lineare Dispersion annehmen. Für Photonen ($\omega = ck$) liegt diese Dispersion natürlich uneingeschränkt vor, für Phononen ($\omega = v_s q$) stellt sie nur im Tieftemperaturgrenzfall eine gute Näherung dar. Wir sehen, dass die äquivalenten Geschwindigkeiten die Lichtgeschwindigkeit und die Schallgeschwindigkeit sind.

Da wir in den vorangegangenen Abschnitten das Phononengas diskutiert haben, wollen wir die erhaltenen Ergebnisse hier benutzen, um die äquivalenten Ausdrücke für ein Photonengas abzuleiten. Historisch war dies allerdings genau andersherum. Nach (5.3.23) ist die Dichte der Zustände im Impulsraum $V/(2\pi)^3$. Betrachten wir die mittlere Anzahl $\eta(\mathbf{k})d^3\mathbf{k}$ von Photonen pro Volumeneinheit, deren Wellenvektor zwischen $\mathbf{k}$ und $\mathbf{k} + d\mathbf{k}$ liegt, so erhalten wir

$$\eta(\mathbf{k})d^3\mathbf{k} = \frac{1}{e^{\hbar\omega/k_B T} - 1} \frac{d^3\mathbf{k}}{(2\pi)^3}. \tag{6.1.60}$$

Wir können nun diesen Ausdruck benutzen (vergleiche hierzu auch Abschnitt 5.3.3), um die mittlere Photonenzahl zu bestimmen, deren Frequenz $\omega = c|\mathbf{k}|$ im Intervall $[\omega, \omega + d\omega]$ liegt. Diese erhalten wir, indem wir die erlaubten Impulszustände über das gesamte Volumen des k-Raumes aufsummieren, das in einer Kugelschale mit dem inneren Radius $k = \omega/c$ und dem äußeren Radius $k + dk = (\omega + d\omega)/c$ enthalten ist. Wir müssen ferner noch berücksichtigen, dass es für Photonen zwei Polarisationsrichtungen gibt (es gibt nur transversale elektromagnetische Wellen), was wir durch einen zusätzlichen Faktor 2 berücksichtigen. Wir erhalten somit

$$2\eta(k)(4\pi k^2 dk) = \frac{8\pi}{(2\pi c)^3} \frac{\omega^2 d\omega}{e^{\hbar\omega/k_B T} - 1}. \tag{6.1.61}$$

Wir wollen nun die mittlere Energie $u(\omega, T)d\omega$ pro Volumeneinheit der Photonen beider Polarisationsrichtungen im Frequenzbereich zwischen ω und $\omega + d\omega$ berechnen. Da jedes Photon in diesem Intervall die Energie $\hbar\omega$ hat, erhalten wir

$$u(\omega, T)d\omega = 2\eta(k)(4\pi k^2 dk)\hbar\omega \tag{6.1.62}$$

und mit $k = \omega/c$

$$u(\omega, T)d\omega = \frac{\hbar}{\pi^2 c^3} \frac{\omega^3 d\omega}{e^{\hbar\omega/k_B T} - 1}. \tag{6.1.63}$$

Dieser Ausdruck stellt das in Abschnitt 5.4.1 erwähnte *Plancksche Strahlungsgesetz* dar, das wir mit den für die Beschreibung des Phononengases eingeführten Konzepten sehr einfach ableiten können.

Integrieren wir (6.1.63) über alle Frequenzen auf, so erhalten wir[7]

$$U(T) = \int_0^\infty u(\omega, T) d\omega = \frac{\pi^2}{15} \frac{k_B^4}{(c\hbar)^3} T^4 . \qquad (6.1.64)$$

Dieses Ergebnis, dass die Dichte U der über alle Frequenzen integrierten Strahlungsenergie eines Photonengases proportional zu T^4 ist, kennt man als das *Stefan-Boltzmannsche Gesetz*. Differenzieren wir dieses Ergebnis nach der Temperatur und multiplizieren mit dem Volumen, so erhalten wir die Wärmekapazität des Photonengases zu

$$C_V^{\text{photon}} = V \frac{4\pi^2}{15} k_B \left(\frac{k_B T}{\hbar c} \right)^3 . \qquad (6.1.65)$$

Um den entsprechenden Ausdruck für das Phononengas zu erhalten, müssen wir nur die Lichtgeschwindigkeit c durch die Schallgeschwindigkeit v_s ersetzen und berücksichtigen, dass wir beim Licht nur 2 transversale Moden haben, bei den Phononen dagegen 2 transversale und eine longitudinale Mode.[8] Wir müssen deshalb noch mit dem Faktor $\frac{3}{2}$ multiplizieren. Wir sehen sofort, dass wir dann die Tieftemperaturnäherung (6.1.38) der Wärmekapazität des Phononengases erhalten. Umgekehrt hätten wir auch Gleichung (6.1.38) aufintegrieren können und hätten dadurch das Stephan-Boltzmann-Gesetz erhalten.

6.2 Anharmonische Effekte

Die bisherige Behandlung der Gitterschwingungen erfolgte in harmonischer Näherung. In dieser Näherung hängt die rücktreibende Kraft auf ein Gitteratom linear mit seiner Auslenkung aus der Ruhelage zusammen, d. h. $F = -kx$ (Hookescher Bereich), und die potenzielle Energie $U = \int -F dx = \frac{1}{2}kx^2$ ist quadratisch in der Auslenkung. Die Vernachlässigung anharmonischer Effekte hat folgende Konsequenzen:

1. Es gibt keine thermische Ausdehnung. Dies erkennen wir sofort aus Abb. 6.10. Erhöhen wir die Temperatur, so werden zwar höhere Schwingungszustände angeregt, der Schwerpunkt der Schwingungszustände bleibt allerdings bei einem parabelförmigen, harmonischen Potenzial unverändert.
2. Die elastischen Konstanten sind druck- und temperaturunabhängig.

---

[7] Wir schreiben $\int_0^\infty u(\omega, T) d\omega = \frac{\hbar}{\pi^2 c^3} \left(\frac{k_B T}{\hbar} \right)^4 \int_0^\infty \frac{x^3}{e^x - 1} dx$ mit $x = \hbar\omega/k_B T$. Das Integral ergibt $\int_0^\infty \frac{x^3}{e^x - 1} dx = \frac{\pi^4}{15}$, womit wir das Ergebnis (6.1.64) erhalten.

[8] Im Tieftemperaturgrenzfall können wir die optischen Moden vernachlässigen.

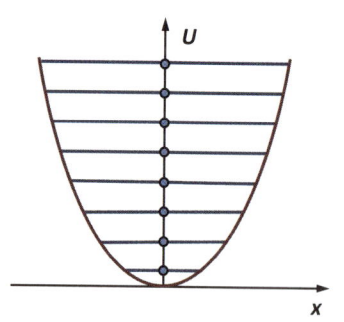

Abb. 6.10: Gleichgewichtsposition für verschiedene Anregungen eines harmonischen Oszillators.

3. Es gilt $C_p = C_V$, d. h. die üblicherweise im Experiment gemessene Wärmekapazität C_p ist bei hohen Temperaturen $T > \Theta_D$ konstant.
4. Es gibt keine Wechselwirkung zwischen den Gitterschwingungen.[9]

In realen Kristallen ist keine dieser Konsequenzen gegeben. Dies zeigt uns, dass die Vernachlässigung anharmonischer Effekte zwar eine bequeme aber in vielen Fällen zu grobe Vereinfachung war. Wir werden deshalb jetzt anharmonische Effekte in unsere Überlegungen mit einbeziehen. Dabei werden wir die anharmonischen Effekte in zwei Gruppen aufteilen:

- Gleichgewichtseigenschaften:
    - thermische Ausdehnung
    - Druck- und Temperaturabhängigkeit der elastischen Konstanten
- Transporteigenschaften:
    - Wärmeleitfähigkeit

6.2.1 Anharmonisches Potenzial

Die harmonische Näherung haben wir dadurch erhalten (siehe Abschnitt 5.1.2), dass wir das Wechselwirkungspotenzial um die Gleichgewichtsposition der Atome in eine Taylor-Reihe entwickelt haben und nur Terme bis zur quadratischen Ordnung in der Auslenkung u berücksichtigt haben. Wir können unsere bisherige Diskussion jetzt einfach erweitern, indem wir auch Terme höherer Ordnung berücksichtigen. Dies wollen wir jetzt anhand eines eindimensionalen Potenzials tun:

$$U = U(x_0) + \frac{1}{2} \frac{\partial^2 U}{\partial x^2}\bigg|_{x_0} u^2 + \frac{1}{6} \frac{\partial^3 U}{\partial x^3}\bigg|_{x_0} u^3 + \frac{1}{24} \frac{\partial^4 U}{\partial x^4}\bigg|_{x_0} u^4 + \ldots$$

$$= U^{\mathrm{eq}} + U^{\mathrm{harm}} + U^{\mathrm{anh}} . \tag{6.2.1}$$

Hierbei haben wir bereits berücksichtigt, dass der Term $\frac{\partial U}{\partial x}\big|_{x_0} u$ verschwindet (vergleiche Abschnitt 5.1.2).

---

[9] Dies ist völlig analog zu elektromagnetischen Wellen, bei denen Wechselwirkungen erst dann auftreten, wenn die Polarisation P in nichtlinearer Weise mit dem elektrischen Feld zusammenhängt.

6.2 Anharmonische Effekte

Mit dem u^3-Term in (6.2.1) berücksichtigen wir die Tatsache, dass das Wechselwirkungspotenzial zwischen benachbarten Atomen nicht symmetrisch um die Ruhelage ist, sondern aufgrund des starken abstoßenden Potenzials für kleine Abstände eine beträchtliche Asymmetrie zeigt (vergleiche hierzu Kapitel 3). Mit dem u^4-Term können wir der Tatsache Rechnung tragen, dass wir eine Abschwächung der Schwingung bei großen Amplituden erhalten. Höhere Terme wollen wir der Einfachheit halber vernachlässigen. Insgesamt können wir das Potenzial dann schreiben als

$$U = U_0 + au^2 - bu^3 - cu^4 \quad \text{mit} \quad a, b, c \geq 0 \,. \tag{6.2.2}$$

Das Minuszeichen vor dem u^3- und u^4-Term rührt daher, dass wir für negative Auslenkungen (kleine Atomabstände) eine Erhöhung des Potenzials und für große Auslenkungen eine Abschwächung der Schwingung erreichen wollen.

6.2.1.1 Harmonisches Potenzial – Superpositionsprinzip

Bei einem harmonischen Potenzial erhalten wir die lineare Bewegungsgleichung

$$m\ddot{u} = -\left.\frac{\partial^2 U}{\partial x^2}\right|_{x_0} u = -ku \tag{6.2.3}$$

mit der harmonischen Lösung

$$u = u_0 e^{i(qx - \omega t)} \,. \tag{6.2.4}$$

Alle ω und q sind hierbei unabhängig voneinander und es gilt das *Superpositionsprinzip*. Das heißt, falls $u_1(x, t)$ und $u_2(x, t)$ Lösungen der linearen Differentialgleichung sind, so ist es auch jede Linearkombination dieser beiden Lösungen.

6.2.1.2 Anharmonisches Potenzial – drei-Phononen-Prozesse

Berücksichtigen wir in (6.2.1) den u^3-Term, so erhalten wir ein anharmonisches Potenzial und damit eine nichtlineare Bewegungsgleichung

$$m\ddot{u} = -\left.\frac{\partial^2 U}{\partial x^2}\right|_{x_0} u - \frac{3}{6}\left.\frac{\partial^3 U}{\partial x^3}\right|_{x_0} u^2 \,. \tag{6.2.5}$$

Der letzte Term liefert für eine lineare Kette

$$\frac{3}{6}\left.\frac{\partial^3 U}{\partial x^3}\right|_{x_0} \left[(u_{p+1} - u_p)^2 - (u_p - u_{p-1})^2\right] \,. \tag{6.2.6}$$

Es tauchen also die Terme u_{p+1}^2, $u_{p+1}u_p$, $u_p u_{p-1}$ und u_{p-1}^2 auf, die quadratisch in der Auslenkung sind. Aufgrund dieser quadratischen Terme gilt das lineare Superpositionsprinzip nicht mehr. Dies lässt sich sofort anhand der Linearkombination

$$u(x, t) = u_{01} e^{i(q_1 x - \omega_1 t)} + u_{02} e^{i(q_2 x - \omega_2 t)} \tag{6.2.7}$$

aus zwei ebenen Wellen zeigen. Aufgrund der quadratischen Terme erhalten wir jetzt Terme der Form

$$u_{01}u_{02}e^{i[(q_1+q_2)x-(\omega_1+\omega_2)t]}.\qquad(6.2.8)$$

Wir sehen, dass wir aufgrund des anharmonischen Potenzials jetzt eine Kopplung der beiden Wellen zu einer neuen Welle mit

$$\omega_3 = \omega_1 + \omega_2 \qquad q_3 = q_1 + q_2 \qquad(6.2.9)$$

erhalten. Solche Prozesse nennen wir **Drei-Phononen-Prozesse**. Es lässt sich leicht zeigen, dass bei Hinzunahme des u^4-Terms dann auch Vier-Phononen-Prozesse möglich sind. Dieser Prozess und solche noch höherer Ordnung sind allerdings wesentlich unwahrscheinlicher als der Drei-Phononen-Prozess, da der Betrag der anharmonischen Terme mit zunehmender Ordnung üblicherweise stark abnimmt.

Die Drei-Phononen-Prozesse sind sehr wichtig. Würde es solche Prozesse nicht geben, so wären die Phononen völlig entkoppelt und eine einmal im Kristall angeregte Gitterschwingung würde für eine unendliche Zeit fortbestehen. Es könnte sich dann in einem Kristall auch kein thermisches Gleichgewicht einstellen. Durch die Drei-Phononen-Prozesse sind nun Wechselwirkungen zwischen den Phononen möglich, bei denen entweder zwei Phononen in ein neues umgewandelt werden können oder andersherum ein Phonon in zwei neue Phononen zerfällt.

Für Drei-Phononen-Prozesse gilt der Energieerhaltungssatz

$$\hbar\omega_3 = \hbar\omega_1 + \hbar\omega_2 \qquad(6.2.10)$$

und der Erhaltungssatz

$$\mathbf{q}_3 + \mathbf{G} = \mathbf{q}_1 + \mathbf{q}_2 \qquad(6.2.11)$$

für die Wellenvektoren. Diese Gleichung lässt sich auch als Impulserhaltungssatz auffassen, da $\hbar\mathbf{q}$ als der Quasi-Impuls eines Phonons aufgefasst werden kann. Der reziproke Gittervektor $\mathbf{G}$ ist stets so zu wählen, dass sämtliche Wellenvektoren innerhalb der 1. Brillouin-Zone liegen. Nach **Rudolf Ernst Peierls**[10] bezeichnen wir Drei-Phononen-Prozesse, bei denen $\mathbf{G} = 0$ gilt, als *Normalprozesse* und solche, bei denen $\mathbf{G} \neq 0$, als *Umklappprozesse*.

In Abb. 6.11 sind ein Normalprozess und ein Umklappprozess für ein zweidimensionales quadratisches Gitter dargestellt. Die 1. Brillouin-Zone ist ein Quadrat mit der Seitenlänge $2\pi/a$. Bei einem Normalprozess liegt der Summenwellenvektor $\mathbf{q}_3$ innerhalb der 1. Brillouin-Zone. Bei einem Umklappprozess reicht hingegen der Vektor $\mathbf{q}_1 + \mathbf{q}_2$ über den Rand der 1. Brillouin-Zone hinaus. Erst durch die Wahl eines geeigneten reziproken Gittervektors $\mathbf{G}$ wird erreicht, dass $\mathbf{q}_3$ wieder innerhalb der 1. Brillouin-Zone liegt. Allerdings ist jetzt $\mathbf{q}_3$ den Wellenvektoren $\mathbf{q}_1$ und $\mathbf{q}_2$ mehr oder weniger entgegengesetzt. Daher rührt der Name Umklappprozess. Wir werden bei der Diskussion der Wärmeleitfähigkeit in Abschnitt 6.4 sehen, dass die Häufigkeit von Umklappprozessen wesentlich für die Größe des Wärmewiderstands ist.

---

[10] **Sir Rudolf Ernst Peierls**, geboren am 5. Juni 1907 in Berlin, gestorben am 19. September 1995 in Oxford.

6.3 Thermische Ausdehnung

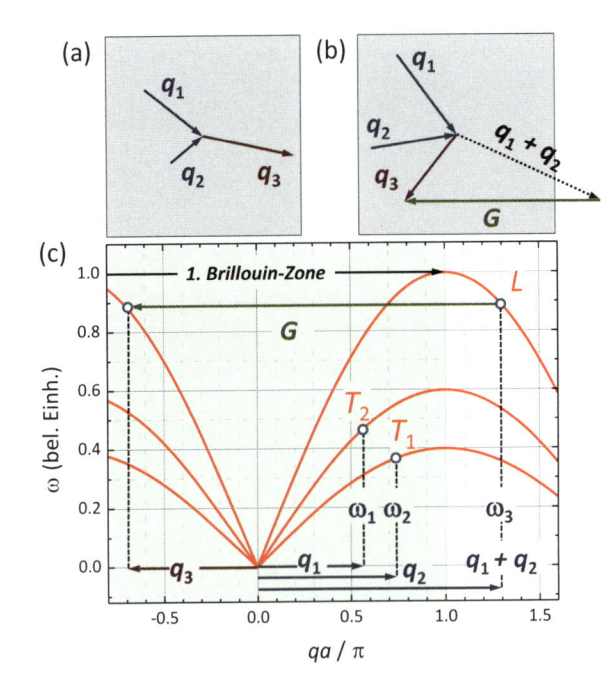

Abb. 6.11: Drei-Phononen-Prozesse in einem zweidimensionalen quadratischen Gitter: (a) Normalprozess und (b) Umklappprozess. In (c) ist ein Umklappprozess anhand der Phononendispersion veranschaulicht. Der Summenwellenvektor $\mathbf{q}_1 + \mathbf{q}_2$ der stoßenden Phononen liegt außerhalb der 1. Brillouin-Zone. Durch Addition des reziproken Gittervektors $-\mathbf{G}$ ($|\mathbf{G}| = 2\pi/a$) kommt der Wellenvektor $\mathbf{q}_3$ wieder in der 1. Brillouin-Zone zu liegen. Das Vorzeichen der Gruppengeschwindigkeit $d\omega/dq$ vor und nach dem Stoß ändert sich. Dies ist für den Wärmewiderstand wichtig.

6.3 Thermische Ausdehnung

Es ist eine wohlbekannte Tatsache, dass Festkörper ihre Länge bzw. ihr Volumen ändern, wenn wir die Temperatur ändern. Das heißt, die Länge L eines Festkörpers ist eine Funktion der Temperatur T. Die normierte Steigung der $L(T)$-Abhängigkeit nennen wir **thermische Ausdehnung**:

$$\alpha_L \equiv \frac{1}{L} \frac{\partial L}{\partial T}\bigg|_p . \tag{6.3.1}$$

Der Volumenausdehnungskoeffizient ist durch

$$\alpha_V \equiv \frac{1}{V} \frac{\partial V}{\partial T}\bigg|_p = 3\alpha_L \tag{6.3.2}$$

gegeben, wobei das letzte Gleichheitszeichen nur für isotrope Festkörper gilt. Typische experimentelle Werte für α_L liegen bei $10^{-5}\,\text{K}^{-1}$ für Raumtemperatur.

6.3.1 Mittlere Auslenkung

Wir betrachten die mittlere Auslenkung $\langle u \rangle$ für einen eindimensionalen Oszillator. Wir wissen bereits, dass für ein harmonisches Potenzial $\langle u \rangle = 0$. Mit dem in Abschnitt 6.1.2 eingeführten thermodynamischen Mittelwert können wir die mittlere Auslenkung schreiben als[11]

$$\langle u \rangle = \frac{\int_{-\infty}^{\infty} du\, u\, e^{-U(u)/k_B T}}{\int_{-\infty}^{\infty} du\, e^{-U(u)/k_B T}} \; . \tag{6.3.3}$$

Zur Berechnung von $\langle u \rangle$ benutzen wir (6.2.2) und die Tatsache, dass die anharmonischen Terme $-bu^3$ und $-cu^4$ klein sind gegenüber au^2. Wir entwickeln daher und erhalten mit $\beta = 1/k_B T$

$$e^{-\beta(au^2 - bu^3 - cu^4)} = e^{-\beta au^2} e^{\beta(bu^3 + cu^4)} = e^{-\beta au^2} \left[1 + \beta b u^3 + \beta c u^4 + \ldots \right] . \tag{6.3.4}$$

Für den Zähler von (6.3.3) erhalten wir damit

$$\int_{-\infty}^{\infty} du\, u\, e^{-\beta U(u)} = \int_{-\infty}^{\infty} du\, e^{-\beta au^2} \left[u + \beta b u^4 + \beta c u^5 + \ldots \right]$$

$$= \int_{-\infty}^{\infty} du\, u\, e^{-\beta au^2} + \int_{-\infty}^{\infty} du\, \beta b u^4 e^{-\beta au^2} + \int_{-\infty}^{\infty} du\, \beta c u^5 e^{-\beta au^2} + \ldots . \tag{6.3.5}$$

Die Integrale mit den ungeraden Potenzen in u verschwinden aus Symmetriegründen, woraus natürlich sofort folgt, dass in harmonischer Näherung $\langle u \rangle = 0$, d. h. die Gleichgewichtsposition der Atome bleibt gleich und wir haben keine thermische Ausdehnung. Mit den beiden Integralen

$$\int_{-\infty}^{\infty} du\, \beta b u^4 e^{-\beta au^2} = \frac{3\sqrt{\pi}}{4} b \frac{\beta}{(\beta a)^{5/2}} \tag{6.3.6}$$

$$\int_{-\infty}^{\infty} du\, e^{-\beta au^2} = \frac{\sqrt{\pi}}{(\beta a)^{1/2}} \tag{6.3.7}$$

erhalten wir für die mittlere Auslenkung

$$\langle u \rangle = \frac{3b}{4a^2} k_B T \; . \tag{6.3.8}$$

Die relative Längenänderung eines Kristalls ist durch $\langle u \rangle / R_0$ gegeben, wobei R_0 der Gleichgewichtsabstand der Atome ist. Damit ergibt sich für den linearen thermischen Ausdehnungskoeffizienten

$$\alpha_L = \frac{1}{R_0} \left. \frac{\partial \langle u \rangle}{\partial T} \right|_p = \frac{3b}{4a^2} \frac{k_B}{R_0} \; . \tag{6.3.9}$$

---

[11] Eigentlich taucht in den Integralen $e^{-H(u)/k_B T} = e^{-[p^2/2m + U(u)]/k_B T}$ auf. Der Term $e^{-p^2/2m k_B T}$ kürzt sich jedoch heraus.

6.3 Thermische Ausdehnung

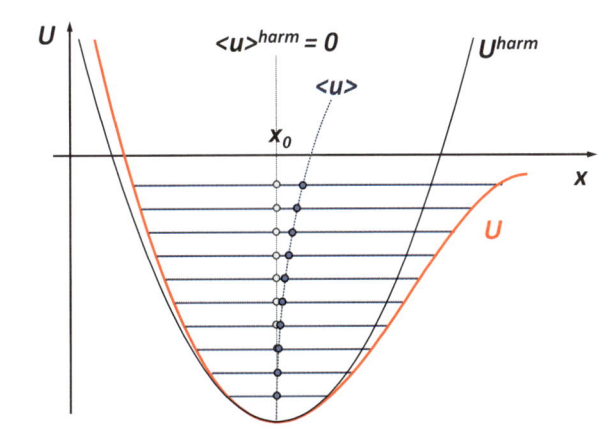

Abb. 6.12: Zur Veranschaulichung der thermischen Ausdehnung durch anharmonische Effekte. Bei höherer Temperatur werden höhere Schwingungszustände besetzt, deren Schwerpunkte für ein anharmonisches Potenzial bei größeren Gleichgewichtsabständen liegen. Dies führt im thermischen Mittel zu einem größeren Atomabstand.

Wir sehen, dass die thermische Ausdehnung null wird, wenn der Parameter $b = 0$. In diesem Fall haben wir ein völlig symmetrisches Potenzial vorliegen. Dies ist in Abb. 6.12 veranschaulicht. Mit zunehmender Temperatur werden höhere Schwingungszustände besetzt. Bei einem asymmetrischen Potenzial wächst dann der Gleichgewichtsabstand der Atome an, während er bei einem völlig symmetrischen Potenzial gleich bleibt.

6.3.2 Vertiefungsthema: Zustandsgleichung und thermische Ausdehnung

Der thermische Ausdehnungskoeffizient kann nur dann gemessen werden, wenn sich die Probe in einem spannungsfreien Zustand befindet. Thermodynamisch bedeutet dies, dass die Ableitung der freien Energie F nach dem Volumen, d. h. der Druck p, für alle Temperaturen verschwinden muss. Wir können die Beziehung[12]

$$p = -\left(\frac{\partial F}{\partial V}\right)_T \tag{6.3.10}$$

benutzen, um den thermischen Ausdehnungskoeffizienten abzuleiten. Dazu drücken wir zunächst die freie Energie als Funktion der inneren Energie aus. Mit $F = U - TS$ und $T\left(\frac{\partial S}{\partial T}\right)_V = \left(\frac{\partial U}{\partial T}\right)_V$ folgt[13]

$$p = -\frac{\partial}{\partial V}\left[U - T\int_0^T \frac{\partial T'}{T}\frac{\partial}{\partial T'}U(T', V)\right]. \tag{6.3.11}$$

Mit (vergleiche (6.1.29))

$$\langle U \rangle = U^{\text{eq}} + \sum_{\mathbf{q},r} \tfrac{1}{2}\hbar\omega_{\mathbf{q},r} + \sum_{\mathbf{q},r} \frac{\hbar\omega_{\mathbf{q},r}}{e^{\frac{\hbar\omega_{\mathbf{q},r}}{k_B T}} - 1} \tag{6.3.12}$$

---

[12] Mit $F = U - TS$ erhalten wir $\left(\frac{\partial F}{\partial V}\right)_T = \left(\frac{\partial U}{\partial V}\right)_T - T\left(\frac{\partial S}{\partial V}\right)_T$. Da ferner $dQ = dU + pdV = TdS$ gilt, folgt $T\left(\frac{\partial S}{\partial V}\right)_T = \left(\frac{\partial U}{\partial V}\right)_T + p$ und damit schließlich $p = -\left(\frac{\partial F}{\partial V}\right)_T$.

[13] Es gilt $TdS = dQ = dU + pdV$ und damit $T\left(\frac{\partial S}{\partial T}\right)_V = \left(\frac{\partial U}{\partial T}\right)_V$.

erhalten wir dann nach einiger Rechnung[14]

$$p = -B\frac{\delta V}{V} - \frac{\partial}{\partial V}\sum_{q,r}\frac{1}{2}\hbar\omega_{qr} - \hbar\sum_{q,r}\frac{\partial\omega_{q,r}}{\partial V}\frac{1}{e^{\frac{\hbar\omega_{qr}}{k_B T}} - 1}. \qquad (6.3.13)$$

Hierbei ist $B = V(\partial^2 U_{eq}/\partial V^2)_T$ der Bulk-Modul (vergleiche (3.2.29)) und $\delta V = V - V_0$ die Volumenänderung der Probe mit einem Ausgangsvolumen von V_0. Da wir die Änderung der elastischen Energie bei Volumenänderung δV durch $\frac{1}{2}BV_0(\delta V/V_0)^2$ ausdrücken können, ergibt sich $(\partial U_{eq}/\partial V)_T = B(\delta V/V_0) \simeq B(\delta V/V)$. Hierbei haben wir näherungsweise $V \simeq V_0$ verwendet, da bei Temperaturänderungen nur kleine Volumenänderungen auftreten. Wir sehen, dass der Gleichgewichtsdruck von T abhängt, da die Frequenzen der Normalschwingungen vom Gleichgewichtsvolumen abhängen. Die Anharmonizität macht sich also in einer Änderung der Schwingungsfrequenzen bei einer Volumenänderung bemerkbar.

6.3.2.1 Harmonisches Potenzial

Falls wir ein harmonisches Potenzial vorliegen haben, hängen die Frequenzen der Normalmoden nicht von V ab. Der Druck p hängt dann nur vom Volumen, nicht aber von der Temperatur ab. Das heißt, der Druck zum Aufrechterhalten eines bestimmten Volumens hängt nicht von T ab. Da[15]

$$\left(\frac{\partial V}{\partial T}\right)_p = -\frac{\left(\frac{\partial p}{\partial T}\right)_V}{\left(\frac{\partial p}{\partial V}\right)_T}, \qquad (6.3.14)$$

folgt mit $\left(\frac{\partial p}{\partial T}\right)_V = 0$, dass V unabhängig von T ist und deshalb der thermische Ausdehnungskoeffizient verschwindet.

6.3.2.2 Allgemeine Beziehung zwischen C_p und C_V

Es ist üblich, die Differenz $C_p - C_V$ in Termen von $\left(\frac{\partial V}{\partial T}\right)_p$ und $\left(\frac{\partial V}{\partial p}\right)_T$ auszudrücken, da diese Ableitungen experimentell leicht gemessen werden können. Um diesen Zusammenhang herzustellen, betrachten wir die Entropie als Funktion von T und p und bilden das Differential

$$dS = \left(\frac{\partial S}{\partial T}\right)_p dT + \left(\frac{\partial S}{\partial p}\right)_T dp. \qquad (6.3.15)$$

---

[14] Das gleiche Ergebnis erhalten wir, indem wir von der Zustandssumme $Z_{osz} = \sum_n e^{-E_n/k_B T} = \sum_n e^{-\hbar\omega(n+1/2)/k_B T} = e^{-\hbar\omega/2k_B T}/[1 - e^{-\hbar\omega/k_B T}]$ eines harmonischen Oszillators ausgehen und daraus seine freie Energie $F_{osc} = -k_B T \ln Z_{osc} = k_B T \ln(1 - e^{-\hbar\omega/k_B T}) + \frac{1}{2}\hbar\omega$ berechnen. Die freie Energie des Festkörpers ergibt sich damit zu $F = U_{eq} + \sum_{q,r} F_{osc,q,r}$ und der Druck zu $p = -(\partial F/\partial V)_T$.

[15] Es gilt $dV = \left(\frac{\partial V}{\partial p}\right)_T dp + \left(\frac{\partial V}{\partial T}\right)_p dT$. Betrachten wir eine Änderung, die bei konstantem Volumen stattfindet, so ist $dV = 0$ und wir erhalten $\left(\frac{\partial V}{\partial T}\right)_p = -\left(\frac{\partial V}{\partial p}\right)_T \left(\frac{\partial p}{\partial T}\right)_V$.

6.3 Thermische Ausdehnung

Wir bilden nun $\left(\frac{\partial S}{\partial T}\right)_V$:

$$\left(\frac{\partial S}{\partial T}\right)_V = \left(\frac{\partial S}{\partial T}\right)_p + \left(\frac{\partial S}{\partial p}\right)_T \left(\frac{\partial p}{\partial T}\right)_V . \tag{6.3.16}$$

Da $C_V = \left(\frac{\partial U}{\partial T}\right)_V = T\left(\frac{\partial S}{\partial T}\right)_V$ und $C_p = \left(\frac{\partial U}{\partial T}\right)_p = T\left(\frac{\partial S}{\partial T}\right)_p$ erhalten wir durch Multiplikation von (6.3.16) mit T:

$$C_V = C_p + T\left(\frac{\partial S}{\partial p}\right)_T \left(\frac{\partial p}{\partial T}\right)_V . \tag{6.3.17}$$

Mit der Maxwell-Relation $\left(\frac{\partial S}{\partial p}\right)_T = -\left(\frac{\partial V}{\partial T}\right)_p$ erhalten wir dann

$$C_V = C_p - T\left(\frac{\partial V}{\partial T}\right)_p \left(\frac{\partial p}{\partial T}\right)_V . \tag{6.3.18}$$

Wir können ferner

$$dV = \left(\frac{\partial V}{\partial T}\right)_p dT + \left(\frac{\partial V}{\partial p}\right)_T dp \tag{6.3.19}$$

bilden und berücksichtigen, dass für einen Prozess bei konstantem Volumen $dV = 0$. Wir erhalten somit

$$0 = \left(\frac{\partial V}{\partial T}\right)_p + \left(\frac{\partial V}{\partial p}\right)_T \left(\frac{\partial p}{\partial T}\right)_V . \tag{6.3.20}$$

Formen wir diesen Ausdruck um, so ergibt sich

$$\left(\frac{\partial p}{\partial T}\right)_V = -\frac{\left(\frac{\partial V}{\partial T}\right)_p}{\left(\frac{\partial V}{\partial p}\right)_T} . \tag{6.3.21}$$

Verknüpfen wir schließlich (6.3.21) mit (6.3.18), so erhalten wir

$$C_V = C_p + T\frac{\left(\frac{\partial V}{\partial T}\right)_p^2}{\left(\frac{\partial V}{\partial p}\right)_T} . \tag{6.3.22}$$

Diese wichtige Beziehung lässt sich mit Hilfe des thermischen Ausdehnungskoeffizienten $\alpha_V = \frac{1}{V}\left(\frac{\partial V}{\partial T}\right)_p$ und der isothermen Kompressibilität bzw. des inversen Bulk-Moduls $\frac{1}{B} = -\frac{1}{V}\left(\frac{\partial V}{\partial p}\right)_T$ ausdrücken. Wir erhalten für die Differenz der Wärmekapazitäten

$$C_p - C_V = TVB\alpha_V^2 . \tag{6.3.23}$$

Für ein harmonisches Potenzial hängt der Druck zum Aufrechterhalten eines bestimmten Volumens nicht von T ab. Aus (6.3.22) folgt dann $C_p = C_V$ und damit $\alpha_V = 0$.

6.3.2.3 Anharmonisches Potenzial: Grüneisen-Parameter

Für ein anharmonisches Potenzial hängen die Phononenfrequenzen vom Volumen ab. Setzen wir den obigen Ausdruck (6.3.13) für p in den Ausdruck für den thermischen Ausdehnungskoeffizienten

$$\alpha_L = \frac{1}{L}\left(\frac{\partial L}{\partial T}\right)_p = \frac{1}{3V}\left(\frac{\partial V}{\partial T}\right)_p = -\frac{1}{3V}\left(\frac{\partial V}{\partial p}\right)_T\left(\frac{\partial p}{\partial T}\right)_V = \frac{1}{3B}\left(\frac{\partial p}{\partial T}\right)_V \qquad (6.3.24)$$

ein, so erhalten wir:

$$\alpha_L = -\frac{1}{3B}\sum_{\mathbf{q}r}\left(-\frac{\partial}{\partial V}\hbar\omega_{\mathbf{q},r}\right)\frac{\partial}{\partial T}n_r(\mathbf{q}). \qquad (6.3.25)$$

Hierbei haben wir $B = -\frac{1}{V}\frac{\partial V}{\partial p}|_T$ benutzt und $n_r(\mathbf{q})$ ist die Planck-Verteilung. Für die spezifische Wärme erhielten wir (vergleiche (6.1.31))

$$c_V = \frac{1}{V}\frac{\partial \langle U \rangle}{\partial T}\bigg|_V = \frac{1}{V}\sum_{\mathbf{q},r}\frac{\partial}{\partial T}\frac{\hbar\omega_{\mathbf{q}r}}{e^{\frac{\hbar\omega_{\mathbf{q}r}}{k_B T}} - 1} \qquad (6.3.26)$$

oder für den Beitrag der Mode $(\mathbf{q}, r)$

$$c_{V,r}(\mathbf{q}) = \frac{1}{V}\hbar\omega_{\mathbf{q}r}\frac{\partial}{\partial T}n_r(\mathbf{q}). \qquad (6.3.27)$$

Man definiert nun den *Grüneisen-Parameter*

$$\gamma_{\mathbf{q},r} \equiv -\frac{V}{\omega_r(\mathbf{q})}\frac{\partial \omega_r(\mathbf{q})}{\partial V} = -\frac{\partial(\ln \omega_r(\mathbf{q}))}{\partial(\ln V)} \qquad (6.3.28)$$

und

$$\gamma \equiv \frac{\sum\limits_{\mathbf{q},r}\gamma_{\mathbf{q},r}c_{V,r}(\mathbf{q})}{\sum\limits_{\mathbf{q},r}c_{V,r}(\mathbf{q})}. \qquad (6.3.29)$$

Mit diesen Definitionen können wir den thermischen Ausdehnungskoeffizienten schreiben als

$$\alpha_L = \frac{\gamma c_V}{3B} \qquad \alpha_V = \frac{\gamma c_V}{B}. \qquad (6.3.30)$$

Setzen wir den Ausdruck (6.3.28) für den Grüneisen-Parameter in (6.3.13) ein, so erhalten wir nach Multiplikation mit V die Zustandsgleichung

$$pV = -B\delta V + \gamma U(T). \qquad (6.3.31)$$

Hierbei ist $U(T)$ die gesamte innere Energie einschließlich des Beitrags der Nullpunktsschwingungen.

6.3 Thermische Ausdehnung

Der Grüneisen-Parameter drückt aus, dass die relative Frequenzänderung der Gitterschwingungen proportional zur relativen Volumenänderung ist. Die typischen Werte des Grüneisen-Parameters γ liegen bei etwa 2 und sind relativ unabhängig vom Material. Im Ausdruck für den thermischen Ausdehnungskoeffizienten taucht der Bulk-Modul im Nenner auf. Wir erwarten deshalb als Faustregel, dass weiche Materialien einen großen thermischen Ausdehnungskoeffizienten besitzen. Da der Bulk-Modul nur schwach von der Temperatur abhängt, wird der Temperaturverlauf der thermischen Ausdehnung fast ausschließlich von der spezifischen Wärme bestimmt. Dies ist für viele Materialien in sehr guter Übereinstimmung mit der experimentellen Beobachtung. Bei tiefen Temperaturen besitzt die thermische Ausdehnung aufgrund des T^3-Verhaltens von c_V eine starke Temperaturabhängigkeit, während sie bei hohen Temperaturen dann fast konstant wird.

Im Debye-Modell skalieren die Frequenzen der Normalschwingungen linear mit ω_D und wir erhalten

$$\gamma_{\mathbf{q},r} = -\frac{\partial(\ln \omega_D)}{\partial(\ln V)} \,. \tag{6.3.32}$$

Wir weisen schließlich noch darauf hin, dass der Längenausdehnungskoeffizient für bestimmte Kristalle ein kompliziertes Verhalten zeigen kann. Die thermischen Ausdehnungskoeffizienten in unterschiedliche Kristallrichtungen können unterschiedlich groß sein. Ferner kann der Längenausdehnungskoeffizient als Funktion der Temperatur sein Vorzeichen wechseln. Als Beispiel ist in Abb. 6.13 die Temperaturabhängigkeit des linearen thermischen Ausdehnungskoeffizienten von Silizium gezeigt. Er skaliert in diesem Fall natürlich nicht mehr mit der spezifischen Wärme. Zuletzt sei noch betont, dass das oben abgeleitete Ergebnis streng genommen nur für kubische Systeme gilt.

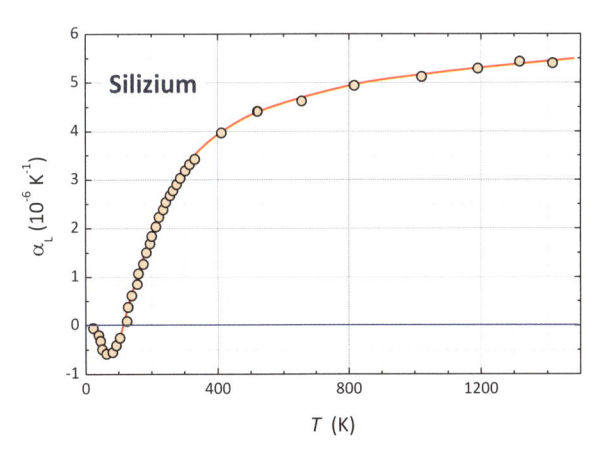

Abb. 6.13: Temperaturabhängigkeit des Längenausdehnungskoeffizienten von Silizium (nach Y. Okada, Y. Tokumaru, J. Appl. Phys. **56**, 314 (1984)).

Das in Abb. 6.13 gezeigte Beispiel macht deutlich, dass es nicht immer möglich ist, den Grüneisen-Parameter durch Messung der thermischen Ausdehnung und der spezifischen Wärme zu bestimmen. Besser ist die direkte Messung der Frequenzverschiebung der Gitterschwingungen bei Änderung des Volumens. Zum Beispiel kann der Grüneisen-Parameter der optischen Phononen zuverlässig bestimmt werden, indem man die Druckverschiebung von Raman-Spektren misst. Ferner erlauben Ultraschallexperimente die Messung der Anharmonizität der akustischen Phononenzweige.

6.4 Wärmeleitfähigkeit

In Festkörpern wird Wärme sowohl durch Phononen als auch durch Elektronen transportiert. In Metallen überwiegt üblicherweise der Beitrag der Elektronen. Dies bedeutet aber nicht, dass Isolatoren schlechte Wärmeleiter sind. So ist bei tiefen Temperaturen die thermische Leitfähigkeit von einigen kristallinen Isolatoren (z. B. Al_2O_3, SiO_2) größer als diejenige von Kupfer.

Im Gegensatz zu den bisher diskutierten thermischen Eigenschaften des Kristallgitters ist die Wärmeleitfähigkeit keine Gleichgewichtsgröße. Ein thermischer Strom wird von einem Temperaturgradienten getrieben und der Wärmetransport ist klar ein Nichtgleichgewichtsphänomen.

6.4.1 Definition der Wärmeleitfähigkeit

Wir definieren die Wärmeleitfähigkeit κ eines Festkörpers als Proportionalitätskonstante zwischen treibendem Temperaturgradient ∇T und resultierender Wärmestromdichte $\mathbf{J}_h$:

$$\mathbf{J}_h = -\kappa \nabla T. \qquad (6.4.1)$$

Dabei sorgt das Minuszeichen dafür, dass die Wärme vom heißen zum kalten Ende der Probe fließt. Die Einheit der Wärmeleitfähigkeit ist W/m K.

Eine Nebenbedingung zu (6.4.1) ist üblicherweise die Forderung, dass kein Netto-Teilchenfluss stattfindet. Das heißt, es fließen genauso viele Teilchen von links nach rechts wie von rechts nach links: $\mathbf{J}_T^l = \mathbf{J}_T^r$. Allerdings haben die vom wärmeren Ende kommenden Teilchen eine höhere mittlere Energie, so dass $\mathbf{J}_h^l \neq \mathbf{J}_h^r$. Im Allgemeinen ist ferner κ wie jeder andere Transportkoeffizient eines Festkörpers eine tensorielle Größe. Nur in isotropen Festkörpern ist κ ein Skalar.

6.4.2 Transporttheorie

Bei der Diskussion der spezifischen Wärme waren die Größen $\langle U \rangle$ und $\langle n \rangle$ thermische Gleichgewichtsgrößen für eine bestimmte Temperatur. Bei der Diskussion der Wärmeleitfähigkeit haben wir es jetzt mit einer räumlich variierenden Temperatur zu tun. Um eine Beschreibung dieser Situation zu ermöglichen, nehmen wir an, dass die räumliche Variation der Temperatur klein ist, so dass wir in einem genügend großen Raumgebiet (mit einer genügend großen Zahl von Atomen) eine in erster Näherung homogene Situation annehmen können und wir deshalb die mittlere Phononenzahl $\langle n \rangle$ für dieses Gebiet angeben können. Für benachbarte Gebiete nehmen wir dann leicht unterschiedliche Temperaturen an, wodurch $\langle n \rangle$ eine Funktion der Ortskoordinate wird.

Um die Wärmeleitfähigkeit eines Festkörpers zu berechnen, müssen wir den Wärmestrom J_h als Funktion von $\langle n \rangle$ angeben. Wie in Abb. 6.14 skizziert ist, wird die Wärmemenge Q, die in der Zeit τ in x-Richtung über die Fläche A transportiert wird, durch die

6.4 Wärmeleitfähigkeit

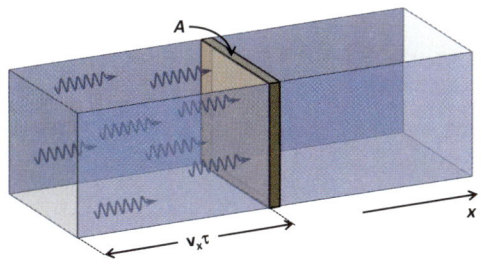

Abb. 6.14: Schematische Darstellung zum Wärmestrom durch eine Querschnittsfläche A. Im Zeitintervall τ passieren alle Phononen die Querschnittfläche A, die sich in x-Richtung bewegen und sich innerhalb eines Quaders der Länge $v_x \tau$ befinden.

Energiedichte mal das Volumen $A v_x \tau$ eines Quaders der Querschnittsfläche A und der Länge $v_x \tau$ bestimmt, d. h. $Q = (U/V) \cdot A v_x \tau$. Hierbei ist v_x die mittlere Geschwindigkeit der Phononen, die die Energie transportieren. Diese Geschwindigkeit ist durch die Gruppengeschwindigkeit $\partial \omega / \partial q_x$ der Gitterschwingungen gegeben. Die Wärmestromdichte $J_{h,x}$ ist die pro Querschnittsfläche A und Zeit τ in x-Richtung transportierte Wärmemenge, d. h. $J_{h,x} = (U/V) v_x$. Mit Hilfe der inneren Energie U des Phononensystems können wir deshalb die Wärmestromdichte schreiben als

$$J_{h,x} = \frac{1}{V} \sum_{\mathbf{q},r} \hbar \omega_{\mathbf{q}r} \left(\frac{1}{2} + \langle n_{\mathbf{q}r} \rangle \right) v_x(\mathbf{q},r) = \frac{1}{V} \sum_{\mathbf{q},r} \hbar \omega_{\mathbf{q}r} \left(\frac{1}{2} + \langle n_{\mathbf{q}r} \rangle \right) \frac{\partial \omega_{\mathbf{q}r}}{\partial q_x} . \quad (6.4.2)$$

Wir werden im Folgenden aus Gründen der Übersichtlichkeit die Indizes $\mathbf{q}, r$ weglassen. Gleichung (6.4.2) zeigt, dass im thermischen Gleichgewicht $J_h = 0$, da hier die Besetzungszahlen für positive und negative q-Werte gleich sind und aus der Symmetrie der Dispersionskurven $v_x(\mathbf{q}) = -v_x(-\mathbf{q})$ folgt. Hierdurch verschwindet die Summe in (6.4.2).

Ein endlicher Wärmestrom existiert nur dann, wenn die mittlere Phononenzahl $\langle n \rangle$ vom Gleichgewichtswert $\langle n \rangle^0$ abweicht. Wir wollen nun den Wärmestrom als Funktion der Abweichung $\langle n \rangle - \langle n \rangle^0$ vom thermischen Gleichgewicht ausdrücken:

$$J_{h,x} = \frac{1}{V} \sum_{\mathbf{q},r} \hbar \omega (\langle n \rangle - \langle n \rangle^0) v_x . \quad (6.4.3)$$

Wir müssen uns zunächst die Frage stellen, wie $\langle n \rangle$ sich in einem bestimmten Raumgebiet ändern kann. Hierzu tragen zwei Prozesse bei: Erstens können mehr oder weniger Phononen in dieses Gebiet hinein- statt hinausdiffundieren. Zweitens können Phononen durch Drei-Phononen-Prozesse in andere Phononen zerfallen. Wir können also schreiben:

$$\frac{d\langle n \rangle}{dt} = \left. \frac{\partial \langle n \rangle}{\partial t} \right|_{\text{Diffusion}} + \left. \frac{\partial \langle n \rangle}{\partial t} \right|_{\text{Zerfall}} . \quad (6.4.4)$$

Diese Gleichung stellt einen Spezialfall der **Boltzmann-Transportgleichung** dar, die wir später auch zur Beschreibung des Ladungstransports in Festkörpern verwenden werden (vergleiche Abschnitt 9.4).

Wir werden im Folgenden nur so genannte stationäre Zustände behandeln, bei denen sich $\langle n \rangle$ zeitlich nicht ändert, d. h. $\frac{d\langle n \rangle}{dt} = 0$. Wir werden ferner für die zeitliche Änderung der Phononenbesetzungszahl durch Zerfallsprozesse einen einfachen **Relaxationsansatz**

$$\left. \frac{\partial \langle n \rangle}{\partial t} \right|_{\text{Zerfall}} = -\frac{\langle n \rangle - \langle n \rangle^0}{\tau} \quad (6.4.5)$$

machen. Das heißt, wir beschreiben den Zerfall der Phononen durch eine einzige mittlere Zerfallszeit τ, die unabhängig von der Energie ist. Wir sehen, dass die Zerfallsrate proportional zur Abweichung vom thermischen Gleichgewicht ansteigt.

Der Diffusionsterm hängt mit dem Temperaturgradienten zusammen. In einem Zeitintervall Δt werden alle Phononen, die sich ursprünglich an der Stelle $x - v_x \Delta t$ befunden haben, am Ort x ankommen. Wir können deshalb schreiben:

$$\frac{\partial \langle n \rangle}{\partial t}\bigg|_{\text{Diffusion}} = \lim_{\Delta t \to 0} \frac{1}{\Delta t}\left[\langle n(x - v_x \Delta t)\rangle - \langle n(x)\rangle\right] = -v_x \frac{\partial \langle n \rangle}{\partial x} = -v_x \frac{\partial \langle n \rangle^0}{\partial T} \frac{\partial T}{\partial x} \tag{6.4.6}$$

Hierbei haben wir $\langle n \rangle$ durch $\langle n \rangle^0$ ersetzt, nachdem wir den Temperaturgradienten $\frac{\partial T}{\partial x}$ eingeführt haben. Dies ist möglich, da wir einen stationären Zustand und lokales thermisches Gleichgewicht vorausgesetzt haben. Setzen wir die Ausdrücke (6.4.4) bis (6.4.6) in (6.4.3) ein, so erhalten wir

$$J_{h,x} = -\frac{1}{V} \sum_{\mathbf{q},r} \hbar \omega \tau v_x^2 \frac{\partial \langle n \rangle^0}{\partial T} \frac{\partial T}{\partial x}. \tag{6.4.7}$$

Für kubische oder isotrope Festkörper können wir $\langle v_x^2 \rangle = \frac{1}{3} v^2$ setzen[16] und erhalten dadurch folgenden Ausdruck für die Wärmestrom

$$J_{h,x} = -\frac{1}{3V} \sum_{\mathbf{q},r} \hbar \omega \tau v^2 \frac{\partial \langle n \rangle^0}{\partial T} \frac{\partial T}{\partial x}. \tag{6.4.8}$$

Benutzen wir ferner den Ausdruck $c_V = \frac{1}{V} \sum_{\mathbf{q},r} \hbar \omega \frac{\partial}{\partial T} \langle n \rangle^0$ (vergleiche (6.1.31)) für die spezifische Wärme und führen die **mittlere freie Weglänge** $\ell = v\tau$ ein, so erhalten wir aus unserer Definitionsgleichung (6.4.1) folgenden Ausdruck für die Wärmeleitfähigkeit:

$$\kappa = \frac{1}{3} c_V v \ell. \tag{6.4.9}$$

Wir sehen, dass die spezifische Wärme der Phononen und deren Gruppengeschwindigkeit eine entscheidende Rolle für die Wärmeleitfähigkeit spielen. Phononen nahe am Zonenrand oder optische Phononen tragen deshalb wenig zum Wärmetransport bei. Eine wichtige Rolle spielt aber auch die mittlere freie Weglänge der Phononen. Diese wird durch die Streuprozesse der Phononen bestimmt, die wir weiter unten noch im Detail diskutieren wollen.

In der obigen Herleitung haben wir vernachlässigt, dass die Größen in (6.4.9) frequenzabhängig sind und dass unterschiedliche Phononenzweige unterschiedlich zum Wärmetransport beitragen. Wir können diese Tatsache in unsere Betrachtung einführen, indem wir über die verschiedenen Phononenzweige r aufsummieren und über die Phononenfrequenz integrieren. Wir erhalten dann

$$\kappa = \frac{1}{3} \sum_r \int \widetilde{c}_{V,r}(\omega) v_r(\omega) \ell_r(\omega) d\omega, \tag{6.4.10}$$

---

[16] Es gilt $v_x^2 + v_y^2 + v_z^2 = v^2$ und außerdem $v_x^2 = v_y^2 = v_z^2$. Deshalb können wir v_x^2 durch $\frac{1}{3} v^2$ ersetzen.

6.4 Wärmeleitfähigkeit

wobei $\widetilde{c}_{V,r}(\omega) = dc_{V,r}/d\omega$. Wir können diese Gleichung in vielen Fällen vereinfachen. Zum Beispiel können wir bei tiefen Temperaturen die optischen Phononenzweige vernachlässigen und die akustischen mit einer linearen Dispersion $v_r = \omega/q = $ const annähern.

6.4.2.1 Kinetische Gastheorie

Wir können das Ergebnis (6.4.9) auch sehr einfach aus der kinetischen Gastheorie ableiten, indem wir die Phononen als ein Gas von Teilchen betrachten. Der mittlere Teilchenfluss in x-Richtung ist $\frac{1}{2}n\langle|v_x|\rangle$ und jedes Teilchen transportiert die Wärmemenge $\widetilde{C}_V \Delta T$. Hierbei ist $n = N/V$ die Teilchendichte. Im thermischen Gleichgewicht gibt es natürlich einen identischen Wärmefluss in entgegengesetzte Richtungen. Nehmen wir an, dass die mittlere freie Weglänge der Teilchen ℓ ist, so können wir die Temperaturdifferenz zwischen den Endpunkten der Strecke der Länge ℓ schreiben als $\Delta T = \frac{dT}{dx}\ell = \frac{dT}{dx}\langle v_x\rangle\tau$. Der resultierende Wärmefluss ergibt sich dann aus dem Produkt des Teilchenflusses und der pro Teilchen transportierten Wärmemenge zu

$$J_{h,x} = -n\langle v_x^2\rangle \widetilde{C}_V \tau \frac{dT}{dx} = -\frac{1}{3}n\widetilde{C}_V v^2 \tau \frac{dT}{dx}. \tag{6.4.11}$$

Hierbei haben wir berücksichtigt, dass ein Nettoenergiefluss vom Teilchenfluss in beide Richtungen beigetragen wird und dadurch der Faktor 1/2 wieder herausfällt. Teilchen, die vom wärmeren zum kälteren Teil fließen, transportieren die Wärmemenge $+\widetilde{C}_V \Delta T$ in die eine Richtung, und solche, die vom kälteren zum wärmeren fließen, die Wärmemenge $-\widetilde{C}_V \Delta T$ (Kälte) in die entgegengesetzte. Mit der auf das Volumen normierten spezifischen Wärmekapazität $c_V = n\widetilde{C}_V$ und $\ell = v\tau$ erhalten wir dann wiederum das Ergebnis (6.4.9)

$$\kappa = \frac{1}{3}c_V v \ell. \tag{6.4.12}$$

Schreiben wir in (6.4.11) den Temperaturgradienten entlang einer Probe der Länge L als $dT/dx = -(T_2 - T_1)/L = -\Delta T/L$, so können wir (6.4.11) schreiben als

$$J_{h,x} = \frac{1}{3}(c_V \cdot \Delta T)\left(v \cdot \frac{\ell}{L}\right). \tag{6.4.13}$$

Wir sehen, dass der Wärmestrom durch die Überschusswärmedichte $\Delta Q/V = c_V \cdot \Delta T$ gegeben ist, die mit einer effektiven Geschwindigkeit $v \cdot \frac{\ell}{L}$ durch die Probe transportiert wird. Für einen diffusiven Prozess gilt dabei $v \cdot \frac{\ell}{L} \ll v$ oder $\ell \ll L$. Anschaulich bedeutet dies, dass ein Phonon L/ℓ Streuprozesse macht, bevor es die Probe durchquert hat. Seine Geschwindigkeit ist deshalb um den Faktor ℓ/L gegenüber einem Phonon, das die Probe ohne Streuprozess durchqueren kann, heruntergesetzt.

6.4.3 Temperaturabhängigkeit der Wärmeleitfähigkeit

Nachdem wir den Wärmetransport durch Phononen diskutiert haben, wollen wir uns jetzt überlegen, welche Temperaturabhängigkeit wir für die Wärmeleitfähigkeit erwarten. Betrachten wir (6.4.9), so wird sofort klar, dass im Wesentlichen zwei Effekte die Temperaturabhängigkeit der Wärmeleitfähigkeit bestimmen werden:

1. Temperaturabhängigkeit der spezifischen Wärme c_V.
2. Temperaturabhängigkeit der mittleren freien Weglänge ℓ.

Die Temperaturabhängigkeit der spezifischen Wärme haben wir bereits ausführlich in den Abschnitten 6.1.4 und 6.1.5 diskutiert. Wir müssen uns hier deshalb noch mit den Streuprozessen der Phononen beschäftigen.

6.4.3.1 Streuprozesse

In Nichtmetallen sind die wichtigsten Streuprozesse für Phononen:

- Phonon-Phonon-Streuung
- Streuung an Defekten, Oberflächen etc.

In Metallen kommt dann als wichtiger Streuprozess noch die Elektron-Phonon-Streuung dazu, in magnetischen Materialien die Phonon-Magnon-Streuung. Diese Prozesse werden wir erst später diskutieren. Sind mehrere Streuprozesse voneinander unabhängig wirksam, so können wir die gesamte Streurate dadurch erhalten, dass wir die Streuraten $1/\tau_i$ der einzelnen Streuprozesse addieren. Mit $1/\ell_i \propto 1/\tau_i$ erhalten wir

$$\frac{1}{\ell} = \frac{1}{\ell_1} + \frac{1}{\ell_2} + \frac{1}{\ell_3} + \dots \qquad (6.4.14)$$

Diese Beziehung entspricht der Matthiessen-Regel bei der Bestimmung der gesamten elektrischen Leitfähigkeit bei Vorliegen mehrerer Streuprozesse für die Ladungsträger [vergleiche (7.3.17)].

Phonon-Phonon-Streuung: In Abschnitt 6.2 haben wir bereits diskutiert, dass durch anharmonische Effekte Wechselwirkungseffekte zwischen Phononen möglich sind. So kann durch einen Drei-Phonon-Prozess ein Phonon in zwei neue Phononen zerfallen bzw. umgekehrt zwei Phononen in ein neues umgewandelt werden. Bezüglich des letzteren Prozesses könnten wir vermuten, dass dieser umso häufiger vorkommt, je höher die Dichte der Phononen ist. Das heißt, die Streuwahrscheinlichkeit sollte proportional zu n_{ph} sein und deshalb die mittlere freie Weglänge

$$\ell \propto \frac{1}{n_{\text{ph}}(T)}. \qquad (6.4.15)$$

Wir haben aber in Abschnitt 6.2 gelernt, dass wir bei Drei-Phononen-Prozessen in **Normalprozesse** und **Umklappprozesse** unterscheiden können. Wir müssen deshalb analysieren, wie diese beiden Streuprozesse zum Wärmewiderstand beitragen.

Betrachten wir zunächst die Normalprozesse. Für diese gilt $\mathbf{q}_1 + \mathbf{q}_2 = \mathbf{q}_3$. Das heißt, in einem Gas von Phononen bleibt bei internen Streuprozessen der Gesamtimpuls $\mathbf{Q}$ (und natürlich auch die Gesamtenergie) erhalten, so dass

$$\mathbf{Q} = \sum_{\mathbf{q},r} n_{\mathbf{q},r} \hbar \mathbf{q}_r = \text{const} \qquad (6.4.16)$$

gilt. Da die Normalprozesse den Gesamtimpuls der Phononen also nicht ändern, kann sich eine Gleichgewichtsverteilung der Phononen bei der Temperatur T mit einer bestimmten Driftgeschwindigkeit entlang des Festkörpers bewegen.

Wir sehen, dass Normalprozesse den Wärmetransport überhaupt nicht behindern. Um einen endlichen Wärmewiderstand zu erhalten, sind also nicht nur Prozesse notwendig, die zu einer endlichen mittleren freien Weglänge, sondern auch zu einer Thermalisierung der Phononen führen. Solche Prozesse sind die Umklappprozesse. Da bei Streuprozessen mit Phononen nur der so genannte Kristallimpuls erhalten bleibt, gilt $\mathbf{q}_1 + \mathbf{q}_2 = \mathbf{q}_3 + \mathbf{G}$, wobei $\mathbf{G}$ ein reziproker Gittervektor ist. Der Impuls $\mathbf{G}$ wird an das Gitter abgegeben, so dass sich der Gesamtimpuls des Phononengases ändern kann. Der Impulsverlust des Phononengases führt dann zum Wärmewiderstand des Gitters.

Streuung an Defekten: Defekte in Kristallen und deren Oberflächen führen zu Streuprozessen von Phononen. Die Wahrscheinlichkeit für solche Streuprozesse hängt nur von der Dichte n_D der Defekte und deren Streuquerschnitt σ ab. Wir erwarten deshalb in erster Näherung einen von der Temperatur völlig unabhängigen Beitrag zum Wärmewiderstand.[17]

Wie bei der Streuung von Photonen an Teilchen mit Durchmessern kleiner als die Lichtwellenlänge lässt sich die Streuung von Phononen an Punktdefekten mit Hilfe der Theorie von **Lord Rayleigh** berechnen. Für den Streuquerschnitt findet man $\sigma \simeq \pi a^2 (aq)^4$, wobei $a \ll \lambda_q$ der Durchmesser des Streuzentrums ist. Mit $\ell \propto 1/n_D \sigma$ und mit der Näherung $\omega \propto q$ erhalten wir

$$\ell \propto \frac{1}{n_D \omega^4} \,. \qquad (6.4.17)$$

Wir sehen, dass Punktdefekte vor allem hochfrequente Phononen effektiv streuen.

6.4.3.2 Temperaturabhängigkeit von κ

Wir haben bisher gesehen, dass die Wärmeleitfähigkeit des Gitters nur durch Umklappprozesse und Phonon-Defektstreuung bestimmt wird. Da für Umklappprozesse der Summenwellenvektor bei der Wechselwirkung zwischen zwei Phononen außerhalb der 1. Brillouin-Zone liegen muss, müssen wir

$$\mathbf{q}_1 + \mathbf{q}_2 \geq \tfrac{1}{2}\mathbf{G} \qquad (6.4.18)$$

---

[17] Dies gilt natürlich nur dann, wenn die Dichte der Defekte und deren Streuquerschnitt temperaturunabhängig ist. Die Annahme einer temperaturunabhängigen Dichte der Defekte ist für nicht allzu hohe Temperaturen meist eine gute Näherung (vergleiche hierzu auch Abschnitt 1.4). Der Streuquerschnitt kann in manchen Fällen eine beträchtliche Temperaturabhängigkeit besitzen (vergleiche hierzu Abschnitt 10.1.4 zur Streuung an geladenen Störstellen in Halbleitern).

fordern. Im Rahmen des Debye-Modells ist die mittlere Energie dieser Phononen, für die Umklappprozesse möglich sind, etwa $k_B \Theta_D/2$. Damit können wir ihre Besetzungswahrscheinlichkeit zu

$$\langle n \rangle = \frac{1}{e^{\Theta_D/2T} - 1} \tag{6.4.19}$$

bzw. für hohe und tiefe Temperaturen zu

$$\langle n \rangle \propto \begin{cases} e^{-\Theta_D/2T} & \text{für} \quad T \ll \Theta_D \\ \frac{T}{\Theta_D} & \text{für} \quad T \gg \Theta_D \end{cases} \tag{6.4.20}$$

angeben. Mit $\ell \propto 1/\langle n \rangle$ ergibt sich dann

$$\ell \propto \begin{cases} e^{\Theta_D/2T} & \text{für} \quad T \ll \Theta_D \\ \frac{\Theta_D}{T} & \text{für} \quad T \gg \Theta_D \end{cases}. \tag{6.4.21}$$

Wir sehen, dass für tiefe Temperaturen die mittlere freie Weglänge der Phononen bezüglich der Phonon-Phonon-Streuung exponentiell anwächst. Deshalb wird bei genügend tiefen Temperaturen die mittlere freie Weglänge durch die von der Temperatur unabhängige Defektstreuung bestimmt. Wir erwarten also, dass ℓ von hohen Temperaturen her kommend zunächst $\propto 1/T$ und dann $\propto e^{\Theta_D/T}$ ansteigt und dann unterhalb einer von der Probengröße und Probenreinheit abhängigen Temperatur sättigt. Bei sehr reinen Proben wird die mittlere freie Weglänge größer als der Probendurchmesser d. Streuung findet dann hauptsächlich an der Probenoberfläche statt und wir können $\ell \simeq d$ setzen. Die Wärmeleitfähigkeit in diesem Temperaturbereich, den man als *Casimir-Bereich* bezeichnet, hängt damit stark von der Probengeometrie und der Beschaffenheit der Probenoberfläche ab.

Um die Temperaturabhängigkeit von κ zu erhalten, müssen wir noch die Temperaturabhängigkeit von c_V berücksichtigen. Wir haben in Abschnitt 6.1 gesehen, dass c_V für $T \gg \Theta_D$ in etwa konstant ist und für $T \ll \Theta_D$ proportional zu T^3 verläuft. Für den mittleren Temperaturbereich erhalten wir, abhängig vom verwendeten Modell, unterschiedliche T-Abhängigkeiten für c_V. Die Details sind hier allerdings nicht so wichtig, da die exponentielle T-Abhängigkeit der mittleren freien Weglänge das Verhalten dominiert. Insgesamt erwarten wir folgende Temperaturabhängigkeit der Wärmeleitfähigkeit:

$$\kappa \propto \begin{cases} \frac{1}{T} & \text{für} \quad T \gg \Theta_D & \text{(Ph-Ph-Streuung)} \\ T^n e^{\Theta_D/T}, n \simeq 0-3 & \text{für} \quad T \ll \Theta_D & \text{(Ph-Ph-Streuung)} \\ T^3 & \text{für} \quad T \lll \Theta_D & \text{(Ph-Defekt-Streuung)} \end{cases} \tag{6.4.22}$$

In Abb. 6.15 und Abb. 6.16 ist die Temperaturabhängigkeit der thermischen Leitfähigkeit von hochreinem Si und Ge sowie isotopenreinem (99.7%) ^{28}Si und isotopenreinem (99.99%) ^{70}Ge gezeigt. Wir erkennen gut den theoretisch erwarteten Verlauf. Für tiefe Temperaturen steigt die Wärmeleitfähigkeit zunächst proportional zu etwa T^3 an, hat dann ein Maximum und fällt zu höheren Temperaturen schnell zunächst etwa proportional zu $e^{\Theta_D/T}$ und dann proportional zu $1/T$ ab. Wir sehen, dass dielektrische Kristalle eine sehr hohe thermische

6.4 Wärmeleitfähigkeit

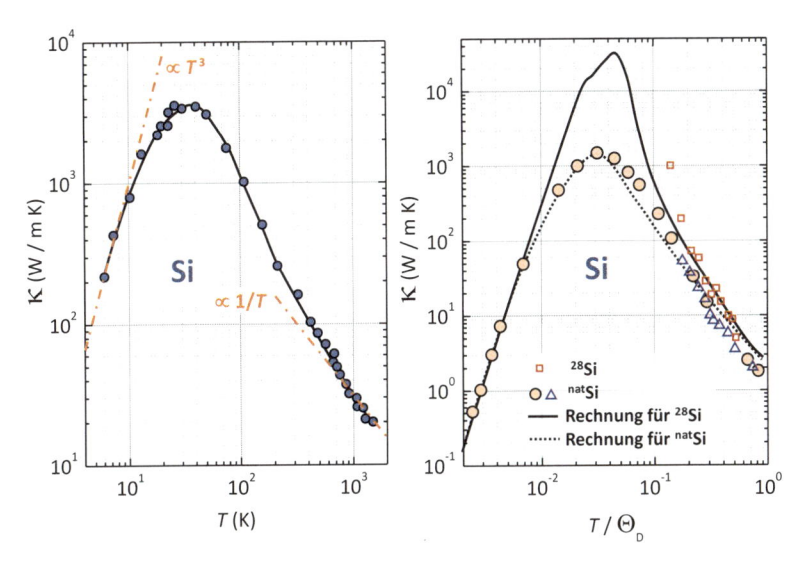

Abb. 6.15: Wärmeleitfähigkeit von Silizium. Links: hochreines Si (nach C. J. Glassbrenner, G. A. Slack, Phys. Rev. **134**, 1058 (1964)). Rechts: Hochreines natürliches Silizium (nach M. G. Holland, Phys. Rev. **132**, 2461 (1963); W. S. Capinski, Appl. Phys. Lett. **71**, 2109 (1997)) sowie isotopenreines (99.7%) ^{28}Si (nach W. S. Capinski, Appl. Phys. Lett. **71**, 2109 (1997)).

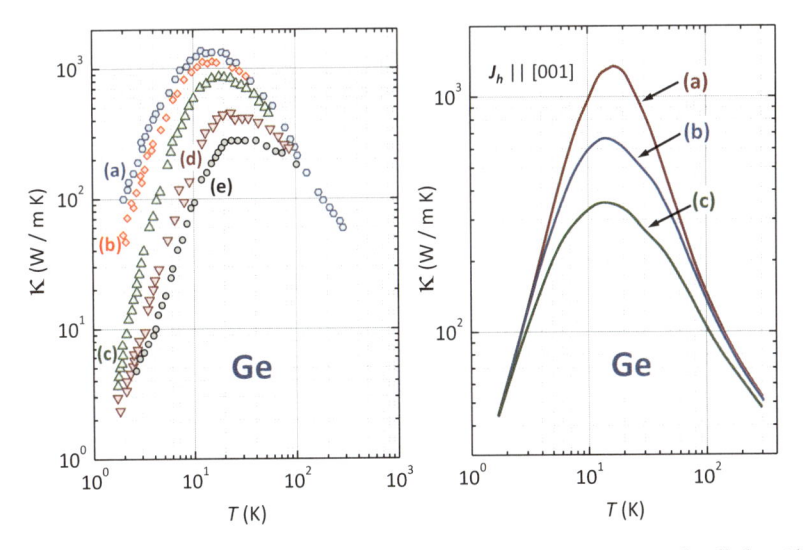

Abb. 6.16: Wärmeleitfähigkeit von Germanium. Links: hochreines Ge mit unterschiedlicher Akzeptor-Dotierung; (a) 10^{13}, (b) 10^{15}, (c) $2.3 \cdot 10^{16}$, (d) $4.2 \cdot 10^{18}$ und (e) $5 \cdot 10^{19}\,\text{cm}^{-3}$ (nach J. A. Carruthers *et al.*, Proc. Royal Soc. **238**, 502 (1957)). Rechts: Hochreines natürliches Germanium und isotopenreines ^{70}Ge; (a) 99.99%, (b) 96.3%, (c) natürliches Ge (nach V. I. Ozhogin *et al.*, Pisma Zh. Eksp. Teor. Fiz. **63**, 463–467 (1996)).

Leitfähigkeit haben können, die so hoch wie diejenige von Metallen ist (vergleiche hierzu Abschnitt 7.3.2). Für isotopenreines Silizium und Ge erreicht κ Werte bis zu 6 000 W/m K bzw. bis zu mehr als 10 000 W/m K. Synthetischer Saphir besitzt mit $\kappa_{max} \simeq 20\,000$ W/m K bei 30 K eine der höchsten Wärmeleitfähigkeiten. Dieser Wert ist höher als die maximale Wärmeleitfähigkeit von Kupfer, die etwa 10 000 W/m K beträgt, liegt aber unterhalb des Wertes für metallisches Ga, dessen Wärmeleitfähigkeit 84 500 W/m K bei 1.8 K beträgt.

Isotopenstreuung: In ansonsten perfekten Kristallen spielt die Verteilung von Isotopen eine wichtige Rolle bezüglich der Phononenstreuung. Die statistische Anordnung von unterschiedlichen Isotopenmassen stört die perfekte Periodizität des Kristalls und führt somit zu Streuprozessen. In manchen Kristallen ist die Streuung an Isotopen genauso wichtig wie die Phonon-Phonon-Streuung. Der Effekt der Streuung an Isotopen ist in Abb. 6.15 und Abb. 6.16 für Si und Ge gezeigt. Wir erkennen, dass das Maximum der Wärmeleitfähigkeit für isotopenreine Materialien zu erheblich höheren Werten verschoben werden kann. Bei Ge beträgt der Unterschied zwischen natürlichem Ge und isotopenreinem ^{70}Ge etwa eine Größenordnung.

In Abb. 6.17 ist die Wärmeleitfähigkeit von NaF-Kristallen mit unterschiedlicher Defektdichte gezeigt. Die Defekte wurden durch Bestrahlung mit hochenergetischer Röntgenstrahlung erzeugt. Wir erkennen wiederum die typische Temperaturabhängigkeit der Wärmeleitfähigkeit und außerdem die Reduktion der maximalen Wärmeleitfähigkeit durch die vergrößerte Defektdichte.

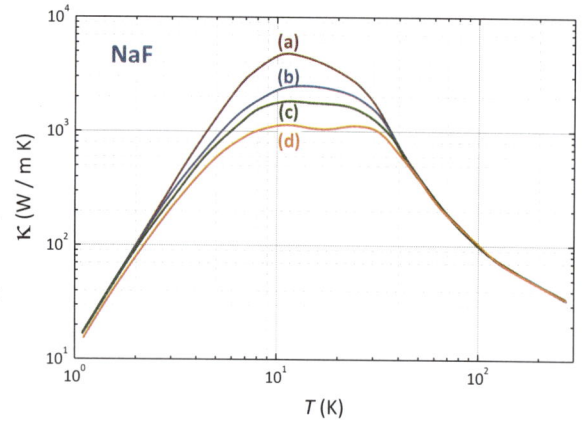

Abb. 6.17: Wärmeleitfähigkeit von reinem NaF (a) und nach Erzeugung unterschiedlicher Defektdichten durch Bestrahlung mit 130 keV Röntgenstrahlung: 1.2 (b), 2.0 (c) und $5.7 \cdot 10^{16}$ cm^{-3} (d) (Daten aus Charles T. Walker, Phys. Rev. **132**, 1963–1975 (1963)).

6.4.4 Spontaner Zerfall von Phononen

Eine interessante Frage betrifft die Lebensdauer von Phononen bei sehr tiefen Temperaturen. Man könnte vermuten, dass ein Phonon für $T \to 0$ unendlich lange lebt, da keine weiteren thermischen Phononen vorhanden sind, mit denen es wechselwirken könnte. Diese Überlegung ist aber nicht richtig, da wir die Nullpunktsschwingungen außer Acht gelassen haben. Die Wechselwirkung eines Phonons mit den Nullpunktsschwingungen führt zu einem spontanen Phononenzerfall über einen Drei-Phononen-Prozess. Es lässt sich zeigen, dass der Wirkungsquerschnitt für diesen Prozess proportional zu ω^3 ist. Da $D(\omega) \propto \omega^2$ nimmt die Dichte n der Stoßpartner mit ω^2 zu. Insgesamt ergibt sich deshalb

$$\ell \propto \tau \propto \frac{1}{n\sigma} \propto \frac{1}{\omega^5} \,. \tag{6.4.23}$$

Dieser Ausdruck zeigt, dass der spontane Zerfall von Phononen nur für hochfrequente Phononen von Bedeutung ist. Für niederfrequente Phononen wird die Lebensdauer τ sehr groß.

6.4.5 Vertiefungsthema: Wärmetransport in amorphen Festkörpern

Unsere bisherigen Betrachtungen haben sich auf kristalline Festkörper bezogen. Es stellt sich die Frage, inwieweit wir diese Vorstellungen auch auf stark ungeordnete und amorphe Festkörper übertragen können. Experimentell hat man bereits früh festgestellt, dass es starke Unterschiede zwischen der Wärmeleitfähigkeit von Quarzglas und Quarzkristallen gibt (siehe Abb. 6.18). Insgesamt zeigt die Temperaturabhängigkeit der Wärmeleitfähigkeit amorpher Festkörper drei charakteristische Temperaturbereiche.

Bei hohen Temperaturen (Bereich I) liegt die Wellenlänge der den Wärmetransport dominierenden Phononen bei etwa 1 nm. Schätzen wir aus der gemessenen Wärmeleitfähigkeit einen groben Wert für die mittlere freie Weglänge ab, so erhalten wir Werte unterhalb von 1 nm. Das heißt, ℓ ist in der gleichen Größenordnung oder sogar kleiner als die Wellenlänge der Phononen. Eine Beschreibung des Wärmetransports im Phononenbild erscheint deshalb nicht mehr sinnvoll. Eine genaue theoretische Erklärung des beobachteten Verhaltens steht noch aus.

Im Bereich mittlerer Temperaturen (Bereich II) zeigt die Wärmeleitfähigkeit häufig ein Plateau. Da in diesem Temperaturbereich c_V mit der Temperatur stark zunimmt, muss ℓ stark abnehmen, um das beobachtete Plateau zu erklären. Als Mechanismen werden Streuung an Punktdefekten, die räumliche Lokalisierung von Phononen oder die Streuung an weichen Phononen (vergleiche hierzu Abschnitt 11.4.1) vorgeschlagen.

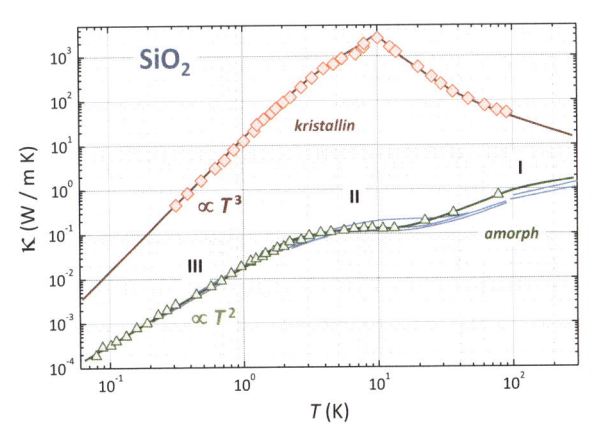

Abb. 6.18: Temperaturabhängigkeit der Wärmeleitfähigkeit in kristallinem (Rauten) und amorphem Quarz (Dreiecke). Die blauen Linien zeigen das Ergebnis für weitere Quarz- und Borsilikat-Gläser, die alle eine ähnliche Temperaturabhängigkeit zeigen (nach R. C. Zeller, R. O. Pohl, Phys. Rev. B **4**, 2029 (1971)).

Im Bereich tiefer Temperaturen (Bereich III) zeigt die Wärmeleitfähigkeit eine in etwa quadratische Temperaturabhängigkeit. Ferner beobachtet man, dass der Absolutwert von κ für unterschiedliche Systeme ähnlich ist. Dieses Verhalten können wir mit der resonanten Wechselwirkung der in diesem Temperaturbereich dominierenden langwelligen Phononen mit Zweiniveausystemen erklären. Zum Beispiel können wir uns vorstellen, dass Atome zwischen zwei Zuständen in der amorphen Struktur hin- und hertunneln und durch diese Tunnelkopplung ein Zweiniveausystem bilden. Stimmt die Phononenenergie $\hbar\omega$ mit der Energiedifferenz E_{12} der Zweiniveausysteme überein, so können die Phononen Übergänge zwischen den beiden Niveaus induzieren. Da im thermischen Gleichgewicht für das Verhältnis der Besetzungszahlen im oberen und unteren Zustand des Zweiniveausystems $n_1/n_2 = \exp(-E_{12}/k_B T)$ gilt, folgt für die Besetzungszahldifferenz

$$\delta n = n_2 - n_1 = n \tanh\left(\frac{E_{12}}{2k_B T}\right) = n \tanh\left(\frac{\hbar\omega}{2k_B T}\right) \qquad (6.4.24)$$

mit $n = n_1 + n_2$. Nehmen wir eine breite Verteilung der Energiedifferenzen E_{12} und ferner für die Energie der den Wärmetransport dominierenden Phononen $\hbar\omega \sim k_B T$ an, so sehen wir, dass sich δn nicht mit der Temperatur ändert. Für die Streurate erhalten wir dann $1/\ell \propto \delta n \sigma \propto n T$, da der Streuquerschnitt $\sigma \propto \omega \propto T$. Letzteres folgt aus der Tatsache, dass das mittlere Auslenkungsquadrat einer Gitterschwingung proportional zu ihrer Frequenz ist (vergleiche hierzu Abschnitt 9.3.2). Mit $1/\ell \propto nT$ und $c_V \propto T^3$ erhalten wir

$$\kappa = \tfrac{1}{3} c_V \ell v \propto n T^2 \qquad (6.4.25)$$

in guter Übereinstimmung mit den experimentellen Befunden.

6.4.6 Vertiefungsthema: Wärmetransport in niederdimensionalen Systemen

Mit den modernen Methoden der Mikro- und Nanostrukturierung können wir die lateralen Abmessungen von Festkörpern so weit einschränken, dass wir ihre Dimensionalität reduzieren. In solchen Systemen können wir dann Transportphänomene bei reduzierter Dimensionalität untersuchen. Die charakteristische Längenskala für den Wärmetransport über Phononen ist die thermische Wellenlänge λ_{th}, die wir aus der Bedingung

$$\hbar\omega_{th} = \frac{2\pi\hbar v}{\lambda_{th}} = k_B T \qquad (6.4.26)$$

erhalten. Alle Schwingungsmoden mit $\lambda < \lambda_{th}$ können bei der Temperatur T nicht mehr angeregt werden. Reduzieren wir die Abmessung D einer Probe so weit, dass $D \le \lambda_{th}/2$, so sind unterhalb der Temperatur

$$T^* = \frac{hv}{2k_B D} \qquad (6.4.27)$$

alle relevanten Schwingungsmoden in dieser Raumrichtung ausgefroren und es liegt effektiv eine Probe mit reduzierter Dimensionalität vor. Mit einer typischen Phononenausbreitungsgeschwindigkeit von $v = 5\,000$ m/s und $D = 100$ nm erhalten wir $T^* \simeq 1$ K.

6.4.6.1 Wärmetransport in einem eindimensionalen Festkörper

Als Beispiel betrachten wir den Wärmetransport in einem Steg der Länge L, dessen Breite W und Dicke d auf etwa 100 nm reduziert sein sollen (siehe Abb. 6.19). Der Steg ist auf einer Seite mit einem Wärmebad der Temperatur T_1, auf der anderen mit einer Wärmesenke der Temperatur $T_2 < T_1$ verbunden. Nach unserer obigen Abschätzung sollte sich diese Probe unterhalb von etwa 1 K hinsichtlich des Wärmetransports über Phononen als eindimensionale Probe verhalten. Eine analoge Betrachtung des Ladungstransports in einem eindimensionalen Leiter werden wir in Abschnitt 7.5.1 durchführen.

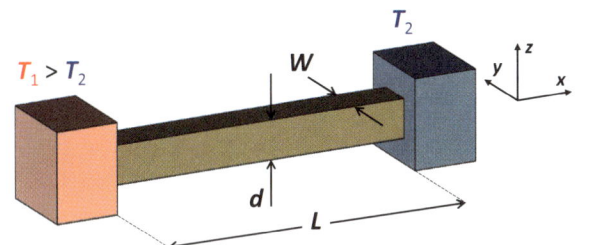

Abb. 6.19: Zum Wärmetransport in einem eindimensionalen Festkörper.

Der Wärmefluss von der heißen zur kalten Seite des eindimensionalen Stegs ist gegeben durch (vergleiche (6.4.3))

$$J_{h,x} = \frac{1}{L} \sum_{\mathbf{q},r} \hbar \omega_{\mathbf{q}r} (\langle n_1 \rangle - \langle n_2 \rangle) v_{x,\mathbf{q}r} \,. \tag{6.4.28}$$

Hierbei sind $\langle n_1 \rangle$ und $\langle n_2 \rangle$ die mittleren thermischen Besetzungszahlen der Gitterschwingungen bei den Temperaturen T_1 und T_2 und $v_{x,\mathbf{q}r} = \partial \omega_{\mathbf{q}r}/\partial q$ ihre Gruppengeschwindigkeit. Mit der Zustandsdichte $Z(q)$ können wir die Summe über $\mathbf{q}$ in ein Integral umwandeln und erhalten

$$J_{h,x} = \frac{1}{L} \sum_{r} \int_0^\infty \hbar \omega_{\mathbf{q}r} Z(q) (\langle n_1 \rangle - \langle n_2 \rangle) v_{x,\mathbf{q}r} dq \,. \tag{6.4.29}$$

Aus $Z(q) \cdot dq = D(\omega) \cdot d\omega$ folgt mit der eindimensionalen Zustandsdichte $Z^{(1)}(q) = L/2\pi$ die Zustandsdichte im Frequenzraum $D(\omega) = (L/2\pi)(1/v_{x,\mathbf{q}r})$ und wir erhalten

$$J_{h,x} = \frac{1}{2\pi} \sum_{r} \int_0^\infty \hbar \omega_r (\langle n_1 \rangle - \langle n_2 \rangle) d\omega_r \,. \tag{6.4.30}$$

Bemerkenswert ist dabei, dass die Gruppengeschwindigkeit der Phononen in (6.4.30) gerade herausfällt.

Um das Integral auszuwerten, müssen wir jetzt noch einen Ausdruck für $\langle n_1 \rangle - \langle n_2 \rangle$ finden. Nach (6.4.5) und (6.4.6) ist

$$\langle n_1 \rangle - \langle n_2 \rangle = -v_{x,\mathbf{q}r} \tau \frac{\partial n}{\partial T} \frac{dT}{dx} \,. \tag{6.4.31}$$

Wir betrachten jetzt den interessanten Fall, dass die mittlere freie Weglänge $\ell = v_{x,\mathbf{q}r}\tau$ größer als die Länge L des Stegs wird. In diesem Fall werden Phononen von einem Wärmereservoir in den Steg emittiert und wandern ohne Rückstreuung zum anderen. Da ein Wärmereservoir eine höhere Temperatur besitzt, erhalten wir einen effektiven Wärmestrom vom heißeren zum kälteren Reservoir. Da ferner die effektive mittlere freie Weglänge gerade der Länge L des Stegs entspricht, können wir $-v_{x,\mathbf{q}r}\tau\frac{\partial T}{\partial x}$ durch $-L\frac{\partial T}{\partial x} = T_1 - T_2 = \Delta T$, also die Temperaturdifferenz der beiden Wärmereservoire, ersetzen und erhalten $\langle n_1 \rangle - \langle n_2 \rangle \simeq \frac{\partial \langle n \rangle}{\partial T}\Delta T$. Setzen wir dies in (6.4.30) ein und benutzen die Abkürzung $x \equiv \hbar\omega_r/k_B T$, so erhalten wir den **thermischen Leitwert**

$$G \equiv \frac{J_{h,x}}{\Delta T} = \frac{k_B^2}{h}\sum_r \mathcal{T}_r \int_0^\infty \frac{x^2 e^x}{(e^x - 1)^2}dx = \sum_r \mathcal{T}_r \frac{\pi^2}{3}\frac{k_B^2 T}{h} = N_i \mathcal{T}_r \cdot G_0 \,. \quad (6.4.32)$$

Hierbei sind $\mathcal{T}_r \leq 1$ die Transmissionskoeffizienten, welche die Kopplung der im Steg propagierenden Moden an die Reservoire charakterisieren. Wir sehen, dass im Idealfall $\mathcal{T}_r = 1$ jede Schwingungsmode zum Leitwert den gleichen Beitrag

$$G_0 \equiv \frac{\pi^2 k_B^2 T}{3h} = 9.46 \times 10^{-13}\mathrm{W/K^2} \cdot T[\mathrm{K}] \quad (6.4.33)$$

liefert. Für den in Abb. 6.19 gezeigten Steg gibt es eine longitudinale Dilatationsschwingung, zwei transversale Biegeschwingungen und eine Torsionsschwingung – also insgesamt 4 Schwingungsmoden.

Der durch (6.4.32) gegebene thermische Leitwert konnte in Experimenten mit vier, nur etwa 200 nm breiten Stegen, die in eine 60 nm dicke Siliziumnitridmembran strukturiert wurden, beobachtet werden.[18] Die verwendete Probe ist im Inset von Abb. 6.20 gezeigt. Auf der Insel im Zentrum der Probe ist ein Au-Heizer aufgebracht, der über vier auf den Stegen verlaufenden Nb-Leitungen mit den Zuleitungen verbunden ist. Man verwendet supraleitendes Nb für

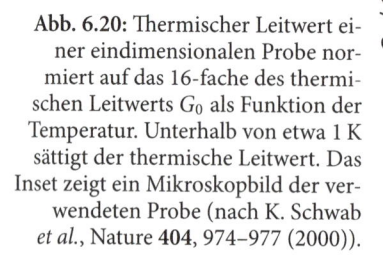

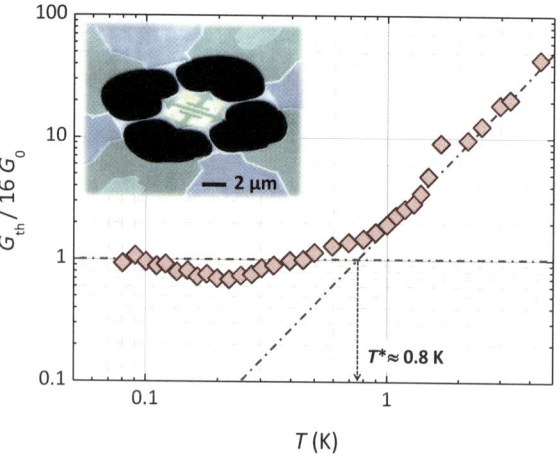

Abb. 6.20: Thermischer Leitwert einer eindimensionalen Probe normiert auf das 16-fache des thermischen Leitwerts G_0 als Funktion der Temperatur. Unterhalb von etwa 1 K sättigt der thermische Leitwert. Das Inset zeigt ein Mikroskopbild der verwendeten Probe (nach K. Schwab et al., Nature **404**, 974–977 (2000)).

---

[18] K. Schwab, E. A. Henriksen, J. M. Worlock, M. L. Roukes, *Measurement of the quantum of thermal conductance*, Nature **404**, 974–977 (2000).

die Zuleitungen, damit es in den Zuleitungen selbst zu keinen Heizeffekten kommt und da supraleitendes Nb ferner eine sehr kleine thermische Leitfähigkeit besitzt. Da jeder der vier Stege mit jeweils 4 Schwingungsmoden beiträgt und alle vier Stege parallel geschaltet sind, erwarten wir bei tiefen Temperaturen einen thermischen Leitwert von $16 G_0$. Dies stimmt mit der experimentellen Beobachtung gut überein. Bei höheren Temperaturen, $T > T^* \simeq 0.8\,\text{K}$, verhalten sich die Stege wie dreidimensionale Proben und der Leitwert steigt proportional zu T^3 an. Die Übergangstemperatur $T^* \simeq 0.8\,\text{K}$ stimmt gut mit dem für $v \simeq 6\,000\,\text{m/s}$ und $W \simeq 200\,\text{nm}$ erwarteten Wert überein.

Wir haben in unserer obigen Überlegung angenommen, dass die von einem Wärmereservoir emittierten Phononen mit Wahrscheinlichkeit $T = 1$ zum anderen Reservoir transmittiert werden. Liegt eine endliche Rückstreuung der Phononen vor, so können wir dies im Ausdruck (6.4.32) für den thermischen Leitwert einfach durch eine Transmissionswahrscheinlichkeit $T < 1$ berücksichtigen.

Literatur

A. Einstein, *Die Plancksche Theorie der Strahlung und die Theorie der spezifischen Wärme*, Annalen der Physik **327** (1), 180–190 (1907).

R. Berman, *Thermal Conduction in Solids*, Clarendon Press, Oxford (1976).

H. S. Carslaw, J. C. Jaeger, *Conduction of Heat in Solids*, Oxford University Press, Oxford (1959).

H. J. Goldsmid, *Introduction to Thermoelectricity*, Springer Series in Materials Science, Springer-Verlag, Berlin (2010).

S. V. Hering, S. W. Sciver and O. E. Vilches, *Apparent new phase of monolayer ^{3}He and ^{4}He films adsorbed on grafoil as determined from heat capacity measurements*, J. Low Temp. Phys. **25**, 793–805 (1976).

G. S. Nolas, J. Sharp, J. Goldsmid, *Thermoelectrics: Basic Principles and New Materials Developments*, Springer-Verlag, Berlin (2001).

K. Schwab, E. A. Henriksen, J. M. Worlock, M. L. Roukes, *Measurement of the quantum of thermal conductance*, Nature **404**, 974–977 (2000).

T. M. Tritt (ed.), *Thermal Conductivity: Theory, Properties, and Applications*, Kluwer Academic/Plenum Publishers, New York (2004).

J. M. Ziman, *Electrons and Phonons: The Theory of Transport Phenomena in Solids*, Oxford Classic Texts in the Physical Sciences, Oxford University Press, Oxford (2001).

7 Das freie Elektronengas

In den vorangegangenen Kapiteln haben wir die Eigenschaften von Isolatoren behandelt. Bei diesen Materialien sind die Elektronen fest an die Gitteratome gebunden, wir sprechen von *lokalisierten Elektronen*. Wir wollen uns nun den Eigenschaften von Materialien zuwenden, bei denen *delokalisierte Elektronen* vorliegen. Um zunächst ein handhabbares Modell für solche Systeme zu entwickeln, werden wir zwei grundlegende Annahmen machen:

1. die Elektronen wechselwirken nicht mit den Atomrümpfen
2. die Elektronen wechselwirken nicht miteinander

Das heißt, wir gehen von völlig freien Elektronen aus, die ein Gas von nicht-wechselwirkenden Teilchen bilden. Wir sprechen deshalb von einem *freien Elektronengas*. Obwohl die obigen Annahmen eine starke Vereinfachung darstellen, werden wir viele Eigenschaften von Metallen mit dem System freier Elektronen beschreiben können. Bei der Diskussion des freien Elektronengases wird allerdings, genauso wie bei dem Phononengas in Kapitel 6, eine rein klassische Beschreibung nicht ausreichen. Das heißt, wir können das Elektronengas nicht als klassisches Teilchengas auffassen. Wir müssen vielmehr eine quantenmechanische Beschreibung vornehmen. Eine wichtige Rolle wird dabei spielen, dass Elektronen Spin-$\frac{1}{2}$-Teilchen sind, die im Gegensatz zu den Phononen der Fermi-Dirac-Statistik folgen. Das heißt, wir müssen für sie das Pauli-Prinzip beachten.

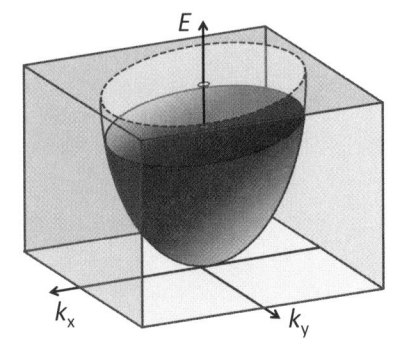

Selbst in einfachen Metallen wie z. B. Li, Na oder K, für die das Modell des freien Elektronengases am besten funktioniert, liegt ein periodisches Potenzial der positiven Ionenrümpfe vor, das die Ladungsverteilung der Elektronen beeinflusst. Wir werden deshalb später das Modell des freien Elektronengases in Kapitel 8 erweitern, um die Wechselwirkung der Elektronen mit den Ionen des Gitters zu berücksichtigen. Generell kann man sagen, dass das Modell der völlig freien Elektronen immer dann gut zur Beschreibung von Festkörpern funktioniert, wenn die diskutierten Eigenschaften im Wesentlichen durch die kinetische Energie bestimmt werden.

Historisch betrachtet wurde die Beschreibung von Metallen im Rahmen der Bewegung von völlig freien Elektronen lange vor der Entwicklung der Quantenmechanik vorgenommen. Bereits um 1900, kurz nach der Entdeckung des Elektrons durch **Joseph John Thomson** im

Jahr 1897, wurde von **Paul Drude**[1] eine klassische Modellvorstellung für ein Gas freier Elektronen entwickelt.[2] Diese klassische Theorie basierte zwar auf der falschen Annahme, dass die Geschwindigkeitsverteilung der Elektronen im freien Elektronengas durch die klassische Maxwell-Boltzmann-Verteilung beschrieben werden kann, hatte aber trotzdem einige eher zufällige Erfolge wie die Ableitung des Ohmschen Gesetzes oder des Verhältnisses zwischen elektrischer und thermischer Leitfähigkeit. Diese klassische Theorie konnte aber nicht die spezifische Wärme, die Thermokraft oder die magnetische Suszeptibilität von Metallen erklären. Nach der Entwicklung der Quantenmechanik hat dann **Arnold Sommerfeld**[3] die Drudesche Theorie auf eine quantenmechanische Basis gestellt. Wir sprechen deshalb heute oft vom *Drude-Sommerfeld-Modell* des freien Elektronengases. Sommerfeld hat das Paulische Ausschließungsprinzip auf die freien Elektronen angewendet und ihre Geschwindigkeitsverteilung mit der richtigen Quantenstatistik, nämlich der Fermi-Dirac-Statistik beschrieben (Übergang vom klassischen zum Quantengas).

---

[1] **Paul Drude**, geboren am 12. Juli 1863 in Braunschweig, gestorben am 5. Juli 1906 in Berlin.
[2] Paul Drude, *Zur Elektronentheorie der Metalle, I. Teil, II. Teil, und Berichtigung*, Annalen der Physik 1, 556–613 (1900); ibid 3, 369–402 (1900); ibid 7, 687–692 (1902).
[3] **Arnold Sommerfeld**, siehe Kasten auf Seite 262.

7.1 Modell des freien Elektronengases

7.1.1 Grundzustand

Wir betrachten N freie, nicht-wechselwirkende Elektronen, die in einem Volumen $V = L^3$ durch unendlich hohe Potenzialwände eingeschlossen sind. Wir analysieren zunächst den Grundzustand dieses Systems bei $T = 0$. Da die Elektronen nicht wechselwirken, genügt es, das quantenmechanische Problem für ein Elektron zu lösen. Das Elektron im Potenzialkasten beschreiben wir durch eine Wellenfunktion $\Psi(\mathbf{r}, \sigma)$, wobei σ den Spin des Elektrons bezeichnet. Die Energieeigenzustände für dieses freie Elektron ($V = 0$) erhalten wir durch Lösen der Schrödinger-Gleichung

$$-\frac{\hbar^2}{2m} \nabla^2 \Psi(\mathbf{r}, \sigma) = E \Psi(\mathbf{r}, \sigma). \tag{7.1.1}$$

Lösungen sind ebene Elektronenwellen

$$\Psi_\mathbf{k}(\mathbf{r}) = \frac{1}{\sqrt{V}} e^{i\mathbf{k}\cdot\mathbf{r}} \tag{7.1.2}$$

mit Wellenvektor $\mathbf{k}$ und de Broglie Wellenlänge $\lambda = 2\pi/|\mathbf{k}|$ sowie der Normierung

$$\int_V d^3r\, |\Psi_\mathbf{k}(\mathbf{r})|^2 = 1. \tag{7.1.3}$$

Das heißt, die Wahrscheinlichkeit, das Elektron irgendwo innerhalb des Potenzialkastens mit Volumen V zu finden ist eins. Einsetzen in die Schrödiger-Gleichung ergibt die Dispersionsrelation für die freien Elektronen zu

$$E(\mathbf{k}) = \frac{\hbar^2 k^2}{2m}. \tag{7.1.4}$$

Die ebenen Wellen $\Psi_\mathbf{k}(\mathbf{r})$ sind Eigenfunktionen des Inpulsoperators $\frac{\hbar}{i}\nabla$. Es gilt nämlich

$$\frac{\hbar}{i} \nabla \Psi_\mathbf{k}(\mathbf{r}) = \hbar \mathbf{k} \Psi_\mathbf{k}(\mathbf{r}). \tag{7.1.5}$$

Wir sehen, dass die Zustände $\Psi_\mathbf{k}(\mathbf{r})$ einen wohldefinierten Impuls

$$\mathbf{p} = \hbar \mathbf{k} \tag{7.1.6}$$

haben. Mit der Impuls-Orts-Unschärferelation bedeutet dies, dass die Ortsunschärfe beliebig groß ist, wir haben es mit vollkommen delokalisierten Elektronen zu tun.

7.1.1.1 Randbedingungen

Als Randbedingung haben wir vorgegeben, dass sich die Elektronen in einem Kristall mit Volumen $V = L_x \cdot L_y \cdot L_z$ aufhalten sollen. Wir berücksichtigen dies über die periodischen Randbedingungen

$$\Psi_\mathbf{k}(x, y, z) = \Psi_\mathbf{k}(x + L_x, y, z) = \Psi_\mathbf{k}(x, y + L_y, z) = \Psi_\mathbf{k}(x, y, z + L_z), \tag{7.1.7}$$

Arnold Sommerfeld (1868–1951)

Arnold Johannes Wilhelm Sommerfeld wurde am 5. Dezember 1868 in Königsberg geboren. Er begann 1886 ein Studium der Mathematik und Physik an der Universität Königsberg, wo er bereits im Jahr 1891 über *Die willkürlichen Funktionen in der mathematischen Physik* promovierte. Er legte dann 1892 die staatliche Prüfung für das Lehramt ab und musste anschließend seinen Militärdienst ableisten. Im Jahr 1893 wurde er zunächst Assistent bei dem Mineralogen Theodor Liebisch und später (1894–1896) Assistent bei dem Mathematiker Felix Klein an der Universität Göttingen. Im Jahr 1895 habilitierte er sich in Göttingen mit einer Arbeit zur *Mathematischen Theorie der Beugung*. Er wurde wenig später (1897) Professor für Mathematik an der Bergakademie Clausthal, wo er bis 1900 blieb. Anschließend wurde er Professor für Mechanik an der TH Aachen (1900–1906) und schließlich im Jahr 1906 ordentlicher Professor für theoretische Physik an der Universität München.

Photo: LRZ München

In der Zeit zwischen 1897 und 1910 beschäftigte sich Sommerfeld u. a. mit der Theorie des Kreisels (vier Bände mit Felix Klein). Er war ferner zwischen 1898 und 1926 Redakteur der Physikbände der Enzyklopädie der Mathematischen Wissenschaften. In die Jahre 1904/05 fallen seine Untersuchungen zur Schmiermittelreibung und Elektronentheorie. Besonders bedeutend sind seine Arbeiten zur Atomtheorie (Bohr-Sommerfeldsches Atommodell, Feinstrukturkonstante, 1915/16) und zur Elektronentheorie der Metalle (1927). Bereits in das Jahr 1919 fällt die erste Auflage des Buchs *Atombau und Spektrallinien*. Im Jahr 1942 erschien sein Lehrbuch *Die Mechanik* als erster Band seiner sechsbändigen Lehrbuchreihe *Vorlesungen über theoretische Physik*, die erst posthum abgeschlossen wurde.

Arnold Sommerfeld war Vorsitzender der Deutschen Physikalischen Gesellschaft (1918). Er erhielt im Jahr 1922/23 die Carl-Schurz-Gedächtnisprofessur in Madison, Wisconsin. In den Jahren 1928/29 führte er eine Weltreise durch, während der er Indien, China, Japan und die USA besuchte. In den Jahren 1935–1940 führte Sommerfeld eine heftige Auseinandersetzung um seinen Nachfolger. Er konnte allerdings nicht verhindern, dass sich die so genannte „Deutsche Physik" mit ihrem Vertreter W. Müller durchsetzte.

Arnold Sommerfeld starb am 26. April 1951 in München an den Folgen eines Unfalls.

die auf die Bedingung $e^{ik_x L_x} = e^{ik_y L_y} = e^{ik_z L_z} = 1$ führen. Aufgrund der Randbedingungen ergeben sich damit die zulässigen Wellenzahlen:

$$k_x = \frac{2\pi}{L_x} n_x, \quad k_y = \frac{2\pi}{L_y} n_y, \quad k_z = \frac{2\pi}{L_z} n_z, \quad \text{mit } n_{x,y,z} = 0, \pm 1, \pm 2, \pm 3, \ldots \quad (7.1.8)$$

Im Gegensatz zu den Gitterschwingungen, die wir in Abschnitt 5.3 behandelt haben, gibt es hier keinen maximalen Wellenvektor bzw. minimale Wellenlänge. Bei den Gitterschwingungen wurde der maximale Wellenvektor π/a durch den Rand der 1. Brillouin-Zone gegeben und resultierte aus der periodischen Anordnung der Gitteratome mit Abstand a. Hier be-

7.1 Modell des freien Elektronengases

trachten wir ein in ein Volumen eingesperrtes Teilchengas ohne jegliche periodische Struktur. Es existiert deshalb hier kein maximaler Wellenvektor.

Einen bestimmten Elektronenzustand können wir durch die Angabe der drei Zahlen n_x, n_y und n_z sowie durch Angabe des Spin-Index $\sigma = \pm\frac{1}{2}$ spezifizieren. Aufgrund der zwei möglichen Spin-Stellungen gibt es also zu jedem Wellenvektor **k** genau zwei Elektronenzustände mit unterschiedlicher Spin-Richtung. Die Energieeigenwerte dieser Zustände lauten

$$E_n = \frac{\hbar^2}{2m}\left[\frac{(2\pi)^2}{L_x^2}n_x^2 + \frac{(2\pi)^2}{L_y^2}n_y^2 + \frac{(2\pi)^2}{L_z^2}n_z^2\right]. \tag{7.1.9}$$

7.1.1.2 Zustandsdichte im k-Raum

Wie Abb. 7.1 zeigt, liegen die erlaubten Zustände im **k**-Raum in jeder Richtung äquidistant. Teilen wir den **k**-Raum in gleiche Teile auf, die alle jeweils nur einen Zustand enthalten, so erhalten wir für die Strecke, Fläche bzw. Volumen pro Zustand im 1D-, 2D- bzw 3D-Impulsraum

1D: $\quad \dfrac{2\pi}{L_x}$ \hfill (7.1.10)

2D: $\quad \dfrac{(2\pi)^2}{L_x L_y} = \dfrac{(2\pi)^2}{A}$ \hfill (7.1.11)

3D: $\quad \dfrac{(2\pi)^3}{L_x L_y L_z} = \dfrac{(2\pi)^3}{V}$ \hfill (7.1.12)

Für die dreidimensionale Zustandsdichte $Z(\mathbf{k})$ für beide Spin-Richtungen erhalten wir in Analogie zu (5.3.23)

$$Z(\mathbf{k}) = 2\frac{V}{(2\pi)^3}. \tag{7.1.13}$$

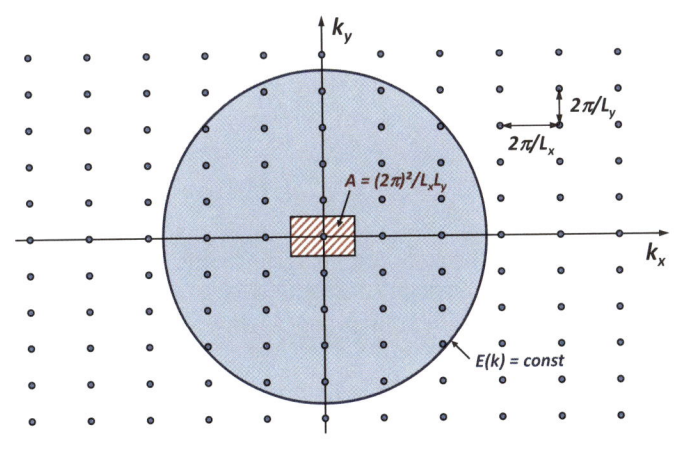

Abb. 7.1: Erlaubte Zustände im zweidimensionalen k-Raum und k-Raumfläche pro Zustand (schraffiert). Die Fläche konstanter Energie ist ein Kreis mit Radius $k = \sqrt{k_x^2 + k_y^2}$.

Entsprechende Ausdrücke ergeben sich für den 1D- oder 2D-Fall. Wir erhalten bis auf den Faktor 2 durch die beiden möglichen Spin-Richtungen das gleiche Ergebnis wie für die Phononen. Wird V groß, so liegen die Zustände im **k**-Raum sehr dicht und wir können $\sum_\mathbf{k}$ durch $\int d^3k\, Z(\mathbf{k})$ ersetzen.

7.1.1.3 Zustandsdichte im Energieraum

Die Zustandsdichte $D(E)$ im Energieraum erhalten wir mit Hilfe der Dispersionsrelation (7.1.4) und der Beziehung (vergleiche (5.3.27))

$$Z(\mathbf{k})\, d^3k = D(E)\, dE\,. \tag{7.1.14}$$

Wir bestimmen zunächst die Zahl der Zustände im **k**-Raum, indem wir über eine Schale $[E(\mathbf{k}), E(\mathbf{k}) + \Delta E]$ im **k**-Raum integrieren. Wir erhalten

$$\int_{\mathbf{k}(E)}^{\mathbf{k}(E+\Delta E)} Z(\mathbf{k})\, d^3k = 2\frac{V}{(2\pi)^3} \int_{\mathbf{k}(E)}^{\mathbf{k}(E+\Delta E)} d^3k\,, \tag{7.1.15}$$

wobei $\frac{V}{(2\pi)^3}$ die Dichte der Zustände im **k**-Raum ist und der Faktor 2 aus der Spin-Entartung resultiert. Die Zustandsdichte im Energieraum ergibt sich dann aus der Bedingung, dass die Zahl der Zustände erhalten bleibt,

$$2\frac{V}{(2\pi)^3} \int_{\mathbf{k}(E)}^{\mathbf{k}(E+\Delta E)} d^3k = \int_{E(\mathbf{k})}^{E(\mathbf{k}+\Delta E)} D(E)\, dE \simeq D(E)\Delta E \tag{7.1.16}$$

und der bekannten Dispersion $E(\mathbf{k}) = \hbar^2 k^2/2m$ in Analogie zu (5.3.31). Da die Flächen konstanter Energie im k-Raum Kugeloberflächen sind, erhalten wir für einen dreidimensionalen Festkörper

$$\int_{\mathbf{k}(E)}^{\mathbf{k}(E+\Delta E)} Z(\mathbf{k})\, d^3k = 2\frac{V}{(2\pi)^3} 4\pi k^2 \Delta k = D(E)\Delta E\,. \tag{7.1.17}$$

Mit $\Delta E = \frac{\hbar^2 k}{m}\Delta k$ ergibt sich daraus die Zustandsdichte für beide Spin-Richtungen zu

$$D(E) = \frac{V}{2\pi^2}\left(\frac{2m}{\hbar^2}\right)^{3/2} E^{1/2} \quad \text{(3D-Elektronengas)}\,. \tag{7.1.18}$$

Die Zustandsdichte $D(E)$ gibt die Zahl der Zustände pro Energieintervall für beide Spin-Richtungen an. In vielen Lehrbüchern wird die Zustandsdichte für eine Spin-Richtung oder pro Energieintervall und Volumen angegeben. Diese können aus (7.1.18) leicht erhalten werden, indem wir durch 2 bzw. das Volumen teilen.

Entsprechende Beziehungen können wir für ein- und zweidimensionale Elektronengassysteme ableiten, wie sie heute häufig in Halbleiterheterostrukturen realisiert werden. Für ein

7.1 Modell des freien Elektronengases

zweidimensionales Elektronengas gilt

$$\int_{\mathbf{k}(E)}^{\mathbf{k}(E+\Delta E)} Z(\mathbf{k})\, d^2k = 2\,\frac{A}{(2\pi)^2}\, 2\pi k \Delta k = D(E)\Delta E \qquad (7.1.19)$$

und wir erhalten

$$D(E) = \frac{A}{2\pi}\left(\frac{2m}{\hbar^2}\right) E^0 = \text{const} \qquad \text{(2D-Elektronengas)}. \qquad (7.1.20)$$

Für ein eindimensionales Elektronengas gilt

$$\int_{\mathbf{k}(E)}^{\mathbf{k}(E+\Delta E)} Z(\mathbf{k})\, dk = 2\,\frac{L}{(2\pi)}\, 2\Delta k = D(E)\Delta E \qquad (7.1.21)$$

und wir erhalten

$$D(E) = \frac{L}{2\pi}\left(\frac{2m}{\hbar^2}\right)^{1/2} E^{-1/2} \qquad \text{(1D-Elektronengas)}. \qquad (7.1.22)$$

Wir sehen, dass die Zustandsdichte für ein 3D-Elektronengas proportional zu $\sqrt{E}$, für ein 2D-Elektronengas konstant und für ein 1D-Elektronengas proportional zu $1/\sqrt{E}$ ist (siehe Abb. 7.2).

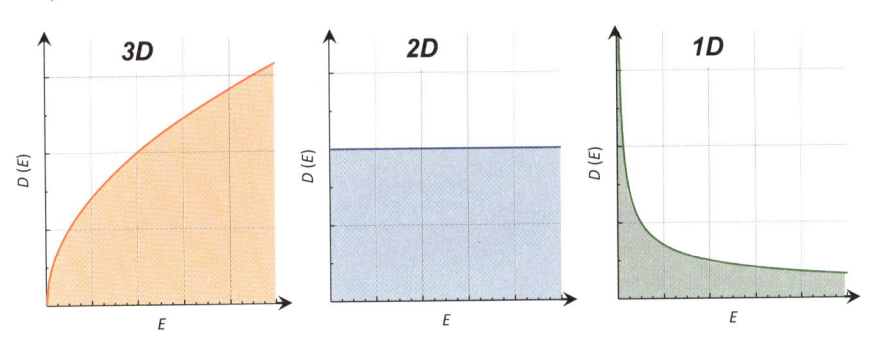

Abb. 7.2: Zustandsdichte für ein 1D-, 2D- und 3D-Elektronengas.

7.1.1.4 Die Fermi-Energie

Wir haben in den vorangegangenen Abschnitten die Eigenzustände und möglichen Wellenvektoren für ein einzelnes Elektron bestimmt. Wir wollen jetzt den Grundzustand eines Systems aus N nicht-wechselwirkenden Elektronen betrachten. Da für Elektronen das Pauli-Prinzip gilt, können jeweils nur zwei Elektronen mit entgegengesetztem Spin die Eigenzustände besetzen. Das bedeutet, dass wir die Eigenzustände von niedrigen Energien her kommenend auffüllen müssen, bis wir alle N Elektronen untergebracht haben. Die höchste Energie, die wir dabei erreichen, ist die *Fermi-Energie* E_F.[4] Die Fermi-Energie trennt bei $T=0$

---
[4] Benannt nach **Enrico Fermi**, geboren am 29. September 1901 in Rom, gestorben am 29. November 1945 in Chicago, Nobelpreis für Physik 1938.

Abb. 7.3: Potenzialverlauf im Modell freier Elektronen. Im Inneren des Potenzialtopfs verschwindet die potenzielle Energie, da wir freie Teilchen angenommen haben. Die Potenzialtiefe ergibt sich aus der Summe der Austrittsarbeit Φ und der Fermi-Energie E_F.

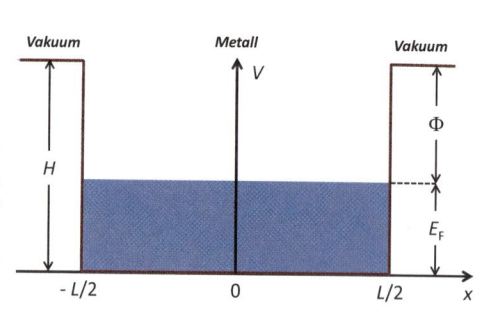

die besetzten Zustände ($E \leq E_F$) von den unbesetzten Zuständen ($E > E_F$). Das daraus resultierende Potenzialbild ist in Abb. 7.3 skizziert. Innerhalb des Potenzialtopfs verschwindet die potenzielle Energie. Alle Elektronenzustände sind bis zur Fermi-Energie besetzt. Um ein Elektron aus dem Metall zu entfernen, müssen wir die Austrittsarbeit Φ aufbringen. Die Austrittsarbeiten von Metallen liegen im Bereich von 2 bis 6 eV (z. B. Kupfer: $\Phi = 4.3\ldots 4.5$ eV), so dass unsere obige Annahme eines unendlich hohen Potenzialwalls gut gerechtfertigt ist. Die Tiefe des Potenzialwalls ergibt sich zu $H = \Phi + E_F$. Da E_F ebenfalls einige eV beträgt (siehe Tabelle 7.1), liegt H typischerweise im 10 eV Bereich.

Da die Flächen konstanter Energie für ein 3D-Elektronengas Kugeloberflächen sind, ergibt sich bei $T = 0$ im **k**-Raum eine Kugel mit Radius k_F, die alle besetzten Zustände enthält. Wir nennen diese Kugel *Fermi-Kugel* (siehe Abb. 7.4). Ihr Radius ist durch den *Fermi-Wellenvektor* k_F gegeben, ihre Oberfläche bezeichnen wir als *Fermi-Fläche*. Die Größe des Fermi-Wellenvektors können wir leicht bestimmen, indem wir die Anzahl der möglichen Zustände innerhalb der Fermi-Kugel gleich der Elektronenzahl N setzen:

$$N = 2 \underbrace{\left(\frac{V}{(2\pi)^3}\right)}_{\text{Zustandsdichte im k-Raum}} \cdot \underbrace{\left(\frac{4}{3}\pi k_F^3\right)}_{\text{Volumen im k-Raum}}. \tag{7.1.23}$$

Hierbei haben wir die Dichte $Z(\mathbf{k})$ der Zustände im **k**-Raum benutzt, in der der Faktor 2 auftaucht, da ja jeder Zustand mit zwei Elektronen entgegengesetzten Spins besetzt werden kann. Lösen wir nach k_F auf und benutzen die Teilchendichte $n = N/V$, so erhalten wir[5]

$$k_F = (3\pi^2 n)^{1/3}. \tag{7.1.24}$$

Mit diesem Ausdruck können wir weitere Größen angeben

$$E_F = \frac{\hbar^2 k_F^2}{2m} = \frac{\hbar^2}{2m}(3\pi^2 n)^{2/3} \qquad \text{Fermi-Energie} \tag{7.1.25}$$

$$T_F = \frac{E_F}{k_B} \qquad \text{Fermi-Temperatur} \tag{7.1.26}$$

---

[5] Vergleiche hierzu die analoge Ableitung des Debye-Wellenvektors (6.1.45) in Abschnitt 6.1.5. Beide Ausdrücke unterscheiden sich um den Faktor $2^{1/3}$, da wir bei dem Elektronensystem die Spin-Entartung vorliegen haben.

7.1 Modell des freien Elektronengases

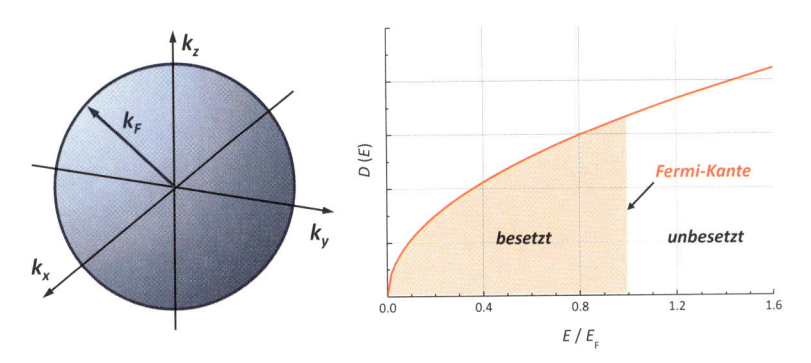

Abb. 7.4: Fermi-Kugel und Zustandsdichte für ein 3D-Elektronengas bei $T = 0$. Die besetzten und unbesetzten Zustände sind durch eine scharfe Fermi-Kante getrennt.

$$\lambda_F = \frac{2\pi}{k_F} \qquad \text{Fermi-Wellenlänge} \tag{7.1.27}$$

$$v_F = \frac{p_F}{m} = \frac{\hbar k_F}{m} \qquad \text{Fermi-Geschwindigkeit} \tag{7.1.28}$$

Wir sehen, dass die Fermi-Energie E_F bzw. die Fermi-Temperatur T_F nur von der Teilchendichte n abhängt.[6]

Größenordnungen: Wir wollen kurz die Größenordnung der gerade eingeführten Größen abschätzen. In typischen Metallen ist die Elektronendichte $n \sim 5 \cdot 10^{22}$ cm^{-3}. Damit erhalten wir folgende Größenordnungen:

$$k_F \simeq 10^8 \text{ cm}^{-1} \tag{7.1.29}$$

$$\lambda_F \simeq 1 \text{ Å} \tag{7.1.30}$$

$$v_F \simeq 10^8 \text{ cm/s} \tag{7.1.31}$$

$$E_F \simeq 4 \text{ eV} \tag{7.1.32}$$

$$T_F \simeq 50\,000 \text{ K} . \tag{7.1.33}$$

Zu beachten ist hierbei, dass die Wellenlänge der Elektronenwellen im Bereich von 1 Å liegt und damit in der gleichen Größenordnung wie der Atomabstand im Festkörper liegt. Aufgrund unserer Diskussion in Kapitel 2 erwarten wir deshalb starke Beugungseffekte der Elektronenwellen im Festkörper. Ferner ist T_F wesentlich größer als die typischen Schmelztemperaturen von Festkörpern. Wir haben also in der Praxis immer den Fall $T \ll T_F$ vorliegen. In Tabelle 7.1 sind die Werte von E_F und T_F für einige Metalle angegeben.

Die Fermi-Geschwindigkeit spielt für ein Elektronengas eine ähnliche Rolle wie die thermische Geschwindigkeit der Teilchen in einem klassischen Gas. Da $T \ll T_F$ bzw. $E_{th} = k_B T \ll$

---

[6] Die Teilchendichte in Atomkernen (Protonen, Neutronen) ist wesentlich größer als die Elektronendichte in Festkörpern, deshalb ist die Fermi-Energie dort auch wesentlich höher.

Tabelle 7.1: Elektronendichte, Fermi-Energie, Fermi-Temperatur, Fermi-Wellenvektor und Fermi-Geschwindigkeit für einige Metalle. Die Elektronendichte wurde hierbei über $n = N_A Z \rho_m / A$ abgeschätzt, wobei $N_A = 6.022 \times 10^{23}$ die Avogadro-Konstante, ρ_m die Massendichte, A die Massenzahl und Z die Ladungszahl des Elements sind.

Metall	n (10^{22} cm^{-3})	E_F (eV)	T_F (K)	k_F (10^8 cm^{-1})	v_F (10^8 cm/s)
Li	4.70	4.72	54 800	1.11	1.27
Na	2.54	3.16	36 700	0.91	1.05
Rb	1.15	1.85	21 500	0.69	0.79
Cu	8.45	7.00	81 200	1.35	1.55
Au	5.90	5.51	63 900	1.20	1.38
Ag	5.86	5.49	63 700	1.20	1.39
Be	24.2	14.14	164 100	1.92	2.21
Zn	13.10	9.39	109 000	1.56	1.79
Al	18.06	11.63	134 900	1.74	2.00
Pb	13.20	9.37	108 700	1.57	1.81

E_F ist allerdings die thermische Geschwindigkeit eines „klassischen Elektronengases" wesentlich kleiner als die Fermi-Geschwindigkeit. Während $v_F = \sqrt{2E_F/m} \simeq 10^8$ cm/s, würde die thermische Geschwindigkeit eines klassischen Elektronengases bei 300 K nur $v_{th} = \sqrt{3E_{th}/m} \simeq 10^7$ cm/s betragen.

Wir wollen zuletzt noch die Zustandsdichte bei der Fermi-Energie angeben. Mit (7.1.18) und (7.1.25) erhalten wir

$$D(E_F) = \frac{3}{2} V \frac{n}{E_F} = \frac{3}{2} \frac{N}{E_F}. \tag{7.1.34}$$

Häufig wird die Zustandsdichte auch pro Einheitsvolumen angegeben, so dass sie dann nur durch den Quotienten von Elektronendichte n und Fermi-Energie E_F bestimmt ist.

7.1.1.5 Gesamtenergie, Druck und Kompressibilität

Gesamtenergie: Die Gesamtenergie des Elektronensystems erhalten wir, indem wir die Energien der einzelnen Elektronen aufsummieren:

$$E_{ges} = 2 \sum_{k \leq k_F} \frac{\hbar^2 k^2}{2m}. \tag{7.1.35}$$

Der Faktor 2 berücksichtigt hierbei wiederum die Spinentartung. Ähnlich wie wir es für die Gitterschwingungen getan haben, nehmen wir an, dass das Volumen V groß ist und deshalb die Zustände im **k**-Raum sehr dicht liegen. Wir können dann die Summation durch eine Integration ersetzen, $\sum_k E(k) \to \int_k Z(k)E(k)\,d^3k$, und erhalten

$$E_{ges} = 2 \frac{V}{(2\pi)^3} \int_0^{k_F} \frac{\hbar^2 k^2}{2m} d^3k = 2 \frac{V}{(2\pi)^3} \int_0^{k_F} \frac{\hbar^2 k^2}{2m} 4\pi k^2\, dk = \frac{V}{10\pi^2} \frac{\hbar^2}{m} k_F^5. \tag{7.1.36}$$

7.1 Modell des freien Elektronengases

Mit $n = N/V = k_F^3/3\pi^2$ erhalten wir für die Gesamtenergie pro Teilchen

$$\frac{E_{\text{ges}}}{N} = \frac{3}{5} E_F = \frac{3}{5} k_B T_F \,. \tag{7.1.37}$$

Im Gegensatz zu einem Gas klassischer Teilchen, für das die Energie pro Teilchen $\frac{3}{2} k_B T$ beträgt und damit für $T \to 0$ verschwindet, besitzt das Fermi-Gas selbst bei $T = 0$ eine große Energie pro Teilchen. Dies ist eine direkte Folge des Pauli-Verbots.

Druck: Der Druck, der von dem Elektronengas ausgeübt wird, ist

$$p = -\left(\frac{\partial E_{\text{ges}}}{\partial V}\right)_{N=\text{const}} = \frac{2}{3} \frac{E_{\text{ges}}}{V} \,. \tag{7.1.38}$$

Hierbei haben wir den Ausdruck (7.1.25) für die Fermi-Energie verwendet. Da in die Fermi-Energie $n = N/V$ eingeht, ist diese vom Volumen abhängig. Gleichung (7.1.38) bedeutet, dass wir zum Komprimieren eines völlig wechselwirkungsfreien Teilchengases eine Kraft aufwenden müssen. Dies erscheint zunächst ungewöhnlich, da die Teilchen ja keine abstoßenden Kräfte aufeinander auswirken. Allerdings ändern wir bei der Komprimierung die Abmessungen des Potenzialtopfes, in dem die Teilchen eingesperrt sind, und damit ihre Energien. Bei einer Verringerung des Volumens vergrößern wir die möglichen Wellenvektoren ($k \propto 2\pi/L$) und damit die Teilchenenergien ($E \propto k^2$). Dies führt insgesamt zu einer Erhöhung der Gesamtenergie des Teilchensystems. Diese Energieerhöhung müssen wir über die Arbeit $\int p\, dV$ aufbringen.

Kompressibilität: Für die Kompressibilität κ bzw. den Bulk-Modul $B = 1/\kappa$ erhalten wir (vergleiche (3.2.27))[7]

$$\frac{1}{\kappa} = B = -V\left(\frac{\partial p}{\partial V}\right)_{T=\text{const}} = \frac{2}{3} n E_F \,. \tag{7.1.39}$$

7.1.2 Fermi-Gas bei endlicher Temperatur

Wir haben das freie Elektronengas bisher nur für den Fall $T = 0$ betrachtet. Dabei waren alle Zustände bis $k = k_F$ besetzt und alle Zustände mit $k > k_F$ unbesetzt. Die besetzten und unbesetzten Zustände waren durch eine scharfe Fermi-Kante getrennt. Bei $T > 0$ erwarten wir thermische Anregungen, so dass einige Zustände für $k < k_F$ leer und einige für $k > k_F$ besetzt sein werden. Wir erwarten deshalb ein Aufweichen der scharfen Fermi-Kante. Wir müssen uns jetzt überlegen, wie sich die Elektronen auf die verfügbaren Zustände verteilen. Diese Frage müssen wir mit Hilfe der statistischen Physik beantworten. Die Vorgehensweise ist dabei ähnlich zu Kapitel 6. Dort haben wir die Besetzungswahrscheinlichkeit der Schwingungszustände (Phononen) mit der Bose-Einstein-Statistik beschrieben. Wir haben es jetzt

---

[7] Es gilt $B = -V\left(\frac{\partial p}{\partial V}\right)_{T=\text{const}} = V\left(-\frac{2}{3}\frac{E_{\text{ges}}}{V^2} + \frac{2}{3V}\frac{\partial E_{\text{ges}}}{\partial V}\right) = \frac{2}{3}\frac{E_{\text{ges}}}{V} + \left(\frac{2}{3}\right)^2\frac{E_{\text{ges}}}{V} = \frac{10}{9}\frac{E_{\text{ges}}}{V} = \frac{2}{3}nE_F$.

allerdings nicht mehr mit Phononen, d. h. mit Bosonen (Teilchen mit ganzzahligem Spin) zu tun, für die diese Verteilungsfunktion adäquat ist. Elektronen besitzen einen halbzahligen Spin und sind deshalb *Fermionen*. Wir müssen deshalb ihre statistischen Eigenschaften mit der *Fermi-Dirac-Statistik*[8] beschreiben.

7.1.2.1 Fermi-Dirac-Verteilung

Die Besetzungswahrscheinlichkeit der für die Teilchen eines Elektronengases zur Verfügung stehenden Zustände ist durch die *Fermi-Dirac-Verteilung* (siehe Anhang B)

$$f(E) = \frac{1}{e^{\frac{E-\mu}{k_B T}} + 1} \qquad (7.1.40)$$

gegeben. Hierbei ist μ das so genannte *chemische Potenzial*, dessen Bedeutung wir weiter unten noch genauer diskutieren. Eine Ableitung der Fermi-Dirac-Verteilung ist in Anhang B gegeben.

Die Fermi-Dirac-Verteilungsfunktion gibt an, mit welcher Wahrscheinlichkeit ein Zustand mit der Energie E bei der Temperatur T besetzt ist. Sie ist in Abb. 7.5 grafisch dargestellt. Wir sehen, dass mit zunehmender Temperatur eine Umverteilung der Besetzung der Elektronenzustände von $E < E_F$ nach $E > E_F$ erfolgt. Da aber $k_B T \ll E_F$, ist der Anteil der Elektronen, die an dieser Umverteilung teilnehmen, üblicherweise sehr klein. Bei Raumtemperatur ist für typische Metalle $k_B T/E_F \sim 10^{-2}$ und es nimmt nur etwa 1% aller Elektronen an der Umverteilung teil. Dies wird bei der späteren Diskussion der thermischen Eigenschaften oder der Transporteigenschaften des Elektronengases eine große Rolle spielen. In Abb. 7.5 gibt die rote Kurve ($\mu/k_B T = 200$) die Situation bei Raumtemperatur realistisch wieder. Die Aufweichung der Fermi-Funktion ist kaum zu erkennen, da der Bereich der Breite $k_B T$, über den die Aufweichung stattfindet, in diesem Fall nur $0.005 \cdot E/\mu$ beträgt.

Abb. 7.6 zeigt das Produkt aus Zustandsdichte und Fermi-Verteilungsfunktion für $T = 0$ und $T > 0$. Wir sehen wiederum, dass sich die Anzahl der besetzten Zustände nur inner-

Abb. 7.5: Grafische Darstellung der Fermi-Dirac Verteilungsfunktion in Abhängigkeit von der reduzierten Energie E/μ für $\mu/k_B T = 10$ und 200. Für Metalle ist $\mu \simeq E_F \sim 5$ eV bzw. $T_F \sim 50\,000$ K, so dass $\mu/k_B T = 200$ etwa den Verhältnissen bei Raumtemperatur entspricht. Erwärmt man das System, so werden die Zustände in den farbig markierten Bereichen von $E/\mu < 1$ nach $E/\mu > 1$ umverlagert.

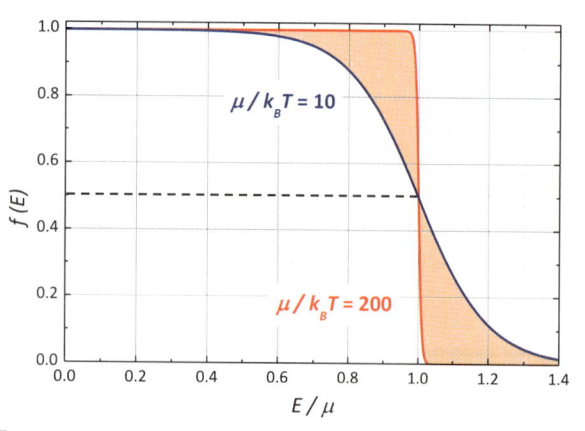

---

[8] **Paul Adrien Maurice Dirac**, geboren am 8. August 1902 in Bristol, England, gestorben am 20. Oktober 1984 in Tallahassee, USA, Nobelpreis für Physik 1933.

7.1 Modell des freien Elektronengases

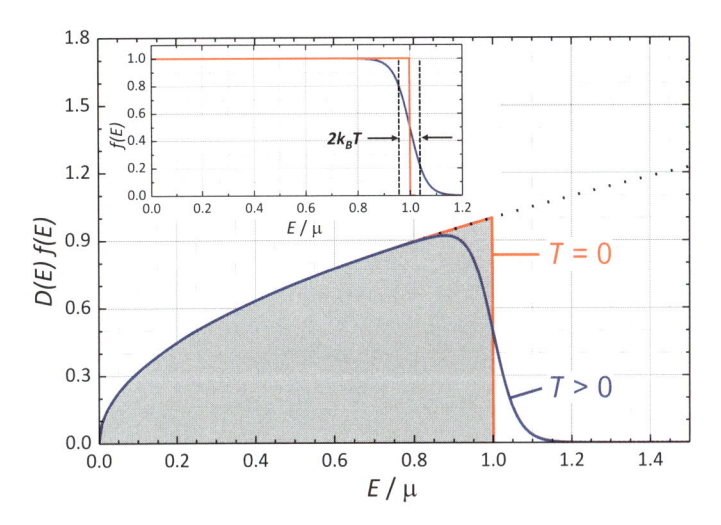

Abb. 7.6: Zustandsdichte mal Besetzungswahrscheinlichkeit als Funktion der reduzierten Energie E/μ für $T = 0$ und $T > 0$. Beim Übergang von $T = 0$ zu $T > 0$ ändert sich die Besetzung der Zustände nur innerhalb eines Energieintervalls der Breite $k_B T$ um $E/\mu = 1$. Das Inset zeigt die Fermi-Dirac-Verteilungsfunktionen für $T = 0$ und $T > 0$.

halb eines schmalen Intervalls der Breite $k_B T$ um $E/\mu = 1$ ändert. Bei $T = 0$ fällt $D(E)f(E)$ bei $E = \mu$ abrupt auf null ab, während dieser Abfall bei endlichen Temperaturen über ein Energieintervall der Breite $\sim k_B T$ verschmiert ist.

7.1.3 Das chemische Potenzial

Im Gegensatz zum in Kapitel 6 behandelten Phononengas, bei dem die Teilchenzahl nicht erhalten war, haben wir es beim Elektronengas mit einer festen Teilchenzahl N zu tun. Deshalb taucht in der Verteilungsfunktion ein neuer Parameter, nämlich das chemische Potenzial μ auf. Für $T = 0$ erkennen wir aus (7.1.40) sofort, dass $f(E) = 0$ für $E > \mu$ und $f(E) = 1$ für $E \leq \mu$. Das heißt, es gilt

$$\mu(T=0) = E_F. \tag{7.1.41}$$

Für beliebige Temperaturen können wir den Wert des chemischen Potenzials bestimmen, indem wir berücksichtigen, dass die Summe über alle Besetzungswahrscheinlichkeiten aller Elektronen gerade die Elektronenzahl N ergeben muss. Es muss also gelten

$$N = \int Z(\mathbf{k}) f(E_\mathbf{k}) \, d^3k = \int D(E) f(E) \, dE. \tag{7.1.42}$$

Bei der Lösung dieses Integrals verwendet man meist die **Sommerfeld-Entwicklung**. Der Grundgedanke ist dabei der, dass wegen $k_B T \ll \mu$ die Verteilungsfunktion $f(E)$ nur in einem schmalen Bereich der Breite $k_B T$ um $E \simeq \mu$ von der Verteilungsfunktion für $T = 0$ abweicht. Das Integral $\int_0^\infty D(E)f(E)\,dE$ weicht also vom Integral $\int_0^\mu D(E)\,dE$ bei $T = 0$ nur wenig ab, da sich die Integranden nur in der Nähe von $E = \mu$ unterscheiden und $f(E)$ oberhalb von $E = \mu$ schnell auf Null abfällt. Wir können deshalb eine Taylor-Entwicklung der Stammfunktion um $E = \mu$ vornehmen (Sommerfeld-Entwicklung) und erhalten:[9]

$$N = \int_0^\infty D(E) f(E)\, dE$$

$$= \int_0^\mu D(E)\, dE + \sum_{n=1}^\infty (k_B T)^{2n} a_n \left(\frac{d^{2n-1} D(E)}{dE^{2n-1}} \right)_{E=\mu}. \quad (7.1.43)$$

Hierbei sind $a_n \sim 1$ dimensionslose Konstanten. Brechen wir die Reihenentwicklung nach dem 1. Glied ab, so erhalten wir

$$N = \int_0^\mu D(E)\, dE + (k_B T)^2 \frac{\pi^2}{6} \left(\frac{dD(E)}{dE} \right)_{E=\mu} + O\left(\frac{k_B T}{\mu} \right)^4. \quad (7.1.44)$$

Mit

$$\int_0^\mu D(E)\, dE = \int_0^{E_F} D(E)\, dE + \int_{E_F}^\mu D(E)\, dE$$

$$\simeq \int_0^{E_F} D(E)\, dE + D(E_F)(\mu - E_F) \quad (7.1.45)$$

erhalten wir

$$N = \int_0^{E_F} D(E)\, dE + \left[(\mu - E_F) D(E_F) + (k_B T)^2 \frac{\pi^2}{6} \left(\frac{dD(E)}{dE} \right)_{E=\mu} \right]$$

$$= N(T=0) + \widetilde{N}. \quad (7.1.46)$$

Da die Teilchenzahl temperaturunabhängig sein muss, folgt sofort dass

$$\widetilde{N} = 0 = \left[(\mu - E_F) D(E_F) + (k_B T)^2 \frac{\pi^2}{6} \left(\frac{dD(E)}{dE} \right)_{E=\mu} \right]. \quad (7.1.47)$$

Damit erhalten wir die Temperaturabhängigkeit des chemischen Potenzials zu

$$\mu(T) = E_F - (k_B T)^2 \frac{\pi^2}{6} \frac{\left(\frac{dD(E)}{dE} \right)_{E=\mu}}{D(E_F)} \quad (7.1.48)$$

Mit $D(E) = \frac{V}{2\pi^2} \left(\frac{2m}{\hbar^2} \right)^{3/2} \sqrt{E}$ erhalten wir schließlich

$$\mu(T) = E_F \left[1 - \frac{\pi^2}{12} \left(\frac{T}{T_F} \right)^2 \right] \quad (7.1.49)$$

---

[9] siehe hierzu Anhang C oder *Festkörperphysik*, N. W. Ashcroft, N. D. Mermin, Oldenbourg Verlag, München (2012), Anhang C.

7.2 Spezifische Wärme

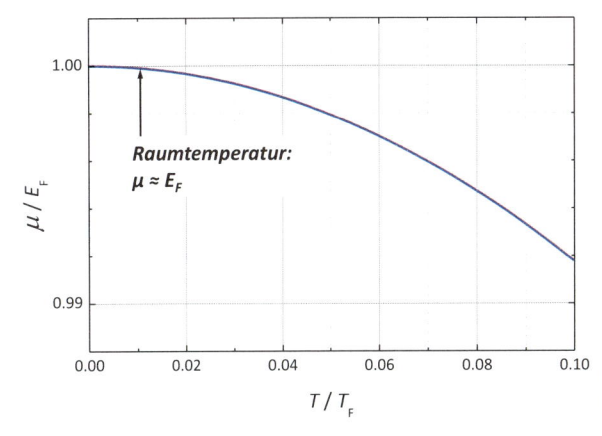

Abb. 7.7: Temperaturabhängigkeit des chemischen Potenzials eines Elektronengases. Bei Raumtemperatur ist für typische Metalle $T/T_F \simeq 10^{-2}$, so dass in guter Näherung $\mu \simeq E_F$.

Diese Abhängigkeit ist in Abb. 7.7 gezeigt. Da bei Raumtemperatur für typische Metalle $T/T_F \sim 10^{-2}$, können wir auch bei Raumtemperatur in guter Näherung $\mu(300\,\text{K}) \simeq E_F$ schreiben.

Anmerkung: Das chemische Potenzial stellt eine wichtige thermodynamische Größe dar. Es ist allgemein definiert durch die Gibbssche Fundamentalgleichung der inneren Energie U:

$$dU = T\,dS - p\,dV + \sum_i \mu_i\,dn_i\,. \tag{7.1.50}$$

Dabei ist T die absolute Temperatur, S ist die Entropie, p der Druck, V das Volumen und n_i ist die Stoffmenge der Systemkomponente i. Bringen wir zwei thermodynamische Systeme in Kontakt und lassen Wärme und Teilchenaustausch zu, so befinden sich diese beiden Systeme genau dann im thermodynamischen Gleichgewicht, wenn $T_1 = T_2$, $p_1 = p_2$ und $\mu_1 = \mu_2$ gilt. Das chemische Potenzial spielt also insbesondere bei Kontaktphänomenen (z. B. Diode, Halbleiterheterostrukturen, Metall-Halbleiter-Kontakt) eine wichtige Rolle. Der Wert von μ entspricht immer derjenigen Energie, die man aufbringen muss, um dem System ein weiteres Teilchen hinzuzufügen.

7.2 Spezifische Wärme

7.2.1 Theorie

Um die spezifische Wärme bei konstantem Volumen zu erhalten, müssen wir die innere Energie (entspricht Gesamtenergie) des Elektronengases als Funktion der Temperatur bestimmen (vergleiche hierzu Abschnitt 6.1.1). Für ein klassisches Elektronengas aus N Elektronen erwarten wir gemäß dem Gleichverteilungssatz pro kinetischem Freiheitsgrad den Beitrag $\frac{1}{2}k_B T$. Berücksichtigen wir noch die Spin-Entartung, so erwarten wir für die Wärmekapazität

$$C_V^{\text{klassisch}} = \left.\frac{\partial \langle U \rangle}{\partial T}\right|_V = 2 \cdot N \cdot 3 \cdot \tfrac{1}{2} k_B = 3 N k_B \,. \tag{7.2.1}$$

Dieser klassische Wert, den wir nach dem Drude-Modell erwarten, ist jedoch um etwa den Faktor 100 größer als der gemessene Wert. Dies war einer der ersten Hinweise darauf, dass das klassische Drude-Modell die Situation nicht richtig beschreibt. Um das richtige Ergebnis zu erhalten, müssen wir eine quantenmechanische Beschreibung vornehmen und das Pauli-Prinzip berücksichtigen.

Die innere Energie eines Elektronengases erhalten wir ganz allgemein, indem wir über alle Energiezustände multipliziert mit deren Besetzungswahrscheinlichkeit aufsummieren:

$$U = \sum_{\mathbf{k},\sigma} E(\mathbf{k}) f(E_\mathbf{k}) \,. \tag{7.2.2}$$

Mit Hilfe der Zustandsdichte $D(E)$ können wir die Summation über alle $\mathbf{k}$ durch eine Integration über die Energie ersetzen:

$$U = \int_0^\infty dE\, E\, D(E) f(E) = \frac{V}{2\pi^2} \left(\frac{2m}{\hbar^2}\right)^{3/2} \int_0^\infty \frac{E^{3/2}}{e^{(E-\mu)/k_B T} + 1}\, dE \,. \tag{7.2.3}$$

Die Auswertung dieses Integrals ist leider schwierig, da es nicht analytisch lösbar ist. Man verwendet deshalb die Sommerfeld-Entwicklung (siehe Anhang C)

$$\begin{aligned}
U &\simeq \int_0^\mu E\, D(E)\, dE + (k_B T)^2 \frac{\pi^2}{6} \left(\frac{d}{dE}[E D(E)]\right)_{E \simeq E_F} + \ldots \\
&\simeq \int_0^{E_F} E\, D(E)\, dE + \int_{E_F}^\mu E\, D(E)\, dE + (k_B T)^2 \frac{\pi^2}{6} \left[E_F \frac{dD(E_F)}{dE} + D(E_F)\right] \\
&\simeq U(T=0) + E_F D(E_F)(\mu - E_F) + (k_B T)^2 \frac{\pi^2}{6} \left[E_F \frac{dD(E_F)}{dE} + D(E_F)\right] \\
&\simeq U(T=0) + E_F \left[D(E_F)(\mu - E_F) + (k_B T)^2 \frac{\pi^2}{6} \frac{dD(E_F)}{dE}\right] + (k_B T)^2 \frac{\pi^2}{6} D(E_F) \,.
\end{aligned} \tag{7.2.4}$$

Der Term in eckigen Klammern entspricht gerade $\widetilde{N}$ in (7.1.47) und muss deshalb verschwinden. Somit erhalten wir

$$U = U(T=0) + (k_B T)^2 \frac{\pi^2}{6} D(E_F) \,. \tag{7.2.5}$$

7.2 Spezifische Wärme

Für die Wärmekapazität erhalten wir damit

$$C_V = \frac{\partial U}{\partial T}\bigg|_V = \frac{\pi^2}{3} k_B^2 T D(E_F) \,. \tag{7.2.6}$$

Mit der Zustandsdichte $\frac{D(E_F)}{V} = \frac{3}{2}\frac{N}{E_F V} = \frac{3}{2}\frac{n}{E_F}$ erhalten wir schließlich die auf das Volumen bezogene spezifische Wärmekapazität

$$c_V = \frac{\pi^2}{3} k_B^2 \frac{D(E_F)}{V} T = \frac{\pi^2}{2} \frac{n k_B^2}{E_F} T = \gamma T \tag{7.2.7}$$

mit dem *Sommerfeld-Koeffizienten*

$$\gamma = \frac{\pi^2}{3} k_B^2 \frac{D(E_F)}{V} = \frac{\pi^2}{2} \frac{n k_B^2}{E_F} \,, \tag{7.2.8}$$

der durch $D(E_F)$ und damit durch die Dichte und Masse der Ladungsträger bestimmt wird.

Plausibilitätsbetrachtung: Um uns das obige Ergebnis anschaulich klar zu machen, betrachten wir Abb. 7.8. Erhöhen wir die Temperatur von $T = 0$ auf die Temperatur T, so erzeugen wir eine Umbesetzung der Elektronenzustände. An dieser Umbesetzung kann allerdings nur ein ganz kleiner Bruchteil der Elektronen mit Energien im Intervall $k_B T$ um die Fermi-Energie teilnehmen. Die Anzahl dieser Elektronen ist $N_{th} \simeq D(E_F) k_B T$. Jedes dieser Elektronen trägt etwa die Energie $k_B T$ zu U bei. Wir erwarten deshalb

$$U \simeq U(T = 0) + D(E_F)(k_B T)^2 \tag{7.2.9}$$

$$C_V = 2 D(E_F) k_B^2 T = \frac{3 N k_B^2}{E_F} T \,. \tag{7.2.10}$$

Daraus ergibt sich eine spezifische Wärmekapazität $c_V = C_V/V$, die bis auf den Faktor $\pi^2/6$ mit dem Ergebnis (7.2.7) übereinstimmt.

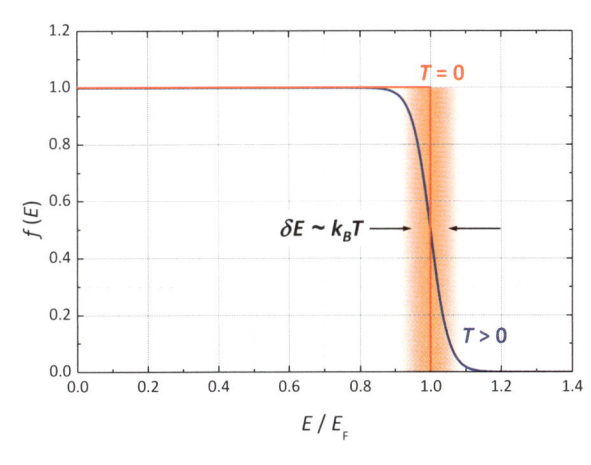

Abb. 7.8: Plausibilitätsbetrachtung zur Wärmekapazität des Elektronengases. Gezeigt ist eine Fermi-Dirac-Verteilungsfunktion bei $T = 0$ (rot) und $T > 0$ (blau). Der schattierte Bereich zeigt den Energiebereich der Breite $k_B T$, aus dem die Elektronen zur Wärmekapazität beitragen können.

Wir sehen, dass die Wärmekapazität des Elektronengases proportional zu T zunimmt. Im Vergleich zum klassischen Ergebnis $C_V^{\text{klass}} = 3Nk_B$ taucht in (7.2.7) bzw. (7.2.10) noch der Faktor T/T_F auf. Das heißt, dass wir wegen $T \ll T_F$ nur einen kleinen Bruchteil der klassisch erwarteten Wärmekapazität erhalten. Die Ursache dafür ist das Pauli-Prinzip, das bei der klassischen Betrachtung natürlich außer Acht gelassen wurde. Es führt dazu, dass ein Großteil der Elektronen nicht zur Wärmekapazität beitragen kann. Ihre Freiheitsgrade sind quasi „eingefroren".

7.2.2 Experimentelle Ergebnisse

Messen wir die Wärmekapazität eines Metalls (gemessen wird immer C_p), so messen wir immer die Summe aus den Beiträgen des Gitters und des Elektronengassystems. Bei tiefen Temperaturen variiert der Gitteranteil mit T^3 und wir erwarten deshalb eine Temperaturabhängigkeit

$$C_p = \gamma \cdot T + A \cdot T^3 . \tag{7.2.11}$$

Bei der Darstellung der experimentellen Daten wird deshalb häufig C/T gegen T^2 geplottet. Man erhält dann eine Gerade mit der Steigung A und dem Achsenabschnitt γ. Ein typisches Beispiel ist in Abb. 7.9 gezeigt, wo die spezifische Wärme von Kalium in einer C_p/T versus T^2 Auftragung gezeigt ist.

Der experimentell bestimmte Wert γ_{exp} stimmt für einige Metalle, insbesondere die Alkali-Metalle, gut mit dem nach (7.2.8) theoretisch erwarteten Wert γ_{theor} überein. Wie Tabelle 7.2 zeigt, gibt es aber vor allem für die $3d$-Übergangsmetalle große Abweichungen zwischen Theorie und Experiment. Dies zeigt, dass das Modell der freien Elektronen für diese Metalle wohl zu einfach ist. Für die $3d$-Übergangsmetalle tragen die $3d$-Elektronen zwar wesentlich zur Zustandsdichte beim Fermi-Niveau bei, diese Elektronen sind aber stark lokalisiert und können deshalb schlecht mit völlig delokalisierten, freien Elektronen beschrieben werden.

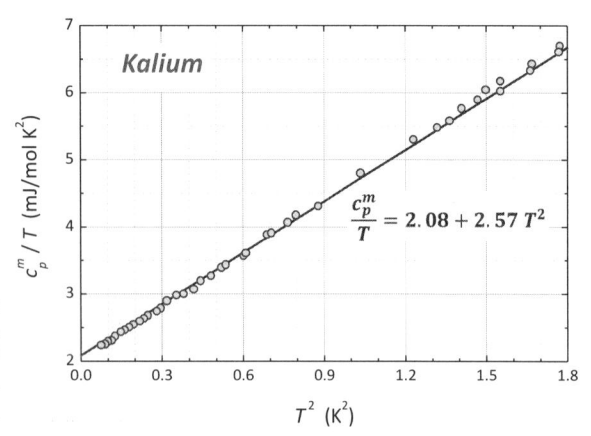

Abb. 7.9: Molare spezifische Wärme von Kalium bei tiefen Temperaturen. Geplottet ist C_p^m/T gegen T^2 (Daten aus W. H. Lien, N. E. Phillips, Phys. Rev. **133**, A1370 (1964)).

$$\frac{c_p^m}{T} = 2.08 + 2.57\, T^2$$

7.2 Spezifische Wärme

Tabelle 7.2: Vergleich zwischen experimentellem und nach (7.2.8) berechneten Wert des Sommerfeld-Koeffizienten γ der elektronischen spezifischen Wärme.

Metall	γ_{exp} (10^{-3} J/mol K^2)	γ_{theor} (10^{-3} J/mol K^2)	$\gamma_{\text{exp}}/\gamma_{\text{theor}}$
Li	1.63	0.749	2.18
Na	1.38	1.094	1.26
K	2.08	1.668	1.25
Rb	2.41	1.911	1.26
Cs	3.20	2.238	1.43
Fe	4.98	0.498	10
Co	4.98	0.483	10.3
Ni	7.02	0.458	15.3
Cu	0.695	0.505	1.38
Ag	0.646	0.645	1.00
Au	0.729	0.642	1.14
Sn	1.78	1.41	1.26
Pb	2.98	1.509	1.97

Die beobachteten Abweichungen zwischen γ_{exp} und γ_{theor} haben im Allgemeinen folgende Ursachen:

- Die Wechselwirkung der Elektronen mit dem durch die positiven Ionen gebildeten Kristallpotenzial. Wir werden in Kapitel 8 sehen, dass dies zu einer Bandmasse m^* der Elektronen führt, die wesentlich größer als m sein kann. Deshalb kann $\gamma \propto m^*$ auch wesentlich größer werden als der Wert, den wir mit der Masse m des freien Elektrons berechnen.
- Die Wechselwirkung der Elektronen mit den Phononen. Diese Wechselwirkung führt auch zu einer erhöhten effektiven Masse. Anschaulich können wir argumentieren, dass die Elektronen bei ihrer Bewegung durch das Kristallgitter dieses verformen. Sie müssen dann eine Deformation mitschleppen, die zu einer erhöhten effektiven Masse führt.
- Die Wechselwirkung der Elektronen untereinander führt in ähnlicher Weise zu einer erhöhten effektiven Masse.

7.2.2.1 Vertiefungsthema: Schwere Fermionen

Mehrere intermetallische Verbindungen mit $4f$- oder $5f$-Elementen (z. B. UBe$_{13}$, UPt$_3$, CeAl$_3$, CeCu$_2$Si$_2$) zeigen γ-Werte, die mehrere Größenordnungen größer sind, als der nach (7.2.8) mit der freien Elektronenmasse m erwartete Wert. Die Ursache für diese extrem hohen Werte sind die f-Elektronen in diesen Substanzen. Da der Überlapp der Wellenfunktionen der f-Elektronen benachbarter Atome sehr gering ist, sind diese Elektronen stark lokalisiert. Bei tiefen Temperaturen stehen die üblicherweise lokalisierten f-Elektronen an der Schwelle zur Delokalisierung. Die Elektronen sind dann aber nicht frei beweglich wie die s-Elektronen der Alkalimetalle, sondern spüren immer noch stark ihre Lokalisierungstendenz. Dieser Tatsache kann durch eine hohe effektive Masse $m^* \gg m$ Rechnung getragen werden. Typischerweise ist $m^*/m \sim 100\text{–}1000$. Man nennt diese Substanzen deshalb *Schwere Fermionen*.[10,11,12]

In dem Schwere-Fermionen-System CeCu$_2$Si$_2$ wurde im Jahre 1979 von **Frank Steglich**[13] Supraleitung entdeckt. Supraleiter zeichnen sich dadurch aus, dass sie den elektrischen Strom ohne Energieverlust tragen können. Diese Eigenschaft entsteht durch die koordinierte Bewegung zweier Elektronen, welche ein so genanntes Cooper-Paar bilden. In klassischen Supraleitern entsteht diese Koordination durch die elastische Kopplung der Elektronen an die Bewegung der Atome im Kristallgitter. Bei Schwere-Fermionen-Supraleitern vermutet man hingegen, dass die Bewegung der „schweren Elektronen" durch ihre Kopplung an die Bewegung der magnetischen Momente koordiniert wird. Dieser Mechanismus scheint nicht nur der Supraleitung in Metallen mit schweren Fermionen zugrunde zu liegen. Man vermutet vielmehr, dass in ihm auch der Schlüssel zum Verständnis der Hochtemperatur-Supraleiter zu finden ist. Deshalb werden heute Schwere-Fermionen-Systeme intensiv erforscht.

7.3 Transporteigenschaften

Wir werden uns in diesem Abschnitt mit den Transporteigenschaften des freien Elektronengases beschäftigen. Dabei werden wir die Konzepte verwenden, die wir bereits in Abschnitt 6.4 bei der Behandlung des Wärmetransports durch die Phononen eingeführt haben. Eine genauere Diskussion der Transporteigenschaften von Festkörpern folgt in Kapitel 9, nachdem wir das Modell freier Elektronen durch Berücksichtigung der periodischen Struktur von kristallinen Festkörpern verfeinert haben und die daraus resultierende Bandstruktur eingeführt haben.

7.3.1 Elektrische Leitfähigkeit

7.3.1.1 Definition der elektrischen Leitfähigkeit

Die elektrische Leitfähigkeit σ eines Festkörpers ist definiert als Proportionalitätskonstante zwischen treibendem elektrischem Feld $\mathbf{E}$ und resultierender elektrischer Stromdichte $\mathbf{J}_q$:

$$\mathbf{J}_q = \sigma \mathbf{E} = -\sigma \nabla \phi_{\text{el}} . \tag{7.3.1}$$

---

[10] Z. Fisk, H. R. Ott, T. M. Rice, J. L. Smith, *Heavy-elctron metals*, Nature **20** 124–129 (1986).

[11] M. B. Maple, *Novel Types of Superconductivity in f-Electron Systems*, Phys. Today **39**(3), 72 (1986).

[12] F. Steglich, *Schwere-Fermionen-Supraleitung*, Physik Journal, Nr. 8/9 (2004).

[13] **Frank Steglich**, geboren am 14. März 1941 in Dresden. Steglich studierte von 1960 bis 1966 Physik in Münster und Göttingen. 1969 promovierte er in Göttingen mit einer Arbeit zur thermischen Leitfähigkeit in stark fehlgeordneten dünnen metallischen Filmen. 1976 habilitierte er sich an der Universität zu Köln im Fach Physik. Von 1978 bis 1998 war er Professor für Experimentalphysik am Institut für Festkörperphysik der Technischen Hochschule/Technischen Universität Darmstadt. 1996 war er Gründungsdirektor des Max-Planck-Instituts für chemische Physik fester Stoffe in Dresden und übernahm dort die Abteilung Festkörperphysik. Steglich gilt als der Entdecker der Schwere-Fermionen-Supraleitung (1979).

7.3 Transporteigenschaften

Hierbei haben wir verwendet, dass wir die elektrische Feldstärke **E** als Gradienten eines elektrischen Potenzials ϕ_{el} schreiben können. Wir erkennen dann sofort die Analogie zum Ausdruck (6.4.1) für die Wärmestromdichte $\mathbf{J}_h$. Die Einheit der elektrischen Leitfähigkeit ist $1/\Omega \text{m}$ oder A/Vm.

7.3.1.2 Drude-Modell

Aus historischen Gründen diskutieren wir zunächst das bereits im Jahr 1900 von **Paul Drude** eingeführte Modell.[14] Obwohl dieses Modell von falschen Annahmen ausging, konnte es den linearen Zusammenhang zwischen elektrischer Stromdichte und elektrischem Feld (Ohmsches Gesetz) und auch den Zusammenhang zwischen elektrischer und thermischer Leitfähigkeit (Wiedemann-Franz-Gesetz) richtig erklären.

Drude ging von der Annahme aus, dass die Elektronen in einem Metall mit einem klassischen Teilchengas beschrieben werden können. Die Elektronen bewegen sich mit der mittleren thermischen Geschwindigkeit v_{th} und stoßen ständig mit den Atomrümpfen. Die Elektronen werden durch die Wirkung des elektrischen Feldes **E** beschleunigt und durch Stöße mit den Atomrümpfen abgebremst. Daraus ergibt sich die Bewegungsgleichung

$$m\frac{d\mathbf{v}}{dt} = -e\mathbf{E} - m\frac{\mathbf{v}_D}{\tau}. \tag{7.3.2}$$

Der Term $m\frac{\mathbf{v}_D}{\tau}$ hat die Form einer Reibungskraft und berücksichtigt die Stöße. Die Driftgeschwindigkeit $\mathbf{v}_D = \mathbf{v} - \mathbf{v}_{th}$ gibt die vom elektrischen Feld zusätzlich bewirkte Geschwindigkeitskomponente wider. Diese relaxiert durch Stöße innerhalb der charakteristischen Stoßzeit τ. Im stationären Fall ist $d\mathbf{v}/dt = 0$ und wir erhalten

$$\mathbf{v}_D = -\frac{e\tau}{m}\mathbf{E} = -\mu\mathbf{E}. \tag{7.3.3}$$

Hierbei haben wir die *Beweglichkeit* $\mu = e\tau/m$ eingeführt. Die Beweglichkeit gibt an, welche *Driftgeschwindigkeit* $\mathbf{v}_D$ der Ladungsträger pro elektrische Feldstärke **E** erzeugt wird. Mit der Elektronendichte n erhalten wir die elektrische Stromdichte zu

$$\mathbf{J}_q = -en\mathbf{v}_D = \frac{ne^2\tau}{m}\mathbf{E} = ne\mu\mathbf{E} \tag{7.3.4}$$

und damit die elektrische Leitfähigkeit

$$\sigma = \frac{\mathbf{J}_q}{\mathbf{E}} = \frac{ne^2\tau}{m} = ne\mu. \tag{7.3.5}$$

Aus den bei Raumtemperatur gemessenen Leitfähigkeiten von Metallen erhält man Streuzeiten in der Größenordnung von 10^{-14} s, was zusammen mit der thermischen Geschwindigkeit von etwa 10^5 m/s zu mittleren freien Weglängen im Å-Bereich führt. Drude ging deshalb davon aus, dass die Elektronen an den Atomrümpfen gestreut werden, da ja deren Abstand gerade im Å-Bereich liegt. Eine offensichtlich falsche Annahme des Drude-Modells ist, dass alle Elektronen beschleunigt und gestreut werden, da dies ja nicht mit der Fermi-Dirac-Verteilung der Leitungselektronen vereinbar ist.

---

[14] Paul Drude, *Zur Elektronentheorie der Metalle, I. Teil, II. Teil, und Berichtigung*, Annalen der Physik **1**, 556–613 (1900); ibid **3**, 369–402 (1900); ibid **7**, 687–692 (1902).

7.3.1.3 Sommerfeld-Modell

Die falschen Annahmen von Drude wurden von **Arnold Sommerfeld** korrigiert. Zur Beschreibung des elektrischen Transports in Metallen ging er von einem Gas freier Fermionen aus, die der Schrödinger-Gleichung gehorchen und dem Pauli-Prinzip unterliegen. Mit diesen Grundannahmen können wir mit Hilfe von einfachen Überlegungen einen Ausdruck für die elektrische Leitfähigkeit ableiten, der das Verhalten von einfachen Metallen gut beschreibt. Eine ausführlichere Diskussion der Transporteigenschaften erfolgt in den Abschnitten 9.4 und 9.5.

Um die elektrische Leitfähigkeit eines Festkörpers zu berechnen, müssen wir die elektrische Stromdichte $\mathbf{J}_q$ als Funktion der mittleren Geschwindigkeit $\langle \mathbf{v} \rangle = \langle \hbar \mathbf{k}/m \rangle$ angeben. Die Stromdichte ergibt sich aus $\langle \mathbf{v} \rangle$ durch Multiplikation mit der Elektronendichte n und der Ladung e:[15]

$$\mathbf{J}_q = -e\, n\, \langle \mathbf{v} \rangle = -e\, n\, \frac{\hbar}{m} \langle \mathbf{k} \rangle = -e\, \frac{1}{V} \sum_{\mathbf{k},\sigma} \frac{\hbar \mathbf{k}}{m}. \qquad (7.3.6)$$

Im thermischen Gleichgewicht ist $\langle \mathbf{k} \rangle = 0$ und es fließt kein elektrischer Strom. Eine endliche elektrische Stromdichte erhalten wir nur in einer Nichtgleichgewichtssituation. In Analogie zu (6.4.3) können wir schreiben:

$$\mathbf{J}_q = -\frac{en\hbar}{m} \left[\langle \mathbf{k} \rangle - \langle \mathbf{k} \rangle^0 \right] = -\frac{en\hbar}{m} \delta \mathbf{k}. \qquad (7.3.7)$$

Wir sehen, dass wir nur dann eine endliche Stromdichte erhalten, wenn die Impulsverteilung der Elektronen von der Gleichgewichtsverteilung abweicht.

Wir müssen jetzt klären, wie sich die Impulsverteilung der Elektronen in einem bestimmten Raumgebiet ändern kann. Hierzu tragen erstens von außen wirkende Kräfte und zweitens Streuprozesse der Elektronen bei. Wir können also schreiben:

$$\frac{d\langle \mathbf{k} \rangle}{dt} = \left.\frac{\partial \langle \mathbf{k} \rangle}{\partial t}\right|_{\text{Kraft}} + \left.\frac{\partial \langle \mathbf{k} \rangle}{\partial t}\right|_{\text{Streu}}. \qquad (7.3.8)$$

Wir werden im Folgenden nur stationäre Prozesse behandeln, d. h. Prozesse bei denen $\frac{d\langle \mathbf{k} \rangle}{dt} = 0$. Wir werden ferner für die zeitliche Änderung des mittleren Elektronenimpulses durch Streuprozesse wie beim Drude-Modell einem einfachen *Relaxationsansatz*

$$\left.\frac{\partial \langle \mathbf{k} \rangle}{\partial t}\right|_{\text{Streu}} = -\frac{\langle \mathbf{k} \rangle - \langle \mathbf{k} \rangle^0}{\tau} = -\frac{\delta \mathbf{k}}{\tau} \qquad (7.3.9)$$

machen. Das heißt, wir beschreiben die Änderung des mittleren Elektronenimpulses durch eine mittlere Streuzeit τ. Die Änderung von $\langle \mathbf{k} \rangle$ durch eine äußere Kraft $\mathbf{F}$ erhalten wir aus der Bewegungsgleichung

$$\mathbf{F} = -e\, \mathbf{E} = m\, \frac{\partial \langle \mathbf{v} \rangle}{\partial t} = \hbar\, \frac{\partial \langle \mathbf{k} \rangle}{\partial t} \qquad (7.3.10)$$

---

[15] Wir werden im Folgenden positive Elementarladungen mit e und negative mit $-e$ bezeichnen. Die Richtung der Stromdichte $\mathbf{J}_q = ne\mathbf{v}$ stimmt dann mit der technischen Stromrichtung überein.

7.3 Transporteigenschaften

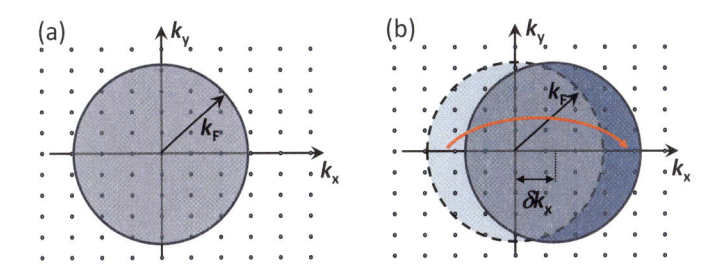

Abb. 7.10: Die Fermi-Kugel umschließt alle besetzten Elektronenzustände im **k**-Raum. (a) Für **F** = 0 ist der Gesamtimpuls null, da es zu jedem Wellenvektor **k** einen entsprechenden Wellenvektor −**k** gibt. (b) Für **F** ≠ 0 wächst jeder Wellenvektor im Zeitintervall t um $\delta \mathbf{k} = \frac{\mathbf{F}t}{\hbar}$ an. Dies entspricht einer Verschiebung der Fermi-Kugel um $\delta \mathbf{k}$. Die Zustände im hellblauen Bereich auf der linken Seite werden in den dunkelblauen Bereich auf der rechten Seite umverlagert.

zu

$$\left.\frac{\partial \langle \mathbf{k} \rangle}{\partial t}\right|_{\text{Kraft}} = -\frac{e\mathbf{E}}{\hbar} \tag{7.3.11}$$

Durch Integration erhalten wir daraus

$$\langle \mathbf{k} \rangle(t) - \langle \mathbf{k} \rangle^0 = \delta \mathbf{k} = -\frac{e\mathbf{E}t}{\hbar}. \tag{7.3.12}$$

Das bedeutet, dass durch die Kraft **F** der mittlere Impuls aller Elektronen innerhalb der Zeit t um $\hbar\delta\mathbf{k}$ geändert wird. Dies entspricht der Verschiebung der gesamtem Fermi-Kugel um $\delta\mathbf{k}$ innerhalb der Zeit t (siehe hierzu Abb. 7.10). Schalten wir die äußere Kraft ab, so relaxiert $\delta\mathbf{k} \propto e^{-t/\tau}$ aufgrund von Streuprozessen wieder gegen null.

Mit der Bedingung $\frac{d\langle \mathbf{k} \rangle}{dt} = 0$ folgt aus (7.3.8)

$$\delta \mathbf{k} = -\frac{e\mathbf{E}}{\hbar}\tau \tag{7.3.13}$$

und wir erhalten damit aus (7.3.7) das **Ohmsche Gesetz**

$$\mathbf{J}_q = \frac{ne^2\tau}{m}\mathbf{E} = ne\mu\mathbf{E} = -ne\mathbf{v}_D \tag{7.3.14}$$

mit der Beweglichkeit

$$\mu = -\frac{\mathbf{v}_D}{\mathbf{E}} = \frac{\mathbf{J}_q}{ne\mathbf{E}} = \frac{e\tau}{m}. \tag{7.3.15}$$

Wie beim Drude-Modell gibt die Beweglichkeit an, welche mittlere **Driftgeschwindigkeit** $\mathbf{v}_D = \hbar\delta\mathbf{k}/m$ der Ladungsträger pro elektrische Feldstärke erzeugt wird. Für die elektrische Leitfähigkeit ergibt sich mit der Definition (7.3.1)

$$\sigma = \frac{ne^2\tau}{m} = \frac{ne^2\ell}{m v_F}. \tag{7.3.16}$$

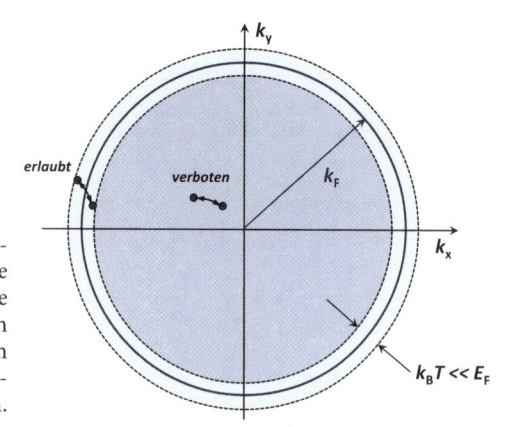

Abb. 7.11: Zur Veranschaulichung des Energiebereichs derjenigen Elektronen, für die Streuprozesse möglich sind. Streuprozesse weit innerhalb der Fermi-Kugel sind durch das Pauli-Prinzip verboten. Nur Elektronen im Energiebereich der Breite $\sim k_\text{B} T$ um die Fermi-Energie können an Streuprozessen teilnehmen.

Hierbei haben wir die mittlere freie Weglänge $\ell = v_\text{F} \tau$ benutzt. Die mittlere freie Weglänge ist die Strecke, die ein Elektron innerhalb der mittleren Zeit τ zwischen zwei Streuprozessen zurücklegen kann. Zu beachten ist, dass zur Berechnung von ℓ die tatsächliche Geschwindigkeit der Elektronen, d. h. die Fermi-Geschwindigkeit $\mathbf{v}_F = \hbar \mathbf{k}_F/m$ verwendet werden muss, und nicht etwa die mittlere Driftgeschwindigkeit $\mathbf{v}_\text{D}$ der Elektronen. Dies liegt daran, dass nur Elektronen in einem schmalen Energieintervall der Breite $\sim k_\text{B} T$ um die Fermi-Energie an Streuprozessen teilnehmen können (siehe Abb. 7.11). Da der maximale Energieübertrag bei einem Stoßprozess in der Größenordnung $k_\text{B} T \ll E_\text{F}$ liegt, können Elektronen weit unterhalb der Fermi-Energie keine Streuprozesse machen, da es keine freien Zustände gibt, in die sie gestreut werden könnten. Das Pauli-Prinzip verbietet ja eine Doppelbesetzung. Nur die Elektronen in dem Aufweichungsbereich der Breite $\sim k_\text{B} T$ der Fermi-Kugel, also diejenigen mit $v \simeq v_\text{F}$, finden freie Zustände und können gestreut werden. Wir wollen schließlich noch darauf hinweisen, dass die in Abb. 7.10 gezeigte Verschiebung $\delta \mathbf{k}$ der Fermi-Kugel bei moderaten Feldstärken sehr klein ist. Für $E = 10^2$ V/m und $\tau = 10^{-14}$ s erhalten wir $\delta k \simeq 10^3$ cm^{-1}, was verschwindend klein gegenüber $k_\text{F} \simeq 10^8$ cm^{-1} ist (in Abb. 7.10 ist die Verschiebung also viel zu groß dargestellt). Dies zeigt uns, dass der Stromfluss aufgrund des angelegten elektrischen Feldes durch die Umverlagerung eines nur sehr kleinen Bruchteils der Elektronen zustande kommt. Im Gegensatz zum Drude-Modell, wo sich alle Elektronen mit v_D bewegen und alle zum Stromfluss beitragen, sind dies beim Sommerfeld-Modell nur die wenigen, aber wesentlich schnelleren Elektronen an der Fermi-Fläche.

Die Interpretation des Ergebnisses (7.3.16) für die elektrische Leitfähigkeit ist evident. Wir erwarten natürlich, dass die transportierte Ladungsmenge proportional zu ne ist. Der Faktor e/m muss auftauchen, da die Beschleunigung eines Elektrons im elektrischen Feld proportional zu e/m ist. Die Zeit τ bzw. die mittlere freie Weglänge $\ell = v_\text{F} \tau$ beschreibt schließlich das Zeit- bzw. Längenintervall, in dem ein Elektron durch das elektrische Feld beschleunigt werden kann, bevor es durch einen Streuprozess wieder abgebremst wird. Die mittlere freie Weglänge der Elektronen beträgt typischerweise einige 10 bis 100 nm, kann aber bei tiefen Temperaturen und sehr reinen Materialien bis in den cm-Bereich ansteigen. Streuprozesse werden wir im Detail erst in Abschnitt 9.3 diskutieren.

7.3 Transporteigenschaften

Anmerkung zum Drude-Modell: Drude ging ursprünglich von einem klassischen freien Elektronengas aus und erhielt für dieses System ebenfalls das Ergebnis (7.3.16). Die mittlere thermische Geschwindigkeit $v_{th} = \sqrt{3k_B T/m}$ in einem solchen klassischen Gas ist bei Raumtemperatur allerdings nur etwa 10^5 m/s und damit um mehr als eine Größenordnung kleiner als die Fermi-Geschwindigkeit. Da man durch Messung von σ die Streuzeit τ bestimmt, berechnet man mit $\ell = v_{th}\tau$ im Rahmen des Drude-Modells eine sehr kleine mittlere freie Weglänge im Bereich von nur 1 bis 10 Å. Drude nahm deshalb an, dass die Elektronen an den positiven Atomrümpfen gestreut werden. Diese Vorstellung ist natürlich falsch. Wir werden in Kapitel 8 sehen, dass die freie Weglänge für Elektronen (bei $T = 0$) in einem perfekten Kristallgitter unendlich groß wird. Streuprozesse kommen nur aufgrund von Abweichungen von der perfekten periodischen Struktur zustande. Wir wollen schließlich darauf hinweisen, dass im Rahmen des Drude-Modells (kein Pauli-Prinzip) alle Elektronen gestreut werden können, während bei Berücksichtigung des Pauli-Prinzips nur ein kleiner Teil T/T_F der Elektronen nahe an der Fermi-Kante streuen kann.

7.3.1.4 Temperaturabhängigkeit der elektrischen Leitfähigkeit

Die typische Temperaturabhängigkeit des spezifischen elektrischen Widerstands $\rho = 1/\sigma$ von Metallen ist in Abb. 7.12 skizziert. Die einzige temperaturabhängige Größe in (7.3.16) ist die Streuzeit τ bzw. die mittlere freie Weglänge ℓ. Um die beobachtete Temperaturabhängigkeit von ρ zu verstehen, müssen wir die Streuprozesse der Elektronen betrachten. In einfachen Metallen dominieren folgende Streuprozesse:

1. Streuung an Phononen,
2. Streuung an Defekten und Verunreinigungen,
3. Streuung an der Probenoberfläche.

Wirken in einem Material mehrere Streuprozesse parallel, so kann die gesamte Streuzeit mit Hilfe der empirischen *Matthiessen-Regel* bestimmt werden, nach der sich die Streuraten addieren:

$$\frac{1}{\tau} = \frac{1}{\tau_1} + \frac{1}{\tau_2} + \frac{1}{\tau_3} + \dots \quad (7.3.17)$$

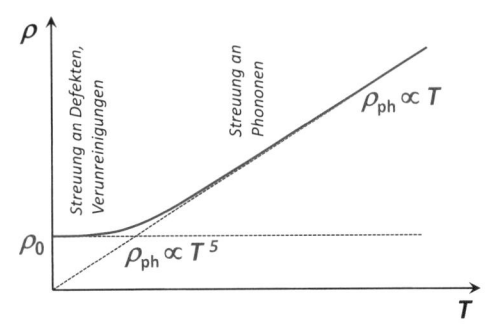

Abb. 7.12: Temperaturabhängigkeit des elektrischen Widerstands. Bei tiefen Temperaturen dominiert üblicherweise die Streuung an Verunreinigungen und Defekten, bei hohen Temperaturen die Streuung an Phononen.

Elektron-Phonon-Streuung: Die Streurate der Elektron-Phonon-Streuung ist proportional zur mittleren Anzahl $\langle n \rangle$ der Phononen. Diese ist proportional zu T^3 bei tiefen Temperaturen ($T \ll \Theta_D$) und proportional zu T für hohe Temperaturen ($T \gg \Theta_D$). Wir erwarten deshalb folgende Temperaturabhängigkeit des elektrischen Widerstands:

1. Hohe Temperaturen: $T \gg \Theta_D$:
Wegen $\frac{1}{\tau_{ph}} \propto \langle n \rangle \propto \frac{T}{\Theta_D}$ erwarten wir

$$\rho_{ph} \propto T. \tag{7.3.18}$$

2. Tiefe Temperaturen: $T \ll \Theta_D$:
Innerhalb eines Debye-Modells (Zustandsdichte $D(\omega_q) \propto \omega_q^2$) erhalten wir für die Zahl der Phononen $\int_0^{\omega^*} D(\omega_q) d\omega_q \propto \omega^{*3}$. Mit $\hbar\omega^* \simeq k_B T$ erhalten wir $\langle n \rangle \propto T^3$. Wir erwarten deshalb $\frac{1}{\tau_{ph}} \propto \langle n \rangle \propto T^3$ und damit $\rho_{ph} \propto T^3$. Im Experiment beobachtet man allerdings $\rho_{ph} \propto T^5$. Dies liegt daran, dass wir zusätzlich noch einen Gewichtsfaktor zur Bewertung der Streuprozesse berücksichtigen müssen. Betrachten wir die Streuung um einen Winkel ϑ zwischen den Wellenvektoren $\mathbf{k}$ und $\mathbf{k}'$ vor und nach der Streuung, so sehen wir aus Abb. 7.13, dass die Geschwindigkeitskomponente in der ursprünglichen Richtung $v - \delta v = v \cos \vartheta$ ist. Die verlorene relative Driftgeschwindigkeit ist also $\delta v / v = 1 - \cos \vartheta$. Da die Streuung um kleine Winkel nur kleine relative Impulsüberträge liefert, muss der zusätzliche Gewichtsfaktor $(1 - \cos \vartheta)$ berücksichtigt werden. Für kleine ϑ (tiefe Temperaturen) gilt $(1 - \cos \vartheta) \simeq \vartheta^2 \propto q^2 = \omega_q^2 / v_s^2$, wobei v_s die Schallgeschwindigkeit ist. Wegen $\omega_q = k_B T/\hbar$ ist $(1 - \cos \vartheta) \propto T^2$ und wir erhalten insgesamt

$$\rho_{ph} \propto T^5. \tag{7.3.19}$$

Eine genauere Diskussion erfolgt später in Abschnitt 9.3.2.

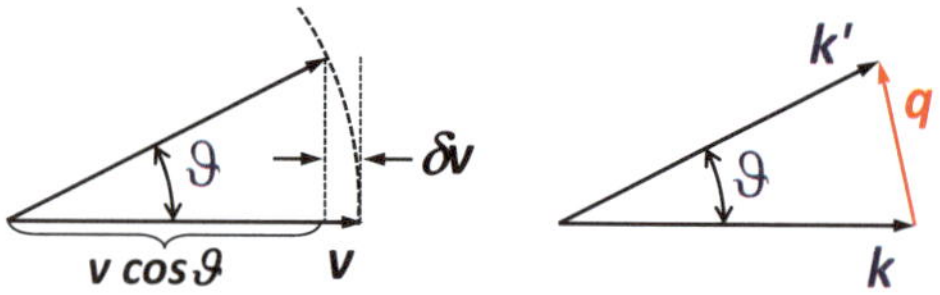

Abb. 7.13: Zur Veranschaulichung des Gewichtsfaktors bei der Bewertung von Streuprozessen.

Streuung an Defekten und Verunreinigungen: Die Anzahl der Defekte und Verunreinigungen in einer Probe ist temperaturunabhängig. Deshalb erwarten wir einen temperaturunabhängigen Beitrag

$$\rho_0 = \text{const} \tag{7.3.20}$$

zum elektrischen Widerstand. Diesen Beitrag können wir bei sehr tiefen Temperaturen beobachten, wenn der Beitrag durch die Elektron-Phonon-Streuung sehr klein wird. Man nennt diesen temperaturunabhängigen Beitrag auch den *Restwiderstand*. In sehr reinen einkristallinen Proben kann die mittlere freie Weglänge aufgrund von Defekten und Verunreinigungen größer als die Probengröße werden. In diesem Fall müssen wir einen

7.3 Transporteigenschaften

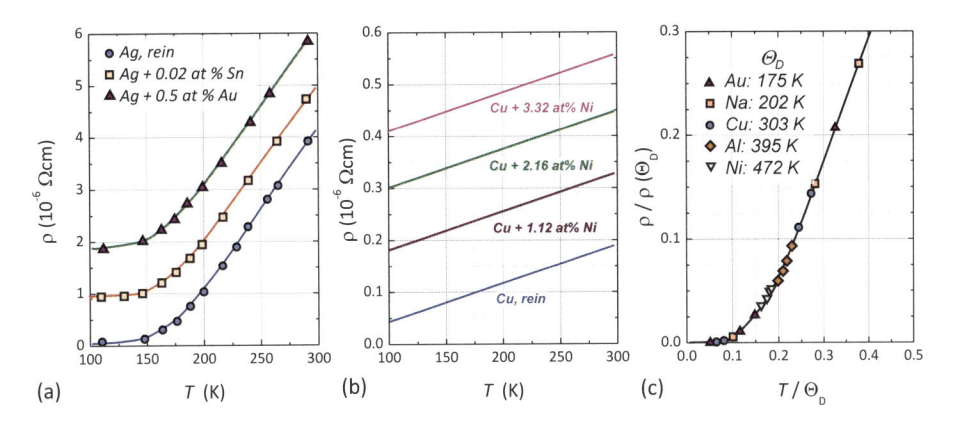

Abb. 7.14: Temperaturabhängigkeit des spezifischen elektrischen Widerstands von verschiedenen Metallen: (a) Ag mit unterschiedlichen Verunreinigungskonzentrationen, (b) Cu mit Ni-Verunreinigung (nach J. Linde, Ann. Phys. 5, 15 (1932)) und (c) reduzierter spezifischer Widerstand gegen reduzierte Temperatur für unterschiedliche reine Metalle (nach D. K. C. MacDonald, in *Handbuch der Physik XIV*, S. Flügge, Hrsg., Springer Verlag (1956)).

weiteren, temperaturunabhängigen Streuprozess berücksichtigen, nämlich die Streuung an der Probenoberfläche.

In Abb. 7.14 sind einige experimentelle Daten zur Temperaturabhängigkeit des elektrischen Widerstands gezeigt. Fügt man einem reinen Metall Verunreinigungen hinzu, so nimmt der Restwiderstand etwa proportional zum Verunreinigungsgrad zu (siehe Abb. 7.14a und b). Die beobachteten $\rho(T)$ Kurven werden dann einfach um den höheren Restwiderstand ρ_0 nach oben verschoben. Als Funktion der Temperatur erkennt man den Übergang von $\rho = \rho_0$ bei tiefen Temperaturen über einen $\rho \propto T^5$ Bereich zur linearen Temperaturabhängigkeit bei hohen Temperaturen. Normiert man die Temperaturachse auf die Debye-Temperatur Θ_D und die Widerstandsachse auf $\rho(\Theta_D)$, so erhält man für unterschiedliche Metalle das in Abb. 7.14c gezeigte universelle Temperaturverhalten.

Eine Größe, die sich gut für die Charakterisierung der Reinheit eines elektrisch leitenden Materials eignet, ist das so genannte *Restwiderstandsverhältnis* RRR (residual resistance ratio):

$$\text{RRR} = \frac{\rho(300\,\text{K})}{\rho_0}. \tag{7.3.21}$$

Für reine Materialien wird der Widerstand bei 300 K durch die Elektron-Phonon-Streuung dominiert. Gleichzeitig wird der Restwiderstand ρ_0 sehr klein und man erhält sehr hohe RRR-Werte von bis zu 10^6. Bei Legierungen wird dagegen auch bei 300 K der Widerstand durch die Verunreinigungsstreuung dominiert und man erhält RRR $\simeq 1$. Eine weitergehende Diskussion von Streuprozessen und die daraus resultierende Temperaturabhängigkeit des elektrischen Widerstandes erfolgt in Abschnitt 9.3.

7.3.2 Thermische Leitfähigkeit

Wie bei der Diskussion des Wärmetransports im Kristallgitter in Abschnitt 6.4 definieren wir die Wärmeleitfähigkeit κ des Elektronengases als Proportionalitätskonstante zwischen treibendem Temperaturgradient ∇T und resultierender Wärmestromdichte $\mathbf{J}_h$:

$$\mathbf{J}_h = -\kappa \, \nabla T . \tag{7.3.22}$$

In völliger Analogie zur thermischen Leitfähigkeit des Phononengases erhalten wir für das Elektronengas die thermische Leitfähigkeit (vergleiche (6.4.9))

$$\kappa = \tfrac{1}{3} c_V v^2 \tau . \tag{7.3.23}$$

Setzen wir den Ausdruck $c_V = \frac{\pi^2}{2} n k_B \frac{T}{T_F}$ (vergleiche (7.2.7), $n = N/V$) für die spezifische Wärme und $v^2 = v_F^2 = 2E_F/m = 2k_B T_F/m$ für die Geschwindigkeit ein, so erhalten wir

$$\kappa = \frac{\pi^2}{3} \frac{n k_B^2 \tau}{m} T . \tag{7.3.24}$$

In Metallen überwiegt die thermische Leitfähigkeit der Elektronen üblicherweise die thermische Leitfähigkeit des Kristallgitters deutlich. Nur in stark verunreinigten oder ungeordneten Metallen wird die Streuzeit τ sehr klein und die Wärmeleitfähigkeit des Gitters kann in die gleiche Größenordnung kommen wie diejenige des Elektronensystems. In Tabelle 7.3 sind die experimentellen Werte von $\kappa(272\,\text{K})$ für einige Metalle aufgelistet.

7.3.2.1 Das Wiedemann-Franz-Gesetz

Vergleichen wir das Ergebnis (7.3.24) mit demjenigen für die elektrische Leitfähigkeit, so sehen wir, dass das Verhältnis von thermischer und elektrischer Leitfähigkeit des Elektronensystems direkt proportional zur Temperatur ist:

$$\frac{\kappa}{\sigma} = \frac{\pi^2}{3} \left(\frac{k_B}{e} \right)^2 T . \tag{7.3.25}$$

Diesen Zusammenhang bezeichnet man als *Wiedemann-Franz-Gesetz*.[16,17] Voraussetzung ist, dass die gleichen Streuprozess zum elektrischen und thermischen Widerstand beitragen. Wäre dies nicht der Fall, so würde in den Ausdrücken für κ und σ eine unterschiedliche Streuzeit eingehen.

Die Größe $\kappa/\sigma T$ ist nach (7.3.25) temperaturunabhängig. Sie wird als *Lorenz-Zahl*[18] bezeichnet:

$$L \equiv \frac{\kappa}{\sigma \cdot T} = \frac{\pi^2}{3} \left(\frac{k_B}{e} \right)^2 = 2.44 \times 10^{-8}\,\text{W}\Omega/\text{K}^2 . \tag{7.3.26}$$

---

[16] **Gustav Heinrich Wiedemann**, deutscher Physiker, geboren am 2. Oktober 1826 in Berlin; gestorben am 23. März 1899 in Leipzig.

[17] **Rudolph Franz**, deutscher Physiker, geboren am 16. Dezember 1826 in Berlin; gestorben am 31. Dezember 1902 in Berlin.

[18] **Ludvig Valentin Lorenz**, dänischer Physiker, geboren am 18. Januar 1829 in Helsingør, gestorben am 09. Juni 1891 in Frederiksberg.

7.3 Transporteigenschaften

Tabelle 7.3: Experimentelle Werte der thermischen Leitfähigkeit und der Lorenz-Zahl von Metallen bei 272 K (Quelle: G. W. C. Kaye, T. H. Laby, *Table of Physical and Chemical Constants*, Langmans Green, London (1966)).

Metall	κ (W/cm K)	L $(10^{-8}\,W\Omega/K^2)$	Metall	κ (W/cm K)	L $(10^{-8}\,W\Omega/K^2)$
Al	2.38	2.14	Na	1.38	2.12
Ag	4.18	2.31	Pb	0.38	2.47
Au	3.10	2.35	Pt	—	2.51
Cd	1.00	2.42	Sn	0.64	2.52
Cu	3.85	2.23	Nb	0.52	2.90
Fe	0.80	2.61	Sb	0.64	2.57
In	0.88	2.58	W	—	3.04
Mo	—	2.61	Zn	1.13	2.31

Wir sehen, dass gute elektrische Leiter auch gute Wärmeleiter und umgekehrt sind. In Tabelle 7.3 sind die Lorenz-Zahlen einiger Metalle aufgelistet. Sie stimmen gut mit dem theoretischen Wert überein.

Experimentell findet man, dass das Wiedemann-Franz-Gesetz immer nur bei hohen Temperaturen (größenordnungsmäßig etwa 100 K) gut erfüllt ist und auch der nach (7.3.26) erwartete Wert der Lorenz-Zahl gemessen wird. Zu tiefen Temperaturen hin nimmt dann allerdings der Wert der Lorenz-Zahl ab und wird bei tiefen Temperaturen wieder konstant. Grund für diese Temperaturabhängigkeit ist eine unterschiedliche Wichtung der Streuprozesse beim elektrischen und thermischen Transport. Für den elektrischen Widerstand kommt es vor allem auf eine effektive Impulsrelaxation der Elektronen an, da der durch das elektrische Feld erzeugte Zusatzimpuls $\delta \mathbf{k}$ abgegeben werden muss. Dies ist am effektivsten durch Prozesse möglich, bei denen der Impuls von $\mathbf{k} \simeq +\mathbf{k}$ nach $\mathbf{k} \simeq -\mathbf{k}$ geändert wird. Diese Prozesse führen zwar auch zu einem thermischen Widerstand. Allerdings kommt es für den thermischen Widerstand vor allem auf eine effektive Energierelaxation an. Ein Temperaturgradient erzeugt nämlich keinen Zusatzimpuls der Elektronen, sondern eine Zusatzenergie. Für eine Energierelaxtion sind aber auch Prozesse mit kleiner Impulsänderung (z. B. von $k_F + \delta k$ nach $k_F - \delta k$ mit $\delta k \ll k_F$) effektiv. Diese Prozesse, die vor allem bei tiefen Temperaturen wichtig sind, da die Phononenzustände mit hohen Impulsen ausfrieren, tragen wenig zum elektrischen Widerstand bei. Dies erklärt die Abnahme der Lorenz-Zahl mit abnehmender Temperatur.

Anmerkung zum Drude-Modell: Wir wollen hier nochmals eine Anmerkung zum klassischen Drude-Modell machen. Ein großer Erfolg dieses Modells war, dass es das Wiedemann-Franz-Gesetz richtig vorhersagte. Dies basierte allerdings auf dem Zufall, dass sich zwei fehlerhafte Annahmen gerade gegenseitig kompensiert haben. Im Drude-Modell wird im Ausdruck $\kappa = \frac{1}{3} c_V v^2 \tau$ der klassische Dulong-Petit-Wert $c_V = \frac{3}{2} n k_B$ anstelle des richtigen Werts $c_v = \frac{\pi^2}{2} n k_B \frac{T}{T_F}$ eingesetzt, d. h. ein um etwa den Faktor T/T_F zu großer Wert. Dies wird aber wiederum kompensiert, indem die thermische Geschwindigkeit $v_{th}^2 = 2k_B T/m$ anstelle der richtigen Fermi-Geschwindigkeit $v_F^2 = 2k_B T_F/m$, also ein um etwa T/T_F zu niedriger Wert verwendet wird. Dadurch wird im Drude-Modell durch Zufall der richtige

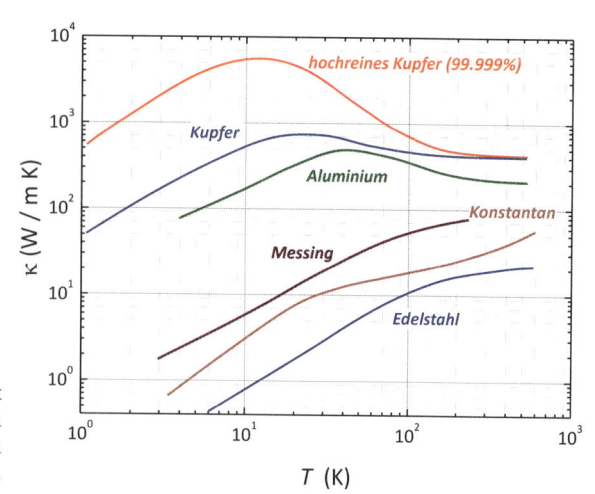

Abb. 7.15: Temperaturabhängigkeit der Wärmeleitfähigkeit von reinen Metallen (Cu, Al) und Legierungen (Messing, Konstantan, Edelstahl).

Ausdruck für die thermische Leitfähigkeit und somit auch das Wiedemann-Franz-Gesetz erhalten.

7.3.2.2 Temperaturabhängigkeit der thermischen Leitfähigkeit

Wir wollen kurz die Temperaturabhängigkeit der elektronischen thermischen Leitfähigkeit diskutieren. Mit Hilfe des Wiedemann-Franz-Gesetzes folgt diese sofort aus der Temperaturabhängigkeit der elektrischen Leitfähigkeit. Mit $\rho = \rho_0 =$ const bei sehr tiefen Temperaturen, $\rho \propto T^5$ für $T \ll \Theta_D$ und $\rho \propto T$ für $T \gg \Theta_D$ erhalten wir

$$\kappa \propto \frac{1}{\rho} T \propto \begin{cases} T & \text{für } T \lll \Theta_D \\ T^{-4} & \text{für } T \ll \Theta_D \\ \text{const} & \text{für } T \gg \Theta_D \end{cases} . \qquad (7.3.27)$$

Wir erwarten also, dass κ von hohen Temperaturen kommend zunächst konstant ist und dann genügend weit unterhalb von Θ_D mit abnehmender Temperatur stark ansteigt, ein Maximum durchläuft und bei sehr tiefen Temperaturen, bei denen die Verunreinigungsstreuung dominiert, proportional zu T abnimmt. Wir erhalten wie bei der Wärmeleitfähigkeit des Gitters ein Maximum der thermischen Leitfähigkeit, dessen Höhe und Temperatur von der Reinheit der Probe abhängt. Dieses Verhalten ist in Abb. 7.15 für reine Metalle wie Kupfer oder Aluminium zu sehen. Sehr reine Proben (z. B. hochreines Kupfer) haben ein sehr ausgeprägtes Maximum bei tieferen, sehr verunreinigte Proben ein flaches bei höheren Temperaturen. Für Legierungen wird das Maximum völlig unterdrückt, da die mittlere freie Weglänge für den gesamten Temperaturbereich durch die temperaturunabhängige Verunreinigungsstreuung dominiert wird und sehr klein ist. Für sehr reine Proben werden maximale Werte für κ von mehr als 10 000 W/m K erreicht.

Die elektronische Wärmeleitfähigkeit von Metallen ist im Allgemeinen um etwa den Faktor 100 größer als die Wärmeleitfähigkeit des Gitters, so dass letztere experimentell schwierig zu beobachten ist. Der Grund dafür liegt in der sehr effektiven Elektron-Phonon-Streuung.

Diese führt in Metallen zu einer im Vergleich mit Isolatoren viel kleineren mittleren freien Weglänge und damit zu einem sehr kleinen Beitrag der Phononen zur Wärmeleitfähigkeit. Die in Isolatoren dominierende Phonon-Phonon-Streuung ist in Metallen im Vergleich zur Elektron-Phonon-Streuung vernachlässigbar klein. Der Beitrag des Gitters zur Wärmeleitfähigkeit von Metallen kann nur dann beobachtet werden, wenn der elektronische Beitrag stark unterdrückt wird. Dies ist z. B. in Legierungen der Fall, in denen die Elektronen stark an Fremdatomen und Defekten gestreut werden, so dass sie wenig zur Wärmeleitfähigkeit beitragen können.

7.3.3 Thermokraft

Bei der Herleitung der Wärmeleitfähigkeit haben wir angenommen, dass kein Ladungstransport stattfindet. Betrachten wir den in Abb. 7.16 gezeigten eindimensionalen metallischen Leiter, dessen Temperatur T_1 am einen Ende größer ist als die Temperatur T_2 am anderen, so erhalten wir im Mittel eine Elektronenbewegung von T_1 nach T_2. Da die Elektronen aber den Leiter nicht verlassen können, sammeln sie sich bei T_2 an, was zu einem elektrischen Feld E_x parallel zum Temperaturgradienten dT/dx führt. Wir definieren nun

$$\mathbf{E} \equiv S\,\nabla T. \qquad (7.3.28)$$

Die Größe S bezeichnen wir als *Thermokraft* oder *Seebeck-Koeffizienten*.[19,20]

Wir leiten im Folgenden einen Ausdruck für die Thermokraft basierend auf dem einfachen Modell freier Elektronen ab. Eine tiefergehende Diskussion folgt in Kapitel 9, nachdem wir in Kapitel 8 das Bändermodell entwickelt haben. Um einen Ausdruck für die Thermokraft abzuleiten, betrachten wir unser eindimensionales Modell in Abb. 7.16. Offensichtlich ist wegen $v_1 \neq v_2$ der Mittelwert der Teilchengeschwindigkeit bei x_0 nicht mehr null. Aufgrund des Temperaturgradienten erhalten wir eine mittlere Diffusionsgeschwindigkeit in x-Richtung:

$$v_{\text{diff}} = \frac{v_1 + v_2}{2} = \frac{1}{2}\left[v(x - v\tau) - v(x + v\tau)\right]. \qquad (7.3.29)$$

Entwickeln wir $v[T(x)]$ um x_0 und berücksichtigen nur den Term erster Ordnung, d. h. $v[T(x)] \simeq v(x_0) + \frac{dv}{dx}(x - x_0)$, so erhalten wir

$$\begin{aligned}
v_{\text{diff}} &= \frac{1}{2}\left[v(x_0) + \frac{dv}{dx}(-v\tau) - v(x_0) - \frac{dv}{dx}(v\tau)\right] \\
&= -\tau v\frac{dv}{dx} = -\tau\frac{d}{dx}\left(\frac{v^2}{2}\right) = -\frac{\tau}{2}\frac{dv^2}{dT}\frac{dT}{dx}.
\end{aligned} \qquad (7.3.30)$$

---

[19] **Thomas Johann Seebeck**, deutsch-baltischer Physiker, geboren am 9. April 1770 in Reval (heute Tallinn), gestorben am 10. Dezember 1831 in Berlin.

[20] Th. J. Seebeck, *Magnetische Polarisation der Metalle und Erze durch Temperaturdifferenz* (1822–23), in Ostwald's Klassiker der Exakten Wissenschaften Nr. 70, Verlag von Wilhelm Engelmann, Leipzig (1895).

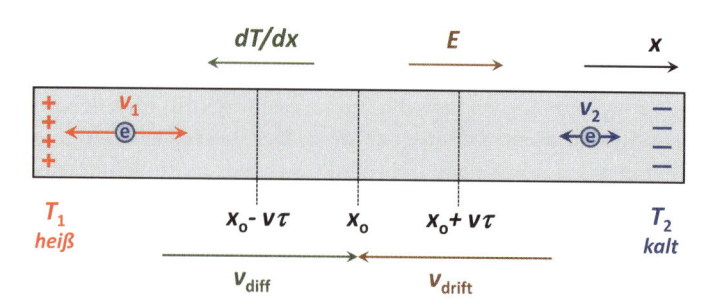

Abb. 7.16: Zur Entstehung der Thermokraft. Als Ladungsträger werden Elektronen mit Ladung $-e$ angenommen, so dass sich am kalten (heißen) Ende eine Anhäufung negativer (positiver) Ladung ergibt.

Wir können dieses Ergebnis auf drei Dimensionen erweitern, indem wir v_x^2 durch $\frac{1}{3}v^2$ ersetzen[21] und erhalten

$$\mathbf{v}_{\text{diff}} = -\frac{\tau}{6}\frac{dv^2}{dT}\nabla T. \tag{7.3.31}$$

Durch den Diffusionsstrom baut sich ein elektrisches Feld auf, das einen Driftstrom

$$\mathbf{v}_{\text{drift}} = -\frac{e\tau}{m}\mathbf{E} = -\mu\,\mathbf{E} \tag{7.3.32}$$

zur Folge hat. Das Minuszeichen resultiert dabei aus der Ladung $-e$ der betrachteten Ladungsträger (Elektronen). Im stationären Zustand müssen sich der Diffusions- und Driftstrom gerade kompensieren, woraus sich

$$\frac{1}{3}\frac{d}{dT}\left(\frac{mv^2}{2}\right)\nabla T + e\mathbf{E} = 0 \tag{7.3.33}$$

ergibt. Wir benutzen jetzt noch, dass $\frac{d}{dT}\left(\frac{mv^2}{2}\right) = c_V/n$, also gleich der Wärmekapazität pro Teilchen entspricht, und erhalten

$$\mathbf{E} = -\frac{1}{3ne}c_V\nabla T. \tag{7.3.34}$$

Mit der Definition (7.3.28) der Thermokraft ergibt sich

$$S = -\frac{1}{3ne}c_V = -\frac{\pi^2}{6}\frac{k_B}{e}\frac{k_B T}{E_F} = -\frac{\pi^2}{6}\frac{k_B}{e}\frac{T}{T_F}. \tag{7.3.35}$$

Hierbei haben wir den Ausdruck (7.2.7) für die spezifische Wärme des freien Elektronengases benutzt. Wir erhalten für die Thermokraft $S \simeq -142\,\mu\text{V/K} \cdot \frac{T}{T_F}$. Mit $\frac{T}{T_F} \simeq 10^{-2}$ erhalten wir also Werte im Bereich von $-1\,\mu\text{V/K}$. Dieser Wert wird in einfachen Metallen in der Tat

---

[21] Es gilt $v_x^2 + v_y^2 + v_z^2 = v^2$ und außerdem $v_x^2 = v_y^2 = v_z^2$ für ein isotropes Medium. Deshalb können wir v_x^2 durch $\frac{1}{3}v^2$ ersetzen.

beobachtet. Allerdings wird die beobachtete Temperaturabhängigkeit und auch das Vorzeichen der Thermokraft im Modell des freien Elektronengases häufig nicht richtig wiedergegeben. Experimentell findet man häufig eine positive Thermokraft. Eine Erklärung dieser Tatsache erfordert die Einbeziehung des Gitterpotenzials in die Transporttheorie (siehe hierzu Kapitel 8). Die im Ausdruck für die Thermokraft auftretenden Terme können wir anschaulich interpretieren. Der Faktor T/T_F trägt der Tatsache Rechnung, dass nur ein kleiner Bruchteile T/T_F der Elektronen zu dem Prozess beitragen kann, der zur Thermokraft führt. Der Faktor k_B/e gibt gerade das Verhältnis der von den einzelnen Elektronen im Mittel transportierten Entropie und Ladungsmenge an. Erstere resultiert aus dem angelegten Temperaturgradienten ∇T, letztere führt zu einem elektrischen Feld $E \propto -\nabla\phi_\mathrm{el}$.

Anmerkung zum Drude-Modell: Das klassische Drude-Modell liefert einen viel zu hohen Wert für die Thermokraft. Dies resultiert daher, dass man in (7.3.35) den um etwa den Faktor $T/T_\mathrm{F} \sim 100$ zu großen klassischen Wert $c_\mathrm{V} = 3k_\mathrm{B}$ für die Wärmekapazität pro Teilchen einsetzt. Im Rahmen des klassischen Modells tragen alle Elektronen zur Thermokraft bei. In Wirklichkeit ist es aber aufgrund des Pauli-Prinzips nur eine kleiner Anteil T/T_F.

7.3.4 Bewegung im Magnetfeld

In Abschnitt 7.3.1 haben wir die Bewegung von Elektronen[22] unter der Wirkung eines elektrischen Feldes **E** diskutiert. Wir wollen diesen Fall nun erweitern, indem wir auch Magnetfelder **B** berücksichtigen. Die auf die Elektronen wirkende Kraft ist dann durch

$$\mathbf{F} = -e\left[\mathbf{E} + \mathbf{v} \times \mathbf{B}\right] \qquad (7.3.36)$$

gegeben. Zusätzlich zur Kraft $\mathbf{F}_E = -e\mathbf{E}$ durch das elektrische Feld müssen wir die *Lorentz-Kraft* $\mathbf{F}_\mathrm{L} = -e\,\mathbf{v} \times \mathbf{B}$ berücksichtigen. Für die zeitliche Änderung des mittleren Wellenvektors $\langle \mathbf{k} \rangle$ aufgrund der wirkenden Kräfte und von Streuprozessen erhalten wir dann (vergleiche (7.3.11))

$$\frac{d\langle\mathbf{k}\rangle}{dt} = \frac{\mathbf{F}}{\hbar} - \frac{\delta\mathbf{k}}{\tau} = -\frac{e\left[\mathbf{E} + \langle\mathbf{v}\rangle \times \mathbf{B}\right]}{\hbar} - \frac{\delta\mathbf{k}}{\tau} \qquad (7.3.37)$$

Im stationären Zustand muss diese Änderung verschwinden. Mit der mittleren Driftgeschwindigkeit $\delta\mathbf{v} = \langle\mathbf{v}\rangle = \frac{\hbar\delta\mathbf{k}}{m}$ erhalten wir also

$$\delta\mathbf{v} = -\frac{e\tau}{m}\left[\mathbf{E} + \delta\mathbf{v} \times \mathbf{B}\right]. \qquad (7.3.38)$$

Hierbei erscheint in der Lorentz-Kraft nur die mittlere Zusatzgeschwindigkeit $\delta\mathbf{v}$, da diese ja eine mittlere Kraft auf alle Elektronen darstellt. Für **E** = 0 können wir im Kristall zu jedem Elektron mit Geschwindigkeit **v** auch ein Elektron mit Geschwindigkeit −**v** finden, so dass die mittlere Lorentz-Kraft verschwindet. Wir weisen darauf hin, dass die eben gemachte

---

[22] Wir benutzen im Folgenden wiederum die Elementarladung e als positive Größe, die Ladung eines Elektrons beträgt also $-e$.

Betrachtung nur zur Abschätzung der mittleren Driftgeschwindigkeit und damit des mittleren Driftstromes verwendet werden kann. Eine detaillierte Beschreibung der Bewegung einzelner Elektronen in einem Kristallgitter werden wir erst in Kapitel 9 diskutieren.

Wir nehmen im Folgenden an, dass das Magnetfeld parallel zur z-Achse ausgerichtet ist. Wir erhalten dann aus Gleichung (7.3.38) für die kartesischen Komponenten von $\delta\mathbf{v}$:

$$\delta v_x = -\omega_c \tau \left(\frac{E_x}{B} + \delta v_y \right) \tag{7.3.39}$$

$$\delta v_y = -\omega_c \tau \left(\frac{E_y}{B} - \delta v_x \right) \tag{7.3.40}$$

$$\delta v_z = -\omega_c \tau \left(\frac{E_z}{B} \right). \tag{7.3.41}$$

Hierbei haben wir die *Zyklotronfrequenz*

$$\omega_c \equiv \frac{eB}{m} = 1.76 \times 10^{11}\,\text{s}^{-1} \cdot B\,[\text{T}] \tag{7.3.42}$$

verwendet.[23] Lösen wir das Gleichungssystem (7.3.39)–(7.3.41) nach δv_x, δv_y und δv_z auf und führen die Stromdichte $\mathbf{J}_q = -ne\delta\mathbf{v}$ ein, so erhalten wir

$$\begin{pmatrix} J_{q,x} \\ J_{q,y} \\ J_{q,z} \end{pmatrix} = \frac{\sigma_0}{1 + \omega_c^2 \tau^2} \begin{pmatrix} 1 & -\omega_c \tau & 0 \\ +\omega_c \tau & 1 & 0 \\ 0 & 0 & 1 + \omega_c^2 \tau^2 \end{pmatrix} \begin{pmatrix} E_x \\ E_y \\ E_z \end{pmatrix}. \tag{7.3.43}$$

Hierbei ist

$$\sigma_0 = \frac{ne^2 \tau}{m}. \tag{7.3.44}$$

7.3.4.1 Hall-Effekt

Wir betrachten nun die in Abb. 7.17 gezeigte Probenform. Das von außen angelegte elektrische Feld soll in x-Richtung zeigen, das Magnetfeld in z-Richtung. Ein Ladungsfluss soll nur

---

[23] Für $\tau \to \infty$ ergibt sich aus (7.3.37) $\frac{d\langle\mathbf{k}\rangle}{dt} = \frac{\mathbf{F}}{\hbar} = \frac{-e\mathbf{E}}{\hbar} - \frac{e\delta\mathbf{v}\times\mathbf{B}}{\hbar}$ und somit $\delta\dot{\mathbf{v}} = \frac{\hbar}{e}\frac{d\langle\mathbf{k}\rangle}{dt} = -\frac{e\mathbf{E}}{m} - \frac{e\delta\mathbf{v}\times\mathbf{B}}{m}$. Wir erhalten damit

$$\delta\dot{v}_x = -\frac{e}{m}E_x - \omega_c \delta v_y$$
$$\delta\dot{v}_y = -\frac{e}{m}E_y + \omega_c \delta v_x$$
$$\delta\dot{v}_z = -\frac{e}{m}E_z.$$

Die Lösung dieses Gleichungssystems ist eine Kreisbewegung in der xy-Ebene mit der Kreisfrequenz ω_c. Den Fall $\omega_c \tau \gg 1$ werden wir aber erst später in Kapitel 9 diskutieren. In diesem Fall sind die ebenen Elektronenwellen keine guten Eigenzustände mehr. Wir müssen den Effekt des Magnetfeldes gleich von Anfang an berücksichtigen und neue Eigenzustände berechnen. Für Metalle ist $\ell \simeq 100$ nm bzw. $\tau \simeq \ell/v_F \simeq 10^{-13}$ s. Mit $\omega_c \simeq 10^{11}\,\text{s}^{-1}$ bei $B = 1$ T ist für Metalle üblicherweise $\omega_c \tau \ll 1$. Dies ändert sich nur bei sehr hohen Magnetfeldern und sehr reinen Proben bei sehr tiefen Temperaturen.

7.3 Transporteigenschaften

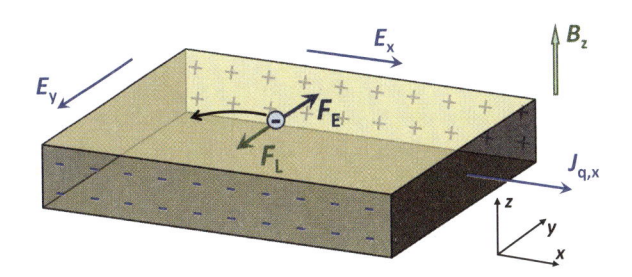

Abb. 7.17: Zur Veranschaulichung des Hall-Effekts. Die Elektronen bewegen sich entgegen der technischen Stromrichtung J_q in die negative x-Richtung. Sie werden dabei durch die Lorentz-Kraft in die negative y-Richtung abgelenkt und bauen ein elektrisches Querfeld $\mathbf{E}_y$ auf. Im stationären Zustand kompensiert die Kraft $\mathbf{F}_E = -e\mathbf{E}_y$ durch das Hall-Feld die Lorentz-Kraft $\mathbf{F}_L = -e\delta\mathbf{v} \times \mathbf{B}$.

in x-Richtung möglich sein. Aus der Bedingung $J_{q,y} = 0$ erhalten wir dann aus (7.3.43)

$$\omega_c \tau E_x + E_y = 0 \tag{7.3.45}$$

oder

$$E_y = -\omega_c \tau E_x = -\frac{eB\tau}{m} E_x = -\mu B E_x . \tag{7.3.46}$$

Wir sehen also, dass sich in der Probe ein elektrisches Querfeld in y-Richtung aufbaut. Diese Erscheinung bezeichnen wir als **Hall-Effekt**.[24] Das transversale elektrische Feld nennen wir **Hall-Feld**. Das Hall-Feld kommt dadurch zustande, dass die Elektronen aufgrund der Lorentz-Kraft eine Ablenkung in y-Richtung erfahren und sich dadurch auf der einen Stirnfläche der Probe ansammeln und von der gegenüberliegenden abwandern. Dieser Prozess hält solange an, bis das entstandene elektrische Feld die Ablenkung der Elektronen im Magnetfeld gerade kompensiert.

Wir können in (7.3.46) mit Hilfe von (7.3.43) das elektrische Feld E_x auch durch $J_{q,x}$ ausdrücken und erhalten:

$$E_y = -\frac{eB\tau}{m} E_x = -\mu B E_x = -\frac{eB\tau}{m} \frac{J_{q,x}}{\sigma_0} = R_H B J_{q,x} . \tag{7.3.48}$$

Die Größe

$$R_H = -\frac{1}{ne} \tag{7.3.49}$$

bezeichnen wir als **Hall-Koeffizienten** und

$$\rho_{xy} = \frac{E_y}{J_{q,x}} = R_H B \tag{7.3.50}$$

---

[24] **Edwin Herbert Hall**, geboren am 7. November 1855 in Great Falls, Maine; gestorben am 20. November 1938 in Cambridge, Massachusetts. 1879 entdeckte Hall im Alter von 24 Jahren den später nach ihm benannten Hall-Effekt. Diese Entdeckung geschah im Zusammenhang mit seiner Doktorarbeit unter Henry Augustus Rowland (1848–1901). Von 1881 bis 1921 forschte er an der Harvard Universität auf dem Gebiet der Thermoelektrizität.

Messung des Hall-Effekts

Für die Messung des Hall-Effekts verwendet man üblicherweise die in Abb. 7.18 gezeigte Probengeometrie. Man erhält mit obigen Gleichungen sofort, dass die gemessene Hall-Spannung durch

$$U_H = R_H B J_q b = \rho_H J_q b = \frac{\rho_H I}{d} \qquad (7.3.47)$$

gegeben ist. Das heißt, U_H steigt mit zunehmender elektrischer Stromdichte J_q und zunehmendem Magnetfeld B sowie mit zunehmender Probenbreite b an. Da man im Experiment B und J_q (z. B. wegen Heizeffekten) nicht beliebig erhöhen kann, muss man die Probenbreite erhöhen, um eine genügend große Hall-Spannung zu erzielen. Dabei muss allerdings beachtet werden, dass man nicht durch eine gegenseitige Verschiebung der Spannungsabgriffe für U_H einen longitudinalen Spannungsanteil mitmisst.

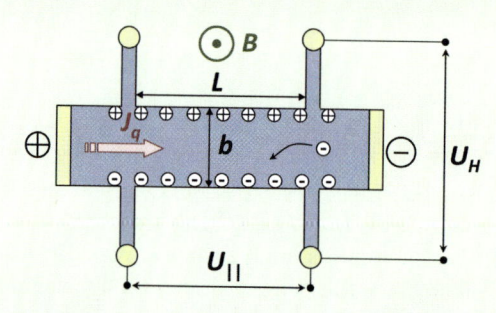

Abb. 7.18: Typische Probengeometrie zur Messung des Hall-Effekts: Hall-Barren mit Länge L, Breite b und Dicke d, das Magnetfeld steht senkrecht auf der Probenebene.

als *spezifischen Hall-Widerstand*. Den Winkel

$$\tan \theta_H = \frac{E_y}{E_x} = \frac{eB\tau}{m} = \sigma_0 R_H \qquad (7.3.51)$$

nennen wir *Hall-Winkel*.

Durch Messung der Hall-Konstanten erhalten wir also das Vorzeichen und die Dichte der Ladungsträger im untersuchten Festkörper. Um das Vorzeichen des Hall-Effekts im Detail zu verstehen, müssen wir aber, ähnlich wie bei der Thermokraft, die Bandstruktur des Festkörpers berücksichtigen (siehe hierzu Kapitel 8 und 9).

Das Ergebnis, dass der Hall-Koeffizient proportional zu $1/ne$ ist, kann mit kinetischen Vorstellungen verstanden werden, wenn wir annehmen, dass die Ladungsträger mit der Geschwindigkeit $\delta \mathbf{v}$ driften und dabei die Lorentz-Kraft $e\delta \mathbf{v} \times \mathbf{B}$ senkrecht zum Magnetfeld erfahren. Das transversale elektrische Feld $\mathbf{E}_H = \mathbf{B} \times \delta \mathbf{v} = \mathbf{B} \times \frac{1}{ne}\mathbf{J}_q$ wird gerade zur Kompensation dieser Ablenkkraft benötigt. Die Proportionalität zu $1/n$ ergibt sich dabei gerade deshalb, da sich bei einer gegebenen Stromstärke die Ladungsträger umso schneller bewegen müssen, je kleiner die Ladungsdichte ist, und daher umso stärker im Magnetfeld abgelenkt werden.

7.3.4.2 Vertiefungsthema: Magnetwiderstand

Als Magnetwiderstand bezeichnen wir den magnetfeldabhängigen spezifischen Widerstand $\rho = \rho(B)$ eines Festkörpers. Je nach relativer Orientierung von Strom- und Magnetfeldrichtung unterscheiden wir zwischen:

$$\begin{aligned} &\text{longitudinaler Magnetwiderstand} \quad \rho_{\parallel} \quad \mathbf{B} \parallel \mathbf{J}_q \\ &\text{transversaler Magnetwiderstand} \quad \rho_{\perp} \quad \mathbf{B} \perp \mathbf{J}_q \,. \end{aligned} \quad (7.3.52)$$

Die relative Änderung des elektrischen Widerstands als Funktion des angelegten Magnetfeldes

$$\text{MR} = \frac{\rho(B) - \rho(0)}{\rho(0)} = \frac{\Delta\rho}{\rho} \quad (7.3.53)$$

wird als *Magnetowiderstandseffekt* oder kurz als MR-Effekt (MR: Magneto Resistance) bezeichnet.

Transversaler Magnetwiderstand: Wir betrachten wieder die in Abb. 7.17 gezeigte Geometrie. Der von außen aufgeprägte Strom soll in x-Richtung fließen und das Magnetfeld soll in z-Richtung angelegt sein. Mit der Bedingung $J_{q,y} = 0$ folgt aus (7.3.43)

$$\omega_c \tau E_x + E_y = 0 \,. \quad (7.3.54)$$

Setzen wir den daraus folgenden Ausdruck für E_y in (7.3.43) ein, so erhalten wir

$$\begin{aligned} J_{q,x} &= \frac{\sigma_0}{1 + \omega_c^2 \tau^2} \left(E_x - \omega_c \tau E_y \right) = \frac{\sigma_0}{1 + \omega_c^2 \tau^2} \left(E_x + \omega_c^2 \tau^2 E_x \right) \\ &= \frac{\sigma_0}{1 + \omega_c^2 \tau^2} (1 + \omega_c^2 \tau^2) E_x = \sigma_0 E_x \,. \end{aligned} \quad (7.3.55)$$

Wir sehen also, dass $\rho(B) = 1/\sigma_0 = \text{const}$ ist. In der gezeigten Konfiguration verschwindet also der transversale Magnetwiderstand.[25] Die Ursache dafür ist, dass die aus dem Hall-Feld E_y resultierende Kraft $-eE_y$ die Lorentz-Kraft $-e\delta \mathbf{v} \times \mathbf{B} = -e\delta v_x B_z$ gerade kompensiert. Die Ladungsträger können sich somit mit der Driftgeschwindigkeit δv_x in x-Richtung bewegen, ohne dass sie die Lorentz-Kraft aufgrund des anliegenden Magnetfeldes spüren. In Experimenten beobachtet man allerdings für alle nicht-magnetischen Metalle immer einen endlichen Magnetwiderstand. Dies zeigt, dass das Bild der freien Elektronen zu einfach ist und wir für die Erklärung des transversalen Magnetwiderstands unser Modell erweitern müssen. Dies können wir z. B. im Rahmen des Modells freier Elektronen durch ein so genanntes *Zweiband-Modell* tun, das wir später in Abschnitt 9.6.2 vorstellen werden. Wir werden in

---

[25] Man beachte, dass die Randbedingung $J_{q,y} = 0$ nur für die in Abb. 7.18 gezeigte Probengeometrie erfüllt ist. Wir können aber auch eine andere Konfiguration wählen (z. B. eine Corbino-Scheibe, siehe *The Hall and Corbino Effects*, E. P. Adams, Proc. Am. Phil. Soc. **54**, 47–51 (1915)), für welche die Randbedingung $E_y = 0$ vorliegt. In diesem Fall folgt aus (7.3.43) $J_{q,x} = \frac{\sigma_0}{1+\omega_c^2\tau^2} E_x$, d.h ein endlicher Magnetwiderstand $\Delta\rho/\rho \propto B^2$.

Plausibilitätserklärung für den Magnetwiderstand:

Wir gehen davon aus, dass die Ladungsträger nach der mittleren Zeit τ elastisch gestreut werden. Die Leitfähigkeit ist proportional zur mittleren freien Weglänge $\ell = v_F \tau$. Die Ladungsträger bewegen sich zwischen den Streuprozessen auf **Landau-Bahnen** mit Radius $R_c = v_F m / eB$, wobei die Umlauffrequenz durch die **Zyklotron-Frequenz** $\omega_c = eB/m$ gegeben ist (siehe Abb. 7.19)

Mit den Bezeichnungen $\ell_0 = \tau v_F$, $\ell_0/R_c = \varphi$ und $R_c = v_F/\omega_c$ ergibt sich aus Abb. 7.19c für den Grenzfall niedriger Magnetfelder ($\ell_0 \ll R_c$)

$$\frac{\ell/2}{R_c} = \sin\left(\frac{\varphi}{2}\right) \simeq \frac{\varphi}{2} - \frac{1}{6}\left(\frac{\varphi}{2}\right)^3 \tag{7.3.56}$$

und damit

$$\ell = \ell_0 \left(1 - \frac{1}{24}\tau^2 \omega_c^2\right). \tag{7.3.57}$$

Der spezifische Widerstand ρ ist reziprok zur effektiven mittleren freien Weglänge ℓ und damit ergibt sich

$$\frac{\Delta \rho}{\rho_0} = \frac{\ell_0^{-1}\left(1 - \frac{1}{24}\tau^2 \omega_c^2\right)^{-1} - \ell_0^{-1}}{\ell_0^{-1}}. \tag{7.3.58}$$

Mit $\sigma = ne^2\tau/m$ und $\omega_c = eB/m$ folgt dann $\frac{\Delta\rho}{\rho_0} = \frac{1}{24 n^2 e}\left(\frac{B}{\rho_0}\right)^2$, was der Kohler-Regel entspricht.

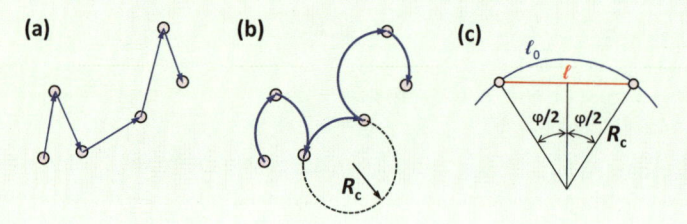

Abb. 7.19: Driftbewegung von Elektronen ohne (a) und mit (b) Magnetfeld. Vollständige Umläufe auf Landau-Bahnen sind nur bei sehr niedrigen Temperaturen, sehr reinen Proben und hohen Magnetfeldern zu erwarten.

Kapitel 9 aber auch sehen, dass wir bei Berücksichtigung des periodischen Gitterpotenzials und des damit verbundenen Übergangs von freien Elektronen zu Kristallelektronen eine starke Modifikation der Bewegung von Elektronen in elektrischen und magnetischen Feldern erhalten. Dies werden wir in Kapitel 9 genauer diskutieren.

Anschaulich können wir uns den positiven Magnetwiderstand durch eine Verkleinerung der effektiven freien Weglänge ℓ zwischen zwei Stoßereignissen erklären. Die Elektronen bewegen sich nämlich zwischen zwei Stößen (z. B. mit Verunreinigungen oder Phononen) auf gekrümmten Bahnen. Nur die langsame Driftgeschwindigkeit erfolgt geradlinig, da sich die Lorentz-Kraft aufgrund des B-Feldes und die Kraft aufgrund des Hall-Feldes gerade kompensieren. Wichtig ist, dass die Bewegungsgeschwindigkeit zwischen zwei Stößen der Fermi-Geschwindigkeit entspricht, die wesentlich größer ist als die mittlere Driftgeschwindigkeit der Elektronen und folglich in einer wesentlich größeren Lorentz-Kraft resultiert. Eine Plausibilitätsbetrachtung zur Verkürzung der mittleren freien Weglänge durch ein transversales Magnetfeld wird im nachfolgenden Kasten gemacht.

Der beobachtete positive Magnetwiderstand folgt der so genannten *Kohler-Regel*[26,27,28]

$$\frac{\Delta\rho}{\rho_0} = \frac{\rho(B)-\rho(0)}{\rho(0)} = F\left(\frac{B}{\rho(0)}\right) = F(\omega_c \tau) \; . \tag{7.3.59}$$

Hierbei ist F eine Funktion, die von der Art des jeweiligen Metalls abhängt. Da der Magnetwiderstand nicht vom Vorzeichen von **B** abhängen darf, kann die Funktion F keine lineare Funktion in B sein. Experimentell beobachtet man in kleinen Feldern meist eine quadratische Abhängigkeit. Eine Plausibilitätsbetrachtung dafür ist im nachfolgenden Kasten gegeben, eine tiefer gehende Diskussion folgt später in Kapitel 9.

Der positive Magnetwiderstand tritt auch in magnetischen Metallen auf, auch wenn er dort teilweise von wesentlich größeren negativen Magnetowiderstandseffekten (der Widerstand nimmt mit zunehmendem Feld ab) überlagert wird. Gleichung (7.3.59) zeigt, dass der positive Magnetwiderstand sehr groß werden kann, wenn ρ_0 sehr klein bzw. die Streuzeit τ sehr groß ist. Dies ist in sehr reinen Metallen bei sehr tiefen Temperaturen der Fall.[29] So nimmt z. B. in reinem Cu oder Ag der Widerstand in angelegten Feldern von etwa 10 T bei niedrigen Temperaturen um bis zu 100% zu.[30] Bei Raumtemperatur ist der positive Magnetwiderstand aber generell klein und deshalb nicht für Anwendungen nutzbar.

Longitudinaler Magnetwiderstand: Im Modell der freien Elektronen erwarten wir weder für das Einbandmodell noch für das Zweibandmodell (siehe Abschnitt 9.6.2) einen endlichen longitudinalen Magnetwiderstand, da die Driftbewegung der Ladungsträger ja parallel zum Magnetfeld erfolgt. Dies steht im Widerspruch zu den experimentellen Befunden. Da die Bewegung zwischen den einzelnen Streuprozessen aber in beliebige Richtungen erfolgt und ja nur die mittlere Driftgeschwindigkeit parallel zu **B** ist, können wir die gleiche Plausibilitätsbetrachtung wie beim transversalen Magnetwiderstand machen und damit eine effektive Verkürzung von ℓ und somit endlichen positiven Magnetwiderstand ableiten.

---

[26] Kohler, *Theorie der magnetischen Widerstandseffekte in Metallen*, Annalen der Physik **32**, 211 (1938).

[27] J. M. Ziman, *Electrons and Phonons*, Clarendon Press (1963), p. 491.

[28] Es gilt $B/\rho(0) = ne\frac{eB}{m}\tau = ne\omega_c\tau$. Da der Zyklotron-Radius durch $R_c = \omega_c/v_F$ und die mittlere freie Weglänge durch $\ell = v_F \tau$ gegeben ist, können wir auch $B/\rho(0) = ne\frac{\ell}{R_c}$ schreiben.

[29] E. Fawcett, *High-field galvanomagnetic properties of metals*, Advances in Physics **13**, 139 (1964).

[30] F. R. Fickett, *Transverse magnetoresistance of oxygen-free copper*, IEEE Trans. Magn. **24**, 1156 (1988).

Für das detaillierte Verständnis des longitudinalen Magnetwiderstands benötigen wir die Kenntnis der $E(\mathbf{k})$-Abhängigkeiten von Elektronen unter dem Einfluss des periodischen Gitterpotenzials. Wir werden in Kapitel 8 sehen, dass die Flächen konstanter Energie für solche Elektronen eine komplizierte Form annehmen können. Einen longitudinalen Magnetwiderstand erwarten wir nur dann, wenn die Flächen konstanter Energie nicht mehr wie für freie Elektronen kugelsymmetrisch sind. Generell ist die Abhängigkeit des Magnetwiderstands einer einkristallinen Probe eine komplizierte Funktion der Richtung von Strom und Magnetfeld relativ zu den Kristallachsen. Diesen komplexen Zusammenhang wollen wir hier nicht diskutieren.

7.3.4.3 Vertiefungsthema: Magnetowiderstandseffekte

Eine Vielzahl weiterer, meist negativer magnetoresistiver Effekte tritt in ferromagnetischen Metallen und Schichtstrukturen aus solchen Metallen auf:[31]

- AMR (Anisotropic MagnetoResistance)
- GMR (Giant MagnetoResistance)
- CMR (Colossal MagnetoResistance)
- TMR (Tunneling MagnetoResistance)
- BMR (Ballistic MagnetoResistance)
- EMR (Extraordinary MagnetoResistance)
- GMI (Giant MagnetoImpedance)

Lange bekannt ist der *„anisotrope magnetoresistive Effekt"* (AMR), der bereits 1857 durch **Thomson** entdeckt wurde und in ferromagnetischen Materialien auftritt. Deren spezifischer Widerstand ist parallel zur Magnetisierung einige Prozent größer als senkrecht dazu. Der AMR ist allerdings erst über 100 Jahre nach seiner Entdeckung in die erste technische Anwendung eingeflossen. Dabei handelte es sich um die Leseeinheit in Bubblespeichern Ende der 1960er Jahre. Um 1980 wurde mit der Entwicklung der ersten AMR-Sensoren begonnen. In dünnen Schichten aus weichen ferromagnetischen Materialien ist die Magnetisierung leicht drehbar, so dass mit Hilfe des AMR Magnetfeldsensoren realisiert werden können.

Eine rasante Entwicklung der Untersuchung und auch der technischen Nutzung magnetoresistiver Effekte setzte Ende der 1980er Jahre ein, als **Peter Grünberg** und **Albert Fert** fast zeitgleich entdeckten, dass der elektrische Strom in Schichtsystemen, die aus ferromagnetischen und nicht-magnetischen, metallischen Schichten bestehen, stark von der relativen Orientierung der Magnetisierung in den ferromagnetischen Schichten abhängt.[32,33,34] Es wurde fest-

---

[31] siehe z. B. *Spinelektronik*, R. Gross und A. Marx, Vorlesungsskript, Technische Universität München (2004).

[32] P. Grünberg, R. Schreiber, Y. Pang, M. B. Brodsky, H. Sower, *Layered Magnetic Structures: Evidence for Antiferromagnetic Coupling of Fe Layers across Cr Interlayers*, Phys. Rev. Lett. **57**, 2442 (1986).

[33] G. Binasch, P. Grünberg, F. Saurenbach, W. Zinn, *Enhanced magnetoresistance in layered magnetic structures with antiferromagnetic interlayer exchange*, Phys. Rev. **B 39**, 4828 (1989).

[34] M. N. Baibich, J. M. Broto, A. Fert, Van Dau Nguyen, F. Petroff, P. Etienne, G. Creuset, A. Friedrich, J. Chazelas, *Giant Magnetoresistance of (001)Fe/(001)Cr Magnetic Superlattices*, Phys. Rev. Lett. **61**, 2472 (1988).

Peter Grünberg und Albert Fert, Nobelpreis für Physik 2007

Der Physiker **Peter Grünberg** vom Forschungszentrum Jülich und sein französischer Kollege **Albert Fert** von der Universität Paris-Süd erhielten den Nobelpreis für Physik 2007 für ihre Arbeiten zum Riesenmagnetowiderstand (GMR: giant magneto resistance). Ihre Grundlagenforschung legte die Basis für die Entwicklung von leistungsfähigen Lese-Schreib-Köpfen und damit für die Realisierung von Giga-Byte-Festplatten. Bereits 1997 kam der erste GMR-Lesekopf für Computerfestplatten auf den Markt. Längst hat der GMR-Effekt in verbesserten Leseköpfen für Festplatten, Videobänder sowie in MP3-Playern weltweite Verbreitung gefunden. Ihre Forschung legte den Grundstein für den Forschungsbereich Spintronik, der den quantenmechanischen Spin der Elektronen für die Mikro- und Nanoelektronik nutzbar macht.

Albert Louis François Fert wurde am 7. März 1938 in Carcassonne, Frankreich geboren. Von 1962 bis 1964 war er Assistent an der Universität Grenoble und fertigte seine Abschlussarbeit *Résonance magnétique nucléaire de l'hydrogène absorbé par le palladium (Kernspinresonanz von auf Palladium absorbiertem Wasserstoff)* an. Von 1964 bis 1965 leistete er Wehrdienst, um dann als Oberassistent an die Universität Paris-Süd zu gehen. Dort wurde er 1970 mit einer Arbeit über die Transporteigenschaften von Eisen und Nickel promoviert und übernahm die Leitung einer Forschungsgruppe. Seit 1976 lehrt er dort als Professor. Seit 1995 ist er zusätzlich wissenschaftlicher Direktor des von ihm mitbegründeten gemeinsamen Labors Unité Mixte de Physique seiner Universität und des Centre National de la Recherche Scientifique (CNRS).

Peter Andreas Grünberg wurde am 18. Mai 1939 in Pilsen geboren. Der Schwerpunkt seiner Forschungen liegt auf dem Gebiet der Festkörperforschung. Ab 1962 studierte er an der Johann Wolfgang Goethe-Universität in Frankfurt am Main und an der Technischen Universität Darmstadt. Von 1966 bis 1969 war er dort Doktorand und wurde 1969 bei Stefan Hüfner mit der Arbeit *Spektroskopische Untersuchungen an einigen Selten-Erd-Granaten* promoviert. Er verbrachte drei Jahre an der Carleton University in Ottawa, Kanada. Seit 1972 war er Mitarbeiter des Forschungszentrums Jülich und habilitierte sich in Köln. Parallel dazu war er ab 1984 als Privatdozent und ab 1992 als außerplanmäßiger Professor an der Universität zu Köln tätig. Seit seiner Pensionierung im Jahr 2004 arbeitet Grünberg als Gast im Forschungszentrum Jülich im Institut für Festkörperforschung (IFF).

gestellt, dass der elektrische Widerstand der Vielschichtsysteme groß bzw. klein ist, wenn in benachbarten ferromagnetischen Schichten die Magnetisierungsrichtungen antiparallel bzw. parallel ausgerichtet sind (siehe Abb. 7.20). Der damit verbundene, sehr große magnetoresistive Effekt (typischerweise einige 10%) wurde Giant MagnetoResistance (GMR) Effekt genannt. Ein solcher Effekt ist genau das, was gebraucht wird, um die Daten aus Festplatten auszulesen, wobei magnetisch gespeicherte Information in einen elektrischen Strom umge-

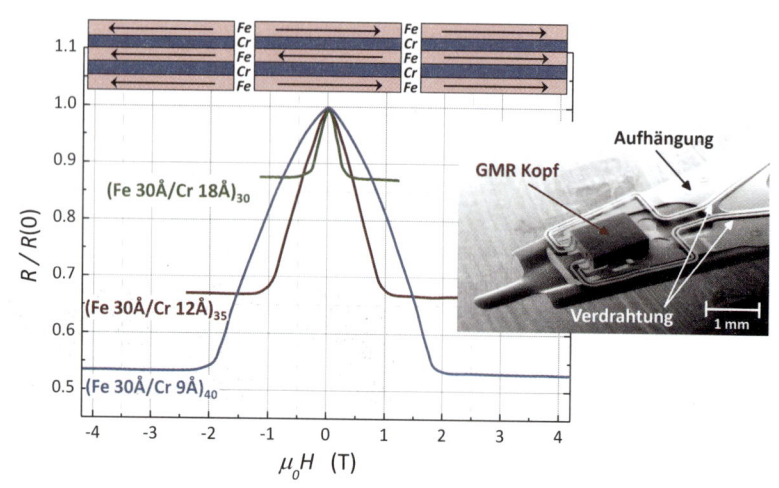

Abb. 7.20: Magnetwiderstand von Fe/Cr-Schichtstrukturen bei 4.2 K. Es wird ein maximaler Magnetwiderstand bei einer Cr-Schichtdicke von 0.9 nm beobachtet. Für diese Schichtdicke liegt im feldfreien Fall eine antiparallele Kopplung der Magnetisierungsrichtungen der Fe-Schichten vor (nach M. N. Baibich et al., Phys. Rev. Lett. **61**, 2472 (1988)). Rechts ist ein GMR-Lesekopf gezeigt (Quelle: IBM Deutschland).

wandelt werden muss. Daher gingen sehr schnell Wissenschaftler und Techniker daran, den GMR-Effekt für einen Lesekopf auszunützen. Bereits 1997, also nur etwa 10 Jahre nach der Entdeckung des GMR-Effekts, wurde der erste auf diesem Effekt beruhende Lesekopf von der Firma IBM vorgestellt. Diese Konstruktion wurde sehr schnell Stand der Technik und auch viele andere Entwicklungen bauen auf den GMR. Die Entdeckung des GMR-Effekts hat also in kurzer Zeit zu einem großen wirtschaftlichen Erfolg geführt.[35] Für die Entdeckung des Riesenmagnetowiderstands wurde der Nobelpreis für Physik im Jahr 2007 an den Deutschen **Peter Grünberg** und den Franzosen **Albert Fert** verliehen.

Weitere magnetoresistive Effekte wie der **C**olossal **M**agneto**R**esistance (CMR) Effekt[36,37,38] oder der **T**unneling **M**agneto**R**esistance (TMR) Effekt[39,40] werden heute intensiv erforscht. Der TMR kommt bereits heute bei der Realisierung von so genannten Magnetic Random Access Memories (MRAM) zum Einsatz. Hierbei handelt es sich um nichtflüchtige Speicherelemente mit Zugriffszeiten im ns-Bereich.[41,42]

---

[35] P. Grünberg, *Magnetfeldsensor mit ferromagnetischer dünner Schicht*, Patent-Nr.: P 3820475 (1988).

[36] R. von Helmholt, J. Wecker, B. Holzapfel, L. Schultz, and K. Samwer, *Giant negative magnetoresistance in perovskite like $La_{2/3}Ba_{1/3}MnO_x$ ferromagnetic films*, Phys. Rev. Lett. **71**, 2331 (1993).

[37] J. M. D. Coey, M. Viret, S. von Molnar, *Mixed-valence manganites*, Adv. Phys. **48**, 167 (1999).

[38] Y. Tokura (Ed.), *Colossal Magnetoresistive Oxides*, Gordon and Breach Science Publishers, London (1999).

[39] J. S. Moodera, L. R. Kinder, T. M. Wong, R. Meservey, *Large Magnetoresistance at Room Temperature in Ferromagnetic Thin Film Tunnel Junctions*, Phys. Rev. Lett. **74**, 3273 (1995).

[40] T. Miyazaki et al., *Spin polarized tunneling in ferromagnet/insulator/ferromagnet junctions*, J. Magn. Magn. Mat. **151**, 403 (1995).

[41] *Spin Electronics*, M. Ziese and M. J. Thornton eds., Springer Berlin (2001).

[42] *Magnetische Schichtsysteme*, 30. Ferienkurs des Instituts für Festkörperforschung, FZ-Jülich GmbH, Schriften des Forschungszentrums Jülich (1999).

7.4 Niedrigdimensionale Elektronengassysteme

Niedrigdimensionale Elektronengassysteme erhalten wir dadurch, dass wir ein dreidimensionales Elektronengas durch Potenzialwälle in einer, zwei oder allen drei Raumrichtungen geometrisch einschränken. Wir sprechen in diesem Zusammenhang von *Quantum Confinement*. Für die Realisierung von niedrigdimensionalen Elektronengassystemen werden häufig Halbleiter-Heterostrukturen und -Übergitter verwendet, die aus unterschiedlich dotierten Halbleitern oder aus Halbleitern mit unterschiedlicher Energielücke aufgebaut sind (vergleiche hierzu Abschnitt 10.4.1). Sie spielen heute in der Halbleiterphysik eine bedeutende Rolle. Wir wollen im Folgenden die physikalischen Grundlagen des Quantum Confinements und einige Eigenschaften der damit realisierten niedrigdimensionalen Elektronengassysteme diskutieren.

7.4.1 Zweidimensionales Elektronengas

Wir betrachten ein dreidimensionales Elektronengas, das in einer Richtung, in unserem Fall in z-Richtung, durch zwei unendlich hohe Potenzialwälle bei $z = \pm L/2$ auf einen engen Bereich der Breite L eingeschränkt wird. Wir schränken also die Wellenfunktion der Elektronen in z-Richtung stark ein, wogegen die Wellenfunktionen senkrecht zur Einschränkungsrichtung, d. h. in der xy-Ebene, nach wie vor Bloch-Charakter (vergleiche Kapitel 8) haben sollen.

Das Verschwinden der Wellenfunktion bei $\pm L/2$ impliziert sofort, dass die möglichen Wellenlängen bzw. $\mathbf{k}$-Vektoren in z-Richtung gegeben sind durch

$$\lambda_n = \frac{2L}{n}, \qquad n = 1, 2, 3, \ldots, \tag{7.4.1}$$

$$k_{z,n} = \frac{2\pi}{\lambda_n} = \frac{\pi}{L} n, \qquad n = 1, 2, 3, \ldots. \tag{7.4.2}$$

Die zugehörigen Energieeigenwerte lauten

$$\epsilon_n = \frac{\hbar^2 k_{z,n}^2}{2m} = \frac{\hbar^2}{2m} \frac{\pi^2}{L^2} n^2. \tag{7.4.3}$$

Wir sehen, dass wir im Vergleich zum Fall ohne Einschränkung in z-Richtung eine Erhöhung

$$\Delta E = \frac{\hbar^2 k_{z,1}^2}{2m} = \frac{\hbar^2}{2m} \frac{\pi^2}{L^2} \tag{7.4.4}$$

der Grundzustandsenergie erhalten. Wir nennen diese Energieerhöhung *Confinement-Energie*. Sie wächst proportional zu $1/L^2$ an und ist eine direkte Folge der Einschränkung der Wellenfunktion auf den Bereich $\Delta z \leq L$. Diese Einschränkung im Ortsraum erhöht die Impulsunschärfe auf $\Delta p_z \geq \hbar/L$. Die damit verbundene Energieerhöhung ist durch (7.4.4) gegeben.

Um die entsprechenden Wellenfunktionen abzuleiten, benutzen wir die zeitunabhängige Schrödinger-Gleichung

$$\left[-\frac{\hbar^2}{2m}\nabla^2 + V(z)\right]\Psi(\mathbf{r}) = E\,\Psi(\mathbf{r}) \tag{7.4.5}$$

mit

$$V(z) = \begin{cases} 0 & \text{für } -\frac{L}{2} \leq z \leq +\frac{L}{2} \\ \infty & \text{für } |z| > \frac{L}{2} \end{cases}. \tag{7.4.6}$$

Mit dem Ansatz

$$\Psi(\mathbf{r}) = \phi_n(z)\,e^{i(k_x x + k_y y)} = \phi_n(z)\,e^{i\mathbf{k}_\parallel \cdot \mathbf{r}} \tag{7.4.7}$$

können wir die Schrödinger-Gleichung in zwei unabhängige Anteile aufspalten:

$$\left[-\frac{\hbar^2}{2m}\left(\frac{\partial^2}{\partial x^2} + \frac{\partial^2}{\partial y^2}\right)\right]e^{i\mathbf{k}_\parallel \cdot \mathbf{r}} = E_\parallel\,e^{i\mathbf{k}_\parallel \cdot \mathbf{r}} \tag{7.4.8}$$

$$\left[-\frac{\hbar^2}{2m}\frac{\partial^2}{\partial z^2} - eV(z)\right]\phi_n(z) = \epsilon_n\,\phi_n(z). \tag{7.4.9}$$

Für die xy-Richtung erhalten wir ebene Wellen mit den bekannten Energieeigenwerten

$$E_\parallel = \frac{\hbar^2 k_\parallel^2}{2m}. \tag{7.4.10}$$

Für die z-Richtung erhalten wir die Lösung

$$\phi(z) = \begin{cases} \frac{1}{\sqrt{L}}e^{ik_{z,n}z} & \text{für } -\frac{L}{2} \leq z \leq +\frac{L}{2} \\ 0 & \text{für } |z| > \frac{L}{2} \end{cases}. \tag{7.4.11}$$

mit den Energieeigenwerten (7.4.3). Für die Gesamtenergie erhalten wir somit

$$E_n = E_\parallel + \epsilon_n = \frac{\hbar^2 k_\parallel^2}{2m} + \frac{\hbar^2}{2m}\frac{\pi^2}{L^2}n^2. \tag{7.4.12}$$

Wir erhalten also für die Eigenenergien Parabeln entlang von k_x und k_y (siehe Abb. 7.21b). Wir bezeichnen diese Parabeln, die für $\mathbf{k}_\parallel = 0$ die Werte ϵ_n besitzen, als 2D-Subbänder. Falls L sehr klein wird, wird der Abstand der Subbänder wegen $\epsilon_n \propto 1/L^2$ sehr groß. Die 2D-Subbänder besitzen eine konstante Zustandsdichte (vergleiche (7.1.20) und Abb. 7.2)

$$D_n^{(2D)}(E) = \begin{cases} \frac{A}{2\pi}\frac{2m}{\hbar^2} = \text{const} & \text{für } E \geq \epsilon_n \\ 0 & \text{sonst} \end{cases}. \tag{7.4.13}$$

7.4 Niedrigdimensionale Elektronengassysteme

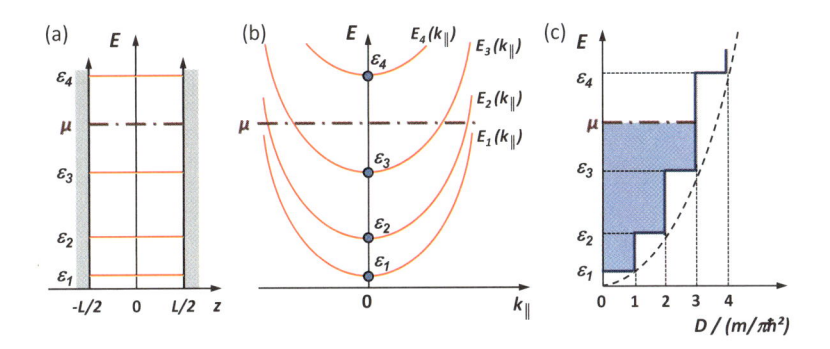

Abb. 7.21: Quantisierung der Energiezustände eines zweidimensionalen Elektronengases in einem Rechteckpotenzial. (a) Potenzialverlauf und resultierende Energieniveaus. (b) Energieparabeln der 2D-Subbänder. (c) Zustandsdichte des zweidimensionalen Elektronengases. Die Zustandsdichte ist die Summe der konstanten Zustandsdichten der einzelnen Subbänder. Die gestrichelte Kurve gibt den Verlauf $D(E) \propto \sqrt{E}$ eines dreidimensionalen Elektronengases wieder.

Die gesamte Zustandsdichte in allen Subbändern ist gegeben durch

$$D(E) = \sum_n D_n^{(2D)}(E) \,. \tag{7.4.14}$$

Sie ist eine Überlagerung von konstanten Beiträgen, was in der in Abb. 7.21c gezeigten Stufenfunktion resultiert.

Wir möchten darauf hinweisen, dass für die Bestimmung der Eigenenergien ϵ_n die exakte Form des Potenzials $V(z)$ notwendig ist. Bei Halbleitern muss dabei die Existenz von Raumladungen berücksichtigt werden. Das bedeutet, dass $V(z)$ von der Dichte der freien Elektronen und der ionisierten Dotieratome abhängt und deshalb die Wahrscheinlichkeitsdichte $|\phi_n(z)|^2$ in das Potenzial über die Elektronendichte eingeht. Man muss deshalb (7.4.9) selbstkonsistent lösen. In einfachster Näherung können wir jedoch $V(z)$ durch ein Rechteckpotenzial oder, wie wir später in Abschnitt 10.4.1 für den Fall von modulationsdotierten Heterostrukturen sehen werden, durch ein Dreieckspotenzial annähern. Ferner ist die Annahme unendlich hoher Potenzialwälle nur eine grobe Näherung. Bei endlicher Höhe V_0 des Potenzialwalls erhalten wir Lösungen

$$\phi_n(z) = \begin{cases} a\,e^{\kappa z} & \text{für } z < -\frac{L}{2} \\ a\,e^{-\kappa z} & \text{für } z > +\frac{L}{2} \end{cases}, \tag{7.4.15}$$

wobei die charakteristische Abklinglänge $1/\kappa$ gegeben ist durch:

$$\kappa^2 = \frac{2m}{\hbar^2}\left(E - E_\parallel + V_0\right). \tag{7.4.16}$$

Die Lösung $\Psi = \phi_n(z)e^{\imath \mathbf{k}_\parallel \cdot \mathbf{r}}$ beschreibt eine Welle, die sich parallel zum Potenzialwall frei ausbreitet und senkrecht dazu exponentiell abklingt. Solche Wellen, deren Wellenvektor in z-Richtung rein imaginär ist, werden als *evaneszente Wellen* bezeichnet.

7.4.2 Eindimensionales Elektronengas

Ein eindimensionales Elektronengassystem können wir durch weitere Einschränkung des zweidimensionalen Elektronengases in der zweiten Dimension, z. B. in y-Richtung, erhalten. Ein solches Elektronengassystem wird als **Quantendraht** bezeichnet. Mit dem zu (7.4.7) analogen Ansatz

$$\Psi(\mathbf{r}) = \phi_{n_1,n_2}(y,z)\,e^{ik_x x} \qquad (7.4.17)$$

erhalten wir die Eigenenergien

$$E_{n_1,n_2} = \frac{\hbar^2 k_x^2}{2m} + \epsilon_{n_1,n_2} = \frac{\hbar^2 k_x^2}{2m} + \frac{\hbar^2}{2m}\frac{\pi^2}{L_z^2}n_1^2 + \frac{\hbar^2}{2m}\frac{\pi^2}{L_y^2}n_2^2, \qquad (7.4.18)$$

wobei die beiden Quantenzahlen n_1 und n_2 die Eigenzustände in der yz-Ebene charakterisieren. Wir erhalten also parabelförmige 1D-Subbänder, die wir durch die beiden Quantenzahlen n_1 und n_2 klassifizieren können. Für die Zustandsdichte gilt jetzt

$$D(E) = \sum_{n_1,n_2} D^{(1D)}_{n_1,n_2}(E) \qquad (7.4.19)$$

mit

$$D^{(1D)}_{n_1,n_2}(E) = \begin{cases} \frac{L}{2\pi}\left(\frac{2m}{\hbar^2}\right)^{1/2}(E - \epsilon_{n_1,n_2})^{-1/2} & \text{für } E \geq \epsilon_{n_1,n_2} \\ 0 & \text{sonst} \end{cases}. \qquad (7.4.20)$$

Der Verlauf der 1D-Subbänder und der zugehörigen Zustandsdichte ist in Abb. 7.22 gezeigt. Wir sehen, dass die Zustandsdichte Singularitäten aufweist, wo die Ableitung der Dispersionskurven $E(k_x)$ verschwindet (vergleiche hierzu auch (5.3.31) in Abschnitt 5.3.3).

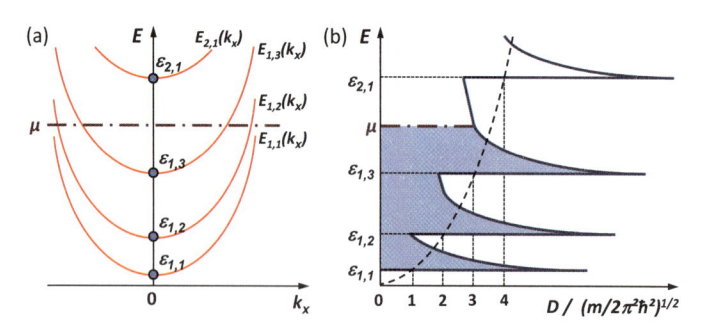

Abb. 7.22: Quantisierung der Energiezustände eines eindimensionalen Elektronengases. (a) Energieparabeln der 1D-Subbänder. (b) Zustandsdichte des eindimensionalen Elektronengases. Die Zustandsdichte ist die Summe der $1/\sqrt{E - E_{n_1,n_2}}$-Zustandsdichten der einzelnen Subbänder. Die gestrichelte Kurve gibt den Verlauf $D(E) \propto \sqrt{E}$ eines dreidimensionalen Elektronengases wieder.

7.4.3 Nulldimensionales Elektronengas

Ein nulldimensionales Elektronengassystem können wir durch Einschränkung eines zunächst dreidimensionalen Elektronengases in alle drei Raumrichtungen erhalten. Ein solches Elektronengassystem wird als **Quantenpunkt** bezeichnet. Sein Energiespektrum besteht aus diskreten Niveaus ähnlich zu dem von Atomen und hängt von der detaillierten Form des einschließenden Potenzials ab. Man spricht in diesem Zusammenhang deshalb auch von künstlichen Atomen. Die Zustandsdichte ist ebenfalls diskret und kann durch eine Summe von δ-Funktionen beschrieben werden.

7.5 Transporteigenschaften von niederdimensionalen Elektronengasen

Mit Hilfe des Quantum Confinements können in kontrollierter Weise niedrigdimensionale Elektronengase hergestellt werden. Wir diskutieren im Folgenden den Ladungstransport in null- und eindimensionalen Elektronengasen. Die Transporteigenschaften von zweidimensionalen Elektronengassystemen werden wir erst später in Abschnitt 10.5 im Zusammenhang mit dem Quanten-Hall-Effekt diskutieren.

7.5.1 Eindimensionales Elektronengas: Leitwertquantisierung

Die Diskussion des Ladungstransports in eindimensionalen elektrischen Leitern erfolgt in weiten Teilen analog zum Wärmetransport in eindimensionalen Wärmeleitern (vergleiche Abschnitt 6.4.6). Als Hauptergebnis werden wir erhalten, dass der Leitwert solcher Strukturen quantisiert ist. Wir betrachten den in Abb. 7.23 gezeigten eindimensionalen Transportkanal zwischen zwei Elektronenreservoiren mit chemischen Potenzialen μ_1 und μ_2. Wir können einen solchen Kanal z. B. dadurch erzeugen, indem wir ein zweidimensionales Elektronengas lateral einschränken, so dass die Breite des Transportkanals kleiner als die Fermi-Wellenlänge wird. Für zweidimensionale Elektronengase in Halbleitern ist dies technisch einfach realisierbar, da hier die Fermi-Wellenlänge aufgrund der geringen Ladungsträgerdichte relativ groß ist. Für Metalle ist dies dagegen sehr schwierig, da die Fermi-Wellenlänge hier im Bereich unterhalb von 1 nm liegt.

Wir nehmen nun an, dass die mittlere freie Weglänge wesentlich größer als die Kanallänge sein soll, so dass in dem Transportkanal keine Streuprozesse stattfinden. Das bedeutet, dass alle Elektronen, die von links oder rechts mit Wellenvektor k_l oder k_r in den Kanal eintreten, mit der Wahrscheinlichkeit $T = 1$ durch den Kanal transmittiert werden. Im Draht treten also keine Streuprozesse auf, die Bewegung der Elektronen erfolgt **ballistisch**. Wir wollen ferner annehmen, dass die Einschnürung des Kanals in y- und z-Richtung so stark ist, dass nur, wie in Abb. 7.23 dargestellt ist, das unterste Subband mit Energieeigenwert ϵ_1 zum Transport beiträgt. Der Ladungstransport erfolgt dann nur in einem einzigen Transportkanal. Abb. 7.23 verdeutlicht ferner, dass eine zwischen den beiden Kontaktreservoiren angelegte Potenzialdifferenz $\Delta\mu = \mu_1 - \mu_2$ wegen der ballistischen Ausbreitung der Elektronen im Transportkanal nicht längs des Kanals abfällt, sondern an der Kontaktfläche zu den Reservoiren. Sie kann deshalb als Kontaktspannung aufgefasst werden. Dadurch besitzen die nach links und rechts laufenden Elektronen unterschiedliche chemische Potenziale, die wir als Quasi-Potenziale bezeichnen. Dies ist anschaulich klar, da die nach links und rechts laufenden Elektronen aufgrund fehlender Streuprozess im Transportkanal nicht im thermischen Gleichgewicht sind.

Nach (7.3.6) ist der Strom durch den eindimensionalen Transportkanal gegeben durch

$$\mathbf{I}_q = -e \frac{1}{L} \sum_{\mathbf{k},\sigma} \frac{\hbar(\mathbf{k}^l - \mathbf{k}^r)}{m} . \tag{7.5.1}$$

Hierbei sind $\mathbf{k}^l$ und $\mathbf{k}^r$ die Wellenvektoren der nach links und rechts laufenden Elektronen. Für $\mu_1 = \mu_2$ ergibt die Summe exakt null und wir erhalten keinen Nettostrom. Die Summation über den Spin-Freiheitsgrad ergibt einen Faktor 2 und wir ersetzen $\sum_\mathbf{k}$ durch $\int Z^{(1D)}(k)\, dk$. Mit $Z^{(1D)} = L/2\pi$ erhalten wir

$$\mathbf{I}_q = -\frac{2e}{2\pi} \int_0^\infty \frac{\hbar \mathbf{k}}{m} \left[f^l(\mathbf{k}) - f^r(\mathbf{k}) \right] dk . \tag{7.5.2}$$

Hierbei haben wir die Differenz $\mathbf{k}^l - \mathbf{k}^r$ durch die Differenz der Besetzungzahlen ausgedrückt. Wir ersetzen nun dk durch $dE/\hbar v_\mathbf{k}$ und erhalten

$$\mathbf{I}_q = -\frac{2e}{2\pi\hbar} \int_0^\infty \left(f(E - \mu_1) - f(E - \mu_2) \right) dE . \tag{7.5.3}$$

Hierbei haben wir die Besetzungszahlen f^l und f^r durch $f(E - \mu_1)$ und $f(E - \mu_2)$ ersetzt. Interessant ist hierbei, dass die Gruppengeschwindigkeit der Elektronen $v_\mathbf{k} = \hbar\mathbf{k}/m$ gerade

Abb. 7.23: Eindimensionaler Transportkanal zwischen zwei Ladungsträgerreservoiren mit chemischen Potenzialen μ_1 und μ_2. In den dreidimensionalen Reservoiren liegt eine parabelförmige Dispersion vor. In dem eindimensionalen Kanal liegen aufgrund der Einschnürung in y- und z-Richtung Subbänder vor, von denen im gezeigten Fall nur das unterste beitragen kann.

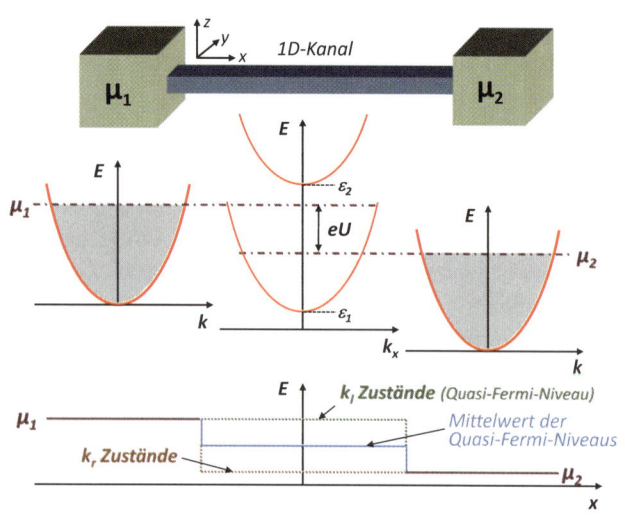

7.5 Transporteigenschaften von niederdimensionalen Elektronengasen

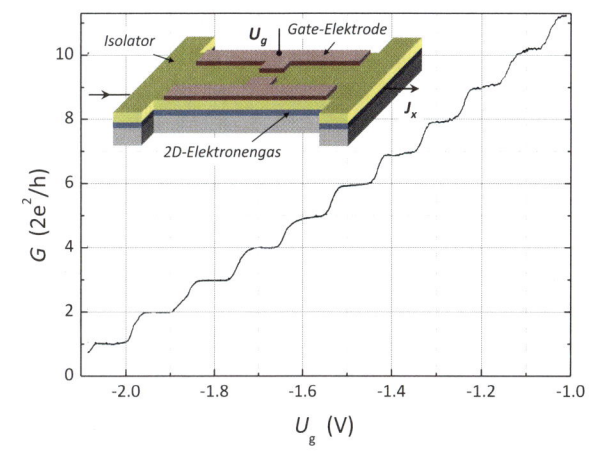

Abb. 7.24: Leitwertquantisierung in einem ballistischen-Quanten-Punkt-kontakt bei $T = 0.6$ K. Der Quanten-Punkt-Kontakt wurde in einem zwei-dimensionalen Elektronengas in einer GaAs/AlGaAs-Heterostruktur erzeugt (nach B. J. van Wees, H. van Houten, C. W. J. Beenakker, J. G. Williamson, L. P. Kouwenhoven, D. van der Marel, C. T. Foxon, Phys. Rev. Lett. **60**, 848–850 (1988)).

herausfällt. Dies ist völlig analog zum thermischen Transport (vergleiche (6.4.30)), bei dem die Gruppengeschwindigkeit der Phononen herausfällt. Das Integral über die Differenz der Fermi-Funktionen ergibt gerade $\Delta\mu = \mu_1 - \mu_2 = (-e)U$ und wir erhalten

$$I_q = 2\frac{e^2}{h}U \quad \text{bzw.} \quad R = \frac{1}{2}\frac{h}{e^2}. \tag{7.5.4}$$

Wir sehen, dass der perfekt durchlässige eindimensionale Transportkanal (Transmissions-wahrscheinlichkeit $T = 1$) den endlichen Leitwert $G = 2\frac{e^2}{h} = 2G_Q$ bzw. den Widerstand $R = \frac{1}{2}\frac{h}{e^2} = \frac{1}{2}R_Q$ besitzt, wobei der Faktor 2 im Leitwert bzw. der Faktor 1/2 im Widerstand aus der Spin-Entartung resultiert. Die Größe

$$R_Q = 25\,812.807\,4434\,(84)\,\Omega \tag{7.5.5}$$

bezeichnen wir als **Widerstandsquantum**. Da diese Größe erstmals im Zusammenhang mit dem Quanten-Hall-Effekt von **Klaus von Klitzing** mit großer Genauigkeit gemessen wurde, wird sie auch *von Klitzing Konstante* genannt. Bei endlicher Rückstreuwahrscheinlichkeit $\mathcal{R} > 0$ bzw. Transmissionswahrscheinlichkeit $\mathcal{T} < 1$ erhalten wir

$$G = 2\frac{e^2}{h}\mathcal{T} \quad \text{bzw.} \quad R = \frac{1}{2}\frac{h}{e^2}\frac{1}{\mathcal{T}}. \tag{7.5.6}$$

Die durch (7.5.6) gegebene Leitwertquantisierung wurde erstmals in so genannten Quantenpunktkontakten beobachtet, die eindimensionale Elektronengase in Halbleiter-Heterostrukturen darstellen (siehe Abb. 7.24). Dabei wird das eindimensionale Elektronengas durch laterale Einschnürung eines zweidimensionalen Systems in einer GaAs/AlGaAs-Heterostruktur mittels in der Mitte aufgetrennten Gate-Elektroden (Split-Gate) erzeugt. Unter der Gate-Elektrode wird durch Anlegen einer negativen Gate-Spannung das Elektronengas unterdrückt, so dass der Stromfluss auf einen eindimensionalen Kanal eingeschränkt wird. Bei der Messtemperatur von 0.6 K ist die mittlere freie Weglänge von etwa 8 µm wesentlich größer als die Länge des Kanals, so dass die Elektronen ohne Stöße den Kanal durchqueren können. Die

Fermi-Wellenlänge beträgt aufgrund der geringen Ladungsträgerdichte des zweidimensionalen Elektronengases etwa 40 nm. Die Breite des Kanals kann durch Variation der negativen Gate-Spannung verändert werden. Bei $U_\mathrm{g} \leq -2.2$ V ist der Kanal vollkommen geschlossen, so dass kein Stromfluss stattfinden kann. Wird nun U_g reduziert, so wird ein Leitungskanal nach dem anderen geöffnet und der gemessene Leitwert steigt in Stufen an. Aufgrund der Spin-Entartung im Nullfeld werden Leitwertstufen mit Abstand $2e^2/h$ beobachtet. Das sukzessive Öffnen der Leitungskanäle kann leicht in Rahmen von Abb. 7.23 verstanden werden. Wird die negative Gate-Spannung reduziert, so wird der Kanal breiter, wodurch die Energiewerte ϵ_i der Subbänder nach unten verschoben werden. Somit tragen nach und nach immer mehr Subbänder zum Transport bei, jedes beitragende Subband entspricht einem offenen Leitungskanal.

7.5.2 Vertiefungsthema: Nulldimensionales Elektronengas: Coulomb-Blockade

Abschließend wollen wir noch den Transport über eine nulldimensionale Struktur, einen so genannten Quantenpunkt, betrachten. Bevor wir das tun, müssen wir uns aber zuerst mit Ladungseffekten beschäftigen, deren Ursache rein klassischer Natur ist. Diese Effekte treten auch beim Transport über kleine dreidimensionale Elektronensysteme auf. Um uns die Ursache von Ladungseffekten klar zu machen, betrachten wir die in Abb. 7.25 gezeigte Konfiguration. Hier ist eine kleine metallische Insel (diese soll zunächst dreidimensional sein) über große Widerstände R (üblicherweise verwendet man Tunnelbarrieren) an zwei metallische Kontakte, die wir Quelle S (Source) und Senke D (Drain) nennen, angekoppelt. Ferner können wir die Insel über eine kapazitiv gekoppelte Steuerelektrode G (Gate) beeinflussen. Legen wir eine Spannung U_SD an und messen den resultierenden Strom I_SD als Funktion der Steuerspannung U_G, so stellen wir fest, dass der Leitwert $G = I_\mathrm{SD}/U_\mathrm{SD}$ scharfe Maxima aufweist, die einen etwa konstanten Abstand besitzen. Die Ursache für diesen Effekt ist rein klassischer Natur und beruht auf der Tatsache, dass jedes Elektron die diskrete Ladung $-e$ transportiert.

Abb. 7.25: Äquivalenter Schaltkreis für die Untersuchung des Ladungstransports über eine kleine metallische Insel. Die Insel ist über die Widerstände R an die Quelle S und Senke D und kapazitiv an eine Steuerelektrode G angekoppelt. Die Spannung U_SD zwischen Quelle und Senke ist symmetrisch angelegt. Mit der Steuerspannung U_G kann die potenzielle Energie der Insel verschoben werden.

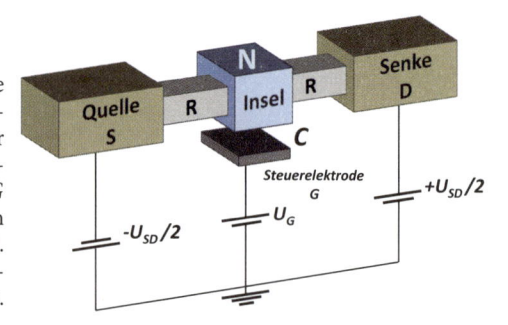

Um die experimentelle Beobachtung zu verstehen, betrachten wir zuerst die elektrostatische Energie der Insel. Sie ist gegeben durch

$$E_\mathrm{el} = \frac{Q^2}{2C} - QU_\mathrm{G} = \frac{(Ne)^2}{2C} - NeU_\mathrm{G}. \tag{7.5.7}$$

7.5 Transporteigenschaften von niederdimensionalen Elektronengasen

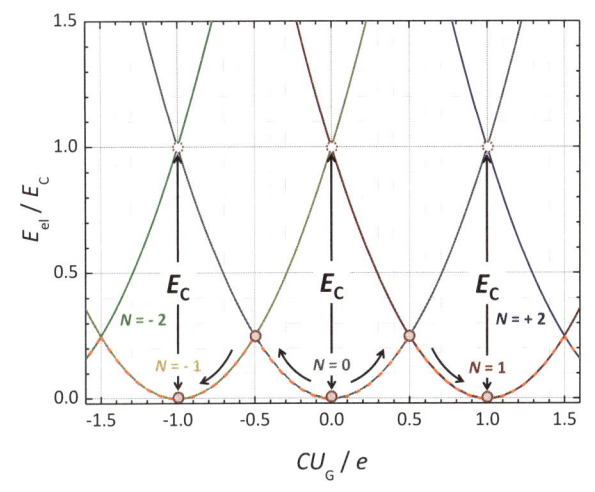

Abb. 7.26: Elektrostatische Energie einer kapazitiv an eine Steuerelektrode gekoppelten metallischen Insel als Funktion der Steuerspannung U_G und der Elektronenzahl N auf der Insel. Zwei benachbarte Parabeln $E_{el}(N+1)$ und $E_{el}(N)$ schneiden sich bei $U_G = (N+1/2)e/C$. Bei $U_G = Ne/C$ beträgt der energetische Abstand E_C.

Hierbei ist N eine ganze Zahl und $Q = Ne$ die bezüglich des ladungsneutralen Zustands fehlende oder überschüssige Ladung auf der Insel. Wichtig ist, dass aufgrund der diskreten Natur der Elementarladung die Ladung Q auf der Insel nur diskrete Werte annehmen kann. Der erste Term in (7.5.7) gibt die kapazitive Ladungsenergie an und der zweite die potenzielle Energie durch die Steuerspannung U_G. Wir nehmen der Einfachheit halber an, dass die gesamte kapazitive Kopplung der Insel an die Umgebung durch die Kapazität C der Steuerelektrode erfolgt. Wir können Gleichung (7.5.7) durch Ausklammern von $e^2/2C$ umformen und erhalten

$$E_{el} = \frac{e^2}{2C}\left(N - \frac{CU_G}{e}\right)^2 - \left(\frac{CU_G}{e}\right)^2 . \tag{7.5.8}$$

Lassen wir den letzten Term, der unabhängig von N ist weg, so erhalten wir die elektrostatische Energie

$$E_{el}(N) = E_C\left(N - \frac{CU_G}{e}\right)^2 \tag{7.5.9}$$

mit der charakteristischen Energie $E_C = e^2/2C$, die gerade der Ladungsenergie einer Elementarladung auf der Kapazität C entspricht. Tragen wir $E_{el}(N)$ gegen CU_G/e auf, so erhalten wir, wie in Abb. 7.26 gezeigt ist, für jedes N eine Parabel. Wir sehen, dass sich benachbarte Parabeln $E_{el}(N)$ und $E_{el}(N+1)$ bei $U_G = (N+1/2)e/C$ schneiden. Bei dieser Steuerspannung kann folglich die Ladung der Insel ohne Energieaufwand um eine Elementarladung geändert werden. Dagegen müssen wir bei der Spannung $U_G = Ne/C$ die Energie E_C aufbringen, um die Insellladung um eine Elementarladung zu ändern. Für $eU_{SD} \ll E_C$ wird deshalb kein Ladungsfluss über die Insel möglich sein, da die hohe Coulomb-Energie Änderungen des Ladungszustandes unterdrückt. Wir nennen diesen Effekt **Coulomb-Blockade**. Den Energieunterschied benachbarter Parabeln können wir aus (7.5.9) zu

$$E_{el}(N \pm 1) - E_{el}(N) = 2\left(\pm N + \frac{1}{2} \mp \frac{CU_G}{e}\right) E_C \tag{7.5.10}$$

berechnen.

Um den Coulomb-Blockade-Effekt beobachten zu können, müssen wir sicherstellen, dass Änderungen des Ladungszustandes nicht durch thermische oder Quantenfluktuationen ermöglicht werden. Thermische Fluktuationen spielen dann keine Rolle, wenn $k_\mathrm{B} T \ll E_\mathrm{C}$ ist. Dies ist gleichbedeutend mit

$$T \ll \frac{e^2}{2k_\mathrm{B} C} \qquad \text{oder} \qquad C \ll \frac{e^2}{2k_\mathrm{B} T}. \tag{7.5.11}$$

Setzen wir Zahlen ein, so sehen wir, dass $C = 1\,\mathrm{fF}$ einer Temperatur von 1 K entspricht. Selbst wenn wir extrem kleine Kapazitäten verwenden, müssen wir die Probe also noch auf tiefe Temperaturen abkühlen. Wenn es uns aber gelingt, Kapazitäten im aF-Bereich zu realisieren, können wir den Coulomb-Blockade-Effekt auch bei Raumtemperatur beobachten. Um eine obere Grenze für die Größe der in Abb. 7.25 gezeigten Insel abzuschätzen, können wir die potenzielle Energie ausrechnen, die wir aufbringen müssen, um eine Elementarladung aus dem Unendlichen auf eine Kugel mit Radius R zu bringen. Diese Energie beträgt $e^2/\epsilon_0 R$, die äquivalente Kapazität $C = \epsilon_0 R/2$. Damit diese Energie groß gegen $k_\mathrm{B} T$ wird, muss $R \ll e^2/\epsilon_0 k_\mathrm{B} T$ sein. Für $T = 1$ K erhalten wir $R \ll 100\,\mu\mathrm{m}$. In der Praxis müssen allerdings metallische Inseln üblicherweise Abmessungen im 100 nm-Bereich haben, um $C = 1\,\mathrm{fF}$ zu erreichen. Da die Fermi-Wellenlänge von Metallen im Å-Bereich liegt, stellt eine metallische Insel mit diesen Abmessungen aber immer noch ein dreidimensionales Elektronensystem dar. Der Niveauabstand $\Delta E \sim E_\mathrm{F}/n_\mathrm{el} V$ der Elektronenzustände liegt aufgrund der hohen Elektronendichte n_el in Metallen bei einem würfelförmigen Volumen mit Kantenlänge 100 nm im μeV-Bereich und ist somit wesentlich kleiner als $E_\mathrm{C} \sim 0.1$–1 meV oder $k_\mathrm{B} T \sim 100\,\mu\mathrm{V}$ bei 1 K. Wir können deshalb in guter Näherung von einem kontinuierlichen Energiespektrum ausgehen. Das zeigt uns, dass der hier betrachtete Coulomb-Blockade-Effekt nichts mit Quantum-Confinement zu tun hat und ein rein klassischer Effekt aufgrund des diskreten Werts der Elementarladung ist.

Selbst bei $T = 0$ führt die Tatsache, dass die Ladung im Mittel nur eine Zeit $\Delta t = R_\mathrm{g} C/2\pi$ auf der Insel bleibt, zu einer Energieunschärfe $\Gamma = h/R_\mathrm{g} C$ der Ladungsenergie. Hierbei ist $R_\mathrm{g} = R/2$ der gesamte Widerstand, mit dem die Insel an die Umgebung gekoppelt ist. Diese Unschärfe muss klein gegen E_C sein, was gleichbedeutend mit

$$R_\mathrm{g} \gg \frac{h}{e^2} = R_\mathrm{Q} \tag{7.5.12}$$

ist. Der Widerstand R_g muss also groß gegenüber dem Quantenwiderstand R_Q sein, um zu vermeiden, dass Quantenfluktuationen die Beobachtbarkeit des Coulomb-Blockade-Effekts verhindern.

Wir wollen nun im Detail diskutieren, was bei einer Variation der Steuerspannung $U_\mathrm{G} = 0$ passiert. Variieren wir die Steuerspannung beginnend von $U_\mathrm{G} = 0$ in positive oder negative Richtung, so wandern wir zunächst auf der $N = 0$ Parabel nach oben, bis wir den Schnittpunkt mit der $N = +1$ oder $N = -1$ Parabel erreichen. Die Ladung auf der Insel ändert sich dann sprunghaft um $\pm e$ und wir wandern auf der $N = +1$ bzw. $N = -1$ Parabel wieder nach unten. Bei einer Variation von U_G folgen wir also der in Abb. 7.26 rot gestrichelten Kurve, die den Grundzustand des Systems darstellt. Die Ladung auf der Insel ändert sich dabei jeweils bei $U_\mathrm{G} = (N + 1/2)e/C$ sprunghaft um $\pm e$ und bleibt dazwischen konstant. Dies ist

7.5 Transporteigenschaften von niederdimensionalen Elektronengasen

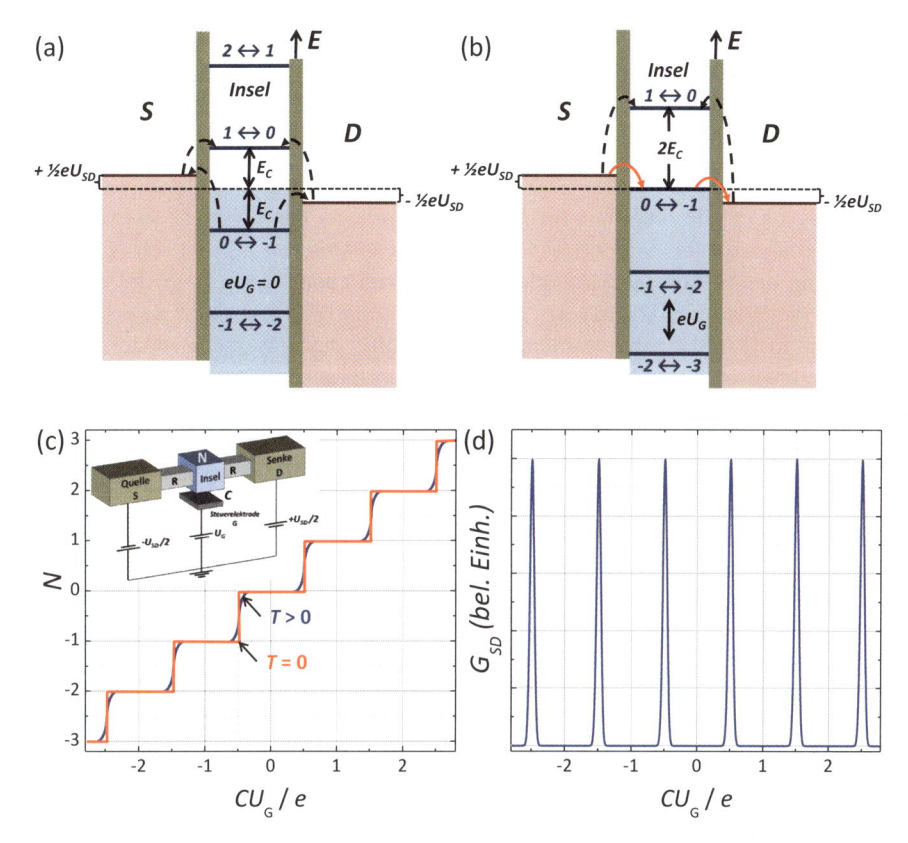

Abb. 7.27: Plausibilitätsbetrachtung zum Ladungstransport über eine metallische Insel für (a) $U_G = 0$ und (b) $U_G = e/2C$. Die blauen Linien im Bereich der Insel markieren die Änderung der potenziellen Energie bei der durch die Zahlen bezeichneten Änderung der Ladungszahl. Durch Variation von U_G werden diese Linien entsprechend (7.5.10) nach oben oder unten verschoben. Die gestrichelten Pfeile markieren verbotene, die durchgezogenen erlaubte Transportprozesse. In (c) ist die Änderung der Ladungszahl N auf der Insel bei Variation der Steuerspannung U_G gezeigt. In (d) ist der Leitwert $G_{SD} = I_{SD}/U_{SD}$ als Funktion der Steuerspannung U_G bei einer konstanten Spannung $U_{SD} \ll E_C/e$ aufgetragen.

in Abb. 7.27(c) gezeigt. Aufgrund von thermischen und Quantenfluktuationen sind die im Experiment beobachteten Sprünge immer mehr oder weniger stark verrundet.

Wir müssen jetzt noch den Ladungstransport zwischen Quelle und Senke diskutieren. Hierbei wollen wir annehmen, dass $eU_{SD} \ll E_C$. Bei $T = 0$ kann Ladungstransport nur dann stattfinden, wenn beim Transport auf die Insel und von der Insel keine Energie benötigt wird. In Abb. 7.27(a) ist die Situation für $U_G = 0$ gezeigt. Die Insel befindet sich im ladungsneutralen Zustand ($N = 0$). Die Änderung dieses Ladungszustandes nach $N = +1$ oder $N = -1$ verschiebt die potenzielle Energie der Insel gemäß (7.5.10) um $+E_C$ bzw. $-E_C$. Die entsprechenden Niveaus sind in Abb. 7.27(a) und (b) durch die waagrechten blauen Linien markiert. Alle durch die gestrichelten Pfeile angedeuteten Transportprozesse auf die oder von der Insel kosten Energie und sind energetisch nicht möglich. Es findet kein Ladungstransport statt, wir befinden uns also im Bereich der Coulomb-Blockade. Ladungstransport würde erst dann einsetzen, wenn wir die Spannung U_SD auf den Schwellwert $U_\mathrm{SD}^* = 2E_\mathrm{C}/e = e/C$ erhöhen würden. Nehmen wir eine $I_\mathrm{SD}(U_\mathrm{SD})$-Kennlinie für $U_\mathrm{G} = 0$ auf, so findet im gesamten Bereich zwischen $-U_\mathrm{SD}^*$ und $+U_\mathrm{SD}^*$ kein Ladungstransport statt. Dieser Spannungsbereich stellt den Blockade-Bereich dar.

In Abb. 7.27(b) ist die Situation für $U_\mathrm{G} = e/2C$ gezeigt. Für diese Steuerspannung bewirkt gemäß (7.5.10) die Änderung des Ladungszustandes von $N = 0$ nach $N = -1$ keine Verschiebung der potenziellen Energie. Das entsprechende Niveau liegt deshalb bei der Fermi-Energie. Wie Abb. 7.27(b) zeigt, können in diesem Fall Elektronen für beliebig kleine U_SD von der Insel in die Senke wandern und von links aus der Quelle wieder nachgefüllt werden (durchgezogene rote Pfeile). Das heißt, für diese Steuerspannung verschwindet der Blockade-Bereich vollkommen und wir erwarten ein scharfes Maximum für den Leitwert $G_\mathrm{SD} = I_\mathrm{SD}/U_\mathrm{SD}$. Äquivalente Maxima erhalten wir für $U_\mathrm{G} = (N + 1/2)e/C$. Dies ist in Abb. 7.27(d) gezeigt. Das Auftreten der äquidistanten Leitwertmaxima können wir uns anschaulich so erklären, dass wir mit der Steuerspannung die in Abb. 7.27(b) eingezeichneten Energieniveaus vertikal verschieben können. Einen Leitwertpeak erhalten wir immer dann, wenn ein Niveau zwischen den chemischen Potenzialen von Quelle und Senke zu liegen kommt. Es sei noch angemerkt, dass durch die endlichen Energien $k_\mathrm{B}T$, eU_SD und Γ die scharfen Maxima je nach experimentellen Begebenheiten mehr oder weniger stark verrundet werden.

Wir müssen uns jetzt noch fragen, was passiert, wenn wir die Insel so klein machen, dass wir aufgrund von Quanten-Confinement einen Übergang zu einem quasi-nulldimensionalen Elektronensystem mit einem diskreten Energiespektrum erhalten. Der Niveauabstand der Elektronenzustände kommt dann bei genügend kleinen Systemen in den Bereich der Ladungsenergie E_C und wir können bei der Diskussion der Ladungseffekte nicht mehr von einem kontinuierlichen Energiespektrum ausgehen. Dies manifestiert sich darin, dass die Maxima in der gemessenen $I_\mathrm{SD}(U_\mathrm{SD})$-Kennlinie nicht mehr äquidistant sind. Sie zeigen vielmehr für jede Probe charakteristische Abstände, die das Niveauschema der untersuchten Probe widerspiegeln. Weitere interessante Effekte kommen durch den Spin der Elektronen und angelegte Magnetfelder zustande, die wir aber hier nicht diskutieren wollen.

Literatur

N. W. Ashcroft, N. D. Mermin, *Festkörperphysik*, Oldenbourg Verlag, München (2012).

M. N. Baibich, J. M. Broto, A. Fert, Van Dau Nguyen, F. Petroff, P. Etienne, G. Creuset, A. Friedrich, J. Chazelas, *Giant Magnetoresistance of (001)Fe/(001)Cr Magnetic Superlattices*, Phys. Rev. Lett. **61**, 2472 (1988).

G. Binasch, P. Grünberg, F. Saurenbach, W. Zinn, *Enhanced magnetoresistance in layered magnetic structures with antiferromagnetic interlayer exchange*, Phys. Rev. **B 39**, 4828 (1989).

J. M. D. Coey, M. Viret, S. von Molnar, *Mixed-valence manganites*, Adv. Phys. **48**, 167 (1999).

P. Drude, *Zur Elektronentheorie der Metalle, I. Teil, II. Teil, und Berichtigung*, Annalen der Physik **1**, 556–613 (1900); ibid **3**, 369–402 (1900); ibid **7**, 687–692 (1902).

E. Fawcett, *High-field galvanomagnetic properties of metals*, Advances in Physics **13**, 139 (1964).

F. R. Fickett, *Transverse magnetoresistance of oxygen-free copper*, IEEE Trans. Magn. **24**, 1156 (1988).

Z. Fisk, H. R. Ott, T. M. Rice, J. L. Smith, *Heavy-elctron metals*, Nature **20**, 124–129 (1986).

R. Gross, A. Marx, *Spinelektronik*, Vorlesungsskript, Technische Universität München (2004).

P. Grünberg, *Magnetfeldsensor mit ferromagnetischer dünner Schicht*, Patent-Nr.: P 3820475 (1988).

P. Grünberg, R. Schreiber, Y. Pang, M. B. Brodsky, H. Sower, *Layered Magnetic Structures: Evidence for Antiferromagnetic Coupling of Fe Layers across Cr Interlayers*, Phys. Rev. Lett. **57**, 2442 (1986).

M. Kohler, *Theorie der magnetischen Widerstandseffekte in Metallen*, Annalen der Physik **32**, 211 (1938).

Magnetische Schichtsysteme, 30. Ferienkurs des Instituts für Festkörperforschung, FZ-Jülich GmbH, Schriften des Forschungszentrums Jülich (1999).

M. B. Maple, *Novel Types of Superconductivity in f-Electron Systems*, Phys. Today **39**(3), 72 (1986).

T. Miyazaki *et al.*, *Spin polarized tunneling in ferromagnet/insulator/ferromagnet junctions*, J. Magn. Magn. Mat. **151**, 403 (1995).

J. S. Moodera, L. R. Kinder, T. M. Wong, R. Meservey, *Large Magnetoresistance at Room Temperature in Ferromagnetic Thin Film Tunnel Junctions*, Phys. Rev. Lett. **74**, 3273 (1995).

G. E. R. Schulze, *Metallphysik*, Springer-Verlag, Berlin (2012).

Th. J. Seebeck, *Magnetische Polarisation der Metalle und Erze durch Temperaturdifferenz* (1822–23), in Ostwald's Klassiker der Exakten Wissenschaften Nr. 70, Verlag von Wilhelm Engelmann, Leipzig (1895).

F. Steglich, *Schwere-Fermionen-Supraleitung*, Physik Journal, Nr. 8/9 (2004).

Y. Tokura (Ed.), *Colossal Magnetoresistive Oxides*, Gordon and Breach Science Publishers, London (1999).

R. von Helmholt, J. Wecker, B. Holzapfel, L. Schultz, K. Samwer, *Giant negative magnetoresistance in perovskite like $La_{2/3}Ba_{1/3}MnO_x$ ferromagnetic films*, Phys. Rev. Lett. **71**, 2331 (1993).

M. Ziese, M. J. Thornton eds., *Spin Electronics*, Springer Berlin (2001).

J. M. Ziman, *Electrons and Phonons*, Clarendon Press (1963).

8 Energiebänder

Das bisher betrachtete Modell des freien Elektronengases konnte, wie wir in Kapitel 7 gesehen haben, einige Festkörpereigenschaften wie die spezifische Wärme oder die Transporteigenschaften von einfachen Metallen ganz gut beschreiben. Wir haben aber bereits an einigen Stellen darauf hingewiesen, dass Abweichungen zwischen Modellvorhersagen und Experiment wohl auf die stark vereinfachenden Annahmen dieses Modells zurückzuführen sind. Es gibt aber auch Festkörpereigenschaften, die im Rahmen des freien Elektronengasmodells völlig unverstanden bleiben. Insbesondere bleiben folgende Fragen offen:

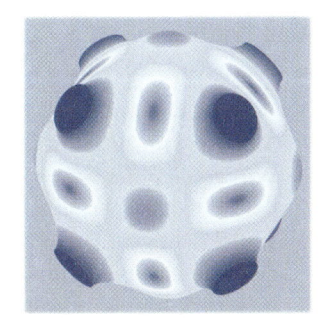

- Warum sind manche Festkörper Metalle mit guter elektrischer Leitfähigkeit ($\rho \sim 10^{-6}$ Ωcm) und andere Isolatoren ($\rho > 10^6$ Ωcm)? Warum ist z. B. Diamant ein sehr guter Isolator, obwohl die äußerste Elektronenschale von Kohlenstoff nur halb gefüllt ist und wir vier frei bewegliche Valenzelektronen erwarten?
- Was bestimmt die Anzahl der Leitungselektronen? Beim freien Elektronengasmodell haben wir die Zahl der Leitungselektronen mit der Zahl der Valenzelektronen gleichgesetzt. Was macht man allerdings bei Metallen, die unterschiedliche Valenz besitzen können?
- Wieso werden positive Werte für die Hall-Konstante und die Thermokraft gemessen? Wieso zeigt die Hall-Konstante eine mehr oder weniger starke Magnetfeld- und Temperaturabhängigkeit?
- Wie können die beobachteten optischen oder Magnetotransporteigenschaften erklärt werden? Im optischen Bereich treten starke Abweichungen der beobachteten Leitfähigkeit $\sigma(\omega)$ von dem nach dem freien Elektronengasmodell erwarteten Verhalten auf.

Um diese Eigenschaften erklären zu können, müssen wir das bisherige Modell erweitern, indem wir das *periodische Kristallpotenzial* $V(\mathbf{r})$ der positiven Atomrümpfe berücksichtigen. Von den beiden in Kapitel 7 gemachten Annahmen

- völlig freie Elektronen
- völlig unabhängige Elektronen

lassen wir also die erste fallen. An der zweiten Annahme, dass die Elektronen nicht miteinander korreliert sein sollen, halten wir aber nach wie vor fest. Wir beschreiben den Festkörper als ein Gitter von starren positiven Atomrümpfen, durch das sich die Elektronen völlig unkorreliert (quasi wie Skifahrer in einer Buckelpiste) bewegen können. Greifen wir uns ein Elektron heraus, so bewegt sich dieses in einem zeitlich konstanten und räumlich periodischen Potenzial $V(\mathbf{r})$, das von allen anderen Elektronen und den Atomkernen hervorgerufen wird. Der Vorteil dieser *Einelektron-Näherung* ist, dass wir das Verhalten von nur einem Elektron untersuchen müssen. Die quantenmechanische Behandlung dieses Problems wurde sehr bald nach der Entwicklung der Quantenmechanik angegangen. Wichtige Beiträge kamen von **Felix Bloch**[1] in seiner Doktorarbeit (1928), sowie von **Arnold Sommerfeld**[2] und **Hans Bethe**[3] (um 1930) und **N. F. Mott**[4]. In der quantenmechanischen Behandlung müssen wir für ein Elektron die Schrödinger-Gleichung lösen. Den N-Elektronenzustand erhalten wir dann durch Auffüllen der Einelektronenzustände unter Berücksichtigung des Pauli-Prinzips.

Um das beschriebene Problem zu lösen, werden wir zwei Betrachtungsweisen heranziehen:

1. *Näherung für quasi-freie Elektronen:*
   Wir werden hier vom Modell des völlig freien Elektronengases ($V(\mathbf{r}) = 0$) starten und das zusätzliche periodische Potenzial durch die positiven Atomrümpfe als kleine Störung berücksichtigen. Diese Vorgehensweise ist für die Beschreibung von Metallen mit stark delokalisierten Elektronen ein guter Ansatz.
2. *Näherung für quasi-gebundene Elektronen:*
   Wir werden hier von an die einzelnen Atome gebundenen, also lokalisierten Elektronen ausgehen. Für diese sind die Atomorbitale gute Näherungen. Ähnlich wie bei der kovalenten Bindung können wir dann die durch die endliche Wechselwirkung der Atome entstehenden neuen Orbitale in erster Näherung durch Linearkombinationen der atomaren Orbitale beschreiben (Linear Combination of Atomic Orbitals: LCAO-Methode). Dies führt uns dann zur Näherung der quasi-gebundenen Elektronen oder so genannten *Tight-Binding Methode*.

Beide Näherungen werden uns qualitativ zum gleichen Ergebnis führen: Im Festkörper entstehen so genannte *Energiebänder*, die durch verbotene Bereiche, so genannte *Energielücken* voneinander getrennt sind.

---

[1] siehe Kasten auf Seite 319.
[2] siehe Kasten auf Seite 262.
[3] **Hans Albrecht Bethe**, geboren am 2. Juli 1906 in Straßburg, gestorben am 6. März 2005 in Ithaca, New York. Er erhielt den Nobelpreis für Physik 1967 für „seine Beiträge zur Theorie der Kernreaktionen, insbesondere seine Entdeckungen bezüglich der Energieerzeugung in Sternen".
[4] **Sir Nevill Francis Mott**, geboren am 30. September 1905 in Leeds, gestorben am 08. August 1996 in Milton Keynes, Buckinghamshire, war britischer Physiker. Er erhielt den Nobelpreis für Physik 1977 für „die grundlegenden theoretischen Leistungen zur Elektronenstruktur in magnetischen und ungeordneten Systemen" (gemeinsam mit Philip Warren Anderson und John Hasbrouck van Vleck).

8.1 Bloch-Elektronen

Wir wissen, dass ein idealer Festkörper eine streng periodische Anordnung von Atomen darstellt. Es stellt sich dann die Frage, wie sich Elektronen in diesem Festkörper bewegen können, ohne dass sie dabei von den positiven Atomrümpfen beeinträchtigt werden. Diese Frage wurde von **Felix Bloch** in seiner Doktorarbeit (1928) beantwortet.[5] Die Elektronenwellen unterscheiden sich von ebenen Wellen durch eine *gitterperiodische Modulation*. Diese nach Felix Bloch benannten *Bloch-Wellen* werden in einem perfekt periodischen Festkörper nicht gestreut. Nur Abweichungen von der strengen Periodizität führen zu Streuprozessen.

Wir wollen in diesem Abschnitt die Lösungen der zeitunabhängigen Schrödinger-Gleichung

$$\mathcal{H}\Psi(\mathbf{r}) = \left[-\frac{\hbar^2}{2m}\nabla^2 + V(\mathbf{r})\right]\Psi(\mathbf{r}) = E\Psi(\mathbf{r}) \tag{8.1.1}$$

für ein einzelnes Elektron in Gegenwart eines gitterperiodischen Potenzials

$$V(\mathbf{r}) = V(\mathbf{r} + \mathbf{R}) \tag{8.1.2}$$

betrachten, wobei

$$\mathbf{R} = n_1 \mathbf{a}_1 + n_2 \mathbf{a}_2 + n_3 \mathbf{a}_3 \qquad n_1, n_2, n_3 = \text{ganzzahlig} \tag{8.1.3}$$

ein beliebiger Translationsvektor des dreidimensionalen Bravais-Gitters ist (vergleiche Abschnitt 1.1.1). Die Vektoren $\mathbf{a}_1$, $\mathbf{a}_2$ und $\mathbf{a}_3$ sind die primitiven Gittervektoren. In den nachfolgenden Abschnitten 8.2 und 8.3 werden wir dann mit Hilfe der Näherungen quasi-freier und quasi-gebundener Elektronen die Bandstruktur $E(\mathbf{k})$ von Festkörpern bestimmen.

Da das Potenzial $V(\mathbf{r})$ die gleiche Periodizität wie das Raumgitter besitzt, können wir es in eine Fourier-Reihe

$$V(\mathbf{r}) = \sum_{\mathbf{G}} V_{\mathbf{G}} e^{i\mathbf{G}\cdot\mathbf{r}} \tag{8.1.4}$$

entwickeln. Hierbei muss $\mathbf{G}$ ein reziproker Gittervektor (vergleiche Abschnitt 2.1.3)

$$\mathbf{G} = h\mathbf{b}_1 + k\mathbf{b}_2 + \ell\mathbf{b}_3 \qquad h, k, \ell = \text{ganzzahlig} \tag{8.1.5}$$

sein. Der allgemeinste Lösungsansatz für die gesuchte Wellenfunktion $\Psi(\mathbf{r})$ ist durch eine Linearkombination ebener Wellen

$$\Psi(\mathbf{r}) = \sum_{\mathbf{k}} C_{\mathbf{k}} e^{i\mathbf{k}\cdot\mathbf{r}} \tag{8.1.6}$$

gegeben, wobei die Wellenvektoren $\mathbf{k}$ die Randbedingungen erfüllen müssen, die aus den endlichen Probenabmessungen L_x, L_y, L_z resultieren (vergleiche hierzu (7.1.8) in

---

[5] Felix Bloch, *Über die Quantenmechanik der Elektronen in Kristallgittern*, Doktorarbeit, Universität Leipzig (1928).

Abschnitt 7.1 und Abb. 8.1):

$$k_x = \frac{2\pi}{L_x} n_x \qquad k_y = \frac{2\pi}{L_y} n_y \qquad k_z = \frac{2\pi}{L_z} n_z$$

mit $n_{x,y,z} = 0, \pm 1, \pm 2, \pm 3, \ldots$ \hfill (8.1.7)

Substituieren wir diesen Ansatz in die Schrödinger-Gleichung, so erhalten wir

$$\sum_\mathbf{k} \frac{\hbar^2 k^2}{2m} C_\mathbf{k} e^{i\mathbf{k}\cdot\mathbf{r}} + \sum_{\mathbf{k},\mathbf{G}} C_\mathbf{k} V_\mathbf{G} e^{i(\mathbf{k}+\mathbf{G})\cdot\mathbf{r}} = E \sum_\mathbf{k} C_\mathbf{k} e^{i\mathbf{k}\cdot\mathbf{r}} . \qquad (8.1.8)$$

Nach einer Umbenennung der Summationsindizes ($\mathbf{k} \to \mathbf{k} - \mathbf{G}$) im 2. Term auf der linken Seite erhalten wir daraus

$$\sum_\mathbf{k} e^{i\mathbf{k}\cdot\mathbf{r}} \left[\left(\frac{\hbar^2 k^2}{2m} - E \right) C_\mathbf{k} + \sum_\mathbf{G} V_\mathbf{G} C_{\mathbf{k}-\mathbf{G}} \right] = 0 . \qquad (8.1.9)$$

Die Umbenennung des Summationsindex ist erlaubt, da wir ja über alle Werte der Wellenvektoren $\mathbf{k}$ und alle reziproken Gittervektoren aufsummieren. Die Umbenennung ändert deshalb nicht den Wert der Summationsglieder, sondern nur ihre Reihenfolge. Da (8.1.9) für jeden Ortsvektor $\mathbf{r}$ erfüllt sein muss, muss der Ausdruck in den rechteckigen Klammern, der unabhängig von $\mathbf{r}$ ist, für jeden Wellenvektor $\mathbf{k}$ separat verschwinden. Das heißt,

$$\boxed{\left(\frac{\hbar^2 k^2}{2m} - E \right) C_\mathbf{k} + \sum_\mathbf{G} V_\mathbf{G} C_{\mathbf{k}-\mathbf{G}} = 0 .} \qquad (8.1.10)$$

Dieser Satz von algebraischen Gleichungen ist nichts anderes als eine *Darstellung der Schrödinger-Gleichung im reziproken Raum*. Sie liefern für jedes $\mathbf{k}$ eine Lösung $\Psi_\mathbf{k}$ mit zugehörigem Eigenwert $E_\mathbf{k}$. Auf den ersten Blick erscheint der Satz von algebraischen Gleichungen unhandlich zu sein, da wir im Prinzip unendlich viele Koeffizienten $C_{\mathbf{k}-\mathbf{G}}$ bestimmen müssen. In der Praxis stellt sich allerdings heraus, dass bereits eine kleine Zahl ausreichend ist, um die Situation richtig zu beschreiben.

Wir sehen, dass die Gleichungen (8.1.10) nur diejenigen Entwicklungskoeffizienten $C_\mathbf{k}$ von $\Psi_\mathbf{k}(\mathbf{r})$ koppeln, deren $\mathbf{k}$-Werte sich um einen reziproken Gittervektor $\mathbf{G}$ unterscheiden. Das heißt, es werden die Koeffizienten

$$C_\mathbf{k}, \qquad C_{\mathbf{k}-\mathbf{G}}, \qquad C_{\mathbf{k}-\mathbf{G}'}, \qquad C_{\mathbf{k}-\mathbf{G}''}, \ldots \qquad (8.1.11)$$

gekoppelt. Damit zerfällt das Gleichungssystem (8.1.10) in N unabhängige Gleichungssysteme, und zwar jeweils eines für jeden erlaubten $\mathbf{k}$-Vektor. Die Anzahl N der möglichen Wellenvektoren wird durch die Randbedingungen gegeben (vergleiche (8.1.7) und Abb. 8.1). Für den in Abb. 8.1 gezeigten eindimensionalen Fall gilt

$$N = \frac{V_{\text{BZ}}}{2\pi/L_x} = \frac{2\pi/a}{2\pi/L_x} = \frac{L_x}{a} , \qquad (8.1.12)$$

das heißt, N entspricht der Anzahl von Einheitszellen des betrachteten Festkörpers.

Felix Bloch (1905–1983), Nobelpreis für Physik 1952

Felix **Bloch** wurde 1905 in Zürich geboren. Er war entscheidend an der Entwicklung der modernen Festkörperphysik beteiligt, widmete sich grundlegenden Problemen der Hochenergiephysik und befasste sich mit den magnetischen Eigenschaften von Atomkernen. Von 1924 bis 1927 studierte er an der ETH Zürich Mathematik und Physik. Er wechselte dann an die Universität Leipzig und setzte dort sein Studium unter Anleitung von Werner Heisenberg fort. In seiner Diplomarbeit befasste er sich mit der Schrödinger-Gleichung. Auf der Basis der Quantenmechanik beschrieb Bloch 1928 in seiner Doktorarbeit das Verhalten von Elektronen in Kristallgittern. In seiner bahnbrechenden Arbeit entwickelte er u. a. die Ableitung der Eigenfunktion Ψ der Elektronen. Nur kurze Zeit später gelang ihm die Bestimmung der nach ihm benannten Bloch-Summe. Mit Hilfe dieser Summe lassen sich die Bandstruktur und die Energiespektren von Elektronen in einem idealen Kristall berechnen. Nach Abschluss seiner Promotion arbeitete Bloch zunächst als Assistent bei Wolfgang Pauli in Zürich. Weitere Stationen waren die Niederlande (1929), Kopenhagen (1931) – hier arbeitete er unter der Anleitung von Niels Bohr – und die damalige Sowjetunion (1931). Im selben Jahr habilitierte sich Bloch und wurde Assistent bei Werner Heisenberg in Leipzig. Als 1933 die Nationalsozialisten an die Macht kamen, emigrierte Bloch aus Deutschland zunächst in die Schweiz. Er machte anschließend in verschiedenen europäischen Ländern Station bevor er 1934 in die USA auswanderte und einem Ruf an die Stanford University in Kalifornien folgte. Dort wirkte Bloch bis 1971.

Während des 2. Weltkrieges war Bloch am Manhattan-Projekt beteiligt und beschäftigte sich ebenfalls mit Radar-Technik am Radio Research Laboratory in Cambridge. Nach dem Krieg lieferte er grundlegende Arbeiten zum Ferromagnetismus, und es gelang ihm die Messung magnetischer Momente von Atomkernen.

Im Jahr 1946 machte Bloch zusammen mit W. W. Hansen und M. E. Packard die Entdeckung der kernmagnetischen Resonanz (NMR: Nuclear Magnetic Resonance). Diese weitreichende Entdeckung führte zu einer wichtigen Methode der Hochfrequenzspektroskopie, mit der man Zusammensetzungen, Strukturen und das mikrodynamische Verhalten von flüssigen und auch festen Substanzen (z. B. Metallen) untersuchen und aufklären kann. Für seine Arbeiten über die kernmagnetische Resonanz und die damit verbundenen Entdeckungen erhielt er 1952 zusammen mit Edward Mills Purcell den Nobelpreis für Physik. In den Jahren 1954/1955 war er der erste Generaldirektor des CERN, des europäischen Kernforschungszentrums in Genf.

Felix Bloch starb am 10. September 1983 in Zürich.

© The Nobel Foundation.

Wir sehen, dass jedes der N Gleichungssysteme eine Lösung liefert, die eine Superposition von ebenen Wellen mit Wellenvektoren **k** darstellt, die sich nur um reziproke Gittervektoren **G** unterscheiden. Das bedeutet, dass sich die Wellenfunktion $\Psi_k(\mathbf{r})$ nur aus Wellenvektoren zusammensetzt, die sich um reziproke Gittervektoren unterscheiden. Es gilt also

$$\Psi_\mathbf{k}(\mathbf{r}) = \sum_\mathbf{G} C_{\mathbf{k}-\mathbf{G}} e^{i(\mathbf{k}-\mathbf{G})\cdot\mathbf{r}} \,. \tag{8.1.13}$$

Wir können deshalb Folgendes festhalten:

- Die Eigenwerte E der Schrödinger-Gleichung können durch $\mathbf{k}$ indiziert werden: $E_\mathbf{k} = E(\mathbf{k})$.
- Da es zu jedem $\mathbf{k}$-Vektor unendlich viele Lösungen $E_n(\mathbf{k}) = E(\mathbf{k} + \mathbf{G}_n)$ gibt, wobei $\mathbf{G}_n$ der zum Energieeigenwert E_n gehörige reziproke Gittervektor ist, brauchen wir eine weitere Zahl zur Klassifizierung, nämlich den Bandindex n, um diese Lösungen durchzunummerieren. Die Durchnummerierung wird üblicherweise nach der Größe vorgenommen:

$$E_1(\mathbf{k}) \leq E_2(\mathbf{k}) \leq E_3(\mathbf{k}) \leq \ldots \leq E_n(\mathbf{k}) \leq E_{n+1}(\mathbf{k}) \leq \ldots \tag{8.1.14}$$

8.1.1 Bloch-Wellen im Ortsraum

Gleichung (8.1.10) liefert uns einen Satz von Koeffizienten $C_\mathbf{k}$, für welche die Schrödinger-Gleichung erfüllt ist. Mit diesem Satz erhalten wir die zu $E_\mathbf{k}$ gehörige Wellenfunktion aus (8.1.6) zu

$$\Psi_\mathbf{k}(\mathbf{r}) = \sum_\mathbf{G} C_{\mathbf{k}-\mathbf{G}} e^{i(\mathbf{k}-\mathbf{G})\cdot\mathbf{r}} \tag{8.1.15}$$

oder

$$\Psi_\mathbf{k}(\mathbf{r}) = \sum_\mathbf{G} C_{\mathbf{k}-\mathbf{G}} e^{-i\mathbf{G}\cdot\mathbf{r}} \cdot e^{i\mathbf{k}\cdot\mathbf{r}} = u_\mathbf{k}(\mathbf{r}) e^{i\mathbf{k}\cdot\mathbf{r}} \,. \tag{8.1.16}$$

Dies ist eine von insgesamt N Lösungen der Schrödinger-Gleichung. In Abb. 8.1 ist gezeigt, welche Wellenvektoren zu dieser Lösung überlagert werden. Die Funktion $u_\mathbf{k}(\mathbf{r})$, die wir in (8.1.16) eingeführt haben, ist eine Fourier-Reihe über reziproke Gittervektoren $\mathbf{G}$ und besitzt damit die Periodizität des Gitters.

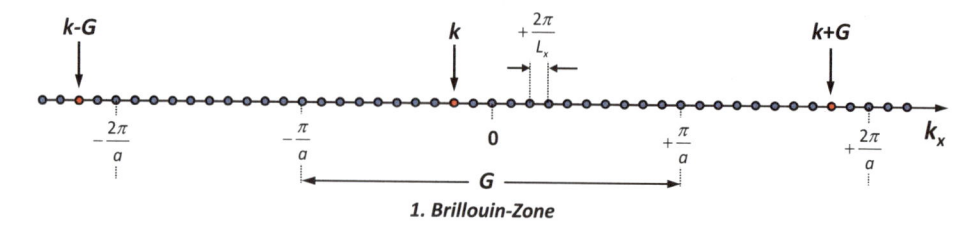

Abb. 8.1: Überlagerung von $\mathbf{k}$-Werten zur Konstruktion einer Bloch-Welle. Die Punkte stellen die aufgrund der Randbedingungen erlaubten $\mathbf{k}$-Zustände im eindimensionalen $\mathbf{k}$-Raum dar.

8.1 Bloch-Elektronen

Wir haben also gezeigt, dass die Lösung der Einelektronen-Schrödinger-Gleichung für ein periodisches Potenzial als eine gitterperiodisch modulierte ebene Welle

$$\Psi_{\mathbf{k}}(\mathbf{r}) = u_{\mathbf{k}}(\mathbf{r})e^{i\mathbf{k}\cdot\mathbf{r}} \quad \text{mit} \quad u_{\mathbf{k}}(\mathbf{r}) = u_{\mathbf{k}}(\mathbf{r} + \mathbf{R}) \, . \tag{8.1.17}$$

geschrieben werden kann. Dieses Ergebnis ist als **Bloch-Theorem** bekannt:

> Die Eigenfunktionen der Schrödinger-Gleichung für ein periodisches Potenzial sind durch das Produkt von ebenen Wellen $e^{i\mathbf{k}\cdot\mathbf{r}}$ mit einer gitterperiodischen Funktion $u_{\mathbf{k}}(\mathbf{r}) = u_{\mathbf{k}}(\mathbf{r} + \mathbf{R})$ gegeben.

Die Wellenfunktionen (8.1.17) werden als **Bloch-Wellen** bezeichnet. Die Konstruktion einer Bloch-Welle aus einer ebenen Welle, die durch eine gitterperiodische Funktion moduliert wird, ist in Abb. 8.2 gezeigt.

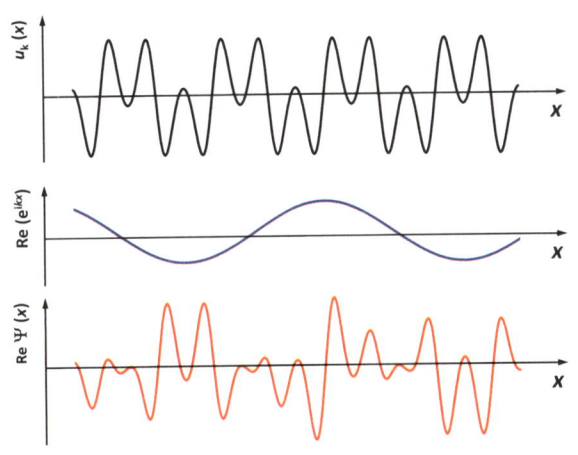

Abb. 8.2: Konstruktion einer Blochwelle $\Psi_k(x) = u_k(x)e^{ikx}$ für ein eindimensionales Gitter aus einer ebenen Welle e^{ikx}, die mit einer gitterperiodischen Funktion $u_k(x)$ moduliert ist.

8.1.2 Bloch-Wellen im k-Raum

Anstatt die Bloch-Welle als eine Funktion im Ortsraum aufzufassen, können wir sie wegen ihrer Abhängigkeit vom Wellenvektor **k** auch als eine Funktion im Impulsraum ansehen. Sie ist dann allerdings nur innerhalb der ersten Brillouin-Zone definiert. Analog zu (8.1.15) können wir die Bloch-Welle als eine Fourier-Reihe

$$\Psi(\mathbf{k},\mathbf{r}) = \frac{1}{\sqrt{N}} \sum_{\mathbf{R}} c_{\mathbf{R}}(\mathbf{r}) e^{i\mathbf{R}\cdot\mathbf{k}} \tag{8.1.18}$$

schreiben, wobei die Summation jetzt über alle Gittervektoren **R** erfolgt und der Faktor $\frac{1}{\sqrt{N}}$ zur Normierung dient. Für die Fourier-Koeffizienten $c_{\mathbf{R}}$ gilt wegen des diskreten Charakters der erlaubten **k** Werte

$$c_{\mathbf{R}}(\mathbf{r}) = \frac{1}{\sqrt{N}} \sum_{\mathbf{k}} \Psi(\mathbf{k},\mathbf{r}) e^{-i\mathbf{k}\cdot\mathbf{R}} \tag{8.1.19}$$

oder mit Hilfe von $\Psi_k(\mathbf{r}) = \Psi(\mathbf{k}, \mathbf{r}) = u_k(\mathbf{r})e^{i\mathbf{k}\cdot\mathbf{r}}$

$$c_\mathbf{R}(\mathbf{r}) = \frac{1}{\sqrt{N}} \sum_\mathbf{k} u_k(\mathbf{r})e^{i\mathbf{k}\cdot(\mathbf{r}-\mathbf{R})} \,. \tag{8.1.20}$$

Wir sehen, dass die Koeffizienten $c_\mathbf{R}$ von der relativen Lage $(\mathbf{r} - \mathbf{R})$ der Elektronen zu den einzelnen Gitteratomen abhängen. Man bezeichnet die Funktionen

$$w(\mathbf{r} - \mathbf{R}) = c_\mathbf{R}(\mathbf{r}) = \frac{1}{\sqrt{N}} \sum_\mathbf{k} u_k(\mathbf{r})e^{i\mathbf{k}\cdot(\mathbf{r}-\mathbf{R})} \tag{8.1.21}$$

als *Wannier-Funktionen* und erhält mit ihnen

$$\Psi(\mathbf{k}, \mathbf{r}) = \frac{1}{\sqrt{N}} \sum_\mathbf{R} e^{i\mathbf{k}\cdot\mathbf{R}} w(\mathbf{r} - \mathbf{R}) \,. \tag{8.1.22}$$

Während also die Eigenfunktionen $\Psi_k(\mathbf{r})$ in Blochscher Darstellung an eine Beschreibung der Kristallelektronen durch ebene Wellen angelehnt ist, wird bei einer Darstellung unter Benutzung der Wannier-Funktionen die Wellenfunktion $\Psi(\mathbf{k}, \mathbf{r})$ aus Funktionen aufgebaut, die den einzelnen Gitteratomen zugeordnet sind und nur an der Position dieser Gitteratome große Werte annehmen. In manchen Fällen kann man für die Wannier-Funktionen in guter Näherung die Eigenfunktionen der Elektronen von isolierten Atomen verwenden.

8.1.3 Der Kristallimpuls

Die Periodizität des Gitterpotenzials hat weitere Konsequenzen, die direkt aus den Eigenschaften der Bloch-Wellen abgeleitet werden können. Aus (8.1.17) und (8.1.16) folgt mit einer Umbenennung $\mathbf{G}'' = \mathbf{G}' - \mathbf{G}$ der reziproken Gittervektoren:

$$\Psi_{\mathbf{k}+\mathbf{G}}(\mathbf{r}) = \sum_{\mathbf{G}'} C_{\mathbf{k}+\mathbf{G}-\mathbf{G}'} e^{-i\mathbf{G}'\cdot\mathbf{r}} e^{i(\mathbf{k}+\mathbf{G})\cdot\mathbf{r}} = \left(\sum_{\mathbf{G}''} C_{\mathbf{k}-\mathbf{G}''} e^{-i\mathbf{G}''\cdot\mathbf{r}}\right) e^{i\mathbf{k}\cdot\mathbf{r}} = \Psi_k(\mathbf{r}) \,. \tag{8.1.23}$$

Das heißt, es gilt

$$\Psi_{\mathbf{k}+\mathbf{G}}(\mathbf{r}) = \Psi_k(\mathbf{r}) \,. \tag{8.1.24}$$

Bloch-Wellen, deren Wellenvektoren sich also um einen reziproken Gittervektor $\mathbf{G}$ unterscheiden, sind identisch. Dieser Sachverhalt zeigt, dass $\hbar \mathbf{k}$ nicht wie bei ebenen Wellen als Impuls $\mathbf{p}$ aufgefasst werden kann, da die Wellenzahl offensichtlich nicht eindeutig definiert ist.

Da $\mathbf{k}$ nicht eindeutig definiert ist, bedarf es einer weiteren Konvention, um den Index $\mathbf{k}$ einer Bloch-Welle festzulegen. Es liegt nahe, $\mathbf{k}$ immer aus der ersten Brillouin-Zone zu wählen. Sollte $\mathbf{k}'$ nicht in der 1. Brillouin-Zone liegen, so gibt es immer einen reziproken Gittervektor $\mathbf{G}$, so dass

$$\mathbf{k} = \mathbf{k}' + \mathbf{G} \tag{8.1.25}$$

in der 1. Brillouin-Zone liegt. Die zugehörigen Bloch-Wellen sind nach (8.1.24) identisch. Es ist allerdings zu beachten, dass durch die Reduktion der Wellenvektoren auf die 1. Brillouin-Zone einem bestimmten **k**-Wert mehrere Energiewerte zugeordnet werden (siehe hierzu Abb. 8.4 und 8.5).

Um den Unterschied zwischen freien Elektronen, die wir mit ebenen Wellen beschreiben können, und Kristallelektronen, die wir mit Bloch-Wellen beschreiben, zu verdeutlichen, lassen wir den Impulsoperator $\widehat{\mathbf{p}} = \frac{\hbar}{i}\nabla$ auf beide Wellenfunktionen wirken. Für freie Elektronen erhalten wir

$$\widehat{\mathbf{p}}\Psi = \frac{\hbar}{i}\nabla\left(e^{i\mathbf{k}\cdot\mathbf{r}}\right) = \hbar\mathbf{k}e^{i\mathbf{k}\cdot\mathbf{r}} = \hbar\mathbf{k}\Psi. \tag{8.1.26}$$

Wir sehen also, dass $\mathbf{p} = \hbar\mathbf{k}$ der Eigenwert des Impulsoperators ist, die ebenen Wellen sind also Impulseigenzustände.

Für Bloch-Elektronen erhalten wir

$$\widehat{\mathbf{p}}\Psi = \frac{\hbar}{i}\nabla\left(u_{\mathbf{k}}(\mathbf{r})e^{i\mathbf{k}\cdot\mathbf{r}}\right) = \hbar\mathbf{k}\Psi_{\mathbf{k}} + \frac{\hbar}{i}e^{i\mathbf{k}\cdot\mathbf{r}}\nabla u_{\mathbf{k}}(\mathbf{r}) \neq \text{const}\cdot\Psi_{\mathbf{k}}. \tag{8.1.27}$$

Die Bloch-Wellen sind also keine Eigenzustände des Impulsoperators.

Wir müssen also den Wellenvektor **k** als *Kristallimpuls*, also einen verallgemeinerten Impuls im periodischen Medium auffassen, ähnlich wie wir es bei den Phononen getan haben (vergleiche Abschnitt 5.4.3). Dies trägt der Tatsache Rechnung, dass der Kristall keine allgemeine, sondern nur eine diskrete Translationsinvarianz besitzt. Der Impuls ist deshalb nicht streng, sondern nur bis auf einen reziproken Gittervektor erhalten. Mit dem Kristallimpuls können wir die Gruppengeschwindigkeit einer Welle $\Psi_{n,\mathbf{k}}$ angeben. Während diese für freie Elektronen durch $\mathbf{v}_{\mathbf{k}} = \frac{\hbar\mathbf{k}}{m}$ gegeben war, erhalten wir für die Kristallelektronen

$$\mathbf{v}_{n,\mathbf{k}} = \frac{1}{\hbar}\frac{\partial E_n(\mathbf{k})}{\partial \mathbf{k}} = \frac{\partial \omega_n(\mathbf{k})}{\partial \mathbf{k}}. \tag{8.1.28}$$

Die Geschwindigkeit der Bloch-Elektronen wird also durch die **k**-Abhängigkeit der Energieeigenwerte E_n (Dispersionsrelation) bestimmt, deren Eigenschaften wir im Folgenden näher diskutieren.

8.1.4 Dispersionsrelation und Bandstruktur

Die Schrödinger-Gleichung liefert für jeden erlaubten **k**-Wert (innerhalb der 1. Brillouin-Zone) einen Satz von Eigenenergien $E_n(\mathbf{k})$, die wir mit dem Bandindex n durchnummerieren. Da wir für jedes **k** einen anderen Satz von $E_n(\mathbf{k})$ erhalten, ergeben sich aus der Schrödinger-Gleichung Funktionen $E_n(\mathbf{k})$, welche die Energieeigenwerte repräsentieren. Ein Beispiel ist in Abb. 8.3 gezeigt. Wir wollen im Folgenden einige allgemeine Eigenschaften der Funktionen $E_n(\mathbf{k})$ diskutieren, die wir als *Bandstruktur* bezeichnen.

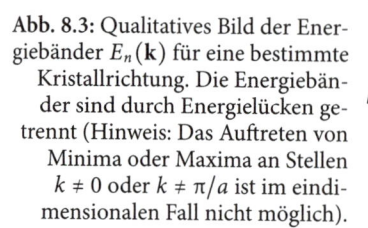

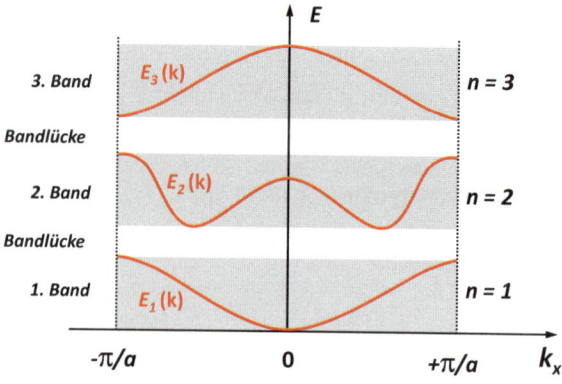

Abb. 8.3: Qualitatives Bild der Energiebänder $E_n(\mathbf{k})$ für eine bestimmte Kristallrichtung. Die Energiebänder sind durch Energielücken getrennt (Hinweis: Das Auftreten von Minima oder Maxima an Stellen $k \neq 0$ oder $k \neq \pi/a$ ist im eindimensionalen Fall nicht möglich).

8.1.4.1 Allgemeine Eigenschaften von $E_n(\mathbf{k})$

Für die Funktionen $E_n(\mathbf{k})$ können wir einige allgemeine Eigenschaften angeben, die alleine aus der Periodizität des Gitterpotenzials folgen. Aus der Schrödinger-Gleichung erhalten wir für die Zustände $\mathbf{k}$ und $\mathbf{k} + \mathbf{G}_n$:

$$\mathcal{H}\Psi_{\mathbf{k}}(\mathbf{r}) = E_n(\mathbf{k})\Psi_{\mathbf{k}}(\mathbf{r}) \tag{8.1.29}$$

$$\mathcal{H}\Psi_{\mathbf{k}+\mathbf{G}_n}(\mathbf{r}) = E_n(\mathbf{k} + \mathbf{G}_n)\Psi_{\mathbf{k}+\mathbf{G}_n}(\mathbf{r}) . \tag{8.1.30}$$

Zusammen mit (8.1.24) erhalten wir dann

$$\mathcal{H}\Psi_{\mathbf{k}}(\mathbf{r}) = E_n(\mathbf{k} + \mathbf{G}_n)\Psi_{\mathbf{k}}(\mathbf{r}) \tag{8.1.31}$$

und somit durch Vergleich mit (8.1.29)

$$E_n(\mathbf{k}) = E_n(\mathbf{k} + \mathbf{G}_n) . \tag{8.1.32}$$

Wir sehen also Folgendes:

- Die Energieeigenwerte $E_n(\mathbf{k})$ *sind periodische Funktionen der Quantenzahlen* $\mathbf{k}$, also der Wellenvektoren der Bloch-Wellen. Es ist ausreichend, sich auf den Bereich der 1. Brillouin-Zone zu beschränken.
- Aus Gleichung (8.1.32) folgt außerdem, dass die Funktion $E_n(\mathbf{k})$ beschränkt ist. Die Energien der Funktion $E_n(\mathbf{k})$ für einen bestimmten Index n überdecken also nur einen endlichen Bereich, wir sprechen von einer endlichen *Bandbreite* und bezeichnen $E_n(\mathbf{k})$ als *Energieband*. Dadurch wird auch klar, wieso wir den Index n als Bandindex bezeichnet haben.
- Die verschiedenen Bänder sind durch verbotene Bereiche, die *Energie-* oder *Bandlücken* voneinander getrennt.[6]

Ohne Beweis wollen wir zwei weitere Eigenschaften von $E_n(\mathbf{k})$ angeben:

---

[6] Es kann aber auch ein Überlapp der Energiebänder auftreten: $E_n(\mathbf{k}) = E_{n+1}(\mathbf{k}')$, $\mathbf{k} \neq \mathbf{k}'$.

8.1 Bloch-Elektronen

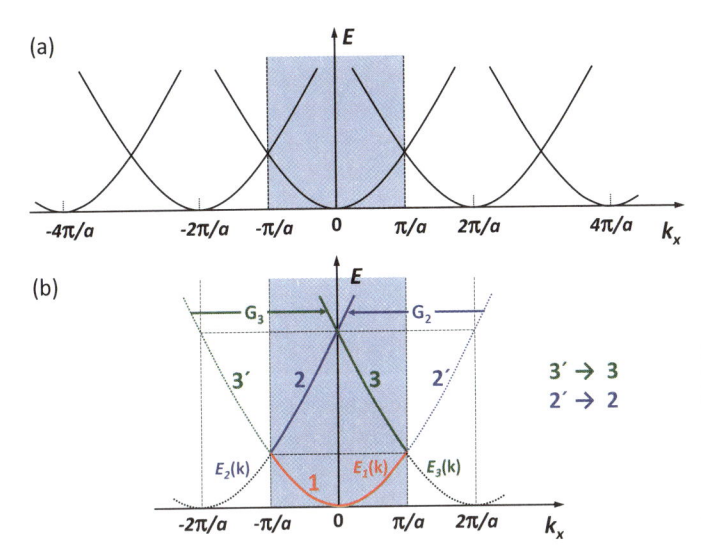

Abb. 8.4: (a) Parabolische Energiebänder für ein freies Elektron in einer Dimension. Die Gitterperiode im realen Raum ist a. (b) Reduziertes Zonenschema. Die 1. Brillouin-Zone ist blau hinterlegt.

- Falls das Potenzial Inversionssymmetrie besitzt, d. h. $V(\mathbf{r}) = V(-\mathbf{r})$, so gilt

$$E_n(\mathbf{k}) = E_n(-\mathbf{k}). \qquad (8.1.33)$$

Hieraus folgt sofort $\left.\frac{\partial E_n(\mathbf{k})}{\partial \mathbf{k}}\right|_{\mathbf{k}=0} = 0$ falls $E_n(\mathbf{k})$ bei $\mathbf{k} = 0$ differenzierbar ist. Wir erhalten also für jede Richtung von $\mathbf{k}$ ein Minimum oder Maximum.

- Für ein allgemeines Potenzial gilt

$$E_n(\mathbf{k}, \uparrow) = E_n(-\mathbf{k}, \downarrow). \qquad (8.1.34)$$

Dies ist die so genannte *Kramers-Entartung*. Sie folgt aus der Zeitumkehrinvarianz des Hamilton-Operators (ohne Magnetfeld).[7]

Wir sehen, dass wir durch die Berücksichtigung eines periodischen Gitterpotenzials *Energiebänder* erhalten. Der genaue funktionale Verlauf der Dispersion $E_n(\mathbf{k})$ in diesen Bändern bestimmt zusammen mit der Phononen-Dispersion und der Elektron-Phononwechselwirkung maßgeblich die physikalischen Eigenschaften von Festkörpern. Ähnlich zur Spektroskopie der Energieniveaus einzelner Atome kann man die elektronische Bandstruktur von Festkörpern mit Hilfe von spektroskopischen Methoden bestimmen. Die theoretische Berechnung und experimentelle Bestimmung der Bandstruktur nimmt in der modernen Festkörperphysik breiten Raum ein.

8.1.5 Reduziertes Zonenschema

Um sich das allgemeine Konzept von elektronischen Bändern klar zu machen, ist es instruktiv, den Fall eines verschwindend kleinen periodischen Potenzials, also völlig freier Elektronen zu betrachten. In diesem Fall verschwinden in (8.1.4) alle Fourier-Koeffizienten $V_\mathbf{G}$, wir

---

[7] Zeitumkehrtransformation: $t \to -t$, $\mathbf{p} \to -\mathbf{p}$, $\uparrow \to \downarrow$.

müssen aber trotzdem die oben diskutieren Symmetrieanforderungen berücksichtigen. Die allgemeine Forderung nach räumlicher Periodizität erfordert gemäß (8.1.32), dass die möglichen Elektronenzustände nicht auf eine einzige Parabel im **k**-Raum beschränkt sind, sondern mit gleicher Wahrscheinlichkeit auf Parabeln gefunden werden können, die um einen beliebigen reziproken Gittervektor $\mathbf{G}_n$ verschoben sind. Es gilt:

$$E_n(\mathbf{k}) = \frac{\hbar^2 k^2}{2m} = E_n(\mathbf{k} + \mathbf{G}_n) = \frac{\hbar^2}{2m}|\mathbf{k} + \mathbf{G}_n|^2 \,. \tag{8.1.35}$$

Für den eindimensionalen Fall, für den $\mathbf{G}_n = G = h \cdot \frac{2\pi}{a}$ (h = ganze Zahl) gilt, ist dieser Sachverhalt in Abb. 8.4a dargestellt. Da $E_n(\mathbf{k})$ periodisch im **k**-Raum ist, ist es ausreichend, diese Abhängigkeit in der ersten Brillouin-Zone darzustellen. Dies können wir einfach dadurch erhalten, indem wir die interessierende Parabel um ein geeignetes Vielfaches von $\frac{2\pi}{a}$ verschieben. Wir gelangen auf diese Weise zum *reduzierten Zonenschema*, das in Abb. 8.4b gezeigt ist. In Abb. 8.4b erhalten wir den Kurventeil 3, indem wir 3' um $G_3 = +2\pi/a$ verschieben. Den Kurventeil 2 erhalten wir, indem wir 2' um $G_2 = -2\pi/a$ verschieben.

Es ist wichtig festzuhalten, dass bei Elektronenwellen im Festkörper kein Grund dafür besteht, den Wellenvektor auf die 1. Brillouin-Zone zu beschränken. Im Gegensatz zu den Gitterschwingungen, bei denen wir die Bewegung diskreter Gitterpunkte beschrieben haben und deshalb Wellenvektoren außerhalb der ersten Brillouin-Zone physikalisch nicht sinnvoll waren, sind Elektronenwellen überall im Festkörper definiert. Trotzdem ist es oft zweckmäßig, auch bei Elektronenwellen für die Wellenvektoren nur Werte aus der 1. Brillouin-Zone zu verwenden, da wir ja zu einem $\mathbf{k}'$ außerhalb der 1. Brillouin-Zone immer einen reziproken Gittervektor **G** finden können, so dass $\mathbf{k} = \mathbf{k}' + \mathbf{G}_n$ wieder in der 1. Brillouin-Zone liegt und $\Psi(\mathbf{k}') = \Psi(\mathbf{k})$ gilt.

Wir wollen nun noch den dreidimensionalen Fall für ein einfach kubisches Gitter mit Gitterkonstante a betrachten. Für die reziproken Gittervektoren schreiben wir:

$$\mathbf{G}_n = h\frac{2\pi}{a}\hat{\mathbf{x}} + k\frac{2\pi}{a}\hat{\mathbf{y}} + \ell\frac{2\pi}{a}\hat{\mathbf{z}}, \tag{8.1.36}$$

wobei h, k, ℓ die Millerschen Indizes sind. Für die Dispersion ergibt sich

$$E_n(\mathbf{k}) = \frac{\hbar^2}{2m}|\mathbf{k} + \mathbf{G}_n|^2 = \frac{\hbar^2}{2m}\left[\left(k_x + h\frac{2\pi}{a}\right)^2 + \left(k_y + k\frac{2\pi}{a}\right)^2 + \left(k_z + \ell\frac{2\pi}{a}\right)^2\right], \tag{8.1.37}$$

wobei $\mathbf{k} + \mathbf{G}_n$ innerhalb der 1. Brillouin-Zone liegen muss. Wir berechnen nun $E(\mathbf{k})$ in [100]-Richtung in Einheiten von $\frac{\hbar^2}{2m}$. Das Ergebnis ist in Tabelle 8.1 dargestellt.

Tragen wir die Dispersion $E_n(k_x, 0, 0)$ auf, so erhalten wir das in Abb. 8.5 gezeigte reduzierte Zonenschema. In drei Dimensionen sind die $E_n(\mathbf{k})$ Bänder bereits komplexer als in einer Dimension. Dies liegt daran, dass wir jetzt reziproke Gittervektoren $\mathbf{G}_n$ in alle drei Koordinatenrichtungen berücksichtigen müssen.

In Abb. 8.6 sind die verschiedenen Darstellungen der Dispersion $E_n(\mathbf{k})$ nochmals nebeneinander gezeigt. Wir unterscheiden zwischen dem *ausgedehnten Zonenschema*, dem *reduzierten Zonenschema* und dem *periodischen Zonenschema*.

8.2 Die Näherung fast freier Elektronen

Tabelle 8.1: Dispersionsrelation in [100] Richtung jeweils in Einheiten von $\hbar^2/2m$.

Bandindex	(h,k,ℓ)	$E_n(0,0,0)$	$E_n(k_x,0,0)$
1	000	0	k_x^2
2	100	$\left(\frac{2\pi}{a}\right)^2$	$\left(k_x + \frac{2\pi}{a}\right)^2$
3	$\bar{1}00$	$\left(\frac{2\pi}{a}\right)^2$	$\left(k_x - \frac{2\pi}{a}\right)^2$
4,5,6,7	$010, 0\bar{1}0, 001, 00\bar{1}$	$\left(\frac{2\pi}{a}\right)^2$	$k_x^2 + \left(\frac{2\pi}{a}\right)^2$
8,9,10,11	$110, 1\bar{1}0, 101, 10\bar{1}$	$2\cdot\left(\frac{2\pi}{a}\right)^2$	$\left(k_x + \frac{2\pi}{a}\right)^2 + \left(\frac{2\pi}{a}\right)^2$
12,13,14,15	$\bar{1}10, \bar{1}\bar{1}0, \bar{1}01, \bar{1}0\bar{1}$	$2\cdot\left(\frac{2\pi}{a}\right)^2$	$\left(k_x - \frac{2\pi}{a}\right)^2 + \left(\frac{2\pi}{a}\right)^2$
16,17,18,19	$011, 0\bar{1}1, 01\bar{1}, 0\bar{1}\bar{1}$	$2\cdot\left(\frac{2\pi}{a}\right)^2$	$k_x^2 + 2\cdot\left(\frac{2\pi}{a}\right)^2$

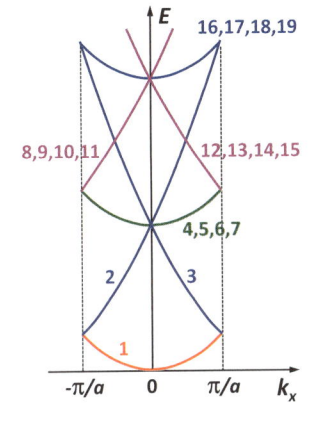

Abb. 8.5: Reduziertes Zonenschema für ein freies Elektronengas in einem einfach kubischen Gitter mit Gitterkonstante a. Dargestellt ist $E_n(\mathbf{k})$ nur entlang k_x innerhalb der 1. Brillouin-Zone.

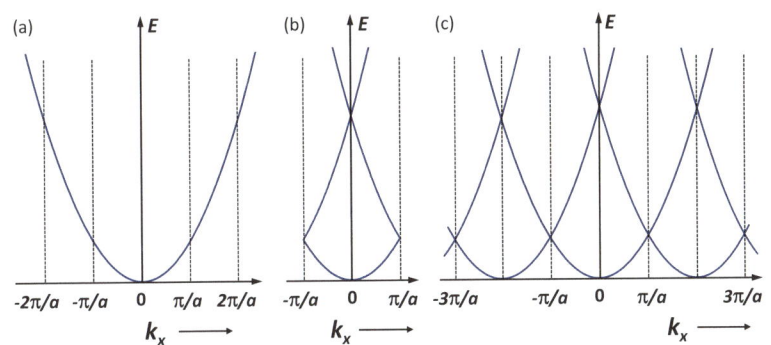

Abb. 8.6: Ausgedehntes (a), reduziertes (b) und periodisches Zonenschema (c) freier Elektronen in einer Dimension.

8.2 Die Näherung fast freier Elektronen

Wir wollen nun die Diskussion aus Abschnitt 8.1.5, wo wir ein gitterperiodisches Potenzial mit verschwindender Amplitude angenommen haben, auf den Fall eines schwachen periodischen Potenzials ausdehnen. In diesem Fall können wir von einem konstanten Potenzial V_0

für alle Kristallelektronen ausgehen (wir werden dies im Folgenden gleich null setzen, da es nur eine Verschiebung des Energienullpunkts bewirkt) und die durch die Gitterperiodizität bedingten Abweichungen als Störung betrachten. Es ist dann nach wie vor sinnvoll, von ebenen Wellen auszugehen und den Effekt des periodischen Gitterpotenzials störungstheoretisch zu behandeln. Wir wollen zunächst mit einer qualitativen Diskussion des Problems beginnen, um die zugrundeliegende Physik zu verstehen. Dazu schalten wir das gitterperiodische Potenzial V beginnend von $V = 0$ langsam ein und untersuchen, wie sich die Dispersion $E = \hbar^2 k^2 / 2m$ freier Elektronen dabei ändert.

8.2.1 Qualitative Diskussion

Wir haben gesehen (siehe Abb. 8.4), dass wir für das oben diskutierte eindimensionale Problem für $V = 0$ eine Entartung der Energieeigenwerte an den Rändern der 1. Brillouin-Zone, d. h. bei $k = k_x = \pm \frac{1}{2} G_1 = \pm \frac{\pi}{a}$ erhalten, wo sich die Parabeln schneiden. Wir bezeichnen im Folgenden den kürzesten reziproken Gittervektor $\mathbf{G}_1$ mit $\mathbf{g}$. Am Rand der 1. Brillouin-Zone gilt

$$k^2 = \left(\tfrac{1}{2} g\right)^2 \qquad (k-g)^2 = \left(\tfrac{1}{2} g - g\right)^2 = \left(-\tfrac{1}{2} g\right)^2 . \qquad (8.2.1)$$

Falls also $C_{k=\frac{1}{2}g}$ ein wichtiger Koeffizient in der Reihenentwicklung (8.1.15) ist, so ist es auch $C_{k-g} = C_{k=-\frac{1}{2}g}$. Die Beschreibung der Elektronenzustände als Summe von ebenen Wellen ist dann notwendigerweise mindestens eine Überlagerung von zwei ebenen Wellen mit diesen beiden k-Werten:

$$\Psi_1(x) = e^{+igx/2} = e^{+i\pi x/a} \qquad (8.2.2)$$

$$\Psi_2(x) = e^{-igx/2} = e^{-i\pi x/a} . \qquad (8.2.3)$$

Gleichung (8.1.10) impliziert natürlich, dass wir auch G-Werte größer als $g = 2\pi/a$ berücksichtigen müssen. Teilen wir allerdings (8.1.10) durch $\left(\frac{\hbar^2 k^2}{2m} - E\right)$, so erhalten wir

$$C_{\mathbf{k}} = -\frac{\sum_{\mathbf{G}} V_{\mathbf{G}} C_{\mathbf{k-G}}}{\left(\frac{\hbar^2 k^2}{2m} - E\right)} . \qquad (8.2.4)$$

Wir sehen also, dass der Koeffizient $C_{\mathbf{k}}$ besonders groß wird, wenn $E_{\mathbf{k}}$ und $E_{\mathbf{k-G}}$ in etwa gleich $\hbar^2 k^2 / 2m$ sind, d. h. wenn

$$\frac{\hbar^2 k^2}{2m} = \frac{\hbar^2}{2m} (\mathbf{k} - \mathbf{G})^2 \qquad \text{oder} \qquad k^2 = (\mathbf{k} - \mathbf{G})^2 \qquad (8.2.5)$$

gilt. Dies entspricht aber genau der in Kapitel 2 abgeleiteten Laueschen Beugungsbedingung,[8] die für alle Elektronenwellen mit Wellenvektoren $\mathbf{k}$ auf dem Rand der Brillouin-Zone erfüllt ist. Der Koeffizient $C_{\mathbf{k-G}}$ hat dann etwa die gleiche Größe wie $C_{\mathbf{k}}$. Für $k = g/2 = \pi/a$

---
[8] Wir haben in Abschnitt 2.2.3 allgemein hergeleitet, dass jeder Wellenvektor vom Zentrum zum Rand einer Brillouin-Zone die Beugungsbedingung erfüllt. Wir können unsere qualitative Diskussion deshalb auch auf den Rand höherer Brillouin-Zonen ausdehnen.

8.2 Die Näherung fast freier Elektronen

entspricht dies dann aber genau dem Fall (8.2.2) und (8.2.3) von zwei ebenen Wellen mit Wellenvektoren auf dem Rand der 1. Brillouin-Zone. Für Wellenvektoren weit weg vom Rand der Brillouin-Zonen werden die Entwicklungskoeffizienten C_k vernachlässigbar klein. Physikalisch bedeutet dies, dass für $\mathbf{k} = \pm \mathbf{G}/2$ die von benachbarten Atomen reflektierten Elektronenwellen konstruktiv interferieren. Wir erhalten dadurch eine in positive x-Richtung laufende Elektronenwelle und eine in negative x-Richtung laufende Bragg-reflektierte Welle.

Beschränken wir uns wieder auf den kürzesten reziproken Gittervektor $\mathbf{G}_1 = \mathbf{g}$, so erhalten wir durch symmetrische und antisymmetrische Überlagerung der beiden Wellen (8.2.2) und (8.2.3) in erster Näherung stehende Wellen

$$\Psi^s \propto \left(e^{\imath g x/2} + e^{-\imath g x/2}\right) \propto \cos\left(\pi \frac{x}{a}\right) \tag{8.2.6}$$

$$\Psi^a \propto \left(e^{\imath g x/2} - e^{-\imath g x/2}\right) \propto \sin\left(\pi \frac{x}{a}\right) \tag{8.2.7}$$

mit Nullstellen an bestimmten Raumpositionen. Die zu den stehenden Wellen gehörenden Wahrscheinlichkeitsdichten sind

$$|\Psi^s|^2 \propto \cos^2\left(\pi \frac{x}{a}\right) \tag{8.2.8}$$

$$|\Psi^a|^2 \propto \sin^2\left(\pi \frac{x}{a}\right). \tag{8.2.9}$$

Diese Wahrscheinlichkeitsdichten, die die Elektronendichte im Festkörper angeben, sind in Abb. 8.7 zusammen mit dem qualitativen Verlauf des Gitterpotenzials dargestellt. Wir sehen, dass $|\Psi^s|^2$ ein Maximum am Ort der positiven Atomrümpfe besitzt, während $|\Psi^a|^2$ dort gerade minimal ist. Im Gegensatz zu einer ebenen Welle, die einer homogenen Elektronendichte entspricht, besitzt somit Ψ^s eine niedrigere potenzielle Energie, da die bevorzugte Aufenthaltswahrscheinlichkeit am Ort der positiven Atomrümpfe in einer verstärkten attraktiven Wechselwirkung mit den positiven Atomrümpfen resultiert. Für Ψ^a ist dies gerade umgekehrt. Diese Erhöhung und Erniedrigung der potenziellen Energie der beiden Zustände Ψ^s und Ψ^a am Zonenrand führt zu einer Energielücke (siehe Abb. 8.8). Da die Ausbreitungsgeschwindigkeit der stehenden Wellen verschwindet, muss am Zonenrand $\frac{\partial E}{\partial \mathbf{k}} = 0$ gelten, das

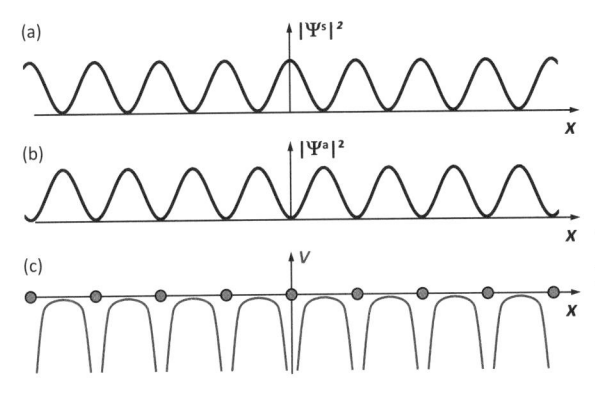

Abb. 8.7: Wahrscheinlichkeitsdichte (a) $|\Psi^s|^2$ und (b) $|\Psi^a|^2$ für zwei stehende Elektronenwellen. In (c) ist die qualitative Form der potenziellen Energie $V(x)$ eines Elektrons in einem eindimensionalen Gitter gezeigt.

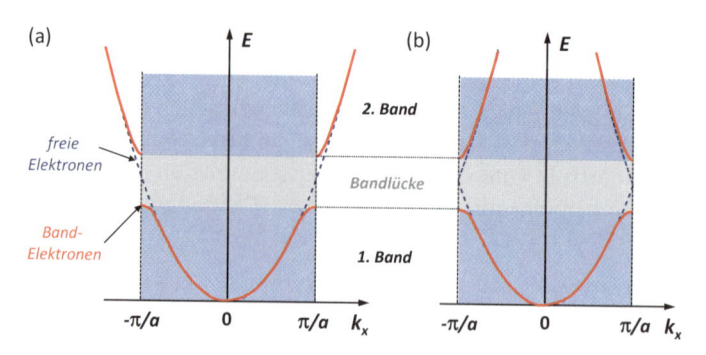

Abb. 8.8: Zur Entstehung der Energielücke am Rand der Brillouin-Zone durch stehende Elektronenwellen. Die erste Brilloin-Zone ist farbig hinterlegt. (a) ausgedehntes Zonenschema, (b) reduziertes Zonenschema Die $E(k)$-Beziehung für freie Elektronen ist gestrichelt eingezeichnet.

heißt, die Funktion $E(\mathbf{k})$ muss am Zonenrand eine waagrechte Tangente besitzen, wie es in Abb. 8.8 gezeigt ist.

Wir können die zugrundeliegende Physik wie folgt zusammenfassen: Bragg-Reflexion von Elektronenwellen mit Wellenvektoren auf dem Rand der Brillouin-Zonen führt zur Ausbildung von stehenden Wellen. Die beiden möglichen Lösungen haben unterschiedliche Energie, je nachdem ob die Elektronendichte an der Position der positiven Atomrümpfe oder dazwischen maximal ist. Nach dieser qualitativen Diskussion wollen wir im nächsten Abschnitt die Energieaufspaltung nahe am Zonenrand quantitativ berechnen.

8.2.2 Quantitative Diskussion

Für unsere Rechnung beginnen wir mit der Schrödinger-Gleichung im $\mathbf{k}$-Raum (8.1.10). In (8.1.10) kann ein Wellenvektor $\mathbf{k}'$ beliebige durch die Randbedingungen erlaubte Werte annehmen. Wir können aber immer einen reziproken Gittervektor $\mathbf{G}$ finden, so dass der Wellenvektor $\mathbf{k} = \mathbf{k}' + \mathbf{G}$ wieder in der 1. Brillouin-Zone liegt. Mit dieser Translation um den reziproken Gittervektor $\mathbf{G}$ ergibt sich aus (8.1.10)

$$\left(E - \frac{\hbar^2}{2m}|\mathbf{k} - \mathbf{G}|^2\right) C_{\mathbf{k}-\mathbf{G}} = \sum_{\mathbf{G}'} V_{\mathbf{G}'} C_{\mathbf{k}-\mathbf{G}-\mathbf{G}'} = \sum_{\mathbf{G}''} V_{\mathbf{G}''-\mathbf{G}} C_{\mathbf{k}-\mathbf{G}''} \,, \tag{8.2.10}$$

wobei wir $\mathbf{k}' = \mathbf{k} - \mathbf{G}$ benutzt haben und die Umbenennung $\mathbf{G}'' = \mathbf{G}' + \mathbf{G}$ vorgenommen haben. Falls das Gitterpotenzial verschwindet, erhalten wir daraus

$$\left(E - \frac{\hbar^2}{2m}|\mathbf{k} - \mathbf{G}|^2\right) C_{\mathbf{k}-\mathbf{G}} = 0 \,. \tag{8.2.11}$$

Das heißt, es muss entweder die Klammer null sein, was nur für ein bestimmtes $\mathbf{G}$ möglich ist, oder es müssten alle $C_{\mathbf{k}-\mathbf{G}} = 0$ sein. Aus (8.1.15) erhalten wir dann $\Psi_{\mathbf{k}-\mathbf{G}}(\mathbf{r}) = C_{\mathbf{k}-\mathbf{G}} e^{i(\mathbf{k}-\mathbf{G})\cdot\mathbf{r}}$, also wie erwartet eine ebene Welle.

8.2 Die Näherung fast freier Elektronen

Wir wollen hier keine ausführliche Analyse von Gleichung (8.2.10) vornehmen.[9] Wir wollen zunächst einen Teil des Gleichungssystems (8.2.10) explizit für ein eindimensionales System ausschreiben. Wir können hier die reziproken Gittervektoren als ein Vielfaches eines kürzesten Vektors **g** schreiben. Mit der Abkürzung $\lambda_{k-g} = \frac{\hbar^2}{2m}|\mathbf{k} - \mathbf{g}|^2$ erhalten wir dann

$$
\begin{aligned}
&\ldots &&+\ldots &&+\ldots &&+\ldots &&+\ldots &&+\ldots &&+\ldots &&+\ldots = 0\\
&(\lambda_{k-2g} - E)\,C_{k-2g} &&+\ldots &&+V_{-2g}C_k &&+V_{-g}C_{k-g} &&+V_0 C_{k-2g} &&+V_g C_{k-3g} &&+V_{2g}C_{k-4g} &&+\ldots = 0\\
&(\lambda_{k-g} - E)\,C_{k-g} &&+\ldots &&+V_{-2g}C_{k+g} &&+V_{-g}C_k &&+V_0 C_{k-g} &&+V_g C_{k-2g} &&+V_{2g}C_{k-3g} &&+\ldots = 0\\
&(\lambda_{k} - E)\,C_{k} &&+\ldots &&+V_{-2g}C_{k+2g} &&+V_{-g}C_{k+g} &&+V_0 C_{k} &&+V_g C_{k-g} &&+V_{2g}C_{k-2g} &&+\ldots = 0\\
&(\lambda_{k+g} - E)\,C_{k+g} &&+\ldots &&+V_{-2g}C_{k+3g} &&+V_{-g}C_{k+2g} &&+V_0 C_{k+g} &&+V_g C_{k} &&+V_{2g}C_{k-g} &&+\ldots = 0\\
&(\lambda_{k+2g} - E)\,C_{k+2g} &&+\ldots &&+V_{-2g}C_{k+4g} &&+V_{-g}C_{k+3g} &&+V_0 C_{k+2g} &&+V_g C_{k+g} &&+V_{2g}C_{k} &&+\ldots = 0\\
&\ldots &&+\ldots &&+\ldots &&+\ldots &&+\ldots &&+\ldots &&+\ldots &&+\ldots = 0
\end{aligned}
$$
(8.2.12)

Ein Block der Determinante der Koeffizienten sieht dann wie folgt aus

$$
\begin{pmatrix}
(\lambda_{k-2g} - E) & V_{-g} & V_{-2g} & V_{-3g} & V_{-4g}\\
V_g & (\lambda_{k-g} - E) & V_{-g} & V_{-2g} & V_{-3g}\\
V_{2g} & V_g & (\lambda_{k} - E) & V_{-g} & V_{-2g}\\
V_{3g} & V_{2g} & V_g & (\lambda_{k+g} - E) & V_{-g}\\
V_{4g} & V_{3g} & V_{2g} & V_g & (\lambda_{k+2g} - E)
\end{pmatrix}.
$$
(8.2.13)

Wir wollen in unserer Näherungsbetrachtung nun annehmen, dass wir das periodische Potenzial mit nur einer einzigen Fourier-Komponente V_g gut beschreiben können und berücksichtigen ferner in der Summe $\sum_{G''}$ nur die größten Koeffizienten C_k und C_{k-g}. Schließlich können wir für kleine Störungen für die Berechnung der Koeffizienten C_k und C_{k-g} zunächst den wahren Eigenwert E durch die Energie des freien Elektrons $V_0 + \hbar^2 k^2/2m$ annähern. Wir erhalten dann nur zwei Gleichungen

$$\left(\frac{\hbar^2}{2m}k^2 - E\right)C_k + V_0 C_k + V_g C_{k-g} = 0 \tag{8.2.14}$$

$$\left(\frac{\hbar^2}{2m}|\mathbf{k} - \mathbf{g}|^2 - E\right)C_{k-g} + V_0 C_{k-g} + V_{-g} C_k = 0. \tag{8.2.15}$$

Aus (8.2.15) folgt mit $E \simeq V_0 + \frac{\hbar^2 k^2}{2m}$

$$C_{k-g} = \frac{V_{-g} C_k}{\frac{\hbar^2}{2m}\left(k^2 - |\mathbf{k} - \mathbf{g}|^2\right)}. \tag{8.2.16}$$

Wir sehen, dass C_{k-g} nur dann große Werte annimmt, wenn der Nenner in (8.2.16) sehr klein wird, das heißt für

$$k^2 \simeq |\mathbf{k} - \mathbf{g}|^2. \tag{8.2.17}$$

---

[9] siehe hierzu z. B. *Festkörperphysik*, N. W. Ashcroft, N. D. Mermin, Oldenbourg Verlag, München (2012).

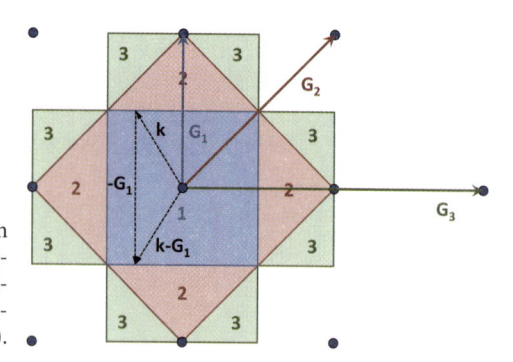

Abb. 8.9: Zur Konstruktion der ersten drei Brillouin-Zonen eines quadratischen Gitters im zweidimensionalen **k**-Raum. Die gestrichelten Vektoren verdeutlichen die Beugungsbedingung (8.2.18).

Wie oben bereits erwähnt, ist diese Bedingung identisch zur Bragg-Bedingung. Wir erhalten also die stärkste Störung der Flächen konstanter Energie (Kugeln im **k**-Raum für freie Elektronen) durch das gitterperiodische Potenzial an den Stellen, an denen die Bragg-Bedingung erfüllt ist. Wie wir bereits in Abschnitt 2.2.3 diskutiert haben, ist dies genau für **k**-Vektoren vom Zentrum zum Rand der Brillouin-Zonen der Fall, die zum Vektor $-\mathbf{G}_n$ gehören. Dies ist in Abb. 8.9 für ein quadratisches zweidimensionales Gitter veranschaulicht. Bei der Konstruktion der Brillouin-Zonen wird jedem Vektor des reziproken Gitters eine Ebene zugeordnet, die in der Mitte des betreffenden Vektors senkrecht auf ihm steht und eine Begrenzungsfläche einer Brillouin-Zone bildet. Sämtliche Brillouin-Zonen haben das gleiche Volumen. Durch eine einfache Umformung erhalten wir aus (8.2.17) für die 1. Brillouin-Zone ($\mathbf{G}_1 = \mathbf{g}$)

$$\mathbf{k} \cdot \frac{\mathbf{g}}{2} = \left|\frac{\mathbf{g}}{2}\right|^2 . \tag{8.2.18}$$

Wir sehen also, dass nur für **k**-Werte auf dem Rand der 1. Brillouin-Zone und ihrer unmittelbaren Umgebung außer dem Koeffizienten $C_\mathbf{k}$ noch ein weiterer Koeffizient $C_{\mathbf{k}-\mathbf{g}}$ hinreichend groß wird. Für alle anderen **k**-Werte können wir dagegen sämtliche Koeffizienten $C_{\mathbf{k}-\mathbf{G}_n}$ für $\mathbf{G}_n \neq 0$ vernachlässigen.

Das Gleichungssystem (8.2.14) und (8.2.15) besitzt genau dann Lösungen, wenn die Determinante

$$\left| \begin{array}{cc} \left(\frac{\hbar^2}{2m}k^2 + V_0 - E\right) & V_\mathbf{g} \\ V_{-\mathbf{g}} & \left(\frac{\hbar^2}{2m}|\mathbf{k}-\mathbf{g}|^2 + V_0 - E\right) \end{array} \right| = 0 \tag{8.2.19}$$

verschwindet. Mit der Energie $E^0_\mathbf{k} = V_0 + \frac{\hbar^2}{2m}k^2$ und $E^0_{\mathbf{k}-\mathbf{g}} = V_0 + \frac{\hbar^2}{2m}|\mathbf{k}-\mathbf{g}|^2$ der freien Elektronen können wir die beiden Lösungen wie folgt ausdrücken:[10]

$$E^{a,s} = \frac{1}{2}\left(E^0_{\mathbf{k}-\mathbf{g}} + E^0_\mathbf{k}\right) \pm \sqrt{\frac{1}{4}\left(E^0_{\mathbf{k}-\mathbf{g}} - E^0_\mathbf{k}\right)^2 + |V_\mathbf{g}|^2} . \tag{8.2.20}$$

---

[10] Da das Potenzial $V(\mathbf{r})$ reell ist, muss für die Fourier-Koeffizienten $V_{-\mathbf{g}} = V_\mathbf{g}^*$ gelten und wir erhalten $V_\mathbf{g} V_{-\mathbf{g}} = V_\mathbf{g} V_\mathbf{g}^* = |V_\mathbf{g}|^2$.

8.2 Die Näherung fast freier Elektronen

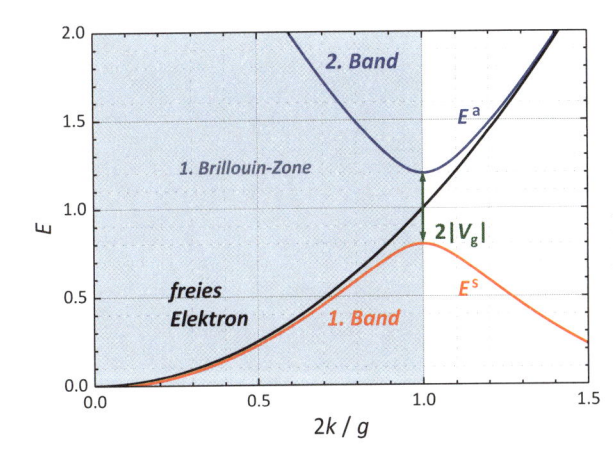

Abb. 8.10: Verlauf der Dispersion am Rand der 1. Brillouin-Zone. Ebenfalls eingezeichnet ist die Dispersion freier Elektronen. Der Abstand des oberen und unteren Bandes an der Zonengrenze beträgt $2|V_g|$. Der Wert von $|V_g|$ wurde übertrieben groß gewählt, um die Darstellung übersichtlich zu machen.

Jede der beiden Wurzeln beschreibt ein Energieband. Dies ist analog zum bindenden und anti-bindenden Orbital bei der kovalenten Bindung. Die beiden Bänder sind in Abb. 8.10 geplottet. Am Rand der ersten Brillouin-Zone, wo $E^0_{k-g} = E^0_k = \frac{\hbar^2 k^2}{2m} + V_0$ und der Beitrag der beiden Wellen mit C_k und C_{k-g} gleich ist, erhalten wir die Energielücke

$$E_g = E^a - E^s = 2|V_g| . \tag{8.2.21}$$

Die Energielücke ist also durch das Zweifache der Fourier-Komponente V_g des Gitterpotenzials gegeben.

Wir wollen jetzt noch überlegen, wie die Wellenfunktion $\Psi = C_k e^{i\mathbf{k}\cdot\mathbf{r}} + C_{k-g} e^{i(\mathbf{k}-\mathbf{g})\cdot\mathbf{r}}$ in der Nähe des Zonenrandes aussieht. Hierzu setzen wir die beiden Energieeigenwerte $E^\pm$ in Gleichung (8.2.14) und (8.2.15) ein, um die Koeffizienten C_k und C_{k-g} zu bestimmen. Auf dem Rand der 1. Brillouin-Zone, also für $k = \frac{1}{2}g$, erhalten wir

$$\left.\frac{C_{k-g}}{C_k}\right|_{k=g/2} = \frac{E^0_k \pm |V_g| - E^0_k}{V_g} = \pm 1 , \tag{8.2.22}$$

so dass die Fourier-Entwicklung von $\Psi(x)$ durch

$$\Psi^{a,s}(x) = \left(e^{igx/2} \pm e^{-igx/2}\right) \tag{8.2.23}$$

gegeben ist, was identisch zu (8.2.6) und (8.2.7) ist. Am Rand der Brillouin-Zone ist die Wellenfunktion also eine symmetrische oder antisymmetrische Überlagerung der ungekoppelten Wellenfunktionen. Welche Überlagerung die niedrigere Energie hat, hängt vom Vorzeichen von V_g ab. Ist V_g negativ (attraktive Wechselwirkung zwischen Elektronen und positiven Atomrümpfen), so ist C_{k-g}/C_k für das unten liegende Band mit dem Eigenwert E_s positiv. Das heißt, die Wellenfunktion zu diesem Eigenwert ist die symmetrische Überlagerung (wir haben diesem Energieeigenwert deshalb den Index s gegeben). Wir wollen noch darauf hinweisen, dass $C_{k-g}/C_k = \pm 1$ nur auf dem Zonenrand gilt. Nur hier tragen beide ungekoppelten Wellenfunktionen mit gleichem Gewicht zur Wellenfunktion bei. Entfernen wir uns vom Zonenrand, so ändert sich das Verhältnis rasch. Ein Entwicklungskoeffizient nimmt auf eins zu, der andere auf null ab. Im benachbarten Band ist das Verhalten der Entwicklungskoeffizienten genau gegenläufig.

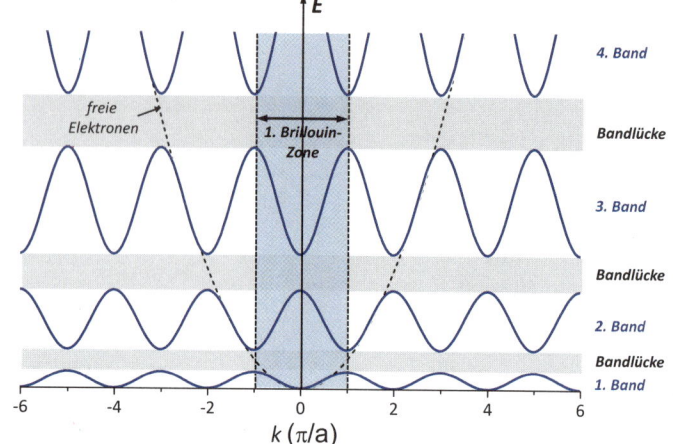

Abb. 8.11: Dispersionskurven $E(k)$ für ein eindimensionales Gitter mit Gitterkonstante a im periodischen Zonenschema. Gestrichelt eingezeichnet ist die Dispersionskurve von freien Elektronen.

Wir können die Energie $E^{a,s}$ nach dem Wellenvektor $\mathbf{Q} = \mathbf{k} - \frac{1}{2}\mathbf{g}$ entwickeln, der die Differenz des Wellenvektors $\mathbf{k}$ von der Zonengrenze angibt. Wir erhalten

$$E^{a,s}(Q) = \frac{\hbar^2}{2m}\left(\left(\frac{1}{2}g\right)^2 + Q^2\right) \pm \sqrt{4\frac{\hbar^2\left(\frac{1}{2}g\right)^2}{2m}\frac{\hbar^2 Q^2}{2m} + |V_\mathbf{g}|^2}$$

$$\simeq \frac{\hbar^2}{2m}\left(\left(\frac{1}{2}g\right)^2 + Q^2\right) \pm |V_\mathbf{g}|\left[1 + 2\frac{\hbar^2\left(\frac{1}{2}g\right)^2}{2m|V_\mathbf{g}|^2}\frac{\hbar^2 Q^2}{2m}\right] \quad (8.2.24)$$

für den Bereich, in dem $\hbar^2 gQ/2m \ll |V_\mathbf{g}|$. Bezeichnen wir die beiden Energiewerte $\frac{\hbar^2}{2m}\left(\frac{1}{2}g\right)^2 \pm |V_\mathbf{g}|$ für $Q = 0$, also am Zonenrand, mit $E_0^{a,s}$, so können wir schreiben

$$E^{a,s}(Q) = E_0^{a,s} + \frac{\hbar^2 Q^2}{2m}\left(1 \pm \frac{2\frac{\hbar^2\left(\frac{1}{2}g\right)^2}{2m}}{|V_\mathbf{g}|}\right). \quad (8.2.25)$$

Wir sehen, dass die Energien $E^{a,s}(Q)$ quadratisch von Q abhängen. Die Ableitung $\partial E/\partial Q$ verschwindet am Zonenrand ($Q = 0$), das heißt, wir erhalten am Zonenrand stehende Wellen in Übereinstimmung mit unserer qualitativen Diskussion.

In Abb. 8.11 ist die Bandstruktur für ein eindimensionales Gitter im periodischen Zonenschema gezeigt. Wir sehen, dass durch das periodische Potenzial für Wellenvektoren, die Vielfachen von π/a entsprechen, Energielücken entstehen. In den Bereichen dazwischen verläuft die Dispersionskurve nahe an derjenigen von freien Elektronen.

Die bis jetzt diskutierte Situation fast freier Elektronen ist sehr gut für die Beschreibung von Metallen geeignet. Ausgehend von freien Elektronen können wir eine quantitativ immer bessere Beschreibung durch Berücksichtigung einer zunehmenden Zahl von Fourier-Koeffizienten $V_\mathbf{G}$ in der Entwicklung des periodischen Gitterpotenzials erzielen. Für Isolatoren, in denen an die Atome gebundene Elektronen vorliegen, ist es allerdings nicht sinnvoll, von freien Elektronen auszugehen. Diesen Fall werden wir im folgenden Abschnitt diskutieren.

8.3 Die Näherung stark gebundener Elektronen

Wir wollen jetzt den Fall betrachten, dass die Elektronen stark an die einzelnen Atome gebunden sind („tight binding") und nur wenig von den übrigen Atomen im Kristall beeinflusst werden. Dies trifft vor allem auf tief liegende Elektronenniveaus (Rumpfelektronen) zu. Für diese Elektronen spielt das atomare Potenzial die entscheidende Rolle. Deshalb ist es hier sinnvoll, zunächst von atomaren Wellenfunktionen $\phi_A(\mathbf{r})$ auszugehen, und nicht mehr von ebenen Wellen $e^{i\mathbf{k}\cdot\mathbf{r}}$, wie wir dies bei der Näherung quasi-freier Elektronen getan haben. Die atomaren Wellenfunktionen sind Lösungen der Schrödinger-Gleichung

$$\mathcal{H}_A(\mathbf{r}-\mathbf{R})\phi_A^i(\mathbf{r}-\mathbf{R}) = E_A^i \phi_A^i(\mathbf{r}-\mathbf{R}) \, . \tag{8.3.1}$$

Hierbei ist $\phi_A^i(\mathbf{r}-\mathbf{R})$ die atomare Wellenfunktion des i-ten Niveaus des Atoms am Gitterplatz $\mathbf{R}$, E_A^i der zugehörige Energieeigenwert und $\mathcal{H}_A$ ist der Hamilton-Operator

$$\mathcal{H}_A(\mathbf{r}-\mathbf{R}) = -\frac{\hbar^2}{2m}\nabla^2 + V_A(\mathbf{r}-\mathbf{R}) \, , \tag{8.3.2}$$

wobei $V_A(\mathbf{r}-\mathbf{R})$ das atomare Potenzial des Atoms am Gitterplatz $\mathbf{R}$ ist. Im Festkörper werden durch Wechselwirkung der Atome untereinander die atomaren Energieniveaus beeinflusst. Dies ist ähnlich zur kovalenten Bindung (vergleiche Kapitel 3.4), wo die Wechselwirkung von zwei atomaren Niveaus zu einer Aufspaltung in ein bindendes und anti-bindendes Molekülorbital führte. Im Festkörper wechselwirken im Prinzip die atomaren Niveaus von N Atomen. Diese Wechselwirkung führt zu einem Energieband mit N Zuständen. Da N üblicherweise sehr groß ist, liegen die Zustände in dem Energieband so dicht, dass wir von einem Kontinuum ausgehen können.

Ein adäquater Ansatz für die Kristallelektronen im Fall stark gebundener Elektronen ist eine lineare Superposition von atomaren Eigenfunktionen

$$\Psi_\mathbf{k}^i(\mathbf{r}) = \frac{1}{\sqrt{N}}\sum_\mathbf{R} e^{i\mathbf{k}\cdot\mathbf{R}}\phi_A^i(\mathbf{r}-\mathbf{R}) \, . \tag{8.3.3}$$

Diese Wellenfunktion entspricht (8.1.22), wobei wir die Wannier-Funktionen $w(\mathbf{r}-\mathbf{R})$ jetzt durch die atomaren Eigenfunktionen $\phi_A^i(\mathbf{r}-\mathbf{R})$ ersetzt haben. Sie ist also eine Bloch-Welle mit Wellenvektor $\mathbf{k}$, enthält aber immer noch den lokalen Charakter der atomaren Wellenfunktionen (siehe hierzu Abb. 8.12). Die Wellenfunktion ist aus atomaren Wellenfunktionen aufgebaut. Die Aufenthaltswahrscheinlichkeit ist an jeder Atomposition die gleiche, da die Wellenfunktion von Atomposition zu Atomposition nur um einen Phasenfaktor $e^{i\mathbf{k}\cdot\mathbf{R}}$ (siehe Abb. 8.12, Mitte) variiert. Die Energiebänder $E_n(\mathbf{k})$, die man mit diesem Ansatz erhält, zeigen allerdings wenig Struktur. Ein besserer Ansatz ist, in (8.3.3) nicht eine atomare Wellenfunktion $\phi_A^i(\mathbf{r}-\mathbf{R})$ zu benutzen, sondern eine Linearkombination aus atomaren Wellenfunktionen (LCAO-Methode: Linear Combination of Atomic Orbitals). Die weitere Vorgehensweise bei der Berechnung von $E_n(\mathbf{k})$ ist ähnlich zur Behandlung der kovalenten Bindung in Abschnitt 3.4.

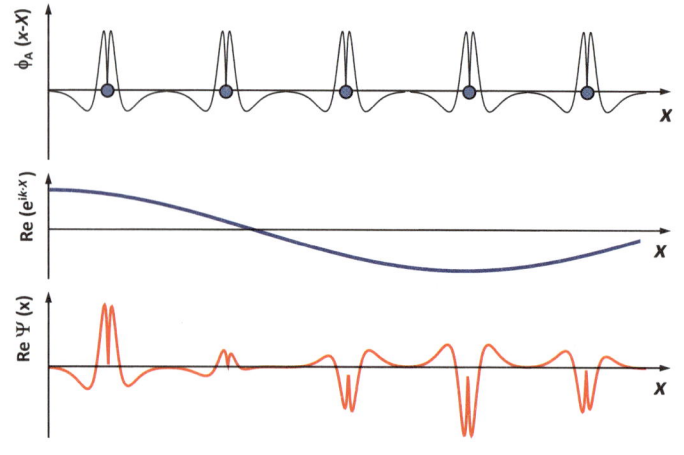

Abb. 8.12: Räumliche Variation des Realteils der Wellenfunktion in der tight-binding Näherung. Die Wellenfunktion ist aus atomaren Wellenfunktionen (oben) und einer ebenen Welle (Mitte) aufgebaut.

Wir berechnen nun die Energie $E(\mathbf{k})$ des Kristallelektrons mit der Wellenzahl $\mathbf{k}$, indem wir den Ansatz (8.3.3) in die Schrödinger-Gleichung

$$\mathcal{H}\Psi_{\mathbf{k}}(\mathbf{r}) = \left[-\frac{\hbar^2}{2m}\nabla^2 + V(\mathbf{r})\right]\Psi_{\mathbf{k}}(\mathbf{r}) = E(\mathbf{k})\Psi_{\mathbf{k}}(\mathbf{r}) \tag{8.3.4}$$

einsetzen. Wir erhalten

$$\left[-\frac{\hbar^2}{2m}\nabla^2 + V(\mathbf{r})\right]\sum_{\mathbf{R}} e^{i(\mathbf{k}\cdot\mathbf{R})}\phi_{\mathrm{A}}^i(\mathbf{r}-\mathbf{R}) = E(\mathbf{k})\sum_{\mathbf{R}} e^{i(\mathbf{k}\cdot\mathbf{R})}\phi_{\mathrm{A}}^i(\mathbf{r}-\mathbf{R}) \,. \tag{8.3.5}$$

Hierbei ist $V(\mathbf{r})$ die potenzielle Energie des Kristallelektrons. Sie ist durch die Summe über alle atomaren Potenziale[11] gegeben:

$$V(\mathbf{r}) = \sum_{\mathbf{R}} V_{\mathrm{A}}(\mathbf{r}-\mathbf{R}) = V_{\mathrm{A}}(\mathbf{r}-\mathbf{R}) + \sum_{\mathbf{R}'\neq\mathbf{R}} V_{\mathrm{A}}(\mathbf{r}-\mathbf{R}')$$
$$= V_{\mathrm{A}}(\mathbf{r}-\mathbf{R}) + \widetilde{V}(\mathbf{r}-\mathbf{R}) \,. \tag{8.3.6}$$

Die Bedeutung der verschiedenen Potenziale ist in Abb. 8.13 veranschaulicht. Wir haben die Aufspaltung in $V_{\mathrm{A}}(\mathbf{r}-\mathbf{R})$ und $\widetilde{V}(\mathbf{r}-\mathbf{R})$ vorgenommen, weil wir damit den Hamilton-Operator als

$$\mathcal{H} = \mathcal{H}_{\mathrm{A}} + \widetilde{V} \tag{8.3.7}$$

schreiben können. Da die Elektronen ja stark an der Position der einzelnen Atome lokalisiert sind, sehen sie im Wesentlichen nur das atomare Potenzial V_{A} an dem Ort, an dem sie sich befinden. Alle anderen atomaren Potenziale können wir in $\widetilde{V}$ zusammenfassen und können dieses als Störpotenzial auffassen. Der Vorteil dieser Vorgehensweise besteht darin, dass wir unser Problem auf ein Einelektronen-Problem reduzieren. Man spricht deshalb auch von der *Einelektronen-Näherung*.

---

[11] Die atomaren Potenziale sind natürlich keine reinen $1/r$ Potenziale wie bei freien Atomen, sondern abgeschirmte Potenziale.

8.3 Die Näherung stark gebundener Elektronen

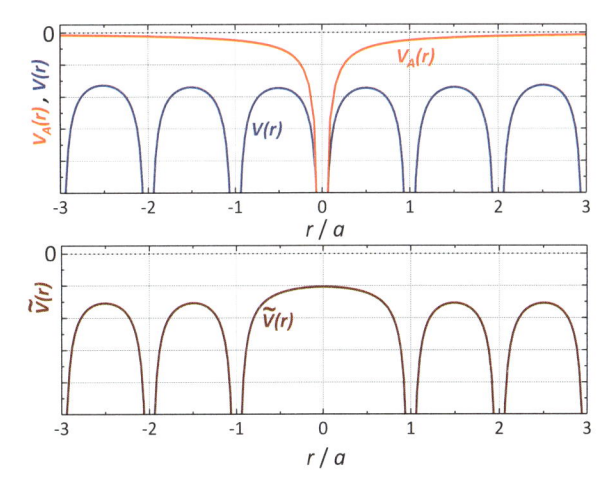

Abb. 8.13: Verlauf der potenziellen Energie $V(\mathbf{r})$ eines Kristallelektrons und der Energie $V_A(\mathbf{r})$ eines an ein freies Atom gebundenen Elektrons. Unten ist das Störpotenzial $\tilde{V}(\mathbf{r})$ gezeigt.

Wir können nun in Gleichung (8.3.5) $V(\mathbf{r}) = V_A(\mathbf{r} - \mathbf{R}) + \tilde{V}(\mathbf{r} - \mathbf{R})$ setzen und unter Benutzung von (8.3.1) und (8.3.2) umformen. Wir erhalten

$$\left[-\frac{\hbar^2}{2m}\nabla^2 + V_A(\mathbf{r}-\mathbf{R}) - E_A^i\right]\sum_{\mathbf{R}} e^{i\mathbf{k}\cdot\mathbf{R}}\phi_A^i(\mathbf{r}-\mathbf{R})$$
$$= -\sum_{\mathbf{R}} e^{i\mathbf{k}\cdot\mathbf{R}}\tilde{V}(\mathbf{r}-\mathbf{R})\phi_A^i(\mathbf{r}-\mathbf{R}) + \left[E(\mathbf{k}) - E_A^i\right]\sum_{\mathbf{R}} e^{i\mathbf{k}\cdot\mathbf{R}}\phi_A^i(\mathbf{r}-\mathbf{R}) \,. \quad (8.3.8)$$

Die linke Seite ist nach (8.3.1) gleich null und es ergibt sich somit

$$\left[E(\mathbf{k}) - E_A^i\right]\sum_{\mathbf{R}} e^{i\mathbf{k}\cdot\mathbf{R}}\phi_A^i(\mathbf{r}-\mathbf{R}) = \sum_{\mathbf{R}} e^{i\mathbf{k}\cdot\mathbf{R}}\tilde{V}(\mathbf{r}-\mathbf{R})\phi_A^i(\mathbf{r}-\mathbf{R}) \,. \quad (8.3.9)$$

Multiplizieren wir diese Gleichung mit

$$\Psi_{\mathbf{k}}^*(\mathbf{r}) = \frac{1}{\sqrt{N}}\sum_{\mathbf{R}'} e^{-i\mathbf{k}\cdot\mathbf{R}'}\phi_A^{i\,*}(\mathbf{r}-\mathbf{R}') \quad (8.3.10)$$

und integrieren über das gesamte Kristallvolumen, so erhalten wir

$$\left[E(\mathbf{k}) - E_A^i\right]\sum_{\mathbf{R}}\sum_{\mathbf{R}'} e^{i\mathbf{k}\cdot(\mathbf{R}-\mathbf{R}')}\int dV\,\phi_A^{i\,*}(\mathbf{r}-\mathbf{R}')\phi_A^i(\mathbf{r}-\mathbf{R})$$
$$= \sum_{\mathbf{R}}\sum_{\mathbf{R}'} e^{i\mathbf{k}\cdot(\mathbf{R}-\mathbf{R}')}\int dV\,\phi_A^{i\,*}(\mathbf{r}-\mathbf{R}')\tilde{V}(\mathbf{r}-\mathbf{R})\phi_A^i(\mathbf{r}-\mathbf{R}) \,. \quad (8.3.11)$$

Die Funktionen $\phi_A^i(\mathbf{r}-\mathbf{R})$ und $\phi_A^{i\,*}(\mathbf{r}-\mathbf{R}')$ überlappen sich nun selbst für unmittelbar benachbarte Atome nur sehr wenig. Deshalb können wir in erster Näherung auf der linken Seite von (8.3.11) alle Glieder mit $\mathbf{R} \neq \mathbf{R}'$ vernachlässigen. Die Summe auf der linken Seite ist dann gleich der Anzahl N der Gitterzellen in dem betrachteten Festkörper. Auf der rechten Seite von (8.3.11) dürfen wir diese Näherung allerdings nicht machen, da das Störpotenzial $\tilde{V}(\mathbf{r}-\mathbf{R})$ am Ort des Gitteratoms $\mathbf{R}'$ wesentlich größere Werte besitzt als am Ort des Atoms **R** (siehe Abb. 8.13). Wegen des raschen Abfalls von $\phi_A^i(\mathbf{r}-\mathbf{R})$ und $\phi_A^{i\,*}(\mathbf{r}-\mathbf{R}')$ brauchen wir für $\mathbf{R} \neq \mathbf{R}'$ in der Doppelsumme auf der rechten Seite von (8.3.11) nur diejenigen Terme berücksichtigen, die unmittelbar benachbarten Gitteratomen entsprechen. Damit erhalten wir aus (8.3.11)

$$N\left[E(\mathbf{k}) - E_A^i\right] = N \int dV \phi_A^{i\,*}(\mathbf{r}-\mathbf{R}) \widetilde{V}(\mathbf{r}-\mathbf{R}) \phi_A^i(\mathbf{r}-\mathbf{R})$$
$$+ N \sum_{NN} e^{i\mathbf{k}\cdot(\mathbf{R}-\mathbf{R}')} \int dV \phi_A^{i\,*}(\mathbf{r}-\mathbf{R}') \widetilde{V}(\mathbf{r}-\mathbf{R}) \phi_A^i(\mathbf{r}-\mathbf{R}),$$
(8.3.12)

wobei $\sum_{NN}$ die Summe über die nächsten Nachbarn des Atoms am Ort **R** bedeutet.

Wir nehmen nun zusätzlich an, dass die betrachtete Eigenfunktion ein s-Zustand und somit kugelsymmetrisch ist. Damit erhalten wir

$$E(\mathbf{k}) = E_A^i - \alpha^i - \beta^i \sum_{NN} e^{i\mathbf{k}\cdot(\mathbf{R}-\mathbf{R}')} \qquad (8.3.13)$$

mit dem *Coulomb-Integral*

$$\alpha^i = -\int dV \phi_A^{i\,*}(\mathbf{r}-\mathbf{R}) \widetilde{V}(\mathbf{r}-\mathbf{R}) \phi_A^i(\mathbf{r}-\mathbf{R}) \qquad (8.3.14)$$

und dem *Transfer-Integral*

$$\beta^i = -\int dV \phi_A^{i\,*}(\mathbf{r}-\mathbf{R}') \widetilde{V}(\mathbf{r}-\mathbf{R}) \phi_A^i(\mathbf{r}-\mathbf{R}). \qquad (8.3.15)$$

Das Coulomb-Integral α^i ist wegen $\widetilde{V} < 0$ positiv und führt in (8.3.14) zu einer Energieabsenkung. Dies können wir leicht verstehen: das Elektron am Ort **R** sieht zu einem gewissen Anteil die attraktiven Coulomb-Potenziale der Nachbaratome und wird dadurch im Mittel energetisch abgesenkt. Das Transfer-Integral β^i kann sowohl positiv als auch negativ sein. Das Transfer-Integral führt in (8.3.15) offensichtlich zu einer **k**-Abhängigkeit der Eigenenergie des Kristallelektrons und damit zu einer endlichen Dispersion und Ausbildung eines Bandes. Das heißt, durch den endlichen Überlapp der fast gebundenen Elektronen kommt es zur Ausbildung eines Bandes, dessen Breite von der Stärke des Überlapps abhängt.

Zusammenfassend können wir festhalten, dass im Vergleich zum Energieniveau E_A^i eines freien Atoms der Zusammenbau der Atome zu einem Kristallgitter zu einer Absenkung der Energie um α und einer Aufspaltung des Niveaus entsprechend der Mannigfaltigkeit des Wellenvektors **k** führt.

8.3.1 Beispiele: kubische Gitter

Wir wollen nun den Verlauf von $E(\mathbf{k})$ anhand von einfachen Beispielen diskutieren.

1. *einfach kubische Struktur, 6 nächste Nachbarn:*
   Wir betrachten zuerst ein einfach kubisches Gitter mit Gitterkonstante a, in dem jedes Atom sechs nächste Nachbarn besitzt. Sie haben bezüglich des Bezugsatoms die kartesischen Koordinaten

   $$\mathbf{R}_{1,2} = (\pm a, 0, 0) \qquad \mathbf{R}_{3,4} = (0, \pm a, 0) \qquad \mathbf{R}_{5,6} = (0, 0, \pm a) \,. \tag{8.3.16}$$

   Für die Energieeigenwerte erhalten wir damit aus (8.3.13)

   $$E(\mathbf{k}) = E_A - \alpha - 2\beta \left[\cos(k_x a) + \cos(k_y a) + \cos(k_z a) \right] \,. \tag{8.3.17}$$

   Dabei haben wir den oberen Index weggelassen. Den minimalen und maximalen Wert erhalten wir für $k_x = k_y = k_z = 0$ und $k_x = k_y = k_z = \pm \frac{\pi}{a}$ zu

   $$E_{\min} = E_{(0,0,0)} = E_A - \alpha - 6\beta \tag{8.3.18}$$

   $$E_{\max} = E_{(\pm \frac{\pi}{a}, \pm \frac{\pi}{a}, \pm \frac{\pi}{a})} = E_A - \alpha + 6\beta \,. \tag{8.3.19}$$

   Die Bandbreite beträgt somit

   $$W = E_{\max} - E_{\min} = 12\beta \,. \tag{8.3.20}$$

   Die Bandbreite ist also umso größer, je größer das Transfer-Integral β ist. Die Elektronen der inneren Schalen (niedrig liegende Energieniveaus) resultieren aufgrund ihres schwachen Überlaps in nur schmalen Bändern. Die Bandbreiten der Elektronen aus den äußeren Schalen sind entsprechend größer. Hier kann es zu einer Überlappung der Energiebänder, die zu verschiedenen E_A^i gehören, kommen. Das Verhalten dieser Elektronen kann allerdings mit der Näherung quasi-gebundener Elektronen nur schlecht beschrieben werden. Wir sehen ferner, dass der Wert des Transfer-Integrals und damit der Bandbreite auch von der Zahl der nächsten Nachbarn abhängt.
   Fig. 8.14 zeigt das Energiespektrum von stark gebundenen Elektronen auf einem zweidimensionalen quadratischen Gitter mit Gitterkonstante a, das durch

   $$E(\mathbf{k}) = E_A - \alpha - 2\beta \left[\cos(k_x a) + \cos(k_y a) \right] \tag{8.3.21}$$

   gegeben ist. Die Bandbreite W beträgt in diesem Fall also 8β. Die 1. Brillouin-Zone eines einfachen quadratischen Gitters mit Gitterkonstante a ist wiederum ein Quadrat mit Seitenlänge $2\pi/a$. Wir erkennen, dass die Höhenlinie für die Bandmitte (halbe Füllung) ein gegen die Brillouin-Zone um 45° gedrehtes Quadrat ist. Wir sehen ferner, dass die Energieeigenwerte in den Ecken des Quadrats bezogen auf das Minimum im Zentrum der Brillouin-Zone um den Faktor 2 höher sind als in der Mitte der Seiten.

2. *bcc-Struktur, 8 nächste Nachbarn:*
   Die 8 nächsten Nachbaratome haben die Koordinaten

   $$\begin{aligned}\mathbf{R}_{1,2} &= \left(\pm\tfrac{a}{2}, \tfrac{a}{2}, \tfrac{a}{2}\right) & \mathbf{R}_{3,4} &= \left(\pm\tfrac{a}{2}, -\tfrac{a}{2}, \tfrac{a}{2}\right) \\ \mathbf{R}_{5,6} &= \left(\pm\tfrac{a}{2}, \tfrac{a}{2}, -\tfrac{a}{2}\right) & \mathbf{R}_{7,8} &= \left(\pm\tfrac{a}{2}, -\tfrac{a}{2}, -\tfrac{a}{2}\right) \,.\end{aligned} \tag{8.3.22}$$

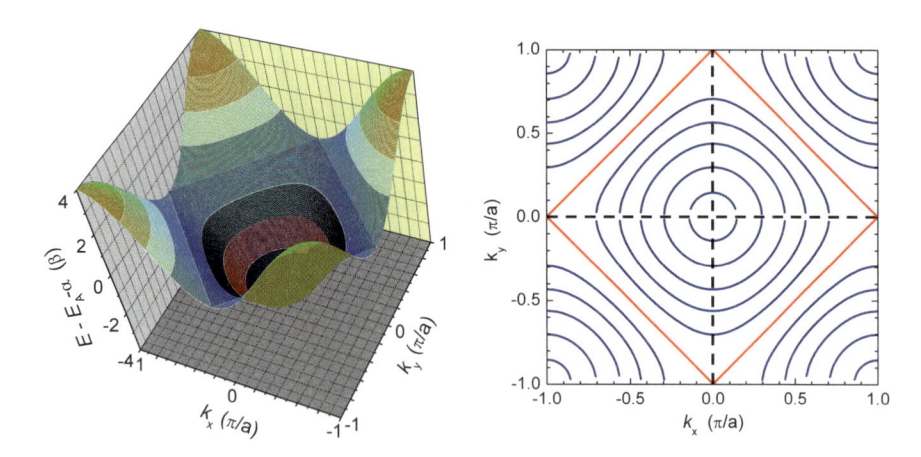

Abb. 8.14: Energiespektrum von stark gebundenen Elektronen auf einem einfachen zweidimensionalen quadratischen Gitter mit Gitterkonstante a. Rechts sind die Höhenlinien konstanter Energie gezeigt. Die rote Linie markiert die Bandmitte.

Für die Energieeigenwerte erhalten wir damit aus (8.3.13)

$$E(\mathbf{k}) = E_A - \alpha - 8\beta \left[\cos\left(\tfrac{1}{2}k_x a\right) \cos\left(\tfrac{1}{2}k_y a\right) \cos\left(\tfrac{1}{2}k_z a\right) \right]. \tag{8.3.23}$$

Die Bandbreite beträgt hier $W = 16\beta$.

3. *fcc-Struktur, 12 nächste Nachbarn:*
Die 12 nächsten Nachbaratome haben die Koordinaten

$$\mathbf{R}_{1,2,3,4} = \left(\pm\tfrac{a}{2}, \pm\tfrac{a}{2}, 0\right) \qquad \mathbf{R}_{4,5,6,7} = \left(\pm\tfrac{a}{2}, 0, \pm\tfrac{a}{2}\right)$$
$$\mathbf{R}_{8,9,10,11} = \left(0, \pm\tfrac{a}{2}, \pm\tfrac{a}{2}\right). \tag{8.3.24}$$

Für die Energieeigenwerte erhalten wir damit aus (8.3.13)

$$E(\mathbf{k}) = E_A - \alpha - 4\beta \left[\cos\left(\tfrac{1}{2}k_y a\right) \cos\left(\tfrac{1}{2}k_z a\right) + \cos\left(\tfrac{1}{2}k_z a\right) \cos\left(\tfrac{1}{2}k_x a\right) \right.$$
$$\left. + \cos\left(\tfrac{1}{2}k_x a\right) \cos\left(\tfrac{1}{2}k_y a\right) \right]. \tag{8.3.25}$$

Die Bandbreite beträgt hier $W = 24\beta$.

Für kleine $\mathbf{k}$-Werte können wir die Kosinus-Funktion entwickeln, so dass wir in der Nähe des Γ-Punktes (Zentrum der 1. Brillouin-Zone) für ein einfach kubisches Gitter folgende Dispersion erhalten:

$$E(\mathbf{k}) = E_A - \alpha - 6\beta + \beta a^2 k^2 = E_u + \beta a^2 k^2. \tag{8.3.26}$$

Wir sehen, dass die Energie $E(\mathbf{k})$ bezogen auf die Bandunterkante $E_u = E_A - \alpha - 6\beta$ proportional zu k^2 ist, wie es auch für freie Elektronen der Fall ist. Wir können deshalb die Kristallelektronen als freie Teilchen auffassen, wenn wir ihnen eine *effektive Masse* m^* (vergleiche hierzu Abschnitt 9.2.3) zuordnen. Durch Vergleich der Dispersion $\hbar^2 k^2/2m$ der freien

8.3 Die Näherung stark gebundener Elektronen

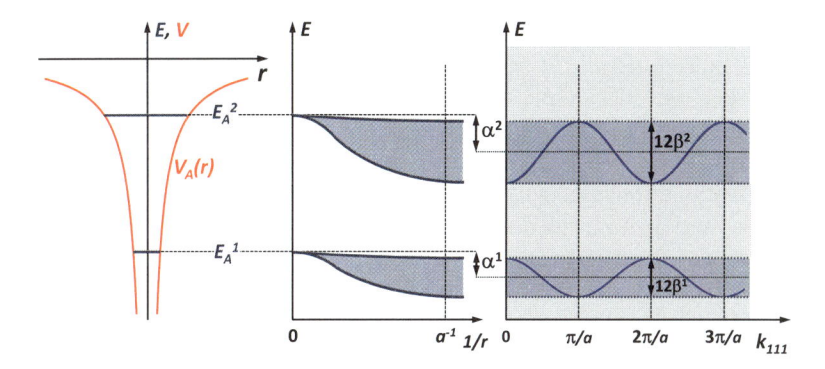

Abb. 8.15: Schematische Darstellung der Aufspaltung von atomaren Niveaus E_A^i in Energiebänder für ein einfach kubisches Gitter. Links: Lage der atomaren Energieniveaus E_A^i. Mitte: Änderung der Bandbreite durch Variation des Transfer-Integrals mit sich änderndem Abstand der Atome im Gitter. Rechts: Abhängigkeit der Energie E eines Kristallelektrons vom Wellenvektor $\mathbf{k}$ in [111] Richtung.

Elektronen mit $\beta a^2 k^2$ der Kristallelektronen erhalten wir

$$m^* = \frac{\hbar^2}{2\beta a^2} \,. \tag{8.3.27}$$

Die effektive Masse kann also positive und negative Werte annehmen, je nachdem ob der Beitrag durch das Transfer-Integral positiv oder negativ ist. Die physikalische Bedeutung der effektiven Masse werden wir später noch ausführlich diskutieren.

Für $\mathbf{k}$-Werte um die Eckpunkte der 1. Brillouin-Zone bei $k_x = k_y = k_z = \frac{\pi}{a}$ erhalten wir für ein einfach kubisches Gitter

$$E(\mathbf{k}) = E_A - \alpha + 6\beta - \beta a^2 Q^2 = E_o - \beta a^2 Q^2 \,, \tag{8.3.28}$$

wobei $Q^2 = (k_x - \frac{\pi}{a})^2 + (k_y - \frac{\pi}{a})^2 + (k_z - \frac{\pi}{a})^2$. Wir sehen, dass die Energie $E(\mathbf{k})$ bezogen auf die Bandoberkante $E_o = E_A - \alpha + 6\beta$ proportional zu $-Q^2$ ist und die effektive Masse entsprechend negativ ist:

$$m^* = -\frac{\hbar^2}{2\beta a^2} \,. \tag{8.3.29}$$

In Abb. 8.15 ist die Aufspaltung der atomaren Niveaus in Energiebänder durch den endlichen Überlapp der atomaren Wellenfunktionen nochmals schematisch gezeigt. Wir können anhand von Abb. 8.15 Folgendes festhalten: Sind die Atome weit voneinander entfernt, so ist der Überlapp der atomaren Wellenfunktionen vernachlässigbar klein und in jedem Atom liegt ein Ensemble von atomaren Zuständen (z. B. $1s$, $2s$, $2p$, etc.) vor. Im gesamten Ensemble von N Atomen sind dies N-fach entartete Zustände für die einzelnen Elektronen. Verringern wir den Abstand benachbarter Atome, so resultiert ein endlicher Überlapp der atomaren Wellenfunktionen. Aus jedem atomaren Niveau entsteht dadurch ein Band mit N Zuständen, das wir entsprechend der ursprünglichen atomaren Zustände als $1s$-, $2s$-, $2p$-, etc. Band bezeichnen können. Mit geringer werdendem Abstand der Atome, d. h. mit wachsendem Überlapp der Wellenfunktionen wächst die Bandbreite des resultierenden Bandes. Die Bandbreite nimmt auch mit wachsender Zahl von nächsten Nachbarn zu. In vielen Fällen werden die einzelnen Bänder so breit, dass sie sich überlappen. Dies trifft vor allem für die s- und p-Bänder, weniger für die d- und f-Bänder zu, da für letztere der Überlapp der Wellenfunktionen auch bei kleinen Atomabständen immer noch gering ist. Im Falle einer Überlappung können wir nicht mehr von wohldefinierten s- oder p-Bändern sprechen. Wie oben bereits erwähnt wurde, ist es dann sinnvoller, in dem Ansatz (8.3.3) nicht mehr von atomaren Wellenfunktionen auszugehen, sondern bereits eine Linearkombination der atomaren Wellenfunktionen zu benutzen (LCAO-Methode). Als Beispiel ist in Abb. 8.18 die Ausbildung von sp^3-Bändern in Diamant gezeigt.

8.3.2 Weitere Methoden zur Bandstrukturberechnung

Wir haben in den vorangegangenen Abschnitten zwei einfache Näherungsmethoden diskutiert, die zur groben Berechnung der Bandstruktur von Festkörpern herangezogen werden können. Bis heute wurden zahlreiche verfeinerte Methoden entwickelt, die zu einer wesentlichen Verbesserung der Situation geführt haben. Die verschiedenen Methoden unterscheiden sich hinsichtlich der Wahl der verwendeten Basisfunktionen und der Form des effektiven Kristallpotenzials. Zu nennen sind hier das Konzept der *orthogonalisierten ebenen Wellen* (OPW: orthogonal plane wave),[12] die Methode der *fortgesetzten ebenen Wellen* (APW: augmented plane wave), verschiedene *Methoden der Greenschen Funktionen* wie z. B. die *Korringa-Kohn-Rostokker (KKR) Methode*,[13,14] die *LCAO-Methode* (LCAO: Linear Combination of Atomic Orbitals), die *LMTO Methode* (LMTO: Linear Muffin Tin Orbital),[15] oder die *Pseudopotenzial-Methode*.[16,17] Wir wollen diese Methoden hier nicht im Einzelnen diskutieren.

Es sei hier aber darauf hingewiesen, dass wir bei der vorangegangenen Diskussion immer von nichtwechselwirkenden Elektronen ausgegangen sind. Wir können dann die Energieniveaus der Kristallelektronen in der Näherung unabhängiger Elektronen ausrechnen und die Niveaus mit den Kristallelektronen unter Berücksichtigung des Pauli-Prinzips auffüllen. In vielen Festkörpern spielen allerdings Korrelationen zwischen den Elektronen eine wichtige Rolle, wir sprechen von *korrelierten Elektronensystemen*. Verfeinerte Methoden zur Berechnung der elektronischen Eigenschaften von Festkörpern müssen deshalb vor allem der Tatsache Rechnung tragen, dass wir es mit einem System wechselwirkender Elektronen zu tun haben.

Lange Zeit wurden für die Modellierung wechselwirkender Elektronensysteme zwei getrennte Ansätze verfolgt. Auf der einen Seite stehen die *Dichtefunktionaltheorie (DFT)*[18]

---

[12] J. Callaway, *Orthogonalized Plane Wave Method*, Phys. Rev. **97**, 933-936 (1955).
[13] J. Korringa, *On the calculation of the energy of a Bloch wave in a metal*, Physica **XIII**, 392-400 (1947)
[14] W. Kohn, N. Rostoker, *Solution of the Schrödinger Equation in Periodic Lattices with an Application to Metallic Lithium*, Phys. Rev. **94**, 1111-1120 (1954).
[15] H. L. Skriver, *The LMTO Method*, Springer, Ser. Solid State Science, Vol. 41, Springer Heidelberg, Berlin (1984).
[16] W. A. Harrison, *Pseudopotenzials in the Theory of Metals*, Benjamin, New York (1966).
[17] J. Callaway, *Energy Band Theory*, Academic, New York (1964).
[18] R. M. Dreizler, E. K. U. Gross, *Density Functional Theory*, Springer Verlag, Berlin (1990).

8.3 Die Näherung stark gebundener Elektronen

und ihre lokale Dichtenäherung (LDA), die *ab initio* Ansätze darstellen und somit keine empirischen Parameter als Eingangsgrößen benötigen. Mit Hilfe der DFT/LDA können deshalb prinzipiell die elektronischen Eigenschaften von Festkörpern vorhergesagt werden, diese Methode besitzt aber doch große Einschränkungen bei der Modellierung von stark korrelierten Systemen. Auf der anderen Seite stehen Ansätze, die Modell-Hamilton-Operatoren in Verbindung mit Vielteilchenmethoden benutzen. Obwohl sich die hierzu notwendigen Techniken stark weiterentwickelt haben, besteht nach wie vor das Problem, dass empirische Parameter als Eingangsgrößen benötigt werden. Zusammen mit der Komplexität der Modellierung des Vielteilchenproblems verhindert dies bis heute, dass die auf Modell-Hamilton-Operatoren basierenden Ansätze erfolgreich für die Modellierung realer Materialien verwendet werden können.

Die DFT ist ein Verfahren zur Bestimmung des quantenmechanischen Grundzustandes eines Vielelektronensystems, das auf der ortsabhängigen Elektronendichte $n(\mathbf{r})$ beruht. Vereinfacht ausgedrückt bildet die DFT ein wechselwirkendes Elektronensystem auf ein System nichtwechselwirkender Elektronen ab, die sich in einem effektiven Potenzial bewegen, das in den gleichen Grundzustandseigenschaften resultiert. Ihre große Bedeutung liegt darin, dass es mit ihr nicht notwendig ist, die vollständige Schrödinger-Gleichung für ein Vielelektronensystem zu lösen, wodurch der Aufwand an Rechenleistung stark sinkt. Die Grundlage der DFT ist das *Hohenberg-Kohn-Theorem*.[19,20] Es besagt, dass der Grundzustand eines Systems aus N Elektronen eine eindeutige ortsabhängige Elektronendichte $n(\mathbf{r})$ hat. In der DFT wird $n(\mathbf{r})$ im Grundzustand bestimmt, woraus dann im Prinzip alle weiteren Eigenschaften des Grundzustandes bestimmt werden können. Diese Eigenschaften, z. B. die Gesamtenergie, sind Funktionale der Elektronendichte.

Bei den Ansätzen, die auf Modell-Hamilton-Operatoren in Verbindung mit Vielteilchenmethoden basieren, ist das einfachste Modell das Einband-Hubbard-Modell, das unabhängig voneinander von **Gutzwiller**,[21] **Hubbard**[22] und **Kanamori**[23] eingeführt wurde. In diesem Modell wird angenommen, dass die Wechselwirkung zwischen den Elektronen lokal ist. Der Hamilton-Operator besteht aus der kinetischen Energie und der Wechselwirkungsenergie

$$\mathcal{H}_{\text{Hubbard}} = \mathcal{H}_{\text{kin}} + \mathcal{H}_{\text{int}} = -\sum_{\mathbf{R}_i,\mathbf{R}_j}\sum_{\sigma} t_{ij} c^{\dagger}_{i,\sigma} c_{j,\sigma} + U \sum_{\mathbf{R}_i} n_{i,\uparrow} n_{i,\downarrow}, \qquad (8.3.30)$$

wobei t_{ij} die Hüpfamplitude zwischen Gitterplatz $\mathbf{R}_i$ und $\mathbf{R}_j$ und U die lokale Hubbard-Wechselwirkung ist. Die Operatoren $c^{\dagger}_{i,\sigma}$ ($c_{i,\sigma}$) erzeugen (vernichten) ein Elektron mit Spin σ am Gitterplatz $\mathbf{R}_i$. Der Operator $n_{i,\sigma} = c^{\dagger}_{i,\sigma} c_{i,\sigma}$ ist der Teilchenzahloperator, der die Besetzung auf Platz i angibt. Offensichtlich beschreibt der erste Term in (8.3.30) das Hüpfen der

---

[19] P. Hohenberg, W. Kohn, *Inhomogeneous Electron Gas*, Phys. Rev. B **136** 864–871 (1964).

[20] W. Kohn, L. J. Sham, *Self-Consistent Equation Including Exchange and Correlation Effects*, Phys. Rev. A **140** 1133–1138 (1965).

[21] M. C. Gutzwiller, *Effect of Correlation on the Ferromagnetism of Transition Metals*, Phys. Rev. Lett. **10**, 159–162 (1963).

[22] J. Hubbard, *Electronic Correlations in Narrow Energy Bands*, Proc. Roy. Soc. London A **276**, 238–257 (1963).

[23] J. Kanamori, *Electron Correlations and Ferromagnetism of Transition Metals*, Prog. Theor. Phys. **30**, 275–289 (1963).

Elektronen zwischen den Gitterplätzen und der zweite Term die lokale Wechselwirkung von Elektronen mit entgegengesetztem Spin auf dem gleichen Gitterplatz. Obwohl das Hubbard-Modell sehr einfach aussieht, führt der Wettstreit zwischen kinetischer und potenzieller Energie zu einem komplexen Vielteilchenproblem, das bis heute analytisch nur für eindimensionale Systeme gelöst wurde. Die auf Modell-Hamilton-Operatoren in Verbindung mit Vielteilchenmethoden basierenden Ansätze wurden kontinuierlich weiterentwickelt und haben zur Formulierung der *Dynamical Mean Field Theory (DMFT)* geführt.[24,25], die heute erfolgreich zur Modellierung stark korrelierter Elektronensysteme benutzt wird.

Abschließend wollen wir darauf hinweisen, dass die Dichtefunktionaltheorie und die Ansätze, die auf Modell-Hamilton-Operatoren basieren, weitgehend komplementär sind. Deshalb ist eine Kombination beider Herangehensweisen unter Ausnutzung der jeweiligen Stärken der einzelnen Ansätze wünschenswert. Einer der ersten Schritte in diese Richtung war die LDA+U-Methode,[26] die erfolgreich zur Modellierung langreichweitig geordneter, isolierender Zustände von Übergangsmetall- und Seltenerd-Verbindungen benutzt wurde. Die Behandlung von paramagnetischen metallischen Phasen benötigt allerdings eine Behandlung unter Berücksichtigung von dynamischen Effekten in Form einer frequenzabhängigen Selbstenergie. Dies wurde mit der Entwicklung der LDA+DMFT-Methode[27] erreicht, bei der elektronische Bandstrukturrechnungen in der LDA-Näherung mit Vielteilcheneffekten aufgrund der lokalen Hubbard-Wechselwirkung und der Hundschen Kopplung zusammengeführt werden und dann das entsprechende Korrelationsproblem mit Hilfe der DMFT gelöst wird.[28]

8.3.3 Vertiefungsthema: Spin-Bahn-Kopplung

Bei der Berechnung von $E(\mathbf{k})$ haben wir bisher angenommen, dass der Spin der Elektronen keinen Einfluss auf die Energieeigenwerte hat. Wir haben mit einer reinen Ortsfunktion gearbeitet und angenommen, dass jeder Zustand $\Psi_\mathbf{k}(\mathbf{r})$ zwei Elektronen mit entgegengesetztem Spin aufnehmen kann. Wir wissen aber, dass in schweren Atomen eine starke Spin-Bahn-Kopplung auftritt, die mit einem Operator der Form $\mathcal{H}_{so} = \lambda \mathbf{L} \cdot \mathbf{S}$ beschrieben werden kann (vergleiche hierzu Abschnitt 12.5.4). Hierbei ist $\mathbf{S}$ der Spin- und $\mathbf{L}$ der Bahndrehimpuls-Operator des Elektrons. Im freien Atom bewirkt die Spin-Bahn-Kopplung eine Aufhebung der Entartung von Zuständen gleicher räumlicher Wellenfunktion aber entgegengesetzter Spin-Richtung. Zum Beispiel spaltet ein atomarer p-Zustand in die beiden Zustände $p_{3/2}$ und $p_{1/2}$, die zum Gesamtdrehimpuls $J = 3/2$ und $J = 1/2$ gehören, auf. Im Festkörper kann

---

[24] A. Georges et al., *Dynamical mean-field theory of strongly correlated fermion systems and the limit of infinite dimensions*, Rev. Mod. Phys. **68**, 13 (1996).

[25] G. Kotilar, D. Vollhardt, *Strongly correlated materials: insights form dynamical mean-field theory*, Physics Today **3**, 53 (2004).

[26] V. I. Anisimov, J. Zaanen, O. K. Andersen, *Band Theory and Mott Insulators: Hubbard U instead of Stoner I*, Phys. Rev. B **44** 943–954 (1991).

[27] V. I. Anisimov, *First Principles Calculations of the Electronic Band Structure and Spectra of Strongly Correlated Systems: Dynamical Mean-Field Theory*, J. Phys.: Condens. Matter **9** 7359 (1997).

[28] D. Vollhardt, *Dynamical mean-field theory for correlated electrons*, Ann. Phys. (Berlin) **524**, 1–19 (2012).

8.3 Die Näherung stark gebundener Elektronen

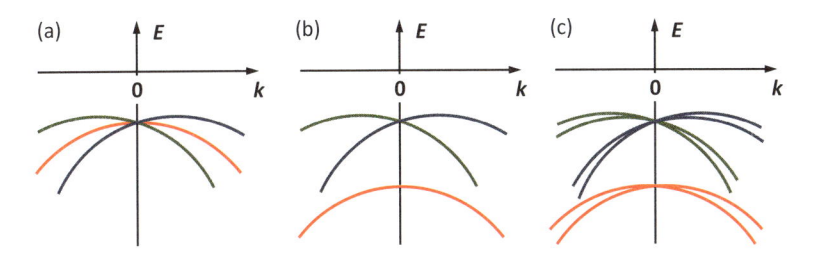

Abb. 8.16: Einfluss der Spin-Bahn-Kopplung auf *p*-Typ Bandniveaus in der Nähe des Zentrums der Brillouin-Zone. (a) Sechs entartete Niveaus bei **k** = 0, (b) Spin-Bahn-Aufspaltung in ein vierfach und ein zweifach entartetes Niveau bei **k** = 0 in einem Kristall mit Inversionssymmetrie, (c) Aufhebung der Kramers-Entartung in einem Kristall ohne Inversionssymmetrie.

die Spin-Bahn-Kopplung zur Aufhebung der Entartung der beiden Zustände $\Psi_\mathbf{k}(\mathbf{r})$ mit unterschiedlicher Spinrichtung führen. Hierbei müssen wir aber berücksichtigen, dass durch das fundamentale Prinzip der **Zeitumkehr-Invarianz** elektrischer Felder immer die **Kramers-Entartung**[29] zwischen einem Zustand $\Psi_\mathbf{k}(\mathbf{r})$ und seinem konjugiert komplexen $\Psi_\mathbf{k}^*(\mathbf{r})$ erhalten bleiben muss. Hierbei beschreibt $\Psi_\mathbf{k}^*(\mathbf{r})$ einen Zustand, in dem sowohl der Wellenvektor als auch der Spin des Elektrons umgekehrt wurde. Für spinlose Teilchen führt dies direkt auf $E(\mathbf{k}) = E(-\mathbf{k})$, unabhängig von den Details der Kristallsymmetrie.

Für Kristalle, die ein Inversionszentrum besitzen, trennt die Spin-Bahn-Kopplung ansonsten nichtentartete Zustände $\Psi_\mathbf{k}(\mathbf{r})$ mit entgegengesetzter Spin-Richtung nicht. Die Spin-Umkehr im Zustand $\Psi_\mathbf{k}(\mathbf{r})$ ist mit der Betrachtung des Zustands $\Psi_\mathbf{k}(-\mathbf{r})$ gleichbedeutend, der bei Vorliegen eines Inversionszentrums aber die gleiche Energie besitzt. Die Kramers-Entartung bleibt also hier erhalten.

Die Spin-Bahn-Kopplung kann aber einen wesentlichen Effekt an bestimmten Punkten der Brillouin-Zone haben, an denen entartete Zustände $\Psi_\mathbf{k}(\mathbf{r})$ vorliegen. Um dies zu veranschaulichen, betrachten wir einen Punkt mit kubischer Symmetrie im Zentrum der Brillouin-Zone. Im Rahmen des Tight-Binding-Modells können wir z. B. ein *p*-Band aus den *p*-Zuständen der Atome aufbauen. Da die *p*-Zustände dreifach entartet sind, erhalten wir im Kristall drei Bänder, die den Zuständen p_x, p_y und p_z des Atoms entsprechen. Diese drei Bänder sind bei **k** = 0 entartet. Sie können ja durch die kubische Symmetrie des betrachteten Punkts leicht ineinander transformiert werden. Jeder Bandzustand kann zusätzlich mit Elektronen entgegengesetzten Spins besetzt werden, so dass wir insgesamt eine sechsfache Entartung bei **k** = 0 erhalten (siehe Abb. 8.16a). Berücksichtigen wir jetzt die Spin-Bahn-Kopplung, so erhalten wir eine Aufspaltung in ein vierfach und ein zweifach entartetes Niveau. Wir müssen nämlich jetzt unsere Bänder aus den vierfach entarteten atomaren $p_{3/2}$- und den zweifach entarteten $p_{1/2}$-Zuständen aufbauen.

Bewegen wir uns vom Zentrum der Brillouin-Zone weg, dann bleibt jedes Niveau zweifach entartet, falls Inversionssymmetrie vorliegt. Das vierfach entartete Band mit $J = 3/2$ spaltet in zwei zweifach entartete Bänder $m_J = \pm 3/2$ und $m_J = \pm 1/2$ auf (siehe Abb. 8.16b). Liegt keine Inversionssymmetrie vor, so spalten für $\mathbf{k} \neq 0$ auch noch die zweifach entarteten Bänder auf (siehe Abb. 8.16c). Das in Abb. 8.16 gezeigte Verhalten liegt in vielen Halbleitern an

---
[29] H. Kramers, Proc. Acad. Sci. Amsterdam **33**, 959 (1930).

der Oberkante des Valenzbandes vor (vergleiche hierzu Abschnitt 10.1), das aus atomaren p-Zuständen aufgebaut ist. Für Ge trifft die in Abb. 8.16b, für InSb die in Abb. 8.16c gezeigte Situation zu.

8.4 Metalle, Halbmetalle, Halbleiter, Isolatoren

Wir haben in den beiden vorangegangenen Abschnitten die Eigenenergien von Kristallelektronen in der Ein-Elektronen-Näherung bestimmt. Unabhängig von der Näherungsmethode haben wir Energiebänder erhalten, die durch verbotene Bereiche (Bandlücken) getrennt sind. Wie im Fall des freien Elektronengases erhalten wir den Grundzustand des Kristalls mit N Elektronen bei $T = 0$ dadurch, indem wir die Eigenenergien unter Berücksichtigung des Pauli-Prinzips von niedrigen zu hohen Energien auffüllen. Die höchste Energie, die wir dabei erreichen, ist die Fermi-Energie E_F. Wir können hierbei zwei prinzipiell unterschiedliche Fälle unterscheiden:

1. Beim Besetzen der Einelektronenzustände füllen wir einige Bänder vollständig, alle übrigen sind vollkommen leer. Zwischen dem obersten besetzten und dem untersten unbesetzten Zustand existiert somit für alle **k**-Vektoren eine Energielücke. Die Fermi-Energie liegt dabei für $T = 0$ etwa in der Mitte zwischen dem obersten besetzten und dem untersten leeren Band. Der Kristall ist dadurch ein Isolator bzw. ein Halbleiter. Legen wir z. B. ein elektrisches Feld an, so kann dieses keinen mittleren Zusatzimpuls $\delta \mathbf{k}$ erzeugen, da ja alle Zustände im Band besetzt sind und dadurch keine Impulsänderung erzielt werden kann. Um einen endlichen Stromfluss zu erzielen, müssten Ladungsträger ins nächste Band angeregt werden. Hierzu sind allerdings Energien im eV-Bereich notwendig, die durch elektrische Felder in der üblichen Größenordnung nicht aufgebracht werden können.

2. Beim Besetzen der Einelektronenzustände füllen wir das oberste Band nicht vollständig auf. Die Fermi-Energie liegt nun innerhalb eines Bandes. Wie beim freien Elektronengas bezeichnen wir die Fläche konstanter Energie $E = E_F$, die bei $T = 0$ die besetzten von den unbesetzten Zuständen trennt, als *Fermi-Fläche*. Wie wir in Abschnitt 8.6 sehen werden, ist die Fermi-Fläche jetzt aber nicht mehr wie bei freien Elektronen eine einfache Kugel. Legen wir ein elektrisches Feld an, so kann dieses jetzt, da im Band ja freie Zustände vorhanden sind, zu einem Zusatzimpuls $\delta \mathbf{k}$ führen und wir erhalten einen metallischen Leiter.

In Abb. 8.17 ist die Lage des Fermi-Niveaus und die Besetzung der verschiedenen Bänder schematisch dargestellt. Bei *Isolatoren* oder *Halbleitern* liegt das Fermi-Niveau innerhalb der Bandlücke. Das oberste besetzte Band nennen wir das *Valenzband*, das unterste unbesetzte Band das *Leitungsband*. Bei *Metallen* liegt das Fermi-Niveau dagegen innerhalb eines Bandes. In Abb. 8.17 ist auch die Situation für *Halbmetalle* gezeigt. Hier liegt eine Bandüberlappung vor, die dazu führt, dass das Fermi-Niveau ebenfalls in einem nicht vollständig gefüllten Band liegt. Ist der Überlapp allerdings gering, so ist die elektrische Leitfähigkeit klein, weshalb man von Halbmetallen spricht. Die Bandüberlappung resultiert üblicherweise aus einem unterschiedlichen Verlauf der $E(\mathbf{k})$-Kurven in unterschiedliche Kristallrichtungen.

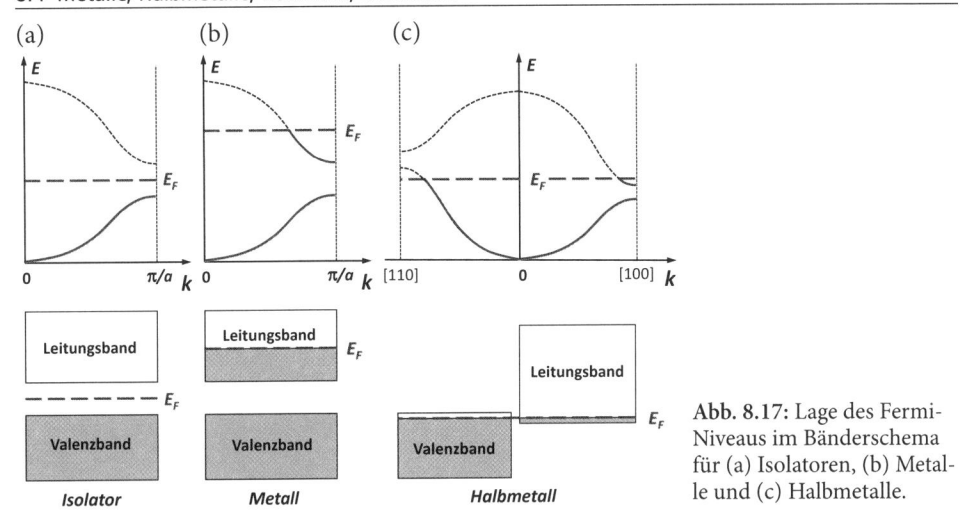

8.4 Metalle, Halbmetalle, Halbleiter, Isolatoren

Abb. 8.17: Lage des Fermi-Niveaus im Bänderschema für (a) Isolatoren, (b) Metalle und (c) Halbmetalle.

Dies können wir uns anhand von Fig. 8.14 klarmachen, welche das Energiespektrum für ein zweidimensionales quadratisches Gitter zeigt. Ist die Bandlücke zwischen dem gezeigten Band und dem darüber liegenden Band in der Mitte der Seitenlinie der quadratischen Brillouin-Zone geringer als die Energiedifferenz zwischen diesem Punkt und der Ecke, so kommt es zu einer Bandüberschneidung. Das Minimum des nächst höheren Bandes liegt dann nämlich unterhalb des Maximums des betrachteten Bandes.

Zwischen Halbleitern und Isolatoren besteht kein prinzipieller Unterschied. Bei Halbleitern liegt allerdings im Allgemeinen eine kleinere Bandlücke vor, so dass bei Raumtemperatur einige Ladungsträger in das unbesetzte Leitungsband thermisch angeregt werden können. Dadurch resultiert eine kleine elektrische Leitfähigkeit und man spricht von Halbleitern. Bei Isolatoren ist die Bandlücke wesentlich größer, so dass dieser Prozess sehr unwahrscheinlich ist. Der Übergang zwischen Halbleitern und Isolatoren ist allerdings fließend.[30] Halbmetalle haben wie Halbleiter nur eine geringe elektrische Leitfähigkeit. Während für Halbleiter die elektrische Leitfähigkeit für $T \to 0$ verschwindet, bleibt sie aber bei Halbmetallen endlich.

8.4.1 Anzahl der Zustände pro Band

Um eine allgemeine Regel dafür abzuleiten, welche Kristalle Isolatoren und welche Metalle sind, müssen wir uns überlegen, wie viele Zustände wir pro Band haben. Wir müssen dies für die Näherung fast freier und stark gebundener Elektronen tun:

1. *Näherung fast freier Elektronen:*
   Wir betrachten einen Kristall mit Volumen V und einer monoatomaren Basis. Wir nehmen ferner an, dass der Kristall N Atome also $N = V/V_{\text{Zelle}}$ Einheitszellen mit Volu-

---

[30] Heute bezeichnet man als Halbleiter solche Materialien, die eine endliche Bandlücke besitzen und deren elektrische Eigenschaften sich durch das Einbringen von Störatomen (Dotierung) über einen weiten Bereich verändern lassen. Die Dotieratome bilden dabei Niveaus, die in der Bandlücke relativ nahe beim Valenzband (Akzeptoren) oder Leitungsband (Donatoren) liegen. Eine ausführliche Diskussion folgt in Kapitel 10.

men V_{Zelle} enthält. Da ein Elektronenzustand im **k**-Raum das Volumen $(2\pi)^3/V$ einnimmt und das Volumen der Brillouin-Zone $(2\pi)^3/V_{\text{Zelle}}$ ist, ist die Anzahl der Zustände in der Brillouin-Zone gerade $N = V/V_{\text{Zelle}}$. Das bedeutet, dass wir in jedem Band N verschiedene **k**-Werte zur Verfügung haben. Unter Berücksichtigung des Spins können wir diese N Zustände mit $2N$ Elektronen besetzen.

2. *Näherung stark gebundener Elektronen:*
Wir betrachten denselben Kristall. Die N atomaren Energieniveaus E_A^i der N Atome des Festkörpers spalten durch die Wechselwirkung zwischen den Atomen des Kristalls in Bänder auf, wobei jedes Band dann N Zustände enthält. Dies ist evident, da die Wechselwirkung der Elektronen untereinander oder mit dem Gitter weder Zustände erzeugt noch vernichtet, und ist z. B. auch aus Gleichung (8.3.13) ersichtlich. Da wir N mögliche **k**-Werte in der ersten Brillouin-Zone haben, enthält das durch (8.3.13) gegebene Band $E(\mathbf{k})$ genau N Zustände, die wir wegen der Spinentartung mit $2N$ Elektronen besetzen können.

Wir können daraus eine wichtige Schlussfolgerung ziehen:

- Kristalle mit einer ungeraden Zahl von Elektronen pro Einheitszelle sind Metalle. In das oberste Band müssen N Elektronen in die $2N$ verfügbaren Zustände eingefüllt werden, so dass dieses nur halb gefüllt ist.
- Kristalle mit einer geraden Zahl von Elektronen pro Einheitszelle sind Isolatoren bzw. Halbleiter, falls eine Bandlücke zwischen dem obersten gefüllten und untersten nicht gefüllten Band existiert, oder Halbmetalle, falls in diesem Bereich eine Bandüberlappung existiert.

Wir betrachten als Beispiel Natrium mit der atomaren Elektronenkonfiguration $1s^2, 2s^2, 2p^6, 3s^1$. Während die $1s$, $2s$ und $2p$ Niveaus jeweils voll besetzte Bänder generieren, resultiert aus dem nur mit einem Elektron besetzten $3s$-Niveau ein halbgefülltes Band. Natrium sollte deshalb (selbst wenn wir den $3s$-$3p$-Überlapp vernachlässigen) ein Metall sein. In ähnlicher Weise erwarten wir für alle Elemente der 1. Hauptgruppe metallisches Verhalten (Alkali-Metalle). Ähnlich verhalten sich auch Cu ($4s^1$), Ag ($5s^1$) oder Au ($6s^1$), deren Eigenschaften aber wegen der besetzten d-Zustände komplizierter sind.

Kohlenstoff hat dagegen die Elektronenkonfiguration $1s^2, 2s^2, 2p^2$ und wir würden naiv erwarten, dass wegen der überlappenden $2p$-Bänder (diese können insgesamt mit $6N$ Elektronen besetzt werden) ein teilweise gefülltes Band und damit ein Metall resultiert. Diamant ist aber bekanntermaßen ein Isolator. Die Situation ist hier etwas komplizierter, da eine sp^3-Hybridisierung (vergleiche Abschnitt 3.4.3) vorliegt, die in einem in zwei Teile aufgespaltenen sp^3-Band resultiert. Beide sp^3-Hybridbänder können jeweils 4 Elektronen aufnehmen. Die 4 Elektronen des $2s$- und des $2p$-Niveaus besetzten das untere sp^3-Band, so dass ein vollbesetztes Band und damit in der Tat ein Isolator resultiert. Dies ist in Abb. 8.18 skizziert. Verringern wir den Atomabstand kontinuierlich, so spalten zunächst die atomaren $2p$- und $2s$-Niveaus in Bänder auf, die mit insgesamt $6N$ bzw. $2N$ Elektronen besetzt werden könnten. Bei einem Atomabstand von etwa 8 Å würden wir deshalb ein teilweise besetztes $2p$-Band und damit metallisches Verhalten erwarten. Bei noch kleineren Atomabständen führt aber die Hybridisierung der $2p$- und $2s$-Niveaus zu zwei sp^3-Bändern, die mit jeweils $4N$ Elektro-

8.4 Metalle, Halbmetalle, Halbleiter, Isolatoren

nen besetzt werden können. Wir erhalten deshalb beim Gleichgewichtsabstand $R_0 = 3.57$ Å ein vollkommen gefülltes unteres und ein vollkommen leeres oberes sp^3-Band, die durch eine Energielücke $E_g = 5.5$ eV getrennt sind.

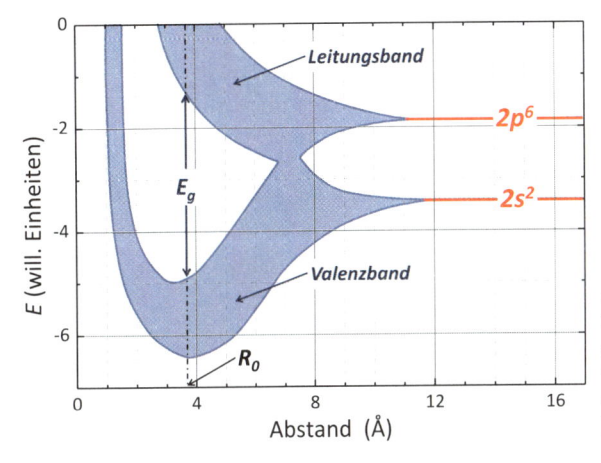

Abb. 8.18: Verlauf der Energiebänder in Diamant als Funktion des Gleichgewichtsabstands der Atome. Beim Gleichgewichtsabstand $R_0 = 3.57$ Å stellt sich in Diamant eine Energielücke $E_g = 5.5$ eV ein.

8.4.2 Halbmetalle

Wie Abb. 8.17 schematisch zeigt, liegt bei Halbmetallen eine geringe Überlappung des Valenzbandes und des Leitungsbandes vor. Dadurch liegt auch bei gerader Elektronenzahl keine komplette Bandfüllung vor. Das Valenzband enthält eine kleine Konzentration n_h von Löchern und das Leitungsband eine geringe Elektronenkonzentration n_e. Drei der in Tabelle 8.2 aufgelisteten Halbmetalle sind Elemente der V. Hauptgruppe des Periodensystems. Die Gitterzellen dieser Elemente enthalten zwei Atome mit jeweils 5 Elektronen, so dass 10 Elektronen pro Einheitszelle vorliegen. Demnach müsste ein Isolator oder Halbleiter vorliegen. Aufgrund der Bandüberlappung erhalten wir aber Halbmetalle. Wie Abb. 8.17(c) zeigt, führt die Bandüberlappung zu einer Dichte n_h von Löchern im unteren und einer Dichte n_e von Elektronen im überlappenden oberen Band. Für den Fall dass die Gesamtzahl der Elektronen ohne Bandüberlappung gerade zu einem vollständig gefüllten Band führen würde, gilt $n_h \simeq n_e$. Wir sprechen dann von einem *kompensierten Metall*.

Halbmetall	n_h (cm^{-3})	n_e (cm^{-3})
Arsen	2.12×10^{20}	2.12×10^{20}
Antimon	5.54×10^{19}	5.49×10^{19}
Wismuth	2.88×10^{17}	3.00×10^{17}
Graphit	2.72×10^{18}	2.04×10^{18}

Tabelle 8.2: Ladungsträgerdichte von Halbmetallen.

8.4.3 Isolatoren

Wir haben in Abschnitt 8.4.1 gesehen, dass wir Isolatoren immer dann erhalten, wenn das chemische Potenzial in der Energielücke zwischen einem vollständig gefüllten und einem vollkommen leeren Band liegt. Solche Isolatoren werden als **Band-Isolatoren** bezeichnet. Wir erhalten sie immer dann, wenn eine gerade Anzahl von Ladungsträgern pro Einheitszelle und keine Bandüberlappung vorliegt. Es gibt aber auch noch andere Typen von Isolatoren, die wir hier kurz erwähnen wollen.

1. *Anderson-Isolatoren:*
   In einem metallischen System werden die Elektronenwellen an Verunreinigungen gestreut. Die Überlagerung von fortlaufenden und rückgetreuten Wellen führt zu einer nach **Philip Warren Anderson** benannten Lokalisierung der Ladungsträger, welche deren Diffusion unterdrückt.[31] Falls der Grad der Unordnung eine bestimmte Schwelle überschreitet, verschwindet am absoluten Temperaturnullpunkt die elektrische Leitfähigkeit und alle anderen mit der Diffusivität zusammenhängenden Größen. Wir sprechen dann von einem Andersonschen Metall-Isolator-Übergang.

2. *Mott-Isolatoren:*
   Als Mott-Isolatoren bezeichnen wir solche Materialien, die nach dem Bändermodell eigentlich metallisch leitend sein sollten, aufgrund von starken Korrelationseffekten aber isolierend sind. Die Bezeichnung geht auf den britischen Physiker **Sir Nevill F. Mott** zurück, der 1974 vorhersagte, dass die Coulomb-Wechselwirkung zwischen den Ladungsträgern zu einem isolierenden Zustand in Metallen führen kann.[32] Anschaulich können wir dies so verstehen, dass ein Elektron beim Hüpfen auf einen bereits mit einem Elektron besetzten Nachbarplatz aufgrund der Coulomb-Wechselwirkung eine hohe Energie U aufbringen muss. Falls diese wesentlich größer als die verfügbare kinetische Energie t des Elektrons ist, wird das Hüpfen stark unterdrückt. Es resultiert dann ein Zustand mit lokalisierten Elektronen, der elektrisch isolierend ist. Im umgekehrten Fall, $t \gg U$, erhalten wir einen metallisch leitenden Zustand. Eine einfache Beschreibung dieses Sachverhalts kann mit dem Hubbard-Modell erfolgen [vergleiche hierzu (8.3.30) und Abschnitt 12.5.2.2]

3. *Peierls-Isolatoren:*
   Peierls-Isolatoren treten in niedrigdimensionalen Metallen auf, die eine Instabilität gegenüber der Ausbildung von so genannten Ladungsdichtewellen besitzen.[33] Die Peierls-Instabilität können wir am einfachsten durch die Betrachtung eines eindimensionalen Metalls mit einem Elektron pro Gitterplatz verstehen. Da wir in diesem Fall halbe Bandfüllung vorliegen haben, erwarten wir einen metallischen Zustand. Gehen wir von einem Zustand mit konstantem Gitterabstand a der Atome zu einem Zustand über, bei dem der Abstand abwechselnd um δa verkleinert und vergrößert ist, so entspricht dies einer räumlichen Modulation der Ladungsdichte. Da die betrachtete Verzerrung insgesamt zu einer Energieabsenkung führt, ist das betrachtete System instabil gegenüber der Ausbildung einer Ladungsdichtewelle (Peierls-Instabilität). Diese Modulation resultiert im Realraum in einer Verdopplung der Gitterkonstante auf $2a$ und entsprechend im reziproken Raum einer Halbierung des Durchmessers der Brillouin-Zone auf π/a. Da jetzt bei halber Füllung der Fermi-Wellenvektor $k_\mathrm{F} = \pi/2a$ genau mit dem Rand $\pm\pi/2a$ der

---

[31] P. W. Anderson, *Absence of Diffusion in Certain Random Lattices*, Phys. Rev. **109**, 1492 (1958).
[32] N. F. Mott, *Metal-Insulator Transitions*, Taylor & Francis, London (1974).
[33] R. E. Peierls, *Quantum Theory of Solids*, Oxford University Press, Oxford (1955).

Brillouin-Zone zusammenfällt, entsteht eine Bandlücke 2Δ bei der Fermi-Energie. Wir erhalten somit einen Metall-Isolator-Übergang. In zwei- und dreidimensionalen Systemen ist die Peierls-Instabilität allerdings meist stark unterdrückt.

4. *Topologische Isolatoren:*
Die erst vor wenigen Jahren entdeckte Materialklasse der topologischen Isolatoren[34,35] zeichnet sich dadurch aus, dass sie im Innern elektrisch isolierend sind, an ihren Oberflächen jedoch eine ultradünne, weniger als einen Nanometer dicke Schicht ausbilden, die den elektrischen Strom besonders gut leitet. Die Ursache für diese außerordentliche Leitfähigkeit sind elektronische Oberflächenzustände. Solche Zustände gibt es bei den meisten Materialien und sind deshalb nichts Ungewöhnliches. Das Besondere an den topologischen Isolatoren ist, dass die leitenden Oberflächenzustände durch die fundamentale Symmetrie (Topologie) der Bandstruktur im Innern des Materials aufgezwungen werden. Diese Eigenschaft macht die metallischen Oberflächenzustände quasi immun (topologisch geschützt) gegen Verunreinigungen oder Störungen. Im Zusammenspiel mit der Spin-Bahn-Kopplung führt dies dazu, dass die sich an der Oberfläche bewegenden Elektronen nicht zurückgestreut werden können und sich somit dissipationslos bewegen. Diese Eigenschaft hat viel Aufsehen erregt, da dadurch u.U. elektronische Bauelemente mit geringerem Leistungsbedarf realisiert werden können. Zu der Klasse der Topologischen Isolatoren werden heute auch Quanten-Hall-Systeme gerechnet (siehe Abschnitt 10.5). Eine weitergehende Diskussion von topologischen Isolatoren folgt in Abschnitt 10.6.

8.5 Zustandsdichte und Bandstrukturen

Wir wollen in diesem Abschnitt die Zustandsdichte der Elektronenzustände diskutieren und einige Beispiele für Bandstrukturen vorstellen. Hinsichtlich der Zustandsdichte werden wir auf die in Abschnitt 5.3 im Zusammenhang mit der Zustandsdichte der Phononen geführte allgemeine Diskussion zurückgreifen. Bezüglich der Bandstruktur werden wir uns auf eine qualitative Diskussion beschränken, ohne auf die Details von Bandstrukturrechnungen einzugehen.

8.5.1 Zustandsdichte

In Analogie zur Zustandsdichte der Phononen, die wir bei der Behandlung der thermischen Eigenschaften des Gitters eingeführt haben (vergleiche Abschnitt 5.3), führen wir die Zustandsdichte $D(E)$ der elektronischen Zustände ein. Wir erweitern dabei die in Abschnitt 7.1.1 für das freie Elektronengas geführte Diskussion auf Systeme mit einer komplizierteren Form der Flächen konstanter Energie $E(\mathbf{k}) = \text{const}$. Sobald diese Energieflächen bekannt sind, können wir in völliger Analogie zu Abschnitt 5.3 die Zustandsdichte $D(E)$

---

[34] Ch. L. Kane, E. J. Mele, *A New Spin on the Insulating State*, Science **314**, 1692-1693 (2006).
[35] B. A. Bernevig, T. L. Hughes, Shou-Cheng Zhang, *Quantum Spin Hall Effect and Topological Phase Transition in HgTe Quantum Wells*, Science **314**, 1757-1761 (2006).

ermitteln. Die Zustandsdichte im Energieraum erhalten wir mit [vergleiche hierzu (7.1.16)]

$$\int_{k(E)}^{k(E+\Delta E)} Z(\mathbf{k}) d^3k = 2\frac{V}{(2\pi)^3} \int_{k(E)}^{k(E+\Delta E)} d^3k = \int_{E(\mathbf{k})}^{E(\mathbf{k}+\Delta E)} D(E) dE \simeq D(E)\Delta E \quad (8.5.1)$$

und der bekannten Dispersion $E(\mathbf{k})$ in Analogie zu (5.3.31) mit $d^3k = dS_E dk_\perp$ zu

$$D(E) = 2\frac{V}{(2\pi)^3} \int_{E(\mathbf{k})=\text{const}} \frac{dS_E}{|\nabla_\mathbf{k} E(\mathbf{k})|} . \quad (8.5.2)$$

Hierbei ist dS_E ein Flächenelement der Fläche konstanter Energie $E(\mathbf{k}) = E$ und $\nabla_\mathbf{k} E(\mathbf{k}) = dE(\mathbf{k})/dk_\perp$, wobei $dk_\perp$ senkrecht auf dS_E steht. Wir können in (8.5.2) noch durch das Volumen teilen, um die Zahl der Zustände pro Volumen und Energie zu erhalten.

Für freie Elektronen sind die Flächen konstanter Energie Kugeloberflächen und die Dispersion ist durch $E(\mathbf{k}) \propto k^2$ gegeben, so dass wir das Ergebnis (7.1.18) erhalten (vergleiche Abschnitt 7.1.1). Für Kristallelektronen können die Flächen konstanter Energie (siehe Abschnitt 8.6) wesentlich komplizierter aussehen. Die Zustandsdichte $D(E)$ erhält insbesondere durch diejenigen $\mathbf{k}$-Raumpunkte, für die $|\nabla_\mathbf{k} E(\mathbf{k})| = 0$, d. h. für welche die Dispersionskurve $E(\mathbf{k})$ flach verläuft, eine reichhaltige Struktur. Diese Punkte nennen wir kritische Punkte, sie resultieren in so genannten *van Hove Singularitäten* in der Zustandsdichte. Für dreidimensionale Systeme wird $D(E)$ in der Nähe der kritischen Punkte allerdings nicht singulär, da eine Entwicklung von $E(\mathbf{k})$ um diese kritischen Punkte immer $E(\mathbf{k}) \propto k^2$ liefert (siehe z. B. Abschnitt 8.3.1). Dies impliziert, dass $|\nabla_\mathbf{k} E(\mathbf{k})|^{-1}$ eine $1/k$ Singularität besitzt und deshalb das Integral über die Fläche $E(\mathbf{k}) = \text{const}$ eine lineare k-Abhängigkeit besitzt.

Die Form von $D(E)$ in der Nähe eines kritischen Punktes ist in Abb. 8.19 skizziert. In der Nähe des kritischen Punkts können wir die Dispersion wie folgt schreiben:

$$E(\mathbf{k}) = E_c + \sum_{i=1}^{3} c_i (k_i - k_{ci})^2 . \quad (8.5.3)$$

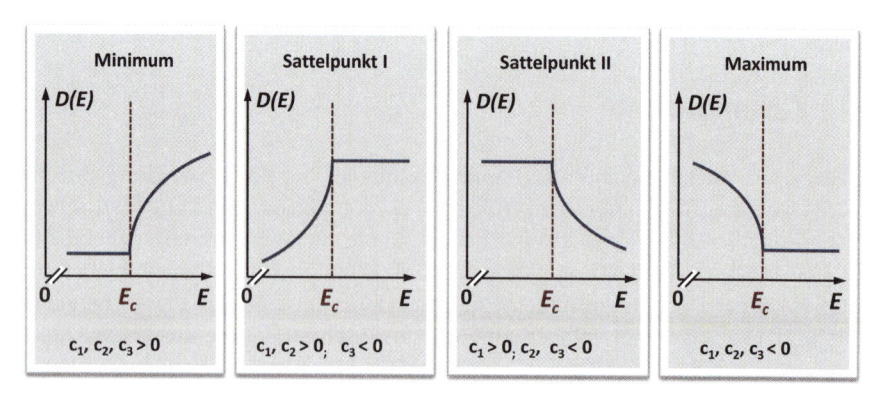

Abb. 8.19: Qualitativer Verlauf der Zustandsdichte $D(E)$ in der Nähe von kritischen Punkten. Die Energie am kritischen Punkt ist E_c.

8.5 Zustandsdichte und Bandstrukturen

Hierbei ist E_c die Energie am kritischen Punkt und c_i sind Konstanten, die je nach Art des kritischen Punktes (Minimum, Maximum, Sattelpunkte) unterschiedliches Vorzeichen haben. Wir erhalten

$$D(E) = D_0 + C\sqrt{E - E_c}, \qquad c_1, c_2, c_3 > 0, \qquad \text{Minimum} \qquad (8.5.4)$$

$$D(E) = D_0 - C\sqrt{E_c - E}, \qquad c_1, c_2 > 0, c_3 < 0, \qquad \text{Sattelpunkt I} \qquad (8.5.5)$$

$$D(E) = D_0 - C\sqrt{E - E_c}, \qquad c_1 > 0, c_2, c_3 < 0, \qquad \text{Sattelpunt II} \qquad (8.5.6)$$

$$D(E) = D_0 + C\sqrt{E_c - E}, \qquad c_1, c_2, c_3 < 0, \qquad \text{Maximum} \qquad (8.5.7)$$

8.5.2 Beispiele für Bandstrukturen

8.5.2.1 Einfache Metalle

Abb. 8.20 zeigt die Bandstruktur von Aluminium (Elektronenkonfiguration: $[\text{Ne}]3s^2 3p^1$). Ein Charakteristikum der Bandstruktur von Al ist die Tatsache, dass sie in guter Näherung durch die parabolische Abhängigkeit von freien Elektronen beschrieben werden kann. Die Bandlücken an den Zonenrändern sind relativ klein und die Komplexität der Bandstruktur resultiert hauptsächlich daraus, dass die Energieparabeln im reduzierten Zonenschema geplottet sind, also in die 1. Brillouin-Zone zurückgefaltet wurden. Die Zustandsdichte zeigt wenig Struktur und folgt in etwa dem für freie Elektronen erwarteten $\sqrt{E}$-Verlauf. Ähnlich einfache Bandstrukturen, die gut durch den für freie Elektronen erwarteten Verlauf angenähert werden können, werden für die Alkalimetalle beobachtet.

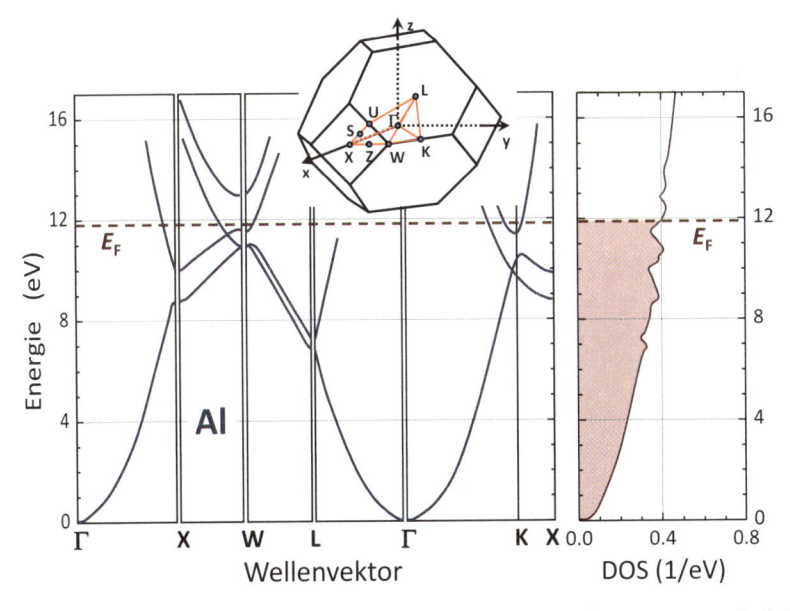

Abb. 8.20: Bandstruktur von Aluminium entlang von Richtungen hoher Symmetrie (links). Der Γ-Punkt ist das Zentrum der 1. Brillouin-Zone (siehe Inset). Die Bandlücken an den Zonengrenzen sind klein und der Bandverlauf kann in weiten Teilen durch parabelförmige Kurven angenähert werden. Rechts ist die Zustandsdichte $D(E)$ gezeigt (nach B. Segal, Phys. Rev. **124**, 1797 (1961)).

8.5.2.2 3d-Übergangsmetalle

Im Vergleich zu den einfachen Metallen sind die Bandstrukturen der 3d-Übergangsmetalle viel komplizierter. Dies liegt an den relativ stark gebundenen 3d-Elektronen. Im Vergleich zu den äußeren s-Elektronen, die einen großen s-s-Überlapp haben und dadurch in breiten Bändern resultieren, ist der d-d-Überlapp sehr klein. Dadurch erhalten wir im Vergleich zu den breiten s-Bändern sehr schmale d-Bänder. Dies ist in Abb. 8.21 am Beispiel von Kupfer (Elektronenkonfiguration: $[Ar]3d^{10}4s^1$) verdeutlicht. Die s-Elektronen resultieren in einem sehr breiten Band, das bei etwa -9.5 eV beginnt (Minimum am Γ-Punkt) und unterhalb von etwa -5 eV einen fast parabolischen Verlauf hat. Dies zeigt, dass die s-Elektronen als quasifreie Elektronen betrachtet werden können. Die schmalen d-Bänder liegen zwischen etwa -6 und -2 eV. Am Fermi-Niveau dominiert dagegen wiederum das parabolische s-Band. Dies erklärt, warum wir die Eigenschaften von Cu recht gut im Rahmen des freien Elektronengasmodells beschreiben können. Dies ist völlig anders für Fe, Ni oder Co. Für diese 3d-Übergangsmetalle liegt das Fermi-Niveau im Bereich der d-Bänder, die für diese Elemente nur teilweise gefüllt sind. Die Eigenschaften von Fe, Ni und Co können deshalb nur schlecht mit einem freien Elektronengasmodell beschrieben werden.

Der flache Verlauf der d-Bänder spiegelt sich in einer reichhaltigen Struktur der Zustandsdichte $D(E)$ wider. Dies wird durch ein Verschwinden von $|\nabla_{\mathbf{k}} E(\mathbf{k})|$ verursacht. Ferner ist die Zustandsdichte im Bereich der d-Bänder sehr hoch, da in den schmalen d-Bändern viele Zustände innerhalb eines kleinen Energieintervalls untergebracht werden können. Im Gegensatz dazu liefert das breite s-Band eine kleine Zustandsdichte.

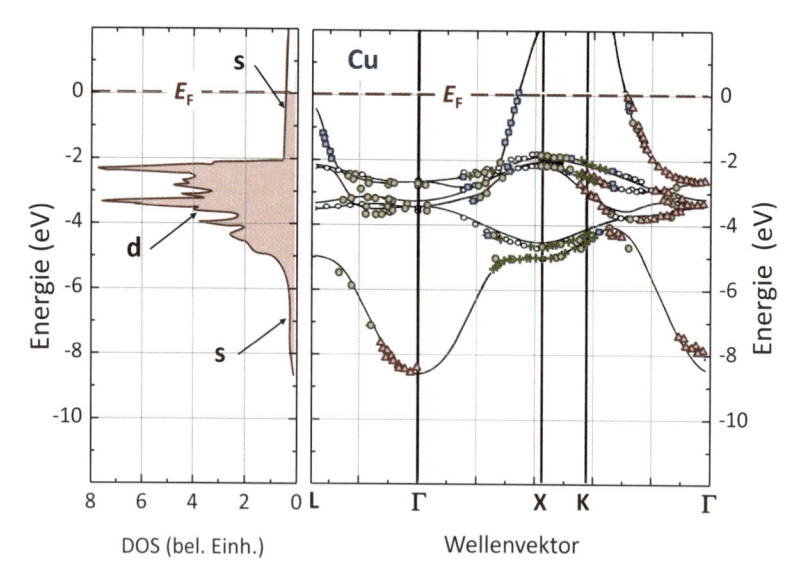

Abb. 8.21: Bandstruktur $E(\mathbf{k})$ von Kupfer entlang der Richtungen hoher Symmetrie. Links ist die resultierende Zustandsdichte gezeigt (die Symbole entsprechen experimentellen Daten aus R. Courths und S. Hüfner, Phys. Rep. **112**, 55 (1984)).

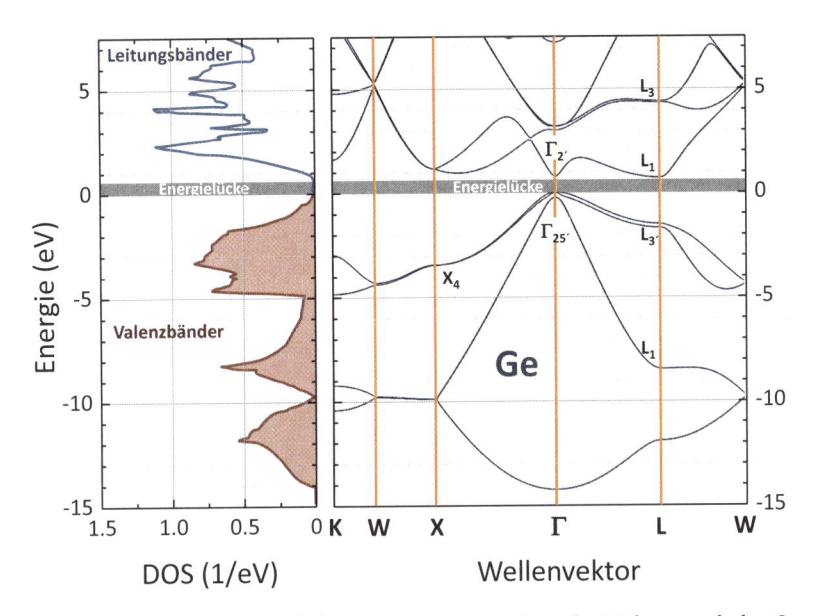

Abb. 8.22: Berechnete Bandstruktur $E(\mathbf{k})$ von Germanium entlang der Richtungen hoher Symmetrie. Links ist die resultierende Zustandsdichte gezeigt. Eingezeichnet sind auch einige kritische Punkte (nach F. Hermann, R. L. Kortum, C. D. Kuglin, J. L. Shay, in *Semiconducting Compounds*, D. G. Thomas ed., Benjamin, New York (1967)).

8.5.2.3 Halbleiter

Falls die Bandstruktur eine absolute Energielücke besitzt, das heißt, wenn für alle **k**-Richtungen in einem bestimmten Energiebereich keine Zustände verfügbar sind, erhalten wir einen Isolator oder Halbleiter. Als Beispiel ist in Abb. 8.22 die Bandstruktur und Zustandsdichte von Germanium (Elektronenkonfiguration: $[\text{Ar}]3d^{10}4s^{2}4p^{2}$) gezeigt. Wie Diamant und Silizium kristallisiert Germanium in einer Diamantstruktur. In diesen Elementen liegt eine ausgeprägte sp^3-Hybridisierung vor, was in einer für die Diamantstruktur charakteristischen tetragonalen Bindungsstruktur resultiert. Die Bildung von sp^3-Hybridorbitalen führt zur Ausbildung von zwei energetisch getrennten sp^3-Subbändern. Das untere dieser Bänder ist vollständig gefüllt, das obere vollkommen leer. Die Fermi-Energie liegt bei $T = 0$ etwa in der Mitte der Bandlücke. Die kleinste Lücke von $E_g = 0.75$ eV liegt zwischen dem Γ- und dem L-Punkt vor. Die direkte Bandlücke am Γ-Punkt ist mit $E_g = 1.1$ eV etwas größer. Wir sprechen deshalb von einem indirekten Halbleiter.

8.5.3 Experimentelle Bestimmung der Bandstruktur

Die verschiedenen Aspekte der Bandstruktur von Festkörpern lassen sich mit jeweils angepassten experimentellen Methoden untersuchen. Beispiele dafür sind:

1. *Energielücke von Halbleitern:*
   - Messung des Hall-Effekts und der Temperaturabhängigkeit der elektrischen Leitfähigkeit (siehe hierzu Abschnitt 10.1.5)

- Messung der optischen Absorption
2. *Effektive Masse:*
   - Messung der Temperaturabhängigkeit der spezifischen Wärme des Elektronensystems
3. *Zustandsdichte am Fermi-Niveau:*
   - Messung der Temperaturabhängigkeit der spezifischen Wärme des Elektronensystems
4. *Fermi-Fläche:*
   - Messung des de Haas–van Alphen[36,37] oder Shubnikov–de Haas[38,39] Effekts (siehe hierzu Abschnitt 9.8.1 und 9.8.2)
   - Analyse der Magnetotransporteigenschaften

Wir werden die Methoden zur Bestimmung der Fermi-Fläche in Abschnitt 9.8 näher erläutern, nachdem wir uns mit der Dynamik der Kristallelektronen beschäftigt haben.

Eine der wichtigsten Methoden zur Bestimmung der kompletten Bandstruktur stellt die *Photoelektronenspektroskopie* (PES) dar, auf die wir im Folgenden näher eingehen wollen. Informationen über die **k**-Abhängigkeit erhält man dabei durch winkelaufgelöste Experimente: ARPES (angle resolved photo electron spectroscopy).[40,41,42,43] Es gibt ferner noch einige Methoden, die sich nur zur Untersuchung der Fermi-Flächen von Metallen, nicht aber zur Bestimmung der gesamten Bandstruktur eignen. Auf diese Methoden werden wir später in Abschnitt 9.8 eingehen.

Die prinzipielle Funktionsweise der PES ist in Abb. 8.23 dargestellt. Der zu untersuchende Festkörper wird mit Photonen der Energie $\hbar\omega$ bestrahlt. Dadurch werden Elektronen von besetzten Bändern in unbesetzte Zustände des Quasikontinuums oberhalb des Vakuumniveaus E_{vac} angeregt. Falls diese Elektronen genügend Energie haben, um die Austrittsarbeit Φ_A des Materials zu überwinden, können sie aus dem Festkörper entkommen. Die Energiebilanz lautet dabei (vergleiche Abb. 8.23)

$$\hbar\omega = \Phi_A + E_{\text{kin}} + E_b, \tag{8.5.8}$$

wobei E_{kin} die kinetische Energie der ausgetretenen Elektronen ist und E_b die Bindungsenergie der Elektronen im Festkörper (Abstand vom Fermi-Niveau). Wenn E_{kin} gemessen

---

[36] W. J. de Haas and P. M. van Alphen, Proc. Netherlands Roy. Acad. Sci. **33**, 1106 (1930); Leiden Commun. **208d, 212a** (1930).

[37] **Wander Johannes de Haas**, holländischer Physiker und Mathematiker, geboren am 2. März 1878 in Lisse, gestorben am 26. April 1960 in Bilthoven.

[38] L. W. Shubnikov, W. J. de Haas, Proceedings of the Royal Netherlands Academy of Arts and Science **33**, 130 (1930), ibid. S. 163.

[39] **Lev Vasilyevich Shubnikov**, russischer Physiker, geboren am 9. September 1901 in St. Petersburg, gestorben am 10. November 1937.

[40] M. Cardona, L. Ley, eds, *Photoemission in Solids I, II*, Topics Appl. Phys. **Vol. 26, 27**, Springer, Berlin, Heidelberg (1979).

[41] B. Feuerbach, B. Fitton, R. F. Willis eds., *Photoemission and Electronic Properties of Surfaces*, Wiley, New York (1978).

[42] H. Lüth, *Surfaces and Interfaces of Solids*, Springer, Berlin, Heidelberg (1993).

[43] R. Courths und S. Hüfner, *Photoemission experiments on copper*, Phys. Rep. **112**, 55 (1984).

8.5 Zustandsdichte und Bandstrukturen

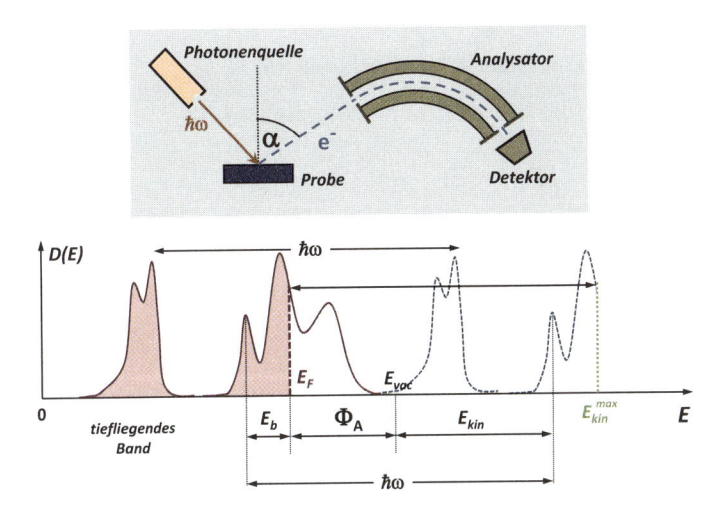

Abb. 8.23: Oben: Prinzipieller Aufbau eines Photoemissionsexperiments mit Photonenquelle, Probe, Analysator und Detektor. Unten: Schematische Darstellung der Bandstruktur (über alle **k** gemittelt) und der relevanten Energien bei der Photoemissionsspektroskopie. Die Austrittsarbeit ist $\phi_A = E_{vac} - E_F$. Die Elektronen werden aus den besetzten Bändern in das Quasikontinuum der unbesetzten Zustände angeregt.

wird und Φ_A sowie $\hbar\omega$ bekannt sind, so kann im Experiment E_b bestimmt werden. Die Anzahl $N(E_{kin})$ der im Experiment gemessenen Elektronen mit einer bestimmten Energie E_{kin} gibt Auskunft über die Verteilung der im Festkörper besetzten elektronischen Zustände. Die maximale kinetische Energie der Photoelektronen ist $E_{kin}^{max} = \hbar\omega - \Phi_A$. Sie entspricht einer Bindungsenergie $E_b = 0$, also Elektronen am Fermi-Niveau. Da die Zustände oberhalb von E_F nicht besetzt sind (abgesehen von der Verschmierung durch die Fermi-Funktion), werden keine Photoelektronen mit größeren kinetischen Energien gemessen.

Um die komplette Bandstruktur $E_n(\mathbf{k})$ zu bestimmen, nutzt man zusätzlich zur Energieerhaltung auch die Erhaltung des Kristallimpulses aus. Man führt hierzu winkelaufgelöste Messungen durch, mit denen man mit gewissem Aufwand die komplette Bandstruktur $E_n(\mathbf{k})$ bestimmen kann.[44]

Bezüglich der experimentellen Techniken wollen wir noch Folgendes anmerken:

- Da die Elektronen stark mit den Gitteratomen wechselwirken, besitzen sie nur eine geringe Austrittstiefe in der Größenordnung von 5 Å bei einer Energie zwischen etwa 10 und 100 eV. Deshalb ist die PES eine oberflächensensitive Methode. Dies hat Nachteile, da eine Verschmutzung der Oberfläche verhindert werden muss (Ultrahochvakuum) und in vielen Fällen eine Rekonstruktion der oberflächennahen Schichten eine Untersuchung von Bulk-Eigenschaften von Festkörpern schwierig macht. Andererseits können mit der PES aber Oberflächenphänomene sehr gut untersucht werden.

---

[44] Da beim Austritt der Photoelektronen nur der Impuls parallel zur Oberfläche erhalten bleibt, derjenige senkrecht dazu aber nicht, ist die komplette Bestimmung der **k**-Abhängigkeit allerdings nicht ganz einfach.

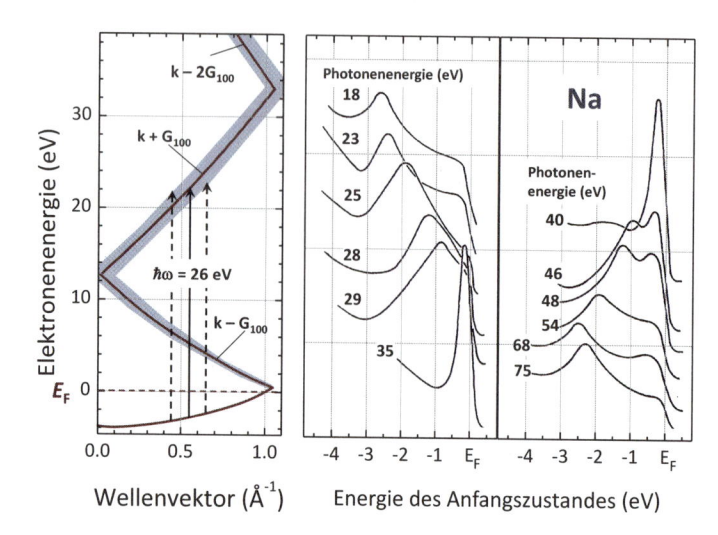

Abb. 8.24: Rechts: Photoemissionsspektren einer Na (110) Oberfläche (Γ-N Richtung), die für senkrechte Emission mit unterschiedlichen Photonenenergien erhalten wurden. In senkrechter Richtung ist die gemessene Photoelektronenintensität in willkürlichen Einheiten aufgetragen. Links ist der Verlauf der relevanten Bänder gezeigt. Der Pfeil gibt den erwarteten Übergang für eine Photonenenergie von 26 eV an. Der schattierte Bereich deutet die erwartete Breite der Spektren aufgrund einer endlichen freien Weglänge der Photoelektronen im Festkörper an (Daten aus E. Jensen, E. W. Plummer, Phys. Rev. Lett. 55, 1912 (1985)).

- Als Photonenquellen werden üblicherweise Gasentladungslampen verwendet (He: 21.2 und 40.8 eV, Ne: 16.8 und 26.9 eV), die Licht im ultravioletten Bereich liefern. Man spricht deshalb hier auch von UPS (UV Photoelektronenspektroskopie). Höhere Photonenenergien können mit Röntgenquellen (heute bevorzugt Synchrotron-Strahlung) erhalten werden. Man spricht hier von XPS (x-ray Photoelektronenspektroskopie).
- Mit Hilfe des inversen Photoeffekts können auch die unbesetzten Zustände im Leitungsband spektroskopiert werden. Man beschießt hier die Oberfläche des Festkörpers mit Elektronen, die eine wohldefinierte Energie haben, und misst die Emission von UV-Licht.

Als Beispiel sind in Abb. 8.24 PES-Spektren von einer Na (110) Oberfläche gezeigt, die für senkrechte Emission ($\alpha = 0°$) mit unterschiedlichen Photonenenergien erhalten wurden. Aufgetragen ist die gemessene Intensität der Photoelektronen gegen die Energie E_b des Anfangszustands. Der Pfeil in Abb 8.24 gibt den erwarteten Übergang für eine Photonenenergie von 26 eV an. Der schattierte Bereich deutet die erwartete Energieverschmierung der Spektren aufgrund einer endlichen freien Weglänge der Photoelektronen im Festkörper an. Aufgrund dieser Energieverschmierung resultiert auch eine Verschmierung im **k**-Raum, die durch die beiden gestrichelten Pfeile angedeutet ist.

Abschließend wollen wir noch darauf hinweisen, dass die Photoelektronenspektroskopie auch spinaufgelöst durchgeführt werden kann.[45,46] Dabei werden die emittierten Photoelek-

---

[45] J. Osterwalder, *Spin-Polarized Photoemission*, Lect. Notes Phys. **697**, 95–120 (2006).
[46] S. Suga, A. Sekiyama, *Photoelectron Spectroscopy: Bulk and Surface Electronic Structures*, Springer Series in Optical Sciences, Vol. 176 (2014).

8.6 Fermi-Flächen von Metallen

tronen nicht nur bezüglich ihres Emissionswinkels und ihrer Energie, sondern auch hinsichtlich ihres Spinzustandes analysiert. Zum Beispiel sind Elektronen, die aus einem ferromagnetischen Metall emittiert werden, aufgrund der Austauschwechselwirkung spinpolarisiert (vergleiche hierzu Kapitel 12). Mit Hilfe von spinaufgelöster PES können die Spinzustände in Ferromagneten untersucht werden. Diese Technik kann auch zur Erzeugung spinpolarisierter Elektronen sowie zum Studium magnetischer Phasenübergänge oder von Oberflächenmagnetismus verwendet werden.

8.6 Fermi-Flächen von Metallen

Für Metalle liegt die Fermi-Energie in einem teilweise gefüllten Energieband. Bei $T = 0$ trennt die Fläche konstanter Energie $E(\mathbf{k}) = E_F$ die besetzten von den unbesetzten Zuständen, wir nennen diese Fläche *Fermi-Fläche*. Wir wollen uns in diesem Abschnitt mit der Form der Fermi-Flächen von Metallen beschäftigen, da sie für viele Eigenschaften von Metallen große Bedeutung besitzt. Dies liegt daran, dass bei einer Erhöhung der Temperatur oder beim Anlegen eines elektrischen Feldes sich eine Veränderung der Zustandsbesetzung nur in der Nähe der Fermi-Fläche abspielt. Die elektronischen Eigenschaften von Metallen werden deshalb weitgehend von der Gestalt der Fermi-Fläche bestimmt. Wir erinnern uns, dass für freie Elektronen mit der Dispersion $E(\mathbf{k}) = \frac{\hbar^2}{2m}k^2$ die Flächen konstanter Energie im $\mathbf{k}$-Raum Kugeln sind. Die durch das periodische Gitterpotenzial bewirkte Aufspaltung der Energiewerte an den Grenzen der Brillouin-Zonen bewirkt eine mehr oder weniger starke Abweichung von der Kugelgestalt.

8.6.1 Quadratisches Gitter

8.6.1.1 Freie Elektronen

Wir wollen zunächst einige grundlegende Betrachtungen für ein zweidimensionales quadratisches Gitter mit Gitterkonstante a machen, für das wir die entsprechenden Sachverhalte grafisch einfach darstellen können. In Abb. 8.25 (oben) ist die Situation für ein quadratisches Gitter mit freien Elektronen skizziert. Die Dispersionskurve $E(\mathbf{k})$ ist ein Paraboloid. Eingezeichnet sind hier auch zwei mögliche Fermi-Flächen A und B,[47] die wir bei unterschiedlicher Elektronenzahl pro Gitterplatz erhalten würden. Ferner sind in Abb. 8.25 (oben) die ersten drei Brillouin-Zonen des quadratischen Gitters im ausgedehnten und reduzierten Zonenschema gezeigt. Dabei ist jeweils die Auffüllung der Brillouin-Zonen für die Fermi-Fläche A und B gezeigt. In Abb. 8.25 (unten) ist eine Darstellung im periodischen Zonenschema gegeben. Die Konstruktion der Brillouin-Zonen haben wir bereits ausführlich in Abschnitt 2.1.4 beschrieben und soll hier nicht mehr diskutiert werden.

Für die Fermi-Fläche B ist die Situation sehr einfach. Hier ist nur die 1. Brillouin-Zone teilweise gefüllt. Wir erhalten einen Kreis als Fermi-Oberfläche. Interessanter wird die Situation

---

[47] Wir benutzen hier weiter den Ausdruck Fermi-Fläche, obwohl wir im Zweidimensionalen nur eine Begrenzungslinie vorliegen haben.

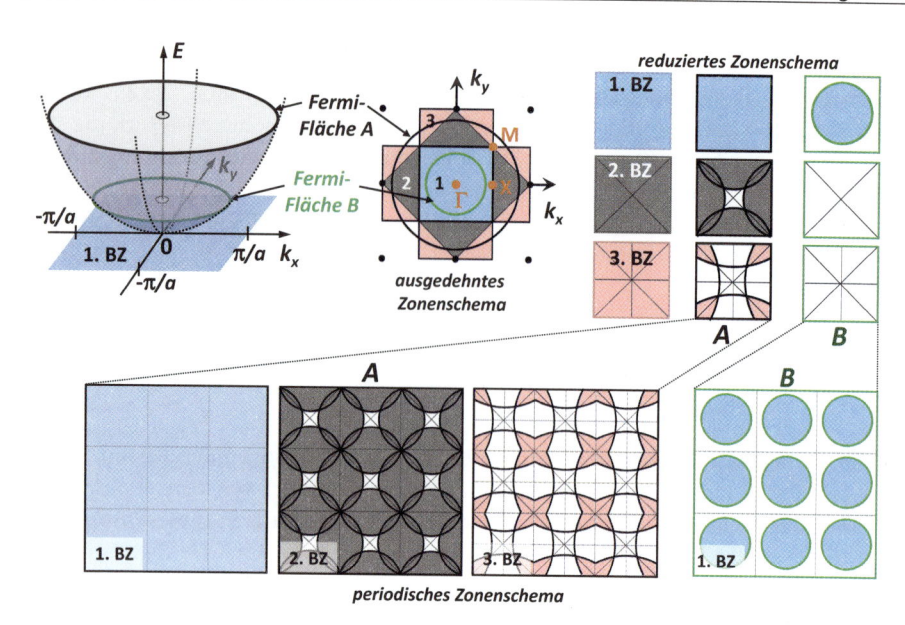

Abb. 8.25: Fermi-Fläche eines quadratischen Gitters mit freien Elektronen. Oben links ist der parabolische Verlauf der Dispersionskurve zusammen mit zwei möglichen Fermi-Kreisen A und B bei unterschiedlicher Elektronenzahl pro Gitterplatz gezeigt. Oben in der Mitte und rechts sind die ersten drei Brillouin-Zonen im ausgedehnten und reduzierten Zonenschema, unten im periodischen Zonenschema gezeigt. Für die beiden Fermi-Energien sind die Füllung der Brillouin-Zonen und die daraus resultierenden Fermi-Flächen gezeigt. Die 4. Brillouin-Zone ist nicht mehr gezeigt.

für die Fermi-Fläche A. Die 1. Brillouin-Zone liegt hier vollständig innerhalb des Fermi-Kreises und ist somit vollständig gefüllt. Die 2. Brillouin-Zone liegt dagegen nur teilweise innerhalb des Fermi-Kreises und ist deshalb nicht vollständig gefüllt. Da sich der Fermi-Kreis bis in die 3. Brillouin-Zone erstreckt, ist auch diese teilweise gefüllt. Im reduzierten und periodischen Zonenschema erkennen wir, dass die 2. Brillouin-Zone fast vollständig gefüllt ist. Die Fermi-Fläche in der zweiten Brillouin-Zone kann deshalb als Umrandung eines „Lochs" um das Zonenzentrum aufgefasst werden. Die 3. Brillouin-Zone hat die Form von Rosetten, die um die Eckpunkte der 1. Brillouin-Zone angeordnet sind.

8.6.1.2 Fast freie Elektronen

Wir wollen nun überlegen, wie sich die in Abb. 8.25 gezeigte Fermi-Fläche ändert, wenn wir statt freien Elektronen fast freie Kristallelektronen annehmen. Wir benutzen für eine qualitative Diskussion folgende Fakten:

- Aufgrund des periodischen Kristallpotenzials erhalten wir Energielücken an den Rändern der Brillouin-Zonen.
- Da die Lösungen der Schrödinger-Gleichung an der Zonengrenze stehende Wellen sind, verschwindet dort die Komponente der Gruppengeschwindigkeit $\nabla_\mathbf{k} E/\hbar$ senkrecht zur Zonengrenze. Das heißt, der Gradient von $E(\mathbf{k})$ verläuft parallel zu den Grenzen der Brillouin-Zone und die Linien konstanter Energie, $E(\mathbf{k}) = \text{const}$, schneiden die Brillouin-Zonen senkrecht.

8.6 Fermi-Flächen von Metallen

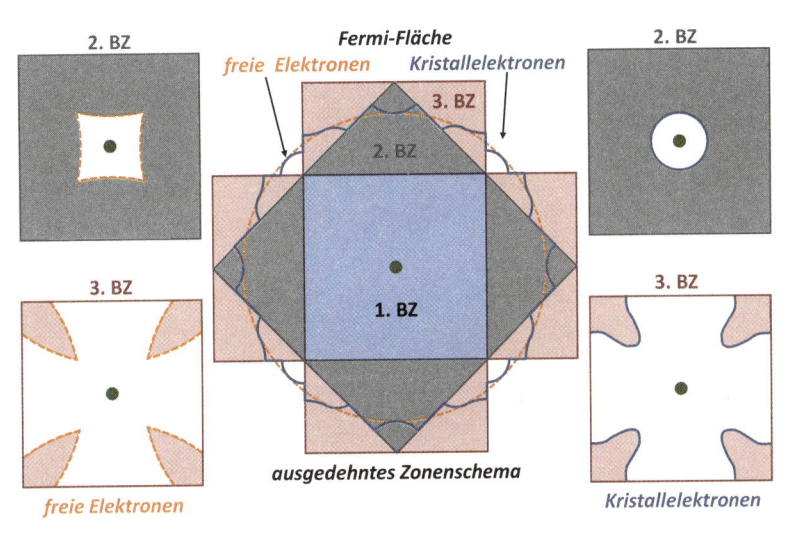

Abb. 8.26: Qualitativer Verlauf der Fermi-Flächen von freien Elektronen (links) und Kristallelektronen (rechts) für ein quadratisches Gitter. In der Mitte sind die ersten drei Brillouin-Zonen im ausgedehnten Zonenschema gezeigt. Eingezeichnet ist hier der Verlauf der Fermi-Fläche von freien Elektronen (Kreis, gestrichelt, orange) und der von Kristallelektronen (durchgezogene Linie, blau). Die 4. Brillouin-Zone ist nicht mehr gezeigt.

- Das Kristallpotenzial wird scharfe Strukturen in der Fermi-Fläche abrunden.
- Das Gesamtvolumen, das von der Fermi-Fläche eingeschlossen wird, hängt nur von der Elektronenzahl ab und ist somit unabhängig von den Details der Wechselwirkung der Elektronen mit dem Gitter.

Berücksichtigen wir diese Tatsachen, so erhalten wir die in Abb. 8.26 gezeigten Fermi-Flächen. Wir sehen, dass der Fermi-Kreis, den wir für den Fall freier Elektronen erhalten, an den Zonenrändern verformt werden muss, so dass er die Ränder der verschiedenen Brillouin-Zonen senkrecht schneidet. Dies entspricht dem veränderten Verlauf der Dispersionskurve $E(\mathbf{k})$ am Rand der Brillouin-Zonen beim Übergang von vollkommen freien zu Kristallelektronen. Die Fermi-Linie zeigt auf den Rändern der Brillouin-Zonen Unstetigkeitsstellen, die eine Konsequenz der endlichen Energielücke an den Zonenrändern sind. Wir erkennen, dass durch die Verbiegung der Fermi-Linie jetzt mehr Elektronen in die 2. Brillouin-Zone eingebaut werden können. Da die Elektronen hier eine geringere Energie als in der nächst höheren Brillouin-Zone besitzen, führt das zu einer Energieabsenkung. Die insgesamt von der gestrichelten (freie Elektronen) und der durchgezogenen Linie (Kristallelektronen) umschlossene Fläche muss gleich sein, da die Fläche ja durch die Gesamtzahl der Elektronen gegeben ist und wir diese als konstant angenommen haben. Schließlich zeigt Abb. 8.26, dass die scharfen Strukturen, welche die Fermi-Fläche von freien Elektronen zeigt, da sie die Zonengrenze nicht senkrecht schneiden, für den Fall der Kristallelektronen abgerundet werden. Der auf diese einfache Weise erhaltene schematische Verlauf der Fermi-Fläche ist für die Anschauung sehr nützlich.

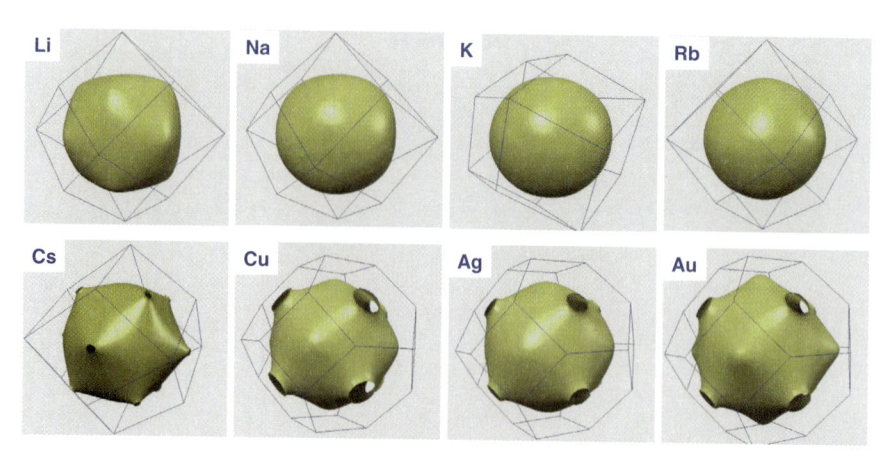

Abb. 8.27: Fermi-Flächen von einfachen Metallen. Die Alkali-Metalle kristallisieren in einem bcc-Gitter, Cu, Ag und Au in einem fcc-Gitter (Quelle: T.-S. Choy, J. Naset, J. Chen, S. Hershfield, C. Stanton, *A database of fermi surface in virtual reality modeling language (vrml)*, Bull. Am. Phys. Soc. **45**, L36 42 (2000)). Die Linien deuten die 1. Brillouin-Zone an, die für ein bcc-Gitter ein rhombisches Dodekaeder und für ein fcc-Gitter ein abgestumpfter Oktaeder mit 8 Sechsecken und 6 Quadraten ist (vergleiche Abb. 2.4).

Wir wollen abschließend noch einige numerisch berechnete Fermi-Flächen zeigen. Wir beginnen mit einfachen Metallen wie Cu, Ag, Au oder den Alkalimetallen. Die Alkalimetalle besitzen eine bcc-Struktur und alle jeweils nur ein Valenzelektron pro Atom. Cu, Ag und Au kristallisieren in der fcc-Struktur und haben ebenfalls nur ein Elektron in der 4s-, 5s- bzw. 6s-Schale. Im Gegensatz zu den Alkalimetallen sind aber die 3d-, 4d- bzw. 5d-Bänder hier vollständig gefüllt. In jedem Fall ist die Zahl der Elektronen im obersten besetzten Band gerade gleich der Zahl N der Gitteratome. Das im **k**-Raum beanspruchte Volumen beträgt gerade die Hälfte des Volumens der Brillouin-Zone, also

$$V_N = \frac{1}{2} \frac{(2\pi)^3}{V}, \tag{8.6.1}$$

wobei der Faktor $\frac{1}{2}$ aus der Spin-Entartung resultiert. Bei völlig freien Elektronen würde der Radius der Fermi-Kugel gerade

$$k_F = \left(3\pi^2 \frac{N}{V}\right)^{1/3} \tag{8.6.2}$$

betragen. Für ein kubisch flächenzentriertes Gitter gilt ferner

$$\frac{N}{V} = \frac{4}{a^3}, \tag{8.6.3}$$

wobei a die Gitterkonstante ist. Setzen wir diesen Wert in (8.6.2) ein, so erhalten wir

$$k_F = \left(\frac{12\pi^2}{a^3}\right)^{1/3} \simeq \frac{4.91}{a}. \tag{8.6.4}$$

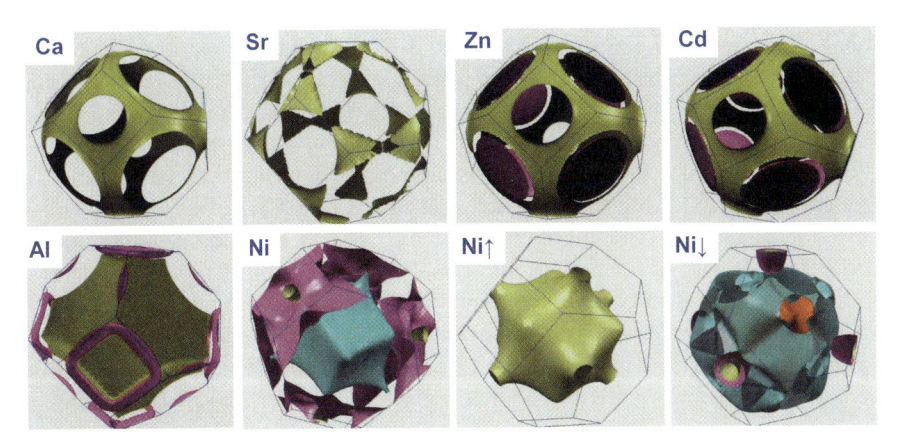

Abb. 8.28: Fermi-Flächen von komplexeren Metallen. Die Erdalkali-Metalle Ca und Sr kristallisieren in einem fcc-Gitter. Zn und Cd kristallisieren eigentlich in der hcp-Struktur, gezeigt ist allerdings die Fermi-Fläche für eine fcc-Struktur, um einen Vergleich zu Ca und Sr zu ermöglichen. Gezeigt sind ferner die Fermi-Flächen von Al (fcc-Struktur) und Ni (fcc-Struktur) gemittelt über beide Spin-Richtungen und für jede Spin-Richtung getrennt (Quelle: T.-S. Choy, J. Naset, J. Chen, S. Hershfield, C. Stanton, *A database of fermi surface in virtual reality modeling language (vrml)*, Bull. Am. Phys. Soc. **45**, L36 42 (2000)).

Der kürzeste Abstand des Zentrums der 1. Brillouin-Zone zum Zonenrand beträgt für die 1. Brillouin-Zone eines fcc-Gitters gerade $\frac{1}{2}\frac{2\pi}{a}\sqrt{3} \simeq \frac{5.44}{a}$. Wir sehen, dass dieser Wert größer ist als k_F. Das heißt, die Fermi-Kugel der völlig freien Elektronen berührt den Zonenrand der 1. Brillouin-Zone nicht. Dadurch sollte die Fermi-Fläche der Kristallelektronen derjenigen der freien Elektronen sehr ähnlich sein, da ja große Abweichungen nur in der Nähe des Zonenrandes auftreten. Da wir allerdings durch das periodische Gitterpotenzial ein Absenkung der Bandenergie am Rand der 1. Brillouin-Zone erhalten, kommt es zu einer Aufwölbung der Fermi-Fläche an den Stellen, an denen die Fermi-Kugel der freien Elektronen dem Zonenrand nahe kommt. An diesen Stellen kann die Fermi-Fläche dann auch den Zonenrand berühren, wobei an den Berührungsstellen die Flächen $E(\mathbf{k})$ = const den Zonenrand senkrecht schneiden. Dies ist, wie Abb. 8.27 zeigt, für Cu, Ag und Au, aber auch für Cs der Fall. Für die anderen Alkalimetalle ist der Abstand der Fermi-Kugel zum Zonenrand so groß, dass eine Berührung nicht auftritt. Im periodischen Zonenschema müssen wir die in Abb. 8.27 gezeigten Fermi-Flächen periodisch fortsetzen. Dabei tritt bei Cs, Cu, Ag und Au eine Verbindung der verschiedenen Zonen durch schmale „Hälse" auf.

Die Situation wird schwieriger, wenn wir von den Alkali- zu den Erdalkali-Metallen übergehen. In Abb. 8.28 sind die Fermi-Flächen von Ca ($[Ar]4s^2$) und Sr ($[Kr]5s^2$) gezeigt, die beide in einer fcc-Struktur kristallisieren. Beide Elemente haben zwei s-Elektronen und sollten deshalb Isolatoren sein. Aufgrund einer Bandüberlappung ist das erste Band, das in Abb. 8.28 gezeigt ist, nur teilweise gefüllt und einige Elektronen besetzen das zweite Band. Zn ($[Ar]3d^{10}4s^2$) und Cd ($[Kr]4d^{10}5s^2$) haben genauso wie Ca und Sr jeweils zwei s-Elektronen, mit dem Unterschied, dass bei diesen Elementen jetzt die d-Schale komplett gefüllt ist. Die d-Elektronen liegen allerdings unterhalb des Fermi-Niveaus und spielen für die Form der Fermi-Fläche eine untergeordnete Rolle. Die Fermi-Flächen von Ca und Sr einerseits und Zn und Cd andererseits sind deshalb sehr ähnlich.

In Abb. 8.28 ist ferner die Fermi-Fläche von Al (fcc-Struktur, Elektronenkonfiguration: [Ne]$3s^2 3p$) gezeigt. Wir haben hier drei Valenzelektronen, so dass insgesamt drei Bänder gefüllt werden. Gezeigt sind nur das zweite (dunkelgelb) und dritte Band (magenta). Das erste Band ist vollständig gefüllt. Insgesamt ist die Form der Fermi-Fläche jetzt bereits sehr komplex. Dies spiegelt sich z. B. in komplexen Magnetotransporteigenschaften wider (siehe hierzu Kapitel 9). Als letztes Beispiel ist in Abb. 8.28 die Fermi-Fläche von Ni gezeigt (fcc-Struktur, Elektronenkonfiguration: [Ar]$3d^8 4s^2$). Die $3d$-Bänder liegen hier im Bereich der Fermi-Energie, was zu einer sehr komplexen Fermi-Fläche führt. Gezeigt sind das vierte (gelb), fünfte (magenta) und das sechste Band (blau). Als weitere Besonderheit ist bei Nickel zu beachten, dass dieses Material unterhalb einer bestimmten Temperatur ferromagnetisch wird. Dadurch spalten die Bänder für Spin-↑ und Spin-↓ Elektronen energetisch auf. Auf das Phänomen Magnetismus werden wir aber erst später in Kapitel 12 zu sprechen kommen.

Auf die experimentelle Bestimmung der Fermi-Flächen werden wir in Abschnitt 9.8 eingehen, nachdem wir die Bewegung von Kristallelektronen in elektrischen und magnetischen Feldern diskutiert haben.

Literatur

N. W. Ashcroft, N. D. Mermin, *Festkörperphysik*, Oldenbourg Verlag, München (2012).

F. Bloch, *Über die Quantenmechanik der Elektronen in Kristallgittern*, Doktorarbeit, Universität Leipzig (1928).

J. Callaway, *Energy Band Theory*, Academic, New York (1964).

M. Cardona, L. Ley, eds, *Photoemission in Solids I, II*, Topics Appl. Phys. **Vol. 26, 27**, Springer, Berlin, Heidelberg (1979).

R. Courths, S. Hüfner, *Photoemission experiments on copper*, Phys. Rep. **112**, 55 (1984).

W. J. de Haas, P. M. van Alphen, Proc. Netherlands Roy. Acad. Sci. **33**, 1106 (1930); Leiden Commun. **208d, 212a** (1930).

R. M. Dreizler, Eberhard K. U. Gross, *Density Functional Theory*, Springer Verlag, Berlin (1990).

B. Feuerbach, B. Fitton, R. F. Willis eds., *Photoemission and Electronic Properties of Surfaces*, Wiley, New York (1978).

A. Georges et al., *Dynamical mean-field theory of strongly correlated fermion systems and the limit of infinite dimensions*, Rev. Mod. Phys. **68**, 13 (1996).

W. A. Harrison, *Pseudopotenzials in the Theory of Metals*, Benjamin, New York (1966).

G. Kotilar, D. Vollhardt, *Strongly correlated materials: insights form dynamical mean-field theory*, Physics Today **3**, 53 (2004).

H. Kramers, Proc. Acad. Acad. Sci. Sci. Amsterdam **33**, 959 (1930).

H. Lüth, *Surfaces and Interfaces of Solids*, Springer, Berlin, Heidelberg (1993).

J. Osterwalder, *Spin-Polarized Photoemission*, Lecture Notes in Physics **697**, pp. 95–120, Springer Verlag, Berlin (2006).

R. E. Peierls, *Quantum Theory of Solids*, Oxford University Press, Oxford (1955).

L. W. Shubnikov, W. J. de Haas, Proceedings of the Royal Netherlands Academy of Arts and Science **33**, 130 (1930), ibid. S. 163.

H. L. Skriver, *The LMTO Method*, Springer, Ser. Solid State Science, Vol. 41, Springer Heidelberg, Berlin (1984).

S. Suga, A. Sekiyama, *Photoelectron Spectroscopy: Bulk and Surface Electronic Structures*, Springer Series in Optical Sciences, Vol. 176, Springer Heidelberg, Berlin (2014).

D. Vollhardt, *Dynamical mean-field theory for correlated electrons*, Ann. Phys. (Berlin) **524**, 1–19 (2012).

9 Dynamik von Kristallelektronen

Wir haben uns in Kapitel 8 mit den Energiewerten $\varepsilon(\mathbf{k})$ der Kristallelektronen beschäftigt. Die Energiewerte haben wir durch Lösung der *zeitunabhängigen Schrödinger-Gleichung* mit einem gitterperiodischen Potenzial erhalten. Die Besetzung der Zustände haben wir allerdings nur für den Fall diskutiert, dass keine äußeren Kräfte auf die Elektronen wirken. Einige Phänomene, wie zum Beispiel der Ladungs- und Wärmetransport in Festkörpern, sind nun aber gerade mit Situationen verknüpft, in denen äußere Kräfte wirksam sind. Wir wollen deshalb in diesem Abschnitt die Dynamik von Kristallelektronen unter der Wirkung von äußeren Kräften diskutieren. Es reicht jetzt nicht mehr aus, nur die zeitunabhängige Schrödinger-Gleichung zu betrachten. Zur Beschreibung von Transportphänomenen müssen wir vielmehr zur *zeitabhängigen Schrödinger-Gleichung* übergehen. Dadurch wird die Beschreibung erheblich schwieriger. Wir werden uns deshalb im Folgenden auf Situationen beschränken, in denen wir eine *semiklassische Beschreibung* der Dynamik von Kristallelektronen verwenden können. Hierbei werden die externen Kräfte klassisch beschrieben, während die Ableitung der Bandstruktur auf einer quantenmechanischen Analyse beruht.

Wir haben Transportphänomene in Festkörpern bereits in Abschnitt 7.3 im Rahmen des einfachen Drude-Sommerfeld-Modells beschrieben. Wir werden die dort für freie Elektronen geführte Diskussion jetzt auf den Fall von Bandelektronen erweitern. Wir werden dabei viele Definitionen und Konzepte aus Abschnitt 7.3 übernehmen können. In der nachfolgenden Tabelle sind nochmals die wesentlichen Elemente des Sommerfeld-Modells der freien Elektronen und des Blochschen Modells der Kristallelektronen gegenübergestellt.

	Sommerfeld	**Bloch**
Quantenzahlen	Wellenvektor $\mathbf{k}$ ($\hbar\mathbf{k}$ ist Impuls)	Wellenvektor $\mathbf{k}$, Bandindex n ($\hbar\mathbf{k}$ ist Kristallimpuls)
Bereich der Quantenzahlen	$\mathbf{k}$ verträglich mit Randbedingungen, sonst beliebig groß	$\mathbf{k}$ verträglich mit Randbedingungen, beschränkt auf 1. BZ
Energie	$\varepsilon(\mathbf{k}) = \dfrac{\hbar^2 \mathbf{k}^2}{2m}$	$\varepsilon_n(\mathbf{k}) = \varepsilon_n(\mathbf{k} + \mathbf{G})$
Geschwindigkeit	$\mathbf{v}_\mathbf{k} = \dfrac{1}{\hbar}\dfrac{\partial \varepsilon}{\partial \mathbf{k}} = \dfrac{\hbar \mathbf{k}}{m}$	$\mathbf{v}_{n,\mathbf{k}} = \dfrac{1}{\hbar}\dfrac{\partial \varepsilon_n(\mathbf{k})}{\partial \mathbf{k}}$
Wellenfunktion	ebene Welle: $\Psi_\mathbf{k}(\mathbf{r}) = \dfrac{e^{i\mathbf{k}\cdot\mathbf{r}}}{\sqrt{V}}$	Bloch-Welle: $\Psi_{n,\mathbf{k}}(\mathbf{r}) = u_{n,\mathbf{k}}(\mathbf{r})\, e^{i\mathbf{k}\cdot\mathbf{r}}$ mit $u_{n,\mathbf{k}}(\mathbf{r}) = u_{n,\mathbf{k}}(\mathbf{r} + \mathbf{R})$

Wir werden uns in Abschnitt 9.1 zunächst mit den Grundlagen und dem Gültigkeitsbereich des semiklassischen Modells beschäftigen. Anschließend werden wir in Abschnitt 9.2 die Bewegung von Kristallelektronen unter der Wirkung von äußeren Kräften betrachten, wobei wir Streuprozesse der Elektronen zunächst völlig vernachlässigen werden. Diese werden erst in Abschnitt 9.3 eingeführt. In Abschnitt 9.4 werden wir dann die Boltzmann-Transportgleichung ableiten, die die Änderung der Besetzungswahrscheinlichkeit der Elektronenzustände unter der Wirkung äußerer Kräfte (z. B. durch elektrische und magnetische Felder oder Temperaturgradienten) und relaxierender Streuprozesse beschreibt. In Abschnitt 9.5 werden wir die Boltzmann-Transportgleichung anwenden, um einige Transportkoeffizienten abzuleiten. In den Abschnitten 9.6 und 9.7 werden wir uns dann mit dem Magnetwiderstand und der Quantisierung der Elektronenbahnen in starken Magnetfeldern beschäftigen, was uns auf die Diskussion des Quanten-Halleffekts führen wird. Abschließend werden wir in Abschnitt 9.8 experimentelle Methoden zur Bestimmung der Fermi-Flächen von Metallen diskutieren, die auf der Untersuchung der Dynamik von Kristallelektronen basieren.

Um Verwechslungen mit dem elektrischen Feld **E** zu vermeiden, werden wir in diesem Kapitel die Energie mit ε und nicht mit E bezeichnen.

9.1 Semiklassisches Modell

Wir haben in Kapitel 7 bereits die Dynamik von freien Elektronen diskutiert. Dort haben wir die Bewegung der Elektronen mit den Gesetzen der klassischen Mechanik beschrieben. Die Bewegungsgleichungen lauteten:[1]

$$\frac{d\mathbf{r}}{dt} = \frac{\hbar \mathbf{k}}{m} = \frac{\mathbf{p}}{m} \tag{9.1.1}$$

$$\hbar \frac{d\mathbf{k}}{dt} = \mathbf{F} = -e\left(\mathbf{E} + \mathbf{v} \times \mathbf{B}\right). \tag{9.1.2}$$

Hierbei war die Kraft $\mathbf{F} = -e\left(\mathbf{E} + \mathbf{v} \times \mathbf{B}\right)$ die auf die Elektronen wirkende Kraft durch elektrische und magnetische Felder. Wollen wir die Anwendbarkeit von (9.1.1) und (9.1.2) vom quantenmechanischen Standpunkt aus rechtfertigen, so müssen wir von ebenen Wellen zu Wellenpaketen übergehen, die wir einfach durch eine Überlagerung von ebenen Wellen mit Wellenvektoren aus einem bestimmten Bereich erzeugen können.

Bei der Diskussion der Bewegung von Kristallelektronen sind wir ebenfalls mit dem Problem konfrontiert, die Bewegung von mehr oder weniger lokalisierten Teilchen beschreiben zu müssen. Im vorangegangenen Kapitel haben wir überwiegend im Wellenbild (Bloch-Wellen, Bragg-Reflexion, etc.) argumentiert. Wir haben die Elektronen mit Bloch-Wellen beschrieben, die räumlich modulierte, aber unendlich ausgedehnte Wellen mit Wellenvektor $\mathbf{k}$ darstellen. Für die Beschreibung von Transportphänomenen ist dagegen meist das Teilchenbild besser geeignet. Wir müssen also auch für Kristallelektronen von Bloch-Wellen zu Wellenpaketen, die aus Bloch-Wellen aufgebaut sind, übergehen. Wir können dann einem Kristallelektron eine Gruppengeschwindigkeit $\mathbf{v}_g$ zuordnen, die gleich der Gruppengeschwindigkeit eines Wellenpakets aus Bloch-Wellen ist. Wir drücken also den Zustand eines Elektrons durch ein Wellenpaket aus, das heißt, als eine lineare Überlagerung von Bloch-Wellen $\Psi_{n,\mathbf{k}}(\mathbf{r})$ mit Wellenvektoren aus einem Intervall $[k - \frac{\Delta k}{2}, k + \frac{\Delta k}{2}]$ aus:

$$\Psi_n(\mathbf{r}, t) = \sum_{k-\frac{\Delta k}{2}}^{k+\frac{\Delta k}{2}} a(\mathbf{k})\, u_\mathbf{k}(\mathbf{r})\, \mathrm{e}^{i\left[\mathbf{k} \cdot \mathbf{r} - \frac{\varepsilon_n(\mathbf{k})}{\hbar} t\right]}. \tag{9.1.3}$$

Hierbei ist $\varepsilon_n(\mathbf{k})$ die Dispersion der Kristallelektronen. Diese Beschreibung von Kristallelektronen durch Wellenpakete mit wohldefiniertem Impuls wird als *Semiklassisches Modell* bezeichnet. Wohldefinierter Impuls bedeutet hierbei, dass die Impulsverschmierung des Wellenpakets klein gegenüber der Ausdehnung der Brillouin-Zone ist. Wir werden hier nicht versuchen, einen Beweis für die Gültigkeit dieses Ansatzes zu geben, da dies eine relativ schwierige Aufgabe darstellt. Wir werden vielmehr das semiklassische Modell anwenden und seine Gültigkeitsgrenzen diskutieren.

---

[1] Wir verwenden die Größe e wiederum für die positive Einheitsladung, Elektronen haben also die Ladung $-e$.

Abb. 9.1: Ortsraumdarstellung eines Wellenpakets, das die Bewegung von räumlich lokalisierten Elektronen zur Zeit $t = 0$, $t = t_0$ und $t = 2t_0$ beschreibt. Die durchgezogene Kurve gibt $\mathfrak{Re}\,\Psi$, die gestrichelte $|\Psi|$ wider. Der Schwerpunkt des Wellenpakets bewegt sich mit der Gruppengeschwindigkeit $v_g = \partial \omega/\partial k$.

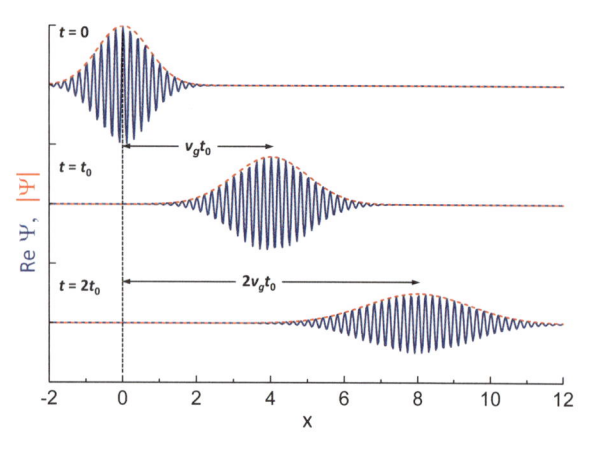

In Abb. 9.1 ist ein entsprechendes Wellenpaket im eindimensionalen Ortsraum gezeigt. Es ist wohlbekannt, dass das Produkt aus Ortsunschärfe Δx und Impulsunschärfe Δk der Heisenbergschen Unschärferelation

$$\Delta p \cdot \Delta x = \hbar \Delta k \cdot \Delta x \geq \hbar \tag{9.1.4}$$

genügt. Ein wohldefinierter Impuls, also geringe Impulsunschärfe, führt also gleichzeitig zu einer endlichen Ortsunschärfe des Wellenpakets, die wir weiter unten noch näher diskutieren werden. Die Ausbreitungsgeschwindigkeit des Wellenpakets ist durch die Gruppengeschwindigkeit

$$v_g = \frac{\partial \omega(k)}{\partial k} \tag{9.1.5}$$

gegeben. Letztere ist durch die Schwerpunktsbewegung des Wellenpakets gegeben, die wir von der Phasengeschwindigkeit $v_{\text{ph}} = \omega/k$ einer ebenen Welle unterscheiden müssen, die angibt, mit welcher Geschwindigkeit sich Punkte konstanter Phase ausbreiten. Aufgrund der Dispersion $\omega = c(k)k$ haben Wellen mit unterschiedlichen Wellenvektoren unterschiedliche Phasengeschwindigkeiten. Da das Wellenpaket aus einer Überlagerung vieler Wellen mit unterschiedlichen Wellenvektoren besteht, fließt es aufgrund der Dispersion langsam auseinander, wie es in Abb. 9.1 angedeutet ist.

Beschreiben wir die Kristallelektronen mit Bloch-Wellenpaketen, so ist ihre Geschwindigkeit im Rahmen einer semiklassischen Beschreibung durch die Gruppengeschwindigkeit des Wellenpakets

$$\mathbf{v}_n = \frac{\partial \omega_n(\mathbf{k})}{\partial \mathbf{k}} = \frac{1}{\hbar} \frac{\partial \varepsilon_n(\mathbf{k})}{\partial \mathbf{k}} \tag{9.1.6}$$

gegeben. Hierbei ist $\varepsilon_n(\mathbf{k})$ die Dispersion des Bandes, aus dem das Elektron stammt.[2] Diese Beschreibung enthält in natürlicher Weise den Fall freier Elektronen, für die $\varepsilon = \hbar^2 k^2/2m$ und damit $\mathbf{v} = \hbar \mathbf{k}/m = \mathbf{p}/m$ gilt.

---

[2] Wir werden in diesem Kapitel die Energie mit ε und nicht mit E bezeichnen, um Verwechslungen mit dem elektrischen Feld $\mathbf{E}$ zu vermeiden.

9.1 Semiklassisches Modell

Folgen wir dem Korrespondenzprinzip,[3] so gelangen wir zur semiklassischen Beschreibung der Dynamik von Kristallelektronen. Die wesentlichen Fragen, die wir bei der Beschreibung von Transportphänomenen beantworten müssen, betreffen

- die Natur der Stoßprozesse und
- die Bewegung von Bloch-Elektronen zwischen den Stößen.

Das semiklassische Modell gibt nur eine Antwort auf die zweite Frage. Bezüglich der ersten Frage sei darauf hingewiesen, dass die Bloch-Wellen stationäre Zustände der Schrödinger-Gleichung sind. Falls $\mathbf{v}_n = \frac{1}{\hbar} \frac{\partial \varepsilon_n(\mathbf{k})}{\partial \mathbf{k}} \neq 0$, so bedeutet dies, dass das Bloch-Elektron für alle Zeiten diese endliche Geschwindigkeit besitzt. Dies würde in einer unendlich großen elektrischen Leitfähigkeit resultieren. Einen endlichen Widerstand erhalten wir nur durch Abweichungen von der perfekten Periodizität des betrachten Kristalls, wie sie z. B. durch Verunreinigungen, Gitterfehler oder Phononen verursacht werden. Die daraus resultierenden Streuprozesse werden wir aber erst später diskutieren.

Wir wollen noch abschätzen, wie breit ein Wellenpaket (9.1.3) im Ortsraum ist, dessen Impuls genügend gut definiert ist. Wohldefinierter Impuls bedeutet $\Delta k \ll 2\pi/a$, wobei $2\pi/a$ die Ausdehnung der 1. Brillouin-Zone und a die Gitterkonstante ist. Mit Hilfe der Unschärferelation folgt für die Ortsunschärfe des Wellenpaket $\Delta r \geq 1/\Delta k \gg a/2\pi$. Wir sehen also, dass die räumliche Ausdehnung eines Bloch-Wellenpakets mit einem einigermaßen gut definierten Wellenvektor $\mathbf{k}$ wesentlich größer als die Ausdehnung der Einheitszelle des betrachteten Festkörpers sein muss. Dies ist in Abb. 9.2 schematisch dargestellt. Damit wir die Bewegung des Wellenpakets zwischen zwei Stoßprozessen quasi-klassisch beschreiben können, muss die Ausdehnung des Wellenpakets aber auch kleiner als die mittlere freie Weglänge, also $\Delta r \ll \ell$ sein. Dies ist eine wesentliche Voraussetzung für die in Abschnitt 9.4 verwendeten Boltzmann-Transportgleichungen. In typischen Metallen ist $\ell \gg a$, so dass beide Bedingungen, $\Delta r \gg a/2\pi$ und $\Delta r \ll \ell$, gut erfüllt sind.

---

[3] Nach Heisenberg wird die Zuordnung von klassischen Observablen zu ihren Entsprechungen in der mathematischen Formulierung der Quantenmechanik, den Operatoren auf Hilbert-Räumen, als Korrespondenz bezeichnet. Mit Hilfe des Korrespondenzprinzips können wir dann die physikalisch sinnvollen Gleichungen der Quantenmechanik finden, indem wir die algebraische Form der klassischen Gleichungen übernehmen, wobei bestimmte klassische Observable durch die ihnen korrespondierenden quantenmechanischen Operatoren ersetzt werden. Beispielsweise entsteht durch das Ersetzen der Impulsvariable durch den entsprechenden Impulsoperator (und entsprechend für die Ortsvariable) aus der klassischen Energiegleichung die Schrödinger-Gleichung. Hinweis: Die Quantenphysik erlaubt in der Regel lediglich Wahrscheinlichkeitsangaben für den Wert der Obervablen (z. B. Ort). Sie ist daher nicht mehr bezüglich jeder Fragestellung deterministisch. Berechnet man den Erwartungswert einer Observablen, der sich als Mittelwert der entsprechenden Messgröße bei mehrfacher Wiederholung des Experiments ergibt, so stellt sich heraus, dass dieser den bekannten Gleichungen der Newtonschen Physik gehorcht (Ehrenfest-Theorem). Wenden wir die Regeln der Quantenphysik auf makroskopische mechanische Systeme an, so wird die statistische Streuung der Messergebnisse nahezu unmessbar klein. Dabei entsprechen solche Systeme i. A. einem statistischen Ensemble aus einer großen Zahl von so genannten reinen Quantenzuständen mit großen Quantenzahlen. Damit folgt der deterministische Charakter der klassischen Physik für den makroskopischen Grenzfall aus der Quantenphysik, obwohl letztere selbst nicht deterministisch ist.

Abb. 9.2: Schematische Darstellung der relevanten Längenskalen im semiklassischen Modell. Die Längenskala, über die die externen Felder variieren ist wesentlich größer als die Ausdehnung des Bloch-Wellenpakets und diese wiederum wesentlich größer als der Gitterabstand a.

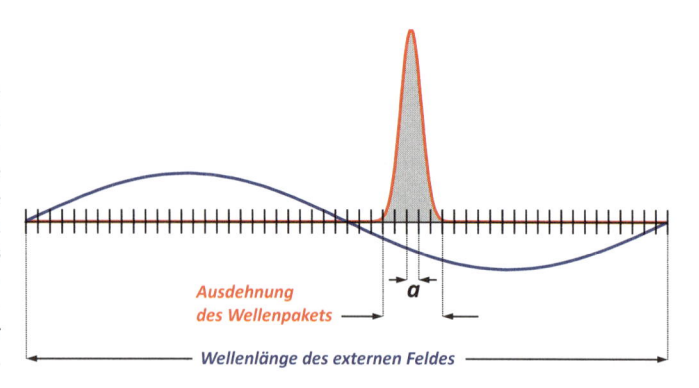

Wir wollen ebenfalls diskutieren, über welche Längenskalen angelegte Felder variieren dürfen. Dazu müssen wir uns in Erinnerung rufen, dass wir das periodische Potenzial des Gitters bei der Beschreibung der elektronischen Zustände quantenmechanisch behandelt haben. Dieses variiert auf der Längenskala der Gitterkonstanten, also einer Skala, die klein gegenüber der Ausdehnung des Wellenpakets ist. Im Rahmen des semiklassischen Modells wollen wir nun Kräfte durch externe Felder klassisch behandeln. Deshalb dürfen die externen Felder nur auf Längenskalen variieren, die groß gegenüber der Ausdehnung des Wellenpakets sind (siehe Abb. 9.2). Letzteres müssen wir fordern, da eine klassische Behandlung keinen Sinn macht, wenn die Wellenlänge des Feldes in den Bereich der Teilchengröße kommt.

9.1.1 Grundlagen des semiklassischen Modells

Das semiklassische Modell beschreibt die Bewegung der Bandelektronen unter der Wirkung von äußeren Kräften, das heißt, es beschreibt die Änderung der Position **r** und des Wellenvektors **k** eines Elektrons[4] durch eine äußere Kraft. Wir werden dabei zunächst Streuprozesse vernachlässigen. Die Beschreibung der Bewegung basiert nur auf der Kenntnis der Bandstruktur $\varepsilon_n(\mathbf{k})$. Es werden keine weiteren Detailkenntnisse des periodischen Potenzials des Festkörpers benötigt. Diese sind ja schon in die Bestimmung der Bandstruktur eingeflossen. Das semiklassische Modell stellt somit eine *Beziehung zwischen der Bandstruktur und den Transporteigenschaften* des Festkörpers her.

Bei vorgegebener Bandstruktur werden im semiklassischen Modell jedem Elektron eine Position **r**, ein Wellenvektor **k** und ein Bandindex n zugeordnet. Im Laufe der Zeit ändern sich diese Größen unter der Wirkung äußerer Kräfte, wobei folgende Regeln gelten:

1. *Bandindex:*
   Der Bandindex ist eine Konstante der Bewegung, d. h. das semiklassische Modell lässt keine Band-Band-Übergänge zu.

---

[4] Wir werden im Folgenden der Einfachheit immer von Elektronen reden, wobei dabei natürlich immer die Wellenpakete gemeint sind, mit denen wir die Elektronen beschreiben.

2. *Bewegungsgleichungen:*
Die zeitliche Entwicklung der Ortskoordinate und des Wellenvektors eines Bandelektrons wird durch folgende Bewegungsgleichungen beschrieben:

$$\frac{d\mathbf{r}}{dt} = \mathbf{v}_n(\mathbf{k}) = \frac{1}{\hbar} \frac{\partial \varepsilon_n(\mathbf{k})}{\partial \mathbf{k}}$$
$$\hbar \frac{d\mathbf{k}}{dt} = \mathbf{F}(\mathbf{r}, t) = -e\left[\mathbf{E}(\mathbf{r}, t) + \mathbf{v}_n(\mathbf{k}) \times \mathbf{B}(\mathbf{r}, t)\right] .$$
(9.1.7)

Gleichung (9.1.7) können wir einfach ableiten, wenn wir die Änderung $\delta \varepsilon$ der Energie eines Kristallelektrons unter der Wirkung einer Kraft **F** betrachten. Klassisch gilt:

$$\delta \varepsilon = \mathbf{F} \cdot \mathbf{v}\, \delta t .$$
(9.1.8)

Andererseits gilt

$$\delta \varepsilon = \frac{\partial \varepsilon_n(\mathbf{k})}{\partial \mathbf{k}} \cdot \delta \mathbf{k} = \hbar \mathbf{v}_n(\mathbf{k}) \cdot \delta \mathbf{k} .$$
(9.1.9)

Damit erhalten wir $\hbar \delta \mathbf{k} = \mathbf{F}\delta t$ oder

$$\hbar \frac{d\mathbf{k}}{dt} = \mathbf{F} .$$
(9.1.10)

3. *Effektive Masse:*
Aus (9.1.7) folgt weiterhin

$$\frac{dv_{n,i}(\mathbf{k})}{dt} = \frac{1}{\hbar} \frac{d}{dt}\left(\frac{\partial \varepsilon_n(\mathbf{k})}{\partial \mathbf{k}}\right) = \frac{1}{\hbar} \sum_{j=1}^{3} \frac{\partial^2 \varepsilon_n(\mathbf{k})}{\partial k_i \partial k_j} \frac{dk_j}{dt} .$$
(9.1.11)

Unter Benutzung von (9.1.10) erhalten wir daraus

$$\frac{dv_{n,i}(\mathbf{k})}{dt} = \frac{1}{\hbar^2} \sum_{j=1}^{3} \frac{\partial^2 \varepsilon_n(\mathbf{k})}{\partial k_i \partial k_j} F_j, \qquad i = 1, 2, 3 .$$
(9.1.12)

Diese Gleichung ist äquivalent zur klassischen Bewegungsgleichung $\dot{\mathbf{v}} = m^{-1}\mathbf{F}$, falls wir die skalare Masse m durch einen *effektiven Massetensor* ersetzen:

$$\left[(m^*)^{-1}(\mathbf{k})\right]_{ij} = \frac{1}{\hbar^2} \frac{\partial^2 \varepsilon_n(\mathbf{k})}{\partial k_i \partial k_j} .$$
(9.1.13)

Dieser Tensor repräsentiert eine dynamische Masse der Kristallelektronen. Wir sehen, dass der effektive Massetensor durch die Krümmung der Bandstruktur $\varepsilon_n(\mathbf{k})$ gegeben ist. Da der effektive Massetensor m^*_{ij} und auch der dazu inverse Tensor $[(m^*)^{-1}]_{ij}$ symmetrisch sind, kann m^*_{ij} auf die Hauptachsen transformiert werden. Im einfachsten Fall, in dem die drei effektiven Massen in Hauptachsenrichtung gleich sind, ist

$$m^*(\mathbf{k}) = \frac{\hbar^2}{d^2 \varepsilon_n(\mathbf{k})/dk^2} .$$
(9.1.14)

Dies ist zum Beispiel an der Ober- und Unterkante eines Bandes der Fall, für das wir den Bandverlauf durch einen isotropen parabolischen Verlauf annähern können (siehe Abschnitt 8.2.2 und 8.3.1):

$$\varepsilon(\mathbf{k}) = \varepsilon_0 \pm \frac{\hbar^2}{2m^*}\left(k_x^2 + k_y^2 + k_z^2\right). \tag{9.1.15}$$

In der Nähe eines solchen kritischen Punktes ist die Benutzung einer effektiven Masse besonders nützlich, da diese hier konstant ist. Bewegt man sich weg von diesem Punkt, so weicht die Bandstruktur mehr oder weniger stark von der Parabelform ab und die effektive Masse wird dadurch $\mathbf{k}$-abhängig.

Als Beispiel ist in Abb. 9.3 der Verlauf zweier eindimensionaler Bänder $\varepsilon_n(k)$ mit starker und schwacher Krümmung an der Bandunter- und Bandoberkante gezeigt. Die effektive Masse ist dementsprechend klein bzw. groß. Am Rand der Brillouin-Zone ist die Krümmung negativ, was in einer negativen effektiven Masse resultiert. Hier bewirkt das äußere Feld eine Abnahme der Geschwindigkeit des Bandelektrons aufgrund einer erhöhten Bragg-Reflexion. Wir sehen, dass wir unter Verwendung der effektiven Masse die Bewegung der Bandelektronen wie diejenige von freien Teilchen beschreiben können, wobei die Wechselwirkung mit dem periodischen Gitterpotenzial jetzt in der effektiven, $\mathbf{k}$-abhängigen Masse steckt.

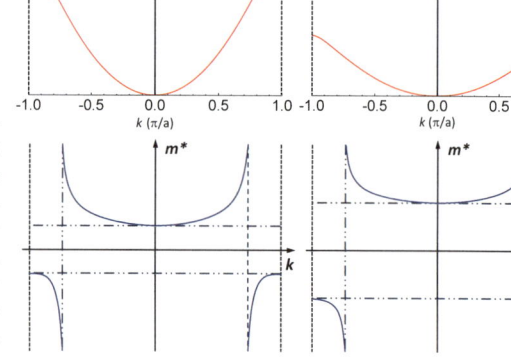

Abb. 9.3: Schematischer Verlauf der Bandstruktur (oben) und der effektiven Masse (unten): (a) eine starke Bandkrümmung resultiert in einer kleinen effektiven Masse. (b) eine schwache Bandkrümmung resultiert in einer großen effektiven Masse.

4. *Kristallimpuls:*

Der Wellenvektor $\mathbf{k}$ ist nur bis auf einen reziproken Gittervektor $\mathbf{G}$ wohldefiniert. Wir können deshalb zwei Elektronen am gleichen Ort und im gleichen Band, deren Wellenvektoren um $\mathbf{G}$ differieren, nicht unterscheiden. Die semiklassischen Bewegungsgleichungen wahren die Äquivalenz. Alle unterscheidbaren Zustände liegen deshalb innerhalb der 1. Brillouin-Zone. Diese Tatsache folgt direkt aus der quantenmechanischen Bloch-Theorie und wird direkt ins semiklassische Modell übernommen.

Wir haben gesehen, dass die Bewegungsgleichungen (9.1.7) für Kristallelektronen denjenigen von freien Elektronen entsprechen mit der Ausnahme, dass $\varepsilon_n(\mathbf{k})$ anstelle der Energie $\hbar^2\mathbf{k}^2/2m$ freier Elektronen auftritt. Nichtsdestotrotz ist $\hbar\mathbf{k}$ nicht der Impuls der Bloch-Elektronen sondern nur ihr Quasi-Impuls. Die zeitliche Änderung des Impulses wird nämlich durch die gesamte auf ein Elektron wirkende Kraft bestimmt, während die

9.1 Semiklassisches Modell

Änderung von $\hbar\mathbf{k}$ nur aus den äußeren Kräften resultiert und nicht aus den Kräften durch das periodische Gitterpotenzial.

5. *Fermi-Statistik:*
   Im thermischen Gleichgewicht ist der Beitrag von Elektronen aus dem n-ten Band mit Wellenvektoren aus dem Volumenelement d^3k zur elektronischen Zustandsdichte gegeben durch

$$2\frac{V}{(2\pi)^3}\,d^3k\,f\big[\varepsilon_n(\mathbf{k}),T\big] = \frac{V}{4\pi^3}\,\frac{d^3k}{e^{[\varepsilon_n(\mathbf{k})-\mu]/k_BT}+1}\,. \tag{9.1.16}$$

Hierbei ist $\frac{V}{(2\pi)^3}$ die Zustandsdichte im $\mathbf{k}$-Raum, μ das chemische Potenzial und der Faktor 2 resultiert aus der Spin-Entartung. Diese Regel folgt direkt aus der Quantenstatistik und wird direkt ins semiklassische Modell übernommen.

9.1.2 Gültigkeitsbereich des semiklassischen Modells

9.1.2.1 Band-Band-Übergänge

Wir setzen voraus, dass die angelegten Felder keine Band-Band-Übergänge verursachen können. Deshalb hat jedes Band eines feste Zahl von Elektronen. Im oder nahe am thermischen Gleichgewicht werden alle Bänder, die um Vielfache der thermischen Energie k_BT oberhalb der Fermi-Energie liegen, leer sein. Solche, die um mehrere k_BT unterhalb von ε_F liegen, werden vollständig besetzt sein. Es reicht deshalb meist aus, nur ein bzw. wenige Bänder mit einem bzw. wenigen Ladungsträgertypen zu betrachten.

9.1.2.2 Größe der äußeren Felder

Die Kristallelektronen nehmen in äußeren Feldern Energie auf. Da Band-Band-Übergänge verboten sein sollen, müssen wir die Größe der äußeren Felder begrenzen. Die Ableitung dieser Obergrenze ist relativ aufwändig und soll hier nicht durchgeführt werden. Man erhält[5]

$$e|\mathbf{E}|a \ll \frac{[\varepsilon_g(\mathbf{k})]^2}{\varepsilon_F} \tag{9.1.17}$$

$$\hbar\omega_c \ll \frac{[\varepsilon_g(\mathbf{k})]^2}{\varepsilon_F}\,. \tag{9.1.18}$$

Hierbei ist $\varepsilon_g(\mathbf{k})$ die Bandlücke für einen bestimmten Wellenvektor, a die Gitterkonstante, $\mathbf{E}$ das elektrische Feld und $\omega_c = \frac{eB}{m}$ die Zyklotronfrequenz.

---

[5] Anschaulich können wir argumentieren, dass die Geschwindigkeitsänderung δv durch Änderungen $\delta k = F\delta t/\hbar$ aufgrund einer von außen für die Zeit δt wirkenden Kraft F klein gegenüber der typischen Geschwindigkeit der Elektronen, nämlich der Fermi-Geschwindigkeit v_F sein muss. Da $\delta v = \frac{\partial v}{\partial k}\delta k = \frac{1}{\hbar}\frac{\partial^2 \varepsilon}{\partial k^2}\delta k$ und die Bandkrümmung $\frac{\partial^2 \varepsilon}{\partial k^2}$ am Zonenrand am größten ist, können wir für unsere Abschätzung Gleichung (8.2.25) für den Bandverlauf am Zonenrand verwenden. Setzt man die entsprechenden Ausdrücke für die Kräfte durch ein elektrisches oder magnetisches Feld ein, so lassen sich die Abschätzungen (9.1.17) und (9.1.18) herleiten. Siehe hierzu auch Anhang J in *Festkörperphysik*, N. W. Ashcroft, N. D. Mermin, Oldenbourg Verlag, München (2012).

Nehmen wir eine übliche elektrische Stromdichte von $J_q = 100\,\mathrm{A/cm^2}$ und einen spezifischen Widerstand von $\rho = 100\,\mu\Omega\mathrm{cm}$ an, erhalten wir ein elektrisches Feld in der Größenordnung von $E \sim 10^{-2}\,\mathrm{V/cm}$. Mit einer Gitterkonstante $a \sim 10^{-8}\,\mathrm{cm}$ erhalten wir $e|E|a \sim 10^{-10}\,\mathrm{eV}$. Da $\varepsilon_\mathrm{F} \sim 1\,\mathrm{eV}$, müsste $\varepsilon_g \lesssim 10^{-5}\,\mathrm{eV}$ sein, damit die obige Ungleichung nicht erfüllt ist. Dies ist in der Praxis nie der Fall außer für die kleinen **k**-Raumbereiche, wo sich zwei Bänder kreuzen. Falls die Bedingung (9.1.17) verletzt wird, können Elektronen durch die Wirkung eines elektrischen Feldes Band-Band-Übergänge machen. Wir sprechen dann von einem *elektrischen Durchbruch* (siehe hierzu auch Abschnitt 9.7.4).

Die Bedingung (9.1.18) ist leichter zu verletzen. Die Energie $\hbar\omega_\mathrm{c}$ ist für Felder von etwa 1 T im Bereich von $10^{-4}\,\mathrm{eV}$. Das heißt, für $\varepsilon_\mathrm{F} \sim 1\,\mathrm{eV}$ wird Bedingung (9.1.18) bereits für $\varepsilon_g \sim 10^{-2}\,\mathrm{eV}$ verletzt. Bei einer Verletzung von (9.1.18) sprechen wir von einem *magnetischen Durchbruch*. Die Elektronen können in diesem Fall nicht mehr den Trajektorien folgen, die wir nach dem semiklassischen Modell erwarten.

9.1.2.3 Frequenzbereich für Wechselfelder

Genauso wie für die Amplitude müssen wir auch für die Frequenz der Wechselfelder eine Obergrenze setzen:

$$\hbar\omega \ll \varepsilon_g. \qquad (9.1.19)$$

In diesem Fall reicht die Energie eines einzelnen Photons nicht aus, einen Band-Band-Übergang zu erzeugen. Außerdem haben wir oben bereits die Bedingung $\lambda \gg a$ gefordert, da sonst die Einführung von Wellenpaketen nicht mehr sinnvoll wäre.

9.2 Bewegung von Kristallelektronen

Wir wollen in diesem Abschnitt die Bewegung von Kristallelektronen im Rahmen des semiklassischen Modells unter folgenden Annahmen beschreiben:

- es wird nur ein Band betrachtet (Bandindex n wird weglassen)
- $f(\varepsilon, T) = f(\varepsilon, T{=}0)$

9.2.1 Gefüllte Bänder

Elektronen mit **k**-Vektoren aus einem Bereich d^3k tragen $2Z(k)d^3k/V = d^3k/4\pi^3$ zur Elektronendichte bei. Die resultierende Zahl von Elektronen in einem Volumenelement d^3r im Ortsraum ist $d^3r\,d^3k/4\pi^3$. Wir können ein gefülltes Band deshalb dadurch charakterisieren, dass die Dichte der Elektronen im 6-dimensionalen **r**-**k**-Raum (Phasenraum) gleich $1/4\pi^3$ ist. Die semiklassischen Bewegungsgleichungen implizieren, dass das volle Band für alle Zeiten ein volles Band bleibt. Dies ist eine direkte Konsequenz des semiklassischen Analogons zum *Liouvilleschen Theorem*, das besagt, dass das Phasenraumvolumen während einer klassischen Bewegung erhalten bleibt. Wir können daraus folgern, dass durch eine semiklassische Bewegung der Kristallelektronen unter der Wirkung externer Felder die Konfiguration eines gefüllten Bandes nicht geändert wird. Das volle Band ist *inert*.

9.2.1.1 Ströme in gefüllten Bändern

Wir betrachten den Beitrag $d\mathbf{J}$ der Elektronen mit $\mathbf{k}$-Vektoren aus einem Bereich d^3k zur Teilchenstromdichte $\mathbf{J}$. Mit der Zustandsdichte $1/4\pi^3$ im $\mathbf{k}$-Raum (für beide Spin-Richtungen) erhalten wir

$$d\mathbf{J} = \mathbf{v}(\mathbf{k}) \frac{1}{4\pi^3} d^3k = \frac{1}{4\pi^3 \hbar} \nabla_\mathbf{k} \varepsilon(\mathbf{k}) \, d^3k \,. \tag{9.2.1}$$

Die Gesamtteilchenstromdichte erhalten wir, indem wir über die 1. Brillouin-Zone integrieren. Wir betrachten zunächst die elektrische Stromdichte $\mathbf{J}_q = -e \cdot \mathbf{J}$:[6]

$$\mathbf{J}_q = \frac{-e}{4\pi^3 \hbar} \int_{1\,\text{B.Z.}} \nabla_\mathbf{k} \varepsilon(\mathbf{k}) \, d^3k \,. \tag{9.2.2}$$

Äquivalent dazu erhalten wir die Wärmestromdichte[7] $\mathbf{J}_h = (\varepsilon - \mu) \cdot \mathbf{J}$

$$\mathbf{J}_h = \frac{1}{4\pi^3 \hbar} \int_{1\,\text{B.Z.}} \left[\varepsilon(\mathbf{k}) - \mu\right] \nabla_\mathbf{k} \varepsilon(\mathbf{k}) \, d^3k$$

$$= \frac{1}{8\pi^3 \hbar} \int_{1\,\text{B.Z.}} \nabla_\mathbf{k} \left[\varepsilon(\mathbf{k}) - \mu\right]^2 d^3k \,. \tag{9.2.3}$$

In (9.2.2) und (9.2.3) integrieren wir über den Gradienten der periodischen Funktion $\varepsilon(\mathbf{k}) = \varepsilon(\mathbf{k} + \mathbf{G})$, was null ergibt.[8] Wir können daraus die wichtige Schlussfolgerung ziehen:

> Der elektrische und Wärmestrom in einem gefüllten Band verschwindet. Elektrische und Wärmeleitung ist nur durch Elektronen in teilweise gefüllten Bändern möglich.

Anmerkung: Im Drude-Modell wurde angenommen, dass jedes Gitteratom mit einer Anzahl von Valenzelektronen zum elektrischen und Wärmetransport beiträgt. Diese Annahme war nur deshalb erfolgreich, weil in vielen Fällen die Bänder, die von den Valenzelektronen bevölkert werden, nur teilweise gefüllt sind.

9.2.2 Teilweise gefüllte Bänder

Ein wichtiges Ergebnis des semiklassischen Modells ist die Erklärung des anomalen Vorzeichens des Hall-Effekts von Metallen. Das Modell der freien Elektronen kann diese Beobachtung nur durch das Vorhandensein von positiv geladenen Ladungsträgern erklären. Das

---

[6] Wir verwenden die Größe e für das positive Ladungsquant. Die Ladung eines Elektrons ist somit $-e$.

[7] Wärme ist innere Energie minus freie Energie. Die freie Energie eines Elektrons ist gleich seinem chemischen Potenzial μ. Die durch ein Elektron transportierte Wärme ist somit $\varepsilon(\mathbf{k}) - \mu$.

[8] Aus Symmetriegründen gilt $\varepsilon(\mathbf{k}) = \varepsilon(-\mathbf{k})$ und damit $\mathbf{v}(-\mathbf{k}) = \frac{1}{\hbar}\nabla_{-\mathbf{k}}\varepsilon(-\mathbf{k}) = \frac{1}{\hbar}\nabla_{-\mathbf{k}}\varepsilon(\mathbf{k}) = -\mathbf{v}(\mathbf{k})$. In einem vollen Band finden wir deshalb zu jedem $\mathbf{v}(\mathbf{k})$ ein entsprechendes $-\mathbf{v}(-\mathbf{k})$, so dass das Integral über die gesamte Brillouin-Zone verschwindet.

semiklassische Modell kann diese Beobachtung dagegen in natürlicher Weise durch nur teilweise gefüllte Bänder erklären. Die fehlenden Elektronen in einem Band können als positiv geladene Löcher betrachtet werden, die äquivalenten Bewegungsgleichungen gehorchen.

9.2.2.1 Ströme in teilweise gefüllten Bändern

Der Stromdichtebeitrag von besetzten Elektronenzuständen in einem Band ist gegeben durch

$$\mathbf{J}_q = \frac{-e}{4\pi^3\hbar} \int_{\text{besetzt}} \nabla_\mathbf{k} \varepsilon(\mathbf{k}) \, d^3k \, . \tag{9.2.4}$$

Im Gegensatz zu einem vollen Band ist $\mathbf{J}_q$ jetzt nicht mehr notwendigerweise null. Die Stromdichte verschwindet nur im thermischen Gleichgewicht, da wir hier wiederum für jedes $\mathbf{v}(\mathbf{k})$ ein entsprechendes $-\mathbf{v}(-\mathbf{k})$ finden können, so dass das Integral verschwindet. Sobald wir aber durch eine externe Störung (zum Beispiel elektrisches Feld) eine Umverteilung innerhalb des Bandes vornehmen, verschwindet die Stromdichte nicht mehr.

Bewegung im elektrischen Feld: Ist ein Band nicht vollständig gefüllt, so bewirkt das Anlegen eines elektrischen Feldes eine Änderung der Geschwindigkeitsverteilung der Elektronen. Für die zeitliche Änderung des Wellenvektors gilt:

$$\mathbf{k}(t) = \mathbf{k}(0) + \frac{e\mathbf{E}}{\hbar} t \, . \tag{9.2.5}$$

Das heißt, dass sich der Wellenvektor zu jeder Zeit um den gleichen Betrag ändert. Für die Geschwindigkeit folgt daraus

$$\mathbf{v}(\mathbf{k}, t) = \mathbf{v}\left(\mathbf{k}(0) + \frac{e\mathbf{E}}{\hbar} t\right) \, . \tag{9.2.6}$$

Da $\mathbf{v}(\mathbf{k})$ eine periodische Funktion im $\mathbf{k}$-Raum ist, ist $\mathbf{v}(\mathbf{k}, t)$ eine beschränkte Funktion in der Zeit. Wenn das elektrische Feld $\mathbf{E} \parallel \mathbf{G}$, so ist $\mathbf{v}(\mathbf{k}, t)$ eine periodische Funktion. Dies ist in Abb. 9.4 gezeigt. Wir sehen, dass in der Nähe der Zonengrenze die Geschwindigkeit abnimmt und am Zonenrand verschwindet. Das bedeutet, dass die Beschleunigung des Elektrons der äußeren Kraft entgegengerichtet ist. Dieses Verhalten ist eine Konsequenz der auf das Elektron wirkenden Gitterkräfte, die im betrachteten semiklassischen Modell nicht explizit berücksichtigt werden.

Falls wir keine Streuprozesse hätten, würde der Wellenvektor der Elektronen unter der Wirkung des anliegenden elektrischen Feldes kontinuierlich anwachsen. In diesem Fall kann ein Kristallelektron zwischen zwei Stößen im $\mathbf{k}$-Raum eine Strecke größer als die Dimension der 1. Brillouin-Zone durchlaufen, wodurch wir eine oszillierende Geschwindigkeit erhalten. Ein von außen angelegtes Feld führt dann zu einer oszillierenden Elektronenbewegung, also zu einem Wechselstrom. Dieses Phänomen wird als **Bloch-Oszillation** bezeichnet. Wir sehen also, dass wir auch in einem teilweise gefüllten Band ohne Streuprozesse offensichtlich keinen Gleichstrom entlang der Richtung des anliegenden E-Feldes erhalten würden.

9.2 Bewegung von Kristallelektronen

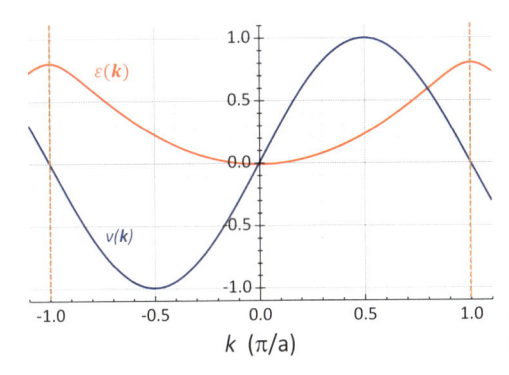

Abb. 9.4: Verlauf von $\varepsilon(\mathbf{k})$ und $\mathbf{v}(\mathbf{k})$ als Funktion von $\mathbf{k}$ oder äquivalent als Funktion der Zeit, da $\mathbf{k}(t) \propto t$. Der Verlauf in einer Dimension entspricht dem Verlauf parallel zu einem reziproken Gittervektor.

Die Frequenz der Bloch-Oszillationen können wir leicht ableiten. Da $|\dot{k}| = eE/\hbar$ und die Ausdehnung der Brillouin-Zone $2\pi/a$ beträgt, ergibt sich für die Schwingungsperiode $(2\pi/a)/|\dot{k}| = h/eEa$. Die Schwingungsfrequenz $\nu_B = eEa/h$ ist also proportional zum angelegten elektrischen Feld E und zur Gitterkonstanten a. Da die Gitterkonstante a in der Größenordnung von 1 Å liegt, werden mit elektrischen Feldstärken von etwa 1000 V/cm bereits Frequenzen im GHz-Bereich erreicht.[9,10] Praktische Anwendung finden Bloch-Oszillationen deshalb in elektronischen Bauelementen zur Erzeugung von THz-Strahlung. Da sich die Elektronen mit der Fermi-Geschwindigkeit $v_F \sim 10^6$ m/s bewegen, beträgt die Schwingungsamplitude etwa $v_F/4\nu_B$. Bei Frequenzen von etwas 1 GHz ergeben sich somit Schwingungsamplituden im 100 μm-Bereich. Dies zeigt, dass Bloch-Oszillationen nur in sehr reinen Materialien auftreten. Ist die mittlere freie Weglänge kleiner als die Schwingungsamplitude, so werden die Bloch-Oszillationen durch Streuprozesse unterdrückt.

9.2.2.2 Das Lochkonzept

Für ein vollkommen volles Band gilt $\mathbf{J}_q = 0$. Schreiben wir die Integration über die besetzten Zustände in (9.2.4) als Differenz eines Integrals über die volle Brillouin-Zone und einem Integral über die unbesetzten Zustände, so erhalten wir

$$\mathbf{J}_q = \underbrace{\frac{-e}{4\pi^3\hbar} \int_{1.\,\text{BZ}} \nabla_\mathbf{k}\varepsilon(\mathbf{k})\, d^3k}_{=0} - \frac{-e}{4\pi^3\hbar} \int_{\text{unbesetzt}} \nabla_\mathbf{k}\varepsilon(\mathbf{k})\, d^3k$$

$$= \frac{+e}{4\pi^3\hbar} \int_{\text{unbesetzt}} \nabla_\mathbf{k}\varepsilon(\mathbf{k})\, d^3k\,. \tag{9.2.7}$$

Wir sehen, dass der Strombeitrag der besetzten Elektronenzustände eines Bandes äquivalent zu dem Strom ist, den wir erhalten, wenn wir alle diese Zustände frei lassen und die zuvor unbesetzten Zustände mit positiv geladenen Ladungsträgern füllen würden. Das bedeutet,

---

[9] J. Feldmann, K. Leo, J. Shah, D. A. B. Miller, J. E. Cunningham, T. Meier, G. von Plessen, A. Schulze, P. Thomas and S. Schmitt Rink, *Optical investigation of Bloch oscillations in a semiconductor superlattice*, Phys. Rev. B **46**, 7252 (1992).

[10] Ch. Waschke, H. G. Roskos, R. Schwedler, K. Leo, H. Kurz, *Coherent submillimeter-wave emission from Bloch oscillations in a semiconductor superlattice*, Phys. Rev. Lett. **70**, 3319–3322 (1993).

dass wir, wenn es vorteilhaft ist, annehmen können, dass der Stromtransport durch fiktive, positiv geladene Teilchen erfolgt, selbst wenn in dem betrachteten Festkörper nur negativ geladene Elektronen vorhanden sind. Wir nennen diese fiktiven, positiv geladenen Teilchen **Löcher** oder **Defektelektronen**. Ein anschauliches Beispiel für den Nutzen des Lochkonzepts ist ein bis auf einen freien Platz vollkommen gefülltes Band. Anstelle die Bewegung einer sehr großen Zahl von negativ geladenen Elektronen zu beschreiben, können wir uns auf die Beschreibung der Bewegung eines einzigen Lochs beschränken. Das Ergebnis ist dasselbe. Wir werden das Lochkonzept ausführlich bei der Beschreibung des Ladungstransports in Halbleitern (vergleiche Kapitel 10), die ein fast ganz gefülltes Valenzband besitzen, benutzen. Den Ladungstransport in diesem Band können wir einfach durch die wenigen fehlenden Elektronen in diesem Band, also durch Löcher, beschreiben.

9.2.3 Elektronen und Löcher

9.2.3.1 Bewegung von Elektronen und Löchern

Da wir die Bewegung von Kristallelektronen in einem semiklassischen Modell betrachten, ist die Bahn der Elektronen, wenn wir **r** und **k** zu einem bestimmten Zeitpunkt wissen, für alle Zeiten vorausbestimmt. Das bedeutet, dass sich die Trajektorien von zwei Elektronen im 6-dimensionalen Phasenraum nicht schneiden dürfen (siehe hierzu Abb. 9.5). Wir können deshalb auch die Menge der Trajektorien in besetzte und unbesetzte Bahnkurven trennen. Das bedeutet, dass die zeitliche Entwicklung der besetzten und unbesetzten Zustände vollkommen durch die Struktur der Trajektorien bestimmt ist. Diese hängen aber nur von der Form der semiklassischen Bewegungsgleichungen ab und nicht davon, ob jetzt ein Elektron tatsächlich dieser Bahnkurve folgt oder nicht. Wir können daraus die Schlussfolgerung ziehen, *dass sich unbesetzte Zustände in einem Band unter dem Einfluss von Kräften zeitlich genauso entwickeln, als wenn sie von realen Elektronen mit Ladung +e besetzt wären*.

Aus unserer obigen Überlegung folgt ferner, dass es völlig ausreichend ist zu wissen, wie sich Elektronen unter dem Einfluss äußerer Kräfte bewegen, wenn wir wissen wollen, wie sich Löcher bewegen. Die Bewegung eines Elektrons mit Ladung $-e$ unter der Wirkung der Kräfte durch elektrische und magnetische Felder wird durch (vergleiche (9.1.7))

$$\hbar \frac{d\mathbf{k}}{dt} = \mathbf{F}(\mathbf{r}, t) = -e\left[\mathbf{E}(\mathbf{r}, t) + \mathbf{v}(\mathbf{k}) \times \mathbf{B}(\mathbf{r}, t)\right] \qquad (9.2.8)$$

Abb. 9.5: Schematische Darstellung der zeitlichen Entwicklung der Trajektorien im 6-dimensionalen Phasenraum (Orts- und Impulsraum werden jeweils durch eine Koordinate repräsentiert). Der besetzte Bereich zur Zeit $t = t_0$ wird eindeutig durch den besetzten Bereich zur Zeit $t = 0$ bestimmt.

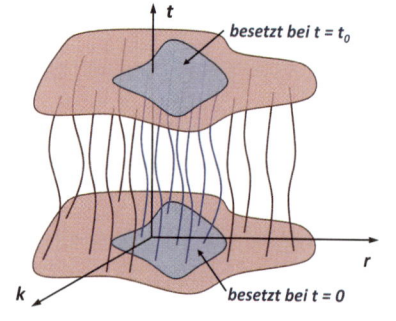

9.2 Bewegung von Kristallelektronen

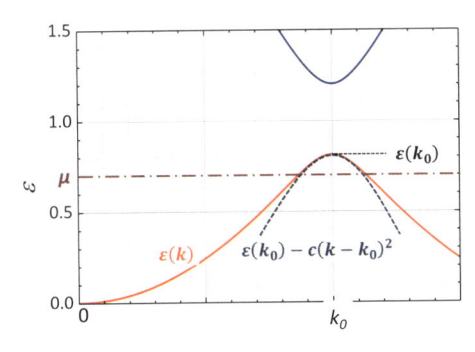

Abb. 9.6: Bandstruktur in der Umgebung eines Bandmaximums bei $\mathbf{k} = \mathbf{k}_0$.

beschrieben. Ob nun die Trajektorie eines Elektrons derjenigen eines freien Teilchens mit Ladung $-e$ ähnlich ist, hängt davon ab, ob die Beschleunigung $\dot{\mathbf{v}}$ parallel oder anti-parallel zu $\dot{\mathbf{k}}$ ist. Ist $\dot{\mathbf{v}}$ anti-parallel zu $\dot{\mathbf{k}}$, so würde das Kristallelektron auf das äußere Feld eher wie ein positiv geladenes, freies Teilchen reagieren. Wir werden im Folgenden zeigen, dass dies in der Tat für Zustände in der Nähe der Oberkante eines Bandes zutrifft.

Wir betrachten ein Band mit Maximum $\varepsilon(\mathbf{k}_0)$ beim Wellenvektor $\mathbf{k}_0$ (siehe Abb. 9.6). Das Fermi-Niveau liegt in der Nähe des Bandmaximums. Wir betrachten die Bewegung eines Elektrons bei $\varepsilon = \varepsilon_F$, das aufgrund der negativen Bandkrümmung eine negative effektive Masse hat. Um das Bandmaximum können wir das Band durch einen parabelförmigen Verlauf annähern:

$$\varepsilon(\mathbf{k}) = \varepsilon(\mathbf{k}_0) - c(\mathbf{k} - \mathbf{k}_0)^2 \, . \tag{9.2.9}$$

Hierbei ist c eine positive Konstante. Entsprechend unserer Diskussion in Abschnitt 9.1.1 bestimmt die Konstante c die effektive Masse

$$m^* = \frac{\hbar^2}{d^2\varepsilon_n/dk^2} = -\frac{\hbar^2}{2c} < 0 \, . \tag{9.2.10}$$

Wir sehen, dass m^* negativ ist, da c ja eine positive Konstante ist. Für Wellenvektoren nahe $\mathbf{k}_0$ gilt

$$\mathbf{v}(\mathbf{k}) = \frac{1}{\hbar}\frac{\partial \varepsilon}{\partial \mathbf{k}} = -\frac{2c}{\hbar}(\mathbf{k} - \mathbf{k}_0) \tag{9.2.11}$$

und damit

$$\frac{d}{dt}\mathbf{v}(\mathbf{k}) = -\frac{2c}{\hbar}\frac{d}{dt}\mathbf{k} \propto -\dot{\mathbf{k}} \, . \tag{9.2.12}$$

Wir sehen, dass die Beschleunigung anti-parallel zu $\dot{\mathbf{k}}$, also zur wirkenden Kraft ist. Setzen wir (9.2.12) in die Bewegungsgleichung (9.2.8) ein, so sehen wir, dass das negativ geladene Elektron in der Nähe des Bandmaximums auf äußere Felder gerade so reagiert, als ob es eine negative effektive Masse hätte. Ändern wir einfach das Vorzeichens auf beiden Seiten von (9.2.8), so stellen wir fest, dass die Bewegungsgleichung in gleicher Weise die Bewegung eines positiv geladenen Teilchens mit positiver effektiver Masse beschreibt. Wir können also sagen, *dass ein Elektron mit einer negativen effektiven Masse und negativen Ladung auf äußere Felder genauso reagiert wie ein entsprechendes Teilchen mit einer positiven effektiven Masse und positiven Ladung.* Da wir oben gesehen haben, dass die Reaktion eines Lochs derjenigen eines Elektrons entspricht, wenn dieses sich in dem unbesetzten Zustand befinden würde, können wir folgern, dass Löcher sich in jeglicher Hinsicht wie positiv geladene Teilchen verhalten.

Die Bedingung, dass der unbesetzte Zustand nahe am Bandmaximum liegen muss, um die Entwicklung (9.2.9) zu rechtfertigen, kann relaxiert werden. Im Allgemeinen sprechen wir von lochartigem Verhalten, falls $m^* < 0$, und von elektronenartigem Verhalten, falls $m^* > 0$. Falls die Geometrie des unbesetzten Gebiets im **k**-Raum sehr kompliziert wird, verliert das Lochkonzept allerdings seine Nützlichkeit.

9.2.3.2 Eigenschaften von Elektronen und Löchern

Wir haben bisher gesehen, dass Löcher Eigenschaften haben, die an positive Ladungsträger erinnern, wir sie aber trotzdem nicht einfach als positive Ladungsträger betrachten dürfen. Wir wollen im Folgenden die wichtigsten Eigenschaften von Elektronen und Löchern gegenüberstellen. Dabei werden wir Größen mit den Indizes „e" und „h" für Elektronen und Löcher (engl. holes) benutzen.

1. *Wellenvektor **k**:*
   In einem vollen Band verschwindet die Summe aller Wellenvektoren: $\sum \mathbf{k} = 0$. Nehmen wir ein Elektron mit Impuls $\mathbf{k}_e$ heraus, so haben die verbleibenden Elektronen den Impuls $\sum \mathbf{k} - \mathbf{k}_e = -\mathbf{k}_e$. Wir können also dem fehlenden Elektron, also dem Loch, den Impuls
   $$\mathbf{k}_h = -\mathbf{k}_e \tag{9.2.13}$$
   zuordnen. Dies ist in Abb. 9.7a skizziert.

2. *Energie ε:*
   Um ein Elektron aus einem besetzten Zustand im Inneren eines Bandes in einen freien Zustand an der Fermi-Kante zu bringen, müssen wir die Energie $\Delta\varepsilon = \varepsilon_F - \varepsilon_e(\mathbf{k})$ aufbringen. Um ein Loch aus dem Inneren des Bandes an die Fermi-Kante zu bringen, müssen wir dagegen den Lochzustand mit einem Elektron von der Fermi-Kante auffüllen (siehe Abb. 9.7b). Die damit verbundene Energieänderung ist $\Delta\varepsilon = -\varepsilon_F + \varepsilon_h(\mathbf{k})$, da bei diesem Vorgang Energie gewonnen wird. Legen wir den Energie-Nullpunkt in das Fermi-Niveau, so erhalten wir:
   $$\varepsilon_h(\mathbf{k}) = -\varepsilon_e(\mathbf{k}) \,. \tag{9.2.14}$$
   Wir müssen also bei Elektronen Energie aufbringen, wenn wir sie im Band nach oben heben, während wir bei Löchern Energie gewinnen. Wir können uns diese Tatsache dadurch veranschaulichen, dass wir Elektronen als schwere Metallkugeln und Löcher als Luftblasen in einer Flüssigkeit betrachten. Für die Elektronen müssen wir Energie aufbringen, um sie in der Flüssigkeit nach oben zu heben. Für die Löcher müssen wir dagegen Energie aufwenden, um sie in der Flüssigkeit nach unten zu drücken.

9.2 Bewegung von Kristallelektronen

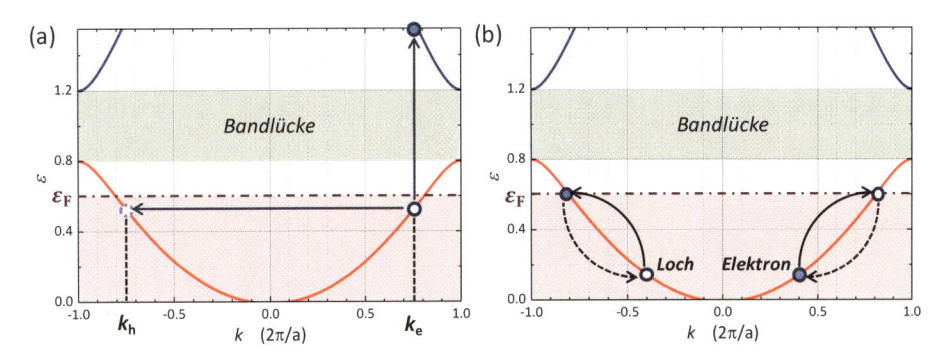

Abb. 9.7: (a) Durch Anregung (z. B. durch Absorption eines Photons) eines Elektrons aus dem unteren Band (rot) in das darüberliegende Band (blau) erzeugen wir im vollen Band ein Loch. Das resultierende Loch besitzt allerdings den Impuls $\mathbf{k}_h = -\mathbf{k}_e$. (b) Das Anheben eines Lochs auf das Fermi-Niveau (links) entspricht formal dem Auffüllen des Lochs mit einem Elektron von der Fermi-Kante (gestrichelter Pfeil). Dabei wird die Energiedifferenz der beiden Elektronenzustände frei. Beim Anheben eines Lochs wird also Energie gewonnen. Beim Anheben eines Elektrons (rechts) wird dagegen Energie verbraucht. Der Vorgang ist formal äquivalent zum Absenken eines Lochs von der Fermi-Energie (gestrichelter Pfeil).

3. *Effektive Masse m^**:
   Da wir beim Übergang von Elektronen zu Löchern sowohl bei der Energie als auch dem Wellenvektor einen Vorzeichenwechsel erhalten, folgt für die effektive Masse

$$\left(\frac{1}{m^*}\right)_h = \frac{1}{\hbar^2}\left[\frac{\partial^2 \varepsilon(\mathbf{k})}{\partial k \partial k}\right]_h = \frac{1}{\hbar^2}\left[\frac{-\partial^2 \varepsilon(\mathbf{k})}{(-\partial k)(-\partial k)}\right]_e = -\left(\frac{1}{m^*}\right)_e, \qquad (9.2.15)$$

   also

$$m_h^* = -m_e^*. \qquad (9.2.16)$$

   In der Nähe der Oberkante eines Bandes ist m_e^* negativ und damit m_h^* positiv.

4. *Geschwindigkeit v*:
   Der mit dem Übergang von Elektronen zu Löchern verbundene Vorzeichenwechsel sowohl bei der Energie als auch dem Wellenvektor resultiert in

$$\mathbf{v}_h(\mathbf{k}) = \frac{1}{\hbar}\left[\frac{\partial \varepsilon(\mathbf{k})}{\partial \mathbf{k}}\right]_h = \frac{1}{\hbar}\left[\frac{-\partial \varepsilon(\mathbf{k})}{-\partial \mathbf{k}}\right]_e = \mathbf{v}_e(\mathbf{k}). \qquad (9.2.17)$$

Dieses Ergebnis ist anschaulich klar, da die Löcher bei einer gleichförmigen Bewegung der Elektronen natürlich der Elektronenbewegung folgen müssen. Beim Stromtransport ist allerdings zu berücksichtigen, dass sich die Elektronen in einem Band an der Bandunterkante und die Löcher an der Bandoberkante befinden. Infolge des umgekehrten Vorzeichens der effektiven Masse bewegen sich dann Elektronen und Löcher aufgrund der auf sie wirkenden Kraft in entgegengesetzte Richtungen.

5. *Bewegungsgleichungen:*
Aus den obigen Überlegungen ergibt sich für die Bewegungsgleichungen der Elektronen und Löcher

$$\hbar\frac{\partial \mathbf{k}_e}{\partial t} = -e(\mathbf{E} + \mathbf{v}_e \times \mathbf{B}) \qquad (9.2.18)$$

$$\hbar\frac{\partial \mathbf{k}_h}{\partial t} = +e(\mathbf{E} + \mathbf{v}_h \times \mathbf{B}) \,. \qquad (9.2.19)$$

Löcher bewegen sich also wie Teilchen mit positiver Ladung.

9.2.4 Semiklassische Bewegung im homogenen Magnetfeld

Die Bewegung von Elektronen in Gegenwart eines homogenen Magnetfeldes liefert wertvolle Informationen über die elektronische Bandstruktur. Die Bewegungsgleichungen für Elektronen lauten:

$$\frac{d\mathbf{r}}{dt} = \mathbf{v}(\mathbf{k}) = \frac{1}{\hbar}\nabla_\mathbf{k}\varepsilon(\mathbf{k}) \qquad (9.2.20)$$

$$\hbar\frac{d\mathbf{k}}{dt} = \mathbf{F}(\mathbf{r},t) = (-e)\mathbf{v}(\mathbf{k}) \times \mathbf{B} = \frac{e}{\hbar}\left[\mathbf{B} \times \nabla_\mathbf{k}\varepsilon(\mathbf{k})\right] \,. \qquad (9.2.21)$$

Wir erkennen aus diesen Gleichungen sofort, dass $\varepsilon(\mathbf{k})$ und die Komponente von **k** parallel zu **B** Konstanten der Bewegung sind. Es gilt nämlich $dk_\parallel/dt = 0$ und ferner $d\varepsilon/dt = \mathbf{F} \cdot \mathbf{v} = (-e)[\mathbf{v}(\mathbf{k}) \times \mathbf{B}] \cdot \mathbf{v}(\mathbf{k}) = 0$. Daraus können wir folgern, dass die Bewegung auf Flächen konstanter Energie, $\varepsilon(\mathbf{k}) = \text{const}$, erfolgt und dass die Bahnkurven auf diesen Flächen in einer Ebene senkrecht zum anliegenden **B**-Feld liegen (siehe Abb. 9.8).

Abb. 9.8: Die Bahnkurven von Kristallelektronen im homogenen Magnetfeld verlaufen entlang der Schnittlinie einer Ebene senkrecht zum Magnetfeld mit der Fläche konstanter Energie im **k**-Raum.

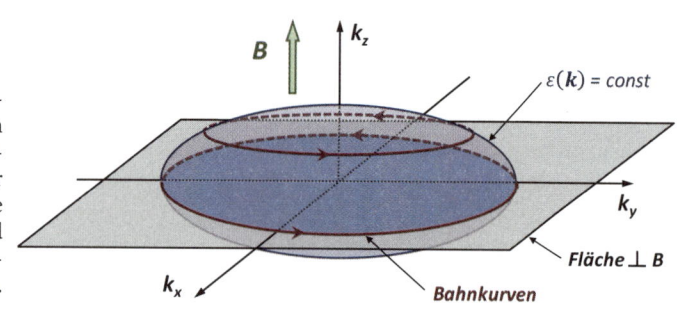

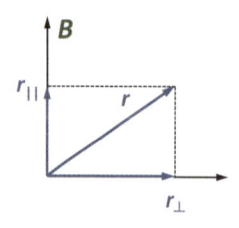

Abb. 9.9: Zur Definition von $\mathbf{r}_\perp$.

Der Umlaufsinn der in Abb. 9.8 gezeigten Bahnkurven hängt davon ab, ob $\nabla_\mathbf{k}\varepsilon(\mathbf{k})$ nach innen oder nach außen gerichtet ist, das heißt, ob $\varepsilon(\mathbf{k})$ nach innen oder nach außen zunimmt. Nehmen wir an, wir würden in Abb. 9.8 auf der Fläche senkrecht zum Magnetfeld stehen und dieses wäre von den Füßen zum Kopf hin ausgerichtet. Bewegen wir uns dann entlang der Bahnkurve, so ist die Seite höherer Energie immer zu unserer Rechten. Bei Elektronenbahnen wäre dies außen: $\nabla_\mathbf{k}\varepsilon(\mathbf{k})$ ist nach außen gerichtet, die Bewegung erfolgt entgegen dem Uhrzeigersinn und innerhalb des umrundeten

9.2 Bewegung von Kristallelektronen

Gebiets liegen Zustände niedrigerer Energie. Bei Lochbahnen wäre dies gerade umgekehrt: $\nabla_{\mathbf{k}}\varepsilon(\mathbf{k})$ ist nach innen gerichtet, die Bewegung erfolgt im Uhrzeigersinn und innerhalb des umrundeten Gebiets liegen Zustände höherer Energie.

Wir betrachten nun die Trajektorien im realen Raum und zwar ihre Projektion auf eine Ebene senkrecht zum Magnetfeld. Es gilt (siehe Abb. 9.9)

$$\mathbf{r}_\perp = \mathbf{r} - \widehat{\mathbf{B}}\,(\widehat{\mathbf{B}} \cdot \mathbf{r}) \,. \tag{9.2.22}$$

Hierbei ist $\widehat{\mathbf{B}}$ der Einheitsvektor in Feldrichtung. Bilden wir das Vektorprodukt mit $\widehat{\mathbf{B}}$ auf beiden Seiten der Bewegungsgleichung (9.2.21), so erhalten wir[11]

$$\begin{aligned}\widehat{\mathbf{B}} \times \hbar \dot{\mathbf{k}} &= (-e)\widehat{\mathbf{B}} \times (\dot{\mathbf{r}} \times \mathbf{B}) = (-e)\left[\dot{\mathbf{r}}(\widehat{\mathbf{B}} \cdot \mathbf{B}) - \mathbf{B}(\widehat{\mathbf{B}} \cdot \dot{\mathbf{r}})\right] \\ &= (-e)B\left[\dot{\mathbf{r}} - \widehat{\mathbf{B}}(\widehat{\mathbf{B}} \cdot \dot{\mathbf{r}})\right] = (-e)B\dot{\mathbf{r}}_\perp \,. \end{aligned} \tag{9.2.23}$$

Durch Integration ergibt sich somit

$$\mathbf{r}_\perp(t) - \mathbf{r}_\perp(0) = -\frac{\hbar}{eB}\,\widehat{\mathbf{B}} \times \left[\mathbf{k}(t) - \mathbf{k}(0)\right]. \tag{9.2.24}$$

Da das Kreuzprodukt des Einheitsvektors mit einem senkrechten Vektor einfach diesen Vektor um 90° gedreht ergibt (siehe Abb. 9.10), entspricht die Projektion der Bahn im Ortsraum auf Ebenen senkrecht zum Magnetfeld abgesehen von dem Skalierungsfaktor $\frac{\hbar}{eB}$ exakt der um 90° gedrehten Bahn im $\mathbf{k}$-Raum. Dies ist in Abb. 9.11 gezeigt.

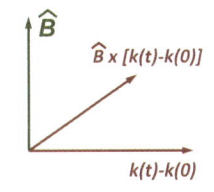

Abb. 9.10: Semiklassische Bewegung im Ortsraum.

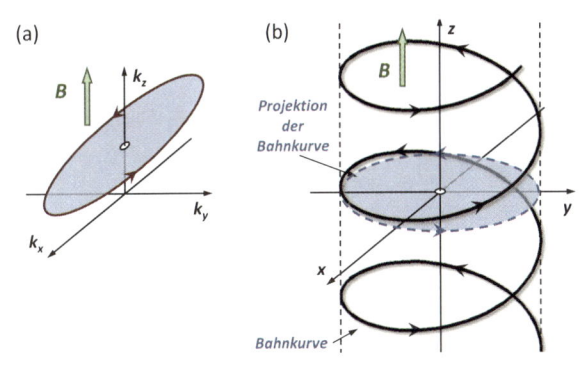

Abb. 9.11: Die Projektion der Ortsraum-Bahnkurven (b) von Kristallelektronen auf eine Ebene senkrecht zum angelegten Magnetfeld können aus den Trajektorien im $\mathbf{k}$-Raum (a) erhalten werden, indem man diese mit dem Faktor $\frac{\hbar}{eB}$ skaliert und um 90° um die Feldachse dreht.

9.2.4.1 Offene und geschlossenen Bahnen

Die $\mathbf{k}$-Raum-Trajektorien freier Elektronen, für die die Flächen konstanter Energie ja Kugeln im $\mathbf{k}$-Raum sind, sind Kreise senkrecht zur Feldrichtung. Da ein um 90° gedrehter Kreis wiederum ein Kreis ist, erhalten wir das bekannte Ergebnis, dass sich freie Elektronen im Ortsraum auf Kreisbahnen senkrecht zum Magnetfeld bewegen. Für Kristallelektronen ist die Situation schwieriger, da die Flächen konstanter Energie im $\mathbf{k}$-Raum sehr kompliziert

---

[11] Wir benutzen $\mathbf{a} \times (\mathbf{b} \times \mathbf{c}) = \mathbf{b}(\mathbf{a} \cdot \mathbf{c}) - \mathbf{c}(\mathbf{a} \cdot \mathbf{b})$.

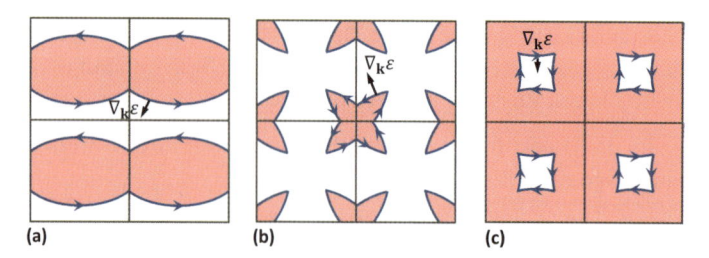

Abb. 9.12: Bewegung des Wellenvektors **k** eines Kristallelektrons auf einer Fläche konstanter Energie für ein senkrecht zur Zeichenebene gerichtetes Magnetfeld (Feld zeigt aus Zeichenebene heraus). (a) Offene Bahnkurve, (b) geschlossene Bahnkurve (elektronenartig) und (c) geschlossene Bahnkurve (lochartig).

sein können, wie wir im Abschnitt 8.6 bei der Diskussion der Fermi-Flächen von Metallen bereits gesehen haben. Wir klassifizieren die Bahnkurven in *offene* und **geschlossene Bahnkurven**. Eine offene Bahnkurve ist in Abb. 9.12a dargestellt. Sie setzt sich im periodischen Zonenschema immer weiter fort, ohne sich jemals zu schließen. Bei einer geschlossenen Bahn (siehe Abb. 9.12b und c) liegt eine geschlossene Energiefläche $\varepsilon(\mathbf{k})$ = const vor.

Bei einer geschlossenen Bahn kann von der umschlossenen Fläche aus betrachtet die Energie $\varepsilon(\mathbf{k})$ entweder nach außen ($\nabla_\mathbf{k}\varepsilon(\mathbf{k})$ ist nach außen gerichtet) oder nach innen ($\nabla_\mathbf{k}\varepsilon(\mathbf{k})$ ist nach innen gerichtet) zunehmen. In Abb. 9.12b und c sind zwei Beispiele gezeigt. Zeigt **B** aus der Papierebene heraus, so verläuft, wie wir oben bereits diskutiert haben, die Bahn eines Kristallelektrons im einen Fall ($\nabla_\mathbf{k}\varepsilon(\mathbf{k})$ ist nach außen gerichtet) entgegen dem Uhrzeigersinn wie dies auch ein freies Elektron tun würde. Im anderen Fall ($\nabla_\mathbf{k}\varepsilon(\mathbf{k})$ ist nach innen gerichtet) verläuft die Bahn des Kristallelektrons genau entgegengesetzt im Uhrzeigersinn. Das Kristallelektron verhält sich also wie ein positiv geladenes Teilchen, weshalb wir hier von einer **Lochbahn** sprechen.

Geschlossene Bahnen treten bei den Alkalimetallen Li, Na, K und Rb auf. Wie Abb. 8.27 zeigt, sind für diese Metalle die Fermi-Flächen fast kugelförmige Gebilde, die den Rand der 1. Brillouin-Zone nicht berühren. Dadurch sind keine offenen Bahnen möglich und die geschlossenen Bahnen sind elektronenartig. Für einige Metalle wie z. B. Bi, Sb, W oder Mo

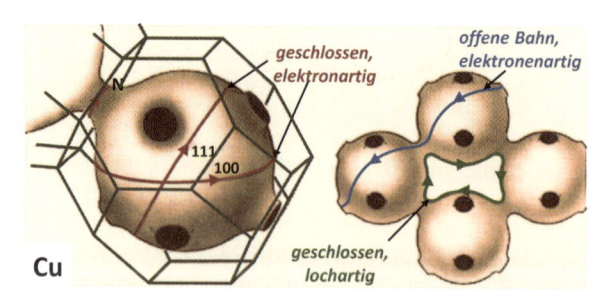

Abb. 9.13: Fermi-Fläche von Kupfer mit offenen und geschlossenen Bahnen. Im periodischen Zonenschema (rechts) ist die Fermi-Fläche durch die Hälse verbunden und ermöglicht somit offene Bahnen. Die geschlossenen Bahnen können sowohl elektronenartig als auch lochartig sein.

9.2 Bewegung von Kristallelektronen

liegen sowohl elektronenartige als auch lochartige Bahnen vor. Da die Zahl der Elektronen und Löcher in diesen Metallen nahe beieinander liegt, spricht man von **kompensierten Metallen**. Viele Metalle wie die Edelmetalle Au, Ag und Cu sowie Mg, Zn, Cd, Sn, Pb oder Pt haben Fermi-Flächen, die sowohl offene als auch geschlossene Bahnen erlauben. Als Beispiel ist in Abb. 9.13 die Fermi-Fläche von Kupfer mit möglichen offenen und geschlossenen Bahnen gezeigt.

9.2.4.2 Zyklotronfrequenz

Wir wollen nun die Umlaufzeit der Kristallelektronen auf einer im **k**-Raum geschlossenen Bahn berechnen. Natürlich hat die Umlaufzeit im Ortsraum den gleichen Wert. Aus (9.2.21) folgt für ein Bahnelement $d\mathbf{k}$ der Bahnkurve (siehe hierzu Abb. 9.14)

$$d\mathbf{k} = \frac{e}{\hbar^2}\left[\mathbf{B} \times \nabla_\mathbf{k}\varepsilon(\mathbf{k})\right]dt = \frac{e}{\hbar^2}B\left(\frac{\partial\varepsilon(\mathbf{k})}{\partial\mathbf{k}}\right)_\perp dt. \qquad (9.2.25)$$

Hierbei ist $(\partial\varepsilon(\mathbf{k})/\partial\mathbf{k})_\perp$ die Komponente von $\nabla_\mathbf{k}\varepsilon(\mathbf{k})$, die senkrecht auf **B** steht. Integrieren wir (9.2.25) über einen Umlauf, so erhalten wir

$$\frac{\hbar^2}{eB}\oint \frac{1}{(\partial\varepsilon/\partial k)_\perp}\,dk = \int_0^T dt. \qquad (9.2.26)$$

Um das Integral auf der linken Seite auszuwerten, betrachten wir Abb. 9.14. Der Flächeninhalt zwischen den Flächen konstanter Energie ε und $\varepsilon + d\varepsilon$ ergibt sich zu

$$\delta S_\varepsilon(\mathbf{k}_B) = \oint \delta k_\perp(\mathbf{k})\,dk = \oint \frac{1}{(\partial\varepsilon(\mathbf{k}_B)/\partial k)_\perp}\,\delta\varepsilon\,dk, \qquad (9.2.27)$$

woraus wir

$$\frac{\delta S_\varepsilon(\mathbf{k}_B)}{\delta\varepsilon} \simeq \frac{\partial S_\varepsilon(\mathbf{k}_B)}{\partial\varepsilon} = \oint \frac{1}{(\partial\varepsilon(\mathbf{k}_B)/\partial k)_\perp}\,dk \qquad (9.2.28)$$

erhalten. Hierbei ist $\mathbf{k}_B$ der Wellenvektor senkrecht zur Magnetfeldrichtung. Setzen wir dies in (9.2.26) ein, so ergibt sich für die Umlaufzeit $T = \int_0^T dt$

$$T(\varepsilon, \mathbf{k}_B) = \frac{\hbar^2}{eB}\frac{\partial S_\varepsilon(\mathbf{k}_B)}{\partial\varepsilon}. \qquad (9.2.29)$$

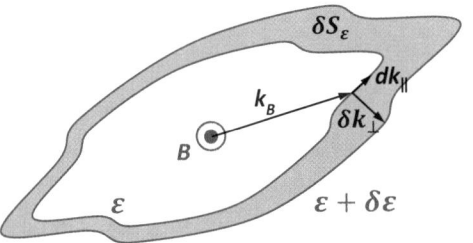

Abb. 9.14: Zur Berechnung der Zyklotronfrequenz eines Kristallelektrons. Das Magnetfeld zeigt aus der Papierebene heraus.

Die Größe $\partial S_\varepsilon(\mathbf{k}_B)/\partial \varepsilon$ gibt an, wie schnell die Fläche senkrecht zum Magnetfeld wächst, wenn wir die Energie ε ändern. Die Umlauffrequenz beträgt

$$\omega_c = \frac{2\pi}{T} = \frac{2\pi eB}{\hbar^2} \frac{1}{\frac{\partial S_\varepsilon(\mathbf{k}_B)}{\partial \varepsilon}} . \quad (9.2.30)$$

Die Größe ω_c bezeichnet man als *Zyklotronfrequenz der Kristallelektronen*. Sie hat im Allgemeinen für unterschiedliche Elektronen eines Energiebandes unterschiedliche Werte.

Für freie Elektronen sind die Bahnkurven Kreise und wir erhalten $\delta S_\varepsilon = 2\pi k_B \delta k_\perp$. Mit $\delta \varepsilon = \hbar^2 k_B \delta k_\perp / m$ erhalten wir $\frac{\partial S_\varepsilon(\mathbf{k}_B)}{\partial \varepsilon} = \frac{2\pi m}{\hbar^2}$ und damit die bekannte Zyklotronfrequenz $\omega_c = \frac{eB}{m}$ für freie Elektronen (vergleiche (7.3.42)). Vergleichen wir diesen Ausdruck mit (9.2.30), so können wir für die Kristallelektronen einen zu dem Fall freier Elektronen analogen Ausdruck $\omega_c = \frac{eB}{m_c}$ erhalten, indem wir die *Zyklotronmasse*

$$m_c = \frac{\hbar^2}{2\pi} \frac{\partial S_\varepsilon(\mathbf{k}_\perp)}{\partial \varepsilon} \quad (9.2.31)$$

einführen. Die Größe m_c enthält die Energieabhängigkeit der von der Umlaufbahn im **k**-Raum umschlossenen Fläche und ist nicht notwendigerweise gleich der effektiven Masse m^*. Dies ist sofort einsichtig, wenn wir bedenken, dass die Zyklotronmasse durch die Lage einer bestimmten Bahn auf der Fermi-Fläche bestimmt wird und nicht durch einen bestimmten elektronischen Zustand $\varepsilon(\mathbf{k})$.

9.2.5 Semiklassische Bewegung in gekreuzten elektrischen und magnetischen Feldern

Wir betrachten jetzt den Fall von gekreuzten, homogenen elektrischen und magnetischen Feldern. Die Bewegungsgleichung (9.2.23) für die Projektion der Ortsraum-Trajektorie in die Ebene senkrecht zum angelegten Magnetfeld erhält durch das elektrische Feld eine zusätzliche Komponente. Aus

$$\widehat{\mathbf{B}} \times \hbar \dot{\mathbf{k}} = (-e)B\dot{\mathbf{r}}_\perp + \widehat{\mathbf{B}} \times (-e)\mathbf{E} = (-e)B\dot{\mathbf{r}}_\perp + eE(\widehat{\mathbf{E}} \times \widehat{\mathbf{B}}) \quad (9.2.32)$$

erhalten wir durch Integration

$$\mathbf{r}_\perp(t) - \mathbf{r}_\perp(0) = -\frac{\hbar}{eB} \widehat{\mathbf{B}} \times \left[\mathbf{k}(t) - \mathbf{k}(0)\right] + \frac{E}{B}(\widehat{\mathbf{E}} \times \widehat{\mathbf{B}})t$$

$$= -\frac{\hbar}{eB} \widehat{\mathbf{B}} \times \left[\mathbf{k}(t) - \mathbf{k}(0)\right] + \mathbf{u}t \quad (9.2.33)$$

mit

$$\mathbf{u} = \frac{E}{B}(\widehat{\mathbf{E}} \times \widehat{\mathbf{B}}) . \quad (9.2.34)$$

9.2 Bewegung von Kristallelektronen

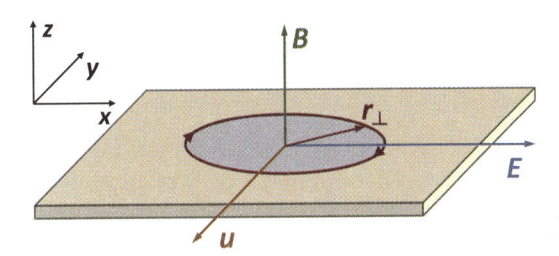

Abb. 9.15: Semiklassische Bewegung im Ortsraum.

Wir sehen, dass die Bewegung im Ortsraum eine Überlagerung aus der bereits oben diskutierten Bewegung (**k**-Raum Trajektorie um 90° gedreht und skaliert) mit einer gleichmäßigen Driftgeschwindigkeit **u** ist, die senkrecht auf **E** und **B** steht.[12] Dies ist in Abb. 9.15 veranschaulicht.

Um die Trajektorie im **k**-Raum zu bestimmen, benutzen wir die Tatsache, dass wir für $\mathbf{E} \perp \mathbf{B}$ die Bewegungsgleichung (9.1.7) wie folgt schreiben können:[13]

$$\hbar \frac{d\mathbf{k}}{dt} = (-e)(\mathbf{E} + \mathbf{v} \times \mathbf{B}) = e\mathbf{u} \times \mathbf{B} - \frac{e}{\hbar} \frac{\partial \varepsilon}{\partial \mathbf{k}} \times \mathbf{B} = -\frac{e}{\hbar} \frac{\partial \widetilde{\varepsilon}}{\partial \mathbf{k}} \times \mathbf{B} \tag{9.2.35}$$

mit

$$\widetilde{\varepsilon}(\mathbf{k}) = \varepsilon(\mathbf{k}) - \hbar \mathbf{k} \cdot \mathbf{u}. \tag{9.2.36}$$

Gleichung (9.2.35) ist die Bewegungsgleichung, die ein Elektron mit Energie $\widetilde{\varepsilon}(\mathbf{k})$ hätte, falls nur ein Magnetfeld anliegen würde. Wir können deshalb folgern, dass die **k**-Raum Trajektorien durch die Schnittlinien von Ebenen senkrecht zu **B** mit den Flächen $\widetilde{\varepsilon}(\mathbf{k}) = $ const gegeben sind. Wir werden unten sehen, dass in vielen Fällen ferner $\widetilde{\varepsilon} \simeq \varepsilon$ eine gute Näherung ist.

9.2.6 Hall-Effekt und Magnetwiderstand im Hochfeldgrenzfall

Wir wollen auf der Basis der vorangegangenen Diskussion nun den Hall-Effekt und Magnetwiderstand diskutieren und zwar unter der Voraussetzung, dass

- das anliegende Magnetfeld groß ist (typischerweise einige Tesla, wir werden aber weiter unten noch genauer spezifizieren, was groß bedeutet)
- $\widetilde{\varepsilon}(\mathbf{k})$ nur wenig von $\varepsilon(\mathbf{k})$ abweicht.

Die zweite Voraussetzung ist fast immer unter der Annahme der ersten gegeben. Da k maximal etwa $1/a$ (a = Gitterkonstante) werden kann, gilt nämlich

$$\hbar \mathbf{k} \cdot \mathbf{u} < \frac{\hbar}{a} \frac{E}{B} = \frac{\hbar^2}{a^2 m} \frac{eEa}{\hbar \omega_c}. \tag{9.2.37}$$

---

[12] Diese Driftgeschwindigkeit entspricht gerade der Geschwindigkeit eines Bezugssystems, in dem das elektrische Feld verschwindet.

[13] Wir können $\mathbf{E} = -\frac{E}{B}(\widehat{\mathbf{E}} \times \widehat{\mathbf{B}}) \times \mathbf{B} = -\mathbf{u} \times \mathbf{B}$ schreiben.

Da $eEa \sim 10^{-10}$ eV (siehe Abschnitt 9.1.2), $\hbar\omega_c \sim 10^{-4}$ eV für $B \sim 1$ T und $\frac{\hbar^2}{a^2 m} \sim 10$ eV,[14] erhalten wir $\hbar\mathbf{k} \cdot \mathbf{u} < 10^{-5}$ eV. Da $\varepsilon(\mathbf{k})$ typischerweise im eV-Bereich liegt, ist in der Tat $\widetilde{\varepsilon}(\mathbf{k}) \simeq \varepsilon(\mathbf{k})$ eine gute Näherung.

Das Verhalten in hohen Magnetfeldern hängt stark davon ab, ob alle besetzten (oder alle unbesetzten) Zustände auf geschlossenen Bahnen liegen, oder ob ein Teil der Zustände offene Bahnen besitzt.

9.2.6.1 Geschlossene Bahnen

Wenn alle besetzten Zustände geschlossene Bahnen besitzen, können wir den Fall hoher Magnetfelder damit gleichsetzen, dass die geschlossenen Bahnen mehrmals durchlaufen werden können, bevor ein Streuprozess stattfindet. Für den Fall freier Elektronen entspricht dies gerade $\omega_c \tau \gg 1$ (vergleiche Abschnitt 7.3.4). Diesen Grenzfall können wir immer durch hohe Felder (ω_c groß) und/oder tiefe Temperaturen und reine Proben (τ groß) erreichen.

Ist die Umlaufzeit T einer geschlossenen Bahn klein gegenüber der Streuzeit τ, so können wir aus (9.2.33) ableiten, dass die Geschwindigkeitskomponente senkrecht zum angelegten Magnetfeld gegeben ist durch

$$\frac{\mathbf{r}_\perp(0) - \mathbf{r}_\perp(-\tau)}{\tau} = -\frac{\hbar}{eB} \widehat{\mathbf{B}} \times \frac{[\mathbf{k}(0) - \mathbf{k}(-\tau)]}{\tau} + \mathbf{u}. \qquad (9.2.38)$$

Da alle besetzten Trajektorien geschlossen sind, ist $\Delta\mathbf{k} = \mathbf{k}(0) - \mathbf{k}(-\tau)$ eine beschränkte Funktion, so dass für genügend große Streuzeiten τ die Driftgeschwindigkeit $\mathbf{u}$ auf der rechten Seite von (9.2.38) dominiert. Wir können auch so argumentieren, dass für genügend große τ die mittlere Bewegungskomponente durch die Bewegung auf einer geschlossenen Bahn verschwindet und nur die Driftbewegung $\mathbf{u}$ übrig bleibt.

Hall-Effekt: Für die Stromdichte $\mathbf{J}_\perp$ senkrecht zur Magnetfeldrichtung können wir entsprechend den vorangegangenen Überlegungen schreiben:

$$\lim_{\tau/T \to \infty} \mathbf{J}_\perp = (-e)n\mathbf{u} = -n_e e \frac{E}{B}(\widehat{\mathbf{E}} \times \widehat{\mathbf{B}}). \qquad (9.2.39)$$

In gleicher Weise erhalten wir, falls alle unbesetzten Zustände geschlossene Trajektorien besitzen

$$\lim_{\tau/T \to \infty} \mathbf{J}_\perp = (+e)n\mathbf{u} = +n_h e \frac{E}{B}(\widehat{\mathbf{E}} \times \widehat{\mathbf{B}}). \qquad (9.2.40)$$

Hierbei ist n_e bzw. n_h die Dichte der besetzten bzw. unbesetzten Zustände. Gleichung (9.2.39) und (9.2.40) zeigen, dass im Falle geschlossener Orbits die Ablenkung durch die Lorentz-Kraft so effektiv ist, dass sie praktisch eine Energieaufnahme der Elektronen aus dem elektrischen Feld verhindert und die Driftbewegung $\mathbf{u}$ senkrecht zu $\mathbf{E}$ den dominierenden Beitrag zum Strom ergibt. Wir erhalten einen Hall-Winkel $\tan\theta_H \simeq 90°$. Es sei darauf

---

[14] $\frac{\hbar^2}{2ma_B^2} = 1$ Rydberg $= 13.6$ eV, wobei a_B der Bohrsche Radius ist.

hingewiesen, dass im Experiment üblicherweise die Richtung des Stroms durch die Probengeometrie vorgegeben ist. Betrachten wir die in Abb. 9.15 gezeigte Geometrie, wo das angelegte elektrische Feld in x-Richtung zeigt, so würde dies zu einer (technischen) Stromdichte J_x in x-Richtung, d. h. zu einer Bewegung der Elektronen in $-x$-Richtung und somit zu einer Driftbewegung $\mathbf{u}$ in $-y$-Richtung führen. Da sich die Elektronen an der Vorderseite der Probe ansammeln, entsteht ein elektrisches Feld in $-y$-Richtung und damit ein negativer Hallwiderstand $\rho_{xy} = E_y/J_x$. Für Löcher gilt das Umgekehrte.

Benutzen wir die Definition (7.3.48) für den Hall-Koeffizienten ($R_H = E_y/BJ_x$) so erhalten wir für den Hochfeld-Grenzfall:

$$R_{H,\infty} = -\frac{1}{n_e e} \quad \text{(Elektronen)} \qquad R_{H,\infty} = +\frac{1}{n_h e} \quad \text{(Löcher)}. \tag{9.2.41}$$

Dies entspricht dem Ergebnis (7.3.49), das wir für freie Elektronen erhalten haben. Wir reproduzieren das Ergebnis für freie Elektronen also unter den Annahmen, dass (i) die Orbits aller besetzten bzw. aller unbesetzten Zustände geschlossen sind, dass (ii) das anliegende Magnetfeld hoch genug ist, dass die Orbits mehrmals zwischen Streuprozessen durchlaufen werden und dass (iii) wir die unbesetzten Zustände als Löcher mit positiver Ladung betrachten. Wir sehen, dass die semiklassische Theorie im Gegensatz zum Modell freier Elektronen in natürlicher Weise das experimentell beobachtete anomale Vorzeichen des Hall-Koeffizienten erklären kann.

Es sei hier noch darauf hingewiesen, dass in der Praxis oft mehrere Bänder zur Stromdichte beitragen. In diesem Fall gilt die obige Betrachtung separat für jedes Band. Falls in einem Band alle besetzten und im anderen alle unbesetzten Zustände geschlossene Bahnen haben, so erhalten wir im gemessenen Hall-Koeffizienten eine effektive Ladungsträgerdichte, die sich aus der Differenz der Elektronendichte im einen und der Lochdichte im anderen Band ergibt. Ein einfaches Beispiel ist in Abb. 9.16 gezeigt. Während die Bahnen in der 1. Brillouin-Zone alle geschlossen und lochartig sind, sind diejenigen in der 2. Brillouin-Zone ebenfalls alle geschlossen aber elektronenartig. Der gemessene Hall-Koeffizient wird

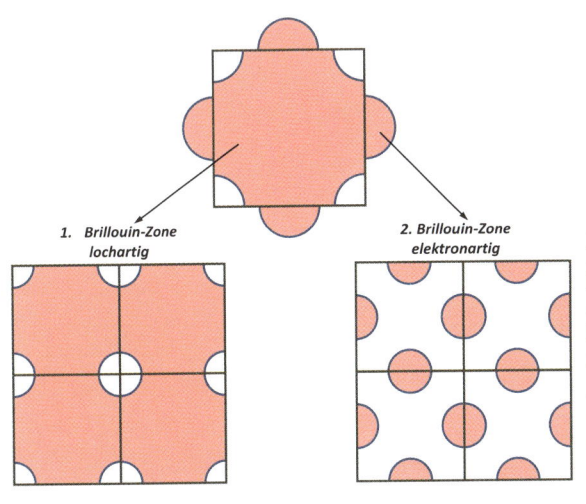

Abb. 9.16: Zur Veranschaulichung von Kompensationseffekten beim Hall-Effekt. Oben: Fermi-Fläche im ausgedehnten Zonenschema. Unten: Fermi-Fläche im periodischen Zonenschema. Die Bahnen in der 1. Brillouin-Zone sind geschlossen und lochartig, diejenigen in der 2. Brillouin-Zone ebenfalls geschlossen aber elektronenartig.

in diesem Fall durch die Kompensationseffekte sehr klein sein. Eine genaue Diskussion folgt in Abschnitt 9.6.2.

9.2.6.2 Offene Bahnen

Für den Fall, dass in einem Band weder alle besetzten noch alle unbesetzten Zustände geschlossene Bahnen haben, ändert sich das Verhalten drastisch. Dieser Fall liegt insbesondere dann vor, wenn einige Trajektorien bei der Fermi-Energie offen sind (vergleiche Abb. 9.12 und 9.13). Elektronen in solchen Zuständen werden durch das angelegte Magnetfeld nicht länger dazu gezwungen, eine periodische Bewegung in Richtung des elektrischen Feldes auszuführen. Das heißt, das Magnetfeld verhindert jetzt nicht mehr, dass die Elektronen Energie aus dem anliegenden elektrischen Feld aufnehmen. Falls die offenen Bahnen sich im Ortsraum in Richtung $\hat{\mathbf{n}}$ erstrecken, so erwarten wir, dass der Strom in diese Richtung auch im Hochfeld-Grenzfall nicht verschwindet und proportional zur Projektion des E-Feldes auf diese Richtung ist:

$$\mathbf{J} = \sigma^0 \left(\hat{\mathbf{n}} \cdot \mathbf{E} \right) \hat{\mathbf{n}} + \sigma^1 \cdot \mathbf{E} \; , \quad \begin{cases} \sigma^0 \to \text{const} & \text{für } B \to \infty \\ \sigma^1 \to 0 & \text{für } B \to \infty \end{cases} . \tag{9.2.42}$$

Dies erwarten wir auch nach der semiklassischen Bewegungsgleichung, da das Anwachsen von $\Delta \mathbf{k} = \mathbf{k}(0) - \mathbf{k}(-\tau)$ jetzt nicht mehr beschränkt, sondern proportional zu B ist. Letzteres folgt aus der Tatsache, dass die Umlaufrate $1/T$ proportional zu B ist (vergleiche (9.2.29)). Aus (9.2.38) erhalten wir dann eine mittlere Geschwindigkeit, die unabhängig von B ist und im Ortsraum entlang der Richtung des offenen Orbits ausgerichtet ist. Man beachte, dass für $\mathbf{E} = 0$ der Beitrag der offenen Bahnen verschwinden muss. Dies ist durch die Kompensation von offenen Bahnen mit entgegengesetzter Richtung gewährleistet (siehe Abb. 9.17). Wenn $\mathbf{E} > 0$, können die Elektronen dagegen Energie aus dem elektrischen Feld aufnehmen. Dies führt zu einer stärkeren (schwächeren) Population der offenen Bahnen, die so ausgerichtet sind, dass die Elektronen Energie gewinnen (verlieren). Die resultierende Populationsdifferenz ist proportional zur Projektion der Driftgeschwindigkeit $\mathbf{u}$ entlang der $\mathbf{k}$-Raum-Richtung des offenen Orbits oder, äquivalent, zur Projektion von $\mathbf{E}$ entlang der Ortsraum-Richtung des Orbits.

Der Hochfeld-Grenzfall von (9.2.42) unterscheidet sich grundsätzlich von den Ausdrücken (9.2.39) und (9.2.40), die wir für geschlossene Bahnen erhalten haben. Deshalb hat der Hall-Koeffizient nicht mehr die einfache Form (9.2.41).

Abb. 9.17: Linien konstanter Energie in einer Schnittfläche im k-Raum senkrecht zum anliegenden Magnetfeld: (a) ohne und (b) mit elektrischem Feld. Das angelegte elektrische Feld führt in (b) zu einem Ungleichgewicht der Besetzung der offenen Bahnen und damit zu einem Nettostrom in Richtung der offenen Bahnen.

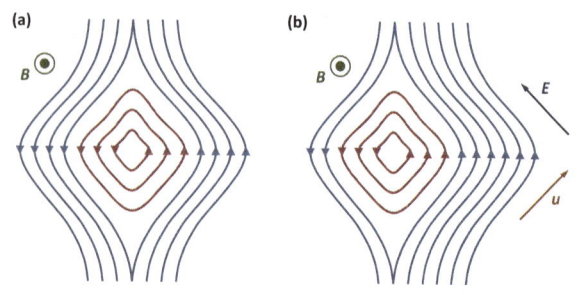

9.3 Streuprozesse

Im vorangegangenen Abschnitt haben wir nur die Bewegung der Kristallelektronen zwischen zwei Streuprozessen behandelt und nichts über die Streumechanismen selbst gesagt. Die Streuprozesse sind allerdings von zentraler Bedeutung, da wir ohne diese keinen elektrischen oder thermischen Widerstand von Festkörpern erhalten würden. Wir wollen uns deshalb in diesem Abschnitt mit den wichtigsten Streuprozessen in Festkörpern beschäftigen.

Drude[15] nahm ursprünglich an, dass Elektronen von den positiven Atomrümpfen gestreut werden.[16] Dies hätte allerdings eine mittlere freie Weglänge von nur wenigen Å zur Folge. Die meisten Metalle haben aber bei Raumtemperatur mittlere freie Weglängen von einigen 100 Å. Die Ursache für diesen Widerspruch kennen wir bereits: Eine exakt periodische Anordnung von Atomen in einem Kristall führt zu keinen Streuprozessen. Die Bloch-Wellen, mit denen wir Elektronen in der Ein-Elektron-Näherung beschreiben können, sind ja stationäre Lösungen der Schrödinger-Gleichung. Da $|\Psi|^2$ zeitunabhängig ist, beschreiben diese Lösungen die ungestörte Ausbreitung von Elektronenwellen. Dieses Ergebnis gilt auch, wenn wir zu Bloch-Wellenpaketen übergehen. Streuprozesse erhalten wir nur dann, wenn wir die Ausbreitung der stationären Bloch-Wellen stören. Dies kann auf verschiedene Art und Weise geschehen:

1. *Abweichungen von der strengen Periodizität des Kristallgitters:*
   (a) Kristalldefekte wie z. B. Fehlstellen, Versetzungen, Verunreinigungen etc.: Diese Defekte sind räumlich fest und können üblicherweise als zeitunabhängig betrachtet werden.
   (b) Phononen: Hierbei handelt es sich um zeitabhängige Abweichungen von der strengen Periodizität.
2. *Elektron-Elektron-Streuung:*
   Die Wechselwirkung zwischen Elektronen haben wir in der Ein-Elektron-Näherung immer vernachlässigt. Streuprozesse zwischen Elektronen können aber in der Tat die stationären Bloch-Wellen stören. Wir werden allerdings sehen, dass die Elektron-Elektron-Streuung gegenüber den unter 1. genannten Effekten meistens vernachlässigt werden kann.

9.3.1 Beschreibung von Streuprozessen

Wir beschreiben Kristallelektronen mit Bloch-Wellen bzw. Bloch-Wellenpaketen, denen wir einen Wellenvektor **k** zuordnen können. Um Streuprozesse zu beschreiben, müssen wir die Wahrscheinlichkeit $P_{\mathbf{k'k}}$ für den Übergang eines Zustandes $\Psi_{\mathbf{k}}$ in einen Zustand $\Psi_{\mathbf{k'}}$ unter der Wirkung einer Störung berechnen. Gemäß quantenmechanischer Störungstheorie ist diese Wahrscheinlichkeit gegeben durch

$$P_{\mathbf{k'k}} \propto \left|\langle \mathbf{k'}|\mathcal{H}^p|\mathbf{k}\rangle\right|^2 = \left|\int d^3r\, \Psi_{\mathbf{k'}}^*(\mathbf{r})\mathcal{H}^p \Psi_{\mathbf{k}}(\mathbf{r})\right|^2 , \qquad (9.3.1)$$

---
[15] Paul Karl Ludwig **Drude**, siehe Seite 260.
[16] P. Drude, Annalen der Physik **1**, 566 (1900).

wobei $\mathcal{H}^p$ das Störpotenzial beschreibt. Da $\Psi_\mathbf{k}(\mathbf{r})$ eine Bloch-Welle ist, können wir schreiben:

$$\langle \mathbf{k}'|\mathcal{H}^p|\mathbf{k}\rangle = \int d^3 r\, u_{\mathbf{k}'}^*(\mathbf{r}) e^{-i\mathbf{k}'\cdot\mathbf{r}}\, \mathcal{H}^p\, u_\mathbf{k}(\mathbf{r})\, e^{i\mathbf{k}\cdot\mathbf{r}}$$

$$= \int d^3 r\, u_{\mathbf{k}'}^*(\mathbf{r})\, \mathcal{H}^p\, u_\mathbf{k}(\mathbf{r})\, e^{i(\mathbf{k}-\mathbf{k}')\cdot\mathbf{r}}\,. \tag{9.3.2}$$

Wenn wir das Störpotenzial als Funktion der Ortskoordinaten schreiben können, so stellt (9.3.2) ein Fourier-Integral dar, das die Streuamplituden für eine periodische Struktur beschreibt, wobei $u_{\mathbf{k}'}^*\mathcal{H}^p u_\mathbf{k}$ mit der Streudichte $\rho(\mathbf{r},t)$ identifiziert werden kann (vergleiche hierzu (2.2.21) in Abschnitt 2.2.4).

Wir haben bei der Behandlung der allgemeinen Beugungstheorie in Kapitel 2 bereits gesehen, dass wir zwischen einer zeitlich konstanten und einer zeitabhängigen Streudichte unterscheiden können. Falls $\mathcal{H}^p(\mathbf{r})$ zeitunabhängig ist, wie dies für statische Defekte wie Fehlstellen, Versetzungen oder Verunreinigungen der Fall ist, so sind nur *elastische Streuprozesse* möglich (vergleiche hierzu Abschnitt 2.2.4) und es gilt

$$\varepsilon(\mathbf{k}') - \varepsilon(\mathbf{k}) = 0\,. \tag{9.3.3}$$

Falls andererseits $\mathcal{H}^p(\mathbf{r},t)$ zeitabhängig ist, wie wir dies für die Streuung an Phononen erwarten, erhalten wir *inelastische Streuprozesse*. In diesem Fall lautet die Energieerhaltung beim Streuprozess

$$\varepsilon(\mathbf{k}') - \varepsilon(\mathbf{k}) = \pm\hbar\omega(\mathbf{q})\,. \tag{9.3.4}$$

Hierbei ist $\hbar\omega(\mathbf{q})$ die Energie des Phonons, das beim Streuprozess absorbiert oder emittiert wird.

Bei der Streuung an einem Phonon mit Wellenvektor $\mathbf{q}$ hat das Störpotenzial die räumliche Abhängigkeit $e^{i\mathbf{q}\cdot\mathbf{r}}$. Das bedeutet, dass die Streuamplitude (9.3.1) ein Matrixelement der Form

$$\langle \mathbf{k}'|e^{i\mathbf{q}\cdot\mathbf{r}}|\mathbf{k}\rangle = \int d^3 r\, u_{\mathbf{k}'}^* u_\mathbf{k}\, e^{i(\mathbf{k}-\mathbf{k}'+\mathbf{q})\cdot\mathbf{r}} \tag{9.3.5}$$

enthält. Da $u_{\mathbf{k}'}^* u_\mathbf{k}$ die Periodizität des Gitters besitzt und deshalb in eine Fourier-Reihe nach den reziproken Gittervektoren $\mathbf{G}$ entwickelt werden kann, ist das Matrixelement in (9.3.5) nur dann von null verschieden, wenn

$$\mathbf{k}' - \mathbf{k} + \mathbf{q} = \mathbf{G}\,. \tag{9.3.6}$$

Dies entspricht dem Impulserhaltungssatz. Wir wissen ja, dass der Wellenvektor $\mathbf{k}$ einer Bloch-Welle einer Quantenzahl entspricht. Die Größe $\hbar\mathbf{k}$ ist aber nicht wie bei freien Elektronen der Impuls, sondern nur ein Kristall- oder Quasi-Impuls. Deshalb ist $\mathbf{k}$ nur bis auf einen reziproken Gittervektor $\mathbf{G}$ definiert.

9.3.1.1 Elektron-Elektron-Streuung

Wir wollen kurz die Ein-Elektron-Näherung verlassen und die Elektron-Elektron-Streuung diskutieren. Es kann in einer Vielteilchenbeschreibung gezeigt werden, dass auch für solche

Prozesse die Energie- und Impulserhaltung gelten muss. Das heißt, bei einer Streuung von zwei Elektronen in Zustand 1 und 2 in die Zustände 3 und 4 muss gelten:

$$\varepsilon_1(\mathbf{k}_1) + \varepsilon_2(\mathbf{k}_2) = \varepsilon_3(\mathbf{k}_3) + \varepsilon_4(\mathbf{k}_4) \tag{9.3.7}$$

$$\mathbf{k}_1 + \mathbf{k}_2 = \mathbf{k}_3 + \mathbf{k}_4 + \mathbf{G}. \tag{9.3.8}$$

Hierbei sind $\varepsilon_i(\mathbf{k}_i)$ die Einteilchen-Energien des nicht-wechselwirkenden Elektronensystems.

Anschaulich würden wir erwarten, dass die Wahrscheinlichkeit für die Elektron-Elektron-Streuung sehr hoch ist, da wir etwa ein Elektron pro Einheitszelle, also eine sehr hohe Dichte und eine starke Coulomb-Abstoßung haben. Allerdings unterdrückt das Pauli-Prinzip die Elektron-Elektron-Streuung stark. Um uns diesen Sachverhalt klarzumachen, betrachten wir die Streuung von zwei Elektronen 1 und 2. Für die Streuung dieser Elektronen in Zustand 3 und 4 fordert das Pauli-Prinzip, dass ε_3 und ε_4 unbesetzt sind. Das bedeutet aber, dass sowohl ε_3 als auch ε_4 nicht mehr als etwa $k_B T$ unterhalb von ε_F liegen dürfen. Wir können also schreiben

$$\varepsilon_1 + \varepsilon_2 = \varepsilon_3 + \varepsilon_4 \geq 2\varepsilon_F - 2k_B T. \tag{9.3.9}$$

Da die Besetzungswahrscheinlichkeit der Elektronenzustände weit oberhalb von ε_F stark abnimmt, liegen die Energien ε_1 und ε_2 der Ausgangszustände nicht mehr als etwa $k_B T$ oberhalb der Fermi-Energie. Zusammen mit (9.3.9) können wir dann folgern, dass nur Elektronen 1 und 2 für Streuprozesse in Frage kommen, die innerhalb einer Energiebreite $\pm k_B T$ um die Fermi-Energie liegen. Das heißt, es kann nur ein kleiner Bruchteil $k_B T/\varepsilon_F$ aller Elektronen an Elektron-Elektron-Streuprozessen teilnehmen.

Wir müssen nun noch diskutieren, welche Endzustände 3 und 4 für die Streuprozesse in Frage kommen. Da die Energien ε_1 und ε_2 in einer dünnen Schale der Breite $\pm k_B T$ um die Fermi-Energie liegen, so müssen aufgrund der Impulserhaltung (9.3.8) und der Bedingungen (9.3.9) auch die Energien ε_3 und ε_4 innerhalb einer dünnen Schale der Breite $k_B T$ um ε_F liegen. Die $\mathbf{k}$-Erhaltung in der Form $\mathbf{k}_1 - \mathbf{k}_3 = \mathbf{k}_4 - \mathbf{k}_2$ bedeutet nämlich, dass die Verbindungslinien (1)–(3) und (2)–(4) in Abb. 9.18 gleich sein müssen. Da also auch nur ein kleiner Bruchteil $k_B T/\varepsilon_F$ aller Zustände erlaubte Endzustände sind, reduziert das Pauli-Prinzip die Streuwahrscheinlichkeit um einen weiteren Faktor $k_B T/\varepsilon_F$.

Insgesamt können wir die Streuwahrscheinlichkeit für die Elektron-Elektron-Streuung unter Berücksichtigung der Reduzierung durch das Pauli-Prinzip also zu

$$P_{e-e}(T) = S_{e-e}\left(\frac{k_B T}{\varepsilon_F}\right)^2 \tag{9.3.10}$$

abschätzen. Hierbei ist S_{e-e} der Streuquerschnitt, den wir ohne Berücksichtigung des Pauli-Prinzips für ein klassisches Gas abgeschirmter Punktladungen erhalten würden.

Nehmen wir an, dass S_{e-e} in der gleichen Größenordnung ist wie der Streuquerschnitt für die Streuung eines Elektrons an dem geladenen Kern einer Verunreinigung, so ist für $\varepsilon_F \simeq 10$ eV und $k_B T \simeq 10^{-4}$ eV bei $T = 1$ K die Elektron-Elektron-Streuung um den Faktor 10^{-10} geringer als die Elektron-Verunreinigung-Streuung. Die Elektron-Elektron-Streuung wird

Abb. 9.18: Veranschaulichung der Elektron-Elektron-Streuung im **k**-Raum. Die beiden Elektronen (1) und (2) mit Wellenvektoren $\mathbf{k}_1$ und $\mathbf{k}_2$ streuen aneinander und nehmen anschließend die Zustände (3) und (4) mit Wellenvektoren $\mathbf{k}_3$ und $\mathbf{k}_4$ ein. Das Pauli-Prinzip erfordert, dass die Zustände (3) und (4) unbesetzt sind.

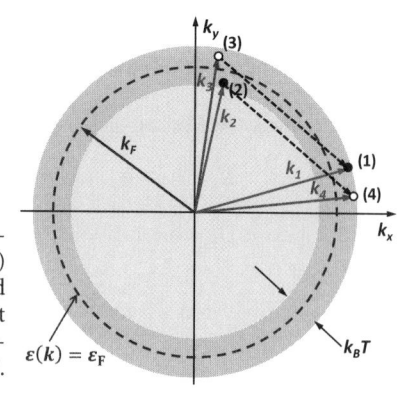

also nur in sehr reinen Materialien ein Rolle spielen. Bei höheren Temperaturen wird der Faktor $(k_\mathrm{B} T/\varepsilon_\mathrm{F})^2$ zwar größer, es dominiert dann aber üblicherweise die Elektron-Phonon-Streuung.

Wir wollen an dieser Stelle darauf hinweisen, dass die obige Argumentation auch zeigt, dass wir Elektronen in Festkörpern aufgrund des Pauli-Prinzips in guter Näherung als nichtwechselwirkende Teilchen betrachten dürfen. Bei der Diskussion des elektrischen und thermischen Transports in Festkörpern werden wir die Elektron-Elektron-Streuung vernachlässigen.

9.3.2 Streuquerschnitte

Wir können verschiedene Typen von Streuzentren durch ihre Dichte n_s und ihren Streuquerschnitt S charakterisieren. Entsprechend der Optik gilt für die mittlere freie Weglänge $1/\ell = n_\mathrm{s} S$. Wir wollen im Folgenden eine phänomenologische Übersicht über die verschiedenen Streuprozesse geben.

Falls in einer Probe unterschiedliche Streuprozesse vorliegen, die durch eine Dichte $n_{\mathrm{s}i}$ und einen Streuquerschnitt S_i der Streuzentren gekennzeichnet sind, und diese Streuprozesse voneinander unabhängig sind, so addieren sich die mit der Dichte gewichteten Streuquerschnitte und wir erhalten $\ell^{-1} = \sum n_{\mathrm{s}i} S_i$. Die inverse mittlere freie Weglänge ist proportional zum Widerstand, so dass wir den Gesamtwiderstand ρ als Summe der von den unabhängigen Mechanismen verursachten Einzelwiderstände ρ_i erhalten:

$$\frac{1}{\ell} = \frac{1}{\ell_1} + \frac{1}{\ell_2} + \frac{1}{\ell_3} + \ldots$$

$$\rho = \rho_1 + \rho_2 + \rho_3 + \ldots .$$

(9.3.11)

Diesen Sachverhalt nennt man die **Matthiessen-Regel**, die bereits seit 1864 bekannt ist. In Metallen ergibt sich der Gesamtwiderstand durch die Beiträge aus den üblicherweise dominierenden Beiträgen durch die Phononenstreuung und die Streuung an Verunreinigungen. Wir haben bereits in Abb. 7.14 gezeigt, dass der Widerstand von reinen Metallen wie Ag und Cu durch Einbringen von Verunreinigungen einen temperaturunabhängigen Beitrag erhält.

9.3 Streuprozesse

Die Streuquerschnitte S_i der einzelnen Streumechanismen können mit Hilfe der Streutheorie in erster oder zweiter Bornscher Näherung berechnet werden.[17,18] Liegt eine Dichte n_{si} von Streuern mit differentiellem Wirkungsquerschnitt $\sigma_i(\theta)$ vor, so ist die daraus resultierende mittlere freie Weglänge ℓ_i durch

$$\frac{1}{\ell_i} = n_{si} S_i = n_{si} \int_0^{2\pi} \int_0^{\pi} (1 - \cos\theta)\, \sigma_i(\theta)\, \sin\theta\, d\theta\, d\varphi \qquad (9.3.12)$$

gegeben. Um den totalen Streuquerschnitt zu erhalten, haben wir den differentiellen Wirkungsquerschnitt über den gesamten Raumwinkel aufintegriert und dabei mit dem Wichtungsfaktor $(1 - \cos\theta)$ berücksichtigt, dass Streuprozesse in Vorwärtsrichtung ($\theta = 0°$) nicht und solche in Rückwärtsrichtung ($\theta = 180°$) maximal zur Impulsrelaxation beitragen. Wir wollen noch darauf hinzuweisen, dass sowohl die Streuquerschnitte als auch die Dichte der Streuzentren von der Temperatur und der Energie abhängen können. Im Folgenden werden einzelne Streumechanismen näher diskutiert.

9.3.2.1 Neutrale Störstellen

Wir wollen hier nicht im Detail auf die Berechnung des Streuquerschnitts eingehen. Ausführliche Darstellungen findet man in verschiedenen Lehrbüchern.[19,20] Es sollen vielmehr die wesentlichen Ergebnisse der quantenmechanischen Berechnung des Streuquerschnitts vorgestellt und diskutiert werden.

Neutrale Fremdatome (z. B. Au oder Ag in einem Cu-Gitter) können durch ein kastenförmiges Potenzial der Höhe V_0 und mit Radius r_0 charakterisiert werden (wir sprechen hier von Potenzialstreuung). Der totale Wirkungsquerschnitt für Elektronen an der Fermi-Kante ist gegeben durch[21]

$$S = \pi r_0^2 \left(\frac{V_0}{\varepsilon_F}\right)^2 = \pi r_0^2 \left(\frac{k_V^2}{k_F^2}\right)^2 \qquad (9.3.13)$$

---

[17] In der quantenmechanischen Störungstheorie zur Beschreibung der Streuung von Wellen wird die Näherung niedrigster Ordnung als Bornsche Näherung bezeichnet. Anschaulich können wir uns die Bornsche Näherung am Beispiel der Streuung von elektromagnetischen Wellen an einem Festkörper vorstellen. In der Bornschen Näherung nehmen wir an, dass die durch das äußere Feld polarisierten Atome im Takt des äußeren Feldes mitschwingen und dabei selbst oszillierende elektromagnetische Felder erzeugen. Das von einem Atom erzeugte Feld kann prinzipiell wiederum die anderen Atome beeinflussen (Mehrfachstreuung), wird aber in der Bornschen Näherung vernachlässigt. Die Bornsche Näherung gilt dementsprechend insbesondere dann als gute Näherung, wenn das Streupotenzial klein im Vergleich zur Energie des einfallenden Wellenfeldes ist. In diesem Fall wird dann das von einem einzigen Atom erzeugte Streufeld klein im Vergleich zum einfallenden Feld.

[18] **Max Born**, deutscher Physiker und Mathematiker, geboren am 11. Dezember 1882 in Breslau, gestorben am 5. Januar 1970 in Göttingen. Max Born erhielt 1954 für seine grundlegenden Forschungen in der Quantenmechanik zusammen mit Walther Bothe den Nobelpreis für Physik.

[19] *Prinzipien der Festkörpertheorie*, J. M. Ziman, Verlag Harry Deutsch, Zürich (1975).

[20] *Electronic Properties of Metals and Alloys*, A. Dugdale, Edward Arnold Publishers, London (1982).

[21] siehe z. B. *Quantenmechanik I*, Albert Messiah; aus d. Franz. übers. von Joachim Streubel, 2. verb. Auflage, Walther de Gruyter, Berlin (1991).

mit $k_V^2 = 2mV_0/\hbar^2$. Der Streuquerschnitt ist also proportional zu der von den Elektronen gesehenen Querschnittsfläche πr_0^2 und zum Quadrat des Verhältnisses von Potenzialhöhe und Fermi-Energie. Die Streuung an ungeladenen Fremdatomen liefert einen temperaturunabhängigen Beitrag zum spezifischen Widerstand. Dieser Beitrag ist verantwortlich für den so genannten **Restwiderstand**, der bei sehr tiefen Temperaturen (wenn die Streuung an Phononen vernachlässigbar klein wird, siehe unten) „übrig" bleibt. Er ist auch verantwortlich für den fast temperaturunabhängigen Widerstand von Legierungen.

9.3.2.2 Geladene Störstellen

Die Streuung an geladenen Fremdatomen nennt man auch *Conwell-Weisskopf-Streuung*. Geladene Fremdatome sind z. B. Zn (2 Elektronen pro Zn-Platz) in einem Gitter von einfach ionisierten Cu-Ionen oder auch Ga^{3+}, Ge^{4+} oder As^{5+}-Ionen, die sich vom umgebenden Cu um die effektive Ladung $Z = 2, 3$ bzw. 4 unterscheiden. Wir nennen Z hier Valenzdifferenz. Für die geladenen Streuer liegt ein Rutherford-artiges Streuproblem vor mit dem Unterschied, dass in einem Festkörper das Coulomb-Potenzial $V(r) = Ze/4\pi\epsilon_0 r$ durch die Leitungselektronen abgeschirmt wird. Diesem Sachverhalt tragen wir durch einen Faktor $e^{-k_s r}$ Rechnung, wobei die charakteristische Abschirmlänge $1/k_s$ mit dem *Thomas-Fermi Modell* (Metalle) oder dem *Debye-Hückel Modell* (Halbleiter) berechnet werden kann (vergleiche hierzu Abschnitt 11.7.1). Für den differentiellen Wirkungsquerschnitt erhalten wir in Bornscher Näherung[22]

$$\sigma(\theta) = \left(\frac{2mZe^2}{4\pi\epsilon_0 \hbar^2}\right)^2 \frac{1}{\left[k_s^2 + 4k_F^2 \sin^2(\theta/2)\right]^2}, \qquad (9.3.14)$$

wobei Z die Valenzdifferenz ist. Den totalen Streuquerschnitt erhalten wir durch Winkelintegration zu

$$S \simeq 2\pi \left(\frac{2mZe^2}{4\pi\epsilon_0 \hbar^2 k_F^2}\right)^2 \int_0^\pi \frac{1}{\left[k_s^2/k_F^2 + 4\sin^2(\theta/2)\right]^2} (1-\cos\theta)\sin\theta\, d\theta. \qquad (9.3.15)$$

Ohne auf den exakten Wert des Integrals einzugehen sehen wir sofort, dass das geladene Fremdatom offensichtlich ein Hindernis mit Radius $r_0 \simeq \frac{2mZe^2}{4\pi\epsilon_0 \hbar^2 k_F^2}$ darstellt.[23] Es sei hier noch angemerkt, dass gemäß (9.3.15) der Beitrag der geladenen Streuer und damit der Widerstand aufgrund dieser Streuer unabhängig von der Temperatur und proportional zum Quadrat der Valenzdifferenz ist. Dieser Sachverhalt wird als **Lindesche Regel** bezeichnet.

---

[22] Dem erhaltenen Ergebnis sollte nicht zu viel Bedeutung beigemessen werden, da die Bornsche Näherung für Elektronen bei der Fermi-Energie, die an einem tiefen Coulomb-Potenzial gestreut werden, nicht sehr gut ist. Ein besseres Ergebnis liefert die Verwendung von Partialwellen und der Friedelschen Summenregel, auf die wir hier nicht eingehen.

[23] Diesen Zusammenhang können wir uns anhand eines nicht abgeschirmten Coulomb-Potenzials leicht klar machen. Der Streuquerschnitt ist hier in einfachster Näherung eine kreisförmige Scheibe, deren Radius r_0 diejenige Entfernung vom geladenen Streuzentrum ist, bei der die Coulomb-Energie $Ze^2/4\pi\epsilon_0 r$ gerade gleich der kinetischen Energie $\frac{1}{2}mv_F^2 = \hbar^2 k_F^2/2m$ der Ladungsträger ist. Daraus ergibt sich sofort der Zusammenhang $r_0 = 2mZe^2/4\pi\epsilon_0 \hbar^2 k_F^2$. Man beachte, dass bei Halbleitern im Gegensatz zu Metallen nicht die Fermi-Geschwindigkeit, sondern die thermische Geschwindigkeit verwendet werden muss (vergleiche hierzu Abschnitt 10.1.4).

9.3.2.3 Beweglichkeit von Ladungsträgern in Halbleitern

Werten wir das Integral (9.3.15) für Halbleiter aus, so müssen wir die Debye-Hückel-Formel (11.7.25), $k_s^2 = e^2 n / \epsilon_0 k_B T$, verwenden. Für die Beweglichkeit $\mu = e\tau/m^* = e\ell/m^* v_{\text{th}} = e/m^* v_{\text{th}} n_{si} S_i$ aufgrund der Streuung an geladenen Defekten (in diesem Fall nichtionisierte Störstellen, z. B. Phosphoratom in Silizium) erhalten wir dann unter Benutzung von $v_{\text{th}} \propto \sqrt{T/m^*}$ und mit $S_i \propto m^{*2}/k_{\text{th}}^4 \propto 1/m^{*2} v_{\text{th}}^4 \propto 1/m^{*2} T^2$ (vergleiche hierzu Abschnitt 10.1.4)

$$\mu \propto T^{3/2} m^{*1/2}. \tag{9.3.16}$$

Die Beweglichkeit nimmt also mit steigender Temperatur zu, da immer mehr Störstellen ionisiert werden (z. B. bei Phosphor Abgabe eines Elektrons ins Leitungsband) und somit keine geladenen Defekte mehr darstellen.

9.3.2.4 Streuung an Phononen

Die Berechnung des elektrischen und des Wärmewiderstandes infolge von Streuung an thermischen Schwingungen des Gitters ist ein kompliziertes Problem. Wir wollen hier nur die Hauptgedankengänge zu seiner Lösung skizzieren. Die nachfolgende Betrachtung erweitert unsere Diskussion aus Abschnitt 7.3.1.3 und 7.3.2. Dort haben wir argumentiert, dass der elektrische Widerstand eines freien Elektronengases aufgrund von Elektron-Phonon-Streuung durch die Zahl der angeregten Phononen und die maximal möglichen Impulsüberträge bestimmt wird. Die Wärmeleitfähigkeit ergab sich aus der elektrischen Leitfähigkeit über das Wiedemann-Franz-Gesetz (7.3.25).

Da Elektronen nur dann gestreut werden, wenn eine Abweichung vom streng periodischen Gitterpotenzial auftritt, wollen wir zunächst überlegen, wie es durch Gitterschwingungen zu lokalen Potenzialschwankungen kommen kann. Da Gitterschwingungen als elastische Wellen betrachtet werden können, resultieren sie in einer ortsabhängigen Dehnung/Kompression $\Delta(\mathbf{r})$ des Gitters, die wiederum die Dichte der Elektronen vom Gleichgewichtswert n_0 auf $n_0(1 - \Delta)$ ändert. In einem freien Elektronengas (wir diskutieren hier nur Metalle) ändert sich dadurch auch das Fermi-Niveau um

$$\delta\varepsilon_F(\mathbf{r}) = \frac{n_0 \Delta(\mathbf{r})}{\mathcal{D}(\varepsilon_F)} = \frac{2}{3}\varepsilon_F \Delta(\mathbf{r}). \tag{9.3.17}$$

Hierbei ist $\mathcal{D}(\varepsilon_F) = D(\varepsilon_F)/V$ die Zahl der elektronischen Zustandsdichte pro Energie und Volumen. Wir sehen also, dass ein Elektron aufgrund einer Gitterschwingung ein fluktuierendes Potenzial $\delta\varepsilon = \frac{2}{3}\varepsilon_F \Delta$ sieht.

Wir müssen jetzt noch überlegen, wie groß die lokale, fluktuierende Dehnung $\Delta(\mathbf{r})$ ist. Bei hohen Temperaturen ($T \gg \Theta_D$) weit oberhalb der **Debye-Temperatur** Θ_D können wir den quadratischen Mittelwert $\overline{u^2}$ der Auslenkung der Atome aus ihrer Ruhelage unter Benutzung des Äquipartitionsprinzips der klassischen statistischen Mechanik mit[24]

$$\overline{u^2} \approx \frac{k_B T}{M \omega_q^2} \quad (T \gg \Theta_D) \tag{9.3.18}$$

---

[24] Man ordnet jedem Oszillator eine mittlere Energie zu, die über die Oszillatormasse M und die Federkonstante mit einer typischen Oszillationsamplitude verknüpft ist. Das Quadrat dieser Ampli-

angegeben, wobei M die Ionenmasse und ω_q die Phononenfrequenz ist. Die Phononenfrequenz enthält dabei Information über die elastischen Eigenschaften des Materials. Den quadratischen Mittelwert der Dichtefluktuationen $\overline{\Delta^2}$ erhalten wir, indem wir $\overline{u^2}$ durch das Quadrat des mittleren Atomabstands a^2 teilen. Eine grobe Abschätzung können wir machen, indem wir ω_q durch die Abschneidefrequenz $\omega_D = k_B \Theta_D / \hbar$ und $1/a$ durch den Debye-Wellenvektor q_D ersetzen. Wir erhalten dann die allgemeine Form

$$\overline{\Delta^2} \approx \frac{\hbar^2 q_D^2 k_B T}{M k_B^2 \Theta_D^2} \quad (T \gg \Theta_D). \tag{9.3.19}$$

Den effektiven Streuquerschnitt können wir jetzt dadurch grob abschätzen, indem wir den Streuquerschnitt eines isolierten Gitteratoms mit der relativen Dichtefluktuation multiplizieren. Für die mittlere freie Weglänge erhalten wir mit (9.3.12)

$$\frac{1}{\ell} \approx n_A \, S_A \, \frac{\hbar^2 q_D^2 k_B T}{M k_B^2 \Theta_D^2}, \tag{9.3.20}$$

wobei n_A die Dichte der Atome und

$$S_A = \int_0^{2\pi} \int_0^{\pi} (1 - \cos\theta) \, \sigma_A(\theta) \, \sin\theta \, d\theta \, d\varphi \tag{9.3.21}$$

der mit dem Faktor $(1 - \cos\theta)$ gewichtete gesamte Streuquerschnitt eines einzelnen Gitteratoms ist.

Um den spezifischen Widerstand von Metallen aufgrund von Elektron-Phonon-Streuung abzuschätzen, können wir den einfachen Zusammenhang $\rho = m v_F / n e^2 \ell$ benutzen. Mit der mittleren freien Weglänge (9.3.20) erhalten wir

$$\boxed{\rho_{\text{ph}} \simeq \frac{m v_F}{n e^2 \ell} \propto \frac{T}{M \Theta_D^2} \quad (T \gg \Theta_D).} \tag{9.3.22}$$

Der Widerstand steigt also für hohe Temperaturen proportional zu T an. Dieses Ergebnis hatten wir bereits mit einer stark vereinfachten Betrachtung für das freie Elektronengas abgeleitet (vergleiche hierzu (7.3.18)). Die Abhängigkeit von der Ionenmasse und der Debye-Temperatur stimmt im Allgemeinen gut mit dem Experiment überein.

Bei tiefen Temperaturen ist die Situation komplizierter, da hier die Besetzung der Schwingungsmoden entsprechend der **Bose-Einstein Statistik**

$$n(\omega_q) = \frac{1}{\exp\left(\frac{\hbar \omega_q}{k_B T}\right) - 1} \tag{9.3.23}$$

---

tude entspricht der temperaturbedingten räumlichen Verschmierung des jeweiligen Gitterplatzes und somit einem endlichen Streuquerschnitt. Bei hohen Temperaturen kann man annehmen, dass jede Mode besetzt ist, während bei tiefen Temperaturen die Besetzung entsprechend der Bose-Einstein Statistik berücksichtigt werden muss. Die Energie eines mechanischen Oszillators mit Federkonstante k ist $\frac{1}{2} k x^2 = \frac{1}{2} M \omega^2 x^2$, wobei wir $\omega = \sqrt{k/M}$ benutzt haben. Setzen wir für das Auslenkungsquadrat den quadratischen Mittelwert der lokalen, thermisch fluktuierenden Auslenkung $u(t)$ ein und setzen die Schwingungsenergie gleich $\frac{1}{2} k_B T$, so erhalten wir den Zusammenhang $M \omega_q^2 \overline{u^2} = k_B T$.

9.3 Streuprozesse

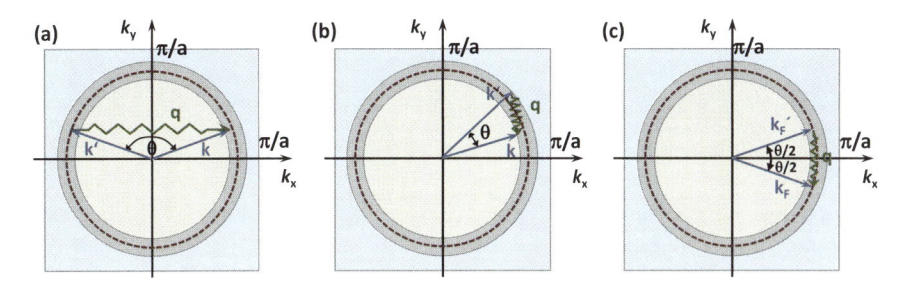

Abb. 9.19: Schematische Darstellung der Normal-Prozesse bei der Elektron-Phonon-Streuung für ein freies Elektronengas: (a) hohe Temperaturen und (b) tiefe Temperaturen. Die getönte Fläche entspricht der thermischen Aufweichung der Fermi-Kugel. Neben der Fermi-Kugel ist auch die Brillouin-Zone eines kubisch primitiven Gitters eingezeichnet. In (c) ist der geometrische Zusammenhang zwischen Streuwinkel θ und den Wellenvektoren des Phonons und des Elektrons gezeigt.

berücksichtigt werden muss. Durch die Bose-Einstein-Statistik fällt die Streuwahrscheinlichkeit schnell ab, wenn ein Phonon mit Energie $\hbar\omega_q > k_B T$ absorbiert oder emittiert werden muss. Dies führt zu einer starken Einschränkung des maximalen Streuwinkels mit abnehmender Temperatur, wie dies in Abb. 9.19 gezeigt ist. Bei hohen Temperaturen ist die Streuung von Elektronen um hohe Winkel möglich. Da hier große effektive Impulsänderungen parallel zur Stromrichtung erhalten werden können, ist dieser Streuprozess in bezug auf den elektrischen Widerstand sehr effektiv. Bei tiefen Temperaturen sind dagegen aufgrund des kleinen Phononenimpulses nur kleine Streuwinkel möglich, wodurch sich der elektrische Widerstand reduziert.

Um eine einfache Abschätzung des maximalen Streuwinkels zu machen, gehen wir von einem Debye-Modell (Zustandsdichte der Phononen ist proportional zu ω_q^2) aus und berücksichtigen nur Normalprozesse auf einer Fermi-Kugel. Dies führt, wie in Abb. 9.19c gezeigt ist, insgesamt dazu, dass Streuprozesse mit großen Streuwinkeln θ praktisch ausgeschlossen werden. Aus Abb. 9.19c folgt für den maximalen Streuwinkel $\sin\frac{\theta}{2} = q_{\max}/2k_F$. Setzen wir für den maximalen Wellenvektor des Phonons bei der Temperatur T den Wert $\frac{q_{\max}}{q_D} \simeq \frac{T}{\Theta_D}$ ein, so erhalten wir

$$\sin\frac{\theta}{2} < \frac{q_D}{2k_F}\frac{T}{\Theta_D} \; . \tag{9.3.24}$$

Hierbei ist q_D der zur Debye-Frequenz ω_D gehörende Wellenvektor. Wir sehen also, dass wir zu tiefen Temperaturen hin in der Tat ein starkes Abschneiden des Integranden in (9.3.21) für die Winkelvariable θ erhalten. Schließen wir Streuprozesse aus, für die $\hbar\omega_q > k_B T$ gilt, so schränken wir den Streuwinkel auf den durch (9.3.24) gegebenen Wert ein.

Um die mittlere freie Weglänge mit Hilfe von (9.3.20) und (9.3.21) zu berechnen, nehmen wir zur Vereinfachung an, dass die Winkelabhängigkeit von $\sigma_A(\theta)$ klein ist, so dass wir $\sigma_A(\theta) \simeq \sigma_A$ benutzen können und diese Größe vor das Integral ziehen können. Ersetzen wir ferner $(1 - \cos\theta)\sin\theta \, d\theta$ durch $8\sin^3\frac{\theta}{2}d(\sin\frac{\theta}{2})$[25], $\sin\frac{\theta}{2}$ durch $\frac{q_D}{2k_F}\frac{T}{\Theta_D}$ und führen die

---
[25] Wir benutzen $\sin\frac{\theta}{2} = \sqrt{(1-\cos\theta)/2}$.

Abkürzung $x = \hbar\omega_q/k_B T = \frac{\Theta_D}{T}\frac{q}{q_D}$ ein, so erhalten wir

$$\frac{1}{\ell} \approx n_A\,\sigma_A\,\frac{\hbar^2 q_D^2 k_B T}{M k_B^2 \Theta_D^2}\left(\frac{T}{\Theta_D}\right)^4 \int_0^{\Theta_D/T} \frac{4x^4}{(e^x-1)}\,dx\,. \tag{9.3.25}$$

Bei hohen Temperaturen ist Θ_D/T klein, so dass der Nenner im Integral durch x approximiert werden kann. Das Integral ergibt dann $(\Theta_D/T)^4$ und wir erhalten das bereits oben abgeleitete Ergebnis (9.3.20). Für tiefe Temperaturen wird das Integral konstant und wir erhalten das **Bloch-Grüneisen-Gesetz** [26,27,28]

$$\rho_{\text{ph}} \propto \left(\frac{T}{\Theta_D}\right)^5 \qquad (T \ll \Theta_D)\,. \tag{9.3.26}$$

Das T^5 Verhalten bei tiefen und die lineare T-Abhängigkeit bei hohen Temperaturen stimmen für viele Metalle gut mit dem experimentell beobachteten Verhalten überein (vergleiche hierzu Abb. 7.14). Vor allem der T^5-Verlauf stellt allerdings nur eine grobe Näherung dar, da die gemachten Annahmen (Phononen-Spektrum entspricht Debye-Spektrum, der Streuquerschnitt ist unabhängig vom Streuwinkel, Umklapp-Prozesse werden vernachlässigt) auch grob sind. Die Problematik der Vernachlässigung der Umklapp-Prozesse ist in Abb. 9.20 gezeigt. Der minimale Wert von **q** für einen Umklapp-Prozess ist offenbar durch den Minimalabstand zwischen der Fermi-Fläche in der einen Zone und ihrer Wiederholung in der benachbarten Zone gegeben. Wenn die Fermi-Fläche sich zur Zonengrenze hin ausbaucht, verringert sich der Minimalwert von **q**. Umklapp-Prozesse können dann bis zu relativ tiefen Temperaturen nicht vernachlässigt werden. Eine einfache Formel zur Berücksichtigung der Beiträge der Umklapp-Prozesse zum elektrischen Widerstand gibt es leider nicht.[29] Es sind hier vielmehr aufwändige numerische Rechnungen notwendig.

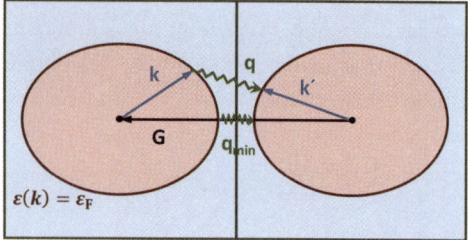

Abb. 9.20: Zur Veranschaulichung des minimalen Wellenvektors für Umklapp-Prozesse bei der Elektron-Phonon-Streuung.

---

[26] E. Grüneisen, *Die Abhängigkeit des elektrischen Widerstandes reiner Metalle von der Temperatur*, Annalen der Physik **408**, 530–540 (1933).

[27] E. Grüneisen, H. Reddemann, *Elektronen- und Gitterleitung beim Wärmefluss in Metallen*, Annalen der Physik **412**, 843–877 (1934).

[28] **Eduard Grüneisen**, geboren am 26. Mai 1877 in Giebichenstein, gestorben am 5. April 1949 in Marburg.

[29] Für eine weitergehende Behandlung siehe *Electrons and Phonons*, J. M. Ziman, Oxford University Press, Oxford (1962) oder *Principles of the Theory of Solids*, J. M. Ziman, Cambridge University Press, Cambridge (1972).

9.4 Boltzmann-Transportgleichung

Wir wollen auch noch darauf hinweisen, dass wir bei der obigen Diskussion rein elastische Streuprozesse angenommen haben, was natürlich nicht richtig ist. Bei einer genaueren Analyse unter Berücksichtigung von Phonon-Erzeugungs- und Vernichtungsprozessen erhalten wir aber fast das gleiche Ergebnis. Wir müssen lediglich das Integral in (9.3.25) durch

$$\int_0^{\Theta_D/T} \frac{4x^5}{(e^x-1)(1-e^{-x})}\,dx \tag{9.3.27}$$

ersetzen, welches das gleiche asymptotische Verhalten hat.

9.3.2.5 Beweglichkeit von Ladungsträgern in Halbleitern

Für Halbleiter ist die Diskussion der Streuung von Ladungsträgern durch Gitterschwingungen ein einfacheres Problem. Aufgrund der geringen Ladungsträgerdichte nehmen die Ladungsträger nur ein kleines Gebiet des k-Raums in der Nähe des Minimums von $\varepsilon(\mathbf{k})$ ein. Dadurch sind die möglichen Änderungen des $\mathbf{k}$-Vektors, d. h. die möglichen Streuvektoren, klein. Wir können also bis zu sehr tiefen Temperaturen die klassische Statistik verwenden, d. h. es gilt $1/\ell \propto T$. Da die Streuwahrscheinlichkeit und damit $1/\ell$ ferner proportional zur Dichte $D(\varepsilon)$ der Zustände in dem betrachteten Band und diese proportional zu $(m^*)^{3/2}\varepsilon^{1/2}$ ist (vergleiche Abschnitt 7.1 und 10.1.2), erhalten wir mit $\varepsilon \simeq k_B T$ für die Beweglichkeit $\mu = e\tau/m^* \propto \ell/m^*$ das Ergebnis

$$\mu \propto \frac{1}{T^{3/2} m^{*\,5/2}}. \tag{9.3.28}$$

9.4 Boltzmann-Transportgleichung

Wir haben gesehen, dass Elektronen, die sich in einem Festkörper unter der Wirkung von äußeren Kräften bewegen, durch Abweichungen von der strengen Periodizität des Kristallgitters gestreut werden und dadurch ihre Bewegung eingeschränkt wird. Transportprozesse in Festkörpern wie der Ladungs- oder Wärmetransport beinhalten immer zwei gegenläufige Prozesse: Die treibenden Kräfte durch äußere Felder verursachen eine Beschleunigung der Ladungsträger, während die Streuprozesse zu einer Energie- und Impulsrelaxation führen. Im stationären Zustand stellt sich dann ein Gleichgewicht ein. Das Wechselspiel zwischen antreibenden Kräften und relaxierenden Streuprozessen beschreiben wir durch die *Boltzmann-Transportgleichung*. Diese gibt an, wie sich die Besetzungswahrscheinlichkeit der Elektronenzustände in einem Festkörper unter der Wirkung von äußeren Kräften und Streuprozessen ändert.

Die Boltzmann-Transportgleichung wurde bereits in Abschnitt 6.4.2 und 7.3.1.3 benutzt, um die Wärmeleitfähigkeit von Isolatoren und die elektrische Leitfähigkeit eines freien Elektronengases zu diskutieren. Die nachfolgende Diskussion vertieft und erweitert diese Betrachtung. Ein wesentlicher Unterschied zur im Zusammenhang mit dem freien Elektronengas geführten Diskussion wird sein, dass wir jetzt nicht mehr die Geschwindigkeit $\mathbf{v} = \hbar\mathbf{k}/m$ von freien Elektronen verwenden werden, sondern die Geschwindigkeit $\mathbf{v}_n(\mathbf{k}) = \frac{1}{\hbar}\frac{d\varepsilon_n(\mathbf{k})}{d\mathbf{k}}$ von Kristallelektronen, die wir direkt aus der quantenmechanisch berechneten Bandstruktur erhalten. Die im Folgenden geführte Diskussion erweitert die bereits in Abschnitt 7.3 für freie Elektronen gemachte Betrachtung. Die in 7.3 für freie Elektronen erhaltenen Beziehungen sind als Spezialfälle in den hier abgeleiteten allgemeinen Ausdrücken für die Transportkoeffizienten enthalten. Wir werden die nachfolgende Betrachtung für Ladungsträger mit der Ladung $+e$ führen.

9.4.1 Boltzmann-Gleichung und Relaxationszeit

Zur Berechnung der elektrischen und thermischen Transporteigenschaften eines Festkörpers benötigen wir neben der Kenntnis der Fermi-Fläche vor allem Informationen darüber, wie sich die Besetzungswahrscheinlichkeit von Zuständen zeitlich ändert. Für diese Änderungen sind drei charakteristische Mechanismen verantwortlich:

- *treibende externe Kräfte* verursacht durch externe elektrische und magnetische Felder oder Temperaturgradienten,
- *Diffusion* aufgrund von Schwankungen der räumlichen Elektronendichte,
- *dissipative Effekte* durch Streuprozesse.

Das Wechselspiel dieser Mechanismen wird durch die so genannte *Boltzmann-Gleichung* beschrieben. Die Boltzmann-Gleichung beschreibt die Änderung der Gleichgewichtsverteilungsfunktion der Ladungsträger in einem Festkörper (Abweichungen von einer symmetrischen Gleichverteilung der Zustände im **k**-Raum) durch äußere Kräfte und Streuprozesse. Sie resultiert aus einer semiklassischen Beschreibung von Transportprozessen. Dabei wird angenommen, dass der Impuls **k** der Elektronen wohldefiniert ist, so dass **k** eine gute Quantenzahl ist. Diese Näherung ist gut, solange die Fermi-Wellenlänge $\lambda_F = 2\pi/k_F$ der Elektronen klein gegenüber der mittleren freien Weglänge ℓ, d. h. dem mittleren Abstand zwischen zwei Streuern ist (vergleiche hierzu auch die Diskussion zur Anwendbarkeit des semiklassischen Modells in Abschnitt 9.1). In Abb. 9.21 sind die beiden Fälle $k_F\ell \gg 1$ und $k_F\ell \sim 1$ veranschaulicht. Für $k_F\ell \gg 1$ ist der Abstand zwischen zwei Streuern groß, so dass die Elektronenwelle beim zweiten Streuer wiederum als ebene Welle betrachtet werden kann. Wir werden in diesem Abschnitt nur diesen Fall betrachten.

Die Gleichgewichtsverteilung ist eine *Fermi-Dirac-Verteilung*

$$f_0(\varepsilon(\mathbf{k})) = \frac{1}{e^{[\varepsilon(\mathbf{k})-\mu]/k_B T} + 1}, \tag{9.4.1}$$

Abb. 9.21: Schematische Darstellung von Elektronenwellen, die durch Verunreinigungen gestreut werden. Der Abstand der Streuer entspricht der mittleren freien Weglänge, der Abstand der Wellenfronten der Fermi-Wellenlänge $\lambda_F = 2\pi/k_F$. (a) $k_F\ell \gg 1$ und (b) $k_F\ell \simeq 1$.

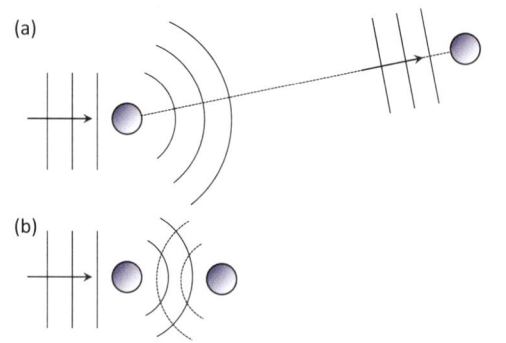

9.4 Boltzmann-Transportgleichung

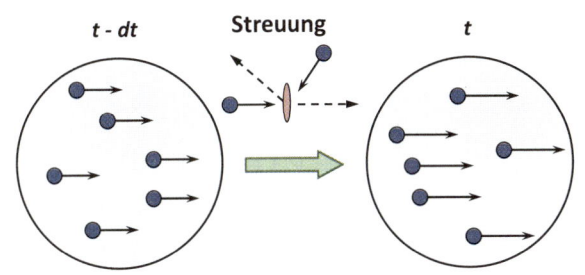

Abb. 9.22: Die Dichte der Ladungsträger mit Impuls **k** in einem Testvolumen am Ort **r** zur Zeit t (rechts) ergibt sich aus der Vorgeschichte, d. h. aus der Dichte der Ladungsträger am Ort $\mathbf{r} - \mathbf{v}(\mathbf{k})dt$ mit Impuls $\mathbf{k} - \mathbf{F}/\hbar\, dt$ zur Zeit $t - dt$ (links).

wobei μ das chemische Potenzial ist. Für einen homogenen Festkörper ist f_0 unabhängig vom Ort. Unter der Wirkung von äußeren Kräften und durch Streuprozesse geht diese Gleichgewichtsverteilung in eine Nichtgleichgewichtsverteilung über: $f_0 \to f(\mathbf{r}, \mathbf{k}, t)$. Um diese Verteilungsfunktion zu bestimmen, vernachlässigen wir zunächst Streuprozesse und betrachten die Verteilung f von Ladungsträgern in einem Testvolumen zur Zeit $t - dt$ und zur Zeit t, d. h. wir betrachten die Änderung von f im Zeitintervall $[t - dt, t]$ (siehe Abb. 9.22):

Zeit t: $\mathbf{r}$ $\mathbf{k}$

Zeit $t - dt$: $\mathbf{r} - \mathbf{v}(\mathbf{k})\,dt$ $\mathbf{k} - \frac{\mathbf{F}}{\hbar}\,dt$

Hierbei ist **F** die äußere Kraft, die z. B. durch elektrische (**E**) und magnetische Felder (**B**) verursacht werden kann:[30]

$$\mathbf{F} = e\left(\mathbf{E} + \mathbf{v} \times \mathbf{B}\right). \tag{9.4.2}$$

In Abwesenheit von Stößen muss jeder Ladungsträger, der sich zur Zeit $t - dt$ am Ort $\mathbf{r} - \mathbf{v}dt$ befindet und den Impuls $\mathbf{k} - \mathbf{F}/\hbar\, dt$ besitzt, zur Zeit t am Ort **r** ankommen und den Impuls **k** besitzen.[31] Wir erhalten somit

$$f(\mathbf{r}, \mathbf{k}, t) = f(\mathbf{r} - \mathbf{v}dt, \mathbf{k} - \mathbf{F}/\hbar\, dt, t - dt). \tag{9.4.3}$$

Berücksichtigen wir jetzt zusätzlich Streuprozesse, so muss ein Korrekturterm hinzugefügt werden und wir erhalten

$$f(\mathbf{r}, \mathbf{k}, t) = f(\mathbf{r} - \mathbf{v}dt, \mathbf{k} - \mathbf{F}/\hbar\, dt, t - dt) + \left(\frac{\partial f}{\partial t}\right)_{\text{Streu}} dt. \tag{9.4.4}$$

Da $[f(\mathbf{r}, \mathbf{k}, t) - f(\mathbf{r} - \mathbf{v}dt, \mathbf{k} - \mathbf{F}/\hbar\, dt, t - dt)]/dt$ gerade der zeitlichen Ableitung $\frac{df(\mathbf{r},\mathbf{k},t)}{dt}$ entspricht, erhalten wir

$$\left(\frac{\partial f(\mathbf{r}, \mathbf{k}, t)}{\partial t}\right)_{\text{Streu}} = \left(\frac{df(\mathbf{r}, \mathbf{k}, t)}{dt}\right) = \frac{\partial f(\mathbf{r}, \mathbf{k}, t)}{\partial t} + \left(\frac{\partial f(\mathbf{r}, \mathbf{k}, t)}{\partial \mathbf{r}}\right)\left(\frac{d\mathbf{r}}{dt}\right)$$
$$+ \left(\frac{\partial f(\mathbf{r}, \mathbf{k}, t)}{\partial \mathbf{k}}\right)\left(\frac{d\mathbf{k}}{dt}\right), \tag{9.4.5}$$

wobei wir nur Terme 1. Ordnung berücksichtigt haben. Durch Auflösen nach $\frac{\partial f(\mathbf{r},\mathbf{k},t)}{\partial t}$

---

[30] Wir benutzen hier die Kraft auf Ladungsträger mit der positiven Ladung e. In der hier verwendeten Notation besitzen Elektronen die Ladung $-e$.

[31] Nach dem Liouvilleschen Satz der klassischen Mechanik bleibt die Dichte im Phasenraum, d. h. die Verteilungsfunktion, in Abwesenheit von Stößen erhalten.

erhalten wir mit $\frac{d\mathbf{k}}{dt} = \frac{\mathbf{F}}{\hbar} = -\frac{1}{\hbar}\nabla_r \varepsilon_\mathbf{k}$[32] und $\frac{d\mathbf{r}}{dt} = \mathbf{v}$ eine Differentialgleichung 1. Ordnung, die man als *Boltzmann-Gleichung* bezeichnet:

$$\frac{\partial f(\mathbf{r},\mathbf{k},t)}{\partial t} = -\mathbf{v}(\mathbf{k}) \cdot \nabla_r f + \frac{1}{\hbar}\nabla_r \varepsilon(\mathbf{k}) \cdot \nabla_\mathbf{k} f + \left(\frac{\partial f(\mathbf{r},\mathbf{k},t)}{\partial t}\right)_{\text{Streu}}. \qquad (9.4.6)$$

Hierbei repräsentiert $\frac{\partial f}{\partial t}$ die lokale, direkte Abhängigkeit der Nichtgleichgewichtsverteilungsfunktion von der Zeit. Der Term $-\mathbf{v} \cdot \nabla_r f$ resultiert aus räumlichen Gradienten der Verteilungsfunktion. Er wird als Diffusionsterm bezeichnet, weil er Transporteffekte aufgrund räumlicher Variationen der Verteilungsfunktion beschreibt. Der Term $\frac{1}{\hbar}\nabla_r \varepsilon(\mathbf{k}) \cdot \nabla_\mathbf{k} f$ wird Feldterm genannt. Er ist der Teilchenbeschleunigung proportional und über ihn gehen die auf das Teilchen wirkenden Kräfte unmittelbar ein. Werden die Kräfte z. B. durch elektrische (**E**) und magnetische Felder (**B**) verursacht, so gilt $\nabla_r \varepsilon(\mathbf{k}) = -e(\mathbf{E} + \mathbf{v} \times \mathbf{B})$.

Im stationären Zustand ändert sich die Konzentration der Ladungsträger im betrachteten Testvolumen nicht ($\partial f/\partial t = 0$). Aus der Boltzmann-Gleichung folgt sofort, dass sich die Driftterme und die Streuterme hier die Waage halten müssen. Wir können dann vereinfacht schreiben:

$$\frac{\partial f}{\partial t} = \left(\frac{\partial f}{\partial t}\right)_{\text{Diff}} + \left(\frac{\partial f}{\partial t}\right)_{\text{Kraft}} + \left(\frac{\partial f}{\partial t}\right)_{\text{Streu}} = 0. \qquad (9.4.7)$$

Werden die äußeren Kräfte z. B. nur durch ein elektrisches Feld verursacht (**B** = 0) und hängt außerdem f nicht von **r** ab (homogene Probe, keine Gradienten der Temperatur und des chemischen Potenzials), vereinfacht sich Gleichung (9.4.6) zu

$$\left(\frac{\partial f}{\partial t}\right)_{\text{Streu}} = \frac{e}{\hbar}\mathbf{E} \cdot \nabla_\mathbf{k} f = e\mathbf{E} \cdot \mathbf{v}\left(\frac{\partial f}{\partial \varepsilon}\right), \qquad (9.4.8)$$

wobei die Beziehung $\mathbf{v}(\mathbf{k}) = \frac{1}{\hbar}\frac{\partial \varepsilon(\mathbf{k})}{\partial \mathbf{k}}$ benutzt wurde.

Ein Problem bei der Lösung der Boltzmann-Gleichung stellt die Behandlung der Streuprozesse dar. Da der Streuterm im Allgemeinen eine Integralgleichung darstellt,[33] resultiert eine mehr oder weniger komplexe Integro-Differentialgleichung für die Nichtgleichgewichtsverteilungsfunktion. Zur detaillierten Lösung müssen fortgeschrittene theoretische Methoden wie Dichtematrizen oder Greensche Funktionen eingesetzt werden. Darauf wollen wir hier nicht eingehen, sondern nur die einfachste Näherung behandeln, die natürlich wiederum vereinfachende Annahmen erfordert.

Zur weiteren Vereinfachung werden wir folgende zwei Näherungen benutzen:

- die *linearisierte Boltzmann-Gleichung* (Näherung kleiner Abweichungen vom Gleichgewicht) und
- die *Relaxationszeit-Näherung*.

Wir wollen diese Näherungen im Folgenden kurz erläutern und rechtfertigen.

---

[32] Im semiklassischen Limes gelten die Hamilton-Bewegungsgleichungen $\frac{d\mathbf{r}}{dt} = \frac{1}{\hbar}\nabla_\mathbf{r}\varepsilon(\mathbf{k}) = \mathbf{v}(\mathbf{k})$ und $\hbar\frac{d\mathbf{k}}{dt} = \mathbf{F} = -\nabla_r \varepsilon(\mathbf{k})$. Wir benutzen im Folgenden **E** für das elektrische Feld und ε für die Energie, um Verwechslungen zu vermeiden.

[33] $\left(\frac{\partial f}{\partial t}\right)_{\text{Streu}} \propto \int d\mathbf{k}'\bigl([1-f(k)]P_{kk'}f(k') - [1-f(k')]P_{k'k}f(k)\bigr)$, wobei $P_{kk'}$ die Wahrscheinlichkeit für eine Streuung von Zustand $\Psi_k(\mathbf{r})$ in den Zustand $\Psi_{k'}(\mathbf{r})$ darstellt.

9.4.2 Linearisierte Boltzmann-Gleichung

Im allgemeinen Fall können die Temperatur oder das chemische Potenzial räumlich variieren. Zur Vereinfachung nehmen wir für diesen Fall an, dass an jedem Punkt lokal die Temperatur $T(\mathbf{r}, t)$ und das chemische Potenzial $\mu(\mathbf{r}, t)$ wohldefiniert sind (lokales thermisches Gleichgewicht). Wir können dann die neue Verteilungsfunktion

$$g(\mathbf{k}, \mathbf{r}, t) = f(\mathbf{k}, \mathbf{r}, t) - f_0[\mathbf{k}, T(\mathbf{r}, t), \mu(\mathbf{r}, t)] = f(\mathbf{k}, \mathbf{r}, t) - f_0^{\text{loc}}(\mathbf{k}, \mathbf{r}, t) \tag{9.4.9}$$

einführen, welche die Abweichung der tatsächlichen Verteilungsfunktion $f(\mathbf{k}, \mathbf{r}, t)$ von der lokalen Gleichgewichtsverteilung $f_0^{\text{loc}}(\mathbf{k}, \mathbf{r}, t)$ angibt. Wir nehmen an, dass $g(\mathbf{k}, \mathbf{r}, t)$ klein ist.

Mit $\delta f = f - f_0$ und $\delta f^{\text{loc}} = f_0^{\text{loc}} - f_0$ können wir $g = f - f_0^{\text{loc}} = \delta f - \delta f_0^{\text{loc}}$ schreiben. Die Größe

$$\delta f^{\text{loc}} = f_0^{\text{loc}} - f_0 = \frac{1}{\exp\left(\frac{(\varepsilon + \delta\varepsilon) - (\mu + \delta\mu)}{k_B(T + \delta T)}\right)} - f_0 \tag{9.4.10}$$

gibt hierbei die Abweichung der lokalen Gleichgewichtsverteilungsfunktion $f_0^{\text{loc}}(\mathbf{k}, \mathbf{r}, t)$ von der Gleichgewichtsverteilung $f_0(\mathbf{k})$ aufgrund der beiden elektromagnetischen Potenziale $\phi(\mathbf{r}, t)$ (skalar) und $\mathbf{A}(\mathbf{r}, t)$ (vektoriell)[34]

$$\delta\varepsilon(\mathbf{r}, t) = e\phi(\mathbf{r}, t) + e\mathbf{v} \cdot \mathbf{A}(\mathbf{r}, t) \tag{9.4.11}$$

sowie durch lokale Änderungen der Temperatur $\delta T(\mathbf{r}, t)$ und des chemischen Potenzials $\delta\mu(\mathbf{r}, t)$ an. Sind die Abweichungen der lokalen Verteilungsfunktion f_0^{loc} von f_0 klein, können wir eine Taylor-Entwicklung durchführen und erhalten

$$\delta f^{\text{loc}} = \frac{\partial f_0}{\partial \varepsilon} \delta\varepsilon + \frac{\partial f_0}{\partial \mu} \delta\mu + \frac{\partial f_0}{\partial T} \delta T \ . \tag{9.4.12}$$

Mit $\frac{\partial f_0}{\partial T} = \left(-\frac{\partial f_0}{\partial \varepsilon}\right) \frac{\varepsilon(\mathbf{k}) - \mu}{T}$ und $\frac{\partial f_0}{\partial \mu} = \left(-\frac{\partial f_0}{\partial \varepsilon}\right)$ ergibt sich unter Benutzung von $\xi(\mathbf{k}) = \varepsilon(\mathbf{k}) - \mu$ (Energie bezogen auf das chemische Potenzial)

$$\begin{aligned}\delta f^{\text{loc}} &= \frac{\partial f_0}{\partial \varepsilon} \left[\delta\varepsilon - \delta\mu - \frac{\xi}{T}\delta T\right] \\ &= -\frac{1}{4k_B T \cosh^2 \frac{\xi}{2k_B T}} \left[\delta\varepsilon - \frac{\xi}{T}\delta T - \delta\mu\right]\end{aligned} \tag{9.4.13}$$

und damit

$$g(\mathbf{k}, \mathbf{r}, t) = \delta f(\mathbf{k}, \mathbf{r}, t) - \frac{\partial f_0}{\partial \varepsilon} \left[\delta\varepsilon(\mathbf{r}, t) - \delta\mu(\mathbf{r}, t) - \frac{\xi}{T}\delta T(\mathbf{r}, t)\right] \tag{9.4.14}$$

---

[34] Es gilt $\nabla_r \delta\varepsilon = e(\nabla_r \phi + \partial \mathbf{A}/\partial t) = -e\mathbf{E}$ mit der eichinvarianten Form der elektrischen Feldstärke $\mathbf{E} = -\nabla_r \phi - \partial \mathbf{A}/\partial t$.

Da $f_0(\mathbf{k})$ räumlich konstant ist, gilt

$$\nabla_\mathbf{r} f(\mathbf{k}) = \nabla_\mathbf{r} \delta f(\mathbf{k})$$

$$\nabla_\mathbf{k} f(\mathbf{k}) = \nabla_\mathbf{k} f_0^{\mathrm{loc}}(\mathbf{k}) + \nabla_\mathbf{k} g(\mathbf{k}) = \frac{\partial f_0^{\mathrm{loc}}}{\partial \varepsilon} \hbar \mathbf{v} + \nabla_\mathbf{k} g(\mathbf{k}) \, .$$ (9.4.15)

Hierbei haben wir $\nabla_\mathbf{k} f = \frac{\partial f}{\partial \varepsilon} \nabla_\mathbf{k} \varepsilon = \frac{\partial f}{\partial \varepsilon} \hbar \mathbf{v}$ verwendet. Nehmen wir ferner an, dass die durch die äußeren Felder hervorgerufene Energieänderung klein ist, gilt

$$\varepsilon(\mathbf{k}) = \varepsilon_0(\mathbf{k}) + \delta\varepsilon(\mathbf{k}) \, , \qquad \nabla_\mathbf{r} \varepsilon(\mathbf{k}) = \nabla_\mathbf{r} \delta\varepsilon(\mathbf{k}) \, .$$ (9.4.16)

Setzen wir diese Näherungen in (9.4.6) ein, so erhalten wir die *linearisierte Boltzmann-Gleichung*

$$\frac{\partial f(\mathbf{r},\mathbf{k},t)}{\partial t} = -\mathbf{v} \cdot \nabla_\mathbf{r} \left[\delta f(\mathbf{k},\mathbf{r},t) - \frac{\partial f_0^{\mathrm{loc}}(\mathbf{k},\mathbf{r},t)}{\partial \varepsilon} \nabla_r \delta\varepsilon \right]$$

$$+ \frac{1}{\hbar} \nabla_r \delta\varepsilon \cdot \nabla_k g(\mathbf{k},\mathbf{r},t) + \left(\frac{\partial f(\mathbf{r},\mathbf{k},t)}{\partial t} \right)_{\mathrm{Streu}} \, .$$ (9.4.17)

Für den Fall, dass nur elektrische und magnetische Felder wirksam sind ($\nabla_r \delta\varepsilon = -e(\mathbf{E} + \mathbf{v} \times \mathbf{B})$), erhalten wir mit (9.4.14) bis (9.4.16) für den stationären Zustand ($\partial f/\partial t = 0$)

$$-\frac{\partial f_0}{\partial \varepsilon} \mathbf{v} \cdot \left[e\mathbf{E} + e(\mathbf{v} \times \mathbf{B}) - \nabla\mu - \frac{\xi}{T} \nabla T \right] - \mathbf{v} \cdot \nabla_\mathbf{r} g$$

$$- \frac{1}{\hbar} \nabla_\mathbf{k} g \cdot [e\mathbf{E} + e(\mathbf{v} \times \mathbf{B})] + \left(\frac{\partial f}{\partial t} \right)_{\mathrm{Streu}} = 0$$ (9.4.18)

Da $(\mathbf{v} \times \mathbf{B}) \cdot \mathbf{v} = 0$, ergibt sich

$$-\frac{\partial f_0}{\partial \varepsilon} \mathbf{v} \cdot \left[e\mathbf{E} - \nabla\mu - \frac{\xi}{T} \nabla T \right] - \mathbf{v} \cdot \nabla_\mathbf{r} g$$

$$- \frac{1}{\hbar} \nabla_\mathbf{k} g \cdot [e\mathbf{E} + e(\mathbf{v} \times \mathbf{B})] + \left(\frac{\partial f}{\partial t} \right)_{\mathrm{Streu}} = 0 \, .$$ (9.4.19)

Vernachlässigen wir noch den Term $\nabla_\mathbf{k} g \cdot \mathbf{E}$, der von 2. Ordnung in $\mathbf{E}$ ist, erhalten wir

$$\frac{\partial f_0}{\partial \varepsilon} \mathbf{v} \cdot \left[e\left(\mathbf{E} - \frac{\nabla\mu}{e}\right) - \frac{\xi}{T} \nabla T \right] + \mathbf{v} \cdot \nabla_\mathbf{r} g + \frac{e}{\hbar} \nabla_\mathbf{k} g \cdot (\mathbf{v} \times \mathbf{B}) = \left(\frac{\partial f}{\partial t} \right)_{\mathrm{Streu}} \, .$$ (9.4.20)

Wir sehen, dass auf der linken Seite zusätzlich zum Term proportional zu $e\mathbf{E}$ noch Terme proportional zu ∇T und $\nabla\mu$ auftreten. Diese resultieren daraus, dass jetzt zusätzlich zur Kraft $e\mathbf{E}$ aufgrund eines elektrischen Feldes Kräfte aufgrund eines Temperaturgradienten und Gradienten des chemischen Potenzials wirken.

Führen wir die Größe

$$\mathcal{A} = \left[e\left(\mathbf{E} - \frac{\nabla\mu}{e}\right) - \frac{\xi(\mathbf{k})}{T} \nabla T \right]$$ (9.4.21)

ein, die der verallgemeinerten Kraft auf die Ladungsträger aufgrund eines Gradienten des elektrochemischen Potenzials und eines Temperaturgradienten entspricht, können wir (9.4.20) weiter zu

$$\frac{\partial f_0}{\partial \varepsilon} \mathbf{v} \cdot \mathcal{A} + \mathbf{v} \cdot \nabla_{\mathbf{r}} g = \left(\frac{\partial f}{\partial t}\right)_{\text{Streu}} . \tag{9.4.22}$$

umschreiben. Dieser Ausdruck lässt sich weiter vereinfachen, wenn wir uns auf den homogenen Fall ($\mathbf{v} \cdot \nabla_{\mathbf{r}} g = 0$) beschränken:

$$\frac{\partial f_0}{\partial \varepsilon} \mathbf{v}(\mathbf{k}) \cdot \mathcal{A} = \left(\frac{\partial f}{\partial t}\right)_{\text{Streu}} . \tag{9.4.23}$$

9.4.3 Relaxationszeit-Ansatz

Für die Beschreibung des Streuterms setzen wir die Relaxationszeit-Näherung

$$\left(\frac{\partial f}{\partial t}\right)_{\text{Streu}} = -\frac{f(\mathbf{k}) - f^{\text{loc}}(\mathbf{k})}{\tau(\mathbf{k})} = -\frac{g(\mathbf{k})}{\tau(\mathbf{k})} \tag{9.4.24}$$

an, wobei in räumlich inhomogenen Systemen $\tau(\mathbf{k})$ durch $\tau(\mathbf{k}, \mathbf{r})$ ersetzt werden muss. Das heißt, wir führen eine mittlere **Relaxationszeit** τ ein, um die komplizierten Streuprozesse einfach zu beschreiben.

Relaxationszeit-Ansatz:

Schalten wir die äußere Kraft zum Zeitpunkt $t = 0$ ab, so erhalten wir aus (9.4.24) für $t \geq 0$

$$\frac{dg(\mathbf{k})}{dt} = -\frac{g(\mathbf{k})}{\tau(\mathbf{k})}$$

$$g(\mathbf{k}, t) = g(\mathbf{k}, 0) e^{-t/\tau(\mathbf{k})} . \tag{9.4.25}$$

D. h., g relaxiert nach Abschalten der Störung mit der Zeitkonstante τ auf null. Wichtig ist hierbei, dass in einfachster Näherung eine konstante Relaxationszeit, die nicht von der Energie abhängt, angenommen wird.

9.4.3.1 Stationärer, homogener Fall

Wir betrachten als einfaches Beispiel den homogenen Fall ($\nabla_{\mathbf{r}} g = 0$) und nehmen an, dass $\mathbf{B} = 0$ und keine räumlichen Variationen der Temperatur oder des chemischen Potenzials vorliegen ($\mu(\mathbf{r}) = const.$, $T(\mathbf{r}) = const.$). Für den stationären Fall ($\partial f/\partial t = 0$) ergibt sich mit der Relaxationszeitnäherung aus (9.4.20)[35]

$$-\frac{\partial f_0}{\partial \varepsilon} \mathbf{v}(\mathbf{k}) \cdot e\mathbf{E} = \frac{g(\mathbf{k})}{\tau(\mathbf{k})} = \frac{f(\mathbf{k}) - f_0^{\text{loc}}(\mathbf{k})}{\tau(\mathbf{k})} . \tag{9.4.26}$$

---

[35] Ohne Linearisierung müsste auf der linken Seite $-\frac{\partial f_0}{\partial E}$ durch $-\frac{\partial f}{\partial E}$ ersetzt werden. Gl.(9.4.26) kann dann nur iterativ gelöst werden, indem man als Anfangsverteilung die Gleichgewichtsverteilung f_0 einsetzt. Einsetzen von f_0 ergibt eine Lösung, die linear in E ist. Einsetzen dieser Lösung ergibt dann eine Lösung, die quadratisch in E ist, usw.

Abb. 9.23: Auswirkung eines konstanten elektrischen Feldes E_x auf die **k**-Raumverteilung von quasi-freien Elektronen: (a) Die Fermi-Kugel der Gleichgewichtsverteilung ist um den Betrag $\delta k_x = e\tau E_x/\hbar$ verschoben. (b) Die neue Verteilungsfunktion weicht von der Gleichgewichtsverteilung nur in der Nähe der Fermi-Energie signifikant ab.

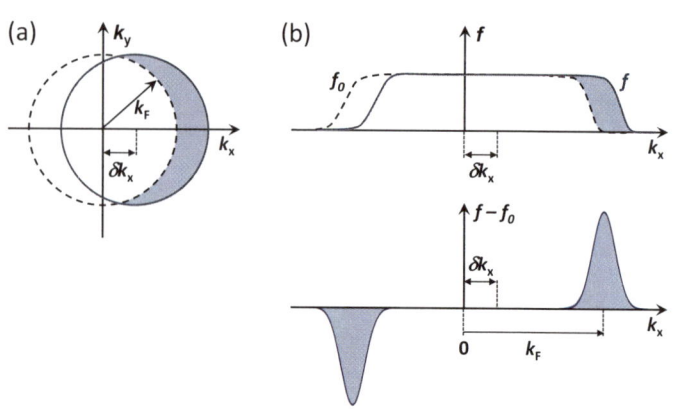

Schreiben wir (9.4.26) als $g(\mathbf{k}) = f(\mathbf{k}) - f_0^{\text{loc}}(\mathbf{k}) \simeq -\frac{\partial f_0}{\partial \varepsilon} \mathbf{v}(\mathbf{k}) \cdot e\mathbf{E} = -\nabla_\mathbf{k} f_0 \cdot \frac{e\mathbf{E}\tau(\mathbf{k})}{\hbar}$, so sehen wir, dass $f(\mathbf{k})$ als Entwicklung von $f_0^{\text{loc}}(\mathbf{k})$ aufgefasst werden kann und wir können schreiben[36]

$$f(\mathbf{k}) = f_0^{\text{loc}}\left(\mathbf{k} - \frac{e}{\hbar}\tau(\mathbf{k})\mathbf{E}\right). \tag{9.4.27}$$

Dies entspricht einer Fermi-Verteilungsfunktion, die um den Betrag $e\tau\mathbf{E}/\hbar$ gegenüber der lokalen Gleichgewichtsverteilungsfunktion im k-Raum verschoben ist (siehe hierzu Abb. 9.23).

Es ist wichtig, sich klar zu machen, was mit der verschobenen Fermi-Kugel in Abb. 9.23 nach Abschalten der äußeren Kraft passiert. Offensichtlich erfolgt eine Relaxation in den Gleichgewichtszustand. Hierzu sind aber inelastische Streuprozesse notwendig. Falls nur elastische Streuprozesse vorliegen würden, würde sich die Fermi-Kugel, wie in Abb. 9.24 gezeigt ist, aufblähen.

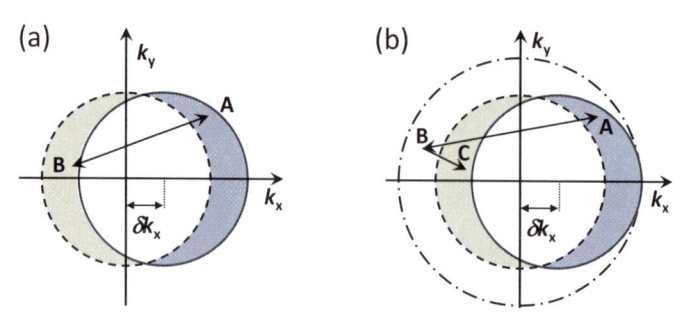

Abb. 9.24: Elektronstreuprozesse im **k**-Raum. Die gestrichelte Linie stellt die Fermi-Fläche im Gleichgewichtszustand für verschwindendes elektrisches Feld ($\mathbf{E} = 0$) dar. Bei Abschalten des elektrischen Feldes relaxiert die Fermi-Fläche in den Gleichgewichtszustand zurück und zwar durch Streuprozesse von besetzten in unbesetzte Zustände. (a) Da die Zustände A und B unterschiedliche Energien (unterschiedliche Abstände von $\mathbf{k} = 0$ haben), sind dazu inelastische Streuprozesse notwendig. (b) Für rein elastische Streuung würde die Fermi-Fläche aufgeweitet.

---

[36] Tatsächlich gilt mit dem Taylor'schen Theorem $f(\mathbf{k}) = f_0(\mathbf{k}) - \frac{\partial f_0(\mathbf{k})}{\partial \varepsilon(\mathbf{k})} \frac{\partial \varepsilon(\mathbf{k})}{\partial \mathbf{k}} \frac{e\tau(\mathbf{k})}{\hbar}\mathbf{E} = f_0\left(\mathbf{k} - \frac{e\tau(\mathbf{k})}{\hbar}\mathbf{E}\right) = f_0(\mathbf{k} - \delta\mathbf{k})$.

9.5 Vertiefungsthema: Allgemeine Transportkoeffizienten

Wir wollen nun die Boltzmann-Transportgleichung dazu benutzen, Ausdrücke für die Transportkoeffizienten von Festkörpern abzuleiten. Dazu nehmen wir an, dass in dem betrachteten Festkörper neben einem elektrischen Feld auch ein Temperaturgradient und Gradient des chemischen Potenzials vorliegen kann. Wir gehen allerdings davon aus, dass an jedem Ort eine wohldefinierte Temperatur $T(\mathbf{r}, t)$ und chemisches Potenzial $\mu(\mathbf{r}, t)$ vorliegen. Wir diskutieren hier zunächst den Fall $\mathbf{B} = 0$ und betrachten Ladungsträger mit der Ladung $+e$. Auf den Fall endlicher Magnetfelder kommen wir in Abschnitt 9.6 zurück. Wir gehen ferner der Einfachheit halber von der linearisierten Boltzmann-Gleichung aus und betrachten den homogenen Fall. Verwenden wir die Relaxationszeitnäherung, so erhalten wir aus (9.4.20)

$$g(\mathbf{k}) = -\frac{\partial f_0}{\partial \varepsilon}\tau(\mathbf{k})\mathbf{v}(\mathbf{k}) \cdot \left[e\left(\mathbf{E} - \frac{\nabla \mu}{e}\right) - \frac{\xi(\mathbf{k})}{T}\nabla T \right]$$

$$= -\frac{\partial f_0}{\partial \varepsilon}\tau(\mathbf{k})\mathbf{v}(\mathbf{k}) \cdot \mathcal{A}. \tag{9.5.1}$$

In dieser Form können wir (9.5.1) als Ausgangspunkt für die Berechnung der elektrischen und thermischen Leitfähigkeit sowie deren thermoelektrischer Kopplung benutzen.

Elektrische Stromdichte: Wir betrachten zunächst die *elektrische Stromdichte*. Diese erhalten wir, indem wir das Produkt aus Ladungsdichte, Ladungsträgergeschwindigkeit und Besetzungswahrscheinlichkeit über alle Zustände aufintegrieren (vergleiche hierzu Abschnitt 9.2):

$$\mathbf{J}_q = \frac{1}{4\pi^3} \int e\mathbf{v}(\mathbf{k})f(\mathbf{k})\,d^3k$$

$$= \frac{1}{4\pi^3} \int e\mathbf{v}(\mathbf{k})g(\mathbf{k})\,d^3k \quad \text{da} \quad \int e\mathbf{v}(\mathbf{k})f_0(\mathbf{k})\,d^3k \equiv 0$$

$$= \frac{1}{4\pi^3} \iint e\tau(\mathbf{k})\mathbf{v}(\mathbf{k})[\mathbf{v}(\mathbf{k}) \cdot \mathcal{A}]\left(-\frac{\partial f_0}{\partial \varepsilon}\right)\frac{dS_\varepsilon}{\hbar v(k)}\,d\varepsilon. \tag{9.5.2}$$

Hierbei haben wir das Volumenintegral im $\mathbf{k}$-Raum (d^3k) in Integrale über Schalen konstanter Energie ($dS_\varepsilon d\varepsilon$) überführt, wobei die Beziehung $d^3k = dS_\varepsilon dk_\perp = dS_\varepsilon \frac{d\varepsilon}{\nabla_k \varepsilon} = dS_\varepsilon \frac{d\varepsilon}{\hbar v(k)}$ benutzt wurde.

Aufgrund der geringen Temperaturverschmierung der Fermi-Verteilung ($k_\mathrm{B}T \ll \varepsilon_\mathrm{F}$) lässt sich $\left(-\frac{\partial f_0}{\partial \varepsilon}\right)$ näherungsweise durch eine δ-Funktion $\delta(\varepsilon - \varepsilon_\mathrm{F})$ ersetzen und es verbleibt nur noch ein Integral dS_F über die Fermi-Fläche:

$$\mathbf{J}_q = \frac{1}{4\pi^3}\frac{e}{\hbar}\int_{\varepsilon=\varepsilon_\mathrm{F}} dS_\mathrm{F}\,\frac{\tau(\mathbf{k})\mathbf{v}(\mathbf{k})\mathbf{v}(\mathbf{k})}{v(k)} \cdot \mathcal{A}. \tag{9.5.3}$$

Hierbei ist $\mathbf{v}(\mathbf{k})\mathbf{v}(\mathbf{k})$ das dyadische Produkt der beiden Vektoren, stellt also eine 3×3-Matrix dar. Setzen wir den Ausdruck für $\mathcal{A}$ ein, so erhalten wir die elektrische Stromdichte

$$\mathbf{J}_q = \frac{1}{4\pi^3} \frac{e^2}{\hbar} \int dS_\mathrm{F} \, \frac{\tau(\mathbf{k})\mathbf{v}(\mathbf{k})\mathbf{v}(\mathbf{k})}{v(k)} \cdot \left[\mathbf{E} - \frac{\nabla \mu}{e} \right]$$

$$+ \frac{1}{4\pi^3} \frac{e}{\hbar} \int dS_\mathrm{F} \, \frac{\tau(\mathbf{k})\mathbf{v}(\mathbf{k})\mathbf{v}(\mathbf{k}) \frac{\varepsilon(\mathbf{k})-\mu}{T}}{v(k)} \cdot [-\nabla T] \, . \tag{9.5.4}$$

Wir sehen, dass die elektrische Stromdichte sowohl durch das elektrische Feld als auch den Temperaturgradienten getrieben wird. Insbesondere erzeugt der Temperaturgradient ∇T, wenn er alleine wirkt, einen elektrischen Strom. Wir bezeichnen dies als *thermoelektrischen Effekt*. Wir weisen darauf hin, dass in den obigen Ausdrücken immer ein Term in $\nabla \mu$ auftritt, der durch die räumliche Änderung des chemischen Potenzials durch einen Temperaturgradienten verursacht wird. Bei einer Messung der elektrischen Eigenschaften müssen wir einen solchen Gradienten von μ in die gemessene Potenzialdifferenz einbeziehen. Wir werden im Folgenden allerdings diesen Term unter der Annahme weglassen, dass seine Wirkung bereits in $\mathbf{E}$, dem beobachteten elektrischen Feld, enthalten ist.

Wärmestromdichte: Der wichtigere Effekt eines Temperaturgradienten besteht allerdings in der Erzeugung einer *Wärmestromdichte* $\mathbf{J}_\mathrm{h}$ [vergleiche (9.2.3) und (9.5.2)]:

$$\mathbf{J}_\mathrm{h} = \frac{1}{4\pi^3 \hbar} \int [\varepsilon(\mathbf{k}) - \mu] \nabla_\mathbf{k} \varepsilon(\mathbf{k}) \, f(\mathbf{k}) \, d^3 k$$

$$= \frac{1}{4\pi^3} \int [\varepsilon(\mathbf{k}) - \mu] \mathbf{v}_\mathbf{k} \, g(\mathbf{k}) \, d^3 k \, . \tag{9.5.5}$$

Setzen wir $g(\mathbf{k})$ aus (9.5.1) ein, so erhalten wir die Wärmestromdichte zu

$$\mathbf{J}_\mathrm{h} = \frac{e}{4\pi^3 \hbar} \iint dS_\varepsilon d\varepsilon \frac{[\varepsilon(\mathbf{k}) - \mu] \tau(\mathbf{k}) \mathbf{v}_\mathbf{k} \mathbf{v}_\mathbf{k}}{v(k)} \left(-\frac{\partial f_0}{\partial \varepsilon} \right) \cdot \left[\mathbf{E} - \frac{\nabla \mu}{e} \right]$$

$$+ \frac{1}{4\pi^3 \hbar} \iint dS_\varepsilon d\varepsilon \frac{[\varepsilon(\mathbf{k}) - \mu] \tau(\mathbf{k}) \mathbf{v}_\mathbf{k} \mathbf{v}_\mathbf{k}}{v(k)} \left(-\frac{\partial f_0}{\partial \varepsilon} \right) \cdot \left[\frac{\varepsilon(\mathbf{k}) - \mu}{T} (-\nabla T) \right] \, . \tag{9.5.6}$$

Wir sehen also, dass auch die Wärmestromdichte sowohl durch ein elektrisches Feld als auch einen Temperaturgradienten getrieben wird.

Allgemeine Transportgleichungen: Gleichung (9.5.4) und (9.5.6) zeigen, dass wir folgende allgemeinen Transportgleichungen aufstellen können:[37]

$$\mathbf{J}_q = L^{11} \mathbf{E} + L^{12} (-\nabla T/T) = L^{11} (-\nabla \phi_\mathrm{el}) + L^{12} (-\nabla T/T) \, . \tag{9.5.7}$$

$$\mathbf{J}_\mathrm{h} = L^{21} \mathbf{E} + L^{22} (-\nabla T/T) = L^{21} (-\nabla \phi_\mathrm{el}) + L^{22} (-\nabla T/T) \, . \tag{9.5.8}$$

---

[37] Den Gradienten des chemischen Potenzials können wir in das beobachtete elektrische Feld $\mathbf{E}$ integrieren, indem wir $\mathbf{E} = -\nabla \phi - \nabla \mu / e = -\nabla \phi_\mathrm{el}$ benutzen.

9.5 Vertiefungsthema: Allgemeine Transportkoeffizienten

Den Gradienten des elektrochemischen Potenzials und den Temperaturgradienten auf der rechten Seite können wir als verallgemeinerte Kräfte auffassen, die resultierenden Ströme sind die Response-Größen. Die Koeffizienten der Matrix L^{ij} stellen somit lineare Antwortkoeffizienten dar, die wir als *allgemeine Transportkoeffizienten* bezeichnen. Wie von **Onsager**[38] gezeigt wurde, erfüllen diese Koeffizienten die Reziprozitätsbeziehungen[39]

$$L^{ij}(\mathbf{H}_{\text{ext}}) = L^{ji}(-\mathbf{H}_{\text{ext}}), \tag{9.5.9}$$

die aus der Zeitumkehrsymmetrie der zugrunde liegenden mikroskopischen Prozesse folgen, wobei $\mathbf{H}_{\text{ext}}$ das externe Magnetfeld ist.[40] Wir werden gleich sehen, dass sie mit der *elektrischen Leitfähigkeit* σ, der *Wärmeleitfähigkeit* κ, der *Thermokraft* S und dem *Peltier-Koeffizienten* Π verknüpft sind.

Aus historischen Gründen werden üblicherweise nicht die allgemeinen Transportkoeffizienten L^{ij} verwendet, sondern die besser vertrauten Größen $\rho = \sigma^{-1}$, κ, S und Π, die über folgende Beziehungen definiert wurden:

$$\mathbf{E} = \rho \mathbf{J}_q + S \nabla T. \tag{9.5.10}$$

$$\mathbf{J}_h = \Pi \mathbf{J}_q - \kappa \nabla T. \tag{9.5.11}$$

Dies liegt darin begründet, dass in Experimenten meist ein Temperaturgradient und/oder ein elektrischer Strom vorgegeben werden und das resultierende elektrische Feld und der resultierende Wärmestrom gemessen werden. Schreiben wir (9.5.10) und (9.5.11) analog zu den Beziehungen (9.5.7) und (9.5.8) um, so erhalten wir:

$$\begin{pmatrix} \mathbf{J}_q \\ \mathbf{J}_h \end{pmatrix} = \begin{pmatrix} \sigma & \sigma T S \\ \sigma T S & T\sigma(\kappa/\sigma + TS^2) \end{pmatrix} \begin{pmatrix} -\nabla \phi_{\text{el}} \\ -\nabla T/T \end{pmatrix}. \tag{9.5.12}$$

Die allgemeinen Transportkoeffizienten sind über die Größe

$$\mathcal{L}^{(\alpha)} \equiv \frac{1}{4\pi^3} \frac{e^2}{\hbar} \iint dS_\varepsilon\, d\varepsilon\, \frac{\tau(\mathbf{k}) \mathbf{v}_\mathbf{k} \mathbf{v}_\mathbf{k} \left[\varepsilon(\mathbf{k}) - \mu\right]^\alpha}{v(\mathbf{k})} \left(-\frac{\partial f_0}{\partial \varepsilon}\right) \tag{9.5.13}$$

definiert als

$$L^{11} = \mathcal{L}^{(0)} \tag{9.5.14}$$

$$L^{21} = L^{12} = \frac{1}{e}\mathcal{L}^{(1)} \tag{9.5.15}$$

$$L^{22} = \frac{1}{e^2}\mathcal{L}^{(2)}. \tag{9.5.16}$$

---

[38] Lars Onsager, norwegischer Physikochemiker und theoretischer Physiker: geboren am 27. November 1903 in Oslo, gestorben am 5. Oktober 1976 in Coral Gables (Florida). Er wurde 1968 mit dem Nobelpreis für Chemie ausgezeichnet.

[39] Lars Onsager, *Reciprocal relations in irreversible processes I*, Phys. Rev. **37**, 405 (1931); *Reciprocal relations in irreversible processes II*, Phys. Rev. **38**, 2265 (1931).

[40] Hierbei wurde angenommen, dass die zugehörige Zustandsvariable gerade unter Zeitumkehr ist. Sonst müsste auf der linken Seite von (9.5.9) ein Minuszeichen eingeführt werden.

Wir können den obigen Ausdruck für $\mathcal{L}^{(\alpha)}$ vereinfachen, indem wir die tensorielle Größe

$$\widehat{\sigma}(\varepsilon) = \frac{1}{4\pi^3} \frac{e^2}{\hbar} \int_{\varepsilon(\mathbf{k})=\text{const}} dS_\varepsilon \frac{\tau(\mathbf{k})\mathbf{v_k v_k}}{v(k)} \tag{9.5.17}$$

verwenden.[41] Wir erhalten

$$\mathcal{L}^{(\alpha)} = \int d\varepsilon \left(-\frac{\partial f_0}{\partial \varepsilon}\right) [\varepsilon(\mathbf{k}) - \mu]^\alpha \, \widehat{\sigma}(\varepsilon). \tag{9.5.18}$$

Um das Integral auszurechnen, benutzen wir die Tatsache, dass $\left(-\frac{\partial f_0}{\partial \varepsilon}\right)$ vernachlässigbar ist außer in einem Bereich der Breite $k_B T$ um $\mu \simeq \varepsilon_F$. Zur Auswertung können wir dann die Sommerfeld-Entwicklung benutzen (siehe Anhang C). Da die Integranden von $\mathcal{L}^{(1)}$ und $\mathcal{L}^{(2)}$ Faktoren beinhalten, die für $\varepsilon = \mu$ verschwinden, müssen wir bei der Auswertung der Integrale nur den ersten Entwicklungsterm in der Sommerfeld-Entwicklung berücksichtigen.[42] Wir erhalten damit für die Transportkoeffizienten:

$$L^{11} = \widehat{\sigma}(\varepsilon_F) \tag{9.5.19}$$

$$L^{21} = L^{12} = \frac{\pi^2}{3} \frac{(k_B T)^2}{e} \widehat{\sigma}'(\varepsilon_F) \tag{9.5.20}$$

$$L^{22} = \frac{\pi^2}{3} \frac{(k_B T)^2}{e^2} \widehat{\sigma}(\varepsilon_F). \tag{9.5.21}$$

Hierbei ist

$$\widehat{\sigma}' = \left.\frac{\partial \widehat{\sigma}(\varepsilon)}{\partial \varepsilon}\right|_{\varepsilon=\varepsilon_F}. \tag{9.5.22}$$

9.5.1 Elektrische Leitfähigkeit

Wir wollen als erstes aus den allgemeinen Transportgleichungen den Leitfähigkeitstensor $\widehat{\sigma}$ bestimmen, der die Proportionalitätskonstante zwischen elektrischer Stromdichte und elektrischem Feld bei konstanter Temperatur ist. Mit $\nabla T = 0$ ergibt sich aus (9.5.7):

$$\mathbf{J}_q = L^{11}\mathbf{E} = \widehat{\sigma}\mathbf{E}. \tag{9.5.23}$$

Vergleichen wir diesen Ausdruck mit (9.5.4), so erhalten wir bei $\nabla T = 0$ für den *Leitfähigkeitstensor* $\widehat{\sigma}$:

$$\widehat{\sigma} = \widehat{\sigma}(\varepsilon_F) = \frac{1}{4\pi^3} \frac{e^2}{\hbar} \int_{\varepsilon=\varepsilon_F} dS_\varepsilon \frac{\tau(\mathbf{k})\mathbf{v}(\mathbf{k})\mathbf{v}(\mathbf{k})}{v(k)}. \tag{9.5.24}$$

---

[41] Man beachte, dass die elektrische Leitfähigkeit eines Metalls gerade $\widehat{\sigma}(\varepsilon_F)$ ist.

[42] Es gilt: $\int K(\varepsilon)\left(-\frac{\partial f_0}{\partial \varepsilon}\right)d\varepsilon = K(\mu) + (k_B T)^2 \frac{\pi^2}{6}\left(\frac{\partial^2 K(\varepsilon)}{\partial \varepsilon^2}\right)_{\varepsilon=\mu} + O\left(\frac{k_B T}{\mu}\right)^4$.

9.5 Vertiefungsthema: Allgemeine Transportkoeffizienten

In Kristallen mit kubischer Symmetrie reduziert sich der *Leitfähigkeitstensor* $\hat{\sigma}$ zu einem Skalar. Nehmen wir an, dass $\mathbf{E}$ und $\mathbf{J}_q$ beide in x-Richtung zeigen, so erhalten wir im Integranden $(\mathbf{v}(\mathbf{k})\mathbf{v}(\mathbf{k}) \cdot \mathbf{E})_x = v_x^2 E$, was ein Drittel des Betrages vom Quadrat der Gesamtgeschwindigkeit $v^2 E$ ausmacht. Somit erhalten wir[43]

$$\sigma = \frac{1}{4\pi^3} \frac{e^2}{\hbar} \frac{1}{3} \int_{\varepsilon=\varepsilon_F} \tau(\varepsilon_F) v_F \, dS_\varepsilon = \frac{1}{4\pi^3} \frac{e^2}{\hbar} \frac{1}{3} \int_{\varepsilon=\varepsilon_F} \ell \, dS_\varepsilon, \qquad (9.5.25)$$

wobei die mittlere freie Weglänge $\ell = \tau(\varepsilon_F) v_F$ eingeführt wurde. Wir können aus diesem Ergebnis sofort das Resultat (7.3.16) für freie Elektronen gewinnen. Benutzen wir $v_F = \hbar k_F/m$, $\int_{\varepsilon=\varepsilon_F} dS_\varepsilon = 4\pi k_F^2$ und $n = k_F^3/3\pi^2$, so erhalten wir aus (9.5.25) den bekannten Ausdruck $\sigma = \frac{ne^2\tau}{m} = \frac{ne^2\ell}{mv_F}$.

Wir können das Ergebnis für freie Elektronen auch durch folgende Argumentation plausibel machen: Es ist bemerkenswert, dass (9.4.27) in der Form

$$f(\mathbf{k}) = f_0\big[\varepsilon(\mathbf{k}) - e\tau \mathbf{v}(\mathbf{k}) \cdot \mathbf{E}\big] \qquad (9.5.26)$$

geschrieben werden kann, d.h. als hätte ein Elektron im Zustand $\mathbf{k}$ den Energiebetrag $\delta\varepsilon(\mathbf{k}) = e\tau \mathbf{v}(\mathbf{k}) \cdot \mathbf{E}$ gewonnen. Klassisch hätte ein Elektron das genau dann getan, wenn es sich für die mittlere Zeit τ mit der Geschwindigkeit $\mathbf{v}(\mathbf{k})$ im Feld $\mathbf{E}$ bewegt hätte. Auf diesem Sachverhalt basiert die kinetische Methode zur Behandlung von Transporteigenschaften. Die zwischen zwei Streuprozessen zusätzlich gewonnene Energie ist einer mittleren *Driftgeschwindigkeit* $\delta \mathbf{v}$ in Richtung des Feldes äquivalent und es gilt

$$\delta\varepsilon = \frac{\partial\varepsilon}{\partial\mathbf{v}} \cdot \delta\mathbf{v} \qquad (9.5.27)$$

mit

$$\delta\mathbf{v} = \frac{\hbar\mathbf{k}}{m} = \frac{e\mathbf{E}\tau}{m} \qquad (9.5.28)$$

für ein klassisches Teilchen mit Masse m. Wenn n Teilchen pro Einheitsvolumen vorhanden sind, erhalten wir die Stromdichte

$$\mathbf{J}_q = ne\delta\mathbf{v} = ne\frac{e\tau}{m}\mathbf{E} \qquad (9.5.29)$$

und damit

$$\sigma = \frac{ne^2\tau}{m}. \qquad (9.5.30)$$

---

[43] Der Ausdruck für die Leitfähigkeit zeigt anschaulich, was in Metallen geschieht, wenn die Fläche bei der Integration durch Zonengrenzen reduziert wird. Er zeigt auch, wie Gittereffekte, die die effektive Geschwindigkeit der Elektronen auf der Fermi-Fläche verringern, sich auf die Leitfähigkeit auswirken.

Für ein Gas freier Elektronen haben wir oben bereits gezeigt, dass (9.5.30) dasselbe aussagt wie (9.5.25). Allerdings treten in Metallen, in denen die Integration in (9.5.25) durch Zonengrenzen reduziert wird oder in denen Gittereffekte die effektive Geschwindigkeit der Elektronen auf der Fermi-Fläche verringern (z.B in Wismut) Abweichungen auf. Für Halbleiter eignet sich dagegen die kinetische Formel (9.5.30) gut. Gewöhnlich schreibt man hier

$$\sigma = n\,|e|\,\mu \tag{9.5.31}$$

mit der *Beweglichkeit*

$$\mu = \frac{|e|\,\tau}{m} \tag{9.5.32}$$

der Ladungsträger.

9.5.2 Wärmeleitfähigkeit

Wir wollen nun aus den Gleichungen (9.5.7) und (9.5.8) sowie (9.5.19) bis (9.5.21) die Wärmeleitfähigkeit κ bestimmen. Hierzu müssen wir berücksichtigen, dass die Wärmeleitfähigkeit die Proportionalitätskonstante zwischen Wärmestrom und Temperaturgradient ist unter der Randbedingung, dass kein elektrischer Strom fließt. Setzen wir $\mathbf{J}_q = 0$, so erhalten wir aus (9.5.7)

$$\mathbf{E} = -(L^{11})^{-1} L^{12} (-\nabla T / T). \tag{9.5.33}$$

Setzen wir dies in (9.5.8) ein, so ergibt sich

$$\mathbf{J}_\text{h} = \widehat{\kappa}\,(-\nabla T) = \left[L^{22} - L^{21} (L^{11})^{-1} L^{12} \right] (-\nabla T / T). \tag{9.5.34}$$

Aus (9.5.19) bis (9.5.21) und der Tatsache, dass $\widehat{\sigma}' \sim \widehat{\sigma}/\varepsilon_\text{F}$,[44] folgt, dass in Metallen der erste Term in der eckigen Klammer den zweiten um einen Faktor der Größenordnung $(\varepsilon_\text{F}/k_\text{B}T)^2$ übersteigt. Wir können diesen Korrekturterm für Metalle deshalb vernachlässigen und erhalten den Tensor der Wärmeleitfähigkeit zu

$$\widehat{\kappa} = \frac{L^{22}}{T} = \frac{\pi^2}{3} \frac{k_\text{B}^2 T}{e^2} \widehat{\sigma}(\varepsilon_\text{F}) = \frac{\pi^2}{3} \frac{k_\text{B}^2 T}{e^2} \widehat{\sigma}. \tag{9.5.35}$$

Das heißt, wir erhalten das gleiche Ergebnis, das wir bei einer Vernachlässigung des thermoelektrischen Feldes erwartet hätten.[45] Gleichung (9.5.35) gibt uns auch einen Zusammenhang zwischen elektrischer und thermischer Leitfähigkeit an, der nichts anderes als das

---

[44] Schreiben wir formal $\widehat{\sigma} = ne\widehat{\mu}$ und nehmen an, dass die Beweglichkeit $\widehat{\mu}$ keine oder nur eine geringe Energieabhängigkeit besitzt, so erhalten wir $\widehat{\sigma}' = e\widehat{\mu}\left(\frac{\partial n}{\partial \varepsilon}\right)_{\varepsilon = \varepsilon_\text{F}} = e\widehat{\mu} d(\varepsilon_\text{F})$. Mit der Zustandsdichte eines freien Elektronengases, $d(\varepsilon_\text{F}) = D(\varepsilon_\text{F})/V = \frac{3}{2} \frac{n}{\varepsilon_\text{F}}$, erhalten wir $\widehat{\sigma}' \simeq \widehat{\sigma}/\varepsilon_\text{F}$.

[45] In Halbleitern ist die Fermi-Energie wesentlich niedriger und der Korrekturterm kann deshalb nicht mehr vernachlässigt werden.

Wiedemann-Franz-Gesetz ist (vergleiche (7.3.25) in Abschnitt 7.3.2). Dieser Zusammenhang lässt sich leicht verstehen. Bei der elektrischen Leitung transportiert jeder Ladungsträger seine Ladung e und wird von der Kraft $e\mathbf{E}$ beeinflusst. Der Strom pro elektrisches Feld ist proportional zu e^2. Beim thermischen Transport transportiert der Ladungsträger seine mittlere thermische Energie $\varepsilon - \mu \simeq k_B T$ und wird von der thermischen Kraft $k_B \nabla T$ beeinflusst. Der Wärmestrom pro Temperaturgradient ist $k_B^2 T$. Das Verhältnis der beiden Ströme muss also von der Größenordnung $k_B^2 T / e^2$ sein.

9.5.3 Thermokraft

Die Thermokraft S ist als Proportionalitätskonstante zwischen elektrischem Feld $\mathbf{E}$ und Temperaturgradienten ∇T unter der Bedingung, dass kein elektrischer Strom fließt, gegeben (vergleiche Abschnitt 7.3.3). Mit $\mathbf{J}_q = 0$ ergibt sich aus (9.5.7)

$$\mathbf{E} = S \nabla T = (L^{11})^{-1} L^{12} \, (\nabla T / T) \, . \tag{9.5.36}$$

Aus (9.5.19) und (9.5.20) erhalten wir

$$S = \frac{(L^{11})^{-1} L^{12}}{T} = \frac{\pi^2}{3} \frac{k_B^2 T}{e} \frac{\widehat{\sigma}'}{\widehat{\sigma}} = \frac{\pi^2}{3} \frac{k_B^2 T}{e} \left[\frac{\partial \ln \widehat{\sigma}(\varepsilon)}{\partial \varepsilon} \right]_{\varepsilon = \varepsilon_F} . \tag{9.5.37}$$

Um diesen Ausdruck zu interpretieren, wollen wir ihn mit dem für freie Elektronen erhaltenen Ergebnis vergleichen. Zunächst sehen wir, dass der Ausdruck für die Thermokraft wesentlich komplizierter ist als das für freie Elektronen erhaltene Ergebnis $S = -\frac{\pi^2}{6} \frac{k_B^2 T}{e} \frac{1}{\varepsilon_F}$. Falls $\tau(\varepsilon)$ unabhängig von der Energie angenommen werden kann, erhalten wir für freie Elektronen $\frac{\widehat{\sigma}'}{\widehat{\sigma}} = 3/2\varepsilon_F$ und damit $S = -\frac{\pi^2}{2e} \frac{k_B^2 T}{\varepsilon_F}$.[46] Dieses Ergebnis ist um den Faktor 3 größer als unsere grobe Abschätzung in Abschnitt 7.3.3. Der Unterschied wird durch die groben Näherungen bei der thermischen Mittelung von Energien und Geschwindigkeiten verursacht, die wir dort verwendet haben. Nehmen wir an, dass $\tau = \tau(\varepsilon)$ und damit die Beweglichkeit $\widehat{\mu} = \widehat{\mu}(\varepsilon)$, so erhalten wir für eine Leitfähigkeit $\widehat{\sigma} = n(\varepsilon) e \widehat{\mu}(E)$:[47]

$$S = \frac{\pi^2}{3} \frac{k_B^2 T}{e} \left[\frac{D(\varepsilon)}{n} + \frac{\partial \ln \widehat{\mu}(\varepsilon)}{\partial \varepsilon} \right]_{\varepsilon = \varepsilon_F} . \tag{9.5.38}$$

Den ersten Summanden können wir leicht interpretieren. Wie wir in Abschnitt 7.2 gesehen haben, beträgt für ein freies Elektronengas die Wärmekapazität pro Elektron gerade $c_V = \frac{C_V}{n} = \frac{\pi^2}{3} k_B^2 T \frac{D(\varepsilon_F)}{n}$. Somit entspricht der erste Term gerade c_V/e. Da $c_V T/e$ gerade dem Verhältnis der von einem Elektron transportierten Wärmemenge zu der von ihm transportierten Ladung entspricht, können wir, falls wir den zweiten Term vernachlässigen können, das Produkt $S \cdot T$ gerade mit diesem Verhältnis identifizieren. Wir werden weiter unten

---

[46] Falls τ energieunabhängig ist, ist die Beweglichkeit μ ebenfalls unabhängig von der Energie. Mit $\widehat{\sigma} = ne\widehat{\mu}$ erhalten wir $\frac{\widehat{\sigma}'}{\widehat{\sigma}} = \left[\frac{\partial \ln \widehat{\sigma}(\varepsilon)}{\partial \varepsilon} \right]_{\varepsilon = \varepsilon_F} = \frac{1}{n} \frac{\partial n}{\partial \varepsilon} \Big|_{\varepsilon = \varepsilon_F} = \frac{1}{n} D(\varepsilon_F)$. Mit der Zustandsdichte $D(\varepsilon_F) = \frac{3}{2} \frac{n}{\varepsilon_F}$ erhalten wir also $\frac{\widehat{\sigma}'}{\widehat{\sigma}} = \frac{3}{2\varepsilon_F}$.

[47] Wir verwenden $\frac{\widehat{\sigma}'}{\widehat{\sigma}} = \frac{1}{ne\widehat{\mu}} \left(e\widehat{\mu} \frac{\partial n}{\partial \varepsilon} + ne \frac{\partial \widehat{\mu}}{\partial \varepsilon} \right) = \frac{1}{n} \frac{\partial n}{\partial \varepsilon} + \frac{1}{\widehat{\mu}} \frac{\partial \widehat{\mu}}{\partial \varepsilon} = \frac{D(\varepsilon)}{n} + \frac{\partial \ln \widehat{\mu}}{\partial \varepsilon}$.

sehen, dass dieses Produkt gerade dem Peltier-Koeffizienten entspricht. Die Ableitung der Beweglichkeit tritt in (9.5.38) deshalb auf, weil wir die Art und Weise, wie der Elektronenstrom bezüglich der Energie verteilt ist, berücksichtigen müssen. Wenn $\mu(\varepsilon)$ mit zunehmendem ε größer wird, wird ein hoher Stromanteil von energiereicheren Elektronen transportiert. Diese verursachen aber wiederum einen größeren Wärmestrom. Diese einfache Diskussion ist natürlich für viele Metalle nicht verwendbar, da die vereinfachende Annahme $\widehat{\sigma}(\varepsilon) = n(\varepsilon) e \widehat{\mu}(\varepsilon)$ nicht gerechtfertigt ist, sondern wir die Leitfähigkeit durch eine Integration über die mehr oder weniger komplexe Fermi-Fläche gewinnen müssen. Wir müssen dabei im Einzelnen die Energieabhängigkeit der verschiedenen Faktoren analysieren, um die Thermokraft zu erhalten. Darauf wollen wir hier nicht eingehen.

Wir wollen uns schließlich noch mit dem Vorzeichen der Thermokraft beschäftigen. Wir haben bereits in Abschnitt 7.3.3 darauf hingewiesen, dass für die Thermokraft von Metallen ein sowohl positives als auch negatives Vorzeichen beobachtet wird, was im Rahmen des Modells freier Elektronen nicht erklärt werden konnte. Wir schreiben den Ausdruck für $\widehat{\sigma}'$ zunächst um, indem wir (9.5.17) differenzieren:

$$\frac{\partial \widehat{\sigma}(\varepsilon)}{\partial \varepsilon} = \frac{\tau'(\varepsilon)}{\tau(\varepsilon)} \widehat{\sigma}(\varepsilon) + \frac{1}{4\pi^3} e^2 \tau(\varepsilon) \int d^3k\, \delta'[\varepsilon - \varepsilon(\mathbf{k})]\, \mathbf{v_k v_k}\,. \tag{9.5.39}$$

Mit $\mathbf{v_k} \delta'[\varepsilon - \varepsilon(\mathbf{k})] = -\frac{1}{\hbar} \frac{\partial}{\partial \mathbf{k}} \delta[\varepsilon - \varepsilon(\mathbf{k})]$ erhalten wir durch partielle Integration

$$\frac{\partial \widehat{\sigma}(\varepsilon)}{\partial \varepsilon} = \frac{\tau'(\varepsilon)}{\tau(\varepsilon)} \widehat{\sigma}(\varepsilon) + \frac{e^2 \tau(\varepsilon)}{4\pi^3} \int d^3k\, \delta[\varepsilon - \varepsilon(\mathbf{k})] \left(\widehat{m}^*(\mathbf{k})\right)^{-1}\,. \tag{9.5.40}$$

Hierbei ist $\widehat{m}^*(\mathbf{k})$ der effektive Massetensor. Falls die Energieabhängigkeit der Streuzeit τ vernachlässigbar ist, wird das Vorzeichen von $\widehat{\sigma}'$ und damit der Thermokraft durch das Vorzeichen des effektiven Massetensors gemittelt über die Fermi-Fläche bestimmt. Das heißt, das Vorzeichen der Thermokraft wird dadurch bestimmt, ob wir überwiegend elektron- oder lochartige Ladungsträger vorliegen haben. Die Erweiterung der Transporttheorie von freien Elektronen auf Bandelektronen kann also auch in natürlicher Weise das scheinbar anomale, positive Vorzeichen der Thermokraft von Metallen erklären. Typische Zahlenwerte für die Thermokraft einiger Metalle bei Raumtemperatur sind: Ag, Au, Cu (+6.5 μV/K), Al (+3.5 μV/K), Fe (+19 μV/K), Ni (−15 μV/K), Bi (−72 μV/K), Pt (0 μV/K).

9.5.3.1 Seebeck-Effekt

Zur Messung der Thermokraft wird üblicherweise die in Abb. 9.25 gezeigte Anordnung verwendet. Man bildet einen geschlossenen Stromkreis aus zwei Metallen A und B mit zwei Kontaktstellen, die sich auf unterschiedlicher Temperatur T_1 und T_2 befinden. Dazwischen befindet sich bei beliebiger Temperatur ein Spannungsmessgerät. Die von diesem Messgerät gemessene Potenzialdifferenz ist durch das Integral des elektrischen Feldes längs des Kreises gegeben:

$$U = \int_0^1 \mathbf{E}_B\, ds + \int_1^2 \mathbf{E}_A\, ds + \int_2^0 \mathbf{E}_B\, ds = \int_2^1 \mathbf{E}_B\, ds + \int_1^2 \mathbf{E}_A\, ds$$

$$= \int_2^1 S_B \frac{\partial T}{ds}\, ds + \int_1^2 S_A \frac{\partial T}{ds}\, ds = \int_{T_1}^{T_2} (S_A - S_B)\, dT\,. \tag{9.5.41}$$

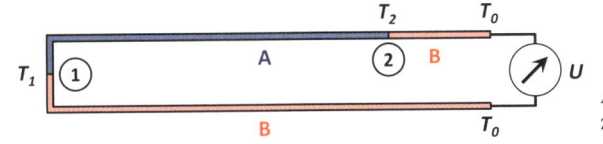

9.5 Vertiefungsthema: Allgemeine Transportkoeffizienten

Abb. 9.25: Geometrische Anordnung zur Messung des Seebeck-Effekts.

Wir erhalten also eine elektrische Spannung, die eine Funktion der Temperaturdifferenz der beiden Kontaktstellen und der Differenz $S_A - S_B$ der absoluten Thermokräfte der beiden Metalle ist. Man bezeichnet dieses Phänomen als *Seebeck-Effekt*.

Die in Abb. 9.25 gezeigte Anordnung bezeichnet man als ein *Thermoelement*. Hält man zum Beispiel die Kontaktstelle 2 bei einer bekannten Temperatur T_2, so kann man durch Messung der Seebeck-Spannung die unbekannte Temperatur T_1 bestimmen. In der Praxis verwendet man natürlich Materialkombinationen mit einer möglichst großen Differenz der absoluten Thermokraft, um bei vorgegebener Temperaturdifferenz eine möglichst große Seebeck-Spannung zu erhalten. In Tabelle 9.1 sind die Eigenschaften einiger genormter Thermopaare zusammengestellt.

Tabelle 9.1: Thermospannungen bezogen auf die Referenztemperatur $T = 0°C$ sowie Materialzusammensetzung und zulässiger Temperaturbereich von einigen Thermopaaren nach DIN IEC 584.

Thermopaar	Typ T	Typ J	Typ K	Typ S
pos. Elektrode	Chromel (90% Ni 10% Cr)	Fe	Cu	Pt
neg. Elektrode	Alumel (94%Ni3%Mn 2%Al1%Si)	Konstantan (55%Cu 45%Ni)	Konstantan (55%Cu 45%Ni)	PtRh (90%Pt 10% Rh)
Temperatur	Thermospannung für Referenztemperatur $T = 0°C$			
100°C	4.28 mV	5.27 mV	4.10 mV	0.645 mV
400°C	20.87 mV	21.85 mV	16.40 mV	3.26 mV
T-Bereich	−270°C – +400°C	−210°C – +1200°C	−270°C – +1370°C	−50°C – +1760°C

9.5.4 Peltier-Effekt

Als weiterer thermoelektrischer Effekt, der mit dem Transportkoeffizienten L^{21} verbunden ist, wollen wir den *Peltier-Effekt* diskutieren. Wir nehmen an, dass längs der in Abb. 9.26 gezeigten Anordnung kein Temperaturgradient vorhanden ist. Nach (9.5.7) gilt dann $\mathbf{J}_q = L^{11}\mathbf{E}$ bzw. $\mathbf{E} = (L^{11})^{-1}\mathbf{J}_q$ und damit nach (9.5.8)

$$\mathbf{J}_h = L^{21}(L^{11})^{-1}\mathbf{J}_q = \Pi \mathbf{J}_q. \tag{9.5.42}$$

Die Größe $\Pi = L^{21}(L^{11})^{-1}$ bezeichnen wir als *Peltier-Koeffizient*. Wir sehen, dass ein isothermer elektrischer Strom $\mathbf{J}_q$ mit einem thermischen Strom $\mathbf{J}_h$ verbunden ist.

Wir lassen jetzt mit Hilfe einer Batterie einen elektrischen Strom $\mathbf{J}_q$ durch den in Abb. 9.26 gezeigten Stromkreis fließen. Im Zweig A entsteht ein Wärmestrom $\Pi_A \mathbf{J}_q$, im Zweig B ein

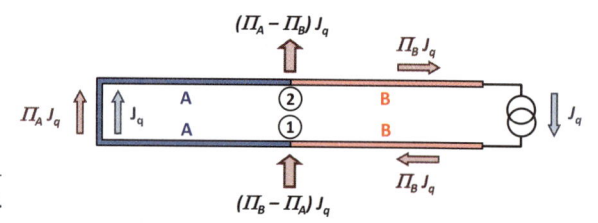

Abb. 9.26: Geometrische Anordnung zur Messung des Peltier-Effekts.

davon verschiedener Strom $\Pi_B J_q$. An den Kontaktstellen muss das Wärmegleichgewicht wieder hergestellt werden. An der einen Kontaktstelle wird deshalb der Wärmestrom $(\Pi_A - \Pi_B)J_q$ generiert und an der anderen Kontaktstelle absorbiert. Das heißt, eine Kontaktstelle erwärmt sich und die andere wird abgekühlt. Diesen Effekt bezeichnet man als *Peltier-Effekt*. Er wird zur Realisierung von Kühlelementen eingesetzt, deren Wirkungsgrad allerdings für eine breite Anwendung noch zu schlecht ist. Die technische Anwendung zur Kühlung ist letztendlich durch die phononische Wärmeleitung begrenzt. Sie bewirkt insbesondere bei großen Temperaturdifferenzen einen entgegengerichteten Wärmestrom, der ab $\Delta T \sim 100$ K den durch den Stromfluss hervorgerufenen Wärmestrom aufhebt. Aus dem gleichen Grund haben thermoelektrische Generatoren nur einen geringen Wirkungsgrad von 3–8%.

Nach (9.5.20) gilt $L^{21} = L^{12}$ und damit

$$\Pi = L^{21}(L^{11})^{-1} = L^{12}(L^{11})^{-1} = TS. \tag{9.5.43}$$

Das heißt, der Peltier-Koeffizient Π ist mit der Thermokraft S verknüpft. Dies ist eine der *Kelvinschen Beziehungen* der Thermoelektrizität.[48]

9.5.4.1 Thomson-Effekt

Ein weiterer thermoelektrischer Effekt ist der *Thomson-Effekt*.[49] Er manifestiert sich als Temperaturänderung beim Durchleiten eines elektrischen Stromes durch einen Draht, dessen Teile verschieden warm sind. Es fließt hier also sowohl ein elektrischer Strom aufgrund einer elektrischen Potenzialdifferenz ($\mathbf{E} \neq 0$) als auch ein Wärmestrom aufgrund eines Temperaturgradienten ($\nabla T \neq 0$). In Kupfer erzeugt ein im Sinn der fallenden Temperatur fließender elektrischer Strom Wärme, ein umgekehrter Kälte. Eisen verhält sich entgegengesetzt.

Eine elektrische Stromdichte J_q in einem homogenen Leiter verursacht eine Wärmeleistung pro Volumeneinheit von

$$p_h = \rho J_q^2 - \mu J_q \nabla T, \tag{9.5.44}$$

---

[48] Diese Beziehung stellt einen Spezialfall der Onsager-Relationen der Thermodynamik irreversibler Prozesse dar. Die Gleichungen (9.5.7) und (9.5.8) müssen, wenn sie durch $\mathbf{J}_q$ und $\mathbf{J}_h/T$ ausgedrückt werden, eine symmetrische Matrix geben. Deshalb gilt $L^{21} = L^{12}$.

[49] Benannt nach William Thomson, 1. Baron Kelvin, der meist als Lord Kelvin bezeichnet wird. William Thomson war ein irischer Physiker. Er wurde am 26. Juni 1824 in Belfast, Nordirland geboren und starb am 17. Dezember 1907 in Netherhall bei Largs, Schottland.

wobei ρ der spezifische Widerstand des Materials, ∇T der Temperaturgradient im Leiter und μ der Thomson-Koeffizient sind.[50] Der erste Term stellt die irreversible Joulesche Erwärmung dar. Der zweite Term ist die so genannte Thomson-Wärme, deren Vorzeichen mit der Richtung des Stromes wechselt. Aufgrund der Onsagerschen Reziprozitätsbeziehungen besteht der Zusammenhang

$$\mu = T \frac{dS}{dT} \tag{9.5.45}$$

zwischen dem Thomson- und Seebeck-Koeffizienten. Gleichung (9.5.45) bildet zusammen mit (9.5.43) die Kelvinschen Beziehungen.

9.5.5 Thermomagnetische Effekte

Wir haben in den vorangegangenen Abschnitten die Transportkoeffizienten für den Fall $\mathbf{B} = 0$ abgeleitet. Wir wollen nun noch kurz Transportphänomene bei Anwesenheit eines Magnetfeldes diskutieren. Bei Anwesenheit eines externen Magnetfeldes $\mathbf{B}$ wirkt zusätzlich zu den verallgemeinerten Kräften durch das elektrische Feld und den Temperaturgradienten jetzt noch die Lorentz-Kraft auf bewegte Ladungsträger. Analog zu (9.5.7) und (9.5.8) können wir allgemeine Beziehungen zwischen den Strömen und den verallgemeinerten Kräften mit jetzt insgesamt acht Transportkoeffizienten aufschreiben:

$$\mathbf{J}_q = L^{11}(-\nabla \phi_{\text{el}}) + L^{12}(-\nabla T/T) + L^{13}\left(-\frac{\nabla \phi_{\text{el}} \times \mathbf{B}}{B}\right) + L^{14}\left(-\frac{\nabla T \times \mathbf{B}}{BT}\right) \tag{9.5.46}$$

$$\mathbf{J}_h = L^{21}(-\nabla \phi_{\text{el}}) + L^{22}(-\nabla T/T) + L^{23}\left(-\frac{\nabla \phi_{\text{el}} \times \mathbf{B}}{B}\right) + L^{24}\left(-\frac{\nabla T \times \mathbf{B}}{BT}\right) \tag{9.5.47}$$

Die allgemeinen Transportkoeffizienten L^{ij} werden allerdings in der Praxis nicht verwendet. Analog zum Fall $\mathbf{B} = 0$, wo wir durch Benutzen der gebräuchlicheren Größen $\rho = 1/\sigma$, κ, S und Π die allgemeinen Transportgleichungen (9.5.7) und (9.5.8) in $\mathbf{E} = \rho \mathbf{J}_q + S \nabla T$ und $\mathbf{J}_h = \Pi \mathbf{J}_q - \kappa \nabla T$ umgeschrieben haben, können wir dies auch für den Fall $\mathbf{B} \neq 0$ tun. Wir müssen hier auf der rechten Seite dieser Gleichungen zusätzliche Terme einfügen, die proportional zu $(\mathbf{B} \times \mathbf{J}_q)$ bzw. $(\mathbf{B} \times \nabla T)$ sind. Wir erhalten somit

$$\mathbf{E} = \rho \mathbf{J}_q + R_H \left[\mathbf{B} \times \mathbf{J}_q\right] + S \nabla T + N \left[\mathbf{B} \times \nabla T\right] . \tag{9.5.48}$$

$$\mathbf{J}_h = \Pi \mathbf{J}_q + P \left[\mathbf{B} \times \mathbf{J}_q\right] - \kappa \nabla T + L \left[\mathbf{B} \times \nabla T\right] . \tag{9.5.49}$$

Auf die Herleitung des Zusammenhangs zwischen den allgemeinen Transportkoeffizienten L^{ij} und den in (9.5.48) und (9.5.49) verwendeten Größen wollen wir hier verzichten. Mit den vier weiteren Termen sind vier so genannte *thermomagnetische Effekte* verbunden,

---

[50] Wir benutzen für den Thomson-Koeffizienten das übliche Symbol μ, obwohl dies leicht zu Verwechslungen mit der Beweglichkeit führen kann.

die wir im Folgenden kurz diskutieren wollen. Bei der Diskussion nehmen wir an, dass das Magnetfeld in z-Richtung zeigt und ein elektrischer oder Wärmestrom nur in x-Richtung fließen kann (siehe Abb. 9.27). Wir betrachten ferner der Einfachheit halber ein isotropes System, so dass wir die tensoriellen Transportkoeffizienten durch Skalare ersetzen können. Die dadurch erhaltenen Ergebnisse können wir dann nur zur Beschreibung der Transporteigenschaften von Alkali-Metallen, deren Fermi-Flächen fast isotrop sind, oder von polykristallinen Proben, bei denen wir über alle Raumrichtungen mitteln, anwenden. Wir werden uns ferner auf kleine Magnetfelder ($\omega_c \tau \ll 1$) beschränken.

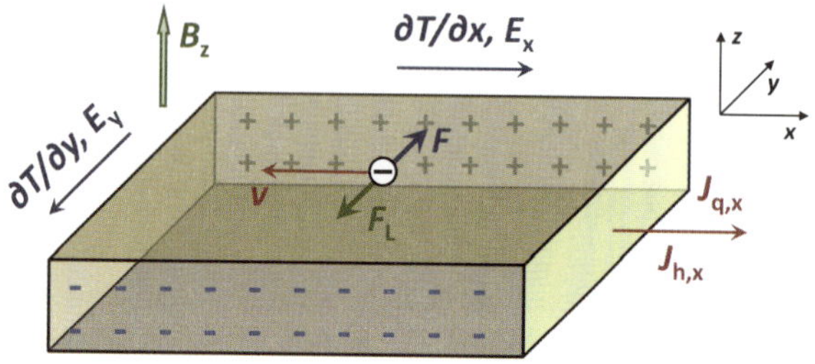

Abb. 9.27: Probengeometrie zur Messung thermomagnetischer Effekte. In y-Richtung kann kein elektrischer und kein Wärmestrom stattfinden.

9.5.5.1 Hall-Effekt

Der zweite Term in (9.5.48) entspricht dem Hall-Effekt, den wir bereits in Abschnitt 7.3.4 für freie Elektronen diskutiert haben. Den gewöhnlichen Hall-Effekt erhalten wir unter der Randbedingung, dass der transversale Temperaturgradient $\partial T/\partial y$ verschwindet. Wir erhalten dann

$$E_y = R_H B J_{q,x}, \tag{9.5.50}$$

was Gleichung (7.3.48) entspricht. Wir können aber auch den so genannten adiabatischen Hall-Effekt definieren, den wir unter der Randbedingung $J_{h,y} = 0$ erhalten. Aus (9.5.48) und (9.5.49) ergibt sich

$$E_y = \left(R_H + \frac{SP}{\kappa}\right) B J_{q,x}. \tag{9.5.51}$$

9.5.5.2 Ettingshausen-Effekt

Wir nehmen an, dass ein elektrischer Strom in x-Richtung fließt und entlang der Probe kein Temperaturgradient anliegt, d. h. $J_{q,x} \neq 0$ und $\partial T/\partial x = 0$. Falls in y-Richtung weder ein Wärmestrom noch ein elektrischer Strom fließen kann, $J_{h,y} = 0$ und $J_{q,y} = 0$, erhalten wir einen Temperaturgradienten in y-Richtung:

$$\frac{\partial T}{\partial y} = \frac{P}{\kappa} B J_{q,x}. \tag{9.5.52}$$

Dieses Phänomen wird als *Ettingshausen-Effekt* und die Größe P/κ als *Ettingshausen-Koeffizient* bezeichnet.

9.5.5.3 Righi-Leduc-Effekt

Wir nehmen jetzt an, dass kein elektrischer Strom in x-Richtung fließt, aber ein endlicher Temperaturgradient entlang der Probe existiert, d. h. $J_{q,x} = 0$ und $\partial T/\partial x \neq 0$. Mit den Randbedingungen $J_{q,x} = 0$ sowie $J_{h,y} = 0$ und $J_{q,y} = 0$ erhalten wir

$$\frac{\partial T}{\partial y} = \frac{L}{\kappa} B \frac{\partial T}{\partial x}. \tag{9.5.53}$$

Dieses Phänomen wird als *Righi-Leduc-Effekt* und die Größe L/κ als *Righi-Leduc-Koeffizient* bezeichnet. Der Righi-Leduc Effekt entspricht einem thermischen Hall-Effekt. Die Ladungsträger, die sich aufgrund des Temperaturgradienten $\partial T/\partial x \neq 0$ entlang der Probe in x-Richtung bewegen, werden durch das Magnetfeld in y-Richtung abgelenkt und führen zu einem transversalen Temperaturgradienten.

9.5.5.4 Nernst-Effekt

Wir gehen wiederum von der Situation aus, dass kein elektrischer Strom in x-Richtung fließt, aber ein endlicher Temperaturgradient entlang der Probe existiert, d. h. $J_{q,x} = 0$ und $\partial T/\partial x \neq 0$. Wegen der Ablenkung der sich aufgrund des Temperaturgradienten in x-Richtung bewegenden Ladungsträger erhalten wir ein elektrisches Querfeld. Unter den Randbedingungen $J_{q,x} = 0$ und $J_{q,y} = 0$ sowie $\partial T/\partial y = 0$ erhalten wir das Querfeld zu

$$E_y = N B \frac{\partial T}{\partial x}. \tag{9.5.54}$$

Dieses Phänomen ist unter dem Namen *Nernst-Effekt* bekannt und die Größe N bezeichnen wir als *Nernst-Koeffizienten*. Äquivalent zum adiabatischen Hall-Effekt erhalten wir den adiabatischen Nernst-Effekt, wenn wir die Bedingung $\partial T/\partial y = 0$ durch $J_{h,y} = 0$ ersetzen:

$$E_y = \left(N + \frac{SL}{\kappa}\right) B \frac{\partial T}{\partial x}. \tag{9.5.55}$$

Äquivalent zu den Koeffizienten, die die thermoelektrischen Effekte beschreiben, sind auch bei den thermomagnetischen Effekten nur drei der vier Koeffizienten voneinander unabhängig.[51] Es gilt $P = NT$.

9.5.6 Allgemeines Klassifizierungsschema

Um die Fülle der mit den Leitungselektronen verbundenen Transportkoeffizienten übersichtlich darzustellen, haben wir diese in Tabelle 9.2 zusammengefasst. Da Ladungsträger außer Ladung und Wärme auch Spin transportieren, haben wir auch den Spin-Transport in das Klassifizierungsschema aufgenommen, obwohl wir die mit dem Spin verbundenen Transportkoeffizienten hier nicht explizit diskutieren wollen. In dem in Tabelle 9.2 gezeigten

---

[51] Dies folgt wiederum aus den Onsager-Relationen der Thermodynamik irreversibler Prozesse. Die Transportkoeffizienten müssen eine symmetrische Matrix bilden, so dass wir nur drei unabhängige Koeffizienten haben.

Schema betrachten wir den Ladungs- ($\mathbf{J}_q$), Wärme- ($\mathbf{J}_h$) und Spin-Strom ($\mathbf{J}_s$) als Antwortgrößen auf Gradienten des elektrochemischen Potenzials ($\nabla\phi_{el}$), der Temperatur (∇T) und des spinchemischen Potenzials ($\nabla\phi_s$) an.

Tabelle 9.2: Klassifizierung der mit den Leitungselektronen verbundenen Transportkoeffizienten eines paramagnetischen Systems ($\mathbf{M} = 0$). $\widehat{\mathbf{B}}$ ist der Einheitsvektor in Magnetfeldrichtung.

	\multicolumn{3}{c}{$\mathbf{B} = 0, \mathbf{M} = 0$}		
$\mathbf{J}_q$	$-\nabla\phi_{el}$ elektr. Leitfähigkeit	$-\nabla T$ Seebeck-Effekt	$-\nabla\phi_s$ N.N.
$\mathbf{J}_h$	$-\nabla\phi_{el}$ Peltier-Effekt	$-\nabla T$ therm. Leitfähigkeit	$-\nabla\phi_s$ Spin-Peltier-Effekt
$\mathbf{J}_s$	$-\nabla\phi_{el}$ N.N.	$-\nabla T$ Spin-Seebeck-Effekt	$-\nabla\phi_s$ Spin-Leitfähigkeit
	\multicolumn{3}{c}{$\mathbf{B} \neq 0, \mathbf{M} = 0$}		
$\mathbf{J}_q$	$-\nabla\phi_{el} \times \widehat{\mathbf{B}}$ Ladungs-Hall-Effekt	$-\nabla T \times \widehat{\mathbf{B}}$ Nernst-Effekt	$-\nabla\phi_s \times \widehat{\mathbf{B}}$ N.N.
$\mathbf{J}_h$	$-\nabla\phi_{el} \times \widehat{\mathbf{B}}$ Ettinghausen-Effekt	$-\nabla T \times \widehat{\mathbf{B}}$ therm. Hall-Effekt	$-\nabla\phi_s \times \widehat{\mathbf{B}}$ Spin-Ettinghausen-Effekt
$\mathbf{J}_s$	$-\nabla\phi_{el} \times \widehat{\mathbf{B}}$ N.N.	$-\nabla T \times \widehat{\mathbf{B}}$ Spin-Nernst-Effekt	$-\nabla\phi_s \times \widehat{\mathbf{B}}$ Spin-Hall-Effekt

Wir sehen, dass für $\mathbf{B} = 0$ in der Diagonalen immer die mit den Freiheitsgraden Ladung, Wärme und Spin verbundenen Leitfähigkeiten stehen, während das für $\mathbf{B} \neq 0$ die entsprechenden Hall-Effekte sind. Der thermische Hall-Effekt wird auch als Righi-Leduc-Effekt bezeichnet. Leider wird in der Literatur üblicherweise der Zusammenhang zwischen einem in Längsrichtung fließenden Ladungsstrom und dem dazu in Querrichtung auftretenden Gradienten des spinchemischen Potenzials als Spin-Hall-Effekt und der umgekehrte Effekt als inverser Spin-Hall-Effekt bezeichnet. Wir folgen dieser etwas unlogischen Nomenklatur nicht und lassen die Bezeichnung offen. Wir weisen ferner darauf hin, dass in ferromagnetischen Systemen mit endlicher Magnetisierung $\mathbf{M} \neq 0$ auch für $\mathbf{B} = 0$ die in der unteren Tabellenhälfte aufgelisteten transversalen Effekte auftreten. Sie werden dann üblicherweise als die korrespondierenden anomalen Effekte bezeichnet. Als Beispiele werden wir in Abschnitt 9.5.7 den anomalen Hall-Effekt und den anomalen Nernst-Effekt diskutieren.

Es sollte uns auch klar sein, dass in einem Festkörper üblicherweise nicht nur die Leitungselektronen alleine zu den beobachteten Transportphänomenen beitragen, sondern auch andere Anregungen. In einem ferromagnetischen Metall müssen wir z.B. außer den Leitungselektronen noch die Phononen und die Magnonen berücksichtigen, die sowohl zum Wärmetransport (Phononen und Magnonen) als auch zum Spin-Transport (Magnonen) beitragen. Das in Tabelle 9.2 gezeigte Klassifizierungsschema bleibt davon unberührt, die Interpretation der gemessenen Transportkoeffizienten (Proportionalitätskonstanten zwischen Strömen und Potenzialgradienten) wird aber schwieriger, da zu der gemessenen Größe mehrere Anregungen gleichzeitig beitragen und wir deren Anteil im Experiment meist nicht trennen können.

9.5.6.1 Effekte höherer Ordnung

Die in der unteren Hälfte von Tabelle 9.2 aufgelisteten Effekte sind von der Ordnung $\omega_c\tau$. Es gibt eine Vielzahl weiterer Effekte von der Ordnung $(\omega_c\tau)^2$. Der bekannteste ist der Magnetwiderstand. Die Effekte höherer Ordnung führen zu Korrekturen der Koeffizienten in Gleichung (9.5.48) und (9.5.49). So wird durch die Effekte höherer Ordnung die elektrische Leitfähigkeit abhängig vom angelegten Magnetfeld. Wir werden im Folgenden nur den Magnetwiderstand diskutieren.

9.5.7 Anomaler Hall- und Nernst-Effekt

In ferromagnetischen Materialien tritt zusätzlich zum normalen Hall-Effekt ein so genannter *anomaler Hall-Effekt (AHE)* auf[52], so dass wir den gesamten spezifischen Hall-Widerstand durch

$$\rho_{xy}(T, B) = R_H(T)B + \rho_{AHE} = R_H(T)B + R_{AHE}(T)\mu_0 M(T, B) \qquad (9.5.56)$$

ausdrücken können. Hierbei ist R_{AHE} der **anomale Hall-Koeffizient**, der den spezifischen anomalen Hall-Widerstand ρ_{AHE} mit der Magnetisierung M des Ferromagneten verbindet. Die Ursache des AHE wurde bereits 1954 von **Karplus** und **Luttinger** als Folge einer Größe $\mathbf{F}(\mathbf{k})$ diskutiert, die einer effektiven magnetischen Flussdichte im reziproken Raum entspricht und eine transversale Geschwindigkeitskomponente $e\mathbf{E} \times \mathbf{F}$ erzeugt. Diese Geschwindigkeitskomponente führt zu einer dissipationslosen Hall-Stromdichte $\mathbf{J}_{AHE}$, die für den beobachteten AHE verantwortlich ist.[53] Heute können wir die Ursache des AHE in elementarer Weise erklären, wenn wir das Konzept der Berry-Phase verwenden, das wir ausführlich in Abschnitt 10.6.2 erläutern.

Wir gehen von Bloch-Wellen $\Psi_\mathbf{k}(\mathbf{r}) = e^{i\mathbf{k}\cdot\mathbf{r}} u_\mathbf{k}(\mathbf{r})$ mit einer gitterperiodischen Funktion $u_\mathbf{k}(\mathbf{r})$ aus. Der Bloch-Hamilton-Operator $\mathcal{H}_0(\mathbf{k}) = e^{-i\mathbf{k}\cdot\mathbf{r}} \mathcal{H}_0 e^{i\mathbf{k}\cdot\mathbf{r}}$, bzw. seine Eigenwerte $\varepsilon_m(\mathbf{k})$ und Eigenvektoren $|u_m(\mathbf{k})\rangle$ (m ist der Bandindex), beschreiben die Bandstruktur. Wir fügen jetzt ein statisches Störpotenzial V hinzu, so das wir den Hamilton-Operator als

$$\mathcal{H}(\mathbf{k}) = \mathcal{H}_0(\mathbf{k}) + V(\mathbf{R}) \qquad (9.5.57)$$

schreiben können, wobei $\mathcal{H}_0(\mathbf{k})$ der ungestörte Operator und $\mathbf{R} = i\nabla_\mathbf{k}$.[54] Das Potenzial resultiert in einer Kraft

$$\hbar\frac{d\mathbf{k}}{dt} = -i[\mathbf{k}, \mathcal{H}] = -\frac{\partial V}{\partial \mathbf{R}}, \qquad (9.5.58)$$

die zu einer Drift von $\mathbf{k}$ entlang einem Pfad Γ im $\mathbf{k}$-Raum resultiert. Wir nehmen an, dass V so klein ist, dass eine adiabatische Bewegung möglich ist. Wie wir in Abschnitt 10.6.2 zeigen

---

[52] N. Nagaosa, J. Sinova, S. Onoda, A. H. MacDonald, N. P. Ong, *Anomalous Hall Effect*, Rev. Mod. Phys. **82**, 1539 (2010).

[53] R. Karplus, J. M. Luttinger, *Hall Effect in Ferromagnetics*, Phys. Rev. **95**, 1154-1160 (1954); Phys. Rev. **112**, 739 (1958).

[54] Wir verwenden den Ortsoperator im **k**-Raum: $i\hbar\nabla_\mathbf{p} = i\nabla_\mathbf{k}$.

werden, resultiert diese Bewegung in einer Berry-Phase

$$\varphi_m(\mathbf{k}) = \int_\Gamma^{\mathbf{k}} \mathbf{A}_m(\mathbf{k}') \cdot d\mathbf{k}', \qquad (9.5.59)$$

die durch das Berry-Potenzial $\mathbf{A}(\mathbf{k}) = \imath \langle u_m(\mathbf{k}) | \nabla_\mathbf{k} | u_m(\mathbf{k}) \rangle$, das die Dimension einer Länge hat, bzw. den Berry-Fluss $\mathbf{F}(\mathbf{k}) = \nabla \times \mathbf{A}(\mathbf{k})$ bestimmt wird. Wir können uns die Berry-Phase als eine Aharonov-Bohm-Phase (vergleiche Abschnitt 9.5.10) vorstellen, die durch eine effektive magnetische Flussdichte $\mathbf{F}(\mathbf{k})$ im $\mathbf{k}$-Raum verursacht wird.

Der Berry-Fluss verändert die Antwort eines Elektrons auf das Störpotenzial. Um uns diesen Sachverhalt klar zu machen, führen wir eine Eichtransformation durch, welche die Berry-Phase beseitigt. Dies erreichen wir dadurch, dass wir das Berry-Potenzial $\mathbf{A}$ zum Ortsoperator $\imath \nabla_\mathbf{k}$ addieren und damit zu einem verallgemeinerten Ortsoperator (analog zum verallgemeinerten Impulsoperator, siehe Anhang D)

$$\mathbf{X} = \imath \nabla_\mathbf{k} + \mathbf{A}(\mathbf{k}) \qquad (9.5.60)$$

im $\mathbf{k}$-Raum gelangen. Wir können leicht zeigen, dass der Ortsoperator jetzt nicht mehr mit sich selbst kommutiert. Es gilt vielmehr

$$[X_i, X_j] = \imath \epsilon_{ijk} F_k \qquad (9.5.61)$$

mit dem Levi Civita Symbol ϵ_{ijk}. Der transformierte Hamilton-Operator lautet

$$\widetilde{\mathcal{H}} = \mathcal{H}_0 + V(\imath \nabla_\mathbf{k} + \mathbf{A}) . \qquad (9.5.62)$$

Benutzen wir diesen Hamilton-Operator, so erhalten wir unter Benutzung von (9.5.61)

$$\begin{aligned} \hbar \frac{d\mathbf{k}}{dt} &= -\imath [\mathbf{k}, \mathcal{H}] = -\frac{\partial V}{\partial \mathbf{R}} \\ \hbar \mathbf{v}_m &= -\imath [\mathbf{X}, \mathcal{H}] = \nabla_\mathbf{k} \varepsilon_m(\mathbf{k}) + \left(\frac{\partial V}{\partial \mathbf{X}}\right) \times \mathbf{F}(\mathbf{k}) . \end{aligned} \qquad (9.5.63)$$

Wir sehen, dass die Kraft $\hbar \dot{\mathbf{k}}$ gleich bleibt, die Gruppengeschwindigkeit aber einen zusätzlichen Beitrag durch den Berry-Fluss erhält. Dieser Beitrag wird als anomale Luttinger-Geschwindigkeit bezeichnet. Nehmen wir an, dass das Potenzial durch ein elektrisches Feld $\mathbf{E}$ erzeugt wird und wir zusätzlich ein externes Magnetfeld $\mathbf{B}$ angelegt haben, erhalten wir mit $V = -e\mathbf{E} \cdot \mathbf{X}$ folgende im Vergleich zu (9.1.7) modifizierten Bewegungsgleichungen für Ladungsträger mit der Ladung $q = e$:[55]

$$\begin{aligned} \hbar \mathbf{v}_m(\mathbf{k}) &= \nabla_\mathbf{k} \varepsilon_m(\mathbf{k}) - \underbrace{e\mathbf{E} \times \mathbf{F}(\mathbf{k})}_{\hbar \mathbf{v}_{\text{AHE}}} \\ \hbar \frac{d\mathbf{k}}{dt} &= e \left[\mathbf{E} + \mathbf{v}_m(\mathbf{k}) \times \mathbf{B}\right] . \end{aligned} \qquad (9.5.64)$$

---

[55] Wir verwenden die Größe e für die (positive) Elementarladung. Elektronen besitzen die Ladung $q = -e$.

9.5.7.1 Anomaler Hall-Effekt

Wir können nun die Boltzmann-Transportgleichung verwenden, um den Effekt der anomalen Geschwindigkeitskomponente für den Fall $\mathbf{B} = 0$ zu untersuchen. Die elektrische Stromdichte ist gegeben durch [vergleiche (9.5.2)]

$$\mathbf{J}_q = \frac{1}{4\pi^3} \int e\mathbf{v}(\mathbf{k}) \left[f_0(\mathbf{k}) + g(\mathbf{k}) \right] d^3k, \qquad (9.5.65)$$

wobei $f_0(\mathbf{k})$ die Gleichgewichtsverteilungsfunktion und $g(\mathbf{k}) = -e\tau \mathbf{v}(\mathbf{k}) \cdot \mathbf{E}(\partial f_0/\partial\varepsilon)$ die Korrektur durch das elektrische Feld ist (τ ist die Impulsrelaxationszeit). Wie wir in Abschnitt 9.5 diskutiert haben, verschwindet üblicherweise aus Symmetriegründen der Term mit f_0 und es bleibt lediglich der Beitrag von g übrig, der die bekannte longitudinale Leitfähigkeit σ_{xx} und eine verschwindende Hall-Leitfähigkeit $\sigma_{xy} = 0$ ergibt. Dies ist aber nicht mehr richtig, wenn wir eine anomale Geschwindigkeitskomponente $\mathbf{v}_{\mathrm{AHE}}$ nach (9.5.64) vorliegen haben. Der f_0-Term liefert dann den Beitrag

$$\mathbf{J}_{\mathrm{AHE}} = \frac{e^2}{\hbar} \mathbf{E} \times n \langle \mathbf{F}_m \rangle = ne\mathbf{v}_{\mathrm{AHE}} = \sigma_{\mathrm{AHE}} \mathbf{E} \qquad (9.5.66)$$

mit

$$\mathbf{v}_{\mathrm{AHE}} = \frac{e}{\hbar} \mathbf{E} \times \langle \mathbf{F}_m \rangle, \qquad \sigma_{\mathrm{AHE}} = n \frac{e^2}{\hbar} \langle \mathbf{F}_m \rangle. \qquad (9.5.67)$$

Hierbei ist

$$\langle \mathbf{F}_m \rangle = n^{-1} \frac{1}{4\pi^3} \int \mathbf{F}_m(\mathbf{k}) f_0(\mathbf{k}) d^3k, \qquad (9.5.68)$$

der mit der Teilchendichte n gewichtete Mittelwert des Berry-Flusses. Bemerkenswerterweise ist $\mathbf{J}_{\mathrm{AHE}}$ bzw. σ_{AHE} unabhängig von der Streuzeit τ und hängt somit über den Berry-Fluss nur von der Topologie der elektronischen Bandstruktur ab.

Wir müssen jetzt noch überlegen, wann $\langle \mathbf{F}_m \rangle$ endliche Werte annimmt. Bei gegebener Inversions- und Zeitumkehrsymmetrie gilt für einen skalaren Bloch-Zustand $\mathbf{F}_m(-\mathbf{k}) = \mathbf{F}_m(\mathbf{k})$ und $\mathbf{F}_m(-\mathbf{k}) = -\mathbf{F}_m(\mathbf{k})$, woraus $\mathbf{F}_m(\mathbf{k}) = 0$ für alle $\mathbf{k}$ folgt. Wir erhalten aber einen endlichen Wert für eine gebrochene Zeitumkehrsymmetrie. Dieser Sachverhalt liegt in Ferromagneten vor, in denen die Zeitumkehrsymmetrie für die Spins gebrochen ist. Über die Spin-Bahn-Kopplung wird diese Symmetriebrechung in den Ladungskanal übermittelt. **Nozière** und **Lewiner** haben z.B. für ferromagnetische Halbleiter $\mathbf{J}_{\mathrm{AHE}} = 2ne^2\lambda\mathbf{E} \times \mathbf{S}$ berechnet, wobei λ die Spin-Bahn-Kopplungskonstante (siehe Abschnitt 12.5.4) und $\mathbf{S}$ der Spin der Ladungsträger ist.[56] Da $\mathbf{M} \propto n\mathbf{S}$, erhalten wir eine anomale Hall-Leitfähigkeit, die linear in der Ladungsträgerdichte n und der Magnetisierung M, aber unabhängig von der Streuzeit τ ist.

Wir weisen abschließend darauf hin, dass man im Experiment den spezifischen Hall-Widerstand $\rho_{\mathrm{AHE}} = \sigma_{\mathrm{AHE}}\rho^2$ mit dem spezifischen Widerstand $\rho \propto (n\tau)^{-1}$ misst. Wir

---

[56] P. Nozière, M. Lewiner, *A Simple Theory of the Anomalous Hall Effect in Semiconductors*, J. Phys. (France) **34**, 901-915 (1973).

erwarten deshalb, dass

$$\frac{\rho_{\text{AHE}}}{n} = \text{const} \cdot \rho^2. \tag{9.5.69}$$

Können wir in einem Experiment die Ladungsträgerdichte und die Streuzeit variieren, so sollten wir ein Skalierungsverhalten $\rho_{\text{AHE}}/n \propto \rho^2$ erhalten. Dies wird in der Tat beobachtet.[57]

Für die oben diskutierte anomale Geschwindigkeitskomponente werden keine Streuprozesse benötigt. Der damit verbundene AHE wird deshalb als intrinsicher AHE bezeichnet. Allerdings können auch Streuprozesse zu einem AHE führen, der dann als extrinsicher AHE bezeichnet wird. Theoretische Modelle, die auf einer asymmetrischen Streuung (engl. Skew Scattering) basieren, sagen $\sigma_{\text{AHE}} \propto n\tau$ voraus, was in einem Skalierungsverhalten $\rho_{\text{AHE}} \propto \rho$ resultiert.[58] Intrinsischer und extrinsischer, auf Skew Scattering basierender AHE können deshalb gut unterschieden werden. Schwieriger ist dies für einen weiteren Streuprozess, der zu einem seitlichen Versatz (engl. Side Jump) der Ladungsträgerbahn führt.[59] Für den daraus resultierende extrinsische AHE erwartet man das gleiche Skalierungsverhalten, so dass eine Trennung des intrinsichen und extrinsichen Beitrags schwierig wird.

9.5.7.2 Anomaler Nernst-Effekt

Mit Hilfe von (9.5.5) können wir analog zu (9.5.65) die Wärmestromdichte schreiben als

$$\mathbf{J}_h = \frac{1}{4\pi^3} \int [\varepsilon(\mathbf{k}) - \mu] \mathbf{v}(\mathbf{k}) \left[f_0(\mathbf{k}) + g(\mathbf{k}) \right] d^3 k \tag{9.5.70}$$

und erhalten daraus den anomalen Beitrag

$$\mathbf{J}_{h,\text{AHE}} = \frac{(\varepsilon - \mu)^2}{\hbar} \left(\frac{-\nabla T}{T} \right) \times n \langle \mathbf{F}_m \rangle, \tag{9.5.71}$$

wobei $\langle \mathbf{F}_m \rangle$ wiederum durch (9.5.68) gegeben ist. Die anomale Geschwindigkeitskomponente

$$\mathbf{v}_{h,\text{AHE}} = \frac{\varepsilon - \mu}{\hbar} \left(\frac{-\nabla T}{T} \right) \times \mathbf{F}_m \tag{9.5.72}$$

erhalten wir dadurch, dass wir in (9.5.64) die Kraft $e\mathbf{E}$ in einem elektrischen Feld durch die Kraft $(\varepsilon - \mu)(-\nabla T/T)$ in einem Temperaturgradienten ersetzen.

9.5.8 Spin-Hall- und Spin-Nernst-Effekt

Der anomale Hall- und Nernst-Effekt verschwinden für $B = 0$ in paramagnetischen Systemen mit $M = 0$. Nichtsdestotrotz kann die spinabhängige Streuung von Ladungsträgern zu

---

[57] W.-L. Lee, S. Watauchi, V. L. Miller, R. J. Cava, N. P. Ong, *Dissipationless Anomalous Hall Current in the Ferromagnetic Spinel CuCr$_2$Se$_{4-x}$Br$_x$*, Science **303**, 1647-1649 (2004).
[58] J. Smit, *The Spontaneous Hall Effect in Ferromagnetics I*, Physica (Amsterdam) **21**, 877 (1955).
[59] L. Berger, *Influence of spin-orbit interaction on the transport processes in ferromagnetic nickel alloys, in the presence of a degeneracy of the 3d band*, Physica (Amsterdam) **30**, 1141-1159 (1964).

beobachtbaren Effekten führen, nämlich dem *Spin-Hall-Effekt (SHE)*[60] und *Spin-Nernst-Effekt (SNE)*. Der SHE wurde bereits 1971 von **Dyakonov** und **Perel** vorgeschlagen.[61] Er besteht in einer Akkumulation von Spins entgegengesetzter Richtung auf den gegenüberliegenden Seiten einer Probe, durch die in Längsrichtung ein Ladungsstrom geschickt wird. Wird die Stromrichtung umgedreht, wird auch die Richtung der Spins umgedreht. Anfangs wurde der SHE durch eine asymmetrische Streuung von Ladungsträgern mit entgegengesetzter Spin-Richtung an Verunreinigungen erklärt. Wir bezeichnen diesen Effekt heute als *extrinsischen SHE*.[62] Im Jahr 2003 wurde dann allerdings gezeigt, dass die Spin-Bahn-Kopplung einen transversalen Spin-Strom auch ohne Verunreinigungsstreuung erzeugen kann.[63,64] Diesen Effekt bezeichnen wir als *intrinsischen SHE*. Der SHE wurde in GaAs und InGaAs-Schichten nachgewiesen.[65] Analog zum SHE erwarten wir auch einen SNE, also einen transversalen Spin-Strom, der durch die Ladungsträgerbewegung längs einem Temperaturgradienten verursacht wird.

9.5.9 Phononen-Mitführung

Wir betrachten einen Festkörper, z. B. einen Draht, durch den wir einen elektrischen Strom $\mathbf{J}_q$ schicken. Wir haben gesehen, dass wir aufgrund des endlichen elektrischen Feldes $\mathbf{E}$ im Festkörper eine Verschiebung des Fermi-Körpers um den Betrag $\delta \mathbf{k} = \frac{e\tau}{\hbar}\mathbf{E}$ im $\mathbf{k}$-Raum bekommen. Da das Elektronensystem mit dem Phononensystem durch Elektron-Phonon-Streuung wechselwirkt, versucht das Phononensystem mit dem verschobenen Elektronensystem ins Gleichgewicht zu kommen. Das führt zu einer Verschiebung des Phononensystems im Impulsraum. Dies entspricht aber wiederum einer Vorzugsbewegung der Phononen im Ortsraum, also einem Wärmestrom. Wir sprechen von einer *Phononen-Mitführung* oder einem *Phonon-Drag-Effekt*.

Nehmen wir an, dass die Driftbewegung der Phononen dieselbe ist wie diejenige der Elektronen ($\delta \mathbf{v} = \frac{e\tau\mathbf{v}}{m\mathbf{v}}\mathbf{E}$, vergleiche (9.5.28)), so können wir für den resultierenden Wärmestrom schreiben:

$$\mathbf{J}_h^{ph} \propto C_V^{ph} T \delta \mathbf{v} = \frac{C_V^{ph} T}{ne} \mathbf{J}_q. \qquad (9.5.73)$$

---

[60] Wir verwenden hier die in der Literatur eingeführte Bezeichnung Spin-Hall-Effekt, obwohl diese nach dem in Tabelle 9.2 gezeigten Klassifizierungsschema nicht logisch ist. Der Spin-Hall-Effekt sollte danach ein Quergradient im Spin-Potenzial sein, der durch einen in Längsrichtungs fließenden Spin-Strom – und nicht durch einen Ladungsstrom – verursacht wird.

[61] M. I. Dyakonov, V. I. Perel, *Possibility of Orientating Electron Spins with Current*, JETP Lett. **13**, 467 (1971); Phys. Lett. A **35**, 459 (1971).

[62] J. E. Hirsch, *Spin Hall Effect*, Phys. Rev. Lett. **83**, 1834 (1999).

[63] S. Murakami, N. Nagaosa, S. C. Zhang, *Dissipationless Quantum Spin Current at Room Temperature*, Science **301**, 1348-1351 (2003).

[64] J. Sinova, D. Culcer, Q. Niu, N. A. Sinitsyn, T. Jungwirth, A. H. MacDonald, *Universal Intrinsic Spin Hall Effect*, Phys. Rev. Lett. **92**, 126603 (2004).

[65] Y. K. Kato, R. C. Myers, A. C. Gossard, D. D. Awschalom, *Observation of the Spin Hall Effect in Semiconductors*, Science **306**, 1910 (2004).

Gemäß der Definition des Peltier-Koeffizienten, $\mathbf{J}_h = \Pi\, \mathbf{J}_q$, können wir einen Peltier-Koeffizienten Π^{ph} oder eine thermoelektrische Kraft $S^{ph} = \Pi^{ph}/T$ angeben:

$$S^{ph} \propto \frac{C_V^{ph}}{ne}. \tag{9.5.74}$$

Im Vergleich zum gewöhnlichen elektronischen Beitrag (9.5.37) wäre dies ein großer Effekt, da in den elektronischen Beitrag die wesentlich kleinere spezifische Wärme des Elektronensystems statt diejenige des Gitters eingeht. Dieser große Effekt kann allerdings nur dann beobachtet werden, wenn die Phononen tatsächlich nur mit den Elektronen wechselwirken. Bei hohen Temperaturen ist dies nicht der Fall, da hier eine Relaxation des Impulses der Phononen durch Umklapp-Prozesse stattfindet und dadurch der Mitführungseffekt verschwindend klein wird. Bei tiefen Temperaturen frieren die Umklapp-Prozesse allerdings aus, und der Phonon-Drag-Effekt kann leicht beobachtet werden. Da die spezifische Wärme des Gitters bei tiefen Temperaturen proportional zu T^3/Θ_D^3 ist, erwarten wir $S^{ph} \propto T^3/\Theta_D^3$.[66]

9.5.10 Quanteninterferenzeffekte

Wir haben Elektronen in Festkörpern als Bloch-Wellen bzw. als Bloch-Wellenpakete beschrieben. Diese Wellen können miteinander interferieren. Allerdings sind die Interferenzkorrekturen zu den Transportgrößen gering und haben lange Zeit nicht viel Aufmerksamkeit erregt. Nachdem aber Festkörperstrukturen mit Abmessungen im Nanometerbereich eine immer größere Rolle spielen, wurden die Quanteninterferenzeffekte wichtiger, da die Kohärenzlänge der Elektronenwellen typischerweise ebenfalls im Nanometerbereich liegt.

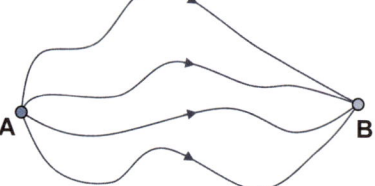

Abb. 9.28: Zur Berechnung der Wahrscheinlichkeit der Elektronenbewegung von Punkt A nach Punkt B. Ein Elektron kann alle möglichen Pfade benutzen.

Um solche Interferenzeffekte zur elektrischen Leitfähigkeit zu analysieren, betrachten wir Abb. 9.28.[67] Um die Wahrscheinlichkeit W für die Bewegung eines Elektrons von Punkt A nach Punkt B zu bestimmen, müssen wir über die Wahrscheinlichkeiten für alle möglichen Pfade aufsummieren und müssen dabei auch Interferenzterme zwischen verschiedenen Pfaden berücksichtigen. Falls die Elektronenwellen interferenzfähig sind, müssen wir die Wahr-

---

[66] Wir haben bereits darauf hingewiesen (vergleiche Abb. 9.20), dass bei manchen Metallen Umklapp-Prozesse auch noch bis zu tiefen Temperaturen von Bedeutung sind. Das Vorzeichen von S^{ph} hängt in der Tat davon ab, ob der Phonon-Drag durch Umklapp- oder Normalprozesse dominiert wird.

[67] Um Quantenkorrekturen zur elektrischen Leitfähigkeit zu berechnen, müssen Methoden der Quantenfeldtheorie verwendet werden. Wir werden eine Argumentation verwenden, die von Larkin und Khmel'nitskii (1982) motiviert wurde und von Al'tshuler in seiner Habilitationsschrift im Jahr 1983 vorgestellt wurde.

scheinlichkeit dadurch bestimmen, dass wir zuerst über alle Wahrscheinlichkeitsamplituden aufsummieren und dann das Absolutquadrat bilden. Wir erhalten also:

$$W = \left|\sum_i P_i\right|^2 = \sum_i |P_i|^2 + \sum_{i \neq j} P_i P_j^* \,. \tag{9.5.75}$$

Hierbei repräsentiert der Term $\sum_i |P_i|^2$ die Summe der Wahrscheinlichkeiten für die verschiedenen Pfade und der Term $\sum_{i \neq j} P_i P_j^*$ die Interferenz zwischen verschiedenen Pfaden. Da die Länge der Pfade unterschiedlich ist, werden die Elektronenwellen an Punkt B mit unterschiedlichen Phasendifferenzen

$$\Delta\varphi = \frac{1}{\hbar} \int_A^B \mathbf{p} \cdot d\mathbf{s} = \int_A^B \mathbf{k} \cdot d\mathbf{s} \tag{9.5.76}$$

ankommen. Das bedeutet, dass sich die Interferenzbeiträge alle gegenseitig wegmitteln.

Es gibt allerdings eine Ausnahme, nämlich sich selbst kreuzende Pfade.[68] Jeder dieser Trajektorien können wir zwei Wahrscheinlichkeitsamplituden zuordnen, die sich hinsichtlich der Richtung, mit der die Schleife durchlaufen wird, unterscheiden. Da eine Richtungsänderung der Bewegung in (9.5.76) dem Übergang $\mathbf{p} \to -\mathbf{p}$ und $d\mathbf{s} \to -d\mathbf{s}$ entspricht, bleibt $\Delta\varphi$ unverändert. Das bedeutet, dass die Amplituden für die beiden in Abb. 9.29 gezeigten Pfade konstruktiv interferieren und wir deshalb die Wahrscheinlichkeit

$$|P_1 + P_2|^2 = |P_1|^2 + |P_2|^2 + P_1 P_2^* + P_2 P_1^* = 4|P_1|^2 \tag{9.5.77}$$

erhalten. Wir sehen, dass sich die Interferenzterme jetzt nicht wegheben, da die umschlossene Fläche und damit die Phasendifferenzen $\Delta\varphi$ für beide Pfade gleich sind.

Wie auf der rechten Seite von Abb. 9.29 gezeigt ist, können wir die Punkte A und B in den Punkt O zusammenlegen. Die Wahrscheinlichkeit $|P_1 + P_2|^2$ gibt dann die Rückstreuwahrscheinlichkeit in den Ausgangspunkt A an. Wir sehen, dass die links und rechts umlaufende Elektronenwelle immer konstruktiv interferieren, da die Phasendifferenz für beide Trajektorien unabhängig von der umschlossenen Fläche immer gleich groß ist. Die Rückstreuwahrscheinlichkeit ist damit um den Faktor 2 erhöht. Dies führt zu einer Erhöhung des elektrischen Widerstands.

Wir können die konstruktive Interferenz zerstören, indem wir ein Magnetfeld anlegen. In Anwesenheit eines Magnetfeldes müssen wir $\mathbf{p}$ durch $\mathbf{p} - e\mathbf{A}$ ersetzen, wobei $\mathbf{A}$ das Vektorpotenzial ist. Ändern wir die Richtung, in der wir die geschlossene Schleife durchlaufen, so müssen wir $\mathbf{p}$ durch $-\mathbf{p}$ ersetzen, das Vektorpotenzial $\mathbf{A}$ behält allerdings sein Vorzeichen. Das Magnetfeld bewirkt somit eine Phasenschiebung

$$\Delta\varphi_M = \frac{2}{\hbar} \oint e\mathbf{A} \cdot d\mathbf{s} = \frac{2e}{\hbar} \int_F \nabla \times \mathbf{A}\, dF = \frac{2e}{\hbar} \int_F \mathbf{B}\, dF = 2\pi \frac{\Phi}{\Phi_0} \,. \tag{9.5.78}$$

---

[68] Bei einer rein klassischen Betrachtung wären solche Pfade verboten. Betrachten wir aber die Trajektorien der Elektronen als Schläuche mit einem Durchmesser, der durch die de Broglie Wellenlänge $\lambda_{dB} = h/p$ gegeben ist, so erhalten wir eine endliche Wahrscheinlichkeit für Überkreuzungen.

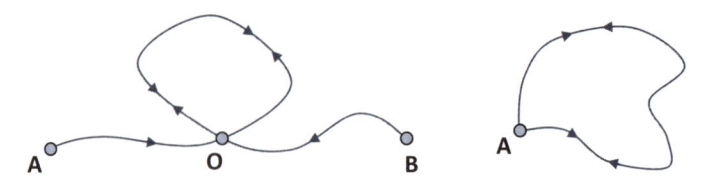

Abb. 9.29: Zur Berechnung der Wahrscheinlichkeit der Elektronenbewegung von Punkt *A* nach Punkt *B* unter Berücksichtigung von sich selbst kreuzenden Trajektorien. Rechts sind *A* und *B* in den Punkt *O* verschoben.

Hierbei ist **A** das Vektorpotenzial, Φ der durch das Magnetfeld in die geschlossene Trajektorie der Fläche F eingeprägte magnetische Fluss und $\Phi_0 = h/2e$ das Flussquant. Wir sehen, dass für unterschiedliche Flächen und Orientierungen der Trajektorien relativ zum Magnetfeld der eingeprägte magnetische Fluss und damit die Phasendifferenzen $\Delta\varphi_M$ unterschiedlich sind. Dadurch wird die konstruktive Interferenz der geschlossenen Trajektorien zerstört. Die Rückstreuwahrscheinlichkeit und damit der elektrische Widerstand wird deshalb durch das angelegte Magnetfeld erniedrigt. Wir erhalten einen negativen Magnetwiderstand.

9.5.10.1 Mesoskopische Systeme

Quanteninterferenzeffekte treten zwar auch beim Ladungstransport in makroskopischen Proben auf, stellen aber nur kleine Korrekturen dar und sind deshalb nur schwierig zu beobachten. Dies ändert sich, wenn wir so genannte *mesoskopische Systeme* betrachten, die hinsichtlich ihrer Größe zwischen mikroskopischen (Atome, Moleküle) und makroskopischen Systemen einzuordnen sind. Bezüglich des Ladungstransports sind mesoskopische Systeme solche, deren geometrische Abmessungen klein gegenüber der *Phasenkohärenzlänge* L_φ der Elektronen sind. Ähnlich wie die Kohärenzlänge von Licht gibt L_φ an, über welche Längenskala die Elektronenwellen in einem Festkörper interferenzfähig bleiben. Bei Raumtemperatur ist die Phasenkohärenzlänge in Metallen wesentlich kleiner als 100 nm. Bei sehr tiefen Temperaturen im Bereich von 100 mK kann in reinen Metallen die Phasenkohärenzlänge aber in den Bereich von 1 μm kommen, so dass wir ein mesoskopisches System bei Probenabmessungen im Bereich von einigen 100 nm vorliegen haben. Eine solche Probe ist in Abb. 9.30a gezeigt.

Wir wollen eine Probe betrachten, deren mittlere freie Weglänge ℓ zwar noch klein gegenüber der Probenabmessung L ist, letztere aber gleichzeitig klein gegenüber L_φ ist:

$$\ell \ll L \ll L_\varphi . \tag{9.5.79}$$

In einer solchen Probe liegt wegen $\ell \ll L$ nach wie vor ein diffusiver Ladungstransport vor, allerdings bleiben die an Verunreinigungsatomen oder Gitterdefekten elastisch gestreuten Elektronenwellen innerhalb des Probenvolumens wegen $L \ll L_\varphi$ voll interferenzfähig. Die Elektronen verlieren bei den elastischen Streuprozessen ihr Phasengedächtnis nicht.

Der elektrische Widerstand einer solchen mesoskopischen Probe hängt von der jeweiligen Anordnung der Streuzentren ab, da die Interferenzterme für jede individuelle Anordnung einen anderen Beitrag ergeben. Dies liegt daran, dass sich jetzt die durch (9.5.76) gegebenen Phasenschiebungen nicht mehr wie bei einer makroskopischen Probe wegmitteln. Falls wir

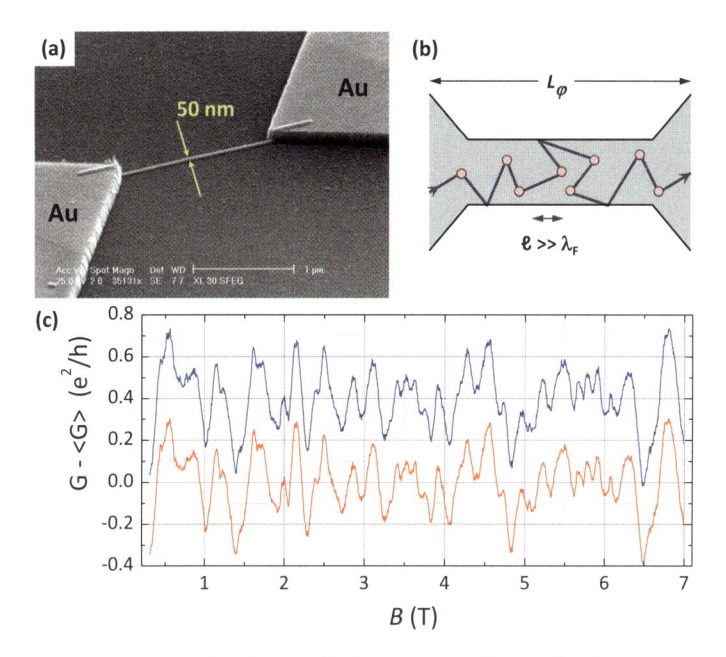

9.5 Vertiefungsthema: Allgemeine Transportkoeffizienten

Abb. 9.30: (a) Rasterelektronenmikroskopieaufnahme einer Gold-Nanobrücke. (b) Schematische Darstellung der Störstellenkonfiguration und einer Trajektorie in der Probe. (c) Leitwert der Gold-Nanobrücke als Funktion des angelegten Magnetfeldes bei $T = 20$ mK. Die rote und blaue Messkurve wurden an unterschiedlichen Tagen aufgenommen, ohne die Probe dazwischen aufzuwärmen (Quelle: Walther-Meißner-Institut).

den mittleren Widerstand wissen wollten, müssten wir sehr viele Proben mit unterschiedlichen Konfigurationen der Streuzentren untersuchen und eine Mittelwertbildung vornehmen. Dies ist allerdings technisch sehr schwierig[69] und außerdem sehr zeitaufwändig. Eine elegantere Methode besteht darin, die Ensemble-Mittelung durch die Untersuchung der Magnetfeldabhängigkeit zu ersetzen. Betrachten wir in Abb. 9.28 zwei unterschiedliche Trajektorien, die von A nach B verlaufen, so ist die Phasendifferenz zwischen den beiden Trajektorien bei Anwesenheit eines Magnetfeldes gegeben durch

$$\Delta\varphi = \frac{1}{\hbar} \oint \mathbf{p} \cdot d\mathbf{s} - \frac{e}{\hbar} \oint \mathbf{A} \cdot d\mathbf{s}, \tag{9.5.80}$$

wobei wir das Integral über die von beiden Trajektorien gebildete geschlossenen Schleife ausführen. Der zweite Term ergibt gerade $\pi\frac{\Phi}{\Phi_0}$, wobei $\Phi = \int \mathbf{B} \cdot d\mathbf{F}$ der magnetische Fluss durch die von den beiden Trajektorien gebildete Schleife ist. Für jedes Magnetfeld erhalten wir einen anderen Beitrag des Feldes zur Phasendifferenz. Für eine mesoskopische Probe werden sich die durch (9.5.80) gegebenen Phasendifferenzen nicht mehr wegmitteln, wir werden aber für jedes Magnetfeld einen anderen Interferenzbeitrag zum elektrischen Widerstand erhalten. Dies ist in Abb. 9.30c gezeigt, wo der Leitwert eines Gold-Nanodrahts als Funktion des angelegten Magnetfeldes gezeigt ist. Die Magnetfeldabhängigkeit zeigt eine

---

[69] Man müsste Proben mit identischer Geometrie herstellen, was aber aufgrund der Fehlertoleranzen der Lithographie nicht möglich ist.

ausgeprägte Struktur, die man zunächst als Rauschen oder Messungenauigkeit interpretieren könnte. Misst man jedoch dieselbe Abhängigkeit an einem anderen Tag nochmals, so erhält man dasselbe Resultat.[70] Die gefundene Magnetfeldabhängigkeit ist mit der Anordnung der Verunreinigungsatome in der Probe verknüpft und wird auch als „magnetischer Fingerabdruck" der Störstellenkonfiguration bezeichnet. Es kann nun gezeigt werden, dass die Messung des Probenwiderstands bei vielen Magnetfeldern exakt äquivalent zur Messung vieler Proben mit unterschiedlichen Störstellenkonfigurationen im Nullfeld entspricht. Das Ensemblemittel des Widerstands können wir also auch dadurch erhalten, indem wir den Widerstand einer einzigen Probe bei vielen unterschiedlichen Magnetfeldern messen. Die in Abb. 9.30c gezeigten Variationen des elektrischen Leitwerts als Funktion des angelegten Magnetfeldes werden als *universelle Leitwertfluktuationen* bezeichnet. Ihre Größenordnung liegt bei $\Delta G = e^2/h = 1/R_K = 1/25\,812\,\Omega$.

9.6 Vertiefungsthema: Magnetwiderstand

Wir haben in Abschnitt 9.5.5 bereits darauf hingewiesen, dass es sich beim Magnetwiderstand um einen Effekt handelt, der im Gegensatz zu den thermomagnetischen Effekten, die in der Ordnung $\omega_c \tau$ sind, von der Ordnung $(\omega_c \tau)^2$ ist. Wir wollen diesen Effekt zunächst in Abschnitt 9.6.1 für freie Ladungsträger in einem Einband-Modell (nur ein Ladungsträgertyp) behandeln. In Abschnitt 9.6.2 erweitern wir unsere Diskussion dann auf ein Zweiband-Modell. In diesem Modell gehen wir nach wie vor von freien Ladungsträgern aus, nehmen aber zwei unterschiedliche Ladungsträgertypen an. Mit einem solchen Modell können wir in einigen Fällen gut Festkörper beschreiben, deren Fermi-Flächen elektronen- und lochartige Bereiche haben. Wir können dann jedem Bereich in erster Näherung einen Ladungsträgertyp mit eigener Beweglichkeit zuordnen. In Abschnitt 9.6.3 werden wir dann unsere Diskussion verfeinern und den Hochfeld-Magnetwiderstand von Kristallelektronen diskutieren.[71]

9.6.1 Magnetwiderstand und Hall-Effekt im Einband-Modell

Wir betrachten freie Ladungsträger in einem isotropen parabolischen Band. Wir gehen ferner von der linearisierten Boltzmann-Gleichung für ein homogenes System ($\nabla_r g = 0$) bei Anwesenheit eines elektrischen und magnetischen Feldes aus und verwenden die Relaxationszeitnäherung. Das angelegte Magnetfeld soll immer senkrecht zur Stromrichtung stehen, wir betrachten also den *transversalen Magnetwiderstand*. Aus (9.4.20) ergibt sich

$$e\mathbf{E}\cdot\mathbf{v}(\mathbf{k})\left(-\frac{\partial f_0}{\partial \varepsilon}\right) = \frac{g(\mathbf{k})}{\tau} + \frac{e}{\hbar}\left[\mathbf{v}(\mathbf{k})\times\mathbf{B}\right]\cdot\nabla_\mathbf{k} g(\mathbf{k})\,. \tag{9.6.1}$$

---

[70] Zwischen den Messungen darf die Probe allerdings nicht auf Raumtemperatur erwärmt werden, da dies unter Umständen zu einer Änderung der Störstellenkonfiguration führt.

[71] Weiterführende Literatur: A. B. Pippard, ***Magnetoresistance in Metals***, Cambridge University Press (1989).

9.6 Vertiefungsthema: Magnetwiderstand

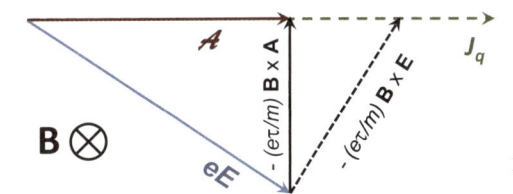

Abb. 9.31: Zur geometrischen Lösung der Vektorgleichung (9.6.4).

Wenn wir freie Ladungsträger mit $\hbar \mathbf{k} = m\mathbf{v}$ annehmen, kann jeder Zustand statt durch $\mathbf{k}$ durch seine Geschwindigkeit $\mathbf{v}$ gekennzeichnet werden. In Analogie zu (9.5.1) machen wir den Ansatz

$$g(\mathbf{k}) = \left(-\frac{\partial f_0}{\partial \varepsilon}\right) \tau \mathbf{v}(\mathbf{k}) \cdot \mathcal{A}, \tag{9.6.2}$$

wobei $\mathcal{A}$ ein noch zu bestimmender Vektor ist.[72] Wir können die Größe $\mathcal{A}$ aber als die gesamte Kraft interpretieren, die auf die Ladungsträger bei Vorhandensein eines elektrischen und magnetischen Feldes wirkt. Die im Folgenden abgeleiteten Ergebnisse entsprechen denjenigen, die wir bereits in Abschnitt 7.3.4 für das freie Elektronengas abgeleitet haben.

Durch Einsetzen von (9.6.2) in (9.6.1) erhalten wir

$$e\mathbf{v} \cdot \mathbf{E} = \mathbf{v} \cdot \mathcal{A} + \left(\frac{e\tau}{m}\right)(\mathbf{v} \times \mathbf{B}) \cdot \mathcal{A}, \tag{9.6.3}$$

was für alle Werte von $\mathbf{v}$ offenbar durch

$$e\mathbf{E} = \mathcal{A} + \frac{e\tau}{m}(\mathbf{B} \times \mathcal{A}), \tag{9.6.4}$$

erfüllt ist. Dies ist eine Vektorgleichung, die wir nach $\mathcal{A}$ auflösen können. Wie die Geometrie in Abb. 9.31 zeigt, ist eine Lösung von (9.6.4) durch

$$\mathcal{A} = \frac{e\mathbf{E} - \frac{e\tau}{m}\mathbf{B} \times \mathbf{E}}{1 + \frac{e^2 \tau^2}{m^2} B^2} \tag{9.6.5}$$

gegeben. Dieses Ergebnis ist vollkommen analog zu (7.3.43). Man beachte, dass $\mathcal{A}$ und somit auch die Stromdichte mit zunehmendem B abnimmt.

Mit Hilfe von (9.6.2) und (9.6.3) erkennen wir andererseits auch direkt, dass der elektrische Strom gleich

$$\mathbf{J}_q = \sigma_0 \, (\mathcal{A}/e) \tag{9.6.6}$$

ist, wobei σ_0 die gewöhnliche Leitfähigkeit eines Metalls in Abwesenheit eines Magnetfeldes ist. Dies folgt aus (9.5.2) bis (9.5.25), wenn wir $\mathbf{E}$ durch $\mathcal{A}$ ersetzen. Aus (9.6.4) und (9.6.6) folgt daher

$$\mathbf{E} = \frac{1}{\sigma_0} \mathbf{J}_q + \frac{e\tau}{m}\left(\mathbf{B} \times \frac{1}{\sigma_0} \mathbf{J}_q\right) = \rho_0 \mathbf{J}_q + \frac{e\tau}{m} \rho_0 (\mathbf{B} \times \mathbf{J}_q) \tag{9.6.7}$$

---

[72] In Abwesenheit eines Magnetfeldes gilt natürlich $\mathcal{A} = e\mathbf{E}$.

wobei ρ_0 der spezifische Widerstand in Abwesenheit eines Magnetfeldes ist.

Gleichung (9.6.7) zeigt, dass das zur Erzeugung des Stromes parallel zu $\mathcal{A}$ notwendige elektrische Feld zwei Komponenten besitzt. In Richtung von $\mathbf{J}_q \parallel \mathcal{A}$ gilt

$$E_\parallel = \rho_0 J_q \,. \tag{9.6.8}$$

Das heißt, dass der beobachtete Widerstand der Probe durch ein Magnetfeld nicht geändert wird, d. h. in dem betrachteten Einbandmodell existiert **kein Magnetwiderstand**! Dieses Ergebnis haben wir bereits in Abschnitt 7.3.4 für freie Elektronen abgeleitet. Es kann so verstanden werden, dass die auf die sich bewegenden Ladungsträger wirkende Lorentz-Kraft durch ein transversales Feld der Stärke (wir nehmen $\mathbf{B} \perp \mathbf{J}_q$ an)

$$E_H = \frac{e\tau}{m} B \rho_0 J_q \,, \tag{9.6.9}$$

kompensiert wird. Das transversale Feld wird als **Hall-Feld** bezeichnet. Für freie Elektronen ist der **Hall-Koeffizient** durch (vergleiche Abschnitt 7.3.4)

$$R_H = \frac{E_H}{B J_q} = \frac{e\tau}{m} \rho_0 = \frac{1}{ne} \,, \tag{9.6.10}$$

gegeben, wenn (9.5.30) zur Elimination der Streuzeit verwendet wird. Häufig wird auch der *spezifische Hallwiderstand*

$$\rho_H = \frac{E_H}{J} = R_H B = \frac{B}{ne} \tag{9.6.11}$$

verwendet. Mit $\sigma = n|e|\mu$ erhalten wir die **Hall-Beweglichkeit**

$$\mu_H = \frac{\sigma}{n|e|} = \sigma|R_H| \,. \tag{9.6.12}$$

Eine Größe, die direkt proportional zur Beweglichkeit ist, ist der **Hall-Winkel**

$$\tan\theta_H = \frac{E_H}{E_\parallel} = \mu_H B \,. \tag{9.6.13}$$

9.6.2 Magnetwiderstand und Hall-Effekt im Zweiband-Modell

Die Leitfähigkeit bestimmter Materialien kann auf gemischten elektron- und lochartigen Beiträgen beruhen, die mit unterschiedlichen Bereichen der Fermi-Fläche verbunden sind. So besitzen z. B. intrinsische Halbleiter bei $T > 0$ ein schwach gefülltes, elektronenartiges Leitungsband, während im Valenzband Lochzustände mit viel geringerer Mobilität zurückbleiben. Wir können diese Situation näherungsweise dadurch beschreiben, dass wir zwei unterschiedliche Ladungsträgertypen annehmen, die den elektronen- und lochartigen Beiträgen

9.6 Vertiefungsthema: Magnetwiderstand

entsprechen. Ein anschauliches Beispiel dafür ist in Abb. 9.16 illustriert. Die dort gezeigte Fermi-Fläche besitzt elektronen- und lochartige Bereiche, die aufgrund der fast kreisförmigen Fermi-Fläche gut durch freie Ladungsträger beschrieben werden können. Obwohl es selten vorkommt, dass die Fermi-Fläche eines realen Festkörpers eine so einfache Struktur wie die in Abb. 9.16 gezeigte besitzt und man deshalb die Ladungsträger des Festkörpers so einfach in zwei Gruppen mit jeweils einfachen Eigenschaften einteilen kann, illustriert das so genannte Zweibandmodell viele Hauptgesichtspunkte des Hall-Effekts und des Magnetwiderstands.

Das Vorhandensein von zwei Sorten von Ladungsträgern gibt Anlass zu den in Abb. 9.32 gezeigten *Kompensationseffekten*, bei denen sich die Hall-Beiträge des elektronen- und lochartigen Teilbandes teilweise aufheben, da Elektronen und Löcher zur gleichen Probenseite abgelenkt werden. Bei einer Interpretation der gemessenen, zu niedrigen Hall-Spannung im Einbandmodell finden wir dann eine physikalisch nicht sinnvolle, zu hohe Ladungsträgerdichte.

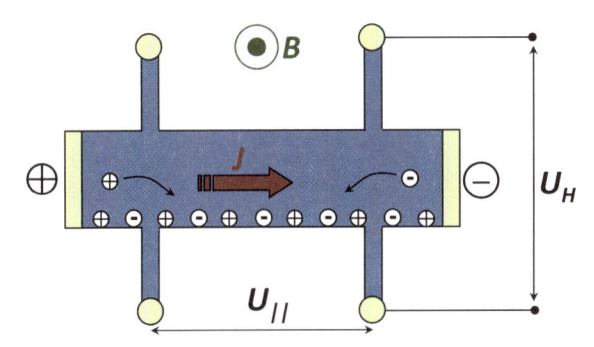

Abb. 9.32: Kompensationseffekte beim Hall-Effekt durch das Vorhandensein von zwei Ladungsträgersorten.

Wir nehmen nun an, dass zwei verschiedene Sorten von freien Ladungsträgern (isotrope parabolische Bänder) mit Ladung q_1 und q_2 vorliegen. Für jede Sorte ($i = 1, 2$) gelten dieselben Gleichungen (9.6.7)

$$\mathbf{E} = \frac{1}{\sigma_i}\mathbf{J}_{qi} + \frac{e\tau_i}{m_i}\left(\mathbf{B} \times \frac{1}{\sigma_i}\mathbf{J}_{qi}\right). \tag{9.6.14}$$

Der Gesamtstrom ist durch (siehe Abb. 9.33)

$$\mathbf{J}_q = \mathbf{J}_{q1} + \mathbf{J}_{q2} \tag{9.6.15}$$

gegeben.

Mit einer Lösung vom Typ (9.6.5) für die beiden Teilgleichungen von (9.6.14) finden wir den komplizierten Ausdruck

$$\mathbf{J}_q = \left(\frac{\sigma_1}{1+\left(\frac{q_1\tau_1}{m_1}\right)^2 B^2} + \frac{\sigma_2}{1+\left(\frac{q_2\tau_2}{m_2}\right)^2 B^2}\right)\mathbf{E}$$

$$- \left(\frac{\sigma_1 \frac{q_1\tau_1}{m_1}}{1+\left(\frac{q_1\tau_1}{m_1}\right)^2 B^2} + \frac{\sigma_2 \frac{q_2\tau_2}{m_2}}{1+\left(\frac{q_2\tau_2}{m_2}\right)^2 B^2}\right)\mathbf{B} \times \mathbf{E}, \tag{9.6.16}$$

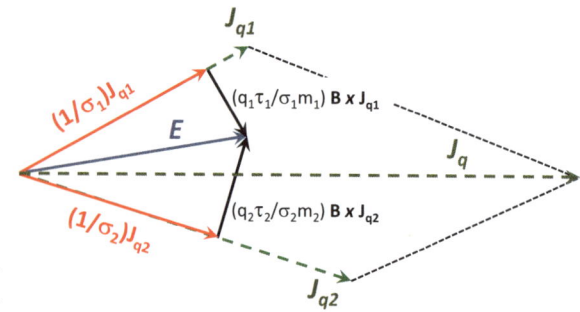

Abb. 9.33: Zur geometrischen Ableitung von Gleichung (9.6.16).

dessen geometrische Ableitung in Abb. 9.33 dargestellt ist.

Um den Hall-Koeffizienten zu berechnen, müssen wir (9.6.16) umkehren und $\mathbf{E}$ durch $\mathbf{J}_q$ und $\mathbf{B} \times \mathbf{J}_q$ ausdrücken. Wir erhalten

$$R_\mathrm{H} = \frac{R_1 \rho_2^2 + R_2 \rho_1^2 + R_1 R_2 (R_1 + R_2) B^2}{(\rho_1 + \rho_2)^2 + (R_1 + R_2)^2 B^2}. \tag{9.6.17}$$

Hierbei sind R_1 und R_2 die Hall-Konstanten für die entsprechenden Ladungsträgerarten und $\rho_1 = 1/\sigma_1$ sowie $\rho_2 = 1/\sigma_2$. Wir sehen, dass man einen Differenzwert erhält, falls R_1 und R_2 entgegengesetztes Vorzeichen besitzen. Für $R_1 = -R_2$ und $\rho_1 = \rho_2$ verschwindet die Hall-Konstante vollkommen. Für $R_1 = R_2 = R$ und $\rho_1 = \rho_2$ erhalten wir $R_\mathrm{H} = R/2$, also das gleiche wie für eine Ladungsträgersorte mit doppelter Ladungsträgerdichte. In vielen Fällen können die Beiträge in B^2 vernachlässigt werden, so dass sich der einfachere Ausdruck

$$R_\mathrm{H} = \frac{R_1 \rho_2^2 + R_2 \rho_1^2}{(\rho_1 + \rho_2)^2} = \frac{R_1 \sigma_1^2 + R_2 \sigma_2^2}{(\sigma_1 + \sigma_2)^2} \tag{9.6.18}$$

ergibt.

Die Diskussion des Magnetwiderstands ist etwas komplizierter. Hier müssen wir $\mathbf{J}_q$ mit der Komponente von $\mathbf{E}$ in $\mathbf{J}_q$-Richtung verbinden und erhalten

$$\rho = (\mathbf{J}_q \cdot \mathbf{E})/J_q^2. \tag{9.6.19}$$

Nach einigen Umformungsschritten ergibt sich der Ausdruck

$$\rho(B) = \frac{\rho_1 \rho_2 (\rho_1 + \rho_2) + (\rho_1 R_2^2 + \rho_2 R_1^2) B^2}{(\rho_1 + \rho_2)^2 + (R_1 + R_2)^2 B^2}. \tag{9.6.20}$$

Für $R_1 = R_2 = R$ und $\rho_1 = \rho_2 = \rho$ erhalten wir einen magnetfeldunabhängigen spezifischen Widerstand $\rho(B) = \rho/2$. Dies ist verständlich, da wir jetzt effektiv nur eine Ladungsträgersorte (Einbandmodell) mit doppelter Ladungsträgerdichte vorliegen haben. Der gesamte spezifische Widerstand ist nur $\rho/2$, da beide Ladungsträgersorten in gleicher Weise zum Ladungstransport beitragen. Für $R_1 = -R_2$ und $\rho_1 = \rho_2 = \rho$ erhalten wir dagegen $\rho(B) =$

9.6 Vertiefungsthema: Magnetwiderstand

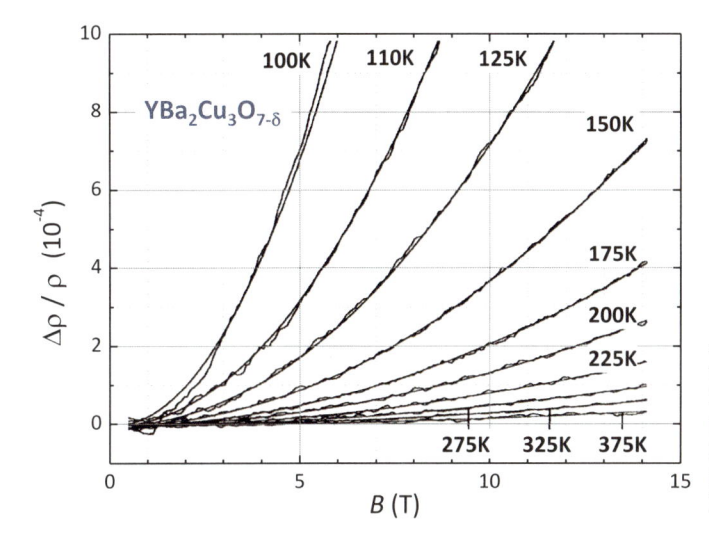

Abb. 9.34: Magnetowiderstandseffekt eines YBa$_2$Cu$_3$O$_{7-\delta}$-Einkristalls (nach J. M. Harris et al., Phys. Rev. Lett. 75, 1391 (1995), © (2012) American Physical Society).

$\rho/2 + (R^2/2\rho^2)B^2$. Dieser Fall liegt bei so genannten kompensierten Metallen vor. Wir sehen, dass hier der Magnetwiderstand unbegrenzt proportional zu B^2 anwächst. Dies ist verständlich, da sich die Hall-Felder der beiden Ladungsträgersorten gerade kompensieren.

Die Formel (9.6.20) findet allerdings nur begrenzt Anwendung, da meist die Ladungsträger nicht so einfach in zwei unabhängige Gruppen eingeteilt werden können und auch die Annahme von isotropen parabolischen Bändern oft eine schlechte Näherung ist. Sie zeigt aber einige Hauptmerkmale des Phänomens Magnetwiderstand auf:

- $\Delta\rho = [\rho(B) - \rho(0)]/\rho(0)$ ist immer positiv.
- $\Delta\rho$ verschwindet nur für $|R_1| = |R_2|$ und $\rho_1 = \rho_2$. Ansonsten werden die beiden Gruppen von Ladungsträgern im Magnetfeld um unterschiedliche Beträge abgelenkt, da sie unterschiedliche Massen, Ladungen oder Streuzeiten besitzen. Wir können dann kein elektrisches Feld finden, das beide Komponenten des elektrischen Stromes in die gleiche Richtung fließen lässt.
- $\Delta\rho$ ist für kleine Magnetfelder immer proportional zu B^2. Ein typisches experimentelles Ergebnis hierzu ist in Abb. 9.34 gezeigt.
- $\Delta\rho$ neigt bei großen Magnetfeldern zur Sättigung.[73] Eine Ausnahme bilden die bereits oben diskutierten kompensierten Metalle, für die $R_1 \simeq -R_2$ gilt.

Der obige Ausdruck für $\rho(B)$ kann auf den Fall vieler Ladungsträgertypen erweitert werden, die alle getrennt zum Strom beitragen und formal als unterschiedliche Ladungsträgertypen behandelt werden können. Dadurch lassen sich auch komplizierte Fermi-Flächen behandeln, deren Teile unterschiedliche Werte für $\frac{e\tau}{m^*}$ besitzen. Die Existenz eines endlichen Magnetwiderstands in Metallen kann als Beweis für die Änderung von $\frac{e\tau}{m^*}$ auf der Fermi-Fläche gewertet werden.

---

[73] Dieser Effekt ist aber mit der Wahl geschlossener Fermi-Flächen verbunden, die bei der Annahme freier Elektronen immer gegeben ist. Im Allgemeinen lassen sich für viele Materialien kristallographische Richtungen finden, in denen der Magnetwiderstand nicht sättigt. Dies hängt mit offenen Bahnen auf der Fermi-Fläche in diese Richtungen zusammen.

Die bisherige Betrachtung gilt für den *transversalen Magnetwiderstand*, d. h. für den Fall, dass das Magnetfeld senkrecht zur Stromrichtung anliegt. Man beobachtet aber auch einen *longitudinalen Magnetwiderstand*, d. h. für $\mathbf{B} \parallel \mathbf{J}_q$. Das einfache Zweiband-Modell liefert keinen longitudinalen Magnetwiderstand, da es in jedem Band Kugelsymmetrie annimmt. Die Ausdrücke für den longitudinalen Magnetwiderstand sind komplizierter, da wir hier nicht-kugelsymmetrische Fermi-Flächen verwenden müssen.

Wir erkennen aus (9.6.20) einen weiteren wichtigen Sachverhalt. Nehmen wir an, dass beide Ladungsträgertypen durch die gleiche Streuzeit charakterisiert sind, so ist $\frac{\Delta \rho}{\rho_0}$ nur eine Funktion von τB. Da τ selbst wiederum umgekehrt proportional zu ρ_0 ist, können wir

$$\frac{\Delta \rho}{\rho_0} = F\left(\frac{B}{\rho_0}\right) \tag{9.6.21}$$

schreiben. F ist dabei eine Funktion, die durch die genauen Eigenschaften des jeweiligen Metalls bestimmt ist. Gl. (9.6.21) ist als **Kohler-Regel**[74] bekannt, die bereits in Abschnitt 7.3.4 erwähnt und phänomenologisch begründet wurde.

9.6.3 Hochfeld-Magnetwiderstand

Wir haben bisher den Magnetwiderstand unter der vereinfachenden Annahme diskutiert, dass wir isotrope parabolische Bänder vorliegen haben. Diese Annahme werden wir jetzt fallen lassen, werden uns aber, um die Diskussion einfach zu halten, auf den Grenzfall hoher Felder beschränken. Für die Diskussion des Hochfeld-Magnetwiderstands benutzen wir wiederum die linearisierte Boltzmann-Gleichung (9.4.17) und die Relaxationszeit-Näherung:

$$e\mathbf{E} \cdot \mathbf{v}(\mathbf{k}) \left(-\frac{\partial f_0}{\partial \varepsilon}\right) = \frac{g(\mathbf{k})}{\tau} + \frac{e}{\hbar}\left(\mathbf{v}(\mathbf{k}) \times \mathbf{B}\right) \cdot \nabla_{\mathbf{k}} g(\mathbf{k}) . \tag{9.6.22}$$

Da für den Fall $\omega_c \tau \gg 1$ eine Darstellung in kartesischen Koordinaten umständlich ist, drücken wir diese Gleichung als Funktion der Energie ε, der Komponente k_z des Wellenvektors parallel zum Magnetfeld und des Winkels ϕ in der Ebene senkrecht zum Magnetfeld aus. Mit $\nabla_{\mathbf{k}} g(\mathbf{k}) = (\partial g / \partial t)/(d\mathbf{k}/dt)$ und $d\mathbf{k}/dt = \frac{e}{\hbar}(\mathbf{v}(\mathbf{k}) \times \mathbf{B})$ sowie $\partial g/\partial t = (\partial g/\partial \phi)(d\phi/dt) = \omega_c(\partial g/\partial \phi)$ erhalten wir

$$e\mathbf{E} \cdot \mathbf{v}(\mathbf{k}) \left(-\frac{\partial f_0}{\partial \varepsilon}\right) = \frac{g(\mathbf{k})}{\tau} + \omega_c \frac{\partial g}{\partial \phi} . \tag{9.6.23}$$

Diese Gleichung besitzt die Lösung[75]

$$g(E, k_z, \phi) = \frac{e}{\omega_c}\left(-\frac{\partial f_0}{\partial \varepsilon}\right) \int_{-\infty}^{\phi} \mathbf{v}(\varepsilon, k_z, \phi) \, e^{\frac{\phi' - \phi}{\omega_c \tau}} \, d\phi' \cdot \mathbf{E} . \tag{9.6.24}$$

---

[74] M. Kohler, *Zur magnetischen Widerstandsänderung reiner Metalle*, Annalen der Physik **424**, 211–218 (1938).

[75] siehe z. B. **Principles of the Theory of Solids**, J. M. Ziman, Cambridge University Press, Cambridge (1972).

9.6 Vertiefungsthema: Magnetwiderstand

Wir können diese Gleichung in Analogie zu Gleichung (9.4.26), $g(\mathbf{k}) = -\frac{\partial f_0}{\partial \varepsilon} e\tau \mathbf{v}(\mathbf{k}) \cdot \mathbf{E} = -\frac{\partial f_0}{\partial \mathbf{k}} \frac{\partial \mathbf{k}}{\partial \varepsilon} e\tau \mathbf{v}(\mathbf{k}) \cdot \mathbf{E} = -\frac{\partial f_0}{\partial \mathbf{k}} \frac{e\tau}{\hbar} \mathbf{E} = -\frac{\partial f_0}{\partial \mathbf{k}} \delta\mathbf{k}$, interpretieren, wo wir gesagt haben, dass die Verteilungsfunktion einer um den Betrag $\delta\mathbf{k} = e\tau\mathbf{E}/\hbar$ verschobenen Gleichgewichtsverteilungsfunktion entspricht. Aufgrund von (9.6.24) ergibt sich die Verschiebung der Fermi-Fläche an dem Punkt mit dem Phasenwinkel ϕ aus der Summe der Verschiebungen, die durch das elektrische Feld an den anderen Punkten der Bahn erzeugt wurden und durch das Magnetfeld die Bahn entlanggetrieben wurden, wobei die Verschiebungen gleichzeitig mit der charakteristischen Relaxationszeit τ zerfallen. Für kleine Felder ($\omega_c \tau \ll 1$) geschieht dieser Zerfall so schnell, dass wir nur eine geringe Drehung der Verschiebung der Fermi-Fläche aus der Richtung des elektrischen Feldes erhalten. Diese geringe Verschiebung bewirkt den Hall-Effekt.

Wir können nun Gleichung (9.5.2) benutzen, um die Stromdichte zu berechnen. Wir erhalten[76]

$$\mathbf{J}_q = \frac{1}{4\pi^3} \int e\mathbf{v}(\mathbf{k}) g(\mathbf{k}) d^3k$$

$$= \frac{e}{4\pi^3} \iiint \mathbf{v}(\varepsilon, k_z, \phi) g(\varepsilon, k_z, \phi) \frac{m_c}{\hbar^2} d\varepsilon \, dk_z \, d\phi \, . \quad (9.6.25)$$

Setzen wir (9.6.24) in diese Gleichung ein und nähern $\left(-\frac{\partial f_0}{\partial \varepsilon}\right)$ wieder durch $\delta(\varepsilon - \varepsilon_F)$ an, so erhalten wir für den Leitfähigkeitstensor

$$\sigma_{ij} = \frac{e^2}{4\pi^3 \hbar^2} \int \frac{m_c}{\omega_c} \cdot \left\{ \int_0^{2\pi} \int_0^{\infty} v_i[k_z, \phi] \, v_j[k_z, (\phi - \phi')] e^{-\phi'/\omega_c \tau} d\phi \, d\phi' \right\} dk_z \, . \quad (9.6.26)$$

Dieser Ausdruck ist als **Shockleysche Röhrenintegral-Formel** bekannt. Er stellt eine allgemeine Gleichung zur Berechnung des Leitfähigkeitstensors in einem Magnetfeld dar.

Für schwache Felder ($\omega_c \tau \ll 1$) kann $v_j(\phi - \phi') \simeq v_j(\phi) - \phi' \frac{\partial v_j}{\partial \phi}$ gesetzt werden, da der Exponentialterm verhindert, dass ϕ' groß wird. In diesem Fall können aus (9.6.26) die bekannten Ausdrücke für freie Elektronen abgeleitet werden. Wir wollen hier aber nur den Fall großer Felder diskutieren, d. h. den Fall $\omega_c \tau \gg 1$. In diesem Fall können wir ausnutzen, dass die Geschwindigkeiten periodische Funktionen von ϕ und ϕ' sind. Der Integrationsbereich von ϕ' von 0 bis ∞ kann deshalb in Streifen der Länge 2π aufgeteilt werden:

$$\int_0^{\infty} e^{-\phi'/\omega_c \tau} f(\phi') \, d\phi' = \sum_n e^{-2\pi n/\omega_c \tau} \int_0^{2\pi} e^{-\phi'/\omega_c \tau} f(\phi') \, d\phi'$$

$$= \frac{1}{1 - e^{-2\pi/\omega_c \tau}} \int_0^{2\pi} e^{-\phi'/\omega_c \tau} f(\phi') \, d\phi'$$

$$\simeq \frac{\omega_c \tau}{2\pi} \int_0^{2\pi} e^{-\phi'/\omega_c \tau} f(\phi') \, d\phi' \, . \quad (9.6.27)$$

---

[76] Wir benutzen (siehe hierzu Abb. 9.14) $d^3k = dk_\perp \, dk \, dk_z = dk_\perp \frac{dk}{d\phi} d\phi \, dk_z = dk_\perp \frac{dk}{d\phi} \frac{dt}{dt} d\phi \, dk_z = dk_\perp \frac{dk}{dt} \frac{1}{\omega_c} d\phi \, dk_z$. Mit den in Abschnitt 9.2.4 abgeleiteten Ausdrücken $\omega_c = eB/m_c$ und $\frac{dk}{dt} = \frac{e}{\hbar^2} B \left(\frac{\partial \varepsilon}{\partial k}\right)_\perp$ erhalten wir insgesamt $d^3k = \frac{m_c}{\hbar^2} d\varepsilon \, dk_z \, d\phi$.

Setzen wir dies in (9.6.26) ein, so erhalten wir

$$\sigma_{ij} = \frac{e^2}{4\pi^3 \hbar^2} \int \frac{m_c \tau}{2\pi} \left\{ \int_0^{2\pi} \int_0^{2\pi} v_i(\phi) v_j(\phi - \phi') e^{-\phi'/\omega_c \tau} d\phi d\phi' \right\} dk_z, \quad (9.6.28)$$

wobei die Größen $v_{i,j}$, m_c und ω_c natürlich von k_z abhängen.

In dem begrenzten Integrationsbereich von ϕ' können wir die Exponentialfunktion entwickeln:

$$e^{-\phi'/\omega_c \tau} = 1 - \frac{\phi'}{\omega_c \tau} + \frac{1}{2} \left(\frac{\phi'}{\omega_c \tau} \right)^2 - \dots . \quad (9.6.29)$$

Da die anderen Funktionen in (9.6.28) unabhängig von ω_c sind, liefert das Einsetzen von (9.6.29) in (9.6.28) eine Reihenentwicklung des Leitfähigkeitstensors nach Potenzen von $1/B$. Wir können nun den Magnetwiderstand und den Hall-Effekt berechnen, indem wir die jeweils ersten nichtverschwindenden Terme für alle Komponenten des Leitfähigkeitstensors berechnen. Dazu legen wir die übliche Geometrie mit dem Magnetfeld parallel zur z-Achse und dem Stromfluss parallel zur x-Achse zugrunde.

Für den Hauptterm erhalten wir

$$\int_0^{2\pi} v_x(\phi') d\phi' = \int_0^{2\pi} v_\perp \cos\theta \, \frac{d\phi'}{dt} \frac{dt}{dk} \, dk$$

$$= \int_0^{2\pi} v_\perp \cos\theta \, \frac{\hbar}{m_c} \frac{1}{v_\perp} dk = -\frac{\hbar}{m_c} \int_0^{2\pi} dk_y, \quad (9.6.30)$$

wobei wir $\frac{dk}{dt} = \frac{eB}{\hbar} v_\perp$, $\frac{d\phi'}{dt} = \omega_c = \frac{eB}{m_c}$ und $dk \cos\theta = -dk_y$ verwendet haben (wir diskutieren die Bewegung von Ladungsträgern mit Ladung $+e$, deren Umlaufsinn im Uhrzeigersinn ist, siehe hierzu Abb. 9.35). Das Integral in (9.6.30) verschwindet, wenn wir über eine geschlossene Bahn integrieren. Das bedeutet, dass für geschlossene Bahnen keine Komponente von σ_{ij} bezüglich einer Richtung senkrecht zu $\mathbf{B}$ von $\mathbf{B}$ unabhängig ist.

Für das nächste Entwicklungsglied können wir das Ergebnis (9.6.30) benutzen und erhalten nach partieller Integration

$$\int_0^{2\pi} \phi' v_x(\phi - \phi') d\phi' = \frac{2\pi \hbar}{m_c} k_y(\phi) - \frac{\hbar}{m_c} \int_0^{2\pi} k_y(\phi - \phi') d\phi'. \quad (9.6.31)$$

Abb. 9.35: Zur Ableitung des Hochfeldmagnetwiderstands. Das Vorzeichen des Integrals in (9.6.30) hängt von der Umlaufrichtung der Bahn ab. Elektronenbahnen verlaufen im Uhrzeigersinn, Lochbahnen entgegen dem Uhrzeigersinn. $A(k_z)$ ist die von der Bahn umschlossene Fläche, die senkrecht auf der Magnetfeldrichtung steht.

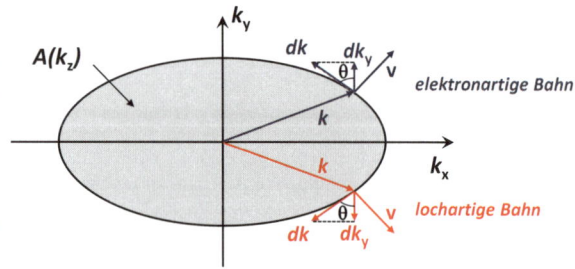

9.6 Vertiefungsthema: Magnetwiderstand

Wegen der Zentralsymmetrie der Bahn verschwindet der zweite Term. Der erste Term trägt allerdings zu den Komponenten von σ_{ij} bei, die den Hall-Effekt bestimmen. Benutzen wir wiederum (9.6.30), so erhalten wir

$$\sigma_{yx} = \frac{e^2}{4\pi^3 \hbar^2} \int \frac{m_c \tau}{2\pi} \frac{1}{\omega_c \tau} \int_0^{2\pi} v_y(\phi) \frac{2\pi\hbar}{m_c} k_y(\phi) \, d\phi \, dk_z$$

$$= \frac{e^2}{4\pi^3} \int \frac{1}{\omega_c m_c} \oint k_y \, dk_x \, dk_z = \frac{e}{B} \frac{1}{4\pi^3} \int A(k_z) \, dk_z \,. \quad (9.6.32)$$

Hierbei ist $A(k_z)$ die von der Bahn umschlossenen Fläche (siehe Abb. 9.35), die natürlich für unterschiedliche Schnitte durch den Fermi-Körper, d. h. unterschiedliche k_z, unterschiedliche Werte besitzt. Das Integral $\int A(k_z) \, dk_z$ stellt eine Aufsummation der verschiedenen Schnittflächen mit unterschiedlichen k_z-Werten dar und ergibt nichts anderes als des Volumen des Fermi-Körpers. Da das Volumen des Fermi-Körpers multipliziert mit der Zustandsdichte $\frac{V}{4\pi^3}$ im **k**-Raum gerade die Zahl N der Ladungsträger ergibt, ist $n = \frac{N}{V} = \frac{1}{4\pi^3} \int A(k_z) \, dk_z$ gerade die Ladungsträgerdichte und wir erhalten

$$\sigma_{yx} = \frac{en}{B} \,. \quad (9.6.33)$$

Der Vergleich mit dem für ein isotropes parabolisches Band erhaltenen Ergebnis zeigt, dass wir für sehr hohe Felder und beliebige Fermi-Flächen das gleiche Ergebnis auch für eine beliebige Fermi-Fläche erhalten.

Wir müssen uns nun Gedanken über das Vorzeichen von σ_{yx} machen. Hierzu müssen wir berücksichtigen, dass das Vorzeichen von (9.6.30) davon abhängt, in welcher Richtung die Bahn durchlaufen wird und dass der Umlaufsinn für Elektronen- und Lochbahnen gerade entgegengesetzt ist (vergleiche hierzu Abb. 9.35 und unsere Diskussion in Abschnitt 9.2.4). Wir erhalten also bei Vorhandensein von elektron- und lochartigen Bahnen insgesamt

$$\sigma_{yx} = \frac{e}{B} (n_h - n_e) \,. \quad (9.6.34)$$

Dieses Ergebnis korrespondiert mit dem in Abschnitt 9.2.6 gewonnenen Ergebnis. Wir sehen, dass im Hochfeldgrenzfall die Beweglichkeiten der beiden Ladungsträgertypen nicht ins Spiel kommen. Dies gilt aber nur für den Fall, dass ausschließlich geschlossene Flächen von Elektronen und Löchern vorliegen.

Betrachten wir den allgemeinen Ausdruck (9.6.28) des Leitfähigkeitstensors und die Entwicklung (9.6.29), so erkennen wir, dass Terme von der Größenordnung $(1/\omega_c\tau)$ in σ_{xx} und σ_{yy} verschwinden. Dies können wir durch die Benutzung von (9.6.30) und (9.6.31) exakt bestätigen. Wir müssen deshalb in der Entwicklung (9.6.29) bis zum nächsten Glied der Ordnung $(1/\omega_c\tau)^2$ gehen, um eine von null verschiedene Komponente und damit einen Magnetwiderstand zu finden. Für die z-Komponenten können wir eine ähnliche Diskussion mit äquivalenten Argumenten durchführen. Die Komponenten σ_{xz} und σ_{yz} verschwinden in erster Ordnung und es verbleibt ein Korrekturterm der Ordnung $(1/\omega_c\tau)$, also der Ordnung $(1/B)$. σ_{zz} ist unabhängig vom Magnetfeld.

Wir können unsere Diskussion nun zusammenfassen und eine allgemeine Struktur des Leitfähigkeitstensors angeben. In hohen Magnetfeldern sollte σ_{ij} folgende Form haben:

$$\sigma_{ij} = \begin{pmatrix} \frac{a_{xx}}{B^2} & \frac{a_{xy}}{B} & \frac{a_{xz}}{B} \\ \frac{-a_{xy}}{B} & \frac{a_{yy}}{B^2} & \frac{a_{yz}}{B} \\ \frac{-a_{xz}}{B} & \frac{-a_{yz}}{B} & a_{zz} \end{pmatrix}. \quad (9.6.35)$$

Hierbei sind die Koeffizienten a_{ij} von null verschieden und unabhängig vom Magnetfeld.[77,78]

Eine naive Diskussion von (9.6.35) würde uns vermuten lassen, dass der transversale Magnetwiderstand unbegrenzt proportional zu B^2 anwachsen sollte, da ja $\sigma_{xx} \propto 1/B^2$ gegen null geht. Dies ist allerdings nicht der Fall. In einem Experiment messen wir den Spannungsabfall entlang einer Probe, durch die wir einen Strom schicken. Wir müssen deshalb die Komponenten des Tensors des spezifischen Widerstandes bestimmen, der den zu (9.6.35) reziproken Tensor darstellt.

Als Beispiel betrachten wir ρ_{xx}. Durch Matrixalgebra erhalten wir in niedrigster Ordnung von $1/B$:

$$\rho_{xx} = \frac{\left(\frac{a_{yy}a_{zz}+a_{yz}^2}{B^2}\right)}{\left(\frac{a_{zz}a_{xy}^2}{B^2} + \frac{a_{xx}a_{yy}a_{zz}+a_{xx}a_{yz}^2+a_{yy}a_{xz}^2}{B^4}\right)}. \quad (9.6.36)$$

Dieser Ausdruck geht für hohe Felder in

$$\rho_{xx} \simeq \frac{a_{yy}a_{zz} + a_{yz}^2}{a_{zz}a_{xy}^2} \quad (9.6.37)$$

über. Der transversale Magnetwiderstand sättigt somit für hohe Magnetfelder. Dies ist charakteristisch für alle Diagonalkomponenten von ρ_{ij}.

Wir wollen an dieser Stelle darauf hinweisen, dass in x-Richtung der Probe ein Strom fließen kann, obwohl $\sigma_{xx} \to 0$ für hohe Felder. Eine Potenzialdifferenz in x-Richtung ist mit einem Hall-Strom in y-Richtung verbunden. Dadurch muss aber eine Potenzialdifferenz in y-Richtung entstehen, die diesen Hall-Strom im stationären Zustand gerade verhindert, da ja ein Stromfluss in y-Richtung aufgrund der gewählten Probengeometrie unmöglich ist. Die Potenzialdifferenz in y-Richtung führt nun wiederum zu einem Hall-Strom in x-Richtung. Diesen Strom beobachten wir.

Für den Hall-Koeffizienten selbst erhalten wir im Grenzfall hoher Felder

$$\rho_{xy} \simeq \frac{B}{a_{yx}}, \quad (9.6.38)$$

was zusammen mit (9.6.34) das Ergebnis

$$R_\mathrm{H} \simeq \frac{1}{(n_\mathrm{h} - n_\mathrm{e})e} \quad (9.6.39)$$

---

[77] Aufgrund der Onsager-Beziehungen gilt $\sigma_{ij}(\mathbf{B}) = \sigma_{ji}(-\mathbf{B})$, da die Inversion der Koordinatenachsen die Umkehrung des Vorzeichens des Magnetfeldes bewirkt.

[78] L. Onsager, *Interpretation of the de Haas-van Alphen effect*, Phil. Mag. **43**, 1006–1008 (1952).

liefert, also gerade das in Abschnitt 9.2.5 mit Hilfe von qualitativen Argumenten für den Fall hoher Magnetfelder abgeleitete Ergebnis (9.2.41).

Im Spezialfall eines *kompensierten Metalls*, für das $n_e = n_h$ gilt, würde wir erwarten, dass R_H unendlich groß wird. Dies ist allerdings nicht der Fall. Für $n_e = n_h$ verschwindet nämlich der in $1/B$ lineare Term und wir müssen dann Terme höherer Ordnung mitnehmen. Das führt dazu, dass dann alle Komponenten des Widerstandstensor, also auch diejenigen, die den Hall-Koeffizienten bestimmen, quadratisch in B anwachsen ohne zu sättigen.

9.6.3.1 Offene Bahnen

Wir haben bisher immer angenommen, dass wir nur geschlossene Bahnen vorliegen haben. Wir haben aber in Abschnitt 9.2.4 gesehen, dass reale Fermi-Flächen auch offene Bahnen zulassen können. Wir wollen jetzt zeigen, dass die im letzten Abschnitt abgeleitete Sättigung des Magnetwiderstands in hohen Feldern bei Vorhandensein von offenen Bahnen nicht mehr zutrifft. Wir betrachten dazu die in Abb. 9.36 gezeigte Fermi-Fläche, die offene Bahnen in k_y-Richtung zulässt. Aufgrund der in k_y-Richtung offenen Bahnen verschwindet das Integral $\int_0^{2\pi} v_x(\phi') d\phi' = -\frac{\hbar}{m_c}\int_0^{2\pi} dk_y$ in (9.6.30) nicht mehr. Es lässt sich zeigen, dass das Integral vielmehr einen endlichen Wert annimmt. Dadurch erhalten alle Komponenten von σ_{ij}, die sich auf die x-Richtung beziehen, Beiträge von Integralen diesen Typs. Insbesondere ist dann σ_{xx} nicht mehr proportional zu $1/B^2$, sondern unabhängig von B.

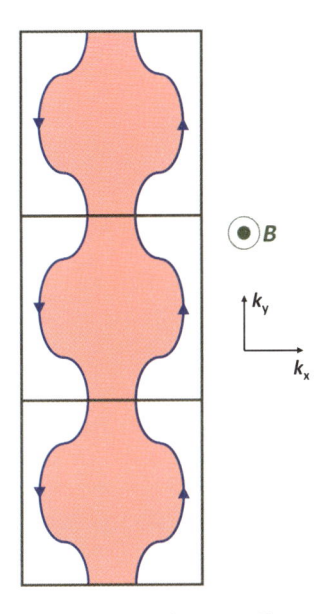

Abb. 9.36: Schematische Darstellung von offenen Bahnen (elektronenartig) in k_y-Richtung. Das Magnetfeld ist parallel zur z-Achse gerichtet. Da die Elektronenbahnen im **k**-Raum in k_y-Richtung nicht mehr geschlossen sind, sind die entsprechenden Elektronenbahnen im Ortsraum in x-Richtung offen.

Diesen Sachverhalt haben wir bereits in Abschnitt 9.2.6 qualitativ diskutiert. Ladungsträger in offenen Bahnen werden durch das angelegte Magnetfeld nicht länger dazu gezwungen, eine periodische Bewegung in Richtung des elektrischen Feldes auszuführen. Das heißt, das Magnetfeld verhindert jetzt nicht mehr, dass die Elektronen Energie aus dem anliegenden elektrischen Feld aufnehmen. Da eine Bewegung im **k**-Raum entlang der k_y-Richtung im Ortsraum einer Bewegung in x-Richtung entspricht (vergleiche Abschnitt 9.2.5), erwarten wir in der Tat, dass sich offene Bahnen entlang der k_y-Richtung auf die Komponenten von σ_{ij} auswirken, die sich auf die x-Richtung beziehen. Diese Komponenten sollten unabhängig vom angelegten Magnetfeld werden. Umgekehrt erwarten wir für eine Ortsraumbewegung der Elektronen in y-Richtung, was einer Bewegung im **k**-Raum in k_x-Richtung entspricht, keinen Effekt, da sich hier die Elektronen senkrecht zu den offenen Bahnen bewegen müssen. Das heißt, die Komponenten von σ_{ij}, die sich auf die y-Richtung beziehen, bleiben unverändert.

Berücksichtigen wir diese Tatsache, so können wir den Leitfähigkeitstensor schreiben als

$$\sigma_{ij} = \begin{pmatrix} b_{xx} & \frac{a_{xy}}{B} & b_{xz} \\ \frac{-a_{xy}}{B} & \frac{a_{yy}}{B^2} & \frac{a_{yz}}{B} \\ -b_{xz} & \frac{-a_{yz}}{B} & a_{zz} \end{pmatrix}, \tag{9.6.40}$$

wobei wir natürlich wieder nur die Terme niedrigster Ordnung in $1/B$ berücksichtigt haben. Verwenden wir den Ausdruck (9.6.40) für den Leitfähigkeitstensor, so erhalten wir für ρ_{xx} den zu (9.6.36) äquivalenten Ausdruck:

$$\rho_{xx} = \frac{\left(\frac{a_{yy}a_{zz}+a_{yz}^2}{B^2}\right)}{\left(\frac{a_{zz}a_{xy}^2}{B^2} + \frac{b_{xx}a_{yy}a_{zz}+a_{yz}^2+a_{yy}b_{xz}^2}{B^2}\right)}. \tag{9.6.41}$$

Wir sehen sofort, dass ρ_{xx} wiederum für hohe Felder sättigt. Für ρ_{yy} sieht die Situation allerdings anders aus. Wir erhalten

$$\rho_{yy} = \frac{b_{xx}a_{zz}+b_{xz}^2}{\left(\frac{a_{zz}(a_{xy}^2+b_{xx}a_{yy})+b_{xx}a_{yx}^2+a_{yy}b_{xz}^2}{B^2}\right)} \propto B^2. \tag{9.6.42}$$

Wir sehen sofort, dass der transversale Magnetwiderstand in Richtung der offenen Bahnen ohne Sättigung proportional zu B^2 anwächst. Diese Tatsache ist für das Studium der Fermi-Flächen von Bedeutung. Wir können nämlich den Magnetwiderstand von Einkristallen als Funktion der relativen Orientierung zwischen magnetischem und elektrischem Feld und den Kristallachsen untersuchen. Wenn z. B. der Magnetwiderstand für eine bestimmte kristallographische Richtung nicht sättigt, so muss die Fermi-Fläche in dieser Richtung in einem periodischen Zonenschema zusammenhängen. Sie kann nicht nur aus geschlossenen Gebieten von Elektronen und Löchern bestehen (außer wenn diese exakt gleich groß sind: kompensierte Metalle).

9.7 Quantisierung der Bahnen

Bei der Behandlung der Bewegung von Elektronen in einem homogenen Magnetfeld haben wir eine semiklassische Betrachtungsweise benutzt. Dabei sind wir von Bloch-Zuständen ausgegangen, die wir durch Lösung der Schrödinger-Gleichung für ein periodisches Potenzial bei $B = 0$ erhalten haben. Die Bewegung dieser Bloch-Elektronen im homogenen Feld haben wir dann rein klassisch behandelt. Wir haben gesehen, dass die Elektronen sowohl im **k**- als auch im Ortsraum auf geschlossenen Bahnen laufen. Vom quantenmechanischen Standpunkt aus würden wir deshalb erwarten, dass die Elektronenwellen die **Bohr-Sommerfeld-Quantisierung** erfüllen müssen. Das heißt, dass sich die Phasen der Elektronenwellen nur um ganzzahlige Vielfache von 2π pro Umlauf ändern dürfen. Dies führt zu einer Quantisierung der Bahnen.

9.7.1 Freie Ladungsträger

Um die Quantisierung der Bahnen in einem homogenen Feld abzuleiten, betrachten wir zunächst *freie Ladungsträger* mit Ladung $q = +e$ (Elektronen haben die Ladung $q = -e$). Sie genügen der Schrödinger-Gleichung (siehe hierzu Anhang D)

$$\frac{1}{2m}\left(\frac{\hbar}{i}\nabla - e\mathbf{A}\right)^2 \Psi = \varepsilon \Psi. \tag{9.7.1}$$

Hierbei haben wir den Operator $\frac{\hbar}{i}\nabla$ des kanonischen Impulses durch den Operator $\frac{\hbar}{i}\nabla - e\mathbf{A}$ des kinematischen Impulses ersetzt, wobei $\mathbf{A}$ das Vektorpotenzial ist. Da wir nur die stationären Zustände suchen, betrachten wir nur die zeitunabhängige Schrödinger-Gleichung.

Für das Vektorpotenzial wählen wir die Eichung

$$\mathbf{A} = (0, Bx, 0), \tag{9.7.2}$$

so dass $\mathbf{B} = \nabla \times \mathbf{A} = (0, 0, B)$. Damit erhalten wir die Schrödinger-Gleichung zu

$$\frac{\partial^2 \Psi}{\partial x^2} + \left(\frac{\partial}{\partial y} - \frac{ieB}{\hbar}x\right)^2 \Psi + \frac{\partial^2 \Psi}{\partial z^2} + \frac{2m\varepsilon}{\hbar^2}\Psi = 0. \tag{9.7.3}$$

Diese Gleichung besitzt eine Lösung der Form

$$\Psi(x, y, z) = e^{i(\beta y + k_z z)} u(x), \tag{9.7.4}$$

wobei $u(x)$ die Gleichung

$$\frac{\partial^2 u}{\partial x^2} + \left\{\frac{2m\widetilde{\varepsilon}}{\hbar^2} - \left(\beta - \frac{eB}{\hbar}x\right)^2\right\} u = 0 \tag{9.7.5}$$

mit

$$\widetilde{\varepsilon} = \varepsilon - \frac{\hbar^2}{2m}k_z^2 \tag{9.7.6}$$

erfüllen muss.

Wir sehen, dass die Bewegung parallel zum Magnetfeld, also in z-Richtung, genau dieselbe ist wie für freie Ladungsträger. Ferner ist der Beitrag zur kinetischen Energie aufgrund der Bewegung in z-Richtung derselbe wie für freie Ladungsträger. Für die Bewegung in der xy-Ebene müssen wir allerdings eine neue Eigenwertgleichung lösen. Schreiben wir (9.7.5) unter Benutzung von $\omega_c = eB/m$ und $\widetilde{x} = x - (\hbar\beta/eB)$ um, so erhalten wir

$$-\frac{\hbar^2}{2m}\frac{\partial^2 u}{\partial x^2} + \frac{1}{2}m\omega_c^2 \widetilde{x}^2\, u(x) = \widetilde{\varepsilon}\, u(x). \tag{9.7.7}$$

Diese eindimensionale Gleichung ist nichts anderes als die Schrödinger-Gleichung für die Wellenfunktion eines einfachen harmonischen Oszillators mit der Zyklotronfrequenz

$$\omega_c = \frac{eB}{m} = 1.758\,820\,088\,(39) \times 10^{11}\,\text{s}^{-1} \times B\,[\text{Tesla}], \tag{9.7.8}$$

dessen Zentrum sich an der Stelle

$$x_0 = \frac{\hbar \beta}{eB} = \frac{1}{\omega_c} \frac{\hbar \beta}{m} \qquad (9.7.9)$$

befindet. Für die Energieniveaus des harmonischen Oszillators gilt

$$\widetilde{\varepsilon} = \left(n + \frac{1}{2}\right) \hbar \omega_c \qquad (9.7.10)$$

und damit

$$\varepsilon = \left(n + \frac{1}{2}\right) \hbar \omega_c + \frac{\hbar^2}{2m} k_z^2 \,. \qquad (9.7.11)$$

Die Energie der Ladungsträgerzustände ergibt sich also als Summe der Translationsenergie der freien Bewegung in Feldrichtung und der quantisierten Energie der Kreisbewegung in der Ebene senkrecht zum Magnetfeld. Die parabelförmigen Bänder freier Ladungsträger spalten unter der Wirkung der Magnetfeldes in *Subbänder* auf, die als *Landau-Niveaus*[79] bezeichnet werden. Dies ist in Abb. 9.37 gezeigt, wo wir die Ladungsträgerenergie für verschiedene Subbänder gegen k_z aufgetragen haben. Die Energieeigenwerte der verschiedenen Subbänder unterscheiden sich jeweils um $\Delta \varepsilon = \hbar \omega_c$. Bei einem Feld von 1 T beträgt $\hbar \omega_c$ etwa 0.1 meV, was $\hbar \omega_c / k_B \approx 1$ K entspricht. Da für Metalle die Fermi-Temperatur T_F typischerweise weit oberhalb von 50 000 K liegt, ist bei einem Metall eine sehr große Zahl von Landau-Niveaus besetzt. Bei Halbleitern ist dies anders. Wir werden in Kapitel 10 sehen, dass hier wegen der viel kleineren Fermi-Energie oft nur wenige Landau-Niveaus besetzt sind.

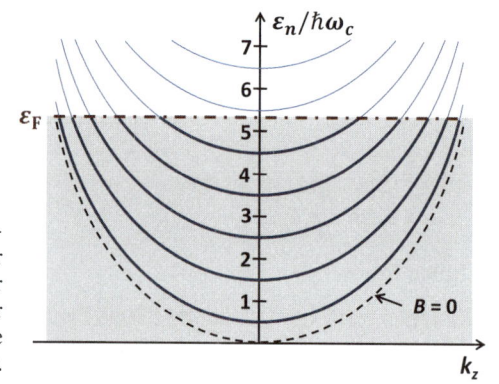

Abb. 9.37: Ladungsträgerenergie im Magnetfeld als Funktion der Wellenzahl k_z parallel zur Feldrichtung. Die gestrichelte Kurve zeigt die für $B = 0$ erwartete Abhängigkeit. Der Abstand der Subbänder (Landau-Niveaus) beträgt $\hbar \omega_c$. Die Subbänder sind bis zur Fermi-Energie ε_F besetzt.

Wir können die Energie (9.7.11) der Ladungsträgerzustände auch als

$$\varepsilon = \frac{\hbar^2}{2m} k_{\perp,n}^2 + \frac{\hbar^2}{2m} k_z^2 \qquad (9.7.12)$$

mit dem Wellenvektor

$$k_{\perp,n} = \sqrt{\frac{2m}{\hbar^2} \left(n + \frac{1}{2}\right) \hbar \omega_c} = \sqrt{\left(n + \frac{1}{2}\right) \frac{2eB}{\hbar}} \qquad (9.7.13)$$

---

[79] Lev Davidovich Landau, siehe Kasten auf Seite 453.

9.7 Quantisierung der Bahnen

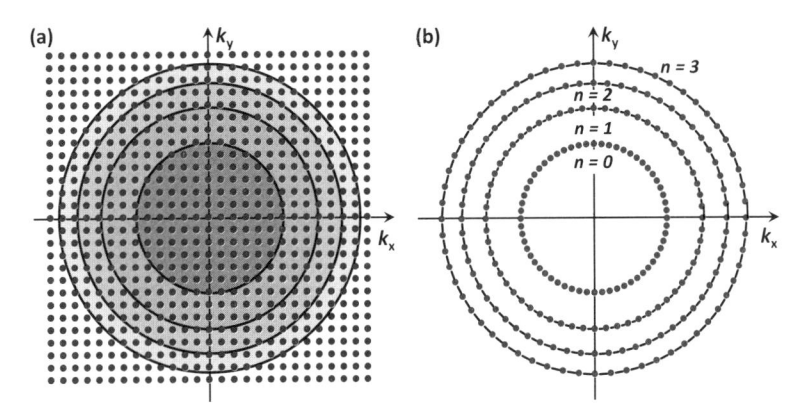

Abb. 9.38: Quantisierungsschema für freie Ladungsträger (a) ohne und (b) mit Magnetfeld. Anschaulich kann man argumentieren, dass die ohne Magnetfeld im zweidimensionalen **k**-Raum gleichmäßig verteilten Zustände durch das Magnetfeld auf Kreise in der ursprünglichen $k_x k_y$-Ebene gezwungen werden. Aufeinander folgende Kreise entsprechen aufeinander folgenden Quantenzahlen n. Die Fläche zwischen aufeinander folgenden Kreisen ist $\Delta S = \frac{2\pi e B}{\hbar} = \text{const}$.

in der Ebene senkrecht zum Magnetfeld schreiben. Dies zeigt, dass die Zustände in der $k_x k_y$-Ebene alle auf Kreisen mit Radius $k_{\perp,n}$ liegen müssen. Dies ist in Abb. 9.38 veranschaulicht.

Wir müssen uns noch überlegen, wie wir die Zustände abzählen müssen, das heißt, wir müssen uns überlegen, wie viele Zustände pro Landau-Niveau vorhanden sind. Für freie Ladungsträger sind wir von einem Potenzialkasten mit den Seitenlängen L_x, L_y und L_z ausgegangen und wir haben aufgrund der Randbedingungen eine Quantisierung von k_i in Einheiten von $2\pi/L_i$ erhalten. Für k_z gilt diese Quantisierung nach wie vor. Ebenso würden wir gemäß (9.7.4) erwarten, dass k_y in Einheiten von $2\pi/L_y$ quantisiert ist. Da aber die Energie unabhängig von β ist, könnten wir vermuten, dass für einen gegebenen Wert von n jeder Wert von β zulässig ist. Dies ist aber nicht der Fall. Aus Gleichung (9.7.9) können wir erkennen, dass die Funktionen u über ihren Mittelpunkt bei

$$x_0 = \frac{1}{\omega_c} \frac{\hbar \beta}{m} = \frac{v_y}{\omega_c} \qquad (9.7.14)$$

von β abhängen. Das bedeutet tatsächlich, dass der mit der Geschwindigkeit v_y loslaufende Ladungsträger sich im Magnetfeld auf einem Kreis mit dem Mittelpunkt x_0 bewegen wird. Der Weg des Ladungsträgers muss aber innerhalb des durch die Abmessungen des betrachteten Festkörpers vorgegebenen Kastens liegen, so dass

$$0 < x_0 < L_x \qquad (9.7.15)$$

gelten muss. Wir erhalten also eine Einschränkung für die Lage des Mittelpunkts der Kreisbahn. Über (9.7.14) stellt dies auch eine Einschränkung für den erlaubten Bereich von β dar. β ist nicht nur in Einheiten von $2\pi/L_y$ quantisiert, sondern muss auch die Bedingung

$$0 < \beta \leq \frac{m \omega_c}{\hbar} L_x = \frac{eB}{\hbar} L_x \qquad (9.7.16)$$

erfüllen. Es gibt daher nur eine beschränkte Zahl von möglichen β-Werten und zwar gerade

$$p = \frac{L_y}{2\pi} \frac{m\omega_c}{\hbar} L_x = \hbar\omega_c \, D_{2D} = L_x L_y B \frac{e}{2\pi\hbar} = \frac{\Phi}{2\Phi_0} \, . \tag{9.7.17}$$

Hierbei ist $D_{2D} = \frac{m^*}{2\pi\hbar^2} L_x L_y$ die zweidimensionale Zustandsdichte für eine Spin-Richtung (vergleiche (7.1.20)). Die Größe p gibt die Anzahl der möglichen Zustände pro Landau-Niveau an und wird als **Entartung** des Niveaus bezeichnet. Das heißt, dass jedes Niveau gemäß (9.7.11), welches einer speziellen Wahl von n und k_z entspricht, p-fach entartet ist. In (9.7.17) ist $\Phi = L_x L_y B$ der magnetische Fluss durch die Probe und $\Phi_0 = h/2e$ das magnetische Flussquant. Wir sehen also, dass die Entartung p bis auf den Faktor $1/2$ durch die Zahl der magnetischen Flussquanten durch die Probe gegeben ist.[80] Wir sehen ferner, dass die Entartung linear mit dem Feld zunimmt.

Obwohl die alten Quantenzahlen k_x, k_y und k_z durch das anliegende Magnetfeld keine guten Quantenzahlen mehr sind, wollen wir den **k**-Raum benutzen, um die p neuen Zustände für eine bestimmte, durch (9.7.11) gegebene Energie ε durch Flächen im **k**-Raum darzustellen. Lassen wir zunächst k_z außer Acht, so können wir für $B = 0$ die möglichen Zustände in der $k_x k_y$-Ebene durch ein Punktmuster darstellen, wobei der Abstand der Punkte in orthogonale Richtungen $2\pi/L_x$ und $2\pi/L_y$ beträgt. Für $B \neq 0$ liegen die möglichen Zustände auf Flächen konstanter Energie, die wir als Kreise mit Radius $k_\perp$ in der $k_x k_y$-Ebene darstellen können (siehe Abb. 9.38). Die neuen Zustände sind allerdings nicht an einem bestimmten Punkt auf diesem Kreis fixiert, sie rotieren vielmehr mit der Frequenz ω_c. Wir können aber die Zustände konstanter Energie im Magnetfeld durch die Kreise, auf denen sie liegen, klassifizieren. Diese Kreise werden auch als **Landau-Kreise** bezeichnet. Berücksichtigen wir nun noch k_z, so liegt für $B = 0$ ein dreidimensionales Punktmuster vor, wobei der Punktabstand in k_z-Richtung durch $2\pi/L_z$ gegeben ist. Da die k_z-Richtung durch $B \parallel z$ nicht beeinflusst wird, erhalten wir jetzt die in Abb. 9.39 gezeigten konzentrischen Zylinder, die wir als **Landau-Zylinder** bezeichnen. Insgesamt wird der Radius der Zylinder in der $k_x k_y$-Ebene und ihre Ausdehnung entlang von k_z durch die Größe der Fermi-Kugel begrenzt.

Wir wollen jetzt noch zeigen, dass die Zahl der Zustände in einem bestimmten **k**-Raumbereich im alten und neuen Schema exakt gleich ist. Dies erwarten wir natürlich, da die Zahl der Zustände konstant bleiben sollte. Der Abstand der Energieniveaus ist durch $\hbar\omega_c$ gegeben. Wir müssen nun berechnen, welcher Fläche ΔS in der $k_x k_y$-Ebene dieses Energieintervall entspricht. Mit $S_n = \pi k_{\perp,n}^2$ und $\hbar\omega_c = \varepsilon_{n+1} - \varepsilon_n$ erhalten wir sofort

$$S_{n+1} - S_n = \Delta S = \pi \left[\left(n + 1 + \tfrac{1}{2}\right) - \left(n + \tfrac{1}{2}\right) \right] \frac{2eB}{\hbar} = \frac{2\pi eB}{\hbar} \, . \tag{9.7.18}$$

Diese Beziehung können wir auch mit dem in Abschnitt 9.2.4 abgeleiteten allgemeinen Zusammenhang zwischen der Flächenänderung dS und der Energieänderung dE erhalten. Wir

---

[80] Das magnetische Flussquant wurde im Zusammenhang mit der Flussquantisierung in Supraleitern eingeführt, wo gepaarte Elektronen, so genannte Cooper-Paare, vorliegen. Deshalb steht im Nenner des Flussquants nicht e sondern $2e$. Im Zusammenhang mit der jetzt geführten Diskussion wäre es eigentlich sinnvoller, das Flussquant $\widetilde{\Phi}_0 = 2\Phi_0 = h/e$ zu verwenden, da wir es mit ungepaarten Elektronen zu tun haben. Damit würden wir die Entartung zu $p = \Phi/\widetilde{\Phi}_0$ erhalten.

9.7 Quantisierung der Bahnen

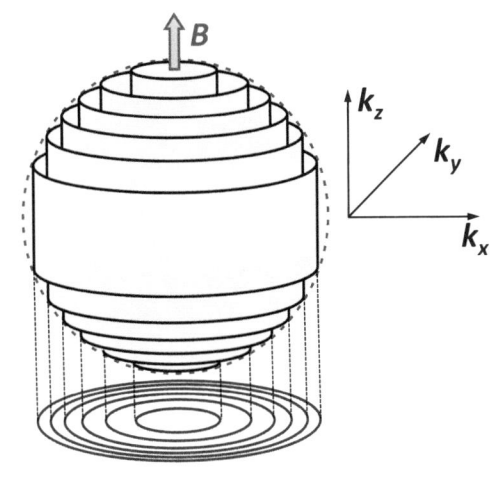

Abb. 9.39: Landau-Zylinder für freie Ladungsträger. Die ohne Magnetfeld im dreidimensionalen **k**-Raum gleichmäßig verteilten Zustände innerhalb der Fermi-Kugel werden durch das Magnetfeld auf Zylinder gezwungen werden. Ebenfalls gezeigt ist die Projektion der Zylinder auf die Fläche senkrecht zum Magnetfeld. Die Fläche zwischen aufeinander folgenden Zylindern ist $\Delta S = \frac{2\pi eB}{\hbar}$ = const.

erhielten dort (vergleiche (9.2.30)):[81]

$$\frac{\partial S}{\partial \varepsilon} = \frac{2\pi eB}{\hbar^2} \frac{1}{\omega_c} = \frac{2\pi m}{\hbar^2}. \quad (9.7.19)$$

Ersetzen wir den Differentialquotienten durch einen Differenzenquotienten und setzen $\Delta \varepsilon = \hbar \omega_c$, so erhalten wir

$$S_{n+1} - S_n = \Delta S = \frac{2\pi m}{\hbar^2} \hbar \omega_c = \frac{2\pi eB}{\hbar}. \quad (9.7.20)$$

Wir sehen, dass im Magnetfeld die Flächen, die von den Ladungsträgerbahnen im **k**-Raum eingenommen werden, quantisiert sind. Die Differenz der in Abb. 9.38 gezeigten Flächen ist konstant und unabhängig von k_z.

Wir verwenden nun die Dichte $\frac{L_x L_y}{(2\pi)^2}$ der Zustände in der $k_x k_y$-Ebene, um die Anzahl der Zustände innerhalb der Fläche ΔS zu berechnen. Wir erhalten

$$\frac{L_x L_y}{(2\pi)^2} \Delta S = \frac{L_x L_y}{(2\pi)^2} \frac{2\pi eB}{\hbar} = \frac{\Phi}{2\Phi_0} = p. \quad (9.7.21)$$

Wir sehen also, dass die Entartung p gerade der Anzahl der Zustände entspricht, die zwischen zwei benachbarten Landau-Kreisen in der $k_x k_y$-Ebene mit Radius $k_{\perp,n+1}$ und $k_{\perp,n}$ liegen. Zusammenfassend können wir festhalten, dass die Auswirkung des Magnetfeldes darin besteht, die ohne Feld äquidistant in der $k_x k_y$-Ebene verteilten Zustände auf Kreise zu zwingen (siehe Abb. 9.38). Die Zahl der Zustände auf jedem Kreis ist gleich der Zahl der erlaubten Zustände innerhalb des ringförmigen Gebiets der Fläche ΔS zwischen den einzelnen Kreisbahnen. Nehmen wir wiederum die k_z-Richtung hinzu, so kondensieren die erlaubten, ohne Magnetfeld gleichmäßig im dreidimensionalen **k**-Raum verteilten Zustände bei Anwesenheit eines Magnetfeldes auf die konzentrischen Landau-Zylinder.

---

[81] Da wir hier freie Elektronen betrachten, setzen wir $m_c = m$.

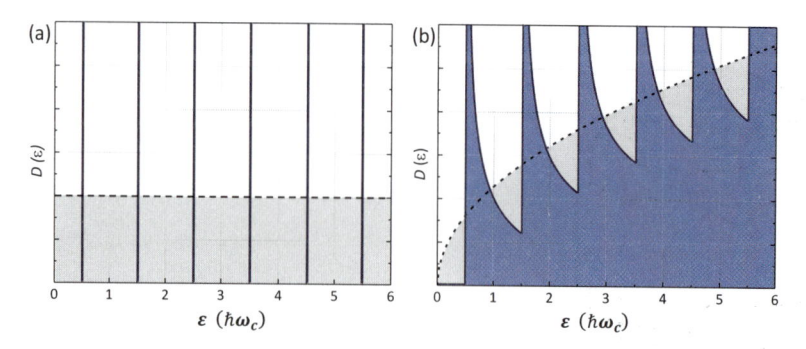

Abb. 9.40: Elektronische Zustandsdichte eines zweidimensionalen (a) und dreidimensionalen (b) Gases freier Ladungsträger im Magnetfeld. Die gestrichelten Linien und grauen Flächen zeigen die jeweiligen Zustandsdichten im Nullfeld. Die Spinaufspaltung wurde in der Darstellung nicht berücksichtigt.

9.7.2 Zustandsdichte im Magnetfeld

Durch die Quantisierung der Ladungsträgerbewegung im Magnetfeld erhalten wir eine beträchtliche Modifikation der elektronischen Zustandsdichte. In Abschnitt 7.1 haben wir gesehen, dass die Zustandsdichte eines ein-, zwei- und dreidimensionalen freien Elektronengases proportional zu $1/\sqrt{\varepsilon}$, konstant und proportional zu $\sqrt{\varepsilon}$ ist. Wir wollen nun für ein zwei- und dreidimensionales Elektronengas die Änderung der Zustandsdichte durch ein angelegtes Magnetfeld diskutieren. Das Magnetfeld führt in der Ebene senkrecht zur Feldrichtung zu einer Quantisierung der Energien, so dass nur noch diskrete Werte $(n + \frac{1}{2})\hbar\omega_c$ vorliegen. Für ein zweidimensionales System erhalten wir dadurch eine vollständige Quantisierung der Zustände. Wie Abb. 9.40a zeigt, geht die konstante Zustandsdichte für $B = 0$ in eine Reihe von δ-Funktionen über, deren Gewicht durch den Entartungsgrad p gegeben ist. Für das dreidimensionale System müssen wir noch die Richtung parallel zum Magnetfeld berücksichtigen. Wie Abb. 9.40b zeigt, bekommen wir dadurch eine Überlagerung der quantisierten Zustandsdichte eines zweidimensionalen Systems senkrecht zur Feldrichtung mit derjenigen eines eindimensionalen freien Systems parallel zur Feldrichtung. Die Zustandsdichte ergibt sich dadurch als Kombination der δ-Funktionen des zweidimensionalen Systems mit der $1/\sqrt{\varepsilon}$-Abhängigkeit für ein eindimensionales freies Elektronengas. Da sich durch das Magnetfeld die Verteilung, nicht aber die Zahl der Zustände ändert, muss die Fläche unter den für $B = 0$ und $B \neq 0$ erhaltenen $D(\varepsilon)$-Kurven gleich sein.

9.7.3 Kristallelektronen

Wir müssen die bis jetzt für freie Ladungsträger geführte Diskussion nun auf den allgemeinen Fall von Kristallelektronen erweitern. Dazu müssten wir eine ähnliche Rechnung wie im vorangegangenen Abschnitt für Kristallelektronen durchführen. **Onsager** hat jedoch eine etwas einfachere quasiklassische Rechnung vorgeschlagen, die auf dem Bohrschen Korrespondenzprinzip beruht, welches bekanntlich für Teilchenzustände mit hohen Quantenzahlen gilt. Für magnetische Anregungen kommen hauptsächlich Ladungsträger in Frage, die sich nahe bei der Fermi-Energie befinden. Diese Ladungsträger liegen aber auf Landau-

Lev Davidovich Landau (1908–1968), Nobelpreis für Physik 1962

Lev Davidovich Landau wurde am 22. Januar 1908 in Baku geboren. Er entstammt der jüdischen Familie Landau, aus der viele namhafte Rabbiner und Gelehrte hervorgegangen sind. Er beendete bereits 1922 die Schule und studierte an der physikalisch-mathematischen und chemischen Fakultät der Universität Baku. 1924 wechselte er zur physikalischen Abteilung der Universität Sankt Petersburg, wo er Assistent von **Abram Fjodorowitsch Joffé** wurde. 1929 erhielt Landau ein Forschungsstipendium, das ihn zu **Max Born**, **Paul Ehrenfest**, **Werner Heisenberg** und **Wolfgang Pauli** führte. Außerdem besuchte er **Niels Bohr** und **Ernest Rutherford**. In dieser Zeit entwickelte sich auch die Zusammenarbeit mit **Rudolf Ernst Peierls**.
Nach seiner Rückkehr nach St. Petersburg (1931) übernahm Landau 1932 die Abteilung für Theoretische Physik am Physikalisch-Technischen Institut in Charkow, wo er 1933 auch eine Professur für Theoretische Physik am Institut für Mechanik und Maschinenbau übernahm. Ohne Vorlage einer Dissertation wurde ihm 1934 die Habilitation verliehen. 1935 erhielt er eine Professur für Allgemeine Physik an der Universität Charkow, 1937 folgte er einem Ruf **Pjotr Kapizas** an das Physikalische Institut in Moskau und übernahm dort die Leitung der Abteilung Theoretische Physik. 1938 wurde Landau auf Veranlassung Stalins interniert. Nach seiner Entlassung 1939 kehrte er an das Moskauer Institut zurück, wo er eine wissenschaftliche Schule gründete, aus der hervorragende Physiker hervorgingen. Landau war Mitglied vieler wissenschaftlicher Gremien, so gehörte er sowohl der russischen Akademie der Wissenschaften an als auch der Dänemarks, der Niederlande und der USA. Außerdem war er Mitglied der Royal Society. Vielfach ausgezeichnet (u. a. Fritz London Preis 1960, Max-Planck-Medaille 1960) erhielt er 1962 für seine richtungsweisenden Arbeiten zur Theorie der Kondensierten Materie (insbesondere zum flüssigen Helium) den Nobelpreis für Physik.
Landau lieferte Arbeiten zu fast allen Bereichen der modernen Physik. Nach frühen Forschungen zur Quantenmechanik und zum Magnetismus untersuchte er 1930 die diamagnetischen Eigenschaften von Metallen, 1935 formulierte er eine mathematische Darstellung der Magnetisierungsmechanismen bei Ferromagnetika. Bei einer Arbeit über Höhenstrahlung begründete er 1938 die Kaskadentheorie der Elektronenschauer. Im Anschluss daran begann Landau mit Forschungen auf dem Gebiet der Tieftemperaturphysik. Bei Phasentransformationen entdeckte er 1938 an flüssigem Helium das Phänomen der Suprafluidität. 1941 formulierte er die Theorie der Suprafluidität auf quantenmechanischer Grundlage, mit der erstmals die Eigenschaften von Flüssigkeiten vollständig beschrieben wurden. 1950 stellte Landau zusammen mit **Vitaly Ginzburg** die phänomenologische Theorie der Supraleitung auf, welche die elektromagnetischen Eigenschaften dieser Leiter bei niedrigsten Temperaturen zusammenfasste. In den 1950er Jahren arbeitete Landau über Elementarteilchentheorien. Zusammen mit **Jewgeni M. Lifschitz** verfasste er das zehnbändige, richtungsweisende *Lehrbuch der Theoretischen Physik*.
1962 war Landau in einen tragischen Autounfall verwickelt, nach dem er 6 Wochen bewusstlos war. Obwohl er wieder das Bewusstsein erlangte und in vielerlei Hinsicht wieder gesund wurde, konnte er nicht mehr kreativ arbeiten. Er starb 6 Jahre nach dem Unfall am 1. April 1968 in Moskau, ohne sich jemals vollständig erholt zu haben.

Zylindern mit sehr hoher Quantenzahl $n \simeq \varepsilon_F/\hbar\omega_c$. Da $\hbar\omega_c$ für Felder von einigen Tesla typischerweise weniger als 1 meV beträgt und ε_F einige eV, ist n typischerweise weit größer als 1 000.

Wir haben in Abschnitt 9.1 bereits gezeigt, dass für ein einzelnes Band eine semiklassische Beschreibung der Dynamik der Kristallelektronen verwendet werden kann. Die Schrödinger-Gleichung für den äquivalenten Hamilton-Operator besitzt im Magnetfeld Lösungen, die für die vorliegenden großen Quantenzahlen dem Korrespondenzprinzip genügen und daher nach der *Bohr-Sommerfeld-Bedingung*

$$\oint \mathbf{p} \cdot d\mathbf{r} = (n+\gamma)\, 2\pi\hbar \qquad (9.7.22)$$

quantisiert werden.[82] Dabei ist n eine ganze Zahl und γ ein Korrekturfaktor, der z. B. für den harmonischen Oszillator gleich $\frac{1}{2}$ ist. Mit dem kanonischen Impuls $\mathbf{p} = \hbar\mathbf{k} + e\mathbf{A}$ (wir betrachten Ladungsträger mit Ladung $q = +e$) und der Beziehung $\hbar\dot{\mathbf{k}} = e\mathbf{v}\times\mathbf{B} = e\frac{d\mathbf{r}}{dt}\times\mathbf{B}$, woraus sich durch Integration $\hbar\mathbf{k} = e\mathbf{r}\times\mathbf{B}$ ergibt, erhalten wir[83]

$$\oint \hbar\mathbf{k}\cdot d\mathbf{r} = e\oint (\mathbf{r}\times\mathbf{B})\cdot d\mathbf{r} = -e\mathbf{B}\cdot\oint \mathbf{r}\times d\mathbf{r} = -2e\Phi \qquad (9.7.23)$$

$$\oint e\mathbf{A}\cdot d\mathbf{r} = e\int \nabla\times\mathbf{A}\cdot d\mathbf{F} = e\int \mathbf{B}\cdot d\mathbf{F} = e\Phi \qquad (9.7.24)$$

und damit insgesamt

$$\oint \mathbf{p}\cdot d\mathbf{r} = -e\Phi_n = -eBA_n = (n+\gamma)\, 2\pi\hbar\,. \qquad (9.7.25)$$

Wir sehen also, dass die Bahn eines Ladungsträgers (mit Ladung $-e$) so quantisiert ist, dass der magnetische Fluss Φ_n durch die von der Bahn im Ortsraum umschlossene Fläche A_n

---

[82] Mathematisch lässt sich die Quantisierung des Drehimpulses folgendermaßen darstellen:

$$L = \frac{1}{2\pi}\oint p_\varphi\, d\varphi = \hbar(\ell+1)\,.$$

Die zweite Quantisierungsregel lautet

$$\frac{1}{2\pi}\oint p_r\, dr = \hbar(n+\gamma)\,.$$

Hierbei sind jeweils $\varphi, p_\varphi = mr^2\dot\varphi$ und $r, p_r = m\dot r$ Paare von kanonisch konjugierten Orts- und Impulsvariablen. Die Korrektur γ kann nicht analytisch ermittelt werden, sondern muss mit Näherungsverfahren (z. B. mit der WKB-Methode) berechnet werden. Für den harmonischen Oszillator erhält man $\gamma = \frac{1}{2}$, womit sich die von null verschiedene Grundzustandsenergie ergibt. Die angegebenen Integrale über einen geschlossenen Weg im Phasenraum, der durch die Orts- und Impulskoordinaten aufgespannt wird, sind quantisiert und können nur Vielfache von $\hbar$ annehmen. Durch Addition erhält man die Form

$$\frac{1}{2\pi}\oint \mathbf{p}\cdot d\mathbf{r} = \hbar(n+\gamma)\,,$$

wobei $\mathbf{p} = m\dot{\mathbf{r}}$. Diese Form ist sogar invariant unter kanonischen Transformationen.

[83] Wir benutzen die Identität $\mathbf{a}\cdot(\mathbf{b}\times\mathbf{c}) = -\mathbf{c}\cdot(\mathbf{b}\times\mathbf{a})$ und ferner die Tatsache, dass $\oint \mathbf{r}\times d\mathbf{r}$ ein Vektor parallel zu $\mathbf{B}$ mit der Länge $2A$ ist, wobei A die im Ortraum von der Trajektorie umschlossene Fläche ist.

9.7 Quantisierung der Bahnen

quantisiert ist:

$$\Phi_n = (n+\gamma)\frac{h}{(-e)} = (n+\gamma)\widetilde{\Phi}_0 \tag{9.7.26}$$

mit dem Flussquant $\widetilde{\Phi}_0 = \frac{h}{|e|}$. Aus $\hbar \mathbf{k} = e\mathbf{r} \times \mathbf{B}$ folgt, dass das Wegelement $d\mathbf{r}$ in der Ebene senkrecht zum Magnetfeld mit $d\mathbf{k}$ über

$$|d\mathbf{r}| = \frac{\hbar}{eB}|d\mathbf{k}| \tag{9.7.27}$$

zusammenhängt. Wir können damit eine Beziehung zwischen der Fläche A_n, die von der Bahn im Ortsraum, und der Fläche S_n, die von der Bahn im **k**-Raum umschlossen wird, herstellen:

$$A_n = \left(\frac{\hbar}{eB}\right)^2 S_n . \tag{9.7.28}$$

Mit $A_n = \Phi_n/B$ ergibt sich für die Quantisierung der Fläche im **k**-Raum der als Onsager-Beziehung bekannte Zusammenhang[84]

$$S_n = (n+\gamma)\frac{2\pi e}{\hbar}B \tag{9.7.29}$$

und damit

$$S_{n+1} - S_n = \Delta S = \frac{2\pi m_c}{\hbar}\hbar\omega_c = \frac{2\pi eB}{\hbar} . \tag{9.7.30}$$

Das heißt, wir erhalten für die Kristallelektronen ein zum Ergebnis (9.7.20) für freie Elektronen identisches Resultat. Das Ergebnis gilt aber jetzt nicht nur wie bei freien Elektronen für kreisförmige Bahnen, sondern auch dann, wenn die Landau-Bahnen nicht mehr kreisförmig sind. Der Effekt des Magnetfeldes kann also so beschrieben werden, dass die zunächst äquidistant im Fermi-Körper verteilten Kristallelektronen auf konzentrische Landau-Bahnen gezwungen werden, die senkrecht zur Magnetfeldachse verlaufen. Alle Kristallelektronen mit gleicher Landau-Quantenzahl n kreisen mit der gleichen Zyklotron-Frequenz um die Feldachse und umlaufen Bahnen, welche dieselbe Fläche umfassen aber durchaus unterschiedliche Wellenvektoren k_z parallel zum Magnetfeld haben können.

Für Experimente ist interessant zu wissen, welche Feldänderung ΔB zur gleichen Größe S von zwei aufeinanderfolgenden Flächen S_n und S_{n+1} führt. Aus $S = (n+\gamma+1)\frac{2\pi e}{\hbar}B_{n+1} = (n+\gamma)\frac{2\pi e}{\hbar}B_n$ bzw. $1/B_{n+1} = (n+\gamma+1)\frac{2\pi e}{\hbar S}$ und $1/B_n = (n+\gamma)\frac{2\pi e}{\hbar S}$ erhalten wir

$$\Delta\left(\frac{1}{B}\right) = \left(\frac{1}{B_{n+1}} - \frac{1}{B_n}\right) = \frac{2\pi e}{\hbar S} . \tag{9.7.31}$$

Wir erhalten also durch gleiche Zunahmen in $1/B$ gleiche Bahnen im **k**-Raum. Aufgrund dieser Tatsache zeigen physikalische Größen, die von der Dichte der Zustände an der Fermi-Energie abhängen, ein magnetooszillatorisches Verhalten mit einer konstanten „Frequenz"

---

[84] L. Onsager, *Interpretation of the de Haas-van Alphen Effect*, Phil. Mag. **43**, 1006 (1952).

auf einer $1/B$-Skala. Dieses Verhalten kann aber nur dann beobachtet werden, wenn die thermische Verschmierung kleiner ist als der charakteristische Abstand $\hbar\omega_c$ zweier benachbarter Landau-Zylinder. Das heißt, es muss gelten $\hbar\omega_c > k_B T$ oder mit $\omega_c = eB/m_c$

$$\frac{B}{T} > \frac{m_c k_B}{\hbar e} = 0.78\,\text{K/T} \tag{9.7.32}$$

für $m_c = m_e$. Wir sehen also, dass wir zu hohen Feldern im Bereich einiger Tesla und zu tiefen Temperaturen im Bereich einiger Kelvin gehen müssen. Ein weiteres Kriterium für die Beobachtbarkeit des oszillatorischen Verhaltens ist eine genügend lange Streuzeit τ. Obwohl eine genaue Behandlung der Auswirkung der endlichen Streuzeit τ schwierig ist, können wir eine grobe Abschätzung mit Hilfe der Unschärferelation machen. Mit $\Delta\varepsilon \simeq \frac{\hbar}{\tau} < \hbar\omega_c$ folgt die Bedingung

$$\omega_c \tau = \frac{eB}{m_c}\tau > 1, \tag{9.7.33}$$

also gerade die Bedingung für den Hochfeldgrenzfall. Wie bereits erwähnt können wir $\omega_c \tau > 1$ durch hohe Felder, tiefe Temperaturen und saubere Proben erreichen.

9.7.4 Vertiefungsthema: Magnetischer Durchbruch

Wir haben uns in den vorangegangenen Abschnitten mit Elektronen in starken Magnetfeldern beschäftigt. Dabei haben wir ein neues Quantisierungsschema kennen gelernt, in dem die magnetischen Niveaus die erlaubten Bloch-Zustände aufnehmen. Diese Vorgehensweise wird allerdings fraglich, wenn wir zu extrem hohen Feldern gehen, da dann *Interband-Übergänge* möglich werden.

Um diesen Effekt zu verstehen, betrachten wir zunächst Elektronen in einem sehr starken Magnetfeld, wo die Elektronenwellenfunktionen im Wesentlichen denjenigen von sich frei im Magnetfeld bewegenden Teilchen entsprechen. Wenn wir uns auf einen zweidimensionalen **k**-Raum senkrecht zum anliegenden Magnetfeld beschränken, haben wir einfache Kreisbahnen vorliegen (siehe Abb. 9.41a). Wir führen nun eine gitterperiodische Störung

$$V(x) = \sum_G V_G\, e^{iGx} \tag{9.7.34}$$

ein, wobei **G** ein reziproker Gittervektor ist. Wir können die Störung als eine Schar von Ebenen auffassen, die den Abstand $2\pi/G$ haben. Wenn die Bahn der Elektronen durch die Zonengrenze verläuft, das heißt, wenn der Wellenvektor k_x in x-Richtung gleich $\pm G/2$ ist, tritt Bragg-Reflexion auf. Dies führt zu stehenden Wellen und die Bahnen, die ja auf Flächen $\varepsilon(\mathbf{k}) = $ const senkrecht zum Magnetfeld verlaufen, müssen die Zonengrenze senkrecht schneiden. Statt die Bewegung entlang der Kreisbahn fortzusetzen, kann nun das Elektron aufgrund der Reflexion seine Richtung ändern (siehe Abb. 9.41a). Ist die periodische Störung groß genug, spalten sich die Bahnen am Punkt A bezüglich der Energie auf. Der Weg AC wird bevorzugt und das Elektron bewegt sich somit auf einer offenen Bahn im periodischen Zonenschema. Der Teil B der Bahn in Abb. 9.41b wird zu einem separaten Teil der Fermi-Fläche, der völlig getrennt durchlaufen wird.

9.7 Quantisierung der Bahnen

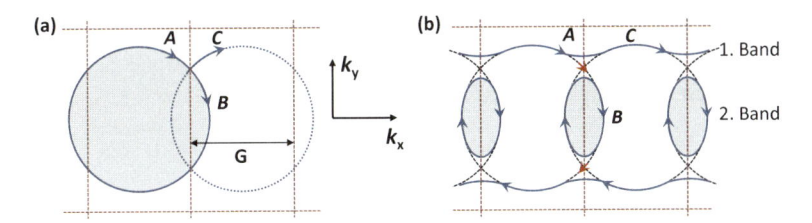

Abb. 9.41: (a) Bahn eines freien Elektrons im Magnetfeld. (b) Im periodischen Gitterpotenzial werden die Bahnen an der Zonengrenze getrennt und man erhält offene Bahnen im 1. Band und geschlossene Bahnen im 2. Band. In einem genügend starken Magnetfeld kann die Bahn aber wieder zurück auf die ursprüngliche Bahn des freien Elektrons springen.

Erhöhen wir nun das Magnetfeld, so werden wir wiederum mehr zum Schema der freien Elektronenbahnen in Abb. 9.41a zurückkehren. Anstatt entlang der offenen Bahn zu laufen, kann das Elektron die kleine Energielücke durchbrechen bzw. das kleine Gebiet im **k**-Raum, das die beiden Bahnen trennt, durchtunneln. Für den Tunnelprozess kann der Ausdruck für das *Zener-Tunneln* benutzt werden, den wir hier nicht ableiten wollen.[85] Beim Zener-Tunneln kann ein elektrisches Feld **E** das Tunneln durch ein Gebiet mit einer Energielücke ε_L hervorrufen, falls

$$\frac{e|\mathbf{E}|a\varepsilon_F}{\varepsilon_L^2} > 1 \,. \tag{9.7.35}$$

Hierbei ist a die Gitterkonstante und ε_F die Fermi-Energie, die der kinetischen Energie des Elektrons entspricht.

Wir müssen nun überlegen, welche Größe beim magnetischen Durchbruch dem elektrischen Feld **E** in (9.7.35) entspricht. Ein Elektron, das den Punkt A im wiederholten Zonenschema erreicht, hat die Geschwindigkeit

$$v \sim \frac{\hbar k_F}{m} \,, \tag{9.7.36}$$

wobei der Fermi-Wellenvektor k_F den Radius der Kreisbahn angibt. Dies gilt natürlich nur näherungsweise an der Zonengrenze, da hier die Energiefläche durch die Existenz einer Energielücke etwas gestört ist. Die Bewegung des Elektrons mit dieser Geschwindigkeit verursacht eine Lorentz-Kraft $\mathbf{F}_L = -e\mathbf{v} \times \mathbf{B}$. Setzen wir diese der Kraft $-e\mathbf{E}$ durch ein äquivalentes elektrisches Feld gleich, so erhalten wir das äquivalente elektrische Feld zu

$$|\mathbf{E}| \sim |\mathbf{v} \times \mathbf{B}| = vB \,. \tag{9.7.37}$$

Dieses „elektrische Feld" steht senkrecht zu **v** und kann ein Tunneln hervorrufen, wenn (9.7.35) erfüllt ist, d. h. wenn gilt:

$$\frac{evBa\varepsilon_F}{\varepsilon_L^2} \simeq \frac{e\hbar k_F Ba}{m}\frac{\varepsilon_F}{\varepsilon_L^2} \simeq \hbar\omega_c k_F a \frac{\varepsilon_F}{\varepsilon_L^2} \simeq \frac{\hbar\omega_c \varepsilon_F}{\varepsilon_L^2} > 1 \,. \tag{9.7.38}$$

---

[85] siehe z. B. *Principles of the Theory of Solids*, J. M. Ziman, Cambridge University Press, Cambridge (1972).

Hierbei haben wir $k_F a \simeq 1$ gesetzt. Gleichung (9.7.38) ist das so genannte **Blount-Kriterium**[86] für den magnetischen Durchbruch. Dieses kann für einige Metalle bereits bei Feldern in der Größenordnung von einigen Tesla erfüllt sein.

9.8 Experimentelle Bestimmung der Fermi-Flächen

Die Fermi-Fläche ist eine Fläche konstanter Energie $\varepsilon = \varepsilon_F$ im **k**-Raum. Für Metalle trennt sie bei $T = 0$ die besetzten von den unbesetzten Zuständen. Die Form der Fermi-Fläche ist eng mit den Transporteigenschaften und den optischen Eigenschaften von Metallen verknüpft. Die Kenntnis der Fermi-Fläche ist deshalb von großer Bedeutung, um über diese Eigenschaften Vorhersagen machen zu können. Ferner ist die experimentelle Bestimmung der Fermi-Fläche auch für die Überprüfung von Bandstrukturrechnungen notwendig.

Es gibt eine Vielzahl experimenteller Methoden, die Aussagen über die Fermi-Flächen von Metallen machen. Die Methoden basieren u. a. auf der Messung folgender Effekte und physikalischer Größen:

1. de Haas-van Alphen-Effekt
2. Shubnikov-de Haas-Effekt
3. Zyklotronresonanz
4. anomaler Skin-Effekt
5. Magnetwiderstand
6. Ultraschallabsorption
7. optische Reflektivität
8. Photoelektronen-Spektroskopie (siehe Abschnitt 8.5.3)

Wir werden nur einige dieser Effekte diskutieren.[87]

Die Grundidee bei den meisten Methoden zur experimentellen Untersuchung von Fermi-Flächen basiert überwiegend darauf, dass man im Experiment nur eine bestimmte Gruppe von Elektronen der Fermi-Fläche herausgreift. Dies erreicht man durch die Verwendung von Einkristallen oder entsprechend orientierten Oberflächen, deren Orientierung relativ zu einem äußeren Magnetfeld variiert wird. Für die meisten Methoden sollte $\omega_c \tau = eB\tau/m_c$ möglichst groß sein. Dies erreicht man durch die Verwendung hoher Magnetfelder, tiefer Temperaturen und sehr reiner Proben.

---

[86] E. I. Blount, *Bloch Electrons in a Magnetic Field*, Phys. Rev. **126**, 1636 (1962).
[87] Weiterführende Literatur:
A. P. Crackwell, K. C. Wong, *Fermi Surfaces*, Oxford University Press (1973).
L. M. Falicov, *Fermi Surface Studies*, in Electrons in crystalline solids, IAEA, Wien (1973).
A. B. Pippard, *Dynamics of Conduction Electrons*, Gordon and Breach, New York (1965).
M. Springford, *Electrons at the Fermi Surface*, Cambridge University Press (1980).
D. Shoenberg, *Magnetic Oscillations in Solids*, Cambridge University Press (1984).
C. R. Stewart, *Heavy Fermion Systems*, Rev. Mod. Phys. **56**, 755 (1984).

9.8.1 De Haas-van Alphen-Effekt

Unter dem *de Haas-van Alphen-Effekt*[88] versteht man die Oszillation der Magnetisierung eines Metalls als Funktion des angelegten Magnetfeldes. Der Effekt wurde im Jahr 1930 von **W. J. de Haas**[89] und **P. M. van Alphen**[90] entdeckt, als sie die Magnetisierung von Wismut bei der Siedetemperatur von flüssigem Wasserstoff (14.2 K, abgepumpt) als Funktion des angelegten Magnetfeldes untersuchten. Um diesen Effekt für eine allgemeine Form der Fermi-Fläche zu berechnen, müssten wir im Detail die freie Energie eines Ensembles von Fermionen diskutieren.[91] Dies wollen wir hier nicht tun, sondern nur den sehr anschaulichen Fall eines zweidimensionalen Systems bei $T = 0$ betrachten. Bei der Diskussion dieses Falls werden wir alle wichtigen physikalischen Ingredienzien kennen lernen.

Die Situation für ein zweidimensionales System bei $T = 0$ ist in Abb. 9.42 skizziert. Ohne Feld haben wir für ein zweidimensionales System eine konstante Zustandsdichte D (vergleiche Abschnitt 7.1.1) und alle Zustände sind bis zur Fermi-Energie besetzt. Schalten wir jetzt das Magnetfeld ein, so werden die Zustände auf Landau-Kreise mit den Eigenenergien $\varepsilon_n =$

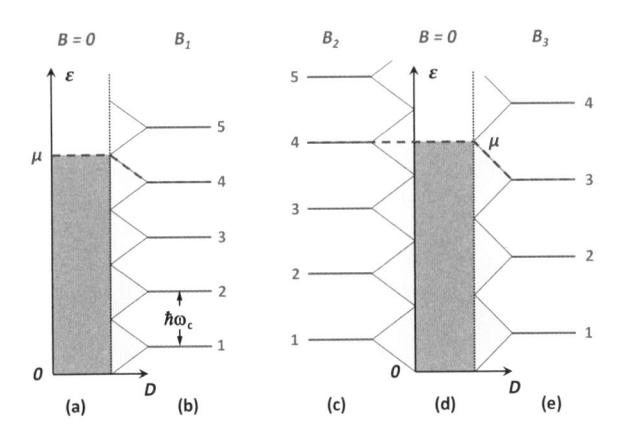

Abb. 9.42: Zur Erklärung des de Haas-van Alphen-Effekts für ein zweidimensionales freies Elektronengas. Gezeigt sind die besetzten Zustände (grau schattiert) für $B = 0$ (a und d) sowie die Landau-Niveaus für verschiedene Magnetfelder (b, c und e). In (c) ist der Magnetfeldwert B_2 so gewählt, dass die Fermi-Energie zu der im Nullfeld identisch ist. Durch Erhöhen des Feldes B_2 schieben wir die Landau-Niveaus und damit die Fermi-Energie zunächst solange nach oben, bis alle Zustände wegen der zunehmenden Entartung in die weiter unten liegenden Niveaus umverteilt werden können und die Fermi-Energie um ein Landau-Niveau nach unten springt. Dies ist gerade beim Feld B_3 der Fall.

---

[88] W. J. de Haas, P. M. van Alphen, Leiden Comm. **208d** and **212a** (1930); Proc. Netherlands Roy. Acad. Soc. **33**, 1106 (1930).

[89] **Wander Johannes de Haas**, geboren am 2. März 1878 in Lisse nahe Leiden, gestorben am 26. April 1960 in Bilthoven, niederländischer Physiker und Mathematiker.

[90] **P. M. van Alphen**, 1906–1967.

[91] siehe z. B. *Principles of the Theory of Solids*, J. M. Ziman, Cambridge University Press, Cambridge (1972).

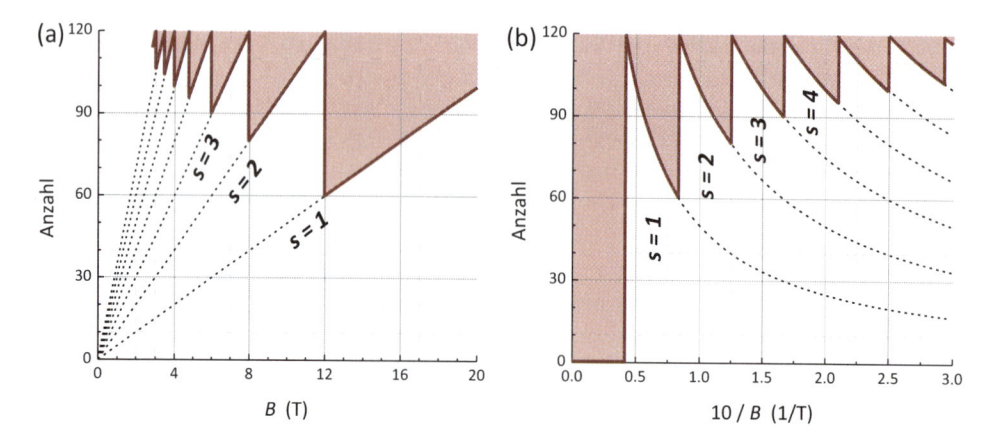

Abb. 9.43: Zahl der Teilchen in vollkommen besetzten Landau-Niveaus (durchgezogene Linie) und in teilweise besetzen Niveaus (getönte Fläche) als Funktion von B (a) und $1/B$ (b). Es wurde $N = 120$ und $\rho = 5$ angenommen.

$\left(n + \frac{1}{2}\right)\hbar\omega_c$ gezwungen. Die Fläche zwischen zwei Kreisen ist nach (9.7.30)

$$\Delta S = S_{n+1} - S_n = \frac{2\pi eB}{\hbar} \tag{9.8.1}$$

und die Entartung jedes Energieniveaus ist nach (9.7.21)

$$p = \frac{L_x L_y}{(2\pi)^2} \frac{2\pi eB}{\hbar} = \rho B. \tag{9.8.2}$$

Um den de Hass-van Alphen-Effekt zu verstehen, müssen wir die Abhängigkeit des Fermi-Niveaus vom angelegten Magnetfeld betrachten. Hierzu nehmen wir an, dass wir N Elektronen in dem betrachteten System haben. Bei $T = 0$ werden die Landau-Niveaus von unten her aufgefüllt. Wir wollen annehmen, dass wir s Niveaus vollkommen gefüllt haben und das Niveau $s + 1$ nur teilweise gefüllt ist. Das bedeutet, dass das chemische Potenzial im Niveau $s + 1$ liegt. Erhöhen wir nun das Feld, so wird das Fermi-Niveau nach oben geschoben, da die Energie $\varepsilon_{s+1} = \left(s + 1 + \frac{1}{2}\right)\hbar\omega_c$ linear mit B anwächst. Allerdings wächst auch die Entartung p der Niveaus linear mit B an (siehe Abb. 9.43), so dass immer mehr Zustände in die weiter unten liegenden Niveaus verschoben werden können. Dies geht solange weiter, bis das Niveau $s + 1$ vollkommen entvölkert ist und deshalb das chemische Potenzial schlagartig in das Niveau s springt. Dies geschieht bei einem Feld

$$B_s = \frac{N}{\rho s}, \tag{9.8.3}$$

bei dem das Produkt aus der Zahl s der gefüllten Landau-Niveaus und der Entartung $\rho = p/B$ genau die Zahl der Elektronen im System ergibt.

Wir berechnen nun die Gesamtenergie aller Elektronen. Dazu betrachten wir zunächst die Energie der s vollkommen gefüllten Landau-Niveaus. Mit $\varepsilon_n = \left(n + \frac{1}{2}\right)\hbar\omega_c$ und der Entar-

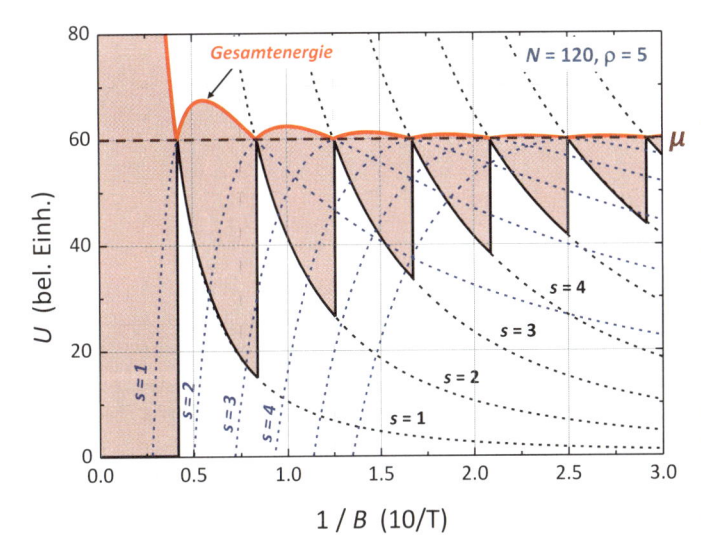

9.8 Experimentelle Bestimmung der Fermi-Flächen

Abb. 9.44: Gesamtenergie des Elektronensystems (rot, durchgezogen) und Energie der Elektronen in den vollständig gefüllten Niveaus (schwarz, durchgezogen) als Funktion von $1/B$. Die blau gestrichelten Linien zeigen die Gesamtenergie für verschiedene s. Die getönte Fläche gibt den Beitrag der Elektronen in nicht vollständig gefüllten Niveaus zur Gesamtenergie an. Es wurde wie in Abb. 9.43 $N = 120$ und $\rho = 5$ angenommen.

tung p der Landau-Niveaus erhalten wir, wenn wir von $n = 1$ anstelle von $n' = 0$ zählen,

$$\varepsilon_{\text{tot},1} = \sum_{n=1}^{s} p\hbar\omega_c \left(n - \tfrac{1}{2}\right) = \sum_{n'=0}^{s-1} p\hbar\omega_c \left(n' + \tfrac{1}{2}\right) = \tfrac{1}{2} p\hbar\omega_c s^2 \,. \tag{9.8.4}$$

Im teilweise gefüllten Niveau $s + 1$ befinden sich noch $(N - sp)$ Elektronen, so dass wir für deren Energie

$$\varepsilon_{\text{tot},2} = \hbar\omega_c \left(s + \tfrac{1}{2}\right)(N - sp) \tag{9.8.5}$$

erhalten. Für die Gesamtenergie U des Elektronensystems ergibt sich somit

$$U = \tfrac{1}{2} p\hbar\omega_c s^2 + \hbar\omega_c \left(s + \tfrac{1}{2}\right)(N - sp) = \hbar\omega_c \left[N\left(s + \tfrac{1}{2}\right) - \tfrac{1}{2} ps^2 - \tfrac{1}{2} ps\right]. \tag{9.8.6}$$

Dieses Ergebnis ist in Abb. 9.44 grafisch dargestellt. Wir sehen, dass die Gesamtenergie U als Funktion von $1/B$ periodisch variiert. Dies ist anschaulich zu erwarten, da ja identische Intervalle auf einer $1/B$-Skala benötigt werden, um einen bestimmten Landau-Zylinder auf die Position des jeweiligen benachbarten Zylinders zu schieben. Deshalb schieben wir mit einer konstanten „Frequenz" $\Delta(1/B)$ Landau-Zylinder über die Fermi-Energie, was zu einer periodischen Variation den Gesamtenergie mit dieser Frequenz führt.

Die Magnetisierung M einer Probe ist gegeben durch

$$M = -\frac{1}{V}\left(\frac{\partial F}{\partial B}\right)_{T,V}, \tag{9.8.7}$$

wobei $F = U - TS$ die freie Energie ist. Da $F = U$ für $T = 0$, ist auch die Magnetisierung M eine periodischen Funktion in $1/B$. Diese Oszillation der Magnetisierung als Funktion von $1/B$ wird als de Haas-van Alphen-Effekt bezeichnet.[92,93] Nach (9.7.31) ist die Oszillations-

---

[92] W. J. de Haas, P. M. van Alphen, Leiden Comm. **208d** and **212a** (1930).
[93] D. Shoenberg, *Magnetic Oscillations in Metals*, Cambridge University Press (1984).

frequenz $\Delta(\frac{1}{B})$ gegeben durch

$$\Delta\left(\frac{1}{B}\right) = \frac{2\pi e}{\hbar S} \,. \tag{9.8.8}$$

Wir können also durch Messung von $\Delta(\frac{1}{B})$ die Größe der Schnittfläche S der Fermi-Fläche senkrecht zum anliegenden Magnetfeld bestimmen.

9.8.1.1 Dreidimensionaler Fall

Wir haben bisher nur den zweidimensionalen Fall diskutiert. Betrachten wir eine dreidimensionale Probe mit einer dreidimensionalen Fermi-Fläche, so gibt es unendlich viele Schnittflächen durch den Fermi-Körper, die senkrecht zum Magnetfeld verlaufen. Diese Schnittflächen haben unterschiedliche Flächen und führen deshalb zu unterschiedlichen Perioden $\Delta(\frac{1}{B})$. Es kann gezeigt werden,[94] dass aber nur so genannte extremale Bahnen zum Signal beitragen (siehe hierzu Abb. 9.45). Für extremale Bahnen ist die Umlaufzeit stationär gegenüber kleinen Änderungen von $k_z \parallel \mathbf{B}$. Der anschauliche Grund dafür, dass nur extremale Bahnen beitragen, liegt darin begründet, dass für die nicht-extremalen Bahnen die Umlaufzeiten und damit die Phasenfaktoren benachbarter Bahnen stark variieren. Die Beiträge interferieren sich dann gegenseitig weg. Nur in der Umgebung der extremalen Bahn bleiben die Umlaufzeiten und die Phasen in etwa konstant.

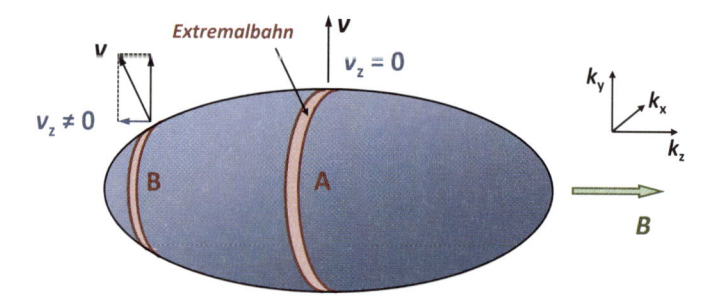

Abb. 9.45: Elliptischer Fermi-Körper zur Veranschaulichung von Extremalbahnen. Für die Bahnen in der Umgebung der Schnittfläche A sind die Umlaufzeiten konstant. Wir nennen die zur Schnittfläche A gehörige Bahn Extremalbahn. Für die Bahnen in der Umgebung der Schnittfläche B variieren die Umlaufzeiten und Phasenfaktoren dagegen stark, so dass eine Auslöschung erfolgt.

9.8.1.2 Beispiele

Als Beispiele wollen wir den de Haas-van Alphen-Effekt für Kupfer und Gold diskutieren. Beide Metalle haben fcc-Struktur und haben ein Valenzelektron pro Atom. Die Elektronenkonzentration eines einwertigen Metalls mit fcc-Struktur ist $n = 4/a^3$, da jede Einheitszelle 4 Atome besitzt. Für ein freies Elektronengas wäre der Radius der Fermi-Kugel $k_\mathrm{F} = (3\pi^2 n)^{1/3} \simeq 4.90/a$. Der kleinste Abstand des Randes der 1. Brillouin-Zone vom Zonenzentrum ist $\frac{2\pi}{a}\sqrt{3} = 10.99/a > 2k_\mathrm{F}$, also größer als der Durchmesser der Fermi-Kugel. Für ein freies Elektronengas würde deshalb die Fermi-Kugel den Rand der 1. Brillouin-Zone

---

[94] siehe z. B. *Principles of the Theory of Solids*, J. M. Ziman, Cambridge University Press, Cambridge (1972).

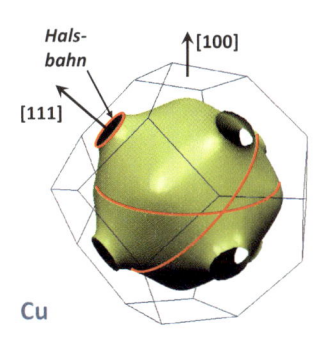

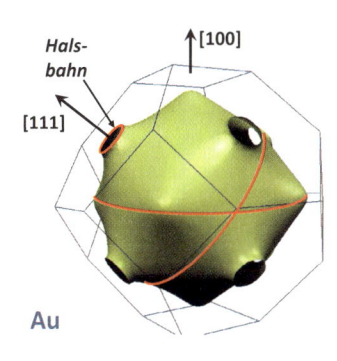

9.8 Experimentelle Bestimmung der Fermi-Flächen

Abb. 9.46: Extremalbahnen für die Fermi-Flächen von Kupfer und Gold für ein angelegtes Magnetfeld in [111]- und [100]-Richtung.

nicht berühren. Da für Kristallelektronen aber die Bandenergie in der Nähe der Zonengrenze etwas erniedrigt ist, kommt es zu einer Berührung der Fermi-Fläche mit der hexagonalen Fläche der 1. Brillouin-Zone (siehe Abb. 9.46). Es entstehen dort so genannte Hälse, die in einem periodischen Zonenschema zu einer Verbindung der Fermi-Flächen führen.

Aufgrund der Hälse findet man sowohl für Kupfer als auch für Gold bei einer Feldrichtung parallel zur [111]-Richtung zwei Feldperioden $1/B_{111}$. Für Gold misst man die Perioden 2.05×10^{-9} Gauss^{-1} und 6×10^{-8} Gauss^{-1}. Für ein Feld in [100]-Richtung misst man nur eine Periode $1/B_{100} = 1.95 \times 10^{-9}$ Gauss^{-1}. Die beiden Perioden $1/B_{111}$ entsprechen den beiden Flächen S_{111} von 4.8×10^{16} cm^{-2} und 1.6×10^{15} cm^{-2}. Die kleinere der beiden S_{111}-Flächen ist hierbei gerade die Fläche der Halsbahn. Die große S_{111}-Fläche ist fast identisch zur S_{100}-Fläche und entspricht in etwa der Fläche $\pi k_F^2 = 4.5 \times 10^{16}$ 1/cm^2, die man für Gold im Rahmen des freien Elektronengasmodells erwartet.

Abb. 9.47 zeigt die Magnetisierung des quasi-zweidimensionalen organischen Metalls α-(BEDT-TTF)$_2$TlHg(SeCN)$_4$ bei einer Temperatur von 110 mK und angelegten Feldern zwischen 10 and 32 T. Das Magnetfeld wurde in etwa senkrecht zu den zweidimensionalen Leitungsebenen des Metalls angelegt. Deutlich sind die Oszillationen der Magnetisierung zu sehen, wobei die Oszillationsamplitude wie erwartet mit steigendem Feld zunimmt. Variiert man den Winkel θ des Magnetfeldes relativ zu den zweidimensionalen Leitungsebenen, so ändert sich die Oszillationsfrequenz, da die Querschnittsfläche der für das quasi-zweidimensionale System zylindrischen Fermi-Fläche proportional zu $1/\cos\theta$ ist.

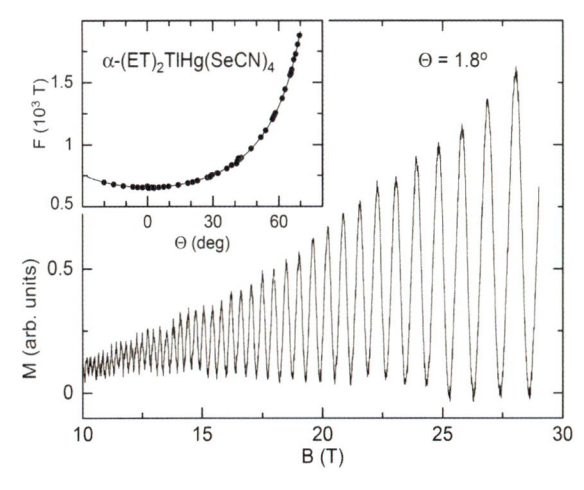

Abb. 9.47: Magnetisierung des zweidimensionalen organischen Metalls α-(BEDT-TTF)$_2$TlHg(SeCN)$_4$ bei $T = 110$ mK zwischen 10 und 32 T. Das Magnetfeld wurde unter einem Winkel von 5° relativ zur Normalen auf den BEDT-TTF-Ebenen angelegt (M. Kartsovnik, Walther-Meißner-Institut Garching, Hochfeld-Magnetlabor Grenoble).

9.8.2 Shubnikov-de Haas-Effekt

Die Analyse im vorigen Abschnitt wurde für die freie Energie und die Magnetisierung eines Elektronengases durchgeführt. Andere physikalische Eigenschaften wie die elektrische und die thermische Leitfähigkeit weisen in starken Magnetfeldern ebenfalls eine oszillatorische Abhängigkeit vom angelegten Magnetfeld auf. Die Analyse für diese Größen ist allerdings wesentlich komplizierter und soll hier nicht im Detail durchgeführt werden.

Die Oszillationen der elektrischen Leitfähigkeit als Funktion des angelegten Magnetfeldes werden *Shubnikov-de Haas-Oszillationen* genannt.[95] Die theoretische Erklärung dieses Phänomens wurde von **Adams** und **Holstein** gegeben.[96] Ein qualitatives Verständnis für das Auftreten von Oszillationen der elektrischen Leitfähigkeit kann gut mit dem von **Pippard** gegeben Argument gewonnen werden, dass die Streuwahrscheinlichkeit und damit der elektrische Widerstand direkt proportional zur Zustandsdichte am Fermi-Niveau ist. Diese wiederum ist proportional zur Feldableitung der Magnetisierung:[97]

$$D(\varepsilon_F) \propto \left(\frac{m_c B}{S_{\text{extr.}}}\right)^2 \frac{\partial M}{\partial B} . \tag{9.8.9}$$

Hierbei ist $S_{\text{extr.}}$ die Fläche einer Extremalbahn im **k**-Raum. Als Beispiel sind in Abb. 9.48 die Shubnikov-de Haas-Oszillationen in dem zweidimensionalen organischen Metall α-(BEDT-TTF)$_2$KHg(SCN)$_4$ gezeigt. Wie oben erwähnt wurde [vergleiche (9.7.32)], hängt die Amplitude der beobachteten Oszillationen vom Verhältnis $\hbar\omega_c/k_B T = \hbar e B/m_c k_B T$ ab. Aus der gemessenen Temperaturabhängigkeit der Oszillationsamplitude kann deshalb die Zyklotronmasse m_c bestimmt werden.

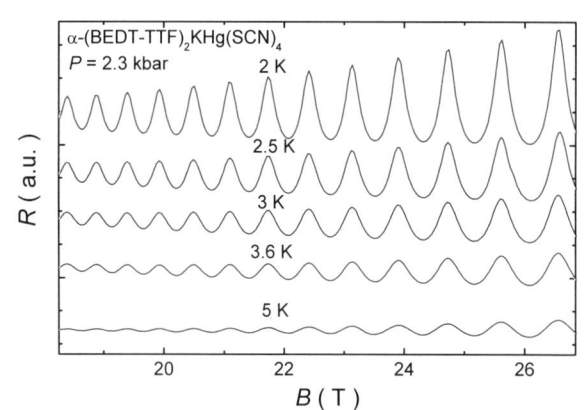

Abb. 9.48: Shubnikov-de Haas-Oszillationen in dem zweidimensionalen organischen Metall α-(BEDT-TTF)$_2$KHg(SCN)$_4$ bei einem Druck von 2.3 kbar (D. Andres, Doktorarbeit TU-München (2005)).

---

[95] L. W. Shubnikov, W. J. de Haas, Proc. Netherlands Royal Academic Society **33**, 130 and 160 (1930).
[96] E. N. Adams, T. D. Holstein, *Quantum Theory of Transverse Galvanomagnetic Phenomena*, J. Phys. Chem. Solids **10**, 254–276 (1959).
[97] siehe z. B. **Fundamentals of the Theory of Metals**, A. A. Abrikosov, North-Holland, Amsterdam (1988).

9.8.3 Vertiefungsthema: Zyklotronresonanz

Wir betrachten einen Festkörper in einem starken Magnetfeld, so dass $\omega_c \tau \gg 1$, und nehmen ein zeitabhängiges elektrisches Feld der Frequenz ω mit räumlich konstanter Amplitude an. Wir können dann von der Boltzmann-Gleichung (9.6.23) ausgehen und müssen noch berücksichtigen, dass $\partial f/\partial t = \partial g/\partial t \neq 0$. Wir erhalten dann

$$e\mathbf{E} \cdot \mathbf{v}(\mathbf{k}) \left(-\frac{\partial f_0}{\partial \varepsilon} \right) = \frac{g(\mathbf{k})}{\tau} + \omega_c \frac{\partial g}{\partial \phi} + \frac{\partial g}{\partial t} \,. \qquad (9.8.10)$$

Mit dem Lösungsansatz

$$g(\varepsilon, k_z, \phi) = \left(-\frac{\partial f_0}{\partial \varepsilon} \right) F(k_z) \, e^{\imath(\phi - \omega t)} \qquad (9.8.11)$$

erhalten wir die Lösung

$$F(k_z) = \frac{e\tau \, \mathbf{v} \cdot \mathbf{E}}{1 + \imath (\omega_c - \omega)\tau} \qquad (9.8.12)$$

Wir sehen, dass $F(k_z)$ proportional zur Feldstärke, jedoch längs der Bahn mit dieser nicht in Phase ist, außer wenn $\omega = \omega_c$.

Setzen wir die Nichtgleichgewichtsverteilung in den Ausdruck für die elektrische Leitfähigkeit ein, so erhalten wir

$$\sigma(\omega) = \sigma(0) \, \frac{1 - \imath (\omega_c - \omega)\tau}{1 + \imath (\omega_c - \omega)^2 \tau^2} \,. \qquad (9.8.13)$$

Wir erhalten eine Resonanzlinie der Breite $1/\tau$ bei der Frequenz $\omega = \omega_c$. Diese kann durch Messung der Frequenzabhängigkeit des Oberflächenwiderstandes, des Reflexionsvermögens oder der Absorption untersucht werden. Daraus erhält man die Zyklotron-Frequenz und damit die Zyklotron-Masse. Diese ist für eine anisotrope Fermi-Fläche natürlich richtungsabhängig. Wir sehen also, dass wir durch Messung der Zyklotronresonanz nicht direkt die Fermi-Fläche, sondern die Zyklotron-Masse $m_c \propto \partial S/\partial \varepsilon$ erhalten.

Anmerkung: Gleichung (9.8.13) gilt für ein zirkular polarisiertes elektrisches Feld, bei dem das elektrische Feld mit der natürlichen Zyklotronbewegung der Elektronen im Magnetfeld rotiert. Es ist evident, dass (9.8.13) für einen entgegengesetzt zirkular polarisierten Strahl $+\omega$ statt $-\omega$ enthalten wird. Es tritt dann keine Resonanz auf. Allerdings trägt der Imaginärteil von $\sigma(\omega)$ zum Realteil des komplexen Brechungsindex n bei[98] und beeinflusst somit die Phasengeschwindigkeit der elektromagnetischen Welle. Für eine linear polarisierte Welle, die wir uns aus zwei entgegengesetzt zirkular polarisierten Wellen zusammengesetzt denken können, pflanzen sich die beiden Komponenten mit unterschiedlichen Geschwindigkeiten fort, so dass die Polarisationsebene kontinuierlich gedreht wird. Dieses Phänomen bezeichnen wir als *Faraday-Effekt*.

---

[98] Es gilt $n = \left(1 + \imath \frac{4\pi\sigma}{\omega} \right)^{1/2}$.

9.8.3.1 Zyklotronresonanz bei Metallen

Die bisherige Betrachtung gilt gut für Halbleiter, die aufgrund ihrer relativ schlechten Leitfähigkeit eine große Skin-Eindringtiefe $\delta = \sqrt{2/\mu_0 \omega \sigma}$ haben und deshalb das elektrische Feld in diesem Fall als homogen angenommen werden kann. Für Metalle ist dies nicht mehr der Fall. In reinen Metallen ist $\tau \sim 10^{-10}$ s und $\sigma \sim 10^8\ \Omega^{-1}\text{cm}^{-1}$. Bei Frequenzen $\omega = \omega_c \geq 1/\tau \sim 10^{10}\ \text{s}^{-1}$ ist die Skin-Eindringtiefe $\delta \leq 0.1\ \mu\text{m}$. Die Skin-Eindringtiefe ist also so klein, dass der Zyklotronradius der Elektronenbahnen ($R_c \simeq 10\ \mu\text{m}$ bei $B = 1$ T) wesentlich größer als die Eindringtiefe des elektrischen Feldes ist und dieses nicht mehr als homogen angenommen werden kann. Wir können auch nicht zu niedrigeren Frequenzen ausweichen, da wir dann nicht mehr den Grenzfall $\omega_c \tau \gg 1$ erreichen können.

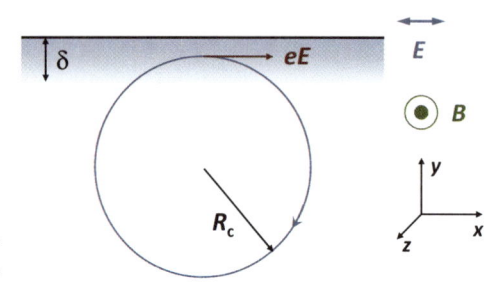

Abb. 9.49: Zur Geometrie bei der Beobachtung der Azbel-Kaner-Resonanz.

Zur Beobachtung der Zyklotron Resonanz bei Metallen benutzt man üblicherweise die in Abb. 9.49 gezeigte Azbel-Kaner-Geometrie. Bei dieser wird das Magnetfeld parallel zur Metalloberfläche angelegt und das elektrische Feld schwingt ebenfalls parallel zur Oberfläche. Wir erhalten dann eine Resonanzabsorption für

$$\omega = n\omega_c = n\frac{eB}{m_c}, \qquad n = 1, 2, 3, \ldots. \tag{9.8.14}$$

Dies können wir anschaulich wie folgt verstehen: Das Elektron läuft auf der in Abb. 9.49 gezeigten Bahn mit der Frequenz ω_c um. Jedesmal wenn es an der Oberfläche vorbeikommt, erhält es durch das dort wirkende elektrische Feld einen Stoß. Ähnlich wie bei einer Schaukel kann das Elektron aus dem elektrischen Feld Energie aufnehmen, wenn dieses mit der richtigen Frequenz, nämlich $\omega = n\omega_c$, und der richtigen Phasenlage anstößt. Es tritt eine Resonanzabsorption auf, die als *Azbel-Kaner-Resonanz* bezeichnet wird. Im Experiment hält man üblicherweise die Frequenz des Hochfrequenzfeldes konstant und variiert das angelegte Magnetfeld. Man erhält dann Absorptionslinien bei

$$\frac{1}{B} = n\frac{e}{\omega m_c}, \qquad n = 1, 2, 3, \ldots. \tag{9.8.15}$$

Ähnlich wie beim de Haas-van Alphen-Effekt kann man argumentieren, dass zu den beobachteten Resonanzen nur die Extremalbahnen beitragen und sich die Beiträge anderer Bahnen wegmitteln. Durch Messung der Azbel-Kaner-Resonanzen erhält man also Information über die senkrecht zum Magnetfeld verlaufenden Extremalbahnen.

9.8.4 Vertiefungsthema: Anomaler Skin-Effekt

Die ersten Untersuchungen zur Fermi-Fläche von Kupfer wurden von **Pippard**[99] durch Messung der Reflexion und Absorption von elektromagnetischen Wellen an einer Kupferoberfläche in Abwesenheit eines Magnetfeldes gemacht.[100] Falls die Frequenz nicht allzu hoch ist, dringt das Hochfrequenzfeld in das Metall auf einer Längenskala

$$\delta = \sqrt{\frac{2}{\mu_0 \sigma \omega}} \qquad (9.8.16)$$

ein, die durch die klassische Skin-Eindringtiefe gegeben ist. Gleichung (9.8.16) gilt allerdings nur dann, wenn die mittlere freie Weglänge ℓ klein gegenüber δ ist. Falls umgekehrt $\delta \ll \ell$, erhält man einen anomalen Skin-Effekt. Das einfache Bild eines auf der Längenskala δ exponentiell abfallenden elektrischen Feldes gilt hier nicht mehr. Für $\delta \ll \ell$ wird das Eindringen des elektrischen Feldes und die Reflexion durch die Geometrie und Form der Fermi-Fläche des Metalls bestimmt, weshalb diese durch Messung des anomalen Skin-Effekts bestimmt werden kann. In den meisten Experimenten wird die Metalloberfläche als Teil eines Hohlraumresonators verwendet, dessen Oberflächenimpedanz vermessen wird.

Literatur

A. A. Abrikosov, *Fundamentals of the Theory of Metals*, North-Holland, Amsterdam (1988).

E. N. Adams, T. D. Holstein, *Quantum Theory of Transverse Galvanomagnetic Phenomena*, J. Phys. Chem. Solids **10**, 254–276 (1959).

E. I. Blount, *Bloch Electrons in a Magnetic Field*, Phys. Rev. **126**, 1636 (1962).

A. P. Crackwell, K. C. Wong, *Fermi Surfaces*, Oxford University Press (1973).

W. J. de Haas, P. M. van Alphen, Leiden Comm. **208d** and **212a** (1930); Proc. Netherlands Roy. Acad. Soc. **33**, 1106 (1930).

J. Feldmann, K. Leo, J. Shah, D. A. B. Miller, J. E. Cunningham, T. Meier, G. von Plessen, A. Schulze, P. Thomas, S. Schmitt Rink, *Optical investigation of Bloch oscillations in a semiconductor superlattice*, Phys. Rev. B **46**, 7252 (1992).

P. Drude, Annalen der Physik **1**, 566 (1900).

A. Dugdale, *Electronic Properties of Metals and Alloys*, Edward Arnold Publishers, London (1982).

L. M. Falicov, *Fermi Surface Studies*, in Electrons in crystalline solids, IAEA, Wien (1973).

---

[99] **Sir Alfred Brian Pippard**, geboren am 7. September 1920 in Earl's Court, London, gestorben am 21. September 2008 in Cambridge.

[100] A. B. Pippard, *An Experimental Determination of the Fermi Surface in Copper*, Phil. Trans. Roy. Soc. **A 250**, 325–357 (1957).

E. Grüneisen, *Die Abhängigkeit des elektrischen Widerstandes reiner Metalle von der Temperatur*, Annalen der Physik **408**, 530–540 (1933).

E. Grüneisen, H. Reddemann, *Elektronen- und Gitterleitung beim Wärmefluss in Metallen*, Annalen der Physik **412**, 843–877 (1934).

M. Kohler, *Zur magnetischen Widerstandsänderung reiner Metalle*, Annalen der Physik **424**, 211–218 (1938).

A. Messiah, *Quantenmechanik I*; aus d. Franz. übers. von Joachim Streubel, 2. verb. Auflage, Walther de Gruyter, Berlin (1991).

L. Onsager, *Reciprocal relations in irreversible processes I*, Phys. Rev. **37**, 405 (1931); *Reciprocal relations in irreversible processes II*, Phys. Rev. **38**, 2265 (1931).

L. Onsager, *Interpretation of the de Haas-van Alphen effect*, Phil. Mag. **43**, 1006–1008 (1952).

A. B. Pippard, *Dynamics of Conduction Electrons*, Gordon and Breach, New York (1965).

A. B. Pippard, *Magnetoresistance in Metals*, Cambridge University Press (1989).

D. Shoenberg, *Magnetic Oscillations in Solids*, Cambridge University Press (1984).

L. W. Shubnikov, W. J. de Haas, Proc. Netherlands Royal Academic Society **33**, 130 and 160 (1930).

M. Springford, *Electrons at the Fermi Surface*, Cambridge University Press (1980).

C. R. Stewart, *Heavy Fermion Systems*, Rev. Mod. Phys. **56**, 755 (1984).

Ch. Waschke, H. G. Roskos, R. Schwedler, K. Leo, H. Kurz, *Coherent submillimeter-wave emission from Bloch oscillations in a semiconductor superlattice*, Phys. Rev. Lett. **70**, 3319–3322 (1993).

J. M. Ziman, *Principles of the Theory of Solids*, Cambridge University Press, Cambridge (1972).

J. M. Ziman, *Prinzipien der Festkörpertheorie*, Verlag Harry Deutsch, Zürich (1975).

10 Halbleiter

Unter einem Halbleiter verstehen wir einen Festkörper, den wir hinsichtlich seiner elektrischen Leitfähigkeit sowohl als Leiter als auch als Nichtleiter betrachten können. Aufgrund der großen Variationsbreite ihrer elektrischen Eigenschaften und der Tatsache, dass ihre elektrische Leitfähigkeit von außen über elektrische Felder gesteuert werden kann, haben Halbleiter in unserer heutigen Elektronik eine enorme Bedeutung erlangt.

In Abschnitt 8.4 und 8.5 haben wir bereits diskutiert, dass wir Festkörper entsprechend der vorliegenden Bandstruktur in Metalle, Halbmetalle, Halbleiter und Isolatoren unterteilen können. Wir haben gelernt, dass vollkommen gefüllte und leere Bänder nicht zur elektrischen Leitfähigkeit beitragen und deshalb Materialien, die nur vollkommen gefüllte und leere Bänder besitzen, Isolatoren bzw. Halbleiter sind. Dabei haben wir gesehen, dass der Unterschied zwischen Isolatoren und Halbleitern nur ein quantitativer aber kein qualitativer ist. Ist die Bandlücke E_g zwischen dem obersten vollkommen gefüllten (*Valenzband*) und dem untersten vollkommen leeren Band (*Leitungsband*) nicht allzu groß, so sind bei Raumtemperatur aufgrund der Verschmierung der Fermi-Funktion einige Zustände im Leitungsband besetzt und einige Zustände im Valenzband leer. Wie wir später sehen werden, nimmt der Anteil der thermisch angeregten Ladungsträger proportional zu $\exp(-E_g/2k_B T)$ zu und beträgt damit bei Raumtemperatur ($k_B T \simeq 25\,\text{meV}$) und einer Energielücke von $E_g \simeq 0.5\,\text{eV}$ etwa $e^{-10} \approx 5 \times 10^{-5}$. Sowohl die thermisch angeregten Elektronen im Leitungsband als auch die Löcher im Valenzband führen zu einer endlichen Leitfähigkeit und wir sprechen von einem Halbleiter. Ist die Bandlücke dagegen groß, so ist die Zahl der thermischen angeregten Ladungsträger und damit die elektrische Leitfähigkeit selbst bei Raumtemperatur verschwindend klein und wir sprechen von einem Isolator. Bei $E_g = 3\,\text{eV}$ ist der Anteil der thermisch angeregten Ladungsträger bei Raumtemperatur nur noch etwa $e^{-58} \approx 5 \times 10^{-26}$.

Der Übergang zwischen Halbleitern und Isolatoren ist fließend und nicht genau festgelegt. In den meisten Lehrbüchern werden üblicherweise diejenigen Materialien als Halbleiter bezeichnet, die bei Raumtemperatur einen spezifischen Widerstand im Bereich zwischen 10^{-2} und $10^9\,\Omega\text{cm}$ haben. Materialien mit einem höheren spezifischen Widerstand werden als Isolatoren bezeichnet. Da die Ladungsträgerdichte und damit die elektrische Leitfähigkeit mit sinkender Temperatur etwa proportional zu $\exp(-E_g/2k_\mathrm{B} T)$ abnimmt, sind bei einer Klassifizierung hinsichtlich des elektrischen Widerstands bei genügend tiefen Temperaturen alle Halbleiter natürlich Isolatoren. Eine vernünftige Klassifizierung ist z. B. diejenige, als Halbleiter alle Materialien mit einer endlichen Energielücke zu bezeichnen, die unterhalb ihrer Schmelztemperatur noch eine beobachtbare elektrische Leitfähigkeit besitzen. Die Tatsache, dass die elektrische Leitfähigkeit von Halbleitern mit der Temperatur abnimmt unterscheidet sie fundamental von Metallen, deren elektrische Leitfähigkeit mit sinkender Temperatur zunimmt (vergleiche Kapitel 7 und 9).

Der exponentielle Zusammenhang zwischen Ladungsträgerdichte und Bandlücke E_g gilt nur für so genannte *intrinsische Halbleiter*, bei denen freie Ladungsträger nur durch Anregung aus dem vollen Valenzband ins leere Leitungsband erzeugt werden können. In diesem Fall könnten wir alternativ Materialien mit einer Energielücke kleiner als etwa 3 eV als Halbleiter bezeichnen. Eine herausragende Eigenschaft von Halbleitern, die diese Materialklasse gegenüber Metallen auszeichnet, ist aber die Möglichkeit, ihre Ladungsträgerdichte und damit ihre elektrische Leitfähigkeit durch Verunreinigung mit kleinsten Mengen von Fremdatomen, man spricht hier von *Dotierung*, über mehrere Größenordnungen zu ändern. Durch die Wahl der Fremdatome kann ferner festgelegt werden, ob die erzielte Leitfähigkeit elektron- oder lochartig ist. Die meisten Halbleiterbauelemente basieren auf dieser spezifischen Eigenschaft von Halbleitern. In diesem Zusammenhang könnten wir auch alle Isolatoren, deren spezifischer elektrischer Widerstand sich durch Dotierung in den oben genannten Bereich zwischen etwa 10^{-2} und 10^9 Ωcm bringen lässt, als Halbleiter bezeichnen. Dazu gehört z. B. auch Diamant, den wir ohne Dotierung, also als intrinsisches Material, aufgrund seiner großen Energielücke von etwa 5.5 eV den Isolatoren zuordnen müssen.

Halbleiter haben heute eine enorme Bedeutung für die Informations- und Kommunikationstechnik (integrierte Schaltkreise), aber auch für die Leistungselektronik (Transistoren, Thyristoren, Triacs), die Sensorik (Hall-Sensoren, Thermistoren, Photo-Detektoren, Drucksensoren), die Beleuchtungstechnik (Leuchtdioden), die Lasertechnik (Injektionslaser) oder die Photovoltaik (Solarzellen). Wir wollen in diesem Kapitel die spezifischen Eigenschaften von Halbleitern näher diskutieren. Dabei werden wir zunächst eine Klassifizierung von Halbleitern vornehmen und die grundlegenden Eigenschaften von intrinsischen und dotierten Halbleitern wie ihre Ladungsträgerdichte und ihren elektrischen Widerstand diskutieren. Anschließend werden wir uns mit räumlich inhomogenen Halbleitern und ihrer Anwendung in elektronischen Bauelementen beschäftigen. Zum Abschluss des Kapitels über Halbleiter werden wir niedrigdimensionale Elektronengase diskutieren, die mit Halbleitersystemen einfach realisiert werden können und in der heutigen Grundlagenforschung von großer Bedeutung sind. An einem mit einer Halbleiterstruktur realisierten zweidimensionalen Elektronengas wurde zum Beispiel der Quanten-Hall-Effekt entdeckt.

10.1 Grundlegende Eigenschaften von Halbleitern

10.1.1 Klassifizierung von Halbleitern

Unabhängig von der chemischen Zusammensetzung unterscheiden wir zwischen

- *intrinsischen und dotierten Halbleitern:*
  Bei intrinsischen Halbleitern können wir freie Ladungsträger im Leitungsband nur durch Anregung aus dem Valenzband erzeugen. Bei dotierten Halbleitern ist dies nicht mehr der Fall. Wir werden sehen, dass durch das Einbringen von Fremdatomen in Halbleiter elektronische Niveaus in der Bandlücke erzeugt werden und wir dadurch freie Ladungsträger auch durch Anregung aus diesen Niveaus erzeugen können.
- *direkten und indirekten Halbleitern:*
  Bei direkten Halbleitern (z. B. GaAs) liegt die Oberkante des Valenzbandes und die Unterkante des Leitungsbandes bei demselben Wellenvektor (z. B. am Γ-Punkt der Brillouin-Zone). Bei indirekten Halbleitern ist dies nicht der Fall. Zum Beispiel liegt bei Ge die Oberkante des Valenzbandes am Γ-Punkt, während die Unterkante des Leitungsbandes am L-Punkt liegt.
- *kristallinen und amorphen Halbleitern:*
  Bezüglich ihrer kristallinen Ordnung können wir zwischen *kristallinen* und *amorphen Halbleitern* unterscheiden. Wir werden uns im Folgenden hauptsächlich auf die Eigenschaften von kristallinen Halbleitern konzentrieren.
  In amorphem Silizium (a-Si) bestehen etwa ab der vierten Bindungslänge keinerlei Korrelationen in Abstand und Orientierung der Si-Atome mehr. Dadurch entstehen viele nicht abgesättigte Bindungen (engl. dangling bonds), die durch Wasserstoffatome gesättigt werden können. Man spricht dann von hydrogenisiertem amorphen Silizium (a-Si:H). Amorphes Silizium verfügt über ein hohes Absorptionsvermögen und kann daher bei Solarzellen mit besonders geringen Schichtdicken verwendet werden. Die üblichen Schichtdicken sind dabei etwa um einen Faktor 100 kleiner als bei kristallinem Silizium. Dies gleicht den durch die Defekte geringen Wirkungsgrad von nur etwa 6 bis 8% aus und macht a-Si für Anwendungen in der Photovoltaikindustrie wirtschaftlich interessant.

Bezüglich ihrer chemischen Zusammensetzung und ihrer Funktionalität können wir weitere Grundtypen von Halbleitern unterscheiden, die wir im Folgenden kurz vorstellen. Eine Zusammenstellung der wichtigsten Halbleitertypen ist in Tabelle 10.1 gezeigt.

10.1.1.1 Element-Halbleiter

Der zweifelsfrei am besten bekannte und für unser Alltagsleben sehr wichtige Halbleiter ist der Element-Halbleiter Silizium. Ohne den Halbleiter Si wäre unsere heutige Informations- und Kommunikationstechnologie undenkbar. Si kristallisiert wie andere Element-Halbleiter der IV. Hauptgruppe (C, Ge und α-Sn) in der Diamantstruktur (siehe Abb. 1.24). In dieser Struktur ist jedes Atom von 4 nächsten Nachbaratomen umgeben, die einen Tetraeder bilden. Diamant ist wegen seiner großen Energielücke von etwa 5.5 eV als intrinsisches Material ein guter Isolator. Seine Leitfähigkeit kann aber durch Einbringen von Dotieratomen in den Bereich von Halbleitern erhöht werden. Einige Elemente der V. und VI. Hauptgruppe des Periodensystems (z. B. P, S, Se, Te) sind ebenfalls Halbleiter. Die Atome in den jeweiligen Kristallstrukturen sind allerdings nur dreifach (P) oder zweifach (S, Se, Te) koordiniert.

Elementhalbleiter können heute in sehr großer Reinheit hergestellt werden. Die Herstellung von hochreinem Silizium mit Hilfe des *Zonenschmelzverfahrens*[1] wurde 1954 von einem Team um **Eberhard Spenke**[2] bei der Siemens & Halske AG ermöglicht. Dies brachte Mitte der 1950er Jahre den Durchbruch von Silizium als Halbleitermaterial für die Elektronikindustrie und in den 1980er Jahren auch für die ersten Produkte der Mikrosystemtechnik. Für die Herstellung von integrierten Schaltkreisen wird aber heute aus Kostengründen fast ausschließlich mit dem *Czochralski-Verfahren*[3,4] hergestelltes Silizium verwendet.

10.1.1.2 Verbindungshalbleiter

Die wichtigsten Vertreter der Verbindungshalbleiter sind die III-V-Halbleiter (z. B. GaAs, GaN, InP, InSb, GaSb, AlSb), die aus Elementen der III. und V. Hauptgruppe bestehen, und die II-VI-Halbleiter (z. B. ZnS, CdS, CdSe, CdTe, HgTe), die aus Elementen der II. und VI. Hauptgruppe aufgebaut sind. Die Eigenschaften der III-V-Halbleiter sind sehr

---

[1] Beim Zonenschmelzverfahren wird ein mit Hilfe einer Induktionsheizung erzeugter, aufgeschmolzener Bereich durch einen Stab mit noch polykristalliner Kristallstruktur bewegt. Damit die Zone gleichmäßig aufschmilzt, rotiert der Stab langsam. Die aufgeschmolzene Zone wird anfangs mit einem Impfkristall in Berührung gebracht und wächst unter Annahme seiner Kristallstruktur an ihm an. Diese Schmelzzone wird dann langsam durch den Stab bewegt, wobei die wieder erkaltende Schmelze mit einer einheitlichen Kristallstruktur über die gesamte Materialbreite erstarrt und somit hinter der Schmelzzone den gewünschten Einkristall bildet. Das Zonenschmelzverfahren beruht auf der Tatsache, dass Verunreinigungen in der Schmelze eine energetisch günstigere chemische Umgebung (niedrigeres chemisches Potenzial) haben als im Festkörper und darum vom Festkörper in die Schmelze wandern. Die Menge, die im Kristall eingebaut wird, hängt u. a. von der Art der Verunreinigung und der Erstarrungsgeschwindigkeit ab. Fremdatome verbleiben also weitestgehend in der Schmelzzone und lagern sich schließlich am Ende der Säule an, die nach dem Erkalten entfernt wird. Durch mehrmaliges Zonenschmelzen kann die Reinheit weiter gesteigert werden.

[2] **Eberhard Spenke**, geboren am 5. Dezember 1905 in Bautzen, gestorben am 24. November 1992 in Pretzfeld. Er studierte an den Universitäten Bonn, Göttingen und Königsberg Physik, die Promotion erfolgte im Jahr 1929. Er war dann von 1929 bis 1946 als wissenschaftlicher Mitarbeiter im Berliner Zentrallaboratorium der Siemens & Halske AG tätig. Zusammen mit Walter Schottky (1886–1976) untersuchte er dort die Eigenschaften und Leitungsvorgänge von Halbleitermaterialien.

[3] Das Czochralski-Verfahren ist auch unter dem Begriff Tiegelziehverfahren bekannt. Im Tiegel wird die zu kristallisierende Substanz wenig über dem Schmelzpunkt gehalten. Darin taucht der Keim, z. B. ein kleiner Einkristall der zu züchtenden Substanz ein. Durch Drehen und langsames nach oben Ziehen wächst das erstarrende Material zu einem Einkristall, der das Kristallgitter des Keims fortsetzt. Das Czochralski-Verfahren wurde 1916 im Metall-Labor der AEG vom polnischen Chemiker Jan Czochralski (1885–1953, 1904–1929 in Deutschland) durch ein Versehen entdeckt: er tauchte seine Schreibfeder in einen Schmelztiegel mit flüssigem Zinn anstatt ins Tintenfass. Daraufhin entwickelte und verbesserte er das Verfahren und wies nach, dass damit Einkristalle hergestellt werden können.

[4] J. Czochralski, *Ein neues Verfahren zur Messung der Kristallisationsgeschwindigkeit der Metalle*, Zeitschrift für Physikalische Chemie **92**, 219–221 (1918).

Tabelle 10.1: Klassifizierung von Halbleitern.

Elementhalbleiter	Verbindungshalbleiter		organische Halbleiter
Ge, Si, α-Sn,	III-V	GaAs, GaP, InP, InSb, InAs, GaSb, GaN, AlN, InN, $Al_xGa_{1-x}As$	Tetracen, Pentacen, Phthalocyanine, Polythiophene,
C (Diamant, Fulleren),	II-VI	ZnO, ZnS, ZnSe, ZnTe, CdS, CdSe, CdTe, HgS, $Hg_{1-x}Cd_xTe$, BeSe, BeTe,	PTCDA ($C_{24}H_8O_6$), MePT-CDI ($C_{26}H_{14}N_2O_4$),
B, Se, Te	III-VI	GaS, GaSe, GaTe, InS, InSe, InTe	Chinacridon, Acridon,
	IV-VI	PbS, PbTe, SnS	Flavanthron, Perinon,
unter Druck:	IV-IV	SiC, SiGe	Indanthron,
Bi, Ca, Sr, Ba,	I-VII	CuCl	Alq3 ($C_{27}H_{18}AlN_3O_3$)
Yb, P, S, I	I-III-VI	$CuInSe_2$, $CuInGaSe_2$, $CuInS_2$, $CuInGaS_2$	

ähnlich zu denjenigen der Element-Halbleiter der IV. Hauptgruppe. Durch den Übergang von Elementen der IV. Hauptgruppe zu III-V Verbindungen erhält die chemische Bindung einen endlichen ionischen Charakter, da Ladung vom Gruppe-III zum Gruppe-V Element transferiert wird. Dieser ionische Bindungsanteil führt üblicherweise zu einer Erhöhung der Energielücke. Der Anteil und die Bedeutung der ionischen Bindung wird noch größer für die II-VI-Halbleiter. Deshalb haben die meisten II-VI-Halbleiter Energielücken oberhalb von 1 eV. Eine Ausnahme bilden hier die Systeme, die Hg enthalten. Diese haben kleine Energielücken oder sind sogar Halbmetalle wie z. B. HgTe. II-VI-Halbleiter mit großen Energielücken sind interessant für Displays und Laser, diejenigen mit kleiner Energielücke finden Anwendung in Infrarotdetektoren.

Weitere Verbindungshalbleiter sind IV-IV-Halbleiter (SiC, SiGe), IV-VI-Halbleiter (PbS, PbTe, PbSe, SnS) oder I-VII-Verbindungen (z. B. CuCl, AgBr). Letztere haben aufgrund des sehr starken ionischen Charakters der Bindung große Energielücken (> 3 eV). Die binären Verbindungen aus Gruppe-IV und Gruppe-VI Elementen haben dagegen sehr kleine Bandlücken und kommen in Infrarotdetektoren zum Einsatz.

Zu den Verbindungshalbleitern zählen wir auch *ternäre Systeme* wie den I-III-VI-Halbleiter $CuInSe_2$ (CIS) oder das II-IV-V-System $CdSnAs_2$. CIS wird zusammen mit seinen kompositionellen Abkömmlingen $Cu(In,Ga)(S,Se)_2$ als Material für Dünnschichtsolarzellen benutzt, wobei hier aber die begrenzte Verfügbarkeit von In ein Problem darstellt. Weitere ternäre Systeme sind ZnCdTe oder HgCdTe (Anwendung in Infrarotdetektoren) sowie AlGaAs und GaAsP (Anwendung in der Lasertechnik). Für die Herstellung von Lasern für die optische Kommunikationstechnik bei Wellenlängen von 1.3 und 1.5 µm werden *quaternäre Verbindungshalbleiter* wie (Ga,In)(As,P) verwendet.

10.1.1.3 Organische Halbleiter

Im Allgemeinen sind organische Materialien elektrisch isolierend. Besitzen allerdings Moleküle oder Polymere ein konjugiertes Bindungssystem, das aus Doppelbindungen, Dreifachbindungen und aromatischen Ringen besteht, können sie elektrisch leitend und als organische Halbleiter verwendet werden. Als erstes wurde dies 1976 bei Polyacetylen beobachtet.[5]

---

[5] C. K. Chiang et al., *Electrical Conductivity in Doped Polyacetylene*, Phys. Rev. Lett. **39**, 1098–1101 (1977).

Bis heute wurden viele organische Verbindungen gefunden, die Halbleiter sind. Organische Halbleiter sind sehr viel versprechend für Anwendungen (z. B. für OLEDs – Organic Light Emitting Diodes oder OFETs – Organic Field Effect Transistors), da sie billig herzustellen sind, leicht hinsichtlich ihrer elektrischen und optischen Eigenschaften modifiziert werden können und biegbar sind. Zur Zeit haben allerdings Bauelemente basierend auf organischen Halbleitern häufig noch Haltbarkeitsprobleme.[6]

10.1.1.4 Oxidische Halbleiter

Die meisten Oxide sind gute Isolatoren. Allerdings gibt es auch halbleitende Oxide wie CuO oder CuO_2, das schon in den 1920er Jahren untersucht wurde und später in den 1950er Jahren für grundlegende Untersuchungen zur Exzitonenphysik verwendet wurde. Der zur Zeit wohl wichtigste Vertreter oxidischer Halbleiter ist ZnO. Es besteht hier die Hoffnung, dass ZnO aufgrund seiner physikalischen Eigenschaften besser für optoelektronische Bauelemente im blauen und ultravioletten Bereich geeignet ist als GaN.

Bei starker Dotierung werden einige oxidische Halbleiter metallisch und bei tiefen Temperaturen supraleitend. Der bekannteste Vertreter ist wohl das Materialsystem La_2CuO_4 mit einer Energielücke von etwa 2 eV, das bei einer genügend großen Lochdotierung (partielle Substitution des dreiwertigen La durch zweiwertiges Ba oder Sr) metallisch und unterhalb von etwa 40 K supraleitend wird. An der Substanz $La_{2-x}Ba_xCuO_4$ wurde von **Bednorz** und **Müller** im Jahr 1986 die Hochtemperatur-Supraleitung entdeckt.[7]

10.1.1.5 Schicht-Halbleiter

Materialien wie PbI_2, MoS_2 oder GaSe besitzen eine ausgeprägte Schichtstruktur. Die Bindung innerhalb der Schichten ist kovalent, während zwischen den Schichten nur eine schwache van der Waals Bindung vorliegt. Die Materialsysteme haben Interesse gefunden, da sie intrinsisch quasi-zweidimensionale Elektronensysteme bilden und die Wechselwirkung der Schichten durch Einbringung von Fremdatomen (Interkalation) variiert werden kann.

10.1.1.6 Magnetische Halbleiter

Durch die schnell wachsende Bedeutung des Arbeitsgebiets der *Spin-Elektronik*, in dem versucht wird, den Spin-Freiheitsgrad von Elektronen zur Verbesserung von elektronischen Bauelementen und zur Realisierung von neuartigen spintronischen Bauelementen auszunutzen, ist das Interesse an magnetischen Halbleitern stark gewachsen. Magnetische Halbleiter könnten z. B. für die Erzeugung und Detektion spinpolarisierter Ströme verwendet werden. Der wohl am längsten bekannte magnetische Halbleiter ist EuS. Heute werden ferromagnetische Halbleiter häufig dadurch erzeugt, dass ein kleiner Teil (typischerweise einige Prozent) der Halbleiteratome durch magnetische Atome wie Mn oder Co ersetzt werden. Typische Beispiele sind (Ga,Mn)As oder (Zn,Co)O. Wir nennen solche Systeme verdünnte magnetische Halbleiter (DMS: Diluted Magnetic Semiconductors).

---

[6] M. Schwoerer, Physikalische Blätter **49**, 52 (1994); H. Sixl, H. Schenk, N. Yu, Physikalische Blätter **54**, 225 (1998); Physik Journal **7**, 29–32 (2008).

[7] G. Bednorz, K. A. Müller, *Possible high-T_c superconductivity in the Ba-La-Cu-O system*, Zeitschrift für Physik **B 64**, 189 (1986).

10.1.2 Intrinsische Halbleiter

10.1.2.1 Bandstruktur und effektive Masse

Wir haben in Abschnitt 8.5.2 bereits die Grundzüge der Bandstruktur von Element-Halbleitern der IV. Hauptgruppe diskutiert. In diesen Elementen liegt eine ausgeprägte sp^3-Hybridisierung vor, was in einer für die Diamantstruktur charakteristischen tetragonalen Bindungsstruktur resultiert. Die Bildung von sp^3-Hybridorbitalen führt zur Ausbildung von zwei energetisch getrennten sp^3-Subbändern (vergleiche hierzu Abb. 8.18 in Abschnitt 8.4.1). Wie Abb. 10.1 zeigt, ist das untere dieser Bänder mit den vier Valenzelektronen vollständig gefüllt, das obere ist vollkommen leer. Die Fermi-Energie liegt bei $T = 0$ etwa in der Mitte der Bandlücke. Bei Germanium liegt die kleinste Lücke von $E_g = 0.742$ eV zwischen dem Γ-Punkt ($\mathbf{k} = [000]$, Oberkante des Valenzbandes) und dem L-Punkt ($\mathbf{k} = \frac{a}{\sqrt{3}}[111]$, Unterkante des Leitungsbandes) vor. Die direkte Bandlücke am Γ-Punkt ist mit $E_g = 1.1$ eV etwas größer. Wir sprechen deshalb von einem *indirekten Halbleiter*. Die Situation ist ähnlich für Si, wo die minimale Energielücke von $E_g = 1.17$ eV zwischen dem Γ-Punkt ($\mathbf{k} = [000]$, Oberkante des Valenzbandes) und etwa dem 0.8-fachen des Abstandes zum X-Punkt ($\mathbf{k}_0 = 0.82a[100]$, Unterkante des Leitungsbandes) vorliegt.

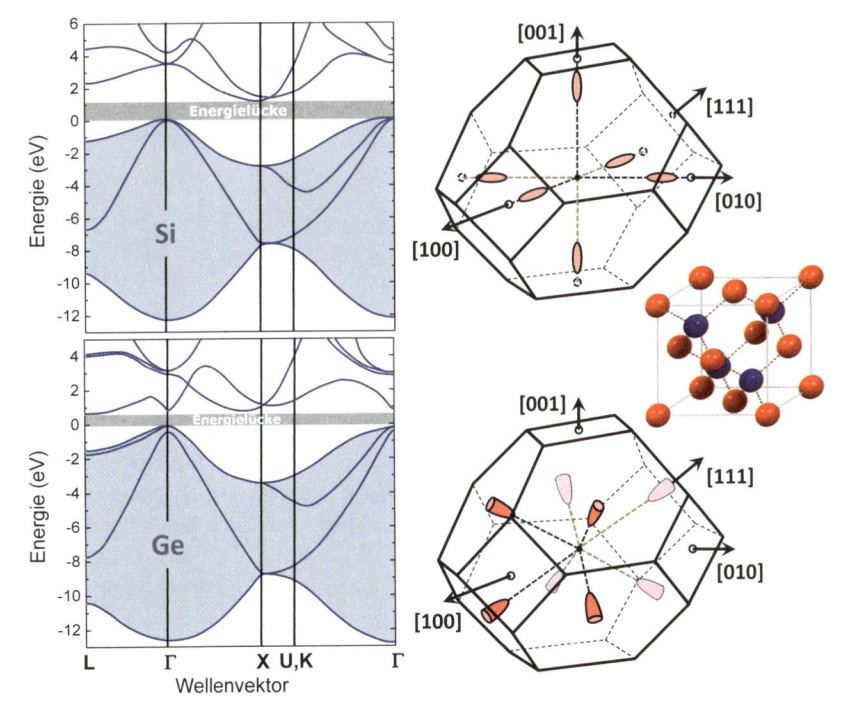

Abb. 10.1: Berechnete Bandstrukturen von Si und Ge (nach J. R. Chelikowski und M. L. Cohen, Phys. Rev. **B 14**, 556 (1976)). Die vier Valenzbänder (unteres sp^3-Subband) sind farbig hinterlegt. Rechts sind die Flächen konstanter Energie in der Nähe des Minimums des Leitungsbandes und die Diamantstruktur gezeigt. Beide Materialien haben Diamantstruktur mit einem kubisch flächenzentrierten Bravais-Gitter, so dass die 1. Brillouin-Zone ein Rhombendodekaeder ist. Aus Gründen der Symmetrie treten immer mehrere Bandminima in äquivalente Richtungen des k-Raums auf. Für Si sind dies die $\{001\}$-, für Ge die $\{111\}$-Richtungen.

Wir haben in Abschnitt 8.3 auch bereits diskutiert, welche Abhängigkeit wir für die Größe der Energielücke vom Abstand der Atome im Gitter erwarten. Wir haben gesehen, dass mit wachsendem Abstand der Atome die Aufspaltung zwischen den Bändern abnimmt (vergleiche Abb. 8.15). Da sich Festkörper mit zunehmender Temperatur aufgrund von anharmonischen Effekte ausdehnen, erhalten wir also eine Zunahme des Abstands der Atome und damit eine Abnahme der Energielücke mit zunehmender Temperatur. Neben der thermischen Ausdehnung wirkt sich auch die Temperaturabhängigkeit der Phononenverteilung auf die Bandstruktur und die Größe der Energielücke aus, da Elektron-Phonon-Streuung zu einer Erniedrigung des effektiven Potenzials führt. Beide Effekte zusammen resultieren in einer Abnahme von E_g mit zunehmender Temperatur, die phänomenologisch mit der *Varshni-Formel*[8]

$$E_g(T) = E_g(0) - \frac{aT^2}{T+b}. \qquad (10.1.1)$$

beschrieben werden kann (Si: $a = 4.73 \times 10^{-4}$ eV/K, $b = 636$ K; Ge: $a = 4.774 \times 10^{-4}$ eV/K, $b = 235$ K, GaAs: $a = 5.405 \times 10^{-4}$ eV/K, $b = 204$ K). Bei tiefen Temperaturen ($T \ll b$) ergibt sich ein etwa quadratischer, bei Raumtemperatur ein etwa linearer Temperaturverlauf der Energielücke. In Tabelle 10.2 sind die Werte der Bandlücke für einige Halbleiter bei 0 K und 300 K angegeben.

Die für die elektronischen Eigenschaften von Halbleitern relevanten Zustände liegen alle an der Oberkante des Valenz- bzw. der Unterkante des Leitungsbandes. Wir haben in Kapitel 8 bereits gesehen, dass wir den Bandverlauf in der Nähe der Bandkante gut durch eine Parabel annähern können:

$$E(\mathbf{k}) = E_c + \frac{\hbar^2}{2} \sum_{ij} k_i \left(\frac{1}{m^*}\right)_{ij} k_j \qquad \text{(Elektronen)} \qquad (10.1.2)$$

$$E(\mathbf{k}) = E_v + \frac{\hbar^2}{2} \sum_{ij} k_i \left(\frac{1}{m^*}\right)_{ij} k_j \qquad \text{(Löcher)}. \qquad (10.1.3)$$

Hierbei ist E_c die Energie an der Unterkante des Leitungsbandes, E_v diejenige an der Oberkante des Valenzbandes und $\left(m^{*-1}\right)_{ij}$ der durch (9.1.13) gegebene effektive Massetensor.

Tabelle 10.2: Werte der Energielücken von einigen Halbleitern bei $T = 0$ K (extrapolierte Werte) und bei 300 K. Quelle: *Handbook Series on Semiconductor Parameters*, Vol. 1 and 2, edited by M. Levinstein, S. Rumyantsev and M. Shur, World Scientific, London (1996, 1999).

Halbleiter	Typ	E_g (0 K)	E_g (300 K)	Halbleiter	Typ	E_g (0 K)	E_g (300 K)
Si	indir.	1.17	1.12	GaP	indir.	2.32	2.26
Ge	indir.	0.742	0.661	InP	direkt	1.421	1.344
GaAs	direkt	1.519	1.424	ZnO	direkt	3.44	3.2
InSb	direkt	0.24	0.17	ZnS	–	3.91	3.6
InAs	direkt	0.415	0.354	CdS	direkt	2.58	2.42
AlSb	indir.	1.65	1.58	CdTe	direkt	1.61	1.45
GaN (Wurzit)	indir.	3.47	3.39	GaN (ZnS)	direkt	3.28	3.20

---

[8] Y. P. Varshni, *Temperature dependence of the energy gap in semiconductors*, Physica **34**, 149 (1967).

10.1 Grundlegende Eigenschaften

Wir werden im Folgenden diese *parabolische Näherung* häufig verwenden. Es ist zu beachten, dass (10.1.3) eine nach unten geöffnete Parabel darstellt, da die effektive Masse der Löcher am Γ-Punkt negativ ist.

Da der effektive Massetensor reell und symmetrisch ist, können wir einen Satz von orthogonalen Hauptachsen finden, bezüglich der die Energien die diagonale Form

$$E(\mathbf{k}) = E_c + \hbar^2 \left(\frac{k_1^2}{2m_1} + \frac{k_2^2}{2m_2} + \frac{k_3^2}{2m_3} \right) \quad \text{(Elektronen)} \quad (10.1.4)$$

$$E(\mathbf{k}) = E_v + \hbar^2 \left(\frac{k_1^2}{2m_1} + \frac{k_2^2}{2m_2} + \frac{k_3^2}{2m_3} \right) \quad \text{(Löcher)} \quad (10.1.5)$$

haben. Die Flächen konstanter Energie sind somit Ellipsoide, die durch Angabe der drei Hauptachsen, der drei effektiven Massen und der Position im **k**-Raum eindeutig definiert sind. Auf der rechten Seite von Abb. 10.1 sind diese Ellipsoide für Si und Ge skizziert. Beide Materialien haben Diamantstruktur mit einem kubisch flächenzentrierten Bravais-Gitter, so dass die 1. Brillouin-Zone ein Rhombendodekaeder ist.

Für Si hat das Leitungsband aus Symmetriegründen sechs Minima, die entlang der {100} Richtungen liegen und zwar bei etwa 80% des Abstandes zum Zonenrand. Jedes der sechs äquivalenten Ellipsoide muss rotationssymmetrisch bezüglich einer Rotation um die Würfelachsen sein. Wie Abb. 10.1 zeigt, sind die Ellipsoide zigarrenförmig in Richtung der Würfelachse gestreckt. Wir können zwei effektive Massen definieren. Während die **longitudinale effektive Masse** m_{el}^* entlang der Achse etwa der freien Elektronenmasse entspricht, ist die **transversale effektive Masse** m_{et}^* senkrecht zur Achse wesentlich kleiner und beträgt nur etwa $0.2\,m$. Für Si gibt es zwei entartete Valenzbandmaxima bei $\mathbf{k} = 0$, die kugelsymmetrisch sind mit effektiven Massen $m_{lh}^* = 0.16\,m$ (lh = light holes) und $m_{hh}^* = 0.49\,m$ (hh = heavy holes).

Für Ge ist die Kristallstruktur und die Brillouin-Zone identisch zu Si. Allerdings treten die Minima des Leitungsbandes jetzt an den äquivalenten L-Punkten der Brillouin-Zone, das heißt, an den Zonenrändern entlang der {111} Richtungen auf (siehe hierzu Abb. 10.1). Die Flächen konstanter Energie sind wiederum Ellipsoide, die jetzt aber entlang der {111} Richtungen gestreckt sind mit effektiven Massen $m_{el}^* = 1.57\,m$ und $m_{et}^* = 0.081\,m$. Da die Ellipsoide mit der jeweiligen Nachbarzelle geteilt werden, haben wir bei Ge nur $8/2 = 4$ äquivalente Ellipsoide. Wie bei Si liegen zwei entartete Valenzbandmaxima bei $\mathbf{k} = 0$ mit effektiven Massen $m_{lh}^* = 0.043\,m$ und $m_{hh}^* = 0.33\,m$ vor. Die verschiedenen effektiven Massen von Si und Ge und einiger anderer Halbleiter sind in Tabelle 10.3 zusammengestellt.

Halbleiter	m_e^*/m	m_{et}^*/m	m_{el}^*/m	m_{lh}^*/m	m_{hh}^*/m	m_{soh}^*/m	Δ (eV)
Si		0.19	0.98	0.16	0.49	0.24	0.044
Ge		0.081	1.59	0.043	0.33	0.084	0.295
GaAs	0.063			0.082	0.51	0.14	0.341
GaSb	0.041			0.04	0.4	0.15	0.80
GaP		1.12	0.22	0.14	0.79	0.25	0.08
InAs	0.023			0.026	0.41	0.16	0.41
InP	0.073			0.089	0.58	0.17	0.11
InSb	0.014			0.015	0.43	0.19	0.81

Tabelle 10.3: Effektive Massen von Elektronen und Löchern sowie Spin-Bahn-Aufspaltung Δ für Si und Ge. Quelle: *Handbook Series on Semiconductor Parameters*, Vol. 1 and 2, edited by M. Levinstein, S. Rumyantsev and M. Shur, World Scientific, London (1996, 1999).

Spin-Bahn-Aufspaltung Eine detailliertere Analyse zeigt, dass die Bandstruktur von Si und Ge in der Nähe des Valenzbandmaximums beim Γ-Punkt etwas komplizierter ist. Neben den beiden Bändern mit unterschiedlicher Krümmung existiert ein weiteres Band, das von diesen Bändern um $\Delta = 0.29$ eV für Ge und $\Delta = 0.044$ eV für Si getrennt ist. Anschaulich kann dies dadurch verstanden werden, dass die Bänder im Rahmen einer Tight-Binding-Näherung aus den atomaren $2p$-Zuständen ($L = 1$, $S = 1/2$) der freien Atome hervorgehen. Als Folge der Spin-Bahn-Kopplung $\mathcal{H}_{so} = \lambda(\mathbf{L} \cdot \mathbf{S})$ kommt es zu einer Aufspaltung der Zustände mit Gesamtdrehimpuls $J = L + S = 3/2$ und $J = L - S = 1/2$ (vergleiche hierzu Abschnitt 8.3.3 und 12.5.4). Die Zustände mit $J = 3/2$ ($m_J = -3/2, -1/2, +1/2, +3/2$) werden um $\frac{1}{3}\Delta$ nach oben verschoben und bilden die entarteten hh- ($J = 3/2, m_J = \pm 3/2$) und lh-Bänder ($J = 3/2, m_J = \pm 1/2$).[9] Die Zustände mit $J = 1/2$ ($m_J = \pm 1/2$) werden um $-\frac{2}{3}\Delta$ nach unten verschoben und bilden das soh-Band. Die Valenzbandkante ist deshalb gegenüber dem Wert $E_v(\lambda = 0)$ ohne Spin-Bahn-Kopplung um $\frac{1}{3}\Delta$ nach oben verschoben und die Aufspaltung zwischen den hh, lh-Bändern und dem soh-Band beträgt Δ. Der Energieunterschied Δ ist ein Maß für die Stärke der Spin-Bahn-Wechselwirkung, die für Ge ($\Delta = 290$ meV) und GaAs ($\Delta = 350$ meV) aufgrund der größeren Kernladungszahlen wesentlich größer ist als für Si ($\Delta = 44$ meV) oder Diamant ($\Delta = 6$ meV). Das qualitative Verhalten der Bänder in der Nähe des Γ-Punktes ist in Abb. 10.2 zusammengefasst.

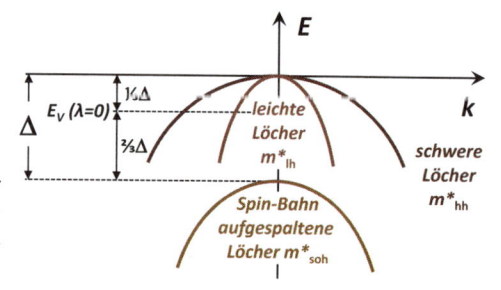

Abb. 10.2: Qualitativer Verlauf der Bandstruktur von Si und Ge in der Nähe des Valenzbandmaximums beim Γ-Punkt. Δ ist die Spin-Bahn-Aufspaltung.

Im Gegensatz zu den Element-Halbleitern der IV. Hauptgruppe hat die chemische Bindung in den III-V Halbleitern einen ionischen Anteil. Den gemischten Charakter der Bindung können wir uns so vorstellen, dass ein Elektron vom Ga zum As Atom transferiert wird, so dass eine Ga^+As^- Konfiguration vorliegt. Diese führt natürlich zu einer ionischen Bindung. Dieser überlagert ist eine kovalente Bindung, die zu keinem Ladungstransfer führt und beide Atome mit vier Elektronen belässt. Es kann sich dann wie für Si und Ge eine sp^3-Hybridisierung ausbilden. Wir können davon ausgehen, dass die kovalente Bindung dominiert, da der Kristall sonst nicht in der tetraedrisch koordinierten Zinkblende-Struktur vorliegen würde. Wie bei der Diamantstruktur sitzen hier die einzelnen Gitteratome im Mittelpunkt eines Tetraeders, das von vier nächsten Nachbarn gebildet wird. Die Zinkblende-Struktur unterscheidet sich nur dadurch von der Diamantstruktur, dass bei ihr die Basis zwei verschiedenartige Atome enthält (vergleiche Abschnitt 1.2.9).

---

[9] Die schweren und leichten Löcher resultieren dabei aus den π_{2p}- und σ_{2p}-Bindungen zwischen den beteiligten $2p$-Orbitalen. Da der Überlapp bei der σ_{2p}-Bindung größer ist, resultiert gemäß dem Tight-Binding-Modell eine größere Bandbreite und damit größere Banddispersion, woraus sich eine geringere effektive Masse ergibt.

10.1 Grundlegende Eigenschaften

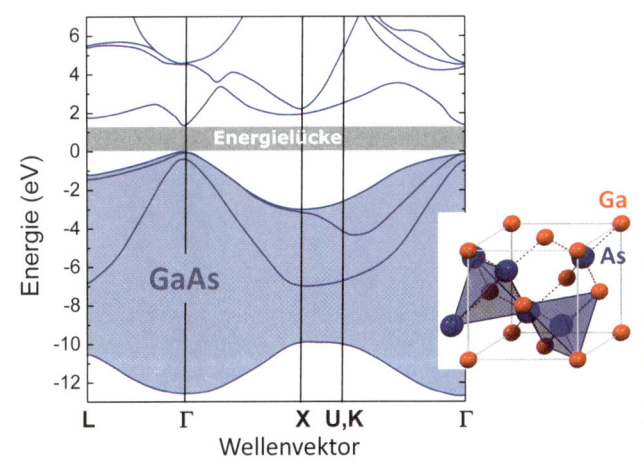

Abb. 10.3: Berechnete Bandstrukturen von GaAs (nach J. R. Chelikowski und M. L. Cohen, Phys. Rev. **B 14**, 556 (1976)). Die vier Valenzbänder (unteres sp^3-Subband) sind farbig hinterlegt. Rechts ist die Zinkblendestruktur von GaAs gezeigt.

Der wichtigste Unterschied zwischen GaAs und Si bzw. Ge ist die Tatsache, dass GaAs genauso wie InAs, InSb oder InP ein *direkter Halbleiter* ist. Wie Abb. 10.3 zeigt, liegt das Maximum des Valenzbandes genauso wie das Minimum des Leitungsbandes beim Γ-Punkt. Ähnlich zu Si und Ge besitzt GaAs auch drei Valenzbänder ähnlicher Form mit den effektiven Massen $m^*_{lh} = 0.08\,m$, $m^*_{hh} = 0.51\,m$ und $m^*_{soh} = 0.14\,m$ sowie der Spin-Bahn-Aufspaltung $\Delta = 0.34$ eV. Die effektive Masse der Elektronen im Leitungsband beträgt $m^*_e = 0.063\,m$.

10.1.2.2 Optische Absorption

Die Größe der Energielücke von Halbleitern kann durch Messung der optischen Absorption ermittelt werden. Bestrahlen wir einen Halbleiter mit Photonen, so kann durch Absorption eines Photons mit Energie $\hbar\omega$ und Wellenvektor $\mathbf{k}_\gamma$ ein Elektron aus dem Valenzband ins Leitungsband angeregt werden. Für solche *Interband-Übergänge* muss sowohl die Energie als auch die Impulserhaltung

$$E_g = \hbar\omega(\mathbf{k}_\gamma) \pm \hbar\Omega(\mathbf{q}) \qquad (10.1.6)$$

$$\hbar\Delta\mathbf{k} = \hbar\mathbf{k}_\gamma \pm \mathbf{q} \qquad (10.1.7)$$

gelten. Hierbei ist $\Delta\mathbf{k}$ die Wellenvektordifferenz der beteiligten Zustände im Valenz- und Leitungsband. Wegen des sehr kleinen Wellenvektors $k_\gamma = \omega/c$ von Photonen muss für Übergänge, an denen nur Photonen beteiligt sind, Δk sehr klein sein. Solche Übergänge müssen

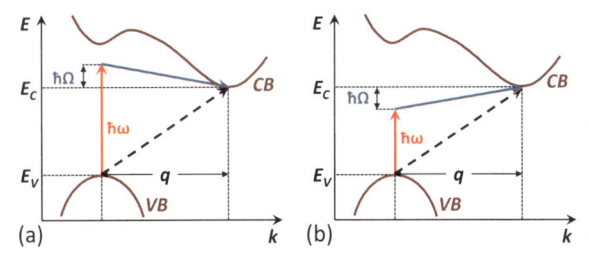

Abb. 10.4: Schematische Darstellung von Interbandübergängen zwischen Valenzbandmaximum und Leitungsbandminimum in indirekten Halbleitern bei (a) Absorption und (b) Emission eines Phonons mit Energie $\hbar\Omega$ und Wellenvektor $\mathbf{q}$. Der Wellenvektor des Photons wurde vernachlässigt.

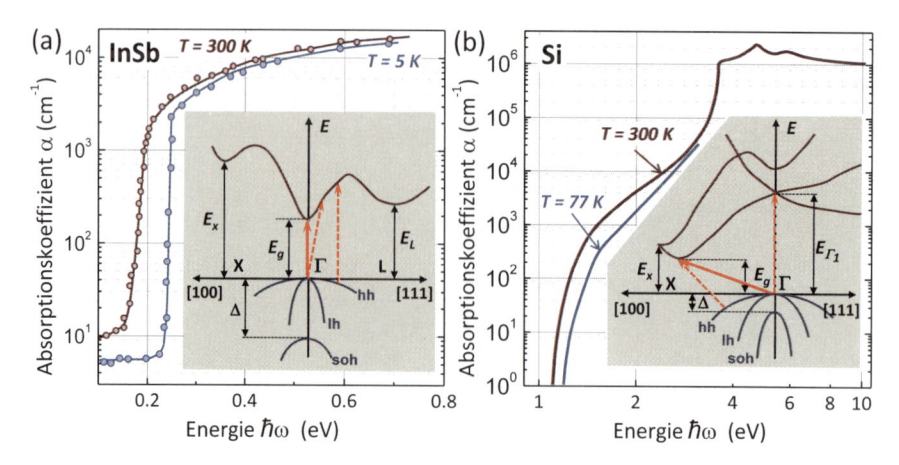

Abb. 10.5: (a) Schematische Bandstruktur und optische Absorption des direkten Halbleiters InSb bei 5 und 300 K. Der rote Pfeil markiert den Übergang mit kleinstmöglicher Energie. Bei höherer Photonenenergie können auch höher liegende Elektronenzustände angeregt werden (gestrichelte Pfeile). Quelle: E. J. Johnson, *Semiconductors and Semimetals*, R. K. Willardson und A. C. Beer, eds., Academic Press, N. Y., Vol. 3, 153–258 (1967). (b) Schematische Bandstruktur und optische Absorption des indirekten Halbleiters Si bei 77 und 300 K. Der rote Pfeil markiert wiederum den Übergang mit kleinstmöglicher Energie, der allerdings nur unter der Beteiligung eines Phonons möglich ist. Die schwache indirekte Absorption setzt bei $\hbar\omega = E_g - \hbar\Omega$ ein und ist der bei höheren Photonenenergien (gestrichelte Pfeile) möglichen, viel stärkeren direkten Absorption vorgelagert. Quelle: S. M. Sze, *Physics of Semiconductor Devices*, John Wiley and Sons, N. Y. (1981).

im $E(\mathbf{k})$ Diagramm quasi vertikal verlaufen. Übergänge mit größeren Δk sind nur durch die Beteiligung von weiteren Anregungen wie z. B. Phononen möglich. Da üblicherweise die Phononenenergie $\hbar\Omega \ll \hbar\omega$ und der Phononenimpuls $|\mathbf{q}| \gg |\mathbf{k}|$, liefert dabei das Photon die Energie und das Phonon den Impuls. Optische Übergänge in indirekten Halbleitern mit Absorption und Emission eines Phonons sind in Abb. 10.4 schematisch dargestellt.

Abb. 10.5 zeigt typische Absorptionsspektren eines direkten (InSb) und indirekten Halbleiters (Si). Der Absorptionskoeffizient ist hierbei durch $\alpha = -I^{-1}(dI/dx)$ gegeben, also als die relative Schwächung einer Lichtwelle mit Intensität I beim Durchlaufen eines Mediums in x-Richtung. Bei direkten Halbleitern ist die Situation einfach. Da die Unterkante des Leitungsbandes hier beim selben Wellenvektor wie die Oberkante des Valenzbandes liegt, sind vertikale Übergänge ohne Beteiligung von Phononen möglich, sobald die Photonenenergie $\hbar\omega \geq E_g$ wird. Die Absorption steigt deshalb bei $\hbar\omega = E_g$ stark an. Halbleiter sind deshalb für Frequenzen $\omega \leq E_g/\hbar$, die für viele Halbleiter im nahen Infraroten liegen, transparent. Durch Messung der optischen Absorption als Funktion der Photonenenergie (siehe Abb. 10.5a) kann der Wert der Energielücke einfach bestimmt werden. Bei höheren Temperaturen steigt die Absorption an, da jetzt Prozesse unter Absorption eines Phonons häufiger werden. Diese setzen bereits bei der Photonenenergie $\hbar\omega = E_g - \hbar\Omega_q$ ein.

Bei indirekten Halbleitern (siehe Abb. 10.4 und 10.5b) ist die Situation etwas komplizierter. Da sich die Wellenvektoren für die Oberkante des Valenzbandes und die Unterkante des Leitungsbandes um $\Delta\mathbf{k}$ unterscheiden, ist für Übergänge zwischen diesen Bereichen zur Impulserhaltung jetzt die Mitwirkung eines Phonons notwendig. Dies kann prinzipiell durch

Absorption oder Emission eines Phonons erfolgen. Führt man allerdings eine Absorptionsmessung bei tiefen Temperaturen durch, so sind aufgrund des Ausfrierens der Phononen fast nur Phononenemissionsprozesse möglich. Das absorbierte Photon muss also zusätzlich zur Energie E_g noch die Energie $\hbar\Omega$ zur Erzeugung des Phonons liefern. Die optische Absorption setzt deshalb nicht wie bei direkten Halbleitern bei $\hbar\omega = E_g$, sondern erst bei $\hbar\omega = E_g + \hbar\Omega$ ein. Ferner ist die Absorptionsstärke im Vergleich zu direkten Halbleitern stark reduziert. Dies liegt an der reduzierten Wahrscheinlichkeit des jetzt notwendigen Dreiteilchenprozesses. Dies ist in Abb. 10.5b gezeigt. Der Absorptionskoeffizient ist oberhalb von $\hbar\omega = E_g + \hbar\Omega$ zunächst klein und steigt erst dann stark an, wenn die Photonenenergie ausreicht, um vertikale Übergänge ohne Beteiligung eines Phonons zu ermöglichen. Bei Si ist dies bei $\hbar\omega = E_{\Gamma_1} = 3.4$ eV der Fall. Bei höheren Temperaturen werden Prozesse unter Absorption eines Phonons häufiger. Diese setzen bereits bei der Photonenenergie $\hbar\omega = E_g - \hbar\Omega$ ein und erhöhen den Absorptionskoeffizienten. Für Übergänge vom Γ-Punkt zum X-Punkt werden Phononen mit dem Wellenvektor q_0 benötigt. In der Nähe von q_0 verläuft die Dispersionskurve der in Frage kommenden transversal-akustisch (TA) und transversal-optischen (TO) Phononen sehr flach, so dass ihre Energie in etwa konstant ist (TA: 18.7 meV, TO: 58.1 meV).

Zur quantitativen Erklärung des Absorptionskoeffizienten müssen nach Fermis goldener Regel die Übergangsmatrixelemente und die Zustandsdichten der Anfangs- und Endzustände bekannt sein (vergleiche hierzu Abschnitt 11.6.4). Bei direkten Übergängen werden wegen $k_\gamma \simeq 0$ Anfangs- und Endzustände mit quasi gleichem **k**-Wert verbunden, so dass

$$\Delta E_{i,f} = \hbar\omega \simeq E_c(\mathbf{k}) - E_v(\mathbf{k}) = \left(\frac{1}{m_e^*} + \frac{1}{m_h^*}\right)\frac{\hbar^2 k^2}{2} = \frac{\hbar^2 k^2}{2m_{\text{komb}}^*} \qquad (10.1.8)$$

gilt. Hierbei ist m_{komb}^* die so genannte kombinierte effektive Masse und wir können $\Delta E_{i,f}(\mathbf{k})$ als kombinierte Bandstruktur für den optischen Übergang betrachten, der wir die kombinierte Zustandsdichte [vergleiche hierzu (7.1.18) sowie (10.1.15) und (10.1.16)]

$$D_{\text{komb}}(\Delta E_{i,f}) = \frac{V}{2\pi^2}\left(\frac{2m_{\text{komb}}^*}{\hbar^2}\right)^{3/2}\sqrt{\Delta E_{i,f} - E_g} \qquad (10.1.9)$$

zuordnen können. Wir erwarten deshalb einen in etwa wurzelförmigen Verlauf

$$\alpha \propto (m_{\text{komb}}^*)^{3/2}\sqrt{\hbar\omega - E_g} \qquad (10.1.10)$$

des Absorptionskoeffizienten.

Bei indirekten Übergängen ist die Situation schwieriger, da hier über alle Zustände im Valenz- und Leitungsband aufsummiert werden muss, die unter Phononenbeteiligung mit $\hbar\omega$ verbunden werden können. Im Allgemeinen ergibt sich ein quadratischer Verlauf $\alpha \propto (\hbar\omega - \hbar\Omega - E_g)^2$, der sich aus der Faltung der Zustandsdichten der möglichen Anfangs- und Endzustände ergibt. Eine weitergehende Diskussion der optischen Eigenschaften von Halbleitern erfolgt in Abschnitt 11.6.4 im Rahmen der Diskussion der dielektrischen Eigenschaften von Festkörpern.

10.1.2.3 Zyklotron-Resonanz

Die effektiven Massen von Halbleitern können mit Hilfe der Zyklotron-Resonanz (siehe Abschnitt 9.8.3) bestimmt werden. Hierzu wird eine Halbleiterprobe in ein statisches magnetisches Feld gebracht und mit einem dazu senkrechten elektrischen Hochfrequenzfeld angeregt (siehe Abb. 10.6). Die Zyklotronresonanz tritt genau dann auf, wenn die Umlauffrequenz der Ladungsträger um das statische Magnetfeld, d. h. die Zyklotronfrequenz $\omega_c = eB/m_c$, mit der Frequenz des elektrischen Feldes übereinstimmt. Hierbei ist m_c die Zyklotronmasse [vergleiche (9.2.31)]. Typischerweise liegen die Resonanzfrequenzen bei Magnetfeldern von einigen 100 Gauss im Bereich von einigen GHz. Quantenmechanisch können wir uns die Resonanzabsorption durch die Erzeugung von elektrischen Dipolübergängen zwischen benachbarten Landau-Niveaus mit der Auswahlregel $\Delta n = \pm 1$ vorstellen. Diese Übergänge sollten nicht mit der Resonanzabsorption von magnetischen Dipolen in der Elektronenspinresonanz verwechselt werden. Hier werden Übergänge durch Umklappen der Spinrichtung erzeugt.

Um die Zyklotronresonanz beobachten zu können, muss ferner $\omega_c \tau \gg 1$ gelten. Das heißt, die Ladungsträger müssen innerhalb der Streuzeit mehrere Umläufe ausführen können. Dies erreicht man durch Verwendung reiner Proben und tiefer Temperaturen. Da bei tiefen Temperaturen allerdings nur ganz wenige bewegliche Ladungsträger vorhanden sind, müssen

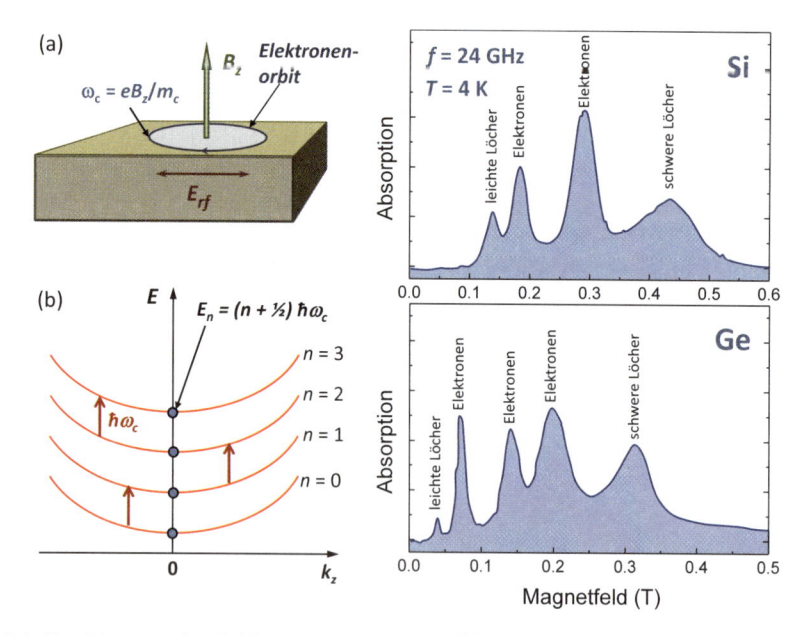

Abb. 10.6: Zur Messung der Zyklotronresonanz in Halbleitern. (a) Klassisches Bild: Das Hochfrequenzfeld $\mathbf{E}_{rf}$ steht senkrecht auf dem statischen Magnetfeld $\mathbf{B}$ und induziert eine Kreisbewegung der Ladungsträger mit wachsendem Bahnradius und Umlaufgeschwindigkeit, aber konstanter Umlauffrequenz ω_c. (b) Quantenmechanisches Bild: Das Hochfrequenzfeld induziert Dipolübergänge zwischen benachbarten Landau-Niveaus. Rechts sind die Absorptionsspektren für Si und Ge bei 24 GHz und 4 K gezeigt (Si: Feld in (110) Ebene unter 30° Winkel zu [100]-Richtung. Ge: Feld in (110) Ebene unter 60° Winkel zu [100]-Richtung, nach G. Dresselhaus et al., Phys. Rev. **98**, 368 (1955)).

diese durch Bestrahlung mit Licht ($\hbar\omega \geq E_g$) erzeugt werden. Im Gegensatz zu Metallen ist die Skin-Eindringtiefe des Hochfrequenzfeldes in Halbleitern aufgrund deren wesentlich kleineren elektrischen Leitfähigkeit üblicherweise größer als die Probenabmessung, so dass die Probleme, die mit einer kleinen Skin-Eindringtiefe verbunden sind, hier nicht auftreten.

Für ein homogenes Magnetfeld (z. B. entlang der z-Achse) kann leicht der Zusammenhang zwischen der Zyklotronmasse m_c und dem effektive Massetensor m^* hergestellt werden. Es gilt

$$m_c = \left(\frac{\det m^*}{m_{zz}}\right)^{1/2}. \tag{10.1.11}$$

Mit Hilfe der Eigenwerte und Hauptachsen des effektive Massetensors kann dies als

$$m_c = \sqrt{\frac{m_1 m_2 m_3}{\widehat{B}_1^2 m_1 + \widehat{B}_2^2 m_2 + \widehat{B}_3^2 m_3}} = \sqrt{\left(\frac{\cos^2\theta}{m_t^2} + \frac{\sin^2\theta}{m_t m_l}\right)^{-1}} \tag{10.1.12}$$

geschrieben werden. Hierbei sind $\widehat{B}_i$ die Komponenten des Einheitvektors in Feldrichtung entlang der drei Hauptachsen. Das zweite Gleichheitszeichen gilt für Materialien, für die die effektive Masse in einer Ebene senkrecht zu einer (longitudinalen) Hauptachsenrichtung gleich ist. Der Winkel θ ist dabei der Winkel zwischen der Magnetfeldrichtung und der longitudinalen Hauptachse.

10.1.2.4 Ladungsträgerdichte

Wir bezeichnen Halbleiter als *intrinsisch*, wenn freie Elektronen und Löcher nur durch Anregungen vom Valenzband ins Leitungsband erzeugt werden können. Wir wollen nun für intrinsische Halbleiter die Dichte n_c der Elektronen im Leitungsband und die Dichte p_v der Löcher im Valenzband ableiten. Diese Größen sind für die elektrischen Transporteigenschaften von Halbleitern von zentraler Bedeutung.

Wie in jedem Festkörper gehorcht die Besetzungswahrscheinlichkeit der elektronischen Zustände in einem Halbleiter der Fermi-Statistik $f(E,T)$, so dass wir schreiben können:

$$n_c = \frac{1}{V}\int_{E_c}^{\infty} D_c(E) f(E,T) dE \tag{10.1.13}$$

$$p_v = \frac{1}{V}\int_{-\infty}^{E_v} D_v(E)[1-f(E,T)] dE. \tag{10.1.14}$$

Hierbei sind $D_v(E)$ und $D_c(E)$ die Zustandsdichten der Löcher im Valenzband und der Elektronen im Leitungsband. In der Nähe der Bandkante können wir die Bandstruktur gut durch eine Parabel annähern und erhalten [vergleiche (7.1.18)]

$$D_c(E) = \frac{V}{2\pi^2}\left(\frac{2m^*_{e,\text{DOS}}}{\hbar^2}\right)^{3/2}\sqrt{E-E_c} \qquad (E \geq E_c) \tag{10.1.15}$$

$$D_v(E) = \frac{V}{2\pi^2}\left(\frac{2m^*_{h,\text{DOS}}}{\hbar^2}\right)^{3/2}\sqrt{E_v-E} \qquad (E \leq E_v). \tag{10.1.16}$$

Die Zustandsdichte im Bereich der Energielücke, $E_v < E < E_c$ ist natürlich null. Hierbei sind m_e^* und m_h^* die Zustandsdichtemassen des Leitungs- und Valenzbandes, die in die Berechnung der jeweiligen Zustandsdichten einfließen. Um die Form des isotropen Falls beibehalten zu können, definieren wir die effektive Zustandsdichtemasse als

$$m_{\text{DOS}}^* = p^{2/3} \left(m_1^* m_2^* m_3^*\right)^{1/3}, \tag{10.1.17}$$

wobei der Entartungsfaktor p die Zahl der äquivalenten Bandminima bzw. -maxima angibt und m_i^* die Eigenwerte des effektive Massetensors für die Elektronen und Löcher sind. Für das Leitungsband ist $p = 6$ bzw. 4 für Si bzw. Ge, woraus sich $m_{e,\text{DOS}}^* = 1.08 m_e$ für Si und $m_{e,\text{DOS}}^* = 0.55 m_e$ für Ge ergibt. Die Zustandsdichten der Valenzbänder (hh, lh, soh) addieren sich, woraus sich $m_{h,\text{DOS}}^{*\,3/2} = m_{hh}^{*\,3/2} + m_{lh}^{*\,3/2} + m_{soh}^{*\,3/2}$ ergibt. Wir erhalten dann $m_{h,\text{DOS}}^* = 0.65 m_e$ für Si und $m_{h,\text{DOS}}^* = 0.34 m_e$ für Ge. Für Ge haben wir dabei nur den Beitrag der hh- und lh-Bänder berücksichtigt. Das soh-Band kann meist vernachlässigt werden, da es relativ weit (im Vergleich zu $k_B T$ bei Raumtemperatur) unterhalb der Valenzbandkante liegt.

In einem intrinsischen Halbleiter stammen alle freien Elektronen im Leitungsband aus dem Valenzband. Deshalb muss die Zahl der Elektronen im Leitungsband und die der Löcher im Valenzband immer exakt gleich sein. Zur Veranschaulichung ist dies in Abb. 10.7 skizziert. Falls die effektiven Zustandsdichtemassen der Elektronen und Löcher und damit ihre Zustandsdichten gleich sind, so liegt das chemische Potenzial μ in der Mitte der Energielücke. Falls aber z. B. die Zustandsdichte der Elektronen im Leitungsband kleiner ist, so verschiebt sich das chemische Potenzial in Richtung Leitungsbandkante, so dass die Besetzungsintegrale (10.1.13) und (10.1.14) gleich sind. Wir werden weiter unten den genauen Zusammenhang zwischen μ und den effektiven Massen herleiten.

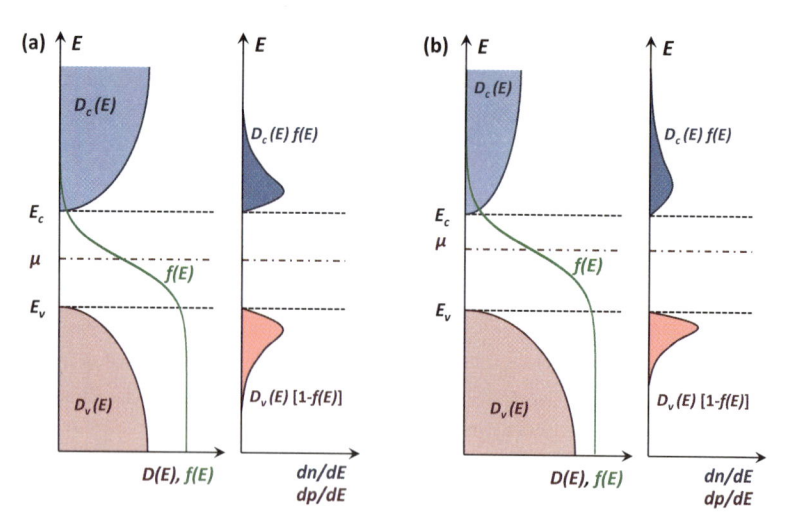

Abb. 10.7: Fermi-Funktion, Zustandsdichten sowie Elektronen- und Löcherkonzentrationen für einen intrinsischen Halbleiter für (a) $D_v = D_c$ und (b) $D_v \neq D_c$.

10.1 Grundlegende Eigenschaften

Da die Temperaturverschmierung der Fermi-Funktion ($\approx 2k_\mathrm{B}T$) üblicherweise klein gegen die Energielücke E_g des Halbleiters ist, können wir $f(E,T)$ innerhalb des Valenzbandes und des Leitungsbandes durch eine Boltzmann-Verteilung annähern:

$$\frac{1}{e^{(E-\mu)/k_\mathrm{B}T}+1} \simeq e^{-(E-\mu)/k_\mathrm{B}T} \qquad (E \geq E_\mathrm{c}) \qquad (10.1.18)$$

$$\frac{1}{e^{(\mu-E)/k_\mathrm{B}T}+1} \simeq e^{-(\mu-E)/k_\mathrm{B}T} \qquad (E \leq E_\mathrm{v}) \, . \qquad (10.1.19)$$

Voraussetzung für die Gültigkeit dieser Näherung ist immer, dass das chemische Potenzial genügend weit von den Bandkanten entfernt ist. Mit dieser Näherung erhalten wir für die Ladungsträgerdichte

$$n_c = \frac{1}{2\pi^2} \left(\frac{2m^*_{e,\mathrm{DOS}}}{\hbar^2} \right)^{3/2} e^{\mu/k_\mathrm{B}T} \int_{E_\mathrm{c}}^{\infty} \sqrt{E-E_\mathrm{c}} \, e^{-E/k_\mathrm{B}T} dE \, . \qquad (10.1.20)$$

Substituieren wir $x_c = (E-E_\mathrm{c})/k_\mathrm{B}T$, so ergibt sich

$$n_c = \frac{1}{2\pi^2} \left(\frac{2m^*_{e,\mathrm{DOS}}}{\hbar^2} \right)^{3/2} (k_\mathrm{B}T)^{3/2} e^{-(E_\mathrm{c}-\mu)/k_\mathrm{B}T} \int_{0}^{\infty} \sqrt{x_c} \, e^{-x_c} dx_c \, . \qquad (10.1.21)$$

Mit $\int \sqrt{x_c} e^{-x_c} dx_c = \sqrt{\pi}/2$ erhalten wir schließlich

$$n_c = 2 \left(\frac{m^*_{e,\mathrm{DOS}} k_\mathrm{B}T}{2\pi\hbar^2} \right)^{3/2} e^{-(E_\mathrm{c}-\mu)/k_\mathrm{B}T} = n_c^\mathrm{eff} e^{-(E_\mathrm{c}-\mu)/k_\mathrm{B}T} \, . \qquad (10.1.22)$$

In analoger Weise erhalten wir für die Dichte der Löcher im Valenzband

$$p_v = 2 \left(\frac{m^*_{h,\mathrm{DOS}} k_\mathrm{B}T}{2\pi\hbar^2} \right)^{3/2} e^{-(\mu-E_\mathrm{v})/k_\mathrm{B}T} = p_v^\mathrm{eff} e^{-(\mu-E_\mathrm{v})/k_\mathrm{B}T} \, . \qquad (10.1.23)$$

Die nur schwach temperaturabhängigen Faktoren vor den Exponentialfaktoren werden üblicherweise als effektive Ladungsträgerdichten n_c^eff und p_v^eff bezeichnet. Lassen wir deren Temperaturabhängigkeit außer Acht, so können wir (10.1.22) und (10.1.23) als Besetzungsdichten von zwei Energieniveaus interpretieren, die vom chemischen Potenzial die Abstände $E_\mathrm{c} - \mu$ bzw. $\mu - E_\mathrm{v}$ haben.

Wir können jetzt die Tatsache $n_c = p_v$ benutzen, um den Verlauf des chemischen Potenzials zu bestimmen. Mit Hilfe von (10.1.22) und (10.1.23) erhalten wir:

$$\mu = E_\mathrm{v} + \frac{1}{2} E_\mathrm{g} + \frac{3}{4} k_\mathrm{B}T \ln \frac{m^*_{h,\mathrm{DOS}}}{m^*_{e,\mathrm{DOS}}} \, . \qquad (10.1.24)$$

Wir sehen also, dass für $m^*_{h,\mathrm{DOS}} = m^*_{e,\mathrm{DOS}}$ das chemische Potenzial genau in der Mitte zwischen Valenz- und Leitungsbandkante liegt. Mit Gleichung (10.1.24) könnten wir nun das chemische Potenzial aus (10.1.22) und (10.1.23) eliminieren. Wir erreichen dies aber auch einfach dadurch, dass wir die Ausdrücke für n_c und p_v miteinander multiplizieren. Wir erhalten dadurch

$$n_c \cdot p_v = 4 \left(\frac{k_B T}{2\pi \hbar^2} \right)^3 (m^*_{e,\text{DOS}} m^*_{h,\text{DOS}})^{3/2} e^{-E_g/k_B T} . \qquad (10.1.25)$$

Dieses Ergebnis entspricht dem Massenwirkungsgesetz der chemischen Reaktionskinetik.[10] Bei seiner Herleitung müssen wir keinen Gebrauch von der Bedingung $n_c = p_v$ machen. Wir können diesen Ausdruck deshalb auch später bei der Diskussion der Störstellenleitung in dotierten Halbleitern benutzen. Eine direkte Folge aus dem Massenwirkungsgesetz (10.1.25) ist, dass wegen $n_c \cdot p_v$ = const bei einer Änderung von n_c (z. B. durch Dotierung) sich auch p_v ändern muss. Wichtig ist, dass dabei zwar $n_c \cdot p_v$ = const, sich aber $n_c + p_v$ ändert. Da wir wegen $n_c \cdot p_v = C$ für die Summe $n_c + p_v = n_c + C/n_c$ erhalten, sehen wir durch Ableiten dieses Ausdrucks sofort, dass $n_c + p_v$ für $n_c^2 = C$ und damit $n_c = p_v$ minimal wird.

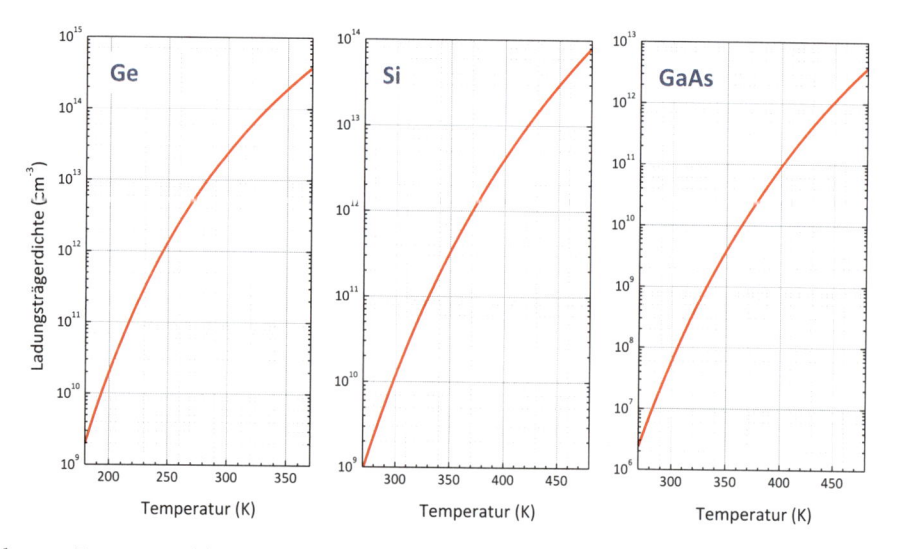

Abb. 10.8: Temperaturabhängigkeit der intrinsischen Ladungsträgerdichte von Si, Ge und GaAs.

---

[10] Um die Analogie zu einer chemischen Reaktionsgleichung zu verdeutlichen, können wir die Ratengleichung für die Wechselwirkung eines intrinsischen Halbleiters mit dem Photonenfeld eines schwarzen Strahlers der Temperatur T betrachten. Die zeitliche Änderung der Dichten n_c und p_v der Elektronen im Leitungs- und der Löcher im Valenzband erfolgt durch eine Generationsrate $A(T)$ und eine Rekombinationsrate $B(T) n_c \cdot p_v$. Das heißt, im Gleichgewicht können wir für die Reaktionsgleichung schreiben

$$\frac{dn_c}{dt} = A(T) - B(T) n_c \cdot p_v = \frac{dp_v}{dt} = 0$$

und damit

$$n_c \cdot p_v = \frac{A(T)}{B(T)} = \text{const} = h(T) .$$

10.1 Grundlegende Eigenschaften

Mit (10.1.25) ergibt sich die Ladungsträgerkonzentration $n_i = n_c = p_v$ in intrinsischen Halbleitern zu

$$n_i = \sqrt{n_c p_v} = 2\left(\frac{k_B T}{2\pi \hbar^2}\right)^{3/2} (m^*_{e,\text{DOS}} m^*_{h,\text{DOS}})^{3/4} e^{-E_g/2k_B T} . \quad (10.1.26)$$

Der Verlauf der intrinsischen Ladungsträgerdichte ist in Abb. 10.8 für Si, Ge und GaAs dargestellt. Bei Raumtemperatur beträgt die intrinsische Ladungsträgerdichte von Ge (E_g = 0.67 eV) 2.4×10^{13} cm^{-3}, für Si (E_g = 1.12 eV) 1.5×10^{10} cm^{-3} und für GaAs (E_g = 1.42 eV) 5×10^7 cm^{-3}.

10.1.3 Dotierte Halbleiter

Die intrinsische Ladungsträgerdichte in Halbleitern ist für viele Anwendungen zu gering. Ladungsträgerdichten, die um mehrere Größenordnungen größer sind, können durch Einbringen von Verunreinigungen erzeugt werden. Für die meisten Halbleiter ist es sogar so, dass sie gar nicht in genügend reiner Form hergestellt werden können, um die intrinsische Ladungsträgerdichte beobachten zu können. Die geringste Verunreinigungskonzentration, die heute in Halbleitern erreicht werden kann, liegt im Bereich von 10^{12} cm^{-3}. Deshalb kann für Ge mit $n_i = 2.4 \times 10^{13}$ cm^{-3} bei Raumtemperatur Eigenleitung beobachtet werden, nicht aber für Si mit $n_i = 1.5 \times 10^{10}$ cm^{-3}. Die reinsten GaAs Einkristalle besitzen heute Verunreinigungskonzentrationen im Bereich von etwa 10^{16} cm^{-3}, was weit oberhalb der intrinsischen Ladungsträgerdichte von 5×10^7 cm^{-3} liegt. Die gezielte Dotierung von Halbleitern, um deren Eigenschaften für Anwendungen maßzuschneidern, ist ein zentraler Bestandteil der heutigen Halbleitertechnologie. Im Gegensatz zu Halbleitern ist es für Metalle sehr schwierig, die elektrische Leitfähigkeit über mehrere Größenordnungen zu ändern.

10.1.3.1 Donator- und Akzeptorniveaus

Elektrisch aktive Verunreinigungen in Halbleitern werden als *Donatoren*, wenn sie zusätzliche Elektronen im Leitungsband bereitstellen, bzw. als *Akzeptoren* bezeichnet, wenn sie zusätzliche Löcher im Valenzband bereitstellen. Für die Element-Halbleiter der IV. Hauptgruppe sind typische Donatoren Elemente der V. Hauptgruppe wie P, As oder Sb. Wird ein solches Donatoratom in einen Ge- oder Si-Kristall eingebaut, so werden von den fünf zur Verfügung stehenden Valenzelektronen nur vier für die kovalente Bindung benötigt. Das fünfte Elektron, welches nicht für die Bindung gebraucht wird, kann unter Aufwendung einer kleinen Energie vom Atomrupf getrennt werden und steht dann als freies Elektron für den Ladungstransport zur Verfügung.

Um die Bindungsenergie des fünften Elektrons abzuschätzen, können wir das Bohrsche Atommodell benutzen und die Energieniveaus dieses Elektrons im Coulomb-Potenzial des einfach positiv geladenen Rumpfatoms berechnen. Dies entspricht formal gerade einem Wasserstoffatom. Für die Energieniveaus des Wasserstoffatoms gilt:

$$E_n^H = \frac{m_e e^4}{2(4\pi \epsilon_0 \hbar)^2} \frac{1}{n^2} . \quad (10.1.27)$$

Für den Grundzustand ($n = 1$) beträgt die Ionisierungsenergie 13.6 eV. Um von den Energietermen des Wasserstoffatoms zu denjenigen des Donatoratoms zu gelangen müssen wir die freie Elektronenmasse m_e durch die effektive Bandmasse m_e^* eines Elektrons im Leitungsband ersetzen. Ferner müssen wir die Abschirmung des Coulomb-Potenzials durch die umgebenden Si-Atome berücksichtigen, indem wir im Ausdruck für die Energieniveaus des Wasserstoffatoms die Dielektrizitätskonstante ϵ des Halbleitermaterials einsetzen. Es ergibt sich dann

$$E_n = \frac{m_e^* e^4}{2(4\pi\epsilon\epsilon_0 \hbar)^2} \frac{1}{n^2} = \frac{m_e^*}{m_e \epsilon^2} E_n^{\mathrm{H}} . \qquad (10.1.28)$$

Für Si erhalten wir mit $m_e^* = (m_{\mathrm{et}}^{*2} m_{\mathrm{el}})^{1/3} \simeq 0.3 m_e$ und $\epsilon_{\mathrm{Si}} = 11.7$ eine Ionisierungsenergie von $E_1 \sim 30$ meV. Das heißt, der Donatorzustand E_D befindet sich nur $E_d = E_c - E_D \simeq$ 30 meV unterhalb der Leitungsbandkante, die wir mit dem Vakuumniveau des Wasserstoffatoms identifizieren. Da E_d in der Größenordnung der thermischen Energie bei Raumtemperatur (~ 25 meV) liegt, kann der Donatorzustand leicht thermisch ionisiert werden. Für Ge ist $m_e^* = (m_{\mathrm{et}}^{*2} m_{\mathrm{el}})^{1/3} \simeq 0.2 m_e$ und $\epsilon_{\mathrm{Ge}} = 15.8$, so dass hier die Ionisierungsenergie mit $E_1 \sim 10$ meV noch kleiner ist.

In Abb. 10.9 ist die Bandstruktur von Si schematisch zusammen mit dem Grundzustandsniveau ($n = 1$) des Donatoratoms gezeigt. Zwischen dem Grundzustand und der Unterkante des Leitungsbandes befinden sich die angeregten Zustände ($n > 1$) des Donatoratoms, deren Abstände mit zunehmender Quantenzahl stark abnehmen. Die Energieniveaus der angeregten Zustände können z. B. mit optischer Spektroskopie bestimmt werden. Tut man dies, so erkennt man, dass die Energieniveaus doch erheblich von denjenigen eines Wasserstoffspektrums abweichen. Dies wird durch das so genannte Kristallfeld der umgebenden Si-Atome verursacht, das zu einer Aufhebung der Entartung der wasserstoffähnlichen Zustände führt.

Wir können mit Hilfe des Wasserstoffmodells eines Donatoratoms auch den Bohrschen Radius berechnen. In Analogie zum Wasserstoffatom erhalten wir

$$r_d = \frac{4\pi\epsilon\epsilon_0 \hbar^2}{m_e^* e^2} . \qquad (10.1.29)$$

Abb. 10.9: (a) Schematische Darstellung der Wirkung eines Phosphor-Atoms in einem Si-Kristall. (b) Lage des Energieniveaus für den Grundzustand des Donatoratoms. E_d ist die Ionisierungsenergie, die aufgebracht werden muss, um den Donatorzustand ins Leitungsband anzuregen.

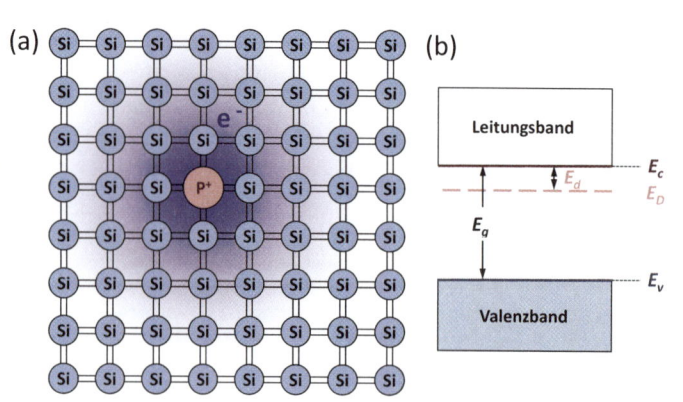

10.1 Grundlegende Eigenschaften

Wir sehen, dass der Bohrsche Radius des Donatorzustands um den Faktor $\epsilon m_e/m_e^*$ größer als der Bohrsche Radius $a_B = 0.525$ Å eines Wasserstoffatoms ist. Er beträgt für Si etwa 30 Å und ist damit wesentlich größer als der Atomabstand der Siliziumatome von 2.35 Å. Das bedeutet, dass das an das Donatoratom gebundene Elektron mehr als 10 Gitterabstände ausgeschmiert ist. Dies rechtfertigt die Verwendung der Dielektrizitätskonstante von Silizium zur Berücksichtigung der Abschirmung.

Verwenden wir als Verunreinigungsatom in einem Si oder Ge-Kristall ein dreiwertiges Element wie z. B. B, Al, Ga oder In, so fehlt diesem für die tetraedrische Bindung ein Elektron. Das heißt, das Dotieratom kann sehr einfach ein Elektron aufnehmen, das dann in seiner Umgebung fehlt. Dieses fehlende Elektron können wir formal als Loch beschreiben, welches das einfach negativ geladene Akzeptoratom umkreist. Dies ist in Abb. 10.10 schematisch dargestellt.

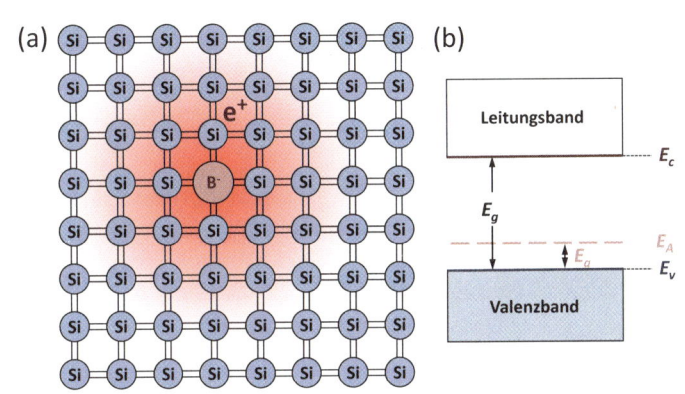

Abb. 10.10: (a) Schematische Darstellung der Wirkung eines Bor-Atoms in einem Si-Kristall. (b) Lage des Energieniveaus für den Grundzustand des Akzeptoratoms. E_a ist die Ionisierungsenergie, die aufgebracht werden muss, um den Akzeptorzustand ins Valenzband anzuregen.

Die Beschreibung der Akzeptorniveaus können wir unter Verwendung des Lochkonzepts formal gleich vornehmen. Wir müssen nur in Gleichung (10.1.28) die effektive Masse m_h^* eines Lochs im Valenzband verwenden. Eine Ionisierung des Akzeptoratoms ist gleichbedeutend mit der Freisetzung eines Loches. Hierzu muss ein Elektron aus dem Valenzband in ein Akzeptorniveau E_A angehoben werden. Das Akzeptorniveau liegt also oberhalb der Valenzbandkante, wobei sein Abstand von dieser Kante gerade der Ionisierungsenergie E_a entspricht (siehe Abb. 10.10). Der Wert von E_a liegt in der gleichen Größenordnung wie der von E_d. In Tabelle 10.4 sind die Ionisierungsenergien einiger Donator- und Akzeptoratome für Si und Ge zusammengestellt.

Tabelle 10.4: Ionisierungsenergien E_d und E_a einiger Donatoren und Akzeptoren in Si und Ge. Quelle: *Handbook Series on Semiconductor Parameters*, Vol. 1 and 2, edited by M. Levinstein, S. Rumyantsev and M. Shur, World Scientific, London (1996, 1999).

Halbleiter	Donatoren					Akzeptoren			
	P	As	Sb	Bi	E_a	B	Al	Ga	In
E_d	(meV)	(meV)	(meV)	(meV)		(meV)	(meV)	(meV)	(meV)
Si	45	54	43	69		45	72	74	157
Ge	13	14	9.6	13		11	11	11	12

Enthält ein Halbleiter sowohl Donatoren als auch Akzeptoren, so kann das Elektron eines Donators zu einem Akzeptor wandern und dort das fehlende Elektron ersetzen. Dadurch heben sich die Wirkung von Donatoren und Akzeptoren gegenseitig auf, wir sprechen von kompensierten Halbleitern. Überwiegt die Anzahl der Donatoren, so sprechen wir von einem *n-Halbleiter*, überwiegen die Akzeptoren, so sprechen wir von einem *p-Halbleiter*.

10.1.3.2 Ladungsträgerdichte und Fermi-Niveau

In einem dotierten Halbleiter kann ein Elektron im Leitungsband entweder aus dem Valenzband oder einem Donatorniveau stammen. Ein Loch im Valenzband entspricht damit entweder einem Elektron im Leitungsband oder einem ionisierten Akzeptorniveau. Zur Ermittlung der Ladungsträgerkonzentration in dotierten Halbleitern können wir nach wie vor die Ausdrücke (10.1.22) und (10.1.23) für n_c und p_v verwenden. Bei ihrer Herleitung haben wir lediglich vorausgesetzt, dass der Abstand des chemischen Potenzials von der Leitungs- oder Valenzbandkante groß gegen $k_B T$ sein soll. Das heißt, es gilt nach wie vor die dem Massenwirkungsgesetz entsprechende Beziehung

$$n_c \cdot p_v = n_c^{\text{eff}} p_v^{\text{eff}} e^{-E_g/k_B T} , \tag{10.1.30}$$

in der das chemische Potenzial μ nicht mehr auftaucht. Im Gegensatz zu intrinsischen Halbleitern können wir jetzt aber die Lage des chemischen Potenzials nicht mehr durch die einfache Neutralitätsbedingung $n_c = p_v$ herleiten, sondern müssen eine kompliziertere Bedingung verwenden, die die Ladung der Verunreinigungen mit berücksichtigt.

Die Dichte der Donatoren lässt sich als

$$n_D = n_D^0 + n_D^+ \tag{10.1.31}$$

schreiben, wobei n_D^0 die Dichte der neutralen und n_D^+ diejenige der ionisierten Donatoren ist. Äquivalent gilt für die Akzeptoren

$$n_A = n_A^0 + n_A^- . \tag{10.1.32}$$

Da insgesamt Ladungsneutralität vorliegen muss, erhalten wir die Bedingung

$$n_c + n_A^- = p_v + n_D^+ . \tag{10.1.33}$$

Um diese Neutralitätsbedingung für die Bestimmung der Lage des chemischen Potenzials verwenden zu können, benötigen wir noch Ausdrücke für n_A^- und n_D^+.

Die Wahrscheinlichkeit dafür, dass eine Störstelle nicht ionisiert ist, das heißt, die Wahrscheinlichkeit n_D^0/n_D bzw. n_A^0/n_A dafür, dass sie als neutrale Störstelle vorliegt, können wir mit Hilfe der Fermi-Dirac-Verteilung angeben:

$$\frac{n_D^0}{n_D} = 2 \frac{1}{e^{(E_D-\mu)/k_B T} + 1} \tag{10.1.34}$$

$$\frac{n_A^0}{n_A} = 4 \frac{1}{e^{(\mu-E_A)/k_B T} + 1} . \tag{10.1.35}$$

10.1 Grundlegende Eigenschaften

Hierbei berücksichtigt der Faktor 2 der rechten Seite die zweifache Spin-Entartung des Donatorzustands, d. h. effektiv liegt die Donatordichte $2n_D$ vor. Der Faktor 4 resultiert aus den beiden hh- und lh-Valenzbandzuständen mit jeweils zweifacher Spin-Entartung, aus denen die Akzeptorzustände aufgebaut sind, d. h. effektiv liegt die Akzeptordichte $4n_A$ vor. Bei der nachfolgenden Abschätzung vernachlässigen wir diese zusätzlichen Faktoren. Mit Hilfe von (10.1.34) und (10.1.35) können wir aus (10.1.31) und (10.1.32) Ausdrücke für n_D^+ und n_A^- ableiten und in die Neutralitätsbedingung (10.1.33) einsetzen. Wir erhalten dadurch eine Bestimmungsgleichung für μ, die allerdings bei gleichzeitiger Berücksichtigung von Donatoren und Akzeptoren nur numerisch lösbar ist.

Wir beschränken uns hier auf die Diskussion eines n-Halbleiters mit $n_D \gg n_A$. Entsprechende Ergebnisse können in analoger Weise für p-Halbleiter erhalten werden. Für $n_D \gg n_A$ fangen alle Akzeptoren ein Elektron ein, das ursprünglich zu einem Donator gehörte. Das heißt, es kommen praktisch keine neutralen Akzeptoren vor, so dass wir $n_A^0 \simeq 0$ und $n_A^- \simeq n_A$ setzen können. Außerdem soll die Temperatur so niedrig sein, dass wir die Zahl der Elektronen, die aus dem Valenzband ins Leitungsband angeregt werden, gegenüber den durch Ionisierung von Donatoratomen erzeugten Elektronen vernachlässigen können, d.h $n_D^+ \gg n_c, p_v$. Aus (10.1.33) folgt dann

$$n_c = p_v + n_D^+ - n_A^- \simeq n_D^+ - n_A = n_D - n_D^0 - n_A. \qquad (10.1.36)$$

Benutzen wir jetzt noch (10.1.34), so erhalten wir

$$n_c \simeq n_D \left(1 - \frac{1}{e^{(E_D-\mu)/k_B T}+1}\right) - n_A. \qquad (10.1.37)$$

Durch Umformen von

$$n_c = 2\left(\frac{m_e^* k_B T}{2\pi\hbar^2}\right)^{3/2} e^{-(E_c-\mu)/k_B T} = n_c^{\text{eff}} e^{-(E_c-\mu)/k_B T} \qquad (10.1.38)$$

erhalten wir

$$\frac{n_c}{n_c^{\text{eff}}} e^{E_c/k_B T} = e^{\mu/k_B T} \qquad (10.1.39)$$

und können damit in (10.1.37) das chemische Potenzial eliminieren. Wir erhalten

$$n_c \simeq n_D \left(1 - \frac{n_c}{n_c^{\text{eff}} e^{-E_d/k_B T} + n_c}\right) - n_A = \frac{n_D}{1 + \frac{n_c}{n_c^{\text{eff}}} e^{E_d/k_B T}} - n_A. \qquad (10.1.40)$$

Hierbei haben wir den Abstand $E_d = E_c - E_D$ des Donatorniveaus vom Leitungsband benutzt. Durch weiteres Umformen von (10.1.40) erhalten wir das Ergebnis

$$\boxed{\frac{n_c(n_c + n_A)}{n_D - n_A - n_c} = n_c^{\text{eff}} e^{-E_d/k_B T},} \qquad (10.1.41)$$

aus dem wir den Temperaturverlauf von n_c bestimmen können. Für eine verschwindend kleine Akzeptorkonzentration n_A ergibt sich näherungsweise die quadratische Gleichung

$$\frac{n_c^2}{n_c^{\text{eff}}} e^{E_d/k_B T} + n_c - n_D \simeq 0 \qquad (10.1.42)$$

mit der Lösung

$$n_c = \frac{2n_D}{1 + \sqrt{1 + 4\frac{n_D}{n_c^{\text{eff}}}e^{E_d/k_BT}}} \qquad (10.1.43)$$

Wir wollen im Folgenden die physikalische Bedeutung von (10.1.41) für verschiedene Temperaturbereich diskutieren.

- Sehr tiefe Temperaturen, $k_BT \ll E_d$ (**Kompensationsbereich**):
  Bei sehr tiefen Temperaturen sind so wenige Ladungsträger angeregt, dass $n_c \ll n_A \ll n_D$ gilt. Damit ergibt sich aus (10.1.41)

$$n_c \simeq \frac{n_D n_c^{\text{eff}}}{n_A}e^{-E_d/k_BT}. \qquad (10.1.44)$$

Setzen wir dies in (10.1.39) ein, so erhalten wir für die Lage des chemischen Potenzials

$$\mu \simeq E_c - E_d + k_BT \ln\left(\frac{n_D}{n_A}\right). \qquad (10.1.45)$$

Wir sehen, dass für $T \to 0$ die Lage von μ durch die Donatoren bestimmt wird. Durch die endliche Akzeptordichte werden alle von den Donatoren abgegebenen Elektronen von den Akzeptoren aufgenommen. Wir sprechen von einem Kompensationseffekt. Da mit zunehmender Temperatur die Donatoren auch Ladungsträger ins Leitungsband abgeben können, bewegt sich, wie Abb. 10.11 zeigt, für zunehmende Temperatur μ von $E_c - E_d$ nach oben in Richtung Leitungsbandkante. Gleichzeitig nimmt die Ladungsträgerdichte exponentiell zu.

- Tiefe Temperaturen, $k_BT \ll E_d$ (**Bereich der Störstellenreserve**):
  Wird die Temperatur weiter erhöht, so können immer mehr Donatoren ihre Ladungsträger ins Leitungsband abgeben, so dass schnell $n_c \gg n_A$ gilt. Die Temperatur ist aber immer noch so gering, dass $e^{-E_d/k_BT} \ll 1$ und somit $n_c \ll n_D$. Mit diesen Näherungen ergibt sich aus (10.1.41)

$$n_c \simeq \sqrt{n_D n_c^{\text{eff}}}e^{-E_d/2k_BT}. \qquad (10.1.46)$$

Für die Lage des chemischen Potenzials ergibt sich

$$\mu \simeq E_c - \frac{E_d}{2} - \frac{k_BT}{2}\ln\left(\frac{n_c^{\text{eff}}}{n_D}\right). \qquad (10.1.47)$$

Das chemische Potenzial liegt also etwa in der Mitte zwischen Leitungsbandunterkante und Donatorniveau.
Gleichung (10.1.46) zeigt, dass im Temperaturbereich der Störstellenreserve die thermische Energie noch nicht ausreicht, um alle Donatoren zu ionisieren. Wie Abb. 10.11 zeigt, nimmt mit sinkender Temperatur die Ladungsträgerdichte exponentiell ab, wie wir es schon bei intrinsischen Halbleitern kennen gelernt haben. Wir sprechen von einem Ausfrieren der Ladungsträger. Allerdings ist im Vergleich zu intrinsischen Halbleitern die exponentielle Abnahme jetzt durch E_d und nicht durch E_g bestimmt. Wir sehen ferner,

10.1 Grundlegende Eigenschaften

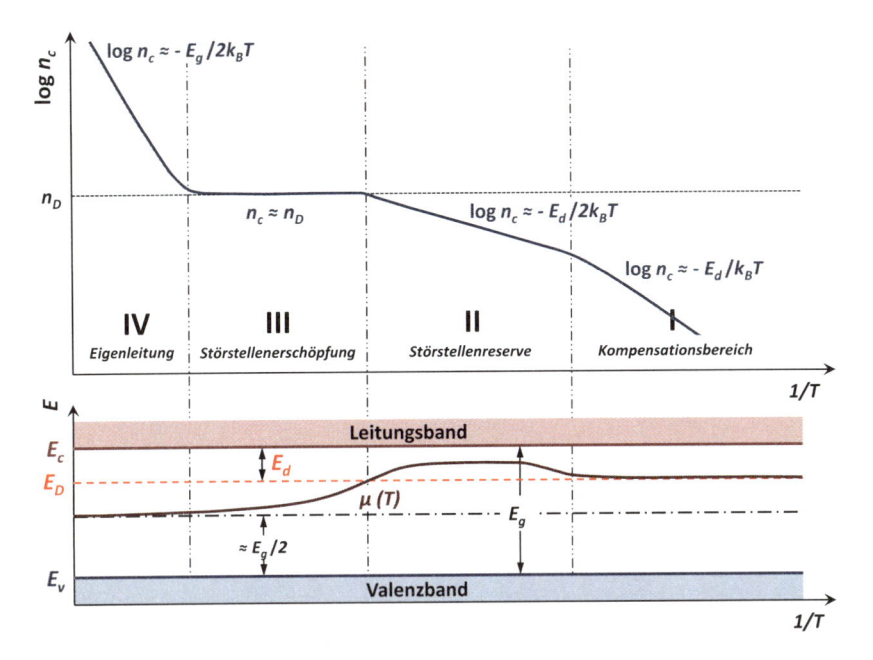

Abb. 10.11: Temperaturverlauf der Ladungsträgerdichte n_c und des chemischen Potenzials μ in einem dotierten n-Typ Halbleiter. Im Bereich I liegt Störstellenkompensation durch eine endliche Akzeptordichte vor, im Bereich II dominiert reine Störstellenleitung, im Bereich III der Störstellenerschöpfung sind sämtliche Störstellen ionisiert, so dass die Ladungsträgerdichte etwa konstant bleibt, und im Bereich IV tritt die Eigenleitung gegenüber der Störstellenleitung in den Vordergrund.

dass (10.1.46) formal dem Ausdruck (10.1.26) für die intrinsische Ladungsträgerdichte entspricht, wenn wir E_g durch E_d und die Zustandsdichte im Leitungsband durch n_D ersetzen. Die thermische Anregung von Ladungsträgern direkt vom Valenz- ins Leitungsband kann im Bereich der Störstellenreserve vollkommen vernachlässigt werden.

- Mittlere Temperaturen, $k_B T \gtrsim E_d$ (**Bereich der Störstellenerschöpfung**):
Bei genügend hohen Temperaturen $k_B T \gtrsim E_d$ wird $e^{-E_d/k_B T} \simeq 1$ und wir erhalten mit $n_c \gg n_A$ aus (10.1.41) die Beziehung $n_c^2 \simeq n_c^{\text{eff}}(n_D - n_c)$. Da $n_c \ll n_c^{\text{eff}}$, folgt weiter $n_D - n_c \simeq 0$ und damit das einfache Ergebnis

$$n_c \simeq n_D \qquad (10.1.48)$$

und

$$\mu \simeq E_c - k_B T \ln\left(\frac{n_c^{\text{eff}}}{n_D}\right). \qquad (10.1.49)$$

Das Ergebnis ist einfach zu verstehen. Die Temperatur ist hoch genug, um alle Störstellen zu ionisieren, aber noch zu klein, um eine große Zahl von Ladungsträgern aus dem Valenz- ins Leitungsband anzuregen. Wir sprechen deshalb vom Bereich der Störstellenerschöpfung. Das chemische Potenzial bewegt sich mit zunehmender Temperatur nach unten in Richtung Bandmitte. Es sei hier noch erwähnt, dass sich für Si mit einer Phosphor-Dotierung von $n_D = 3 \times 10^{14}\,\text{cm}^{-3}$ der Bereich der Störstellenerschöpfung von etwa 45 bis 500 K erstreckt. Das heißt, bei Raumtemperatur sind alle Donatoratome ionisiert.

- Hohe Temperaturen, $k_B T \gg E_d$ (*Bereich der Eigenleitung*):
  Wenn wir zu noch höheren Temperaturen gehen, müssen wir natürlich wieder die Dichte der thermisch direkt aus dem Valenzband ins Leitungsband angeregten Ladungsträger berücksichtigen, sobald diese in die Größenordnung von n_D kommt. Die für (10.1.33) gemachte Annahme $n_D^+ \gg n_c, p_v$ ist dann nicht mehr zulässig.
  In dem Bereich sehr hoher Temperaturen verläuft die Temperaturabhängigkeit der Ladungsträgerdichte wieder wie bei intrinsischen Halbleitern. Es dominiert die Eigenleitung. Für die Ladungsträgerdichte und das chemische Potenzial gelten Gleichungen (10.1.22) und (10.1.24).

10.1.4 Elektrische Leitfähigkeit

Um die Temperaturabhängigkeit der elektrischen Leitfähigkeit zu diskutieren, müssen wir neben der Temperaturabhängigkeit der Ladungsträgerdichte auch noch etwas über die Temperaturabhängigkeit der Streuzeit τ_e und τ_p oder äquivalent der Beweglichkeiten μ_e und μ_p der Elektronen und Löcher wissen. Zum elektrischen Strom tragen sowohl die Elektronen im Leitungsband als auch die Löcher im Valenzband bei, so dass wir für die elektrische Stromdichte

$$\mathbf{J}_q = e(n_c \mu_e + p_v \mu_p)\mathbf{E} = \sigma \mathbf{E} \qquad (10.1.50)$$

schreiben können. Im Gegensatz zu Metallen, wo wir nur Elektronen bei der Fermi-Energie berücksichtigen mussten, für deren Beweglichkeit $\mu_e = \mu_e(E_F)$ gilt, sind die Beweglichkeiten μ_e und μ_p in einem Halbleiter die Mittelwerte für die Zustände, die Elektronen und Löcher im Leitungsband bzw. Valenzband besetzen. Diese Mittelwerte können wie folgt ausgedrückt werden:

$$\mu_e = \frac{e}{m_e^*} \frac{\langle \tau_e(\mathbf{k}) v^2(\mathbf{k}) \rangle}{\langle v^2(\mathbf{k}) \rangle}. \qquad (10.1.51)$$

Hierbei ist $v(\mathbf{k})$ die Geschwindigkeit eines Elektrons im Zustand $\mathbf{k}$ und $\tau_e(\mathbf{k})$ seine Streuzeit. Für μ_h gilt ein entsprechender Ausdruck.

Wir wollen im Folgenden nur eine qualitative Betrachtung durchführen und auf eine detaillierte Behandlung mit Hilfe der Boltzmann-Transportgleichung verzichten.[11] Nach erheblicher Vereinfachung ergibt (10.1.51), dass die Beweglichkeit proportional zu einer mittleren Streuzeit τ ist, d. h. $\mu_e = e\tau_e/m_e^*$ bzw. $\mu_h = e\tau_h/m_h^*$. Da τ die mittlere Zeit zwischen zwei Streuprozessen ist, können wir schreiben (vergleiche hierzu Abschnitt 9.3):

$$\frac{1}{\ell} = \frac{1}{\langle v \rangle \tau} \propto S. \qquad (10.1.52)$$

---

[11] Eine detailliertere Betrachtung findet man zum Beispiel in *Fundamentals of Semiconductors*, P. Y. Yu, M. Cardona, Springer Verlag, Berlin (1996).

10.1 Grundlegende Eigenschaften

Hierbei ist S der Streuquerschnitt eines Streuzentrums für Elektronen bzw. Löcher. Im Gegensatz zu Metallen, wo wir $v = v_F$ verwenden können, müssen wir für $\langle v \rangle$ den thermischen Mittelwert über alle Elektronen im Leitungsband bzw. Löcher im Valenzband benutzen.[12] Gleichung (10.1.52) gibt dann die mittlere freie Weglänge von Elektronen bzw. Löchern an. Da wir für Halbleiter eine Boltzmann-Statistik verwenden dürfen, gilt für die mittlere Geschwindigkeit $\langle v \rangle = \sqrt{3k_B T/m^*}$ und wir erhalten

$$\langle v \rangle \propto \sqrt{T} . \tag{10.1.53}$$

Wir wollen im Folgenden verschiedene Streuprozesse diskutieren.

Streuung an akustischen Phononen: Wir beginnen mit der Streuung an akustischen Phononen. Wir haben in Abschnitt 9.3.2 abgeleitet, dass

$$S_{\text{ph}} \propto T \quad \text{für} \quad T \gg \Theta_D . \tag{10.1.54}$$

Aus (10.1.52) und (10.1.53) erhalten wir dann [vergleiche hierzu (9.3.28)]

$$\mu_{\text{ph}} \propto T^{-3/2} . \tag{10.1.55}$$

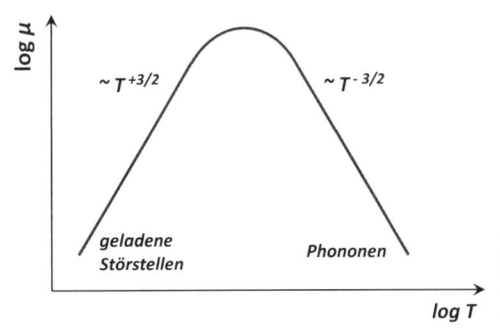

Abb. 10.12: Qualitativer Temperaturverlauf der Beweglichkeit in einem Halbleiter, in dem hauptsächlich Streuung an akustischen Phononen und geladenen Verunreinigungen vorliegt.

Streuung an optischen Phononen: In polaren Kristallen mit ionischem Bindungsanteil (z. B. GaAs) spielt die Streuung von Ladungsträgern an longitudinal-optischen (LO) Phononen eine große Rolle. Diese Phononen erzeugen lokale elektrische Felder, an welche die Ladungsträger ankoppeln können und zur Streuung führen. Ist die Energie der Ladungsträger groß gegen die Phononen-Energie, $E(\mathbf{k}) \gg \hbar\Omega_{\text{LO}}$, ergibt sich $\mu \propto T^{-1/2} \exp(-\hbar\Omega_{\text{LO}}/k_B T)$, während sich im anderen Grenzfall, $E(\mathbf{k}) \ll \hbar\Omega_{\text{LO}}$, in etwa $\mu \propto \exp(-\hbar\Omega_{\text{LO}}/k_B T)$ ergibt. Für eine Herleitung dieser Zusammenhänge wird auf die Fachliteratur verwiesen.

---

[12] Für Halbleiter mit nicht allzu hoher Dotierung und bei nicht allzu tiefen Temperaturen gilt $k_B T > E_F$. Es liegt deshalb kein entartetes Fermi-Gas wie in Metallen sondern ein klassisches Teilchengas vor, dessen Geschwindigkeitsverteilung wir mit der Maxwell-Boltzmann-Verteilung beschreiben können.

Abb. 10.13: Temperaturabhängigkeit der Beweglichkeit der Ladungsträger in Si. (1) Hochreines Si, $n_D < 10^{12}\,\text{cm}^{-3}$; (2) hochreines Si, $n_D < 4 \times 10^{13}\,\text{cm}^{-3}$; (3) $n_D = 1.75 \times 10^{16}\,\text{cm}^{-3}$, $n_A = 1.48 \times 10^{15}\,\text{cm}^{-3}$; (4) $n_D = 1.3 \times 10^{17}\,\text{cm}^{-3}$, $n_A = 2.2 \times 10^{15}\,\text{cm}^{-3}$. Quellen: P. Norton et al., Phys. Rev. B **8**, 5632 (1973); C. Canali et al., Phys. Rev. B **12**, 2265 (1975).

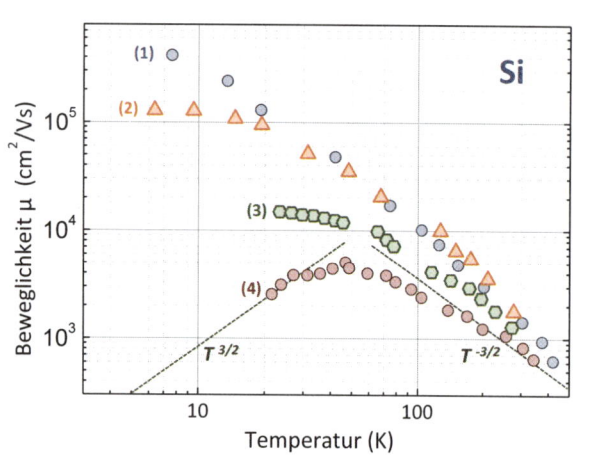

Streuung an geladenen Störstellen: Als nächstes wollen wir die Streuung an geladenen Defekten diskutieren. Da nichtionisierte Donatoren und Akzeptoren solche Defekte darstellen, ist dieser Streuprozess für Halbleiter insbesondere bei tiefen Temperaturen sehr wichtig. Für dieses Rutherford-artige Streuproblem erhalten wir[13]

$$S_{\text{def}} \propto \langle v \rangle^{-4} \propto T^{-2}, \tag{10.1.56}$$

wobei wir den thermischen Mittelwert $\langle v \rangle \propto \sqrt{T}$ für die Geschwindigkeit benutzt haben. Der Zusammenhang $S_{\text{def}} \propto \langle v \rangle^{-4}$ ergibt sich sofort, wenn wir uns klar machen, dass der Streuquerschnitt in einfachster Näherung eine kreisförmige Scheibe ist, deren Radius die Entfernung r von dem geladenen Streuzentrum ist, bei der die Coulomb-Energie ($\propto 1/r$) gerade gleich der kinetischen Energie ($\propto \langle v \rangle^2$) der Ladungsträger ist. Daraus ergibt sich der Streuquerschnitt $S_{\text{def}} \propto r^2 \propto \langle v \rangle^{-4}$. Aus (10.1.52) und (10.1.53) erhalten wir dann wiederum [vergleiche hierzu auch (9.3.16)]

$$\mu_{\text{def}} \propto T^{3/2}. \tag{10.1.57}$$

Mehrere Streuprozesse: Nach der Matthiessen-Regel erhalten wir $1/\mu_{\text{tot}}$, indem wir die reziproken Mobilitäten addieren. Das Ergebnis ist in Abb. 10.12 schematisch dargestellt.

---

[13] Für die Streuung an einer geladenen Störstelle mit $Z = 1$ erhalten wir den Wirkungsquerschnitt [vergleiche (9.3.12) und (9.3.14)]

$$\sigma(v, \vartheta) = \left(\frac{e^2}{2\epsilon\epsilon_0 m^* \langle v \rangle^2}\right)^2 \sin^{-4}(\vartheta/2),$$

woraus sich eine vom Streuwinkel ϑ abhängige Streurate $1/\tau(\vartheta) \propto \langle v \rangle \sigma(\vartheta)$ ergibt. Die gesamte Streurate erhalten wir durch Integration über alle Streuwinkel. Das Ergebnis dieser Integration ist die *Conwell-Weißkopf-Formel*

$$\mu \propto \frac{1}{\tau} = \frac{2 n_{D,A} \pi e^4}{(\epsilon\epsilon_0 m^*)^2 \langle v \rangle^3} \ln\left[1 + \left(\frac{\epsilon\epsilon_0 m^* \langle v \rangle^2 (3/4\pi n_{D,A})^{1/3}}{2 e^2}\right)^2\right].$$

Hierbei ist $n_{D,A}$ die Dichte der geladenen Donatoren bzw. Akzeptoren.

10.1 Grundlegende Eigenschaften

Tabelle 10.5: Beweglichkeiten von einigen Halbleitern bei 300 K. Quelle: *Handbook Series on Semiconductor Parameters*, Vol. 1 and 2, edited by M. Levinstein, S. Rumyantsev and M. Shur, World Scientific, London (1996, 1999).

Halbleiter	Si	Ge	C	GaAs	InAs	InSb	InP
μ_e (cm^2/Vs)	1 400	3 900	1 800	8 500	40 000	77 000	4 500
μ_h (cm^2/Vs)	500	1 900	1 400	400	500	850	100

Die Beweglichkeit nimmt bei tiefen Temperaturen mit ansteigender Temperatur zunächst proportional zu $T^{3/2}$ zu, durchläuft ein Maximum und nimmt dann proportional zu $T^{-3/2}$ ab. Dies ist am Beispiel von Si in Abb. 10.13 gezeigt. In polaren Halbleitern nimmt die Beweglichkeit bei hohen Temperaturen aufgrund der hier dominierenden Streuung an LO-Phononen deutlich stärker ab. Als weitere Streuprozesse kommen die Streuung an neutralen Störstellen und die Streuung an transversal-akustischen (TA) Phononen hinzu, die in Vieltal-Halbleitern wie Si und Ge wichtig ist. Diese sind aber in den meisten Fällen nicht dominant und werden deshalb hier nicht näher erläutert. Die Beweglichkeiten von einigen Halbleitern bei 300 K sind in Tabelle 10.5 aufgelistet.

Der in Abb. 10.12 gezeigte charakteristische Verlauf der Beweglichkeit spiegelt sich auch häufig in der elektrischen Leitfähigkeit σ wider, da die Ladungsträgerdichte in dem Bereich der Ladungsträgersättigung über ein großes Temperaturintervall konstant bleibt. Nur bei sehr hohen und sehr tiefen Temperaturen dominiert die exponentielle Temperaturabhängigkeit der Ladungsträgerdichte (vergleiche Abb. 10.11) die Leitfähigkeit.

10.1.5 Hall-Effekt

Bei Halbleitern erfolgt der Ladungstransport sowohl durch die Elektronen im Leitungsband als auch durch die Löcher im Valenzband. Für den Hall-Koeffizienten müssen wir deshalb den Zweiband-Ausdruck [vergleiche (9.6.18)]

$$R_H = \frac{\sigma_1 \frac{e\tau_1}{m_1} + \sigma_2 \frac{e\tau_2}{m_2}}{(\sigma_1 + \sigma_2)^2} \ . \tag{10.1.58}$$

verwenden, den wir in Abschnitt 9.6.2 für ein Zweiband-Modell hergeleitet haben. Hierbei müssen wir berücksichtigen, dass die Elektronen die Ladung $-e$ und die Löcher die Ladung $+e$ transportieren. Unter Benutzung von $\sigma_1 = n_c e \mu_e$ und $\sigma_2 = p_v e \mu_h$, sowie $\mu_e = e\tau_e/m_e^*$ und $\mu_h = e\tau_h/m_h^*$ erhalten wir den Ausdruck

$$R_H = \frac{p_v \mu_h^2 - n_c \mu_e^2}{e(p_v \mu_h + n_c \mu_e)^2} \ . \tag{10.1.59}$$

Bei reiner Eigenleitung ist $n_c = p_v = n_i$ und für die Hall-Konstante ergibt sich

$$R_{H,i} = \frac{1}{n_i e} \frac{\mu_h - \mu_e}{\mu_h + \mu_e} \ . \tag{10.1.60}$$

Wir sehen, dass die Hall-Konstante positiv oder negativ sein kann, je nachdem ob $\mu_h > \mu_e$ oder $\mu_h < \mu_e$.

Bei reiner Störstellenleitung können wir jeweils eine Ladungsträgersorte vernachlässigen und es ergibt sich aus (10.1.59)

$$R_{H,e} = -\frac{1}{n_c e} \quad \text{oder} \quad R_{H,h} = +\frac{1}{p_v e}, \tag{10.1.61}$$

je nachdem ob reine n-Leitung ($p_v = 0$) oder reine p-Leitung ($n_c = 0$) vorliegt. Dieser Ausdruck entspricht dem bereits bekannten Ergebnis, das wir bei Vorliegen nur einer Ladungsträgersorte (Einband-Modell) abgeleitet haben (vergleiche hierzu Abschnitt 7.3.4).

Wir wollen nun noch diskutieren, wie wir durch Messung von R_H wichtige Parameter von Halbleitern bestimmen können:

- Zur Bestimmung der Energielücke E_g messen wir $R_{H,i}$ als Funktion der Temperatur im Bereich hoher Temperaturen, wo die Eigenleitung dominiert. Für die Temperaturabhängigkeit der intrinsischen Ladungsträgerdichte gilt

$$n_i(T) \propto T^{3/2} e^{-E_g/2k_B T}. \tag{10.1.62}$$

Der Term $\frac{\mu_h - \mu_e}{\mu_h + \mu_e}$ in (10.1.60) zeigt keine Temperaturabhängigkeit, da sich diese durch die Quotientenbildung heraushebt. Wir erhalten dann

$$\ln(|R_{H,i}|T^{3/2}) = \text{const} + \frac{E_g}{2k_B}\frac{1}{T}. \tag{10.1.63}$$

Tragen wir also $\ln(|R_{H,i}|T^{3/2})$ gegen $1/T$ auf, so erhalten wir eine Gerade mit der Steigung $E_g/2k_B$.

- Zur Bestimmung der Ionisierungsenergie E_d in einem n-Halbleiter mit Hilfe des Hall-Effekts müssen wir den Hall-Effekt in dem Temperaturbereich messen, der durch das Ausfrieren der Ladungsträger dominiert wird (Störstellenreserve). Wir dürfen für n_c dann den Ausdruck (10.1.46)

$$n_c \simeq \sqrt{n_D n_c^{\text{eff}}} e^{-E_d/2k_B T} \propto T^{3/4} e^{-E_d/2k_B T} \tag{10.1.64}$$

verwenden und erhalten

$$\ln(|R_{H,e}|T^{3/4}) = \text{const} + \frac{E_d}{2k_B}\frac{1}{T}. \tag{10.1.65}$$

Tragen wir wiederum $\ln(|R_{H,e}|T^{3/4})$ gegen $1/T$ auf, so erhalten wir eine Gerade mit der Steigung $E_d/2k_B$. Eine analoge Betrachtung gilt für die Bestimmung der Ionisierungsenergie E_a in einem p-Halbleiter.

- In einem n-Halbleiter, der keine Akzeptoren enthält, ist in einem weiten Temperaturbereich die Ladungsträgerdichte $n_c = n_D = \text{const}$ (Bereich der Störstellenerschöpfung). Nach (10.1.61) gilt für diesen Bereich dann

$$n_D = -\frac{1}{R_{H,e} e}. \tag{10.1.66}$$

Für einen p-Halbleiter ohne Donatoren gilt entsprechend

$$n_A = +\frac{1}{R_{H,h} e}. \tag{10.1.67}$$

10.1 Grundlegende Eigenschaften

- Die Beweglichkeiten μ_e und μ_h hängen über die Streuzeiten τ_e und τ_h von der Temperatur ab. Für den Temperaturbereich, in dem reine Eigenleitung vorliegt, erhält man die Beweglichkeiten durch eine kombinierte Messung von $R_{H,e}$ bzw. $R_{H,h}$ und σ. Aus (10.1.61) folgt

$$\mu_e = R_{H,e}\sigma \quad \text{und} \quad \mu_h = R_{H,h}\sigma, \tag{10.1.68}$$

Bei reiner Eigenleitung gilt ferner

$$\sigma = e(n_c\mu_e + p_v\mu_p), \tag{10.1.69}$$

woraus sich mit Hilfe von (10.1.60) die Beziehung

$$R_{H,i}\sigma = \mu_h - \mu_e \tag{10.1.70}$$

ergibt. Um aus den beiden Gleichungen (10.1.69) und (10.1.70) die Beweglichkeiten μ_e und μ_h zu berechnen, benötigen wir außer den gemessenen Größen $R_{H,i}$ und σ noch die Elektronendichte n_i bei Eigenleitung. Diese können wir nach (10.1.26) berechnen, wenn wir neben der Energielücke E_g noch die effektiven Massen m_e^* und m_h^* kennen. Letztere können z. B. mit Hilfe der Zyklotron-Resonanz bestimmt werden.

Insgesamt sehen wir, dass wir durch Messung der elektrischen Leitfähigkeit und des Hall-Effekts sowie durch die Bestimmung der effektiven Massen mit Hilfe der Zyklotron-Resonanz alle relevanten Halbleiterparameter wie E_g, E_a, E_d, n_D, n_A, μ_e oder μ_h bestimmen können.

10.1.6 Vertiefungsthema: Seebeck- und Peltier-Effekt

Nach Gleichung (9.5.42) gilt $\mathbf{J}_h = \Pi \mathbf{J}_q$. Um den Peltier-Koeffizienten Π von Halbleitern abzuschätzen, müssen wir uns überlegen, welche Wärmemenge ein Ladungsträger in einem Halbleiter transportiert. Ein Elektron im Leitungsband hat bezogen auf das chemische Potenzial die Energie $(E_c - \mu) + \frac{3}{2}k_B T$ und transportiert deshalb nicht nur die Wärmemenge $\frac{3}{2}k_B T$ sondern $(E_c - \mu) + \frac{3}{2}k_B T$. Ein Loch im Valenzband transportiert entsprechend die Energie $(\mu - E_v) + \frac{3}{2}k_B T$. Das heißt, der mit dem Ladungsfluss $\mathbf{J}_q = n_c(-e)\mu_e\mathbf{E}$ der Elektronen bzw. $\mathbf{J}_q = p_v(+e)\mu_h\mathbf{E}$ der Löcher verbundene Wärmefluss $\mathbf{J}_h$ ist gegeben durch

$$\mathbf{J}_h = n_c\left(E_c - \mu + \tfrac{3}{2}k_B T\right)\mu_e\mathbf{E} \tag{10.1.71}$$

$$\mathbf{J}_h = p_v\left(\mu - E_v + \tfrac{3}{2}k_B T\right)\mu_h\mathbf{E}. \tag{10.1.72}$$

Damit erhalten wir mit $\mathbf{J}_h = \Pi\mathbf{J}_q$ die Peltier-Koeffizienten

$$\Pi_e = -\frac{E_c - \mu + \tfrac{3}{2}k_B T}{e} \tag{10.1.73}$$

$$\Pi_h = +\frac{\mu - E_v + \tfrac{3}{2}k_B T}{e}. \tag{10.1.74}$$

Die Thermokraft bestimmen wir über die Kelvin-Beziehung $\Pi = S \cdot T$. Der Temperaturverlauf des Peltier-Koeffizienten ist durch die Temperaturabhängigkeit des chemischen Potenzials gegeben, die für einen n-Halbleiter in Abb. 10.11 gezeigt ist. Für nicht allzu hohe Temperaturen ist $(E_c - \mu) \gg k_B T$ bzw. $(\mu - E_v) \gg k_B T$. Das bedeutet, dass der Peltier-Koeffizient bzw. die Thermokraft für einen n-Halbleiter negativ bzw. für einen p-Halbleiter positiv ist. Wir können deshalb durch Messung der Thermokraft sehr einfach bestimmen, ob wir einen n- oder einen p-Halbleiter vorliegen haben. Außerdem sind Peltier-Koeffizient und Thermokraft von Halbleitern üblicherweise wesentlich größer als bei Metallen.

10.2 Inhomogene Halbleiter

Viele Entwicklungen im Bereich der modernen Festkörperphysik sind mit dem großen Erfolg von Halbleiterbauelementen und der halbleiterbasierten Festkörperelektronik verbunden. Da die Funktionsweise der Mehrzahl der Halbleiterbauelemente auf Phänomenen beruht, die mit räumlich inhomogenen Halbleiterstrukturen zusammenhängen, wollen wir uns in diesem Abschnitt mit solchen Halbleitersystemen beschäftigen. Dabei konzentrieren wir uns auf Systeme, die eine räumlich inhomogene Konzentration von Donatoren und Akzeptoren enthalten. Wir werden uns dabei auf die Diskussion der grundlegenden Aspekte und der zentralen Strukturen wie des p-n-Übergangs beschränken. Die theoretischen Grundlagen zum p-n-Übergang wurden von **William B. Shockley**[14] erarbeitet.[15,16] Eine umfassende Diskussion verschiedener Halbleiter-Bauelemente kann in speziellen Lehrbüchern gefunden werden.[17,18]

Wir betrachten einen Halbleiter (z. B. Silizium) der auf der linken Seite p- und auf der rechten Seite n-dotiert sein soll (siehe Abb. 10.14). Die Konzentration der Dotieratome soll sich an der Grenzfläche, die senkrecht zur x-Richtung verläuft, abrupt ändern, so dass die Konzentration von Donatoren und Akzeptoren wie folgt geschrieben werden kann:

$$n_A(x) = \begin{cases} n_A & \text{für} \quad x < 0 \\ 0 & \text{für} \quad x > 0 \end{cases}, \quad n_D(x) = \begin{cases} 0 & \text{für} \quad x < 0 \\ n_D & \text{für} \quad x > 0 \end{cases}. \quad (10.2.1)$$

Solche abrupten Übergänge sind nicht nur konzeptionell interessant, sondern haben auch große Anwendungsrelevanz. Die Herstellung eines solchen abrupten Übergangs ist allerdings schwierig. Wir werden aber später sehen, dass im Rahmen einer physikalischen Modellierung abrupt nur bedeutet, dass die Breite des Bereichs, innerhalb dessen sich die Dotierung ändert, kleiner als die am Übergang auftretende Ladungsträgerverarmungszone sein

---

[14] **William Bradford Shockley**, siehe Kasten auf Seite 502.

[15] W. Shockley, *The Theory of p-n Junctions in Semiconductors and p-n Junction Transistors*, Bell. Syst. Tech. J. **28**, 435 (1949).

[16] C. T. Sah, R. N. Noyce, W. Shockley, *Carrier generation and recombination in p-n junctions and p-n junction characteristics*, Proc. IRE **45**, 1228 (1957).

[17] *Semiconductor Devices: Physics and Technology*, S. M. Sze, Wiley, New York (1985).

[18] *The Physics of Semiconductor Devices*, S. M. Sze and K. Ng Kwok, John Wiley & Sons, New York (1981).

10.2 Inhomogene Halbleiter

muss. Diese Anforderung bedeutet, dass die Übergangsbreite im Bereich von 10 nm und mehr sein darf.

Um die Reaktion eines inhomogenen Halbleiters auf ein äußeres elektrostatisches Potenzial zu beschreiben oder um einfach die Ladungsverteilung in Abwesenheit eines elektrostatischen Potenzials zu berechnen, wird üblicherweise ein semi-klassisches Modell benutzt. Wie wir in Kapitel 9 ausführlich diskutiert haben, dürfen wir eine semi-klassische Beschreibung immer dann vornehmen, wenn sich das elektrostatische Potenzial $\phi(\mathbf{r})$ auf einer Längenskala ändert, die groß gegenüber dem Gitterabstand der Atome ist, also groß gegenüber der Längenskala auf der sich das periodische Potenzial des Festkörpers ändert (vergleiche hierzu Abschnitt 9.1.2).

10.2.1 p-n Übergang im thermischen Gleichgewicht

Wir betrachten zunächst einen p-n Übergang im thermischen Gleichgewicht ohne ein von außen angelegtes elektrisches Potenzial. Wir beginnen unsere Diskussion mit zwei völlig getrennten p- und n-dotierten Halbleitern (Abb. 10.14a). In diesem Fall liegt das chemische Potenzial in beiden Materialien auf einer gemeinsamen Energieskala bei unterschiedlichen Werten. Stellen wir den Kontakt zwischen den beiden Seiten her, so muss im thermischen Gleichgewicht das elektrochemische Potenzial über die ganze Struktur konstant sein. Das bedeutet, dass sich in einer Übergangszone auf beiden Seiten der Kontaktfläche die Valenz- und Leitungsbänder der beiden Halbleiter verbiegen müssen (Abb. 10.14b). Im Rahmen der semiklassischen Beschreibung kann diese Situation durch ein inneres elektrostatisches Potenzial oder *Makropotenzial* $\phi(x)$ beschrieben werden, welches der Bandverbiegung Rechnung trägt. Voraussetzung ist, dass sich das Potenzial nur wenig auf der Längenskala der Gitterkonstante ändert.[19] Mit dem Makropotenzial $\phi(x)$ erhalten wir die potenzielle Energie der Löcher (Ladung $+e$) zu $+e\phi(x)$ und die potenzielle Energie der Elektronen (Ladung $-e$) zu $-e\phi(x)$.

Nach der Poisson-Gleichung ist das Makropotenzial $\phi(x)$ mit einer Raumladung $\rho(x)$ verbunden:

$$-\nabla^2 \phi = -\frac{\partial^2 \phi(x)}{\partial x^2} = \frac{\rho(x)}{\epsilon \epsilon_0} . \qquad (10.2.2)$$

Die Entstehung der Raumladungszone können wir qualitativ dadurch verstehen, dass ein Teil der im n-Halbleiter überwiegend vorhandenen Elektronen und der im p-Halbleiter überwiegend vorhandenen Löcher in das Gebiet mit der jeweils anderen Dotierung diffundiert und dort teilweise rekombiniert. Wir sprechen in diesem Zusammenhang deshalb von einem **Diffusionsstrom** oder auch **Rekombinationsstrom**. Wir bezeichnen Elektronen im n-Gebiet bzw. Löcher im p-Gebiet als **Majoritätsladungsträger**, da sie dem vorherrschenden Ladungstyp entsprechen. Da aber Elektronen ins p- und Löcher ins n-Gebiet diffundieren

---

[19] Das bei der Einstellung des thermodynamischen Gleichgewichts erzeugte Makropotenzial $\phi(x)$ wird üblicherweise in das chemische Potenzial einbezogen, so dass μ = const. Im Gegensatz dazu wird ein von außen angelegtes elektrostatisches Potenzial (z. B. angelegte Spannung U) explizit hinzugefügt, so dass $\mu + eU(x)$ = const. Das chemische Potenzial μ wird dann als verbogene Kurve gezeichnet.

William Bradford Shockley (1910–1989)

William Bradford Shockley wurde am 13. Februar 1910 in London. Er starb am 12. August 1989 in Stanford.
William Shockley machte seine Ausbildung in Kalifornien und erhielt 1932 seinen B. Sc. vom California Institute of Technology (Caltech). Er promovierte dann 1936 bei John C. Slater am Massachusetts Institute of Technology (MIT) über die Struktur der Energiebänder in NaCl. Anschließend ging er zu den Bell Telephone Laboratories, wo er bis auf kurze Unterbrechungen arbeitete, z. B. in der Gruppe von Clinton Davisson. Im Jahr 1946 war er Gastprofessor an der Princeton University und 1954 am California Institute of Technology. Er war ferner für ein Jahr (1954/55) stellvertretender Direktor der Weapon Systems Evaluation Group des US-Verteidigungsministeriums.

©The Nobel Foundation.

Im Jahr 1955 wechselte Shockley als Direktor zum Shockley-Halbleiterlaboratorium bei Beckman Instruments in Mountain View, Kalifornien, um dort den neuen Transistor und weitere Halbleiterbauelemente weiterzuentwickeln und zu produzieren. Er wurde 1963 zum Alexander M. Poniatoff Professor für Ingenieurwissenschaften an der Stanford University ernannt. Seit 1951 war er Mitglied des wissenschaftlichen Beraterstabes der US Army und ab 1958 der US Air Force. Im Jahr 1962 wurde er in den wissenschaftlichen Beraterstab des US-Präsidenten berufen.

In seiner wissenschaftlichen Arbeit beschäftigte sich Shockley mit den Energiebändern von Festkörpern, mit Legierungen, der Theorie der Vakuumröhren, mit theoretischen Modellen zu Versetzungen und Korngrenzen, mit ferromagnetischen Domänen, sowie mit Photoelektronen in Silberchlorid. Nach der Entwicklung des Transistors (kurz vor Weihnachten 1947) beschäftigte er sich mit den verschiedenen Aspekten der Transistorphysik. Daneben betrieb er „Operations Research" über den Einfluss des Gehaltes auf die individuelle Produktivität in Forschungslaboratorien. Nach 1963 widmete sich Shockley, obwohl er keine Ausbildung im Fach Psychologie genossen hatte, der Erforschung von Zusammenhängen zwischen Rasse und Intelligenz sowie Themen aus dem Bereich Eugenik. Diese unrühmlichen Arbeiten mündeten in einigen unhaltbaren rassistischen Thesen. So sah Shockley in der größeren Kinderzahl der schwarzen US-Bürger eine Bedrohung für die Zukunft der USA, da diese Bevölkerungsgruppe weniger intelligent sei als die weiße US-Bevölkerung und forderte die Sterilisation für Menschen mit einem niedrigeren IQ als 100 und die verstärkte Fortpflanzung Intelligenter.

Shockley erhielt für seine physikalischen Arbeiten mehrere Auszeichnungen, u. a. die Medal for Merit (1946), den Morris Leibmann Memorial Prize des Institute of Radio Engineers (1952), den Oliver E. Buckley Solid State Physics Prize der American Physical Society (1953) und den Cyrus B. Comstock Award der National Academy of Sciences (1954). Zusammen mit Walter H. Brattain und John Bardeen wurde Shockley 1956 mit dem Nobelpreis für Physik "für ihre Untersuchungen über Halbleiter und ihre Entdeckung des Transistoreffekts" ausgezeichnet.

10.2 Inhomogene Halbleiter

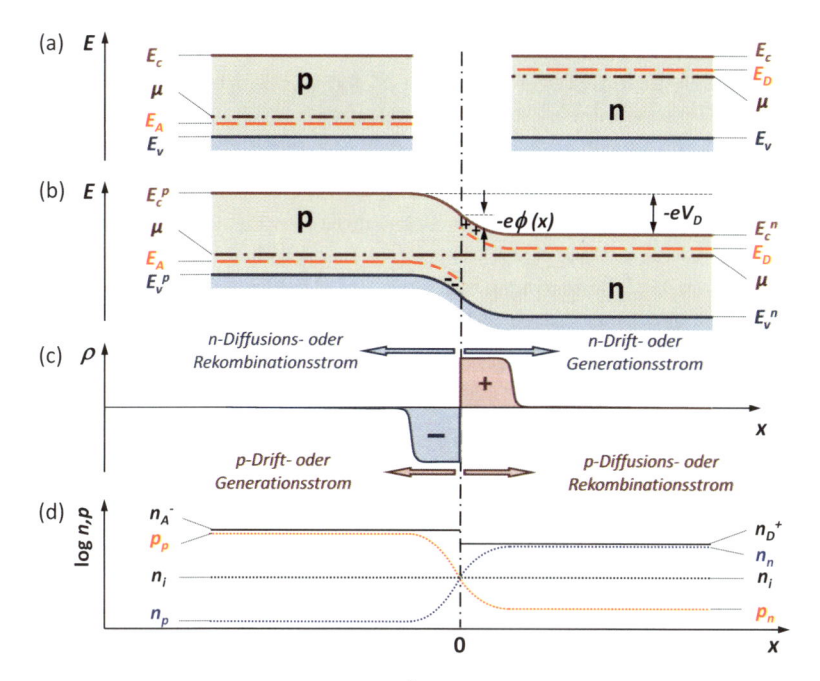

Abb. 10.14: Schematische Darstellung eines p-n Übergangs im thermischen Gleichgewicht: (a) Bänderschema im p- und n-Halbleiter bei völliger Trennung, (b) Bandverlauf im p-n Übergang im thermischen Gleichgewicht nach Herstellung des Kontakts, (c) Verlauf der Raumladungszone $\rho(x)$ im Bereich des p-n Übergangs und (d) qualitativer Verlauf der Konzentration der Donatoren n_D^+ und Akzeptoren n_A^- sowie der Elektronen im Leitungsband und Löcher im Valenzband. Wir nehmen an, dass alle Donatoren und Akzeptoren ionisiert sind, so dass $n_D = n_D^+$ und $n_A = n_A^-$. Auf der n-Seite ist V_D positiv, so dass die potenzielle Energie der Elektronen auf der n-Seite um $-eV_D$ abgesenkt ist.

können, erhalten wir eine Konzentration n_p von Elektronen im p-Gebiet und p_n von Löchern im n-Gebiet. Wir bezeichnen diese Ladungsträger als **Minoritätsladungsträger**.[20]

Durch das Abwandern von Elektronen aus der Grenzschicht des n-Halbleiters entsteht dort eine positive Raumladungszone, da die ortsfesten ionisierten Donatoren dort zurückbleiben. Umgekehrt entsteht durch das Abwandern von Löchern aus der Grenzschicht des p-Halbleiters dort eine negative Raumladungszone, da die ortsfesten ionisierten Akzeptoren dort zurückbleiben. Die resultierende Raumladungszone $\rho(x)$ ist in Abb. 10.14c gezeigt. Auf diese Weise wird in der Grenzschicht ein elektrisches Feld erzeugt, welches dem von dem Konzentrationsgradienten der Elektronen und Löcher verursachten Diffusionsstrom entgegenwirkt. Die gesamte zwischen dem p- und n-Bereich resultierende Potenzialdifferenz $\phi(\infty) - \phi(-\infty)$ wird als **Diffusionsspannung** V_D bezeichnet. Sie führt zu einem **Driftstrom**, der im thermischen Gleichgewicht den Diffusionsstrom gerade kompensiert. Der Driftstrom setzt sich aus einem Strom von Elektronen und Löchern zusammen, die jeweils aus dem p- und n-Halbleiter kommen. Der Driftstrom wird also von den jeweiligen Minoritätsladungsträgern getragen. Da diese in den jeweiligen Halbleitertypen ständig neu erzeugt werden müs-

---

[20] Generell geben wir mit dem Index an, in welchem Halbleitertyp sich der jeweilige Ladungsträger befindet.

sen, bezeichnet man den Driftstrom auch als *Generationsstrom*. Weit außerhalb der Raumladungszone werden die ionisierten Donatoren n_D^+ bzw. Akzeptoren n_A^- im n- und p-Gebiet durch die hohe Konzentration n_n der Elektronen im n-Gebiet bzw. die hohe Konzentration p_p der Löcher im p-Gebiet kompensiert, so dass hier $\rho(x) = 0$ (siehe Abb. 10.14c und d).

Wir wollen nun Ausdrücke für die Ladungskonzentrationen sowie den Verlauf und die Größe des Makropotenzials ableiten. Wir benutzen dazu die Tatsache, dass im thermischen Gleichgewicht das Massenwirkungsgesetz ($n_i^2 = n \cdot p$) erfüllt sein muss. Für die Konzentrationen der Majoritätsladungsträger weit weg von der Grenzfläche gilt mit den in Abschnitt 10.1.3 benutzen Argumenten

$$n_n(\infty) = n_c^{\text{eff}} \exp\left(-\frac{E_c^n - \mu}{k_B T}\right) \tag{10.2.3}$$

$$p_p(-\infty) = p_v^{\text{eff}} \exp\left(-\frac{\mu - E_v^p}{k_B T}\right). \tag{10.2.4}$$

Hierbei ist $E_c^n = E_c - e\phi(\infty)$ und $E_v^p = E_v - e\phi(-\infty)$, n_c^{eff} und p_v^{eff} sind die durch (10.1.22) und (10.1.23) definierten effektiven Ladungsträgerdichten. Mit dem Massenwirkungsgesetz folgt daraus (siehe Abb. 10.14b)

$$\begin{aligned} n_i^2 = n_n \cdot p_p &= n_c^{\text{eff}} p_v^{\text{eff}} \exp\left(-\frac{E_c^n - E_v^p}{k_B T}\right) \\ &= n_c^{\text{eff}} p_v^{\text{eff}} \exp\left(-\frac{[E_c - E_v] - [e\phi(\infty) - e\phi(-\infty)]}{k_B T}\right) \\ &= n_c^{\text{eff}} p_v^{\text{eff}} \exp\left(-\frac{E_g - eV_D}{k_B T}\right). \end{aligned} \tag{10.2.5}$$

Wir erhalten somit

$$eV_D = E_g + k_B T \ln\left(\frac{n_i^2}{n_c^{\text{eff}} p_v^{\text{eff}}}\right) = E_g + k_B T \ln\left(\frac{n_n p_p}{n_c^{\text{eff}} p_v^{\text{eff}}}\right). \tag{10.2.6}$$

Die Ladungsträgerdichte für einen beliebigen Ort x erhalten wir, indem wir in (10.2.3) und (10.2.4) die ortsabhängigen Werte $E_c^n(x) = E_c - e\phi(x)$ und $E_v^p(x) = E_v - e\phi(x)$ für die Bandkanten einsetzen. Alternativ können wir ein ortsabhängiges elektrochemisches Potenzial $\widetilde{\mu}(x) = \mu + e\phi(x)$ verwenden. Mit $\widetilde{\mu}(x)$ werden die Ausdrücke (10.2.3) und (10.2.4) äquivalent zu den Ausdrücken (10.1.22) und (10.1.23) für die Ladungsträgerdichten in einem homogenen Halbleiter:

$$n(x) = n_c^{\text{eff}} \exp\left(-\frac{E_c - e\phi(x) - \mu}{k_B T}\right) = n_c^{\text{eff}} \exp\left(-\frac{E_c - \widetilde{\mu}(x)}{k_B T}\right) \tag{10.2.7}$$

$$p(x) = p_v^{\text{eff}} \exp\left(-\frac{\mu - E_v + e\phi(x)}{k_B T}\right) = p_v^{\text{eff}} \exp\left(-\frac{\widetilde{\mu}(x) - E_v}{k_B T}\right). \tag{10.2.8}$$

Wir haben oben bereits qualitativ argumentiert, dass sich im thermischen Gleichgewicht die Diffusions- und Driftströme an der Grenzfläche kompensieren müssen. Wir wollen diesen

10.2 Inhomogene Halbleiter

Zusammenhang jetzt quantitativ diskutieren. Mit den Diffusionskonstanten D_n und D_p für die Elektronen und Löcher erhalten wir für die Ströme

$$J^{\text{diff}} = J_n^{\text{diff}} + J_p^{\text{diff}} = e\left(D_n \frac{\partial n}{\partial x} - D_p \frac{\partial p}{\partial x}\right) \qquad (10.2.9)$$

$$J^{\text{drift}} = J_n^{\text{drift}} + J_p^{\text{drift}} = e\left(n\mu_n + p\mu_p\right) E_x . \qquad (10.2.10)$$

Aus $J^{\text{diff}} + J^{\text{drift}} = 0$ folgt, dass die Beiträge der Elektronen und Löcher einzeln verschwinden müssen, da sich weder Elektronen noch Löcher in irgendeinem Teilgebiet ansammeln können. Es muss deshalb sowohl für Elektronen als auch für Löcher gelten:

$$D_n \frac{\partial n}{\partial x} = n\mu_n \frac{\partial \phi(x)}{\partial x} \qquad -D_p \frac{\partial p}{\partial x} = p\mu_p \frac{\partial \phi(x)}{\partial x} . \qquad (10.2.11)$$

Hierbei haben wir $E_x = -\partial \phi / \partial x$ verwendet. Mit den durch (10.2.7) und (10.2.8) gegebenen Ladungsträgerdichten erhalten wir

$$\frac{\partial n}{\partial x} = n \frac{e}{k_B T} \frac{\partial \phi(x)}{\partial x} \qquad \frac{\partial p}{\partial x} = -p \frac{e}{k_B T} \frac{\partial \phi(x)}{\partial x} \qquad (10.2.12)$$

und damit nach Substitution in (10.2.11)

$$D_n = \frac{k_B T}{e} \mu_n \qquad D_p = \frac{k_B T}{e} \mu_p . \qquad (10.2.13)$$

Diese Beziehungen werden *Einstein-Relationen* genannt und gelten immer dann, wenn Diffusions- und Driftströme durch denselben Ladungsträgertyp getragen werden.

Wir können nun die Poisson-Gleichung (10.2.2) dazu benutzen, eine Beziehung zwischen $\phi(x)$ und $\rho(x)$ herzustellen. Nehmen wir an, dass alle Akzeptoren und Donatoren ionisiert sind ($n_A = n_A^-$ und $n_D = n_D^+$), so ergibt sich die Ladungsdichte durch die Dotieratome und die Ladungsträgerdichte zu

$$\rho(x) = e[n_D(x) - n_A(x) - n(x) + p(x)] . \qquad (10.2.14)$$

Setzen wir die entsprechenden Ausdrücke (10.2.1), (10.2.7) und (10.2.8) in diese Gleichung ein und substituieren das Ergebnis in die Poisson-Gleichung, so erhalten wir eine nichtlineare Differentialgleichung für $\phi(x)$, die sich nur numerisch lösen lässt. Wir wollen im Folgenden eine näherungsweise Betrachtung machen, die als *Schottky-Modell* der Raumladungszone bekannt ist.

Mit der Voraussetzung eines abrupten p-n-Übergangs können wir die Ladungsträgerdichte schreiben als

$$\rho(x < 0) = e[-n_A - n(x) + p(x)] \qquad (10.2.15)$$

$$\rho(x > 0) = e[+n_D - n(x) + p(x)] . \qquad (10.2.16)$$

Die ortsabhängigen Ladungsträgerkonzentrationen $n(x)$ und $p(x)$ hängen vom Abstand der jeweiligen Bandkante vom chemischen Potenzial μ ab. Obwohl sich dieser Abstand nur langsam ändert (siehe Abb. 10.14b), bewirkt die Fermi-Verteilungsfunktion, dass sich die Besetzungswahrscheinlichkeit innerhalb eines schmalen Energiefensters von etwa $2k_\mathrm{B}T \simeq 50\,\mathrm{meV}$, das viel kleiner als der Bandabstand E_g ist, von null auf den maximalen Wert ändert. Vernachlässigen wir nun diese schmalen Übergangsbereiche, so können wir die Konzentrationen n_D^+ und n_A^- der geladenen Donatoren und Akzeptoren, die nicht durch freie Ladungsträger kompensiert werden, durch Stufenfunktionen annähern. In dieser Näherung können wir die Raumladungsdichte schreiben als

$$\rho(x) = \begin{cases} 0 & \text{für} \quad x < -d_p \\ -en_A & \text{für} \quad -d_p < x < 0 \\ +en_D & \text{für} \quad 0 < x < d_n \\ 0 & \text{für} \quad x > d_n \end{cases}. \tag{10.2.17}$$

Hierbei geben die Längen d_p und d_n die Ausdehnung der Raumladungszone im p- und n-Halbleiter an. Mit dieser stückweise konstanten Raumladungsdichte erhalten wir die Poisson-Gleichung zu

$$\frac{\partial^2 \phi}{\partial x^2} = \begin{cases} 0 & \text{für} \quad x < -d_p \\ \frac{+en_A}{\epsilon\epsilon_0} & \text{für} \quad -d_p < x < 0 \\ \frac{-en_D}{\epsilon\epsilon_0} & \text{für} \quad 0 < x < d_n \\ 0 & \text{für} \quad x > d_n \end{cases}. \tag{10.2.18}$$

Durch Integration ergibt sich

$$\phi(x) = \begin{cases} \phi(-\infty) & \text{für} \quad x < -d_p \\ \phi(-\infty) + \left(\frac{en_A}{2\epsilon\epsilon_0}\right)(d_p + x)^2 & \text{für} \quad -d_p < x < 0 \\ \phi(+\infty) - \left(\frac{en_D}{2\epsilon\epsilon_0}\right)(d_n - x)^2 & \text{für} \quad 0 < x < d_n \\ \phi(+\infty) & \text{für} \quad x > d_n \end{cases}. \tag{10.2.19}$$

Der Verlauf von $\phi(x)$ sowie seiner 1. (elektrisches Feld) und 2. Ableitung (Raumladungsdichte) sind in Abb. 10.15 dargestellt.

Die Randbedingungen (Stetigkeit von $\phi(x)$ und seiner 1. Ableitung) werden von der Lösung bei $x = d_n$ und $x = -d_p$ explizit erfüllt. Damit die 1. Ableitung von $\phi(x)$ auch bei $x = 0$ stetig ist, muss

$$n_D d_n = n_A d_p \tag{10.2.20}$$

gelten. Diese Forderung stellt sicher, dass die negative Raumladung im p-Halbleiter mit der positiven im n-Halbleiter übereinstimmt. Damit $\phi(x)$ bei $x = 0$ stetig ist, muss

$$\frac{e}{2\epsilon\epsilon_0}\left(n_D d_n^2 + n_A d_p^2\right) = \phi(+\infty) - \phi(-\infty) = V_D \tag{10.2.21}$$

gelten.

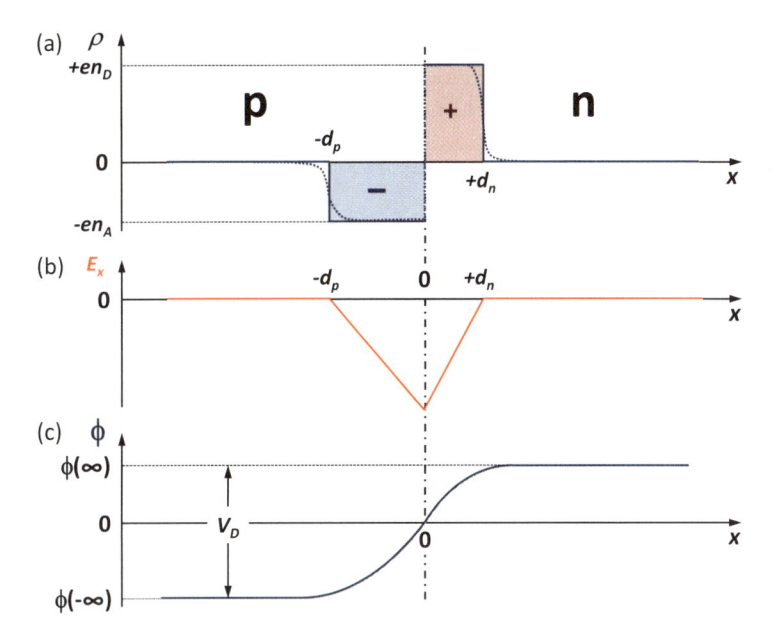

Abb. 10.15: Schottky-Modell der Raumladungszone eines p-n-Übergangs: (a) Raumladungsdichte $\rho(x)$ (gestrichelt ist die realistische Form von $\rho(x)$ angegeben, die im Rahmen des Schottky-Modells durch eine Stufenfunktion approximiert wird). (b) Verlauf des elektrischen Feldes und (c) Verlauf des Makropotenzials $\phi(x)$. Die potenzielle Energie der Elektronen (Ladung $-e$) beträgt $-e\phi(x)$.

Aus (10.2.20) und (10.2.21) können wir bei bekannten Verunreinigungskonzentrationen die Ausdehnung der Raumladungszone berechnen. Wir erhalten

$$d_n = \left(\frac{2\epsilon\epsilon_0 V_D}{e} \frac{n_A/n_D}{n_A + n_D}\right)^{1/2} \tag{10.2.22}$$

$$d_p = \left(\frac{2\epsilon\epsilon_0 V_D}{e} \frac{n_D/n_A}{n_A + n_D}\right)^{1/2}. \tag{10.2.23}$$

Üblicherweise ist für die meisten Halbleitermaterialien $eV_D \simeq E_g$. Mit $E_g \sim 1$ eV und typischen Verunreinigungskonzentrationen im Bereich von 10^{14} bis 10^{18} cm^3 liegen d_p und d_n zwischen 10 und 1000 nm. Die Feldstärke innerhalb der Raumladungszone ist $V_D/(d_p + d_n)$ und liegt bei einer Energielücke von 1 eV im Bereich zwischen 10^6 und 10^8 V/cm.

10.2.2 p-n Übergang mit angelegter Spannung

Wir betrachten nun den Fall, dass eine zeitunabhängige externe Spannung U am p-n Übergang anliegt. Wir nehmen U als positiv an, wenn sie das Potenzial auf der p-Seite bezüglich der n-Seite anhebt. In den Abbildungen zeichnen wir allerdings immer die potenzielle Energie der Elektronen ein. Für eine positive Spannung über den p-n-Kontakt ist die potenzielle Energie der Elektronen im p-Bereich um $-eU$ abgesenkt bzw. im n-Bereich um $+eU$ angehoben. Wir haben im vorangegangenen Abschnitt gesehen, dass im thermischen Gleichgewicht am p-n Übergang eine Verarmungszone mit einer Breite zwischen 10 und 1000 nm entsteht. Aufgrund der sehr geringen Ladungsträgerdichte in dieser Zone können wir in guter Näherung annehmen, dass die gesamte angelegte Spannung über die Verarmungszone abfällt. Das bedeutet, dass sich das in Abb. 10.14b gezeigte Bandschema nur in dem Bereich der Raumladungszone ändert. Außerhalb der Raumladungszone verlaufen die Bänder und das Potenzial $\phi(x)$ nach wie vor horizontal. Die Potenzialänderung über die Raumladungszone erhält mit der angelegten Spannung U den Wert

$$\phi(\infty) - \phi(-\infty) = V_D - U. \tag{10.2.24}$$

Die angelegte Spannung U verändert nun die Breite der Raumladungszone, da die Größe V_D in (10.2.22) und (10.2.23) durch $V_D - U$ ersetzt werden muss. Wir erhalten damit

$$d_n = d_n(U=0)\left(1 - \frac{U}{V_D}\right)^{1/2} \tag{10.2.25}$$

$$d_p = d_p(U=0)\left(1 - \frac{U}{V_D}\right)^{1/2}. \tag{10.2.26}$$

Wir sehen, dass die Raumladungszone für positive Spannungen, wir nennen diese Richtung die **Durchlassrichtung**, abnimmt, während sie für negative Spannungen, wir nennen diese Richtung die **Sperrrichtung**, zunimmt.

Mit der Ausdehnung d_n der Raumladungszone ändert sich auch die in dieser Zone gespeicherte Ladung

$$Q_R = e n_D d_n(U) A. \tag{10.2.27}$$

Um die Kapazität der Raumladungszone bei einer angelegten Gleichspannung U_0 abzuschätzen, müssen wir überlegen, welche Ladungsmenge durch eine kleine Wechselspannung δU an den Rändern der Verarmungszone hinzugefügt und entfernt wird. Die Ladungsmenge ist gegeben durch

$$\delta Q_R = e n_D A \frac{d\,d_n}{dU}\bigg|_{U_0} \delta U + e n_A A \frac{d\,d_p}{dU}\bigg|_{U_0} \delta U. \tag{10.2.28}$$

Hierbei können wir δQ_R als diejenige Ladungsmenge betrachten, die durch die Wechselspannung mit Amplitude δU auf einen Plattenkondensator der Fläche A geschoben wird. Wir können dann die spannungsabhängige Kapazität des p-n-Übergangs schreiben als

$$C_R(U_0) = \left|\frac{dQ_R}{dU}\right| = \left[e n_D A d_n(0) + e n_A A d_p(0)\right] \left|\frac{d}{dU}\left(1 - \frac{U}{V_D}\right)^{1/2}\right|_{U_0}. \tag{10.2.29}$$

Mit den Ausdrücken (10.2.22) und (10.2.23) sowie (10.2.25) und (10.2.26) erhalten wir

$$C_R(U_0) = A\left(\frac{n_A n_D}{n_A + n_D}\frac{e\epsilon\epsilon_0}{(V_D - U_0)}\right)^{1/2}. \tag{10.2.30}$$

Messen wir die Raumladungskapazität C_R als Funktion der angelegten Spannung, so können wir Informationen über die Verunreinigungskonzentrationen gewinnen. Ferner können wir durch Auftragung von $1/C_R^2$ gegen U und Extrapolation auf $U = 0$ die Diffusionsspannung V_D bestimmen. Für $n_A \gg n_D$ erhalten wir

$$\frac{1}{C_R^2} = \frac{1}{A^2} \frac{1}{n_D} \frac{(V_D - U_0)}{e\epsilon\epsilon_0} . \qquad (10.2.31)$$

10.2.2.1 Strom-Spannungs-Charakteristik

Wir wollen jetzt die Strom-Spannungs-Charakteristik eines p-n Kontakts diskutieren. Im letzten Abschnitt haben wir gesehen, dass für $U = 0$ die Drift- und Diffusionsströme sich gegenseitig kompensieren, so dass der Gesamtstrom verschwindet. Im Fall einer von außen angelegten Spannung trifft dies nicht mehr zu. Wir betrachten im Folgenden den Elektronenstrom. Wir müssen einerseits den Driftstrom der Minoritätsladungsträger (Elektronen im p-Material) berücksichtigen, der vom p- in den n-Bereich fließt. Da die Minoritätsladungsträger im p-Bereich durch thermische Aktivierung ständig neu erzeugt werden müssen, nennen wir diesen Strom auch den *Generationsstrom* I_n^{gen}. Für eine genügend dünne Raumladungszone wird jedes Elektron, das aus dem p-Material in den Raumladungsbereich gelangt, durch das elektrische Feld innerhalb der Raumladungszone in den n-Bereich getrieben. Dieser Strom wird in erster Näherung unabhängig von der Größe des elektrischen Feldes und damit auch von der angelegten Spannung sein.

Andererseits müssen wir den Diffusionsstrom der Majoritätsladungsträger (Elektronen im n-Bereich) berücksichtigen, der vom n- in den p-Bereich fließt. Diesen Strom nennen wir *Rekombinationsstrom* I_n^{rec}, da die Elektronen nach Diffusion in den p-Bereich mit den dort vorhandenen zahlreichen Löchern rekombinieren. In der Richtung von n nach p bewegen sich die Elektronen gegen die Potenzialschwelle der Diffusionsspannung. Je nach Vorzeichen wird diese Potenzialschwelle durch die angelegte Spannung erhöht oder erniedrigt. Der Anteil der Elektronen, der die Potenzialschwelle überwinden kann, wird durch einen Boltzmann-Faktor $\exp(-e(V_D - U)/k_B T)$ bestimmt und hängt somit stark von der angelegten Spannung ab. Aufgrund unserer Diskussion können wir folgende Spannungsabhängigkeit der Rekombinationsstromdichte angeben:

$$J_n^{\text{rec}}(U) \propto e^{-e(V_D - U)/k_B T} . \qquad (10.2.32)$$

Benutzen wir nun die Tatsache, dass der Generationsstrom in etwa unabhängig von U ist und für $U = 0$ der Rekombinations- und Generationsstrom gleich sein müssen, $J_n^{\text{rec}}(U=0) = J_n^{\text{gen}}(U=0)$, so erhalten wir wegen $J_n^{\text{rec}}(0) \propto e^{-eV_D/k_B T} = J_n^{\text{gen}}(0) = J_n^{\text{gen}}(U)$

$$J_n^{\text{rec}}(U) = J_n^{\text{gen}} e^{eU/k_B T} . \qquad (10.2.33)$$

Die Gesamtstromdichte ergibt sich dann zu

$$J_n = J_n^{\text{rec}} - J_n^{\text{gen}} = J_n^{\text{gen}} \left(e^{eU/k_B T} - 1 \right) . \qquad (10.2.34)$$

Die gleiche Analyse können wir für den Löcherstrom durchführen und erhalten

$$J_p = J_p^{\text{rec}} - J_p^{\text{gen}} = J_p^{\text{gen}} \left(e^{eU/k_B T} - 1 \right) . \qquad (10.2.35)$$

Für den Gesamtstrom aus Elektronen und Löchern ergibt sich somit

$$J(U) = (J_p^{\text{gen}} + J_n^{\text{gen}}) \left(e^{eU/k_B T} - 1 \right) . \qquad (10.2.36)$$

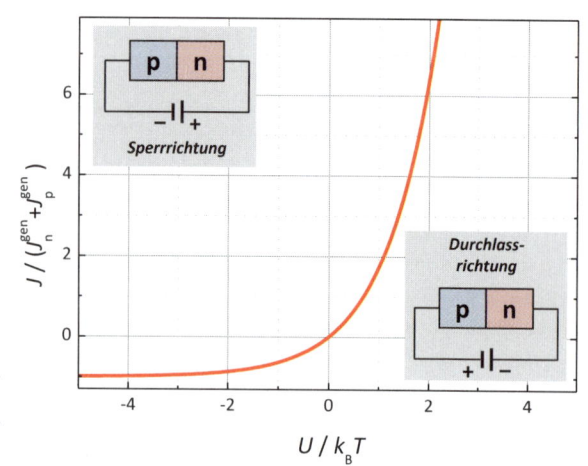

Abb. 10.16: Strom-Spannungs-Charakteristik eines p-n-Kontakts. Der maximale Strom in Sperrrichtung ist durch die Summe der Generationsströme für die Elektronen und Löcher gegeben.

Die entsprechende Strom-Spannungs-Charakteristik ist in Abb. 10.16 dargestellt. Sie ist bezüglich der beiden Polaritäten der angelegten Spannung extrem asymmetrisch und resultiert in einem gleichrichtenden Verhalten des p-n Kontakts.

10.2.2.2 Vertiefungsthema: Sättigungsstrom

Um einen quantitativen Ausdruck für den Sättigungsstrom in Sperrrichtung abzuleiten, müssen wir eine detailliertere Betrachtung des stationären Zustandes bei Anliegen einer Sperrspannung machen. Unsere obige Betrachtung hat gezeigt, dass eine Störung des Gleichgewichts hauptsächlich durch die Diffusionsströme erfolgt, wogegen der Einfluss der Spannung auf die Driftströme in guter Näherung vernachlässigt werden kann. Wir werden im Folgenden die so genannte *Diffusionsstrom-Näherung* diskutieren, in der es ausreicht, nur die Diffusionströme unter dem Einfluss einer äußeren Spannung zu diskutieren.

Wir betrachten einen p-n-Kontakt in Durchlassrichtung (siehe Abb. 10.17). Die Ladungsträgerdichte nimmt durch die anliegende Spannung im Bereich der Raumladungszone zu. Das Massenwirkungsgesetz $n_i^2 = n \cdot p$ ist in diesem Fall nicht mehr gültig. Die elektrochemischen Potenziale weit außerhalb der Raumladungszone unterscheiden sich genau um die der anliegenden Spannung U entsprechende Energie $-eU$. Da im Bereich der Raumladungszone die Ladungsträger nicht im Gleichgewicht sind, können wir hier kein gemeinsames elektrochemisches Potenzial mehr definieren. Elektronen und Löcher stehen allerdings jeweils untereinander im Gleichgewicht, so dass wir zwei getrennte Quasi-Potenziale $\mu^e(x)$ und $\mu^p(x)$ definieren können, die wir unabhängig voneinander behandeln können. Diese sind in Abb. 10.17 durch gepunktete und gestrichelte Linien gezeichnet. Falls ferner der stationäre Zustand nicht stark vom Gleichgewichtszustand abweicht (dieses wollen wir im Folgenden annehmen), können wir nach wie vor die Situation näherungsweise mit Hilfe der Boltzmann-Statistik beschreiben.

In der Näherung, dass wir die Rekombination von Elektronen und Löchern im Bereich der Raumladungszone vernachlässigen können, ist es ausreichend, die Änderung der Diffusionsstromdichten am Rand der Raumladungszonen bei $-d_p$ und $+d_n$ zu betrachten. Da die

10.2 Inhomogene Halbleiter

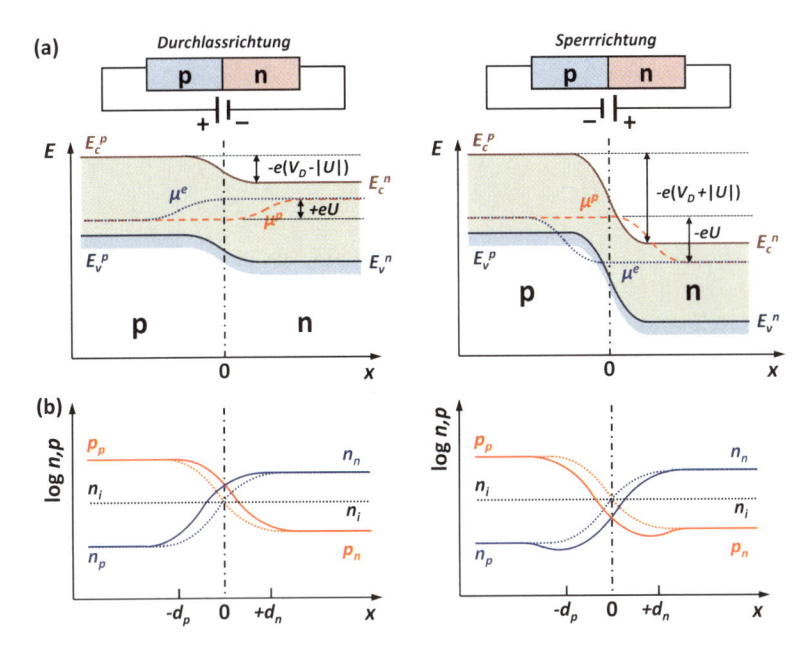

Abb. 10.17: p-n-Kontakt in Durchlass- (links) und Sperrrichtung (rechts). (a) Verlauf der Leitungs- und Valenzbandkante sowie des elektrochemischen Quasi-Potenzials für Elektronen (gepunktet) und Löcher (gestrichelt). In Durchlassrichtung ist U negativ auf der n-Seite, so dass die potenzielle Energie $(-e)(-U)$ der Elektronen positiv ist. (b) Räumliche Variation der Elektronenkonzentration n und der Löcherkonzentration p im Fall einer anliegenden Spannung (durchgezogene Linien) und im Fall $U = 0$ (gepunktete Linien). Die Konzentrationen weit weg von der Raumladungszone werden mit p_p, n_p, n_n und p_n bezeichnet.

Berechnung für Elektronen und Löcher völlig analog ist, beschränken wir uns im Folgenden auf die Berechnung der Löcherstromdichte.

Für den Diffusionsstrom bei $x = d_n$ folgt aus (10.2.9)

$$J_p^{\text{diff}}(x = d_n) = -eD_p \frac{\partial p}{\partial x}\bigg|_{x=d_n}. \tag{10.2.37}$$

Wir werden im Folgenden zeigen, dass die Diffusionstheorie einen einfachen Ausdruck zwischen dem Konzentrationsgradienten $\frac{\partial p}{\partial x}$ und der Zunahme der Lochkonzentration bei $x = -d_n$ liefert. Die Lochkonzentration $p(x = d_p)$ und $p(x = d_n)$ können wir mit Hilfe der Boltzmann-Statistik erhalten. Wir benutzen hierzu Gleichung (10.2.8) und verwenden $\phi(-d_p) = V_D - U$ sowie $\phi(d_n) = -U$. Wir erhalten dann

$$p(x = -d_p) = p_v^{\text{eff}} \exp\left(-\frac{\mu - E_v + e(V_D - U)}{k_B T}\right)$$

$$= p_v^{\text{eff}} \exp\left(-\frac{\mu - E_v}{k_B T}\right) \exp\left(-\frac{e(V_D - U)}{k_B T}\right) = p_p \exp\left(-\frac{e(V_D - U)}{k_B T}\right) \tag{10.2.38}$$

sowie

$$p(x = d_n) = p_v^{\text{eff}} \exp\left(-\frac{\mu - E_v - eU}{k_B T}\right)$$

$$= p_v^{\text{eff}} \exp\left(-\frac{\mu - E_v}{k_B T}\right) \exp\left(\frac{eU}{k_B T}\right) = p_n \exp\left(\frac{eU}{k_B T}\right). \quad (10.2.39)$$

Hierbei sind d_p und d_n die Breiten der Raumladungszonen im thermischen Gleichgewicht ($U = 0$). Die für die Durchlassrichtung um den Faktor $e^{eU/k_B T}$ erhöhte Löcherkonzentration im n-Bereich führt zu einer erhöhten Rekombinationsrate, so dass diese schnell abklingt. Fern vom p-n-Übergang wird der Strom deshalb im n-Gebiet von Elektronen und umgekehrt im p-Gebiet von Löchern getragen.

Um das Abklingen der Löcherkonzentration im n-Gebiet zu berechnen, benutzen wir die Kontinuitätsgleichung. Diese erfordert, dass die Löcherkonzentration in einem bestimmten Volumenelement sich nur durch Zu- oder Abfluss, durch thermische Generation sowie durch Rekombination ändert. Die Rekombinationsrate beschreiben wir mit Hilfe einer Rekombinationszeit τ_p und erhalten damit

$$\frac{\partial p}{\partial t} = -\frac{1}{e}\nabla \cdot \mathbf{J}_p^{\text{diff}} - \frac{p - p_n}{\tau_p}. \quad (10.2.40)$$

Hierbei beschreibt der 1. Term auf der rechten Seite den Zu- bzw. Abfluss und der 2. Term die Rekombination ($p > p_n$) bzw. die Generation ($p < p_n$). Im stationären Zustand ist $\frac{\partial p}{\partial t} = 0$, so dass wir unter Benutzung von (10.2.37)

$$\frac{\partial p}{\partial t} = D_p \frac{\partial^2 p}{\partial x^2} - \frac{p - p_n}{\tau_p} = 0 \quad (10.2.41)$$

und somit

$$\frac{\partial^2 p}{\partial x^2} = \frac{1}{D_p \tau_p}(p - p_n) \quad (10.2.42)$$

erhalten. Die Lösung dieser Differentialgleichung ergibt das Diffusionsprofil

$$p(x) = p_n - p_n e^{-x/\sqrt{D_p \tau_p}} = p_n\left(1 - e^{-x/L_p}\right). \quad (10.2.43)$$

Hierbei ist $L_p = \sqrt{D_p \tau_p}$ die Diffusionslänge für die Löcher im n-Material.

Für die Ableitung des Diffusionsprofils an der Stelle $x = d_n$ erhalten wir unter Benutzung von (10.2.39):

$$\left.\frac{\partial p}{\partial x}\right|_{x=d_n} = -\frac{p(x = d_n) - p_n}{L_p} = -\frac{p_n\left(e^{eU/k_B T} - 1\right)}{L_p}. \quad (10.2.44)$$

Setzen wir diesen Ausdruck in (10.2.37) ein, so ergibt sich

$$J_p^{\text{diff}}(x = d_n) = \frac{eD_p}{L_p} p_n \left(e^{eU/k_B T} - 1\right). \quad (10.2.45)$$

Eine völlig analoge Rechnung können wir für den Diffusionsstrom der Elektronen im p-Gebiet durchführen:

$$J_n^{\text{diff}}(x = -d_p) = \frac{eD_n}{L_n} n_p \left(e^{eU/k_BT} - 1\right) . \tag{10.2.46}$$

Wie oben bereits diskutiert wurde, müssen wir die Driftströme nicht berücksichtigen. Ihre Komponenten bleiben in der gemachten Näherung unverändert gegenüber dem thermischen Gleichgewicht und kompensieren gerade die Gleichgewichtsanteile der Diffusionsströme. Der gesamte Strom über den p-n-Kontakt ergibt sich aus der Summe der beiden Diffusionsströme (10.2.45) und (10.2.46) zu

$$J(U) = \left(\frac{eD_p}{L_p} p_n + \frac{eD_n}{L_n} n_p\right)\left(e^{eU/k_BT} - 1\right) . \tag{10.2.47}$$

Wir sehen, dass wir jetzt die Generationsströme in Gleichung (10.2.36) als Funktionen der Diffusionskonstanten und Diffusionslängen der Elektronen und Löcher sowie der Minoritätsladungsträgerdichten p_n und n_p ausgedrückt haben.

10.2.3 Schottky-Kontakt

Wir wollen in diesem Abschnitt einen Kontakt zwischen einem Halbleiter und einem Metall diskutieren, den wir als *Schottky-Kontakt* bezeichnen.[21] Solche Kontakte sind wichtige Elemente von elektronischen Schaltkreisen. Bei der Diskussion eines solchen Kontakts können wir konzeptionell ähnlich vorgehen, wie bei der Behandlung eines p-n-Kontakts. Abb. 10.18 zeigt, was passiert, wenn wir einen n-Halbleiter und ein Metall in Kontakt bringen. Da die Abstände Φ_H und Φ_M zwischen chemischem Potenzial und Vakuumniveau für einen Halbleiter und ein Metall nicht gleich sein müssen, sind die chemischen Potenziale im Halbleiter und Metall um den Betrag $\Phi_M - \Phi_H$ gegeneinander verschoben. Im Metall entspricht $e\Phi_M$ gerade der *Austrittsarbeit*. Im Halbleiter ist $e\Phi_H = e\chi + eV_n$ der Abstand des chemischen Potenzials vom Vakuumniveau. Der Abstand $e\chi$ der Leitungsbandkante vom Vakuumniveau ist die *Elektronenaffinität*.

Wir betrachten zuerst den Fall $\Phi_M > \Phi_H$. Bringen wir die beiden Materialien in Kontakt, so muss im thermischen Gleichgewicht das chemische Potenzial horizontal verlaufen, was zu der in Abb. 10.18 gezeigten Bandverbiegung führt. Aus den gleichen Gründen wie beim p-n-Kontakt erhalten wir auch beim Schottky-Kontakt eine Raumladungszone. In dem in Abb. 10.18 gezeigten Beispiel ist die Raumladungszone im Halbleiter positiv und im Metall negativ geladen. Aufgrund der hohen Ladungsträgerdichte im Metall ist allerdings ihre räumliche Ausdehnung im Metall verschwindend klein (typischerweise kleiner als 1 nm). Die Entstehung der Raumladungszone können wir qualitativ dadurch verstehen, dass ein Teil der im n-Halbleiter vorhandenen Elektronen in das Metall diffundiert. In der Grenzschicht des n-Halbleiters entsteht dann eine positive Raumladungszone, da die ortsfesten ionisierten Donatoren dort zurückbleiben. Umgekehrt können aber die Elektronen aus dem Metall nicht in den Halbleiter diffundieren, da dort auf der Höhe des chemischen Potenzials keine Zustände vorhanden sind.

---

[21] **Walter H. Schottky**, siehe Kasten auf Seite 516.

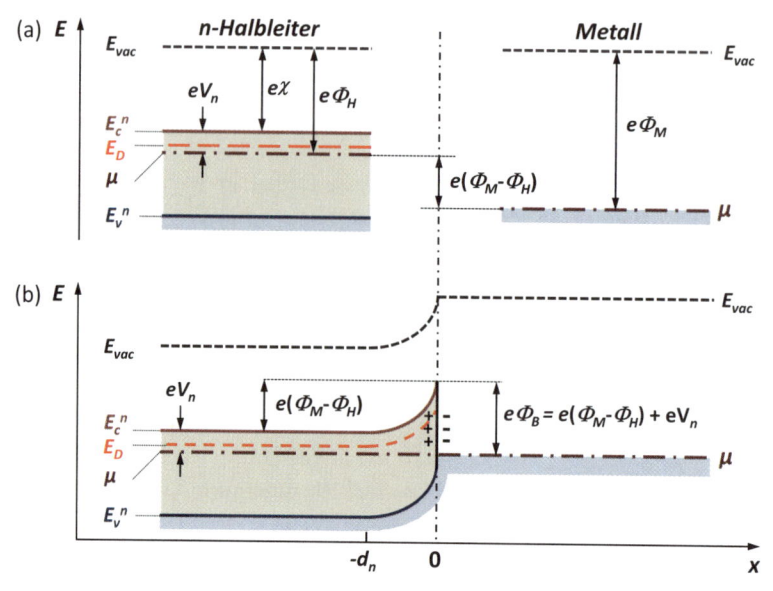

Abb. 10.18: Schematische Darstellung eines Schottky-Kontakts im thermischen Gleichgewicht für $\Phi_M > \Phi_H$: (a) Bänderschema im Metall (rechts) und n-Halbleiter (links) bei völliger Trennung, (b) Bandverlauf im Schottky-Kontakt im thermischen Gleichgewicht nach Herstellung des Kontakts.

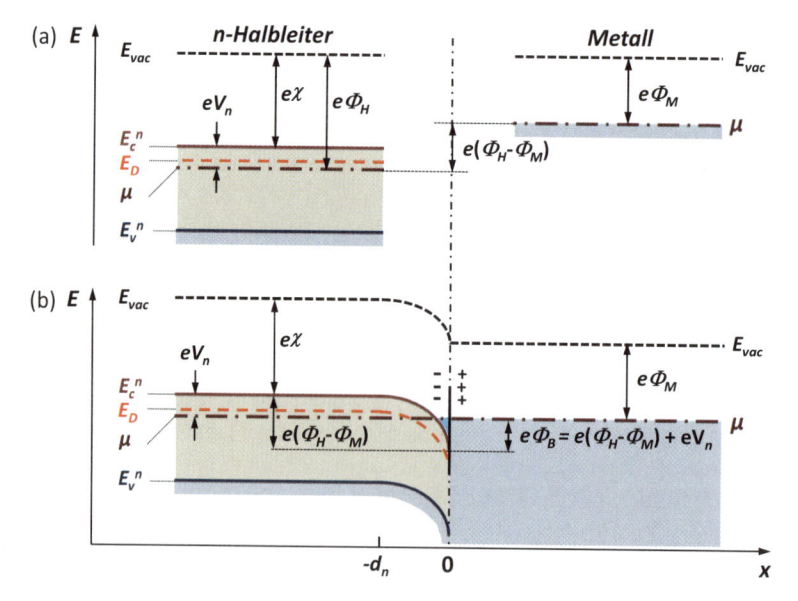

Abb. 10.19: Schematische Darstellung eines Schottky-Kontakts im thermischen Gleichgewicht für $\Phi_M < \Phi_H$: (a) Bänderschema im Metall (rechts) und n-Halbleiter (links) bei völliger Trennung, (b) Bandverlauf im Schottky-Kontakt im thermischen Gleichgewicht nach Herstellung des Kontakts. Im Halbleiter bildet sich an der Grenzfläche eine starke Anreicherung von Elektronen.

Im Rahmen des auch für den p-n-Kontakt verwendeten Schottky-Modells erhalten wir im Bereich $-d_n < x < 0$ [vergleiche (10.2.18)]

$$\frac{\partial^2 \phi}{\partial x^2} = -\frac{en_D}{\epsilon\epsilon_0} \, . \tag{10.2.48}$$

Durch Integration erhalten wir $\phi(x) = \frac{n_D e}{2\epsilon\epsilon_0} x^2 + Bx + C$. Die Integrationskonstanten B und C ergeben sich aus den Randbedingungen $\phi(x = -d_n) = \Phi_M - \Phi_H$ und $\left.\frac{\partial \phi}{\partial x}\right|_{x=-d_n} = 0$ zu $C = \Phi_M - \Phi_H + \frac{n_D e}{2\epsilon\epsilon_0} d_n^2$ und $B = \frac{n_D e}{\epsilon\epsilon_0} d_n$. Damit erhalten wir

$$\phi(x) = (\Phi_M - \Phi_H) - \frac{en_D}{2\epsilon\epsilon_0}(x + d_n)^2 \, . \tag{10.2.49}$$

Hierbei entspricht $(\Phi_M - \Phi_H)$ der Diffusionsspannung V_D beim p-n-Kontakt. Die Ausdehnung der Raumladungszone im Halbleiter erhalten wir wegen $\Phi(x = 0) = 0$ zu

$$d_n = \left(\frac{2\epsilon\epsilon_0}{en_D}(\Phi_M - \Phi_H)\right)^{1/2} \, . \tag{10.2.50}$$

Wichtig ist, dass die Breite der Raumladungszone umgekehrt proportional zur Verunreinigungsdichte n_D des Halbleiters ist.

Für den Fall $\Phi_M < \Phi_H$ ist die Situation anders. Jetzt fließen aufgrund der kleineren Austrittsarbeit des Metalls Elektronen vom Metall in den Halbleiter. Durch die negative Raumladung im Halbleiter werden die Leitungsbandkanten des Halbleiters nach unten gebogen. Das Fermi-Niveau liegt dadurch im Leitungsband des n-Halbleiters und es kommt im Halbleiter zu einer starken Anreicherung von Elektronen. Legt man eine äußere Spannung an, so können die Elektronen ohne Behinderung über die Grenzfläche fließen. Der Kontakt zeigt dadurch ohmsches Verhalten.

10.2.4 Schottky-Kontakt mit angelegter Spannung

Abb. 10.20 zeigt den Bandverlauf für einen Schottky-Kontakt mit angelegter Spannung für den Fall $\Phi_M > \Phi_H$. Für eine positive Spannung (Durchlassrichtung) wird das Potenzial auf der Seite des Metalls angehoben, wodurch die potenzielle Energie der Elektronen abgesenkt wird. Für eine negative Spannung (Sperrrichtung) ist es genau umgekehrt. In Durchlassrichtung wird die Potenzialschwelle, welche die Elektronen im Leitungsband des n-Halbleiters überwinden müssen, um ins Metall zu gelangen, abgesenkt, so dass der Strom exponentiell mit der Spannung ansteigt. Umgekehrt wird in Sperrrichtung die Potenzialschwelle vergrößert, so dass der Strom mit zunehmender negativer Spannung einen Sättigungswert erreicht, weil die Elektronen die Potenzialschwelle nicht mehr überwinden können. Der Wert des Sättigungsstroms I_s wird durch den Tunnelstrom durch die Potenzialbarriere bestimmt und soll hier nicht näher diskutiert werden.

Mit der gleichen Argumentation wie in Abschnitt 10.2.2 erhalten wir für die Strom-Spannungs-Charakteristik den Ausdruck [vergleiche (10.2.36)]

$$J(U) = J_s \left(e^{eU/k_B T} - 1\right) \, . \tag{10.2.51}$$

Walter Hermann Schottky (1886–1976)

Walter Hermann Schottky wurde am 23. Juli 1886 in Zürich geboren. Er starb am 4. März 1976 in Pretzfeld.
Walter Schottky studierte Physik an der Humboldt Universität in Berlin, wo er 1912 mit einer Doktorarbeit zur Speziellen Relativitätstheorie promovierte, die von Albert Einstein sieben Jahre vorher veröffentlicht wurde. Schottky's Tutor war Max Planck. Nach Abschluss seiner Doktorarbeit ging Schottky nach Jena, wo er mit Max Wien arbeitete. Dort wechselte er sein Arbeitsgebiet von der Relativitätstheorie hin zu dem Gebiet, das sein Lebenswerk werden sollte: die Wechselwirkung von Elektronen und Ionen im Vakuum und in Festkörpern.

Quelle Wikimedia Commons.

Für etwa 15 Jahre wechselte Schottky zwischen universitärer und industrieller Forschung. Er begann mit einigen Jahren bei Max Wien in Jena, wonach er zu den Siemens Forschungslaboratorien in Berlin wechselte und dort bis 1919 blieb. Im Jahr 1920 kehrte er wieder an die Universität zurück und arbeitet mit Wilhelm Wien in Würzburg. Dort qualifizierte er sich auch zum Hochschullehrer. Nach 3 Jahren mit Wilhelm Wien wurde Schottky zum Professor für Theoretische Physik an die Universität Rostock berufen. Im Jahr 1927, also im Alter von 41 Jahren, ging Schottky zum letzten mal zurück in die industrielle Forschung, indem er zur Siemens AG wechselte. Dort blieb er bis zu seiner Pensionierung im Jahr 1958.

Walter Schottky beeinflusste durch seine theoretischen Untersuchungen ab 1912 maßgeblich die Entwicklung der Nachrichtentechnik. Die Erfindung der Raumladungsgitterröhre und der Schirmgitterröhre, das Aufstellen der Theorie des Schroteffekts und die Erfindung des Überlagerungsempfängers gehen auf Schottky zurück, der sich von 1915 bis 1919 als wissenschaftlicher Mitarbeiter im Schwachstromkabel-Laboratorium von Siemens & Halske mit diesen Arbeiten beschäftigte. 1915 erfand Schottky die Tetrode, eine Schirmgitterröhre. Im Jahr 1918 entwickelte er das Superhet-Prinzip, einen besonders hochwertigen Rundfunkempfangskreis, der mit einer Zwischenfrequenz arbeitet. Nach seiner Lehrtätigkeit an den Universitäten Würzburg und Rostock war Schottky von 1927 bis 1951 wieder im Forschungslaboratorium bei Siemens & Halske und den Siemens-Schuckertwerken in Berlin und Pretzfeld tätig. Neben anderen wichtigen Arbeiten entwickelte er 1938 seine Randschichttheorie (auch Raumladungstheorie der Sperrschichten genannt), die sich als bahnbrechend für die Halbleitertechnik erwies. Nach Schottky benannt wurde der Schottky-Effekt (Glühemission, wichtig für die Röhrentechnik), die Schottky-Diode, die Schottky-Barriere, die Schottky-Fehlstellen und die Schottky-Gleichung (auch Langmuir-Schottkysches Raumladungsgesetz genannt).

Schon zu Lebzeiten erhielt der 1976 gestorbene Wissenschaftler zahlreiche Ehrungen. Nach ihm ist der Walter-Schottky-Preis der Deutschen Physikalischen Gesellschaft für hervorragende Leistungen in der Festkörperphysik sowie das Walter Schottky Institut der Technischen Universität München benannt.

10.3 Halbleiter-Bauelemente

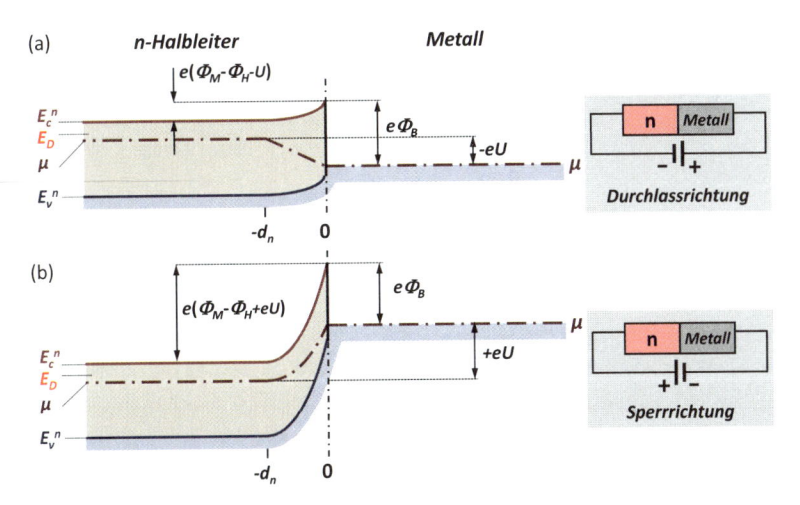

Abb. 10.20: Schematische Darstellung eines Schottky-Kontakts mit angelegter Spannung. Oben: Durchlassrichtung, unten: Sperrrichtung. In Durchlassrichtung ist die Spannung am Metall positiv, so dass die potenzielle Energie $-eU$ der Elektronen auf der Seite des Metalls abgesenkt ist.

Die Dicke der Raumladungszone (Schottky-Randschicht) wird durch die angelegte Spannung verkleinert (Durchlassrichtung) bzw. vergrößert (Sperrrichtung). Analog zu (10.2.50) erhalten wir

$$d_n = \left(\frac{2\epsilon\epsilon_0}{en_D}(\Phi_M - \Phi_H \pm eU)\right)^{1/2}. \qquad (10.2.52)$$

Die spannungsabhängige Dicke der Schottky-Randschicht führt wie beim p-n-Kontakt zu einer spannungsabhängigen Kapazität

$$C_R \propto \frac{1}{d_n} \propto \sqrt{\frac{en_D}{2\epsilon\epsilon_0}\frac{1}{\Phi_M - \Phi_H \pm eU}}. \qquad (10.2.53)$$

Tragen wir $1/C_R^2$ als Funktion von U auf, so können wir durch Extrapolation auf $U = 0$ den Wert von $\Phi_M - \Phi_H$ bestimmen. Der gemessene Wert weicht allerdings oft von dem erwarteten Ergebnis ab. Die Ursache dafür sind Oberflächenladungen, die wir in unserer Analyse nicht berücksichtigt haben, in der Praxis aber meistens nicht zu vermeiden sind.

10.3 Halbleiter-Bauelemente

Wir wollen in diesem Abschnitt einige einfache Halbleiter-Bauelemente diskutieren, die auf dem p-n-Übergang basieren. Im Einzelnen werden dies die Zener-Diode, die Esaki-Diode, die Solarzelle und der bipolare Transistor sein.

10.3.1 Zener-Diode

In Sperrrichtung eines p-n-Kontakts kann keine beliebig hohe Spannung angelegt werden. Aufgrund der bei hohen Spannungen auftretenden hohen elektrischen Feldstärken treten neue Effekte auf:

- *Lawinendurchbruch:*
  Falls die elektrische Feldstärke in der Verarmungszone groß genug wird, können die Ladungsträger durch die Beschleunigung im elektrischen Feld so viel Energie gewinnen, dass sie in der Verarmungszone Elektron-Loch-Paare durch einen Ionisationsprozess erzeugen. Da diese zusätzlich erzeugten Ladungsträger wiederum selbst beschleunigt werden und Elektron-Loch-Paare erzeugen können, kommt es zu einem lawinenartigen Anstieg der Ladungsträgerdichte und damit des Stroms, den wir Lawinendurchbruch nennen.

- *Zener-Tunneln:*
  Falls die Breite der Verarmungszone nicht allzu groß ist, können Elektronen aus dem Valenzband des p-Halbleiters direkt ins Leitungsband des n-Halbleiters tunneln. Man spricht vom **Zener-Effekt** bzw. vom **Zener-Tunneln**.[22,23,24] Die effektive Breite d_{eff} der Zone, die durchtunnelt werden muss, ist durch den Abstand des Valenzbandes des p-Halbleiters vom Leitungsband des n-Halbleiters gegeben. Da d_{eff} mit wachsender Sperrspannung immer dünner wird, tritt dieser Effekt ab einer genügend hohen Spannung auf (siehe Abb. 10.21). Die Tunnelwahrscheinlichkeit durch die Verarmungszone der Breite d_{eff} ist

$$T \propto e^{-2\kappa d_{\text{eff}}}, \tag{10.3.1}$$

Abb. 10.21: Schematischer Bandverlauf bei einer Zener-Diode. Bei genügend hoher Spannung in Sperrrichtung können die Ladungsträger die grün hinterlegte Verarmungszone durchtunneln, was zu einem starken Anstieg des Sperrstroms führt. In Sperrrichtung liegt der Pluspol der Spannungsquelle am n-Gebiet, so dass dort die potenzielle Energie der Elektronen um $(-e)U$ abgesenkt wird.

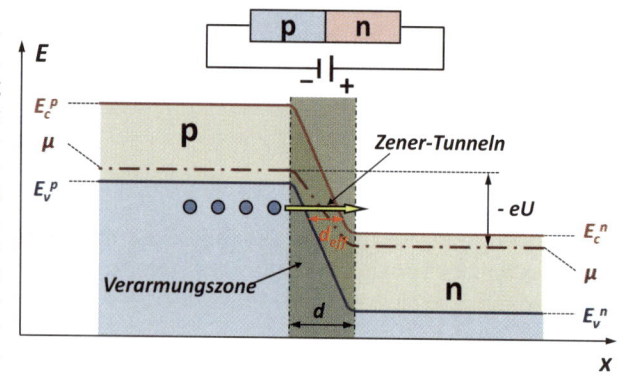

---

[22] **Clarence Melvin Zener**, US-amerikanischer Physiker und Elektrotechniker, geboren am 1. Dezember 1905 in Indianapolis, Indiana, USA; gestorben am 2. Juli 1993 in Pittsburgh, USA.

[23] C. M. Zener *Non-adiabatic Crossing of Energy Levels*, Proceedings of the Royal Society of London A **137** (6), 696–702 (1932).

[24] E. C. G. Stückelberg, *Theorie der unelastischen Stöße zwischen Atomen*, Helvetica Physica Acta **5**, 369–422 (1932).

10.3 Halbleiter-Bauelemente

wobei die Abklingkonstante

$$\kappa \propto \sqrt{\frac{2m^*(V_0 - E)}{\hbar^2}} \qquad (10.3.2)$$

von der Barrierenhöhe V_0 und der Energie E der Ladungsträger abhängt. Wir sehen, dass die Dicke der Barriere exponentiell in die Tunnelwahrscheinlichkeit eingeht, so dass aufgrund der Abnahme der effektiven Barrierendicke d_{eff} mit zunehmender Sperrspannung die Tunnelwahrscheinlichkeit und damit der Strom exponentiell ansteigt.[25]

Es stellt sich die Frage, unter welchen Bedingungen bei hohen Sperrspannungen ein Lawinendurchbruch und wann Zener-Tunneln auftritt. Um diese Frage zu diskutieren, nehmen wir an, dass der p- und n-Halbleiter die gleiche Konzentration von Verunreinigungen haben, so dass $n_D = n_A = n$. In diesem Fall erhalten wir nach (10.2.22) und (10.2.23)

$$d_n = d_p = \sqrt{\frac{\epsilon\epsilon_0 V_D}{en}} \;. \qquad (10.3.3)$$

Wir sehen, dass bei schwacher Dotierung $d = d_n + d_p$ groß und damit die Tunnelwahrscheinlichkeit sehr klein wird. In diesem Fall werden wir bei großen Spannungen einen Lawinendurchbruch erhalten. Mit zunehmender Dotierung wird $d = d_n + d_p$ immer kleiner und die Tunnelrate wird irgendwann bereits bei Spannungen, die kleiner als die für einen Lawinendurchbruch erforderliche Spannung sind, stark ansteigen. Wir nennen diese Spannung **Zener-Spannung**. Wir erwarten also, dass bei hoher Dotierung der Sperrstrom durch das Zener-Tunneln und nicht durch den Lawinendurchbruch ansteigt. Dies ist in Abb. 10.22 gezeigt. Mit abnehmender Dotierung verschiebt sich der Zener-Durchbruch zu höheren Spannungswerten und es tritt dann wieder ein Lawinendurchbruch auf. Für

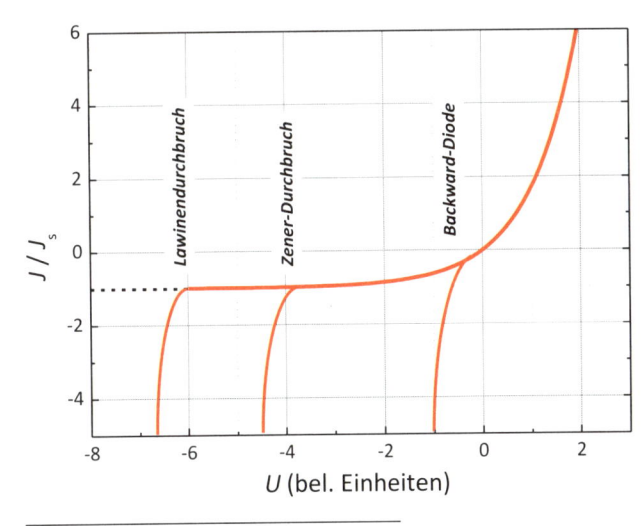

Abb. 10.22: Strom-Spannungs-Charakteristiken für den Fall des Lawinen- und des Zener-Durchbruchs. Ebenfalls gezeigt ist die Strom-Spannungs-Charakteristik einer Rückwärtsdiode (Backward Diode).

---
[25] *The Physics of Semiconductor Devices*, S. M. Sze and K. Ng Kwok, John Wiley & Sons, New York (1981).

Silizium kann die Zener-Spannung bei der Herstellung durch Variation der Dotierung im Bereich zwischen etwa 2 bis 600 V eingestellt werden. Die Zener-Diode wird bei Anwendungen überwiegend in Sperrrichtung betrieben. In Durchlassrichtung arbeitet sie wie ein normale Diode.

10.3.1.1 Rückwärtsdiode

Bei extrem hoher Dotierung nähert sich das chemische Potenzial im p-Halbleiter der Valenzbandkante und im n-Halbleiter der Leitungsbandkante an. Außerdem wird die Breite der Verarmungszone extrem klein. Diese Situation ist in Abb. 10.23 gezeigt. Wir sehen, dass bereits bei sehr kleinen Spannungen in Sperrrichtung ein starker Tunnelstrom einsetzen kann. Dieser Tunnelstrom kann größer sein als der Strom bei der entsprechenden Spannung in Durchlassrichtung, d. h. $I(U < 0) > I(U > 0)$. Wir sprechen in diesem Fall von einer *Rückwärtsdiode* (engl.: Backward Diode).

Abb. 10.23: Schematischer Bandverlauf bei einer Rückwärtsdiode. Der Tunnelstrom in Sperrrichtung setzt bereits bei sehr kleinen Spannungen ein und führt zu $I(U < 0) > I(U > 0)$. Für die gezeigte Sperrrichtung liegt der Pluspol der Spannungsquelle am n-Gebiet an, so dass die potenzielle Energie der Elektronen dort um $(-e)U$ abgesenkt wird.

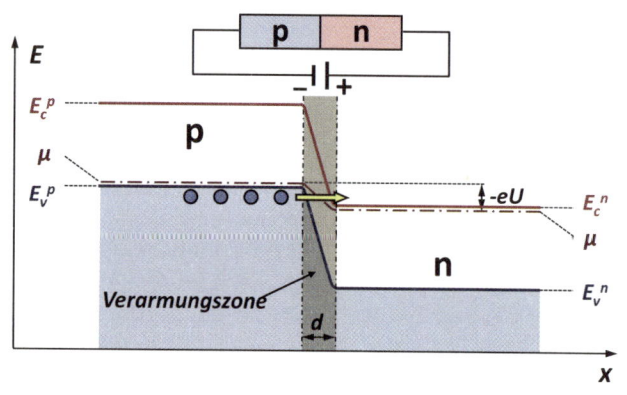

10.3.2 Esaki- oder Tunneldiode

Die Tunneldiode oder Esaki-Diode ist nichts anderes als ein p-n-Kontakt, bei dem sowohl der n- als auch der p-Halbleiter so stark dotiert sind, dass das chemische Potenzial im Leitungs- bzw. Valenzband liegt (siehe Abb. 10.24a). Wir bezeichnen solche Halbleiter als entartet. Das chemische Potenzial liegt typischerweise einige $k_\text{B}T$ von der Leitungs- bzw. Valenzbandkante entfernt und die Breite der Verarmungszone beträgt aufgrund der extrem hohen Dotierung nur etwa 10 nm.

Wie bei der Rückwärtsdiode tritt bei der Esaki-Diode für die Sperrrichtung ein hoher Tunnelstrom auf (siehe Abb. 10.24(2)). Aufgrund der Tatsache, dass das chemische Potenzial auf der p- bzw. der n-Seite im Valenz- bzw. Leitungsband liegt, erhalten wir im Gegensatz zur Rückwärtsdiode auch für die Durchlassrichtung bei kleinen Spannungen einen hohen Tunnelstrom (siehe Abb. 10.24(3)). In diesem Spannungsbereich können Elektronen aus dem Leitungsband des n-Halbleiters direkt in freie Zustände des p-Halbleiters tunneln. Für größere Spannungen in Durchlassrichtung ist dies nicht mehr der Fall, so dass der Strom zunächst wieder abnimmt und erst bei höheren Spannungswerten aufgrund der Abnahme der Breite der Potenzialbarriere für den Strom der Elektronen aus dem n- in den p-Bereich wie-

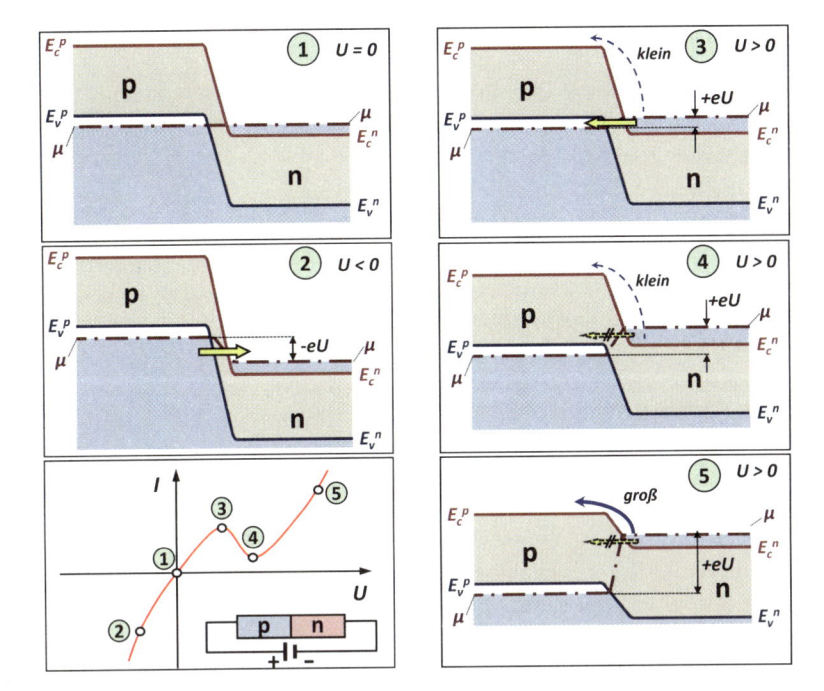

Abb. 10.24: Schematischer Bandverlauf bei einer Esaki-Diode für verschiedene Spannungen und die daraus resultierende Strom-Spannungs-Kennlinie. In Durchlassrichtung ist der Plus-Pol der Spannungsquelle mit dem p-Halbleiter verbunden. Dadurch wird für eine positive Spannung die potenzielle Energie der Elektronen im p-Gebiet um $(-e)U$ abgesenkt, oder äquivalent im n-Gebiet um eU angehoben.

der exponentiell ansteigt. Der daraus resultierende negativ differentielle Widerstand wird in vielen Bauelementen ausgenutzt. Insbesondere erlaubt er die einfache Realisierung von Mikrowellenoszillatoren. Dabei wird die Esaki-Diode z. B. parallel zu einem LC-Schwingkreis geschaltet. Die Verluste des Schwingkreises, die mit einem ohmschen Widerstand charakterisiert werden können, werden dabei durch den negativ differentiellen Widerstand der Esaki-Diode gerade kompensiert.

10.3.3 Solarzelle

Die Solarzelle wurde erstmals von **Chapin**, **Fuller** und **Pearson** im Jahr 1954 entwickelt.[26] Sie verwendeten diffundierte Si p-n-Kontakte. Bis heute wurden Solarzellen aus verschiedenen anderen Halbleitermaterialien hergestellt, wobei verschiedene Bauelementkonfigurationen auf der Basis von einkristallinen, polykristallinen und amorphen Dünnschichtstrukturen verwendet wurden. Solarzellen werden seit vielen Jahren erfolgreich für die Energieversorgung von Satelliten und Raumfahrzeugen eingesetzt. Aufgrund des weltweit steigenden

---

[26] D. M. Chapin, C. S. Fuller, G. L. Pearson, *A New Silicon p-n Junction Photocell for Converting Solar Radiation into Electrical Power*, J. Appl. Phys. **25**, 676 (1954).

Leo Esaki (geb. 1925), Nobelpreis für Physik 1973

Leo Esaki wurde am 12. März 1925 in Osaka, Japan, geboren. Bekannt wurde er vor allem durch die Erfindung der nach ihm benannten Esaki-Diode.
Esaki studierte Physik auf der Universität Tokio und machte dort 1947 seinen Bachelor of Science, sowie anschließend 1959 seine Doktorarbeit. Esaki arbeitete von 1960 an am IBM Thomas J. Watson Research Center, Yorktown Heights, New York, im Bereich der Halbleiterforschung. Im Jahr 1967 wurde er zum IBM Fellow ernannt. Bevor er zu IBM ging, arbeitete er bei der Sony Corp., wo seine Forschungsarbeiten an stark dotiertem Ge and Si in der Entdeckung der Esaki Tunneldiode resultierten. Seit etwa 1969 beschäftigte sich Esaki hauptsächlich mit Halbleiter-Quantenstrukturen auf der Basis von künstlichen Halbleiter-Heterostrukturen.

© The Nobel Foundation.

Leo Esaki erhielt 1973 zusammen mit Ivar Giaever den Nobelpreis für Physik für experimentelle Entdeckungen, die das Tunnel-Phänomen in Halbbeziehungsweise Supraleitern betrafen. Weitere Auszeichnungen, die für diese Entdeckung an Esaki verliehen wurden sind der Nishina Memorial Award (1959), der Morris N. Liebmann Memorial Prize (1961), die Stuart Ballantine Medal des Franklin Instituts (1961), der Japan Academy Award (1965), und der Order of Culture der japanischen Regierung (1974).
Im Jahr 1993 verließ Esaki IBM und wurde Präsident der University of Tsukuba in Japan.

Energiebedarfs und den knapper werdenden fossilen Brennstoffen werden Solarzellen auch zunehmend für terrestrische Anwendungen interessant. Für eine breite Anwendung ist aber eine kostengünstigere und mit geringerem Energieaufwand auskommende Herstellung notwendig.

Die klassische Silizium-Solarzelle besteht aus einer ca. 1 μm dicken n-Schicht, welche in das ca. 0.6 mm dicke p-leitende Si-Substrat eingebracht wurde. Bei der monokristallinen Silizium-Solarzelle wird die n-Schicht durch oberflächennahes Einbringen (Dotieren) von ca. 10^{19} Phosphor-Atomen pro cm^3 in das p-leitende Si-Substrat erzeugt. Die n-Schicht ist so dünn, damit das Sonnenlicht hauptsächlich in der Raumladungszone am p-n-Übergang absorbiert wird. Das p-leitende Si-Substrat muss dick genug sein, um die tiefer eindringenden Sonnenstrahlen absorbieren zu können und um der Solarzelle mechanische Stabilität zu geben.

Eine Solarzelle ist nichts anderes als ein p-n-Kontakt, in dessen Verarmungszone durch Lichteinstrahlung Elektron-Loch-Paare erzeugt werden. Die Funktionsweise einer Solarzelle können wir uns anhand von Abb. 10.25 veranschaulichen. Ohne Bestrahlung liegt das in Abb. 10.25a gezeigte Bandschema vor. Wird die Solarzelle nun beleuchtet, werden in dem in der Verarmungszone des p-n-Kontakts existierenden elektrischen Feld die durch die Lichteinwirkung erzeugten Elektron-Loch-Paare getrennt, wobei die Löcher ins p- und die Elektronen ins n-Material driften. Dadurch lädt sich das p-Gebiet positiv und das n-Gebiet ne-

10.3 Halbleiter-Bauelemente

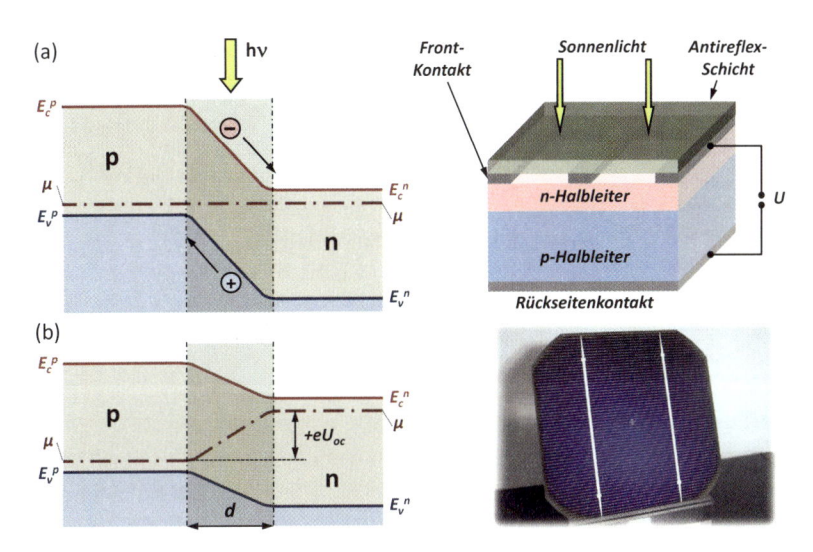

Abb. 10.25: Zur Funktionsweise einer Solarzelle. In (a) ist der schematische Bandverlauf vor Einstrahlung von Licht gezeigt. Durch Lichteinstrahlung werden in der Verarmungszone des p-n-Übergangs Elektron-Loch-Paare erzeugt. Diese werden im elektrischen Feld der Verarmungszone getrennt, wobei die Löcher ins p- und die Elektronen ins n-Material driften. Dies führt zu einer positiven bzw. negativen Aufladung des p- bzw. n-Gebiets (b) und damit zu einer Spannung U_{oc} (open circuit), die von außen abgegriffen werden kann. Rechts ist schematisch der Aufbau und ein Bild einer monokristallinen Si-Solarzelle gezeigt (Photo: Stephan Kambor).

gativ auf. Die potenzielle Energie der Elektronen im n-Gebiet wird um $(-e)(-U)$, diejenige der Löcher im p-Gebiet ebenfalls um $(+e)(+U)$ angehoben. Dies führt zu einer positiven Spannung über den p-n-Kontakt, die wir von außen abgreifen können. Ohne äußere Last baut sich die „open circuit" Spannung U_{oc} auf.

Prinzipiell können nicht mehr Elektron-Loch-Paare erzeugt werden, als Lichtquanten auf die Zelle treffen. Von den Lichtquanten kann auch nur der Anteil genutzt werden, dessen Energie $h\nu$ größer als der Bandabstand E_g, also groß genug ist, ein Elektron-Loch-Paar durch Anregung eines Elektrons aus dem Valenzband ins Leitungsband zu erzeugen. Weiterhin kann ein Lichtquant relativ hoher Energie nur den Teil in nutzbare elektrische Energie umwandeln, der dazu benötigt wird, das Elektron-Loch-Paar zu erzeugen. Daraus resultiert für kommerziell verfügbare, mit vertretbarem Aufwand herstellbare Solarzellen – z. B. polykristalline Siliziumzellen – ein Wirkungsgrad von etwa 15%. Von den maximal etwa 1000 W Sonneneinstrahlung pro Quadratmeter können also nur 150 W in Form elektrischer Leistung verfügbar gemacht werden. Die Angabe des Wirkungsgrades kann auf zwei Flächenangaben bezogen werden: einmal auf die Zellenfläche, zum anderen auf die Modulfläche. Im ersten Fall wird nur die Zellentechnik berücksichtigt, im zweiten Fall zusätzlich die durch die Zellengeometrie benötigte Fläche.[27] Eine grobe Einteilung von Solarzellen können wir nach dem in Tabelle 10.6 gezeigten Schema vornehmen.

---

[27] So kann der zellenbezogene Wirkungsgrad für eine kreisförmige Zelle sehr hoch sein, in einem Modul wird er niedriger, weil kreisförmige Zellen nicht flächendeckend angeordnet werden können.

Tabelle 10.6: Einteilung von Solarzellen nach Halbleitermaterial und Kristallinität bzw. Schichtstruktur. Angegeben sind auch Wirkungsgrade, die im Labor und in der Produktion erreicht werden (Stand 2012).

Halbleitermaterial	Kristallinität/Schichtstruktur	Wirkungsgrad Labor (%)	Wirkungsgrad Produktion (%)
Si	amorph	13	5–8
	polykristallin	20	13–16
	monokristallin	25	14–17
GaAs	Einschicht	25	15–22
GaAs/GaInP/GaInAs	Mehrschicht	40	20–28
Cu(In,Ga)Se$_2$	Einschicht	20	13–15
CdTe	Einschicht	16.5	5–12
Organische Halbleiter	Einschicht	6.5	—

Um den Wirkungsgrad einer Solarzelle abzuschätzen, betrachten wir das in Abb. 10.26 gezeigte Ersatzschaltbild. Der durch das Generieren von Elektron-Loch-Paaren erzeugte elektrische Strom I_L kann durch eine Stromquelle beschrieben werden, die zum p-n-Kontakt parallel geschaltet ist und einen Strom erzeugt, der parallel zum Sperrstrom gerichtet ist. Ohne äußere Last ($R_L \to \infty$) ist der Strom im äußeren Kreis null und wir können den Spannungsabfall U_{oc} dadurch bestimmen, dass wir den Strom des p-n-Kontakt dem durch die Lichtbestrahlung erzeugten Strom I_L gleichsetzen. Wir erhalten mit (10.2.51)

$$I = 0 = I_s \left(e^{eU_{oc}/k_B T} - 1 \right) - I_L . \tag{10.3.4}$$

Auflösen nach U_{oc} ergibt die open circuit Spannung

$$U_{oc} = \frac{k_B T}{e} \ln\left(\frac{I_L}{I_s} + 1\right) \simeq \frac{k_B T}{e} \ln\left(\frac{I_L}{I_s}\right) . \tag{10.3.5}$$

Schließen wir die Solarzelle von außen kurz ($R_L \to 0$), so ist der Spannungsabfall über den p-n-Kontakt null und es muss $I_s = -I_L$ gelten. Insgesamt erhalten wir die in Abb. 10.26 gezeigte Strom-Spannungs-Kennlinie

$$I = I_s \left(e^{eU/k_B T} - 1 \right) - I_L . \tag{10.3.6}$$

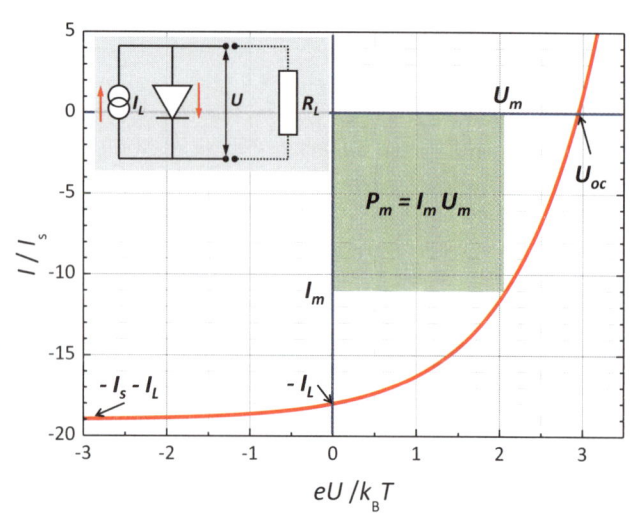

Abb. 10.26: Ersatzschaltbild und Strom-Spannungs-Kennlinie einer Solarzelle. Die maximale Leistung der Solarzelle ergibt sich aus der maximalen Fläche $P_m = I_m \cdot U_m$.

Die maximale Leistung, die aus der Solarzelle gewonnen werden kann, ergibt sich aus der maximalen Fläche $P_m = I_m \cdot U_m$ des in Abb. 10.26 eingezeichneten Rechtecks. Setzen wir $dP/dU = 0$, so erhalten wir

$$I_m = I_s \frac{eU_m}{k_B T} e^{eU_m/k_B T} \tag{10.3.7}$$

$$U_m = \frac{k_B T}{e} \ln\left(\frac{\frac{I_L}{I_s} + 1}{\frac{eU_m}{k_B T} + 1}\right) = U_{oc} - \frac{k_B T}{e} \ln\left(\frac{eU_m}{k_B T} + 1\right) \tag{10.3.8}$$

und damit $P_m = I_L \cdot (E_m/e)$. Hierbei ist

$$E_m = e\left\{U_{oc} - \frac{k_B T}{e} \ln\left(\frac{eU_m}{k_B T} + 1\right)\right\} \tag{10.3.9}$$

diejenige Energie, die pro erzeugten Ladungsträger an die Last abgegeben wird. Die Gleichungen (10.3.7) bis (10.3.9) zeigen, dass wir ein großes Verhältnis I_L/I_s benötigen, um E_m groß zu machen. Für ein bestimmtes Halbleitermaterial kann die Sättigungsstromdichte nach Gleichung (10.2.47) berechnet werden. Bei 300 K liegt für Silizium die kleinste erreichbare Sättigungsstromdichte im Bereich $J_s \sim 10^{-15} \text{A/cm}^2$. Eine Erhöhung von I_L/I_s bei vorgegebenem Material und Beleuchtungsstärke kann durch Erniedrigung der Temperatur oder Verwendung von Konzentratorzellen erzielt werden.

Um den Wirkungsgrad einer Solarzelle anzugeben, müssen wir überlegen, wie effizient die ankommende Strahlungsleistung in elektrische Leistung umgesetzt wird. Dabei gehen unter anderem folgende Faktoren ein: (i) Photonen mit $h\nu < E_g$ können keine Elektron-Loch-Paare anregen und tragen deshalb nicht zur elektrischen Leistung bei. (ii) Photonen mit $h\nu > E_g$ regen zwar Elektron-Loch-Paare an, die pro absorbiertes Photon an die Last abgegebene Energie ist aber $E_m < h\nu$. (iii) Photonen können an der Oberfläche der Zelle reflektiert werden und tragen dann nicht zur elektrischen Leistung bei. (iv) Durch Kontaktierungsschichten und Montagevorrichtungen ist die effektive Zellfläche kleiner als 100 %. Um den Einfluss der Bandlücke E_g zu diskutieren, betrachten wir den Kurzschlussstrom I_L. Dieser hängt davon ab, wie der von der Sonne kommende Photonenfluss (Photonen pro Fläche und Zeit) mit spektraler Verteilung $n_{ph}(\nu)$ (siehe Abb. 10.27) in einen elektrischen Strom I_L umgesetzt wird. Dazu müssen wir berücksichtigen, dass nur Photonen mit $h\nu \geq E_g$ Elektron-Loch-Paare generieren können. Um die vom Photonenfluss erzeugte elektrische Stromdichte zu erhalten, integrieren wir den Photonenfluss der Sonne von E_g bis ∞ und erhalten

$$J_L(E_g) = e \int_{h\nu = E_g}^{\infty} \frac{dn_{ph}(\nu)}{d(h\nu)} d(h\nu). \tag{10.3.10}$$

Das Ergebnis der Integration ist in Abb. 10.28 gezeigt. Nachdem wir den Sättigungsstrom J_s und J_L kennen, können wir E_m durch numerische Lösung der Gleichungen (10.3.5), (10.3.8) und (10.3.9) erhalten. Da J_s und damit E_m von den Materialeigenschaften des Halbleiters abhängt, müssen zum Erreichen der optimalen Effizienz einer Solarzelle die Materialparameter so optimiert werden, dass J_s minimal wird.

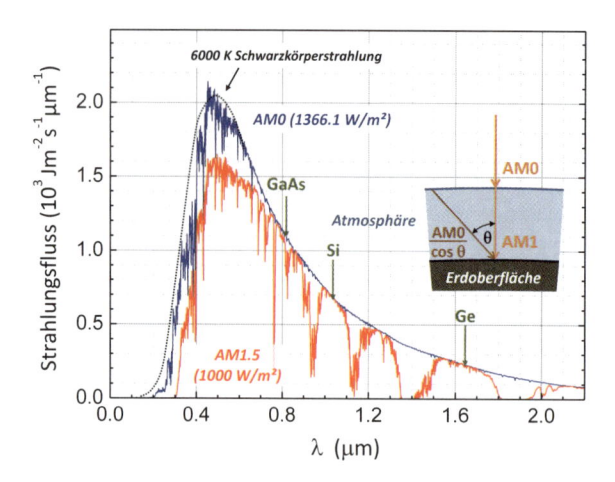

Abb. 10.27: Von der Sonne abgestrahlter Strahlungsfluss als Funktion der Wellenlänge. Die Pfeile markieren die maximale Wellenlänge $\lambda_m = hc/E_g$, bis zu der bei den verschiedenen Halbleitern Band-Band-Übergänge möglich sind. Das langwellige Spektrum rechts der Pfeile kann in Solarzellen aus dem jeweiligen Material nicht ausgenutzt werden. Das extraterrestrische Spektrum ohne Abschwächung durch die Erdatmosphäre wird mit AM0 bezeichnet. Es besitzt eine integrierte Strahlungsleistung von 1366.1 W/m². Die Strahlungsleistung kann in einen Photonenfluss $dn_{ph}/d(h\nu)$ umgerechnet werden, der in Photonen/eV m² s angegeben wird. Im Maximum der AM0-Kurve hat man etwa 4×10^{21} Photonen/eV m² s. Durch die Drehung der Erde um die Sonne ändert sich der Einfallswinkel der Strahlung und damit auch die Länge des Weges durch die Atmosphäre. Um diese Änderung zu charakterisieren, wurde der Begriff der „Air Mass" (AM) eingeführt. AM1 kennzeichnet den Strahlungsfluss auf der Erdoberfläche (Meereshöhe) bei senkrechtem Einfall des Sonnenlichtes und besitzt durch die Absorption der Atmosphäre eine integrierte Strahlungsleistung von nur etwa 925 W/m² (AM1). Für einen Zenitwinkel θ der Sonne ergibt sich ein entsprechendes AMX-Spektrum mit $X = 1/\cos\theta$, z. B. AM1.5 für $\theta = 48.19°$. Für Testzwecke wurde das AM1.5 Spektrum (ISO 9845-1) definiert. Es besitzt die typische spektrale Verteilung auf der Erdoberfläche mit einer integrierten Strahlungsleistung von 1000 W/m². Diese ist höher als der Wert von 844 W/m², der für die tatsächliche terrestrische Sonnenstrahlung bei einer Luftmasse von 1.5 gemessen wird.

Die charakteristische Energie E_m ist ebenfalls in Abb. 10.28 als Funktion der Photonenenergie gezeigt. Die ideale Konversionseffizienz einer Solarzelle ist gegeben durch

$$\eta = \frac{P_m}{P_{in}} = \frac{I_L \frac{E_m}{e}}{P_{in}}, \qquad (10.3.11)$$

das heißt, durch das Verhältnis der maximalen Ausgangsleistung P_m und der einfallenden Strahlungsleistung P_{in}. Da P_m durch die maximal mögliche Rechtecksfläche unter der Kurve $E_m(E_g)$ und P_{in} durch die gesamte Fläche unter der Kurve $J_L(E_g)$ gegeben ist, kann die ideale Konversionseffizienz grafisch mit Hilfe von Abb. 10.28 ermittelt werden. Für $E_g \to 0$ geht die rote Fläche und damit η gegen null, da zwar alle ankommenden Photonen Elektron-Loch-Paare erzeugen können, die pro absorbiertes Photon an die Last abgegebene Energie E_m aber gegen null geht. Für sehr große E_g Werte wird zwar E_m groß, aber nur wenige Photonen können jetzt noch Elektron-Loch-Paare anregen und damit wird η auch hier klein. Die maximal mögliche Rechtecksfläche ergibt sich für $E_g \simeq 1.35$ eV, was dem Energielückenwert von GaAs nahe kommt. Man erhält für diesen Wert eine maximale Effizienz

10.3 Halbleiter-Bauelemente

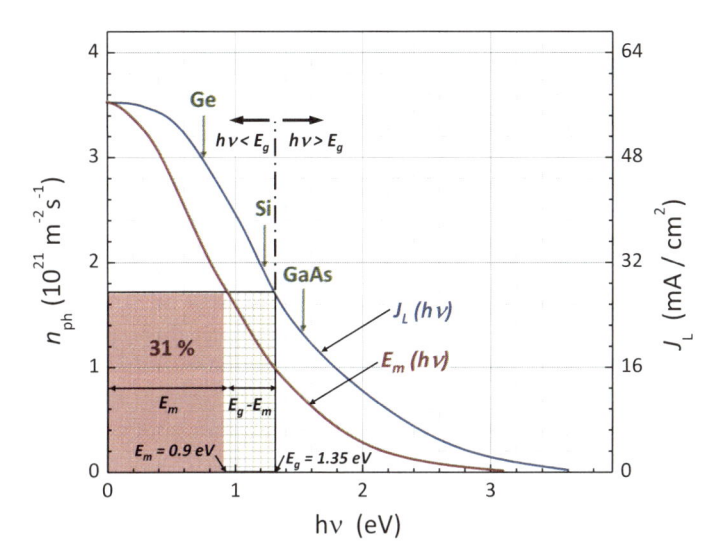

Abb. 10.28: Schematische Darstellung des Photonenflusses n_{ph} bzw. äquivalent von J_L als Funktion der Photonenenergie $h\nu$ berechnet nach (10.3.10) für AM1.5. J_L ist äquivalent zur Anzahl n_{ph} der Photonen pro Fläche und Zeit in der auf die Erdoberfläche einfallenden Sonnenstrahlung. Ebenfalls gezeigt ist charakteristische Energie E_m als Funktion der Photonenenergie $h\nu$. Die eingezeichneten Rechtecke veranschaulichen die grafische Bestimmung der Konversionseffizienz η. Die Pfeile markieren die Bandlücke von Ge, Si und GaAs.

von etwa 31 %. Die ideale Konversionseffizienz besitzt ein breites Maximum zwischen $E_g = 1$ und 1.5 eV, hängt also über einen weiten Bereich nicht kritisch von E_g ab. Glücklicherweise gibt es mehrere Halbleitermaterialien mit Energielücken in diesem Bereich. Die Effizienz, die in der Praxis erhalten wird, liegt mehr oder weniger weit unter der erreichbaren idealen Effizienz. Einige Ursachen dafür wurden oben bereits genannt, sollen hier aber nicht im Einzelnen diskutiert werden.

Aufgrund der großen Bedeutung des Wirkungsgrades von Solarzellen für die Anwendung wurden verschiedene Strategien entwickelt, mit denen die Effizienz von Solarzellen optimiert werden kann:

- Oberflächenstrukturierung zur Verminderung von Reflexionsverlusten: Die Zelloberfläche kann z. B. in einer Pyramidenstruktur aufgebaut werden, damit einfallendes Licht mehrfach auf die Oberfläche trifft.
- Neue Materialien: Neben Silizium kommen zum Beispiel Galliumarsenid (GaAs), Cadmiumtellurid (CdTe), Kupfer-Indium-Diselenid (CuInSe$_2$)[28] oder organische Halbleiter[29] zum Einsatz. Mit GaAs-Zellen, die auf Ge-Substraten gewachsen wurden, konnte

---

[28] Miguel Contreras et al., *19.9%-efficient ZnO/CdS/CuInGaSe$_2$ solar cell with 81.2% fill factor*, Progress in Photovoltaics: Research and Applications **16**, 235 (2008).

[29] J-Y. Kim et al., *Efficient tandem polymer solar cells fabricated by all-solution processing*, Science **317**, 222 (2007).

vor kurzem ein Wirkungsgrad von 24.7 % mit U_{oc} = 999 mV und J_L = 29.7 mA/cm² erreicht werden.
- Tandem- oder Stapelzellen: Um ein breiteres Strahlungsspektrum nutzen zu können, werden unterschiedliche Halbleitermaterialien, die für verschiedene Spektralbereiche geeignet sind, übereinander angeordnet.
- Konzentratorzellen: Durch die Verwendung von Spiegel- und Linsensystemen wird eine höhere Lichtintensität auf die Solarzellen fokussiert. Diese Systeme werden der Sonne nachgeführt, um stets die direkte Strahlung auszunutzen. Durch die Kombination von Konzentrator- und Stapelzellen konnte vor kurzem ein Wirkungsgrad oberhalb von 40% erreicht werden.[30] Dieser Wirkungsgrad liegt oberhalb des theoretisch maximalen Wirkungsgrades von 31 % von Einzelzellen.
- MIS-Inversionsschicht-Zellen: Das innere elektrische Feld wird nicht durch einen p-n-Übergang erzeugt, sondern durch den Übergang einer dünnen Oxidschicht (I) zu einem Halbleiter (S).
- Grätzel-Zelle: Es wird eine elektrochemische Flüssigkeitszelle mit Titandioxid als Elektrolyten und einem Farbstoff zur Verbesserung der Lichtabsorption verwendet.

10.3.4   Bipolarer Transistor

Der bipolare Transistor wurde im Jahr 1947 von **John Bardeen**,[31] **Walter H. Brattain**[32] und **William Bradford Shockley**[33] entwickelt (siehe Abb. 10.29).[34] Sie erhielten dafür im Jahr 1956 den Nobelpreis für Physik.

Der schematische Aufbau und der Bandverlauf eines bipolaren npn-Transistors ist in Abb. 10.30 gezeigt. Ein bipolarer Transistor besteht aus zwei p-n-Übergängen, wobei der eine (Emitter-Basis-Kontakt) in Durchlassrichtung und der andere (Basis-Kollektor-Kontakt)

---

[30] R. R. King *et al.*, *40% efficient metamorphic GaInP/GaInAs/Ge multijunction solar cells*, Applied Physics Letters **90**, 183516 (2007).

[31] **John Bardeen**, geboren am 23. Mai 1908 in Madison Wisconsin, gestorben am 30.01.1991 in Boston.

[32] **Walter H. Brattain**, geboren am 10. Februar 1902 in Amoy, China, gestorben am 13. Oktober 1987 in Seattle.

[33] **William Bradford Shockley**, geboren am 13. Februar 1910 in London, gestorben am 12. August 1989 in London.

[34] Die Erfindung des bipolaren Transistors wird allgemein auf Dezember 1947 in den Bell Laboratories datiert. Beteiligt an der Erfindung waren William B. Shockley, John Bardeen und Walter Brattain, die 1956 den Nobelpreis dafür erhielten. In den 1950er Jahren gab es einen Wettlauf zwischen Röhre und Transistor, in dessen Verlauf die Chancen des Transistors häufig eher skeptisch beurteilt wurden.
Zuerst wurden Transistoren aus Germanium hergestellt und ähnlich wie Röhren in winzige Glasröhrchen eingeschmolzen. Das Germanium wurde später durch Silizium ersetzt. Es werden auch Mischmaterialien benutzt, diese sind aber seltener vertreten.
Wenn man alle Transistoren in sämtlichen bislang hergestellten Schaltkreisen (Speicher, Prozessoren usw.) zusammenzählt, ist der Transistor inzwischen diejenige technische Funktionseinheit, die bis heute von der Menschheit mit der höchsten Gesamtstückzahl produziert wurde. Heute werden pro Jahr weit mehr als eine Trillion Transistoren produziert.

10.3 Halbleiter-Bauelemente

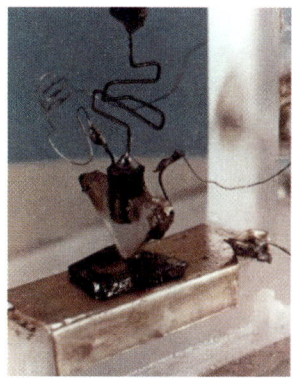

Abb. 10.29: Links: John Bardeen, William B. Shockley und Walter Brattain (von links nach rechts im Jahr 1956) entwickelten den Transistor im Dezember 1947 in den Bell Laboratories, Murray Hill (Photo: Nick Lazarnick, Bell Laboratories, mit freundlicher Genehmigung durch AIP Emilio Segre Visual Archives). Rechts: Photographie des Versuchsaufbaus (Quelle: Lucent Technologies).

in Sperrrichtung geschaltet ist. Bei dem in Durchlassrichtung geschalteten Emitter-Basis-Kontakt bewirkt eine kleine Änderung δU_{EB} der Emitter-Basis-Spannung eine große Änderung des Emitter-Basis-Stroms I_{EB}. Bei dem in Sperrrichtung geschalteten Basis-Kollektor-Kontakt bewirkt dagegen eine Veränderung δU_{BC} der Basis-Kollektor-Spannung kaum eine Veränderung des Basis-Kollektor-Stroms I_{BC}. Der über den Emitter-Basis-Kontakt in die Basisschicht injizierte Strom (in dem in Abb. 10.30 gezeigten npn-Transistor sind dies überwiegend Elektronen) kann entweder über die Basis oder den Kollektor abfließen. Da die Breite der Basis viel kleiner als die Diffusionslänge der Ladungsträger im Basismaterial ist, werden fast alle über den Emitter-Basis-Kontakt injizierten Ladungsträger über den Basis-Kollektor-Kontakt abgesaugt. Das bedeutet, dass der Emitterstrom I_{EB} etwa gleich dem Kollektorstrom I_{BC} ist und somit

$$I_{EB} \simeq I_{BC} \quad \Rightarrow \quad I_B \simeq 0 \tag{10.3.12}$$

gilt. Wir können daraus sofort ersehen, dass die Leistung im Eingangskreis $P_{EB} = I_B \cdot U_{EB} \simeq 0$ und die Leistung im Ausgangskreis aufgrund der großen Basis-Kollektor-Spannung $P_{BC} = I_{BC} \cdot U_{CB} \gg 0$.

Auf der Basis der bisherigen Diskussion können wir einfach verstehen, wie wir einen bipolaren Transistor als verstärkendes Bauelement verwenden können. Das zu verstärkende Spannungssignal wird an die Emitter-Basis-Diode angelegt und resultiert in einer großen Änderung δI_{EB} des Emitter-Basis-Stroms. Da der injizierte Strom fast vollständig über die Basis-Kollektor-Diode abgesaugt wird, d. h. $\delta I_{EB} \simeq \delta I_{BC}$, erfolgt die Steuerung im Eingangskreis wegen $I_B \simeq 0$ quasi leistungslos. Im Ausgangskreis erhalten wir dagegen eine große Leistungsänderung $\delta P_{BC} = \delta I_{EB} \cdot U_{BC}$.

Für eine optimale Funktion des bipolaren Transistors sollte die Basisschicht möglichst dünn sein (typischerweise 5–25 µm), damit in dieser keine Rekombination der injizierten Elektronen mit den dort in großer Dichte vorhandenen Löchern erfolgt. Bei einer endlichen Rekombinationsrate wird $I_B > 0$, das heißt, wir erhalten eine endliche Verlustleistung im Ein-

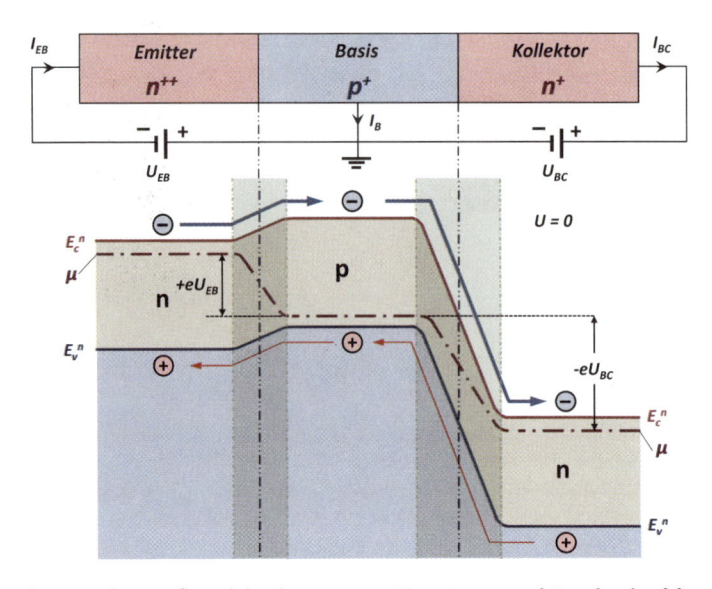

Abb. 10.30: Schematischer Aufbau (oben) eines npn-Transistors und Bandverlauf für die Situation, dass der Emitter-Basis-Kontakt in Durchlass- und der Basis-Kollektor-Kontakt in Sperrrichtung geschaltet ist (unten). Die Breite der Basisschicht ist klein gegenüber der Diffusionslänge der Ladungsträger im Basismaterial, so dass die über die Emitter-Basis-Diode injizierten Ladungsträger fast alle zum Basis-Kollektor-Übergang diffundieren können und dort durch die anliegende Sperrspannung abgesaugt werden. Mit den dicken blauen Pfeilen bzw. dünnen roten Pfeilen wird der Majoritätsladungsträger- bzw. Minoritätsladungsträgerstrom angedeutet.

gangskreis. Die Dicke d_B der Basis bestimmt ferner die obere Grenzfrequenz des Transistors. Mit der charakteristischen Driftgeschwindigkeit v_D der Ladungsträger kann die Größenordnung der Grenzfrequenz zu $f_G = v_D/d_B$ abgeschätzt werden. Durch Reduktion der Dicke der Basisschicht kann deshalb auch die Grenzfrequenz des Bauelements erhöht werden.

10.3.4.1 Dreitor-Bauelemente

Der bipolare Transistor gehört zu den so genannten *Dreitor-Baulementen*, die in sehr allgemeiner und anschaulicher Weise mit dem Landauerschen Flüssigkeitsmodell[35] beschrieben werden können (siehe Abb. 10.31). In diesem Modell wird eine Flüssigkeit A, die sich entlang einer Röhre bewegt (z. B. Elektronenflüssigkeit vom Emitter zum Kollektor) durch einen

---

[35] **Rolf Landauer**, geboren am 4. Februar 1927 in Stuttgart, gestorben am 27. April 1999 in Briarcliff Manor, New York.
Landauer musste aufgrund seiner jüdischen Herkunft Deutschland bereits in früher Jugend verlassen. Er studierte Physik an der Havard University. Nach seinem Studium arbeitete er für etwa 2 Jahre bei dem National Advisory Committee for Aeronautics (der späteren NASA) bevor er 1952 zu IBM ans Thomas J Watson Research Center in Yorktown Heights, New York wechselte. Dort arbeitete er 47 Jahre lang, im Jahr 1967 wurde er zum IBM Fellow ernannt. Landauer interessierte sich unter anderem für die Grenzen der Datenverarbeitung. Bereits 1961 zeigte er, dass Rechenoperationen im Prinzip keine Energie verbrauchen, dass allerdings das Löschen von Information mit einer Dissipation verbunden ist. Landauer beschäftigte sich außerdem intensiv mit dem Verhalten von Elektronen in Festkörpern, insbesondere in Halbleitern und Nanostrukturen.

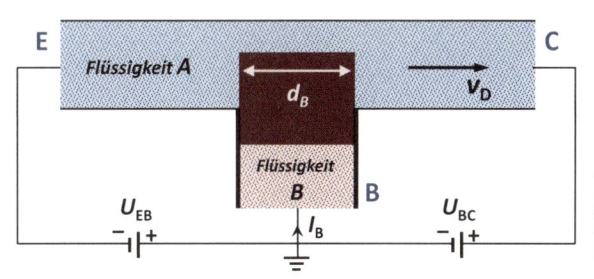

Abb. 10.31: Veranschaulichung der prinzipiellen Funktionsweise eines Dreitor-Bauelements mit Hilfe des Landauerschen Flüssigkeitsmodells.

Kolben gesteuert (z. B. durch Emitter-Basis-Spannung). Falls der Kolben dicht ist, d. h. falls die Steuerflüssigkeit B sich nicht mit der in der Röhre strömenden Flüssigkeit A vermischen kann, ist der Fluss der Steuerflüssigkeit null und die Steuerung erfolgt leistungslos.

Als Flüssigkeit kann eine gewöhnliche Flüssigkeit wie Wasser, aber auch Elektronen, wie z. B. in Halbleiter-Transistoren oder Elektronenröhren, oder Flussquanten, wie z. B. in den fluxonischen Bauelementen der Supraleitungselektronik verwendet werden. Entscheidend für die gute Funktionsweise und die maximale Geschwindigkeit eines Dreitor-Bauelements ist, dass sich die Flüssigkeit gut steuern lässt und sich die Flüssigkeitsteilchen schnell bewegen. Wie oben bereits diskutiert wurde, ist die obere Grenzfrequenz des Bauelements durch $f_G = v_D/d_B$ gegeben, wobei v_D die Driftgeschwindigkeit der Flüssigkeitsteilchen und d_B die Kanallänge unter dem Kolben ist. Beide Voraussetzungen sind für elektronische Bauelemente gut erfüllt. Elektronen können durch elektrische Felder leicht beeinflusst werden und besitzen ferner hohe Geschwindigkeiten. Das gleiche gilt für Fluxonen in supraleitenden Bauelementen, die sich gut mit Magnetfeldern steuern lassen und sich mit Geschwindigkeiten bis etwa 1/10 der Lichtgeschwindigkeit bewegen können. Hinsichtlich der Geschwindigkeit wären Photonen ideal, die sich mit Lichtgeschwindigkeit bewegen. Allerdings lassen sich Photonen nur schwer beeinflussen, d. h. es ist schwierig, einen einfachen Kolben zur Steuerung des Photonenflusses zu realisieren.

10.4 Realisierung von niedrigdimensionalen Elektronengassystemen

Halbleiterstrukturen werden heute häufig dazu verwendet, niedrigdimensionale Elektronengassysteme herzustellen. Dabei werden nulldimensionale Systeme als **Quantenpunkte**, eindimensionale Systeme als **Quantendrähte** und zweidimensionale Systeme als **Zweidimensionale Elektronengase** (2DEG: two dimensional electron gas) bezeichnet. Wie in Abschnitt 7.4 bereits gezeigt wurde, erhalten wir niedrigdimensionale Elektronengassysteme dadurch, dass wir ein dreidimensionales Elektronengas durch Potenzialwälle in einer, zwei oder allen drei Raumrichtungen geometrisch einschränken. Für die Realisierung von niedrigdimensionalen Elektronengassystemen werden häufig Halbleiter-Heterostrukturen und -Übergitter verwendet, die aus unterschiedlich dotierten Halbleitern oder aus Halbleitern mit unterschiedlicher Energielücke aufgebaut sind. Wir wollen im Folgenden den Aufbau und den Bandverlauf in einigen Halbleiter-Heterostrukturen diskutieren.

10.4.1 Zweidimensionale Elektronengase

Mit Hilfe von Depositionstechniken wie der Molekularstrahlepitaxie (MBE: molecular beam epitaxy) oder der metallorganischen Gasphasenepitaxie (MOCVD: metal organic chemical vapor deposition) ist es heute möglich, verschiedene Halbleitermaterialien in einkristalliner Form übereinander aufzuwachsen. Man spricht von heteroepitaktischem Wachstum.[36] Voraussetzung dafür ist, dass die Halbleitermaterialien ähnliche Gitterkonstanten besitzen, um epitaxiale Verspannungseffekte zu minimieren. Wie wir bereits in Abschnitt 4.4 diskutiert haben, gibt es verschiedene Familien von Halbleitermaterialien, deren Gitterparameter sehr gut zusammenpassen (siehe Abb. 4.5). Der interessante Aspekt ist nun, dass wir Halbleitermaterialien mit unterschiedlichen physikalischen Parametern wie Größe der Energielücke und Größe der Elektronenaffinität übereinander aufwachsen können und damit die Form des Verlaufs der Leitungs- und Valenzbandkante senkrecht zur Wachstumsrichtung gezielt beeinflussen können. Die ersten Vorschläge zur Erzeugung von Übergittern durch periodische Modulation der Zusammensetzung von Halbleitern stammen von R. Tsu und L. Esaki aus dem Jahr 1970.[37,38,39] Das gezielte Einstellen des Bandverlaufs wird heute bereits in Bauelementen ausgenutzt und wird in Zukunft sicherlich an Bedeutung gewinnen. Sowohl die Gitterfehlanpassung als auch der Unterschied in der elektronischen Bandstruktur wird dabei häufig kontinuierlich durch Verwendung von ternären oder quaternären Legierungen eingestellt.

Um die grundlegenden Aspekte von Halbleiter-Heterostrukturen zu veranschaulichen, betrachten wir eine Struktur aus Ge und GaAs. Beide Halbleiter haben etwa die gleiche Gitterkonstante von 5.65 Å (siehe Abb. 4.5), wobei Ge in der Diamant- und GaAs in der Zinkblende-Struktur kristallisiert. Es besteht aber ein großer Unterschied bezüglich ihrer Energielücken, die 0.67 eV für Ge und 1.43 eV für GaAs betragen. Es ist insbesondere dieser Energielückenunterschied, der die Kombination der beiden Materialien in Heterostrukturen interessant macht.

Neben der Größe der Energielücke ist auch die Elektronenaffinität der Materialien wichtig, da der Unterschied der Elektronenaffinität die Größe der Banddiskontinuität

$$\Delta E_c = e(\chi_1 - \chi_2) = e\Delta\chi \qquad (10.4.1)$$

bestimmt. Je nach Größe von $\Delta\chi$ erhalten wir die in Abb. 10.32 gezeigten prinzipiellen Typen von Banddiskonuitäten in Halbleiter-Heterostrukturen. Für Ge/GaAs Heterostrukturen erwartet man aufgrund von Bandstrukturrechnungen, dass die Valenzbandkante von Ge etwa 0.42 eV oberhalb und die Leitungsbandkante etwa 0.35 eV unterhalb der von GaAs liegt. Dies entspricht dem mit „normal" bezeichneten Typ einer Banddiskontinuität.

---

[36] Von Epitaxie spricht man allgemein, wenn eine definierte Beziehung zwischen der kristallographischen Ausrichtung eines Substrats und einer Beschichtung vorliegt. Bei der Homoepitaxie sind Substrat- und Schichtmaterial gleich, bei der Heteroepitaxie unterschiedlich.

[37] L. Esaki und R. Tsu, *Superlattice and Negative Differential Conductivity in Semiconductors*, IBM J. Res. Develop. **14**, 61 (1970).

[38] L. Esaki, *Compositional Superlattices*, in The Technology and Physics of Molecular Beam Epitaxy, herausgegeben von E. H. C. Parker, Plenum Press, New York (1985).

[39] *Two-dimensional Systems: Physics and New Devices*, herausgegeben von G. Bauer, F. Kuchar, H. Heinrich, Springer Series on Solid Sate Science, Vol. 67, Springer Berlin, Heidelberg (1986).

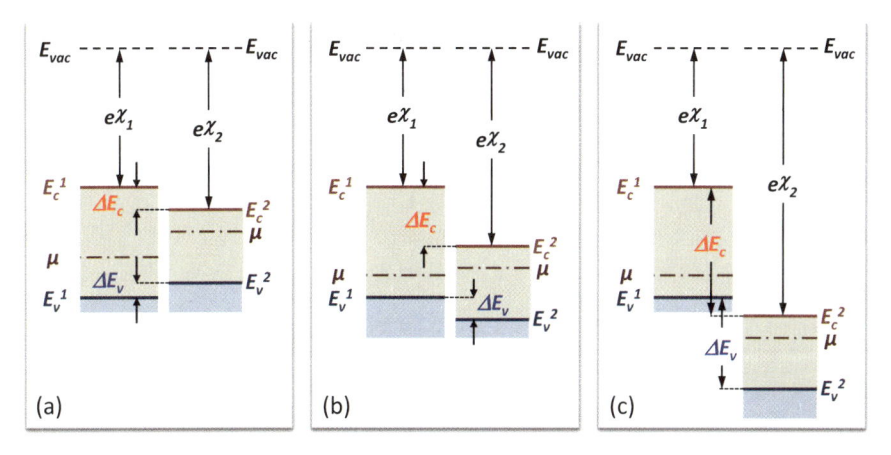

10.4 Realisierung von niedrigdimensionalen Elektronengassystemen

Abb. 10.32: Prinzipielle Typen von Banddiskontinuitäten in Halbleiter-Heterostrukturen: (a) normale (z. B. GaAs/(Al,Ga)As), (b) gestapelte und (c) gebrochene Banddiskontinuität (z. B. GaSb/InAs).

Die Banddiskontinuitäten wirken als Potenzialbarrieren für Elektronen und Löcher und zwar mit entgegengesetztem Vorzeichen. Dies führt an den Grenzflächen zu einer Diffusion von Elektronen und Löchern in den jeweiligen Halbleitertyp, in dem ihre Energie niedriger ist. Da die ionisierten Störstellen zurückbleiben, führt dies zu einer Raumladungszone und zu Bandverbiegungen, wie wir sie für den p-n-Übergang bereits diskutiert haben. Wollen wir den Bandverlauf in einer Halbleiter-Heterostruktur berechnen, so müssen wir im Prinzip die beiden folgenden Probleme lösen:

- Wie sieht die Verschiebung ΔE_c der Leitungsbandkante und die Verschiebung ΔE_v der Valenzbandkante aus?
- Welche Bandverbiegung resultiert bei einem Kontakt der beiden Halbleiter?

In den meisten Fällen können wir diese beiden Probleme getrennt behandeln, da sie mit unterschiedlichen Energie- und Längenskalen verbunden sind. Die Anpassung der beiden Bandstrukturen geschieht auf einer atomaren Längenskala. Hier sind atomare Kräfte und Energieskalen maßgebend und die resultierenden elektrischen Felder sind in der Größenordnung atomarer Felder ($\sim 10^8$ V/cm). Die Verbiegung der Bandstruktur erfolgt dagegen auf einer Längenskala von einigen 10 nm und wird durch die Konzentration der Dotieratome in den beteiligten Halbleitern bestimmt. Die aus den Raumladungszonen resultierenden elektrischen Felder sind nur in der Größenordnung von 10^5 V/cm.

Bei der Bestimmung der Banddiskontinuitäten spielen Oberflächen- bzw. Grenzflächeneffekte eine große Rolle. Wir können deshalb zur Bestimmung der Banddiskontinuitäten nicht einfach die Bulk-Werte der Elektronenaffinitäten heranziehen. Eine theoretische Beschreibung ist bei einer Berücksichtigung von Grenzflächenzuständen und Ladungstransfervorgängen schwierig.[40] In Tabelle 10.7 sind die experimentell bestimmten Diskontinuitäten der

---

[40] G. Margaritondo, P. Perfetti, *The Problem of Heterojunction Band Discontinuities*, in Heterojunction Band Discontinuities, Phasics and Device Applications, herausgegeben von F. Capasso und G. Margaritondo, North-Holland, Amsterdam (1987).

Tabelle 10.7: Experimentell bestimmte Werte der Banddiskontinuitäten für einige Paare von Halbleitern (nach H. Morcoc, in *The Technology and Physics of Molecular Beam Epitaxy*, herausgegeben von E. H. C. Parker, Plenum Press, New York (1985)).

Heterostruktur	ΔE_v (eV)	Heterostruktur	ΔE_v (eV)
Si–Ge	0.28	InAs–Ge	0.33
AlAs–Ge	0.86	InAs–Si	0.15
AlAs–GaAs	0.34	InP–Ge	0.64
AlSb–GaSb	0.4	InP–Si	0.57
GaAs–Ge	0.49	InSb–Ge	0.0
GaAs–Si	0.05	InSb–Si	0.0
GaAs–InAs	0.17	CdS–Ge	1.75
GaP–Ge	0.80	CdS–Si	1.55
GaP–Si	0.80	CdSe–Ge	1.30
GaSb–Ge	0.20	CdSe–Si	1.20
GaSb–Si	0.05	CdTe–Ge	0.85
ZnSe–Ge	1.40	ZnTe–Ge	0.95
ZnSe–Si	1.35	ZnTe–Si	0.85

Valenzbandkante für einige Paare von Halbleitern aufgelistet. Mit Hilfe von ΔE_v kann bei bekannter Energielücke der Halbleitermaterialien die Diskontinuität ΔE_c der Leitungsbandkante einfach berechnet werden.

10.4.1.1 Isotypische Heterostrukturen und Modulationsdotierung

Als erstes Beispiel einer Halbleiter-Heterostruktur betrachten wir *isotypische Halbleiter-Heterostrukturen*, die aus Halbleitermaterialien mit dem gleichen Dotierungstyp aufgebaut sind. Für praktische Anwendungen sind vor allem Systeme interessant, die aus einem Material II mit einer kleinen Energielücke und gleichzeitig sehr niedriger Dotierung und einem Material I mit großer Energielücke bei gleichzeitig hoher Dotierung bestehen. Der Verlauf des Leitungs- und Valenzbandes einer solchen Struktur ist in Abb. 10.33 gezeigt. Da Elektronen aus dem Material I mit der größeren Energielücke in das Material II mit der kleineren diffundieren, entsteht im Material I eine positive und im Material II eine negative Raumladungszone. Dies führt dazu, dass das Valenz- und Leitungsband im Material I nach oben und im Material II nach unten gebogen werden. Im Material II entsteht eine Randschicht mit einer sehr hohen Ladungsträgerkonzentration. Das chemische Potenzial liegt hier im Leitungsband.

Der interessante Aspekt der in Abb. 10.33 gezeigten Struktur ist, dass die hohe Dichte der Elektronen in der Randschicht von Material II von den ionisierten Donatoren in Material I räumlich getrennt ist. Dadurch wird die Streuung an Verunreinigungen, die ja bei niedrigen Temperaturen dominiert (vergleiche Abschnitt 10.1.4 und Abb. 10.12), stark reduziert. In einem homogen dotierten Halbleiter ist dagegen eine hohe Ladungsträgerdichte immer mit einer hohen Verunreinigungskonzentration und damit einer starke Verunreinigungsstreuung verbunden. Diese Art der Dotierung nennen wir *Modulationsdotierung*.[41] Die La-

---

[41] In einigen Materialsystemen liegt eine intrinsische Modulationsdotierung vor. Als Beispiel sollen hier die Kuprat-Supraleiter genannt werden (vergleiche Abschnitt 13.9.2). In diesen Materialien findet die elektrische Leitung in den zweidimensionalen CuO_2-Ebenen statt, wobei die Ladungsträger von zwischen den CuO_2-Ebenen liegenden Ladungsreservoirschichten in diese Ebenen dotiert werden.

10.4 Realisierung von niedrigdimensionalen Elektronengassystemen 535

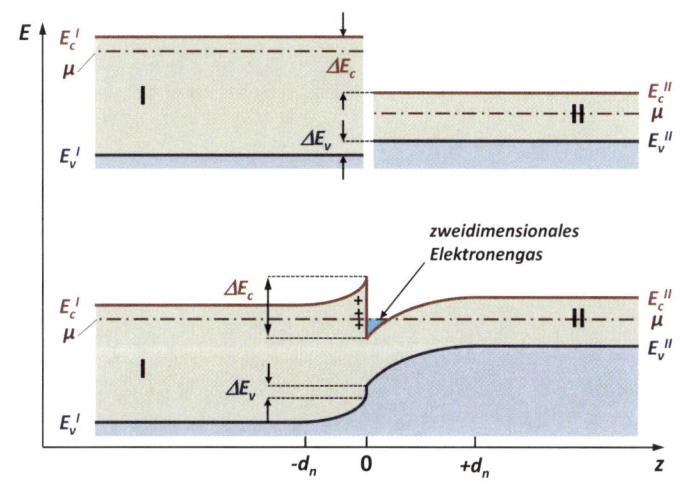

Abb. 10.33: Schematischer Verlauf der Leitungs- und Valenzbandkanten in einer isotypische Halbleiter-Heterostruktur ohne Kontakt (oben) und im thermischen Gleichgewicht (unten). Im Material II bildet sich eine Randschicht mit einem zweidimensionalen Elektronegas aus.

dungsträger bewegen sich hier ungestört in einem Bereich, in dem sich keine bzw. nur sehr wenige streuende Dotieratome befinden. Dies können wir anschaulich mit einer Bahnlinie vergleichen, bei der ein Zug durch eine Oberleitung, die von neben der Bahnlinie stehenden Masten getragen wird, mit Strom versorgt wird. Der Zug kann sich ungestört auf den Schienen bewegen, ohne mit den Masten zusammenzustoßen.

Die Elektronenmobilität in homogen dotiertem GaAs hat bei einer Donatorkonzentration von $n_\mathrm{D} \simeq 10^{17}\,\mathrm{cm}^{-3}$ ein Maximum von etwa $8 \times 10^3\,\mathrm{cm}^2/\mathrm{Vs}$ bei einer Temperatur von etwa 150 K. Oberhalb und unterhalb dieser Temperatur nimmt die Beweglichkeit aufgrund der Streuung an Phononen und Verunreinigungen ab (vergleiche Abb. 10.12). In einer modulationsdotierten Heterostruktur beobachtet man dagegen keine Abnahme der Beweglichkeit bei tiefen Temperaturen. Die Beweglichkeit steigt mit sinkender Temperatur weiter an und erreicht unterhalb von 10 K Werte oberhalb von $10^6\,\mathrm{cm}^2/\mathrm{Vs}$. Eine weitere Steigerung kann durch Einbringen einer undotierten $\mathrm{Al}_x\mathrm{Ga}_{1-x}\mathrm{As}$-Trennschicht zwischen die hochdotierte AlGaAs- und die schwach dotierte GaAs-Schicht erzielt werden, da dadurch Streuprozesse an Verunreinigungen in der unmittelbaren Nähe zur Grenzschicht vermieden werden.

Für eine n-Dotierung in AlGaAs im Bereich von $10^{18}\,\mathrm{cm}^{-3}$ liegt die Dicke der Anreicherungsschicht im Bereich zwischen 50 und 100 Å. Die Elektronen sind dadurch in z-Richtung in einen schmalen, dreieckförmigen Potenzialwall eingesperrt und können sich nur noch in der xy-Ebene frei bewegen. Wir erhalten somit in der Randschicht ein zweidimensionales Elektronengas.

10.4.1.2 Kompositionsübergitter

Ähnliche Effekte zu denjenigen in einer einfachen isotypischen Heterostruktur werden in so genannten *Kompositionsübergittern* gefunden. Diese erhält man durch heteroepitaktisches Wachstum von Übergittern, die aus zwei Halbleitermaterialien (z. B. AlGaAs und GaAs) bestehen. Wählen wir Materialien ähnlich zu denen in Abb. 10.33, so erhalten wir eine Serie von so genannten *Quantentrögen*, in denen sich die Leitungselektronen ansammeln (siehe Abb. 10.34). Wir erhalten wiederum eine Modulationsdotierung, da die hohe Dichte der

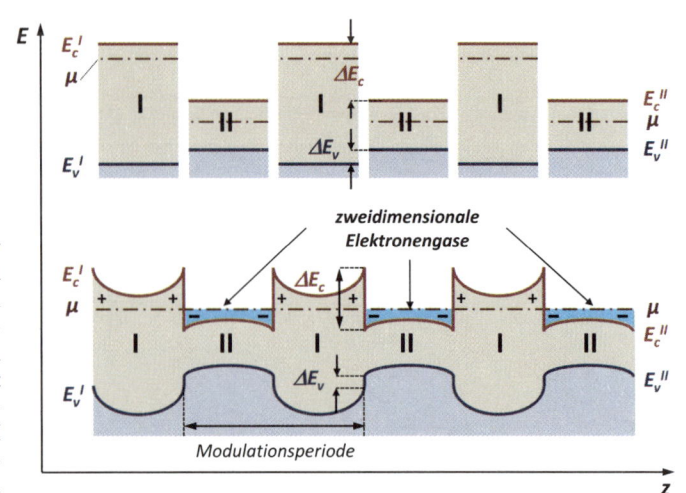

Abb. 10.34: Schematischer Verlauf der Leitungs- und Valenzbandkanten in einem Kompositionsübergitter ohne Kontakt (oben) und im thermischen Gleichgewicht (unten). In den Potenzialtrögen von Material II bilden sich zweidimensionale Elektronegase aus.

Leitungselektronen in Material II wiederum von der hohen Dichte der Dotieratome in Material I räumlich getrennt ist. Dadurch wird Streuung an Verunreinigungen stark unterdrückt und wir erhalten senkrecht zur Wachstumsrichtung der Übergitter (z-Richtung) bei tiefen Temperaturen eine sehr hohe Elektronenbeweglichkeit. Falls die Breite der einzelnen Schichten des Übergitters sehr klein wird (kleiner als etwa 10 nm), erhalten wir Quantisierungseffekte in den einzelnen Quantentrögen.

Das in Abb. 10.34 gezeigte Übergitter stellt eine Serie von aneinandergrenzenden Potenzialwällen endlicher Höhe dar. Da die Wellenfunktionen bei einer endlichen Höhe der Potenzialwälle mit einer charakteristischen Abklinglänge $1/\kappa$ in den verbotenen Zonen abklingen [vergleiche (7.4.15)], erhalten wir bei einer kleinen Breite der Potenzialwälle eine endliche Überlagerung der Wellenfunktionen der einzelnen Potenzialmulden. Ähnlich wie die Überlagerung von Atomorbitalen zu Bändern führt (vergleiche hierzu Abschnitt 8.3), wenn wir die Atome einander annähern, spalten die Energieniveaus E_n der einzelnen Potenzialtöpfe durch die Überlagerung in Bänder auf. Wir nennen die entstehenden Bänder *Minibänder*.

10.4.1.3 Dotierungsübergitter

Wachsen wir eine große Anzahl von zum Beispiel n- und p-dotiertem GaAs epitaktisch aufeinander auf, so erhalten wir so genannte *Dotierungsübergitter*. Diese bestehen also aus dem gleichen Halbleitermaterial, wobei aber die einzelnen Schichten einen unterschiedlichen Dotierungstyp haben. In diesen Übergittern erhalten wir dann eine große Zahl von p-n-Übergängen. Da an den p-n-Übergängen eine Verarmungszone mit einer quasi-intrinsischen Ladungsträgerdichte auftritt, werden diese Strukturen auch als *nipi*-Strukturen bezeichnet.

In den Dotierungsübergittern nähert sich das chemische Potenzial alternierend der Leitungsbandkante (n-Halbleiter) und der Valenzbandkante (p-Halbleiter) an. Da im thermischen Gleichgewicht das chemische Potenzial horizontal verläuft, werden die Leitungsband- bzw. Valenzbandkante periodisch nach unten und oben gebogen. Dies ist in Abb. 10.35

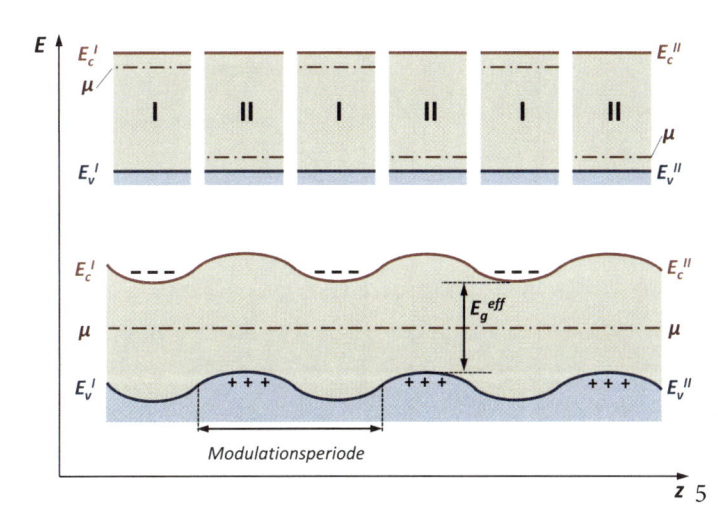

10.4 Realisierung von niedrigdimensionalen Elektronengassystemen

Abb. 10.35: Schematischer Verlauf der Leitungs- und Valenzbandkanten in einem Dotierungsübergitter ohne Kontakt (oben) und im thermischen Gleichgewicht (unten).

dargestellt. Wir erhalten durch die periodische Modulation der Leitungs- und Valenzbandkante eine periodische Modulation der Ladungsträgerdichte. Interessant ist dabei die Tatsache, dass die Elektronen und Löcher räumlich getrennt sind, was zu einer längeren Rekombinationslebensdauer führt. Trotz dieser Trennung liegt aber immer noch ein gewisser Überlapp der Wellenfunktionen im i-Gebiet vor. Die effektive Bandlücke E_g^{eff} kann über die Dotierung gezielt eingestellt werden, wodurch optische Übergänge abgestimmt werden können.

10.4.1.4 MOSFET

Eine weitere Möglichkeit, ein zweidimensionales Elektronengas zu erhalten, ist der MOSFET (Metal-Oxide-Semiconductor Field Effect Transistor). Historisch gesehen ist das MOSFET-Prinzip wesentlich länger bekannt als der Bipolartransistor. Die ersten Patentanmeldungen stammen aus den Jahren 1926[42] und 1934.[43] Die ersten MOSFETs wurden allerdings erst 1960 gefertigt, als mit Silizium/Siliziumdioxid ein Materialsystem zur Verfügung stand, mit dem sich reproduzierbar eine gute Halbleiter-Isolator-Grenzfläche herstellen ließ.[44,45] Damit verbunden war die Abkehr vom Germanium als Basismaterial und steigende Anforderungen an die Fertigungsbedingungen. Der Feldeffekt-Transistor ist ein unipolarer Transistor. Unipolar daher, weil im Gegensatz zum bipolaren Transistor, je nach Typ, entweder nur Defektelektronen (Löcher) oder Elektronen am Stromtransport beteiligt sind.

---

[42] **Julius Edgar Lilienfeld**, U.S. Patent 1 745 175, *Method and apparatus for controlling electric currents* (1930); eingereicht 1926.
[43] **Oskar Heil**, British Patent 439 457, *Improvements in or relating to electrical amplifiers and other control arrangements and devices* (1935); zuerst eingereicht in Deutschland am 2. März 1934.
[44] D. Kahng, M. M. Atalla, *Silicon-silicon dioxide field induced surface devices*, IRE Solid State Res. Conf., Pittsburgh (1960).
[45] D. Kahng, *A Historical Perspective on the Development of MOS Transistors and Related Devices*, IEEE Trans. El. Dev. **ED-23**, 655 (1976).

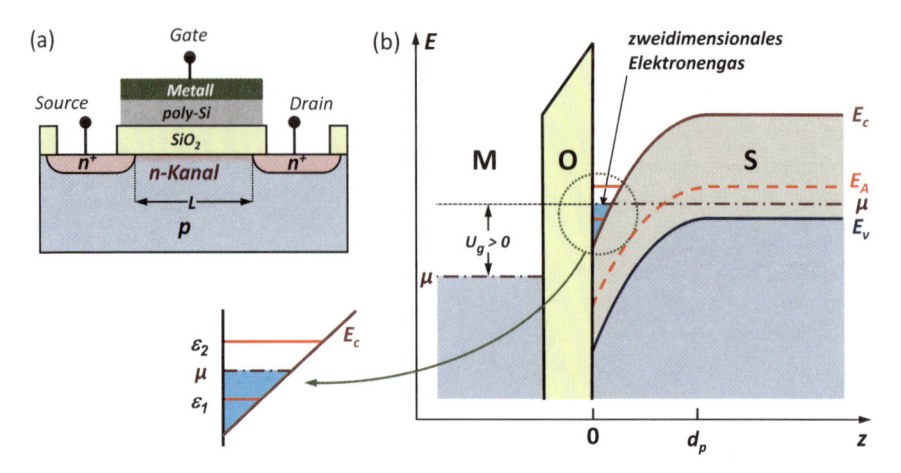

Abb. 10.36: (a) Schematischer Aufbau eines Si-MOSFET. (b) Verlauf der Leitungs- und Valenzbandkanten in einem MOSFET bei einer positiven Gate-Spannung U_g, was einer Absenkung der potenziellen Energie der Elektronen um $(-e)U_g$ in der metallischen Gate-Elektrode entspricht. Aufgrund der angelegten Gate-Spannung entsteht an der Grenzfläche zwischen p-Halbleiter und Oxidschicht eine zweidimensionale Ladungsträgerschicht in einem dreieckförmigen Potenzialtopf. In dem gezeigten Fall ist nur das unterste Subband besetzt.

Der schematische Aufbau eines Si-MOSFETs ist in Abb. 10.36a gezeigt. Wird keine Spannung an die Gate-Elektrode angelegt, so wirkt das darunterliegende, leicht p-dotierte Silizium (Substrat) aufgrund der beiden p-n-Kontakte im Source-Drain-Kanal sperrend. Der einzige Strom, der zwischen den beiden Kontakten Source und Drain fließen kann, ist der Sperrstrom des p-n-Kontakts. Wenn über dem Gate eine positive Spannung angelegt wird, wandern Minoritätsladungsträger (bei p-Silizium Elektronen) im Substrat an die Grenzschicht und rekombinieren dort mit den Majoritätsladungsträgern (bei p-Silizium Löcher). Dies wirkt sich wie eine Verdrängung der Majoritätsladungsträger aus und wird Verarmung genannt. Ab einer bestimmten Spannung U_{th} (=Threshold-Spannung) ist die Verdrängung der Majoritätsladungsträger so groß, dass diese nicht mehr für die Rekombination zur Verfügung stehen. Es kommt zu einer Ansammlung der Minoritäten an der Grenzfläche zur Oxidschicht, die einen n-leitenden Kanal erzeugen, so dass jetzt Ladungsträger zwischen Source und Drain fließen können. Dieser Zustand wird **starke Inversion** genannt.

Der Verlauf der Leitungs- und Valenzbandkanten in einem MOSFET bei einer angelegten positiven Gate-Spannung U_g ist in Abb. 10.36b gezeigt. Ab einer bestimmten Spannung U_{th} sinkt die Leitungsbandkante an der Grenzfläche zur Oxidschicht unter das chemische Potenzial ab und wir erhalten eine sehr hohe Elektronenkonzentration unmittelbar an der Grenzfläche. Wir sprechen von einem **Inversionskanal**. Falls die Breite des Inversionskanals sehr klein ist (kleiner als etwa 10 nm) erhalten wir Quantisierungseffekte in dem dreieckförmigen Potenzialtrog. Die Elektronen befinden sich also in z-Richtung in einem Potenzialtopf (siehe Abb. 10.36) und können sich nur noch in der xy-Ebene frei bewegen. Die Eigenenergien sind dann durch $E_n = E_\parallel + \epsilon_n$ gegeben.[46] Auf jeden Energieeigenwert ϵ_n baut sich ein Quasi-

---

[46] Die Ausdrücke für ϵ_n weichen natürlich für einen dreieckförmigen Potenzialtopf von den durch (7.4.12) gegebenen Werten für einen rechteckförmigen Potenzialtopf ab.

Kontinuum, ein so genanntes Subband auf, das durch die kinetische Energie der Elektronen parallel zur Grenzfläche bedingt ist. Bei genügend tiefen Temperaturen lässt sich erreichen, dass nur noch das unterste Subband besetzt ist. In diesem Fall haben wir in der Randschicht ein zweidimensionales Elektronengas vorliegen. An einem derartigen Elektronengas hat **Klaus von Klitzing** im Jahr 1980 den Quanten-Hall-Effekt entdeckt.[47,48] Für die Elektronenzahl in der Randschicht gilt $n_{2D} \propto U_g - U_{th}$, wobei U_g die angelegte Gate-Spannung ist.

Die Kanallänge L von MOSFETs wurde durch die immer höhere Packungsdichte von Transistoren in integrierten Schaltungen seit 1960 von einigen 10 μm bis auf heute weit unter 100 nm reduziert. Diese dem *Mooreschen Gesetz*[49] folgende exponentielle Abnahme der Kanallänge L mit der Zeit wird wohl aber in einigen Jahren an eine physikalische Grenze stoßen.

10.4.2 Vertiefungsthema: Halbleiter-Laser

Ein weites Anwendungsgebiet von Halbleiter-Heterostrukturen sind Halbleiterlaser, die heute z. B. zum Beschreiben und Auslesen von optischen Datenspeichern oder bei der optischen Datenübermittlung verwendet werden. Wir diskutieren im Folgenden den in Abb. 10.37 gezeigten *Double Heterostructure Injection Laser*, der von **Herbert Kroemer**[50] vorgeschlagen wurde. Die optisch aktive Zone (z. B. GaAs) ist hier zwischen zwei Halbleitermaterialien mit größerer Energielücke (Al,Ga)As und unterschiedlicher Dotierung eingebettet. Mit dem in dieser Struktur erzielten Verlauf der Leitungs- und Valenzbandkante wird erreicht, dass die Elektronen, die von rechts in die optische aktive GaAs-Schicht fließen, in dieser eingefangen werden. Das gleiche gilt für die Löcher, die von links in diese Schicht fließen. Das heißt, sowohl Elektronen als auch Löcher werden in der optisch aktiven Schicht festgehalten und es bildet sich dort ein entartetes Elektronen- bzw. Lochgas aus. Die injizierten Elektronen und Löcher können dann unter Emission von Photonen rekombinieren. Für Halbleiter-Laser

---

[47] K. von Klitzing, G. Dorda, M. Pepper, *New Method for High-Accuracy Determination of the Fine-Structure Constant Based on Quantized Hall Resistance*, Phys. Rev. Lett. **45**, 494–497 (1980).

[48] K. von Klitzing, G. Dorda, M. Pepper, *High-magnetic-field transport in a dilute two-dimensional electron gas*, Phys. Rev. **B 28**, 4886–4888 (1983).

[49] Als Mooresches Gesetz wird die empirische Beobachtung bezeichnet, dass bei der technologischen Entwicklungen von integrierten Schaltkreisen sich die Komplexität eines integrierten Schaltkreises etwa alle 2 Jahre verdoppelt. Diese Gesetzmäßigkeit wurde erstmals von Gordon E. Moore, einem der Mitbegründer der Firma Intel, im April 1965 formuliert und wird deshalb heute nach ihm benannt: „*The complexity for minimum component costs has increased at a rate of roughly a factor of two per year ... Certainly over the short term this rate can be expected to continue, if not to increase. Over the longer term, the rate of increase is a bit more uncertain, although there is no reason to believe it will not remain nearly constant for at least 10 years. That means by 1975, the number of components per integrated circuit for minimum cost will be 65,000. I believe that such a large circuit can be built on a single wafer.*"

[50] **Herbert Kroemer** (Herbert Krömer), geboren am 25. August 1928 in Weimar. Er wurde im Jahr 2000 zusammen mit **Schores Iwanowitsch Alfjorow** mit der Hälfte des Nobelpreises für Physik für die Entwicklung von Halbleiterheterostrukturen für Hochgeschwindigkeits- und Optoelektronik ausgezeichnet, die andere Hälfte ging an **Jack Kilby** für die Entwicklung Integrierter Schaltkreise.

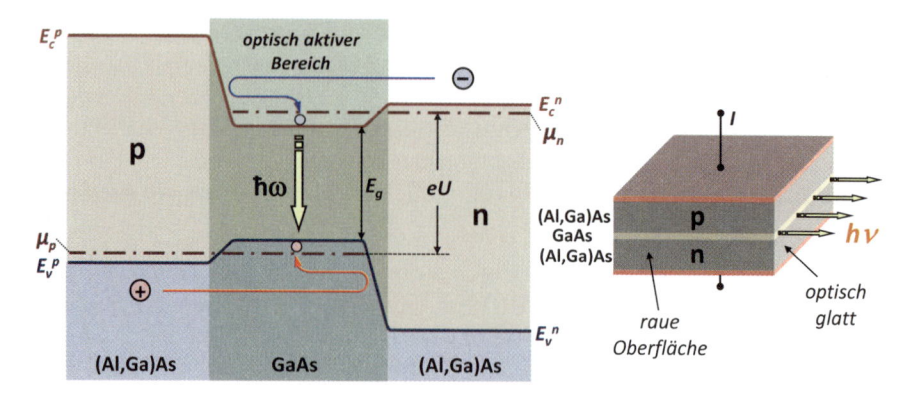

Abb. 10.37: Double Heterostructure Injection Laser: Elektronen fließen von rechts in die grün hinterlegte optisch aktive Zone, Löcher von links. Beide werden dort eingefangen und bilden entartete Elektronen- bzw. Lochgase.

werden ausschließlich Materialien mit direkter Bandlücke verwendet, da es bei Materialien mit indirekter Lücke auch nichtstrahlende Rekombination unter Emission von Phononen als Konkurrenzprozess gibt.

Üblicherweise sind die Rekombinationszeiten für die Überschussladungsträger weit größer als die Zeit für die Thermalisierung der Elektronen im Leitungsband bzw. der Löcher im Valenzband. Das heißt, Elektronen und Löcher erreichen jeweils getrennt sehr schnell einen Gleichgewichtszustand, aber nicht untereinander. Wir können dann sowohl den Elektronen als auch den Löchern getrennte chemische Potenziale μ_n und μ_p (Quasi-Potenziale) zuordnen. Diese Quasi-Potenziale verlaufen horizontal, da jeweils die Elektronen und Löcher im Gleichgewicht sind. Um eine Besetzungsinversion zu erhalten, muss

$$\mu_n - \mu_p > E_g \tag{10.4.2}$$

gelten.[51] Das heißt, um den Laserbetrieb zu erhalten, muss der Abstand der Quasi-Potenziale größer als die Energielücke sein. Diese Bedingung wird in Abb. 10.37 dadurch erreicht, dass eine Spannung $eU > E_g$ angelegt wird, wobei E_g die Energielücke der optisch aktiven Zone ist.

Die in Abb. 10.37 gezeigte Diodenstruktur bildet gleichzeitig einen optischen Resonator, da die Reflektivität an der Halbleiterkristall-Luft Grenzfläche groß ist. Die Halbleiterkristalle werden planparallel poliert und die Strahlung wird parallel zur Ebene des Heterokontakts emittiert. Verwendet man GaAs als optisch aktive Schicht, so erhält man Laserstrahlung im nahen Infrarotbereich bei einer Wellenlänge von 838.3 nm oder 1.43 eV. Der Wirkungsgrad solcher GaAs-Laserdioden ist sehr groß. Das Verhältnis von Lichtleistung zu elektrischer Leistung beträgt fast 50 %. Die Wellenlänge dieser Laser kann über einen weiten Bereich durch Verwendung von Legierungen des Typs $Ga_xIn_{1-x}P_yAs_{1-y}$ variiert werden und dadurch dem Minimum der optischen Absorption von Glasfasern angepasst werden. Die Kom-

---

[51] siehe z. B. *The Physics of Semiconductor Devices*, S. M. Sze, John Wiley & Sons, New York (1981).

bination von Double Heterostructure Injection Lasern mit Glasfasern bildet das Kernstück unserer heutigen optischen Datenkommunikation.[52]

10.5 Zweidimensionales Elektronengas: Quanten-Hall-Effekt

Wir haben uns in Abschnitt 7.5 bereits mit den Transporteigenschaften von niederdimensionalen Elektronengasen beschäftigt. Dabei haben wir allerdings zweidimensionale Elektronengase ausgelassen. Dies wollen wir jetzt nachholen.

10.5.1 Zweidimensionales Elektronengas im Magnetfeld

In Abschnitt 10.4.1 haben wir gelernt, dass wir mit Hilfe von Halbleiter-Heterostrukturen oder einem MOSFET zweidimensionale Elektronengase erzeugen können. Wir betrachten nun ein System aus *freien Elektronen*, in dem nur das unterste Subband besetzt sein soll, in einem in z-Richtung, d. h. senkrecht zum zweidimensionalen System angelegten Magnetfeld $\mathbf{B} = (0, 0, B)$. Durch die Wirkung des Magnetfeldes werden die ursprünglich gleichmäßig im zweidimensionalen $\mathbf{k}$-Raum verteilten Zustände auf Landau-Kreise gezwungen (vergleiche hierzu Abschnitt 9.7 und Abb. 9.38). Die Eigenenergien ergeben sich gemäß (9.7.11) zu

$$E_n = \epsilon_1 + \left(n + \tfrac{1}{2}\right) \hbar\omega_c + g_s \mu_B s B \,. \tag{10.5.1}$$

Hierbei ist ϵ_1 die Energie des untersten Subbandes. Wir haben zusätzlich berücksichtigt, dass wir zwei mögliche Spin-Einstellungen $s = \pm\tfrac{1}{2}$ vorliegen haben und die Zustände deshalb im Magnetfeld aufspalten (μ_B ist das Bohrsche Magneton und g_s ist der Landé-Faktor für Elektronen). Den Spin-Freiheitsgrad werden wir bei der nachfolgenden Diskussion nicht berücksichtigen.

Die Quantisierung der Elektronenenergien in Landau-Niveaus mit Abstand $\hbar\omega_c$ führt zu einer Aufspaltung des parabelförmigen Subbandes in diskrete Energieniveaus (siehe

---

[52] Heute wird eine Vielzahl von unterschiedlichen Halbleiterlasern mit unterschiedlichen Wellenlängen hergestellt, die wichtige Anwendungsgebiete haben. Neben der optischen Datenkommunikation sind vor allem die Anwendung in Blu-ray-Disc- und in HD-DVD-Laufwerken (405 nm, blauviolett, basierend auf dem Halbleitermaterial InGaN), der Einsatz als Pumplaser für Nd:YAG-Laser z. B. bei grünen Laser-Pointern oder bei Diodenlasern (808 nm, infrarot, basierend GaAlAs) sowie die Verwendung in kostengünstigen roten Laser-Pointern oder Barcode-Lesegeräten (670 nm, rot, basierend auf InGaAlP). Der erreichbare Wirkungsgrad von Laserdioden lag im Jahr 2012 zwischen 10% (grün, 530 bis 540 nm), 20% (blau, 440 nm) und 70% (rot und IR, ab 650 nm). Blaue Laserdioden erreichen mittlerweile einen Wirkungsgrad von 27% und Lebensdauer von 10 000 Stunden. Die Herstellung geeigneter InGaN-Halbleitermaterialien für leistungsfähige grüne Laser ist noch immer schwierig. Für Beleuchtungszwecke ist es deshalb preiswerter, mit kurzwelligem blauem Licht geeignete Leuchtstoffe im langwelligeren Bereich anzuregen

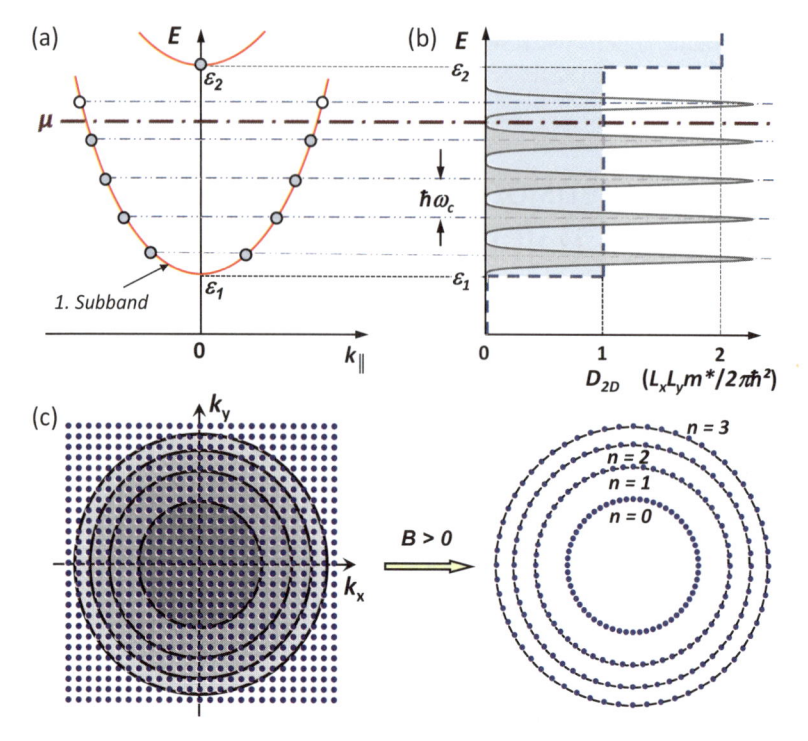

Abb. 10.38: Qualitative Darstellung der Zustandsquantisierung in einem zweidimensionalen Elektronengas. (a) Energieparabeln des 1. und 2. Subbandes. Das chemische Potenzial liegt zwischen 1. und 2. Subband. Durch Anlegen des Magnetfeldes erhalten wir eine zusätzliche Quantisierung in Landau-Niveaus (Punkte). (b) Zustandsdichte des zweidimensionalen Elektronengases ohne (gestrichelte Linie) und mit Magnetfeld (schraffierte Flächen). (c) Quantisierung der ohne Feld gleichförmig im zweidimensionalen **k**-Raum verteilten Zustände auf Landau-Kreise.

Abb. 10.38). Der in Abb. 7.21 für $B = 0$ gezeigte stufenförmige Verlauf der Zustandsdichte spaltet in einem angelegten Magnetfeld in eine Reihe von δ-funktionsartigen Peaks auf, die einen Abstand $\hbar\omega_c$ voneinander haben. Wir können sagen, dass die Zustände in scharfe Landau-Niveaus „kondensieren". Da keine Zustände verloren gehen, müssen die Landau-Niveaus den Entartungsgrad

$$p = \hbar\omega_c D_{2D} = \hbar\omega_c \frac{m}{2\pi\hbar^2} L_x L_y = \frac{eB}{h} L_x L_y \qquad (10.5.2)$$

haben, den wir bereits in Abschnitt 9.7 hergeleitet haben [vergleiche (9.7.17)]. Hierbei ist $D_{2D} = \frac{m}{2\pi\hbar^2} L_x L_y$ die zweidimensionale Zustandsdichte für eine Spin-Richtung [vergleiche (7.1.20) oder (7.4.13)]. Setzen wir Zahlenwerte ein, so erhalten wir

$$p = \frac{eB}{h} L_x L_y = 2.42 \times 10^{10} \text{cm}^{-2} \times B[\text{T}] \times L_x L_y [\text{cm}^2] \,. \qquad (10.5.3)$$

Wir können die Entartung p auch schreiben als

$$p = \frac{L_x L_y}{\ell_B^2} \qquad \text{mit} \qquad \ell_B^2 = \frac{2\pi\hbar}{eB} \,. \qquad (10.5.4)$$

Die magnetische Landau-Länge ℓ_B entspricht dabei dem Radius des klassischen Elektronenorbits für das Niveau $n = 1$. Sie beträgt etwa 25 nm für $B = 1$ T. Entsprechend können wir im reziproken Raum p schreiben als

$$p = \frac{k_B^2}{k_x k_y}, \qquad (10.5.5)$$

wobei $k_B^2 = (2\pi/\ell_B)^2 = S = 2\pi eB/\hbar$ die Fläche pro Zustand im **k**-Raum ist und $k_{x,y} = 2\pi/L_{x,y}$.

Mit dem magnetischen Fluss $\Phi = B L_x L_y$, der die Probe durchsetzt, und dem Flussquant $\widetilde{\Phi}_0 = h/e$ können wir die Entartung auch als

$$p = \frac{eB}{h} L_x L_y = \frac{\Phi}{\widetilde{\Phi}_0} = N_\Phi \qquad (10.5.6)$$

schreiben. Der Entartungsgrad entspricht also der Zahl N_Φ der magnetischen Flussquanten in der Probe. Liegt das chemische Potenzial zwischen zwei Landau-Niveaus, so ist die Gesamtzahl der Elektronen $N_e = n \cdot p = n \cdot N_\Phi$ und damit $N_e/N_\Phi = n$ = ganzzahlig. Allgemein bezeichnen wir das Verhältnis $\nu = N_e/N_\Phi$ als den **Füllfaktor**. Liegt also das chemische Potenzial zwischen zwei Landau-Niveaus, so ist $\nu = n$, d.h. der Füllfaktor ist ganzzahlig und entspricht dem obersten besetzten Landau-Niveau.

Die Gesamtenergie des Elektronensystems als Funktion des angelegten Feldes haben wir bereits ausführlich im Zusammenhang mit dem de Haas-van Alphen-Effekt in Abschnitt 9.8.1 diskutiert. Wir haben gesehen, dass die freie Energie als Funktion des Magnetfeldes oszilliert und zwar periodisch in $1/B$. Dies führt zu charakteristischen Oszillation der Magnetisierung (de Haas-van Alphen-Effekt) oder des elektrischen Widerstands (Shubnikov-de Haas-Effekt).

Gehen wir von freien Elektronen zu **Kristallelektronen** über, so müssen wir Folgendes beachten:

1. Wir müssen in den Ausdrücken für die Zustandsdichte, die Energieeigenwerte oder die Zyklotronfrequenz die freie Elektronenmasse m durch die effektive Bandmasse m^* ersetzen.
2. Durch das Magnetfeld wird nicht nur die Spin-Entartung aufgehoben, sondern in Si auch noch die durch die Struktur des Leitungsbandes bedingte zweifache Valley-Entartung aufgehoben. Das bedeutet, dass jedes Landau-Niveau insgesamt in vier Niveaus aufspaltet.
3. Durch die Streuung der Ladungsträger an Gitterdefekten und Phononen werden die Landau-Niveaus verbreitert. Aus der Unschärferelation ergibt sich für eine mittlere Streuzeit τ eine Energieverschmierung $\Delta E = \hbar/\tau$. Effekte, die mit der Aufspaltung in die Landau-Niveaus verbunden sind, können nur dann experimentell gut beobachtet werden, wenn $\Delta E \ll \hbar\omega_c$, also

$$\omega_c \tau \gg 1 \qquad \text{oder} \qquad \mu B \gg 1. \qquad (10.5.7)$$

Wir benötigen also hohe Felder und lange Streuzeiten τ bzw. hohe Beweglichkeiten μ. Letzteres erreichen wir durch tiefe Temperaturen und saubere Proben.

10.5.2 Transporteigenschaften des zweidimensionalen Elektronengases

Elektrische Transportexperimente an zweidimensionalen Elektronengasen werden üblicherweise mit Proben durchgeführt, welche die in Abb. 10.39 gezeigte „Hall-Bar-Geometrie" besitzen. Der Leitfähigkeitstensor für das zweidimensionale System lautet (vergleiche (7.3.43) in Abschnitt 7.3.4)

$$\begin{pmatrix} J_x \\ J_y \end{pmatrix} = \frac{\sigma_0}{1 + \omega_c^2 \tau^2} \begin{pmatrix} 1 & +\omega_c \tau \\ -\omega_c \tau & 1 \end{pmatrix} \begin{pmatrix} E_x \\ E_y \end{pmatrix} \tag{10.5.8}$$

mit

$$\sigma_0 = \frac{n_{2D} e^2 \tau}{m^*}. \tag{10.5.9}$$

Hierbei ist n_{2D} die Zahl der Elektronen pro Flächeneinheit.

Da der Leitfähigkeitstensor und der Widerstandstensor invers zueinander sind, können wir durch Invertieren der obigen Matrix folgende Beziehungen ableiten:

$$\sigma_{xx} = \frac{\rho_{xx}}{\rho_{xx}^2 + \rho_{xy}^2} \qquad \sigma_{xy} = \frac{-\rho_{xy}}{\rho_{xx}^2 + \rho_{xy}^2} \tag{10.5.10}$$

$$\sigma_{yy} = \sigma_{xx} \qquad \sigma_{yx} = -\sigma_{xy}$$

$$\rho_{xx} = \frac{\sigma_{xx}}{\sigma_{xx}^2 + \sigma_{xy}^2} \qquad \rho_{xy} = \frac{-\sigma_{xy}}{\sigma_{xx}^2 + \sigma_{xy}^2}. \tag{10.5.11}$$

$$\rho_{yy} = \rho_{xx} \qquad \rho_{yx} = -\rho_{xy}$$

Im Experiment wird ein Strom in Längsrichtung (x-Richtung) vorgegeben und die Längs- und Querspannung gemessen. Es gilt

$$U_x = \rho_{xx} L_x \cdot J_x \quad \Rightarrow \quad \rho_{xx} = \frac{U_x}{J_x L_x} \tag{10.5.12}$$

$$U_y = \rho_{xy} L_y \cdot J_x \quad \Rightarrow \quad \rho_{xy} = \frac{U_y}{J_x L_y}. \tag{10.5.13}$$

Abb. 10.39: Schematische Darstellung der für die Messung der elektrischen Transporteigenschaften von zweidimensionalen Elektronengasen verwendeten „Hall-Bar"-Geometrie. Die Elektronendichte n_{2D} im Elektronengas kann durch Variation der Gate-Spannung U_g variiert werden.

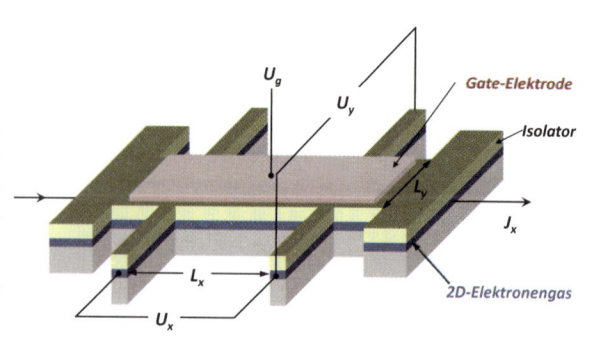

10.5 Zweidimensionales Elektronengas: Quanten-Hall-Effekt

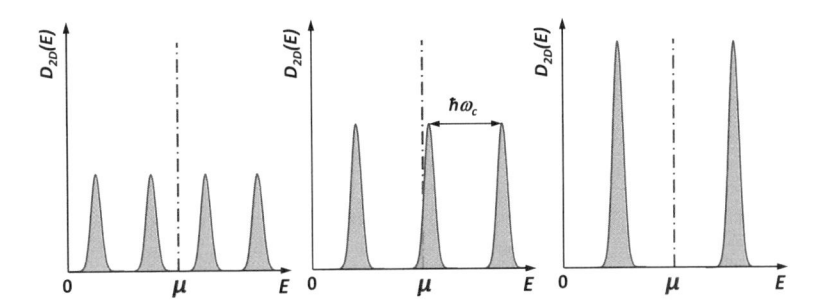

Abb. 10.40: Besetzung der Landau-Niveaus für unterschiedliche Magnetfelder. Das Magnetfeld nimmt von links nach rechts zu. Mit zunehmendem B nimmt die Entartung der Landau-Niveaus zu, was durch zunehmende Flächen der Zustandsdichtepeaks berücksichtigt ist.

Messen wir die Querspannung U_y in einer Konfiguration, in der $J_y = 0$, so müssen sich die Kraft $eE_y = eU_y/L_y$ durch das Hall-Feld und die Lorentz-Kraft evB gerade kompensieren.[53] Aus $ev_xB - eU_y/L_y = 0$ folgt $U_y = v_xB \cdot L_y$. Setzen wir dies in (10.5.13) ein und benutzen $J_x = n_{2D}ev_x$, so erhalten wir

$$\rho_{xy} = \frac{B}{n_{2D}e} = R_H \cdot B . \tag{10.5.14}$$

Hierbei ist R_H die Hall-Konstante. Für $\omega_c\tau \to \infty$ gilt allgemein: $\sigma_{xx}, \sigma_{yy} \to 0$ und $\sigma_{xy} \to n_{2D}e/B$. Die Tatsache, dass $\sigma_{xy} \to n_{2D}e/B$ ist eine allgemeine Eigenschaft von zweidimensionalen Elektronengasen in gekreuzten elektrischen und magnetischen Feldern.[54]

Abb. 10.40 zeigt, dass die Zustandsdichte beim chemische Potenzial μ als Funktion des angelegten Magnetfeldes variiert. Sie wird null, wenn der Füllfaktor $\nu = n$, also ganzzahlig ist und

---

[53] Dies gilt für Löcher mit Ladung $+e$. Für Elektronen ist die Kraft durch das Hall-Feld $-eU_H/L_y$. Die Lorentz-Kraft behält ihr Vorzeichen, da wir e durch $-e$, aber auch v_x durch $-v_x$ ersetzen müssen, weil sich die Elektronen bei gleicher Stromrichtung in die entgegengesetzte Richtung bewegen.

[54] Aus (10.5.10) und (10.5.11) folgt, dass für $\sigma_{xx} = 0$ auch $\rho_{xx} = 0$. Das heißt, J_x kann ohne E_x fließen, so dass die effektive Leitfähigkeit gegen unendlich geht. Paradoxerweise erhalten wir diesen Grenzfall gerade dann, wenn $\sigma_{xx}, \sigma_{yy} \to 0$. Wir können aber leicht zeigen, dass die effektive Leitfähigkeit immer noch endlich ist. Es gilt nämlich

$$J_x = \sigma_{xx}E_x + \sigma_{xy}E_y$$
$$J_y = \sigma_{yy}E_y + \sigma_{yx}E_x$$

und aus geometrischen Gründen gilt $J_y = 0$, so dass

$$E_y = \frac{\sigma_{xy}}{\sigma_{yy}}E_x .$$

Hierbei haben wir $\sigma_{yx} = -\sigma_{xy}$ verwendet. Setzen wir dies in den Ausdruck für J_x ein, so erhalten wir

$$J_x = \left(\sigma_{xx} + \frac{\sigma_{xy}^2}{\sigma_{yy}}\right)E_x = \sigma_{\text{eff}}E_x .$$

Wir sehen, dass $\sigma_{\text{eff}} \to \infty$ für $\sigma_{xx}, \sigma_{yy} \to 0$.

hat ein Maximum für $\nu \simeq n + \frac{1}{2}$. Diese Variation kann in vielen physikalischen Eigenschaften beobachtet werden. So zeigt der elektrische Widerstand starke Oszillationen als Funktion des angelegten Magnetfeldes, die **Shubnikov-de Haas Oszillationen** genannt werden. Die elektrische Leitfähigkeit σ_{xx} wird null für $\nu = n$, wenn die Zustandsdichte bei μ verschwindet, und maximal für $\nu \simeq n + \frac{1}{2}$, wenn die Zustandsdichte bei μ maximal ist. Nach (10.5.11) wird für $\sigma_{xx} = 0$ auch $\rho_{xx} = 0$.

10.5.3 Ganzzahliger Quanten-Hall-Effekt

Im Jahr 1980 haben **von Klitzing**, **Dorda** und **Pepper** die elektrische Leitfähigkeit und den Hall-Effekt in einem zweidimensionalen Elektronengas untersucht, das sie mit Hilfe eines Si-MOSFET (siehe Abb. 10.36) realisiert haben.[55] Die dabei verwendete Probengeometrie entsprach der in Abb. 10.39 gezeigten Hall-Bar-Geometrie. In ihren Experimenten, die 1980 am Max-Planck-Hochfeldmagnetlabor in Grenoble durchgeführt wurden, wurde der Strom J_x vorgegeben und die Längs- und Querspannung als Funktion der Gate-Spannung, also der Ladungsträgerdichte, bei konstantem Magnetfeld gemessen. Das Ergebnis ist in

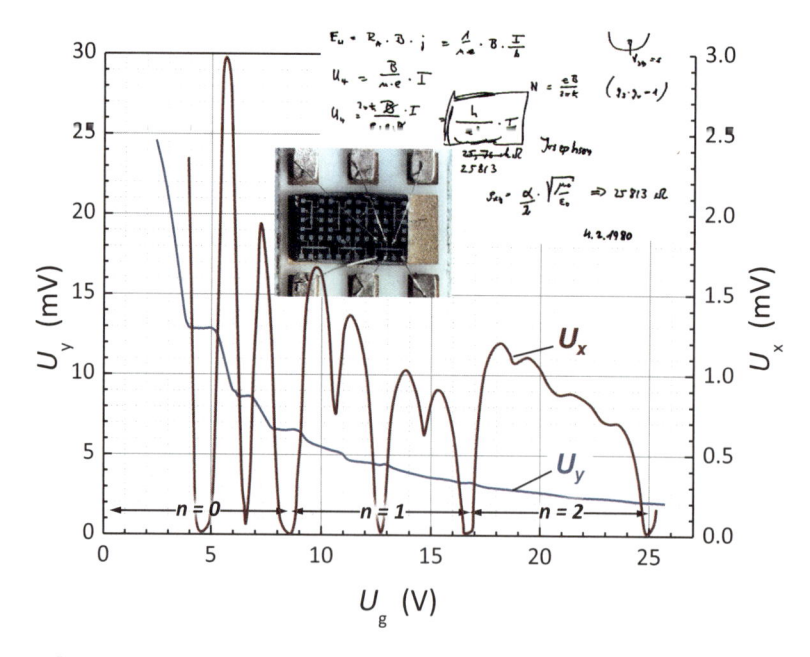

Abb. 10.41: Längsspannung U_x und Hall-Spannung U_y in einem zweidimensionalen Elektronengas ($L_x = 130\,\mu$m, $L_y = 50\,\mu$m) als Funktion der Gate-Spannung U_g bei $T = 1.5$ K und $B = 18$ T (nach K. von Klitzing, G. Dorda, M. Pepper, Phys. Rev. Lett. **45**, 494 (1980)). Oben sind handschriftliche Notizen von Klaus von Klitzing vom 04.02.1980 und ein Bild der Originalprobe gezeigt (Quelle: PTB Braunschweig). Die Landau-Niveaus sind aufgrund der Spin- und Valley-Entartung vierfach aufgespalten.

---

[55] K. von Klitzing, G. Dorda, M. Pepper, *New Method for High-Accuracy Determination of the Fine-Structure Constant Based on Quantized Hall Resistance*, Phys. Rev. Lett. **45**, 494–497 (1980).

Abb. 10.41 gezeigt. Aus den gemessenen Spannungswerten wurde nach (10.5.12) und (10.5.13) der spezifische Längs- und Querwiderstand ρ_{xx} und ρ_{xy} bzw. die spezifischen Leitfähigkeiten σ_{xx} und σ_{xy} bestimmt. Sie beobachteten, dass σ_{xx} periodisch als Funktion der Gate-Spannung verschwindet. Das Verschwinden von σ_{xx} kann dabei mit dem Auffüllen der Landau-Niveaus mit zunehmender Gate-Spannung erklärt werden. Wenn das chemische Potenzial zwischen zwei Landau-Niveaus zu liegen kommt, kann die Probe bei tiefen Temperaturen ($k_B T \ll \hbar\omega_c$) als Isolator betrachtet werden. In diesem Fall erwarten wir, dass die Diagonalelemente σ_{xx} und σ_{yy} des Leitfähigkeitstensors verschwinden. Nach unserer obigen Betrachtung erwarten wir auch ein Verschwinden von ρ_{xx}.

Das unerwartete Ergebnis war jedoch, dass der Querwiderstand Plateaus bei genau denjenigen Gate-Spannungen zeigte, an denen ρ_{xx} verschwand. Die Werte des Querwiderstands betrugen 25 813 Ω/ν mit den Füllfaktoren $\nu = 1, 2, 3, \ldots$. Bereits in den ursprünglichen handschriftlichen Aufzeichnungen weist von Klitzing darauf hin, dass dieser Quantenwiderstand durch $R_K = h/e^2$ ausgedrückt werden kann, also durch Naturkonstanten. Heute kann der Wert dieses Quantenwiderstands mit der sehr hohen relativen Genauigkeit etwa 10^{-9} gemessen werden. Er wird deshalb von den Eichanstalten als Widerstandsnormal verwendet. Der heutige Wert der **von Klitzing-Konstante** lautet

$$R_K = \frac{h}{e^2} = 25\,812.807\,4434(84)\,\Omega\,. \tag{10.5.15}$$

Außerdem kann die Messung von R_K zur Präzisionsbestimmung der **Sommerfeldschen Feinstruktur-Konstanten**

$$\alpha = \frac{\mu_0 c}{2}\frac{e^2}{h} = \frac{1}{2}\sqrt{\frac{\mu_0}{\epsilon_0}}\frac{e^2}{h} = 7.297\,352\,5698(24) \times 10^{-3} \tag{10.5.16}$$

herangezogen werden.

Wir wollen zunächst eine stark vereinfachte Erklärung für das Auftreten der Oszillationen im Längswiderstand und der Plateaus im Querwiderstand geben. Wir setzen $k_B T \ll \hbar\omega_c$ voraus und nehmen an, dass wir die Gate-Spannung auf einen Wert eingestellt haben, dass die Dichte der Elektronen gerade $N_e = n \cdot p$ ist. Das bedeutet, dass das chemische Potenzial zwischen dem n-ten und $(n + 1)$-ten Landau-Niveau liegen muss. Für die Elektronendichte gilt dann

$$n_{2D} = \frac{N_e}{L_x L_y} = \frac{n \cdot p}{L_x L_y} = n\frac{eB}{h}\,. \tag{10.5.17}$$

Formal entspricht die Situation derjenigen eines Isolators, bei dem das chemische Potenzial zwischen einem vollständig gefüllten und einem vollkommen leeren Band liegt. Da in einem vollständig gefüllten Band die Transportstromdichte verschwindet (vergleiche hierzu die Diskussion in Abschnitt 9.2), und auch wegen $k_B T \ll \hbar\omega_c$ Anregungen ins nächst höhere Landau-Niveau sehr unwahrscheinlich sind, erwarten deshalb

$$\sigma_{xx} = \sigma_{yy} \to 0\,, \qquad \rho_{xx} \to 0\,, \tag{10.5.18}$$

$$\rho_{xy} = \frac{B}{n_{2D}e} = \frac{h}{e^2}\frac{1}{n}\,. \tag{10.5.19}$$

Abb. 10.42: Zustandsdichte eines zweidimensionalen Elektronengases in einem starken Magnetfeld bei Vorhandensein von Unordnung. Die im Idealfall δ-funktionsartigen Zustandsdichtepeaks sind stark verbreitert und an den Flanken der Kurven treten lokalisierte Zustände auf. Nur die Zustände um das Maximum der Kurve sind delokalisiert.

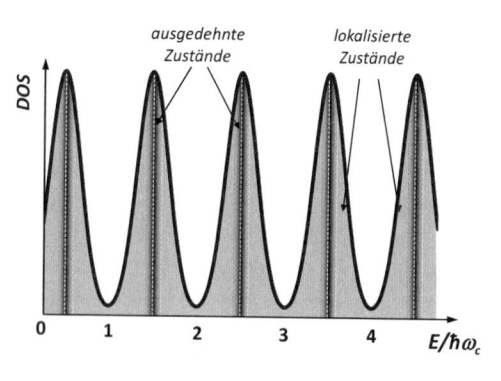

Das heißt, wir haben das beobachtete Ergebnis erklärt, aber eben nur für eine bestimmte Gate-Spannung. Würden wir die Gate-Spannung nur infinitesimal ändern, so hätten wir ein teilweise gefülltes Landau-Niveau vorliegen. Die elektrische Leitfähigkeit σ_{xx} wäre dann endlich und die Beziehungen (10.5.18) und (10.5.19) würden nicht mehr gelten. Wir würden damit keine Plateaus im Querwiderstand erhalten, die Länge der Plateaus als Funktion der Gate-Spannung würde vielmehr gegen null gehen.

Auch eine detailliertere Betrachtung zeigt, dass für eine perfekte Probe die Breite der Quanten-Hall-Plateaus in der Tat null sein sollte. Allerdings besitzen reale Proben immer Defekte und diese resultieren in einer Verbreiterung der Landau-Niveaus. Wie Abb. 10.42 zeigt, liegen in der Zustandsdichte keine δ-Funktionen bei $(n + \frac{1}{2})\hbar\omega_c$, sondern stark verbreiterte Glockenkurven vor. In den Flanken dieser Kurven sind die Zustände an Störstellen lokalisiert und tragen deshalb nicht zum Transport bei. Nur im zentralen Bereich liegen delokalisierte Zustände vor. Das Vorliegen lokalisierter und delokalisierter Zustände ist für die Erklärung der endlichen Breite der Hall-Plateaus von essentieller Bedeutung.

In Abb. 10.43 ist das Gesamtpotenzial eines zweidimensionalen Elektronengases mit Unordnung (z. B. durch Verunreinigungen, Kristalldefekte) gezeigt. Das Unordnungspotenzial ϕ_{dis} führt zu räumlichen Fluktuationen des Landau-Niveaus. Für eine räumlich eingeschränkte Probe müssen wir noch das Einschlusspotenzial hinzufügen, das im Probeninneren verschwindet und am Probenrand steil zum Vakuumniveau ansteigt. Da die Landau-Niveaus am Probenrand durch das Einschlusspotenzial steil nach oben gebogen werden, schneidet das chemische Potenzial die Landau-Niveaus am Probenrand. Um die Auswirkung von Unordnung auf die Bewegung von Elektronen im Magnetfeld qualitativ zu diskutieren, nehmen wir an, dass ϕ_{dis} räumlich nur langsam variiert. Nehmen wir $|\nabla\phi_{\text{dis}}| \cdot \ell_B \ll \hbar\omega_c$ an, so können wir die Bewegung der Elektronen in zwei Anteile zerlegen. Erstens eine schnelle Zyklotronbewegung und zweitens eine langsame Driftbewegung des Schwerpunkts der Zyklotronbahn entlang der Äquipotenziallinien des Gesamtpotenzials $\phi = \phi_{\text{dis}} + \phi_{\text{el}}$, wobei ϕ_{el} das angelegte elektrische Potenzial ist. Dies ist schematisch in Abb. 10.43 gezeigt. Die Bewegung der Elektronen erfolgt in so genannten *Skipping Orbits* entlang der Äquipotenziallinien von ϕ. Die Bewegungsrichtung der Driftbewegung wird durch die Lorentz-Kraft bestimmt, die proportional zu $\nabla\phi \times \mathbf{B}$ ist. Am Probenrand stoßen die Elektronen an das Einschlusspotenzial und werden elastisch reflektiert. Dabei unterdrückt das starke Magnetfeld die Rückstreuung. Die Elektronen können sich auf ihren Skipping Orbits nur in eine Richtung bewegen, die auf

10.5 Zweidimensionales Elektronengas: Quanten-Hall-Effekt

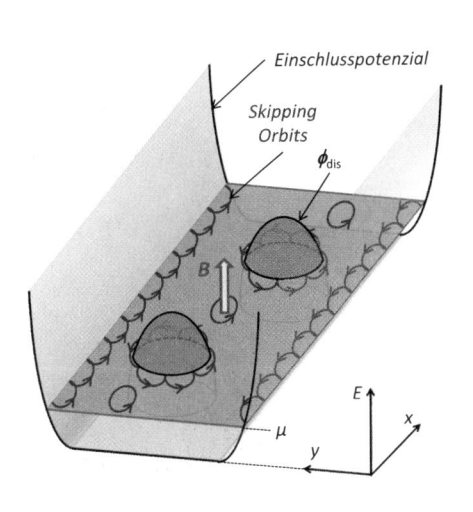

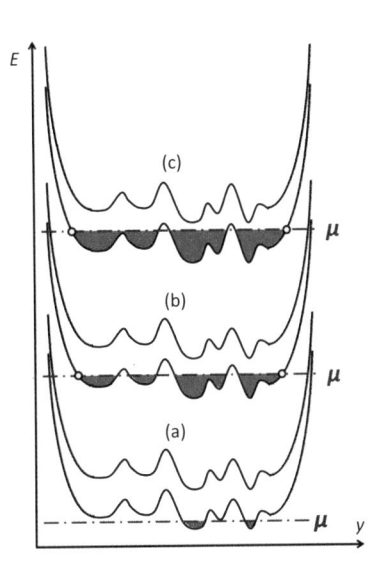

Abb. 10.43: Links: Schematische Darstellung des Potenzialverlaufs in einem zweidimensionalen Elektronengas. Aus Gründen der Übersichtlichkeit ist nur ein Landau-Niveau gezeigt. Das endliche Unordnungspotenzial ϕ_{dis} bewirkt räumliche Fluktuationen des Gesamtpotenzials, die durch zwei Potenzialhügel angedeutet sind. Am Rand der Probe steigt das Gesamtpotenzial durch das Einschlusspotenzial stark an. Rechts sind Schnitte des Gesamtpotenzials für zwei benachbarte Landau-Niveaus n und $n + 1$ senkrecht zur Probe (y-Richtung) gezeigt. Von (a) nach (c) wird die Ladungsträgerdichte erhöht und damit das chemische Potenzial μ nach oben geschoben. Dies entspricht den in Abb. 10.44(a) bis (c) gezeigten Situationen. Die gelben Punkte markieren die Randkanäle.

den gegenüberliegenden Probenseiten entgegengesetzt gerichtet ist. Wir können uns leicht überlegen, dass selbst Streuprozesse an Defekten diese bevorzugte Bewegungsrichtung nicht ändern können. Am Probenrand bilden sich also durch die Skipping Orbits eindimensionale *Randkanäle* aus. Jedes Elektron, das in den Randkanal eintritt, wird mit der Transmissionswahrscheinlichkeit $t = 1$ durch den Kanal transmittiert. Aufgrund der in Abschnitt 7.5.1 geführten Diskussion können wir diesem Transportkanal den Leitwert e^2/h zuordnen. Wir werden auf die Randkanäle weiter unten nochmals zurückkommen. Wir wollen noch darauf hinweisen, dass die Elektronen, die um Erhebungen des Unordnungspotenzials über das chemische Potenzial umlaufen, räumlich lokalisiert sind (siehe hierzu Abb. 10.43, links).

Benutzen wir die Bohr-Sommerfeld-Quantisierung, so können wir das gerade vorgestellte klassische in ein quantenmechanisches Bild überführen. Wie in Abschnitt 9.7 diskutiert wurde, ist eine Konsequenz der Bohr-Sommerfeld-Quantisierung die Quantisierung der von einem Zyklotronorbit im **k**-Raum umschlossenen Fläche in ganzzahligen Vielfachen der Fläche $S = (2\pi e/\hbar)B$. Im Ortsraum umschließen die Bahnen ganzzahlige Vielfache eines Flussquants $\widetilde{\Phi}_0 = h/e$. Innerhalb der gemachten Näherung werden diese Quantisierungsbedingungen nicht tangiert.

Wir wollen nun ein Quanten-Hallsystem mit Unordnung betrachten und diskutieren, was passiert, wenn wir bei $T = 0$ die Gate-Spannung U_g bei konstantem Magnetfeld variieren. Der Abstand der Landau-Niveaus bleibt dabei wegen B = const gleich und wir schieben das

Klaus von Klitzing (geb. 1943), Nobelpreis für Physik 1985

Klaus von Klitzing wurde am 28. Juni 1943 in Schroda (Posen) geboren.
Nach dem Abitur in Quakenbrück im Februar 1962 studierte er Physik an der Technischen Universität Braunschweig. Das Studium schloss er mit dem Diplom (Diplomarbeit bei F. R. Kessler) im März 1969 ab. Bis November 1980 war er dann bei Prof. Dr. Gottfried Landwehr an der Julius-Maximilians-Universität Würzburg tätig. Dort schrieb er 1972 seine Doktorarbeit zum Thema „Galvanomagnetische Eigenschaften von Tellur in starken Magnetfeldern". Im Jahr 1978 folgte die Habilitation. Er war zu Forschungsarbeiten 1975 bis 1978 am Clarendon Laboratory in Oxford und als Heisenberg-Stipendiat von 1979 bis 1980 am Hochfeld-Magnetlabor in Grenoble tätig, wo er die entscheidende Entdeckung für den Quanten-Halleffekt machte. Nach seiner Entdeckung des Quanten-Hall-Effektes kam er 1980 als C3-Professor an das Physik-Department der Technischen Universität München und führte am Lehrstuhl von Prof. Frederick Koch detaillierte Untersuchungen zum weiteren Verständnis des Effektes durch. Seit 1985 ist er Direktor am Max-Planck-Institut für Festkörperforschung in Stuttgart.
Klaus von Klitzing erhielt 1985 den Nobelpreis für Physik für seine Arbeiten zum quantisierten Hall-Effekt, den er am 5. Februar 1980 im Grenobler Hochfeld-Magnetlabor entdeckte.

Mit freundlicher Genehmigung von Klaus von Klitzing.

chemische Potenzial μ durch die Gate-induzierte Erhöhung der Ladungsträgerdichte nach oben.[56]

Wir starten mit einer Situation, in der das chemische Potenzial μ irgendwo zwischen zwei Landau-Niveaus liegt [siehe hierzu Abb. 10.43(a) und 10.44(a)]. Aufgrund der Unordnung kann μ jetzt irgendwo zwischen den beiden Landau-Niveaus liegen und nicht nur genau in der Mitte wie im Fall ohne Unordnung. Für $T = 0$ sind Konturlinien der Schwerpunktsbewegung mit $E < \mu$ mit Elektronen besetzt und diejenigen mit $E > \mu$ sind leer. Das bedeutet, dass in der Umgebung eines Minimums des Gesamtpotenzials ϕ alle Äquipotenzialkonturlinien mit $E < \mu$ besetzt sind. Diese Gebiete bezeichnen wir als **Quantum-Hall-Droplets**. Die Elektronen, die die äußerste Bahn in diesen Droplets einnehmen, nennen wir **Randelektronen**. Da diese Elektronen sich bei μ befinden, sind es gerade diese Elektronen, die zum Transport beitragen. In Abb. 10.44 haben wir die Droplets als schattierte Flächen eingezeichnet und die Randelektronen sind durch die durchgezogenen Ränder der Droplets gekennzeichnet. Wir haben oben bereits diskutiert, dass wir die Bewegung der Randelektronen mit so genannten

---

[56] Im vielen Experimenten wird auch bei konstanter Gate-Spannung, d. h. konstanter Ladungsträgerdichte, das Magnetfeld variiert. Physikalisch kommt es immer auf eine Variation des Füllfaktors $\nu = N_e/N_\Phi$ an, wobei N_e über die Gate-Spannung und N_Φ über das Magnetfeld variiert wird. Eine Variation der Gate-Spannung oder des Magnetfeldes führen also prinzipiell zum gleichen Ergebnis.

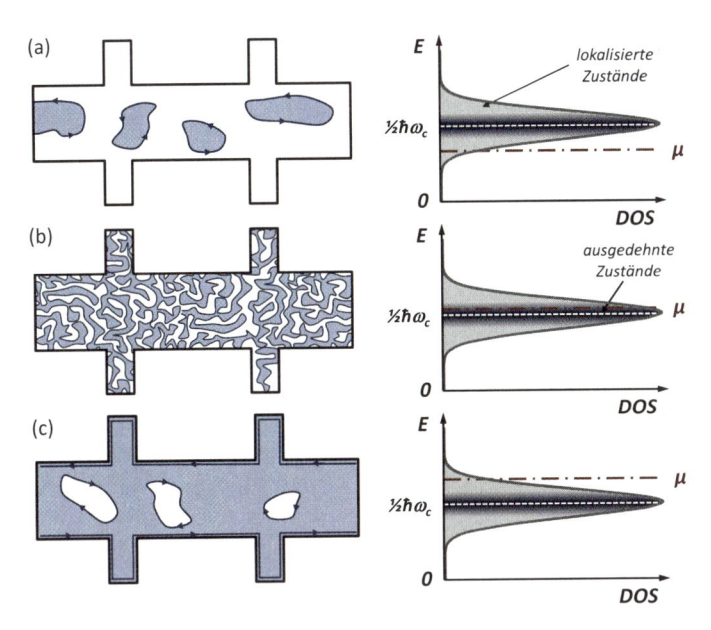

10.5 Zweidimensionales Elektronengas: Quanten-Hall-Effekt

Abb. 10.44: Schematische Darstellung von Quantum-Hall-Droplets (links) und der Zustandsdichte (rechts) für unterschiedliche Lagen des chemischen Potenzials μ. Die Droplets sind als gefüllte Fläche dargestellt, die Elektronenbahnen als durchgezogene Linien mit Pfeilen. (a) μ liegt unterhalb des 1. Landau-Niveaus im Bereich der lokalisierten Zustände (hellgrau). (b) μ liegt im Bereich der delokalisierten Zustände (dunkelgrau). (c) μ liegt oberhalb des 1. Landau-Niveaus im Bereich der lokaliserten Zustände (hellgrau).

Skipping Orbits beschreiben können. Elektronen weit weg vom Rand des Droplets können Kreisbahnen ausführen. Am Rand wird aber die Kreisbewegung durch die Streuung mit dem Rand unterbrochen und wir erhalten eine springende Bewegung entlang des Randes.

Abb. 10.44(a) zeigt, dass wir bei der gewählten Ladungsträgerdichte nur lokalisierte Zustände haben, die in den Mulden des Unordnungspotenzial gebunden sind. Erhöhen wir jetzt die Ladungsträgerdichte durch Variation der Gate-Spannung, so schieben wir das chemische Potenzial μ nach oben. Wie Abb. 10.43(b) zeigt, nimmt die Zahl der Zustände mit $E < \mu$ dadurch zu. Die Größe der vorhandenen Quantum-Hall-Droplets wächst und neue kommen hinzu. Haben wir die Ladungsträgerdichte soweit erhöht, dass die Droplets überlappen [siehe Abb. 10.44(b)], so können Elektronen über die zusammenhängenden Droplets von der einen zur anderen Probenseite gelangen. Wir haben es jetzt mit ausgedehnten Zuständen zu tun und μ liegt im Bereich der delokalisierten Zustände. Erhöhen wir die Ladungsträgerdichte weiter, so liegt μ schließlich im Bereich der lokalisierten Zustände oberhalb des delokalisierten Bereichs. Wie Abb. 10.44(c) zeigt, erhalten wir hier Quantum-Hall-Droplets, die keine Zustände enthalten. Wir bezeichnen diese als Loch-Droplets.[57] Die Bewegungs-

---

[57] Anschaulich entspricht die Situation einem Potenzialgebirge, das wir in einer Badewanne langsam mit Wasser überfluten. Am Anfang bilden sich einige kleinere Seen an den tiefsten Stellen des Potenzialgebirges (Droplets). Steigt der Wasserspiegel, so überlapen sich irgendwann die Seen und bilden eine zusammenhängende Wasserfläche, die vom einen bis zum anderen Rand der Badewan-

richtung der Skipping Orbits um die Loch-Droplets herum ist der Bewegungsrichtung der Skipping Orbits innerhalb der Droplets in Abb. 10.44(a) genau entgegengesetzt.

Wir können nun das in Abb. 10.43 und 10.44 gezeigte Bild verwenden, um das Entstehen der Hall-Plateaus zu erklären. Für kleine Ladungsträgerdichten liegen nur wenige Droplets vor, die klein und wohl getrennt voneinander sind. Das heißt, dass die Orbits der Randelektronen nicht überlappen und somit lokalisiert sind. Somit ist $\sigma_{xx} = \rho_{xx} = 0$. Erhöhen wir die Ladungsträgerdichte, so überlappen einige Droplets, σ_{xx} und ρ_{xx} bleiben aber null, solange die Droplets noch keinen geschlossenen Pfad zwischen den Spannungskontakten bilden können. Erst bei weiterer Erhöhung der Ladungsträgerdichte bildet sich ein Perkolationspfad von der einen zur anderen Probenseite aus. Wir erhalten dann ausgedehnte Zustände, wodurch σ_{xx} und ρ_{xx} endlich werden. Bei weiterer Erhöhung der Ladungsträgerdichte rückt das äußerste Skipping Orbit an den Rand der Probe, wo das Potenzial aufgrund des Einschlusses der Elektronen in der Probe steil ansteigt (Rand der Badewanne). Es bleiben nur noch einige kleine Loch-Droplets übrig [siehe Abb. 10.44(c)]. In diesem Fall wird $\sigma_{xx} = \rho_{xx} = 0$ und $\sigma_{xy} = e^2/h$. Das Verhältnis $\sigma_{xy}/(e^2/h)$ gibt die Zahl der Randkanäle im Perkolationsprozess an. Jeder Randkanal stellt einen eindimensionalen Leitungskanal dar und trägt genau die Leitfähigkeit e^2/h bei (vergleiche hierzu Abschnitt 7.5.1). Jedes Mal, wenn wir das chemische Potenzial über ein weiteres Landau-Niveau anheben, entsteht ein neuer Randkanal und wir erhalten $\sigma_{xy} = n \cdot (e^2/h)$. Wir erhalten also Hall-Plateaus, wenn sich das chemische Potenzial im Bereich der lokalisierten Zustände befindet, und der Wert des Hall-Widerstands hängt von der Zahl n der Randkanäle ab. Wir sehen, dass wir bei einer starken Unordnung (breiter Bereich der lokalisierten Zustände), also in Proben mit einer hohen Störstellenkonzentration, breite Hall-Plateaus bekommen. Wir dürfen die Störstellenkonzentration aber auch nicht zu hoch machen, da dann die Streuzeit τ sehr klein und die Breite $\hbar/\tau$ der Landau-Niveaus größer als ihr Abstand $\hbar\omega_c$ wird, d.h. wir erfüllen dann die Bedingung $\omega_c \tau \gg 1$ nicht mehr.

Die bereits in Abschnitt 7.5.1 geführte Diskussion und Gleichung (7.5.6) sind nur für einen einzelnen Transportkanal gültig. Fassen wir die gerade diskutierten Randkanäle als eindimensionale Transportkanäle auf, so haben wir es mit einem System aus mehreren Transportkanälen und mehreren Kontakten zu tun. Diese Situation wird durch den *Landauer-Büttiker-Formalismus* beschrieben, auf den wir hier kurz eingehen wollen.[58] Für die in Abb. 10.45 gezeigte Konfiguration erhalten wir

$$I_i = \frac{e}{h}\left\{(n - r_{ii})\mu_i - \sum_{j=1}^{6} t_{ij}\mu_j\right\}, \qquad (10.5.20)$$

wobei I_i der Strom in den i-ten Kontakt, r_{ii} die Rückstreuwahrscheinlichkeit von Kontakt i nach Kontakt i und t_{ij} die Transmissionswahrscheinlichkeit von Kontakt i nach Kontakt j ist. Mit $r_{ii} = 0$ und $t_{ij} = 1$ folgt für den Hall-Widerstand bei in unserem Beispiel zwei Rand-

---

[58] ne reicht (ausgedehnte Zustände). Schließlich werden nach weiterem Anstieg des Wasserpegels nur noch einige Bergspitzen aus dem Wasser ragen, die quasi Löcher in der ansonsten geschlossenen Wasserfläche bilden (Loch-Droplets).
siehe z. B. *The Physics of Low Dimensional Semiconductors*, J. H. Davies, Cambridge University Press, Cambridge (1998).

10.5 Zweidimensionales Elektronengas: Quanten-Hall-Effekt

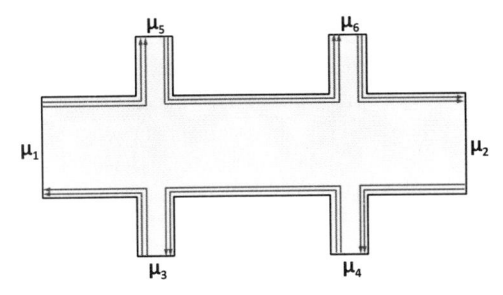

Abb. 10.45: Zur Veranschaulichung des Quanten-Hall-Widerstands im Randkanalbild.

kanälen

$$R_{35} = \frac{\mu_3 - \mu_5}{eI} = \frac{h}{2e^2}, \quad (10.5.21)$$

da

$$I_1 = I = \frac{2e}{h}(\mu_1 - \mu_5) \quad (10.5.22)$$

und

$$I_3 = 0 = \frac{2e}{h}(\mu_3 - \mu_1) \quad (10.5.23)$$

$$I_5 = 0 = \frac{2e}{h}(\mu_5 - \mu_1). \quad (10.5.24)$$

Um uns dieses etwas abstrakte Ergebnis zu veranschaulichen, nehmen wir an, dass wir ein negatives Potenzial $-\mu_1$ an Kontakt 1 angelegt haben und $\mu_2 = 0$. Es fließt dann ein technischer Strom von Kontakt 2 nach 1, bzw. ein Elektronenstrom von Kontakt 1 nach 2. In Abb. 10.45 geben die Pfeile die Elektronenrichtung an. Aus Kontakt 1 werden also Elektronen in die beiden Randkanäle injiziert und verlassen diesen Kontakt. Sie können sich ohne Streuung am oberen Rand der Probe entlangbewegen und treten in Kontakt 5 ein. Dieser Kontakt kann aber keinen Strom aufnehmen. Sein chemisches Potenzial muss deshalb soweit ansteigen, damit er einen gleich großen Strom wieder in den auslaufenden Randkanal abgeben kann. Dies erfordert $\mu_5 = \mu_1$. Das gleiche gilt für Kontakt 6, d. h. $\mu_6 = \mu_1$. Somit haben alle Kontakte entlang der oberen Probenseite das gleiche Potenzial. Mit der gleichen Argumentation können wir folgern, dass alle Kontakte auf der Probenunterseite auf dem gleichen Potenzial $\mu_2 = 0$ liegen (damit tragen die unteren Randkanäle keinen Strom).

Der gesamte aus Kontakt 1 injizierte Strom ist für die beiden Randkanäle $I = (2e/h)(\mu_1 - \mu_3) = -(2e/h)\mu_1$ und der Hall-Widerstand ist $R_{35} = (\mu_3 - \mu_5)/eI = -\mu_5/eI = h/2e^2$. Wir erhalten also den quantisierten Wert. Ferner ist der longitudinale Widerstand $(\mu_6 - \mu_5)/eI = 0$. Wir haben also in relativ einfacher Weise die experimentellen Beobachtungen erklärt. Eine wichtige Voraussetzung ist, dass die Transmissionswahrscheinlichkeit in den Randkanälen gleich eins ist. Dies ist gegeben, wenn keine Streuung von der einen Probenseite auf die andere erfolgt. In der in Abb. 10.44b dargestellten Situation ist dies offensichtlich nicht der Fall. Hier befinden wir uns gerade im Bereich zwischen den Hall-Plateaus.

Wir möchten schließlich noch darauf hinweisen, dass eine allgemeinere Interpretation des Quanten-Hall-Effekts von **Robert B. Laughlin** gegeben wurde.[59,60] Dabei wird der Quanten-Hall-Effekt als direkte Folge des allgemeinen Prinzips der Eichinvarianz ausgedrückt. In einer moderneren Betrachtungsweise wird der Quanten-Hall-Zustand als topologischer Isolator klassifiziert (siehe hierzu Abschnitt 10.6). Für eine tiefergehendere Diskussion des Quanten-Hall-Effekts wird auf die Speziallliteratur verwiesen.[61,62,63,64,65]

10.5.4 Vertiefungsthema: Fraktionaler Quanten-Hall-Effekt

In Halbleiter-Heterostrukturen mit hohen Beweglichkeiten sind die Plateaus des ganzzahligen Quanten-Hall-Effekts viel schmäler als in Proben mit geringer Beweglichkeit, wie sie in dem ursprünglichen Experiment von von Klitzing, Dorda und Pepper verwendet wurden. Zwischen diesen schmalen Plateaus wurden nun weitere Plateaus bei gebrochen-rationalen Vielfachen f des Quantenwiderstands R_K gefunden (siehe Abb. 10.46). Die Plateaus

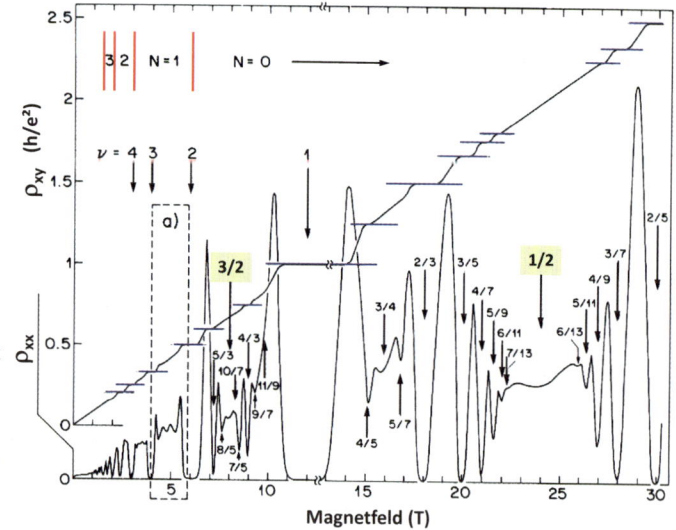

Abb. 10.46: Fraktionaler Quanten-Hall-Effekt (nach R. Willett, J. P. Eisenstein, H. L. Störmer, D. C. Tsui, A. C. Gossard, Phys. Rev. Lett. **59**, 1776 (1987), © (2012) American Physical Society).

---

[59] Robert B. Laughlin, *Quantized Hall conductivity in two dimensions*, Phys. Rev. **B 23**, 5632 (1981).
[60] R. B. Laughlin, in *McGraw-Hill Book of Science and Technology 1984*, McGraw-Hill, New York (1984).
[61] H. L. Stoermer, D. C. Tsui, *The Quantized Hall Effect*, Science **220**, 1241–1246 (1983).
[62] M. Janssen, O. Viehweger, U. Fastenrath, J. Hajdu, *Introduction to the Theory of the Integer Quantum Hall Effect*, VCH Weinheim (1994).
[63] R. E. Prange, S. M. Girvin, *The Quantum Hall Effect*, Springer Verlag, New York, Berlin (1990).
[64] T. Chakraborty, P. Pietiläinen, *The Quantum Hall Effect – Fractional and Integral*, Springer Series on Solid-State Science, Vol. 85, Springer Berlin, Heidelberg (1995).
[65] A. H. McDonald, *The Quantum Hall Effect: A Perspective*, Kluwer, Boston (1989).

treten für $f = q/(2pq \pm 1)$ und $f = 1 - q/(2pq \pm 1)$ (p, q = ganze Zahl), also für $f = 1/3$, 2/3, 2/5, 3/5, etc. auf. Die Werte von f sind also gekennzeichnet durch einen ungeraden Nenner und eine Symmetrie um $v = 1/2$. Diesen Effekt, der 1983 von **Horst L. Störmer** und **Daniel C. Tsui** entdeckt wurde, nennen wir *gebrochenzahligen* oder *fraktionalen Quanten-Hall-Effekt*.[66] Für diese Entdeckung erhielten Störmer und Tsui im Jahr 1998 zusammen mit **Robert B. Laughlin**, dem es gelang, die experimentellen Beobachtungen theoretisch zu erklären,[67] den Nobelpreis für Physik.

Wie beim ganzzahligen QHE entstehen auch beim fraktionalen QHE Plateaus im Hall-Widerstand, wenn das chemische Potenzial in einer Lücke der Zustandsdichte bzw. in einem Bereich lokalisierter Zustände liegt. Beim fraktionalen QHE ist allerdings die Ursache der Energielücke nicht einfach die Quantisierung von Einteilchenzuständen. Die Energielücke entsteht vielmehr durch die kollektive Bewegung aller Elektronen im System. Es handelt sich um einen Vielteilcheneffekt und ist theoretisch schwierig zu beschreiben.[68] Für $v \leq 1$ befinden sich alle Elektronen im untersten Landau-Niveau, sie haben alle dieselbe kinetische Energie $\frac{1}{2}\hbar\omega_c$ und ihre Spins sind alle parallel ausgerichtet. Die Vielteilcheneffekte kommen nun dadurch zustande, dass wir die Coulomb-Wechselwirkung zwischen den Elektronen berücksichtigen müssen.

In jüngster Zeit wurde zur Beschreibung des fraktionalen QHE das Konzept der *zusammengesetzten Fermionen* (Composite Fermions) eingeführt. Diese Quasiteilchen bestehen aus einem Elektron (oder Loch), das mit einer geraden Zahl von magnetischen Flussquanten verbunden ist. Jedes Elektron bildet also mit Quanten des magnetischen Flusses ein zusammengesetztes (composite) Fermion. Die an die Elektronen angehängten Flussquanten bilden ein homogenes Magnetfeld, das dem äußeren Magnetfeld entgegenwirkt. Das zusammengesetzte Fermion, das eine ganzzahlige Ladung trägt, bewegt sich in einem durch die Flussquanten reduzierten, effektiven Magnetfeld. Mit diesen Quasiteilchen kann der fraktionale QHE auf den ganzzahligen QHE abgebildet werden. Das heißt, der fraktionale QHE von Elektronen in einem äußeren Feld wird dann der ganzzahlige QHE der neuen zusammengesetzten Fermionen in einem effektiven Feld. Die zusammengesetzten Fermionen haben eine ganzzahlige Ladung. Da sie sich aber in einem effektiven Feld bewegen, erscheint es so, als ob sie eine fraktionale topologische Ladung besäßen. Das Bild der zusammengesetzten Fermionen kann alle experimentellen Beobachtung Rechnung tragen. Insbesondere erklärt es, dass $v = 1/2$ ein besonderer Zustand ist, da hier für ein Quasiteilchen aus einem Elektron und zwei Flussquanten das effektive Feld null ist. Abb. 10.46 zeigt in der Tat, dass sich sowohl ρ_{xy} als auch ρ_{xx} um $v = \frac{1}{2}$ ähnlich zu den um $B = 0$ gemessenen Größen ist.

---

[66] D. C. Tsui, H. L. Störmer, A. C. Gossard, *Two-Dimensional Magnetotransport in the Extreme Quantum Limit*, Phys. Rev. Lett. **48**, 1559 (1982).

[67] R. B. Laughlin, *Anomalous Quantum Hall Effect: An Incompressible Quantum Fluid with Fractionally Charged Excitations*, Phys. Rev. Lett. **50**, 1395 (1983).

[68] T. Chakraborty, P. Pietiläinen, *The Quantum Hall Effect – Fractional and Integral*, Springer Series on Solid-State Science, Vol. 85, Springer Berlin, Heidelberg (1995).

Horst Ludwig Störmer (geb. 1949), Nobelpreis für Physik 1998

Horst Ludwig Störmer wurde am 6. April 1949 in Frankfurt am Main geboren. Hier studierte er zunächst Mathematik, da er den Anmeldezeitraum für das Physikstudium verpasst hatte, und wechselte erst 1968 zur Physik. Nach dem Diplom 1974 am Lehrstuhl von Werner Martienssen – zur gleichen Zeit arbeitete auch Gerd Binnig in der Arbeitsgruppe – wechselte er an das Hochfeldmagnetlabor in Grenoble in die Arbeitsgruppe um Prof. Queisser. Er promovierte 1977 an der Universität Stuttgart und ging anschließend als Postdoktorand an die Bell Laboratories in Murray Hill, New Jersey. Dort erhielt er 1978 eine Festanstellung und wurde 1983 zuerst zum Leiter der Abteilung für elektrische und optische Eigenschaften von Festkörpern und später 1992 zum Direktor des Physikalischen Forschungslabors der Bell Labs ernannt. Im Jahr 1997 wechselte Störmer an die Columbia University in New York, wo er 1998 zum Professor für Angewandte Physik ernannt wurde. Hier lehrt und forscht er vor allem auf dem Gebiet der Nanowissenschaften.

Den Nobelpreis für Physik erhielt Horst L. Störmer 1998 zusammen mit den US-amerikanischen Forschern Robert B. Laughlin und Daniel C. Tsui für ihre Entdeckung, dass Elektronen in starken Magnetfeldern und bei extrem niedrigen Temperaturen eine neue Art von Quantenflüssigkeit mit fraktionell geladenen Anregungen bilden.

©The Nobel Foundation.

10.6 Topologische Quantenmaterialien

Kondensierte Materie kann in vielfältigen Erscheinungsformen mit unterschiedlichen Eigenschaften auftreten. Verschiedene Zustandsformen können dabei durch die Symmetrien charakterisiert werden, die sie brechen. Beispiele sind:

- kristalline Festkörper → gebrochene Translationssymmetrie,
- Flüssigkristalle → gebrochene Rotationssymmetrie,
- ferroelektrische Materialien → gebrochene Inversionssymmetrie,
- ferromagnetische Materialien → gebrochene Rotationssymmetrie,
- supraleitende Materialien → gebrochene Eichsymmetrie.

Der 1980 entdeckte Quanten-Hall (QH) Zustand war das erste Beispiel für einen Quantenzustand, der nicht durch eine spontan gebrochene Symmetrie klassifiziert werden konnte. Seine fundamentalen physikalischen Eigenschaften wie die quantisierte Hall-Leitfähigkeit werden vielmehr durch die topologische Struktur des zugrunde liegenden quantenmechanischen Zustands bestimmt. Wir bezeichnen ihn deshalb heute als topologischen Isolator. Unter topologischen Quantenmaterialien verstehen wir heute allgemein solche Zustandsfor-

10.6 Topologische Quantenmaterialien

men der kondensierter Materie, die durch eine neuartige Ordnung charakterisiert werden, die nicht in das allgemeine Paradigma der Symmetriebrechung passt. Sie werden stattdessen durch eine globale Größe beschrieben, die wir als topologische Ordnung bezeichnen und die nicht von den Details des jeweiligen Systems abhängt. Um uns dies anhand eines Beispiels klarzumachen, betrachten wir einen Torus und ein Krug mit Henkel. Obwohl beide sehr unterschiedlich ausschauen, besitzen sie die gleiche Topologie, da sie durch eine kontinuierliche Umformung ineinander übergeführt werden können. Ein Krug ohne Henkel hätte dagegen eine andere Topologie. Wir werden im Folgenden sehen, dass die Quantenphysik im Zusammenspiel mit der Topologie der elektronischen Bandstruktur zu einer neuen Klasse von Materialien – den *topologischen Quantenmaterialien* – führt.

Das Feld der topologischen Quantenmaterialien hat mit der Entdeckung der *topologischen Isolatoren* großes Interesse gefunden. Lange Zeit dachte man, dass alle Bandisolatoren (vergleiche Abschnitt 8.4.3) prinzipiell äquivalent sind. Eine topologische Bandtheorie sagt nun aber für zweidimensionale Systeme zwei fundamental unterschiedliche Klassen und für dreidimensionale Systeme sogar 16 unterschiedliche Klassen von Bandisolatoren voraus. Die Existenz einer nichttrivialen topologischen Ordnung in einem Isolator führt zu charakteristischen physikalischen Eigenschaften. Die wohl bemerkenswerteste Konsequenz ist die Existenz von Oberflächenzuständen, die keine Energielücke besitzen. Diese führen dazu, dass topologische Isolatoren in ihrem Inneren zwar elektrisch isolierend, an ihrer Oberfläche aber elektrisch leitend sind. Außerdem gibt es Materialien, in denen Elektronen mit entgegengesetzter Bewegungsrichtung eine entgegengesetzte Spin-Richtung besitzen. Bewegen sich also z.B. gleich viele Elektronen in Vorwärts- und Rückwärtsrichtungen, so führt das zu einem verschwindenden Ladungsstrom. Aufgrund der entgegengesetzten Spin-Richtungen resultiert aber ein endlicher Spin-Strom. Diese Tatsache ist für das Gebiet der Spin-Elektronik von großem Interesse. Die topologischen Isolatoren wurden 2005 zuerst für zweidimensionale[69] und wenig später im Jahr 2007 auch für dreidimensionale Materialien[70] theoretisch vorhergesagt. Eine erste experimentelle Bestätigung folgte für zweidimensionale Systeme bereits 2007.[71] Der in den Experimenten an zweidimensionalen Systemen gemessene elektrische Widerstand war immer derselbe, unabhängig von der Breite der Probe und zwar halb so groß wie der Quantenwiderstand $R_K = h/e^2$. Dies deutet darauf hin, dass die Randströme in den topologischen Isolatoren nur halb so viele Elektronen transportieren wie die Randkanäle in Quanten-Hall-Proben. Wie wir später sehen werden ist der Grund hierfür, dass die Bewegungsrichtung der Elektronen mit der Orientierung ihres Spins gekoppelt ist: Spin-↑ Elektronen können nur in die eine Richtung, Spin-↓ Elektronen nur in die entgegengesetzte Richtung fließen.

---

[69] C. L. Kane, E. J. Mele, *Z₂ Topological Order and the Quantum Spin Hall Effect*, Phys. Rev. Lett. **95**, 146802 (2005); siehe auch Phys. Rev. Lett. **95**, 226801 (2005).

[70] L. Fu, C. L. Kane, E. J. Mele, *Topological Insulators in Three Dimensions*, Phys. Rev. Lett. **98**, 106803 (2007).

[71] M. König, S. Wiedmann, C. Brüne, A. Roth, H. Buhmann, L. W. Molenkamp, X.-L. Qi, S.-C. Zhang, *Quantum Spin Hall Insulator State in HgTe Quantum Wells*, Science **318**, 766-770 (2007).

Das Feld der topologischen Quantenmaterialien ist noch jung und entwickelt sich sehr schnell.[72,73,74] Neben topologischen Isolatoren werden heute auch topologische Supraleiter oder topologische nodale Halbmetalle diskutiert. Wir wollen im Folgenden einige Grundzüge dieser sehr interessanten Materialien zusammenfassen.

10.6.1 Topologie und Bandstruktur

Zum Verständnis von topologischen Quantenmaterialien benötigen wir grundlegendes Wissen zur Topologie und Bandstruktur. Wir werden hier das Konzept der topologischen Äquivalenz einführen und seine Bedeutung bezüglich der elektronischen Bandstruktur von Festkörpern erläutern. Wir werden dabei die Berry-Phase einführen, die ein wichtiges konzeptionelles Werkzeug für die Analyse von topologischen Zuständen ist.

10.6.1.1 Klassifizierung von geometrischen Körpern

Die Topologie ist ein Teilgebiet der Mathematik. Sie untersucht jene Eigenschaften von geometrischen Körpern, die sich bei einer stetigen Verformung nicht verändern. Ein bekanntes Beispiel ist die topologische Äquivalenz eines Krugs mit Henkel und eines Torus. Beide geometrische Körper können dann mit dem gleichen topologischen Index klassifiziert werden. Die gleiche topologische Eigenschaft der beiden geometrischen Körper besteht darin, dass wir auf ihren Oberflächen geschlossene Wege finden können, die durch ein Loch (beim Krug ist dies der Henkel) hindurchgehen, und solche, die das nicht tun. Wenn wir den Torus kontinuierlich in einen Krug verformen, ändert sich daran nichts. Würden wir jedoch den Torus zu einer Kugel verformen, dann verschwindet das Loch, und die besagten Wege durch das Loch existieren dann nicht mehr. Der Torus und die Kugel sind also topologisch nicht äquivalent und werden durch zwei unterschiedliche topologische Invarianten klassifiziert.

Um uns das anhand eines einfachen Beispiels klar zu machen, betrachten wir die Euler-Poincaré-Charakteristik von geschlossenen Flächen. Wir können diese Flächen A mit einer Kennzahl $\chi(A)$, die auch als topologische Invariante bezeichnet wird, kennzeichnen (Gauß-Bonnet-Theorem):

$$\chi(A) = \frac{1}{2\pi} \int_A G\, dA. \qquad (10.6.1)$$

Das Integral läuft über die gesamte geschlossene Fläche A und G ist deren Gaußsche Krümmung. Für die Kugel, für die $G = 1/R^2$, erhalten wir $\chi = 2$, für den Torus $\chi = 0$ und den Doppeltorus $\chi = -2$ (siehe Abb. 10.47). Zwei Flächen besitzen die gleiche Euler-Poincaré-

---

[72] B. A. Bernevig, T. L. Hughes, *Topological Insulators and Topological Superconductors*, Princeton University Press (2013).

[73] M. Franz, L. Molenkamp (Hg.), *Topological Insulators*, in Contemporary Concepts of Condensed Matter Series, Vol. 6, Elsevier, Amsterdam (2013).

[74] M. Z. Hasan, C. L. Kane, *Topological Insulators*, Rev. Mod. Phys. **82**, 3045-3067 (2010).

10.6 Topologische Quantenmaterialien

Abb. 10.47: Zur Veranschaulichung der Euler-Poincaré-Charakteristik geschlossener Flächen. Die Kugel (a) besitzt die topologische Invariante $\chi = 2$, der Torus (b) $\chi = 0$ und der Doppeltorus (c) $\chi = -2$.

Charakteristik,[75] wenn sie stetig ineinander umgeformt werden können. Für solche mit unterschiedlichen Charakteristiken ist dies nicht möglich.[76]

Um uns den unten eingeführten Begriff der geometrischen Phasen zu veranschaulichen, wollen wir hier zuerst das geometrische Beispiel des so genannten Parallel- oder Levi-Civita-Transports diskutieren. Wir betrachten dazu eine Kugel und transportieren auf der Kugel einen Vektor entlang des in Abb. 10.48 gezeigten Weges. Der Vektor **R** soll dabei immer parallel zur Kugeloberfläche sein ($\mathbf{R} \cdot \hat{\mathbf{n}} = 0$) und darf auch nicht um die lokale Normalenrichtung $\hat{\mathbf{n}}$ gedreht werden ($d\mathbf{R} \times \hat{\mathbf{n}} = 0$). Diesen Transport nennen wir Paralleltransport. Nachdem wir den geschlossenen Weg Γ durchlaufen haben und an den Nordpol zurückgekehrt sind, stellen wir fest, dass der Vektor seine Richtung um den Winkel α geändert hat. Wir erhalten also eine so genannte Holonomie, die den Vektor vor und nach dem Transport unterscheidet und zwar nur aufgrund der Krümmung der Kugel. Würden wir nämlich den umfahrenen Sektor der Kugel auf eine ebene Unterlage abflachen (siehe Abb. 10.48, rechts), so würde der Normalenvektor $\hat{\mathbf{n}}$ immer aus der Papierebene heraus und damit wegen $d\mathbf{R} \times \hat{\mathbf{n}} = 0$ auch **R** immer in die gleiche Richtung zeigen. Der Winkel α beim Paralleltransport auf der Kugeloberfläche ist gerade durch den von Γ umschlossenen halben Raumwinkel Ω gegeben. Das Konzept des Paralleltransports kann auf beliebige Oberflächen verallgemeinert werden.

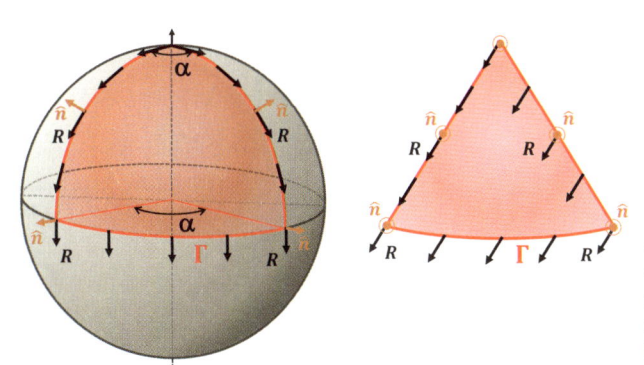

Abb. 10.48: Paralleltransport eines Vektors auf einer Kugeloberfläche. Rechts haben wir den Kugelsektor auf eine ebene Unterlage abgeflacht.

---

[75] Eine noch intuitivere Invariante ist das Geschlecht $g = \frac{1}{2}(\chi - 2)$ der Fläche, das gerade die Zahl der Löcher angibt.

[76] M. Nakahara, *Geometry, Topology and Physics*, 2. Auflage, Taylor & Francis (2003).

10.6.1.2 Elektronische Bandstruktur und topologische Invarianten

Wir müssen uns nun fragen, welche Rolle die Topologie bei der Klassifizierung von Quantenmaterialien spielt. Die Antwort lautet: Es sind die Symmetrieeigenschaften der elektronischen Bandstruktur im reziproken Raum, welche die topologische Äquivalenz oder eben Nicht-Äquivalenz verschiedener Materialien festlegen. Es hat sich herausgestellt, dass die Gesamtheit aller Valenzbänder eines Materials eine topologische Eigenschaft besitzt, die wir wiederum mit einer geeigneten topologischen Invarianten klassifizieren können. Bei topologischen Isolatoren übernimmt die Rolle des Lochs bei unserem geometrischen Beispiel (Torus, Krug) die Bandlücke, durch die das Material zum Isolator wird. Wollen wir z.B. verschiedene isolierende Phasen hinsichtlich ihrer topologischen Eigenschaften klassifizieren, müssen wir untersuchen, ob wir ihre Valenzbänder kontinuierlich ineinander transformieren können, ohne dabei die Energielücke zu schließen.[77] Falls das möglich ist, würden alle isolierende Phasen die gleichen topologischen Eigenschaften besitzen. Es hat sich aber gezeigt, dass dies nicht der Fall ist. Wir bezeichnen nun Isolatoren, deren Valenzbänder nichttriviale topologische Eigenschaften besitzen, als topologische Isolatoren. Solche mit trivialer Topologie sind die bekannten Bandisolatoren. Zur Klassifizierung von Isolatoren können wir wie bei der Klassifizierung geometrischer Objekte eine geeignete topologische Kennzahl verwenden.

Die Bandstruktur von Festkörpern haben wir bereits ausführlich in Kapitel 8 diskutiert. Für kristalline Festkörper können wir aufgrund der Translationssymmetrie Einteilchenzustände mit dem Kristallimpuls **k** bezeichnen und sie durch Bloch-Wellen $\Psi_\mathbf{k}(\mathbf{r}) = e^{i\mathbf{k}\cdot\mathbf{r}} u_\mathbf{k}(\mathbf{r})$ mit einer gitterperiodischen Funktion $u_\mathbf{k}(\mathbf{r})$ beschreiben. Ein wesentlicher Aspekt der topologischen Bandtheorie ist es nun, topologisch verschiedene Hamilton-Operatoren $\mathcal{H}$ mit Hilfe von topologischen Invarianten zu klassifizieren und damit unterschiedliche topologische Phasen herauszupräparieren.

10.6.2 Berry-Phase und Chern-Zahl

Es ist wohlbekannt, dass die Energieabhängigkeit der Bloch-Wellenfunktionen viele Eigenschaften von Festkörpern bestimmt. Weniger bekannt ist die mit der *Berry-Phase*[78] verbundene Physik, die mit der **k**-Abhängigkeit der Bloch-Wellenfunktionen verbunden ist. Den Ursprung der Berry-Phase können wir uns anhand des in Abb. 10.48 gezeigten Beispiels des Paralleltransports klar machen. Der Vektor **R** erhielt dabei entlang einem geschlossenen Pfad eine Drehung. Wir können diese Drehung nur dann vermeiden, wenn wir den Vektor auf dem gleichen Weg in umgekehrter Richtung an den Ausgangspunkt zurücktransportieren würden. Dieses Bild können wir auf Bloch-Wellen in einem Festkörper übertragen. Wenn wir einen Bloch-Zustand langsam (adiabatisch) durch den Phasenraum bewegen und ihn

---

[77] Hierzu benutzen wir das Prinzip der adiabatischen Kontinuität. Zwei Isolatoren sind äquivalent, wenn wir sie durch eine langsame Änderung des Hamilton-Operators adiabatisch ineinander transformieren können. Dieser Prozess ist möglich, falls wir eine endliche Energielücke vorliegen haben, welche die Zeitskala dafür angibt, wie langsam wir die adiabatische Transformation machen müssen.

[78] M. V. Berry, *Quantal Phase Factors Accompanying Adiabatic Changes*, Proc. R. Soc. Lond. A **392**, 45 (1984).

10.6 Topologische Quantenmaterialien

irgendwann wieder an seinen Ausgangspunkt zurückbringen, erwarten wir intuitiv, dass wir (bis auf einen Phasenfaktor, welcher der Zeitentwicklung Rechnung trägt) wieder den gleichen Zustand vorliegen haben. Wie beim Beispiel des Paralleltransports stellen wir nun aber fest, dass der Endzustand vom ursprünglichen Zustand abweicht, wenn wir eine geschlossene Schleife im Parameterraum durchlaufen haben. Insbesondere können wir einen geometrischen Phasenfaktor erhalten, den wir als Berry-Phase bezeichnen. Die Berry-Phase spielt eine zentrale Rolle bei der Diskussion der Topologie der elektronischen Bandstruktur.

Wir betrachten ein System, das wir mit dem Parametervektor $\mathbf{R}$ beschreiben und sich adiabatisch entlang einem Pfad Γ in seinem Parameterraum bewegt. Befindet sich das System zur Zeit t_0 in einem bestimmten Energiezustand $E_m(t_0)$ (m ist der Bandindex) und ändern wir die Systemparameter adiabatisch, so bleibt das System in dem sich zeitlich ändernden Energiezustand $E_m(t)$. Wir nehmen ferner an, dass keine Entartung vorliegt, so dass sich die Energieniveaus nicht schneiden. Vergleichen wir die Phase des System im Anfangs- und Endpunkt des Pfades, so stellen wir eine Phasendifferenz fest. Diese setzt sich zum einen aus der dynamischen Phase

$$\phi_m = -\frac{1}{\hbar} \int_{t_0}^{t} E_m(t')\, dt', \qquad (10.6.2)$$

die von einem Zustand mit Energie $E_m(t)$ bei seiner Bewegung entlang dem Pfad Γ im betrachteten Parameterraum aufgesammelt wird, und zum anderen aus einer geometrischen Phase

$$\gamma_m(\Gamma) = \imath \int_{\Gamma} \langle \Psi_m | \nabla_{\mathbf{R}} | \Psi_m \rangle \cdot d\mathbf{R} = \int_{\Gamma} \mathbf{A}_m(\mathbf{R}) \cdot d\mathbf{R} \qquad (10.6.3)$$

zusammen, die wir als Linienintegral über die vektorwertige Funktion $\mathbf{A}_m(\mathbf{R})$, die als *Mead-Berry-Vektorpotenzial* bezeichnet wird, ausdrücken können.

Um uns die Bedeutung der geometrischen Phase klar zu machen, betrachten wir jetzt geschlossene Pfade. Das heißt, nach der Umlaufzeit T gilt $\mathbf{R}(t_0 + T) = \mathbf{R}(t_0)$. Um zu sehen, ob wir die geometrische Phase wegeichen können, führen wir eine Transformation der Form

$$|\Psi_m(t)\rangle \to |\Psi'_m(t)\rangle = e^{-\imath \varphi(t)} |\Psi_m(t)\rangle \qquad (10.6.4)$$

durch. Für den geschlossenen Weg muss $e^{-\imath \varphi(t_0)} = e^{-\imath \varphi(t_0 + T)}$ und damit $\varphi(t_0) = \varphi(t_0 + T) + 2\pi n$ gelten, wobei n eine ganze Zahl ist. Mit (10.6.3) folgt dann sofort

$$\gamma'_m(\Gamma) = \oint_{\Gamma} \mathbf{A}'_m[\mathbf{R}(t)] \cdot d\mathbf{R} = \gamma_m(\Gamma) + 2\pi n. \qquad (10.6.5)$$

Wir erkennen sofort, dass sich die Berry-Phase für einen geschlossenen Pfad nicht wegeichen lässt. Es ist klar, dass das Berry-Potenzial $\mathbf{A}_m$ von der Eichung abhängt und somit keine physikalische Observable ist. Sein Integral über einen geschlossenen Pfad, die Berry-Phase γ_m, ist aber eichinvariant bis auf Vielfache von 2π. Deshalb ist $e^{\imath \gamma_m}$ absolut eichinvariant und besitzt Bezug zu physikalischen Observablen. Da für einen geschlossenen Pfad $\mathbf{R}(T) = \mathbf{R}(0)$ gilt, hängt die Berry-Phase im Gegensatz zur dynamischen Phase nicht von der Umlaufzeit

Abb. 10.49: Zur Veranschaulichung der Herleitung der Berry-Phase und des Berry-Flusses. Wir bewegen uns entlang einer geschlossenen Schleife Γ im Parameterraum. Die Berry-Phase erhalten wir durch das Linienintegral des Berry-Potenzials $\mathbf{A}_m(\mathbf{R})$ entlang Γ. Der Berry-Fluss $\mathbf{F}_m = \nabla_\mathbf{R} \times \mathbf{A}_m$ durchsetzt die von Γ umschlossene rote Fläche. Falls diese Fläche geschlossen ist, schrumpft das Linienintegral auf einen Punkt und ergibt ein ganzzahliges Vielfaches von 2π.

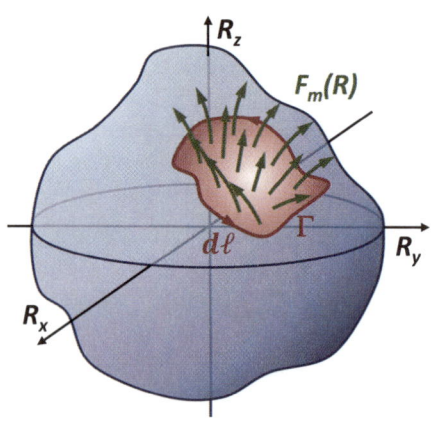

T ab, sondern nur von der Geometrie des Parameterraums und des darin gewählten Pfades. Deshalb bezeichen wird sie als „geometrische Phase".

Das Linienintegral (10.6.3) können wir mit dem Stokesschen Theorem in ein Oberflächenintegral über den **Berry-Fluss** (siehe hierzu Abb. 10.49)

$$\mathbf{F}_m(\mathbf{R}) = \nabla_\mathbf{R} \times \mathbf{A}_m(\mathbf{R}) \qquad (10.6.6)$$

überführen. Falls die Oberfläche eine geschlossene Mannigfaltigkeit darstellt, verschwindet der Randterm. Da der Randterm aber bis auf ganzzahlige Vielfache von 2π unbestimmt ist, erhalten wir das Chern-Theorem, das besagt, dass das Integral des Berry-Flusses (auch Berry-Krümmung genannt) über eine geschlossene Mannigfaltigkeit in Einheiten von 2π quantisiert ist. Die damit verbundene Zahl ist die **Chern-Zahl**, die für das Verständnis von Quantisierungseffekten eine wichtige Rolle spielt.

Das Bloch-Theorem impliziert, dass der reziproke Raum geschlossen ist. Wie in Abb. 10.50 veranschaulicht ist, besitzt die 2D-Brillouin-Zone dieselbe Topologie wie ein zweidimensionaler Torus.[79] Aufgrund der Gitterperiodizität sind die Anfangs- und Endpunkte der roten und blauen Vektoren äquivalent, da sie sich um einen reziproken Gittervektor unterscheiden. Um der Gitterperiodiziät Rechnung zu tragen, müssten wir deshalb die Spitzen der Vektoren an ihre Fußpunkte zurückbiegen. Dies ist beim Torus erfüllt. Der Integration über die Brillouin-Zone (BZ) entspricht also formal die Integration über eine geschlossene Fläche

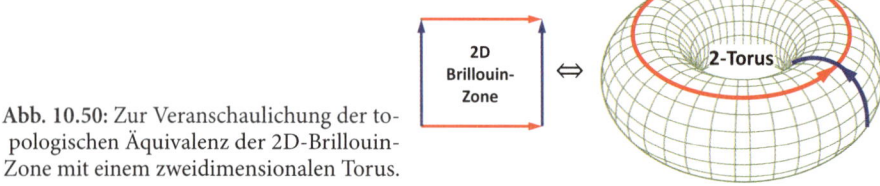

Abb. 10.50: Zur Veranschaulichung der topologischen Äquivalenz der 2D-Brillouin-Zone mit einem zweidimensionalen Torus.

---

[79] In d-Dimensionen besitzt die Brillouin-Zone die Topologie eines d-dimensionalen Torus T^d, der kurz d-Torus genannt wird.

10.6 Topologische Quantenmaterialien

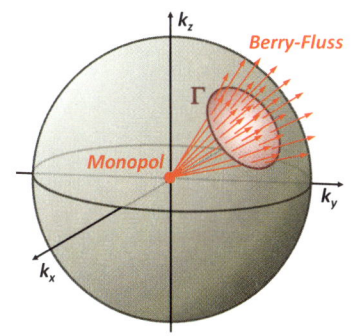

Abb. 10.51: Vektorfluss eines Monopolfeldes. Der Monopol im Ursprung erzeugt einen Berry-Fluss durch die von Γ umschlossene Fläche.

und wir erhalten in Analogie zu (10.6.1) die Chern-Zahl

$$n_m = \frac{1}{2\pi} \int_{BZ} \mathbf{F}_m(\mathbf{R}) \cdot d\mathbf{S}. \tag{10.6.7}$$

Wir können diesen Ausdruck in Analogie zur Elektrodynamik so interpretieren, dass $\mathbf{F}_m(\mathbf{R})$ (die Krümmung einer Zusammenhangsform) einer „magnetischen Flussdichte" entspricht und $\mathbf{A}_m(\mathbf{R})$ (die Zusammenhangsform selbst) seinem Vektorpotenzial. Die Chern-Zahl n_m entspricht dann dem gesamten Fluss von $\mathbf{F}_m(\mathbf{R})$ durch die Oberfläche der Brillouin-Zone. Diesen können wir uns durch einen magnetischen Monopol im Zentrum der Brillouin-Zone erzeugt denken (siehe Abb. 10.51). Die Berry-Phase und die Chern-Zahl sind im Allgemeinen sehr nützlich zur Klassifizierung von geschlossenen Schleifen im Parameterraum.

Summieren wir n_m über alle Valenzbänder auf, erhalten wir die Gesamt-Chern-Zahl

$$n = \sum_{m=1}^{N} n_m. \tag{10.6.8}$$

Wir erkennen natürlich sofort die Analogie zwischen Gleichung (10.6.1) und (10.6.7). Genauso wie das Integral der Gaußschen Krümmung eine quantisierte topologische Invariante (Euler-Poincaré-Charakteristik) zur Klassifizierung geometrischer Körper ist, trifft dies auch für das Integral der Berry-Krümmung (Chern-Zahl) zu, die wir zur Klassifizierung der Topologie der elektronischen Bandstruktur verwenden können. Das Beispiel zeigt, dass wir das von der Mathematik entwickelte, zugegebenermaßen für Physiker vielleicht etwas gewöhnungsbedürftige Konzept der topologischen Invarianten zur eindeutigen Klassifizierung von topologischer Materie benutzen können.

Beispiel Spin-1/2-System: Wir wenden die gerade eingeführten Konzepte auf ein Spin-$\frac{1}{2}$-System an, das sich in einem Magnetfeld $\mathbf{B}(t)$ befindet. Die zeitliche Variation des Feldes soll dabei so langsam sein, dass das Spin-$\frac{1}{2}$-System dem Feld adiabatisch folgen kann. Wir nehmen an, dass das Magnetfeld mit der Kreisfrequenz ω unter einem Polarwinkel θ um die z-Achse rotiert (siehe Abb. 10.52):

$$\mathbf{B}(t) = B_0 \begin{pmatrix} \sin\theta \cos(\omega t) \\ \sin\theta \sin(\omega t) \\ \cos\theta \end{pmatrix}. \tag{10.6.9}$$

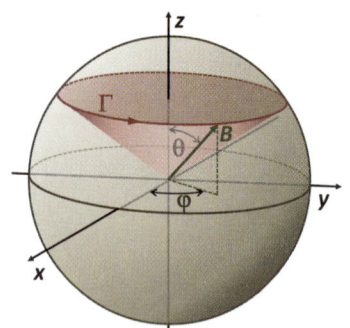

Abb. 10.52: Zur Berry-Phase eines Spin-$\frac{1}{2}$-Systems im Magnetfeld. Die Berry-Phase ist proportional zum halben Raumwinkel, der durch den Pfad Γ umschlossen wird.

Da das Spin-$\frac{1}{2}$-System dem Feld adiabatisch folgt, erhalten wir einen zeitunabhängigen Wechselwirkungsterm $\mu_B \mathbf{B}_0 \cdot \boldsymbol{\sigma}$, wobei μ_B das Bohrsche Magneton und $\boldsymbol{\sigma}$ der Vektor der Pauli-Matrizen ist. Wir erhalten die normalisierten Eigenzustände ($\varphi = \omega t$)

$$|m_-\rangle = \begin{pmatrix} \sin\frac{\theta}{2} e^{-i\varphi} \\ -\cos\frac{\theta}{2} \end{pmatrix} \qquad |m_+\rangle = \begin{pmatrix} \cos\frac{\theta}{2} e^{-i\varphi} \\ \sin\frac{\theta}{2} \end{pmatrix} \qquad (10.6.10)$$

mit den zugehörigen Eigenenergien $E_\pm = \pm\mu_B B_0$. Sie stellen Punkte auf der Oberfläche der so genannten Bloch-Kugel dar. Berechnen wir die θ- und φ-Komponente des Berry-Potenzials in Kugelkoordinaten ($B_0, \theta, \varphi = \omega t$), so erhalten wir

$$\mathbf{A}_- = \begin{pmatrix} i\langle m_-|\nabla_\theta|m_-\rangle \\ i\langle m_-|\nabla_\varphi|m_-\rangle \end{pmatrix} = \frac{1}{B_0 \sin\theta} \begin{pmatrix} 0 \\ \sin^2\frac{\theta}{2} \end{pmatrix} \qquad (10.6.11)$$

$$\mathbf{A}_+ = \begin{pmatrix} i\langle m_+|\nabla_\theta|m_+\rangle \\ i\langle m_+|\nabla_\varphi|m_+\rangle \end{pmatrix} = \frac{1}{B_0 \sin\theta} \begin{pmatrix} 0 \\ \cos^2\frac{\theta}{2} \end{pmatrix}. \qquad (10.6.12)$$

Integrieren wir dies entlang einem geschlossenen Pfad Γ ($B_0 = const$, $\theta = const$) im Parameterraum auf (siehe hierzu Abb. 10.52), ergibt sich

$$\gamma_\pm(\Gamma) = \oint A_{\varphi,\pm} B_0 \sin\theta \, d\varphi = W(\Gamma)\pi(1 \mp \cos\theta) = W(\Gamma)\frac{1}{2}\Omega(\Gamma). \qquad (10.6.13)$$

Hierbei ist $W(\Gamma)$ die Windungszahl des Pfades Γ und die Größe $\pi(1 \mp \cos\theta)$ entspricht gerade dem halben Raumwinkel $\Omega(\Gamma)$, der durch den Pfad Γ umschlossen wird. Die bei einem Umlauf aufgesammelte dynamische Phase beträgt $\phi_\pm = \pm\frac{1}{\hbar}\int_0^T \mu_B B_0 \, dt = \mu_B B_0 T/\hbar$ und hängt im Gegensatz zur Berry-Phase von der Umlaufzeit T ab.

Wir können mit (10.6.11) und (10.6.12) auch den Berry-Fluss $\mathbf{F}_\pm = \nabla \times \mathbf{A}_\pm$ berechnen, für den nur die radiale Komponente (**B**-Richtung)

$$F_{B,\pm} = \mp\frac{1}{2B_0^2}. \qquad (10.6.14)$$

einen endlichen Wert hat. Wie wir anhand von Abb. 10.51 bereits veranschaulicht haben, können wir uns diesen Fluss durch einen magnetischen Monopol im Zentrum der Kugel erzeugt denken, der die Ladung $\mp\frac{1}{2}$ besitzt. Da die betrachtete Kugel den Radius B_0 hat, entspricht $F_{B,\pm}$ bis auf einen Faktor $\frac{1}{2}$ der Krümmung der Kugel, weshalb der Berry-Fluss auch häufig als Berry-Krümmung bezeichnet wird.

10.6 Topologische Quantenmaterialien

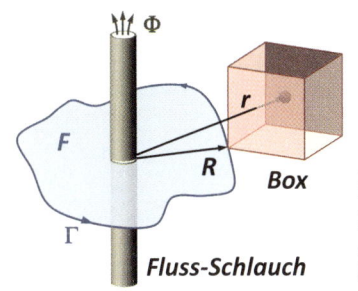

Abb. 10.53: Zum Aharonov-Bohm-Effekt: Ein magnetischer Fluss Φ ist in einem Schlauch eingeschlossen und in seiner Nachbarschaft befindet sich eine Box mit Teilchen der Ladung q. Die Box wird adiabatisch entlang dem Pfad Γ um den Fluss-Schlauch bewegt.

Beispiel Aharonov-Bohm-Effekt: Als weiteres Beispiel betrachten wir die in Abb. 10.53 gezeigte Konfiguration, bei der ein magnetischer Fluss Φ in einem Schlauch eingeschlossen ist und sich in der Nachbarschaft an der Stelle $\mathbf{R}$ eine Box mit Teilchen der Ladung q befindet. Die magnetische Flussdichte $\mathbf{B}$ verschwindet außerhalb des Schlauchs, während das zugehörige Vektorpotenzial $\mathbf{a}$ nicht verschwindet, außer wenn $\Phi = n\widetilde{\Phi}_0 = n\frac{h}{e}$.[80] Der Hamilton-Operator, der die Teilchen in der Box beschreibt, sei $\mathcal{H}(\mathbf{p} - q\mathbf{a}, \mathbf{r} - \mathbf{R})$. Die Wellenfunktionen für $\mathbf{a} = 0$ sind $\psi_m(\mathbf{r} - \mathbf{R})$ mit Eigenenergien E_m, die unabhängig von $\mathbf{R}$ sind. Für $\Phi \neq 0$ können wir die neuen Basiszustände $|m(\mathbf{R})\rangle$ verwenden, die

$$\mathcal{H}(\mathbf{p} - q\mathbf{a}, \mathbf{r} - \mathbf{R}) |m(\mathbf{R})\rangle = E_m |m(\mathbf{R})\rangle \tag{10.6.15}$$

erfüllen und deren Lösungen durch

$$\langle \mathbf{r}|m(\mathbf{R})\rangle = \exp\left[\imath \frac{q}{\hbar} \int_{\mathbf{R}}^{\mathbf{r}} d\mathbf{r}'\mathbf{a}(\mathbf{r}')\right] \psi_m(\mathbf{r} - \mathbf{R}) \tag{10.6.16}$$

gegeben sind. Das Integral verläuft dabei entlang einem Pfad innerhalb der Box. Da wir immer eine Eichtransformation finden können, für die $\mathbf{a}$ in der Box verschwindet, sind die Eigenenergien E_m unabhängig vom Vektorpotenzial.

Wir sehen, dass der Hamilton-Operator über das Vektorpotenzial von der Position $\mathbf{R}$ der Box abhängt. Das bedeutet, dass der Parameterraum in unserem Beispiel der Ortsraum ohne den Bereich des Fluss-Schlauches ist. Wir transportieren jetzt die Box adiabatisch entlang einem geschlossenen Pfad Γ um den Schlauch herum. Mit dem Berry-Potenzial

$$\mathbf{A}(\mathbf{R}) = \imath \langle m(\mathbf{R})|\nabla_{\mathbf{R}}|m(\mathbf{R})\rangle = \frac{q}{\hbar}\mathbf{a}(\mathbf{R}) \tag{10.6.17}$$

erhalten wir die Berry-Phase

$$\gamma_m(\Gamma) = \oint_\Gamma \mathbf{A}(\mathbf{R}) \cdot d\boldsymbol{\ell} = \frac{q}{\hbar} \oint_\Gamma \mathbf{a}(\mathbf{R}) \cdot d\boldsymbol{\ell} = \frac{q}{\hbar} \int_F \mathbf{B} \cdot d\mathbf{F}. \tag{10.6.18}$$

Die Berry-Krümmung $\mathbf{F}(\mathbf{R}) = \nabla \times \mathbf{A} = \frac{q}{\hbar}\mathbf{B}$ ist proportional zur magnetischen Flussdichte $\mathbf{B}$ und verschwindet außerhalb des Schlauchs. Da wir den Bereich des Schlauchs aber aus

---

[80] Wir benutzen in diesem Abschnitt $\mathbf{a}$ für das Vektorpotenzial, um Verwechslungen mit dem Berry-Potenzial $\mathbf{A}$ zu vermeiden.

dem Parameterraum ausgeschlossen haben, ist dieser mehrfach verbunden. Die Berry-Phase ist deshalb rein topologisch und entspricht der Windungszahl $W(\Gamma)$ des Pfades Γ um den Schlauch. Wir erhalten dann

$$\gamma_m(\Gamma) = W(\Gamma)\frac{q}{\hbar}\Phi = 2\pi W(\Gamma)\frac{\Phi}{\widetilde{\Phi}_0}, \qquad (10.6.19)$$

also eine ganzzahliges Vielfaches von 2π, falls der eingeschlossene Fluss Φ eine Vielfaches des Flussquants $\widetilde{\Phi}_0 = h/e$ ist.

10.6.3 Klassifizierung von Topologischen Isolatoren

Wenn wir heute ein Schema entwerfen sollten, nach dem wir topologische Isolatoren (TI) klassifizieren können, so wäre sicherlich eine Einteilung nach ihrer Raum-Zeit-Dimension und den erhaltenen Symmetrien (Zeitumkehrinvarianz, Ladungskonjugation, chirale Symmetrien) sinnvoll. Heute stehen vor allem zwei- und dreidimensionale, zeitumkehrinvariante Systeme im Fokus, da sie bereits in der Natur gefunden wurden. Prinzipiell muss es aber für jede diskrete Symmetrie eine topologisch isolierende Phase mit physikalischen Eigenschaften geben, die sich grundlegend von den dazu äquivalenten, topologisch trivialen Phasen unterscheiden. Neue Entdeckungen sind hier zu erwarten.

Historisch gesehen kann der in Abschnitt 10.5.3 diskutierte Quanten-Hall (QH) Zustand als der zuerst entdeckte TI betrachtet werden. Wir werden sehen, dass die gemessene QH-Leitfähigkeit direkt durch die Chern-Zahl gegeben ist. Im QH-Zustand wir allerdings die Zeitumkehrsymmetrie durch das von außen angelegte Magnetfeld gebrochen. Lange Zeit glaubte man, dass Zeitumkehrsymmetriebrechung und Zweidimensionalität grundlegende Voraussetzungen für topologische Isolatoren sind. Dies änderte sich allerdings, als 2005 TI zuerst für zweidimensionale und kurz darauf für dreidimensionale Systeme vorhergesagt wurden, in denen die Zeitumkehrsymmetrie nicht gebrochen ist. Die Eigenschaften dieser TI können sowohl mit einer topologischen Bandtheorie als auch mit einer topologischen Feldtheorie beschrieben werden. In der topologischen Bandtheorie wird der Isolator mit nichtwechselwirkenden Elektronen beschrieben, die eine bestimmte Anzahl von Bändern füllen. Sie erlaubt dann die Berechnung einer topologischen Invarianten, die z.B. für zweidimensionale Systeme nur die binären Werte 0 oder 1 haben kann. Wir sprechen von einer $\mathbb{Z}_2$-Klassifizierung. Mit der topologischen Feldtheorie wurde die Erweiterung auf wechselwirkende Elektronensysteme gemacht. Es stellte sich insgesamt heraus, dass für die Realisierung von TI ohne gebrochene Zeitumkehrsymmetrie eine starke Spin-Bahn-Wechselwirkung eine wichtige Ingredienz ist. Letztere ist bei schweren Elementen wie z.B. Hg, Pb oder Bi besonders stark ausgeprägt.

10.6.3.1 Oberflächen und Grenzflächen

Wir haben bereits erwähnt, dass sich TI dadurch auszeichnen, dass sie zwar im Inneren isolierend, an der Oberfläche aber elektrisch leitend sind. Es stellt sich damit sofort die Frage, woher dieser fundamentale Unterschied zu den üblichen Bandisolatoren kommt, die ja sowohl im Innern als auch an der Oberfläche isolierend sind. Die Antwort ist erwartungsgemäß mit der nichttrivialen Topologie der Bandstruktur von TI verknüpft. Bringen wir einen

TI nun mit einem normalen Isolator (das kann auch Luft oder Vakuum sein) in Kontakt, der eine triviale Topologie besitzt, so entsteht an der Grenzfläche ein Problem. Anschaulich ist dies das gleiche Problem, das auftritt, wenn wir einen zu einer Brezel verschlungenen Draht mit einem völlig unverknoteten geraden Drahtstück verbinden wollen. Aufgrund der unterschiedlichen Topologie gelingt uns das nicht, es sei denn wir schneiden die Brezel auf. Das Gleiche passiert nun an der Grenzfläche zwischen einem TI und einem gewöhnlichen Isolator. Die verknotete Komponente ist hier die elektronische Wellenfunktion im **k**-Raum. Da die beiden Isolatoren topologisch nicht äquivalent sind (die topologische Invariante ändert sich an der Grenzfläche), müssen sich an der Grenzfläche metallisch leitende Zustände ausbilden, was anschaulich gleichbedeutend mit dem Aufschneiden der Brezel ist. Übertragen auf das bereits oben verwendete Beispiel von Torus (er symbolisiert den TI) und Kugel (normaler Isolator) bedeutet dies, dass wir die beiden Formen nur dann miteinander verbinden können, wenn wir die Öffnung im Torus irgendwie schließen, was bei einem TI dem Schließen der Bandlücke entspricht. Auf eine mathematische Formulierung dieser Zusammenhänge wollen wir hier verzichten, da dies einige Zeit in Anspruch nehmen würde.

10.6.4 Zweidimensionale Topologische Isolatoren

10.6.4.1 TI mit gebrochener Zeitumkehrsymmetrie

Wir betrachten zuerst zweidimensionale TI, bei denen die Zeitumkehrsymmetrie gebrochen ist. Der einfachste topologisch geordnete Zustand liegt in zweidimensionalen Elektronengasen in einem starken senkrechten Magnetfeld vor. Die Lorentz-Kraft resultiert in einer kreisförmigen Bewegung der Elektronen, die mit quantisierten Energien (Landau-Niveaus) verbunden ist. Dies entspricht der Situation in einem gewöhnlichen Isolator, in dem sich die lokalisierten Elektronen auf geschlossenen Bahnen um die Atomrümpfe bewegen. Wir erhalten aber einen isolierenden Zustand nur im Inneren der Probe, da sich am Rand durch Randstreuung so genannte "Skipping Orbits" ausbilden (siehe Abb. 10.54a). Dies führt zu einer Propagation der Ladungsträger entlang den beiden Rändern in entgegengesetzte Richtungen. Dies resultiert, wie bereits in Abschnitt 10.5.3 diskutiert wurde, in eindimensionalen Transportkanälen mit quantisierten Leitwerten, da die Rückstreuung verboten ist. Vergleichen wir dies mit der Situation in einem eindimensionalen Leiter mit Elektronen, die in beide Richtungen propagieren (siehe Abb. 10.54a, oben), so sehen wir, dass die beiden Ränder der QH-Probe nur jeweils den halben Freiheitsgrad enthalten. Diese Eigenschaft macht den Quanten-Hall-Effekt (QHE) topologisch robust. Falls ein Elektron in einem Randkanal gestreut wird, macht es nur einen kleinen Umweg, wandert dann aber wieder in die gleiche Richtung.

Den bereits im Jahr 1980 von Klaus von Klitzing entdeckten Quanten-Hall-Zustand können wir heute als erstes Beispiel für einen topologischen Isolator betrachten. Bereits 1982 zeigten Thouless, Kohmoto, Nightingale und de Nijs (TKNN),[81] dass der Quanten-Hall-Effekt in einem zweidimensionalen Elektronengas auf eine topologische Eigenschaft der gefüllten Bänder (Landau-Niveaus) zurückgeführt werden kann. Sie zeigten, dass die Hall-Leitfähigkeit

---

[81] D. J. Thouless, M. Kohmoto, M. P. Nightingale, M. den Nijs, *Quantized Hall Conductance in a Two-dimensional Periodic Potential*, Phys. Rev. Lett. **49** 405-408 (1982).

Abb. 10.54: Zur Veranschaulichung von zweidimensionalen topologischen Isolatoren (a) mit und (b) ohne Brechung der Zeitumkehrsymmetrie. Oben ist jeweils ein eindimensionaler Quantendraht und in der Mitte ein zweidimensionaler topologischer Isolator gezeigt, dessen oberer und unterer Rand jeweils als die Hälfte des Quantendrahts betrachtet werden können.

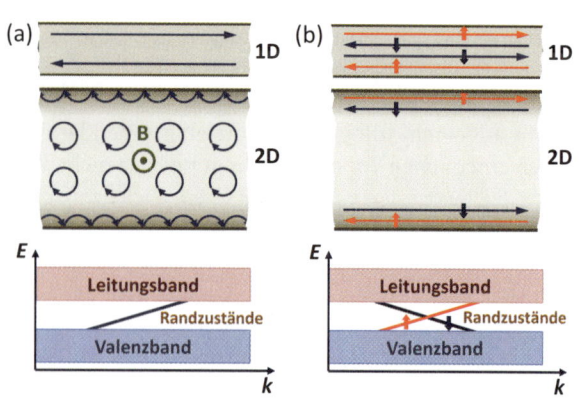

quantisiert ist und proportional zu einer topologischen Invarianten, der Chern-Zahl ist. Um uns dies klar zu machen, betrachten wir den in Abb. 10.55 gezeigten Zylinder mit Radius R und erhöhen adiabatisch den Fluss Φ durch den Zylinder von $\Phi = 0$ auf $\Phi = \widetilde{\Phi}_0 = h/e$. Die Flussänderung erzeugt gemäß Faradayschem Induktionsgesetz eine elektrische Spannung $U_y = -d\Phi/dt$ (bzw. ein elektrisches Feld E_y) um den Zylinder, die wiederum einen Hall-Strom $I_x = \sigma_{xy}U_y$ entlang dem Zylinder erzeugt. Haben wir den Fluss von 0 auf h/e erhöht, so haben wir insgesamt die Ladung $Q = \sigma_{xy}h/e$ transportiert. Wenn wir $\Phi = \widetilde{\Phi}_0$ erreicht haben, können wir aber das Vektorpotenzial durch eine Eichtransformation eliminieren und erhalten wieder den gleichen Ausgangszustand wie für $\Phi = 0$. Von TKNN wurde gezeigt, dass die bei dem Vorgang entlang dem Zylinder erzeugte Polarisation ΔP nur modulo e definiert ist. Deshalb kann sich die Polarisation nur um $\Delta P = ne$ ändern (dies wird auch als Thouless Ladungspumpe bezeichnet). Das heißt, dass wir durch die gesamte Flussänderung eine Ladung $Q = ne$, also ein ganzzahliges Vielfaches der Elementarladung transportiert haben. Daraus ergibt sich sofort $\sigma_{xy} = n \cdot (e^2/h)$.

Die Chern-Zahl, die das System charakterisiert, können wir durch Aufsummierung über alle besetzten Subbänder (Landau-Niveaus) erhalten, die wir mit der azimuthalen Wellenzahl $k_{m,y} = (m + \Phi/\widetilde{\Phi}_0)/R$ indizieren können:

$$n = \sum_{m=1}^{N} \frac{1}{2\pi} \int_0^{\widetilde{\Phi}_0} d\Phi \int dk_x \mathbf{F}[k_x, k_{m,y}(\Phi)] . \tag{10.6.20}$$

Wechseln wir von der Integrationsvariablen Φ zu $k_{m,y}$, können wir zeigen, dass die Summe über die Integrale in ein einzelnes Integral über die 2D-Brillouin-Zone, also in ein Integral über eine geschlossene Fläche übergeht und somit der Chern-Zahl (10.6.8) entspricht.

Abb. 10.55: Eine Flussänderung von $\widetilde{\Phi}_0 = h/e$ durch den Zylinder resultiert in einer Polarisationsänderung, die der Verschiebung von einer Ladung $Q = ne$ entlang dem Zylinders entspricht. Wir können den Zylinder durch eine kontinuierliche Transformation auch in eine Corbino-Scheibe überführen.

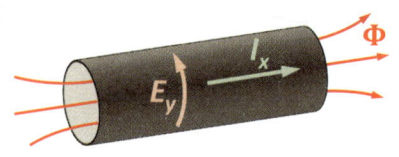

10.6 Topologische Quantenmaterialien

10.6.4.2 TI ohne gebrochene Zeitumkehrsymmetrie

Wir können uns nun fragen, ob wir das Magnetfeld los werden können und dadurch einen topologischen Zustand in einem System ohne Zeitumkehrsymmetriebrechung erhalten können. Wir betrachten zuerst einen eindimensionalen Leiter (siehe Abb. 10.54b, oben). In diesem hätten wir jeweils zwei in Vorwärts- und zwei in Rückwärtsrichtung propagierende Moden mit jeweils entgegengesetzter Spin-Richtung. Wir können nun eine zum Quanten-Hall-System analoge Situation schaffen, indem wir die Spin-↑ Elektronen an einem Probenrand nur nach links und die Spin-↓ Elektronen nur nach rechts laufen lassen und am gegenüberliegenden Rand genau umgekehrt (siehe Abb. 10.54b, Mitte). In diesem Fall erhalten wir an beiden Rändern keinen elektrischen Strom sondern einen reinen Spin-Strom, da die beiden Spin-Spezies in entgegengesetzte Richtungen laufen. Da der Spin-Strom die Rolle des elektrischen Stroms übernimmt, bezeichnen wir ein System mit solchen Randkanälen als Quanten-Spin-Hall (QSH) System.

Wir müssen jetzt noch klären, warum erstens sich in entgegengesetzte Richtung bewegende Elektronen entgegengesetzten Spin besitzen und warum zweitens in den Randkanälen keine Rückstreuung stattfindet. Die Antwort auf die erste Frage gibt die Spin-Bahn-Wechselwirkung, die wir im Detail in Abschnitt 12.5.4 diskutieren. Sie führt zu einer Kopplung zwischen der Spin-Richtung und der orbitalen Bewegung der Elektronen und ist besonders stark in Materialien ausgeprägt, die aus schweren Elementen aufgebaut sind.

Die Antwort auf die zweite Frage gibt die Zeitumkehrinvarianz. Um uns klarzumachen, warum die Rückstreuung durch nichtmagnetische Streuer verboten ist, obwohl in den Randkanälen eines QSH-Systems sich die Elektronen in beide Richtungen bewegen, betrachten wir den in Abb. 10.56 skizzierten Prozess, bei dem ein Elektron an einer Verunreinigung zurückgestreut wird. Das Elektron kann bei der Streuung entweder links- oder rechtsherum laufen. Der Spin rotiert dabei um den Winkel $\pm\pi$. Der Unterschied der Spin-Drehung für beide Pfade, die über die Zeitumkehrsymmetrie miteinander verknüpft sind, beträgt also gerade 2π. Eine volle 2π-Drehung des Spins erhalten wir durch eine zweimalige Anwendung des Zeitumkehroperators $\mathcal{T}$, die aber ein zusätzliches Minuszeichen liefert ($\mathcal{T}$ ist ein antiunitärer Operator, $\mathcal{T}^2 = -1$). Das heißt, die Wellenfunktion eines Spin-1/2-Teilchens erhält bei einer 2π-Rotation des Spins ein Minuszeichen. Das bedeutet wiederum, dass die

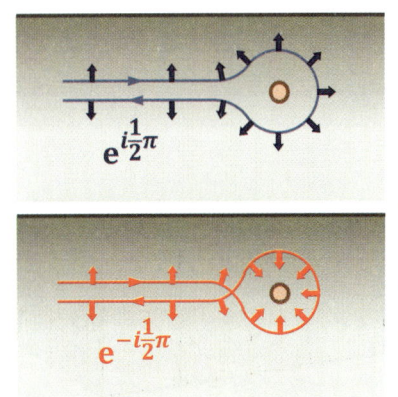

Abb. 10.56: Zur Veranschaulichung der Unterdrückung der Rückstreuung in einem Quanten-Spin-Hall-Randkanal. Die Streuung an einer nichtmagnetischen Störstelle kann in zwei unterschiedliche Richtungen erfolgen. Bei Streuung im Uhrzeigersinn (blaue Kurve) rotiert der Spin um den Winkel π, bei Streuung gegen den Uhrzeigersinn (rote Kurve) um $-\pi$. Der mit der relativen Spin-Drehung von 2π verbundene Phasenfaktor von -1 führt zu einer destruktiven Interferenz der beiden Pfade.

beiden Rückstreupfade destruktiv interferieren und somit die Rückstreuung verboten ist. Wir können deshalb sagen, dass die Robustheit der QSH-Randkanäle durch die Zeitumkehrsymmetrie gewährleistet wird. Das eben vorgestellte Bild gilt nur für einzelne Paare von QSH-Randkanälen. Würden wir die oberen und unteren Randkanäle in Abb. 10.54 in einem einzigen eindimensionalen Leiter zusammenbringen, so könnte ein Elektron von einem vorwärts- in einen rückwärtslaufenden Kanal gestreut werden, ohne den Spin zu ändern. Es würde dann keine destruktive Interferenz auftreten und wir hätten durch die endliche Rückstreuung eine endliche Dissipation vorliegen. Damit der QSH-Zustand robust ist, muss er aus einer ungeraden Zahl von vorwärts- und rückwärtslaufenden Moden bestehen. Dieser gerade–ungerade Effekt wird durch die $\mathbb{Z}_2$-Topologie charakterisiert. Da wir also den QSH-Zustand mit einer topologischen Invariante charakterisieren können, können wir ihn als topologischen Isolator bezeichnen.

Realisierungsmöglichkeiten: Eine allgemeine Vorgehensweise bei der Realisierung von zweidimensionalen TI ist die Verwendung von Halbleiter-Heterostrukturen, die eine Bandinversion zeigen. Hierbei heißt Bandinversion, dass die Anordnung von Valenzband und Leitungsband invertiert ist, was durch eine starke Spin-Bahn-Kopplung erreicht werden kann. In den meisten Halbleitermaterialien wird das Leitungsband aus Elektronen in *s*-Orbitalen und das Valenzband aus solchen in *p*-Orbitalen aufgebaut. In Materialien mit schweren Elementen wie HgTe ist die Spin-Bahn-Wechselwirkung nun so stark, dass das Valenzband oberhalb dem Leitungsband zu liegen kommt, so dass eine invertierte Bandstruktur entsteht. In CdTe liegt dagegen eine normale Bandfolge vor. Wächst man eine CdTe/HgTe/CdTe-Heterostruktur, so kann man den in Abb. 10.57 gezeigten Bandverlauf konstruieren. Bandstrukturberechnungen zeigen nun, dass bei genügender Dicke ($d > 6.5$ nm) der HgTe-Schicht ein Paar von Randzuständen vorliegt, die unterschiedlichen Spin tragen. Die Randzustände dispergieren vom Valenzband bis zum Leitungsband (siehe Abb. 10.54b, unten) und schneiden sich. Der Schnittpunkt ist eine direkte Folge der Zeitumkehrsymmetrie und kann nicht entfernt werden – er stellt die topologische Signatur eines Quanten-Spin-Hall-Isolators dar.

Der in Abb. 10.57 skizzierte Quantentopf zeigt aufgrund der perfekt leitenden Randkanäle einen quantisierten Widerstand $R = \frac{1}{2} R_K$. In den Experimenten konnte gezeigt werden, dass sich dieser Widerstand nicht mit der Probenbreite ändert. Dieser Befund belegt, dass in der Tat nur die Randkanäle zum Transport beitragen, wogegen die Probe im Inneren isolierend ist. Im Vergleich zum Quanten-Hall-Effekt wird ein um den Faktor $\frac{1}{2}$ reduzierter Quantenwiderstand gemessen, da nur eine Spin-Richtung beiträgt.

Abb. 10.57: Stark vereinfachter Bandverlauf in einer CdTe/HgTe-Heterostruktur. Gezeigt sind die Energieniveaus des niedrigsten Leitungsbandniveaus (Γ_6, rot) und des obersten Valenzbandniveaus (Γ_8, blau). E_1 und H_1 sind die niedrigsten Quantentopf-Zustände.

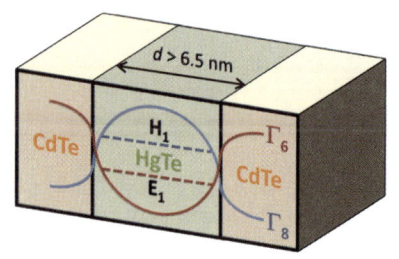

10.6.5 Dreidimensionale Topologische Isolatoren

Zweidimensionale TI besitzen ein Paar von eindimensionalen Randkanälen, die sich bei $k = 0$ kreuzen (siehe Abb. 10.54b, unten). In der Nähe des Kreuzungspunktes verläuft die Dispersion dieser Zustände linear und entspricht deshalb derjenigen, die man in der Quantenfeldtheorie aus der Dirac-Gleichung für masselose, relativistische Fermionen in einer Dimension erhält. Dieses Bild können wir auf dreidimensionale TI verallgemeinern. Hier besteht der Oberflächenzustand aus zweidimensionalen masselosen Dirac-Fermionen, deren Dispersion einen so genannten Dirac-Kegel bildet (siehe Abb. 10.58). Der Kreuzungspunkt – die Spitze des Kegels – ist wie im zweidimensionalen Fall durch die Zeitumkehrinvarianz topologisch geschützt. Wir weisen darauf hin, dass es für eine einzelne 2D-Oberfläche eines 3D-TI immer eine ungerade Zahl von Bändern (beide Spin-Richtungen werden separat gezählt) gibt, welche die Fermi-Energie E_F schneiden. Im Gegensatz dazu ist es bei einem 2D-Elektronengas mit Rashba-Spin-Bahn-Kopplung (vergleiche hierzu Abb. 12.16) immer eine gerade Zahl.

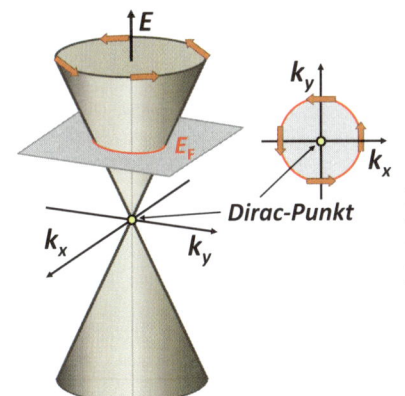

Abb. 10.58: Die Oberfläche eines dreidimensionalen topologischen Isolators erlaubt die Bewegung der Elektronen in einer beliebigen Richtung parallel zur Oberfläche. Die Spin-Richtung ist aber aufgrund der Spin-Bahn-Wechselwirkung immer an die Bewegungsrichtung der Elektronen gekoppelt. Die zweidimensionale Dispersionsrelation ist durch einen Dirac-Kegel gegeben. Rechts ist ein Schnitt durch den Kegel bei der Fermi-Energie E_F gezeigt. Die Pfeile geben die Spin-Richtung an.

Es wurde theoretisch vorhergesagt, dass die Legierung $Bi_{1-x}Sb_x$ für einen bestimmten x-Bereich einen TI bildet.[82] In der Tat gibt es bereits experimentelle Evidenz für die Existenz von topologischen Oberflächenzuständen in diesem System.[83] Allerdings sind diese Oberflächenzustände und die zugrundeliegende Physik komplex und noch Gegenstand aktueller Forschung. Weitere viel versprechende Materialsysteme sind Bi_2Te_3, Bi_2Se_3 und Sb_2Te_3.

10.6.6 Topologische Supraleiter

Topologische Supraleiter sind eine weitere interessante Klasse von topologischen Quantenmaterialien. Topologische Supraleitung ist insbesondere deshalb interessant, da sie mit Quasiteilchenanregungen assoziiert ist, die **Majorana-Fermionen** sind (Majorana-Fermionen sind Teilchen, die ihre eigenen Anti-Teilchen sind). Es wurde vor kurzem

---

[82] L. Fu, C. L. Kane, *Topological Insulators with Inversion Symmetry*, Phys. Rev. B **76**, 045302 (2007).

[83] D. Hsieh et al., *A Topological Dirac Insulator in a Quantum Spin Hall Phase*, Nature **452**, 970 (2008).

vorgeschlagen, topologische Supraleiter dadurch zu erzeugen, dass man einen gewöhnlichen *s*-Wellensupraleiter über den Proximity-Effekt an einen topologischen Isolator koppelt und dieses System in ein externes Magnetfeld bringt. Eine Umsetzung und experimentelle Überprüfung der Vorschläge steht aber noch weitgehend aus.

10.6.7 Zukunftsperspektiven

Topologische Quantenmaterialien bieten faszinierende Möglichkeiten zur Konstruktion exotischer Quantenzustände und für die Realisierung exotischer Quasiteilchen. Für zweidimensionale QSH-Isolatoren erwarten wir zum Beispiel gebrochen-ganzzahlige Ladungen an den Probenrändern. Für eine Punktladung über der Oberfläche eines dreidimensionalen TI wird vorhergesagt, dass sie nicht nur eine Bildladung sondern auch das Bild eines magnetischen Monopols an der Oberfläche erzeugt. In topologischen magnetischen Isolatoren erwarten wir die Existenz von so genannten Axionen, die in der Teilchenphysik postuliert wurden, um einige Rätsel des Standardmodells der Teilchenphysik zu lösen. Wenn ein Supraleiter in Kontakt mit der Oberfläche eines TI gebracht wird, verhalten sich die Flussschläuche im Supraleiter wie Majorana-Fermionen. Das Austauschen oder Verflechten dieser Flussschläuche führt zu einer nicht-abelschen Teilchenstatistik. Schließlich denkt man bereits an Anwendungen von topologischer Quantenmaterie. Magnetische Bildmonopole könnten zur Datenspeicherung oder Majorana-Fermionen für einen topologischen Quantenrechner benutzt werden.[84]

Literatur

G. Bauer, F. Kuchar, H. Heinrich (Hg.), *Two-dimensional Systems: Physics and New Devices*, Springer Series on Solid Sate Science, Vol. 67, Springer Berlin, Heidelberg (1986).

G. Bednorz, K. A. Müller, *Possible high-T_c superconductivity in the Ba-La-Cu-O system*, Zeitschrift für Physik **B 64**, 189 (1986).

B. A. Bernevig, T. L. Hughes, *Topological Insulators and Topological Superconductors*, Princeton University Press (2013).

T. Chakraborty, P. Pietiläinen, *The Quantum Hall Effect – Fractional and Integral*, Springer Series on Solid-State Science, Vol. 85, Springer Berlin, Heidelberg (1995).

D. M. Chapin, C. S. Fuller, G. L. Pearson, *A New Silicon p-n Junction Photocell for Converting Solar Radiation into Electrical Power*, J. Appl. Phys. **25**, 676 (1954).

C. K. Chiang et al., *Electrical Conductivity in Doped Polyacetylene*, Phys. Rev. Lett. **39**, 1098–1101 (1977).

M. Contreras et al., *19.9%-efficient ZnO/CdS/CuInGaSe$_2$ solar cell with 81.2% fill factor*, Progress in Photovoltaics: Research and Applications **16**, 235 (2008).

---

[84] C. Nayak, S. H. Simon, A. Stern, M. Freedman, S. Das Sarma, *Non-Abelian Anyons and Topological Quantum Computation*, Rev. Mod. Phys. **80**, 1083-1159 (2008).

J. Czochralski, *Ein neues Verfahren zur Messung der Kristallisationsgeschwindigkeit der Metalle*, Zeitschrift für Physikalische Chemie **92**, 219–221 (1918).

J. H. Davies, *The Physics of Low Dimensional Semiconductors*, Cambridge University Press, Cambridge (1998).

L. Esaki, *Compositional Superlattices*, in The Technology and Physics of Molecular Beam Epitaxy, herausgegeben von E. H. C. Parker, Plenum Press, New York (1985).

L. Esaki, R. Tsu, *Superlattice and Negative Differential Conductivity in Semiconductors*, IBM J. Res. Develop. **14**, 61 (1970).

M. Franz, L. Molenkamp (Hg.), *Topological Insulators*, in Contemporary Concepts of Condensed Matter Series, Vol. 6, Elsevier, Amsterdam (2013).

M. Z. Hasan, C. L. Kane, *Topological Insulators*, Rev. Mod. Phys. **82**, 3045-3067 (2010).

M. Grundmann, *The Physics of Semiconductors: An Introduction Including Nanophysics and Application*, Springer-Verlag, Berlin (2010).

M. Janssen, O. Viehweger, U. Fastenrath, J. Hajdu, *Introduction to the Theory of the Integer Quantum Hall Effect*, VCH Weinheim (1994).

D. Kahng, *A Historical Perspective on the Development of MOS Transistors and Related Devices*, IEEE Trans. El. Dev. **ED-23**, 655 (1976).

D. Kahng, M. M. Atalla, *Silicon-silicon dioxide field induced surface devices*, IRE Solid State Res. Conf., Pittsburgh (1960).

J-Y. Kim et al., *Efficient tandem polymer solar cells fabricated by all-solution processing*, Science **317**, 222 (2007).

R. R. King et al., *40% efficient metamorphic GaInP/GaInAs/Ge multijunction solar cells*, Applied Physics Letters **90**, 183516 (2007).

R. B. Laughlin, *Quantized Hall conductivity in two dimensions*, Phys. Rev. **B 23**, 5632 (1981).

R. B. Laughlin, *Anomalous Quantum Hall Effect: An Incompressible Quantum Fluid with Fractionally Charged Excitations*, Phys. Rev. Lett. **50**, 1395 (1983).

R. B. Laughlin, in *McGraw-Hill Book of Science and Technology 1984*, McGraw-Hill, New York (1984).

G. Margaritondo, P. Perfetti, *The Problem of Heterojunction Band Discontinuities*, in Heterojunction Band Discontinuities, Phasics and Device Applications, herausgegeben von F. Capasso und G. Margaritondo, North-Holland, Amsterdam (1987).

A. H. McDonald, *The Quantum Hall Effect: A Perspective*, Kluwer, Boston (1989).

R. E. Prange, S. M. Girvin, *The Quantum Hall Effect*, Springer Verlag, New York, Berlin (1990).

C. T. Sah, R. N. Noyce, W. Shockley, *Carrier generation and recombination in p-n junctions and p-n junction characteristics*, Proc. IRE **45**, 1228 (1957).

M. Schwoerer, Physikalische Blätter **49**, 52 (1994); H. Sixl, H. Schenk, N. Yu, Physikalische Blätter **54**, 225 (1998); Physik Journal **7**, 29–32 (2008).

W. Shockley, *The Theory of p-n Junctions in Semiconductors and p-n Junction Transistors*, Bell. Syst. Tech. J. **28**, 435 (1949).

H. L. Stoermer, D. C. Tsui, *The Quantized Hall Effect*, Science **220**, 1241–1246 (1983).

E. C. G. Stückelberg, *Theorie der unelastischen Stöße zwischen Atomen*, Helvetica Physica Acta **5**, 369–422 (1932).

S. M. Sze, *Semiconductor Devices: Physics and Technology*, Wiley, New York (1985).

S. M. Sze, K. Ng Kwok, *The Physics of Semiconductor Devices*, John Wiley & Sons, New York (1981).

D. C. Tsui, H. L. Störmer, A. C. Gossard, *Two-Dimensional Magnetotransport in the Extreme Quantum Limit*, Phys. Rev. Lett. **48**, 1559 (1982).

Y. P. Varshni, *Temperature dependence of the energy gap in semiconductors*, Physica **34**, 149 (1967).

K. von Klitzing, G. Dorda, M. Pepper, *New Method for High-Accuracy Determination of the Fine-Structure Constant Based on Quantized Hall Resistance*, Phys. Rev. Lett. **45**, 494–497 (1980).

K. von Klitzing, G. Dorda, M. Pepper, *High-magnetic-field transport in a dilute two-dimensional electron gas*, Phys. Rev. **B 28**, 4886–4888 (1983).

P. Y. Yu, M. Cardona, *Fundamentals of Semiconductors*, Springer Verlag, Berlin (1996).

C. M. Zener *Non-adiabatic Crossing of Energy Levels*, Proceedings of the Royal Society of London A **137** (6), 696–702 (1932).

11 Dielektrische Eigenschaften

Wir haben bereits in Kapitel 9 das Verhalten von Kristallelektronen unter dem Einfluss äußerer Kräfte diskutiert. Dort haben wir uns im Wesentlichen auf die Beschreibung der Bewegung von einzelnen Kristallelektronen in Metallen unter der Wirkung einer äußeren Kraft beschränkt. In diesem Kapitel wollen wir unsere Diskussion auf die Beschreibung der Reaktion eines Festkörpers als Ganzem auf ein von außen wirkendes elektrisches Feld ausdehnen. Dadurch erhalten wir zum Beispiel eine Beschreibung der optischen Eigenschaften von Festkörpern, das heißt, wir werden verstehen, wieso ein Festkörper Licht absorbiert, reflektiert oder durchlässt.

Je nach Bedarf wird die Wechselwirkung eines Festkörpers mit einem elektromagnetischen Feld entweder *mikroskopisch* oder *makroskopisch* beschrieben. In einem mikroskopischen Bild sprechen wir zum Beispiel von der Absorption eines Photons und der damit verbundenen Anregung des Kristallgitters (z. B. Erzeugung von Phononen) oder des Elektronensystems (z. B. Erzeugung von Elektron-Loch-Paaren). Im Rahmen einer makroskopischen Beschreibung auf der Basis der Maxwell-Gleichungen charakterisieren wir dagegen einen Festkörper mit einer Materialkonstante, ohne dass wir uns für die mikroskopischen Prozesse interessieren. Selbstverständlich besteht ein Zusammenhang zwischen mikroskopischer und makroskopischer Beschreibung. Eine Zielsetzung dieses Kapitels wird gerade sein, diesen Zusammenhang zwischen mikroskopischer und makroskopischer Beschreibung herzustellen.

Wir werden uns in diesem Kapitel nur mit der linearen Antwort von Festkörpern auf von außen wirkende elektromagnetische Felder beschränken. Es soll hier aber darauf hingewiesen werden, dass der Bereich der nicht-linearen Optik[1,2] durch die Entwicklung leistungsfähiger Laser in den letzten Jahrzehnten stark an Bedeutung gewonnen hat. Die Diskussion nicht-linearer Effekte würde aber den Rahmen dieser Einführung in die Festkörperpyhsik sprengen.

Die Art und Weise, wie ein Festkörper auf den Einfluss eines elektrischen Feldes reagiert, hängt davon ab, wie frei sich Ladungen im Festkörper bewegen können. So liegen bei Metallen quasi freie Ladungen vor, die elektrische Felder auf einer sehr kurzen Längenskala abschirmen können. In Isolatoren sind die Ladungsträger dagegen gebunden und können nur über kleine Längenskalen gegenüber den Atomrümpfen verschoben werden. Dadurch baut sich eine elektrische Polarisation auf und elektrische Felder können selbst über große Längenskalen nicht abgeschirmt werden. Das Abschirmverhalten ändert sich natürlich mit der Frequenz des elektrischen Feldes. Aufgrund der Trägheit der Ladungsträger können diese

---

[1] Robert W. Boyd, *Nonlinear Optics*, 3. Auflage, Academic Press, New York (2008).
[2] Shen, Yuen-Ron, *The Principles of Nonlinear Optics*, Wiley-Interscience (2002).

schnellen Feldänderungen nicht mehr folgen. Deshalb können selbst in Metallen hochfrequente Felder nicht mehr abgeschirmt werden. Wir sehen also, dass die Reaktion eines Festkörpers auf den Einfluss eines elektrischen Feldes sehr komplex sein kann und stark von den mit den spezifischen Materialeigenschaften verbundenen charakteristischen Längen- und Zeitskalen abhängen wird.

11.1 Makroskopische Elektrodynamik

11.1.1 Die dielektrische Funktion

11.1.1.1 Isolatoren

Wir betrachten zunächst einen Isolator. Hier erfahren Ladungen aufgrund der Wirkung eines elektrischen Feldes nur eine Verschiebung, die in einer endlichen Polarisation des Festkörpers resultiert, nicht aber in einer kontinuierlichen Bewegung, die sich in einer endlichen Leitfähigkeit ausdrücken würde. In einem isolierenden Medium induziert also eine elektromagnetische Welle mit elektrischem Feldvektor

$$\mathbf{E}(\mathbf{r}, t) = \mathbf{E}(\mathbf{q}, \omega)\, e^{i(\mathbf{q}\cdot\mathbf{r} - \omega t)} \tag{11.1.1}$$

eine Polarisation $\mathbf{P}$, die mit dem anregenden Feld durch einen symmetrischen Tensor 2. Stufe verknüpft ist:

$$P_i(\mathbf{r}', t') = \epsilon_0 \sum_j \int \chi_{ij}(\mathbf{r}, \mathbf{r}', t, t')\, E_j(\mathbf{r}, t)\, d^3r\, dt . \tag{11.1.2}$$

Hierbei ist χ_{ij} der Tensor der *elektrischen Suszeptibilität*, $P_i(\mathbf{r}', t')$ die i-te Komponente des Polarisationsvektors, der aus dem im Festkörper induzierten Dipolmoment resultiert, und $\epsilon_0 = 8.854\,187\,817 \times 10^{-12}$ As/Vm die elektrische Feldkonstante. Die *Polarisation* $\mathbf{P}$ ist definiert als das *elektrische Dipolmoment* $\mathbf{p}_{el}$ pro Volumen, d. h.

$$\mathbf{P} \equiv \frac{\mathbf{p}_{el}}{V}, \tag{11.1.3}$$

wobei das elektrische Dipolmoment $\mathbf{p}_{el}$ allgemein gegeben ist durch

$$\mathbf{p}_{el} = \sum_i q_i\, \mathbf{r}_i , \tag{11.1.4}$$

also durch das Produkt aus Ladung q_i und Ortsvektor $\mathbf{r}_i$ dieser Ladung.

Falls Raum und Zeit homogen sind,[3] hängt die Suszeptibilität nur von $|\mathbf{r} - \mathbf{r}'|$ und $|t - t'|$ ab und (11.1.2) vereinfacht sich zu

$$P_i(\mathbf{r}', t') = \epsilon_0 \sum_j \int \chi_{ij}(|\mathbf{r} - \mathbf{r}'|, t - t')\, E_j(\mathbf{r}, t)\, d^3r\, dt . \tag{11.1.5}$$

---

[3] Um den Raum als homogen anzunehmen, müssen alle mikroskopischen Größen über die Einheitszelle gemittelt werden, um Komplikationen mit lokalen Feldern zu vermeiden. Auf einer atomaren Skala oszillieren die Ladungsdichte ρ_{mikro} und das elektrostatische Potenzial ϕ_{mikro} bzw. $\mathbf{E}_{\text{mikro}} = -\nabla \phi_{\text{mikro}}$ schnell. Auf einer makroskopischen Skala ist dagegen $\rho_{\text{makro}} = 0$ und $\mathbf{E}_{\text{makro}} = 0$.

Wir können nun den Faltungssatz verwenden und (11.1.5) durch die Fourier-Transformierten von **P**, χ und **E** auszudrücken. Wir erhalten[4]

$$P_i(\mathbf{q}, \omega) = \epsilon_0 \sum_j \chi_{ij}(\mathbf{q}, \omega) \, E_j(\mathbf{q}, \omega) \,. \tag{11.1.6}$$

Im Prinzip sind alle linearen dielektrischen Eigenschaften eines Festkörpers durch den komplexen elektrischen Suszeptibilitätstensor bestimmt.[5] Falls $\chi_{ij}(|\mathbf{r} - \mathbf{r}'|, t - t')$ reell ist, impliziert dies $\chi_{ij}(\mathbf{q}, \omega) = \chi_{ij}^*(-\mathbf{q}, -\omega)$. Gehen wir über den Bereich der linearen Antwort hinaus, so müssen wir in (11.1.6) Terme höherer Ordnung berücksichtigen und erhalten

$$P_i = \epsilon_0 \sum_j \chi_{ij}^{(1)} E_j + \epsilon_0 \sum_{jk} \chi_{ijk}^{(2)} E_j E_k + \epsilon_0 \sum_{jk\ell} \chi_{ijk\ell}^{(3)} E_j E_k E_\ell + \dots \,. \tag{11.1.7}$$

Hierbei sind $\chi^{(m)}$ Tensoren $(m+1)$-ter Stufe. Während $\chi^{(1)}$ die lineare Suszeptibilität beschreibt, ist $\chi^{(2)}$ für den **Pockels-Effekt** und $\chi^{(3)}$ für den **Kerr-Effekt** verantwortlich. Auf diese Effekte werden wir hier aber nicht eingehen.

Für den Vergleich mit Experimenten führt man einen weiteren, komplexen Tensor 2. Stufe ein, nämlich den **Dielektrizitätstensor**. Dieser Tensor ist definiert durch

$$D_i(\mathbf{q}, \omega) = \sum_j \epsilon_0 \epsilon_{ij}(\mathbf{q}, \omega) \, E_j(\mathbf{q}, \omega) \,, \tag{11.1.8}$$

wobei $D_i(\mathbf{q}, \omega)$ die Fourier-Transformierte der **dielektrischen Verschiebung** oder **elektrischen Flussdichte** ist, die definiert ist durch:

$$\mathbf{D}(\mathbf{r}, t) = \epsilon_0 \, \mathbf{E}(\mathbf{r}, t) + \mathbf{P}(\mathbf{r}, t) \,. \tag{11.1.9}$$

Aufgrund der Definitionen (11.1.6) und (11.1.8) sind $\chi_{ij}(\mathbf{q}, \omega)$ und $\epsilon_{ij}(\mathbf{q}, \omega)$ verknüpft durch

$$\epsilon_{ij}(\mathbf{q}, \omega) = 1 + \chi_{ij}(\mathbf{q}, \omega) \,. \tag{11.1.10}$$

Wir werden im Folgenden den Real- und Imaginärteil des Dielektrizitätstensors mit $\epsilon_r(\mathbf{q}, \omega)$ und $\epsilon_i(\mathbf{q}, \omega)$ bezeichnen. In Fällen, wo die Tensoreigenschaften nicht relevant sind, werden wir $\epsilon_{ij}(\mathbf{q}, \omega)$ durch die skalare Funktion $\epsilon(\mathbf{q}, \omega)$ ersetzen. Diese Funktion wird als **dielektrische Funktion** bezeichnet.

Ohne Angabe eines Beweises wollen wir folgende Zusammenhänge festhalten:[6]

$$\epsilon(-\mathbf{q}, -\omega) = \epsilon^*(\mathbf{q}, \omega) \tag{11.1.11}$$

$$\epsilon_{ij}(\mathbf{q}, \omega) = \epsilon_{ji}(-\mathbf{q}, \omega) \,. \tag{11.1.12}$$

---

[4] Das Integral in (11.1.5) stellt ein Faltungsintegral dar und der Faltungssatz besagt, dass die Fourier-Transformierte der Faltung zweier Funktionen gleich dem Produkt der Fourier-Transformierten der beiden Originalfunktionen ist.

[5] Hinweis: Selbst wenn $\mathbf{P}_i(\mathbf{r}', t')$, $\chi_{ij}(|\mathbf{r} - \mathbf{r}'|, t - t')$ und $E_j(\mathbf{r}, t)$ alle reell sind, können ihre Fourier-Transformierten komplex sein.

[6] L. D. Landau, I. M. Lifshitz, *Statistical Physics*, Addison-Wesley, Reading, MA (1980).

Gleichung (11.1.11) folgt aus der Tatsache, dass $\epsilon(\mathbf{r}, t)$ eine reelle Funktion von Ort und Zeit sein muss, und (11.1.12) folgt aus den *Onsager-Beziehungen*,[7] die aus der Zeitumkehrsymmetrie der zugrunde liegenden mikroskopischen Prozesse folgen.

In den meisten Problemen, die wir behandeln werden, wird die Wellenlänge der elektromagnetischen Welle wesentlich größer als der Gitterabstand oder andere relevante Längenskalen sein. In diesem Fall können wir den Wellenvektor $q \simeq 0$ setzen und wir werden die dielektrische Funktion mit $\epsilon(\omega)$ abkürzen. Dies gilt für Licht bis weit in den UV-Bereich, nicht aber für den Röntgenbereich. Wenn wir annehmen, dass $\epsilon(\mathbf{q}, \omega)$ unabhängig von $\mathbf{q}$ ist, ist die $\mathbf{q}$-Abhängigkeit durch eine konstante Funktion gegeben, deren Fourier-Transformierte eine δ-Funktion ist. Das heißt, $\epsilon(\mathbf{r}, \omega)$ ist proportional zu einer δ-Funktion und damit die Reaktion des Festkörpers auf die äußere Störung *lokal*. Die dielektrische Verschiebung $\mathbf{D}(\mathbf{r})$ hängt dann nur von dem lokal am Ort $\mathbf{r}$ wirkenden elektrischen Feld ab. Falls allerdings ϵ eine gewisse $\mathbf{q}$-Abhängigkeit besitzt, bedeutet dies, dass seine Fourier-Transformierte von $\mathbf{r} - \mathbf{r}'$ abhängt und die Antwort deshalb *nichtlokal* ist. Die $\epsilon(\mathbf{q})$-Abhängigkeit wird räumliche Dispersion genannt.

11.1.1.2 Elektrische Leiter

Wir erweitern unsere Diskussion jetzt auf elektrisch leitende Materialien. In solchen Festkörpern ist ein wesentlicher Aspekt der Wechselwirkung mit einem elektrischen Feld die Erzeugung einer elektrischen Stromdichte. Diese Situation wurde bereits in Kapitel 9 und 10 für Metalle und Halbleiter behandelt und hat uns zu einer materialspezifischen elektrischen Leitfähigkeit σ geführt. Genauso wie wir die Phänomene, die mit σ verbunden sind, als *elektrische Transporteigenschaften* bezeichnet haben, bezeichnen wir Phänomene, die mit ϵ verbunden sind, als *dielektrische Eigenschaften*. Während in einem Isolator also die Wirkung des elektrischen Feldes in einer räumlichen Verschiebung von lokalen Ladungen und damit in der Erzeugung einer endlichen Polarisation besteht, müssen wir in elektrisch leitenden Materialien zusätzlich die Erzeugung von elektrischen Strömen berücksichtigen. Beiden Prozessen wird in den makroskopischen Maxwell-Gleichungen durch die beiden Terme Rechnung getragen, die zu einem endlichen Wert von $\nabla \times \mathbf{H}$ führen:

$$\nabla \times \mathbf{E} = -\frac{\partial \mathbf{B}}{\partial t} \qquad (11.1.13)$$

$$\nabla \times \mathbf{H} = \mathbf{J} + \frac{\partial \mathbf{D}}{\partial t} \, . \qquad (11.1.14)$$

Innerhalb des Gültigkeitsbereichs des Ohmschen Gesetzes können wir

$$\mathbf{J} = \sigma \mathbf{E} \qquad (11.1.15)$$

schreiben. Gehen wir nun wiederum zu den Fourier-Komponenten über und benutzen die Beziehung $\mathbf{D}(\omega) = \epsilon_0 \epsilon(\omega) \mathbf{E}(\omega)$, so können wir damit die Maxwell-Gleichung (11.1.14) schreiben als

$$\nabla \times \mathbf{H} = \sigma \mathbf{E} - \imath \omega \epsilon_0 \epsilon(\omega) \mathbf{E}(\omega) \, . \qquad (11.1.16)$$

---

[7] Lars Onsager, *Reciprocal relations in irreversible processes I*, Phys. Rev. **37**, 405 (1931); *Reciprocal relations in irreversible processes II*, Phys. Rev. **38**, 2265 (1931).

Wir können nun formal eine frequenzabhängige verallgemeinerte Leitfähigkeit

$$\widetilde{\sigma} \equiv \sigma - \imath\omega\epsilon_0\epsilon(\omega) \tag{11.1.17}$$

definieren, die zusätzlich die dielektrischen Effekte berücksichtigt. Gleichung (11.1.14) kann somit als

$$\nabla \times \mathbf{H} = \widetilde{\sigma}(\omega)\,\mathbf{E}(\omega) \tag{11.1.18}$$

geschrieben werden. Andererseits können wir auch eine verallgemeinerte Dielektrizitätskonstante $\widetilde{\epsilon}(\omega)$ benutzen und (11.1.14) schreiben als

$$\nabla \times \mathbf{H} = -\imath\omega\,\epsilon_0\widetilde{\epsilon}(\omega)\,\mathbf{E}(\omega) = \frac{\partial \mathbf{D}}{\partial t}\,, \tag{11.1.19}$$

worin die verallgemeinerte Dielektrizitätskonstante gegeben ist durch

$$\widetilde{\epsilon}(\omega) = \epsilon(\omega) + \frac{\imath\sigma}{\epsilon_0\omega}\,. \tag{11.1.20}$$

In diesem Ausdruck werden Leitfähigkeits- und dielektrischen Phänomenen jeweils durch σ und ϵ Rechnung getragen. Wir werden später konkrete Fälle, wie z. B. ein System freier Elektronen diskutieren.[8]

11.1.2 Kramers-Kronig-Relationen

Setzen wir voraus, dass die Feldstärke des elektrischen Feldes klein genug ist, so dass die resultierende Polarisation eines Festkörpers linear von der elektrischen Feldstärke abhängt (linear response), so beschreiben die Funktionen $\chi(\omega)$ und $\epsilon(\omega)$ *lineare Antwortfunktionen* eines Festkörpers auf ein externes elektrisches Feld. Es kann gezeigt werden, dass lineare Antwortfunktionen wie $\chi(\omega)$ oder $\epsilon(\omega)$ die **Kramers-Kronig-Relationen**[9,10] erfüllen:

$$\epsilon_\mathrm{r}(\omega) - 1 = \frac{2}{\pi}\mathcal{P}\int_0^\infty \frac{\omega'\epsilon_\mathrm{i}(\omega')}{\omega'^2 - \omega^2}\,d\omega'\,. \tag{11.1.21}$$

$$\epsilon_\mathrm{i}(\omega) = -\frac{2\omega}{\pi}\mathcal{P}\int_0^\infty \frac{\epsilon_\mathrm{r}(\omega')}{\omega'^2 - \omega^2}\,d\omega'\,. \tag{11.1.22}$$

---

[8] Es ist wichtig, sich klar zu machen, dass eine klare Unterscheidung zwischen freien und gebundenen Ladungsträgern in zeitlich oszillierenden Feldern verwaschen wird. In beiden Fällen haben wir es mit periodischen Verschiebungen von Ladungen zu tun. Nur für $\omega = 0$ können wir das Verhalten von freien und gebundenen Ladungen klar unterscheiden und eine Trennung von Phänomenen, die σ bzw. ϵ zugeordnet werden können, ist evident. Für zeitlich und räumlich variierende Felder ist dies dagegen nicht mehr möglich.

[9] R. de L. Kronig, *On the theory of the dispersion of X-rays*, J. Opt. Soc. Am. **12**, 547556 (1926).

[10] H. A. Kramers, *La diffusion de la lumière par les atomes*, Atti Cong. Intern. Fisica, Como, Bd. 2, S. 545–557 (1927).

Hierbei ist $\mathcal{P}$ der so genannte Hauptwert des Integrals. Die Kramers-Kronig-Relationen stellen eine Beziehung zwischen dem Real- und Imaginärteil der dielektrischen Funktion her. Sie können dazu benutzt werden, den einen Teil der dielektrischen Funktion zu berechnen, wenn der andere Teil über einen weiten Spektralbereich gemessen wurde. Der Beweis der Kramers-Kronig-Relationen basiert auf dem grundlegenden Prinzip der Kausalität, das besagt, dass die Antwort eines Systems auf eine Störung zeitlich immer erst nach der Störung erfolgen kann.

11.1.3 Absorption, Transmission und Reflexion von elektromagnetischer Strahlung

Wir wollen in diesem Abschnitt kurz die Absorption, Transmission und Reflexion von elektromagnetischen Wellen durch ein isolierendes Medium diskutieren und dabei eine Verbindung zwischen den dielektrischen Eigenschaften eines Festkörpers und optischen Parametern wie der *Absorptionskonstanten* oder dem *Reflexions-* und *Transmissionskoeffizienten* herstellen.

In einem ungeladenen Festkörper ist $\nabla \cdot \mathbf{D} = \rho = 0$. Wir erhalten damit aus den Maxwell-Gleichungen die Wellengleichung

$$\nabla^2 \mathbf{E} = \mu_0 \epsilon_0 \widetilde{\epsilon} \frac{\partial^2 \mathbf{E}}{\partial t^2} = \frac{1}{v_{\text{ph}}^2} \frac{\partial^2 \mathbf{E}}{\partial t^2}, \qquad (11.1.23)$$

wobei μ_0 die *magnetische Feldkonstante* ist und wir $\mu = 1$ (nicht-magnetisches Material) angenommen haben. Für die Ausbreitungsgeschwindigkeit der Welle gilt

$$v_{\text{ph}} = \frac{1}{\sqrt{\mu_0 \epsilon_0 \widetilde{\epsilon}}} = \frac{c}{\sqrt{\widetilde{\epsilon}}} = \frac{c}{\widetilde{n}} . \qquad (11.1.24)$$

Hierbei ist $\widetilde{n}$ der komplexe Brechungsindex

$$\widetilde{n}(\omega) = n(\omega) + \imath \kappa(\omega) = \sqrt{\widetilde{\epsilon}} \qquad (11.1.25)$$

und wir bezeichnen n als *Brechungsindex* und κ als *Extinktionskoeffizienten*. Es gilt weiter[11]

$$n^2 - \kappa^2 = \epsilon_{\text{r}} \qquad (11.1.26)$$

$$2n\kappa = \epsilon_{\text{i}} . \qquad (11.1.27)$$

Mit $\widetilde{n} = n + \imath \kappa$ und der Dispersionsrelation $\omega = (c/\widetilde{n})\widetilde{k}$ erhalten wir den komplexen Wellenvektor

$$\widetilde{k} = \widetilde{n}\frac{\omega}{c} = n\frac{\omega}{c} + \imath \kappa \frac{\omega}{c} = k_r + k_i \qquad (11.1.28)$$

---

[11] Das Vorzeichen von $\imath \kappa$ in (11.1.25) hängt davon ab, ob wir beim Ansatz der ebenen Welle eine in $+\mathbf{r}$- oder $-\mathbf{r}$-Richtung abnehmende Wellenamplitude ansetzen. Beide Ansätze, $n + \imath \kappa$ und $n - \imath \kappa$ sind gebräuchlich.

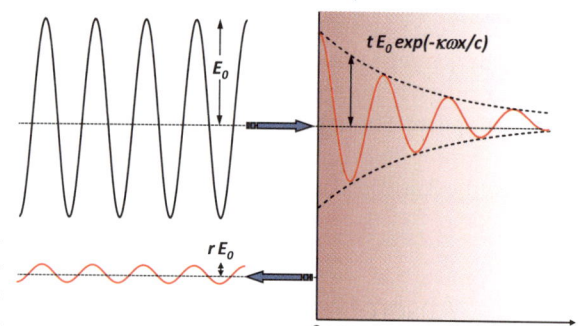

Abb. 11.1: Reflexion, Transmission und Absorption einer elektromagnetischen Welle beim Auftreffen auf eine Festkörperoberfläche.

und damit als Lösung von (11.1.23) eine gedämpfte Welle (die Ausbreitungsgeschwindigkeit wird in x-Richtung angenommen, siehe Abb. 11.1)

$$\mathbf{E} = \mathbf{E}_0 \exp\left[\imath\left(n\frac{\omega}{c}x - \omega t\right)\right] \exp\left(-\kappa\frac{\omega}{c}x\right). \tag{11.1.29}$$

Die Ausbreitungsgeschwindigkeit der Welle ist also im Medium auf c/n reduziert und ihre Amplitude längs der Ausbreitungsrichtung um einen Faktor $\exp(-2\pi\kappa/n)$ pro Wellenlänge $\lambda = 2\pi/k = 2\pi c/n\omega$ gedämpft.

Um die Absorption elektromagnetischer Energie im betrachteten Medium zu berechnen, benutzen wir die Maxwell-Gleichungen. Mit $\nabla \times \mathbf{H} = \tilde{\sigma}(\omega)\mathbf{E}(\omega) = \mathbf{J}(\omega)$ erhalten wir mit der verallgemeinerten Leitfähigkeit (11.1.17)

$$\mathbf{J}(\omega) = (\sigma - \imath\omega\epsilon_0\epsilon)\mathbf{E}(\omega) = -\imath\omega\epsilon_0\left(\frac{\imath\sigma}{\omega\epsilon_0} + \epsilon\right)\mathbf{E}(\omega) = -\imath\omega\epsilon_0\tilde{\epsilon}\mathbf{E}(\omega)$$
$$= -\imath\omega\epsilon_0\tilde{n}^2\mathbf{E}(\omega). \tag{11.1.30}$$

Die dissipierte Leistung ist durch den Realteil von $\mathbf{J} \cdot \mathbf{E}$,

$$\Re(\mathbf{J} \cdot \mathbf{E}) = \Re(-\imath\omega\epsilon_0\tilde{n}^2\mathbf{E}^2) = 2\kappa n\omega\epsilon_0 E_0^2 \exp\left(-2\kappa\frac{\omega}{c}x\right) \tag{11.1.31}$$

gegeben. Wir können nun den *Absorptionskoeffizienten* K als den Bruchteil der Energie definieren, der beim Durchlaufen einer Materialschicht der Dicke 1 absorbiert wird. Er ist gegeben durch

$$K(\omega) = \frac{2\kappa(\omega)\omega}{c} = \frac{4\pi\kappa}{\lambda} = 2\kappa k = \frac{\epsilon_\mathrm{i}(\omega)\,\omega}{c}. \tag{11.1.32}$$

Diese Gleichung stellt einen besonders einfachen Zusammenhang zwischen einer experimentell gemessenen Größe (der absorbierten Intensität) und den dielektrischen Eigenschaften eines Materials dar.

Üblicherweise wird die absorbierte Energie dadurch gemessen, dass man die durch ein Material einer bestimmten Dicke transmittierte Intensität bestimmt. Abb. 11.2 zeigt als Beispiel die Transmissionsspektren von OH-Radikalen, dem Spurengas SO_2, von Formaldehyd (HCHO) und von Naphthalin ($C_{10}H_8$) im UV-Bereich um 308 nm. Solche Spektren

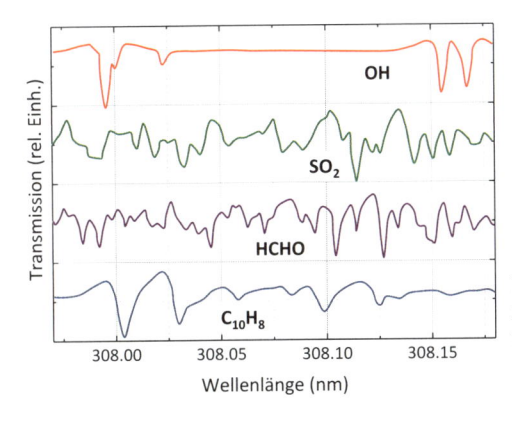

Abb. 11.2: Transmissionsspektren von OH-Radikalen, dem Spurengas SO₂, Formaldehyd (HCHO) und Naphthalin ($C_{10}H_8$) im UV-Bereich um 308 nm (Quelle: Forschungszentrum Jülich).

werden z. B. zum Nachweis von Verunreinigungen in der Atmosphäre verwendet. Die Absorptionsmaxima (Minima in der Transmission) entsprechen Maxima in $\epsilon_i(\omega)$. Messen wir $\epsilon_i(\omega)$ über einen weiten Frequenzbereich, so können wir mit Hilfe der Kramers-Kronig-Relationen $n(\omega)$ berechnen.

Im Prinzip können wir auch durch die Messung der Reflektivität eines Festkörpers die dielektrische Funktion bestimmen. Allerdings besteht hierbei das Problem, dass in die Reflektivität sowohl ϵ_r als auch ϵ_i eingehen. Eine Berechnung von ϵ_r und ϵ_i aus der gemessenen Reflektivität alleine ist deshalb nur dann möglich, wenn wir diese über einen sehr weiten Frequenzbereich messen und dadurch die Kramers-Kronig-Beziehungen benutzen können. Im Allgemeinen ist die Reflexion und Transmission einer elektromagnetischen Welle an der Oberfläche eines Festkörpers ein kompliziertes Problem der Optik.[12] Die Reflexions- und Transmissionsamplituden werden durch die Fresnelschen Gleichungen gegeben. Für den einfachen Fall senkrechter Inzidenz gilt für die Transmissions- und Reflexionsamplituden (siehe Abb. 11.1):

$$r = \frac{\widetilde{n} - 1}{\widetilde{n} + 1}, \qquad t = 1 - r = \frac{2}{\widetilde{n} + 1}. \tag{11.1.33}$$

Der Anteil der reflektierten Intensität ist durch den **Reflexionskoeffizienten**

$$R = \left|\frac{\widetilde{n} - 1}{\widetilde{n} + 1}\right|^2 = \frac{(n - 1)^2 + \kappa^2}{(n + 1)^2 + \kappa^2} \tag{11.1.34}$$

gegeben.

11.1.4 Das lokale elektrische Feld

Nur für den Fall eines einzelnen Atoms entspricht das von außen angelegte *externe Feld* auch dem am Ort des Atoms wirkenden *lokalen Feld*. Gehen wir zu einem Festkörper mit einer großen Zahl von Atomen über, so ist dies nicht mehr der Fall. Wir wollen hier kurz den

---
[12] E. Hecht, *Optik*, Oldenbourg Wissenschaftsverlag, München (2009).

Zusammenhang zwischen lokalem Feld und externem Feld diskutieren. Ähnliche Überlegungen werden wir in Abschnitt 12.1.2 bei der Diskussion der magnetischen Eigenschaften von Festkörpern machen.

In einem Festkörper ergibt sich das lokale elektrische Feld aus dem von außen angelegten Feld und der Summe aller Dipolfelder[13] der einzelnen Atome im Festkörper. Falls alle Dipole in z-Richtung zeigen und den Betrag $p_{i,el}$ pro Einheitszelle des betrachteten Festkörpers haben, so ergibt sich die z-Komponente des Feldes aufgrund der Wirkung aller Dipole zu

$$E_{z,\text{lok}} = E_{z,\text{ext}} + \frac{1}{4\pi\epsilon_0} \sum_i p_{i,el} \frac{3z_i^2 - r_i^2}{r_i^5}. \tag{11.1.35}$$

Hierbei läuft die Summe über alle Nachbarzellen. Die Summe lässt sich einfach für einen kugelförmigen Festkörper mit homogener Polarisation ($p_{i,el} = p_{el}$) auswerten. Legen wir den Ursprung in den Mittelpunkt der Kugel, so erhalten wir für die z-Komponente des Feldes

$$E_{z,\text{dip}} = p_{el} \sum_i \frac{3z_i^2 - r_i^2}{4\pi\epsilon_0 r_i^5} = p_{el} \sum_i \frac{2z_i^2 - x_i^2 - y_i^2}{4\pi\epsilon_0 r_i^5}. \tag{11.1.36}$$

Benutzen wir

$$p_{el} \sum_i \frac{x_i^2}{r_i^5} = p_{el} \sum_i \frac{y_i^2}{r_i^5} = p_{el} \sum_i \frac{z_i^2}{r_i^5} = \frac{1}{3} p_{el} \sum_i \frac{r_i^2}{r_i^5} \tag{11.1.37}$$

und setzen dies in (11.1.36) ein, so sehen wir, dass in diesem Fall die Summe verschwindet und das lokale Feld im Zentrum der Kugel gleich dem makroskopischen Feld ist.

Leider liegt dieser einfache Fall im Experiment nicht vor. Die Annahme einer homogenen Polarisation ist nämlich nur für Kugeln erfüllt, deren Durchmesser kleiner als die Wellenlänge des elektromagnetischen Feldes ist. Wir können dieses einfache Beispiel aber trotzdem verwenden. Wir können uns eine Kugel vorstellen, die aus dem betrachteten Festkörper herausgeschnitten ist und in der die Polarisation homogen ist. Diese Kugel enthält immer noch viele Einheitszellen des Festkörpers, ist aber kleiner als die Wellenlänge. Diese Anforderung ist für sichtbares Licht leicht zu erfüllen. Der Beitrag der gedachten Kugel zum lokalen Feld im Zentrum der Kugel ist gemäß der obigen Überlegung null.[14] Wir müssen dann nur noch den Beitrag des verbleibenden Festkörpers diskutieren. Für den Bereich außerhalb der gedachten Kugel ist aber der Abstand zum Zentrum der Kugel genügend groß, so dass wir eine kontinuierliche Verteilung der Dipole annehmen können und deshalb mit der makroskopischen Polarisation **P** arbeiten können. Das Feld aufgrund dieser Polarisation können wir mit induzierten Ladungen auf der Oberfläche der Kugel beschreiben (siehe Abb. 11.3a), deren Ladungsdichte durch

$$\rho_P = -P_\perp = \hat{\mathbf{n}} \cdot \mathbf{P} = -P \cos\theta \tag{11.1.38}$$

---

[13] Der Ausdruck für das elektrische Dipolfeld lautet:

$$\mathbf{E}_{\text{dip}} = \frac{3(\mathbf{p}_{el} \cdot \mathbf{r})\mathbf{r} - r^2 \mathbf{p}_{el}}{4\pi\epsilon_0 r^5}.$$

[14] Hinweis: Dies gilt streng nur für Festkörper mit kubischer Umgebung. Allerdings kompensieren sich auch für andere Kristallsymmetrien die Beiträge der benachbarten Atome weitgehend, so dass der resultierende Feldbeitrag fast immer vernachlässigbar klein ist.

11.1 Makroskopische Elektrodynamik

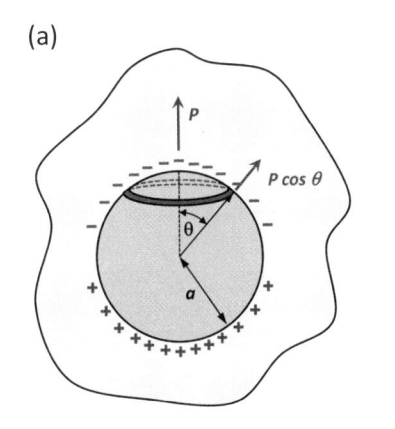

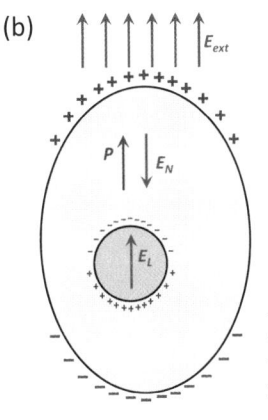

Abb. 11.3: Zur Ursache des Lorentz-Feldes E_L (a) und des Depolarisationsfeldes E_N (b).

gegeben ist, das heißt, durch die Normalkomponente der Polarisation. Dies entspricht dem allgemeinen Theorem der Elektrodynamik, dass das elektrische Feld eines homogen polarisierten Festkörpers dem Vakuumfeld einer effektiven Flächenladungsdichte $\rho_P = \hat{\mathbf{n}} \cdot \mathbf{P}$ auf der Oberfläche entspricht.[15]

Die Ladung dq, die in einem ringförmigen Oberflächenelement beim Winkel θ enthalten ist (siehe Abb. 11.3a), ist gegeben durch

$$dq = -P\cos\theta \cdot 2\pi a \sin\theta \cdot a\, d\theta . \tag{11.1.39}$$

Ihr Beitrag zum elektrischen Feld im Zentrum der fiktiven Kugel ist

$$dE_L = -\frac{1}{4\pi\epsilon_0}\frac{dq}{a^2}\cos\theta . \tag{11.1.40}$$

Um das gesamte so genannte *Lorentz-Feld* zu erhalten, müssen wir noch aufintegrieren:

$$\mathbf{E}_L = \frac{\mathbf{P}}{2\epsilon_0}\int_0^\pi \cos^2\theta \sin\theta\, d\theta = \frac{1}{3\epsilon_0}\mathbf{P} \tag{11.1.41}$$

Das Lorentz-Feld resultiert also aus dem Feld der Polarisationsladungen auf der Innenseite eines fiktiven kugelförmigen Hohlraums, in dessen Mittelpunkt sich das Bezugsatom befindet. Wir erhalten damit für das lokale elektrische Feld die *Lorentz-Beziehung*

$$\mathbf{E}_{lok} = \mathbf{E}_{ext} + \frac{\mathbf{P}}{3\epsilon_0} . \tag{11.1.42}$$

11.1.4.1 Depolarisationsfeld

Die Lorentz-Beziehung gilt nur für Probengeometrien, für die kein *Entelektrisierungsfeld* oder *Depolarisationsfeld* E_N auftritt. Um zu geometrieunabhängigen Beziehungen zu kom-

---

[15] Haben wir z. B. einen quaderförmigen Körper mit homogener Polarisation vorliegen, so können wir uns das resultierende elektrische Feld durch eine positive und negative Flächenladung auf gegenüberliegenden Quaderseiten zustande gekommen denken.

men, müssen wir zusätzlich zum Lorentz-Feld $\mathbf{E}_L$ noch das Depolarisationsfeld $\mathbf{E}_N$ berücksichtigen (siehe Abb. 11.3b), das durch die Ladungsdichte $\hat{\mathbf{n}} \cdot \mathbf{P}$ auf der Oberfläche des betrachteten Festkörpers zustande kommt. Bei der in Abb. 11.3b dargestellten Situation ist die Probe homogen polarisiert und für das Entelektrisierungsfeld gilt

$$\mathbf{E}_N = -\frac{1}{\epsilon_0} N \mathbf{P} \,. \tag{11.1.43}$$

Hierbei ist N der aus der Elektrizitätslehre bekannte *Depolarisations-* oder *Entelektrisierungsfaktor*. Für eine kugelförmige Probe ist $N = \frac{1}{3}$, so dass sich $\mathbf{E}_L$ und $\mathbf{E}_N$ gerade kompensieren. Für eine dünne Scheibe senkrecht bzw. parallel zum elektrischen Feld ist $N = 1$ bzw. $N = 0$. Üblicherweise wird die Summe aus angelegtem elektrischem Feld $\mathbf{E}_{\text{ext}}$ und dem Depolarisationsfeld $\mathbf{E}_N$ als *makroskopisches Feld* bezeichnet:

$$\mathbf{E}_{\text{mak}} = \mathbf{E}_{\text{ext}} + \mathbf{E}_N = \mathbf{E}_{\text{ext}} - \frac{1}{\epsilon_0} N \mathbf{P} \,. \tag{11.1.44}$$

Damit erhalten wir das lokale elektrische Feld zu

$$\mathbf{E}_{\text{lok}} = \mathbf{E}_{\text{ext}} + \mathbf{E}_N + \mathbf{E}_L = \mathbf{E}_{\text{mak}} + \mathbf{E}_L = \mathbf{E}_{\text{ext}} - \frac{1}{\epsilon_0} N \mathbf{P} + \frac{1}{3\epsilon_0} \mathbf{P} \,. \tag{11.1.45}$$

11.2 Mikroskopische Theorie der dielektrischen Funktion

Bei der Entwicklung einer mikroskopischen Beschreibung müssen wir die Wechselwirkung eines externen elektromagnetischen Feldes mit dem Festkörper auf einer mikroskopischen Ebene betrachten. Qualitativ können wir dabei folgende Unterscheidung vornehmen (siehe hierzu Abb. 11.4):[16]

- *dielektrische Festkörper:*
  Die Polarisation beruht hier einerseits darauf, dass die Elektronwolken der Gitteratome in einem angelegten elektrischen Feld gegenüber den positiven Atomkernen eine Auslenkung aus ihrer Gleichgewichtslage erfahren und dadurch elektrische Dipole entstehen (siehe Abb. 11.4a). Die daraus resultierende Polarisation nennen wir auch *elektronische Polarisation*. Andererseits werden in Ionenkristallen in einem angelegten elektrischen Feld die positiven und negativen Ionen relativ zueinander verschoben (siehe Abb. 11.4b). Die daraus resultierende Polarisation nennen wir *ionische Polarisation*. In beiden Fällen ist mit der Auslenkung eine Rückstellkraft verbunden, die zu einer charakteristischen

---

[16] Eine analoge Klassifizierung werden wir in Kapitel 12 für magnetischen Substanzen vornehmen, wo wir zwischen diamagnetischen, paramagnetischen und ferro- bzw. antiferromagnetischen Substanzen unterschieden werden.

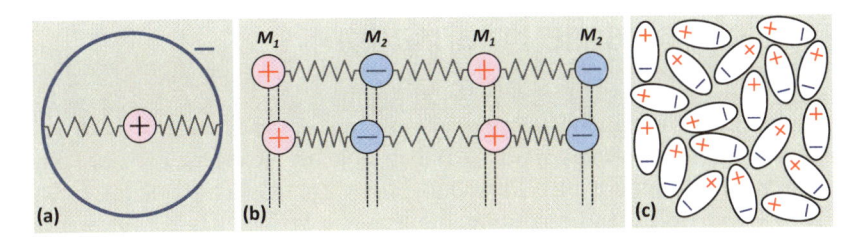

Abb. 11.4: Zur Veranschaulichung der elektronischen, ionischen und Orientierungspolarisation.

Eigenfrequenz führt. Im einfachsten Fall kann die Situation mit dem Lorentzschen Oszillatormodell beschrieben werden, in dem man einen gedämpften Oszillator mit harmonischem Antrieb (äußeres Feld) betrachtet. Aufgrund der kleinen Masse und hohen Rückstellkräfte durch die atomaren elektrischen Felder spielt die elektronische Polarisation bis zu Frequenzen oberhalb des Bereichs des sichtbaren Lichts eine Rolle. Die ionische Polarisation verschwindet dagegen wegen der viel größeren Masse der Ionen im Bereich des Infraroten.

Einen Spezialfall stellen Metalle dar, da wir hier zusätzlich zu den an die Atome gebundenen lokalisierten Elektronen die frei beweglichen, delokalisierten Ladungsträger berücksichtigen müssen. Letztere erfahren nach einer Auslenkung durch ein elektrisches Feld keine Rückstellkraft und die damit verbundene charakteristische Frequenz ist somit null. Die dielektrischen Eigenschaften von Metallen werden wir deshalb getrennt in Abschnitt 11.6 diskutieren.

- *paraelektrische Festkörper:*
Paraelektrische Substanzen enthalten bereits ohne anliegendes elektrisches Feld permanente elektrische Dipole, die durch das äußere Feld nur noch ausgerichtet werden (siehe Abb. 11.4c). Wir sprechen hier von einer **Orientierungspolarisation**, die mit abnehmender Temperatur und zunehmender elektrischer Feldstärke zunimmt. Eine Orientierungspolarisation lässt sich nur für Festkörper beobachten, die aus asymmetrischen Molekülen aufgebaut sind. Beispiele hierfür sind Eismoleküle und Cyanidionen. Da die Orientierungsvorgänge generell langsam sind, verschwindet die Orientierungspolarisation üblicherweise bereits im Mikrowellenbereich.

- *ferro- und antiferroelektrischen Festkörper:*
In diesen Materialien tritt unterhalb einer materialspezifischen Temperatur eine spontane Polarisation auch ohne äußeres Feld auf. Ferroelektrizität werden wir später in Abschnitt 11.8 diskutieren.

Die Gesamtpolarisation eines Festkörpers wird aus der Summe der verschiedenen Polarisationsbeiträge gebildet, deren physikalische Grundlagen wir in den folgenden Abschnitten einzeln diskutieren werden. Wir werden in den Abschnitten 11.3 und 11.4 zunächst die elektronische und ionische Polarisation von Isolatoren diskutieren. Anschließend werden wir in Abschnitt 11.5 kurz auf die Orientierungspolarisation eingehen und damit eine allgemeine Frequenzabhängigkeit der dielektrischen Funktion von Isolatoren angeben können. Wir werden dann unsere Diskussion in Abschnitt 11.6 und 11.7 auf Metalle erweitern, wo wir es zusätzlich mit frei beweglichen Ladungsträgern zu tun haben. Im abschließenden Abschnitt 11.8 gehen wir auf ferroelektrische Festkörper ein.

11.3 Elektronische Polarisation

Durch die Wechselwirkung eines Festkörpers mit einem elektromagnetischen Feld können Kristallelektronen angeregt werden. Dabei sind bei genügend hohen Frequenzen nicht nur *Intraband-* sondern auch *Interband-Übergänge* möglich (siehe hierzu auch Abschnitt 11.6.4). Bei Isolatoren liegen immer vollständig gefüllte Bänder vor, weshalb hier nur Übergänge zwischen verschiedenen Bändern, also Interband-Übergänge möglich sind. Bei Metallen oder Halbleitern sind dagegen auch Übergänge zwischen besetzten und unbesetzten Niveaus eines einzelnen Bandes, also Intraband-Übergänge möglich. Entsprechend der diskreten Natur von erlaubten und verbotenen Energiebändern erwarten wir eine mehr oder weniger diskrete Energieabhängigkeit der erlaubten Übergänge und damit der dielektrischen Funktion. Innerhalb der Tight-Binding-Näherung entsprechen dabei Interband-Übergänge gerade Übergängen zwischen diskreten Energieniveaus einzelner Atome, die durch den Überlapp der Wellenfunktionen im Festkörper zu Bändern verbreitert sind. Die Aufgabe ist es nun, einen Zusammenhang zwischen der makroskopischen dielektrischen Funktion $\epsilon(\omega)$ und dem Anregungsspektrum der Kristallelektronen herzustellen. Wir werden dies hier zunächst für Isolatoren, bei denen nur Interband-Übergänge auftreten, tun. Metalle und Halbleiter, bei denen auch Intraband-Übergänge möglich sind, werden wir später in Abschnitt 11.6 diskutieren.

Wir werden unsere Betrachtung in Abschnitt 11.3.1 zunächst mit einem einfachen klassischen Oszillatormodell beginnen, mit dem es **Hendrik Antoon Lorentz**[17] bereits 1907 gelang, die elektronische Polarisation von Isolatoren qualitativ zu beschreiben. In Abschnitt 11.3.2 werden wir dann mit Hilfe von zeitabhängiger Störungstheorie eine quantenmechanische Beschreibung vornehmen, wobei wir die Übergangswahrscheinlichkeiten zwischen verschiedenen Zuständen unter der Wirkung eines elektrischen Wechselfeldes betrachten. Wir werden sowohl bei der klassischen als auch der quantenmechanischen Betrachtung nur die Frequenzabhängigkeit der dielektrischen Funktion diskutieren und die **q**-Abhängigkeit außer Acht lassen. Wie oben bereits diskutiert wurde, kann die **q**-Abhängigkeit in der Tat bis in den UV-Bereich vernachlässigt werden, da die Wellenlänge groß gegenüber den typischen Atomabständen ist. Wir werden später bei der Diskussion der statischen Abschirmung in einem Elektronengas nochmals auf die **q**-Abhängigkeit zurückkommen.

11.3.1 Lorentzsches Oszillator-Modell

Im Lorentzschen Oszillatormodell werden die Elektronen als negative Ladungswolke beschrieben, die durch Wechselwirkung mit einem zeitabhängigen elektrischen Feld

$$\mathbf{E}(t) = \mathbf{E}_0 \, e^{-i\omega t} \tag{11.3.1}$$

---

[17] Hendrik Antoon Lorentz, geboren am 18. Juli 1853 in Arnheim, gestorben am 4. Februar 1928 in Haarlem, Niederlande. Lorentz erhielt im Jahr 1902 zusammen mit Pieter Zeeman den Nobelpreis für Physik für die Entdeckung und theoretische Erklärung des Zeeman-Effekts.

11.3 Elektronische Polarisation

zu harmonischen Schwingungen angeregt wird. Nehmen wir an, dass ein aus seiner Ruhelage in x-Richtung ausgelenktes Elektron mit Masse m und Ladung $-e$ eine zu seiner Auslenkung proportionale Rückstellkraft erfährt (vergleiche hierzu Abb. 11.4a), so können wir die Dynamik der Elektronen mit der Bewegungsgleichung eines getriebenen harmonischen Oszillators beschreiben:

$$m\frac{d^2x}{dt^2} + m\Gamma\frac{dx}{dt} + m\omega_0^2 x = -eE_0 e^{-\imath\omega t} . \tag{11.3.2}$$

Hierbei ist ω_0 die Resonanzfrequenz des ungedämpften harmonischen Oszillators. Wir haben ferner einen Dämpfungsterm mit Dämpfungskonstante Γ eingeführt, da die Schwingung des Elektrons durch Energieabstrahlung gedämpft wird. Die stationäre Lösung dieser Differentialgleichung lautet

$$x(t) = \frac{-e}{m} \frac{1}{\omega_0^2 - \omega^2 - \imath\Gamma\omega} E_0 e^{-\imath\omega t} . \tag{11.3.3}$$

Da mit der Auslenkung x das elektrische Dipolmoment $p_{\text{el}} = -ex$ verbunden ist und ferner für das Dipolmoment allgemein

$$\mathbf{p}_{\text{el}} = \epsilon_0 \alpha \mathbf{E} \tag{11.3.4}$$

gilt, können wir eine frequenzabhängige *Polarisierbarkeit* $\alpha(\omega)$ wie folgt definieren:

$$\alpha(\omega) = \frac{e^2}{\epsilon_0 m} \frac{1}{\omega_0^2 - \omega^2 - \imath\Gamma\omega} . \tag{11.3.5}$$

Wenn wir nun $n_V = N/V$ unabhängige Atome pro Volumeneinheit haben, resultiert die elektrische Polarisation

$$\mathbf{P} = \epsilon_0 n_V \alpha \mathbf{E} . \tag{11.3.6}$$

Da zwischen $\mathbf{P}$ und $\mathbf{E}$ gleichzeitig die Beziehung $\mathbf{P} = \epsilon_0 \chi \mathbf{E}$ besteht, folgt

$$\chi(\omega) = n_V \alpha(\omega) \tag{11.3.7}$$

und

$$\epsilon(\omega) = 1 + \chi(\omega) = 1 + n_V \alpha(\omega) . \tag{11.3.8}$$

Setzen wir den Ausdruck (11.3.5) ein, so ergibt sich für die dielektrische Funktion der Zusammenhang

$$\epsilon(\omega) = 1 + \frac{n_V e^2}{\epsilon_0 m} \frac{1}{(\omega_0^2 - \omega^2) - \imath\Gamma\omega} . \tag{11.3.9}$$

Wir können diesen Ausdruck in Real- und Imaginärteil zerlegen und erhalten damit für $\epsilon = \epsilon_\text{r} + \imath\epsilon_\text{i}$

$$\epsilon_\text{r}(\omega) = 1 + \frac{n_V e^2}{\epsilon_0 m} \frac{\omega_0^2 - \omega^2}{(\omega_0^2 - \omega^2)^2 + (\Gamma\omega)^2} \tag{11.3.10}$$

$$\epsilon_\text{i}(\omega) = \frac{n_V e^2}{\epsilon_0 m} \frac{\Gamma\omega}{(\omega_0^2 - \omega^2)^2 + (\Gamma\omega)^2} . \tag{11.3.11}$$

Dieses Ergebnis ist in Abb. 11.6 dargestellt. Es entspricht dem Ausdruck (11.3.45), den wir unten quantenmechanisch herleiten werden. Charakteristisch ist der Vorzeichenwechsel des Realteils und das Maximum mit Halbwertsbreite 2Γ des Imaginärteils der dielektrischen Funktion bei der Resonanzfrequenz ω_0.

In realen Festkörpern treten natürlich immer mehrere Resonanzfrequenzen ω_{ik} auf, die charakteristischen Übergängen zwischen elektronischen Zuständen $|i\rangle$ und $|k\rangle$ entsprechen. Die detailliertere Diskussion in Abschnitt 11.3.2 zeigt, dass wir die dielektrische Funktion eines Festkörpers erhalten können, indem wir über alle auftretenden Oszillatoren mit charakteristischen Frequenzen ω_{ik} aufsummieren, wobei wir noch die so genannte Oszillatorstärke f_{ik} berücksichtigen müssen [vergleiche (11.3.45)]. Diese gibt an, wie wahrscheinlich Übergänge zwischen den Zuständen $|i\rangle$ und $|k\rangle$ sind.

Abschließend wollen wir noch darauf hinweisen, dass in der gerade durchgeführten Analyse angenommen wurde, dass auf jedes Atom das von außen angelegte elektrische Feld wirkt. Wir werden in Abschnitt 11.1.4 sehen, dass dies nicht ganz richtig ist, da sich in einem Festkörper das auf ein Atom wirkende elektrische Feld aus der Summe des äußeren Feldes und den Dipolfeldern der Nachbaratome ergibt. Diese Tatsache führt zu einer Verschiebung der Resonanzfrequenz.

11.3.1.1 Klassische Abschätzung der elektronischen Polarisierbarkeit

Um die Größenordnung der elektronischen Polarisierbarkeit und der charakteristischen Frequenzen abzuschätzen, können wir das Lorentzsche Oszillator-Modell verwenden. Hierzu betrachten wir die in Abb. 11.4 gezeigte Situation einer homogen geladenen Kugelschale mit Ladung $-Ze$ und Masse Zm (m = Elektronenmasse, Z = Ladungszahl). Die Bewegungsgleichung für die gegenseitige Verschiebung der beiden Ladungsschwerpunkte lautet in diesem Fall bei Vernachlässigung der Dämpfung [vergleiche hierzu (11.3.2)]

$$Zm\ddot{r} + kr = -ZeE_0 e^{-i\omega t}. \qquad (11.3.12)$$

Hierbei ist E_0 die lokal am Ort des Atomes wirkende elektrische Feldstärke. In harmonischer Näherung können wir die Federkonstante durch $k = Zm\omega_0^2$ ausdrücken. Die obige Differentialgleichung hat dann die Lösung

$$r = -\frac{eE_0}{m(\omega_0^2 - \omega^2)} e^{-i\omega t} = r_0 e^{-i\omega t}. \qquad (11.3.13)$$

Mit $p_{\text{el}} = -Zer$ folgt

$$p_{\text{el}} = \frac{Ze^2 E_0}{m(\omega_0^2 - \omega^2)} e^{-i\omega t} = p_0 e^{-i\omega t}. \qquad (11.3.14)$$

Wir sehen, dass p_0 proportional zur lokal wirkenden Amplitude des elektrischen Feldes ist. Da für das elektrische Dipolmoment allgemein $p_{\text{el}} = \epsilon_0 \alpha E_0$ gilt, erhalten wir

$$\alpha(\omega) = \frac{Ze^2}{\epsilon_0 m} \frac{1}{\omega_0^2 - \omega^2}. \qquad (11.3.15)$$

11.3 Elektronische Polarisation

Dieser Ausdruck entspricht Gleichung (11.3.5), die wir mit dem Lorentzschen Oszillatormodell abgeleitet haben. Wir sehen also, dass unsere einfache Überlegung auch die richtige Frequenzabhängigkeit der Polarisierbarkeit ergibt.

Um E_0 abzuschätzen, können wir das Modell von **Mosotti** benutzen, der ein Atom als geladene Kugel mit $\sigma = \infty$ und Radius a angenommen hat. Da in diesem Fall $E_{\text{lok}} = 0$ gelten muss, erhalten wir

$$E_0 = -E_L = -\frac{P}{3\epsilon_0} = -\frac{p_{\text{el}} n_V}{3\epsilon_0} = -\frac{p_{\text{el}}}{3\epsilon_0} \frac{1}{\frac{4}{3}\pi a^3} \qquad (11.3.16)$$

und damit $p_{\text{el}} \sim \epsilon_0 E_0 \cdot a^3$. Mit $p_{\text{el}} = \epsilon_0 \alpha E_0$ folgt schließlich $\alpha \propto a^3$. In der Tat werden Werte für α gemessen, die in der Größenordnung von 10^{-24} cm^3 liegen, wie sie für $a \simeq 10^{-8}$ cm erwartet werden (siehe Tabelle 11.1). Lösen wir (11.3.15) nach ω_0 auf, so erhalten wir

$$\hbar\omega_0 = \sqrt{\frac{Z}{\alpha[10^{-24}\,\text{cm}^3]}} \times 10.5\,\text{eV} \,. \qquad (11.3.17)$$

Damit liegt $\hbar\omega_0$ bei einigen eV, was Frequenzen im UV-Bereich entspricht.

Atom/Ion	F$^-$	Cl$^-$	He	Ar	Xe	Na$^+$	K$^+$
α (10^{24} cm^3)	1.2	3	0.2	1.6	4.0	0.2	0.9

Tabelle 11.1: Polarisierbarkeit von Atomen und Ionen.

11.3.1.2 Clausius-Mossotti Gleichung

Wie bereits diskutiert wurde, entspricht nur für den Fall eines einzelnen Atoms das von außen angelegte externe Feld auch dem am Ort des Atoms wirkenden lokalen Feld. Wir müssen deshalb in der vorangegangenen Betrachtung anstelle des makroskopischen Feldes das lokale Feld verwenden. Setzen wir $\mathbf{E}_{\text{lok}} = \mathbf{E}_{\text{mak}} + \mathbf{E}_L$ in (11.3.6) ein, so erhalten wir

$$\mathbf{P} = \epsilon_0 n_V \alpha \mathbf{E}_{\text{lok}} = \epsilon_0 n_V \alpha (\mathbf{E}_{\text{mak}} + \mathbf{E}_L) = \epsilon_0 n_V \alpha \left(\mathbf{E}_{\text{mak}} + \frac{1}{3\epsilon_0}\mathbf{P} \right) . \qquad (11.3.18)$$

Auflösen nach $\mathbf{P}$ ergibt

$$\mathbf{P} = \epsilon_0 \frac{n_V \alpha}{1 - \frac{1}{3} n_V \alpha} \mathbf{E}_{\text{mak}} \,. \qquad (11.3.19)$$

Vergleichen wir dies mit der Beziehung $\mathbf{P} = \epsilon_0 \chi \mathbf{E}_{\text{mak}}$, so erhalten wir die elektrische Suszeptibilität

$$\chi = \frac{n_V \alpha}{1 - \frac{1}{3} n_V \alpha} \qquad (11.3.20)$$

und die dielektrische Funktion

$$\epsilon = 1 + \chi = 1 + \frac{n_V \alpha}{1 - \frac{1}{3} n_V \alpha} \,. \qquad (11.3.21)$$

Vergleichen wir dies mit dem oben abgeleiteten Ausdruck (11.3.8), $\epsilon = 1 + n_V \alpha$, so sehen wir, dass (11.3.21) dem Ergebnis (11.3.8) entspricht, wenn $\frac{1}{3} n_V \alpha \ll 1$. Dies trifft zwar für ein verdünntes Gas zu, für das n_V sehr klein ist, nicht aber für einen Festkörper. Lösen wir (11.3.21) nach α auf, so erhalten wir die **Clausius-Mossotti Beziehung**[18,19]

$$\frac{1}{3} n_V \alpha = \frac{\epsilon - 1}{\epsilon + 2}. \tag{11.3.22}$$

Diese Beziehung kann dazu verwendet werden, aus der gemessenen dielektrischen Funktion eine Aussage über die Polarisierbarkeit der Gitteratome zu gewinnen. Ferner kann dann bei bekanntem äußeren Feld das lokale elektrische Feld berechnet werden.

11.3.2 Vertiefungsthema: Quantenmechanische Beschreibung der elektronischen Polarisation

Wir werden zur Beschreibung der elektronischen Polarisation und der damit verbundenen dielektrischen Funktion nun eine allgemeine quantenmechanische Betrachtung machen, bei der wir die Wechselwirkung der Kristallelektronen mit dem angelegten elektrischen Feld mit Hilfe von zeitabhängiger Störungstheorie betrachten. Leider ist es dabei nicht möglich, die Absorption mit einzubeziehen, da hier die Störung, d. h. das elektrische Feld, Energie verliert. Wie in Kapitel 9 werden wir eine semiklassische Beschreibung verwenden, in der das äußere Feld klassisch und die Kristallelektronen quantenmechanisch behandelt werden.

Wir gehen vom ungestörten Hamilton Operator

$$\mathcal{H}_0 = \frac{\widehat{\mathbf{p}}^2}{2m^*} + V(\mathbf{r}) \tag{11.3.23}$$

für ein einzelnes Elektron im Festkörper aus. Hierbei ist $\widehat{\mathbf{p}} = \frac{\hbar}{i}\nabla$ der Impulsoperator. Gehen wir zur Beschreibung der Bewegung der Ladung $q = -e$ in einem elektromagnetischen Feld über, so müssen wir den Impuls-Operator durch den Operator des kanonischen Impulses ersetzen und erhalten (siehe hierzu Anhang D)

$$\mathcal{H} = \frac{1}{2m^*}\left[\widehat{\mathbf{p}} + e\mathbf{A}\right]^2 + V(\mathbf{r}). \tag{11.3.24}$$

Hierbei haben wir die Coulomb-Eichung $\phi = 0$ und $\nabla \cdot \mathbf{A} = 0$ verwendet. In dieser Eichung ist $\mathbf{E} = -\partial \mathbf{A}/\partial t$ und $\mathbf{B} = \nabla \times \mathbf{A}$. Mit[20]

$$\frac{1}{2m^*}\left[\widehat{\mathbf{p}} + e\mathbf{A}\right]^2 = \frac{1}{2m^*}\widehat{\mathbf{p}}^2 + \frac{e}{2m^*}\mathbf{A}\cdot\widehat{\mathbf{p}} + \frac{e}{2m^*}\widehat{\mathbf{p}}\cdot\mathbf{A} + \frac{e^2}{2m^*}A^2 \tag{11.3.25}$$

erhalten wir unter Benutzung von $\nabla \cdot \mathbf{A} = 0$ und Vernachlässigung des Terms in A^2 (es wird nur die lineare Antwort diskutiert)

$$\mathcal{H} = \mathcal{H}_0 + \frac{e}{m^*}\mathbf{A}\cdot\widehat{\mathbf{p}}. \tag{11.3.26}$$

---

[18] **Rudolf Clausius**, geboren am 2. Januar 1822 in Köslin, gestorben am 24. August 1888 in Bonn.
[19] **Ottaviano Fabrizio Mossotti**, geboren am 18. April 1791 in Novara, gestorben am 20. März 1863 in Pisa, italienischer Physiker.
[20] Es gilt $(\mathbf{p}\cdot\mathbf{A})f(r) = \mathbf{A}\cdot\frac{\hbar}{i}\nabla f + \left(\frac{\hbar}{i}\nabla\cdot\mathbf{A}\right)f = \mathbf{A}\cdot\frac{\hbar}{i}\nabla f = (\mathbf{A}\cdot\mathbf{p})f(r)$, da $\nabla\cdot\mathbf{A} = 0$.

11.3 Elektronische Polarisation

Der zusätzliche Term

$$\mathcal{H}_r = \frac{e}{m^*} \mathbf{A} \cdot \widehat{\mathbf{p}} \tag{11.3.27}$$

beschreibt die Wechselwirkung zwischen der elektromagnetischen Strahlung und einem Kristallelektron. Für die Wechselwirkung der Kristallelektronen mit dem elektrischen Feld verwenden wir die Dipolnäherung (siehe Anhang E), in der der Wechselwirkungsoperator (11.3.27) durch

$$\mathcal{H}_r = -e\,\mathbf{r} \cdot \mathbf{E} \tag{11.3.28}$$

ausgedrückt werden kann. Es ist ferner zweckmäßig, für das elektrische Feld $\mathbf{E}$ einen Fourier-Ansatz der Form

$$\mathbf{E}(t) = \mathbf{E}_0 \left(e^{\imath\omega t} + e^{-\imath\omega t} \right) = 2\mathbf{E}_0 \cos \omega t \tag{11.3.29}$$

zu verwenden, wobei wir die Ortsabhängigkeit vernachlässigen. Dies führt zum Störoperator $\mathcal{H}_r = -e\widehat{\mathbf{r}} \cdot \mathbf{E}_0 \left(e^{\imath\omega t} + e^{-\imath\omega t} \right)$ und somit zur zeitabhängigen Schrödinger-Gleichung

$$\left[-\frac{\hbar^2}{2m^*} \nabla^2 + V(\mathbf{r}) - e\widehat{\mathbf{r}} \cdot \mathbf{E}_0 \left(e^{\imath\omega t} + e^{-\imath\omega t} \right) \right] \Psi(\mathbf{r}, t) = \imath\hbar \frac{\partial \Psi(\mathbf{r}, t)}{\partial t} \,. \tag{11.3.30}$$

Für die Lösungen machen wir den Ansatz

$$\Psi(\mathbf{r}, t) = \sum_k c_k(t)\, \phi_k(\mathbf{r})\, e^{-\imath\epsilon_k t/\hbar} \tag{11.3.31}$$

mit den zeitabhängigen Koeffizienten $c_k(t)$. Wir können nun die Zeitableitung von $\Psi(\mathbf{r},t)$ durchführen und zusammen mit dem Ansatz (11.3.31) in die Schrödinger-Gleichung einsetzen. Betrachten wir einen beliebigen Zustand $\phi_i^*(\mathbf{r})\, e^{+\imath\epsilon_i t/\hbar}$, so können wir ein Matrixelement mit der gesamten Schrödinger-Gleichung bilden, indem wir Gleichung (11.3.30) von links mit $\phi_i^*(\mathbf{r})\, e^{+\imath\epsilon_i t/\hbar}$ multiplizieren und über den gesamten Raum aufintegrieren. Dabei nutzen wir die Orthonormalität der ungestörten Zustände $\phi_k(\mathbf{r})$ aus ($\int \phi_i^*(\mathbf{r}) \phi_k(\mathbf{r})\, dV = \delta_{ik}$) und erhalten

$$\imath\hbar \frac{dc_k}{dt} = \int \phi_i^*\, (-e)\, \mathbf{r} \cdot \mathbf{E}(t)\, \phi_k\, d^3r\, c_k(t)\, e^{\imath(\epsilon_i - \epsilon_k)t/\hbar} \,. \tag{11.3.32}$$

Wir nehmen an, dass zum Zeitpunkt $t=0$ das System im Zustand k sein soll und deshalb $c_k(t=0) = 1$ und alle anderen Koeffizienten null sind. Die Lösung lautet dann

$$c_k(t) = \frac{1}{\imath\hbar} (-e)\, E_0 r_{ik} \int\limits_0^t \left(e^{\imath\omega t} + e^{-\imath\omega t} \right) e^{\imath(\epsilon_i - \epsilon_k)t/\hbar}$$

$$= (-e)\, E_0 r_{ik} \left\{ \frac{1 - e^{\imath(\omega_{ik} - \omega)t}}{\omega_{ik} - \omega} - \frac{1 - e^{\imath(\omega_{ik} + \omega)t}}{\omega_{ik} + \omega} \right\} \,. \tag{11.3.33}$$

Hierbei haben wir $\omega_{ik} = (\epsilon_i - \epsilon_k)/\hbar$ benutzt. Die Größe

$$-e\, r_{ik} = \int \phi_i^*\, (-e\mathbf{r})\, \phi_k\, d^3r \tag{11.3.34}$$

ist das Matrixelements des Operators $\widehat{\mathbf{p}}_{\mathrm{el}} = -e\widehat{\mathbf{r}}$ des elektrischen Dipolmoments in der Richtung des elektrischen Feldes $\mathbf{E}_0$ zwischen den Zuständen ϕ_k und ϕ_i.

Mit diesen Ausdrücken für die zeitabhängigen Entwicklungskoeffizienten können wir die Erwartungswerte des elektrischen Dipolmoments für den gestörten Zustand berechnen. Vernachlässigen wir dabei quadratische Terme in den Koeffizienten $c_k(t)$, so erhalten wir

$$\langle -e\mathbf{r}(t) \rangle = \int \Psi^*(\mathbf{r},t)\,(-e)\,\mathbf{r}(t)\,\Psi(\mathbf{r},t)\,d^3r$$

$$= -e r_{ii} + \sum_k \left\{ (-e)\,r_{ik}\,c_k(t)\,e^{-i\omega_{ik}t} + (-e)\,r_{ik}^*\,c_k^*(t)\,e^{i\omega_{ik}t} \right\}$$

$$= -e r_{ii} + \frac{e^2}{\hbar} \sum_k |r_{ik}|^2 \left\{ \frac{1}{\omega_{ik} - \omega} + \frac{1}{\omega_{ik} + \omega} \right\}$$

$$\times \mathbf{E}_0 \left(e^{i\omega t} + e^{-i\omega t} + e^{i\omega_{ik}t} + e^{-i\omega_{ik}t} \right). \quad (11.3.35)$$

Der erste Term in dieser Gleichung, $-e r_{ii}$, beschreibt den feldunabhängigen Beitrag zum Dipolmoment, der allerdings für Systeme mit Inversionssymmetrie verschwindet (dieser Term ist für ferroelektrische Materialien von Bedeutung). Der zweite Term ist linear im Feld und enthält eine Komponente, die mit der gleichen Frequenz wie das angelegte Feld oszilliert. Dieser Term beschreibt die Polarisierbarkeit des Festkörpers. Die weitere lineare Komponente, die mit der Übergangsfrequenz ω_{ik} oszilliert, kann in einem Experiment nicht beobachtet werden, da im Experiment üblicherweise über viele Oszillationsperioden von ω_{ik} gemittelt wird.

Wir sehen, dass der Erwartungswert für das elektrische Dipolmoment proportional zum angelegten Feld ist. Da für das Dipolmoment allgemein $\mathbf{p}_{\mathrm{el}} = \epsilon_0 \alpha \mathbf{E}$ gilt, können wir eine frequenzabhängige *Polarisierbarkeit* $\alpha(\omega)$ wie folgt definieren:

$$\alpha(\omega) = \sum_k \frac{e^2 |r_{ik}|^2}{\epsilon_0 \hbar} \frac{2\omega_{ik}}{\omega_{ik}^2 - \omega^2}. \quad (11.3.36)$$

Vergleichen wir diesen Ausdruck mit (11.3.5), so sehen wir, dass für eine bestimmte Frequenz ω_{ik} das Atom nur einen Bruchteil f_{ik} des Absorptionsvermögens eines klassischen Oszillators hat. Es ist üblich, die Größe

$$f_{ik} = \frac{2m^*}{\hbar^2} \hbar \omega_{ik} |r_{ik}|^2 \quad (11.3.37)$$

als die *Oszillatorstärke* des atomaren Übergangs zwischen Zustand $|i\rangle$ und $|k\rangle$ zu definieren. Summieren wir die Absorptionswahrscheinlichkeiten über alle möglichen Übergänge des Atoms auf, so muss gerade das Absorptionsvermögen eines klassischen Oszillators herauskommen. Das heißt, es muss $\sum_{ik} f_{ik} = 1$ gelten.[21] Damit ergibt sich

$$\alpha(\omega) = \sum_k \frac{e^2}{\epsilon_0 m^*} \frac{f_{ik}}{\omega_{ik}^2 - \omega^2}. \quad (11.3.38)$$

---

[21] Summenregel von Thomas, Reiche und Kuhn, siehe z. B. H. Friedrich, *Theoretische Atomphysik*, Springer, Berlin, Heidelberg (1994).

11.3 Elektronische Polarisation

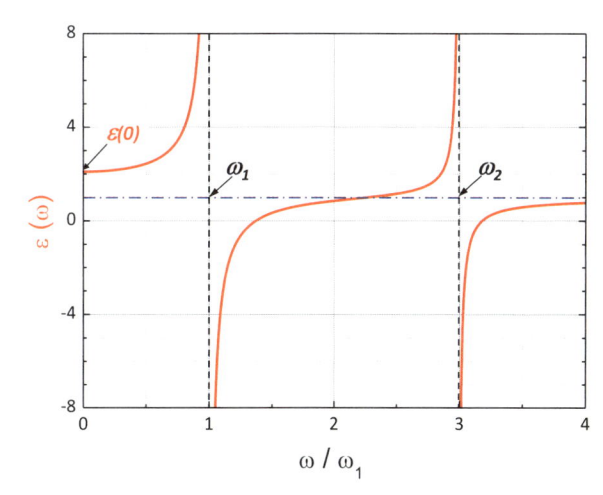

Abb. 11.5: Dielektrische Funktion aufgrund der elektronischen Polarisierbarkeit eines Isolators ($\omega_2 = 3\omega_1$).

und damit

$$\epsilon(\omega) = 1 + n_V\,\alpha(\omega) = 1 + \frac{n_V e^2}{\epsilon_0 m^*}\sum_k \frac{f_{ik}}{\omega_{ik}^2 - \omega^2}\,. \tag{11.3.39}$$

Dieses Ergebnis für die dielektrische Funktion ist in Abb. 11.5 grafisch dargestellt. Wir sehen, dass in der Nachbarschaft jeder Übergangsfrequenz ω_{ik} ein Gebiet anomaler Dispersion vorliegt. Insbesondere wird hier $\epsilon(\omega)$ negativ und damit nach (11.1.20) der Brechungsindex $\widetilde{n}$ rein imaginär, das heißt

$$n = 0, \qquad \kappa = \sqrt{\epsilon}\,. \tag{11.3.40}$$

Nach (11.1.34) bedeutet dies, dass der Reflexionskoeffizient $R = 1$ wird, also Totalreflexion auftritt.

Im Prinzip würde der Kristall bis $\omega = \omega_{ik}$ durchsichtig bleiben, dann plötzlich undurchsichtig und vollständig reflektierend werden und anschließend bei höheren Frequenzen wieder durchsichtig werden. Dieses Verhalten wäre aber nicht mit dem in Abschnitt 11.1 aus einer makroskopischen Betrachtung abgeleiteten Verhalten konsistent. Es muss vielmehr auch eine gewisse Absorption auftreten. Dies ist ein Aspekt der durch die zeitabhängige Störungsrechnung nicht berücksichtigt wird. Der aus der Störungsrechnung abgeleitete Ausdruck (11.3.39) stellt nur den Realteil der dielektrischen Funktion dar. Um den Imaginärteil der dielektrischen Funktion abzuleiten, der die Absorption beschreibt, benutzen wir die analytischen Eigenschaften der komplexen dielektrischen Funktion. Wir können nämlich, wenn wir den Realteil $\epsilon_r(\omega)$ kennen, den Imaginärteil $\epsilon_i(\omega)$ über die Kramers-Kronig-Relationen ableiten. Um die Dispersionsrelation (11.1.21) zu erfüllen, und die richtigen Dispersionsterme in (11.3.39) zu erhalten, müssen wir

$$2\omega\,n(\omega)\,\kappa(\omega) = \frac{\pi}{2}\frac{n_V e^2}{\epsilon_0 m^*}\sum_k f_{ik}\,\delta(\omega - \omega_{ik}) \tag{11.3.41}$$

setzen. Dies muss gerade der Imaginärteil der komplexen Dielektrizitätskonstante sein, die dann insgesamt die Form

$$\epsilon(\omega) = 1 + \frac{n_V e^2}{\epsilon_0 m^*} \sum_k f_{ik} \left\{ \frac{1}{\omega_{ik}^2 - \omega^2} + \imath\pi\, \delta(\omega^2 - \omega_{ik}^2) \right\} \tag{11.3.42}$$

hat. In der Praxis treten aber nie unendlich scharfe, wie durch (11.3.42) vorhergesagte Linien auf, sondern es liegt vielmehr immer eine endliche Linienbreite aufgrund von Verunreinigungen oder einfach aufgrund der natürlichen Relaxation der Niveaus vor. Diese Effekte können phänomenologisch in unsere Analyse einbezogen werden, indem wir in (11.3.33) einen Zerfallsterm $\exp(-\Gamma t/2)$ einführen, dem eine Zerfallszeit (des Amplitudenquadrats, also der Intensität) der Größe $1/\Gamma$ entspricht.[22] In den Ausdrücken (11.3.35) und (11.3.38) führt das zu einem zusätzlichen Term von $\imath\Gamma/2$, den wir zur Übergangsfrequenz addieren müssen. Wenn wir Γ^2 gegenüber ω_{ik}^2 vernachlässigen (dies ist möglich, wenn die Breite der Niveaus klein gegenüber deren Abstand ist), erhalten wir für den Realteil der Polarisierbarkeit und somit für den Realteil der dielektrischen Funktion Terme der Form

$$f_{ik} \frac{\omega_{ik}^2 - \omega^2}{(\omega_{ik}^2 - \omega^2)^2 + \omega^2 \Gamma^2} \tag{11.3.43}$$

anstelle von $f_{ik}/(\omega_{ik}^2 - \omega^2)$. Dies resultiert in der Beseitigung der Singularität in n bzw. ϵ_r und einem Ausschmieren der Dispersionsfunktion über den Frequenzbereich der Breite $\sim 2\Gamma$ (siehe Abb. 11.6).

Es ist bekannt, dass die Wirkung der Relaxation auf die Absorptionslinie selbst in einer Verbreiterung der δ-Funktion auf eine endliche Funktion der Form

$$\frac{\Gamma/2\pi}{(\omega_{ik}^2 - \omega^2)^2 + (\Gamma/2)^2} \simeq \frac{2\Gamma\omega^2/\pi}{(\omega_{ik}^2 - \omega^2)^2 + \Gamma^2 \omega^2} \tag{11.3.44}$$

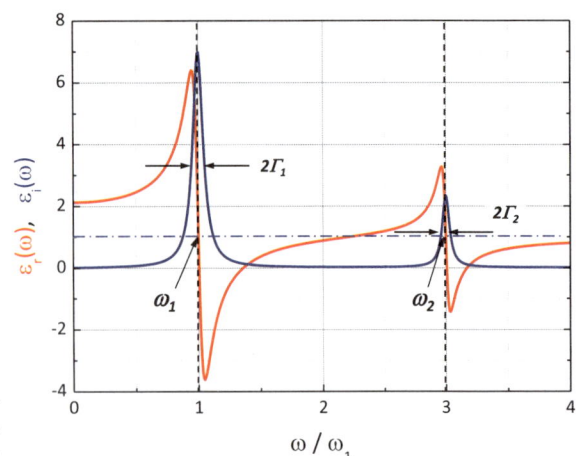

Abb. 11.6: Real- und Imaginärteil der dielektrische Funktion bei endlicher Linienbreite ($\omega_2 = 3\omega_1$, $\Gamma_1/\omega_1 = 0.01$, $\Gamma_2/\omega_2 = 0.0016$).

---

[22] Dies folgt einfach aus der Unschärfe-Relation $\Delta E \cdot \Delta t \simeq \hbar$. Eine endliche Linienbreite ΔE führt zu $\Delta t = 1/\Gamma \simeq \hbar/\Delta E$.

11.4 Ionische Polarisation

in der Nachbarschaft von $\omega = \omega_{ik}$ resultiert. Berücksichtigen wir dies, so erhalten wir den (11.3.42) entsprechenden Ausdruck zu

$$\epsilon(\omega) = 1 + \frac{n_V e^2}{\epsilon_0 m^*} \sum_k f_{ik} \left\{ \frac{\omega_{ik}^2 - \omega^2}{(\omega_{ik}^2 - \omega^2)^2 + \omega^2 \Gamma_{ik}^2} + \imath \frac{\Gamma_{ik}\omega}{(\omega_{ik}^2 - \omega^2)^2 + \omega^2 \Gamma_{ik}^2} \right\}$$

$$= 1 + \frac{n_V e^2}{\epsilon_0 m} \sum_k f_{ik} \frac{1}{(\omega_{ik}^2 - \omega^2) - \imath \omega \Gamma_{ik}}. \qquad (11.3.45)$$

Diese Funktion ist in Abb. 11.6 dargestellt. Sie entspricht Abb. 11.5, beinhaltet aber die Effekte einer endlichen Linienbreite. Gleichung (11.3.45) liefert einen phänomenologischen Ausdruck der dielektrischen Funktion für solche Systeme, deren Absorptionsspektren aus einer Serie von diskreten Linien besteht (vergleiche Abb. 11.2).

Im Allgemeinen ist die Berechnung des Absorptionsspektrums von Festkörpern schwierig, da die Wahrscheinlichkeit eines bestimmten Übergangs nicht nur von dessen Oszillatorstärke, sondern auch von der Zustandsdichte der beteiligten Anfangs- und Endzustände bestimmt wird. Die gemessenen Absorptionsspektren spiegeln deshalb die so genannte *kombinierte Zustandsdichte* wider (vergleiche hierzu z. B. die optische Eigenschaften von Halbleitern in Abschnitt 10.1.2). Weiter muss berücksichtigt werden, dass nicht nur direkte Übergänge zwischen elektronischen Zuständen stattfinden, sondern auch Übergänge unter Beteiligung von anderen Festkörperanregungen wie z. B. Phononen.

11.4 Ionische Polarisation

Bei der Diskussion der ionischen Polarisation müssen wir überlegen, wie die negativ und positiv geladenen Ionen in einem Ionenkristall gegeneinander schwingen. Solche Schwingungen haben wir in Kapitel 5 ausführlich analysiert, als wir die optischen Phononen in einem Kristallgittern mit einer zweiatomigen Basis diskutiert haben. Akustische Phononen führen zu keiner Polarisation, da hier die unterschiedlich geladenen Ionen in Phase schwingen. In einem mikroskopischen Modell können wir die Wechselwirkung eines hochfrequenten elektrischen Feldes mit den Ionen des Kristallgitters als Stoß zwischen Photonen und optischen Phononen betrachten. Da bei einem solchen Stoßprozess die Impulserhaltung für den Kristallimpuls gelten muss und der Impuls der Photonen sehr klein ist, können nur optische Phononen mit $q \simeq 0$ teilnehmen. Da die Dispersionskurve für optische Phononen für $q \simeq 0$ fast horizontal verläuft, haben diese Phononen alle etwa die gleiche Frequenz.

Wir wiederholen zuerst kurz einige bereits in Kapitel 5 ausführlich diskutierten Eigenschaften der optischen Phononen für ein Gitter mit zweiatomiger Basis. Bei den dort gemachten Überlegungen haben wir noch nicht berücksichtigt, dass die schwingenden Atome geladen sein können und zu einer Polarisation führen. Für den langwelligen Grenzfall $q = 0$ erhielten wir die Eigenfrequenz [vergleiche (5.2.36)]

$$\omega_{\text{op}}(q{=}0) = \sqrt{2f\left(\frac{1}{M_1} + \frac{1}{M_2}\right)} \qquad \text{(optisch)}. \qquad (11.4.1)$$

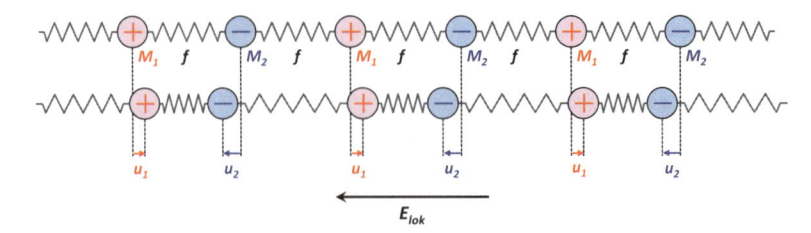

Abb. 11.7: Zur Entstehung der ionischen Polarisation. Für $q = 0$ erhalten wir eine gleichmäßige Verschiebung der positiven Ionen nach rechts und der negativen Ionen nach links. Dies führt zu einem lokalen Feld, das von rechts nach links gerichtet ist und zu einer Kraft qE_{lok} auf die positiven Ionen und zu einer Kraft $-qE_{\text{lok}}$ auf die negativen Ionen resultiert.

Bei Ionenkristallen wie z. B. NaCl wird nun am Ort eines jeden Atoms durch die Verrückung der Nachbaratome während der Gitterschwingung ein elektrisches Feld $\mathbf{E}_{\text{lok}}$ erzeugt, welches zu einer zusätzlichen Kraft führt (siehe Abb. 11.7). Ist die Wellenzahl der Gitterschwingung $q \simeq 0$ (langwelliger Grenzfall), das heißt, schwingen die kompletten Untergitter mit positiven und negativen Ionen der Ladung q und der Massen M_1 und M_2 gegeneinander, so erhalten wir anstelle der Bewegungsgleichungen (5.2.27) und (5.2.28) für die Auslenkungen $\mathbf{u}_1$ und $\mathbf{u}_2$ der Untergitter die Bewegungsgleichungen

$$M_1 \frac{\partial^2 \mathbf{u}_1}{\partial t^2} + 2f(\mathbf{u}_2 - \mathbf{u}_1) - q\mathbf{E}_{\text{lok}} = 0 \tag{11.4.2}$$

$$M_2 \frac{\partial^2 \mathbf{u}_2}{\partial t^2} + 2f(\mathbf{u}_1 - \mathbf{u}_2) + q\mathbf{E}_{\text{lok}} = 0 \,. \tag{11.4.3}$$

Dividieren wir (11.4.2) durch M_1 und (11.4.3) durch M_2 und subtrahieren wir anschließend die zweite Gleichung von der ersten, so erhalten wir für die relative Verschiebung $\mathbf{u} = \mathbf{u}_2 - \mathbf{u}_1$ der beiden Untergitter die Differentialgleichung

$$\mu \frac{\partial^2 \mathbf{u}}{\partial t^2} + \mu \omega_0^2 \mathbf{u} = q\mathbf{E}_{\text{lok}} \,. \tag{11.4.4}$$

Hierbei ist $\mu = M_1 M_2/(M_1 + M_2)$ die reduzierte Masse eines Ionenpaares und ω_0 ist die Grenzfrequenz der optischen Schwingung für $q = 0$, wie sie aus (11.4.1) für neutrale Atome erhalten wird.

Gleichung (11.4.4) entspricht der Differentialgleichung eines getriebenen harmonischen Oszillators. Fügen wir noch einen Dämpfungsterm hinzu, der die endliche Lebensdauer der optischen Phononen berücksichtigt, so erhalten wir die Gleichung

$$\mu \frac{\partial^2 \mathbf{u}}{\partial t^2} + \mu \Gamma \frac{\partial u}{\partial t} + \mu \omega_0^2 \mathbf{u} = q\mathbf{E}_{\text{lok}} \,, \tag{11.4.5}$$

die für das lokale Feld $\mathbf{E}_{\text{lok}}(t) = \mathbf{E}_0 e^{\imath \omega t}$ die stationäre Lösung

$$u(t) = \frac{q}{\mu} \frac{1}{\omega_0^2 - \omega^2 - \imath \Gamma \omega} E_0 \, e^{-\imath \omega t} \tag{11.4.6}$$

besitzt, die mit (11.3.3) übereinstimmt. Wir werden im Folgenden einige Lösungen dieser Gleichung diskutieren.

11.4.1 Eigenschwingungen von Ionenkristallen

Wir betrachten zunächst den Fall freier Schwingungen, d. h. $\mathbf{E}_{\text{ext}} = 0$. Hierbei interessiert uns vor allem, wie sich die Frequenz von longitudinalen und transversalen optischen Gitterschwingungen ändert, wenn wir berücksichtigen, dass die schwingenden Atome nicht neutral sondern geladen sind.

Die Gesamtpolarisation eines Ionenkristalls mit einer zweiatomigen Basis ergibt sich aus der elektronischen Polarisation der beiden Ionensorten mit elektronischer Polarisierbarkeit α_{el}^+ und α_{el}^-:

$$\mathbf{P}_{\text{el}} = \epsilon_0 n_V (\alpha_{\text{el}}^+ + \alpha_{\text{el}}^-) \mathbf{E}_{\text{lok}} = \epsilon_0 n_V \alpha_{\text{el}} \mathbf{E}_{\text{lok}}. \tag{11.4.7}$$

Hierbei ist n_V die Dichte der Ionenpaare. Da jedes einzelne Ionenpaar mit einem elektrischen Dipolmoment $\mathbf{p}_{\text{ion}} = q\mathbf{u}_2 - q\mathbf{u}_1 = q\mathbf{u}$ zur Polarisation beiträgt, erhalten wir für die ionische Polarisation

$$\mathbf{P}_{\text{ion}} = n_V q \mathbf{u}. \tag{11.4.8}$$

Damit ergibt sich die Gesamtpolarisation des Ionenkristalls zu

$$\mathbf{P} = \epsilon_0 n_V \alpha_{\text{el}} \mathbf{E}_{\text{lok}} + n_V q \mathbf{u}. \tag{11.4.9}$$

Wir müssen jetzt noch einen Ausdruck für das lokale elektrische Feld finden. Hierzu betrachten wir Abb. 11.8, in der die Richtung der Polarisation $\mathbf{P}$ schematisch für eine longitudinale und eine transversale optische Gitterschwingung dargestellt ist. In einer im Vergleich zur Wellenlänge dünnen Schicht parallel zur Wellenfront können wir die Polarisation als homogen betrachten. Bei einer longitudinalen Welle verläuft dabei die Polarisation senkrecht zu der fiktiven Scheibe. Da der Depolarisationsfaktor hier $N = 1$ ist, erhalten wir das lokale Feld zu

$$\mathbf{E}_{\text{lok}} = \mathbf{E}_N + \mathbf{E}_L = -\frac{1}{\epsilon_0} \mathbf{P} + \frac{1}{3\epsilon_0} \mathbf{P} = -\frac{2}{3\epsilon_0} \mathbf{P}. \tag{11.4.10}$$

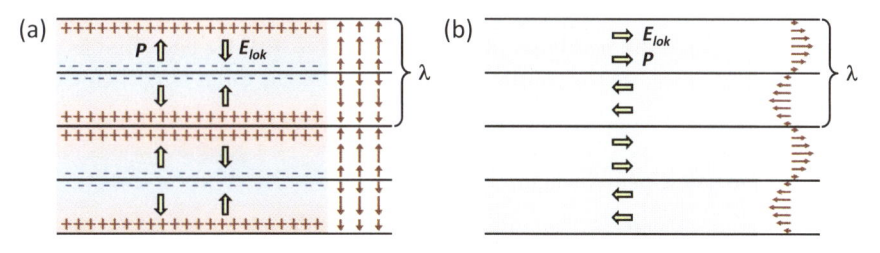

Abb. 11.8: Zur Herleitung des lokalen elektrischen Feldes bei transversalen (TO) und longitudinalen optischen (LO) Eigenschwingungen von Ionenkristallen. Gezeigt ist der langwellige Grenzfall, bei dem jede Schicht der Dicke $\lambda/2$ eine große Zahl von Atomlagen enthält. In (a) ist aufgrund des Depolarisationsfeldes das lokale elektrische Feld antiparallel zur Polarisation. Zum Beispiel schwingen in der obersten Schicht die positiven Ionen nach oben und die negativen nach unten, was zu einer Polarisation $\mathbf{P} \propto q\mathbf{u}$ führt, die nach oben gerichtet ist. Aufgrund des Depolarisationsfeldes ist aber das lokale Feld von oben nach unten gerichtet, also antiparallel zur Polarisation. In (b) ist das Depolarisationsfeld null und das lokale elektrische Feld ist parallel zur Polarisation. Rechts ist jeweils die Auslenkung der positiven Ionen gezeigt.

Im Gegensatz dazu ist für die transversale Welle die Polarisation parallel zu der fiktiven Scheibe und deshalb $N = 0$. Wir erhalten damit

$$\mathbf{E}_{\text{lok}} = \mathbf{E}_N + \mathbf{E}_L = +\frac{1}{3\epsilon_0}\mathbf{P}. \tag{11.4.11}$$

11.4.1.1 Longitudinale Eigenschwingungen

Für die longitudinale Eigenschwingung erhalten wir durch Einsetzen von (11.4.10) in (11.4.9)

$$\mathbf{E}_{\text{lok}} = -\frac{2}{3}n_V\alpha_{\text{el}}\mathbf{E}_{\text{lok}} - \frac{2}{3\epsilon_0}n_V q\mathbf{u}. \tag{11.4.12}$$

Mit $\mathbf{p} = \epsilon_0\alpha \mathbf{E}_{\text{lok}}$ und $\mathbf{p}_{\text{ion}} = q\mathbf{u}$ erhalten wir die ionische Polarisierbarkeit zu $\alpha_{\text{ion}} = qu/\epsilon_0 E_{\text{lok}}$. Im statischen Grenzfall ergibt sich ferner aus (11.4.4) $u = qE_{\text{lok}}/\mu\omega_0^2$ und damit für den statischen Wert von α_{ion}

$$\alpha_{\text{ion}}(0) = \frac{q^2}{\epsilon_0\omega_0^2\mu}. \tag{11.4.13}$$

Führen wir diesen Ausdruck in (11.4.12) ein und lösen nach $\mathbf{E}_{\text{lok}}$ auf, so erhalten wir

$$\mathbf{E}_{\text{lok}} = -\frac{1}{q}\mu\omega_0^2 \frac{\frac{2}{3}n_V\alpha_{\text{ion}}(0)}{1 + \frac{2}{3}n_V\alpha_{\text{el}}}\mathbf{u}. \tag{11.4.14}$$

Wir können nun diesen Ausdruck für das lokale elektrische Feld in die Differentialgleichung (11.4.4) einsetzen und erhalten dadurch die Differentialgleichung einer freien Schwingung mit der Eigenfrequenz

$$\omega_L = \omega_0\sqrt{1 + \frac{\frac{2}{3}n_V\alpha_{\text{ion}}(0)}{1 + \frac{2}{3}n_V\alpha_{\text{el}}(0)}} \tag{11.4.15}$$

für die longitudinale Schwingung. Hierbei haben wir α_{el} durch $\alpha_{\text{el}}(0)$ ersetzt, da die typische Frequenz ω_0 von optischen Phononen im Bereich von 10^{14} Hz liegt. In diesem infraroten Spektralbereich hat die elektronische Polarisation bereits ihren statischen Grenzwert erreicht.

11.4.1.2 Transversale Eigenschwingungen

Für die transversale optische Schwingung erhalten wir völlig analog mit $\mathbf{E}_{\text{lok}} = \frac{1}{3\epsilon_0}\mathbf{P}$ die Eigenfrequenz

$$\omega_T = \omega_0\sqrt{1 - \frac{\frac{1}{3}n_V\alpha_{\text{ion}}(0)}{1 + \frac{1}{3}n_V\alpha_{\text{el}}(0)}}. \tag{11.4.16}$$

Wir sehen, dass bei Ionenkristallen die Eigenfrequenz einer longitudinalen optischen Gitterschwingung höher und diejenige einer transversalen optischen Gitterschwingung niedriger ist als die Eigenfrequenz ω_0 einer optischen Gitterschwingung neutraler Atome. Dies ist sofort einsichtig. Bei der longitudinalen Schwingung ist das lokale elektrische Feld der Auslenkung entgegengesetzt, wodurch dieses die rücktreibende Kraft verstärkt und somit das Gitter „härter" macht, was einer höheren Eigenfrequenz entspricht. Bei der transversalen Schwingung ist dies genau umgekehrt.

11.4.1.3 Lyddane-Sachs-Teller-Relation

Wir können nun noch das Verhältnis von ω_L^2 und ω_T^2 betrachten. Wir erhalten dann den als *Lyddane-Sachs-Teller-Relation* bekannten Ausdruck

$$\frac{\omega_L^2}{\omega_T^2} = \frac{\epsilon(0)}{\epsilon_{\text{stat}}}, \tag{11.4.17}$$

der das Verhältnis der Eigenfrequenzen der longitudinalen und transversalen optischen Schwingungen bei $q = 0$ angibt. Hierbei sind

$$\epsilon(0) = 1 + \frac{n_V \left[\alpha_{\text{el}}(0) + \alpha_{\text{ion}}(0)\right]}{1 - \frac{1}{3} n_V \left[\alpha_{\text{el}}(0) + \alpha_{\text{ion}}(0)\right]} \tag{11.4.18}$$

die statische Dielektrizitätskonstante und

$$\epsilon_{\text{stat}} = 1 + \frac{n_V \alpha_{\text{el}}(0)}{1 - \frac{1}{3} n_V \alpha_{\text{el}}(0)} \tag{11.4.19}$$

die Dielektrizitätskonstante für Frequenzen $\omega \gg \omega_0$ (z. B. im sichtbaren Bereich), bei der wir die ionische Polarisierbarkeit null setzen können, wir aber immer noch $\alpha_{\text{el}}(0)$, also den statischen Grenzwert der elektronischen Polarisierbarkeit verwenden können, da die typischen Eigenfrequenzen der elektronischen Prozesse im UV-Bereich liegen.

Eine interessante Konsequenz der LST-Relation ist die Tatsache, dass $\epsilon(0)$ sehr groß wird, wenn die Eigenfrequenz der transversalen optischen Gitterschwingung sehr klein wird. Wir sprechen dann von **weichen optischen Phononen**. Diese sind für Ferroelektrika, die wir später diskutieren werden, von großer Bedeutung.

11.4.2 Erzwungene Schwingungen von Ionenkristallen

Wir diskutieren nun durch äußere elektrische Felder erzwungene Gitterschwingungen in Ionenkristallen. Aus dieser Betrachtung werden wir die optischen Eigenschaften von Ionenkristallen ableiten und das Verhalten von gekoppelten tranversalen elektrischen und Gitterschwingungen kennen lernen. Bevor wir erzwungene Schwingungen in Ionenkristallen im Detail diskutieren, wollen wir eine allgemeine Betrachtung von longitudinalen und transversalen Moden der Polarisation in einem dielektrischen Festkörper machen. Nehmen wir an, dass die Atome eine Auslenkung **u** in x-Richtung erfahren, so stellt

$$P_L = P_{x0}\, e^{i(qx-\omega t)} \tag{11.4.20}$$

eine longitudinale Polarisationswelle und

$$P_T = P_{y0}\, e^{i(qx-\omega t)} \tag{11.4.21}$$

eine transversale Welle dar. Die longitudinale Welle muss die Bedingung

$$\nabla \times \mathbf{P}_L = 0, \qquad \nabla \cdot \mathbf{P}_L \neq 0 \tag{11.4.22}$$

erfüllen, während die transversale Welle der Bedingung

$$\nabla \times \mathbf{P}_T \neq 0, \qquad \nabla \cdot \mathbf{P}_T = 0 \tag{11.4.23}$$

genügen muss.

In einem dielektrischen Medium ohne Ladungsträger und sonstige Quellen einer Raumladungsdichte ρ muss die Divergenz der dielektrischen Verschiebung verschwinden:

$$\nabla \cdot \mathbf{D} = \rho = \epsilon_0 \epsilon(\omega) \nabla \cdot \mathbf{E} = \epsilon(\omega) \frac{\nabla \cdot \mathbf{P}}{\epsilon(\omega) - 1} = 0. \tag{11.4.24}$$

Da für eine longitudinale Welle aber $\nabla \cdot \mathbf{P}_L \neq 0$ gelten muss, kann (11.4.24) nur für

$$\epsilon(\omega_L) = 0 \tag{11.4.25}$$

erfüllt werden. Das heißt, *eine longitudinale Schwingungsmode kann nur für eine Eigenfrequenz ω_L existieren, für die die dielektrische Funktion verschwindet*. Ferner ist das lokale elektrische Feld antiparallel zur Polarisation gerichtet (siehe Abb. 11.8), d. h. der Feld- und Polarisationsvektor sind genau um 180° phasenverschoben. Solche longitudinalen Moden können nicht mit transversalen elektromagnetischen Wellen wechselwirken und deshalb nicht mit elektromagnetischer Strahlung angeregt werden. Eine Anregung der longitudinalen Moden kann z. B. durch Beschuss mit hochenergetischen Elektronen erfolgen (siehe hierzu Abschnitt 11.6.2).

Da die transversalen Moden an elektromagnetische Wellen koppeln, müssen wir bei ihrer Diskussion von der Wellengleichung

$$\nabla^2 \mathbf{E} - \mu_0 \epsilon_0 \, \epsilon(\omega) \frac{\partial^2 \mathbf{E}}{\partial t^2} = 0 \tag{11.4.26}$$

ausgehen. Da die Polarisation in diesem Fall proportional zum lokalen Feld ist, erhalten wir als Lösungen ebene Wellen der Form

$$\mathbf{P} = \mathbf{P}_0 \, e^{i(\mathbf{q} \cdot \mathbf{r} - \omega t)} \tag{11.4.27}$$

mit der Dispersionsrelation

$$\omega^2 = \frac{c^2}{\epsilon(\omega)} q^2 = \widetilde{c}^2 q^2 . \tag{11.4.28}$$

11.4.2.1 Optisches Verhalten von Ionenkristallen

Wir haben im vorangegangenen Abschnitt gesehen, dass elektromagnetische Strahlung mit den transversalen Polarisationsmoden eines Festkörpers, also seinen transversalen optischen

11.4 Ionische Polarisation

Gitterschwingungen wechselwirken kann. Dies ist aber nur dann möglich, wenn neben der Frequenz (typischerweise 10^{13} Hz) die Wellenvektoren übereinstimmen, wenn also

$$\mathbf{q}_{\text{Phonon}} = \mathbf{k}_{\text{Photon}} \tag{11.4.29}$$

gilt. Für Frequenzen im infraroten Spektralbereich (10^{13} Hz) liegt der Wellenvektor von Photonen im Bereich von 10^3 cm^{-1}, wogegen sich die Wellenzahl der Phononen bis etwa 10^8 cm^{-1} erstreckt. Es können deshalb nur solche Gitterschwingungen angeregt werden, die unmittelbar im Zentrum der ersten Brillouin-Zone liegen (vergleiche hierzu die Diskussion in Abschnitt 5.5). Wir werden deshalb zunächst nur den Fall $\mathbf{q} = 0$ betrachten.

Für die erzwungene Schwingung müssen wir in der Differentialgleichung (11.4.4) das lokale elektrische Feld jetzt

$$\mathbf{E}_{\text{lok}} = \mathbf{E}_{\text{ext}} + \mathbf{E}_{\text{L}} = \mathbf{E}_{\text{ext}} + \frac{1}{3\epsilon_0}\mathbf{P} \tag{11.4.30}$$

anstelle von (11.4.11) verwenden. Setzen wir in diese Gleichung $\mathbf{P} = \epsilon_0 n_V \alpha_{\text{el}} \mathbf{E}_{\text{lok}} + n_V q \mathbf{u}$ ein und verwenden ferner $\alpha_{\text{ion}}(0) = \frac{q^2}{\epsilon_0 \omega_0^2 \mu}$, so erhalten wir

$$\mathbf{E}_{\text{lok}} = \frac{1}{1 - \frac{1}{3}n_V \alpha_{\text{el}}} \mathbf{E}_{\text{ext}} + \frac{1}{q}\mu\omega_0^2 \frac{\frac{1}{3}n_V \alpha_{\text{ion}}(0)}{1 - \frac{1}{3}n_V \alpha_{\text{el}}} \mathbf{u} . \tag{11.4.31}$$

Setzen wir dieses lokale Feld wiederum in die Differentialgleichung (11.4.4) ein und verwenden den Ausdruck (11.4.16) für ω_{T}, so ergibt sich

$$\mu \frac{\partial^2 \mathbf{u}}{\partial t^2} + \mu \omega_{\text{T}}^2 \mathbf{u} = \frac{q}{1 - \frac{1}{3}n_V \alpha_{\text{el}}(0)} \mathbf{E}_{\text{ext}} . \tag{11.4.32}$$

Hierbei haben wir außerdem bereits den statischen Wert für die elektronische Polarisierbarkeit benutzt. Für ein harmonisches externes elektrisches Feld der Frequenz ω erhalten wir die Lösung

$$\mathbf{u} = \frac{q}{\mu} \frac{1}{1 - \frac{1}{3}n_V \alpha_{\text{el}}(0)} \frac{1}{\omega_{\text{T}}^2 - \omega^2} \mathbf{E}_{\text{ext}} . \tag{11.4.33}$$

Mit $\mathbf{P}_{\text{ion}} = n_V q \mathbf{u}$ und dem allgemeinen Zusammenhang $\mathbf{P} = \epsilon_0 \chi \mathbf{E}$ erhalten wir für den Beitrag der Ionen zur Suszeptibilität

$$\chi_{\text{ion}} = \frac{n_V q}{\epsilon_0} \frac{|\mathbf{u}|}{|\mathbf{E}_{\text{lok}}|} = \frac{n_V q^2}{\epsilon_0 \mu} \frac{1}{1 - \frac{1}{3}n_V \alpha_{\text{el}}(0)} \frac{1}{\omega_{\text{T}}^2 - \omega^2} . \tag{11.4.34}$$

Führen wir den statischen Wert

$$\chi_{\text{ion}}(0) = \frac{n_V q^2}{\epsilon_0 \mu} \frac{1}{1 - \frac{1}{3}n_V \alpha_{\text{el}}(0)} \frac{1}{\omega_{\text{T}}^2} \tag{11.4.35}$$

ein, so erhalten wir

$$\chi_{\text{ion}} = \chi_{\text{ion}}(0) \frac{\omega_{\text{T}}^2}{\omega_{\text{T}}^2 - \omega^2} . \tag{11.4.36}$$

Für die gesamte dielektrische Funktion gilt

$$\epsilon(\omega) = 1 + \chi_{\text{el}}(\omega) + \chi_{\text{ion}}(\omega), \qquad (11.4.37)$$

wobei $\chi_{\text{el}}(\omega)$ der elektronische Beitrag ist. Für den statischen Wert können wir

$$\epsilon(0) = 1 + \chi_{\text{el}}(0) + \chi_{\text{ion}}(0) = \epsilon_{\text{stat}} + \chi_{\text{ion}}(0) \qquad (11.4.38)$$

schreiben, wobei wir (11.4.19) verwendet haben. Wir können nun $\chi_{\text{ion}}(0)$ durch $\epsilon(0)$ und ϵ_{stat} ersetzen und erhalten

$$\epsilon(\omega) = 1 + \chi_{\text{el}}(\omega) + \frac{[\epsilon(0) - \epsilon_{\text{stat}}]\,\omega_{\text{T}}^2}{\omega_{\text{T}}^2 - \omega^2}. \qquad (11.4.39)$$

Wir können uns nun nach oben auf den Frequenzbereich des sichtbaren Lichts beschränken und deshalb $1 + \chi_{\text{el}}(\omega)$ durch ϵ_{stat} ersetzen. Damit ergibt sich[23]

$$\epsilon(\omega) = \epsilon_{\text{stat}} + \frac{[\epsilon(0) - \epsilon_{\text{stat}}]\,\omega_{\text{T}}^2}{\omega_{\text{T}}^2 - \omega^2} \qquad (11.4.40)$$

und unter Benutzung der LST-Relation (11.4.17) schließlich

$$\epsilon(\omega) = \epsilon_{\text{stat}} \frac{\omega_{\text{L}}^2 - \omega^2}{\omega_{\text{T}}^2 - \omega^2}. \qquad (11.4.41)$$

Diese Funktion (siehe hierzu Abb. 11.9) besitzt eine Singularität bei $\omega = \omega_{\text{T}}$ und eine Nullstelle bei $\omega = \omega_{\text{L}}$. Letzteres stimmt mit unserer allgemeinen Überlegung überein, dass eine longitudinale Eigenmode nur für $\epsilon(\omega) = 0$ auftreten kann. Für den Frequenzbereich $\omega_{\text{T}} < \omega < \omega_{\text{L}}$ ist die dielektrische Funktion negativ. Nach unserer Diskussion in Abschnitt 11.1.3 bedeutet dies, dass $n = 0$ und $\kappa = \sqrt{|\epsilon|}$. Der Reflexionskoeffizient ist nach (11.1.34) somit $R = 1$. Wir erhalten also gemäß (11.1.29)

$$\mathbf{E} = \mathbf{E}_0\, e^{-\imath \omega t}\, e^{-\sqrt{|\epsilon|}\frac{\omega}{c} x}. \qquad (11.4.42)$$

---

[23] Für eine bessere Übereinstimmung mit dem Experiment ist es notwendig, einen Dämpfungsterm einzuführen. Damit erhalten wir den Ausdruck

$$\epsilon(\omega) = \epsilon_{\text{stat}} + \frac{[\epsilon(0) - \epsilon_{\text{stat}}]\,\omega_{\text{T}}^2}{(\omega_{\text{T}}^2 - \omega^2) - \imath \Gamma \omega},$$

womit wir für den Real- und Imaginärteil der dielektrischen Funktion unter Benutzung der LST-Relation

$$\epsilon_{\text{r}}(\omega) = \epsilon_{\text{stat}} \frac{\left(\frac{\omega}{\omega_{\text{T}}}\right)^4 - \left(\frac{\omega}{\omega_{\text{T}}}\right)^2 \left[1 + \left(\frac{\omega_{\text{L}}}{\omega_{\text{T}}}\right)^2 + \left(\frac{\Gamma}{\omega_{\text{T}}}\right)^2\right]}{1 + \left(\frac{\omega}{\omega_{\text{T}}}\right)^4 - 2\left(\frac{\omega}{\omega_{\text{T}}}\right)^2 + \left(\frac{\Gamma}{\omega_{\text{T}}}\right)^2}$$

$$\epsilon_{\text{i}}(\omega) = \epsilon_{\text{stat}} \frac{\left(\frac{\omega}{\omega_{\text{T}}}\right)\left(\frac{\omega_{\text{L}}}{\omega_{\text{T}}}\right)^2\left(\frac{\Gamma}{\omega_{\text{T}}}\right) - \left(\frac{\omega}{\omega_{\text{T}}}\right)\left(\frac{\Gamma}{\omega_{\text{T}}}\right)}{1 + \left(\frac{\omega}{\omega_{\text{T}}}\right)^4 - 2\left(\frac{\omega}{\omega_{\text{T}}}\right)^2 + \left(\frac{\Gamma}{\omega_{\text{T}}}\right)^2}$$

erhalten.

11.4 Ionische Polarisation

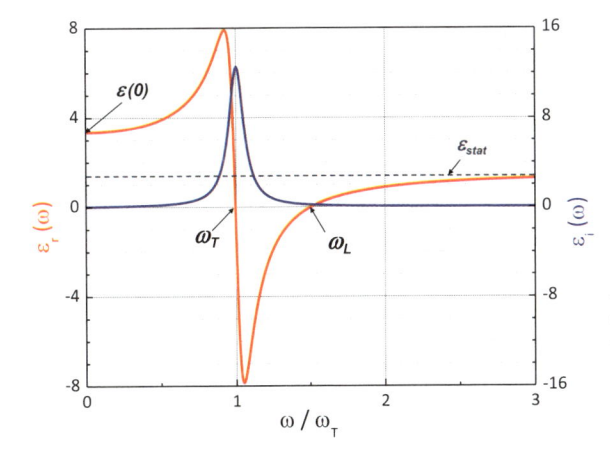

Abb. 11.9: Dielektrische Funktion eines Ionenkristalls berechnet nach Gleichung (11.4.41) für $\omega_L = 1.5\,\omega_T$ und $\epsilon_{stat} = 1.5$ und einer endlichen Dämpfung $\Gamma/\omega_T = 0.1$, welche die Singularität bei $\omega/\omega_T = 1$ beseitigt.

Die elektromagnetische Welle kann nicht in den Festkörper eindringen, sondern wird totalreflektiert.[24] Außerhalb des Frequenzbereichs $\omega_T < \omega < \omega_L$ ist $n = \sqrt{\epsilon}$ und $\kappa \simeq 0$, der Reflexionskoeffizient ist also kleiner als eins. Das aus Abb. 11.9 bei Vernachlässigung der Dämpfung erhaltene Reflexionsvermögen ist in Abb. 11.10 gezeigt.

Die dielektrische Funktion (11.4.41) beschreibt die experimentell gemessene Funktion noch nicht ganz richtig, da wir bei unserer Analyse dissipative Effekte vernachlässigt haben (siehe hierzu Fußnote auf S. 604). Dies können wir korrigieren, indem wir in der Differentialgleichung (11.4.4) einen Dämpfungsterm hinzufügen. Dadurch erhält die dielektrische Funktion einen Imaginäranteil, der in der Nähe von ω_T zu einer starken Strahlungsabsorption und außerdem dazu führt, dass der Reflexionskoeffizient nicht mehr den maximalen Wert

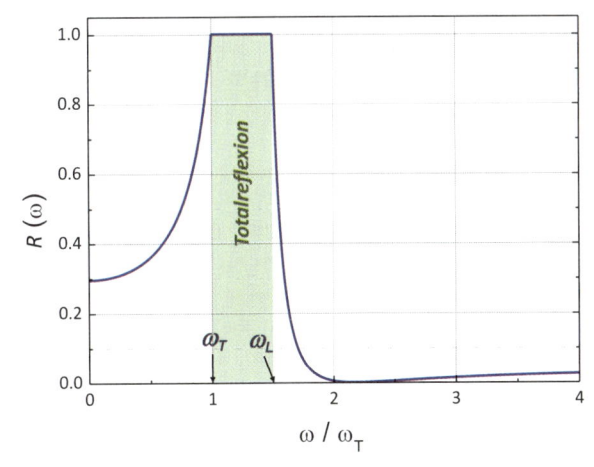

Abb. 11.10: Reflexionsvermögen eines Ionenkristalls berechnet nach Gleichung (11.4.41) und (11.1.34) für $\omega_L = 1.5\,\omega_T$ und $\epsilon_{stat} = 1.5$.

---

[24] Lassen wir breitbandige elektromagnetische Strahlung zwischen zwei dielektrischen Festkörpern mehrmals hin- und herlaufen, so bleibt nur Strahlung aus dem Bereich $\omega_T < \omega < \omega_L$ übrig. Man spricht deshalb von Reststrahlen.

Tabelle 11.2: Dielektrizitätskonstanten $\epsilon(0)$ und ϵ_{stat} sowie Frequenzen der longitudinalen und transversalen optischen Phononen bei 300 K für einige dielektrische Festkörper.

Material	$\epsilon(0)$	ϵ_{stat}	ω_T (10^{13} Hz)	ω_L (10^{13} Hz)
LiF	8.9	1.9	5.8	12
NaF	5.1	1.7	4.5	7.8
KF	5.5	1.5	3.6	6.1
LiCl	12.0	2.7	3.6	7.5
NaCl	5.9	2.25	3.1	5.0
KCl	4.85	2.1	2.7	4.0
LiBr	13.2	3.2	3.0	6.1
NaBr	6.4	2.6	2.5	3.9
KI	5.1	2.7	1.9	2.6
MgO	9.8	2.95	7.5	14
GaAs	12.9	10.9	5.1	5.5
InAs	14.9	12.3	4.1	4.5
GaP	10.7	8.5	6.9	7.6
InP	12.4	9.6	5.7	6.5
C	5.5	5.5	25.1	25.1
Si	11.7	11.7	9.9	9.9
Ge	15.8	15.8	5.7	5.7

eins erreicht. In Abb. 11.9 haben wir die endliche Dämpfung bereits berücksichtigt, wodurch bei ω/ω_T keine Singularität auftritt.

In Tabelle 11.2 sind die experimentell ermittelten Zahlenwerte für ω_T, ω_L, $\epsilon(0)$ und ϵ_{stat} für einige Materialien angegeben. Dabei wurde ω_T aus den gemessenen Absorptionsspektren bestimmt und ω_L wurde mit Hilfe der LST-Relation aus ω_T, $\epsilon(0)$ und ϵ_{stat} ermittelt. Die Dielektrizitätskonstante $\epsilon(0)$ kann einfach mit Hilfe eines Plattenkondensators gemessenen werden, während ϵ_{stat} üblicherweise durch Messung des Brechungsindex bestimmt wird. Die mit Hilfe der LST-Relation bestimmten Werte von ω_L stimmen sehr gut mit den durch inelastische Neutronenbeugung direkt erhaltenen Werten von ω_L überein. Die Abweichungen liegen meist nur im Prozentbereich.

11.4.2.2 Polaritonen

Wir haben im vorangegangenen Abschnitt gesehen, dass transversale elektromagnetische Wellen transversale optische Gitterschwingungen anregen können, wenn Frequenz und Wellenvektor übereinstimmen. Wir haben aber unsere Diskussion dann auf $q \simeq 0$ beschränkt. Wir erweitern nun unsere Betrachtung auf $q > 0$. Dies können wir dadurch tun, dass wir die in (11.4.41) angegebene dielektrische Funktion in die allgemeine Dispersionsrelation (11.4.28) einsetzen. Wir erhalten dann

$$q^2 = \frac{\epsilon_{\text{stat}}}{c^2} \frac{\omega_L^2 - \omega^2}{\omega_T^2 - \omega^2} \omega^2 \,. \tag{11.4.43}$$

In Abb. 11.11 ist die sich daraus ergebende Dispersionsrelation $\omega(q)$ dargestellt. Ebenfalls eingezeichnet sind die Dispersionsrelationen von Photonen und optischen Phononen. Da die Dispersion von Photonen sehr steil verläuft und wir uns deshalb nahe am Zentrum

11.4 Ionische Polarisation

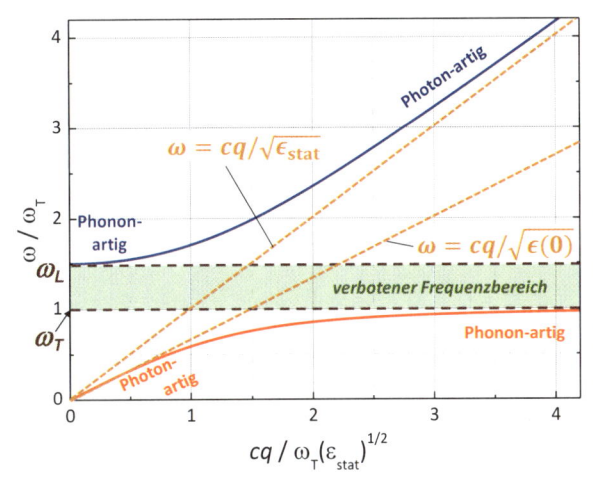

Abb. 11.11: Dispersionsrelation von Polaritonen berechnet nach (11.4.43) für $\omega_L = 1.5\,\omega_T$. Gestrichelt eingezeichnet sind die Dispersionskurven für die optischen Phononen, die in dem gezeigten kleinen Bereich nahe $q = 0$ etwa horizontal verlaufen. Die gepunkteten Geraden zeigen die Dispersion für die Photonen mit unterschiedlichen Ausbreitungsgeschwindigkeiten im Bereich $\omega \ll \omega_T$ und $\omega \gg \omega_L$.

der Brillouin-Zone befinden, wurde für die optischen Phononen $\omega(q) = $ const angenommen. Wir erhalten aus (11.4.43) zwei Dispersionszweige, die durch eine Frequenzlücke zwischen ω_T und ω_L voneinander getrennt sind. In diesem Frequenzbereich erlaubt (11.4.43) keine Lösung mit reellen Werten für ω und q. Im Bereich, in dem Frequenz und Wellenvektor von Photonen und Phononen gut übereinstimmen, liegt eine starke Kopplung von Photon und Phonon vor und wir erhalten eine neue, aus Photon und Phonon zusammengesetzte Anregung, die **Polariton** genannt wird. Entfernen wir uns von diesem Bereich, liegen wieder getrennte Anregungen (Photonen und Phononen) mit ihren jeweiligen Dispersionsrelationen vor. Für die untere Dispersionskurve folgt für $\omega \ll \omega_T$

$$q^2 = \frac{\epsilon_{\text{stat}}}{c^2} \frac{\omega_L^2}{\omega_T^2}\,\omega^2\;. \tag{11.4.44}$$

Verwenden wir die LST-Relation, so ergibt sich

$$\omega = \frac{c}{\sqrt{\epsilon(0)}}\,q\;. \tag{11.4.45}$$

Dies entspricht der Dispersionsrelation von Photonen mit der Ausbreitungsgeschwindigkeit $c/\sqrt{\epsilon(0)}$. Die Kopplung an ein transversales optisches Phonon ist hier nicht möglich, da bei gleicher Wellenzahl die Frequenz des Photons zu klein ist.

Für die obere Dispersionskurve folgt für $\omega \gg \omega_L$

$$\omega = \frac{c}{\sqrt{\epsilon_{\text{stat}}}}\,q\;. \tag{11.4.46}$$

Dies entspricht der Dispersionsrelation von Photonen mit der Ausbreitungsgeschwindigkeit $c/\sqrt{\epsilon_{\text{stat}}}$.

11.5 Orientierungspolarisation

11.5.1 Statische Polarisation

In paraelektrischen Substanzen liegen auch ohne elektrisches Feld elektrische Dipole vor. Diese sind ohne äußeres Feld völlig ungeordnet und werden durch Anlegen eines externen Felds ausgerichtet. In einem Gas wirkt der Ausrichtung vorhandener Dipole nur die Temperaturbewegung entgegen. Bei einem Festkörper ist dies komplizierter, da hier auch Gitterkräfte der Umorientierung von Dipolen entgegenwirken können. Ein Dipol kann zum Beispiel aufgrund eines Kristallfeldes für verschiedenen Orientierungen unterschiedliche potenzielle Energie besitzen. Der Einfluss der Gitterkräfte ist üblicherweise in verschiedenen Festkörpern unterschiedlich stark und kann nicht allgemein angegeben werden. Nur wenn die thermische Energie $k_B T$ größer ist als die durch das Kristallfeld bewirkten Unterschiede der Dipolenergie, kann ein einfacher Zusammenhang zwischen der statischen elektrischen Suszeptibilität eines paraelektrischen Festkörpers und seiner Temperatur angegeben werden. Dieser Zusammenhang kann ganz analog zum Langevinschen Paramagnetismus abgeleitet werden. Die potenzielle Energie eines elektrischen Dipolmoments in einem statischen elektrischen Feld ist gegeben durch

$$E_{\text{pot}} = -\mathbf{p}_{\text{dip}} \cdot \mathbf{E} = -p_{\text{dip}} E \cos\theta , \qquad (11.5.1)$$

wobei θ der Winkel zwischen Dipolmoment und elektrischem Feld ist. Für $p_{\text{dip}} E \ll k_B T$ können die Dipole nur partiell ausgerichtet werden. Sind sie frei beweglich, so lässt sich der Mittelwert der Kosinusfunktion wie beim Paramagnetismus (vergleiche hierzu Abschnitt 12.3.5) zu $\langle \cos\theta \rangle = p_{\text{dip}} E / 3 k_B T$ berechnen. Damit erhalten wir die *Langevin-Debye-Beziehung*

$$\mathbf{P}_{\text{dip}} = \epsilon_0 \chi_{\text{dip}} \mathbf{E} \simeq n_V p_{\text{dip}} \langle \cos\theta \rangle \widehat{\mathbf{E}} \qquad (11.5.2)$$

und damit

$$\chi_{\text{dip}} = \frac{C}{T} \quad \text{mit} \quad C = n_V \frac{p_{\text{dip}}^2}{3 \epsilon_0 k_B} . \qquad (11.5.3)$$

Hierbei ist $\widehat{\mathbf{E}}$ der Einheitsvektor in Feldrichtung. Der Zusammenhang (11.5.3) entspricht dem Curieschen Gesetz für die magnetische Suszeptibilität paramagnetischer Substanzen (vergleiche Abschnitt 12.3.5).

In Festkörpern können die elektrischen Dipolmomente üblicherweise nicht frei rotieren. Sie nehmen vielmehr bevorzugte Orientierungen ein. Nehmen wir an, dass nur zwei bevorzugte Orientierungen vorliegen, so erhalten wir für die Polarisation einen zur Magnetisierung eines Spin-1/2-Systems äquivalenten Ausdruck (vergleiche hierzu Abschnitt 12.3.5):

$$P_{\text{dip}} = n_v p_{\text{dip}} \tanh \frac{p_{\text{dip}} E}{k_B T} \simeq \frac{n_V p_{\text{dip}}^2 E}{k_B T} . \qquad (11.5.4)$$

11.5 Orientierungspolarisation

Hierbei gilt die Näherung nur für $p_{\text{dip}}E \ll k_B T$, da wir in diesem Fall die tanh-Funktion durch ihr Argument nähern können. Für die Suszeptibilität ergibt sich daraus

$$\chi_{\text{dip}} \simeq \frac{C}{T} \quad \text{mit} \quad C = n_V \frac{p_{\text{dip}}^2}{\epsilon_0 k_B} . \tag{11.5.5}$$

Wir sehen, dass dieses Ergebnis bis auf den Faktor $1/3$ mit dem Ausdruck für frei rotierbare Dipole übereinstimmt.

11.5.2 Frequenzabhängige Polarisation

Wir diskutieren im Folgenden die Orientierungspolarisation in einem Wechselfeld. Hier bestimmt die Dynamik der Orientierungsprozesse die frequenzabhängige Suszeptibilität $\chi_{\text{dip}}(\omega)$. Da die permanenten Dipole nicht beliebig schnell umorientiert werden können, erwarten wir, dass $\chi_{\text{dip}}(\omega)$ mit zunehmender Frequenz abnimmt. Um der Trägheit der Dipolmomente Rechnung zu tragen, führen wir eine charakteristische Zeit τ ein, innerhalb derer sich ein Dipol nach Abschalten eines äußeren Feldes wieder umorientiert. Diesen Relaxationsprozess beschreiben wir durch die Differentialgleichung

$$\frac{d\mathbf{P}_{\text{dip}}}{dt} = \frac{\mathbf{P}_{\text{dip}}(0)\, e^{-\imath \omega t} - \mathbf{P}_{\text{dip}}(\omega)}{\tau} . \tag{11.5.6}$$

Hierbei ist $\mathbf{P}_{\text{dip}}(0)$ die statische Orientierungspolarisation, die wir für $\omega \to 0$ erhalten, und $\mathbf{P}_{\text{dip}}(0)\, e^{-\imath \omega t}$ derjenige Wert, den $\mathbf{P}_{\text{dip}}$ bei verschwindend kleiner Relaxationszeit τ in einem Wechselfeld annehmen würde. Gleichung (11.5.6) besagt, dass die zeitliche Änderung $d\mathbf{P}_{\text{dip}}/dt$ umso größer ist, je größer die Abweichung des tatsächlichen Werts $\mathbf{P}_{\text{dip}}(\omega)$ vom idealen Wert $\mathbf{P}_{\text{dip}}(0)\, e^{-\imath \omega t}$ bei verschwindend kleiner Relaxationszeit und je kleiner die Relaxationszeit τ ist. Würden wir zum Beispiel zur Zeit $t = 0$ sprungartig ein elektrisches Feld anlegen, so würde die Polarisation gemäß $\mathbf{P}(t) = \mathbf{P}_{\text{dip}}[1 - \exp(-t/\tau)]$ exponentiell ansteigen, bis der dem angelegten Feld entsprechende neue Gleichgewichtswert $\mathbf{P}_{\text{dip}}$ erreicht ist.

Mit dem Ansatz

$$\mathbf{P}_{\text{dip}}(\omega) = \epsilon_0 \left[\chi_{\text{dip}}^{\text{r}}(\omega) + \imath \chi_{\text{dip}}^{\text{i}}(\omega) \right] \mathbf{E}_0\, e^{-\imath \omega t} \tag{11.5.7}$$

und der statischen Polarisation

$$\mathbf{P}_{\text{dip}}(0) = \epsilon_0 \chi_{\text{dip}}(0)\, \mathbf{E}_0 \tag{11.5.8}$$

erhalten wir durch Einsetzen in (11.5.6)

$$-\imath \omega \left[\chi_{\text{dip}}^{\text{r}}(\omega) + \imath \chi_{\text{dip}}^{\text{i}}(\omega) \right] = \frac{\chi_{\text{dip}}(0) - \left[\chi_{\text{dip}}^{\text{r}}(\omega) + \imath \chi_{\text{dip}}^{\text{i}}(\omega) \right]}{\tau} . \tag{11.5.9}$$

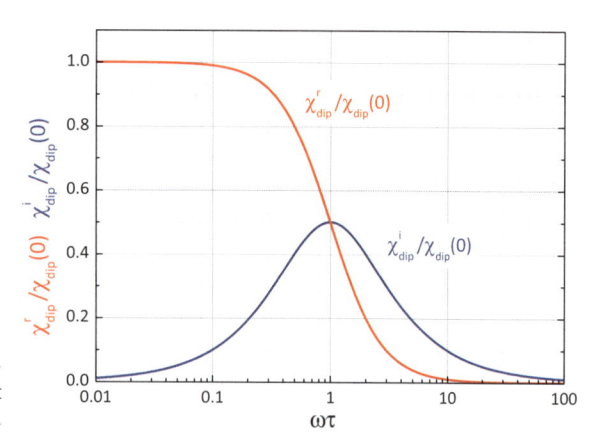

Abb. 11.12: Real- und Imaginärteil der elektrischen Suszeptibilität durch Orientierungspolarisation.

Für den Real- und Imaginärteil von $\chi_{\text{dip}}(\omega)$ ergeben sich daraus die so genannten *Debyeschen Formeln*

$$\chi^{\text{r}}_{\text{dip}}(\omega) = \frac{1}{1 + \omega^2 \tau^2} \chi_{\text{dip}}(0) \tag{11.5.10}$$

$$\chi^{\text{i}}_{\text{dip}}(\omega) = \frac{\omega \tau}{1 + \omega^2 \tau^2} \chi_{\text{dip}}(0) \,. \tag{11.5.11}$$

In Abb. 11.12 sind diese Abhängigkeiten auf einer logarithmischen Frequenzskala aufgetragen. Für $\omega\tau \ll 1$ können die elektrischen Dipole dem angelegten elektrischen Feld instantan ohne Phasenverzögerung folgen und wir erhalten $\chi^{\text{r}}_{\text{dip}}(\omega) = \chi_{\text{dip}}(0)$. Ferner ist $\chi^{\text{i}}_{\text{dip}}(\omega) = 0$, d. h. die dielektrischen Verluste sind verschwindend klein. Mit steigender Frequenz nimmt dann $\chi^{\text{r}}_{\text{dip}}(\omega)$ kontinuierlich ab und $\chi^{\text{i}}_{\text{dip}}(\omega)$ gleichzeitig zu. Bei $\omega\tau = 1$ ist $\chi^{\text{r}}_{\text{dip}}(\omega)$ auf 1/2 abgefallen und $\chi^{\text{i}}_{\text{dip}}(\omega)$ hat ein Maximum, d. h. die dielektrischen Verluste sind hier maximal. Für $\omega\tau \gg 1$ gehen sowohl $\chi^{\text{r}}_{\text{dip}}(\omega)$ als auch $\chi^{\text{i}}_{\text{dip}}(\omega)$ gegen null. Hier können die Permanentdipole der schnellen Änderung des elektrischen Feldes nicht folgen und werden deshalb überhaupt nicht mehr ausgerichtet.

Wir haben oben bereits festgestellt, dass ein elektrischer Dipol zum Beispiel aufgrund eines Kristallfeldes für verschiedene Orientierungen unterschiedliche potenzielle Energie besitzen kann. Stellen wir uns die Abhängigkeit der potenziellen Energie vom Orientierungswinkel in einfachster Näherung als Kosinus-Funktion mit Amplitude $E_A/2$ vor, so müssen wir bei einer Umorientierung eines elektrischen Dipolmoments eine Potenzialbarriere der Höhe E_A überwinden. Die zugehörige Rate können wir ausdrücken durch

$$\frac{1}{\tau} = \frac{1}{\tau_0} e^{-E_A/k_B T} \,. \tag{11.5.12}$$

Sie nimmt exponentiell mit höher werdender Potenzialbarriere ab. Für die charakteristische Versuchsfrequenz $1/\tau_0$ können wir die Debye-Frequenz verwenden, da die Moleküle bzw. Atome in den Potenzialmulden mit dieser Frequenz schwingen. Verwenden wir für die Debye-Frequenz den typischen Wert von $10^{14}\,\text{s}^{-1}$, so erhalten wir für eine Potenzialbarriere von etwa 300 mV die Relaxationsrate $1/\tau = 10^9\,\text{s}^{-1}$.

11.6 Dielektrische Eigenschaften von Metallen und Halbleitern

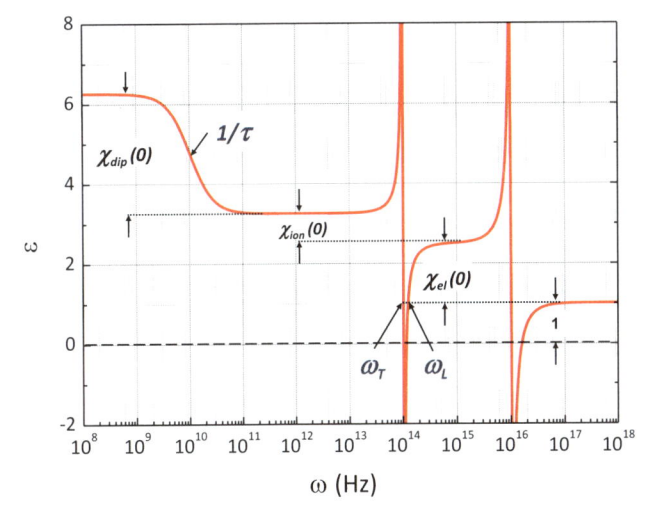

Abb. 11.13: Schematischer Verlauf der Frequenzabhängigkeit der dielektrischen Funktion für einen paraelektrischen Ionenkristall mit $1/\tau = 10^{10}$ Hz, $\omega_T = 10^{14}$ Hz, $\omega_L = 1.5 \times 10^{14}$ Hz, $\omega_{ik} = 10^{16}$ Hz, $\chi_{\text{dip}}(0) = 3$ und $\varepsilon_{\text{stat}} = 1.5$.

Aufgrund der exponentiellen Abhängigkeit von der Temperatur und der Höhe der Potenzialbarriere kann die Relaxationsrate $1/\tau$ der Orientierungspolarisation Werte über einen weiten Bereich annehmen. Typische Werte liegen im Bereich zwischen 10^8 bis 10^{10} Hz und damit üblicherweise weit unterhalb der charakteristischen Frequenzen ω_T und ω_L der optischen Phononen ($\sim 10^{13} - 10^{14}$ Hz). Diese liegen wiederum weit unterhalb der charakteristischen Frequenzen ω_{ik} der elektronischen Polarisation ($\sim 10^{16}$ Hz). Die gesamte dielektrische Funktion eines paraelektrischen Ionenkristalls, in dem alle drei Polarisationsprozesse zum Tragen kommen, erhalten wir dadurch, dass wir die drei Beiträge einfach aufsummieren. Wir erhalten dann insgesamt den in Abb. 11.13 gezeigten charakteristischen Verlauf der dielektrischen Funktion.

11.6 Dielektrische Eigenschaften von Metallen und Halbleitern

Wir haben bei den einleitenden Bemerkungen in Abschnitt 11.3 bereits darauf hingewiesen, dass bei Metallen und Halbleitern im Gegensatz zu Isolatoren durch die Wirkung eines elektromagnetischen Feldes nicht nur Interband-, sondern auch Intraband-Übergänge, also Übergänge zwischen besetzten und unbesetzten Zuständen desselben Bandes auftreten. Klassisch kann ein Intraband-Übergang als Beschleunigung eines Ladungsträgers durch das elektrische Wechselfeld der einfallenden Strahlung aufgefasst werden. Ein wichtiger Unterschied bei der Wechselwirkung eines elektromagnetischen Feldes mit Elektronen in Metallen und Isolatoren ist, dass für die Leitungelektronen in Metallen keine Rückstellkräfte auftreten, da wir es mit quasi-freien Elektronen zu tun haben. Die durch das periodische Kristallpotenzial bedingten Kräfte werden durch eine effektive Elektronenmasse m^* berücksichtigt. Natürlich sind nicht alle Elektronen in Metallen frei. Für die an die Ionenrümpfe gebundenen Elektronen können wir eine völlig analoge Betrachtung wie in Abschnitt 11.3 machen.

Wir müssen hier jetzt noch den Beitrag der freien Elektronen zur dielektrischen Funktion diskutieren.

11.6.1 Dielektrische Funktion eines freien Elektronengases

Wir betrachten zuerst ein freies Elektronengas unter der Wirkung eines elektrischen Wechselfeldes im Grenzfall großer Wellenlängen ($q \to 0$). Die Bewegung der Leitungselektronen können wir durch folgende einfache Bewegungsgleichung beschreiben:

$$m^* \frac{d^2 x}{dt^2} + \frac{m^*}{\tau} \frac{dx}{dt} = -eE_0 \, e^{-\imath \omega t} \, . \tag{11.6.1}$$

Hierbei ist x die homogene Auslenkung der Elektronen in x-Richtung gegenüber den positiven Ionenrümpfen. Der Term auf der rechten Seite beschreibt die antreibende Kraft, der erste Term auf der linken Seite den Trägheitsterm und der zweite einen Reibungs- bzw. Dämpfungsterm. Dieser kommt durch die Stoßprozesse der Elektronen mit der mittleren Stoßzeit τ zustande. Da wir es mit vollkommen freien Elektronen zu tun haben, fehlt die Rückstellkraft $kx = m^* \omega_0^2 x$, die zu einer charakteristischen Schwingungsfrequenz ω_0 führen würde.

Gleichung (11.6.1) hat die Lösung

$$x(t) = \frac{e}{m^*} \frac{1}{\omega \left(\omega + \imath \frac{1}{\tau} \right)} E_0 \, e^{-\imath \omega t} \, . \tag{11.6.2}$$

Die sich aus der Verschiebung $x(t)$ der Leitungselektronen relativ zu den positiven Ionenrümpfen ergebende Polarisation ist

$$P_\text{L}(t) = -e n_V x(t) = -\frac{n_V e^2}{m^*} \frac{1}{\omega \left(\omega + \imath \frac{1}{\tau} \right)} E_0 \, e^{-\imath \omega t} \, . \tag{11.6.3}$$

Hierbei ist n_V die Dichte der Leitungselektronen. Für den Beitrag der Leitungelektronen zur elektrischen Suszeptibilität erhalten wir damit

$$\chi_L(\omega) = \frac{P_\text{L}}{\epsilon_0 E} = -\frac{n_V e^2}{\epsilon_0 m^*} \frac{1}{\omega \left(\omega + \imath \frac{1}{\tau} \right)} \, . \tag{11.6.4}$$

Die gesamte dielektrische Funktion eines Metalls erhalten wir als Summe aus dem Beitrag der gebundenen und vollkommen freien Elektronen zu

$$\epsilon(\omega) = 1 + \chi_\text{el}(\omega) + \chi_L(\omega) = \epsilon_\text{el}(\omega) + \chi_L(\omega) \, . \tag{11.6.5}$$

Hierbei ist ϵ_el der Beitrag der an die Ionenrümpfe gebundenen Elektronen, der durch (11.3.45) gegeben ist. Setzen wir (11.6.4) in (11.6.5) ein, so erhalten wir

$$\epsilon(\omega) = \epsilon_\text{el}(\omega) \left[1 - \frac{n_V e^2}{\epsilon_0 \epsilon_\text{el}(\omega) m^*} \frac{1}{\omega \left(\omega + \imath \frac{1}{\tau} \right)} \right]$$

$$= \epsilon_\text{el}(\omega) \left[1 - \omega_\text{p}^2 \tau^2 \frac{1 - \frac{\imath}{\omega \tau}}{1 + \omega^2 \tau^2} \right] \, . \tag{11.6.6}$$

11.6 Dielektrische Eigenschaften von Metallen und Halbleitern

Hierbei ist

$$\omega_p = \sqrt{\frac{n_V e^2}{\epsilon_0 \epsilon_{el} m^*}} = \sqrt{\frac{\sigma(0)}{\epsilon_0 \epsilon_{el} \tau}} \qquad (11.6.7)$$

die **Plasmafrequenz**, wobei wir den Ausdruck $\sigma(0) = n_V e^2 \tau / m^*$ für die statische elektrische Leitfähigkeit benutzt haben. Wir werden weiter unten sehen, dass die charakteristische Frequenz ω_p, für die im Fall schwacher Dämpfung ($\omega\tau \gg 1$) nach (11.6.6) $\epsilon(\omega_p) = 0$ gilt, gerade der Eigenfrequenz longitudinaler Plasmaschwingungen des Elektronengases entspricht. Für Metalle mit Ladungsträgerdichten im Bereich von 10^{22} cm^{-3} liegt die Plasmafrequenz im UV-Bereich ($\omega_p \simeq 10^{15} - 10^{16}$ Hz), für Halbleiter, die weit geringere Ladungsträgerdichten besitzen, ist die Plasmafrequenz entsprechend niedriger. Für $n_V = 10^{18}$ cm^{-3} ist $\omega_p \simeq 5 \times 10^{13}$ Hz, für $n_V = 10^{10}$ cm^{-3} nur etwa 5×10^9 Hz.

Teilen wir (11.6.6) in Realteil und Imaginärteil auf, so erhalten wir

$$\epsilon_r(\omega) = \epsilon_{el}(\omega)\left(1 - \frac{\omega_p^2}{\omega^2}\frac{\omega^2\tau^2}{1+\omega^2\tau^2}\right) = \epsilon_{el}(\omega)\left(1 - \frac{\sigma(0)}{\epsilon_0\epsilon_{el}(\omega)\omega}\frac{\omega\tau}{1+\omega^2\tau^2}\right)$$

$$\epsilon_i(\omega) = \epsilon_{el}(\omega)\left(\frac{\omega_p^2}{\omega^2}\frac{\omega\tau}{1+\omega^2\tau^2}\right) = \epsilon_{el}(\omega)\left(\frac{\sigma(0)}{\epsilon_0\epsilon_{el}(\omega)\omega}\frac{1}{1+\omega^2\tau^2}\right). \qquad (11.6.8)$$

Diese Ausdrücke entsprechen den mit dem Lorentzschen Oszillator-Modell abgeleiteten Ausdrücken [vergleiche (11.3.10) und (11.3.11)] für $\omega_0 \to 0$ und $\Gamma = 1/\tau$. Dies ist einfach verständlich. Da wir für freie Elektronen keine Rückstellkräfte haben, geht die charakteristische Schwingungsfrequenz gegen null. Die Linienbreite Γ wird durch Streuprozesse mit der Rate $1/\tau$ verursacht. Die Streuzeit τ liegt bei Metallen typischerweise im Bereich von 10^{-13} bis 10^{-14} s. Wir können drei Frequenzbereiche unterscheiden:

1. $\omega\tau \ll 1$:
   In diesem niederfrequenten Bereich gilt neben $\omega\tau \ll 1$ auch $\sigma(0)/\epsilon_0\epsilon_{el}\omega \gg 1$. Der Imaginärteil der dielektrischen Funktion ist wesentlich größer als der Realteil und wir erhalten deshalb aus $\tilde{n}^2 = n^2 + 2\imath n\kappa - \kappa^2 = \epsilon_r(\omega) + \imath\epsilon_i(\omega)$ näherungsweise $n^2 \simeq \kappa^2$ und $2n\kappa \simeq 2\kappa^2 \simeq \frac{\sigma(0)}{\epsilon_0\omega}$, also

$$n \simeq \kappa \simeq \sqrt{\frac{\sigma(0)}{2\epsilon_0\omega}}. \qquad (11.6.9)$$

Den Reflexionskoeffizienten (11.1.34) schreiben wir in der Form $R = 1 - (4n/[(n+1)^2 + \kappa^2])$, was sich für $n \simeq \kappa \gg 1$ durch $R \simeq 1 - 2/n$ annähern lässt. Wir erhalten dann die so genannte **Hagen-Rubens-Relation**

$$R \simeq 1 - 2\sqrt{\frac{2\epsilon_0\omega}{\sigma(0)}}. \qquad (11.6.10)$$

Wir sehen, dass die Abweichung vom idealen Reflexionsvermögen $R = 1$ umso geringer ist, je höher die Leitfähigkeit eines Metalls ist. Für Silber mit einer Leitfähigkeit von $6.25 \times 10^7\,\Omega^{-1}\,\text{m}^{-1}$ erhalten wir im Infraroten bei einer Frequenz von $10^{13}\,\text{s}^{-1}$ nach (11.6.10) ein Reflexionsvermögen von $R = 0.997$, also einen Wert sehr nahe bei eins. Selbst im sichtbaren Bereich ist $R > 0.96$.

Nach (11.1.29) ist die elektromagnetische Welle im Metall nach der Strecke $\delta = c/\omega\kappa$ auf $1/e$-tel des Anfangswerts abgefallen. Wir nennen diese Strecke die *Skin-Eindringtiefe*. Sie ist gegeben durch

$$\delta \simeq \sqrt{\frac{2}{\sigma(0)\mu_0\omega}}, \qquad (11.6.11)$$

wobei wir $1/c^2 = \epsilon_0\mu_0$ verwendet haben.

2. $1/\tau \ll \omega \ll \omega_\text{p}$:

Dies ist der so genannte *Relaxationsbereich*, in dem der Term $\omega^2\tau^2$ im Nenner von (11.6.8) das Übergewicht bekommt. Der Imaginärteil der dielektrischen Funktion wird kleiner als der Realteil. Letzterer ist aber immer noch negativ. Wir erhalten

$$\epsilon_\text{r}(\omega) = \epsilon_\text{el}(\omega)\left(1 - \frac{\omega_\text{p}^2}{\omega^2}\right) \qquad (11.6.12)$$

$$\epsilon_\text{i}(\omega) = \epsilon_\text{el}(\omega)\left(\frac{\omega_\text{p}^2}{\omega^3\tau}\right). \qquad (11.6.13)$$

Wir können in diesem Frequenzbereich gut die Näherung $\epsilon(\omega) \simeq -\epsilon_\text{el}(\omega)\omega_\text{p}^2/\omega^2 = -\sigma(0)/\epsilon_0\omega^2\tau$ benutzen und erhalten $\tilde{n} = n + \imath\kappa \simeq \imath\sqrt{\epsilon_\text{el}(\omega)}\,\omega_\text{p}/\omega \simeq \imath\sqrt{\sigma(0)/\epsilon_0\tau}\cdot 1/\omega$. Der Absorptionsindex κ nimmt deshalb proportional zu $1/\omega$ ab und ist erstaunlicherweise proportional zur Leitfähigkeit.

3. $\omega \gg \omega_\text{p}$:

In diesem Frequenzbereich wird der Realteil der dielektrischen Funktion positiv. Wir erhalten

$$\tilde{n} \simeq \sqrt{\epsilon_\text{el}(\omega)} \qquad (11.6.14)$$

und das Reflexionsvermögen sinkt auf null ab, da für sehr hohe Frequenzen $\epsilon_\text{r,el}(\omega) \to 1$ und $\epsilon_\text{i,el}(\omega) \to 0$. Das heißt, das Metall wird mehr oder weniger transparent mit einem Absorptionskoeffizienten

$$K = \frac{\epsilon_\text{i}\omega}{c} \simeq \frac{\omega_\text{p}^2}{\omega^2\tau c} \ll 1. \qquad (11.6.15)$$

Der Verlauf von $\epsilon(\omega)$ und das daraus resultierende Reflexionsvermögen $R(\omega)$ von Metallen ist in Abb. 11.14 dargestellt. Für $\omega < \omega_\text{p}$ wird eine auf ein Metall auftreffende elektromagnetische Welle totalreflektiert. Da für Metalle ω_p im UV-Bereich liegt, wird sichtbares Licht von Metallen üblicherweise gut reflektiert, weshalb Metalle glänzend erscheinen.[25]

---

[25] Das gleiche Phänomen wird beim Kurzwellenfunk ausgenutzt. Da unsere Ionosphäre ein Plasma darstellt, wird diese unterhalb eines bestimmten Frequenzbereichs totalreflektierend. Langwellige Radiowellen werden deshalb an der Ionosphäre totalreflektiert.

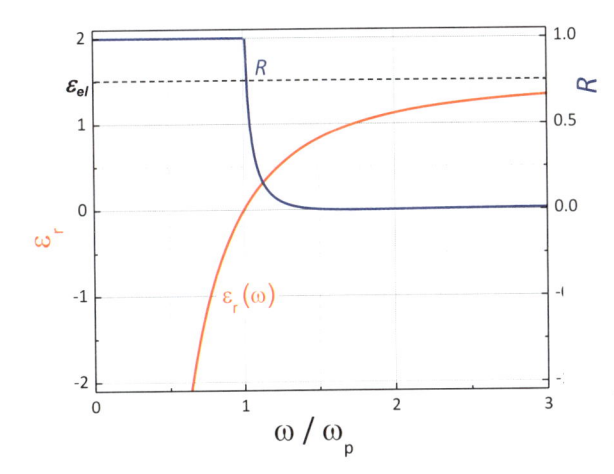

11.6 Dielektrische Eigenschaften von Metallen und Halbleitern

Abb. 11.14: Realteil der dielektrischen Funktion und Reflexionsvermögen R eines Metalls bzw. eines Halbleiters.

Für $\omega > \omega_p$ ist dagegen $\epsilon(\omega)$ positiv und das Metall wird, da, gleichzeitig der Absorptionskoeffizient $\kappa \simeq 0$ ist, für elektromagnetische Strahlung durchlässig. Dies trifft z. B. für Alkali-Metalle im UV-Bereich zu. Der in Abb. 11.14 gezeigte Verlauf von ϵ_r und R wird experimentell für Metalle und Halbleiter meistens nicht beobachtet, da sich der Antwort des Elektronensystems durch Intraband-Übergänge auch immer noch Beiträge durch Interbandübergänge überlagern (siehe hierzu Abschnitt 11.6.4). Experimentelle Daten zum Reflexionsvermögen R von Metallen sind in Abb. 11.15 gezeigt.

Da in Halbleitermaterialien die Ladungsträgerdichte über die Dotierung in weiten Grenzen variiert werden kann, kann die Plasmafrequenz auf einen gewünschten Wert eingestellt

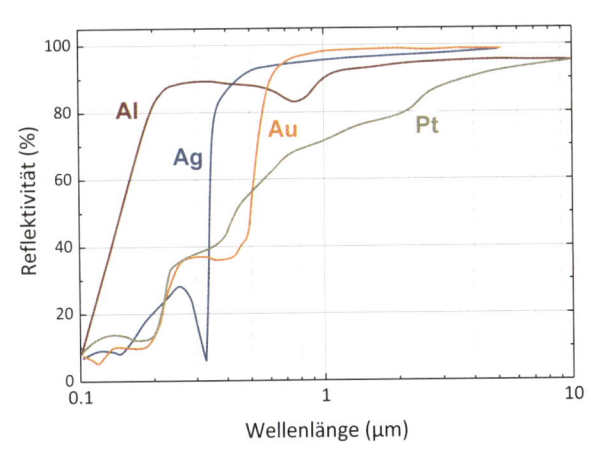

Abb. 11.15: Reflektivität von verschiedenen Metallen als Funktion der Wellenlänge der elektromagnetischen Strahlung. Aus dem steilen Abfall der Reflektivität unterhalb einer bestimmten Grenzwellenlänge λ_p kann die Plasmafrequenz des Metalls zu $\omega_p = 2\pi c/\lambda_p$ abgeschätzt werden.

Die Ionosphäre erstreckt sich in einer Höhe zwischen etwa 50 und mehr als 1500 km über der Erdoberfläche. Die Elektronenkonzentration in den Schichten der Ionosphäre reagiert sehr sensibel auf die solare Aktivität. Tagsüber sind die D-Schicht in 50 bis 90 km Höhe und die E-Schicht in etwa 85 bis 140 km Höhe präsent. In der nachts vorhandenen F-Schicht ist die Elektronenkonzentration am größten in Höhen zwischen 200 und 600 km. Tagsüber bilden sich oft zwei Maxima aus, dabei ist die F1-Schicht die schwächer ausgebildete und der Erde näher als die F2-Schicht.

werden. Dies wird technisch ausgenutzt. So können Materialien hergestellt werden, die im sichtbaren Bereich durchlässig sind, im infraroten Bereich aber bereits reflektieren. Dies kann zum Beispiel dazu benutzt werden, die Wärmedämmung von Fensterglas zu optimieren oder die Wärmeisolation von Na-Dampflampen zu vergrößern. Hierzu werden auf Glas dünne Schichten von zum Beispiel Sb dotiertem SiO_2 oder Sn dotiertem In_2O_3 (ITO: Indium Tin Oxide) mit Ladungsträgerdichten im Bereich von typischerweise 10^{20} bis 10^{21} cm^{-3} aufgebracht. Weitere Anwendungsgebiete sind optisch transparente aber elektrisch leitende Schichten auf Solarzellen oder LCD-Displays.

11.6.2 Longitudinale Plasmaschwingungen: Plasmonen

Für isolierende Ionenkristalle erhielten wir in Abschnitt 11.4 für den Frequenzbereich $\omega_T < \omega < \omega_L$ einen Bereich mit negativer Dielektrizitätskonstante und damit Totalreflexion. Für Metalle erhalten wir nun ebenfalls einen Bereich mit negativer Dielektrizitätskonstante für $0 < \omega < \omega_p$. Es liegt also nahe, der Transversalschwingung des Elektronengases den Frequenzwert null zuzuordnen und die Plasmafrequenz ω_p mit der Eigenfrequenz der longitudinalen Eigenschwingung des Elektronengases zu identifizieren. Zunächst können wir festhalten, dass sich in einem freien Elektronengas genauso wie in einem normalen Gas keine transversalen Eigenschwingungen ausbilden können, da die entsprechenden Rückstellkräfte fehlen. Wir können deshalb den Leitungselektronen tatsächlich die transversale Eigenfrequenz $\omega_T = 0$ zuordnen.

Wir wollen nun noch zeigen, dass ω_p in der Tat die Eigenfrequenz der Longitudinalschwingung eines Elektronengases ist. Dazu gehen wir von einem Metall aus, in dem die Elektronen frei beweglich sind und die positiven Ionen einen starren Ladungshintergrund bilden. Im Gleichgewichtszustand ist das resultierende Plasma feldfrei und elektrisch neutral. Sobald die Elektronen durch ein externes Feld aus ihren Gleichgewichtspositionen ausgelenkt werden, wird die Ladungsneutralität aufgehoben und es treten rücktreibende Kräfte auf. Diese führen zu Plasmaschwingungen.

Wir betrachten zunächst den langwelligen Grenzfall $q = 0$, das heißt, den Fall einer gleichförmigen Auslenkung aller Leitungselektronen. In der in Abb. 11.16 gezeigten Anordnung führt die gleichförmige Auslenkung s der Elektronen in einer dünnen Metallplatte zu einer Flächenladungsdichte $\rho_A = -n_V e s$ auf der oberen und $\rho_A = +n_V e s$ auf der unteren Seite der Metallplatte.[26] Es entsteht dadurch ein elektrisches Feld $E = n_V e s/\epsilon_0$, welches auf jedes Elektron die rücktreibende Kraft

$$F = -eE = -\frac{n_V e^2}{\epsilon_0} s \qquad (11.6.16)$$

---

[26] Wir können uns dies leicht dadurch erklären, dass wir die Elektronen gegenüber den ortsfesten Ionenrümpfen des Kristallgitters geringfügig nach oben verschieben. Fast überall innerhalb der Metallplatte herrscht dann nach wie vor Ladungsneutralität. Nur an der Oberseite wird die Ladung der verschobenen Elektronen nicht durch die Ionenrümpfe kompensiert, wodurch eine negative Flächenladung resultiert. An der Unterseite bleiben die positiven Ionen zurück und resultieren in einer gleich großen positiven Flächenladung.

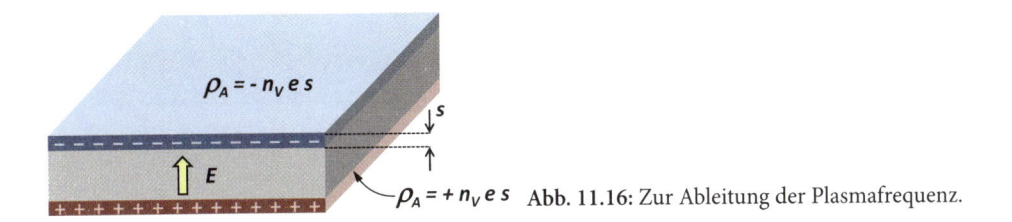

11.6 Dielektrische Eigenschaften von Metallen und Halbleitern

Abb. 11.16: Zur Ableitung der Plasmafrequenz.

erzeugt. Vernachlässigen wir Reibungsterme, so lautet die entsprechende Bewegungsgleichung

$$m^* \frac{d^2 s}{dt^2} + \frac{n_V e^2}{\epsilon_0} s = 0 \,. \tag{11.6.17}$$

Dies ist die Bewegungsgleichung eines harmonischen Oszillators mit der Eigenfrequenz

$$\widetilde{\omega}_\mathrm{p} = \sqrt{\frac{n_V e^2}{\epsilon_0 m^*}} \,. \tag{11.6.18}$$

Diese Frequenz stimmt mit der Frequenz ω_p aus (11.6.7) bis auf die durch die elektronische Polarisation der Gitteratome bedingte Größe ϵ_el überein.

Bei einer Plasmaschwingung handelt es sich um eine kollektive Anregung der Leitungselektronen. Die Quanten dieser Anregung nennen wir **Plasmonen**. Da ihre Energie für Metalle im Bereich von 10 eV liegt (siehe Tabelle 11.3), können Plasmonen nicht thermisch angeregt werden. Eine Anregung mit transversalen elektromagnetischen Wellen ist auch nicht möglich. Ihre Anregung erfolgt üblicherweise durch Wechselwirkung des Elektronengases mit schnellen elektrisch geladenen Teilchen.[27] So lassen sich Plasmonen durch Messung des Energieverlusts von schnellen Elektronen (einige keV) beim Durchgang durch dünne Metallfolien nachweisen. Ein typisches experimentelles Ergebnis ist in Abb. 11.17 gezeigt. Die Plasmonenenergie manifestiert sich dabei im Energieverlustspektrum der transmittierten Elektronen durch charakteristische Strukturen bei der Energie $\hbar\omega_\mathrm{p}$ und ganzzahligen Vielfachen dieser Energie.

Neben den hier diskutierten **Volumenplasmonen** werden in Experimenten meist immer auch **Oberflächenplasmonen** beobachtet. Bei Letzteren ist die kollektive Elektronenbewegung an der Oberfläche lokalisiert. Da das damit verbundene elektrische Feld teilweise im Vakuum verläuft, besitzen die Oberflächenplasmonen eine niedrigere Energie und wechselwirken stark mit elektromagnetischen Wellen.[28] Oberflächenplasmonen spielen eine wichtige Rolle in der oberflächenverstärkten Raman-Spektroskopie und der Erklärung von Anomalien

Tabelle 11.3: Volumenplasmonenenergie und Plasmonenfrequenz einiger Metalle und Halbleiter.

Material	Li	Na	K	Mg	Cu	Ag	Zn	Al	Si	Ge
$\hbar\omega_\mathrm{p}$ (eV)	7.12	5.71	3.72	10.6	7.5	3.9	10.1	15.3	16.6	16.2
ω_p (10^{15} 1/s)	10.86	8.71	5.67	16.17	11.44	5.95	15.41	23.34	25.33	24.71

---

[27] R. H. Ritchie, *Plasma Losses by Fast Electrons in Thin Films*, Phys. Rev. **106**, 874–881 (1957).
[28] S. Maier, *Plasmonics: Fundamentals and Applications*, Springer Verlag, Berlin (2007).

Abb. 11.17: Energieverlust von schnellen Elektronen beim Durchgang durch Al. Es werden Maxima in der Intensität für Energieverluste beobachtet, die der Anregung von Oberflächen- und Volumenplasmonen entsprechen. Die Maxima bei höheren Energieverlusten entsprechen Mehrfachanregungen (nach C. J. Powell, Phys. Rev. **175**, 972–982 (1968)).

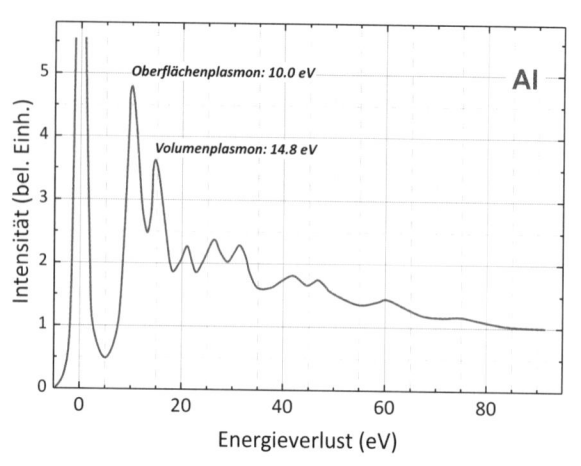

in der Beugung von Metallgittern (Wood Anomalien[29]). In jüngster Vergangenheit wurden Oberflächenplasmonen dazu verwendet, die Farbe von Materialien zu kontrollieren.[30] Dies ist möglich, da die Größe und Form von Nanopartikeln die Art der Oberflächenplasmonen bestimmt, die an sie koppeln und durch sie propagieren können, was wiederum die Wechselwirkung von Licht mit der Oberfläche bestimmt. Dieser Effekt ist von den farbigen Gläsern in mittelalterlichen Kirchen bekannt, bei denen die Farbe durch Nanopartikel bestimmter Größe festgelegt wird.

Wir haben bisher nur die longitudinalen Plasmaschwingungen für den langwelligen Grenzfall $q \to 0$ diskutiert. Für zunehmende Wellenzahl q nimmt die Eigenfrequenz der Plasmaschwingungen zu. Es lässt sich zeigen, dass für kleine Werte von q die Plasmonen die Dispersionsrelation

$$\omega = \omega_\mathrm{p}\left(1 + \frac{3v_\mathrm{F}^2}{10\omega_\mathrm{p}^2}q^2 + \ldots\right) \tag{11.6.19}$$

besitzen. Hierbei ist v_F die Fermi-Geschwindigkeit des Metalls oder Halbleiters. Die Plasmaschwingungen können also bei verschiedenen Wellenlängen auftreten. Die Dispersionsrelation zeigt allerdings, dass die Frequenz nicht stark von q abhängt. Plasmonen neigen dazu, lokalisierte Schwingungen zu bleiben, die sich nur langsam durch den Festkörper fortbewegen.

11.6.3 Erzwungene transversale Plasmaschwingungen: Plasmon-Polaritonen

Wie bei der Diskussion des optischen Verhaltens von Ionenkristallen können wir die Dispersion erzwungener transversaler Wellen beschreiben, indem wir in der allgemeinen Dispersionrelation (11.4.28) elektromagnetischer Wellen näherungsweise den Ausdruck (11.6.12)

---

[29] R. W. Wood, *On a remarkable case of uneven distribution of light in a diffraction grating spectrum*, Phil. Mag. **4**, 396–402 (1902).

[30] H. Atwater, *The Promise of Plasmonics*, Scientific American **296**, 56–63 (2007).

11.6 Dielektrische Eigenschaften von Metallen und Halbleitern

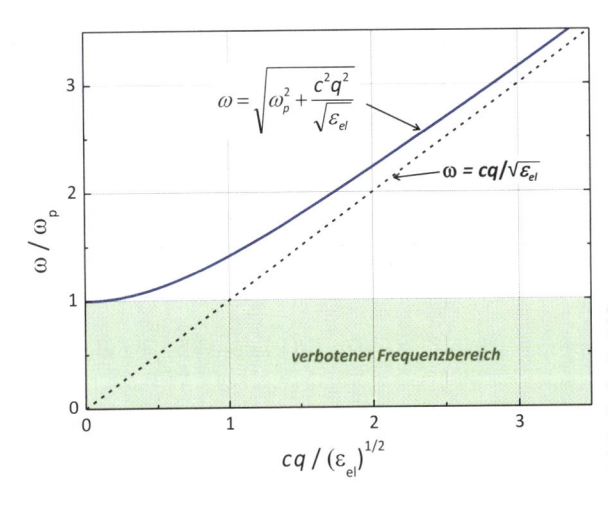

Abb. 11.18: Dispersionsrelation von Plasmon-Polaritonen in einem freien Elektronengas für $\epsilon_{el} = 1.5$. Für $\omega/\omega_p < 1$ tritt ein verbotener Frequenzbereich auf, in dem sich elektromagnetische Wellen nicht in dem Elektronengas ausbreiten können.

für die dielektrische Funktion einsetzen. Damit erhalten wir eine gute Beschreibung der optischen Eigenschaften von Metallen. Es sei aber darauf hingewiesen, dass im infraroten Bereich der volle Ausdruck (11.6.8) verwendet werden muss und damit das Verhalten etwas komplizierter wird.

Mit (11.6.12) erhalten wir

$$q^2 = \frac{\epsilon(\omega)}{c^2} \omega^2 = \epsilon_{el}(\omega) \left(1 - \frac{\omega_p^2}{\omega^2}\right) \frac{\omega^2}{c^2} \tag{11.6.20}$$

und damit

$$\omega^2 = \omega_p^2 + \frac{c^2}{\epsilon_{el}} q^2 . \tag{11.6.21}$$

Für $\omega < \omega_p$ muss $q^2 < 0$ sein, so dass q rein imaginär ist. Wir erhalten in diesem Frequenzbereich Lösungen der Form $e^{-|q|x}$. Wellen in diesem Frequenzbereich können sich also, wie oben bereits diskutiert, im Medium nicht ausbreiten und werden totalreflektiert. Für $\omega > \omega_p$ ist dagegen die dielektrische Funktion positiv und reell und (11.6.21) beschreibt die Dispersion transversaler elektromagnetischer Wellen in einem Plasma. Wir bezeichnen diese Wellen als *Plasmon-Polaritonen*. Der Verlauf der Dispersionskurve ist in Abb. 11.18 gezeigt.

11.6.4 Interband-Übergänge

Bei den meisten Metallen und Halbleitern überlagern Interband-Übergänge die Anregung von Leitungselektronen durch Intrabandübergänge. Dies hat zur Folge, dass die dielektrische Funktion von Metallen und Halbleitern teilweise erheblich von der in Abb. 11.14 gezeigten einfachen Form abweicht. Wir wollen in diesem und im nächsten Abschnitt insbesondere näher auf die optischen Eigenschaften von Halbleitern eingehen, die wir in Grundzügen bereits in Abschnitt 10.1.2 diskutiert haben.

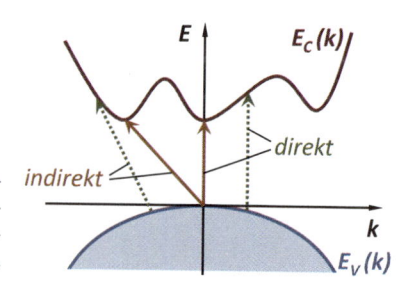

Abb. 11.19: Direkte und indirekte Interband-Übergänge in einem Halbleiter. Die gepunktet gezeichneten Übergänge sind wesentlich unwahrscheinlicher als die durchgezogen gezeichneten.

In Abb. 11.19 sind Interband-Übergänge zwischen Zuständen $E_v(\mathbf{k})$ des Valenzbandes und Zuständen $E_c(\mathbf{k}')$ des Leitungsbandes eines Halbleiters schematisch gezeigt. Wir unterscheiden generell zwischen zwei unterschiedlichen Typen von Übergängen, nämlich *direkten* und *indirekten Übergängen*.

Direkte Übergänge erfolgen durch Absorption von Lichtquanten der Energie $\hbar\omega$ ohne Beteiligung von Phononen. Für die Energie- und Impulserhaltung gilt hier also

$$E_c(\mathbf{k}') = E_v(\mathbf{k}) + \hbar\omega \tag{11.6.22}$$

und

$$\mathbf{k}' = \mathbf{k} + \mathbf{k}_{\text{Photon}}. \tag{11.6.23}$$

Da die Wellenzahl $\mathbf{k}_{\text{Photon}}$ des absorbierten Photons in den meisten Fällen um mehrere Größenordnungen kleiner ist als diejenige der Kristallelektronen, finden direkte Übergänge nur zwischen Elektronenzuständen statt, deren Wellenzahl praktisch gleich ist. Die Übergänge verlaufen deshalb vertikal: $\mathbf{k}' = \mathbf{k}$.

Indirekte Übergänge erfolgen durch Absorption von Lichtquanten der Energie $\hbar\omega$ unter Erzeugung oder Vernichtung von Phononen mit Energie $\hbar\Omega$ und Wellenvektor $\mathbf{q}$. Es gilt dann

$$E_c(\mathbf{k}') = E_v(\mathbf{k}) + \hbar\omega \pm \hbar\Omega \tag{11.6.24}$$

und

$$\mathbf{k}' = \mathbf{k} + \mathbf{k}_{\text{Photon}} \pm \mathbf{q}. \tag{11.6.25}$$

Die Phononen-Energie $\hbar\Omega$ ist üblicherweise um mehrere Größenordnungen kleiner als die Photonen-Energie $\hbar\omega$ und kann deshalb in vielen Fällen vernachlässigt werden. Deshalb unterscheidet sich die Energiebilanz in einem direkten und indirekten Übergang nur geringfügig. Bei den Wellenvektoren können Phononen beliebige Werte innerhalb der 1. Brillouin-Zone besitzen. Deshalb sind im Prinzip beliebige Übergänge zwischen den Energiebändern möglich. Allerdings müssen wir berücksichtigen, dass die Übergangswahrscheinlichkeiten für solche Dreiteilchen-Wechselwirkungen viel geringer sind, so dass indirekte Übergänge nur dann in Absorptions- und Reflexionsspektren von Bedeutung sind, wenn sie nicht von direkten Übergängen überlagert werden.

Zur quantitativen Erklärung des Absorptionskoeffizienten müssen nach Fermis goldener Regel neben den Übergangsmatrixelementen auch die Zustandsdichten der Anfangs- und Endzustände bekannt sein. Variieren die Übergangsmatrixelemente nicht zu stark, haben offensichtlich nur solche Interband-Übergänge ein starkes Gewicht, für die sich Übergänge mit

11.6 Dielektrische Eigenschaften von Metallen und Halbleitern

nahezu gleicher Frequenz häufen. Dies ist z. B. für Übergänge zwischen einem Maximum im Valenzband und einem Minimum im Leitungsband der Fall. Es geht hier die so genannte *kombinierte Zustandsdichte* (vergleiche Abschnitt 10.1.2.2)

$$D_{if}(\hbar\omega) = \frac{1}{(2\pi)^3} \int\limits_{\hbar\omega = E_f - E_i} \frac{dS_{\hbar\omega}}{\left|\mathrm{grad}_k\left[E_f(\mathbf{k}) - E_i(\mathbf{k})\right]\right|} \qquad (11.6.26)$$

ein, die immer dort maximal ist, wo die Bänder i und f parallel zueinander mit Abstand $\hbar\omega$ verlaufen.

11.6.5 Exzitonen

Für Halbleiter erwarten wir bei tiefen Temperaturen, dass eine Absorption elektromagnetischer Strahlung nur dann einsetzt, wenn die Energie der Photonen größer als die Bandlücke E_g des Halbleiters ist, da nur dann Elektronen aus dem Valenzband ins Leitungsband angeregt werden können. Experimentell wird dies aber nicht beobachtet. Man beobachtet vielmehr einen stark strukturierten Einsatz der optischen Absorption bereits bei $\hbar\omega < E_g$. Diese Beobachtung wird durch *Exzitonen* verursacht. Ein Exziton ist ein gebundener Zustand zwischen dem ins Leitungsband angeregten Elektron und dem im Valenzband zurückbleibenden Loch. Da wir dem Loch eine positive Ladung zuordnen können, ist einsichtig, dass sich Elektron und Loch gegenseitig anziehen und einen gebundenen Zustand eingehen. Die Absorption in einem Halbleiter setzt somit nicht bei $\hbar\omega = E_g$, sondern bereits bei $\hbar\omega = E_g - E_{ex}$ ein. Hierbei ist E_{ex} die Bindungsenergie des Exzitons. Wir weisen darauf hin, dass wir bei unserer Diskussion in Kapitel 10 immer angenommen haben, dass bei der Anregung eines Elektrons aus dem Valenzband ins Leitungsband das Elektron im Leitungsband und das Loch im Valenzband nicht wechselwirken.

Man unterschiedet zwischen so genannten *Mott-Wannier-Exzitonen* und *Frenkel-Exzitonen*. Erstere sind nach **Sir Nevill Francis Mott**[31] und **Gregory Wannier**[32], letztere nach **Yakov Frenkel**[33] benannt. Bei Mott-Wannier-Exzitonen ist der Abstand zwischen Elektron und Loch groß gegenüber dem Gitterabstand (siehe Abb. 11.20a). Sie werden beobachtet, wenn die Elektronen nur schwach an die Gitteratome gebunden sind. Dies ist z. B. bei Halbleitern der Fall. Die typischen Bindungsenergien betragen hier einige meV und der Elektron-Loch-Abstand einige nm. Bei Molekül- oder Ionenkristallen beobachtet man dagegen Frenkel-Exzitonen. Aufgrund der starken Coulomb-Wechselwirkung zwischen Elektron und Loch betragen die Bindungsenergien hier etwa 1 eV. Der Elektron-Loch-Abstand ist so klein, dass das Elektron-Loch-Paar am gleichen Gitteratom lokalisiert ist. Aufgrund der Kopplung benachbarter Gitteratome kann sich allerdings ein Frenkel-Exziton genauso wie ein Mott-Wannier-

---

[31] **Sir Nevill Francis Mott**, geboren am 30. September 1905 in Leeds, gestorben am 8. August 1996 in Milton Keynes. Er erhielt 1977 zusammen mit Philip W. Anderson und J. H. Van Vleck den Nobelpreis für Physik für seine Arbeiten zu den elektronischen und magnetischen Eigenschaften von ungeordneten Systemen.

[32] **Gregory Hugh Wannier**, schweizer Physiker, geboren 1911 in Basel, Schweiz, gestorben am 21. Oktober 1983 in Portland, USA.

[33] **Yakov Il'ich Frenkel**, russischer Physiker, geboren am 10. Februar 1894 in Rostov-on-Don, gestorben am 23. Januar 1952 in St. Petersburg.

Abb. 11.20: (a) Mott-Wannier-Exziton als ein über mehrere Gitterabstände ausgedehntes gebundenes Elektron-Loch-Paar. (b) Exziton-Zustände für eine einfache Bandstruktur mit dem Minimum des Leitungsbandes und dem Maximum des Valenzbandes bei **k** = 0.

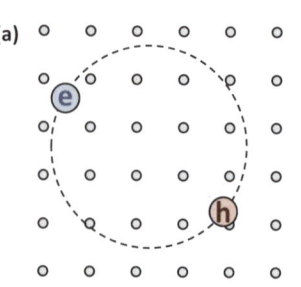

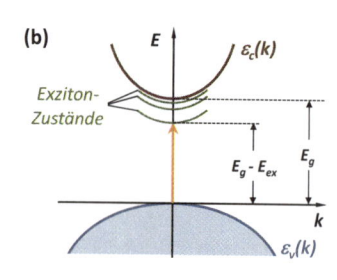

Exziton durch den Kristall bewegen. Fällt das Elektron in das Loch im Valenzband zurück (Rekombination), wird die Bindungsenergie des Exzitons wieder frei.

Wir wollen uns im Folgenden nur mit Mott-Wannier-Exzitonen beschäftigen. Wir können deren Bindungsenergie abschätzen, indem wir das gebundene Elektron-Loch-Paar als wasserstoffähnliches System auffassen, bei dem das Elektron und das Loch um den gemeinsamen Schwerpunkt kreisen (siehe Abb. 11.20a). Die Coulomb-Energie der Wechselwirkung lautet

$$V(|\mathbf{r}_e - \mathbf{r}_h|) = \frac{e^2}{4\pi\epsilon_0\epsilon |\mathbf{r}_e - \mathbf{r}_h|} \,. \tag{11.6.27}$$

Hierbei sind $\mathbf{r}_e$ und $\mathbf{r}_h$ die Koordinaten des Elektrons bzw. des Lochs und ϵ ist die Dielektizitätskonstante des Festkörpers. Die zugehörige Schrödinger-Gleichung erlaubt eine Separation nach Relativ- und Schwerpunktkoordinaten und liefert die Energieigenwerte

$$E_{n,\mathbf{K}} = E_g - \frac{1}{2} \frac{\mu^* e^4}{(4\pi\epsilon_0\epsilon)^2 \hbar^2} \frac{1}{n^2} + \frac{\hbar^2 K^2}{2(m_e^* + m_h^*)}, \qquad n = 1, 2, 3, \ldots \,. \tag{11.6.28}$$

Hierbei erscheint die Energielücke E_g als additive Konstante, da üblicherweise der Energienullpunkt in die Oberkante des Valenzbandes gelegt wird. Der zweite Term entspricht den gebundenen Zuständen eines Wasserstoffatoms, wobei die effektive reduzierte Masse $1/\mu^* = 1/m_e^* + 1/m_h^*$ und die Dielektrizitätskonstante des Festkörpers eingehen. Letztere trägt der Abschirmung des Coulomb-Potenzials durch das umgebende Medium Rechnung. Der dritte Term resultiert aus der Schwerpunktsbewegung des Exzitons mit Wellenvektor **K**.

Da für Halbleiter $\epsilon \sim 10$, liegt die experimentell gemessene Bindungsenergie im Bereich von 1–10 meV (siehe Tabelle 11.4, vergleiche hierzu auch die Diskussion in Abschnitt 10.1.3) und der Bohrsche Radius im nm-Bereich. Dies rechtfertigt unsere einfache Annahme eines Wasserstoff-Modells mit einer makroskopischen Dielektrizitätskonstante.

Tabelle 11.4: Experimentelle Werte für die Bindungsenergie von Exzitonen in meV.

Material	Si	Ge	GaAs	GaP	InP	CdS	ZnS	CdSe
E_{ex} (meV)	14.7	2.8	4.20	3.05	4.00	29	29	15
Material	BaO	ZnO	KI	KCl	KBr	RbCl	AgBr	AgCl
E_{ex} (meV)	56.0	59	480	400	400	440	20	30

In einem optischen Absorptionsexperiment werden wegen des verschwindend kleinen Impulses der Photonen nur Übergänge zwischen Zuständen mit etwa gleichem Wellenvektor

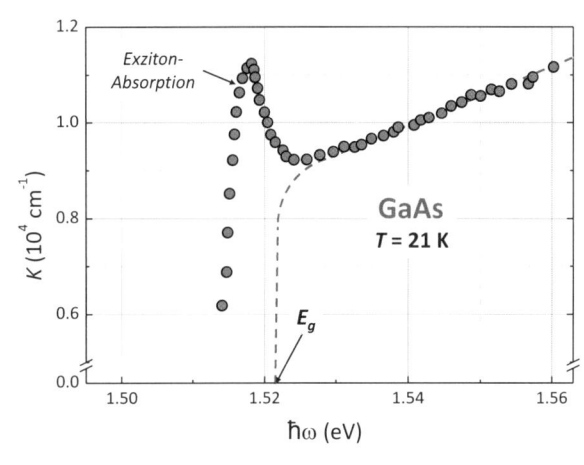

Abb. 11.21: Absorptionskonstante K von GaAs gemessen bei 21 K in der Nähe der Energielücke. Die gestrichelte Kurve deutet das Ergebnis an, das wir ohne die Exziton-Zustände erwarten würden (nach M. D. Sturge, Phys. Rev. **127**, 758 (1962)).

induziert. Das heißt, es können nur Zustände mit $\mathbf{K} = 0$ angeregt werden und der dritte Term in (11.6.28) fällt deshalb weg. Liegen das Valenzbandmaximum und das Leitungsbandminimum beim gleichen $\mathbf{k}$-Wert, so liegen die durch (11.6.28) gegebenen Zustände innerhalb der Energielücke und zwar um E_{ex} unterhalb des Leitungsbandminimums. Dies führt zu einem Absorptionsmaximum, das innerhalb der Bandlücke liegt (siehe Abb. 11.21). Es sei darauf hingewiesen, dass die durch (11.6.28) gegebenen Energien Zweiteilchen-Energieniveaus sind und deshalb schlecht in ein Bandschema eingezeichnet werden können, in dem Einteilchenenergien dargestellt werden. Es ist allerdings möglich, durch Anregung eines Elektrons aus dem Valenzband die Zustände $E_{n,\mathbf{K}}$ zu erreichen, die gerade unterhalb der Bandkante liegen (siehe Abb. 11.20b).

11.7 Elektron-Elektron-Wechselwirkung und Abschirmung in Metallen

Bisher haben wir im Wesentlichen nur die Frequenzabhängigkeit $\epsilon(\omega)$ der dielektrischen Funktion diskutiert. Wir wollen nun in diesem Abschnitt auf die $\mathbf{q}$-Abhängigkeit der dielektrischen Funktion $\epsilon(\mathbf{q}, \omega)$ von Metallen eingehen. Betrachten wir zum Beispiel eine positive Ladung, die wir in ein Gas freier Elektronen einbringen. Das elektrische Feld dieser Ladung fällt schneller als mit $1/r$ ab, da die positive Ladung eine Wolke negativer Ladungen um sich herum ansammelt und dadurch abgeschirmt wird. Diese statische Abschirmung können wir mit einer statischen dielektrischen Funktion $\epsilon(\mathbf{q}, 0)$ beschreiben.

Einen weiteren Aspekt, den wir in diesem Abschnitt ansprechen wollen, ist die Elektron-Elektron-Wechselwirkung. Bei der Diskussion der Bandstruktur von Festkörpern sind wir immer von einem Einelektronenmodell ausgegangen, bei dem sich ein einzelnes, unabhängiges Teilchen in einem wohldefinierten Potenzial bewegt. Eine Wechselwirkung der Elektronen untereinander haben wir nicht berücksichtigt, obwohl wir wissen, dass die zwischen den Ladungen wirkenden Coulomb-Kräfte langreichweitig sind.

11.7.1 Statische Abschirmung

Eine intuitiv verständliche Manifestation der Elektron-Elektron-Wechselwirkung ist die Abschirmung von Ladungen. Wir untersuchen hier zunächst den einfachsten Fall der Abschirmung einer statischen Ladung ($\omega = 0$) in einem freien Elektronengas. Hierzu betrachten wir eine positive Testladung, die wir an eine räumliche feste Position in ein Elektronengas einbringen. Die Ladung zieht negativ geladene Elektronen aus seiner Umgebung an, die dadurch ihr Feld reduzieren – sie schirmen die Ladung ab. Zur mathematischen Behandlung des Problems ist es nützlich, zwei getrennte Potenziale einzuführen. Das erste wird durch die externe positive Ladung verursacht und erfüllt somit die Poisson-Gleichung

$$-\nabla^2 \phi^{\text{ext}}(\mathbf{r}) = \frac{\rho^{\text{ext}}(\mathbf{r})}{\epsilon_0} . \tag{11.7.1}$$

Hierbei ist $\rho^{\text{ext}}(\mathbf{r})$ die Ladungsdichte der eingebrachten Testladung. Durch die angezogenen Elektronen erhalten wir eine induzierte Ladungsdichte $\rho^{\text{ind}}(\mathbf{r})$, die zusammen mit $\rho^{\text{ext}}(\mathbf{r})$ die gesamte Ladungsdichte

$$\rho^{\text{ges}}(\mathbf{r}) = \rho^{\text{ext}}(\mathbf{r}) + \rho^{\text{ind}}(\mathbf{r}) \tag{11.7.2}$$

bildet. Diese ist wiederum mit dem Gesamtpotenzial ϕ^{ges} über die Poisson-Gleichung verbunden:

$$-\nabla^2 \phi^{\text{ges}}(\mathbf{r}) = \frac{\rho^{\text{ges}}(\mathbf{r})}{\epsilon_0} . \tag{11.7.3}$$

Um eine Beziehung zwischen $\phi^{\text{ges}}(\mathbf{r})$ und $\phi^{\text{ext}}(\mathbf{r})$ herzustellen, kommen wir auf die allgemeine Einführung der dielektrischen Funktion in Abschnitt 11.1.1 zurück. Wir machen uns nochmals klar, dass die Quellen der dielektrischen Verschiebung $\mathbf{D}$ die freien Ladungen außerhalb des Mediums sind. Im Gegensatz dazu resultiert das elektrische Feld $\mathbf{E}$ aus der gesamten Ladungsverteilung, die sowohl die freien Ladungen als auch die gebundenen, im Medium induzierten Ladungen einschließt. Diese Tatsache ist in Abb. 11.22 veranschaulicht, wo wir eine homogene, zweidimensionale Ladungsverteilung in eine Metallplatte einbringen. Diese externen Ladungen[34] resultieren in einer Polarisation $\mathbf{P}$ und damit dielektri-

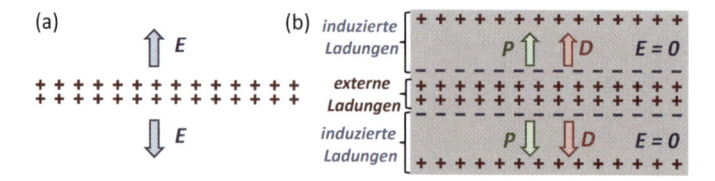

Abb. 11.22: Schematische Darstellung der Abschirmung von Ladungen in Metallen zur Veranschaulichung der Äquivalenz von dielektrischer Verschiebung und $\phi^{\text{ext}}(\mathbf{r})$ sowie elektrischem Feld und $\phi^{\text{ges}}(\mathbf{r})$. (a) Feldverteilung durch eine unendlich ausgedehnte homogene zweidimensionale Ladungsverteilung. (b) Bei Einbringen der „externen" Störladungen in ein Metall wird im Metall eine dielektrische Verschiebung $\mathbf{D}$ erzeugt, deren Quellen die externen Ladungen sind. Das elektrische Feld, dessen Quellen sowohl die externen als auch die induzierten Ladungen sind, verschwindet.

---

[34] Wir weisen darauf hin, dass extern nicht bedeutet, dass die Ladungen sich außerhalb des Metalls befinden sollen, sondern als externe Störung in das Metall eingebracht werden.

11.7 Elektron-Elektron-Wechselwirkung und Abschirmung in Metallen

schen Verschiebung **D** in der Metallplatte, deren Quelle die externe Ladungsverteilung ist. Das elektrische Feld im Innern der Metallplatte ist $\mathbf{E} = (\mathbf{D} - \mathbf{P})/\epsilon_0$. Seine Quellen sind also sowohl die externen Ladungen als auch die im Metall induzierten Ladungen, wodurch das elektrische Feld nach Außen verschwindet. Diese Betrachtung zeigt uns, dass wir $\phi^{\text{ext}}(\mathbf{r})$ mit der dielektrischen Verschiebung, und $\phi^{\text{ges}}(\mathbf{r})$ mit dem elektrischen Feld assoziieren können. Wir können dann die allgemeine Definition der dielektrischen Funktion aus Abschnitt 11.1.1 übernehmen und erhalten für den Zusammenhang zwischen $\phi^{\text{ges}}(\mathbf{r})$ und $\phi^{\text{ext}}(\mathbf{r})$ in Analogie zu (11.1.8)

$$\phi^{\text{ext}}(\mathbf{q}) = \epsilon(\mathbf{q}) \, \phi^{\text{ges}}(\mathbf{q}) \, . \tag{11.7.4}$$

Hierbei haben wir der Einfachheit halber ein räumlich isotropes Medium angenommen, so dass wir anstelle eines Dielektrizitätstensors eine skalare dielektrische Funktion $\epsilon(\mathbf{q})$ verwenden können. Es gilt ferner

$$\epsilon(\mathbf{q}) = \int d^3r \, e^{-i\mathbf{q}\cdot\mathbf{r}} \, \epsilon(\mathbf{r}) \tag{11.7.5}$$

$$\epsilon(\mathbf{r}) = \int \frac{d^3q}{(2\pi)^3} \, e^{+i\mathbf{q}\cdot\mathbf{r}} \, \epsilon(\mathbf{q}) \, . \tag{11.7.6}$$

Gleichung (11.7.4) zeigt, dass jede Fourier-Komponente $\phi^{\text{ges}}(\mathbf{q})$ des Gesamtpotenzials der um den Faktor $1/\epsilon(\mathbf{q})$ abgeschwächten Fourier-Komponente $\phi^{\text{ext}}(\mathbf{q})$ des externen Potenzials entspricht.

Wir wollen nun die Ladungsdichte $\rho^{\text{ind}}(\mathbf{r})$ berechnen, die durch das Gesamtpotenzial $\phi^{\text{ges}}(\mathbf{r})$ im Elektronengas induziert wird. Wir nehmen dabei vereinfachend an, dass $\phi^{\text{ges}}(\mathbf{r})$ und $\rho^{\text{ind}}(\mathbf{r})$ in linearer Weise zusammenhängen. Diese Annahme ist immer dann gerechtfertigt, wenn $\phi^{\text{ges}}(\mathbf{r})$ genügend schwach ist. In diesem Fall können wir den Zusammenhang zwischen ihren Fourier-Komponenten allgemein als

$$\rho^{\text{ind}}(\mathbf{q}) = \chi(\mathbf{q}) \, \phi^{\text{ges}}(\mathbf{q}) \tag{11.7.7}$$

schreiben. Wir müssen jetzt noch den Zusammenhang zwischen $\chi(\mathbf{q})$ und $\epsilon(\mathbf{q})$ herstellen. Hierzu verwenden wir die Fourier-Transformierten der Poisson-Gleichungen (11.7.1) und (11.7.3), die wir wie folgt ausdrücken können:

$$q^2 \phi^{\text{ext}}(\mathbf{q}) = \frac{\rho^{\text{ext}}(\mathbf{q})}{\epsilon_0} \tag{11.7.8}$$

$$q^2 \phi^{\text{ges}}(\mathbf{q}) = \frac{\rho^{\text{ges}}(\mathbf{q})}{\epsilon_0} \, . \tag{11.7.9}$$

Ziehen wir diese beiden Gleichungen voneinander ab und verwenden $\rho^{\text{ind}}(\mathbf{q}) = \rho^{\text{ges}}(\mathbf{q}) - \rho^{\text{ext}}(\mathbf{q})$ sowie (11.7.7), so erhalten wir

$$\epsilon_0 q^2 \left[\phi^{\text{ges}}(\mathbf{q}) - \phi^{\text{ext}}(\mathbf{q}) \right] = \rho^{\text{ind}}(\mathbf{q}) = \chi(\mathbf{q}) \, \phi^{\text{ges}}(\mathbf{q}) \, . \tag{11.7.10}$$

Lösen wir nach $\phi^{\text{ges}}(\mathbf{q})$ auf, so ergibt sich

$$\phi^{\text{ges}}(\mathbf{q}) = \frac{\phi^{\text{ext}}(\mathbf{q})}{1 - \frac{1}{\epsilon_0 q^2} \chi(\mathbf{q})} \tag{11.7.11}$$

und schließlich durch Vergleich mit (11.7.4)

$$\epsilon(\mathbf{q}) = 1 - \frac{1}{\epsilon_0 q^2} \chi(\mathbf{q}) = 1 - \frac{1}{\epsilon_0 q^2} \frac{\rho^{\text{ind}}(\mathbf{q})}{\phi^{\text{ges}}(\mathbf{q})}. \qquad (11.7.12)$$

Aufgrund der gemachten Annahmen ist dieser Ausdruck für $\epsilon(\mathbf{q})$ nur dann richtig, wenn die äußere Störladung schwach genug ist, so dass das Elektronengas mit einer linearen Antwort reagieren kann. Bezüglich der theoretischen Behandlung besteht dann das Problem in der Berechnung von $\chi(\mathbf{q})$. Hierzu gibt es zahlreiche Ansätze. Bekannte Beispiele sind die *Thomas-Fermi-Methode*, bei der angenommen wird, dass die räumliche Variation des Störpotenzials langsam erfolgt und deshalb das Störpotenzial mit einer semiklassischen Näherung behandelt werden kann (vergleiche hierzu Abschnitt 9.1). Diese Methode hat den Vorteil, dass sie nicht auf den Bereich kleiner Störungen begrenzt ist. Die *Lindhard-Methode* benötigt dagegen keine semiklassische Näherung, setzt aber voraus, dass die induzierte Ladung nur in linearer Ordnung mit ϕ^{ges} zusammenhängt. Dann kann die Schrödinger-Gleichung für die Kristallelektronen unter der Wirkung des Störpotenzials störungstheoretisch gelöst werden.

11.7.1.1 Thomas-Fermi Abschirmung

Um die Ladungsdichte bei Vorhandensein des Gesamtpotenzials $\phi^{\text{ges}} = \phi^{\text{ext}} + \phi^{\text{ind}}$ zu erhalten, müssen wir die Schrödinger-Gleichung

$$-\frac{\hbar^2}{2m^*} \nabla^2 \Psi_k(\mathbf{r}) - e\phi^{\text{ges}}(\mathbf{r}) \Psi_k(\mathbf{r}) = E_k \Psi_k(\mathbf{r}) \qquad (11.7.13)$$

lösen und können dann mit den ermittelten Wellenfunktionen die Ladungsdichte zu $\rho^{\text{ges}}(\mathbf{r}) = -e \sum_k |\Psi_k(\mathbf{r})|^2$ bestimmen.[35] In der Thomas-Fermi Näherung wird jetzt zur Vereinfachung angenommen, dass $\phi^{\text{ges}}(\mathbf{r})$ sehr langsam als Funktion von $\mathbf{r}$ variiert. Dann können wir in guter Näherung für die lokale $E(\mathbf{k})$ Beziehung

$$E(\mathbf{r}, \mathbf{k}) = \frac{\hbar^2 k^2}{2m^*} - e\phi^{\text{ges}}(\mathbf{r}) \qquad (11.7.14)$$

schreiben. Das heißt, die lokale Energie der Elektronen weicht von dem Wert für freie Elektronen gerade um das lokale Gesamtpotenzial ab. Für eine positive Störladung wird sie abgesenkt, für eine negative angehoben. Wir beschreiben dann die exakten Lösungen der Schrödinger-Gleichung näherungsweise mit einem System von Elektronen, das die einfache Energieverteilung (11.7.14) besitzt. Die Thomas-Fermi Näherung ist natürlich nur dann zulässig, wenn wir die freien Elektronen als Wellenpakete auffassen, deren räumliche Ausdehnung nach unserer Diskussion in Abschnitt 9.1 wesentlich größer als die Fermi-Wellenlänge sein muss. Das Potenzial muss deshalb langsam im Vergleich zu λ_F variieren. Für die Fourier-Koeffizienten von $\chi(\mathbf{q})$ bedeutet dies, dass wir uns auf $q \ll k_F$ beschränken müssen.

---

[35] Dies muss selbstkonsistent erfolgen, da das Gesamtpotenzials $\phi^{\text{ges}} = \phi^{\text{ext}} + \phi^{\text{ind}}$ von der Ladungsverteilung und damit den Lösungen der Schrödinger-Gleichung selbst abhängt.

11.7 Elektron-Elektron-Wechselwirkung und Abschirmung in Metallen

Um die lokale Ladungsdichte zu erhalten, die mit einem Elektronensystem mit der Energieverteilung (11.7.14) zusammenhängt, müssen wir die lokale Elektronendichte $n(\mathbf{r})$ berechnen. Diese ist durch das Integral der Zustandsdichte multipliziert mit der Besetzungswahrscheinlichkeit (Fermi-Funktion)

$$n(\mathbf{r}) = \frac{1}{4\pi^3} \int \frac{1}{e^{[E(\mathbf{r},\mathbf{k})-\mu]/k_B T} + 1} d^3k \qquad (11.7.15)$$

gegeben. Die lokal induzierte Ladungsdichte ist dann gerade durch die Differenz $-e[n(\mathbf{r}) - n_0]$ gegeben, wobei n_0 die homogene Ladungsdichte des ungestörten Systems ist. Da $n(\mathbf{r}) = n_0[\mu + e\phi^{\text{ges}}(\mathbf{r})]$ erhalten wir

$$\rho^{\text{ind}}(\mathbf{r}) = -e\left\{n_0[\mu + e\phi^{\text{ges}}(\mathbf{r})] - n_0(\mu)\right\}. \qquad (11.7.16)$$

Diese Beziehung zwischen $\rho^{\text{ind}}(\mathbf{r})$ und $\phi^{\text{ges}}(\mathbf{r})$ stellt das zentrale Ergebnis der nichtlinearen Thomas-Fermi Theorie dar.

Im Folgenden werden wir nur die lineare Näherung der Thomas-Fermi Theorie diskutieren. Für $e\phi^{\text{ges}} \ll \mu$ können wir die Näherung $n_0[\mu + e\phi^{\text{ges}}] - n_0(\mu) \simeq (\partial n_0/\partial \mu)_{\mu=E_F} \cdot e\phi^{\text{ges}}$ verwenden und erhalten

$$\rho^{\text{ind}}(\mathbf{r}) = -e^2 \left(\frac{\partial n_0}{\partial \mu}\right)_{\mu=E_F} \phi^{\text{ges}}(\mathbf{r}) = -e^2 \frac{D(E_F)}{V} \phi^{\text{ges}}(\mathbf{r}), \qquad (11.7.17)$$

also einen linearen Zusammenhang zwischen $\rho^{\text{ind}}(\mathbf{r})$ und $\phi^{\text{ges}}(\mathbf{r})$. Hierbei haben wir die Zustandsdichte $D(E_F)/V = (\partial n_0/\partial \mu)_{\mu=E_F}$ beim Fermi-Niveau verwendet. Vergleichen wir dieses Ergebnis mit (11.7.7), so folgt

$$\chi(\mathbf{q}) = -e^2 \frac{D(E_F)}{V} \qquad (11.7.18)$$

und damit

$$\epsilon(\mathbf{q}) = 1 + \frac{e^2}{\epsilon_0 q^2} \frac{D(E_F)}{V}. \qquad (11.7.19)$$

Benutzen wir den *Thomas-Fermi Wellenvektor*

$$k_s = \sqrt{\frac{e^2}{\epsilon_0} \frac{D(E_F)}{V}} \qquad (11.7.20)$$

so erhalten wir das einfache Ergebnis

$$\epsilon(\mathbf{q}) = 1 + \frac{k_s^2}{q^2}. \qquad (11.7.21)$$

Wir sehen, dass für $\mathbf{q} \to 0$ (langwelliger Grenzfall) die dielektrische Funktion $\epsilon(\mathbf{q}, 0) \to \infty$. Aus Gleichung (11.7.4) folgt dann, dass für $\mathbf{q} \to 0$ bei fest vorgegebenem $\phi^{\text{ext}} \neq 0$ das Gesamtpotenzial $\phi^{\text{ges}} \to 0$. Das heißt, dass ein langwelliges äußeres Potenzial vollständig durch

Abb. 11.23: Zum Einfluss des Gesamtpotenzials ϕ^{ges} durch eine Störladung auf die Besetzung von Zuständen in einem dreidimensionalen freien Elektronengas. Durch das Absenken der Elektronenenergie um $-e\phi^{\text{ges}}$ an einem Ort **r** fließen freie Elektronen aus der Umgebung an diesen Ort. Ihre Anzahl ergibt sich näherungsweise aus dem Produkt der Zustandsdichte $D(\mu = E_{\text{F}})$ und der Energieverschiebung $e\phi^{\text{ges}}$.

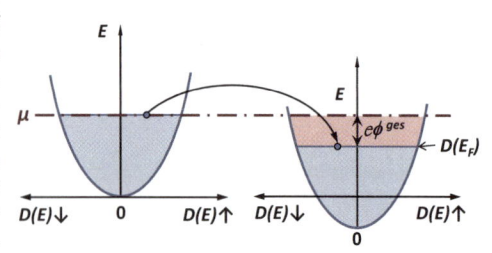

Elektronenverschiebungen abgeschirmt wird. Die charakteristische Abschirmlänge $1/k_s$ bezeichnen wir als **Thomas-Fermi Abschirmlänge**. Für Kupfer mit einer Zustandsdichte $D(E_{\text{F}})/V = 1.2 \times 10^{22}$ cm^{-3} eV^{-1} ergibt sich $1/k_s = 0.55$ Å. Die Thomas-Fermi Abschirmlänge ist also für Metalle wegen ihrer hohen Zustandsdichte sehr klein. Für Halbleiter ergeben sich wesentlich größere Werte.

Wir können das Ergebnis (11.7.21) qualitativ auch durch eine ganz elementare Überlegung ableiten. Wir gehen von einem Gesamtpotenzial ϕ^{ges} am Ort **r** aus. Dann wird die potenzielle Energie der freien Elektronen relativ zu der Verteilung an einem Ort, an dem $\phi^{\text{ges}} = 0$, um den Wert $-e\phi^{\text{ges}}$ abgesenkt. Das bedeutet aber, dass sich das chemische Potenzial μ ändern müsste, wenn nicht Elektronen in dieses Gebiet hineinfließen würden. Da aber im stationären Gleichgewichtszustand das chemische Potenzial im ganzen Volumen konstant sein muss, fließen in der Tat Elektronen in dieses Gebiet hinein. Nach Abb. 11.23 ist ihre Zahl für kleine ϕ^{ges} gerade

$$\delta n(\mathbf{r}) = \frac{D(E_{\text{F}})}{V} e\phi^{\text{ges}}(\mathbf{r}) \,. \tag{11.7.22}$$

Die Änderung der Elektronendichte entspricht einer Änderung der lokalen Ladungsdichte, was wiederum zu einem Potenzial $\phi^{\text{ind}}(\mathbf{r})$ führt. Dieses muss die Poisson-Gleichung

$$\nabla^2 \phi^{\text{ind}}(\mathbf{r}) = -\frac{\rho^{\text{ind}}(\mathbf{r})}{\epsilon_0} = -\frac{-e\delta n(\mathbf{r})}{\epsilon_0} = \frac{e^2 D(E_{\text{F}}) \phi^{\text{ges}}(\mathbf{r})}{\epsilon_0 V} = k_s^2 \phi^{\text{ges}}(\mathbf{r}) \tag{11.7.23}$$

erfüllen. Das heißt, wir erhalten wiederum das obige Ergebnis (11.7.17) und somit die gleichen Ausdrücke für k_s und $\epsilon(\mathbf{q})$.

11.7.1.2 Vertiefungsthema: Abschirmung in einem klassischem Gas

In einem klassischen Gas (z. B. Ladungsträger in einem Halbleiter mit $E_{\text{F}} < k_{\text{B}}T$) können wir in (11.7.15) an Stelle der der Fermi-Verteilung eine klassische Maxwell-Boltzmann Verteilung $f_{\text{MB}}(E) = A(T)\exp(-E/k_{\text{B}}T)$ mit $A(T) = (2m\pi k_{\text{B}}T)^{-3/2}$ verwenden und erhalten

$$\begin{aligned}
n(\mathbf{r}) - n_0 &= n_0 A(T) e^{-[E - e\phi^{\text{ges}}(\mathbf{r})]/k_{\text{B}}T} - n_0 A(T) e^{-E/k_{\text{B}}T} \\
&\simeq -\frac{n_0}{k_{\text{B}}T} e\phi^{\text{ges}}(\mathbf{r}) \,,
\end{aligned} \tag{11.7.24}$$

11.7 Elektron-Elektron-Wechselwirkung und Abschirmung in Metallen

Wir erhalten dann die **Debye-Hückel-Formel**[36,37]

$$k_s^2 = \frac{e^2 n_0}{\epsilon_0 k_B T} \,. \tag{11.7.25}$$

Führen wir eine Fermi-Temperatur $T_F = E_F/k_B$ ein und schreiben die Zustandsdichte als [vergleiche hierzu (7.1.34)]

$$\frac{D(E_F)}{V} = \frac{3}{2} \frac{n_0}{k_B T_F} \,, \tag{11.7.26}$$

so sehen wir, dass unter der Annahme, dass die Elektronen eines freien Elektronengases eine sehr hohe Temperatur der Größenordnung T_F haben, das quantenmechanische Ergebnis (11.7.50) für die Abschirmlänge k_s der klassischen **Debye-Hückel-Formel** (11.7.25) äquivalent ist. Dieser Zusammenhang ist evident, da die Fermionen des freien Elektronengases wegen des Pauli-Verbots ja Zustände bis zu sehr hohen Energien $k_B T_F \gg k_B T$ besetzen müssen.

11.7.1.3 Abgeschirmtes Coulomb-Potenzial

Wir betrachten nun den Fall, dass wir in ein Metall oder einen Halbleiter ein Störatom mit einer anderen Elektronenzahl einbringen. Ersetzen wir z. B. in einem metallischen Gitter ein Cu-Ion durch ein Zn-Ion, dann bringen wir an dem Ort des Störatoms die Ladung $+2e$ anstelle von nur $+e$. Wir können dann das Störatom als eine Punktladung mit der effektiven Ladung $Q = +e$ in einem neutralen Untergrund behandeln.

Das Potenzial ϕ^{ext} der Punktladung ist durch [vergleiche hierzu (11.7.8)]

$$\phi^{\text{ext}}(\mathbf{r}) = \frac{Q}{r} \quad \text{bzw.} \quad \phi^{\text{ext}}(\mathbf{q}) = \frac{Q}{\epsilon_0 q^2} \tag{11.7.27}$$

gegeben. Mit der allgemeinen Beziehung $\phi^{\text{ext}}(\mathbf{q}) = \epsilon(\mathbf{q}) \phi^{\text{ges}}(\mathbf{q})$ und dem Ausdruck (11.7.21) für $\epsilon(\mathbf{q})$ erhalten wir

$$\phi^{\text{ges}}(\mathbf{q}) = \frac{\phi^{\text{ext}}(\mathbf{q})}{\epsilon(\mathbf{q})} = \frac{Q}{\epsilon_0 (q^2 + k_s^2)} \,. \tag{11.7.28}$$

Um den Potenzialverlauf im Ortsraum abzuleiten, müssen wir noch eine Fourier-Transformation durchführen und erhalten

$$\phi^{\text{ges}}(\mathbf{r}) = \int \frac{d^3 q}{(2\pi)^3} e^{i\mathbf{q}\cdot\mathbf{r}} \frac{Q}{\epsilon_0 (q^2 + k_s^2)} = \frac{Q}{\epsilon_0 r} e^{-k_s r} \,. \tag{11.7.29}$$

Dieses *abgeschirmte Coulomb-Potenzial*, das auch als *Yukawa-Potenzial* bezeichnet wird, ist in Abb. 11.24 gezeigt. In der Umgebung des Ursprungs verhält sich dieses Potenzial wie dasjenige einer Punktladung. Mit wachsendem Abstand fällt es aber nicht mit $1/r$, sondern wesentlich stärker mit $e^{-k_s r}$ ab. Die charakteristische Länge $1/k_s$ wird auch Abschirmradius genannt. Da $1/k_s$ für Metalle im Å-Bereich liegt, wird das Fremdatom von Elektronen außerhalb weniger Vielfacher dieses Radius, also außerhalb weniger Atomabstände nicht mehr gesehen.

---

[36] **Petrus Josephus Wilhelmus Debye**, siehe Kasten auf Seite 226.
[37] **Erich Armand Arthur Joseph Hückel**, geboren am 9. August 1896 in Berlin, gestorben am 16. Februar 1980 in Marburg, deutscher Chemiker und Physiker.

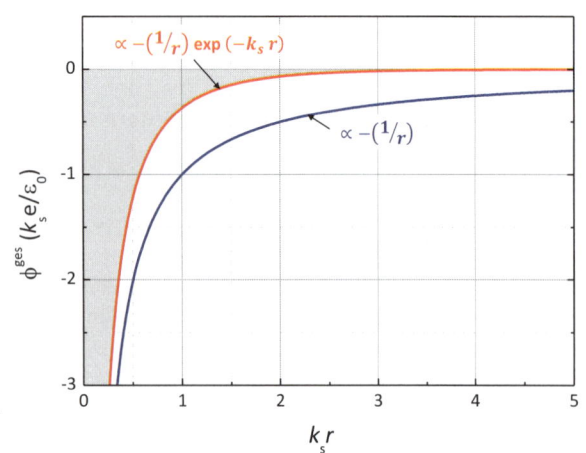

Abb. 11.24: Vergleich des abgeschirmten und nicht abgeschirmten Coulomb-Potenzials einer statischen positiven Ladung.

Eine Anwendung der abgeschirmten Wechselwirkung ist die Beschreibung des elektrischen Widerstands von gewissen Legierungen. Verunreinigen wir z. B. Cu mit Zn, Ga, Ge oder As, so besitzen diese Störatome eine zusätzliche Ladung von $+e$, $+2e$, $+3e$ und $+4e$ im Vergleich zu Cu. Die Störatome streuen dann die Leitungselektronen von Cu, wobei die Wechselwirkung durch das abgeschirmte Coulomb-Potenzial (11.7.29) gegeben ist (vergleiche hierzu (9.3.15) in Abschnitt 9.3.2).

11.7.2 Vertiefungsthema: Lindhard Theorie

Wir gehen von einem Gas freier Elektronen aus, das einer zeitabhängigen Störung unterliegt. Wir setzen ferner voraus, dass die induzierte Ladungsdichte nur in linearer Ordnung mit ϕ^{ges} zusammenhängt. Dann kann die Schrödinger-Gleichung (11.7.13) für die Kristallelektronen unter der Wirkung des Störpotenzials störungstheoretisch gelöst werden, ohne sich auf den semiklassischen Grenzfall (langsam variierendes Potenzial) beschränken zu müssen.[38,39] Das Potenzial, das ein Elektron am Ort $\mathbf{r}$ zur Zeit t sieht, soll durch

$$\phi^{\text{ges}}(\mathbf{r}, t) = \phi_0^{\text{ges}} e^{\imath(\mathbf{q}\cdot\mathbf{r}-\omega t)} e^{-\beta t} \tag{11.7.30}$$

gegeben sein. Wir betrachten also eine zeitlich oszillierende Störung mit Wellenvektor $\mathbf{q}$, die mit einer Zeitkonstanten β mit der Zeit langsam abklingt.

Wirkt dieses Potenzial auf den Zustand $|\mathbf{k}\rangle = \exp\{\imath(\mathbf{k}\cdot\mathbf{r} + E(\mathbf{k})t/\hbar)\}$, so wird dieser Zustand mit anderen Zuständen gemischt, so dass die Wellenfunktion in

$$\Psi_{\mathbf{k}}(\mathbf{r}, t) = |\mathbf{k}\rangle + c_{k+q}(t)|\mathbf{k} + \mathbf{q}\rangle \tag{11.7.31}$$

---

[38] **Jens Lindhard**, geboren am 26. Februar 1922, gestorben am 17. Oktober 1997, dänischer theoretischer Physiker.

[39] J. Lindhard, *On the Properties of a Gas of Charged Particle*, Mat. Fys. Medd. Dan. Vid. Selsk. **28**, No. 8 (1954).

11.7 Elektron-Elektron-Wechselwirkung und Abschirmung in Metallen

übergeht. Die Koeffizienten $c_{k+q}(t)$ können wir störungstheoretisch in erster Ordnung berechnen zu

$$c_{k+q}(t) = \frac{\langle \mathbf{k+q}|\phi^{\text{ges}}|\mathbf{k}\rangle}{E(\mathbf{k+q}) - E(\mathbf{k}) - \hbar\omega + \imath\hbar\beta}$$

$$= \frac{\phi_0^{\text{ges}} e^{-\imath\omega t} e^{-\beta t}}{E(\mathbf{k+q}) - E(\mathbf{k}) - \hbar\omega + \imath\hbar\beta}. \qquad (11.7.32)$$

Dies folgt aus der zeitabhängigen Schrödinger-Gleichung für $\Psi_k(\mathbf{r},t)$, in der der ungestörte Hamilton-Operator mit den Eigenenergien $E(\mathbf{k})$ durch die als klein angenommene Störung $\phi^{\text{ges}}(\mathbf{r},t)$ erweitert wurde.

Wir betrachten jetzt die Änderung der Elektronendichte aufgrund der Störung. Dabei nehmen wir an, dass sich die Elektronen gegen einen gleichmäßig geladenen positiven Untergrund bewegen. Wir erhalten dann

$$\rho^{\text{ind}}(\mathbf{r},t) = e \sum_{\mathbf{k}} \left\{ |\Psi_k(\mathbf{r},t)|^2 - 1 \right\}$$

$$= e \sum_{\mathbf{k}} \left[\left\{ e^{-\imath \mathbf{k}\cdot\mathbf{r}} + c_{k+q}^*(t) e^{-\imath(\mathbf{k+q})\cdot\mathbf{r}} \right\} \left\{ e^{\imath \mathbf{k}\cdot\mathbf{r}} + c_{k+q}(t) e^{\imath(\mathbf{k+q})\cdot\mathbf{r}} \right\} - 1 \right]$$

$$\simeq e \sum_{\mathbf{k}} \left[c_{k+q}(t) e^{\imath \mathbf{q}\cdot\mathbf{r}} + c_{k+q}^*(t) e^{-\imath \mathbf{q}\cdot\mathbf{r}} \right]. \qquad (11.7.33)$$

Hierbei haben wir Terme in $|c|^2$ bereits vernachlässigt und die Summe läuft über alle besetzten Elektronenzustände.

Da $\rho^{\text{ind}}(\mathbf{r},t)$ reell sein muss, ergibt die Störung (11.7.30) zwei unterschiedliche Ladungsstörungen, nämlich eine, die mit der Störung in Phase und eine die gegenphasig ist. Allerdings müssen wir auch berücksichtigen, dass die Störung reell ist. Wenn wir deshalb in (11.7.30) das konjugiert komplexe, $\phi^{\text{ges}*}(\mathbf{r},t) = \phi_0^{\text{ges}} e^{-\imath \mathbf{q}\cdot\mathbf{r}} e^{+\imath\omega t} e^{-\beta t}$, dazu addieren, so ergibt sich, dass die Dichteschwankungen der Störung in Phase folgen:

$$\rho^{\text{ind}}(\mathbf{r},t) = e \sum_{\mathbf{k}} \left\{ \frac{\phi_0^{\text{ges}}}{E(\mathbf{k+q}) - E(\mathbf{k}) - \hbar\omega + \imath\hbar\beta} + \frac{\phi_0^{\text{ges}}}{E(\mathbf{k-q}) - E(\mathbf{k}) + \hbar\omega - \imath\hbar\beta} \right\}$$

$$\times e^{\imath \mathbf{q}\cdot\mathbf{r}} e^{-\imath\omega t} e^{-\beta t} + \text{c.c.}. \qquad (11.7.34)$$

Um dieses Ergebnis noch etwas zu verallgemeinern, wollen wir noch die Besetzungswahrscheinlichkeit $f_0(\mathbf{k})$ für den Zustand $|\mathbf{k}\rangle$ im ungestörten System einführen. Für ein Metall wäre dies z. B. die Fermi-Verteilungsfunktion. Nennen wir im zweiten Term von (11.7.34) den Summationsindex $\mathbf{k}$ in $\mathbf{k+q}$ um, so lässt sich die Summe wie folgt schreiben:

$$\rho^{\text{ind}}(\mathbf{r},t) = e\phi_0^{\text{ges}} \sum_{\mathbf{k}} \left\{ \frac{f_0(\mathbf{k}) - f_0(\mathbf{k+q})}{E(\mathbf{k+q}) - E(\mathbf{k}) - \hbar\omega + \imath\hbar\beta} \right\} \times e^{\imath \mathbf{q}\cdot\mathbf{r}} e^{-\imath\omega t} e^{-\beta t} + \text{c.c.}. \qquad (11.7.35)$$

Die Summe läuft dabei über alle Zustände $|\mathbf{k}\rangle$, also besetzte und unbesetzte Zustände.

Wir können nun diese Ladungsdichte dazu benutzen, um mit Hilfe der Poisson-Gleichung

$$\nabla^2 \phi^{\text{ind}}(\mathbf{r}, t) = -\frac{e \rho^{\text{ind}}(\mathbf{r}, t)}{\epsilon_0} \tag{11.7.36}$$

das zugehörige Potenzial $\phi^{\text{ind}}(\mathbf{r}, t)$ auszurechnen. Wir können annehmen, dass sich $\phi^{\text{ind}}(\mathbf{r}, t)$ zeitlich und räumlich wie $\rho^{\text{ind}}(\mathbf{r}, t)$ ändert, d. h.

$$\phi^{\text{ind}}(\mathbf{r}, t) = \phi_0^{\text{ind}} e^{i\mathbf{q} \cdot \mathbf{r}} e^{-i\omega t} e^{-\beta t} + \text{c. c.} \tag{11.7.37}$$

Setzen wir diesen Ausdruck zusammen mit (11.7.35) in die Poisson-Gleichung ein, so erhalten wir

$$-q^2 \phi_0^{\text{ind}} = -\frac{e^2 \phi_0^{\text{ges}}}{\epsilon_0} \sum_{\mathbf{k}} \frac{f_0(\mathbf{k}) - f_0(\mathbf{k} + \mathbf{q})}{E(\mathbf{k} + \mathbf{q}) - E(\mathbf{k}) - \hbar\omega + i\hbar\beta} \tag{11.7.38}$$

und damit das Potenzial, das die durch das ursprüngliche Störpotenzial ϕ^{ges} erzeugte Ladungsschwankung hervorruft, zu

$$\phi_0^{\text{ind}} = \left\{ \frac{e^2}{q^2 \epsilon_0} \sum_{\mathbf{k}} \frac{f_0(\mathbf{k}) - f_0(\mathbf{k} + \mathbf{q})}{E(\mathbf{k} + \mathbf{q}) - E(\mathbf{k}) - \hbar\omega + i\hbar\beta} \right\} \phi_0^{\text{ges}}. \tag{11.7.39}$$

Dieses neue Potenzial muss jetzt aber selbst wieder als Störung für die Elektronenverteilung mitgerechnet werden. Um unsere Rechnung selbstkonsistent zu machen, müsste die angenommene Störung ϕ^{ges} den Beitrag ϕ^{ind} schon enthalten haben, d. h. es muss

$$\phi^{\text{ges}}(\mathbf{r}, t) = \phi^{\text{ext}}(\mathbf{r}, t) + \phi^{\text{ind}}(\mathbf{r}, t) \tag{11.7.40}$$

gelten, wobei $\phi^{\text{ext}}(\mathbf{r}, t)$ jetzt das tatsächliche äußere Potenzial ist, das wir in Gedanken angelegt haben. Nehmen wir für dieses wiederum die Form

$$\phi^{\text{ext}}(\mathbf{r}, t) = \phi_0^{\text{ext}} e^{i\mathbf{q} \cdot \mathbf{r}} e^{-i\omega t} e^{-\beta t} + \text{c. c.} \tag{11.7.41}$$

an, dann erhalten wir aus (11.7.41) und (11.7.40)

$$\phi_0^{\text{ges}} = \phi_0^{\text{ext}} + \left\{ \frac{e^2}{q^2 \epsilon_0} \sum_{\mathbf{k}} \frac{f_0(\mathbf{k}) - f_0(\mathbf{k} + \mathbf{q})}{E(\mathbf{k} + \mathbf{q}) - E(\mathbf{k}) - \hbar\omega + i\hbar\beta} \right\} \phi_0^{\text{ext}} \tag{11.7.42}$$

beziehungsweise

$$\phi_0^{\text{ges}} = \frac{\phi_0^{\text{ext}}}{\epsilon(\mathbf{q}, \omega)} \tag{11.7.43}$$

mit

$$\epsilon(\mathbf{q}, \omega) = 1 + \frac{e^2}{q^2 \epsilon_0} \sum_{\mathbf{k}} \frac{f_0(\mathbf{k}) - f_0(\mathbf{k} + \mathbf{q})}{E(\mathbf{k} + \mathbf{q}) - E(\mathbf{k}) - \hbar\omega + i\hbar\beta}. \tag{11.7.44}$$

Diese Ausdrücke entsprechen den oben für den statischen Fall ($\omega = 0$) erhaltenen Ergebnissen (11.7.11) und (11.7.12). Wir sehen, dass wiederum das effektive Potenzial, das auf die

11.7 Elektron-Elektron-Wechselwirkung und Abschirmung in Metallen

Elektronen wirkt, nicht das angelegte externe Potenzial ϕ_0^{ext} ist, sondern vielmehr das angelegte Potenzial dividiert durch die dielektrische Funktion $\epsilon(\mathbf{q}, \omega)$, die von der Frequenz und vom Wellenvektor der angelegten Störung abhängt. Dieses Ergebnis haben wir zunächst nur für eine Fourier-Komponente abgeleitet. Da wir aber in den einzelnen Schritten die Gleichungen linearisiert haben, können wir die Wirkung verschiedener Fourier-Komponenten einfach aufsummieren. Stellen wir $\phi^{\text{ext}}(\mathbf{r}, t)$ als Fourier-Integral

$$\phi^{\text{ext}}(\mathbf{r}, t) = \iint \phi^{\text{ext}}(\mathbf{q}, \omega) e^{i\mathbf{q}\cdot\mathbf{r}} e^{i\omega t} d^3q \, d\omega \tag{11.7.45}$$

dar, dann können wir das effektive Potenzial, das ein Elektron spürt, angeben als

$$\phi^{\text{ges}}(\mathbf{r}, t) = \iint \frac{\phi^{\text{ext}}(\mathbf{q}, \omega)}{\epsilon(\mathbf{q}, \omega)} e^{i\mathbf{q}\cdot\mathbf{r}} e^{i\omega t} d^3q \, d\omega \, . \tag{11.7.46}$$

Dieser Ausdruck ist als **Lindhardsche Näherung** für die dielektrische Funktion bekannt. Wir werden diese Näherung in den folgenden Abschnitten zur Beschreibung einiger physikalischer Phänomene benutzen.

11.7.2.1 Langwelliger, statischer Grenzfall

Wir erwarten, dass wir als langwelligen statischen Grenzfall der Lindhard-Theorie das Ergebnis der linearisierten Thomas-Fermi Abschirmung erhalten. Um dies zu zeigen, betrachten wir eine statische Störung ($\omega = 0$) und diskutieren zunächst die Form von $\epsilon(\mathbf{q}, 0)$ in der Nähe von $\mathbf{q} = 0$ (langwelliger Bereich). Wir können (11.7.44) näherungsweise auswerten, wenn wir

$$E(\mathbf{k} + \mathbf{q}) - E(\mathbf{k}) \simeq \mathbf{q} \cdot \nabla_{\mathbf{k}} E(\mathbf{k}) \tag{11.7.47}$$

schreiben und die Tatsache benutzen, dass $f_0(\mathbf{k})$ nur von $E(\mathbf{k})$ abhängt:

$$f_0(\mathbf{k}) - f_0(\mathbf{k} + \mathbf{q}) \simeq -\mathbf{q} \cdot \frac{\partial f_0}{\partial E} \nabla_{\mathbf{k}} E(\mathbf{k}) \, . \tag{11.7.48}$$

Die Summation über $\mathbf{k}$ in (11.7.44) schreiben wir als Integral, wobei wir beachten müssen, dass wir sowohl über die besetzten als auch die unbesetzten Zustände aufintegrieren müssen. Für $\omega = 0$ und $\beta = 0$ erhalten wir

$$\epsilon(\mathbf{q}, 0) = 1 + \frac{e^2}{q^2 \epsilon_0} \int d^3k \, Z(\mathbf{k}) \frac{\mathbf{q} \cdot \nabla_{\mathbf{k}} E(\mathbf{k})}{\mathbf{q} \cdot \nabla_{\mathbf{k}} E(\mathbf{k})} \left(-\frac{\partial f_0}{\partial E}\right)$$

$$= 1 + \frac{e^2}{q^2 \epsilon_0} \int dE \, \frac{D(E)}{V} \left(-\frac{\partial f_0}{\partial E}\right) \, . \tag{11.7.49}$$

Da wir $\left(-\frac{\partial f_0}{\partial E}\right) \simeq \delta(E - E_\text{F})$ benutzen können, ergibt das Integral gerade die Zustandsdichte bei der Fermi-Energie und wir erhalten

$$\epsilon(\mathbf{q}, 0) = 1 + \frac{D(E_\text{F}) e^2}{\epsilon_0 V} \frac{1}{q^2} = 1 + \frac{k_s^2}{q^2} \quad \text{mit} \quad k_s^2 = \frac{D(E_\text{F}) e^2}{\epsilon_0 V} \, . \tag{11.7.50}$$

Dieses Ergebnis entspricht gerade dem Ausdruck (11.7.21), den wir im Rahmen der linearisierten Thomas-Fermi Theorie abgeleitet haben. Die Lindhard-Beschreibung geht also im langwelligen Grenzfall tatsächlich in die Thomas-Fermi-Beschreibung über.

Für $T = 0$ kann die Integration in

$$\epsilon(\mathbf{q}, 0) = 1 + \frac{e^2}{q^2 \epsilon_0} \int \frac{d^3 k}{4\pi^3} \frac{f_0(\mathbf{k}) - f_0(\mathbf{k}+\mathbf{q})}{\mathbf{q} \cdot \nabla_\mathbf{k} E(\mathbf{k})} \qquad (11.7.51)$$

explizit ausgeführt werden und wir erhalten

$$\epsilon(\mathbf{q}, 0) = 1 + \frac{e^2 D(E_\mathrm{F})}{q^2 \epsilon_0 V} \left[\frac{1}{2} + \frac{1-x^2}{4x} \ln\left|\frac{1+x}{1-x}\right| \right] \qquad \text{mit } x = \frac{q}{2k_\mathrm{F}}. \qquad (11.7.52)$$

Der Ausdruck in Klammern, der für $x = 0$ gleich eins wird, stellt gerade die Lindhard-Korrektur zum Thomas-Fermi Ergebnis (11.7.21) dar.

11.7.2.2 Friedel- und Ruderman-Kittel-Oszillationen

Analysieren wir (11.7.52), so sehen wir, dass die dielektrische Funktion für $q = 2k_\mathrm{F}$ nicht analytisch ist. Es kann gezeigt werden, dass als direkte Konsequenz daraus das abgeschirmte Coulomb-Potenzial einer Punktladung einen Term besitzt, der bei $T = 0$ die Ortsabhängigkeit

$$\phi^\mathrm{ges}(\mathbf{r}) \propto \frac{1}{r^3} \cos 2k_\mathrm{F} r \qquad (11.7.53)$$

besitzt. Je nach Zusammenhang werden diese Oszillationen als *Friedel-Oszillationen* oder *Ruderman-Kittel-Oszillationen* bezeichnet.

11.7.3 Vertiefungsthema: Abschirmung von Phononen in Metallen

Wir wollen in diesem Abschnitt noch einige spezielle Aspekte der Abschirmung von Phononen in Metallen diskutieren. Dabei ist es interessant, die gesamte dielektrische Funktion ϵ in Beziehung zu setzen zu der dielektrischen Funktion ϵ_el der Elektronen, ϵ_ion der Ionen und ϵ_d der Ionen, die von einer Elektronenwolke abgeschirmt werden (dressed ions). Mit der Beziehung (11.7.43)

$$\phi^\mathrm{ges} = \frac{\phi^\mathrm{ext}}{\epsilon(\mathbf{q}, \omega)}$$

zwischen dem effektiv wirkenden Potenzial ϕ^ges und dem von außen angelegten Potenzial V können wir folgende Betrachtungsweisen machen:

1. Das Medium besteht nur aus Elektronen und die Ionen werden als externe Quellen betrachtet. In diesem Fall gilt

$$\epsilon_\mathrm{el} \phi^\mathrm{ges} = \phi^\mathrm{ext} + \phi^\mathrm{ion}. \qquad (11.7.54)$$

Hierbei kann $\phi^\mathrm{ext} + \phi^\mathrm{ion}$ als effektives äußeres Potenzial betrachtet werden.

11.7 Elektron-Elektron-Wechselwirkung und Abschirmung in Metallen

2. Das Medium besteht nur als Ionen und die Elektronen werden als externe Quellen betrachtet. In diesem Fall gilt

$$\epsilon_{\text{ion}} \phi^{\text{ges}} = \phi^{\text{ext}} + \phi^{\text{el}} . \tag{11.7.55}$$

Addieren wir (11.7.54) und (11.7.55), so erhalten wir mit $\phi^{\text{ges}} = \phi^{\text{ext}}/\epsilon$ und unter Benutzung der Tatsache, dass $\phi^{\text{ext}} + \phi^{\text{ion}} + \phi^{\text{el}} = \phi^{\text{ges}}$, die Beziehung

$$\epsilon = \epsilon_{\text{el}} + \epsilon_{\text{ion}} - 1 . \tag{11.7.56}$$

3. Das Medium besteht aus abgeschirmten Ionen, die nicht das äußere Potenzial sehen, sondern das durch die Elektronen abgeschirmte äußere Potenzial. Hier gilt

$$\epsilon_{\text{d}} \phi^{\text{ges}} = \frac{\phi^{\text{ext}}}{\epsilon_{\text{el}}} . \tag{11.7.57}$$

Das heißt, die Antwort eines Metalls auf ϕ^{ext} kann als die Antwort von abgeschirmten Ionen auf das Potenzial $\phi^{\text{ext}}/\epsilon_{\text{el}}$ betrachtet werden. Mit $\epsilon = \phi^{\text{ext}}/\phi^{\text{ges}}$ folgt

$$\frac{1}{\epsilon} = \frac{1}{\epsilon_{\text{d}}} \frac{1}{\epsilon_{\text{el}}} . \tag{11.7.58}$$

Da (11.7.56) und (11.7.58) natürlich äquivalent sein müssen, folgt

$$\epsilon_{\text{d}} = 1 + \frac{1}{\epsilon_{\text{el}}} \left(\epsilon_{\text{ion}} - 1 \right) . \tag{11.7.59}$$

Wir benutzen nun wiederum Näherungen, um für einige Grenzfälle Abschätzungen machen zu können. Als erstes berücksichtigen wir, dass in Metallen die Schallgeschwindigkeit v_s klein gegenüber der Fermi-Geschwindigkeit v_F ist und die Elektronen deshalb der Bewegung der Ionen quasi-instantan folgen können. Wir können deshalb für die Elektronen die statische dielektrische Funktion

$$\epsilon_{\text{el}}(\mathbf{q}, 0) = 1 + \frac{k_s^2}{q^2} \tag{11.7.60}$$

verwenden. Für die Ionen können wir, vorausgesetzt dass sie sich unabhängig voneinander bewegen, die Näherung

$$\epsilon_{\text{ion}}(0, \omega) = 1 - \frac{\Omega_p^2}{\omega^2} \quad \text{mit} \quad \Omega_p^2 = \frac{n(Ze)^2}{\epsilon_0 M} \tag{11.7.61}$$

benutzen, wobei die Plasmafrequenz jetzt durch die schwerere Ionenmasse M und die Ladungszahl Z der Ionen bestimmt wird. Wir erhalten somit für die gesamte dielektrische Funktion

$$\epsilon(\mathbf{q}, \omega) = \epsilon_{\text{el}}(\mathbf{q}, 0) + \epsilon_{\text{ion}}(0, \omega) - 1 = 1 - \frac{\Omega_p^2}{\omega^2} + \frac{k_s^2}{q^2} \tag{11.7.62}$$

und für die abgeschirmten Ionen

$$\epsilon_\mathrm{d}(\mathbf{q},\omega) = 1 - \frac{\Omega_\mathrm{p}^2/(1+\frac{k_s^2}{q^2})}{\omega^2} = 1 - \frac{\widetilde{\Omega}_\mathrm{p}^2}{\omega^2}. \tag{11.7.63}$$

Den Ausdruck $\widetilde{\Omega}_\mathrm{p}^2 = \Omega_\mathrm{p}^2/(1+\frac{k_s^2}{q^2})$ können wir als eine **q**-abhängige Plasmafrequenz der abgeschirmten Ionen auffassen. Setzen wir den Ausdruck (11.7.63) in (11.7.58) ein, so ergibt sich der zu (11.7.62) äquivalente Ausdruck

$$\frac{1}{\epsilon(\mathbf{q},\omega)} = \left(\frac{1}{1+\frac{k_s^2}{q^2}}\right)\left(\frac{\omega^2}{\omega^2 - \widetilde{\Omega}_\mathrm{p}^2(\mathbf{q})}\right). \tag{11.7.64}$$

11.7.3.1 Longitudinale akustische Phononen

Grenzfall niedriger Frequenzen: Longitudinale akustische Phononen stellen longitudinale Eigenschwingungen dar, für die $\epsilon = 0$ gelten muss. Für kleine **q** und ω können wir ferner die eins in (11.7.62) vernachlässigen und wir erhalten (für $Z = 1$)[40]

$$\omega^2 = \frac{ne^2}{\epsilon_0 M k_s^2} q^2 = \frac{ne^2}{\epsilon_0 M} \frac{2\epsilon_0 E_\mathrm{F}}{2ne^2} q^2 = \frac{m}{3M} v_\mathrm{F}^2 q^2 \tag{11.7.65}$$

oder

$$\omega = v_\mathrm{s} q \quad \text{mit } v_\mathrm{s} = \sqrt{\frac{m}{3M}} v_\mathrm{F}. \tag{11.7.66}$$

Dieser als *Bohm-Staver-Beziehung*[41] bekannte Zusammenhang beschreibt gerade die Dispersion von langwelligen akustischen Phononen. Da $m/M \sim 10^{-4}$–10^{-5}, erwarten wir eine Schallgeschwindigkeit, die etwa 100mal kleiner als die Fermi-Geschwindigkeit ist. In Alkali-Metallen stimmt dieses Ergebnis sehr gut mit der experimentell beobachteten Schallgeschwindigkeit überein. Für Kalium erhalten wir aus (11.7.66) die Schallgeschwindigkeit $v_\mathrm{s} = 1.8 \times 10^3$ m/s. Die experimentell bei 4 K in [100]-Richtung beobachtete Schallgeschwindigkeit beträgt $v_\mathrm{s} = 2.2 \times 10^3$ m/s.

Grenzfall hoher Frequenzen: Es gibt noch eine weitere Nullstelle der Funktion $\epsilon(\mathbf{q},\omega)$ von positiven Ionen, die in einen Elektronensee eingebettet sind. Für hohe Frequenzen, die allerdings immer noch genügend weit unterhalb der Plasmafrequenz liegen, können wir den elektronischen Beitrag mit $\epsilon_\mathrm{el}(\omega,0) \simeq 1 - \omega_\mathrm{p}^2/\omega^2$ annähern und wir erhalten

$$\epsilon(0,\omega) = 1 - \frac{\Omega_\mathrm{p}^2}{\omega^2} - \frac{\omega_\mathrm{p}^2}{\omega^2}. \tag{11.7.67}$$

---

[40] Wir benutzen $k_s^2 = D(E_\mathrm{F})e^2/\epsilon_0 V$ und $D(E_\mathrm{F})/V = 3n/2E_\mathrm{F}$ sowie $E_\mathrm{F} = mv_\mathrm{F}^2/2$.
[41] D. Bohm, T. Staver, *Application of Collective Treatment of Electron and Ion Vibrations to Theories of Conductivity and Superconductivity*, Phys. Rev. B **84**, 836 (1950).

11.7 Elektron-Elektron-Wechselwirkung und Abschirmung in Metallen

Dieser Ausdruck besitzt eine Nullstelle für

$$\omega^2 = \frac{ne^2}{\epsilon_0 \mu} = \omega_p^{2\,*}, \qquad (11.7.68)$$

wobei $1/\mu = 1/M + 1/m$ und ω_p^* die Plasmafrequenz des Elektronengases ist, allerdings mit der reduzierten Masse μ aufgrund der Mitbewegung der Ionen.

11.7.3.2 Effektive Elektron-Elektron-Wechselwirkung

Wir haben in Abschnitt 11.7.1.3 bereits gesehen, dass die Coulomb-Wechselwirkung in einem Metall stark abgeschirmt wird. Das abgeschirmte Coulomb-Potenzial ist dabei gegeben durch

$$\phi^{\text{ges}}(\mathbf{q}) = \frac{Q}{\epsilon_{\text{el}} \epsilon_0 q^2} = \frac{Q}{\epsilon_0 (k_s^2 + q^2)}. \qquad (11.7.69)$$

Hier ist aber nur die Abschirmung der Elektronen enthalten. Wir berücksichtigen jetzt zusätzlich die Ionen, indem wir in (11.7.69) anstelle von ϵ_{el} den Ausdruck (11.7.64) benutzen, in dem die Ionen enthalten sind. Wir erhalten dann

$$\phi^{\text{ges}}(\mathbf{q}, \omega) = \frac{Q}{\epsilon(\mathbf{q}, \omega) \epsilon_0 q^2} = \frac{Q}{\epsilon_0 (k_s^2 + q^2)} \left(1 + \frac{\widetilde{\Omega}_p^2(\mathbf{q})}{\omega^2 - \widetilde{\Omega}_p^2(\mathbf{q})} \right). \qquad (11.7.70)$$

Die Auswirkung der Ionen ist also durch den Korrekturterm $\widetilde{\Omega}^2(\mathbf{q})/(\omega^2 - \widetilde{\Omega}^2(\mathbf{q}))$ gegeben, der von der Frequenz und vom Wellenvektor abhängt. Die Frequenzabhängigkeit folgt dabei aus der langsamen Reaktion der trägen Ionen. Wir sprechen von einer *retardierten Wechselwirkung*. Wir können folgende Fälle unterscheiden:

1. Falls $\widetilde{\Omega}_p(\mathbf{q}) < \Omega_D$ (Ω_D = Debye-Frequenz) und die Energiedifferenz $\hbar\omega = E_{\mathbf{k}} - E_{\mathbf{k}'}$ der wechselwirkenden Elektronen groß gegen $\hbar\Omega_D$ ist (d. h. $E_{\mathbf{k}} - E_{\mathbf{k}'} \gg \hbar\widetilde{\Omega}_p(\mathbf{q})$), spielt der Korrekturterm keine Rolle. Wir sehen, dass nur Elektronen mit Energien im Bereich $\pm \hbar\Omega_D$ um die Fermi-Energie von den Gitterschwingungen beeinflusst werden.
2. Falls $\widetilde{\Omega}_p(\mathbf{q}) < \Omega_D$ und die Energiedifferenz $\hbar\omega = E_{\mathbf{k}} - E_{\mathbf{k}'}$ der wechselwirkenden Elektronen kleiner als $\hbar\Omega_D$ ist (d. h. $E_{\mathbf{k}} - E_{\mathbf{k}'} < \hbar\widetilde{\Omega}_p(\mathbf{q})$), hat der Korrekturterm durch die Ionen ein zum elektronischen Beitrag entgegengesetztes Vorzeichen. Wir sprechen von einem „Overscreening", das zu einer effektiv anziehenden Wechselwirkung von Elektronen mit $\mathbf{q} = \mathbf{k} - \mathbf{k}'$ und $\hbar\omega = E_{\mathbf{k}} - E_{\mathbf{k}'}$ führen kann. Diese Wechselwirkung ist für die Supraleitung von zentraler Bedeutung.

11.7.4 Polaronen

In vielen überwiegend kovalent gebundenen Materialien können Elektronen und Löcher in sehr guter Näherung dadurch beschrieben werden, dass sie sich durch einen Kristall bewegen, dessen Atome an einem festen Ort eingefroren sind. Natürlich streuen sie an Phononen, aber falls diese bei tiefen Temperaturen ausgefroren werden, wird üblicherweise jegliche Auslenkung der Ionenrümpfe vernachlässigt. Diese Beschreibung ist für ionische oder stark polare Festkörper (z.B. II-VI-Halbleiter, Oxide, Alkali-Halogenide) unzureichend, bei denen die Coulomb-Wechselwirkung zwischen den Leitungselektronen und den Gitterionen zu einer starken Elektron-Phonon-Wechselwirkung führt. Diese führt dazu, dass selbst bei Abwesenheit von realen Phononen ein Elektron immer von einer lokalen strukturellen Verzerrung umgeben ist, die wir als Wolke virtueller Phononen auffassen können. Das heißt, Elektronen erzeugen bei ihrer Bewegung durch das Kristallgitter in ihrer Umgebung eine endliche elektrische Polarisation und strukturelle Verzerrung. Benachbarte Elektronen werden wegen ihrer gleichnamigen Ladung abgestoßen, während die positiven Atomrümpfe angezogen werden. Die ein Elektron umgebende Polarisations- und Phononenwolke bewegt sich zusammen mit dem Elektron und führt damit zu einer Erhöhung dessen effektiver Masse. Das neue Quasiteilchen, das aus Elektron und der es umgebenden Polarisationswolke besteht, bezeichnen wir als *Polaron*. Streng genommen sollten wir von einem Ladungspolaron sprechen, da es auch Quasiteilchen gibt, bei denen ein Elektron von einer Spin-Polarisationswolke oder einer orbitalen Polarisationswolke umgeben ist. Wir sprechen dann von *Spin-Polaronen* oder *orbitalen Polaronen*. In manchen Fällen treten auch Mischungen dieser Polaronen auf. Wir weisen hier darauf hin, dass Polaronen fermionische Quasiteilchen sind und nicht mit Polaritonen verwechselt werden sollten. Letztere sind als hybridisierte Zustände von Photonen und optischen Phononen bosonische Quasiteilchen.

Das Konzept des Polarons wurde bereits 1933 von **Lev Landau** eingeführt,[42] um die Bewegung eines Elektrons in einem dielektrischen Kristall zu beschreiben, in dem sich die Atomrümpfe aus ihren Gleichgewichtspositionen bewegen, um die Ladung des Elektrons abzuschirmen. Dieses Konzept wurde dann erweitert, um andere Wechselwirkungen zwischen Elektronen und Ionen in Metallen zu beschreiben, die zu gebundenen Zuständen oder einer Absenkung der Energie im Vergleich zu einem nicht-wechselwirkenden System führen.[43,44] Da Polaronen für das Verständnis zahlreicher Materialeigenschaften, wie z.B. der Ladungsträgerbeweglichkeit in Halbleitern oder der optischen Leitfähigkeit von polaren Materialien wichtig sind, stellen sie bis heute ein wichtiges Forschungsthema dar.[45] So genannte *Bipolaronen*, die aus zwei Elektronen mit entgegengesetztem Spin und einer gemeinsamen Phononenwolke bestehen, wurden als mögliche Kandidaten für die Erklärung der Supraleitung in den Kupratsupraleitern diskutiert.[46] Bipolaronen sind ähnlich zu Cooper-Paaren in der BCS-Theorie (vergleiche Kapitel 13) hinsichtlich der Tatsache, dass in beiden Fällen zwei Elektronen durch den Austausch virtueller Phononen einen Bindungszustand eingehen. In der BCS-Theorie findet diese Paarung allerdings im **k**-Raum, bei den Bipolaronen dagegen im Ortsraum statt.

Bei der Klassifizierung von Polaronen unterscheiden wir zwischen kleinen und großen Polaronen. In Materialien, in denen der Radius eines Polarons wesentlich größer als die Git-

---

[42] L. D. Landau, *Über die Bewegung der Elektronen im Kristallgitter*, Phys. Z. Sowjetunion **3**, 644-645 (1933).

[43] H. Fröhlich, H. Pelzer, S. Zienau, *Properties of Slow Electrons in Polar Materials*, Phil. Mag. **41**, 221-242 (1950).

[44] H. Fröhlich, *Electrons in Lattice Fields*, Adv. Phys. **3**, 325 (1954).

[45] J. T. Devreese, A. S. Alexandrov, *Fröhlich Polaron and Bipolaron: Recent Developments*, Rep. Prog. Phys. **72**, 066501 (2009).

[46] A. S. Alexandrov, N. Mott, *Polarons and Bipolarons*, World Scientific, Singapore (1996).

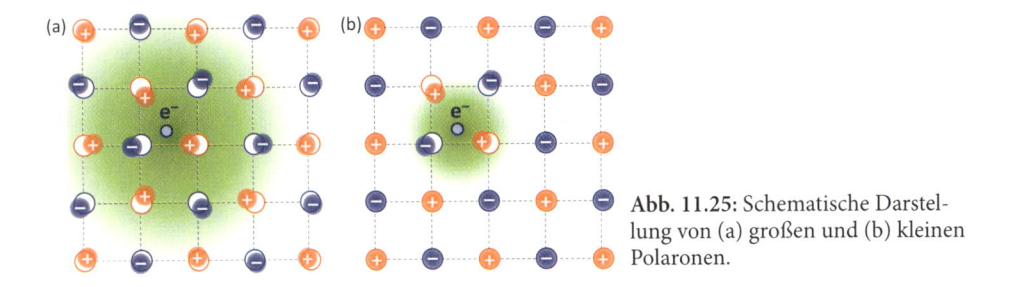

11.7 Elektron-Elektron-Wechselwirkung und Abschirmung in Metallen

Abb. 11.25: Schematische Darstellung von (a) großen und (b) kleinen Polaronen.

terkonstante ist, sprechen wir von *großen Polaronen*. Sie werden häufig auch als *Fröhlich-Polaronen* bezeichnet. In einem Polaron sitzt das Elektron in einer Potenzialmulde, die durch die Verschiebung der es umgebenden Ionen gebildet wird. In einigen Materialien ist Form und Tiefe dieser Potenzialmulde so ausgebildet, dass das Elektron in einem sehr kleinen Volumen, das in etwa nur einer Gitterzelle entspricht, eingefangen ist. Wir sprechen in diesem Fall von *kleinen Polaronen*. Eine schematische Darstellung von großen und kleinen Polaronen ist in Abb. 11.25 gezeigt.

Zur Beschreibung von großen Polaronen wurde von **Fröhlich** folgender Hamilton-Operator vorgeschlagen:

$$\mathcal{H} = \underbrace{\sum_{\mathbf{k},\sigma} \varepsilon_{\mathbf{k}} c^{\dagger}_{\mathbf{k},\sigma} c_{\mathbf{k},\sigma}}_{\mathcal{H}_{\text{el}}} + \underbrace{\sum_{\mathbf{q},r} \hbar\Omega_{\mathbf{q},r} b^{\dagger}_{\mathbf{q},r} b_{\mathbf{q},r}}_{\mathcal{H}_{\text{ph}}}$$

$$+ \underbrace{\sum_{\mathbf{k},\sigma,\mathbf{q},r} \gamma(\alpha,\mathbf{k},\mathbf{q},r) \hbar\Omega_{\mathbf{q},r} \left(c^{\dagger}_{\mathbf{k},\sigma} c_{\mathbf{k}-\mathbf{q},\sigma} b_{\mathbf{q},r} + c^{\dagger}_{\mathbf{k}-\mathbf{q},\sigma} c_{\mathbf{k},\sigma} b^{\dagger}_{\mathbf{q},r} \right)}_{\mathcal{H}_{\text{el-ph}}}. \quad (11.7.71)$$

Dabei wird angenommen, dass die Elektronenwellenfunktion über viele Ionen ausgedehnt ist, welche alle leicht aus ihrer Gleichgewichtsposition ausgelenkt sind. Wir sehen, dass der Hamilton-Operator aus der kinetischen Energie der Elektronen besteht (die Operatoren $c^{\dagger}_{\mathbf{k},\sigma}$ bzw. $c_{\mathbf{k},\sigma}$ erzeugen bzw. vernichten ein Elektron mit Energie $\varepsilon_{\mathbf{k}}$ und Spin σ, der Operator $c^{\dagger}_{\mathbf{k},\sigma} c_{\mathbf{k},\sigma}$ ist der Teilchenzahloperator), der Energie des Phononensystems und einem Wechselwirkungsterm besteht. Die Energie des Phononensystems erhalten wir durch Aufsummieren über alle Wellenvektoren $\mathbf{q}$ und Polarisationen r (die Operatoren $b^{\dagger}_{\mathbf{q},r}$ bzw. $b_{\mathbf{q},r}$ erzeugen bzw. vernichten ein Phonon mit Energie $\hbar\Omega_{\mathbf{q},r}$ und Polarisation r). Der Wechselwirkungsterm enthält Beiträge, bei denen ein Phonon mit Energie $\hbar\Omega_{\mathbf{q},r}$, Wellenvektor $\mathbf{q}$ und Polarisation r erzeugt und ein Elektron vom Zustand $\mathbf{k}$ in den Zustand $\mathbf{k}-\mathbf{q}$ gestreut wird ($\propto c^{\dagger}_{\mathbf{k}-\mathbf{q},\sigma} c_{\mathbf{k},\sigma} b^{\dagger}_{\mathbf{q},r}$) bzw. bei denen ein Phonon mit Energie $\hbar\Omega_{\mathbf{q},r}$, Wellenvektor $\mathbf{q}$ und Polarisation r vernichtet und ein Elektron vom Zustand $\mathbf{k}-\mathbf{q}$ in den Zustand $\mathbf{k}$ gestreut wird ($\propto c^{\dagger}_{\mathbf{k},\sigma} c_{\mathbf{k}-\mathbf{q},\sigma} b_{\mathbf{q},r}$). Die exakte Form der Größe γ hängt vom Material und den beteiligten Phononen ab. Die Stärke der Elektron-Phonon-Wechselwirkung wird durch den von Fröhlich eingeführten dimensionslosen Parameter α beschrieben (siehe Tabelle 11.5). Er beträgt etwa zweimal die Zahl der Phononen in der ein Elektron umgebenden Phononenwolke. Wir erwarten deshalb, dass polaronische Effekte signifikant werden, wenn α in der Größenordnung von eins oder größer ist.

Tabelle 11.5: Elektron-Phonon-Kopplungskonstante α einiger Materialien (nach J. T. Devreese, *Polarons*, in R. G. Lerner, G. L. Trigg, Encyclopedia of Physics (3. Auflage), Wiley-VCH, Weinheim, S. 2004-2027 (2005).

Material	InSb	InAs	GaAs	GaP	CdTe	CdS	AgCl	α-Al$_2$O$_3$
α	0.023	0.652	0.008	0.20	0.29	0.53	1.84	2.40
Material	KI	TlBr	KBr	RbI	CdF$_2$	KCl	CsI	Sr$_2$TiO$_3$
α	2.50	2.55	3.05	3.10	3.20	3.44	3.67	3.77

Die effektive Masse eines Polarons ist größer als die Bandmasse m_b eines Elektrons, da das Elektron ja zusätzlich die Gitterverzerrung bzw. die es umgebende Phononenwolke mitschleppen muss. Es gibt leider keine genauen Formeln für die Beschreibung des Massenzuwachses. Nach einer von **Richard Feynman** entwickelten Näherung können wir die effektive Masse von großen Polaron schreiben als[47,48]

$$m^\star \simeq m_b \left(1 + \frac{\alpha}{6} + 0.025\alpha^2\right) \quad \text{für } \alpha \ll 1 \quad (11.7.72)$$

$$m^\star \simeq m_b \left(1 + 0.02\alpha^4\right) \quad \text{für } \alpha \gg 1 \quad (11.7.73)$$

Die theoretische Analyse von kleinen Polaronen benötigt *ab initio* Rechnungen, welche die Bewegung jedes einzelnen Atoms in der unmittelbaren Umgebung des Elektrons berücksichtigen. Wir wollen darauf hier nicht näher eingehen. Die Bewegung von kleinen Polaronen kann meist durch ein thermisch aktiviertes Verhalten mit einer Beweglichkeit

$$\mu(T) \propto \frac{1}{T} \exp\left(-\frac{W_{\text{pol}}}{2k_B T}\right) \quad (11.7.74)$$

beschrieben werden, die einer Arrhenius-artigen Temperaturabhängigkeit folgt. Hierbei ist W_{pol} die Bindungsenergie des Polarons. Durch Energieaufnahme aus dem Wärmebad, einem äußeren Strahlungsfeld oder durch eine angeschlossene Spannungsquelle können die kleinen Polaronen aus ihrer lokalen Potenzialmulde in eine benachbarte hüpfen. Aufeinanderfolgende Hüpfprozesse sind üblicherweise unkorreliert, d.h. der Transfer von kleinen Polaronen zwischen Gitterplätzen ist inkohärent und folgt dem durch (11.7.74) beschriebenen aktivierten Verhalten. Prinzipiell ist bei sehr tiefen Temperaturen auch eine kohärente Bewegung von kleinen Polaronen durch quantenmechanisches Tunneln möglich. Sie ist allerdings sehr langsam und aufgrund von Unordnungeffekten unterdrückt.

11.7.5 Vertiefungsthema: Metall-Isolator-Übergang

Wir betrachten einen Festkörper, der aus Atomen aufgebaut ist, die eine ungerade Anzahl von Elektronen besitzen (z. B. Wasserstoff oder Natrium). Wir haben in Kapitel 8 gelernt,

---

[47] R. P. Feynman, *Slow Electrons in a Polar Crystal*, Phys. Rev. **97**, 660-665 (1955).
[48] J. T. Devreese, *Polarons*, in Digital Encyclopedia of Applied Physics, edited by G. L. Trigg (Wiley, online, 2008).

11.7 Elektron-Elektron-Wechselwirkung und Abschirmung in Metallen

dass sich bei einem Überlapp der Elektronenwellenfunktionen der Atome Bänder ausbilden und bei einer ungeraden Elektronenzahl das oberste gefüllte Band gerade halb gefüllt ist. Wir erhalten somit ein Metall und zwar anscheinend unabhängig davon, wie weit die Atome voneinander entfernt sind bzw. wie stark der Überlapp der Wellenfunktionen ist. Dies ist allerdings nicht ganz richtig, da wir bei unserer Betrachtung die Elektron-Elektron-Wechselwirkung völlig vernachlässigt haben.

Wir beginnen unsere Betrachtung mit einem metallischen Zustand, in dem ein Leitungselektron ein abgeschirmtes Coulomb-Potenzial

$$\phi^{\text{ges}}(r) = -\frac{Q}{\epsilon_0 r} e^{-k_s r} \tag{11.7.75}$$

von jedem, in unserem Beispiel einfach geladenen ($Q = e$) Ion sieht. Für die Thomas-Fermi Abschirmlänge können wir schreiben

$$k_s^2 = \frac{D(E_F)e^2}{\epsilon_0 V} = \frac{\frac{3}{2}\frac{n}{E_F}e^2}{\epsilon_0} = \frac{\frac{3}{2}\frac{n}{(\hbar^2/2m)(3\pi^2 n)^{2/3}}e^2}{\epsilon_0} = 3.939\frac{n^{1/3}}{a_B}, \tag{11.7.76}$$

wobei wir die Fermi-Energie $E_F = \hbar^2(3\pi^2 n)^{2/3}/2m$ eines Elektronengases und den Bohrschen Radius $a_B = 4\pi\epsilon_0\hbar^2/me^2$ verwendet haben.

Wir müssen nun noch überlegen, bis zu welchem Wert des Abschirmparameters k_s das Potenzial (11.7.75) gebundene Zustände besitzt. Es kann gezeigt werden,[49] dass dies genau dann der Fall ist, wenn $k_s < 1.19/a_B$. Drücken wir dies mit Hilfe der Elektronendichte aus, so erhalten wir

$$3.939\frac{n^{1/3}}{a_B} < \frac{1.42}{a_B^2} . \tag{11.7.77}$$

Da für ein einfaches kubisches Gitter $n = 1/a^3$, erhalten wir hier einen kritischen Abstand $a_c = 2.78 a_B$. Wird dieser Abstand überschritten, so werden die Leitungselektronen im abgeschirmten Coulomb-Potenzial gebunden und wir erhalten einen Isolator. Für $a < a_c$ sind dagegen gebundene Zustände nicht möglich. Die Elektronen sind delokalisiert und wir erhalten ein Metall. Das heißt, wir erhalten bei $a = a_c$ einen Metall-Isolator-Übergang.[50,51]

Der Metall-Isolator-Übergang kann experimentell beobachtet werden, wenn ein Halbleiter immer stärker dotiert wird. Für mit P dotiertes Si wurde ein Metall-Isolator-Übergang bei einer kritischen Konzentration $n_c = 3.74 \times 10^{18}$ cm^{-3} beobachtet.[52] Nehmen wir für den

---

[49] F. J. Rogers, H. C. Graboske, D. J. Harwood, *Bound Eigenstates of the Static Screened Coulomb Potential*, Phys. Rev. A **1**, 1577 (1970).

[50] Von N. F. Mott wurde bereits früh ein Metall-Isolator-Übergang für $a = 4.5 a_B$ vorhergesagt (N. F. Mott, Proc. Roy. Soc. London **A 382**, 1 (1980); siehe auch *Metal-Insulator Transitions*, Taylor & Francis, Bristol, 2. Auflage (1990)).

[51] P. P. Edwards, C. N. R. Rao (Hrsg.), *Metal-Insulator Transitions Revised*, Taylor & Francis, Bristol (1995).

[52] T. F. Rosenbaum, R. F. Milligan, M. A. Paalanen, G. A. Thomas, R. N. Bhatt, *Metal-insulator transition in a doped semiconductor*, Phys. Rev. B **27**, 7509–7523 (1983).

Radius des Grundzustands des Donators in Si den Wert $a_B = 3.2 \times 10^{-7}$ cm an (vergleiche Abschnitt 10.1.3), so ergibt das Kriterium (11.7.77) den Wert $a_c = 1.44 \times 10^{-6}$ cm. Für ihre Dichte ergibt sich dann (wir nehmen der Einfachheit halber ein kubisches Gitter an) $n_c \simeq 1/a_c^3 = 0.33 \times 10^{18}$ cm^{-3}. Dieser Wert liegt zwar beträchtlich niedriger als der experimentell beobachtete Wert, unsere größenordnungsmäßige Abschätzung lässt aber eine bessere Übereinstimmung auch nicht erwarten.

11.7.6 Elektron-Elektron-Wechselwirkung und Theorie der Fermi-Flüssigkeit

Die oben gemachte Betrachtung zur Dielektrizitätskonstante eines Metalls ist nur eine grobe Näherung der realen Situation. Ein wesentlicher Schritt der in Abschnitt 11.7.2 gemachten Diskussion war die Annahme, dass die verschiedenen Fourier-Koeffizienten des Potenzials alle unabhängig voneinander sind. Dieses Vorgehen wird auch als *Random Phase Approximation* bezeichnet, da zwischen den einzelnen Fourier-Komponenten keine Phasen-Korrelationen bestehen. Diese Grundannahme steckt meist auch in tiefergehenden Betrachtungen, auf die wir hier nicht eingehen wollen.

Unsere Überlegungen haben gezeigt, dass die langreichweitige Coulomb-Wechselwirkung zwischen den Leitungselektronen in Metallen zu einer abgeschirmten Wechselwirkung abgeschwächt wird. Die Elektronen bilden aber nicht nur Ladungswolken um Fremdatome und schirmen deren Feld in großer Entfernung ab, sondern auch um sich selbst. Jedes Elektron führt sozusagen eine eigene Ladungswolke mit sich. Diese ist positiv, da ein Elektron effektiv andere Elektronen aus seiner unmittelbaren Umgebung wegdrängt (vergleiche hierzu Abschnitt 12.5.6.1, wo eine Diskussion unter Berücksichtigung des Spins geführt wird). Für die Beschreibung des Elektrons mit umgebender Lochwolke ist natürlich eine komplizierte Wellenfunktion notwendig. Allerdings zeigt sich, dass sich das Gesamtgebilde aus Elektron und Ladungswolke wie ein Teilchen mit Ladung e verhält und der Einfluss der mitgeführten Ladungswolke (also die Wechselwirkung mit allen anderen Elektronen) durch eine effektive Masse m^* berücksichtigt werden kann. Die Tatsache, dass das Elektron die positiv geladene Ladungswolke mitschleppen muss, führt zu einer Erhöhung der effektiven Masse eines Elektrons, die für Alkali-Metalle typischerweise etwa 25% beträgt. Die Auswirkungen der Elektron-Elektron-Wechselwirkung werden üblicherweise im Rahmen der *Landau-Theorie der Fermi-Flüssigkeiten*[53,54,55] beschrieben. Das Ziel dieser Theorie ist, den Wechselwirkungen im Elektronensystem Rechnung zu tragen. Wir bezeichnen allgemein ein Gas nicht-wechselwirkender Fermionen als *Fermi-Gas* und ein System aus wechselwirkenden Fermionen als *Fermi-Flüssigkeit*.

Die Tatsache, dass wir ein System von wechselwirkenden Elektronen als ein System nicht-wechselwirkender Fermionen betrachten können, wurde von **Lev Landau**[56] im Wesentlichen mit zwei Argumenten begründet. Wir können diese verstehen, wenn wir überlegen,

---

[53] L. Landau, *Theory of Fermi-Liquids*, Sov. Phys. JETP **3**, 920 (1957).
[54] L. Landau, *Oscillations in a Fermi-Liquid*, Sov. Phys. JETP **5**, 101 (1957).
[55] L. Landau, *On the Theory of the Fermi-Liquid*, Sov. Phys. JETP **8**, 70 (1959).
[56] **Lev Davidovich Landau**, siehe Kasten auf Seite 453.

was mit einem nichtwechselwirkenden Elektronesystem passiert, wenn wir die Wechselwirkung langsam einschalten:

1. Als Konsequenz der einsetzenden Wechselwirkung werden die Einelektronenenergien modifiziert. Wie oben bereits ausgeführt, können wir dies durch eine effektive Masse berücksichtigen, ansonsten aber beim Einelektronbild bleiben.
2. Durch die einsetzende Wechselwirkung werden die Elektronen zwischen den Einelektronenzuständen gestreut. Ob diese Streuprozesse ein ernstes Problem für unser Einelektronenbild darstellen, hängt davon ob, wie häufig die Streuprozesse sind. Falls die Streurate durch die Elektron-Elektron-Wechselwirkung viel geringer ist als diejenige durch andere Prozesse, können wir diese ganz vernachlässigen und können das Einelektronbild nach wie vor verwenden.
Bei einer naiven Herangehensweise würde man erwarten, dass die Elektron-Elektron-Streurate sehr hoch ist, da die Coulomb-Wechselwirkung, selbst wenn sie abgeschirmt ist, groß ist. Wir haben aber in Abschnitt 9.3.1 bereits gesehen, dass die Streurate aufgrund des Pauli-Prinzips proportional zu $(T/T_F)^2$ ist somit für Metalle sehr klein wird. Deshalb stellt die Einelektronenbeschreibung zumindest für Elektronen in einem Bereich $k_B T$ und die Fermi-Energie eine gute Näherung dar.

Ein Problem mit unserer bisherigen Argumentation ist, dass wir nicht wissen, was wir bei einer starken Elektron-Elektron-Wechselwirkung tun sollen, wenn die bisherigen Argumente nicht mehr anwendbar sind. Landau erweiterte deshalb die obige Argumentation um ein subtiles Argument. Er erkannte 1957, dass das Bild der völlig wechselwirkungsfreien Elektronen nicht der richtige Startpunkt ist. Ein adäquater Startpunkt müsste vielmehr ein System von nichtwechselwirkenden „Quasielektronen" sein. Er argumentierte, dass wechselwirkende Fermionen durch Renormierung wie ein freies Elektronengas behandelt werden können: es gibt eine genaue Korrespondenz zwischen den Quasielektronen des korrelierten Elektronensystems und den Anregungen des nicht-wechselwirkenden Elektronengases.[57] Die Wechselwirkung wird bei der Renormierung mit einer effektiven Masse m^* beschrieben. Die Landau-Theorie beschreibt in der Tat sehr gut die tiefliegenden Einteilchenanregungen eines Systems wechselwirkender Elektronen. Diese Einteilchenanregungen bezeichnen wir als **Quasiteilchen**. Diese Quasiteilchen sind sehr stabil, wenn sie nahe der Fermi-Energie liegen. Sie laufen jedoch auseinander und sind gedämpft, wenn sie sich weit weg von der Fermi-Energie befinden.

11.8 Ferroelektrizität

Dielektrische und paraelektrische Substanzen besitzen ohne ein von außen wirkendes elektrisches Feld keine elektrische Polarisation. Es gibt aber auch eine Substanzklasse, bei der sich unterhalb einer bestimmten Temperatur T_C, die wir **Curie-Temperatur** nennen, ohne äußeres elektrisches Feld eine spontane elektrische Polarisation P_s einstellt. Oberhalb dieser Temperatur verhalten sich die Materialien paraelektrisch. Üblicherweise kann die Rich-

---

[57] D. Pines, P. Nozières, *Theory of Quantum Liquids*, Benjamin, New York (1966).

Abb. 11.26: Ferroelektrische (a) und antiferroelektrische Ordnung (b) in zwei Dimensionen anhand einer Perowskitstruktur. Die unterschiedlich farbigen Ionen sind positiv und negativ geladen, so dass ihre gegenseitige Verschiebung in einer Polarisation resultiert. Die getönten Vierecke zeigen die jeweiligen Einheitszellen.

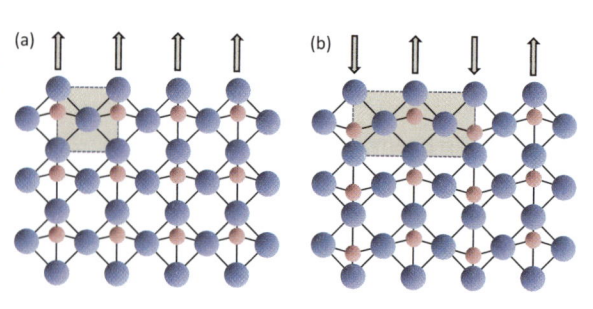

tung der spontanen Polarisation mit einem angelegten elektrischen Feld umgepolt werden, ähnlich wie die Magnetisierung eines Ferromagneten mit einem äußeren Magnetfeld umgeschaltet werden kann. Wir nennen diese Materialien dann *ferroelektrisch*.[58] Allerdings gibt es, anders als bei magnetischen Materialien, auch Substanzen wie z. B. LiNbO$_3$ oder LiTaO$_3$, bei denen das Schaltfeld höher als das elektrische Feld ist, das zu einem elektrischen Durchbruch führt. Diese Materialien bezeichnen wir als *pyroelektrisch*,[59] da wir ihre Polarisation nur durch Erhöhen der Temperatur ändern können. Sie besitzen zwar eine spontane Polarisation wie ferroelektrische Materialien, werden aber wegen der fehlenden Umschaltbarkeit mit elektrischen Feldern nicht zu der Materialklasse der Ferroelektrika gezählt. In Analogie zu magnetischen Materialien gibt es auch *ferrielektrische* und *antiferroelektrische* Substanzen (siehe Abb. 11.26). Die antiferroelektrische Ordnung zeichnet sich durch die Überlagerung mehrerer Teilgitter von geordneten elektrischen Dipolen aus, die eine gleich starke, aber entgegengesetzte elektrische Polarisation aufweisen, so dass die makroskopische Gesamtpolarisation P_s null ist. Jedes Antiferroelektrikum besitzt eine Curie-Temperatur T_C, oberhalb derer beide Teilgitter unpolarisiert und völlig gleichwertig sind. Beispiele sind Ammoniumdihydrogenphosphat (ADP) oder einige Perowskite wie Bleizirkonat (PbZrO$_3$), Natriumniobat oder Bleihafnat. Wenn sich die antiparallelen Dipolmomente der Teilgitter nicht völlig aufheben, so resultiert eine endliche Polarisation. In diesem Fall sprechen wir von Ferrielektrizität.

Eine spontane Polarisation kann nur dann auftreten, wenn die Kristallstruktur eine *polare Achse* besitzt. Voraussetzung für die Existenz einer polaren Achse ist das Fehlen einer strukturellen Inversionssymmetrie der zugrundeliegenden Kristallstruktur. Als polare Achse bezeichnen wir eine Achse, deren beide Enden nicht vertauschbar sind. Das bedeutet, dass sich die Kristallstruktur durch eine 180°-Drehung des Kristallkörpers um irgendeine zur polaren Achse senkrechte Achse nicht mit sich selbst zur Deckung bringen lässt. Bei dem in Abb. 11.27 gezeigten BaTiO$_3$ verläuft die polare Achse in c-Achsenrichtung parallel zu der Verschiebung der Ionen. Insgesamt gibt es 20 Kristallklassen, die mindestens eine polare Achse besitzen.

Ein anschauliches Beispiel für ein System mit drei um 120° gegeneinander gedrehten polaren Achsen ist in Abb. 11.28 gezeigt. In Systemen mit mehr als einer polaren Achse tritt keine spontane Polarisation auf. Wir erkennen aber sofort, dass bei einer Krafteinwirkung

---

[58] M. Lines, A. Glass, *Principles and applications of ferroelectrics and related materials*, Clarendon Press, Oxford (1979).

[59] J.C. Joshi, A. L. Dawar, *Pyroelectric Materials, Their Properties and Applications*, phys. stat. sol. (a) 70, 353 (1982).

11.8 Ferroelektrizität

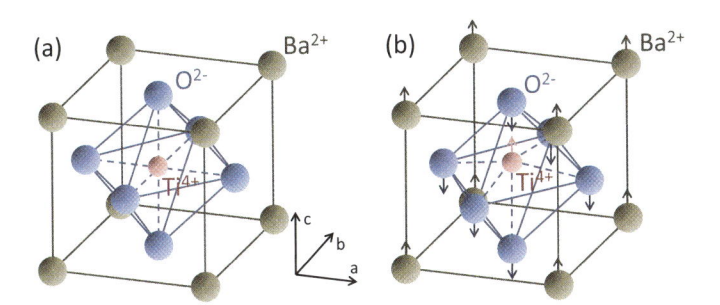

Abb. 11.27: Kristallstruktur von Bariumtitanat: (a) Oberhalb der Curie-Temperatur von etwa 120° C liegt BaTiO₃ in einer kubischen Kristallstruktur vor. Das Kristallgitter besitzt Inversionssymmetrie und der positive und negative Ladungsschwerpunkt fallen zusammen. (b) Unterhalb der Curie-Temperatur liegt eine tetragonale Kristallstruktur mit einer leicht elongierten c-Achse vor. Die positiv geladenen Ba^{2+} und Ti^{4+} Ionen sind leicht nach oben, die negativ geladenen O^{2-} Ionen leicht nach unten verschoben, so dass eine spontane Polarisation in c-Achsenrichtung entsteht. Die verzerrte Struktur besitzt keine Inversionssymmetrie mehr.

entlang einer polaren Achse die Schwerpunkte der negativen und positiven Ladungen gegeneinander verschoben werden und damit eine endliche Polarisation induziert wird. Wir bezeichnen Materialien, die keine spontane Polarisation besitzen, in denen eine solche aber durch eine mechanische Verformung erzeugt werden kann, als *piezoelektrisch*[60] (von griechisch πιεζειν: drücken, pressen). Das heißt, besitzt eine Substanz mehrere polare Achsen, so ist sie nicht ferroelektrisch, sondern lediglich piezoelektrisch (siehe Abb. 11.28). Wir weisen darauf hin, dass natürlich alle ferroelektrischen Materialien auch piezoelektrisch sind, umgekehrt gilt das aber nicht.

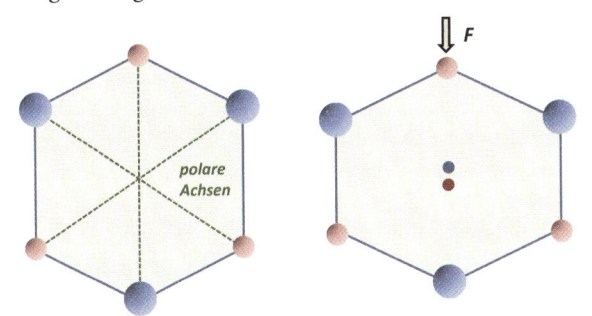

Abb. 11.28: Gitter ohne Inversionssymmetrie mit drei polaren Achsen. Druck entlang einer polaren Achse führt zu einer gegenseitigen Verschiebung des positiven und negativen Ladungsschwerpunkts und damit zu einer endlichen Polarisation.

Wie Abb. 11.27 zeigt, kommt bei BaTiO₃ die gebrochene Inversionssymmetrie durch einen Phasenübergang von einer kubischen in eine tetragonale Kristallstuktur bei etwa 120 °C zustande. Die positiv geladenen Ba^{2+} und Ti^{4+} Ionen sind gegen die negativ geladenen O^{2-} Ionen um etwa 0.1 Å verschoben, wodurch eine spontane Polarisation $P_s \simeq 20\,\mu C/cm^2$ in c-Achsenrichtung entsteht.

Aufgrund der Namensgebung (dielektrisch, paraelektrisch, ferroelektrisch) ist man geneigt, eine große phänomenologische Ähnlichkeit zwischen ferromagnetischen und ferroelektrischen Materialien zu vermuten. In diesem Fall könnte die Beschreibung von Ferroelektri-

---

[60] D. Damjanovic, *Ferroelectric, dielectric and piezoelectric properties of ferroelectric thin films and ceramics*, Rep. Prog. Phys. **61**, 1267–1324 (1998).

Abb. 11.29: Gitterkonstanten von Bariumtitanat als Funktion der Temperatur (nach H. F. Key, P. Vonsden, Phil. Mag. **40** 1019 (1949)). Der Übergang von der paraelektrischen in die ferroelektrische Phase tritt bei 393 K auf, er ist mit einem strukturellen Phasenübergang von der kubischen in die tetragonale Phase verbunden. Bei tieferen Temperaturen folgen strukturelle Phasenübergänge in eine orthorhombische (bei 278 K) und schließlich rhomboedrische Phase (bei 183 K).

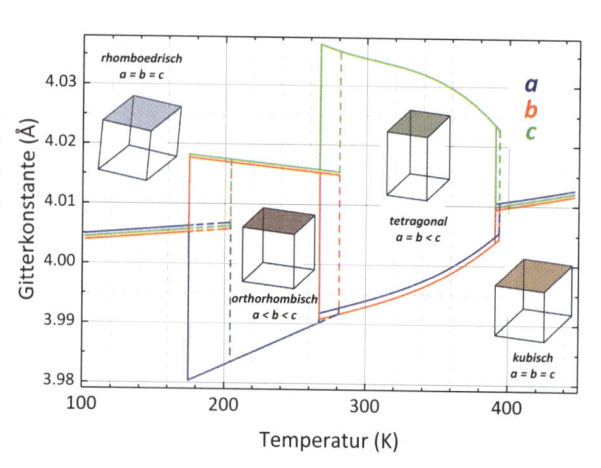

ka auf diejenige von Ferromagnetika und umgekehrt zurückgeführt werden. Wir müssten nur die permanenten magnetischen durch elektrische Dipole sowie die Größen Magnetisierung und Magnetfeld durch Polarisation und elektrisches Feld ersetzen. Leider kann diese Analogie nicht zu weit getrieben werden, da den Phänomenen Ferroelektrizität und Ferromagnetismus letztendlich doch sehr unterschiedliche physikalische Mechanismen zugrunde liegen. Insbesondere zeigt der Phasenübergang von der paraelektrischen in die ferroelektrische Phase ein weitaus reichhaltigeres Verhalten. Während der Übergang in die ferromagnetische Phase ein Phasenübergang 2. Ordnung ist, kann der Übergang in die ferroelektrische Phase sowohl 1. als auch 2. Ordnung sein. Ferner sind die Phasenübergänge in die ferroelektrische Phase meist mit strukturellen Phasenübergängen verbunden. Als Beispiel dafür ist in Abb. 11.29 wiederum $BaTiO_3$ gezeigt. Der Übergang von der paraelektrischen in die ferroelektrische Phase bei 393 K ist mit einem strukturellen Phasenübergang von der kubischen in die tetragonale Phase verbunden, bei dem die a- und b-Achse kürzer und die c-Achse länger wird. Dabei handelt es sich um einen Phasenübergang 1. Ordnung, bei dem die Polarisation an der Übergangstemperatur von null auf einen endlichen Wert springt. Ferner tritt beim Durchfahren des Phasenübergangs in unterschiedliche Temperaturrichtungen Hysterese auf. Bei tieferen Temperaturen werden weitere Phasenübergänge in eine orthorhombische und schließlich rhomboedrische Phase beobachtet. Diese sind mit Richtungsänderungen der polaren Achse verbunden. Die Curie-Temperaturen und die spontane Polarisation sind für einige ferroelektrische Materialien in Tabelle 11.6 zusammengefasst.

Tabelle 11.6: Curie-Temperaturen T_C und spontane Polarisation P_s von einigen ferroelektrischen Materialien.

Material	T_C [K]	P_s [C/m^2]	bei T [K]
$BaTiO_3$	393	0.26	300
$KNbO_3$	690	0.30	520
$PbTiO_3$	765	0.50	300
$LiTaO_3$	883	0.50	300
$LiNbO_3$	1423	0.71	300
KH_2PO_4	123	0.0475	96
KD_2PO_4	213	0.0483	180
KH_2AsO_4	97	0.05	78

11.8.1 Landau-Theorie der Phasenübergänge

Beim Übergang vom paralelektrischen in den ferroelektrischen Zustand handelt es sich um einen Phasenübergang von einer ungeordneten in eine geordnete Phase. Der Ordnungsparameter ist dabei die spontane Polarisation P_s, die uns den Grad der Ordnung der elektrischen Dipolmomente angibt. Bevor wir die spezifischen Eigenschaften von Ferroelektrika näher diskutieren, machen wir deshalb vorher einen kurzen Exkurs in die Landau-Theorie der Phasenübergänge.[61,62,63] In dieser phänomenologischen Beschreibung von Phasenübergängen geht man von einer freien Energie $\mathcal{F} = U - TS$ aus.[64] Die freie Energie eignet sich besonders zur Beschreibung von Prozessen, die bei konstanter Temperatur und konstantem Volumen ablaufen.[65] Mit $dU = TdS - pdV - V\mathbf{P}_s \cdot d\mathbf{E}$ erhalten wir das totale Differential der freien Energie zu [vergleiche hierzu (F.3.2) in Anhang F]

$$d\mathcal{F} = -SdT - pdV - V\mathbf{P}_s \cdot d\mathbf{E}. \tag{11.8.1}$$

Betrachten wir einen isotherm-isochoren Prozess, bei dem $dT = 0$ und $dV = 0$, so gilt

$$P_{s,i} = -\frac{1}{V}\left(\frac{\partial \mathcal{F}}{\partial E_i}\right)_{V,T} \tag{11.8.2}$$

$$\chi_{ij} = \frac{1}{\epsilon_0}\left(\frac{\partial P_{s,i}}{\partial E_j}\right)_{V,T} = -\frac{1}{\epsilon_0 V}\left(\frac{\partial^2 \mathcal{F}}{\partial E_i \partial E_j}\right)_{V,T}. \tag{11.8.3}$$

---

[61] Bei theoretischen Beschreibungen von Phasenübergängen spielt die Landau- oder auch Mean-Field-Theorie eine wichtige Rolle. Dabei werden jedoch kritische thermische Fluktuationen vernachlässigt, die in der Umgebung des Übergangs eine wesentliche Rolle spielen können. Die Landau-Theorie vermittelt trotzdem als Ausgangspunkt genauerer Theorien wertvolle erste Einsichten. Dies ist insbesondere von Kenneth G. Wilson erkannt worden, der 1982 den Nobelpreis für bahnbrechende Arbeiten über kontinuierliche Phasenübergänge erhielt. Wilson ist einer der entscheidenden Pioniere der Renormierungsgruppentheorie, die berücksichtigt, dass bei kontinuierlichen Phasenübergängen die kritischen Fluktuationen auf vielen Längenskalen in selbstähnlicher Form stattfinden.

[62] W. Gebhardt, U. Krey, *Phasenübergänge und kritische Phänomene - Eine Einführung*, Vieweg (1980).

[63] L. D. Landau, E. M. Lifschitz, *Lehrbuch der theoretischen Physik V. Statistische Physik*, Akademie Verlag, Berlin (1970).

[64] Eine detaillierte Beschreibung der thermodynamischen Eigenschaften von Festkörpern kann in Anhang F gefunden werden.

[65] Prozesse mit $dV = 0$ sind experimentell oft schwierig zu realisieren. Deshalb ist es manchmal zweckmäßiger, die freie Enthalpie (auch Gibbs-Potenzial genannt)

$$\mathcal{G} = U - TS + pV - V\mathbf{P}_s \cdot \mathbf{E}$$

zu betrachten, deren totales Differential gegeben ist durch

$$d\mathcal{G} = dU - SdT - TdS + pdV + Vdp - V\mathbf{P}_s \cdot d\mathbf{E} - V\mathbf{E} \cdot d\mathbf{P}_s = -SdT + Vdp - V\mathbf{P}_s \cdot d\mathbf{E}.$$

Betrachten wir jetzt einen Prozess, der bei konstanter Temperatur und konstantem Druck abläuft, was experimentell leichter zu realisieren ist, so ist $P_{s,i} = -\frac{1}{V}\left(\frac{\partial \mathcal{G}}{\partial E_i}\right)_{p,T}$ und $\chi_{ij} = -\frac{1}{\epsilon_0 V}\left(\frac{\partial^2 \mathcal{G}}{\partial E_i \partial E_j}\right)_{p,T}$. Wir werden im Folgenden trotzdem die freie Energie benutzen.

Da in der Nähe des Phasenübergangs der Ordnungsparameter P_s klein ist, können wir die freie Energiedichte $\mathfrak{f} = \mathcal{F}/V$ in eine Potenzreihe des Ordnungsparameters P_s entwickeln:

$$\mathfrak{f}(P_s, T, E) = -\mathbf{E} \cdot \mathbf{P}_s + a_0 + \tfrac{1}{2} a_2 P_s^2 + \tfrac{1}{4} a_4 P_s^4 + \tfrac{1}{6} a_6 P_s^6 + \ldots . \qquad (11.8.4)$$

Hierbei treten aus Symmetriegründen für Kristalle, die im unpolarisierten Zustand ein Inversionszentrum besitzen, keine ungeraden Potenzen von P_s auf. Auf Systeme, für die auch ungerade Potenzen wichtig sind, wollen wir hier nicht eingehen.

Der thermische Gleichgewichtswert von P_s ist durch das Minimum von $\mathfrak{f}(P_s)$ gegeben. Der Wert von $\mathfrak{f}$ an diesem Minimum entspricht der Helmholtzschen freien Energiedichte. Die Gleichgewichtspolarisation in einem elektrischen Feld $\mathbf{E}$ muss also die Bedingung

$$\left. \frac{\partial \mathfrak{f}}{\partial P_s} \right|_{T, E = \text{const}} = 0 = -E + a_2 P_s + a_4 P_s^3 + a_6 P_s^5 + \ldots . \qquad (11.8.5)$$

erfüllen. Wir nehmen im Folgenden an, dass die betrachtete Probe ein langer Stab ist und das elektrische Feld parallel zu diesem Stab angelegt ist. Dann müssen wir keine Depolarisationseffekte berücksichtigen.

Um einen ferroelektrischen Zustand mit endlicher spontaner Polarisation zu erhalten, müssen wir annehmen, dass der Koeffizient a_2 bei einer endlichen Temperatur T_0 sein Vorzeichen wechselt:

$$a_2 = \gamma (T - T_0) . \qquad (11.8.6)$$

Hierbei ist γ eine positive Konstante und T_0 ist kleiner oder gleich der Übergangstemperatur. Ein negativer Wert von a_2 bedeutet, dass das unpolarisierte Gitter instabil ist. Die physikalische Ursache für die angenommene Temperaturabhängigkeit kann z. B. die thermische Ausdehnung des Kristallgitters oder andere anharmonische Effekte sein.

Thermodynamisch unterscheiden wir nach der **Ehrenfest-Klassifikation** Phasenübergänge erster und höherer Ordnung. Bei einem Phasenübergang 1. Ordnung ändern sich die ersten Ableitungen der thermodynamischen Potenziale (z. B. nach Temperatur, elektrischem Feld, Druck) am Punkt des Phasenübergangs sprunghaft. Für unseren Fall des Übergangs von einer paraelektrischen in eine ferroelektrische Phase bedeutet dies, dass die Ableitung $d\mathcal{F}/dE$ unstetig ist, sich also die spontane Polarisation P_s am Punkt des Phasenübergangs sprunghaft ändert. Allgemein ändern sich bei einem Phasenübergang n.-Ordnung die n.-Ableitungen der thermodynamischen Potenziale sprunghaft, während alle $(n-1)$.-Ableitungen am Umwandlungspunkt stetig sind. Wiederum auf unseren Fall übertragen bedeutet dies, dass zum Beispiel bei einem Phasenübergang 2. Ordnung die 1. Ableitung der freien Energie nach dem elektrischen Feld stetig ist, sich also die spontane Polarisation am Umwandlungspunkt kontinuierlich ändert. Dagegen zeigt die 2. Ableitung, also die elektrische Suszeptibilität einen Sprung.

11.8.1.1 Phasenübergang 2. Ordnung

Falls in Gleichung (11.8.4) der Koeffizient a_4 positiv ist, wird nichts Neues durch einen zusätzlichen Term 6. Ordnung hinzugefügt. Wir können diesen folglich vernachlässigen. Aus

11.8 Ferroelektrizität

(11.8.5) folgt dann für $\mathbf{E} = 0$

$$\gamma(T - T_0)P_s + a_4 P_s^3 = 0. \qquad (11.8.7)$$

Diese Gleichung können wir entweder mit $P_s = 0$ oder $P_s^2 = (\gamma/a_4)(T_0 - T)$ erfüllen. Da sowohl γ als auch a_4 positiv sind, ist für $T \geq T_0$ die einzig mögliche reelle Lösung $P_s = 0$. Wir können deshalb T_0 mit der Curie-Temperatur T_C identifizieren. Für $T < T_0$ erhalten wir die Lösung

$$|P_s| = \sqrt{\frac{\gamma}{a_4}} \sqrt{T_0 - T}. \qquad (11.8.8)$$

Wir nennen den Phasenübergang einen Phasenübergang 2. Ordnung, da die Polarisation für $T \to T_C$ kontinuierlich gegen null geht. Bei einem Phasenübergang 1. Ordnung würde dagegen ein Sprung auftreten.

11.8.1.2 Phasenübergang 1. Ordnung

Wir diskutieren jetzt den Fall $a_4 < 0$, für den wir den Term 6. Ordnung mitnehmen müssen, um zu verhindern, dass $\mathcal{F} \to -\infty$ für große P_s. Aus (11.8.5) folgt für $\mathbf{E} = 0$

$$\gamma(T - T_0)P_s - |a_4|P_s^3 + a_6 P_s^5 = 0. \qquad (11.8.9)$$

In diesem Fall ist also entweder $P_s = 0$ oder

$$\gamma(T - T_0) - |a_4|P_s^2 + a_6 P_s^4 = 0. \qquad (11.8.10)$$

Als weitere Randbedingung muss die freie Energie des paraelektrischen und ferroelektrischen Zustandes für $T = T_C$ gleich groß sein. Das bedeutet, dass der Wert von $\mathcal{F}$ für $P_s = 0$ und der Wert des Minimums von $\mathcal{F}$, das durch (11.8.10) festgelegt ist, gleich sein müssen. Um dies zu veranschaulichen, ist in Abb. 11.30 der Verlauf der freien Energie als Funktion

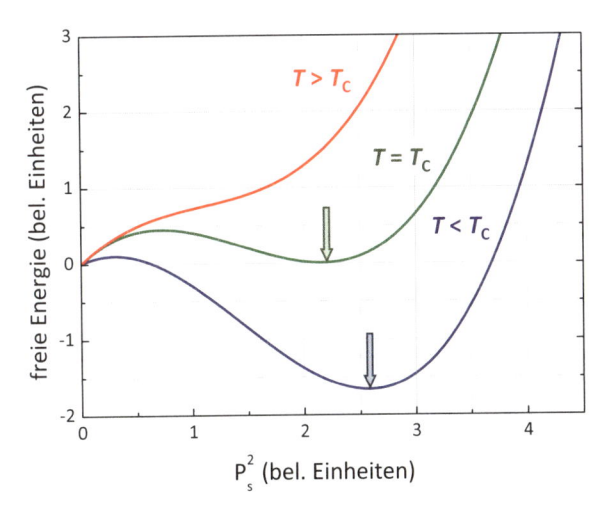

Abb. 11.30: Freie Energie als Funktion des Quadrats der spontanen Polarisation für einen Phasenübergang 1. Ordnung. Für $T > T_C$ liegt nur ein globales Minimum bei $P_s = 0$ vor. Für $T = T_C$ liegen zwei Minima mit verschwindendem und endlichem P_s beim gleichen Wert der freien Energie vor. Für $T < T_C$ liegt das globale Minimum bei endlichem P_s.

des Ordnungsparameters P_s für mehrere Temperaturen gezeigt. Für $T > T_C$ liegt das globale Minimum bei $P_s = 0$, für $T = T_C$ besitzt $\mathcal{F}$ für $P_s = 0$ und einen endlichen Wert von P_s denselben Wert. Schließlich liegt für $T < T_C$ das globale Minimum bei endlichem P_s. Kühlt man das System ab, so springt bei $T = T_C$ der Ordnungsparameter P_s von null auf einen endlichen Wert. Bei weiterer Abkühlung steigt dann P_s noch weiter an, da sich das globale Minimum zu höheren P_s-Werte verschiebt. Wir sehen auch, dass für einen bestimmten Temperaturbereich die lokalen Minima bei $P_s = 0$ und endlichem P_s durch eine Energiebarriere getrennt sind, so dass es beim Durchfahren der Temperatur in unterschiedliche Richtungen zu Hystereseeffekten kommt.

11.8.2 Klassifizierung von Ferroelektrika

Ferroelektrische Materialien können grob in zwei Klassen unterteilt werden, je nachdem welcher physikalische Mechanismus zur Ausbildung einer spontanen Polarisation führt. Zur ersten Klasse gehören Substanzen, bei denen der Übergang in die ferroelektrische Phase mit einem *Ordnungs-Unordnungs-Übergang* verbunden ist. Dabei sind bereits in der paraelektrischen Phase gegenseitige Verschiebungen der positiven und negativen Ladungen, also elektrische Dipolmomente vorhanden. Diese sind aber völlig ungeordnet und ergeben deshalb keine Gesamtpolarisation. Erst beim Abkühlen unterhalb T_C setzt eine Ordnung der Dipolmomente ein, was zu einer endlichen spontanen Polarisation führt. Zur 2. Klasse gehören Substanzen, bei denen der Übergang in die ferroelektrische Phase mit einem *Verschiebungs-* oder *displaziven Übergang* verbunden ist. Hier existieren in der paraelektrischen Phase keine elektrischen Dipolmomente. Erst beim Abkühlen unterhalb T_C setzt eine gegenseitige Verschiebung der positiven und negativen Ladungsschwerpunkte ein, die zu einer endlichen spontanen Polarisation führt.

11.8.2.1 Ordnungs-Unordnungs-Systeme

Zu den Substanzen mit einem Ordnungs-Unordnungs-Übergang gehören Systeme mit Wasserstoffbrückenbindungen, in denen die Bewegung des Protons mit den ferroelektrischen Eigenschaften verbunden ist (siehe Abb. 11.31). Ein typischer Vertreter ist Kalium-Dihydrogen-Phosphat (KDP: KH_2PO_4), bei dem die Protonen in den Wasserstoffbrückenbindungen zwischen den PO_4-Ionen zwei Gleichgewichtslagen einnehmen können. Die resultierenden elektrischen Dipolmomente sind in der paraelektrischen Phase oberhalb von $T_C = 123$ K zunächst ungeordnet. Erst unterhalb von T_C wird eine Position bevorzugt, wodurch eine endliche spontane Polarisation resultiert. Dass die Protonen entscheidend sind, kann durch Deuterieren von KDP gezeigt werden, was zu einer Erhöhung von T_C auf 213 K führt.

11.8.2.2 Displazive Systeme

Die prominenten Vertreter displaziver Systeme sind Ionenkristalle mit Perowskit-Struktur.[66] Typische Beispiele sind das bereits angesprochene $BaTiO_3$, aber auch $KNbO_3$, $PbTiO_3$ oder

---

[66] Perowskit ist ein Mineral mit der chemischen Formel $CaTiO_3$. Perowskit wurde 1839 von **Gustav Rose** im Ural-Gebirge entdeckt und nach dem russischen Mineralogen **Lew Alexejewitsch Perowski** (1792–1856) benannt. Die Struktur besteht aus einer kubisch dichtest gepackten Kugelpackung (kubisch flächenzentriert) von Ca^{2+}- und O^{2-}-Ionen, ein Viertel der entstehenden Oktaederlücken

11.8 Ferroelektrizität

paraelektrisch   *ferroelektrisch*

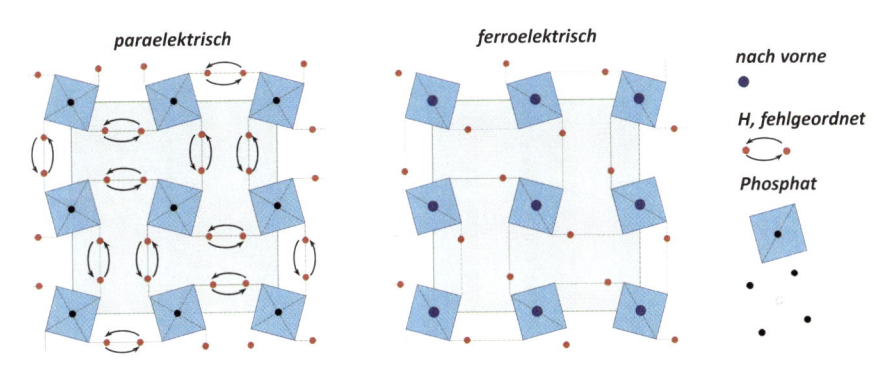

nach vorne

H, fehlgeordnet

Phosphat

Abb. 11.31: Ordnungs-Unordnungs-Übergang beim Kalium-Dihydrogen-Phosphat (KDP: KH_2PO_4). In der paraelektrischen Phase sind die Wasserstoffionen ungeordnet und nehmen statistisch gleichverteilt zwei unterschiedliche Plätze ein. In der ferroelektrischen Phase sind sie geordnet und führen zu einer spontanen Polarisation.

$LiTaO_3$. Bei der Übergangstemperatur verschieben sich die negativen Sauerstoffionen gegen die positiven Metallionen (siehe Abb. 11.27). Bei $BaTiO_3$ wird für Raumtemperatur eine spontane Polarisation von etwa $0.25\,C/m^2$ gemessen. Bei einem Zellvolumen von etwa $64 \times 10^{-30}\,m^3$ ergibt sich daraus ein Dipolmoment von etwa $1.6 \times 10^{-29}\,Cm$. Daraus können wir die Verschiebung der positiven Ba^{2+} und Ti^{4+} Ionen gegenüber den drei O^{2-} Ionen zu etwa $0.15\,\text{Å}$ abschätzen.

Den physikalischen Mechanismus, der zu dieser Verschiebung führt, können wir verstehen, wenn wir die Frequenz der transversalen optischen (TO) Phononen in Ionenkristallen betrachten. Wir haben in Abschnitt 11.4.1 gesehen, dass die Schwingungsfrequenz der TO Phononen in einem Ionenkristall erniedrigt ist, da das lokale elektrische Feld, das durch die Auslenkung der Ionen induziert wird, der elastischen Rückstellkraft entgegengesetzt ist. Es ist evident, dass es für den Fall, dass die Kraft durch das lokale Feld größer als die elastische Rückstellkraft wird, zu einer **Polarisationskatastrophe** kommt. Dieser Fall tritt dann ein, wenn die Kraft durch das lokale Feld schneller mit der Auslenkung der Ionen ansteigt als die linear mit der Auslenkung ansteigende elastische Rückstellkraft.[67] Der eben beschriebene Vorgang ist äquivalent dazu, dass die Eigenfrequenz der TO Phononen gegen null geht. Wir sprechen in diesem Zusammenhang von **weichen optischen Phononen**. Der Übergang in die ferroelektrische Phase kann in diesem Bild als ein Einfrieren der transversalen optischen Gitterschwingungen aufgefasst werden, bei dem die entgegengesetzt geladenen Ionen voneinander getrennt werden.

Wir wollen jetzt noch diskutieren, unter welchen Voraussetzungen sich eine Polarisationskatastrophe ergibt. Dies können wir anhand der Clausius-Mossotti Beziehung (11.3.22) und

---

werden von den Ti^{4+}-Ionen besetzt. Interessanterweise ist der für den Strukturtyp namensgebende Perowskit selbst leicht verzerrt, da der Ionenradius von Ca^{2+} etwas zu klein ist. Eine optimale, unverzerrte kubische Struktur findet sich stattdessen im $SrTiO_3$.

[67] Selbstverständlich wird die Auslenkung nicht beliebig groß. Bei größeren Auslenkungen gilt die elastische Näherung nicht mehr und anharmonische Effekte führen dazu, dass die Rückstellkraft wiederum schneller mit der Auslenkung anwächst als die Kraft durch das lokale elektrische Feld.

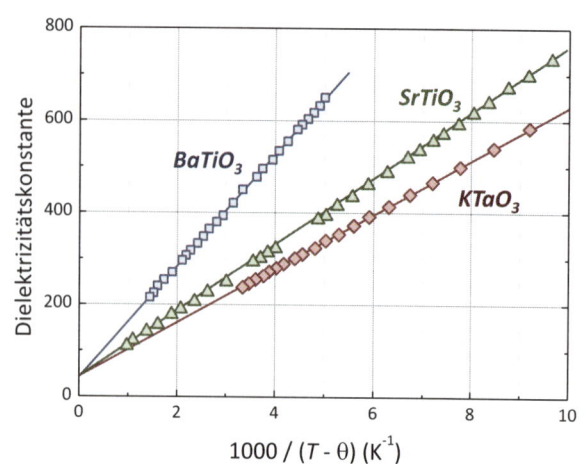

Abb. 11.32: Temperaturabhängigkeit der Dielektrizitätskonstante der paraelektrischen Perowskite BaTiO$_3$, KTaO$_3$ und SrTiO$_3$ (nach G. Rupprecht and R. O. Bell, Phys. Rev. 135, A748–A752 (1964)).

der Lyddane-Sachs-Teller (LST) Relation (11.4.17) tun. Lösen wir (11.3.22) nach der Dielektrizitätskonstanten auf, so erhalten wir

$$\epsilon = \frac{1 + \frac{2}{3}\sum_i n_{V,i}\alpha_i}{1 - \frac{1}{3}\sum_i n_{V,i}\alpha_i}. \tag{11.8.11}$$

Hierbei setzt sich α_i aus der elektronischen und ionischen Polarisierbarkeit zusammen und wir haben berücksichtigt, dass wir in der betrachteten Substanz mehrere Ionensorten mit unterschiedlicher Dichte $n_{V,i}$ und Polarisierbarkeit α_i vorliegen haben. Aus (11.8.11) wird sofort klar, dass bei einer hohen ionischen Polarisierbarkeit, wie sie für viele Ionenkristalle charakteristisch ist, die Summe $\sum_i n_{V,i}\alpha_i$ so groß werden kann, dass der Nenner gegen null und damit $\epsilon \to \infty$ geht. Dieser Fall kann zum Beispiel durch das Abkühlen einer Substanz eintreten. Nach der LST-Relation geht dann die Schwingungsfrequenz der tranversalen optischen Phononen gegen null. Wir erhalten eine statische gegenseitige Auslenkung der verschiedenen Ionensorten und damit eine spontane Polarisation.

Da sich beim Abkühlen einer paraelektrischen Substanz oberhalb von T_C die Summe $\frac{1}{3}\sum_i n_{V,i}\alpha_i$ dem Wert 1 annähert, können wir nahe bei T_C davon ausgehen, dass

$$\delta = 1 - \frac{1}{3}\sum_i n_{V,i}\alpha_i \ll 1. \tag{11.8.12}$$

Wir nehmen nun ferner an, dass sich der Parameter δ linear mit der Temperaturdifferenz $(T - \Theta)$ ändern soll:

$$\delta(T) \propto (T - \Theta). \tag{11.8.13}$$

Hierbei ist Θ die *paraelektrische Curie-Temperatur*. Setzen wir dies in (11.8.11) ein, so erhalten wir

$$\epsilon(T) \propto \frac{1}{T - \Theta}. \tag{11.8.14}$$

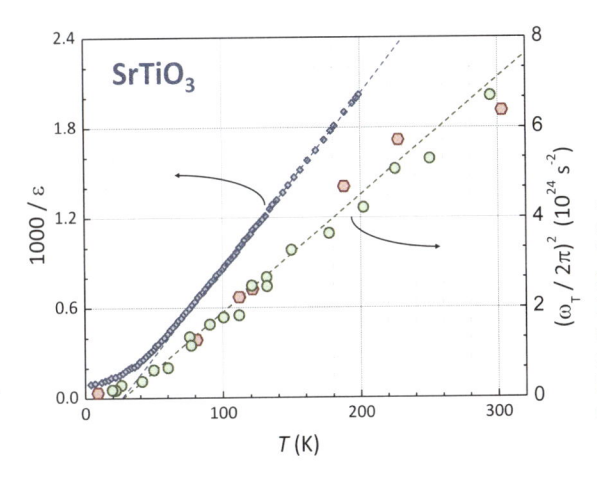

Abb. 11.33: Temperaturabhängigkeit der Dielektrizitätskonstante und der TO Phononenfrequenz von SrTiO$_3$. Die Phononenfrequenzen wurden mit Hilfe von Raman-Streuung und inelastischer Neutronenstreuung gemessen (nach T. Sakudo, H. Unoki, Phys. Rev. Lett. **26**, 851 (1971) und Y. Yamada, G. Shirane, J. Phys. Soc. Jpn **26**, 396 (1969)).

Diese Temperaturabhängigkeit bezeichnen wir als *Curie-Weiss-Gesetz*. Sie beschreibt den experimentell beobachteten Temperaturverlauf der Dielektrizitätskonstante im paraelektrischen Bereich sehr gut (siehe Abb. 11.32).

Setzen wir den Verlauf (11.8.14) für $\epsilon(T)$ in die LST-Relation (11.4.17) ein, so erhalten wir für die Frequenz der TO Phononen den Temperaturverlauf

$$\omega_T^2(T) \propto \epsilon_{\text{stat}} \omega_L^2 (T - \Theta) \ . \tag{11.8.15}$$

Hierbei ist ϵ_{stat} die Dielektrizitätskonstante für Frequenzen $\omega \gg \omega_L$ (z. B. im sichtbaren Bereich), bei der wir die ionische Polarisierbarkeit null setzen, aber immer noch $\alpha_{\text{el}}(0)$ verwenden können, da die typischen Eigenfrequenzen der elektronischen Prozesse im UV-Bereich liegen. Wir sehen also, dass die Frequenz der TO Phononen im paraelektrischen Bereich mit abnehmender Temperatur gegen null geht, die TO Phononen also immer weicher werden. Wie Abb. 11.33 zeigt, stimmt dies sehr gut mit der experimentellen Beobachtung überein.

11.8.3 Ferroelektrische Domänen

In einem ferroelektrischen Kristall mit einer polaren Achse, wie z. B. in BaTiO$_3$ in seiner tetragonalen Phase, kann sich die spontane Polarisation prinzipiell in zwei entgegengesetzte Richtungen einstellen. Würde überall im Kristall die Polarisation in die gleiche Richtung zeigen, so würden dadurch außerhalb des Kristalls beträchtlich Streufelder entstehen, die mit einer großen Feldenergie verbunden sind. Deshalb ist es vor allem für dünne Platten mit Polarisation senkrecht zur Platte energetisch günstiger, Bereiche mit entgegengesetzter Polarisation zu bilden. Diese Bereiche nennen wir *ferroelektrische Domänen*. Von Domäne zu Domäne ändert sich die Polarisationsrichtung im Bereich weniger Atomlagen, in denen die Polarisation verschwindet. Durch die Domänenbildung kann die Feldenergie reduziert werden, wobei gleichzeitig Energie für die Bildung von Domänenwänden aufgebracht werden muss. Die Form und Größe der Domänen hängt von den verschiedenen Energiebeiträgen ab, die wiederum von der Form der Probe, der Struktur der Domänenwände und der kristallographischen Orientierung der Probe abhängen. Die Domänenstruktur ändert sich auch bei einer Änderung des angelegten elektrischen Feldes. Insgesamt ist die Beschreibung der Bewegung der Domänenwände relativ kompliziert. Sie muss verstanden werden, um die Form der ferroelektrischen Hysteresekurve, die beim Umpolen des elektrischen Feldes durchfahren wird, zu verstehen.

Im Gegensatz zu Domänenwänden in Ferromagneten, wo Domänenwände eine typische Breite von 10 nm und mehr haben (vergleiche Abschnitt 12.8.1), sind die ferroelektrischen Domänenwände nur wenige Nanometer breit. Wegen der schmäleren Domänenwände können unterschiedlich orientierte Domänen in ferroelektrischen Dünnschichten eine höhere Dichte aufweisen als in ferromagnetischen Dünnschichten. Deshalb erhofft man sich eine höhere maximale Informationsdichte bei der Entwicklung ferroelektrischer Speichermedien.

11.8.4 Piezoelektrizität

Unter Piezoelektrizität versteht man die Änderung der elektrischen Polarisation und somit das Auftreten einer elektrischen Spannung an Festkörpern, wenn sie elastisch verformt werden (direkter piezoelektrischer Effekt). Umgekehrt verformen sich Materialien bei Anlegen einer elektrischen Spannung (inverser piezoelektrischer Effekt). Der direkte piezoelektrische Effekt wurde im Jahre 1880 von den Brüdern **Jacques** und **Pierre Curie** entdeckt. Bei Versuchen mit Turmalinkristallen fanden sie heraus, dass bei einer mechanischen Verformung der Kristalle auf der Kristalloberfläche elektrische Ladungen entstehen, deren Menge sich proportional zur Verformung verhält. Grundsätzlich sind alle Materialien, die ferroelektrisch sind, auch piezoelektrisch aber nicht umgekehrt. Zum Beispiel ist Quarz piezoelektrisch aber nicht ferroelektrisch.

In Abb. 11.28 haben wir bereits die Ursache für den piezoelektrischen Effekt veranschaulicht. Wird ein Kristall durch eine äußere Kraft in Richtung seiner polaren Achse verformt, so fallen die Schwerpunkte der negativen und positiven Ladungen nicht mehr zusammen und es entsteht eine endliche Polarisation. Das heißt, durch die gerichtete Verformung des piezoelektrischen Materials bilden sich mikroskopische Dipole innerhalb der Elementarzellen aus. Die Aufsummierung über die damit verbundenen elektrischen Dipolfelder führt zu einer makroskopisch messbaren elektrischen Spannung entlang der polaren Achse. Wichtig ist, dass die Verformung gerichtet ist, das heißt, dass der angelegte Druck nicht von allen Seiten auf die Probe wirkt. Umgekehrt kann durch Anlegen einer elektrischen Spannung eine Verformung des Kristalls erreicht werden. Wie auch jeder andere Festkörper, können piezoelektrische Körper mechanische Schwingungen ausführen. Bei Piezoelektrika können diese Schwingungen elektrisch angeregt werden. Andererseits bewirken die mechanischen Schwingungen wieder eine elektrische Wechselspannung. Die Frequenz der Schwingung ist nur von der Schallgeschwindigkeit (eine Materialkonstante) und den Abmessungen des piezoelektrischen Körpers abhängig. Bei geeigneter Befestigung hängen diese Frequenzen kaum von Umgebungseinflüssen ab. Deshalb sind piezoelektrische Bauteile wie Schwingquarze sehr gut für präzise Oszillatoren geeignet (z. B. in der Quarzuhr).

Wirkt auf einen piezoelektrischen Kristall neben einem externen elektrischen Feld $\mathbf{E}_{\text{ext}}$ noch eine mechanische Spannung σ (vergleiche Abschnitt 4.2), so können wir die resultierende

11.8 Ferroelektrizität

dielektrische Verschiebung **D** schreiben als

$$\mathbf{D} = \epsilon_0 \chi_{el}^\sigma \cdot \mathbf{E}_{ext} + \mathbf{P} + d \cdot \boldsymbol{\sigma} = \epsilon_0 \epsilon^\sigma \cdot \mathbf{E}_{ext} + d \cdot \boldsymbol{\sigma}. \qquad (11.8.16)$$

Hierbei sind χ_{el}^σ und ϵ^σ die Tensoren der elektrischen Suszeptibilität und der Dielektrizitätskonstante bei konstanter Spannung σ, d ist der Tensor des piezoelektrischen Effekts. Die Koeffizienten des Tensors liegen in der Größenordnung von 1–100×10^{-12} C/N. Umgekehrt können wir die Dehnung **e** eines piezoelektrischen Kristalls bei von außen wirkender mechanischer Spannung σ und elektrischem Feld $\mathbf{E}_{ext}$ durch

$$\mathbf{e} = C^E \cdot \boldsymbol{\sigma} + d^t \cdot \mathbf{E}_{ext} \qquad (11.8.17)$$

ausdrücken. Hierbei ist C^E der Elastizitätsmodul bei konstantem elektrischen Feld und d^t der Tensor für den inversen piezoelektrischen Effekt.[68] Die piezoelektrischen Verzerrungskoeffizienten sind gegeben durch

$$d_{ij} = \left(\frac{\partial e_i}{\partial E_j}\right)^E = \left(\frac{\partial D_i}{\partial \sigma_j}\right)^\sigma, \qquad (11.8.18)$$

wobei der erste Ausdruck für den direkten und der zweite für den inversen piezoelektrischen Effekt gilt. Häufig wird auch der piezoelektrische Spannungskoeffizient g^E bei konstantem elektrischen Feld verwendet, der die erzeugte Polarisation mit der wirkenden Spannung verknüpft:

$$\mathbf{P} = g^E \cdot \boldsymbol{\sigma}. \qquad (11.8.19)$$

Er ist durch

$$g_{ij} = \left(\frac{\partial D_i}{\partial e_j}\right)^E = \sum_k \left(\frac{\partial D_i}{\partial \sigma_k}\right)^E \cdot \left(\frac{\sigma_k}{\partial e_j}\right)^E = \sum_k d_{ik} \cdot C_{kj} \qquad (11.8.20)$$

gegeben. Die beiden Koeffizienten sind also über die elastischen Konstanten des Materials verknüpft.

Piezoelektrische Materialien finden vielfältige Anwendungen in der Sensorik und Aktorik. Im Bereich der Aktorik sind zwei Haupteffekte relevant, für welche die Gleichung für die Dehnung vereinfacht werden kann. Für den piezoelektrischen Quer- oder Transversaleffekt (d_{31}-Effekt), bei dem die Dehnung quer zum angelegten Feld auftritt, gilt

$$e_1 = C_{11}^E \cdot \sigma_1 + d_{31} \cdot E_{ext,3}. \qquad (11.8.21)$$

Beim piezoelektrischer Längs- oder Longitudinaleffekt (d_{33}-Effekt), bei dem die Dehnung parallel zum angelegten Feld auftritt, gilt

$$e_3 = C_{33}^E \cdot \sigma_3 + d_{33} \cdot E_{ext,3}. \qquad (11.8.22)$$

---

[68] Man beachte, dass Spannung und Dehnung eigentlich Tensoren 2. Stufe sind und der Elastizitätsmodul dadurch ein Tensor 4. Stufe. Da es sich aber bei Spannung und Dehnung um symmetrische Tensoren handelt, reduziert man sie mit Hilfe der Voigt-Notation (11 = 1, 22 = 2, 33 = 3, 13 = 4, 23 = 5, 12 = 6) zu 6-komponentigen Vektoren. Der Elastizitätsmodul ist dann eine 6×6-Matrix.

In der Aktorik dienen Piezoelemente zur genauen Positionierung. Ein bekanntes Beispiel ist die Positionierung der Tunnelspitze bei der Rastertunnelmikroskopie. Weitere wichtige Anwendungen sind Tintenstrahldrucker und Piezolautsprecher, bei denen die Schallwellen durch eine tonfrequente Wechselspannung erzeugt werden. Auch Dieseleinspritzsysteme arbeiten mit piezoelektrischen Aktoren (keramische Vielschichtbauteile mit Edelmetallinnenelektroden) und haben die so genannte Common-Rail-Technik verbessert. Dabei wird die Einspritzung von Diesel über Ventile teilweise ersetzt. Seit 2005 werden auch beim Pumpe-Düse-System Piezoaktoren eingesetzt. Industrieunternehmen, die derartige Piezoaktoren in großen Stückzahlen fertigen, sind die Firmen Epcos und Bosch.

In der Sensorik wird das Auftreten der piezoelektrischen Ladung bei mechanischer Verformung in Kraft-, Druck- und Beschleunigungssensoren ausgenutzt. Die Piezoelemente dienen zur Wandlung von mechanischem Druck in elektrische Spannung. Einige Beispiele sollen im Folgenden kurz diskutiert werden. In der Musik werden Piezoelemente als Tonabnehmer für akustische Instrumente genutzt, hauptsächlich bei Saiteninstrumenten wie Gitarre, Geige oder Mandoline. Die dynamische Verformung des Instrumentes (Vibration des Klangkörpers) wird dabei in eine geringe Wechselspannung umgewandelt, die dann elektrisch verstärkt wird. Bei piezoelektrischen Beschleunigungssensoren bzw. -aufnehmern kommt es bei einer mechanischen Deformation (Kompression oder Scherung) durch die Beschleunigung zu einer Ladungstrennung und damit zu einer abgreifbaren Ladung (bzw. Spannung). Bei Schwingquarzen kann der Einfluss verschiedener Größen auf die Resonanzfrequenz, bei akustischen Oberflächenwellenbauteilen der Einfluss auf die Verzögerungszeit ausgenutzt werden. Eine wichtige Anwendung ist die Messung der auf dem Quarz aufgebrachten Masse, z. B. bei industriellen Beschichtungsverfahren zur Bestimmung der Schichtdicke.

Literatur

A. S. Alexandrov, N. Mott, *Polarons and Bipolarons*, World Scientific, Singapore (1996).

D. Bohm, T. Staver, *Application of Collective Treatment of Electron and Ion Vibrations to Theories of Conductivity and Superconductivity*, Phys. Rev. B **84**, 836 (1950).

R. W. Boyd, *Nonlinear Optics*, 3. Auflage, Academic Press, New York (2008).

D. Damjanovic, *Ferroelectric, dielectric and piezoelectric properties of ferroelectric thin films and ceramics*, Rep. Prog. Phys. **61**, 1267–1324 (1998).

J. T. Devreese, A. S. Alexandrov, *Fröhlich Polaron and Bipolaron: Recent Developments*, Rep. Prog. Phys. **72**, 066501 (2009).

J. T. Devreese, *Polarons*, in R. G. Lerner, G. L. Trigg, Encyclopedia of Physics (3. Auflage), Wiley-VCH, Weinheim, S. 2004-2027 (2005).

P. P. Edwards, C. N. R. Rao (Hrsg.), *Metal-Insulator Transitions Revised*, Taylor & Francis, Bristol (1995).

H. Friedrich, *Theoretische Atomphysik*, Springer, Berlin, Heidelberg (1994).

W. Gebhardt, U. Krey, *Phasenübergänge und kritische Phänomene – Eine Einführung*, Vieweg (1980).

E. Hecht, *Optik*, Oldenbourg Wissenschaftsverlag, München (2009).

J. C. Joshi, A. L. Dawar, *Pyroelectric Materials, Their Properties and Applications*, phys. stat. sol. (a) **70**, 353 (1982).

H. A. Kramers, *La diffusion de la lumière par les atomes*, Atti Cong. Intern. Fisica, Como, Bd. 2, S. 545–557 (1927).

R. de L. Kronig, *On the theory of the dispersion of X-rays*, J. Opt. Soc. Am. **12**, 547556 (1926).

L. D. Landau, *Theory of Fermi-Liquids*, Sov. Phys. JETP **3**, 920 (1957).

L. D. Landau, *Oscillations in a Fermi-Liquid*, Sov. Phys. JETP **5**, 101 (1957).

L. D. Landau, *On the Theory of the Fermi-Liquid*, Sov. Phys. JETP **8**, 70 (1959).

L. D. Landau, E. M. Lifschitz, *Lehrbuch der theoretischen Physik V. Statistische Physik*, Akademie Verlag, Berlin (1970).

L. D. Landau, I. M. Lifshitz, *Statistical Physics*, Addison-Wesley, Reading, MA (1980).

J. Lindhard, *On the Properties of a Gas of Charged Particle*, Mat. Fys. Medd. Dan. Vid. Selsk. **28**, No. 8 (1954).

M. Lines, A. Glass, *Principles and applications of ferroelectrics and related materials*, Clarendon Press, Oxford (1979).

S. Maier, *Plasmonics: Fundamentals and Applications*, Springer Verlag, Berlin (2007).

N. F. Mott, Proc. Roy. Soc. London **A 382**, 1 (1980).

N. F. Mott, *Metal-Insulator Transitions*, Taylor & Francis, Bristol, 2. Auflage (1990).

L. Onsager, *Reciprocal relations in irreversible processes I*, Phys. Rev. **37**, 405 (1931); *Reciprocal relations in irreversible processes II*, Phys. Rev. **38**, 2265 (1931).

D. Pines, P. Nozières, *Theory of Quantum Liquids*, Benjamin, New York (1966).

R. H. Ritchie, *Plasma Losses by Fast Electrons in Thin Films*, Phys. Rev. **106**, 874–881 (1957).

F. J. Rogers, H. C. Graboske, D. J. Harwood, *Bound Eigenstates of the Static Screened Coulomb Potential*, Phys. Rev. A **1**, 1577 (1970).

T. F. Rosenbaum, R. F. Milligan, M. A. Paalanen, G. A. Thomas, R. N. Bhatt, *Metal-insulator transition in a doped semiconductor*, Phys. Rev. B **27**, 7509–7523 (1983).

Y.-R. Shen, *The Principles of Nonlinear Optics*, Wiley-Interscience (2002).

12 Magnetismus

Das Phänomen Magnetismus beschäftigt die Menschheit schon seit Jahrtausenden. Bereits die alten Griechen kannten die merkwürdige Kraft, die nur auf Eisen (lat.: ferrum) zu wirken schien. Thales von Milete untersuchte bereits im 6. Jahrhundert vor Christus Magnetit. Die Chinesen fanden die erste Anwendung des Ferromagnetismus in Form des Kompasses (erster Nachweis etwa 4. Jahrhundert nach Christus, allgemeine Verwendung ab dem 12. Jahrhundert). Die wissenschaftliche Forschung im modernen Sinne begann in der Renaissance mit **William Gilbert**,[1] der erkannte, dass die Funktion des Kompasses auf dem Erdmagnetismus beruhte. Ein weiterer großer Fortschritt wurde durch **André-Marie Ampère**[2] gemacht, der entdeckte, dass magnetische Felder durch sich bewegende Ladungen erzeugt werden, die später dann als Elektronen identifiziert wurden. Die Faszination des Phänomens Magnetismus hat ganz wesentlich zur Entwicklung unseres heutigen Verständnisses des Elektromagnetismus und des magnetischen Verhaltens von Festkörpern beigetragen.[3]

Nachdem wir im vorangegangenen Kapitel die Wechselwirkung eines Festkörpers mit einem elektrischen Feld diskutiert haben, wollen wir in diesem Kapitel das Verhalten von Festkörpern in äußeren Magnetfeldern betrachten. Wir werden uns dabei wieder auf die lineare Antwort von Festkörpern auf von außen wirkende Magnetfelder beschränken und auf die Betrachtung nicht-linearer Effekte weitgehend verzichten. Wir haben ferner bereits in Kapitel 9 die Dynamik von Kristallelektronen unter dem Einfluss von durch Magnetfelder erzeugten äußeren Kräften diskutiert. Dort haben wir uns aber im Wesentlichen auf die Be-

---

[1] **William Gilbert**, geboren am 24. Mai 1544 in Colchester, England, gestorben am 10. Dezember 1603 in London.
Im Jahre 1600 veröffentlichte William Gilbert, der spätere Leibarzt von Königin Elizabeth I von England, seine große Studie über den Magnetismus, „De Magnete" – „Über den Magneten". Dieses Werk gab zum ersten Mal eine rationale Erklärung für die mysteriöse Eigenschaft der Kompassnadel, sich in Nord-Süd-Richtung auszurichten: die Erde selbst ist magnetisch. „De Magnete" leitete die Ära der modernen Physik und Astronomie ein und führte in ein neues Jahrhundert, das geprägt war von den großen Leistungen bedeutender Naturforscher wie Galileo, Kepler, Newton und anderer.
Gilbert erklärte die Abweichung der Kompassnadel von der wahren (astronomischen) Nordrichtung durch die Anziehungskraft der Kontinente, was in Übereinstimmung mit den Beobachtungen im Nordatlantik stand. Die Nadel wich nahe Europa nach Osten ab und nahe Amerika nach Westen. Die Beobachtung, dass nahe den Inseln von Novaja Semlja, nördlich von Rußland, die Kompassnadel eine Abweichung nach Westen aufwies, veranlasste Gilbert zur Hypothese einer „Nord-Ost-Passage" um Rußland, die einen direkteren Seeweg zu den Gewürzinseln des Fernen Ostens ermöglicht hätte. Einige Jahrzehnte früher hatten Frobisher und Davis erfolglos eine ähnliche „Nord-West-Passage" um den amerikanischen Kontinent gesucht.

[2] **André-Marie Ampère**, geboren am 22. Dezember 1775 in Poleymieux-au-Mont-d'or bei Lyon, Frankreich, gestorben am 10. Juni 1836 in Marseille.

[3] Auch heute verknüpfen viele Menschen mit Magnetismus immer noch etwas Mystisches und vertrauen zum Beispiel auf die heilenden Kräfte von statischen Magnetfeldern, obwohl diese wissenschaftlich nicht belegbar ist.

schreibung der Bewegung von einzelnen Kristallelektronen in Metallen unter der Wirkung einer äußeren Kraft beschränkt. Dadurch konnten wir den Einfluss von Magnetfeldern auf die elektrischen Transporteigenschaften klären. In diesem Kapitel wollen wir unsere Diskussion auf die Beschreibung der Reaktion eines Festkörpers als Ganzem auf ein von außen wirkendes magnetisches Feld ausdehnen. Dadurch erhalten wir zum Beispiel eine Beschreibung der magnetischen Suszeptibilität von Festkörpern.

Bei der Diskussion der Bandstruktur von Festkörpern und der elektrischen Transporteigenschaften haben wir überwiegend eine so genannte Einelektronen-Näherung benutzt, mit der wir die Energieniveaus von Kristallelektronen in einem effektiven Potenzial bestehend aus dem periodischen Potenzial der Ionenrümpfe und einem mittleren Potenzial aller anderen Elektronen berechnet haben. Innerhalb des Einelektronen-Modells konnten wir die angeregten Zustände eines Elektronensystems verstehen, die z. B. durch Wechselwirkung mit Licht oder durch thermische Anregung erzeugt werden. Mit dem Einelektronen-Modell konnten wir in Kapitel 11 auch die Reaktion eines Festkörpers auf oszillierende und statische elektrische Felder beschreiben. Bei der Diskussion von magnetischen Phänomenen spielen häufig Korrelationen im Elektronensystem eine wichtige Rolle, weshalb magnetische Phänomenen meist nicht mehr im Rahmen einer Einteilchen-Theorie beschrieben werden können, sondern einer wesentlich komplizierteren Vielteilchenbeschreibung bedürfen. Auf diese Aspekte können wir hier aber nur am Rande eingehen.

Ein wichtiger Aspekt, der unabhängig voneinander von **Niels Bohr**[4] (1911) und **J. H. van Leeuwen**[5] (1919) in ihren Doktorarbeiten bewiesen wurde, ist die Tatsache, dass das Phänomen Magnetismus untrennbar mit der Quantenmechanik verbunden ist. Das Bohr-van Leeuwen Theorem besagt, dass *bei endlichen Temperaturen und in allen endlichen elektrischen oder thermischen Feldern die Nettomagnetisierung eines Ensembles von Elektronen im thermischen Gleichgewicht identisch gleich null ist*. Da sich die Bewegungsenergie einer Ladung im Magnetfeld nicht ändert, ist anschaulich klar, dass die Magnetisierung bei Anwendung einer klassischen Statistik verschwinden muss. Das heißt, dass ein rein klassisches Elektronensystem im thermischen Gleichgewicht kein magnetisches Moment zeigen kann. *Magnetismus ist also ein Quantenphänomen.*

Bei der Diskussion der magnetischen Eigenschaften von Festkörpern ist es zweckmäßig, zwischen dem Magnetismus quasi-gebundener und quasi-freier Elektronen zu unterscheiden. Diese Vorgehensweise haben wir auch bei der Beschreibung der dielektrischen Eigenschaften in Kapitel 11 verwendet. Die quasi-gebundenen Elektronen sind dabei einzelnen Gitteratomen zugeordnet und die mit ihnen verknüpften magnetischen Eigenschaften lassen sich als atomarer Magnetismus der Gitteratome beschreiben. Die quasi-freien Elektronen sind z. B. die Leitungselektronen in Metallen. Bei der Beschreibung ihrer magnetischen Eigenschaften müssen wir die Fermi-Statistik anwenden, da die Fermi-Temperatur des Elektronengases üblicherweise weit oberhalb von Raumtemperatur liegt. Im Gegensatz dazu können wir bei der Beschreibung des atomaren Magnetismus der Gitteratome die Boltzmann-Statistik verwenden, da für die Gitteratome aufgrund ihrer wesentlich größeren Masse die Fermi-Temperatur üblicherweise klein gegenüber Raumtemperatur ist.

---

[4] **Niels Bohr**, geboren am 7. Oktober 1885 in Kopenhagen, gestorben am 18. November 1962 in Kopenhagen, Nobelpreis für Physik 1922.
Niels Bohr, Doktorarbeit *Studier over Metallernes Elektrontheori*, Københavns Universitet (1911).

[5] Johanna Hendrika van Leeuwen, *Problèmes de la théorie électronique du magnétisme*, J. de Phys. et le Radium **2**, 361–377 (1921).

12.1 Makroskopische Größen

12.1.1 Die magnetische Suszeptibilität

Bei der Einführung der magnetischen Suszeptibilität gehen wir ganz analog zur Einführung der elektrischen Suszeptibilität in Abschnitt 11.1.1 vor. Wir betrachten einen isolierenden Festkörper (keine makroskopischen Abschirmströme), auf den das magnetische Feld

$$\mathbf{H}(\mathbf{r},t) = \mathbf{H}(\mathbf{q},\omega)e^{i(\mathbf{q}\cdot\mathbf{r}-\omega t)} \tag{12.1.1}$$

wirkt. Das Magnetfeld ruft im Festkörper eine Magnetisierung $\mathbf{M}$ hervor, die mit dem anregenden Feld durch einen Tensor 2. Stufe verknüpft ist:

$$M_i(\mathbf{r}',t') = \sum_j \int \chi_{ij}(\mathbf{r},\mathbf{r}',t,t') H_j(\mathbf{r},t) d^3r\, dt. \tag{12.1.2}$$

Hierbei ist χ_{ij} der Tensor der *magnetischen Suszeptibilität*. Im Vergleich zum Ausdruck für die elektrische Polarisation $\mathbf{P}$ [siehe (11.1.2)], wo auf der rechten Seite die elektrische Feldkonstante ϵ_0 auftaucht, enthält der Ausdruck für die Magnetisierung nicht die magnetische Feldkonstante μ_0. Eine völlige Analogie würde man erhalten, wenn wir anstelle der Magnetisierung auf der linken Seite von (12.1.2) die magnetische Polarisation $\mathbf{J}_{\text{pol}} = \mu_0 \mathbf{M}$ verwenden würden. Diese hat die Einheit Vs/m² in Analogie zur Einheit As/m² der elektrischen Polarisation. Die Magnetisierung $\mathbf{M}$ ist definiert als das magnetische Moment $\mathbf{m}$ pro Volumen, d. h.

$$\mathbf{M} \equiv \frac{\mathbf{m}}{V}, \tag{12.1.3}$$

wobei das magnetische Moment $\mathbf{m}$ eines Festkörpers als Summe von atomaren Momenten $\boldsymbol{\mu}_i$ gegeben ist[6]

$$\mathbf{m} = \sum_i \boldsymbol{\mu}_i = \sum_i \frac{q_i\hbar}{2m}\frac{\mathbf{r}_i\times\mathbf{p}_i}{\hbar} = \sum_i g_i \mu_B \frac{\mathbf{L}_i}{\hbar}. \tag{12.1.4}$$

Hierbei ist $\mathbf{L}_i = \mathbf{r}_i \times \mathbf{p}_i$ der mit dem atomaren Moment $\boldsymbol{\mu}_i$ verbundene Drehimpuls[7] und

$$\begin{aligned}\mu_B &= \frac{e\hbar}{2m} = 9.274\,009\,68(20) \times 10^{-24} \text{J/T} \\ &= 5.788\,381\,8066(38) \times 10^{-5} \text{eV/T}\end{aligned} \tag{12.1.5}$$

---

[6] Wir können die Summe auch in ein Integral überführen und $\mathbf{m} = \int_V \mathbf{M}(\mathbf{r}) d^3r$ schreiben, wobei die lokale Magnetisierung $\mathbf{M}(\mathbf{r})$ als lokale Dichte der magnetischen Momente interpretiert werden muss.

[7] In Gleichung (12.1.4) haben wir nur den Bahndrehimpuls $\mathbf{L}$ betrachtet. Im Allgemeinen müssen wir den Gesamtdrehimpuls $\mathbf{J}$ betrachten, der sich aus Bahndrehimpuls $\mathbf{L}$ und Spin $\mathbf{S}$ zusammensetzt. Eine genaue Diskussion hierzu folgt später.

das *Bohrsche Magneton*.[8]

Klassisch ist ein infinitesimales magnetisches Moment durch

$$d\mathbf{m} = I d\mathbf{A} \tag{12.1.6}$$

gegeben. Für einen Kreisstrom der Stärke I ergibt sich deshalb das magnetische Moment

$$\mathbf{m} = \oint I d\mathbf{A} = I \cdot A\hat{\mathbf{n}}, \tag{12.1.7}$$

wobei A die umschlossenen Fläche und $\hat{\mathbf{n}}$ der auf der Fläche senkrecht stehende Einheitsvektor ist. Schreiben wir den Strom eines um einen Kern umlaufenden Elektrons als $I = -e/T$, so erhalten wir mit der Umlaufzeit $T = 2\pi r/v$ und dem quantisierten Bahndrehimpuls $L = mvr = \hbar$ das magnetische Moment $m = \pi r^2 \frac{-e\hbar}{2\pi r^2 m} = -\frac{e\hbar}{2m} = -\mu_B$.

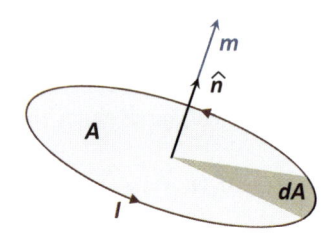

Abb. 12.1: Magnetisches Moment.

Analog zu Abschnitt 11.1.1 erhalten wir für die Fourier-Komponenten

$$M_i(\mathbf{q}, \omega) = \sum_j \chi_{ij}(\mathbf{q}, \omega) H_j(\mathbf{q}, \omega). \tag{12.1.8}$$

Der zum Dielektrizitätstensor analoge Tensor ist der Tensor der *magnetischen Permeabilität*. Dieser Tensor ist definiert durch

$$B_i(\mathbf{q}, \omega) = \sum_j \mu_0 \mu_{ij}(\mathbf{q}, \omega) H_j(\mathbf{q}, \omega), \tag{12.1.9}$$

wobei $B_i(\mathbf{q}, \omega)$ die Fourier-Transformierte der *magnetischen Flussdichte* ist, die definiert ist durch:

$$\mathbf{B}(\mathbf{r}, t) = \mu_0 \mathbf{H}(\mathbf{r}, t) + \mu_0 \mathbf{M}(\mathbf{r}, t) = \mu_0 \left[\mathbf{H}(\mathbf{r}, t) + \mathbf{M}(\mathbf{r}, t) \right]. \tag{12.1.10}$$

Hierbei ist $\mu_0 = 4\pi \times 10^{-7}$ Vs/Am die *magnetische Feldkonstante*. Aufgrund der Definitionen (12.1.8) und (12.1.9) sind $\chi_{ij}(\mathbf{q}, \omega)$ und $\mu_{ij}(\mathbf{q}, \omega)$ verknüpft durch

$$\mu_{ij}(\mathbf{q}, \omega) = 1 + \chi_{ij}(\mathbf{q}, \omega). \tag{12.1.11}$$

In Analogie zum Dielektrizitätstensor werden wir im Folgenden den Real- und Imaginärteil des Permeabilitätstensors mit $\mu_r(\mathbf{q}, \omega)$ und $\mu_i(\mathbf{q}, \omega)$ bezeichnen. In Fällen, wo die Tensoreigenschaften nicht relevant sind, werden wir $\mu_{ij}(\mathbf{q}, \omega)$ durch die skalare Funktion $\mu(\mathbf{q}, \omega)$ ersetzen.

---

[8] Hinweis: Das magnetische Moment eines Elektrons mit Bahndrehmoment $\mathbf{L}$ ist $\boldsymbol{\mu} = -\mu_B \mathbf{L}$. Das negative Vorzeichen resultiert dabei aus der Tatsache, dass der elektrische Strom aufgrund der Ladung $-e$ der Elektronen das entgegengesetzte Vorzeichen zum Teilchenstrom besitzt. Die Elementarladung e verwenden wir wie immer als positive Zahl.

12.1.2 Lokales magnetisches Feld

Genauso wie bei der Diskussion der dielektrischen Eigenschaften von Festkörpern, müssen wir beachten, dass wir für das an einem bestimmten Ort **r** wirkende Magnetfeld das lokale Feld benutzen müssen. In Analogie zu (11.1.45) können wir das lokale magnetische Feld schreiben als

$$\mathbf{H}_{\text{lok}} = \mathbf{H}_{\text{ext}} + \mathbf{H}_N + \mathbf{H}_L = \mathbf{H}_{\text{mak}} + \mathbf{H}_L = \mathbf{H}_{\text{ext}} - N\mathbf{M} + \mathbf{H}_L \,. \tag{12.1.12}$$

Hierbei ist $\mathbf{H}_{\text{mak}} = \mathbf{H}_{\text{ext}} + \mathbf{H}_N$ das makroskopische Feld, das sich aus dem externen Feld und dem *Entmagnetisierungsfeld* $\mathbf{H}_N = -N\mathbf{M}$ zusammensetzt; N ist hierbei der *Entmagnetisierungsfaktor*. Das Feld $\mathbf{H}_L = \mathbf{M}/3$ ist das zum Lorentz-Feld $\mathbf{E}_L$ analoge innere Feld. Dieses Feld ist für para- und diamagnetische Materialien (die Suszeptibilität dieser Materialien ist typischerweise kleiner als 10^{-4}) allerdings so klein, dass $\mathbf{H}_{\text{lok}} \simeq \mathbf{H}_{\text{mak}}$ in der Regel eine sehr gute Näherung ist. Bei der Diskussion der di- und paraelektrischen Eigenschaften von Festkörpern konnte diese Vereinfachung nicht gemacht werden, da hier die Suszeptibilität in der Größenordnung von eins ist. Für ferromagnetische Festkörper ist das natürlich auch der Fall.

12.1.3 Entmagnetisierungs- und Streufelder

Wir benutzen die Beziehung

$$\mathbf{B}(\mathbf{r},t) = \mu_0 \left[\mathbf{H}(\mathbf{r},t) + \mathbf{M}(\mathbf{r},t) \right] \tag{12.1.13}$$

um den Zusammenhang zwischen den Größen **B**, **H** und **M** anhand eines Beispieles zu illustrieren. Hierzu betrachten wir eine dünne Scheibe eines ferromagnetischen Materials, das eine homogene Magnetisierung parallel zur Scheibennormale besitzen soll ($N \simeq 1$, siehe Abb. 12.2). Das äußere Feld sei null. Benutzen wir (12.1.13), so können wir das Feld im Inneren und außerhalb der Scheibe schreiben als

$$\text{Innenraum:} \quad \mathbf{H}_N = \frac{\mathbf{B}}{\mu_0} - \mathbf{M} \tag{12.1.14}$$

$$\text{Außenraum:} \quad \mathbf{H}_s = \frac{\mathbf{B}}{\mu_0} \,. \tag{12.1.15}$$

Das Feld $\mathbf{H}_N$ im Inneren der ferromagnetischen Scheibe nennen wir *Entmagnetisierungsfeld*, das Feld $\mathbf{H}_s$ im Außenraum *Streufeld*.[9]

Um die Natur der beiden Felder $\mathbf{H}_N$ und $\mathbf{H}_s$ zu verdeutlichen, betrachten wir einen geschlossenen Pfad entlang der Feldlinien. Da keine Ströme fließen, gilt nach dem Ampèreschen Durchflutungsgesetz

$$\oint \mathbf{H} \cdot d\mathbf{s} = 0 \,. \tag{12.1.16}$$

---

[9] Für dia- und paramagnetische Materialien ist ohne äußeres Feld $M = 0$, so dass $H_N = 0$ und $H_s = 0$. Wenn ein äußeres Feld H_{ext} angelegt wird, ist $M \ll H_{\text{ext}}$ da $|\chi| \ll 1$. Wir erhalten dann $H_{\text{mak}} = H_{\text{ext}} + H_N \simeq H_{\text{ext}}$, also $H_N \simeq 0$. Ferner gilt $H_s \simeq H_{\text{ext}}$.

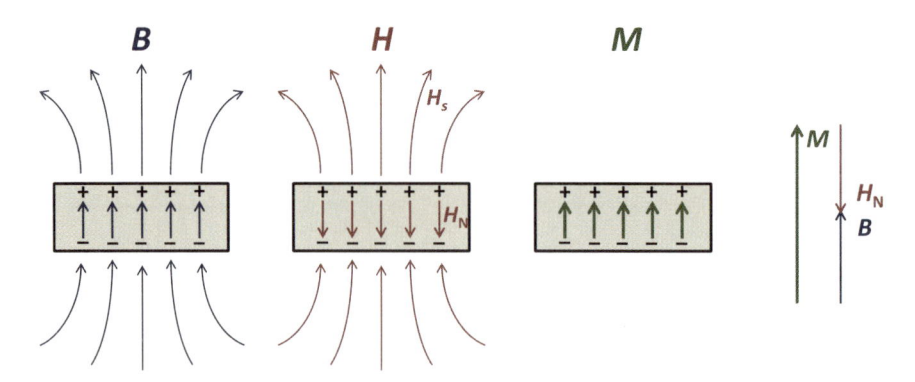

Abb. 12.2: Zur Veranschaulichung der Entmagnetisierungs- und Streufelder einer magnetisierten Scheibe. Das Feld H_N im Inneren der Scheibe wird Entmagnetisierungsfeld genannt, da es der Magnetisierung der Scheibe entgegengerichtet ist. Das Feld H_s im Außenraum wird Streufeld genannt. Die Feldlinien des Streufeldes verbinden die Quellen und Senken der Magnetisierung, die wir als fiktive positive (Nordpol) und negativen (Südpol) magnetische Oberflächenladungen betrachten können. Ganz rechts sind die Größenverhältnisse von **B**, **H** und **M** im Inneren der Scheibe gezeigt.

Diese Bedingung können wir nur erfüllen, wenn H_N antiparallel zu H_s ist. Das bedeutet, dass H_N antiparallel zur Magnetisierung **M** sein muss. Deshalb wird das Feld H_N Entmagnetisierungsfeld genannt. Wenn wir anstelle einer Scheibe einen langen und sehr dünnen Stab mit Magnetisierung parallel zum Stab verwendet hätten, würde das Streufeld sehr klein werden, da wir jetzt ganz wenige magnetische Oberflächenladungen haben. Dadurch wird auch das Entmagnetisierungsfeld verschwindend klein. Ganz allgemein können wir

$$\mathbf{H}_N = -N\mathbf{M} \tag{12.1.17}$$

schreiben, wobei N der geometrieabhängige *Entmagnetisierungsfaktor* ist. Dieser ist analog zum in Abschnitt 11.1.4 bei der Diskussion der dielektrischen Eigenschaften eingeführten Depolarisationsfaktor. Für einen langen Zylinder mit **B** parallel zur Zylinderachse ist $N \simeq 0$, so dass $\mathbf{H}_N \simeq 0$. Für eine flache Scheibe mit **B** senkrecht zur Scheibenfläche ist $N \simeq 1$, so dass $\mathbf{H}_N \simeq -\mathbf{M}$.

Wir können auch die Maxwell-Gleichung $\nabla \cdot \mathbf{B} = 0$ zusammen mit dem Gaussschen Theorem $\iint \mathbf{B} \cdot \mathbf{n} dA = \iiint \nabla \cdot \mathbf{B} dV$ benutzen, um Aussagen über die magnetische Flussdichte zu machen. Das Gausssche Theorem besagt, dass der durch **B** erzeugte Fluss durch die Oberfläche eines Volumenelements V durch die Divergenz von **B** innerhalb des Volumens gegeben ist. Da wir aber keine magnetischen Monopole haben, muss die Summe aller in die in Abb. 12.2 gezeigte Scheibe hinein- und aus ihr herauslaufenden Feldlinien des **B**-Feldes verschwinden. Dies gilt nur für das **B**-Feld, aber nicht für das **H**-Feld oder **M**. Da $\mathbf{B} = \mu_0(\mathbf{H} + \mathbf{M})$, gilt dies nur für die Summe von **H** und **M**. Wir können die Beziehung

$$\nabla \cdot \mathbf{B} = \mu_0 \nabla \cdot (\mathbf{H} + \mathbf{M}) = 0 \tag{12.1.18}$$

dazu benutzen, um das durch **M** generierte Streufeld zu bestimmen. Da $\nabla \cdot \mathbf{H} = -\nabla \cdot \mathbf{M}$, können wir die Quellen und Senken der Magnetisierung als positive und negative „magnetische Ladungen" betrachten, die das Streufeld generieren. Im Gegensatz zu elektrischen Ladungen treten magnetische Ladungen nie alleine sondern immer paarweise auf (es gibt keine magnetischen Monopole). Im Inneren der Scheibe nennen wir das Magnetfeld $\mathbf{H}_\mathrm{N}$, im Außenraum $\mathbf{H}_\mathrm{s}$.

12.1.4 Magnetostatische Selbstenergie

Wir können nun noch die Selbstenergie berechnen, die aus der Wechselwirkung des magnetischen Körpers mit dem von ihm erzeugten Magnetfeld resultiert. Dazu starten wir von der Energie $-\mu_0 \boldsymbol{\mu} \cdot \mathbf{H}_\mathrm{lok} = -\mu_0 \boldsymbol{\mu} \cdot (\mathbf{H}_\mathrm{N} + \mathbf{H}_\mathrm{L})$ eines einzelnen atomaren magnetischen Moments $\boldsymbol{\mu}$ im lokalen Feld $\mathbf{H}_\mathrm{lok} = \mathbf{H}_\mathrm{N} + \mathbf{H}_\mathrm{L}$, das von allen anderen Momenten erzeugt wird. Integrieren wir über das gesamte Volumen des betrachteten magnetischen Körpers und benutzen $\mathbf{M} = \mathbf{m}/V = \boldsymbol{\mu} N/V$ sowie $\mathbf{H}_\mathrm{L} = \mathbf{M}/3$, so erhalten wir die Energie

$$E = -\tfrac{1}{2}\mu_0 \int_V \mathbf{H}_\mathrm{N} \cdot \mathbf{M}\, dV - \tfrac{1}{6}\mu_0 \int_V M^2 dV \, . \qquad (12.1.19)$$

Der Faktor $\tfrac{1}{2}$ stellt dabei sicher, dass wir Beiträge nicht doppelt zählen, da ja jedes Moment $\boldsymbol{\mu}$ sowohl als Feldquelle als auch als Moment eingeht. Der zweite Term in (12.1.19) ist unwichtig. Er führt zu einer parallelen Ausrichtung der Momente über die Dipol-Dipol-Wechselwirkung. Diese ist aber so schwach (typischerweise 0.1 meV oder 1 K pro atomares Moment, vergleiche hierzu Abschnitt 12.5.1), dass sie gegenüber der Austauschkopplung (typischerweise 100 meV oder 1000 K) vernachlässigt werden kann. Die magnetostatische Selbstenergie wird üblicherweise als

$$E_\mathrm{m} = E + \tfrac{1}{6}\mu_0 \int_V M^2 dV \qquad (12.1.20)$$

definiert, so dass

$$E_\mathrm{m} = -\tfrac{1}{2}\mu_0 \int_V \mathbf{H}_\mathrm{N} \cdot \mathbf{M}\, dV \, . \qquad (12.1.21)$$

Da $\mu_0 \mathbf{M} = \mathbf{B} - \mu_0 \mathbf{H}_\mathrm{N}$, erhalten wir[10]

$$E_\mathrm{m} = \tfrac{1}{2}\mu_0 \int H_\mathrm{N}^2\, dV - \underbrace{\tfrac{1}{2}\int \mathbf{B}\cdot\mathbf{H}_\mathrm{N}\, dV}_{=0} = \tfrac{1}{2}\mu_0 \int H_\mathrm{N}^2\, dV \, . \qquad (12.1.22)$$

---

[10] Um zu zeigen, dass $\int \mathbf{B}\cdot\mathbf{H}\, dV = 0$, benutzen wir $\mathbf{B} = \nabla \times \mathbf{A}$ und die Vektoridentität $\mathbf{H}\cdot(\nabla\times\mathbf{A}) = \nabla\cdot(\mathbf{A}\times\mathbf{H}) + \mathbf{A}\cdot(\nabla\times\mathbf{H})$, wobei der zweite Term bei Abwesenheit von Strömen verschwindet. Wir erhalten dann $\int \mathbf{B}\cdot\mathbf{H}dV = \int \nabla\cdot(\mathbf{A}\times\mathbf{H})dV$. Mit Hilfe des Divergenztheorems können wir das Volumenintegral in ein Oberflächenintegral $\int_F (\mathbf{A}\times\mathbf{H})dF$ umwandeln. In großer Entfernung vom Magneten ist $A \sim 1/r^2$ und $H \sim 1/r^3$, so dass das Integral über eine Oberfläche mit unendlich großem Radius verschwindet.

Wir können nun den Zusammenhang (12.1.16) dazu benutzen, die Beziehung

$$E_\mathrm{m} = \tfrac{1}{2}\mu_0 \int_\text{außen} \mathbf{H}_\mathrm{s}^2 dV = -\tfrac{1}{2}\mu_0 \int_V \mathbf{H}_\mathrm{N} \cdot \mathbf{M} dV = \tfrac{1}{2}\mu_0 \int_V \mathbf{H}_\mathrm{N}^2 dV \qquad (12.1.23)$$

abzuleiten. Wichtig ist, dass die magnetostatische Selbstenergie immer positiv ist. Häufig ist es einfacher, das zweite Integral auszuwerten, da die Integration nur über das Volumen der magnetisierten Probe zu erfolgen hat. Das Vorzeichen des zweiten Integrals ist negativ, da $\mathbf{H}_\mathrm{N}$ antiparallel zu $\mathbf{M}$ ist.

12.2 Mikroskopische Theorie

12.2.1 Dia-, Para- und Ferromagnetismus

Bei der Entwicklung einer mikroskopischen Beschreibung müssen wir die Wechselwirkung eines externen Magnetfeldes mit dem Festkörper auf einer mikroskopischen Ebene betrachten. Analog zur Klassifizierung der dielektrischen Eigenschaften können wir dabei qualitativ folgende Unterscheidung vornehmen:

- *diamagnetische Festkörper:*
  In diamagnetischen Festkörpern liegen ohne äußeres Magnetfeld keine magnetischen Momente vor. Erst durch die Wirkung des äußeren Magnetfeldes werden magnetische Momente im Festkörper induziert, wodurch eine endliche Magnetisierung entsteht. Die induzierten magnetischen Momente sind dem sie induzierenden Magnetfeld entgegengesetzt (Lenzsche Regel). Das heißt, die magnetische Suszeptibilität von diamagnetischen Festkörpern ist negativ:

$$\chi_\text{dia} < 0 \,. \qquad (12.2.1)$$

  Wie in Abb. 12.3 gezeigt ist, werden wir im Folgenden zwischen dem atomaren oder *Larmor-Diamagnetismus* von Isolatoren und dem *Landau-Diamagnetismus* von Metallen unterscheiden. Im ersten Fall betrachten wir nur den Effekt von an Atomen fest gebundenen Elektronen in Isolatoren und im letzteren den Effekt von frei beweglichen Leitungselektronen in einem Metall. Dies ist wiederum analog zu unserer Diskussion der dielektrischen Eigenschaften in Kapitel 11, wo wir auch zunächst die dielektrischen Eigenschaften von Isolatoren und später diejenigen von Metallen diskutiert haben.
- *paramagnetische Festkörper:*
  In paramagnetischen Festkörpern liegen bereits ohne äußeres Magnetfeld magnetische Momente vor. Diese magnetischen Momente können zum Beispiel aus der Bahnbewegung oder dem Spin der Kristallelektronen resultieren. Für das Bahn- und Spinmoment

12.2 Mikroskopische Theorie

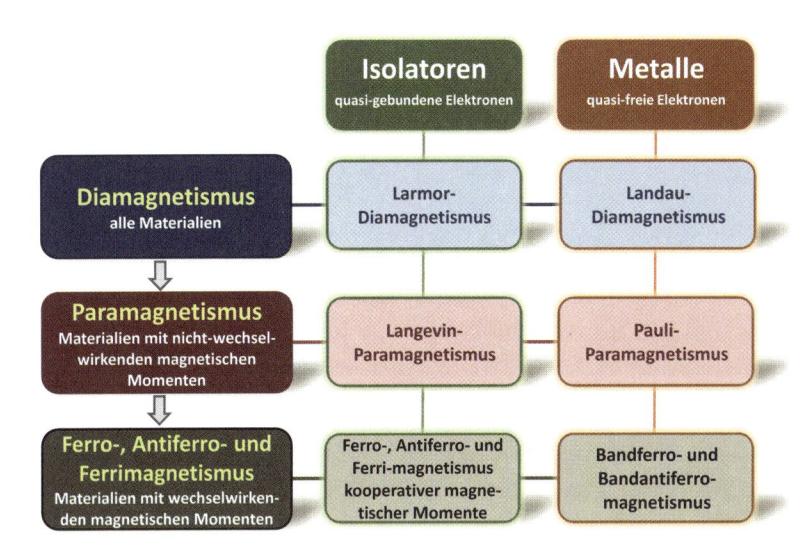

Abb. 12.3: Zur Klassifizierung der mikroskopischen Ursachen unterschiedlicher magnetischer Phänomene. Wir unterscheiden grob zwischen Diamagnetismus, Paramagnetismus und kooperativen magnetischen Phänomenen (Ferro-, Antiferro- und Ferrimagnetismus). Diese Phänomene können wiederum mit induzierten oder permanenten magnetischen Momenten quasi-gebundener Elektronen in Isolatoren oder quasi-freier Elektronen in Metallen zusammenhängen. Kernmomente werden wir bei unserer Diskussion nicht berücksichtigen.

gebundener Elektronen können wir schreiben:

$$\boldsymbol{\mu}_\ell = -g_\ell \mu_B \frac{\boldsymbol{\ell}}{\hbar} \qquad \langle \boldsymbol{\ell}^2 \rangle = \ell(\ell+1)\hbar^2 \qquad (12.2.2)$$

$$\boldsymbol{\mu}_s = -g_s \mu_B \frac{\mathbf{s}}{\hbar} \qquad \langle \mathbf{s}^2 \rangle = s(s+1)\hbar^2 \qquad (12.2.3)$$

Hierbei sind $\boldsymbol{\ell}$ und $\mathbf{s}$ der Bahndrehimpuls und der Spin eines Elektrons und g_ℓ und g_s die zugehörigen g-Faktoren mit

$$g_s = 2\left[1 + \frac{\alpha}{2\pi} + O(\alpha^2) + \ldots\right] = 2.0023 \qquad (12.2.4)$$

und der Feinstruktur-Konstanten

$$\alpha = \frac{1}{2\epsilon_0 c} \frac{e^2}{h} = \frac{1}{2}\sqrt{\frac{\mu_0}{\epsilon_0}} \frac{e^2}{h} = 7.297\,352\,5698(24) \times 10^{-3} \simeq \frac{1}{137} \qquad (12.2.5)$$

Wir werden im Folgenden meistens $g_s \simeq 2$ benutzen. In einem Atom sind üblicherweise die einzelnen Bahndrehimpulse $\boldsymbol{\ell}_i$ und Spins $\mathbf{s}_i$ der Hüllenelektronen eines Atoms zu einem Gesamtbahndrehimpuls $\mathbf{L} = \sum_i \boldsymbol{\ell}_i$ und Gesamtspin $\mathbf{S} = \sum_i \mathbf{s}_i$ gekoppelt, die wiederum zu einem Gesamtdrehimpuls $\mathbf{J} = \mathbf{L} + \mathbf{S}$ gekoppelt sind (Russel-Saunders-Kopplung), so dass das magnetische Moment des Atoms gegeben ist durch

$$\boldsymbol{\mu}_J = -g_J \mu_B \frac{\mathbf{J}}{\hbar} \qquad \langle \mathbf{J}^2 \rangle = J(J+1)\hbar^2 \,. \qquad (12.2.6)$$

Hierbei ist g_J der ***Landésche g-Faktor***[11] [vergleiche (12.3.36)]. Ein äußeres Magnetfeld bewirkt eine Ausrichtung der vorhandenen magnetischen Momente in Richtung des angelegten Feldes. Die magnetische Suszeptibilität ist deshalb positiv:

$$\chi_{\text{para}} > 0. \qquad (12.2.7)$$

Es ist anschaulich klar, dass wir eine rein diamagnetische Antwort eines Festkörpers nur dann erhalten können, wenn keine magnetischen Momente im Festkörper vorhanden sind. Dies ist nur dann der Fall, wenn die Summe von Spin- und Bahnmoment verschwindet. Dies gilt für Atome mit komplett gefüllten Schalen, zum Beispiel Edelgase.[12] Wir werden im Folgenden wiederum zwischen *Langevin-Paramagnetismus*[13] (atomarer Paramagnetismus in Isolatoren) und *Pauli-Paramagnetismus*[14] (Paramagnetismus der Leitungselektronen in Metallen) unterscheiden (siehe hierzu Abb. 12.3). Der Langevin-Paramagnetismus resultiert aus dem Bahn- und Spinmoment von Kristallatomen mit nur teilweise gefüllten Schalen. Der Pauli-Paramagnetismus resultiert aus dem Spin der Leitungselektronen eines Metalls.

- *ferro-, ferri- und antiferromagnetische Festkörper:*
In diesen Materialien tritt unterhalb einer materialspezifischen Temperatur eine spontane Magnetisierung auch ohne äußeres Feld auf. Die Ursache dafür ist die quantenmechanische Austauschwechselwirkung zwischen permaneten magnetischen Momenten, die zu einer räumlichen Ordnung dieser Momente führt (siehe Abb. 12.4). Bei Antiferromagneten sind die Magnetisierungen der beiden entgegengesetzt ausgerichteten Untergitter exakt gleich, so dass die Gesamtmagnetisierung verschwindet. Bei Ferrimagneten sind die Untergittermagnetisierungen unterschiedlich, so dass eine effektive Gesamtmagnetisierung beobachtet wird. Die Austauschwechselwirkung kann klassisch nicht verstanden werden. Die Austauschwechselwirkung ist eine Folge des Pauli-Prinzips und der Coulomb-Wechselwirkung der Elektronen. Die Größenordnung der Austauschwechselwirkung liegt typischerweise im Bereich von 10 bis 100 meV (entspricht etwa 100 bis 1000 K). Dagegen sind klassische Dipolwechselwirkungen zwischen permanenten magnetischen Momenten vernachlässigbar. Sie liegen im Energiebereich von 0.1 meV oder 1 K.

Abb. 12.4: Schematische Darstellung einer (a) ferromagnetischen, (b) antiferromagnetischen und (c) ferrimagnetischen Ordnung permanenter magnetischer Momente.

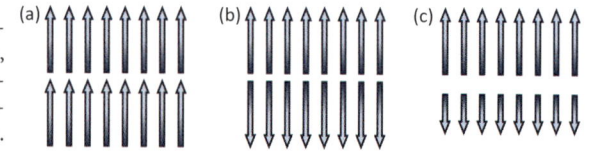

---

[11] **Alfred Landé**, geboren am 13. Dezember 1889 in Elberfeld, gestorben am 30. Oktober 1976 in Columbus/Ohio.

[12] In diesem Fall können immer noch Kernmomente vorhanden sein. Diese sind aber, da $\mu_K = e\hbar/2M_K \ll \mu_B = e\hbar/2m$, um mehr als 3 Größenordnungen kleiner als die elektronischen Momente und sollen im Folgenden vernachlässigt werden.

[13] **Paul Langevin**, geboren am 23. Januar 1872 in Paris, gestorben am 19. Dezember 1946 in Paris.

[14] **Wolfgang Pauli**, siehe Kasten auf Seite 692.

12.3 Atomarer Dia- und Paramagnetismus

12.3.1 Atome im homogenen Magnetfeld

Wir diskutieren in diesem Abschnitt das Verhalten von Isolatoren. Wir modellieren diese dabei durch ein System nicht-wechselwirkender Atome. Um den Effekt eines von außen angelegten Magnetfeldes zu bestimmen, müssen wir die Änderung der Energie der Elektronen der einzelnen Atome durch die Wirkung des angelegten Feldes bestimmen, das heißt, wir müssen die Quantenmechanik atomarer magnetischer Momente diskutieren. Dazu müssen wir im Hamilton-Operator den Impuls-Operator durch den Operator des kanonischen Impulses ersetzen (siehe hierzu Anhang D) und erhalten[15]

$$\mathcal{H} = \frac{1}{2m}\left[\mathbf{p} + e\mathbf{A}\right]^2 + V(\mathbf{r}) \tag{12.3.1}$$

mit $\mathbf{p} = -i\hbar\nabla$. Hierbei haben wir die Coulomb-Eichung $\nabla \cdot \mathbf{A} = 0$ und $\phi = 0$ verwendet. In dieser Eichung ist $\mathbf{E} = -\partial\mathbf{A}/\partial t$ und $\mathbf{B} = \nabla \times \mathbf{A}$. Für ein homogenes Magnetfeld $\mathbf{B}_{ext} = \mu_0 \mathbf{H}_{ext}$ ist eine mögliche Wahl des Vektorpotenzials

$$\mathbf{A} = -\frac{1}{2}\mathbf{r} \times \mathbf{B}_{ext}. \tag{12.3.2}$$

Wir werden im Folgenden annehmen, dass $\mathbf{B}_{ext} \parallel \hat{\mathbf{z}}$.

Wir betrachten jetzt nur die kinetische Energie aller Elektronen eines Atoms oder Ions in dem betrachteten Festkörper:

$$\begin{aligned}\mathcal{T} &= \frac{1}{2m}\sum_i [\mathbf{p}_i + e\mathbf{A}]^2 = \frac{1}{2m}\sum_i \left[\mathbf{p}_i - \frac{e}{2}\mathbf{r}_i \times \mathbf{B}_{ext}\right]^2 \\ &= \frac{1}{2m}\sum_i \mathbf{p}_i^2 + \frac{e}{2m}\sum_i (\mathbf{r}_i \times \mathbf{p}_i)_z B_z + \frac{e^2 B_z^2}{8m}\sum_i (x_i^2 + y_i^2).\end{aligned} \tag{12.3.3}$$

Dabei haben wir in der zweiten Zeile ausgenutzt, dass $\mathbf{B}_{ext} \parallel \hat{\mathbf{z}}$. Wir können nun $\mathbf{L}_z = \sum_i (\mathbf{r}_i \times \mathbf{p}_i)_z$ und $\mu_z = -\frac{e}{2m}\sum_i (\mathbf{r}_i \times \mathbf{p}_i)_z = -\mu_B \mathbf{L}_z/\hbar$ sowie $\mathcal{T}_0 = \frac{1}{2m}\sum_i \mathbf{p}_i^2$ verwenden und erhalten

$$\mathcal{T} = \mathcal{T}_0 + \mu_B \frac{\mathbf{L}_z}{\hbar} B_z + \frac{e^2 B_z^2}{8m}\sum_i (x_i^2 + y_i^2) = \mathcal{T}_0 + \Delta\mathcal{H}_\ell. \tag{12.3.4}$$

Wir müssen jetzt ferner noch berücksichtigen, dass die Elektronen einen Spin besitzen. Die Wechselwirkung des äußeren Feldes mit dem Spin führt zu der Zusatzenergie

$$\Delta\mathcal{H}_s = g_s \mu_B \sum_i \frac{\mathbf{s}_i}{\hbar} \cdot \mathbf{B}_{ext} = g_s \mu_B \frac{\mathbf{S}_z}{\hbar} B_z. \tag{12.3.5}$$

---

[15] Wir betrachten Elektronen mit Ladung $q = -e$.

Hierbei ist $\mathbf{S}_z = \sum_i (\mathbf{s}_i)_z$. Insgesamt erhalten wir somit für die Änderung der Energie durch das angelegte Magnetfeld:

$$\Delta \mathcal{H} = \Delta \mathcal{H}_\ell + \Delta \mathcal{H}_s = \frac{\mu_B}{\hbar}(\mathbf{L}_z + g_s \mathbf{S}_z)B_z + \frac{e^2 B_z^2}{8m}\sum_i (x_i^2 + y_i^2). \quad (12.3.6)$$

Die magnetische Suszeptibilität χ können wir mit Hilfe von Störungstheorie 2. Ordnung berechnen. Eine störungstheoretische Behandlung ist hierbei möglich, da die Energieänderungen aufgrund des angelegten Magnetfeldes wesentlich kleiner sind als die atomaren Energien E_n der elektronischen Niveaus. Die Energieänderung ΔE_n eines Zustandes $|n\rangle$ erhalten wir zu

$$\Delta E_n = \langle n | \Delta \mathcal{H} | n \rangle + \sum_{n \neq n'} \frac{|\langle n | \Delta \mathcal{H} | n' \rangle|^2}{E_n - E_{n'}}. \quad (12.3.7)$$

Berücksichtigen wir nur quadratische Terme in B_z, so erhalten wir

$$\Delta E_n = \frac{\mu_B B_z}{\hbar} \langle n | \mathbf{L}_z + g_s \mathbf{S}_z | n \rangle$$
$$+ \frac{\mu_B^2 B_z^2}{\hbar^2} \sum_{n \neq n'} \frac{|\langle n | (\mathbf{L}_z + g_s \mathbf{S}_z) | n' \rangle|^2}{E_n - E_{n'}}$$
$$+ \frac{e^2 B_z^2}{8m} \langle n | \sum_i (x_i^2 + y_i^2) | n \rangle. \quad (12.3.8)$$

Mit Hilfe diesen Ausdrucks können wir die magnetische Suszeptibilität von Festkörpern diskutieren, bei denen nur die an die Atome gebundenen Elektronen zum Magnetismus beitragen. Der 1. Term in Gleichung (12.3.8) resultiert aus den mit dem Spin- und Bahndrehimpuls der Elektronen verbundenen, auch ohne äußeres Magnetfeld vorhandenen magnetischen Momenten. Er ist verantwortlich für den *atomaren oder Langevin-Paramagnetismus*. Der 2. Term resultiert im so genannten *Van Vleck Paramagnetismus*.[16] Der 3. Term ist schließlich verantwortlich für den *Larmor-Diamagnetismus*.

12.3.1.1 Größenordnungen

Wir wollen kurz die Größenordnung der drei Terme in Gleichung (12.3.8) für den Grundzustand $|0\rangle$ abschätzen.

1. Der 1. Term $\frac{\mu_B B_z}{\hbar}\langle 0 | \mathbf{L}_z + g_s \mathbf{S}_z | 0 \rangle$ ist wegen $\langle 0 | \mathbf{L}_z + g_s \mathbf{S}_z | 0 \rangle \simeq \hbar$ von der Größenordnung $\mu_B B_z = \frac{e\hbar}{2m} B_z \simeq \hbar \omega_c$, wobei wir $\omega_c = eB_z/m$ benutzt haben. Für ein Magnetfeld

---

[16] John H. van Vleck, geboren am 13. März 1899 in Middletown, Connecticut, gestorben am 27. Oktober 1980 in Cambridge, Massachusetts. Van Vleck erhielt 1977 zusammen mit Sir Nevill F. Mott und Philip W. Anderson den Nobelpreis für Physik *„für die grundlegenden theoretischen Leistungen zur Elektronenstruktur in magnetischen und ungeordneten Systemen"*.

12.3 Atomarer Dia- und Paramagnetismus

von 1 Tesla erhalten wir also eine Energieänderung von etwa 10^{-4} eV, was etwa 1 K entspricht.

2. Der 2. Term ist um den Faktor $\hbar\omega_c/(E_n - E_{n'})$ kleiner als der 1. Term. Da die Differenz $(E_n - E_{n'})$ der atomaren Energien typischerweise im Bereich von eV liegt, ist der 2. Term für ein Feld im Bereich von 1 T um 4 bis 5 Größenordnungen kleiner als der 1. Term.

3. Im 3. Term können wir $|\langle n|\sum_i (x_i^2 + y_i^2)|n'\rangle|^2 \simeq a_B^2$ setzen, wobei $a_B = 4\pi\epsilon_0\hbar^2/me^2$ der Bohrsche Radius ist. Damit ist $(\hbar e B_z/m)^2/(\hbar^2/2ma_B^2) \simeq (\hbar\omega_c)^2/E_H$, wobei $E_H \sim 13$ eV die Rydberg-Energie ist. Damit ist auch dieser Term um mehrere Größenordnungen kleiner als der 1. Term und liegt in der gleichen Größenordnung wie der zweite Term.

Aus unserer Abschätzung der Größenordnung der drei Terme in (12.3.8) können wir schließen, dass der 1. Term klar dominiert. Die anderen Terme können deshalb nur dann beobachtet werden, wenn der 1. Term verschwindet. Dies ist für Atome oder Ionen mit vollkommen gefüllten Elektronenschalen der Fall.

12.3.2 Statistische Betrachtung

Wir betrachten die freie Energie F (auch Helmholtz-Potenzial genannt) eines Systems aus N unabhängigen und unterscheidbaren Teilchen, das sich in einem angelegten Magnetfeld befindet. Die freie Energie ist die Differenz aus der inneren Energie U und dem Produkt aus Temperatur und Entropie (vergleiche hierzu Anhang F, Abschnitt F.5):

$$\mathcal{F} = U - TS. \tag{12.3.9}$$

Sie eignet sich besonders zur Beschreibung von Prozessen, die bei konstanter Temperatur (also isotherm) ablaufen. Mit $dU = TdS - pdV - V\mathbf{M}\cdot d\mathbf{B}_{ext}$ erhalten wir das totale Differential der freien Energie zu

$$d\mathcal{F} = dU - SdT - TdS = -SdT - pdV - V\mathbf{M}\cdot d\mathbf{B}_{ext}. \tag{12.3.10}$$

Hierbei ist $\mathbf{B}_{ext} = \mu_0 \mathbf{H}_{ext}$ die dem äußeren Magnetfeld entsprechende magnetische Flussdichte. Wir sehen, dass $F = W + \int_{T_1}^{T_2} SdT$. Das heißt, dass bei einem isothermen Prozess die Änderung der freien Energie gleich der dem System bei reversibler Prozessführung entnommenen bzw. zugeführten Arbeit (mechanisch, magnetisch, etc.) ist. Isotherme Prozessführungen, bei denen ein System mit seiner Umgebung nur Wärme, aber keine Arbeit austauschen kann, streben also nach einem Minimum der freien Energie, das heißt, gleichzeitig nach minimaler innerer Energie und maximaler Entropie.

Betrachten wir einen Prozess, bei dem $dT = 0$ und $dV = 0$, so gilt[17]

$$M_i = -\frac{1}{V}\left(\frac{\partial \mathcal{F}}{\partial B_{\text{ext},i}}\right)_{V,T} \tag{12.3.11}$$

$$\chi_{ij} = \mu_0 \left(\frac{\partial M_i}{\partial B_{\text{ext},j}}\right)_{V,T} = -\frac{\mu_0}{V}\left(\frac{\partial^2 \mathcal{F}}{\partial B_{\text{ext},i}\partial B_{\text{ext},j}}\right)_{V,T}. \tag{12.3.12}$$

Aus dieser Definition ergibt sich sofort eine Messvorschrift für die Magnetisierung. Bringen wir einen Festkörper in einen Feldgradienten, so können wir schreiben:

$$d\mathcal{F} = \mathcal{F}[B_{\text{ext}}(x+dx)] - \mathcal{F}[B_{\text{ext}}(x)]$$
$$= \frac{\partial \mathcal{F}}{\partial B_{\text{ext}}}\frac{\partial B_{\text{ext}}}{\partial x}dx = -VM\frac{\partial B_{\text{ext}}}{\partial x}dx. \tag{12.3.13}$$

Wir erhalten also eine Kraft f pro Volumen

$$f = -\frac{1}{V}\frac{\partial \mathcal{F}}{\partial x} = M\frac{\partial B_{\text{ext}}}{\partial x}, \tag{12.3.14}$$

die auf den Festkörper in dem Feldgradienten wirkt. Diese Kraft ist direkt proportional zur Magnetisierung und zum Feldgradienten. Auf ihr beruht das Prinzip der **Faraday-Waage**, bei der ein Festkörper in ein Magnetfeld gebracht wird, dem ein Feldgradient überlagert ist. Man misst dann die Auslenkung der Probe aus seiner Ruhelage durch die in dem Feldgradienten wirkende Kraft.

Um die freie Energie bei einer endlichen Temperatur T zu bestimmen, müssen wir die Wahrscheinlichkeiten p_n, mit der Zustände der Energie E_n besetzt sind, verwenden. Sie sind gegeben durch

$$p_n = \frac{e^{-E_n/k_BT}}{\sum_n e^{-E_n/k_BT}} = \frac{e^{-E_n/k_BT}}{Z}, \tag{12.3.15}$$

Hierbei ist

$$Z = \sum_n e^{-E_n/k_BT} = \sum_n e^{-\beta E_n} \tag{12.3.16}$$

---

[17] Prozesse mit $dV = 0$ sind experimentell oft schwierig zu realisieren. Deshalb ist es manchmal zweckmäßiger, die freie Enthalpie (auch Gibbs Potenzial genannt, da diese Größe von J. W. Gibbs im Jahr 1875 eingeführt wurde)

$$\mathcal{G} = U - TS + pV - V\mathbf{M}\cdot\mathbf{B}_{\text{ext}}$$

zu betrachten, deren totales Differential gegeben ist durch

$$d\mathcal{G} = dU - SdT - TdS + pdV + Vdp - V\mathbf{M}\cdot d\mathbf{B}_{\text{ext}} - V\mathbf{B}_{\text{ext}}\cdot d\mathbf{M}$$
$$= -SdT + Vdp - V\mathbf{M}\cdot d\mathbf{B}_{\text{ext}}.$$

Betrachten wir jetzt einen Prozess, der bei konstanter Temperatur und konstantem Druck abläuft, was experimentell leichter zu realisieren ist, so ist $\mathbf{M} = -\frac{1}{V}\left(\frac{\partial \mathcal{G}}{\partial \mathbf{B}_{\text{ext}}}\right)_{p,T}$ und $\chi_{ij} = -\frac{\mu_0}{V}\left(\frac{\partial^2 \mathcal{G}}{\partial B_{\text{ext},i}\partial B_{\text{ext},j}}\right)_{p,T}$. Wir werden im Folgenden trotzdem die freie Energie benutzen.

12.3 Atomarer Dia- und Paramagnetismus

die Zustandssumme und $\beta \equiv 1/k_B T$. Es gilt ferner $\sum_n p_n = 1$. Für die mittlere Energie $\langle E \rangle$ erhalten wir damit

$$\langle E \rangle = \frac{\sum_n E_n e^{-E_n/k_B T}}{\sum_n e^{-E_n/k_B T}} = -\frac{\partial Z/\partial \beta}{Z} = -\frac{\partial \ln Z}{\partial \beta} \,. \tag{12.3.17}$$

Für die Entropie pro Teilchen gilt

$$\widetilde{S} = -k_B \sum_n p_n \ln p_n \,, \tag{12.3.18}$$

wobei das Minuszeichen aus der Tatsache folgt, dass $p_n < 1$. Unter Benutzung von (12.3.15) erhalten wir daraus

$$\widetilde{S} = -k_B \sum_n \frac{e^{-E_n/k_B T}}{Z} \left[-\frac{E_n}{k_B T} - \ln Z \right] \tag{12.3.19}$$

und damit

$$\widetilde{S} = k_B \ln Z + \frac{\langle E \rangle}{T} \,. \tag{12.3.20}$$

Wir betrachten nun ein System aus N unabhängigen unterscheidbaren Teilchen. Ihre innere Energie U und Entropie S können wir schreiben als

$$U = N \langle E \rangle \qquad S = N\widetilde{S} \,. \tag{12.3.21}$$

Damit erhalten wir für die freie Energie

$$\mathcal{F} = U - TS = N\langle E \rangle - TS = N\left(\langle E \rangle - k_B T \ln Z - \langle E \rangle\right) \tag{12.3.22}$$

und somit

$$\mathcal{F} = -Nk_B T \ln Z = -k_B T \ln Z^N \,. \tag{12.3.23}$$

Mit $d\mathcal{F} = -SdT - pdV - V\mathbf{M} \cdot d\mathbf{B}_{\text{ext}}$ folgt

$$M_i = -\frac{1}{V}\left(\frac{\partial \mathcal{F}}{\partial B_{\text{ext},i}}\right)_{T,V} = \frac{Nk_B T}{V}\left(\frac{\partial \ln Z}{\partial B_{\text{ext},i}}\right)_{T,V} \tag{12.3.24}$$

und

$$\chi_{ij} = \mu_0 \frac{\partial M_i}{\partial B_{\text{ext},j}} = -\frac{\mu_0}{V}\left(\frac{\partial^2 \mathcal{F}}{\partial B_{\text{ext},i} \partial B_{\text{ext},j}}\right)_{T,V}$$

$$= \frac{\mu_0}{V} Nk_B T \left(\frac{\partial^2 \ln Z}{\partial B_{\text{ext},i} \partial B_{\text{ext},j}}\right)_{T,V} \tag{12.3.25}$$

sowie

$$S = -\left(\frac{\partial \mathcal{F}}{\partial T}\right)_{V,B} = Nk_B \ln Z + Nk_B T \left(\frac{\partial \ln Z}{\partial T}\right)_{V,B} \,. \tag{12.3.26}$$

12.3.3 Larmor-Diamagnetismus

Der Larmor-Diamagnetismus tritt in Isolatoren auf, deren Atome oder Ionen im Grundzustand $|0\rangle$ vollkommen gefüllte Elektronenschalen haben, so dass $\mathbf{L} = \mathbf{S} = \mathbf{J} = 0$ gilt. In diesem Fall müssen wir nur den 3. Term in (12.3.8) betrachten. Da eine vollkommen gefüllte Elektronenschale kugelsymmetrisch ist, können wir ferner $\langle 0|x_i^2|0\rangle = \langle 0|y_i^2|0\rangle = \frac{1}{3}\langle 0|r_i^2|0\rangle$ setzen und erhalten damit

$$\chi_{\text{dia}} = -\frac{\mu_0}{V}\left(\frac{\partial^2 \mathcal{F}}{\partial B_{\text{ext}}^2}\right)_{V,T} = -\mu_0 \frac{e^2}{6m}\frac{N}{V}\sum_i \langle n|r_i^2|n\rangle. \tag{12.3.27}$$

Hierbei ist N/V die Anzahl der Atome bzw. Ionen pro Volumeneinheit. Wir sehen, dass $\chi_{\text{dia}} < 0$ und unabhängig von der Temperatur ist. Da der Beitrag der Elektronen in den äußersten Schalen aufgrund des größten r_i dominiert, kann die Summe $\sum_i \langle 0|r_i^2|0\rangle$ üblicherweise gut durch $Z_a r_a^2$ angenähert werden, wobei Z_a die Zahl der Elektronen in der äußersten Schale und r_a der Atom- bzw. Ionenradius ist. Wir erhalten dann

$$\chi_{\text{dia}} \simeq -\mu_0 \frac{e^2}{6m}\frac{N}{V} Z_a r_a^2. \tag{12.3.28}$$

Wir können das Ergebnis (12.3.28) näherungsweise auch mit Hilfe der klassischen Physik ableiten, indem wir überlegen, zu welchem Kreisstrom I die Elektronen aufgrund ihrer Larmor-Präzessionsbewegung führen. Mit der Larmor-Frequenz $\omega_L - eB_{\text{ext}}/2m$ erhalten wir

$$I = -Ze\frac{\omega_L}{2\pi} = -\frac{Ze^2}{4\pi m} B_{\text{ext}} \tag{12.3.29}$$

und damit das magnetische Moment

$$\mu = I \cdot A = -\frac{Ze^2}{4\pi m} B_{\text{ext}} \pi \left(\langle x^2\rangle + \langle y^2\rangle\right). \tag{12.3.30}$$

Mit $(\langle x^2\rangle + \langle y^2\rangle) = \frac{2}{3}\langle r_a^2\rangle$ erhalten wir schließlich

$$\mu = I \cdot A = -\frac{Ze^2}{6m} B_{\text{ext}}\langle r_a^2\rangle. \tag{12.3.31}$$

und damit die Zusatzenergie

$$\Delta E = -\mu B_{\text{ext}} = \frac{Ze^2}{6m} B_{\text{ext}}^2 \langle r_a^2\rangle. \tag{12.3.32}$$

Durch zweimaliges Ableiten nach dem äußeren Feld und Multiplikation mit der Dichte N/V der Atome erhalten wir dann bis auf einen Faktor zwei das Ergebnis (12.3.28) für die Suszeptibilität.

Häufig werden auch die magnetische Massensuszeptibilität und die molare magnetische Suszeptibilität benutzt. Die Massensuszeptibilität $\chi_{\text{dia}}^{\text{mass}}$ bezeichnet die Suszeptibilität pro Dichte

$$\chi_{\text{dia}}^{\text{mass}} = \frac{\chi_{\text{dia}}}{\rho} \tag{12.3.33}$$

und wird in m³kg⁻¹ angegeben. Die molare Suszeptibilität $\chi_{\text{dia}}^{\text{mol}}$ unterscheidet sich durch die Verwendung der molaren Masse M_{mol}

$$\chi_{\text{dia}}^{\text{mol}} = \frac{M_{\text{mol}} \chi_{\text{dia}}}{\rho} \qquad (12.3.34)$$

und wird in m³mol⁻¹ angegeben. Da ein Mol eines Stoffes gerade $N_A = M_{\text{mol}}/m_A$ Atome oder Moleküle enthält (N_A ist die Avogadro-Konstante, m_A die Molekül- bzw. Atommasse des betrachteten Stoffes), so erhält man für die molare magnetische Suszeptibilität

$$\chi_{\text{dia}}^{\text{mol}} \simeq -\mu_0 \frac{N_A e^2}{6m} Z_a r_a^2 . \qquad (12.3.35)$$

Wie Abb. 12.5 zeigt, sind die experimentellen Daten der diamagnetischen Suszeptibilität von Atomen und Ionen in guter Übereinstimmung mit diesem Ausdruck, wenn man den Wert von Gleichung (12.3.35) noch mit 0.35 multipliziert. Für einen typischen Festkörper sind die Dichten etwa 0.2 Mol/cm³, so dass die typischen diamagnetischen Suszeptibilitäten im Bereich von 10^{-6} bis 10^{-4} (in SI-Einheiten) liegen, also sehr viel kleiner als eins sind. Im Gegensatz dazu war die elektrische Suszeptibilität in der Größenordnung von eins. Dies erklärt, warum bei der Festkörperspektroskopie mit elektromagnetischer Strahlung üblicherweise keine magnetischen Effekte berücksichtigt werden müssen.

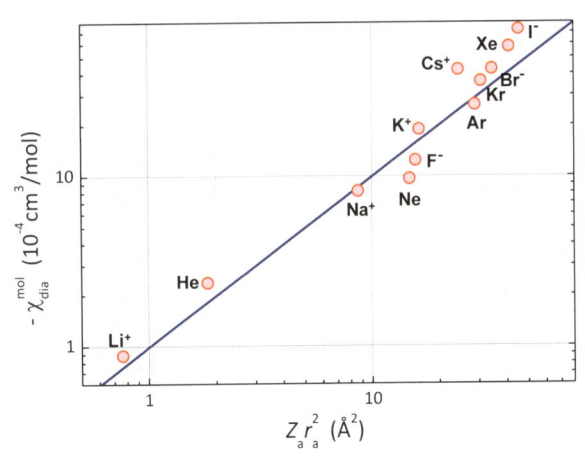

Abb. 12.5: Molare diamagnetische Suszeptibilität von Atomen und Ionen mit abgeschlossener Elektronenschale aufgetragen gegen $Z_a r_a^2$. Die Suszeptibilität eines Gases oder Festkörpers, der aus diesen Atomen oder Ionen zusammengesetzt ist, erhält man, indem man mit ρ/M_{mol} in mol/cm³ multipliziert.

12.3.4 Magnetische Momente in Festkörpern

Bevor wir den Langevinschen Paramagnetismus aufgrund von atomaren magnetischen Momenten diskutieren, wollen wir uns zuerst kurz mit der Ursache magnetischer Momente in Festkörpern beschäftigen. Grundsätzlich müssen wir zwischen

- den magnetischen Momenten von lokalisierten Elektronen in teilweise gefüllten Schalen und
- den magnetischen Momenten von delokalisierten Leitungselektronen in Metallen

unterscheiden. Die magnetische Suszeptibilität aufgrund der Leitungselektronen diskutieren wir in Abschnitt 12.4. Hier wollen wir uns nur mit den atomaren magnetischen Momenten lokalisierter Elektronen beschäftigen. Die atomaren Momente sind mit dem Gesamtdrehimpuls der Elektronen eines Atoms verknüpft. Da der Gesamtdrehimpuls von vollkommen gefüllten Schalen null ist, müssen wir nur die teilweise gefüllten Schalen berücksichtigen.

In einer Schale haben wir $2 \cdot (2\ell + 1)$ mögliche Zustände, wobei der Faktor 2 aus den beiden Spinrichtungen resultiert. Die Zahl $\ell = 0, 1, 2, 3, \ldots$ gibt den Bahndrehimpuls der $s, p, d, f, \ldots$ Schale an. Wären alle Zustände energetisch entartet, so könnten wir die Elektronen beliebig auf diese Zustände verteilen. Durch Wechselwirkung der Elektronen untereinander und durch die Spin-Bahn-Kopplung wird die Entartung teilweise aufgehoben und die Zustände werden gemäß den Hundschen Regeln bevölkert. In vielen Atomen liegt eine starke Kopplung sowohl zwischen den einzelnen Bahndrehimpulsen ℓ_i und Spins s_i der einzelnen Elektronen einer Schale vor, so dass die Bahndrehimpulse zuerst zu einem Gesamtdrehimpuls $\mathbf{L} = \sum_i \boldsymbol{\ell}_i$ und die Spins zu einem Gesamtspin $\mathbf{S} = \sum_i \mathbf{s}_i$ koppeln. Erst dann koppeln $\mathbf{L}$ und $\mathbf{S}$ zu einem Gesamtdrehimpuls $\mathbf{J} = \mathbf{L} + \mathbf{S}$.[18] Diese *Russel-Saunders-Kopplung* liegt vor allem bei leichteren Elementen vor und beschreibt z. B. sehr gut die Übergangsmetalle der $3d$-Reihe ($\ell = 2$) und die Seltenen Erden der $4f$-Reihe ($\ell = 3$). Für sehr große Kernladungszahlen Z erhält man zuerst eine Kopplung von $\boldsymbol{\ell}_i$ und $\mathbf{s}_i$ zu $\mathbf{j}_i$, die dann erst zu einem Gesamtdrehimpuls $\mathbf{J}$ koppeln (jj-Kopplung). Dies kommt durch eine starke Spin-Bahn-Wechselwirkung (siehe Abschnitt 12.5.4) zustande.

Bei der Berechnung des zum Gesamtdrehimpuls $\mathbf{J}$ gehörenden magnetischen Momentes $\boldsymbol{\mu}_J$ ist zu beachten, dass die beteiligten g-Faktoren der Bahn- und Spin-Anteile verschieden groß sind. Wir müssen deshalb einen von den Quantenzahlen L, S und J abhängigen g-Faktor (Russel-Saunders-Kopplung)

$$g_J = 1 + \frac{J(J+1) + S(S+1) - L(L+1)}{2J(J+1)} \qquad (12.3.36)$$

verwenden, welcher als *Landéscher g-Faktor* bezeichnet wird. Wir erhalten für das Gesamtmoment

$$\boldsymbol{\mu}_J = -g_J \mu_B \frac{\mathbf{J}}{\hbar} \qquad \langle \mathbf{J}^2 \rangle = J(J+1)\hbar^2 \; . \qquad (12.3.37)$$

Ferner ergibt sich für den Betrag des Gesamtmoments

$$\mu_J = g_J \mu_B \sqrt{J(J+1)} = \mu_B p \qquad (12.3.38)$$

und für seine z-Komponente

$$\mu_z = -g_J \mu_B m_J \; . \qquad (12.3.39)$$

---

[18] Der Hamilton-Operator $\mathcal{H}$ kommutiert mit den Operatoren für den Gesamtspin $\mathbf{S} = \sum_i \mathbf{s}_i$, den Gesamtbahndrehimpuls $\mathbf{L} = \sum_i \boldsymbol{\ell}_i$ und den Gesamtdrehimpuls $\mathbf{J} = \mathbf{L} + \mathbf{S}$. Dies bedeutet, dass die Operatoren $\mathbf{L}^2, \mathbf{L}_z, \mathbf{S}^2, \mathbf{S}_z$ sowie $\mathbf{J}^2$ und $\mathbf{J}_z$ die Eigenwerte L, L_z, S, S_z, J, J_z annehmen.

Hierbei haben wir die effektive Magnetonenzahl

$$p = g_J \sqrt{J(J+1)} \qquad (12.3.40)$$

eingeführt, so dass das effektive magnetische Moment als $\mu_J = p\mu_B$ geschrieben werden kann.

12.3.4.1 Hundsche Regeln

Die Quantenzahlen L, S und J, welche den Grundzustand eines Atoms oder Ions beschreiben, lassen sich mit Hilfe der Hundschen Regeln[19] bestimmen, die im Folgenden kurz diskutiert werden sollen. Die Hundschen Regeln lauten:

1. Hundsche Regel: Maximierung der Gesamtspinquantenzahl S. Die Spins s_i der Elektronen einer Schale orientieren sich so zueinander, dass sich unter Berücksichtigung des Pauli-Prinzips der maximale Wert von $S = \sum_i m_{s_i}$ ergibt. Bei Halbfüllung liegt daher maximales S vor. Die 1. Hundsche Regel folgt aus dem Pauli-Prinzip und der Coulomb-Wechselwirkung und resultiert in einer Minimierung der Coulomb-Abstoßung der Elektronen. Aufgrund des Pauli-Prinzips können sich nämlich Elektronen mit gleichem Spin nicht am gleichen Ort aufhalten (symmetrische Spin-Funktion erfordert antisymmetrische Ortsfunktion). Dadurch wird die Coulomb-Abstoßung minimiert.

2. Hundsche Regel: Maximierung der Gesamtbahndrehimpulsquantenzahl L. Die Bahndrehimpulse ℓ_i der einzelnen Elektronen der Schale orientieren sich so, dass sich unter Berücksichtigung der 1. Hundschen Regel eine maximale Gesamtbahndrehimpulsquantenzahl $L = \sum_i m_{\ell_i}$ ergibt. Bei halber Füllung liegt wegen der 1. Hundschen Regel natürlich $L = 0$ vor. Die 2. Hundsche Regel resultiert in einer Reduktion der Coulomb-Energie durch eine gleichmäßigere Verteilung der Ladung.

3. Hundsche Regel: Kopplung von **L** und **S** zu **J**. Die resultierende Gesamtdrehimpulsquantenzahl J kann Werte von $|L-S|$ bis $(L+S)$ annehmen. Dies ermöglicht insgesamt $(2L+1) \cdot (2S+1)$ Kombinationen. Diese Entartung wird durch die Spin-Bahn-Kopplung aufgehoben, die im Hamilton-Operator durch einen Term $\lambda \mathbf{L} \cdot \mathbf{S}$ berücksichtigt wird. Für $\lambda < 0$ sollte **L** parallel, für $\lambda > 0$ dagegen antiparallel zu **S** sein, damit die Spin-Bahn-Wechselwirkung zu einer Energieabsenkung führt. Das Vorzeichen von λ entscheidet also über die bevorzugte Ausrichtung. Für Füllungen unterhalb Halbfüllung ($n < 2\ell + 1$) gilt $\lambda > 0$, für Füllungen oberhalb Halbfüllung ($n > 2\ell + 1$) gilt $\lambda < 0$. Für J folgt daraus:

$$J = \begin{cases} |L-S| & \text{für} \quad n \leq (2\ell+1), \quad \lambda > 0 \\ L+S & \text{für} \quad n > (2\ell+1), \quad \lambda < 0 \end{cases}. \qquad (12.3.41)$$

Die 3. Hundsche Regel optimiert die Spin-Bahn-Wechselwirkungsenergie.

---

[19] **Friedrich Hund**, geboren am 4. Februar 1896 in Karlsruhe, gestorben am 31. März 1997 in Göttingen.

Friedrich Hund (1896–1997)

Friedrich Hund wurde am 4. Februar 1896 in Karlsruhe geboren. Er studierte Mathematik, Physik und Geographie in Göttingen und Marburg. Er promovierte und habilitierte sich bei Born in Göttingen. Er war dann ab 1925 zunächst Privatdozent für theoretische Physik in Göttingen und wurde 1927 Professor in Rostock. Im Jahr 1929 kam er nach Leipzig als enger Kollege Heisenbergs. Er war anschließend Professor in Jena (1946), Frankfurt (1951) und ab 1956 wieder in Göttingen. Insgesamt wurden mehr als 250 Schriften und Aufsätze von Hund veröffentlicht.

Friedrich Hund stellte 1925 die nach ihm benannte Hundsche Regel auf. Diese war zunächst eine rein empirische Regel in der Atomphysik, die erst später begründet und zu drei Regeln erweitert wurde. 1926/27 hat er den so genannten

Quelle Wikimedia Commons.

Tunneleffekt zuerst bei isomeren Molekülen entdeckt und beschrieben. In der Molekülphysik und -spektroskopie unterscheidet man die Hundschen Kopplungsfälle, abhängig davon wie die verschiedenen quantenmechanischen Drehimpulse (Elektronenspin, Bahndrehimpuls, Rotation) zum Gesamtdrehimpuls koppeln. Bekannt ist in der Molekülphysik auch die Hund-Mulliken-Methode, die von der Heitler-London-Methode zu unterscheiden ist. Hund hat sich besonders auch mit der Geschichte der Physik befasst. So hat er u. a. die Studien von Wilfried Schröder zu Emil Johann Wiechert sowie zum Ätherproblem bei Einstein, Mie und Wiechert sehr gefördert.

Friedrich Hund starb am 31. März 1997 in Göttingen.

Für die Bezeichnung der Zustände benutzt man üblicherweise die spektroskopische Notation $^{2S+1}L_J$, wobei für die Gesamtbahndrehimpulsquantenzahl L die Buchstaben $S, P, D, F, G, \ldots$ für $L = 0, 1, 2, 3, 4, \ldots$ verwendet werden.

12.3.4.2 Seltene Erden

Die Ionen der Seltenen Erden haben eine nicht abgeschlossene $4f$-Schale. Die $4f$-Schale (Radius etwa 0.3 Å) wird durch die Elektronen der abgeschlossenen $5s$- und $5p$-Schalen (Radius etwa 1 Å) gegen elektrische Felder der Nachbarionen gut abgeschirmt. Die Momente der Elektronen der $4f$-Schale werden deshalb durch Kristallfelder kaum beeinflusst.

Wir diskutieren den Grundzustand der Ionen der Seltenen Erden exemplarisch anhand von Tb^{3+}. Die Grundzustände der anderen Ionen folgen analog. Dem Periodensystem entnehmen wir, dass das Element Terbium die Elektronenkonfiguration $[Xe]4f^96s^2$ besitzt. Hierbei bezeichnen wir mit $[Xe]$ die Konfiguration des Edelgases Xe, die als geschlossene Schale der Elektronenkonfiguration zugrunde liegt. Zusätzlich besitzt Tb nun noch 9 Elektronen in der $4f$-Unterschale sowie 2 Elektronen in der $6s$-Schale. Im dreiwertigen Oxidationszustand, in dem die Lanthaniden am häufigsten auftreten, werden die beiden Außenelektronen in der $6s$-Schale abgegeben. Sofern ein $5d$-Elektron vorhanden ist, wird dieses ebenfalls abgegeben. Andernfalls wird ein Elektron aus der darunter liegenden $4f$-

12.3 Atomarer Dia- und Paramagnetismus

Tabelle 12.1: Grundzustandskonfiguration und effektive Magnetonenzahl p der dreiwertigen Ionen der Seltenen Erden.

Ion	Konfiguration	Schema $m_\ell = +3, +2, +1, 0, -1, -2, -3$	S	L = $\|\Sigma m_\ell\|$	J	Term	p (berechnet)	p (Experiment)
La^{3+}	$[Xe]4f^0$		0	0	0	$^1S_0$	0	0
Ce^{3+}	$[Xe]4f^1$	↑	1/2	3	5/2	$^2F_{5/2}$	2.54	2.4
Pr^{3+}	$[Xe]4f^2$	↑ ↑	1	5	4	$^3H_4$	3.58	3.5
Nd^{3+}	$[Xe]4f^3$	↑ ↑ ↑	3/2	6	9/2	$^4I_{9/2}$	3.62	3.5
Pm^{3+}	$[Xe]4f^4$	↑ ↑ ↑ ↑	2	6	4	$^5I_4$	2.68	--
Sm^{3+}	$[Xe]4f^5$	↑ ↑ ↑ ↑ ↑	5/2	5	5/2	$^6H_{5/2}$	0.84	1.5
Eu^{3+}	$[Xe]4f^6$	↑ ↑ ↑ ↑ ↑ ↑	3	3	0	$^7F_0$	0	3.4
Gd^{3+}	$[Xe]4f^7$	↑ ↑ ↑ ↑ ↑ ↑ ↑	7/2	0	7/2	$^8S_{7/2}$	7.94	8.0
Tb^{3+}	$[Xe]4f^8$	↑↓ ↑ ↑ ↑ ↑ ↑ ↑	3	3	6	$^7F_6$	9.72	9.5
Dy^{3+}	$[Xe]4f^9$	↑↓ ↑↓ ↑ ↑ ↑ ↑ ↑	5/2	5	15/2	$^6H_{15/2}$	10.63	10.6
Ho^{3+}	$[Xe]4f^{10}$	↑↓ ↑↓ ↑↓ ↑ ↑ ↑ ↑	2	6	8	$^5I_8$	10.60	10.4
Er^{3+}	$[Xe]4f^{11}$	↑↓ ↑↓ ↑↓ ↑↓ ↑ ↑ ↑	3/2	6	15/2	$^4I_{15/2}$	9.59	9.5
Tm^{3+}	$[Xe]4f^{12}$	↑↓ ↑↓ ↑↓ ↑↓ ↑↓ ↑ ↑	1	5	6	$^3H_6$	7.57	7.3
Yb^{3+}	$[Xe]4f^{13}$	↑↓ ↑↓ ↑↓ ↑↓ ↑↓ ↑↓ ↑	1/2	3	7/2	$^2F_{7/2}$	4.54	4.5
Lu^{3+}	$[Xe]4f^{14}$	↑↓ ↑↓ ↑↓ ↑↓ ↑↓ ↑↓ ↑↓	0	0	0	$^1S_0$	0	0

Schale abgegeben. Die Elektronenkonfiguration von Tb^{3+} vereinfacht sich somit zu $[Xe]4f^8$. Allen dreiwertigen Ionen der Seltenen Erden ist gemein, dass sie eine [Xe] Grundkonfiguration und eine teilweise gefüllte $4f$-Schale besitzen beginnend mit Ce^{3+} mit einem Elektron in der $4f$-Schale und endend bei Yb^{3+} mit 13 Elektronen. Eine völlige leere bzw. volle $4f$-Schale besitzen die Ionen am Anfang und Ende der Reihe, nämlich La^{3+} und Lu^{3+}. Der Radius der dreiwertigen Ionen nimmt von 1.11 Å bei Ce bis zu 0.94 Å bei Yb ab, was als **Lanthaniden-Kontraktion** bezeichnet wird.

Die magnetischen Momente der Ionen erhalten wir mit den Hundschen Regeln. Für Tb müssen wir 8 Elektronen auf die $4f$-Orbitale verteilen. Wir diskutieren dies anhand von Tabelle 12.1. Die f-Orbitale repräsentieren Zustände mit Bahndrehimpuls-Quantenzahl $\ell = 3$. Damit liegen $(2\ell + 1) = 7$ verschiedene Orbitale vor, welche sich hinsichtlich der Orientierungsquantenzahl $m_\ell = -3, -2, -1, 0, +1, +2, +3$ unterscheiden. Jedes der Orbitale kann maximal mit 2 Elektronen unterschiedlicher Spin-Richtung besetzt werden. Nach der 1. Hundschen Regel wird zunächst jedes Orbital mit einem Elektron der Quantenzahl $m_s = +\frac{1}{2}$ besetzt, um S zu maximieren. Das verbleibende 8. Elektron muss nun einen $m_s = -\frac{1}{2}$ Zustand besetzen. Die 2. Hundsche Regel erfordert ferner, dass dabei das Elektron in einen Zustand mit möglichst großer Quantenzahl m_ℓ eingebaut wird, so dass die Gesamtbahndrehimpulsquantenzahl $L = \sum_i m_{\ell_i}$ maximal wird. Das heißt, $m_\ell = 3$. Wir erhalten insgesamt somit $S = 3$, $L = 3$ und $J = 6$. In spektroskopischer Notation $^{2S+1}L_J$ ergibt sich damit der Zustand $^7F_6$.

Tabelle 12.2: Grundzustandskonfiguration und effektive Magnetonenzahl p einiger Ionen der Übergangsmetalle.

Ion	Konfiguration	Schema $m_\ell = +2, +1, 0, -1, -2,$	S	$L = \|\Sigma m_\ell\|$	J	Term	$p = g_J [J(J+1)]^{1/2}$	$p = g_S [S(S+1)]^{1/2}$	p (Exp.)
Ti^{3+}, V^{4+}	$[Ar]3d^1$	↑	1/2	2	3/2	$^2D_{3/2}$	1.55	1.73	1.8
V^{3+}	$[Ar]3d^2$	↑ ↑	1	3	2	$^3F_2$	1.63	2.83	2.8
Cr^{3+}, V^{2+}, Mn^{4+}	$[Ar]3d^3$	↑ ↑ ↑	3/2	3	3/2	$^4F_{3/2}$	0.77	3.87	3.8
Mn^{3+}, Cr^{2+}	$[Ar]3d^4$	↑ ↑ ↑ ↑	2	2	0	$^5D_0$	0	4.90	4.9
Fe^{3+}, Mn^{2+}	$[Ar]3d^5$	↑ ↑ ↑ ↑ ↑	5/2	0	5/2	$^6S_{5/2}$	5.92	5.92	5.9
Fe^{2+}	$[Ar]3d^6$	↑↓ ↑ ↑ ↑ ↑	2	2	4	$^5D_4$	6.70	4.90	5.4
Co^{2+}	$[Ar]3d^7$	↑↓ ↑↓ ↑ ↑ ↑	3/2	3	9/2	$^4F_{9/2}$	6.63	3.87	4.8
Ni^{2+}	$[Ar]3d^8$	↑↓ ↑↓ ↑↓ ↑ ↑	1	3	4	$^3F_4$	5.59	2.83	3.2
Cu^{2+}	$[Ar]3d^9$	↑↓ ↑↓ ↑↓ ↑↓ ↑	1/2	2	5/2	$^2D_{5/2}$	3.55	1.73	1.9
Zn^{2+}	$[Ar]3d^{10}$	↑↓ ↑↓ ↑↓ ↑↓ ↑↓	0	0	0	$^1S_0$	0	0	0

Die Konfigurationen der anderen Ionen ergeben sich entsprechend und sind in Tabelle 12.1 zusammengestellt. Wir sehen, dass die effektive Magnetonenzahl, die wir aus der mit Hilfe der Hundschen Regeln bestimmten Grundzustandskonfiguration berechnet haben, in den meisten Fällen sehr gut mit dem experimentellen Wert übereinstimmt. Eine Ausnahme bilden Eu^{3+} und Sm^{3+}. Hier ist die Aufspaltung des LS-Multipletts so gering, dass bereits bei Raumtemperatur höhere Multiplettniveaus besetzt sind und deshalb der aus der Grundzustandskonfiguration berechnete Wert eine schlechte Übereinstimmung ergibt.

12.3.4.3 Übergangsmetalle

Bei den Übergangsmetallen liegt die nicht abgeschlossene $3d$-Schale ganz außen. Im Gegensatz zu den $4f$-Elektronen der Seltenen Erden, die sich tief in den Atomrümpfen aufhalten und durch die äußeren Elektronen abgeschirmt werden, sind die Elektronen der $3d$-Schale somit den starken elektrischen Feldern der Nachbarionen ausgesetzt. Das resultierende inhomogene elektrische Feld wird **Kristallfeld** genannt. Hierdurch kommt es zu einer weitgehenden Entkopplung der mit den Quantenzahlen L und S verknüpften Bahn- und Spin-Momente (die Kristallfeldaufspaltung ist wesentlich größer als die Spin-Bahn-Kopplung). Als Folge davon verliert die Quantenzahl J ihre Bedeutung. Im inhomogenen Kristallfeld bleibt zwar der Betrag des Bahndrehimpulses erhalten, seine z-Komponente ist aber keine Konstante der Bewegung mehr. Ihr zeitlicher Mittelwert und damit der Beitrag der Bahnbewegung zum magnetischen Moment verschwindet. Gleichzeitig wird die Entartung der reinen Bahndrehimpulszustände durch das Kristallfeld aufgehoben. Es entsteht ein so genanntes **Kristallfeld-Multiplett**, auf das wir hier nicht näher eingehen wollen.[20] Ist der Grundzustand eines Kristallfeld-Multipletts ein Zustand mit der Orientierungsquantenzahl $m_\ell = 0$,

---

[20] siehe z. B. *Quantentheorie des Magnetismus I+II*, W. Nolting, Teubner, Stuttgart (1986).

12.3 Atomarer Dia- und Paramagnetismus

d. h. ein so genanntes *Kramers-Singulett*,[21] so ist überhaupt keine Spin-Bahn-Wechselwirkung vorhanden und der Spin kann sich völlig frei nach dem äußeren Feld ausrichten. Man spricht hier von einer Auslöschung der Bahnmomente. Die effektive Magnetonenzahl wird in diesem Fall durch

$$p = g_s\sqrt{S(S+1)} \qquad (12.3.42)$$

mit $g_s \simeq 2$ gegeben, sie ist also allein durch die Spin-Beiträge gegeben. Ist der Grundzustand dagegen ein Zustand mit $m_\ell \neq 0$ (*Kramers-Multiplett*), so führt die jetzt noch immer vorhandene Spin-Bahn-Kopplung zu einer effektiven Magnetonenzahl, die von der durch (12.3.42) gegebenen abweicht. In Tabelle 12.2 sind die nach (12.3.40) und (12.3.42) berechneten Magnetonenzahlen von Übergangsmetallionen mit den experimentellen Werten verglichen. Wir sehen, dass der experimentelle Wert in den meisten Fällen ganz gut mit dem nach Gleichung (12.3.42) berechneten Wert übereinstimmt.

12.3.5 Langevin-Paramagnetismus

Wir betrachten jetzt ein System mit $\mathbf{J} \neq 0$. In diesem Fall dominiert der 1. Term in (12.3.8) und wir können die beiden weiteren Terme vernachlässigen.

12.3.5.1 Klassische Betrachtung

Wir beginnen unsere Diskussion mit einer klassischen Betrachtung, die in guter Näherung für große Quantenzahlen J gültig ist. Bei einer klassischen Betrachtung können die magnetischen Momente jeden beliebigen Winkel relativ zur Richtung des externen Magnetfeldes einnehmen und damit beliebige Werte parallel zur Feldrichtung annehmen. Dagegen kann bei einer quantenmechanischen Betrachtung die Komponente des magnetischen Moments parallel zu der durch das äußere Feld vorgegebenen Quantisierungsachse nur ganz bestimmte Werte annehmen.

Bringen wir ein magnetisches Moment $\boldsymbol{\mu}$ in ein äußeres Magnetfeld $\mathbf{B}_{\text{ext}} = \mu_0 \mathbf{H}_{\text{ext}}$, so ist seine Energie (siehe Abb. 12.6)

$$E = -\boldsymbol{\mu} \cdot \mathbf{B}_{\text{ext}} = -\mu B_{\text{ext}} \cos\theta . \qquad (12.3.43)$$

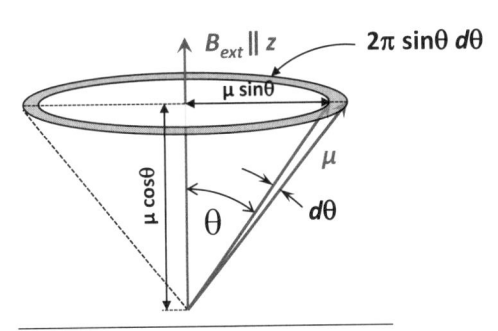

Abb. 12.6: Klassisches magnetisches Moment im Magnetfeld.

---

[21] Hendrik Anthony Kramers, niederländischer Physiker, geboren am 17. Dezember 1894 in Rotterdam, gestorben am 24. April 1952 in Oegstgeest.

Das mittlere magnetische Moment $\langle\mu_z\rangle$ in Richtung des angelegten Feldes (z-Richtung), das wir in einem Experiment messen, müssen wir mit Hilfe einer statistischen Betrachtung ermitteln. Es ist gegeben durch

$$\langle\mu_z\rangle = \frac{1}{4\pi}\int \mu\cos\theta\, p_\theta\, d\Omega, \tag{12.3.44}$$

wobei $d\Omega$ für das Raumwinkelelement steht und

$$p_\theta = \frac{e^{\mu B_{\text{ext}}\cos\theta/k_B T}}{\frac{1}{4\pi}\int e^{\mu B_{\text{ext}}\cos\theta/k_B T}\, d\Omega} \tag{12.3.45}$$

die Wahrscheinlichkeit dafür angibt, dass im thermischen Gleichgewicht das magnetische Moment im Winkelbereich zwischen θ und $\theta + d\theta$ liegt. Im Vergleich zu (12.3.15) haben wir die Summation durch eine Integration ersetzt, da im klassischen Fall die Richtung der magnetischen Momente beliebig ist. Damit erhalten wir

$$\langle\mu_z\rangle = \frac{\int_0^\pi \mu\cos\theta\, d\alpha_\theta}{\int_0^\pi d\alpha_\theta}, \tag{12.3.46}$$

wobei wir die Abkürzung

$$d\alpha_\theta = \frac{2\pi\sin\theta\, d\theta}{4\pi} e^{\mu B_{\text{ext}}\cos\theta/k_B T} = \frac{1}{2}\sin\theta\, e^{\mu B_{\text{ext}}\cos\theta/k_B T}\, d\theta. \tag{12.3.47}$$

benutzt haben.

Mit den Substitutionen $y = \mu B_{\text{ext}}/k_B T$, $x = \cos\theta$ und $dx = -\sin\theta\, d\theta$ erhalten wir

$$\langle\mu_z\rangle = \mu\frac{\int_{-1}^{+1} x e^{xy}\, dx}{\int_{-1}^{+1} e^{xy}\, dx} \tag{12.3.48}$$

und damit

$$\boxed{\frac{\langle\mu_z\rangle}{\mu} = \coth y - \frac{1}{y} = \mathcal{L}(y) = \coth\frac{\mu B_{\text{ext}}}{k_B T} - \frac{k_B T}{\mu B_{\text{ext}}}.} \tag{12.3.49}$$

Hierbei ist $\mathcal{L}$ die *Langevin-Funktion*. Die Magnetisierung ist gegeben durch

$$M = \frac{N}{V}\langle\mu_z\rangle = n\langle\mu_z\rangle \tag{12.3.50}$$

mit dem Sättigungswert $M_s = \frac{N}{V}\mu = n\mu$. Für kleine y können wir die Näherung $\coth y \simeq \frac{1}{y} + \frac{y}{3} - \ldots$ verwenden und erhalten

$$\frac{M}{M_s} \simeq \frac{y}{3} = \frac{\mu B_{\text{ext}}}{3k_B T} \tag{12.3.51}$$

und somit das *Curie-Gesetz*

$$\boxed{\chi = \mu_0\left(\frac{\partial M}{\partial B_{\text{ext}}}\right)_{T,V} = \frac{\mu_0 n\mu^2}{3k_B T} = \frac{C}{T}.} \tag{12.3.52}$$

Hierbei ist C die Curie-Konstante. Die molare Suszeptibilität erhalten wir, indem wir in (12.3.52) n durch die Avogadro-Konstante N_A ersetzen.

Pierre Curie (1859–1906), Nobelpreis für Physik 1903

Pierre Curie wurde am 15. Mai 1859 in Paris als Sohn eines Arztes geboren. Als Kind für geistig leicht zurückgeblieben gehalten, überraschte er durch seine Begabung in den Fächern Latein und Mathematik und wurde bereits mit 16 Jahren zum Studium der Naturwissenschaften an der Sorbonne zugelassen. Ab 1883 war er Leiter des Laboratoriums für Physik und Chemie in Paris und beschäftigte sich vor allem mit der Symmetrie von Kristallen und der Piezoelektrizität, die er zusammen mit seinem Bruder Jacques 1880 entdeckt hatte. Daneben untersuchte er das Verhalten paramagnetischer und ferromagnetischer Stoffe. Er entdeckte, dass magnetische Substanzen bei bestimmten Temperaturen ihre magnetischen Eigenschaften vom Ferro- zum Paramagnetismus ändern.

© The Nobel Foundation.

Gemeinsam mit seiner Frau Marie Curie entdeckte er die radioaktiven Elemente Polonium und Radium, wofür sie zusammen mit Becquerel 1903 den Nobelpreis für Physik bekamen. Pierre Curie wurde 1904 Professor an der Sorbonne und Mitglied der Akademie der Wissenschaften, bevor er am 19. April 1906 bei einem Verkehrsunfall in Paris ums Leben kam.

12.3.5.2 Quantenmechanisches Zweiniveausystem

Wir gehen jetzt zu einer quantenmechanischen Betrachtung über und diskutieren ein $J = \frac{1}{2}$ System in einem externen Feld $\mathbf{B}_{\text{ext}} \parallel \hat{\mathbf{z}}$. Die magnetische Quantenzahl kann nur die beiden Werte $m_J = \pm \frac{1}{2}$ einnehmen. Es gilt deshalb[22]

$$E = -\boldsymbol{\mu} \cdot \mathbf{B}_{\text{ext}} = g_J \mu_B \frac{\mathbf{J}}{\hbar} \cdot \mathbf{B}_{\text{ext}}$$

$$= g_J \mu_B B_{\text{ext}} m_J = \pm \frac{1}{2} g_J \mu_B B_{\text{ext}} = \pm \mu_{\text{eff}} B_{\text{ext}} \,. \tag{12.3.53}$$

Hierbei haben wir das effektive magnetische Moment $\mu_{\text{eff}} = \frac{1}{2} g_J \mu_B$ verwendet. Für den Mittelwert von m_J erhalten wir

$$\langle m_J \rangle = \frac{\sum\limits_{m_J=-1/2}^{+1/2} m_J e^{-m_J g_J \mu_B B_{\text{ext}}/k_B T}}{\sum\limits_{m_J=-1/2}^{+1/2} e^{-m_J g_J \mu_B B_{\text{ext}}/k_B T}} \,. \tag{12.3.54}$$

---

[22] Man beachte, dass für Elektronen das magnetische Moment antiparallel zum Drehimpuls orientiert ist.

Für die Magnetisierung erhalten wir mit $\mu_{\text{eff}} = \frac{1}{2}g_J\mu_B$[23]

$$M = \frac{N}{V}\langle\mu_z\rangle = -\frac{N}{V}g_J\mu_B\langle m_J\rangle = n\mu_{\text{eff}}\frac{e^{+\mu_{\text{eff}}B_{\text{ext}}/k_BT} - e^{-\mu_{\text{eff}}B_{\text{ext}}/k_BT}}{e^{+\mu_{\text{eff}}B_{\text{ext}}/k_BT} + e^{-\mu_{\text{eff}}B_{\text{ext}}/k_BT}}$$

$$= n\mu_{\text{eff}}\tanh\frac{\mu_{\text{eff}}B_{\text{ext}}}{k_BT} \tag{12.3.55}$$

und mit dem Sättigungswert $M_s = n\mu_{\text{eff}}$

$$\frac{M}{M_s} = \tanh\left(\frac{\mu_{\text{eff}}B_{\text{ext}}}{k_BT}\right). \tag{12.3.56}$$

Für $\mu_{\text{eff}}B_{\text{ext}}/k_BT \ll 1$ können wir die Näherung $\tanh x \simeq x$ verwenden und erhalten wiederum das Curie-Gesetz

$$\chi = \mu_0\left(\frac{\partial M}{\partial B_{\text{ext}}}\right)_{T,V} = \frac{\mu_0 n\mu_{\text{eff}}^2}{k_BT} = \frac{C}{T}. \tag{12.3.57}$$

Wir erhalten also einen zur klassischen Ableitung sehr ähnlichen Ausdruck. Für Elektronen mit $L = 0$ und $S = 1/2$ ist $\mu_{\text{eff}} = \frac{1}{2}g_s\mu_B \simeq \mu_B$, da $g_s \simeq 2$. Die molare Suszeptibilität erhalten wir wiederum, indem wir in (12.3.57) n durch die Avogadro-Konstante N_A ersetzen.

12.3.5.3 Beliebige Werte für J

Wir verallgemeinern nun unsere Diskussion auf den Fall $J > 1/2$. Für den mittleren Wert der magnetischen Quantenzahl m_J erhalten wir

$$\langle m_J\rangle = \frac{\sum\limits_{m_J=-J}^{+J} m_J e^{-m_J g_J\mu_B B_{\text{ext}}/k_BT}}{\sum\limits_{m_J=-J}^{+J} e^{-m_J g_J\mu_B B_{\text{ext}}/k_BT}} = -\frac{1}{Z}\frac{\partial Z}{\partial x}, \tag{12.3.58}$$

wobei $Z = \sum_{m_J} e^{-m_J x}$ die Zustandssumme ist und $x = g_J\mu_B B_{\text{ext}}/k_BT$. Für die Magnetisierung erhalten wir

$$M = -\frac{N}{V}g_J\mu_B\langle m_J\rangle = n\frac{g_J\mu_B}{Z}\frac{\partial Z}{\partial B_{\text{ext}}}\frac{\partial B_{\text{ext}}}{\partial x}$$

$$= nk_BT\frac{\partial \ln Z}{\partial B_{\text{ext}}}. \tag{12.3.59}$$

Mit der Zustandssumme

$$Z = \frac{\sinh[(2J+1)\frac{x}{2}]}{\sinh\frac{x}{2}} \tag{12.3.60}$$

---

[23] Wir verwenden $\tanh x = (e^x - e^{-x})/(e^x + e^{-x})$.

12.3 Atomarer Dia- und Paramagnetismus

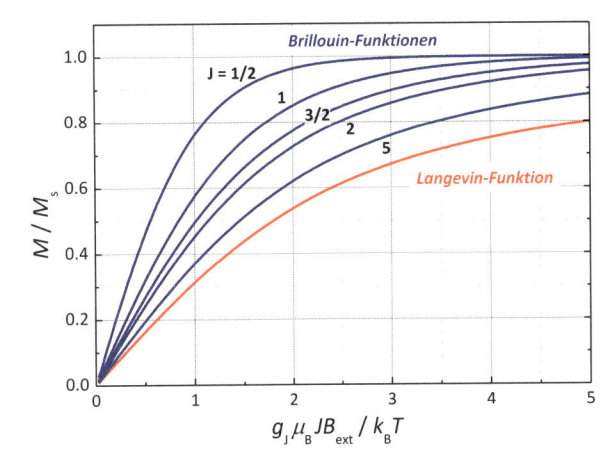

Abb. 12.7: Normierte Magnetisierung M/M_s als Funktion von $g_J\mu_B J B_{ext}/k_B T$ für verschiedene Werte von J. Eingezeichnet ist ferner das klassische Ergebnis (Langevin-Funktion), das eine Näherung für den Fall $J \gg 1$ darstellt.

und den Abkürzungen

$$y = xJ = \frac{g_J\mu_B J B_{ext}}{k_B T} \tag{12.3.61}$$

$$M_s = n g_J \mu_B J \tag{12.3.62}$$

erhalten wir

$$\frac{M}{M_s} = B_J(y) = \frac{2J+1}{2J} \coth\left(\frac{2J+1}{2J}y\right) - \frac{1}{2J}\coth\left(\frac{1}{2J}y\right). \tag{12.3.63}$$

Hierbei ist B_J die **Brillouin-Funktion**, die in Abb. 12.7 zusammen mit dem klassischen Ausdruck gezeigt ist. Gleichung (12.3.52) ist ein Spezialfall von (12.3.63) für $J = \frac{1}{2}$.

Für $y > 1$ nähert sich die Brillouin-Funktion ihrem Sättigungswert an. Dies ist anschaulich klar, da für große Werte von y alle magnetischen Momente in Richtung des angelegten Feldes ausgerichtet werden können. Für $y \ll 1$ können wir wiederum die Näherung $\coth y \simeq \frac{1}{y} + \frac{y}{3} - \ldots$ verwenden und erhalten $B_J(y) \simeq \frac{J+1}{3J}y = \frac{J+1}{3}x$. Das heißt, die Brillouin-Funktion nimmt linear mit y zu. Für die Suszeptibilität ergibt sich

$$\chi = \mu_0 \left(\frac{\partial M}{\partial B_{ext}}\right)_{T,V} = \frac{\mu_0 n J(J+1) g_J^2 \mu_B^2}{3k_B T} = \frac{C}{T} \tag{12.3.64}$$

mit der Curie-Konstanten

$$C = \frac{\mu_0 n J(J+1) g_J^2 \mu_B^2}{3k_B} = \frac{\mu_0 n p^2 \mu_B^2}{3k_B} = \frac{\mu_0 n \mu_{eff}^2}{3k_B}. \tag{12.3.65}$$

Hierbei haben wir wieder die **effektive Magnetonenzahl** $p = g_J\sqrt{J(J+1)}$ verwendet, mit der wir ein effektives magnetisches Moment $\mu_{eff} = p\mu_B$ definieren können. Den molaren Wert der Suszeptibilität erhalten wir wiederum, indem wir n durch N_A ersetzen. Vergleichen wir (12.3.64) mit dem klassischen Ausdruck (12.3.52), so sehen wir, dass die Curie-Konstanten übereinstimmen, wenn wir das klassische Moment μ mit dem effektiven Moment μ_{eff} gleichsetzen.

Es sei hier darauf hingewiesen, dass für ein Feld von 1 Tesla bei Raumtemperatur $\mu_B B_{\text{ext}}/k_B T \simeq 2 \times 10^{-3}$. Das heißt, dass wir bei Raumtemperatur die in Abb. 12.7 gezeigten Kurven mit im Labor erzeugbaren Magnetfeldern (< 20 T) nur im linearen Bereich nahe bei null ausmessen können. Um den gesamten Verlauf auszumessen, müssen Experimente bei tiefen Temperaturen durchgeführt werden.

12.3.6 Vertiefungsthema: Van Vleck Paramagnetismus

Wir betrachten ein atomares System, das im Grundzustand kein magnetisches Moment besitzt. Falls ein nichtverschwindendes Matrixelement $\langle 0|\widehat{L}_z + g_s \widehat{S}_z|n\rangle$ des Drehimpulsoperators existiert, das den Grundzustand mit dem angeregten Zustand $|n\rangle$ verknüpft, so erhalten wir einen gestörten Grundzustand

$$\Psi_0' = \Psi_0 + \frac{\mu_B B_{\text{ext}}}{E_n - E_0} \langle n|(\widehat{L}_z + g_s \widehat{S}_z)|0\rangle \Psi_n \tag{12.3.66}$$

und für den angeregten Zustand erhalten wir

$$\Psi_n' = \Psi_n - \frac{\mu_B B_{\text{ext}}}{E_n - E_0} \langle 0|(\widehat{L}_z + g_s \widehat{S}_z)|n\rangle \Psi_0 . \tag{12.3.67}$$

Die zugehörigen magnetischen Momente sind

$$\frac{\mu_B}{\hbar} \langle 0'|(\widehat{L}_z + g_s \widehat{S}_z)|0'\rangle \simeq \frac{2\mu_B^2 B_{\text{ext}}}{\hbar^2 (E_n - E_0)} |\langle n|(\widehat{L}_z + g_s \widehat{S}_z)|0\rangle|^2 \tag{12.3.68}$$

und

$$\frac{\mu_B}{\hbar} \langle n'|(\widehat{L}_z + g_s \widehat{S}_z)|n'\rangle \simeq -\frac{2\mu_B^2 B_{\text{ext}}}{\hbar^2 (E_n - E_0)} |\langle n|(\widehat{L}_z + g_s \widehat{S}_z)|0\rangle|^2 \tag{12.3.69}$$

Fall 1: Falls $\Delta = E_n - E_0 \gg k_B T$, so ist fast ausschließlich der Grundzustand bevölkert und wir erhalten die Magnetisierung

$$M = \frac{2n\mu_B^2 B_{\text{ext}}}{E_n - E_0} |\langle n|(\widehat{L}_z + g_s \widehat{S}_z)|0\rangle|^2 \tag{12.3.70}$$

und die Suszeptibilität

$$\chi = \frac{2n\mu_0 \mu_B^2}{E_n - E_0} |\langle n|(\widehat{L}_z + g_s \widehat{S}_z)|0\rangle|^2 . \tag{12.3.71}$$

Dieser temperaturunabhängige paramagnetische Beitrag zur Suszeptibilität wird als Van Vleck Beitrag bezeichnet.

Fall 2: Falls $\Delta = E_n - E_0 \ll k_B T$, so ist die Überschusspopulation des Grundzustandes gegenüber dem angeregten Zustand proportional zu $n\Delta/2k_B T$ und wir erhalten einen Beitrag zur Magnetisierung und Suszeptibilität, der proportional zu $1/T$ ist. Dieser Curie-artige Beitrag resultiert aus einer Polarisierung der Zustände des Systems, während der oben diskutierte paramagnetische Beitrag (Fall 1) aus einer Umverteilung zwischen verschiedenen Drehimpulszuständen der Atome beruht. Wie bereits diskutiert, sind die Van Vleck Beiträge um mehrere Größenordnungen kleiner als die paramagnetischen Beiträge von Zuständen mit endlichem Drehimpuls.

12.3.7 Kühlung durch adiabatische Entmagnetisierung

Die adiabatische Entmagnetisierung von paramagnetischen Salzen wie zum Beispiel $2Ce(NO_3)_3 \cdot 2Mg(NO_3)_3 \cdot 24 H_2O$ (Cerium-Magnesium-Nitrat) war eine der ersten Methoden, mit der Temperaturen unterhalb von 1 mK erreicht werden konnten. Die Methode wurde ursprünglich von **Peter Debye**[24] und **W. F. Giauque**[25] vorgeschlagen. Heute werden zum Erreichen von Temperaturen bis etwa 10 mK kontinuierlich arbeitende Kühlverfahren wie $^3He/^4He$-Mischkühler verwendet.

Um das physikalische Prinzip der adiabatischen Entmagnetisierung zu verstehen, müssen wir die Entropie S des Systems betrachten. Nach (12.3.10) gilt

$$S = -\left(\frac{\partial F}{\partial T}\right)_{V,B} = -\left(\frac{\partial F}{\partial \beta}\frac{d\beta}{dT}\right)_{V,B}. \tag{12.3.72}$$

Mit $\beta \equiv 1/k_B T$ und $d\beta/dT = -\beta/T = -k_B\beta^2$ ergibt sich

$$S = k_B \beta^2 \left(\frac{\partial F}{\partial \beta}\right)_{V,B}. \tag{12.3.73}$$

Mit der freien Energie [vergleiche (12.3.23)]

$$F = -\frac{N}{\beta}\ln Z = -\frac{N}{\beta}\ln \sum_{m_J=-J}^{m_J=+J} e^{-m_J g_J \mu_B B_{ext}\beta}$$

$$= -\frac{N}{\beta}\ln \sum_{m_J=-J}^{m_J=+J} e^{+\mu_J B_{ext}\beta}, \tag{12.3.74}$$

wobei wir $\mu_J = -g_J m_J \mu_B$ benutzt haben, erhalten wir

$$\frac{\partial F}{\partial \beta} = -\left(-\frac{N}{\beta^2}\ln Z + \frac{N}{\beta}\frac{\partial}{\partial \beta}\ln Z\right), \tag{12.3.75}$$

Mit $\frac{\partial}{\partial \beta}\ln Z = \langle \mu_J\rangle B_{ext} = -\langle E\rangle$ erhalten wir schließlich [vergleiche hierzu (12.3.17) und (12.3.20)]

$$S = Nk_B \left[\ln Z(\beta B_{ext}) - \langle \mu_J\rangle \beta B_{ext}\right] = f(\beta B_{ext}). \tag{12.3.76}$$

---

[24] P. Debye, *Einige Bemerkungen zur Magnetisierung bei tiefer Temperatur*, Ann. Physik **81**, 1154 (1926).

[25] W. F. Giauque, *A Thermodynamic Treatment of Certain Magnetic Effects: A Proposed Method of Producing Temperatures Considerably Below 1 K*, J. Am. Chem. Soc. **49**, 1864 (1927).

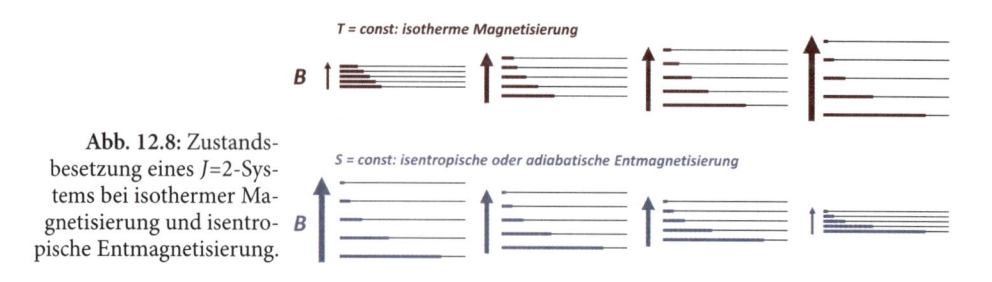

Abb. 12.8: Zustandsbesetzung eines $J=2$-Systems bei isothermer Magnetisierung und isentropische Entmagnetisierung.

Die Entropie ist also nur eine Funktion der Größe $\beta B_{ext} = B_{ext}/k_B T$. Die Änderung der Entropie als Funktion des Magnetfeldes und der Temperatur können wir anhand von Abb. 12.8 verstehen:

1. T = const:
   Für $B_{ext} = 0$ sind die $2J + 1$ möglichen Zustände alle entartet und die Gesamtzahl der Zustände, die das System einnehmen kann, ist $(2J + 1)^N$ [N Spins auf $(2J + 1)$ Zustände]. Für die Entropie folgt dann

$$S = N k_B \ln(2J + 1). \tag{12.3.77}$$

   Erhöhen wir bei konstanter Temperatur das Magnetfeld (isotherme Magnetisierung), so erhalten wir eine Aufspaltung der Zustände und mit zunehmender Aufspaltung wird immer stärker das unterste Niveau bevölkert. Da dadurch die mittlere Zahl der zugänglichen Zustände des Systems abnimmt, nimmt mit zunehmendem Magnetfeld die Entropie ab.

2. S = const:
   Schalten wir das Magnetfeld bei konstanter Entropie aus (isentropische oder adiabatische Entmagnetisierung), so muss die mittlere Zahl der dem System zugänglichen Zustände konstant bleiben. Da die Aufspaltung der Zustände aber mit kleiner werdendem Feld abnimmt, muss in gleicher Weise die Temperatur abnehmen. Da die Entropie eine Funktion von βB_{ext} ist, muss für β = const auch βB_{ext} = const gelten. Daraus folgt wiederum, dass bei einer isentropischen Änderung folgende Beziehung zwischen der Anfangstemperatur T_i und der Endtemperatur T_f gelten muss:

$$\frac{B_i}{T_i} = \frac{B_f}{T_f} \tag{12.3.78}$$

bzw.

$$T_f = T_i \frac{B_f}{B_i}. \tag{12.3.79}$$

Die prinzipielle Funktionsweise des Verfahrens ist in Abb. 12.9 veranschaulicht. Wir kühlen das paramagnetische Salz zunächst auf eine Temperatur T_i von etwa 1 K ab. Danach wird das Magnetfeld bei gutem Wärmekontakt mit der Wärmesenke angeschaltet. Durch das Anschalten des Magnetfeldes wird die Entropie verringert, da die Zahl der möglichen Zustände wesentlich verringert wird. Die an die Wärmesenke abgegebene Wärmemenge

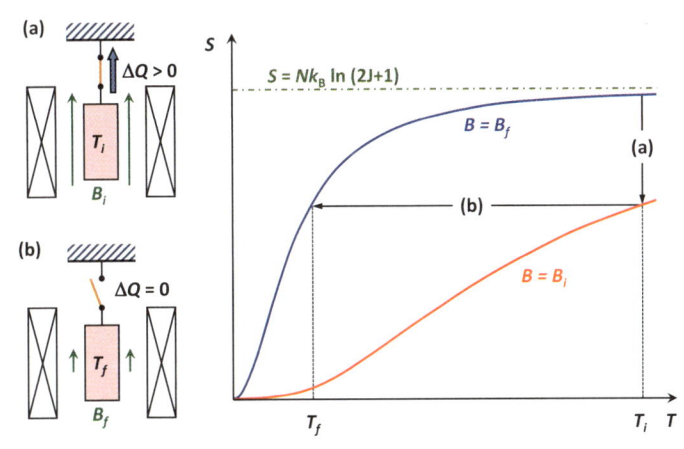

Abb. 12.9: Entropie für ein Spin-1/2-System als Funktion der Temperatur für zwei Magnetfelder $B_i \gg B_f$. Links ist der schematische Aufbau eines Systems zur Kühlung mittels adiabatischer Entmagnetisierung gezeigt. In (a) ist das paramagnetische Salz über einen Wärmeschalter an eine Wärmesenke angekoppelt. In (b) ist der Wärmeschalter geöffnet, so dass bei $\Delta Q/T = \Delta S = 0$ entmagnetisiert wird.

ist $\Delta Q = T_i \Delta S$.[26] Nachdem das Magnetfeld seinen Höchstwert erreicht hat, entkoppeln wir das paramagnetische Salz von der Wärmesenke und schalten das Feld langsam aus. Dabei kühlt sich das System auf die Temperatur T_f ab.

Die erreichbare Endtemperatur hängt von dem Feld B_f ab, das nach Abschalten des äußeren Feldes in der Probe wirkt. Dieses ist aufgrund der endlichen Wechselwirkung der magnetischen Momente natürlich immer endlich. Da die Wechselwirkungen der Kernmomente wesentliche schwächer sind als diejenigen der elektronischen Momente, kann man mit Kernentmagnetisierungsstufen wesentlich niedrigere Temperaturen erreichen. Die ersten Experimente hierzu wurden von **N. Kurti** und Mitarbeitern durchgeführt.[27] Sie erreichten durch Abkühlen der Kernspins in Cu eine Endtemperatur von 1.2 μK. Der derzeitige Rekord für die Spin-Temperatur ist 2.8 pK in Rhodium.[28]

12.4 Para- und Diamagnetismus von Metallen

In Metallen tragen zur magnetischen Suszeptibilität neben den an die Ionenrümpfe gebundenen Elektronen auch die delokalisierten Leitungselektronen bei. Der Beitrag der gebundenen Elektronen wurde im vorangegangenen Abschnitt 12.3 bereits behandelt. Wir müssen jetzt noch den Beitrag der Leitungselektronen diskutieren. Letztere sind weder wie die gebundenen Elektronen von teilweise gefüllten Schalen räumlich lokalisiert, noch können sie wegen des Pauli-Prinzips völlig unabhängig voneinander auf äußere Magnetfelder reagieren.

---

[26] Es gilt $\Delta Q = T_i \int_0^B \left(\frac{\partial S}{\partial B}\right)_T dB = T_i \int_0^B \left(\frac{\partial M}{\partial T}\right)_B dB$, wobei wir die Maxwell-Beziehung $\left(\frac{\partial S}{\partial B}\right)_T = \left(\frac{\partial M}{\partial T}\right)_B$ benutzt haben. Mit $M = \frac{C}{T}B$ folgt dann $\left(\frac{\partial M}{\partial T}\right)_B < 0$, das heißt $\Delta Q < 0$. Wir haben es also wirklich mit einer Wärmeabgabe zu tun.

[27] N. Kurti, F. N. H. Robinson, F. E. Simon, D. A. Spohr, *Nuclear Cooling* Nature **178**, 450 (1956).

[28] P. J. Hakonen et al., *Nuclear antiferromagnetism in rhodium metal at positive and negative nanokelvin temperatures*, Phys. Rev. Lett. **70**, 2818 (1993).

Das Verhalten von Kristallelektronen im Magnetfeld haben wir bereits in Abschnitt 9.7 ausführlich behandelt. Wir erhielten dort [vergleiche (9.7.11)] für ein System freier Elektronen in einem Magnetfeld der Stärke B_{ext} parallel zur z-Achse

$$E = \left(n + \tfrac{1}{2}\right)\hbar\omega_c + \frac{\hbar^2}{2m}k_z^2 \pm \mu_B B_{\text{ext}} \,. \tag{12.4.1}$$

Der 1. und 2. Term resultieren aus der Bahnbewegung der Leitungselektronen. Die Energie $\frac{\hbar^2}{2m}k_z^2$ gehört dabei zur Bewegung parallel zur Feldrichtung, die vom Magnetfeld nicht beeinflusst wird. Senkrecht zum Magnetfeld erhalten wir eine Quantisierung der Bahnbewegung, die dazu führt, dass die erlaubten Elektronenzustände auf Landau-Zylindern liegen (vergleiche Abb. 9.39). Je größer das Magnetfeld ist, desto größer wird der Durchmesser der Landau-Zylinder. Der Abstand der Zylinder beträgt $\hbar\omega_c = e\hbar B_{\text{ext}}/m$. Durch die Quantisierung der Elektronenzustände auf die Landau-Zylinder wird die Energieverteilung der Elektronen innerhalb der Fermi-Kugel gegenüber dem feldfreien Zustand abgeändert. Diese Umbesetzung hängt vom Durchmesser der Röhren und damit von der Größe des Magnetfeldes ab und führt zum so genannten *Landau-Diamagnetismus* der Leitungselektronen.

Gegenüber unserer Diskussion in Abschnitt 9.7, wo wir nur den Bahnanteil betrachtet haben, haben wir in Gleichung (12.4.1) jetzt noch als 3. Term den Beitrag addiert, der aus dem mit dem Elektronenspin verknüpften magnetischen Moment $\mu_s = -g_s\mu_B m_s \simeq \mp\mu_B$ resultiert ($g_s \simeq 2$, $m_s = \pm\tfrac{1}{2}$). Wir sehen, dass dieser Term die Energie der Elektronen je nach Spin-Richtung erniedrigt oder erhöht. Dieser Term führt zum so genannten *Pauli-Paramagnetismus* der Leitungselektronen.

12.4.1 Pauli-Paramagnetismus

Wir betrachten zunächst nur den Spin-Beitrag. Das mit dem Spin verknüpfte magnetische Moment des Kristallelektrons kann in Feldrichtung nur die beiden Werte

$$\mu_s = -g_s\mu_B m_s = \mp\mu_B \tag{12.4.2}$$

annehmen. Für den Beitrag zur Magnetisierung erhalten wir deshalb

$$M = (n_+ - n_-)\mu_B \,, \tag{12.4.3}$$

wenn n_+ die Dichte der Elektronen mit μ_s in Feldrichtung und n_- die Dichte mit μ_s entgegen der Feldrichtung ist. Bei einer naiven Betrachtung würden wir ein ähnliches Ergebnis erwarten wie für ein atomares Spin-1/2-System, das heißt $M = C/T$. Im Experiment wird allerdings ein temperaturunabhängiger Beitrag gemessen. Die Ursache dafür ist die Fermi-Statistik der Leitungselektronen. Da $\mu_B B_{\text{ext}}/k_B \simeq 1$ K bei $B_{\text{ext}} \simeq 1$ T, gilt für Metalle bei nicht allzu tiefen Temperaturen $\mu_B B_{\text{ext}}/k_B \ll T \ll T_F$, wobei $T_F = E_F/k_B$ die Fermi-Temperatur ist. Es können deshalb nur wenige Elektronen in einem Energieintervall um die Fermi-Energie ihren Spin ändern. Ihren Anteil können wir grob mit $k_B T/E_F = T/T_F$ angeben, weshalb sich gerade ein temperaturunabhängiger Beitrag $\frac{C}{T} \cdot \frac{T}{T_F}$ ergibt.

Wir machen jetzt eine genauere Betrachtung anhand von Abb. 12.10. Schalten wir das äußere Magnetfeld ein, so erhalten wir eine energetische Verschiebung der Elektronen mit entgegengesetzter Richtung ihrer Spins bzw. der damit verbundenen magnetischen Momente.

12.4 Para- und Diamagnetismus von Metallen

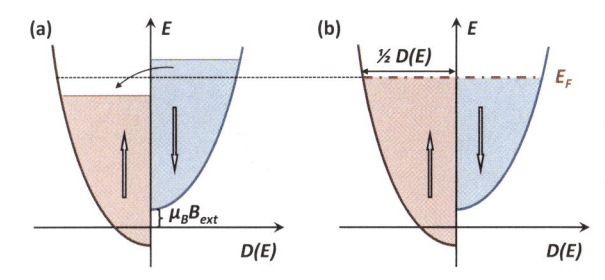

Abb. 12.10: Zur Erklärung des Paulischen Paramagnetismus. Die Pfeile deuten die Richtung der magnetischen Momente der Elektronen an. Man beachte, dass die Richtung des magnetischen Moments für Elektronen antiparallel zur Spin-Richtung ist.

Da die Elektronen untereinander im thermischen Gleichgewicht sind, muss das chemische Potenzial waagrecht verlaufen. Das heißt, wir erhalten im Magnetfeld einen Überschuss an Elektronen mit magnetischen Momenten parallel zum angelegten Feld. Die Größenverhältnisse in Abb. 12.10 sind allerdings nicht richtig wiedergegeben. Die Energie $\mu_B B_{\text{ext}}$ beträgt bei einem Feld von 1 T weniger als 0.1 meV und ist deshalb verschwindend klein gegenüber der Fermi-Energie von typischerweise einigen eV.

Für die Dichten n_+ und n_- der Elektronen mit magnetischen Momenten parallel und antiparallel zur Feldrichtung können wir allgemein schreiben

$$n_+ = \frac{1}{2V} \int_0^\infty D(E + \mu_B B_{\text{ext}}) f(E) dE \tag{12.4.4}$$

$$n_- = \frac{1}{2V} \int_0^\infty D(E - \mu_B B_{\text{ext}}) f(E) dE, \tag{12.4.5}$$

wobei D die Zustandsdichte für beide Spinrichtungen und f die Fermi-Verteilungsfunktion sind. Für die Magnetisierung ergibt sich damit

$$\begin{aligned} M &= (n_+ - n_-) \mu_B = \frac{\mu_B}{V} \frac{1}{2} \int_0^\infty \frac{dD}{dE} 2\mu_B B_{\text{ext}} f(E) dE \\ &= \frac{\mu_B^2 B_{\text{ext}}}{V} \int_0^\infty \frac{dD}{dE} f(E) dE \\ &= \frac{\mu_B^2 B_{\text{ext}}}{V} \left[D(E)f(E) \Big|_0^\infty - \int_0^\infty D(E) \frac{df}{dE} dE \right] \\ &= -\frac{\mu_B^2 B_{\text{ext}}}{V} \int_0^\infty D(E) \frac{df}{dE} dE. \end{aligned} \tag{12.4.6}$$

Für niedrige Temperaturen können wir die Näherung $-df/dE \simeq \delta(E - E_F)$ verwenden und erhalten

$$M = \frac{\mu_B^2 B_{\text{ext}}}{V} D(E_F). \tag{12.4.7}$$

Wolfgang Pauli (1900–1958), Nobelpreis für Physik 1945

Wolfgang Pauli wurde am 25. April 1900 in Wien geboren, wo er die Grundschule und das Gymnasium besuchte. Nach bestandener Matura zog er nach München und schrieb sich an der dortigen Ludwig-Maximilians-Universität ein. Er hörte dort Physik bei Wilhelm Wien und Arnold Sommerfeld. Sommerfeld übertrug Pauli die zusammenfassende Darstellung der Relativitätstheorie für die Enzyklopädie der Mathematischen Wissenschaften, welche er als Student des 5. Semesters abschloss. Noch 1921 erschien diese als eigenständiges Buch und wurde ein Klassiker. Ebenfalls 1921 wurde er promoviert und ging für ein Semester als Assistent zu Max Born nach Göttingen. Ab 1922 war er dann als Assistent bei Wilhelm Lenz in Hamburg tätig. Hier formulierte er 1924 das *Ausschlussprinzip* (heute als Pauli-Prinzip bekannt) und damit die Erklärung für den Schalen-

© The Nobel Foundation.

aufbau der Elektronen im Periodensystem der Elemente. 1945 erhielt er den Nobelpreis für Physik *„für die Entdeckung des als Pauli-Prinzip bezeichneten Ausschlussprinzips"*.
Die im Jahr 1926 von Pauli zur Erklärung des Paramagnetismus eingeführten Spin-Matrizen bildeten den Ausgangspunkt für die 1928 von Dirac aufgestellte relativistische Wellengleichung des Elektrons. Im Jahr 1927 zeigte Pauli ferner auf, wie der Elektronenspin, der bis dahin nicht unmittelbar in die Quantentheorie einbezogen war, durch Erweiterung der Schrödinger-Gleichung berücksichtigt werden konnte. Im Jahr 1928 nahm Pauli einen Ruf an die Eidgenössische Technische Hochschule (ETH) Zürich an. Bei der Suche nach einer Erklärung der Kernbindungskräfte postulierte er bereits 1930 ein neutrales (später Neutrino genanntes) Teilchen, dessen Existenz erst 1956 experimentell nachgewiesen werden konnte. Sein Aufenthalt in Zürich wurde durch Professuren am Institute for Advanced Study in Princeton in den Jahren 1935/36 und 1940 bis 1946 unterbrochen. Im Jahr 1946 wurde er amerikanischer Staatsbürger, kehrte jedoch noch im gleichen Jahr endgültig nach Zürich zurück, wo er 1949 zusätzlich die Schweizer Staatsbürgerschaft annahm. Bis zu seinem Tode gehörte er der ETH an.
Wolfgang Pauli verstarb am 15. Dezember 1958 in Zürich.

Mit der Zustandsdichte des freien Elektronengases [vergleiche (7.1.18)]

$$D(E_F) = \frac{V}{2\pi^2}\left(\frac{2m}{\hbar^2}\right)^{3/2} E_F^{1/2} = \frac{3}{2}\frac{nV}{k_B T_F} \tag{12.4.8}$$

erhalten wir

$$M = \frac{3n\mu_B^2 B_{\text{ext}}}{2k_B T_F} \tag{12.4.9}$$

und damit die temperaturunabhängige *Paulische Spin-Suszeptibilität*

$$\chi_P = \mu_0 \left(\frac{\partial M}{\partial B_{\text{ext}}}\right)_{T,V} = \mu_0 \mu_B^2 \frac{D(E_F)}{V} = n\frac{3\mu_0 \mu_B^2}{2k_B T_F} = \text{const}. \tag{12.4.10}$$

Vergleichen wir dieses Ergebnis mit dem für ein Spin-1/2-System aus gebundenen Elektronen, so sehen wir, dass der wesentliche Unterschied gerade ein Faktor T/T_F ist. Dieser berücksichtigt, dass für das Fermi-Gas freier Elektronen nur ein geringer Bruchteil T/T_F der Elektronen zur Suszeptibilität beitragen kann.

Für höhere Temperaturen wird die Näherung $-df/dE \simeq \delta(E - E_F)$ schlechter. Allerdings sind die Korrekturen zum Ergebnis (12.4.10) relativ gering: Der Paramagnetismus der Leitungselektronen ist praktisch unabhängig von der Temperatur. Im Experiment stellt man fest, dass Übergangsmetalle eine hohe Paulische Spin-Suszeptibilität besitzen. Dies liegt hauptsächlich an der hohen Zustandsdichte der Übergangsmetalle, die sich auch aus Messungen der spezifischen Wärme des Elektronengases ergibt.

12.4.2 Landau-Diamagnetismus

Wir haben bisher nur den Spin-Beitrag der Leitungselektronen diskutiert. Um den orbitalen Beitrag zu bestimmen, müssen wir die Gesamtenergie der Leitungselektronen als Funktion des angelegten Magnetfeldes berechnen. Dies haben wir in Abschnitt 9.7 bereits getan und gesehen, dass die freie Energie $\mathcal{F}$ und damit die Magnetisierung $M = -(1/V)(\partial\mathcal{F}/\partial B_{\text{ext}})_{T,V}$ für tiefe Temperaturen und reine Proben ($\hbar\omega_c \gg k_B T$, $\omega_c\tau \gg 1$) eine oszillierende Funktion von B_{ext} ist. Bei höheren Temperaturen und üblichen Proben sind diese Bedingungen zwar nicht erfüllt, trotzdem mittelt sich die Abhängigkeit von $\mathcal{F}$ von B_{ext} nicht heraus und wir erhalten deshalb nach wie vor eine endliche Magnetisierung. Es kann gezeigt werden, dass diese Magnetisierung antiparallel zu B_{ext} ist. Der Einfluss des äußeren Feldes auf die Orbitalbewegung der Elektronen führt zum *Landauschen Diamagnetismus*.

Es kann gezeigt werden, dass die mit dem Landauschen Diamagnetismus verbundene Suszeptibilität für ein freies Elektronengas dem Betrag nach genau ein Drittel der paramagnetischen Suszeptibilität nach Gleichung (12.4.10) beträgt:

$$\chi_L = -\tfrac{1}{3}\chi_P. \tag{12.4.11}$$

Für das Elektronengas erhalten wir dann insgesamt eine paramagnetische Suszeptibilität von

$$\chi = \chi_P + \chi_L = n\frac{\mu_0 \mu_B^2}{k_B T_F}. \tag{12.4.12}$$

Setzen wir charakteristische Zahlenwerte für die Elektronendichte n und die Fermi-Temperatur T_F von Metallen ein, so sehen wir, dass χ in der Größenordnung 10^{-6} liegt. Größere Werte treten bei einigen Übergangsmetallen auf, die wie bereits erwähnt eine sehr hohe Zustandsdichte $D(E_F)$ am Fermi-Niveau besitzen.

Bei der bisher geführten Diskussion sind wir von freien Elektronen ausgegangen. Für Kristallelektronen gibt es durch die Wechselwirkung mit dem periodischen Potenzial des Gitters Abweichungen. Das Verhältnis von χ_P und χ_L ist hier nicht exakt 3:1. Die Abweichung von diesem Wert wird um so größer, je größer die effektive Masse m^* der Leitungselektronen wird, wobei in etwa

$$\chi_L = -\frac{1}{3}\chi_P \left(\frac{m}{m^*}\right)^2 \qquad (12.4.13)$$

gilt. Weitere Abweichungen entstehen durch Wechselwirkungen unter den Elektronen, die meist zu einer Erhöhung der Paulischen Spinsuszeptibilität führen und mit einem so genannten Austauschparameter berücksichtigt werden können.

Die gesamte, in einem Experiment gemessene Suszeptibilität ergibt sich schließlich aus derjenigen der freien und gebundenen Elektronen. Die Atomrümpfe der Metallionen haben häufig eine geschlossene Elektronenschale, so dass der Anteil der gebundenen Elektronen rein diamagnetisch ist. Der Gesamtbeitrag der Leitungselektronen ist dagegen paramagnetisch. Da beide Beiträge in der gleichen Größenordnung liegen, können Metalle aber sowohl dia- als auch paramagnetisch sein. Alkalimetalle sind z. B. mit Ausnahme von Cs alle paramagnetisch. Edelmetalle wie Cu, Ag und Au sind dagegen diamagnetisch.

12.5 Kooperativer Magnetismus

Einige Substanzen zeigen auch ohne äußeres Magnetfeld unterhalb einer materialspezifischen Temperatur eine Ordnung von magnetischen Momenten, die in vielen Fällen mit einer endlichen Magnetisierung verbunden ist. Diese können wir so erklären, dass eine endliche Wechselwirkung unter den atomaren magnetischen Momenten zu einer Ausrichtung der Momente führt. Wir sprechen deshalb von *kooperativem Magnetismus*. Bei ferromagnetischen Materialien ist diese Ausrichtung parallel, bei antiferromagnetischen oder ferrimagnetischen Materialien (siehe Abschnitt 12.6.3 und 12.6.4) ist sie dagegen antiparallel. Es gibt aber auch Substanzen mit einer komplizierteren Anordnung der magnetischen Momente, auf die wir nicht eingehen wollen.

Der Ordnung der magnetischen Momente durch ihre endliche Wechselwirkung wirkt die thermische Energie entgegen. Der Wettstreit von ordnenden Wechselwirkungseffekten und der Unordnung erzeugenden thermischen Energie bestimmt das Temperaturverhalten der magnetischen Ordnung. Der Übergang von einem völlig ungeordneten zu einem Zustand mit endlicher Ordnung erfolgt dabei bei einer kritischen Temperatur und kann in einfachster Form durch die Landau-Theorie der Phasenübergänge beschrieben werden, die wir bereits im Zusammenhang mit der Diskussion der Ferroelektrizität in Abschnitt 11.8.1 eingeführt haben. Für ferromagnetische Materialien wird die Ordnungstemperatur *Curie-Temperatur* T_C, für antiferromagnetische Materialien *Néel-Temperatur* T_N genannt.

Die Hauptursache für die Wechselwirkung magnetischer Momente in ferromagnetischen und antiferromagnetischen Materialien und damit für das Auftreten des kooperativen Magnetismus ist, wie erstmals von **Werner Heisenberg**[29] und **Paul Dirac**[30] unabhängig voneinander im Jahr 1926 erkannt wurde, die *quantenmechanische Austauschwechselwirkung*, die wir bereits in Kapitel 3 bei der Diskussion der Bindungskräfte in Festkörpern diskutiert haben. Die Dipol-Dipol-Wechselwirkung spielt nur eine untergeordnete Rolle. Die mikroskopische Beschreibung von kollektiven Phänomenen ist allgemein schwierig, da Korrelationen und somit Mehrelektronenaspekte eine entscheidende Rolle spielen. Wir werden im Folgenden wie bei der Diskussion des Dia- und Paramagnetismus wiederum zwischen der Austauschwechselwirkung von lokalisierten Elektronen (Abschnitt 12.5.2) und delokalisierten Elektronen in einem freien Elektronengas (Abschnitt 12.5.6.2) unterscheiden. Dabei können wir aufgrund der Komplexität des Problems nur die Grundzüge behandeln. Zusätzlich werden wir kurz die Spin-Bahn-Wechselwirkung (Abschnitt 12.5.4) und die Zeeman-Wechselwirkung (Abschnitt 12.5.5) diskutieren.

12.5.1 Dipol-Dipol-Wechselwirkung

Wenn wir mögliche Wechselwirkungen diskutieren, die zu einer Kopplung der magnetischen Momente führen, müssen wir zunächst die Dipol-Dipol-Wechselwirkung betrachten. Diese ist gegeben durch

$$E_{\text{dd}} = \mu_0 \frac{\boldsymbol{\mu}_1 \cdot \boldsymbol{\mu}_2 - 3(\boldsymbol{\mu}_1 \cdot \hat{\mathbf{r}})(\boldsymbol{\mu}_2 \cdot \hat{\mathbf{r}})}{r^3} \; . \tag{12.5.1}$$

Hierbei ist $\hat{\mathbf{r}}$ der Einheitsvektor in Richtung des Verbindungsvektors der beiden magnetischen Momente $\boldsymbol{\mu}_1$ und $\boldsymbol{\mu}_2$ an den Orten $\mathbf{r}_1$ und $\mathbf{r}_2$. Setzen wir $\mu_1 \simeq \mu_2 \simeq \mu_B$ und $r \simeq 2\,\text{Å}$ ein, so erhalten wir eine maximale Wechselwirkungsenergie in der Größenordnung von weniger als 0.1 meV, die wesentlich kleiner als die thermische Energie $k_B T \simeq 25$ meV bei Raumtemperatur ist. Das heißt, dass die Dipol-Dipol-Wechselwirkung viel zu schwach ist, um die für manche Materialien auch bei Temperaturen weit oberhalb von Raumtemperatur beobachtete magnetische Kopplung zu erklären.

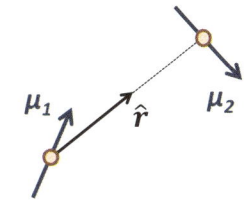

Abb. 12.11: Zur dipolaren Wechselwirkung zwischen zwei magnetischen Momenten.

12.5.2 Austauschwechselwirkung zwischen lokalisierten Elektronen

Wir diskutieren in diesem Abschnitt zunächst die Austauschwechselwirkung zwischen lokalisierten Elektronen, bevor wir dann später die bekannten metallischen Ferromagnete wie Fe oder Ni behandeln, bei denen wir es mit beweglichen Leitungselektronen zu tun haben. Die Austauschwechselwirkung zwischen lokalisierten Elektronen haben wir bei der Diskussion

---

[29] **Werner Karl Heisenberg**, siehe Kasten auf Seite 697.
[30] **Paul Adrien Maurice Dirac**, geboren am 8. August 1902 in Bristol, gestorben am 20. Oktober 1984 in Tallahassee; britischer Physiker. Er erhielt 1933 zusammen mit Schrödinger den Nobelpreis für Physik *„für die Entdeckung einer neuen, nützlichen Form der Atomtheorie"*.

der kovalenten Bindung in Abschnitt 3.4 ausführlich diskutiert. Qualitativ kann die physikalische Ursache der Austauschwechselwirkung auf die Coulomb-Wechselwirkung in Verbindung mit der Heisenbergschen Unschärferelation und dem Paulischen Ausschließungsprinzip zurückgeführt werden.

Betrachten wir z. B. zwei Elektronen an benachbarten Gitterplätzen, so könnten wir aufgrund der Heisenbergschen Unschärfe-Beziehung $\Delta p \cdot \Delta x \geq \hbar$ deren kinetische Energie $p^2/2m \sim \hbar^2/2m_e (\Delta x)^2$ erniedrigen, wenn wir die Ortsunschärfe Δx erhöhen, also die Elektronen delokalisieren und quasi auf beide Gitterplätze verteilen. Allerdings verbietet das Pauli-Prinzip, dass wir zwei Elektronen im gleichen Quantenzustand am gleichen Ort haben. Dies können wir dadurch vermeiden, dass wir für die Zweielektronen-Wellenfunktion eine symmetrische Ortsfunktion und eine antisymmetrische Spin-Funktion verwenden. Für den antisymmetrischen Spin-Singulett-Zustand haben die beiden Elektronen entgegengesetzten Spin und können sich somit auf die beiden Gitterplätze verteilen ohne das Pauli-Prinzip zu verletzen. Ferner ergibt sich für die symmetrische Ortsfunktion eine erhöhte Ladungsdichte genau zwischen den positiv geladenen Gitteratomen, was zu einer Reduzierung der Coulomb-Abstoßung führt. Der Zustand mit antiparalleler Spin-Stellung (Spin-Singulett-Zustand) der Elektronen ist also in diesem Beispiel energetisch wesentlich günstiger als der Zustand mit paralleler Spinstellung (Spin-Triplett-Zustand). Allgemein können wir sagen, dass die Gesamtwellenfunktion der Elektronen (Fermionen) antisymmetrisch sein muss und damit eine symmetrische Ortsfunktion eine antisymmetrische Spin-Funktion und umgekehrt bedingt. Da aber die elektrostatische Wechselwirkung von der Ortsfunktion bestimmt wird, hängt diese auch von der Spin-Funktion ab.

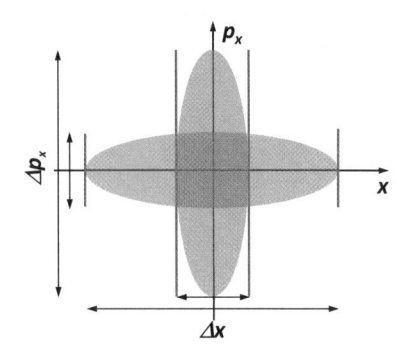

Um den Energieunterschied zwischen Spin-Singulett-Zustand (symmetrische Ortsfunktion Ψ^s) und dem Spin-Triplett-Zustand (antisymmetrische Ortsfunktion Ψ^a) näher zu analysieren, verwenden wir den bereits in Abschnitt 3.4.2 beschriebenen Ansatz von **Heitler** und **London**

$$\Psi^{s,a} = c \left[\phi_A(\mathbf{r}_1) \cdot \phi_B(\mathbf{r}_2) \pm \phi_A(\mathbf{r}_2) \cdot \phi_B(\mathbf{r}_1) \right], \quad (12.5.2)$$

wobei das Pluszeichen für die symmetrische (s) und das Minuszeichen für die antisymmetrische (a) Ortswellenfunktion steht, c eine Normierungskonstante ist und ϕ_A und ϕ_B die atomaren Wellenfunktionen sind. Mit diesem Ansatz können wir die potenzielle Energie des Grundzustandes berechnen. Dabei gehen wir davon aus, dass das Potenzial $V(\mathbf{r}_1, \mathbf{r}_2)$, das sowohl die Wechselwirkung der Elektronen mit den Ionen als auch zwischen den Elektronen beschreibt, symmetrisch bezüglich des Austausches der Elektronen ist, d. h. $V(\mathbf{r}_1, \mathbf{r}_2) = V(\mathbf{r}_2, \mathbf{r}_1)$. Wir erhalten damit

$$E_{\text{pot}}^{s,a} = 2c^2 \int \phi_A^*(\mathbf{r}_1) \phi_B^*(\mathbf{r}_2) V(\mathbf{r}_1, \mathbf{r}_2) \phi_A(\mathbf{r}_1) \phi_B(\mathbf{r}_2) dV_1 dV_2$$
$$\pm 2c^2 \int \phi_A^*(\mathbf{r}_1) \phi_B^*(\mathbf{r}_2) V(\mathbf{r}_1, \mathbf{r}_2) \phi_B(\mathbf{r}_1) \phi_A(\mathbf{r}_2) dV_1 dV_2, \quad (12.5.3)$$

Werner Heisenberg (1901–1976), Nobelpreis für Physik 1932

Werner Heisenberg wurde am 5. Dezember 1901 in Würzburg als Sohn von Dr. August Heisenberg und seiner Frau Annie Wecklein geboren. Sein Vater wurde später Professor für griechische Sprachen an der Universität München. Heisenberg ging bis 1920 in München zur Schule und begann dann an der Ludwig-Maximilians-Universität (LMU) München bei Sommerfeld, Wien, Pringsheim, und Rosenthal zu studieren. Im Winter 1922/1923 wechselte er nach Göttingen, um bei Born, Franck, und Hilbert Physik zu studieren. Im Jahr 1923 promovierte er an der LMU München und wurde dann Assistent bei Max Born an der Universität Göttingen, wo er 1924 die Lehrbefugnis erhielt. Von 1924 bis 1925 arbeitete er mit Niels Bohr an der Universität Kopenhagen, von wo er im Sommer 1925 nach Göttingen zurückkehrte. Im Jahr 1926 wurde er, nur 26 Jahre alt, zum Professor für Theoretische Physik an der Universität Leipzig ernannt. 1941 wurde er dann Professor für Physik an der Universität Berlin und Direktor des dortigen Kaiser-Wilhelm-Instituts für Physik.

© Deutsches Bundesarchiv.

Nach dem 2. Weltkrieg reorganisierte Heisenberg mit einigen Kollegen das Institut für Physik in Göttingen, das dann in Max-Planck-Institut für Physik umbenannt wurde. Im Jahr 1955 war Heisenberg mit dem Umzug des Max-Planck-Instituts für Physik nach München beschäftigt. Immer noch Direktor dieses Instituts ging er mit ihm nach München und wurde dort im Jahr 1958 zum Professor für Physik an der LMU München ernannt. Sein Institut wurde dann in Max-Planck-Institut für Physik und Astrophysik umbenannt.

Heisenberg's Name wird wohl immer mit seiner Theorie zur Quantenmechanik, die er 1925 im Alter von 23 Jahren publizierte, verbunden bleiben. Für diese Theorie erhielt er 1932 den Nobelpreis für Physik. Später formulierte Heisenberg die nach ihm benannte Unschärferelation. Nach 1957 beschäftigte sich Heisenberg hauptsächlich mit Problemen der Plasmaphysik. Als er 1953 Präsident der Alexander von Humboldt Stiftung wurde, setzte er sich sehr für die Weiterentwicklung dieser Stiftung ein. Eines seiner Hobbies war die klassische Musik: Er war ein sehr guter Pianist.

Werner Heisenberg starb am 1. Februar 1976 in München.

---

wobei das Pluszeichen in der zweiten Zeile für den Singulett- und das Minuszeichen für den Triplett-Zustand gilt. Da sich die kinetische Energie der beiden Zustände kaum unterscheidet, ergibt sich die Differenz $E^s - E^a$ der Energieeigenwerte im Wesentlichen aus der Differenz der potenziellen Energie. Wir erhalten deshalb in guter Näherung

$$J_A = E^s - E^a \simeq 4c^2 \int \phi_A^*(\mathbf{r}_1)\phi_B^*(\mathbf{r}_2) V(\mathbf{r}_1,\mathbf{r}_2) \phi_B(\mathbf{r}_1)\phi_A(\mathbf{r}_2) dV_1 dV_2 \,. \quad (12.5.4)$$

Hierbei haben wir für die Energiedifferenz die *Austauschkonstante* J_A eingeführt, deren Größe und Vorzeichen von der speziellen Form der Wellenfunktionen und des Potenzials abhängt. Abhängig vom Vorzeichen von J_A ist eine parallele oder antiparallele Orientierung der Spins energetisch günstiger. Da $J_A > 0$ gleichbedeutend mit $E^s > E^a$ ist, erhalten wir

$$J_A > 0 \quad \Rightarrow \quad \text{ferromagnetische Kopplung}$$
$$J_A < 0 \quad \Rightarrow \quad \text{antiferromagnetische Kopplung} \,. \qquad (12.5.5)$$

Wie wir in Abschnitt 3.4 bereits gezeigt haben, ist die Austauschenergie z. B. für ein Wasserstoffmolekül immer negativ, d. h. der symmetrische Spin-Singulett-Zustand besitzt die niedrigere Energie. Für andere Systeme kann dies auch umgekehrt sein.

Das Potenzial $V(\mathbf{r}_1, \mathbf{r}_2)$ können wir in drei Anteile $V_i(\mathbf{r}_1) + V_i(\mathbf{r}_2) + V_{ee}(\mathbf{r}_1, \mathbf{r}_2)$ zerlegen, wobei die beiden ersten Terme die Wechselwirkung der Elektronen mit den Ionen und der letzte Term die gegenseitige Wechselwirkung der Elektronen beschreibt. Da $V_{ee}(\mathbf{r}_1, \mathbf{r}_2) = e^2 / 4\pi\epsilon_0 |\mathbf{r}_1 - \mathbf{r}_2|$, bewirkt die Coulomb-Wechselwirkung zwischen den Elektronen immer einen positiven Beitrag zur Austauschkonstanten und damit eine parallele Ausrichtung der Elektronenspins. Die Wechselwirkung der Elektronen mit den Ionen ist dagegen attraktiv und bewirkt einen negativen Beitrag zu J_A. Sie führt deshalb zu einer Energieabsenkung bei antiparalleler Ausrichtung der Spins. Welches Vorzeichen letztendlich J_A besitzt, hängt von der relativen Größe der entgegengesetzt wirkenden Beiträge ab.

12.5.2.1 Heisenberg-Modell

Aufgrund des Pauli-Prinzips sind mit den symmetrischen und antisymmetrischen Ortswellenfunktionen in eindeutiger Weise antisymmetrische und symmetrische Spin-Wellenfunktionen verknüpft. Mit Hilfe der Austauschkonstante J_A können wir dann formal, ohne auf die Details der Austauschwechselwirkung einzugehen, einen Modell-Hamilton-Operator einführen, der nur auf die Spin-Funktionen wirkt und die gleiche energetische Aufspaltung zwischen den beiden Energieniveaus für parallele und antiparallele Spin-Stellung bewirkt.[31] Bezeichnen wir die Spin-Operatoren der beiden Elektronen mit $\mathbf{s}_1$ und $\mathbf{s}_2$, so gilt für den Gesamtspin $\mathbf{S}^2 = (\mathbf{s}_1 + \mathbf{s}_2)^2 = \frac{3}{2}\hbar^2 + 2\mathbf{s}_1 \cdot \mathbf{s}_2$.[32] Es lässt sich leicht zeigen, dass der Operator $\mathbf{s}_1 \cdot \mathbf{s}_2$ die Eigenwerte $-\frac{3}{4}\hbar$ für den Singulett- und $+\frac{1}{4}\hbar$ für den Triplett-Zustand besitzt.[33] Damit können wir den Spin-Hamilton-Operator schreiben als

$$\mathcal{H}_{\text{spin}} = \frac{1}{4}(E^s + 3E^a) - (E^s - E^a)\frac{1}{\hbar^2}\mathbf{s}_1 \cdot \mathbf{s}_2 = \frac{1}{4}(E^s + 3E^a) - J_A \frac{1}{\hbar^2}\mathbf{s}_1 \cdot \mathbf{s}_2 \,. \quad (12.5.6)$$

Setzen wir die Eigenwerte des Operators $\mathbf{s}_1 \cdot \mathbf{s}_2$ ein, so sehen wir sofort, dass dieser Operator in der Tat die Eigenwerte E^s und E^a für den Singulett- und Triplett-Zustand ergibt. Der Term $\frac{1}{4}(E^s + 3E^a)$ führt nur zu einer Verschiebung des Energienullpunkts und kann

---

[31] Ein Beweis für diese Aussage kann gefunden werden in:
Quantum Theory of Magnetism, R. M. White, Springer Ser. Solid-State Sci., Vol. 32, Springer, Berlin, Heidelberg (1983),
oder in *The Theory of Magnetism I and II*, D. C. Mattis, Springer, Berlin, Heidelberg (1988).

[32] Es gilt $(\mathbf{s}_1 + \mathbf{s}_2)^2 = \mathbf{s}_1^2 + \mathbf{s}_2^2 + 2\mathbf{s}_1 \cdot \mathbf{s}_2 = \frac{3}{4}\hbar^2 + \frac{3}{4}\hbar^2 + 2\mathbf{s}_1 \cdot \mathbf{s}_2 = \frac{3}{2}\hbar^2 + 2\mathbf{s}_1 \cdot \mathbf{s}_2$.

[33] Es gilt $(\mathbf{s}_1 + \mathbf{s}_2)^2 = \mathbf{s}_1^2 + \mathbf{s}_2^2 + 2\mathbf{s}_1 \cdot \mathbf{s}_2$ und damit $\mathbf{s}_1 \cdot \mathbf{s}_2 = \frac{1}{2}\left[(\mathbf{s}_1 + \mathbf{s}_2)^2 - \mathbf{s}_1^2 - \mathbf{s}_2^2\right]$. Für $\mathbf{s}_1 \parallel \mathbf{s}_2$ folgt daraus $\mathbf{s}_1 \cdot \mathbf{s}_2 = \frac{1}{2}\left[2\hbar^2 - \frac{3}{4}\hbar^2 - \frac{3}{4}\hbar^2\right] = \frac{1}{4}\hbar^2$. Für $\mathbf{s}_1 \parallel -\mathbf{s}_2$ folgt daraus $\mathbf{s}_1 \cdot \mathbf{s}_2 = \frac{1}{2}\left[0 - \frac{3}{4}\hbar^2 - \frac{3}{4}\hbar^2\right] = -\frac{3}{4}\hbar^2$.

12.5 Kooperativer Magnetismus

weggelassen werden. Wir erhalten dann den Modell-Hamilton-Operator zu

$$\mathcal{H}_A = -J_A \frac{1}{\hbar^2} \mathbf{s}_1 \cdot \mathbf{s}_2 . \tag{12.5.7}$$

Unsere Vorgehensweise lässt sich auf beliebige Spin-Operatoren $\mathbf{S}_i$ und $\mathbf{S}_j$ und unterschiedliche Austauschkonstanten J_A^{ij} erweitern, wodurch wir zum so genannten *Heisenberg-Modell* gelangen, in dem der spinabhängige Hamilton-Operator wie folgt ausgedrückt werden kann:

$$\mathcal{H}_A = - \sum_{j \neq i, i > j} J_A^{ij} \frac{1}{\hbar^2} \mathbf{S}_i \cdot \mathbf{S}_j . \tag{12.5.8}$$

Die Summation erfolgt dabei über alle Atome i und alle Nachbarn j, wobei die Einschränkung $i > j$ verhindert, dass Paare doppelt gezählt werden.[34] Gleichung (12.5.8) ist der Ausgangspunkt zahlreicher theoretischer Modelle. Wichtig ist, dass in diese Modelle nur die paarweise Wechselwirkung zwischen Elektronen eingeht.

Ising-Modell: In einer Dimension geht das Heisenberg-Modell in das *Ising-Modell*[35] über:

$$\mathcal{H}_{\text{Ising}} = - \sum_{j \neq i, i > j} J_A^{ij} \frac{1}{\hbar^2} (\mathbf{S}_z)_i \cdot (\mathbf{S}_z)_j . \tag{12.5.9}$$

Beim Ising-Modell wird also die Zahl der Spin-Komponenten auf eins reduziert (d. h. parallel oder antiparallel zu einer ausgezeichneten Quantisierungsachse, in unserem Fall zur z-Achse).

12.5.2.2 Hubbard-Modell

Im Heisenberg-Modell wird der effektive Hamilton-Operator explizit durch die Spin-Operatoren ausgedrückt. Im *Hubbard-Modell* wird dieser dagegen anders formuliert (vergleiche hierzu Abschnitt 8.3.2). Der Spin wird hier nicht explizit benutzt, obwohl er bei der Berechnung von Matrixelementen berücksichtigt wird. Die zentrale Idee ist zu untersuchen, inwieweit das Wechselspiel zweier konkurrierender Energien den elektronischen Zustand eines mehratomigen Mehrelektronensystems bestimmt. Die eine Energie ist die elektrostatische Coulomb-Wechselwirkung zwischen Elektronen, die andere die kinetische Energie der Elektronen. Die Minimierung der Coulomb-Energie U führt zu einem möglichst großen Abstand der Elektronen und damit einer Lokalisierung der Elektronen auf den Gitterplätzen. Die Reduzierung der kinetischen Energie erfordert eine Delokalisierung der Elektronen und damit ein Hüpfen zwischen den einzelnen Gitterplätzen, das mit der Hüpfenergie t charakterisiert wird. Da die Reduzierung der kinetischen Energie umso größer ist je größer t, gilt $\Delta E_{\text{kin}} \propto -t$. Der Spin kommt dadurch ins Spiel, dass beim Hüpfen der Elektronen das

---

[34] Wird die Einschränkung $i > j$ weggelassen, so muss ein Faktor $1/2$ vor der Summe zugefügt werden.

[35] **Ernst Ising**, deutscher Mathematiker und Physiker, geboren am 10. Mai 1900 in Köln; gestorben am 11. Mai 1998 in Peoria, Illinois, USA.

Pauli-Prinzip beachtet werden muss. Unter Berücksichtigung dieser beiden Energien erhalten wir den Hubbard-Hamilton-Operator zu

$$\mathcal{H}_{\text{Hubbard}} = -t \sum_{\langle i,j\rangle,\sigma} (c^\dagger_{i,\sigma} c_{j,\sigma} + c^\dagger_{j,\sigma} c_{i,\sigma}) + \sum_i^N U n_{i,\uparrow} n_{i,\downarrow} \,. \tag{12.5.10}$$

Hierbei bezeichnet $\sum_{\langle i,j\rangle}$ die Summation über nächste Nachbarn und $\sigma = \downarrow, \uparrow$. Die Operatoren $c^\dagger_{i,\sigma}$ ($c_{i,\sigma}$) erzeugen (vernichten) dabei ein Elektron mit Spin σ am Gitterplatz i. Der Operator $n_{i,\sigma} = c^\dagger_{i,\sigma} c_{i,\sigma}$ ist der Teilchenzahloperator, der die Besetzung auf Platz i angibt. Der erste Term in (12.5.10) beschreibt das Hüpfen von Elektronen von Gitterplatz zu Gitterplatz ohne Änderung des Spins, da jeweils ein Elektron mit Spin σ auf einem Platz erzeugt und auf dem anderen vernichtet wird. Der zweite Term beschreibt die Coulomb-Wechselwirkung von Elektronen mit entgegengesetztem Spin auf dem gleichen Gitterplatz.

Die Analyse von (12.5.10) für $t, U > 0$ zeigt sofort, dass für $U \gg t$ die Elektronen nach Möglichkeit eine Doppelbesetzung von Gitterplätzen vermeiden wollen. In diesem Fall werden die Elektronen auf den einzelnen Gitterplätzen lokalisiert, wobei die verbleibende endliche Hüpfamplitude in einer antiferromagnetischen Ausrichtung der Elektronenspins resultiert, wobei für die Austauschkonstante $J_A = -4t^2/U$ gilt. Wir erhalten also einen antiferromagnetischen Isolator. Für $t \gg U$ verhindert das im Vergleich zur Hüpfenergie kleine U jetzt nicht eine Delokalisierung der Elektronen. Wir erhalten einen nichtmagnetischen metallischen Zustand.

12.5.2.3 Austauschwechselwirkungsarten

Die Austauschkonstante J_A hängt von der Überlappung der Elektronenwellenfunktionen der beteiligten Gitteratome ab. Dabei muss die Überlappung der Elektronenhüllen der Gitteratome mit magnetischen Momenten nicht direkt sein, sondern kann auch über dazwischen liegende Atome vermittelt werden. Man unterscheidet folgende Wechselwirkungstypen:

Direkte Austauschwechselwirkung: Diese Wechselwirkung resultiert aus der direkten Überlappung der Wellenfunktionen der Gitteratome mit magnetischen Momenten (siehe Abb. 12.12a).

Superaustausch: Beim Superaustausch[36,37] erfolgt die Wechselwirkung zwischen den Gitteratomen mit magnetischen Momenten indirekt über die Orbitale von dazwischen liegenden diamagnetischen Atomen/Ionen. Ein wichtiges Beispiel dieser indirekten Wechselwirkung ist der Superaustausch über das diamagnetische O^{2-}-Ion, das eine abgeschlossene $2p$-Schale besitzt. In Abb. 12.12b ist der Superaustausch für MnO dargestellt. Die Elektronenhüllen von benachbarten Manganionen überlappen mit der Elektronenhülle des dazwischen liegenden Sauerstoffions, wodurch indirekt eine Kopplung der Momente der Mn^{2+}-Ionen

---

[36] H. A. Kramers, *L'interaction Entre les Atomes Magnétogènes dans un Cristal Paramagnétique*, Physica **1**, 182 (1934).

[37] P. W. Anderson, *Antiferromagnetism: Theory of Superexchange Interaction*, Phys. Rev. **79**, 350–356 (1950).

12.5 Kooperativer Magnetismus

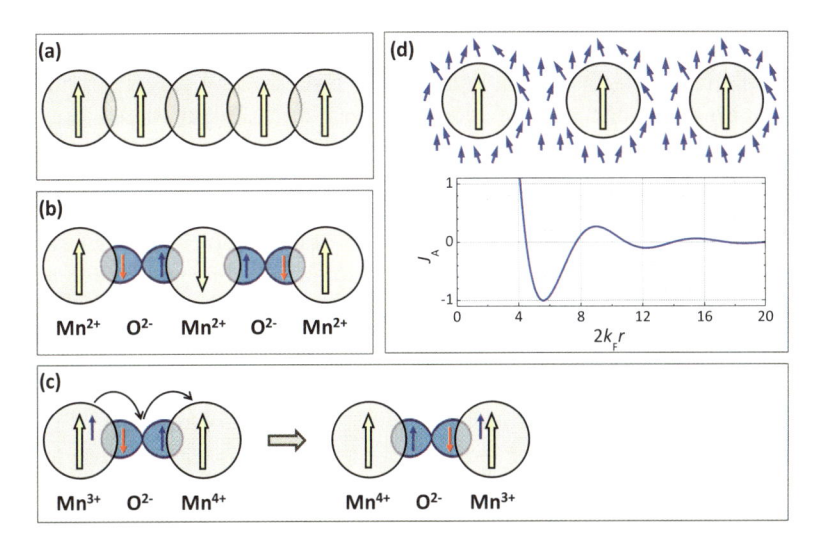

Abb. 12.12: Direkte Austauschwechselwirkung (a), Superaustausch über diamagnetische Sauerstoffionen (b), Doppelaustausch (c) und indirekte Austauschwechselwirkung (RKKY) von Atomen mit lokalen magnetischen Momenten über Leitungselektronen (d). Bei der RKKY-Wechselwirkung oszilliert das Vorzeichen der Austauschkonstante J_A als Funktion von $k_F r$.

zustande kommt. Bei MnO ist diese Kopplung antiferromagnetisch. Formal können wir den Superaustausch auch mit dem Heisenberg-Modell [Gleichung (12.5.7)] beschreiben, das ursprünglich für die direkte Austauschwechselwirkung entwickelt wurde. Allerdings müssen wir bei der Ableitung der Austauschkonstante anders vorgehen.[38]

Entscheidend beim Superaustausch ist, dass ein Elektron, das vom Sauerstoffion zum Mn-Ion hüpft, dort eine stark erhöhte Coulomb-Energie besitzt. Es muss sozusagen für den Versuch, durch Hüpfen zum Nachbaratom durch Delokalisieren seine kinetische Energie zu reduzieren, eine hohe Coulomb-Energie U bezahlen. Ein realer Hüpfprozess ist deswegen energetisch verboten, er kann aber virtuell innerhalb der Energie-Zeit-Unschärferelation trotzdem stattfinden. Mit Störungsrechnung 2. Ordnung kann man zeigen, dass die effektive Austauschkonstante $J_A \propto -t^2/U$ ist, wobei t die Hüpfwahrscheinlichkeit zwischen Sauerstoff- und Manganion angibt. Es ist anschaulich klar, dass der Hüpfprozess der beiden Elektronen mit antiparallelem Spin im Sauerstoff $2p$-Orbital nur dann zu beiden Nachbar-Manganionen stattfinden kann, wenn diese antiparallel ausgerichtete Momente haben.

Doppelaustausch: Der Doppelaustausch[39] ist ähnlich zum Superaustausch. Wie Abb. 12.12c zeigt, besitzen jetzt allerdings die beiden Mn-Ionen unterschiedliche Valenzen, z. B. Mn^{3+} und Mn^{4+} wie in $La_{1-x}Sr_xMnO_3$. Dann kann z. B. ein Spin-↑-Elektron vom Sauerstoffion zum rechten Mn^{4+}-Ion hüpfen, wenn quasi gleichzeitig ein Spin-↑-

---

[38] D. I. Khomskii und G. A. Sawatzky, *Interplay between spin, charge and orbital degrees of freedom in magnetic oxides*, Sol. State. Comm. **102**, 87 (1997).

[39] C. Zener, *Interaction between the d-Shells in the Transition Metals. II. Ferromagnetic Compounds of Manganese with Perovskite Structure*, Phys. Rev. **82**, 403–405 (1951).

Elektron vom linken Mn^{3+}-Ion wieder zum Sauerstoffion hüpft. Die Endsituation ist zur Anfangssituation energetisch entartet und der Hüpfprozess damit energetisch nicht verboten. Er kann real stattfinden, wodurch die Elektronen durch Delokalisieren ihre kinetische Energie absenken können. Die Austauschkonstante J_A ist in diesem Fall proportional zur Hüpfamplitude t. Da wegen der starken Hundschen Kopplung (typischerweise größer als 1 eV) die Spins der $3d$-Elektronen in den Manganionen alle parallel ausgerichtet sind, führt der Doppelaustausch zwischen den Mn^{3+}- und Mn^{4+}-Ionen zu einer parallelen Ausrichtung der Mn-Momente. Bei antiparalleler Ausrichtung könnte nämlich vom linken Manganion kein Spin-↑-Elektron nachhüpfen, da dort dann ja nur Spin-↓-Elektronen vorhanden wären.

RKKY-Wechselwirkung: Eine weitere indirekte Wechselwirkung ist die nach **M. A. Ruderman**, **C. Kittel**, **T. Kasuya** und **K. Yosida** benannte *RKKY-Wechselwirkung*.[40,41,42] Sie spielt in solchen Systemen eine Rolle, deren magnetische Momente aus stark lokalisierten Elektronen innerer Schalen resultieren (z. B. durch die $4f$-Elektronen der Seltenen Erden), deren direkte Überlappung mit benachbarten Gitteratomen verschwindend klein ist. Die Kopplung dieser Momente erfolgt dann indirekt über die Leitungselektronen. Die magnetischen Momente der benachbarten Gitteratome richten um sich herum die Spins der Leitungselektronen aus und diese polarisierten Leitungselektronen vermitteln die Austauschwechselwirkung. Im Gegensatz zur direkten Austauschwechselwirkung oder zum Superaustausch besitzt die RKKY-Wechselwirkung eine längere Reichweite und zeigt ferner ein oszillatorisches Verhalten als Funktion des Produkts aus Fermi-Wellenvektor k_F und Abstand r der Gitteratome: $J_A \propto \cos 2k_F r/(2k_F r)^3$. Das heißt, abhängig vom gegenseitigen Abstand der Gitteratome kann ferro- und antiferromagnetische Kopplung vorliegen.

12.5.3 Dzyaloshinskii-Moriya Wechselwirkung

Es gibt verschiedene weitere Terme in der Spin-Spin-Wechselwirkung, die von höherer Ordnung sind oder eine kompliziertere Form haben. Wir diskutieren hier als wichtiges Beispiel die *Dzyaloshinskii-Moriya (DM) Wechselwirkung*.[43,44] Sie besitzt die Form

$$\mathcal{H}_{DM} = \mathbf{D}_{ij} \cdot (\mathbf{S}_i \times \mathbf{S}_j) \ . \tag{12.5.11}$$

Hierbei ist $\mathbf{D}_{ij}$ ein zeitunabhängiger aber möglicherweise räumlich inhomogener Vektor, der die Wechselwirkung zwischen den beiden Spins $\mathbf{S}_i$ und $\mathbf{S}_j$ beschreibt.

---

[40] M. A. Ruderman and C. Kittel, *Indirect Exchange Coupling of Nuclear Magnetic Moments by Conduction Electrons*, Phys. Rev. **96**, 99 (1954).

[41] T. Kasuya, *A Theory of Metallic Ferro- and Antiferromagnetism on Zener's Model*, Prog. Theor. Phys. **16**, 45–57 (1956).

[42] K. Yosida, *Magnetic Properties of Cu-Mn Alloys*, Phys. Rev. **106**, 893 (1957).

[43] I. E. Dzyaloshinskii, *Thermodynamic theory of weak ferromagnetism in antiferromagnetic substances*, Sov. Phys. JETP **5**, 1259 (1957).

[44] T. Moriya, *Anisotropic superexchange interaction and weak ferromagnetism*, Phys. Rev. **120**, 91-98 (1960).

12.5 Kooperativer Magnetismus

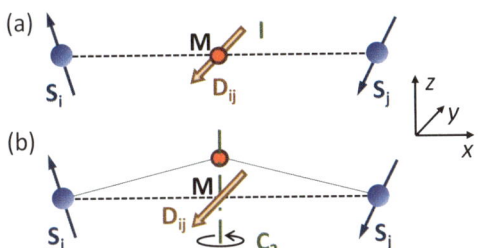

Abb. 12.13: Zur Veranschaulichung der Dzyaloshinskii-Moriya Wechselwirkung. In (a) liegt das rote Atom im Mittelpunkt M der Verbindungslinie der beiden Spins, so dass ein Inversionszentrum vorliegt. In (b) liegt kein Inversionszentrum mehr vor und C_2 ist eine zweifache Drehachse, die senkrecht auf der Verbindungslinie zwischen den beiden Spins steht.

Wir machen nun einige einfache Symmetriebetrachtungen, um uns klar zu machen, unter welchen Bedingungen dieser Term auftreten kann. Hierzu müssen wir alle Symmetrieoperationen in Betracht ziehen, die in Abb. 12.13 den Mittelpunkt M auf der Verbindungslinie der beiden Spins fest lassen. Der Hamilton-Operator des Systems und insbesondere der DM-Term müssen unter diesen Symmetrieoperationen unverändert bleiben. In Abb. 12.13a liegt das rote Atom (z.B. ein Sauerstoffatom, das eine Austauschwechselwirkung zwischen den beiden Spins vermittelt) genau im Mittelpunkt M, so dass ein Inversionszentrum vorliegt. Durch eine Inversionsoperation werden die beiden Spins zwar ausgetauscht, bleiben aber ansonsten gleich (Spins sind Pseudovektoren). Das heißt, wir erhalten

$$\mathbf{S}_i \times \mathbf{S}_j \stackrel{\text{Inversion}}{\rightarrow} \mathbf{S}_j \times \mathbf{S}_i = -\mathbf{S}_i \times \mathbf{S}_j \ . \tag{12.5.12}$$

Wir sehen sofort, dass $\mathcal{H}_{\text{DM}}$ unter der Symmetrieoperation der Inversion nur dann unverändert bleibt, wenn $\mathbf{D}_{ij} = 0$. Eine endliche DM-Wechselwirkung erfordert also eine gebrochene Inversionssymmetrie.

Wir betrachten nun ein System mit gebrochener Inversionssymmetrie (siehe Abb. 12.13b). Um etwas über die Richtung von $\mathbf{D}_{ij}$ aussagen zu können, betrachten wir eine zweifache Drehachse C_2 durch M, die senkrecht auf der Verbindungslinie steht. Führen wir die Symmetrieoperation aus, so transformieren sich die Komponenten der Spins wie

$$S_{i,x} \stackrel{C_2}{\rightarrow} -S_{j,x} \qquad S_{i,y} \stackrel{C_2}{\rightarrow} -S_{j,y} \qquad S_{i,z} \stackrel{C_2}{\rightarrow} +S_{j,z} \tag{12.5.13}$$

und wir erhalten

$$\mathcal{H}_{\text{DM}} = D_{ij,x} \left(S_{i,y} S_{j,z} - S_{i,z} S_{j,y} \right) + D_{ij,y} \left(S_{i,z} S_{j,x} - S_{i,x} S_{j,z} \right) \\ + D_{ij,z} \left(S_{i,x} S_{j,y} - S_{i,y} S_{j,x} \right) \ . \tag{12.5.14}$$

Mit (12.5.13) folgt sofort, dass der 3. Term unter C_2 sein Vorzeichen ändert, während die beiden anderen Terme gleich bleiben. Das bedeutet, dass $\mathcal{H}_{\text{DM}}$ unter C_2 nur dann unverändert bleibt, wenn $D_{ij,z} = 0$. Folglich muss der Vektor $\mathbf{D}_{ij}$ in der Ebene senkrecht zur Drehachse C_2 liegen. Um die Richtung innerhalb der Ebene zu bestimmen, müssten wir eine weiterführende Symmetriebetrachtung machen, auf die wir hier aber verzichten wollen.

Aus der Form (12.5.11) der DM-Wechselwirkung können wir folgern, dass diese versucht, die beiden Spins aus einer parallelen bzw. antiparallelen Anordnung herauszukippen, da ihr Beitrag ansonsten verschwindet. Optimal wäre eine rechtwinklige Anordnung der Spins, wobei diese dann in einer Ebene liegen sollten, die senkrecht auf $\mathbf{D}_{ij}$ steht. In Antiferromagneten führt eine endliche DM-Wechselwirkung zu einer Verkantung der Spins, d. h. einer Verdrehung der Spins aus ihrer antiparallelen Stellung. Dadurch entsteht ein schwaches ferromagnetisches Moment, welches senkrecht auf der Spin-Achse des Antiferromagneten steht. In einer Kette von parallel (ferromagnetisch) angeordneten Spins würde die DM-Wechselwirkung je nach Richtung von $\mathbf{D}_{ij}$ in einer helikalen oder zykloidalen Spin-Anordnung resultieren, wobei der Drehsinn durch das Vorzeichen von $\mathbf{D}_{ij}$ gegeben ist. Wir weisen abschließend darauf hin, dass die Inversionssymmetrie immer an Oberflächen und Grenzflächen gebrochen ist, weshalb die DM-Wechselwirkung für die Spin-Ordnung an Ober- und Grenzflächen oft eine wichtige Rolle spielt.

12.5.4 Spin-Bahn-Wechselwirkung

Die Spin-Bahn-Wechselwirkung verursacht eine Kopplung zwischen dem Spin $\mathbf{s}$ und Bahndrehimpuls $\boldsymbol{\ell}$ eines Elektrons zu einem Gesamtdrehimpuls $\mathbf{j} = \boldsymbol{\ell} + \mathbf{s}$. Die Spin-Bahn-Wechselwirkung ist typischerweise um den Faktor 10 bis 100 kleiner als die Austauschkopplung, die wir in Abschnitt 12.5.2 diskutiert haben. Trotzdem spielt sie für die magnetischen Eigenschaften von Festkörpern eine wichtige Rolle. Wir werden sie hier zuerst anhand einer semiklassischen Betrachtung einführen (siehe hierzu Abb. 12.14). Wir stellen uns dazu vor, dass der im Ruhesystem des Elektrons um dieses kreisende Kern mit Ladung Ze einen Kreisstrom I verursacht, der ein Magnetfeld $\mathbf{B}_{\text{orb}} = (\mu_0 I/2r)\hat{\mathbf{n}}$ im Zentrum der Kreisbahn erzeugt (der Einheitsvektor $\hat{\mathbf{n}}$ steht senkrecht auf der von der Kreisbahn umschlossenen Fläche). Die Wechselwirkungsenergie zwischen dem Spin-Moment $\boldsymbol{\mu}_s = -g_s \mu_B \mathbf{s}/\hbar$ des Elektrons und diesem Feld können wir schreiben als

$$E_{\text{so}} = -\boldsymbol{\mu}_s \cdot \mathbf{B}_{\text{orb}} = -\mu_s B_{\text{orb}} \cos\theta \,. \tag{12.5.15}$$

Benutzen wir die allgemeine Definition $\boldsymbol{\mu}_\ell = \pi r^2 I \hat{\mathbf{n}}$ für das magnetische Moment und außerdem den Zusammenhang $\boldsymbol{\mu}_\ell = (Ze/2m_e)\boldsymbol{\ell}$ zwischen magnetischem Moment und Bahndrehimpuls eines Elektrons, so erhalten wir für das durch den Kreisstrom erzeugte Feld den Ausdruck

$$\mathbf{B}_{\text{orb}} = \frac{\mu_0 \boldsymbol{\mu}_\ell}{2\pi r^3} = \frac{\mu_0 Ze}{4\pi m_e r^3}\boldsymbol{\ell} \,. \tag{12.5.16}$$

Benutzen wir noch $\mu_0 = 1/\epsilon_0 c^2$, so ergibt sich für die Spin-Bahn-Wechselwirkungsenergie

$$E_{\text{so}} = -\boldsymbol{\mu}_s \cdot \mathbf{B}_{\text{orb}} = \frac{Ze^2}{4\pi\epsilon_0 m_e^2 c^2 r^3}\boldsymbol{\ell} \cdot \mathbf{s} \,. \tag{12.5.17}$$

Für $\mu_s \simeq \mu_B$ erhalten wir $E_{\text{so}} \simeq 5.788 \times 10^{-5}\,\text{eV}\cdot B_{\text{orb}}[\text{T}]$. Da die gemessenen Werte von E_{so} im Bereich zwischen 10 und 100 meV liegen, sind die effektiven Felder B_{orb} beträchtlich.

Die quantenmechanische Berechnung der Spin-Bahn-Wechselwirkung beruht auf der Tatsache, dass die relative Bewegung zwischen Elektron und Kern in einem effektiven Magnetfeld (siehe hierzu Abb. 12.15)

$$\mathbf{B}^* = -\frac{\mathbf{v} \times \mathbf{E}}{2c^2} = \frac{1}{2m_e c^2}(\mathbf{p} \times \nabla \phi_{\text{el}}) \tag{12.5.18}$$

12.5 Kooperativer Magnetismus

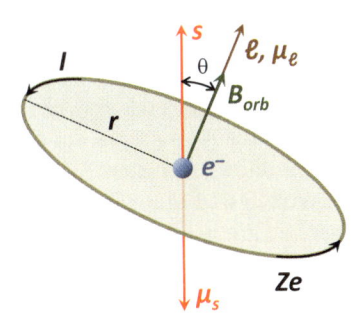

Abb. 12.14: Zur Veranschaulichung der physikalischen Ursache der Spin-Bahn-Wechselwirkung. Im Ruhesystem des Elektrons bewegt sich der Kern mit Ladung Ze um das Elektron und verursacht an dessen Position ein Magnetfeld $\mathbf{B}_{\mathrm{orb}}$, das mit dem Spin-Moment $\boldsymbol{\mu}_s$ des Elektrons wechselwirkt. Den Kreisstrom können wir mit einem magnetischen Moment $\boldsymbol{\mu}_\ell$ und dieses wiederum mit einem Bahndrehimpuls $\boldsymbol{\ell}$ assoziieren, so dass wir die Spin-Bahn-Wechselwirkung als $\lambda\boldsymbol{\ell}\cdot\mathbf{s}$ schreiben können.

resultiert, wobei $\mathbf{E}(\mathbf{r},t) = -\nabla\phi_{\mathrm{el}}(\mathbf{r},t)$. Den Operator für die Spin-Bahn-Wechselwirkung erhalten wir, indem wir die Wechselwirkung dieses Feldes mit dem Spin-Moment $\boldsymbol{\mu}_s = -g_s\mu_B\mathbf{s}/\hbar = -(e/m_e)\mathbf{s}$ eines Elektrons betrachten. Mit $\nabla\phi_{\mathrm{el}}(r) = (\mathbf{r}/r)d\phi_{\mathrm{el}}(r)/dr$ für ein Zentralpotenzial und $(\mathbf{r}\times\mathbf{p}) = \boldsymbol{\ell}$ erhalten wir

$$\mathcal{H}_{\mathrm{so}} = \frac{e}{2m_e^2 c^2}\mathbf{s}\cdot(\mathbf{p}\times\nabla\phi_{\mathrm{el}}) = \frac{e}{2m_e^2 c^2}\frac{1}{r}\frac{d\phi_{\mathrm{el}}(r)}{dr}\mathbf{s}\cdot\boldsymbol{\ell} = \lambda(r)\mathbf{s}\cdot\boldsymbol{\ell}. \qquad (12.5.19)$$

Der Erwartungswert der Spin-Bahn-Kopplungskonstante $\lambda(r)$ ist durch

$$\langle\lambda(r)\rangle = \int_0^\infty R_{nl}(r)\lambda(r)R_{nl}^*(r)r^2 dr \qquad (12.5.20)$$

gegeben und hängt von den Quantenzahlen n und l der jeweiligen radialen Wellenfunktion der Elektronenzustände ab. Verwenden wir $\phi_{\mathrm{el}}(r) = Ze/4\pi\epsilon_0 r$, so erhalten wir $\lambda(r) = Ze^2/8\pi\epsilon_0 m_e^2 c^2 r^3$. Dieser Wert weicht vom klassisch ermittelten Wert um den so genannten Thomas-Faktor 2 ab.[45] Wichtig ist, dass die Spin-Bahn-Wechselwirkungsstärke proportional zum Gradienten $d\phi_{\mathrm{el}}/dr$ des Coulomb-Potenzials ist, welcher für große Kernladungszahlen besonders groß ist.

Gemäß der Definition der magnetostatischen Energie $E = -\boldsymbol{\mu}\cdot\mathbf{B}_{\mathrm{ext}}$ eines magnetischen Moments $\boldsymbol{\mu}$ in einem externen Feld $\mathbf{B}_{\mathrm{ext}}$ entspricht die Energie $E_{\mathrm{so}} = -\boldsymbol{\mu}_s\cdot\mathbf{B}_{\mathrm{orb}}$ dem Energiege-

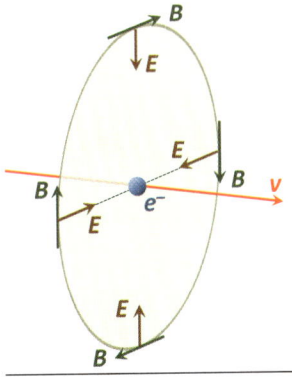

Abb. 12.15: Zur Veranschaulichung der elektrischen und magnetischen Felder einer Ladung in einem relativ zum Beobachter bewegten Bezugssystem. Für Geschwindigkeiten nahe der Lichtgeschwindigkeit ist das elektrische Feld auf die Ebene senkrecht zur Bewegungsrichtung konzentriert, da die Komponente parallel zu $\mathbf{v}$ um den Faktor $1/\gamma^2 = [1-(v^2/c^2)]$ reduziert und die Komponente senkrecht zu $\mathbf{v}$ um den Faktor γ gegenüber dem Wert im Ruhesystem erhöht wird. Die sich bewegende Ladung resultiert in einem Magnetfeld $\mathbf{B} = -\mathbf{v}\times\mathbf{E}/c^2$, das in der Ebene senkrecht zu $\mathbf{v}$ liegt. Dieser Feldwert ist um den Faktor 2 größer als das korrekte, aus der Dirac-Gleichung abgeleitete Ergebnis.

---

[45] L. H. Thomas, *The Motion of the Spinning Electron*, Nature **117**, 514 (1926).

winn, den wir erhalten, wenn wir den Spin **s** von einer zu **ℓ** senkrechten in eine zu **ℓ** parallelen Stellung bringen. Da das Bahnmoment häufig eine bestimmte kristallographische Richtung bevorzugt, wird sich auch der Spin **s** parallel zu dieser Vorzugsrichtung einstellen wollen. Die Spin-Bahn-Wechselwirkung bewirkt somit eine magnetokristalline Anisotropie, auf die wir in Abschnitt 12.7.2 noch eingehen werden. Die magnetokristalline Anisotropie ist von enormer Bedeutung für technische Anwendungen, da sie eine Vorzugsrichtung für die Magnetisierung festlegt und verhindert, dass die Magnetisierung ohne Energieaufwand in eine andere Richtung gedreht werden kann.

12.5.4.1 Rashba-Effekt

Eine interessante Manifestation der Spin-Bahn-Kopplung ist der Rashba-Effekt[46,47] in zweidimensionalen (2D) Elektronengasen (vergleiche Abschnitt 7.4). Entscheidend für das Auftreten des Rashba-Effekts ist das Vorliegen einer gebrochenen Inversionssymmetrie. Ein zweidimensionales Elektronengas, wie es zum Beispiel in Halbleiter-Heterostrukturen auftritt, ist innerhalb der Bandverbiegungszone lokalisiert. Diese Bandverbiegung entspricht einem Potenzialgradienten, der senkrecht zur Grenzfläche ausgerichtet ist. Er führt zu einer Inversionsasymmetrie (wir sprechen hier von einer senkrechten strukturellen Inversionsasymmetrie, SIA) und resultiert im so genannten Rashba-Beitrag zur Spin-Bahn-Kopplung. Es ist bekannt, dass bei gleichzeitigem Vorliegen von Inversionssymmetrie $[E(\mathbf{k}\uparrow) = E(-\mathbf{k}\uparrow)]$ und Zeitumkehrsymmetrie [Kramers-Entartung: $E(\mathbf{k}\uparrow) = E(-\mathbf{k}\downarrow)$] eine Entartung $E(\mathbf{k}\uparrow) = E(\mathbf{k}\downarrow)$ der beiden Spin-Zustände vorliegt. Der Rashba-Effekt hebt diese Entartung auf, was durch Messung des de Haas-van Alphen-Effekts nachgewiesen werden kann. Er führt damit zu spinpolarisierten elektronischen Zuständen. Wir weisen aber darauf hin, dass für inversionsasymmetrische Systeme bei gegebener Zeitumkehrsymmetrie ($B = 0$) nach wie vor eine Kramers-Entartung vorliegt (siehe Abb. 12.16).

Die Brechung der Inversionssysmmetrie kann außer durch eine strukturelle Inversionasymmetrie (SIA) auch durch eine gitterbedingte Asymmetrie (BIA: bulk inversion asymmetry) oder eine grenzflächenbedingte Asymmetrie (IIA: interface inversion asymmetry) verursacht werden. Die BIA ist unabhängig von jeglichen makroskopischen elektrischen Feldern und tritt in Kristallstrukturen ohne Inversionszentrum wie z. B. in der Zinkblendestruktur (GaAs, InSb, $Hg_x Cd_{1-x}Te$) auf. Sie führt z. B. zur Dresselhaus-Spin-Bahn-Kopplung,[48] auf die wir hier nicht eingehen wollen.

Wir diskutieren im Folgenden kurz den Rashba-Effekt für ein isotropes zweidimensionales Elektronengas. Der Gradient des Potenzials senkrecht zur Bewegungsebene (xy-Ebene) des Elektronensystems entspricht einem elektrischen Feld **E**. Nach (12.5.18) resultiert dieses in einem effektiven Magnetfeld **B*** im Ruhesystem des Elektrons, welches wiederum in einer

---

[46] E. I. Rashba, *Properties of Semiconductors with an Extremum Loop. 1. Cyclotron and Combinational Resonance in a Magnetic Field Perpendicular to the Plane of the Loop*, Sov. Phys. Solid State. **20**, 1109-1122 (1960).

[47] Roland Winkler, *Spin–Orbit Coupling Effects in Two-Dimensional Electron and Hole Systems*, Springer Verlag, Berlin (2003).

[48] G. Dresselhaus, *Spin-Orbit Coupling Effects in Zinc Blende Structures*, Phys. Rev. **100**, 580-586 (1955).

12.5 Kooperativer Magnetismus

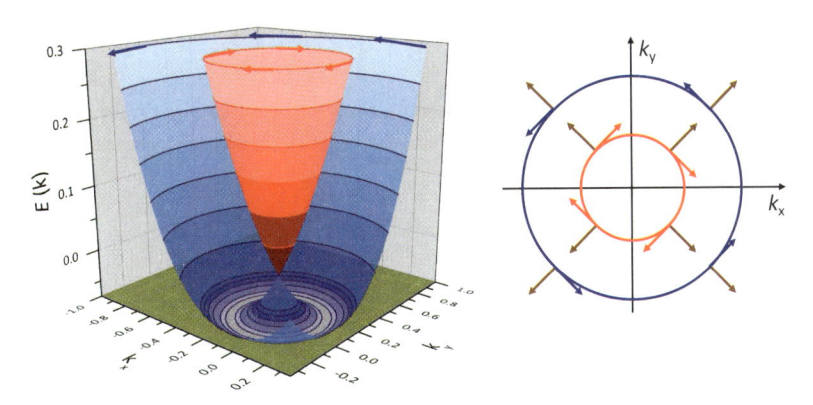

Abb. 12.16: Dispersionsrelation eines 2D-Elektronengases mit endlicher Rashba-Kopplung, die zu einer Aufspaltung von Zuständen mit entgegengesetzter tangentialer Spin-Richtung führt (blauer und roter Paraboloid). Rechts ist ein Schnitt für $E(\mathbf{k}) = const.$ gezeigt. Die Spin-Richtung (rote und blaue Pfeile) stehen jeweils senkrecht auf dem $\mathbf{k}$-Vektor (braune Pfeile), sind aber für die beiden Paraboloide in entgegengesetzte tangentiale Richtung ausgerichtet.

Aufspaltung

$$E_{\text{so}} = -\boldsymbol{\mu}_s \cdot \mathbf{B}^* = -\frac{e}{2m_e c^2} (\mathbf{v} \times \mathbf{E}) \cdot \mathbf{s}. \tag{12.5.21}$$

resultiert, wobei $\boldsymbol{\mu}_s = -g_s \mu_B \mathbf{s}/\hbar = -(e/m_e)\mathbf{s}$ das Spin-Moment des Elektrons ist. Wir können deshalb den Hamilton-Operator für den Rashba-Effekt allgemein schreiben als

$$\mathcal{H}_{\text{Rashba}} = \alpha \left(\widehat{\mathbf{E}} \times \mathbf{k} \right) \cdot \boldsymbol{\sigma}, \tag{12.5.22}$$

wobei $\mathbf{k} = m\mathbf{v}/\hbar$, $\widehat{\mathbf{E}}$ der Einheitsvektor in Feldrichtung und $\boldsymbol{\sigma} = (\sigma_x, \sigma_y, \sigma_z)$ der Vektor der Pauli-Matrizen ist. Die Stärke des Rashba-Effekts wird durch den Rashba-Parameter $\alpha = eE/2m_e^2 c^2$ quantifiziert.

In der Dispersionsrelation des 2D-Elektronengases (siehe Abb. 12.16) äußert sich der Rashba-Effekt in einer gegenseitigen Verschiebung der zunächst für beide Spin-Richtungen entarteten Bandparabeln. Die Impulsverteilung für konstante Energie besteht aus konzentrischen Kreisen. Die Spin-Polarisation dieser beiden elektronischen Zustände ist vollständig (100%) und tangential ausgerichtet (innerhalb der xy-Ebene und senkrecht zur Ausbreitungsrichtung). Aufgrund der Zeitumkehrsymmetrie bleibt das System nichtmagnetisch.

Ähnliche Effekte wie in Halbleiter-Heterostrukturen erwarten wir für Metalloberflächen. Dabei übernehmen Oberflächenzustände die Rolle des zweidimensionalen Elektronengases. Unter Oberflächenzuständen verstehen wir elektronische Zustände, die auf wenige Atomschichten an der Probenoberfläche lokalisiert sind. Der Potenzialgradient wird durch die Oberflächenbarriere zum Vakuum, das so genannte Bildladungspotenzial, erzeugt. Der daraus resultierende Rashba-Effekt führt zu einer spinpolarisierten, aufgespaltenen Oberflächenbandstruktur.

12.5.5 Zeeman-Wechselwirkung

Als weitere magnetische Wechselwirkung betrachten wir die Zeeman-Wechselwirkung von magnetischen Momenten mit einem äußeren Magnetfeld. Der Wechselwirkungsoperator ist gegeben durch

$$\mathcal{H}_{\text{Zeeman}} = -\boldsymbol{\mu} \cdot \mathbf{B}_{\text{ext}} \,. \tag{12.5.23}$$

Die Wechselwirkungsenergie entspricht derjenigen eines magnetischen Dipols mit einem externen Magnetfeld. Falls die Spin-Bahn-Kopplung klein gegen die Zeeman-Energie ist, können wir ungekoppelte Spin- und Bahnmomente betrachten und erhalten

$$\mathcal{H}_{\text{Zeeman}} = g_L \frac{\mu_B}{\hbar} \mathbf{L} \cdot \mathbf{B}_{\text{ext}} + g_S \frac{\mu_B}{\hbar} \mathbf{S} \cdot \mathbf{B}_{\text{ext}} \,. \tag{12.5.24}$$

Falls die Spin-Bahn-Kopplung groß gegen die Zeeman-Energie ist, können wir gekoppelte Spin- und Bahnmomente, $\mathbf{J} = \mathbf{L} + \mathbf{S}$, betrachten und erhalten

$$\mathcal{H}_{\text{Zeeman}} = g_J \frac{\mu_B}{\hbar} \mathbf{J} \cdot \mathbf{B}_{\text{ext}} \,. \tag{12.5.25}$$

Wir weisen ferner darauf hin, dass in die Zeeman-Wechselwirkung nur reale Magnetfelder eingehen und keine fiktiven Austausch- oder Molekularfelder (vergleiche hierzu Abschnitt 12.6.2.1). Letztere wirken nur auf das Spin-Moment, während reale Felder sowohl auf das Spin- als auch das Bahnmoment wirken.

Die Zeeman-Wechselwirkung hat eine große Bedeutung für Ferromagnete. Wir werden später sehen, dass in Ferromagneten die spontane Magnetisierung üblicherweise in so genannte Domänen zerfällt, in denen die Magnetisierung unterschiedlich orientiert ist und die durch Domänenwände getrennt sind. Beim Anlegen eines externen Magnetfeldes führt die Zeeman-Energie zu einem Ausrichten der Magnetisierung in den Domänen parallel zur Feldrichtung und zu einer Verschiebung von Domänenwänden. Diese Prozesse bestimmen zusammen mit der magnetokristallinen Anisotropie die Form der gemessenen $M(B_{\text{ext}})$-Hysteresekurven (vergleiche Abschnitte 12.7.2 und 12.8.5).

12.5.6 Austauschwechselwirkung zwischen itineranten Elektronen

Für typische Bandferromagnete wie z. B. Ni, Co oder Fe versagt die Beschreibung im Rahmen eines Heisenberg-Modells, in die nur die paarweise Wechselwirkung zwischen Elektronen eingeht. Es muss hier die kollektive Austauschwechselwirkung eines Elektrons mit dem gesamten Elektronengas einbezogen werden. Wir werden zuerst als instruktives Beispiel den Austausch zwischen nur zwei freien Elektronen diskutieren und dann auf die Austauschwechselwirkung von Elektronen in einem freien Elektronengas als Grundlage für den Bandferromagnetismus in Metallen eingehen.

12.5.6.1 Vertiefungsthema: Austauschwechselwirkung zwischen freien Elektronen

Wir betrachten zwei freie Elektronen i und j und ihre Paarwellenfunktion Ψ_{ij}. Für zwei Elektronen mit gleichem Spin muss die Paarwellenfunktion im Ortsraum antisymmetrisch

12.5 Kooperativer Magnetismus

sein:

$$\Psi_{ij} = \frac{1}{\sqrt{2}V} \left(e^{\imath \mathbf{k}_i \cdot \mathbf{r}_i} e^{\imath \mathbf{k}_j \cdot \mathbf{r}_j} - e^{\imath \mathbf{k}_i \cdot \mathbf{r}_j} e^{\imath \mathbf{k}_j \cdot \mathbf{r}_i} \right)$$

$$= \frac{1}{\sqrt{2}V} e^{\imath \mathbf{k}_i \cdot \mathbf{r}_i} e^{\imath \mathbf{k}_j \cdot \mathbf{r}_j} \left(1 - e^{-\imath (\mathbf{k}_i - \mathbf{k}_j) \cdot (\mathbf{r}_i - \mathbf{r}_j)} \right). \tag{12.5.26}$$

Die Wahrscheinlichkeit dafür, das Elektron i im Volumenelement $d^3 r_i$ und das Elektron j im Volumenelement $d^3 r_j$ zu finden, ist gegeben durch

$$|\Psi_{ij}|^2 d^3 r_i d^3 r_j = \frac{1}{V^2} \left[1 - \cos\{(\mathbf{k}_i - \mathbf{k}_j) \cdot (\mathbf{r}_i - \mathbf{r}_j)\} \right] d^3 r_i d^3 r_j. \tag{12.5.27}$$

Dieser Ausdruck zeigt einige interessante Aspekte. Erstens ist die Wahrscheinlichkeit dafür, zwei Elektronen mit gleichem Spin am gleichen Ort zu finden, gleich null. Zweitens können als Folge davon für ein bestimmtes Spin-↑-Elektron alle anderen Elektronen mit gleicher Spin-Richtung lokal das Coulomb-Potenzial der Ionenrümpfe nicht effektiv abschirmen. Dies führt insgesamt zu einer höheren Bindungsenergie des Spin-↑-Elektrons, also zu einer Energieabsenkung. Dieser Energiegewinn wird optimiert, wenn ein möglichst großer Anteil der Elektronen mit gleicher Richtung vorliegt. Wir erhalten also eine Energieabsenkung für parallele Spin-Orientierung und eine kollektive Austauschwechselwirkung mit positivem Vorzeichen. Wie wir weiter unten noch diskutieren werden, müssen wir aber neben der Absenkung der potenziellen Energie auch die Zunahme der kinetischen Energie berücksichtigen. Welcher Zustand sich dann im Einzelfall einstellt, wird durch das subtile Wechselspiel dieser beiden Energieänderungen bestimmt (siehe hierzu Stoner-Kriterium in Abschnitt 12.5.6.2).

Wir wollen kurz die Bedeutung von (12.5.27) weiter diskutieren. Um eine k-gemittelte Wahrscheinlichkeit zu erhalten, mitteln wir über die Fermi-Kugel. Mit der Relativkoordinate $\mathbf{r} = \mathbf{r}_i - \mathbf{r}_j$ können wir die Wahrscheinlichkeit dafür, das zweite Spin-↑-Elektron im Volumenelement $d^3 r$ im Abstand $\mathbf{r}$ vom ersten zu finden, schreiben als

$$P(\mathbf{r}) d\mathbf{r} = n_\uparrow d^3 r \, \overline{[1 - \cos(\mathbf{k}_i - \mathbf{k}_j) \cdot \mathbf{r}]}. \tag{12.5.28}$$

Hierbei ist $n_\uparrow = n/2$ die Dichte der Spin-↑-Elektronen. Statt von der Wahrscheinlichkeit P können wir auch von einer effektiven Elektronendichte ρ sprechen, die auf das Spin-↑-Elektron wirkt:

$$\rho(\mathbf{r}) = \frac{en}{2} \overline{[1 - \cos(\mathbf{k}_i - \mathbf{k}_j) \cdot \mathbf{r}]}$$

$$= \frac{en}{2} \left\{ 1 - \frac{1}{\left[\frac{4}{3}\pi k_F^3\right]^2} \int d^3 k_i \int d^3 k_j \frac{1}{2} \left(e^{+\imath(\mathbf{k}_i - \mathbf{k}_j) \cdot \mathbf{r}} + e^{-\imath(\mathbf{k}_i - \mathbf{k}_j) \cdot \mathbf{r}} \right) \right\}$$

$$= \frac{en}{2} \left\{ 1 - \frac{1}{\left[\frac{4}{3}\pi k_F^3\right]^2} \int d^3 k_i e^{\imath \mathbf{k}_i \cdot \mathbf{r}_i} \int d^3 k_j e^{\imath \mathbf{k}_j \cdot \mathbf{r}_j} \right\}. \tag{12.5.29}$$

Lösen des Integrals ergibt

$$\rho(\mathbf{r}) = \frac{en}{2} \left\{ 1 - 9 \frac{(\sin k_F r - k_F r \cos k_F r)^2}{(k_F r)^6} \right\}. \tag{12.5.30}$$

Abb. 12.17: Normierte effektive Ladungsdichte ρ_{eff}/ne, die von einem Elektron in einem freien Elektronengas gesehen wird. Aufgrund der Austauschwechselwirkung ist die Elektronendichte der Elektronen mit gleicher Spinrichtung in unmittelbarer Umgebung reduziert. Jedes Elektron bohrt sich sozusagen ein „*Austauschloch*" in die Elektronendichte gleicher Spin-Richtung.

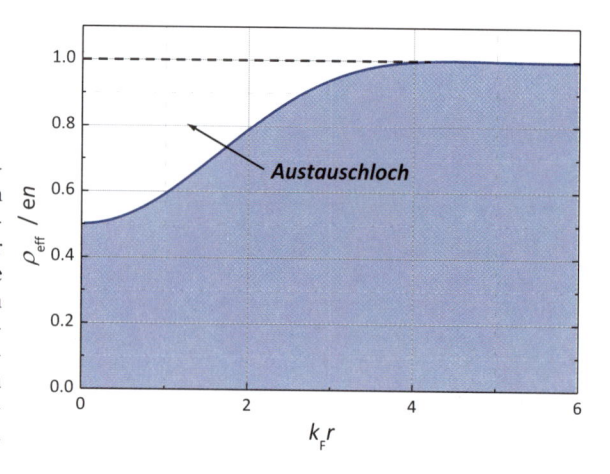

Die gesamte Ladungsdichte, die von dem Spin-↑-Elektron gesehen wird, setzt sich aus (12.5.30) und der homogenen Dichte $\frac{en}{2}$ der Spin-↓-Elektronen zusammen. Wir erhalten also insgesamt:

$$\rho_{\text{eff}}(\mathbf{r}) = en \left\{ 1 - \frac{9}{2} \frac{(\sin k_F r - k_F r \cos k_F r)^2}{(k_F r)^6} \right\} . \tag{12.5.31}$$

Diese Ladungsdichte ist in Abb. 12.17 gezeigt. Wir sehen, dass in der unmittelbaren Umgebung eines Elektrons die Ladungsdichte aufgrund der Austauschwechselwirkung reduziert ist. Wir sprechen von einem „Austauschloch". Die räumliche Ausdehnung dieses Austauschlochs beträgt etwa $2/k_F \sim 1-2$ Å.[49]

Um abzuleiten, ob durch die Austauscheffekte im Elektronengas eine parallele oder antiparallele Spin-Orientierung bevorzugt wird, müssen wir eine energetische Betrachtung machen. Wenn das Austauschloch die Energie des Systems verringert, werden alle Elektronen versuchen hiervon Gebrauch zu machen und ihre Spins in eine Richtung zu stellen. Falls das Austauschloch die Energie erhöhen sollte, werden die Elektronen die Energie dadurch minimieren, dass sie ihre Spins antiparallel stellen. Die Energie des Austauschlochs besteht aus zwei Beiträgen, der Coulomb-Energie und der kinetischen Energie. Auf der einen Seite erfolgt durch das Austauschloch eine Energieabsenkung aufgrund der verringerten Abschirmung der Ionenrümpfe. Auf der anderen Seite lokalisieren wir das Elektron im Austauschloch, was aufgrund der Unschärferelation zu einer Erhöhung der kinetischen Energie führt. Da der Radius des Austauschlochs etwa $1/k_F$ beträgt, können wir $\delta p \sim \hbar/\Delta x \sim \hbar k_F$ schreiben und erhalten die Erhöhung der kinetischen Energie zu $\Delta E_{\text{kin}} \sim \delta p^2/2m^* \propto k_F^2/m^*$. Um die Erhöhung der kinetischen Energie klein zu halten, brauchen wir also eine große effektive Masse und einen kleinen Fermi-Wellenvektor, d. h. eine niedrige Elektronendichte. Die Absenkung der Coulomb-Energie geht proportional zum inversen Radius des Austauschlochs,

---

[49] Wir wollen noch darauf hinweisen, dass die effektive Ladungsdichte ρ_{eff} dazu benutzt werden kann, eine neue, renormalisierte Schrödinger-Gleichung zu formulieren. Dies führt uns zur Hartree-Fock-Näherung. Ferner sei darauf hingewiesen, dass die in (12.5.31) enthaltenen Korrelationen zwischen beliebig weit voneinander entfernten Elektronen daher resultieren, dass wir den unrealistischen Ansatz ebener Wellen gemacht haben.

also proportional zu k_F. Wir stellen also insgesamt fest, dass es vorteilhaft für die Elektronen ist, ihre Spins parallel auszurichten, wenn die effektive Masse groß und/oder die Elektronendichte klein ist, denn dann ist die Energieabsenkung durch die reduzierte Coulomb-Energie größer als die Energieerhöhung durch die Zunahme der kinetischen Energie. Eine große effektive Masse erhalten wir für flache Energiebänder, die wiederum mit einer hohen Zustandsdichte verbunden sind. Dieses Szenario liegt z. B. bei Systemen mit Leitungselektronen vor, die aus relativ stark lokalisierten $3d$, $4f$ oder $5f$ Zuständen stammen.

12.5.6.2 Bandferromagnetismus in Metallen

Wir wollen in diesem Abschnitt ein einfaches Modell für den so genannten Bandferromagnetismus entwickeln, mit dem wir den ferromagnetischen Austausch in einem System freier Elektronen verstehen können. Dieses Modell geht auf Überlegungen von **Stoner**[50] zurück.[51] Wir nehmen an, dass durch die Korrelationen unter den Elektronen mit gleicher Spin-Richtung die Ein-Elektronenniveaus renormalisiert werden. Da durch die Austauscheffekte im Elektronengas eine parallele Spin-Richtung bevorzugt wird, nehmen wir an, dass einige Spin-↓-Elektronen in Spin-↑-Zustände umverteilt werden. Dies führt aber zu einer Erhöhung der kinetischen Energie der umverteilten Elektronen um δE (siehe Abb. 12.18). Durch die Umverteilung haben wir die Zahl der Spin-↑-Elektronen um

$$\delta N = \tfrac{1}{2} D(E_F) \delta E \qquad (12.5.32)$$

erhöht und die Zahl der Spin-↓-Elektronen um die gleiche Zahl erniedrigt. Dies führt zu einer Erhöhung der kinetischen Energiedichte des Elektronensystems um

$$\Delta E_{\text{kin}} = \frac{\delta N}{V} \cdot \delta E = \frac{1}{2V} D(E_F)(\delta E)^2 \ . \qquad (12.5.33)$$

Wir müssen nun überlegen, unter welchen Bedingungen diese Erhöhung der kinetischen Energie durch eine Erniedrigung der potenziellen Energie kompensiert werden kann, so dass

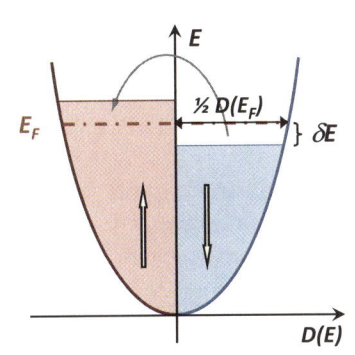

Abb. 12.18: Umverteilung von Spin-↓-Elektronen in Spin-↑-Zustände in einem Bandferromagneten. Die Umverteilung führt zu einer Erhöhung der kinetischen Energie.

---

[50] Edmund Clifton Stoner, geboren am 2. Oktober 1899 in Surrey, England, gestorben am 27. Dezember 1968 in Leeds, England.

[51] E. C. Stoner, Proc. Roy. Soc. London A **165** 372–414 (1938) und Proc. Roy. Soc. London A **169**, 339–371 (1939).

insgesamt eine Energieerniedrigung stattfindet. Mit den Elektronenzahlen

$$N_{\uparrow,\downarrow} = \frac{N}{2} \pm \frac{1}{2} D(E_F) \delta E = \frac{N}{2} \pm \delta N \qquad (12.5.34)$$

und den entsprechenden Dichten

$$n_{\uparrow,\downarrow} = \frac{N}{2V} \pm \frac{1}{2V} D(E_F) \delta E = \frac{n}{2} \pm \delta n \qquad (12.5.35)$$

für die beiden Spin-Richtungen erhalten wir die Magnetisierung[52]

$$M_A = -\frac{1}{2} g_s \mu_B (n_\uparrow - n_\downarrow) = -\mu_B \frac{D(E_F)}{V} \delta E . \qquad (12.5.36)$$

Hierbei haben wir $g_s \simeq 2$ verwendet. Wir können nun auch so argumentieren, dass diese Magnetisierung durch ein fiktives inneres **Molekularfeld** $B_A = \mu_0 \gamma M_A$ zustande gekommen ist, wobei γ die Molekularfeldkonstante ist. Die mittlere Erniedrigung der potenziellen Energiedichte können wir dann schreiben als

$$\Delta E_{\text{pot}} = -\int_0^{B_A} M \, dB = -\mu_0 \gamma \int_0^{M_A} M \, dM = -\frac{1}{2} \mu_0 \gamma M_A^2 . \qquad (12.5.37)$$

Setzen wir den Ausdruck für M_A ein, so ergibt sich

$$\Delta E_{\text{pot}} = -\frac{1}{2} \mu_0 \mu_B^2 \gamma \left[\frac{D(E_F)}{V} \delta E \right]^2 = -\frac{1}{4V} U (2\delta N)^2$$
$$= -\frac{1}{4V} U (N_\uparrow - N_\downarrow)^2 = -\frac{1}{4} UV (n_\uparrow - n_\downarrow)^2 . \qquad (12.5.38)$$

Hierbei ist

$$U = 2\mu_0 \mu_B^2 \gamma / V \qquad (12.5.39)$$

die charakteristische Energiedichte, die wir aufgrund der Coulomb-Wechselwirkung im Elektronengas für jedes Elektronenpaar mit entgegengesetzter Spin-Richtung (z. B. durch gelegentlichen gleichzeitigen Aufenthalt im gleichen Orbital) bezahlen müssen. Um uns Gleichung (12.5.38) plausibel zu machen, bestimmen wir zunächst die Anzahl von Elektronenpaaren mit parallelem Spin. Da jedes Elektron mit jedem anderen ein Paar bilden kann, ist die Gesamtzahl der Paare mit Spin nach oben etwa $\frac{1}{2}(N_\uparrow)^2 = \frac{1}{2}(\frac{N}{2} + \delta N)^2$, wobei die Selbstpaare, die hier in verschwindender Größe eingehen, nicht berücksichtigt werden. Die Austauschenergie, um die die Gesamtenergie abgesenkt wird, beträgt gerade U mal der Anzahl der Paare, also $-\frac{U}{2}(\frac{N}{2} + \delta N)^2$. Genauso ergibt sich für die Elektronen mit Spin nach unten $-\frac{U}{2}(\frac{N}{2} - \delta N)^2$ und damit insgesamt für beide Spin-Richtungen $-\frac{U}{4}N^2 - U(\delta N)^2$. Der erste Term gibt hier die Energie bei Gleichbesetzung der beiden Spin-Richtungen an und die Änderung bei einer Ungleichbesetzung der beiden Spin-Richtungen ist deshalb durch $-U(\delta N)^2$ gegeben. Mit $\delta N = \frac{1}{2}(N_\uparrow - N_\downarrow)$ erhalten wir dann die Änderung der potenziellen Energiedichte zu $\Delta E_{\text{pot}} = -\frac{U}{4V}(N_\uparrow - N_\downarrow)^2 = -\frac{1}{4} UV (n_\uparrow - n_\downarrow)^2$.

---

[52] Hierbei müssen wir wiederum beachten, dass das magnetische Moment antiparallel zur Spin-Richtung orientiert ist.

12.5 Kooperativer Magnetismus

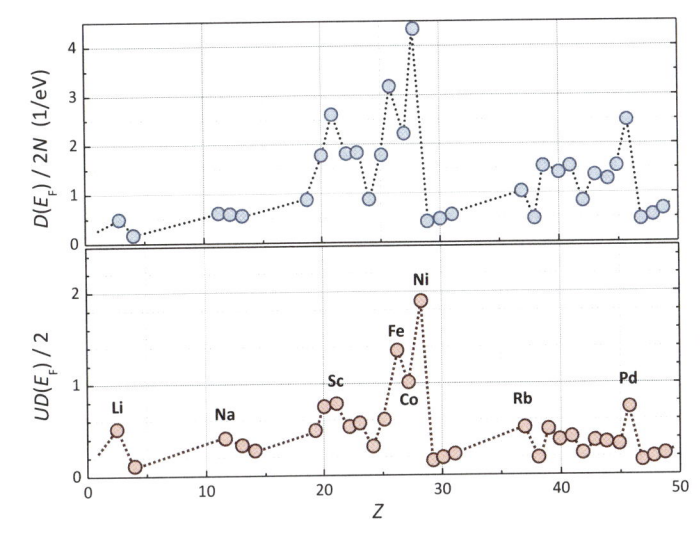

Abb. 12.19: Zustandsdichte pro Atom und Spin-Richtung (a) und Stoner-Parameter $\frac{1}{2}UD(E_F)$ als Funktion der Ordnungszahl Z (Daten aus J. F. Janak, Phys. Rev. B **16**, 255–262 (1977)).

Für die gesamte Änderung der Energiedichte erhalten wir mit Hilfe von (12.5.33) und (12.5.38)

$$\Delta E = \Delta E_{\text{kin}} + \Delta E_{\text{pot}} = \frac{1}{2V} D(E_F)(\delta E)^2 \left[1 - \frac{1}{2} U D(E_F)\right]. \tag{12.5.40}$$

Wir sehen, dass wir insgesamt eine Absenkung der Energiedichte erhalten, wenn wir die Bedingung

$$\frac{1}{2} U D(E_F) > 1 \tag{12.5.41}$$

erfüllen. Diese Bedingung bezeichnet man als **Stoner-Kriterium**. Ist die Stoner-Bedingung erfüllt, ist es für das Elektronengas vorteilhaft, seine Spins parallel auszurichten, da die damit verbundene Erhöhung der kinetischen Energiedichte durch die Absenkung der potenziellen Energiedichte überkompensiert wird. Das Elektronengas nimmt dann einen ferromagnetischen Zustand ein.[53] Wie Abb. 12.19 zeigt, ist das nur für Fe, Co und Ni der Fall. Gleichung (12.5.41) zeigt, dass wir das Stoner-Kriterium erfüllen können, wenn wir eine hohe Zustandsdichte am Fermi-Niveau und/oder eine hohe Korrelationsenergie U haben. Dies

---

[53] Unsere Überlegungen haben wir nur für die Temperatur $T = 0$ gemacht. Die Betrachtung kann aber leicht auf endliche Temperaturen ausgedehnt werden. Man muss dazu bei der Berechnung der Differenz der Besetzungszahlen von Spin-↑-Elektronen und Spin-↓-Elektronen die Fermi-Verteilung berücksichtigen. Tut man das, so erhält man ein Stoner-Kriterium

$$\frac{1}{2} U \int_0^\infty dE \, D(E) \left(\frac{\partial f(E,T)}{\partial E}\right)_T > 1,$$

in dem auch die Temperatur auftaucht. Das Kriterium wird dann nur unterhalb einer bestimmten Temperatur, der Curie-Temperatur T_C erfüllt. Das heißt, der ferromagnetische Zustand ist nur für $T \leq T_C$ stabil.

wird für einige 3d-Übergangsmetalle ($Z = 21$ bis 30) erfüllt, die aufgrund der schmalen d-Bänder eine sehr hohe Zustandsdichte pro Atom und Spin-Richtung haben (siehe Abb. 12.19 oben).

12.5.6.3 Suszeptibilität

Um einen Ausdruck für die Suszeptibilität abzuleiten, betrachten wir das Elektronensystem in einem äußeren Magnetfeld. Wir erhalten dann einen zusätzlichen Beitrag $-MB_{\text{ext}}$ zur Energiedichte, also insgesamt

$$\Delta E = \frac{1}{2V} D(E_F)(\delta E)^2 \left[1 - \frac{1}{2} U D(E_F)\right] - M B_{\text{ext}}$$

$$= \frac{1}{2} \frac{M^2}{\mu_B^2 (D(E_F)/V)} \left[1 - \frac{1}{2} U D(E_F)\right] - M B_{\text{ext}}. \tag{12.5.42}$$

Der Wert der Magnetisierung wird durch das Minimum von ΔE bestimmt. Durch Differenzieren nach M und Nullsetzen der Ableitung erhalten wir

$$M = \frac{B_{\text{ext}}}{1 - \frac{1}{2} U D(E_F)} \mu_B^2 \frac{D(E_F)}{V}. \tag{12.5.43}$$

Für die Suszeptibilität $\chi = \mu_0 \partial M / \partial B_{\text{ext}}$ ergibt sich dann

$$\chi = \frac{\mu_0 \mu_B^2 [D(E_F)/V]}{1 - \frac{1}{2} U D(E_F)} = \frac{\chi_P}{1 - \frac{1}{2} U D(E_F)}. \tag{12.5.44}$$

Hierbei haben wir die Pauli-Suszeptibilität (12.4.10) benutzt. Den Faktor $[1 - \frac{1}{2} U D(E_F)]^{-1}$ bezeichnet man als **Stoner-Faktor**. Durch die Austauschwechselwirkung im Elektronengas wird das Elektronengas leichter polarisierbar und dadurch die Suszeptibilität größer als die Pauli-Suszeptibilität, die wir ja für ein System ohne jegliche Austauschwechselwirkung erhalten haben. Wir sehen ferner, dass wir für $\frac{1}{2} U D(E_F) = 1$ eine Polarisationskatastrophe erhalten, die zu einem ferromagnetischen Zustand führt. Dies ist völlig analog zu Polarisationskatastrophe in ferroelektrischen Materialien (vergleiche Abschnitt 11.8).

12.5.6.4 Sättigungsmagnetisierung bei $T = 0$

Wir wollen in diesem Abschnitt kurz den Wert der Sättigungsmagnetisierung in Ferromagneten bei $T = 0$ diskutieren. Hierzu betrachten wir exemplarisch den ferromagnetischen Isolator EuO (ferromagnetische Ordnung lokalisierter Momente) und den Bandferromagneten Ni.

Bei EuO bestimmen die 7 Elektronen der nicht abgeschlossenen $4f$-Schale des Eu^{2+}-Ions das magnetische Verhalten. Nach den Hundschen Regeln hat das Eu^{2+}-Ion im Grundzustand die Quantenzahlen $S = 7/2$, $L = 0$ und $J = 7/2$ (vergleiche Tabelle 12.2). Hieraus folgt der Landé-Faktor $g_J = 2$. Damit erwarten wir $\mu_{\text{eff}} = g_J \mu_B J = 7 \mu_B$ und eine Sättigungsmagnetisierung von $M_s(0) = n \mu_{\text{eff}} = 1920 \, \text{kA/m}$. Dies stimmt sehr gut mit dem experimentellen

12.5 Kooperativer Magnetismus

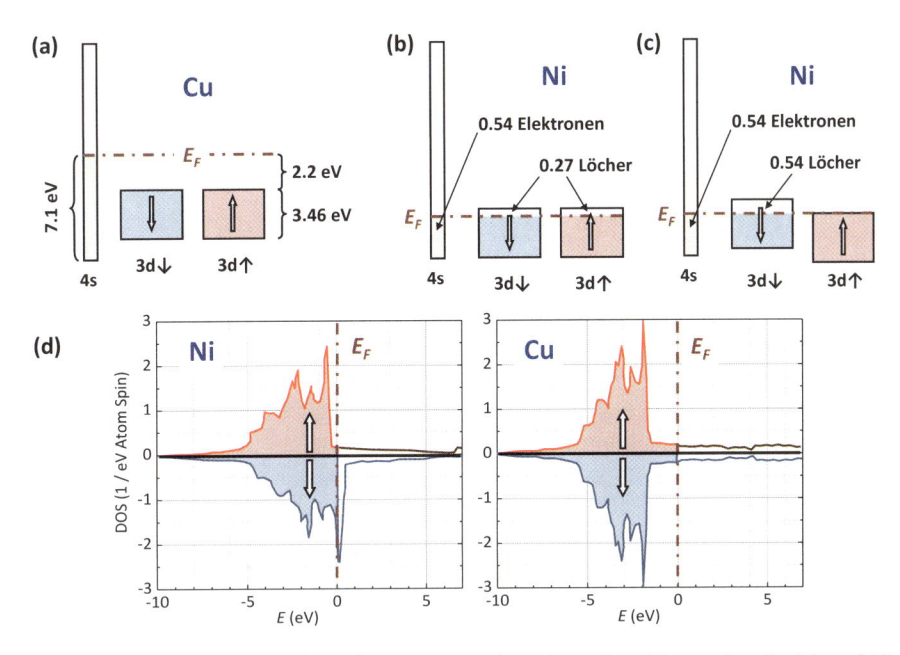

Abb. 12.20: Schematische Darstellung der Besetzung der 3d- und 4s-Niveaus bei Cu (a) und Ni im paramagnetischen (b) und ferromagnetischen Zustand (c). In (d) ist die berechnete Zustandsdichte der 3d- und 4s-Elektronen von Cu und Ni gezeigt (nach J. Callaway und C. S. Wang, Phys. Rev. B 7, 1096–1103 (1983)). Die 4s-Elektronen resultieren in einer geringen Zustandsdichte, die sich über einen weiten Energiebereich (große Bandbreite) von etwa -10 bis +7 eV erstreckt. Die 3d-Elektronen resultieren dagegen in einer hohen Zustandsdichte in einem schmalen Band mit einer Breite von etwa 4 eV.

Wert überein. Auch die für $J = 7/2$ mit Hilfe der Molekularfeldnäherung bestimmte Temperaturabhängigkeit der Magnetisierung (vergleiche hierzu Abschnitt 12.6.2) beschreibt das beobachtete Verhalten außer für den Bereich $T \ll T_C$ recht gut.

Bei Ni sind die Verhältnisse wesentlich schwieriger. Aus dem gemessenen Wert $M_s(0) = 510$ kA/m erhält man aus $M_s(0) = ng_J\mu_B J$ für $J = 1/2$ den g-Faktor $g_J = 1.2$. Dieser Wert erscheint zunächst unverständlich zu sein. Ni hat ein Elektron weniger als Cu, bei dem die 3d-Schale mit 10 Elektronen vollkommen gefüllt ist und ein Elektron das 4s-Niveau bevölkert (siehe Abb. 12.20a). Zu Ni kommen wir, indem wir dem Cu-Atom ein Elektron wegnehmen. Bandstrukturrechnungen zeigen nun, dass dieses eine Elektron im paramagnetischen Zustand zu 46% aus dem 4s- und zu 54% aus dem 3d-Niveaus kommt. Im 4s-Band verbleiben also 0.54 Elektronen pro Atom, während wir im 3d-Band 0.54 Löcher pro Atom haben (siehe Abb. 12.20b). Im ferromagnetischen Bereich haben wir nach wie vor 0.54 Elektronen im 4s-Band und insgesamt 0.54 Löcher im 3d-Band, allerdings kommen jetzt die 0.54 Löcher vollständig aus dem $3d\downarrow$-Band, da es im ferromagnetischen Zustand aufgrund der Austauschwechselwirkung zu einer Verschiebung der $3d\uparrow$- und $3d\downarrow$-Bänder um etwa 0.5 eV kommt. Dies ist in Abb. 12.20d gezeigt, wo wir die berechnete Zustandsdichte pro Energie, Atom und Spin-Richtung für Cu und Ni gegen die Energie aufgetragen haben. Das heißt, dass wir für Ni insgesamt einen Überschuss von etwa 0.54 Elektronen pro Atom mit einer präferentiellen Spin-Richtung in eine Richtung haben und wir deshalb jedem Ni-Atom ein effektives magnetisches Moment $\mu_{\text{eff}} = 0.54 g_J \mu_B J \simeq 0.6 \mu_B$ ($J = 1/2$, $g_J = 2$) zuordnen können. Die Größe $0.54 g_J$ stimmt gut mit dem aus der gemessenen Sättigungsmagnetisierung bestimmten Wert 1.2 des „effektiven" g-Faktors überein.

12.6 Magnetische Ordnungsphänomene

Bisher haben wir uns hauptsächlich damit beschäftigt, wie magnetische Momente in Festkörpern entstehen und wie die Coulomb-Wechselwirkung zwischen den Leitungselektronen im Zusammenspiel mit dem Pauli-Prinzip zu einer effektiven Wechselwirkung zwischen diesen magnetischen Momenten führt. Wir wollen jetzt diskutieren, welche Ordnungsphänomene aufgrund dieser Wechselwirkung entstehen können und welche Temperatur- und Magnetfeldabhängigkeit diese Ordnungsphänomene zeigen. Es zeigt sich, dass selbst wenn wir das einfache Heisenberg-Modell als Ausgangspunkt nehmen, es sehr schwierig ist, die Temperatur- und Magnetfeldabhängigkeit der magnetischen Eigenschaften von Festkörpern theoretisch richtig zu beschreiben. Wir werden deshalb starke Vereinfachungen machen müssen, um die wesentlichen Aspekte qualitativ zu beschreiben. Dabei werden wir vor allem die so genannte *Molekularfeld-Näherung* verwenden. Diese beschreibt die Wechselwirkung eines magnetischen Moments mit allen anderen durch ein mittleres *Austausch-* oder *Molekularfeld*.

12.6.1 Magnetische Ordnungsstrukturen

Bevor wir uns mit der Temperatur- und Magnetfeldabhängigkeit der magnetischen Eigenschaften von Festkörpern beschäftigen, wollen wir hier kurz die wichtigsten magnetischen Ordnungsstrukturen zusammenfassen, die aufgrund von wechselwirkenden magnetischen Momenten entstehen. Einige typische Strukturen sind in Abb. 12.21 gezeigt.

Abb. 12.21: Lineare Anordnungen von magnetischen Momenten zur Veranschaulichung von (a) ferromagnetischen, (b) antiferromagnetischen und (c) ferrimagnetischen Ordnungsstrukturen. In (d) sind eine zykloidale (oben, Verkippung der Momente entlang der Kette) und helikale Ordnung (unten, Verkippung der Momente senkrecht zur Kette) gezeigt.

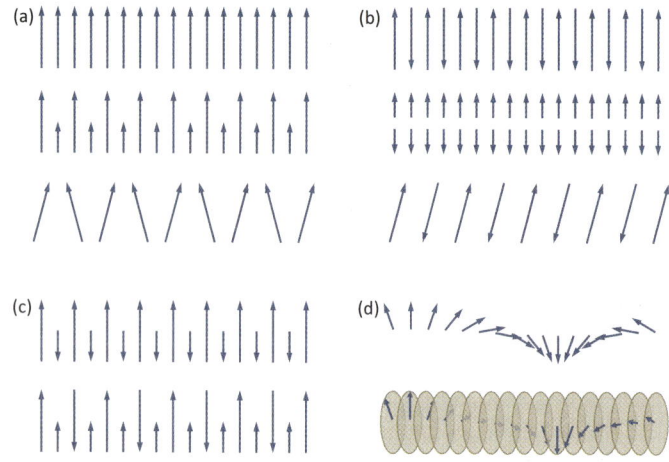

12.6 Magnetische Ordnungsphänomene

Je nachdem, wie sich die einzelnen magnetischen Momente in einem magnetisch geordneten Festkörper aufsummieren, unterscheiden wir zwischen *ferromagnetischen*, *antiferromagnetischen* und *ferrimagnetischen* Materialien. In ferromagnetischen Materialien sind alle magnetischen Momente, deren Wert unterschiedlich sein kann, entweder parallel ausgerichtet oder sie besitzen alle eine endliche, in eine bestimmte Richtung zeigende Komponente. Ferromagnete besitzen deshalb eine endliche Magnetisierung. In antiferromagnetischen Materialien sind die magnetischen Momente zwar geordnet, sie summieren sich aber alle zu einem verschwindenden Gesamtmoment auf. Das heißt, die Magnetisierung von Antiferromagneten ist wie diejenige von Paramagneten null, wobei in paramagnetischen Materialien aber wegen der fehlenden Wechselwirkung keine magnetische Ordnungsstruktur auftritt. Ferrimagnetische Materialien besitzen wie ferromagnetische eine endliche Magnetisierung, in dieser Materialklasse besitzen aber nicht alle magnetischen Momente eine endliche Komponente in eine bestimmte Richtung. Im einfachsten Fall favorisiert die Austauschwechselwirkung in Ferrimagneten eine antiparallele Ausrichtung benachbarter Momente, die aber unterschiedlich groß sind und somit zu einer endlichen Nettomagnetisierung führen. Im Einzelfall können magnetische Ordnungsstrukturen sehr komplex sein. Beispiele sind helikale und zykloidale Strukturen, die wir formal zu den antiferromagnetischen Ordnungsstrukturen zählen können, da sie keine Nettomagnetisierung besitzen.

Ähnliche Unterscheidungen können wir auch für magnetische Ordnungsstrukturen in Metallen machen. Die Ordnungsstruktur können wir anhand einer Spin-Dichte $s_z(\mathbf{r}) = \frac{1}{2}[n_\uparrow(\mathbf{r}) - n_\downarrow(\mathbf{r})]$ entlang einer bestimmten Richtung, in unserem Fall der $\hat{z}$-Richtung, beschreiben. Hierbei sind $n_\uparrow(\mathbf{r})$ und $n_\downarrow(\mathbf{r})$ die Beiträge der Spin-Populationen mit Spin parallel und antiparallel zur z-Achse. In ferromagnetischen Metallen ist die integrierte Spin-Dichte $\int s_z(\mathbf{r}) d^3 r$ in eine bestimmte Richtung endlich, während sie in antiferromagnetischen Metallen für jede beliebige Richtung verschwindet. Die Details der magnetischen Ordnungsstrukturen können wiederum sehr komplex sein. So besitzt zum Beispiel antiferromagnetisches Chrom eine endliche periodische Spin-Dichte, deren Periode aber nicht mit der Periodizität des Gitters übereinstimmt. Wir sprechen dann von einer inkommensurablen Spin-Struktur.

12.6.2 Ferromagnetismus

Eine ferromagnetische Ordnung tritt immer nur unterhalb einer für jedes ferromagnetische System charakteristischen Temperatur, der *Curie-Temperatur* T_C auf. Oberhalb dieser Temperatur wird die ferromagnetische Ordnung durch thermische Fluktuationen zerstört. Wir wollen in diesem Abschnitt nun die Temperaturabhängigkeit der Suszeptibilität für den Temperaturbereich oberhalb und unterhalb von T_C diskutieren. Oberhalb von T_C ist eine einfache Beschreibung mit Hilfe einer *Molekularfeld-Näherung* möglich. Unterhalb von T_C ist dagegen eine quantitative Beschreibung mit der Molekularfeldtheorie schwierig. Wir werden in Abschnitt 12.10 sehen, dass wir in diesem Temperaturbereich die Änderung der Magnetisierung durch die Anregung von Spinwellen beschreiben können.

12.6.2.1 Molekularfeld-Näherung

Die Molekularfeld-Näherung wurde bereits im Jahr 1907 von **Pierre Weiss**[54] zur phänomenologischen Beschreibung des Ferromagnetismus entwickelt und erhielt erst später durch die Einführung der Austauschwechselwirkung seine physikalische Berechtigung. Wir gehen bei der Molekularfeld-Näherung davon aus, dass zusätzlich zum äußeren Magnetfeld B_{ext} ein inneres Feld B_A wirkt, durch das die endliche Austauschwechselwirkung erfasst wird. Wir müssen nun zuerst überlegen, wie groß dieses fiktive *Austausch-* oder *Molekularfeld* ist.

Wir haben bereits diskutiert, dass wir die Austauschwechselwirkung zwischen magnetischen Momenten durch das Heisenberg-Modell beschreiben können. In diesem Modell ist die Austausch-Konstante zwischen allen wechselwirkenden Paaren gleich. Wir erhalten für die Austauschenergie des i-ten Gitteratoms mit seinen z nächsten Nachbarn

$$E = -\frac{J_A}{\hbar^2} \sum_{j=1}^{z} \mathbf{J}_i \cdot \mathbf{J}_j \,. \tag{12.6.1}$$

Wir betrachten jetzt nur Mittelwerte und ersetzen die Momentanwerte der Drehimpulsvektoren $\mathbf{J}_j$ durch ihre zeitlichen Mittelwerte $\langle \mathbf{J}_j \rangle$ und erhalten somit eine mittlere Austauschenergie

$$E = -z\frac{J_A}{\hbar^2} \langle \mathbf{J}_j \rangle \cdot \mathbf{J}_i \,. \tag{12.6.2}$$

Für die Magnetisierung gilt ferner

$$\mathbf{M} = -n g_J \mu_\text{B} \frac{\langle \mathbf{J}_j \rangle}{\hbar} \,, \tag{12.6.3}$$

wobei n die Dichte der Gitteratome und g_J der Landé-Faktor ist. Wir können diesen Ausdruck nach $\langle \mathbf{J}_j \rangle$ auflösen und dann in (12.6.2) einsetzen. Wir erhalten

$$E = -(-g_J \mu_\text{B} \mathbf{J}_i) \cdot \frac{z J_A \hbar}{n g_J^2 \mu_\text{B}^2} \mathbf{M} = -\boldsymbol{\mu} \cdot \mathbf{B}_A \,. \tag{12.6.4}$$

---

[54] **Pierre Ernest Weiss**, geboren am 25. März 1865 in Mühlhausen, gestorben am 24. Oktober 1940 in Lyon.
Als Jahrgangsbester schloss Weiss 1887 am Züricher Polytechnikum sein Ingenieurstudium ab. Im Jahr 1888 wurde er an die École Normale Supérieure in Paris berufen. Seine folgenden Stationen waren die Universitäten Rennes (1895) und Lyon (1899), bis er 1902 an das Polytechnikum in Zürich berufen wurde, an welchem auch Albert Einstein tätig war. Dort bekam er ein großes Labor zur Untersuchung von magnetischen Phänomenen, welches eine große Anzahl an bekannten Physikern anzog. Im Jahr 1919 etablierte er das physikalische Institut an der Universität Straßburg. 1926 wurde er in die Pariser Akademie aufgenommen. Er führte grundlegende Untersuchungen über den Para- und Ferromagnetismus (entdeckte dabei die nach ihm benannten Weissschen Bezirke), sowie zur Temperaturabhängigkeit der Magnetisierung durch. Er entwickelte das Curie-Weisssche Gesetz und entdeckte den quantenhaften Charakter der magnetischen Momente der Atome. Seine wichtigste Veröffentlichung war das Werk „Le magnetisme" (1926).

12.6 Magnetische Ordnungsphänomene

Wir sehen also, dass wir die Austauschenergie formal als Produkt eines magnetischen Moments $\boldsymbol{\mu} = -g_J\mu_B \mathbf{J}_i/\hbar$ und einem effektiven Magnetfeld $\mathbf{B}_A$ schreiben können. Wir bezeichnen dieses effektive Magnetfeld als *Austauschfeld* oder *Molekularfeld*. Es ist gegeben durch

$$\mathbf{B}_A = \frac{zJ_A}{ng_J^2\mu_B^2}\mathbf{M} = \mu_0\gamma\mathbf{M}. \tag{12.6.5}$$

Hierbei ist

$$\gamma = \frac{1}{\mu_0}\frac{zJ_A}{ng_J^2\mu_B^2} \tag{12.6.6}$$

die *Molekularfeldkonstante*. Das Molekularfeld ist natürlich nur ein fiktives Magnetfeld, das in einem Festkörper die gleiche magnetische Ordnung schaffen würde wie die vorliegende Austauschwechselwirkung, deren Stärke durch die Austauschkonstante J_A charakterisiert wird. Die von ihrem Charakter her nicht-magnetische Austauschwechselwirkung eines Atoms mit allen anderen Atomen wird somit durch ein mittleres effektives Magnetfeld beschrieben. Damit wird das komplexe Problem der Wechselwirkung eines Atoms mit allen anderen Atomen formal auf das Verhalten des magnetischen Moments *eines* Atoms in einem *mittleren Feld* (mean field) reduziert. Das fiktive Molekularfeld geht natürlich nicht in die Maxwell-Gleichungen ein.

Mit dem Molekularfeld können wir das effektive Magnetfeld am Ort eines Gitteratoms schreiben als

$$\mathbf{B}_{\text{eff}} = \mathbf{B}_{\text{ext}} + \mu_0\gamma\mathbf{M}. \tag{12.6.7}$$

In der von uns gemachten Betrachtung (mean-field Theorie) ist also der einzige Effekt der Austauschwechselwirkung derjenige, dass wir $\mathbf{B}_{\text{ext}}$ durch $\mathbf{B}_{\text{eff}}$ ersetzen müssen.[55] Die Magnetisierung eines Systems aus magnetischen Dipolen können wir nach (12.3.62) und (12.3.63) andererseits schreiben als

$$M = ng_J\mu_B J B_J(y), \tag{12.6.8}$$

wobei wir in den Ausdruck für y jetzt das effektive Magnetfeld einsetzen müssen:

$$y = \frac{g_J\mu_B J B_{\text{eff}}}{k_B T} = \frac{g_J\mu_B J(B_{\text{ext}} + \mu_0\gamma M)}{k_B T}. \tag{12.6.9}$$

Wir können aus (12.6.8) die Magnetisierung und damit die Suszeptibilität als Funktion von T und B_{ext} nicht explizit ermitteln, da ja M auch im Argument der Brillouin-Funktion $B_J(y)$ steht. Wir können aber in einfacher Weise eine grafische Lösung durchführen. Lösen wir (12.6.9) nach M auf, so erhalten wir

$$M = \frac{k_B T}{\mu_0\gamma g_J\mu_B J}y - \frac{B_{\text{ext}}}{\mu_0\gamma}. \tag{12.6.10}$$

---

[55] In einigen Fällen ist diese Annahme nicht realistisch. Sie erfordert nämlich, dass einzelne Spin-Richtungen nicht stark vom Mittelwert abweichen oder dass die Wechselwirkung langreichweitig ist, so dass wir zur Ermittlung von $\mathbf{B}_A$ über viele Spins mitteln müssen.

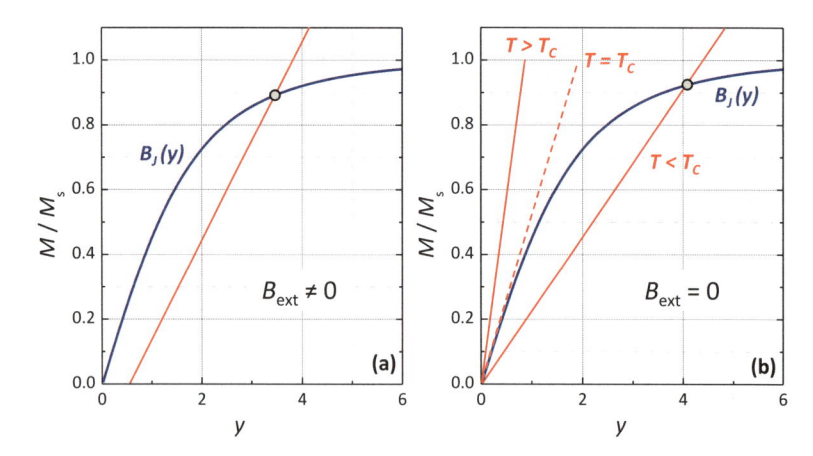

Abb. 12.22: Zur grafischen Bestimmung der Magnetisierung eines Ferromagneten als Schnittpunkt der Brillouin-Funktion $B_J(y)$ und einer Geraden nach Gleichung (12.6.10) für $B_{\text{ext}} \neq 0$ (a) und $B_{\text{ext}} = 0$ (b).

Wir können jetzt M als Funktion von y sowohl nach Gleichung (12.6.10) als auch nach Gleichung (12.6.8) auftragen, wie dies in Abb. 12.22a gezeigt ist. Die Schnittpunkte der beiden Kurven ergeben dann gerade den gesuchten Magnetisierungswert. Hierzu müssen natürlich die Werte für γ, J und g_J bekannt sein.

Setzen wir in (12.6.10) $B_{\text{ext}} = 0$, so können wir die spontane Magnetisierung eines Ferromagneten in Abhängigkeit von der Temperatur bestimmen. Der in Abb. 12.22b gezeigte Kurvenverlauf zeigt, dass wir eine spontane Magnetisierung nur dann erhalten, wenn die Steigung der durch (12.6.10) gegebenen Geraden kleiner als die Steigung der Brillouin-Funktion für kleine Feldwerte ist. Für $y \ll 1$ können wir die Brillouin-Funktion in eine Reihe entwickeln und erhalten $B_J(y) \simeq \frac{J+1}{3J} y$. Mit dieser Näherung ergibt sich für die Steigung der Brillouin-Funktion

$$\left. \frac{dM}{dy} \right|_{y=0} = n g_J \mu_B J \left. \frac{dB_J}{dy} \right|_{y=0} = n g_J \mu_B \frac{J+1}{3} . \qquad (12.6.11)$$

Nach (12.6.10) erhalten wir

$$\left. \frac{dM}{dy} \right|_{y=0} = \frac{k_B T}{\mu_0 \gamma g_J \mu_B J} . \qquad (12.6.12)$$

Eine spontane Magnetisierung, d. h. einen ferromagnetischen Zustand erhalten wir nur dann, wenn die Steigung nach (12.6.12) kleiner ist als diejenige nach (12.6.11), das heißt, wenn

$$\frac{k_B T}{\mu_0 \gamma g_J \mu_B J} < n g_J \mu_B \frac{J+1}{3} \qquad (12.6.13)$$

gilt, bzw. wenn die Temperatur unterhalb der charakteristischen Temperatur

$$T_C = n \gamma \frac{\mu_0 g_J^2 J(J+1) \mu_B^2}{3 k_B} = \gamma \cdot C \qquad (12.6.14)$$

12.6 Magnetische Ordnungsphänomene

liegt. Hierbei ist T_C die *ferromagnetische Curie-Temperatur* und C die **Curie-Konstante** [vergleiche (12.3.65)]. Gleichung (12.6.14) beschreibt das anschaulich erwartete Ergebnis, dass Materialien mit einer hohen Molekularfeldkonstante γ, d. h. mit einer hohen Austauschkopplung J_A eine hohe Curie-Temperatur besitzen.

Für den paramagnetischen Bereich erhalten wir mit der Näherung $B_J(y) \simeq \frac{J+1}{3J} y$ für $y \ll 1$

$$M = \frac{1}{\mu_0} n \frac{\mu_0 g_J^2 J(J+1)\mu_B^2}{3k_B T} (B_{\text{ext}} + \mu_0 \gamma M) = \frac{1}{\mu_0} \frac{C}{T} (B_{\text{ext}} + \mu_0 \gamma M). \tag{12.6.15}$$

Lösen wir diese Gleichung nach M auf und verwenden $T_C = \gamma C$, so erhalten wir

$$M = \frac{1}{\mu_0} \frac{C}{T - T_C} B_{\text{ext}} \tag{12.6.16}$$

und damit für die Suszeptibilität das **Curie-Weisssche Gesetz**

$$\chi = \frac{C}{T - T_C}. \tag{12.6.17}$$

Experimentell findet man, dass im paramagnetischen Bereich für $T \gg T_C$ die gemessene Suszeptibilität sehr gut durch ein Curie-Weiss-Gesetz beschrieben werden kann, allerdings mit einer *paramagnetischen Curie-Temperatur* Θ, die stets höher ist als die ferromagnetische Curie-Temperatur T_C, oberhalb der die spontane Magnetisierung verschwindet (siehe Tabelle 12.3 und Abb. 12.23). Die Größe Θ ist ein Maß für die Wechselwirkung zwischen den magnetischen Momenten, die auch im paramagnetischen Bereich vorhanden ist, aber aufgrund der hohen thermischen Energie noch nicht zu einem Ordnungszustand führt.

Material	T_C (K)	Θ (K)	C (K)	M_s (kA/m)	p
Fe	1044	1100	2.22	1 750	2.22
Co	1360	1415	2.24	1 450	1.72
Ni	629	649	0.588	510	0.60
Gd	289	302	5.00	2 060	7.63
Dy	85	157	—	3 050	10.4
EuO	69.4	78	4.68	1 880	7.0
CrO$_2$	396	—	—	325	2.0
MnAs	630	318	—	501	3.4

Tabelle 12.3: Ferromagnetische und paramagnetische Curie-Temperatur T_C und Θ, Curie-Konstante C, Sättigungsmagnetisierung $M_s(T=0)$ und der Sättigungsmagnetisierung entsprechende Zahl p der Bohrschen Magnetonen pro Formeleinheit einiger ferromagnetischer Materialien.

Aus Gleichung (12.6.14) lässt sich mit Hilfe der gemessenen Werte von T_C und der Curie-Konstanten C die Molekularfeldkonstante γ bestimmen. Mit den Werten aus Tabelle 12.3 erhalten wir für Ni $\gamma = 1070$. Mit diesem Wert lässt sich ferner mit der gemessenen Sättigungsmagnetisierung $M_s(T=0) = 510$ kA/m das Austauschfeld zu $B_A = \mu_0 \gamma M_s(0) = 685$ T abschätzen. Für Fe ergibt sich $\gamma = 470$ und $B_A = 1030$ T. Wir sehen, dass das Austauschfeld bei Temperaturen nicht allzu nahe bei T_C wesentlich größer ist als externe Felder, die mit gängigen Labormagneten erzeugt werden können (typischerweise einige Tesla). Deshalb haben

Abb. 12.23: Temperaturabhängigkeit der Suszeptibilität (durchgezogen) und der inversen Suszeptibilität (gestrichelt) eines Paramagneten (a) und eines Ferromagneten (b). Das Curie-Weiss-Gesetz (gepunktete Linie in (b)) ist nur weit oberhalb von T_C eine gute Näherung. Die Extrapolation von $\chi^{-1}(T)$ auf $\chi^{-1} = 0$ ergibt die paramagnetische Curie-Temperatur Θ. Diese ist immer größer als T_C.

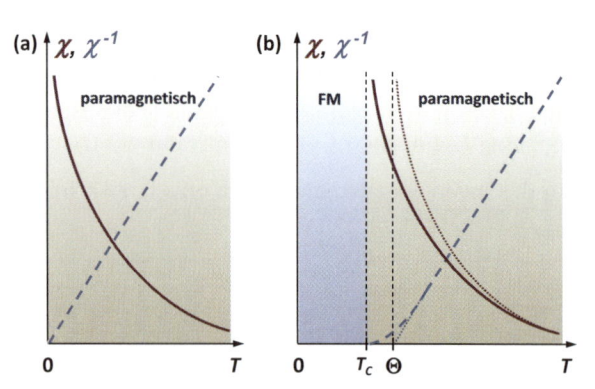

in diesem Temperaturbereich externe Felder kaum mehr einen Einfluss auf das Verhalten eines Ferromagneten.

Den Übergang vom paramagnetischen in den ferromagnetischen Zustand können wir auch als einen Phasenübergang 2. Ordnung beschreiben. Die unterhalb von T_C auftretende spontane Magnetisierung M_s ist dabei der Ordnungsparameter. Nach der Landau-Theorie der Phasenübergänge (vergleiche Abschnitt 11.8.1) würden wir

$$|M_s| \propto \sqrt{T_C - T}\,. \tag{12.6.18}$$

erwarten. Dies stimmt mit der gemessenen Abhängigkeit nicht überein. In der Nähe von T_C weicht ferner die gemessene Temperaturabhängigkeit der Suszeptibilität von einem einfachen $1/T$-Verhalten ab. Man beobachtet vielmehr $\chi \propto (T - T_C)^\alpha$ mit $\alpha = 4/3$ für $T > T_C$ und $\chi \propto (T_C - T)^\beta$ mit $\beta = 1/3$ für $T < T_C$. Hierbei sind α und β die so genannten kritischen Exponenten, die man aus der Theorie der Phasenübergänge erhält. Die einfache Landau-Theorie liefert $\beta = 1/2$. Das tatsächliche Verhalten kann im Rahmen dieser einfachen Molekularfeld-Näherung nicht richtig beschrieben werden, da sie Fluktuationen, die im Temperaturbereich nahe T_C wichtig werden, nicht berücksichtigt. Die Behandlung der Temperaturabhängigkeit im kritischen Bereich nahe bei T_C soll hier aber nicht diskutiert werden. Es sei abschließend noch darauf hingewiesen, dass bei der Diskussion des Temperaturverhaltens von Bandferromagneten berücksichtigt werden muss, dass die Zahl $\delta N_{\uparrow,\downarrow}$ der umverteilten Elektronen temperaturabhängig ist. Dies wurde bei unserer Betrachtung in Abschnitt 12.5.6.2 nicht berücksichtigt.

12.6.2.2 Temperaturabhängigkeit der Magnetisierung für $T \ll T_C$:

Um die Temperaturabhängigkeit der Magnetisierung für $T \ll T_C$ zu diskutieren, betrachten wir der Einfachheit halber ein $J = 1/2$-System. Ferner nehmen wir $B_{\text{eff}} \simeq B_A$ an, da üblicherweise $B_A \gg B_{\text{ext}}$. Mit $B_{\text{eff}} \simeq B_A = \mu_0 \gamma M$ erhalten wir für die Magnetisierung den Ausdruck

$$M = \frac{1}{2} n g_J \mu_B \tanh\left(\frac{\frac{1}{2} g_J \mu_B \gamma \mu_0 M}{k_B T}\right) = n \mu_{\text{eff}} \tanh\left(\frac{\mu_{\text{eff}} \gamma \mu_0 M}{k_B T}\right). \tag{12.6.19}$$

Für $T \ll T_C$ wird das Argument der tanh-Funktion groß. Wir können dann die Näherung $\tanh x \simeq 1 - 2e^{-2x}$ verwenden und erhalten

$$M = n\mu_{\text{eff}} \left(1 - 2\exp\left[-2\frac{\mu_{\text{eff}}\gamma\mu_0 M}{k_B T}\right]\right). \tag{12.6.20}$$

Wir sehen, dass

$$\Delta M = M(0) - M(T) \simeq 2n\mu_{\text{eff}} \exp\left[-2\frac{n\mu_{\text{eff}}^2 \gamma\mu_0}{k_B T}\right] \tag{12.6.21}$$

sehr klein wird, da das Argument der Exponentialfunktion etwa $2T_C/T$ entspricht und für $T \ll T_C$ sehr groß wird. Hierbei haben wir im Argument der Exponentialfunktion $M \simeq n\mu_{\text{eff}}$ gesetzt. Für $T = 0.1 T_C$ erwarten wir deshalb $\Delta M/n\mu_{\text{eff}} \sim 10^{-9}$. Das heißt, für $T \ll T_C$ sollte sich die Sättigungsmagnetisierung über einen weiten Temperaturbereich kaum ändern. Im Experiment wird aber eine wesentlich stärkere Abnahme der Sättigungsmagnetisierung mit zunehmender Temperatur beobachtet, die die Form

$$\frac{\Delta M}{n\mu_{\text{eff}}} = AT^{3/2} \tag{12.6.22}$$

besitzt. Wir werden in Abschnitt 12.10 sehen, dass diese Temperaturabhängigkeit durch die Anregung von Spinwellen erklärt werden kann.

12.6.3 Ferrimagnetismus

In vielen magnetischen Kristallen stimmt die Sättigungsmagnetisierung bei $T = 0$ K nicht mit dem Wert überein, den man bei einer parallelen Anordnung der atomaren magnetischen Momente erwartet. Ein typisches Beispiel ist Magnetit, Fe_3O_4 oder $Fe^{2+}O^{2-}\cdot Fe_2^{3+}O_3^{2-}$.

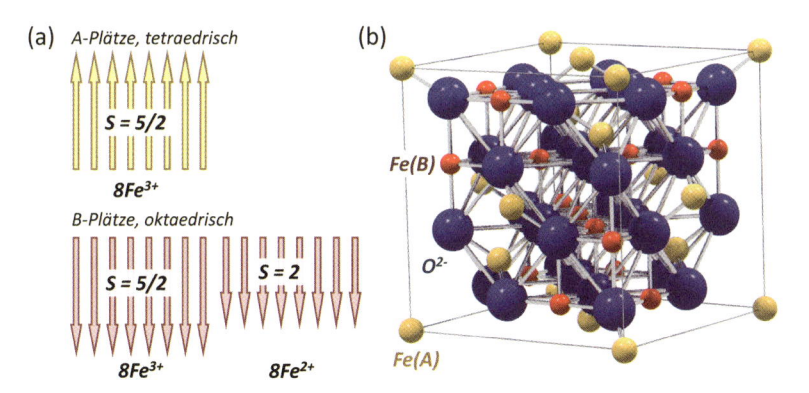

Abb. 12.24: (a) Spin-Anordnung in Magnetit, $FeO\cdot Fe_2O_3$. Die Spins der tetraedrisch und oktaedrisch koordinierten Fe^{3+}-Ionen stehen antiparallel, so dass zur Sättigungsmagnetisierung effektiv nur die Spin-Momente der oktaedrisch koordinierten Fe^{2+}-Ionen beitragen. (b) Inverse Spinellstruktur von Magnetit. Bei der inversen Spinellstruktur werden die tetraedrisch koordinierten A-Plätze von dreiwertigen und die oktaedrisch koordinierten B-Plätze zu jeweils 50% von drei- und zweiwertigen Ionen besetzt. Bei bei der normalen Spinellstruktur werden dagegen die tetraedrisch koordinierten A-Plätze nur von zweiwertigen und die oktaedrisch koordinierten B-Plätze nur von dreiwertigen Ionen besetzt.

Aus Tabelle 12.2 folgt, dass Fe^{3+} einen Grundzustand mit $S = 5/2$ und $L = 0$ einnimmt. Jedes Fe^{3+}-Ion sollte deshalb ein magnetisches Moment von $5\mu_B$ beitragen. Fe^{2+} hat einen Grundzustand mit $S = 2$ und $L = 0$ und sollte $2\mu_B$ beitragen. Deshalb erwarten wir insgesamt eine Sättigungsmagnetisierung von $2 \cdot 5 + 4 = 14$ Bohrschen Magnetonen pro Formeleinheit. Im Experiment gemessen werden dagegen nur etwa $4\mu_B$. Dieser Unterschied kann dadurch erklärt werden, dass die magnetischen Momente der Fe^{3+}-Ionen antiparallel zueinander stehen (siehe Abb. 12.24a), so dass nur das Moment des Fe^{2+}-Ions übrigbleibt, das gerade $4\mu_B$ beträgt. Neutronenbeugungsexperimente an Magnetit haben diese Vorstellung bestätigt.

Eine systematische Untersuchung der Konsequenzen der für Magnetit gefundenen Spin-Ordnung wurde von **Louis Néel**[56] im Zusammenhang mit der Materialklasse der *Ferrite* durchgeführt. Ferrite sind magnetische Oxide der Form $MO \cdot Fe_2O_3$, wobei das zweiwertige Metallion M = Zn, Cd, Fe, Ni, Cu, Co, Mg sein kann. Die Bezeichnung *Ferrimagnetismus* wurde ursprünglich eingeführt, um die magnetische Ordnung in den Ferriten zu beschreiben. Heute bezeichnen wir ganz allgemein solche Substanzen als Ferrimagnete, bei denen die magnetischen Momente einiger Ionen der strukturellen Einheitzelle antiparallel zu denjenigen der übrigen stehen.

Viele Ferrimagnete, insbesondere die Ferrite, haben eine schlechte elektrische Leitfähigkeit und kommen deshalb z. B. in Hochfrequenztransformatoren zum Einsatz. In Abb. 12.24b ist die Kristallstruktur von Magnetit gezeigt. Magnetit ist ein kubischer Ferrit mit einer inversen Spinellstruktur. In einer Einheitszelle befinden sich 8 tetraedrisch (A-Plätze) und 16 oktaedrisch koordinierte Fe Plätze (B Plätze) in einem Würfel mit einer Seitenlänge von etwa 8 Å. Bemerkenswert ist, dass die Austauschkonstanten J_{AA}, J_{BB} und J_{AB} alle negativ sind und damit eine antiparallele Anordnung der Spins auf den A-Plätzen, den B-Plätzen sowie eine antiparallele Anordnung zwischen A- und B-Plätzen favorisieren. Dies ist natürlich nicht möglich. Aufgrund des wesentlich geringeren AB-Abstands dominiert allerdings die Kopplungskonstante J_{AB} und erzwingt eine antiparallele Ausrichtung des A- und B-Untergitter. Die Spins auf dem A- und dem B-Untergitter stehen damit trotz negativer Kopplungskonstanten J_{AA} und J_{BB} jeweils parallel zueinander.

12.6.3.1 Molekularfeld-Näherung

Wir wollen im Folgenden zeigen, dass die drei antiferromagnetischen Wechselwirkungen $J_{AB}, J_{AA}, J_{BB} < 0$ in einer ferrimagnetischen Ordnung resultieren können. Wir werden für unsere Analyse die Molekularfeldnäherung benutzen. In dieser Näherung können wir ein mittleres Austauschfeld definieren, das auf das A- und B-Spin-Untergitter wirkt [vergleiche hierzu (12.6.5) und (12.6.6)]:

$$\mathbf{B}_A^a = \mu_0 \gamma_{AA} \mathbf{M}_A + \mu_0 \gamma_{AB} \mathbf{M}_B \quad (12.6.23)$$

$$\mathbf{B}_B^a = \mu_0 \gamma_{BB} \mathbf{M}_B + \mu_0 \gamma_{BA} \mathbf{M}_A \,. \quad (12.6.24)$$

---

[56] **Louis Eugène Felix Néel**, französischer Physiker, geboren am 22. November 1904 in Lyon, gestorben am 14. November 2000. Néel erhielt 1970 den Physik-Nobelpreis für seine grundlegenden Leistungen und Entdeckungen betreffend des Antiferromagnetismus und des Ferromagnetismus, die zu wichtigen Erkenntnissen in der Festkörperphysik geführt haben.

Hierbei sind nach (12.6.6) die Molekularfeldkonstanten γ_{AA}, γ_{BB} und γ_{AB} alle negativ wegen $J_{AB}, J_{AA}, J_{BB} < 0$. Ferner gilt $\gamma_{AB} = \gamma_{BA}$.

Die Wechselwirkungsenergiedichte beträgt

$$U = -\tfrac{1}{2}\left(\mathbf{B}_A^a \cdot \mathbf{M}_A + \mathbf{B}_B^a \cdot \mathbf{M}_B\right)$$
$$= -\tfrac{1}{2}\mu_0\gamma_{AA}M_A^2 - \mu_0\gamma_{AB}\mathbf{M}_A \cdot \mathbf{M}_B - \tfrac{1}{2}\mu_0\gamma_{BB}M_B^2 \,. \tag{12.6.25}$$

Da alle Molekularfeldkonstanten negativ sind, wird U nur dann reduziert, wenn $\mathbf{M}_A$ antiparallel zu $\mathbf{M}_B$ ist. Für die antiparallele Einstellung wird $U < 0$, d. h. wir erhalten eine Absenkung der Gesamtenergiedichte, wenn

$$\mu_0\gamma_{AB}\mathbf{M}_A \cdot \mathbf{M}_B > -\tfrac{1}{2}\mu_0\left(\gamma_{AA}M_A^2 + \gamma_{BB}M_B^2\right) \,. \tag{12.6.26}$$

Diese Bedingung können wir erfüllen, wenn $|\gamma_{AB}| \gg |\gamma_{AA}|, |\gamma_{BB}|$ gilt, das heißt, wenn die Austauschkopplung zwischen dem A- und B-Untergitter gegenüber der Austauschkopplung innerhalb des A- und B-Untergitters dominiert. Dies ist in Magnetit aufgrund des geringeren AB-Abstandes der Fall.

12.6.3.2 Curie-Temperatur von Ferrimagneten

Wir ordnen den Atomen auf dem A- und B-Untergitter zwei verschiedene Curie-Konstanten C_A und C_B zu. Dies ist notwendig, da die Anzahl der paramagnetischen Ionen auf den beiden Untergittern unterschiedlich groß sein kann. In Gegenwart eines äußeren Magnetfeldes $\mathbf{B}_{\text{ext}}$ ergibt sich das effektive Feld auf dem A- und B-Untergitter zu

$$\mathbf{B}_A^{\text{eff}} = \mathbf{B}_{\text{ext}} + \mu_0\gamma_{AB}\mathbf{M}_B + \mu_0\gamma_{AA}\mathbf{M}_A \tag{12.6.27}$$

$$\mathbf{B}_B^{\text{eff}} = \mathbf{B}_{\text{ext}} + \mu_0\gamma_{BA}\mathbf{M}_A + \mu_0\gamma_{BB}\mathbf{M}_B \,. \tag{12.6.28}$$

Um unsere Diskussion einfach zu gestalten, vernachlässigen wir die Wechselwirkung innerhalb der Untergitter, d. h. wir setzen $\gamma_{AA} = \gamma_{BB} = 0$. Wir erhalten dann

$$\mathbf{B}_A^{\text{eff}} = \mathbf{B}_{\text{ext}} + \mu_0\gamma_{AB}\mathbf{M}_B \tag{12.6.29}$$

$$\mathbf{B}_B^{\text{eff}} = \mathbf{B}_{\text{ext}} + \mu_0\gamma_{BA}\mathbf{M}_A \,. \tag{12.6.30}$$

Für die Magnetisierung auf den beiden Untergittern ergibt sich damit

$$\mathbf{M}_A = \frac{C_A}{\mu_0 T}\mathbf{B}_A^{\text{eff}} = \frac{C_A}{\mu_0 T}\left(\mathbf{B}_{\text{ext}} + \mu_0\gamma_{AB}\mathbf{M}_B\right) \tag{12.6.31}$$

$$\mathbf{M}_B = \frac{C_B}{\mu_0 T}\mathbf{B}_B^{\text{eff}} = \frac{C_B}{\mu_0 T}\left(\mathbf{B}_{\text{ext}} + \mu_0\gamma_{AB}\mathbf{M}_A\right) \,. \tag{12.6.32}$$

Hierbei haben wir $\chi_A = C_A/T$ bzw. $\chi_B = C_B/T$ benutzt. Für $B_{\text{ext}} = 0$ hat das Gleichungssystem genau dann nichtverschwindende Lösungen für M_A und M_B, wenn

$$\begin{vmatrix} T & -\gamma_{AB}C_A \\ -\gamma_{AB}C_B & T \end{vmatrix} = 0 \,. \tag{12.6.33}$$

Damit erhalten wir die *ferrimagnetische Curie-Temperatur* (siehe hierzu Tabelle 12.4) zu

$$T_C = |\gamma_{AB}|\sqrt{C_A C_B}. \tag{12.6.34}$$

Tabelle 12.4: Curie-Temperatur T_C und Sättigungsmagnetisierung M_s ($T = 0$) von einigen Ferrimagneten.

Material	T_C (K)	M_s (kA/m)	Material	T_C (K)	M_s (kA/m)
Fe_3O_4	860	480	$CoFe_2O_4$	790	450
$NiFe_2O_4$	865	330	$CuFe_2O_4$	728	160
$MnFe_2O_4$	575	500	$MgFe_2O_4$	710	180
$BaFe_{12}O_{19}$	740	380	$Y_3Fe_5O_{12}$	560	143

12.6.3.3 Suszeptibilität von Ferrimagneten

Um die Suszeptibilität von Ferrimagneten im Bereich oberhalb von T_C zu erhalten, lösen wir das Gleichungssystem (12.6.31) und (12.6.32), um Ausdrücke für M_A und M_B als Funktion des angelegten Magnetfeldes zu erhalten. Mit diesen erhalten wir dann die Suszeptibilität zu

$$\chi = \mu_0 \frac{\partial(M_A + M_B)}{\partial B_{\text{ext}}} = \frac{(C_A + C_B)T - 2|\gamma_{AB}|C_A C_B}{T^2 - T_C^2}. \tag{12.6.35}$$

Wir sehen, dass wir für einen Ferrimagneten eine Temperaturabhängigkeit der Suszeptibilität erhalten, die vom Curie-Weiss-Gesetz eines Ferromagneten, $\chi = C/(T - T_C)$, abweicht. Insbesondere erhalten wir, wie in Abb. 12.25 gezeigt ist, keine Gerade mehr, wenn wir den Kehrwert der Suszeptibilität gegen T auftragen. Eine gekrümmte $\chi^{-1}(T)$ Kurve ist ein Charakteristikum von Ferrimagneten.

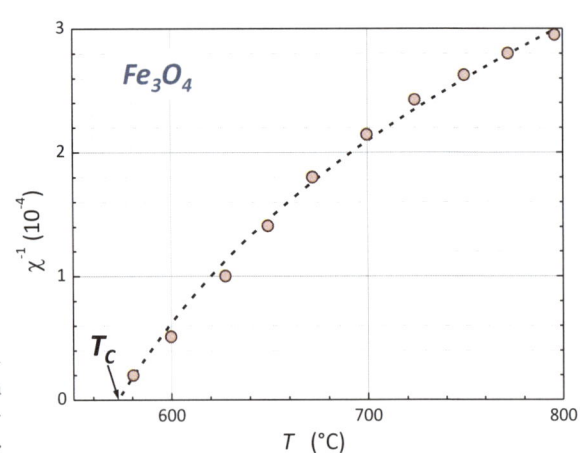

Abb. 12.25: Kehrwert der Suszeptibilität von Magnetit aufgetragen gegen die Temperatur. Die gestrichelte Kurve wurde nach (12.6.35) berechnet.

12.6.3.4 Eisengranate

Eine wichtige Familie von ferrimagnetischen Oxiden sind die *Eisengranate* der Zusammensetzung $M_3Fe_5O_{12}$, wobei M ein dreiwertiges Ion ist und Eisen als dreiwertiges Ion vorliegt.

12.6 Magnetische Ordnungsphänomene

Ein wichtiger Vertreter ist $Y_3Fe_5O_{12}$, das als YIG (engl. Yttrium Iron Garnet) bezeichnet wird. Die Sättigungsmagnetisierung von YIG resultiert aus zwei entgegengesetzt ausgerichteten Fe^{3+} Untergittern. Bei $T = 0$ trägt jedes Fe^{3+}-Ion zur Magnetisierung mit $5\mu_B$ bei, wobei die 3 Fe^{3+}-Ionen auf den so genannten A-Plätzen in die eine und die beiden Fe^{3+}-Ionen auf den so genannten D-Plätzen in die entgegengesetzte Richtung ausgerichtet sind, so dass ein magnetisches Moment von $5\mu_B$ pro Formeleinheit verbleibt.

Die Molekularfeldkonstante γ_{AB} beträgt für YIG etwa -1.5×10^4 und die Curie-Temperatur ist $T_C = 560$ K. YIG zeigt einen starken Faraday-Effekt, hat eine hohe Güte im Mikrowellenbereich und eine sehr kleine Linienbreite in der ferromagnetischen Resonanz (FMR). Das Material wird in Mikrowellen- sowie in optischen und magnetooptischen Bauelementen eingesetzt, z. B. als Resonator in Filtern und Oszillatoren für Frequenzen im Gigahertz-Bereich.

12.6.4 Antiferromagnetismus

Wir betrachten als letzte magnetische Ordnung den *Antiferromagnetismus*. Wie beim Ferrimagnetismus ist die Austauschkopplung benachbarter Atome negativ, so dass eine antiparallele Orientierung der magnetischen Momente bevorzugt wird. Im Gegensatz zu ferrimagnetischen Substanzen befinden sich aber auf den beiden antiparallel orientierten Untergittern die gleichen magnetischen Momente, so dass sich diese gerade kompensieren. Vom physikalischen Standpunkt aus können wir also antiferromagnetische Substanzen wie ferrimagnetische Substanzen behandeln, allerdings mit der Vereinfachung, dass $C_A = C_B = C$ gilt.

Das Paradebeispiel für eine antiferromagnetische Substanz ist das in Abb. 12.26 gezeigte MnO, das bei Raumtemperatur eine NaCl-Struktur mit einer Gitterkonstanten $a = 4.43$ Å besitzt. In Neutronenbeugungsexperimenten wurden bei 80 K zusätzliche Beugungsreflexe bei jeweils dem halben Winkel gefunden, was einer Verdopplung der Einheitszelle entspricht. Röntgenbeugungsexperimente zeigten dagegen diese Beugungsreflexe nicht. Die Ursache dafür ist das Auftreten einer antiferromagnetischen Ordnungsstruktur unterhalb von etwa 120 K, die von den Neutronen, nicht aber von den Röntgenquanten gesehen wird. Die Anordnung der Spins ist in Abb. 12.26 gezeigt. Innerhalb einer (111)-Ebene sind die Spins parallel angeordnet, wobei die Spin-Richtung in benachbarten (111)-Ebenen gerade entgegengesetzt ist. Die magnetische Einheitszelle hat genau die doppelte Abmessung wie die strukturelle Einheitszelle.

12.6.4.1 Néel-Temperatur

Wir gehen von Gleichung (12.6.27) und (12.6.28) für die effektiven Felder auf den beiden Untergittern aus und verwenden $\gamma_{AA} = \gamma_{BB}$ sowie $\mathbf{M}_A = -\mathbf{M}_B$. Damit erhalten wir

$$\mathbf{B}_A^{\text{eff}} = \mathbf{B}_{\text{ext}} + \mu_0(\gamma_{AB} - \gamma_{AA})\mathbf{M}_B \tag{12.6.36}$$

$$\mathbf{B}_B^{\text{eff}} = \mathbf{B}_{\text{ext}} + \mu_0(\gamma_{AB} - \gamma_{AA})\mathbf{M}_A . \tag{12.6.37}$$

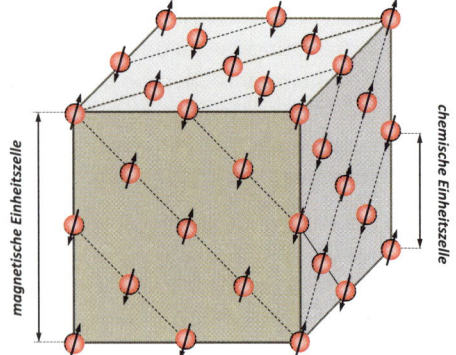

Abb. 12.26: Anordnung der Spins der Mn^{2+}-Ionen in antiferromagnetischem MnO. Die zwischen den Mn^{2+}-Ionen liegenden O^{2-}-Ionen sind nicht gezeigt.

Diese beiden Gleichungen entsprechen gerade (12.6.29) und (12.6.30), wenn wir γ_{AB} durch $(\gamma_{AB} - \gamma_{AA})$ ersetzen. Für die Ordnungstemperatur ergibt sich dann

$$T_N = |\gamma_{AB} - \gamma_{AA}|C \,. \tag{12.6.38}$$

Hierbei ist zu beachten, dass sich die Curie-Konstante C nur auf ein Untergitter bezieht, und aufgrund der antiferromagnetischen Kopplung $\gamma_{AB}, \gamma_{AA} < 0$. Bezieht man C auf dass gesamte Gitter, muss auf der rechten Seite noch der Faktor $\frac{1}{2}$ eingefügt werden. Die Ordnungstemperatur wird nach Louis Néel als *Néel Temperatur* bezeichnet.

12.6.4.2 Suszeptibilität

Suszeptibilität oberhalb von T_N: Für $T > T_N$, also im paramagnetischen Bereich, ist in einem äußeren Magnetfeld $M_A = M_B$ und somit $M = M_A + M_B = 2M_A$. Setzen wir diese in Gleichung (12.6.36) ein, so erhalten wir

$$\mathbf{B}_A^{\text{eff}} = \mathbf{B}_{\text{ext}} + \mu_0(\gamma_{AB} + \gamma_{AA})M_A = \mathbf{B}_B^{\text{eff}} = \mathbf{B}^{\text{eff}} \,. \tag{12.6.39}$$

Schreiben wir nun wieder die Magnetisierung als

$$\mathbf{M} = 2\mathbf{M}_A = \frac{1}{\mu_0}\frac{2C}{T}\mathbf{B}^{\text{eff}} \,, \tag{12.6.40}$$

so folgt durch Einsetzen von (12.6.39)

$$\mathbf{M} = \frac{1}{\mu_0}\frac{2C}{T}\left[\mathbf{B}_{\text{ext}} + \mu_0(\gamma_{AB} + \gamma_{AA})\frac{\mathbf{M}}{2}\right] = \frac{1}{\mu_0}\frac{2C}{T - C(\gamma_{AB} + \gamma_{AA})}\mathbf{B}_{\text{ext}} \,. \tag{12.6.41}$$

Das heißt, wir erhalten die Suszeptibilität

$$\chi = \mu_0 \frac{\partial M}{\partial B_{\text{ext}}} = \frac{2C}{T + \Theta} \tag{12.6.42}$$

mit der paramagnetischen Néel-Temperatur

$$\Theta = -(\gamma_{AB} + \gamma_{AA})C = |\gamma_{AB} + \gamma_{AA}|C \,. \tag{12.6.43}$$

Tabelle 12.5: Néel-Temperatur T_N und paramagnetische Néel-Temperatur Θ für einige antiferromagnetische Substanzen.

Substanz	T_N (K)	Θ (K)	Θ/T_N
MnO	122	610	5.3
MnF$_2$	67	82	1.24
FeO	195	570	2.9
FeCl$_2$	24	48	2
CoO	291	330	1.14
CoCl$_2$	25	38.1	1.53
NiO	525	~2000	~4
NiCl$_2$	50	68.2	1.37

Hierbei ist wieder zu beachten, dass sich C nur auf ein Untergitter bezieht und dass aufgrund der antiferromagnetischen Kopplung $\gamma_{AB}, \gamma_{AA} < 0$.

Wir sehen sofort, dass die paramagnetische Néel-Temperatur Θ immer größer als die Néel-Temperatur T_N ist, falls sowohl γ_{AB} als auch γ_{AA} negativ sind, das heißt, falls sowohl die Kopplung zwischen nächsten (AB) als auch diejenige zwischen den übernächsten Nachbarn (AA) antiferromagnetisch ist. Für das Verhältnis der beiden Temperaturen erhalten wir

$$\frac{\Theta}{T_N} = \frac{|\gamma_{AB} + \gamma_{AA}|}{|\gamma_{AB} - \gamma_{AA}|}. \tag{12.6.44}$$

Nur wenn wir die Wechselwirkung mit den übernächsten Nachbarn vernachlässigen können, d. h. $\gamma_{AA} \simeq 0$, erhalten wir $\Theta \simeq T_N$. In Tabelle 12.5 sind die beiden Temperaturen und ihr Verhältnis für einige Substanzen angegeben. Die Tatsache, dass für alle betrachteten Materialien $\Theta/T_N > 1$ zeigt, dass für diese Materialien sowohl γ_{AB} als auch γ_{AA} negativ ist.

Suszeptibilität unterhalb von T_N: Oberhalb von T_N ist die Suszeptibilität fast unabhängig von der Richtung des äußeren Feldes relativ zur Spin-Richtung auf den Untergittern. Dies ändert sich für $T < T_N$. Hier müssen wir die beiden Fälle mit dem äußeren Feld parallel und senkrecht zur Spin-Richtung unterscheiden.

B$_{ext} \perp$ Spin-Richtung: Die Energiedichte können wir in diesem Fall wie folgt angeben:

$$U = -\frac{1}{2}\left(\mathbf{B}_A^a \cdot \mathbf{M}_A + \mathbf{B}_B^a \cdot \mathbf{M}_B\right) - \mathbf{B}_{ext} \cdot (\mathbf{M}_A + \mathbf{M}_B). \tag{12.6.45}$$

Setzen wir hier die Ausdrücke (12.6.23) und (12.6.24) für die Austauschfelder auf den A- und B-Plätzen ein, so erhalten wir bei Vernachlässigung der Terme mit γ_{AA} und γ_{BB}

$$U = -\mu_0 \gamma_{AB} \mathbf{M}_A \cdot \mathbf{M}_B - \mathbf{B}_{ext} \cdot (\mathbf{M}_A + \mathbf{M}_B). \tag{12.6.46}$$

Mit $M = |\mathbf{M}_A| = |\mathbf{M}_B|$ können wir für kleine Winkel φ folgende Näherungen verwenden (siehe hierzu Abb. 12.27):

$$\mathbf{M}_A \cdot \mathbf{M}_B = -M^2 \cos 2\varphi \simeq -M^2\left(1 - \frac{1}{2}(2\varphi)^2\right) \tag{12.6.47}$$

$$\mathbf{M}_A + \mathbf{M}_B = M \sin 2\varphi \simeq M 2\varphi. \tag{12.6.48}$$

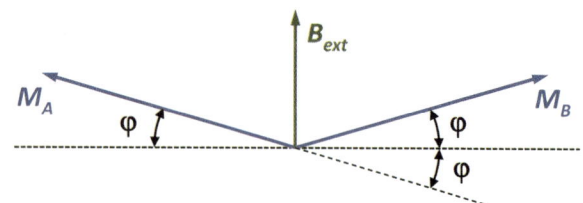

Abb. 12.27: Zur Herleitung der Suszeptibilität eines Antiferromagneten.

Damit erhalten wir

$$U \simeq -\mu_0 \gamma_{AB} M^2 (1 - 2\varphi^2) - 2 B_{\text{ext}} M \varphi \,. \tag{12.6.49}$$

Setzen wir die Ableitung dieses Ausdrucks nach φ gleich null, so erhalten wir das Minimum der Energiedichte für den Winkel

$$\varphi = \frac{B_{\text{ext}}}{2\mu_0 |\gamma_{AB}| M} \,. \tag{12.6.50}$$

Setzen wir diesen Ausdruck in (12.6.48) ein, so erhalten wir

$$M_A + M_B = M 2\varphi = \frac{B_{\text{ext}}}{\mu_0 |\gamma_{AB}|} \tag{12.6.51}$$

und damit die Suszeptibilität zu

$$\chi_\perp = \mu_0 \frac{\partial M}{\partial B_{\text{ext}}} = \frac{1}{|\gamma_{AB}|} \,. \tag{12.6.52}$$

Wir sehen, dass die Suszeptibilität $\chi_\perp$ unabhängig von der Temperatur ist.

$B_{\text{ext}} \parallel$ Spin-Richtung: Falls das Magnetfeld parallel zur Untergittermagnetisierung ausgerichtet ist, ändert sich die magnetische Energie nicht, wenn die Spins auf dem A- und B-Untergitter gleiche Winkel mit dem Feld einnehmen. Das bedeutet, dass für $T = 0$

$$\chi_\parallel = 0 \,. \tag{12.6.53}$$

Abb. 12.28: Temperaturabhängigkeit der Suszeptibilität (durchgezogen) und der inversen Suszeptibilität (gestrichelt) eines Paramagneten (a) und eines Antiferromagneten (b). Das Curie-Weiss-Gesetz (strichgepunktete Linie in (b)) ist nur weit oberhalb von T_C eine gute Näherung. Die Extrapolation von $\chi^{-1}(T)$ auf $\chi^{-1} = 0$ ergibt die paramagnetische Néel-Temperatur Θ. Der Betrag von Θ ist meist größer als T_N.

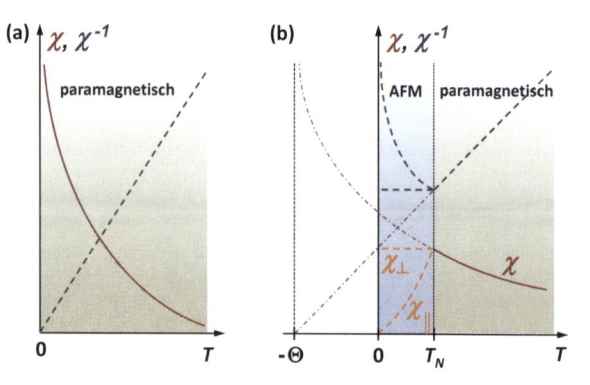

Für $T > 0$ nimmt die Suszeptibilität mit der Temperatur zu und erreicht dann bei $T = T_\mathrm{N}$ den Wert $1/|\gamma_{AB}|$. Dies liegt daran, dass mit zunehmendem Magnetfeld im statistischen Mittel durch thermische Aktivierung immer mehr Momente parallel zum Magnetfeld ausgerichtet werden. Die Magnetisierung nimmt mit dem anliegenden Magnetfeld zu und resultiert in einer endlichen Suszeptibilität $\chi_\parallel > 0$.[57] In Abb. 12.28 ist der Verlauf der Suszeptibilität oberhalb und unterhalb von T_N schematisch dargestellt.

12.7 Magnetische Anisotropie

In Experimenten wird im Allgemeinen beobachtet, dass die Magnetisierung **M** bevorzugt in eine oder mehrere Richtungen zeigt. Andere Richtungen werden dagegen nach Möglichkeit gemieden. Wir bezeichnen die Energie E_ani, die aufgebracht werden muss, um die Magnetisierung aus einer bevorzugten , der *magnetisch leichten Achse*, in die ungünstigste Richtung, die *magnetisch schwere Achse*, zu drehen, als *magnetische Anisotropieenergie*. Die magnetische Anisotropie ist für Anwendungen von grundlegender Bedeutung. Bei verschwindender Anisotropie ließe sich die Magnetisierungsrichtung ohne Energieaufwand ändern. Zum Beispiel ließen sich Kompassnadeln so leicht ummagnetisieren, dass sie unbrauchbar wären, oder eine Speicherung von binären Daten in Form entgegengesetzter Magnetisierungsrichtungen wäre nicht möglich.

In Abb. 12.29 ist ein einfaches Beispiel zur Veranschaulichung der magnetischen Anisotropie dargestellt. Aufgrund der dipolaren Wechselwirkung richten sich die Kompassnadeln bevorzugt parallel zu ihrer Verbindungsachse aus. Diese Richtung stellt also eine magnetisch leichte Achse dar, die durch ein Minimum der freien magnetischen Energiedichte gekennzeichnet ist. Die Ausrichtung der Nadeln senkrecht zur Verbindungsachse ist dagegen energetisch ungünstig, sie entspricht einer magnetisch schweren Achse. Diese Ausrichtung kann nur mit einem genügend hohen äußeren Feld erzwungen werden.

Es gibt drei Hauptursachen für die magnetische Anisotropie, nämlich die *magnetokristalline Anisotropie* (engl. magnetocrystalline anisotropy), die *Formanisotropie* (engl. shape anisotropy) und eine durch äußere Einflüsse *induzierte Anisotropie*. Diese tragen mit den Beiträgen E_mc, E_form und E_ind zur magnetischen freien Energie bei:

$$E_\mathrm{ani} = E_\mathrm{mc} + E_\mathrm{form} + E_\mathrm{ind} + \ldots . \tag{12.7.1}$$

Die magnetokristalline Anisotropie stellt eine intrinsische Materialeigenschaft dar. Sie wird durch Kristallfelder erzeugt, die zu einer Vorzugsrichtung des Bahndrehimpulses und über die Spin-Bahn-Kopplung zu einer Vorzugsrichtung des Spins führen. Die Formanisotropie hängt mit der speziellen Form eines Festkörpers zusammen. Sie wird durch die von der Form abhängenden Entmagnetisierungsfelder verursacht. Die induzierte Anisotropie kann durch elastischen Verspannungen erzeugt werden, die häufig in dünnen Filmen aufgrund der Gitterfehlanpassung mit dem Substrat auftreten. Weitere Ursachen sind mechanischer Druck

---

[57] Eine genaue Diskussion der Temperaturabhängigkeit kann in **Solid State Physics**, Harald Ibach, Hans Lüth, 2. Auflage, Springer Verlag, Berlin (1995) gefunden werden.

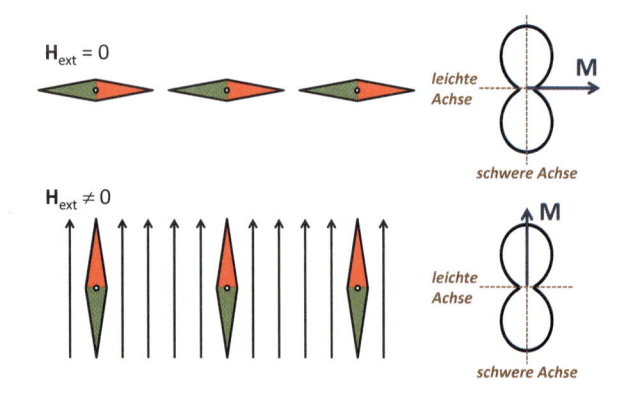

Abb. 12.29: Veranschaulichung der magnetischen Anisotropie anhand der Ausrichtung von Kompassnadeln. Rechts sind die Konturlinien konstanter magnetischer freier Energie als Funktion der Magnetisierungsrichtung gezeigt. Oben: Ohne äußeres Feld richten sich die Nadeln aufgrund der dipolaren Wechselwirkung parallel zu ihrer Verbindungsachse aus. Dies entspricht einem Minimum der freien Energie und somit einer magnetisch leichten Achse. Unten: Die Magnetisierung zeigt entlang der magnetisch schweren Achse. Dieser Zustand kann nur durch ein genügend hohes äußeres Magnetfeld erzwungen werden.

oder Fluktuationen der chemischen Zusammensetzung. Zur induzierten Anisotropie können wir auch die 1956 von **Meiklejohn** und **Bean** bei General Electric entdeckte ***unidirektionale Austauschanisotropie***[58,59] rechnen, die in Zwei- oder Mehrlagensystemen aus ferromagnetischen und antiferromagnetischen Materialien auftritt. An der Grenzfläche existiert eine Austauschkopplung zwischen dem hartmagnetischen Verhalten des Antiferromagneten und dem üblicherweise weichmagnetischen Verhalten des Ferromagneten, die eine bevorzugte Magnetisierungsrichtung im Ferromagneten erzeugt. Die Austauschanisotropie ist von großer Bedeutung für die Leseköpfe von magnetischen Festplatten.

In einem angelegten äußeren Magnetfeld kommt als weiterer Energiebeitrag noch die Zeeman-Energie $E_{Zeeman} = -\mathbf{M} \cdot \mathbf{B}_{ext} V$ dazu, die zu einer bevorzugten Ausrichtung der Magnetisierung $\mathbf{M}$ parallel zu $\mathbf{B}_{ext}$ führt. Der Wert von E_{ani} hängt für einen vorgegebenen magnetischen Körper von der Richtung der Magnetisierung ab. Die leichten und schweren Achsen sind durch die Minima und Maxima von E_{ani} gegeben.

Bei der Diskussion der magnetischen Anisotropie ist wichtig, dass Kristallfelder, die Probenform oder elastische Verspannungen durch polare Vektoren beschrieben werden. Sie können deshalb keine Vorzugsrichtung der Magnetisierung definieren, die ja einen axialen Vektor darstellt. Deshalb existieren keine bevorzugten Anisotropierichtungen sondern nur bevorzugte Achsen. Die mit der magnetischen Anisotropie verbundene Energiedichte darf deshalb nicht von der Richtung der Magnetisierung abhängen. Sie muss eine gerade Funktion des Winkels sein, den die Magnetisierung mit der Vorzugsachse einschließt. Diese Tatsache werden wir im Folgenden häufig ausnutzen.

---

[58] W.H. Meiklejohn, C.B. Bean, *New Magnetic Anisotropy*, Phys. Rev. **105**, 904-913 (1957).
[59] J. Nogués, I.K. Schuller, *Exchange Bias*, J. Magn. Magn. Mat. **192**, 203-232 (1999).

12.7.1 Magnetische freie Energiedichte

Wir können die magnetische Anisotropie phänomenologisch dadurch beschreiben, dass wir die magnetische freie Energiedichte $\mathfrak{f}_{ani}$ für ein eindomäniges magnetisches System als Funktion der Magnetisierungsrichtung $\mathbf{m} = \mathbf{M}/M$ berechnen. Ohne äußeres Feld ($\mathbf{B}_{ext} = 0$) zeigt die Magnetisierung $\mathbf{M}$ in Richtung minimaler Energiedichte, also entlang der leichten Achse. Um $\mathbf{M}$ aus dieser Richtung herauszudrehen, müssen wir Arbeit verrichten. Dies kann z.B. mit Hilfe eines äußeren Feldes geschehen, mit dem wir die Arbeit $\int \mathbf{B}_{ext} \cdot d\mathbf{M}$ pro Volumen verrichten. Es ist üblich, die Anisotropieenergiedichte als die Differenz der freien Energiedichte eines Zustands mit beliebiger $\mathbf{M}$-Richtung und demjenigen mit $\mathbf{M}$ parallel zu einer leichten Achse zu definieren, d.h. wir wählen die leichte Achse als Referenzrichtung. Alle anderen Parameter wie Temperatur, Druck, elastische Verspannung etc. sollen konstant gehalten werden. Da wir im Experiment üblicherweise den Druck (und nicht das Volumen) konstant halten und das externe Magnetfeld (und nicht die Magnetisierung) variieren, ist es sinnvoller, die freie Enthalpiedichte

$$\mathfrak{g}_{ani} = \mathfrak{f}_{ani} - \mathbf{M} \cdot \mathbf{B}_{ext} \qquad (12.7.2)$$

zu verwenden (siehe hierzu Anhang F und Fußnote auf Seite 672).

Wir werden im Folgenden die verschiedenen Beiträge zur freien Enthalpiedichte aufgrund der magnetokristallinen Anisotropie, der Formanisotropie und der induzierten Anisotropie kurz diskutieren. Wir wollen hier auch noch darauf hinweisen, dass an Oberflächen und Grenzflächen aufgrund der dort gebrochenen Translationsinvarianz Anisotropiebeiträge auftreten können. Diese sind vor allem für sehr dünne magnetische Schichten und Mehrschichtsysteme von Bedeutung, werden aber im Folgenden nicht diskutiert.

12.7.2 Magnetokristalline Anisotropie

Die *magnetokristalline Anisotropie* führt dazu, dass sich die Magnetisierung entlang einer bestimmten kristallographischen Richtung ausrichten will. Die Ursache für die magnetokristalline Anisotropie ist nicht die Austauschwechselwirkung, die wir als isotrop angenommen haben. Sie resultiert vielmehr aus der endlichen *Spin-Bahn-Kopplung*. Für das ferromagnetische Verhalten von z. B. Fe, Co oder Ni ist zwar hauptsächlich der Elektronenspin verantwortlich. Durch die endliche Spin-Bahn-Kopplung ist aber die Spin-Richtung mit dem Bahnmoment gekoppelt. Das bedeutet, dass das Kristallgitter über die Spin-Bahn-Kopplung auf die Richtung der Spins einwirken kann. Für Elemente mit nicht vollständig gefüllten Schalen (z. B. $3d$-Elektronen in Übergangsmetallen oder $4f$-Elektronen in den Seltenen Erden) ist die Elektronenverteilung eines Atoms nicht mehr sphärisch, wie in Abb. 12.30 schematisch gezeigt ist. Dadurch resultiert eine Drehung der Bahnmomente in einer Änderung des Überlapps der Wellenfunktionen benachbarter Atome und damit in einer Änderung der elektrostatischen Wechselwirkungsenergie. Die Bahnmomente haben deshalb bevorzugte kristallographische Richtungen und damit über die Spin-Bahn-Kopplung auch die Spin-Momente. Insgesamt resultiert für verschiedene Spin-Richtungen relativ zu den kristallographischen Achsen ein unterschiedlicher Überlapp der Elektronenwolken von benachbarten

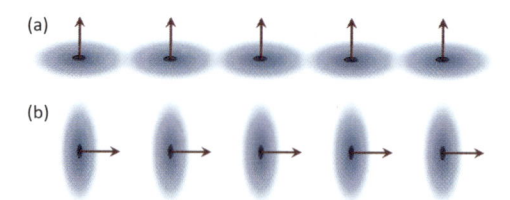

Abb. 12.30: Zur Ursache der magnetokristallinen Anisotropie. Aufgrund der endlichen Spin-Bahn-Kopplung ist die Ladungsverteilung der Atome nicht mehr sphärisch. Die asphärische Ladungsverteilung ist über die Spin-Bahn-Kopplung an die Spin-Richtung gekoppelt und sorgt für unterschiedliche Richtungen des Spins für eine unterschiedliche Austauschwechselwirkung und elektrostatische Wechselwirkungsenergie.

Atomen und damit eine unterschiedliche Austauschenergie und elektrostatische Wechselwirkungsenergie. Beide Effekte führen zur magnetokristallinen Anisotropie.

Die Berechnung der magnetokristallinen Anisotropie ist in der Regel schwierig. Es ist jedoch anschaulich klar, dass die magnetokristalline Anisotropie die Symmetrieeigenschaften der elektronischen Struktur und damit des Kristallgitters aufweisen muss. Das bedeutet, dass Symmetrieoperationen, die das Kristallgitter invariant lassen, auch die magnetische freie Enthalpiedichte des Systems nicht ändern dürfen. Da eine quantitative Beschreibung mittels Rechenverfahren aber bis heute oft wenig zufriedenstellend ist, geht man in der Praxis üblicherweise so vor, dass man den Energiedichtebeitrag der magnetokristallinen Anisotropie zur freien Enthalpiedichte als Funktion der Richtungskosinusse m_x, m_y und m_z der Winkel entwickelt, die eine willkürliche Magnetisierungsrichtung **m** mit den kartesischen Achsen einschließt. Den Entwicklungskoeffizienten, die als Anisotropiekonstanten bezeichnet werden, kommt dabei keine direkte physikalische Bedeutung zu. Statt einer Entwicklung nach Richtungkosinussen könnten wir auch eine Entwicklung nach sphärischen Koordinaten vornehmen. In der Praxis wählt man natürlich eine Entwicklung, die eine möglichst einfache Formulierung des Problems erlaubt. Wir betrachten im Folgenden einige einfache Fälle.

12.7.2.1 Uniaxiale Anisotropie

Viele Materialien können in einer Ebene senkrecht zu einer ausgezeichneten Achse mit Richtung **U** als isotrop angenommen werden. Dies trifft näherungsweise häufig für Kristallstrukturen zu, die eine einzelne Achse mit hoher Symmetrie besitzen. Wir sprechen in diesem Fall von einer uniaxialen Anisotropie. Nehmen wir an, dass die Richtung **u** = **U**/U der leichten Achse mit der z-Achse zusammenfällt, können wir den Beitrag zur freien Enthalpiedichte als Potenzreihe von $m_z^2 = \cos^2 \vartheta$ schreiben, wobei ϑ der Winkel zwischen der Magnetisierungsrichtung **m** und der Anisotropieachse **u** ist. Äquivalent dazu können wir $m_x^2 + m_y^2 = 1 - m_z^2 = \sin^2 \vartheta$ verwenden und erhalten

$$\frac{E_{\text{ani}}^{\text{uni}}}{V} = K_1^{\text{uni}} \sin^2 \vartheta + K_2^{\text{uni}} \sin^4 \vartheta + \dots . \tag{12.7.3}$$

Hierbei sind K_1^{uni} und K_2^{uni} die **uniaxialen Anisotropiekonstanten** 1. und 2. Ordnung, welche die Einheit J/m^3 besitzen. Häufig ist es ausreichend, nur den ersten Term auf der rechten Seite zu berücksichtigen. Typische Beispiele der resultierenden Flächen konstanter freier

Enthalpiedichte sind in Abb. 12.31(a) und (b) für **u** parallel zur z-Achse und unterschiedliches Vorzeichen von K_1^{uni} gezeigt. Für $K_1^{\text{uni}} > 0$ liegt die leichte Achse in der xy-Ebene, für $K_1^{\text{uni}} < 0$ senkrecht dazu. Der Fall $K_1^{\text{uni}} > 0$ ist häufig für dünne magnetische Schichten realisiert, da hier eine Magnetisierungsrichtung parallel zur Filmebene aufgrund der kleineren Streufelder meistens bevorzugt wird (siehe hierzu Abschnitt 12.7.3).

12.7.2.2 Kubische Kristallstruktur

Für eine kubisches System können wir den Beitrag der magnetokristallinen Anisotropie zur freien Enthalpiedichte schreiben als

$$\frac{E_{\text{ani}}^{\text{kub}}}{V} = K_1^{\text{kub}}(m_x^2 m_y^2 + m_y^2 m_z^2 + m_z^2 m_x^2) + K_2^{\text{kub}}(m_x^2 m_y^2 m_z^2) + \dots . \quad (12.7.4)$$

Hierbei haben wir berücksichtigt, dass in der Anisotropieenergie nur gerade Potenzen der Richtungskosinusse auftauchen dürfen, da die magnetische Anisotropie ja durch polare Vektoren beschrieben wird. Ferner haben wir ausgenutzt, dass die Anistotropieenergie invariant gegenüber einer Vertauschung der Richtungskosinusse sein muss. Diese Forderung wird in niedrigster Ordnung durch die Kombination $m_x^2 + m_y^2 + m_z^2$ erfüllt. Diese ist allerdings immer gleich eins und daher unbrauchbar, da sie zu einem isotropen Verhalten führt. Die nächst höheren Ordnungen sind die in (12.7.4) enthaltenen Kombinationen 4. und 6. Ordnung mit den *kubischen Anisotropiekonstanten* K_1^{kub} und K_2^{kub}. Im einfachsten Fall können wir den Term 6. Ordnung vernachlässigen und erhalten

$$\frac{E_{\text{ani}}^{\text{kub}}}{V} \simeq K_1^{\text{kub}}(m_x^2 m_y^2 + m_y^2 m_z^2 + m_z^2 m_x^2) = \tfrac{1}{2} K_1^{\text{kub}} \left[1 - (m_x^4 + m_y^4 + m_z^4)\right] . \quad (12.7.5)$$

Hierbei haben wir das Additionstheorem $m_x^4 + m_y^4 + m_z^4 = 1 - 2(m_x^2 m_y^2 + m_y^2 m_z^2 + m_z^2 m_x^2)$ benutzt. Typische Beispiele der resultierenden Flächen konstanter freier Energiedichte sind in Abb. 12.31(c) und (d) für unterschiedliches Vorzeichen von K_1^{kub} gezeigt. Für $K_1^{\text{kub}} > 0$ erhalten wir leichte Achsen entlang der x-, y- und z-Achse ($\langle 100 \rangle$-Richtungen) und schwere Achsen entlang der Raumdiagonalen ($\langle 111 \rangle$-Richtungen). Für $K_1^{\text{kub}} < 0$ ist es gerade umgekehrt.

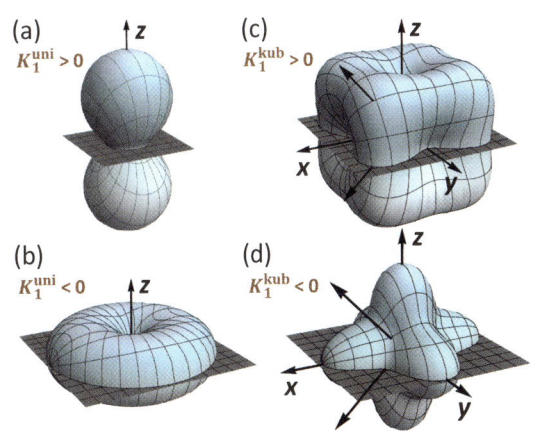

Abb. 12.31: Flächen konstanter magnetischer freier Enthalpiedichte aufgrund einer (a, b) uniaxialen und (c, d) kubischen magnetischen Anisotropie mit jeweils unterschiedlichem Vorzeichen der Anisotropiekonstanten. Es wurden jeweils nur die Beiträge 1. Ordnung berücksichtigt. In (a, b) wurde die Richtung der uniaxialen Anisotropie parallel zur z-Achse angenommen. Die graue Fläche beschreibt die xy-Ebene.

12.7.2.3 Hexagonale Kristallstruktur

Für eine hexagonale Kristallstruktur mit der sechszähligen hexagonalen Achse in z-Richtung können wir den Beitrag der magnetokristallinen Anisotropie zur freien Enthalpiedichte unter Benutzung des Polarwinkels ϑ und des Azimuthalwinkels φ schreiben als

$$\frac{E_{\text{ani}}^{\text{hex}}}{V} = K_1^{\text{hex}} \sin^2 \vartheta + K_2^{\text{hex}} \sin^4 \vartheta + K_3^{\text{hex}} \sin^4 \vartheta \cos 6\varphi + \ldots \quad (12.7.6)$$

In einfachster Näherung können wir den 3. Term vernachlässigen und wir erhalten eine uniaxiale Anisotropie in Richtung der hexagonalen Achse, die wir mit den beiden *hexagonalen Anisotropiekonstanten* K_1^{hex} und K_2^{hex} charakterisieren können. Für $K_{1,2}^{\text{hex}} > 0$ ist die hexagonale Achse die leichte Achse.

Beispiele

In Tabelle 12.6 haben wir typische Werte für die Anisotropiekonstanten einiger magnetischer Materialien angegeben. Eisen besitzt ein kubisch-raumzentriertes Kristallgitter. Da $K_1^{\text{kub}} > 0$ ist, erfolgt die spontane Magnetisierung entlang der $\langle 100 \rangle$-Richtungen. Nickel besitzt ein kubisch-flächenzentriertes Kristallgitter. Da $K_1^{\text{kub}} < 0$ ist, sind hier die $\langle 111 \rangle$-Richtungen die leichten Achsen. Kobalt hat ein hexagonales Kristallgitter. Die leichte Achse ist bei Raumtemperatur die so genannte hexagonale Achse senkrecht zur hexagonalen Basisebene. Kobalt besitzt also in erster Näherung eine uniaxiale Anisotropie. Wir möchten noch darauf hinweisen, dass hartmagnetische Materialien wie $SmCo_5$ oder $Sm_2Fe_{14}B$ Anisotropiekonstanten weit oberhalb von $20\,000\,\text{kJ/m}^3$ besitzen und sich deshalb sehr gut für leistungsfähige Permanentmagnete eignen..

Tabelle 12.6: Anisotropiekonstanten einiger ferromagnetischer Materialien. Nach B. D. Cullity, C. D. Graham, *Introduction to Magnetic Materials*, John Wiley (2005) und *Handbook of Magnetic Materials*, E. P. Wohlfarth, K. H. J. Buschow (Herausgeber), North-Holland, Amsterdam (1988).

Substanz	Kristallstruktur	K_1 (kJ/m³)	K_2 (kJ/m³)
Fe	bcc	40-55	5-15
Ni	fcc	−(50-130)	20-60
Co	hexagonal	400-800	100-150
Gd	hexagonal	−(70-90)	230-280

12.7.3 Formanisotropie

Um die mit der Form eines ferromagnetischen Festkörpers verbundene magnetische Anisotropie abzuschätzen, müssen wir seine magnetostatische Selbstenergie betrachten. Nach (12.1.23) ist sie gegeben durch

$$E_{\text{m}} = \tfrac{1}{2}\mu_0 \int_{\text{außen}} \mathbf{H}_s^2 dV = -\tfrac{1}{2}\mu_0 \int_V \mathbf{H}_N \cdot \mathbf{M} dV = \tfrac{1}{2}\mu_0 \int_V \mathbf{M} \cdot \mathbf{N} \cdot \mathbf{M} dV, \quad (12.7.7)$$

12.7 Magnetische Anisotropie

wobei wir die Beziehung $\mathbf{H}_N = -N\mathbf{M}$ zwischen Entmagnetisierungsfeld $\mathbf{H}_N$ und Magnetisierung $\mathbf{M}$ benutzt haben. N ist der Entmagnetisierungsfaktor (im Allgemeinen ein Tensor), der von der Form des betrachteten Festkörpers abhängt. Die Formanisotropie E_{form} ist nun diejenige Energie, die wir aufbringen müssen, um die Magnetisierung von der günstigsten in die ungünstigste Richtung zu drehen. Für eine Kugel ist sie offensichtlich null, da der Entmagnetisierungsfaktor für jede Richtung $N = 1/3$ beträgt. Für einen dünnen Film gilt $N \simeq 1$ für $\mathbf{M}$ senkrecht und $N \simeq 0$ für $\mathbf{M}$ parallel zur Filmebene. Der Energiebeitrag durch die Formanisotropie ist deshalb gegeben durch

$$E_{\text{form}} \simeq \frac{\mu_0}{2} \int \mathbf{M}^2 dV . \qquad (12.7.8)$$

Für eine Sättigungsmagnetisierung von $\mu_0 M_s \approx 1$ T erhalten wir $E_{\text{form}}/V \approx 400$ kJ/m^3. Unsere Betrachtung gilt natürlich nur für eindomänige Proben. Bei einem Mehrdomänen-Zustand erzeugt jede einzelne Domäne Entmagnetisierungsfelder und unterliegt selbst den Streufeldern der Nachbardomänen.

12.7.4 Induzierte Anisotropie

Als Bespiele für von außen induzierte Anisotropien diskutieren wir im Folgenden kurz die verspannungsinduzierte Anisotropie und die Austauschanisotropie in magnetischen Schichtstrukturen.

12.7.4.1 Anisotropie durch elastische Verspannung

Eine uniaxiale Anisotropie in ferromagnetischen Materialien kann zum Beispiel auch durch eine uniaxiale elastische Verspannung σ erzeugt werden. Die resultierende induzierte Anisotropie wird durch den Energiebeitrag

$$E_{\text{ind}} = \int \tfrac{3}{2}\sigma \lambda_s dV \qquad (12.7.9)$$

beschrieben. Hierbei ist λ_s die Sättigungsmagnetostriktion, die für Eisen $\lambda_s = -7 \times 10^{-6}$ beträgt. Physikalische Ursache ist die durch die elastische Verformung des Festkörpers entstandene Verzerrung der Ladungsverteilung. Diese führt zu einer Vorzugsrichtung des Bahndrehimpulses und über die Spin-Bahn-Kopplung zu einer Vorzugsrichtung des Spins.[60]

12.7.4.2 Austauschanisotropie

Um die Grundzüge der Austauschanisotropie zu diskutieren, betrachten wir die in Abb. 12.32a gezeigte ideale Grenzfläche zwischen einer ferromagnetischen und antiferromagnetischen Schicht. An der Grenzfläche sollen die Spins $\mathbf{S}_{\text{FM}}$ und $\mathbf{S}_{\text{AFM}}$ in der ferro-

---

[60] Genauso wie eine mechanische Verspannung zu einer Vorzugsrichtung der Magnetisierung führt, verursacht auch umgekehrt eine Änderung der Magnetisierungsrichtung (z.B. durch eine äußeres Magnetfeld) eine mechanische Verspannung und damit elastische Verzerrung eines Ferromagneten. Dies kann bei Transformatoren beobachtet werden. Die periodische Umpolung der Magnetisierungsrichtung führt hier zu einer periodischen elastischen Verzerrung, die wir als „Brummen" des Transformators wahrnehmen.

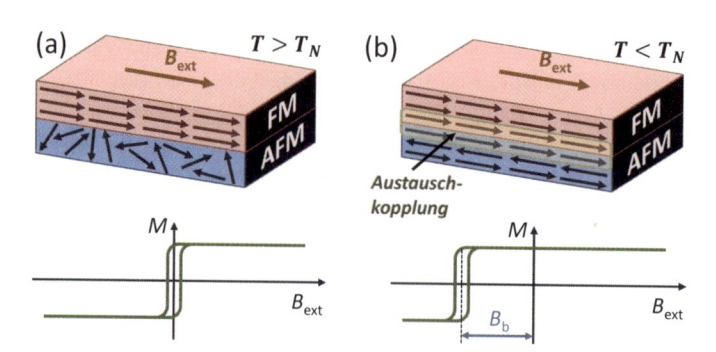

Abb. 12.32: Zur Ursache der magnetischen Austauschanisotropie. In (a) ist $T > T_N$, so dass die Spins im Antiferromagneten noch ungeordnet sind und kein Nettoeffekt auf den Ferromagneten zustande kommt. In (b) ist $T < T_N$, so dass sich die Spins im Antiferromagneten ordnen. Durch den ferromagnetischen Grenzflächenaustausch ($J_{ex} > 0$) resultiert an der Grenzfläche eine parallele Spin-Ausrichtung, die zu einer Verschiebung der ferromagnetischen Hysteresekurve um das Austauschfeld B_b führt.

und antiferromagnetischen Schicht die Austauschkopplung J_{ex} besitzen und es soll ein äußeres Magnetfeld $\mathbf{B}_{ext}$ parallel zur Schichtstruktur angelegt sein. Naiv würden wir für diese Anordnung folgenden Energiegewinn pro Flächeneinheit erwarten:

$$\frac{\Delta E}{F} = -\frac{n J_{ex}}{2\hbar^2} S_{FM} S_{AFM} - \mathbf{M}_{FM} \cdot \mathbf{B}_{ext}\, t_{FM} \,. \tag{12.7.10}$$

Hierbei ist n die Flächendichte der wechselwirkenden Spins an der Grenzfläche, M_{FM} die Sättigungsmagnetisierung und t_{FM} die Dicke der ferromagnetischen Schicht. Der erste Term auf der rechten Seite bewirkt für $J_{ex} > 0$ (ferromagnetische Kopplung) eine parallele Ausrichtung der Spins an der Grenzfläche und der zweite (Zeeman-) Term eine Ausrichtung der Magnetisierung des Ferromagneten parallel zu $\mathbf{B}_{ext}$. Wenn wir die Richtung des Magnetfeldes umpolen, erwarten wir ein Schalten der Magnetisierung bei dem Feld B_b, für das $\Delta E = 0$ wird (wir nehmen ein verschwindend kleines Koerzitivfeld des Ferromagneten an):

$$B_b = \frac{n J_{ex} S_{FM} S_{AFM}}{2\hbar^2 M_{FM} t_{FM}} \,. \tag{12.7.11}$$

Wie in Abb. 12.32b gezeigt, wird die Hysteresekurve des Ferromagneten um B_b verschoben, weshalb wir von einer Austauschpolung (engl. exchange bias) sprechen. Den Beitrag der Austauschanisotropie zur freien Enthalpie können wir mit (12.7.11) schreiben als

$$E_{aus} = V B_b M_{FM} = V \frac{n J_{ex} S_{FM} S_{AFM}}{2\hbar^2 t_{FM}} = \frac{N J_{ex} S_{FM} S_{AFM}}{2\hbar^2} \,. \tag{12.7.12}$$

Hierbei ist $N = nF$ die Anzahl der an der Grenzfläche wechselwirkenden Spins.

Leider widersprechen die experimentellen Befunde unserer einfachen Abschätzung. So ist die gemessene Größe von B_b typischerweise etwa 100-mal kleiner als der nach (12.7.11) mit vernünftigen Parametern berechnete Wert. Es wird ferner beobachtet, dass B_b in epitaktischen Schichten häufig kleiner als in polykristallinen Schichten ist. Um die Austauschanisotropie quantitativ zu verstehen, ist die Kenntnis der Grenzflächen- und Defektstruktur notwendig. Es ist einfach einzusehen, dass z.B. bereits eine geringe Grenzflächenrauigkeit dazu führt, dass die Grenzflächenspins im Antiferromagneten nicht mehr alle die gleiche Richtung besitzen und sich somit lokal entgegengesetzte Werte von B_b ergeben. Auf eine detaillierte Diskussion wollen wir hier aber verzichten.

12.8 Magnetische Domänen

Wir erwarten, dass für $T \ll T_C$ in einem Ferromagneten alle magnetischen Momente parallel ausgerichtet sind, so dass wir bei einer Magnetisierungsmessung die Sättigungsmagnetisierung M_s erhalten sollten. Trotzdem beobachten wir im Experiment häufig eine Magnetisierung $M \ll M_s$ und das Material erscheint nach außen fast unmagnetisch zu sein. Die Ursache dafür sind so genannte *Weisssche Bezirke* oder *Domänen*. Innerhalb dieser Domänen sind die magnetischen Momente ausgerichtet und die spontane Magnetisierung entspricht der Sättigungsmagnetisierung, allerdings zeigt die Magnetisierung in verschiedenen Domänen in unterschiedliche Richtungen, so dass sich die Magnetisierungen der einzelnen Domänen nach außen aufheben können. Magnetische Domänen treten nicht nur in Ferromagneten auf, sondern auch in Ferri- und Antiferromagneten. Ganz allgemein werden Domänen auch in zahlreichen anderen Stoffen, z. B. in Ferro- und Antiferroelektrika, in ferroelastischen Stoffen oder in Supraleitern beobachtet. Dies zeigt, dass Domänen ein allgemeines Phänomen sind und in vielen physikalischen Systemen eine wichtige Rolle spielen.

12.8.1 Ferromagnetische Domänen

Die physikalische Ursache für die Bildung von Domänen in Ferromagneten ist die Minimierung der magnetischen freien Enthalpiedichte. Wie oben bereits diskutiert, müssen wir insbesondere den Beitrag E_m aufgrund der Formanisotropie [siehe (12.7.7)] und den Beitrag E_{ani} durch die magnetokristalline Anisotropie [siehe (12.7.3), (12.7.4) und (12.7.6)] berücksichtigen. Ferner müssen wir bei endlichem äußeren Feld die

$$E_{\text{Zeeman}} = - \int \mathbf{M} \cdot \mathbf{B}_{\text{ext}} dV , \qquad (12.8.1)$$

einschließen, welche die Wechselwirkung eines magnetischen Körpers mit dem äußeren Feld berücksichtigt.

Die Ursache für die Domänenbildung können wir uns anhand von Abb. 12.33 veranschaulichen ($\mathbf{B}_{\text{ext}} = 0$). Betrachten wir einen einkristallinen ferromagnetischen Festkörper, so kann dieser im ferromagnetischen Zustand aus einer einzigen oder aus mehreren ferromagnetischen Domänen bestehen. In Abb. 12.33a liegt nur eine einzelne Domäne vor. Die Richtung der Magnetisierung wird hierbei durch die in Abschnitt 12.7 diskutierte magnetische Anisotropie festgelegt. Abb. 12.33a zeigt auch, dass die mit dem Streufeld bzw. Entmagnetisierungsfeld verbundene Selbstenergie E_m bei einer eindomänigen Konfiguration groß ist. Sie ist immer positiv und führt zu einer Erhöhung der Gesamtenergie.

Abb. 12.33: Zur Ursache der Domänenstruktur in Ferromagneten. Die magnetische Feldenergie nimmt von links nach rechts ab, die Wand- und Anisotropieenergie dagegen zu.

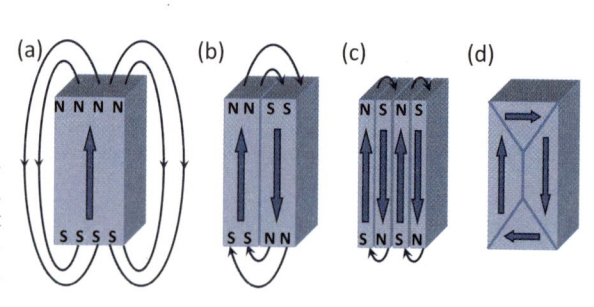

Für die in Abb. 12.33b und c gezeigten Konfigurationen nimmt die mit dem Streufeld verbundene Energie ab, da wir durch Bildung von Domänen mit anti-paralleler Magnetisierungsrichtung die Streufelder reduziert haben. Gleichzeitig müssen wir jedoch zum Aufbau der Wände zwischen den einzelnen Domänen Energie aufwenden, da wir ja an der Domänengrenze jetzt keine parallele Anordnung der Spins vorliegen haben und somit Austauschenergie verlieren. Die Energieerhöhung E_{Wand} durch Domänenwände werden wir in Abschnitt 12.8.3 diskutieren. Bezüglich der Minimierung der Streufeldenergie ist es besonders günstig, wenn die antiparallel orientierten Domänen durch so genannte Abschlussdomänen begrenzt sind (siehe Abb. 12.33d). Die Wand zwischen einer Abschlussdomäne und einer in Abb. 12.33 senkrecht verlaufenden Domäne bildet mit der Magnetisierungsrichtung in beiden Domänen einen 45° Winkel. In diesem Fall gehen die Normalkomponenten der Magnetisierung an der Domänengrenze stetig ineinander über. Es treten deshalb keine magnetischen Pole auf und das magnetische Streufeld außerhalb des betrachteten Festkörpers verschwindet. Allerdings müssen wir berücksichtigen, dass die Anisotropieenergie im Bereich der Abschlussdomänen zu einer Energieerhöhung führt, da hier die Magnetisierungsrichtung nicht in die bevorzugte Richtung zeigt.

Um die Domänenstruktur zu bestimmen, müssen wir die totale freie Enthalpie des Systems ermitteln, indem wir die Energiedichten (wir bezeichnen diese mit kleinen Buchstaben) der verschiedenen Beiträge aufintegrieren. Wir erhalten[61]

$$\mathcal{G}_{\text{tot}} = \int \left[e_{\text{form}} + e_{\text{ani}} + e_{\text{Wand}} + e_{\text{Zeeman}} \right] dV, \qquad (12.8.2)$$

wobei wir die sich aus den Maxwell-Gleichungen ergebenden Zusatzbedingungen $\nabla \cdot \mathbf{B}_s = 0$ und $\nabla \times \mathbf{B}_s = 0$ erfüllen müssen. Insgesamt erhalten wir eine komplizierte Integro-Differentialgleichung, die wir nur numerisch lösen können. Die gesuchte Domänenstruktur ergibt sich durch Minimieren der freien Energie. Im Allgemeinen können Domänenstrukturen eine sehr komplizierte Form haben.[62] Es ist aber sofort einsichtig, dass ihre physikalische

---

[61] Wir weisen darauf hin, dass das Streu- bzw. Entmagnetisierungsfeld bereits über die Formanisotropie in die Energiedichte eingeht. Bei der Diskussion der magnetischen Anisotropie haben wir aber immer nur eindomänige Systeme betrachtet und überlegt, in welche Richtung die Magnetisierung in solchen Systemen durch das Wechselspiel von magnetokristalliner Anisotropie, Formanisotropie und induzierter Anisotropie zeigt. Jetzt betrachten wir mehrdomänige Systeme, bei denen jede einzelne Domäne Entmagnetisierungsfelder erzeugt und wiederum selbst den Streufeldern der Nachbardomänen unterliegt.

[62] Alex Hubert, Rudolf Schäfer, *Magnetic Domains: The Analysis of Magnetic Microstructures*, Springer-Verlag Berlin Heidelberg (1998).

Ursache immer darin begründet ist, dass das magnetische System seine Energie durch einen Übergang von einer gesättigten, eindomänigen Konfiguration zu einer Konfiguration mit einer Domänenanordnung erniedrigen kann. Die Form der Domänenstruktur wird dabei durch die Minimierung der Gesamtenergie aus magnetischer Feldenergie, Anisotropieenergie und der Zeeman-Energie bestimmt.

12.8.2 Antiferromagnetische Domänen

In Antiferromagneten gibt es keine Streufelder. Deshalb könnten wir davon ausgehen, dass die energetisch günstigste Konfiguration ein eindomäniger Zustand ist. In der Realität nehmen aber auch Antiferromagnete mehrdomänige Zustände an. Eine häufige Ursache dafür sind strukturelle Defekte (z. B. Zwillings- oder Korngrenzen), welche die langreichweitige Ordnung der Spins stören und dadurch eine Änderung der Spinrichtung bewirken können. Selbst in einem perfekten Kristall kann durch Bildung von Domänen die Entropie erhöht werden. Falls die damit verbundene Änderung $-TdS$ der freien Energie größer ist als die zur Bildung von Domänenwänden notwendige Energie, wird ein Multidomänenzustand thermodynamisch stabil.

12.8.3 Domänenwände

Zwischen zwei in unterschiedliche Richtungen magnetisierten Domänen in einem ferromagnetischen Material muss ein Bereich auftreten, in dem sich die Spin-Richtung ändert. Wir wollen in diesem Abschnitt zeigen, dass sich beim Übergang von einer Domäne zur benachbarten die Spin-Richtung nicht sprunghaft von einem Gitteratom zum nächsten ändert, sondern dass die Richtungsänderung innerhalb einer so genannten *Domänenwand* in vielen kleinen Schritten über einen breiteren Bereich erfolgt. Man unterscheidet zwischen zwei Typen von Domänenwänden, der *Bloch-Wand* und der *Néel-Wand*, je nachdem ob die Änderung der Spin-Richtung in einer Ebene verläuft, die parallel oder senkrecht zur Domänenwand ist.

12.8.3.1 Bloch-Wand

Bei einer Bloch-Wand erfolgt die Änderung der Spin-Richtung in einer Ebene, die parallel zur Domänenwand ist. In Abb. 12.34a ist die Änderung der Spin-Orientierung in einer 180° Bloch-Wand schematisch dargestellt. Die Austauschkopplung zwischen zwei Spins, die miteinander den Winkel φ einschließen, ist gegeben durch

$$E_\varphi = -J_A \frac{S^2}{\hbar^2} \cos \varphi \,. \tag{12.8.3}$$

Da $\cos \varphi \leq 1$, wird bei einer Verkippung benachbarter Spins die Austauschenergie reduziert. Um diese Reduktion abzuschätzen, betrachten wir zwei Fälle: (i) Wir ändern die relative Richtung der Spins nur an einer einzigen Stelle und zwar um 180°, (ii) wir ändern die Spin-Richtung kontinuierlich in n Schritten um kleine Winkel $\varphi = 180°/n$, so dass wir insgesamt wieder eine Änderung um 180° erhalten. Für die Änderung der Spin-Richtung an einer Stelle

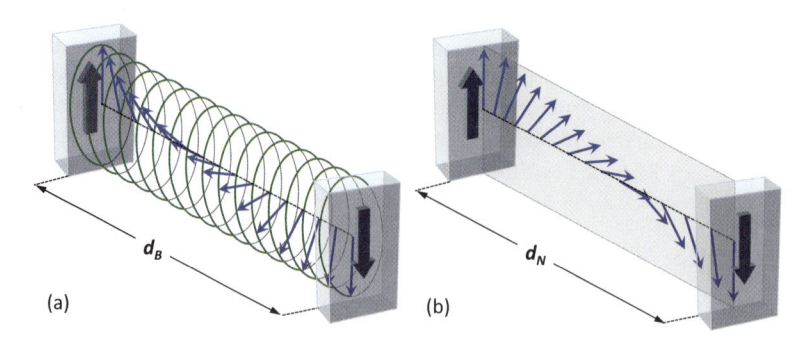

Abb. 12.34: Schematische Darstellung der Spin-Orientierung in einer 180° Bloch-Wand (a) und einer 180° Néel-Wand (b) zwischen zwei in entgegengesetzte Richtung magnetisierten Domänen.

um 180° erhöhen wir die Energie um

$$\Delta E_1 = 2 J_A \frac{S^2}{\hbar^2}, \qquad (12.8.4)$$

da wir die Austauschkopplung von $-J_A \frac{S^2}{\hbar^2}$ nach $+J_A \frac{S^2}{\hbar^2}$ ändern. Für die Änderung in n kleinen Winkelschritten erhalten wir nach (12.8.3)

$$E_n = -n J_A \frac{S^2}{\hbar^2} \cos\varphi = -n J_A \frac{S^2}{\hbar^2} \left(1 - \frac{\varphi^2}{2}\right). \qquad (12.8.5)$$

Hierbei haben wir die Näherung $\cos\varphi \simeq 1 - \frac{1}{2}\varphi^2$ verwendet, da φ ein kleiner Winkel sein soll. Für die Änderung der Austauschkopplung gegenüber paralleler Ausrichtung ergibt sich also

$$\Delta E_n = n J_A \frac{S^2}{\hbar^2} \frac{\varphi^2}{2} = \frac{1}{n} \cdot J_A \frac{S^2}{\hbar^2} \frac{(n\varphi)^2}{2} = \frac{\pi^2}{2n} \cdot J_A \frac{S^2}{\hbar^2}. \qquad (12.8.6)$$

Vergleichen wir diesen Energiezuwachs ΔE_n mit dem Zuwachs ΔE_1, den wir für nur eine einzige Winkeländerung um den gesamten Winkel $180° = n\varphi$ erhalten haben, so ergibt sich offensichtlich folgender Zusammenhang

$$\Delta E_n = \frac{1}{n} \frac{\pi^2}{4} 2 J_A \frac{S^2}{\hbar^2} = \frac{1}{n} \frac{\pi^2}{4} \Delta E_1. \qquad (12.8.7)$$

Wir sehen also, dass wir den Energiezuwachs klein halten können, indem wir die Anzahl n der Kippschritte an einer Bloch-Wand vergrößern, das heißt, indem wir die Bloch-Wand dicker machen.

Unsere bisherige Betrachtung würde natürlich implizieren, dass wir eine Bloch-Wand im Prinzip unendlich breit machen sollten. Wir müssen allerdings bei unserer Analyse einen weiteren Energieterm berücksichtigen, nämlich die Anisotropieenergie. Aufgrund der Anisotropieenergie müssen wir Energie aufbringen, um einen Spin aus seiner energetisch günstigsten Richtung (leichte Magnetisierungsrichtung) herauszukippen. Da aber die Spin-Richtungen innerhalb der Bloch-Wand fast alle nicht in die energetisch günstigste Richtung zeigen, ist es im Hinblick auf die Anisotropieenergie am besten, die Bloch-Wand möglichst dünn zu machen. Da die Anisotropieenergie mit zunehmender Dicke der Bloch-Wand zunimmt, der Energiezuwachs aufgrund der Austauschkopplung dagegen abnimmt, stellt sich eine optimale Dicke der Bloch-Wand ein, bei der die Summe der beiden Energien minimal ist.

Wir wollen die optimale Dicke einer 180° Bloch-Wand ($n\varphi = \pi$) für ein kubisch primitives Gitter mit Gitterkonstante a abschätzen. Für den Energiezuwachs pro Flächeneinheit $F = a^2$ aufgrund der Austauschkopplung gilt nach (12.8.6)

$$\frac{\Delta E_n}{F} = \frac{\pi^2 J_A \frac{S^2}{\hbar^2}}{2na^2} \ . \tag{12.8.8}$$

Hierbei ist $1/a^2$ die Anzahl der Spins pro Flächeneinheit. Die Anisotropieenergie pro Flächeneinheit können wir näherungsweise schreiben als

$$\frac{\Delta E_{\text{ani}}}{F} \simeq Kna \ , \tag{12.8.9}$$

das heißt, als Produkt aus Isotropiekonstante K und Breite na der Bloch-Wand. Damit erhalten wir für die Wandenergie

$$\frac{E_{\text{Wand}}}{F} = \frac{\pi^2 J_A S^2}{\hbar^2 2na^2} + Kna \ . \tag{12.8.10}$$

Dieser Ausdruck besitzt ein Minimum für

$$\frac{1}{F}\frac{\partial E_{\text{Wand}}}{\partial n} = -\frac{\pi^2 J_A S^2}{\hbar^2 2n^2 a^2} + Ka = 0 \ , \tag{12.8.11}$$

das heißt, für die Wanddicke

$$d_B = na = \left(\frac{\pi^2 J_A S^2}{\hbar^2 2Ka}\right)^{1/2} \ . \tag{12.8.12}$$

Wir sehen, dass die Breite d_B der Bloch-Wand umso größer ist, je größer der Wert der Kopplungskonstante J_A und je kleiner die Anisotropiekonstante K ist. Für Eisen beträgt die Dicke einer Bloch-Wand typischerweise 40 nm bzw. $n \simeq 300$.

12.8.3.2 Néel-Wand

In dünnen Filmen ist die Ausbildung einer Bloch-Wand energetisch ungünstig, da im Wandbereich die Magnetisierungsrichtung aus der Filmebene herausdrehen müsste, was zu einem großen Streufeld führen würde. Es treten hier bevorzugt Néel-Wände auf (siehe Abb. 12.34b), bei denen die Spins in einer Ebene senkrecht zur Wandfläche drehen. Die obige Ableitung für die Dicke der Domänenwand gilt auch für Néel-Wände, wobei für die Néel-Wand noch ein zusätzlicher Streufeldbeitrag berücksichtigt werden muss. In sehr dünnen Filmen werden Oberflächenbeiträge zur magnetokristallinen Anisotropie wichtig, so dass hier wegen der großen Oberflächenbeiträge wiederum Bloch-Wände auftreten können.

12.8.4 Abbildung der Domänenstruktur

Die Domänenstruktur kann experimentell mit Hilfe von magnetooptischen Verfahren, der so genannten Bitter-Technik oder mit Hilfe von spin-polarisierter Rasterelektronenmikroskopie abgebildet werden. Bei der magnetooptischen Abbildung wird über der Probe ein dünner magnetooptischer Film aufgebracht, der die Polarisationsebene von linear polarisiertem Licht je nach vorliegender Magnetisierungsrichtung aufgrund des Faraday-Effekts in entgegengesetzte Richtungen dreht. Die Drehung kann über einen Analysator in einen Hell-Dunkel-Kontrast umgewandelt werden. Die räumliche Auflösung dieser Technik ist aufgrund der verwendeten Lichtoptik auf etwa 1 µm beschränkt. Bei der Bitter-Technik wird Eisenpulver zur Dekoration der Domänenstruktur verwendet. Das Eisenpulver lagert sich bevorzugt an den Domänengrenzen an, an denen starke lokale Streufelder auftreten, die das Eisenpulver anziehen. Die räumliche Anordnung des Eisenpulvers kann mit einem Licht- oder Rasterelektronenmikroskop abgebildet werden. Mit sehr hoher Auflösung können magnetische Domänenstrukturen auch mit Hilfe eines Spin-Rasterelektronenmikroskops aufgenommen werden, bei dem die Spin-Richtung der aus dem magnetischen Film austretenden Sekundärelektronen analysiert wird.

Eine hohe räumliche Auflösung im Bereich zwischen 10 und 100 nm erhält man ebenfalls mit der *Magnetischen Rasterkraftmikroskopie* (MFM: Magnetic Force Microscopy, siehe Abb. 12.35), bei der die unmagnetische Spitze eines gewöhnlichen Rasterkraftmikroskops durch eine ferromagnetische Spitze ersetzt wird und die Kraft aufgrund der Wechselwirkung zwischen ferromagnetischer Spitze und dem Streufeld über einer magnetischen Probe gemessen wird. Auf die ferromagnetische Spitze wirkt aufgrund des Feldgradienten eine Kraft, die die Spitze zur Probe hin oder von der Probe weg bewegt. Die daraus resultierende Verbiegung des Balkens kann mit Hilfe der Ablenkung eines auf den Balken treffenden Laserstrahls bestimmt werden.

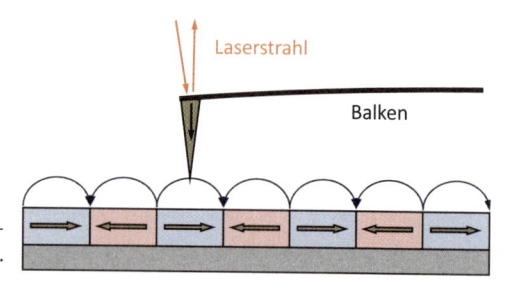

Abb. 12.35: Magnetische Raster-Kraftmikroskopie (MFM: Magnetic Force Microscopy).

12.8.5 Magnetisierungskurve

Mit unseren jetzigen Kenntnissen können wir diskutieren, wie sich die Magnetisierung eines ferromagnetischen Materials als Funktion eines äußeren Magnetfeldes verhält. Bringen wir ein ferromagnetisches Material in ein äußeres Magnetfeld, so müssen wir zusätzlich zu den oben genannten Energiebeiträgen (magnetische Feldenergie, Wandenergie, Anisotropieenergie) auch noch den Energiebeitrag durch das äußere Feld (Zeeman-Energie) berücksichtigen. Letzterer versucht, die Magnetisierung parallel zum äußeren Feld zu stellen. Erhö-

12.8 Magnetische Domänen

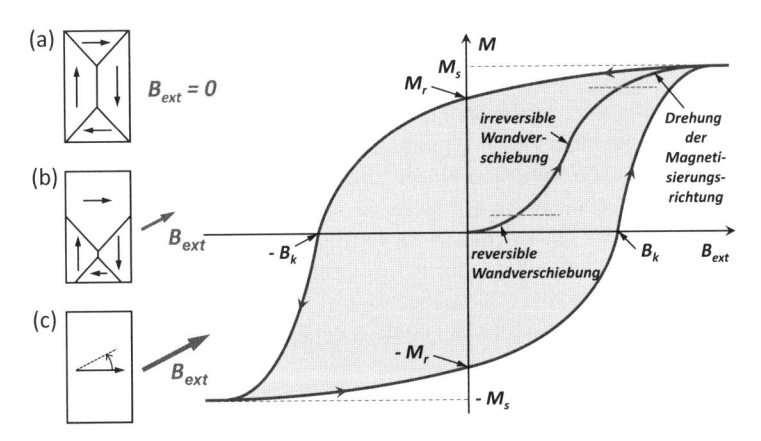

Abb. 12.36: Links: Schematische Darstellung der Änderung der Domänenstruktur eines einkristallinen Ferromagneten unter dem Einfluss eines äußeren Magnetfeldes $B_{ext} = \mu_0 H_{ext}$: (a) $B_{ext} = 0$, (b) Bereich der Wandverschiebung, (c) Bereich der Drehung der Magnetisierung in Richtung des angelegten Magnetfeldes. Rechts: Magnetisierungskurve eines Ferromagneten mit Sättigungsmagnetisierung M_s, Remanenz M_r und Koerzitivfeld B_k.

hen wir das äußere Magnetfeld, so ändert sich aufgrund des zusätzlichen Energiebeitrags die Domänenstruktur des ferromagnetischen Materials. Zuerst erfolgt bei kleinen Feldstärken eine **Wandverschiebung**, die anfangs reversibel und bei höheren Feldern irreversibel verläuft. Diese bewirkt ein Wachstum von Domänen mit einer relativ zum äußeren Feld günstigen Magnetisierungsrichtung und einem Schrumpfen von solchen mit ungünstiger Richtung. Anschließend folgen bei höheren Feldstärken **Rotationsprozesse**, bei denen die Magnetisierungsrichtung in Feldrichtung gedreht wird (siehe hierzu Abb. 12.36, links).

Aus den eben beschriebenen Prozessen folgt die in Abb. 12.36 (rechts) gezeigte **Magnetisierungskurve** eines Ferromagneten, die eine ausgeprägte **Hysterese** besitzt. Der steile Anstieg der Kurve bei kleinen Feldstärken resultiert aus der Wandverschiebung, während der flache Verlauf bei höheren Feldstärken durch Drehprozesse verursacht wird. Schalten wir das Magnetfeld nach einer vollen Aufmagnetisierung des Ferromagneten wieder ab, so geht die Magnetisierung nicht auf null zurück, sondern es verbleibt die mit M_r gekennzeichnete **Remanenz** zurück. Um die remanente Magnetisierung zu beseitigen, müssen wir das Magnetfeld in entgegengesetzte Richtung bis zum **Koerzitivfeld** B_k erhöhen.

Beim Durchfahren einer kompletten Hystereseschleife wird die Energiedichte $\oint \mu_0 M dH_{ext}$ dissipiert, die proportional zur Fläche der Hystereseschleife ist. Für Transformatorkerne, bei denen die Hystereseschleife periodisch durchfahren wird, verwendet man deshalb möglichst Materialien, bei denen die Hystereseschleife sehr klein ist. Dies erreicht man z. B. durch sehr kleine Koerzitivfelder (magnetisch weiche Materialien). Die Koerzitivfeldstärke des für Pulstransformatoren verwendeten Materials Supermalloy (79% Ni, 15% Fe, 5% Mo) beträgt z. B. nur etwa 0.005 Gauss. Für kommerzielle Netztransformatoren wird meist Fe-Si(4%) mit $B_k \simeq 0.5$ Gauss verwendet. Für Permanentmagnete will man dagegen möglichst große Koerzitivfelder (magnetisch harte Materialien) und eine hohe Remanenz haben (z. B. $Fe_{14}Nd_2B$: $B_k \geq 1$ T, $\mu_0 M_r \geq 1.2$ T). Das hohe Koerzitivfeld verhindert, dass der Haftmagnet bereits durch kleine Magnetfelder seine Magnetisierung verliert. Die hohe Remanenz resultiert in einer hohen magnetischen Haftkraft.

12.8.6 Magnetische Speichermedien

Eine Hauptanwendung von ferromagnetischen Materialien ist die Datenspeicherung. Dabei werden dünne ferromagnetische Schichten verwendet. Diese bestehen aus ferromagnetischen Teilchen mit einem mittleren Größe, die je nach Speicherdichte zwischen weniger als 10 nm und etwa 100 nm variiert. Bei dieser Größe liegt in jedem Teilchen meist nur noch eine einzelne Domäne vor, wir nennen diese Teilchen dann eindomänig. Ein ideales eindomäniges Teilchen ist nicht rund, sondern elliptisch oder nadelförmig. Aufgrund der Formanisotropie (bzw. beim Vorliegen einer starken uniaxialen Anisotropie) sind für die Magnetisierung nur zwei Richtungen entlang der Nadel bzw. der großen Halbachse der Ellipse erlaubt.

Das erste erfolgreiche Material für magnetische Speichermedien war τ-Fe_2O_3 mit einem Länge zu Breite-Verhältnis von 5:1 und einem Koerzitivfeld von etwa 200 G bei einer Teilchengröße kleiner als 1 μm. Verbesserte Medien wurden dann mit CrO_2 Teilchen mit einem Länge zu Breite-Verhältnis von 20:1 und einem Koerzitivfeld von etwa 500 G realisiert.

Abb. 12.37 zeigt den enormen Fortschritt in der Speicherdichte von magnetischen Festplatten. Im Zeitraum von 1984 bis 2000 wurde die Speicherdichte von Festplatten von etwa 0.04 Gbit/in^2 bis auf etwa 20 Gbit/in^2, also um einen Faktor 500 erhöht. Im Jahr 2012 wurden bereits Speicherdichten von mehr als 1 TBit/in^2 erreicht. Das heißt, die Speicherdichte wurde in etwa 2 Jahren jeweils verdoppelt. Die Bit-Größe wurde dabei von etwa 15x1 μm^2 bis auf weniger als 30x30 nm^2 verkleinert. Diese riesigen Fortschritte waren nur durch die enorme Weiterentwicklung der Schreib- und Leseköpfe und der für die Speicherung verwendeten ferromagnetischen Schichten möglich.[63]

Zur Datenspeicherung verwendete ferromagnetische Filme bestehen üblicherweise aus weniger als 10 nm großen, eindomänigen ferromagnetischen Teilchen, die magnetisch weit-

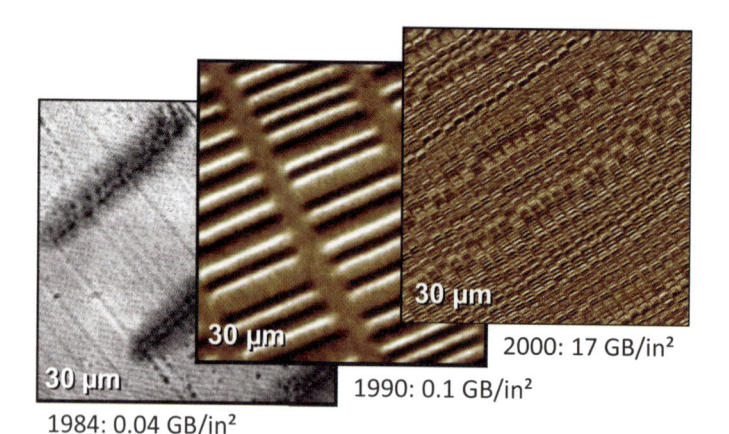

Abb. 12.37: Verkleinerung des Bitmusters auf einer magnetischen Festplatte zwischen 1984 und 2000. Der Bildausschnitt beträgt jeweils 30 × 30 μm^2 (Quelle: IBM Deutschland).

---

[63] Shan X. Wang, Alex M. Taratorin, *Magnetic Information Storage Technology*, Academic Press, San Diego (1999).

gehend voneinander entkoppelt sein müssen. Will man die Bit-Größe weiter verkleinern, so muss auch die Größe dieser Teilchen verkleinert werden, um eine gleichbleibende Zahl von Teilchen pro Bit zu gewährleisten und dadurch statistische Schwankungen im Lesesignal klein zu halten. Dies führt allerdings zum Problem des so genannten *Superparamagnetismus*. Die Anisotropieenergie der Teilchen wird bei immer kleiner werdendem Volumen irgendwann so klein, dass sie in den Bereich der thermischen Energie $k_B T$ kommt. Die Teilchen können dann ihre Magnetisierungsrichtung durch thermische Aktivierung in beliebige Richtungen drehen. Der gesamte magnetische Film verhält sich somit wie ein System von nicht wechselwirkenden magnetischen Momenten, deren Ausrichtung aufgrund der großen thermischen Energie im Nullfeld beliebig ist. Das heißt, der magnetische Film verhält sich wie ein Paramagnet. Da die magnetischen Momente aber immer noch groß gegenüber den atomaren Momenten sind, spricht man von Superparamagnetismus.

Dem Problem des Superparamagnetismus kann im Prinzip dadurch begegnet werden, dass Materialien mit einer größeren Anisotropieenergie verwendet werden. Durch Vergrößern der Anisotropiekonstante K kann das Volumen V eines Bits entsprechend verkleinert werden ohne die magnetische Anisotropieenergie KV zu ändern. Die Vergrößerung der magnetischen Anisotropie hat aber auch zur Folge, dass beim Schreibvorgang höhere Felder erzeugt werden müssen, um die Magnetisierungsrichtung zu drehen. Eine Lösung stellt das Heat-Assisted-Magnetic-Recording-(HAMR-) Verfahren dar. Dabei wird das magnetische Medium mit einem Laser präzise lokal an der Stelle erwärmt, an der gerade Daten geschrieben werden sollen. Außerdem wird seit etwa 2005 die Magnetisierungsrichtung in den einzelnen Bits nicht mehr in der Ebene des ferromagnetischen Films sondern senkrecht dazu ausgerichtet (PMR: Perpendicular Magnetic Recording). Dadurch kann einerseits der vom Schreibkopf erzeugte magnetische Fluss effektiver eingekoppelt werden und somit auch bei höherem Koerzitivfeld geschrieben werden. Andererseits kann durch das Senkrechtstellen der magnetischen Bits bei gleichem Bit-Volumen eine höhere Flächendichte erreicht werden.

12.9 Magnetisierungsdynamik

Wir haben in Abschnitt 12.7.2 gesehen, dass die Magnetisierung in einem Ferromagneten eine Vorzugsrichtung hat, die durch ein Minimum der freien Enthalpiedichte gegeben ist. Wir betrachten im Folgenden die Dynamik der Magnetisierung eines homogen magnetisierten Ferromagneten unter der Wirkung von äußeren Kräften. Dabei gehen wir zunächst davon aus, dass die einzelnen Momente im Ferromagneten starr gekoppelt sind und sich nur als Gesamtheit phasensynchron drehen können. Das bedeutet, dass wir uns auf die Diskussion der homogenen Mode mit Wellenzahl $q = 0$ bzw. Wellenlänge $\lambda = \infty$ beschränken. Wir werden unsere Diskussion in Abschnitt 12.10 bei der Diskussion von Spinwellen auf $q > 0$ erweitern. Mit den gemachten Annahmen können wir die Magnetisierung als klassischen Makrospin betrachten und für seine Bewegung eine klassische Bewegungsgleichung aufstellen.

Im Gleichgewicht zeigt die Magnetisierungsrichtung $\mathbf{m} = \mathbf{M}/M$ in Richtung eines effektives Magnetfeldes

$$\mathbf{B}_{\text{eff}} = \mathbf{B}_{0,\text{ext}} + \mathbf{B}_{1,\text{ext}}(t) + \mathbf{B}_{\text{ani}} + \mathbf{B}_A \,, \qquad (12.9.1)$$

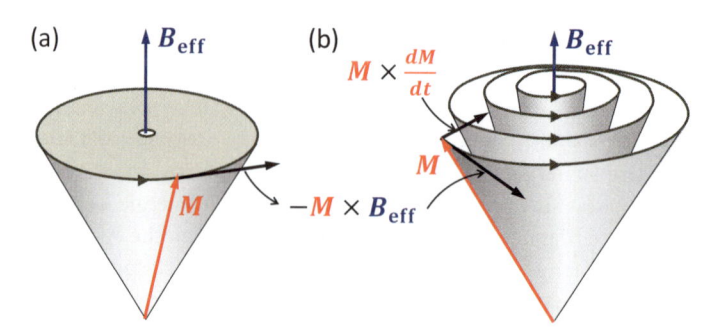

Abb. 12.38: Zur Ableitung der Landau-Lifshitz-Gilbert-Gleichung. Die Auslenkung der Magnetisierung aus ihrer Gleichgewichtslage parallel zum effektiven Magnetfeld resultiert in einer Präzessionsbewegung um $\mathbf{B}_{\text{eff}}$. In (a) ist der Fall ohne in (b) mit Dämpfung gezeigt.

das sich aus einem statischen und zeitabhängigen externen Feld sowie einem Feld aufgrund von Anisotropieeffekten und dem Austauschfeld zusammensetzt. Das Anisotropiefeld

$$\mathbf{B}_{\text{ani}} = -\frac{1}{M}\nabla_{\mathbf{m}}\mathfrak{g}_{\text{ani}}, \tag{12.9.2}$$

wird durch den Gradienten der freien Enthalpiedichte $\mathfrak{g}_{\text{ani}}$ bezüglich der Magnetisierungsrichtung $\mathbf{m}$ bestimmt. Das Austauschfeld $\mathbf{B}_A$ beschreibt die Wechselwechselwirkung zwischen benachbarten Momenten in der hier gemachten Kontinuumsbeschreibung. Für kleine Verkippungen φ benachbarter Momente ist es proportional zur Austauschkonstante J_A, zur Dichte n der Momente und zum Quadrat der Verkippung

$$\mathbf{B}_A = -\frac{n}{M}J_A\varphi^2 = -\frac{na^2}{M}J_A\left(\frac{\nabla M}{M}\right)^2. \tag{12.9.3}$$

Hierbei haben wir die gegenseitige Verkippung der Momente durch $\varphi \simeq \nabla \mathbf{m} a$, d.h. durch einen Gradienten der Magnetisierungsrichtung $\mathbf{m}$ und den Abstand a der Momente ausgedrückt. Da wir hier nur die homogene Mode mit parallel angeordneten Momenten, also $\varphi = 0$ diskutieren wollen, ist für die folgende Betrachtung das Austauschfeld nicht relevant. Es spielt bei den in Abschnitt 12.10.1 diskutierten Austauschmoden eine zentrale Rolle.

Lenken wir $\mathbf{M}$ aus seiner Gleichgewichtslage aus, so wirkt ein Drehmoment

$$\mathbf{T} = V\mathbf{M} \times \mathbf{B}_{\text{eff}} \tag{12.9.4}$$

das senkrecht auf $\mathbf{M}$ und $\mathbf{B}_{\text{ext}}$ steht (siehe Abb. 12.38a). Das Drehmoment bewirkt also eine Präzessionsbewegung des Magnetisierungsvektors um die Feldrichtung. Es liegt damit eine Situation ähnlich zum Kreisel vor, der einer einwirkenden Kraft (z.B. der Schwerkraft) ebenfalls senkrecht ausweicht. Ohne Dämpfung besteht die Präzessionsbewegung für alle Zeiten fort.

Das gesamte magnetische Moment $\boldsymbol{\mu} = V\mathbf{M}$ der Probe ist mit dem Drehimpuls

$$\mathbf{L} = -\frac{\boldsymbol{\mu}}{\gamma} = -\frac{V}{\gamma}\mathbf{M} \tag{12.9.5}$$

12.9 Magnetisierungsdynamik

verbunden, wobei $\gamma = g\mu_B/\hbar$ das gyromagnetische Verhältnis ist. Aus $\mathbf{T} = d\mathbf{L}/dt$ folgt dann die Bewegungsgleichung

$$\frac{d\mathbf{M}}{dt} = -\gamma\,\mathbf{M} \times \mathbf{B}_{\text{eff}}\,. \tag{12.9.6}$$

Diese Gleichung, die sich sowohl klassisch als auch quantenmechanisch herleiten lässt, wurde erstmals 1935 von **Landau** und **Lifshitz** formuliert. Multiplizieren wir diese Gleichung von links mit $\mathbf{M}$, so erhalten wir

$$\mathbf{M} \cdot \frac{d\mathbf{M}}{dt} = \frac{1}{2}\frac{d}{dt}M^2 = -\gamma\,\mathbf{M}\cdot(\mathbf{M}\times\mathbf{B}_{\text{eff}}) = 0\,. \tag{12.9.7}$$

Wir sehen also, dass der Betrag der Magnetisierung zeitlich konstant bleibt. Landau und Lifshitz haben Gleichung (12.9.6) mit einem phänomenologischen Dämpfungsterm

$$\mathbf{F}_\lambda = \lambda\,\mathbf{M} \times (\mathbf{M} \times \mathbf{B}_{\text{eff}})\,. \tag{12.9.8}$$

erweitert, um Dissipationseffekte zu berücksichtigen. Hierbei ist $\lambda = -\eta\gamma/M$ mit dem dimensionslosen Dämpfungsparameter η. Der Dämpfungsterm steht senkrecht zum Präzessionsterm und führt zu einer Relaxation von $\mathbf{M}$ in Richtung des effektiven Feldes. Damit ergibt sich insgesamt die *Landau-Lifshitz-Gleichung*[64]

$$\frac{d\mathbf{M}}{dt} = -\gamma\,\mathbf{M} \times \mathbf{B}_{\text{eff}} + \lambda\,\mathbf{M} \times (\mathbf{M} \times \mathbf{B}_{\text{eff}})\,. \tag{12.9.9}$$

Sie beschreibt die gedämpfte Präzessionsbewegung von $\mathbf{M}$ nach Auslenkung aus der Gleichgewichtslage, die zu einer spiralförmigen Bahn um $\mathbf{B}_{\text{eff}}$ führt (siehe Abb. 12.38b).

20 Jahre nach der Formulierung der Landau-Lifshitz-Gleichung stellte **Gilbert** fest, dass der von Landau und Lifshitz eingeführte Dämpfungsterm für große λ zu einem unphysikalischen Verhalten führt.[65] Gilbert erweiterte deshalb den Dämpfungsterm um einen Dissipationsterm, der die Ankopplung an ein Wärmebad berücksichtigt. Die von ihm erhaltene Gilbert-Gleichung lautet[66,67]

$$\frac{d\mathbf{M}}{dt} = -\gamma\,\mathbf{M} \times \mathbf{B}_{\text{eff}} + \alpha\,\mathbf{M} \times \frac{d\mathbf{M}}{dt}\,. \tag{12.9.10}$$

Diese Gleichung kann in die *Landau-Lifshitz-Gilbert-Gleichung*[68]

$$\frac{d\mathbf{M}}{dt} = -\frac{\gamma}{1+\alpha^2 M^2}\,\mathbf{M} \times \mathbf{B}_{\text{eff}} + \frac{\alpha\gamma}{1+\alpha^2 M^2}\,\mathbf{M} \times (\mathbf{M} \times \mathbf{B}_{\text{eff}}) \tag{12.9.11}$$

---

[64] L. D. Landau, E. M. Lifshitz, *Theory of the dispersion of magnetic permeability in ferromagnetic bodies*, Phys. Z. Sowjetunion **8**, 153 (1935).

[65] Betrachtet man z.B. eine homogen magnetisierte Kugel, so nimmt die Ummagnetisierungszeit für größer werdendes λ nach Gleichung (12.9.9) ab, obwohl man das Gegenteil erwartet, da sich die Magnetisierung aufgrund der größeren Dämpfung ja langsamer bewegen müsste und dadurch die Ummagnetisierungszeit eigentlich zunehmen sollte.

[66] T. L. Gilbert, *A Lagrangian formulation of the gyromagnetic equation of the magnetic field*, Phys. Rev. **100**, 1243 (1955).

[67] T. L. Gilbert, *A phenomenological theory of damping in ferromagnetic materials*, IEEE Trans. Mag. **40**, 3443-3449 (2004).

[68] Hierzu wenden wir auf beiden Seiten von links $\mathbf{M}\times$ an und benutzen die Vektoridentität $\mathbf{a} \times \mathbf{b} \times \mathbf{c} = \mathbf{b}(\mathbf{a}\cdot\mathbf{c}) - \mathbf{c}(\mathbf{a}\cdot\mathbf{b})$.

transformiert werden, welche die Korrektur des Dämpfungsterms durch Gilbert enthält, aber ansonsten die gleiche Struktur wie die Landau-Lifshitz-Gleichung (12.9.9) besitzt. Üblicherweise wird der dimensionslose Parameter $G = \alpha M$ als Gilbert-Dämpfungskonstante bezeichnet. Die Landau-Lifshitz-Gilbert-Gleichung liefert auch für große Dämpfungsparameter physikalisch sinnvolle Ergebnisse. Der von Gilbert eingeführte neue dimensionslose Dämpfungsparameter $G = \alpha M$ ist wie η eine rein phänomenologische Größe, welche die Stärke von dissipativen Prozessen beschreibt, die aber im Detail nicht bekannt sind. Wir sehen, dass in (12.9.11) die Gilbert-Dämpfungskonstante G sowohl im Präzessions- als auch im Dämpfungsterm auftaucht. Für $G \ll 1$ geht die Landau-Lifshitz-Gilbert-Gleichung in die Landau-Lifshitz-Gleichung über. In diesem Fall können wir G^2 im Nenner vernachlässigen und $\alpha\gamma$ mit λ identifizieren.

12.9.1 Ferromagnetische Resonanz

Die Landau-Lifshitz-Gilbert-Gleichung kann zur Erklärung der *Ferromagnetischen Resonanz (FMR)* verwendet werden. Bei der FMR wird die Magnetisierung einer ferromagnetischen Probe in einem hochfrequenten Magnetfeld $\mathbf{B}_{1,\text{ext}}(t) = \mathbf{B}_1 \exp(\imath\omega_1 t)$ mit Frequenzen, die typischerweise im Bereich von 1-100 GHz liegen, zur Präzession um das effektive Magnetfeld angeregt. Stimmt die Frequenz ω_1 des Hochfrequenzfeldes mit der Präzessionsfrequenz $\omega = \gamma B_{\text{eff}}$ überein, so erfolgt resonante Absorption.

Um ein einfaches Verständnis für die FMR zu entwickeln, nehmen wir vereinfachend an, dass $\mathbf{B}_{\text{eff}} \| \mathbf{B}_{0,\text{ext}}$ und $\mathbf{B}_{1,\text{ext}}(t) \perp \mathbf{B}_{0,\text{ext}}$. Das durch das externe Wechselfeld erzeugte Drehmoment $-\mathbf{M} \times \mathbf{B}_1$ bewirkt eine Verkippung des Magnetisierungsvektors aus der Richtung des effektiven Magnetfeldes. Da $\mathbf{B}_{1,\text{ext}}(t)$ aber periodisch sein Vorzeichen ändert, mittelt sich dieser Beitrag heraus. Dies gilt allerdings nicht für die Resonanzbedingung $\omega = \omega_1$, da hier der Magnetisierungsvektor mit der gleichen Frequenz wie das externe Magnetfeld präzediert. Verwenden wir ein mit dieser Frequenz rotierendes Bezugssystem, so erhalten wir die in Abb. 12.39 gezeigte Situation. Das Drehmoment $-\mathbf{M} \times \mathbf{B}_1$ durch das Hochfrequenzfeld bewirkt eine Verkippung weg von der Feldachse, während der Dämpfungsterm dem gerade entgegenwirkt. Da $-\mathbf{M} \times \mathbf{B}_1 = -MB_1 \cos\Theta$ mit zunehmendem Öffnungswinkel Θ des Präzessionskonuses abnimmt, während der Dämpfungsterm konstant bleibt, stellt sich ein Gleichgewichtsöffnungswinkel ein, der durch die Stärke der Dämpfung und die Amplitude des Hochfrequenzfeldes bestimmt wird. Durch die resonante Präzessionsbewegung wird dem Hochfrequenzfeld Energie entzogen und wir beobachten im Experiment eine Reso-

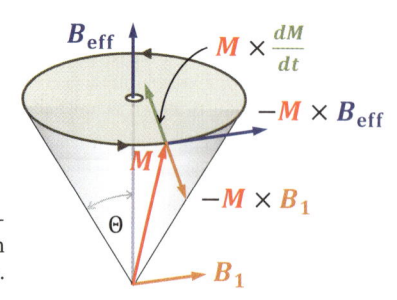

Abb. 12.39: Darstellung der unterschiedlichen Drehmomente bei der Ferromagnetischen Resonanz in einem mit der Resonanzfrequenz rotierenden Bezugssystem.

nanzabsorption. Üblicherweise wird die Frequenz festgehalten und das externe Magnetfeld variiert. Man beobachtet dann eine Absorptionslinie mit einer Breite ΔB_{res}, die proportional zur Dämpfung ist. Für den Gleichgewichtsöffnungswinkel gilt $\Theta \propto B_1/\Delta B_{\text{res}}$, da dieser ja mit zunehmendem B_1 zu und mit steigender Dämpfung abnimmt. Da $\omega_1 = \gamma B_{\text{eff}} = \gamma(B_{0,\text{ext}} + B_{\text{ani}})$, verschiebt sich die Position $B_{0,\text{ext}}$ der Resonanzlinie, wenn sich das Anisotropiefeld ändert. Rotieren wir z.B. $\mathbf{B}_{0,\text{ext}}$ in der Ebene senkrecht zu $\mathbf{B}_1$, so können wir die Winkelabhängigkeit des Anisotropiefeldes in dieser Ebene durch Messung der Winkelabhängigkeit der Resonanzposition bestimmen.

Wir haben bisher angenommen, dass $\mathbf{B}_{\text{eff}} \| \mathbf{B}_{0,\text{ext}}$ und damit im Gleichgewicht $\mathbf{M} \| \mathbf{B}_{0,\text{ext}}$. Aufgrund der magnetischen Anisotropie liegt die Magnetisierung im Allgemeinen aber nicht parallel zum externen Magnetfeld, sondern schließt mit diesem einen endlichen Winkel ein, was die Beschreibung der FMR wesentlich komplizierter macht. Für eine detailliertere Diskussion verweisen wir auf die Fachliteratur.[69,70]

12.10 Spin-Wellen

Wir haben in Abschnitt 12.6.2.2 gesehen, dass wir die für tiefe Temperaturen beobachtete Temperaturabhängigkeit der Sättigungsmagnetisierung von Ferromagneten nicht mit einer Brillouin-Funktion erklären können. Eine Möglichkeit, die Sättigungsmagnetisierung bzw. das Sättigungsmoment eines Ferromagneten bei tiefen Temperaturen $T \ll T_C$ zu ändern, ist das Umklappen des magnetischen Moments eines einzelnen Gitteratoms (siehe Abb. 12.41b). Die Energie, die wir dafür benötigen, wird durch die Austauschkopplung J_A mit den Nachbarmomenten bestimmt. Dies trifft im Prinzip sowohl für die magnetischen Momente lokalisierter Elektronen zu als auch für diejenigen von delokalisierten Elektronen, die wir mit einem Bandmodell beschrieben haben. Im Rahmen des Bandmodells des Ferromagnetismus entspricht das Umklappen des Spins eines Leitungselektrons einem Interbandübergang z. B. vom Spin-↑ ins Spin-↓-Subband, die durch die Austauschkopplung energetisch aufgespalten sind. Die minimale Energie, die für einen solchen Prozess benötigt wird, ist durch den Abstand der Oberkante des Majoritäts-Spinbandes und der Fermi-Kante gegeben und wird *Stoner-Lücke* Δ genannt (siehe Abb. 12.40).

Wir wollen in diesem Abschnitt eine weitere Möglichkeit für die Änderung des Gesamtmoments diskutieren. Statt nur das Moment eines einzelnen Gitteratoms ganz umzudrehen, können wir auch die Momente aller Gitteratome um nur einen kleinen Betrag ändern, das heißt, wir können die Anregung auf alle Gitteratome aufteilen. Wir sprechen in diesem Fall von *kollektiven Anregungen* des gesamten Systems. Diese kollektiven Anregungen bezeichnen wir als *Spin-Wellen*. Ihre mathematische Beschreibung ist weitgehend ähnlich zur Beschreibung von Gitterschwingungen. Spin-Wellen sind Oszillationen in der relativen Orientierung von magnetischen Momenten auf einem Gitter. Gitterschwingungen sind Oszillationen der relativen Positionen von Atomen auf einem Gitter. Da der Betrag des magnetischen Moments gleich bleibt, benötigen wir nur zwei Freiheitsgrade, um die Bewegung einer Spin-

---

[69] A. H. Morrish, *The Physical Principles of Magnetism*, IEEE Press, New York (1999).
[70] C. Kittel, *On the Theory of Ferromagnetic Resonance Absorption*, Phys. Rev. **73**, 155-161 (1948).

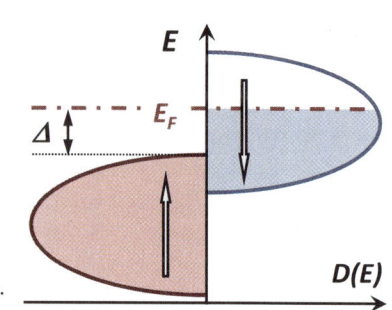

Abb. 12.40: Stoner-Lücke.

Wellenanregung zu beschreiben. Die Dimensionalität der Anregungen ist damit kleiner als bei Gitterschwingungen. Die Energie der Spin-Wellen ist quantisiert. Die Quanten der Spin-Wellen bezeichnen wir als *Magnonen*. Sie lassen sich wie andere elementare Anregungen (wie z. B. Phononen) als Quasiteilchen auffassen, die der Bose-Einstein-Statistik gehorchen. Spin-Wellen spielen in ferro-, ferri- und antiferromagnetischen Materialien eine wichtige Rolle. Wir werden sie anhand von ferromagnetischen Materialien einführen und später in Abschnitt 12.10.3 auch kurz auf Spin-Wellen in Antiferromagneten eingehen.

In Abschnitt 12.9 haben wir bereits die Dynamik des Spin-Systems für den Fall verschwindender Wellenzahl ($q = 0$) bzw. großer Wellenlänge ($\lambda = \infty$) diskutiert (homogene Mode). Wir werden jetzt eine Verallgemeinerung für endliche Wellenzahlen $q > 0$ vornehmen. Für die homogene Mode konnten wir den Beitrag des Austauschfeldes B_A zum effektiven Feld B_{eff} [vergleiche (12.9.2)] vernachlässigen, da ja bei der uniformen Bewegung alle Spin parallel ausgerichtet bleiben. Dies ändert sich, wenn wir zu großen q bzw. kleinen λ übergehen. Da jetzt die gegenseitige Verkippung der Spins groß wird, ist die Austauschwechselwirkung zwischen den magnetischen Momenten die dominierende Wechselwirkung. Entsprechend sprechen wir von *Austauschmoden*. Für kleiner werdende q bzw. größer werdende λ wird der Einfluss der Austauschwechselwirkung kleiner und es überwiegt dann irgendwann wieder der Beitrag der magnetischen Anisotropie. Da bei großen Wellenlängen häufig dipolare Wechselwirkungen aufgrund von Streufeldern (Formanisotropie) dominant werden, sprechen wir hier von *dipolaren Moden*.

12.10.1 Austauschmoden

Wir werden im Folgenden zunächst die Austauschmoden diskutieren. Dabei nehmen wir eine semi-klassische Beschreibung vor, bei der wir die magnetischen Momente, die wir ja durch quantenmechanische Drehimpulsoperatoren beschreiben müssten, durch klassische Vektoren der Länge $S = |\mathbf{S}|$ ersetzen. Im Rahmen des Heisenberg-Modells (12.5.7) erhalten wir für die Kopplungsenergie eines Spins mit seinem linken und rechten Nachbarn in einer Spinkette bei paralleler Spin-Stellung (siehe Abb. 12.41a)

$$E_A = -\frac{J_A}{\hbar^2}(\mathbf{S}_{i-1} \cdot \mathbf{S}_i + \mathbf{S}_i \cdot \mathbf{S}_{i+1}) = -\frac{J_A}{\hbar^2}\mathbf{S}_i \cdot (\mathbf{S}_{i-1} + \mathbf{S}_{i+1}) = -2\frac{J_A}{\hbar^2}S^2 \, . \quad (12.10.1)$$

Hierbei ist wichtig, dass das letzte Gleichheitszeichen nur dann gilt, wenn wir die Spins als klassische Vektoren der Länge S auffassen. Klappen wir den Spin $\mathbf{S}_i$ um, so erhalten wir $E_A =$

12.10 Spin-Wellen

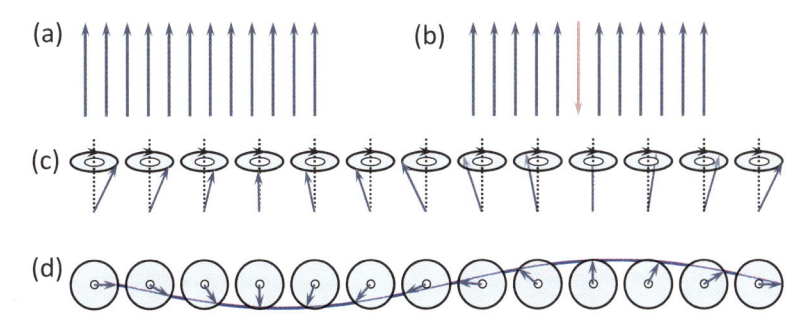

Abb. 12.41: (a) Klassisches Bild des Grundzustandes eines Ferromagneten: alle magnetischen Momente sind parallel ausgerichtet. (b) Eine mögliche Anregung des Grundzustandes ist das Umklappen eines einzelnen Moments. Eine weitere Anregungsmöglichkeit sind Spin-Wellen. In (c) und (d) ist eine Spin-Welle in einer linearen Kette gezeigt [(c) perspektivische Darstellung und (d) Blick auf die Spins von oben].

$+2J_A S^2/\hbar^2$. Das heißt, die Anregungsenergie beträgt $4J_A S^2/\hbar^2$. Es kann gezeigt werden, dass die semi-klassische Behandlung zum gleichen Ergebnis wie eine exakte quantenmechanische Behandlung führt.[71] Um die Diskussion einfach zu halten, werden wir wie bei der Diskussion der Gitterschwingungen in Kapitel 5 ein eindimensionales System, also eine Spin-Kette aus N Spins betrachten und annehmen, dass wir nur Wechselwirkungen zwischen nächsten Nachbarn haben. Die Wechselwirkungsenergie eines Spins $\mathbf{S}_i$ am Gitterplatz i mit seinem linken und rechten Nachbarn $\mathbf{S}_{i-1}$ und $\mathbf{S}_{i+1}$ ist dann gerade durch (12.10.1) gegeben. Die gesamte Austauschenergie erhalten wir durch Aufsummieren über alle nächste Nachbarwechselwirkungen zu

$$E_A = -\frac{J_A}{\hbar^2} \sum_{i=1}^{N} \mathbf{S}_i \cdot (\mathbf{S}_{i-1} + \mathbf{S}_{i+1}) . \qquad (12.10.2)$$

Das mit dem Spin $\mathbf{S}_i$ verbundene magnetische Moment beträgt

$$\boldsymbol{\mu}_i = -g_s \mu_B \frac{\mathbf{S}_i}{\hbar} . \qquad (12.10.3)$$

Schreiben wir nun wieder formal die Austauschenergie als

$$E_A = -\sum_i \boldsymbol{\mu}_i \cdot \mathbf{B}_{A,i} , \qquad (12.10.4)$$

also als Produkt eines magnetischen Moments $\boldsymbol{\mu}_i$ und eines Austauschfeldes $\mathbf{B}_{A,i}$, so erhalten wir mit Hilfe von (12.10.2)

$$\mathbf{B}_{A,i} = -\frac{J_A}{g_s \mu_B \hbar} \sum_{i=1}^{N} (\mathbf{S}_{i-1} + \mathbf{S}_{i+1}) . \qquad (12.10.5)$$

Schalten wir zusätzlich eine externes Magnetfeld $\mathbf{B}_{\text{ext}}$ ein, so beträgt das effektive Feld

$$\mathbf{B}_{\text{eff},i} = \mathbf{B}_{\text{ext}} + \mathbf{B}_{A,i} = \mathbf{B}_{\text{ext}} - \frac{J_A}{g_s \mu_B \hbar} \sum_{i=1}^{N} (\mathbf{S}_{i-1} + \mathbf{S}_{i+1}) . \qquad (12.10.6)$$

---

[71] D. D. Stancil, A. Prabhakar, *Spin Waves: Theory and Applications*, Springer Verlag, Berlin (2009).

In einer semi-klassischen Behandlung ist die zeitliche Ableitung des Drehimpulses $\mathbf{S}_i$ gleich dem am Spin $\mathbf{S}_i$ angreifenden Drehmoment. Es gilt also

$$\frac{d\mathbf{S}_i}{dt} = (\boldsymbol{\mu}_i \times \mathbf{B}_{\text{eff},i}) = -\frac{g_s\mu_B}{\hbar}(\mathbf{S}_i \times \mathbf{B}_{\text{eff},i}) = -\gamma(\mathbf{S}_i \times \mathbf{B}_{\text{eff},i})$$
$$= -\frac{g_s\mu_B}{\hbar}(\mathbf{S}_i \times \mathbf{B}_{\text{ext}}) + \frac{J_A}{\hbar^2}[\mathbf{S}_i \times (\mathbf{S}_{i-1} + \mathbf{S}_{i+1})] \; . \tag{12.10.7}$$

Hierbei ist $\gamma = g_s\mu_B/\hbar$ das gyromagnetische Verhältnis. In kartesischen Koordinaten erhalten wir dann

$$\frac{dS_{i,x}}{dt} = -\frac{g_s\mu_B}{\hbar}(S_{i,y}B_z^{\text{ext}} - S_{i,z}B_y^{\text{ext}})$$
$$+ \frac{J_A}{\hbar^2}[S_{i,y}(S_{i-1,z} + S_{i+1,z}) - S_{i,z}(S_{i-1,y} + S_{i+1,y})] \tag{12.10.8}$$

sowie durch zyklisches Vertauschen von x, y und z zwei weitere Gleichungen für $\frac{dS_{i,y}}{dt}$ und $\frac{dS_{i,z}}{dt}$. Diese Gleichungen sind in den Spin-Komponenten nichtlinear. Wir können allerdings eine Linearisierung erreichen, indem wir annehmen, dass wir uns bei genügend tiefen Temperaturen befinden, bei denen annähernd eine vollständige Magnetisierung in Richtung des angelegten Feldes vorliegt. Ist $\mathbf{B}_{\text{ext}} \parallel \hat{\mathbf{z}}$, so ist $|S_{i,x}|, |S_{i,y}| \ll |S_{i,z}|$ und wir können Terme, die quadratisch in $|S_{i,x}|$ und $|S_{i,y}|$ sind, vernachlässigen. Außerdem können wir $S_z \simeq -|S| = -S$ setzen. Hierbei haben wir durch das negative Vorzeichen von S berücksichtigt, dass die Ausrichtung des magnetischen Moments $\boldsymbol{\mu} = -g_s\mu_B\mathbf{S}/\hbar$ und damit der Magnetisierung $\mathbf{M} \propto \boldsymbol{\mu}$ parallel zum äußeren Feld, also in positive z-Richtung erfolgt.

Mit $B_{\text{ext}} = B_z = B$ und den gemachten Näherungen erhalten wir aus (12.10.8)

$$\frac{dS_{i,x}}{dt} = -\frac{g_s\mu_B B}{\hbar}S_{i,y} - \frac{J_A S}{\hbar^2}[2S_{i,y} - S_{i-1,y} - S_{i+1,y}] \tag{12.10.9}$$

$$\frac{dS_{i,y}}{dt} = +\frac{g_s\mu_B B}{\hbar}S_{i,x} + \frac{J_A S}{\hbar^2}[2S_{i,x} - S_{i-1,x} - S_{i+1,x}] \tag{12.10.10}$$

$$\frac{dS_{i,z}}{dt} = 0 \tag{12.10.11}$$

Als Lösungsansatz verwenden wir ebene Wellen der Form (siehe hierzu Abb. 12.41c und d)

$$S_{i,x} = S_x e^{\imath(qia-\omega t)} \tag{12.10.12}$$

$$S_{i,y} = S_y e^{\imath(qia-\omega t)} \; , \tag{12.10.13}$$

wobei a der Abstand der Gitteratome in der linearen Kette ist. Setzen wir den Lösungsansatz in (12.10.9) und (12.10.10) ein, so erhalten wir das Gleichungssystem

$$\imath\omega S_x - \beta S_y = 0$$
$$\beta S_x + \imath\omega S_y = 0 \tag{12.10.14}$$

12.10 Spin-Wellen

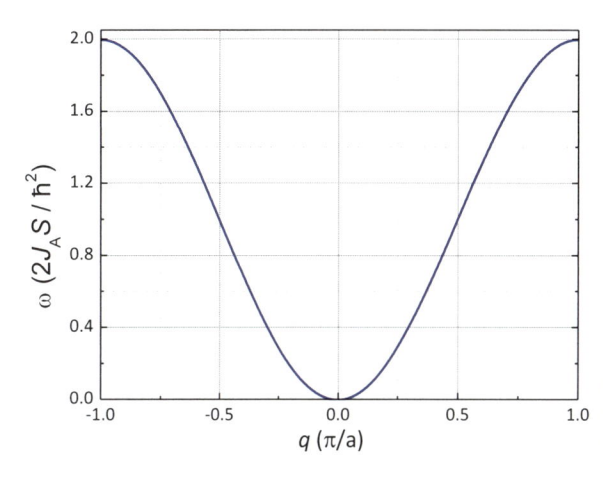

Abb. 12.42: Dispersionsrelation für ferromagnetische Spin-Wellen in einer eindimensionalen Spinkette nach Gleichung (12.10.18) für $B_{\text{ext}} = 0$.

mit

$$\beta = \frac{g_s \mu_B B}{\hbar} + \frac{2J_A S}{\hbar^2}(1 - \cos qa). \qquad (12.10.15)$$

Das Gleichungssystem (12.10.14) liefert nur dann von null verschiedene Werte für S_x und S_y, wenn die Koeffizienten-Determinate verschwindet, also wenn

$$\begin{vmatrix} \imath\omega & -\beta \\ \beta & \imath\omega \end{vmatrix} = 0 \qquad (12.10.16)$$

bzw. wenn

$$\omega^2 = \beta^2. \qquad (12.10.17)$$

Damit erhalten wir die in Abb. 12.42 gezeigte Dispersionsrelation der Spin-Wellen zu

$$\omega = \frac{g_s \mu_B B}{\hbar} + \frac{2J_A S}{\hbar^2}(1 - \cos qa). \qquad (12.10.18)$$

Für den langwelligen Grenzfall $qa \ll 1$ und $B = 0$ erhalten wir mit $1 - \cos qa \simeq \frac{1}{2}(qa)^2$ die Näherung

$$\omega \simeq \frac{J_A S a^2}{\hbar^2} q^2. \qquad (12.10.19)$$

Das heißt, wir erhalten eine quadratische Abhängigkeit der Frequenz vom Wellenvektor. Dies steht im Gegensatz zu den akustischen Gitterschwingungen, für die wir eine lineare Dispersionsrelation erhalten haben, wobei die Steigung der Dispersionskurve gerade der Schallgeschwindigkeit entsprochen hat.

Mit Gleichung (12.10.17) und (12.10.14) erhalten wir ferner die Beziehung

$$S_y = \imath S_x. \qquad (12.10.20)$$

Wir sehen, dass die Amplituden von S_x und S_y gleich groß sind, dass allerdings zwischen ihnen eine Phasenverschiebung von $\pi/2$ besteht. Wir erhalten somit eine zirkulare Präzession der Spins um die z-Achse mit der Larmor-Frequenz $\omega = g_s \mu_B B_{eff}/\hbar$, wobei von Gitteratom zu Gitteratom zwischen der Präzessionsbewegung der Spins eine Phasenschiebung von qa besteht (siehe hierzu Abb. 12.41). Für $q = 0$ präzedieren damit die Spins auf allen Gitterplätzen in Phase.

Unsere bisherige Betrachtung, die wir für eine eindimensionale Spin-Kette gemacht haben, kann leicht auf ein dreidimensionales kubisches Gitter ausgedehnt werden. Für $B = 0$ erhalten wir die Dispersionsrelation

$$\omega = \frac{J_A S}{\hbar^2} \sum_{i=0}^{z} (1 - \cos \mathbf{q} \cdot \mathbf{r}_i) \, . \tag{12.10.21}$$

Dabei müssen wir die Summation über sämtliche Gittervektoren $\mathbf{r}_i$ ausführen, die das betrachtete Atom mit seinen nächsten Nachbarn verbinden. Bei einem kubisch primitiven Gitter sind dies 6, beim kubisch raumzentrierten Gitter 8 und beim kubisch flächenzentrierten Gitter 12 Vektoren. In allen drei Fällen erhalten wir für den langwelligen Grenzfall $qa \ll 1$, wobei a jetzt die Gitterkonstante des kubischen Gitters ist, die Näherung $\omega \propto q^2$.

Die experimentelle Untersuchung der Dispersion der Spin-Wellen erfolgt üblicherweise mit Hilfe von **Spin-Wellenresonanz** und **inelastischer Neutronenbeugung** (vergleiche hierzu Abschnitt 5.5.1). Im Gegensatz zu Röntgenphotonen, die nur die Ladungsverteilung innerhalb eines Festkörpers sehen, aber nicht, ob diese eine bestimmte Spinrichtung besitzen, sehen Neutronen die Verteilung der Kerne und die Verteilung der magnetischen Momente. Dies liegt daran, dass das magnetische Moment der Neutronen mit den magnetischen Momenten der Atome im Festkörper wechselwirkt. Mit Hilfe von elastischer Neutronenstreuung kann deshalb die Verteilung, die Richtung und die Ordnung der magnetischen Momente in einem Festkörper bestimmt werden. Ferner kann durch inelastische Neutronenstreuung die Dispersion von Spin-Wellen bestimmt werden. Dabei wird ein Neutron inelastisch an der magnetischen Struktur gestreut, wobei ein Magnon mit Energie $\hbar\omega$ und Wellenvektor $\mathbf{q}$ erzeugt oder vernichtet wird. Üblicherweise wird für den langwelligen Grenzfall die Proportionalitätskonstante $A = \hbar\omega/q^2$ bestimmt, aus der dann die Austauschkonstante abgeleitet werden kann. Die Größe A wird als **Spin-Wellensteifigkeit** bezeichnet. Für Fe, Co und Ni werden die Werte 281, 500 und 364 meVÅ^2 erhalten. In Neutronen-Streuexperimenten werden Spin-Wellen bis nahe an die Curie-Temperatur gefunden.

12.10.1.1 Stoner-Anregungen

In Abb. 12.43 ist die Dispersionsrelation von Spin-Wellen zusammen mit dem Spektrum der Einzelelektronenanregungen gezeigt. Letztere werden **Stoner-Anregungen** genannt. Man erhält sie durch Anregung eines Elektrons von dem Majoritäts-Spinband in das Minoritäts-Spinband. Hierzu ist für $q = 0$ (wir benutzen q für den Wellenvektor der Anregung und k für den Wellenvektor der Elektronen) eine Anregungsenergie I notwendig, wobei I die Austauschaufspaltung der beiden Spin-Bänder ist, die proportional zu zJ_A ist (z ist die Zahl der nächsten Nachbarn). Für $q \neq 0$ gibt es ein ganzes Spektrum von möglichen Anregungen (schraffierte Fläche in Abb. 12.43), das sich aus der Dispersion der Einelektronenzustände ergibt. Die minimale Anregungsenergie ist durch die Stoner-Lücke Δ gegeben. Die

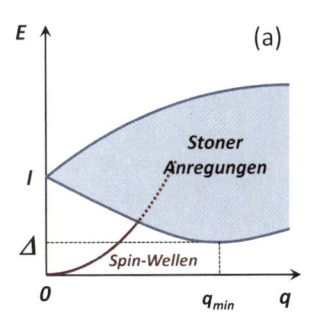

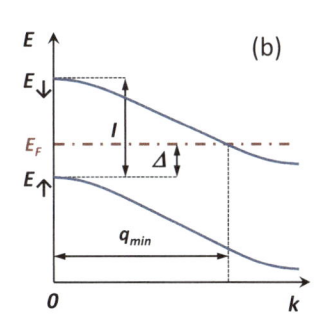

Abb. 12.43: (a) Schematische Darstellung der Dispersionsrelation von Spin-Wellen und des Anregungsspektrums der Einelektronenanregungen mit Spin-Umkehr in einem Ferromagneten. In (b) ist die Bandstruktur mit der Austauschaufspaltung I und der Stoner-Lücke Δ gezeigt.

Stoner-Lücke gibt gerade die Energie an, die benötigt wird, um ein Spin-↑-Elektron in einen Spin-↓-Zustand beim Fermi-Niveau E_F anzuregen. Im Gebiet der Einelektronenanregungen können Spin-Wellen in Einelektronenanregungen zerfallen. Dies reduziert die Lebensdauer von Spin-Wellen und beeinflusst ferner ihre Dispersion (siehe hierzu Abb. 12.44).

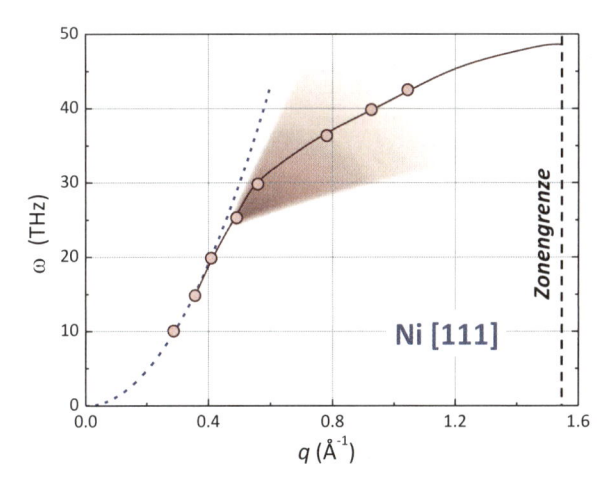

Abb. 12.44: Dispersionsrelation für Spin-Wellen in Ni entlang der [111]-Richtung gemessen bei Raumtemperatur. Die gestrichelte Linie zeigt die $\omega \propto q^2$ Abhängigkeit bei kleinen **q**-Vektoren. Es kommt zu Abweichungen von der theoretisch erwarteten Dispersionsrelation von Magnonen durch Wechselwirkungen mit übernächsten Nachbarn und durch Wechselwirkung der Spin-Wellen mit Stoner-Anregungen. Letztere führt zu einer Reduzierung der Lebensdauer der Spin-Wellen, die sich experimentell in einer Linienverbreiterung der Spektren zeigt (schraffiertes Gebiet).

12.10.1.2 Temperaturabhängigkeit der Magnetisierung von Ferromagneten durch Spin-Wellenanregung

Durch die Anregung eines Magnons wird der Gesamtspin des Systems um $\hbar$ erniedrigt. Um die Temperaturabhängigkeit der Magnetisierung aufgrund der Anregung von Magnonen zu bestimmen, müssen wir nur überlegen, wie sich die Zahl der angeregten Magnonen mit der Temperatur ändert. Die Magnonen lassen sich als Quasiteilchen auffassen, die der Bose-Einstein-Statistik gehorchen. Im thermischen Gleichgewicht ist die Besetzungszahl der Magnonen mit Wellenvektor **q** durch die Planck-Verteilung

$$\langle n_\mathbf{q} \rangle = \frac{1}{e^{\hbar \omega_\mathbf{q}/k_B T} - 1} \tag{12.10.22}$$

gegeben. Die Gesamtzahl der angeregten Magnonen erhalten wir dann zu

$$\sum_\mathbf{q} \langle n_\mathbf{q} \rangle = \int d\omega D(\omega) \langle n(\omega) \rangle, \tag{12.10.23}$$

wobei $D(\omega)$ die Zustandsdichte der Magnonen im Frequenzintervall zwischen ω und $\omega + d\omega$ ist. Die Integration muss über den Frequenzbereich der erlaubten **q**-Vektoren erfolgen, also über die 1. Brillouin-Zone. Allerdings kann bei nicht allzu hohen Temperaturen mit sehr guter Näherung von 0 bis ∞ integriert werden, da $\langle n(\omega) \rangle \to 0$ für $\omega \to \infty$.

Wir müssen jetzt noch einen Ausdruck für die Zustandsdichte der Magnonen ableiten. Magnonen besitzen für jeden Wert von **q** nur eine Polarisation. Nach der Dispersionsrelation hängt ferner die Frequenz der Magnonen nur vom Betrag und nicht von der Richtung von **q** ab. Damit sind die Flächen konstanter Energie im **q**-Raum Kugeloberflächen. Mit der Zustandsdichte $Z(q) = V/(2\pi)^3$ im **q**-Raum erhalten wir deshalb die Zahl der Magnonen im Frequenzintervall zwischen ω und $\omega + d\omega$ zu

$$D(\omega)d\omega = \frac{V}{(2\pi)^3} 4\pi q^2 dq = \frac{V}{(2\pi)^3} 4\pi q^2 \frac{dq}{d\omega} d\omega. \tag{12.10.24}$$

Wir benutzen nun die Näherung (12.10.19), mit der wir

$$\frac{d\omega}{dq} = \frac{2 J_A S a^2 q}{\hbar^2} = 2\left(\frac{J_A S a^2}{\hbar^2}\right)^{1/2} \sqrt{\omega} \tag{12.10.25}$$

erhalten. Setzen wir dies in (12.10.24) ein, so ergibt sich

$$D(\omega) = \frac{V}{4\pi^2} \left(\frac{\hbar^2}{J_A S a^2}\right)^{3/2} \sqrt{\omega}. \tag{12.10.26}$$

Mit dieser Zustandsdichte erhalten wir die Gesamtzahl der angeregten Magnonen (wir müssen hier durch $\hbar$ teilen, da wir S immer in Einheiten von $\hbar$ angegeben haben) zu

$$\sum_\mathbf{q} n_\mathbf{q} = \frac{V}{4\pi^2} \left(\frac{\hbar}{J_A S a^2}\right)^{3/2} \int_0^\infty d\omega \frac{\sqrt{\omega}}{e^{\hbar \omega/k_B T} - 1}$$

$$= \frac{V}{4\pi^2} \left(\frac{k_B T}{J_A a^2 S}\right)^{3/2} \int_0^\infty dx \frac{\sqrt{x}}{e^x - 1}. \tag{12.10.27}$$

Das Integral hat den Wert $0.0587 \cdot 4\pi^2$, so dass wir

$$\sum_\mathbf{q} n_\mathbf{q} = 0.0587 \frac{V}{a^3} \left(\frac{k_B T}{J_A S}\right)^{3/2} \tag{12.10.28}$$

12.10 Spin-Wellen

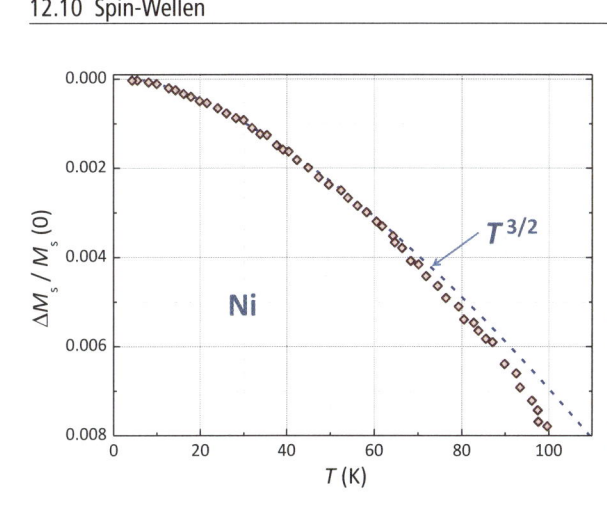

Abb. 12.45: Änderung der Sättigungsmagnetisierung eines kugelförmigen Ni-Einkristalls. Das Feld wurde parallel zur [111]-Richtung des Kristalls angelegt. Die gestrichelte Linie zeigt das Blochsche $T^{3/2}$-Gesetz, dass aufgrund von Spin-Wellenanregungen erwartet wird.

erhalten.

Die Spin-Quantenzahl des gesamten Systems beträgt bei $T = 0$ gerade $NS/\hbar$ und bei endlicher Temperatur $NS/\hbar - \sum_{\mathbf{q}} n_{\mathbf{q}}$, wobei N die Anzahl der Gitteratome des betrachteten Kristalls mit Volumen V ist. Damit können wir die relative Änderung der Sättigungsmagnetisierung durch

$$\frac{M_s(0) - M_s(T)}{M_s(0)} = \frac{\Delta M_s}{M_s(0)} = \frac{\sum_{\mathbf{q}} n_{\mathbf{q}}}{NS/\hbar} \qquad (12.10.29)$$

angeben. Setzen wir (12.10.28) ein, so ergibt sich

$$\frac{\Delta M_s}{M_s(0)} = 0.0587 \frac{V}{Na^3} \frac{1}{S/\hbar} \left(\frac{k_B T}{J_A S/\hbar} \right)^{3/2} = \frac{0.0587}{QS/\hbar} \left(\frac{k_B T}{J_A S/\hbar} \right)^{3/2}. \qquad (12.10.30)$$

Hierbei haben wir die Anzahl $Q = Na^3/V$ der Atome pro Einheitszelle eingeführt, die beim kubisch primitiven Gitter 1, beim kubisch raumzentrierten 2 und beim kubisch flächenzentrierten Gitter 4 beträgt. Gleichung (12.10.30) wird als **Blochsches $T^{3/2}$ Gesetz** bezeichnet.[72] Es beschreibt die experimentell gemessene Temperaturabhängigkeit der Sättigungsmagnetisierung von Ferromagneten bei tiefen Temperaturen in der Regel sehr gut (vergleiche Abb. 12.45).

Wir weisen darauf hin, dass das Integral (12.10.27) in einer und zwei Dimensionen divergiert. Der ferromagnetische Zustand sollte deshalb für Dimensionen kleiner 3 instabil sein. Dieser wichtige Zusammenhang ist als **Mermin-Wagner-Theorem** bekannt.[73,74] Wir erwarten also für eine eindimensionale Spin-Kette für endliche Temperaturen keinen ferromagnetisch geordneten Zustand.

---

[72] **Felix Bloch**, siehe Kasten auf Seite 319.
[73] N. D. Mermin, H. Wagner, *Absence of Ferromagnetism or Antiferromagnetism in One- or Two-Dimensional Isotropic Heisenberg Models*, Phys. Rev. Lett. **17**, 1133–1136 (1966).
[74] P. C. Hohenberg, *Existence of Long-Range Order in One and Two Dimensions*, Phys. Rev. **158**, 383 (1967).

12.10.2 Dipolare Moden

Wir betrachten jetzt noch kurz den Fall großer Wellenlängen, bei denen benachbarte Spins praktisch parallel zueinander stehen und deshalb ihr Austauschbeitrag häufig vernachlässigt werden kann. Die auftretenden Spin-Wellenmoden werden dann durch die dipolare Wechselwirkung dominiert und heißen deshalb *diploare Moden*.[75] Je nach Orientierung des äußeren Feldes $\mathbf{B}_{\text{ext}}$ und der Magnetisierung $\mathbf{M}$ unterscheiden wir drei Fälle:

1. *Damon-Eshbach oder dipolare Oberflächenmoden:*
   Die Damon-Eshbach Moden sind Oberflächenmoden, bei denen der Wellenvektor $\mathbf{q}$ parallel zur Oberfläche und senkrecht zum äußeren Feld liegt. Die Präzessionsamplitude ist an der Oberfläche maximal und fällt ins Innere der Probe exponentiell ab.
2. *Vorwärts-Volumenmode:*
   Bei der Vorwärts-Volumenmode ist die Präzessionsamplitude nicht nur an den Probenoberflächen groß, wir haben es mit einer Volumenmode zu tun. Der Wellenvektor liegt parallel zur Probenoberfläche und senkrecht zum äußeren Feld, das auf der Oberfläche senkrecht steht.
3. *Rückwärts-Volumenmode:*
   Bei der Rückwärts-Volumenmode liegt der Wellenvektor ebenfalls parallel zur Probenoberfläche, im Gegensatz zu der Vorwärts-Volumenmode aber parallel zum äußeren Feld, das dann ebenfalls parallel zur Oberfläche orientiert sein muss.

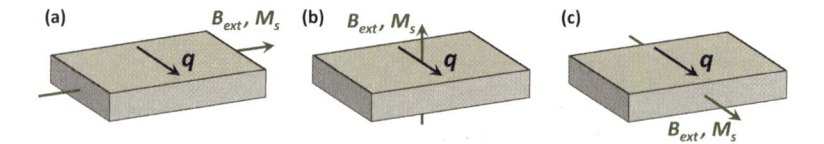

Abb. 12.46: Orientierung von Wellenvektor $\mathbf{q}$ sowie äußerem Magnetfeld $\mathbf{B}_{\text{ext}}$ und Sättigungsmagnetisierung M_s für verschiedene dipolare Spin-Wellenmoden: (a) Damon-Eshbach Moden, (b) Vorwärts-Volumenmode und (c) Rückwärts-Volumenmode.

12.10.3 Vertiefungsthema: Antiferromagnetische Spin-Wellen

Die Dispersionsrelation von Magnonen in einem eindimensionalen Antiferromagneten können wir in Analogie zu Abschnitt 12.10 ableiten, indem wir in den entsprechenden Gleichungen geeignete Substitutionen machen. Wir nehmen an, dass Spins mit geraden Indizes $2i$ nach oben zeigen ($S_z = S$) und das Untergitter A bilden. Diejenigen mit ungeraden Indizes $2i+1$ sollen nach unten zeigen ($S_z = -S$) und das Untergitter B bilden. Wir wollen ferner nur nächste Nachbarwechselwirkungen mit negativer Austauschkonstante $J_A < 0$ betrachten.

---

[75] Daniel D. Stancil, Anil Prabhakar, *Spin Waves: Theory and Applications*, Springer Verlag (2009).

12.10 Spin-Wellen

Die den Gleichung (12.10.9) bis (12.10.11) entsprechenden Differentialgleichungen für das Untergitter A lauten dann

$$\frac{dS_{2i,x}}{dt} = -\frac{g_s\mu_B B}{\hbar}S_{2i,y} + \frac{J_A S}{\hbar^2}\left[-2S_{2i,y} - S_{2i-1,y} - S_{2i+1,y}\right] \qquad (12.10.31)$$

$$\frac{dS_{2i,y}}{dt} = +\frac{g_s\mu_B B}{\hbar}S_{2i,x} - \frac{J_A S}{\hbar^2}\left[-2S_{2i,x} - S_{2i-1,x} - S_{2i+1,x}\right] \qquad (12.10.32)$$

$$\frac{dS_{2i,z}}{dt} = 0\,. \qquad (12.10.33)$$

Für das Untergitter B erhalten wir entsprechend

$$\frac{dS_{2i+1,x}}{dt} = -\frac{g_s\mu_B B}{\hbar}S_{2i+1,y} + \frac{J_A S}{\hbar^2}\left[2S_{2i+1,y} + S_{2i,y} + S_{2i+2,y}\right] \qquad (12.10.34)$$

$$\frac{dS_{2i+1,y}}{dt} = +\frac{g_s\mu_B B}{\hbar}S_{2i+1,x} - \frac{J_A S}{\hbar^2}\left[2S_{2i+1,x} + S_{2i,x} + S_{2i+2,x}\right] \qquad (12.10.35)$$

$$\frac{dS_{2i+1,z}}{dt} = 0\,. \qquad (12.10.36)$$

Mit $S^+ = S_x + \imath S_y$ können wir dies für $B = 0$ vereinfacht schreiben als

$$\frac{dS_{2i}^+}{dt} = +\frac{\imath J_A S}{\hbar^2}\left[2S_{2i}^+ + S_{2i-1}^+ + S_{2i+1}^+\right] \qquad (12.10.37)$$

$$\frac{dS_{2i+1}^+}{dt} = -\frac{\imath J_A S}{\hbar^2}\left[2S_{2i+1}^+ + S_{2i}^+ + S_{2i+2}^+\right]\,. \qquad (12.10.38)$$

Als Lösungsansatz verwenden wir

$$S_{2i}^+ = u e^{\imath[2iqa-\omega t]} \qquad S_{2i+1}^+ = v e^{\imath[(2i+1)qa-\omega t]}\,. \qquad (12.10.39)$$

Setzen wir diesen Ansatz in (12.10.37) und (12.10.38) ein, so erhalten wir mit der Abkürzung $\beta = -2J_A S/\hbar^2 = 2|J_A|S/\hbar^2$ das Gleichungssystem

$$\omega u = \tfrac{1}{2}\beta(2u + v e^{-\imath qa} + v e^{+\imath qa}) \qquad (12.10.40)$$

$$-\omega v = \tfrac{1}{2}\beta(2v + u e^{-\imath qa} + u e^{+\imath qa})\,. \qquad (12.10.41)$$

Dieses Gleichungssystem besitzt nichttriviale Lösungen für

$$\begin{vmatrix} \beta - \omega & \beta\cos qa \\ \beta\cos qa & \beta + \omega \end{vmatrix} = 0\,, \qquad (12.10.42)$$

das heißt, für $\omega^2 = \beta^2(1 - \cos^2 qa)$. Wir erhalten somit die Dispersionsrelation für antiferromagnetische Magnonen zu

$$\omega = \frac{2|J_A|S}{\hbar^2}|\sin qa|\,. \qquad (12.10.43)$$

Abb. 12.47: Dispersionsrelation für antiferromagnetische Magnonen. Zum Vergleich ist die Dispersionsrelation von ferromagnetischen Magnonen gestrichelt eingezeichnet. Das Maximum der Dispersion liegt bei den antiferromagnetischen Magnonen bei $\pi/2a$, da wir hier im Vergleich zu den ferromagnetischen Magnonen eine Verdopplung der magnetischen Einheitszelle haben.

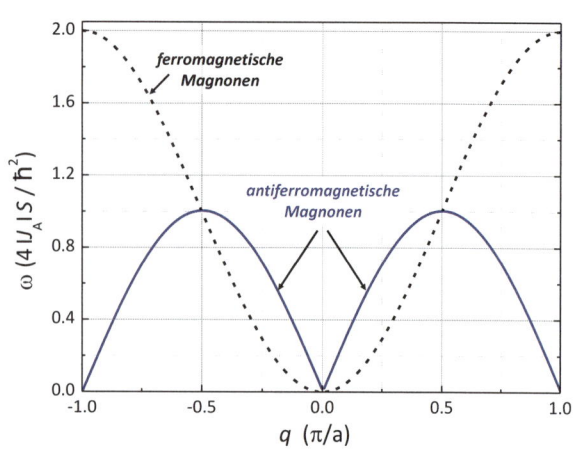

Abb. 12.47 zeigt, dass sich diese Dispersionsrelation deutlich von der Disperisonsrelation (12.10.18) für ferromagnetische Magnonen unterscheidet. Insbesondere verläuft die Dispersionsrelation für ferromagnetische Magnonen im langwelligen Grenzfall ($qa \ll 1$) quadratisch, während wir aus (12.10.43) für den langwelligen Grenzfall eine lineare Dispersion erhalten. Wir wollen noch darauf hinweisen, dass antiferromagnetische Magnonen als mögliche Austauschbosonen diskutiert werden, die in den Hochtemperatur-Supraleitern die Paarwechselwirkung vermitteln.

Literatur

P. W. Anderson, *Antiferromagnetism: Theory of Superexchange Interaction*, Phys. Rev. **79**, 350–356 (1950).

B. D. Cullity, C. D. Graham, *Introduction to Magnetic Materials*, John Wiley (2005).

P. Debye, *Einige Bemerkungen zur Magnetisierung bei tiefer Temperatur*, Ann. Physik **81**, 1154 (1926).

W. F. Giauque, *A Thermodynamic Treatment of Certain Magnetic Effects: A Proposed Method of Producing Temperatures Considerably Below 1 K*, J. Am. Chem. Soc. **49**, 1864 (1927).

P. J. Hakonen et al., *Nuclear antiferromagnetism in rhodium metal at positive and negative nanokelvin temperatures*, Phys. Rev. Lett. **70**, 2818 (1993).

P. C. Hohenberg, *Existence of Long-Range Order in One and Two Dimensions*, Phys. Rev. **158**, 383 (1967).

A. Hubert, R. Schäfer, *Magnetic Domains: The Analysis of Magnetic Microstructures*, Springer-Verlag Berlin Heidelberg (1998).

H. Ibach, H. Lüth, *Solid State Physics*, 2. Auflage, Springer Verlag, Berlin (1995)

T. Kasuya, *A Theory of Metallic Ferro- and Antiferromagnetism on Zener's Model*, Prog. Theor. Phys. **16**, 45–57 (1956).

D. I. Khomskii, G. A. Sawatzky, *Interplay between spin, charge and orbital degrees of freedom in magnetic oxides*, Sol. State. Comm. **102**, 87 (1997).

H. A. Kramers, *L'interaction Entre les Atomes Magnétogènes dans un Cristal Paramagnétique*, Physica **1**, 182 (1934).

N. Kurti, F. N. H. Robinson, F. E. Simon, D. A. Spohr, *Nuclear Cooling* Nature **178**, 450 (1956).

D. C. Mattis, *The Theory of Magnetism I and II*, Springer, Berlin, Heidelberg (1988).

N. D. Mermin, H. Wagner, *Absence of Ferromagnetism or Antiferromagnetism in One- or Two-Dimensional Isotropic Heisenberg Models*, Phys. Rev. Lett. **17**, 1133–1136 (1966).

J. Nogués, I. K. Schuller, *Exchange Bias*, J. Magn. Magn. Mat. **192**, 203-232 (1999).

W. Nolting, *Quantentheorie des Magnetismus I+II*, Teubner, Stuttgart (1986).

M. A. Ruderman, C. Kittel, *Indirect Exchange Coupling of Nuclear Magnetic Moments by Conduction Electrons*, Phys. Rev. **96**, 99 (1954).

D. D. Stancil, A. Prabhakar, *Spin Waves: Theory and Applications*, Springer Verlag (2009).

E. C. Stoner, Proc. Roy. Soc. London A **165** 372–414 (1938) und Proc. Roy. Soc. London A **169**, 339–371 (1939).

L. H. Thomas, *The Motion of the Spinning Electron*, Nature **117**, 514 (1926).

J. H. van Leeuwen, *Problèmes de la théorie électronique du magnétisme*, J. de Phys. et le Radium **2**, 361–377 (1921).

S. X. Wang, A. M. Taratorin, *Magnetic Information Storage Technology*, Academic Press, San Diego (1999).

R. M. White, *Quantum Theory of Magnetism*, Springer Ser. Solid-State Sci., Vol. 32, Springer, Berlin, Heidelberg (1983).

Roland Winkler, *Spin–Orbit Coupling Effects in Two-Dimensional Electron and Hole Systems*, Springer Verlag, Berlin (2003).

K. Yosida, *Magnetic Properties of Cu-Mn Alloys*, Phys. Rev. **106**, 893 (1957).

C. Zener, *Interaction between the d-Shells in the Transition Metals. II. Ferromagnetic Compounds of Manganese with Perovskite Structure*, Phys. Rev. **82**, 403–405 (1951).

13 Supraleitung

Der elektrische Widerstand von Metallen wird durch Streuung der Leitungselektronen an Phononen und Gitterdefekten sowie durch Streuung der Elektronen untereinander bestimmt (vergleiche hierzu Kapitel 7 und 9). Mit abnehmender Temperatur erwarten wir zwar eine Abnahme des Widerstands, da die Phononen ausfrieren und das verfügbare Phasenraumvolumen für Elektron-Elektron-Streuprozesse abnimmt, es sollte aber bei sehr tiefen Temperaturen immer noch ein endlicher Restwiderstand durch Streuung an unvermeidbaren Gitterdefekten, Verunreinigungen oder Fremdatomen übrigbleiben. Die magnetische Suszeptibilität eines Metalls sollte in erster Näherung keine Temperaturabhängigkeit zeigen, da sowohl die Paulische Spinsuszeptibilität als auch der Landausche Diamagnetismus temperaturunabhängig sind (vergleiche hierzu Kapitel 12).

Im Jahr 1911 entdeckte nun **Heike Kamerlingh Onnes**,[1] dass der Widerstand von Quecksilber unterhalb einer bestimmten Temperatur sprungartig unmessbar klein wird.[2] Die charakteristische Temperatur wurde deshalb als *Sprungtemperatur* T_c bezeichnet. Unterhalb diesem heute auch mit kritischer Temperatur oder Übergangstemperatur bezeichneten Temperaturwert liegt ein perfekter Leiter vor, weshalb das Phänomen die Bezeichnung Supraleitung erhielt. Kamerlingh Onnes erhielt u. a. für diese wichtige Entdeckung im Jahr 1913 den Nobelpreis für Physik. Bis heute wurde Supraleitung in einer Vielzahl von Metallen und anderen Materialsystemen gefunden. Erst 1933 entdeckten dann **Walther Meißner**[3] und **Robert Ochsenfeld**,[4] dass supraleitende Materialien nicht nur perfekte Leiter sind, sondern auch perfekte Diamagnete.[5] Sie besitzen also unterhalb der Sprungtemperatur die Suszeptibilität $\chi = -1$ und verdrängen deshalb Magnetfelder vollkommen aus ihrem Inneren. Es hat sich herausgestellt, dass der perfekte Diamagnetismus, der heute als *Meißner-Ochsenfeld-*

---

[1] **Heike Kamerlingh Onnes**, siehe Kasten auf Seite 769.
[2] H. Kamerlingh Onnes, *The Superconductivity of Mercury*, Leiden Commun. **120b**, **122b**, **124c** (1911).
[3] **Walther Meißner**, siehe Kasten auf Seite 771.
[4] **Robert Ochsenfeld**, geboren am 18. Mai 1901 in Helberhausen, gestorben 5. Dezember 1993 ebenda.
[5] W. Meißner, R. Ochsenfeld, *Ein neuer Effekt bei Eintritt der Supraleitfähigkeit*, Naturwissenschaften **21**, 787-788 (1933).

Effekt bezeichnet wird, zwar die grundlegendere Eigenschaft als die perfekte Leitfähigkeit ist. Trotzdem sprechen wir heute nicht von Superdiamagnetismus, sondern aus historischen Gründen nach wie vor von Supraleitung.

Auch mehr als 100 Jahre nach seiner Entdeckung hat das Phänomen Supraleitung nichts von seiner Faszination verloren. Die Suche nach neuen supraleitenden Materialien und dem Mechanismus der Supraleitung hat viele Generationen von Physikern beschäftigt. Erst 1957 gelang es **John Bardeen**, **Leon Neil Cooper** und **John Robert Schrieffer**, eine mikroskopische Theorie, die nach ihnen benannte BCS-Theorie, zu entwickeln, die das Auftreten von Supraleitung in Metallen befriedigend beschreiben kann.[6,7] Sie erhielten dafür im Jahr 1972 den Nobelpreis für Physik. Die Vorhersagen der BCS-Theorie wurden durch zahlreiche Experimente an Metallen und Legierungen bestätigt. Ein zentrales Experiment war dabei der Nachweis der Flussquantisierung durch **Robert Doll** und **Martin Näbauer** am Walther-Meißner-Institut und fast zeitgleich durch **B. S. Deaver** und **W. M. Fairbank** an der Stanford University im Jahr 1961.[8,9] Bis Mitte der 1980er Jahre glaubte man schon, das Phänomen Supraleitung weitgehend verstanden zu haben. Dies änderte sich allerdings schlagartig, als **Johannes Georg Bednorz** und **Karl Alexander Müller** im Jahr 1986 Supraleitung in Kupferoxiden entdeckten.[10] Sie erhielten dafür bereits 1987 den Nobelpreis für Physik. Da die Sprungtemperatur in der von Bednorz und Müller untersuchten La-Ba-Cu-O-Verbindung mit 35 K oberhalb der maximalen Sprungtemperatur von etwa 23 K der bis damals bekannten Metalle und Legierungen lag und diese Temperatur schnell bis auf etwa 135 K erhöht werden konnte, erhielten die Kuprat-Supraleiter die Bezeichnung *Hochtemperatur-Supraleiter.*[11] Der Mechanismus der Supraleitung in den Kupraten ist bis heute noch nicht verstanden. Das Gleiche gilt für die Supraleitung in Verbindungen mit *schweren Fermionen*, die 1979 von **Frank Steglich** entdeckt wurde,[12] genauso wie für die von der Arbeitsgruppe um **H. Hosono** erst 2008 entdeckten *Eisen-Pniktide.*[13]

Supraleiter spielen heute eine große Rolle in zahlreichen Anwendungsgebieten. Supraleitende Magnete erzeugen die großen Magnetfelder, die für die Kernspintomographie oder Teilchenbeschleuniger benötigt werden. Supraleitende Quanteninterferenzdetektoren erlauben

---

[6] J. Bardeen, L. N. Cooper, J. R. Schrieffer, *Microscopic Theory of Superconductivity*, Phys. Rev. **106**, 162–164 (1957).

[7] J. Bardeen, L. N. Cooper, J. R. Schrieffer, *Theory of Superconductivity*, Phys. Rev. **108**, 1175 (1957).

[8] R. Doll, M. Näbauer, *Experimental Proof of Magnetic Flux Quantization in a Superconducting Ring*, Phys. Rev. Lett. **7**, 51 (1961).

[9] B. S. Deaver Jr., W. M. Fairbank, *Experimental Evidence for Quantized Flux in Superconducting Cylinders*, Phys. Rev. Lett. **7**, 43 (1961).

[10] J. G. Bednorz, K. A. Müller, *Possible High T_c Superconductivity in the Ba-La-Cu-O System*, Z. Phys. B **64**, 189 (1986).

[11] Die Bezeichnung Hochtemperatur-Supraleiter erhielten allerdings auch bereits die im Jahr 1953/54 entdeckten A 15-Verbindungen V_3Si (G. F. Hardy, J. K. Hulm, Phys. Rev. **87**, 884 (1953), Phys. Rev. **93**, 1004 (1954)) und Nb_3Sn (B. T. Matthias, T. H. Geballe, S. Geller, E. Corenzwit, Phys. Rev. **95**, 1453 (1954) mit Sprungtemperaturen von 17 und 18 K.

[12] F. Steglich, J. Aarts, C. D. Bredl, W. Lieke, D. Meschede, W. Franz, H. Schäfer, *Superconductivity in the Presence of Strong Pauli Paramagnetism: $CeCu_2Si_2$*, Phys. Rev. Lett. **43**, 1892–1896 (1979).

[13] Y. Kamihara, T. Watanabe, M. Hirano, H. Hosono, *Iron-Based Layered Superconductor $La[O_{1-x}F_x]FeAs$ (x = 0.05 − 0.12) with $T_c = 26\,K$*, J. Am. Chem. Soc. **130**, 3296 (2008).

die Messung kleinster Magnetfelder, wie sie z. B. durch Gehirnströme erzeugt werden, und ermöglichen dadurch nicht nur neue Einsatzgebiete in der Medizintechnik, sondern auch in der zerstörungsfreien Materialprüfung oder der Geoprospektion. Schließlich spielen supraleitende Mikrowellendetektoren eine zentrale Rolle in der Radioastronomie, und seit 1990 wird der Voltstandard mit supraleitenden Josephson-Kontakten realisiert.

Bei der Supraleitung handelt es sich um ein Phänomen, bei dem Korrelationen im Elektronensystem eines Festkörpers eine wichtige Rolle spielen. Solche Korrelationen haben wir bereits bei der Diskussion der magnetischen Eigenschaften kennen gelernt. Diese Korrelationen führen unterhalb einer bestimmten Temperatur, bei der die thermische Energie klein genug ist, zu einem neuartigen Ordnungszustand. Die theoretische Beschreibung von Systemen mit elektronischen Korrelationen ist generell anspruchsvoll, da die Beschreibung der Dynamik der Kristallelektronen nicht mehr auf ein effektives Einteilchenproblem zurückgeführt werden kann. Aus diesem Grund gibt es bis heute für Phänomene wie die Hochtemperatur-Supraleitung noch keine etablierte mikroskopische Theorie. Wir wollen in diesem Kapitel zunächst einen Einblick in die Geschichte der Supraleitung geben und die grundlegenden Eigenschaften von Supraleitern vorstellen (Abschnitt 13.1). Anschließend werden wir dann kurz die thermodynamischen Eigenschaften von Supraleitern erörtern (Abschnitt 13.2), phänomenologische Modelle zur Beschreibung des Phänomens Supraleitung (Abschnitt 13.3) vorstellen, auf die charakteristischen Eigenschaften von Typ-I und Typ-II Supraleitern eingehen (Abschnitt 13.4) und die von Bardeen, Cooper und Schrieffer entwickelte mikroskopische Theorie diskutieren (Abschnitt 13.5). In Abschnitt 13.6 werden wir uns dann mit dem Josephson-Effekt beschäftigen, auf dem heute zahlreiche Anwendungen in der Sensorik und Supraleitungselektronik beruhen. Mit dem für technische Anwendungen ebenfalls wichtigen Themengebiet der kritischen Ströme und der Flusslinienverankerung befassen wir uns in Abschnitt 13.7 bevor wir zum Abschluss in Abschnitt 13.9 die zentralen Eigenschaften der Kuprat-Supraleiter diskutieren.

13.1 Geschichte und grundlegende Eigenschaften

13.1.1 Geschichte der Supraleitung

13.1.1.1 Perfekte Leitfähigkeit

Am 10. Juli 1908 gelang es **Heike Kamerlingh Onnes** an dem von ihm geleiteten Kältelaboratorium der Universität Leiden Helium als letztes der Edelgase zu verflüssigen.[14] Die Siedetemperatur von Helium liegt bei Atmosphärendruck bei 4.2 K und kann durch Abpumpen weiter erniedrigt werden. Dadurch wurde es erstmals möglich, Experimente mit Festkörpern nahe am absoluten Temperaturnullpunkt durchzuführen.

Kamerlingh Onnes interessierte sich damals stark für die Physik des Ladungstransports in Metallen, da das Verständnis der Leitungsmechanismen noch wenig verstanden war. Experimente zeigten, dass der Widerstand von Metallen bei Raumtemperatur etwa linear mit der Temperatur abnimmt, dass diese Abnahme zu tieferen Temperaturen hin aber immer kleiner wird. Die bei sehr tiefen Temperaturen erwartete Temperaturabhängigkeit des elektrischen Widerstands wurde kontrovers diskutiert. Während **James Dewar** vorhersagte, dass der elektrische Widerstand für $T \to 0$ ebenfalls gegen null gehen sollte, erwartete **Heinrich Friedrich Ludwig Matthiesen**,[15] dass er gegen einen endlichen Grenzwert strebt. **William Thomson**, heute meist als Lord Kelvin bezeichnet, spekulierte dagegen, dass der elektrische Widerstand mit abnehmender Temperatur durch ein Minimum laufen und bei sehr tiefen Temperaturen wieder ansteigen sollte. Die Idee dahinter war, dass bei sehr tiefen Temperaturen die Elektronen wieder an die Atomrümpfe gebunden sind und somit unbeweglich werden.

Kamerlingh Onnes führte deshalb zuerst Experimente zur Temperaturabhängigkeit des elektrischen Widerstands von Au und Pt Proben durch. Er fand heraus, dass sich für sehr tiefe Temperaturen der Widerstand einem festen Grenzwert, dem so genannten Restwiderstand, annähert. Er vermutete, dass dieser Restwiderstand verschwindend klein werden sollte, wenn hochreine Materialien verwendet werden.[16] Diese These wurde von **Albert Einstein** unterstützt, der vorhersagte, dass die Schwingungsenergie von Festkörpern für tiefe Temperaturen exponentiell abnimmt. Da der Widerstand von hochreinen Proben nach Kamerlingh Onnes' Vorstellung aber im Wesentlichen nur durch die Bewegung der Atome hervorgerufen wird, sollte dieser für $T \to 0$ verschwinden. Um dies experimentell zu überprüfen, entschloss sich Kamerlingh Onnes, Experimente mit Quecksilber durchzuführen, da dieses Metall durch mehrfache Destillation mit hohem Reinheitsgrad hergestellt werden konnte. In den ersten Experimenten war die Auflösung der verwendeten Messapparatur gerade so, dass der Widerstand der Hg-Probe bei 4.2 K noch gemessen werden konnte, aber bei noch

---

[14] H. Kamerlingh Onnes, Proc. Roy. Acad. Amsterdam **11**, 168 (1908).

[15] A. Matthiessen, Ann. Phys. Chem. (Poggendorfsche Folge) **110**, 190 (1860); A. Matthiessen, C. Vogt, Ann. Phys. Chem. (Poggendorfsche Folge) **122**, 19 (1864).

[16] Auf dem 3. Internationalen Kältekongress in Chicago sagte Kamerlingh Onnes: „*Allowing a correction for the additive resistance, I came to the conclusion that probably the resistance of absolutely pure Pt would have vanished at the boiling point of Helium*", siehe hierzu H. Kamerlingh Onnes, Comm. Leiden, Suppl. No. 34 (1913).

Heike Kamerlingh Onnes (1853–1926), Nobelpreis für Physik 1913

Heike Kamerlingh Onnes wurde am 21. September 1853 in Groningen, Niederlande, geboren. Er begann dort 1870 sein Studium und wechselte anschließend von Oktober 1871 bis April 1873 für einige Semester nach Heidelberg zu Kirchhoff und Bunsen, wo er einen Seminarpreis erringen konnte. Er kehrte dann nach Groningen zurück, wo er 1878 mit dem Master of Science abschloss. Bereits 1879 schloss er seine Doktorprüfung zum Thema „*Nieuwe bewijzen voor de aswenteling der aarde*" (Neue Beweise für die Rotation der Erde) ab. Im Jahr 1882 wurde er Professor an der Universität Leiden. Hier arbeitete er eng mit Johannes D. van der Waals und Hendrik A. Lorentz zusammen. Sein Hauptarbeitsgebiet bildete die Verflüssigung von Gasen und die damit zusammenhängenden Korrekturglieder des Drucks und des Volumens in der van der Waals-Gleichung. Hierzu bedurfte es der Kenntnis der Gase über ein möglichst großes Temperaturintervall insbesondere im Bereich der tiefen Temperaturen. Seit 1894 verfügte Kamerlingh Onnes über ein Kältebad von flüssigem Sauerstoff (Siedetemperatur: 90.18 K = −182.97 °C) und seit 1906 über flüssigen Stickstoff (Siedetemperatur: 77.35 K = −195.80 °C). Er stellte schließlich am 10. Juli 1908 als erster flüssiges Helium her (Siedetemperatur: 4.22 K = −268.93 °C).

Für die Van der Waals-Gleichung schlug Kamerlingh Onnes eine Reihenentwicklung vor, die sich auch auf Gasgemische sowie auf Gemische von Gasen und Flüssigkeiten erstrecken sollte. Hierzu mussten dann als Korrekturglieder auch die molekularen Anziehungskräfte, die Kapillarität und die Viskosität einbezogen werden. Das Arbeitsprogramm der Forschungsgruppe in Leiden erweiterte sich dementsprechend auch um Phänomene wie die elektrische Leitfähigkeit bei tiefen Temperaturen und die Temperaturabhängigkeit der Thermokraft.

Am 8. April 1911 machte Kamerlingh Onnes die erstaunliche Entdeckung, dass bei einer ganz bestimmten Temperatur – der so genannten Sprungtemperatur – in Quecksilber der elektrische Widerstand verschwindet. Damit hatte Kamerlingh Onnes das Phänomen Supraleitung entdeckt. Um 1911 machte er ferner die Entdeckung, dass sich flüssiges Helium (^{4}He-II) als dünner Film (so genannter Rollin-Film) an Gefäßwänden langsam aufwärts bewegt. Dieses Phänomen wird als Onnes-Effekt bezeichnet. Damit hat Kamerlingh Onnes anscheinend auch schon eine wesentliche Eigenschaft der Suprafluidität erkannt. Im Jahr 1913 erhielt er den Nobelpreis für Physik „*für seine Untersuchungen der Eigenschaften von Materie bei tiefen Temperaturen, die unter anderem zur Herstellung von flüssigem Helium führten*".

Heike Kamerlingh Onnes starb am 21. Februar 1926 in Leiden.

© The Nobel Foundation.

tieferen Temperaturen unterhalb der Messauflösung lag, also unmessbar klein wurde. Das erhaltene Ergebnis stimmte gut mit der Erwartung überein.

Bei weiteren Experimenten mit einer verbesserten Apparatur wurde aber schnell klar, dass das beobachtete Verschwinden des elektrischen Widerstands nichts mit der erwar-

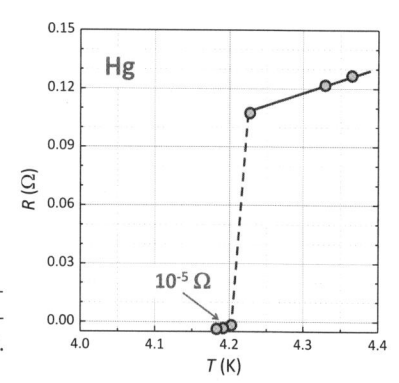

Abb. 13.1: Entdeckung der Supraleitung in Quecksilber (nach H. Kamerlingh Onnes, *The Superconductivity of Mercury*, Leiden Commun. **120b** (1911)).

teten kontinuierlichen Abnahme zu tun hatte. Es zeigte sich nämlich, dass die Widerstandsabnahme in einem sehr schmalen Temperaturintervall von nur etwa 0.1 K erfolgte.[17,18] Dies ist in Abb. 13.1 gezeigt. Kamerlingh Onnes sagte zu der plötzlichen Widerstandsabnahme bei 4.2 K: *„At this point within some hundredths of a degree came a sudden fall not foreseen by the vibration theory of resistance, that had framed, bringing the resistance at once to less than a millionth of its original value at the melting point."* Er fügte ferner einen Satz hinzu, der dem Phänomen den heutigen Namen Supraleitung gab: *„Mercury has passed into a new state which, on account of its extraordinary electrical properties, may be called the superconductive state."* Kamerlingh Onnes hatte zusammen mit seinen Mitarbeitern Gerrit Flim, Gilles Holst und Gerrit Dorsman bei der sorgfältigen Untersuchung des Temperaturverhaltens des elektrischen Widerstands ein völlig neues Phänomen entdeckt. Wie wir heute wissen, spielt die Reinheit der Proben für das Auftreten der Supraleitung keine entscheidende Rolle.

Die Entdeckung von Kamerlingh Onnes wurde nur zwei Jahre später mit dem Nobelpreis für Physik ausgezeichnet. Dies zeigt, welche Bedeutung dieser Entdeckung bereits damals beigemessen wurde. Es sollte aber noch sehr lange dauern, bis dieses Phänomen richtig verstanden wurde. Auf der experimentellen Seite lag dies an den sehr eingeschränkten Experimentiermöglichkeiten. In Deutschland etablierte erst **Walther Meißner**, der nach seiner Promotion bei Max Planck im Jahr 1908 an die Physikalisch-Technische Reichsanstalt in Berlin wechselte, das erste Tieftemperaturlabor (das dritte weltweit, nach Leiden und Toronto). Es gelang ihm dort erstmals am 7. März 1925, Helium zu verflüssigen. Bis zur Entdeckung des perfekten Diamagnetismus in Supraleitern (1933) dauerte es weitere 8 Jahre. Auf der theoretischen Seite waren die Methoden für die Behandlung von komplexen Festkörperproblemen noch nicht weit genug entwickelt und es dauert fast 50 Jahre bis mit der BCS-Theorie die erste mikroskopische Theorie der Supraleitung entwickelt war.

13.1.1.2 Der Meißner-Ochsenfeld-Effekt

Das Verschwinden des elektrischen Widerstands unterhalb der kritischen Temperatur T_c ist nicht die einzige ungewöhnliche Eigenschaft von Supraleitern. Im Jahr 1933 entdeckten **Walther Meißner** und **Robert Ochsenfeld**, dass Supraleiter ein von außen angelegtes Ma-

---

[17] Nach einem Eintrag im Laborbuch Nr. 15 von Heike Kamerlingh Onnes wird die Entdeckung der Supraleitung auf den 8. April 1911 datiert.

[18] H. Kamerlingh Onnes, *The Superconductivity of Mercury*, Leiden Commun. **120b** (1911).

Walther Meißner (1882–1974)

Walther Meißner wurde am 16. Dezember 1882 in Berlin geboren. Er studierte von 1901 bis 1904 Maschinenbau an der Technischen Hochschule Charlottenburg und anschließend Mathematik und Physik an der Berliner Friedrich-Wilhelms-Universität. Als einer der wenigen Doktoranden von Max Planck promovierte er 1907 mit dem Thema *Zur Theorie des Strahlungsdrucks*. 1908 trat Meißner in die Physikalisch-Technische Reichsanstalt ein. Im Laboratorium für Pyrometrie war er zunächst für Prüf- und Forschungsarbeiten auf dem Gebiet der Thermometrie zuständig. 1913 wechselte er in das elektrische Forschungslaboratorium, wo er zunächst für Forschungsarbeiten auf dem Gebiet der Tieftemperaturphysik eine Wasserstoffverflüssigungsanlage aufbauen sollte. Von 1922 bis 1925 baute Meißner dann eine Heliumverflüssigungsanlage, die weltweit (nach Leiden und Toronto) die dritte war. Das 1927 eingerichtete größere Kältelabor und das Laboratorium für elektrische Atomforschung wurden von Meißner geleitet. Zusammen mit Robert Ochsenfeld entdeckte er 1933 den perfekten Diamagnetimus von Supraleitern. Die fundamentale Eigenschaft von Supraleitern bezeichnen wir heute als Meißner-Ochsenfeld-Effekt. Schon vorher, im Jahre 1930, hatte er sich in Berlin habilitiert.

Im Jahr 1934 nahm Meißner einen Ruf auf den Lehrstuhl für Technische Physik der Technischen Hochschule München (heute Technische Universität München) an. Er richtete dort ein neues Kältelaboratorium ein, für das von 1936 bis 1938 nach seinen Plänen ein neuer Heliumverflüssiger gebaut wurde, der nicht mehr mit flüssigem Wasserstoff, sondern durch eine Expansionsmaschine vorgekühlt wurde. Im Jahr 1943, während des Zweiten Weltkriegs, musste das Laboratorium nach Herrsching am Ammersee verlagert werden. Nach Kriegsende wurden Meißner, der politisch unbelastet war, neben der Rückführung des Laboratoriums nach München und dessen Wiederaufbau viele zusätzliche Aufgaben übertragen. An der Technischen Hochschule wurde er Dekan der Fakultät für Allgemeine Wissenschaften. Gleichzeitig gehörte er dem Vorstand des Deutschen Museums an und wurde Vorsitzender der Physikalischen Gesellschaft in Bayern.

Am 8. Januar 1946 ernannte das Bayerische Kultusministerium Walther Meißner zum kommissarischen Präsidenten der Bayerischen Akademie der Wissenschaften, deren Mitglied er seit 1938 war und die ihn für die Amtszeit von 1947 bis 1950 für das Präsidentenamt wählte. Während seiner Amtszeit gründete er zusammen mit Klaus Clusius die Kommission für Tieftemperaturforschung, deren Vorsitzender er bis 1963 war und die vorübergehend in den behelfsmäßigen Laborgebäuden in Herrsching untergebracht wurde. Der 1967 in Betrieb genommene Neubau des zur Kommission gehörenden Zentralinstituts für Tieftemperaturforschung in Garching wurde noch von Meißner initiiert. An diesem Institut, das aus Anlass seines 100. Geburtstages 1982 in Walther-Meißner-Institut umbenannt wurde, experimentierte Meißner weiterhin auf dem Gebiet der Tieftemperaturforschung bis ins hohe Alter.

Meißners Emeritierung von der Technischen Hochschule erfolgte 1952. Zu seinem Nachfolger wurde Heinz Maier-Leibnitz berufen, der ihm 1963 auch im Amt des Vorsitzenden der Kommission für Tieftemperaturforschung folgte. Für seine wissenschaftlichen und gesellschaftlichen Verdienste erhielt Walther Meißner zahlreiche Ehrungen. 1954 erhielt er das Große Verdienstkreuz, 1959 den Bayerischen Verdienstorden. Die Universität Mainz verlieh ihm 1953, die Technische Universität Berlin 1963 das Ehrendoktorat.

Walther Meißner starb am 15. November 1974 in München.

gnetfeld bis auf eine dünne Randschicht vollständig aus ihrem Inneren verdrängen.[19] Supraleiter verhalten sich also wie perfekte Diamagnete. Dieser perfekte Diamagnetismus wird heute nach ihren Entdeckern als *Meißner-Ochsenfeld-Effekt* bezeichnet.

Bemerkenswert ist, dass der Meißner-Ochsenfeld-Effekt nicht von der Vorgeschichte des Materials abhängt, er ist damit in der Sprache der Thermodynamik reversibel. Meißner und Ochsenfeld wiesen so indirekt erstmals nach, dass der supraleitende Zustand ein echter thermodynamischer Zustand ist. Supraleiter sind also mehr als nur ideale Leiter, deren elektromagnetische Eigenschaften mit den Maxwell-Gleichungen nur durch Annahme einer unendlich hohen elektrischen Leitfähigkeit beschrieben werden können. Sie sind vielmehr auch perfekte Diamagnete. Da der perfekte Diamagnetismus eine unendlich hohe Leitfähigkeit bedingt aber nicht umgekehrt, müssten wir Supraleiter eigentlich als Superdiamagnete bezeichnen. Da historisch die Entdeckung der idealen Leitfähigkeit aber viel früher erfolgte, entstand die aus heutiger Sicht nicht ganz ideale Namensgebung.

Um uns den Unterschied zwischen einem idealen Leiter und einem Supraleiter zu veranschaulichen, betrachten wir Abb. 13.2. Wir führen ein Gedankenexperiment durch, bei dem wir einen Normalleiter (NL) zuerst in ein Magnetfeld bringen und dann abkühlen, oder zuerst abkühlen und dann in ein Magnetfeld bringen. Wie Abb. 13.2a zeigt, erhalten wir für einen perfekten Leiter eine vollständige Verdrängung der magnetischen Flussdichte nur dann, wenn wir zuerst Abkühlen und dann das Magnetfeld anschalten. Dies kann einfach mit dem Induktionsgesetz

$$-\frac{\partial \mathbf{B}}{\partial t} = \nabla \times \mathbf{E} \qquad (13.1.1)$$

Abb. 13.2: Perfekter Leiter (a) und Supraleiter (b) im Magnetfeld. In (a) wird ein Normalleiter (NL), der beim Abkühlen zu einem perfekter Leiter (PL) wird, entweder zuerst in ein Magnetfeld gebracht und dann abgekühlt oder umgekehrt. In (b) wird ein Normalleiter (NL), der beim Abkühlen zu einem Supraleiter (SL) wird, entweder zuerst in ein Magnetfeld gebracht und dann abgekühlt oder umgekehrt. Während bei einem perfekten Leiter auf beiden Wegen ein unterschiedlicher Endzustand erhalten wird, ist dies bei einem Supraleiter nicht der Fall.

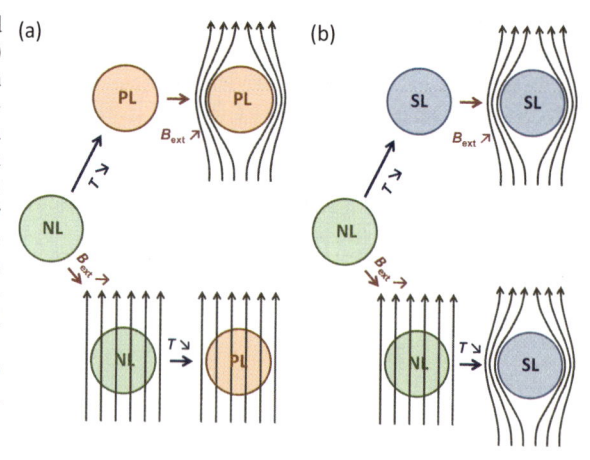

---

[19] W. Meißner, R. Ochsenfeld, *Ein neuer Effekt bei Eintritt der Supraleitfähigkeit*, Naturwissenschaften **21**, 787 (1933).
Meißner und Ochsenfeld untersuchten die Kraft zwischen zwei Zinn-Drähten, durch die sie einen Strom unterhalb und oberhalb der Sprungtemperatur schickten. Aufgrund der Feldverdrängung in einem perfekten Leiter ist die Kraft in beiden Fällen unterschiedlich. Interessanterweise fanden sie aber den gleichen Effekt, wenn sie die Drähte bei angeschaltetem Strom unter die Sprungtemperatur abkühlten.

und dem Ohmschen Gesetz

$$\mathbf{J} = \sigma \mathbf{E} \qquad (13.1.2)$$

erklärt werden. Für unendlich hohe Leitfähigkeit erhalten wir $\mathbf{E} = 0$ und damit

$$\frac{\partial \mathbf{B}}{\partial t} = 0 \, . \qquad (13.1.3)$$

Das heißt, im Inneren eines perfekten Leiters ändert sich die magnetische Flussdichte nicht. Nur an der Oberfläche des perfekten Leiters ändert sich beim Anschalten des Magnetfeldes die magnetische Flussdichte, wodurch ein elektrisches Feld längs der Probenumrandung erzeugt wird. Dieses führt aufgrund der perfekten Leitfähigkeit zu einem dauerhaften Kreisstrom in einer dünnen Oberflächenschicht, der nach der Lenzschen Regel seine Ursache gerade kompensiert und somit zu einer vollständigen Verdrängung der magnetischen Flussdichte führt. Schalten wir das Magnetfeld dagegen noch bei hoher Temperatur an, so dringt das Magnetfeld ein, da die induzierten Ringströme aufgrund des hier endlichen Widerstands schnell abklingen. Kühlen wir den felddurchsetzten Normalleiter ab, so passiert beim Übergang zum perfekten Leiter gar nichts, da keine Flussänderung vorliegt.

In Abb. 13.2b ist das Verhalten eines Supraleiters gezeigt. Wenn wir zuerst abkühlen und dann das Magnetfeld anschalten, erhalten wir einen flussdichtefreien Supraleiter. Dies können wir mit den gleichen Argumenten erklären, die wir für den idealen Leiter benutzt haben. Das Neue ist nun, dass ein Supraleiter auch dann die Flussdichte verdrängt, wenn wir das Feld im Normalzustand anlegen und dann bei konstantem Feld abkühlen. Beim Abkühlen unter die Sprungtemperatur verdrängt der Supraleiter die Flussdichte aus seinem Inneren auch wenn sich das angelegte Feld zeitlich nicht ändert. Ein Supraleiter verdrängt also nicht nur wie ein perfekter Leiter zeitlich veränderliche Felder aus seinem Inneren, sondern auch zeitlich konstante Felder. Im Inneren des Supraleiters gilt

$$\mathbf{B} = 0 \, . \qquad (13.1.4)$$

Wir erhalten damit für den Supraleiter immer den gleichen Endzustand, egal ob wir zuerst abkühlen und dann das Magnetfeld anschalten oder umgekehrt.

13.1.1.3 Theoretische Modelle

Die theoretische Erklärung der Supraleitung in Metallen erfolgte erst viele Jahrzehnte nach ihrer Entdeckung. Bis heute steht ein umfassendes Verständnis aus. So ist die Supraleitung in den 1987 entdeckten Kupratsupraleitern bis heute noch nicht vollkommen verstanden. Da anfangs eine mikroskopische Erklärung des Phänomens Supraleitung nicht möglich war, wurden mehrere phänomenologische Theorien entwickelt, die viele experimentelle Befunde zwar gut beschrieben haben, sie aber nicht erklären konnten.

Eine erste grobe Beschreibung der Supraleitung lieferte das *Zweiflüssigkeiten-Modell*, das von **Casimir** und **Gorter** in den frühen 1930er Jahren vorgeschlagen wurde.[20] In dieser Beschreibung verhält sich der Supraleiter wie eine Mischung aus „normalleitenden" und „supraleitenden" Ladungsträgern. Während die ersteren sich wie die Ladungsträger in einem

---

[20] siehe hierzu D. Shoenberg, *Superconductivity*, Cambridge University Press (1952).

normalen Metall verhalten, besitzen die letzteren keine Entropie und können deshalb keinen Wärmestrom tragen. Ferner können sie einen elektrischen Strom ohne Widerstand transportieren. Damit wird das beobachtete Verschwinden des elektrischen Widerstands unterhalb von T_c und die starke Abnahme der thermischen Leitfähigkeit für $T \to 0$ richtig beschrieben. Obwohl dieses Modell sehr einfach war, hat das Zweiflüssigkeitsbild und das Konzept einer Suprafüssigkeit in späteren Theorien überlebt.

Im Jahr 1935 schlugen die Brüder **Fritz** und **Heinz London** ein phänomenologisches Modell vor, dass die beiden grundlegenden elektrodynamischen Eigenschaften von Supraleitern, die unendlich hohe Leitfähigkeit und den perfekten Diamagnetismus, beschreiben konnte.[21] Sie gingen davon aus, dass in Supraleitern eine endliche Dichte n_s von „supraleitenden Elektronen" existiert, die sich ohne Reibung im Festkörper bewegen können. Sie nahmen ferner an, dass ihre Dichte von null bei der kritischen Temperatur zu tieferen Temperaturen hin kontinuierlich anwächst. Mit diesen Annahmen konnten sie die beiden Londonschen Gleichungen ableiten, die zusammen mit den Maxwell-Gleichungen die Elektrodynamik von Supraleitern beschreiben. Eine weitergehende Motivation der London-Gleichungen auf der Basis der Quantenmechanik wurde später von Fritz London selbst gegeben.[22] **Alfred Brian Pippard**[23] schlug eine nichtlokale Verallgemeinerung der London-Gleichungen vor, indem er eine Kohärenzlänge einführte.[24] Diese Verallgemeinerung ist analog zur nichtlokalen Verallgemeinerung des Ohmschen Gesetzes.

Vitaly Lasarevich Ginzburg[25] und **Lev Davidovich Landau**[26] führten 1950 eine komplexe makroskopische Wellenfunktion Ψ als Ordnungsparameter im Rahmen der allgemeinen Landauschen Theorie der Phasenübergänge ein.[27] Diese Wellenfunktion beschreibt die supraleitenden Elektronen, deren lokale Dichte durch $n_s(\mathbf{r}) = |\Psi(\mathbf{r})|^2$ gegeben ist. Mit der Ginzburg-Landau (GL) Theorie konnten insbesondere Phänomene beschrieben werden, bei denen räumliche Variationen der Dichte der supraleitenden Elektronen wichtig sind. Auf der Basis der GL-Theorie zeigte im Jahr 1957 **Alexei Alexeyevich Abrikosov**,[28] dass wir zwischen Typ-I und Typ-II Supraleitern unterscheiden müssen. Ferner beschrieb er das Flusslininengitter in Typ-II Supraleitern.[29] Anfangs erschien die GL-Theorie sehr phänomenologisch und ihre allgemeine Gültigkeit wurde kontrovers diskutiert. Dies änderte sich jedoch später,

---

[21] F. London, H. London, Proc. Roy. Soc. Lond. **A 149**, 71 (1935).

[22] F. London, *Superfluids*, Wiley, New York (1950).

[23] **Sir Alfred Brian Pippard**, geboren am 7. September 1920 in Earl's Court, London, gestorben am 21. September 2008 in Cambridge.

[24] A. B. Pippard, Proc. Roy. Soc. London **A 216**, 547 (1953).

[25] **Vitaly Lasarevich Ginzburg**, geboren am 4. Oktober 1916 in Moskau, gestorben am 8. November 2009 in Moskau. Er erhielt zusammen mit Alexei Alexeyevich Abrikosov und Anthony James Leggett den Nobelpreis für Physik 2003 „für seine bahnbrechende Arbeiten zur Theorie der Supraleitung und Suprafüssigkeiten".

[26] **Lev Davidovich Landau**, siehe Kasten auf Seite 453.

[27] V. L. Ginzburg, L. D. Landau, Zh. Eksperim. Teor. Fiz. **20**, 1064 (1950).

[28] **Alexei Alexeyevich Abrikosov**, geboren am 25. Juni 1928 in Moskau. Er erhielt zusammen mit Vitaly Lasarevich Ginzburg und Anthony James Leggett den Nobelpreis für Physik 2003 „für seine bahnbrechende Arbeiten zur Theorie der Supraleitung und Suprafüssigkeiten".

[29] A. A. Abrikosov, Zh. Eksperim. Teor. Fiz. **32**, 1141 (1957).

nachdem **Lev Petrovich Gor'kov**[30] im Jahr 1959 zeigen konnte, dass nahe der Sprungtemperatur die GL-Theorie eine beschränkte Form der mikroskopischen BCS-Theorie ist, die besonders gut für die Beschreibung von Situationen mit räumlichen Variationen geeignet ist.[31,32]

Der Durchbruch im theoretischen Verständnis der Supraleitung kam mit der Entwicklung der ersten mikroskopischen Theorie (BCS-Theorie) durch die Arbeiten von **John Bardeen**, **Leon Neil Cooper** und **John Robert Schrieffer**[33,34] Sie erkannten, dass bei Vorhandensein einer attraktiven Wechselwirkung zwischen den Elektronen eines Metalls der Fermi-See eines normalleitenden Metalls instabil wird und sich Elektronenpaare bilden, die wir als *Cooper-Paare* bezeichnen. Diese Paare bilden unterhalb der Sprungtemperatur einen kohärenten Vielteilchenzustand. Die attraktive Wechselwirkung kann durch Phononen vermittelt werden, wie wir bereits in Abschnitt 11.7.3 diskutiert haben. Ein wesentliches Ergebnis der BCS-Theorie war die Vorhersage einer Energielücke $\Delta = 1.76 k_B T_c$ zwischen dem kohärenten Grundzustand und dem Einteilchenanregungsspektrum, mit der die beobachtete exponentielle Temperaturabhängigkeit der spezifischen Wärme[35] von Supraleitern weit unterhalb von T_c und Mikrowellenabsorptionsexperimente[36] erklärt werden konnten. Die Existenz der Cooper-Paare wurde 1961 durch die Beobachtung der Flussquantisierung durch **Robert Doll** und **Martin Näbauer** sowie zeitgleich durch **Bascom S. Deaver** und **William M. Fairbank** belegt.[37,38] Der Wert des Flussquants wurde in diesen Experimenten zu $\Phi_0 = h/q_s$ mit $q_s = 2e$ bestimmt. Die attraktive Wechselwirkung zwischen den Leitungselektronen, die zu Cooper-Paaren führt, muss nicht unbedingt durch Phononen vermittelt werden. Es kommen auch andere Austauschbosonen wie z. B. Magnonen oder Polaronen in Frage. Bis heute ist nicht vollkommen klar, wie die Paarwechselwirkung in den Kupratsupraleitern zustande kommt. Es wird aber vermutet, dass magnetische Anregungen eine entscheidende Rolle spielen.

Unabhängig von den Details der Wechselwirkung, die zu Cooper-Paaren führt, spielt die Ausbildung eines kohärenten Vielteilchenzustandes durch die Gesamtheit der Cooper-Paare eine entscheidende Rolle. Nach den Gesetzen der Quantenmechanik können wir diesen kohärenten Zustand mit einer Materiewelle mit wohldefinierter Phase beschreiben. Da wir mit

---

[30] Lev Petrovich Gor'kov, geboren am 14. Juni 1928 in Moskau.

[31] L. P. Gor'kov, Zh. Eksperim. Teor. Fiz. **36**, 1918 (1959).

[32] A. A. Abrikosov, L. P. Gor'kov, I. E. Dzyaloshinskii in *Quantum Field Theoretical Models in Statistical Physics*, Pergamon Press, London (1965).

[33] J. Bardeen, L. N. Cooper, J. R. Schrieffer, *Microscopic Theory of Superconductivity*, Phys. Rev. **106**, 162–164 (1957).

[34] J. Bardeen, L. N. Cooper, J. R. Schrieffer, *Theory of Superconductivity*, Phys. Rev. **108**, 1175 (1957).

[35] W. S. Corak, B. B. Goodman, C. B. Sattersthwaite, A. Wexler, *Exponential Temperature Dependence of the Electronic Specific Heat of Superconducting Vanadium*, Phys. Rev. **96**, 1442 (1954); Phys. Rev. **102**, 656 (1956).

[36] R. E. Glover, M. Tinkham, *Conductivity of Superconducting Films for Photon Energies between 0.3 and 40 $k_B T_c$*, Phys. Rev. **104**, 844 (1956); Phys. Rev. **108**, 243 (1956).

[37] R. Doll, M. Näbauer, *Experimental Proof of Magnetic Flux Quantization in a Superconducting Ring*, Phys. Rev. Lett. **7**, 51 (1961).

[38] B. S. Deaver Jr., W. M. Fairbank, *Experimental Evidence for Quantized Flux in Superconducting Cylinders*, Phys. Rev. Lett. **7**, 43 (1961).

dieser Wellenfunktion ein makroskopisches System beschreiben, sprechen wir von einer *makroskopischen Wellenfunktion*. Supraleitung ist also ein inhärentes Quantenphänomen, das sich auf einer makroskopischen Längenskala manifestiert. Kohärente Materiewellen spielen auch in anderen Bereichen der Physik eine wichtige Rolle. So können wir die Suprafluidität[39,40,41] in flüssigem Helium oder den Grundzustand von Bose-Einstein-Kondensaten[42,43] mit einer makroskopischen Materiewelle beschreiben. Auch das von einem Laser erzeugte Licht können wir als kohärenten Zustand eines Photonengases auffassen.

13.1.2 Supraleitende Materialien

Supraleitung wurde an dem elementaren Metall Quecksilber entdeckt. Bis heute sind uns Tausende von supraleitenden Substanzen bekannt. Eine wesentliche Triebfeder war dabei neben grundlagenphysikalischem Interesse auch immer die Hoffnung, eines Tages einen Supraleiter zu finden, der bei Raumtemperatur verwendet werden kann.

Supraleitende Elemente: Das in Abb. 13.3 gezeigte Periodensystem der Elemente zeigt, dass die Supraleitung keine seltene Eigenschaft ist, sondern dass viele Metalle bereits bei Normaldruck und eine weitere große Gruppe bei hohen Drücken supraleitend werden. Ihre strukturelle Ordnung spielt dabei eine untergeordnete Rolle. Bei Atmosphärendruck liegt die Übergangstemperatur der Elementsupraleiter zwischen 0.32 mK (Rh) und 9.2 K (Nb). Vor kurzem wurde entdeckt, dass Lithium unter hohem Druck von fast 0.5 Mbar eine Sprungtemperatur von fast 20 K erreicht. Ähnliche Beobachtungen wurden für Schwefel gemacht. Ferner tritt Supraleitung in einigen metallischen Hochdruckphasen von Nichtmetallen wie Si, Ge, P oder As auf. Die Frage, ob alle Metalle bei genügend tiefen Temperaturen supraleitend werden, lässt sich bis heute nicht beantworten, da Supraleiter mit sehr kleinen Übergangstemperaturen sehr empfindlich auf paramagnetische Verunreinigungen und magnetische Restfelder reagieren. Magnetisch ordnende Metalle wie Fe, Co und Ni müssen hier ausgenommen werden, da sie im ferromagnetischen Zustand mit großer Wahrscheinlichkeit nicht supraleitend werden können. Allerdings wurde vor kurzem in einer unmagnetischen Hochdruckphase von Fe Supraleitung mit $T_c = 2$ K gefunden.[44] Nur wenige metallische Elemente sind nach unserem heutigen Wissensstand weder magnetisch geordnet noch supraleitend (z. B. einige Alkali- und Erdalkalimetalle und Edelmetalle).

Supraleitende Legierungen und Verbindungen: Sehr bald nach der Entdeckung der Supraleitung wurden nicht nur Elemente, sondern auch *Legierungen* und *Verbindungen* hin-

---

[39] D. M. Lee, *The extraordinary phases of liquid* ^{3}*He*, Rev. Mod. Phys. **69**, 645 (1997).

[40] D. D. Osheroff, *Superfluidity in* ^{3}*He: Discovery and understanding*, Rev. Mod. Phys. **69**, 667 (1997).

[41] R. C. Richardson, *The Pomeranchuk effect*, Rev. Mod. Phys. **69**, 683 (1997).

[42] E. A. Cornell, C. E. Wieman, *Nobel Lecture: Bose-Einstein condensation in a dilute gas, the first 70 years and some recent experiments*, Rev. Mod. Phys. **74**, 875 (2002).

[43] W. Ketterle, *Nobel lecture: When atoms behave as waves: Bose-Einstein condensation and the atom laser*, Rev. Mod. Phys. **74**, 1131 (2002).

[44] K. Shimizu et al., *Superconductivity in the non-magnetic state of iron under pressure*, Nature **412**, 316 (2002).

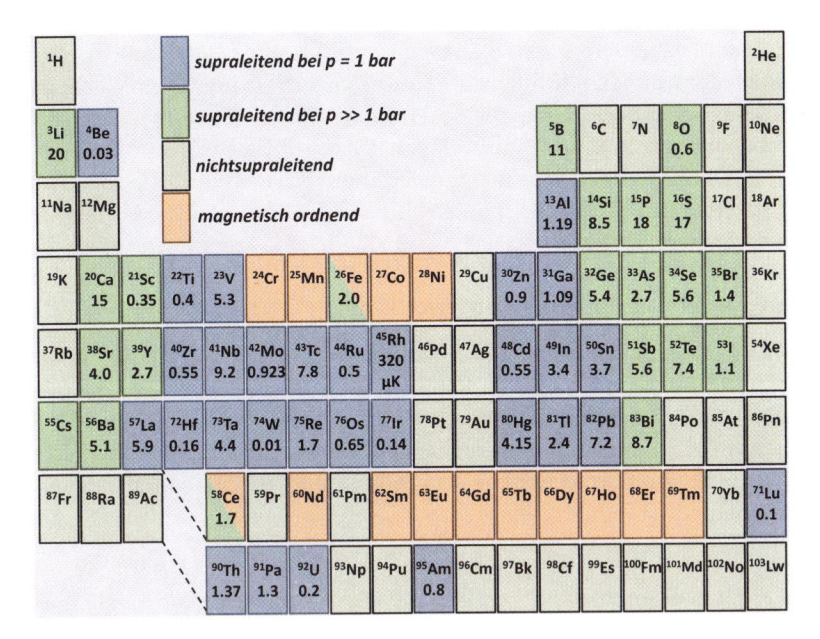

13.1 Geschichte und grundlegende Eigenschaften

Abb. 13.3: Verteilung der supraleitenden Elemente im Periodensystem der Elemente. Die blau hinterlegten Elemente werden bereits bei Atmosphärendruck, die grün hinterlegten nur bei höheren Drücken supraleitend (die in K angegebene Sprungtemperatur ist die maximal unter Druck erreichte kritische Temperatur). Die orange hinterlegten Elemente ordnen magnetisch. Nur für einige wenige Elemente wurde bis heute weder eine magnetische geordnete Tieftemperaturphase noch Supraleitung gefunden (nach N. W. Ashcroft, Nature **419**, 569–572 (2002) sowie C. Buzea, K. Robble, Supercond. Sci. Techn. **18**, R1 (2005)).

sichtlich ihrer supraleitenden Eigenschaften untersucht. Bis heute wurden mehr als 1000 supraleitende Legierungen und Verbindungen gefunden. Interessant ist, dass es Verbindungen wie z. B. CuS mit einer Sprungtemperatur von 1.6 K gibt, deren Komponenten selbst keine Supraleitung zeigen. Technisch interessant sind die 1954 entdeckten Verbindungen mit der so genannten *A 15-Struktur* (β-Wolframstruktur).[45,46] Zu ihnen gehören mit Nb$_3$Ge (T_c = 23.2 K), Nb$_3$Sn (T_c = 18.0 K) und V$_3$Si (T_c = 17 K) Verbindungen, die hohe Sprungtemperaturen und hohe kritische Felder besitzen. Nb$_3$Sn wird deshalb heute zum Bau großer supraleitender Magnete eingesetzt. Weitere technisch interessante Nb-Verbindungen sind NbTi (T_c = 10–11 K) und NbN (T_c = 13–16 K).

Interessante Verbindungen sind die *Chevrel-Phasen*[47] und die *Borkarbide*.[48] Chevrel-Phasen sind dabei chemische Verbindungen des Molybdäns mit der allgemeinen Form $M_x\text{Mo}_6 X_8$.

---

[45] G. F. Hardy, J. K. Hulm, *Superconducting Silicides and Germanides, The Superconductivity of Some Transition Metal Compounds*, Phys. Rev. **87**, 884 (1953); Phys. Rev. **93**, 1004 (1954).

[46] B. T. Matthias, T. H. Geballe, S. Geller, E. Corenzwit, *Superconductivity of Nb$_3$Sn*, Phys. Rev. **95**, 1435 (1954).

[47] R. Flukiger, R. Baillif, in *Superconductivity in Ternary Compounds I*, Hrsg. Ø. Fischer, M. B. Maple, Springer, New York (1982), S. 113–140.

[48] R. J. Cava, H. Takagi, B. Batlogg, H. W. Zandbergen, J. J. Krajewski, W. F. Peck, R. B. van Dover, R. J. Felder, T. Siegrist, K. Mizuhashi, J. O. Lee, H. Eisaki, S. A. Carter, S. Uchida, *Superconductivity at 23 K in yttrium palladium boride carbide*, Nature **367**, 146 (1994).

Als Metall M sind dabei verschiedene Elemente wie Kalzium, Strontium, Barium, Zinn(II), Blei(II), Gold oder Lanthanoide möglich. Das Gegenion X ist immer ein Chalkogenid, entweder Schwefel, Selen oder Tellur. Die bekannteste Chevrel-Phase ist $PbMo_6S_8$ mit einer Sprungtemperatur von 15 K und einem oberen kritischen Feld von 60 T. Bei den erst 1994 entdeckten Borkarbiden handelt es sich um Verbindungen der Form RM_2B_2C, wobei R für ein Seltenerd-Atom (z. B. Tm, Er, Ho) und M für Ni oder Pd steht. Einige dieser Verbindungen haben Sprungtemperaturen oberhalb von 15 K. Physikalisch interessant ist, dass sowohl in einigen Chevrel-Phasen als auch in den Borkarbiden eine Koexistenz von Supraleitung und antiferromagnetischer Ordnung auftreten kann.

Anfang 2001 wurde von **Akimitsu** und Mitarbeitern entdeckt, dass die Verbindung MgB_2 bei Temperaturen knapp unterhalb von 40 K supraleitend wird.[49] Diese Entdeckung war sehr überraschend, da MgB_2 seit den 1950er Jahren bekannt und kommerziell erhältlich war und ferner intermetallische Verbindungen seit langem auf Supraleitung hin untersucht wurden. MgB_2 könnte in Zukunft für technische Anwendungen im Bereich supraleitender Kabel interessant werden.

Schwere-Fermionen-Supraleiter: Ende der 1970er Jahre wurde von **Steglich** und Mitarbeitern unterhalb von etwa 0.5 K Supraleitung in der Verbindung $CeCu_2Si_2$ gefunden.[50] Da die Elektronen in dieser und ähnlichen Verbindungen effektive Massen haben, die einige 100 bis 1000-mal größer sind als die Masse freier Elektronen, werden diese metallischen Systeme als *Schwere-Fermionen-Supraleiter* bezeichnet. Der Mechanismus der Supraleitung in diesen Systemen ist bis heute noch nicht verstanden.

Organische Supraleiter: Bereits 1964 postulierte **W. H. Little**, dass es möglich sein sollte, mit organischen Substanzen hohe Sprungtemperaturen zu erreichen. Erst 1980 wurde von **Jérome** und Mitarbeitern Supraleitung in der organischen Substanz Tetramethyl-tetraselenafulvalen (TMTSF) unterhalb von 0.9 K bei einem angelegten Druck von 12 kbar entdeckt.[51] In der Folgezeit wurden viele weitere organische Supraleiter mit Sprungtemperaturen bis zu etwa 12 K entdeckt. Die Hypothese von Little konnte aber noch nicht bestätigt werden.

Fulleride: Im Jahr 1985 entdeckten **R. F. Curk**, **R. E. Smalley** und **H. W. Kroto** das ballförmige Kohlenstoffmolekül C_{60}. Die C_{60}-Moleküle lassen sich dotieren und in Molekülkristallen regelmäßig anordnen. Dadurch erhält man Fulleride, die bei erstaunlich hohen Temperaturen von bis zu 40 K supraleitend werden.[52] Es deutet vieles darauf hin, dass die Supraleitung in den Fulleriden wie in metallischen Supraleitern und MgB_2 durch Elektron-Phonon-Wechselwirkung zustande kommt.

---

[49] J. Nagamatsu, N. Nakagawa, T. Muranaka, Y. Zenitani, J. Akimitsu, *Superconductivity at 39 K in MgB_2*, Nature **410**, 63 (2001).

[50] F. Steglich, J. Aarts, C. D. Bredl, W. Lieke, D. Meschede, W. Franz, H. Schäfer, *Superconductivity in the Presence of Strong Pauli Paramagnetism: $CeCu_2Si_2$*, Phys. Rev. Lett. **43**, 1892–1896 (1979).

[51] D. Jérome, A. Mazaud, M. Ribault, K. Bechgaard, C. R. Hebd. Acad. Sci. Ser. **B 290**, 27 (1980).

[52] C. H. Pennington, V. A. Stenger, *Nuclear magnetic resonance of C_{60} and fulleride superconductors*, Rev. Mod. Phys. **68**, 855 (1996).

Supraleitende Oxide: Viele Oxide sind Isolatoren, weshalb vermutet wurde, dass mit Oxiden keine Supraleiter mit hoher Sprungtemperatur erhalten werden können. Umso erstaunlicher war dann die Entdeckung von **Georg Bednorz** und **Alex Müller**, die 1986 in dem oxidischen System La-Ba-Cu-O Supraleitung bei etwa 25 K fanden.[53] Als kurze Zeit später von **Paul Chu** und Mitarbeitern in $YBa_2Cu_3O_7$ (T_c = 93 K) erstmals Supraleitung bei einer Temperatur oberhalb der Siedetemperatur von flüssigem Stickstoff (77 K) gefunden wurde,[54] begann eine intensive Forschungsaktivität mit dem Ziel, Supraleiter mit noch höheren Sprungtemperaturen nahe oder oberhalb von Raumtemperatur zu finden. Mittlerweile kennen wir viele supraleitende Oxide (neben den Kupraten vor allem Wismutoxide und Ruthenoxide), ihre Sprungtemperaturen liegen aber unter etwa 135 K bei Atmosphärendruck und etwa 165 K bei hohem Druck. Die anfängliche Euphorie ist heute verflogen, da sich die keramischen Materialien auch nur mit großem Aufwand in technische Anwendungen umsetzen lassen. Wissenschaftlich bleibt aber die Klärung des Mechanismus der Supraleitung eine der großen Herausforderungen der heutigen Festkörperphysik.

Eisen-Pniktide: Von der Arbeitsgruppe um **H. Hosono** wurde 2008 Supraleitung in dem Eisen-Pniktid $La[O_{1-x}F_x]FeAs$ bei einer Sprungtemperatur von 26 K entdeckt und damit die „Eisenzeit" der Supraleitung eingeläutet.[55] Mittlerweile sind eine Reihe von unterschiedlichen Eisen-Pniktiden mit Übergangstemperaturen von bis zu 55 K bekannt. Dies ist nicht nur wegen der hohen Sprungtemperaturen äußerst interessant, sondern auch hinsichtlich des generellen Verständnisses der Supraleitung. Supraleitung in einer Eisenverbindung hätte man bis vor kurzem noch nicht für möglich gehalten.

13.1.3 Sprungtemperaturen

Supraleitung ist ein ausgeprägtes Tieftemperaturphänomen. Dies erschwert den Einsatz der Supraleitung in vielen Anwendungsgebieten. Physiker und Materialwissenschaftler haben deshalb immer versucht, die Sprungtemperaturen zu erhöhen. Das langfristige Ziel ist dabei, Sprungtemperaturen oberhalb von Raumtemperatur zu erzielen. Wie Abb. 13.4 zeigt, wurden auf diesem Weg zwar enorme Fortschritte erreicht, das Ziel Raumtemperatur-Supraleitung ist aber immer noch nicht in Sicht.

13.1.4 Grundlegende Eigenschaften

13.1.4.1 Perfekte Leitfähigkeit

Wir haben in Abschnitt 13.1.1 bereits erwähnt, dass Heike Kamerlingh Onnes bei der Untersuchung der Temperaturabhängigkeit des elektrischen Widerstandes die Supraleitung in Hg

---

[53] J. G. Bednorz, K. A. Müller, *Possible High T_c Superconductivity in the Ba-La-Cu-O System*, Z. Phys. B **64**, 189 (1986).
[54] M. K. Wu, J. R. Ashburn, C. J. Torng, P. H. Hor, R. L. Meng, L. Gao, Z. J. Huang, Y. Q. Wang, C. W. Chu, *Superconductivity at 93 K in a New Mixed-Phase Y-Ba-Cu-O Compound System at Ambient Pressure*, Phys. Rev. Lett. **58**, 908–910 (1987).
[55] Y. Kamihara, T. Watanabe, M. Hirano, H. Hosono, *Iron-Based Layered Superconductor $La[O_{1-x}F_x]FeAs$ (x = 0.05 – 0.12) with T_c = 26 K*, J. Am. Chem. Soc. **130**, 3296 (2008).

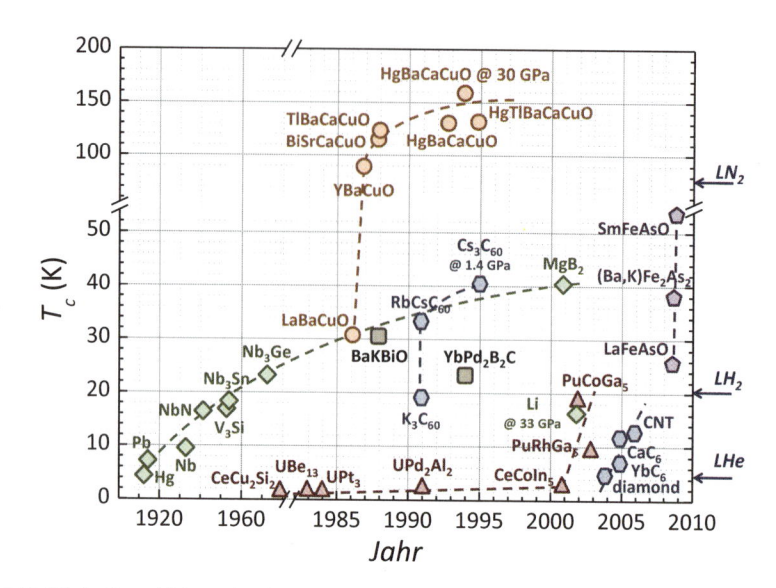

Abb. 13.4: Zeitliche Entwicklung der Sprungtemperaturen von Supraleitern. Verschiedene Klassen von Supraleitern wie z. B. die metallischen Supraleiter, die Kuprate, die Schwere-Fermionen-Supraleiter, die Eisen-Pniktide oder Kohlenstoff-basierte Supraleiter sind unterschiedlich farblich gekennzeichnet. Man beachte die unterbrochene x- und y-Achse.

entdeckt hat. Messen wir den elektrischen Widerstand eines Supraleiters, so stellen wir fest, dass dieser bei der Sprungtemperatur T_c innerhalb eines kleinen Temperaturintervalls ΔT_c auf einen unmessbar kleinen Wert abfällt. Die Übergangsbreite ΔT_c wird üblicherweise durch

$$\Delta T_c = T(R = 0.9 \cdot R_n) - T(R = 0.1 \cdot R_n) \tag{13.1.5}$$

definiert, wobei R_n der Normalwiderstand oberhalb von T_c ist. Für homogene Proben findet man sehr kleine Übergangsbreiten von weniger als 10 mK. Es sei hier darauf hingewiesen, dass auch verunreinigte Proben und Legierungen Supraleitung mit einem scharfen Übergang in den supraleitenden Zustand zeigen können. Ein Beispiel ist PbIn, das bei einem In-Anteil von 10% eine gegenüber reinem Blei nur um etwa 0.1 K reduzierte Sprungtemperatur besitzt. In manchen Fällen zeigen sogar extrem ungeordnete, amorphe Legierungen höhere Sprungtemperaturen als entsprechende kristalline Systeme gleicher Zusammensetzung.

Beim Übergang in den supraleitenden Zustand spricht man immer lax von einem Verschwinden des elektrischen Widerstands. Prinzipiell ist es aber nicht möglich, einen Widerstandswert $R = 0$ experimentell zu messen. Wir können nur eine obere Schranke $\Delta R = \Delta U/I$ angeben. Hierbei ist ΔU die Auflösung des für die Spannungsmessung verwendeten Messgeräts und I der verwendete Messstrom. Typischerweise liegt ΔU im Bereich von 10 nV und I kann nicht beliebig erhöht werden, da sonst im normalleitenden Bereich Heizeffekte auftreten. Bei einem Messstrom von $I = 1$ A würden wir also eine obere Schranke für den Widerstand von $\Delta R = 10$ nΩ erhalten.

Einen wesentlich kleineren Wert für die obere Schranke des Widerstands im supraleitenden Zustand können wir durch eine induktive Messung erhalten. Dabei kühlen wir, wie in

13.1 Geschichte und grundlegende Eigenschaften

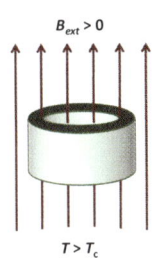

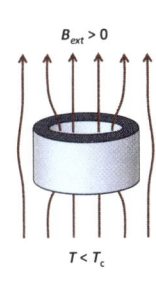

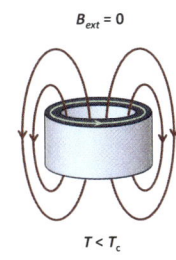

Abb. 13.5: Zur Erzeugung eines Dauerstroms in einem supraleitenden Ring. Es wird für $T > T_c$ ein homogenes Magnetfeld angelegt und dann unter T_c abgekühlt. Schalten man nun das Feld ab, wird die im Ring eingeschlossene Flussdichte durch einen im Ring zirkulierenden Dauerstrom beibehalten.

Abb. 13.5 gezeigt ist, einen supraleitenden Ring mit Fläche A und Induktivität L in einem homogenen Magnetfeld unter T_c ab. Durch eine Flächenintegration von (13.1.1) erhalten wir mit dem Stokesschen Theorem

$$-\frac{\partial}{\partial t}\int_A \mathbf{B}\cdot\widehat{\mathbf{n}}\,dS = \int_A (\nabla\times\mathbf{E})\cdot\widehat{\mathbf{n}}\,dS = \oint_\Gamma \mathbf{E}\cdot d\boldsymbol{\ell} = 0, \qquad (13.1.6)$$

wobei $\widehat{\mathbf{n}}$ der auf der Fläche A senkrecht stehende Einheitsvektor ist. Das heißt, der den Ring durchdringende magnetische Fluss $\Phi = \int_A \mathbf{B}\cdot\widehat{\mathbf{n}}\,dS$ muss wegen $\mathbf{E} = 0$ konstant bleiben. Schalten wir das Magnetfeld im supraleitenden Zustand ab, wird in dem supraleitenden Ring ein Dauerstrom angeworfen. Dieser Dauerstrom kann z. B. durch Messung des damit verbundenen magnetischen Moments $\mu = I\cdot A$ gemessen werden. Hätte der Supraleiter einen endlichen Widerstand ΔR, so würde der Ringstrom gemäß

$$I(t) = I_0\exp\left(-\frac{\Delta R}{L}t\right) \qquad (13.1.7)$$

zeitlich abklingen. Dieses Abklingverhalten kann über einen sehr langen Zeitraum von z. B. einem Jahr beobachtet werden. Würde man über diesen Zeitraum ein Abklingen des Suprastroms um weniger als 10% beobachten, so wäre für $L = 1$ nH die obere Schranke für den Widerstand nur etwa 10^{-17} Ω. Dies wird in der Tat beobachtet. Genaueste Messungen liefern eine unter Schranke der Abklingzeit von mehr als 10^5 Jahren, was die Annahme $R = 0$ für den supraleitenden Zustand rechtfertigt. Ein endliches Abklingen des Ringstromes wird übrigens immer durch die unvermeidbare Wechselwirkung mit dem Messsystem erhalten.

13.1.4.2 Perfekter Diamagnetismus

In Abschnitt 13.1.1.2 haben wir bereits den Unterschied zwischen einem perfekten Leiter und einem Supraleiter diskutiert. Ein Supraleiter besitzt nicht nur eine unendlich hohe Leitfähigkeit, sondern zeigt auch den Meißner-Ochsenfeld-Effekt. Das heißt, die magnetische Induktion $\mathbf{B}_i$ im Inneren eines Supraleiters ist unabhängig von seiner Vorgeschichte null. Es gilt also, dass[56]

$$\mathbf{B}_i = \mu_0(\mathbf{H}_{ext} + \mathbf{M}) = \mu_0(\mathbf{H}_{ext} + \chi\mathbf{H}_{ext}) = \mu_0\mathbf{H}_{ext}(1+\chi) = 0. \qquad (13.1.8)$$

Wir sehen, dass die vollständige Feldverdrängung gleichbedeutend damit ist, dass der Supraleiter die magnetische Suszeptibilität $\chi = -1$ besitzt, er ist also ein **perfekter Diamagnet**. Es

---
[56] Wir wollen hier Entmagnetisierungseffekte zunächst vernachlässigen. Auf diese werden wir später in Abschnitt 13.4.3 noch eingehen.

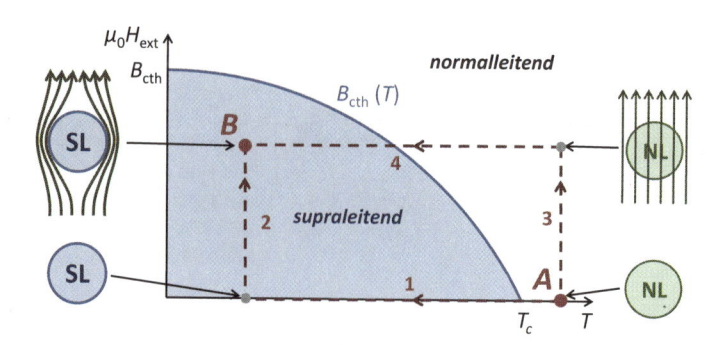

Abb. 13.6: Magnetfeld-Temperatur-Phasendiagramm eines Supraleiters. Eingezeichnet sind zwei Wege 1–2 und 3–4 vom normalleitenden Zustand A ($T > T_c$, $\mu_0 H_{ext} = 0$) in den supraleitenden Zustand B ($T < T_c$, $0 < \mu_0 H_{ext} < B_{cth}$).

sei hier angemerkt, dass die magnetische Suszeptibilität im Allgemeinen ein Tensor 2. Stufe ist, der durch $\chi_{ij} = \mu_0 (\partial M_i / \partial B_{ext,j})$ gegeben ist. Wir werden aber isotrope Systeme betrachten, für die wir χ als skalare Größe verwenden können.

Abb. 13.6 zeigt nochmals die in Abb. 13.2 bereits diskutierten unterschiedlichen Wege von einem Zustand A im normalleitenden Bereich zu einem Endzustand B im supraleitenden Bereich. Entlang des Weges 1–2 kühlen wir zunächst unter die Sprungtemperatur ab und schalten dann im supraleitenden Zustand das Magnetfeld an. Hier könnten wir die Feldverdrängung auch ohne perfekten Diamagnetismus alleine mit der perfekten Leitfähigkeit und der Lenzschen Regel erklären. Entlang des Weges 3–4 schalten wir aber zuerst das Magnetfeld oberhalb der Sprungtemperatur an und kühlen dann bei konstantem Magnetfeld ab. Hier würden wir nach unserer obigen Diskussion für einen perfekten Leiter keine Feldverdrängung erhalten. Das Experiment von Meißner und Ochsenfeld zeigte aber, dass auch entlang dieses Weges eine perfekte Feldverdrängung erhalten wird. Das heißt, es gilt stets $B_i = 0$ unabhängig von der Vorgeschichte. Damit kann der supraleitende Zustand als Gleichgewichtszustand im Sinne der Thermodynamik aufgefasst werden. Es stellt sich natürlich sofort die Frage, wodurch wenn nicht durch das Faradaysche Induktionsgesetz im Supraleiter Abschirmströme angeworfen werden, wenn wir bei konstantem Magnetfeld unter die Sprungtemperatur abkühlen. Wir werden später sehen, dass die Ursache dafür die Existenz einer einheitlichen Phase einer makroskopischen Wellenfunktion ist, mit der wir die Gesamtheit der supraleitenden Elektronen beschreiben. Der Abschirmstrom ist proportional zum eichinvarianten Gradienten dieser Phase, der durch das Vektorpotenzial modifiziert wird.

Es sei darauf hinweisen, dass $B_i = 0$ nur bis auf eine dünne Oberflächenschicht gilt, in der der zur Abschirmung notwendige supraleitende Dauerstrom fließt. Wir werden weiter unten sehen, dass die Dicke dieser Oberflächenschicht typischerweise nur im Bereich von 100 nm liegt und deshalb für massive Proben vernachlässigt werden kann.

13.1.4.3 Kritisches Feld

Die Existenz eines reversiblen Meißner-Ochsenfeld-Effekts erfordert, dass die Supraleitung durch ein **kritisches Magnetfeld** B_{cth} zerstört wird. Wäre dies nicht der Fall, so müsste der

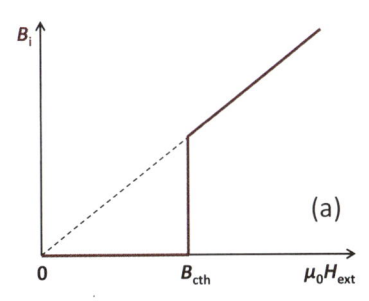

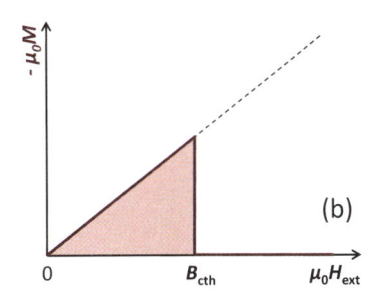

Abb. 13.7: Schematische Darstellung (a) der magnetischen Flussdichte im Inneren eines Supraleiter und (b) der Magnetisierung als Funktion des von außen angelegten Magnetfelds.

Supraleiter ja die Möglichkeit haben, eine unendlich hohe Magnetfeldverdrängungsarbeit zu leisten. Die Aussage $B_i = 0$ gilt also nur für $\mu_0 H_{ext} \leq B_{cth}(T)$. Erhöhen wir $\mu_0 H_{ext}$, so bleibt zunächst $B_i = 0$. Erreichen wir aber das kritische Feld $B_{cth}(T)$, so bricht die Abschirmung zusammen und es erfolgt ein Übergang in den normalleitenden Zustand, in dem das innere Feld dann proportional zum externen Feld zunimmt. Dies ist in Abb. 13.7a gezeigt. Betrachten wir die in Abb. 13.7b gezeigte Magnetisierung des Supraleiters, so nimmt diese gemäß $-\mu_0 \mathbf{M} = \mu_0 \mathbf{H}_{ext} - \mathbf{B}_i$ wegen $\mathbf{B}_i = 0$ zunächst linear mit dem angelegten Magnetfeld $\mathbf{H}_{ext}$ zu. Wird das kritische Feld erreicht, so nimmt die Magnetisierung schlagartig auf den sehr kleinen Wert im normalleitenden Bereich ab, da jetzt $\mathbf{B}_i = \mu_0 \mathbf{H}_{ext}$ (die Paulische Spin-Suszeptibilität χ_{Pauli} eines normalleitenden Metalls beträgt nur etwa 10^{-5}, so dass $\mathbf{B}_i = \mu_0 \mathbf{H}_{ext}$ eine sehr gute Näherung ist). Wir wollen abschließend noch darauf hinweisen, dass das in Abb. 13.7 gezeigte Verhalten nur für so genannte Typ-I Supraleiter gilt. Den genauen Unterschied zwischen Typ-I und Typ-II Supraleitern werden wir aber erst später in Abschnitt 13.3.3 diskutieren.

Nehmen wir an, dass der Unterschied der freien Enthalpiedichte zwischen normalleitendem und supraleitendem Zustand bei einer bestimmten Temperatur $\Delta\mathfrak{g}(T) = \mathfrak{g}_n(T) - \mathfrak{g}_s(T)$ beträgt, so gilt für das thermodynamisch kritische Magnetfeld

$$\frac{B_{cth}^2(T)}{2\mu_0} = \mathfrak{g}_n(T) - \mathfrak{g}_s(T), \qquad (13.1.9)$$

da der Supraleiter ja nicht mehr Energie für die Feldverdrängung aufwenden kann, als er durch den Übergang in den supraleitenden Zustand gewonnen hat. Die Enthalpiedifferenz $\Delta\mathfrak{g}(T) = \mathfrak{g}_n(T) - \mathfrak{g}_s(T)$ nennen wir auch **Kondensationsenergie**, da sie aus der Kondensation der Leitungselektronen in den supraleitenden Zustand resultiert (eine genaue Diskussion der thermodynamischen Eigenschaften von Supraleitern folgt in Abschnitt 13.2 und Anhang F). Die Temperaturabhängigkeit von B_{cth} hängt von den Details der mikroskopischen Theorie ab, die wir erst später diskutieren werden. Empirisch lässt sich die experimentell gefundene Abhängigkeit sehr gut durch (siehe hierzu Abb. 13.8)

$$B_{cth}(T) = B_{cth}(0)\left[1 - \left(\frac{T}{T_c}\right)^2\right] \qquad (13.1.10)$$

beschreiben. Typische Werte für $B_{cth}(0)$ betragen für elementare Supraleiter einige 10 mT.

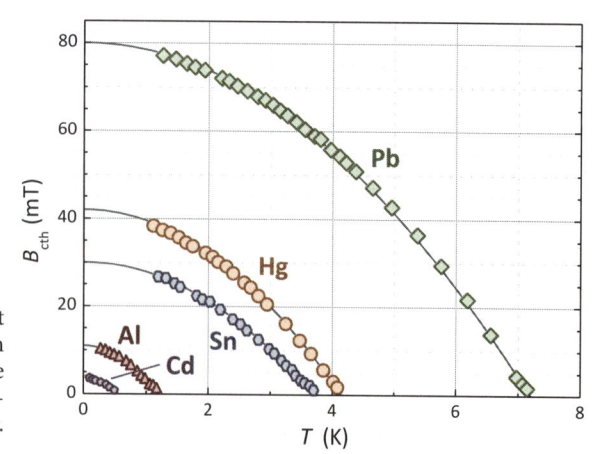

Abb. 13.8: Temperaturabhängigkeit des thermodynamisch kritischen Feldes von Typ-I Supraleitern. Die Linien geben die nach (13.1.9) erwarteten Temperaturabhängigkeit wieder.

13.1.4.4 Shubnikov-Phase

Die Feldverdrängungsenergie im Meißner-Zustand steigt quadratisch mit dem Feld an und beim kritischen Feld führt das komplette Eindringen des Magnetfeldes zum Zusammenbruch der Supraleitung. **Lev Wassiljevitsch Shubnikov** zeigte allerdings bereits 1936, dass eine Verunreinigung von Pb mit Tl zu einer neuen Phase führt, die wir heute *Shubnikov-Phase* oder *Mischzustand* nennen.[57,58] In dieser Phase wird der Supraleiter bereits für Felder unterhalb des thermodynamisch kritischen Feldes B_{cth} von magnetischem Fluss durchsetzt und der supraleitende Zustand verschwindet erst bei Feldern oberhalb von B_{cth}. Die Magnetfelder B_{c1} und B_{c2}, die das untere und obere Ende der Shubnikov-Phase markieren, bezeichnen wir als *unteres* und *oberes kritisches Magnetfeld*. Wir werden später sehen, dass der magnetische Fluss in der Shubnikov-Phase in Form eines mehr oder weniger regelmäßigen Gitters einzelner Flusslinien angeordnet ist, deren Flussinhalt gerade ein Flussquant beträgt.

Heute wissen wir, dass die Shubnikov-Phase keine seltene Erscheinung ist, sondern in allen Nichtelement-Supraleitern auftritt. Wir können das Auftreten der Shubnikov-Phase dazu benutzen, Supraleiter in *Typ-I* und *Typ-II Supraleiter* einzuteilen. Typ-I Supraleiter zeigen bis zum thermodynamisch kritischen Feld B_{cth} einen perfekten Meißner-Effekt und gehen dann direkt in den Normalzustand über. Typ-II Supraleiter zeigen dagegen nur bis zum unteren kritischen Magnetfeld $B_{c1} < B_{cth}$ einen perfekten Meißner-Zustand und gehen dann im Feldintervall zwischen B_{c1} und B_{c2} in die Shubnikov-Phase über. Die Supraleitung verschwindet erst bei Feldern oberhalb des oberen kritischen Magnetfeldes $B_{c2} > B_{cth}$. Eine genaue Diskussion der Eigenschaften von Typ-I und Typ-II Supraleitern folgt in Abschnitt 13.4. Wir werden in Abschnitt 13.7 auch sehen, dass Typ-II Supraleiter eine enorme Bedeutung für Anwendungen haben, bei denen hohe kritische Ströme und hohe Magnetfelder von Interesse sind.

---

[57] L. W. Shubnikov, W. I. Chotkewitsch, J. D. Schepelew, J. N. Rjabinin, *Magnetische Eigenschaften supraleitender Metalle und Legierungen*, Phys. Z. Sowjet., Sondernummer zu Arbeiten auf dem Gebiete tiefer Temperaturen, 39-66 (1936).

[58] L. W. Shubnikov, W. I. Chotkewitsch, J. D. Schepelew, J. N. Rjabinin, *Magnetische Eigenschaften supraleitender Metalle und Legierungen*, Phys. Z. Sowjet. **10**, 165-192 (1936).

13.1.4.5 Flussquantisierung

Im Jahr 1961 beobachteten etwa zeitgleich zwei experimentelle Gruppen, **Robert Doll** und **Martin Näbauer** am Walther-Meißner-Institut in München, und **Bascom S. Deaver** und **William M. Fairbank** an der Stanford University, dass der in einem supraleitenden Hohlzylinder eingefangene magnetische Fluss in Einheiten des Flussquants

$$\Phi_0 \equiv \frac{h}{2e} = 2.067\,833\,758(46) \times 10^{-15}\,\text{Vs} \qquad (13.1.11)$$

quantisiert ist.[59,60,61] Diese Experimente belegten nicht nur die Quantisierung das magnetischen Flusses in mehrfach zusammenhängenden Supraleitern, sondern bewiesen auch zum ersten Mal die Existenz von Cooper-Paaren mit Ladung $-2e$ und damit eine Kernaussage der wenige Jahre zuvor von **John Bardeen, Leon Cooper** und **Robert Schrieffer** (BCS) entwickelten mikroskopischen Theorie.

In beiden Experimenten wurden supraleitende Hohlzylinder verwendet, die in einem angelegten Magnetfeld $B_{\text{kühl}}$ unter die Sprungtemperatur abgekühlt wurden. Anschließend wurde das Magnetfeld abgeschaltet, so dass ein bestimmter magnetischer Fluss in dem Zylinder eingefangen wurde (vergleiche hierzu Abb. 13.5). Der Wert des eingefangenen Flusses wurde dann als Funktion des Abkühlfeldes mit einer Genauigkeit gemessen, die besser als ein Flussquant sein musste. Um eine große relative Änderung des eingefangenen Flusses von Messung zu Messung zu erhalten, wurden kleine Abkühlfelder $B_{\text{kühl}}$ verwendet, die in einer kleinen Zahl von eingefangenen magnetischen Flussquanten resultierten. Da $\Phi = B \cdot F$, musste sowohl $B_{\text{kühl}}$ als auch die Querschnittsfläche F bzw. der Innendurchmesser d des Hohlzylinders klein gehalten werden. Man beachte, dass für $F = 1\,\text{mm}^2$ nur eine winzige Flussdichte $B \simeq 10^{-9}\,\text{T}$ benötigt wird, um ein Flussquant in dem Zylinder zu erzeugen. Diese Flussdichte ist wesentlich kleiner als die durch das Erdmagnetfeld in Mitteleuropa erzeugte horizontale Flussdichte $B_{\text{Erde}} \simeq 2 \times 10^{-5}\,\text{T}$. Von beiden experimentellen Gruppen wurden Hohlzylinder mit einem Außendurchmesser von etwa 10 µm verwendet. Für diesen Durchmesser wird eine Flussdichte $B \simeq 2 \times 10^{-5}\,\text{T}$ benötigt, um ein Flussquant zu erzeugen. Da diese Flussdichte immer noch im Bereich der Flussdichte des Erdfeldes liegt, musste das Erdmagnetfeld in diesen Experimenten sorgfältig abgeschirmt werden.

Im Experiment von Doll und Näbauer wurde ein Hohlzylinder aus Blei verwendet (siehe Abb. 13.9). Der Zylinder wurde durch Aufdampfen eines Bleifilmes auf einen Quarzzylinder realisiert. Beim Abkühlen des Zylinders unter die Sprungtemperatur von Blei (7.2 K) wurde ein kleines Magnetfeld längs der Zylinderachse angelegt und dadurch ein bestimmter Magnetfluss im Zylinder eingefroren. Die Größe des eingefangenen magnetischen Flusses wurde durch die Messung des Drehmoments $\mathbf{D} = \boldsymbol{\mu} \times \mathbf{B}_p$ bestimmt, das durch ein Messfeld $\mathbf{B}_p$ erzeugt wurde, das senkrecht zur Zylinderachse angelegt wurde. Dabei ist $\boldsymbol{\mu}$ das magnetische Moment des eingefangenen Flusses. Da das Drehmoment sehr klein und deshalb schwierig

---

[59] R. Doll, M. Näbauer, *Experimental Proof of Magnetic Flux Quantization in a Superconducting Ring*, Phys. Rev. Lett. **7**, 51 (1961).

[60] B. S. Deaver Jr., W. M. Fairbank, *Experimental Evidence for Quantized Flux in Superconducting Cylinders*, Phys. Rev. Lett. **7**, 43 (1961).

[61] D. Einzel, R. Gross, *Paarweise in Fluss*, Physik Journal **10**, No. 6, 45–48 (2011).

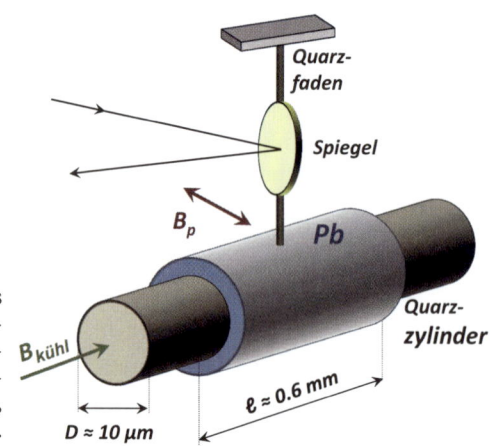

Abb. 13.9: Schematische Darstellung des Versuchsaufbaus, der von Doll und Näbauer im Jahr 1961 zur Messung der Flussquantisierung in einem supraleitenden Hohlzylinder verwendet wurde (nach R. Doll, M. Näbauer, Phys. Rev. Lett. 7, 51 (1961)).

zu messen ist, wurde eine Resonanzmethode verwendet. Der Zylinder wurde dazu an einem dünnen Quarzfaden aufgehängt und über ein Wechselfeld $\mathbf{B}_p$ zu einer Resonanzschwingung angeregt. Im Fall der Resonanz ist die Schwingungsamplitude resonant überhöht und kann deshalb leichter gemessen werden. Die Drehung des Zylinders wurde ausgelesen, indem ein Lichtstrahl auf einen am Quarzfaden befestigten Spiegel geschickt wurde. Die gemessene Resonanzamplitude ist proportional zum Drehmoment und damit proportional zum magnetischen Fluss, der im Zylinder eingefroren ist.

Deaver und Fairbank verwendeten in ihrem Experiment einen winzigen Sn Zylinder mit einer Länge von etwa 0.9 mm, einem Innendurchmesser von 13 µm und einer Wandstär-

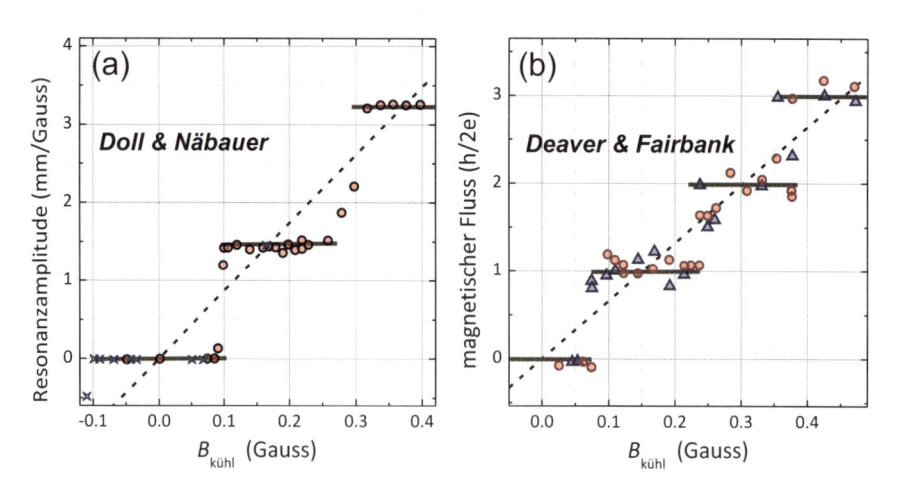

Abb. 13.10: Der in einem supraleitenden Hohlzylinder eingefangene magnetische Fluss als Funktion des während des Abkühlens unter die Sprungtemperatur von außen angelegten Magnetfeldes $B_{\text{kühl}}$. (a) Experiment von Doll und Näbauer (nach R. Doll, M. Näbauer, Phys. Rev. Lett. 7, 51 (1961) und Zeitschrift für Physik 169, 526 (1962)). (b) Experiment von Deaver und Fairbank (nach B. S. Deaver, W. M. Fairbank, Phys. Rev. Lett. 7, 43 (1961)).

ke von 1.5 μm. Der Zylinder wurde mit einer Frequenz von etwa 100 Hz in axialer Richtung hin- und herbewegt und das resultierende Wechselfeld mit Pickup-Spulen gemessen. Die experimentellen Daten beider Experimente sind in Abb. 13.10 gezeigt. Die Ergebnisse beider Experimente waren gleich und zeigen eindeutig die Flussquantisierung. Obwohl die Zylinder in einem quasi kontinuierlich eingestellten Magnetfeld abgekühlt wurden, wurden nur quantisierte Werte für den eingefangenen Fluss gemessen. Wir werden später sehen, dass die Flussquantisierung als Bohr-Sommerfeld-Quantisierung in einem makroskopischen Quantensystem aufgefasst werden kann. Der Nachweis der Flussquantisierung zeigte damit erstmals klar, dass das Phänomen Supraleitung nicht klassisch beschrieben werden kann. Ferner lieferte er den Beweis für die Existenz von Cooper-Paaren mit Ladung $-2e$.

13.1.4.6 Josephson-Effekt

Im Jahr 1962 wurden von **Brian D. Josephson** interessante Phänomene vorhergesagt,[62] die für schwach gekoppelte Supraleiter auftreten. Für diese Vorhersagen, die wenig später von **J. M. Rowell** und **P. W. Anderson**[63] experimentell bestätigt wurden, erhielt Josephson im Jahr 1973 den Nobelpreis für Physik.[64] Die von Josephson vorhergesagten Phänomene sind eine weitere Manifestation der Tatsache, dass es sich beim supraleitenden Zustand um einen kohärenten Vielteilchenzustand handelt, den wir mit einer makroskopischen Wellenfunktion beschreiben können. Koppeln wir zwei Supraleiter schwach, so kommt es zu einem endlichen Überlapp dieser Wellenfunktionen. Dieser Überlapp führt zu einer molekülartigen Bindung der beiden Supraleiter, die mit der Josephson-Kopplungsenergie beschrieben wird, und interessanten Interferenzeffekten, die wir im Detail in Abschnitt 13.6 diskutieren werden. Der Josephson-Effekt wurde zwar erstmals im Zusammenhang mit gekoppelten Supraleitern diskutiert, der Begriff Josephson-Effekt wird heute aber sehr breit verwendet. Wir sprechen allgemein immer dann von einem Josephson-Effekt, wenn zwei makroskopische Wellenfunktionen (z.B. diejenigen von Bose-Einstein-Kondensaten) schwach miteinander gekoppelt sind.

13.2 Thermodynamische Eigenschaften von Supraleitern

Wir wollen in diesem Kapitel die thermodynamischen Eigenschaften von Supraleitern diskutieren. Bereits 1924 wurde von **W. H. Keesom** versucht, den supraleitenden Zustand mit den Gesetzen der Thermodynamik zu beschreiben.[65] Allerdings war zu dieser Zeit noch gar nicht klar, ob es sich bei dem supraleitenden Zustand tatsächlich um eine thermodynamische

---

[62] Brian D. Josephson, *Possible New Effects in Superconductive Tunnelling*, Phys. Lett. **1**, 251–253 (1962).
[63] P. W. Anderson, J. M. Rowell, *Probable Observation of the Josephson Superconducting Tunneling Effect*, Phys. Rev. Lett. **10**, 230–232 (1963).
[64] siehe hierzu Kasten auf Seite 878.
[65] W. H. Keesom, IV. Congr. Phys. Solvay (1924), Rapp et Disc, Seite 288.

Phase handelt. Die Vermutung, dass es sich beim supraleitenden Zustand um eine eigene thermodynamische Phase handelt, wurde erst durch die Entdeckung des Meißner-Effekts im Jahr 1933 belegt und führte später zur Entwicklung der Ginzburg-Landau-Abrikosov-Gor'kov (GLAG) Theorie, die wir in Abschnitt 13.3.3 diskutieren werden. Wir werden in diesem Abschnitt auf einige Grundlagen zu den thermodynamischen Eigenschaften von Festkörpern zurückgreifen, die wir in Anhang F zusammengefasst haben.

13.2.1 Typ-I Supraleiter im Magnetfeld

Für einen Typ-I Supraleiter gilt unterhalb des thermodynamisch kritischen Feldes $\mathbf{M} = \mathbf{m}/V = -\mathbf{H}_{\text{ext}} = -\mathbf{B}_{\text{ext}}/\mu_0$.[66] Nehmen wir ferner an, dass der Druck p und die Temperatur T konstant sind, so erhalten wir aus der Beziehung $d\mathcal{G} = -SdT + Vdp - \mu_0 \mathbf{m} \cdot d\mathbf{H}_{\text{ext}}$ [vergleiche (F.4.6), eine detaillierte Diskussion der thermodynamischen Eigenschaften von Festkörpern kann in Anhang F gefunden werden] für das Differenzial der freien Enthalpie $\mathcal{G}_s$ im supraleitenden Zustand bei isotherm/isobarer Prozessführung

$$d\mathcal{G}_s = \frac{V}{\mu_0} B_{\text{ext}}\, dB_{\text{ext}}. \tag{13.2.1}$$

Integrieren wir diese Gleichung auf, so erhalten wir

$$\mathcal{G}_s(B_{\text{ext}}, T) - \mathcal{G}_s(0, T) = \int_0^{B_{\text{ext}}} \frac{V}{\mu_0} B'\, dB' = V \frac{B_{\text{ext}}^2}{2\mu_0}. \tag{13.2.2}$$

Der Verlauf der Enthalpiedichte $\mathfrak{g}(B) = \mathcal{G}_s(B)/V$ ist in Abb. 13.11 gezeigt. Wir sehen, dass mit ansteigendem äußeren Feld die freie Enthalpie des Supraleiters aufgrund der notwendig

Abb. 13.11: Vergleich der Magnetfeldabhängigkeit der Dichte der freien Enthalpie eines Normalleiters und eines Typ-II Supraleiters. Der Schnittpunkt der beiden Kurven definiert das thermodynamische kritische Feld B_{cth}. Der Nullpunkt wurde in $\mathfrak{g}_n(0, T)$ gelegt, so dass nach (13.2.3) $\mathfrak{g}_s(0, T) = -\frac{B_{\text{cth}}^2}{2\mu_0}$.

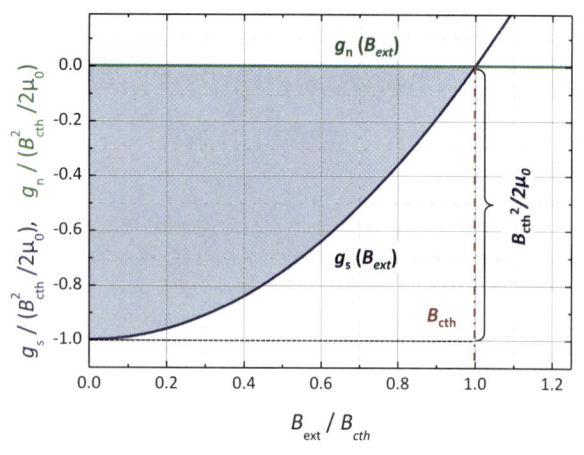

---

[66] Eine genaue Diskussion des Unterschieds zwischen Typ-I und Typ-II Supraleitern werden wir erst in Abschnitt 13.4 machen. Ferner vernachlässigen wir hier Entmagnetisierungseffekte, auf die wir erst in Abschnitt 13.4.3 eingehen werden.

13.2 Thermodynamische Eigenschaften von Supraleitern

werdenden größeren Feldverdrängungsarbeit quadratisch mit dem Feld zunimmt (Meißner-Parabel). Wir weisen darauf hin, dass für normalleitende Metalle der Anstieg in der freien Enthalpie verschwindend klein ist, da hier die Paulische Spinsuszeptibilität im Bereich von 10^{-5} liegt und deshalb $|M| \approx 10^{-5} B_{ext}/\mu_0$ sehr klein ist. Wir können also in sehr guter Näherung $\mathcal{G}_n(B) = \mathcal{G}_n(0) = $ const annehmen. Abb. 13.11 zeigt, dass mit zunehmendem Feld die freie Enthalpie des Supraleiters schließlich den Wert $\mathcal{G}_n$ des Normalleiters erreicht. Die Kondensationsenergie, die durch den Übergang in den supraleitenden Zustand gewonnen wurde, ist dann vollkommen für die Feldverdrängungsarbeit aufgebraucht. Die supraleitende Phase wird instabil und wir erhalten einen Phasenübergang in den normalleitenden Zustand. Für die freie Enthalpiedichte $\mathfrak{g}_s = \mathcal{G}_s/V$ am Phasenübergang gilt $\mathfrak{g}_s(B_{cth}, T) = \mathfrak{g}_n(B_{cth}, T) = \mathfrak{g}_n(0, T)$. Damit erhalten wir für die Differenz der Enthalpiedichten im supraleitenden und normalleitenden Zustand

$$\Delta \mathfrak{g}(T) = \mathfrak{g}_n(0, T) - \mathfrak{g}_s(0, T) = \frac{B_{cth}^2}{2\mu_0} \, . \tag{13.2.3}$$

Die beim Übergang in den supraleitenden Zustand gewonnene **Kondensationsenergie** entspricht also gerade der **Feldverdrängungsarbeit**, die zur Verdrängung des thermodynamisch kritischen Feldes B_{cth} aufgebracht werden muss. Die Temperaturabhängigkeit von B_{cth} wird gut durch den empirischen Ausdruck (13.1.10) beschrieben. Im normalleitenden Zustand wird die Entropie bei tiefen Temperaturen überwiegend durch die Leitungselektronen bestimmt, da die Beiträge der Phononen vernachlässigbar klein werden. Da $C_p = T(\partial S_n/\partial T)_{B,p}$ und die Wärmekapazität des freien Elektronengases proportional zu T verläuft, ergibt sich auch für S_n ein linearer und $\mathfrak{g}_n = -\int_0^T (S_n/V) dT$ ein quadratischer Temperaturverlauf. Der Temperaturverlauf von $\mathfrak{g}_s(B=0)$ und $\mathfrak{g}_n(B=0)$ ist in Abb. 13.12a dargestellt. Wir wollen auch noch darauf hinweisen, dass die Kondensationsenergie $\mathfrak{g}_n(0, T) - \mathfrak{g}_s(0, T)$ relativ klein ist. Für typische kritische Felder von einigen 10 bis 100 mT beträgt sie nur etwa $10^3 - 10^4$ J/m^3, was nur etwa 0.1 bis 1 μeV pro Atom entspricht.

Aus der Differenz $\Delta \mathfrak{g}(T)$ der Dichten der freien Enthalpie können wir mit Hilfe von $S = -(\partial \mathcal{G}/\partial T)_{p,H_{ext}}$ [vergleiche (F.4.7)] eine Aussage über den unterschiedlichen Temperaturverlauf der Entropiedichten $s_s = S_s/V$ und $s_n = S_n/V$ im normal- und supraleitenden Zustand machen. Wir erhalten

$$\Delta s(T) = s_n(T) - s_s(T) = -\left(\frac{\partial \Delta \mathfrak{g}}{\partial T}\right)_{p, B_{ext}} = -\frac{B_{cth}}{\mu_0} \frac{\partial B_{cth}}{\partial T} \, . \tag{13.2.4}$$

Der Temperaturverlauf der Entropiedichten für die normalleitende und supraleitende Phase ist in Abb. 13.12b gezeigt.

Wir können aus Gleichung (13.2.4) einige interessante Schlüsse ziehen. Für $T \to T_c$ geht B_{cth} gegen null, so dass $s_n - s_s$ ebenfalls gegen null geht. Das heißt, die Entropiedichten der supraleitenden und normalleitenden Phase sind genauso wie die Dichten der freien Enthalpie bei $T = T_c(B=0)$ identisch. Folglich ist auch die latente Wärme $\Delta Q/V = T_c(s_n - s_s) = 0$. Es tritt also keine Umwandlungswärme auf, weshalb wir es mit einem Phasenübergang 2. Ordnung zu tun haben. Für $T \to 0$ verschwindet $\partial B_{cth}/\partial T$ und somit auch Δs in Einklang mit dem 3. Hauptsatz der Thermodynamik.

Im gesamten Temperaturbereich $0 < T < T_c$ ist $\partial B_{cth}/\partial T < 0$ und damit $\Delta s > 0$. Das heißt, die Entropiedichte der normalleitenden Phase ist größer als diejenige der supraleitenden

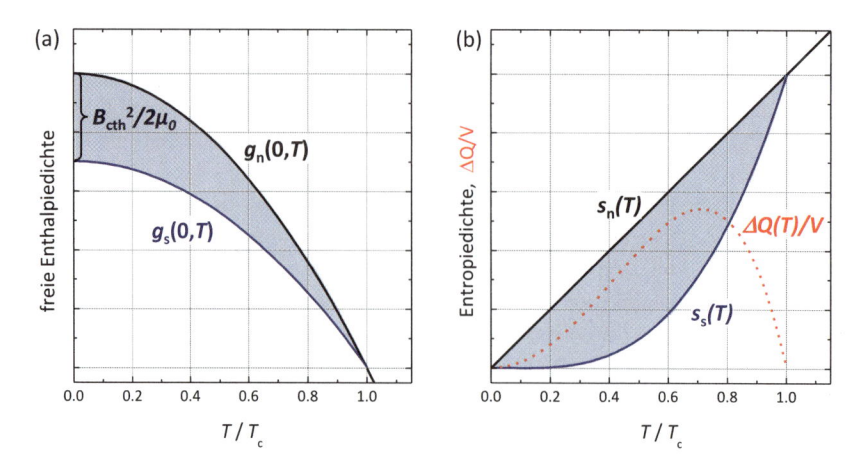

Abb. 13.12: Schematische Darstellung des Temperaturverlaufs (a) der Dichte der freien Enthalpie und (b) der Entropie eines Supraleiters und eines Normalleiters. Die farbig hinterlegten Flächen geben jeweils den Unterschied der Größen im normalleitenden und supraleitenden Zustand wieder. Die gestrichelte Linie in (b) zeigt den Verlauf der Umwandlungswärme pro Volumeneinheit $\Delta Q/V = T\Delta s$.

Phase. Daraus können wir ableiten, dass es sich beim supraleitenden Zustand offensichtlich um einen Zustand mit höherem Ordnungsgrad handelt. Die Ursache für den höheren Ordnungsgrad liegt in der Korrelation der Leitungselektronen zu Cooper Paaren, deren mikroskopische Ursache wir später in Abschnitt 13.5 diskutieren werden. Da $\Delta s \to 0$ für $T \to T_c$ und $T \to 0$, muss Δs irgendwo im Temperaturintervall $0 < T < T_c$ ein Maximum besitzen. Diese Tatsache ist für die weiter unten diskutierte Wärmekapazität von Bedeutung. Wegen $\Delta s > 0$ erhalten wir auch eine endliche Umwandlungswärme pro Volumeneinheit $\Delta Q/V = T(s_n - s_s) > 0$. Wir haben es also im Feld für $0 < T < T_c$ mit einem Phasenübergang 1. Ordnung zu tun. Kühlen wir einen Supraleiter im Nullfeld ab, so überschreiten wir die Phasengrenze bei $T_c(B=0)$. Hier ist $\Delta Q/V = 0$ und es liegt ein Phasenübergang 2. Ordnung vor. Kühlen wir allerdings in endlichem Feld ab, so überschreiten wir die Phasengrenze bei $T = T_c(B) < T_c(B=0)$. Die Umwandlungswärme ist hier endlich und wir haben es mit einem Phasenübergang 1. Ordnung zu tun. Der Temperaturverlauf der Umwandlungswärme ist in Abb. 13.12b eingezeichnet.

Spezifische Wärme: Mit der Definition $C_p = T(\partial S_n/\partial T)_{B_{\text{ext}},p}$ für die Wärmekapazität [vergleiche (F.6.3)] erhalten wir für den Unterschied der Wärmekapazität im normalleitenden und supraleitenden Zustand durch nochmaliges Differenzieren von (13.2.4)

$$\Delta C = C_n - C_s = -\frac{VT}{\mu_0}\left[B_{\text{cth}}\frac{\partial^2 B_{\text{cth}}}{\partial T^2} + \left(\frac{\partial B_{\text{cth}}}{\partial T}\right)^2\right]. \qquad (13.2.5)$$

Dieser wichtige Zusammenhang wird in der Literatur häufig als **Rutgers-Formel** bezeichnet.[67] Wir sehen, dass sich die Wärmekapazitäten im normalleitenden und supraleitenden

---

[67] A. J. Rutgers, *Bemerkung zur Anwendung der Thermodynamik auf die Supraleitung*, Physica **3**, 999 (1936).

13.2 Thermodynamische Eigenschaften von Supraleitern

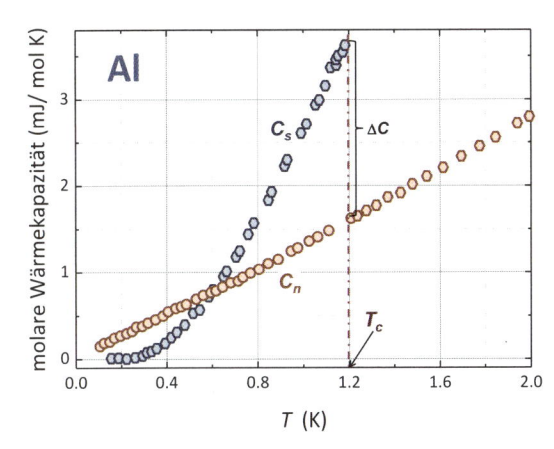

Abb. 13.13: Temperaturverlauf der molaren spezifischen Wärme von supraleitendem und normalleitendem Al. Um die spezifische Wärme im normalleitenden Zustand zu messen, wurde die Supaleitung mit einem äußeren Magnetfeld von 50 mT unterdrückt (runde Symbole). Der Gitterbeitrag zur spezifischen Wärme ist in dem gezeigten Temperaturbereich vernachlässigbar klein (nach N. E. Phillips, Phys. Rev. **114**, 676 (1959)).

Zustand bei $T = T_c$ unterscheiden, da hier $B_{cth} = 0$, aber $\partial \Delta B_{cth}/\partial T \neq 0$. Damit wird $\Delta C < 0$, die Wärmekapazität des supraleitenden Zustands ist also größer als diejenige des normalleitenden Zustands. Da sich die Ableitung $\partial B_{cth}/\partial T$ bei $T = T_c$ sprunghaft ändert, erhalten wir hier einen Sprung in der Wärmekapazität. Es gilt

$$\Delta C_{T=T_c} = (C_n - C_s)_{T=T_c} = -\frac{VT_c}{\mu_0}\left(\frac{\partial B_{cth}}{\partial T}\right)^2_{T=T_c}, \tag{13.2.6}$$

was für viele Supraleiter sehr gut erfüllt wird. Experimentell bestimmt man z. B. für Sn (T_c = 3.72 K) den Sprung $\Delta c^{mol}_{T=T_c}$ der molaren Wärmekapazität zu 10.6 mJ/mol·K. Für den aus dem gemessenen thermodynamischen kritischen Feld berechneten Wert erhält man ebenfalls 10.6 mJ/mol·K. Für In (T_c = 3.40 K) sind die entsprechenden Werte 9.75 mJ/mol·K und 9.62 mJ/mol·K. Die quantitative Vorhersage des Sprunges in der spezifischen Wärme bei $T = T_c$ war auch eines der Schlüsselergebnisse der mikroskopischen Theorie (siehe hierzu Abschnitt 13.5.5).

In Abb. 13.13 ist beispielhaft die spezifische Wärme von Al im normalleitenden und supraleitenden Zustand gezeigt. Da $\partial^2 B_{cth}/\partial T^2 < 0$ und $\partial B_{cth}/\partial T$ mit abnehmender Temperatur immer kleiner wird, erhalten wir eine Temperatur, bei der $C_s = C_n$. Der Schnittpunkt liegt bei der Temperatur, bei der $s_n - s_s$ maximal wird.

Für $T \to 0$ können wir C_s gegenüber C_n vernachlässigen. Da der Sommerfeld-Koeffizient (siehe Abschnitt 7.2.1) durch $\gamma = C_n/TV$ gegeben ist, erhalten wir

$$\gamma = -\frac{1}{\mu_0}\left[B_{cth}\frac{\partial^2 B_{cth}}{\partial T^2} + \left(\frac{\partial B_{cth}}{\partial T}\right)^2\right] \simeq -\frac{1}{\mu_0}B_{cth}\frac{\partial^2 B_{cth}}{\partial T^2}. \tag{13.2.7}$$

Hierbei haben wir ausgenutzt, dass bei tiefen Temperaturen $B_{cth}\frac{\partial^2 B_{cth}}{\partial T^2} \gg \left(\frac{\partial B_{cth}}{\partial T}\right)^2$, da die Steigung der $B_{cth}(T)$-Kurve sehr flach wird. Mit $\frac{\partial^2 B_{cth}}{\partial T^2} = -2B_{cth}(0)/T_c^2$ erhalten wir schließlich

$$\gamma \simeq \frac{4}{T_c^2}\frac{B_{cth}^2(0)}{2\mu_0}. \tag{13.2.8}$$

Wir können also durch die Messung von B_{cth} und T_c den Sommerfeld-Koeffizienten $\gamma = \frac{\pi^2}{3}k_B^2 N(E_F)$ bestimmen [vergleiche (7.2.8)] und damit eine Aussage über die Zustandsdichte am Fermi-Niveau $N(E_F) = D(E_F)/V$ machen. Ein wichtiger Aspekt von Gleichung (13.2.8) ist, dass sie einen Zusammenhang zwischen normalleitenden [γ bzw. $D(E_F)$] und supraleitenden Materialeigenschaften (B_{cth}, T_c) liefert. Einen ähnlichen Zusammenhang werden wir später aus der mikroskopischen Theorie ableiten. Selbst wenn dieser Zusammenhang nur von qualitativer Natur ist, so erlaubt er doch, experimentelle Ergebnisse hinsichtlich Plausibilität und Konsistenz zu überprüfen.

Volumenänderung bei T_c: Nach (F.4.7) gilt $(\partial \mathcal{G}/\partial p)_{T,B} = V$. Mit Hilfe von (13.2.2) erhalten wir daraus für die relative Änderung des Volumens beim Phasenübergang vom normal- in den supraleitenden Zustand

$$\left(\frac{V_n - V_s}{V_n}\right)_{T,B_{cth}(T)} = \frac{B_{cth}(T)}{\mu_0}\left(\frac{\partial B_{cth}(T)}{\partial p}\right)_{T,B_{cth}(T)}. \tag{13.2.9}$$

Wir erkennen, dass für $T \to T_c$ die Volumenänderung gegen null geht, da hier $B_{cth}(T) \to 0$. Für $T < T_c$ ist üblicherweise $V_s > V_n$, da $\partial B_{cth}(T)/\partial p < 0$. Das heißt, der Supraleiter bläht sich beim Übergang in den supraleitenden Zustand auf. Für Sn ($T_c = 3.7$ K) beträgt die bei 2 K gemessene relative Längenänderung etwa 8×10^{-8}.[68] Solche kleinen Längenänderungen können mit empfindlichen Dilatometern gemessen werden. In vielen Fällen ist es allerdings einfacher, die Druckabhängigkeit des kritischen Feldes $B_{cth}(p)$ bei konstanter Temperatur mit Hilfe einer Hochdruckapparatur zu messen.[69] Aus dieser Abhängigkeit kann dann die Volumenänderung mit (13.2.9) berechnet werden. Wir wollen noch darauf hinweisen, dass eine nochmalige Differenziation von (13.2.9) nach p bzw. T die Differenz $\kappa_n - \kappa_s$ der Kompressibilitäten bzw. die Differenz $\alpha_n - \alpha_s$ der thermischen Ausdehnungskoeffizienten liefert.

13.2.2 Typ-II Supraleiter im Magnetfeld

Für $B_{ext} < B_{c1}$ sind die thermodynamischen Eigenschaften von Typ-I und Typ-II Supraleitern gleich.[70]. In diesem Feldbereich zeigt auch ein Typ-II Supraleiter eine perfekte Feldverdrängung und die Dichte der freien Enthalpie nimmt wie in Abb. 13.11 gezeigt bis zum unteren kritischen Feld parabelförmig zu. Der Temperaturverlauf der freien Enthalpiedichten und der Entropiedichten entspricht den in Abb. 13.12 gezeigten Abhängigkeiten. Auch die Temperaturabhängigkeit der spezifischen Wärme entspricht für $B_{ext} < B_{c1}$ derjenigen eines Typ-I Supraleiters. Das Verhalten von Typ-I und Typ-II Supraleitern unterscheidet sich erst oberhalb von B_{c1}. Da hier ein Typ-II Supraleiter das Feld nicht mehr vollständig verdrängt, nimmt die freie Enthalpiedichte langsamer als quadratisch mit dem äußeren Feld zu

---

[68] J. L. Olsen, H. Rohrer, *The Volume Change at the Superconducting Transition*, Helv. Phys. Acta **30**, 49 (1957).

[69] N. E. Alekseevskii, Yu. P. Gaidukov, Sov. Phys. JETP **2**, 762 (1956).

[70] Eine genaue Diskussion des Unterschieds zwischen Typ-I und Typ-II Supraleitern folgt in Abschnitt 13.4.

und der Schnittpunkt mit der konstanten Enthalpiedichte des Normalleiters verschiebt sich zu $B_{c2} > B_{cth}$. Dies ist in Abb. 13.14 gezeigt. Die Abhängigkeit des Innenfeldes $\mathbf{B}_i$ und der Magnetisierung $\mathbf{M}$ eines Typ-II Supraleiters vom äußeren Magnetfeld $\mathbf{B}_{ext}$ werden wir erst später diskutieren (siehe Abschnitt 13.4 und Abb. 13.23).

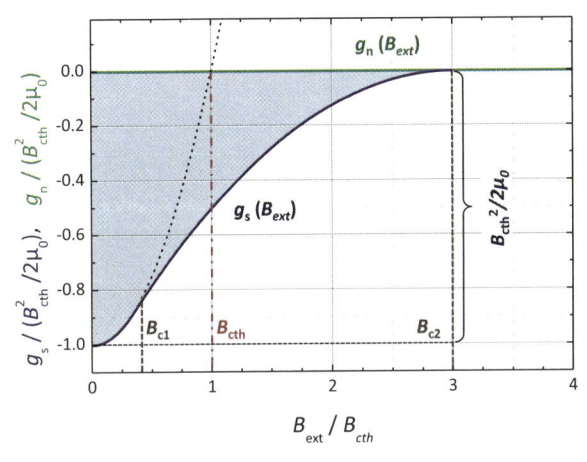

Abb. 13.14: Vergleich der Magnetfeldabhängigkeit der freien Enthalpiedichte eines Normalleiters und eines Typ-II Supraleiters. Für $B_{ext} > B_{c1}$ weicht $\mathfrak{g}_s(B_{ext})$ von der gestrichelt gezeichneten Meißner-Parabel ab, da das äußere Feld jetzt teilweise eindringt. Beim oberen kritischen Feld B_{c2} wird $\mathfrak{g}_s(B_{ext}) = \mathfrak{g}_n(B_{ext})$, wobei $\mathfrak{g}_s(B_{ext})$ hier eine waagrechte Tangente besitzt. Der Schnittpunkt der gestrichelt eingezeichneten Meißner-Parabel $\mathfrak{g}_n(B_{ext})$ definiert das thermodynamische kritische Feld B_{cth}.

Die Feld- und Temperaturabhängigkeit der freien Enthalpiedichte sowie der Entropiedichte und der spezifischen Wärme im Mischzustand ($B_{c1} < B_{ext} < B_{c2}$) wollen wir hier nicht im Detail diskutieren. Für große Felder nahe dem oberen kritischen Feld B_{c2} können wir aber durch einfache Überlegung die Feldabhängigkeit der Differenz $\Delta s = s_n - s_s$ der Entropiedichte und $\Delta C = C_n - C_s$ der Wärmekapazitäten angeben. Hierzu benutzen wir (vergleiche Abschnitt 13.4.1), dass für $B_{c2} \simeq \Phi_0/\pi\xi_{GL}^2$ der Supraleiter vollkommen mit normalleitenden Bereichen der Fläche $\sim \pi\xi_{GL}^2$ und dem Flussinhalt Φ_0 ausgefüllt ist. In der Nähe von B_{c2} können wir den supraleitenden Volumenanteil in guter Näherung zu $V_s = 1 - B_{ext}/B_{c2}$ und den normalleitenden Anteil zu $V_n = B_{ext}/B_{c2}$ angeben. Für tiefe Temperaturen $T \ll T_c$ können wir den Beitrag des supraleitenden Volumenanteils in erster Näherung vernachlässigen und wir erhalten deshalb die Feldabhängigkeit

$$\Delta C(B_{ext}) = C_n \frac{B_{ext}}{B_{c2}} \tag{13.2.10}$$

$$\Delta s(B_{ext}) = s_n \frac{B_{ext}}{B_{c2}}. \tag{13.2.11}$$

13.3 Phänomenologische Modelle

Wir stellen in diesem Abschnitt einige phänomenologische Modelle vor, die zur Beschreibung der zentralen Eigenschaften von Supraleitern entwickelt wurden. Sie beschreiben das Phänomen Supraleitung richtig, ohne dass sie eine mikroskopische Erklärung geben.

13.3.1 London-Gleichungen

Im Jahr 1935 gelang es den Brüdern **Fritz** und **Heinz London**, die grundlegenden Eigenschaften von Supraleitern, ideale Leitfähigkeit und perfekten Diamagnetismus, im Rahmen der klassischen Elektrodynamik zu beschreiben.[71] Um die London-Gleichungen abzuleiten, gehen wir von der einfachen Bewegungsgleichung[72]

$$m\left(\frac{d}{dt} + \frac{1}{\tau}\right)\mathbf{v} = q\mathbf{E} \tag{13.3.1}$$

für Ladungsträger mit Masse m, Ladung q und mittlerer Stoßzeit τ aus. Wir nehmen nun an, dass wir die gesamte Ladungsträgerdichte n als Summe aus einer Dichte n_n von „normalleitenden" und n_s von „supraleitenden" Elektronen schreiben können. Diese Annahme werden wir später noch rechtfertigen.[73] Hierbei gilt im normalleitenden Bereich $n_n = n$ und $n_s = 0$ und im supraleitenden Bereich $n_n = 0$ und $n_s = n$ für $T \to 0$. Wir beschreiben den supraleitenden Zustand also mit einem *Zweiflüssigkeiten-Modell*.

Um den widerstandslosen Stromfluss für $T < T_c$ zu beschreiben, können wir einfach eine unendlich große Streuzeit, $\tau \to \infty$, benutzen, wodurch wir $\sigma = n_s q_s^2 \tau / m_s \to \infty$ erhalten. Hierbei sind q_s und m_s die Ladung und Masse der supraleitenden Elektronen. Verwenden wir den allgemeinen Ausdruck für die supraleitende Stromdichte $\mathbf{J}_s = n_s q_s \mathbf{v}_s$, so erhalten wir die *1. London-Gleichung*:

$$\frac{\partial(\Lambda \mathbf{J}_s)}{\partial t} = \mathbf{E}. \tag{13.3.2}$$

Hierbei ist $\Lambda = \frac{m_s}{n_s q_s^2}$ der *London-Koeffizient*. Die 1. London-Gleichung besagt, dass nicht die Stromdichte, wie beim Ohmschen Gesetz, sondern ihre Zeitableitung proportional zum elektrischen Feld ist. Sie beschreibt den verlustfreien Stromtransport. Fritz und Heinz London nahmen an, dass die Masse m_s, Ladung q_s und Dichte n_s der supraleitenden Elektronen den entsprechenden Werten im Normalzustand entspricht. Nach der Entwicklung der BCS-Theorie wissen wir heute, dass $m_s = 2m$, $q_s = -2e$ und $n_s = n/2$. Interessanterweise kürzt sich der Faktor 2 in dem Ausdruck für den London-Koeffizienten gerade heraus.

Wir können nun Gleichung (13.3.2) in das Faradaysche Induktionsgesetz $\nabla \times \mathbf{E} = -\partial \mathbf{b}/\partial t$ einsetzen und erhalten

$$\frac{\partial}{\partial t}\left[\nabla \times (\Lambda \mathbf{J}_s) + \mathbf{b}\right] = 0. \tag{13.3.3}$$

Diese Gleichung gilt allgemein für alle idealen Leiter. Sie besagt, dass der magnetische Fluss durch eine beliebige Fläche innerhalb der Probe zeitlich unverändert bleibt. Der Meißner-

---

[71] F. London, H. London, *The Electromagnetic Equations of the Supraconductor*, Proc. Roy. Soc. Lond. **A 149**, 71 (1935).

[72] Um besser zwischen zwischen der Flussdichte auf einer mikroskopischen Skala und makroskopischen Mittelwerten zu unterscheiden, werden wir im Folgenden für die lokale Flussdichte **b** und für den makroskopischen Mittelwert **B** verwenden.

[73] In der ursprünglichen London-Theorie blieb der Wert von n_s völlig offen. Nur die obere Grenze $n_s = n$ war evident.

Ochsenfeld-Effekt besagt aber nun gerade, dass im Supraleiter nicht nur die zeitlich Änderung der Flussdichte, sondern diese selbst verschwinden muss. Deshalb muss der Klammerausdruck selbst und nicht nur seine Zeitableitung verschwinden. Wir erhalten somit die *2. London-Gleichung*:

$$\nabla \times (\Lambda \mathbf{J}_s) + \mathbf{b} = 0 . \tag{13.3.4}$$

Sie verknüpft den Stromfluss mit der magnetischen Flussdichte im Supraleiter. Mit der Maxwell-Gleichung rot $\mathbf{b} = -\mu_0 \mathbf{J}_s$ (wir vernachlässigen hier den Verschiebungsstrom $\partial \mathbf{D}/\partial t$) folgt $\mathbf{b} = -(\Lambda/\mu_0) \nabla \times \nabla \times \mathbf{b}$ und weiter wegen $\nabla \times \nabla \times \mathbf{b} = \nabla(\nabla \cdot \mathbf{b}) - \nabla^2 \mathbf{b}$ und $\nabla \cdot \mathbf{b} = 0$ erhalten wir

$$\nabla^2 \mathbf{b} - \frac{\mu_0}{\Lambda}\mathbf{b} = \nabla^2 \mathbf{b} - \frac{1}{\lambda_L^2}\mathbf{b} = 0 . \tag{13.3.5}$$

Hierbei ist

$$\lambda_L = \sqrt{\frac{\Lambda}{\mu_0}} = \sqrt{\frac{m_s}{\mu_0 n_s q_s^2}} \tag{13.3.6}$$

die *Londonsche Eindringtiefe*. Der Ausdruck (13.3.5) besitzt die Form einer Abschirmgleichung. Die Bedeutung der charakteristischen Längenskala λ_L wird sofort deutlich, wenn wir (13.3.5) für einen einfachen Spezialfall lösen. Hierzu betrachten wir den in Abb. 13.15 gezeigten Fall, dass das Magnetfeld in z-Richtung zeigt und der Supraleiter den Halbraum mit $x \geq 0$ einnimmt. Damit vereinfacht sich (13.3.5) zu $d^2 b_z/dx^2 = b_z/\lambda_L^2$ mit der Lösung

$$b_z(x) = B_{\text{ext},z} \exp\left(-\frac{x}{\lambda_L}\right) . \tag{13.3.7}$$

Mit Hilfe der 2. London-Gleichung erhalten wir für die Stromdichte des Abschirmstromes

$$J_{s,y}(x) = J_{s,0} \exp\left(-\frac{x}{\lambda_L}\right) \quad \text{mit} \quad J_{s,0} = \frac{H_{\text{ext},z}}{\lambda_L} . \tag{13.3.8}$$

Sowohl das Magnetfeld als auch der Abschirmstrom fallen also im Inneren des Supraleiters exponentiell mit der charakteristischen Abklinglänge λ_L ab (siehe Abb. 13.15). Wir sehen, dass ein angelegtes Magnetfeld vom Supraleiter durch an der Oberfläche in einer Schicht der Dicke λ_L fließende Abschirmströme vollkommen verdrängt wird. Dies beschreibt gerade den perfekten Diamagnetismus von Superleitern.

Um die Größenordnung von λ_L abzuschätzen, nehmen wir an, dass $n_s \simeq n/2$. Wir erhalten dann für typische Metalle wie Pb, Al, In oder Sn Werte im Bereich zwischen etwa 10 und einigen 100 nm. Da die Dichte der supraleitenden Elektronen von $n_s = n/2$ für $T \to 0$ auf $n_s = 0$ bei T_c abnimmt, steigt λ_L mit der Temperatur an und divergiert für $T \to T_c$. Die experimentell gefundene Abhängigkeit kann gut mit der empirischen Formel

$$\lambda_L(T) = \frac{\lambda_L(0)}{\sqrt{1 - (T/T_c)^4}} \tag{13.3.9}$$

beschrieben werden (Gorter-Casimir-Modell[74,75,76]).

---

[74] C. J. Gorter, H. B. G. Casimir, *On Superconductivity I*, Physica **1**, 306 (1934).
[75] C. J. Gorter, H. B. G. Casimir, Z. Physik **35**, 963 (1934).
[76] C. J. Gorter, H. B. G. Casimir, Z. Techn. Physik **15**, 539 (1934).

Abb. 13.15: Exponentieller Abfall der magnetischen Flussdichte **b** (a) und des supraleitenden Abschirmstromes J_s (b) als Funktion des Abstandes x von der Oberfläche eines massiven Supraleiter. Das externe Feld ist in z-Richtung angelegt, der Supraleiter erstreckt sich im Halbraum $x \geq 0$.

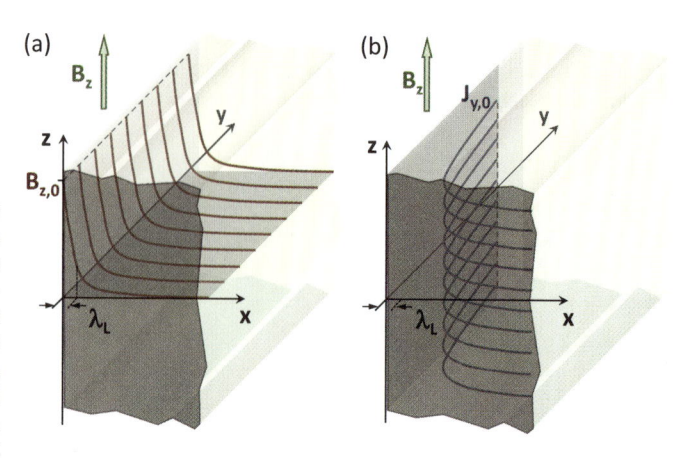

Wir erkennen aus Abb. 13.15, dass in dünnen supraleitenden Schichten mit Dicken d in der Größenordnung von λ_L das Magnetfeld im Inneren der Schicht nicht mehr ganz auf null abfällt. Nehmen wir an, dass die Schichtnormale parallel zur x-Achse verläuft und sich die Schicht im Bereich $-d/2 \leq x \leq +d/2$ befindet, so können wir (13.3.7) mit dem Ansatz $b_z(x) = B_{\text{ext},a} \exp(-x/\lambda_L) + B_{\text{ext},z} \exp(+x/\lambda_L)$ unter der zusätzlichen Randbedingung $b_z(-d/2) = b_z(+d/2) = B_{\text{ext},z}$ lösen und erhalten folgenden Feldverlauf in der dünnen Schicht:

$$b_z(x) = B_{\text{ext},z} \frac{\cosh(x/\lambda_L)}{\cosh(d/2\lambda_L)}. \tag{13.3.10}$$

Dieser Flussdichteverlauf ist in Abb. 13.16 gezeigt. Für $d = 3\lambda_L$ nimmt die Flussdichte in der Mitte des supraleitenden Films auf etwa 10% ab. Die mittlere Flussdichte $B = \overline{b_z(x)}$ beträgt $B = (2\lambda_L B_{\text{ext},z}/d) \tanh(d/2\lambda_L)$.

Abb. 13.16: Schematische Darstellung des Verlaufs der magnetischen Flussdichte in einer dünnen supraleitenden Schicht mit Dicke d in der Größenordnung der Londonschen Eindringtiefe λ_L. Die Schicht liegt in der yz-Ebene, das äußere Magnetfeld ist parallel zur z-Achse angelegt. Die Flussdichte nimmt im Zentrum der Schicht nicht auf null ab.

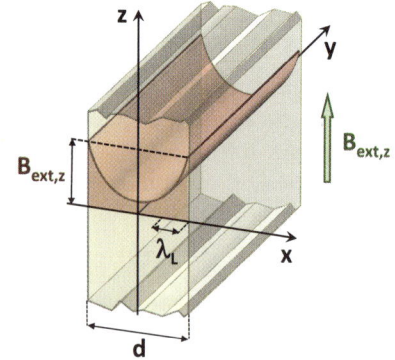

Die beiden Londonschen Gleichungen beschreiben zusammen mit den Maxwell-Gleichungen die Elektrodynamik von Supraleitern. Es sei hier darauf hingewiesen, dass wir bisher die normalleitende Komponente völlig vernachlässigt haben. Dies ist für zeitlich langsam variierende Ströme eine gute Näherung, da hier die im Supraleiter auftretenden elektrischen Felder klein sind. Bei zeitlich schnell variierenden Strömen werden auch die normalleitenden Elektronen durch die jetzt beträchtlichen elektrischen Felder hin- und herbeschleunigt und führen durch Stoßprozesse zu Verlusten. Ein Supraleiter kann aus diesem Grund nur Gleichströme, nicht aber Wechselströme vollkommen verlustfrei transportieren.

Wir wollen auch noch auf die Problematik der oben gemachten sehr (zu) einfachen Ableitung der Londonschen Gleichungen hinweisen. Wir haben dabei immer eine lokale Beziehung zwischen J_s, E und b angenommen, d. h. J_s ist an jedem Ort r eindeutig durch die lokalen Felder bestimmt. Diese Annahme ist für ein Elektronengas nicht ganz richtig. Die Stromdichte an einem bestimmten Ort ist hier durch den Mittelwert der Felder in einem Bereich mit Radius ℓ um diesen Ort gegeben. Dies ist unproblematisch, solange ℓ klein ist. In unserem Fall geht aber wegen $\tau \to \infty$ auch $\ell \to \infty$. Um dieses Problem zu beseitigen, wurde von **A. B. Pippard** die Kohärenzlänge eingeführt. Dadurch konnte er eine nichtlokale Verallgemeinerung der London-Gleichung erhalten, die wir hier aber nicht diskutieren wollen.[77]

13.3.2 Verallgemeinerte London Theorie – Supraleitung als makroskopisches Quantenphänomen

Eine tiefergehende Herleitung der Londonschen Gleichungen, die bereits von Fritz London selbst gegeben wurde,[78] basiert auf der Annahme, dass der supraleitende Grundzustand mit einer makroskopischen Wellenfunktion beschrieben werden kann. Obwohl die Gültigkeit dieser Annahme erst durch die Beobachtung von quantenkohärenten Phänomenen wie der *Flussquantisierung* oder des *Josephson-Effekts* in den 1960er Jahren belegt wurde, erkannte Fritz London bereits 1948, dass er die Londonschen Gleichungen auf der Basis grundlegender quantenmechanischer Konzepte ableiten konnte, wenn er die suprafluiden Elektronen als kohärente Einheit betrachtete. Der supraleitende Grundzustand kann am ehesten mit dem kohärenten Licht eines Lasers verglichen werden. London realisierte bereits damals, dass es sich bei der Supraleitung um ein inhärent quantenmechanisches Phänomen handelt, das sich auf einer makroskopischen Längenskala manifestiert. Das heißt, bei der Supraleitung handelt es sich um ein makroskopisches Quantenphänomen, das es uns erlaubt, ungewöhnliche Quantenphänomene auf einer makroskopischen Skala zu beobachten.

Das makroskopische Quantenmodell der Supraleitung basiert auf der Hypothese, dass es eine makroskopische Wellenfunktion

$$\psi(\mathbf{r}, t) = \psi_0(\mathbf{r}, t) e^{i\theta(\mathbf{r}, t)} \qquad (13.3.11)$$

mit Amplitude $\psi_0(\mathbf{r}, t)$ und Phase $\theta(\mathbf{r}, t)$ gibt, welche die Gesamtheit aller supraleitenden Elektronen des paarkorrelierten Fermi-Systems, die wir auch als Paar-Kondensat bezeichnen, beschreibt. Wir werden später sehen, dass sich diese Hypothese im Rahmen der BCS-Theorie exakt begründen lässt. Die Darstellung der quantenmechanischen Wellenfunktion

---

[77] A. B. Pippard, *An Experimental and Theoretical Study of the Relation between Magnetic Field and Current in a Superconductor*, Proc. Roy. Soc. London **A 216**, 547 (1953).

[78] F. London, *Superfluids*, vol. I, Wiley, New York (1950).

als Amplitude $\psi_0(\mathbf{r}, t)$ und Phase $\theta(\mathbf{r}, t)$ geht auf **Erwin Madelung** zurück.[79,80] Er interpretierte die Schrödinger-Gleichung der linear unabhängigen Funktionen ψ und ψ^* als zwei hydrodynamische Gleichungen, die eine „Wahrscheinlichkeitsflüssigkeit", die so genannte Madelung-Flüssigkeit beschreiben. Das Einsetzen der Wellenfunktion $\psi = \psi_0 e^{i\theta}$ in die Schrödinger-Gleichung wird deshalb als Madelung-Transformation bezeichnet. Wendet man die Idee von Madelung auf das Konzept der makroskopischen Wellenfunktion an, kann man quantenhydrodynamische Gleichungen für Supraflüssigkeiten ableiten. Wir weisen an dieser Stelle auch darauf hin, dass sich das makroskopische Quantenmodell sowohl für die Beschreibung von geladenen als auch von ungeladenen Paar-Kondensaten (z. B. suprafluides ^{3}He) verwenden lässt.[81,82] Ferner eignet es sich zur Beschreibung von Bose-Einstein-Kondensaten (z. B. suprafluides ^{4}He).

Wir wollen nun die Konsequenzen diskutieren, die sich aus dem Postulieren einer makroskopischen Wellenfunktion ergeben. Wir betrachten zuerst die Bedeutung von $|\psi|^2$. Für ein einzelnes Teilchen gibt das Absolutquadrat $|\Psi(\mathbf{r}, t)|^2$ seiner Wellenfunktion die Wahrscheinlichkeit dafür an, das Teilchen am Ort $\mathbf{r}$ zur Zeit t anzutreffen. Da das Teilchen sich zu jeder Zeit irgendwo im Raum befinden muss, ergibt sich daraus sofort die Normierungsbedingung $\int \Psi^* \Psi dV = 1$. Mit den gleichen Argumenten können wir für die Wellenfunktion ψ, die das ganze Ensemble von supraleitenden Elektronen repräsentiert, folgende Normierungsbedingung fordern:

$$\int \psi^*(\mathbf{r}, t) \psi(\mathbf{r}, t) dV = N_s \tag{13.3.12}$$

$$|\psi(\mathbf{r}, t)|^2 = \psi^*(\mathbf{r}, t) \psi(\mathbf{r}, t) = n_s(\mathbf{r}, t). \tag{13.3.13}$$

Hierbei ist $n_s(\mathbf{r}, t)$ die lokale Dichte und N_s die Gesamtzahl der supraleitenden Elektronen. Die Bedingung (13.3.12) sagt nichts anderes, als dass wir alle supraleitenden Elektronen auffinden müssen, wenn wir den ganzen Raum absuchen. Im Gegensatz zur üblichen Interpretation von $|\psi(\mathbf{r}, t)|^2$ als quantenmechanische Wahrscheinlichkeitsamplitude, ein Teilchen am Ort $\mathbf{r}$ zur Zeit t aufzufinden, assoziieren wir $|\psi(\mathbf{r}, t)|^2$ jetzt mit der Teilchenzahldichte. Ansonsten können wir alle aus der Quantenmechanik bekannten Aussagen übernehmen. Die einzelnen Ladungsträger verlieren bei diesem Ansatz ihre Individualität und gehorchen im Kollektiv den Gesetzen der Quantenmechanik.

Für die weitere Diskussion benötigen wir noch einige grundlegende Beziehungen aus der Elektrodynamik und der Quantenmechanik. Wir werden das elektrostatische skalare Potenzial $\phi(\mathbf{r}, t)$ und das magnetische Vektorpotenzial $\mathbf{A}(\mathbf{r}, t)$ benutzen, um die elektrischen und magnetischen Felder zu beschreiben. Es gilt

$$\mathbf{E} = -\frac{\partial \mathbf{A}}{\partial t} - \nabla \phi \tag{13.3.14}$$

$$\mathbf{b} = \nabla \times \mathbf{A}. \tag{13.3.15}$$

---

[79] E. Madelung, *Eine anschauliche Deutung der Gleichung von Schrödinger*, Naturwiss. **14**, 1004 (1926).
[80] E. Madelung, *Quantentheorie in hydrodynamischer Form*, Z. Phys. **40**, 322 (1926).
[81] D. Einzel, *Supraleitung und Suprafluidität*, in Lexikon der Physik, Spektrum Akademischer Verlag, Heidelberg, Berlin (2000).
[82] D. Einzel, *Superfluids*, Encyclopedia of Mathematical Physics (2005).

13.3 Phänomenologische Modelle

Wir weisen darauf hin, dass die Potenziale nicht eindeutig sind, alle im Folgenden abgeleiteten Gleichungen aber eichinvariant sind. Wir rufen ferner in Erinnerung, dass elektrische Ströme in Metallen durch Gradienten des elektrochemischen Potenzials $\phi(\mathbf{r}, t) + \mu(\mathbf{r}, t)/q$ und nicht durch Gradienten von ϕ alleine getrieben werden. Wir müssen also das chemische Potenzial in unsere Betrachtung einschließen, indem wir $\phi(\mathbf{r}, t)$ durch $\phi(\mathbf{r}, t) + \mu(\mathbf{r}, t)/q$ ersetzen:

$$\phi(\mathbf{r}, t) \to \phi(\mathbf{r}, t) + \mu(\mathbf{r}, t)/q \,. \tag{13.3.16}$$

Das chemische Potenzial ist, wenn auch nur schwach, temperaturabhängig. Dies wird wichtig, wenn wir Situationen mit Temperaturgradienten betrachten wollen. Die treibende Kraft für die Ladungsträger mit Ladung q ist deshalb das effektive elektrische Feld

$$\mathbf{E} = -\frac{\partial \mathbf{A}}{\partial t} - \nabla \left(\phi + \frac{\mu}{q} \right) . \tag{13.3.17}$$

Für die quantenmechanische Beschreibung der Bewegung von geladenen Teilchen in einem Magnetfeld müssen wir den kanonischen Impuls $\mathbf{p} = m\mathbf{v} + q\mathbf{A}$ (siehe hierzu Anhang D) verwenden. Die Schrödinger-Gleichung für ein geladenes Teilchen mit Ladung q und Masse m, in die nur der kinematische Impuls $m\mathbf{v} = \frac{\hbar}{i}\nabla - q\mathbf{A}$ eingeht, lautet dann

$$\frac{1}{2m}\left(\frac{\hbar}{i}\nabla - q\mathbf{A}(\mathbf{r}, t)\right)^2 \Psi(\mathbf{r}, t) + [q\phi(\mathbf{r}, t) + \mu(\mathbf{r}, t)]\Psi(\mathbf{r}, t) = i\hbar\frac{\partial \Psi(\mathbf{r}, t)}{\partial t} \,. \tag{13.3.18}$$

Wir ersetzen nun die Wellenfunktion $\Psi(\mathbf{r}, t)$ des geladenen Teilchens durch die makroskopische Wellenfunktion $\psi(\mathbf{r}, t) = \psi_0(\mathbf{r}, t)e^{i\theta(\mathbf{r},t)}$ des Supraleiters sowie q und m durch die Ladung q_s und Masse m_s der „supraleitenden" Elektronen. Wir setzen dann $\psi(\mathbf{r}, t)$ in die Schrödinger-Gleichung ein (Madelung-Transformation) und spalten nach Real- und Imaginärteil auf. Für den Imaginärteil erhalten wir (siehe Anhang G.1)

$$\underbrace{\frac{\partial \psi_0^2(\mathbf{r}, t)}{\partial t}}_{=\partial n_s/\partial t} = -\nabla \cdot \underbrace{\left(\frac{\psi_0^2}{m_s}(\hbar \nabla \theta(\mathbf{r}, t) - q_s \mathbf{A}(\mathbf{r}, t)) \right)}_{= n_s \mathbf{v}_s = \mathbf{J}_\rho} . \tag{13.3.19}$$

Da $|\psi_0^2| = n_s$, erkennen wir sofort, dass (13.3.19) die Form einer Kontinuitätsgleichung $\partial n_s/\partial t + \nabla \cdot \mathbf{J}_\rho = 0$ für die Teilchenstromdichte $\mathbf{J}_\rho$ hat. Multiplizieren wir $\mathbf{J}_\rho$ mit der Ladung q_s der „supraleitenden" Elektronen, so erhalten wir die supraleitende Stromdichte

$$\mathbf{J}_s(\mathbf{r}, t) = q_s n_s(\mathbf{r}, t) \left\{ \frac{\hbar}{m_s} \nabla \theta(\mathbf{r}, t) - \frac{q_s}{m_s} \mathbf{A}(\mathbf{r}, t) \right\} . \tag{13.3.20}$$

Da wir die Suprastromdichte immer als $\mathbf{J}_s = q_s n_s \mathbf{v}_s$ schreiben können, entspricht der Ausdruck in der geschweiften Klammer der Geschwindigkeit der supraleitenden Elektronen:

$$\mathbf{v}_s(\mathbf{r}, t) \equiv \frac{\hbar}{m_s} \nabla \theta(\mathbf{r}, t) - \frac{q_s}{m_s} \mathbf{A}(\mathbf{r}, t) \,. \tag{13.3.21}$$

Für den Realteil erhalten wir

$$\hbar \frac{\partial \theta(\mathbf{r},t)}{\partial t} + \frac{1}{2n_s} \Lambda J_s^2(\mathbf{r},t) + q_s \phi(\mathbf{r},t) = \frac{\hbar^2 \nabla^2 \Psi_0(\mathbf{r},t)}{2m_s \Psi_0(\mathbf{r},t)} . \qquad (13.3.22)$$

Wenn wir Terme der Ordnung ∇^2 vernachlässigen, was immer dann zulässig ist, wenn die betrachteten elektromagnetischen Potenziale langsam variieren, erhalten wir

$$\hbar \frac{\partial \theta(\mathbf{r},t)}{\partial t} = -\left(\frac{1}{2n_s} \Lambda J_s^2(\mathbf{r},t) + q_s \phi(\mathbf{r},t) + \mu(\mathbf{r},t) \right) . \qquad (13.3.23)$$

Der Ausdruck (13.3.23) stellt eine *Energie-Phasen-Beziehung* dar, da der 1. Term auf der rechten Seite die kinetische Energie ($\frac{1}{2} m_s v_s^2$) und die Summe aus 2. und 3. Term die potenzielle Energie ist. Da $\hbar \theta$ einer Wirkung S entspricht, ist (13.3.23) äquivalent zur Hamilton-Jacobi-Gleichung $\partial S/\partial t = -H$ der klassischen Physik. Wir werden sehen, dass die beiden Gleichungen (13.3.20) und (13.3.23) die wesentliche Physik einer geladenen Supraflüssigkeit beinhalten.

Wir wollen diesen Abschnitt mit zwei Anmerkungen abschließen. Würden wir in (13.3.20) den 1. Term in der Klammer weglassen, so ergäbe sich $\Lambda \mathbf{J}_s + \mathbf{A} = 0$. Den gleichen Ausdruck erhalten wir sofort aus der oben abgeleiteten 2. London-Gleichung, wenn wir dort $\mathbf{b} = \nabla \times \mathbf{A}$ verwenden. Diese Gleichung ist allerdings im Gegensatz zu (13.3.20), wie wir weiter unten zeigen werden, nicht eichinvariant. Sie gilt nur in der so genannten London-Eichung $\nabla \cdot \mathbf{A} = 0$. Diese garantiert, dass bei Abwesenheit von freien Ladungen div $\mathbf{J}_s = 0$ erfüllt ist.

Wir wollen ferner darauf hinweisen, dass sich das makroskopische Quantenmodell sowohl für die Beschreibung von geladenen als auch von ungeladenen Quantenflüssigkeiten verwenden lässt. Das heißt, die Gleichungen (13.3.20) und (13.3.21) gelten ganz allgemein für geladene und ungeladenen Supraflüssigkeiten, die mit einer makroskopischen Wellenfunktion beschrieben werden können.[83,84] Benutzen wir

$$q_s = k \cdot q, \qquad m_s = k \cdot m, \qquad n_s = n/k \qquad (13.3.24)$$

in den obigen Ausdrücken, so entspricht der Fall ($q = -e$, $k = 2$) einem Supraleiter mit Cooper-Paaren der Ladung $q_s = -2e$ und der Dichte $n_s = n/2$. Die Fälle ($q = 0$, $k = 1$) und ($q = 0$, $k = 2$) repräsentieren eine neutrale Bose-Supraflüssigkeit, wie z. B. suprafluides ^{4}He, und eine neutrale Fermi-Supraflüssigkeit, wie z. B. suprafluides ^{3}He-A oder -B. Die einzelnen oder zusammengesetzten Teilchen bilden in jedem Fall eine Supraflüssigkeit, die wir bei Supraleitern auch als Kondensat bezeichnen.

13.3.2.1 Herleitung der London-Gleichungen

Wir können nun den zentralen Ausdruck (13.3.20) für die Suprastromdichte dazu benutzen, für n_s = const die London-Gleichungen abzuleiten. Wir weisen darauf hin, dass (13.3.20)

---

[83] D. Einzel, *Supraleitung und Suprafluidität*, in Lexikon der Physik, Spektrum Akademischer Verlag, Heidelberg, Berlin (2000).
[84] D. Einzel, *Superfluids*, Encyclopedia of Mathematical Physics (2005).

13.3 Phänomenologische Modelle

auch die Fälle einschließt, in denen n_s zeitlich und räumlich variiert. Mit dem London-Koeffizienten $\Lambda = \frac{m_s}{n_s q_s^2}$ können wir (13.3.20) ausdrücken als

$$\Lambda \mathbf{J}_s(\mathbf{r},t) = -\left\{ \mathbf{A}(\mathbf{r},t) - \frac{\hbar}{q_s}\nabla\theta(\mathbf{r},t) \right\} . \tag{13.3.25}$$

Bilden wir auf beiden Seiten die Rotation, so erhalten wir die **2. London-Gleichung**:

$$\nabla \times (\Lambda \mathbf{J}_s) + \nabla \times \mathbf{A} = \nabla \times (\Lambda \mathbf{J}_s) + \mathbf{b} = 0 . \tag{13.3.26}$$

Um die 1. London-Gleichung zu erhalten, müssen wir die partielle Zeitableitung von (13.3.20) bilden. Wir erhalten

$$\frac{\partial}{\partial t}(\Lambda \mathbf{J}_s) = -\left\{ \frac{\partial \mathbf{A}(\mathbf{r},t)}{\partial t} - \frac{\hbar}{q_s}\nabla\left(\frac{\partial \theta(\mathbf{r},t)}{\partial t}\right) \right\} . \tag{13.3.27}$$

Substituieren wir (13.3.23) in (13.3.27) und benutzen $\mathbf{E} = -\partial \mathbf{A}/\partial t - \nabla(\phi + \mu/q_s)$, erhalten wir die **1. London-Gleichung**:

$$\frac{\partial}{\partial t}(\Lambda \mathbf{J}_s) = \mathbf{E} - \frac{1}{n_s q_s}\nabla\left(\frac{1}{2}\Lambda \mathbf{J}_s^2\right) . \tag{13.3.28}$$

Hierbei kann der 2. Term auf der rechten Seite meist vernachlässigt werden (linearisierte 1. London-Gleichung), worauf wir aber hier nicht eingehen wollen. Die 1. London-Gleichung lautet dann $\frac{\partial}{\partial t}(\Lambda \mathbf{J}_s) = \mathbf{E}$.

Wir können insgesamt folgenden wichtigen Sachverhalt zusammenfassen:

- Die London-Gleichungen können direkt aus dem allgemeinen Ausdruck für die Suprastromdichte $\mathbf{J}_s$ abgeleitet werden, der wiederum direkt aus der Tatsache folgt, dass der supraleitende Zustand durch eine makroskopische Wellenfunktion beschrieben werden kann.
- Die London-Gleichungen beschreiben zusammen mit den Maxwell-Gleichungen das Verhalten von Supraleitern in elektrischen und magnetischen Feldern.

Dauerströme: Die Tatsache, dass ein Suprastrom in einem Supraleiter zeitlich nicht abklingt, ist äußerst interessant und auf den ersten Blick nicht einsichtig. Wir wollen deshalb Prozesse betrachten, die zu einem Abklingen des Suprastromes führen könnten. Dazu betrachten wir den in Abb. 13.17 gezeigten Fermi-Kreis in der $k_x k_y$-Ebene. Die Betrachtung kann leicht auf dreidimensionale Systeme erweitert werden. Die erlaubten **k**-Zustände sind durch Punkte charakterisiert. Bei $T = 0$ sind alle Zustände innerhalb des Kreises besetzt. Ohne jeglichen Strom liegt das Zentrum des Fermi-Kreises im Ursprung. Erzeugen wir dagegen einen endlichen Strom in x-Richtung, indem wir die Ladungsträger in diese Richtung beschleunigen, so wird der Fermi-Kreis um δk_x in k_x-Richtung verschoben. Im normalleitenden Zustand können nun die Ladungsträger in Zustände mit niedrigerer Energie relaxieren, wobei wir natürlich das Pauli-Prinzip berücksichtigen müssen (siehe Abb. 13.17a). Da es

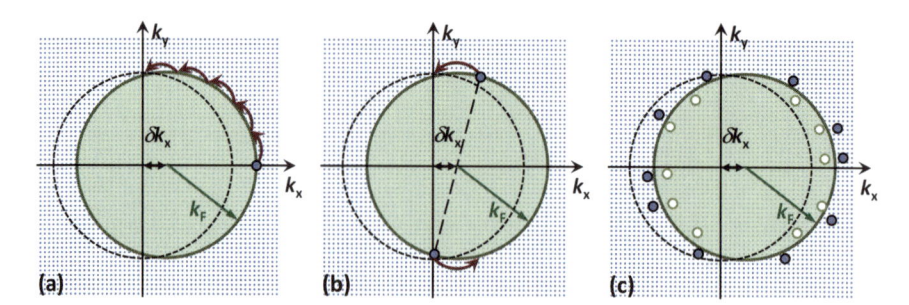

Abb. 13.17: Intuitives Bild des Zerfalls eines Stroms in einem normalleitenden Metall (a) und einem Supraleiter (b) bei $T = 0$. In (b) sind die Elektronen zu Cooper-Paaren korreliert, die alle den gleichen Schwerpunktsimpuls besitzen. (c) Für $T > 0$ liegt im thermischen Mittel eine endliche Dichte von Einteilchenanregungen durch thermisches Aufbrechen von Cooper-Paaren vor. Diese relaxiert von rechts nach links, da dort die Energie der Einteilchenanregungen niedriger ist.

eine große Anzahl möglicher Streuprozesse gibt, wird das System sehr schnell in den Ausgangszustand mit einem um den Ursprung zentrierten Fermi-Kreis relaxieren. Das heißt, der aufgeprägte Strom wird schnell relaxieren. Im Gegensatz dazu müssen im supraleitenden Zustand alle Cooper-Paare den gleichen Schwerpunktimpuls haben. Deshalb können sie nur, wie in Abb. 13.17b gezeigt ist, um den Fermi-Kreis herumgestreut werden. Diese Streuprozesse führen aber nicht zu einer Verschiebung des Schwerpunktes des Fermi-Kreises und damit auch nicht zu einem Abklingen des Stromes. Wir haben also einen nichtabklingenden Suprastrom. Streuprozesse sind nur dann möglich, wenn wir die Cooper-Paare zerstören. Dazu müssen wir aber, wie wir später noch sehen werden, ihre endliche Bindungsenergie aufbringen.

In Abb. 13.17c ist die Situation für $T > 0$ gezeigt, bei der Cooper-Paare ständig thermisch aufgebrochen werden und wieder rekombinieren, wobei im Mittel eine endliche Dichte von Einteilchenanregungen übrig bleibt. Die Verschiebung der Fermi-Kugel um δk_x und der daraus resultierende Suprastrom in x-Richtung bleiben davon unberührt. Allerdings relaxieren die Einteilchenanregungen durch Streuung an Verunreinigungen und Phononen von rechts nach links, da dort ihre Energie niedriger ist. Dies führt zu einem effektiven Zurückfließen der Einteilchenanregungen, wodurch der nach rechts fließende Suprastrom zwar reduziert wird, aber nicht abklingt.

13.3.2.2 Vertiefungsthema: Eichinvarianz

Das Vektorpotenzial **A**, das skalare Potenzial ϕ oder die Phase θ beschreiben physikalische Variablen, die nicht beobachtbar sind. Wir können außerdem formale Transformationen für diese Größen finden, welche keinen Einfluss auf die tatsächlich beobachtbaren Größen wie **B**, **E**, oder $\mathbf{J}_s$ haben. Solche Transformationen nennen wir *Eichtransformationen*. Nicht beobachtbare Größen wie **A**, ϕ oder θ, die sich unter einer Eichtransformation wohldefiniert ändern können, nennen wir *eich-kovariant*.

Betrachten wir Gleichung (13.3.20), so sehen wir, dass die Suprastromdichte $\mathbf{J}_s$ nur von der Phase θ und dem Vektorpotenzial **A** abhängt. Die beobachtbare Größe $\mathbf{J}_s$ ist also durch zwei Größen bestimmt, die selbst im Experiment nicht beobachtet werden können. Ferner wissen

13.3 Phänomenologische Modelle

wir, da ja jedes skalare Feld f die Bedingung $\nabla \times (\nabla f) = 0$ erfüllt, dass für eine beliebige differenzierbare skalare Funktion $\chi(\mathbf{r}, t)$

$$\mathbf{b} = \nabla \times \mathbf{A} = \nabla \times (\mathbf{A} + \nabla \chi) \tag{13.3.29}$$

gelten muss. Es existiert also eine unendliche Zahl von möglichen Vektorpotenzialen, welche die richtige Flussdichte beschreiben. Dies suggeriert, dass wir nur dann einen wohldefinierten Wert für die Observable $\mathbf{J}_s$ erhalten, wenn wir sowohl θ als auch $\mathbf{A}$ messen können, die ja keine physikalischen Observablen sind und nur aus mathematischen Gründen eingeführt wurden.

Der Ausweg aus diesem Dilemma liegt in der Tatsache, dass die Beziehung zwischen θ und $\mathbf{A}$ nicht beliebig, sondern fest ist. In diesem Fall können wir $\mathbf{J}_s$ messen, können aber nicht θ *und* $\mathbf{A}$ bestimmen. Das heißt, wir fordern, dass der Ausdruck (13.3.20) unabhängig von der speziellen Wahl von $\mathbf{A}$ ist, d. h. wir müssen den Ausdruck für $\mathbf{J}_s$ *eichinvariant* machen. Eine spezifische Wahl von $\mathbf{A}$ nennen wir dann eine Eichung. Mathematisch ist die Vorgehensweise klar. Wir definieren ein neues Vektorpotenzial $\mathbf{A}'$ durch

$$\mathbf{A}' \equiv \mathbf{A} + \nabla \chi. \tag{13.3.30}$$

Nach (13.3.29) ergibt dieses Vektorpotenzial die richtige Flussdichte. Zusätzlich muss das neue Vektorpotenzial auch das elektrische Feld richtig beschreiben. Wir definieren deshalb ein neues skalares Potenzial ϕ', so dass das elektrische Feld gegeben ist als

$$\mathbf{E} = -\frac{\partial \mathbf{A}'}{\partial t} - \nabla \phi'. \tag{13.3.31}$$

Vergleichen wir diesen Ausdruck mit dem ursprünglichen, $\mathbf{E} = -\frac{\partial \mathbf{A}}{\partial t} - \nabla \phi$, so sehen wir, dass die beiden skalaren Potenziale folgender Beziehung gehorchen müssen:

$$\phi' \equiv \phi - \frac{\partial \chi}{\partial t}. \tag{13.3.32}$$

Nach (13.3.30) und (13.3.32) können wir also getrennt die zeitliche und räumliche Abhängigkeit der skalaren Funktion χ spezifizieren, um neue Sätze von skalaren und Vektorpotenzialen zu erzeugen, die die ursprünglichen elektrischen und magnetischen Felder richtig beschreiben.

Schreiben wir die Schrödinger-artige Gleichung

$$i\hbar \frac{\partial \psi(\mathbf{r}, t)}{\partial t} = \frac{1}{2m_s} \left(\frac{\hbar}{i} \nabla - q_s \mathbf{A}(\mathbf{r}, t) \right)^2 \psi(\mathbf{r}, t) + q_s \phi(\mathbf{r}, t) \, \psi(\mathbf{r}, t). \tag{13.3.33}$$

mit dem neuen Vektorpotenzial $\mathbf{A}'$ und skalarem Potenzial ϕ' sowie der neuen Wellenfunktion $\psi'(\mathbf{r}, t) = \sqrt{n_s(\mathbf{r}, t)} e^{i\theta'(\mathbf{r}, t)}$, so können wir den folgenden Ausdruck für die Suprastromdichte ableiten:

$$\mathbf{J}_s(\mathbf{r}, t) = q_s n_s(\mathbf{r}, t) \left\{ \frac{\hbar}{m_s} \nabla \theta'(\mathbf{r}, t) - \frac{q_s}{m_s} \mathbf{A}'(\mathbf{r}, t) \right\}. \tag{13.3.34}$$

Da die Observable $\mathbf{J}_s$ in den Ausdrücken (13.3.34) und (13.3.20) gleich sein muss, erhalten wir die Bedingung

$$\theta' \equiv \theta + \frac{q_s}{\hbar}\chi \, . \tag{13.3.35}$$

Daraus folgt wiederum

$$\psi'(\mathbf{r},t) = \psi(\mathbf{r},t)e^{i(q_s/\hbar)\chi} \, . \tag{13.3.36}$$

Wir sehen, dass dieselbe skalare Funktion χ sowohl die Phase als auch das Vektorpotenzial ändert. Auf diese Weise bleibt der Wert des Suprastromes gleich, egal welche spezifische Eichung wir wählen. Die wichtige Folgerung daraus ist, dass der Ausdruck für den Suprastrom eichinvariant ist.

Aus den Gleichungen (13.3.34) und (13.3.20) für den Suprastrom erhalten wir die Bedingung

$$\nabla\theta' - \frac{q_s}{\hbar}\mathbf{A}' = \nabla\theta - \frac{q_s}{\hbar}\mathbf{A} \, . \tag{13.3.37}$$

Wir können deshalb einen *eichinvarianten Phasengradienten*

$$\gamma = \nabla\theta - \frac{q_s}{\hbar}\mathbf{A} = \nabla\theta + 2\pi\frac{2e}{h}\mathbf{A} = \nabla\theta + \frac{2\pi}{\Phi_0}\mathbf{A} \tag{13.3.38}$$

einführen, wobei wir $q_s = -2e$ benutzt haben und $\Phi_0 = \frac{h}{2e}$ das magnetische Flussquant ist. Der Suprastrom ist dann gegeben durch

$$\boxed{\mathbf{J}_s(\mathbf{r},t) = \frac{q_s n_s \hbar}{m_s}\gamma(\mathbf{r},t) = \frac{\hbar}{q_s \Lambda}\gamma(\mathbf{r},t) \, .} \tag{13.3.39}$$

Wir sehen also, dass der Suprastrom proportional zu einem eichinvarianten Phasengradienten ist.[85] Falls wir die Transformationen (13.3.30), (13.3.32), und (13.3.35) gleichzeitig durchführen, ist die Transformation nur ein rein formaler Vorgang, der überhaupt keine Auswirkung auf die beobachtbaren Größen hat.

13.3.2.3 Flussquantisierung

Wir wollen in diesem Abschnitt zeigen, dass eine direkte Konsequenz des makroskopischen Quantenmodells der Supraleitung die Quantisierung des magnetischen Flusses in mehrfach zusammenhängenden Supraleitern ist (siehe Abb. 13.18).

Wir wollen unsere Diskussion mit einem einfachen Gedankenexperiment beginnen. Wir nehmen einen supraleitenden Hohlzylinder und erzeugen über magnetische Induktion einen supraleitenden Ringstrom. Da dieser Suprastrom zeitlich nicht abklingt, muss es sich um einen stationären Zustand handeln. Selbstverständlich können wir aber den Wert des stationären Suprastroms ändern, indem wir den Induktionsprozess, mit dem wir den

---

[85] Man beachte, dass $\nabla\theta - \frac{q_s}{\hbar}\mathbf{A}$ nicht als $\nabla\gamma$ geschrieben werden kann, das heißt, nicht als Gradient einer eichinvarianten Phase. In diesem Fall wäre $\mathbf{A} \propto \nabla\theta - \nabla\gamma$ und damit $\nabla \times \mathbf{A} = \mathbf{b} = 0$.

13.3 Phänomenologische Modelle

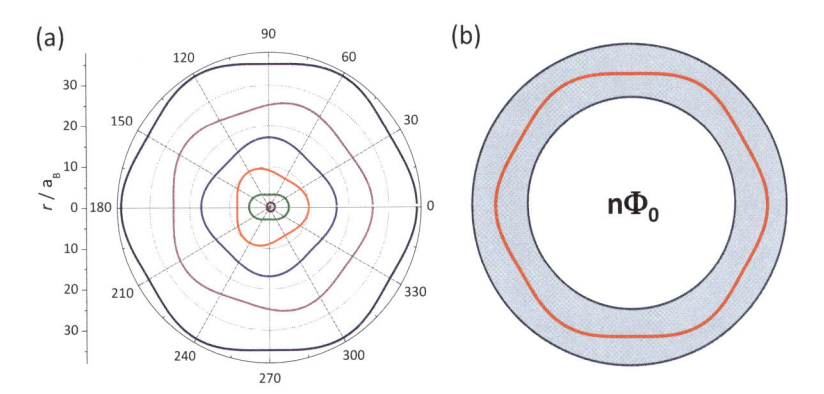

Abb. 13.18: Stationäre Quantenzustände: (a) Stehende Elektronenwellen um den Kern eines Atoms am Ort $r = 0$ sind gleichbedeutend mit der Bohr-Sommerfeld Quantisierung des Drehimpulses. (b) Die stehende Welle der makroskopischen Wellenfunktion eines Supraleiters ist gleichbedeutend mit der Flussquantisierung in einem supraleitenden Hohlzylinder.

Strom erzeugen, ändern. Klassisch würden wir deshalb erwarten, dass wir jeden beliebigen Suprastrom in dem Ring erzeugen können. Nachdem wir aber gelernt haben, dass wir den Supraleiter als makroskopisches Quantensystem betrachten können, müssen wir unsere Überlegung verfeinern. Von der quantenmechanischen Behandlung mikroskopischer Systeme wissen wir, dass stationäre Zustände an bestimmte Quantisierungsbedingungen geknüpft sind, die wir mit Quantenzahlen charakterisieren. Innerhalb des Bohrschen Atommodells sind zum Beispiel die stationären Elektronenzustände durch die Quantisierung des Drehimpulses festgelegt. Wie in Abb. 13.18a gezeigt ist, ist diese Bedingung dazu äquivalent, dass die Elektronenwellenfunktionen nicht destruktiv interferieren. Analog dazu erwarten wir für den supraleitenden Ringstrom nur dann einen stationären Zustand, falls die makroskopische Wellenfunktion, die die Gesamtheit der supraleitenden Elektronen beschreibt, längs des Umfangs des Zylinders konstruktiv interferiert (siehe Abb. 13.18b). Wir erwarten deshalb eine Quantisierungsbedingung. Dies wurde erstmals von **Fritz London** vorgeschlagen.[86] Er kam zu der Schlussfolgerung, dass der magnetische Fluss, der in einem supraleitenden Hohlzylinder eingefangen ist, nur diskrete Werte haben kann, die durch ein Vielfaches des Flussquants Φ_0^{London} gegeben sind. London schlug den Wert

$$\Phi_0^{\text{London}} = \frac{h}{e} \simeq 4 \times 10^{-15} \text{Vs} \tag{13.3.40}$$

vor, da er annahm, dass einzelne Elektronen den Suprastrom tragen. Die Tatsache, dass Cooper-Paare den Suprastrom tragen, wurde erst später mit der Entwicklung der BCS-Theorie klar.[87]

Wir wollen im Folgenden die Flussquantisierung ableiten, wobei wir aus Gründen der Einfachheit von einem homogenen Supraleiter ausgehen wollen. Wir benutzen den Aus-

---

[86] F. London, *Superfluids*, Wiley, New York (1950).
[87] J. Bardeen, L. N. Cooper, J. R. Schrieffer, *Theory of Superconductivity*, Phys. Rev. **108**, 1175 (1957).

druck (13.3.25) für die Suprastromdichte

$$\Lambda \mathbf{J}_s(\mathbf{r},t) = -\left\{\mathbf{A}(\mathbf{r},t) - \frac{\hbar}{q_s}\nabla\theta(\mathbf{r},t)\right\} \tag{13.3.41}$$

und integrieren diesen Ausdruck entlang eines geschlossenen Weges C. Wir benutzen dabei den *Stokesschen Satz*

$$\oint_C \mathbf{A}\cdot d\boldsymbol{\ell} = \int_F (\nabla\times\mathbf{A})\cdot\hat{\mathbf{n}}\,dF = \int_F \mathbf{b}\cdot\hat{\mathbf{n}}\,dF, \tag{13.3.42}$$

wobei F die Fläche, die vom Weg C umschlossen wird (siehe Abb. 13.19), $\hat{\mathbf{n}}$ der Einheitsvektor senkrecht auf F und **b** die magnetische Flussdichte ist, die mit dem Vektorpotenzial **A** verbunden ist. Mit dem Stokesschen Satz können wir (13.3.41) in

$$\oint_C (\Lambda\mathbf{J}_s)\cdot d\boldsymbol{\ell} + \int_F \mathbf{b}\cdot\hat{\mathbf{n}}\,dF = \frac{\hbar}{q_s}\oint_C \nabla\theta\cdot d\boldsymbol{\ell} \tag{13.3.43}$$

umschreiben.

Wir werten zuerst das Integral auf der rechten Seite von (13.3.43) aus. Das Integral des Gradienten einer skalaren Funktion zwischen zwei Punkten $\mathbf{r}_1$ and $\mathbf{r}_2$ ist gegeben durch

$$\int_{\mathbf{r}_1}^{\mathbf{r}_2} \nabla\theta\cdot d\boldsymbol{\ell} = \theta(\mathbf{r}_2,t) - \theta(\mathbf{r}_1,t). \tag{13.3.44}$$

Wir sehen, dass für $\mathbf{r}_1 \to \mathbf{r}_2$, also im Grenzfall eines geschlossenen Pfades, das Integral gegen null geht. Im Allgemeinen ist das aber nicht ganz richtig, da ja die Phase der Wellenfunktion ψ nicht genau festgelegt ist. Es gibt vielmehr unendlich viele Werte $\theta_n = \theta_0 + 2\pi n$ für die Phase (n ist eine ganze Zahl), die alle denselben Wert der Wellenfunktion ergeben:

$$\psi(\mathbf{r},t) = \sqrt{n_s}\,e^{i(\theta_0 + 2\pi n)}. \tag{13.3.45}$$

Die Wellenfunktion $\psi(\mathbf{r},t)$ muss in jedem Punkt $(\mathbf{r},t)$ eindeutig sein. Dies ist für $n \in \mathbb{Z}$ erfüllt, wenn

$$\theta(\mathbf{r},t) = \theta_0(\mathbf{r},t) + 2\pi n. \tag{13.3.46}$$

Damit erhalten wir für das Integral des Phasengradienten entlang des geschlossenen Weges C

$$\oint_C \nabla\theta\cdot d\boldsymbol{\ell} = \lim_{\mathbf{r}_2\to\mathbf{r}_1}[\theta(\mathbf{r}_2,t) - \theta(\mathbf{r}_1,t)] = n\cdot 2\pi. \tag{13.3.47}$$

Abb. 13.19: Verschiedene Möglichkeiten für geschlossene Pfade C innerhalb eines supraleitenden Materials: (a) Der Pfad liegt in einem einfach zusammenhängenden supraleitenden Bereich. (b) Der Pfad liegt in einem mehrfach zusammenhängenden Bereich.

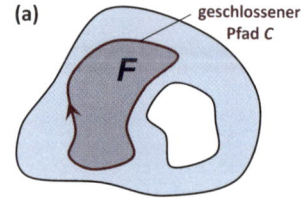

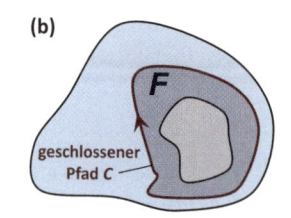

13.3 Phänomenologische Modelle

Mit diesem Ergebnis ergibt sich aus (13.3.43)

$$\underbrace{\oint_C (\Lambda \mathbf{J}_s) \cdot d\boldsymbol{\ell} + \int_F \mathbf{b} \cdot \hat{\mathbf{n}} \, dF}_{\text{Fluxoid}} = n\frac{h}{q_s} = n\Phi_0 \tag{13.3.48}$$

mit dem *Flussquant* $\Phi_0 \equiv \frac{h}{2e} = 2.067\,833\,758(46) \times 10^{-15}\,\text{Vs}$, wobei wir $|q_s| = 2e$ verwendet haben. Das Flussquant Φ_0 ist der kleinstmögliche magnetische Fluss, der in einer von einem zusammenhängenden supraleitenden Bereich umschlossenen Fläche enthalten sein kann.

Wir wollen im Folgenden einige Konsequenzen von (13.3.48) anhand von Abb. 13.19 diskutieren:

1. Wir betrachten zuerst den Fall (a), bei dem die Fläche F, die durch den geschlossenen Pfad C definiert wird, ein einfach zusammenhängendes supraleitendes Gebiet ist (siehe Abb. 13.19a). Wir müssen uns in Erinnerung rufen, dass wir eine Integration entlang eines geschlossenen Weges ausführen, welche wir uns als Linienintegral zwischen zwei Punkten $\mathbf{r}_1$ und $\mathbf{r}_2$ für den Grenzfall $\mathbf{r}_2 \to \mathbf{r}_1$ vorstellen können. Da (13.3.48) für alle geschlossenen Wege gilt, müssen wir auch den Fall einschließen, bei dem $F = 0$. In diesem Fall verschwinden beide Integrale in (13.3.48) und wir erhalten deshalb für einen einfach zusammenhängenden Supraleiter $n = 0$.[88] Dieses Ergebnis haben wir erwartet, da die Bedingung $n = 0$ gerade die integrale Form der 2. London-Gleichung darstellt.
2. Wir betrachten als Nächstes den Fall eines mehrfach zusammenhängenden Supraleiters, der in Abb. 13.19b gezeigt ist. Wichtig ist hierbei, dass der geschlossene Weg C jetzt sowohl einen supraleitenden als auch einen nicht-supraleitenden Bereich einschließt. In unserem Fall ist der nicht-supraleitende Bereich einfach ein Loch. Wenn wir jetzt einen geschlossenen Pfad bilden, indem wir den Grenzfall $\mathbf{r}_2 \to \mathbf{r}_1$ betrachten, bauen wir ein „Gedächtnis" in unseren Pfad ein. Wir wissen nämlich, dass wir einen nicht-supraleitenden Bereich umschlossen haben. Die Phasen in den Punkten $\mathbf{r}_2$ und $\mathbf{r}_1$ sind deshalb unterschiedlich. Obwohl der Hauptwert θ_0 der beiden Phasen der gleiche ist, beträgt ihre Differenz jetzt $n \cdot 2\pi$.

Fluss- und Fluxoid-Quantisierung: Die linke Seite der Gleichung (13.3.48) wird als *Fluxoid* bezeichnet. Deshalb beschreibt diese Gleichung allgemein die *Fluxoid-Quantisierung*. Wichtig dabei ist, dass nur das Fluxoid, aber nicht notwendigerweise auch der durch das äußere Magnetfeld erzeugte magnetische Fluss quantisiert ist, da in das Fluxoid sowohl der durch das angelegte Magnetfeld erzeugte Fluss $\Phi' = \int \mathbf{b} \cdot \hat{\mathbf{n}} \, dF$ als auch der von dem supraleitenden Ringstrom erzeugte Fluss $\Phi'' = \oint (\Lambda \mathbf{J}_s) \cdot d\boldsymbol{\ell}$ eingehen.

Wir betrachten nun den in Abb. 13.20 gezeigten supraleitenden Hohlzylinder. Wir nehmen an, dass die Wandstärke des Zylinders wesentlich größer als die Londonsche Eindringtiefe λ_L ist. Wenn wir jetzt ein kleines Magnetfeld (wesentlich kleiner als das kritische Feld

---

[88] Dies gilt natürlich nur dann, wenn die Suprastromdichte $\mathbf{J}_s$ oder die magnetische Flussdichte $\mathbf{B}$ keine Singularitäten besitzt.

Abb. 13.20: Schematische Darstellung eines in einem konstanten äußeren Magnetfeld $\mathbf{H}_{ext}$ unter seine Sprungtemperatur abgekühlten supraleitenden Hohlzylinders. Gezeigt ist neben dem Verlauf der magnetischen Feldlinien auch die erwartete Dichte des supraleitenden Abschirmstroms, die als Ringstrom auf der Oberfläche der Zylinderwand fließt. Das umgekehrte Vorzeichen von J_s auf der inneren und äußeren Oberfläche der Zylinderwand soll den gegensinnigen Drehsinn der Ringströme symbolisieren. Falls die Wanddichte groß gegen λ_L ist, wird die Suprastromdichte in der Wandmitte vernachlässigbar klein.

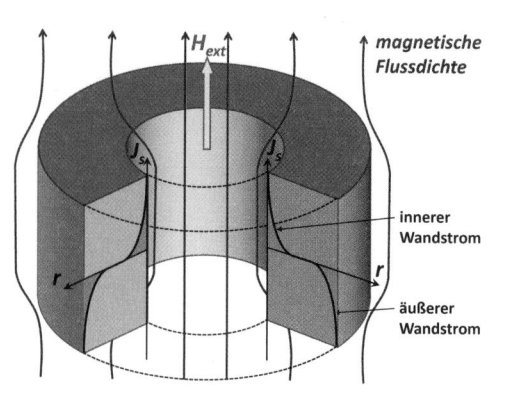

des Supraleiters) anlegen, nachdem wir den Supraleiter unter seine Sprungtemperatur abgekühlt haben, wird kein Fluss in den Hohlzylinder eindringen. Es fließt ein supraleitender Abschirmstrom auf der äußeren Oberfläche des Hohlzylinders, der das angelegte Feld abschirmt. Den interessanteren Fall erhalten wir, wenn wir erst das Feld anlegen und dann den supraleitenden Hohlzylinder unter seine Sprungtemperatur abkühlen. In diesem Fall fließen gegensinnige Abschirmströme (Ringströme) sowohl auf der inneren als auch der äußeren Oberfläche des Hohlzylinders, die verhindern, dass Feld in die supraleitende Zylinderwand eindringt.

Wir benutzen nun (13.3.48), um den im Zylinder eingeschlossenen magnetischen Fluss zu bestimmen. Im klassischen Fall wären die fließenden Abschirmströme nur durch das Ampèresche Gesetz bestimmt und wir könnten jeden beliebigen Flusswert im Zylinder einfangen, indem wir das Abkühlfeld variieren. In einer exakten quantenmechanischen Betrachtung müssen wir zusätzlich die Bedingung (13.3.48) für die Fluxoid-Quantisierung erfüllen. Da die Dicke des supraleitenden Materials groß gegen λ_L ist, können wir aber einen geschlossenen Pfad wählen, der tief im Inneren des supraleitenden Materials liegt, wo in guter Näherung $\mathbf{J}_s = 0$ gilt. Die Fluxoid-Quantisierung vereinfacht sich dann zu

$$\int_F \mathbf{b} \cdot \hat{\mathbf{n}}\, dF = n\Phi_0 \,. \tag{13.3.49}$$

Wir sehen also, dass der im Hohlzylinder eingefangene magnetische Fluss in diesem Fall exakt dem ganzzahligen Vielfachen eines Flussquants Φ_0 entspricht. Wir können in diesem Fall von *Flussquantisierung* sprechen. Die experimentelle Beobachtung der Flussquantisierung durch **Doll** und **Näbauer** sowie **Deaver** und **Fairbanks** im Jahr 1961 (siehe Abschnitt 13.3.2.3) belegte damit eindrucksvoll die Existenz einer makroskopischen Wellenfunktion, mit der die Gesamtheit aller phasenstarr gekoppelten Cooper-Paare beschrieben werden kann.

Einfangen von magnetischem Fluss: Wir diskutieren abschließend noch kurz die Frage, wieso der supraleitende Hohlzylinder den magnetischen Fluss nach Abschalten des Magnetfeldes in seinem Inneren gefangen hält und ihn nicht einfach ausstößt. Die Antwort darauf gibt die 1. London-Gleichung, die besagt, dass das elektrische Feld im Inneren eines Supraleiter null sein muss, da dort $\partial \mathbf{J}_s/\partial t = 0$. Dies gilt auch für Situationen, in denen sich der zirkulierende Suprastrom zeitlich ändert, da dieser nur in einer dünnen Oberflächenschicht der Dicke λ_L fließt (siehe Fig. 13.20). Mit $\mathbf{E} = -\partial \mathbf{A}/\partial t - \nabla\phi$ und $\nabla\phi = 0$ erhalten wir

$$\oint_C \mathbf{E} \cdot d\boldsymbol{\ell} = -\frac{\partial}{\partial t} \oint_C \mathbf{A} \cdot d\boldsymbol{\ell} = -\frac{\partial}{\partial t} \int_F \mathbf{b} \cdot \hat{\mathbf{n}}\, dF = -\frac{\partial \Phi}{\partial t}, \qquad (13.3.50)$$

wobei Φ der Fluss durch die Fläche ist, die vom geschlossenen Integrationsweg C umschlossen wird. Wählen wir den Integrationsweg weit im Inneren des Supraleiters, so gilt dort $\mathbf{E} = 0$ und damit $\frac{\partial \Phi}{\partial t} = 0$. Das heißt, dass der in dem Hohlzylinder eingefangene Fluss konstant sein muss. Die supraleitenden Abschirmströme, die auf der Zylinderoberfläche fließen, passen sich gerade so an, dass sich der im Zylinder eingeschlossene Fluss nicht ändert. Der einmal beim Abkühlen unter die Sprungtemperatur eingefangene Fluss bleibt dort gefangen.[89]

13.3.3 Die Ginzburg-Landau-Theorie

Das makroskopische Quantenmodell der Supraleitung erlaubt in natürlicher Weise, die elektrodynamischen Eigenschaften von Supraleitern mit Hilfe von allgemeinen quantenmechanischen Konzepten abzuleiten. Die Beschreibung des supraleitenden Zustands mit einer makroskopischen Wellenfunktion führte uns zu einem allgemeinen Ausdruck für die Suprastromdichte, aus dem wir sofort die London-Gleichungen und die Flussquantisierung ableiten konnten. Wir werden später in Abschnitt 13.6 sehen, dass daraus auch die Josephson-Gleichungen abgeleitet werden können.

In der London-Theorie sind wir aber immer von einem System ausgegangen, in dem die Dichte der supraleitenden Elektronen räumlich konstant ist. Deshalb können Situationen, in denen ganz offensichtlich eine solche Variation vorliegen muss, wie zum Beispiel an Oberflächen oder Grenzflächen zwischen Supraleitern und Normalleitern, nicht beschrieben werden. Da mit dem räumlichen Gradienten einer Wellenfunktion immer eine kinetische Energie verknüpft ist, wäre eine sprunghafte Änderung der Wellenfunktion an Grenz- und Oberflächen mit einer sehr hohen Energie verbunden. Wir erwarten deshalb, dass sich die Wellenfunktion in solchen Situationen kontinuierlich ändert und innerhalb einer charakteristischen Längenskala von null auf den Gleichgewichtswert ansteigt. Im Jahr 1950 wurde von **Vitaly Lasarevich Ginzburg** und **Lev Davidovich Landau** eine Theorie[90] vorgeschlagen, mit der Situationen mit räumlich variierender Dichte der supraleitenden Elektronen richtig beschrieben werden können. Anfangs erschien die Ginzburg-Landau (GL) Theorie sehr phänomenologisch und ihre allgemeine Gültigkeit wurde kontrovers diskutiert. Dies änderte sich, nachdem **Lev Petrovich Gor'kov** 1959 zeigte, dass die GL-Theorie für Temperaturen nahe T_c einen rigoros ableitbaren Grenzfall der mikroskopischen BCS-Theorie

---

[89] Wir können leicht die Energiebarriere abschätzen, die überwunden werden muss, um den Flussinhalt um ein Flussquant zu ändern. Sie ist gegeben durch $\int IU dt$. Setzen wir $I = I_c$ und $\int U dt = \Phi_0$, so erhalten wir für einen typischen maximalen Suprastrom I_c in der Größenordnung von 1 A eine Energiebarriere von etwa 10^{-15} J, was etwa 10^8 K entspricht. Flussänderungen durch thermisch aktivierte Prozesse sind also sehr unwahrscheinlich.

[90] V. L. Ginzburg, L. D. Landau, Zh. Eksperim. Teor. Fiz. **20**, 1064 (1950).

darstellt.[91,92] Mit der GL-Theorie gelang es im Jahr 1957 **Alexei Alexeyevich Abrikosov**, das Flussliniengitter in Type-II Supraleitern vorherzusagen, was einen großen Erfolg der GL-Theorie bedeutete.[93] Da die vier russischen Wissenschaftler Ginzburg, Landau, Gor'kov und Abrikosov die wesentlichen Beiträge zur Entwicklung dieser Theorie leisteten, bezeichnen wir sie heute meist als *GLAG-Theorie*.[94] Die Vorhersagen der GLAG-Theorie entsprechen für eine räumlich konstante Dichte der supraleitenden Elektronen denjenigen des makroskopischen Quantenmodells der Supraleitung. Die GLAG-Theorie beinhaltet aber kein skalares Potenzial und keinerlei Zeitabhängigkeiten. Sie kann deshalb z. B. nicht zur Beschreibung des Josephson-Effekts herangezogen werden.

Die GLAG-Theorie stellt eine Weiterentwicklung der Landau-Theorie der Phasenübergänge 2. Ordnung dar,[95,96] die wir bereits für die Beschreibung von Ferroelektrika und Ferromagnetika verwendet haben (vergleiche hierzu Abschnitt 11.8.1). In der Landau-Theorie der Phasenübergänge wird die räumlich homogene, geordnete Phase, die hier der supraleitenden Phase entspricht, mit einem reellen Ordnungsparameter beschrieben, der im normalleitenden Bereich verschwindet und unterhalb T_c kontinuierlich auf einen Sättigungswert ansteigt. Um auch Situationen behandeln zu können, in denen n_s räumlich variiert, haben Ginzburg und Landau einen *komplexen, räumlich variierenden Ordnungsparameter* eingeführt, der durch eine komplexe makroskopische bosonische Wellenfunktion $\Psi(\mathbf{r})$ beschrieben wurde. Dabei wurde das Absolutquadrat $|\Psi(\mathbf{r})|^2 = n_s(\mathbf{r})$ als Dichte der supraleitenden Elektronen aufgefasst. Diese Vorgehensweise wurde sicherlich durch den Erfolg der London-Theorie motiviert, die ja zeigte, dass sich Supraleiter gerade so verhalten, als ob sie mit einer makroskopischen Wellenfunktion beschrieben werden können. Es stellte sich später sogar heraus, dass der in der GLAG-Theorie verwendete Ordnungsparameter $\Psi(\mathbf{r})$ proportional zu der in der BCS-Theorie verwendeten Energielückenfunktion $\Delta(\mathbf{r})$ ist.[97] Mit dem Ordnungsparameter $\Psi(\mathbf{r})$ kann nun, genauso wie wir das in Abschnitt 11.8.1 bei der Diskussion der Ferroelektrizität getan haben, die Dichte der freien Enthalpie $\mathfrak{g}_s = \mathcal{G}_s/V$ nach Potenzen des

---

[91] L. P. Gor'kov, *Microscopic Derivation of the Ginzburg-Landau Equations in Superconductivity*, Zh. Eksperim. Teor. Fiz. **36**, 1918 (1959) [Sov. Phys. JETP **9**, 1364 (1959)].

[92] A. A. Abrikosov, L. P. Gor'kov, I. E. Dzyaloshinskii, in *Quantum Field Theoretical Models in Statistical Physics*, Pergamon Press, London (1965).

[93] A. A. Abrikosov, *On the Magnetic Properties of Superconductors of the Second Group*, Zh. Eksperim. Teor. Fiz. **32**, 1442-1452 (1957) [Sov. Phys. JETP **5**, 1174-1182 (1957)].

[94] **Vitaly Lasarevich Ginzburg** und **Alexei Alexeyevich Abrikosov** erhielten zusammen mit **Anthony James Leggett** den Nobelpreis für Physik 2003 „für ihre bahnbrechenden Arbeiten zur Theorie der Supraleitung und Supraflüssigkeiten".

[95] L. D. Landau, Phys. Z. Sowjet. **11**, 545 (1937).

[96] L. D. Landau, E. M. Lifshitz, *Lehrbuch der theoretischen Physik*, Band V, Akademieverlag, Berlin (1987).

[97] Anfangs wurde tatsächlich geglaubt, dass $\Psi(\mathbf{r})$ einfach einer BCS Energielücke entspricht, die als Funktion des Ortes oder des angelegten Magnetfeldes variiert, was zu Fehlinterpretationen von experimentellen Ergebnissen führte. Heute ist dagegen klar, dass der aus der GLAG-Theorie erhaltene Ordnungsparameter nur als erster grober Schritt beim Verständnis der Spektraldichte von Anregungen aus dem supraleitenden Grundzustand verwendet werden kann. Vereinfacht können wir sagen, dass Felder, Ströme oder Dichtegradienten „paarbrechend" wirken und damit nicht nur die Größe der Energielücke reduzieren, sondern auch die scharfe Kante der BCS-Energielücke ausschmieren. Eine genaue Diskussion dieser Details würde hier aber zu weit führen.

13.3 Phänomenologische Modelle

Ordnungsparameters entwickelt werden. Dabei nahmen Ginzburg und Landau an, dass für räumlich inhomogene Systeme die Dichte der freien Enthalpie $\mathfrak{g}_s$ sowohl vom Gradienten von Ψ als auch von Ψ selbst abhängt. Die Minimierung von $\mathfrak{g}_s$ führt dann zu den *Ginzburg-Landau-Gleichungen*.[98]

Die GLAG-Theorie stellt eine sehr erfolgreiche Beschreibung des Phänomens Supraleitung dar, die das elektrodynamische, quantenmechanische und thermodynamische Verhalten von Supraleitern zusammenfasst. Trotzdem liefert die GLAG-Theorie nur eine phänomenologische Beschreibung und keine Erklärung des Mechanismus der Supraleitung. Diese wird erst durch die in Abschnitt 13.5 diskutierte BCS-Theorie zur Verfügung gestellt.

13.3.3.1 Räumlich homogener Supraleiter im Nullfeld

Wir wollen zunächst den Fall eines räumlich homogenen Supraleiters, $|\Psi(\mathbf{r})|^2 = |\Psi_0(\mathbf{r})|^2 =$ const, ohne äußeres Magnetfeld betrachten. Analog zur Vorgehensweise in Abschnitt 11.8.1 entwickeln wir die freie Enthalpiedichte $\mathfrak{g}_s$ des Supraleiters nach Potenzen des Ordnungsparameters:

$$\mathfrak{g}_s = \mathfrak{g}_n + \alpha|\Psi|^2 + \tfrac{1}{2}\beta|\Psi|^4 + \ldots \quad (13.3.51)$$

Hierbei ist $\mathfrak{g}_n$ die als konstant angenommene Enthalpiedichte im Normalzustand. Ferner können in der Nähe von T_c, wo der Ordnungsparameter klein ist, Entwicklungsglieder höherer Ordnung weggelassen werden. Analog zu unserer Diskussion in Abschnitt 11.8.1 müssen wir für die Koeffizienten fordern, dass β positiv ist, da sonst ein großer Wert von $|\Psi|$ immer zu $\mathfrak{g}_s < \mathfrak{g}_n$ führen würde und deshalb das Minimum von $\mathfrak{g}_s$ immer bei $|\Psi| \to \infty$ liegen würde. Wir müssen ferner fordern, dass α bei der Phasenübergangstemperatur T_c sein Vorzeichen ändert. Für $T > T_c$ muss α positiv sein, da hier $\mathfrak{g}_s > \mathfrak{g}_n$ gelten muss, für $T < T_c$ muss dagegen α negativ sein, da hier $\mathfrak{g}_s < \mathfrak{g}_n$ sein muss (siehe Abb. 13.21). Wir setzen deshalb an:

$$\alpha(T) = \overline{\alpha}\left(\frac{T}{T_c} - 1\right); \quad \overline{\alpha} > 0; \quad \beta(T) = \text{const}. \quad (13.3.52)$$

Aus der Gleichgewichtsbedingung $\partial \mathfrak{g}_s/\partial|\Psi| = 0$ erhalten wir $\beta = -\alpha/|\Psi_0|^2$ und somit

$$n_s(T) = |\Psi_0(T)|^2 = -\frac{\alpha(T)}{\beta} = \frac{\overline{\alpha}}{\beta}\left(1 - \frac{T}{T_c}\right). \quad (13.3.53)$$

Hierbei ist $\Psi_0(T)$ der Ordnungsparameter, der den räumlich homogenen Gleichgewichtszustand bei der Temperatur T beschreibt. Wir können nun noch den abstrakten Entwicklungskoeffizienten eine physikalische Bedeutung zuordnen, indem wir das *thermodynamische kritische Feld* B_{cth} über die Beziehung

$$\mathfrak{g}_s - \mathfrak{g}_n = \alpha|\Psi_0|^2 + \tfrac{1}{2}\beta|\Psi_0|^4 = -\frac{B_{\text{cth}}^2}{2\mu_0} \quad (13.3.54)$$

---

[98] Da sich der Gleichgewichtswert des Ordnungsparameters $\Psi(\mathbf{r})$ erst durch Minimierung der Dichte der freien Enthalpie mittels Variationsrechnung ergibt, wäre es genauer, $\mathfrak{g}_s$ als Energiedichtefunktional zu bezeichnen. Wir werden im Folgenden trotzdem immer vereinfachend von der Dichte der freien Enthalpie oder der Gibbs-Funktion sprechen.

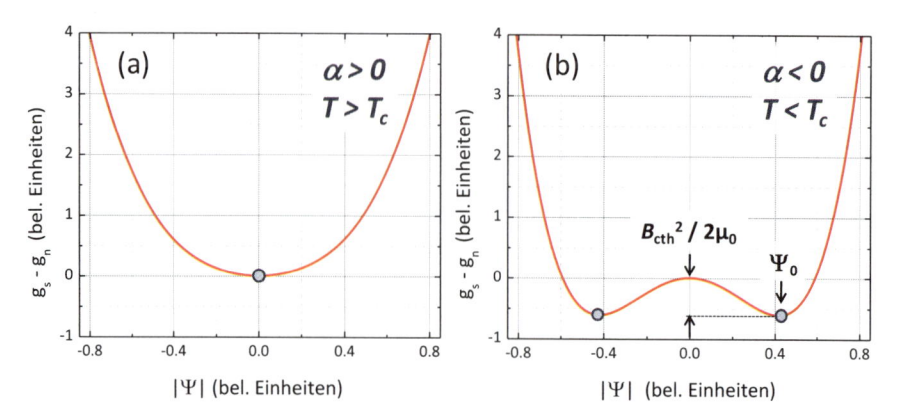

Abb. 13.21: Differenz $g_s - g_n$ der Dichten der freien Enthalpie eines räumlich homogenen Supraleiters im supraleitenden und normalleitenden Zustand als Funktion der Amplitude des Ordnungsparameters $|\Psi|$ für (a) $\alpha > 0$ und (b) $\alpha < 0$. Für $\alpha > 0$ ist im Gleichgewichtszustand $|\Psi| = 0$, für $\alpha < 0$ liegt ein Gleichgewichtszustand mit $|\Psi| = |\Psi_0|$ vor, bei dem $g_s - g_n = -B_{cth}^2/2\mu_0$.

einführen. Diese Beziehung besagt, dass der Supraleiter die Kondensationsenergie $g_s - g_n$, die er beim Übergang in den supraleitenden Zustand gewinnt, zur Verdrängung des kritischen Magnetfeldes B_{cth} aufwenden kann [vergleiche hierzu (13.1.9) und die Diskussion der Thermodynamik von Supraleitern in Abschnitt 13.2]. Setzen wir (13.3.53) in (13.3.54) ein, so erhalten wir

$$B_{cth}^2(T) = \mu_0 \frac{\alpha^2(T)}{\beta} = \mu_0 \frac{\bar{\alpha}^2}{\beta}\left(1 - \frac{T}{T_c}\right)^2 = B_{c,GL}^2(0)\left(1 - \frac{T}{T_c}\right)^2 \qquad (13.3.55)$$

bzw.

$$g_s - g_n = -\frac{B_{cth}^2(T)}{2\mu_0} = -\frac{\bar{\alpha}^2}{2\beta}\left(1 - \frac{T}{T_c}\right)^2. \qquad (13.3.56)$$

Lösen wir nach α und β auf, so erhalten wir die Temperaturabhängigkeiten

$$\alpha(T) = -\frac{B_{cth}^2(T)}{2\mu_0}\frac{2\beta}{\alpha(T)} = \frac{B_{c,GL}^2(0)}{2\mu_0}\frac{2\beta}{\bar{\alpha}}\left(\frac{T}{T_c} - 1\right) \qquad (13.3.57)$$

$$\beta(T) = \frac{B_{cth}^2(T)}{2\mu_0}\frac{2\beta^2}{\alpha^2(T)} = \frac{B_{c,GL}^2(0)}{2\mu_0}\frac{2\beta}{\bar{\alpha}^2} = \text{const}, \qquad (13.3.58)$$

die allerdings nur nahe bei T_c gelten. Wir haben bereits in Abschnitt 13.1.4.2 darauf hingewiesen, dass die experimentell gemessene Temperaturabhängigkeit des thermodynamisch kritischen Feldes gut durch $B_{cth}(T) = B_{cth}(0)\left[1 - (T/T_c)^2\right]$ beschrieben wird [vergleiche hierzu (13.1.10)]. Schreiben wir $1 - (T/T_c)^2$ als $[1 - (T/T_c)] \cdot [1 + (T/T_c)] \simeq 2[1 - (T/T_c)]$ für $T \simeq T_c$, so erhalten wir aber eine gute Übereinstimmung mit der obigen Vorhersage der GLAG-Theorie, die ja nur nahe bei T_c gültig ist. Für $B_{c,GL}(0)$ müssen wir dann aber $B_{c,GL}(0) = 2B_{cth}(0)$ benutzen.

13.3 Phänomenologische Modelle

Aus Gleichung (13.3.57) erkennen wir sofort die physikalische Bedeutung von α. Falls wir $|\alpha|/\beta = |\Psi_0|^2$ mit der Paardichte n_s assoziieren, so ist $\alpha = (\mathfrak{g}_s - \mathfrak{g}_n)/(n_s/2)$. Da $\mathfrak{g}_s - \mathfrak{g}_n$ die Kondensationsenergiedichte ist, die der Supraleiter beim Übergang in den supraleitenden Zustand gewinnt, ist $\alpha/2$ gerade etwa die pro Cooper-Paar gewonnene Kondensationsenergie.

In Abb. 13.21 ist der Verlauf der freien Enthalpiedichte als Funktion des Ordnungsparameters für $\alpha > 0$ und $\alpha < 0$ gezeigt. Es ist evident, dass die Bedingung $\alpha < 0$ wesentlich ist, um ein Minimum der freien Enthalpiedichte bei einem endlichen Wert des Ordnungsparameters zu erhalten. Wir weisen ferner darauf hin, dass in Abb. 13.21 das Minimum der freien Enthalpiedichte nur die Amplitude des Ordnungsparameters festlegt, die Phase aber nach wie vor frei gewählt werden kann. Würden wir $\mathfrak{g}_s - \mathfrak{g}_n$ über die komplexe Ebene auftragen, würden wir ein rotationssymmetrische Gebilde in Form eines mexikanischen Hutes erhalten.

13.3.3.2 Supraleiter mit ortsabhängigem Ordnungsparameter im äußeren Magnetfeld

Eine wesentliche Erweiterung der obigen Diskussion kann nun dadurch erzielt werden, dass wir räumliche Variationen des Ordnungsparameters zulassen. Für einen Supraleiter in einem äußeren Feld $\mathbf{B}_{\text{ext}} = \mu_0 \mathbf{H}_{\text{ext}}$ erhalten wir dann zusätzlich Terme zur freien Enthalpiedichte:

$$\mathfrak{g}_s = \mathfrak{g}_n + \alpha|\Psi|^2 + \frac{1}{2}\beta|\Psi|^4 + \frac{1}{2\mu_0}\overbrace{(\mathbf{B}_{\text{ext}} - \mathbf{b})^2}^{(\mu_0 \mathbf{M})^2}$$

$$+ \frac{1}{2m_s}\left|\left(\frac{\hbar}{\imath}\nabla - q_s \mathbf{A}\right)\Psi\right|^2 + \dots . \tag{13.3.59}$$

Hierbei sind m_s und q_s die Masse und Ladung der supraleitenden Elektronen, d. h. $m_s = 2m$ und $q_s = -2e$ für Cooper-Paare. Der erste Zusatzterm $\frac{1}{2\mu_0}|\mathbf{B}_{\text{ext}} - \mathbf{b}|^2$ berücksichtigt die vom Supraleiter zu leistende Feldverdrängungsarbeit, die proportional zur Differenz zwischen der vom äußerem Feld erzeugten Flussdichte $\mathbf{B}_{\text{ext}} = \mu_0 \mathbf{H}_{\text{ext}}$ und der inneren Flussdichte $\mathbf{b} = \mu_0(\mathbf{H}_{\text{ext}} + \mathbf{M})$ ist.[99] Bei perfekter Feldverdrängung ist $\mathbf{b} = 0$ und die Enthalpiedichte $\mathfrak{g}_s$ des Supraleiters erhöht sich um die Feldverdrängungsarbeit $\mathbf{B}_{\text{ext}}^2/2\mu_0$. Für eine räumlich inhomogene Situation bei der das Feld teilweise eindringt, kann dieser Beitrag von Ort zu Ort verschieden sein und muss, um den Beitrag zur gesamten freien Enthalpie $\mathcal{G}_s = \int \mathfrak{g}_s dV$ des betrachteten Supraleiters zu erhalten, über das Volumen integriert werden.

Der zweite Zusatzterm $\frac{1}{2m_s}|(\frac{\hbar}{\imath}\nabla - q_s \mathbf{A})\Psi|^2$ ist der Term niedrigster Ordnung in $\nabla\Psi$, der sowohl reell und eichinvariant ist. Er trägt möglichen räumlichen Variationen im Supraleiter Rechnung. Diese können sowohl mit einem Gradienten der Amplitude als auch der Phase des Ordnungsparameters verbunden sein. Benutzen wir $\Psi = |\Psi|e^{\imath\theta}$, so können wir den Term in die anschaulichere Form

$$\frac{1}{2m_s}\left[\hbar^2 (\nabla|\Psi|)^2 + (\hbar\nabla\theta - q_s\mathbf{A})^2 |\Psi|^2\right] \tag{13.3.60}$$

---

[99] Wir verwenden hier wiederum $\mathbf{b}$ für die Flussdichte auf mikroskopischer Skala und $\mathbf{B}$ für ihren makroskopischen Mittelwert.

umschreiben. Die beiden Terme ergeben Zusatzenergien, die mit einem Gradienten der Amplitude des Ordnungsparameters und mit dem eichinvarianten Phasengradienten verbunden sind. Der Ausdruck in den runden Klammern des zweiten Terms entspricht gerade $m_s \mathbf{v}_s$, so dass dieser Term $\frac{1}{2} m_s v_s^2 \cdot n_s$, also der kinetischen Energiedichte des aus einem eichinvarianten Phasengradienten resultierenden Suprastroms entspricht. Insgesamt verhindert der Zusatzterm $\frac{1}{2m_s}|(\frac{\hbar}{i}\nabla - q_s\mathbf{A})\Psi|^2$, dass starke räumliche Variationen des Ordnungsparameters auf beliebig kleinen Längenskalen erfolgen können, da diese zu viel Energie kosten würden. Der Term führt also zu einer gewissen Steifheit des Ordnungsparameters Ψ.

Um den Ordnungsparameter $\Psi_0(\mathbf{r})$ im Gleichgewichtszustand zu erhalten, müssen wir die freie Enthalpiedichte über das gesamte Volumen des Supraleiters aufintegrieren und durch Variation von Ψ und $\mathbf{A}$ minimieren. Hierzu betrachten wir zuerst das Integral über den letzten Term in (13.3.59):

$$\int_V \frac{1}{2m_s} \Psi^* \left(\frac{\hbar}{i}\nabla - q_s\mathbf{A}\right)^2 \Psi \, dV + \frac{i\hbar}{2m_s} \int_S \left[\Psi^* \left(\frac{\hbar}{i}\nabla - q_s\mathbf{A}\right)\Psi\right] \cdot d\mathbf{S} \, . \quad (13.3.61)$$

Hierbei ist das zweite Integral das Oberflächenintegral, das einen eventuellen Energiefluss durch die Oberfläche berücksichtigt. Beim Durchführen der Variationsrechnung müssen geeignete Randbedingungen angenommen werden. Diese müssen zum Beispiel beinhalten, dass kein Strom aus dem Supraleiter heraus oder in ihn hineinfließen darf, d. h. dass die Stromdichte senkrecht zur Probenoberfläche verschwinden muss. Dies wird z. B. durch die Randbedingung

$$\left(\frac{\hbar}{i}\nabla - q_s\mathbf{A}\right)\Psi\Big|_n = 0 \quad (13.3.62)$$

gewährleistet. Mit dieser Randbedingung verschwindet auch der Energiefluss durch die Oberfläche, so dass das Oberflächenintegral in (13.3.61) null wird. Die Randbedingung besagt auch, dass mit der Oberfläche des Supraleiters keine Energie verbunden ist. Dies hat z. B. zur Folge, dass ohne Magnetfeld die Dichte $n_s(\mathbf{r})$ ihren vollen Wert bis zur Oberfläche des Supraleiters behält. Deshalb sollte ein sehr dünner Film die gleiche Sprungtemperatur haben wie Massivmaterial, was sehr gut mit den experimentellen Befunden übereinstimmt. Bei Supraleiter/Normalleiter-Grenzflächen muss diese Randbedingung modifiziert werden, indem die rechte Seite durch $\frac{i\hbar}{b}\Psi$ ersetzt wird, da jetzt ja Strom über die Grenzfläche fließen kann. Die charakteristische Längenskala b wird als Extrapolationslänge bezeichnet.[100]

Wir können nun formal

$$\delta \mathcal{G}_s = \left(\frac{\partial \mathcal{G}_s}{\partial \Psi}\right)_{\Psi^*} \delta\Psi + \left(\frac{\partial \mathcal{G}_s}{\partial \Psi^*}\right)_{\Psi} \delta\Psi^* \quad (13.3.63)$$

schreiben, wobei wir Ψ und Ψ^* so behandeln, als ob sie unabhängige Variablen sind. Beschränken wir uns nun auf den interessierenden Fall, dass Ψ^* und $\delta\Psi^*$ die komplex konjugierten Größen von Ψ und $\delta\Psi$ sind, so finden wir, dass auch $(\partial \mathcal{G}_s/\partial \Psi)_{\Psi^*}$ und $(\partial \mathcal{G}_s/\partial \Psi^*)_{\Psi}$ ein komplex konjugiertes Paar sind, da ja $\delta\mathcal{G}_s$ reell sein muss. Minimieren wir nun $\mathcal{G}_s$ in

---

[100] P. G. de Gennes, *Superconductivity of Metals and Alloys*, Benjamin, New York (1966).

13.3 Phänomenologische Modelle

Bezug auf Variationen $\delta\Psi$, $\delta\Psi^*$ beliebiger Phase, so erhalten wir, dass der Real- und Imaginärteil von $\partial\mathcal{G}_s/\partial\Psi^*$ (oder von $\partial\mathcal{G}_s/\partial\Psi$) verschwinden müssen. Mit dieser Bedingung und (13.3.61) erhalten wir unter Benutzung der Randbedingung (13.3.62) die Beziehung

$$\delta\mathcal{G}_s = \int_V dV \left\{ \left[\left(\alpha\Psi + \beta\Psi^*\Psi^2 + \frac{1}{2m_s}\left(\frac{\hbar}{i}\nabla - q_s\mathbf{A}\right)^2\right)\Psi\right]\delta\Psi^* + c.c. \right\} = 0 \,. \tag{13.3.64}$$

Da dies für alle $\delta\Psi^*$, $\delta\Psi$ erfüllt sein muss, muss der Ausdruck in rechteckigen Klammern verschwinden. Aus dieser Forderung ergibt sich die *1. Ginzburg-Landau Gleichung*:

$$0 = \frac{1}{2m_s}\left(\frac{\hbar}{i}\nabla - q_s\mathbf{A}\right)^2\Psi + \alpha\Psi + \beta|\Psi|^2\Psi \,. \tag{13.3.65}$$

Wir müssen die freie Enthalpie $\mathcal{G}_s$ auch in Bezug auf Änderungen des Vektorpotenzials minimieren. Hierzu betrachten wir

$$\delta\mathfrak{g}_s = \mathfrak{g}_s(\mathbf{r}, t, \mathbf{A} + \delta\mathbf{A}) - \mathfrak{g}_s(\mathbf{r}, t, \mathbf{A})$$

$$= \frac{1}{2\mu_0}\left([\nabla \times (\mathbf{A} + \delta\mathbf{A})]^2 - [\nabla \times \mathbf{A}]^2\right)$$

$$+ \frac{1}{2m_s}\left(\left[\frac{\hbar}{i}\nabla - q_s(\mathbf{A} + \delta\mathbf{A})\right]\Psi\right)\left(\left[-\frac{\hbar}{i}\nabla - q_s(\mathbf{A} + \delta\mathbf{A})\right]\Psi^*\right)$$

$$- \frac{1}{2m_s}\left(\left[\frac{\hbar}{i}\nabla - q_s\mathbf{A}\right]\Psi\right)\left(\left[-\frac{\hbar}{i}\nabla - q_s\mathbf{A}\right]\Psi^*\right)$$

$$= -\frac{q_s}{m_s}\left(\frac{\hbar}{i}\Psi^*\nabla\Psi - \frac{\hbar}{i}\Psi\nabla\Psi^* + 2q_s|\Psi|^2\mathbf{A}\right)\delta\mathbf{A}$$

$$+ \frac{1}{\mu_0}(\nabla \times \delta\mathbf{A})(\nabla \times \mathbf{A}) \,. \tag{13.3.66}$$

Wir müssen nun $\delta\mathfrak{g}_s$ über das Volumen des Supraleiters integrieren. Das Integral des letzten Terms in (13.3.66) ergibt hierbei

$$\frac{1}{\mu_0}\int_V dV(\nabla \times \delta\mathbf{A})(\nabla \times \mathbf{A}) = \frac{1}{\mu_0}\int_V dV \nabla^2\mathbf{A} \cdot \delta\mathbf{A} \,. \tag{13.3.67}$$

Wir erhalten damit

$$\delta\mathcal{G}_s = \int_V dV \left\{ \frac{q_s\hbar}{im_s}(\Psi\nabla\Psi^* - \Psi^*\nabla\Psi) + \frac{q_s^2}{m_s}|\Psi|^2\mathbf{A} + \frac{1}{\mu_0}\nabla^2\mathbf{A} \right\} \delta\mathbf{A} = 0 \,. \tag{13.3.68}$$

Da dies für alle $\delta\mathbf{A}$ erfüllt sein muss, muss der Ausdruck in den geschweiften Klammern verschwinden. Mit Hilfe der London-Eichung $\nabla \cdot \mathbf{A} = 0$ erhalten wir aus der Maxwell-Gleichung $\nabla \times \mathbf{b} = \mu_0 \mathbf{J}_s$ folgenden Ausdruck für die Suprastromdichte:

$$\mathbf{J}_s = \frac{1}{\mu_0}\nabla \times \mathbf{b} = \frac{1}{\mu_0}\nabla \times \nabla \times \mathbf{A} = \frac{1}{\mu_0}\left[\nabla(\nabla \cdot \mathbf{A}) - \nabla^2\mathbf{A}\right] = -\frac{1}{\mu_0}\nabla^2\mathbf{A} \,. \tag{13.3.69}$$

Mit diesen Ausdruck können wir $\frac{1}{\mu_0}\nabla^2\mathbf{A}$ in (13.3.68) durch $\mathbf{J}_s$ ersetzen und erhalten so die
2. Ginzburg-Landau Gleichung:

$$\mathbf{J}_s = \frac{q_s\hbar}{2m_s\imath}\left(\Psi^*\nabla\Psi - \Psi\nabla\Psi^*\right) - \frac{q_s^2}{m_s}|\Psi|^2\mathbf{A}\,. \tag{13.3.70}$$

Es lässt sich leicht zeigen, dass die GL-Gleichungen invariant unter der Eichtransformation (vergleiche hierzu Abschnitt 13.3.2.2)

$$\mathbf{A}' \to \mathbf{A} + \nabla\chi, \qquad \phi' \to \phi - \frac{\partial\chi}{\partial t}, \qquad \theta' \to \theta + \frac{q_s}{\hbar}\chi \tag{13.3.71}$$

sind. Offensichtlich liegt eine kontinuierliche Eichsymmetrie $\psi'(\mathbf{r},t) \to \psi(\mathbf{r},t)e^{\imath(q_s/\hbar)\chi}$ vor, die durch eine spezielle Wahl der beliebigen Phase spontan gebrochen wird. Eine kontinuierliche Eichsymmetrie impliziert üblicherweise das Vorliegen einer *Goldstone-Mode*, deren Frequenz für große Wellenlängen gegen null geht. In dem hier betrachteten Fall ist dies sofort einsichtig, da ja für große Wellenlängen Phasengradienten verschwindend klein werden. Dadurch gehen die Rückstellkräfte für Oszillationen der suprafluiden Dichte und somit deren Frequenz gegen null. Für eine geladene Supraflüssigkeit müssen wir allerdings berücksichtigen, dass Fluktuationen der Ladungsdichte der langreichweitigen Coulomb-Wechselwirkung unterliegen. Deshalb wird die Goldstone-Mode zur Plasma-Frequenz des Elektronengases, also zu sehr hohen Frequenzen verschoben.

13.3.3.3 Charakteristische Längenskalen

Die GLAG-Theorie enthält zwei charakteristische Längenskalen. Bei der Behandlung von räumlich homogenen Supraleitern haben wir bereits gesehen, dass sich die magnetische Flussdichte nur innerhalb der *Londonschen Eindringtiefe* λ_L ändern kann. Wir werden jetzt zeigen, dass diese Tatsache auch in den GL-Gleichungen enthalten ist. Wir werden ferner sehen, dass mit den GL-Gleichungen eine weitere charakteristische Längenskala verknüpft ist, die *Ginzburg-Landau Kohärenzlänge* ξ_{GL}. Diese gibt an, auf welcher Längenskala räumliche Variationen von Ψ erfolgen können.

Wir diskutieren zunächst die 2. GL-Gleichung (13.3.70). Diese entspricht offensichtlich dem Ausdruck (13.3.20), den wir bereits oben mit dem makroskopischen Quantenmodell der Supraleitung für die Suprastromdichte abgeleitet haben. Machen wir für den GL-Ordnungparameter denselben Ansatz $\Psi(\mathbf{r}) = \Psi_0(\mathbf{r})\exp[\imath\theta(\mathbf{r})]$, so erhalten wir in vollkommener Analogie zu (13.3.20) für $|\Psi_0(\mathbf{r})|^2 = $ const für die Suprastromdichte den Ausdruck

$$\mathbf{J}_s = q_s\frac{\alpha}{\beta}\left\{\frac{\hbar}{m_s}\nabla\theta(\mathbf{r}) - \frac{q_s}{m_s}\mathbf{A}(\mathbf{r})\right\}\,, \tag{13.3.72}$$

aus dem wir wiederum, wie wir in Abschnitt 13.3.2 gezeigt haben, die 1. und 2. Londonsche Gleichung ableiten können. Das heißt, für eine räumlich konstante Dichte der supraleitenden Elektronen können wir aus der GLAG-Theorie die Londonsche Theorie ableiten. Die charakteristische Längenskala für Änderungen der magnetischen Flussdichte ist die *Ginz-*

burg-Landau-Eindringtiefe λ_{GL}

$$\lambda_{GL}(T) = \frac{\lambda_{GL}(0)}{\sqrt{1 - \frac{T}{T_c}}} \qquad \lambda_{GL}(0) = \sqrt{\frac{m_s \beta}{\mu_0 \overline{\alpha} q_s^2}} \,. \tag{13.3.73}$$

Der Ausdruck für $\lambda_{GL}(0)$ entspricht dem aus der London-Theorie abgeleiteten Ergebnis (13.3.6), wenn wir formal $|\Psi_0(0)|^2 = \beta/\overline{\alpha} = n_s(0)$ setzen würden. Allerdings erhalten wir dann Übereinstimmung für $T = 0$, was nicht sinnvoll ist, da die GLAG-Theorie ja nur nahe bei T_c gültig ist. Für Temperaturen weit weg von T_c müssten wir Terme höherer Ordnung in der Reihenentwicklung (13.3.59) berücksichtigen, da der Ordnungsparameter dann nicht mehr als klein angenommen werden kann. Die experimentell gemessene Temperaturabhängigkeit der Londonschen Eindringtiefe kann gut mit der empirischen Abhängigkeit (Gorter-Casimir-Modell[101]).

$$\lambda_L(T) = \frac{\lambda_L(0)}{\sqrt{1 - \left(\frac{T}{T_c}\right)^4}} \tag{13.3.74}$$

beschrieben werden. Schreiben wir $1 - (T/T_c)^4$ als $[1 - (T/T_c)^2] \cdot [1 + (T/T_c)^2] \simeq 2[1 - (T/T_c)^2]$ für $T \simeq T_c$ und wenden diese Näherung nochmals für $[1 - (T/T_c)^2]$ an, so erhalten wir in der Nähe von T_c die von der GLAG-Theorie vorhergesagte Temperaturabhängigkeit, müssen dann aber $\lambda_{GL}(0) = \lambda_L(0)/2$ verwenden.

Wir betrachten jetzt die 1. GL-Gleichung und normieren diese zunächst auf Ψ_0. Mit $\psi = \Psi/|\Psi_0|$ und $|\Psi_0|^2 = -\alpha/\beta$ erhalten wir

$$\frac{1}{2m_s} \left(\frac{\hbar}{i}\nabla - q_s \mathbf{A}\right)^2 \psi + \alpha\psi - \alpha|\psi|^2\psi = 0 \,. \tag{13.3.75}$$

Dividieren wir diese Gleichung durch α, so ergibt sich

$$\frac{\hbar^2}{2m_s\alpha} \left(\frac{1}{i}\nabla - \frac{q_s}{\hbar}\mathbf{A}\right)^2 \psi + \psi - |\psi|^2\psi = 0 \,. \tag{13.3.76}$$

Die Größe

$$\xi_{GL}(T) = \frac{\xi_{GL}(0)}{\sqrt{1 - \frac{T}{T_c}}} \qquad \xi_{GL}(0) = \sqrt{\frac{\hbar^2}{2m_s\overline{\alpha}}} \,. \tag{13.3.77}$$

hat dabei die Dimension einer Länge, da $\frac{\hbar^2}{2m_s\alpha}\nabla^2\psi$ dimensionslos sein muss, und stellt offensichtlich die zweite charakteristische Längenskala in der GLAG-Theorie dar. Wir bezeichnen sie als *Ginzburg-Landau Kohärenzlänge* ξ_{GL}. Die 1. GL-Gleichung lässt sich mit dieser Längenskala wie folgt ausdrücken:

$$-\xi_{GL}^2 \left(\frac{\nabla}{i} - \frac{q_s}{\hbar}\mathbf{A}\right)^2 \psi + \psi - |\psi|^2\psi = 0 \tag{13.3.78}$$

---

[101] C. J. Gorter, H. B. G. Casimir, *On Superconductivity I*, Physica **1**, 306 (1934); Physik. Z. **35**, 963 (1934); Z. Physik **15**, 539 (1934).

Tabelle 13.1: Kohärenzlänge, Londonsche Eindringtiefe und Ginzburg-Landau Parameter von einigen Supraleitern bei $T = 0$.

Supraleiter	$\xi_{GL}(0)$ (nm)	$\lambda_L(0)$ (nm)	κ
Al	1600	50	0.03
Cd	760	110	0.14
In	1100	65	0.06
Nb	106	85	0.8
NbTi	4	300	75
Nb$_3$Sn	2.6	65	25
NbN	5	200	40
Pb	100	40	0.4
Sn	500	50	0.1

Die Bedeutung von ξ_{GL} wird sofort deutlich, wenn wir eine feldfreie Situation betrachten, bei der ψ klein ist (z. B. nahe bei T_c), so dass wir den $|\psi|^2\psi$ Term vernachlässigen können. Gleichung (13.3.78) vereinfacht sich dann zu $\nabla^2\psi = \psi/\xi_{GL}^2$. Diese Differentialgleichung besagt, dass jede lokal induzierte Störung von ψ exponentiell mit der charakteristischen Längenskala ξ_{GL} abklingt, wenn wir uns vom Ort der Störung wegbewegen. Wir können auch kleine Abweichungen $\delta\psi$ von einem ortsunabhängigen Gleichgewichtswert ψ_0 betrachten. Wir sehen dann, dass diese Abweichungen exponentiell auf der Längenskala ξ_{GL} abklingen.

Mit der Temperaturabhängigkeit (13.3.57) von α erhalten wir folgende Ausdrücke für die Temperaturabhängigkeiten der beiden charakteristischen Längenskalen der GLAG-Theorie:

$$\lambda_L(T) = \frac{\lambda_{GL}(0)}{\sqrt{1 - \frac{T}{T_c}}} \tag{13.3.79}$$

$$\xi_{GL}(T) = \frac{\xi_{GL}(0)}{\sqrt{1 - \frac{T}{T_c}}} \, . \tag{13.3.80}$$

Beide Längenskalen divergieren für $T \to T_c$. Die Werte für einige Supraleiter bei $T = 0$ sind in Tabelle 13.1 aufgelistet.

Das Verhältnis der beiden charakteristischen Längenskalen $\lambda_L(T)$ und ξ_{GL} bezeichnet man als *Ginzburg-Landau Parameter* κ. Mit (13.3.74) und (13.3.77) erhalten wir

$$\kappa \equiv \frac{\lambda_{GL}}{\xi_{GL}} = \sqrt{\frac{m_s^2 \beta}{\mu_0 \hbar^2 q_s^2}} = \sqrt{\frac{\beta}{2\mu_0}} \frac{1}{\mu_B} \, . \tag{13.3.81}$$

Hierbei ist $\mu_B = e\hbar/2m$ das Bohrsche Magneton. Der GL-Parameter ist nahe bei T_c in erster Näherung unabhängig von der Temperatur, da β üblicherweise nur eine geringe Temperaturabhängigkeit aufweist. Wir können in (13.3.81) β mit Hilfe von (13.3.56) durch B_{cth} ausdrücken. Einsetzen und Auflösen nach B_{cth} ergibt

$$B_{cth}(T) = \frac{\Phi_0}{2\pi\sqrt{2}\xi_{GL}(T)\lambda_L(T)} \, , \tag{13.3.82}$$

wobei wir $\Phi_0 = h/q_s$ verwendet haben.

Die beiden Längenskalen λ_L und ξ_GL sowie der GinzburgLandauParameter κ sind im Rahmen der GLAG-Theorie Materialparameter, die nur von der Cooper-Paardichte n_s und dem thermodynamischen kritischen Feld B_cth abhängen. Nach der Entwicklung der BCS-Theorie zeigte sich, dass die charakteristischen Längenskalen auch von der mittleren freien Weglänge ℓ der Leitungselektronen abhängen. Für konventionelle Supraleiter erhält man nahe bei T_c den durch die Ausdrücke (13.3.79) und (13.3.80) gegebenen Temperaturverlauf, allerdings mit[102,103]

$$\lambda_\text{GL}(0) \simeq \lambda_\text{GL}^\infty(0)\left(1 + \frac{\xi_\text{GL}^\infty(0)}{\ell}\right)^{1/2} \tag{13.3.83}$$

und

$$\xi_\text{GL}(0) \simeq \xi_\text{GL}^\infty(0)\left(1 + \frac{\xi_\text{GL}^\infty(0)}{\ell}\right)^{-1/2}. \tag{13.3.84}$$

Hierbei sind λ_L^∞ und ξ_GL^∞ die charakteristischen Längen für den Fall $\ell \to \infty$, in denen Effekte einer endlichen mittleren freien Weglänge noch nicht enthalten sind. Wir sehen, dass die charakteristischen Längenskalen von der mittleren freien Weglänge abhängen und dadurch über die Reinheit der Probe gesteuert werden können. Die angegebenen Abhängigkeiten sind Interpolationsformeln und gelten sowohl im so genannten schmutzigen Grenzfall $\ell \ll \xi_\text{GL}^\infty(0)$ als auch im sauberen Grenzfall $\ell \gg \xi_\text{GL}^\infty(0)$.

Wir wollen zum Abschluss noch diskutieren, welcher Zusammenhang zwischen der GL-Kohärenzlänge ξ_GL und der später in Abschnitt 13.5 diskutierten BCS-Kohärenzlänge ξ_0 besteht. Wir werden sehen, dass wir durch die BCS-Paarwechselwirkung eine mittlere Energieabsenkung pro Elektronenpaar von $\frac{1}{4}D(E_\text{F})\Delta^2(0)/(N/2) = 3\Delta^2(0)/4E_\text{F}$ erhalten [vergleiche hierzu (13.5.82)]. Hierbei haben wir das freie Elektronengasergebnis $E_\text{F} = 2D(E_\text{F})/3N$ verwendet. Das heißt, wir erhalten eine mittlere Kondensationsenergie pro Elektronenpaar von $3\Delta^2(0)/4E_\text{F}$. Falls wir $\overline{\alpha}/\beta = |\Psi_0|^2$ mit der Paardichte n_s assoziieren, entspricht in der GLAG-Theorie gerade der Parameter $-\alpha/2$ der mittleren Kondensationsenergie pro Elektronenpaar. Entsprechend (13.3.77) erhalten wir dann dann

$$\xi_0 = \sqrt{\frac{2\hbar^2 E_\text{F}}{6m_s\Delta^2(0)}} = \sqrt{\frac{\hbar^2 v_\text{F}^2}{6\Delta^2(0)}} = \frac{\hbar v_\text{F}}{\sqrt{6}\Delta(0)}. \tag{13.3.85}$$

Diese einfache Abschätzung stimmt mit dem exakten BCS-Ergebnis $\xi_0 = \hbar v_\text{F}/\pi\Delta(0)$ bis auf einen Faktor der Größenordnung eins überein.

13.3.3.4 Supraleiter-Normalleiter-Grenzfläche

Um die Bedeutung der GL-Kohärenzlänge zu diskutieren, betrachten wir einen Supraleiter, der sich im gesamten Halbraum $x > 0$ erstreckt. Wir nehmen ferner an, dass $\psi(x = 0) = 0$ und kein Magnetfeld angelegt ist, d. h. $\mathbf{A} = 0$. Gleichung (13.3.78) vereinfacht sich dann zu

$$\xi_\text{GL}^2 \frac{d^2\psi}{dx^2} + \psi - \psi^3 = 0. \tag{13.3.86}$$

---

[102] P. G. de Gennes, *Superconductivity in Metals and Alloys*, Benjamin, New York (1966).
[103] B. Mühlschlegel, *Die thermodynamischen Funktionen des Supraleiters*, Z. Phys. **155**, 313 (1959).

Abb. 13.22: Verlauf des Absolutquadrats des normierten Ordnungsparameters $\psi(x) = \Psi(x)/\Psi_0$ an einer Normalleiter-Supraleiter-Grenzfläche. Der Supraleiter erstreckt sich im Halbraum $x \geq 0$. Es wurde $\xi_{GL} = 2\lambda_L$ angenommen. Zum Vergleich ist das Abklingen eines in z-Richtung angelegten äußeren Magnetfeldes B_{ext} gezeigt.

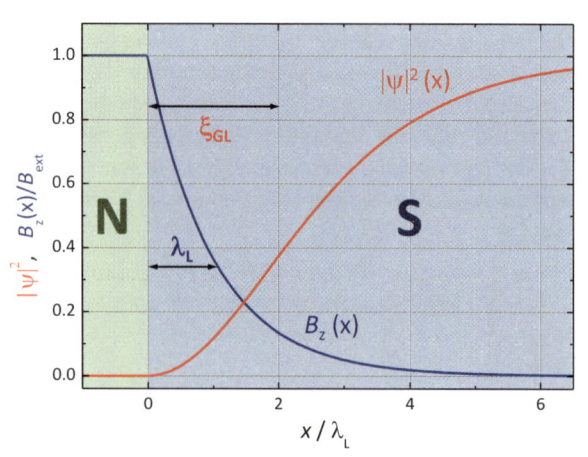

Mit den Randbedingungen $\psi(x=0) = 0$, $\psi(x \to \infty) = 1$ und $\lim_{x \to \infty} d\psi/dx = 0$ erhalten wir die Lösung

$$\psi(x) = \tanh\left(\frac{x}{\sqrt{2}\xi_{GL}}\right)$$

$$\frac{n_s(x)}{n_s(\infty)} \propto |\psi(x)|^2 = \tanh^2\left(\frac{x}{\sqrt{2}\xi_{GL}}\right),$$

(13.3.87)

die in Abb. 13.22 grafisch dargestellt ist. Wir sehen, dass $|\psi(x)|^2$ zunächst kontinuierlich ansteigt und dann gegen den Sättigungswert $|\psi|^2 = 1$ läuft. Die Breite der Anstiegszone wird durch die GL-Kohärenzlänge ξ_{GL} bestimmt. Zum Vergleich ist das Abklingen eines in z-Richtung angelegten äußeren Magnetfeldes B_{ext} im Inneren des Supraleiters gezeigt. Insgesamt ist das Verhalten des Supraleiters durch die beiden charakteristischen Längenskalen ξ_{GL} und λ_L gegeben.

Wir weisen darauf hin, dass die oben gemachte Annahme $\psi(x = 0) = 0$ nur eine grobe Vereinfachung ist. Wie wir im Zusammenhang mit (13.3.62) diskutiert haben, verschwindet der Ordnungsparameter des Supraleiters an einer Normalleiter/Supraleiter-Grenzfläche nicht, sondern extrapoliert im Normalleiter linear auf der charakteristischen Längenskala b gegen null. Der Ordnungsparameter an der Grenzfläche ist also endlich. Ursache dafür ist der so genannte **Proximity-Effekt**,[104] auf den wir hier nicht eingehen werden. Die physikalische Ursache für den Proximity-Effekt ist, dass durch den Kontakt mit dem Supraleiter im Normalleiter ein endlicher Ordnungsparameter induziert wird, da die supraleitenden Elektronen in den Normalleiter diffundieren können. Unsere Annahme $\psi(x = 0) = 0$ bzw. $b = 0$ ist gleichbedeutend damit, dass wir den Proximity-Effekt vernachlässigen.

---

[104] P. G. de Gennes, *Superconductivity of Metals and Alloys*, Benjamin, New York (1966).

13.4 Typ-I und Typ-II Supraleiter

Bezüglich ihres Verhaltens in äußeren Magnetfeldern müssen wir zwischen zwei Arten von Supraleitern unterscheiden, die wir als *Typ-I* und *Typ-II Supraleiter* bezeichnen. Wir werden in diesem Abschnitt die GLAG-Theorie benutzen, um die charakteristischen Eigenschaften von Typ-I und Typ-II Supraleitern zu beschreiben.

In unserer einführenden Diskussion in Abschnitt 13.1.4.2 sind wir davon ausgegangen, dass sich Supraleiter bis zur kritischen Feldstärke B_{cth} wie ideale Diamagnete verhalten und das Magnetfeld vollkommen aus ihrem Inneren verdrängen. Für $B_{ext} > B_{cth}$ dringt dann das äußere Feld vollständig ein (vergleiche hierzu Abb. 13.7). Dieses Verhalten finden wir allerdings nur für so genannte *Typ-I Supraleiter*. Es gibt aber auch *Typ-II Supraleiter*, die sich davon deutlich unterscheiden. Ihre Reaktion auf das externe Magnetfeld ist in Abb. 13.23 schematisch dargestellt. Bis zu einem *unteren kritischen Feld* B_{c1} verhalten sich Typ-I und Typ-II Supraleiter völlig analog. Sie verdrängen das Magnetfeld vollständig und es gilt $\mathbf{M} = -\mathbf{H}_{ext}$ bzw. $\chi = -1$. Diesen Bereich vollständiger Feldverdrängung bezeichnen wir als *Meißner-Phase*. Für $B > B_{c1}$ dringt dann aber das Magnetfeld in den Typ-II-Supraleiter ein, so dass das äußere Feld nur noch teilweise abgeschirmt werden muss. Dieser Zustand wird *Mischzustand* oder *Shubnikov-Phase* genannt. Erst ab einem *oberen kritischen Feld* B_{c2}, das wesentlich größer als das thermodynamische kritische Feld B_{cth} sein kann, wird die Probe dann völlig normalleitend. Wir werden weiter unten sehen, dass sich im Mischzustand eine regelmäßige Anordnung aus normalleitenden Bereichen bildet, deren Flussinhalt gerade ein Flussquant Φ_0 ist. Wir bezeichnen diese Anordnung als *Flussliniengitter*.

13.4.1 Mischzustand und kritische Felder

Wir betrachten zuerst die in Abb. 13.23 gezeigte Abhängigkeit des Innenfeldes $\mathbf{B}_i$ und der Magnetisierung $\mathbf{M}$ von Typ-I und Typ-II Supraleitern. Entmagnetisierungseffekte wollen wir nicht berücksichtigen, wir betrachten deshalb z. B. einen unendlich langen Zylinder mit dem äußeren Magnetfeld parallel zur Zylinderachse. Wir rufen uns zunächst in Erinnerung, dass das thermodynamische kritische Feld von Supraleitern über den Unterschied der Dichten der freien Enthalpie im supraleitenden und normalleitenden Zustand definiert ist [vergleiche (13.1.9)]:

$$\frac{B_{cth}^2(T)}{2\mu_0} = \mathfrak{g}_n(T) - \mathfrak{g}_s(T). \tag{13.4.1}$$

Für Typ-I Supraleiter ist das obere kritische Feld B_{c2}, bei dem die Supraleitung zusammenbricht gerade B_{cth}. Da andererseits die beim Übergang in den supraleitenden Zustand gewonnene Kondensationsenergie $\mathfrak{g}_n - \mathfrak{g}_s$ gleich der maximalen Magnetfeldverdrängungsarbeit $\int_0^{B_{c2}} M dB_{ext}$ ist, erhalten wir

$$\frac{B_{cth}^2(T)}{2\mu_0} = \mathfrak{g}_n(T) - \mathfrak{g}_s(T) = \underbrace{\int_0^{B_{cth}} \mathbf{M} \cdot d\mathbf{B}_{ext}}_{\text{Typ-I}} = \underbrace{\int_0^{B_{c2}} \mathbf{M} \cdot d\mathbf{B}_{ext}}_{\text{Typ-II}}. \tag{13.4.2}$$

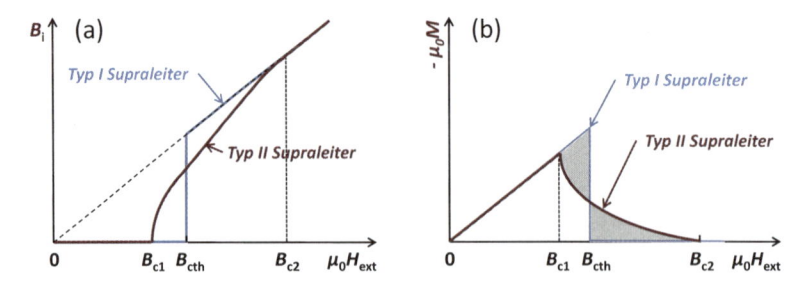

Abb. 13.23: Schematische Darstellung (a) der magnetischen Flussdichte im Inneren eines Typ-II Supraleiters und (b) der Magnetisierung als Funktion des von außen angelegten Magnetfeldes. Zum Vergleich ist das Verhalten eines Typ-I Supraleiters gezeigt. Die Meißner-Phase tritt nur für $\mu_0 H_{ext} < B_{c1}$ auf, für $B_{c1} \le \mu_0 H_{ext} \le B_{c2}$ liegt der Mischzustand vor. Die beiden grau hinterlegten Flächen sind gleich groß.

Wir sehen also, dass das thermodynamische kritische Feld sowohl für Typ-I als auch Typ-II Supraleiter durch die Fläche unter der in Abb. 13.23b gezeigten Magnetisierungskurve bestimmt wird, deren Größe wiederum durch die Kondensationsenergie bestimmt ist. Aus (13.4.2) folgt dann sofort, dass für Typ-I und Typ-II Supraleiter mit der gleichen Kondensationsenergie die Fläche unter der Magnetisierungskurve gleich sein muss, das heißt, dass die in Abb. 13.23b grau hinterlegten Flächen gleich sein müssen.

13.4.2 Supraleiter-Normalleiter Grenzflächenenergie

Wir müssen nun die Frage beantworten, wieso manche Supraleiter das in Abb. 13.7 gezeigte Verhalten von Typ-I Supraleitern und andere das in Abb. 13.23 gezeigte Verhalten von Typ-II Supraleitern zeigen. Die Erklärung dazu liefert die Betrachtung der Grenzfläche zwischen einem Normalleiter (N) und einem Supraleiter (S) im Rahmen der GLAG-Theorie. Diese Betrachtung werden wir zunächst qualitativ durchführen. Abb. 13.22 zeigt, dass an einer NS-Grenzfläche das Magnetfeld nicht vollständig abgeschirmt wird, sondern bis auf eine Tiefe λ_L in den Supraleiter eindringt. Die vom Supraleiter zu leistende Magnetfeldverdrängungsarbeit pro Flächeneinheit ist deshalb um den Betrag

$$\Delta E_B \simeq -\frac{B_{ext}^2}{2\mu_0} \frac{V}{F} = -\frac{B_{ext}^2}{2\mu_0} \lambda_L = -\frac{B_{cth}^2(T)}{2\mu_0} \left(\frac{B_{ext}}{B_{cth}(T)} \right)^2 \lambda_L \qquad (13.4.3)$$

reduziert, was zu einer Absenkung der Gesamtenergie führt. Hierbei haben wir $V \approx F \cdot \lambda_L$ verwendet. Andererseits zeigt Abb. 13.22, dass die Dichte der supraleitenden Elektronen in einer Grenzflächenschicht der Dicke ξ_{GL} reduziert ist. Der damit verbundene Verlust an Kondensationsenergie pro Flächeneinheit, der zu einer Erhöhung der Gesamtenergie führt, ist gegeben durch

$$\Delta E_C \simeq [\mathfrak{g}_n(T) - \mathfrak{g}_s(T)] \frac{V}{F} = \frac{B_{cth}^2(T)}{2\mu_0} \xi_{GL}, \qquad (13.4.4)$$

wobei wir $V \approx F \cdot \xi_{GL}$ verwendet haben. Bei dieser einfachen Abschätzung haben wir der Einfachheit halber angenommen, dass B_{ext} bis zu λ_L voll eindringt und dann sprungartig

13.4 Typ-I und Typ-II Supraleiter

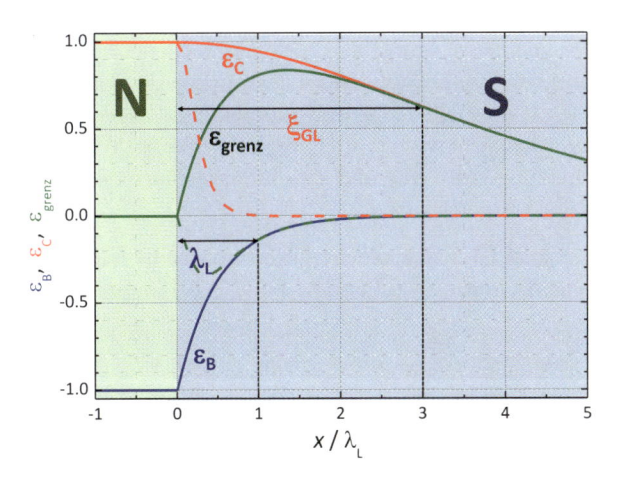

Abb. 13.24: Normierte Grenzflächenenergie pro Längeneinheit $\epsilon_{\text{grenz}} = \epsilon_B + \epsilon_C$ (entspricht Energiedichte) an einer Supraleiter-Normalleiter-Grenzfläche für $B_{\text{ext}} = B_{\text{cth}}$. Für die Rechnung wurde $\xi_{\text{GL}} = 3\lambda_{\text{L}}$ angenommen. Ebenfalls gezeigt sind die Variation des Gewinns an Dichte der Magnetfeldverdrängungsarbeit, $\epsilon_B(x)$, und des Verlusts an Kondensationsenergiedichte, $\epsilon_C(x)$. Für die gezeigte Situation ($\xi_{\text{GL}} = 3\lambda_{\text{L}}$) überwiegt der Verlust an Kondensationsenergie, so dass eine positive Grenzflächenenergie resultiert. Gestrichelt ist zum Vergleich der Fall $\xi_{\text{GL}} = \lambda_{\text{L}}/5$ gezeigt, für den die Grenzflächenenergie negativ ist.

auf null abnimmt. Gleichfalls haben wir angenommen, dass n_s bis zur Tiefe ξ_{GL} null ist und dann sprungartig auf den Gleichgewichtswert ansteigt. Wir können damit die Grenzflächenenergie zu

$$\Delta E_{\text{grenz}} = \Delta E_C + \Delta E_B \simeq \frac{B_{\text{cth}}^2(T)}{2\mu_0}\left\{\xi_{\text{GL}} - \left(\frac{B_{\text{ext}}}{B_{\text{cth}}(T)}\right)^2 \lambda_{\text{L}}\right\} \quad (13.4.5)$$

abschätzen. Der genaue Verlauf der Grenzflächenenergiebeiträge pro Längeneinheit, was Energiedichten entspricht, ist gegeben durch

$$\epsilon_B(x) = -\frac{b^2(x)/2\mu_0}{B_{\text{cth}}^2/2\mu_0} = -\frac{\left[B_{\text{ext}}(0)e^{-x/\lambda_{\text{L}}}\right]^2}{B_{\text{cth}}^2} \quad (13.4.6)$$

$$\epsilon_C(x) = \frac{(B_{\text{cth}}^2/2\mu_0)[n_s(\infty) - n_s(x)]}{(B_{\text{cth}}^2/2\mu_0)n_s(\infty)} = 1 - \frac{n_s(x)}{n_s(\infty)} = 1 - \tanh^2\left(\frac{x}{\sqrt{2}\xi_{\text{GL}}}\right). \quad (13.4.7)$$

Hierbei haben wir die durch (13.3.7) und (13.3.87) gegebenen Verläufe von $B_{\text{ext}}(x)$ und $n_s(x)$ benutzt und jeweils auf $B_{\text{cth}}^2/2\mu_0$ normiert. In Abb. 13.24 sind $\epsilon_B(x)$ und $\epsilon_C(x)$ für $B_{\text{ext}} = B_{\text{cth}}$ zusammen mit der resultierenden Grenzflächenenergiedichte $\epsilon_{\text{grenz}} = \epsilon_B + \epsilon_C$ gezeigt.

Aus (13.4.5) folgt, dass für $\xi_{\text{GL}} > \lambda_{\text{L}}$ die Grenzflächenenergie immer positiv ist und deshalb die Ausbildung einer Grenzfläche die Gesamtenergie erhöhen würde. Dies ist bei Typ-I Supraleitern der Fall. Ist dagegen $\xi_{\text{GL}} < \lambda_{\text{L}}$, so wird die Grenzflächenenergie bereits für $B_{\text{ext}} <$

B_{cth} negativ und es ist energetisch günstiger, NS-Grenzflächen auszubilden. Genau dies passiert im Mischzustand von Typ-II Supraleitern. Hier dringt das Magnetfeld teilweise in den Supraleiter ein, wodurch normalleitende und supraleitende Bereiche entstehen. Die damit verbundenen Grenzflächen führen zu einer Energieabsenkung. Wir sehen, dass ein Kriterium für die Unterscheidung von Typ-I und Typ-II Supraleitern das Verhältnis λ_L/ξ_{GL}, also der Ginzburg-Landau-Parameter κ ist.

Die exakte Berechnung der Grenzflächenenergie erfordert eine numerische Lösung der GL-Gleichungen. Die genaue Grenze zwischen Typ-I und Typ-II Supraleiter liegt bei (vergleiche Abschnitt 13.4.4)

$$\kappa \leq \frac{1}{\sqrt{2}} \quad \text{Typ-I Supraleiter}$$

$$\kappa \geq \frac{1}{\sqrt{2}} \quad \text{Typ-II Supraleiter}$$

(13.4.8)

Die Vorhersage des Übergangs von positiver zu negativer Grenzflächenenergie bei $\kappa = 1/\sqrt{2}$ wurde bereits in der ursprünglichen Arbeit von **Ginzburg** und **Landau** gemacht. Sie wiesen bereits darauf hin, dass der Mischzustand von Supraleitern bei $\kappa = 1/\sqrt{2}$ wohl seine Struktur ändern würde. Allerdings erkannte erst **Abrikosov**[105] in seiner bahnbrechenden Arbeit das radikal andere Verhalten von Supraleitern mit $\kappa > 1/\sqrt{2}$, denen er den Namen Typ-II Supraleiter gab. Aufgrund der negativen Grenzflächenenergie kann der Typ-II Supraleiter seine Energie absenken, indem er viele kleine, flussdurchsetzte „normalleitende" Bereiche bildet. Je feiner die Aufteilung, desto größer die Grenzfläche und der damit verbundene Energiegewinn. Eine untere Grenze wird nur durch die Flussquantisierung gesetzt. Wir bezeichnen die linienhaften, flussdurchsetzten Bereiche parallel zum angelegten Magnetfeld als *Flusslinien* oder *Flusswirbel*. Sie stellen Knotenlinien des Ordnungsparameters Ψ dar, die von supraleitenden Abschirmströmen umflossen werden. Die räumliche Anordnung der Flusslinien sowie den radialen Verlauf des Ordnungsparameters und der Flussdichte in diesen Gebilden werden wir erst später in Abschnitt 13.4.6 und 13.4.7 diskutieren.

13.4.3 Vertiefungsthema: Zwischenzustand und Entmagnetisierungseffekte

Die in Abb. 13.23 gezeigte Abhängigkeit des Innenfeldes und der Magnetisierung von Typ-I und Typ-II Supraleitern vom angelegten äußeren Feld gilt nur für bestimmte Probenformen, z. B. für einen unendlich langen Zylinder mit $\mathbf{H}_{ext}$ parallel zur Zylinderachse, für die wir Entmagnetisierungseffekte vernachlässigen können. Für andere Probenformen ist das lokale Feld nicht mehr identisch mit dem von außen angelegten Feld, sondern gegeben durch

$$\mathbf{H}_{lok} = \mathbf{H}_{ext} - N \cdot \mathbf{M} \,. \tag{13.4.9}$$

---

[105] A. A. Abrikosov, Zh. Eksperim. Teor. Fiz. **32**, 1442 (1957) [Sov. Phys. JETP **5**, 1174 (1957)].

Hierbei ist N der Entmagnetisierungsfaktor (vergleiche hierzu Abschnitt 12.1.2).[106] Mit $\mathbf{M} = \chi\mathbf{H}_\text{lok} = -\mathbf{H}_\text{lok}$ erhalten wir

$$\mathbf{H}_\text{lok} = \frac{\mathbf{H}_\text{ext}}{1-N}. \tag{13.4.10}$$

Wir sehen also, dass bei einem nicht verschwindenden Entmagnetisierungsfaktor das lokale Feld wesentlich größer als das äußere Feld werden kann.

Um uns Entmagnetisierungseffekte zu veranschaulichen, betrachten wir einen kugelförmigen Typ-I Supraleiter. Für eine Kugel gilt $N = 1/3$ und damit $\mathbf{H}_\text{lok} = 1.5 \cdot \mathbf{H}_\text{ext}$. Als Folge davon wird am Äquator der Kugel bereits bei $\mu_0 H_\text{ext} = B_\text{cth}/1.5 = \frac{2}{3} B_\text{cth}$ das kritische Feld erreicht. Durch das in der Äquatorialebene überhöhte Feld wird hier bei Erhöhen des externen Feldes zuerst das kritische Feld erreicht. Erhöhen wir $\mathbf{H}_\text{ext}$ weiter, so wird die Supraleitung am Äquator zerstört. Die Kugel kann aber nicht vollständig normalleitend werden, weil dann das gesamte Innenfeld gleich dem Außenfeld wäre, dieses aber ja immer noch unterkritisch ist. Der Supraleiter bildet als Ausweg einen **Zwischenzustand**, bei dem er teils normalleitend und teils supraleitend ist. Die Existenz eines Zwischenzustands in Typ-I Supraleitern wurde bereits 1936 von **Rudolf Peierls** und **Fritz London** vorgeschlagen.[107,108] In Abb. 13.25 ist der Fluss durch die Äquatorialebene einer Kugel gezeigt. Er steigt bereits bei $\mu_0 H_\text{ext} = \frac{2}{3} B_\text{cth}$ an und erst bei $\mu_0 H_\text{ext} = B_\text{cth}$ ist die Kugel vollständig normalleitend. Im ganzen Feldbereich $\frac{2}{3} B_\text{cth} < \mu_0 H_\text{ext} < B_\text{cth}$ ist das lokale Feld am Äquator genau B_cth. Die normalleitenden Bereiche in der Kugel nehmen mit zunehmendem äußeren Feld gerade so zu, dass das lokale Feld am Äquator B_cth beträgt. Entmagnetisierungseffekte und der Zwischenzustand sind rein geometrische Effekte, die wir nicht näher diskutieren wollen. Im Folgenden werden wir fast immer von unendlich langen Zylindern ausgehen, für die Entmagnetisierungseffekte vernachlässigbar klein sind.

Für Typ-II Supraleiter führen Entmagnetisierungseffekte dazu, dass es für $\frac{2}{3} B_\text{c1} < \mu_0 H_\text{ext} < B_\text{c1}$ zu einer Koexistenz makroskopischer Bereiche aus feldfreier Meißner-Phase mit der

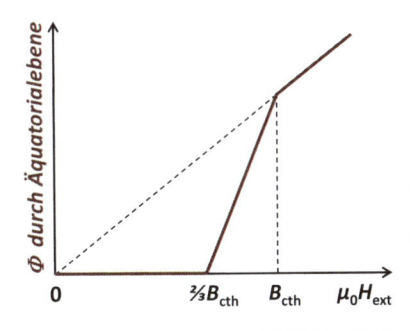

Abb. 13.25: Schematische Darstellung der magnetischen Flussdichte im Inneren eines kugelförmigen Typ-I Supraleiters als Funktion des von außen angelegten Magnetfeldes. Für die Kugel mit Entmagnetisierungsfaktor $N = 1/3$ bildet sich für $\frac{2}{3} B_\text{cth} < \mu_0 \mathbf{H}_\text{ext} < B_\text{cth}$ ein Zwischenzustand mit normalleitenden und supraleitenden Bereichen aus.

---

[106] Bei der Diskussion des Diamagnetismus in Kapitel 12 haben wir Entmagnetisierungseffekte immer vernachlässigt. Dies war gerechtfertigt, da $|\chi| \ll 1$ und damit die Korrektur $\chi\mathbf{H}_\text{ext}$ zum externen Feld vernachlässigt werden konnte. Bei Supraleitern können wir dies wegen $\chi = -1$ nicht mehr tun.

[107] R. Peierls, *Magnetic Transition Curves of Supraconductors*, Proc. Roy. Soc. A **155**, 613 (1936).

[108] F. London, *Zur Theorie magnetischer Felder im Supraleiter*, Physica **3**, 450 (1936).

Shubnikov-Phase kommt. Im Allgemeinen kann der Zwischenzustand aus normalleitenden und supraleitenden Domänen eine sehr komplexe Struktur haben.

13.4.4 Kritische Felder

13.4.4.1 Oberes kritisches Feld

Wir wollen in diesem Abschnitt mit Hilfe der GL-Gleichungen Ausdrücke für das obere und untere kritische Feld von Typ-II Supraleitern ableiten. Wir diskutieren zunächst den Fall großer Magnetfelder nahe B_{c2}. Wir erwarten, dass für hohe Felder der Ordnungsparameter klein wird. In diesem Fall können wir den Term $\beta|\Psi|^2\Psi$ in der 1. GL-Gleichung (13.3.65) vernachlässigen und erhalten dadurch eine linearisierte Form dieser Gleichung:

$$\frac{1}{2m_s}\left(\frac{\hbar}{\imath}\nabla - q_s\mathbf{A}\right)^2 \Psi = -\alpha\Psi \qquad (13.4.11)$$

Eine weitere Vereinfachung erhalten wir dadurch, dass wir in guter Näherung $\mathbf{A} = \mathbf{A}_{\text{ext}}$ annehmen können, da für $B_{\text{ext}} \simeq B_{c2}$ und $\lambda \gg \xi$ die mittlere Flussdichte im Supraleiter in etwa derjenigen im Normalzustand entspricht. Das heißt, wir können in guter Näherung $\mathbf{B} \simeq \mu_0 \mathbf{H}_{\text{ext}}$ annehmen. Für $\mathbf{H}_{\text{ext}} = H_z\hat{\mathbf{z}}$ erhalten wir z. B. $\mathbf{A} = \mu_0 H_z x\hat{\mathbf{y}}$ und somit

$$\frac{\partial^2\Psi}{\partial x^2} + \left(\frac{\partial}{\partial y} - \frac{\imath q_s B_z}{\hbar}x\right)^2 \Psi + \frac{\partial^2\Psi}{\partial z^2} = \frac{2m\alpha}{\hbar^2}\Psi = -\frac{1}{\xi_{\text{GL}}^2}\Psi. \qquad (13.4.12)$$

Diese Gleichung ist identisch mit der Schrödinger-Gleichung eines freien geladenen Teilchens im Magnetfeld (vergleiche hierzu (9.7.3) in Abschnitt 9.7). Die Lösung des Problems ist deshalb formal identisch mit der Bestimmung der quantisierten Niveaus eines geladenen Teilchens in einem Magnetfeld, die auf die Landau-Niveaus führt. Da das effektive Potenzial nur von x abhängt, besitzt (13.4.12) Lösungen der Form

$$\Psi(x,y,z) = e^{[\imath(\beta y + k_z z)]} u(x). \qquad (13.4.13)$$

Einsetzen dieses Ansatzes ergibt für $u(x)$ die Gleichung

$$-\frac{\hbar^2}{2m_s}\frac{\partial^2 u}{\partial x^2} + \frac{1}{2}m_s\omega_c^2(x-x_0)^2 u(x) = \widetilde{E}u(x) \qquad (13.4.14)$$

mit $\omega_c = q_s B_z/m_s$, $x_0 = \hbar\beta/q_s B_z$ und

$$\widetilde{E} = -\alpha - \frac{\hbar^2}{2m_s}k_z^2 = \frac{\hbar^2}{2m_s}\left(\frac{1}{\xi_{\text{GL}}^2} - k_z^2\right). \qquad (13.4.15)$$

Die Lösung von (13.4.14) können wir sofort angeben, da es sich bei dieser Gleichung um nichts anderes als die Schrödinger-Gleichung eines Teilchens der Masse m_s handelt, das in einem harmonischen Potenzial mit der Federkonstante

$$K = m_s\omega_c^2 = \frac{m_s q_s^2 B_z^2}{m_s^2} = \frac{1}{m_s}\left(\frac{2\pi\hbar B_z}{\Phi_0}\right)^2 \qquad (13.4.16)$$

am Ort $x = x_0$ gebunden ist. Die entsprechenden Energieeigenwerte des Oszillators sind

$$\epsilon_n = \hbar\omega_c \left(n + \frac{1}{2}\right) = \frac{\hbar q_s B_z}{m_s}\left(n + \frac{1}{2}\right). \tag{13.4.17}$$

Nach (13.4.14) entsprechen diese Energieeigenwerte gerade $\widetilde{E}$. Gleichsetzen und Auflösen nach B_z liefert

$$B_z = \frac{\hbar}{2q_s}\left(\frac{1}{\xi_{GL}^2} - k_z^2\right)\left(n + \frac{1}{2}\right)^{-1}. \tag{13.4.18}$$

Den höchstmöglichen Wert erhalten wir für $k_z = 0$ und $n = 0$. Er entspricht dem *oberen kritischen Feld* B_{c2} und ist gegeben durch

$$B_{c2} = \frac{\hbar}{q_s \xi_{GL}^2} = \frac{\Phi_0}{2\pi \xi_{GL}^2}. \tag{13.4.19}$$

Mit Hilfe von (13.3.81) und (13.3.82) können wir B_{c2} als Funktion des GL-Parameters κ und des thermodynamischen kritischen Feldes B_{cth} ausdrücken und erhalten

$$B_{c2} = \sqrt{2}\,\kappa B_{cth}. \tag{13.4.20}$$

Wir können ferner durch Einsetzen leicht zeigen, dass die zugehörige Eigenfunktion $u(x)$ gegeben ist durch

$$u(x) = \exp\left[-\frac{(x-x_0)^2}{2\xi_{GL}^2}\right]. \tag{13.4.21}$$

Wir sehen, dass $B_{c2} > B_{cth}$ für $\kappa > 1/\sqrt{2}$. Für $\kappa < 1/\sqrt{2}$ ist dagegen $B_{c2} < B_{cth}$, das heißt, hier ist das größtmögliche Feld bereits durch B_{cth} gegeben, wie wir es von Typ-I Supraleitern kennen. Wir können deshalb Typ-I ($\kappa \leq \frac{1}{\sqrt{2}}$) und Typ-II Supraleiter ($\kappa \geq \frac{1}{\sqrt{2}}$) hinsichtlich der Größe des GL-Parameter κ unterscheiden [vergleiche (13.4.8)].

13.4.4.2 Unteres kritisches Feld

Die Herleitung des *unteren kritischen Feldes* B_{c1} ist wesentlich schwieriger.[109] Eine intuitive Abschätzung können wir durch Ausnutzen der Tatsache machen, dass beim unteren kritischen Feld erstmals magnetischer Fluss in den Supraleiter eindringt. Wir nehmen an, dass die eingedrungene Flussmenge auf einen kreisförmigen Bereich konzentriert ist, dessen Durchmesser wir der Einfachheit halber gleich null setzen, und dass der radiale Verlauf der Flussdichte durch $B_{c1}e^{-r/\lambda_L}$ gegeben ist. Wegen der Flussquantisierung müssen wir nun fordern, dass der gesamte Flussinhalt mindestens ein Flussquant beträgt. Das heißt, es muss

$$\int_0^\infty B_{c1} e^{-r/\lambda_L} 2\pi r \, dr = \Phi_0 \tag{13.4.22}$$

---

[109] Eine ausführliche Herleitung wird z. B. in **Fundamentals of the Theory of Metals**, A. A. Abrikosov, North-Holland, Amsterdam (1988) gegeben.

Abb. 13.26: Temperaturverlauf des unteren und des oberen kritischen Feldes sowie des daraus berechneten thermodynamischen kritischen Feldes einer InBi-Legierung (In mit 4 at % Bi). Die durchgezogenen Linien geben den empirischen $1 - (T/T_c)^2$ Temperaturverlauf wieder (nach T. Kinsel, E. A. Lynton, B. Serin, Rev. Mod. Phys. 36, 105 (1964)).

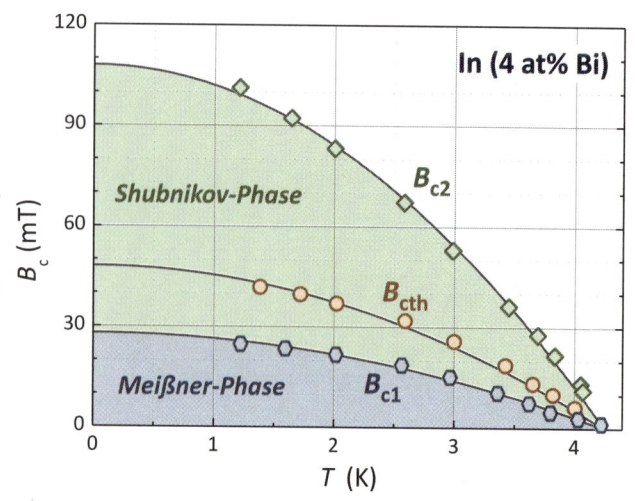

gelten.[110] Führen wir die Integration durch und lösen nach B_{c1} auf, so erhalten wir

$$B_{c1} = \frac{\Phi_0}{2\pi\lambda_L^2}. \qquad (13.4.23)$$

Da in dieser Abschätzung $|\psi(r)|^2 = n_s(r) =$ const angenommen wurde, wird das erhaltene Ergebnis auch London-Näherung genannt. Wir sehen, dass das untere kritische Feld dadurch festgelegt wird, dass der Flussinhalt eines flussdurchsetzten Bereichs nicht beliebig klein sein darf, sondern mindestens ein Flussquant betragen muss.

Bei einer genauen Berechnung von B_{c1} in Rahmen der GL-Theorie wird die räumliche Variation des Ordnungsparameters berücksichtigt, was auf das exakte Ergebnis [vergleiche hierzu (13.4.52)]

$$B_{c1} = \frac{\Phi_0}{4\pi\lambda_L^2}(\ln \kappa + 0.08) = \frac{1}{\sqrt{2}\kappa}(\ln \kappa + 0.08)B_{cth} \qquad (13.4.24)$$

führt. Die Beziehungen (13.4.24) und (13.4.19) zeigen, dass wir durch Messung des unteren und oberen kritischen Feldes die GL-Kohärenzlänge und die Londonschen Eindringtiefe bestimmen können. Der Ausdruck (13.4.19) für das obere kritische Feld ist leicht einsichtig. Da sich der Ordnungsparameter nicht schneller als auf der Längenskala ξ_{GL} ändern kann, können wir die kleinste Fläche eines normalleitenden Bereiches zu $\pi\xi_{GL}^2$ abschätzen. Der Flussinhalt dieser Fläche beträgt wegen der Flussquantisierung gerade ein Flussquant, woraus sich sofort (13.4.19) ergibt. Mit $B_{c2} \sim \kappa B_{cth}$ und $B_{c1} \sim B_{cth}/\kappa$ folgt $B_{c1} \sim B_{c2}/\kappa^2 \sim \Phi_0/\lambda_L^2$.

Abb. 13.26 zeigt den gemessenen Temperaturverlauf des unteren und oberen, sowie des daraus berechneten thermodynamischen kritischen Feldes einer InBi-Legierung. Alle drei kritischen Felder weisen in der Nähe der kritischen Temperatur einen ähnlichen Temperaturver-

---

[110] Die Integration müsste eigentlich über das Probenvolumen erfolgen. Da aber λ_L üblicherweise sehr viel kleiner als die Probenabmessung ist und die Exponentialfunktion für große r schnell abfällt, können wir von 0 bis ∞ integrieren.

13.4 Typ-I und Typ-II Supraleiter

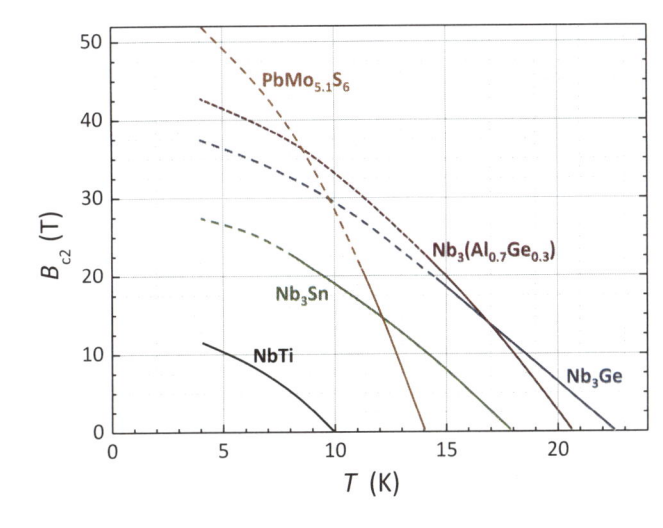

Abb. 13.27: Temperaturverlauf der oberen kritischen Felder einiger Hochfeldsupraleiter. Nicht gezeigt sind die Hochtemperatur-Supraleiter, die obere kritische Felder weit oberhalb von 100 T haben können.

lauf auf, der gut mit einer $1 - (T/T_c)^2$ Abhängigkeit beschrieben werden kann. In Abb. 13.27 sind die oberen kritischen Felder einiger Hochfeldsupraleiter gezeigt.

Wir haben oben erwähnt, dass sowohl die Londonsche Eindringtiefe als auch die GL-Kohärenzlänge von der mittleren freien Weglänge ℓ abhängen [vergleiche (13.3.83) und (13.3.84)], wobei λ_L mit abnehmendem ℓ zu- und ξ_{GL} abnimmt. Wir können deshalb einen Typ-I Supraleiter leicht in einen Typ-II Supraleiter umwandeln, indem wir ihn gezielt verunreinigen. Verunreinigen wir z. B. den Typ-I Supraleiter In mit Bi, so erfolgt bei etwa 1.5 Atom-% Bi ein Übergang zu einem Typ-II Supraleiter. Ähnliches gilt für die Verunreinigung des Typ-I Supraleiters Pb mit In. Von **Gor'kov** und **Goodman** wurde ein empirischer Zusammenhang

Tabelle 13.2: Ginzburg-Landau Parameter κ_∞, Londonsche Eindringtiefe λ_L und kritische Felder B_{cth} bzw. B_{c2} einiger supraleitender Elemente und Verbindungen (aus *Springer Handbook of Condensed Matter and Materials Data*, W. Martienssen und H. Warlimont (Eds.), Springer, Berlin (2005)).

Element	Al	In	Nb	Pb	Sn	Ta	Tl	V
T_c [K]	1.19	3.408	9.25	7.196	3.722	4.47	2.38	5.46
B_{cth} [mT]	10.49	28.15	206	80.34	30.55	82.9	17.65	140
$\lambda_L(0)$ [nm]	50	65	32–45	40	50	35		40

Element	Al	In	Nb	Pb	Sn	Ta	Tl	V
κ_∞	0.03	0.06	~ 0.8	0.4	0.1	0.35	0.3	0.85

Verbindung	NbTi	Nb$_3$Sn	NbN	PbIn (2–30%)	PbIn (2–50%)	Nb$_3$Ge	V$_3$Si	YBa$_2$Cu$_3$O$_7$ (ab-Ebene)
T_c [K]	≃ 10	≃ 18	≃ 16	≃ 7	≃ 8.3	23	16	92
B_{c2} [T]	≃ 10.5	≃ 23–29	≃ 15	≃ 0.1–0.4	≃ 0.1–0.2	38	20	160±25

Verbindung	NbTi	Nb$_3$Sn	NbN	PbIn (2–30%)	PbIn (2–50%)	Nb$_3$Ge	V$_3$Si	YBa$_2$Cu$_3$O$_7$ (ab-Ebene)
$\lambda_L(0)$ [nm]	≃ 300	≃ 80	≃ 200	≃ 150	≃ 200	90	60	≃ 140 ± 10
κ_∞	≃ 75	≃ 20–25	≃ 40	≃ 5–15	≃ 8–16	30	20	≃ 100 ± 20

zwischen dem GL-Parameter κ und der mittleren freien Weglänge ℓ angegeben, der die experimentellen Ergebnisse gut beschreibt:

$$\kappa(\ell) \simeq \kappa_\infty + \frac{0.72\lambda_L(0)}{\ell} \simeq \kappa_\infty + 7.5 \times 10^4 \rho[\Omega\mathrm{m}]\sqrt{\gamma[\mathrm{J/m^3K^2}]}. \qquad (13.4.25)$$

Hierbei ist γ der Sommerfeld-Koeffizient und $\kappa_\infty = \kappa(\ell \to \infty)$. Für die Berechnung von $\kappa(\ell)$ müssen wir κ_∞ kennen. Diese Größe erhalten wir durch Extrapolation der gemessenen $\kappa(\ell)$ von Legierungen auf die Fremdatomkonzentration null. Die κ_∞-Werte einiger Supraleiter sind in Tabelle 13.2 angegeben.

13.4.5 Vertiefungsthema: Nukleation an Oberflächen

Im vorherigen Abschnitt haben wir die linearisierte GL-Gleichung für einen unendlich ausgedehnten Supraleiter gelöst. Falls wir nun einen Supraleiter betrachten, der nur den Halbraum $x \geq 0$ ausfüllt, so müssen wir an seiner Oberfläche bei der Lösung noch die Randbedingung (13.3.62) berücksichtigen, die sicherstellt, dass kein Strom senkrecht zur Oberfläche fließt. Führen wir die Rechnung durch, so stellen wir fest, dass das obere kritische Feld für diese Situation höher ist. Die Rechnung liefert[111]

$$B_{c3} = 1.695 B_{c2} \qquad (13.4.26)$$

Man bezeichnet B_{c3} als *Nukleationsfeld*.

Qualitativ können wir das höhere Nukleationsfeld an Oberflächen wie folgt verstehen. Wir können eine Eigenfunktion, die die Randbedingung (13.3.62) erfüllt und zu einem niedrigeren Eigenwert und damit höherem kritischen Feld führt, konstruieren, indem wir β so wählen, dass x_0, die Position des Minimums der potenziellen Energie, gerade um etwa ξ_{GL} von der Oberfläche entfernt im Innern des Supraleiters zu liegen kommt. Damit die Randbedingung $\partial\Psi/\partial x = 0$ an der Oberfläche $x = 0$ erfüllt wird, muss $\Psi(x)$ offensichtlich eine symmetrische Funktion sein. Das dazugehörige symmetrische Potenzial erhalten wir dadurch, dass wir dem Potenzial bei $x = x_0$ im Supraleiter ein Spiegelpotenzial bei $x = -x_0$ außerhalb des Supraleiters hinzufügen. Die neue Oberflächeneigenfunktion hat dann einen niedrigeren Eigenwert als solche weit im Inneren des Supraleiter, da sie zu einem Potenzial gehört, dass niedriger ist und flacher verläuft als die einfachen Parabeln.

13.4.6 Vertiefungsthema: Shubnikov-Phase und Flussliniengitter

Wir haben bereits darauf hingewiesen, dass die linearisierte GL-Gleichung (13.4.11), die für hohe Magnetfelder in der Nähe von B_{c2} eine gute Näherung ist, identisch mit der Schrödinger-Gleichung eines freien geladenen Teilchens im Magnetfeld ist. In Abschnitt 9.7 haben wir bereits gezeigt, dass für die Bewegung in der xy-Ebene senkrecht zu dem in z-Richtung angelegten Magnetfeld (wir setzen $k_z = 0$) diese Gleichung eine unendliche Zahl von Lösungen der Form

$$\psi_\beta = \exp(\imath\beta y)u(x) = \exp(\imath\beta y)\exp\left(-\frac{(x-x_0)^2}{2\xi_{GL}^2}\right) \qquad (13.4.27)$$

---

[111] siehe zum Beispiel *Introduction to Superconductivity*, M. Tinkham, McGraw-Hill, New York (1975).

13.4 Typ-I und Typ-II Supraleiter

besitzt, wobei die Funktion $u(x)$ die Differentialgleichung (13.4.14) erfüllen muss [vergleiche hierzu auch (9.7.7)], welche nichts anderes als die Schrödinger-Gleichung für die Wellenfunktion eines einfachen harmonischen Oszillators mit der Zyklotronfrequenz $\omega_c = q_s B_z / m_s$ ist, dessen Zentrum sich an der Stelle

$$x_0 = \frac{\hbar \beta}{q_s B_z} = \frac{\beta \Phi_0}{2\pi B_z} \tag{13.4.28}$$

befindet und der die Eigenenergien $E_n = (n + 1/2)\hbar \omega_c$ besitzt.

Periodische Lösungen in y-Richtung lassen sich finden mit Wellenvektoren $\beta_m = m \frac{2\pi}{\Delta y}$, wobei Δy die Periode in y-Richtung angibt. Für diese Wellenvektoren erhalten wir aus (13.4.28) dann $x_m = m\Phi_0/\Delta y B_z$ bzw. die Periode $\Delta x = x_m/m = \Phi_0/\Delta y B_z$. Hieraus ergibt sich sofort

$$\Delta x \Delta y B_z = \Phi_0 \,. \tag{13.4.29}$$

Jede Flächeneinheit $\Delta x \Delta y$ der periodischen Lösung enthält also genau ein Flussquant, wie es gemäß der Flussquantisierung zu erwarten war. Multiplizieren wir (13.4.29) mit der gesamten Probenfläche S senkrecht zum Magnetfeld, so erhalten wir mit dem Fluss $\Phi = B_z \cdot S$

$$\frac{\Phi}{\Phi_0} = \frac{S}{\Delta x \Delta y} = p \,. \tag{13.4.30}$$

Diese Gleichung entspricht dem Ausdruck (9.7.17) für die Entartung p eines Landau-Niveaus.[112] In unserem Fall gibt p an, wie viele Lösungen wir in der Probe unterbringen können. Die Lösungen (13.4.27) beschreiben die quantisierte Kreisbewegung der supraleitenden Elektronen in der Ebene senkrecht zum Magnetfeld. Die Quantisierung gewährleistet, dass die von der Kreisbewegung umschlossene Fläche immer ein ganzzahliges Vielfaches eines Flussquants enthält. Nur so sind stationäre Lösungen möglich.

Gleichung (13.4.27) stellt eine spezielle Lösung des Problems dar. Die allgemeine Lösung besitzt die Form

$$\psi_L = \sum_m C_m \psi_m = \sum_m C_m \exp(\imath \beta_m y) \exp\left(-\frac{(x-x_m)^2}{2\xi_{\text{GL}}^2}\right) \,. \tag{13.4.31}$$

Diese Lösung ist periodisch in y. Die Periodizität in x-Richtung setzt voraus, dass $C_{m-N} = C_m$ für festes N. Die Lösung für $N = 1$, die von **Abrikosov**[113] anfangs berechnet wurde, entspricht einem Quadratgitter. Diese Lösung hat aber für freie Elektronen nicht die niedrigste Energie, sondern die Lösung für $N = 2$, die einem Dreiecksgitter entspricht. Der Energieunterschied zwischen einem Quadrat- und einem Dreiecksgitter liegt nur bei etwa 1.7%, so dass der Einfluss der speziellen Kristallsymmetrie von manchen Supraleitern dazu führt, dass diese nicht ein Dreiecksgitter, sondern ein quadratisches Flussliniengitter bevorzugen.

---

[112] Für einzelne Elektronen gilt $p = \Phi/\Phi_0^*$ mit $\Phi_0^* = 2\Phi_0 = h/e$. Deshalb taucht im Nenner von (9.7.17) ein zusätzlicher Faktor 2 auf.

[113] A. A. Abrikosov, Zh. Eksperim. Teor. Fiz. **32**, 1141 (1957); Sov. Phys. JETP **5**, 1174 (1957). Alexei Alexeyevich Abrikosov erhielt für diese Vorhersage zusammen mit Vitaly Lasarevich Ginzburg und Anthony James Leggett den Nobelpreis für Physik 2003.

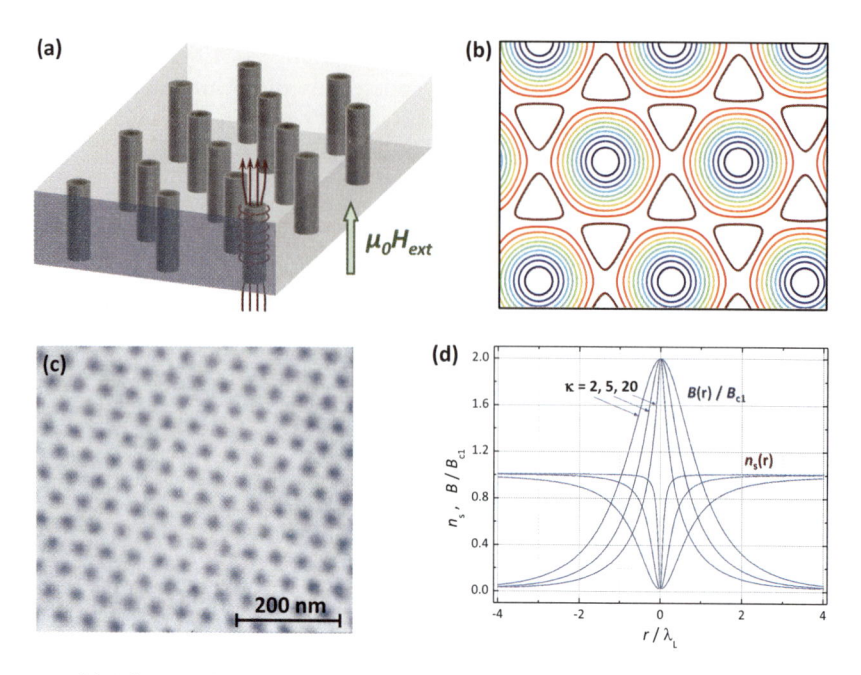

Abb. 13.28: (a) Schematische Darstellung des Flussliniengitters in einem Typ-II Supraleiter. Für eine einzelne Flusslinie sind exemplarisch der Flusslinienverlauf und die ringförmigen Abschirmströme skizziert. (b) Konturlinien von $n_s \sim |\psi|^2$ in einem Abrikosov-Dreiecksgitter. (c) Mit einem Rastertunnelmikroskop gewonnene Abbildung eines für $B_{\text{ext}} = 1$ T erhaltenen Flussliniengitters in einem NbSe$_2$-Einkristall (nach H. F. Hess *et al.*, Phys. Rev. Lett. **62**, 214 (1989), © (2012) American Physical Society). (d) Radialer Verlauf von $n_s(r)$ und $B(r)/B_{c1}$ in einer isolierten Flusslinie (nach E. H. Brandt, Phys. Rev. Lett. **78**, 2208 (1997)).

Dieser kleine Unterschied (und das Fehlen numerischer Rechenverfahren) erklärt auch, dass Abrikosov anfangs vorhersagte, dass ein quadratisches Gitter den stabilsten Zustand bildet. Die Tatsache, dass ein Dreiecksgitter den stabilsten Zustand bildet, können wir anhand der bei der Diskussion von Kristallgittern verwendeten Argumente verstehen. Das in Abb. 13.29b gezeigte Dreiecksgitter ist eine dicht gepackte Struktur, bei der jede Flusslinie von einem Hexagon von weiteren Flusslinien umgeben ist. Die Fläche der primitiven Gitterzelle beträgt $F_\blacktriangle = 1.5 a_\blacktriangle^2 \tan 30° = 0.866 a_\blacktriangle^2$. Setzen wir diese Fläche gleich Φ_0/B, also gleich der Fläche, die ein Flussquant bei der angelegten Flussdichte B einnimmt, so erhalten wir $a_\blacktriangle = 1.075\sqrt{\Phi_0/B}$. Beim in Abb. 13.29a gezeigten Quadratgitter ist $a_\blacksquare = \sqrt{\Phi_0/B}$. Das heißt, der Abstand benachbarter Flusslinien im Dreiecksgitter ist $a_\blacktriangle = 1.075 a_\blacksquare$. Aufgrund der abstoßenden Wechselwirkung der einzelnen Flusslinien, die wir als kleine Stabmagnete betrachten können, ist das Gitter mit dem größtmöglichen Abstand, also das Dreiecksgitter, energetisch am günstigsten.

Wir erhalten in einem Typ-II Supraleiter für Felder oberhalb des unteren kritischen Feldes also eine periodische Anordnung von normalleitenden Bereichen, deren Durchmesser in etwa durch die GL-Kohärenzlänge ξ_{GL} gegeben ist und deren Flussinhalt einem Flussquant Φ_0 entspricht. Diese periodische Anordung des magnetischen Flusses im Mischzu-

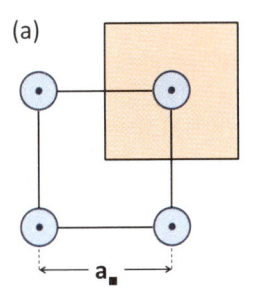

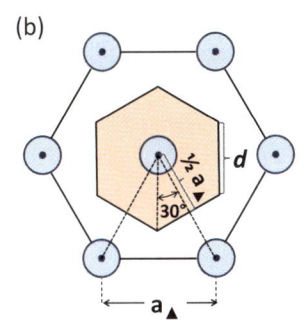

Abb. 13.29: Schematische Darstellung eines quadratischen (a) und hexagonalen (b) Flussliniengitters. Die farbig hinterlegte Fläche zeigt die primitive Gitterzelle (Wigner-Seitz-Zelle) des jeweiligen Gitters.

stand in Portionen des Flussquants ist intuitiv zu erwarten. Da die Grenzflächenenergie negativ ist, ist der Supraleiter bestrebt, den Fluss in möglichst viele kleine Portionen aufzuteilen, um die Grenzfläche zwischen normalleitenden und supraleitenden Bereichen zu maximieren. Die Flussquantisierung setzt diesem Prozess eine untere Schranke. Die periodische Anordnung der einzelnen Flussquanten kommt durch deren abstoßende Wechselwirkung zustande. Um die abstoßende Wechselwirkung zu minimieren, ordnen sie sich meist in einem Dreiecksgitter, dem so genannten *Abrikosov-Gitter* an. Dies ist in Abb. 13.28a und b schematisch gezeigt. Das Magnetfeld durchdringt die Probe in normalleitenden Kanälen, die wir als *Flusslinien* oder *Flusswirbel* bezeichnen. Letztere Bezeichnung rührt daher, dass um den Kern der Flusslinie ein wirbelartiger Abschirmstrom fließt. Das Flussliniengitter kann durch Dekoration mit feinen Eisenkolloidteilchen und anschließender Abbildung dieser Teilchen mit einem Elektronenmikroskop sichtbar gemacht werden.[114,115] Heute werden auch Neutronenstreuung, magnetooptische Verfahren oder Rastertunnelmikroskie verwendet (siehe Abb. 13.28c). Der Kontrast beim Rastertunnelmikroskop basiert auf der unterschiedlichen Zustandsdichte am Fermi-Niveau zwischen dem normalleitenden Kern der Flusslinie und der supraleitenden Umgebung. In Abb. 13.28d ist ein Schnitt durch eine isolierte Flusslinie gezeigt. Die magnetische Flussdichte ist im Zentrum der Flusslinie maximal und fällt mit der Londonschen Eindringtiefe in radialer Richtung in etwa exponentiell ab. Die Dichte n_s der supraleitenden Elektronen ist im Zentrum der Flusslinie null und steigt dann innerhalb der GL-Kohärenzlänge in radialer Richtung auf ihren Gleichgewichtswert an.

13.4.7 Vertiefungsthema: Flusslinien in Typ-II Supraleitern

Wir haben in den vorangegangenen Abschnitten gesehen, dass sich in Typ-II Supraleitern für $B_{c1} < B_{ext} < B_{c2}$ ein Zustand ausbildet, in dem sowohl die Dichte $n_s = |\Psi|^2$ der gepaarten Elektronen als auch die magnetische Flussdichte räumlich variieren. Insbesondere entspricht die Abrikosov-Lösung (13.4.31) einem regelmäßigen Gitter von Flusslinien. Wir wollen in diesem Abschnitt den radialen Verlauf $n_s(r) = |\Psi|^2(r)$ des Ordnungsparameters und der

---

[114] U. Essmann, H. Träuble, *The direct observation of individual flux lines in type II superconductors*, Phys. Lett. **24 A**, 526 (1967).

[115] U. Essmann, *Intermediate state of superconducting niobium*, Phys. Lett. **41 A**, 477 (1972).

Flussdichte $\mathbf{b}(r)$ analysieren.[116] Dies wird uns erlauben, den oben angegebenen Ausdruck für das untere kritische Feld B_{c1} abzuleiten. Wir werden dabei einen räumlich isotropen Supraleiter voraussetzen. Im Allgemeinen erfordert die Berechnung von $n_s(r)$ und $\mathbf{b}(r)$ die numerische Lösung der nichtlinearen GL-Gleichungen. Wir werden uns deshalb auf den Fall extremer Typ-II Supraleiter ($\kappa \gg 1$) beschränken, für den wir nützliche analytische Lösungen angeben können.

13.4.7.1 Radialer Verlauf des Ordnungsparameters

Um einen Ausdruck für $\psi(r) = \Psi(r)/\Psi_0$ abzuleiten, wobei Ψ_0 der Ordnungsparameter für den homogenen Fall darstellt, verwenden wir den Ansatz

$$\psi(r) = \psi_\infty f(r) e^{i\theta} . \qquad (13.4.32)$$

Dieser Ansatz berücksichtigt die axiale Symmetrie und die Tatsache, dass die Phase von ψ um 2π variiert, wenn wir uns einmal um den Kern der Flusslinie herumbewegen. Setzen wir diesen Ansatz in die nichtlineare 1. GL-Gleichung (13.3.65) ein, so erhalten wir eine Bestimmungsgleichung für den radialen Verlauf $f(r)$ des Ordnungsparameters. Es zeigt sich [vergleiche hierzu (13.3.87)], dass $f(r)$ in sehr guter Näherung durch[117]

$$f(r) = \tanh\left(c \frac{r}{\xi_{GL}}\right) \qquad (13.4.33)$$

beschrieben werden kann, wobei $c \simeq 1$ eine Konstante ist. Das heißt, dass der Ordnungsparameter innerhalb der Länge ξ_{GL} fast auf seinen vollen Wert ansteigt.

13.4.7.2 Radialer Verlauf der Flussdichte

Wir werden den Verlauf der Flussdichte $\mathbf{b}(r)$ für $\kappa \gg 1$ diskutieren. Da in diesem Fall $\lambda_L \gg \xi_{GL}$ und wir ferner bereits wissen, dass der Ordnungsparameter in etwa innerhalb von ξ_{GL} auf seinen vollen Wert ansteigt, können wir in guter Näherung $|\psi|(r) \simeq 1$ annehmen. Diese Annahme ist gleichbedeutend damit, dass wir $\xi_{GL} \to 0$ gehen lassen und damit den Wirbelkern mit reduziertem Ordnungsparameter vernachlässigen. Die Annahme $|\psi|(r)$ = const erlaubt uns, die 2. London-Gleichung $\nabla \times (\Lambda \mathbf{J}_s) + \mathbf{b} = 0$ zu verwenden. Dies würde aber implizieren, dass das Fluxoid für jeden beliebigen Pfad in einem einfach verbundenen Supraleiter verschwinden müsste. Wir können dieses Problem dadurch beseitigen, dass wir einen Term $\Phi_0 \delta_2(r)$ ergänzen, welcher der Präsenz des Vortexkerns Rechnung trägt:[118,119,120]

$$\nabla \times (\Lambda \mathbf{J}_s) + \mathbf{b} = \widehat{\mathbf{z}} \Phi_0 \delta_2(r) . \qquad (13.4.34)$$

---

[116] Wir benutzen $\mathbf{b}$ für die lokale Flussdichte und $\mathbf{B}$ für die für den makroskopischen mittleren Wert der Flussdichte.

[117] *Introduction to Superconductivity*, M. Tinkham, McGraw-Hill, New York (1975).

[118] A. A. Abrikosov, Zh. Eksperim. Teor. Fiz. **32**, 1141 (1957).

[119] A. A. Abrikosov, Sov. Phys. JETP **5**, 1174 (1957).

[120] Dieser Ansatz wurde zuerst von Abrikosov gemacht und war anfänglich umstritten. So ist bekannt, dass Landau den Ansatz zunächst abgelehnt hat, als Abrikosov diesen ihm vorstellte. Dies führte zu einer mehrjährigen Verzögerung der Publikation von Abrikosov's Theorie.

13.4 Typ-I und Typ-II Supraleiter

Hierbei ist $\delta_2(r)$ eine zweidimensionale Delta-Funktion und $\hat{z}$ der Einheitsvektor parallel zur Flusslinie. Aus der Maxwell-Gleichung $\nabla \times \mathbf{b} = -\mu_0 \mathbf{J}_s$ folgt $\mathbf{b} = -(\Lambda/\mu_0)\nabla \times \nabla \times \mathbf{b}$. Verwenden wir ferner rot rot = grad div $-\nabla^2$ und div $\mathbf{b} = 0$, erhalten wir

$$\nabla^2 \mathbf{b} - \frac{\mathbf{b}}{\lambda_L^2} = -\frac{\Phi_0}{\lambda_L^2}\hat{z}\delta_2(r). \tag{13.4.35}$$

Die exakte Lösung dieser Differentialgleichung lautet

$$b(r) = \frac{\Phi_0}{2\pi\lambda_L^2}\mathcal{K}_0\left(\frac{r}{\lambda_L}\right). \tag{13.4.36}$$

Hierbei ist $\mathcal{K}_0$ die modifizierte Bessel-Funktion nullter Ordnung. Für $r/\lambda_L \gg 1$ kann die Bessel-Funktion durch $r^{-1/2}\exp(-r/\lambda_L)$ angenähert werden. Für $r/\lambda_L \to 0$ erhalten wir mit $\ln(\lambda_L/r)$ eine logarithmische Divergenz, die allerdings in Wirklichkeit bei $r \simeq \xi$ abgeschnitten wird, da hier der Ordnungsparameter abnimmt.

Der radiale Verlauf von $b(r)$ und $|\psi|^2(r)$ ist in Abb. 13.30a für eine einzelne, isolierte Flusslinie gezeigt. Er stellt einen Schnitt durch das Zentrum einer Flusslinie dar. Da $\lambda_L \gg \xi_{GL}$, ist der Vortexkern im Vergleich zur Flussdichteverteilung sehr schmal und kann, wie oben gemacht, in erster Näherung durch eine δ-Funktion angenähert werden. Wir weisen aber darauf hin, dass der in Abb. 13.30a gezeigte Verlauf von $b(r)$ nur für $\kappa \gg 1$ eine gute Näherung ist, da wir nur in diesem Fall den Einbruch des Ordnungsparameters bei $r = 0$ gut durch eine δ-Funktion annähern können. Für kleinere κ-Werte wird die $b(r)$-Kurve breiter, wie es in Abb. 13.28 gezeigt ist. In Abb. 13.30b ist der Verlauf von $b(r)$ und $|\psi|^2(r)$ entlang einer periodischen Anordnung von Vortices für ein externes Feld nahe dem oberen kritischen Feld gezeigt. Da der Abstand der Vortices klein gegen λ_L ist, überlappen sich die Flussdichteverteilungen der einzelnen Vortices stark, so dass die räumliche Variation der resultierenden Flussdichteverteilung nur noch gering ist. Die Modulation von $|\psi|^2(r)$ ist dagegen noch beträchtlich, da der Abstand der Vortices bei dem gewählten externen Feld immer noch $2\xi_{GL}$ beträgt.

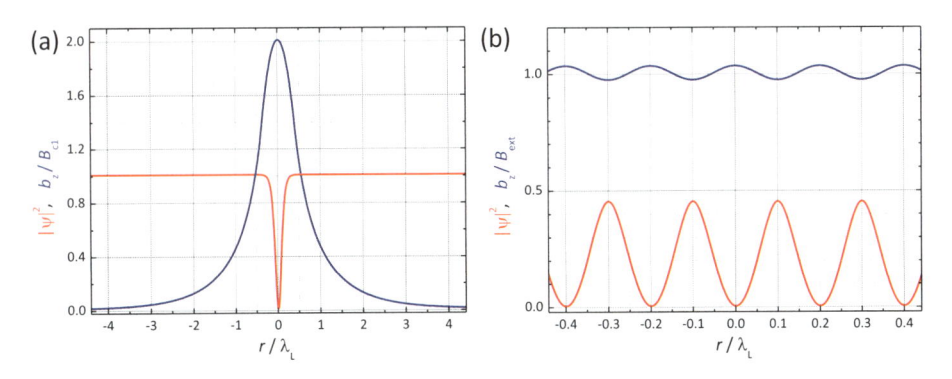

Abb. 13.30: (a) Verlauf der normierten Flussdichte $b(r)/B_{c1}$ und des Absolutquadrats des Ordnungsparameters $|\psi|^2(r) = |\Psi/\Psi_0|^2 = n_s(r)$ entlang eines Schnitts durch das Zentrum einer einzelnen Flusslinie. (b) Verlauf der normierten Flussdichte $b(r)/B_{\text{ext}}$ und des Absolutquadrats des Ordnungsparameters $|\psi|^2(r)$ entlang einer periodischen Anordnung von Flusslinien für $B_{\text{ext}} \simeq 0.6 B_{c2}$. Für die Rechnung wurde jeweils $\lambda_L = 10\xi_{GL}$ angenommen.

13.4.7.3 Energie einer Flusslinie

Nachdem wir den radialen Verlauf des Ordnungsparameters und der magnetischen Flussdichte im Mischzustand analysiert haben, wollen wir jetzt noch die mit einer Flusslinie in Typ-II Supraleitern verbundene freie Energie diskutieren. Da es sich bei Flusslinien um linienhafte Gebilde handelt, werden wir die Energie pro Längeneinheit berechnen, die als *Linienenergie* oder auch *Linienspannung* bezeichnet wird. Letztere Bezeichnung resultiert aus der Tatsache, dass wir Energie aufbringen müssen, um die Länge einer Flusslinie zu vergrößern. Bei der Berechnung der Linienenergie werden wir wiederum den Vortexkern mit Radius $\xi_{GL} \ll \lambda_L$ vernachlässigen. In diesem Fall setzt sich die Linienenergie nur aus der Feldenergie und der kinetischen Energie der Ströme zusammen:

$$\epsilon_L = \int \frac{\mathbf{b}^2}{2\mu_0} dF + \int \frac{1}{2}\mu_0 \lambda_L^2 J_s^2 dF. \qquad (13.4.37)$$

Hierbei haben wir $J_s = n_s q_s v_s$ benutzt, woraus $\frac{1}{2} m_s n_s v_s^2 = \frac{1}{2} \mu_0 \lambda_L^2 J_s^2$ resultiert. Das Flächenintegral verläuft dabei über die gesamte Fläche senkrecht zur Flusslinie mit Ausnahme des Vortexkerns, da wir mit der Vernachlässigung des Vortexkerns aus dem Kern der Flusslinie einen kleinen Bereich mit Radius ξ_{GL} herausgeschnitten haben. Mit der Maxwell-Gleichung $\nabla \times \mathbf{b} = \mu_0 J_s$ erhalten wir

$$\epsilon_L = \int \frac{\mathbf{b}^2}{2\mu_0} dF + \int \frac{1}{2\mu_0} \lambda_L^2 |\nabla \times \mathbf{b}|^2 dF. \qquad (13.4.38)$$

Unter Benutzung einer Vektoridentität können wir dies in

$$\epsilon_L = \frac{1}{2\mu_0} \int (\mathbf{b} + \lambda_L^2 \nabla \times \nabla \times \mathbf{b}) \cdot \mathbf{b}\, dF + \frac{\lambda_L^2}{2\mu_0} \oint (\mathbf{b} \times \nabla \times \mathbf{b}) \cdot d\mathbf{s} \qquad (13.4.39)$$

umschreiben. Hierbei verläuft das Linienintegral sowohl um den inneren als auch den äußeren Umfang der Integrationsfläche. Unter Benutzung von (13.4.35) können wir dies weiter umformen in

$$\epsilon_L = \frac{1}{2\mu_0} \int |\mathbf{b}| \Phi_0 \delta_2(\mathbf{r})\, dF + \frac{\lambda_L^2}{2\mu_0} \oint (\mathbf{b} \times \nabla \times \mathbf{b}) \cdot d\mathbf{s}. \qquad (13.4.40)$$

Da das Flächenintegral den Vortexkern ausschließt, trägt der erste Term auf der linken Seite nichts bei. Der zweite Term liefert keinen Beitrag für den äußeren Umfang der Flusslinie, da wir diesen in einen Bereich $R \gg \lambda_L$ legen können, wo die mit der Flusslinie verbundene Stromdichte verschwindend klein ist. Es bleibt also nur der Beitrag für den inneren Umfang mit Radius $R \simeq \xi_{GL}$. Da $\mathbf{b}$ parallel zur Flusslinie ist, gilt $|\nabla \times \mathbf{b}| = -db/dr$ und wir erhalten

$$\epsilon_L = \frac{\lambda_L^2}{2\mu_0} \left[b \frac{-db}{dr} 2\pi r \right]_{\xi_{GL}}. \qquad (13.4.41)$$

Da $b(r)$ für $r \ll \lambda_L$ gut durch

$$b(r) = \frac{\Phi_0}{2\pi \lambda_L^2} \left[\ln\left(\frac{\lambda_L}{r}\right) + 0.12 \right] \qquad (13.4.42)$$

angenähert werden kann, erhalten wir $db/dr \simeq -\Phi_0/2\pi\lambda_L^2 r$ und damit

$$\epsilon_L = \frac{\Phi_0}{2\mu_0} b(\xi_{\text{GL}}). \tag{13.4.43}$$

Benutzen wir nochmals (13.4.42) und vernachlässigen den Beitrag 0.12, was bei den bereits gemachten Vereinfachungen gerechtfertigt ist, so erhalten wir

$$\epsilon_L = \frac{\Phi_0^2}{4\pi\mu_0\lambda_L^2} \ln\kappa = \frac{B_{\text{cth}}^2}{2\mu_0} 4\pi\xi_{\text{GL}}^2 \ln\kappa. \tag{13.4.44}$$

Hierbei haben wir $B_{\text{cth}} = \Phi_0/2\pi\sqrt{2}\xi_{\text{GL}}\lambda_L$ benutzt. Wir sehen, dass die Linienenergie um den Faktor $4\ln\kappa$ größer ist als die Kondensationsenergie $(B_{\text{cth}}^2/2\mu_0)\pi\xi_{\text{GL}}^2$, die im Vortexkern mit Fläche $\pi\xi_{\text{GL}}^2$ verloren geht. Falls also $\kappa \gg 1$, ist es nicht relevant, ob wir die verlorene Kondensationsenergie des Vortexkern berücksichtigen oder nicht. Detailliertere Rechnungen, die den Verlust an Kondensationsenergie in die Berechnung der Linienenergie mit einbeziehen, liefern das Ergebnis

$$\epsilon_L = \frac{\Phi_0^2}{4\pi\mu_0\lambda_L^2} (\ln\kappa + 0.08). \tag{13.4.45}$$

Dieser Ausdruck stellt aber auch nur für $\kappa \gtrsim 5$ eine vernünftige Näherung dar.

13.4.7.4 Wechselwirkung von zwei Flusslinien

Wir können die Ausdrücke (13.4.36) und (13.4.38) für den radialen Verlauf der Flussdichte und die Linienenergie einer Flusslinie dazu benutzen, die Wechselwirkung zweier Flusslinien zu berechnen. Nehmen wir an, dass die beiden Flusslinien an den Positionen $\mathbf{r}_1$ und $\mathbf{r}_2$ in z-Richtung zeigen, so können wir die Flussdichte schreiben als

$$\mathbf{b}(\mathbf{r}) = \mathbf{b}_1(\mathbf{r}) + \mathbf{b}_2(\mathbf{r}) = [b(|\mathbf{r}-\mathbf{r}_1|) + b(|\mathbf{r}-\mathbf{r}_2|)]\hat{\mathbf{z}}. \tag{13.4.46}$$

Substituieren wir diesen Ausdruck in 13.4.38) und benutzen dieselben Umformungen, die wir zur Ableitung von (13.4.43) benutzt haben, so erhalten wir aus Symmetriegründen die gesamte Energieerhöhung durch die beiden Flusslinien zu

$$\Delta E = \frac{\Phi_0}{2\mu_0} [b_1(\mathbf{r}_1) + b_1(\mathbf{r}_2) + b_2(\mathbf{r}_1) + b_2(\mathbf{r}_2)]$$

$$= 2\left[\frac{\Phi_0}{2\mu_0} b_1(\mathbf{r}_1)\right] + 2\left[\frac{\Phi_0}{2\mu_0} b_1(\mathbf{r}_2)\right]. \tag{13.4.47}$$

Der erste Term auf der rechten Seite stellt gerade die Linienenergie von zwei nicht wechselwirkenden Flusslinien und der zweite ihre Wechselwirkungsenergie

$$W_{12} = \frac{\Phi_0}{\mu_0} b_1(\mathbf{r}_2) = \frac{\Phi_0^2}{2\pi\mu_0\lambda_L^2} \mathcal{K}_0\left(\frac{r_{12}}{\lambda_L}\right) \tag{13.4.48}$$

dar. Diese ist positiv (abstoßend) für den Fall, dass der Fluss der beiden Flusslinien in die gleiche Richtung zeigt.

13.4.7.5 Eindringen von magnetischem Fluss

Unteres kritisches Feld: Für $B_{\text{ext}} < B_{c1}$ befindet sich ein Typ-II Supraleiter in der Meißner-Phase. Oberhalb des unteren kritischen Feldes ist es für einen Typ-II Supraleiter dagegen energetisch günstiger, magnetischen Fluss in Form von Flusslinien eindringen zu lassen. Da der energetisch günstigste Zustand durch ein Minimum der freien Enthalpie charakterisiert wird, muss für $B_{\text{ext}} = B_{c1}$ die freie Enthalpie $\mathcal{G}_s$ für den Meißner-Zustand und den Zustand mit einer eingedrungenen Flusslinie gleich sein. Es muss also

$$\mathcal{G}_s|_{\text{Meißner}} = \mathcal{G}_s|_{\text{Vortex}} \tag{13.4.49}$$

gelten. Aus dieser Bedingung können wir mit der oben abgeleiteten Linienenergie in einfacher Weise das untere kritische Feld B_{c1} eines Typ-II Supraleiters herleiten.

Im Zustand mit einer eingedrungenen Flusslinie müssen wir als zusätzliche Energiebeiträge die Linienenergie ϵ_L und die Wechselwirkungsenergie $-\int \frac{1}{\mu_0} \mathbf{B}_{\text{ext}} \cdot \mathbf{b}\, dV$ berücksichtigen.[121] Es gilt also

$$\mathcal{G}_s|_{\text{Vortex}} = \mathcal{G}_s|_{\text{Meißner}} + \epsilon_L L - \frac{L}{\mu_0} B_{\text{ext}} \int \mathbf{b}(r) \cdot d\mathbf{F} . \tag{13.4.50}$$

Hierbei ist L die Länge der Flusslinie und das Flächenintegral wird über eine Fläche senkrecht zur Flusslinie ausgeführt. Da wir angenommen haben, dass genau eine Flusslinie mit Flussinhalt Φ_0 eingedrungen ist, gilt $\int \mathbf{b}(r) \cdot d\mathbf{F} = \Phi_0$,[122] so dass

$$\mathcal{G}_s|_{\text{Vortex}} = \mathcal{G}_s|_{\text{Meißner}} + \underbrace{\epsilon_L L - \frac{B_{c1}\Phi_0 L}{\mu_0}}_{=0} . \tag{13.4.51}$$

Da die freien Enthalpien für den Meißner-Zustand und den Zustand mit einer eingedrungenen Flusslinie für $B_{\text{ext}} = B_{c1}$ gleich sein müssen, folgt mit (13.4.45)

$$B_{c1} = \frac{\mu_0 \epsilon_L}{\Phi_0} = \frac{\Phi_0}{4\pi \lambda_L^2} (\ln \kappa + 0.08) , \tag{13.4.52}$$

was dem bereits oben ohne Herleitung angegebenen Ausdruck (13.4.24) entspricht.

Bean-Livingston Barriere: Wenn eine Flusslinie nahe an der Oberfläche eines Supraleiter erzeugt wird, wirken auf sie zwei entgegengesetzt gerichtete Kräfte. Die Abschirmströme erzeugen eine Lorentz-Kraft senkrecht zur Oberfläche. Gehen wir von der in Abb. 13.15 gezeigten Geometrie aus, so erhalten wir mit (13.3.8) für die Lorentz-Kraft pro Längeneinheit

$$f_{x,L} = \Phi_0 J_{s,y} = \Phi_0 \frac{H_{\text{ext}}}{\lambda_L} e^{-x/\lambda_L} . \tag{13.4.53}$$

---

[121] Es gilt $\mathcal{G} = \mathcal{U} - TS + pV - mB_{\text{ext}}$ [vergleiche hierzu (F.4.1) in Anhang F]. Im Meißner-Zustand ist $m = -B_{\text{ext}} V/\mu_0$ und damit $-mB_{\text{ext}} = \frac{V}{\mu_0} B_{\text{ext}}^2$. Durch das Eindringen einer Flusslinie bei $B_{\text{ext}} = B_{c1}$ wird dieser Beitrag um $\frac{1}{\mu_0} B_{c1} \int b\, dV$ reduziert.

[122] Diese Annahme ist nicht unbedingt notwendig. Wir hätten auch n Flusslinien eindringen lassen können, wodurch wir $n\epsilon_L$ für die Linienenergie und $\int \mathbf{b}(r) \cdot d\mathbf{F} = n\Phi_0$ für den eingedrungenen Fluss erhalten hätten.

Die zweite Kraft ist die Bildkraft, welche die Flusslinie zur Oberfläche zieht. Sie resultiert aus der anziehenden Wechselwirkungsenergie pro Längeneinheit [vergleiche hierzu (13.4.48)]

$$W_B = -\frac{\Phi_0 b(r)}{\mu_0} = -\frac{\Phi_0^2}{2\pi\mu_0 \lambda_L^2} \mathcal{K}_0\left(\frac{2x}{\lambda_L}\right) \quad (13.4.54)$$

einer Flusslinie mit Abstand x von der Oberfläche und ihres Bildes im Abstand $-x$ vor der Oberfläche. Für die modifizierte Besselfunktion 2. Art gilt $d\mathcal{K}_0(x)/dx = -\mathcal{K}_1(x)$, so dass wir für die Bildkraft pro Längeneinheit

$$f_{x,B} = -\frac{\Phi_0^2}{2\pi\mu_0 \lambda_L^3} \mathcal{K}_1\left(\frac{2x}{\lambda_L}\right) \quad (13.4.55)$$

erhalten. Wir vergleichen nun die beiden Kräfte für $x = \xi_{GL}$, da dies der geringste Abstand von der Oberfläche ist, den wir im Rahmen des Vortex-Modells realisieren können. Das nach **C. P. Bean** und **J. D. Livingston** benannte *Bean-Livingston Feld*[123] erhalten wir gerade aus der Bedingung, dass die Summe der beiden Kräfte verschwindet:

$$B_{BL} = \frac{\Phi_0}{2\pi\lambda_L^2} \mathcal{K}_1\left(\frac{2\xi_{GL}}{\lambda_L}\right) e^{-\xi_{GL}/\lambda_L} . \quad (13.4.56)$$

Für $\xi_{GL}/\lambda_L \ll 1$ können wir $\mathcal{K}_1(x) \simeq 1/x$ und $e^x \simeq 1$ verwenden, wodurch wir die für große κ gültige Näherung

$$B_{BL} = \frac{\Phi_0}{4\pi\xi_{GL}\lambda_L} = \frac{B_{cth}}{\sqrt{2}} \quad (13.4.57)$$

erhalten. Für Typ-II Supraleiter mit $\kappa \gg 1$ ist das Bean-Livingston Feld wesentlich größer als B_{c1}. Es stellt eine Oberflächenbarriere dar, die verhindert, dass Flusslinien in den Supraleiter bereits bei B_{c1} eindringen und hat dadurch eine wichtige praktische Bedeutung. Um die Oberflächenbarriere aber voll ausnutzen zu können, müssen die betroffenen Oberflächen auf der Längenskala λ_L glatt sein.

13.4.8 Kritische Stromdichte

13.4.8.1 Kritische Stromdichte im Meißner-Zustand

Gemäß der 2. London-Gleichung besteht überall in einem Supraleiter ein Zusammenhang zwischen der Suprastromdichte $\mathbf{J}_s$ und dem lokalen Magnetfeld $\mathbf{b}(\mathbf{r})$. Aufgrund der Feldverdrängung in der Meißner-Phase ist das Magnetfeld und damit die Suprastromdichte auf eine dünne Oberflächenschicht der Dicke λ_L begrenzt. Um die kritische Stromdichte J_c in der Meißner-Phase abzuschätzen, betrachten wir einen supraleitenden Zylinder mit Radius $R \gg \lambda_L$. Schicken wir einen Transportstrom entlang dieses Zylinders, so erzeugt dieser ein zirkulares Magnetfeld b_φ in der Ebene senkrecht zur Zylinderachse. Aufgrund der Maxwell-Gleichung $\nabla \times \mathbf{b} = \mu_0 \mathbf{J}_s$ gilt $\frac{\partial b_\varphi(r)}{\partial r} = \mu_0 J_s$. Da in der Meißner-Phase das Eigenfeld des

---

[123] C. P. Bean, J. D. Livingston, *Surface Barrier in Type-II Superconductors*, Phys. Rev. Lett. **12**, 14 (1964).

Stromes abgeschirmt wird, gilt $b_\varphi(r) = b_\varphi(R)e^{-r/\lambda_L}$ und damit $J_s = b_\varphi(R)/\mu_0\lambda_L$. Die kritische Stromdichte erreichen wir, wenn das Feld auf der Zylinderoberfläche das kritische Feld erreicht. Es gilt also

$$J_c^{\text{London}} = \frac{B_c}{\mu_0 \lambda_L}. \tag{13.4.58}$$

Diese Beziehung gilt sowohl für Typ-I als auch Typ-II Supraleiter in der Meißner-Phase, wobei $B_c = B_{\text{cth}}$ für Typ-I und $B_c = B_{c1}$ für Typ-II Supraleiter. Für Aluminium mit $B_{\text{cth}} \simeq 10$ mT und $\lambda_L \simeq 50$ nm erhalten wir $J_c^{\text{London}} \simeq 2 \times 10^{11}$ A/m^2.

Wir wollen kurz überprüfen, ob (13.4.58) in Einklang mit dem Ampèreschen Durchflutungsgesetz ist. Für einen Zylinder mit Gesamtstrom I ist das Feld auf der Zylinderoberfläche $b_\varphi(R) = \mu_0 I/2\pi R$. Setzen wir dies gleich dem kritischen Feld, so erhalten wir den kritischen Strom

$$I_c = B_c 2\pi R/\mu_0. \tag{13.4.59}$$

Diese Gleichung sieht zunächst anders aus als (13.4.58). Allerdings müssen wir für einen richtigen Vergleich die Stromdichte $J_c = I_c/A_{\text{eff}}$ bestimmen. Da der Strom nur in einer Oberflächenschicht der Breite λ_L fließt, ist $A_{\text{eff}} = 2\pi R \lambda_L$ und wir erhalten wiederum das Ergebnis (13.4.59) für die kritische Stromdichte. Unsere Überlegung zeigt, dass der kritische Strom I_c in einem Typ-I Supraleiter wegen der kleinen effektiven Fläche sehr gering sein kann. Ein Al-Zylinder mit $R = 0.5$ mm hätte nur einen kritischen Strom von etwa 30 A. Eine wesentliche Verbesserung konnten wir erzielen, indem wir den einen Zylinder in viele dünne Filamente mit Radius $R \simeq \lambda_L$ aufteilen würden. Dies entspricht der Verwendung von dünnen Filamenten in Hochfrequenzkabeln, da hier der Strom aufgrund des Skin-Effekts auch in Normalleitern nur an der Oberfläche fließt.

13.4.8.2 Paarbrechende kritische Stromdichte

Die aus der London-Theorie abgeleitete kritische Stromdichte J_c^{London} ist höher als die tatsächlich experimentell gemessene Stromdichte. Dies liegt daran, dass die London-Theorie nicht die Abnahme der Amplitude des Ordnungsparameters mit zunehmender Stromdichte berücksichtigt. In der London-Theorie wird vielmehr der Ordnungsparameter als konstant angenommen. Eine Verbesserung kann sowohl mit der Ginzburg-Landau-Theorie als auch der BCS-Theorie erreicht werden.

GL kritische Stromdichte: Ein schönes Anwendungsbeispiel der GL-Gleichungen ist die Abschätzung der kritischen Stromdichte eines dünnen Drahtes mit Durchmesser $d \ll \xi_{\text{GL}}(T)$. Da Variationen der Amplitude des Ordnungsparameters nur auf einer Längenskala $\xi_{\text{GL}}(T)$ erfolgen können, können wir annehmen, dass quer zum Draht keine Gradienten auftreten. Da ferner das Drahtmaterial homogen sein soll und an jeder Stelle des Drahtes die gleiche Stromdichte vorherrscht, können wir auch annehmen, dass längs des Drahtes keine Gradienten vorliegen. Wir können dann den Ordnungsparameter durch $|\Psi|e^{i\theta(\mathbf{r})}$ ausdrücken, womit wir aus der zweiten GL-Gleichung dann

$$\mathbf{J}_s = \frac{q_s}{m_s}|\Psi|^2 (\hbar \nabla \theta - q_s \mathbf{A}) = q_s|\Psi|^2 \mathbf{v}_s \tag{13.4.60}$$

13.4 Typ-I und Typ-II Supraleiter

erhalten. Andererseits erhalten wir aus der normierten ersten GL-Gleichung (13.3.78)

$$-\frac{\xi_{\mathrm{GL}}^2 m_s^2}{\hbar^2}\left(\frac{\hbar}{m_s}\nabla\theta - \frac{q_s}{m_s}\mathbf{A}\right)^2 |\psi| + |\psi| - |\psi|^3 = 0 \tag{13.4.61}$$

sofort

$$|\psi|^2 = \left|\frac{\Psi}{\Psi_0}\right|^2 = \left(1 - \frac{m_s^2 \xi_{\mathrm{GL}}^2 v_s^2}{\hbar^2}\right) = \left(1 - \frac{\frac{1}{2} m_s v_s^2}{|\alpha|}\right). \tag{13.4.62}$$

Der Verlauf von $|\psi|^2(v_s)$ ist in Abb. 13.31 dargestellt. Da α ja die pro Cooper-Paar gewonnene Kondensationsenergie ist, sehen wir, dass die Abnahme von $|\psi|^2$ mit v_s gerade proportional zum Verhältnis der kinetischen Energie und der Kondensationsenergie der supraleitenden Elektronen ist. Durch die zusätzliche kinetische Energie der sich bewegenden Elektronen nimmt der Ordnungsparameter ab.

Aus (13.4.62) ergibt sich für die Stromdichte $\mathbf{J}_s$ die Beziehung (siehe Abb. 13.31)

$$\mathbf{J}_s = q_s |\Psi|^2 \mathbf{v}_s = q_s |\Psi_0|^2 \left(1 - \frac{m_s^2 \xi_{\mathrm{GL}}^2 v_s^2}{\hbar^2}\right) \mathbf{v}_s. \tag{13.4.63}$$

Den Maximalwert der Stromdichte, die kritische Stromdichte J_c^{GL} des Drahtes, erhalten wir aus $\partial J_s/\partial v_s = 0$ zu

$$J_c^{\mathrm{GL}} = \frac{2}{3\sqrt{3}}\frac{\hbar q_s}{m_s \xi_{\mathrm{GL}}} q_s |\Psi_0|^2 = \frac{\Phi_0}{3\sqrt{3}\pi\mu_0 \lambda_L^2(T)\xi_{\mathrm{GL}}(T)}. \tag{13.4.64}$$

Hierbei haben wir $\Phi_0 = h/q_s$ und $\lambda_L^2(T) = m_s/\mu_0 |\Psi_0|^2 q_s^2$ verwendet. Nahe T_c erwarten wir mit den Temperaturabhängigkeiten (13.3.79) und (13.3.80) dann $J_c^{\mathrm{GL}} \propto (1 - T/T_c)^{3/2}$, was gut mit den experimentellen Befunden übereinstimmt. Mit Hilfe von Gleichung (13.3.82) können wir J_c^{GL} auch durch das thermodynamische kritische Feld ausdrücken:

$$J_c^{\mathrm{GL}} = \frac{2\sqrt{2}}{3\sqrt{3}}\frac{B_{\mathrm{cth}}}{\mu_0 \lambda_L} = 0.544 \frac{B_{\mathrm{cth}}}{\mu_0 \lambda_L}. \tag{13.4.65}$$

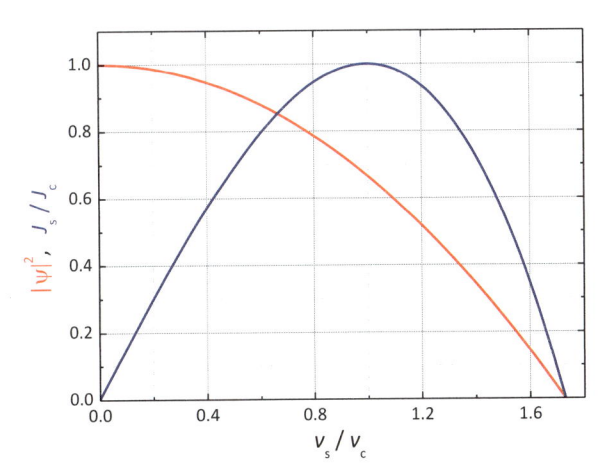

Abb. 13.31: Variation des Ordnungsparameters $|\psi|^2 = |\Psi/\Psi_0|^2 = n_s$ und der Suprastromdichte J_s mit der Geschwindigkeit v_s der supraleitenden Elektronen.

Wir sehen, dass J_c^{GL} nur etwa halb so groß wie die nach der London-Theorie erwartete kritische Stromdichte $B_{cth}/\mu_0\lambda_L$ ist. Dies liegt daran, dass die London-Theorie die Abnahme der Amplitude des Ordnungsparameters mit zunehmender Stromdichte nicht berücksichtigt.

BCS kritische Stromdichte: Schätzen wir die kritische Stromdichte eines dünnen Drahtes mit Hilfe der BCS-Theorie ab, so müssen wir die kinetische Energie aufgrund des Transportstromes mit der Energie vergleichen, die durch Bildung der Cooper-Paare gewonnen wird. Beim Erreichen der kritischen Stromdichte wird die kinetische Energie so groß, dass Cooper-Paare aufgebrochen werden können und damit die Supraleitung zerstört wird. Wir nennen die damit verbundene Stromdichte deshalb die *paarbrechende kritische Stromdichte*.

Wie wir später sehen werden [vergleiche Abschnitt 13.5.2 und (13.5.82)], erhalten wir durch die Bildung der Cooper-Paare eine mittlere Energieabsenkung um $\frac{1}{4}D(E_F)\Delta^2$, wobei $D(E_F)$ die Zustandsdichte für beide Spinrichtungen und Δ die BCS-Energielücke ist. Da diese mittlere Energieabsenkung der Kondensationsenergie $B_{cth}^2/2\mu_0$ in der GL-Theorie entspricht, können wir das thermodynamische kritische Feld formal als $B_{cth} = \sqrt{\mu_0 D(E_F)\Delta^2/2}$ schreiben. Benutzen wir den GL-Ausdruck $J_c = 0.544 B_{cth}/\mu_0\lambda_L$, können wir die BCS kritische Stromdichte zu

$$J_c^{BCS} = 0.544 \frac{\Delta}{\lambda_L}\sqrt{D(E_F)/2\mu_0} \qquad (13.4.66)$$

angeben.

Wir wollen noch darauf hinweisen, dass in der Praxis die mit obigen Formeln abgeschätzten kritischen Stromdichtewerte meist nicht erreicht werden. Dafür gibt es mehrere Gründe. Neben Materialdefekten wie Korngrenzen (diese spielen vor allem bei den Kuprat-Supraleitern eine wichtige Rolle)[124,125,126] reduziert vor allem das Eindringen und die Bewegung von Flusslinien die kritische Stromdichte beträchtlich (vergleiche hierzu Abschnitt 13.7).

13.5 Mikroskopische Theorie

Wir haben in den vorangegangenen Abschnitten gesehen, dass wir das Phänomen Supraleitung gut beschreiben können, wenn wir annehmen, dass wir im supraleitenden Zustand die Leitungselektronen durch eine makroskopische Wellenfunktion beschreiben können. Wir

---

[124] P. Chaudhari, J. Mannhart, D. Dimos, C. C. Tsuei, J. Chi, M. M. Oprysko, and M. Scheuermann, *Direct measurement of the superconducting properties of single grain boundaries in YBa$_2$Cu$_3$O$_{7-\delta}$*, Phys. Rev. Lett. **60**, 1653 (1988).

[125] R. Gross, P. Chaudhari, A. Gupta, G. Koren, *Thermally Activated Phase Slippage in High-T$_c$ Grain Boundary Josephson Junctions*, Phys. Rev. Lett. **64**, 228 (1990).

[126] R. Gross, B. Mayer, *Transport Processes and Noise in YBa$_2$Cu$_3$O$_{7-\delta}$ Grain Boundary Junctions*, Physica C **180**, 235 (1991).

13.5 Mikroskopische Theorie

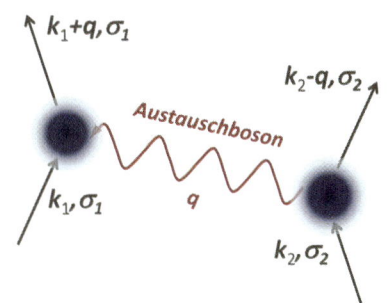

Abb. 13.32: Feynman-Diagramm des Beitrags zur Elektron-Elektron-Wechselwirkung durch Austausch eines virtuellen Phonons oder anderen Austauschbosons.

konnten aber nicht erklären, wie es zur Ausbildung einer makroskopischen, kohärenten Materiewelle in Supraleitern kommt. Hierzu müssen wir die mikroskopischen Prozesse klären, die zum supraleitenden Zustand führen.

Die Entwicklung einer mikroskopischen Theorie der Supraleitung erwies sich als enorm schwierig. Dies liegt daran, dass die Supraleitung durch Wechselwirkungen im Elektronensystem zustande kommt. Deshalb mussten für die theoretische Beschreibung der Supraleitung Konzepte entwickelt werden, die über die Einelektronen-Näherung hinausgehen. Es sei nochmals in Erinnerung gerufen, dass wir bei der Diskussion der Bandstruktur und der Dynamik von Elektronen in Festkörpern von wechselwirkungsfreien Teilchen ausgegangen sind. Die Wechselwirkung der Elektronen mit dem Gitter oder auch ihre gegenseitige Wechselwirkung konnten wir durch eine effektive Masse berücksichtigen und wir hatten es dann wieder mit quasifreien Teilchen, die nicht miteinander wechselwirken, zu tun. Dies ist bei der Behandlung der Supraleitung nicht mehr möglich.

Nach der Entwicklung der sehr erfolgreichen phänomenologischen Theorien durch **Fritz** und **Heinz London** in den 1930er Jahren sowie durch **V. L. Ginzburg** und **L. D. Landau** in den frühen 1950er Jahren, gelang es **J. Bardeen, L. N. Cooper** und **J. R. Schrieffer** erst 1957, mit der nach ihnen benannten *BCS-Theorie* eine erste mikroskopische Beschreibung der Supraleitung zu erreichen. Das Kernelement der BCS-Theorie ist eine attraktive Wechselwirkung zwischen den Leitungselektronen. Cooper konnte 1956 zeigen, dass selbst eine schwache anziehende Wechselwirkung zur Paarbildung von Leitungselektronen führen kann und damit zu einer Instabilität des Fermi-Gases der Leitungselektronen führt.[127] Bardeen, Cooper und Schrieffer entwickelten daraus eine selbstkonsistente Formulierung des supraleitenden Zustands, der durch die Kondensation von gepaarten Elektronen in einen Bosonen-artigen Grundzustand zustandekommt.[128,129] Die gepaarten Elektronen nennen wir *Cooper-Paare*.

Wechselwirkungen beschreiben wir heute allgemein mit Hilfe von Austauschbosonen, wie es in Abb. 13.32 gezeigt ist. Bardeen, Cooper und Schrieffer gingen damals von quantisierten Gitterschwingungen (Phononen) als Austauschbosonen aus. Hinweise darauf kamen aus der

---

[127] L. N. Cooper, *Bound Electron Pairs in a Degenerate Fermi Gas*, Phys. Rev **104**, 1189–1190 (1956).

[128] J. Bardeen, L. N. Cooper, J. R. Schrieffer, *Microscopic Theory of Superconductivity*, Phys. Rev. **106**, 162–164 (1957).

[129] J. Bardeen, L. N. Cooper, J. R. Schrieffer, *Theory of Superconductivity*, Phys. Rev. **108**, 1175 (1957).

Beobachtung, dass die Sprungtemperatur eines supraleitenden Elements von der Isotopenmasse der Atome und somit von der Frequenz der Gitterschwingungen abhängt.[130,131] Dieser Zusammenhang wird als *Isotopen-Effekt* bezeichnet. Ein Beispiel dafür ist in Abb. 13.33 gezeigt. Wir erkennen, dass die Sprungtemperatur T_c von Zinn proportional zur reziproken Atommasse M und damit proportional zur Frequenz der Gitterschwingungen $\omega_q \propto 1/\sqrt{M}$ der untersuchten Proben ist [vergleiche hierzu (5.2.12) und (5.2.33)]. Die genaue Art des Austauschbosons spielt aber in der BCS-Theorie keine Rolle. Neben Phononen kommen andere bosonische Anregungen in Festkörpern wie z. B. Magnonen, Polaronen, Plasmonen etc. in Frage. Während wir heute wissen, dass in den klassischen metallischen Supraleitern Phononen für die attraktive Wechselwirkung verantwortlich sind, vermitteln diese Wechselwirkung in suprafluidem ^{3}He und vermutlich auch in den supraleitenden Kupraten Spinfluktuationen.

Abb. 13.33: Sprungtemperatur von Zinn als Funktion der Isotopenmasse im logarithmischen Maßstab (nach E. Maxwell, Phys. Rev. **86**, 235 (1952); B. Serin, C. A. Reynolds, C. Lohman, Phys. Rev. **86**, 162 (1952); J. M. Lock, A. B. Pippard, D. Shoenberg, Proc. Cambridge Phil. Soc. **47**, 811 (1951)).

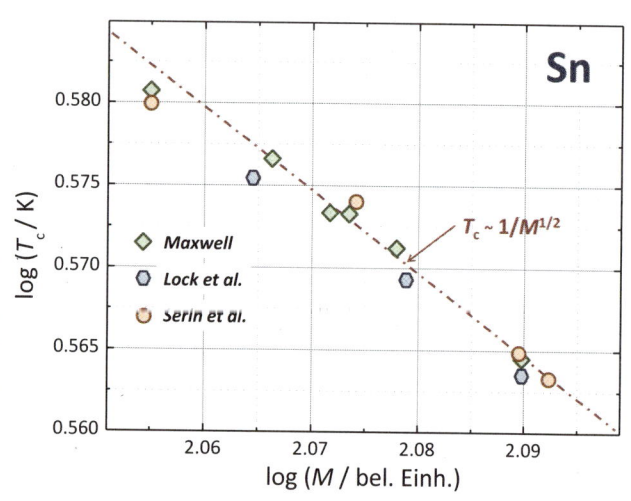

13.5.1 Attraktive Elektron-Elektron-Wechselwirkung und Cooper-Paare

Die experimentellen Befunde (perfekte elektrische Leitfähigkeit, Meißner-Effekt) ließen bereits früh vermuten, dass es sich bei dem Phänomen Supraleitung um ein Ordnungsphänomen der Leitungselektronen handelt. Welche mikroskopische Wechselwirkung aber zu diesem Ordnungsphänomen führt und wie die Ordnung der Leitungselektronen genau aussieht, blieb lange Zeit unklar. Das Problem besteht darin, dass die Leitungselektronen aufgrund des Pauli-Verbots sehr hohe Geschwindigkeiten (die Fermi-Geschwindigkeit liegt bei einigen 10^6 m/s, was etwa 1% der Lichtgeschwindigkeit beträgt) und damit hohe kinetische Energie besitzen (die Fermi-Energie liegt bei einigen eV und somit die zugehörige Fermi-Temperatur im Bereich von mehr als 10 000 K). Der Übergang in den supraleitenden Zustand

---

[130] C. A. Reynolds, B. Serin, W. H. Wright, L. B. Nesbitt, *Superconductivity of Isotopes of Mercury*, Phys. Rev. **78**, 487 (1950).

[131] E. Maxwell, *Isotope Effect in the Superconductivity of Mercury*, Phys. Rev. **78**, 477 (1950).

erfolgt dagegen bei nur wenigen Kelvin, woraus wir eine Wechselwirkungsstärke im Bereich von meV ableiten können. Das heißt, um das Phänomen Supraleitung zu erklären, müssen wir eine Wechselwirkung finden, die trotz der hohen kinetischen Energie der Leitungselektronen zu einer Ordnung im Elektronensystem führt. Anfangs hatte man gedacht, dass ein Ordnungsprozess der Leitungselektronen über die Coulomb-Wechselwirkung (Heisenberg,[132] 1947) oder magnetische Wechselwirkungen (Welker,[133] 1929) erklärt werden kann. Diese und andere Versuche[134] führten aber alle zu keiner zufriedenstellenden Erklärung der Supraleitung.

13.5.1.1 Attraktive Wechselwirkung durch Austausch virtueller Phononen

Seit 1950 war aus der Beobachtung des Isotopeneffekts bekannt, dass die Sprungtemperatur von supraleitenden Elementen von der Isotopenmasse der Atome abhängt. Dadurch wurde klar, dass das Kristallgitter eine wichtige Rolle für das Phänomen Supraleitung spielt. Von H. Fröhlich[135,136] und unabhängig davon auch von J. Bardeen[137,138] wurde deshalb Anfang der 1950er Jahre eine attraktive Wechselwirkung zwischen Leitungselektronen angegeben, die über das Kristallgitter vermittelt wird. Ausgehend von dieser Wechselwirkung schlugen dann im Jahr 1957 Bardeen, Cooper und Schrieffer die BCS-Theorie vor, die eine Vielzahl von experimentellen Befunden quantitativ auf einer mikroskopischen Basis erklären konnte.

Es stellt sich natürlich sofort die Frage, wie das Matrixelement $V(\mathbf{k}_1, \mathbf{k}_2, \mathbf{q})$ für die Streuung eines Elektrons mit Wellenvektor $\mathbf{k}_1$ nach $\mathbf{k}'_1 = \mathbf{k}_1 + \mathbf{q}$ unter simultaner Streuung eines zweiten Elektrons von $\mathbf{k}_2$ nach $\mathbf{k}'_2 = \mathbf{k}_2 - \mathbf{q}$ aussieht. Das Ergebnis ist für die reine Coulomb-Wechselwirkung gut bekannt:

$$V(\mathbf{q}) = \frac{e^2}{\epsilon_0 q^2} \,. \qquad (13.5.1)$$

Das Matrixelement ist positiv, was wir für die abstoßende Wechselwirkung von gleichnamigen Ladungen erwarten. In einem Medium müssen wir zusätzlich die dielektrische Funktion $\epsilon(\mathbf{q}, \omega)$ berücksichtigen, die sowohl vom Streuvektor $\mathbf{q}$ als auch der Frequenz $\omega = [E(\mathbf{k}') - E(\mathbf{k})]/\hbar$ abhängt. Das Matrixelement lässt sich damit schreiben als

$$V(\omega, \mathbf{q}) = \frac{e^2}{\epsilon(\mathbf{q}, \omega)\epsilon_0 q^2} \,. \qquad (13.5.2)$$

Eine frequenz- und impulsabhängige dielektrische Funktion $\epsilon(\mathbf{q}, \omega)$ ist notwendig, da sich das erste Elektron, während es von $\mathbf{k}_1$ nach $\mathbf{k}'_1$ gestreut wird, in einem Mischzustand befin-

---

[132] W. Heisenberg, *Zur Theorie der Supraleitung*, Z. Naturforschung **2a**, 185 (1947).

[133] H. Welker, *Supraleitung und magnetische Austauschwechselwirkung*, Z. Phys. **114**, 525 (1929).

[134] M. Born, K. C. Cheng, *Theory of Superconductivity*, Nature **161**, 968 und 1017 (1948).

[135] H. Fröhlich, *Theory of the Superconducting State: I. The Ground State at the Absolute Zero of Temperature*, Phys. Rev. **79**, 845 (1950).

[136] H. Fröhlich, *Interaction of Electrons with Lattice Vibrations*, Proc. Roy. Soc. London **A 215**, 291 (1952).

[137] J. Bardeen, *Wave Functions for Superconducting Electrons*, Phys. Rev. **80**, 567 (1950).

[138] J. Bardeen, D. Pines, *Electron-Phonon Interaction in Metals*, Phys. Rev. **99**, 1140 (1955).

det.[139] Dieser enthält eine oszillierende Ladungsverteilung, die durch ω und $\mathbf{q}$ charakterisiert wird. Wir sehen, dass das Medium die reine Coulomb-Wechselwirkung reduziert, indem die nackten Ladungen abgeschirmt werden. Es ist jedoch schwierig zu sehen, wie das Medium das Vorzeichen der Wechselwirkung ändern kann, um eine attraktive Wechselwirkung zu erzeugen. Offenbar können wir einen solchen Vorzeichenwechsel dadurch erhalten, indem wir $\epsilon(\mathbf{q}, \omega)$ negativ machen. Dies ist in der Tat möglich, wie wir bereits in Abschnitt 11.7.3 bei der Diskussion der Abschirmung von Gitterschwingungen in Metallen detailliert diskutiert haben. Aus der dort abgeleiteten Gleichung (11.7.70) können wir z. B. die Wechselwirkungsenergie zu

$$V(\mathbf{q}) = \frac{e^2}{\epsilon(\mathbf{q}, \omega)\epsilon_0 q^2} = \frac{e^2}{\epsilon_0(k_s^2 + q^2)}\left(1 + \frac{\widetilde{\Omega}_p^2(\mathbf{q})}{\omega^2 - \widetilde{\Omega}_p^2(\mathbf{q})}\right) \qquad (13.5.3)$$

ableiten. Hierbei ist k_s der Thomas-Fermi Wellenvektor [vergleiche (11.7.20)] und $\widetilde{\Omega}_p^2 = \Omega_p^2/[1 + (k_s^2/q^2)]$ kann als eine $\mathbf{q}$-abhängige Plasmafrequenz der abgeschirmten Ionen in einem Metall aufgefasst werden. Falls die Energiedifferenz der wechselwirkenden Elektronen klein genug ist, d. h. falls $(E_\mathbf{k} - E_{\mathbf{k}'})/\hbar = \omega < \widetilde{\Omega}_p(\mathbf{q})$, wird der Nenner in (13.5.3) negativ.

Um eine erste Idee für die gittervermittelte attraktive Elektron-Elektron-Wechselwirkung zu geben, wird häufig ein statisches Modell verwendet. In diesem Modell führt ein Elektron zu einer elastischen Verzerrung des Gitters, indem es die es umgebenden positiv geladenen Atomrümpfe anzieht. Für ein zweites Elektron stellt diese positive Ladungsanhäufung eine Potenzialmulde dar. Es wird deshalb angezogen.[140] Dieses sehr einfache Bild ist allerdings mit Vorsicht zu genießen, da es suggeriert, dass eine Paarung im Ortsraum stattfindet und dass die Paare, wenn sie einmal gebildet sind, zeitlich stabil bleiben (wie z. B. ein Wasserstoffmolekül). Dies entspricht aber nicht der Realität. Vielmehr findet eine Paarung im Impulsraum statt und die mittlere Lebensdauer eines Cooper-Paares ist sehr kurz.

Eine bessere Vorstellung können wir gewinnen, wenn wir zu einem dynamischen Modell übergehen. Dabei gehen wir davon aus, dass die Elektronen bei ihrer Bewegung durch das Kristallgitter dieses verzerren, da sie die positiven Ionenrümpfe beim Vorbeiflug anziehen (siehe Fig. 13.34a). Dadurch bildet sich in ihrer Spur eine positive Ladungswolke, die ihrerseits wiederum Elektronen anziehen kann. Das Entscheidende ist nun, dass diese positive Ladungswolke nicht instantan, sondern nur innerhalb einer Zeitskala $\tau = 1/\omega_q$ relaxieren kann, wobei ω_q die Frequenz der Gitterschwingung ist. Das Elektron gibt einem positiven Ion beim Vorbeiflug nämlich einen Kraftstoß in Richtung der Elektronenbahn, wodurch das Ion aus seiner Gleichgewichtslage ausgelenkt wird. Es dauert dann aber eine Zeit der Größenordnung τ, bis das Ion wieder in seiner Ruhelage angekommen ist.[141] Wir sehen also, dass

---

[139] Wir weisen darauf hin, dass $\epsilon(\mathbf{q}, \omega)$ komplex ist und das effektive Matrixelement für die Wechselwirkung durch Austausch virtueller Phononen durch den Realteil von (13.5.2) gegeben ist. Der Imaginärteil ist mit der Streuung an realen Phononen verknüpft.

[140] Zur Veranschaulichung wird oft eine elastische Membran verwendet, auf die man eine Kugel legt. Die durch das Gewicht der Kugel erzeugte Mulde in der Membran führt dazu, dass eine zweite Kugel in diese Mulde rollt, also von der anderen Kugel angezogen wird.

[141] Wir können dies einfach ausprobieren, indem wir an einem ruhenden Pendel vorbeilaufen und dieses im Vorbeilaufen durch einen Kraftstoß auslenken. Wir können dann noch eine beträchtliche Strecke weiterlaufen, bevor das Pendel wieder in seine Ruhelage zurückgeschwungen ist.

13.5 Mikroskopische Theorie

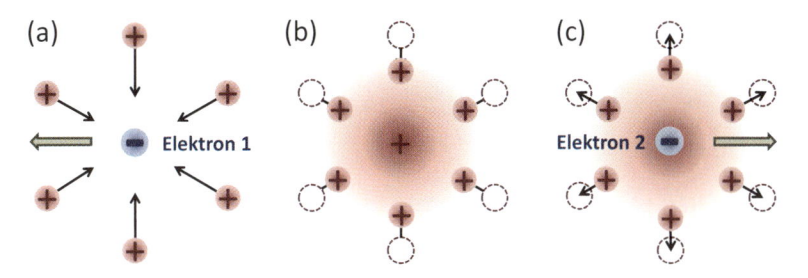

Abb. 13.34: Reaktion der positiven Ionenrümpfe in einem Metall auf die negative Ladung eines Elektrons. (a) Zum Zeitpunkt $t = 0$ zieht das Elektron die positiven Ionen Richtung Zentrum. (b) Für $0 < t < \tau$ hat sich das Elektron bereits weiterbewegt, die positive Raumladung bleibt allerdings zurück, da die Ionen nur langsam reagieren können. (c) Für $t = \tau$ ist ein zweites Elektron im Zentrum angekommen und erfährt eine Energieabsenkung aufgrund der vorhandenen positiven Raumladung. Insgesamt erhalten wir eine attraktive Elektron-Elektron Wechselwirkung.

für ein bestimmtes Zeitintervall τ die langsamen Ionen die negative Ladung des Elektrons abschirmen, obwohl sich dieses längst weiterbewegt hat (siehe Fig. 13.34b). Diesen Effekt nennt man **Überabschirmung**. Innerhalb dieses Zeitintervalls kann nun ein zweites Elektron an die gleichen Stelle gelangen und sieht dann die positive Raumladung (siehe Fig. 13.34c). Dieses zweite Elektron erfährt dadurch eine Energieabsenkung, was einer effektiven attraktiven Wechselwirkung entspricht. Wir können diese intuitive Bild auch verwenden, um die Reichweite der attraktiven Wechselwirkung abzuschätzen. Ein Elektron kann in der Zeit τ maximal die Strecke $v_F \tau$ zurücklegen. Da die Fermi-Geschwindigkeit v_F für Metalle einige 10^6 m/s beträgt und die untere Schranke von τ durch $1/\omega_D$ gegeben ist und somit im Bereich von 10^{-14} bis 10^{-13} s liegt, erhalten wir eine untere Grenze für die Laufstrecke von etwa 10–100 nm. Wir sehen, dass durch die verzögerte Reaktion der Ionen zwei wechselwirkende Elektronen weit voneinander entfernt sein können. Dies ist essentiell wichtig, da sonst die abstoßende Coulomb-Wechselwirkung dominieren würde. Aufgrund der verzögerten Reaktion der langsamen Ionen sprechen wir von einer *retardierten Wechselwirkung*.

13.5.1.2 Cooper-Paare

Nachdem wir eine anschauliche Vorstellung dafür entwickelt haben, wie eine attraktive Wechselwirkung zwischen Leitungselektronen über das Kristallgitter zustande kommen kann, müssen wir uns überlegen, wie wir das Wechselwirkungspotenzial beschreiben können und zwischen welchen Elektronen die attraktive Wechselwirkung maximal wird. Wir gehen dazu von einem Gas freier Elektronen bei $T = 0$ aus, bei dem alle Zustände bis zur Fermi-Energie $E_F = \hbar^2 k_F^2 / 2m$ besetzt sind. In einem Gedankenexperiment addieren wir nun zwei weitere Elektronen hinzu, die über das Gitter miteinander wechselwirken können. Den Wechselwirkungsprozess beschreiben wir durch den Austausch von virtuellen Phononen mit dem Wellenvektor **q**. Wir sprechen von einem virtuellen Phonon, da dieses von dem einen Elektron erzeugt und innerhalb der Zeitunschärfe $\Delta t = 1/\omega_q$ von dem anderen sofort wieder absorbiert werden muss, um die Energieerhaltung zu gewährleisten. Nach dem Austausch des virtuellen Phonons besitzen die beiden Elektronen mit ursprünglichen

Wellenvektoren $\mathbf{k}_1$ und $\mathbf{k}_2$ die Impulse

$$\mathbf{k}'_1 = \mathbf{k}_1 + \mathbf{q} \qquad \mathbf{k}'_2 = \mathbf{k}_2 - \mathbf{q} \,. \tag{13.5.4}$$

Der Gesamtimpuls

$$\mathbf{K} = \mathbf{k}_1 + \mathbf{k}_2 = \mathbf{k}'_1 + \mathbf{k}'_2 = \mathbf{K}' \tag{13.5.5}$$

bleibt erhalten. Da für $T = 0$ alle Zustände unterhalb von E_F besetzt sind, sind für die beiden zusätzlichen Elektronen nur Zustände oberhalb von E_F zugänglich. Da ferner die maximale Energie für Phononen durch $\hbar\omega_D$ gegeben ist [hierbei ist ω_D die Debye-Frequenz, vergleiche (6.1.49)], spielt sich die Wechselwirkung in einem Energiebereich zwischen E_F und $E_F + \hbar\omega_D$ ab. Der zugehörige Bereich im k-Raum entspricht einer Kugelschale mit Radius k_F und Dicke $\Delta k \simeq m\omega_D/\hbar k_F$, wobei wir $\hbar\omega \ll E_F$ angenommen haben.[142] Da wir die Impulserhaltung (13.5.4) erfüllen müssen, sind für einen vorgegebenen Gesamtwellenvektor $\mathbf{K}$ Wechselwirkungsprozesse nur für Wellenvektoren aus einem bestimmten Phasenraumvolumen möglich. Wie in Abb. 13.35 gezeigt ist, müssen die Wellenvektoren innerhalb der Schnittmenge der um $\mathbf{K}$ gegeneinander verschobenen Kugelschalen mit Breite Δk liegt. Wir sehen sofort, dass das Phasenraumvolumen für die attraktive Wechselwirkung für $\mathbf{K} = 0$ maximal wird. Die Wechselwirkung kann dann über die gesamte Fermi-Oberfläche wirksam werden. Wir können daraus folgern, dass die attraktive Elektron-Elektron-Wechselwirkung durch Austausch virtueller Phononen für Elektronenpaare mit Wellenvektoren $\mathbf{k}_1 = -\mathbf{k}_2$ optimal wird. Wir nennen solche Elektronen *Cooper-Paare* und kennzeichnen sie im Folgenden mit $(\mathbf{k}, -\mathbf{k})$.

Wir diskutieren als nächstes die Wellenfunktion eines Cooper-Paares und ihre Energieeigenwerte. Dazu setzen wir für ein Elektronenpaar aus Elektronen mit Wellenvektoren $\mathbf{k}_1 = -\mathbf{k}_2 = \mathbf{k}$ die Zweiteilchenwellenfunktion als Produkt von zwei ebenen Wellen an, das heißt, $\Psi(\mathbf{r}_1, \mathbf{r}_2) = a \exp(\imath \mathbf{k}_1 \cdot \mathbf{r}_1) \exp(\imath \mathbf{k}_2 \cdot \mathbf{r}_2) = a \exp(\imath \mathbf{k} \cdot \mathbf{r})$, wobei wir die Relativkoordinate $\mathbf{r} = \mathbf{r}_1 - \mathbf{r}_2$ benutzt haben. Wie Abb. 13.35b zeigt, werden die zu einem Paar korrelierten Elektronen ständig in neue Zustände mit anderen Wellenvektoren gestreut, die aber immer antiparallel stehen müssen. Wir setzen deshalb für die Paarwellenfunktion eine Überlagerung

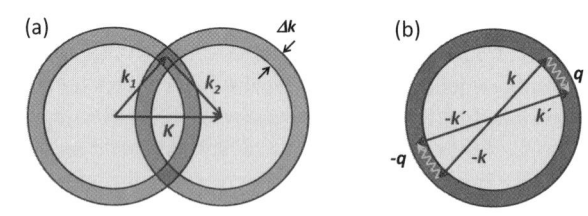

Abb. 13.35: (a) Zur Veranschaulichung der Impulserhaltung bei der Paarwechselwirkung. Die möglichen Endzustände müssen wegen der Erhaltung des Gesamtimpulses, $\mathbf{K} = \mathbf{K}'$, innerhalb der Schnittfläche der beiden farbig hinterlegten Kugelschalen der Breite Δk liegen. In drei Dimensionen ist das Schnittvolumen ein Torus. (b) Typischer Streuprozess für ein Cooper-Paar $(\mathbf{k}, -\mathbf{k})$. Für $\mathbf{K} = \mathbf{K}' = 0$ wird die Schnittfläche der beiden Kugelschalen maximal.

---

[142] Es gilt $\hbar^2 k_F^2/2m + \hbar\omega_D = \hbar^2(k_F + \Delta k)^2/2m \simeq \hbar^2(k_F^2 + 2k_F\Delta k)/2m$, woraus wir $\Delta k \simeq m\omega_D/\hbar k_F$ erhalten.

13.5 Mikroskopische Theorie

aus Produktwellenfunktionen an:

$$\Psi(\mathbf{r}_1, \mathbf{r}_2) = \sum_{k=k_\mathrm{F}}^{k_\mathrm{F}+\Delta k} a_k e^{i\mathbf{k}\cdot\mathbf{r}} .\quad (13.5.6)$$

Hierbei gibt $|a_k|^2$ die Wahrscheinlichkeit an, ein spezielles Elektronenpaar mit Wellenvektoren $(\mathbf{k}, -\mathbf{k})$ anzutreffen. Da für $T = 0$ der Wechselwirkungsbereich auf Energien zwischen E_F und $E_\mathrm{F} + \hbar\omega_D$ beschränkt ist, muss der Wellenvektor der wechselwirkenden Elektronen im Bereich zwischen k_F und $k_\mathrm{F} + \Delta k$ liegen. Elektronen mit $k < k_\mathrm{F}$ können nicht an der Wechselwirkung teilnehmen, da hier nach unserer obigen Annahme alle Zustände besetzt sind und deshalb keine Streuzustände frei sind. Wir werden später sehen, dass im Gegensatz zu dem hier gemachten Gedankenexperiment in Supraleitern selbst bei $T = 0$ die Fermi-Verteilung aufgeweicht ist, um die attraktive Wechselwirkung einer großen Zahl von Elektronen zu ermöglichen. Dazu muss zunächst die kinetische Energie des Elektronensystems erhöht werden, was aber durch den Gewinn an potenzieller Wechselwirkungsenergie überkompensiert wird.

Wir nehmen nun an, dass das Wechselwirkungspotenzial V nur von der Relativkoordinate $\mathbf{r}$ abhängt. Die Schrödinger-Gleichung für das Elektronenpaar lautet dann

$$-\frac{\hbar^2}{2m}(\nabla_1^2 + \nabla_2^2)\Psi(\mathbf{r}_1, \mathbf{r}_2) + V(\mathbf{r})\Psi(\mathbf{r}_1, \mathbf{r}_2) = E\Psi(\mathbf{r}_1, \mathbf{r}_2) .\quad (13.5.7)$$

In das Wechselwirkungspotenzial geht sowohl die abstoßende Coulomb-Wechselwirkung als auch die oben beschriebene attraktive Wechselwirkung ein. Der genaue Potenzialverlauf ist nicht bekannt, ist aber für die nun folgende Diskussion unwichtig. Um die Schrödinger-Gleichung zu lösen, setzen wir den Lösungsansatz (13.5.6) in (13.5.7) ein und multiplizieren mit $\exp(-i\mathbf{k}'\cdot\mathbf{r})$. Integrieren wir dann über das gesamte Probenvolumen Ω, so verschwindet das Integral über $\exp[i(\mathbf{k}-\mathbf{k}')\cdot\mathbf{r}]$ für $\mathbf{k} \neq \mathbf{k}'$ und ist gleich dem Probenvolumen für $\mathbf{k} = \mathbf{k}'$. Wir erhalten somit

$$\frac{\hbar^2 \mathbf{k}^2}{m} a_k \Omega + \sum_{k'=k_\mathrm{F}}^{k_\mathrm{F}+\Delta k} a_{k'} \int V(\mathbf{r}) e^{i(\mathbf{k}-\mathbf{k}')\cdot\mathbf{r}} dV = E a_k \Omega .\quad (13.5.8)$$

Benutzen wir für das Streuintegral, das die Wahrscheinlichkeit für einen Streuprozess von $\mathbf{k}$ nach $\mathbf{k}'$ angibt, die Abkürzung[143]

$$V_{k,k'} = V(\mathbf{k} - \mathbf{k}') = V(\mathbf{q})$$
$$= \frac{1}{\Omega}\int V(\mathbf{r}) e^{i(\mathbf{k}-\mathbf{k}')\cdot\mathbf{r}} dV = \frac{1}{\Omega}\int V(\mathbf{r}) e^{i\mathbf{q}\cdot\mathbf{r}} dV ,\quad (13.5.9)$$

so erhalten wir

$$\left(E - \frac{\hbar^2 \mathbf{k}^2}{m}\right) a_k = \sum_{k'=k_\mathrm{F}}^{k_\mathrm{F}+\Delta k} a_{k'} V_{k,k'} .\quad (13.5.10)$$

Um das Problem zu lösen, müssen wir die Matrixelemente $V_{k,k'}$ kennen. Ein mögliches Wechselwirkungspotenzial $V(\mathbf{q})$, das wir in Abschnitt 11.7.3 im Zusammenhang mit der

---
[143] $V_{\mathbf{k},\mathbf{k}'}$ steht für $V_{\mathbf{k}_1,\mathbf{k}_2,\mathbf{q}}$ mit $\mathbf{k}_1 = \mathbf{k}$, $\mathbf{k}_2 = -\mathbf{k}$ und $\mathbf{q} = \mathbf{k} - \mathbf{k}'$.

Abschirmung von Phononen in Metallen abgeleitet haben, ist z. B. durch (13.5.3) gegeben. Cooper nahm nun vereinfachend eine vollkommen isotrope Wechselwirkung an, so dass die Matrixelemente für das gesamte Intervall $k_F < k', k < k_F + \Delta k$ den konstanten Wert $V_{k,k'} = -V_0$ annehmen und sonst verschwinden:

$$V_{k,k'} = \begin{cases} -V_0 & \text{für} \quad k_F < k', k < k_F + \frac{m\omega_D}{\hbar k_F} \\ 0 & \text{sonst} \end{cases} \quad . \tag{13.5.11}$$

Damit vereinfacht sich Gleichung (13.5.10) zu

$$a_k = V_0 \frac{1}{\frac{\hbar^2 \mathbf{k}^2}{m} - E} \sum_{k'=k_F}^{k_F + \Delta k} a_{k'} \; . \tag{13.5.12}$$

Diesen Ausdruck können wir weiter vereinfachen, indem wir auf beiden Seiten über alle $\mathbf{k}$ aufsummieren. Da das Ergebnis nicht von der Benennung der Wellenvektoren abhängt, gilt $\sum_k a_k = \sum_{k'} a_{k'}$ und wir erhalten

$$1 = V_0 \sum_{k=k_F}^{k_F + \Delta k} \frac{1}{\frac{\hbar^2 \mathbf{k}^2}{m} - E} \; . \tag{13.5.13}$$

Wir führen nun eine Paarzustandsdichte $\widetilde{D}(E) \simeq D(E)/2$ ein und ersetzen die Summation durch eine Integration. Dabei nehmen wir an, dass die elektronische Zustandsdichte $D(E)$ (für beide Spinrichtungen) in dem schmalen Energiebereich $\hbar\omega_D \ll E_F$ gut durch die Zustandsdichte bei der Fermi-Energie $D(E_F)$ beschrieben wird. Der Faktor 1/2 resultiert aus der Tatsache, dass wir es mit Elektronenpaaren zu tun haben.[144] Benutzen wir noch die Abkürzung $\epsilon = \hbar^2 k^2 / 2m$, so können wir (13.5.13) wie folgt umschreiben:

$$1 = V_0 \frac{D(E_F)}{2} \int_{E_F}^{E_F + \hbar\omega_D} \frac{d\epsilon}{2\epsilon - E} \; . \tag{13.5.14}$$

Führen wir die Integration aus und lösen nach E auf, so erhalten wir

$$E = 2E_F - \frac{2\hbar\omega_D e^{-4/D(E_F)V_0}}{1 - e^{-4/D(E_F)V_0}} \; . \tag{13.5.15}$$

Für den Fall einer schwachen Wechselwirkung $D(E_F)V_0 \ll 1$ (wir werden später sehen, dass typischerweise $D(E_F)V_0 \sim 0.1$) können wir diesen Ausdruck vereinfachen zu:[145]

$$E \simeq 2E_F - 2\hbar\omega_D e^{-4/D(E_F)V_0} \; . \tag{13.5.16}$$

---

[144] Wir möchten darauf hinweisen, dass $D(E_F)$ die Zustandsdichte pro Energieintervall für beide Spinrichtungen ist. In manchen Lehrbüchern wird auch die Zustandsdichte $N(E_F) = D(E_F)/2$ für eine Spin-Richtung benutzt. In diesem Fall ist die Paarzustandsdichte gerade durch $N(E_F)$ gegeben.

[145] Wir haben in unserem Gedankenexperiment angenommen, dass alle Zustände unterhalb von E_F besetzt und deshalb nicht für Streuprozesse zugänglich sind. In manchen Lehrbüchern wird dagegen angenommen, dass für die Streuprozesse alle Zustände im Energieintervall $\pm\hbar\omega_D$ um die Fermi-Energie zugänglich sind. Dann muss die Integration in (13.5.14) von $E_F - \hbar\omega_D$ bis $E_F + \hbar\omega_D$ erfolgen und wir erhalten in dem Exponentialterm $2/D(E_F)V_0$ statt $4/D(E_F)V_0$. Wir werden später in der Tat sehen, dass im Supraleiter selbst bei $T = 0$ die Fermi-Verteilung aufgeweicht ist und somit auch bei $T = 0$ Zustände unterhalb von E_F für die Paarwechselwirkung zur Verfügung stehen.

Wir sehen, dass die Energie der wechselwirkenden Elektronen kleiner als $2E_F$ ist. Das bedeutet, dass wir einen gebundenen Zweielektronenzustand (Cooper-Paar) erhalten haben. Wir haben in unserem Gedankenexperiment nur zwei Elektronen betrachtet, die wir dem System bei $T = 0$ zugeführt haben. Wir werden später sehen, dass in Wirklichkeit alle Elektronen in einem bestimmten Energieintervall um E_F miteinander in Wechselwirkung stehen. Dies führt zur Ausbildung von Paarzuständen, deren Energie gegenüber der Energie der freien Elektronen abgesenkt ist. Dadurch wird das Gas der wechselwirkungsfreien Elektronen instabil gegenüber Paarbildung. Diese Instabilität verursacht einen Übergang in einen neuen Grundzustand des Elektronensystems, den so genannten **BCS-Grundzustand**, dessen Eigenschaften wir im nächsten Abschnitt diskutieren werden.

Die Bindungsenergie der Cooper-Paare wird außer durch die Wechselwirkungsstärke V_0 durch die maximale Energie $\hbar\omega_D$ der Phononen bestimmt. Da $\hbar\omega_D \ll E_F$ und außerdem $1/D(E_F)V_0$ ebenfalls meist wesentlich kleiner als eins ist, wird sofort klar, dass die Übergangstemperaturen von klassischen Supraleitern niedrig sind. Die Wellenfunktion (13.5.6) eines Cooper-Paares enthält eine Überlagerung von Wellenvektoren aus dem Bereich $k_F < k < k_F + \Delta k$, so dass wir ihm keinen definierten Wellenvektor mehr zuordnen können. Der Ausdruck (13.5.12) für die Wichtungsamplituden a_k zeigt allerdings, dass diejenigen Zustände das größte Gewicht besitzen, deren kinetische Energie ϵ vergleichbar mit E_F ist, also Elektronen bei der Fermi-Energie. Wir wollen noch darauf hinweisen, dass die oben geführte Diskussion auch für andere Austauschbosonen gilt. Wir müssen nur die für Phononen geltende Energieskala $\hbar\omega_D$ durch die charakteristische Energieskala des neuen Austauschbosons ersetzen und die Wechselwirkung $V_{k,k'}$ entsprechend wählen.

Wir haben oben bereits erwähnt, dass wir die untere Grenze für die Reichweite der attraktiven Wechselwirkung in Metallen zu $v_F \tau = v_F/\omega_D \simeq 10$–$100$ nm abschätzen können. Das gleiche Ergebnis erhalten wir aus der Unschärferelation. Aus $\Delta x \Delta k > 1$ folgt mit $\Delta k < m\omega_D/\hbar k_F = \omega_D/v_F$ sofort $\Delta x \simeq 1/\Delta k < v_F/\omega_D$. Wir können daraus folgern, dass die Cooper-Paare in klassischen metallischen Supraleitern eine charakteristische „Größe" besitzen, deren untere Schranke zwischen 10 und 100 nm liegt. Dies gilt auch für die Ginzburg-Landau Kohärenzlänge ξ_{GL}, da sich die Dichte der Cooper-Paare ja nicht auf einer Längenskala ändern kann, die wesentlich kleiner als die Ausdehnung der Paare selbst ist. Die Tatsache, dass die „Größe" eines Cooper-Paares mindestens im Bereich zwischen 10 und 100 nm liegt, macht sofort deutlich, dass sich bei einer Elektronendichte von typischerweise 10^{22} bis 10^{23} cm^{-3} in Metallen innerhalb des Volumens eines Cooper-Paares eine enorm hohe Zahl von typischerweise weit mehr als 1 Million weiterer Cooper-Paare befindet. Dies ist in Abb. 13.36 schematisch veranschaulicht. Wir können uns leicht vorstellen, dass sich aufgrund dieses starken Überlapps ein kohärenter Vielteilchenzustand aller Cooper-Paare ausbildet.

13.5.1.3 Symmetrie der Paarwellenfunktion

Für Fermionen muss die Gesamtwellenfunktion $\Psi(\mathbf{r}_1, \mathbf{r}_2)\chi(\sigma_1, \sigma_2)$, die neben dem Ortanteil $\Psi(\mathbf{r}_1, \mathbf{r}_2)$ auch den Spin-Anteil $\chi(\sigma_1, \sigma_2)$ enthält, antisymmetrisch sein:

$$\Psi(\mathbf{r}_1, \sigma_1, \mathbf{r}_2, \sigma_2) = \frac{1}{\sqrt{V}} e^{i\mathbf{K}_s \cdot \mathbf{R}} f(\mathbf{r}_1 - \mathbf{r}_2)\chi(\sigma_1, \sigma_2) = -\Psi(\mathbf{r}_2, \sigma_2, \mathbf{r}_1, \sigma_1). \quad (13.5.17)$$

Abb. 13.36: Zur räumlichen Überlappung der Cooper-Paare. Aufgrund des großen Volumens eines einzelnen Cooper-Paares, dargestellt durch einen Kreis, der eine bläuliche Elektronenwolke enthält, befinden sich innerhalb des Volumens, das ein Cooper-Paar einnimmt, eine sehr große Zahl von weiteren Cooper-Paaren. Für klassische metallische Supraleiter liegt diese Zahl weit oberhalb von 10^6.

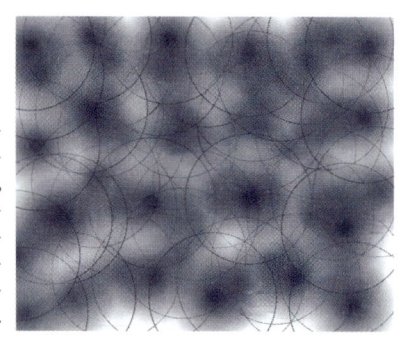

Hierbei haben wir den Ortsanteil in eine Schwerpunkts- und Relativ- oder Orbitalbewegung aufgespalten. Es gilt $\mathbf{R} = (\mathbf{r}_1 + \mathbf{r}_2)/2$, $\mathbf{r} = \mathbf{r}_1 - \mathbf{r}_2$, $\mathbf{K}_S = (\mathbf{k}_1 + \mathbf{k}_2)/2$ und $\mathbf{k} = \mathbf{k}_1 - \mathbf{k}_2$ und wir nehmen $\mathbf{K}_S = 0$ an. Zu einer symmetrischen Orbitalfunktion gehört eine antisymmetrische Spin-Funktion und umgekehrt. Wenn wir die Elektronenspins $\mathbf{s}_1 = \mathbf{s}_2 = \frac{1}{2}$ und ihre Projektionen σ_1, σ_2 zu einem Gesamtspin $\mathbf{S}$ mit magnetischer Quantenzahl m_s koppeln, erhalten wir

$$\mathbf{S} = \begin{cases} 0, & m_s = 0 \quad \chi^s = \frac{1}{\sqrt{2}}(\uparrow\downarrow - \downarrow\uparrow) \quad \text{(Singulett-Paarung)} \\ 1, & m_s = \begin{cases} -1 & =\downarrow\downarrow \\ 0 & \chi^a = \frac{1}{\sqrt{2}}(\uparrow\downarrow + \downarrow\uparrow) \quad \text{(Triplett-Paarung)} \\ +1 & =\uparrow\uparrow \end{cases} \end{cases}. \quad (13.5.18)$$

Der Spin-Anteil ist antisymmetrisch für Singulett-Paarung und symmetrisch für Triplett-Paarung. Dies erfordert, dass die zugehörige Orbitalfunktion gerade symmetrisch bzw. antisymmetrisch ist. Deshalb können wir die Orbitalwellenfunktion durch die orbitalen Quantenzahlen $L = 0, 2, \ldots$ für Singulett-Paarung bzw. $L = 1, 3, \ldots$ für Triplett-Paarung klassifizieren. Die zugehörige Paarung können wir dann als s-, d-, ... wellenartig bzw. p-, f-, ... wellenartig bezeichnen. Insgesamt erhalten wir

Singulett-Paarung:	$S = 0$	$L = 0, L = 2\, L = 4 \ldots$ (13.5.19)
Triplett-Paarung:	$S = 1$	$L = 1, L = 3\, L = 5 \ldots$. (13.5.20)

In Abb. 13.37 sind die räumlichen Strukturen einer s-, p- und d-Ortswellenfunktion gezeigt.

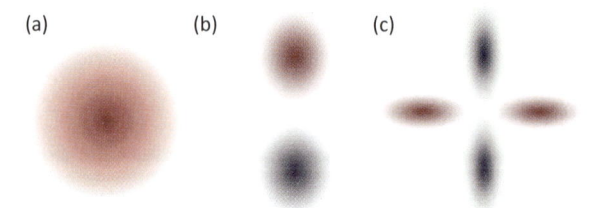

Abb. 13.37: Schematische Darstellung der Symmetrie des Orbitalanteils verschiedener Paarwellenfunktionen: (a) s-Wellensymmetrie ($L = 0$), (b) p-Wellensymmetrie ($L = 1$) und (c) d-Wellensymmetrie ($L = 2$). Die Farben entsprechen unterschiedlichen Vorzeichen bzw. einer Phasenänderung von π.

13.5 Mikroskopische Theorie

Mit der oben gemachten Annahme $V_{k,k'} = -V_0$ hängt die Wechselwirkung nur vom Betrag von $\mathbf{k}$ ab, weshalb der Bahnanteil der Wellenfunktion isotrop, also symmetrisch sein muss. Der Spin-Anteil der Wellenfunktion muss somit antisymmetrisch sein. Dies wird durch einen Spin-Singulett-Zustand ($\mathbf{S} = 0$) erfüllt, bei dem die Spins der beiden Elektronen anti-parallel stehen. Dadurch können wir das Cooper-Paar im einfachsten Fall durch die Quantenzahlen

$$(\mathbf{k}\uparrow, -\mathbf{k}\downarrow) \qquad \text{Spin-Singulett Cooper-Paar } (L = 0,\ S = 0) \qquad (13.5.21)$$

vollständig charakterisieren. Da der Gesamtspin der Spin-Singulett Cooper-Paare null ist, verhalten sich die Cooper-Paare ähnlich wie Bosonen und können deshalb einen gemeinsamen quantenmechanischen Zustand einnehmen. Fermionen ist dies ja aufgrund des Pauli-Verbots nicht möglich. Dies wird im Zusammenhang mit der Diskussion des BCS-Grundzustands wichtig werden.

Wir wollen an dieser Stelle darauf hinweisen, dass die Wechselwirkung $V_{k,k'}$ in vielen Supraleitern mehr oder weniger stark von der Richtung von $\mathbf{k}$ abhängt und daher andere Symmetrien des Ordnungsparameters bevorzugt werden. So besitzt zum Beispiel für die Kuprat-Supraleiter der Bahnanteil eine symmetrische d-Wellenfunktion ($L = 2$) und der Spin-Anteil deshalb einen antisymmetrischen Spin-Singulett ($S = 0$) Zustand. Für ^{3}He, die so genannten Schwere-Fermionen Supraleiter und einige oxidische Supraleiter besitzt der Ortsanteil eine antisymmetrische p-Wellenfunktion ($L = 1$), weshalb der Spin-Anteil symmetrisch sein muss. Es liegen dann Triplett-Paare ($S = 1$) mit parallelem Spin vor. Für Ortswellenfunktionen mit $L > 0$ verschwindet im Gegensatz zu $L = 0$ die Aufenthaltswahrscheinlichkeit für die Relativkoordinate $\mathbf{r} = 0$. Das heißt, die Elektronen eines Paares gehen sich im Ortsraum aus dem Weg. Dies ist dann energetisch günstig, wenn eine starke kurzreichweitige Abstoßung existiert.

13.5.2 Der BCS-Grundzustand

Wir haben im vorangegangenen Abschnitt gezeigt, dass die attraktive Wechselwirkung zwischen den Leitungselektronen zu Cooper-Paaren führt, deren Energie unterhalb von E_F liegt. Wir müssen jetzt noch den Gesamtzustand des Systems analysieren. Dies ist wesentlich aufwändiger, da wir jetzt nicht mehr nur ein einzelnes Cooper-Paar, sondern die Gesamtheit aller Elektronen betrachten müssen. Wir erwarten anschaulich, dass die Paarbildung im Elektronensystem so lange weitergeht, bis sich der Fermi-See so stark geändert hat, dass die Bindungsenergie von weiteren Cooper-Paaren gegen null geht. Die theoretische Beschreibung des Gesamtsystems ist relativ schwierig und wir wollen deshalb hier nicht alle mathematischen Details, sondern nur die wesentlichen Grundzüge präsentieren. Die Vorgehensweise ist anschaulich klar. Wir müssen zuerst einen geeigneten Ansatz für die Vielteilchenwellenfunktion finden und dann die darin auftretenden Koeffizienten durch Minimieren (z. B. mit Hilfe einer Variationsrechnung) des mit Hilfe dieses Ansatzes bestimmten Erwartungswerts der Grundzustandsenergie ermitteln.

13.5.2.1 Schreibweise der 2. Quantisierung

Bevor wir den BCS-Grundzustand beschreiben, führen wir kurz die dabei verwendete Schreibweise der zweiten Quantisierung ein. Der *Erzeugungsoperator* $c^\dagger_{\mathbf{k},\sigma}$ erzeugt ein Elektron im Zustand $\mathbf{k}$ mit Spin σ, der *Vernichtungsoperator* $c_{\mathbf{k},\sigma}$ vernichtet ein Elektron im Zustand $\mathbf{k}$ mit Spin σ.[146] Der Operator (vergleiche hierzu Anhang G.2)

$$\sum_{\mathbf{k},\mathbf{k}',\sigma_1,\sigma_2} V_{\mathbf{k},\mathbf{k}'} \underbrace{c^\dagger_{\mathbf{k},\sigma_1} c^\dagger_{-\mathbf{k},\sigma_2}}_{P^\dagger_\mathbf{k}} \underbrace{c_{-\mathbf{k}',\sigma_2} c_{\mathbf{k}',\sigma_1}}_{P_{\mathbf{k}'}} \tag{13.5.26}$$

beschreibt in dieser Notation die Streuung eines Elektrons aus dem Zustand $(\mathbf{k}'\sigma_1, -\mathbf{k}'\sigma_2)$ in den Zustand $(\mathbf{k}\sigma_1, -\mathbf{k}\sigma_2)$, wobei das attraktive Zweiteilchen-Streumatrixelement $V_{\mathbf{k},\mathbf{k}'}$ nur für Wellenvektoren $\mathbf{k}$ und $\mathbf{k}'$ innerhalb einer dünnen Schale um die Fermi-Fläche endlich sein soll. Die Operatoren $P^\dagger_\mathbf{k}$ und $P_\mathbf{k}$ sind der Paarerzeugungs- und Paarvernichtungsoperator. Aufgrund der attraktiven Elektron-Elektron-Wechselwirkung gibt es eine spontane Paarbildung unterhalb der Sprungtemperatur T_c, die wir mit dem statistischen Mittelwert

$$g_{\mathbf{k}\sigma_1\sigma_2} \equiv \langle c_{-\mathbf{k}\sigma_2} c_{\mathbf{k}\sigma_1} \rangle \neq 0 \,; \qquad g^\dagger_{\mathbf{k}\sigma_1\sigma_2} \equiv \langle c^\dagger_{\mathbf{k}\sigma_1} c^\dagger_{-\mathbf{k}\sigma_2} \rangle \neq 0 \tag{13.5.27}$$

beschreiben können. Die Mittelwerte $g_{\mathbf{k}\sigma_1\sigma_2}$ und $g^\dagger_{\mathbf{k}\sigma_1\sigma_2}$ sind im thermischen Gleichgewicht nur dann ungleich null, wenn gleichzeitig die Zustände $\mathbf{k}\sigma_1$ und $-\mathbf{k}\sigma_2$ besetzt bzw. nicht besetzt sind, wenn also Paarkorrelationen existieren. Die Größe wird deshalb als *Paaramplitude* bezeichnet. Da die Paare aus Fermionen aufgebaut sind, erfordert das Pauli-Prinzip, dass die Paaramplitude antisymmetrisch gegen Vertauschung der Spins σ_1, σ_2 und Wellenvektoren $\mathbf{k}_1, \mathbf{k}_2$ ist:

$$g_{-\mathbf{k}\sigma_2\sigma_1} = -g_{\mathbf{k}\sigma_1\sigma_2} \,. \tag{13.5.28}$$

Der Spin-Anteil von $g_{\mathbf{k}\sigma_1\sigma_2}$ erlaubt uns die Unterscheidung zwischen Singulett- und Triplett-Paarung. Dies erfordert, dass $g_{\mathbf{k}\sigma_1\sigma_2}$ gerade bzw. ungerade Parität hinsichtlich der Operation $\mathbf{k} \to -\mathbf{k}$ besitzt. Da die Größe $g_{\mathbf{k}\sigma_1\sigma_2}$ im Normalzustand null ist und unterhalb von T_c

---

[146] Es gilt

$$c^\dagger_{\mathbf{k},\sigma}|0\rangle = |1\rangle, \qquad c_{\mathbf{k},\sigma}|0\rangle = 0, \qquad c^\dagger_{\mathbf{k},\sigma}|1\rangle = 0, \qquad c_{\mathbf{k},\sigma}|1\rangle = |0\rangle \tag{13.5.22}$$

und es gelten folgende Vertauschungsrelationen:

$$\begin{aligned}
\{c_{\mathbf{k},\sigma} c^\dagger_{\mathbf{k}',\sigma'}\} &\equiv c_{\mathbf{k},\sigma} c^\dagger_{\mathbf{k}',\sigma'} + c^\dagger_{\mathbf{k}',\sigma'} c_{\mathbf{k},\sigma} = \delta_{\mathbf{k}\mathbf{k}'} \delta_{\sigma\sigma'} \\
\{c_{\mathbf{k},\sigma} c_{\mathbf{k}',\sigma'}\} &= \{c^\dagger_{\mathbf{k},\sigma} c^\dagger_{\mathbf{k}',\sigma'}\} = 0 \\
[P_\mathbf{k}, P_{\mathbf{k}'}] &= 0 \qquad [P^\dagger_\mathbf{k}, P^\dagger_{\mathbf{k}'}] = 0 \\
[P_\mathbf{k}, P^\dagger_{\mathbf{k}'}] &= \delta_{\mathbf{k}\mathbf{k}'}(1 - n_{\mathbf{k},\sigma_1} - n_{-\mathbf{k},\sigma_2}) \,.
\end{aligned} \tag{13.5.23}$$

Für den Teilchenzahloperator $n_{\mathbf{k},\sigma}$ gilt

$$c^\dagger_{\mathbf{k},\sigma} c_{\mathbf{k},\sigma} = n_{\mathbf{k},\sigma} \qquad c_{\mathbf{k},\sigma} c^\dagger_{\mathbf{k},\sigma} = 1 - n_{\mathbf{k},\sigma} \tag{13.5.24}$$

und das Pauli-Prinzip erfordert

$$c^\dagger_{\mathbf{k},\sigma} c^\dagger_{\mathbf{k},\sigma} = 0 \qquad c_{\mathbf{k},\sigma} c_{\mathbf{k},\sigma} = 0 \,. \tag{13.5.25}$$

kontinuierlich ansteigt, können wir sie als Ordnungsparameter betrachten. Alternativ wird häufig die Größe

$$\Delta_{\mathbf{k}\sigma_1\sigma_2} \equiv -\sum_{\mathbf{k}'} V_{\mathbf{k},\mathbf{k}'} g_{\mathbf{k}'\sigma_1\sigma_2} \; ; \qquad \Delta^\dagger_{\mathbf{k}'\sigma_1\sigma_2} \equiv -\sum_{\mathbf{k}} V_{\mathbf{k},\mathbf{k}'} g^\dagger_{\mathbf{k}\sigma_1\sigma_2} \qquad (13.5.29)$$

verwendet, die wir als **Paarpotenzial** bezeichnen. Sie gibt den statistischen Mittelwert der Paarwechselwirkung (13.5.26) an.

13.5.2.2 BCS-Vielteilchenwellenfunktion

Nachdem wir gesehen haben, dass wir den supraleitenden Zustand phänomenologisch sehr gut mit einer makroskopischen Wellenfunktion $\psi(\mathbf{r},t) = \psi_0(\mathbf{r},t)e^{i\theta(\mathbf{r},t)}$ [vergleiche (13.3.11)], also mit einem kohärenten Vielteilchenzustand beschreiben können, ist es naheliegend, einen kohärenten Zustand zur Beschreibung der supraleitenden Elektronen zu konstruieren. Für Bosonen wäre dies einfach. Es ist bekannt, dass wir für Bosonen einen idealen kohärenten Zustand als Überlagerung von Zuständen verschiedener Teilchenzahl konstruieren können. In der so genannten Fock-Raum-Schreibweise (nach Wladimir Alexandrowitsch Fock) ergibt sich der kohärente Zustand $|\alpha\rangle$ als unendliche Linearkombination von Zuständen $|\phi_n\rangle = \frac{1}{\sqrt{n!}}(a^\dagger)^n|0\rangle$ fester Teilchenzahl (Fock-Zustände) zu[147]

$$|\alpha\rangle = e^{-\frac{|\alpha^2|}{2}} \sum_{n=0}^{\infty} \frac{\alpha^n}{\sqrt{n!}} |\phi_n\rangle = e^{-\frac{|\alpha^2|}{2}} \sum_{n=0}^{\infty} \frac{(\alpha a^\dagger)^n}{n!} |0\rangle = e^{-\frac{|\alpha^2|}{2}} e^{(\alpha a^\dagger)} |0\rangle , \qquad (13.5.30)$$

wobei $a^\dagger$ der Erzeugungsoperator, $|0\rangle$ der Vakuumzustand und $\alpha = |\alpha|e^{i\varphi}$ eine komplexe Zahl ist. Der durch (13.5.30) beschriebene kohärente Zustand wurde von **Erwin Schrödinger** bereits 1926 entdeckt,[148] als er nach einem Zustand des quantenmechanischen harmonischen Oszillators suchte, der dem des klassischen harmonischen Oszillators entspricht, und wurde später von **Roy J. Glauber** auf den Fock-Raum übertragen.[149] Die Wahrscheinlichkeit für eine Besetzung von genau n Teilchen ist gegeben durch

$$P(n) = |\langle \phi_n|\alpha\rangle|^2 = \frac{|\alpha|^{2n}}{n!} e^{-|\alpha|^2} , \qquad (13.5.31)$$

entspricht also einer Poisson-Verteilung. Demnach ist $N = |\alpha|^2$ der Erwartungswert der Besetzungszahl des kohärenten Zustandes und es gilt ferner $\Delta N/N = 1/\sqrt{N}$ und $\Delta N \cdot \Delta\varphi \geq \frac{1}{2}$. Der durch (13.5.30) gegebene kohärente Zustand kann für die Beschreibung von kohärenten bosonischen Vielteilchenzuständen wie Laserlicht oder Bose-Einstein-Kondensaten verwendet werden. Wollen wir einen ähnlichen Zustand für die Beschreibung der supraleitenden Elektronen verwenden, so stellt sich die Frage, wie wir einen kohärenten Zustand aus den fermionischen Wellenfunktionen der Elektronen aufbauen können. Es war ein wesentliches Verdienst von Schrieffer, einen solchen Zustand zu konstruieren.

---

[147] C. Cohen-Tannoudji, B. Diu, F. Laloë, *Quantenmechanik*, Band 1 und 2, Walter de Gruyter, Berlin (2007).

[148] E. Schrödinger, *Der stetige Übergang von der Mikro- zur Makromechanik*, Die Naturwissenschaften **14**, 664-666 (1926).

[149] R. J. Glauber, *Coherent and Incoherent States of the Radiation Field*, Phys. Rev. **131**, 2766-2788 (1963).

Um einen Zustand ähnlich zu (13.5.30) zu erzeugen, brauchen wir noch die Eigenschaften von Potenzen der Paarerzeuger. Es gilt

$$P_{\mathbf{k}}^{\dagger} P_{\mathbf{k}}^{\dagger} = \left(P_{\mathbf{k}}^{\dagger}\right)^2 = c_{\mathbf{k},\sigma_1}^{\dagger} c_{-\mathbf{k},\sigma_2}^{\dagger} c_{\mathbf{k},\sigma_1}^{\dagger} c_{-\mathbf{k},\sigma_2}^{\dagger} = -c_{\mathbf{k},\sigma_1}^{\dagger} c_{\mathbf{k},\sigma_1}^{\dagger} c_{-\mathbf{k},\sigma_2}^{\dagger} c_{-\mathbf{k},\sigma_2}^{\dagger} = 0 \,, \qquad (13.5.32)$$

Wir sehen, dass eine Vertauschung von $c_{-\mathbf{k},\sigma_2}^{\dagger} c_{\mathbf{k},\sigma_1}^{\dagger}$ ein Minuszeichen erzeugt und deshalb eine Serie von zwei gleichen Erzeugern, die auf den Grundzustand wirken, null ergibt. Wenden wir dies zusammen mit den Vertauschungsrelationen für die Paarerzeuger an, so können wir einen zu (13.5.30) analogen kohärenten Zustand wie folgt schreiben:

$$|\Psi_{\text{BCS}}\rangle = c_1 \exp\left(\sum_{\mathbf{k}} \alpha_{\mathbf{k}} P_{\mathbf{k}}^{\dagger}\right) |0\rangle = c_2 \prod_{\mathbf{k}} \exp\left(\alpha_{\mathbf{k}} P_{\mathbf{k}}^{\dagger}\right) |0\rangle = c_2 \prod_{\mathbf{k}} \left(1 + \alpha_{\mathbf{k}} P_{\mathbf{k}}^{\dagger}\right) |0\rangle \,.$$

$$(13.5.33)$$

Hierbei haben wir für die letzte Umformung ausgenutzt, dass alle Potenzen von $P_{\mathbf{k}}^{\dagger}$ höher als eins verschwinden. Die Normierungsbedingung

$$\langle \Psi_{\text{BCS}}^{*} | \Psi_{\text{BCS}} \rangle = 1 = c_2 \langle 0 | \prod_{\mathbf{k}} \left(1 + \alpha_{\mathbf{k}}^{*} P_{\mathbf{k}}\right) \left(1 + \alpha_{\mathbf{k}} P_{\mathbf{k}}^{\dagger}\right) |0\rangle \qquad (13.5.34)$$

können wir erfüllen, wenn alle einzelnen Faktoren eins ergeben:

$$1 = c_2 \langle 0 | \left(1 + \alpha_{\mathbf{k}}^{*} P_{\mathbf{k}}\right) \left(1 + \alpha_{\mathbf{k}} P_{\mathbf{k}}^{\dagger}\right) |0\rangle = c_2^2 \left(1 + |\alpha_{\mathbf{k}}|^2\right) \,. \qquad (13.5.35)$$

Damit erhalten wir den BCS-Grundzustand zu

$$|\Psi_{\text{BCS}}\rangle = \prod_{\mathbf{k}} \left(u_{\mathbf{k}} + v_{\mathbf{k}} c_{\mathbf{k}\uparrow}^{\dagger} c_{-\mathbf{k}\downarrow}^{\dagger}\right) |0\rangle \qquad (13.5.36)$$

mit

$$u_{\mathbf{k}} = \frac{1}{\sqrt{1 + |\alpha_{\mathbf{k}}|^2}} \,, \qquad v_{\mathbf{k}} = \frac{\alpha_{\mathbf{k}}}{\sqrt{1 + |\alpha_{\mathbf{k}}|^2}} \,. \qquad (13.5.37)$$

Die Größen $|u_{\mathbf{k}}|^2$ bzw. $|v_{\mathbf{k}}|^2$, die üblicherweise als **Kohärenzfaktoren** bezeichnet werden, geben die Wahrscheinlichkeiten dafür an, dass ein Paarzustand mit Wellenvektor $\mathbf{k}$ unbesetzt bzw. besetzt ist. Die Größen $u_{\mathbf{k}}$ und $v_{\mathbf{k}}$ sind komplexe Wahrscheinlichkeitsamplituden mit Amplitude und Phase und es gilt

$$|u_{\mathbf{k}}|^2 + |v_{\mathbf{k}}|^2 = 1 \,. \qquad (13.5.38)$$

Die Wellenfunktion (13.5.36) stellt eine kohärente Superposition von Zuständen mit $0, 1, 2, 3, \ldots$ Elektronenpaaren dar. Das heißt, wir haben einen Zustand konstruiert, für den nur die mittlere Teilchenzahl festgelegt ist.

Da wir es mit einem System mit fester Teilchenzahl zu tun haben, ist es zunächst verwunderlich, dass ein Zustand, für den nur die mittlere Teilchenzahl festgelegt ist, eine gute Beschreibung ist. Die allgemeinste Form, wie wir eine N-Elektronen-Wellenfunktion unter Berücksichtigung der Paarkorrelationen aus Eigenfunktionen des Impulsoperators aufbauen können, lautet

$$|\Psi_N\rangle = \sum g(\mathbf{k}_i, \ldots, \mathbf{k}_l) c_{\mathbf{k}_i\uparrow}^{\dagger} c_{-\mathbf{k}_i\downarrow}^{\dagger} \cdots c_{\mathbf{k}_l\uparrow}^{\dagger} c_{-\mathbf{k}_l\downarrow}^{\dagger} |0\rangle \,. \qquad (13.5.39)$$

13.5 Mikroskopische Theorie

Hierbei kennzeichnen $\mathbf{k}_i$ und $\mathbf{k}_l$ den ersten und letzten der M Wellenvektoren, die für einen bestimmten Term in der Summe besetzt sind. Die Größe g gibt das Gewicht an, mit der das Produkt dieses Satzes von $N/2$ Paarerzeugungsoperatoren eingeht. Die Summe läuft über alle $\mathbf{k}$-Werte. Das Problem besteht nun darin, dass die Zahl der Realisierungsmöglichkeiten der $N/2$ Paarzustände (wir verteilen $N/2$ Teilchen auf M verfügbare Zustände)

$$\frac{M!}{[M-(N/2)]!(N/2)!} \approx 10^{10^{20}} \tag{13.5.40}$$

so hoch ist, dass es hoffnungslos ist, alle Gewichtsfaktoren g zu bestimmen.

Bardeen, Cooper und Schrieffer argumentierten deshalb, dass es bei der vorliegenden großen Teilchenzahl N eine gute Näherung wäre, eine *Molekularfeld-Beschreibung* zu verwenden. Dabei wird angenommen, dass die Besetzungswahrscheinlichkeit eines Zustandes $\mathbf{k}$ nur von der *mittleren Besetzungswahrscheinlichkeit* der anderen Zustände abhängt. Da dadurch die Besetzungswahrscheinlichkeiten nur statistisch behandelt werden, gibt man die Forderung auf, dass die Teilchenzahl genau N sein muss. Nur die mittlere Teilchenzahl $\overline{N}$ ist festgelegt. Dies stellt allerdings kein Problem dar, da die relative Schwankung der Teilchenzahl, $\Delta N/\overline{N} \simeq 1/\sqrt{\overline{N}}$, aufgrund der Größe von $\overline{N}$ sehr klein ist. Für $\overline{N} \simeq 10^{22}$ ist $\Delta N/\overline{N} \simeq 10^{-11}$.

Es wurde später von **P. W. Anderson**[150,151] gezeigt, dass der N-Teilchenanteil des BCS-Grundzustands leicht herausprojiziert werden kann, indem man den Paarerzeugern einen beliebigen Phasenfaktor $e^{i\varphi}$ zuordnet:

$$|\Psi_\varphi\rangle = \prod_{\mathbf{k}} (|u_{\mathbf{k}}| + |v_{\mathbf{k}}|e^{i\varphi} c^\dagger_{\mathbf{k},\uparrow} c^\dagger_{-\mathbf{k},\downarrow})|0\rangle . \tag{13.5.41}$$

Führen wir die Multiplikation über $\mathbf{k}$ aus, so erzeugen wir viele Terme, die wir in eine Summe der Form $\sum_N \alpha_N |\Psi_N\rangle$ gruppieren können. Alle Terme, die zu einer Gruppe $|\Psi_N\rangle$ gehören, zeichnen sich durch denselben Phasenfaktor $e^{iN\varphi/2}$ aus, wobei $N/2$ die Anzahl der Paare im N-Teilchenzustand ist. Wir können jetzt $|\Psi_N\rangle$ einfach dadurch herausprojizieren, indem wir mit $e^{-iN\varphi/2}$ multiplizieren und über die Phase φ von 0 bis 2π integrieren. Es verschwinden dadurch alle Beiträge außer denjenigen, die exakt den Phasenfaktor $e^{iN\varphi/2}$ enthalten, also zur Paarzahl $N/2$ gehören. Es gilt

$$|\Psi_N\rangle = \int_0^{2\pi} d\varphi\, e^{-iN\varphi/2} \prod_{\mathbf{k}} (|u_{\mathbf{k}}| + |v_{\mathbf{k}}|e^{i\varphi} c^\dagger_{\mathbf{k}\uparrow} c^\dagger_{-\mathbf{k}\downarrow})|0\rangle = \int_0^{2\pi} d\varphi\, e^{-iN\varphi/2}|\Psi_\varphi\rangle . \tag{13.5.42}$$

Durch die Integration über φ machen wir die Phase völlig unscharf und erzwingen dadurch eine scharfe Teilchenzahl N. Zwischen Teilchenzahl N und Phase φ besteht die Unschärfebeziehung

$$\Delta N \Delta \varphi \geq 1 . \tag{13.5.43}$$

---

[150] **Philip Warren Anderson**, amerikanischer Theoretischer Physiker, geboren am 13. Dezember 1923 in Indianapolis, Indiana, USA. Er erhielt 1977 zusammen mit Nevill F. Mott und John H. van Vleck den Nobelpreis für Physik „für seine grundlegenden theoretischen Leistungen zur Elektronenstruktur in magnetischen und ungeordneten Systemen".

[151] P. W. Anderson, *The Josephson Effect and Quantum Coherence Measurements in Superconductors and Superfluids*, in C. J. Gorter (ed.), Prog. Low Temp. Phys. **5**, 5 (1967).

Dies ist völlig analog zur Unschärfebeziehung zwischen Phase und Photonenzahl von elektromagnetischer Strahlung. Ein semi-klassisches **E**-Feld mit wohldefinierter Phase erfordert eine genügend hohe Photonenzahl, so dass wir eine Superposition von Zuständen mit unterschiedlicher Photonenzahl tolerieren können. Für einen Zustand mit fester Photonenzahl (Fock-Zustand) ist die Phase beliebig unscharf.

Erwartungswerte Wir können nun die BCS-Vielteilchenwellenfunktion (13.5.36) dazu verwenden, einige Erwartungswerte zu berechnen. Für den Teilchenzahloperator erhalten wir[152]

$$\langle n_{\mathbf{k}\uparrow} \rangle = \langle \Psi^*_{\mathrm{BCS}} | c^\dagger_{\mathbf{k}\uparrow} c_{\mathbf{k}\uparrow} | \Psi_{\mathrm{BCS}} \rangle$$

$$= \langle 0 | (u^*_{\mathbf{k}} + v^*_{\mathbf{k}} c_{-\mathbf{k}\downarrow} c_{\mathbf{k}\uparrow}) c^\dagger_{\mathbf{k}\uparrow} c_{\mathbf{k}\uparrow} (u_{\mathbf{k}} + v_{\mathbf{k}} c^\dagger_{\mathbf{k}\uparrow} c^\dagger_{-\mathbf{k}\downarrow})$$

$$\times \prod_{\mathbf{l} \neq \mathbf{k}} (u^*_{\mathbf{l}} + v^*_{\mathbf{l}} c_{-\mathbf{l}\downarrow} c_{\mathbf{l}\uparrow})(u_{\mathbf{l}} + v_{\mathbf{l}} c^\dagger_{\mathbf{l}\uparrow} c^\dagger_{-\mathbf{l}\downarrow}) | 0 \rangle. \tag{13.5.44}$$

Die Faktoren für $\mathbf{l} \neq \mathbf{k}$ ergeben $|u_{\mathbf{k}}|^2 + |v_{\mathbf{k}}|^2 = 1$ und wir erhalten

$$\langle n_{\mathbf{k}\uparrow} \rangle = |u_{\mathbf{k}}|^2 \underbrace{\langle 0 | c^\dagger_{\mathbf{k}\uparrow} c_{\mathbf{k}\uparrow} | 0 \rangle}_{=0} + u^*_{\mathbf{k}} v_{\mathbf{k}} \underbrace{\langle 0 | c^\dagger_{\mathbf{k}\uparrow} c_{\mathbf{k}\uparrow} c^\dagger_{\mathbf{k}\uparrow} c^\dagger_{-\mathbf{k}\downarrow} | 0 \rangle}_{=0}$$

$$+ v^*_{\mathbf{k}} u_{\mathbf{k}} \underbrace{\langle 0 | c_{-\mathbf{k}\downarrow} c_{\mathbf{k}\uparrow} c^\dagger_{\mathbf{k}\uparrow} c_{\mathbf{k}\uparrow} | 0 \rangle}_{=0} + |v_{\mathbf{k}}|^2 \underbrace{\langle 0 | c_{-\mathbf{k}\downarrow} c_{\mathbf{k}\uparrow} c^\dagger_{\mathbf{k}\uparrow} c_{\mathbf{k}\uparrow} c^\dagger_{\mathbf{k}\uparrow} c^\dagger_{-\mathbf{k}\downarrow} | 0 \rangle}_{=1}$$

$$= |v_{\mathbf{k}}|^2. \tag{13.5.45}$$

Für die mittlere Teilchenzahl erhalten wir damit

$$\overline{N} = \left\langle \sum_{\mathbf{k}\sigma} n_{\mathbf{k}\sigma} \right\rangle = \sum_{\mathbf{k}\sigma} |v_{\mathbf{k}}|^2 = 2 \sum_{\mathbf{k}} |v_{\mathbf{k}}|^2 = \sum_{\mathbf{k}} \left(1 - |u_{\mathbf{k}}|^2 + |v_{\mathbf{k}}|^2\right), \tag{13.5.46}$$

was wir aufgrund der Einführung von $v_{\mathbf{k}}$ als Wahrscheinlichkeitsamplitude für die Besetzung des Zustandes **k** so erwartet hätten. Wir können ferner zeigen, dass

$$\langle \Psi^*_{\mathrm{BCS}} | c^\dagger_{\mathbf{k}\uparrow} c^\dagger_{-\mathbf{k}\downarrow} c_{-\mathbf{k}'\downarrow} c_{\mathbf{k}'\uparrow} | \Psi_{\mathrm{BCS}} \rangle = v_{\mathbf{k}} v^*_{\mathbf{k}'} u_{\mathbf{k}'} u^*_{\mathbf{k}}. \tag{13.5.47}$$

Für die Paaramplitude (13.5.27) erhalten wir

$$g_{\mathbf{k}} \equiv \langle c_{-\mathbf{k}\downarrow} c_{\mathbf{k}\uparrow} \rangle = u^*_{\mathbf{k}} v_{\mathbf{k}} \tag{13.5.48}$$

$$g^\dagger_{\mathbf{k}} \equiv \langle c^\dagger_{\mathbf{k}\uparrow} c^\dagger_{-\mathbf{k}\downarrow} \rangle = u_{\mathbf{k}} v^*_{\mathbf{k}}. \tag{13.5.49}$$

Abschließend betrachten wir noch die Fluktuationen der Teilchenzahl

$$\Delta N = \sqrt{\langle N^2 \rangle - \langle N \rangle^2} = \sqrt{2 \sum_{\mathbf{k}} (\langle n^2_{\mathbf{k}} \rangle - \langle n_{\mathbf{k}} \rangle^2)} = \sqrt{2 \sum_{\mathbf{k}} |v_{\mathbf{k}}|^2 - 2 \sum_{\mathbf{k}} |v_{\mathbf{k}}|^4}$$

$$= \sqrt{2 \sum_{\mathbf{k}} |v_{\mathbf{k}}|^2 - 2 \sum_{\mathbf{k}} (1 - |u_{\mathbf{k}}|^2) |v_{\mathbf{k}}|^2} = \sqrt{2 \sum_{\mathbf{k}} |u_{\mathbf{k}}|^2 |v_{\mathbf{k}}|^2} \propto \sqrt{N}. \tag{13.5.50}$$

---

[152] Wir benutzen hier, dass $\langle \mathcal{O}\phi | \psi \rangle = \langle \phi | \mathcal{O}^\dagger | \psi \rangle$ und dass das Adjungierte eines Produkts von Operatoren gleich dem Produkt der adjungierten Operatoren in umgekehrter Reihenfolge ist.

Wir sehen also, dass $\Delta N/\overline{N} = 1/\sqrt{\overline{N}}$ und somit die relative Fluktuation der Teilchenzahl für $\overline{N} \to \infty$ verschwindend klein wird. Die Teilchenzahl hat die statistischen Eigenschaften eines kohärenten Zustandes.

13.5.2.3 Bestimmung der Wahrscheinlichkeitsamplituden durch Variationsrechnung

Wir müssen jetzt noch die im BCS-Ansatz enthaltenen Koeffizienten u_k und v_k bestimmen. Hierzu berechnen wir die freie Energie des Supraleiters unter Benutzung der Molekularfeldnäherung und minimieren die freie Energie bezüglich des Paarpotenzials. Wir werden im Folgenden von einem Spin-Singulett-Supraleiter ausgehen und σ meist durch $\uparrow, \downarrow$ ersetzen. Für den Hamilton-Operator benutzen wir (vergleiche hierzu Anhang G.2)

$$\mathcal{H}_{BCS} = \sum_{k,\sigma} \xi_k n_{k,\sigma} + \sum_{k,k'} V_{k,k'} c^\dagger_{k\uparrow} c^\dagger_{-k\downarrow} c_{-k'\downarrow} c_{k'\uparrow} \,. \tag{13.5.51}$$

Hierbei ist $n_{k\sigma} = c^\dagger_{k\sigma} c_{k\sigma}$ der Teilchenzahloperator und ξ_k die kinetische Einteilchenenergie bezogen auf das chemische Potenzial μ. Es gilt also

$$\xi_k = \epsilon_k - \mu = \frac{\hbar^2 k^2}{2m} - \mu \,, \tag{13.5.52}$$

was gleichbedeutend damit ist, dass wir die kinetische Energie bezüglich des chemischen Potenzials messen. Der zweite Term auf der rechten Seite von (13.5.51) enthält das für die Supraleitung relevante Wechselwirkungspotenzial $V_{k,k'}$. Wir nehmen an, dass der Hamilton-Operator alle für die Supraleitung wichtigen Beiträge enthält, obwohl wir Terme, die zu Elektronen gehören, die nicht zu $(k\uparrow, -k\downarrow)$ gepaart sind, unberücksichtigt lassen. Diese Beiträge haben für die BCS-Grundzustandswellenfunktion den Erwartungswert null.

Für die Paarerzeuger und -vernichter können wir formal schreiben

$$\begin{aligned}
c_{-k\downarrow} c_{k\uparrow} &= \underbrace{\langle c_{-k\downarrow} c_{k\uparrow} \rangle}_{g_k} + \underbrace{c_{-k\downarrow} c_{k\uparrow} - \langle c_{-k\downarrow} c_{k\uparrow} \rangle}_{=\delta g_k} \\
c^\dagger_{-k\downarrow} c^\dagger_{k\uparrow} &= \underbrace{\langle c^\dagger_{-k\downarrow} c^\dagger_{k\uparrow} \rangle}_{g^\dagger_k} + \underbrace{c^\dagger_{-k\downarrow} c^\dagger_{k\uparrow} - \langle c^\dagger_{-k\downarrow} c^\dagger_{k\uparrow} \rangle}_{=\delta g^\dagger_k} \,.
\end{aligned} \tag{13.5.53}$$

Setzen wir dies in (13.5.51) ein und berücksichtigen nur Terme, die linear in der Abweichung δg_k vom statistischen Mittelwert der Paaramplitude sind, so erhalten wir

$$\mathcal{H}_{BCS} = \sum_{k,\sigma} \xi_k n_{k,\sigma} + \sum_{k,k'} V_{k,k'} \left[g^\dagger_k c_{-k'\downarrow} c_{k'\uparrow} + g_{k'} c^\dagger_{k\uparrow} c^\dagger_{-k\downarrow} - g^\dagger_k g_{k'} \right] \,, \tag{13.5.54}$$

was wir unter Benutzung des Paarpotenzials (13.5.29) zu

$$\mathcal{H}_{BCS} = \sum_{k,\sigma} \xi_k n_{k,\sigma} - \sum_k \left[\Delta^\dagger_k c_{-k\downarrow} c_{k\uparrow} + \Delta_k c^\dagger_{k\uparrow} c^\dagger_{-k\downarrow} - g^\dagger_k \Delta_k \right] \tag{13.5.55}$$

vereinfachen können. Unsere Näherung, nur Terme linear in δg_k zu berücksichtigen, ist gleichbedeutend damit, dass wir die Erhaltung der Teilchenzahl aufgeben. In (13.5.55) tauchen nämlich bilineare Terme in den Erzeugungs- und Vernichtungsoperatoren auf, die Paare erzeugen und vernichten. Diesen Sachverhalt haben wir bereits im Zusammenhang mit der BCS-Vielteilchenwellenfunktion (13.5.36) diskutiert, die eine feste Phase besitzt aber Zustände mit unterschiedlicher Teilchenzahl enthält. Nur durch eine Integration über die Phase konnten wir einen Zustand mit fester Teilchenzahl herausprojizieren.

Wir benutzen nun

$$\sum_{k,\sigma} \xi_k n_{k,\sigma} = \sum_k \xi_k \Big(c_{k\uparrow}^\dagger c_{k\uparrow} + \underbrace{c_{-k\downarrow}^\dagger c_{-k\downarrow}}_{=1-c_{-k\downarrow}c_{-k\downarrow}^\dagger} \Big)$$

$$= \sum_k \Big(\xi_k c_{k\uparrow}^\dagger c_{k\uparrow} - \xi_{-k} c_{-k\downarrow} c_{-k\downarrow}^\dagger + \xi_{-k} \Big) \qquad (13.5.56)$$

und können damit (13.5.55) umschreiben in

$$\mathcal{H}_{BCS} = \sum_k \left\{ \xi_k + g_k^\dagger \Delta_k + \left(c_{k\uparrow}^\dagger\ c_{-k\downarrow} \right) \begin{pmatrix} \xi_k & -\Delta_k \\ -\Delta_k^\dagger & -\xi_k \end{pmatrix} \begin{pmatrix} c_{k\uparrow} \\ c_{-k\downarrow}^\dagger \end{pmatrix} \right\}. \qquad (13.5.57)$$

Der Hamilton-Operator (13.5.57) beschreibt aufgrund des endlichen Paarpotenzials ein wechselwirkendes Elektronengas. Um das Anregungsspektrum der neuen Quasiteilchenzustände, die Überlagerungen aus Elektronen und Löchern darstellen, zu bestimmen, müssen wir den Hamilton-Operator diagonalisieren. Nach einem Vorschlag von **N. N. Bogoliubov**[153,154] und **J. G. Valatin**[155] können wir das durch eine unitäre Transformation erreichen, mit der wir neue fermionische Operatoren α_k und β_k definieren. Eine geeignete Transformation ist gegeben durch

$$\left(c_{k\uparrow},\ c_{-k\downarrow}^\dagger \right) = \begin{pmatrix} u_k^* & v_k \\ -v_k^* & u_k \end{pmatrix} \begin{pmatrix} \alpha_k \\ \beta_k \end{pmatrix} \qquad (13.5.58)$$

$$\left(c_{k\uparrow}^\dagger,\ c_{-k\downarrow} \right) = \begin{pmatrix} u_k & -v_k \\ v_k^* & u_k^* \end{pmatrix} \begin{pmatrix} \alpha_k^\dagger \\ \beta_k^\dagger \end{pmatrix} \qquad (13.5.59)$$

Da $|u_k|^2 + |v_k|^2 = 1$ gilt, entspricht die Transformation einer Drehung. Bei geeigneter Wahl des Drehwinkels rotieren wir in die Eigenbasis der neuen Quasiteilchenzustände und diagonalisieren dadurch den Hamilton-Operator. Offensichtlich trägt α_k dazu bei, ein Elektron mit $k \uparrow$ zu zerstören und eines mit $-k \downarrow$ zu erzeugen. Beides zusammen resultiert in einer Abnahme des Gesamtimpulses um k und des Gesamtspins um $\hbar/2$. Der Operator $\beta_k^\dagger$ hat ähnliche Eigenschaften: β_k reduziert den Gesamtimpuls um $-k$, er erhöht also den Gesamtimpuls um k und den Gesamtspin um $\hbar/2$. Setzen wir (13.5.59) in den Hamilton-Opera-

---

[153] N. N. Bogoliubov, *On a New Method in the Theory of Superconductivity*, Zh. Experim. i Teor. Fiz. **34**, 58 (1958), [Sov. Phys. JETP **7**, 41 (1958)].

[154] N. N. Bogoliubov, *On a New Method in the Theory of Superconductivity*, Nuovo Cimento **7**, 794 (1958).

[155] J. G. Valatin, *Comments on the Theory of Superconductivity*, Nuovo Cimento **7**, 843 (1958).

tor (13.5.57) ein, erhalten wir[156]

$$\mathcal{H}_{BCS} = \sum_{k}\left[2\xi_k v_k^2 - \Delta_k u_k v_k^* + \Delta_k^\dagger u_k^* v_k + g_k^\dagger \Delta_k\right]$$
$$+ \sum_{k}\left[\xi_k(u_k^2 - v_k^2) + \Delta_k u_k v_k^* + \Delta_k^\dagger u_k^* v_k\right]\alpha_k^\dagger \alpha_k$$
$$+ \sum_{k}\left[\xi_k(u_k^2 - v_k^2) + \Delta_k u_k v_k^* + \Delta_k^\dagger u_k^* v_k\right]\beta_k^\dagger \beta_k$$
$$+ \sum_{k}\left[2\xi_k u_k^* v_k^* + \Delta_k v_k^{*2} - \Delta_k^\dagger u_k^{*2}\right]\beta_k \alpha_k$$
$$+ \sum_{k}\left[2\xi_k u_k v_k + \Delta_k^\dagger v_k^2 - \Delta_k u_k^2\right]\alpha_k^\dagger \beta_k^\dagger . \tag{13.5.60}$$

Wir wählen nun u_k und v_k so, dass nur noch diagonale Terme $\alpha_k^\dagger \alpha_k$ und $\beta_k^\dagger \beta_k$ auftauchen. Dies erreichen wir für

$$2\xi_k u_k v_k + \Delta_k^\dagger v_k^2 - \Delta_k u_k^2 = 0 . \tag{13.5.61}$$

Multiplizieren wir diese Gleichung mit $\Delta_k^\dagger / u_k^2$ und lösen dann die daraus für $\Delta_k^\dagger v_k / u_k$ resultierende quadratische Gleichung, so erhalten wir

$$\left(\frac{\Delta_k^\dagger v_k}{u_k}\right)_{1,2} = -\xi_k \pm \sqrt{\xi_k^2 + |\Delta_k|^2} = -\xi_k \pm E_k \tag{13.5.62}$$

mit

$$E_k = \sqrt{\xi_k^2 + |\Delta_k|^2} . \tag{13.5.63}$$

In (13.5.62) ist die Lösung mit dem negativen Vorzeichen vor der Wurzel physikalisch nicht relevant, da sie maximaler statt minimaler Energie entspricht. Wir sehen ferner, dass die Phasen von u_k, v_k und Δ_k miteinander verknüpft sein müssen, da die Größe auf der rechten Seite von (13.5.62) reell ist. Die relative Phase der Koeffizienten u_k und v_k muss also fest sein und der Phase von $\Delta_k^\dagger$ entsprechen. In vielen Darstellungen wird deshalb u_k als reelle Größe angenommen. In diesem Fall können wir $v_k = |v_k| e^{i\varphi}$ schreiben und die Phase von v_k entspricht derjenigen von $\Delta_k^\dagger$.

Mit dem aus (13.5.62) folgenden Ergebnis $|v_k/u_k| = (E_k - \xi_k)/|\Delta_k|$ und der Normierungsbedingung $|u_k|^2 + |v_k|^2 = 1$ erhalten wir

$$|v_k|^2 = \frac{1}{2}\left[1 - \frac{\xi_k}{E_k}\right]$$
$$|u_k|^2 = \frac{1}{2}\left[1 + \frac{\xi_k}{E_k}\right] . \tag{13.5.64}$$

Die beiden Wahrscheinlichkeiten $|u_k|^2$ und $|v_k|^2$ sind in Abb. 13.38 für $T = 0$ zusammen mit der Paaramplitude $g_k = u_k v_k^*$ gezeigt. Die Vorhersage dieser als Kohärenzfaktoren bezeichneten Größen war ein wesentliches Ergebnis der BCS-Theorie. Sie haben entscheidenden

---

[156] *Introduction to Superconductivity*, M. Tinkham, McGraw-Hill, New York (1975).

Abb. 13.38: Besetzungswahrscheinlichkeit $|v_\mathbf{k}|^2$ eines Zustandes $\mathbf{k}$ bei $T=0$ als Funktion der Einteilchenenergie $\xi_\mathbf{k}$. Zum Vergleich ist gestrichelt die Fermi-Funktion für $T=T_c$ gezeigt, wobei $\Delta_k(0)/k_B T_c = 1.764$ benutzt wurde. Ebenso gezeigt ist die Wahrscheinlichkeit $|u_\mathbf{k}|^2 = 1 - |v_\mathbf{k}|^2$ und die Paaramplitude $g_\mathbf{k} = u_\mathbf{k} v_\mathbf{k}^*$ (gestrichelt).

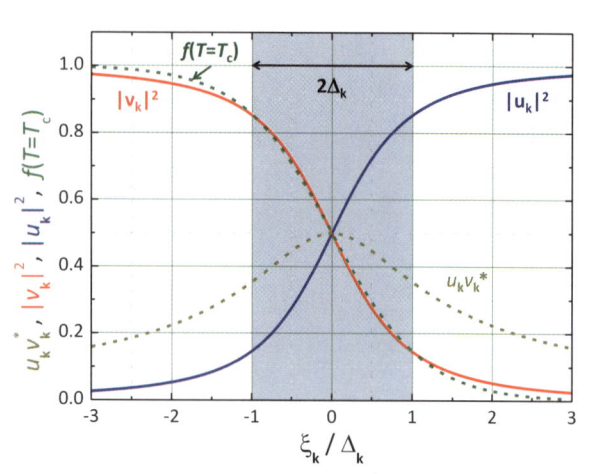

Einfluss auf verschiedene Eigenschaften von Supraleitern wie die Ultraschalldämpfung, die Absorption elektromagnetischer Strahlung oder die Kernspinrelaxation und konnten somit experimentell direkt überprüft werden.

Die Größe $|v_\mathbf{k}|^2$, welche die Wahrscheinlichkeit dafür angibt, dass der Zustand $\mathbf{k}$ besetzt ist, hat einen ähnlichen Verlauf wie die Fermi-Funktion für $T = T_c$. Wir erkennen, dass beim Supraleiter selbst bei $T = 0$ die Besetzung der Zustände im Energiebereich $\pm \Delta_\mathbf{k}$ um die Fermi-Energie $E_F = \mu(0)$ aufgeweicht ist. Dies ist notwendig, da ohne diese Aufweichung die attraktive Wechselwirkung nicht möglich wäre. Wären alle Zustände unterhalb von E_F besetzt und oberhalb leer, so könnten wegen der Erhaltung des Gesamtimpulses, $\mathbf{K} = \mathbf{K}'$, keine Streuprozesse stattfinden, da mindestens ein Endzustand innerhalb der Fermi-Kugel liegen müsste, hier aber bei $T = 0$ keine freien Streuzustände vorhanden sind. Der Supraleiter muss also zunächst zusätzlich kinetische Energie aufbringen, um Zustände zu höheren Energien zu verlagern und dadurch eine Aufweichung der Besetzung um die Fermi-Energie zu erreichen. Dadurch wird aber die attraktive Wechselwirkung ermöglicht, die den zusätzlichen Energieaufwand durch Absenkung der potenziellen Energie mehr als wettmacht. Es ist wichtig, sich klar zu machen, dass aufgrund des sehr ähnlichen Verlaufs von $v_\mathbf{k}^2$ und der Fermi-Verteilungsfunktion die beim Übergang in den supraleitenden Zustand auftretenden Änderungen der physikalischen Eigenschaften nicht mit einer Umverteilung der Besetzungszahlen erklärt werden können. Allerdings wird die Unordnung bezüglich der willkürlichen Phasen im Normalzustand, die aus einer teilweisen Besetzung der Zustände resultiert, im supraleitenden Zustand aufgehoben. Es liegt hier ein einziger Quantenzustand vor, in dem die gleichen Einteilchenzustände mit einer jetzt festen Phasenbeziehung überlagert sind.

Die Paaramplitude ist nur in einem schmalen Energieintervall der Größe $|\Delta_\mathbf{k}|$ um die Fermi-Energie endlich und besitzt ein Maximum bei E_F. Mit der Unschärferelation können wir $|\Delta_\mathbf{k}|$ die charakteristische Zeit $\tau_\mathbf{k} = \hbar/|\Delta_\mathbf{k}|$ zuordnen. Multiplizieren wir diese mit der Fermi-Geschwindigkeit, so erhalten wir die charakteristische Längenskala $\hbar v_F/\Delta_\mathbf{k}$, die bis auf einen Faktor der Größenordnung eins der *BCS-Kohärenzlänge* entspricht.

13.5 Mikroskopische Theorie

Energielückengleichung Wir können nun das Ergebnis (13.5.64) in (13.5.60) einsetzen, wodurch wir den einfachen fermionischen Hamilton-Operator

$$\mathcal{H}_{\text{BCS}} = \sum_{\mathbf{k}} \left[\xi_{\mathbf{k}} - E_{\mathbf{k}} + g_{\mathbf{k}}^{\dagger} \Delta_{\mathbf{k}} \right] + \sum_{\mathbf{k}} E_{\mathbf{k}} \left[\alpha_{\mathbf{k}}^{\dagger} \alpha_{\mathbf{k}} - \beta_{\mathbf{k}}^{\dagger} \beta_{\mathbf{k}} \right] \tag{13.5.65}$$

erhalten. Hierbei ist $\mathcal{H}_0 = \sum_{\mathbf{k}} \left[\xi_{\mathbf{k}} - E_{\mathbf{k}} + g_{\mathbf{k}}^{\dagger} \Delta_{\mathbf{k}} \right]$ ein konstanter Molekularfeldterm. Der zweite Term auf der rechten Seite von (13.5.65) entspricht dem Beitrag für ein spinloses Fermionensystem mit zwei Arten von Quasiteilchen, die durch die Operatoren $(\alpha_{\mathbf{k}}^{\dagger}, \alpha_{\mathbf{k}})$ und $(\beta_{\mathbf{k}}^{\dagger}, \beta_{\mathbf{k}})$ beschrieben werden und die Quasiteilchen-Anregungsenergien $(E_{\mathbf{k}}, -E_{\mathbf{k}})$ besitzen. Die neuen Quasiteilchen sind spinlos, da sie Linearkombinationen von Elektronen und Löchern mit entgegengesetztem Spin darstellen. Während wir also im metallischen Zustand die beiden Spin-Richtungen der Elektronen als Freiheitsgrad haben, stellen im supraleitenden Zustand die beiden Linearkombinationen von Elektron-Loch-Spin-Singuletts die relevanten Freiheitsgrade dar. Insgesamt bleibt die Zahl der Freiheitsgrade also erhalten. Wir sehen ferner, dass die Größe $|\Delta_{\mathbf{k}}|$ eine einfache physikalische Bedeutung hat. Sie stellt eine Energielücke im Anregungsspektrum der Quasiteilchen auf der Fermi-Fläche ($\xi_{\mathbf{k}} = 0$) dar. Wir werden deshalb $|\Delta_{\mathbf{k}}|$ als supraleitende Energielücke bezeichnen. Wichtig ist, dass die Energielücke $|\Delta_{\mathbf{k}}|$ nicht exakt identisch mit dem durch (13.5.29) definierten Paarpotenzial ist, da beide unterschiedliche $\mathbf{k}$-Abhängigkeit besitzen können. Da sie allerdings gleichzeitig verschwinden oder einen endlichen Wert annehmen, verwendet man häufig lax auch die Energielücke als Ordnungsparameter.

Da sich (13.5.65) aus dem Beitrag eines freien Fermionengases und einem zusätzlichen konstanten Term $\mathcal{H}_0$, der keine fermionischen Freiheitsgrade enthält, zusammensetzt, können wir die großkanonische Zustandssumme wie folgt ausdrücken:[157]

$$Z = e^{-H_0/k_B T} \prod_{\mathbf{k}} \left(1 + e^{-E_{\mathbf{k}}/k_B T} \right) \left(1 + e^{E_{\mathbf{k}}/k_B T} \right) = e^{-\mathcal{F}/k_B T} . \tag{13.5.66}$$

Lösen wir nach der freien Energie $\mathcal{F}$ auf, so erhalten wir

$$\mathcal{F} = H_0 - k_B T \sum_{\mathbf{k}} \left[\ln \left(1 + e^{-E_{\mathbf{k}}/k_B T} \right) + \ln \left(1 + e^{E_{\mathbf{k}}/k_B T} \right) \right] . \tag{13.5.67}$$

Dies stellt eine Summe aus dem mittleren Molekularfeldterm H_0 und dem Beitrag des zweikomponentigen, effektiv nicht wechselwirkenden Fermionengases dar.

Wir können nun die Energielücke $\Delta_{\mathbf{k}}$ bestimmen, indem wir die freie Energie hinsichtlich von Variationen von $\Delta_{\mathbf{k}}$ minimieren. Wir fordern also[158]

$$\frac{\partial \mathcal{F}}{\partial \Delta_{\mathbf{k}}} = 0 \qquad \frac{\partial \mathcal{F}}{\partial \Delta_{\mathbf{k}}^{\dagger}} = 0 . \tag{13.5.68}$$

---

[157] Die Zustandssumme eines idealen Fermi-Gases ist gegeben durch

$$Z = \prod_{\mathbf{k}} \sum_{n_{\mathbf{k}}=0,1} \exp\left(-n_{\mathbf{k}}(\epsilon_{\mathbf{k}} - \mu)/k_B T\right) = \prod_{\mathbf{k}} \left[1 + \exp\left(-(\epsilon_{\mathbf{k}} - \mu)/k_B T\right)\right] .$$

[158] Es handelt sich hierbei um eine Funktionalableitung. Es wird nur ein Term in der $\mathbf{k}$-Raumsumme herausgegriffen, wenn die Ableitung durchgeführt wird.

Wenden wir dies auf (13.5.67) an, so ergibt sich

$$g_{\mathbf{k}}^{\dagger} + \frac{\partial E_{\mathbf{k}}}{\partial \Delta_{\mathbf{k}}}\left[\frac{e^{-E_{\mathbf{k}}/k_{\mathrm{B}}T}}{1+e^{-E_{\mathbf{k}}/k_{\mathrm{B}}T}} - \frac{e^{E_{\mathbf{k}}/k_{\mathrm{B}}T}}{1+e^{E_{\mathbf{k}}/k_{\mathrm{B}}T}}\right] = 0 \tag{13.5.69}$$

und damit

$$g_{\mathbf{k}}^{\dagger} = \Delta_{\mathbf{k}}^{\dagger}\frac{\tanh(E_{\mathbf{k}}/2k_{\mathrm{B}}T)}{2E_{\mathbf{k}}}. \tag{13.5.70}$$

Der Faktor $\tanh(E_{\mathbf{k}}/2k_{\mathrm{B}}T)/2E_{\mathbf{k}}$ wird meist als *Paarsuszeptibilität* bezeichnet, da sie die Empfindlichkeit des Elektronensystems bezüglich Paarbildung beschreibt. Verwenden wir die Definition (13.5.29), so erhalten wir die **BCS-Energielückengleichung**

$$\Delta_{\mathbf{k}} = -\sum_{\mathbf{k}'} V_{\mathbf{k},\mathbf{k}'}\Delta_{\mathbf{k}'}\frac{\tanh(E_{\mathbf{k}'}/2k_{\mathrm{B}}T)}{2E_{\mathbf{k}'}} \tag{13.5.71}$$

Dies stellt einen Satz von Bestimmungsgleichungen für alle Variablen $\Delta_{\mathbf{k}}$ dar. Da $E_{\mathbf{k}'}$ von $\Delta_{\mathbf{k}'}$ abhängt, sind die Gleichungen nichtlinear. Sie können numerisch oder, wie weiter unten für den Fall schwacher Kopplung gezeigt wird, näherungsweise gelöst werden.

13.5.2.4 Energielücke und Sprungtemperatur

Um die freie Energie zu minimieren, müssen wir die Energielückengleichung (13.5.71) selbstkonsistent lösen. Die triviale Lösung $\Delta_{\mathbf{k}} = 0$ erfordert nach (13.5.64) $v_{\mathbf{k}} = 1$ für $\xi_{\mathbf{k}} < 0$ und $v_{\mathbf{k}} = 0$ für $\xi_{\mathbf{k}} > 0$, was der intuitiven Erwartung für den Normalzustand bei $T = 0$ entspricht. Die Gesamtenergie entspricht in diesem Fall der Gesamtenergie eines normalleitenden Metalls bei $T = 0$. Wir erwarten aber auch eine nichttriviale Lösung mit geringerer Energie im Falle einer attraktiven Wechselwirkung. Nehmen wir vereinfachend $V_{\mathbf{k},\mathbf{k}'} = -V_0$ [vergleiche (13.5.11)] und $\Delta_{\mathbf{k}} = \Delta$ an, so ergibt sich aus (13.5.71) die Selbstkonsistenzbedingung zu

$$1 = V_0\sum_{\mathbf{k}'}\frac{\tanh(E_{\mathbf{k}'}/2k_{\mathrm{B}}T)}{2E_{\mathbf{k}'}}. \tag{13.5.72}$$

Für die Grenzfälle $T \to T_c$ und $T \to 0$ können wir diese Gleichung einfach lösen.

Wir betrachten zuerst den Fall $T \to 0$, für den $\tanh(E_{\mathbf{k}'}/2k_{\mathrm{B}}T) \simeq 1$. Wir können ferner wiederum die Paarzustandsdichte $\widetilde{D}(E) \simeq D(E_{\mathrm{F}})/2$ verwenden und damit die Summation in eine Integration überführen. Wir erhalten

$$1 = \frac{V_0 D(E_{\mathrm{F}})}{4}\int_{-\hbar\omega_{\mathrm{D}}}^{\hbar\omega_{\mathrm{D}}}\frac{d\xi}{\sqrt{\xi_{\mathbf{k}}^2 + \Delta^2(0)}} = \frac{V_0 D(E_{\mathrm{F}})}{4}\operatorname{arcsinh}\left(\frac{\hbar\omega_{\mathrm{D}}}{\Delta(0)}\right) \tag{13.5.73}$$

und damit durch Auflösen nach Δ

$$\Delta(0) = \frac{\hbar\omega_{\mathrm{D}}}{\sinh\left(\frac{2}{V_0 D(E_{\mathrm{F}})}\right)} \simeq 2\hbar\omega_{\mathrm{D}}e^{-2/V_0 D(E_{\mathrm{F}})}. \tag{13.5.74}$$

13.5 Mikroskopische Theorie

Tabelle 13.3: Energielücke $2\Delta(T=0)$ und kritische Temperatur T_c für einige Element-Supraleiter und Verbindungen (Daten aus E. L. Wolf, *Principles of Elektron Tunneling Spectroscopy*, Oxford University Press, Oxford (1985); R. D. Parks, *Superconductivity*, Marcel Dekker, New York (1969); Physik-Daten, *Superconductivity Data*, Nr.19-1 (1982)).

	T_c (K)	$2\Delta(0)$ (meV)	$2\Delta(0)/k_B T_c$		T_c (K)	$2\Delta(0)$ (meV)	$2\Delta(0)/k_B T_c$
Al	1.19	0.36	3.5 ± 0.1	In	3.4	1.05	3.5 ± 0.1
Nb	9.2	2.90	3.6	Hg	4.15	1.65	4.6 ± 0.1
Pb	7.2	2.70	4.3 ± 0.05	Sn	3.72	1.15	3.5 ± 0.1
Ta	4.29	1.30	3.5 ± 0.1	Tl	2.39	0.75	3.6 ± 0.1
NbN	15	4.65	3.6	Nb$_3$Sn	18	6.55	4.2
NbSe$_2$	7	2.2	3.7	MgB$_2$	40	3.6-15	1.1-4.5

Hierbei gilt die Näherung nur für den Fall schwacher Kopplung $V_0 D(E_F) \ll 1$. Wir erkennen sofort, dass Gleichung (13.5.74) große Ähnlichkeit mit dem Ausdruck (13.5.16) hat, der die Energieänderung zweier Elektronen aufgrund ihrer Paarwechselwirkung angibt.

Für $T \to T_c$ geht $E_\mathbf{k} \to |\xi_\mathbf{k}|$, das heißt, das Anregungsspektrum geht in das eines Normalleiters über. Ersetzen wir $E_\mathbf{k}$ in (13.5.72) durch $|\xi_\mathbf{k}|$ und gehen von der Summation wiederum zu einer Integration über, so erhalten wir mit $x = \xi_\mathbf{k}/2k_B T$

$$1 = \frac{D(E_F)V_0}{4} \int_{-\hbar\omega_D/2k_B T_c}^{\hbar\omega_D/2k_B T_c} \frac{\tanh x}{x} dx \,. \tag{13.5.75}$$

Das Integral ergibt den Wert $2\ln(p\hbar\omega_D/2k_B T_c)$, wobei $p = 2e^\gamma/\pi \simeq 1.13$ und $\gamma = 0.5772\ldots$ die Euler-Konstante ist. Damit erhalten wir für die kritische Temperatur den Ausdruck

$$k_B T_c = 1.13\, \hbar\omega_D e^{-2/D(E_F)V_0} \,. \tag{13.5.76}$$

Die kritische Temperatur eines Supraleiters ist also proportional zur Debye-Frequenz ω_D. Da die Phononenfrequenzen proportional zu $1/\sqrt{M}$ sind, erklärt dieser Ausdruck den für viele Supraleiter beobachten Isotopen-Effekt $T_c \propto 1/\sqrt{M}$ (vergleiche hierzu Abb. 13.33). Dies war ein großer Erfolg der BCS-Theorie. Wir wollen allerdings darauf hinweisen, dass die Isotopenmasse in manchen Fällen nicht nur die Phononenfrequenz, sondern das gesamte Phononenspektrum und damit auch die Kopplungsstärke V_0 ändert. Deshalb beobachtet man häufig Abweichungen von der $T_c \propto 1/M^a$ Abhängigkeit mit $a = 1/2$. Für Ru findet man sogar $a = 0$, also überhaupt keine Abhängigkeit der kritischen Temperatur von der Isotopenmasse. Ferner müssen wir uns darüber im Klaren sein, dass die effektive Wechselwirkungsstärke V_0 sich aus der Differenz der attraktiven Elektron-Phonon- und der abstoßenden Coulomb-Wechselwirkung ergibt. In einer verfeinerten Theorie können beide Wechselwirkungsstärken separat berücksichtigt werden und damit eine wesentlich bessere Beschreibung der experimentellen Befunde erhalten werden.[159,160] Wichtig ist, dass man aus der Beobachtung

---
[159] G. M. Eliashberg, *Interactions Between Electrons and Lattice Vibrations in a Superconductor*, Zh. Éksp. Teor. Fiz. **38**, 966 (1960) [Sov. Phys. JETP **11**, 696-702 (1960)].

[160] W. L. McMillan, *Transition Temperature of Strong-Coupled Superconductors*, Phys. Rev. **167**, 331 (1968).

von $a = 0$ nicht den Schluss ziehen kann, dass Phononen für die attraktive Wechselwirkung ohne Belang sind.

Vergleichen wir das Ergebnis (13.5.76) mit dem Ausdruck (13.5.74) für die Energielücke bei $T = 0$, so erhalten wir für das Verhältnis von $\Delta(0)$ und T_c

$$\frac{\Delta(0)}{k_B T_c} = \frac{\pi}{e^\gamma} = 1.764 \,. \tag{13.5.77}$$

Diese Beziehung stellt eine Kernaussage der BCS-Theorie dar. Experimentell werden Werte zwischen 1.5 und 2.5 gefunden (siehe Tabelle 13.3). Vor allem für klassische Supraleiter wie z. B. Pb mit niedriger Debye-Frequenz werden meist Werte oberhalb von 1.764 gemessen. Für diese Materialien ist die Wechselwirkungsstärke relativ groß, so dass die Annahme $D(E_F)V_0 \ll 1$ keine gute Näherung mehr ist. Wir bezeichnen diese Supraleiter als *stark koppelnde Supraleiter*.

Im Temperaturbereich $0 < T < T_c$ muss die Temperaturabhängigkeit durch numerische Lösung des Integrals

$$1 = \frac{D(E_F)V_0}{2} \int_{-\hbar\omega_D}^{\hbar\omega_D} \frac{\tanh(E_k/2k_B T)}{2E_k} \, d\xi_k \tag{13.5.78}$$

bestimmt werden.[161] Das Ergebnis ist in Abb. 13.39 gezeigt. Wir erkennen, dass die Vorhersage der BCS-Theorie die experimentellen Daten gut beschreiben kann. Die Abweichungen resultieren nicht aus Messfehlern, sondern aus der Tatsache, dass die bei der theoretischen Beschreibung gemachte Näherung $V_{k,k'} = -V_0$ zu einfach ist. In der Nähe von T_c erhält man

$$\frac{\Delta(T)}{\Delta(0)} \simeq 1.74 \left(1 - \frac{T}{T_c}\right)^{1/2} \quad \text{für} \quad T \simeq T_c \,. \tag{13.5.79}$$

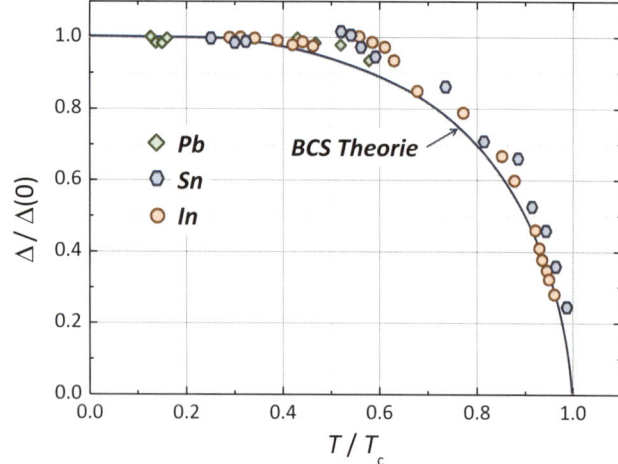

Abb. 13.39: Temperaturabhängigkeit der supraleitenden Energielücke in Pb, Sn und In zusammen mit dem nach der BCS-Theorie erwarteten Verlauf (Daten aus I. Giaever, K. Megerle, Phys. Rev. **122**, 1101–1111 (1961)).

[161] B. Mühlschlegel, *Die thermodynamischen Funktionen des Supraleiters*, Z. Phys. **115**, 313–327 (1959).

Die $\sqrt{T_c - T}$ Abhängigkeit ist ein charakteristisches Ergebnis der Molekularfeld-Theorie. Zum Beispiel erhält man für die Temperaturabhängigkeit der Magnetisierung eines Ferromagneten das gleiche Ergebnis.

13.5.2.5 Grundzustandsenergie

Wir wollen jetzt noch die Absenkung der Energie beim Übergang in den supraleitenden Zustand berechnen. Wir gehen dabei von (13.5.65) aus und berücksichtigen, dass der Beitrag $\sum_{\mathbf{k}} E_{\mathbf{k}} [\alpha_{\mathbf{k}}^\dagger \alpha_{\mathbf{k}} - \beta_{\mathbf{k}}^\dagger \beta_{\mathbf{k}}]$ der Bogoliubov-Quasiteilchen keinen Beitrag sowohl bei $T = 0$ (keine Quasiteilchen angeregt) als auch im Normalzustand liefert. Für den supraleitenden Zustand bei $T = 0$ erhalten wir

$$\langle \mathcal{H}_{\text{BCS}} \rangle = \sum_{\mathbf{k}} \left(\xi_{\mathbf{k}} - E_{\mathbf{k}} + g_{\mathbf{k}}^\dagger \Delta_{\mathbf{k}} \right) . \tag{13.5.80}$$

Die Energie des Normalzustandes bei $T = 0$ können wir durch die Betrachtung des Grenzfalls $\Delta_{\mathbf{k}} \to 0$ erhalten. Mit $E_{\mathbf{k}} = \sqrt{\xi_{\mathbf{k}}^2 + \Delta_{\mathbf{k}}^2} \simeq |\xi_{\mathbf{k}}|$ ergibt sich

$$\langle \mathcal{H}_{\text{n}} \rangle = \lim_{\Delta \to 0} \langle \mathcal{H}_{\text{BCS}} \rangle = \sum_{\mathbf{k}} \xi_{\mathbf{k}} - |\xi_{\mathbf{k}}| = 2 \sum_{|\mathbf{k}| < k_F} \xi_{\mathbf{k}} . \tag{13.5.81}$$

Hierbei haben wir ausgenutzt, dass $|\xi_{\mathbf{k}}| = -\xi_{\mathbf{k}}$ für $|\mathbf{k}| \le k_F$ (Teilchen-Loch-Symmetrie). Die Absenkung der Grundzustandsenergie für $T = 0$ erhalten wir nach einigen Rechenschritten zu (siehe Anhang G.3 und R. Gross, A. Marx, D. Einzel, Festkörperphysik. Aufgaben und Lösungen, Oldenbourg Verlag, München (2013))

$$E_{\text{Kond}}(0) = \langle \mathcal{H}_{\text{BCS}} \rangle - \langle \mathcal{H}_{\text{n}} \rangle = -\frac{1}{4} D(E_F) \Delta^2(0) . \tag{13.5.82}$$

Hierbei haben wir $|\Delta_{\mathbf{k}}| = \Delta$ benutzt, um die Diskussion einfach zu halten. Die Energiedichte erhalten wir, indem wir noch durch das Volumen teilen:

$$\frac{E_{\text{Kond}}}{V} = -\frac{1}{4} \frac{D(E_F)}{V} \Delta^2(0) = -\frac{1}{4} N_F \Delta^2(0) . \tag{13.5.83}$$

Verwenden wir noch $N_F = 3n/2E_F$ und die BCS-Beziehung $\Delta(0)/k_B T_c = \pi/e^\gamma = 1.76387699$ (mit der Euler-Konstante $\gamma = 0.5772\ldots$), so ergibt sich

$$\frac{E_{\text{Kond}}}{V} = -\frac{3}{8} n \frac{\Delta^2(0)}{E_F} = -\frac{3\pi^2}{8e^{2\gamma}} n \frac{(k_B T_c)^2}{E_F} = -1.167 n \frac{(k_B T_c)^2}{E_F} . \tag{13.5.84}$$

Hierbei ist n die Elektronendichte. Die Kondensationsenergie ist also von der Größenordnung $(k_B T_c)^2/E_F$. Die charakteristische Energie der Wechselwirkung $\hbar\omega_D$ geht dagegen im Grenzfall schwacher Kopplung nicht in die Kondensationsenergie ein. Das Ergebnis (13.5.82) können wir intuitiv verstehen. Da die Verschmierung der Besetzungswahrscheinlichkeit eines Zustandes bei $T = 0$ etwa $\Delta(0)$ beträgt, kann am Paarwechselwirkungsprozess nur ein kleiner Anteil $\Delta(0)/E_F$ aller Elektronen teilnehmen. Da dieser Anteil der Elektronen im Mittel eine Energieabsenkung von etwa $\Delta(0)$ erfährt, ergibt sich eine Kondensationsenergiedichte $\sim \Delta^2(0)/E_F$. Die Kondensationsenergie bei $T = 0$ entspricht der Differenz der freien Enthalpien $\mathcal{G}_n - \mathcal{G}_s = V B_{\text{cth}}^2(0)/2\mu_0$ zwischen dem normal- und supraleitenden Zustand, woraus wir

$$B_{\text{cth}}(0) = \sqrt{\frac{\mu_0 D(E_\text{F}) \Delta^2(0)}{2V}} \qquad (13.5.85)$$

erhalten.

13.5.3 Energielücke und Anregungsspektrum

Betrachten wir den Hamilton-Operator (13.5.65), so sehen wir, dass die zweite Summe auf der rechten Seite zu einer Erhöhung der Gesamtenergie über die durch die erste Summe gegebene Grundzustandsenergie durch Anregung von Quasiteilchen führt. Ihre Teilchenzahl wird durch die Operatoren $\alpha_\mathbf{k}^\dagger \alpha_\mathbf{k}$ bzw. $\beta_\mathbf{k}^\dagger \beta_\mathbf{k}$ und ihre Anregungsenergie durch

$$E_\mathbf{k} = E_{-\mathbf{k}} = \sqrt{\xi_\mathbf{k}^2 + \Delta_\mathbf{k}^2} \qquad (13.5.86)$$

gegeben. Da $\xi_\mathbf{k}$ beliebig sein kann, ergibt sich die minimale Anregungsenergie zu $\Delta_\mathbf{k}$. Wir erkennen daraus sofort, dass die für den supraleitenden Zustand wichtige Größe $\Delta_\mathbf{k}$ die *Energielücke für Anregungen aus dem Grundzustand* beschreibt. Die zum Aufbrechen eines Cooper-Paares notwendige Energie ist $2E_\mathbf{k}$. Entfernen wir zum Beispiel ein Elektron mit $\mathbf{k} \uparrow$ aus einem Paarzustand $(\mathbf{k} \uparrow, -\mathbf{k} \downarrow)$, so bleibt ein ungepaartes Elektron mit $-\mathbf{k} \downarrow$ zurück. Die beiden ungepaarten Elektronen haben die gleiche Energie

Das Ergebnis (13.5.86) stellt die Dispersionsrelation der Anregungen aus dem supraleitenden Grundzustand dar. Sie ist in Abb. 13.40 zusammen mit der Dispersionsrelation freier Elektronen in einem normalleitenden Metall, $E_\mathbf{k} = \xi_\mathbf{k}$, dargestellt. Die Natur der Anregungen aus dem supraleitenden Grundzustand ist nicht sofort einsehbar. Sie stellen im Allgemeinen gemischte Zustände aus elektronen- und lochartigen Einteilchenanregungen dar und werden als *Quasiteilchen* bezeichnet. Quasiteilchen mit $\xi_\mathbf{k} > 0$ haben elektronenartigen, solche

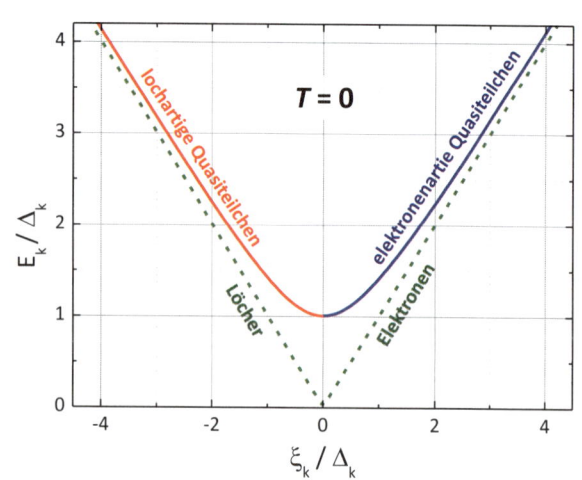

Abb. 13.40: Quasiteilchen-Anregungsenergie in der Nähe der Fermi-Energie. Die gestrichelte Kurve zeigt die Anregungsenergie von Elektronen und Löchern in einem Normalleiter.

mit $\xi_{\mathbf{k}} < 0$ lochartigen Charakter. Für $\xi_{\mathbf{k}} \gg 0$ und $\xi_{\mathbf{k}} \ll 0$ liegen jeweils reine Elektronen und reine Löcher vor. Für $\xi_{\mathbf{k}} = 0$ haben wir es mit einer gleichgewichtigen Überlagerung eines Elektrons mit Wellenvektor $\mathbf{k}$ und einem Loch mit Wellenvektor $-\mathbf{k}$ zu tun. Dies wird sofort klar, wenn wir uns vor Augen führen, dass eine Einteilchenanregung in Zustand $\mathbf{k}$ nur dann existieren kann, wenn der Zustand $-\mathbf{k}$ nicht besetzt ist, also ein Loch mit Wellenvektor $-\mathbf{k}$ existiert. Wäre der Zustand $-\mathbf{k}$ nämlich besetzt, würde sich sofort ein Cooper-Paar bilden.

Die Zustandsdichte der Quasiteilchen in einem Supraleiter erhalten wir aus der Tatsache, dass beim Übergang in den supraleitenden Zustand keine Zustände verloren gehen. Es muss deshalb $\int D_s(E_{\mathbf{k}})dE_{\mathbf{k}} = \int D_n(\xi_{\mathbf{k}})d\xi_{\mathbf{k}} = \int D_n(\xi_{\mathbf{k}})(d\xi_{\mathbf{k}}/dE_{\mathbf{k}})dE_{\mathbf{k}}$ gelten. In der unmittelbaren Nähe zur Fermi-Energie können wir in guter Näherung $D_n(\xi_{\mathbf{k}}) \simeq D_n(E_F) = $ const annehmen und erhalten für $T = 0$ die Quasiteilchen-Zustandsdichte

$$D_s(E_{\mathbf{k}}) = D_n(\xi_{\mathbf{k}})\frac{d\xi_{\mathbf{k}}}{dE_{\mathbf{k}}} = \begin{cases} D_n(E_F)\frac{E_{\mathbf{k}}}{\sqrt{E_{\mathbf{k}}^2 - \Delta^2}} & \text{für} \quad E_{\mathbf{k}} > \Delta \\ 0 & \text{für} \quad E_{\mathbf{k}} < \Delta \end{cases}. \quad (13.5.87)$$

In Abb. 13.41a ist diese Zustandsdichte zusammen mit der Zustandsdichte eines Normalleiters gezeigt. Wir sehen, dass $D_s(E_{\mathbf{k}})$ bei $E_{\mathbf{k}} = \Delta$ divergiert und für $E_{\mathbf{k}} \gg \Delta$ in die Zustandsdichte des Normalleiters übergeht. Die Zustandsdichte wurde erstmals von **Ivar Giaever**[162] mit Hilfe von Tunnelspektroskopie direkt gemessen.[163] Das Ergebnis ist in Abb. 13.41b gezeigt.

13.5.4 Quasiteilchentunneln

Da die Untersuchung der Zustandsdichte und die Bestimmung der Größe der Energielücke häufig mit Hilfe von Tunnelexperimenten durchgeführt wird, diskutieren wir im Folgenden das Tunneln von Quasiteilchen zwischen zwei Supraleitern, die durch eine dünne isolierende Barriere getrennt sind. Die Tunnelprozesse führen zu einer endlichen Kopplung der beiden Supraleiter, die wir mit dem Hamilton-Operator

$$\mathcal{H}_{\text{tun}} = \sum_{\mathbf{k}\mathbf{q}\sigma} T_{\mathbf{k}\mathbf{q}} c^{\dagger}_{\mathbf{k}\sigma} c_{\mathbf{q}\sigma} + \text{c.c.} \quad (13.5.88)$$

beschreiben können. Hierbei ist $T_{\mathbf{k}\mathbf{q}}$ das Tunnelmatrixelement, das durch die Eigenschaften der Tunnelbarriere bestimmt ist, und $c^{\dagger}_{\mathbf{k}\sigma} c_{\mathbf{q}\sigma}$ beschreibt die Erzeugung eines Elektrons mit Wellenvektor $\mathbf{k}$ im einen und die Vernichtung eines Elektrons mit Wellenvektor $\mathbf{q}$ im anderen Supraleiter. Der konjugiert komplexe Term beschreibt den umgekehrten Prozess.

Wir müssen jetzt allerdings beachten, dass die Elektronenzustände in einem Supraleiter durch die Quasiteilchen-Erzeugungs- und Vernichtungsoperatoren ausgedrückt werden müssen [vergleiche hierzu (13.5.58) und (13.5.59)]. Da das Tunneln in den Zustand $\mathbf{k}$

---

[162] **Ivar Giaever**, geboren am 5. April 1929 in Bergen, Norwegen. Er erhielt 1973 zusammen mit Leo Esaki und Brian David Josephson den Nobelpreis für Physik *für seine theoretischen Vorhersagen zu den Eigenschaften eines Suprastromes durch eine Tunnelbarriere, insbesondere zu den Phänomenen, die allgemein als Josephson-Effekte bekannt sind.*

[163] I. Giaever, *Tunneling into Superconductors at Temperatures below 1 K*, Phys. Rev. **126**, 941 (1962).

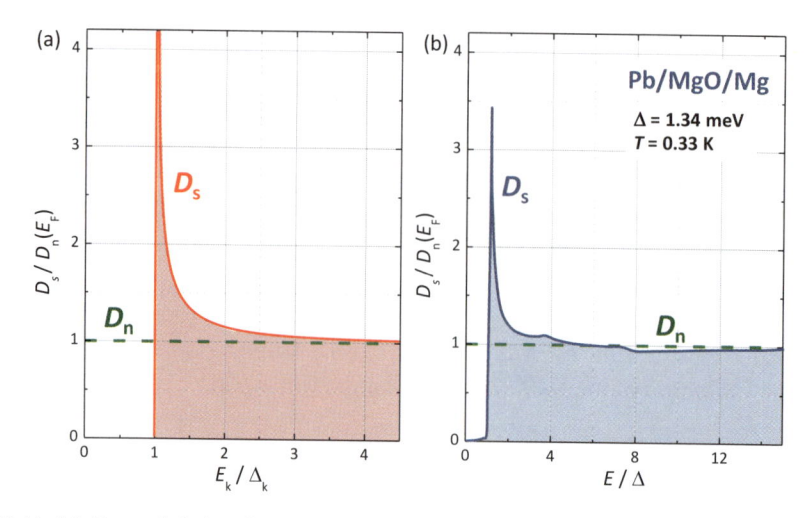

Abb. 13.41: (a) Zustandsdichte der Quasiteilchen als Funktion der Anregungsenergie E_k in einem Supraleiter bei $T = 0$. (b) Gemessene Zustandsdichte von Blei normiert auf die Zustandsdichte im Normalzustand als Funktion der normierten Anregungsenergie. Die Messung wurde mit einem Pb/MgO/Mg-Tunnelkontakt bei 0.33 K durchgeführt (nach I. Giaever, Phys. Rev. **126**, 941 (1962)).

nur dann möglich ist, wenn der Paarzustand ($\mathbf{k}\uparrow, -\mathbf{k}\downarrow$) nicht besetzt ist, ist die zugehörige Tunnelwahrscheinlichkeit $\propto |u_\mathbf{k}|^2 |T_{\mathbf{kq}}|^2$, da ja $|u_\mathbf{k}|^2$ gerade die Wahrscheinlichkeit dafür angibt, dass der Paarzustand unbesetzt ist. Zu dem Zustand $\mathbf{k}$ gibt es aber einen weiteren Zustand $\mathbf{k}'$ mit gleicher Quasiteilchenenergie $E_\mathbf{k} = E_{\mathbf{k}'}$, aber mit $\xi_{\mathbf{k}'} = -\xi_\mathbf{k}$. Da $|u(-\xi)| = |v(\xi)|$ (vergleiche Abb. 13.40), trägt das Tunneln in den Zustand $\mathbf{k}'$ mit der Wahrscheinlichkeit $\propto |u_{\mathbf{k}'}|^2 |T_{\mathbf{k}'\mathbf{q}}|^2 = |v_\mathbf{k}|^2 |T_{\mathbf{k}'\mathbf{q}}|^2$ bei. Machen wir die vernünftige Annahme, dass $|T_{\mathbf{kq}}|^2 = |T_{\mathbf{k}'\mathbf{q}}|^2$, da $\mathbf{k}$ und $\mathbf{k}'$ beide nahe am gleichen Punkt der Fermi-Oberfläche liegen, so ist die gesamte Tunnelwahrscheinlichkeit für diese beiden Kanäle $\propto (|u_\mathbf{k}|^2 + |v_\mathbf{k}|^2) |T_{\mathbf{kq}}|^2 = |T_{\mathbf{kq}}|^2$. Das heißt, die Tunnelwahrscheinlichkeit hängt im Gegensatz zu anderen Prozessen wie der Absorption von Ultraschall oder elektromagnetischer Strahlung nicht von den Kohärenzfaktoren $u_\mathbf{k}$ und $v_\mathbf{k}$ ab. Diese wichtige Tatsache erlaubt es uns, das Tunneln zwischen zwei Supraleitern durch ein einfaches *Halbleiter-Modell* zu beschreiben (siehe Abb. 13.42). In diesem beschreiben wir ein normales Metall durch eine kontinuierliche Verteilung von Zuständen mit Zustandsdichte $D_n(E)$. Den Supraleiter stellen wir wie einen Halbleiter mit Energielücke 2Δ dar, indem wir die Quasiteilchenzustandsdichte (13.5.87) am chemischen Potenzial μ spiegeln. In diesem Fall geht für $\Delta \to 0$ die Quasiteilchenzustandsdichte gerade in die Zustandsdichte eines normalen Metalls über. Bei $T = 0$ sind alle Zustände bis $\mu(0) = E_\mathrm{F}$ gefüllt, für $T > 0$ ist die Besetzungswahrscheinlichkeit durch die Fermi-Funktion gegeben. Wir weisen darauf hin, dass das einfache Halbleiter-Modell nicht angewendet werden darf, wenn Paarzustände eine Rolle bei den Tunnelprozessen spielen. Außerdem können mit ihm keine Interferenzeffekte zwischen den beiden entarteten Transportkanälen beschrieben werden, die als Funktion der Spannung oder der Probendicke[164] auftreten können.

---

[164] W. J. Tomasch, *Geometrical Resonance in the Tunneling Characteristics of Superconducting Pb*, Phys. Rev. Lett. **15**, 672–675 (1965).

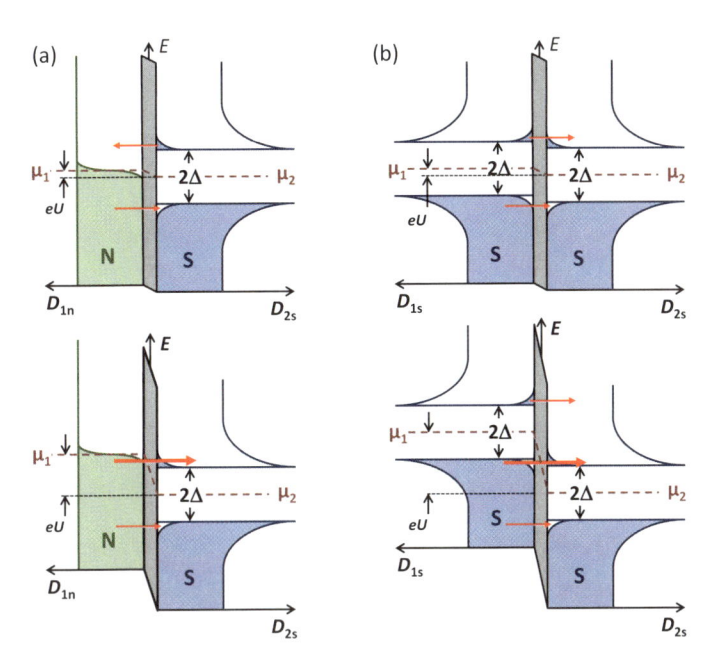

Abb. 13.42: Zum Quasiteilchentunneln zwischen (a) einem Normalleiter (N) und einem Supraleiter (S) sowie (b) zwischen zwei Supraleitern für zwei unterschiedliche angelegte Spannungen U. Es sind die Zustandsdichten nach links und rechts als Funktion der Energie aufgetragen. Die besetzten Zustände sind farbig markiert. In (a) setzt ein starker Stromanstieg bei $eU \geq \Delta$ und in (b) bei $eU \geq 2\Delta$ ein, da hier eine große Dichte von besetzten Zuständen auf der einen einer großen Dichte von unbesetzten Zuständen auf der anderen Seite gegenübersteht.

Im Rahmen des Halbleiter-Modells können wir den elastischen Tunnelstrom[165] von einem Metall 1 in ein Metall 2 schreiben als

$$I_{1\to 2} = C \int_{-\infty}^{\infty} |T|^2 D_1(E) f(E) D_2(E+eU)[1 - f(E+eU)]\, dE. \quad (13.5.89)$$

Hierbei ist U die angelegte Spannung, C eine Proportionalitätskonstante und $D_{1,2}(E)$ sind die jeweiligen Zustandsdichten der normal oder supraleitenden Metalle. Der Tunnelstrom ist also proportional zum Tunnelmatrixelement $|T|^2$, das wir als spannungsunabhängig angenommen haben, und dem Produkt aus besetzten Zuständen $D_1(E)f(E)$ auf der einen und unbesetzten Zuständen $D_2(E+eU)[1-f(E+eU)]$ auf der anderen Seite. Einen entsprechenden Ausdruck erhalten wir für den Tunnelstrom $I_{2\to 1}$ in die entgegengesetzte Richtung. Der Nettotunnelstrom ergibt sich aus der Differenz zu

$$I(U) = C \int_{-\infty}^{\infty} |T|^2 D_1(E) D_2(E+eU)[f(E) - f(E+eU)]\, dE. \quad (13.5.90)$$

---

[165] Die Energie der tunnelnden Elektronen bzw. Quasiteilchen bleibt unverändert. Inelastische Tunnelprozesse, bei denen z. B. ein Energieaustausch mit der Tunnelbarriere stattfindet, werden hier nicht behandelt.

13.5.4.1 Tunneln zwischen Normalleitern

Wir betrachten zuerst einen Normalleiter/Isolator/Normalleiter (NIN) Tunnelkontakt. Da üblicherweise die anliegende Spannung $eU \ll \mu$ und bei Metallen bei nicht allzu hohen Temperaturen $\mu \simeq E_F$, können wir vereinfachend $D_n(E + eU) \simeq D_n(E_F)$ = const annehmen und erhalten

$$I(U) = C|T|^2 D_{n1}(E_F) D_{n2}(E_F) \int_{-\infty}^{\infty} f(E) - f(E + eU)\, dE$$

$$= C|T|^2 D_{n1}(E_F) D_{n2}(E_F) eU = G_{nn} U \, . \tag{13.5.91}$$

Wir sehen, dass der Tunnelstrom proportional zur anliegenden Spannung und unabhängig von der Temperatur ist. Wir erhalten also eine Ohmsche Kennlinie, deren Steigung durch den Leitwert G_{nn} bestimmt ist.

13.5.4.2 Tunneln zwischen Normalleiter und Supraleiter

Mit der gleichen Annahme wie oben, $D_n(E + eU) \simeq D_n(E_F)$ = const, erhalten wir für einen NIS-Tunnelkontakt

$$I_{ns}(U) = C|T|^2 D_{n1}(E_F) D_{n2}(E_F) \int_{-\infty}^{\infty} \frac{D_{s2}(E)}{D_{n2}(E_F)} [f(E) - f(E + eU)]\, dE$$

$$= \frac{G_{nn}}{e} \int_{-\infty}^{\infty} \frac{D_{s2}(E)}{D_{n2}(E_F)} [f(E) - f(E + eU)]\, dE \, . \tag{13.5.92}$$

Da die Zustandsdichte $D_{s2}(E)$ bei $T = 0$ für $e|U| < \Delta$ verschwindet [vergleiche (13.5.87) und Abb. 13.42a], verschwindet auch der Tunnelstrom in diesem Spannungsbereich. Für $eU \geq \Delta$ steigt der Tunnelstrom dann stark an, da hier eine große Dichte von besetzten Zuständen im Normalleiter einer großen Dichte von unbesetzten Zuständen im Supraleiter gegenübersteht (siehe Abb. 13.43a). Für negative Spannungen wäre es genau umgekehrt, so dass eine bezüglich $U = 0$ symmetrische Kennlinie resultiert.

Für den differentiellen Tunnelleitwert erhalten wir

$$G_{ns}(U) \equiv \frac{dI_{ns}}{dU} = G_{nn} \int_{-\infty}^{\infty} \frac{D_{s2}(E)}{D_{n2}(E_F)} \left[-\frac{\partial f(E + eU)}{\partial (eU)} \right] dE \, . \tag{13.5.93}$$

Da $-\partial f(E + eU)/\partial(eU)$ eine glockenförmige Gewichtsfunktion mit Schwerpunkt bei eU, Breite $\sim 4k_B T$ und Fläche eins ist, erhalten wir für $T \to 0$ den Zusammenhang

$$G_{ns}(U) = G_{nn} \frac{D_{s2}(eU)}{D_{n2}(E_F)} \, . \tag{13.5.94}$$

Wir können also durch Messung des Tunnelleitwerts bei tiefen Temperaturen direkt die Zustandsdichte des Supraleiters bestimmen. Bei endlichen Temperaturen beschreibt $G_{ns}(U)$ die mit etwa $\pm 2k_B T$ verschmierte Zustandsdichte.

13.5 Mikroskopische Theorie

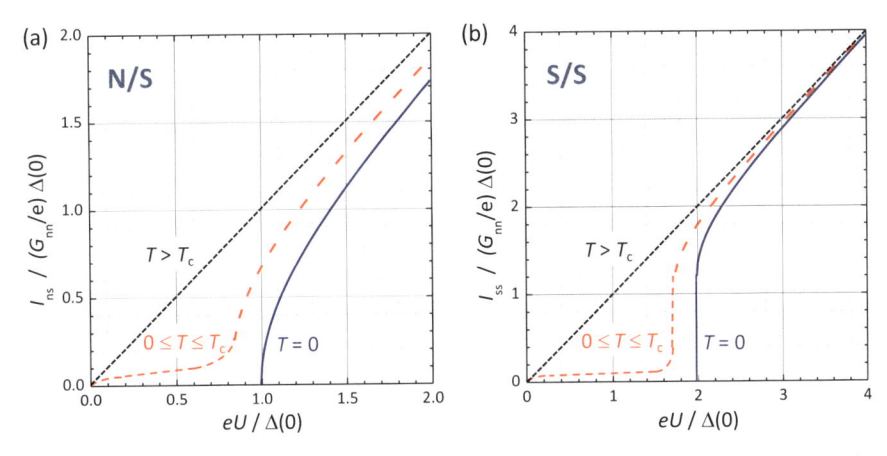

Abb. 13.43: Strom-Spannungs-Charakteristiken für einen (a) NIS- und (b) SIS-Tunnelkontakt für $T = 0$ (durchgezogen) und $0 < T < T_c$ (gestrichelt) und $T \geq T_c$ (gepunktet).

Phononenstruktur Oft weist der experimentell gemessene Verlauf von $D_{s2}(E)/D_{n2}(E_F)$ Abweichungen vom BCS-Ergebnis (13.5.87) auf. Bereits Giaever et al. stellten fest, dass diese Abweichungen mit der Phononenstruktur des untersuchten Supraleiters in Verbindung gebracht werden können (vergleiche hierzu Abb. 13.41). Schrieffer et al.[166,167] wiesen darauf hin, dass die Zustandsdichte durch

$$\frac{D_{s2}(E)}{D_{n2}(E_F)} = \Re\left(\frac{E}{\sqrt{E^2 - \Delta^2(E)}}\right). \qquad (13.5.95)$$

gegeben sein sollte. Falls Δ reell und energieunabhängig ist, resultiert daraus wiederum der BCS-Ausdruck (13.5.87). Im Falle von stark koppelnden Supraleitern wird Δ allerdings komplex und energieabhängig. Der komplexe Anteil kommt durch eine endliche Lebensdauer der Quasiteilchenanregungen durch Zerfall unter Erzeugung von Phononen zustande. Dieser ist immer dann groß, wenn eine große Phononenzustandsdichte $F(\omega)$ und eine starke Elektron-Phonon-Kopplungsstärke α vorliegt. Es gibt eine dazu korrespondierende Resonanz in $\Re(\Delta)$. Eliashberg[168] zeigte, dass die entscheidende Größe $\alpha^2 F(\omega)$ ist. Diese kann theoretisch[169] berechnet und experimentell[170] durch Invertieren der gemessenen Tunneldaten bestimmt werden.

---

[166] J. R. Schrieffer, D. J. Scalapino, J. W. Wilkins, *Effective Tunneling Density of States in Superconductors*, Phys. Rev. Lett. **10**, 336–339 (1963).

[167] D. J. Scalapino, J. R. Schrieffer, J. W. Wilkins, *Strong-Coupling Superconductivity I*, Phys. Rev. **148**, 263–279 (1966).

[168] G. M. Eliashberg, *Interactions Between Electrons and Lattice Vibrations in a Superconductor*, Zh. Eksperim. i Teor. Fiz **38**, 966 (1960); Soviet Phys. JETP **11**, 696 (1960).

[169] J. Carbotte, *Properties of boson-exchange superconductors*, Rev. Mod. Phys. **62**, 1027–1157 (1990).

[170] W. L. McMillan, J. M. Rowell, *Lead Phonon Spectrum Calculated from Superconducting Density of States*, Phys. Rev. Lett. **14**, 108–112 (1965).

13.5.4.3 Tunneln zwischen zwei Supraleitern

Für einen SIS-Tunnelkontakt erhalten wir

$$I_{ss}(U) = \frac{G_{nn}}{e} \int_{-\infty}^{\infty} \frac{D_{s1}(E+eU)}{D_{n1}(E_F)} \frac{D_{s2}(E)}{D_{n2}(E_F)} [f(E) - f(E+eU)] \, dE. \qquad (13.5.96)$$

Die resultierende Kennlinie ist in Abb. 13.43 gezeigt. Qualitativ können wir sagen, dass der Tunnelstrom für $0 \leq eU < 2\Delta$ klein sein wird, da hier nur eine kleine Dichte von thermisch angeregten Quasiteilchen in Supraleiter 1 bzw. eine kleine Dichte von freien Zuständen in Supraleiter 2 vorhanden ist. Für $T = 0$ würde der Tunnelstrom in diesem Spannungsbereich vollkommen verschwinden. Für negative Spannungen wäre es genau umgekehrt, so dass wir eine bezüglich $U = 0$ symmetrische Kennlinie erhalten. Bei Spannungen $eU \geq 2\Delta$ steigt der Tunnelstrom dann stark an, da hier eine große Dichte von Quasiteilchenzuständen in Supraleiter 1 einer großen Dichte von freien Zuständen in Supraleiter 2 gegenübersteht (siehe Abb. 13.42b).

13.5.5 Thermodynamische Größen

Wir wollen in diesem Abschnitt diskutieren, welche Vorhersagen die BCS-Theorie für die relevanten thermodynamischen Größen eines Supraleiters macht. Da die BCS-Theorie eine Aussage über die Temperaturabhängigkeit der Energielücke macht, wird dadurch auch die Besetzungswahrscheinlichkeit der Quasiteilchenanregungen festgelegt. Sie ist durch die Fermi-Funktion $f(E_k) = [\exp(E_k)/k_B T + 1]^{-1}$ gegeben, in die $\Delta_k(T)$ über $E_k(T) = \sqrt{\xi_k^2 + \Delta_k^2(T)}$ eingeht. Damit ist auch die Entropie des Elektronensystems, in die nur die Besetzungswahrscheinlichkeit für die Quasiteilchen eingeht, zu

$$S_s = -2k_B \sum_{\mathbf{k}} \{[1 - f(E_\mathbf{k})] \ln[1 - f(E_\mathbf{k})] + f(E_\mathbf{k}) \ln f(E_\mathbf{k})\} \qquad (13.5.97)$$

festgelegt. Aus diesem Ausdruck können wir die Wärmekapazität $C_s = T(\partial S_s/\partial T)_{p,B}$ ableiten. Wir erhalten

$$C_s = -2k_B T \sum_{\mathbf{k}} \frac{\partial f(E_\mathbf{k})}{\partial T} \ln\left(\frac{f(E_\mathbf{k})}{1 - f(E_\mathbf{k})}\right). \qquad (13.5.98)$$

Nach einigen Umformungen ergibt sich daraus

$$C_s = \frac{2}{T} \sum_{\mathbf{k}} -\frac{\partial f(E_\mathbf{k})}{\partial E_\mathbf{k}} \left(E_\mathbf{k}^2 - \frac{1}{2} T \frac{d\Delta_\mathbf{k}^2(T)}{dT}\right). \qquad (13.5.99)$$

Der erste Term in der Klammer resultiert dabei aus der üblichen Umverteilung der Quasiteilchen auf die verfügbaren Energieniveaus bei einer Temperaturänderung, während der zweite Term die Auswirkung der temperaturabhängigen Energielücke beschreibt, die zu einer Veränderung der Energieniveaus selbst führt. Die Größe

$$Y(T) = \frac{1}{D(E_F)V} \sum_{\mathbf{k}} -\frac{\partial f(E_\mathbf{k})}{\partial E_\mathbf{k}} = \frac{1}{4k_B T} \int_{-\mu}^{\infty} \frac{d\xi_\mathbf{k}}{\cosh^2 \frac{E_\mathbf{k}}{2k_B T}} \qquad (13.5.100)$$

13.5 Mikroskopische Theorie

ist dabei die so genannte *Yosida-Funktion*, welche die Temperaturabhängigkeit der normalfluiden Dichte $n_n(T) = nY(T)$ beschreibt.

Wir betrachten zuerst den Fall tiefer Temperaturen, $T \ll T_c$, wo wir die Näherungen $d|\Delta_\mathbf{k}|^2(T)/dT \simeq 0$ und $f(E_\mathbf{k}) \simeq \exp(-E_\mathbf{k}/k_BT)$ verwenden können. Wir nehmen ferner zur Vereinfachung wieder $|\Delta_\mathbf{k}| = \Delta$ an. Führen wir die Summe in eine Integration über, so ergibt sich[171]

$$C_s \simeq \frac{D(E_\mathrm{F})}{k_B T^2} \Delta^2(0) \int_0^\infty e^{-\sqrt{\xi^2 - \Delta^2(0)}/k_B T} d\xi$$

$$\simeq \frac{D(E_\mathrm{F})}{k_B T^2} \Delta^2(0) e^{-\Delta(0)/k_B T} \underbrace{\int_0^\infty e^{-\xi^2/2k_B T} d\xi}_{\sqrt{\pi k_B T \Delta(0)/2}} . \qquad (13.5.101)$$

Für $T \ll T_c$ erhalten wir also eine exponentielle Abnahme der Wärmekapazität, da hier $\Delta(T) \simeq \Delta(0) \gg k_B T$ und deshalb nur sehr wenige Quasiteilchen thermisch angeregt sind. Wie Abb. 13.44 zeigt, kann aus der Messung der Temperaturabhängigkeit der spezifischen Wärme die Energielücke bestimmt werden. Im Bereich $0.5 < T/T_c < 1$ nimmt $\Delta(T)$ dann schnell ab, wodurch jetzt $\Delta(T) < k_B T$. Insgesamt können jetzt durch das Zusammenwirken der kleineren Energielücke, der höheren thermischen Energie und der hohen Zustandsdichte bei $E_\mathbf{k} = \Delta_\mathbf{k}$ viele Quasiteilchen zusätzlich angeregt werden. Dadurch wird in diesem Temperaturbereich C_s größer als der Wert C_n im normalleitenden Zustand. Interessant ist das Verhalten bei $T \simeq T_c$. Hier geht $\Delta(T)$ gegen null, weshalb wir $E_\mathbf{k}$ durch $|\xi_\mathbf{k}|$ ersetzen können. Der erste Term in (13.5.99) ergibt dann gerade die Wärmekapazität im Normalzustand [vergleiche (7.2.6)]

$$C_n = \gamma V T = \frac{\pi^2}{3} D(E_\mathrm{F}) k_B^2 T , \qquad (13.5.102)$$

wobei γ der Sommerfeld-Koeffizient ist.

Der zweite Term in (13.5.99) ist für $T < T_c$ endlich, da $d\Delta^2(T)/dT$ endlich ist, und verschwindet oberhalb von T_c. Dies resultiert in einem Sprung der Wärmekapazität bei T_c, der gegeben ist durch

$$\Delta C = (C_s - C_n)_{T_c} = \frac{D(E_\mathrm{F})}{2k_B T_c^2} \left(\frac{d\Delta^2(T)}{dT}\right)_{T_c} \int_{-\infty}^\infty \left(\frac{-\partial f(E_\mathbf{k})}{\partial |\xi_\mathbf{k}|}\right) d\xi_\mathbf{k}$$

$$= \frac{D(E_\mathrm{F})}{2} \left(\frac{-d\Delta^2(T)}{dT}\right)_{T_c} . \qquad (13.5.103)$$

Benutzen wir $\Delta(0) = 1.76 k_B T_c$ und die Näherung (13.5.79), so erhalten wir $\Delta C = 4.7 D(E_\mathrm{F}) k_B^2 T_c$ und damit

$$\frac{\Delta C}{C_n} = \frac{4.7}{\pi^2/3} = 1.43 . \qquad (13.5.104)$$

---

[171] Wir nehmen hier $\Delta^2 + \xi^2 = \Delta^2[1 + (\xi^2/\Delta^2)] \simeq \Delta^2$ und $\sqrt{\Delta^2 + \xi^2} = \Delta\sqrt{1 + (\xi^2/\Delta^2)} \simeq \xi^2/2\Delta$ an, da $\partial f(E_\mathbf{k})/\partial E_\mathbf{k}$ nur für sehr kleine Werte von ξ/Δ großes Gewicht hat.

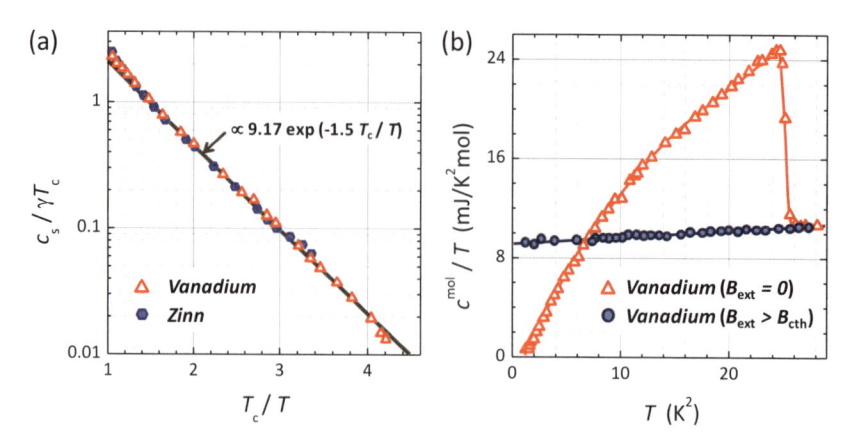

Abb. 13.44: (a) Temperaturabhängigkeit der spezifischen Wärme von Zinn und Vanadium. (b) Sprung der elektronischen spezifischen Wärme von Vanadium bei T_c. Die spezifische Wärme im normalleitenden Zustand wird durch Unterdrückung der Supraleitung mit einem externen Feld $B_\text{ext} > B_\text{cth}$ gemessen (nach M. A. Biondi, A. T. Forrester, M. P. Garfunkel, C. B. Satterthwaite, Rev. Mod. Phys. 30, 1109–1136 (1958)).

Diese Vorhersage der BCS-Theorie stimmt mit den experimentellen Daten vieler schwach koppelnder Supraleiter sehr gut überein (siehe Abb. 13.44). Ein weiteres Beispiel haben wir bereits in Abb. 13.13 gezeigt.

Nachdem wir die Wärmekapazität $C_s(T)$ mit (13.5.99) bestimmt haben (dies muss numerisch erfolgen), können wir $C_s(T)$ aufintegrieren, um die Änderung $\mathcal{U}_n - \mathcal{U}_s$ der inneren Energie sowie $\mathcal{G}_n - \mathcal{G}_s$ der freien Enthalpie zu erhalten, wenn wir von T_c abkühlen. Bei $T = T_c$ muss die innere Energie im normal- und supraleitenden Zustand gleich sein. Es gilt also

$$\mathcal{U}_s(T_c) = \mathcal{U}_n(T_c) = \mathcal{U}_n(0) + \int_0^{T_c} C_n dT = \mathcal{U}_n(0) + \tfrac{1}{2}\gamma V T_c^2 \,. \tag{13.5.105}$$

Da wir $\mathcal{U}_s(T)$ durch $\mathcal{U}_s(T_c) - \int_T^{T_c} C_s dT$ ausdrücken können, erhalten wir

$$\mathcal{U}_s(T) = \mathcal{U}_n(0) + \tfrac{1}{2}\gamma V T_c^2 - \int_T^{T_c} C_s dT \,. \tag{13.5.106}$$

Für die freie Enthalpie im supraleitenden Zustand ergibt sich damit

$$\mathcal{G}_s(T) = \mathcal{U}_s(T) - TS_s(T) + pV = \mathcal{U}_n(0) + \tfrac{1}{2}\gamma V T_c^2 \underbrace{- \int_T^{T_c} C_s dT - TS_s(T)}_{-\gamma V T_c^2} + pV$$

$$= \mathcal{U}_n(0) - \tfrac{1}{2}\gamma V T_c^2 + pV \,. \tag{13.5.107}$$

Für die freie Enthalpie im normalleitenden Zustand erhalten wir

$$\mathcal{G}_n(T) = \mathcal{U}_n(T) - S_n(T)T + pV = \mathcal{U}_n(0) + \underbrace{\int_{T=0}^{T} C_n dT}_{+\frac{1}{2}\gamma V T^2} \underbrace{-S_n(T)T}_{-\gamma V T^2} + pV$$

$$= \mathcal{U}_n(0) - \tfrac{1}{2}\gamma V T^2 + pV \,. \qquad (13.5.108)$$

Wenn wir annehmen, dass beim Übergang in den supraleitenden Zustand das Gitter unverändert bleibt (pV = const), erhalten wir für die Differenz der freien Enthalpien

$$\mathcal{G}_n(T) - \mathcal{G}_s(T) = V\frac{B_{\text{cth}}^2}{2\mu_0} = \frac{1}{2}\gamma V(T_c^2 - T^2) = \frac{1}{2}\gamma V T_c^2 \left[1 - \left(\frac{T}{T_c}\right)^2\right]. \qquad (13.5.109)$$

Da $\mathcal{G}_n(T) - \mathcal{G}_s(T)$ gerade der Kondensationsenergie $V\frac{B_{\text{cth}}^2}{2\mu_0}$ entspricht, erhalten wir

$$V\frac{B_{\text{cth}}^2}{2\mu_0} = \frac{1}{2}\gamma V T_c^2 \left[1 - \left(\frac{T}{T_c}\right)^2\right] \simeq \frac{1}{4}\Delta^2(0)D(E_F)\left[1 - \left(\frac{T}{T_c}\right)^2\right]. \qquad (13.5.110)$$

Hierbei haben wir die Sommerfeld-Konstante $\gamma V = \frac{\pi^2}{3}k_B^2 D(E_F)$ und $\Delta(0)/k_B T_c = 1.764$ benutzt [vergleiche (7.2.8)]. Wir sehen also, dass wir bei Kenntnis von $\Delta(T)$ alle relevanten thermodynamischen Größen eines Supraleiters berechnen können. Die erhaltenen Abhängigkeiten entsprechen den in Abb. 13.11 und 13.12 gezeigten qualitativen Abhängigkeiten. Der Vorfaktor $\frac{1}{4}\Delta^2(0)D(E_F)$ ist die bereits oben diskutierte Kondensationsenergie bei $T = 0$ [vergleiche (13.5.82)].

13.6 Josephson-Effekt

In Abschnitt 13.5.4 haben wir das Quasiteilchentunneln in einem Supraleiter-Isolator-Supraleiter (SIS) Kontakt diskutiert. Wir haben dabei aber das Tunneln von Cooper-Paaren nicht diskutiert. Lange Zeit hat man geglaubt, dass das Tunneln von Cooper-Paaren zwar möglich, aber unmessbar klein ist. Da bereits die Tunnelwahrscheinlichkeit von einzelnen Elektronen typischerweise kleiner als 10^{-4} ist, erwartete man für das Tunneln eines Cooper-Paares die extrem kleine Wahrscheinlichkeit von weniger als $(10^{-4})^2$. Im Jahr 1962 durchbrach **Brian Josephson**[172] diese Denkweise. Er postulierte, dass die Tunnelwahrscheinlichkeit von Cooper-Paaren genauso groß wie diejenige von ungepaarten Elektronen ist, da das Tunneln von Cooper-Paaren einen kohärenten Prozess darstellt. Das heißt, wir sollten das Tunneln von Cooper-Paaren nicht als zwei inkohärente Tunnelprozesse von zwei einzelnen Elektronen, sondern als einen kohärenten Tunnelprozess des Paares betrachten, für den die Tunnelwahrscheinlichkeit genauso groß ist wie für das Tunneln eines einzelnen Elektrons. Analog können wir argumentieren, dass die makroskopische Wellenfunktion, welche die

---

[172] Brian D. Josephson, *Possible New Effects in Superconductive Tunnelling*, Phys. Lett. **1**, 251–253 (1962).

Gesamtheit der supraleitenden Elektronen beschreibt, durch die Barriere tunnelt. Nur ein Jahr später bestätigten **Philip W. Anderson** und **John M. Rowell**[173] die Vorhersage von Brian Josephson. Wir werden sehen, dass sie eine direkte Konsequenz der makroskopischen Quantennatur des supraleitenden Zustandes ist.

Brian David Josephson (geboren 1940)

Brian David Josephson wurde am 4. Januar 1940 in Cardiff, Glamorgan, Wales geboren. Er postulierte als 22-jähriger Student den nach ihm benannten Josephson-Effekt und erhielt dafür 1973 zusammen mit Leo Esaki und Ivar Giaever den Nobelpreis für Physik. Brian Josephson besuchte die Cardiff High School und anschließend das Trinity College, Cambridge, wo er 1960 seinen Bachelor-Abschluss machte. Anschließend studierte er in Cambridge weiter und erhielt dort 1964 seinen Doktortitel. Im Jahr 1962 wurde er Mitglied des Trinity College. Nach Abschluss seiner Doktorarbeit arbeitete Josephson von 1965 bis 1966 als Forschungsprofessor an der University of Illinois. 1967 kehrte er nach Cambridge zurück und wurde dort stellvertretender Forschungsleiter. 1972 wurde er zum Assistenzprofessor und 1974 zum Professor für Physik ernannt. 1970 wurde er zum Mitglied der Royal Society gewählt.

Quelle Wikimedia Commons.

Bereits in seiner Zeit als Bachelor-Student interessierte sich Josephson für das Phänomen Supraleitung. Er begann die Eigenschaften eines Kontakts zwischen zwei Supraleitern zu analysieren, der heute nach ihm Josephson-Kontakt genannt wird. Er erweiterte frühere Arbeiten von Esaki und Giaever zum Tunneleffekt. Insbesondere zeigte er, dass das Tunneln zwischen zwei Supraleitern ganz spezielle Eigenschaften aufzeigen konnte: Erstens fließt ein endlicher Tunnelstrom im spannungslosen Zustand und zweitens oszilliert dieser Strom zeitlich im Falle eines endlichen Spannungsabfalls über die Tunnelbarriere, wobei die Oszillationsfrequenz proportional zur anliegenden Spannung ist. Dies bedeutete die Entdeckung des nach ihm benannten Josephson-Effekts. Er bildet heute die Basis für zahlreiche Anwendungen der Supraleitung, die von digitalen Schaltkreisen (Josephson-Computer) über hochempfindliche Magnetfeldsensoren (supraleitende Quanteninterferometer) und supraleitende Quantenbits bis zur Realisierung eines Eichstandards für das Volt (Josephson-Voltstandard) reichen.

Einige Jahre nach Verleihung des Nobelpreises wuchs das Interesse Josephsons an der möglichen Bedeutung des östlichen Mystizismus für das wissenschaftliche Verständnis. Im Jahr 1980 gab er zusammen mit V. S. Ramachandran das Protokoll des Internationalen Symposiums über Bewusstsein in Oxford unter dem Titel *Consciousness and the Physical World* heraus.

---

[173] P. W. Anderson, J. M. Rowell, *Probable Observation of the Josephson Superconducting Tunneling Effect*, Phys. Rev. Lett. **10**, 230–232 (1963).

13.6.1 Die Josephson-Gleichungen

Bei der Herleitung der Josephson-Gleichungen werden wir uns auf Spin-Singulett-Supraleiter mit s-Wellensymmetrie ($S = 0$, $L = 0$) beschränken, die durch eine dünne Tunnelbarriere gekoppelt sind. Die Diskussion kann auf andere Supraleiter und andere Kopplungsarten (z. B. über einen Normalleiter, Halbleiter oder eine Einschnürung in einem Supraleiter) erweitert werden.[174] Wir betrachten den in Abb. 13.45 gezeigten SIS-Kontakt und folgen bei der Herleitung der Josephson-Gleichungen allgemeinen Argumenten, die ursprünglich von L. D. Landau und E. M. Lifschitz[175] eingeführt wurden. Mit diesen Argumenten lassen sich die beiden Josephson-Gleichungen aus den allgemeinen Ausdrücken für die Suprastromdichte (13.3.20) und die Energie-Phasen-Beziehung (13.3.23) ableiten. Dies zeigt uns, dass die Josephson-Gleichungen eine direkte Konsequenz der makroskopischen Quantennatur des supraleitenden Zustandes sind.

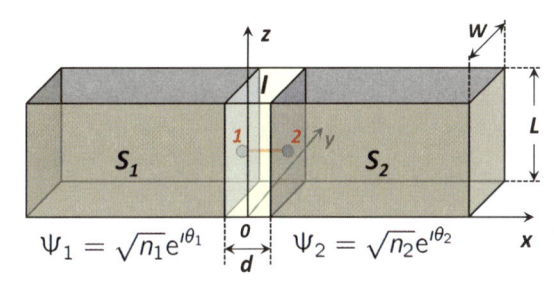

Abb. 13.45: Schematische Darstellung der Geometrie eines Josephson-Tunnelkontakts. Die zwei Supraleiter mit Wellenfunktionen $\Psi_1 = \sqrt{n_1}e^{i\theta_1}$ und $\Psi_2 = \sqrt{n_2}e^{i\theta_2}$ werden über eine Tunnelbarriere der Dicke d gekoppelt.

13.6.1.1 1. Josephson-Gleichung: Strom-Phasen-Beziehung

Wir erwarten, dass ein Suprastrom zwischen zwei schwach gekoppelten Supraleitern außer von den Eigenschaften der Tunnelbarriere von den Dichten $|\Psi_1|^2 = n_{s,1}$ und $|\Psi_2|^2 = n_{s,2}$ des supraleitenden Kondensats und den Phasen θ_1 und θ_2 der makroskopischen Wellenfunktionen in den beiden Kontaktelektroden abhängt. Da aber die Kopplung zwischen den beiden Supraleitern sehr klein ist, wird die Suprastromdichte zwischen ihnen so gering sein, dass wir in guter Näherung annehmen können, dass $|\Psi_1|^2$ und $|\Psi_2|^2$ unverändert bleiben. Um zu diskutieren, wie die Suprastromdichte von den Phasen θ_1 und θ_2 abhängt, verwenden wir den in Abschnitt 13.3.2 abgeleiteten allgemeinen Ausdruck (13.3.20) für die Suprastromdichte

$$\mathbf{J}_s = q_s n_s(\mathbf{r},t) \left\{ \frac{\hbar}{m_s} \nabla \theta(\mathbf{r},t) - \frac{q_s}{m_s} \mathbf{A}(\mathbf{r},t) \right\} = \frac{q_s n_s \hbar}{m_s} \boldsymbol{\gamma}(\mathbf{r},t) \,. \tag{13.6.1}$$

Wir halten unsere Diskussion einfach, indem wir annehmen, dass die Stromdichte in der yz-Ebene homogen ist. Wir nehmen ferner an, dass der eichinvariante Phasengradient γ in den Kontaktelektroden konstant ist (siehe Abb. 13.46). Diese Annahme ist gerechtfertigt, solange die Cooper-Paardichte n_s, wie in Abb. 13.46 gezeigt, in den Kontaktelektroden viel

---

[174] *Dynamics of Josephson Junctions and Circuits*, K. K. Likharev, Gordon and Breach Science Publishers, New York (1986).

[175] L. D. Landau, E. M. Lifschitz, *Lehrbuch der Theoretischen Physik*, Bd. IX, Akademie-Verlag, Berlin (1980).

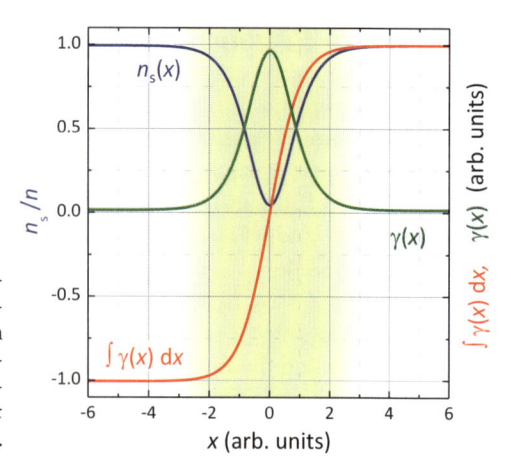

Abb. 13.46: Schematische Darstellung der Variation der Cooper-Paardichte n_s und des eichinvarianten Phasengradienten γ über den Barrierenbereich (farbig hinterlegt) eines Josephson-Kontakts, der sich in x-Richtung erstreckt. Ebenfalls gezeigt ist das Integral $\int \gamma dx$ des eichinvarianten Phasengradienten.

größer als in der Barrierenregion ist. Da aufgrund der Stromerhaltung $\mathbf{J}_s$ in den Elektroden und der Barrierenregion gleich sein muss, ist gemäß (13.6.1) der eichinvariante Phasengradient in den Elektroden tatsächlich im Vergleich zur Barrierenregion vernachlässigbar klein. Wir können dann den Phasengradienten $\gamma = \nabla\theta - \frac{2\pi}{\Phi_0}\mathbf{A}$ durch eine *eichinvariante Phasendifferenz* φ ersetzen, die durch

$$\varphi(\mathbf{r},t) = \int_1^2 \gamma(\mathbf{r},t) = \int_1^2 \left(\nabla\theta - \frac{2\pi}{\Phi_0}\mathbf{A}\right) \cdot d\mathbf{l}$$

$$= \theta_2(\mathbf{r},t) - \theta_1(\mathbf{r},t) - \frac{2\pi}{\Phi_0}\int_1^2 \mathbf{A}(\mathbf{r},t) \cdot d\mathbf{l} \quad (13.6.2)$$

gegeben ist. Die Integration erfolgt dabei in Richtung des Suprastromes, d. h. senkrecht zur Barriere. Für die Geometrie in Abb. 13.45 erstreckt sich der Integrationspfad von Punkt 1 bei $x = -d/2$ nach Punkt 2 bei $x = d/2$.

Nach (13.6.1) erwarten wir, dass die Suprastromdichte J_s nur eine Funktion von φ ist, das heißt, $J_s = J_s(\varphi)$. Da allerdings eine Phasenänderung von $n \cdot 2\pi$ (n = ganze Zahl) die Wellenfunktionen Ψ_1 und Ψ_2 der Kontaktelektroden unverändert lässt, muss $J_s(\varphi)$ eine 2π-periodische Funktion sein:

$$J_s(\varphi) = J_s(\varphi + n2\pi). \quad (13.6.3)$$

Schließlich muss für $J_s = 0$ auch die Phasendifferenz φ verschwinden. Es muss deshalb

$$J_s(\varphi = 0) = J_s(\varphi = n \cdot 2\pi) = 0 \quad (13.6.4)$$

gelten. Daraus können wir schließen, dass der Zusammenhang zwischen J_s und φ im allgemeinsten Fall die Form[176]

$$J_s(\varphi) = J_c \sin\varphi + \sum_{m=2}^{\infty} J_m \sin(m\varphi) \quad (13.6.5)$$

---

[176] Wir könnten natürlich J_s als Fourier-Reihe von Sinus- und Kosinus-Termen schreiben. Allerdings erfordert (13.6.4), dass alle Koeffizienten der Kosinus-Terme verschwinden müssen.

hat. Dabei ist J_c die **kritische** oder **maximale Josephson-Stromdichte**, die durch die Stärke der Kopplung zwischen den beiden Kontaktelektroden bestimmt wird. Gleichung (13.6.5) stellt die allgemeine Formulierung der **1. Josephson-Gleichung** dar. Sie wird auch als **Strom-Phasen-Beziehung** bezeichnet, da sie die Suprastromdichte mit der Phasendifferenz verknüpft. Eine weitergehende theoretische Behandlung zeigt, dass in den meisten Fällen – insbesondere im Fall schwacher Kopplung der Kontaktelektroden – der zweite Term auf der rechten Seite von (13.6.5) weggelassen werden kann, wodurch wir die Beziehung (vergleiche hierzu Anhang G.4)

$$J_s(\varphi) = J_c \sin \varphi \tag{13.6.6}$$

erhalten, die von Josephson in seiner ursprünglichen Arbeit abgeleitet wurde. Sie besagt:

> Die Suprastromdichte über einen Josephson-Kontakt variiert sinusförmig mit der Phasendifferenz φ zwischen den Kontaktelektroden.

Bisher haben wir eine homogene Suprastromdichte angenommen. Die Beziehung (13.6.6) gilt aber auch bei einer inhomogenen Stromdichte lokal für jeden Punkt (y,z) der Kontaktfläche (siehe Abb. 13.45). Einen inhomogenen Kontakt können wir durch die kritische Stromdichte $J_c(y,z)$ charakterisieren, mit der wir die Strom-Phasen-Beziehung zu

$$J_s(y,z,t) = J_c(y,z) \sin \varphi(y,z,t) \tag{13.6.7}$$

verallgemeinern können. Eine detailliertere Betrachtung zeigt, dass diese Verallgemeinerung nur dann gilt, wenn der Stromfluss an jeder Stelle der Kontaktfläche nur in x-Richtung erfolgt und keine Querströme parallel zur Kontaktfläche auftreten.

13.6.1.2   2. Josephson-Gleichung: Spannung-Phasen-Beziehung

Zur Ableitung der 2. Josephson-Gleichung benutzen wir die Zeitableitung der eichinvarianten Phasendifferenz

$$\frac{\partial \varphi}{\partial t} = \frac{\partial \theta_2}{\partial t} - \frac{\partial \theta_1}{\partial t} - \frac{2\pi}{\Phi_0} \frac{\partial}{\partial t} \int_1^2 \mathbf{A}(\mathbf{r},t) \cdot d\mathbf{l}. \tag{13.6.8}$$

Substituieren wir die Energie-Phasen-Beziehung [vergleiche (13.3.23)]

$$-\hbar \frac{\partial \theta}{\partial t} = \frac{1}{2n_s} \Lambda J_s^2 + q_s \phi + \mu \tag{13.6.9}$$

in (13.6.8), erhalten wir

$$\frac{\partial \varphi}{\partial t} = -\frac{1}{\hbar} \left(\frac{\Lambda}{2n_s} \left[J_s^2(2) - J_s^2(1) \right] + q_s \left[\phi(2) - \phi(1) \right] + \left[\mu(2) - \mu(1) \right] \right)$$
$$- \frac{2\pi}{\Phi_0} \frac{\partial}{\partial t} \int_1^2 \mathbf{A} \cdot d\mathbf{l}. \tag{13.6.10}$$

Da J_s über die Kontaktfläche kontinuierlich sein muss, gilt $\mathbf{J}_s(2) = \mathbf{J}_s(1)$ und wir erhalten mit $q_s = 2e$ und $\Phi_0 = h/2e$

$$\frac{\partial \varphi}{\partial t} = \frac{2\pi}{\Phi_0} \int_1^2 \left(-\nabla \widetilde{\phi} - \frac{\partial \mathbf{A}}{\partial t}\right) \cdot d\mathbf{l}. \tag{13.6.11}$$

Hierbei haben wir die Differenz des elektrochemischen Potenzials $\widetilde{\phi} = \phi + \mu/q_s$ als Linienintegral seines Gradienten ausgedrückt. Da der Term in Klammern gerade dem elektrischen Feld **E** entspricht [vergleiche (13.3.17)], erhalten wir die *2. Josephson-Gleichung* zu

$$\frac{\partial \varphi}{\partial t} = \frac{2\pi}{\Phi_0} \int_1^2 \mathbf{E}(\mathbf{r}, t) \cdot d\mathbf{l}. \tag{13.6.12}$$

Das Integral $\int_1^2 \mathbf{E}(\mathbf{r}, t) \cdot d\mathbf{l}$ entspricht dem Spannungsabfall U über den Kontakt, weshalb die 2. Josephson-Gleichung auch häufig als *Spannung-Phasen-Beziehung* bezeichnet wird. Die beiden Josephson-Gleichungen (13.6.6) und (13.6.12) beschreiben zusammen mit dem Ausdruck (13.6.10) für die eichinvariante Phasendifferenz das Verhalten von Josephson-Kontakten vollständig. Die Tatsache, dass $\partial \varphi / \partial t$ proportional zur Differenz des elektrochemischen Potenzials auf beiden Kontaktseiten ist, kann als Quanteninterferenzeffekt der makroskopischen Wellenfunktionen der beiden Kontaktelektroden aufgefasst werden.

Legen wir eine konstante Spannung U über einen Josephson-Kontakt an, so ist

$$\frac{\partial \varphi}{\partial t} = \frac{2\pi}{\Phi_0} U \tag{13.6.13}$$

und die Phasendifferenz wächst linear mit der Zeit an:

$$\varphi(t) = \varphi_0 + \frac{2\pi}{\Phi_0} U \cdot t. \tag{13.6.14}$$

Die Josephson-Stromdichte $J_s(t) = J_c \sin \varphi(t)$ oszilliert dann mit der *Josephson-Frequenz*

$$\frac{f}{U} = \frac{\omega}{2\pi U} = \frac{1}{\Phi_0} \simeq 483.597\,870(11) \frac{\text{MHz}}{\mu\text{V}}. \tag{13.6.15}$$

Ein Josephson-Kontakt kann deshalb als ein spannungsgesteuerter Oszillator betrachtet werden, der zur Erzeugung hoher Frequenzen (etwa 500 GHz bei 1 mV) verwendet werden kann. Ein Vergleich der Proportionalitätskonstanten $2e/h$ zwischen Frequenz und Spannung, die mit Josephson-Kontakten gewonnen wurden, die aus verschiedenen Materialien hergestellt wurden, ergab eine extrem gute Übereinstimmung innerhalb von 2×10^{-16}.[177] In jüngeren Experimenten wurde sogar eine Übereinstimmung im Bereich von 10^{-19} gefunden. Die Größe $2e/h$ wurde deshalb von 1990 bis 2007 dafür benutzt, die Spannung über die Frequenz zu definieren.[178]

---

[177] J. S. Tsai, A. K. Jain, J. E. Lukens, *High-Precision Test of the Universality of the Josephson Voltage-Frequency Relation*, Phys. Rev. Lett. **51**, 316 (1983).

[178] C. J. Burroughs, S. P. Benz, *1 Volt DC Programmable Josephson Voltage Standard*, IEEE Trans. Appl. Supercond. **9**, 4145–4149 (1990).

13.6 Josephson-Effekt

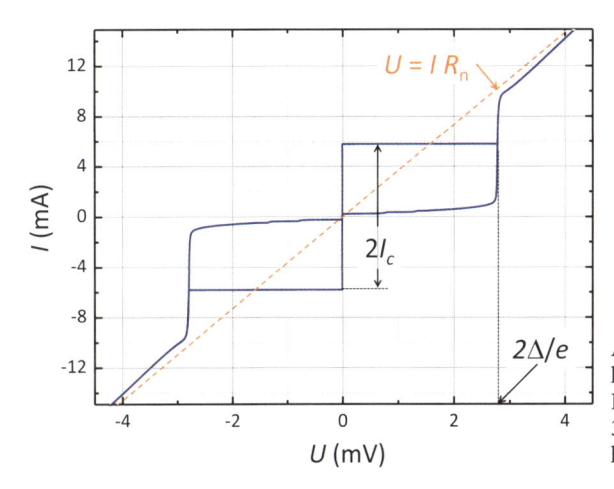

Abb. 13.47: Strom-Spannungs-Kennlinie eines Nb/AlO$_x$/Nb-Josephson-Kontakts mit einer Kontaktfläche von 380 μm^2 bei $T = 4.2$ K (Quelle: Walther-Meißner-Institut).

Abb. 13.47 zeigt die Strom-Spannungs-Kennlinie eines Nb/AlO$_x$/Nb-Josephson-Kontakts. Zu erkennen ist der Josephson-Strom bei $U = 0$ mit einem Maximalwert von I_c. Bei endlichen Spannungen oszilliert der Josephson-Strom sinusförmig, so dass sein zeitlicher Mittelwert verschwindet. Der für $U > 0$ gemessene Strom entspricht dann dem Quasiteilchen-Tunnelstrom, den wir bereits in Abschnitt 13.5.4 diskutiert haben.

13.6.2 Josephson-Kontakt mit Wechselspannung

Wir betrachten nun einen Josephson-Kontakt, an den zusätzlich zu einer Gleichspannung U_0 eine Wechselspannung $U_1 \cos(\omega_1 t)$ angelegt wird. Die Zeitentwicklung der Phasendifferenz lautet dann

$$\varphi(t) = \varphi_0 + \frac{2eU_0}{\hbar} t + \frac{2eU_1}{\hbar \omega_1} \sin(\omega_1 t) \,. \tag{13.6.16}$$

Setzen wir dies in die Strom-Phasen-Beziehung (13.6.6) ein, so erhalten wir

$$J_s(t) = J_c \sin\left[\varphi_0 + \frac{2eU_0}{\hbar} t + \frac{2eU_1}{\hbar \omega_1} \sin(\omega_1 t)\right] \,. \tag{13.6.17}$$

Mit Hilfe der Fourier-Bessel-Reihe können wir diesen Ausdruck umschreiben in

$$J_s(t) = J_c \sum_{n=0}^{\infty} \mathcal{J}_n\left(\frac{2eU_1}{\hbar \omega_1}\right) \sin\left[\varphi_0 + \frac{2eU_0}{\hbar} t \pm n \omega_1 t\right] \,. \tag{13.6.18}$$

Hierbei sind $\mathcal{J}_n$ die Bessel-Funktionen erster Gattung und n ist eine ganze Zahl. In Experimenten misst man häufig nur den Gleichstromanteil von $J_s(t)$. Wir sehen, dass dieser immer dann endlich wird, wenn das Argument der Sinus-Funktion zeitunabhängig wird, wenn also

$$U_0 = n \cdot \frac{\hbar \omega_1}{2e} \tag{13.6.19}$$

ist. Zwischen diesen Spannungswerten oszilliert $J_s(t)$ sinusförmig, so dass sein zeitlicher Mittelwert verschwindet. Nehmen wir die Strom-Spannungs-Kennlinie (IVC) eines Josephson-Kontakts auf, so treten in der IVC bei den durch (13.6.19) gegebenen Spannungswerten Stromstufen auf, deren Höhe durch die Besselfunktionen $\mathcal{J}_n$ gegeben wird, in deren Argument die Amplitude der Wechselspannung steht. Diese Stufen werden **Shapiro-Stufen** genannt.[179]

13.6.3 Josephson-Kontakt im Magnetfeld

Die Oszillation des Josephson-Stromes bei einer endlichen Potenzialdifferenz zwischen den Kontaktelektroden kann als zeitliche Interferenz zwischen den beiden makroskopischen Wellenfunktionen betrachtet werden. Wir werden jetzt zeigen, dass wir auch räumliche Interferenz beobachten können, wenn wir in einem Josephson-Kontakt räumliche Variationen der eichinvarianten Phasendifferenz durch Anlegen eines externen Magnetfeldes erzeugen. Wir werden sehen, dass der beobachtete Effekt analog zur Beugung am Spalt in der Optik ist.

Wir betrachten die in Abb. 13.48 gezeigte Kontaktgeometrie. Die Kontaktelektroden sind durch eine Tunnelbarriere der Dicke d getrennt, die Kontaktfläche $L \cdot W$ erstreckt sich in der yz-Ebene und der Strom fließt in x-Richtung. Wir nehmen an, dass die Dicken t_1 und t_2 der Kontaktelektroden größer als die Londonschen Eindringtiefen λ_{L1} und λ_{L2} der Elektrodenmaterialien sind. Das äußere Magnetfeld zeigt in y-Richtung, das heißt, $\mathbf{B}_{\text{ext}} = (0, B_y, 0)$. Da das Magnetfeld in die supraleitenden Elektroden auf einer durch die Londonschen Eindringtiefen gegebenen Längenskala eindringt, können wir eine magnetische Dicke der Kontaktregion von $t_B = d + \lambda_{L1} + \lambda_{L2}$ definieren.

Abb. 13.48: Josephson-Kontakt im externen Magnetfeld: Der Strom fließt in x-Richtung und das äußere Magnetfeld zeigt in y-Richtung. Die rote gestrichelte Linie markiert den geschlossenen Integrationspfad. Auf der linken Seite ist der exponentielle Abfall der Magnetfeldstärke in den Kontaktelektroden skizziert.

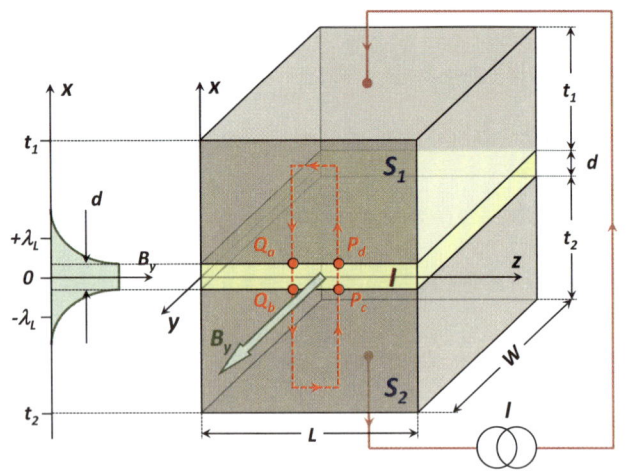

---

[179] S. Shapiro, *Josephson Currents in Superconducting Tunneling: The Effect of Microwaves and Other Observations*, Phys. Rev. Lett. **11**, 80 (1963).

13.6 Josephson-Effekt

Um den Effekt des äußeren Magnetfeldes zu analysieren, bestimmen wir die Änderung $\varphi(Q) - \varphi(P)$ der eichinvarianten Phasendifferenz zwischen zwei Punkten P und Q entlang der z-Achse, die durch einen infinitesimalen Abstand dz getrennt sein sollen. Wir können diese berechnen, indem wir die Phasengradienten und Differenzen entlang der in Abb. 13.48 markierten geschlossenen Schleife aufintegrieren. Dabei müssen wir fordern, dass

$$(\theta_{Q_b} - \theta_{Q_a}) + (\theta_{P_c} - \theta_{Q_b}) + (\theta_{P_d} - \theta_{P_c}) + (\theta_{Q_a} - \theta_{P_d}) = 2\pi \cdot n \qquad (13.6.20)$$

(n = ganze Zahl) ist. Zur Bestimmung der einzelnen Terme verwenden wir die Ausdrücke für den eichinvarianten Phasengradienten [vergleiche (13.3.38)]

$$\nabla \theta = \frac{2\pi}{\Phi_0} (\Lambda \mathbf{J}_s + \mathbf{A}) \qquad (13.6.21)$$

und die eichinvariante Phasendifferenz [vergleiche (13.6.2)]

$$\varphi = \theta_2 - \theta_1 - \frac{2\pi}{\Phi_0} \int_1^2 \mathbf{A} \cdot d\mathbf{l} \,. \qquad (13.6.22)$$

Führen wir die Integrationen aus, so erhalten wir

$$\varphi(P) - \varphi(Q) = \frac{2\pi \Phi}{\Phi_0} \,. \qquad (13.6.23)$$

Wir sehen, dass die normalisierte Änderung $[\varphi(P) - \varphi(Q)]/2\pi$ der eichinvarianten Phasendifferenz gerade durch den normalisierten magnetischen Fluss Φ/Φ_0 gegeben ist, der den Kontakt zwischen den Punkten z und $z + dz$ durchsetzt.

Da das Magnetfeld den Kontakt nur auf einer Dicke $t_B = d + \lambda_{L1} + \lambda_{L2}$ durchsetzt, beträgt der vom Integrationspfad eingeschlossene Fluss

$$\Phi = B_y(d + \lambda_{L1} + \lambda_{L2})dz = B_y t_B dz \,. \qquad (13.6.24)$$

Mit $\varphi(P) - \varphi(Q) = (2\pi/\Phi_0) B_y t_B dz = (\partial \varphi / \partial z) dz$ erhalten wir

$$\frac{\partial \varphi}{\partial z} = \frac{2\pi}{\Phi_0} B_y t_B \qquad (13.6.25)$$

und in analoger Weise für die y-Richtung

$$\frac{\partial \varphi}{\partial y} = -\frac{2\pi}{\Phi_0} B_z t_B \,. \qquad (13.6.26)$$

Wir können dann (13.6.25) und (13.6.26) zu

$$\nabla \varphi(\mathbf{r}, t) = \frac{2\pi}{\Phi_0} t_B \left[\mathbf{B}(\mathbf{r}, t) \times \hat{\mathbf{x}} \right] \qquad (13.6.27)$$

Abb. 13.49: Räumliche Variation der Josephson-Stromdichte in einem Josephson-Kontakt bei angelegtem äußerem Magnetfeld. Die Teilbilder zeigen die Situation für verschiedene Werte des magnetischen Flusses, der den gesamten Kontakt durchsetzt: (a) $\Phi = 0$, $\varphi_0 = -\pi/2$ (b) $\Phi = \frac{1}{2}\Phi_0$, $\varphi_0 = -\pi/2$, (c) $\Phi = \Phi_0$, $\varphi_0 = 0$ und (d) $\Phi = \frac{3}{2}\Phi_0$, $\varphi_0 = +\pi/2$. Das äußere Feld zeigt in y-Richtung, der Strom fließt in negative x-Richtung.

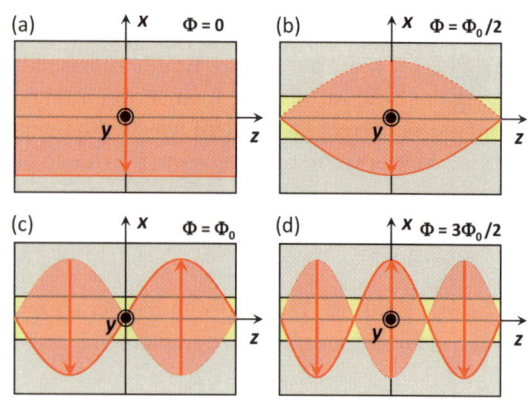

zusammenfassen, wobei $\hat{\mathbf{x}}$ der Einheitsvektor in x-Richtung, also senkrecht zur Kontaktfläche ist.

Die Integration von (13.6.25) ergibt

$$\varphi(z) = \frac{2\pi}{\Phi_0} B_y t_B z + \varphi_0 \,, \tag{13.6.28}$$

wobei die Integrationskonstante φ_0 die Phasendifferenz bei $z = 0$ ist. Mit der Strom-Phasen-Beziehung erhalten wir die Suprastromdichte

$$J_s(y,z,t) = J_c(y,z) \sin\left(\frac{2\pi}{\Phi_0} t_B B_y z + \varphi_0\right) = J_c(y,z) \sin(kz + \varphi_0) \,. \tag{13.6.29}$$

Wir sehen, dass J_s in z-Richtung sinusförmig mit der Oszillationsperiode $\lambda_z = 2\pi/k = \Phi_0/t_B B_y$ oszilliert. Wir sehen ferner, dass $\lambda_z t_B B_y = \Phi_0$. Der magnetische Fluss, der den Kontakt innerhalb einer Oszillationsperiode durchsetzt, entspricht also genau einem Flussquant. Die Variation der Suprastromdichte entlang der z-Richtung ist in Abb. 13.49 für verschiedene Werte des Flusses, der die gesamte Kontaktfläche durchsetzt, gezeigt.

13.6.3.1 Magnetfeldabhängigkeit des Josephson-Stromes

Wir wollen jetzt diskutieren, wie der gesamte über den Kontakt fließende Josephson-Strom $I_s = \iint J_s(y,z)\, dy\, dz$ vom äußeren Magnetfeld abhängt. Dazu integrieren wir zuerst die maximale Josephson-Stromdichte $J_c(y,z)$ in Richtung des äußeren Magnetfeldes auf. Nehmen wir wiederum an, dass das externe Feld in y-Richtung zeigt ($\mathbf{B}_{\text{ext}} = (0, B_y, 0)$), erhalten wir

$$i_c(z) = \int_{-W/2}^{W/2} J_c(y,z)\, dy \,. \tag{13.6.30}$$

Die Integration in z-Richtung ergibt unter Benutzung von (13.6.29)

$$I_s(B_y) = \int_{-L/2}^{L/2} i_c(z) \sin(kz + \varphi_0)\, dz \,. \tag{13.6.31}$$

13.6 Josephson-Effekt

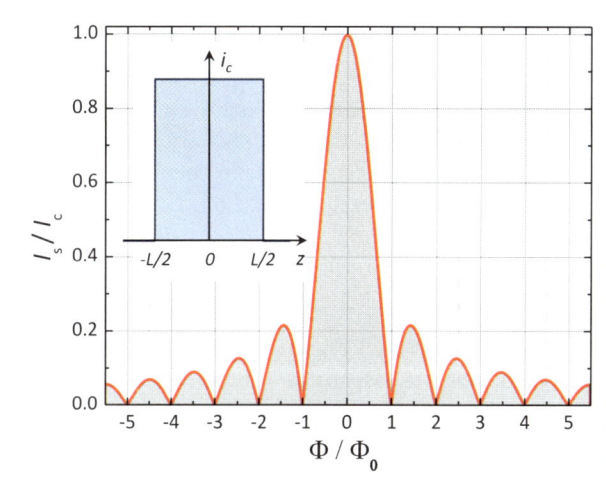

Abb. 13.50: Magnetfeldabhängigkeit des maximalen Josephson-Stromes I_s^m für einen Josephson-Kontakt mit räumlich homogener kritischer Stromdichte $J_c(y,z)$. Das Inset zeigt das Integral von $J_c(y,z)$ parallel zum in y-Richtung angelegten Magnetfeld. Die Funktion $i_c(z) = \int J_c(y,z)dy$ entspricht einer Spaltfunktion.

Falls $J_c(y,z)$ räumlich homogen ist, ist $i_c(z) = $ const für $-L/2 \leq z \leq +L/2$ und $i_c(z) = 0$ für $|z| > L/2$ (siehe Inset von Abb. 13.50). Die Funktion $i_c(z)$ entspricht also einer Spaltfunktion und die in Abb. 13.50 gezeigte Magnetfeldabhängigkeit des maximalen Josephson-Stromes $I_s^m(B_y)$ entspricht dem Fraunhofer-Beugungsmuster für die Beugung an einem Spalt der Breite L. Die Integration von (13.6.31) ergibt nämlich

$$I_s^m(\Phi) = I_c \left| \frac{\sin \frac{kL}{2}}{\frac{kL}{2}} \right| = I_c \left| \frac{\sin \frac{\pi\Phi}{\Phi_0}}{\frac{\pi\Phi}{\Phi_0}} \right| . \tag{13.6.32}$$

Hierbei ist $\Phi = B_y t_b L$ der magnetische Fluss, der den gesamten Kontakt durchsetzt und $I_c = i_c L$. Die $I_s^m(\Phi)$ Abhängigkeit zeigt für $\Phi = n \cdot \Phi_0$ Nullstellen. Wie Abb. 13.49b für $n = 1$ zeigt, fließt hier die Josephson-Stromdichte in den beiden Kontakthälften in entgegengesetzte Richtung und kompensiert sich gerade. Dies kann als destruktive Interferenz der Teilströme in den beiden Kontakthälften aufgefasst werden.

Wir wollen abschließend noch darauf hinweisen, dass wir in der obigen Diskussion Magnetfelder, die durch die in den Kontaktelektroden fließenden Ströme entstehen, vernachlässigt haben. Dies ist nur für Josephson-Kontakte zulässig, deren Länge und Breite kleiner als die charakteristische Längenskala

$$\lambda_J \equiv \sqrt{\frac{\Phi_0}{2\pi\mu_0 t_B J_c}} , \tag{13.6.33}$$

die so genannte **Josephson-Eindringtiefe** sind. Solche Kontakte werden als klein oder kurz bezeichnet. Das Verhalten von großen oder langen Kontakten ist wesentlich komplizierter und soll hier nicht behandelt werden. Die Josephson-Eindringtiefe stellt die Längenskala dar, auf der ein Josephson-Kontakt Magnetfelder abschirmen kann. Da die Supraleitung in der Kontaktregion wesentlich schwächer ist als in den Kontaktelektroden, ist die Josephson-Eindringtiefe wesentlich größer als die Londonsche Eindringtiefe.

13.6.4 Supraleitende Quanteninterferometer

Die Abhängigkeit des maximalen Josephson-Stromes I_s^m eines Josephson-Kontakts von einem äußeren Magnetfeld $\mathbf{B}_{\text{ext}}$ zeigt, dass Josephson-Kontakte prinzipiell als empfindliche Magnetfeldsensoren verwendet werden können. Da die erste Nullstelle der $I_s^m(\mathbf{B}_{\text{ext}})$ Abhängigkeit bei dem Feldwert auftritt, der ein Flussquant durch die Fläche $t_B L$ erzeugt, können wir die Flussempfindlichkeit des Sensors grob zu $\delta I_s^m / \delta B_{\text{ext}} = (\partial I_s^m / \partial \Phi)(\partial \Phi / \partial B_{\text{ext}}) \simeq (I_c / \Phi_0) t_B L$ abschätzen. Wir sehen also, dass wir die Empfindlichkeit durch Vergrößern der Fläche $t_B L$, die vom Magnetfeld durchsetzt wird, steigern könnten.

Der einfachste Weg, die Fläche $t_B L$ zu vergrößern, ist die Verwendung von supraleitenden Schleifen oder Hohlzylindern, die einen oder mehrere Josephson-Kontakte enthalten. Wir werden sehen, dass in diesem Fall die Querschnittsfläche der Schleife oder des Hohlzylinders und nicht die Fläche $t_B L$ maßgebend ist. Bauelemente, die aus supraleitenden Schleifen bestehen, die durch einen oder mehrere Josephson-Kontakte unterbrochen werden, werden als *Supraleitende Quanteninterferenzdetektoren (SQUIDs)* bezeichnet.[180]. Sie basieren auf zwei für die Supraleitung charakteristischen physikalischen Phänomenen, nämlich der *Flussquantisierung* und dem *Josephson-Effekt*. Die Bezeichnung Quanteninterferenzdetektor resultiert aus der Tatsache, dass bei diesen Bauelementen die supraleitende Wellenfunktion auf der einen Seite der supraleitenden Schleife in zwei Teilwellen aufgespalten wird, die dann auf der gegenüberliegenden Seite wieder zur Interferenz gebracht werden. Durch den die Schleife durchsetzenden Fluss erfahren die beiden Teilwellen unterschiedliche Phasenschiebungen. In der Optik würde das einer Zweistrahlinterferenz entsprechen. SQUIDs sind heute die empfindlichsten Detektoren für magnetischen Fluss und finden vielfältige Anwendungen. Ganz allgemein können SQUIDs als Fluss-Spannungs-Konverter betrachtet werden, mit denen alle physikalischen Größen mit hoher Genauigkeit gemessen werden können, die mit Hilfe von geeigneten Antennenstrukturen in magnetischen Fluss umgewandelt werden können (z. B. Magnetfelder, Magnetfeldgradienten, Strom, Spannung, räumlich Verschiebungen, magnetische Suszeptibilität). Bezüglich des Operationsmodus unterscheidet man zwischen DC (direct current) und RF (radio frequency) SQUIDs. *DC-SQUIDs*[181,182,183] bestehen aus zwei in einem supraleitenden Ring parallel geschalteten Josephson-Kontakten und werden mit einem Gleichstrom betrieben. *RF-SQUIDs*[184,185] bestehen aus einem supraleitenden Ring, in den nur ein Josephson-Kontakt eingebracht ist, und werden mit einem zeitlich variierenden Fluss betrieben. Wir werden im Folgenden nur DC-SQUIDs diskutieren.

---

[180] *The SQUID Handbook*, J. Clarke und A. I. Braginski, Hrsg., Wiley-VCH Verlag, Weinheim (2006)

[181] R. C. Jaklevic, J. Lambe, A. H. Silver, J. E. Mercereau, *Quantum Interference Effects in Josephson Tunneling*, Phys. Rev. Lett. **12**, 159 (1964).

[182] J. Clarke, *A superconducting galvanometer employing Josephson tunnelling*, Phil. Mag. **13**, 115 (1966).

[183] R. L. Forgacs, A. Warnick, *Digital-Analog Magnetometer Utilizing Superconducting Sensor*, Rev. Sci. Instr. **18**, 214 (1967).

[184] J. E. Zimmermann, P. Thiene, J. T. Harding, *Design and Operation of Stable rf-biased Superconducting Point-contact Quantum Devices*, J. Appl. Phys. **41**, 1572 (1970).

[185] J. E. Mercereau, *Superconducting Magnetometers*, Rev. Phys. Appl. **5**, 13 (1970).

13.6.4.1 DC-SQUIDs

Der prinzipielle Aufbau eines DC-SQUIDs ist in Abb. 13.51 gezeigt. Die beiden Josephson-Kontakte sind parallel geschaltet und durch die supraleitende Schleife verbunden. Wir nehmen an, dass beide Kontakte den gleichen kritischen Strom I_c besitzen und durch die Strom-Phasen-Beziehungen $I_{s1} = I_c \sin \varphi_1$ und $I_{s2} = I_c \sin \varphi_2$ beschrieben werden können. Mit Hilfe des Kirchhoffschen Gesetzes erhalten wir[186]

$$I_s = I_{s1} + I_{s2} = 2I_c \cos\left(\frac{\varphi_1 - \varphi_2}{2}\right) \sin\left(\frac{\varphi_1 + \varphi_2}{2}\right). \tag{13.6.34}$$

Die eichinvarianten Phasendifferenzen φ_1 und φ_2 sind nicht unabhängig voneinander, da die gesamte Phasenänderung entlang der geschlossenen Schleife in Abb. 13.51 $n \cdot 2\pi$ sein muss:

$$(\theta_{Q_b} - \theta_{Q_a}) + (\theta_{P_c} - \theta_{Q_b}) + (\theta_{P_d} - \theta_{P_c}) + (\theta_{Q_a} - \theta_{P_d}) = n \cdot 2\pi. \tag{13.6.35}$$

Die einzelnen Beiträge können wir mit Hilfe von (13.6.21) und (13.6.22) bestimmen und erhalten

$$\varphi_1 - \varphi_2 = -\frac{2\pi}{\Phi_0} \oint_C \mathbf{A} \cdot d\ell - \frac{2\pi}{\Phi_0} \int_{Q_b}^{P_c} \Lambda \mathbf{J}_s \cdot d\ell - \frac{2\pi}{\Phi_0} \int_{P_d}^{Q_a} \Lambda \mathbf{J}_s \cdot d\ell. \tag{13.6.36}$$

Das Ringintegral über $\mathbf{A}$ ergibt den in der Schleife eingeschlossenen Fluss Φ. Die Integration über $\mathbf{J}_s$ erfolgt über dieselbe Integrationsschleife, enthält aber nicht die Teile über die Barriere der Josephson-Kontakte. Nehmen wir an, dass die supraleitende Schleife wesentlich dicker ist als die Londonsche Eindringtiefe λ_L, so können wir immer einen Integrationspfad weit im Inneren des Supraleiters finden, entlang dem $\mathbf{J}_s = 0$, so dass wir das Integral über $\mathbf{J}_s$ vernachlässigen können. Wir erhalten dann

$$\varphi_2 - \varphi_1 = \frac{2\pi\Phi}{\Phi_0}. \tag{13.6.37}$$

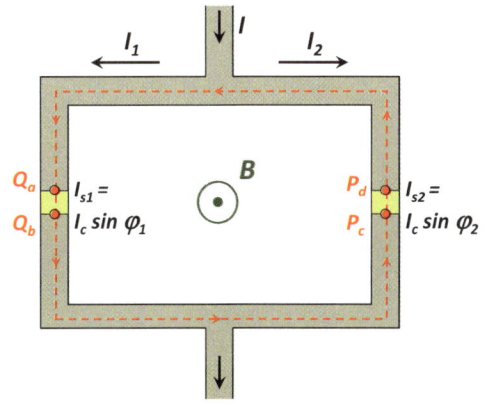

Abb. 13.51: Prinzipieller Aufbau eines DC-SQUIDs: Supraleitende Schleife mit zwei Josephson-Kontakten in den beiden Armen der Schleife. Der obere und untere Teil der Schleife kann mit den Wellenfunktionen $\Psi_1 = \Psi_{1,0} \exp(\imath\theta_1)$ und $\Psi_2 = \Psi_{2,0} \exp(\imath\theta_2)$ beschrieben werden. Die gestrichelte Linie zeigt den geschlossenen Integrationspfad.

---
[186] Wir benutzen $\sin \alpha + \sin \beta = 2 \sin\left(\frac{\alpha+\beta}{2}\right) \cos\left(\frac{\alpha-\beta}{2}\right)$.

Wir sehen, dass die Phasendifferenzen über die Josephson-Kontakte über den die Schleife durchsetzenden Fluss aneinander gekoppelt sind. Mit (13.6.37) können wir (13.6.34) wie folgt ausdrücken:[187]

$$I_s = 2I_c \cos\left(\pi \frac{\Phi}{\Phi_0}\right) \sin\left(\varphi_1 + \pi \frac{\Phi}{\Phi_0}\right). \tag{13.6.38}$$

Nehmen wir vereinfachend an, dass $\Phi = \Phi_{\text{ext}}$,[188] erhalten wir für den maximal möglichen Suprastrom

$$I_s^m = 2I_c \left|\cos\left(\pi \frac{\Phi_{\text{ext}}}{\Phi_0}\right)\right|. \tag{13.6.39}$$

Wir erhalten also eine |cos|-Abhängigkeit, die uns an das Beugungsmuster eines Doppelspalts in der Optik erinnert.

13.7 Kritische Ströme in Typ-II Supraleitern

Für viele technische Anwendungen der Supraleitung (z. B. Stromkabel, Magnetspulen) werden Leiter mit hohen kritischen Strömen benötigt, die ferner in hohen Magnetfeldern und/oder bei hohen Temperaturen eingesetzt werden können. Dies ist schematisch in Abb. 13.52 gezeigt. Für technische Anwendungen müssen Supraleiter also nicht nur hinsichtlich ihrer kritischen Temperatur und ihres kritischen Magnetfelds optimiert werden, sondern auch hinsichtlich ihrer kritischen Stromdichte. Typ-I Supraleiter kommen für technische Anwendungen, für die hohe kritische Ströme oder Magnetfelder benötigt werden, nicht in Frage. Ihre thermodynamisch kritischen Felder B_{cth} liegen weit unterhalb von 1 T (vergleiche Tabelle 13.2) und mit Leitern aus Typ-I Supraleitern können ferner keine hohen kritischen Ströme realisiert werden, da der Stromtransport nur an der Oberfläche der Leiter innerhalb der Londonschen Eindringtiefe erfolgt (siehe hierzu Abschnitt 13.4.8). Wesentlich besser geeignet sind Typ-II Supraleiter. Sie können obere kritische Felder B_{c2} oberhalb von 100 T besitzen und außerdem ist der Stromfluss im Mischzustand von Typ-II Supraleitern nicht auf eine dünne Oberflächenschicht reduziert. Wir werden jetzt diskutieren, welche physikalischen Prozesse die kritischen Stromdichten von Typ-II Supraleitern bestimmen.

13.7.1 Stromtransport im Mischzustand

Wir betrachten einen Typ-II Supraleiter im Mischzustand, durch den ein Transportstrom $\mathbf{J}_t$ fließt (siehe Abb. 13.53). Offensichtlich liegt in dieser Situation eine Überlagerung einer

---

[187] Wir benutzen $(\varphi_1 + \varphi_2)/2 = [2\varphi_1 + (\varphi_2 - \varphi_1)]/2 = \varphi_1 + (\varphi_2 - \varphi_1)/2$.

[188] In vielen Fällen müssen wir genauer $\Phi = \Phi_{\text{ext}} + \Phi_L$ benutzen, wobei Φ_{ext} der Fluss aufgrund des externen Feldes und Φ_L derjenige aufgrund der in der Schleife fließenden Ströme ist. Der zweite Beitrag kann nur vernachlässigt werden, wenn die geometrische Induktivität L der Schleife klein gegen $\Phi_0/2I_c$ ist.

13.7 Kritische Ströme in Typ-II Supraleitern

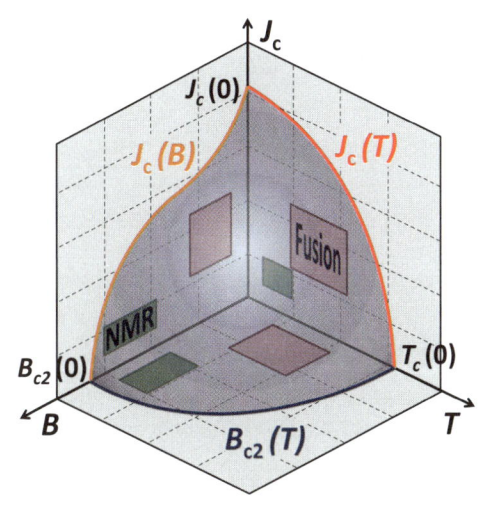

Abb. 13.52: Schematische Darstellung des Stromdichte-Magnetfeld-Temperatur-Phasendiagramms eines Typ-II Supraleiters. Für technische Anwendungen sollte der umschlossene Bereich möglichst groß sein. Die farbigen Rechtecke deuten die Stromdichte-, Magnetfeld- und Temperaturbereiche an, die für NMR-Magnete oder zum Plasmaeinschluss in Fusionsreaktoren benötigt werden.

Transportstromdichte $\mathbf{J}_t$ und einer Stromdichte $\mathbf{J}_M$ aufgrund der um den Kern der Flussschläuche zirkulierenden Ringströme vor, so dass $\mathbf{J} = \mathbf{J}_t + \mathbf{J}_M$. Wir können nun $\mathbf{J}_M$ über $\mathbf{J}_M = \nabla \times \mathbf{M}$ mit der Magnetisierung $\mathbf{M}$ verknüpfen, die sich im Gleichgewicht bei einem angeliegenden Magnetfeld $\mathbf{H}$ einstellt. Da $\mathbf{B} = \mu_0(\mathbf{H} + \mathbf{M})$ und $\mathbf{J} = \mathbf{J}_t + \mathbf{J}_M$, folgt für die Transportstromdichte $\mathbf{J}_t = \nabla \times \mathbf{H}$. Um uns diese Zusammenhänge klar zu machen, betrachten wir einen langen Zylinder mit einem parallel zur Zylinderachse (keine Entmagnetisierungseffekte) angelegten Magnetfeld für $B_{ext} \gg B_{c1}$. In diesem Fall überlappen die Flusslinien stark, so dass wir im Verlauf der Flussdichte B die räumliche Variation durch die einzelnen Flusslinien vernachlässigen können.

Wir betrachten zuerst den Fall ohne Transportstrom (siehe Abb. 13.54a). Da $\mathbf{J}_t = 0$, gilt hier überall $\mathbf{H} = \mathbf{H}_{ext} = $ const. Die Flussdichte $\mathbf{B}$ nimmt allerdings von $\mathbf{B} = \mu_0 \mathbf{H} = \mu_0 \mathbf{H}_{ext}$ außerhalb des Supraleiters auf die Gleichgewichtsflussdichte $\mathbf{B} = \mu_0(\mathbf{H} + \mathbf{M})$ ab. Diese Abnahme erfolgt innerhalb einer dünnen Oberflächenschicht der Dicke λ_L, in der eine mikroskopische Abschirmstromdichte fließt. Es fließen also nur Abschirmströme auf der Oberfläche aber kein Nettostrom entlang dem Zylinder. Da in dem betrachteten Fall der supraleitende Zylinder im Gleichgewicht mit dem externen Magnetfeld ist, kann es keine Nettokraft auf irgendeinen Flussschlauch geben, selbst nicht auf diejenigen die den Oberflächenabschirm-

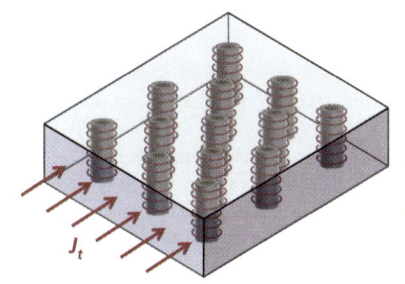

Abb. 13.53: Stromtransport im Mischzustand von Typ-II Supraleitern: Die gesamte Stromdichte resultiert aus der Überlagerung der Transportstromdichte $\mathbf{J}_t$ und der Stromdichte $\mathbf{J}_M$ aufgrund der um den Kern der Flussschläuche zirkulierenden Ringströme.

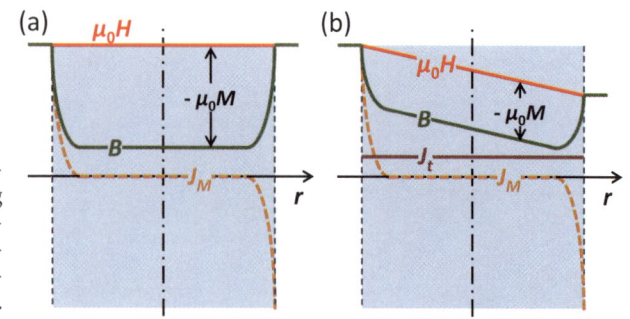

Abb. 13.54: Verlauf der Größen **H**, **B**, **M**, $\mathbf{J}_M$ und $\mathbf{J}_t$ entlang des Querschnitts eines supraleitenden Zylinders für (a) verschwindende und (b) endliche Transportstromdichte $\mathbf{J}_t$.

strömen ausgesetzt sind. Das zeigt, dass die Stromdichte $\mathbf{J}_M$, die mit der Gleichgewichtsmagnetisierung **M** verknüpft ist, nichts zu einer Nettokraft auf die Flussschläuche beiträgt.

In Abb. 13.54b betrachten wir den Fall, in dem durch den Zylinder ein Nettostrom $\mathbf{J}_t$ fließt. Das Magnetfeld **H** ist dann durch den Beitrag von $\mathbf{J}_t$ an gegenüberliegenden Seiten des Zylinders unterschiedlich groß und der Zylinder ist nicht im Gleichgewicht. Es existiert eine endliche Kraft, welche die Flusslinien von der Seite mit höherem zu der mit niedrigerem Feld treibt. Falls sich die Flusslinien nicht bewegen, muss eine endliche Haftkraft existieren, die sie an ihrer Position festhält. Der lokale Wert von **H** ist nun ortsabhängig, entsprechend der endlichen Transportstromdichte $\mathbf{J}_t = \nabla \times \mathbf{H}$. Ganz allgemein sehen wir, dass Situationen mit einem endlichen Transportstrom Nichtgleichgewichtssituationen entsprechen. Wir erwarten, dass diese Nichtgleichgewichtszustände nach endlicher Zeit in den Gleichgewichtszustand relaxieren.[189]

13.7.2 Lorentz-Kraft

Wir wollen nun die Kraft berechnen, die auf eine isolierte Flusslinie aufgrund des endlichen Transportstroms wirkt. Wie oben diskutiert und in Abb. 13.55 gezeigt, können wir die gesamte Stromdichte in eine homogene Transportstromdichte $\mathbf{J}_t$ und eine um den Kern der Flusslinie zirkulierende Stromdichte $\mathbf{J}_M$ aufteilen. Die Lorentz-Kraft auf $\mathbf{J}_M$ wirkt in radialer Richtung und führt zu keiner Nettokraft in eine bestimmte Richtung. Die Lorentz-Kraft auf $\mathbf{J}_t$ is gegeben durch

$$\mathbf{F}_\mathrm{L} = L \int_A \mathbf{J}_t \times \mathbf{B} \, dA. \tag{13.7.1}$$

Hierbei ist L die Länge der Flusslinie und die Flächenintegration erfolgt senkrecht zur Flusslinie. Da die Transportstromdichte $\mathbf{J}_t$ homogen ist, können wir sie vor das Integral ziehen

---

[189] Wir haben gesehen, dass wir durch Abkühlen eines Hohlzylinders im Magnetfeld unter T_c und anschließendem Ausschalten des Feldes in dem Zylinder einen zirkulierenden Strom einfrieren können. Auch hier handelt es sich um einen Nichtgleichgewichtszustand. Der Zustand kann relaxieren, indem eingefangener Fluss aus dem Zylinder entweicht. Die Energiebarriere für das Entweichen eines einzelnen Flussquants entspricht aber $I_c \Phi_0$ und beträgt bei $I_c = 1$ A etwa 10^{-15} J, was wesentlich größer als $k_\mathrm{B} T \simeq 10^{-22}$ J bei $T = 4$ K ist. Die Relaxation des Nichtgleichgewichtszustands dauert deshalb praktisch unendlich lange.

13.7 Kritische Ströme in Typ-II Supraleitern

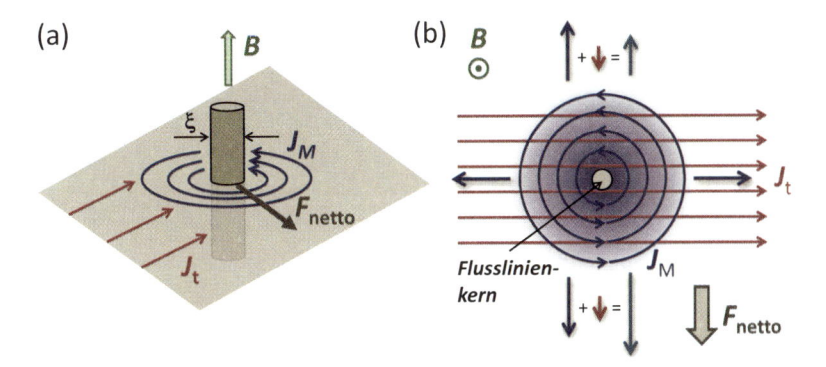

Abb. 13.55: Perspektivische Ansicht (a) und Draufsicht (b) der Transportstromdichte $\mathbf{J}_t$ und der um den Kern einer Flusslinie zirkulierenden Stromdichte $\mathbf{J}_M$. In (b) sind die aus diesen Stromdichten resultierenden Lorentz-Kräfte gezeigt. Es resultiert insgesamt eine Nettokraft nach unten.

und erhalten

$$\mathbf{F}_L = L\mathbf{J}_t \times \underbrace{\int_A \mathbf{B}\, dA}_{\hat{\Phi}_0} = L\mathbf{J}_t \times \hat{\Phi}_0 \,. \tag{13.7.2}$$

Hierbei ist $\hat{\Phi}_0$ ein Vektor der Länge Φ_0, der in Richtung der Flussdichte $\mathbf{B}$ zeigt. Im Mischzustand eines Typ-II Supraleiters haben wir es nicht nur mit einer Flusslinie zu tun, sondern mit einem Flussliniengitter mit der mittleren Flussdichte $\mathbf{B} = \hat{\Phi}_0 n_\Phi$, wobei n_Φ die Dichte der Flusslinien pro Flächeneinheit ist. Wir erhalten für diesen Fall die mittlere Kraft pro Volumen zu

$$\mathbf{f}_L = \frac{\mathbf{F}_L}{L} n_\Phi = \mathbf{J}_t \times \mathbf{B} \,. \tag{13.7.3}$$

Da die Ströme durch die Ränder der Probe eingeschlossen sind und sich deshalb nicht bewegen können, resultiert gemäß actio gleich reactio eine Bewegung des Flussliniengitters senkrecht zur Stromrichtung. Wir weisen darauf hin, dass das Entstehen der Nettokraft äquivalent zum Entstehen der Magnus-Kraft in der Strömungslehre ist. In Analogie zur Entstehung der Magnus-Kraft können wir argumentieren, dass die Suprastromdichte in Abb. 13.55b an der Unterseite der Flusslinie größer ist und deshalb dort die kinetische Energie größer ist. Bei konstanter Gesamtenergie muss dort dann die potenzielle Energie kleiner sein, was zu einem Gradienten der potenziellen Energie in vertikaler Richtung und deshalb zu einer Nettokraft in diese Richtung führt.

Die Bewegung der Flusslinien resultiert in einer elektromotorischen Kraft

$$\text{EMF} = -\frac{d}{dt}\int_A \mathbf{B}\cdot d\mathbf{A} = \frac{1}{e}\oint_{\partial A}(e\mathbf{E} + e\mathbf{v}_L \times \mathbf{B})\cdot d\boldsymbol{\ell}, \tag{13.7.4}$$

die durch die zeitliche Rate der Flussänderung in der in Abb. 13.56 gezeigten geschlossenen Schleife gegeben ist. Aufgrund der Flusslinienbewegung mit Geschwindigkeit $\mathbf{v}_L$ im Supraleiter tritt zwar ständig magnetischer Fluss in die geschlossenen Schleife ein, die Flussdichte

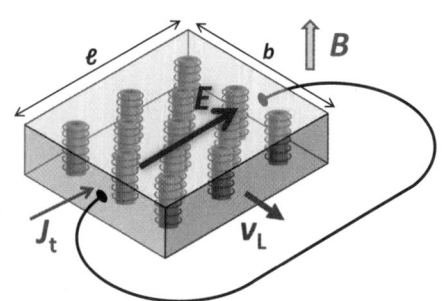

Abb. 13.56: Zur Entstehung eines elektrischen Feldes bei der Flusslinienbewegung: Die magnetische Flussdichte innerhalb der aus supraleitender Probe und Messleitungen gebildeten Schleife bleibt zeitlich konstant, so dass die induzierte EMF = 0.

bleibt aber gleich, da dieselbe Flussmenge an anderer Stelle wieder austritt. Dadurch muss die EMF verschwinden, wodurch wir

$$\mathbf{E} = -\mathbf{v}_L \times \mathbf{B} = \mathbf{B} \times \mathbf{v}_L \tag{13.7.5}$$

erhalten. Dieses elektrische Feld führt im Supraleiter zu einer endlichen Spannung parallel zur Richtung des Transportstroms, was in einer ohmschen Verlustleistung resultiert. Wir sehen also, dass ein Typ-II Supraleiter im Mischzustand einen endlichen Ohmschen Widerstand besitzt und deshalb keinen Dauerstrom tragen kann, es sei den wir verhindern die Bewegung der Flusslinien. Wir werden weiter unten sehen, dass dies durch die Verankerung von Flusslinien an Defekten erreicht werden kann.

Das Durchqueren einer einzelnen Flusslinie führt zu einer Phasendifferenz φ zwischen den beiden Enden des Supraleiters von 2π. Haben wir N Flusslinien in der Probe der Länge ℓ und Breite b, die sich mit der Geschwindigkeit v_L bewegen, so können wir die zeitliche Änderung der Phasendifferenz schreiben als

$$\frac{\partial \varphi}{\partial t} = N \frac{2\pi}{\delta t} = \frac{\Phi}{\Phi_0} \frac{2\pi}{b/v_L}, \tag{13.7.6}$$

wobei wir für die mittlere Durchquerungszeit $\delta t = b/v_L$ und $N = \Phi/\Phi_0$ verwendet haben. Mit $\Phi = B\ell b$ erhalten wir daraus

$$\frac{\partial \varphi}{\partial t} = Bv_L \ell \frac{2\pi}{\Phi_0} = E\ell \frac{2\pi}{\Phi_0} = \frac{2eU}{\hbar}, \tag{13.7.7}$$

wobei wir (13.7.5) und $\Phi_0 = h/2e$ benutzt haben. Diese Beziehung entspricht der 2. Josephson-Gleichung (13.6.12).

13.7.3 Reibungskraft

Wir nehmen zunächst an, dass keine Haftkräfte für die Flusslinien vorliegen. In diesem Fall wird die durch die Lorentz-Kraft getriebene Bewegung der Flusslinien nur durch die viskose Dämpfung verzögert. Wir können rein phänomenologisch eine Reibungskraft pro Längeneinheit $\mathbf{F}_\eta/L = -\eta \mathbf{v}_L$ einführen, wobei η ein viskoser Reibungskoeffizient ist, dessen physikalische Ursache wir noch klären müssen. Im stationären Zustand sind Reibungskraft und Lorentz-Kraft (13.7.2) gleich, so dass

$$\mathbf{J}_t \times \hat{\mathbf{\Phi}}_0 - \eta \mathbf{v}_L = 0 \tag{13.7.8}$$

gilt. Verwenden wir $\mathbf{E} = \mathbf{B} \times \mathbf{v}_\mathrm{L}$, so erhalten wir für den spezifischen Widerstand ρ_f aufgrund der Flussbewegung

$$\rho_\mathrm{f} = \frac{|\mathbf{E}|}{|\mathbf{J}_t|} = \frac{B\Phi_0}{\eta}. \tag{13.7.9}$$

Wir sehen also, dass $\rho_\mathrm{f} \propto B$, falls der Reibungskoeffizient unabhängig von B ist. Wir müssen jetzt aber noch klären, welche physikalischen Prozesse den Reibungskoeffizienten bestimmen. Hierfür gibt es zahlreiche Modellvorstellungen, von denen wir nur auf das einfache *Bardeen-Stephen Modell*[190] eingehen wollen. Weitergehende Modelle,[191,192,193] die auf den zeitabhängigen GL-Gleichungen basieren, wollen wir hier nicht diskutieren.

13.7.3.1 Das Bardeen-Stephen Modell

Das Bardeen-Stephen Modell geht von der vereinfachenden Annahme aus, dass der Ordnungsparameter in einem Flusslinienkern mit Radius $\sim \xi$ vollkommen verschwindet und am Rand des Flusslinienkerns sprunghaft auf den vollen Gleichgewichtswert ansteigt. Innerhalb des normalleitenden Kernbereichs erfolgt die Dissipation über resistive Prozesse wie in einem Normalleiter. Dass der Radius des normalleitenden Kernbereichs durch die Kohärenzlänge ξ gegeben sein sollte, folgt aus der GL-Theorie. Mit der Zirkulationsgeschwindigkeit $v_s = \hbar/m_s r$ folgt aus (13.4.62) für den normalisierten Ordnungsparameter $|\psi|^2 = 1 - (m_s^2 \xi^2 v_s^2/\hbar^2) = 1 - (\xi/r)^2$. Wir sehen also, dass für $r \leq \xi$ die Zirkulationsgeschwindigkeit so groß wird, dass $|\psi|^2 = 0$. Dasselbe folgt aus der Beziehung $B_{c2} = \Phi_0/2\pi\xi^2$. Bei B_{c2}, wo der Übergang in den normalleitenden Zustand stattfindet, füllen die normalleitenden Kernbereiche mit Radius $\sim \xi$ gerade das ganze Probenvolumen aus. Diese Argumente zeigen, dass die Annahme eines normalleitenden Flusslinienkerns mit Radius $\sim \xi$ vernünftig ist.

Aus Gleichung (13.7.9) folgt, dass $\rho_\mathrm{f} \propto B$ zunimmt. Aufgrund der eben gemachten Überlegungen erwarten wir, dass $\rho_\mathrm{f} \to \rho_\mathrm{n}$ für $B \to B_{c2}$. Dies können wir mit dem Ansatz

$$\rho_\mathrm{f} \simeq \rho_\mathrm{n} \frac{B}{B_{c2}} \tag{13.7.10}$$

beschreiben. Setzen wir dies in (13.7.9) ein, so ergibt sich für den Reibungskoeffizienten

$$\eta \simeq \frac{\Phi_0 B_{c2}}{\rho_\mathrm{n}}. \tag{13.7.11}$$

Dieses intuitiv abgeleitete Ergebnis kann durch die explizite Berechnung des lokalen elektrischen Feldes im supraleitenden Bereich mit Hilfe der 1. London-Gleichung und im normalleitenden Flusslinienkern mit Hilfe des Ohmschen Gesetzes abgeleitet werden.[194]

---

[190] J. Bardeen, M. J. Stephen, *Theory of the Motion of Vortices in Superconductors*, Phys. Rev. **140**, A1197 (1965).

[191] A. Schmid, *A time dependent Ginzburg-Landau equation and its application to the problem of resistivity in the mixed state*, Phys. Kond. Materie **5**, 302–317 (1966).

[192] C. Caroli, K. Maki, *Fluctuations of the Order Parameter in Type-II Superconductors. I. Dirty Limit*, Phys. Rev. **159**, 306 (1967).

[193] C. Caroli, K. Maki, *Fluctuations of the Order Parameter in Type-II Superconductors. II. Pure Limit*, Phys. Rev. **159**, 316–326 (1967); siehe auch Phys. Rev. **164**, 591 (1967); Phys. Rev. **169**, 381 (1968).

[194] *Introduction to Superconductivity*, M. Tinkham, McGraw-Hill, New York (1975).

13.7.4 Haftkraft

Wir wollen nun diskutieren, wie die Flusslinien in einem Supraleiter verankert werden können, um ihre Bewegung und die daraus resultierende Dissipation zu vermeiden. Die Flusslinienverankerung ist von großer technischer Bedeutung, da sie die erreichbaren kritischen Stromdichten in Typ-II Supraleitern bestimmt. Ihre exakte Modellierung kann sehr komplex sein, da im Allgemeinen ein elastisches Flussliniengitter mit einer statistisch verteilten Anordnung von Haftzentren wechselwirkt. Wir werden im Folgenden nur klarmachen, wie die Flusslinienverankerung prinzipiell funktioniert und wie effektive Haftzentren aussehen müssen. Hierzu betrachten wir die Verankerung einer einzelnen Flusslinie.

Abb. 13.57 zeigt zwei Flusslinien, von denen eine durch drei grau markierte Bereiche mit reduzierter Kondensationsenergie läuft. Dies können zum Beispiel nichtsupraleitende Fremdphasen sein. Die Flusslinie modellieren wir als flexiblen Schlauch mit einem normalleitenden Kern mit Radius ξ. Durch das Einbringen einer Flusslinie in den Supraleiter erhöhen wir die potenzielle Energie, da wir im gesamten Kernbereich der Flusslinie die Kondensationenergie verlieren. Für die Flusslinie, die durch die Bereiche mit reduzierter Kondensationsenergie verläuft, ist die Erhöhung der potenziellen Energie allerdings wesentlich geringer. Das bedeutet, dass die Flusslinie, die durch die Defekte verläuft, in einem Potenzialminimum sitzt. Die resultierende Haftkraft ist durch den Gradienten des Potenzialverlaufs gegeben.

Der Potenzialverlauf senkrecht zur Flusslinienrichtung ist schematisch in Abb. 13.58 gezeigt. An der Stelle des Materialdefekts besitzt die potenzielle Energie ein Minimum. Die Potenzialtiefe ist durch $\Delta E_{\text{pot}} = \widetilde{E}_{\text{Kond}} \pi \xi^2 L_D p$ gegeben, wobei $\widetilde{E}_{\text{Kond}}$ die Kondensationsenergie pro Volumeneinheit, L_D die Länge, auf der die Flusslinie durch die Defekte verläuft, und $0 \leq p \leq 1$ ein Faktor ist, der die Reduktion der Kondensationsenergie im Defektbereich angibt. Die Breite und der genaue Verlauf des Potenzialminimums wird durch die Breite r_p und die genaue Form der Materialdefekte bestimmt. Bei gegebenem Potenzialverlauf $E_{\text{pot}}(r)$ können wir die resultierende Haftkraft angeben zu

$$F_p = -\frac{\partial E_{\text{pot}}(r)}{\partial r} \approx -\frac{\Delta E_{\text{pot}}}{r_p}. \qquad (13.7.12)$$

Wir sehen daraus sofort, dass wir die Haftkraft optimieren können, indem wir ΔE_{pot} maximieren und r_p minimieren. Bei vorgegebenen Materialparametern $\widetilde{E}_{\text{Kond}}$ und ξ eines supraleitenden Materials erreichen wir Ersteres durch Maximieren von L_D und p. Das heißt, die Flusslinie sollte auf einer möglichst großen Länge durch Defekte verlaufen und diese sollten

Abb. 13.57: Zur Veranschaulichung der Verankerung einer Flusslinie durch Materialdefekte mit einer geringeren Kondensationsenergie. Bei der linken Flusslinie ist der Verlust an Kondensationsenergie geringer als bei der rechten, weshalb die linke Flusslinie in einem lokalen Minimum der potenziellen Energie sitzt.

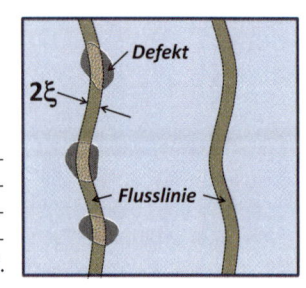

13.8 Unkonventionelle Supraleitung

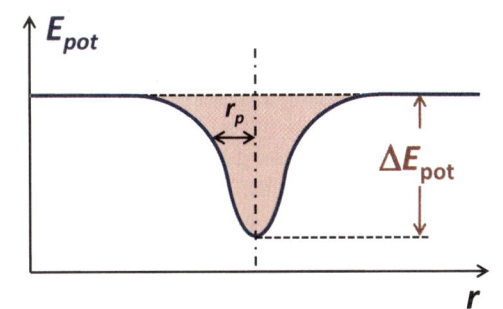

Abb. 13.58: Schematischer Verlauf der potenziellen Energie für eine Flusslinie in einem Supraleiter in der Nähe eines Haftzentrums mit Radius $\sim r_\mathrm{p}$. Durch die reduzierte Kondensationsenergie ist beim Haftzentrum die potenzielle Energie um ΔE_pot abgesenkt.

nicht supraleitend sein ($p = 1$). Letzteres muss durch das Maßschneidern der Defektegröße erreicht werden. Eine untere Schranke für die Verkleinerung der Defekte bildet allerdings die Kohärenzlänge ξ, da für $r_\mathrm{p} < \xi$ die Tiefe ΔE_pot der Potenzialmulde um den Faktor $(r_\mathrm{p}/\xi)^2$ verkleinert würde. Das optimale Haftzentrum wäre demnach ein normalleitender Zylinder mit Radius $r_\mathrm{p} \simeq \xi$, der parallel zur Flusslinie ausgerichtet ist. Die Haftkraft pro Längeneinheit wäre in diesem Fall

$$\frac{F_\mathrm{p}^\mathrm{opt}}{L} \simeq -\widetilde{E}_\mathrm{Kond} \pi \xi \, . \tag{13.7.13}$$

Wir sehen, dass wir in Typ-II Supraleitern mit großer Kondensationsenergiedichte hohe Haftkräfte und damit hohe kritische Stromdichten im Mischzustand erreichen können. Die kritische Stromdichte ist durch die Transportstromdichte J_t gegeben, bei der die Lorentz-Kraft $\mathbf{F}_\mathrm{L}/L = \mathbf{J}_t \times \hat{\mathbf{\Phi}}_0$ gerade gleich der Pinning-Kraft $\mathbf{F}_\mathrm{p}/L$ ist.

Wir weisen abschließend darauf hin, dass die Berechnung von kritischen Strömen in Typ-II Supraleitern weit über die oben gemachten einfachen Überlegungen hinausgeht. Es muss dabei beachtet werden, dass die Flusslinien elastische Objekte sind, die untereinander und mit den statistisch verteilten Haftzentren wechselwirken.[195] Ferner muss die thermisch aktivierte Bewegung von Flusslinien berücksichtigt werden. Für diese ist nicht der Potenzialgradient $\partial E_\mathrm{pot}(r)/\partial r$ sondern die Tiefe der Potenzialmulde im Vergleich zur verfügbaren thermischen Energie, $\Delta E_\mathrm{pot}/k_\mathrm{B}T$, entscheidend. Wegen der höheren Einsatztemperaturen der Hochtemperatur-Supraleiter spielt die thermisch aktivierte Flusslinienbewegung für diese Materialien eine wichtige Rolle.[196]

13.8 Unkonventionelle Supraleitung

Für lange Zeit wurde angenommen, dass die über Phononen vermittelte Wechselwirkung zwischen Leitungselektronen der einzige Mechanismus der Supraleitung ist. Cooper-Paare entstehen dabei als Folge einer durch Austausch virtueller Phononen vermittelten

---

[195] A. I. Larkin, Yu. V. Ovchinnikov, *Pinning in Type II Superconductors*, J. Low Temp. Phys. **34**, 409 (1979).
[196] G. Blatter, M. V. Feigel'man, V. B. Geshkenbein, A. I. Larkin, V. M. Vinokur, *Vortices in high-temperature superconductors*, Rev. Mod. Phys. **66**, 1125–1388 (1994).

anziehenden Wechselwirkung zwischen den Leitungselektronen. Eine wesentliche Voraussetzung für diesen Paarbildungsmechanismus ist die Retardierung der Elektron-Phonon-Wechselwirkung. Diese existiert vornehmlich in Metallen, in denen sich die Leitungselektronen mit Geschwindigkeiten durch den Kristall bewegen, die um mehrere Größenordnungen höher als die für die Gitterdynamik maßgeblichen Schallgeschwindigkeiten sind. Wie wir bereits diskutiert haben, wird auf diese Weise die Coulomb-Abstoßung zwischen den Leitungselektronen umgangen. Anschaulich hinterlässt das erste Elektron eine Gitterpolarisation, die das zweite noch verspürt, lange nachdem das erste verschwunden ist. Wir haben aber bereits bei der Diskussion der mikroskopischen Theorie darauf hingewiesen, dass prinzipiell auch andere Austauschbosonen als Phononen für die Vermittlung einer attraktiven Wechselwirkung in Frage kommen. Wichtig dabei ist, dass wiederum die Wechselwirkung retardiert ist, das heißt, dass die Zeitskala der Wechselwirkung länger als diejenige der elektronischen Abschirmung ist. Ein möglicher Mechanismus wäre z.B. die Polarisation der lokalen Spin-Struktur durch ein Leitungselektron, die so langsam abklingt, dass sie eine attraktive Wechselwirkung zu einem weiteren Leitungselektron vermitteln kann. Das virtuelle Austauschboson wäre in diesem Fall eine quantisierte Anregung des Spin-Systems. Zum Beispiel besitzen paramagnetische Metalle in der Nähe einer magnetischen Instabilität Spin-Fluktuationen, die nur sehr langsam abklingen und damit langreichweitig werden. Es entstehen und zerfallen dann ständig mehr oder weniger große magnetisch geordnete Bereiche. Diese kollektiven magnetischen Anregungen nennt man Paramagnonen.

Erste experimentelle Hinweise auf das Vorliegen von nicht-phononischen Paarungsmechanismen wurden 1979 mit der Entdeckung der Schwere-Fermionen-Supraleitung in $CeCu_2Si_2$ geliefert. In Schwere-Fermionen-Verbindungen liegen Ladungsträger vor, die aus dominanten lokalen f-Elektronen- und delokalisierten Leitungselektronen-Anteilen zusammengesetzt sind und eine hohe effektive Massen besitzen. In einer großen Zahl solcher Materialien bilden diese „Schweren Fermionen" anisotrope Cooper-Paare, die Träger von unkonventioneller Supraleitung.[197] Die Klasse der unkonventionellen Supraleiter schließt heute die 1986 entdeckten Kuprat-Supraleiter und die 2008 entdeckten Eisen-Pniktide ein. Es stellt sich natürlich sofort die Frage, was wir unter *konventioneller* und *unkonventioneller Supraleitung* verstehen.[198] Leider gibt es hierzu noch keinen allgemeinen Konsens. Häufig werden alle Supraleiter, die auf Elektron-Phonon-Wechselwirkung basieren, als konventionelle und alle anderen als unkonventionelle Supraleiter bezeichnet. Eine andere Möglichkeit besteht darin, das Mittel des Paarpotenzials über die Fermi-Fläche als Unterscheidungsmerkmal zu benutzen. Falls $\sum_\mathbf{k} \Delta_\mathbf{k} = 0$, sprechen wir von unkonventioneller, ansonsten von konventioneller Supraleitung. Schließlich kann man von konventioneller oder unkonventioneller Supraleitung sprechen, je nachdem ob die Symmetrie des Ordnungsparameters die volle Symmetrie des zugrundeliegenden Kristallgitter besitzt oder nicht.

Ein wichtiger Aspekt bei der Klassifizierung von Supraleitern stellt auch das Vorliegen von Ordnungsphänomenen dar, die mit der Supraleitung konkurrieren. Konkurrierende Ordnungsphänomene liegen sowohl in den Kupraten, als auch in den Eisen-Pniktiden und organischen Supraleitern vor. In vielen Fällen konkurrieren magnetische Ordnungsphänomene

---

[197] M. Sigrist, *Introduction to Unconventional Superconductivity*, AIP Conference Proceedings Vol. **789**(1), 165 (2005).

[198] M. R. Norman, *The Challenge of Unconventional Superconductivity*, Science **332**, 196-200 (2011).

mit der Supraleitung, aber auch Ladungsordnungsphänomene spielen eine Rolle. Anschaulich ist klar, dass ein effektiver Wechselwirkungsmechanismus eine hohe strukturelle, elektronische oder magnetische Polarisierbarkeit erfordert. Dies ist aber auch gleichbedeutend damit, dass sich das betreffende Materialsystem in der Nähe eines strukturellen, elektronischen oder magnetischen Instabilität, also in der Nähe zu einem Phasenübergang in eine neue Ordnungsstruktur befindet. Üblicherweise kann die Ordnungstemperatur in solchen Systemen durch externe Parameter (z.B. Dotierung, Druck, Magnetfeld) variiert werden. Falls die Ordnungstemperatur für einen bestimmten Wert des Kontrollparameters auf null reduziert werden kann, ordnen wir das Materialsystem der Klasse der quantenkritischen Systeme zu.[199] Quantenfluktuationen spielen in solchen Systemen in einem weiten Bereich um den quantenkritischen Punkt herum eine wichtige Rolle für das physikalische Verhalten. Dies trifft sowohl für die Kuprate als auch die Eisen-Pniktide zu.

Da die physikalischen Mechanismen und die Nomenklatur zu unkonventionellen Supraleitern noch nicht voll entwickelt sind und in vielen Fällen noch kein befriedigendes Verständnis für den supraleitenden Zustand existiert, wollen wir hier von einer weitergehenden Diskussion absehen. Wir werden im nächsten Abschnitt nur auf die wichtigsten Eigenschaften eines Materialsystems, nämlich der Kuprat-Supraleiter eingehen. Bezüglich der Schwere-Fermionen-Supraleiter und der Eisen-Pniktide verweisen wir auf die Fachliteratur.

13.9 Kuprat-Supraleiter

Seit der Entdeckung der Supraleitung spielt die Suche nach Materialien mit einer höheren Sprungtemperatur eine wichtige Rolle. Ein supraleitendes Material, das bei Raumtemperatur funktionieren würde und gleichzeitig noch hohe kritische Felder besitzen sowie hohe kritische Stromdichten ermöglichen würde, hätte ein riesiges Anwendungspotenzial, da die aufwändige Kühlung mit Kryoflüssigkeiten wegfallen würde. Die Suche nach Materialien mit höheren Sprungtemperaturen machte allerdings anfangs nur langsame Fortschritte. Seit der Entdeckung der Supraleitung im Jahr 1911 in Quecksilber (T_c = 4.2 K) konnte die Sprungtemperatur bis 1973 nur bis auf 23.2 K in Nb_3Ge[200] gesteigert werden. Supraleitung bei Raumtemperatur schien ein unerfüllbarer Traum und selbst das Erreichen von 77 K, der Siedetemperatur von flüssigem Stickstoff, schien in weiter Ferne. Es gab ferner keine klaren Konzepte, wie die Sprungtemperaturen gezielt durch Maßschneidern von Materialien erhöht werden können und wenig ermutigende theoretische Vorhersagen, dass die maximalen Sprungtemperaturen auf Werte von unter etwa 40 K beschränkt sein sollten. Um so erstaunlicher war es, als **J. G. Bednorz** und **K. A. Müller** 1986 Supraleitung in dem oxidischen System La-Ba-Cu-O bei Temperaturen von mehr als 30 K entdeckten.[201] Als kurze Zeit später von **C. W. Chu** und Mitarbeitern in $YBa_2Cu_3O_7$ (T_c = 93 K) erstmals Supraleitung bei einer Temperatur oberhalb der Siedetemperatur von flüssigem Stickstoff (77 K) ge-

---

[199] M. Vojta, *Quantum Phase Transitions*, Rep. Prog. Phys. **66**, 2069 (2003).
[200] J. R. Gavaler, *Superconductivity in Nb_3Ge films above 22 K*, Appl. Phys. Lett. **23**, 480 (1973).
[201] J. G. Bednorz, K. A. Müller, *Possible High T_c Superconductivity in the Ba-La-Cu-O System*, Z. Phys. B **64**, 189 (1986).

funden wurde,[202] begann eine intensive Forschungsaktivität mit dem Ziel, Supraleiter mit noch höheren Sprungtemperaturen nahe oder sogar oberhalb von Raumtemperatur zu finden. Kurze Zeit später wurden tatsächlich in den Systemen Bi-Sr-Ca-Cu-O[203] ($T_c \simeq 110$ K), Tl-Ba-Ca-Cu-O[204] ($T_c \simeq 125$ K) und Hg-Ba-Ca-Cu-O[205] ($T_c \simeq 136$ K bei Atmosphärendruck, 165 K bei hohem Druck) noch höhere Sprungtemperaturen gefunden. Da diese Supraleiter alle Kupferoxidebenen als Grundbausteine enthalten, werden sie als **supraleitende Kuprate** bezeichnet. Sie sind nicht nur interessant für Anwendungen sondern auch von grundlegendem physikalischen Interesse. Bis heute besteht noch kein Konsens über den Mechanismus, der für die hohen Sprungtemperaturen in den Kuprat-Supraleitern verantwortlich ist. Trotzdem können viele Aspekte ihres Verhaltens mit den bekannten Konzepten der BCS- und GLAG-Theorie gut beschrieben werden. Wir werden im Folgenden ihre wesentlichen Eigenschaften kurz vorstellen.

13.9.1 Strukturelle Eigenschaften

Das gemeinsame strukturelle Merkmal der Kuprat-Supraleiter sind die CuO_2-Ebenen, die in Richtung der kristallographischen c-Achse gestapelt sind. Diese strukturelle Einheit erinnert an eine kubische Perowskit-Struktur der Zusammensetzung ABX_3, wobei sich das A-Atom im Zentrum einer kubischen Einheitszelle, die B-Atome auf ihren Ecken und die X-Atome

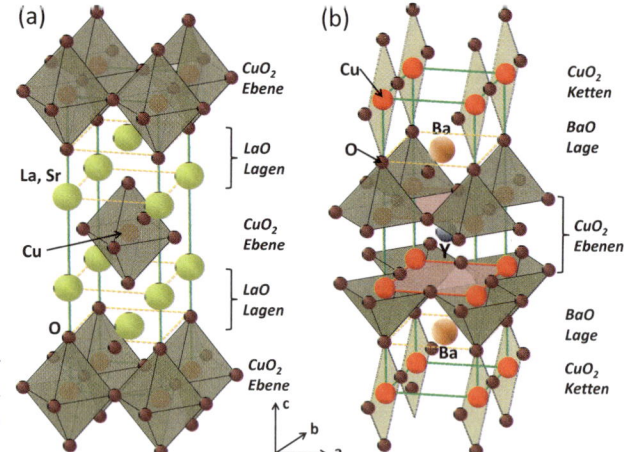

Abb. 13.59: Kristallstruktur von (a) $La_{2-x}Sr_xCuO_4$ und (b) $YBa_2Cu_3O_{7-\delta}$. Die grünen Linien zeigen die Einheitszelle.

---

[202] M. K. Wu, J. R. Ashburn, C. J. Torng, P. H. Hor, R. L. Meng, L. Gao, Z. J. Huang, Y. Q. Wang, C. W. Chu, *Superconductivity at 93 K in a New Mixed-Phase Y-Ba-Cu-O Compound System at Ambient Pressure*, Phys. Rev. Lett. **58**, 908–910 (1987).

[203] H. Maeda, Y. Tanaka, M. Fukutomi, T. Asano, *A New High-T_c Oxide Superconductor without a Rare Earth Element*, Jpn. J. Appl. Phys. **27**, L209 (1988).

[204] Z. Z. Sheng, A. M. Hermann, *Superconductivity in the rare-earth-free Tl-Ba-Cu-O system above liquid nitrogen temperature*, Nature **232**, 55 (1988).

[205] A. Schilling, M. Cautoni, J. D. Guo, H. R. Ott, *Superconductivity above 130 K in the Hg-Ba-Ca-Cu-O system*, Nature **363**, 56 (1993).

im Zentrum der Seitenflächen befinden. Dies ist in der Struktur von $La_{2-x}Sr_xCuO_4$ gut zu erkennen (siehe Abb. 13.59a). Das A-Atom (Cu) ist von einem Oktaeder der X-Atome (O) umgeben, die B-Atome (La/Sr) sitzen auf den Würfelecken. Die ganze Struktur ist eine Abfolge von um eine halbe Gitterkonstante in der ab-Ebene gegeneinander verschobenen Perowskit-Schichten. In vielen Verbindungen sind die Sauerstoffoktaeder aufgrund von Bindungslängenfehlanpassungen in unterschiedlichen Schichten verkippt und/oder verdreht, was zu Abweichungen von der kubischen Perowskit-Struktur führt (z. B. orthorhombische Verzerrung). Insbesondere erhalten dadurch die CuO_2-Ebenen eine leichte Welligkeit.

Abb. 13.59b zeigt die Struktur des wohl bekanntesten Kuprat-Supraleiters $YBa_2Cu_3O_{7-\delta}$, der zwei CuO_2-Ebenen pro Einheitszelle besitzt. Wir erkennen, dass hier die oktaedrische Sauerstoffkoordination der Cu-Atome nicht mehr vollständig ist. Es treten vielmehr halbpyramidale und planare Koordinationsstrukturen auf. Wir können diese als Ableger der kubischen Perowskit-Struktur betrachten, die durch die Herausnahme von bestimmten Sauerstoffatomen aus dem ursprünglichen Oktaeder entstehen. Ein Charakteristikum von $YBa_2Cu_3O_{7-\delta}$ sind die CuO-Ketten entlang der b-Achse. Für $\delta = 0$ sind diese Ketten vollständig, die Sauerstoffatome können aber durch Präparation unter reduziertem Sauerstoffpartialdruck sukzessive herausgenommen werden. Für $\delta = 1$ ist der Kettensauerstoff ganz entfernt und man erhält die isolierende, nicht supraleitende Verbindung $YBa_2Cu_3O_6$.

In Abb. 13.60 ist der allgemeine Schichtaufbau von vier-komponentigen Kuprat-Supraleitern anhand des Tl-basierten Systems gezeigt. Er besteht aus einer Stapelfolge von Perowskit-artigen CuO_2-Ebenen und kochsalzartigen TlO- und BaO-Lagen. In manchen Systemen treten auch Lagen mit Fluorit-Struktur auf. Die Strukturformel der in Abb. 13.60 gezeigten vier-komponentigen Systeme kann allgemein durch $A_mB_2Ca_{n-1}Cu_nO_{2+m+2n}$ ausgedrückt werden, wobei A = Bi, Tl, Hg, B = Ba, Sr, n die Anzahl der CuO_2-Ebenen und m die Anzahl der kochsalz-artigen AO-Lagen angibt. In den in Abb. 13.60 gezeigten Beispielen ist $n = 3$ und $m = 1$ (links) bzw. $n = 3$ und $m = 2$ (rechts). Für die Bi-, Tl- und Hg-basierten Kuprate werden maximale Sprungtemperaturen von 110, 125 und 136 K jeweils für $n = 3$ erhalten. Insgesamt können wir uns die Kuprat-Supraleiter also als Stapelfolge von supraleitenden CuO_2-Einzel- oder Mehrfachschichten vorstellen, die durch nichtsupraleitende Schichten unterschiedlicher Dicke voneinander getrennt sind. Letztere spielen für die Dotierung eine

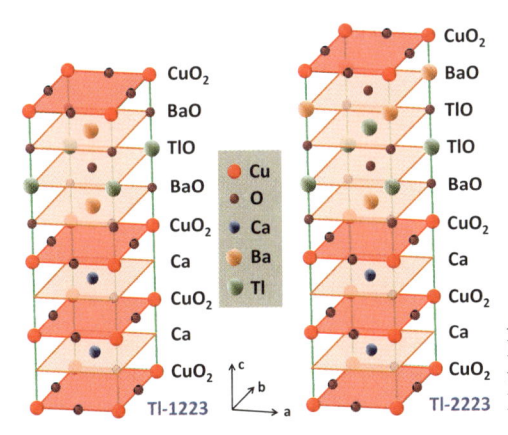

Abb. 13.60: Lagenstruktur der Tl-basierten Kuprat-Supraleiter $TlBa_2Ca_2Cu_3O_9$ (Tl-1223) und $Tl_2Ba_2Ca_2Cu_3O_{10}$ (Tl-2223). Die grünen Linien zeigen die Einheitszelle.

wichtige Rolle (siehe unten) und werden deshalb üblicherweise als Ladungsreservoirschichten bezeichnet. Sie bestimmen ferner auch die Anisotropie der einzelnen Kuprat-Supraleiter.

13.9.2 Elektronische Eigenschaften

Betrachten wir den Kuprat-Supraleiter $La_{2-x}Sr_xCuO_4$ für $x = 0$, so erwarten wir, dass La als La^{3+} und O als O^{2-}-Ion vorliegt (jeweils abgeschlossene Schalen) und deshalb Cu als Cu^{2+}-Ion. Da Kupfer die Elektronenkonfiguration $[Ar]3d^{10}4s^1$ hat (siehe Abb. 3.4), besitzt Cu^{2+} neun Elektronen (bzw. ein Loch) in der $3d$-Schale. Die oktaedrische Sauerstoffumgebung des Kupferatoms ist mit einem beträchtlichen Kristallfeld verbunden, das in einer Aufspaltung der Cu-$3d$-Zustände resultiert. Das energetisch am höchsten liegende Orbital ist das $3d_{x^2-y^2}$-Orbital, das mit nur einem Elektron besetzt ist. Alle übrigen $3d$-Orbitale sind vollständig mit jeweils zwei Elektronen besetzt. Auf atomarer Ebene liegt die Energie ϵ_d der Cu-$3d$ Orbitale etwa 2 eV oberhalb der Energie ϵ_p der O-$2p$ Orbitale. Die Kristallfeldaufspaltung und Hybridisierung der Orbitale resultiert in einem antibindenden (AB), nichtbindenden (NB) und bindenden Band (B). Das chemische Potenzial μ liegt in der Mitte des halbgefüllten AB-Bandes, das NB- und B-Band liegen etwa 3 eV unterhalb von μ. Insgesamt erwarten wir dann ein teilweise gefülltes AB-Leitungsband. Dies hätten wir auch sofort im Rahmen eines Modells unabhängiger Elektronen erwartet: Eine ungerade Elektronenzahl pro Einheitszelle (alle anderen Ionen besitzen volle Schalen und damit eine gerade Elektronenzahl) resultiert in einem halb gefüllten Leitungsband und somit metallischem Verhalten. Diese Erwartung widerspricht aber der experimentellen Beobachtung, dass $La_{2-x}Sr_xCuO_4$ für $x = 0$ ein antiferromagnetischer Isolator ist. Die Ursache dafür liegt in starken Korrelationen der Elektronen.

Die Ursache der starken elektronischen Korrelationen können wir uns leicht klar machen. Bei halber Bandfüllung führt das Hüpfen eines Elektrons zu einem benachbarten Cu-Atom zu einer starken Coulomb-Energie U. Falls diese Energie größer ist als die kinetische Energie t der Elektronen, wird das Hüpfen unterbunden und der resultierende Zustand ist ein

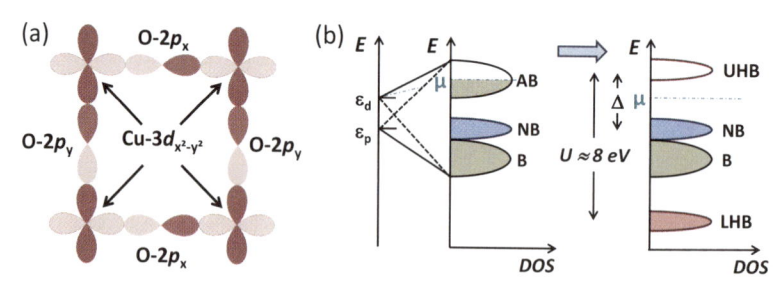

Abb. 13.61: Zur elektronischen Struktur von Kuprat-Supraleitern: (a) Orbitaler Charakter der relevanten Cu-$3d_{x^2-y^2}$ und O-$2p_{x,y}$ Zustände. (b) Die Kristallfeldaufspaltung und Hybridisierung der Cu-$3d$ Orbitale und O-$2p$ Orbitale mit atomaren Energien ϵ_d und ϵ_p resultiert in einem antibindenden (AB), nichtbindenden (NB) und bindenden Band (B). Das antibindende Cu-$3d$/O-$2p$-Hybridband spaltet aufgrund von starken elektronischen Korrelationen in ein unteres (LHB) und oberes (UHB) Hubbard-Band auf. Der Abstand U von LHB und UHB beträgt typischerweise 8 eV und ist wesentlich größer als der Abstand Δ zwischen dem NB-Band und dem UHB.

so genannter *Mott-Isolator*. Eine Beschreibung dieser Situation ist zum Beispiel mit dem Hubbard-Modell möglich (vergleiche hierzu Abschnitt 12.5.2.2). Tatsächlich ist die Situation (siehe Abb. 13.61b) noch etwas komplizierter, da wir insgesamt drei Orbitale – Cu-$3d_{x^2-y^2}$, O-$2p_x$ und O-$2p_y$ – berücksichtigen müssen (3-Band-Hubbard-Modell). Ganz grob können wir sagen, dass aufgrund der elektronischen Korrelationen das antibindende (AB) Band mit überwiegend Cu-$3d$-Charakter in ein vollkommen leeres oberes (UHB: upper Hubbard band) und vollkommen volles unteres Hubbard-Band (LHB: lower Hubbard band) aufspaltet. Dazwischen befinden sich das komplett gefüllte nichtbindende (NB) Band mit überwiegend O-$2p$-Charakter und das bindende (B) Band. Da der Abstand Δ des NB-Bandes zum UHB wesentlich geringer ist als der Abstand $U \sim 8\,\text{eV}$ von UHB und LHB, sprechen wir hier nicht von einem Mott- sondern von einem *Ladungstransfer-Isolator*. Das chemische Potenzial μ liegt im undotierten Fall zwischen dem NB-Band und dem UHB.

Dotieren wir das Material mit Elektronen, indem wir z. B. in La_2CuO_4 das dreiwertige La teilweise durch vierwertiges Ce ersetzen, so müssen wir diese zusätzlichen Elektronen im UHB mit Cu-$3d$-Charakter unterbringen. Die dotierten Elektronen gehen also auf die Cu-Plätze. Eine Lochdotierung erhalten wir, indem wir dreiwertiges La teilweise durch zweiwertiges Sr ersetzen. Die erzeugten Löcher (fehlenden Elektronen) müssen wir im O-$2p$-Band unterbringen. Die dotierten Löcher gehen also auf die Sauerstoff-Plätze. Da jedes Cu-Atom von vier gleichberechtigten O-Atomen umgeben ist, wird das erzeugte Loch als positive Ladungswolke auf die vier benachbarten O-Plätze verteilt. Da ferner der Spin dieses Loches anti-parallel zu dem des Cu-Atoms ausgerichtet ist, bezeichnet man diesen Zustand als *Zhang-Rice Singulett*.[206] Ganz allgemein gilt, dass wir Ladungsträger in die CuO_2-Ebenen dotieren, indem wir Dotieratome in die benachbarten Lagen einbauen. Dies ist ähnlich zu modulationsdotierten Halbleiter-Heterostrukturen (vergleiche Abschnitt 10.4.1). Wir können deshalb die Kuprat-Supraleiter als intrinsisch modulationsdotierte Systeme betrachten. Die Ladungsträger können sich hier ungestört in den CuO_2-Ebenen bewegen, da in diese selbst keine streuenden Dotieratome eingebaut werden.

Bei $YBa_2Cu_3O_{7-\delta}$ wird die Dotierung durch Einbau von O-Atomen in die CuO-Ketten bewerkstelligt. Da Y, Ba und O als Y^{3+}-, Ba^{2+}- und O^{2-}-Ionen vorliegen, erwarten wir, dass für $\delta = 0.5$ Cu als Cu^{2+}-Ion vorliegt. Dies entspricht einem Loch pro Cu und somit halber Bandfüllung. Durch Einbau von zusätzlichem Sauerstoff in die CuO-Ketten können wir dann eine Lochdotierung erzielen. Dies entspricht grob der experimentellen Beobachtung.

13.9.2.1 Fermi-Fläche

Die niederenergetischen Anregungen in der Nähe der Fermi-Energie können gut mit Bandstrukturrechnungen in lokaler Dichtenäherung (LDA) beschrieben werden. Dies gilt insbesondere für die Form der Fermi-Fläche.[207] Eine wesentliche Vereinfachung kann dabei dadurch erhalten werden, dass man eine isolierte CuO_2-Ebene betrachtet und nur die drei relevanten Orbitale Cu-$3d_{x^2-y^2}$, O-$2p_x$ und O-$2p_y$ berücksichtigt (siehe Abb. 13.62). Dies führt zu einem zweidimensionalen Tight-Binding Modell. Das AB-Band beim chemischen

---

[206] F. C. Zhang, T. M. Rice, *Effective Hamiltonian for the superconducting Cu oxides*, Phys. Rev. B **37**, 3759–3761 (1988).

[207] A. Damascelli, Z. Hussain, Z.-X. Shen, *Angle-resolved photoemission studies of the cuprate superconductors*, Rev. Mod. Phys. **75**, 473–541 (2003).

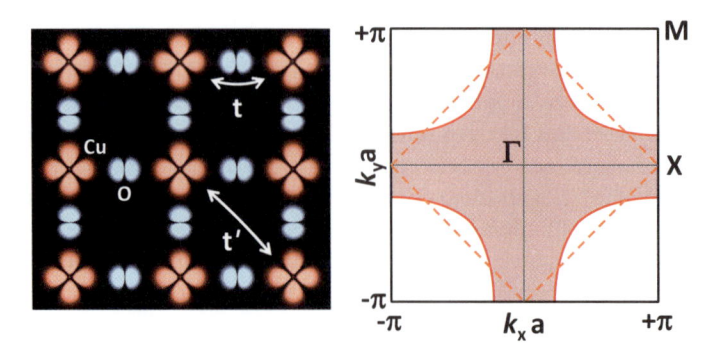

Abb. 13.62: Zweidimensionale Fermi-Fläche einer idealisierten, einzelnen CuO$_2$-Ebene. Links ist der orbitale Charakter (ohne Phasen) der beteiligten Cu-3$d_{x^2-y^2}$ und O-2$p_{x,y}$ Zustände mit den Hüpfamplituden t und t' gezeigt. Das rechte Bild zeigt die Fermi-Fläche (rote Linie) in der 1. Brillouin-Zone. Bei halber Füllung würde man für $t' = 0$ die gestrichelte Raute erhalten (vergleiche Abb. 8.14).

Potenzial können wir im Rahmen dieses Modells in zufriedenstellender Weise mit

$$\xi(\mathbf{k}) = -2t(\cos k_x a + \cos k_y a) + 4t' \cos k_x a \cos k_y a - \mu \qquad (13.9.1)$$

beschreiben. Hierbei ist a die Gitterkonstante der CuO$_2$-Ebene, t charakterisiert das nächste Nachbar- und t' das übernächste Nachbarhüpfen (siehe Abb. 13.62). Gemessene Daten für Bi-2212 können gut mit $t = 250$ meV und $t'/t = 0.35$ gefittet werden. Für andere Kuprate ergeben sich ähnliche Werte. Das chemische Potenzial μ wird der jeweiligen Dotierung angepasst.

Die 1. Brillouin-Zone mit der Fermi-Fläche einer einzelnen CuO$_2$-Ebene ist in Abb. 13.62 gezeigt. Die Fermi-Fläche umschließt die leeren Zustände um den M-Punkt bei (π,π). Die Zahl der Ladungsträger entspricht dem Umgleichgewicht der Flächen um den M- und Γ-Punkt (Differenz der weißen und rötlichen Fläche in Abb. 13.62). Bei Lochdotierung ist die weiße Fläche um den M-Punkt, bei Elektrondotierung die rötliche Fläche um den Γ-Punkt größer. Bei halber Bandfüllung (ein Elektron pro CuO$_2$) sind diese Flächen gleich. Wie oben bereits diskutiert wurde, erhalten wir in diesem Fall aufgrund elektronischer Korrelationen kein metallisches Verhalten sondern einen antiferromagnetischen Isolator. Die experimentell gemessene Banddispersion ergibt eine Fermi-Geschwindigkeit $v_F \simeq 2 \times 10^5$ m/s.[208] Diese ist wesentlich geringer als der aus einfachen Bandstrukturrechnungen erhaltene Wert und belegt erneut die Bedeutung der starken Korrelationen in den Kuprat-Supraleitern.

13.9.2.2 Spin-Struktur

Wir wollen nun noch kurz die Spin-Struktur von undotiertem La$_2$CuO$_4$ diskutieren. Da $t/U \ll 1$, können Elektronen wegen der starken Coulomb-Abstoßung nicht auf benachbarte Plätze wandern. Allerdings ist innerhalb der Unschärfe-Relation $\Delta t \leq \hbar/U$ ein virtuelles Hüpfen auf Nachbarplätze möglich, falls die Spins auf benachbarten Plätzen antiparallel ausgerichtet sind. Ansonsten würde das Pauli-Prinzip dies verbieten. Da das virtuelle

---

[208] X. J. Zhou et al., *High-temperature superconductors: Universal nodal Fermi velocity*, Nature **423**, 398 (2003).

Hüpfen gemäß Störungsrechnung 2. Ordnung zu einer Energieabsenkung $J \simeq t^2/U$ führt, ist eine anti-parallele Spin-Ausrichtung bevorzugt (antiferromagnetische Superaustausch-Wechselwirkung, vergleiche Abschnitt 12.5.2.3). Undotiertes La_2CuO_4 ist also ein antiferromagnetischer Isolator. Bei Elektrondotierung bringen wir zusätzliche Elektronen auf die Cu-Plätze. Dadurch entfernen wir Spins auf den Cu-Plätzen, da wir jetzt zwei Elektronen mit entgegengesetztem Spin in die $3d_{x^2-y^2}$-Orbitale packen müssen. Die damit verbundene Verdünnung des Spin-Gitters führt zu einer Schwächung des antiferromagnetischen Zustands, der für eine Dotierung oberhalb von etwa 10% vollkommen verschwindet. Bei Lochdotierung bringen wir zusätzliche Löcher auf die O-Plätze. Dadurch zerstören wir die antiferromagnetische Superaustausch-Wechselwirkung zwischen benachbarten Cu-Plätzen. Da die dotierten Löcher nicht lokalisiert sind, verursacht bereits eine kleine Lochdotierungen von wenigen Prozent eine vollständige Zerstörung des antiferromagnetischen Zustands.

13.9.2.3 Generisches Phasendiagramm

Die unterschiedliche Wirkung von Elektron- (n) und Lochdotierung (p) auf die antiferromagnetische Spin-Ordnung führt zu einer Asymmetrie des generischen Phasendiagramms der Kuprat-Supraleiter, das in Abb. 13.63 gezeigt ist. Die maximale Néel-Temperatur T_N liegt zwischen etwa 250 und 450 K, es besteht aber keine direkte Beziehung zwischen T_N und T_c. An den antiferromagnetischen Bereich bei niedriger Dotierung schließt sich auf der lochdotierten Seite für $0.05 \leq p \leq 0.27$ ein supraleitender Bereich an, wobei empirisch der Zusammenhang

$$\frac{T_c(p)}{T_c^{\max}} \simeq 1 - 82.6(p - 0.16)^2 \tag{13.9.2}$$

gefunden wurde. Hierbei ist p die Zahl der Löcher pro CuO_2. Das Maximum von T_c liegt immer bei einer Lochdotierung von $p \simeq 0.16$, die maximale Sprungtemperatur $T_c^{\max}$ variiert aber zwischen etwa 30 und 135 K in den verschiedenen Systemen. Auf der elektrondotierten Seite sind die Verhältnisse ähnlich bis auf die Tatsache, dass sich die antiferromagnetische Phase über einen breiteren und die supraleitende Phase einen schmäleren Dotierbereich erstreckt. Ferner werden nur kritische Temperaturen bis etwa 30 K beobachtet. Die genauen

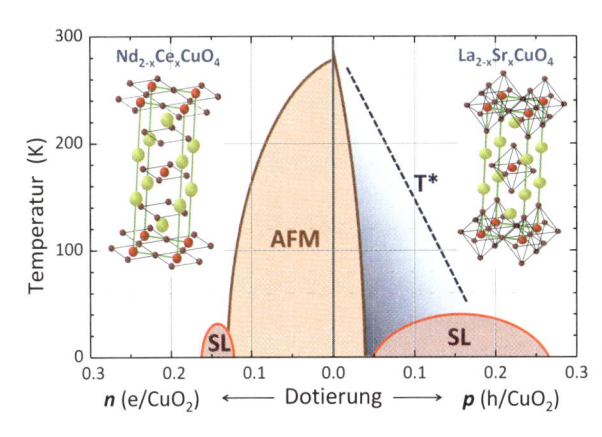

Abb. 13.63: Generisches Phasendiagramm von Kuprat-Supraleitern ausgehend von undotiertem ($x = 0$) $Nd_{2-x}Ce_xCuO_4$ bzw. $La_{2-x}Sr_xCuO_4$.

Ursachen dieser experimentellen Befunde sind bis heute noch unklar. Für den empirischen Zusammenhang zwischen Dotierung n und T_c findet man[209]

$$\frac{T_c(n)}{T_c^{\max}} \simeq 1 - 1320(n - 0.1466)^2 \,. \tag{13.9.3}$$

Im Dotierbereich bis etwa $p = 0.2$ existiert noch eine weitere charakteristische Temperatur $T^*(p)$, die als Pseudolückentemperatur bezeichnet wird. Diese Nomenklatur resultiert aus der experimentellen Beobachtung, dass unterhalb von $T^*(p)$ in der Photoelektronen-Spektroskopie ein reduziertes spektrales Gewicht auf Teilen der Fermi-Fläche gemessen wird.[210] Dieses fehlende spektrale Gewicht manifestiert sich auch in Anomalien vieler anderer Eigenschaften. Die physikalische Ursache der Pseudolücke wird noch kontrovers diskutiert. Eine Möglichkeit ist, dass sich bei der Temperatur T^* zwar bereits Paarkorrelationen zwischen Ladungsträgern bilden, sich aber aufgrund von starken Phasenfluktuationen ein Zustand mit makroskopischer Phasenkohärenz erst bei der niedrigeren Temperatur T_c ausbilden kann. Abschließend weisen wir noch darauf hin, dass im Zwischenbereich zwischen antiferromagnetischer Ordnung und Supraleitung bei tiefen Temperaturen ein so genanntes Spinglas auftreten kann.

13.9.3 Supraleitende Eigenschaften

Bereits kurz nach der Entdeckung der Kuprat-Supraleiter konnte experimentell belegt werden, dass die beobachtete Supraleitung auf Cooper-Paaren mit verschwindendem Gesamtimpuls basiert, da die beobachtete Josephson-Frequenz durch $\omega_J = 2eV/\hbar$ gegeben ist[211] und das Flussquant den üblichen Wert $\Phi_0 = h/2e$ besitzt.[212] Außerdem wurde beobachtet, dass die Knight-Verschiebung – die Änderung der Kernspin-Resonanzfrequenz durch die Hyperfeinwechselwirkung mit ungepaarten Elektronen – für $T \to 0$ gegen null geht, was einen Spin-Singulett-Zustand impliziert.[213] Unklar blieb allerdings für einige Zeit die orbitale Form des Paarzustandes. Bereits früh wurden Mechanismen vorgeschlagen, die auf dem Austausch von antiferromagnetischen Spin-Fluktuationen basieren, die zu einer $d_{x^2-y^2}$-Paarung führen würden.[214,215] Die Klärung der orbitalen Symmetrie des Paarzustandes war deshalb von großem Interesse, da damit u. U. theoretische Modelle, die inkompatibel mit der experimen-

---

[209] M. Lambacher, Doktorarbeit, Walther-Meißner-Institut, Technische Universität München (2008).

[210] M. R. Norman, D. Pines, C. Kallin, *The pseudogap: friend or foe of high T_c?*, Adv. Phys. **54**, 715 (2005).

[211] D. Estève et al., *Observation of the ac Josephson effect inside copper-oxide-based superconductors*, Europhys. Lett. **3**, 1237 (1987).

[212] C. E. Gough et al., *Flux quantization in a high-T_c superconductor*, Nature **326**, 855 (1987).

[213] S. E. Barrett et al., *^{63}Cu Knight shifts in the superconducting state of $YBa_2Cu_3O_{7-\delta}$ ($T_c = 90\,K$)*, Phys. Rev. B **41**, 6283 (1990).

[214] N. E. Bickers, D. J. Scalapino, S. R. White, *Conserving Approximations for Strongly Correlated Electron Systems: Bethe-Salpeter Equation and Dynamics for the Two-Dimensional Hubbard Model*, Phys. Rev. Lett. **62**, 961 (1989).

[215] P. Monthoux, A. V. Balatsky, D. Pines, *Toward a theory of high-temperature superconductivity in the antiferromagnetically correlated cuprate oxides*, Phys. Rev. Lett. **67**, 3448 (1991).

tell gefundenen Symmetrie sind, ausgeschlossen werden können. Wir werden darauf weiter unten noch ausführlicher eingehen.

Trotz der fehlenden Kenntnis des mikroskopischen Mechanismus der Supraleitung können wir die meisten Eigenschaften der Kuprat-Supraleiter sehr gut mit Hilfe der BCS- und der GLAG-Theorie beschreiben, wenn wir ihre spezifischen Besonderheiten wie ihre hohen Sprungtemperaturen oder ihre starke Anisotropie aufgrund der Lagenstruktur berücksichtigen und Schätzwerte für die Fermi-Geschwindigkeit und die Zustandsdichte verwenden. Da insbesondere die GLAG-Theorie nur auf der Existenz eines komplexen Ordnungsparameters basiert, kann sie, unabhängig davon, wie wir die Existenz eines solchen Ordnungsparameters mikroskopisch begründen, für die Beschreibung der supraleitenden Kuprate verwendet werden.

13.9.3.1 Anisotropie der supraleitenden Eigenschaften

Der in Abb. 13.60 gezeigte strukturelle Aufbau der Kuprat-Supraleiter verdeutlicht, dass wir eine Schichtstruktur von gut leitenden CuO_2-Ebenen und schlecht leitenden oder isolierenden Zwischenschichten vorliegen haben. Dies führt zu einer großen Anisotropie des spezifischen Widerstands ρ_{ab} parallel und ρ_c senkrecht zu den CuO_2-Ebenen. Für Bi-2212 wird zum Beispiel $\rho_c/\rho_{ab} \simeq 10^5$ beobachtet. Große Anisotropien werden auch für die kritischen Magnetfelder bzw. die Kohärenzlänge und die Londonsche Eindringtiefe gefunden. Die anisotropen supraleitenden Eigenschaften der Kuprate lassen sich gut mit einer verallgemeinerten Ginzburg-Landau Theorie beschreiben. Für die Differenz $\Delta \mathcal{G} = \mathcal{G}_s - \mathcal{G}_n$ der freien Enthalpien machen wir in Analogie zu (13.3.59) den als *Lawrence-Doniach Modell* bezeichneten Ansatz:[216]

$$\Delta \mathcal{G} = \sum_n \int d^2 r \left[\alpha |\Psi_n|^2 + \frac{1}{2}\beta |\Psi_n|^4 + \frac{\hbar^2}{2m_{ab}} \left(\left|\frac{\partial \Psi_n}{\partial x}\right|^2 + \left|\frac{\partial \Psi_n}{\partial y}\right|^2 \right) \right]$$
$$+ \frac{\hbar^2}{2m_c s^2} |\Psi_n - \Psi_{n-1}|^2 \ . \qquad (13.9.4)$$

Hierbei sind m_{ab} und m_c die effektiven Massen parallel und senkrecht zu den CuO_2-Ebenen, s der Abstand der CuO_2-Schichten,[217] n ist der Schichtindex und die Ableitung $\partial \Psi / \partial z$ wurde durch den Differenzenquotient $|\Psi_n - \Psi_{n-1}|/s$ ersetzt. Um die Diskussion einfach zu halten, haben wir das Vektorpotenzial weggelassen. Beschreiben wir jede supraleitende Schicht mit $\Psi_n = |\Psi_n| e^{i\theta_n}$ und nehmen an, dass $|\Psi_n|$ für alle Schichten gleich ist, so können wir den letzten Term auf der rechten Seite von (13.9.4) schreiben als

$$\frac{\hbar^2}{2m_c s^2} |\Psi_n|^2 \left[1 - \cos(\theta_n - \theta_{n-1}) \right] \ . \qquad (13.9.5)$$

Wir sehen, dass dieser Term gerade einer Josephson-Kopplung der supraleitenden Schichten entspricht.

---

[216] W. E. Lawrence, S. Doniach, in *Proc. 12th Int. Conf. Low Temp. Phys.*, ed. E. Kanda, Tokyo, Keikagu (1971), pp. 361.

[217] Für Kuprate mit CuO_2-Mehrfachlagen in der Einheitszelle werden diese Mehrfachlagen als eine einzelne supraleitende Schicht betrachtet.

Da für Längenskalen, die groß im Vergleich zu s sind, die Ableitung $\partial\Psi/\partial z$ gut dem Differenzenquotienten $|\Psi_n - \Psi_{n-1}|/s$ entspricht, sehen wir sofort, dass wir in diesem Fall den Ausdruck (13.9.4) durch eine GL-Gleichung mit elliptischer Anisotropie ausdrücken können. Wir erhalten dann durch Variationsrechnung eine der 1. Ginzburg-Landau Gleichung (13.3.65) entsprechende Beziehung mit anisotroper Masse:

$$0 = \frac{1}{2}\left(\frac{\hbar}{i}\nabla - q_s\mathbf{A}\right)\cdot\left(\frac{1}{m^*}\right)\cdot\left(\frac{\hbar}{i}\nabla - q_s\mathbf{A}\right)\Psi + \alpha\Psi + \beta|\Psi|^2\Psi. \qquad (13.9.6)$$

Dabei ist $(1/m^*)$ der reziproke Massetensor mit den Hauptachsenwerten $1/m_{ab}$, $1/m_{ab}$ und $1/m_c$ (Anisotropien in der ab-Ebene wollen wir hier vernachlässigen). Da die Kopplung zwischen den supraleitenden Schichten schwach ist, gilt $m_c \gg m_{ab}$.

Aufgrund der anisotropen Masse erhalten wir eine anisotrope Ginzburg-Landau Kohärenzlänge [vergleiche (13.3.77)]

$$\xi_{ab}(T) = \sqrt{\frac{\hbar^2}{2m_{ab}|\alpha(T)|}}, \qquad \xi_c(T) = \sqrt{\frac{\hbar^2}{2m_c|\alpha(T)|}}. \qquad (13.9.7)$$

Wir sehen, dass $\xi_{ab,c} \propto \sqrt{1/m_{ab,c}}$. Da $m_c \gg m_{ab}$ erhalten wir deshalb $\xi_{ab} \gg \xi_c$. Mit der Beziehung $B_{cth} = \Phi_0/\sqrt{8\pi}\xi\lambda_L$ [vergleiche (13.3.82)] und der Tatsache, dass B_{cth} bzw. die Kondensationsenergie nicht anisotrop ist, folgt sofort, dass die Anisotropie der Londonschen Eindringtiefe gerade invers zu derjenigen der Kohärenzlänge ist, d. h. $\lambda_{L,ab} \propto \sqrt{1/m_c}$, $\lambda_{L,c} \propto \sqrt{1/m_{ab}}$ und $\lambda_{L,ab} \ll \lambda_{L,c}$. Dieses Ergebnis wird sofort evident, wenn wir uns klar machen, dass $\lambda_{L,c}$ das Abschirmverhalten von Suprasträmen beschreibt, die parallel zur c-Achse fließen. Da die Kopplung in c-Achsenrichtung schwach ist, sind diese Abschirmströme klein und deshalb die zugehörige Abschirmlänge groß. Abb. 13.64 zeigt als Beispiel den Querschnitt durch eine Flusslinie, die parallel zur b-Achse verläuft. Für einen isotropen Supraleiter würden sich für den Flusslinienkern und die Abschirmströme kreisförmige Profile ergeben. Für einen anisotropen Supraleiter ergeben sich dagegen elliptische Profile.

Das untere und obere kritische Feld ist proportional zu $1/\lambda_L^2$ bzw. $1/\xi^2$, wodurch sich auch für diese Größen Anisotropien ergeben. Da für Felder parallel zur c-Achse die Abschirmströme nur innerhalb der ab-Ebene, für Felder parallel zur ab-Ebene dagegen sowohl in ab- als auch in c-Richtung fließen, erwarten wir $B_{c2,\|c} \propto 1/\xi_{ab}^2$ und $B_{c2,\|ab} \propto 1/\xi_{ab}\xi_c$ sowie $B_{c1,\|c} \propto 1/\lambda_{L,ab}^2$ und $B_{c1,\|ab} \propto 1/\lambda_{L,ab}\lambda_{L,c}$. Die genauen Ausdrücke für die kritischen

Abb. 13.64: Querschnitt durch eine Flusslinie in einem anisotropen Supraleiter. Die Flussline verläuft parallel zur b-Achse, die senkrecht auf der Papierebene steht.

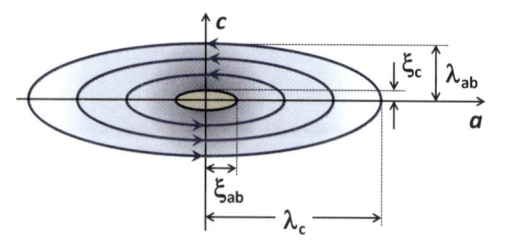

Felder lauten

$$B_{c1,\|c} = \frac{\Phi_0}{4\pi\lambda_{L,ab}^2} \ln(\kappa_{ab} + 0.08) \tag{13.9.8}$$

$$B_{c1,\|ab} = \frac{\Phi_0}{4\pi\lambda_{L,ab}\lambda_{L,c}} \ln(\sqrt{\kappa_{ab}\kappa_c} + 0.08) \tag{13.9.9}$$

$$B_{c2,\|c} = \frac{\Phi_0}{2\pi\xi_{ab}^2}, \quad B_{c2,\|ab} = \frac{\Phi_0}{2\pi\xi_{ab}\xi_c} \tag{13.9.10}$$

$$B_{cth} = \frac{\Phi_0}{\sqrt{8}\pi\xi_{ab}\lambda_{L,ab}} = \frac{\Phi_0}{\sqrt{8}\pi\xi_c\lambda_{L,c}}. \tag{13.9.11}$$

Diese Abhängigkeiten können wir einfach zusammenfassen, indem wir einen dimensionslosen Anisotropieparameter γ einführen:

$$\gamma \equiv \left(\frac{m_c}{m_{ab}}\right)^{1/2} = \frac{\xi_{ab}}{\xi_c} = \frac{B_{c2,\|ab}}{B_{c2,\|c}} = \frac{\lambda_{L,c}}{\lambda_{L,ab}} \simeq \frac{B_{c1,\|c}}{B_{c1,\|ab}}. \tag{13.9.12}$$

Für YBa$_2$Cu$_3$O$_{7-\delta}$ wird $\gamma \simeq 6 - 7$, für Bi-2212 ein sehr hoher Wert weit oberhalb von 100 gefunden.

Die Kohärenzlängen können durch Messung der oberen kritischen Felder ermittelt werden. Dabei tritt allerdings das Problem auf, dass die kritischen Felder bei tiefen Temperaturen teilweise weit oberhalb von 100 T liegen und deshalb experimentell nicht zugänglich sind. Es wird deshalb meist nur in der Nähe von T_c gemessen und der $\xi(T=0)$ Wert durch Extrapolation ermittelt. Für YBa$_2$Cu$_3$O$_7$ erhält man auf diese Weise $B_{c2,\|c} = 160 \pm 25$ T und für $B_{c2,\|ab}$ sehr hohe Werte um etwa 1000 T. Daraus ergibt sich $\xi_{ab} \simeq 1.4 \pm 0.2$ nm und $\xi_c \simeq 0.2 \pm 0.05$ nm. Für die Londonsche Eindringtiefe wird $\lambda_{L,ab} \simeq 140 \pm 10$ nm und $\lambda_{L,c} \simeq 900 \pm 70$ nm gemessen. Für Felder parallel zur c-Achse ergibt sich daraus $\kappa_c \simeq 100$. Die Kuprat-Supraleiter sind demnach extreme Typ-II Supraleiter. Abb. 13.65 zeigt das untere und obere kritische Feld von YBa$_2$Cu$_3$O$_7$ für Felder parallel und senkrecht zur c-Achse.

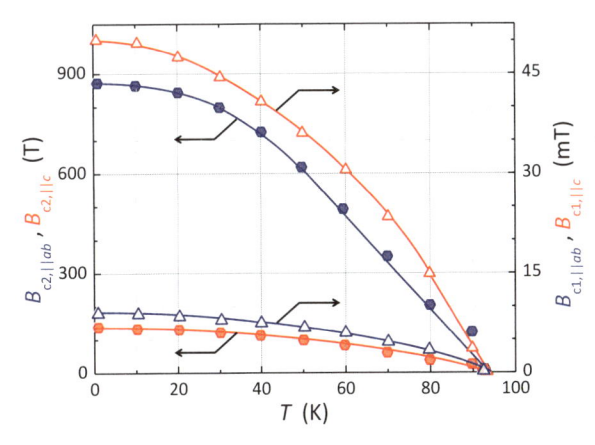

Abb. 13.65: Kritische Felder von YBa$_2$Cu$_3$O$_7$ für Felder parallel und senkrecht zur c-Achse (Daten nach D. N. Zheng et al., Phys. Rev. B **49**, 1417–1426 (1994)). Gemessen wurde die Londonsche Eindringtiefe und die Kondensationsenergie (aus spezifischer Wärme). Daraus wurde mit (13.9.11) und (13.9.10) die Kohärenzlänge und das obere kritische Feld ermittelt. Das untere kritische Feld folgt dann aus (13.9.9).

Die für Kuprat-Supraleiter ermittelten kleinen Kohärenzlängen werden verständlich, wenn wir den Ausdruck $\xi_{BCS}(0) = \hbar v_F/\pi\Delta(0)$ für die BCS-Kohärenzlänge betrachten. Die Fermi-Geschwindigkeit $v_F \simeq 2 \times 10^5$ m/s ist aufgrund der geringen Ladungsträgerkonzentration (bei optimaler Dotierung etwa 0.16 Löcher pro Einheitszelle) und der effektiven Masse von etwa $4m_e$ klein, die Energielücke aufgrund der hohen Sprungtemperaturen groß. Für $YBa_2Cu_3O_7$ ist $\Delta_{ab}(0) \simeq 30$ meV, so dass sich $\xi_{BCS,ab} \simeq 1.3$ nm in guter Übereinstimmung mit dem aus $B_{c2,\|c}$ ermittelten Wert der Ginzburg-Landau Kohärenzlänge ergibt. Der große Wert der Londonschen Eindringtiefe lässt sich wegen $\lambda_L^2 \propto 1/n_s$ mit der geringen Ladungsträgerdichte verstehen. Für $YBa_2Cu_3O_7$ ergibt $p = 0.16/CuO_2$ eine Ladungsträgerdichte $n \simeq 1.8 \times 10^{27}$ m^{-3}, woraus sich aus (13.3.6) unter Verwendung der freien Elektronenmasse $\lambda_L \simeq 125$ nm ergibt. Auch dieser Wert stimmt erstaunlich gut mit dem für $\mathbf{B} \parallel c$ gemessenen Wert überein. In Tabelle 13.4 sind einige Daten zu dem Kuprat-Supraleiter $YBa_2Cu_3O_7$ zusammengefasst und mit den für Al und Nb_3Sn erhaltenen Werten verglichen.

Wir weisen abschließend darauf hin, dass die sehr kleinen Kohärenzlängen von Kuprat-Supraleitern zu einem Kohärenzvolumen $\xi_{ab}^2 \xi_c$ führen, das wesentlich kleiner ist als bei klassischen Supraleitern. Während sich bei klassischen Supraleitern typischerweise 10^6 bis 10^7 Cooper-Paare innerhalb des Kohärenzvolumens befinden, sind es bei Kuprat-Supraleitern nur noch etwa 10. Im Zusammenspiel mit den höheren Betriebstemperaturen führt dies zu einem wesentlich stärkeren Einfluss von thermischen Fluktuationen. Im Rahmen der Ginzburg-Landau Theorie kann die mittlere Fluktuationsamplitude des Ordnungsparameters zu $\langle |\Psi|^2 \rangle \simeq k_B T/|\alpha|\xi_{ab}^2 \xi_c$ angegeben werden. Sie wird also durch das Verhältnis von thermischer Energie zur Kondensationsenergie des Kohärenzvolumens bestimmt. Thermische Fluktuationen führen z. B. zu einer Verrundung des resistiven Übergangs in den supraleitenden Zustand oder des Sprungs in der spezifischen Wärme bei T_c. Sie resultieren im Zusammenspiel mit der großen Anisotropie insgesamt in einem sehr komplexen Verhalten des Mischzustands der Kuprat-Supraleitern, das wir hier nicht diskutieren wollen.

Tabelle 13.4: Vergleich der supraleitenden Parameter von $YBa_2Cu_3O_7$ (YBCO), Nb_3Sn und Al. Die Literaturwerte für YBCO zeigen beträchtliche Schwankungen, weshalb die angegebenen Werte nur als grobe Mittelwerte betrachtet werden können. Nb_3Sn und Al wurden als isotrop angenommen.

Größe	Einheit	YBCO	Nb$_3$Sn	Al	Anmerkung
T_c	K	93	18	1.19	
$\Delta(0)$	meV	30	4.3	0.18	
$2\Delta(0)/k_B T_c$		7.4	5.4	3.5	
ξ_{BCS}	nm	1.3	10	170	
B_{cth}	T	1.1	0.9	0.01	
$B_{c1,\|c}$	T	0.05	0.75	–	$\mathbf{B} \parallel c$
$B_{c1,\|ab}$	T	0.009	0.75	–	$\mathbf{B} \parallel ab$
$\lambda_{L,\|c}$	nm	140	80	50	$J_s \parallel c$
$\lambda_{L,\|ab}$	nm	900	80	50	$J_s \parallel ab$
$B_{c2,\|c}$	T	160	25	–	$\mathbf{B} \parallel c$
$B_{c2,\|ab}$	T	1000	25	–	$\mathbf{B} \parallel ab$
ξ_c	nm	1.4	4	170	$\mathbf{B} \parallel c$
ξ_{ab}	nm	0.2	4	170	$\mathbf{B} \parallel ab$
κ_c		100	20	0.3	$\mathbf{B} \parallel c$

13.9.3.2 Ordnungsparameter

Wir haben im vorangegangenen Abschnitt gesehen, dass die supraleitenden Eigenschaften von Kuprat-Supraleitern gut im Rahmen einer anisotropen GLAG-Theorie beschrieben werden können, ähnlich wie wir dies auch für andere anisotrope Supraleiter wie z. B. TaS$_2$ tun können. Es stellt sich die Frage, ob Kuprat-Supraleiter darüber hinausgehende Eigenschaften besitzen, die nicht mit denjenigen von anisotropen metallischen Supraleitern kompatibel sind. Wir wollen im Folgenden zeigen, dass ein wesentlicher Unterschied hinsichtlich der Symmetrie der Paarwellenfunktion besteht (vergleiche Abschnitt 13.5.1.3).

Konventionelle und unkonventionelle Paarung Wir haben bereits gesehen, dass das Paarpotenzial [vergleiche (13.5.29)]

$$\Delta_{\mathbf{k}\sigma_1\sigma_2} \equiv -\sum_{\mathbf{k}'} V_{\mathbf{k},\mathbf{k}'} g_{\mathbf{k}'\sigma_1\sigma_2} \tag{13.9.13}$$

eine geeignete Größe ist, um die Paarwechselwirkung in Supraleitern zu charakterisieren. In unserer Diskussion haben wir aber meist vereinfachend angenommen, dass $\Delta_{\mathbf{k}} = -V_0$ unabhängig von $\mathbf{k}$ ist und eine sphärische Symmetrie besitzt. Wir haben in diesem Fall von s-Wellen-Paarung gesprochen. Für Materialien mit anisotropen elektronischen Eigenschaften erwarten wir, dass $\Delta_{\mathbf{k}}$ zwar anisotrop ist, aber immer noch die volle Symmetrie der zugrunde liegenden Kristallstruktur besitzt. Hätten wir z. B. eine tetragonale Kristallsymmetrie vorliegen, so würden wir erwarten, dass $\Delta_{\mathbf{k}}$ verschiedene Werte für $\mathbf{k}$ in c-Richtung und parallel zur ab-Ebene besitzt. Für beliebige $\mathbf{k}$-Richtungen kann $\Delta_{\mathbf{k}}$ einen nichttrivialen Verlauf annehmen, der aber die volle Kristallsymmetrie besitzt. Wir sprechen in diesem Fall von anisotroper s-Wellen-Paarung. Ganz allgemein sprechen wir von *konventioneller Paarung*, wenn $\Delta_{\mathbf{k}}$ die volle Symmetrie der zugrunde liegenden Kristallstruktur besitzt. Die Bezeichnung *unkonventionelle Paarung* benutzen wir für Fälle, bei denen $\Delta_{\mathbf{k}}$ eine niedrigere Symmetrie als die Kristallstruktur aufweist.

Betrachten wir die ursprüngliche Definition der Wechselwirkung [vergleiche (13.5.9)]

$$V_{\mathbf{k},\mathbf{k}'} = \frac{1}{\Omega} \int V(\mathbf{r}) e^{i(\mathbf{k}-\mathbf{k}')\cdot\mathbf{r}} dV, \tag{13.9.14}$$

wobei $\mathbf{r} = \mathbf{r}_1 - \mathbf{r}_2$, so erkennen wir sofort, dass $V_{\mathbf{k},\mathbf{k}'}$ im Allgemeinen von der Richtung $\mathbf{k} - \mathbf{k}'$ abhängt und deshalb [vergleiche (13.5.71)]

$$\Delta_{\mathbf{k}} = -\sum_{\mathbf{k}'} V_{\mathbf{k},\mathbf{k}'} \Delta_{\mathbf{k}'} \frac{\tanh(E_{\mathbf{k}'}/2k_B T)}{2E_{\mathbf{k}'}} \tag{13.9.15}$$

eine Funktion der Richtung von $\mathbf{k}$ ist. Der Grad der Symmetrie von $V_{\mathbf{k},\mathbf{k}'}$ wird sich somit in der Symmetrie von $\Delta_{\mathbf{k}}$ widerspiegeln.[218] Wir müssen deshalb nach solchen Funktionen $\Delta_{\mathbf{k}}$ suchen, die nach der Gruppentheorie mit der Symmetrie von $V_{\mathbf{k},\mathbf{k}'}$ kompatibel sind. Da wir bereits wissen, dass in den Kuprat-Supraleitern eine Spin-Singulett-Paarung ($S = 0$) vorliegt,

---

[218] J. F. Annett, N. Goldenfeld, S. R. Renn, in *Physical Properties of High Temperature Superconductors II*, D. M. Ginsberg (Ed.), World Scientific, Singapore (1990), p. 571.

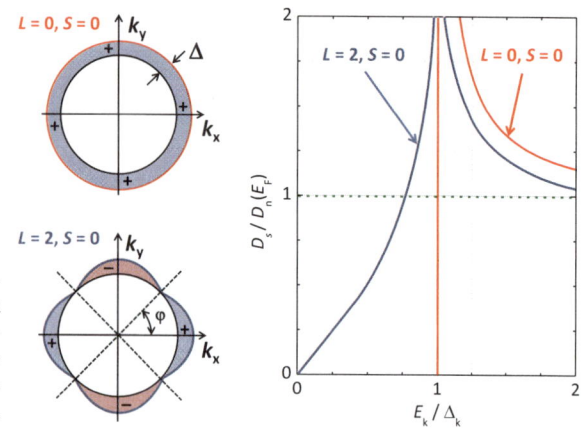

Abb. 13.66: *s*- und *d*-Wellen-Ordnungsparameter mit den zugehörigen Zustandsdichten für die Quasiteilchenanregungen. Es wurde der Einfachheit halber eine sphärisch symmetrische Fermi-Fläche angenommen.

müssen wir nach geraden Funktionen $\Delta(\mathbf{k}) = \Delta(-\mathbf{k})$ suchen. Für Systeme mit tetragonaler Symmetrie wäre eine mögliche Lösung ein *d*-Wellen-Ordnungsparameter

$$\Delta_\mathbf{k} = \frac{\Delta_m}{2}\left(\cos k_y a - \cos k_x a\right) = \Delta_m \cos 2\varphi . \qquad (13.9.16)$$

Hierbei ist Δ_m der Maximalwert von $\Delta_\mathbf{k}$ und φ der Winkel relativ zur k_x bzw. Γ-X-Richtung (vergleiche hierzu Abb. 13.62). Abb. 13.66 zeigt die **k**-Abhängigkeit eines *s*- und *d*-Wellen-Ordnungsparameters mit den zugehörigen Zustandsdichten für die Quasiteilchenanregungen. Wir sehen, dass der *d*-Wellen-Ordnungsparameter nicht mehr die volle Symmetrie eines tetragonalen Kristallgitters besitzt, da er nur noch eine zweizählige Drehachse hat. Für einen Kuprat-Supraleiter mit tetragonaler Kristallstruktur (vierzählige Drehachse) wäre dies also ein unkonventioneller Ordnungsparameter. Da für den *d*-Wellen-Ordnungsparameter Knotenlinien mit verschwindender Amplitude der Paarwellenfunktion existieren, besitzt die Zustandsdichte für die Quasiteilchenanregungen keine Lücke. Dies hat Auswirkungen auf zahlreiche Messgrößen wie die Londonsche Eindringtiefe oder die spezifische Wärme, für die bei tiefen Temperaturen anstelle einer exponentiellen Temperaturabhängigkeit Potenzgesetze erhalten werden.

Bevor wir auf die experimentelle Untersuchung von $\Delta_\mathbf{k}$ in Kuprat-Supraleitern eingehen, wollen wir ein anschauliches Argument dafür geben, wieso andere Symmetrien als die *s*-Wellensymmetrie bevorzugt sein könnten. Falls zum Beispiel die Wechselwirkung einen stark repulsiven Charakter bei kleinen und einen attraktiven bei großen Abständen hat, so sollte die optimale radiale Abhängigkeit der Paarwellenfunktion eine kleine Amplitude für kurze Teilchenabstände r haben. Dies wird automatisch von einer *d*-Wellensymmetrie erfüllt, für welche die Wahrscheinlichkeitsamplitude für $r \to 0$ mit r^2 gegen null geht. Falls die Wechselwirkung dagegen für $r \to 0$ attraktiv ist, ist eine *s*-Wellensymmetrie optimal, für welche die Wahrscheinlichkeitsamplitude für $r \to 0$ endlich bleibt.

Symmetrie der Paarwellenfunktion in Kuprat-Supraleitern Die Experimente zur Untersuchung der Symmetrie der Paarwellenfunktion lassen sich grundsätzlich in zwei Kategorien einteilen: (i) phasenempfindliche und (ii) amplitudenempfindliche Messungen. Erstere

13.9 Kuprat-Supraleiter

liefern direkt die **k**-Abhängigkeit der Phase der Paarwellenfunktion und Letztere die **k**-Abhängigkeit ihrer Amplitude. Um eindeutig zwischen einer stark anisotropen s-Wellensymmetrie und einer d-Wellensymmetrie unterscheiden zu können, sind phasenempfindliche Messungen notwendig. Solche Experimente können zum Beispiel mit Josephson-Kontakten realisiert werden, deren Elektroden aus einem Kuprat-Supraleiter (1) und einem metallischen Supraleiter (2) mit s-Wellen-Ordnungsparameter bestehen. Da die Josephson-Kopplung proportional zu $\Delta_1 \Delta_2$ ist, spiegelt diese die Winkelabhängigkeit von $\Delta(\mathbf{k})$ für Elektronen, die sich senkrecht zur Grenzfläche bewegen, wider. Der Josephson-Strom durch den Kontakt enthält deshalb einen Faktor $\cos 2\varphi_1$, wobei φ_1 der Winkel zwischen der Normalen auf der Grenzfläche und der a-Achse des Kuprat-Supraleiters ist.[219,220]

Eine besonders einfache Geometrie für phasenempfindliche Experimente ist in Abb. 13.67 gezeigt, in der zwei Josephson-Kontakte zu einem dc-SQUID zusammengefügt sind. Da die Grenzflächennormalen der Josephson-Kontakte entweder parallel zur a- oder zur b-Achse des Kuprat-Supraleiters verlaufen, würden wir für einen durch (13.9.16) gegebenen d-Wellen-Ordnungsparameter $\cos 2\varphi_1 = \pm 1$ erhalten, was einer Phasenschiebung von 0 oder π entspricht. Die entsprechenden Josephson-Kontakte bezeichnen wir deshalb als 0- bzw. π-Kontakte. Wir sehen nun, dass wir in der in Abb. 13.67a gezeigten SQUID-Schleife zwei nor-

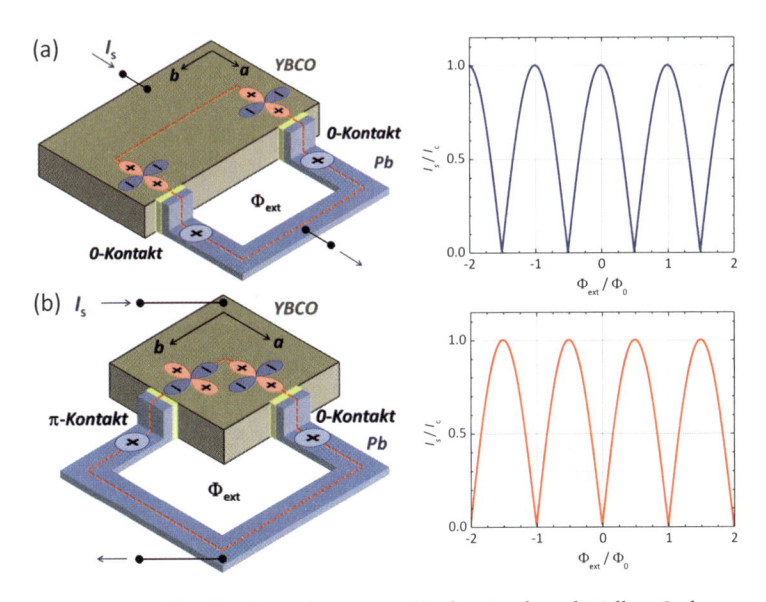

Abb. 13.67: Experimentelle Konfiguration zum Nachweis des d-Wellen-Ordnungsparameters in $YBa_2Cu_3O_7$. Gezeigt ist der schematische Aufbau eines (a) 0-dc-SQUIDs und eines (b) π-dc-SQUIDs bestehend aus dem Kuprat-Supraleiter $YBa_2Cu_3O_7$ und dem metallischen Supraleiter Pb. Für das π-dc-SQUID ist die $I_s(\Phi_{ext})$-Abhängigkeit gegenüber derjenigen des 0-dc-SQUIDs um ein halbes Flussquant verschoben.

---

[219] M. Sigrist, T. M. Rice, *Paramagnetic Effect in High T_c Superconductors – A Hint for d-Wave Superconductivity*, J. Phys. Soc. Jpn. **61**, 4283 (1992).

[220] M. Sigrist, T. M. Rice, *Unusual paramagnetic phenomena in granular high-temperature superconductors – A consequence of d-wave pairing?*, Rev. Mod. Phys. **67**, 503 (1995).

male 0-Kontakte, in der in Abb. 13.67b gezeigten Konfiguration dagegen einen 0- und einen π-Kontakt vorliegen haben. Für das 0-dc-SQUID mit den beiden 0-Kontakten erwarten wir nach (13.6.39)

$$I_s(\Phi_{\text{ext}}) = I_c \left| \cos\left(\pi \frac{\Phi_{\text{ext}}}{\Phi_0}\right) \right| . \tag{13.9.17}$$

Hierbei ist Φ_{ext} der in die SQUID-Schleife durch ein äußeres Magnetfeld eingekoppelte Fluss und I_c die Summe der kritischen Ströme der beiden Josephson-Kontakte. Für das π-dc-SQUID mit einem 0- und einem π-Kontakt erwarten wir dagegen

$$I_s(\Phi_{\text{ext}}) = I_c \left| \cos\left(\pi \frac{\Phi_{\text{ext}} + \Phi_0/2}{\Phi_0}\right) \right| , \tag{13.9.18}$$

wobei wir die zusätzliche π-Phasenschiebung durch den zusätzlichen Fluss $\Phi_0/2$ berücksichtigt haben. Für die beiden SQUID-Konfigurationen sollten sich somit die in Abb. 13.67 gezeigten, gerade um ein halbes Flussquant gegeneinander verschobenen $I_s(\Phi_{\text{ext}})$-Abhängigkeiten ergeben. Dies wurde experimentell von **D. J. Van Harlingen** und Mitarbeitern in der Tat gefunden und damit ein klarer Beleg dafür erbracht, dass die Kuprat-Supraleiter einen d-Wellen-Ordnungsparameter besitzen.[221,222]

Betrachten wir das π-dc-SQUID, so erkennen wir sofort, dass für $\Phi_{\text{ext}}=0$ die Supraströme über die beiden Josephson-Kontakte endlich sein müssen. Wären sie null, so würde sich die Phase entlang der geschlossenen SQUID-Schleife um genau π ändern, was aber nicht zulässig ist. Die Ströme müssen also endlich sein und genau so fließen, dass sich eine gesamte Phasenänderung von 0 ergibt. Dies wird dadurch erreicht, dass die Ströme in den beiden Kontakten in entgegengesetzte Richtung fließen. Insgesamt ergibt sich daraus ein Ringstrom, der einem Fluss von $\Phi_0/2$ entspricht. Kühlen wir also ein π-dc-SQUID im Nullfeld ab, so entsteht unterhalb von T_c ein spontaner Ringstrom, der einem Fluss von $\Phi_0/2$ entspricht. Dieser Fluss wurde von **C. C. Tsui** und Mitarbeitern tatsächlich nachgewiesen.[223] Eine weitere Konsequenz des Vorzeichenwechsels des d-Wellen-Ordnungsparameters sind gebundene Andreev-Zustände bei der Fermi-Energie, die mit Hilfe von Tunnelspektroskopie nachgewiesen werden können.[224]

Die Winkelabhängigkeit der Amplitude von $\Delta(\mathbf{k})$ kann mit winkelaufgelöster Photoelektronen-Spektroskopie bestimmt werden.[225] Das Ergebnis ist in Abb. 13.68 gezeigt. Die

---

[221] D. A. Wollman, D. J. Van Harlingen, W. C. Lee, D. M. Ginsberg, A. J. Leggett, *Experimental determination of the superconducting pairing state in YBCO from the phase coherence of YBCO-Pb dc SQUIDs*, Phys. Rev. Lett. **71**, 2134 (1993).

[222] D. J. Van Harlingen, *Phase-sensitive tests of the symmetry of the pairing state in the high-temperature superconductors – Evidence for $d_{x^2-y^2}$ symmetry*, Rev. Mod. Phys. **67**, 515 (1995).

[223] C. C. Tsui, J. R. Kirtley, C. C. Chi, Lock See Yu-Jahnes, A. Gupta, T. Shaw, J. Z. Sun, M. B. Ketchen, *Pairing Symmetry and Flux Quantization in a Tricrystal Superconducting Ring of $YBa_2Cu_3O_{7-\delta}$*, Phys. Rev. Lett. **73**, 593 (1994).

[224] L. Alff, S. Kleefisch, U. Schoop, M. Zittartz, A. Marx, R. Gross, *Andreev Bound States in High Temperature Superconductors*, Eur. Phys. J. B **5**, 423–438 (1998); see also Phys. Rev. B **58**, 11197 (1998).

[225] H. Ding *et al.*, *Angle-resolved photoemission spectroscopy study of the superconducting gap anisotropy in $Bi_2Sr_2CaCu_2O_{8+x}$*, Phys. Rev. B **54**, R9678 (1995)

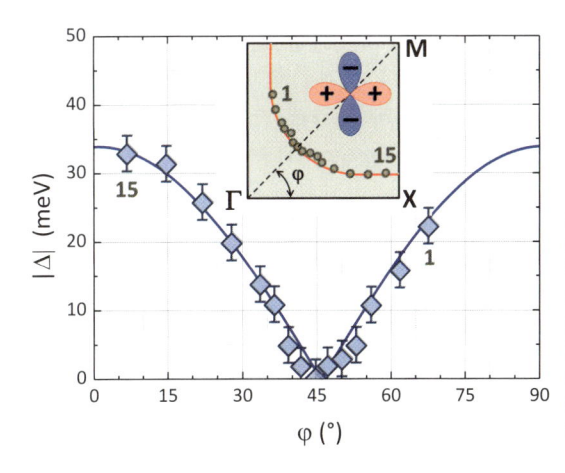

Abb. 13.68: Abhängigkeit der Amplitude des Ordnungsparameters in Bi-2212 vom Winkel φ relativ zur Γ-X-Richtung gemessen mit winkelaufgelöster Photoelektronen-Spektroskopie (nach H. Ding et al., Phys. Rev. B **54**, R9678 (1995)). Das Inset zeigt die gemessene Fermi-Fläche (Symbole) in einem Teil der 1. Brillouin-Zone (Symbole), die Linie stellt einen Tight-Binding-Fit dar.

gemessene Abhängigkeit stimmt gut mit der nach (13.9.16) erwarteten Winkelabhängigkeit $|\Delta(\varphi)| = \Delta_m |\cos 2\varphi|$ überein, die in Abb. 13.68 als durchgezogene Linie eingezeichnet ist. Weitere Belege für die d-Wellensymmetrie des Ordnungsparameters liefern Messungen der Londonschen Eindringtiefe bei $T \ll T_c$. Während man für einen s-Wellen-Ordnungsparameter $\lambda_L(T) - \lambda_L(0) \propto \exp(-\Delta/k_B T)$ misst, erhält man für einen d-Wellen-Ordnungsparameter $\lambda_L(T) - \lambda_L(0) \propto T$.[226,227] Dies resultiert aus den niederenergetischen Quasiteilchenanregungen aufgrund der in bestimmte **k**-Richtungen verschwindenden Amplitude des d-Wellen-Ordnungsparameters.

Literatur

A. A. Abrikosov, Zh. Eksperim. Teor. Fiz. **32**, 1141 (1957); Sov. Phys. JETP **5**, 1174 (1957).

A. A. Abrikosov, *Fundamentals of the Theory of Metals*, North-Holland, Amsterdam (1988)

A. A. Abrikosov, L. P. Gor'kov, I. E. Dzyaloshinskii, in *Quantum Field Theoretical Models in Statistical Physics*, Pergamon Press, London (1965).

N. E. Alekseevskii, Yu. P. Gaidukov, Sov. Phys. JETP **2**, 762 (1956).

L. Alff, S. Kleefisch, U. Schoop, M. Zittartz, A. Marx, R. Gross, *Andreev Bound States in High Temperature Superconductors*, Eur. Phys. J. B **5**, 423–438 (1998); see also Phys. Rev. B **58**, 11197 (1998).

P. W. Anderson, *The Josephson Effect and Quantum Coherence Measurements in Superconductors and Superfluids*, in C. J. Gorter (ed.), Prog. Low Temp. Phys. **5**, 5 (1967).

---

[226] W. Hardy et al., *Precision measurements of the temperature dependence of λ in YBa$_2$Cu$_3$O$_{6.95}$: Strong evidence for nodes in the gap function*, Phys. Rev. Lett. **70**, 3999 (1993).

[227] O. M. Froehlich, H. Schulze, R. Gross, A. Beck, L. Alff, *Precision Measurement of the In-plane Penetration Depth λ_{ab} in YBCO Using Grain Boundary Josephson Junctions*, Phys. Rev. B **50**, R13894 (1994); see also Euro. Phys. Lett. **36**, 467 (1996).

P. W. Anderson, J. M. Rowell, *Probable Observation of the Josephson Superconducting Tunneling Effect*, Phys. Rev. Lett. **10**, 230–232 (1963).

J. F. Annett, N. Goldenfeld, S. R. Renn, in *Physical Properties of High Temperature Superconductors II*, D. M. Ginsberg (Ed.), World Scientific, Singapore (1990), p. 571.

J. Bardeen, *Wave Functions for Superconducting Electrons*, Phys. Rev. **80**, 567 (1950).

J. Bardeen, L. N. Cooper, J. R. Schrieffer, *Microscopic Theory of Superconductivity*, Phys. Rev. **106**, 162–164 (1957).

J. Bardeen, L. N. Cooper, J. R. Schrieffer, *Theory of Superconductivity*, Phys. Rev. **108**, 1175 (1957).

J. Bardeen, D. Pines, *Electron-Phonon Interaction in Metals*, Phys. Rev. **99**, 1140 (1955).

J. Bardeen, M. J. Stephen, *Theory of the Motion of Vortices in Superconductors*, Phys. Rev. **140**, A1197 (1965).

S. E. Barrett et al., ^{63}Cu *Knight shifts in the superconducting state of* $YBa_2Cu_3O_{7-\delta}$ (T_c = 90 K), Phys. Rev. B **41**, 6283 (1990).

C. P. Bean, J. D. Livingston, *Surface Barrier in Type-II Superconductors*, Phys. Rev. Lett. **12**, 14 (1964).

J. G. Bednorz, K. A. Müller, *Possible High T_c Superconductivity in the Ba-La-Cu-O System*, Z. Phys. B **64**, 189 (1986).

N. E. Bickers, D. J. Scalapino, S. R. White, *Conserving Approximations for Strongly Correlated Electron Systems: Bethe-Salpeter Equation and Dynamics for the Two-Dimensional Hubbard Model*, Phys. Rev. Lett. **62**, 961 (1989).

G. Blatter, M. V. Feigel'man, V. B. Geshkenbein, A. I. Larkin, V. M. Vinokur, *Vortices in high-temperature superconductors*, Rev. Mod. Phys. **66**, 1125–1388 (1994).

N. N. Bogoliubov, *On a New Method in the Theory of Superconductivity*, Zh. Experim. i Teor. Fiz. **34**, 58 (1958), [Sov. Phys. JETP **7**, 41 (1958)].

M. Born, K. C. Cheng, *Theory of Superconductivity*, Nature **161**, 968 und 1017 (1948).

C. J. Burroughs, S. P. Benz, *1 Volt DC Programmable Josephson Voltage Standard*, IEEE Trans. Appl. Supercond. **9**, 4145–4149 (1990).

J. Carbotte, *Properties of boson-exchange superconductors*, Rev. Mod. Phys. **62**, 1027–1157 (1990).

C. Caroli, K. Maki, *Fluctuations of the Order Parameter in Type-II Superconductors. II. Pure Limit*, Phys. Rev. **159**, 316–326 (1967); siehe auch Phys. Rev. **164**, 591 (1967); Phys. Rev. **169**, 381 (1968).

R. J. Cava, H. Takagi, B. Batlogg, H. W. Zandbergen, J. J. Krajewski, W. F. Peck, R. B. van Dover, R. J. Felder, T. Siegrist, K. Mizuhashi, J. O. Lee, H. Eisaki, S. A. Carter, S. Uchida, *Superconductivity at 23 K in yttrium palladium boride carbide*, Nature **367**, 146 (1994).

P. Chaudhari, J. Mannhart, D. Dimos, C. C. Tsuei, J. Chi, M. M. Oprysko, and M. Scheuermann, *Direct measurement of the superconducting properties of single grain boundaries in $YBa_2Cu_3O_{7-\delta}$*, Phys. Rev. Lett. **60**, 1653 (1988).

J. Clarke, *A superconducting galvanometer employing Josephson tunnelling*, Phil. Mag. **13**, 115 (1966).

J. Clarke, A. I. Braginski, Hrsg., *The SQUID Handbook*, Wiley-VCH Verlag, Weinheim (2006)

L. N. Cooper, *Bound Electron Pairs in a Degenerate Fermi Gas*, Phys. Rev **104**, 1189–1190 (1956).

W. S. Corak, B. B. Goodman, C. B. Sattersthwaite, A. Wexler, *Exponential Temperature Dependence of the Electronic Specific Heat of Superconducting Vanadium*, Phys. Rev. **96**, 1442 (1954); Phys. Rev. **102**, 656 (1956).

E. A. Cornell, C. E. Wieman, *Nobel Lecture: Bose-Einstein condensation in a dilute gas, the first 70 years and some recent experiments*, Rev. Mod. Phys. **74**, 875 (2002).

A. Damascelli, Z. Hussain, Z.-X. Shen, *Angle-resolved photoemission studies of the cuprate superconductors*, Rev. Mod. Phys. **75**, 473–541 (2003).

B. S. Deaver Jr., W. M. Fairbank, *Experimental Evidence for Quantized Flux in Superconducting Cylinders*, Phys. Rev. Lett. **7**, 43 (1961).

P. G. de Gennes, *Superconductivity of Metals and Alloys*, Benjamin, New York (1966).

H. Ding et al., *Angle-resolved photoemission spectroscopy study of the superconducting gap anisotropy in $Bi_2Sr_2CaCu_2O_{8+x}$*, Phys. Rev. B **54**, R9678 (1995)

R. Doll, M. Näbauer, *Experimental Proof of Magnetic Flux Quantization in a Superconducting Ring*, Phys. Rev. Lett. **7**, 51 (1961).

D. Einzel, *Supraleitung und Suprafluidität*, in Lexikon der Physik, Spektrum Akademischer Verlag, Heidelberg, Berlin (2000).

D. Einzel, *Superfluids*, Encyclopedia of Mathematical Physics (2005).

D. Einzel, R. Gross, *Paarweise in Fluss*, Physik Journal **10**, No. 6, 45–48 (2011).

G. M. Eliashberg, *Interactions Between Electrons and Lattice Vibrations in a Superconductor*, Zh. Eksperim. i Teor. Fiz **38**, 966 (1960); Soviet Phys. JETP **11**, 696 (1960).

U. Essmann, *Intermediate state of superconducting niobium*, Phys. Lett. **41 A**, 477 (1972).

U. Essmann, H. Träuble, *The direct observation of individual flux lines in type II superconductors*, Phys. Lett. **24 A**, 526 (1967).

D. Estève et al., *Observation of the ac Josephson effect inside copper-oxide-based superconductors*, Europhys. Lett. **3**, 1237 (1987).

R. Flukiger, R. Baillif, in *Superconductivity in Ternary Compounds I*, Hrsg. Ø. Fischer, M. B. Maple, Springer, New York (1982), S. 113–140.

R. L. Forgacs, A. Warnick, *Digital-Analog Magnetometer Utilizing Superconducting Sensor*, Rev. Sci. Instr. **18**, 214 (1967).

H. Fröhlich, *Interaction of Electrons with Lattice Vibrations*, Proc. Roy. Soc. London **A 215**, 291 (1952).

H. Fröhlich, *Theory of the Superconducting State: I. The Ground State at the Absolute Zero of Temperature*, Phys. Rev. **79**, 845 (1950).

J. R. Gavaler, *Superconductivity in Nb_3Ge films above 22 K*, Appl. Phys. Lett. **23**, 480 (1973).

I. Giaever, *Tunneling into Superconductors at Temperatures below 1 K*, Phys. Rev. **126**, 941 (1962).

V. L. Ginzburg, L. D. Landau, Zh. Eksperim. Teor. Fiz. **20**, 1064 (1950).

R. E. Glover, M. Tinkham, *Conductivity of Superconducting Films for Photon Energies between 0.3 and 40 $k_B T_c$*, Phys. Rev. **104**, 844 (1956); Phys. Rev. **108**, 243 (1956).

L. P. Gor'kov, Zh. Eksperim. Teor. Fiz. **36**, 1918 (1959) [Sov. Phys. JETP **9**, 1364 (1959)].

C. J. Gorter, H. B. G. Casimir, *On Superconductivity I*, Physica **1**, 306 (1934); Physik. Z. **35**, 963 (1934); Z. Physik **15**, 539 (1934).

C. E. Gough et al., *Flux quantization in a high-T_c superconductor*, Nature **326**, 855 (1987).

R. Gross, P. Chaudhari, A. Gupta, G. Koren, *Thermally Activated Phase Slippage in High-T_c Grain Boundary Josephson Junctions*, Phys. Rev. Lett. **64**, 228 (1990).

R. Gross, B. Mayer, *Transport Processes and Noise in $YBa_2Cu_3O_{7-\delta}$ Grain Boundary Junctions*, Physica C **180**, 235 (1991.)

G. F. Hardy, J. K. Hulm, *Superconducting Silicides and Germanides, The Superconductivity of Some Transition Metal Compounds*, Phys. Rev. **87**, 884 (1953); Phys. Rev. **93**, 1004 (1954).

W. Heisenberg, *Zur Theorie der Supraleitung*, Z. Naturforschung **2a**, 185 (1947).

R. C. Jaklevic, J. Lambe, A. H. Silver, J. E. Mercereau, *Quantum Interference Effects in Josephson Tunneling*, Phys. Rev. Lett. **12**, 159 (1964).

D. Jérome, A. Mazaud, M. Ribault, K. Bechgaard, C. R. Hebd. Acad. Sci. Ser. **B 290**, 27 (1980).

B. D. Josephson, *Possible New Effects in Superconductive Tunnelling*, Phys. Lett. **1**, 251–253 (1962).

Y. Kamihara, T. Watanabe, M. Hirano, H. Hosono, *Iron-Based Layered Superconductor $La[O_{1-x}F_x]FeAs$ (x = 0.05 - -0.12) with $T_c = 26 K$*, J. Am. Chem. Soc. **130**, 3296 (2008).

W. H. Keesom, IV. Congr. Phys. Solvay (1924), Rapp et Disc, Seite 288.

W. Ketterle, *Nobel lecture: When atoms behave as waves: Bose-Einstein condensation and the atom laser*, Rev. Mod. Phys. **74**, 1131 (2002).

M. Lambacher, Doktorarbeit, Walther-Meißner-Institut, Technische Universität München (2008).

L. D. Landau, Phys. Z. Sowjet. **11**, 545 (1937).

L. D. Landau, E. M. Lifshitz, *Lehrbuch der theoretischen Physik*, Band V, Akademieverlag, Berlin (1987).

L. D. Landau, E. M. Lifschitz, *Lehrbuch der Theoretischen Physik*, Bd. IX, Akademie-Verlag, Berlin (1980).

A. I. Larkin, Yu. V. Ovchinnikov, *Pinning in Type II Superconductors*, J. Low Temp. Phys. **34**, 409 (1979).

W. E. Lawrence, S. Doniach, in *Proc. 12th Int. Conf. Low Temp. Phys.*, ed. E. Kanda, Tokyo, Keikagu (1971), pp. 361.

D. M. Lee, *The extraordinary phases of liquid ^{3}He*, Rev. Mod. Phys. **69**, 645 (1997).

K. K. Likharev, *Dynamics of Josephson Junctions and Circuits*, Gordon and Breach Science Publishers, New York (1986).

F. London, *Zur Theorie magnetischer Felder im Supraleiter*, Physica **3**, 450 (1936).

F. London, *Superfluids*, vol. I, Wiley, New York (1950).

F. London, H. London, *The Electromagnetic Equations of the Supraconductor*, Proc. Roy. Soc. Lond. **A 149**, 71 (1935).

B. T. Matthias, T. H. Geballe, S. Geller, E. Corenzwit, *Superconductivity of Nb_3Sn*, Phys. Rev. **95**, 1435 (1954).

E. Madelung, *Eine anschauliche Deutung der Gleichung von Schrödinger*, Naturwiss. **14**, 1004 (1926).

E. Madelung, *Quantentheorie in hydrodynamischer Form*, Z. Phys. **40**, 322 (1926).

H. Maeda, Y. Tanaka, M. Fukutomi, T. Asano, *A New High-T_c Oxide Superconductor without a Rare Earth Element*, Jpn. J. Appl. Phys. **27**, L209 (1988).

E. Maxwell, *Isotope Effect in the Superconductivity of Mercury*, Phys. Rev. **78**, 477 (1950).

W. L. McMillan, *Transition Temperature of Strong-Coupled Superconductors*, Phys. Rev. **167**, 331 (1968).

W. L. McMillan, J. M. Rowell, *Lead Phonon Spectrum Calculated from Superconducting Density of States*, Phys. Rev. Lett. **14**, 108–112 (1965).

W. Meißner, R. Ochsenfeld, *Ein neuer Effekt bei Eintritt der Supraleitfähigkeit*, Naturwissenschaften **21**, 787 (1933).

J. E. Mercereau, *Superconducting Magnetometers*, Rev. Phys. Appl. **5**, 13 (1970).

P. Monthoux, A. V. Balatsky, D. Pines, *Toward a theory of high-temperature superconductivity in the antiferromagnetically correlated cuprate oxides*, Phys. Rev. Lett. **67**, 3448 (1991).

B. Mühlschlegel, *Die thermodynamischen Funktionen des Supraleiters*, Z. Phys. **115**, 313–327 (1959).

J. Nagamatsu, N. Nakagawa, T. Muranaka, Y. Zenitani, J. Akimitsu, *Superconductivity at 39 K in MgB_2*, Nature **410**, 63 (2001).

M. R. Norman, D. Pines, C. Kallin, *The pseudogap: friend or foe of high T_c?*, Adv. Phys. **54**, 715 (2005).

J. L. Olsen, H. Rohrer, *The Volume Change at the Superconducting Transition*, Helv. Phys. Acta **30**, 49 (1957).

H. K. Onnes, Proc. Roy. Acad. Amsterdam **11**, 168 (1908).

H. K. Onnes, *The Superconductivity of Mercury*, Leiden Commun. **120b, 122b, 124c** (1911).

D. D. Osheroff, *Superfluidity in ^{3}He: Discovery and understanding*, Rev. Mod. Phys. **69**, 667 (1997).

R. Peierls, *Magnetic Transition Curves of Supraconductors*, Proc. Roy. Soc. A **155**, 613 (1936).

C. H. Pennington, V. A. Stenger, *Nuclear magnetic resonance of C_{60} and fulleride superconductors*, Rev. Mod. Phys. **68**, 855 (1996).

A. B. Pippard, *An Experimental and Theoretical Study of the Relation between Magnetic Field and Current in a Superconductor*, Proc. Roy. Soc. London **A 216**, 547 (1953).

C. A. Reynolds, B. Serin, W. H. Wright, L. B. Nesbitt, *Superconductivity of Isotopes of Mercury*, Phys. Rev. **78**, 487 (1950).

R. C. Richardson, *The Pomeranchuk effect*, Rev. Mod. Phys. **69**, 683 (1997).

A. J. Rutgers, *Bemerkung zur Anwendung der Thermodynamik auf die Supraleitung*, Physica **3**, 999 (1936).

D. J. Scalapino, J. R. Schrieffer, J. W. Wilkins, *Strong-Coupling Superconductivity I*, Phys. Rev. **148**, 263–279 (1966).

A. Schilling, M. Cautoni, J. D. Guo, H. R. Ott, *Superconductivity above 130 K in the Hg-Ba-Ca-Cu-O system*, Nature **363**, 56 (1993).

A. Schmid, *A time dependent Ginzburg-Landau equation and its application to the problem of resistivity in the mixed state*, Phys. Kond. Materie **5**, 302–317 (1966).

J. R. Schrieffer, D. J. Scalapino, J. W. Wilkins, *Effective Tunneling Density of States in Superconductors*, Phys. Rev. Lett. **10**, 336–339 (1963).

Z. Z. Sheng, A. M. Hermann, *Superconductivity in the rare-earth-free Tl-Ba-Cu-O system above liquid nitrogen temperature*, Nature **232**, 55 (1988).

K. Shimizu et al., *Superconductivity in the non-magnetic state of iron under pressure*, Nature **412**, 316 (2002).

D. Shoenberg, *Superconductivity*, Cambridge University Press (1952).

M. Sigrist, T. M. Rice, *Paramagnetic Effect in High T_c Superconductors – A Hint for d-Wave Superconductivity*, J. Phys. Soc. Jpn. **61**, 4283 (1992).

M. Sigrist, T. M. Rice, *Unusual paramagnetic phenomena in granular high-temperature superconductors – A consequence of d-wave pairing?*, Rev. Mod. Phys. **67**, 503 (1995).

F. Steglich, J. Aarts, C. D. Bredl, W. Lieke, D. Meschede, W. Franz, H. Schäfer, *Superconductivity in the Presence of Strong Pauli Paramagnetism: $CeCu_2Si_2$*, Phys. Rev. Lett. **43**, 1892–1896 (1979).

M. Tinkham, *Introduction to Superconductivity*, McGraw-Hill, New York (1975).

W. J. Tomasch, *Geometrical Resonance in the Tunneling Characteristics of Superconducting Pb*, Phys. Rev. Lett. **15**, 672–675 (1965).

J. S. Tsai, A. K. Jain, J. E. Lukens, *High-Precision Test of the Universality of the Josephson Voltage-Frequency Relation*, Phys. Rev. Lett. **51**, 316 (1983).

C. C. Tsui, J. R. Kirtley, C. C. Chi, Lock See Yu-Jahnes, A. Gupta, T. Shaw, J. Z. Sun, M. B. Ketchen, *Pairing Symmetry and Flux Quantization in a Tricrystal Superconducting Ring of $YBa_2Cu_3O_{7-\delta}$*, Phys. Rev. Lett. **73**, 593 (1994).

J. G. Valatin, *Comments on the theory of superconductivity*, Nuovo Cimento **7**, 843 (1958).

D. J. Van Harlingen, *Phase-sensitive tests of the symmetry of the pairing state in the high-temperature superconductors – Evidence for $d_{x^2-y^2}$ symmetry*, Rev. Mod. Phys. **67**, 515 (1995).

H. Welker, *Supraleitung und magnetische Austauschwechselwirkung*, Z. Phys. **114**, 525 (1929).

D. A. Wollman, D. J. Van Harlingen, W. C. Lee, D. M. Ginsberg, A. J. Leggett, *Experimental determination of the superconducting pairing state in YBCO from the phase coherence of YBCO-Pb dc SQUIDs*, Phys. Rev. Lett. **71**, 2134 (1993).

M. K. Wu, J. R. Ashburn, C. J. Torng, P. H. Hor, R. L. Meng, L. Gao, Z. J. Huang, Y. Q. Wang, C. W. Chu, *Superconductivity at 93 K in a New Mixed-Phase Y-Ba-Cu-O Compound System at Ambient Pressure*, Phys. Rev. Lett. **58**, 908–910 (1987).

F. C. Zhang, T. M. Rice, *Effective Hamiltonian for the superconducting Cu oxides*, Phys. Rev. B **37**, 3759–3761 (1988).

X. J. Zhou et al., *High-temperature superconductors: Universal nodal Fermi velocity*, Nature **423**, 398 (2003).

J. E. Zimmermann, P. Thiene, J. T. Harding, *Design and Operation of Stable rf-biased Superconducting Point-contact Quantum Devices*, J. Appl. Phys. **41**, 1572 (1970).

A Quantentheorie des harmonischen Kristallgitters

A.1 Der harmonische Oszillator

Wir diskutieren zuerst die Quantentheorie eines eindimensionalen harmonischen Oszillators mit dem Hamilton-Operator

$$\mathcal{H} = \frac{p^2}{2m} + \frac{1}{2}m\omega^2 x^2 \,. \tag{A.1.1}$$

Man definiert die Erzeugungs- und Vernichtungsoperatoren

$$a^\dagger = \sqrt{\frac{m\omega}{2\hbar}}\, x - \imath\sqrt{\frac{1}{2\hbar m\omega}}\, p \tag{A.1.2}$$

$$a = \sqrt{\frac{m\omega}{2\hbar}}\, x + \imath\sqrt{\frac{1}{2\hbar m\omega}}\, p \,. \tag{A.1.3}$$

Aus der Vertauschungsrelation $[x,p] = xp - px = \imath\hbar$ folgt

$$[a, a^\dagger] = 1 \,. \tag{A.1.4}$$

Der Hamilton-Operator kann mit diesen Operatoren als

$$\mathcal{H} = \hbar\omega\left(aa^\dagger + \tfrac{1}{2}\right) \tag{A.1.5}$$

geschrieben werden. Die Eigenwerte E_n der Schrödinger-Gleichung $\mathcal{H}|n\rangle = E_n|n\rangle$ lauten

$$E_n = \hbar\omega\left(n + \tfrac{1}{2}\right) \,. \tag{A.1.6}$$

Hierbei ist $|n\rangle$ der n-te angeregte Zustand, der sich aus dem Grundzustand $|0\rangle$ durch

$$|n\rangle = \frac{1}{\sqrt{n!}}\,(a^\dagger)^n\,|0\rangle \tag{A.1.7}$$

ergibt.

Für einen harmonischen Oszillator ist die zeitgemittelte kinetische und potenzielle Energie gleich, das heißt, es gilt $\frac{1}{2}\langle E_{\text{tot}}\rangle_t = \langle E_{\text{kin}}\rangle_t = \langle E_{\text{pot}}\rangle_t$. Mit $\langle E_{\text{tot}}\rangle_t = (n+\frac{1}{2})\hbar\omega$ und $\frac{1}{2}\langle E_{\text{pot}}\rangle_t \propto \langle x^2\rangle$ folgt für die mittlere quadratische Auslenkung

$$\langle x^2\rangle \propto n. \tag{A.1.8}$$

Wir sehen also, dass der harmonische Oszillator der Frequenz ω in verschiedenen, diskreten Anregungszuständen vorliegen kann. Die Energien dieser Zustände sind $\hbar\omega(n+\frac{1}{2})$, wobei die Quantenzahl $n = 0, 1, 2, 3, \ldots$ die Anregungszustände durchnummeriert. Je größer n, desto größer auch die mittlere quadratische Auslenkung.

A.2   Quantisierung von Gitterschwingungen

Nach den Ausführungen in Abschnitt 5.1.2 können wir den Hamilton-Operator für Gitterschwingungen eines dreidimensionalen Kristallgitters in harmonischer Näherung durch

$$\mathcal{H}^{\text{harm}} = \sum_{n,\alpha} \frac{1}{2M_\alpha} p^2(\mathbf{r}_{n\alpha}) + U_{\text{el}}^{\text{harm}} \tag{A.2.1}$$

ausdrücken, wobei die harmonische Näherung der potenziellen Energie durch (5.1.13) gegeben ist:

$$U_{\text{el}}^{\text{harm}} = \frac{1}{4} \sum_{n,m,\alpha,\beta} \left[(\mathbf{u}_{n\alpha} - \mathbf{u}_{m\beta}) \cdot \nabla\right]^2 \phi(\mathbf{r}_{n\alpha}^0 - \mathbf{r}_{m\beta}^0). \tag{A.2.2}$$

Die in $U_{\text{el}}^{\text{harm}}$ auftretenden Kopplungskonstanten

$$C_{n\alpha i}^{m\beta j} = \frac{\partial^2 U_{\text{el}}^{\text{harm}}}{\partial r_{n\alpha i}\, \partial r_{m\beta j}} \tag{A.2.3}$$

können dabei als Verallgemeinerungen der Federkonstante eines harmonischen Oszillators aufgefasst werden, so dass (A.2.1) die verallgemeinerte Form des Hamilton-Operator eines harmonischen Oszillators darstellt.

A.2.1   Lineare Kette

Um aufzuzeigen, wie die Eigenwerte der Schrödinger-Gleichung für den Hamilton-Operator (A.2.1) bestimmt werden können, betrachten wir das einfache Problem einer linearen Kette von Atomen der Masse M mit Abstand a, in der wir nur die Wechselwirkung nächster Nachbarn berücksichtigen müssen. Der Hamilton-Operator lautet in diesem Fall

$$\mathcal{H}^{\text{harm}} = \sum_{s=1}^{N} \left\{ \frac{1}{2M} p_s^2 + \frac{1}{2} C(x_{s+1} - x_s)^2 \right\}. \tag{A.2.4}$$

Hierbei ist x_s die Auslenkung des Atoms s aus seiner Ruhelage und p_s sein Impuls. Zur Lösung der Schrödinger-Gleichung nimmt man üblicherweise eine Fourier-Transformation der Teilchenkoordinaten x_s, p_s in die neuen Koordinaten X_q, P_q vor, die wir als **Phonon-Koordinaten** bezeichnen.

A.2.1.1 Phonon-Koordinaten

Die Transformation von Teilchenkoordinaten x_s in Phonon-Koordinaten X_q ist für gitterperiodische Probleme üblich. Wir schreiben x_s als Fourier-Reihe

$$x_s = \frac{1}{\sqrt{N}} \sum_q X_q e^{iqsa} \tag{A.2.5}$$

mit der entsprechenden inversen Transformation

$$X_q = \frac{1}{\sqrt{N}} \sum_s x_s e^{-iqsa} . \tag{A.2.6}$$

In (A.2.5) summieren wir über alle gemäß den geltenden Randbedingungen erlaubten Wellenvektoren q (vergleiche Abschnitt 5.3.1):

$$q = \frac{2\pi}{a} \frac{p}{N}, \qquad p = 0, \pm 1, \pm 2, \ldots, \pm \left(\tfrac{1}{2}N - 1\right), \pm \tfrac{1}{2}N . \tag{A.2.7}$$

Wir benötigen jetzt noch die Transformation vom Teilchenimpuls p_s zum Impuls P_q, der zur Phonon-Koordinate kanonisch konjugiert ist. Die Transformation lautet:

$$p_s = \frac{1}{\sqrt{N}} \sum_q P_q e^{-iqsa} \tag{A.2.8}$$

mit der entsprechenden inversen Transformation[1]

$$P_q = \frac{1}{\sqrt{N}} \sum_s x_s e^{iqsa} . \tag{A.2.9}$$

Wir können leicht zeigen, dass die Wahl von P_q und X_q richtig ist, indem wir den Kommutator berechnen. Mit Hilfe von $[x_s, p_{s'}] = i\hbar\delta(s,s')$ lässt sich leicht zeigen, dass

$$[X_q, P_{q'}] = i\hbar\delta(q, q') . \tag{A.2.10}$$

Das heißt, X_q und P_q sind wirklich konjugierte Variablen.

Wir können nun die Transformationen (A.2.5) und (A.2.6) sowie (A.2.8) und (A.2.9) im Hamilton-Operator (A.2.4) benutzen und erhalten

$$\sum_s p_s^2 = \frac{1}{N} \sum_s \sum_q \sum_{q'} P_q P_{q'} e^{-i(q+q')sa}$$
$$= \sum_s \sum_q \sum_{q'} P_q P_{q'} \delta(-q, q') = \sum_q P_q P_{-q} . \tag{A.2.11}$$

Hierbei haben wir ausgenutzt, dass

$$\sum_s e^{-i(q-q')sa} = \sum_s e^{-i2\pi(p-p')s/N} = N\delta(p, p') = N\delta(q, q') . \tag{A.2.12}$$

---

[1] Hinweis: Das Ergebnis entspricht nicht ganz dem, das wir durch eine naive Substitution von p durch q sowie P durch Q in (A.2.5) und (A.2.6) erhalten würden, da q und $-q$ in (A.2.5) und (A.2.8) gerade vertauscht sind.

Analog erhalten wir

$$\sum_s (x_{s+1} - x_s)^2 = \frac{1}{N} \sum_s \sum_q \sum_{q'} X_q X_{q'} e^{iqsa}[e^{iqa} - 1] \times e^{iq'sa}[e^{iq'a} - 1]$$

$$= 2 \sum_q X_q X_{-q}(1 - \cos qa) \,. \tag{A.2.13}$$

Damit erhalten wir den Hamilton-Operator in den Phonon-Koordinaten zu

$$\mathcal{H} = \sum_q \left\{ \frac{1}{M} P_q P_{-q} + C X_q X_{-q}(1 - \cos qa) \right\} \tag{A.2.14}$$

Führen wir noch für die Dispersionsrelation das Symbol

$$\omega_q = \sqrt{\frac{2C}{M}}(1 - \cos qa)^{1/2} \tag{A.2.15}$$

ein, so erhalten wir

$$\mathcal{H} = \sum_q \left\{ \frac{1}{M} P_q P_{-q} + \frac{1}{2} M \omega_q^2 X_q X_{-q} \right\} \,. \tag{A.2.16}$$

Die Bewegungsgleichung des Operators X_q erhalten wir, indem wir die Standardvorschrift der Quantenmechanik verwenden, zu

$$i\hbar \dot{X}_q = [X_q, \mathcal{H}] = i\hbar \frac{P_{-q}}{M}, \tag{A.2.17}$$

wobei $\mathcal{H}$ durch (A.2.14) gegeben ist. Mit dem Kommutator

$$i\hbar \ddot{X}_q = [\dot{X}_q, \mathcal{H}] = \frac{1}{M}[P_{-q}, \mathcal{H}] = i\hbar \omega_q^2 X_q \tag{A.2.18}$$

folgt daraus

$$\ddot{X}_q + \omega_q^2 X_q = 0 \,. \tag{A.2.19}$$

Dies ist die Bewegungsgleichung eines harmonischen Oszillators der Frequenz ω_q. Die Energieeigenwerte sind

$$E_q = \hbar \omega_q \left(n_q + \tfrac{1}{2}\right), \qquad n_q = 0, 1, 2, 3, \ldots \,. \tag{A.2.20}$$

Die Gesamtenergie des Systems aller Phononen ist

$$E = \sum_q \hbar \omega_q \left(n_q + \tfrac{1}{2}\right) \,. \tag{A.2.21}$$

Diese Ergebnis erhalten wir, da wir es mit einem System unabhängiger harmonischer Oszillatoren zu tun haben. Für dieses gilt $\mathcal{H} = \sum_i \mathcal{H}_i$ mit $[\mathcal{H}_i, \mathcal{H}_j] = 0$ für $i \neq j$. Wir wissen aus der Quantenmechanik, dass für ein solches System der Eigenzustand von $\mathcal{H}$ gleich dem

A.2 Quantisierung von Gitterschwingungen

Produkt der Eigenzustände der $\mathcal{H}_i$ ist. Mit $\mathcal{H}_i|\phi_i\rangle = E_i|\phi_i\rangle$ und $|\Psi\rangle = \prod_i |\phi_i\rangle$ folgt dann $\mathcal{H}|\Psi_i\rangle = E|\Psi_i\rangle$ mit $E = \sum_i E_i$.

Unser Ergebnis zeigt die Quantisierung der Energien der elastischen Schwingungen einer eindimensionalen Kette von Atomen. Das Ergebnis kann auf den dreidimensionalen Fall eines Gitters mit einer Basis aus r' Atomen erweitert werden. Wir müssen dann nicht nur über alle Wellenvektoren **q** aufsummieren, sondern auch über alle $r = 3r'$ Dispersionszweige und erhalten

$$E = \sum_{qr} \hbar\omega_{qr} \left(n_{qr} + \tfrac{1}{2}\right) . \tag{A.2.22}$$

A.2.2 Erzeugungs- und Vernichtungsoperatoren

Wir können in Analogie zu unserer Diskussion in Abschnitt A.1 Erzeugungs- und Vernichtungsoperatoren einführen, so dass wir den Hamilton-Operator (A.2.16) in der Form

$$\mathcal{H} = \sum_q \hbar\omega_q \left(a_q a_q^\dagger + \tfrac{1}{2}\right) . \tag{A.2.23}$$

schreiben können. Die geeigneten Operatoren lauten:[2]

$$a_q^\dagger = \frac{1}{\sqrt{2\hbar}} \left[\sqrt{M\omega_q}\, X_{-q} - \imath \frac{1}{\sqrt{M\omega_q}}\, P_q \right] \tag{A.2.24}$$

$$a_q = \frac{1}{\sqrt{2\hbar}} \left[\sqrt{M\omega_q}\, X_q + \imath \frac{1}{\sqrt{M\omega_q}}\, P_{-q} \right] . \tag{A.2.25}$$

Die dazu inversen Beziehungen lauten

$$X_q = \sqrt{\frac{\hbar}{2M\omega_q}} \left(a_q + a_{-q}^\dagger\right) \tag{A.2.26}$$

$$P_q = \imath \sqrt{\frac{\hbar M\omega_q}{2}} \left(a_q^\dagger - a_{-q}\right) . \tag{A.2.27}$$

Damit lässt sich der Ortsoperator x_s schreiben als

$$x_s = \sum_q \sqrt{\frac{\hbar}{2NM\omega_q}} \left(a_q e^{\imath qs} + a_q^\dagger e^{-\imath qs}\right) . \tag{A.2.28}$$

Diese Gleichung stellt die Beziehung zwischen der Auslenkung der Atome und den Phonon-Erzeugungs- und Vernichtungsoperatoren her.

Setzen wir (A.2.24) und (A.2.25) in (A.2.23) ein, so können wir zeigen, dass die Form (A.2.23) des Hamilton-Operators zu derjenigen aus Gleichung (A.2.16) identisch ist.

---

[2] Dabei benutzen wir die Eigenschaften $X_{-q}^\dagger = X_q$ und $P_q^\dagger = P_{-q}$, die aus (A.2.6), (A.2.8) und (A.2.9) folgen, wenn wir die Tatsache ausnutzen, dass x_s und p_s hermitesche Operatoren sind, d. h. $x_s = x_s^\dagger$ und $p_s = p_s^\dagger$.

B Quantenstatistik

Wir wollen hier Systeme aus Teilchen betrachten, deren Wechselwirkung vernachlässigbar ist, d. h. wir beschäftigen uns mit idealen Teilchengasen. Wir wollen diese Systeme vollständig aus quantenmechanischer Sicht behandeln. Dies wird uns erlauben, Probleme zu behandeln, bei denen es um Gase bei sehr niedrigen Temperaturen oder sehr hohen Drücken geht. Es wird uns dadurch möglich sein, nicht-klassische Gase wie Photonen oder Leitungselektronen in Metallen zu behandeln.

Wir werden in Abschnitt B.1 zunächst diskutieren, wie sich die statistische Beschreibung eines Gases aus nicht-wechselwirkenden Teilchens ändert, wenn wir von einem klassischen Gas unterscheidbarer Teilchen zu einem quantenmechanischen System ununterscheidbarer Teilchen übergehen. In Abschnitt B.2 werden wir dann die quantenmechanischen Verteilungsfunktionen für Bosonen und Fermionen ableiten. Mit Hilfe dieser Verteilungsfunktionen können wir die Besetzungswahrscheinlichkeit eines Quantenzustandes angeben.

B.1 Identische Teilchen

Wir betrachten ein System aus N identischen Teilchen, die in einen Behälter mit Volumen V eingeschlossen sind und nicht miteinander wechselwirken. Die Teilchen sollen ferner keine interne Struktur besitzen. Die möglichen Quantenzustände der Teilchen stellen Lösungen der Schrödinger-Gleichung für ein *System von nur einem Teilchen* dar. Den Quantenzustand eines Systems aus N Teilchen konstruieren wir, indem wir die N Teilchen N verschiedenen Zuständen zuordnen, die jeweils Lösungen einer Einteilchen-Schrödiger-Gleichung sind. Gewöhnlich gibt es eine unbegrenzte Zahl von besetzbaren Zuständen, von denen die N Teilchen N besetzen werden.

Wir wollen zunächst die möglichen Quantenzustände der Teilchen klassifizieren. Hierzu benutzen wir die Ortskoordinate $\mathbf{q}_i$, die alle Ortskoordinaten (z. B. die drei kartesischen Ortskoordinaten) des i-ten Teilchens bezeichnen soll. Zur Charakterisierung der möglichen Quantenzustände eines Teilchens benutzen wir die Bezeichnung s_i. Ein möglicher Wert von s_i entspricht dann z. B. einer Spezifizierung der drei Impulskomponenten und der Spin-Orientierung. Den Zustand des gesamten Systems aus N Teilchen können wir dann durch den Satz von Quantenzahlen

$$\{s_1, s_2, \ldots, s_N\} \tag{B.1.1}$$

beschreiben. Diese Quantenzahlen nummerieren die Wellenfunktion Ψ des Gases in dem entsprechenden Zustand:

$$\Psi = \Psi_{\{s_1, s_2, \ldots, s_N\}}(\mathbf{q}_1, \ldots, \mathbf{q}_N) \, .\tag{B.1.2}$$

Wir betrachten nun verschiedene Fälle.

B.1.1 Klassischer Fall: Maxwell-Boltzmann-Statistik

Im klassischen Fall müssen wir die Teichen als unterscheidbar betrachten und annehmen, dass jede beliebige Anzahl von Teilchen einen bestimmten Zustand besetzen kann. Die klassische Beschreibung bringt keine Anforderungen hinsichtlich der Symmetrie der Wellenfunktion (B.1.2) mit sich, wenn wir zwei Teilchen miteinander vertauschen. Wir sagen, dass die Teilchen einer *Maxwell-Boltzmann-Statistik* entsprechen. Diese Beschreibung ist natürlich quantenmechanisch nicht korrekt. Sie ist aber interessant für Vergleichszwecke und liefert unter bestimmten Umständen eine sehr gute Näherung.

B.1.2 Quantenmechanischer Fall

Im quantenmechanischen Fall sind die Teilchen ununterscheidbar. Wenn wir eine quantenmechanische Beschreibung des Systems machen wollen, müssen wir berücksichtigen, dass es bestimmte Symmetriebedingungen für die Wellenfunktion (B.1.2) beim Austausch von zwei beliebigen identischen Teilchen gibt. Als Ergebnis erhalten wir keinen neuen Zustand des Gases, wenn wir zwei beliebige Gasteilchen miteinander vertauschen. Wenn wir also die verschiedenen möglichen Zustände des Systems abzählen, müssen wir berücksichtigen, dass die Teilchen ununterscheidbar sind. Beim Zählen der Zustände kommt es somit nicht darauf an, welches Teilchen sich in welchem Zustand befindet, sondern wie viele Teilchen es in jedem Einteilchenzustand s gibt.

Hinsichtlich der Symmetrieeigenschaften der Gesamtwellenfunktion (B.1.2) bezüglich Teilchenvertauschung müssen wir zwischen Teilchen mit ganzahligem (Bosonen: z. B. Photonen, Deuteronen, He^4-Atome) und Teilchen mit halbzahligem Spin (Fermionen: z. B. Elektronen, Protonen, Neutronen, Neutrinos) unterscheiden. Die Wellenfunktion von Bosonen ist symmetrisch gegenüber der Vertauschung von zwei beliebigen Teilchen, während die Wellenfunktion von Fermionen antisymmetrisch ist. Das heißt, es gilt

$$\Psi(\ldots, \mathbf{q}_i, \ldots, \mathbf{q}_j, \ldots) = \Psi(\ldots, \mathbf{q}_j, \ldots, \mathbf{q}_i, \ldots) \quad \text{Bosonen} \tag{B.1.3}$$

$$\Psi(\ldots, \mathbf{q}_i, \ldots, \mathbf{q}_j, \ldots) = -\Psi(\ldots, \mathbf{q}_j, \ldots, \mathbf{q}_i, \ldots) \quad \text{Fermionen} \, . \tag{B.1.4}$$

B.1.2.1 Bosonen

Für Bosonen führt die Vertauschung von zwei Teilchen nicht zu einem neuen Zustand des Gases (Gesamtsystems). Die Teilchen müssen deshalb beim Abzählen der verschiedenen Zustände des Gases als echt ununterscheidbar betrachtet werden. Wichtig ist, dass es keine Beschränkung hinsichtlich der Teilchenzahl in irgendeinem Einteilchenzustand s gibt. Wir sagen, dass die Teilchen der *Bose-Einstein-Statistik* gehorchen.

B.1.2.2 Fermionen

Für Fermionen tritt beim Austausch von zwei Teilchen eine Vorzeichenänderung auf. Dies hat eine weitreichende Konsequenz. Befinden sich nämlich zwei Teilchen i und j im gleichen Einteilchenquantenzustand $s_i = s_j = s$, so führt die Vertauschung offensichtlich zu

$$\Psi(\ldots, \mathbf{q}_i, \ldots, \mathbf{q}_j, \ldots) = \Psi(\ldots, \mathbf{q}_j, \ldots, \mathbf{q}_i, \ldots) \ .$$

Da aber die fundamentale Symmetrieforderung (B.1.4) erfüllt werden muss, folgt sofort, dass $\Psi = 0$, wenn die Teilchen i und j den gleichen Einteilchenzustand besitzen. Für Fermionen kann also kein Zustand des Gesamtsystems existieren, in dem zwei oder mehr Teilchen den gleichen Einteilchenzustand besetzen. Diese Tatsache ist uns als das *Paulische Ausschließungsprinzip* bereits bekannt. Beim Abzählen der Zustände des Gases muss man also stets die Einschränkung berücksichtigen, dass nie mehr als ein Teilchen einen bestimmten Einteilchenzustand besetzen kann. Wir sagen, dass die Teilchen der *Fermi-Dirac-Statistik* gehorchen.

B.1.2.3 Beispiel

Wir wollen ein ganz einfaches Beispiel benutzen, um die gerade diskutierten Begriffe und ihre Konsequenzen zu verdeutlichen. Wir betrachten hierzu ein Gas, dass nur aus zwei Teilchen X und Y besteht, die einen von drei möglichen Quantenzuständen 1, 2, 3 einnehmen können. Wir wollen jetzt alle möglichen Zustände des Gases aufzählen. Dies entspricht der Beantwortung der Frage, auf wie viele verschiedene Arten wir zwei Teilchen auf drei Einteilchenzustände verteilen können. Das Ergebnis ist in Abb. B.1 gezeigt.

Im klassischen Fall (*Maxwell-Boltzmann-Statistik*) werden die Teilchen als unterscheidbar angesehen und jede Anzahl von Teilchen kann jeden Zustand besetzen. Es gibt also $3^2 = 9$ mögliche Zustände für das gesamte Gas.

Im quantenmechanischen Fall müssen wir die Teilchen als ununterscheidbar betrachten. Die Ununterscheidbarkeit impliziert $X = Y$. Für Bosonen (*Bose-Einstein-Statistik*) kann jede Anzahl von Teilchen jeden Zustand besetzen. Die Ununterscheidbarkeit impliziert, dass die drei Zustände des klassischen Falls, die sich nur durch Vertauschung von X und Y ergeben, jetzt wegfallen. Es gibt jetzt nur noch drei Arten, die Teilchen in den gleichen Zustand und drei Arten, sie in verschiedene Zustände zu platzieren. Wir erhalten also insgesamt 6 verschiedene Zustände.

Maxwell-Boltzmann

1	2	3
XY	...	...
...	XY	...
...	...	XY
X	Y	...
Y	X	...
X	...	Y
Y	...	X
...	X	Y
...	Y	X

Bose-Einstein

1	2	3
XX	...	...
...	XX	...
...	...	XX
X	X	...
X	...	X
...	X	X

Fermi-Dirac

1	2	3
X	X	...
X	...	X
...	X	X

Abb. B.1: Verteilung von zwei Teilchen X und Y auf drei Zustände 1, 2, 3 entsprechend der Maxwell-Boltzmann-Statistik, der Bose-Einstein-Statistik und der Fermi-Dirac-Statistik.

Für Fermionen (*Fermi-Dirac-Statistik*) darf nur noch ein Teilchen einen bestimmten Einteilchenzustand besetzen. Im Vergleich zu den Bosonen fallen deshalb die drei Zustände mit zwei Teilchen im gleichen Zustand weg. Es gibt dann insgesamt nur noch drei mögliche Zustände für das Gas.

Definieren wir α als

$$\alpha = \frac{p_1}{p_2},$$

wobei p_1 (p_2) die Wahrscheinlichkeit dafür ist, dass sich beide Teilchen (nicht) im gleichen Zustand befinden, so erhalten wir

$$\begin{aligned}&\alpha_{\text{MB}} = 0.5 &&\text{Maxwell-Boltzmann-Statistik}\\ &\alpha_{\text{BE}} = 1 &&\text{Bose-Einstein-Statistik}\\ &\alpha_{\text{FD}} = 0 &&\text{Fermi-Dirac-Statistik}.\end{aligned} \qquad \text{(B.1.5)}$$

Wir sehen, dass für Bosonen eine größere Tendenz vorhanden ist, sich im gleichen Quantenzustand anzusammeln als für klassische Teilchen. Andererseits gibt es für Fermionen eine größere Tendenz dafür, sich in verschiedenen Zuständen anzusammeln als im klassischen Fall.

B.2 Die quantenmechanischen Verteilungsfunktionen

Wir wollen nun diskutieren, wie die absolute Besetzungswahrscheinlichkeit eines Quantenzustands für Fermionen und Bosonen aussieht. Dazu werden wir zunächst das statistische Problem formulieren und dann die quantenmechanischen Verteilungsfunktionen ableiten.

B.2.1 Quantenstatistische Beschreibung

Wir betrachten ein Gas aus N nicht wechselwirkenden Teilchen, die im Volumen V eingeschlossen sind und sich im Gleichgewicht bei der Temperatur $\tau = 1/\beta$ ($\beta = 1/k_B T$) befinden. Wir indizieren die möglichen Quantenzustände der Teichen mit dem Index k, die Energie eines Zustandes k sei ϵ_k und die Zahl der Teilchen, die einen Zustand k besetzen, sei n_k. Mit dieser Nomenklatur erhalten wir die Gesamtenergie des Gases, wenn es sich in einem Zustand K befindet, bei dem der Zustand $k = 1$ mit n_1, der Zustand $k = 2$ mit n_2 usw. Teilchen besetzt ist, zu

$$E_K = \sum_k n_k \epsilon_k, \qquad \text{(B.2.1)}$$

wobei die Summe über alle möglichen Zustände k geht. Die Gesamtzahl N der Teilchen ist

$$N = \sum_k n_k. \qquad \text{(B.2.2)}$$

B.2 Die quantenmechanischen Verteilungsfunktionen

Um die thermodynamischen Funktionen des Gases (z. B. seine Entropie) zu berechnen, müssen wir seine Zustandssumme bestimmen. Es gilt

$$Z = \sum_K e^{-\beta E_K} = \sum_K e^{-\beta(n_1\epsilon_1 + n_2\epsilon_2 + \ldots)} \, . \tag{B.2.3}$$

Hierbei läuft die Summe über alle möglichen Gesamtzustände K des Gases, das heißt, über alle möglichen Kombinationen der Zahlen $n_1, n_2, n_3, \ldots$.

Da der Boltzmann-Faktor $\exp[-\beta(n_1\epsilon_1 + n_2\epsilon_2 + \ldots)]$ die relative Wahrscheinlichkeit dafür darstellt, das Gas in einem bestimmten Zustand zu finden, bei dem sich n_1 Teilchen im Zustand 1, n_2 Teilchen im Zustand 2 usw. befinden, können wir für die mittlere Teilchenzahl im Zustand k durch

$$\langle n_k \rangle = \frac{\sum_K n_k \, e^{-\beta(n_1\epsilon_1 + n_2\epsilon_2 + \ldots)}}{\sum_K e^{-\beta(n_1\epsilon_1 + n_2\epsilon_2 + \ldots)}} \tag{B.2.4}$$

ausdrücken. Diesen Ausdruck können wir umschreiben in

$$\langle n_k \rangle = \frac{1}{Z} \sum_K \left(-\frac{1}{\beta} \frac{\partial}{\partial \epsilon_k}\right) e^{-\beta(n_1\epsilon_1 + n_2\epsilon_2 + \ldots)} = -\frac{1}{\beta Z} \frac{\partial Z}{\partial \epsilon_k} = -\frac{1}{\beta} \frac{\partial \ln Z}{\partial \epsilon_k} \, . \tag{B.2.5}$$

Wir sehen, dass wir die mittlere Teilchenzahl in einem Einteilchenzustand k auch durch die Zustandssumme Z ausdrücken können. Da die Berechnung aller interessierenden Größen die Auswertung der Zustandssumme (B.2.3) erfordert, müssen wir genauer diskutieren, was wir bei der Ermittlung der Zustandssumme mit der Summe über alle möglichen Zustände des Gases meinen.

1. **Maxwell-Boltzmann-Statistik:**
   Hier kann jeder Einteilchenzustand k mit einer beliebigen Teilchenzahl besetzt werden, d. h. wir müssen über alle Werte

   $$n_k = 0, 1, 2, 3, \ldots \qquad \text{für jedes } k \tag{B.2.6}$$

   unter der Nebenbedingung

   $$\sum_k n_k = N \tag{B.2.7}$$

   aufsummieren. Dabei müssen wir berücksichtigen, dass die Teilchen in diesem klassischen Fall **unterscheidbar** sind. Wir müssen also jede Permutation von zwei Teilchen in verschiedenen Zuständen als neuen Zustand des gesamten Gases betrachten, obwohl das Zahlentupel $\{n_1, n_2, n_3, \ldots\}$ gleich bleibt. Es ist also hier nicht ausreichend anzugeben, wie viele Teilchen welchen Zustand besetzen, sondern welches Teilchen sich in welchem Zustand befindet. Dies ist sehr einfach anhand unseres Beispiels in Abb. B.1 einzusehen. Da wir die Teilchen X und Y unterscheiden können, ist z. B. der Gesamtzustand, in dem X den Zustand 1 und Y den Zustand 2 besetzt, von dem Gesamtzustand, in dem X den Zustand 2 und Y den Zustand 1 besetzt, zu unterscheiden. Wären die Teilchen ununterscheidbar, so wären die beiden Gesamtzustände identisch, da wir nur sagen könnten, dass Zustand 1 und 2 jeweils von einem Teilchen besetzt werden.

2. **Bose-Einstein-Statistik:**
Hier müssen die Teilchen als *ununterscheidbar* betrachtet werden. Das heißt, hier ist die Angabe der Zahlen $\{n_1, n_2, n_3, \ldots\}$ ausreichend, um den Gesamtzustand des Gases zu kennzeichnen. Deshalb ist nur die Summation über alle möglichen Teilchenzahlen des Einteilchenzustandes notwendig, das heißt, wir müssen über alle möglichen Werte

$$n_k = 0, 1, 2, 3, \ldots \quad \text{für jedes } k \tag{B.2.8}$$

unter der Nebenbedingung

$$\sum_k n_k = N \tag{B.2.9}$$

aufsummieren.
Ein einfacher Spezialfall ist der, dass wir keine Einschränkung hinsichtlich der Gesamtzahl N der Teilchen haben. Dies ist z. B. der Fall, wenn wir Photonen in einem Behälter des Volumens V betrachten, die von dessen Wänden absorbiert und wieder emittiert werden können. Die Photonenzahl kann deshalb schwanken und man erhält den Spezialfall der *Photonen-Statistik*.

3. **Fermi-Dirac-Statistik:**
Hier müssen die Teilchen wiederum als *ununterscheidbar* betrachtet werden, so dass auch hier die Angabe der Zahlen $\{n_1, n_2, n_3, \ldots\}$ ausreichend ist, um den Gesamtzustand des Gases zu kennzeichnen. Es ist daher nur notwendig, über alle möglichen Teilchenzahlen der Einteilchenzustände aufzusummieren. Allerdings muss hier außer der Nebenbedingung (B.2.9) für die Gesamtzahl der Teilchen als weitere Nebenbedingung das Pauli-Prinzip berücksichtigt werden. Aufgrund dieses Prinzips gibt es nur zwei mögliche Werte für die Besetzungszahlen:

$$n_k = 0, 1 \quad \text{für jedes } k \tag{B.2.10}$$

Unsere bisherige Betrachtung zeigt bereits, dass es einen tiefgreifenden Unterschied zwischen der Bose-Einstein-Statistik und der Fermi-Dirac-Statistik gibt, der sich insbesondere bei tiefen Temperaturen zeigen wird, da sich hier das Gas als Ganzes in seinem Zustand niedrigster Energie befindet. Nehmen wir an, dass der energetisch niedrigste Einteilchenzustand der Zustand ϵ_1 ist. Im Fall der Bose-Einstein-Statistik erhalten wir dann den energetisch tiefsten Zustand einfach dadurch, dass wir alle N Teilchen in diesen Zustand bringen. Die Gesamtenergie ist dann $N\epsilon_1$. Im Fall der Fermi-Dirac-Statistik ist dies aber nicht möglich, da wir jeden Zustand nur mit einem Teilchen besetzen dürfen. Den niedrigsten Zustand des Gesamtsystems erhalten wir folglich dadurch, dass wir die möglichen Einteilchenzustände vom energetisch niedrigsten Zustand an nach ansteigender Energie besetzen. Die Gesamtenergie des Gases wird folglich sehr viel größer als $N\epsilon_1$ sein. Das Paulische Ausschließungsprinzip hat also weitreichende Folgen für das Gesamtsystem.

Wir wollen nun noch die mittlere Besetzungszahl $\langle n_k \rangle$ eines bestimmten Zustands k betrachten. Ausgehend von (B.2.4) können wir die Summe $\sum_K$ über alle möglichen Gesamtzustände K für ununterscheidbare Teilchen durch eine Summe $\sum_{n_1, n_2, \ldots}$ über alle Zahlentupel $\{n_1, n_2, \ldots\}$ ersetzen und erhalten:

$$\langle n_k \rangle = \frac{\sum\limits_{n_1, n_2, \ldots} n_k\, e^{-\beta(n_1\epsilon_1 + n_2\epsilon_2 + \ldots + n_k\epsilon_k + \ldots)}}{\sum\limits_{n_1, n_2, \ldots} e^{-\beta(n_1\epsilon_1 + n_2\epsilon_2 + \ldots + n_k\epsilon_k + \ldots)}} \, . \tag{B.2.11}$$

Dies können wir umschreiben in

$$\langle n_k \rangle = \frac{\sum\limits_{n_k} n_k\, e^{-\beta n_k \epsilon_k} \sum\limits_{n_1, n_2, \ldots}^{(k)} e^{-\beta(n_1\epsilon_1 + n_2\epsilon_2 + \ldots)}}{\sum\limits_{n_k} e^{-\beta n_k \epsilon_k} \sum\limits_{n_1, n_2, \ldots}^{(k)} e^{-\beta(n_1\epsilon_1 + n_2\epsilon_2 + \ldots)}} \, . \tag{B.2.12}$$

Hierbei lassen die Summen $\sum^{(k)}$ im Zähler und Nenner den Zustand k außer Betracht.

B.2.2 Photonen-Statistik

Die Photonen-Statistik stellt den Spezialfall der Bose-Einstein-Statistik mit unbestimmter Teilchenzahl dar. Die Besetzungszahlen $n_1, n_2, \ldots$ können hier alle Werte $n_k = 0, 1, 2, 3, \ldots$ ohne jegliche Einschränkung annehmen. Die Summen $\sum^{(k)}$ im Zähler und Nenner von (B.2.12) sind deswegen identisch und kürzen sich heraus. Deswegen bleibt einfach

$$\langle n_k \rangle = \frac{\sum\limits_{n_k} n_k\, e^{-\beta n_k \epsilon_k}}{\sum\limits_{n_k} e^{-\beta n_k \epsilon_k}} \tag{B.2.13}$$

übrig. Durch Umformen erhalten wir

$$\langle n_k \rangle = \frac{-\frac{1}{\beta} \frac{\partial}{\partial \epsilon_k} \sum\limits_{n_k} e^{-\beta n_k \epsilon_k}}{\sum\limits_{n_k} e^{-\beta n_k \epsilon_k}} = -\frac{1}{\beta} \frac{\partial}{\partial \epsilon_k} \ln \left(\sum\limits_{n_k} e^{-\beta n_k \epsilon_k} \right) . \tag{B.2.14}$$

Die letzte Summe ist eine unendliche geometrische Reihe, da N beliebig ist. Diese kann aufsummiert werden zu

$$\sum_{n_k=0}^{\infty} e^{-\beta n_k \epsilon_k} = 1 + e^{-\beta \epsilon_k} + e^{-2\beta \epsilon_k} + e^{-3\beta \epsilon_k} + \ldots = \frac{1}{1 - e^{-\beta \epsilon_k}} \, . \tag{B.2.15}$$

Damit lässt sich (B.2.14) schreiben als

$$\langle n_k \rangle = \frac{1}{\beta} \frac{\partial}{\partial \epsilon_k} \ln \left(1 - e^{-\beta \epsilon_k}\right) = \frac{e^{-\beta \epsilon_k}}{1 - e^{-\beta \epsilon_k}} \tag{B.2.16}$$

und wir erhalten mit $\beta = 1/k_B T$ die **Plancksche Verteilung**

$$\boxed{\langle n_k \rangle = \frac{1}{e^{\epsilon_k / k_B T} - 1} \qquad \text{Plancksche Verteilung} \, .} \tag{B.2.17}$$

B.2.3 Die Fermi-Dirac-Statistik

Zur Herleitung der Verteilungsfunktion von Fermionen (Fermi-Dirac-Verteilung) betrachten wir unser abgeschlossenes System aus N Teilchen als Summe eines kleinen Systems, das nur aus einem einzigen Zustand k mit Energie ϵ_k besteht, der entweder leer oder mit einem Teilchen besetzt sein kann, und einem großen Reservoir. Das kleine System steht mit dem Reservoir in thermischem und diffusivem Kontakt, wie es in Abb. B.2 gezeigt ist. Das Reservoir besteht aus allen weiteren Zuständen des Gesamtsystems.[1] Unsere Aufgabe besteht nun darin, den thermischen Mittelwert der Besetzung des ausgewählten Zustandes zu finden.

Abb. B.2: Die zur Herleitung der Fermi-Dirac Verteilung benutzte Unterteilung in System und Reservoir. Alle Zustände mit Ausnahme des herausgegriffenen Zustands k mit Energie ϵ_k werden dem Reservoir zugeschlagen.

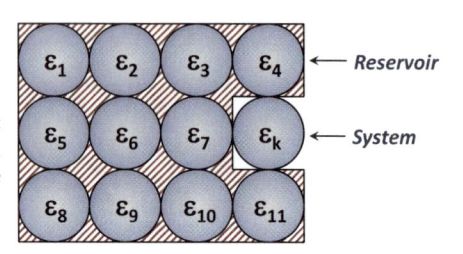

Die Gesamtenergie des Systems ist durch

$$E_K = \sum_k n_k \epsilon_k \tag{B.2.18}$$

gegeben, wobei n_k die Anzahl der Teilchen im Zustand k ist. Für Fermionen kann der Zustand des Systems entweder leer ($n_k = 0$) oder genau mit einem Teilchen besetzt sein ($n_k = 1$). Die große Zustandssumme enthält deshalb genau zwei Terme

$$\widetilde{Z} = e^{-0 \cdot \beta(\epsilon_k - \mu)} + e^{-1 \cdot \beta(\epsilon_k - \mu)} = 1 + e^{-\beta(\epsilon_k - \mu)} = 1 + \lambda e^{-\beta \epsilon_k}, \tag{B.2.19}$$

wobei wir die absolute Aktivität $\lambda = \exp(\beta\mu)$ benutzt haben. Der erste Term resultiert aus $n_k = 0$, der zweite aus $n_k = 1$. Der zweite Term ist gerade der Gibbs-Faktor des Zustands k mit Energie ϵ_k bei Einfachbesetzung.

Der thermische Mittelwert der Besetzung des Zustandes ist das Verhältnis des Terms in der großen Zustandssumme mit $n_k = 1$ zur Summe der Terme mit $n_k = 0$ und $n_k = 1$:

$$\langle n_k \rangle = \frac{\lambda e^{-\beta \epsilon_k}}{\widetilde{Z}} = \frac{\lambda e^{-\beta \epsilon_k}}{1 + \lambda e^{-\beta \epsilon_k}} = \frac{1}{\frac{1}{\lambda} e^{\beta \epsilon_k} + 1} . \tag{B.2.20}$$

Für die mittlere Fermionenbesetzung benutzen wir im Folgenden die übliche Bezeichnung $f(\epsilon_k) = \langle n_k \rangle$. Mit $1/\lambda = \exp(-\beta\mu)$ und $\beta = 1/k_B T$ erhalten wir die **Fermi-Dirac-Verteilung**

$$f(\epsilon_k) = \frac{1}{e^{(\epsilon_k - \mu)/k_B T} + 1} \quad \textbf{Fermi-Dirac-Verteilung} . \tag{B.2.21}$$

---

[1] Ist der einzelne Zustand z. B. ein bestimmter Zustand eines Wasserstoffatoms, so wird das Reservoir aus den weiteren Zuständen dieses Atoms und denjenigen von allen anderen Atomen gebildet.

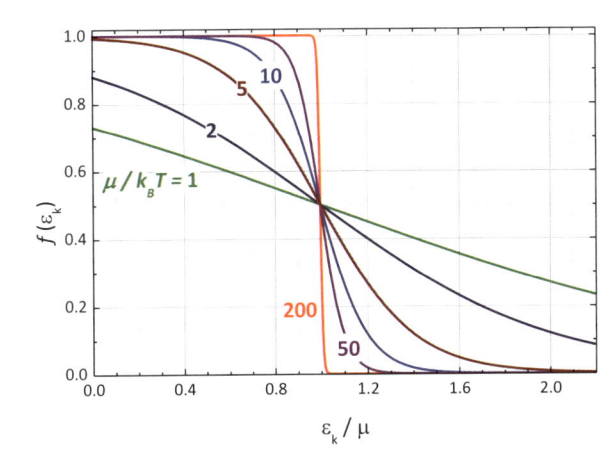

B.2 Die quantenmechanischen Verteilungsfunktionen

Abb. B.3: Grafische Darstellung der Fermi-Dirac Verteilungsfunktion in Abhängigkeit der reduzierten Energie ϵ_k/μ für $\mu/k_B T = 1$, 2, 5, 10, 50 und 200. Für Metalle ist $\mu \sim 5$ eV $\sim 50\,000$ K, so dass $\mu/k_B T = 200$ etwa den Verhältnissen bei Raumtemperatur entspricht.

Die Verteilung ist in Abb. B.3 dargestellt. Sie gibt die mittlere Anzahl von Fermionen in einem einzelnen Zustand der Energie ϵ_k an. Der Wert von f liegt stets zwischen null und eins, was die Einschränkungen des Paulischen Ausschließungsprinzips wiederspiegelt. Ist $k_B T$ sehr klein gegenüber dem chemischen Potenzial μ, so handelt es sich in guter Näherung um eine Stufenfunktion. Alle Zustände mit $\epsilon_k \leq \mu$ sind besetzt, alle Zustände $\epsilon_k \geq \mu$ sind leer. Für $\epsilon_k = \mu$ ist die Besetzungswahrscheinlichkeit immer 1/2.

Im Bereich der Festkörperphysik nennt man das chemische Potenzial oft *Fermi-Niveau*. Das chemische Potenzial hängt gewöhnlich von der Temperatur ab. Der Wert von μ für $T \to 0$ wird *Fermi-Energie* ϵ_F bezeichnet:

$$\mu(T=0) = \mu(0) \equiv \epsilon_F \qquad \textbf{Fermi-Energie} \,. \tag{B.2.22}$$

Das chemische Potenzial wird durch die Gesamtteilchenzahl N des betrachteten Gesamtsystems festgelegt. Es muss nämlich gelten

$$\sum_k \langle n_k \rangle = \sum_k f(\epsilon_k) = N \,. \tag{B.2.23}$$

Ist die Teilchendichte in einem System hoch, so müssen aufgrund des Pauli-Prinzips die Einteilchenzustände ϵ_k bis zu hohen Energie besetzt werden, um alle Teilchen unterzubringen. Dies führt zu großen Werten des chemischen Potenzials. Um genaue Aussagen über die Größe des chemischen Potenzials machen zu können, müssen wir noch wissen, wie viele Einteilchenzustände es pro Energieintervall gibt, das heißt, wir müssen die **Zustandsdichte** des Systems kennen. Für Metalle (Elektronengas) beträgt μ typischerweise einige eV, was Temperaturen von mehreren 10 000 K entspricht.[2] Wir weisen an dieser Stelle auch darauf hin, dass die Wahl des Nullpunktes der Energie ϵ_k natürlich willkürlich ist. Die spezielle Wahl, die wir bei einem bestimmten Problem treffen, wirkt sich aufgrund der Bedingung (B.2.23) auf den Wert des chemischen Potenzials aus. Der Wert der Differenz $\epsilon_k - \mu$ ist unabhängig von der Wahl des Nullpunkts von ϵ_k.

---

[2] 1 eV entspricht 11 590 K, bzw. 1 K entspricht 8.625×10^{-5} eV.

B.2.4 Die Bose-Einstein-Statistik

Wir betrachten nun die Verteilungsfunktion für ein System nichtwechselwirkender Bosonen, das heißt von Teilchen mit ganzzahligem Spin, für die das Paulische Ausschließungsprinzip nicht gilt. Das System soll in thermischem und diffusivem Kontakt mit einem Reservoir stehen. Bei unserer Behandlung der Bosonen soll ϵ_k die Energie eines Zustandes k sein. Wird der Zustand von n_k Bosonen besetzt, so ist seine Energie $n_k\epsilon_k$.

Wir betrachten nun wieder einen Zustand als System und alle restlichen als Reservoir. Im Gegensatz zu den Fermionen können wir jetzt den einzelnen Zustand mit einer beliebigen Zahl von Bosonen besetzten. Da wir nur einen Zustand betrachten, haben wir in dem Ausdruck der großen Zustandssumme nur die Summation über N durchzuführen und erhalten

$$\widetilde{Z} = \sum_{n_k=0}^{\infty} e^{\beta(n_k\mu - n_k\epsilon_k)} = \sum_{n_k=0}^{\infty} \lambda^{n_k} e^{-\beta n_k \epsilon_k} = \sum_{n_k=0}^{\infty} \left[\lambda\, e^{-\beta\epsilon_k}\right]^{n_k}. \tag{B.2.24}$$

Die obere Grenze für n_k bei der Summation sollte eigentlich die Gesamtzahl der Teilchen im kombinierten Komplex System plus Reservoir bilden. Wir dürfen allerdings ein sehr großes Reservoir zulassen, wodurch die Summation von null bis Unendlich eine sehr gute Näherung ist.

Die Reihe in (B.2.24) kann in geschlossener Form aufsummiert werden. Mit $x \equiv \lambda \exp(-\beta\epsilon_k)$ erhalten wir

$$\widetilde{Z} = \sum_{n_k=0}^{\infty} x^{n_k} = \frac{1}{1-x} = \frac{1}{1-\lambda\, e^{-\beta\epsilon_k}}, \tag{B.2.25}$$

falls $\lambda \exp(-\beta\epsilon_k) < 1$. In allen realistischen Fällen wird $\lambda \exp(-\beta\epsilon_k)$ dieser Anforderung genügen, da sonst die Anzahl der Bosonen im System nicht begrenzt wäre.

Wir müssen jetzt das Scharmittel der Teilchenzahl in den Zuständen berechnen. Nach der Definition des Mittelwertes erhalten wir unter Benutzung von (B.2.25)

$$\langle n_k \rangle = \frac{\sum_{n_k=0}^{\infty} n_k x^{n_k}}{\sum_{n_k=0}^{\infty} x^{n_k}} = \frac{x \frac{d}{dx} \sum_{n_k=0}^{\infty} x^{n_k}}{\sum_{n_k=0}^{\infty} x^{n_k}} = \frac{x \frac{d}{dx}(1-x)^{-1}}{(1-x)^{-1}}. \tag{B.2.26}$$

Durch Ausführen der Differentiation erhalten wir schließlich

$$\langle n_k \rangle = \frac{x}{1-x} = \frac{1}{x^{-1}-1} = \frac{1}{\lambda^{-1} e^{\beta\epsilon_k} - 1} \tag{B.2.27}$$

oder mit $\beta = 1/k_B T$ und $\lambda^{-1} = e^{-\mu/k_B T}$

$$n(\epsilon_k) = \frac{1}{e^{(\epsilon_k - \mu)/k_B T} - 1} \qquad \text{Bose-Einstein-Verteilung}. \tag{B.2.28}$$

B.2 Die quantenmechanischen Verteilungsfunktionen

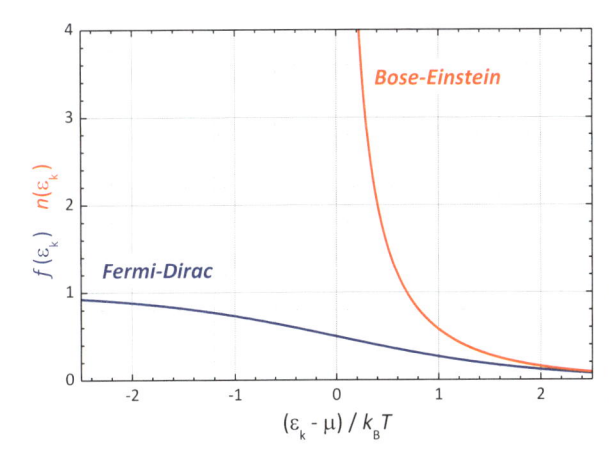

Abb. B.4: Grafische Darstellung der Bose-Einstein und der Fermi-Dirac Verteilungsfunktion in Abhängigkeit der reduzierten Energie für $\epsilon - \mu/k_B T$. Den klassischen Geltungsbereich, in dem beide Verteilungen etwa gleich sind, erhält man für $\epsilon - \mu/k_B T \gg 1$.

wobei wir $n(\epsilon_k)$ statt $\langle n_k \rangle$ geschrieben haben. Gleichung (B.2.28) definiert die **Bose-Einstein-Verteilungsfunktion**. Sie ist in Abb. B.4 zusammen mit der Fermi-Dirac Verteilungsfunktion grafisch dargestellt. Wir sehen, dass für den Grenzfall $\epsilon - \mu \gg k_B T$ die beiden Verteilungsfunktionen näherungsweise gleich sind. Diesen Bereich nennt man den klassischen Grenzfall, auf den wir weiter unten noch zu sprechen kommen.[3]

Die Größe $n(\epsilon)$ bezeichnet man auch als die **Besetzung eines Zustandes**. Für Bosonen ist $n(\epsilon)$ aber nicht dasselbe wie die Wahrscheinlichkeit dafür, dass ein Zustand besetzt ist. Für Fermionen sind dagegen die Besetzung und die Wahrscheinlichkeit dasselbe, da nur 0 oder 1 Teilchen einen Zustand besetzen können.

Die Bose-Einstein-Verteilung unterscheidet sich mathematisch von der Fermi-Dirac Verteilungsfunktion nur dadurch, dass im Nenner eine -1 statt eine $+1$ steht. Dieser kleine Unterschied hat aber physikalische sehr bedeutsame Folgen, wie wir in den folgenden Abschnitten noch diskutieren werden.

B.2.5 Quantenstatistik im klassischen Grenzfall

Wir haben in den vorangegangenen Abschnitten die Quantenstatistik idealer Gase behandelt und die Verteilungsfunktionen

$$\langle n_k \rangle = \frac{1}{e^{(\epsilon_k - \mu)/k_B T} \pm 1} \qquad (B.2.29)$$

abgeleitet, wobei die unterschiedlichen Vorzeichen sich auf die Fermi-Dirac- ($+$) und die Bose-Einstein-Statistik ($-$) beziehen. Wenn das Gas aus einer festen Anzahl von Teilchen

---

[3] Wir weisen an dieser Stelle auch darauf hin, dass die Wahl des Nullpunkts der Energie ϵ_k immer willkürlich ist. Die spezielle Wahl, die man bei einem bestimmten Problem trifft, wirkt sich auf den Wert des chemischen Potenzials aus. Der Wert der Differenz $\epsilon_k - \mu$ ist unabhängig von der Wahl des Nullpunktes von ϵ_k.

besteht, so ist das chemische Potenzial aus der Bedingung

$$\sum_k \langle n_k \rangle = \sum_k \frac{1}{e^{(\epsilon_k - \mu)/k_B T} \pm 1} = N \tag{B.2.30}$$

zu bestimmen.

Wir wollen jetzt die Größe von $\mu/k_B T$ für einige Grenzfälle diskutieren. Wir betrachten zunächst ein hinreichend verdünntes Gas bei fester Temperatur. Die Beziehung (B.2.30) kann wegen der kleinen Teilchenzahl N nur dann erfüllt werden, wenn jeder Term in der Summe über alle Zustände genügend klein ist. Das heißt, es muss $\langle n_k \rangle \ll 1$ oder $e^{(\epsilon_k - \mu)/k_B T} \gg 1$ für alle k sein. Dies ist der Fall, wenn $(\epsilon_k - \mu) \gg k_B T$.

In ähnlicher Weise können wir den Fall sehr hoher Temperaturen bei fester Teilchenzahl diskutieren. In diesem Fall ist $\beta = 1/k_B T$ ausreichend klein. In der Summe in (B.2.30) sind dann Glieder, für die $(\epsilon_k - \mu)/k_B T \ll 1$ gilt, groß. Daraus folgt, dass für große T eine wachsende Zahl von Summanden auch mit großen Werten von ϵ_k zur Summe beitragen kann. Damit die Summe N nicht überschreitet, muss $(\epsilon_k - \mu)$ genügend groß werden, so dass jeder Term in der Summe ausreichend klein ist. Das heißt, es ist wiederum notwendig, dass $e^{(\epsilon_k - \mu)/k_B T} \gg 1$ oder $\langle n_k \rangle \ll 1$ ist.

Wir können also insgesamt folgern, dass bei genügend niedriger Konzentration oder genügend hoher Temperatur $(\epsilon_k - \mu)/k_B T$ so groß werden muss, dass für alle k

$$e^{(\epsilon_k - \mu)/k_B T} \gg 1 \tag{B.2.31}$$

gilt. Gleichwertig damit ist, dass die Besetzungszahlen genügend klein werden müssen, so dass für alle k

$$\langle n_k \rangle \ll 1 \tag{B.2.32}$$

gilt. Wir werden den Grenzfall niedriger Konzentration oder hoher Temperatur, für den die Bedingungen (B.2.31) und (B.2.32) erfüllt sind, den **klassischen Grenzfall** nennen.

Wir wollen kurz eine anschauliche Begründung für die Anwendbarkeit der klassischen Beschreibung im Fall verdünnter Gase oder sehr hoher Temperaturen geben. Unter diesen Bedingungen sind nur wenige Einzelzustände besetzt und diese fast ausnahmslos nur mit einem Teilchen. Bei der Berechnung der Besetzungswahrscheinlichkeiten spielt dann die Ununterscheidbarkeit der Teilchen und das Pauli-Prinzip keine Rolle mehr. Erstere, da eine Umbesetzung der Teilchen ja fast immer bedeutet, dass die Teilchen in einen vorher nicht besetzten Zustand gelangen und letzteres, da ja ein Zustand fast ausschließlich nur mit einem Teilchen besetzt ist.

Im klassischen Grenzfall folgt wegen (B.2.31), dass sich sowohl für die Fermi-Dirac- als auch die Bose-Einstein-Statistik auf

$$\langle n_k \rangle = e^{-(\epsilon_k - \mu)/k_B T} \tag{B.2.33}$$

B.2 Die quantenmechanischen Verteilungsfunktionen

reduziert. Wegen (B.2.30) wird das chemische Potenzial durch die Bedingung

$$\sum_k \langle n_k \rangle = \sum_k e^{-(\epsilon_k - \mu)/k_B T} = e^{\mu/k_B T} \sum_k e^{-\epsilon_k/k_B T} = N$$

oder $\quad e^{\mu/k_B T} = N \left(\sum_k e^{-\epsilon_k/k_B T} \right)^{-1}$ (B.2.34)

bestimmt. Setzen wir diese in (B.2.33) ein, so erhalten wir

$$\langle n_k \rangle = N \, \frac{e^{-\epsilon_k/k_B T}}{\sum_k e^{-\epsilon_k/k_B T}} \, . \tag{B.2.35}$$

Wir sehen also, dass im klassischen Grenzfall (genügend kleine Teilchendichte, große Temperatur) sich die quantenmechanischen Verteilungen auf die Maxwell-Boltzmann-Verteilung reduzieren. In Abb. B.4 wurde bereits gezeigt, dass die quantenmechanische und die klassische Verteilungsfunktion bei großen Werten von $(\epsilon_k - \mu)/k_B T$, also $e^{(\epsilon_k - \mu)/k_B T} \gg 1$, übereinstimmen.

Zum Vergleich sind in Abb. B.5 nochmals die Fermi-Dirac- und die Bose-Einstein-Verteilung zusammen mit der Maxwell-Boltzmann-Verteilung für eine Temperatur von $T = 2000$ K und verschiedene Werte des chemischen Potenzials dargestellt. Wir weisen nochmals darauf hin, dass die Verteilungen keine Wahrscheinlichkeiten darstellen, deren Integral jeweils eins ergeben müsste, sondern Besetzungszahlen, deren Integral die Teilchenzahl ergibt. Für die Bose-Einstein-Verteilung muss, damit die Teilchenzahl beschränkt bleibt, $\mu \leq 0$ sein. Für die Fermi-Dirac-Verteilung ist dagegen $\mu \geq 0$.

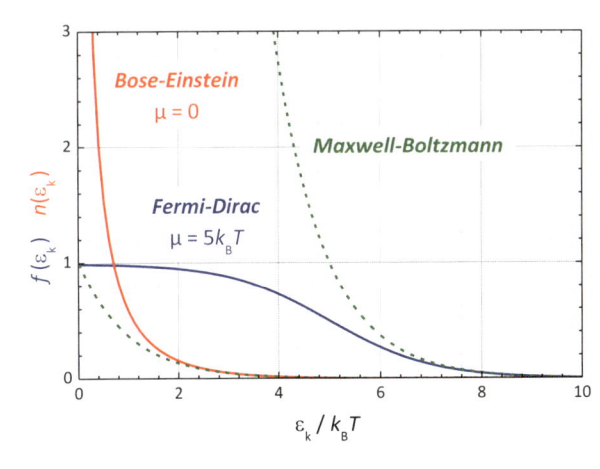

Abb. B.5: Bose-Einstein-, Fermi-Dirac- und Maxwell-Boltzmann-Verteilungen in Abhängigkeit von der Energie. Für die Bose-Einstein-Verteilung wurde $\mu = 0$, für die Fermi-Dirac-Verteilung $\mu = 5k_B T$ (man beachte: für ein Metall liegt μ im Bereich von etwa 10 eV, was einer Temperatur von etwa 10 000 K entspricht) gewählt. Für die Maxwell-Boltzmann-Verteilungen wurde ebenfalls $\mu = 0$ und $5k_B T$ gewählt, so dass die klassische Verteilung mit der quantenmechanischen Verteilung für große Werte von $\epsilon_k/k_B T$ zusammenfallen.

C Sommerfeld-Entwicklung

Die Sommerfeld-Entwicklung wird auf Integrale der Form

$$\int_{-\infty}^{\infty} dE\, H(E) f(E) \quad \text{mit } f(E) = \frac{1}{e^{(E-\mu)/k_B T} + 1} \tag{C.1.1}$$

angewendet, wobei die Funktion $H(E)$ für $E \to -\infty$ verschwindet und für $E \to +\infty$ nicht schneller als mit einer Potenz von E divergiert. Bekannte Beispiele sind $H(E) = D(E)$ oder $H(E) = E\, D(E)$, für die das Integral (C.1.1) die Teilchenzahl oder die Gesamtenergie liefert. Definiert man

$$K(E) = \int_{-\infty}^{E} dE'\, H(E'), \tag{C.1.2}$$

so dass

$$H(E) = \frac{dK(E)}{dE}, \tag{C.1.3}$$

so kann man (C.1.1) partiell integrieren und erhält

$$\int_{-\infty}^{\infty} dE\, H(E) f(E) = \int_{-\infty}^{\infty} dE\, K(E) \left(-\frac{\partial f}{\partial E}\right). \tag{C.1.4}$$

Dabei nutzt man aus, dass der integrierte Ausdruck bei ∞ verschwindet, da die Fermi-Funktion schneller als K divergiert, und bei $-\infty$, da hier die Fermi-Funktion eins ist während K verschwindet.

Da $f \simeq 0$, wenn E nur einige $k_B T$ größer als μ ist und $f \simeq 1$, wenn E nur einige $k_B T$ kleiner als μ ist, wird seine Ableitung bezüglich E nur innerhalb einiger $k_B T$ um μ von null verschieden sein. Wir können deshalb (C.1.4) auswerten, indem wir $K(E)$ in eine Taylor-Reihe um $E = \mu$ entwickeln:

$$K(E) = K(\mu) + \sum_{n=1}^{\infty} \left[\frac{(E-\mu)^n}{n!}\right] \left[\frac{d^n K(E)}{dE^n}\right]_{E=\mu}. \tag{C.1.5}$$

Substituieren wir (C.1.5) in (C.1.4), so ergibt der führende Term gerade $K(\mu)$, da

$$\int_{-\infty}^{\infty} dE \left(-\frac{\partial f}{\partial E}\right) = 1. \tag{C.1.6}$$

Da ferner $\frac{\partial f}{\partial E}$ eine gerade Funktion in $(E - \mu)$ ist, tragen nur Terme mit geradem n in (C.1.5) zu (C.1.4) bei. Wir erhalten dann, wenn wir K mit Hilfe von (C.1.2) durch die ursprüngliche Funktion H ausdrücken:

$$\int_{-\infty}^{\infty} dE\, H(E)\, f(E) = \int_{-\infty}^{\mu} dE\, H(E) \\ + \sum_{n=1}^{\infty} \int_{-\infty}^{\infty} dE \left[\frac{(E-\mu)^{2n}}{(2n)!}\right]\left(-\frac{\partial f}{\partial E}\right)\left[\frac{d^{2n-1} H(E)}{dE^{2n-1}}\right]_{E=\mu}. \qquad (C.1.7)$$

Machen wir schließlich die Substitution $x = (E - \mu)/k_B T$, so erhalten wir

$$\int_{-\infty}^{\infty} dE\, H(E)\, f(E) = \int_{-\infty}^{\mu} dE\, H(E) + \sum_{n=1}^{\infty} a_n (k_B T)^{2n} \left[\frac{d^{2n-1} H(E)}{dE^{2n-1}}\right]_{E=\mu}, \qquad (C.1.8)$$

wobei a_n dimensionslose Zahlen sind, die durch

$$a_n = \int_{-\infty}^{\infty} dx\, \frac{x^{2n}}{(2n)!} \left(-\frac{d}{dx} \frac{1}{e^x + 1}\right) \qquad (C.1.9)$$

gegeben sind. Man erhält

$$a_n = 2\left(1 - \frac{1}{2^{2n}} + \frac{1}{3^{2n}} - \frac{1}{4^{2n}} + \frac{1}{5^{2n}} - \ldots\right). \qquad (C.1.10)$$

Dies kann auch mit Hilfe der Riemannschen ζ-Funktion ausgedrückt werden:

$$a_n = \left(2 - \frac{1}{2^{2(n-1)}}\right) \zeta(2n), \qquad \zeta(n) = 1 + \frac{1}{2^n} + \frac{1}{3^n} + \frac{1}{4^n} + \ldots \qquad (C.1.11)$$

Für die ersten Terme erhalten wir die Werte

$$\zeta(2n) = 2^{2n-1} \frac{\pi^{2n}}{(2n)!} B_n, \qquad (C.1.12)$$

wobei die Zahlen B_n die so genannten Bernoulli-Zahlen sind:

$$B_1 = \frac{1}{6}; \qquad B_2 = \frac{1}{30}; \qquad B_3 = \frac{1}{42}; \qquad B_4 = \frac{1}{30}; \qquad B_5 = \frac{5}{66}. \qquad (C.1.13)$$

In den meisten Fällen kann bereits nach dem ersten Entwicklungsterm abgebrochen werden und man benötigt nur $\zeta(2) = \pi^2/6$.

D   Geladenes Teilchen in elektromagnetischem Feld

D.1   Der verallgemeinerte Impuls

Der verallgemeinerte Impuls – auch generalisierter, kanonischer oder kanonisch konjugierter Impuls genannt – tritt sowohl in der Hamiltonschen Mechanik als auch in der Lagrange-Mechanik auf. Er kennzeichnet zusammen mit dem Ort den Zustand eines Systems, dessen Zeitentwicklung mit den Hamiltonschen Bewegungsgleichungen beschrieben wird. Als Funktion des Ortes und der Geschwindigkeit ist der verallgemeinerte Impuls die Ableitung der Lagrange-Funktion $\mathcal{L}$ nach der Geschwindigkeit $\dot{x}$:

$$p_j \equiv \frac{\partial \mathcal{L}}{\partial \dot{x}_j}, \qquad j = 1, 2, \ldots, n. \tag{D.1.1}$$

Beim Übergang von der klassischen Physik zur Quantenmechanik wird der kanonische Impuls (im Gegensatz zum kinetischen Impuls) durch den Impulsoperator ersetzt:

$$p_j \to \widehat{p}_j \equiv \frac{\hbar}{i} \frac{\partial}{\partial x_j}. \tag{D.1.2}$$

Der verallgemeinerte oder kanonische Impuls ist derjenige, welcher der kanonischen Vertauschungsrelation $[x, p_x] = i\hbar$ gehorchen muss.

D.2   Lagrange-Funktion

Wir betrachten ein punktförmiges Teilchen mit Masse m und Ladung q, das sich im elektromagnetischen Feld bewegt. Die generalisierten Koordinaten entsprechen den kartesischen Koordinaten in 3 Raumdimensionen. Das elektrische Feld $\mathbf{E}$ und das Magnetfeld $\mathbf{B}$ werden über das Skalarpotenzial ϕ und das Vektorpotenzial $\mathbf{A}$ bestimmt:

$$\mathbf{E}(\mathbf{r}, t) = -\frac{\partial \mathbf{A}(\mathbf{r}, t)}{\partial t} - \nabla \phi(\mathbf{r}, t) \tag{D.2.1}$$

$$\mathbf{B}(\mathbf{r}, t) = \nabla \times \mathbf{A}(\mathbf{r}, t). \tag{D.2.2}$$

Die kinetische Energie des Teilchens ist klassisch:

$$T(\dot{\mathbf{r}}) = \frac{1}{2}m\dot{\mathbf{r}}^2 \tag{D.2.3}$$

und das Potenzial ist geschwindigkeitsabhängig:

$$V(\mathbf{r},\dot{\mathbf{r}},t) = q\left[\phi(\mathbf{r},t) - \dot{\mathbf{r}} \cdot \mathbf{A}(\mathbf{r},t)\right]. \tag{D.2.4}$$

Somit ist die Lagrange-Funktion eines geladenen Teilchens im elektromagnetischen Feld:

$$\mathcal{L}(\mathbf{r},\dot{\mathbf{r}},t) = \tfrac{1}{2}m\dot{\mathbf{r}}^2 - q\left[\phi(\mathbf{r},t) - \dot{\mathbf{r}} \cdot \mathbf{A}(\mathbf{r},t)\right]. \tag{D.2.5}$$

Die Euler-Lagrange-Gleichung

$$\frac{d}{dt}\nabla_{\dot{\mathbf{r}}}\mathcal{L} - \nabla_{\mathbf{r}}\mathcal{L} = 0. \tag{D.2.6}$$

führt auf die Bewegungsgleichung

$$\begin{aligned}
m\ddot{\mathbf{r}} &= q\dot{\mathbf{r}} \times \left(\nabla \times \mathbf{A}(\mathbf{r},t)\right) - q\frac{\partial \mathbf{A}(\mathbf{r},t)}{\partial t} - q\nabla\phi(\mathbf{r},t) \\
&= q\mathbf{E}(\mathbf{r},t) + q\left(\dot{\mathbf{r}} \times \mathbf{B}(\mathbf{r},t)\right),
\end{aligned} \tag{D.2.7}$$

auf deren rechter Seite die Lorentz Kraft steht. Dieses Ergebnis bestätigt, dass der Ansatz (D.2.5) für die Lagrange-Funktion richtig ist. Der verallgemeinerte Impuls ist gegeben durch

$$\boxed{\mathbf{p} \equiv \frac{\partial \mathcal{L}}{\partial \dot{\mathbf{r}}} = m\dot{\mathbf{r}} + q\mathbf{A}(\mathbf{r},t) = \mathbf{p}_{\text{kin}} + \mathbf{p}_{\text{f}}.} \tag{D.2.8}$$

Er setzt sich aus einem *kinematischen Impuls* $\mathbf{p}_{\text{kin}} = m\dot{\mathbf{r}} = m\mathbf{v}$ und einem *Feldimpuls* $\mathbf{p}_{\text{f}} = q\mathbf{A}(\mathbf{r},t)$ zusammen und die kinetische Energie ist gegeben durch

$$\frac{1}{2}m\dot{\mathbf{r}}^2 = \frac{1}{2m}(m\dot{\mathbf{r}})^2 = \frac{1}{2m}\left(\mathbf{p} - q\mathbf{A}(\mathbf{r},t)\right)^2. \tag{D.2.9}$$

Während uns der kinematische Impuls vertraut ist, ist der Ursprung des Feldimpules weniger evident. Wir können uns den Feldimpuls verständlich machen, wenn wir den Impuls in einem elektromagnetischen Feld betrachten, der mit einem sich im Magnetfeld bewegenden geladenen Teilchen verknüpft ist. Er ist durch das Volumenintegral des Poynting-Vektors $\mathbf{S} = (\mathbf{E} \times \mathbf{B})/\mu_0$ gegeben:

$$\mathbf{p}_{\text{f}} = \frac{1}{c^2}\int \mathbf{S}\, dV = \epsilon_0 \int \mathbf{E} \times \mathbf{B}\, dV. \tag{D.2.10}$$

Für kleine Geschwindigkeiten $v/c \ll 1$ können wir annehmen, dass $\mathbf{B}$ nur aus äußeren Quellen resultiert, wogegen $\mathbf{E}$ durch die Ladung des Teilchens verursacht wird. Für eine Punktladung am Ort $\mathbf{r}'$ gilt

$$\mathbf{E} = -\nabla\phi, \qquad \nabla^2\phi = -\frac{q}{\epsilon_0}\delta(\mathbf{r} - \mathbf{r}') \tag{D.2.11}$$

und damit

$$\begin{aligned}\mathbf{p}_f &= -\epsilon_0 \int dV\, \nabla\phi \times \nabla \times \mathbf{A} \\ &= \epsilon_0 \int dV\, [\mathbf{A} \times \nabla \times (\nabla\phi) - \mathbf{A}\nabla\cdot(\nabla\phi) - (\nabla\phi)\nabla\cdot\mathbf{A}]\,.\end{aligned} \qquad (D.2.12)$$

Da $\nabla \times (\nabla\phi) = 0$ und wir immer eine Eichung wählen können, für die $\nabla \cdot \mathbf{A} = 0$, ergibt sich

$$\mathbf{p}_f = -\epsilon_0 \int dV\, \mathbf{A}\nabla^2\phi = \epsilon_0 \int dV\, \mathbf{A}\frac{q}{\epsilon_0}\delta(\mathbf{r}-\mathbf{r}') = q\mathbf{A}\,. \qquad (D.2.13)$$

D.3 Hamilton-Funktion

Die Hamilton-Funktion $\mathcal{H}(\mathbf{p},\mathbf{r},t)$ ist definiert durch

$$\mathcal{H}(\mathbf{p},\mathbf{r},t) \equiv \mathbf{p}\cdot\dot{\mathbf{r}} - \mathcal{L}(\mathbf{r},\dot{\mathbf{r}},t)\,. \qquad (D.3.1)$$

Setzen wir (D.2.5) und (D.2.8) ein, so erhalten wir

$$\mathcal{H}(\mathbf{p},\mathbf{r},t) = m\dot{\mathbf{r}}^2 + q\dot{\mathbf{r}}\cdot\mathbf{A}(\mathbf{r},t) - \frac{1}{2}m\dot{\mathbf{r}}^2 + q\phi(\mathbf{r},t) - q\dot{\mathbf{r}}\cdot\mathbf{A}(\mathbf{r},t)\,, \qquad (D.3.2)$$

also

$$\mathcal{H}(\mathbf{p},\mathbf{r},t) = \frac{1}{2m}\bigl(\mathbf{p} - q\mathbf{A}(\mathbf{r},t)\bigr)^2 + q\phi(\mathbf{r},t)\,. \qquad (D.3.3)$$

Gehen wir von der klassischen Physik zur Quantenmechanik über, müssen wir den kanonischen Impuls durch den Impulsoperator ersetzten und erhalten den Hamilton-Operator

$$\widehat{\mathcal{H}}(\mathbf{p},\mathbf{r},t) = \frac{1}{2m}\left(\frac{\hbar}{i}\nabla - q\mathbf{A}(\mathbf{r},t)\right)^2 + q\phi(\mathbf{r},t)\,. \qquad (D.3.4)$$

Man beachte, dass der in die Schrödinger-Gleichung eingehende kinematische Impuls $\hbar\mathbf{k} = m\dot{\mathbf{r}}$ durch $\mathbf{p} - q\mathbf{A}$ gegeben. Man beachte ferner, dass der kanonische Impuls $\mathbf{p} = m\dot{\mathbf{r}} + q\mathbf{A}$ offensichtlich von der Eichung des Vektorpotenzials abhängt. Für eine physikalische Observable wie den kinematischen Impuls $\hbar\mathbf{k} = m\dot{\mathbf{r}}$ darf das natürlich nicht der Fall sein.

E Dipolnäherung

Wir diskutieren den Übergang eines Atoms von einem Ausgangszustand $|i\rangle$ in einen Endzustand $|k\rangle$ unter der Wirkung eines elektromagnetischen Feldes. Wie die quantenmechanische Behandlung (zeitabhängige Störungsrechnung) zeigt, ist die Wahrscheinlichkeit für einen solchen Übergang vom Zustand E_i in den Zustand E_k in niedrigster Ordnung dem Absolutquadrat des Matrixelementes M_{ik} des Wechselwirkungsoperators $\mathcal{H}_r$ proportional:

$$M_{ik} = \left|\langle i|\mathcal{H}_r|k\rangle\right|^2 . \tag{E.1.1}$$

Das Matrixelement[1] ist dabei, wie in der Formel angedeutet, bezüglich des Anfangszustandes $|i\rangle$ und des Endzustandes $|k\rangle$ des elektronischen Übergangs zu bilden und schreibt sich in der wellenmechanischen Darstellung als

$$M_{ik} = \int_V \Psi_i^*(\mathbf{r})\,\mathcal{H}_r(\mathbf{r})\,\Psi_k(\mathbf{r})\,dV . \tag{E.1.2}$$

Die Wechselwirkung der Elektronen mit einem äußeren Feld ist durch

$$\mathcal{H}_r = \frac{e}{m}\widehat{\mathbf{A}}\cdot\widehat{\mathbf{p}} \tag{E.1.3}$$

gegeben.

Es ist zweckmäßig, für das Vektorpotenzial $\mathbf{A}$ im Falle des elektromagnetischen Strahlungsfelds einen Fourier-Ansatz der Form

$$\mathbf{A} = A_0\widehat{\mathbf{e}}\left(e^{\imath(\mathbf{k}\cdot\mathbf{r}-\omega t)} + e^{-\imath(\mathbf{k}\cdot\mathbf{r}-\omega t)}\right) \tag{E.1.4}$$

zu wählen, d. h. eine in Richtung $\mathbf{k}$ laufende Welle mit Polarisationsvektor $\widehat{\mathbf{e}}$ zu betrachten. Wir können dann, wie in der klassischen Elektrodynamik, die elektromagnetische Strahlung nach Multipolen entwickeln. Die bekannteste Form dieser Multipolstrahlung ist der oszillierende Dipol (Hertzscher Dipol). Die elektrische Dipolkomponente ergibt sich als niedrigste Ordnung, wenn man die Exponentialfunktion in (E.1.4) entwickelt:

$$e^{\imath\mathbf{k}\cdot\mathbf{r}} = 1 + \imath\mathbf{k}\cdot\mathbf{r} - \tfrac{1}{2}(\mathbf{k}\cdot\mathbf{r})^2 + \ldots . \tag{E.1.5}$$

Für sichtbares Licht ist $k \sim 10^5$ cm^{-1}. Da die Wellenfunktionen eine typische Ausdehnung von wenigen Å aufweisen, ist in den Bereichen, in denen die Wellenfunktion nicht ver-

---

[1] Wir können die Erwartungswerte M_{ik} für alle Übergänge eines Atoms in einer Matrix anordnen, deren von null verschiedene Elemente gerade alle möglichen Übergänge und ihre Amplituden angeben. Deshalb bezeichnen wir die M_{ik} als Matrixelemente.

schwindet, $kr \sim 10^{-3}$. Wir dürfen daher alle höheren Glieder in der Entwicklung (E.1.5) in guter Näherung vernachlässigen. Die dominante Komponente der von Atomen emittierten Strahlung hat Dipolcharakter.

Das Matrixelement (E.1.1) schreibt sich in der Dipolnäherung $e^{i\mathbf{k}\cdot\mathbf{r}} \simeq 1$ als

$$M_{ik} \propto \langle i|\, e\widehat{\mathbf{p}}\,|k\rangle \propto \langle i|\, e\widehat{\mathbf{r}}\,|k\rangle \propto \langle i|\widehat{\mathbf{p}}_{el}|k\rangle, \tag{E.1.6}$$

wobei $\widehat{\mathbf{p}}_{el} = -e\widehat{\mathbf{r}}$ der Operator des elektrischen Dipolmoments ist. Die zweite Proportionalität kann mit Hilfe der Vertauschungsrelation[2]

$$\left[\widehat{\mathbf{r}}, \widehat{H}_0\right] = \left[\widehat{\mathbf{r}}, \frac{1}{2m_e}\widehat{\mathbf{p}}^2\right] = \frac{i\hbar}{m_e}\widehat{\mathbf{p}} \tag{E.1.7}$$

über

$$\langle i|\widehat{\mathbf{p}}|k\rangle = \frac{m_e}{i\hbar}\langle i|\widehat{\mathbf{r}}\widehat{H}_0 - \widehat{H}_0\widehat{\mathbf{r}}|k\rangle = \frac{m_e}{i\hbar}(E_k - E_i)\langle i|\widehat{\mathbf{r}}|k\rangle \propto \langle i|\widehat{\mathbf{r}}|k\rangle \tag{E.1.8}$$

abgeleitet werden. Geht man in der Entwicklung obiger Exponentialfunktion einen Schritt weiter, so kommt man zu den magnetischen Dipolen und elektrischen Quadrupolen. Sie werden aber nur dann von Bedeutung, wenn die elektrischen Dipolelemente null sind.

---

[2] Es gilt:

$$\frac{1}{2m_e}[\widehat{\mathbf{r}},\widehat{\mathbf{p}}^2] = \frac{1}{2m_e}\left(\widehat{\mathbf{r}}\,\widehat{\mathbf{p}}^2 - \widehat{\mathbf{p}}^2\,\widehat{\mathbf{r}}\right) = \frac{1}{2m_e}\left(\widehat{\mathbf{r}}\,\widehat{\mathbf{p}}^2 - \widehat{\mathbf{p}}[\widehat{\mathbf{p}}\,\widehat{\mathbf{r}}]\right).$$

Mit $[\widehat{\mathbf{r}},\widehat{\mathbf{p}}] = \widehat{\mathbf{r}}\,\widehat{\mathbf{p}} - \widehat{\mathbf{p}}\,\widehat{\mathbf{r}} = i\hbar$ können wir umformen zu

$$\frac{1}{2m_e}[\widehat{\mathbf{r}},\widehat{\mathbf{p}}^2] = \frac{1}{2m_e}\left(\widehat{\mathbf{r}}\,\widehat{\mathbf{p}}^2 - \widehat{\mathbf{p}}(\widehat{\mathbf{r}}\,\widehat{\mathbf{p}} - i\hbar)\right) = \frac{1}{2m_e}\left(\widehat{\mathbf{r}}\,\widehat{\mathbf{p}}^2 - (\widehat{\mathbf{p}}\,\widehat{\mathbf{r}})\widehat{\mathbf{p}} + i\hbar\widehat{\mathbf{p}}\right)$$

und unter nochmaliger Benutzung der Identität $[\widehat{\mathbf{r}},\widehat{\mathbf{p}}] = \widehat{\mathbf{r}}\,\widehat{\mathbf{p}} - \widehat{\mathbf{p}}\,\widehat{\mathbf{r}} = i\hbar$ zu

$$\frac{1}{2m_e}[\widehat{\mathbf{r}},\widehat{\mathbf{p}}^2] = \frac{1}{2m_e}\left(\widehat{\mathbf{r}}\,\widehat{\mathbf{p}}^2 + (i\hbar - \widehat{\mathbf{r}}\,\widehat{\mathbf{p}})\widehat{\mathbf{p}} + i\hbar\widehat{\mathbf{p}}\right),$$

woraus sich

$$\frac{1}{2m_e}[\widehat{\mathbf{r}},\widehat{\mathbf{p}}^2] = \frac{1}{2m_e}\left(\widehat{\mathbf{r}}\,\widehat{\mathbf{p}}^2 + 2i\hbar\widehat{\mathbf{p}} - \widehat{\mathbf{r}}\,\widehat{\mathbf{p}}^2\right) = \frac{i\hbar\widehat{\mathbf{p}}}{m_e}$$

ergibt.

F Thermodynamische Eigenschaften von Festkörpern

Wir wollen in diesem Anhang kurz einige wichtige Fakten zur Beschreibung der thermodynamischen Eigenschaften von Festkörpern zusammenfassen. Bezüglich einer weiterführenden Diskussion wird auf die Fachliteratur verwiesen.[1,2,3,4]

F.1 Thermodynamische Potenziale

In der Thermodynamik beschreiben wir Vielteilchensysteme mit einer kleinen Zahl von makroskopischen Variablen. So charakterisieren wir das Verhalten eines Gases nicht mehr mit der sehr großen Zahl von $3N$ Orts- und $3N$ Impulskoordinaten, sondern nur noch mit wenigen Variablen wie z. B. Temperatur T, Volumen V und Teilchenzahl N. Von großem Interesse sind meist die thermodynamischen Gleichgewichtszustände, die sich unter bestimmten Randbedingungen einstellen. Zur Diskussion solcher Gleichgewichtszustände werden geeignete *thermodynamische Potenziale* verwendet, durch deren Extremalwerte sie festgelegt sind. Ausgehend von der Fundamentalgleichung der Thermodynamik, die die innere Energie U als Funktion aller extensiven Variablen (z. B. Volumen V, Entropie S, Teilchenzahl N) ausdrückt, besteht die Möglichkeit, andere, vom Informationsgehalt gleichwertige Funktionen als Funktion ihrer natürlichen Variablen anzugeben. Diese Funktionen bezeichnen wir als thermodynamische Potenziale. Ihre Bedeutung besteht darin, dass sie die Gleichgewichtsbedingung charakterisieren. So sind zwei Phasen eines Systems genau dann im Gleichgewicht, wenn ihre thermodynamischen Potenziale den gleichen Wert besitzen. Verbinden wir zum Beispiel zwei vorher getrennte Systeme miteinander, so stellt sich ein thermodynamisches Gleichgewicht ein (die Entropie wird maximal), bei dem alle intensiven Größen (z. B. Temperatur T, Druck p, Teilchendichte n) gleich sind. Man kann nun allgemein zeigen, dass dies immer einem Extremum des zugehörigen thermodynamischen Potenzials entspricht. Sind zum Beispiel die Entropie S, das Volumen V und die Teilchenzahl N die veränderlichen Variablen eines Systems (alle anderen seien mittels Zwangsbedingungen festgelegt), so liefert die innere Energie U die vollständige Information über das

---

[1] G. Carrington, *Basic Thermodynamics*, Oxford University Press, Oxford (1994).
[2] Charles Kittel, Herbert Krömer, *Thermodynamik*, R. Oldenbourg Verlag, München (2001).
[3] Herbert B. Callen, *Thermodynamics and an Introduction to Thermostatistics*, John Wiley & Sons (1985).
[4] Franz Schwabl, *Statistische Mechanik*, Springer Verlag, Heidelberg (2000).

System und sie nimmt im Gleichgewicht ein Minimum ein. Adiabatisch-isochore Prozesse werden durch ein Minimum der inneren Energie beschrieben. Sind, wie bei chemischen Reaktionen meist der Fall, dagegen der Druck p, die Temperatur T und die Teilchenzahl N die freien Parameter, so liefert die Enthalpie H die korrekte Beschreibung. Adiabatisch-isobare Prozesse werden durch ein Minimum der Enthalpie beschrieben. Die gebräuchlichsten thermodynamischen Potenziale, ausgedrückt jeweils als Funktion ihrer natürlichen Variablen, sind die innere Energie $\mathcal{U} = \mathcal{U}(S, V, N)$, die freie Energie (auch Helmholtz-Potenzial genannt) $\mathcal{F} = \mathcal{F}(T, V, N)$, die Enthalpie $\mathcal{H} = \mathcal{H}(S, p, N)$, die Gibbs-Energie[5] (auch Freie Enthalpie genannt) $\mathcal{G} = \mathcal{G}(T, p, N)$ und das großkanonisches Potenzial $\Omega = \Omega(T, V, \mu)$.

Die Schwierigkeit bei der Beschreibung von thermodynamischen Systemen liegt oft beim Auffinden des geeigneten thermodynamischen Potenzials. Dabei ist es wichtig, zunächst einen Satz von unabhängigen Variablen zu finden. Bekannte Sätze sind Druck p, Temperatur T und Teilchenzahl N oder Volumen V, Temperatur T und Teilchenzahl N. Bei der Diskussion von elektrischen und magnetischen Eigenschaften kommen weitere Variablen wie die Polarisation P oder die Magnetisierung M hinzu. Die thermodynamischen Potenziale sind dadurch ausgezeichnet, dass bei einer differenziellen Variation gerade die Differenziale der unabhängigen Variablen auftreten. Wir diskutieren im Folgenden einige einfache Beispiele, wobei wir immer eine konstante Teilchenzahl N annehmen.

F.2 Innere Energie

Die innere Energie $\mathcal{U}$ wird auch als thermodynamische Energie bezeichnet. Die Änderung dieser physikalischen Größe ist gleich der Summe der Wärme, die einem System zugeführt wird, und der Arbeit, die am System verrichtet wird. Für das Differenzial der inneren Energie $\mathcal{U}$ gilt:

$$d\mathcal{U} = \delta Q + \delta W_{\text{mech}} + \delta W_{\text{em}} = TdS - pdV + \delta W_{\text{em}}. \tag{F.2.1}$$

Hierbei ist δQ die reversibel zugeführte Wärmemenge und δW_{mech} bzw. δW_{em} die am System mechanisch bzw. elektromagnetisch geleistete Arbeit. Die elektromagnetisch geleistete Arbeit kann zum Beispiel durch Polarisation eines dielektrischen Systems oder Magnetisierung eines magnetischen Systems erfolgen. Wir können allgemein

$$\delta W_{\text{em}} = \sum_i \mathbf{F}_{Z_i} \cdot d\mathbf{Z}_i. \tag{F.2.2}$$

schreiben, wobei Z_i die Zustandsvariable (z. B. elektrisches oder magnetisches Dipolmoment, $\mathbf{p}$ oder $\mathbf{m}$) und F_{Z_i} die zugehörige verallgemeinerte Kraft ist (z. B. elektrisches oder magnetisches Feld, $\mathbf{E}_{\text{ext}}$ oder $\mathbf{H}_{\text{ext}}$). Wir werden im nächsten Abschnitt genau diskutieren, dass die verrichtete Arbeit δW_{em} unterschiedlich berechnet werden kann, je nachdem, ob der Term $-d(\mathbf{F}_{Z_i} \cdot \mathbf{Z}_i)$ berücksichtigt wird oder nicht. Wir werden diesen Beitrag als Wechselwirkungsenergie zwischen der Zustandsgröße und der verallgemeinerten Kraft (also z. B.

---

[5] **Josiah Willard Gibbs**, geboren am 11. Februar 1839 in New Haven, Connecticut, gestorben am 28. April 1903 in New Haven, Connecticut.

F.2 Innere Energie

zwischen elektrischem Dipolmoment und elektrischem Feld) identifizieren.[6] Abhängig davon, ob wir die Wechselwirkungsenergie in die verrichtete Arbeit einbeziehen (Schema I) oder nicht (Schema II), erhalten wir

$$\delta W_\mathrm{I} = \sum_i \left[\mathbf{F}_{Z_i} \cdot d\mathbf{Z}_i - d(\mathbf{F}_{Z_i} \cdot \mathbf{Z}_i) \right] = -\sum_i \mathbf{Z}_i \cdot d\mathbf{F}_{Z_i} \tag{F.2.3}$$

$$\delta W_\mathrm{II} = \sum_i \mathbf{F}_{Z_i} \cdot d\mathbf{Z}_i \tag{F.2.4}$$

und damit

$$d\mathcal{U}_\mathrm{I} = TdS - pdV - \sum_i \mathbf{Z}_i \cdot d\mathbf{F}_{Z_i} \tag{F.2.5}$$

$$d\mathcal{U}_\mathrm{II} = TdS - pdV + \sum_i \mathbf{F}_{Z_i} \cdot d\mathbf{Z}_i . \tag{F.2.6}$$

Die Kompressionsarbeit geht mit einem Minuszeichen ein, da eine Volumenverkleinerung, also $-dV$, zu einer Energiezufuhr und damit Erhöhung von $\mathcal{U}$ führt. Gleichung (F.2.1) besagt allgemein, dass sich die innere Energie eines Systems erhöht, wenn ihm Wärme zugeführt oder an ihm Arbeit verrichtet wird, da die von außen aufgebrachte Energie im System gespeichert wird.

F.2.1 Arbeit an Systemen in elektrischen und magnetischen Feldern

Wir haben oben bereits diskutiert, dass es verschiedene Möglichkeiten gibt, einen geeigneten Ausdruck für die verrichtete Arbeit δW_em abzuleiten. Um uns dies klar zu machen, betrachten wir die in Abb. F.1a und b gezeigten Situationen, die zu unterschiedlichen Resultaten für die am System geleistete Arbeit führen. Der Unterschied resultiert daraus, wie wir das betrachtete System definieren und welchen Teil der Feldenergie wir als Teil des Systems betrachten.

Als Beispiel betrachten wir zwei verschiedene Methoden, wie wir ein dielektrisches (magnetisches) System durch ein elektrisches (magnetisches) Feld polarisieren (magnetisieren). In Schema I (Abb. F.1a) polarisieren (magnetisieren) wir das Medium dadurch, dass wir es aus dem Unendlichen in das elektrische (magnetische) Feld einer festen Ladung (festen Dipols) bringen. Das Medium verbleibt dann dort. In Schema II polarisieren (magnetisieren) wir es dadurch, dass wir es ebenfalls aus dem Unendlichen in das elektrische (magnetische) Feld einer festen Ladung (festen Dipols) bringen, das induzierte Moment dann festhalten und das Medium wieder ins Unendliche bringen. Der Unterschied zwischen beiden Fällen besteht darin, dass in Schema I die Wechselwirkungsenergie des Dipols mit dem Feld berücksichtigt werden muss, während dies in Schema II nicht der Fall ist, da wir den Dipol wieder ins Nullfeld im Unendlichen bringen. Wir werden sehen, dass die gesamte geleistete Arbeit in Schema I als Summe der Polarisierungsarbeit (Magnetisierungsarbeit) und der Wechselwirkungsenergie des induzierten Dipolmoments mit dem jeweiligen Feld interpretiert werden kann.

---

[6] Bringen wir z. B. einen magnetischen Dipol mit magnetischem Moment **m** in ein äußeres Magnetfeld $\mathbf{H}_\mathrm{ext}$, so richtet sich der Dipol parallel zum Feld aus und wir erhalten die Wechselwirkungsenergie $-\mu_0 m H_\mathrm{ext}$.

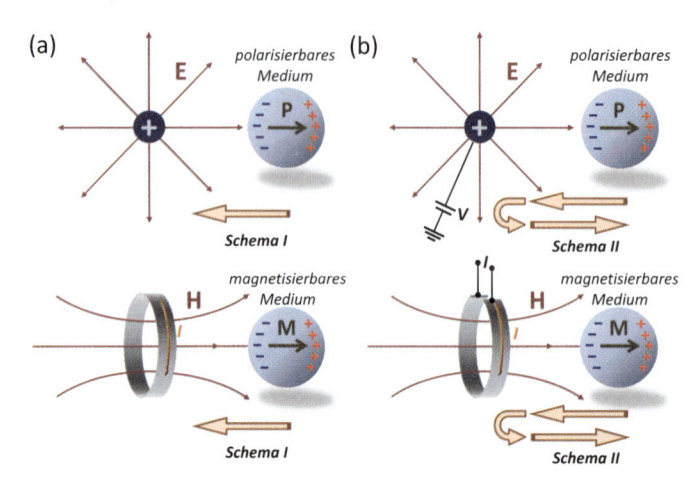

Abb. F.1: Beziehung zwischen elektrischer (oben) bzw. magnetischer Feldquelle (unten) und einem polarisierbaren (oben) bzw. magnetisierbarem Medium (unten) in einem elektrischen (oben) bzw. magnetischen Arbeitsvorgang (unten). In (a) sind keine externen Quellen angeschlossen, so dass die elektrische bzw. magnetische Flussdichte konstant sein müssen. Die magnetische Feldquelle wird durch einen Ring mit unendlich hoher Leitfähigkeit realisiert, damit die Flussdichte zeitlich nicht abklingt. Diese Konfiguration entspricht einem Permanentmagneten. In (b) ist eine externe Spannungsquelle (oben) bzw. eine Stromquelle (unten) angeschlossen, die das elektrische Feld (oben) bzw. das magnetische Feld (unten) konstant halten. Die elektrische Konfiguration kann als Kugelkondensator aufgefasst werden, dessen zweite Elektrode im Unendlichen auf Masse liegt.

Einen weiteren wichtigen Aspekt betrifft die Frage, welche Arbeit bei den betrachteten Prozessen die mit dem Kondensator (Spule) verbundene Spannungsquelle (Stromquelle) leistet. Wir diskutieren dies anhand eines magnetischen Systems. Für dielektrische Systeme ist die Diskussion analog. In Abb. F.1b betrachten wir eine Leiterschleife aus perfekt leitendem Material, in der mit einer Stromquelle ein konstanter Strom I vorgegeben wird. Falls sich nun der Fluss Φ durch die Schleife aufgrund einer Variation der Magnetisierung des Systems ändern müsste, würde diese Flussänderung wiederum zu einer Spannung führen, die aber durch die Stromquelle kompensiert wird, da diese ja den Strom konstant hält. Die Stromquelle verrichtet oder absorbiert deshalb Arbeit mit einer Rate $I\dot{\Phi}$, je nach Vorzeichen von $\dot{\Phi}$. Das magnetische Medium und die stromtragende Leiterschleife bilden hier ein zusammengesetztes System. Offensichtlich kann das Medium nicht als isoliertes System betrachtet werden, während es mit dem Ring magnetisch wechselwirkt. In dem betrachteten Fall ist wegen I = const das Magnetfeld H_{ext} konstant.

In Abb. F.1a betrachten wir zum Vergleich einen Ring aus perfekt leitendem Material, in dem ein Strom I fließt, an den aber keine Stromquelle angeschlossen ist. Der Gesamtfluss Φ durch den Ring ist aufgrund der perfekten Leitfähigkeit konstant. Falls sich nun Φ aufgrund einer Variation der Magnetisierung des Mediums ändern müsste, würde diese Flussänderung zu einer Spannung führen, die den dissipationslos fließenden Ringstrom genau so ändert, dass der Fluss durch den Ring insgesamt konstant bleibt. In diesem Fall ist also die magnetische Flussdichte B und nicht das Magnetfeld $H_{\text{ext}} = (B/\mu_0) - M$ konstant. Letzteres variiert aufgrund der Variation von M. Die Leiterschleife und das Medium bilden hier ein abgeschlossenes System. Die Arbeit, die für die Magnetisierung des Mediums benötigt wird, wird der Feldenergie der Leiterschleife entzogen. Bei angeschlossener Stromquelle stellt die Stromquelle die benötigte Energie bereit, so dass die Feldenergie konstant bleiben kann.

F.2.1.1 Schema I

Wir betrachten zuerst die Arbeit, die geleistet werden muss, wenn wir einen elektrischen Dipol mit Dipolmoment **p** (magnetischen Dipol mit magnetischem Moment **m**) aus dem Unendlichen an eine bestimmte Position $\mathbf{r}_1$ zu bringen. Sie ist gegeben durch das Integral über die Kraft $\mathbf{F}_{el} = -\mathbf{p} \cdot \nabla \mathbf{E}_{ext}$ bzw. $\mathbf{F}_{mag} = -\mu_0 \mathbf{m} \cdot \nabla \mathbf{H}_{ext}$:

$$W_I = \int_\infty^{\mathbf{r}_1} \mathbf{F}_{el} \cdot d\mathbf{r} = -\int_\infty^{\mathbf{r}_1} \mathbf{p} \cdot \nabla \mathbf{E}_{ext}\, dr = -\int_0^{\mathbf{E}_1} \mathbf{p} \cdot d\mathbf{E}_{ext} \qquad (F.2.7)$$

$$W_I = \int_\infty^{\mathbf{r}_1} \mathbf{F}_{mag} \cdot d\mathbf{r} = -\int_\infty^{\mathbf{r}_1} \mu_0 \mathbf{m} \cdot \nabla \mathbf{H}_{ext}\, dr = -\int_0^{\mathbf{H}_1} \mu_0 \mathbf{m} \cdot d\mathbf{H}_{ext}. \qquad (F.2.8)$$

Hierbei geben die Integrationsgrenzen 0 und $\mathbf{E}_1$ ($\mathbf{H}_1$) die Werte des elektrischen (magnetischen) Feldes im Unendlichen und am Ort $\mathbf{r}_1$ an. Für δW_{em} erhalten wir damit

$$\delta W_I = -\mathbf{p} \cdot d\mathbf{E}_{ext} \qquad (F.2.9)$$

$$\delta W_I = -\mu_0 \mathbf{m} \cdot d\mathbf{H}_{ext}. \qquad (F.2.10)$$

Wir sehen, dass die verrichtete Arbeit negativ ist, wenn die Momente parallel zu den Feldern ausgerichtet sind. Dies liegt daran, dass die Momente an den Ort $\mathbf{r}_1$ hingezogen werden. Falls die Momente antiparallel zu den Feldern orientiert sind, liegt eine abstoßende Wechselwirkung vor. Die am System verrichtete Arbeit ist positiv, da wir ja gegen die abstoßende Wechselwirkung Arbeit leisten müssen.

Wir können (F.2.9) und (F.2.10) leicht umschreiben und erhalten

$$\delta W_I = -d(\mathbf{p} \cdot \mathbf{E}_{ext}) + \mathbf{E}_{ext} \cdot d\mathbf{p} \qquad (F.2.11)$$

$$\delta W_I = -d(\mathbf{m} \cdot \mu_0 \mathbf{H}_{ext}) + \mu_0 \mathbf{H}_{ext} \cdot d\mathbf{m}. \qquad (F.2.12)$$

Die geleistete Arbeit setzt sich aus der Änderung der Wechselwirkungsenergie $-d(\mathbf{p} \cdot \mathbf{E}_{ext})$ ($-d(\mathbf{m} \cdot \mu_0 \mathbf{H}_{ext})$) und der geleisteten Polarisierungsarbeit $\mathbf{E}_{ext} \cdot d\mathbf{p}$ (Magnetisierungsarbeit $\mu_0 \mathbf{H}_{ext} \cdot d\mathbf{m}$) zusammen.

F.2.1.2 Schema II

Wir wollen jetzt die Frage beantworten, welche Arbeit wir leisten müssen, um einen Festkörper im äußeren Feld null zu polarisieren (magnetisieren). Dies ist die Arbeit, die wir in Schema II verrichten müssen. Bei diesem Prozess trägt die Arbeit, die wir am Dipol verrichten, ausschließlich zur inneren Energie bei. Im Gegensatz zum Schema I gibt es keine Wechselwirkungsenergie mit dem äußeren Feld, weil ja am Ende des Prozesses kein äußeres Feld vorhanden ist. Um die diesen fiktiven Prozess klar zu machen und die damit verbundene Arbeit zu berechnen, betrachten wir folgenden reversiblen Prozess:

1. Wir bringen einen unpolarisierten (unmagnetisierten) Festkörper aus dem Unendlichen an den Ort $\mathbf{r}_1$ an dem das Feld $\mathbf{E}_1$ ($\mathbf{H}_1$) herrscht.

2. Das elektrische Dipolmoment $\mathbf{p}_1$ (magnetische Diplomoment $\mathbf{m}_1$), das im Festkörper am Ort $\mathbf{r}_1$ existiert, soll nun auf diesem Wert eingefroren werden. Wir nehmen an, dass für diesen Vorgang keine Arbeit notwendig ist.
3. Wir bringen das fixierte Dipolmoment von $\mathbf{r}_1$ wieder ins Unendliche, wo die Felder null sein sollen.

Wir müssen nun die mit Schritt 1 und Schritt 3 verbundene Arbeit berechnen. Die im Schritt 1 verrichtete Arbeit $W_{II}^{(1)}$ entspricht der oben diskutieren Arbeit gemäß (F.2.7) und (F.2.8). Für den Schritt 2 ist keine Arbeit notwendig. Im Schritt 3 leisten wir am Dipol Arbeit, indem wir in aus dem elektrischen Feld $\mathbf{E}_1$ (magnetischen Feld $\mathbf{H}_1$) wieder in das Feld null bringen. Diese Arbeit lässt sich aus (F.2.7) und (F.2.8) berechnen zu

$$W_{II}^{(3)} = -\int_{\mathbf{E}_1}^{0} \mathbf{p}_1 \cdot d\mathbf{E}_{ext} = -\mathbf{p}_1 \int_{\mathbf{E}_1}^{0} d\mathbf{E}_{ext} = \mathbf{p}_1 \cdot \mathbf{E}_1 \tag{F.2.13}$$

$$W_{II}^{(3)} = -\int_{\mathbf{H}_1}^{0} \mu_0 \mathbf{m}_1 \cdot d\mathbf{H}_{ext} = -\mu_0 \mathbf{m}_1 \int_{\mathbf{H}_1}^{0} d\mathbf{H}_{ext} = \mu_0 \mathbf{m}_1 \cdot \mathbf{H}_1 \,. \tag{F.2.14}$$

Wir sehen, dass diese Arbeit positiv ist, wenn die Momente parallel zu den Feldern ausgerichtet sind. Dies liegt daran, dass wir die Momente gegen die anziehende Wechselwirkung ins Unendliche bringen müssen. Die am System verrichtete Arbeit ist folglich positiv. Wir können nun die in Schritt 1 und 3 verrichteten Arbeiten summieren und erhalten die Gesamtarbeit in Schema II zu

$$W_{II} = -\int_{0}^{\mathbf{E}_1} \mathbf{p} \cdot d\mathbf{E}_{ext} + \mathbf{p}_1 \cdot \mathbf{E}_1 \tag{F.2.15}$$

$$W_{II} = -\int_{0}^{\mathbf{H}_1} \mu_0 \mathbf{m} \cdot d\mathbf{H}_{ext} + \mu_0 \mathbf{m}_1 \cdot \mathbf{H}_1 \,. \tag{F.2.16}$$

Wir können diese Ausdrücke umformen, indem wir die folgenden Identitäten

$$d(\mathbf{p} \cdot \mathbf{E}) = \mathbf{p} \cdot d\mathbf{E} + \mathbf{E} \cdot d\mathbf{p} \tag{F.2.17}$$

$$\mathbf{p}_1 \cdot \mathbf{E}_1 = \int_{0}^{\mathbf{E}_1} \mathbf{p} \cdot d\mathbf{E}_{ext} + \int_{0}^{\mathbf{p}_1} \mathbf{E}_{ext} \cdot d\mathbf{p} \tag{F.2.18}$$

verwenden. Wir erhalten damit

$$W_{II} = -\int_{0}^{\mathbf{E}_1} \mathbf{p} \cdot d\mathbf{E}_{ext} + \int_{0}^{\mathbf{E}_1} \mathbf{p} \cdot d\mathbf{E}_{ext} + \int_{0}^{\mathbf{p}_1} \mathbf{E}_{ext} \cdot d\mathbf{p} = \int_{0}^{\mathbf{p}_1} \mathbf{E}_{ext} \cdot d\mathbf{p} \tag{F.2.19}$$

$$W_{II} = -\int_{0}^{\mathbf{H}_1} \mu_0 \mathbf{m} \cdot d\mathbf{H}_{ext} + \int_{0}^{\mathbf{H}_1} \mu_0 \mathbf{m} \cdot d\mathbf{H}_{ext} + \int_{0}^{\mathbf{m}_1} \mu_0 \mathbf{H}_{ext} \cdot d\mathbf{m} = \int_{0}^{\mathbf{m}_1} \mu_0 \mathbf{H}_{ext} \cdot d\mathbf{m} \,. \tag{F.2.20}$$

F.2 Innere Energie

Für δW_{em} ergibt sich also

$$\delta W_{II} = \mathbf{E}_{ext} \cdot d\mathbf{p} \tag{F.2.21}$$

$$\delta W_{II} = \mu_0 \mathbf{H}_{ext} \cdot d\mathbf{m}. \tag{F.2.22}$$

Dies ist die Arbeit, die durch die Änderung des elektrischen (magnetischen) Dipolmoments von null auf $\mathbf{p}_1$ ($\mathbf{m}_1$) im elektrischen (magnetischen) Nullfeld geleistet wird.

Die Arbeit $W_{II} = \int_0^{\mathbf{p}_1} \mathbf{E}_{ext} \cdot d\mathbf{p}$ ($W_{II} = \int_0^{\mathbf{m}_1} \mu_0 \mathbf{H}_{ext} \cdot d\mathbf{m}$) entspricht gerade der Arbeit, die wir beim Polarisieren (Magnetisieren) eines Mediums in einem Kondensator (einer Spule) verrichten. Wir zeigen dies kurz anhand der Magnetisierungsarbeit. Ein Strom I durch eine Spule der Länge L, Querschnittsfläche F und Windungszahl $n = N/L$ erzeugt ein Magnetfeld $H_{ext} = nI$. Wir füllen nun die Spule gleichmäßig mit einem magnetischen Medium. Die Änderung der Magnetisierung $M = m/V = m/FL$ dieses Mediums führt zu einer Flussänderung $\mu_0 F \Delta M$. Die zeitliche Änderung des Flusses durch die Spule führt zu einer Induktionsspannung $V = -\mu_0 nLF dM/dt$ zwischen den Spulenenden. Der Strom I, der gegen diese Spannung fließt, leistet die Arbeit $-IV$. Für die durch die Stromquelle zu verrichtende Arbeit gilt dann $-I \int V dt = \mu_0 nILF \Delta M = \mu_0 H_{ext} \Delta m$, was gerade (F.2.22) entspricht. Das heißt, die Arbeit, die dazu notwendig ist, ein magnetisches Medium in einer Spule zu magnetisieren entspricht in der Tat der Arbeit W_{II}.

Permanenter Dipol: Der Zusammenhang zwischen W_I, W_{II} und $\mu_0 \mathbf{m}_1 \cdot \mathbf{H}_1$ ist in Abb. F.2 anhand eines magnetischen Systems dargestellt. Wir können die Abbildung benutzen, um den Fall eines permanenten magnetischen Moments mit Moment $\mathbf{m} = \mathbf{m}_p$ zu diskutieren. Die Arbeit, die wir leisten müssen, um das Moment aus dem Unendlichen an den Ort $\mathbf{r}_1$ zu bringen, ist gegeben durch

$$W_I = -\int_0^{H_1} \mu_0 \mathbf{m}_p \cdot d\mathbf{H}_{ext} = -\mu_0 \mathbf{m}_p \cdot \mathbf{H}_1. \tag{F.2.23}$$

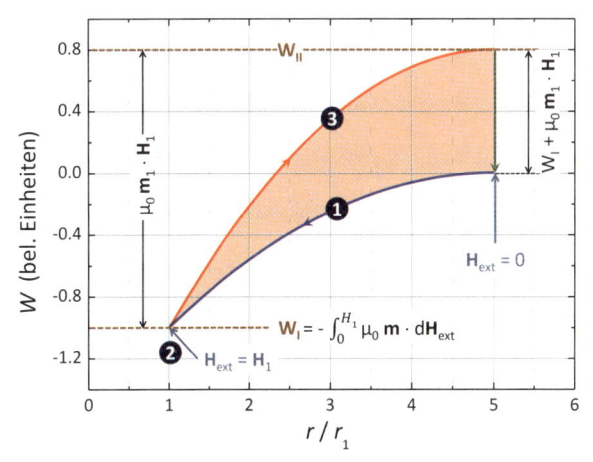

Abb. F.2: Beziehungen zwischen den Arbeiten W_I und W_{II} für ein magnetisierbares Medium. Die Zahlen deuten die drei Teilschritte im Schema II an.

Die Arbeit, die wir benötigen, um das Medium im Nullfeld zu magnetisieren, ist dann

$$W_{\text{II}} = \int_{\mathbf{m}_p}^{\mathbf{m}_1} \mu_0 \mathbf{H}_{\text{ext}} \cdot d\mathbf{m} = 0, \tag{F.2.24}$$

da $\mathbf{m}_1 = \mathbf{m}_p$. Wir sehen also, dass in diesem Fall keine innere Arbeit W_{II} verrichtet wird, da uns ja ein permanentes Moment vorgegeben wurde, das sich in der Schrittfolge $1 \to 2 \to 3$ nicht ändert. Die Arbeit W_{I} ist die reine Wechselwirkungsenergie des permanenten Moments mit dem äußeren Feld.

Paraelektrische und paramagnetische Systeme: Die Situation ist anders für ein paramagnetisches Medium, d. h. ein magnetisch polarisierbares Medium mit Polarisierbarkeit α, das kein permanentes Moment besitzt. Hier gilt

$$W_{\text{I}} = -\int_0^{H_1} \mu_0 \mathbf{m} \cdot d\mathbf{H}_{\text{ext}} = -\int_0^{H_1} \mu_0 \alpha \mathbf{H}_{\text{ext}} \cdot d\mathbf{H}_{\text{ext}} = -\frac{1}{2}\mu_0 \alpha H_1^2 \tag{F.2.25}$$

$$W_{\text{II}} = \int_0^{m_1} \mu_0 \mathbf{H}_{\text{ext}} \cdot d\mathbf{m} = \frac{1}{\alpha}\int_0^{m_1} \mu_0 \mathbf{m} \cdot d\mathbf{m} = \frac{1}{2\alpha}\mu_0 m_1^2. \tag{F.2.26}$$

Mit $m_1 = \alpha H_1$ folgt

$$W_{\text{I}} = -\frac{1}{2\alpha}\mu_0 m_1^2. \tag{F.2.27}$$

Die Arbeit W_{I} können wir gemäß Abb. F.2 als Summe der Magnetisierungsarbeit $W_{\text{II}} = \frac{1}{2\alpha}\mu_0 m_1^2$ und der Wechselwirkungsenergie $-\mu_0 m_1 H_1 = -\frac{1}{\alpha}\mu_0 m_1^2$ des induzierten magnetischen Moments mit dem Feld H_1 interpretieren. Der gleiche Sachverhalt ist nochmals in Abb. F.3 anhand einer Magnetisierungskurve eines paramagnetischen Systems mit einer linearen Magnetisierungskurve $\mathbf{m}(\mathbf{H}_{\text{ext}})$ und eines ferromagnetischen Systems mit einer nichtlinearen $\mathbf{m}(\mathbf{H}_{\text{ext}})$ Abhängigkeit dargestellt.

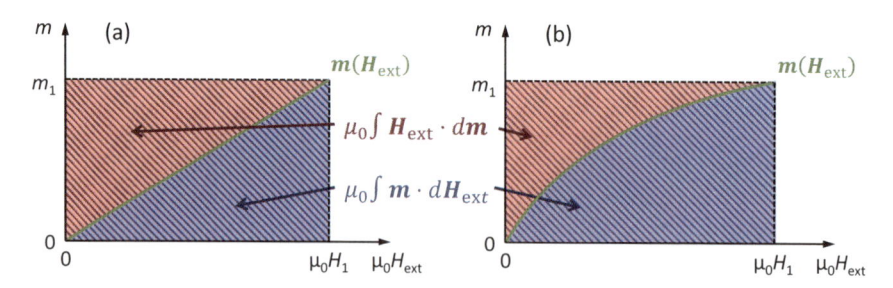

Abb. F.3: Darstellung der magnetischen Arbeit anhand (a) einer linearen Magnetisierungskurve $\mathbf{m}(\mathbf{H}_{\text{ext}})$ eines paramagnetischen Systems und (b) einer nichtlinearen Magnetisierungskurve eines Ferromagneten. Die rot hinterlegte Fläche stellt die Arbeit $W_{\text{II}} = \mu_0 \int \mathbf{H}_{\text{ext}} \cdot d\mathbf{m}$ dar, die für das Aufmagnetisieren des Materials benötigt wird. Das schraffierte Rechteck mit der Fläche $\mu_0 H_1 m_1$ gibt den Betrag der Wechselwirkungsenergie $-\mu_0 \mathbf{m}_1 \cdot \mathbf{H}_1$ des magnetischem Moments $\mathbf{m}_1$ mit dem äußeren Feld $\mathbf{H}_1$ an. Der Betrag der Arbeit $W_{\text{I}} = -\mu_0 \int \mathbf{m} \cdot d\mathbf{H}_{\text{ext}}$ entspricht der blauen Fläche. Diese erhalten wir, indem wir die Summe der Magnetisierungsarbeit (rote Fläche) und der Wechselwirkungsenergie (negativer Wert der schraffierte Fläche) bilden.

F.2 Innere Energie

Ferroelektrische und ferromagnetische Systeme: In der oben geführten Betrachtung haben wir uns auf den einfachen Fall eines elektrischen oder magnetischen Dipols in einem äußeren Feld beschränkt. Wesentlich schwieriger ist die Situation bei ferroelektrischen und ferromagnetischen Materialien, da diese Materialien einen nichtlinearen Zusammenhang zwischen Polarisation **P** und elektrischem Feld $\mathbf{E}_{\text{ext}}$ bzw. zwischen Magnetisierung **M** und magnetischem Feld $\mathbf{H}_{\text{ext}}$ besitzen. Wir werden im Folgenden exemplarisch nur ein ferromagnetisches System betrachten. Die abgeleiteten Beziehungen können aber leicht auf ein ferroelektrisches System übertragen werden.

Wir beginnen unsere Betrachtung, indem wir von der Arbeit $\delta \widetilde{W}_{\text{II}} = I\delta\Phi$ ausgehen, die wir verrichten müssen, um eine inkrementale Flussänderung $\delta\Phi$ in einer Spule zu erzeugen, in der sich ein ferromagnetisches Material befindet. Da nach dem Ampèreschen Gesetz $\oint \mathbf{H} \cdot d\boldsymbol{\ell} = I$ und ferner $\delta\Phi = \int \delta\mathbf{B}dA$ gilt, erhalten wir

$$\delta \widetilde{W}_{\text{II}} = \int_V \mathbf{H} \cdot \delta\mathbf{B} \, dV \, . \tag{F.2.28}$$

Das Problem besteht nun darin, dass wir gerne einen Ausdruck für die Energie der Magnetisierungsverteilung $\mathbf{M}(\mathbf{r})$ einer ferromagnetischen Probe im von außen angelegten Feld $\mathbf{H}_{\text{ext}}$ hätten. Das wirkliche Magnetfeld, dass innerhalb der Probe vorherrscht ist aber

$$\mathbf{H} = \mathbf{H}_{\text{ext}} + \mathbf{H}_{\text{N}} \, , \tag{F.2.29}$$

wobei $\mathbf{H}_{\text{N}}$ das Entmagnetisierungsfeld ist. Die korrespondierende Flussdichte ist durch

$$\mathbf{B} = \mu_0(\mathbf{H} + \mathbf{M}) = \mu_0(\mathbf{H}_{\text{ext}} + \mathbf{H}_{\text{N}} + \mathbf{M}) \tag{F.2.30}$$

gegeben. Wir weisen darauf hin, dass die Annahme einer vollkommen homogenen Magnetisierung selbst für gute Permanentmagnete unrealistisch ist. $\mathbf{M}(\mathbf{r})$ wird während des Magnetisierungsprozesses modifiziert und hängt von der Feldverteilung $\mathbf{H}(\mathbf{r})$ im Inneren des Materials ab. Die für ein Material konstitutive Beziehung ist $\mathbf{M} = \mathbf{M}(\mathbf{H})$ und nicht $\mathbf{M} = \mathbf{M}(\mathbf{H}_{\text{ext}})$. Dies ist so, da wir ja nicht wollen, dass die ein Material charakterisierende Beziehung von der Probenform abhängt.

Setzen wir **H** und **B** in (F.2.28) ein, so sehen wir, dass wir einen Beitrag $\int \mu_0 \mathbf{H}_{\text{ext}} \cdot \delta\mathbf{H}_{\text{ext}} dV$ zu $\delta\widetilde{W}_{\text{II}}$ erhalten, der mit der Feldenergie im freien Raum verbunden ist und nichts mit der Magnetisierungsarbeit zu tun hat. Ziehen wir diesen Beitrag ab, so erhalten wir

$$\delta W_{\text{II}} = \int_V \left(\mathbf{H} \cdot \delta\mathbf{B} - \mu_0 \mathbf{H}_{\text{ext}} \cdot \delta\mathbf{H}_{\text{ext}} \right) dV \, . \tag{F.2.31}$$

Mit den Beziehungen (F.2.29) und (F.2.30) ergibt sich $\mathbf{H} \cdot \delta\mathbf{B} = \mu_0 (\mathbf{H}_{\text{ext}} + \mathbf{H}_{\text{N}}) \cdot (\delta\mathbf{H}_{\text{ext}} + \delta\mathbf{H}_{\text{N}} + \delta\mathbf{M})$ und damit

$$\delta W_{\text{II}} = \mu_0 \int_V \underbrace{\left(\mathbf{H}_{\text{ext}} \cdot \delta\mathbf{H}_{\text{N}} + \mathbf{H}_{\text{N}} \cdot \delta\mathbf{H}_{\text{ext}} \right)}_{=\delta(\mathbf{H}_{\text{ext}} \cdot \mathbf{H}_{\text{N}})} dV + \mu_0 \int_V \mathbf{H}_{\text{N}} \cdot \delta\mathbf{H}_{\text{N}} \, dV$$

$$+ \mu_0 \int_V \underbrace{\left(\mathbf{H}_{\text{ext}} + \mathbf{H}_{\text{N}} \right)}_{=\mathbf{H}} \cdot \delta\mathbf{M} \, dV \, . \tag{F.2.32}$$

Das erste Integral auf der rechten Seite ergibt null[7] und das zweite Integral entspricht dem Beitrag δE_m zur magnetostatischen Selbstenergie (vergleiche hierzu Abschnitt 12.1.4). Wir erhalten also

$$\delta W_{II} = \delta E_m + \mu_0 \int_V (\mathbf{H}_{ext} + \mathbf{H}_N) \cdot \delta \mathbf{M}\, dV. \tag{F.2.33}$$

Wir können nun noch zeigen, dass $\mu_0 \int \mathbf{H}_N \cdot \delta \mathbf{M}\, dV = -\delta E_m$. Hierzu benutzen wir (12.1.22), woraus wir

$$-\delta E_m = \frac{1}{2}\mu_0 \int_V \delta(\mathbf{H}_N \cdot \mathbf{M})\, dV$$

$$= \frac{1}{2}\mu_0 \int_V (\mathbf{H}_N \cdot \delta \mathbf{M} + \mathbf{M} \cdot \delta \mathbf{H}_N)\, dV = \mu_0 \int_V \mathbf{H}_N \cdot \delta \mathbf{M}\, dV \tag{F.2.34}$$

erhalten. Damit erhalten wir schließlich

$$\delta W_{II} = \mu_0 \int_V \mathbf{H}_{ext} \cdot \delta \mathbf{M}\, dV = \mu_0 \mathbf{H}_{ext} \cdot \delta \mathbf{m}. \tag{F.2.35}$$

Da die Diskussion für ferroelektrische Materialien äquivalent ist, sehen wir, dass auch für ferroelektrische und ferromagnetisches Materialien die Beziehungen (F.2.21) und (F.2.22) gelten.

F.2.2 Zusammenhang zwischen innerer Energie und elektromagnetischer Arbeit

Gemäß der Definition (F.2.1) der inneren Energie, erhalten wir unterschiedliche Ausdrücke, je nachdem wie wir die Arbeit in elektrischen und magnetischen Feldern verrichten. Wird die Arbeit nach Schema I durch Verschieben eines elektrischen (magnetischen) Dipols im Feld einer festen Ladung (magnetischen Dipols) verrichtet, so erhalten wir mit (F.2.9) und (F.2.10)

$$dU_I = TdS - pdV - \mathbf{p} \cdot d\mathbf{E}_{ext} \tag{F.2.36}$$

$$dU_I = TdS - pdV - \mu_0 \mathbf{m} \cdot d\mathbf{H}_{ext}. \tag{F.2.37}$$

Wird die Arbeit nach Schema II durch Polarisation (Magnetisierung) im elektrischen (magnetischen) Feld null verrichtet, so erhalten wir mit (F.2.21) und (F.2.22)

$$dU_{II} = TdS - pdV + \mathbf{E}_{ext} \cdot d\mathbf{p} \tag{F.2.38}$$

$$dU_{II} = TdS - pdV + \mu_0 \mathbf{H}_{ext} \cdot d\mathbf{m}. \tag{F.2.39}$$

---

[7] Wir benutzen hier die gleiche Argumentation wie in der Fußnote auf Seite 665 und ferner $\nabla \cdot \mathbf{H}_{ext} = 0$ und $\nabla \times \mathbf{H}_N = 0$.

Da wir zwei unterschiedliche Ausdrücke vorliegen haben, muss es unterschiedliche Bedeutungen für die Energie des Systems geben. Offensichtlich hängt die Energie davon ab, wie wir unser System definieren, das heißt, welche Energiebeiträge wir in das betrachtete System einbeziehen. Im Schema I wird die Wechselwirkungsenergie $-d(\mathbf{p}_1 \cdot \mathbf{E}_1)$ bzw. $-d(\mu_0 \mathbf{m}_1 \cdot \mathbf{H}_1)$ zum System hinzugezählt. Die gesamte am System verrichtete Arbeit ist negativ. Sie setzt sich aus der Arbeit, die benötigt wird, um das System im Nullfeld zu polarisieren bzw. zu magnetisieren und der Wechselwirkungsenergie zusammen. Im Schema II wird dagegen die Wechselwirkungsenergie nicht zum System gezählt. Sie wird dem externen Apparat zugerechnet, der Arbeit am System verrichtet. Die am System verrichtete Arbeit entspricht der Arbeit, die benötigt wird, um das System im Nullfeld zu polarisieren bzw. zu magnetisieren. Sie ist positiv.

F.3 Freie Energie

Die *freie Energie* oder **Helmholtz-Energie** $\mathcal{F}$ ist mit der inneren Energie $\mathcal{U}$ über die Beziehung

$$\mathcal{F} = \mathcal{U} - TS \tag{F.3.1}$$

verknüpft. Im Spezialfall der reversiblen isothermen Expansion eines Gases entspricht die Änderung der freien Energie gerade der vom Gas verrichteten Volumenarbeit. Für elektromagnetische Systeme ergeben sich mit (F.2.36) und (F.2.37) für das Differenzial die Ausdrücke

$$d\mathcal{F}_I = -SdT - pdV - \mathbf{p} \cdot d\mathbf{E}_{ext} \tag{F.3.2}$$

$$d\mathcal{F}_I = -SdT - pdV - \mu_0 \mathbf{m} \cdot d\mathbf{H}_{ext}. \tag{F.3.3}$$

$\mathcal{F}_I$ ist somit das thermodynamische Potenzial für die unabhängigen Variablen T, V und $\mathbf{E}_{ext}$ ($\mathbf{H}_{ext}$) für dielektrische (magnetische) Systeme. Isotherm-isochore Zustände für $\mathbf{E}_{ext}$ = const ($\mathbf{H}_{ext}$ = const) werden durch ein Minimum der freien Energie beschrieben. Für die Temperatur-, Volumen- und Feldabhängigkeit von $\mathcal{F}_I$ erhalten wir:

$$-\left(\frac{\partial \mathcal{F}_I}{\partial T}\right)_{V,E_{ext}(H_{ext})} = S \quad -\left(\frac{\partial \mathcal{F}_I}{\partial V}\right)_{T,E_{ext}(H_{ext})} = p$$

$$-\left(\frac{\partial \mathcal{F}_I}{\partial E_{ext}}\right)_{V,T} = p \quad -\left(\frac{\partial \mathcal{F}_I}{\partial H_{ext}}\right)_{V,T} = \mu_0 m. \tag{F.3.4}$$

Mit (F.2.38) und (F.2.39) erhalten wir dagegen

$$d\mathcal{F}_{II} = -SdT - pdV + \mathbf{E}_{ext} \cdot d\mathbf{p} \tag{F.3.5}$$

$$d\mathcal{F}_{II} = -SdT - pdV + \mu_0 \mathbf{H}_{ext} \cdot d\mathbf{m}. \tag{F.3.6}$$

Für $\mathcal{F}_{II}$ ist neben T und V die unabhängige Variable jetzt $\mathbf{p}$ bzw. $\mathbf{m}$. Isotherm-isochore Zustände ($dT = dV = 0$) für $\mathbf{p}$ = const ($\mathbf{m}$ = const) werden durch ein Minimum der freien Energie beschrieben.

Die Änderung der freien Energie bei isotherm-isochoren Prozessen entspricht gerade der vom System verrichteten elektromagnetischen Arbeit. Im Schema I ist diese Arbeit für $\mathbf{p}$ ($\mathbf{m}$) parallel zu $\mathbf{E}_{\text{ext}}$ ($\mathbf{H}_{\text{ext}}$) negativ. Dies liegt daran, dass die Wechselwirkungsenergie $-\mathbf{p} \cdot \mathbf{E}_{\text{ext}}$ ($-\mu_0 \mathbf{m} \cdot \mathbf{H}_{\text{ext}}$) negativ ist. Im Schema II ist diese Arbeit dagegen positiv, da hier nur die innere Selbstenergie zum System gezählt wird.

In den meisten Fällen ist man nur an der nach Schema II verrichteten Arbeit interessiert, da diese nur die für das Polarisieren bzw. Magnetisieren eines Materials verrichtete Arbeit und nicht die Wechselwirkungsenergie enthält. Das Differenzial $d\mathcal{F}_{\text{II}}$ der freien Energie enthält dann neben $-pdV$ den Ausdruck $\mathbf{E}_{\text{ext}} \cdot d\mathbf{p}$ bzw. $\mu_0 \mathbf{H}_{\text{ext}} \cdot d\mathbf{m}$. Da in Experimenten neben der Temperatur aber meist der Druck und die externen Felder $\mathbf{E}_{\text{ext}}$ bzw. $\mathbf{H}_{\text{ext}}$ die relevanten Variablen sind, stellt üblicherweise nicht die freie Energie, sondern die im nächsten Abschnitt diskutierte freie Enthalpie das interessierende thermodynamische Potenzial dar.

F.4 Freie Enthalpie

In Experimenten in der Festkörperphysik ist es häufig schwierig, das Volumen konstant zu halten bzw. es kontrolliert zu variieren, wogegen der Druck leicht über einen großen Bereich eingestellt werden kann. Deshalb verwendet man häufig anstelle der freien Energie die *Gibbs-Funktion* oder *freie Enthalpie* $\mathcal{G}$, damit man bei isobaren Prozessen die dabei auftretende Volumenarbeit nicht berechnen muss. Bei der mit der Umgebung ausgetauschten Energie müssen wir dann nur die Wärme und diejenigen Arbeiten berücksichtigen, die keine Volumenarbeiten darstellen (z. B. elektrische und magnetische Arbeit).

Die freie Enthalpie ist mit der inneren Energie über die Beziehung

$$\mathcal{G} = \mathcal{U} - TS + pV - \sum_i \mathbf{F}_{Z_i} \cdot \mathbf{Z}_i \tag{F.4.1}$$

verknüpft und wir erhalten deshalb für ihr Differenzial

$$d\mathcal{G} = d\mathcal{U} - TdS - SdT + pdV + Vdp - \sum_i \mathbf{F}_{Z_i} \cdot d\mathbf{Z}_i - \sum_i \mathbf{Z}_i \cdot d\mathbf{F}_{Z_i}. \tag{F.4.2}$$

Mit den Beziehungen (F.2.36) und (F.2.37) erhalten wir daraus für Schema I[8]

$$d\mathcal{G}_{\text{I}} = -SdT + Vdp - \mathbf{p} \cdot d\mathbf{E}_{\text{ext}} \tag{F.4.3}$$

$$d\mathcal{G}_{\text{I}} = -SdT + Vdp - \mu_0 \mathbf{m} \cdot d\mathbf{H}_{\text{ext}}. \tag{F.4.4}$$

Mit den Beziehungen (F.2.38) und (F.2.39) erhalten wir für Schema II

$$d\mathcal{G}_{\text{II}} = -SdT + Vdp - \mathbf{p} \cdot d\mathbf{E}_{\text{ext}} \tag{F.4.5}$$

$$d\mathcal{G}_{\text{II}} = -SdT + Vdp - \mu_0 \mathbf{m} \cdot d\mathbf{H}_{\text{ext}}. \tag{F.4.6}$$

---

[8] Es gilt $\delta W_{\text{I}} = -\mathbf{p} \cdot d\mathbf{E}_{\text{ext}} = -\mathbf{p} \cdot d\mathbf{E}_{\text{ext}} - \mathbf{E}_{\text{ext}} \cdot d\mathbf{p} + \mathbf{E}_{\text{ext}} \cdot d\mathbf{p} = -d(\mathbf{p} \cdot \mathbf{E}_{\text{ext}}) + \mathbf{E}_{\text{ext}} \cdot d\mathbf{p}$. Wir sehen also, dass wir das Differenzial der Wechselwirkungsenergie $-d(\mathbf{p} \cdot \mathbf{E}_{\text{ext}})$ bereits bei der Berechnung von δW_{I} berücksichtigt haben. Wir dürfen diesen Beitrag natürlich nur einmal zählen und müssen deshalb den Term $-d(\mathbf{p} \cdot \mathbf{E}_{\text{ext}})$ im Differenzial der freien Enthalpie weglassen.

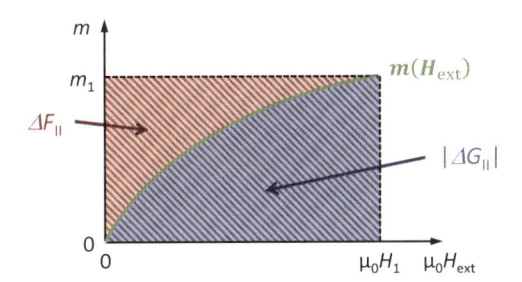

Abb. F.4: Darstellung der Änderung der freien Energie $\Delta\mathcal{F}_{II}$ (rote Fläche) und des Betrags der freien Enthalpie $|\Delta\mathcal{G}_{II}|$ (blaue Fläche) bei reversibler Magnetisierung. Die Änderung der freien Enthalpie erhalten wir zu $\Delta\mathcal{G}_{II} = \Delta\mathcal{F}_{II} - \mu_0 m_1 H_1$, das heißt, indem wir von der roten Fläche das schraffierte Rechteck mit der Fläche $\mu_0 m_1 H_1$ abziehen. Da $-\mu_0 m_1 H_1$ gerade die Wechselwirkungsenergie zwischen $\mathbf{m}_1$ und $\mathbf{H}_1$ ist, unterscheiden sich $\Delta\mathcal{F}_{II}$ und $\Delta\mathcal{G}_{II}$ also genau um die Wechselwirkungsenergie.

Wir sehen, dass die Ausdrücke für $d\mathcal{G}_I$ und $d\mathcal{G}_{II}$ gleich sind, da jetzt in beiden Fällen die Wechselwirkungsenergie berücksichtigt wurde. Sowohl für $d\mathcal{G}_I$ als auch $d\mathcal{G}_{II}$ ist neben T und p die unabhängige Variable $\mathbf{E}_{ext}$ bzw. $\mathbf{H}_{ext}$. Dies entspricht den meisten experimentellen Situationen. Isotherm-isobare Zustände ($dT = dp = 0$) für $\mathbf{E}_{ext} = $ const ($\mathbf{H}_{ext} = $ const) werden durch ein Minimum der freien Enthalpie beschrieben. In Abb. F.4 sind die Änderungen $\Delta\mathcal{G}_{II} = -\mu_0 \int_0^{H_1} \mathbf{m} \cdot d\mathbf{H}_{ext}$ und $\Delta\mathcal{F}_{II} = -\mu_0 \int_0^{m_1} \mathbf{H}_{ext} \cdot d\mathbf{m}$, die mit einer reversiblen Magnetisierungskurve zusammenhängen, grafisch dargestellt.

Für die Temperatur-, Druck- und Feldabhängigkeit von $\mathcal{G}_I$ bzw. $\mathcal{G}_{II}$ erhalten wir:

$$-\left(\frac{\partial \mathcal{G}_{II}}{\partial T}\right)_{p, E_{ext}(H_{ext})} = S, \qquad \left(\frac{\partial \mathcal{G}_{II}}{\partial p}\right)_{T, E_{ext}(H_{ext})} = V,$$

$$-\left(\frac{\partial \mathcal{G}_{II}}{\partial E_{ext}}\right)_{p,T} = p, \qquad -\left(\frac{\partial \mathcal{G}_{II}}{\partial H_{ext}}\right)_{p,T} = \mu_0 m. \tag{F.4.7}$$

F.5 Verwendung der thermodynamischen Potenziale

Um uns die Verwendung der thermodynamischen Potenziale klar zu machen, betrachten wir einen Supraleiter im äußeren Feld $\mathbf{H}_{ext}$. Wir nehmen einen Entmagnetisierungsfaktor $N = 0$ und $T = 0$ an, so dass wir Entmagnetisierungsfelder und den Beitrag TS zur freien Energie oder Enthalpie vernachlässigen können. Für eine Probe mit Volumen V_s ist die freie Energie im normalleitenden Zustand gegeben durch

$$\mathcal{F}_n = V_s \mathfrak{f}_n + \frac{1}{2}\mu_0 H_{ext}^2 V. \tag{F.5.1}$$

Hierbei ist $\mathfrak{f}_n$ die freie Energiedichte im Normalzustand bei Feld null und $V = V_s + V_a$ das Gesamtvolumen, dass sich aus dem Probenvolumen V_s und dem Volumen V_a außerhalb der Probe zusammensetzt.

Im supraleitenden Zustand zeigt die Probe den Meißner-Effekt, so dass das Magnetfeld im Inneren der Probe verschwindet. Für die freie Energie erhalten wir dann

$$\mathcal{F}_s = V_s \mathfrak{f}_s + \tfrac{1}{2}\mu_0 H_{\text{ext}}^2 V_a \,. \tag{F.5.2}$$

Hierbei ist $\mathfrak{f}_s$ die freie Energiedichte im supraleitenden Zustand. Für die Differenz erhalten wir

$$\mathcal{F}_n - \mathcal{F}_s = V_s(\mathfrak{f}_n - \mathfrak{f}_s) + \tfrac{1}{2}\mu_0 H_{\text{ext}}^2 V_s \,. \tag{F.5.3}$$

Da $\mathfrak{f}_n - \mathfrak{f}_s = \tfrac{1}{2}\mu_0 H_{\text{cth}}^2$ (vergleiche hierzu Abschnitt 13.2), erhalten wir für $H_{\text{ext}} = H_{\text{cth}}$

$$\mathcal{F}_n - \mathcal{F}_s\big|_{H_{\text{ext}}=H_{\text{cth}}} = \mu_0 H_{\text{cth}}^2 V_s \,. \tag{F.5.4}$$

Wir können dieses Ergebnis vor dem Hintergrund der Diskussion in den vorangegangenen Abschnitten einfach verstehen. Da für einen Supraleiter $\mathbf{M} = -\mathbf{H}_{\text{ext}}$ gilt, können wir (F.5.4) mit $\mathbf{m} = V_s \mathbf{M}$ wie folgt umschreiben:

$$\mathcal{F}_n - \mathcal{F}_s\big|_{H_{\text{ext}}=H_{\text{cth}}} = -\mu_0 \mathbf{m}_{\text{cth}} \cdot \mathbf{H}_{\text{cth}} \,. \tag{F.5.5}$$

Wir sehen also, dass die Änderung der freien Energie beim Übergang in den supraleitenden Zustand aus der Wechselwirkungsenergie des magnetischem Moments des Supraleiters mit dem externen Feld resultiert. Da $\mathbf{m}$ antiparallel zu $\mathbf{H}_{\text{ext}}$ steht, ist dieser Energiebeitrag negativ. Er tritt auf, da wir die Arbeit nach Schema 1 berechnet haben (wir haben einen Supraleiter in das Feld einer Spule gebracht und ihn dort belassen), und wird natürlich von der Magnetspule geliefert. Da wir beim Übergang vom supraleitenden zum normalleitenden Zustand eine Flussänderung haben, resultiert eine Induktionsspannung in der Spule und das Netzteil muss die Arbeit $\int IV dt$ verrichten, um den Strom und damit das externe Feld konstant zu halten. Wir sehen, dass sich die freie Energie gut für Situationen eignen würde, in denen wir die Flussdichte $\mathbf{B}$ festhalten. Für den in Experimenten meist vorliegenden Fall eines vorgegebenen Magnetfeldes $\mathbf{H}_{\text{ext}}$ gilt dies allerdings nicht. Um zu erreichen, dass im Phasengleichgewicht beim Übergang in den supraleitenden Zustand $\mathcal{F}_n = \mathcal{F}_s$ gilt, hätten wir das unschöne Problem, dass wir die von der an die Spule angeschlossenen Stromquelle geleistete Arbeit berücksichtigen müssten.

Wir wollen im Folgenden zeigen, dass für den Fall eines von außen vorgegebenen Magnetfeldes die freie Enthalpie $\mathcal{G} = \mathcal{F} - \mu_0 \mathbf{m} \cdot \mathbf{H}_{\text{ext}}$ das geeignete thermodynamische Potenzial ist. Mit $\mathbf{m} = \mathbf{M} V_s = -\mathbf{H}_{\text{ext}} V_s$ im supraleitenden und $\mathbf{m} = 0$ im normalleitenden Zustand erhalten wir

$$\mathcal{G}_n = V_s \mathfrak{f}_n + \tfrac{1}{2}\mu_0 H_{\text{ext}}^2 V_s + \tfrac{1}{2}\mu_0 H_{\text{ext}}^2 V_a \tag{F.5.6}$$

und

$$\mathcal{G}_s = V_s \mathfrak{f}_s + \tfrac{1}{2}\mu_0 H_{\text{ext}}^2 V_a + \mu_0 H_{\text{ext}}^2 V_s \,. \tag{F.5.7}$$

Für die Differenz ergibt sich damit

$$\mathcal{G}_n - \mathcal{G}_s = V_s(\mathfrak{f}_n - \mathfrak{f}_s) - \tfrac{1}{2}\mu_0 H_{\text{ext}}^2 V_s \,. \tag{F.5.8}$$

Da $\mathfrak{f}_n - \mathfrak{f}_s = \frac{1}{2}\mu_0 H_{cth}^2$, folgt aus der Forderung $\mathcal{G}_n = \mathcal{G}_s$ für das Phasengleichgewicht am Phasenübergang jetzt gerade $H_{ext} = H_{cth}$.

Das diskutierte Beispiel zeigt, dass es häufig einer subtilen Analyse bedarf, um das geeignete thermodynamische Potenzial zur Beschreibung eines physikalischen Systems zu finden.

F.6 Spezifische Wärme

Eine weitere wichtige thermodynamische Größe, die im Experiment direkt zugänglich ist, ist die Wärmekapazität C eines Stoffes. Sie ist diejenige Wärmemenge ΔQ, die benötigt wird, um seine Temperatur um 1 K zu erhöhen, d. h. $C \equiv \Delta Q/\Delta T$ (vergleiche hierzu Abschnitt 6.1). Die auf diese Weise definierte Wärmekapazität hängt natürlich von der Stoffmenge ab. Um verschiedene Materialien vergleichen zu können, wird C meistens auf die Stoffmenge 1 mol (*molare Wärmekapazität* $c^{mol} = C/\text{mol}$) oder auf die Masse eines Stoffes (*spezifische Wärmekapazität* $c^{mass} = C/m$) bezogen. Der Zusammenhang zwischen der Wärmekapazität und der inneren Energie $\mathcal{U}$ folgt aus dem 1. Hauptsatz der Thermodynamik:[9]

$$d\mathcal{U} = \delta Q + \delta W . \tag{F.6.1}$$

Hierbei ist $d\mathcal{U}$ die Änderung der inneren Energie, δQ die zugeführte Wärmemenge und δW die am System geleistete Arbeit.

Halten wir das Volumen V und das elektrische (magnetische) Feld konstant, so erhalten wir bei isochor-reversibler Prozessführung mit $\delta Q_{rev} = TdS$

$$C_V = T\left(\frac{\partial S}{\partial T}\right)_{V,E_{ext}(H_{ext})} = -T\left(\frac{\partial^2 \mathcal{F}}{\partial T^2}\right)_{V,E_{ext}(H_{ext})} \tag{F.6.2}$$

Halten wir den Druck p und das elektrische (magnetische) Feld konstant, so erhalten wir bei isobar-reversibler Prozessführung mit $\delta Q_{rev} = TdS$

$$C_p = T\left(\frac{\partial S}{\partial T}\right)_{p,E_{ext}(H_{ext})} = -T\left(\frac{\partial^2 \mathcal{G}}{\partial T^2}\right)_{p,E_{ext}(H_{ext})} \tag{F.6.3}$$

Literatur

H. B. Callen, *Thermodynamics and an Introduction to Thermostatistics*, John Wiley & Sons (1985).

G. Carrington, *Basic Thermodynamics*, Oxford University Press, Oxford (1994).

C. Kittel, H. Krömer, *Thermodynamik*, R. Oldenbourg Verlag, München (2001).

F. Schwabl, *Statistische Mechanik*, Springer Verlag, Heidelberg (2000).

---

[9] Man beachte, dass δQ und δW Prozessgrößen sind und keine Differentiale einer Zustandsgröße. Wir benutzen deshalb δQ und δW anstelle von dQ und dW.

G Herleitungen zur Supraleitung

G.1 Madelung-Transformation

Die Darstellung einer quantenmechanischen Wellenfunktion als Amplitude $\psi_0(\mathbf{r},t)$ und Phase $\theta(\mathbf{r},t)$ geht auf **Erwin Madelung** zurück.[1,2] Er interpretierte die Schrödinger-Gleichung der linear unabhängigen Funktionen ψ und ψ^* als zwei hydrodynamische Gleichungen, die eine „Wahrscheinlichkeitsflüsigkeit" beschreiben. Das Einsetzen der Wellenfunktion $\psi = \psi_0 e^{\imath\theta}$ in die Schrödinger-Gleichung wird deshalb als *Madelung-Transformation* bezeichnet. Wendet man die Idee von Madelung auf das Konzept der makroskopischen Wellenfunktion eines Supraleiters oder von Supraflüssigkeiten an, kann man für diese quantenhydrodynamische Gleichungen ableiten.

Wir gehen von einem geladenen Teilchen mit Ladung q und Masse m aus [vergleiche (13.3.18)], das wir mit der Wellenfunktion $\Psi(\mathbf{r},t)$ beschreiben. Die Schrödinger-Gleichung lautet:

$$\frac{1}{2m}\left(\frac{\hbar}{\imath}\nabla - q\mathbf{A}(\mathbf{r},t)\right)^2 \Psi(\mathbf{r},t) + [q\phi(\mathbf{r},t) + \mu(\mathbf{r},t)]\Psi(\mathbf{r},t) = \imath\hbar\frac{\partial\Psi(\mathbf{r},t)}{\partial t} \ . \quad (G.1.1)$$

Hierbei ist $q\phi(\mathbf{r},t) + \mu(\mathbf{r},t)$ das elektrochemische Potenzial. Wir ersetzen nun die Wellenfunktion $\Psi(\mathbf{r},t)$ des Teilchens durch die makroskopische Wellenfunktion

$$\psi(\mathbf{r},t) = \psi_0(\mathbf{r},t)e^{\imath\theta(\mathbf{r},t)} \quad (G.1.2)$$

des Supraleiters sowie q und m durch die Ladung q_s und Masse m_s der „supraleitenden" Elektronen. Damit ergibt sich

$$\underbrace{\frac{1}{2m_s}\left(\frac{\hbar}{\imath}\nabla - q_s\mathbf{A}(\mathbf{r},t)\right)^2 \psi(\mathbf{r},t)}_{II} + [q_s\phi(\mathbf{r},t) + \mu(\mathbf{r},t)]\,\psi(\mathbf{r},t) = \underbrace{\imath\hbar\frac{\partial\psi(\mathbf{r},t)}{\partial t}}_{I} \ .$$

$$(G.1.3)$$

Unter Benutzung der Wirkung $\mathbf{S}(\mathbf{r},t) = \hbar\nabla\theta(\mathbf{r},t)$ erhalten wir für die Teile I und II folgende Ausdrücke:

$$I = \imath\hbar\frac{\partial\psi(\mathbf{r},t)}{\partial t} = \left[\imath\hbar\frac{\partial\psi_0(\mathbf{r},t)}{\partial t} - \psi_0(\mathbf{r},t)\frac{\partial S(\mathbf{r},t)}{\partial t}\right]e^{\imath S(\mathbf{r},t)/\hbar} \quad (G.1.4)$$

---

[1] E. Madelung, *Eine anschauliche Deutung der Gleichung von Schrödinger*, Naturwiss. **14**, 1004 (1926).
[2] E. Madelung, *Quantentheorie in hydrodynamischer Form*, Z. Phys. **40**, 322 (1926).

$$II = \frac{1}{2m_s}\left(\frac{\hbar}{\imath}\nabla - q_s\mathbf{A}(\mathbf{r},t)\right)^2 \psi(\mathbf{r},t)$$

$$= \frac{1}{2m_s}\left[\underbrace{-\hbar^2\nabla^2}_{1} + \underbrace{\imath\hbar q_s\nabla\cdot\mathbf{A}}_{2} + \underbrace{\imath\hbar q_s\mathbf{A}\cdot\nabla}_{3} + \underbrace{q_s^2\mathbf{A}^2}_{4}\right]\psi_0(\mathbf{r},t)e^{\imath S(\mathbf{r},t)/\hbar} \quad (G.1.5)$$

Die Auswertung von II erfordert etwas Aufwand. Die mit 1 bis 4 markierten Beiträge ergeben

$$1 = -\frac{\hbar^2\nabla^2}{2m_s}\psi_0 e^{\imath S/\hbar}$$

$$= \frac{1}{2m_s}\left[-\hbar^2\nabla^2\psi_0 + \psi_0(\nabla S)^2 - 2\imath\hbar\nabla\psi_0(\nabla S) - \imath\hbar\psi_0\nabla^2 S\right]e^{\imath S/\hbar} \quad (G.1.6)$$

$$2 = \frac{1}{2m_s}\imath\hbar q_s\psi_0(\nabla\cdot\mathbf{A})e^{\imath S/\hbar} + \text{term } 3 \quad (G.1.7)$$

$$3 = \frac{1}{2m_s}\left[\imath\hbar q_s\mathbf{A}\cdot(\nabla\psi_0) - q_s\psi_0\mathbf{A}(\nabla S)\right]e^{\imath S/\hbar} \quad (G.1.8)$$

$$2+3 = \frac{1}{2m_s}\left[\imath\hbar q_s\psi_0(\nabla\cdot\mathbf{A}) + 2\imath\hbar q_s\mathbf{A}\cdot(\nabla\psi_0) - 2q_s\psi_0\mathbf{A}(\nabla S)\right]e^{\imath S/\hbar} \quad (G.1.9)$$

$$4 = \frac{1}{2m_s}q_s\psi_0\mathbf{A}^2 e^{\imath S/\hbar} \quad (G.1.10)$$

Summieren wir die verschiedenen Beiträge auf, so ergibt sich für den Teil II

$$II = \left[\psi_0\frac{(\nabla S - q_s\mathbf{A})^2}{2m_s} - \frac{\hbar^2\nabla^2}{2m_s}\psi_0 - \frac{\imath}{2m_s}\underbrace{(2\hbar\nabla\psi_0 + \hbar\psi_0\nabla)(\nabla S - q_s\mathbf{A})}_{=\frac{\hbar}{\psi_0}\nabla\cdot[\psi_0^2(\nabla S - q_s\mathbf{A})]}\right]e^{\imath S/\hbar}$$

$$= \left[\psi_0\frac{(\nabla S - q_s\mathbf{A})^2}{2m_s} - \frac{\hbar^2\nabla^2}{2m_s}\psi_0 - \imath\frac{\hbar}{2\psi_0}\nabla\cdot\left(\frac{\psi_0^2}{m_s}(\nabla S - q_s\mathbf{A})\right)\right]e^{\imath S/\hbar}$$

$$(G.1.11)$$

Wir setzen jetzt die Ergebnisse (G.1.11) für II und (G.1.4) für I in (G.1.3) ein und spalten nach Real- und Imaginärteil auf. Für den Realteil erhalten wir

$$\left[\psi_0\left(\frac{(\nabla S - q_s\mathbf{A})^2}{2m_s} + q_s\phi + \mu\right) - \frac{\hbar^2\nabla^2}{2m_s}\psi_0\right]e^{\imath S/\hbar} = -\psi_0\frac{\partial S}{\partial t}e^{\imath S/\hbar} \quad (G.1.12)$$

was wir in

$$\frac{\partial S}{\partial t} + \underbrace{\frac{(\nabla S - q_s\mathbf{A})^2}{2m_s}}_{=\frac{1}{2}m_s v_s^2 = \frac{1}{2n_s}\Lambda J_s^2} + q_s\phi + \mu = \frac{\hbar^2\nabla^2\psi_0}{2m_s\psi_0} \quad (G.1.13)$$

umschreiben können. Der zweite Term auf der linken Seite stellt dabei die kinetische Energie dar und die Summe aus zweitem bis viertem Term ist die Hamilton-Funktion H. Unter Benutzung des London-Koeffizienten $\Lambda = m_s/n_s q_s^2$ erhalten wir schließlich

$$\hbar \frac{\partial \theta(\mathbf{r},t)}{\partial t} + \frac{1}{2n_s}\Lambda \mathbf{J}_s^2(\mathbf{r},t) + q_s\phi(\mathbf{r},t) + \mu(\mathbf{r},t) = \frac{\hbar^2 \nabla^2 \psi_0(\mathbf{r},t)}{2m_s \psi_0(\mathbf{r},t)}. \quad (G.1.14)$$

Wenn wir Terme der Ordnung ∇^2 vernachlässigen, was immer dann zulässig ist, wenn die betrachteten elektromagnetischen Potenziale langsam variieren, erhalten wir

$$\hbar \frac{\partial \theta(\mathbf{r},t)}{\partial t} = -\left(\frac{1}{2n_s}\Lambda \mathbf{J}_s^2(\mathbf{r},t) + q_s\phi(\mathbf{r},t) + \mu(\mathbf{r},t)\right). \quad (G.1.15)$$

Dieser Ausdruck stellt eine **Energie-Phasen-Beziehung** dar, da in der Klammer auf der rechten Seite die Summe aus kinetischer und potenzieller Energie steht.

Der Term auf der rechten Seite von (G.1.14) ist proportional zur räumlichen Variation der Amplitude ψ_0 der makroskopischen Wellenfunktion, d.h. zu räumlichen Variationen der Dichte der supraleitenden Elektronen. Er enthält $\hbar$ und deutet auf den quantenmechanischen Ursprung des Ausdruckes hin. Im quasi-klassischen Grenzfall ($\hbar^2 \to 0$) erhalten wir die klassische Hamilton-Jacobi-Gleichung

$$\frac{\partial S(\mathbf{r},t)}{\partial t} = -H(\mathbf{r},t). \quad (G.1.16)$$

Für den Imaginärteil erhalten wir

$$\imath \hbar \frac{\partial \psi_0}{\partial t} e^{\imath S/\hbar} = -\imath \frac{\hbar}{2\psi_0} \nabla \cdot \left(\frac{\psi_0^2}{m_s}(\nabla S - q_s \mathbf{A})\right) e^{\imath S/\hbar}, \quad (G.1.17)$$

was wir weiter in

$$\underbrace{\frac{\partial \psi_0^2}{\partial t}}_{=\partial n_s/\partial t} = -\nabla \cdot \underbrace{\left(\frac{\psi_0^2}{m_s}(\nabla S - q_s \mathbf{A})\right)}_{=n_s \mathbf{v}_s = \mathbf{J}_\rho} \quad (G.1.18)$$

umschreiben können. Da $|\psi_0^2| = n_s$ der Teilchendichte entspricht, erkennen wir sofort, dass (G.1.18) die Form einer Kontinuitätsgleichung $\partial n_s/\partial t + \nabla \cdot \mathbf{J}_\rho = 0$ für die Teilchenstromdichte $\mathbf{J}_\rho$ hat. Multiplizieren wir $\mathbf{J}_\rho$ mit q_s, so erhalten wir die supraleitende Stromdichte

$$\mathbf{J}_s(\mathbf{r},t) = q_s n_s \left\{\frac{\hbar}{m_s}\nabla \theta(\mathbf{r},t) - \frac{q_s}{m_s}\mathbf{A}(\mathbf{r},t)\right\}. \quad (G.1.19)$$

Dieser Ausdruck stellt eine **Strom-Phasen-Beziehung** dar. Die Energie-Phasen- und die Strom-Phasen-Beziehung beinhalten die wesentliche Physik einer geladenen Supraflüssigkeit.

G.2 BCS Hamilton-Operator

Wir wollen im Folgenden den Hamilton-Operator (13.5.51), den wir in der Schreibweise der 2. Quantisierung angegeben haben, ableiten. Die ortsabhängigen Wellenfunktionen der Leitungselektronen können wir mit Wellenpaketen, die aus ebenen Wellen aufgebaut sind, beschreiben. Wir führen nun die Feldoperatoren ein:

$$\widehat{\Psi}_\sigma(\mathbf{r}) = \frac{1}{\sqrt{V}} \sum_\mathbf{k} \widehat{c}_{\mathbf{k}\sigma} e^{i\mathbf{k}\cdot\mathbf{r}} \qquad \widehat{c}_{\mathbf{k}\sigma} = \frac{1}{\sqrt{V}} \int \widehat{\Psi}_\sigma(\mathbf{r}) e^{-i\mathbf{k}\cdot\mathbf{r}} d\mathbf{r} \qquad (\text{G.2.1})$$

$$\widehat{\Psi}_\sigma^\dagger(\mathbf{r}) = \frac{1}{\sqrt{V}} \sum_\mathbf{k} \widehat{c}_{\mathbf{k}\sigma}^\dagger e^{-i\mathbf{k}\cdot\mathbf{r}} \qquad \widehat{c}_{\mathbf{k}\sigma}^\dagger = \frac{1}{\sqrt{V}} \int \widehat{\Psi}_\sigma^\dagger(\mathbf{r}) e^{i\mathbf{k}\cdot\mathbf{r}} d\mathbf{r}. \qquad (\text{G.2.2})$$

Die Feldoperatoren $\widehat{\Psi}_\sigma(\mathbf{r})$ und $\widehat{\Psi}_\sigma^\dagger(\mathbf{r})$ können wir als "zweite Quantisierungen" einer Wellenfunktion betrachten. Wir werden sehen, dass es sich dabei einfach um einen sehr bequemen und hilfreichen Formalismus für die Beschreibung von Vielteilchensystemen handelt. Die Ausdrücke auf der rechten Seite stellen jeweils die in den $\mathbf{k}$-Raum transformierten Ausdrücke dar.

Der Hamilton-Operator im Ortsraum stellt eine Summe über alle N Elektronen dar und umfasst deren kinetische Energie, die potentielle Energie aufgrund externer Felder wie das skalare Potenzial $\phi(\mathbf{r})$ und das Vektorpotenzial $\mathbf{A}(\mathbf{r})$ und einen Wechselwirkungsterm zwischen den Elektronen, der zur Supraleitung führt:

$$\mathcal{H}_{\text{BCS}} = \sum_\sigma \sum_{i=1}^N \left(-\frac{\hbar^2}{2m} \nabla_i^2 + V_{\text{ext}}(\mathbf{r}) \right) + \frac{1}{2} \sum_\sigma \sum_{i,j=1}^N V(\mathbf{r}_i - \mathbf{r}_j). \qquad (\text{G.2.3})$$

Hierbei umfasst $V_{\text{ext}}(\mathbf{r})$ die Beiträge der externen Felder und der Faktor $1/2$ verhindert eine Doppelzählung. Wir können nun die Feldoperatoren einsetzen. Dadurch geht die Summe über alle N Teilchen in eine Summe über alle $\mathbf{k}$ über und eine Integration über den gesamten Raum vervollständigt die Fourier-Transformation in den $\mathbf{k}$-Raum:

$$\mathcal{H}_{\text{BCS}} = \int \widehat{\Psi}_\sigma^\dagger(\mathbf{r}) \left(-\frac{\hbar^2}{2m} \nabla_i^2 + V_{\text{ext}}(\mathbf{r}) \right) \widehat{\Psi}_\sigma(\mathbf{r}) d\mathbf{r}$$

$$+ \frac{1}{2} \int V(\mathbf{r} - \mathbf{r}') \widehat{\Psi}_\sigma^\dagger(\mathbf{r}) \widehat{\Psi}_\sigma(\mathbf{r}) \widehat{\Psi}_\sigma^\dagger(\mathbf{r}') \widehat{\Psi}_\sigma(\mathbf{r}') d\mathbf{r} d\mathbf{r}'. \qquad (\text{G.2.4})$$

Für die kinetische Energie erhalten wir

$$\mathcal{T} = \int \widehat{\Psi}_\sigma^\dagger(\mathbf{r}) \left(-\frac{\hbar^2}{2m} \nabla_i^2 \right) \widehat{\Psi}_\sigma(\mathbf{r}) d\mathbf{r} = \frac{1}{V} \sum_\sigma \sum_{\mathbf{k},\mathbf{k}'} \int \widehat{c}_{\mathbf{k}'\sigma}^\dagger e^{-i\mathbf{k}'\cdot\mathbf{r}} \frac{\hbar^2 k^2}{2m} \widehat{c}_{\mathbf{k}\sigma} e^{i\mathbf{k}\cdot\mathbf{r}} d\mathbf{r}$$

$$\qquad (\text{G.2.5})$$

$$= \sum_\sigma \sum_\mathbf{k} \frac{\hbar^2 k^2}{2m} \widehat{c}_{\mathbf{k}\sigma}^\dagger \widehat{c}_{\mathbf{k}\sigma}. \qquad (\text{G.2.6})$$

Die anderen Terme können in ähnlicher Weise ausgewertet werden, so dass wir insgesamt

$$\mathcal{H}_{\text{BCS}} = \sum_{\mathbf{k},\sigma} \epsilon_\mathbf{k} \widehat{c}_{\mathbf{k}\sigma}^\dagger \widehat{c}_{\mathbf{k}\sigma} + \sum_{\mathbf{k}_1,\mathbf{k}_2,\mathbf{q},\sigma_1,\sigma_2} V_\mathbf{q} c_{\mathbf{k}_1+\mathbf{q},\sigma_1}^\dagger c_{\mathbf{k}_2-\mathbf{q},\sigma_2}^\dagger c_{\mathbf{k}_2,\sigma_2} c_{\mathbf{k}_1,\sigma_1} \qquad (\text{G.2.7})$$

erhalten. Hierbei ist

$$V(\mathbf{q}) = \frac{1}{V} \int V(\mathbf{r}) e^{i(\mathbf{k}-\mathbf{k}')\cdot\mathbf{r}} d\mathbf{r} = \frac{1}{V} \int V(\mathbf{r}) e^{i\mathbf{q}\cdot\mathbf{r}} d\mathbf{r} . \qquad (G.2.8)$$

Der Wechselwirkungsterm kann vereinfacht werden, indem wir für die Cooper-Paare $\mathbf{k}_1 = \mathbf{k}$ und $\mathbf{k}_2 = -\mathbf{k}$ sowie $\sigma_1 = \uparrow$ und $\sigma_2 = \downarrow$, also eine Spin-Singulett-Paarung annehmen:

$$\mathcal{H}_{\text{BCS}} = \sum_{\mathbf{k},\sigma} \epsilon_{\mathbf{k}} \widehat{c}^\dagger_{\mathbf{k}\sigma} \widehat{c}_{\mathbf{k}\sigma} + \sum_{\mathbf{k},\mathbf{k}'} V_{\mathbf{k},\mathbf{k}'} c^\dagger_{\mathbf{k}\uparrow} c^\dagger_{-\mathbf{k}\downarrow} c_{-\mathbf{k}'\downarrow} c_{\mathbf{k}'\uparrow} . \qquad (G.2.9)$$

Hierbei steht $V_{\mathbf{k},\mathbf{k}'}$ für $V(\mathbf{k}-\mathbf{k}') = V(\mathbf{q})$ mit $\mathbf{q} = \mathbf{k} - \mathbf{k}'$. Die kinetische Energie wir häufig auf das chemische Potenzial μ bezogen, so dass in (G.2.9)

$$\xi_{\mathbf{k}} = \epsilon_{\mathbf{k}} - \mu , \qquad (G.2.10)$$

verwendet wird.

G.3 Grundzustandsenergie

Wir schätzen ab, um wie viel die Gesamtenergie des Elektronensystems im supraleitenden relativ zum normalleitenden Zustand für $T = 0$ abgesenkt ist. Wir gehen dabei von (13.5.65) aus und nutzen aus, dass der Beitrag $\sum_{\mathbf{k}} E_{\mathbf{k}} \left[\alpha^\dagger_{\mathbf{k}} \alpha_{\mathbf{k}} - \beta^\dagger_{\mathbf{k}} \beta_{\mathbf{k}} \right]$ der Bogoliubov-Quasiteilchen keinen Beitrag sowohl bei $T = 0$ (keine Quasiteilchen angeregt) als auch im Normalzustand liefert. Für den supraleitenden Zustand bei $T = 0$ erhalten wir

$$\langle \mathcal{H}_{\text{BCS}} \rangle = \sum_{\mathbf{k}} \left(\xi_{\mathbf{k}} - E_{\mathbf{k}} + g^\dagger_{\mathbf{k}} \Delta_{\mathbf{k}} \right) . \qquad (G.3.1)$$

Im Grenzfall $\Delta_{\mathbf{k}} \to 0$ erhalten wir mit $E_{\mathbf{k}} = \sqrt{\xi_{\mathbf{k}}^2 + \Delta_{\mathbf{k}}^2} \simeq |\xi_{\mathbf{k}}|$ für den Normalzustand

$$\langle \mathcal{H}_{\text{n}} \rangle = \lim_{\Delta \to 0} \langle \mathcal{H}_{\text{BCS}} \rangle = \sum_{\mathbf{k}} \xi_{\mathbf{k}} - |\xi_{\mathbf{k}}| = 2 \sum_{|\mathbf{k}|<k_{\text{F}}} \xi_{\mathbf{k}} . \qquad (G.3.2)$$

Hierbei haben wir ausgenutzt, dass $|\xi_{\mathbf{k}}| = -\xi_{\mathbf{k}}$ für $|\mathbf{k}| \leq k_{\text{F}}$ (Teilchen-Loch-Symmetrie). Für die Absenkung der Grundzustandsenergie im supraleitenden Zustand für $T = 0$ erhalten wir

$$\begin{aligned}\Delta E &= \langle \mathcal{H}_{\text{BCS}} \rangle - \langle \mathcal{H}_{\text{n}} \rangle \\ &= \sum_{|\mathbf{k}|<k_{\text{F}}} (\xi_{\mathbf{k}} - E_{\mathbf{k}} + g^\dagger_{\mathbf{k}} \Delta_{\mathbf{k}}) - 2\xi_{\mathbf{k}} + \sum_{|\mathbf{k}|\geq k_{\text{F}}} (\xi_{\mathbf{k}} - E_{\mathbf{k}} + g^\dagger_{\mathbf{k}} \Delta_{\mathbf{k}}) . \end{aligned} \qquad (G.3.3)$$

Benutzen wir wiederum die Teilchen-Loch-Symmetrie, $|\xi_{\mathbf{k}}| = -\xi_{\mathbf{k}}$ für $|\mathbf{k}| \leq k_{\text{F}}$, und $E_{\mathbf{k}} = \sqrt{\xi_{\mathbf{k}}^2 + |\Delta_{\mathbf{k}}|^2}$, so erhalten wir

$$\Delta E = 2 \sum_{|\mathbf{k}|>k_{\text{F}}} \left(\xi_{\mathbf{k}} - \sqrt{\xi_{\mathbf{k}}^2 + \Delta_{\mathbf{k}}^2} + g^\dagger_{\mathbf{k}} \Delta_{\mathbf{k}} \right) . \qquad (G.3.4)$$

Den letzten Term in der runden Klammer können wir umformen, indem wir $g_\mathbf{k}^\dagger = u_\mathbf{k} v_\mathbf{k}^*$ und $\frac{\Delta_\mathbf{k} u_\mathbf{k}}{v_\mathbf{k}^*} = \xi_\mathbf{k} + E_\mathbf{k}$ benutzen. Damit erhalten wir

$$g_\mathbf{k}^\dagger \Delta_\mathbf{k} = \frac{\Delta_\mathbf{k} u_\mathbf{k} v_\mathbf{k}^*}{v_\mathbf{k}^{*2}} v_\mathbf{k}^{*2} = (\xi_\mathbf{k} - E_\mathbf{k})\left(\frac{1}{2} - \frac{\xi_\mathbf{k}}{E_\mathbf{k}}\right) = \frac{|\Delta_\mathbf{k}|^2}{2E_\mathbf{k}}$$

$$= \frac{|\Delta_\mathbf{k}|^2}{2\sqrt{\xi_\mathbf{k}^2 + |\Delta_\mathbf{k}|^2}} \tag{G.3.5}$$

und durch Einsetzen in (G.3.4) schließlich

$$\Delta E = 2 \sum_{|\mathbf{k}|>k_F} \left[\xi_\mathbf{k} - \sqrt{\xi_\mathbf{k}^2 + |\Delta_\mathbf{k}|^2} + \frac{|\Delta_\mathbf{k}|^2}{2\sqrt{\xi_\mathbf{k}^2 + |\Delta_\mathbf{k}|^2}}\right]. \tag{G.3.6}$$

Um die Diskussion einfach zu halten, benutzen wir im Folgenden $|\Delta_\mathbf{k}| = \Delta$. Wir können nun unter Verwendung der Zustandsdichte für eine Spin-Richtung $D(0)/2 = D(E_F)/2$ (bei der Summation wird nicht über die Spin-Projektionen aufsummiert) die Summation in eine Integration überführen. Mit der Substitution $x = \xi_\mathbf{k}/\Delta$ erhalten wir

$$\Delta E = D(E_F)\Delta^2 \int_0^z dx \left[x - \sqrt{x^2+1} + \frac{1}{2\sqrt{x^2+1}}\right]. \tag{G.3.7}$$

Hierbei ist $z = \hbar\omega_D/\Delta$ die durch die Debye-Energie bestimmte obere Integrationsgrenze. Mit $\int dx \sqrt{x^2+1} = \frac{1}{2}(x\sqrt{x^2+1} + \sinh^{-1} x)$ sowie $\int dx (2\sqrt{x^2+1})^{-1} = \frac{1}{2}\sinh^{-1} x$ erhalten wir

$$\Delta E = D(E_F)\Delta^2 \left[\frac{1}{2}z^2 - \frac{1}{2}\left(z\sqrt{z^2+1} - \sinh^{-1} z\right) + \frac{1}{2}\sinh^{-1} z\right]. \tag{G.3.8}$$

Da $z = \hbar\omega_D/\Delta \gg 1$ können wir $\sqrt{1 + 1/z^2} \simeq 1 + 1/2z^2$ verwenden und erhalten

$$\Delta E = \frac{1}{2}D(E_F)\Delta^2 \left[z^2 - z^2\left(1 + \frac{1}{2z^2}\right)\right] = -\frac{1}{4}D(E_F)\Delta^2. \tag{G.3.9}$$

Wir erhalten also die Kondensationsenergie bei $T = 0$ zu

$$E_{\text{Kond}}(0) = \langle \mathcal{H}_{\text{BCS}}\rangle - \langle \mathcal{H}_n\rangle = -\frac{1}{4}D(E_F)\Delta^2(0). \tag{G.3.10}$$

G.4 Josephson-Gleichungen

Um die Josephson-Gleichungen für einen Supraleiter/Isolator/Supraleiter (SIS) Kontakt herzuleiten, benutzen wir die zeitabhängige Schrödinger-Gleichung

$$\imath\hbar \frac{\partial \psi(\mathbf{r},t)}{\partial t} = E\psi(\mathbf{r},t). \tag{G.4.1}$$

G.4 Josephson-Gleichungen

und beschreiben die beiden Supraleiter 1 und 2, welche die Elektroden eines Josephson-Kontakts bilden, mit den makroskopischen Wellenfunktionen

$$\psi_1(\mathbf{r}, t) = \psi_{0,1}(\mathbf{r}) e^{i\theta_1(\mathbf{r}, t)}, \qquad \psi_2(\mathbf{r}, t) = \psi_{0,2}(\mathbf{r}) e^{i\theta_2(\mathbf{r}, t)}. \tag{G.4.2}$$

Hierbei sind $|\psi_{0,1}|^2 = n_{s1}$ und $|\psi_{0,2}|^2 = n_{s2}$ die Dichten der gepaarten Elektronen in den beiden Supraleitern, die wir als zeitunabhängig annehmen. Aufgrund der endlichen Kopplung zwischen den beiden Wellenfunktionen ändert sich die Wellenfunktion $\psi_1(\mathbf{r}, t)$ mit einer Rate, die proportional zur Kopplungsstärke K_{12} zu Supraleiter 2 ist. Umgekehrt gilt das gleiche für die Wellenfunktion $\psi_2(\mathbf{r}, t)$. Falls die Kopplungsstärke der beiden Supraleiter klein gegenüber den stationären Energieeigenwerten E_1 und E_2 der beiden Supraleiter ist, können wir das gekoppelte System analog zu zwei schwach gekoppelten harmonischen Oszillatoren beschreiben. Die gekoppelten Schrödinger-Gleichungen lauten

$$i\hbar \frac{\partial \psi_1(\mathbf{r}, t)}{\partial t} = E_1 \psi_1(\mathbf{r}, t) + K_{12} \psi_2(\mathbf{r}, t) = e\Delta\phi\, \psi_1(\mathbf{r}, t) + K_{12} \psi_2(\mathbf{r}, t) \tag{G.4.3}$$

$$i\hbar \frac{\partial \psi_2(\mathbf{r}, t)}{\partial t} = E_2 \psi_2(\mathbf{r}, t) + K_{21} \psi_1(\mathbf{r}, t) = -e\Delta\phi\, \psi_2(\mathbf{r}, t) + K_{21} \psi_1(\mathbf{r}, t). \tag{G.4.4}$$

Hierbei haben wir angenommen, dass der Energieunterschied $E_1 - E_2 = q_s \Delta\phi = 2e\Delta\phi$ durch die Potenzialdifferenz $\Delta\phi$ bestimmt wird und wir haben den Energienullpunkt symmetrisch zwischen E_1 und E_2 gelegt. Setzen wir die Wellenfunktionen (G.4.2) ein (dies entspricht wiederum einer Madelung-Transformation) und spalten nach Real- und Imaginärteil auf, so erhalten wir für den Imaginärteil

$$\frac{\partial \theta_1}{\partial t} = -\frac{K}{\hbar} \sqrt{\frac{n_{s2}}{n_{s1}}} \cos\varphi - \frac{e\Delta\phi}{\hbar} \tag{G.4.5}$$

$$\frac{\partial \theta_2}{\partial t} = -\frac{K}{\hbar} \sqrt{\frac{n_{s1}}{n_{s2}}} \cos\varphi + \frac{e\Delta\phi}{\hbar}. \tag{G.4.6}$$

Hierbei haben wir $K_{12} = K_{21} = K$ angenommen und die Phasendifferenz $\varphi = \theta_2 - \theta_1$ verwendet. Wir sehen, dass die zeitliche Variation der Phasen θ_1 und θ_2 durch die Potenzialdifferenz $\Delta\phi$ und die Phasendifferenz φ bestimmt wird. Für den Realteil ergibt sich

$$\frac{\partial n_{s1}}{\partial t} = +\frac{2K}{\hbar} \sqrt{n_{s1} n_{s2}} \sin\varphi \tag{G.4.7}$$

$$\frac{\partial n_{s2}}{\partial t} = -\frac{2K}{\hbar} \sqrt{n_{s1} n_{s2}} \sin\varphi. \tag{G.4.8}$$

Aus (G.4.7) und (G.4.8) folgt $\frac{\partial n_{s1}}{\partial t} = -\frac{\partial n_{s2}}{\partial t}$. Diese Beziehung bedeutet nichts anderes als die Erhaltung der Teilchendichte: Alle Teilchen, die aus Supraleiter 1 herausfließen, müssen in Supraleiter 2 hineinfließen und umgekehrt. Multiplizieren wir $\frac{\partial n_{s1}}{\partial t}$ bzw. $\frac{\partial n_{s2}}{\partial t}$ mit der Ladung $q_s = -2e$ der supraleitenden Elektronen und teilen durch die Kontaktfläche A, so erhalten wir die von 1 nach 2 bzw. die von 2 nach 1 fließende (technische) Josephson-Stromdichte:

$$J_s^{1\to 2} = \frac{2e}{A} \frac{\partial n_{s1}}{\partial t}, \qquad J_s^{2\to 1} = \frac{2e}{A} \frac{\partial n_{s2}}{\partial t}. \tag{G.4.9}$$

Setzen wir (G.4.7) und (G.4.8) ein, so erhalten wir die als Strom-Phasen-Beziehung bezeichnete erste Josephson-Gleichung zu

$$J_s = \frac{4eK}{\hbar A} \sqrt{n_{s1} n_{s2}} \sin\varphi = J_c \sin\varphi . \tag{G.4.10}$$

Die Größe der kritischen Stromdichte J_c hängt wie erwartet von der Kopplungsstärke K und den Cooper-Paardichten der beiden Supraleiter ab. Für SIS-Kontakte aus zwei gleichen Supraleitern gilt[3]

$$J_c(T) = \frac{\pi \Delta(T)}{2eR_n A} \tanh\left(\frac{\Delta(T)}{k_B T}\right), \tag{G.4.11}$$

wobei $R_n A$ das Produkt aus Normalwiderstand und Fläche des Josephson-Kontakts ist. Für $T \to 0$ erhalten wir $I_c R_n = \pi\Delta(0)/2e$, das heißt, das Produkt aus kritischem Strom und Normalwiderstand wird durch die Energielücke des Supraleiters bestimmt.

Wir benutzen nun die Zeitableitung der eichinvarianten Phasendifferenz [vergleiche (13.6.8)]

$$\frac{\partial \varphi}{\partial t} = \frac{\partial \theta_2}{\partial t} - \frac{\partial \theta_1}{\partial t} - \frac{2e}{\hbar} \frac{\partial}{\partial t} \int_1^2 \mathbf{A}(\mathbf{r},t) \cdot d\mathbf{l} \tag{G.4.12}$$

und setzen die Zeitableitungen der Phasen entsprechend (G.4.5) und (G.4.6) ein. Wir schreiben noch die Potenzialdifferenz $\Delta\phi$ als Linienintegral des Potenzialgradienten und erhalten damit für $n_{s1} = n_{s2}$

$$\begin{aligned}\frac{\partial \varphi}{\partial t} &= \frac{2e\Delta\phi}{\hbar} - \frac{2e}{\hbar} \frac{\partial}{\partial t} \int_1^2 \mathbf{A}(\mathbf{r},t) \cdot d\mathbf{l} \\ &= \frac{2e}{\hbar} \underbrace{\int_1^2 \left(-\nabla\phi - \frac{\partial \mathbf{A}}{\partial t}\right) \cdot d\mathbf{l}}_{=U} \quad .\end{aligned} \tag{G.4.13}$$

Hierbei entspricht U dem Spannungsabfall über den Kontakt. Die deshalb als Spannung-Phasen-Beziehung bezeichnete zweite Josephson-Gleichung lautet also

$$\frac{\partial \varphi}{\partial t} = \frac{2eU}{\hbar} . \tag{G.4.14}$$

---

[3] V. Ambegaokar, A. Baratoff, *Tunneling Between Superconductors*, Phys. Rev. Lett. **10**, 486-489 (1963).

H   SI-Einheiten

Das aus dem metrischen System weiterentwickelte Internationale Einheitensystem SI (*Système Internationale d'Unités*) enthält als die 7 Basiseinheiten *Meter* (m), *Kilogramm* (kg), *Sekunde* (s), *Ampère* (A), *Kelvin* (K), *Candela* (Cd) und *Mol* (mol). Hinzu kommen die beiden ergänzenden Einheiten *Radiant* und *Steradiant*. Seit dem 01. 01. 1978 ist in der Bundesrepublik Deutschland die Verwendung des SI-Einheitensystems im amtlichen und geschäftlichen Verkehr gesetzlich vorgeschrieben.

Abgeleitete SI-Einheiten werden durch Multiplikation und Division aus den SI-Basiseinheiten, immer mit dem Faktor 1 (kohärent), gebildet. Für viele abgeleitete SI-Einheiten wurden besondere Namen und Einheitenzeichen festgelegt, z. B. Newton (N) für die Einheit der Kraft und Volt (V) für die der elektrischen Spannung.

Das SI ist weltweit von der internationalen und nationalen Normung übernommen worden (z. B. ISO 1000, DIN 1301). In den EU-Mitgliedstaaten ist es die Grundlage für die Richtlinie über Einheiten im Messwesen (EU-Richtlinien 80/181 und 89/617). Ausführliche Informationen zum SI Einheitensystem findet man bei der Physikalisch-Technischen Bundesanstalt unter `http://www.ptb.de` oder dem National Institut of Standards unter `http://www.physics.nist.gov`.

H.1   Geschichte des SI-Systems

Bis kurz vorm Mars war noch alles in Ordnung. Doch dann passierte das Unglück: Statt eine stabile Umlaufbahn einzunehmen, kam der Mars Climate Orbiter dem roten Planeten zu nahe und verglühte in seiner Atmosphäre. Das war im September 1999. Sofort begann eine fieberhafte Suche nach der Ursache für den Fehler. Das Ergebnis war kaum zu glauben: Die beiden NASA-Kontrollzentren in Denver und Pasadena hatten mit unterschiedlichen Maßeinheiten gerechnet: das eine Team in Metern und Kilogramm, das andere in Foot und Pound – über ein Jahrhundert, nachdem sich die USA und 16 andere Staaten darauf geeinigt hatten, künftig nur noch das metrische System zu verwenden – und 40 Jahre, nachdem nahezu weltweit die (auf dem metrischen System beruhenden) SI-Einheiten eingeführt waren.

Ein peinlicher Vorfall – und ein eindrucksvolles Beispiel dafür, wie wichtig es ist, dass alle mit dem gleichem Maß messen. *Für alle Welt, für alle Völker* – dieses Motto wurde zur Zeit der Französischen Revolution geprägt, als in Frankreich die neue Längeneinheit *Meter* entstand. Das neue Maß wurde zur Grundlage des internationalen metrischen, dezimalen Maßsystems, das ein großes Durcheinander bei den Maßeinheiten beendete. Über die Einhaltung und Weiterentwicklung des metrischen Systems wachen die Organe der Meterkonvention.

Ihr ausführendes Organ, die Generalkonferenz für Maß und Gewicht, tagte zum ersten Mal im Jahr 1889. Sie genehmigte Prototype für das Meter und das Kilogramm und verteilte sie an die Mitgliedstaaten. Auf den folgenden Treffen ging es vor allem um ein Ziel: ein neues internationales Einheitensystem zu schaffen. 1948 verabschiedete die 9. Generalkonferenz für Maß und Gewicht einen Entwurf für ein solches Einheitensystem, das zunächst auf sechs Basiseinheiten beruhte. Alle anderen Einheiten sind mit diesen Basiseinheiten ausschließlich über Multiplikation und Division verbunden. Der große Vorteil dieses Systems: Sämtliche Umrechnungsfaktoren fielen weg.

Die 10. Generalkonferenz für Maß und Gewicht im Jahr 1954 nahm die sechs Basiseinheiten offiziell an: Länge (Meter), Masse (Kilogramm), Zeit (Sekunde), elektrische Stromstärke (Ampère), thermodynamische Temperatur (Kelvin) und Lichtstärke (Candela). Eine siebte Basiseinheit, die der Stoffmenge (Mol), kam erst 1973 dazu. Sie wird heute üblicherweise an sechster Stelle genannt. Diese Änderung der historisch gewachsenen Reihenfolge hat das Internationale Büro für Maß und Gewicht (Bureau International des Poids et Mesures, BIPM) veranlasst, um auszudrücken, dass die Entwicklung in der Optik möglicherweise zu einer Diskussion über die Candela als Basiseinheit führen wird.

Im Jahr 1960 bekam das neue System seinen Namen: *Système International d'Unités*, abgekürzt SI. Die 11. Generalkonferenz für Maß und Gewicht im Jahr 1960 vereinbarte, dass diese Abkürzung in allen Sprachen zu verwenden ist, und verabschiedete Vorsätze zur Bezeichnung der dezimalen Vielfache und Teile von Einheiten. In Deutschland wurde das neue System mit dem Gesetz über Einheiten im Messwesen (Einheitengesetz) vom 2. Juli 1969 und der Ausführungsverordnung zu dem Gesetz vom 5. Juli 1970 eingeführt. Seit dem 1. Januar 1978 sind die alten Einheiten in Deutschland verboten.

H.2 Die SI-Basiseinheiten

Größe	Abkürzung	Name	Symbol	Definition
Länge	l	Meter	m	Das Meter ist die Länge der Strecke, die Licht im Vakuum während der Dauer von (1/299 792 458) Sekunden durchläuft.
Masse	m	Kilogramm	kg	Das Kilogramm ist die Einheit der Masse; es ist gleich der Masse des Internationalen Kilogrammprototyps (Ur-Kilogramm, 1889).
Zeit	t	Sekunde	s	Die Sekunde ist das 9 192 631 770-fache der Periodendauer der dem Übergang zwischen den beiden Hyperfeinstrukturniveaus des Grundzustandes von Atomen des Nuklids ^{133}Cs entsprechenden Strahlung.
elektrische Stromstärke	I	Ampère	A	Das Ampere ist die Stärke eines konstanten elektrischen Stromes, der, durch zwei parallele, geradlinige, unendlich lange und im Vakuum im Abstand von einem Meter voneinander angeordnete Leiter von vernachlässigbar kleinem, kreisförmigem Querschnitt fließend, zwischen diesen Leitern je einem Meter Leiterlänge die Kraft 2×10^{-7} Newton hervorrufen würde.

Fortsetzung auf nächster Seite

H.2 Die SI-Basiseinheiten

Fortsetzung von letzter Seite

Größe	Abkürzung	Name	Symbol	Definition
Temperatur	T	Kelvin	K	Das Kelvin, die Einheit der thermodynamischen Temperatur, ist der 273.16-te Teil der thermodynamischen Temperatur des Tripelpunktes des Wassers.
Lichtstärke	J	Candela	cd	Die Candela ist die Lichtstärke in einer bestimmten Richtung einer Strahlungsquelle, die monochromatische Strahlung der Frequenz 540×10^{12} Hertz aussendet und deren Strahlstärke in dieser Richtung (1/683) Watt durch Steradiant beträgt.
Stoffmenge	n	Mol	mol	Das Mol ist die Stoffmenge eines Systems, das aus ebensoviel Einzelteilchen besteht, wie Atome in 0.012 Kilogramm des Kohlenstoffnuklids ^{12}C enthalten sind. Bei Benutzung des Mol müssen die Einzelteilchen spezifiziert sein und können Atome, Moleküle, Ionen, Elektronen sowie andere Teilchen oder Gruppen solcher Teilchen genau angegebener Zusammensetzung sein.
ergänzende SI Einheiten:				
ebener Winkel	ϑ	Radiant	rad	
Raumwinkel	Ω	Steradiant	sr	

H.2.1 Einige von den SI-Einheiten abgeleitete Einheiten

Größe	Abkürzung	Name	Symbol	SI-Einheit
Frequenz	ν	Hertz	Hz	s^{-1}
Kreisfrequenz	ω	Radiant/Sekunde		s^{-1}
Geschwindigkeit	v	Meter/Sekunde		$m s^{-1}$
Beschleunigung	a	Meter/Sekunde^2		$m s^{-2}$
Winkelgeschwindigkeit	ω	Radiant/Sekunde		s^{-1}
Winkelbeschleunigung	α	Radiant/Sekunde^2		s^{-2}
Kraft	F	Newton	N	
Energie	E	Joule	J	$m^2 kg s^{-2}$
Leistung	P	Watt	W	$m^2 kg s^{-3}$
Druck	p	Pascal	Pa	$kg m^{-1} s^{-2}$
Ladung	Q	Coulomb	C	As
Spannung (Potenzial)	U	Volt	V	$m^2 kg s^{-3} A^{-1}$
elektrische Feldstärke	E	Volt/Meter	V/m	$m kg s^{-3} A^{-1}$
elektrische Polarisation	P	Coulomb/Meter	C/m	$A s m^{-1}$
elektrische Flussdichte	D	Coulomb/Meter^2	C/m^2	$A s m^{-2}$
elektrischer Widerstand	R	Ohm	Ω	$m^2 kg s^{-3} A^{-2}$
elektrische Leitfähigkeit	σ	Siemens/Meter	S/m	$m^{-3} kg^{-1} s^3 A^2$
magnetische Flussdichte	B	Tesla	$T = V s/m^2$	$kg s^{-2} A^{-1}$
magnetische Feldstärke	H	Ampère/Meter		A/m
magnetischer Fluss	Φ	Weber	Wb = V s	$m^2 kg s^{-2} A^{-1}$
Selbstinduktion	L	Henry	H = V s/A	$m^2 kg s^{-2} A^{-2}$
Wärmekapazität	C	Joule/Kelvin	J/K	$m^2 kg s^{-2} K^{-1}$

Fortsetzung auf nächster Seite

Fortsetzung von letzter Seite

Größe	Abkürzung	Name	Symbol	SI-Einheit
Entropie	S	Joule/Kelvin	J/K	$m^2\,kg\,s^{-2}\,K^{-1}$
Enthalpie	J	Joule	J	$m^2\,kg\,s^{-2}$
Wärmeleitfähigkeit	λ	Watt/Meter Kelvin	W/m K	$m\,kg\,s^{-3}\,K^{-1}$

H.3 Vorsätze

Faktor	Bezeichnung	Abkürzung	Faktor	Bezeichnung	Abkürzung
10^{18}	Exa	E	10^{-1}	Dezi	d
10^{15}	Peta	P	10^{-2}	Zenti	c
10^{12}	Tera	T	10^{-3}	Milli	m
10^{9}	Giga	G	10^{-6}	Mikro	μ
10^{6}	Mega	M	10^{-9}	Nano	n
10^{3}	Kilo	k	10^{-12}	Pico	p
10^{2}	Hekto	h	10^{-15}	Femto	f
10^{1}	Deka	da	10^{-18}	Atto	a

H.4 Abgeleitete Einheiten und Umrechnungsfaktoren

In der Bundesrepublik Deutschland ist das Gesetz über Einheiten im Messwesen die Rechtsgrundlage für die Angabe physikalischer Größen in gesetzlichen Einheiten. Es verpflichtet zu ihrer Verwendung im geschäftlichen und amtlichen Verkehr. Die gesetzlichen Einheiten sind in den folgenden Tabellen blau geschrieben. Die Ausführungsverordnung zum Gesetz über Einheiten im Messwesen (Einheitenverordnung) verweist auf die Norm DIN 1301.

H.4.1 Länge, Fläche, Volumen

Einheit	Abkürzung	Umrechnung
Ångström	Å	$1\,\text{Å} = 10^{-10}\,m$
Astronomische Einheit	AE	$1\,\text{AE} = 1.4960 \times 10^{11}\,m$
Fermi	fm	$1\,\text{fm} = 10^{-15}\,m$
inch	inch	$1\,\text{inch} = 0.254\,m$
foot	ft	$1\,\text{ft} = 0.3038\,m$
yard	yd	$1\,\text{yard} = 0.9144\,m$

Fortsetzung auf nächster Seite

Fortsetzung von letzter Seite

Einheit	Abkürzung	Umrechnung
mile	mile	1 mile = 1609 m
Lichtjahr	Lj	1 Lj = 9.46×10^{15} m
Parsekunde	pc	1 pc = 30.857×10^{15} m
Ar	a	1 a = 100 m^2
Hektar	ha	1 ha = 10^4 m^2
barn	b	1 b = 10^{-28} m^2
Liter	l	1 l = 10^{-3} m^3
gallon	gal (US)	1 gal = 3.7851×10^{-3} m^3
barrel	bbl	1 bbl = 158.988×10^{-3} m^3

H.4.2 Masse

Einheit	Abkürzung	Umrechnung
atomare Masseneinheit	u	1 u = $1.6605655 \times 10^{-27}$ kg
Tonne	t	1 t = 1000 kg
metrisches Karat		1 Karat = 2×10^{-4} kg
pound	lb	1 lb = 0.4536 kg
ounce	oz	1 oz = 1/16 lb = 0.02835 kg

H.4.3 Zeit, Frequenz

Einheit	Abkürzung	Umrechnung
Tag	d	1 d = 86400 s
Stunde	h	1 h = 3600 s
Minute	min	1 min = 60 s
Jahr (tropisches)	a	1 a = 365.24 d = 3.156×10^7 s
Hertz	Hz	1 Hz = 1 s^{-1}

H.4.4 Temperatur

Einheit	Abkürzung	Umrechnung
Grad Celsius	°C	$T(°C) = T(K) - 273.15 \, (K)$
Grad Fahrenheit	°F	$T(°F) = \frac{9}{5} T(°C) + 32$

H.4.5 Winkel

Einheit	Abkürzung	Umrechnung
Radiant	rad	$1\,\text{rad} = 1\,\text{m/m}$
Grad	°	$1° = (2\pi/360)\,\text{rad} = 1.745 \times 10^{-2}\,\text{rad}$
Winkelminute	′	$1' = 2.91 \times 10^{-4}\,\text{rad}$
Winkelsekunde	″	$1'' = 4.85 \times 10^{-6}\,\text{rad}$
Neugrad	gon	$1\,\text{gon} = 2\pi/400\,\text{rad}$
Steradiant	sr	$1\,\text{sr} = 1\,\text{m}^2/\text{m}^2$

H.4.6 Kraft, Druck, Viskosität

Einheit	Abkürzung	Umrechnung
Newton	N	$1\,\text{N} = 1\,\text{kg m/s}^2$
Dyn	dyn	$1\,\text{dyn} = 10^{-5}\,\text{N} = 1\,\text{g cm/s}^2$
Kilopond	kp	$1\,\text{kp} = 1\,\text{kg} \cdot g = 9.8067\,\text{N}$
Pascal	Pa	$1\,\text{Pa} = 1\,\text{N/m}^2 = 1\,\text{kg/ms}^2$
Bar	bar	$1\,\text{bar} = 10^5\,\text{Pa}$
Atmosphäre (physikalisch)	atm	$1\,\text{atm} = 101\,325\,\text{Pa}$
Atmosphäre (technisch)	at	$1\,\text{at} = 98\,066\,\text{Pa}$
Torr, mmHg	Torr	$1\,\text{Torr} = 1\,\text{mmHg} = 133.322\,\text{Pa}$
Poise	P	$1\,\text{P} = 0.1\,\text{Pa s}$
psi	lb/in²	$1\,\text{psi} = 6895.0\,\text{Pa s}$

H.4.7 Energie, Leistung, Wärmemenge

Einheit	Abkürzung	Umrechnung
Joule	J	$1\,\text{J} = 1\,\text{N m} = 1\,\text{kg m}^2/\text{s}^2$
Kilowattstunde	kWh	$1\,\text{kWh} = 3.6 \times 10^6\,\text{J} = 860\,\text{kcal}$
Kalorie	cal	$1\,\text{cal} = 4.187\,\text{J}$
Erg	erg	$1\,\text{erg} = 1\,\text{g cm}^2/\text{s}^2 = 10^{-7}\,1\,\text{kg m}^2/\text{s}^2 == 10^{-7}\,\text{J}$
Elektronenvolt	eV	$1\,\text{eV} = 1.6022 \times 10^{-19}\,\text{J}$ $1\,\text{eV}$ entspricht $11\,604\,\text{K}$ $(E = k_B T)$ $1\,\text{eV}$ entspricht $2.4180 \times 10^{14}\,\text{Hz}$ $(E = h\nu)$
Watt	W	$1\,\text{W} = 1\,\text{J/s} = 1\,\text{kg m}^2/\text{s}^3$
Pferdestärke	PS	$1\,\text{PS} = 735.6\,\text{W}$

H.4.8 Elektromagnetische Einheiten

Einheit	Abkürzung	Umrechnung
Coulomb	C	$1\,\text{C} = 1\,\text{A\,s}$
Volt	V	$1\,\text{V} = 1\,\text{J/A\,s} = 1\,\text{kg\,m}^2/\text{A\,s}^3$
Farad	F	$1\,\text{F} = 1\,\text{C/V} = 1\,\text{A}^2\,\text{s}^4/\text{kg\,m}^2$
Ohm	Ω	$1\,\Omega = 1\,\text{V/A} = 1\,\text{kg\,m}^2/\text{A}^2\,\text{s}^3$
Siemens	S	$1\,\text{S} = 1/\Omega$
Tesla	T	$1\,\text{T} = 1\,\text{V\,s/m}^2 = 1\,\text{kg/A\,s}^2$
Gauß	G	$1\,\text{G} = 10^{-4}\,\text{T}$
Oersted	Oe	$1\,\text{Oe} = (10^3/4\pi)\,\text{A/m}$, entspricht $1\,\text{G}$ ($B = \mu_0 H$)
Henry	H	$1\,\text{H} = 1\,\text{V\,s/A} = 1\,\text{m}^2\,\text{kg/A}^2\,\text{s}^2$
Weber	Wb	$1\,\text{Wb} = 1\,\text{V\,s} = 1\,\text{m}^2\,\text{kg/A\,s}^2$
Maxwell	M	$1\,\text{M} = 10^{-8}\,\text{Wb}$

I Physikalische Konstanten

Fundamentalkonstanten treten im Netz der physikalischen Theorien als quantitative Verknüpfungsparameter dieser Theorien auf. So ist beispielsweise die Theorie der Hohlraumstrahlung über die Planck-Konstante h mit der Quantentheorie sowie über die Vakuum-Lichtgeschwindigkeit mit der Elektrodynamik und über die Boltzmann-Konstante k_B mit der Statistischen Mechanik verknüpft. Die Konstanten werden durch die Theorien nicht festgelegt, sie sind vielmehr experimentell so genau wie überhaupt nur möglich zu ermitteln. Denn die quantitativen Aussagen der Theorien können nur so genau sein, wie die Konstanten bekannt sind. Die möglichst genaue Kenntnis der Fundamentalkonstanten setzt aber eine möglichst genaue experimentelle Darstellung der im Internationales Einheitensystem (SI) definierten physikalischen Einheiten voraus. Dieser Sachverhalt bindet die Ermittlung der Werte der Fundamentalkonstanten eng an die Metrologie, die Wissenschaft vom genauen Messen, deren vornehmste und wichtigste Aufgabe die bestmögliche experimentelle Realisierung der definierten Einheiten ist.

Umgekehrt aber sind die Fundamentalkonstanten deshalb von besonderem Interesse für die Metrologie, weil sie selbst als ideale Einheiten dienen oder die ideale Basis für Einheiten bilden können. Schon heute werden sie zur Darstellung der SI-Einheiten herangezogen. Experimente zur Bestimmung einer Fundamentalkonstanten werden häufig direkt an metrologischen Instituten wie der Physikalisch-Technischen Bundesanstalt oder zumindest in enger Zusammenarbeit mit solchen Instituten ausgeführt.

Die Task Group on Fundamental Constants des *Committee on Data for Science and Technology* (CODATA) des International Council of Scientific Unions (ICSU) erstellt in regelmäßigen Abständen einen neuen Satz von Fundamentalkonstanten und empfiehlt ihn zur einheitlichen Verwendung in Wissenschaft und Technik. Dessen Werte sind das Ergebnis einer multivariaten Ausgleichsrechnung und beruhen auf jeweils aktuellen Daten. Zur Zeit ist geplant, regelmäßig alle vier Jahre eine neue Ausgleichsrechnung unter Hinzuziehung neuer Daten vorzunehmen. Eine Auswahl der wichtigsten Fundamentalkonstanten sind in der folgenden Tabelle zusammengefasst (Quelle: P. J. Mohr, B. N. Taylor, D. B. Newell, *CODATA recommended values of the fundamental physical constants: 2010*, Reviews of Modern Physics **84**, 1527–1605 (2012)).

Physikalische Konstante	Symbol	Wert	Einheit	rel. Fehler
universelle Konstanten				
Lichtgeschwindigkeit	c	299 792 458	m/s	exakt
Plancksche Konstante	h	$6.62606957(29) \times 10^{-34}$	J s	4.4×10^{-8}
$h/2\pi$	$\hbar$	$1.054571726(47) \times 10^{-34}$	J s	4.4×10^{-8}
		$6.58211928(15) \times 10^{-16}$	eV s	2.2×10^{-8}
Gravitationskonstante	G	$6.67384(80) \times 10^{-11}$	m³/kg s²	1.2×10^{-4}
Induktionskonstante, magnetische Feldkonstante	μ_0	$4\pi \times 10^{-7}$	N/A²	exakt
Influenzkonstante, elektrische Feldkonstante, $1/\mu_0 c^2$	ϵ_0	$8.854187817\ldots \times 10^{-12}$	F/m	exakt
	$1/4\pi\epsilon_0$	$8.987551\ldots \times 10^9$	N m²/C²	exakt
Vakuumimpedanz $1/\mu_0 c^2$	Z_0	$376.730313461\ldots$	Ω	exakt
Planck-Masse $\sqrt{\hbar c/G}$	m_P	$2.17651(13) \times 10^{-8}$	kg	5×10^{-5}
elektromagnetische Konstanten				
Elementarladung	e	$1.602176565(35)) \times 10^{-19}$	C	2.2×10^{-8}
Magnetisches Flussquant $h/2e$	Φ_0	$2.067833758(46) \times 10^{-15}$	Vs	2.2×10^{-8}
von Klitzing Konstante $h/e^2 = \mu_0 c/2\alpha$	R_K	$25812.8074434(84)$	Ω	3.2×10^{-10}
Leitfähigkeitsquant $2e^2/h$	G_0	$7.7480917346(25) \times 10^{-5}$	S	$3{,}2 \times 10^{-10}$
inverses Leitfähigkeitsquant $h/2e^2$	G_0^{-1}	$12906.4037217(42)$	Ω	3.2×10^{-10}
Josephson-Konstante $2e/h$	K_J	$483597.870(11)$	GHz/V	2.2×10^{-8}
Bohrsches Magneton $e\hbar/2m_e$	μ_B	$927.400968(20) \times 10^{-26}$	J/T	2.2×10^{-8}
		$5.7883818066(38) \times 10^{-5}$	eV/T	6.5×10^{-10}
		$13.99624655(31) \times 10^9$	Hz/T	2.2×10^{-8}
		$0.67171388(61)$	K/T	9.1×10^{-7}
Kernmagneton $e\hbar/2m_p$	μ_K	$5.05078353(11) \times 10^{-27}$	J/T	2.2×10^{-8}
		$3.1524512605(22) \times 10^{-8}$	eV/T	7.1×10^{-10}
		$7.62259357(17) \times 10^6$	Hz/T	2.2×10^{-8}
		$3.6582682(33) \times 10^{-4}$	K/T	9.1×10^{-7}
atomare und nukleare Konstanten				
Feinstrukturkonstante $e^2/4\pi\epsilon_0 \hbar c$	α	$7.2973525698(24) \times 10^{-3}$		3.2×10^{-10}
	$1/\alpha$	$137.035999074(44)$		3.2×10^{-10}
Ruhemasse des Elektrons	m_e	$9.10938291(40) \times 10^{-31}$	kg	4.4×10^{-8}
		$5.4857990946(22) \times 10^{-4}$	u	4.0×10^{-10}
Ruheenergie des Elektrons	$m_e c^2$	$0.510998928(11) \times 10^6$	eV	2.2×10^{-8}
	$m_e c^2$	$8.18710506(36) \times 10^{-14}$	J	4.4×10^{-8}
Ruhemasse des Protons	m_p	$1.672621777(74) \times 10^{-27}$	kg	4.4×10^{-8}
		$1.007276466812(90)$	u	8.9×10^{-11}
Ruheenergie des Protons	$m_p c^2$	$9.382719046(21) \times 10^8$	eV	2.2×10^{-8}
	$m_p c^2$	$1.503277484(66) \times 10^{-10}$	J	4.4×10^{-8}
Ruhemasse des Neutrons	m_n	$1.674927351(74) \times 10^{-27}$	kg	4.4×10^{-8}
		$1.008664915379(21)$	u	2.2×10^{-10}
Ruheenergie des Neutrons	$m_n c^2$	$939.565379(21) \times 10^6$	eV	2.2×10^{-8}
	$m_n c^2$	$1.505349631(66) \times 10^{-10}$	J	4.4×10^{-8}

Fortsetzung auf nächster Seite

I Physikalische Konstanten

Fortsetzung von letzter Seite

Physikalische Konstante	Symbol	Wert	Einheit	rel. Fehler
Magnetisches Moment des Elektrons	μ_e	$9.284\,763\,430(21) \times 10^{-24}$	J/T	2.2×10^{-8}
	μ_e/μ_B	$1.001\,159\,652\,181\,18076(27)$		2.6×10^{-13}
Magnetisches Moment des Protons	μ_p	$1.410\,606\,743(33) \times 10^{-26}$	J/T	2.4×10^{-8}
	μ_p/μ_B	$1.521\,032\,210(12) \times 10^{-3}$		8.1×10^{-9}
	μ_p/μ_N	$2.792\,847\,356(23)$		8.2×10^{-9}
Massenverhältnis Proton/Elektron	m_p/m_e	$1836.152\,672\,45(75)$		4.1×10^{-10}
spezifische Ladung des Elektrons	e/m_e	$1.758\,820\,088(39) \times 10^{11}$	C/kg	2.2×10^{-8}
Rydberg-Konstante $\alpha^2 m_e c/2h$	R_∞	$10\,973\,731.568\,539(55)$	1/m	5.0×10^{-12}
		$2.179\,871\,171(96) \times 10^{-18}$	J	4.4×10^{-8}
		$13.605\,691\,53(30)$	eV	2.2×10^{-8}
Bohrscher Radius $\alpha/4\pi R_\infty = 4\pi\epsilon_0\hbar^2/m_e e^2$	a_B	$5.291\,772\,1092(17) \times 10^{-11}$	m	3.2×10^{-10}
Klassischer Elektronenradius $\alpha^2 a_B$	r_e	$2.817\,940\,3267(27) \times 10^{-15}$	m	9.7×10^{-10}
Compton Wellenlänge des Elektrons $h/m_e c$	λ_C	$2.426\,310\,2389(16) \times 10^{-12}$	m	6.5×10^{-10}
physikalisch-chemische Konstanten				
Loschmidtsche Zahl, Avogadro Konstante	N_A	$6.022\,141\,29(27) \times 10^{23}$	1/mol	4.4×10^{-8}
Atomare Masseneinheit $1u = 1m_u = \frac{1}{12} m(^{12}C)$ $= 10^{-3}\,\text{kg mol}^{-1}/N_A$	u	$1.660\,538\,921(73) \times 10^{-27}$	kg	4.4×10^{-8}
Faradaysche Konstante $N_A e$	F	$96\,485.3365(21)$	C/mol	2.2×10^{-8}
Gaskonstante	R	$8.314\,4621(75)$	J/mol K	9.1×10^{-7}
Boltzmann-Konstante	k_B	$1.380\,6488(13) \times 10^{-23}$	J/K	9.1×10^{-7}
Molvolumen eines idealen Gases RT/p (bei $T = 273.15$ K, $p = 101\,325$ Pa)	V_m	$22.413\,953(21) \times 10^{-3}$	m³/mol	9.1×10^{-7}
Tripelpunkt des Wassers	T_t	273.15	K	
	T_0	272.16	K	
		0	°C	
Stefan-Boltzmannsche Strahlungskonstante $(\pi^2/60)k_B^4/\hbar^3 c^2$	σ	$5.670\,373(21) \times 10^{-8}$	W/m² K⁴	3.6×10^{-6}
Wiensche Verschiebungskonstante $b = \lambda_{max} T$	b	$2.897\,7721(26) \times 10^{-3}$	m K	9.1×10^{-7}
fundamentale physikalische Konstanten – angenommene Werte				
Normaldruck	p_0	$101\,325$	Pa	exakt
Standard Fallbeschleunigung	g	$9.806\,65$	m/s²	exakt
konventioneller Wert der Josephson-Konstante	K_{J-90}	$483\,597.9$	GHz/V	exakt
konventioneller Wert der von Klitzing-Konstante	R_{K-90}	$25\,812.807$	Ω	exakt
Molare Massenkonstante	M_u	1×10^{-3}	kg/mol	exact
Molare Masse von ^{12}C	$M(^{12}C)$	12×10^{-3}	kg/mol	exact

Literatur

Einführung in die Festkörperphysik

1. *Einführung in die Festkörperphysik*, Charles Kittel, Oldenbourg Verlag, München (2006).
2. *Festkörperphysik*, N. W. Ashcroft, N. D. Mermin, Oldenbourg Verlag, München (2012).
3. *Solid State Physics*, Harald Ibach, Hans Lüth, 2. Auflage, Springer Verlag, Berlin (1995).
4. *Einführung in die Festkörperphysik*, Konrad Kopitzki, Teubner Studienbücher, 3. Auflage, B. G. Teubner, Stuttgart (1993).
5. *Bergmann-Schäfer, Lehrbuch der Experimentalphysik, Band 6, Festkörper*, Herausgeber Rainer Kassing, 2. Auflage, Walter de Gruyter, Berlin (2005).
6. *Einführung in die Festkörperphysik*, K. H. Hellwege, 3. Auflage, Springer Verlag, Berlin (1988).
7. *Experimentalphysik 3: Atome, Moleküle und Festkörper*, Wolfgang Demtröder, 2. Auflage, Springer-Verlag, Berlin (2000).
8. *Festkörperphysik*, Siegfried Hunklinger, 3. Auflage, Oldenbourg Verlag, München (2011).

Schwerpunkt Festkörpertheorie

1. *Fundamentals of the Theory of Metals*, A. A. Abrikosov, North-Holland, Amsterdam (1988).
2. *Quantum Theory of the Solid State*, J. Callaway, Academic Press, New York (1991).
3. *Advanced Solid State Physics*, Philip Phillips, Cambridge University Press, (2012).
4. *Correlated Electrons in Quantum Matter*, Peter Fulde, World Scientific, Singapore (2012).
5. *Quantentheorie der Festkörper*, Charles Kittel, Oldenbourg Verlag, München (1970).
6. *Electrons and Phonons*, J. M. Ziman, Oxford University Press, Oxford (1962).
7. *Principles of the Theory of Solids*, J. M. Ziman, Cambridge University Press, Cambridge (1972).
8. *Prinzipien der Festkörpertheorie*, J. M. Ziman, Verlag Harry Deutsch, Zürich (1975).
9. *Festkörpertheorie*, O. Madelung, Springer Verlag, Berlin (1972).
10. *Elektronentheorie der Metalle*, A. Sommerfeld, H. Bethge, Heidelberger Taschenbuch, Bd. 19, Springer Verlag, Berlin (1967).
11. *Solid State Theory*, W. A. Harrison, McGraw-Hill, New York (1970).
12. *Electronic Properties of Metals and Alloys*, A. Dugdale, Edward Arnold Publishers, London (1982).
13. *Simulations for Solid State Physics*, Robert H. Silsbee, Jörg Dräger, Cambridge University Press, Cambridge (1997).
14. *Anharmonic Crystal*, R. A. Cowley, Rep. Prog. Phys. **31**, 123 (1968).
15. *Thermal Conduction in Solids*, R. Berman, Oxford University Press (1976).
16. *Thermal Conduction in Semiconductors*, C. M. Bhandari, D. M. Rowe, John Wiley and Sons, New York (1988).

Weiterführende Literatur

Kristallographie, Strukturbestimmung

1. *Kristallographie*, W. Borchardt-Ott, Springer-Verlag, Berlin (2008).
2. *Einführung in die Kristallographie*, W. Kleber, H.-J. Bautsch, J. Bohm, D. Klimm, Oldenbourg Verlag, München (2010).
3. *Crystal Structure Analysis*, J. P. Clusker, K. N. Trueblood, Oxford University Press (1985).
4. *Kristallstrukturbestimmung*, W. Massa, Teubner Verlag, Stuttgart (1996).
5. *Theorie und Praxis der Röntgenstrukturanalyse*, E. R. Wölfel, Vieweg, Braunschweig, Wiesbaden (1987).
6. *Introduction to X-Ray Crystallography*, M. M. Woolfson, Cambridge University Press, Cambridge (1997).

Kristalldefekte

1. *Defects in Crystalline Solids*, H. Henderson, Edward Arnold, London (1972).
2. *Introduction to Dislocations*, D. Hull, D. J. Bacon, Butterworth Heinemann, Oxford (2001).
3. *Physikalische Grundlagen der Metallkunde*, G. Gottstein, Springer-Verlag, Berlin (1998).

Werkstoffwissenschaften

1. *Werkstoffkunde*, H. J. Bargel, G. Schulze, 8. Aufl., Springer Verlag, Berlin (2004).
2. *Werkstofftechnik 1 und 2*, W. Bergmann, Hauser-Verlag, München (2003).
3. *Werkstoffe*, E. Hornbogen, Springer-Verlag, Berlin (2002).
4. *Ceramic Science for Materials Technologists*, I. J. McCohn, Hill, Glasdow (1983).
5. *Physikalische Metallkunde*, P. Haasen, Springer-Verlag, Berlin (1994).
6. *Die Kunststoffe und ihre Eigenschaften*, H. Dominghaus, Springer Verlag, Berlin (1998).

Bandstruktur, Fermi-Flächen

1. *Electronic Structure: Basic Theory and Practical Methods*, R. M. Martin, Cambridge University Press (2004).
2. *Density Functional Theory*, R. M. Dreizler, E. K. U. Gross, Springer Verlag, Berlin (1990).
3. *Electronic Structure and the Properties of Solids*, W. A. Harrison, Dover Publications (1989).
4. *Electrons at the Fermi Surface*, M. Springford, Cambridge University Press (1980).
5. *Magnetic Oscillations in Metals*, D. Shoenberg, Cambridge University Press (1980).
6. *Fermi Surface*, A. P. Crackwell, K. C. Wong, Oxford Univ. Press, London (1973).

Halbleiterphysik

1. *Fundamentals of Semiconductors*, P. Y. Yu, M. Cardona, Springer Verlag, Berlin (1996).
2. *The Physics of Semiconductors: An Introduction Including Nanophysics and Application*, M. Grundmann, Springer Verlag, Berlin (2010).
3. *Halbleiterphysik*, Rolf Sauer, Oldenbourg Verlag, München (2009).
4. *Semiconductor Physics*, K. Seeger, Springer Series on Solid State Science, Vol. 40, Springer Verlag, Berlin (1991).

5. *Grundlagen der Halbleiterphysik*, O. Madelung, Heidelberger Taschenbuch, Bd. 71, Springer Verlag, Berlin (1970).
6. *Semiconductor Devices: Physics and Technology*, S. M. Sze, Wiley, New York (1985).
7. *The Physics of Semiconductor Devices*, S. M. Sze, John Wiley & Sons, New York (1981).
8. *Electron and Holes in Semiconductors*, W. Shockley, Van Nostrand, Princeton (1950).
9. *Grundlagen der Halbleiterphysik*, O. Madelung, Heidelberger Taschenbach Nr. 71, Springer Berlin, Heidelberg (1970).
10. *Two-dimensional Systems: Physics and New Devices*, herausgegeben von G. Bauer, F. Kuchar, H. Heinrich, Springer Series on Solid Sate Science, Vol. 67, Springer Berlin, Heidelberg (1986).
11. *Introduction to the Theory of the Integer Quantum Hall Effect*, M. Janssen, O. Viehweger, U. Fastenrath, J. Hajdu, VCH Weinheim (1994).
12. *The Quantum Hall Effect*, R. E. Prange, S. M. Girvin, Springer Verlag, New York, Berlin (1990).
13. *The Quantum Hall Effect – Fractional and Integral*, T. Chakraborty, P. Pietiläinen, Springer Series on Solid-State Science, Vol. 85, Springer Berlin, Heidelberg (1995).
14. *The Quantum Hall Effect: A Perspective*, A. H. McDonald, Kluwer, Boston (1989).
15. *The Physics of Low Dimensional Semiconductors*, J. H. Davies, Cambridge University Press, Cambridge (1998).
16. *Quantum Transport in Semiconductor Devieces*, C. W. Beenakker, H. van Houten, Solid State Physics **44**, 1 (1991).

Dielektrische Eigenschaften

1. *Theory of Dielectrics*, H. Fröhlich, Oxford University Press (1986).
2. *Optical Absorption and Dispersion in Solids*, J. N. Hodgson, Chapman and Hall, London (1970).
3. *Elementary Theory of Optical Properties of Metals*, F. Stern, Solid Sate Physics **15**, 300 (1963).
4. *Dielectric Function of Condensed Systems*, L. V. Keldysh, D. A. Kirzhnits, A. A. Maradudin, Elsevier Publ., Amsterdam (1989).
5. *Polarons and Excitons in Semiconductors and Ionic Crystals*, Hrsg. J. T. Devreese und F. M. Peeters, Plenum Press, New York (1984).
6. *Optical Properties of Metals and Alloys*, P. O. Nilsson, Solid State Physics **29**, 139 (1974).
7. *Nonlinear Optics*, N. Bloembergen, W. A. Benjamin (1965).
8. *Nonlinear Optics*, Robert W. Boyd, 3. Auflage, Academic Press, New York (2008).
9. *Optik*, W. Zinth, U. Zinth, 3. Auflage. Oldenbourg, München (2011).
10. *Optik*, E. Hecht, 5. Auflage. Oldenbourg Wissenschaftsverlag, München (2009).
11. *Structural Phase Transition*, Hrsg. K. A. Müller, H. Thomas, Springer Verlag, Berlin, Heidelberg (1981).
12. *Plasmonics: Fundamentals und Applications*, S. Maier, Springer Verlag, Berlin (2007).

Magnetismus

1. *The Physical Principles of Magnetism*, A. H. Morrish, IEEE Press, New York (1999).
2. *Magnetism and Magnetic Materials*, J. M. D. Coey, Cambridge University Press, Cambridge (2010).
3. *Magnetism*, J. Stöhr, H. C. Siegmann, Springer-Verlag Berlin Heidelberg (2006).
4. *Physics of Ferromagnetism*, Soshin Chikazumi, Oxford University Press (1997).
5. *Quantentheorie des Magnetismus I+II* W. Nolting, Teubner, Stuttgart (1986).
6. *Quantum Theory of Magnetism*, Robert M. White, Springer, New York (1983).
7. *Introduction to the Theory of Ferromagnetism*, Amikam Aharoni, 2. Auflage, Oxford University Press, New York (2000).

8. *Magnetism in Condensed Matter*, Stephen Blundell, Oxford University Press, New York (2001).
9. *Magnetic Domains*, A. Hubert, R. Schäfer, Springer-Verlag, Berlin, Heidelberg (1998).
10. *Ferromagnetic Domains*, C. Kittel, J. K. Galt, Solid State Physics **3**, 437 (1956).
11. *The Theory of Magnetism I and II*, D. C. Mattis, Springer-Verlag Berlin Heidelberg (1988).
12. *The Theory of Magnetism Made Simple*, D. C. Mattis, World Scientific Singapore (2006).
13. *Spin Fluctuations in Itinerant Electron Magnetism*, T. Moriya, Springer Ser. Solid-State Sci., Vol. 56, Springer, Berlin, Heidelberg (1985).
14. *Spin Electronics*, Hrsg. M. Ziese, M. J. Thornton, Springer-Verlag, Berlin, Heidelberg (2001).

Supraleitung und Tieftemperaturphysik

1. *Tieftemperaturphysik*, Christian Enss, Siegfried Hunklinger, Springer-Verlag, Heidelberg (2000).
2. *Introduction to Superconductivity*, M. Tinkham, McGraw-Hill, New York (1975).
3. *Superconductivity of Metals and Alloys*, P. G. de Gennes, Addison-Wesley, New York (1989).
4. *Supraleitung — Grundlagen und Anwendungen*, Werner Buckel, Reinhold Kleiner, VCH-Verlag, Weinheim (2004).
5. *Theory of Superconductivity*, J. R. Schrieffer, revised ed., Benjamin-Cummings Publishing Company (1983).
6. *Magnetic Flux Structures in Superconductors*, R. P. Hübener, Springer-Verlag, Heidelberg (1979).
7. *Superconductivity: Physics and Applications*, K. Fossheim, A. Sudbø, Wiley VCH Verlag, Weinheim (2005).
8. *Superconductivity in Metals and Cuprates*, J. R. Waldram, IOP Publishing, London (1996).
9. *Dynamics of Josephson Junctions and Circuits*, K. K. Likharev, Gordon and Breach Science Publishers, New York (1986).
10. *Physics and Application of the Josephson Effect*, A. Barone and G. Paterno, John Wiley & Sons, New York (1982).
11. *Foundations of Applied Superconductivity*, T. P. Orlando, K. A. Delin, Addison-Wesley, New York (1991).

Abbildungsnachweis

S. 171
Wikimedia Commons
URL: http://www.owlnet.rice.edu/~mishat/1933-5.html

S. 516
VIAS Encyclopedia, Wikimedia Commons
URL http://www.vias.org/encyclopedia/bio_schottky.html

S. 678
Gerhard Hund, Wikimedia Commons, lizensiert unter
Creative Commons Attribution 3.0 Unported
URL: http://creativecommons.org/licenses/by/3.0/legalcode

S. 878
PetaRZ, Wikimedia Commons, lizensiert unter
Creative Commons-Lizenz Namensnennung-Weitergabe unter gleichen Bedingungen 3.0 Unported
URL: http://creativecommons.org/licenses/by-sa/3.0/legalcode

Index

A
Abrikosov, Alexei Alexeyevich, 774, 831
Abrikosov-Gitter, 833
Abschirmradius, 629
Abschirmung
    klassisches Gas, 628
    Metalle, 623–643
    Phononen in Metallen, 634–637
    statische, 624
    Thomas-Fermi, 626
Abschlussdomäne, 740
Absorption, 581
    optische, Halbleiter, 479
Absorptionskoeffizient, 480, 481, 582
    GaAs, 623
    Metall, 614
Absorptionskonstante, 581
Absorptionsspektrum, 597
Achse
    polare, 644
adiabatische Näherung, 118, 170–173, 200
Air Mass (AM), 526
Aktorik, 655
Alfjorow, Schores Iwanowitsch, 539
amorphe Festkörper, 46
Anderson-Isolatoren, 350
Andreev-Zustände
    gebundene, 914
anharmonische Effekte, 648, 651
Anisotropie
    magnetische, 731–739
    magnetokristalline, 706
Anisotropieenergie, 741
Anisotropiekonstante
    hexagonale, 736
    kubische, 735
    uniaxiale, 734
anomaler Skin-Effekt, 467
Antiferroelektrizität, 587, 644
Antiferromagnetismus, 668, 727–731
Anti-Stokes-Linie, 210
Antwortfunktion, lineare, 413, 580
Atomformfaktor, 76
Atomradius, 141, 674
Austauschanisotropie, 732, 737
Austauschbosonen, 843
Austauschenergie, 698
Austauschfeld, 719, 721, 753
Austauschintegral, 124
Austauschkonstante, 697, 698

Austauschkopplung, 742
Austauschloch, 710
Austauschwechselwirkung, 117, 138, 668, 695, 700, 719, 733
    direkte, 700
    Doppelaustausch, 701
    itinerante Elektronen, 708–716
    lokalisierte Elektronen, 695–702
    RKKY-Wechselwirkung, 702
    Superaustausch, 700
Austrittsarbeit, 356, 513
Avogadro-Konstante, 215
Azbel-Kaner-Geometrie, 466
Azbel-Kaner-Resonanz, 466

B
Bahndrehimpuls, 662, 676, 704
Bahndrehimpulsquantenzahl, 679
Bahnquantisierung, 446–458
    freie Ladungsträger, 447–451
    Kristallelektronen, 452–456
Bandbreite, 324
Banddiskontinuität, 533
    Tabelle, 534
Bandferromagnetismus, 711–714
Bandindex, 320, 324, 372
Bandstruktur, 315–364, 372, 384
    Berechnungsmethoden, 327–344
        APW-Methode, 342
        KKR-Methode, 342
        LCAO-Methode, 342
        LMTO-Methode, 342
        OPW-Methode, 342
        Pseudopotenzial-Methode, 342
    einfache Metalle, 353
    experimentelle Bestimmung, 355–359
    GaAs, 479
    Ge, 475, 478
    Halbleiter, 355, 475–478
    kritische Punkte, 352
    Kuprat-Supraleiter, 904
    Si, 475, 478
    Übergangsmetalle, 354
Bandüberlappung, 348
Bandverbiegung, 533
Bardeen, John, 528, 766, 775, 785, 843
Bardeen-Stephen Modell, 895
Basis, 529
    einatomige, 177

BCS-Theorie, 775, 842–877
	Anregungsspektrum, 868, 869
	Energielücke, 868, 869
		T-Abhängigkeit, 864–867
	Grundzustand, 851, 853–869
	Grundzustandsenergie, 867, 868, 971, 972
	Hamilton Operator, 970, 971
	kritische Temperatur, 865
	spezifische Wärme
		Sprung bei T_c, 875
	thermodynamische Größen, 874–877
BCS-Vielteilchenwellenfunktion, 855
Bean-Livingston Barriere, 838
Bednorz, Johannes Georg, 766
Berry-Fluss, 562
Berry-Phase, 560
Besetzungsinversion, 540
Besetzungszahl, 201, 220, 222
Beugungsbedingung
	von Laue, 328
Beugungsexperimente, 87–94
Beugungstheorie, 65–78
	allgemeine, 71–78
	Atomformfaktor, 76
	Autokorrelationsfunktion, 74
	Faltungssatz, 74
	Streuamplitude, 73
	Strukturfaktor, 74
		Beispiele, 77, 78
Beweglichkeit, 416, 494
	Halbleiter, 399, 403
Biegung, 147
Bindungsenergie, 96, 97
	Ionenkristall, 111, 114
	kovalente Bindung, 125
	metallische Bindung, 136
	Van der Waals Bindung, 106
Bindungskräfte, 95–141
Binnig, Gerd Karl, 51
bipolarer Transistor, 528–530
	Aufbau, 530
	Bandverlauf, 528, 530
	Basis, 528
	Emitter, 528
	Kollektor, 528
Bitter-Technik, 744
Bloch, Felix, 316, 319, 759
Bloch-Elektronen, 317–326
	Dispersionsrelation, 323–325
	reduziertes Zonenschema, 325, 326
Bloch-Grüneisen-Gesetz, 402
Bloch-Oszillationen, 378
Blochsches $T^{3/2}$ Gesetz, 759
Bloch-Theorem, 321
Bloch-Wellen, 320–322
Bloch-Wellenpakete, 370, 393
Blount-Kriterium, 458
Bohm-Staver-Beziehung, 636
Bohr, Niels, 660
Bohrscher Radius, 102, 172, 622, 641, 671
	Donatorzustand, 489

Bohrsches Magneton, 662
Bohr-Sommerfeld-Quantisierung, 454, 549, 787
Boltzmann-Faktor, 210, 220
Boltzmann-Transportgleichungen, 371, 403–410
	linearisierte, 407–409
Boltzmann-Verteilung, 485
Born, Max, 171
Bornsche Näherung, 397
Bose-Einstein-Statistik, 221, 400, 752, 938, 939
Bragg, William Henry, 68
Bragg-Bedingung, 66, 67, 70, 211
Bragg-Reflexion, 456
	Kristallelektronen, 329, 374
Brattain, Walter H., 528
Bravais, Auguste, 3
Bravais-Gitter, 3–20, 56, 63, 317
	Klassifizierung, 7–20
	Translationsvektor, 4
Bravais-Gittervektor, 202
Brechungsindex, 581, 595, 606
Brillouin, Léon Nicolas, 61, 65, 208
Brillouin-Funktion, 685, 720
Brillouin-Streuung, 208
Brillouin-Zone, 61, 62, 181, 322, 330, 379
	erste, 61
		bcc-Gitter, 62
		fcc-Gitter, 62
	Konstruktion, 61, 332
	Rand, 329
Brockhouse, Bertram N., 207
Buckingham-Potenzial, 113
Bulk-Modul
	Edelgaskristalle, 109
	fcc-Gitter, 110
	Ionenkristall, 116
	kubischer Kristall, 154
Burgers-Vektor, 42

C

chemisches Potenzial, 270–273
Chern-Zahl, 562, 568
Clausius, Rudolf, 592
Clausius-Mossotti Beziehung, 591, 651
Compliance-Tensor, 149
Conwell-Weisskopf-Streuung, 398
Cooper, Leon Neil, 766, 775, 785, 843
Cooper-Paare, 847–851
	Bindungsenergie, 851
Coulomb- Potenzial, 705
Coulomb-Blockade, 308–312
Coulomb-Eichung, 592, 669
Coulomb-Integral, 338
Coulomb-Potenzial, 709
	abgeschirmtes, 629, 630, 637, 641
Coulomb-Wechselwirkung, 113, 643, 668, 845
Curie, Pierre, 682
Curie-Gesetz, 682, 684
Curie-Konstante, 682, 685
Curie-Temperatur, 643
	ferrimagnetische, 725, 726
	ferromagnetische, 721

paraelektrische, 652
paramagnetische, 721
Curie-Weiss-Gesetz, 653, 721

D
de Broglie Wellenlänge, 87, 261
de Haas, Wander Johannes, 356, 459
de Haas-van Alphen-Effekt, 356, 459, 543
    Kupfer, 462
Debye, Petrus Josephus Wilhelmus, 93, 200, 226, 629, 687
Debye-Energie, 972
Debye-Frequenz, 227, 401, 637
Debye-Hückel-Formel, 399, 629
Debyesche Formeln, 610
Debye-Temperatur, 228
Debye-Waller-Faktor, 81–84
    T-Abhängigkeit, 83
Debye-Wellenvektor, 226, 400
Defektelektronen, 380
Dehnung, 144–149
Dehnungskoeffizienten, 147–149, 151
Dehnungsmodul, 144
Dehnungstensor, 148
Depolarisationsfaktor, 586, 599
Depolarisationsfeld, 585
Diamagnetismus, 666
    atomarer, 669–689
    Leitungselektronen, 693
    perfekter, 781, 782
Diamant, 134
Diamantstruktur, 478
Dichtefunktionaltheorie, 342
dielektrische Eigenschaften, 575–656
dielektrische Funktion, 577–580, 589, 591, 623, 632
    freies Elektronengas, 612–616
    frequenzabhängige, 635
    Ionenkristall, 604, 611
    Metalle, 611–623
    mikroskopische Theorie, 586, 587
    statische, 635
dielektrische Verschiebung, 624
Dielektrizitätskonstante, 580, 596, 655
    Halbleiter, 488
    statische, 601
Dielektrizitätstensor, 578
Diffusionskonstante, 505
    Halbleiter, 505
Diffusionsspannung, 503, 515
Diffusionsstrom, 290, 501
Dipol-Dipol-Wechselwirkung, 695
Dipolfeld
    elektrisches, 584
    Dipolmoment
    elektrisches, 102, 104, 577, 589
    induziertes, 103, 104
    magnetisches, 662
Dipolnäherung, 593
Dipolnäherung, 949, 950
Dirac, Paul Adrien Maurice, 695

Dispersionsrelation
    Bloch-Elektronen, 327
    elastische Wellen, 164
    freie Elektronen, 261
    Kristallelektronen, 334
    Magnonen, 755
        antiferromagnetische, 761
    Neutronen, 205
    Phononen, 177, 179, 182, 602
        einatomige Basis, 180
        zweiatomige Basis, 183–187
    Photonen, 205
    Plasmaschwingungen, 619
    Plasmonen, 618
    Plasmon-Polaritonen, 619
    Polaritonen, 606
    Spin-Wellen, 755
        Nickel, 756
    Zonenrand, 334
Dispersionszweige, 185, 195, 198, 201
Dissoziationsenergie, 121
Divergenztheorem, 665
Doll, Robert, 766, 785
Domänen
    ferroelektrische, 653
    ferromagnetische, 739–747
Domänenstruktur, 741, 745
Domänenwände, 741
    Bloch-Wand, 741
    in Ferroelektrika, 653
    Néel-Wand, 743
    Wanddicke, 743
    Wandenergie, 743
Dopplereffekt, 84
Double Heterostructure Injection Laser, 540
Drehachsen, 9
Drehimpulsoperator, 686
Drei-Phononen-Prozesse, 236
Dreitor-Bauelemente, 530, 531
Driftgeschwindigkeit, 281, 415, 530
Driftstrom, 290, 503
Drude, Paul Karl Ludwig, 260, 393
Drude-Modell, 274, 279, 282, 291, 377
Drude-Sommerfeld-Modell, 280–283
Dulong, Pierre Louis, 215
Dulong-Petitsches Gesetz, 215, 217
Durchbruch
    elektrischer, 376
dynamische Matrix, 177
Dzyaloshinskii-Moriya Wechselwirkung, 702–704

E
Edelgaskristalle, 106
effektive Masse, 373, 383, 543, 643
    Halbleiter, 475–478
        Tabelle, 477
    kombinierte, 481
effektiver Massetensor, 373, 418, 477, 484
Ehrenfest-Klassifikation, 648
Eichinvarianz, 556, 802–804
Einstein, Albert, 200, 224

Eisengranate, 726
elastische Eigenschaften, 143–166
elastische Konstanten, 149
    kubische Kristalle, 154, 166
    polykristalline Materialien, 160
elastische Wellen, 161–166
    longitudinale, 163
    transversale, 164
Elastizitätskoeffizienten, 149
Elastizitätsmoduln, 149, 151, 152, 655
    effektive, 164
Elastizitätstensor, 149–155, 161
    kubischer Kristall, 153
elektrisches Feld
    lokales, 583–586
elektrochemisches Potenzial, 409
Elektron-Elektron-Streuung, 282, 394–396
Elektron-Elektron-Wechselwirkung, 138, 623–643
    attraktive, 637, 844–853
    effektive, 637
    Paarwechselwirkung, 848
    retardierte, 847
    Streuintegral, 849
Elektronen
    itinerante, 708
    Leitungs-, 675
    lokalisierte, 675
    quasi-freie, 316, 327–334
    quasi-gebundene, 316, 335–346
Elektronenaffinität, 110, 513, 532
Elektronendichte, 329, 709
Elektronengas, 259–312
    eindimensional, 304
    Gesamtenergie, 268
    Kompressibilität, 269
    niederdimensional, 301–305, 531–539
    nulldimensional, 305
    Transporteigenschaften, 278–300
        niederdimensional, 305–312
    zweidimensional, 301–303, 452, 532, 542
        Transporteigenschaften, 544
Elektronenmikroskopie, 49
Elektronenmobilität, 535
Elektronenspinresonanz, 482
elektronische Struktur
    Atome, 97–102
Elektron-Loch-Paare, 522
Elektron-Phonon-Kopplung, 873
Elektron-Phonon-Wechselwirkung, 638
elektrostatisches Potenzial, 501
Emitter, 529
Energiebänder, 315–364
    Diamant, 349
    Tight-Binding-Modell, 341
Energiedichte
    elastische, 151, 153
Energielücke, 324
    Halbleiter
        Tabelle, 476
Entartung, 542

Enthalpie
    freie, 788, 813, 876
Entmagnetisierung
    adiabatische, 687–689
Entmagnetisierungseffekte, 824
Entmagnetisierungsfaktor, 663, 737, 825
Entmagnetisierungsfeld, 663–665, 731, 739
Entropie, 673, 688
Erzeugungsoperator, 854
Esaki, Leo, 522, 532
Esaki-Diode, 520
Ettingshausen-Effekt, 422, 424
Ettingshausen-Koeffizient, 422
Euler-Lagrange-Gleichung, 946
Euler-Poincaré-Charakteristik, 558
Ewald-Konstruktion, 69
Ewald-Kugel, 70, 203
Extinktionskoeffizient, 581
Extremalbahn, 462, 464
Exzitonen, 621–623
    Bindungsenergie, 622
    Frenkel, 621
    Mott-Wannier, 621

F
Faraday-Effekt, 727
Faraday-Waage, 672
Feinstruktur-Konstante, 547, 667
Feldeffekt-Transistor, 537
Feldgradient, 672
Feldkonstante
    magnetische, 581, 661
Feldverdrängungsarbeit, 821
Fermi-Dirac-Statistik, 270, 404, 936, 937
Fermi-Energie, 265–268, 643
Fermi-Fläche
    2D Quadratgitter, 360
    Alkali-Metalle, 362
    Aluminium, 363
    Erdalkali-Metalle, 363
    experimentelle Bestimmung, 458–467
    Kristallelektronen, 361
    Kupfer, 362, 387
    Metalle, 359–364
    Nickel, 363
Fermi-Flüssigkeit, 642
Fermi-Geschwindigkeit, 266
Fermionen, 642
    wechselwirkende, 642
    zusammengesetzte, 555
Fermi-Statistik, 375
Fermi-Temperatur, 267, 690
Fermi-Wellenlänge, 266
Fermi-Wellenvektor, 266, 702
Fernordnung, 46
Ferrielektrizität, 644
Ferrimagnetismus, 668, 723–727
Ferrite, 724
Ferroelektrika
    $BaTiO_3$, 650

Kalium-Dihydrogen-Phosphat, 650
Klassifizierung, 650
Ferroelektrizität, 643–656
Ferromagnetische Resonanz, 750, 751
Ferromagnetismus, 668, 717–723
Fert, Albert, 299
Festkörperoberflächen, 35–37
Fluktuationen, 910
Flussdichte
    elektrische, 578
    magnetische, 662
Flüssigkristalle, 46–49
Flusslinien, 833
    Energie, 836
    Linienspannung, 836
    radialer Flussdichteverlauf, 834
    thermisch aktivierte Bewegung, 897
    Typ-II Supraleiter, 833–837
    Verankerung, 896
Flussliniengitter, 830–835
Flussquant, 450, 543, 807
Flussquantisierung, 785–787, 804–809
Fluxoid, 807
Fluxoid-Quantisierung, 804–808
freie Energie, 647, 671, 961, 962
freie Energiedichte
    magnetische, 733
freie Enthalpie, 647, 672, 962, 963
    Supraleiter, 964
Frenkel, Yakov, 621
Frequenzlücke, 186
Frequenzspektrum
    schwarzer Strahler, 199
Friedel-Oszillationen, 634
Friedrich, Walter, 1, 55, 65
Fullerene, 135
Füllfaktor, 543, 545

G
Gaskonstante, allgemeine, 216
Gausssches Theorem, 664
Geim, Andre, 35
Generationsstrom, 504
Gesamtdrehimpuls, 676
Giaever, Ivar, 869
Gilbert, William, 659
Gilbert-Dämpfung, 750
Ginzburg, Vitaly Lasarevich, 774, 809, 843
Ginzburg-Landau-Gleichungen, 811
    erste, 815
    zweite, 816
Ginzburg-Landau-Kohärenzlänge, 817, 828
    anisotrope, 908
Ginzburg-Landau-Parameter, 818, 824, 830
Ginzburg-Landau-Theorie, 809–820
    anisotrope, 907
    Längenskalen, 816–819
Gitterdynamik, 169–211
    einatomige Basis, 178–183
    experimentelle Methoden, 203–211

    klassische Theorie, 176–190
    zweiatomige Basis, 183–188
Gitterfehlanpassung, 155–158, 532
Gitterfehler, 37–44
    chemische Fehlordnung, 43
    Farbzentrum, 40
    Fehlordnung, 37
    Frenkel-Defekt, 40
    Konfigurationsentropie, 39
    Korngrenze, 43
    Leerstellenkonzentration, 40
    Liniendefekte, 37
    Punktdefekte, 37, 38
    Schraubenversetzung, 43
    strukturelle Fehlordnung, 37
    Stufenversetzung, 42
Gitterkonstante
    Gleichgewichts-, 107, 115
Gitterpotenzial, 324, 374
Gitterschwingungen
    Quantentheorie, 200, 201
    Quantisierung, 199–203, 924–927
Gittervektoren
    primitive, 3, 4, 64
    reziproke, 56–61, 64, 317
Glasfaser, 540
Gleichgewichtsabstand, 175
Gleitmodul, 159
Goldstone-Mode, 816
Graphit, 134
Grenzfrequenz, 531
Grünberg, Peter, 299
Grüneisen, Eduard, 402
Grüneisen-Parameter, 242, 243
Gruppengeschwindigkeit, 323, 370
    Kristallelektronen, 369, 370
    Phononen, 180
gyromagnetisches Verhältnis, 754

H
H_2-Molekül, 121–128
    Potenzialkurve, 125
H_2^+-Molekülion, 118–121
Halbleiter, 469–555
    Absorptionskoeffizient, 480
    Akzeptor, 489
    Akzeptorniveau, 487
    amorphe, 471
    Banddiskontinuität, 533
        Tabelle, 534
    Bandlücke, 621
    Bandverbiegung, 533
    Beweglichkeit, 494
        Tabelle, 497
    direkte, 471
    Donator, 488
        Ionisierungsenergie, 488
    Donatorniveau, 487
    dotierte, 487–494
        Ladungsträgerdichte, 487–494
    effektive Bandlücke, 537

effektive Masse
    Tabelle, 477
elektrische Leitfähigkeit, 494–497
Elementhalbleiter, 471
Energielücke, 156, 532, 540
Fermi-Niveau, 490
    T-Abhängigkeit, 492
Gitterkonstante, 156
grundlegende Eigenschaften, 471–500
III-V-Halbleiter, 472
indirekte, 471
inhomogene, 500–517
intrinsische, 471, 483
Ionisierungsenergie
    Akzeptoren, Donatoren, 489
    Donator, 498
IV-IV-Halbleiter, 473
IV-VI-Halbleiter, 473
Klassifizierung
    Tabelle, 424, 473
kristalline, 471
Ladungsträgerdichte, 490, 504
    Eigenleitung, 494
    Kompensationsbereich, 492
    Störstellenerschöpfung, 493
    Störstellenreserve, 492
    T-Abhängigkeit, 492
magnetische, 474
Majoritätsladungsträger, 509
Minoritätsladungsträger, 509
organische, 473
oxidische, 474
Schichthalbleiter, 474
Verbindungshalbleiter, 472
Halbleiter-Bauelemente, 517–531
Halbleiter-Heterostrukturen, 531, 554
    Dotierungsübergitter, 536
    isotypische, 534
    Kompositionsübergitter, 535
Halbleiter-Laser, 539–541
Halbmetalle, 347, 349
Hall, Edwin Herbert, 293
Hall-Effekt, 422, 497
    anomaler, 425–428
    Einband-Modell, 434–436
    Halbleiter, 497–499
    Hochfeldgrenzfall, 389–392
    Metalle, 292–294
    Zweiband-Modell, 436–440
Hall-Koeffizient, 293, 444
    anomaler, 425
Hall-Konstante, 497
Hall-Winkel, 294
Hamilton-Funktion, 947
Hamilton-Operator, 669
harmonische Näherung, 174–176
harmonischer Oszillator, 923, 924
Heisenberg, Werner Karl, 695, 698
Heisenberg-Modell, 698, 699, 701, 716, 718, 752
Heisenbergsche Unschärfe-Beziehung, 370, 696, 710, 857

Heitler, Walther, 123
Heitler-London-Ansatz, 696
Helmholtz-Potenzial, 671
Hermann-Mauguin-Symbolik, 10
Heteroepitaxie, 532
Hochfeldgrenzfall, 456
Hohenberg-Kohn-Theorem, 343
Holoeder, 13
Holoedrie, 13
Holstein, T.D., 464
Hookesches Gesetz, 144
Hubbard-Modell, 343, 699
Hund, Friedrich, 677
Hundsche Regeln, 677, 678
Hüpfenergie, 700
Hybridisierung, 128–135, 348
    sp, 130
    sp^2, 131
    sp^3, 133
Hybridorbitale, 131, 133

I
Idealstruktur, 49
Impuls
    Feldimpuls, 946
    kanonischer, 669, 945–947
    kinematischer, 447, 946
Impulserhaltung, 204, 209
Impulsoperator, 323
inelastische Streuung, 78–81
innere Energie, 216, 222, 673, 952–961
    quantenmechanischer Mittelwert, 219
integrierte Schaltung, 539
Interband-Übergänge, 375, 456, 588, 619, 620
    Halbleiter, 479
Intraband-Übergänge, 588
Inversionssymmetrie, 9, 345, 556, 594, 644
Ionenkristall, 597
    Bindungsenergie, 111
    Eigenschwingungen, 599–601
        longitudinal, 600
        transversal, 600
    erzwungene Schwingungen, 601–607
    optisches Verhalten, 602–606
    paraelektrischer, 610
Ionenradius, 114, 141, 674
Ionisationsenergie, 110
ionische Bindung, 110–116
    NaCl- und CsCl-Struktur, 115
    Potenzialverlauf, 114
Ising, Ernst, 699
Ising-Modell, 699
Isolator
    Anderson-, 350
    antiferromagnetischer, 700
    Band-, 350
    Mott-, 350
    Peierls-, 350
    topologischer, 351, 556–572
isotherm-isochorer Prozess, 647
Isotopen-Effekt, 865

Index

J
Josephson, Brian David, 878
Josephson-Effekt, 787, 877–887
    1. Josephson-Gleichung, 881
    2. Josephson-Gleichung, 882
    Josephson-Frequenz, 882
    Josephson-Gleichungen, 879–883, 972–974
    Spannung-Phasen-Beziehung, 882
    Strom-Phasen-Beziehung, 881
Josephson-Kontakt
    im Magnetfeld, 884–887
    π-Kontakt, 913
    mit Wechselspannung, 883, 884
    Strom-Spannungs-Kennlinie, 883

K
Kanallänge, 531, 539
Kasuya, Tadao, 702
Kerr-Effekt, 578
kinetische Gastheorie, 247
Kittel, Charles, 702
Klitzing, Klaus von, 539, 546, 550
Klitzing-Konstante, 307, 547
Knipping, Paul, 1, 55, 65
Koerzitivfeld, 745
Kohärenzfaktoren, 856, 861, 870
Kohärenzlänge, 817
    BCS, 862, 910
Kohärenzvolumen, 910
Kohlenstoff-Nanoröhrchen, 135
Kohler-Regel, 297
Kollektor, 529
Kompressibilität, 155
    Edelgaskristalle, 109
    Ionenkristall, 116
    kubischer Kristall, 154
Kompressionsmodul, 159
Kondensationsenergie, 837
Kontinuumsnäherung, 143
kooperativer Magnetismus, 694–716
Koordinationszahl, 141
Kopplungskonstanten, 175, 179, 182
Korrespondenzprinzip, 371, 454
kovalente Bindung, 117–135
Kramers
    -Entartung, 345
    -Multiplett, 681
    -Singulett, 681
Kramers, Hendrik Anthony, 681
Kramers-Kronig-Relationen, 580, 595
Kristallelektronen, 328, 369
    Bewegung, 376–392
    Bewegung im Magnetfeld, 384–389
    Bewegungsgleichungen, 384
    Energie, 336
    geschlossene Bahnen, 386, 390
        elektronenartig, 386
        lochartig, 387
    offene Bahnen, 386, 392, 445
    Quantisierung der Bahnen, 452–456
    Zyklotronfrequenz, 388

Kristallfeld, 610, 678, 680, 731
    -aufspaltung, 680
    -Multiplett, 680
Kristallgitter
    anharmonische Effekte, 233–236
    basiszentrierte, 16
    flächenzentrierte, 16
    Fourier-Analyse, 57
    innenzentrierte, 16
    konventionelle Zelle, 5
        bcc, fcc, 6
    primitive, 15
    primitive Gitterzelle, 5
    Quantentheorie, 923–927
    thermische Eigenschaften, 213–257
    Wigner-Seitz-Zelle, 6
    zentrierte, 15
Kristallimpuls, 203, 322, 323, 374, 394, 597
Kristallstruktur, 1–52
    direkte Abbildung, 49–52
    periodische Strukturen, 3–21
    Proteinkristall, 3
Kristallstrukturen, 24–34
    CsCl-Struktur, 29
    Diamantstruktur, 30
    einfach kubisch, 25
    Graphitstruktur, 33
    hexagonal dichte Kugelpackung, 27
    kubisch flächenzentriert, 25
    kubisch raumzentriert, 26
    NaCl-Struktur, 28
    Wurtzitstruktur, 31
    Zinkblendestruktur, 31
Kristallsysteme, 12, 13
    hexagonale, 19
    kubische, 17
    monokline, 20
    rhombische, 18
    rhomboedrische, trigonale, 19
    tetragonale, 17
    triklines, 20
kritische Felder, 784, 821, 822, 826–829
    Ginzburg-Landau, 812
    Nukleationsfeld, 830
    oberes, 826–828
        anisotropes, 908
    thermodynamisches, 812, 821, 827, 868
    unteres, 827–829, 838
        anisotropes, 908
kritische Stromdichte, 839–842
    Londonsche, 840
    paarbrechende, 840–842
Kroemer, Herbert, 539
Kugelflächenfunktionen, 97
Kuprat-Supraleiter, 853, 899–915
    Elektrondotierung, 903
    elektronische Eigenschaften, 902–906
    Fermi-Fläche, 903
    Fermi-Geschwindigkeit, 904
    Knight-Shift, 906
    Kristallstruktur, 901

Lochdotierung, 903
Ordnungsparameter, 911–915
    d-Wellensymmetrie, 912–915
Phasendiagramm, 905
Pseudolücke, 906
Spin-Fluktuationen, 906
Spin-Struktur, 904
strukturelle Eigenschaften, 900–902
supraleitende Eigenschaften, 906–915
$YBa_2Cu_3O_{7-\delta}$, 901
Zustandsdichte, 912

L
Ladung
    topologische, 555
Ladungsdichte, 584
Ladungsträgerdichte, 483, 613
    dotierte Halbleiter, 487
    effektive, 485
    Halbmetalle, 349
    intrinsische
        T-Abhängigkeit, 486
    intrinsische Halbleiter, 483–487
    Leitungsband, 485
    Metalle, 268
    Valenzband, 485
Ladungstransfer-Isolator, 903
Ladungstransport
    diffusiver, 432
Lagrange-Funktion, 945
Landau, Lev Davidovich, 448, 453, 642, 774, 809, 843
Landau-Diamagnetismus, 666, 693, 694
Landauer, Rolf, 530
Landauer-Büttiker-Formalismus, 552
Landau-Kreis, 541
Landau-Länge, 543
Landau-Lifshitz-Gilbert-Gleichung, 749
Landau-Lifshitz-Gleichung, 749
Landau-Niveaus, 448, 542, 543
    Entartung, 450, 460
Landau-Theorie der Phasenübergänge, 647–650, 694
Landau-Zylinder, 450, 461
Landé-Faktor, 668, 676, 718
Langevin, Paul, 668
Langevin-Debye-Beziehung, 608
Langevin-Funktion, 682
Langevin-Paramagnetismus, 668, 681–686
Lanthaniden, 678
    Kontraktion, 679
Larmor-Diamagnetismus, 666, 674, 675
Larmor-Frequenz, 674, 756
Laue, Max von, 2, 55, 65
Laughlin, Robert B., 554
Lawinendurchbruch, 518
Lawrence-Doniach Modell, 907
LCAO-Methode, 118
Leitfähigkeit
    elektrische, 281, 414
        T-Abhängigkeit, 283–285
    thermische, 286–289, 416
        Tabelle, 287
        T-Abhängigkeit, 288, 289
    verallgemeinerte, 580
Leitfähigkeitstensor, 414, 441, 446, 544
Leitungsbandkante, 532, 536, 539
Leitungselektronen, 676, 711
Leitwertquantisierung, 305
    Quanten-Punkt-Kontakt, 307
Lennard-Jones-Potenzial, 106
Lenzsche Regel, 666
Lichtstreuung
    inelastische, 207–211
Lindesche Regel, 398
Lindhard Theorie, 630–634
Lindhard, Jens, 630
Lindhardsche Näherung, 633
Liouvillesches Theorem, 376
Lochbahn, 386, 443
Lochkonzept, 379
London, Fritz, 123, 774, 843
London-Gleichungen, 794–797, 800–802
London-Koeffizient, 794
Londonsche Eindringtiefe, 795, 816, 828
    anisotrope, 909
    T-Abhängigkeit, 795
London-Theorie
    verallgemeinerte, 797–809
Lorentz, Hendrik Antoon, 588
Lorentz-Feld, 585
Lorentz-Kraft, 291, 892
Lorentzsches Oszillator-Modell, 587–590
Lorenz, Ludvig Valentin, 286
Lorenz-Zahl, 286
Lyddane-Sachs-Teller-Relation, 601, 652

M
Madelung, Erwin Rudolf, 111, 112
Madelung-Energie, 111–115
Madelung-Konstante, 113
Madelung-Transformation, 798, 967–969
magnetische Anisotropie, 731–739
    Austauschanisotropie, 732, 737
    Eisen, 736
    elastische Verspannung, 737
    Formanisotropie, 736
    hexagonale Kristallstruktur, 736
    induzierte Anisotropie, 737
    Kobalt, 736
    kubische Kristallstruktur, 735
    leichte Achse, 731
    magnetokristalline, 733
    schwere Achse, 731
    uniaxiale, 734
magnetische Domänen, 739–747
    Abbildung, 746
    antiferromagnetische, 741
    ferromagnetische, 739
magnetische Speichermedien, 746
    Speicherdichte, 746
magnetischer Durchbruch, 456–458

magnetisches Feld
  lokales, 663
magnetisches Moment, 661, 681, 724
  effektives, 685, 716
Magnetisierung, 661
  Ferromagnet
    T-Abhängigkeit, 722
  isotherme, 688
  Untergitter, 724, 725, 730
Magnetisierungsdynamik, 747–751
  Gilbert-Dämpfung, 750
Magnetisierungskurve, 744
  Hystereseschleife, 745
  Rotationsprozesse, 745
  Wandverschiebung, 745
Magnetit, 723
Magnetonenzahl, 681
  effektive, 677, 680, 685
magnetooptische Abbildung, 744
magnetostatische Energie, 736
Magnetostriktion, 737
Magnetowiderstandseffekte, 298–300
  GMR, 300
Magnetwiderstand, 295–298, 434–446
  Einband-Modell, 434–436
  Hochfeldgrenzfall, 389–392, 440–446
  longitudinaler, 297, 440
  negativer, 432
  Sättigung, 439
  transversaler, 295, 440, 444
  Zweiband-Modell, 295, 436–440
Magnonen, 752, 757
Majorana-Fermion, 571
Majoritätsladungsträger, 501, 538
Majoritäts-Spinband, 756
Makropotenzial, 501
makroskopische Wellenfunktion, 798
Massenwirkungsgesetz, 486, 504
Matrixelement, 594
Matthiessen-Regel, 248, 283, 396, 496
Maxwell-Boltzmann-Statistik, 930
Maxwell-Boltzmann-Verteilung, 221, 260, 628, 939–941
Maxwell-Gleichungen, 579
Meißner, Walther, 770, 771
Meißner-Ochsenfeld-Effekt, 770–773, 781, 782
Mermin-Wagner-Theorem, 759
mesoskopische Systeme, 432
metallische Bindung, 135–138
  Bindungsenergie, 136
Metall-Isolator-Übergang, 640
Millersche Indizes, 20, 62–64
Minibänder, 536
Minoritätsladungsträger, 503, 509, 538
Minoritäts-Spinband, 756
Mischzustand, 784, 821, 822, 832
Mößbauer, Rudolf, 85
Mößbauer-Effekt, 84–87
Mößbauer-Spektroskopie, 86
MOCVD, 532
Modulationsdotierung, 534, 903

Molekularfeld, 708, 712, 716, 719
Molekularfeld-Beschreibung, 857
Molekularfeldkonstante, 712, 719, 725
Molekularfeld-Näherung, 716, 718–722
  Ferrimagnete, 724
Molekularstrahlepitaxie, 532
Molekülorbital
  antibindendes, 121
  bindendes, 121
Molekülorbitalnäherung, 122, 123
Mooresches Gesetz, 539
MOSFET, 537
  Aufbau, 538
  Bandverlauf, 538
Mossotti, Ottaviano Fabrizio, 592
Mott, Sir Nevill Francis, 621, 641
Mott-Isolator, 903
Mott-Isolatoren, 350
Müller, Karl Alexander, 766

N
Nachgiebigkeitstensor, 149
Nahordnung, 46
Néel, Louis Eugène Felix, 724
Néel-Temperatur, 727
  paramagnetische, 728
Nernst-Effekt, 423
  anomaler, 425–428
Nernst-Koeffizient, 423
Netzebenen, 20
Neutronenbeugung, 727
  inelastische, 606
Neutronenstreuung
  Dreiachsenspektrometer, 206
  inelastische, 206, 207
nichtkristalline Festkörper, 44–49
Novoselov, Konstantin, 35
Nullpunktsenergie, 109, 230
Nullpunktsschwingungen, 108

O
Oberflächenladungen
  magnetische, 664
Ochsenfeld, Robert, 770
Ohmsches Gesetz, 579
Onnes, Heike Kamerlingh, 765, 769
Onsager, Lars, 413
Onsager-Beziehungen, 413, 455, 579
Orbitalbewegung, 693
Ordnungsparameter, 648
  komplexer, 810
Ordnungsphänomene
  magnetische, 716–731
  helikale, 717
  zykloidale, 717
Orientierungspolarisation, 587, 608–611
Ortsfunktion, 696
  symmetrische, antisymmetrische, 696
Oszillatorstärke, 590, 594
Overscreening, 637

P
Paaramplitude, 854
Paarpotenzial, 855, 911
Paarsuszeptibilität, 864
Paarung
    unkonventionelle, 911
Paarwechselwirkung, 174
    Singulett-Paarung, 852
    Triplett-Paarung, 852
Paarwellenfunktion, 708
    Symmetrie, 851
Paarzustand
    Besetzungswahrscheinlichkeit, 862
paraelektrische Festkörper, 587
paramagnetisches Salz, 687
Paramagnetismus, 666
    atomarer, 669–689
Pauli, Wolfgang, 668, 690
Pauli-Paramagnetismus, 668, 690–693
Pauli-Prinzip, 106, 265, 395, 668, 677, 696, 931
Peierls-Isolatoren, 350
Peltier-Effekt, 419
Peltier-Koeffizient, 413, 420
Periodensystem, 100, 678
Permeabilität, magnetische, 662
Permeabilitätstensor, 662
Perowskit, 644
Phasengeschwindigkeit, 370
Phasenkohärenzlänge, 432
Phasenraumvolumen, 376
Phasenschiebung, 431
Phasenübergang
    1. Ordnung, 649
    2. Ordnung, 648, 722
    displaziver Übergang, 650
    Ordnungs-Unordnungs-Übergang, 650
    struktureller, 645
Phononen, 201
    akustische, 188, 597
    Impuls, 202, 203
    longitudinal akustische, 178, 636
    longitudinal optische, 606
    optische, 188, 597
    spontaner Zerfall, 252
    transversal akustische, 178, 182
    transversal optische, 606, 652
Phononengas, 231
Phononen-Mitführung, 429
Phononenspektrum, 191–199
Phononenstruktur, 873
Phononenzahl, 230
Photoeffekt
    inverser, 358
Photoelektronenspektroskopie, 356, 906, 914
    UPS, XPS, 358
Piezoelektrizität, 645, 654–656
Piezoelement, 656
Pippard, Sir Alfred Brian, 467
Planck, Max Karl Ernst Ludwig, 199, 232
Plancksches Strahlungsgesetz, 200, 233
Plancksches Wirkungsquantum, 200

Plasmafrequenz, 613, 635
Plasmaschwingung
    freies Elektronengas, 613
    longitudinale, 616
    transversale, erzwungene, 618
Plasmonen, 616–618
    Frequenz, 617
    Oberflächen-, 617
    Volumen-, 617
Plasmon-Polaritonen, 619
p-n-Übergang, 501–513
    Diffusionsspannung, 503
    Diffusionsstrom, 509
    Driftstrom, 509
    Durchlassrichtung, 510
    Generationsstrom, 509
    mit angelegter Spannung, 507–513
    Rekombinationsstrom, 509
    Sättigungsstrom, 510
    Sperrrichtung, 510
    Strom-Spannungs-Charakteristik, 509
Pockels-Effekt, 578
Poisson-Gleichung, 624, 632
Poisson-Zahl, 159
Polarisation, 577, 643
    elektronische, 588–597
    frequenzabhängige, 609
    ionische, 597–607
    spontane, 648
    spontane elektrische, 643
    statische, 608
Polarisationskatastrophe, 714
Polarisationsladung, 585
Polarisierbarkeit, 589, 591, 594
    elektronische, 590, 603
    ionische, 652
Polaritonen, 606, 607
Polaronen, 637–640
    Bipolaron, 638
    e-ph Kopplungskonstante
        Tabelle, 640
    große, 639
    kleine, 639
    Ladungspolaron, 638
    orbitales Polaron, 638
    Spin-Polaron, 638
Potenzial
    chemisches, 485
    elektrochemisches, 504
    Fourier-Komponenten, 333
    gitterperiodisches, 317, 328
Pyroelektrizität, 644

Q
Quantenfluktuationen, 310
Quanten-Hall-Effekt, 539, 541–555
    Einschlusspotenzial, 548
    fraktionaler, 554, 555
    ganzzahliger, 546
    lokalisierte Zustände, 548
    Randelektronen, 550

Index

Randkanal, 549, 553
Skipping Orbits, 548
Unordnungspotenzial, 548
Widerstandsplateaus, 547
Quanteninterferenzeffekte, 430–434
Quanten-Spin-Hall-System, 569
Quantenstatistik, 929–941
Quantentrog, 535
Quantenzahlen, 97, 705
    Bahndrehimpulsquantenzahl, 97
    Hauptquantenzahl, 97
    Orientierungsquantenzahl, 97
    Spin-Quantenzahl, 100
Quantisierungsachse, 681, 699
Quantum Confinement, 301
Quasikristall, 22–24
Quasiteilchen, 555, 643, 863
    Anregungsenergie, 863, 868
    Zustandsdichte, 869
Quasiteilchentunneln, 869–874
Querdehnung, 146, 159
Querzahl, 159

R
radiale Verteilungsfunktion, 44
Radialfunktion, 97
    Wasserstoffatom, 99
Raman, Sir Chandrasekhara Venkata, 209
Raman-Streuung, 208
    Kupratsupraleiter, 211
    resonante, 208
Randbedingungen, 192–195
    feste, 192
    periodische, 191, 193
Randschicht, 534
Rashba-Effekt, 706
Rasterelektronenmikroskopie
    spinaufgelöste, 744
Rasterkraftmikroskopie, 744
Rastersondentechniken, 51
Raumladung, 501
Raumladungszone, 503, 507, 515, 534
Rayleigh, John William, 210
Rayleigh-Streuung, 210
Realstruktur, 49
Reflektivität, 540, 583
Reflexion, 581
Reflexionskoeffizient, 583, 595
    Ionenkristall, 604
Reflexionsvermögen
    Metall, 613
Rekombination
    nichtstrahlende, 540
Rekombinationsstrom, 501
Relaxationsbereich, 614
Relaxationszeit, 404, 409, 609
Relaxationszeit-Näherung, 280, 409–411
Remanenz, 745
Renormierung, 643
Resonanzabsorption, 85
Resonanzfrequenz, 590

Restwiderstand, 284
reziprokes Gitter, 56–64
    kubisch flächenzentriertes Gitter, 60
    kubisch primitives Gitter, 60
    kubisch raumzentriertes Gitter, 61
Righi-Leduc-Effekt, 423, 424
Righi-Leduc-Koeffizient, 423
Rohrer, Heinrich, 51
Röntgendiffraktometrie, 91–94
    Debye-Scherrer-Verfahren, 93
    Drehkristallverfahren, 92
    Laue-Verfahren, 91
Röntgenstreuung
    inelastische, 205
Rotationssymmetrie, 9
Rückstreuwahrscheinlichkeit, 431
Rückwärtsdiode, 520
Ruderman, M. A., 702
Ruderman-Kittel-Oszillationen, 634
Russel-Saunders-Kopplung, 667, 676
Rydberg-Energie, 102, 172, 671

S
Sättigungsmagnetisierung, 682, 723, 737
    bei $T = 0$, 714
    Nickel, 715
    T-Abhängigkeit, 751, 759
Schallgeschwindigkeit, 181, 224
Schallwellen, 163
Schermodul, 159
Scherrer, Paul, 93
Scherung, 147
Scherwelle, 164
Schmelztemperatur, 96, 97
Schoenflies Notation, 10
Schottky, Walter H., 516
Schottky-Kontakt, 513–517
    Diffusionsspannung, 515
    Kapazität, 517
    mit angelegter Spannung, 515
    Strom-Spannungs-Charakteristik, 515
Schottky-Modell, 505
Schottky-Randschicht, 517
Schrieffer, John Robert, 766, 775, 785, 843
Schrödinger-Gleichung, 97, 118, 261, 335, 626, 630
    reziproker Raum, 318
    zeitabhängige, 593
    zeitunabhängige, 317, 447
Schubmodul, 159
schwarzer Strahler, 199
schwere Fermionen, 277
Schwingquarz, 654
Seebeck, Thomas Johann, 289
Seebeck-Effekt, 418, 419
    Halbleiter, 499
Seebeck-Koeffizient, 289
Seitz, Ferderik, 6
Selbstenergie
    magnetostatische, 665
Seltene Erden, 678
semiklassische Näherung, 369, 372, 376, 626

Shechtman, Daniel, 23
Shockley, William Bradford, 500, 528
Shockleysche Röhrenintegral-Formel, 441
Shubnikov, Lev Vasilyevich, 355, 464
Shubnikov-de Haas-Effekt, 356, 464, 543
Shubnikov-Phase, 784, 830–835
Shull, Clifford G., 207
Skin-Eindringtiefe, 467, 614
Skipping Orbits, 550
Solarzelle, 521–528
    Ersatzschaltbild, 524
    Funktionsschema, 523
    Grätzel-Zelle, 528
    Konversionseffizienz, 527
    Konzentratorzelle, 525, 528
    Open-Circuit-Spannung, 523
    Strom-Spannungs-Kennlinie, 524
    Tandem-Zelle, 528
    Wirkungsgrad, 523, 525
Sommerfeld, Arnold, 260, 262, 280, 316
Sommerfeld-Entwicklung, 271, 274, 414, 943, 944
Sommerfeld-Koeffizient, 275
Sonnenspektrum, 526
Spannung
    elastische, 144–149
    Normal-, 145
    Schub-, 145
Spannungskoeffizienten, 151, 655
Spannungstensor, 145
spezifische Wärme, 214, 215, 273–278, 965
    Diamant, Si, Ge, 218
    Einstein-Modell, 224, 225
    Elektronengas
        Tabelle, 277
    festes Argon, 229
    Kalium, 276
    konstanter Druck, 215
    konstantes Volumen, 214, 222
    niederdimensionale Systeme, 229
    T-Abhängigkeit, 222–233
Spin-Bahn-Wechselwirkung, 344–346, 569, 676, 677, 704–707, 733
    Rashba-Effekt, 706
Spin-Entartung, 375, 543
Spin-Funktion, 696
    antisymmetrische, 124
    symmetrische, 124, 677
Spin-Hall-Effekt, 428, 429
Spin-Nernst-Effekt, 428, 429
Spin-Singulett-Zustand, 123, 125, 696
Spin-Struktur
    inkommensurable, 717
Spin-Triplett-Zustand, 123, 125, 696
Spin-Wellen, 751–762
    antiferromagnetische, 760
    Austauschmoden, 752
    dipolare Moden, 752, 760
Spin-Wellensteifigkeit, 756
Sprungtemperatur, 777, 780
Stefan-Boltzmann Gesetz, 233
Steglich, Frank, 278, 766

Stoermer, Horst L., 555
Stokes-Linie, 210
Stoner, Edmund Clifton, 711
Stoner-Anregungen, 756
Stoner-Faktor, 714
Stoner-Kriterium, 713
Störpotenzial, 337, 626, 630
Störungstheorie, 393, 630, 670, 701
    zeitabhängige, 592
Streufeld, 663–665, 735
Streufeldenergie, 740
Streuprozesse, 248, 249, 371, 393–403, 405
    elastische, 394, 432
    Elektron-Elektron-Streuung, 282
    geladene Störstellen, 398, 495
    inelastische, 203, 394
    Isotopenstreuung, 252
    neutrale Störstellen, 397
    Phononen, 248, 284, 399–403, 495
        Normalprozesse, 236
        Umklappprozesse, 236, 250
    Potenzialstreuung, 284, 397
    Side Jump, 428
    Skew Scattering, 428
    Streuwinkel, 401
Streuquerschnitt, 395–403, 495
Streuzeit, 456, 494
    Halbleiter, 494
Stromdichte
    elektrische, 377, 411
    Wärme-, 286, 377, 412
Ströme
    gefüllte Bänder, 376
    teilweise gefüllte Bänder, 377
Strukturanalyse, 55–94
Strukturfaktor, 74
    Beispiele, 77, 78
    statischer, 81
Stufenversetzung, 157
Subband, 303, 304, 448, 541
Superaustausch, 701
Superparamagnetismus, 747
Superpositionsprinzip, 235
supraleitende Materialien, 776–779
supraleitende Quanteninterferometer, 888–890
    DC-SQUID, 889, 890
Supraleiter
    Dauerströme, 801
    Eisen-Pniktide, 779
    Elemente, 776
    Energielücke
        T-Abhängigkeit, 864–867
    Energie-Phasen-Beziehung, 800, 969
    Entropie, 789, 874
    Feldverdrängungsarbeit, 789, 813
    grundlegende Eigenschaften, 779–787
    Isotopeneffekt, 845
    Kohärenzlänge, 817
    Kondensationsenergie, 789
    kritische Stromdichte, 839–842
    kritische Temperatur, 865

kritisches Feld, 782
Legierungen, 776
Londonsche Eindringtiefe, 816
makroskopisches Quantenmodell, 797–809
organische, 778
oxidische, 779
Schwere Fermionen, 778
Shubnikov-Phase, 784
spezifische Wärme, 790–793, 874
stark koppelnde, 866
Strom-Phasen-Phasen-Beziehung, 969
Suprastromdichte, 799, 879, 969
thermodynamische Eigenschaften, 787–793
topologische, 558
unkonventionelle, 897–899
Zwischenzustand, 824–826
Supraleiter-Normalleiter-Grenzfläche, 819, 822–824
Supraleitungselektronik, 531
Suszeptibilität
    Antiferromagnet, 728
    Bandferromagnet, 714
    diamagnetische, 675
    elektrische, 577, 655
    Ferrimagnete, 726
    magnetische, 661, 662
        molare, 675
        T-Abhängigkeit, 722
    Paulische Spin-, 693, 714
    Van Vleck Beitrag, 686
Suszeptibilitätstensor, 578
Symmetriebrechung, 557
    Eichsymmetrie, 556
    Inversionssymmetrie, 556
    Rotationssymmetrie, 556
    Translationssymmetrie, 556
Symmetrieoperationen, 7–20
    Drehinversion, 10
    Drehspiegelung, 10
    Drehung, 9
    Inversion, 9
    Punktgruppe, 8, 14
    Raumgruppe, 8, 14
    Spiegelung, 9
    Translationsgruppe, 8

T
Teilchen
    unterscheidbare, 673
    ununterscheidbare, 124
Teilchen-Welle-Dualismus, 201
Teilchenzahloperator, 343, 639, 700, 859
thermische Ausdehnung, 237–243
    Längenausdehnungskoeffizient, 237
    Silizium, 243
    Volumenausdehnungskoeffizient, 237
    Zustandsgleichung, 239
thermischer Leitwert, 256
Thermodynamik
    1. Hauptsatz, 214
thermodynamische Eigenschaften, 951–965

thermodynamische Potenziale, 648, 951–965
Thermoelement, 419
Thermokraft, 289–291, 413, 417, 418, 500
thermomagnetische Effekte, 421–423
Thomas-Faktor, 705
Thomas-Fermi
    Abschirmlänge, 628, 641
    Abschirmung, 626
    Theorie, 627
    Wellenvektor, 627
Thomas-Fermi Wellenvektor, 846
Thomson, Joseph John, 259
Thomson-Effekt, 420
Thomson-Koeffizient, 421
Tight-Binding-Modell, 327–346, 903
    Bandstruktur, 340
    kubisches Gitter, 339–342
Topologische Isolatoren, 351
Topologische Quantenmaterialien, 556–572
Torsion, 147
Totalreflexion, 595, 614
Transfer-Integral, 338
Transistor
    bipolar, 537
    Feldeffekt, 537
    unipolar, 537
Translationsinvarianz, 176, 177, 202, 556
    diskrete, 202
Translationsvektor, 7, 15
Transmission, 581
Transmissionskoeffizient, 581
Transportkoeffizienten, 413, 421
    allgemeine, 411–434
    Klassifizierung, 423–425
Tsui, Daniel C., 555
Tunnelmatrixelement, 869
Tunnelstrom, 872
Typ-I Supraleiter, 788–792
Typ-I und Typ-II Supraleiter, 784, 821–842
Typ-II Supraleiter, 792, 793
    Haftkraft, 896, 897
    kritischer Strom, 890–897
    Lorentz-Kraft, 892–894
    Mischzustand, 890
    Reibungskraft, 894, 895

U
Überabschirmung, 847
Übergangsmetalle, 354, 680, 714, 733
Überlappintegral, 119
Ultraschallabsorption, 166
Ultraschallmessverfahren, 165
Umklapp-Prozesse, 402, 430
universelle Leitwertfluktuationen, 434
unkonventionelle Supraleitung, 897–899

V
Valenzbandkante, 532, 536, 539
Valenzbindungsnäherung, 123–126
Valenzelektronen, 136, 362
Valley-Entartung, 543

van Alphen, P.M., 356, 459
Van der Waals Bindung, 102–110
    Bindungsenergie, 108
    Van der Waals Wechselwirkung
        Potenzial, 105
van der Waals, Johannes Diderik, 102, 103
van Hove Singularität, 352
van Leeuwen, Johanna Hendrika, 660
Van Vleck Paramagnetismus, 670, 686
van Vleck, John H., 670
Variationsrechnung, 859
Varshni-Formel, 476
Verarmungszone, 522, 536
Verformung
    elastische, 144
    plastische, 144
Verluste
    dielektrische, 610
Vernichtungsoperator, 854
Verschiebungsvektor, 148
Verspannung
    biaxiale, 156
    epitaktische Schichten, 155–158
    uniaxiale, 737
Voigt-Notation, 150
Volumenausdehnung, 151
von Laue-Bedingung, 67–70

W
Wahrscheinlichkeitsamplitude, 431
Wandverschiebung, 745
Wannier-Funktionen, 322, 335
Wärmeleitfähigkeit, 244–257, 416
    amorphe Festkörper, 253
    eindimensionales System, 256
    niederdimensionale Systeme, 254–257
    T-Abhängigkeit, 247–253
Wassermolekül, 128
Wasserstoffbrückenbindung, 139, 140
Weiss, Pierre Ernest, 718
Wellenfunktion
    antisymmetrische, 120, 123, 124
    Heitler-London, 124
    symmetrische, 120, 124
Wellenpaket, 369
Wellenvektoren
    erlaubte, 195
Widerstandssensor, 544
Wiedemann, Gustav Heinrich, 286
Wiedemann-Franz-Gesetz, 286, 416
Wigner, Eugene Paul, 6

Wigner-Seitz Zelle, 61

Y
Yosida, Kei, 702
Yosida-Funktion, 875
Young's modulus, 149, 158
Yukawa-Potenzial, 629

Z
Zeeman-Energie, 741
Zeeman-Wechselwirkung, 708
Zeitumkehrinvarianz, 325, 569
Zener, Clarence Melvin, 518, 701
Zener-Diode, 518
Zener-Tunneln, 518
Zentrierung, 15
Zinkblende-Struktur, 478
Zonenrand, 329
Zonenschema, 330
    ausgedehntes, 327
    periodisches, 327, 456
    reduziertes, 325–327
Zustandsdichte, 351–359
    beim Fermi-Niveau, 713
    Elektronen, 692
    Elektronengas, 271
    Energieraum, 264, 264, 265, 352
    Frequenzraum, 196, 197
    Halbleiter, 483
    im Magnetfeld, 452
    isotropes Medium, 198
    kombinierte, 481, 621
    k-Raum, 194, 195, 263, 264
    Magnonen, 758
    niederdimensionale Systeme, 198, 199
    Phononen, 191–199
Zustandsdichtemasse, 484
Zustandssumme, 673, 684
Zweiband-Modell, 497
Zweiflüssigkeiten-Modell, 773, 794
Zweiniveausystem, 254
    quantenmechanisches, 683
Zwischenzustand, 824–826
Zyklotronfrequenz, 292, 375, 387, 447, 543
Zyklotronmasse, 388, 483
    Halbleiter, 483
Zyklotronradius, 466
Zyklotronresonanz, 465
    Halbleiter, 482
    Metalle, 466

Kurt Lang

Periodensystem der Elemente

Legende:

Alkalimetalle	Erdalkalimetalle	Übergangsmetalle
Seltene Erden	andere Metalle	Halbmetalle/Halbleiter
Nichtmetalle	Halogene	Edelgase

Erläuterung des Datenfeldes (Beispiel Magnesium):

- Elementname: Magnesium
- Symbol: Mg
- Massenzahl: 24,305
- Ordnungszahl: 12
- Dichte [g/cm³] (der häufigsten Kristallphase): 1,74
- Elektronenkonfiguration des Atoms: 3s²
- Gitterkonstante a [Å]: 3,21
- Kristallstruktur (der häufigsten Kristallphase): hex
- Verhältnis c/a und Winkel α (für rhomboedrische Struktur) oder Verhältnis b/a (für orthorhombische Struktur): 1,624
- 1. Ionisierungsenergie [eV]: 7,646
- Elektronegativität (nach Pauling): 1,31
- Schmelztemperatur [K]: 922
- mittlere Debye-Temperatur [K], der Index LT kennzeichnet Werte, die bei niedriger Temperatur ermittelt wurden: 318

Hauptgruppen und Nebengruppen

Periode	IA	IIA	IIIB	IVB	VB	VIB	VIIB	VIIIB	VIIIB	VIIIB
1	**H** 1 — Wasserstoff 1,0079; 0,089; 1s¹; 3,75 hex 1,731; 13,598; 2,20; 14,0; 110									
2	**Li** 3 — Lithium 6,941; 0,53; 2s¹; 3,49 bcc; 5,392; 0,98; 453; 400	**Be** 4 — Beryllium 9,0122; 1,85; 2s²; 2,29 hex 1,567; 9,322; 1,75; 1550; 1000								
3	**Na** 11 — Natrium 22,9898; 0,97; 3s¹; 4,23 bcc; 5,139; 0,93; 371,0; 150	**Mg** 12 — Magnesium 24,305; 1,74; 3s²; 3,21 hex 1,624; 7,646; 1,31; 922; 318								
4	**K** 19 — Kalium 39,09; 0,86; 4s¹; 5,23 bcc; 4,341; 0,82; 337; 100	**Ca** 20 — Calcium 40,08; 1,54; 4s²; 5,58 fcc; 6,113; 1,00; 1111; 230	**Sc** 21 — Scandium 44,956; 2,99; 3d¹4s²; 3,31 hex 1,594; 6,54; 1,36; 1812; 359 LT	**Ti** 22 — Titan 47,90; 4,51; 3d²4s²; 2,95 hex 1,588; 6,82; 1,54; 1933; 380	**V** 23 — Vanadium 50,942; 6,1; 3d³4s²; 3,02 bcc; 6,74; 1,63; 2163; 390	**Cr** 24 — Chrom 52,00; 7,19; 3d⁵4s¹; 2,88 bcc; 6,766; 1,66; 2130; 460	**Mn** 25 — Mangan 54,938; 7,43; 3d⁵4s²; 8,89 sc; 7,435; 1,55; 1518; 400	**Fe** 26 — Eisen 55,85; 7,86; 3d⁶4s²; 2,87 bcc; 7,870; 1,83; 1808; 420	**Co** 27 — Cobalt 58,93; 8,9; 3d⁷4s²; 2,51 hex 1,622; 7,86; 1,88; 1768; 385	
5	**Rb** 37 — Rubidium 85,47; 1,53; 5s¹; 5,59 bcc; 4,177; 0,82; 312; 56 LT	**Sr** 38 — Strontium 87,62; 2,60; 5s²; 6,08 fcc; 5,695; 0,95; 1043; 147 LT	**Y** 39 — Yttrium 88,91; 4,46; 4d¹5s²; 3,65 hex 1,517; 6,38; 1,22; 1796; 256 LT	**Zr** 40 — Zirconium 91,22; 6,49; 4d²5s²; 3,23 hex 1,593; 6,84; 1,33; 2125; 250	**Nb** 41 — Niob 92,91; 8,4; 4d⁴5s¹; 3,30 bcc; 6,88; 1,6; 2741; 275	**Mo** 42 — Molybdän 95,94; 10,2; 4d⁵5s¹; 3,15 bcc; 7,000; 2,16; 2890; 380	**Tc** 43 — Technetium 98,91; 11,5; 4d⁵5s²; 2,74 hex 1,604; 7,28; 1,9; 2445;	**Ru** 44 — Ruthenium 101,07; 12,2; 4d⁷5s¹; 2,70 hex 1,584; 7,37; 2,2; 2583; 382 LT	**Rh** 45 — Rhodium 102,90; 12,4; 4d⁸5s¹; 3,80 fcc; 7,40; 2,20; 2239; 350 LT	
6	**Cs** 55 — Caesium 85,47 (132,91); 1,90; 6s¹; 6,05 bcc; 3,894; 0,79; 302; 40 LT	**Ba** 56 — Barium 137,34; 3,5; 6s²; 5,02 bcc; 5,212; 0,89; 998; 110 LT	*	**Hf** 72 — Hafnium 178,49; 13,1; 4f¹⁴5d²6s²; 3,20 hex 1,582; 7,0; 1,3; 2495;	**Ta** 73 — Tantal 180,95; 16,6; 4f¹⁴5d³6s²; 3,31 bcc; 7,89; 1,5; 3683; 225	**W** 74 — Wolfram 183,85; 19,3; 4f¹⁴5d⁴6s²; 3,16 bcc; 7,98; 2,36; 3683; 310	**Re** 75 — Rhenium 186,2; 21,0; 4f¹⁴5d⁵6s²; 2,76 hex 1,615; 7,88; 1,9; 3453; 416 LT	**Os** 76 — Osmium 190,20; 22,6; 4f¹⁴5d⁶6s²; 2,74 hex 1,579; 8,7; 2,2; 3318; 400 LT	**Ir** 77 — Iridium 192,22; 22,5; 4f¹⁴5d⁷6s²; 3,84 fcc; 9,1; 2,20; 2683; 430	
7	**Fr** 87 — Francium 223; 7s¹; (bcc); 4,0; (300)	**Ra** 88 — Radium 226; (5,0); 7s²; 5,279; 0,89; 973	**	**Rf** 104 — Rutherfordium 261; 5f¹⁴6d²7s²	**Db** 105 — Dubnium 262; 5f¹⁴6d³7s²	**Sg** 106 — Seaborgium 263; 5f¹⁴6d⁴7s²	**Bh** 107 — Bohrium 262; 5f¹⁴6d⁵7s²	**Hs** 108 — Hassium 265; 5f¹⁴6d⁶7s²	**Mt** 109 — Meitnerium 266; 5f¹⁴6d⁷7s²	

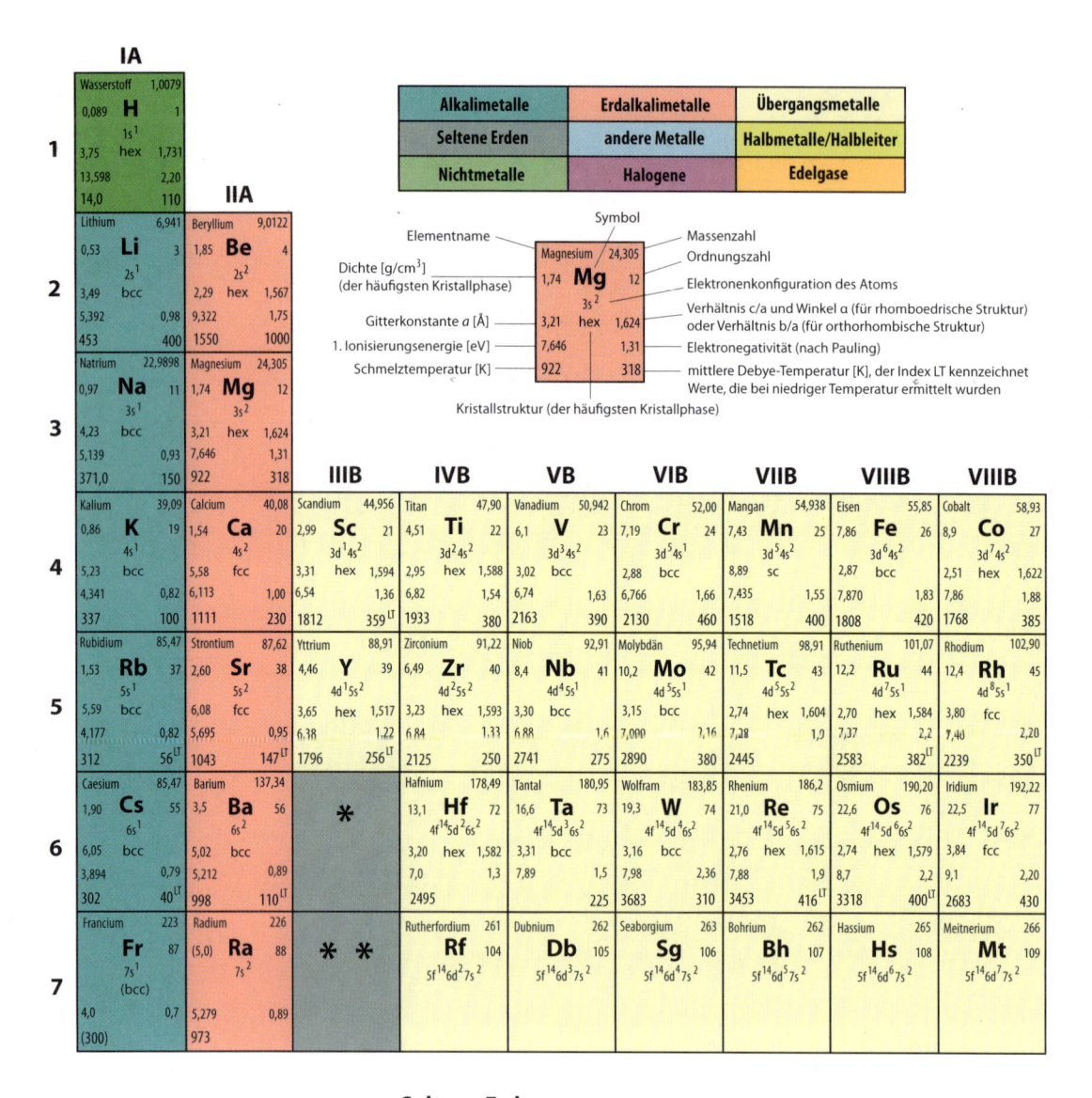

Seltene Erden

* (Lanthanoide 6)

La 57 — Lanthan 138,91; 6,17; 5d¹6s²; 3,75 hex 1,619; 5,577; 1,10; 1193; 132	**Ce** 58 — Cer 140,12; 6,77; 4f¹5d⁰6s²; 5,61 fcc; 5,47; 1,12; 1071; 139 LT	**Pr** 59 — Praseodym 140,91; 6,77; 4f³5d⁰6s²; 3,67 hex 1,614; 5,42; 1,13; 1204; 152 LT	**Nd** 60 — Neodym 144,24; 7,00; 4f⁴5d⁰6s²; 3,66 hex 1,614; 5,49; 1,14; 1283; 157 LT	**Pm** 61 — Promethium 145; 7,00; 4f⁵5d⁰6s²; 5,55; (1350)	**Sm** 62 — Samarium 150,35; 7,54; 4f⁶5d⁰6s²; 9,00 rhl; 5,63; 1,17; 1345; 166	**Eu** 63 — Europium 152,0 (?); 7,90; 4f⁷5d⁰6s²; 4,61 bcc; 5,67; 1095; 107 LT

** (Actinoide 7)

Ac 89 — Actinium 227; 10,1; 6d¹7s²; 5,31 fcc; 6,9; 1,1; 1323	**Th** 90 — Thorium 232,04; 11,7; 6d²7s²; 5,08 fcc; 6,95; 1,3; 2020	**Pa** 91 — Protactinium 231; 15,4; 5f²6d¹7s²; 3,92 tet 0,825; 1,5; 1470	**U** 92 — Uran 238,03; 19,07; 5f³6d¹7s²; 2,85 orc 2,056 / 1,736; 6,08; 1,38; 1406	**Np** 93 — Neptunium 237,05; 20,3; 5f⁵6d⁰7s²; 4,72 orc 1,411 / 1,035; 1,36; 913; 188 LT	**Pu** 94 — Plutonium 244; 19,8; 5f⁶6d⁰7s²; mcl; 5,8; 1,28; 914; 150 LT	**Am** 95 — Americium 243; 11,8; 5f⁷6d⁰7s²; hex; 6,0; 1,3; 1267